DICTIONNAIRE

DE

PHYSIOLOGIE

TOME VII

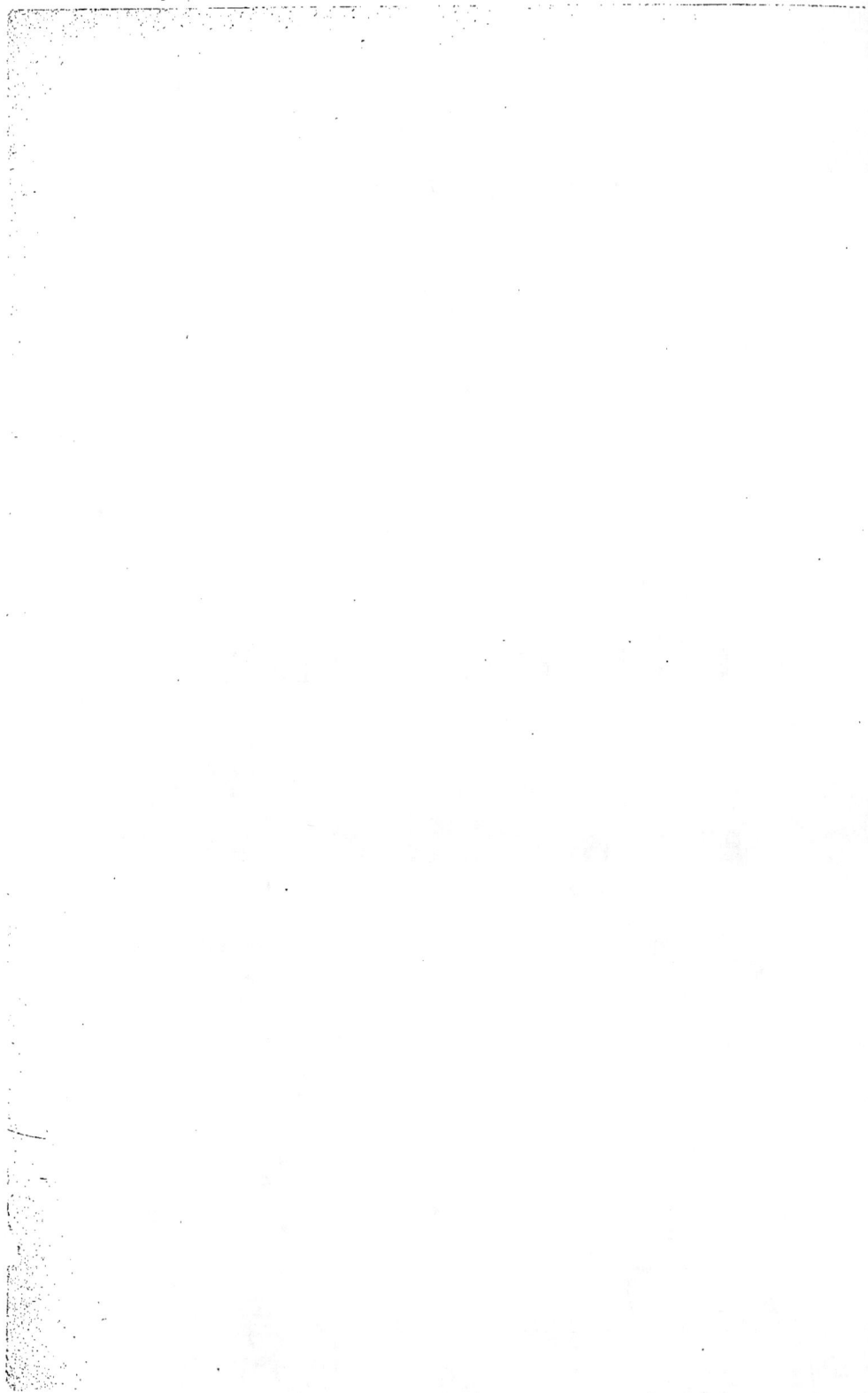

DICTIONNAIRE

DE

PHYSIOLOGIE

PAR

CHARLES RICHET

PROFESSEUR DE PHYSIOLOGIE A LA FACULTÉ DE MÉDECINE DE PARIS

AVEC LA COLLABORATION

DE

MM. E. ABELOUS (Toulouse) — ANDRÉ (Paris) — S. ARLOING (Lyon) — ATHANASIU (Bukarest)
BARDIER (Toulouse) — R. DU BOIS-REYMOND (Berlin) — G. BONNIER (Paris) — F. BOTTAZZI (Florence)
E. BOURQUELOT (Paris) — A. BRANCA (Paris) — ANDRÉ BROCA (Paris) — J. CARVALLO (Paris)
CHARRIN (Paris) — A. CHASSEVANT (Paris) — CORIN (Liège) — CYON (Paris) — A. DASTRE (Paris)
R. DUBOIS (Lyon) — W. ENGELMANN (Berlin) — G. FANO (Florence) — X. FRANCOTTE (Liège)
L. FREDERICQ (Liège) — J. GAD (Leipzig) — GELLÉ (Paris) — E. GLEY (Paris) — L. GUINARD (Lyon)
H. J. HAMBURGER (Groningen) — M. HANRIOT (Paris) — HÉDON (Montpellier) — P. HÉGER (Bruxelles)
F. HEIM (Paris) — P. HENRIJEAN (Liège) — J. HÉRICOURT (Paris) — F. HEYMANS (Gand)
J. IOTEYKO (Bruxelles) — H. KRONECKER (Berne) — P. JANET (Paris) — LAHOUSSE (Gand)
LAMBERT (Nancy) — E. LAMBLING (Lille) — LAUNOIS (Paris) — P. LANGLOIS (Paris) — L. LAPICQUE (Paris)
R. LÉPINE (Lyon) — CH. LIVON (Marseille) — E. MACÉ (Nancy — GR. MANCA (Padoue) — MANOUVRIER (Paris)
M. MENDELSSOHN (Pétersbourg) — E. MEYER (Nancy) — MISLAWSKI (Kazan) — J.-P. MORAT (Lyon)
A. MOSSO (Turin) — NEVEU-LEMAIRE (Lyon) — M. NICLOUX (Paris) — J.-P. NUEL (Liège)
AUG. PERRET (Paris) — E. PFLÜGER (Bonn) — A. PINARD (Paris) — F. PLATEAU (Gand) — M. POMPILIAN (Paris)
G. POUCHET (Paris) — E. RETTERER (Paris) — J. ROUX (Paris) — P. SÉBILEAU (Paris)
C. SCHÉPILOFF (Genève) — J. SOURY (Paris) — W. STIRLING (Manchester) — J. TARCHANOFF (Pétersbourg)
TIGERSTEDT (Helsingfors) — TRIBOULET (Paris) — E. TROUESSART (Paris) — H. DE VARIGNY (Paris)
N. VASCHIDE (Paris) — M. VERWORN (Göttingen) — E. VIDAL (Paris) — G. WEISS (Paris)
E. WERTHEIMER (Lille)

TOME VII

G

AVEC 159 GRAVURES DANS LE TEXTE

PARIS

FÉLIX ALCAN, ÉDITEUR

ANCIENNE LIBRAIRIE GERMER BAILLIÈRE ET CIE

108, BOULEVARD SAINT-GERMAIN, 108

1907

DICTIONNAIRE

DE

PHYSIOLOGIE

GALVANOTAXIE (GALVANOTROPISME). — On désigne sous ce nom la propriété que possèdent certains organismes, uni- ou pluricellulaires, de se mouvoir activement dans un sens ou dans l'autre sous l'influence du courant galvanique. L'orientation tactique des organismes n'est pas l'apanage exclusif du courant galvanique; elle s'observe aussi très nettement sous l'influence du courant faradique. Il s'agit donc d'un effet propre à l'action de tout courant électrique, et il serait peut-être plus correct de donner à ce phénomène la dénomination générale d'*électrotaxie* (électrotropisme) dont la galvanotaxie ne serait qu'une manifestation particulière. Il convient cependant de conserver le titre de *galvanotaxie* consacré par l'usage, par suite des très nombreux travaux faits avec le courant galvanique, tandis que les travaux entrepris sur l'action du courant faradique font presque exception.

Nous décrirons ici les phénomènes d'orientation locomotrice produits aussi bien par le courant galvanique que par le courant faradique; nous ferons également mention des phénomènes tactiques qui résultent de l'action d'autres formes d'énergie électrique qui sont encore relativement peu étudiées.

Avant d'aborder le sujet, il importe de remarquer que le mot galvanotropisme, qui avait été employé par les premiers auteurs, est actuellement remplacé par le mot galvanotaxie. Du reste, jusqu'à ces derniers temps, tous les phénomènes d'orientation des mouvements des êtres unicellulaires ont été désignés par le mot *tropisme*, nom impropre qui sert en botanique à désigner l'accroissement dans une direction donnée de certaines plantes sous l'influence des irritants. Le mot *tactisme* ou *taxie*, qui est généralement employé aujourd'hui en physiologie, est mieux fait pour exprimer le déplacement d'un organisme dans une direction imprimée par l'action d'un irritant.

Historique. — Observée d'abord par les botanistes chez les végétaux, découverte par Hermann sur les larves de grenouilles et les embryons de poissons, et étudiée méthodiquement chez les organismes unicellulaires à vie libre par Verworn et d'autres encore, enfin étendue tout récemment par M. Mendelssohn aux leucocytes, la galvanotaxie est reconnue aujourd'hui comme un phénomène de portée générale pour les organismes simples ou pluricellulaires soumis à l'action du courant électrique. Grâce à de nombreux travaux publiés sur ce sujet dans les quinze dernières années, les actions directrices du courant galvanique sont peut-être les mieux connus de tous les mouvements tactiques produits par d'autres excitants. C'est que, parmi tous les excitants qui agissent sur la matière vivante, l'énergie électrique permet bien de déterminer avec une parfaite précision la mise en axe et l'orientation directrice des mouvements des organismes à vie libre. Non seulement nous pouvons graduer l'intensité du courant électrique d'une manière absolument exacte, mais nous pouvons aussi varier la direction à volonté et presque instantanément, ce qui permet de produire et d'observer les phénomènes galvanotactiques avec une précision indiscutable.

On connaît déjà depuis longtemps les phénomènes de galvanotropisme chez les végétaux. Les radicelles de certaines plantes soumises à l'action prolongée d'un courant galvanique s'incurvent vers la cathode.

Hermann (1885) découvrit le premier les phénomènes galvanotactiques chez les animaux. Il fit passer un courant galvanique à travers un vase qui contenait des larves de grenouilles et des embryons de poissons, et constata alors que ces animaux, soumis ainsi à l'action du courant constant, se placent à la fermeture suivant leur grand axe dans le sens du courant. La plupart ont la tête dirigée vers l'anode, et la queue vers la cathode; ils restent dans cette position absolument immobiles, tandis que ceux qui conservent une position inverse présentent une instabilité très caractéristique. Hermann a désigné ce phénomène sous le nom de galvanotropisme. Plusieurs physiologistes ont confirmé les faits signalés par Hermann. On a même observé le galvanotropisme chez les tout petits poissons (Neubauer).

En 1889, Verworn décrivit les phénomènes galvanotactiques chez les organismes unicellulaires à vie libre, et il donna à l'étude de cette question un essor considérable, aussi bien par ses recherches personnelles que par les travaux inspirés par lui. Les organismes unicellulaires, tels que rhizopodes, infusoires et autres, contenus dans une masse de liquide à travers lequel il était facile de faire passer un courant, sont un réactif parfait pour obtenir des effets galvanotactiques nets, précis et plus simples que les effets complexes observés chez les animaux supérieurs pourvus d'un système nerveux. Verworn étudia les mouvements galvanotactiques chez un grand nombre de rhizopodes, d'infusoires ciliés et flagellés. Il a pu s'assurer ainsi que, lorsqu'on fait passer un courant à travers un vase qui contient des infusoires, ces derniers à la fermeture du courant s'orientent, se mettent en axe et se dirigent : les uns vers la cathode, les autres vers l'anode. Suivant que les organismes se rassemblent au voisinage de la cathode ou de l'anode, la galvanotaxie est *cathodique* ou *anodique*. *Amoeba limax* se dirige également vers la cathode en émettant dans cette direction un pseudopode.

Les recherches de Verworn ont été complétées et étendues sur un grand nombre d'organismes unicellulaires, par Ludloff, Pütter, Pearl, Carlgren, Wallengren, Birukoff et d'autres. Ce dernier a étudié l'action du courant faradique sur les mouvements d'orientation des organismes unicellulaires. Joseph et Prowazek ont même observé chez les infusoires l'action tactique des rayons de Roentgen. D'autre part, les anciennes expériences d'Hermann sur la galvanotaxie chez les animaux pluricellulaires invertébrés, et même chez les vertébrés inférieurs, ont été reprises par Nagel, Blasius et Schweizer, Loeb, Ewald et Hermann lui-même. Lortet a vu les phénomènes électrotactiques chez les bactéries. Il a constaté que ces dernières réagissent à l'action des courants conduits par une orientation immédiate dans le sens du courant. Il considère ce phénomène comme vital, d'ordre protoplasmique; car les bactéries mortes ne manifestent aucune faculté d'orientation. Enfin, tout récemment, Mendelssohn a observé les phénomènes galvanotactiques chez les leucocytes. La description des faits a été suivie de la construction des théories et des hypothèses tendant à déterminer la nature du phénomène galvanotactique. En définitive, aujourd'hui la galvanotaxie est le mieux connu de tous les phénomènes tactiques.

Description du phénomène. Diverses formes de galvanotaxie. — Si l'étude de la galvanotaxie chez les organismes pluricellulaires et les animaux supérieurs est assez simple et se fait par les moyens généralement usités en électrophysiologie, il n'en est pas de même pour l'observation des phénomènes galvanotactiques chez les organismes unicellulaires qui ne peuvent pas être vus à l'œil nu. Leur étude devrait être faite sous le microscope, ce qui demande un agencement spécial. Le dispositif indiqué par Verworn est le plus approprié à ce genre d'expériences. Sur un porte-objet ordinaire se trouve une petite auge rectangulaire remplie d'eau qui contient les organismes unicellulaires. Cette auge est constituée par deux bandes parallèles d'argile poreuse qui sont reliées à leurs extrémités par un petit rempart de ciment isolant. On obtient ainsi un véritable micro-aquarium auquel le courant est amené au moyen de deux électrodes impolarisables dont les pinceaux sont appliqués sur les deux bandes d'argile ou bien au moyen de deux électrodes impolarisables constituées par une pointe d'argile calcinée qui plonge directement dans le liquide. Dans les deux cas les électrodes sont disposées de façon à faire traverser les objets microscopiques par un courant à peu près parallèle. On peut, dans ces conditions, observer très nettement les phénomènes de galvanotaxie chez les différents organismes unicellulaires et particulièrement chez les paramécies. Au moment de la fermeture du courant, ces dernières se tournent par leur pôle antérieur vers la cathode et s'y rendent en colonnes serrées. En quelques secondes l'eau dans la région anodique est dépourvue de paramécies, qui toutes se sont accumulées en amas dans la partie cathodique de la cupule. Il suffit de renverser le courant pour que l'amas formé dans la région cathodique se dissipe rapidement, et pour que toutes les paramécies se dirigent en bloc du côté opposé vers la nouvelle cathode, se trouvant à la place de l'ancienne anode et y formant une accumulation très dense. En répétant souvent cette expérience, c'est-à-dire en renversant à plusieurs reprises le courant, on verra chaque fois les paramécies affluer avec une précision absolue vers la cathode et y former un amas épais. Les paramécies se rendent vers la cathode, lorsque celle-ci se trouve à l'extrémité de la goutte d'eau, comme cela a lieu dans la cupule placée sur le porte-objet : mais, lorsque les pointes des électrodes sont plongées dans la goutte d'eau même et entourées de tous les côtés par le liquide qui renferme les paramécies, on voit ces organismes se placer à la fermeture suivant les lignes du courant dans la direction de la cathode au delà de laquelle elles forment l'amas. En déplaçant la cathode dans la goutte d'eau, on déplace l'amas de paramécies qui sont dirigées et attirées par la cathode aux différents points du liquide comme les poissons de fer-blanc nageant dans l'eau sont attirés par l'aimant.

Le phénomène galvanotactique n'est pas, du reste, sans présenter quelque analogie avec l'action de l'aimant sur la limaille de fer. Tous ces phénomènes disparaissent à l'ouverture du courant; l'amas se désagrège et toutes les paramécies se dispersent plus ou moins uniformément dans tout le liquide. Il est intéressant de noter que le phénomène galvanotactique se traduit avec une telle régularité et avec une si grande précision qu'il peut servir à éliminer les infusoires d'une partie du vase, et à les concentrer à l'autre bout du liquide où ils nagent. C'est ainsi que Mesnil et Mouton, dans leurs expériences sur une diastase protéolytique des infusoires ciliés, ont tiré parti des propriétés galvanotactiques des infusoires pour les isoler de leur milieu de culture chargé de bactéries, ce qui leur a permis d'extraire la diastase protéolytique.

Les paramécies qui se dirigent sous l'action du courant galvanique toujours vers la cathode, présentent comme la plupart des infusoires ciliés, une *galvanotaxie cathodique*, tandis que plusieurs flagellés manifestent plutôt une *galvanotaxie anodique*. Cette dernière s'observe très bien sur un flagellé oviforme nommé *Polytoma uvella*, et pourvu à son extrémité antérieure de deux flagella. Si l'on fait passer un courant à travers une goutte d'eau contenant un certain nombre de ces infusoires, et si l'on ferme le courant, on voit que tous ces organismes dirigent leur extrémité antérieure vers l'anode, et se rendent en colonnes serrées vers le pôle positif où ils forment un amas plus ou moins dense. Les deux flagella qui, au repos, se trouvent pour ainsi dire dans un état de relâchement le long du corps, se dressent d'emblée, à la fermeture du courant, dans le sens opposé sur l'extrémité antérieure du corps qu'ils entraînent vers l'anode. Ces infusoires sont doués évidemment d'une galvanotaxie anodique. Après l'ouverture du courant la colonne de ces flagellés se disperse; tous les organismes nagent dans les différentes directions et se répartissent plus ou moins uniformément dans la goutte d'eau.

Lorsqu'on fait passer un courant constant à travers un liquide contenant des infusoires à galvanotaxie anodique et d'autres infusoires galvanotaxie cathodique, on voit, à la fermeture du courant, les deux espèces mélangées se séparer et se rassembler chacune à son pôle respectif. Les flagellés s'accumulent à la cathode, les ciliés à l'anode, tandis que le milieu du liquide est complètement dépourvu d'organismes. Il suffit de renverser le courant pour voir ces deux espèces se diriger dans un sens opposé les uns aux autres, s'entre-croiser au milieu de la goutte et s'accumuler de nouveau à leurs pôles respectifs qui se trouvent maintenant aux extrémités opposées. Verworn, auquel on doit cette intéressante expérience, dit avec raison qu'il y a peu d'expériences physiologiques aussi élégantes que cette danse galvanotactique des infusoires.

Verworn a décrit encore une troisième forme de galvanotaxie qu'il a désignée sous le nom de *transversale*, par opposition à la galvanotaxie anodique et cathodique qui sont *longitudinales*. Tandis que, dans ces deux dernières formes de galvanotaxie, la mise en axe des infusoires a lieu suivant les lignes du courant, dans la galvanotaxie transversale l'animal dispose son axe longitudinal perpendiculairement à la direction du courant. C'est un infusoire cilié, *Spirostomum ambiguum*, qui présente le mieux le phénomène caractéristique de galvanotaxie transversale. A la fermeture du courant constant cet organisme ne se dirige guère vers un des pôles, mais il tourne lentement pour se placer avec son axe longitudinal perpendiculairement à la direction du courant. Une fois fixé dans cette position, l'infusoire s'y maintient pendant toute la durée du passage du courant : il l'abandonne aussitôt que le courant est ouvert. Verworn n'a observé la galvanotaxie transversale que chez le *Spirostomum ambiguum*, mais Putter a décrit tout récemment le même phénomène chez plusieurs autres protistes (*Spirostomum teres, Colpidium colpoda, Chilodon cucullus, Bursaria truncatella, Stylonychia mytilus, Urostyla grandis*). Il est vrai que Putter ne considère pas la galvanotaxie transversale comme un effet direct de l'action du courant, mais comme un phénomène d'interférence entre la galvanotaxie et la thigmotaxie. La galvanotaxie transversale n'ayant été observée jusqu'à présent que sur un petit nombre d'infusoires, force est d'admettre que la plupart de protozoaires, et probablement certains protophytes, manifestent principalement la galvanotaxie ou le galvanotropisme anodique ou cathodique.

Il serait superflu de décrire ici la réaction galvanotactique chez différents protistes, d'autant plus que cette réaction est plus ou moins analogue à celle que l'on observe chez les paramécies, réaction qui devrait être considérée comme l'expérience fondamentale pour l'étude des phénomènes galvanotactiques chez la plupart des proistes. Du reste, en discutant plus loin la nature et les théories du phénomène galvanotactique, nous aurons l'occasion de revenir sur les formes variées de galvanotaxie chez divers animaux. Notons seulement ici que les différentes espèces d'amibes, *Amœba limax, Amœba proteus, Amœba verrucosa* et *Amœba diffluens* réagissent très énergiquement à l'action directrice du courant constant et manifestent une galvanotaxie cathodique (Verworn). Un *Amœba proteus* avec ses nombreux pseudopodes, surpris par le courant constant, à la fermeture, émet vers la cathode un pseudopode dans lequel afflue toute la masse protoplasmique; le corps prend alors une forme allongée et rampe vers le pôle négatif. Si l'on renverse le courant, l'amibe change de direction et se dirige dans le sens opposé vers la nouvelle cathode. Le même phénomène s'observe, quoique moins nettement, chez le leucocyte qui est négativement galvanotactique (Mendelssohn).

Le courant galvanique n'est pas le seul à produire des effets galvanotactiques. Le courant induit produit également une orientation locomotrice des infusoires. Déjà Verworn, au début de ses études sur les protistes, a vu les organismes tétanisés avec le courant induit se mouvoir dans un sens déterminé. Nagel a fait aussi quelques observations analogues chez les organismes pluricellulaires. Mais c'est surtout Biruroff qui a fait des recherches très étendues sur l'action directrice du courant induit et a observé plusieurs phénomènes électrotactiques sous l'influence de ce dernier.

Les rayons de Rœntgen produisent aussi chez les organismes inférieurs des phénomènes d'orientation analogues aux phénomènes galvanotactiques. Il résulte des recherches de Joseph et Prowazek que les paramécies et les daphnies accusent un tactisme négatif sous l'action des rayons de Rœntgen, qui exercent en même temps une action très prononcée sur la fonction protoplasmique de ces organismes.

Le rapport de la galvanotaxie avec la nutrition et la fonction protoplasmique de l'infusoire n'est pas encore bien connu. Wallengren a étudié la galvanotaxie dans l'inanition chez les paramécies. Il résulte de ses recherches qu'il n'existe à cet égard aucune différence quantitative entre les organismes normaux et ceux qui se trouvent à l'état d'inanition. La diminution de l'excitabilité électrique et galvanotactique que l'on observe souvent chez les paramécies dans l'inanition n'est qu'apparente et dépend des modifications survenues dans les cils en rapport avec l'amaigrissement provenant de l'inanition. Les paramécies affamées, placées dans l'eau distillée, deviennent plus excitables, probablement à la suite de la perte de sels de sodium. Il suffit d'ajouter à l'eau distillée une faible quantité de chlorure de sodium pour voir l'excitabilité galvanotactique des infusoires baisser considérablement et redevenir normale. Il est certain qu'il doit exister un rapport entre le métabolisme du protoplasma cellulaire et l'intensité de la réaction galvanotactique. Mais, quant à présent, ce rapport est encore inconnu. Les recherches de Wallengren n'éclaircissent qu'un point de la question.

Interférence de la galvanotaxie avec d'autres tactismes. — Lorsqu'un courant électrique traverse un liquide qui contient différents infusoires, son action sur ces organismes est presque toujours modifiée par l'action combinée d'autres irritants. Le liquide où vivent les protozoaires présente un milieu très hétérogène où différents irritants (chimiques, thermiques, lumineux, etc.) exercent sur les organismes unicellulaires leurs actions variées, dont les effets combinés se surajoutent à l'action directrice du courant électrique, et influencent notablement la production et la marche du phénomène galvanotactique. Pour se bien rendre compte du mécanisme et de la nature de ce dernier, on devrait, dans toute expérience, éliminer autant que possible les phénomènes tactiques provenant de l'action d'autres irritants, ce qui est chose très difficile, sinon impossible, lorsqu'on a affaire à un milieu aussi hétérogène que celui où vivent les infusoires. Ne pouvant pas être éliminées, ces actions doivent entrer en ligne de compte dans l'appréciation des phénomènes complexes que présente la galvanotaxie combinée à d'autres tactismes. Pour préciser l'action directrice du courant électrique sur les infusoires, il faut donc déterminer exactement la part qui revient dans le phénomène observé à l'action du courant électrique et celle qui revient à l'action combinée d'autres tactismes. Autrement dit, il faut déterminer les actions interférentes de différents irritants pour en dégager l'étendue et la valeur du phénomène galvanotactique. On sait que pour les actions d'interférence les effets varient suivant qu'il y a sommation ou soustraction des irritations. On obtient ainsi dans le premier cas un renforcement, dans le second cas une atténuation de l'effet provoqué par un des irritants.

L'effet final de l'interférence de deux irritants dépend non seulement de leur intensité, mais aussi du sens de leur action. Deux irritants de même intensité ou d'intensité variable agissant l'un et l'autre dans le même sens, s'additionnent pour produire un effet total qui est plus grand que celui que l'on obtient avec chacun des deux irritants pris isolément. Si, au contraire, les deux irritants d'intensité variable exercent tous deux leur action en sens opposé, il y a soustraction des actions des irritants, et l'effet produit est moindre que celui qui résulterait de l'action isolée de l'irritant plus fort ou bien de l'irritant qui agit dans la direction la plus favorable pour obtenir le maximum d'effet. De cette façon une excitation peut empêcher et même supprimer l'effet de l'autre, ce qui arrive surtout lorsque les deux irritants, différents comme nature et comme mode d'action, agissent dans deux sens contraires l'un à l'autre. Les deux actions antagonistes s'interférant l'une l'autre peuvent même s'annuler réciproquement et ne produire aucun effet extérieur. Ces données, valables pour toutes les actions d'interférence, se rapportent également aux interférences que présente la galvanotaxie avec les autres phénomènes tactiques, et particulièrement avec la chimiotaxie, thigmotaxie et thermotaxie.

Déjà Jennings a attiré l'attention sur les phénomènes d'interférence de la galvanotaxie avec chimio- et thigmotaxie chez certains infusoires ciliés et notamment chez les paramécies. Il résulte de ses recherches que, suivant l'intensité du courant, l'effet galvanotactique l'emporte sur d'autres tactismes ou bien est supprimé par ces derniers. Les intensités du courant qui provoquent un effet galvanotactique appréciable chez les paramécies nageant librement ne provoquent aucun effet chez les paramécies thigmotactiques fixées sur une surface solide. Si l'on augmente l'intensité du courant, on constate que plusieurs individus impressionnés par ce dernier se détachent de la surface solide et se dirigent vers la cathode comme des organismes libres. Dans le premier cas c'est la thigmotaxie qui l'emporte; alors un courant d'une batterie de 20 éléments à acide chromique ne produit encore aucun effet galvanotactique visible; dans le second cas, c'est la galvanotaxie qui l'emporte sur la thigmotaxie, mais avec une intensité du courant qui est celle d'une batterie de 30-40 éléments à acide chromique. Le battement de cils provoqué par l'action du courant électrique est le même chez l'animal thigmotactique et chez l'animal nageant librement. Le courant produit toujours une excitation de contraction dans les cils du côté de l'anode, et une excitation d'expansion dans ceux du côté de la cathode.

Ces faits ont été confirmés par Pütter, dont les recherches étendues à un grand nombre d'organismes présentent beaucoup d'intérêt au point de vue du mécanisme des actions d'interférences et au point de vue de leur rôle dans la production de différentes attitudes et des mouvements tactiques. Pütter a surtout étudié les actions d'interférence de la galvanotaxie avec la thigmotaxie, et il a trouvé ce fait curieux que les diverses attitudes de l'animal thigmotactique, soumis à l'action d'un courant électrique insuffisant à faire prévaloir l'action galvanotactique, sont dus à l'excitation électrique (excitation de contraction) des parties de l'animal qui, généralement, ne sont pas impressionnées par l'excitation thigmotactique. Ainsi, de tous les cils d'une paramécie, ceux du péristome sont les seuls qui ne réagissent jamais à l'excitation de contact et ne jouent aucun rôle actif dans la fixation de l'animal sur un corps solide; par conséquent, ils ne prennent aucune part dans la production du phénomène thigmotactique. Or, si l'on fait agir un courant faible sur une paramécie soumise en même temps à l'excitation thigmotactique, et si l'on provoque ainsi une action d'interférence dans laquelle la thigmotaxie l'emporte sur la galvanotaxie, seuls les cils du péristome sont atteints par le courant, qui provoque dans cette région une excitation de contraction anodique, le péristome de l'animal étant tourné vers l'anode. A la suite de cette excitation du péristome, qui se trouve seulement d'un côté du corps cellulaire, dans lequel il occupe, par conséquent, une position asymétrique, l'animal subit un mouvement rotatoire, auquel les cils excités thigmotactiquement ne présentent aucune résistance, tandis qu'ils s'opposent au mouvement progressif de l'animal vers la cathode. L'infusoire ne se déplace pas, mais s'oriente transversalement, le péristome tourné vers la cathode. En général, tout infusoire cilié thigmotactique chez lequel le courant électrique ne produit pas d'excitation de contraction du péristome peut présenter deux attitudes différentes par rapport à la direction du courant. L'animal peut être placé perpendiculairement au sens du courant, position qui a été considérée jusqu'à présent comme l'effet de l'action spécifique du courant galvanique, ou bien l'animal peut se trouver dans le sens du courant avec le péristome tourné vers la cathode. Entre ces deux positions principales, il existe toute une série d'attitudes intermédiaires qui, toutes, résultent de la tendance que les actions d'interférence ont à soustraire le péristome à l'action excitante de l'anode. La position axiale transversale des infusoires thigmotactiques n'est qu'une attitude limite, que ces organismes prennent sans que le péristome soit excité. Du reste, comme il a été déjà dit plus haut, la position transversale n'est pas, d'après Pütter, un effet simple de l'action du courant galvanique, une simple galvanotaxie transversale : elle constitue plutôt un phénomène d'interférence de la galvanotaxie (cathodique ou anodique) avec la thigmotaxie résultant de l'excitabilité variable des cils. On peut facilement s'assurer sur le *Spirostomum* ou sur d'autres infusoires ciliés, que ceux-ci, lorsqu'ils nagent librement à l'état de galvanotaxie cathodique, peuvent tout aussi facilement présenter le phénomène de galvanotaxie transversale que celui de thigmotaxie, et, dans ce dernier cas, ils peuvent, en interrompant leur marche, adhérer à une surface solide. Pütter considère ce fait comme preuve à l'appui de la nature complexe de la galvanotaxie transversale. On verra plus loin que Wallengren a émis à ce sujet une opinion un peu différente de celle de Pütter.

Nombreux sont les phénomènes provoqués par les actions d'interférence de la galvanotaxie avec la chimiotaxie. Vu le grand nombre de substances chimiques contenues dans le liquide où vivent les paramécies, toute expérience de galvanotaxie se complique forcément par des actions chimiotactiques qui ne se laissent pas toujours déterminer avec précision. Mais on peut très bien étudier ces actions d'interférence en ajoutant au liquide traversé par le courant électrique des substances chimiques à action chimiotactique manifeste. C'est ainsi que S. Jennings a étudié l'effet chimiotactique de plusieurs substances chimiques et alcalines et a pu observer des phénomènes d'interférence provenant de l'action simultanée de l'irritant chimique et de l'irritant galvanique sur les infusoires. Il a constaté que, lorsqu'on introduit une goutte de substance chimique à action tactique dans le liquide contenant des paramécies et traversé par un courant galvanique, les organismes se déplacent vers la cathode jusqu'à ce qu'ils parviennent au bord de la goutte du liquide pour lequel ils sont chimiotactiques. Ils ne dépassent point cette limite, à moins que le courant ne soit très intense et de longue durée. Les actions d'interférence de la galvanotaxie avec la chimiotaxie sont subordonnées à l'intensité du courant et à la durée de son action. Plus le courant est intense, et plus la durée de son action est longue, plus la galvanotaxie l'emporte sur la chimiotaxie. C'est le contraire lorsque le courant est faible et de courte durée. La chimiotaxie l'emporte alors sur la galvanotaxie; les paramécies arrêtées par l'action chimiotactique ne réagissent plus à l'irritant électrique, et ne se rendent pas vers la cathode au moment du passage du courant. Il serait superflu de multiplier ici les exemples des phénomènes d'interférence qui résultent de l'action combinée de la galvanotaxie et de la chimiotaxie. Il importe cependant de remarquer que l'action d'interférence de l'irritant chimique avec l'irritant galvanique se manifeste non seulement par la prévalence d'un de ces irritants, mais aussi par le changement de signe de la galvanotaxie, suivant la nature de la substance chimique. La galvanotaxie anodique peut devenir alors cathodique, et réciproquement. DALE a démontré que, pour une même espèce, la galvanotaxie change de signe suivant que la solution salée est neutre, alcalinisée ou acidifiée. Si, en deçà d'un certain degré d'acidité, un infusoire se dirige vers l'anode, au delà il nagera vers la cathode. Un autre infusoire peut présenter dans les mêmes conditions une réaction inverse. Il résulte, du reste, des recherches de DALE faites sur les cinq espèces d'infusoires-parasites de l'intestin de la grenouille (*Opaline*, *Balantidium*, etc.), que, dans le cas où les infusoires sont placés dans des solutions contenant des électrolytes en proportion variable, il existe un parallélisme complet entre la galvanotaxie et la chimiotaxie. Chaque changement de signe dans le phénomène galvanotactique est toujours accompagné d'une variation équivalente dans la chimiotaxie des infusoires placés dans les mêmes conditions. Ainsi la galvanotaxie anodique correspond toujours au déplacement de l'infusoire vers l'acide, tandis que la galvanotaxie cathodique correspond à un déplacement de l'animal vers la région qui contient la solution alcaline. Il est donc difficile, dans ces conditions, de préciser la part qui revient à chaque tactisme dans le déplacement de l'infusoire. Il est probable que ce déplacement est l'effet d'une action d'interférence qui résulte de l'addition de deux excitations, galvano- et chimiotactiques, agissant dans le même sens. Cependant DALE croit que, dans le cas donné, la chimiotaxie l'emporte complètement sur la galvanotaxie, et annule cette dernière. Aussi conclut-il que, dans le cas où les infusoires nagent dans l'eau contenant des électrolytes et particulièrement dans de l'eau salée (solution de NaCl à 0,6 p. 100), traversée par un courant galvanique, leur galvanotaxie n'est que de la simple chimiotaxie. Il n'en est pas ainsi lorsque les infusoires sont placés dans une eau à peu près pure. La galvanotaxie ne se confond plus avec la chimiotaxie, et il n'y a plus parallélisme entre les phénomènes galvanotactiques et chimiotactiques. Du reste DALE, tout en rejetant l'idée du transport cataphorique des infusoires dans les phénomènes tactiques, attribue à la rhéotaxie le rôle principal dans les mouvements d'orientation des organismes quand l'eau est à peu près pure et ne contient pas d'électrolytes.

Les actions d'interférence de la galvanotaxie avec la thermotaxie sont particulièrement intéressantes. Au cours de mes recherches sur la thermotaxie des infusoires j'ai eu l'occasion d'observer plusieurs faits relatifs à l'action combinée des irritants galvanique et thermique sur les mouvements d'orientation des organismes unicellulaires. Il résulte de ces recherches que l'interférence de l'excitation galvanotactique et de l'excitation thermotactique dépend non seulement de l'intensité et du sens du courant, par rapport à celui de la thermotaxie, qui peut être positive et négative, mais qu'elle se trouve aussi, du moins chez les paramécies, en rapport direct avec la localisation de la cathode, et varie suivant que celle-ci est placée à l'endroit même de l'optimum thermotactique ou bien en avant ou en arrière de ce dernier. On sait que l'optimum thermotactique, qui varie suivant l'espèce et suivant différentes conditions vitales, représente la température favorable (24°, 28°), vers laquelle les organismes unicellulaires se dirigent en partant des endroits à température, soit plus basse, soit plus élevée. Or, si un courant d'intensité moyenne traverse le liquide contenant des paramécies dans le sens de l'action thermotactique positive, c'est-à-dire si l'anode est placée à la température inférieure, et la cathode à la température plus élevée, l'effet obtenu diffère suivant l'endroit où est placée la cathode. Dans le cas où la cathode est placée au point même de l'optimum, l'action thermotactique est renforcée : toutes les paramécies se rendent plus rapidement et avec plus d'énergie à l'optimum. Lorsque la cathode se trouve en-deçà de l'optimum, par exemple à l'endroit où la température est de 20°, les paramécies s'arrêtent à cet endroit, y restent quelque temps et continuent avec une certaine hésitation leur chemin vers l'optimum, où elles s'accumulent définitivement. Enfin, si la cathode est placée au delà de l'optimum, par exemple à l'endroit chauffé à une température de 36° à 38°, les paramécies restent amassées à leur optimum thermotactique et ne continuent pas leur chemin vers la cathode. Ces trois cas présentent trois types caractéristiques des interférences des irritants thermiques avec les irritants électriques. Dans le premier cas l'action thermotactique est renforcée par l'action galvanotactique. Dans le second cas la première est ralentie, et plus ou moins enrayée par la seconde; dans le troisième cas la thermotaxie l'emporte sur la galvanotaxie. Ces trois cas se rapportent à l'action des courants faibles ou moyens. Lorsque le courant galvanique est de très grande intensité et exerce une action de longue durée, la galvanotaxie l'emporte toujours sur la thermotaxie, quelle que soit la position de la cathode par rapport à l'optimum thermotactique.

Les actions d'interférence de la galvanotaxie avec d'autres tactismes (photo- géo- et rhéotaxie) n'ont pas fait l'objet d'études spéciales : il n'en est pas moins probable, sinon certain, qu'elles se produisent chez les organismes unicellulaires dans différentes conditions vitales et expérimentales. Déjà dans toute expérience galvanotactique on a affaire à l'action du courant électrique combinée à celle d'autres agents irritants exerçant leur action constante dans le liquide où se trouvent les infusoires. Dans toute manifestation de la vie les réactions de la matière vivante résultent de la multiplicité des influences qui interviennent dans les phénomènes vitaux. Il est même infiniment probable que toutes les fonctions organiques des organismes unicellulaires et de la plupart des organismes supérieurs sont uniquement une résultante de l'action simultanée de différents irritants qui s'interfèrent les uns les autres. Nous sommes même portés à croire que les mouvements désordonnés qu'une paramécie paraît exécuter au gré du hasard sans direction déterminée relèvent de l'action simultanée des différents irritants agissant dans des sens divers, et que c'est à l'action combinée de différents tactismes qu'il faut attribuer les irrégularités qui surviennent dans la marche d'une expérience tactique. C'est aussi à ce fait que nous avons cru devoir rapporter, dans nos recherches sur la thermotaxie, l'intensité variable de la progression thermotactique des paramécies dans différentes expériences dont les conditions restent les mêmes. Tous ces faits, et bien d'autres qu'il serait superflu de citer ici, prouvent que les actions d'interférence jouent un grand rôle dans la vie des organismes unicellulaires.

Mais, si intéressants que soient les phénomènes d'interférence de la galvanotaxie avec d'autres tactismes, ils ne paraissent pas avoir une grande importance dans la vie normale des organismes élémentaires. L'électricité, dont le rôle biologique n'est pas encore suffisamment connu, n'a certainement pas pour la vie l'importance qu'ont d'autres agents physiques, comme par exemple la chaleur et la lumière, qui représentent les conditions primordiales et indispensables de toute vie organique. Il est infiniment probable, disions-nous dans notre travail sur la thermotaxie, « que le milieu liquide dans lequel vivent les protozoaires est le siège de diverses réactions électrochimiques qui ne sont pas indifférentes pour la vie de l'individu; mais, quant à présent, ces réactions sont encore très peu connues et ne fournissent aucun élément pour une théorie générale relative au rôle de la galvanotaxie dans la vie de l'être unicellulaire ». Il serait donc peut-être trop hasardé de prétendre que l'orientation galvanotactique est un phénomène naturel dans la vie des organismes, malgré l'hypothèse émise par quelques biologistes qui font dépendre l'orientation dans la migration des animaux des courants telluriques électro-magnétiques. Cette hypothèse n'est nullement fondée, et n'est basée sur aucun fait réel. Tout au plus aurait-on le droit d'affirmer, en se basant sur les considérations précédentes, que la galvanotaxie est une propriété générale de la matière vivante. Son rôle biologique, quant à présent, est inconnu.

Nature et mécanisme du phénomène galvanotactique. Différentes théories. — Vu la précision, la netteté et la régularité avec lesquelles se produit le phénomène galvanotactique, il n'est guère surprenant que tous les expérimentateurs qui se sont occupés de la question ont cherché à étudier le mécanisme du phénomène, à l'interprêter et à en donner une théorie générale. Aussi sont-elles nombreuses, les hypothèses qui ont été émises pour expliquer l'action directrice du courant galvanique sur les mouvements des organismes. L'histoire de ces théories est pour ainsi dire l'histoire de la galvanotaxie elle-même.

Lors de la découverte du phénomène galvanotactique, HERMANN a cherché à l'expliquer par une action différente du courant suivant sa direction. Le courant ascendant étant irritant, douloureux même pour des intensités fortes, les organismes, instinctivement ou par action réflexe, cherchent à s'orienter de manière à éviter les sensations douloureuses provenant des excitations exagérées, et tendent à se placer dans le sens du courant descendant, qui est plutôt calmant. En effet, dans l'expérience d'HERMANN, les larves de grenouilles et les embryons de poissons soumis au courant constant ascendant évitent l'action irritante de ce dernier et se placent toujours dans le sens du courant avec la tête dirigée vers l'anode. Cette théorie psycho-physiologique d'HERMANN, admise avec quelques modifications par EWALD, donnait une interprétation assez satisfaisante du phénomène galvanotactique chez les animaux pourvus d'un système nerveux, mais ne pouvait nullement expliquer l'action directrice du courant galvanique sur les mouvements des organismes unicellulaires dépourvus de tout élément nerveux. Il était évident que l'on ne pouvait tirer sur la nature et le mécanisme de la galvanotaxie aucune indication précise d'après expériences faites sur des animaux à structure compliquée, comme les embryons des vertébrés. Quelques biologistes, dominés par les idées anthropomorphistes, accusaient même une tendance à voir un élément psychique dans les divers tactismes et parlaient volontiers d'une « attraction » ou d'une répulsion et même d'une « préférence » des organismes unicellulaires pour une certaine substance chimique, pour une certaine température, etc. Cette manière de voir ne pouvait séduire les biologistes qui cherchent l'interprétation des phénomènes biologiques dans les processus physico-chimiques de la vie. On a bien vite abandonné l'hypothèse des actions mystérieuses que l'on attribuait aux phénomènes tactiques, et l'on a cherché l'explication de ces derniers dans une action directe des agents physiques sur les éléments contractiles et sur les organes locomoteurs des organismes élémentaires.

Au point de vue des phénomènes galvanotactiques, les données électrophysiologiques relatives à l'action intime du courant sur la matière vivante, ont fourni des éléments importants à une théorie de l'action directrice du courant galvanique chez les protozoaires. Dans l'étude des phénomènes galvanotactiques, on devait forcément penser à l'action du courant sur le protoplasma. De là à établir un rapport entre la galvanotaxie et l'excitation polaire du courant il n'y avait qu'un pas qui a été franchi par VERWORN. Ce physiologiste a le mérite d'avoir analysé le premier cette question complexe et d'avoir attiré l'attention des physiologistes sur le rôle de l'action polaire du courant galvanique dans l'orientation des mouvements chez les organismes unicellulaires. C'est une propriété caractéristique du courant galvanique de provoquer dans les muscles et dans les nerfs des phénomènes d'excitation polaire. Il s'agissait donc de savoir si le courant galvanique produit également des phénomènes d'excitation polaire chez les organismes unicellulaires et dans les cellules à vie libre. Rien n'était plus facile alors que de chercher dans cette catégorie de phénomènes l'explication du mode d'action du courant galvanique sur la direction des mouvements chez les organismes unicellulaires. Les expériences de VERWORN et de ses élèves l'ont démontré d'une manière définitive.

Quoique l'excitation électrique ait été appliquée presque exclusivement à l'étude de la fonction de la fibre nerveuse et musculaire, cependant, bien avant la découverte de la galvanotaxie, la physiologie comparée avait enregistré un certain nombre de faits plaidant en faveur de l'action du courant électrique sur les cellules végétales et sur les organismes unicellulaires. En 1864 KÜHNE, étudiant l'action du courant électrique sur *Actinosphaerium Eichhorni*, découvrit que ce rhizopode obéit à une loi d'excitation polaire qui s'écarte notablement de celle des nerfs et des muscles (v. **Électrotonus**, V, 411). Ce protozoaire se contracte lors de la fermeture du courant, non pas à la cathode, mais bien à l'anode. VERWORN, ayant repris ces expériences, a confirmé et complété les faits constatés par KÜHNE. Il résulte de ses recherches, faites sur un grand nombre d'organismes unicellulaires, que, lorsqu'on excite un *Actinosphærium*, on constate qu'au moment de la fermeture du courant les pseudopodes, qui au repos sont étendus tout droit, se contractent, et que leur protoplasma afflue dans le corps cellulaire. En étudiant le phénomène de plus près, on peut s'assurer qu'à la fermeture du courant l'excitation se produit chez *Actinosphærium*, aussi bien à l'anode qu'à la cathode, tandis qu'à l'ouverture du courant elle a lieu seulement à la cathode. L'excitation de l'anode est toujours plus forte que celle de la cathode. Mais, ce qui est tout à fait surprenant et en désaccord avec la loi d'excitation polaire dans les muscles et les nerfs, c'est que l'*Actinosphærium* est excité non seulement à la fermeture et à l'ouverture du courant, mais aussi pendant toute la durée de son passage. La désintégration du protoplasma commence toujours à l'anode, et se propage graduellement vers la cathode pendant tout le temps de la fermeture du courant; elle ne cesse qu'au moment de l'ouverture. Le degré de la destruction est en rapport direct avec l'intensité du courant et la durée de son action.

Verworn a étudié l'action du courant électrique sur plusieurs autres infusoires, et notamment sur de grands Rhizopodes à mouvements lents de la mer Rouge. Les faits qu'il a constatés présentent un très grand intérêt au point de vue de l'action polaire du courant électrique sur la matière vivante. Aussi sera-t-il utile de les rapporter ici en détail.

Un grand rhizopode, *Orbitolites complanatus*, réagit à l'action polaire du courant galvanique d'une manière à peu près analogue à celle d'*Actinosphaerium*. Un courant d'intensité moyenne produit à la fermeture une excitation de contraction aussi bien à la cathode qu'à l'anode, mais celle de l'anode est plus forte que celle de la cathode. L'excitation de contraction chez ce rhizopode se manifeste par une rétraction des pseudopodes et par un écoulement du protoplasma dans une direction centripète vers le corps cellulaire, contrairement à ce qui se passe lors de l'excitation d'expansion dans laquelle le courant protoplasmique est centrifuge et se dirige vers les pseudopodes qui s'étalent. L'excitation contractile a lieu pendant toute la durée du passage du courant et ne cesse qu'à son ouverture. Les pseudopodes s'étalent alors de nouveau, soit à la suite d'une excitation expansive produite par l'ouverture du courant, soit grâce à différentes causes internes indépendantes de l'ouverture du courant. Chez l'*Orbitolites* l'ouverture du courant ne produit donc pas, comme chez *Actinosphærium*, une excitation de contraction à la cathode.

D'autres rhizopodes réagissent également à l'action polaire du courant, mais il y a assez de différences de l'un à l'autre pour démontrer la notable variabilité des effets obtenus pour diverses espèces avec l'irritant galvanique. *Amphistegina Lessonii* et *Peroneoplis pertusus* se comportent comme *Orbitolites* vis-à-vis l'action polaire du courant. Toutefois leur réaction est plus énergique; car leur excitabilité est plus grande, et les sphères protoplasmiques qui se forment tout le long du pseudopode pendant l'excitation de contraction apparaissent aussi bien à l'anode qu'à la cathode, tandis que chez *Orbitolites* ils ne sont visibles que dans la région anodique et nécessitent pour se produire une forte intensité du courant.

Chez *Hyalopus Dujardinii*, la fermeture du courant produit une excitabilité de contraction à la cathode et rien à l'anode. On ne constate aucune excitation à l'ouverture du courant. La même réaction s'observe chez *Rhizoplasma Kaiseri*, rhizopode géant découvert par Verworn dans la Mer Rouge et mesurant plusieurs centimètres de diamètre. Il présente à la fermeture du courant une excitation de contraction à l'anode, et rien à la cathode; à l'ouverture une faible excitation contractile se produit à la cathode, et rien à l'anode. *Pelomyxa* est excité et se contracte à l'anode lors de la fermeture, à la cathode lors de l'ouverture du courant. Mais c'est surtout chez *Amoeba proteus* que Verworn a étudié les actions polaires du courant électrique et précisé l'influence de ces dernières sur les mouvements de ce protozoaire. On sait que le corps de cette amibe est pourvue de nombreux pseudopodes étalés comme des rayons dans toutes les directions, différant en cela de l'*Amœba limax*, dont le corps allongé ne possède qu'un seul pseudopode grand et épais. Si l'on ferme un courant constant traversant le corps de l'*Amœba proteus* au moment où l'amibe a ses prolongements dirigés dans tous les sens, on constate qu'à la cathode il se forme un pseudopode essentiellement hyalin qui s'allonge de plus en plus, et vers lequel affluent toutes les granulations du corps; les pseudopodes dans la région anodique disparaissent. Le corps étiré en long prend la forme allongée de l'*Amoeba limax*. Le grand axe de cette longue et grosse bande est dirigé suivant le sens du courant, et il s'y établit un courant protoplasmique de l'anode vers la cathode. La partie tournée vers l'anode se contracte, le protoplasma dans la région anodique se rétracte, tandis que la partie cathodique au contraire s'étale et présente une forme large et arrondie. L'organisme se déplace d'ailleurs vers la cathode, sans jamais émettre des pseudopodes secondaires dans d'autres directions. D'après Verworn, les deux extrémités de l'amibe sont excitées par le courant galvanique à la fermeture : il se produit une *excitation de contraction* à l'anode, et une *excitation d'expansion* à la cathode. La rétraction des pseudopodes chez l'amibe est l'effet d'une excitation de contraction, tandis que l'émission des pseudopodes serait l'effet de l'excitation d'expansion. Du reste, la contraction à l'anode et l'expansion à la cathode sont deux phénomènes qui agissent identiquement au point de vue du mécanisme du transport de l'amibe ; tous deux tendent à déplacer l'organisme vers la cathode.

Tous ces faits ont conduit Verworn à reconnaître que le courant électrique exerce indubitablement une action polaire sur les organismes unicellulaires, quoique, vu la grande variabilité des phénomènes observés chez diverses espèces, il ne soit guère possible d'établir une loi générale d'excitation polaire de la matière vivante.

Chez les infusoires ciliés, notamment chez les paramécies, les phénomènes d'excitation polaire ont été également observés par Verworn et étudiés avec grand soin par Ludloff dans un travail fait sous la direction de Verworn. Lorsqu'on fait passer le courant galvanique à travers un liquide contenant des paramécies, on constate qu'à la fermeture du courant le corps des paramécies se contracte à l'anode ; toute la partie anodique de l'animal se rétracte en une pointe entourée de filaments provenant du liquide que les trichocystes expulsent au moment de l'excitation. Tout infusoire change de forme : son bout postérieur s'effile, et présente un prolongement caudiforme, tandis que le bout antérieur devient plus arrondi et émoussé. Les cils vibratiles s'incurvent à l'anode plus fortement vers l'extrémité postérieure du corps ; à la cathode ils se dirigent vers son extrémité antérieure, et cela d'ailleurs, quelle que soit la position du corps par rapport à la direction du courant. Il est évident qu'aux deux pôles du corps les cils sont excités en sens inverse. L'excitation produite à l'anode est envisagée par Ludloff comme une excitation de contraction, vu que les cils situés du côté de ce pôle battent plus fortement à l'extrémité postérieure du corps, tandis que l'excitation cathodique est considérée par cet auteur comme une excitation d'expansion, le battement des cils étant plus fort à l'extrémité antérieure du corps.

Les faits observés par Ludloff ont été confirmés par Pearl, qui a étudié d'une manière très approfondie les modifications polaires du mouvement des cils chez un grand nombre d'infusoires ciliés.

Il importe de remarquer que l'action polaire du courant électrique sur les cils a été déjà indiquée par Engelmann et étudiée plus récemment par Krafft. Dans des recherches faites sur la muqueuse pharyngienne de la grenouille, Engelmann a constaté que les mouvements vibratils des cils sont fortement influencés par le courant électrique ; ils s'accélèrent ou se ralentissent suivant la durée, l'intensité et le mode de l'excitation électrique. Le courant appliqué à la muqueuse pharyngienne exerce son action sur les cils, non seulement dans l'espace intrapolaire, mais aussi dans les régions extrapolaires en se propageant de cellule en cellule. Le courant galvanique agit surtout à la fermeture, mais aussi, quoique plus faiblement, à l'ouverture. Les effets d'excitation se produisent également pendant toute la durée du passage du courant. D'après Krafft, les deux pôles du courant constant exercent leur action excitante sur les cils chez les animaux vertébrés. A la fermeture du courant le mouvement vibratil des cils s'accélère, aussi bien à l'anode qu'à la cathode. Quoique la réaction des cils au courant électrique chez les vertébrés soit, d'après Engelmann, un peu différente de celle que l'on observe dans les mêmes conditions chez les animaux inférieurs, il n'en est pas moins vrai que ces organes moteurs présentent dans toute la série animale des phénomènes polaires très nets.

Un fait caractéristique de l'action polaire du courant galvanique a été décrit par Loeb chez *Amblyostoma*, batracien urodèle d'Amérique. La peau de cet animal renferme des glandes qui sécrètent un mucus blanc très bien visible sur le fond noir de l'animal. Ces glandes sont excitées à la fermeture du courant toujours à l'anode, quelle que soit la direction du courant qui traverse le corps. Ainsi, lorsqu'un courant descendant traverse l'animal, ce sont les glandes de la partie antérieure du corps qui sont excitées. Lorsque le courant se dirige en sens inverse, ce sont les glandes de la partie caudale qui entrent en activité. Enfin, dans le cas où le courant agit dans le sens transversal, seules les glandes placées dans la partie du corps tournée vers l'anode réagissent à l'action du courant et sécrètent. L'excitation anodique des glandes à la fermeture peut être aussi démontrée sur des fragments d'un animal coupé que l'on fait traverser successivement par des courants ascendants et descendants. La réaction électrique des glandes d'*Amblyostoma* ne concorde donc pas avec la loi d'excitation polaire de Pflüger.

Les effets d'excitation polaire chez les organismes unicellulaires s'observent, non seulement à la suite de l'action du courant galvanique, mais aussi sous celle du courant induit. Déjà Kühne (1864), Engelmann (1869) et Verworn (1889), ont constaté l'action du courant induit sur les phénomènes de contraction chez les différents rhizopodes. Schewiakoff a observé chez *Stentor* des contractions provoquées par des chocs d'induction. Ces contractions étaient plus fortes du côté de la cathode à la fermeture, et du côté de l'anode à l'ouverture du courant. Mais c'est surtout Roesle (1902) qui a fait sur ce sujet des recherches aussi nombreuses que détaillées. Il en résulte que, suivant l'espèce, l'excitation par le courant induit se fait tantôt à l'anode, tantôt à la cathode, et que le phénomène produit chez les infusoires par un choc d'induction est l'effet de l'excitation indirecte des organes moteurs. Ces faits se rapprochent de ceux que l'on observe à la suite de l'action du courant galvanique et affirment la valabilité générale de l'action polaire du courant électrique sur les organismes unicellulaires. Statkevitch a appliqué tout récemment les chocs d'induction à l'étude de l'irritabilité des infusoires ciliés, et il a constaté des faits qui ne s'accordent non plus avec la loi de l'excitation polaire de Pflüger. Les modifications produites par le courant galvanique dans l'œuf et dans certains éléments embryonnaires sont également attribuées par Roux à l'action polaire du courant; mais cette manière de voir n'est guère partagée par Verworn.

Il nous paraît superflu de multiplier encore les exemples d'action polaire du courant galvanique chez les organismes élémentaires. Les expériences que nous venons de relater établissent d'une façon certaine le caractère polaire de l'action du courant électrique chez ces êtres, mais elles démontrent en même temps que, pour les organismes unicellulaires, la loi d'excitation polaire s'écarte notablement de celle des muscles et des nerfs. Suivant l'espèce, les organismes élémentaires réagissent soit à l'excitation cathodique, soit à l'excitation anodique, soit à l'excitation simultanée des deux pôles.

Un fait caractéristique pour certains protozoaires qui vient heurter notre conception d'une loi d'excitation polaire, considérée comme loi générale, c'est que chez certains organismes le courant constant excerce son action excitante pendant toute la durée de son passage à travers le corps excité. Aussi Verworn, en se basant sur les faits observés et sur la variabilité des résultats obtenus chez diverses espèces, croit-il pouvoir conclure que, « les effets primaires du courant constant sont localisés au point d'entrée « (anode) et au point de sortie (cathode) de la substance vivante, mais que la nature « des actions d'excitation est très variable pour les différentes formes de la substance « vivante à la cathode et à l'anode, lors de la fermeture et de l'ouverture du courant, « et que par conséquent on ne peut formuler aucune loi d'excitation polaire ayant une « portée générale sur toute la matière vivante. » Et c'est la vérité. Il suffit de savoir que le courant galvanique exerce en général sur les organismes unicellulaires une action polaire, qui n'est pas toujours identique à celle qu'il exerce sur les muscles et les nerfs.

Les effets opposés d'excitation polaire provoqués chez différents protozoaires et particulièrement chez l'amibe et chez la paramécie, ont conduit Verworn à émettre une nouvelle théorie de l'excitation, dont la connaissance est indispensable à la compréhension du mode d'action d'orientation du courant galvanique. D'après Verworn, l'excitation galvanique de la substance vivante peut produire un effet double : une *contraction* et une *expansion*. Les deux phases de l'action excitante du courant sont liées à des processus physico-chimiques différents ; mais elles sont toutes les deux l'expression d'un renforcement de certains processus vitaux. L'expansion (le relâchement) ne doit, dans aucun cas, être considérée comme un phénomène de paralysie. L'expansion provoquée à l'extrémité cathodique de l'amibe est tout aussi bien l'effet de l'excitation polaire que la rétraction de la pointe à l'extrémité anodique.

Cette manière de voir est fortement corroborée par certains faits observés par BIEDERMANN. Ce physiologiste a constaté qu'un courant galvanique au moment de sa fermeture produit dans un muscle une contraction à la cathode et une expansion (un relâchement) à l'anode. Le phénomène d'expansion s'observe aussi bien sur les muscles lisses que sur les muscles striés, à la condition que le muscle ne soit pas trop distendu, et qu'il se trouve à l'état de contraction partielle. Sur le muscle cardiaque, BIEDERMANN a vu, à l'ouverture du courant, non seulement une contraction à l'anode, mais aussi une expansion à la cathode. Ces faits démontrent qu'au moment de la fermeture les processus opposés se produisent à la cathode et à l'anode, et qu'au moment de l'ouverture ces processus ont lieu aux deux pôles opposés à ceux de la fermeture. Du reste, PFLÜGER a déjà observé aux deux pôles d'un nerf électrotonisé les effets opposés de l'action du courant à la fermeture et à l'ouverture. Tous ces faits viennent à l'appui de la théorie de VERWORN sur l'effet double de l'excitation électrique de la substance vivante. Cette théorie, qui a été adoptée par la plupart des physiologistes, est fortement combattue par SCHENCK, dont les conceptions sur les mouvements des organes moteurs et sur le mécanisme de la contraction du protoplasma chez les protozoaires, sont absolument opposées à celles de VERWORN. Du reste, VERWORN lui-même est loin de considérer sa théorie comme générale. Il résulte même de ses recherches que, chez certains organismes, la fermeture du courant ne produit pas du tout des effets opposés aux deux pôles et ne provoque qu'une seule excitation contractile, soit à l'anode soit à la cathode, soit aux deux pôles simultanément.

Le fait que la loi d'excitation polaire chez les organismes unicellulaires n'est pas identiquement la même que celle des muscles et des nerfs et s'écarte sensiblement de la loi d'excitation de PFLUGER, considérée jusqu'à présent comme générale et propre à toute substance vivante, a suscité parmi les biologistes de très vives controverses. Quelques physiologistes (J. LOEB et MAXWELL, SCHENCK) ont cherché à mettre d'accord les deux lois. Ainsi J. LOEB et MAXWELL prétendent que, dans les expériences de KÜHNE sur *Actinosphærium*, les modifications protoplasmiques à l'anode ne sont nullement l'effet d'une excitation de contraction, mais résultent d'un empoisonnement qui provient de l'action chimique du courant. D'après VERWORN cette idée n'est pas admissible; car, si le courant est suffisamment faible, on constate à l'anode tous les phénomènes d'excitation représentés par la contraction du protoplasma (rétraction des pseudopodes) sans destruction ultérieure de celui-ci. De plus, ces faits se produisent alors même que l'on se sert d'électrodes impolarisables. Dans un travail ultérieur, fait en collaboration avec BUDGETT, sur la théorie du galvanotropisme, LOEB cherche à démontrer que toutes les exceptions à la loi d'excitation de PFLUGER sont dues à la mise en liberté d'ions électro-positifs dans la partie du corps protoplasmique tournée vers l'anode. Du reste, LOEB et BUDGETT attribuent l'action du courant exclusivement aux ions mis en liberté par ce dernier, aussi bien à l'extérieur que dans l'intérieur du protoplasma. Ce sont les variations survenant dans l'électrolyse du milieu extérieur qui détermineraient les exceptions à la loi de PFLUGER constatées chez les organismes unicellulaires. L'électrolyse externe n'existerait pas dans le muscle et dans le nerf à cause de l'épaisse gaine de sarcolemme et de nevrilemme qui isolent la substance contractile du muscle et le cylindraxe du nerf du milieu ambiant. Dans la fibre musculaire nerveuse l'électrolyse interne seule serait mise en jeu par le courant. Aussi la loi de PFLUGER est-elle constante dans les nerfs et dans les muscles. A l'appui de leur hypothèse, LOEB et BUDGETT citent des expériences qui démontrent qu'en plongeant les organismes dans une solution diluée de Na OH, on voit qu'en touchant un organisme avec la substance qui se forme par voie électrolytique à l'anode, on produit les mêmes déformations et les mêmes modifications protoplasmiques que l'on observe dans la région anodique à la fermeture du courant. Ainsi chez l'Amblyostome le contact de NaOH produit une sécrétion des glandes cutanées analogue à celle qui se fait à l'anode, tandis qu'une solution de HCl (corps formé à la cathode) ne provoque aucune sécrétion. De même différents protozoaires (*Paramæcium*, *Oxytricha*) présentent au contact de NaOH la même pointe protoplasmique que celle qui se forme à l'anode lors du passage du courant. Si intéressants que soient ces faits, ils ne suffisent pas pour appuyer l'hypothèse de LOEB et BUDGETT. Déjà VERWORN a attiré l'attention sur la différence qui existe entre la modification protoplasmique (pointe) produite par l'excitant chimique ou thermique et celle qui résulte d'une excitation électrique. D'autre part, CARLGREN fait remarquer que la déformation protoplasmique se produit toujours à la partie postérieure de l'infusoire plongé dans une solution de NaOH, tandis que, par l'action du courant, elle peut se former aussi bien à l'extrémité antérieure qu'à l'extrémité postérieure, suivant que l'une ou l'autre est dirigée vers l'anode. Du reste, JENNINGS a pu s'assurer que les paramécies placées dans de l'eau distillée, donc à l'abri de toute action électrolytique, présentent également des phénomènes électrolytiques très nets. Enfin H. MOUTON a pu s'assurer par une expérience directe que dans la galvanotaxie le courant agit par son passage à travers le liquide, et non pas par l'intermédiaire de produits diffusibles formés au voisinage des électrodes. Par un dispositif spécial qui permet de protéger certaines paramécies contre les lignes de force du courant, MOUTON a constaté qu'alors elles ne prennent pas une orientation définie, tandis que celles qui se trouvent dans la partie de l'appareil où le courant exerce son action sont orientées et dirigées. Cette orientation galvanotactique n'est pas due à l'action électrolytique de produits diffusibles qui se diffuseraient avec égale facilité dans toutes les parties de l'appareil. BIEDERMANN croit cependant que, si les modifications anodiques du corps cellulaire ne sont pas tout à fait l'effet des actions électrolytiques décrites par LOEB et BUDGETT, il est très probable que l'électrolyse prend une large part à la production des phénomènes que l'on observe du côté de l'anode lors du passage du courant. En se reportant aux recherches de CARLGREN, BIEDERMANN est même très porté à admettre la nature purement physique de toutes les modifications polaires qui se produisent chez les protistes à la suite de l'action du courant de grande intensité.

La valabilité générale de la loi d'excitation polaire de PFLUGER a trouvé aussi un défenseur fervent dans la personne de SCHENCK, lequel, se basant sur ses recherches personnelles et sur celles de LOEB et BUDGETT, croit que les contradictions de la loi d'excitation chez les protistes avec la loi de PFLUGER ne sont pas réelles, et résultent d'une fausse interprétation des faits. Il attaque en tous points la théorie de VERWORN et arrive dans son travail à des conclusions diamétralement opposées aux idées de ce dernier. Il considère, contrairement à l'opinion de VERWORN, la rétraction des pseudopodes comme un acte survenant au repos, tandis que l'émission des pseudopodes est un phénomène d'excitation. La forme globuleuse de l'amibe n'est pas, comme l'admet VERWORN, l'effet d'un état d'excitation et une sorte de contraction, puisque l'amibe peut accuser cette forme aussi bien au repos qu'à la suite d'une excitation maximale. Il est évident que, dans ces conditions, SCHENCK voit une excitation cathodique là où VERWORN voit une excitation anodique et considère la loi de PFLUGER parfaitement valable pour les phénomènes d'excitation chez les protistes. Il importe de remarquer que tout récemment SCHEVIAKOFF a vu que myonèmes des Radiolaires réagissent à l'action polaire du courant galvanique à peu près comme les muscles et les nerfs chez les vertébrés. A la fermeture d'un courant de forte intensité, ces cellules se contractent du côté de la cathode, tandis qu'à l'ouverture la contraction a lieu à l'anode. Chez la même radiolaire l'excitation des pseudopodes n'est pas soumise à la loi polaire d'excitation, et provoque une réaction analogue à celle que KÜHNE et VERWORN ont constaté chez *Actinosphaerium*. SCHEVIAKOFF conclut de ses très intéressantes recherches qu'en général la loi d'excitation polaire de PFLUGER n'est valable que pour les éléments contractiles différenciés (muscles chez les métazoaires et myonèmes chez les protozoaires) et ne s'applique guère à l'action du courant sur le protoplasma non différencié (pseudopodes).

Les considérations de SCHENCK et les recherches de LŒB et de ses élèves ne nous paraissent pas suffisantes pour soutenir la généralisation de la loi de PFLÜGER à toute substance vivante. Il faut donc jusqu'à plus ample informé adopter l'opinion de VERWORN, à savoir qu'on ne peut formuler aucune loi d'excitation polaire ayant une portée générale. Du reste le fait est sans importance pour la théorie de la galvanotaxie. Pour se rendre compte du mécanisme du phénomène galvanotactique, il importe surtout de savoir *que les organismes unicellulaires réagissent en général à l'action polaire du courant galvanique, et que les phénomènes consécutifs à une excitation anodique diffèrent pour la plupart de ceux qui sont produits par l'excitation cathodique.*

Quelle que soit la portée générale de la loi d'excitation chez les organismes unicellulaires, elle fournit des éléments importants pour l'interprétation du mécanisme et de la nature du phénomène galvanotactique chez les protozoaires. L'excitation unilatérale d'un des pôles du courant, ou bien une excitation bipolaire, différente, ce sont là les éléments nécessaires pour produire une orientation galvanotactique. D'après Verworn, le mécanisme de tous les phénomènes tactiques, et par conséquent du mouvement galvanotactique, repose sur les différences « polaires dans le biotonus et découle avec une nécessité inéluctable du mode de mouvement spécial à chaque forme cellulaire ». Pour les organismes qui se meuvent dans la direction de leur axe longitudinal, Verworn admet que, cette position axiale une fois acquise, le mode ordinaire de locomotion de l'organisme doit produire un mouvement qui le rapproche ou l'éloigne de la source de l'irritant. La raison principale de toute action directrice se trouve donc dans la position axiale du corps cellulaire, et toutes les positions axiales sont déterminées par une excitation ou par une paralysie de la contraction ou de l'expansion portant sur un des pôles du corps. De cette manière, par excitation de contraction ou par paralysie d'expansion d'un côté, le pôle antérieur du corps se détourne de la source excitante, tandis que, par paralysie de contraction ou excitation d'expansion d un côté, le pôle antérieur du corps se tourne vers la source excitante. Ainsi les phénomènes des différents tactismes apparaissent simplement « comme le résultat mécanique nécessaire, des différences qui se « produisent dans les biotonus aux deux pôles d'une cellule, sous l'action des excitants ». Ces principes sont applicables à tous les tactismes, et peuvent servir de base à une théorie générale des phénomènes tactiques.

On observe très bien ce mode d'action des irritants chez les amibes chez lesquelles l'excitant galvanique bilatéral produit d'un côté une contraction, de l'autre une expansion. Du côté excité par expansion, l'amibe se rapproche; de la source excitante du côté excité par contraction, il s'éloigne : c'est ce qu'on constate effectivement dans la galvanotaxie des amibes (Verworn) et des leucocytes (Mendelssohn). Quant aux infusoires qui se déplacent dans l'eau à l'aide des battements rythmiques des cils et des fouets vibratils, Verworn cherche à expliquer le mécanisme de leurs phénomènes tactiques en établissant très ingénieusement une analogie entre le mouvement de ces organismes dans l'eau et le mouvement d'un bateau mû par les rames. « L'analogie, dit-il, est complète, et la comparaison peut être poursuivie jusque dans les plus petits détails. Les infusoires qui se meuvent à l'aide d'un ou de deux flagella ou bien à l'aide d'un grand nombre de cils se trouvent absolument dans les mêmes conditions qu'un bateau mû par une seule ou par plusieurs rames. La différence dans l'énergie fonctionnelle des organoïdes du mouvement (cils, fouets) aux deux pôles du corps produit une mise en axe déterminée, de telle sorte que le corps se dirige par sa partie antérieure du côté de l'excitant qui produit l'expansion et s'éloigne du côté de l'excitant qui produit la contraction. Le mouvement en avant ou en arrière et même l'arrêt complet dépendent du rapport qui existe entre la phase de contraction et la phase d'expansion. » Cette ingénieuse théorie de Verworn s'applique à la plupart des tactismes et est conforme aux faits observés par d'autres expérimentateurs pour la géotaxie (Jensen), pour la galvanotaxie (Ludloff) et pour la thermotaxie (Mendelssohn).

Quant à la galvanotaxie, Verworn la considère comme un effet de l'action polaire du courant galvanique. La galvanotaxie cathodique (chez l'amibe, la paramécie) résulte d'une excitation contractile à l'anode. De même la galvanotaxie anodique (chez l'opalina et plusieurs flagellés) est produite par une excitation contractile à la cathode qu'un courant suffisamment intense met facilement en évidence. La galvanotaxie transversale, que l'on observe chez *Spirostomum ambiguum*, est déterminée par une excitation bilatérale du courant. Après la fermeture du courant l'infusoire se contracte, exécute différents mouvements, et par des flexions et courbures spéciales est ramené à la direction perpendiculaire à celle du courant.

En se plaçant au point de vue de la théorie de Verworn, Ludloff a cherché à déterminer le rôle de l'action polaire du courant galvanique sur les mouvements d'orientation des paramécies. En plongeant les paramécies dans une solution de gélatine (méthode de Jensen) et en immobilisant ainsi jusqu'à un certain degré ces infusoires, il a pu observer avec grande précision les mouvements des cils sous l'influence du courant galvanique. Au repos tous les cils sont à peu près perpendiculaires au corps de la paramécie. Si l'on fait passer à travers le corps de cet infusoire un courant galvanique de 0, 06 M. A, on voit à la fermeture les cils de toute la région cathodique du corps battre fortement, tandis que les cils de la région anodique restent complètement au repos. Si le courant traverse le corps d'avant en arrière, les cils s'incurvent du côté du pôle antérieur du corps. A mesure que l'on augmente l'intensité du courant, le mouvement des cils devient de plus en plus énergique. A une intensité de courant de 0,18 M. A., les cils exécutent des mouvements aussi bien du côté de la cathode que du côté de l'anode, mais les cils de la région cathodique s'incurvent dans un sens opposé à ceux de la région anodique. A une intensité de courant encore plus grande (1,2 M. A.), la partie anodique se rétracte et produit une pointe qu'il faut considérer comme une contraction locale provoquée par l'excitation polaire du courant galvanique. On n'observe pas ce phénomène sur une paramécie placée perpendiculairement au sens du courant. Dans ce cas la contraction provoquée par l'excitation anodique produit une incurvation concave du corps tout entier, qui prend la forme semi-lunaire. La conclusion d'ensemble qui se dégage de toutes ces expériences est que le courant galvanique détermine une excitation de contraction à l'anode et une excitation d'expansion à la cathode. De cette façon les mouvements des cils aux deux pôles sont influencés, quoique d'une manière différente, par la fermeture du courant galvanique. L'effet locomoteur des cils à l'extrémité antérieure est nécessairement opposé à celui de l'extrémité postérieure. Il est évident que cette modification de l'activité des cils sous l'influence de l'action polaire du courant galvanique doit forcément retentir sur la locomotion de l'infusoire et déterminer son orientation galvanotactique. Ludloff admet que la mise en axe caractéristique (extrémité antérieure du côté de la cathode et extrémité postérieure du côté de l'anode) peut être l'effet aussi bien de l'excitation d'expansion des cils à la cathode que de l'excitation de contraction à l'anode. A la suite de l'excitation anodique le corps cellulaire se dirige avec sa partie antérieure vers la cathode, ce qui a lieu dans la galvanotaxie cathodique provoquée par des courants faibles et moyens. Les courants forts renversent le sens du phénomène galvanotactique et provoquent une galvanotaxie anodique; les paramécies, à la suite d'une excitation de contraction du côté de la cathode, se dirigent vers l'anode. Dans les deux cas la mise en axe est la même.

Les faits observés par Ludloff ont été confirmés par Pearl et par d'autres observateurs. Ils ont mis hors de doute le rôle de l'action polaire du courant dans l'orientation galvanotactique des infusoires ciliés, et ont fourni des documents importants pour l'interprétation non seulement de la galvanotaxie cathodique des paramécies, mais aussi de la galvanotaxie anodique d'autres infusoires. En effet Verworn, qui dans ses premières recherches a rapporté la galvanotaxie anodique à une excitation contractile à la cathode, a obtenu dans ses recherches ultérieures avec un courant suffisamment intense une contraction à la cathode chez *Opalina*, infusoire parasite doué d'une galvanotaxie anodique. Kölsch a tout récemment confirmé les faits constatés par Verworn chez *Opalina;* mais il a observé chez cet infusoire, lorsqu'il se trouve en position axiale, une disposition des cils analogue à celle des paramécies. Il faut donc conclure de ce qui précède que toute galvanotaxie, qu'elle soit cathodique ou anodique, est l'effet de l'excitation de contraction à un des deux pôles : à l'anode dans la galvanotaxie négative, et à la cathode dans la galvanotaxie positive. Il est intéressant de relever ce fait que, d'après cette théorie, dans tous les cas de galvanotaxie anodique, la loi d'excitation de Pfluger serait valable chez les protozoaires, puisque l'on obtient dans ce cas chez ces derniers une contraction cathodique à la fermeture du courant.

Wallengren cherche dans un travail récent à préciser le mécanisme de la galvanotaxie anodique et émet une hypothèse déduite des faits qu'il a observés dans ses nombreuses recherches, d'après laquelle le caractère de la galvanotaxie, anodique ou cathodique, dépend entièrement du mécanisme des cils qui produisent la rotation de l'organisme. Si les battements des cils rotatoires sont ceux d'expansion, l'infusoire est forcé de se déplacer dans la direction de l'anode; si au contraire ces cils exécutent des mouvements de contraction, l'infusoire nage dans la direction de la cathode. Il n'est donc pas néces saire d'admettre une excitation polaire différente dans les cas de galvanotaxie anodique et cathodique. La même excitation polaire qui détermine le déplacement de la paramécie vers la cathode force l'*Opalina* à se rendre à l'anode. Les deux galvanotaxies, anodique et cathodique, ne sont pas, d'après Wallengren, deux formes différentes de l'action galvanotactique du courant; elles sont toutes les deux produites par deux modes différents de l'action du mécanisme rotatoire des cils et représentent la même réaction à une seule et unique action polaire du courant galvanique. La galvanotaxie transversale s'explique également par un mode d'action spécial du mécanisme rotatoire des cils et ne représente guère, d'après Wallengren, une forme spéciale de l'action galvanotactique du courant. La loi d'excitation polaire est la même pour *Spirostomum*, qui manifeste une galvanotaxie transversale, que pour la paramécie qui est négativement, ou bien pour *Opalina* qui est positivement galvanotactique. La mise en axe transversale de *Spirostomum* résulte uniquement de l'action du mécanisme rotatoire des cils, et n'est nullement occasionnée par les dimensions et la flexibilité de l'infusoire, comme l'admet Kölsch. Le mouvement des cils ne cesse pas dans la position transversale de l'animal, comme le croit Pearl; mais au contraire il est mis en jeu par l'excitation polaire du courant. L'excitation expansive des cils empêche l'animal de se déplacer dans la direction de l'anode ou de la cathode et le retient dans la position axiale transversale. Vu la disposition asymétrique des cils des deux côtés du corps, le *Spirostomum* ne peut jamais rester complètement au repos, et il est obligé d'exécuter toujours certains mouvements dans la direction transversale et homodrome.

Les considérations précédentes ainsi que les faits exposés plus haut établissent d'une façon certaine le rôle de l'action polaire du courant dans la production du phénomène galvanotactique chez les organismes unicellulaires. Actuellement la théorie polaire de la galvanotaxie est adoptée par la majorité des physiologistes, et même, comme nous le verrons plus loin, elle a été appliquée à l'interprétation des phénomènes galvanotactiques chez les vertébrés. Il n'en est pas moins vrai que, malgré l'importance des travaux expérimentaux qui parlent en faveur de cette théorie, celle-ci est loin d'être admise par tous les physiologistes, et suscite même parmi ces derniers de très vives controverses. Certains d'entre eux ont cherché à la remplacer par d'autres théories ou hypothèses plus ou moins ingénieuses, quoique souvent difficiles à défendre.

J. Lœb s'est beaucoup appliqué à approfondir la nature et le mécanisme du phénomène galvanotactique, et il a exposé ses conceptions à ce sujet dans cinq communications faites pour la plupart en collaboration avec ses élèves, et intitulées : *Contribution à la théorie du galvanotropisme*. Il a étudié surtout la galvanotaxie des organismes supérieurs pourvus d'un système nerveux et musculaire. Malgré la complexité des phénomènes galvanotactiques observés chez les animaux supérieurs, Lœb croit pouvoir étendre ses conceptions théoriques sur les actions galvanotactiques à tout le règne animal et les appliquer également à l'interprétation du mécanisme des mouvements d'orientation galvanotactique chez les organismes unicellulaires. D'après Lœb, c'est l'état électrotonique spécial de chacun des éléments traversé par le courant qui produit le phénomène galvanotactique et oriente l'organisme dans un sens déterminé. Lors du passage du courant, chaque fibrille des organoïdes moteurs placée dans le sens du courant serait divisée, d'après Lœb et Maxwell, en une région catélectrotonique et anélectrotonique. Suivant que le point excitable de la fibrille (qui correspondrait aux cellules nerveuses chez les animaux supérieurs) se trouve dans l'une ou dans l'autre région, l'énergie du mouvement des cils augmente ou diminue. En parlant plus loin de la galvanotaxie des organismes pluricellulaires, nous analyserons d'une manière plus approfondie la théorie galvanotactique de Lœb. Il importe seulement de faire remarquer ici que cette théorie, déjà trop complexe pour les animaux supérieurs, ne rend pas suffisamment compte du mécanisme et de la nature intime du phénomène galvanotactique chez les organismes unicellulaires.

Les actions électrolytiques invoquées par Lœb et Budgett pour interpréter l'action polaire du courant pourraient sans doute fournir une base solide à une théorie électrolytique de la galvanotaxie, si cette hypothèse pouvait être acceptée sans réserve. En admettant dans tout organisme unicellulaire des modifications de l'excitabilité dues à une réaction acide à l'anode et à une réaction alcaline à la cathode, on réduit forcément le phénomène galvanotactique à une simple réaction de chimiotaxie. Or il a été déjà dit plus haut que certains faits parlent contre l'hypothèse de Lœb et Budgett, d'une action purement chimique du courant galvanique. Pütter a fait valoir des arguments très probants contre la théorie électrolytique de la galvanotaxie. Il s'élève surtout contre une expérience de Lœb que ce dernier interprète en faveur de sa théorie de l'excitation galvanique. Lœb, plaçant les paramécies dans une solution physiologique de chlorure de sodium traversée par un courant galvanique, a vu que les infusoires ne se dirigent plus en avant vers la cathode, comme cela a lieu dans toute expérience de galvanotaxie, mais qu'elles nagent toutes en arrière vers l'anode. Le même phénomène s'observe lorsque les paramécies se trouvent dans une solution physiologique de chlorure de sodium sans être soumises à l'action du courant. Lœb croit que cette expérience parle en faveur de l'action électrolytique du courant. Ce n'est pas l'avis de Pütter, d'après lequel le déplacement rétrograde des infusoires dans une solution de chlorure de sodium résulte tout simplement d'une modification du battement des cils à la suite d'une irritation chimique qui s'exerce sur toutes les parties du corps. Lorsque les animaux s'adaptent à ce nouveau milieu, ils ne manifestent plus cette réaction rétrograde et se dirigent sous l'influence du courant galvanique en avant vers la cathode aussi nettement que lorsqu'ils se trouvent dans leur milieu habituel. L'opinion de Lœb, d'après laquelle la galvanotaxie anodique de l'opaline serait l'effet du milieu salé dans lequel cet infusoire parasite doit être étudié, n'est pas non plus admise par Pütter qui a vu dans le même milieu, sous l'influence du courant, *Opalina* se rendre à l'anode et *Balanthidium* à la cathode. Cette expérience prouve bien que la constitution du milieu n'est pas le facteur déterminant du phénomène galvanotactique. Pütter, en se basant sur les faits précédents et sur ceux qu'ont établis Verworn, Ludloff et Pearl, conclut que la théorie de Lœb n'est pas admissible, que la galvanotaxie n'est pas l'effet des actions électrolytiques du courant, et qu'elle résulte de l'action directe de ce dernier sur l'irritabilité propre du protoplasma.

Quelques physiologistes se sont appliqués tout récemment à interpréter les mouvements d'orientation galvanotactique des organismes unicellulaires nageant dans de l'eau par les actions cataphoriques du courant qui traverse le liquide. Une théorie cataphorique de la galvanotaxie est soutenue surtout par Birukoff. Déjà Carlgren a cherché à expliquer par un phénomène cataphorique les actions polaires du courant chez les organismes unicellulaires nageant dans l'eau. Ses expériences sont très instructives à cet égard, et paraissent ne laisser aucun doute sur la possibilité de produire à l'aide du courant galvanique certaines modifications protoplasmiques absolument identiques chez l'animal vivant ou mort. Carlgren a vu, chez les colonies de *Volvox aureus* placées dans une solution de gélatine et soumises à l'action d'un courant fort, les changements de forme et le transport de *Parthenogonite* vers l'anode s'effectuer aussi bien pendant la vie qu'après la mort. De même il a pu observer chez les paramécies et chez les amibes après la mort des modifications protoplasmiques provoquées par la fermeture du courant, analogues à celles que l'on a décrites chez ces organismes vivants. De là il conclut que tous les phénomènes que l'on observe dans le corps cellulaire des protistes lors du passage d'un courant, sont de nature physique, et dues à l'action cataphorique de ce dernier, action qui se traduit par la propriété que possède le courant de transporter le liquide d'un pôle à l'autre. C'est dans cette catégorie de phénomènes physiques que Carlgren range la plupart des faits observés par Verworn à la suite de l'action polaire du courant. Cependant il garde une certaine réserve vis-à-vis de quelques phénomènes, comme la contraction anodique chez la paramécie, l'expulsion des masses granuleuses du côté de l'anode chez *Pelomyxa*, et d'autres faits du même ordre, qu'il hésite à attribuer exclusivement à l'action cataphorique du courant, et qu'il croit devoir ranger plutôt dans la catégorie des phénomènes produits par la contraction anodique.

Birukoff est moins hésitant : il se prononce catégoriquement en faveur de la nature cataphorique du phénomène galvanotactique chez les organismes unicellulaires. Cet expérimentateur s'est servi du courant faradique pour étudier les phénomènes électrotactiques chez les paramécies : il a constaté que les infusoires se meuvent toujours dans la partie du liquide où l'intensité du courant est la plus faible et se disposent à la surface des électrodes de manière à laisser libre les parties où la densité du courant est la plus grande. Les particules inertes de carmin d'amidon ou de lycopode se comportent d'une façon tout à fait contraire. Ces particules se meuvent sous l'influence du courant induit toujours dans les parties liquides où l'intensité du courant est plus forte et occupent les points de l'électrode où la densité du courant est maximale; elles restent absolument immobiles là où le courant est faible. De ces faits et d'autres encore qu'il est trop long de relater ici, Birukoff croit pouvoir conclure que l'action cataphorique du courant et l'excitabilité générale des infusoires sont les conditions essentielles de la production du phénomène galvanotactique.

Si intéressantes que soient les expériences de Birukoff, elles ne sont pas exemptes de causes d'erreurs et ne nous paraissent pas établir d'une façon certaine le rôle des courants cataphoriques dans le mouvement galvanotactique des protistes. Les faits constatés par Birukoff peuvent encore être interprétés autrement. Aussi son hypothèse ne peut-elle pas être admise sans conteste. Déjà Verworn a fait observer que dans certains cas le courant cataphorique dans un liquide est de sens contraire à la direction du mouvement galvanotactique des infusoires placés dans ce liquide. Ce fait parle avec évidence contre la nature cataphorique de la galvanotaxie. Pütter, à l'opinion duquel se rallie Biedermann, rejette complètement l'hypothèse de Birukoff, et croit que l'intervention de l'action cataphorique du courant dans la production du phénomène galvanotactique est absolument inadmissible après les recherches très probantes de Verworn, de Ludloff et de Pearl, qui ont établi d'une façon certaine l'influence de l'action polaire du courant sur les mouvements des organes moteurs chez les organismes unicellulaires. C'est aussi notre avis. Certes les effets cataphoriques du courant traversant un liquide qui contient des infusoires sont indéniables; mais de là à conclure à la nature cataphorique du phénomène galvanotactique il y a loin. Dans l'état actuel de nos connaissances il ne subsiste aucun doute sur le rôle actif des organes locomoteurs dans le mouvement galvanotactique des infusoires. Le mouvement d'orientation des organismes sous l'action du courant est un mouvement actif, par conséquent physiologique. Sans doute les mouvements actifs de tout être vivant, et surtout des organismes nageant dans l'eau, dépendent à un degré variable des conditions physiques du milieu, de sa température, de sa densité et du frottement interne de l'eau (W. Ostwald); mais il ne faut pas oublier qu'ils relèvent également de l'irritabilité et de l'activité fonctionnelle du protoplasma. En général, dans l'étude de tout phénomène biologique et particulièrement dans celle des phénomènes électrobiologiques, il ne faut pas confondre les actions physiques avec les effets physiologiques. Au contraire, il faut chercher à séparer la partie physique du phénomène de l'excitation physiologique qui détermine la réaction de l'organisme. Certains physiologistes ont tort de croire que le problème biologique perd tout intérêt lorsqu'il ne peut être suivi sur le terrain physique. Alors en effet toute une partie du problème échappe à l'analyse, de sorte que, si on ne l'aborde pas par son côté physiologique, on laisse souvent le problème sans le résoudre. Cela s'applique aux tentatives faites par quelques physiologistes pour interpréter les phénomènes galvanotactiques par un mécanisme purement physique et notamment par l'action des courants cataphoriques. La galvanotaxie est un phénomène biologique provoqué par l'action du courant; c'est une réaction vitale du protoplasma à l'excitant électrique. Cette réaction est soumise à la loi d'excitation polaire, quelle que soit son expression dans chaque cas particulier. C'est là la conclusion générale qui se dégage de tous les faits relatifs à l'action directe du courant électrique sur les mouvements d'orientation des organismes unicellulaires.

Galvanotaxie des organismes pluricellulaires. — Les théories émises sur la nature et le mécanisme de la galvanotaxie chez les organismes pluricellulaires, aussi bien chez les animaux vertébrés que chez les invertébrés supérieurs, sont encore bien plus complexes que celles qui ont été soutenues à propos de la galvanotaxie des organismes unicellulaires. Il est facile de concevoir que le problème se complique à mesure que le nombre des facteurs qui le compose augmente, comme cela a lieu dans les phénomènes galvanotactiques des animaux supérieurs pourvus d'un système nerveux, lequel doit nécessairement jouer un certain rôle dans les mouvements d'orientation des animaux

La première théorie de la galvanotaxie chez les animaux vertébrés fut émise par Hermann (1885), qui du reste fut le premier à décrire ce phénomène dans le règne animal. Comme il a été déjà dit plus haut, HERMANN attribuait le phénomène galvanotactique au fait que les organismes s'orientent de manière à éviter l'action par trop irritante du courant ascendant et se placent dans le sens du courant descendant, la tête tournée vers l'anode. EWALD, qui a repris et complété les expériences d'HERMANN, se range à l'opinion de ce dernier pour l'interprétation des phénomènes galvanotactiques et fait remarquer que le sens du phénomène galvanotactique chez les larves de grenouilles est en rapport avec l'intensité du courant. Lorsque les courants sont faibles, les larves se déplacent vers la cathode, tandis qu'elles se rendent vers l'anode, lorsque le courant est fort. Les grenouilles adultes et les tritons ne présentent pas du tout des phénomènes de galvanotaxie. La position normale des larves de grenouilles soumises à l'action du courant galvanique serait, d'après EWALD, *homodrome*, et non pas *antidrome* (avec la tête tournée vers l'anode). Il admet que les deux moitiés de la moelle épinière se comportent différemment vis-à-vis de l'action du courant galvanique; la partie antérieure de la moelle est excitée par le courant descendant, tandis que la partie postérieure est excitée par le courant ascendant. L'action excitante du courant ascendant ne s'exerce que dans les conditions anormales lorsque la moitié antérieure de la moelle est lésée. Aussi l'orientation antidrome ne se produit-elle que chez des animaux épuisés ou bien avec des courants de grande intensité. Dans des recherches ultérieures faites en collaboration avec MATHIAS suivant des conditions expérimentales très précises, HERMANN, tout en confirmant les faits principaux observés par EWALD, les envisage comme un phénomène anormal se produisant exceptionnellement dans certaines conditions déterminées. Il maintient sa première opinion, d'après laquelle la position antidrome est la position normale des larves de grenouilles dans la galvanotaxie. Non seulement les larves entières se calment dans la position antidrome; mais les parties sectionnées manifestent séparément une réaction analogue. La queue séparée du tronc et traversée par un courant exécute des mouvements désordonnés dans la position homodrome, et ne se calme que lorsqu'elle se place dans le sens antidrome du courant. Si l'on divise la queue en deux moitiés, antérieure et postérieure, la première seule est atteinte par le courant et se place dans la position antidrome, tandis que la seconde, qui ne contient plus de moelle épinière, ne réagit nullement à l'action du courant. HERMANN conclut de cette expérience que la réaction galvanotactique n'est pas de nature musculaire, mais d'origine centrale. Elle est intimement liée à la présence de la moelle épinière, et n'est nullement influencée par le cerveau. Il importe de remarquer que les expériences d'HERMANN ont été complètement, et sans exception, confirmées par BIEDERMANN. Les faits observés tout récemment sur des poissons (*Gobio fluviatilis*) par BREUER parlent également en faveur de l'intervention directe de la moelle épinière dans la production du phénomène galvanotactique, qui ne paraît nullement être influencé par le cerveau et le labyrinthe.

W. NAGEL (1891) a vu de petits crustacés (Copépodes) soumis à l'action du courant galvanique se tourner toujours vers l'anode, tandis que certains mollusques (*Limnæus stagnalis, Planorbis corneus, P. marginatus*) s'éloignent de l'anode à la fermeture du courant. Dans ses recherches ultérieures, faites sur des poissons, des amphibies, des annélides et des mollusques, NAGEL a constaté, suivant l'espèce, tantôt une galvanotaxie positive, tantôt une galvanotaxie négative, mais plus souvent cette dernière. Chez *Asellus aquaticus* il a vu la galvanotaxie anodique se produire même après la décapitation de l'animal. Quoique NAGEL attribue à l'excitation polaire un rôle important dans la production du phénomène galvanotactique, il admet cependant, avec HERMANN, que les animaux, dont le système nerveux (central chez les vertébrés inférieurs, ou périphérique chez les invertébrés) est excité par le courant, cherchent à éviter les excitations douloureuses ou les sensations désagréables provoquées par une direction déterminée du courant et à se placer dans le sens du courant qui est le moins irritant.

BLASIUS et SCHWEIZER ont étudié le phénomène galvanotactique chez un grand nombre d'animaux vertébrés (poissons, amphibies, rats, souris) et chez certains invertébrés supérieurs. Les conceptions théoriques qu'ils ont déduites de leurs nombreuses recherches présentent un grand intérêt au point de vue de la théorie des mouvements d'orientation, chez les animaux pourvus d'un système nerveux. Ils ont constaté chez un grand nombre de poissons, chez les écrevisses et chez les larves de salamandres, une mise en axe anodique (la tête vers l'anode); tandis que chez la sangsue et chez quelques autres Vers ils ont vu une orientation cathodique (la tête vers la cathode). Un courant de faible intensité oriente les poissons (particulièrement les truites) vers l'anode. Si l'on augmente l'intensité du courant ascendant, on voit qu'il se produit chez ces animaux un état analogue à celui de la narcose, état que BLASIUS et SCHWEIZER ont désigné sous le nom de *galvanonarcose*. Les animaux, dans un état de dépression complète, restent immobiles, respirent faiblement ou à peine, et ne réagissent à aucune excitation. Si, dans ces conditions, on diminue lentement et graduellement l'intensité du courant, les poissons continuent à rester dans cet état de narcose, mais ils deviennent hyperexcitables. Ils présentent alors un état analogue à l'hypnose provoquée chez les poulets, chez les grenouilles et chez les écrevisses. Chez la grenouille on n'observe pas une mise en axe déterminée sous l'action du courant; mais on constate une réaction caractéristique de l'animal suivant la direction du courant. L'écrevisse (*Astacus fluviatilis*) reste immobile par l'action du courant descendant et réagit au courant ascendant par une galvanotaxie anodique. Ce qui est caractéristique chez ce crustacé, c'est qu'il nage avec la partie postérieure de son corps tournée vers l'anode. Les poissons électriques ne sont pas galvanotactiques. Il serait superflu de citer ici tous les faits si nombreux observés par BLASIUS et SCHWEIZER. Bornons-nous à exposer brièvement les conclusions qui s'en dégagent et qui ont été formulées par ces deux expérimentateurs.

Il résulte de leurs recherches que l'électrotaxie existe chez un grand nombre d'animaux et peut être mise en évidence avec grande facilité chez les poissons. Quoique les effets polaires locaux du courant jouent un certain rôle, c'est surtout le sens du courant qui a une action effective. Chez les vertébrés et chez quelques animaux inférieurs, le courant descendant exerce une action calmante, tandis que le courant ascendant produit une action excitante. L'électrotaxie et d'autres phénomènes analogues (la galvanonarcose, le vertige galvanique) résultent de l'action prolongée du courant et non pas de la fermeture momentanée de ce dernier. Quelle que soit l'action du courant galvanique : calmante, excitante ou bien directrice, elle s'exerce avant tout sur le système nerveux central. Il est certain que l'électrotaxie positive est provoquée par l'action excitante du courant ascendant, quoiqu'il ne soit pas possible de déterminer auquel des trois facteurs : sensations douloureuses dans la peau, excitation des organes des sens, ou action directe du cerveau, incombe le rôle principal dans la production du phénomène.

BLASIUS et SCHWEIZER ne croient pas pouvoir déduire de leurs recherches une théorie générale et définitive des phénomènes électrotactiques; mais ils se croient autorisés à émettre une hypothèse conforme aux faits observés et tendant à expliquer le mécanisme de l'excitation galvanotactique.

Voici comment il faut, d'après ces auteurs, interpréter la production de la galvanotaxie anodique : on peut se représenter un animal, par exemple un poisson, traversé par un courant ascendant, comme divisé en deux parties : une partie antérieure anélectrotonique, et une partie postérieure catélectrotonique. Dans la première partie l'excitabilité est diminuée; dans la seconde, elle est augmentée. De cette manière, le courant descendant provoque dans le cerveau et dans la partie supérieure de la moelle épinière un état anélectrotonique dont l'effet direct est la diminution de l'excitabilité dans ces parties de l'axe cérébro-spinal. On observe un effet contraire, lorsque l'animal est parcouru par un courant ascendant; le cerveau se trouve alors en catélectrotonus. Il est évident que dans ces conditions le courant descendant paralyse la fonction du cerveau et interrompt l'arc réflexe, tandis que le courant ascendant renforce la fonction cérébrale et rend plus facile la transmission des réflexes. Ces faits avaient d'ailleurs été déjà en partie constatés et décrits par NOBILI, USPENSKY, ONIMUS et LEGROS. D'après ces derniers, « le courant ascendant excite la moelle et augmente les actions réflexes, tandis que le courant descendant empêche les actions réflexes et diminue l'excitabilité de la moelle ». C'est par ces effets électrotoniques sur les centres nerveux que BLASIUS et SCHWEIZER expliquent le mécanisme du phénomène électrotactique chez les animaux pourvus d'un système nerveux. HERMANN trouve cette hypothèse peu acceptable, vu que dans ce genre d'expérience il s'agit non pas des pôles extérieurs du courant, mais de l'endroit de son entrée et de sa sortie dans les tissus et les organes : autrement dit, il faut prendre en considération surtout les électrodes physiologiques. Or il est difficile, sinon impossible, de déterminer la position et la diffusion de ces dernières dans un organisme qui tout entier est traversé par un courant électrique. On ne sait pas au juste où est l'anode et où la cathode dans le système nerveux central, et à quel degré le pôles du courant pénètrent dans le corps cellulaire lui-même ou bien s'arrêtent à sa surface.

On voit, rien que d'après la discussion soulevée entre HERMANN d'une part et BLASIUS et SCHWEIZER d'autre part, combien le problème est complexe et loin d'être résolu. J. LŒB, à son tour, a cherché à déterminer le rôle des différents facteurs dans la production du phénomène galvanotactique chez les animaux pourvus d'un système nerveux. Il rejette l'opinion qui attribue une action calmante ou paralysante au courant descendant et une action excitante ou même douloureuse au courant ascendant. Il a pu s'assurer, par des expériences faites avec MAXWELL chez des crustacés (palémons et écrevisses), qu'un courant d'intensité moyenne, quelle que soit sa direction, modifie de la même façon la tension, autrement dit le travail mécanique de différents groupes de muscles associés, et que ces modifications de la tension amènent, si l'intensité du courant est suffisante, des attitudes forcées caractéristiques aussi bien des extrémités que de l'animal tout entier. Avec un courant d'intensité moyenne, les modifications de la tension musculaire sont telles que l'animal se déplace plus aisément vers l'anode que vers la cathode. C'est pourquoi les crustacés se dirigent alors vers l'anode, sans qu'il y ait lieu de faire intervenir une action galvanotactique. Le phénomène est d'ordre purement mécanique. Un courant de grande intensité provoque un véritable tétanos dans les muscles et empêche toute progression de l'animal. Ce dernier est immobilisé par la contracture de groupes musculaires associés.

En général, l'action du courant sur les crustacés engendre des conditions mécaniques qui déterminent l'orientation de l'animal. Lors du passage du courant, quelle que soit sa direction, les extrémités tournées vers l'anode sont en flexion, tandis que celles qui sont dirigées vers la cathode sont en extension. Cette exagération différente de l'intensité du travail dans les fléchisseurs et dans les extenseurs des membres a pour résultat de diriger les animaux vers l'anode. La différence d'action dans les groupes musculaires différents au point de vue fonctionnel, proviendrait de ce que, dans la chaîne nerveuse centrale, les nerfs qui se rendent aux muscles fléchisseurs ne sont point entre-croisés, tandis que les nerfs des muscles extenseurs le sont. Tous ces phénomènes sont attribués par LŒB et MAXWELL aux modifications électrotoniques de l'excitabilité de certains neurones et pour ainsi dire de chaque cellule nerveuse prise isolément. La galvanotaxie, chez les crustacés, est due à l'état électrotonique spécial de chacun des éléments nerveux et aux modifications énergétiques de certains groupes de muscles associés.

Cette théorie électro-mécanique de la galvanotaxie chez les crustacés peut, d'après LŒB, être généralisée et appliquée également au mécanisme du phénomène galvanotactique chez les protozoaires et chez les vertébrés. Dans un travail ultérieur, LŒB a communiqué, en collaboration avec GERRY, les résultats d'expériences faites sur les vertébrés, notamment sur les larves d'amblyostome, résultats pleinement confirmatifs de ce qu'il avait vu précédemment sur les crustacés. Le courant descendant produit chez la larve une forte contraction des muscles longitudinaux ventraux, d'où résulte une incurvation ventrale concave du corps et un refoulement des pattes en arrière et en haut. L'animal se dirige et se déplace vers l'anode. C'est le contraire que l'on observe lorsque le courant est ascendant. Ce sont les muscles dorsaux qui se contractent alors ; le corps est concave vers le haut, en opisthotonos; les membres sont dirigés en avant, et l'animal se dirige en arrière vers l'anode. Si le courant passe à travers le corps dans le sens transversal, il se produit, à la suite de la contraction de différents groupes musculaires, une concavité qui est tournée vers l'anode; l'animal tout entier roule ou tombe également dans la direction de l'anode. Ces attitudes différentes sont dues, d'après LŒB et GERRY, aux actions électrotoniques du courant sur les centres nerveux. Suivant la direction du courant, des niveaux différents de la moelle se trouvent en catélectrotonus ou en anélectrotonus. De là les différences dans les réactions. Si l'on coupe une larve par deux moitiés en arrière des pattes antérieures, la partie postérieure, c'est-à-dire celle qui se trouve en arrière de la section et qui est séparée des centres, ne réagit pas à l'action du courant, tandis que la partie antérieure de l'animal se comporte vis-à-vis du courant comme le fait l'animal normal. Bref, toutes les attitudes et les mouvements des larves d'amblyostome parcourues par un courant galvanique sont dues aux modifications de la valeur énergétique de certains groupes de muscles associés, modifications survenant sous l'influence de l'état électrotonique des éléments nerveux.

Les phénomènes galvanotactiques observés chez les larves de grenouilles par Hermann et chez beaucoup d'autres animaux par Blasius et Schweizer rentrent, d'après Lœb et Gerry, dans la même catégorie de faits et relèvent également de l'action électrotonique du courant sur les éléments du système nerveux central. Cependant Statkevitch, dans ses expériences faites tout récemment sur des crustacés et sur des poissons, a vu la contraction anodique à la fermeture se produire aussi bien chez l'animal intact que dans un segment de l'écrevisse, ayant conservé son ganglion avec les nerfs et les muscles.

Tout en généralisant sa théorie électro-énergétique de la galvanotaxie et en cherchant à l'appliquer à tout le règne animal, Lœb trouve lui-même quelques faits contradictoires pour la localisation des actions électrotoniques dans le système nerveux chez les crustacés et chez l'amblyostome. Ayant constaté, dans ses expériences sur la sécrétion des glandes de l'amblyostome sous l'influence du courant, que les courants longitudinaux, après la destruction de la moelle, n'ont aucune action sur les glandes qui réagissent encore très bien à l'action du courant transversal, Lœb a conclu que les glandes sont excitées non seulement par l'intermédiaire du système nerveux, mais aussi par l'action directe du courant sur les terminaisons nerveuses. Le courant longitudinal exerce son action sur le système nerveux central et produit une excitation anodique à la fermeture, tandis que le courant transversal agit directement sur les terminaisons nerveuses. Les courants longitudinaux exercent sur le système nerveux central une action *en masse*, en provoquant des états électrotoniques différents dans les deux extrémités de la moelle. Le mécanisme de l'excitation électrique, pour l'effet électrotonique, serait donc différent chez l'amblyostome et chez les crustacés, pour lesquels chacun des éléments nerveux présente un état électrotonique particulier. Lœb croit cependant qu'il est parfaitement possible d'expliquer par deux mécanismes différents la galvanotaxie chez les crustacés et l'excitabilité électrique chez l'amblyostome, et il invoque, à l'appui de sa manière de voir, les expériences de Roux, d'après lesquelles des *Morula* ou des *Blastula* présentent, soit des réactions totales, soit des réactions cellulaires individuelles, dès que leur excitabilité est modifiée.

Il est facile de se convaincre que les faits observés par Roux sont essentiellement différents de ceux qu'a observés Lœb : par conséquent, ils ne peuvent ni confirmer, ni infirmer l'hypothèse de ce dernier. Il a été utile, cependant, de relever des faits contradictoires dans l'hypothèse de Lœb pour montrer que cette hypothèse, difficilement acceptable dans des cas particuliers, ne peut être soutenue lorsqu'il s'agit de la généraliser aux phénomènes galvanotactiques chez tous les animaux. Verworn, dans la critique adressée au travail de Lœb et Maxwell, a déjà démontré l'insuffisance de leur hypothèse, et a indiqué les contradictions qui existent entre leurs différentes conceptions des phénomènes galvanotactiques. Hermann fait observer qu'il ne peut pas être question d'un catélectrotonus ou d'un anélectrotonus pour une seule cellule ganglionnaire, comme l'admet l'hypothèse de Lœb, puisque une cellule traversée par le courant possède toujours ses anode et cathode physiologiques. Biedermann partage cette manière de voir et se prononce également contre l'hypothèse de Lœb, en ajoutant que les considérations anatomiques s'opposent à l'hypothèse d'un état électrotonique particulier de différentes cellules ganglionnaires. La disposition anatomique de ces dernières est trop complexe pour permettre de préciser leur réaction individuelle à un courant qui traverse le système nerveux central tout entier.

Du reste, les conceptions théoriques de Lœb se sont notablement modifiées plus tard, à la suite des recherches faites avec Budgett, dont il a été question plus haut. En abandonnant peu à peu le terrain sur lequel il a construit, avec Maxwell et Gerry, l'hypothèse électro-mécanique de la galvanotaxie, Lœb trouve dans ses recherches faites avec Budgett des éléments nécessaires pour soutenir une théorie électrolytique du phénomène galvanotactique. Il admet que chez un animal intact le courant produit des actions électrolytiques dans le liquide cérébro-spinal qui enveloppe de tous côtés le système nerveux central. La formation des ions électro-positifs au point anodique du système nerveux central et leur action excitante ne constituent pas la cause directe du mouvement galvanotactique. La direction des lignes de force du courant par rapport aux parties symétriques joue aussi un rôle important dans l'orientation galvanotactique de l'animal. La nouvelle théorie de Lœb, théorie électrolytique, n'est pour ainsi dire qu'une modification de sa première hypothèse électro-énergétique. Dans la nouvelle théorie, ce n'est plus l'état électrotonique des éléments nerveux qui produit les modifications de la tension musculaire, et, en dernier lieu, l'orientation galvanotactique, mais ce sont les excitations provoquées par des processus électrolytiques qui engendrent certaines modifications énergétiques du muscle et orientent l'animal dans un sens déterminé.

Il convient de se réserver pour juger cette théorie; car les objections formulées plus haut à la théorie électrolytique de l'action polaire du courant ne sont pas de nature à faire admettre également la nouvelle théorie galvanotactique de Lœb.

Conclusions. Considérations générales. — Arrivé au terme de cet exposé des théories de la galvanotaxie, nous devons reconnaître que le problème est loin d'être résolu, et qu'il suscite encore parmi les physiologistes les plus vives controverses. Entre toutes ces théories, celle qui nous paraît être la plus vraisemblable, la plus conforme aux faits observés, et qui pourrait être admise sans conteste, c'est la théorie polaire de galvanotaxie émise par Verworn et soutenue par ses élèves et plusieurs autres physiologistes. L'action du courant sur les organismes se manifeste par des phénomènes d'excitation provoqués à un de ses pôles ou aux deux pôles simultanément. Cette action du courant s'exerçant sur le protoplasma chez les organismes unicellulaires, sur la chaîne ganglionnaire et sur des terminaisons périphériques des nerfs sensitifs chez les invertébrés supérieurs, ou bien sur la moelle épinière chez les vertébrés, provoque, par ses effets d'excitation polaire, des mouvements d'orientation chez les animaux.

Un fait se dégage de tout ce qui a été dit plus haut, c'est la nature biologique du phénomène galvanotactique, phénomène vital qui relève de l'irritabilité propre du protoplasma vivant. La galvanotaxie est une forme spéciale de l'irritabilité du protoplasma, lequel réagit par des phénomènes d'orientation locomotrice à l'influence de l'irritant électrique. Tout fait croire que la galvanotaxie, qui est si répandue dans le monde organique, est une propriété générale de la matière vivante.

Dans l'état actuel de nos connaissances, il n'est guère possible de déterminer le rôle de la galvanotaxie dans les manifestations de la vie. Peut-être même le phénomène galvanotactique ne se produit-il guère dans les conditions normales de la vie. On est encore loin de connaître le rôle biologique des minimes différences de potentiel de l'électricité atmosphérique, dont l'action sur l'organisme vivant est indéniable; on connaît encore bien moins les nombreuses réactions électro-chimiques dont l'organisme animal est le siège et qui ne doivent pas être indifférentes dans la vie de l'individu. C'est donc l'insuffisance de nos connaissances électrobiologiques qui nous empêche de pénétrer plus profondément dans l'analyse du rôle biologique de la galvanotaxie. Il est cependant permis de prévoir, dès maintenant, que, lorsque l'action du courant électrique sur les mouvements d'orientation des éléments mobiles de l'organisme humain sera mieux connu, on trouvera peut-être dans les phénomènes galvanotactiques l'explication de différents effets électro-thérapeutiques dont la raison d'être échappe pour le moment à toute analyse scientifique.

Bibliographie. — **1.** Biedermann (W.). *Elektrophysiologie*, 1895. — **2.** Biedermann (W.). *Elektrophysiologie* (*Ergebnisse der Physiologie*, i, 1902, 2e partie, 169-196). — **3.** Birukoff (B.). *Untersuchungen über Galvanotaxis* (*A. g. P.*, lxxvii, 1899). — **4.** Birukoff (B.). *Sur les mouvements d'orientation des infusoires sous l'influence du courant galvanique* (*Trav. de l'institut physiol. de l'Université de Moscou*, vi, 1902 (en russe). — **5.** Blasius (E.) et Schweizer (F.). *Ueber Electrotropismus und verwandte Erscheinungen* (*A. g. P.*, liii, 1893, 493). — **6.** Breuer (J.). *Ueber Galvanotropismus bei Fischen* (*C. P.*, xvi, 1902, 481). — **7.** Carlgren (O.). *Ueber die Einwirkung des konstanten galvanischen Stromes auf niedere Organismen* (*Arch. An. u. Physiol.*, 1899). — **8.** Carlgren (O.). *Ueber die Einwirkung des konstanten galv. Stromes auf niedere Organismen. II. Versuche an verschiedenen Entwickelungsstadien einiger Evertebraten* (*Arch. An. u. Physiol.*, 1900). — **9.** Dale (H.). *Galvanotaxis and chemotaxis of ciliate Infusoria* (*J. P.*, xxvi, 1901, 291). — **10.** Davenport.

Experimental Morphology, I, 1897. — **11.** ENGELMANN (F.-W.). *Physiologie der Protoplasma- und Flimmerbewegung* (HERMANN'S *Handb. d. Physiol.*, I, 1879). — **12.** ENGELMANN (F.-W.). **Cils Vibratils** (*Dict. Physiol. de* CH. RICHET, III, 1898, 785). — **13.** EWALD (J. R.). *Ueber die Wirkung des galvanischen Stromes bei der Längsdurchströmung ganzer Wirbelthiere. I und II Mitt.* (*A. g. P.*, LV, 1894 et LIX, 1895). — **14.** GERRY (W.-E.). *The effects of Ions upon the agregation of flagellated Infusoria* (*Amer. Journ. of Physiol.*, IV, 1900, 291). — **15.** HERMANN (L.). *Eine Wirkung galvanischer Ströme auf Organismen* (*A. g. P.*, XXXVII, 1885). — **16.** HERMANN (L.). *Weitere Untersuchungen über das Verhalten der Froschlarven im galvanischen Strome* (*A. g. P.*, XXXIX, 1886). — **17.** HERMANN (L.) et MATTHIAS (FR.). *Der Galvanotropismus der Larven von Rana temporaria und der Fische* (*A. g. P.*, LVII, 1894). — **18.** JOSEPH (H.) et PROWAZEK (S.). *Versuche über die Einwirkung von Röntgen-Strahlen auf einige Organismen, besonders auf deren Plasmathätigkeit* (*Zeitsch. allg. Physiol.*, I, 1902, 142). — **19.** JENNINGS (H.-S.). *Studies on reactions to stimuli in unicellular organisms. I. Reactions to chemical, osmotic and mechanical stimuli in the ciliate infusoria* (*J. P.*, XXI, 1897). — II. *The mecanism of the motor reactions of paramæcium* (*Amer. journ. of Physiol.*, II, 1899). — V. *On the Movements and motor Reflexes of the Flagellata and Ciliata Ibid.*, III, 1900). — **20.** KÖLSCH. *Zoolog. Jahrb. Anat. Abth.*, XVI, 1002, 408. — **21.** KRAFT (H.). *Zur Physiologie des Flimmerepithels bei Wirbelthieren* (*A. g. P.*, XLVII, 1890). — **22.** LŒB (J.) et MAXWELL (S. S.). *Zur Theorie des Galvanotropismus* (*A. g. P.*, LXIII, 1896, 121). — **23.** LŒB (J.) et GERRY (WALTER E.). *Zur Theorie des Galvanotropismus. II. Versuche an Wirbelthieren* (*A. g. P.*, LXV, 1896, 41)). — **24.** LŒB (J.). *Zur Theorie des Galvanotropismus. Ueber die polare Erregung der Hautdrüsen von Amblyostoma durch den constanten Strom.* (*A. g. P.*, LXV, 1896, 308). — **25.** LŒB (J.) et BUDGETT (SIDNEY P.). *Zur Theorie des Galvanotropismus. IV. Mit. Ueber die Ausscheidung electropositiver Ionen an der aüsseren Anodenfläche protoplasmatischer Gebilde als Ursache der Abweichungen vom Pflüger'schen Erregungsgesetz.* (*A. g. P.*, LXV, 1897, 518). — **26.** LŒB (J.). *Zur Theorie des Galvanotropismus. Influenzversuche* (*A. g. P.*, LXVII, 1897, 483). — **27.** LORTET (L.). *Influence des courants induits sur l'orientation des bactéries vivantes* (*C. R. Ac. Sc.*, CXXII, 1896, 892). — **28.** LUDLOFF (K.). *Untersuchungen über den Galvanotropismus* (*A. g. P.*, LIX, 1895). — **29.** MENDELSSOHN (MAURICE). *Recherches sur l'interférence de la thermotaxie avec d'autres tactismes et sur le mécanisme du mouvement thermotactique* (*Journ. Physiol. Pathol. gén.*, II, 1902, 476). — **30.** MENDELSSOHN (M.). *Action du courant électrique sur les leucocytes*, (*B. B.*, LV, 1904). — **31.** MENDELSSOHN (M.) *Sur la galvanotaxie des leucocytes*, (*B. B.*, LV, 1904). — **32.** MENDELSSOHN (M.). **Electrotonus** (*Dict. de Physiol. de* CH. RICHET, V, 1900, 411). — **33.** MOUTON (H.). *Sur le galvanotropisme des infusoires ciliés* (*C. R. Ac. Sc.*, CXXVIII, 1899, 1247). — **34.** NAGEL (W.). *Beobachtungen über das Verhalten einiger wirbellosen Thiere gegen galvanische und faradische Reizung* (*A. g. P.*, LI, 1892, 624). — **35.** NAGEL (W.). *Fortgesetzte Beobachtungen uber polare galvanische Reizung bei Wasserthieren* (*A. g. P.*, LIII, 1893). — **36.** NAGEL (W.). *Uber Galvanotaxis* (*A. g. P.*, LIX, 1895). — **37.** ONIMUS et LEGROS. *Traité d'électricité médicale. Recherches physiologiques et cliniques.* Paris, 1888. — **38.** OSTWALD (WOLFGANG). *Zur Theorie der Richtungserregungen schwimmender niederer Organismen* (*A. g. P.*, XCV, 1903, 23). — **39.** PEARL (R.). *Studies on electrotaxis. I. On the reactions of certain Infusoria to the electric current. II. The reactions of Hydra to the constant current* (*Amer. journ. Physiol.*, IV. 1900; V, 1901). — **40.** PEARL (R.). *Some aspects of the electrotactic reaction of lower Organisms. Third Rep. of the Mich. Ac. of Sc.*, 1901. — **41.** PUTTER (A.). *Studien über Thigmotaxis bei Protisten* (*Arch. An. Physiol. Suppl.*, 1900, 243). — **42.** RŒSLE (E.). *Die Reaction einiger Infusorien auf einzelne Induktionsschläge* (*Zeitsch. allg. Physiol.*, II, 1902, 138). — **43.** ROUX (W.). *Ueber die morphologische Polarisation von Eiern und Embryonen sowie über die Wirkung d. elec. Stromes auf die Richtung der ersten Teilung des Eies.* (*Ak. W.*, CI, 1892 et *Biol. Cbl.*, XV, 1895, 385). — **44.** ROUX (W.). *Ueber die polare Erregung der lebendigen Substanz durch den electrischen Strom.* (*A. g. P.*, LXIII, 1896, 542). — **45.** SCHENCK (FR.). *Kritische und experimentelle Beiträge zur Lehre von der Protoplasma-bewegung und Contraction* (*A. g. P.*, LXVI, 1897, 242). — **46.** SCHEVIAKOFF (W.). *Contribution à la biologie des organismes élémentaires*, (*Acad. sc. Saint-Pétersbourg*, LXXV, 1896). — **47.** SCHEVIAKOFF (W.). *Beiträge zur Kenntniss er Rad iolaria-Acanthometrea* (*Mémoires de l'Académie des Sciences de Saint-Pétersbourg*, 1902). — **48.** STATKEVITCH (P. G.). *Loi d'excitation des infusoires ciliés par des chocs d'in-*

duction (*C. R. Soc. Physiol., Moscou*, 10 déc. 1902). — **49.** STATKEVITCH (P. G.). *Contribution à la théorie du galvanotropisme. Expériences sur les crustacés et sur les poissons* (*C. R., Soc. Physiol.*, 27 mars 1903). — **50.** VERWORN (MAX). *Psycho-physiologische Protisten Studien*, 1889. — **51.** VERWORN (MAX). *Die Polare Erregung der Protisten durch den galvanischen Strom.* (*A. g. P.*, XLV et XLVI, 1889). — **52.** VERWORN. *Comptes rendus du deuxième Congrès international de physiologie à Liège*, 1892. — **53.** VERWORN (M.). *Die polare Erregung der lebendigen Substanz durch den constanten Strom.* (*A. g. P.*, LXII et LXV, 1896). — **54.** VERWORN (M.). *Allgemeine Physiologie*, 1903, 4e édition, trad. franç. de la 2e éd., 1901. — **55.** WALLENGREN (H.). *Inanitionserscheinungen der Zelle* (*Zeitsch. allg. Physiol.*, I, 1902, 67). — **56.** WALLENGREN (H.). *Zur Kenntniss der Galvanotaxis. I. Die anodische Galvanotaxis. II. Zur Analyse der Galvanotaxis bei Spirostomum* (*Zeitsch. allg. Physiol.*, II, 1903, 341 et 516).

MAURICE MENDELSSOHN.

GALVANOTROPISME. Voyez GALVANOTAXIE.

GAULTHÉRINE ET GAULTHÉRASE.

— La gaulthérine est un glucoside découvert, en 1844, par PROCTER (1), dans l'écorce de *Betula lenta* WILLD, arbre du Canada et de la Caroline. Elle doit son nom à ce fait que le produit principal de son dédoublement hydrolytique, le *salicylate de méthyle*, venait d'être signalé par CAHOURS (2), comme constituant la presque totalité de l'essence de *Gaultheria procumbens* L.

PROCTER l'avait séparée sous forme d'une masse gommeuse; c'est seulement cinquante ans plus tard, en 1894, que SCHNEEGANS et GEROCK (3) parvinrent à l'obtenir à l'état pur et cristallisé.

Préparation de la gaulthérine — La préparation de la gaulthérine présente d'ailleurs des difficultés particulières, ce glucoside étant accompagné, dans l'écorce de *Betula lenta*, d'un ferment soluble qui le dédouble, même en solution alcoolique.

Pour réussir, il faut suivre le procédé qui a été donné par les deux chimistes allemands. On épuise l'écorce de *Betula lenta*, grossièrement pulvérisée, avec de l'alcool fort contenant de l'acétate de plomb (15 p. 100 du poids de l'écorce employée). La présence du sel de plomb dans l'alcool paralyse et précipite le ferment. On débarrasse la teinture verdâtre ainsi obtenue de l'excès de plomb qu'elle renferme, par l'hydrogène sulfuré; on distille pour retirer l'alcool; on reprend le résidu sirupeux par un peu d'alcool absolu, ce qui amène la séparation d'un produit brun; on décante la liqueur claire, et on l'additionne de plusieurs volumes d'éther. Il se produit un abondant précipité qui se rassemble en une masse jaunâtre, plastique, visqueuse. Cette masse est redissoute dans l'alcool fort, et la solution alcoolique abandonnée à l'évaporation spontanée.

La gaulthérine se sépare peu à peu sous forme de cristaux prismatiques groupés en étoiles que l'on essore à la trompe, et que l'on purifie par deux ou trois nouvelles cristallisations, en décolorant la solution alcoolique à l'aide du noir animal. On obtient finalement des aiguilles parfaitement incolores.

Propriétés de la gaulthérine. — La gaulthérine est amère. Elle est très soluble dans l'eau, mais s'y dissout lentement quand elle est à l'état cristallisé; elle se dissout facilement et rapidement dans l'alcool; elle est soluble également, sans se décomposer, dans l'acide acétique concentré; elle est presque insoluble dans l'éther, le chloroforme, l'acétone, le benzol. Chauffée, elle commence déjà à se décomposer un peu au-dessus de 100° en répandant l'odeur de salicylate de méthyle; à 120°, elle brunit et se décompose complètement, sans qu'on puisse observer une véritable fusion.

La gaulthérine est lévogyre. La solution aqueuse préparée fraîchement n'est attaquée ni à froid, ni à chaud par les persels de fer; elle n'agit pas à froid sur la liqueur cupro-potassique, mais la réduit à l'ébullition. L'eau de baryte décompose la gaulthérine déjà à la température ordinaire.

Sa composition élémentaire répond à la formule $C^{14}H^{20}O^{9}$, ou, plus exactement, à $C^{14}H^{18}O^{8} + H^{2}O$; car elle renferme une molécule d'eau de cristallisation.

Traitée à chaud par les acides minéraux étendus, la gaulthérine se dédouble en donnant du glucose et du salicylate de méthyle :

$$C^{14}H^{18}O^{8} + H^{2}O = C^{6}H^{12}O^{6} + C^{6}H^{4}\begin{cases} OH \\ COOCH^{3} \end{cases}$$

Présence très fréquente de la gaulthérine chez les végétaux. — La gaulthérine ou des glucosides analogues paraissent jouer un rôle important dans le règne végétal, car, dans ces dernières années, on a retiré du salicylate de méthyle d'un grand nombre de plantes, et cela dans des conditions telles que l'on doit admettre que cet éther s'y trouve à l'état de glucoside. Dans plusieurs de ces plantes, la preuve de l'existence d'un tel glucoside a été établie. De l'une d'elles même, le *Monotropa Hypopitys* L., espèce qui vit en parasite sur la racine d'arbres divers et dont la tige fraîche écrasée exhale, au bout de quelques instants, l'odeur du salicylate de méthyle, j'ai pu retirer ce glucoside à l'état impur (4). Pour cela, j'ai eu recours au procédé de Schneegans et Gerock, après avoir, toutefois, détruit d'abord le ferment du glucoside que renferme la plante, par l'immersion de celle-ci dans de l'alcool à 95° porté à l'ébullition. Le produit obtenu était sous forme de masse poisseuse que des essais répétés n'ont pu amener à l'état cristallisé. Mais son action sur la lumière polarisée, qu'il dévie à gauche, comme la gaulthérine; son dédoublement par les acides étendus et par le ferment, dont il sera question plus loin, ne laissent aucun doute sur sa qualité de glucoside de l'éther méthylsalicylique.

La présence de la gaulthérine ou d'un glucoside analogue a été également constatée dans la racine de *Spiræa Filipendula*, L. (4).

Au surplus, voici la liste des plantes desquelles on a pu retirer du salicylate de méthyle, et dont on a toutes raisons de penser qu'elles renferment un glucoside de cet éther.

FAMILLE.	ESPÈCES.	OBSERVATEURS.
Bétulinées . . .	*Betula lenta* L., écorce.	Procter (1).
Lauracées. . . .	*Lindera Benzoin* Meissn., écorce.	Schimmel (5).
Monotropées . .	*Monotropa Hypopithys* L., tige.	Bourquelot (6).
Ericacées	*Gaultheria procumbens* L., feuille. . . .	Cahours (2).
—	— *fragrantissima* Wall., feuille.	Broughton (7).
—	— *leucocarpa* Blume, feuille. . .	Köhler (8).
—	— *odorata* Willd (9), feuille. . .	
—	— *serpyllifolia* Pursh (9), feuille.	
Rosacées. . . .	*Fragaria vesca* L., fruit.	Portes et Desmoulières (10).
—	*Spiræa Ulmaria* L., rhizome.	Nietski (11).
—	— *Filipendula*, L., racine	Bourquelot (4).
—	— *palmata* Thunb., racine.	Beijerinck (12).
—	— *Camtschitaca* Pall., racine. . . .	Beijerinck (12).
Erythroxylées.	*Erythroxylum Coca* Lam., feuille	van Romburgh (13).
—	— *Bolivianum* Brck, feuille.	van Romburgh (13).
Polygalées. . .	*Polygala Senega* L., racine.	Langbeck (14).
—	— *Baldwini* Nuttal, plante. . . .	Maisch (15).
—	— *variabilis* H. B. et K., racine. .	van Romburgh (13).
—	— *oleifera* Heckel, racine.	van Romburgh (13).
—	— *javana* D.C., racine.	van Romburgh (13).
—	— *depressa* Wend. racine	Bourquelot (6).
—	— *calcarea* F. Schultz, racine. . .	Bourquelot (6).
—	— *vulgaris* L., racine	Bourquelot (6).
—	— *nemorivaga* Pomel, racine. . .	Bourquelot (4).

Gaulthérase. — On a vu plus haut que la gaulthérine est accompagnée, dans l'écorce de *Betula lenta*, d'un ferment soluble possédant la propriété de l'hydrolyser. Ce fait, dont l'observation est due à Procter, m'a amené à penser que ce ferment devait exister dans toutes les plantes susceptibles de fournir du salicylate de méthyle et peut-être même dans des plantes voisines de ces dernières. Les recherches que j'ai faites sur ce point sont venues confirmer mes prévisions. Elles ont établi, en outre, que ce ferment est un ferment spécial. Je lui ai donné le nom de *gaulthérase*, qui, étant données les règles de la terminologie de Duclaux, généralement adoptée, me paraît préférable à celui de *bétulase* qui lui avait été donné par Schneegans (16).

La gaulthérase agit sur la gaulthérine comme le font les acides minéraux étendus, en donnant du glucose et du salicylate de méthyle. Voici la liste des plantes dans lesquelles j'ai constaté sa présence. L'astérisque qui accompagne le nom de certaines d'entre elles indique que le salicylate de méthyle n'a jamais été signalé dans ces plantes.

Monotropa Hypopithys L. Plante éntière (4).
Gaultheria 'procumbens L., feuille et baie (4).
* *Azalea*. Plusieurs variétés, feuille et pétale (4).
Spiræa Ulmaria L., rhizome (4).
— *Filipendula* L., racine (4).
* — *salicifolia*, rhizome (4).
Erythroxylum Coca Lam., feuille (observation inédite).
Polygola Senega L., racine (4).
— *calcarea*, racine (4).
— *vulgaris*, racine (4).

Il faut ajouter à cette liste les deux espèces suivantes, dans lesquelles Beijerinck a démontré l'existence de la gaulthérase.

Spiræa palmata Thumb., racine (12).
— *Camtschatica* Pall., racine (12)

Bibliographie. — 1. Procter (Wm.). *Observations on the volatile oil of* Betula lenta *and on Gaultherin, a substance wich by its decomposition yields that oil* (*A. J. of Pharm.*, xv, 241, 1884). — **2.** Cahours (Aug.). *Sur l'huile de* Gaultheria procumbens (*J. Pharm. et de Chim.*, [3], iii, 364, 1843) et *Recherches chimiques sur le salicylate de méthylène et l'éther salicylique* (*A. C.*, [3], x, 327, 1844). — **3.** Schneegans (Aug.) et Gerock (J. E.). *Ueber Gaultherin, ein neues Glycosid aus* Betula lenta *L.* (*A. Pharm.*, ccxxxii, 437, 1894). — **4.** Bourquelot (Ém.). *Sur la présence, dans le* Monotropa Hypopithys, *d'un glucoside de l'éther méthylsalicylique et sur le ferment soluble hydrolysant de ce glucoside* (*J. Pharm. et Chim.*, [6], iii, 577, 1896 et *Société de Biologie*, 1896, p. 315). — [5]. Schimmel et Cº. (*Bulletin semestriel*, septembre 1885, 28). — **6.** Bourquelot (Ém.). *Sur la présence de l'éther méthylsalicylique dans quelques plantes indigènes* (*J. Pharm. et chim.*, [5]. xxx, 433, 1894). — **7.** Broughton (J.). *Oil of* Andromeda Leschenaultii (*Pharm., J. Transact.*, [3], ii, 281, 1871). — **8.** Köhler (H.). *Ueber die Bestandtheile der aetherischen Oele einiger Ericaceen* (*Berichte d. d. chem. Gesell.*, xii, 246, 1879). — **9.** D'après Sawer (*Odorographia*, [2], p. 340, London, 1894). — **10.** Portes (L.) et Desmoulières (A.). *Présence normale d'acide salicylique dans les fraises* (*J. Pharm., et Chim.*, [6], xiv, 342, 1901). — **11.** Nietzki (R.). *Ueber das ätherische Oel der Wurzel von* Spiræa Ulmaria (*A. Pharm.*, cciv, 429, 1874). — **12.** Beijerinck (W.). *Ueber Glukoside und Enzyme in den Wurzeln einiger Spiraearten* (*C. f. Bakt. und Parasitenkunde, II Abth.*, v, 425, 1899). — **13.** Romburgh (P. van). *Sur l'essence des racines de quelques Polygalées croissant à Java* (*Recueil des travaux chimiques des Pays-Bas*) et *Sur quelques principes volatils des feuilles de coca cultivées à Java* (*Même recueil*, xiii, 425, 1894). — **14.** Langbeck (H. W.). *Senega-Wurzel* (*Pharm. Zeitung.*, XXVI, 260, 1881) et Reuter (L.). *Beiträge zur Kenntniss der Senegawurzel* (*A. Ph.*, ccxxviii, p. 309, 1889). — **15.** Maisch (H. C. C.). *On the ethereal oil of* Polygala *species* (*A. J. Pharm.*, lxii, 483). — **16.** Schneegans (Aug.). *Zur Kenntniss der ungeformten Fermente* (*J. Pharm. von Elsass-Lothringen*, 1896, 17).

ÉM. BOURQUELOT.

GAZ. — **Technique.** — Cet article aura pour but l'étude de la technique analytique des gaz; nous laisserons donc systématiquement de côté l'étude des propriétés générales des gaz tant au point de vue physique qu'au point de vue chimique. On les trouvera d'ailleurs non seulement dans les ouvrages spéciaux, mais encore, pour la plupart, à leur place alphabétique dans cet ouvrage.

En outre, nous limiterons notre étude à ce qui concerne le dosage des gaz acide carbonique et oxygène mélangés à l'azote, des gaz de nature différente étant plutôt une rareté dans les recherches physiologiques; nous y ajouterons cependant l'oxyde de carbone : ses propriétés si particulières vis-à-vis de l'hémoglobine, sa grande toxicité et son extrême diffusion intéressant particulièrement le physiologiste et l'hygiéniste. C'est là un titre suffisant pour lui avoir fait une place à part.

La première partie de l'article sera donc consacrée à l'analyse de ces trois gaz.

Dans une seconde partie nous indiquerons la technique de l'extraction des gaz du sang, de certains liquides ou tissus. On trouvera naturellement au mot Sang l'étude des variations de la composition des gaz. Il n'en sera fait ici aucune mention.

§ I. — Analyse.

Acide carbonique. — La méthode de dosage dépend essentiellement de la proportion relative de ce gaz dans le milieu à analyser.

a) L'acide carbonique est en proportion supérieure à environ 2 à 4 p. 100 du mélange gazeux [1].

L'analyse se fait alors sur le cuve profonde; le gaz contenu dans un tube gradué en 1 p. 100 de 30 à 50 centimètres cubes est agité avec de la potasse; la réduction de volume indique l'acide carbonique.

Si l'on veut obtenir une très grande précision, on emploiera les appareils de Chauveau. Ils ont été décrits par Tissot, au mémoire duquel je renvoie pour les détails très techniques nécessaires (*Traité de physique biologique*, 1901, 687-738).

b) L'*acide carbonique* est en proportion comprise entre environ 1/200e et 2 à 4 p. 100 du mélange gazeux.

L'analyse par absorption directe par la potasse et évaluation de la diminution de volume ne présente plus toutes les garanties nécessaires; l'erreur absolue reste en effet la même, et l'erreur relative augmente dans de grandes proportions, les différences des volumes lus étant très petites. Toutefois, avec les instruments de haute précision employés par Chauveau, on peut déterminer l'acide carbonique dans les conditions de l'absorption directe.

On peut aussi opérer avec une précision tout à fait suffisante de la façon suivante :

Le gaz à analyser, contenu dans un gazomètre annulaire, ou dans un aspirateur gradué, ou dans un sac de caoutchouc, barbote à travers de l'eau de baryte contenue dans un long tube de 0^m,60 à 0^m,70 de longueur. Le tube est fermé par un bouchon à deux trous; l'un des trous est traversé par un tube de verre coudé s'arrêtant au bouchon, l'autre par un tube de verre qui arrive jusqu'au fond du tube. Ce dernier est coupé avant son entrée dans le liquide; un tube de caoutchouc réunit les deux parties divisées. Cette division est absolument nécessaire, car un anneau de carbonate de baryte se forme toujours à la partie inférieure du tube d'arrivée du gaz, là où les bulles de gaz quittent le tube pour barboter dans le liquide. Le tube tout entier est incliné légèrement sur l'horizontale, de façon que les bulles d'air s'élèvent lentement, sans cependant se réunir.

Dans ces conditions, un tube témoin faisant suite au tube d'absorption restant clair, l'absorption de CO^2 est complète. Reste à évaluer la quantité de carbonate de baryte formé, pour avoir aussi la proportion de CO^2 pour le volume qui a circulé.

Deux moyens peuvent être employés :

Ou décomposer le carbonate de baryte dans le vide par l'acide chlorhydrique et recueillir l'acide carbonique. Nous en donnerons la technique plus loin. Il faudra dans ce cas faire passer à travers la baryte un volume très limité de gaz primitif.

Ou bien faire un titrage de la baryte, par l'acide oxalique par exemple.

Voici comment il convient d'opérer :

Les liquides contenant baryte et carbonate de baryte sont laissés au repos quelque temps : on décante un volume déterminé du liquide, et on y dose la baryte en solution. Cette opération ayant été faite avant le passage de l'acide carbonique, la différence des quantités d'acide oxalique représentera la quantité équivalente d'acide carbonique. On ramènera ensuite le volume ainsi calculé au volume du liquide tout entier.

On pourra aussi opérer d'après la méthode d'Henriet. Nous en donnons plus loin la description, p. 30.

1. Comme les divisions qui vont suivre correspondent à des teneurs différentes en acide carbonique, elles n'ont rien naturellement d'absolument rigoureux. Je les considère cependant comme des limites qui assurent la plus grande précision du procédé de dosage mentionné; c'est pourquoi il m'a paru bon de l'indiquer.

c) *L'acide carbonique est en proportion plus petite que* 1/200e. — C'est le cas qui se présente dans l'analyse de l'air atmosphérique ou de l'air pris dans tout endroit où se trouve une agglomération humaine.

Le dispositif est celui qui a été décrit précédemment. Le barbotage se fait bulle à bulle dans de la baryte parfaitement claire contenue dans un long tube légèrement incliné sur l'horizon. Le gaz est contenu dans un sac de caoutchouc, où se fait l'aspiration au moyen d'un aspirateur gradué. Cet appareil est constitué simplement par deux récipients : l'un fixe, gradué; l'autre, mobile; tous deux communiquant ensemble par l'intermédiaire d'un long tube de caoutchouc. Le récipient gradué, d'un volume de 4 600 centimètres cubes, porte à sa partie supérieure un robinet à trois voies qui facilite les manipulations. On lit le volume qui a circulé.

Le tube à baryte est à peine troublé dans le cas de l'air pur pour un volume d'air de 4 000 à 4 500 centimètres cubes : seul le tube d'arrivée du gaz présente à l'origine des bulles à l'extrémité inférieure un petit anneau blanc caractéristique de carbonate de baryte. On enlève le bouchon, on disjoint le tube porteur de l'anneau, grâce au petit tube de caoutchouc qui le relie à sa partie supérieure au tube d'arrivée du gaz, et on le laisse dans la baryte. Le tube contenant par conséquent la baryte et le petit tube porteur de l'anneau est relié à la pompe à mercure, par l'intermédiaire d'un long tube de même diamètre de un mètre de long, destiné à éviter la venue du liquide jusque dans le réservoir de la pompe : on fait le vide, soit à la trompe, soit au moyen de la pompe, sans aller jusqu'au vide absolu. On fait alors passer par le robinet à trois voies de l'acide chlorhydrique étendu de moitié d'eau et bouilli : la baryte est saturée; le carbonate décomposé, l'acide carbonique mis en liberté. Quatre ou cinq manœuvres de la pompe à mercure ramènent la totalité du gaz. Il est recueilli dans une cloche et analysé sur la cuve profonde suivant *a*.

Ce procédé indiqué par Gréhant est très exact. On peut, comme l'ont fait Müntz et Aubin (*L'acide carbonique de l'air. A. C. P.*, (5), xxvi, 222-234, 1882), faire passer l'air mesuré au moyen d'un aspirateur bien jaugé dans un tube rempli de pierre ponce imbibée d'une solution de potasse. Ce tube est fermé à la lampe à ses deux extrémités après le passage de l'air, et peut ainsi se conserver très longtemps. Pour faire l'analyse, on décompose le carbonate formé par l'acide sulfurique à 100° et en s'aidant d'une trompe à mercure. On mesure ensuite l'acide carbonique en volume sur la cuve profonde.

On peut aussi opérer comme l'a indiqué Henriet (*C. R.*, cxxiii, 125, et *Les gaz de l'atmosphère*, in *Enc. Léauté*).

La réaction utilisée, base de ce procédé, est la suivante :

Si l'on ajoute de l'acide sulfurique à une solution diluée de carbonate de potasse neutre colorée en rouge par une goutte de phénolphtaléine, la coloration disparaît au moment où la moitié de l'acide carbonique du carbonate s'est fixée sur le carbonate non décomposé en le transformant en bicarbonate. Cette décoloration est d'une grande netteté, si l'on a soin, vers la fin de l'opération, de ne verser l'acide que lentement et goutte à goutte.

Si l'on absorbe par de la potasse l'acide carbonique contenu dans un volume connu d'air, il suffira de titrer un égal volume de la liqueur de potasse employée, pour que la différence des lectures, multipliée par deux, corresponde exactement à l'acide carbonique retenu. On voit que le résultat est indépendant du carbonate qu'une liqueur de potasse renferme toujours, puisque dans le liquide primitif, et dans le liquide carbonaté, le carbonate préexistant est décomposé par le même volume acide et qu'on ne tient compte que de la différence des lectures.

Le prélèvement se fait dans un ballon de verre résistant, d'une contenance de six litres environ, fermé par un bouchon de caoutchouc que traverse un tube à brome, plongeant de quelques centimètres seulement dans le col du ballon, et un tube coudé à angle droit muni d'un robinet.

Pour prélever l'échantillon d'air, on peut faire le vide dans le ballon au moyen d'une trompe. On peut encore remplir d'eau le ballon et le vider au moment de la prise; mais, dans ce cas, il conviendra, après avoir fait écouler l'eau, de laver le ballon à l'eau distillée récemment bouillie, et de le laisser égoutter aussi complètement que possible.

Quel que soit le moyen adopté, le ballon étant bouché, on attendra que l'équilibre de température soit établi entre l'intérieur et l'extérieur; à ce moment seulement, on fermera le robinet du tube coudé, et l'on notera la température.

Le ballon ramené au laboratoire, on introduit dans le tube à brome 2 centimètres cubes d'essence de pétrole et 15 centimètres cubes d'une solution pure de potasse (8 grammes par litre) colorée par une goutte de phénolphtaléine, l'essence surnageant protégeant la potasse contre l'acide carbonique de l'air extérieur. On introduit la potasse dans le ballon jusqu'à la couche d'essence, soit en le refroidissant sous un courant d'eau, soit en échauffant l'ampoule du tube à brome avec la main. On lave à plusieurs reprises le tube à brome avec de l'eau bouillie, exempte d'acide carbonique, en introduisant chaque fois l'eau dans le ballon. Quand le liquide coloré de plus en plus faiblement est devenu absolument incolore, on agite le liquide rouge du ballon, en lui imprimant un mouvement de balancement, ce qui permet de mouiller les parois du col. On laisse le contact durant deux heures en agitant à plusieurs reprises. L'absorption est complète.

On ouvre ensuite le robinet du tube coudé; l'air légèrement comprimé s'échappe. C'est alors qu'on verse l'acide titre (dont 1 centimètre cube équivaut à $0^{cc},5$ d'acide carbonique) jusqu'à décoloration complète, sans craindre l'influence de l'acide carbonique de l'air extérieur, puisque le ballon est plein d'air décarbonaté.

Il est un point sur lequel il convient d'appeler l'attention : lorsque la lecture faite dans le ballon est moitié de celle que donne le titrage primitif, cela prouve que la potasse a été entièrement convertie en carbonate neutre par l'air analysé. Si donc on veut rester dans de bonnes conditions pour l'absorption, il faut rejeter les lectures numériques inférieures à la moitié de la lecture primitive, puisqu'une partie de l'acide carbonique s'est combinée, non à de la potasse, mais à du carbonate neutre, ce qui ne permet pas d'affirmer que l'absorption s'est faite intégralement.

En opérant sur 2 ou 300 litres d'air, on peut avoir une très grande exactitude. C'est le cas du dosage fait au moyen d'un appareil construit à cet effet fonctionnant à l'observatoire de Montsouris, et dont on trouvera la description dans Henriet (*loc. cit.*).

Oxygène. — La détermination de l'oxygène peut se faire, soit par absorption, soit au moyen de réactifs appropriés, soit, ce qui est préférable, par l'eudiomètre.

a) **Absorption.** — On opère sur la cuve profonde ordinaire ou sur la cuve du modèle de Chauveau.

Le gaz contenu dans un tube gradué et après absorption de l'acide carbonique par la potasse est traité par l'acide pyrogallique en solution concentrée que l'on introduit par une pipette à extrémité recourbée munie d'une poire caoutchouc. Un excès de potasse est nécessaire. Si le gaz contient de l'oxygène, le liquide prend une teinte foncée. On agite fortement; l'absorption a lieu; mais elle n'est complète au sens absolu du mot qu'après plusieurs heures.

La différence des deux lectures donne le volume d'oxygène.

L'absorption de l'oxygène par le pyrogallate de potasse donne naissance à de l'oxyde de carbone, fait reconnu par Boussingault (*C. R.*, LVII, 885, 1863). Berthelot a fixé les conditions de sa production minimum (*Sur l'absorption de l'oxygène par le pyrogallate de potasse. C. R.*, CXXVI, 1066-1072 et 1459-1467, 1898).

On peut absorber l'oxygène par le phosphore à froid après s'être débarrassé de l'acide carbonique : l'absorption se fait assez rapidement, si la tension partielle de l'oxygène dans le mélange ne dépasse pas 40 p. 100.

b) **Eudiométrie.** — Nous décrirons d'abord deux modèles d'eudiomètre très simple dus à Gréhant, l'un fonctionnant sur la cuve à eau, l'autre sur la cuve à mercure : leur exactitude est tout à fait suffisante.

Eudiomètre fonctionnant sur la cuve à eau. — Une cloche ordinaire de 50 cc., graduée en cinquièmes, ou de tout autre modèle, convient pour l'analyse. La combustion du mélange gazeux air et hydrogène s'obtient en effet par une petite anse de platine portée au rouge vif au moyen d'un courant continu produit par des accumulateurs. L'inflammation se trouve ainsi toujours réalisée. L'appareil est constitué par deux petites tiges de cuivre, passant à la partie inférieure dans un bouchon de caoutchouc conique, et communiquant avec deux bornes d'arrivée du courant placées sur une tige en ébonite. Une tige avec une poignée rend solidaire tout l'appareil. Elle porte un curseur destiné à maintenir la cloche, fortement appuyée sur le bouchon de caoutchouc sur lequel elle opère sa fermeture. L'appareil est plongé dans l'eau. On procède à l'analyse de la façon suivante. On prend un certain volume de gaz, on ajoute de l'hydrogène en volume un peu supérieur au double du volume d'oxygène supposé, on agite, on porte la cloche sur l'inflammateur, on fait passer le courant. Une petite explosion se produit, le volume a diminué. On lit le nouveau volume. La réduction de volume, divisée par 3, donne le volume d'oxygène.

Eudiomètre fonctionnant sur la cuve à mercure. — Le principe de cet appareil est le même que celui qui a été décrit précédemment. L'inflammation du mélange gazeux est encore obtenue au moyen d'un courant continu.

Une cloche, graduée en dixièmes, est munie d'un fil de platine parcourant la cloche au centre et dans toute sa longueur. A cet effet le fil de platine est soudé à la partie supérieure de la cloche et maintenu au moyen de deux croisillons en verre soudés à la partie inférieure de la paroi : la cloche repose sur un siège qui en fait la fermeture, constitué par une petite masse de fer en forme de tronc de cône, entourée d'une bague de caoutchouc, sur laquelle vient s'adapter la cloche. La partie métallique est destinée simplement à assurer le contact avec le mercure : elle est en effet fixée sur une partie plane de fer, qui porte la tige quadrangulaire en fer munie d'une poignée et sur laquelle se meut un curseur, qui maintient fortement la cloche appuyée sur son siège. Le courant électrique est amené d'une part à la partie supérieure grâce à une petite cuve constituée par un tube de caoutchouc entourant la partie supérieure de la cloche là où émerge le fil de platine, et d'autre part à la partie inférieure grâce à la tige de fer et au mercure. Le fil de platine rougit dans le mélange gazeux préparé comme précédemment. La différence des volumes lus avant et après la combustion, divisée par 3, donne le volume de l'oxygène.

Cette analyse demande l'emploi de l'hydrogène pur. On l'obtient facilement d'une façon continue grâce à l'appareil de Kipp, monté avec du zinc grenaille pur. L'attaque se fait avec de l'acide chlorhydrique pur, auquel on a soin d'ajouter un peu de sulfate de cuivre qui détermine le dégagement du gaz. Faute de cette précaution, l'attaque du zinc pur par l'acide chlorhydrique ne se fait pas. On peut recommander dans le même but quelques gouttes d'une solution de chlorure d'or ou de chlorure de platine.

Si la proportion relative de l'oxygène dans le mélange gazeux est petite, la détonation peut ne pas avoir lieu. On obvie à cet inconvénient grâce à l'emploi du gaz de la pile, gaz qui renferme deux volumes d'hydrogène pour un volume d'oxygène et dont le volume se réduit à zéro après l'explosion. On l'obtient par l'électrolyse de l'eau alcalinisée par de la potasse dans l'appareil de Gréhant, qui a l'avantage de ne pas présenter d'espace nuisible. Deux électrodes de platine sont placées au sein du liquide alcalin soumis à l'électrolyse : les gaz oxygène et hydrogène se réunissent dans un tube émergeant sur une petite cuve à eau forme tulipe : on les recueille dans un tube, lors de l'emploi indiqué du gaz de la pile.

Quant aux eudiomètres de précision dus à Chauveau, ils sont décrits dans le travail de Tissot auxquel nous renvoyons pour les détails techniques, très minutieux, qui sont nécessaires (*loc. cit.*).

Ils sont au nombre de deux : l'un construit spécialement pour l'analyse des gaz du sang; le second, pour l'analyse des gaz de la respiration.

Eudiomètre pour l'analyse de l'air et des gaz de la respiration.

Eudiomètre de précision permettant l'analyse à volonté par le phosphore ou la détonation.

Eudiomètre double à phosphore de Laulanié. — Cet eudiomètre permet de faire avec une grande rapidité (dix minutes) des analyses précises. Cet appareil rend les plus grands services dans un laboratoire de physiologie. Les analyses faites par le même opérateur, d'une manière identique, donnent des résultats d'une fixité remarquable.

Oxyde de carbone. — Comme pour l'acide carbonique, la méthode de dosage de l'oxyde de carbone dépend essentiellement de la proportion relative de ce gaz dans le le mélange gazeux.

a. L'oxyde de carbone est en proportion contenue entre 100 pour 100 et 25 pour 100.

On peut employer soit la méthode par absorption par le chlorure cuivreux en solution acide, soit, plus exactement, l'eudiomètre.

Elle ne diffère pas de la méthode générale que nous avons décrite plus haut. On opère généralement sur la cuve à eau : le gaz à analyser est mesuré dans une cloche de 50, 30, 20, ou même 10 cc. de capacité, suivant le volume de gaz que l'on a à sa disposition, et dont on apprécie facilement le dixième ou le vingtième de centimètre cube. On remplit d'autre part un petit tube fermé de diamètre inférieur à celui de la cloche avec une solution acide de chlorure cuivreux. On fait passer sous l'eau le petit tube dans la cloche. On agite vivement et à plusieurs reprises. L'oxyde de carbone est absorbé. On refait passer une nouvelle quantité de réactif; on agite à nouveau de manière à réaliser l'absorption complète. Il suffit alors de faire la lecture du volume gazeux restant pour avoir, par différence *avec le volume primitif*, le volume d'oxyde de carbone contenu dans le gaz soumis à l'analyse. Inutile d'ajouter que ce mode opératoire ne convient que pour des gaz dépouillés d'oxygène.

Eudiomètre. — La réaction

$$CO + O = CO^2$$

montre que deux volumes d'oxyde de carbone se combinent à un volume d'oxygène pour donner deux volumes d'acide carbonique. Les appareils sont ceux que nous avons décrits précédemment, différents selon que l'on opère sur la cuve à eau ou sur la cuve à mercure.

La diminution de volume après le passage du courant indique l'oxygène consommé; après l'addition de potasse la nouvelle diminution de ce dernier volume donne le volume d'acide carbonique produit correspondant au volume d'oxyde de carbone existant dans le gaz soumis à l'analyse.

La quantité d'oxyde de carbone, dans le cas d'une analyse eudiométrique, doit être au moins de 20 p. 100. Avec des proportions plus faibles la combustion peut être incomplète.

b) **L'oxyde de carbone est en proportion comprise entre 20 p. 100 et 0,5 p. 100.** — La méthode par absorption par le chlorure cuivreux peut encore être employée, mais elle ne donne plus de résultats précis; l'erreur absolue restant la même, l'erreur relative devient beaucoup plus grande, et d'autre part l'absorption de l'oxyde de carbone par le chlorure cuivreux est très difficilement complète.

On y arrive cependant, grâce au procédé suivant, dû à Saint-Martin (*Recherches sur la respiration*, 1 vol., 350 pages, O. Doin, Paris).

Il consiste à agiter très fortement à plusieurs reprises le gaz à analyser contenu dans un récipient en verre de 1 litre à 1,200 cc. de capacité; une première fois avec 50 cc. de réactif une seconde fois avec 30 cc., enfin trois autres fois, chacune 30 cc. de réactif. On fait le vide à l'avance dans le ballon qui réunit l'ensemble des réactifs d'épuisement. On chauffe à 55°, et on recueille les gaz qui se dégagent; ils sont analysés suivant *a*. Pour la description de l'appareil et les détails de la manipulation, on consultera le travail original.

Les eudiomètres à phosphore ne peuvent servir qu'à l'analyse de mélanges gazeux contenant moins de 40 p. 100 d'oxygène. Le phosphore absorbe en effet très mal l'oxygène lorsque ce gaz est à une tension supérieure à 40 p. 100, et il n'est pas ou très peu attaqué par l'oxygène pur. Il ne convient donc pas à l'analyse des gaz extraits du sang.

La méthode qui vient d'être exposée est délicate : elle se simplifie beaucoup, et acquiert la précision de l'analyse eudiométrique, grâce au grisomètre de Gréhant. Cet appareil est un eudiomètre sensibilisé, dans lequel la réduction de volume, conséquence de la combustion d'un gaz combustible, se lit sur un tube de très faible diamètre, semi-capillaire, et permet ainsi une détermination très exacte du volume de ce gaz. L'appareil primitif, dû à Coquillon, devait servir principalement à la détermination du méthane ou grisou, d'où son nom. Le nom fut conservé par la suite. Il est d'ailleurs évident que l'analyse de tout autre gaz combustible est justiciable de cet appareil.

Voici la description de l'appareil de Gréhant.

Une ampoule de verre est traversée par un fil de platine qui peut être porté au rouge au moyen d'un courant électrique. Elle se termine, à la partie supérieure, par une garniture de cuivre constitué par un robinet pointeau dont la fermeture présente toute sécurité; à la partie inférieure, par un tube semi-capillaire muni de divisions d'égal volume dont on apprécie facilement le dixième. Les volumes de l'ampoule et d'une division dans l'appareil qui fonctionne au laboratoire de physiologie générale du Muséum sont respectivement de 43^{cc},8 et de 0^{cc},0892; il y a 70 divisions. Le tube semi-capillaire est à son tour mastiqué dans une garniture de cuivre qui comporte un robinet à 45°, que l'on peut faire mouvoir à l'aide de deux tiges rigides de laiton, et une tige creuse, coudée, munie d'un tube en caoutchouc qui met en communication tout l'appareil avec un réservoir rempli d'eau que l'on peut élever ou abaisser grâce à un système très simple de deux petites poulies et d'un tambour à cliquet sur lequel s'enroule le fil de suspension. Tout l'appareil est placé et maintenu dans un grand récipient de section carrée, de forme parallélipipédique, dont deux faces sont de verre, deux métalliques. Un robinet permet d'y amener l'eau de la conduite de la Ville; un trop-plein permet de l'évacuer. On obtient ainsi, grâce au renouvellement continu de l'eau, une température constante pendant la durée d'une expérience, voire même pendant une journée entière.

Le gaz à analyser est transvasé d'abord dans une petite cloche à robinet mise en communication au moyen d'un tube de caoutchouc avec le robinet pointeau du grisoumètre. Celui-ci étant ouvert, le robinet inférieur ainsi que le robinet de la cloche, rien n'est plus simple que de faire passer le gaz de la cloche dans l'ampoule du grisoumètre par la dépression obtenue au moyen de l'abaissement du réservoir rempli d'eau. Le gaz entièrement introduit, on supprime la communication avec la cloche, et on fait entrer de l'air dans l'appareil, jusqu'à ce que le volume total du mélange de gaz et d'air occupe le volume total de l'ampoule et d'un certain nombre de divisions.

On attend l'équilibre de température, on fait la lecture du gaz à la pression atmosphérique en élevant et abaissant plus ou moins le réservoir mobile jusqu'à ce qu'un petit manomètre à eau que l'on adapte à la partie supérieure du robinet pointeau indique au moment des lectures l'égalité de niveau. On lit le nombre de divisions et dixièmes sur le tube gradué. On ferme alors le robinet pointeau supérieur. On pousse tout le gaz du tube semi-capillaire dans l'ampoule, grâce à l'emploi d'une poire de caoutchouc munie d'un tube et d'un bouchon s'adaptant provisoirement à l'ouverture du réservoir mobile. La pression sur la poire de caoutchouc détermine la pression positive nécessaire pour amener le niveau de l'eau dans l'intérieur du grisoumètre jusqu'à l'origine des divisions. Tout le gaz se trouve ainsi dans l'ampoule. On ferme exactement, à ce moment, le robinet inférieur au moyen des deux tiges formant bielle.

On fait passer le courant électrique; le fil de platine devient incandescent; la combustion s'effectue, complète, ou à peu près, dès le premier passage du courant, si l'on voit la flamme bleue caractéristique de l'oxyde de carbone parcourir l'ampoule; complète seulement, dans le cas contraire, après quatre cents intermittences et passage du courant permettant un brassage du gaz dans l'ampoule et la venue de toutes les molécules au contact du fil de platine au rouge. L'opération est alors terminée; on attend quelques minutes l'équilibre de température : on ouvre le robinet inférieur : le volume a généralement diminué; on rétablit la communication avec le petit manomètre en ouvrant le robinet pointeau : l'égalité de niveau est obtenue en abaissant ou élevant le réservoir mobile, et on lit à nouveau le nombre de divisions et dixièmes.

La différence des deux lectures indique la proportion du gaz combustible. En effet :

1 centimètre cube d'oxyde de carbone correspond, dans l'appareil dont nous avons donné les constantes, à 5,5 divisions.

1 centimètre cube d'hydrogène, à 16,5 divisions.

1 centimètre cube de formène, à 21.6 divisions.

c) **L'oxyde de carbone est en proportion moindre que 0,5 pour 100.** — Cette méthode chimique repose sur les observations suivantes, connues déjà depuis fort longtemps.

1° Oxydation de l'oxyde de carbone par l'acide iodique anhydre avec formation d'acide carbonique et d'iode libre; réaction signalée par Ditte dans son mémoire sur l'acide iodique et les iodates (*Bull. Soc. Chim.*, I, 318; 1870). et appliquée par C. de la Harpe et Reverdin (*ibid.*, (3), I, 163, 1889), à la recherche qualitative de traces de l'oxyde de carbone dans l'air. Ces deux auteurs purent, en faisant passer quelques litres d'air à 1/50 000e et même à 1/100 000e de CO sur de l'acide iodique anhydre maintenu à 150°, caractériser l'iode par l'empois d'amidon;

2° Dosage de l'iode, lorsque ce corps est à l'état d'iodure, au demi-centième de milligramme près, si la quantité d'iode est inférieure à 0^{mgr},1 ; au centième de milligramme près, entre 0^{mgr},1 et 0^{mgr},2, à 2 centièmes de milligramme près, si la quantité d'iode est supérieure à 0^{mgr},2 (entre 0,2 et 0,4) en employant le procédé donné par RABOURDIN (*C. R.*, 1850, XXXI, 734) ; mise en liberté de l'iode de l'iodure de potassium par l'acide sulfurique nitreux, dissolution de l'iode dans 5 cc. de chloroforme, ou, mieux, de sulfure de carbone, et comparaison de la teinte ainsi obtenue avec celle que fournit dans les mêmes conditions une quantité connue d'une solution titrée d'iodure de potassium.

Cette réaction est identique à elle-même lorsqu'elle est faite dans des conditions absolument comparables : c'est le cas du dosage, comme on le verra par la suite.

HÉLIER, dans une thèse ayant pour titre : « *Recherches sur les combinaisons gazeuses* » (1896), signale l'application de cette réaction au dosage de CO.

On lit, page 39 (renvoi) :

« La recherche de l'oxyde de carbone en présence de grandes quantités de gaz hydro-carboné et d'oxygène a été faite par la méthode suivante, qui est due à A. GAUTIER. « Le gaz suspect passe dans un premier tube en U contenant des perles de verre imprégnées de bromure d'iode qui arrêtent l'éthylène, dans un tube en U contenant de l'azotate d'argent ammoniacal qui arrête l'acétylène, dans des tubes en U avec perles de verre imprégnées de potasse caustique, puis d'acide sulfurique ; enfin dans un premier tube, préparé d'après le procédé de MUNTZ, pour le dosage de CO^2. Ce gaz, ainsi débarrassé de son acide carbonique, ne peut contenir que du méthane et de l'oxyde de carbone ; si on le fait alors passer à 60°-65°, dans un tube en U contenant de la corde d'amiante en morceaux préalablement calcinés au rouge et tenant en suspension de l'acide iodique anhydre, tout l'oxyde de carbone brûle, et lui seulement, le formène, n'est pas altéré. Si l'on reçoit alors, au sortir de cet appareil, le gaz dans un second tube préparé d'après le procédé de MUNTZ, et qu'on y recherche ensuite l'acide carbonique, tout l'acide carbonique trouvé proviendra de l'oxyde de carbone, et le volume de cet acide carbonique représentera le volume d'oxyde de carbone.

« Cette méthode est d'une grande précision. Elle a permis à A. GAUTIER de retrouver 1 centimètre cube d'oxyde de carbone dilué dans 10 litres d'air, c'est-à-dire d'atteindre une précision de 1/10 000e. »

Ainsi, le premier, A. GAUTIER a appliqué la réaction signalée par DITTE au dosage de l'oxyde de carbone dans l'air.

La méthode suivante de NICLOUX (*Annales de Chimie et de Physique*, (3), XIV, août 1898), basée sur cette même réaction, est analogue à celle de A. GAUTIER, et n'en diffère que par la substitution du dosage de l'iode au dosage de l'acide carbonique.

Appareil et détail du dosage. — On prend trois petits tubes en U à tubulures latérales, semblables à ceux qui servent à l'analyse organique. Dans le premier, on introduit de la potasse en pastilles ; dans le second, de la ponce sulfurique ; dans le troisième, 30 à 40 grammes d'acide iodique anhydre pur, *absolument exempt d'acide sulfurique* : on ferme à la lampe les deux branches de ce dernier pour éviter l'introduction de matières organiques.

A la suite du tube à acide iodique, on place un tube de WILL contenant un ou plusieurs centimètres cubes d'une solution de potasse ou de soude pure.

Enfin une aspiration, réglée à raison de 10 cc. par minute environ, et produite par un vase de MARIOTTE, pourra faire circuler les gaz dans le sens du premier tube vers le tube de WILL.

Le tube en U contenant de l'acide iodique est introduit dans un verre cylindrique de Bohême rempli d'huile.

Le gaz à analyser (1 litre suffira pour le dosage, si la quantité de CO est égale ou supérieure à 1/20 000e) circule dans les deux premiers tubes contenant potasse et ponce. Dans le premier, il se débarrasse de CO^2, H^2S et SO^2 ; H^2S et SO^2 donneraient la même réaction que l'oxyde de carbone si, étant contenus dans l'air à analyser, ils n'étaient pas retenus. Dans le second, il abandonne la petite quantité d'eau qu'il pouvait retenir. Il arrive ensuite au contact de l'acide iodique anhydre, maintenu à 150° au moyen du bain d'huile ; CO s'oxyde ; la vapeur d'iode entraînée par le courant gazeux est retenue par la liqueur alcaline du tube de WILL. Le gaz ayant entièrement circulé, on en chassera les dernières traces de l'appareil en faisant une aspiration d'air atmosphérique.

Le dosage s'effectue comme l'a indiqué Rabourdin. La solution alcaline du tube de Will contenant l'iode à l'état d'iodure et peut-être d'hypoiodite peu stable est introduite dans une éprouvette de 100 cc. d'assez petit diamètre et bouchée à l'émeri. On amène, après lavage à l'eau distillée, le volume à 40 ou 50 cc.; on ajoute de l'acide sulfurique étendu, de manière à rendre la solution franchement acide, 5 cc. de sulfure de carbone pur, et quelques centigrammes d'azotite de soude; on agite fortement, l'iode mis en liberté se dissout dans le sulfure de carbone en lui communiquant une teinte rose. On répète la même réaction dans une seconde éprouvette, de même volume et de même diamètre (40 centimètres cubes d'eau, solution de potasse ou de soude pure, acide sulfurique, 5 centimètres cubes de sulfure de carbone, quelques centigrammes d'azotite de soude), mais en ajoutant cette fois un volume connu d'une solution à 0^{mgr},1 d'iodure de potassium par centimètre cube. On agite fortement; on compare les teintes. Si la teinte est plus claire, on ajoute de l'iodure jusqu'à ce que l'on obtienne l'égalité des teintes; ce qui s'obtient d'ailleurs après quelques tâtonnements, avec la précision énoncée précédemment.

Si la teinte est trop intense (teinte obtenue avec 0^{mgr},6 d'iode par exemple), on dilue, en ajoutant 5 cc. de sulfure de carbone contenant l'iode en dissolution, un volume connu de ce liquide (5 ou 10 cc.).

L'égalité de teinte obtenue, on en conclut qu'il y a dans le liquide à doser une quantité d'iode égale à celle qui correspond au volume d'iodure de potassium employé, et indiqué par une burette graduée. Connaissant la quantité d'iode, on connaîtra la quantité de CO d'après la réaction :

$$5\,CO + 2\,IO^3H = H^2O + 5CO^2 + I^2,$$

qui montre que 70 de CO donnent 127 d'iode.

Le volume en centimètres cubes à 0 et à 760 est obtenu en divisant le poids de CO exprimé en milligrammes par 1,254.

Si l'on emploie une solution à 0^{mgr},1 de KI par centimètre cube, on exprimera le chiffre indiqué par la burette en milligrammes, et le volume de CO à 0° et à 760, exprimé en centimètres cubes, sera donné par la formule

$$CO = KI \times \frac{127}{(127+37)} \times \frac{70}{127} \times \frac{1}{1,254} = \frac{KI}{2,97}$$

et pratiquement,

$$CO = \frac{KI}{3}$$

Pour vérifier l'exactitude de cette méthode, l'auteur a fait toute une série de dosages d'oxyde de carbone dans l'air n'en renfermant que de 1/1000e à 1/50000e. On retrouve la quantité d'iode théorique, aux erreurs d'expérience près. 2 à 3 litres suffisent pour le mélange à 1/50 000.

Voici le détail d'une opération faite avec le mélange à 1/10 000e : on donnera plus loin les résultats numériques des autres expériences faites avec les mélanges à 1/1 000e, 1/5 000e, 1/7 500e, 1/20 000e, 1/50 000e.

Mélange à 1/10 000e. — On commence par préparer exactement de l'oxyde de carbone à 1 p. 100. A cet effet on mesure dans une cloche de petit diamètre, pour laquelle on apprécie très facilement le 1/20e de centimètre cube, 10 centimètres cubes d'oxyde de carbone pur [1] et l'on fait 100 centimètres cubes, le mélange est donc à 1 p. 100. On opère sur une cuve à eau à température constante [2].

De ce mélange à 1 p. 100 on prend 10^{cc},05; on note la température et la pression; on trouve $H = 760$, $t = 6°$; la tension f de la vapeur d'eau à cette température est de 7 millimètres (nous aurons besoin de ces données ultérieurement).

1. Pratiquement, on fait l'analyse, par le chlorure cuivreux, d'un gaz renfermant 97 à 98 p. 100 de CO pur, et l'on prend de ce gaz la quantité correspondant à 10 centimètres cubes de CO pur

2. Les erreurs provenant des manipulations sur l'eau, au lieu et place du mercure, sont certainement d'ordre inférieur à celles du dosage.

Le gaz, additionné de 200 à 300 cc. d'air est introduit dans un aspirateur gradué[1] : on amène à 1 litre le volume dans l'aspirateur : le mélange est donc pratiquement à 1/10 000e, puisque l'on a $0^{cc},1$ 005 de CO pur dans 1 litre d'air.

On relie alors l'aspirateur au tube à potasse de l'appareil décrit précédemment; le bain d'huile étant à 150°, on commence l'aspiration, le gaz ayant entièrement circulé dans l'appareil, on balaye les dernières traces par une aspiration d'air pur.

Durée totale de l'opération : deux heures.

Le liquide du tube de Will est introduit dans une des éprouvettes bouchées à l'émeri, on amène après lavage le volume à 80 centimètres cubes, on ajoute et l'on prélève la moitié seulement, soit 40 centimètres cubes. On ajoute, comme il a été dit, 5 centimètres cubes de sulfure de carbone, acide sulfurique, nitrite de soude. On agite fortement.

Le sulfure de carbone se teint en rose.

On répète la réaction dans une seconde éprouvette avec 30 centimètres cubes d'eau, 5 centimètres cubes de sulfure de carbone, $2^{cc},5$ de soude; acide sulfurique et 1 centimètre cube, soit $9^{mgr},1$, d'une solution d'iodure de potasssium à $0^{mgr},1$ par centimètre cube : on agite fortement.

Teinte rose nettement plus claire que la précédente.

On ajoute successivement à cette seconde éprouvette dixième par dixième de centimètre cube de la solution d'iodure, on agite entre chaque addition, et l'on compare à chaque fois avec la teinte de la première éprouvette.

On a avec :

$\frac{100}{1}$ de milligr. de plus, soit $0,^{mg},11$	Teinte rose, plus claire que la teinte rose de la première éprouvette.
— — — — $0^{m},g12$	Teinte rose, plus claire que la teinte rose de la première éprouvette.
— — — — $0^{mg},13$	Teinte rose, plus claire que la teinte rose de la première éprouvette.
— — — — $0^{mg},13$	Égalité de teinte dans les deux éprouvettes.
— — — — $0^{mg},15$	Teinte rose plus foncée dans la seconde éprouvette.

Calculons la quantité d'iode correspondant à $0^{mg}14$ de KI, quantité qui a donné l'égalité des teintes. On trouve, en remarquant que le rapport $\frac{I}{KI} = 0,765$:

$$0,14 \times 0,765 = 1,107,$$

et, comme l'essai a été fait sur la moitié du liquide on aura :

Quantité d'iode trouvé. . . . . . . $0^{mg},214$

Or, le poids de CO contenu dans $10^{cc}05$ de gaz humide à 1 p. 100 de CO pur est donné par la formule

$$P = \frac{V_t \times (H - f}{(1 + \alpha t)\, 760} \times 1,254$$

dans laquelle nous ferons V = 0.105 H = 760. $f = 7$, $t = 6$, on trouve :

$$P = 0^{mg},152$$

auquel correspond en iode :

$$\text{Quantité d'iode théorique. . . . . } \frac{0^{mg},122 \times 127}{10} = 0^{mg},\ 221$$

D'ailleurs, en appliquant la formule indiquée plus haut

$$CO = \frac{KI}{2,97}$$

1. Un petit sac de caoutchouc, d'un volume de 2 litres environ, convient aussi bien que l'aspirateur.

on a :

$$CO = \frac{0,28}{2,97} = 0^{cc},094$$

or le volume à 0° et à 760, de 0, 1005 de gaz humide à la température et à la pression indiquée est, tout calcul fait :

$$CO = 0^{cc},096$$

La technique exposée, voici le tableau des résultats obtenus avec des mélanges plus concentrés ou plus dilués :

QUANTITÉ DE CO EN VOLUME	POIDS DE CO à la température et à la pression de l'expérience.	QUANTITÉ D'IODE théorique	QUANTITÉ D'IODE trouvée
c. c.	milligr.	milligr.	milligr.
8,5 de gaz à 10 p. 100 de CO pur [1]	1,01	1,81	1,77
9,9 — 1 — — [2]	0,123	0,223	0,230
13,05 — — — — [3]	0,16	0,29	0,298
10,05 — — — — [4]	0,122	0,221	0,214
4,8 — — — — [5]	0,06	0,109	0,114
5,4 — — — — [6]	0,0675	0,123	0,129

L'examen de ce tableau montre que les erreurs influent à peine sur les chiffres des centièmes de milligramme d'iode lorsque les déterminations portent sur 1/10 à 1/20 de milligramme de CO. L'erreur relative maximum sera donc de 10 p. 100; quant à l'erreur absolue, comme on a :

$$CO = \frac{KI}{3},$$

elle sera inférieure au 1/2 centième de centimètre cube.

D'autre part, les quantités de gaz à faire circuler sont relativement petites, 2 à 3 litres au maximun.

Remarques — 1° Il est nécessaire de faire marcher l'appareil à blanc au début, à cause des traces de matières organiques qui peuvent avoir été entraînées dans l'acide iodique au moment du montage de l'appareil, et qui par leur oxydation donnent de l'iode libre;

2° Ni l'hydrogène, ni le méthane ne donnent, dans les mêmes conditions, de réduction analogue.

Cette méthode simple et rapide permet de doser, avec une précision relativement grande, l'oxyde de carbone contenu dans l'air dans des proportions variant de 1/1000e à 1/50000e.

On pourrait cependant objecter une réduction possible de l'acide iodique par des vapeurs organiques pouvant être contenues dans l'air : mais cette circonstance est particulièrement rare : il sera néanmoins très aisé de compléter la recherche, si on le désire, en employant la méthode physiologique et chimique de Gréhant.

Méthode physiologique et chimique. — Si l'on fait respirer à un chien pendant une demi-heure un mélange d'oxyde de carbone et d'air à 1/1 000e, on trouve, en extrayant les gaz du sang à l'aide de la pompe à mercure, que 100 centimètres cubes de sang ont absorbé 5,5 d'oxyde de carbone, si le mélange respiré est à 1/10 000e, et la quantité d'oxyde de carbone $0^{cc},55$, il y a donc proportionnalité entre le volume d'oxyde de carbone fixé par le sang et le volume de ce gaz qui existe dans l'air.

Technique. — On fait respirer à l'animal pendant une demi-heure le gaz suspect contenu dans un grand sac de caoutchouc de 300 litres. Après une demi-heure une

1. Ces $8^{cc},5$ ont été dilués dans 850^{cc} d'air (mélange à 1/1 000e).
2. Ces $9^{cc},9$ ont été dilués dans 500^{cc} d'air (mélange à 1/5 000e).
3. Ces $13^{cc},5$ ont été dilués dans 1075^{cc} d'air (mélange à 1/7500e).
4. Ces $10^{cc},5$ ont été dilués dans 1^{lit} d'air (mélange à 1/10 000e).
5. Ces $4^{cc},8$ ont été dilués dans 970^{cc} d'air (mélange à 1/20 000e).
6. Ces $5^{cc},4$ ont été dilués dans $2^{lit},700$ d'air (mélange à 1/50 000e),
7. Air pris au Jardin des Plantes.

canule étant placée dans un vaisseau artériel, on fait une prise de sang dont on extrait les gaz en présence de l'acide phosphorique. Les gaz sont ensuite analysés sur la cuve profonde en dosant successivement l'acide carbonique, l'oxygène et l'oxyde de carbone par le grisomètre.

Soit n le nombre de centimètres cubes trouvés. Pour 100 centimètres cubes de sang, l'application de la loi d'absorption donne :

5^{cc},5 d'oxyde de carbone correspondent à 1/1 000^e
n — — — à 1/x

d'où

$$x = \frac{5,5 \times 1000}{n}$$

Pour les proportions d'oxyde de carbone plus petites que 1/10 000e, on fera respirer l'animal pendant une heure ou deux heures dans l'air suspect; l'analyse des gaz du sang per-mettra de déterminer la proportion d'oxyde de carbone dans l'air par l'interpolation selon les données réunies dans le tableau suivant.

MÉLANGE D'AIR et d'oxyde de carbone	100 CENT. CUBES DE SANG ONT ABSORBÉ EN	
	1 heure	2 heures
1/ 6 000^e	1,6	3,3
1/12 000^e	»	1,63
1/15 000^e	0,59	1,18
1/30 000^e	0,44	0,88
1/60 000^e	0,22	0,45

La détermination de la quantité d'oxyde de carbone, quand le sang en renferme de très petites quantités, se fera avantageusement par la méthode à l'acide iodique.

§ II. — Extraction des gaz.

L'extraction des gaz du sang ou de certains liquides de l'organisme ne présente pas de difficultés spéciales. La pompe à mercure est l'appareil qui permettra leur extraction facile et complète, à condition de prendre quelques précautions qui seront signalées en temps utile.

Deux séries d'appareils résolvent le problème des gaz du sang.

Les uns sont des appareils simples dont la manipulation est relativement facile; l'exactitude des résultats est tout à fait satisfaisante, surtout si l'on tient compte que l'erreur relative dans les manipulations post-opératoires de l'analyse des gaz extraits (sans laquelle l'extraction n'a pas de raison d'être) est souvent de même ordre; les autres constituent au contraire une instrumentation compliquée : la technique est très délicate, la précision beaucoup plus grande, justifiée d'ailleurs par l'emploi lors de l'analyse d'instruments dans lesquels l'erreur relative est réduite au minimum. Il est évident, en effet, que, si à un moment quelconque une cause d'erreur relative autre que celle qui est régulièrement prévue affectait la méthode, la précision des résultats deviendrait illusoire. Nous passerons successivement ces appareils en revue.

a) **Méthode d'extraction ordinaire.** — La technique qui va être exposée est en grande partie due à Gréhant : c'est celle qui est employée au laboratoire de physiologie générale du Muséum d'Histoire Naturelle.

La pompe à mercure est du modèle indiqué depuis fort longtemps déjà par Gréhant. Une ampoule fixe, à laquelle est soudée à la partie inférieure un tube de verre de 0^m,80 environ, est en communication au moyen d'un long tube de caoutchouc à parois épaisses avec une ampoule mobile contenant le mercure. A la partie supérieure de l'ampoule fixe est soudé un robinet à 3 voies unique entouré d'une garniture de fonte permettant de faire autour du robinet une fermeture hydraulique. Au-dessus du robinet se trouve le tube de sortie des gaz. Le tube latéral du robinet permettra la mise en communication de la pompe avec le ballon dans lequel sera introduit le sang.

Voici comment celui-ci est monté. Un ballon ordinaire à long col est muni d'un bouchon de caoutchouc à deux trous. L'un des trous traversé par un robinet de cuivre se termine par un tube de verre de petit diamètre arrivant jusqu'à la partie inférieure du ballon, il permet l'introduction du sang; le second trou est traversé également par un tube de verre de petite longueur auquel on adapte un assez long tube de caoutchouc d'iode sur lequel on place une pince de MOHR. (Perfectionnement de L. CAMUS). Le tube de caoutchouc est en communication avec le tube latéral de la pompe à mercure. Des fermetures hydrauliques constituées simplement par des manchons de caoutchouc empêchent les entrées d'air partout où elles pourraient se produire.

Le ballon, d'un volume de 250 à 300 cc., plongé dans de l'eau à 60-80°, est vidé de la plus grande partie de l'air qu'il contient, tout d'abord à l'aide d'une trompe à eau. On termine l'extraction à l'aide de la pompe. Le vide obtenu, le sang est aspiré du vaisseau dans une seringue spéciale parfaitement cylindrique, grâce à un rodage parfait, puis introduit dans le ballon.

On extrait les gaz en ayant soin de donner le premier coup de pompe après quelques minutes d'attente qui permettent à la mousse, d'abord abondante, de se dissiper. L'extraction doit durer au moins une demi-heure, de préférence trois quarts d'heure.

Entre chaque coup de pompe le tube de caoutchouc est fermé par la pince de MOHR; on évite ainsi une distillation de la vapeur d'eau dont la condensation dans l'ampoule de la pompe fournirait une certaine quantité d'eau pouvant influer sur les résultats de l'analyse.

Le vide de nouveau obtenu, les gaz réunis dans la cloche, on procède à l'analyse, comme il a été décrit plus haut.

Si l'extraction des gaz du sang est faite en vue de l'oxyde de carbone, le vide est préalablement fait sur de l'acide phosphorique à 45° B, en volume égal à celui du sang, (au volume de sang présumé); l'extraction est conduite d'une façon absolument identique; et l'analyse faite suivant *a* p. .

Si du même coup on veut déterminer l'oxygène et l'oxyde de carbone dans un même échantillon de sang, on fera d'abord le vide à 40°. Les gaz extraits renfermeront les gaz du sang à l'exception de l'oxyde de carbone : ils seront analysés comme il a été dit p. 32. On introduira, l'extraction finie, de l'acide phosphorique à 45° B (volume égal à celui du sang, et on portera la température du bain-marie à 100°. La seconde extraction fournira de l'acide carbonique (acide carbonique combiné) et de l'oxyde de carbone, l'analyse sera faite suivant *a* (p. 32).

b) **Extraction des gaz du sang par la méthode et la pompe double à mercure de Chauveau.** — Cette méthode consiste :

1° A extraire simultanément, avec la même rapidité, sans interrompre le cours du sang dans le vaisseau, un volume connu de sang artériel et de sang veineux;

2° A extraire les gaz du sang artériel et du sang veineux, simultanément, d'une manière absolument identique, et dans le vide le plus parfait dont nous puissions disposer, le vide barométrique.

Il est inutile d'insister sur les avantages évidents qu'il y a à ne pas interrompre le cours du sang dans les vaisseaux pendant la prise de sang, ni sur l'exactitude plus parfaite des résultats, si les deux sangs, artériel et veineux, ont subi un traitement parfaitement identique.

Les explications qui suivent montreront que les manœuvres effectuées sur le sang veineux sont absolument identiques pendant toute la durée de l'expérience, et que les résultats obtenus de cette manière sont parfaitement comparables.

Avant d'exposer le manuel opératoire, je parlerai des instruments employés :

1° Les seringues;

2° La pompe double à mercure de CHAUVEAU.

Les seringues employées sont, soit la seringue de PAUL BERT modifiée[1], soit la seringue décrite plus haut (p. 39).

1. La modification consiste dans la position latérale donnée au tube qui sert à l'introduction des liquides dans la seringue.

Le sang peut être mesuré soit en volume, soit en poids. Dans ce dernier cas, la seringue, quelle qu'elle soit, contenant 5 cc. de mercure et environ 12 ou 13 cc. de solution saturée et bouillie de sulfate de soude, est pesée avant et après la prise de sang; la différence de poids donne le poids de sang retiré; on prend approximativement 25 cc. de sang. Ce procédé de mesure est le plus exact, la quantité de sang retirée pouvant être facilement connue, à 1 milligramme près.

La pompe double à mercure est formée de deux pompes à mercure placées côte à côte et fonctionnant simultanément à l'aide du même réservoir. Il n'y a rien de spécial à dire sur ces parties qui sont construites comme dans une pompe à mercure ordinaire, avec une ampoule, un robinet à trois voies et une cuvette à mercure placée sur le tube destiné à l'expulsion des gaz. Les extrémités inférieures des deux tubes sont réunies à un réservoir unique par un tube en Y.

Les deux ampoules destinées à recevoir le sang sont surmontées d'un tube ayant un diamètre de 3 centimètres environ et une hauteur de 55 centimètres. Cette longueur est suffisante pour que la mousse produite pendant l'extraction des gaz ne risque jamais d'atteindre le robinet.

A chaque pompe sont joints deux systèmes : l'un, destiné à échauffer l'ampoule; l'autre, à refroidir le tube pour condenser les vapeurs qui s'y engagent, et empêcher la mousse produite par le sang de monter.

L'eau des réservoirs a été au préalable chauffée à une température de 65° ou 70°. On peut faire monter cette température à 75° ou 80°, dans les premiers moments, lorsque le sang vient d'être introduit dans la pompe, et cela dans le but de faciliter le dégagement des gaz. Mais au bout de vingt minutes ou une demi-heure, il est bon de revenir à 65°. Après une demi-heure de chauffage, on donne un premier coup de pompe, qui donne la presque totalité des gaz, puis un second, cinq minutes après; cinq ou six coups de pompe suffisent pour extraire la totalité des gaz. Il n'y a pas intérêt à pousser plus loin l'extraction; car on risque d'extraire de l'eau et de commettre par ce fait une erreur plus grande que celle que l'on voulait éviter. Il est, en effet, bien difficile de tenir compte exactement de la quantité de gaz dissoute par l'eau.

On doit avoir soin, pendant toute la durée du chauffage du sang, de maintenir le cylindre complètement rempli de glace.

Les deux pompes étant actionnées par le même réservoir, l'extraction des gaz est faite d'une manière absolument comparable pour les deux sangs, artériel et veineux. Le chauffage des deux sangs a été fait à la même température et pendant le même temps. Si l'on considère aussi la manière dont le sang a été extrait dans les deux cas, on en arrive à conclure que cette méthode donne évidemment des résultats aussi parfaits que possible, autant au point de vue de l'exactitude absolue pour chaque quantité de sang qu'au point de vue de la comparaison entre les deux sangs.

Extraction des gaz des différents liquides de l'organisme. — La technique est absolument la même que celle indiquée pour le sang.

Détermination de l'acide carbonique des tissus. — On traite le muscle ou tissu par l'eau de baryte, à saturation en volume, égal à celui du tissu. On abandonne le tout pendant plusieurs heures. La matière albuminoïde se dissout. L'acide carbonique passe à l'état de carbonate. Une partie du liquide est alors traitée par le vide, puis addition d'acide chlorhydrique bouilli, comme il a été dit plus haut. L'analyse se termine suivant la technique exposée.

Extraction de l'oxyde de carbone du sang coagulé. — Ce cas peut se présenter en médecine légale. Voici comment il convient d'opérer :

Le sérum, s'il est coloré, est mis à part ; le caillot est placé dans un verre à expérience, dilacéré grossièrement avec des ciseaux. On enlève aux ciseaux toute trace de caillot qui pouvait y être fixé.

Le tout est jeté sur un petit carré de toile de lin, de 20 centimètres de côté environ, placé sur un entonnoir. Un liquide s'écoule; on le recueille. Cela fait, on prend les bords de la toile, on les réunit dans la main gauche et on effectue avec la main droite, qui tient une pince de bois saisissant le linge, une torsion qui force l'écoulement (grâce à la pression progressive développée), d'abord du liquide en excès, puis des globules mélangés d'un peu de fibrine : finalement, il ne reste plus sur la toile que la plus

grande partie de la fibrine. On lave et on tord de nouveau, et cela jusqu'à ce que la toile et le liquide de lavage soient incolores ou à peine colorés en rose. Le tout : sérum, liquide d'expression, eaux de lavage, sont réunis et introduits dans le ballon vide contenant l'acide phosphorique (volume égal à celui du sang).

L'extraction est faite d'après la technique exposée plus haut.

Les résultats très satisfaisants donnés par cette méthode ont été exposés par NICLOUX. *L'extraction de l'oxyde de carbone du sang coagulé* (*B. B.*, 1903).

Bibliographie. — Voir, outre les Traités généraux de Chimie biologique. OGIER *Analyse des gaz* (*Enc. chim. de Frémy*). — GRÉHANT. *Les gaz du sang* (*Enc. Léauté*) — GRÉHANT. *Hygiène expérimentale. L'oxyde de carbone.* (*Enc. Léauté.*) — *Traité de Physique Biologique*, par d'ARSONVAL, CHAUVEAU, GARIEL, MAREY et WEISS, 1901).

NICLOUX.

GEISSOSPERMINE (V. Péreirine).

GÉLATINE. — La gélatine ou glutine est le produit que l'on obtient lorsque l'on soumet à la coction les substances collagènes. Les colles à base de gélatine sont connues depuis la plus haute antiquité. PLINE parle des colles de peau et des colles de poisson; mais c'est à PAPIN que l'on doit la colle d'os obtenue en traitant ces organes par l'eau, en vase clos, à une température supérieure à 100°.

La gélatine a été proposée comme aliment azoté, et nous verrons plus loin quels sont les arguments et les expériences que l'on a présentés pour justifier la valeur alimentaire ou non alimentaire de la gélatine.

La gélatine dérive des substances collagènes, substances fondamentales des fibres blanches des tissus connectifs; c'est ausssi la substance albuminoïde essentielle des os; elle est désignée dans ce cas sous le nom d'*osséine*. Enfin on rencontre encore des matières collagènes dans les cartilages, où elles portent alors le nom de *chondrine*. Par ébullition avec l'eau, et mieux encore avec l'eau légèrement acide, ces substances sont transformées en gélatine.

HOFMEISTER considère les substances collagènes comme les anhydrides de la gélatine; on peut approximativement représenter cette relation par la formule suivante :

$$\underbrace{C^{102}H^{149}Az^{31}O^{28}}_{\text{Substance collagène.}} + H^2O = \underbrace{C^{102}H^{151}Az^{31}O^{29}}_{\text{Gélatine.}}$$

Lorsque l'on chauffe la gélatine à 130°, on donne de nouveau naissance à une substance collagène.

Les substances collagènes se rencontrent dans un grand nombre de tissus et, en particulier, dans la peau et les éléments dermiques, les tendons et les cartilages, le tissu préosseux de la corne des ruminants, les os, etc.

Les proportions de gélatine contenue dans les différents organes sont :

Organes glandulaires. . .	5,37 p. 100 (V. Bibra).
Reins.	0,996 à 1,849 (GOTTWALT).
Muscles humains.	1,99 en moyenne.
Os décalcifiés.	11,4 (HOPPE SEYLER).
Rétine.	13 à 17 p. 100 (CAHN).

La transformation que subit la matière collagène a pour effet de faire passer la matière albuminoïde de l'état insoluble à l'état soluble.

C'est ainsi que la peau, soumise à l'action prolongée de l'eau bouillante, se gonfle et se dissout à la longue dans ces conditions. La vitesse de dissolution varie d'ailleurs avec la nature de la peau, l'âge des animaux, la température de coction. La peau des jeunes animaux est plus rapidement solubilisée que la peau des animaux âgés. La peau des poissons se dissout déjà à la température de 20 ou 25°.

On rencontre des substances collagènes chez tous les animaux vertébrés. HOPPE-SEYLER avait cru devoir faire une exception pour l'*Amphioxus lanceolatus*, dont le corps, traité par l'eau bouillante, ne lui avait pas semblé donner de gélatine. Cette exception a été rejetée à la suite des observations de KRUKENBERG qui a montré que même les tissus de ce vertébré élémentaire renfermaient des substances collagènes. Parmi les invertébrés, les uns, traités par coction avec l'eau bouillante, donnent de la gélatine; tels sont les Céphalopodes : les autres, de la mucine.

Les gélatines du commerce sont d'origines diverses.

La vessie de certains poissons, en particulier les Esturgeons : *Acipenser sturio, A. stellatus, A. huso, A. rutenus, Silurus glanis*, de la Volga et des fleuves russes du bassin de la Mer Noire et de la Caspienne fournissent par simple dessiccation l'ichtyocolle, *isinglass* des Anglais, *Hausenblase* des Allemands, renfermant 90 p. 100 environ de gélatine pure. Les intestins de la morue sont aussi l'origine d'une certaine variété d'ichtyocolle; on en obtient enfin dans certains pays, en Moldavie en particulier, un produit inférieur par ébullition avec la tête, la peau, l'estomac et les intestins de poissons.

La colle de peau ou colle forte a pour origine ce que l'on appelle les colles matières, dont les plus importantes sont la *carnasse*, résidu des tanneries et des mégisseries, le *vermicelle* qui comprend, réduit à l'état de fines lanières, toutes les peaux d'animaux non employées sous cette forme, lapins, lièvres, chats, rats, les débris de la peau de gants et les vieux gants; les *patins* et les *nerfs*, résidus de boucherie, les premiers étant les gros tendons des jambes de bœuf, les autres des matières tendineuses quelconques. Il y a encore un certain nombre de déchets qui donnent naissance à de la gélatine : tels sont les têtes de veau, les brochettes, lanières de peau restant attachées aux fragments de chair que l'on enlève des matières premières de la tannerie; les rognures de peau épaisse, provenant de l'emballage des surons d'indigo; les rognures de parchemins, etc.

Les proportions de gélatine fournies par ces différentes substances sont les suivantes

	D'après DUMAS.	D'après MALEPEYRE.
Rognures de parchemins.	62	»
— de cuirs de l'Amérique du Sud (désignées souvent sous le nom de Buenos-Ayres).	56-60	60-66
Peau de tête de veau.	44-48	60
Surons d'indigo.	50-55	50-55
Brochettes.	44-45	45-50
Rognures de tannerie.	38-42	36-40
Patins.	35	36
Nerfs.	15-18	»

L'aspect de la gélatine varie suivant son origine même. Les *carnasses* de veau et de chevreau donnent des gélatines fines, alimentaires, transparentes, de couleur jaune blond. Les *carnasses* de bœufs et de moutons donnent des gélatines jaune rougeâtre; les *carnasses* de cheval donnent un produit opaque brun rouge, de qualité très inférieure.

La colle d'os répond plus spécialement au nom de gélatine : les matières premières que l'on emploie sont les os des animaux domestiques, les os des bœufs avec lesquels on prépare les gélatines alimentaires, les têtes de cheval et de mouton, les déchets de boucheries, etc. La préparation de la gélatine est une opération industrielle qui s'effectue en grand dans la préparation des colles fortes et colles animales. Il est évident qu'une telle étude sort tout à fait du cadre de ce dictionnaire.

La gélatine du commerce n'est pas un produit pur. Loin de là : elle renferme des matières albuminoïdes et des cendres. NEUMEISTER débarrasse la gélatine du commerce de l'albumine qu'elle renferme toujours, en la laissant en contact avec de l'eau, puis en la lavant soigneusement avec de l'eau salée. Mais la gélatine ainsi obtenue renfermerait encore, d'après KRUKENBERG, des traces d'albumine et pour obtenir un produit complètement pur, il faudrait laisser macérer du tissu conjonctif pendant longtemps à la température ordinaire dans une solution de soude à 5 ou 10 p. 100. Ce produit bien lavé donne naissance par ébullition avec l'eau à une gélatine complètement privée de matières albuminoïdes. L'élimination des matières minérales peut se faire aussi par lavage à l'acide chlorhydrique à 1 p. 1 000, mais il faut ensuite se débarrasser de l'acide, et cette opération nécessite des lavages longs et répétés, terminés finalement par une neutralisation avec de l'eau légèrement ammoniacale. L'épuisement par l'eau pure semble donner de meilleurs résultats (O. Nasse). Hofmeister enfin prépare la gélatine à l'état de pureté en laissant en contact la gélatine commerciale ordinaire avec de l'eau froide pendant plusieurs jours. On obtient ainsi une séparation assez avancée des sels et parties minérales qui diffusent par osmose; on dissout alors la substance restante dans l'eau bouillante, on filtre à chaud en recevant le liquide clair dans l'alcool à 90 p. 100. La gélatine précipite, et on la soumet deux ou trois fois au même traitement. Elle ne contient plus ainsi que 0,6 p. 100 de matière minérale formée surtout de phosphate de chaux.

Propriétés. — La gélatine sèche et pure du commerce se présente sous la forme de lames amorphes, transparentes et à peu près incolores, élastiques et cependant cassantes. La gélatine est neutre aux réactifs. Elle est insipide, et présente une odeur fade, quelquefois très faible et même nulle.

La gélatine est lévogyre, et son pouvoir rotatoire est de :

$$\text{à } 25° \ [\alpha]_D = -130°$$
$$\text{à } 40° \ [\alpha]_D = -123°$$

Les alcalis ou les acides faibles la font baisser à :

$$[\alpha]_D = -132°$$

La gélatine ne présente pas spectroscopiquement la bande d'absorption de la tyrosine (A. Wynter Blyth).

Action de l'eau. — Gélification. — La gélatine en présence de l'eau manifeste des propriétés particulières. A froid elle se ramollit et se gonfle, surtout si l'on élève légèrement la température. Elle augmente alors de volume en absorbant environ quarante fois son poids d'eau. Chauffée à une température plus élevée, elle se dissout. Par refroidissement, la solution se prend en une masse solide, élastique, molle, éminemment friable, transparente et qui occupe la totalité du volume de la solution si la concentration est suffisante : 1 p. 100 suffit pour faire gelée. Cette propriété que présente la solution de gélatine de se prendre en gelée par refroidissement s'appelle la *gélification.*

La *gélification* ou *gélatinisation* des solutions est une des propriétés les plus caractéristiques de la gélatine, et elle a donné lieu à un certain nombre de travaux se rapportant tant aux conditions physiques qui l'accompagnent ou la déterminent qu'aux réactions chimiques qui la modifient.

Dastre et Floresco ont établi la durée de la prise en gelée des solutions de gélatine laissées quelque temps à l'étuve à 40° dans des circonstances identiques, puis abandonnées à 22°. Cette durée sera :

Pour une solution	à 1 p. 100	60 minutes.
—	à 2,5 —	45 —
—	à 5 —	25 —

Mulder a montré qu'une solution de gélatine chauffée en tube scellé et portée pendant quelques instants à la température de 140° perd la faculté de se gélifier par refroidissement. Si on la porte à 110° pendant vingt heures en répétant plusieurs fois l'opération, on arrive encore à une diminution considérable du pouvoir gélifiant. Hofmeister a montré que l'on observe encore un abaissement de cette faculté par la simple ébullition, maintenue pendant vingt-quatre heures à la pression ordinaire.

Maintenue pendant une heure, de 110° à 120°, la gélatine ne subit pas de changement quant à la gélification elle-même; mais il se produit néanmoins des modifications dans quelques circonstances du phénomène.

Il en est de même quand on soumet à l'ébullition une solution de gélatine. Dastre et Floresco ont pu montrer ces variations en prenant une solution à 5 p. 100 que l'on divise en 4 fractions identiques. La première sert de témoin ; elle est portée à la température de fusion, puis abandonnée librement. La deuxième est portée à l'ébullition pendant cinq minutes. La troisième fraction est étendue d'un égal volume d'eau, puis soumise à l'ébullition jusqu'à être amenée à son volume primitif. La quatrième enfin est portée à l'autoclave à 120° pendant une heure. Dans les quatre on a noté le point de gélification, la durée du phénomène (en partant de ce même point), enfin la consistance.

	Point de fusion.	Point de gélification.	Durée de la gélification.	Consistance.
1° Gélatine à 5 p. 100........	34°	21°85	20 minutes.	Solide.
2° Gélatine à 5 p. 100 portée 5 minutes à l'ébullition.......	»	21°50	25 —	moins solide.
3° Gélatine à 5 p. 100 diluée au double de son volume et ramenée au volume primitif par ébullition prolongée	»	21°	35 —	moins solide.
4° Gélatine à 5 p. 100 portée pendant une heure à l'autoclave à 120°.	»	20°	45 —	moins solide encore.

La gélatine éprouve donc, par l'action plus ou moins prolongée de l'eau à haute température, une modification qui se traduit par la diminution ou la perte totale de la faculté de gélification. Dastre et Floresco ont reconnu que le produit de transformation obtenu dans ce cas était surtout formé par des *gélatoses;* en particulier, par la *protogélatose* de Chittenden et Salley, corps défini par les caractères suivants : absence de la faculté de gélification, absence de précipitation par NaCl à saturation, circonstances de sa production par processus d'hydratation ou par l'action des ferments digestifs. Ce sont des corps analogues aux protéoses fournies par les autres albuminoïdes.

Par l'action des iodures et chlorures alcalins à 40° pendant 24 à 48 heures, on obtient une réaction analogue (Voir plus loin *Action des sels. — Digestion saline de la gélatine*). C'est aussi le même corps que l'on obtient dans les premiers stades des digestions peptique ou pancréatique, ou au début de l'action des microbes liquéfacteurs (voir *Digestion de l'albumine*).

La faculté de se gélifier est d'ailleurs variable avec la constitution même des gélatines. Nasse a prétendu que le pouvoir de gélification diminuait avec la richesse en cendres, (opinion discutée d'ailleurs et contestée par C. Th. Mörner). Avec 3,1 p. 100 de cendres, proportion que renferme la gélatine ordinaire du commerce, la gélification est sensible à 27° avec un taux de 1,7 p. 100 de gélatine. Pour une gélatine à 0,62 p. 100 de cendres, au contraire, la gélification n'apparaît plus que pour une proportion de 3,7 p. 100 de gélatine. Cette même gélatine, à 0,62 p. 100 de cendres, ne serait précipitée par le tannin, d'après Weiske, qu'en présence d'un sel dans la solution, dont une trace d'ailleurs suffirait ($Ca\ SO^4$, $Ca\ CO^3$). D'autre part la présence d'un certain nombre de sels retarde la coagulation, ou *gélification* des solutions de gélatine.

Lévitès, Pauly et P. Rona ont montré que les corps qui ralentissent la gélatinisation abaissent aussi la température à laquelle se produit ce phénomène. Réciproquement ceux qui l'accélèrent élèvent le point de fusion de la substance gélatineuse. S. Lévitès assimile les phénomènes de gélatinisation à ceux de cristallisation : la matière colloïde se sépare de sa dissolution et reste imprégnée du solvant en formant une masse gélatineuse. La présence d'un corps étranger augmente la solubilité et ralentit la vitesse de gélatinisation : la gélatine, soluble à froid dans des solutions moyennement concentrées de sulfocyanate, de salicylate de Na, dans les solutions concentrées d'iodures de potassium, d'ammonium, etc., ne s'y solidifie pas à la température ordinaire.

Les sels suivants retardent en général la gélatinisation (les expériences de l'auteur ont porté non seulement sur la gélatine, mais aussi sur l'agar agar) : KCl, NaCl, AzH^4Cl, $CaCl^2$, $BaCl^2$, $MgCl^2$, $CuCl^2$, $CoCl^2$, $CdCl^2$, Na Br, Na Br O^3, K Br O^3, KI, Na I, AzH^4 I, BrO^3 K, AzO^3 Na, AzO^3 AzH^4, $(AzO^3)^2$ Mg, $(AzO^3)^2$ Ba, KC Az ; sulfocyanates de K, AzH^4 et Ba, acétates et formiates alcalino-terreux, benzoates, salicylates, propionates, butyrates, valérianates alcalins. Au contraire, les sulfates de K, Na, AzH^4, Mg, Cu, Zn, Co ; K^2CO^3 et Na^2CO^3 ; les phosphates de AzH^4, K, Na ; AsO^4 Na^2 ; les oxalates de K, AzH^4, Na ; les succinates de Az H^4 et Na, les tartrates, les citrates, etc.., accélèrent la gélatinisation. Il semble d'après cela que les sels des acides monobasiques, à part les formiates et les acétates, ralentissent la vitesse de gélatinisation, tandis que les sels des acides polybasiques l'accélèrent.

Parmi les alcools en $C^nH^{2n+1}OH$, l'alcool méthylique accélère un peu la gélatinisation ; les autres, jusques et y compris l'alcool butylique, ont l'effet contraire.

W. Pauli et P. Rona ont établi les mêmes faits pour les mêmes sels. Pour eux aussi l'alcool abaisse le point de gélification ; il en est de même de l'urée ; la glycérine et le glucose l'élèvent au contraire. Ils n'ont déterminé aucune relation entre cette action particulière de certains sels métalliques et leurs propriétés précipitantes vis-à-vis de la gélatine. En outre, en solution salée ou non, les points de gélification s'élèvent avec la concentration en gélatine, et les points de liquéfaction s'abaissent.

Si plusieurs sels sont employés simultanément, leurs actions s'ajoutent, et, étant donnés les sens contraires dans lesquels elles peuvent agir, on peut obtenir des mélanges inactifs.

Action de l'alcool. — La gélatine est insoluble dans l'alcool, et l'alcool précipite les solutions chaudes de gélatine. Mais la liqueur précipitante doit être neutre (et non acide), et son titre alcoolique définitif doit être de 70 p. 100, pour que la gélatine ne se dissolve plus (A. Gautier).

Dans de semblables milieux, où la gélatine, l'eau et l'alcool se trouvent en présence, les phénomènes de gélification sont accompagnés de circonstances spéciales intéressantes. C'est ainsi que Hardy a étudié le mécanisme de la gélification de ce système ternaire formé par un mélange de gélatine, d'eau, et d'alcool. Ce mélange, homogène à chaud, donne à froid deux liquides superposés d'indices de réfraction très différents. La température où l'homogénéité cesse est assez variable ; elle s'élève avec la proportion de gélatine et d'alcool et s'abaisse quand la quantité d'eau augmente. Si la température s'abaisse davantage, une des deux masses devient solide. La surface de séparation en est sinueuse et discontinue d'autant plus que les deux masses se sont formées rapidement. Quand le mélange contient peu de gélatine, la masse solide se forme du côté concave ; au contraire, elle se forme du côté convexe quand la proportion de gélatine est forte. De là, deux constitutions différentes de l'hydrogel : ou bien c'est une masse solide contenant de petites gouttelettes liquides, ou bien c'est une masse liquide contenant de petites particules solides. Dans le premier cas la substance est élastique et solide ; dans le second cas, elle tend toujours à se rétracter par suite de la réunion des masses solides en suspension dans la masse liquide.

Liquéfaction réversible. — Ce phénomène, qui a été trouvé par Tsvett, répond à des propriétés toutes spéciales des matières colloïdes.

Si l'on place un fragment de gélatine hydratée, à 5 ou 10 p. 100, dans une faible quantité d'une solution de résorcine contenant de 50 à 100 parties de matière cristallisée pour 100 parties d'eau, on voit aussitôt apparaître sur la gélatine un voile blanchâtre, sorte de mucosité dont le volume s'accroît rapidement. La gélatine paraît fondre dans le liquide, et, s'il y a un excès de liquide, la gélatine est dissoute complètement. Examinée au microscope, la mucosité paraît former une émulsion plus ou moins fine, constituée par une masse diaphane très réfringente qui se présente en gouttelettes menues ou en masses contenant des vacuoles, dans un liquide de densité optique inférieure. Parmi ces gouttelettes, les plus fines sont sphériques, les plus volumineuses sont de formes irrégulières. Certaines actions mécaniques peuvent les fusionner ou les fragmenter. Ces agrégats, nettement différenciés d'avec le liquide qui les environne, ont avec celui-ci un rapport analogue à celui d'un liquide avec sa vapeur saturée. Si l'on ajoute une faible quantité d'eau à la solution, dans les agrégats se forment des vacuoles, et la matière réfringente devient opaque ; si l'on augmente la quantité d'eau, la substance devient filante et presque solide. Pour ramener les choses en leur état primitif, il suffit d'ajouter à nouveau de la résorcine.

Afin d'étudier l'action des acides et des alcalis, Tsvett emploie une chambre à gaz micrographique où passe un courant de vapeur, soit acétique, soit ammoniacale. Toutes les deux ont la même action. D'abord la préparation paraît s'éclaircir et la substance réfringente semble devenir homogène ; si à l'une des deux actions on fait immédiatement succéder l'autre, le phénomène inverse se produit. L'émulsion primitive reparaît, animée de mouvements qui rappellent ceux des amibes ou des préparations de Bütschli. Si l'on élève la température, l'action produite est la même que par l'adjonction d'alcali ou d'acide. Dans certaines conditions, la gélatine est fluidifiée.

On peut aussi mettre un morceau de gélatine sèche dans une solution moyennement concentrée de résorcine ; la gélatine gonfle, devient limpide et finit par se dissoudre complètement, après agitation du mélange. Si la solution de résorcine n'est pas d'une concentration supérieure à 80 p. 100, à la température ordinaire, il y a une limite à la dissolution de gélatine, dont l'excès se gonfle en formant une masse limpide se rapprochant plus ou moins de l'état liquide. La matière forme alors deux couches superposées, parfaitement délimitées, dont la plus dense est la plus réfringente. Leur mélange forme une émulsion de globules, analogue à celle qui a été précédemment décrite. Il faut d'autant plus de gélatine que la solution de résorcine est plus concentrée. 100 parties de résorcine à 80 p. 100 dissolvent en premier lieu 3 ou 4 parties de gélatine à 15°. Une solution de concentration supérieure à 100 p. 100 ne peut plus être saturée. Quelque quantité de gélatine que l'on emploie, il se forme un liquide homogène épais.

D'autre part, la température agit sur la solubilité de la gélatine dans la résorcine; l'élévation de température agit comme une élévation de concentration de la solution. Probablement, grâce à une dépolymérisation des molécules albuminoïdes, la solubilité de la gélatine augmente.

Si l'on étudie la composition des deux couches liquides que nous avons citées, on voit que le liquide supérieur est exclusivement formé d'eau, de résorcine et de gélatine; pour s'en assurer, on précipite par l'eau ou par l'alcool, ou bien on dialyse avec de l'eau alcoolisée. Dans ce dernier cas, on obtient, après quelques jours, une substance cornée et transparente qui possède les propriétés de la gélatine primitive. Il s'agit soit de gélatine pure, soit de ses premiers produits d'hydrolyse. Le liquide inférieur est un liquide épais qui forme goutte à l'extrémité de la pipette. Il est formé d'eau, de résorcine et surtout de gélatine. Si l'on y ajoute encore de la gélatine, elle s'y mélange en formant un liquide homogène de plus en plus épais. Ce liquide inférieur est donc en réalité une solution de résorcine aqueuse dans la gélatine.

Les solutions d'hydrate de chloral agissent sur la gélatine exactement comme le font celles de résorcine. Elles dissolvent la gélatine et s'y dissolvent elles-mêmes après l'avoir liquéfiée. La seule différence est la plus grande activité de l'hydrate de chloral.

D'après ce qui précède, on voit que les trois substances en présence se dissolvent réciproquement en formant deux solutions. Selon les proportions des substances réagissantes, il peut se présenter les cas suivants :

Q = Quantité relative de matière albuminoïde.

K = Coefficient de solubilité de cette matière dans la résorcine aqueuse.

K' = Coefficient de solubilité de la résorcine aqueuse dans la matière protéique.

Ces coefficients constituent des variables qui dépendent de la concentration de la résorcine et de différents autres facteurs.

On peut supposer : $K = \frac{1}{K'}$ ou $K \lessgtr \frac{1}{K'}$.

$Q \leqq K$. La quantité relative d'albuminoïde inférieure ou égale au coefficient de solubilité permet à celle-ci de se dissoudre entièrement, après gonflement de la matière; le résultat est une solution homogène saturée ou non.

$Q \geqq K$. La totalité de la matière protéique ne pouvant être dissoute, le coefficient K apparaît.

On peut avoir :

$$Q = \frac{1}{K'}$$

$$Q > \frac{1}{K'}$$

$$Q < \frac{1}{K'}.$$

$Q = \frac{1}{K'}$: K' indiquant la proportion dans laquelle la résorcine aqueuse se dissout dans la substance protéique, $\frac{1}{K'}$, donne la proportion dans laquelle cette dernière se combine en même temps avec la résorcine. On peut obtenir une solution saturée de résorcine aqueuse dans l'albuminoïde, liquide ou solide.

$Q>\frac{1}{K}$. Il y a trop de matière protéique; on obtient une solution non saturée de résorcine aqueuse dans l'albuminoïde.

$Q<\frac{1}{K'}$. La matière protéique manque, K et K' interviennent, et l'on est en présence de deux cas :

$$K < \frac{1}{K'} \quad \text{et} \quad K = \frac{1}{K'}.$$

$K<\frac{1}{K'}$. C'est la liquéfaction réversible typique. Il se forme deux solutions de composition et de densité différentes, qui sont en équilibre osmotique et chimique.

$K = \frac{1}{K'}$. Les deux solutions, étant identiques, n'en forment plus qu'une, homogène.

La concentration de la résorcine pour laquelle $K = \frac{1}{K_c}$ à une température donnée peut s'appeler *concentration critique*, et la température dans ce cas, *température critique*.

Action des acides. — La gélatine se dissout dans les acides acétique ou sulfurique. La dissolution de la gélatine dans l'acide sulfurique concentré, étant étendue d'eau et maintenue pendant quelques temps à l'ébullition, donne naissance à de la leucine et du glycocolle.

Sauf le tanin, l'acide trichloracétique et l'acide métaphosphorique, les acides étendus ne précipitent pas la gélatine. L'ébullition avec l'acide sulfurique étendu donnerait naissance à du sulfate d'ammoniaque et à un sucre fermentescible (Gerhardt). L'acide azotique attaque à chaud la gélatine en donnant naissance à de l'acide oxalique. Les acides biliaires précipitent quantitativement la gélatine.

Action des alcalis. — La gélatine peut être laissée sans altération pendant plusieurs semaines à la température ordinaire avec des solutions de potasse à 0,2 — 0,5 p. 100. Elle a conservé dans ces conditions la faculté de se gélifier (C. Th. Mörner).

L'ébullition avec une solution concentrée de potasse ou de soude donne surtout naissance à de la leucine et à du glycocolle.

Les solutions de gélatine dissolvent une grande quantité de chaux, et Nasse a pu montrer que la gélatine semblait se combiner aussi à la baryte. C'est ainsi que les solutions d'eau de baryte et de gélatine précipitent très incomplètement par l'acide carbonique.

Action des oxydants. — Le mélange chromique ou le mélange manganique donnent les mêmes produits que lorsqu'ils agissent sur l'albumine ordinaire.

Cependant Maly a signalé parmi les produits de l'action du permanganate de potasse sur la gélatine, avec fusion subséquente dans la potasse, la formation d'acide benzoïque.

Un courant de chlore précipite la gélatine de ses solutions sous la forme de flocons blanchâtres, insolubles dans l'eau et dans l'alcool, renfermant une certaine proportion de chlore (7 à 8 p. 100).

Les gélatines présentent, au point de vue de la formation des métaux à l'état colloïdal un intérêt tout particulier; c'est ainsi que les sels de cuivre sont réduits par les matières organiques, et le métal prend une forme colloïdale soluble. Lidof a pu montrer qu'une spirale de cuivre bien décapée plongée dans une solution de 150 grammes d'eau, 13 gr. 6 de gélatine et 14 grammes de KOH, perd en 48 jours, 3,54 p. 100 de son poids. Le liquide était déjà violet dès le second jour, et devenait avec le temps de plus en plus foncé.

Action des sels. Digestion saline. — Le phénomène de la digestion saline de la gélatine a été découvert et étudié par Dastre et Floresco. La gélatine, bien débarrassée des sels qu'elle peut contenir, mélangée à des solutions de chlorures, iodures, fluorures alcalins ou alcalino-terreux, se gélifie à la température ordinaire, et reste ainsi indéfiniment.

Quand on la porte à l'autoclave à 120°, la présence du sel ne change pas les conditions d'altérations. Au contraire, maintenues à l'étuve à 40° pendant un ou plusieurs jours, les solutions salées ne se prennent plus en gelée et présentent les caractères de la protogélatose. Si la proportion de sel est assez élevée, 10 p. 100, la liquéfaction est définitive; la transformation de la gélatine en gélatose est totale, et cela, quelle que soit la proportion de gélatine employée. Si la proportion de sel est plus faible (1 p. 100), les solutions de gélatine ne sont pas définitivement liquéfiées; il y a un simple retard de la gélification, et une diminution de consistance de la gelée; par suite, transformation de la gélatine en gélatose. Cela est complètement vrai pour les iodures et les chlorures. Pour les fluorures, la transformation est incomplète, et la liquéfaction n'est que temporaire.

La transformation de la gélatine en gélatose peut être partielle ou totale; et on a alors un simple ralentissement dans la vitesse de gélification ou une disparition totale de la propriété. C'est un phénomène analogue à celui qui se produit lorsque l'on a affaire à des microbes liquéfiant la gélatine. On obtient encore une protogélatose que l'on peut préparer en faisant bouillir rapidement la quantité de liquide collecté et en la dialysant. L'action microbienne, poussée plus loin, conduit à la *gélatine peptone.*

L'ébullition très prolongée ou une température très élevée conduisent encore à la gélatine peptone ou à un corps très voisin, la *deutérogélatose.*

La digestion saline de la gélatine a été contestée par C.-Th. Mörner, qui a prétendu que la présence des sels neutres empêchaient, à la vérité, la gélification, mais que la digestion avec les sels ne modifie nullement la gélatine.

Réactions de la gélatine. — Les différents réactifs des albuminoïdes agissent sur la gélatine de la façon suivante. Nous avons vu que les acides ne précipitent pas la gélatine, sauf le tanin, l'acide trichloracétique, l'acide métaphosphorique, l'acide phosphotungstique, l'acide phosphomolybdique, l'acide picrique. Les précipités sont solubles dans un excès de réactif. L'acide métaphosphorique donne dans les solutions de gélatine ou de gélatose, produit d'hydratation de la gélatine, un précipité renfermant de 6 à 8 p. 100 d'anhydride phosphorique (Lorenz). La précipitation par l'acide trichloracétique est plus complète que par l'acide métaphosphorique (Obermayer). Enfin le précipité par le tanin renferme environ 34 p. 100 de tanin, et, si l'on a affaire à du tanin d'écorce de chêne, la proportion de substance précipitante s'élève à 42,7 p. 100 (Böttinger).

Un certain nombre de sels précipitent la gélatine. La précipitation de la gélatine par les sels est un phénomène tout différent de la gélification. Elle est retardée ou même suspendue par la présence de corps organiques tels que le glucose, le saccharose et surtout l'urée. Parmi les sels qui la précipitent se trouvent le chlorure de platine, le sublimé en solution chlorhydrique, l'iodomercurate de potassium, l'iodure ioduré de potassium, le sous-acétate de plomb ammoniacal; ces précipités se font suivant les réactions des alcaloïdes et des peptones; ils sont solubles dans un excès de gélatine. Un certain nombre de sels (chlorures de sodium et d'ammonium, azotate de potasse) ou les acides étendus font perdre à la gélatine, en solution aqueuse et tiède, la propriété de se gélifier par refroidissement. Le bichromate de potasse donne à la gélatine une combinaison insoluble consécutive à une oxydation lente. Namias, puis Lumière et Seyewetz ont montré que l'acidité de l'alun de chrome atténue l'action insolubilisante que cette substance exerce sur la gélatine. Le sulfate d'ammoniaque précipite la gélatine, mais la précipitation exige une proportion de sels variable suivant que l'on a affaire à des gélatines plus ou moins chauffées. La gélatine ordinaire précipite avec 12,4 p. 100 de sel. La gélatine, chauffée jusqu'à perte de sa faculté de gélification, précipite avec 16,9 p. 100, et enfin la gélatine chauffée pendant plusieurs jours exige 19 et 19,8 p. 100 de sulfate d'ammoniaque pour sa précipitation. L'alun et le sulfate de fer ne donnent de précipité qu'en présence d'alcali et avec formation consécutive d'un sel basique. Le ferrocyanure de potassium, le nitrate d'argent, le sulfate de cuivre ne donneraient pas de précipité. Néanmoins le ferrocyanure de K, acétique, précipiterait la gélatine, d'après C.-Th. Mörner. Mais ce précipité est soluble dans un excès de réactif, et la précipitation est d'autant plus facile que les solutions sont moins concentrées. La précipitation peut être diminuée ou empêchée par une élévation de température (30°) et la présence des sels neutres.

En présence de potasse, la gélatine donne des réactions particulières avec les sels de mercure, d'argent et de cuivre. La gélatine réduit le chlorure mercurique en présence de potasse avec formation de mercure métallique, lentement à froid et rapidement à chaud. LIDOF a obtenu, en chauffant légèrement une solution de gélatine (de même que les autres matières albuminoïdes) avec de l'azotate d'argent et un léger excès de potasse, une coloration brunâtre qui augmente d'intensité jusqu'à ce que le liquide prenne finalement une teinte cannelle foncée. La coloration est d'autant plus intense que le précipité d'oxyde d'argent produit par la potasse est plus faible. L'oxyde d'argent se trouve donc réduit peu à peu à l'état d'argent métallique qui reste dissous. La coloration ne se produit que lorsque la solution de gélatine est conservée dans l'obscurité. Des faits analogues se présentent avec le cuivre. Les sels de cuivre réagissent sur une solution alcaline de gélatine, donnent une coloration violette qui disparaît quand on élève la température sous pression dans l'appareil de LINTNER en même temps qu'il se dépose du cuivre métallique. A froid, en présence de formaldéhyde, la même réaction se produit, mais demande alors 10 à 15 heures. Le cuivre ainsi précipité n'est pas pur; il renferme environ 92 p. 100 de métal pour 8 p. 100 de matières organiques. C'est un phénomène analogue qui doit se passer dans la réaction du biuret.

La *réaction du biuret* est positive avec la gélatine : on additionne les solutions de son volume environ de potasse, et on y ajoute une goutte d'une solution étendue de sulfate de cuivre. Il se produit une coloration mauve rosâtre qui passe au rouge clair par une ébullition prolongée.

Le réactif de MILLON précipite la gélatine, mais le précipité ne se colore qu'à peine ou pas du tout à l'ébullition.

Étant donné, d'ailleurs, la difficulté que l'on éprouve à obtenir des gélatines complètement privées d'albumine, il est fort difficile de savoir exactement quelles sont les réactions particulières de cette gélatine. C'est ainsi que, d'après KRUKENBERG, la gélatine, obtenue par ébullition d'un tissu conjonctif abandonné depuis longtemps à une macération dans une lessive de soude à 10 p. 100, ne donnerait ni la réaction de MILLON, ni la réaction d'ADAMKIEWICZ, ni la réaction à l'acide chlorhydrique.

La gélatine et les colles à la dose de 0,005 à 0,1 milligramme s'opposent au virage au bleu, par une solution de NaCl à 1 p. 100, d'une solution colloïdale de chlorure d'or.

Composition de la gélatine. — La gélatine renferme une proportion moindre de carbone que les matières albuminoïdes ordinaires.

En moyenne sa composition est :

Carbone. . .	50
Hydrogène. .	6,6
Azote.	18,3
Soufre. . . .	0,14
Oxygène. . .	24,96

D'après P. SCHÜTZENBERGER et BOURGEOIS, la formule empirique serait $C^{76}H^{124}Az^{24}O^{29}$, formule très voisine de celle de l'osséine. La gélatine ne serait qu'un produit d'hydratation de la matière collagène. SCHÜTZENBERGER admet que le soufre que l'on y a trouvé provient d'un certain nombre de substances albuminoïdes qui y sont mélangées. HAMMARSTEN a prétendu que le soufre faisait partie intégrante de la molécule dans la proportion de 0,06 p. 100. D'après C. TH. MÖRNER, la quantité de soufre qui a été trouvée, le plus généralement voisine de 0,50 p. 100, serait souvent voisine de 0,25, et il en a conclu qu'il existait des gélatines à un et à deux atomes de soufre.

SCHÜTZENBERGER a appliqué sa méthode de l'hydratation par la baryte pour déterminer la constitution des matières collagènes et de la gélatine. Il a pu ainsi déterminer la nature des composés amidés ou imidés moins hydrogénés que les homologues du glycocolle qui pouvaient se trouver dans ces substances.

L'osséine, dédoublée par l'hydrate de baryte à 200°, dégage, sous la forme d'ammoniaque, le cinquième de l'azote total. Il se forme par la même réaction de l'acide carbonique et de l'acide oxalique; ces corps, avec l'ammoniaque dégagée, se trouvent dans les rapports de décomposition de l'urée et de l'oxamide. Le liquide, une fois débarrassé de l'ammoniaque libre, par ébullition et par filtration du dépôt d'oxalate et de carbonate de baryte, privé de l'excès de baryte par précipitation avec l'acide sulfurique, retient seulement les principes amidés, fixes ou solubles. Leur ensemble, séché à 120°, soumis à l'analyse élémentaire, amène à une formule $C^nH^{2n}Az^2O^4$, n égalant 7,2. Le résidu fixe se laisse diviser par les dissolvants neutres, alcools plus ou moins concentrés, eau, mélanges d'alcool et d'éther.

1° En acides amidés de la forme $C^nH^{2n}+AzO^2$; ce sont : le glycocolle $C^2H^5AzO^2$, l'alanine, $C^3H^7AzO^2$ (d'après les recherches de SCHÜTZENBERGER, il est probable que la gélatine fournit les deux modifications de l'alanine), l'acide amido-butyrique $C^4H^9AzO^2$, et la leucine ou acide amidocaproïque $C^6H^{13}AzO^2$.

2° En composés acides homologues, de la forme $C^nH^{2n}Az^2O^5$, n ayant une valeur comprise entre 8 et 10.

D'après les travaux anciens et récents de P. SCHÜTZENBERGER, la gélatine, ou plutôt l'osséine, est constituée par l'association des composés suivants avec perte d'eau :

1° Une molécule d'urée ou d'oxamide.

2° Deux groupes de la forme $C^nH^{2n}Az^2O^5$.

3° Quatre groupes $C^nH^{2n+1}AzO^2$ (n étant = à 2, 3, 4 et 6 avec une valeur moyenne de 3,5).

Si l'osséine est considérée comme un mélange de principes immédiats, dont l'un donne par dédoublement les éléments de l'urée CO^2+2AzH^3, et l'autre, ceux de l'oxamide, $C^2H^2O^4+2AzH^3$, on peut représenter la formule de ce corps de la façon suivante :

$$C^2O^2(AzH^2)^2 + \left\{\begin{matrix} C^2H^{18}Az^2O^5. \\ C^{10}H^{20}Az^2O^5. \end{matrix}\right\} + \left\{\begin{matrix} 2(C^5H^7AzO^2.) \\ 2(C^4H^9AzO^2.) \end{matrix}\right\} - CH^2O = C^{35}H^{62}Az^{10}O^{14}.$$

La formule de l'osséine, déduite du dédoublement, s'accorde d'une manière satisfaisante avec les résultats analytiques fournis par l'expérience.

Les acides de la forme $C^nH^{2n}AzO^5$ (n = 8, 9, 10) constituent une part importante du produit total du dédoublement. On les obtient difficilement à l'état pur; il faut pour cela utiliser leur solubilité dans l'alcool absolu froid et dans l'eau ; l'opération est fort longue. Ils deviennent par dessiccation des anhydrides de la forme suivante :

$$C^n\ H^{2n-2}\ Az^2O^4 \quad \text{et} \quad C^{2n}\ H^{4n-2}\ Az^4O^2.$$

L'acide acétique anhydre ne donne pas à l'ébullition de dérivé acétylé; la solution évaporée à 125° donne un résidu de couleur foncée, de poids égal à celui du composé initial. Avec l'iodure d'éthyle en présence d'un alcali, on obtient des dérivés diéthylés, amers, sirupeux, solubles dans l'eau et l'alcool.

Chauffés à 33° avec de la poudre de zinc en excès, dans un courant d'hydrogène, ils dégagent un liquide volatil, non oxygéné, mais azoté, d'une odeur spéciale rappelant celle de l'huile animale de DIPPEL.

Les caractères de ces produits ont conduit SCHÜTZENBERGER à les considérer comme des bases hydropyroliques (C^5H^7Az,C^3H^9Az). On n'en obtient pas trace en traitant de la même manière le glycocolle, la leucine, etc. Il est fort probable que les acides $C^nH^nAz^2O^5$ renferment l'azote sous forme d'imide AzH.

P. SCHÜTZENBERGER les considère comme des anhydrides d'oxyacides plus simples, de la forme $C^mH^{2m+1}AzO^3$.

$$2\,(C^m\ H^{2m+1}\ AzO^2) - H^2O = C^{2m}\ H^{4m}\ Az^2O^5.$$

Les groupes qui sont liés à l'oxamide en liaison d'amides sont de la forme $C^mH^{2m}Az^2O^4$ (m = 8 à 8,5). Ce sont les glucoprotéines incristallisables que l'on obtient avec la baryte à 100° seulement. Les groupes $C^mH^{2m}Az^2O^4$ se scindent à 200° sous l'influence de la baryte, d'après les équations.

$$C^m\ H^{2m}\ Az^2O^3 + H^2O = C^n\ H^{2n+1}AzO^2 + C^p\ H^{2p+1}\ AzO^3 \ (\text{ou } u + p = m).$$

et :

$$2\,(C^p\ H^{2p+1}\ AzO^3) - H^2O = C^{2p}\ H^{4p}\ Az^2\ O^3.$$

La formule de constitution la plus probable pour une glycoprotéine est représentée par l'expression générale :

$$CO^2H.\ C^uH^{2u}.\ AzH \times C^m\ H^{2m}.\ AzH.\ C^p\ H^{2p}.\ CO^2H.$$

Elle serait fixée à l'urée ou à l'oxamide par l'un de ses groupes carboxyles CO^2H. A 200° le partage se fait par addition d'eau (H,OH) au point marqué par une croix ×.

$$CO^2H.\ C^nH^{2n}.\ AzH \times C^m H^{2m}.\ AzH.\ C^pH^{2p}.\ CO^2H. + H.OH.$$
$$= CO^2H.\ C^nH^{2n}\ AzH^2 + OH.\ C^mH^{2m}.\ AzH.\ C^pH^{2p}\ CO^2H.$$

Lors de la production des bases hydropyroliques, on aurait :

$$OH.\ C^mH^{2m}AzH.C^pH^{2p}CO^2H = H^2O + CO^2 + H^2 + C^{m+p}H^{2m+2p-2}\ AzH.$$

La constitution de la gélatine ou de l'osséine serait :

$$C^2O^2 \begin{cases} Az : (CO.\ C^nH^{2n},\ AzH\ C^mH^{2m}.\ AzH.\ C^pH^{2p}.\ CO^2H)^2. \\ Az : (CO.\ C^nH^{2n},\ AzH.\ C^mH^{2m}.\ AzH.(C^pH^{2p}.\ CO^2H)^2. \end{cases}$$

D'après Haussmann enfin, l'azote de la gélatine comme celui de toutes les matières albuminoïdes, peut être dédoublé par l'acide chlorhydrique bouillant en trois fractions de grandeurs variables. L'azote amidé ou azote ammoniacal; l'azote des bases précipitables par l'acide phosphotungstique ou diaminoazote; l'azote fortement combiné, ne se séparant pas sous la forme de produit basique ou monoaminoazote. Les proportions de ces trois variétés d'azote est la suivante pour la gélatine :

Azote amidé. . . .	1,01
Diaminoazote . . .	35,83
Monoaminoazote. .	62,56

Produits d'hydratation de la gélatine. — L'hydratation par l'eau donne naissance à la gélatine peptone. L'ébullition avec l'eau détermine d'après Hofmeister une peptonisation du produit avec formation de deux gélatines peptones incristalisables distinctes, l'*hémicolline* et la *sémiglutine* analogues aux peptones. L'hémicolline est plus soluble dans l'alcool que la sémiglutine. Celle-ci précipite par le chlorure de platine, tandis que l'hémicolline ne précipite pas.

L'hydrolyse de la gélatine par les alcalis est particulièrement intéressante. Car ainsi que nous l'avons vu, elle donne naissance à des produits dont l'étude éclaire d'une façon toute spéciale la constitution même de la gélatine.

P. Schützenberger et A. Bourgeois ont hydrolysé la gélatine au moyen de l'hydrate de baryte sous pression. Les expériences ont porté sur l'ichtyocolle, l'osséine, la gélatine, la chondrine des cartilages costaux du veau.

En appliquant la méthode générale d'hydrolyse par la baryte à ces cartilages dégraissés à l'éther, on a trouvé les résultats suivants :

Nature du dosage.		Ichtyocolle.	Osséine.	Gélatine.	Chondrine.
Azote de l'ammoniaque dégagée. .		3,47-3,49	3,35	2,8	2,88
Acide oxalique		4,4	3,62	3,3	4,2
Acide carbonique.		2,5-2,9	3,1	2,72	2,45
Acide acétique.		1,5-1,5-1,9	1,44	1,5	4,69
Analyse, élémentaire du mélange amidé.	Carbone.	44,83	46,26-46,7	45,16	46,9-46,4
	Hydrogène.	7,37	7,31-7,6	7,36	70,4-7,10
	Azote.	14,44	14,10	14,30	11,7-11,6
	Oxygène	33,36	32,23	33,18	34,36-34,9
Formule déduite de l'analyse :		$C^{3,02}H^{7,143}AzO^{2,022}$	$C^{3,88}H^{7,25}AzO^2$	$C^{3,66}H^{7,20}AzO^{2,03}$	$C^{1,676}H^{3,10}AzO^{2,37}$

On peut en conclure que :

1° L'azote dégagé sous forme d'ammoniaque d'une part, et les acides carbonique et oxalique, d'autre part, sont dans des rapports tels que la production simultanée de ces trois corps peut être considérée comme liée à l'hydratation de l'urée et de l'oxamide. — Pour la gélatine et la chondrine, l'accord est presque complet.

2° L'analyse élémentaire du mélange amidé montre que pour la gélatine, l'ichtyocolle et l'osséine, la composition de ce mélange est à peu près la même.

Le rapport d'atomes entre l'azote et l'oxygène est très voisin de 1 : 2; on doit donc s'attendre à n'y trouver que les termes des deux séries $C^nH^{2n+1}AzO^2$ et $C^nH^{2n+1}AzO^2$.

Le rapport d'atomes du carbone et de l'hydrogène est presque 1 : 2 : l'azote se partage donc à peu près exactement entre les termes $C^nH^{2n}+AzO^2$ et ceux $C^nH^{2n-1}AzO^2$.

Pour la gélatine, l'ichtyocolle et l'osséine, on a trouvé comme constituants du mélange amidé :

1° Glycocolle $C^2H^3AzO^2$ 20-25 p. 100.
2° Alanine $C^3H^7AzO^2$.
3° Acide amido-butyrique $C^4H^9AzO^2$.
4° Traces d'acide glutamique.
5° Termes de la série $C^nH^{2n-1}AzO^2$ avec $n = 4,5$ et 6, plus de 50 p. 100.

En tenant compte de l'ensemble des résultats trouvés et de la composition initiale de l'ichtyocolle, de l'osséine et de la gélatine, la réaction provoquée par la baryte peut se formuler approximativement, avec de légères variantes quantitatives d'un corps à l'autre, par l'expression suivante :

$$C^{76}H^{114}Az^{24}O^{29} + 18\,H^{20} = \underbrace{C^2H^2O^4}_{\text{Acide oxalique.}} + CO^2 + 0{,}5\,\underbrace{(C^2H^4O^2)}_{\text{Acide acétique.}} + 4\,AzH^3 + \underbrace{C^{72}H^{144}Az^{20}O^{40}}_{\text{Mélange amidé.}}$$

Le mélange amidé se décompose ainsi :

$$C^{72}H^{144}Az^{20}O^{40} = 6\,\underbrace{(C^2H^5AzO^2)}_{\text{Glycocolle.}} + 2\,\underbrace{C^3H^7AzO^2}_{\text{Alanine.}} + 2\,\underbrace{(C^4H^2AzO^2)}_{\text{Acide amidobutyrique.}}$$

$$+ \underbrace{6\,(C^4H^7AzO^2 + 2\,(C^5H^9AzO^2) + 2\,(C^6H^{11}AzO^2)}_{\text{Termes de la série amylique.}}$$

L'hydratation par les acides n'éclaire pas autant la formule de constitution de la gélatine, et Padl est arrivé à des résultats analogues à ceux que donne l'hydratation simple par l'eau, par une hydratation au moyen de l'acide chlorhydrique; et, en employant la méthode de Raoult, il a trouvé pour les gélatines peptones un poids moléculaire de 152, tandis que la gélatine répondrait à un poids moléculaire compris entre 878 et 960.

L'hydrolyse de la gélatine (Fisher, Levene et Aders) par l'acide chlorhydrique donne naissance à un certain nombre de produits amidés : glycocolle, alanine, leucine, acide aspartique, acide glutamique, phénylalanine, etc. Les proportions obtenues sont :

Pour 100 de gélatine sèche :	
Glycocolle.	16,5
Alanine.	0,8
Acide pyrrolidonecarbonique.	5,2
Leucine.	2,1
Acide glutamique.	0,88
Acide aspartique.	0,56
Phénylalanine	0,4

Les acides minéraux en solution étendue donnent naissance avec la gélatine ordinaire à une *lysine* fondant à 192°-193°, sur la préparation de laquelle nous ne nous étendrons point ici. Par l'acide chlorhydrique bouillant et l'addition de chlorure stanneux, la gélatine donne naissance à deux bases précipitables par l'acide phosphotungstique, la *lysine* $C^6H^{14}Az^2O^2$ et la *lysitinine* $C^6H^{11}Az^3O$ ou $C^6H^{13}Az^3O^2$; cette dernière, traitée par l'eau de baryte à chaud, fournit par dédoublement de l'urée (Drechsel).

Dans leurs recherches sur les groupements hexoniques renfermés dans les diverses matières albuminoïdes, Kossel et Kutscher ont déterminé de quelle façon semblait se dédoubler la gélatine. La méthode employée consistait, comme pour les matières albuminoïdes en général, à décomposer de 25 à 50 grammes de gélatine par 3 fois son poids d'acide sulfurique concentré et 6 fois son poids d'eau pendant 14 heures à l'ébullition avec réfrigérant à reflux. L'acide sulfurique et les substances humiques sont précipités par la baryte; l'azote humique est déterminé; l'ammoniaque est éliminée par la magnésie et dosée. L'argynine et l'histidine sont déterminées à l'état de combinaison argentique; il reste enfin la lysine que l'on dose.

Les proportions trouvées ont été pour la gélatine : Sur 100 parties d'azote total :

Dans l'histidine.	non déterminé.
Dans l'argynine.	16,6
Dans la lysine.	non déterminé.
Dans l'ammoniaque. . .	1,4

100 parties de gélatine fournissent :

Histidine.	peu
Argynine	9,3
Lysine.	5,6
Ammoniaque.	0,3

Ces chiffres sont assez suggestifs, à un autre point de vue que celui de Schützenberger, pour permettre de concevoir la nature même de la gélatine.

Distillation sèche de la gélatine. — Par distillation sèche, la gélatine donne naissance à des produits analogues à ceux qui se forment lors de la distillation de toutes les substances animales : eau, sels ammoniacaux : carbonates, sulfates et cyanhydrates, ammoniaques composées, de la série grasse et de la série aromatique.

Au début, ce sont les sels ammoniacaux qui passent, puis des ammoniaques composées avec une certaine proportion d'eau, enfin un liquide oléagineux, l'huile animale de Dippel, renfermant un certain nombre de dérivés aromatiques, pyridine, lutidine, picoline, etc., de l'homopyrrol et du méthylpyrrol, enfin du gaz combustible, de l'ammoniaque et du cyanure d'ammonium. On voit apparaître à la fin de la réaction une masse jaune, épaisse, qui se condense dans les parties froides de l'appareil et qui est formée par un mélange de carbonate et de cyanhydrate d'ammoniaque avec un corps spécial, le *pyrocolle*, qui est un produit de condensation interne de l'acide pyrrol-carbonique et qui se présente sous la forme de petites lamelles brillantes.

Putréfaction de la gélatine. — La gélatine est putrescible lorsqu'elle est humide et abandonnée au contact de l'air. La réaction, d'abord acide, devient ensuite alcaline. Les produits sont analogues à ceux qui se forment dans la décomposition bactérienne des albuminoïdes. Signalons en particulier la présence d'une collidine isolée par Nencki dans les produits de la putréfaction pancréatique de la gélatine. C'est une base, la phényléthylamine $C^8H^{11}Az$, dont l'existence a été d'ailleurs vérifiée par Spiro, qui, en traitant par l'azotite de sodium les produits d'hydrolyse de la gélatine par l'acide chlorhydrique, obtient des acides chlorés qu'il transforme en acides libres à l'aide du sodium. On isole ainsi entre autres de l'acide cinnamique dérivant de la phénylalanine par l'intermédiaire probable de l'acide phénylchloropropionique. D'autre part, la phényléthylamine de Nencki provient aussi de la phénylalanine par perte de CO^2. Ces deux faits viennent donc manifestement démontrer la présence d'un groupe de phénylalanine dans la gélatine.

La phényléthylamine accompagne les produits habituels de la digestion pancréatique : acides gras, butyrique, valérianique, etc. Il ne se forme ni indol, ni scatol dans cette putréfaction.

Digestion de la gélatine. — La gélatine soumise à l'action des ferments solubles digestifs se transforme rapidement en peptone. A. Fernbach et L. Hubert ont montré que l'extrait de malt solubilise la gélatine grâce à la diastase protéolytique qu'il renferme.

Mais c'est surtout la digestion pancréatique de la gélatine qui a été étudiée. Il y a tout d'abord une rapide transformation de la substance en gélatine peptone, puis il y a par hydratation avancée de la gélatine formation d'ammoniaque, de gaz carbonique, d'acides gras volatils, d'acides amidés, tels que leucine et glycocolle.

La digestion de la gélatine par le suc pancréatique donne ainsi naissance à ce dernier produit avec un rendement de 10 pour 100 environ.

Ce résultat a été un peu contredit, car Kühne a indiqué que la digestion de la gélatine par la trypsine ne donne naissance ni à de la leucine, ni à de la tyrosine : cependant il a admis que la digestion par les acides, les alcalis, les microrganismes, dédouble la gélatine en donnant naissance à des acides amidés.

Enfin Reich-Herzberge a montré que la digestion de la gélatine par la trypsine, pendant 16 à 90 jours, donne naissance à de petites quantités de leucine; la tyrosine faisait toujours défaut. Ce résultat concorde avec ce que nous savons de l'absence complète du groupe tyrosinique dans la molécule de gélatine.

La pepsine et le suc gastrique artificiel à 40° dissolvent presque complètement la gélatine. Il ne reste qu'un résidu très faible représentant environ 5,6 p. 100 du produit total, que F. Klug a désigné sous le nom d'*apogélatine*, et que Chittenden et Solley ont rangé dans le groupe des antialbumides. La constitution est la suivante :

Carbone.	48,39
Hydrogène.	7,50
Azote.	14,20
Oxygène et soufre. .	30,09
Cendres	7,2
	105,38

Les produits de la digestion sont des *gélatoses* précipitables par le sulfate d'ammoniaque et mélangées d'un peu de gélatine peptone non précipitable. Chittenden et Solley ont en outre séparé les gélatoses en *protogélatose* qui précipite par saturation par NaCl et l'acide acétique et *deutérogélatose* non précipitable.

Les gélatoses elles-mêmes sont attaquées par la pepsine.

P. A. Levene a étudié les quantités de glycocolle qui prennent naissance par hydrolyse, avec HCl concentré des gélatoses venant de la digestion.

Il a obtenu pour cette substance 16,43 et 16,34, tandis que, pour les protopeptogélatose, prototryptogélatose et protopapaïogélatose, les nombres ont été respectivement 18,36; 17,07; 20,29.

Les gélatoses fournissent donc plus de glycocolle que la gélatine.

Victor Henry et Larguier des Bancels ont recherché quelle était la loi de l'action de la trypsine sur la gélatine et quelle était l'action même des produits de la digestion, et cela par la méthode de V. Henry, par la variation des conductibilités électriques. Pour étudier cette loi il y avait plusieurs questions à se poser :

1° La méthode des conductibilités électriques est-elle suffisamment précise pour permettre la comparaison des séries faites à plusieurs heures et jours différents?

Les expériences suivantes montrent que la constance des résultats est parfaite.

	Durée en minutes.				
	10	20	30	40	55
12 juin 10 cc. gélatine 5 p. 100 + 1 cc. suc. panc. + 1 cc. kinase.	27	46	53	58	66
15 — — — — — —	28	44	55	60	66
17 — — — — — —	27	42	51	58	65
12 — 10 cc. gélatine 5 p. 100 + 0,5 cc. suc. panc. + 0,5 kinase + 1 cc. eau.	19	34	42	49	55
15 juin 10 cc. gélatine 5 p. 100 + 0,5 cc. suc. panc. + 0,5 kinase + 1 cc. eau.	22	37	45	53	59
17 juin 10 cc. gélatine 5 p. 100 + 0,5 cc. suc. panc. + 0,5 kinase + 1 cc. eau.	21	34	44	51	55

Les nombres précédents représentent, multipliées par 10^5, les variations des conductibilités spécifiques des solutions .

La solution de gélatine à 5 p. 100 a été préparée chaque fois; le suc pancréatique de chien (suc de sécrétion) a été recueilli le 11 juin et conservé à la glacière. La solution de kinase a été faite chaque fois avec un extrait sec de muqueuse intestinale; 2 grammes de ce produit sont agités pendant deux heures, avec 100 cc. d'eau distillée et filtrés plusieurs fois. Les expériences ont été faites à 44°3.

2° L'activité du ferment reste-t-elle la même pendant toute la durée de l'expérience?

L'expérience montre qu'après une heure elle n'a pas changé. Ainsi, si l'on met à digérer 10 cc. de gélatine à 5 p. 100 + 1 cc. de suc pancréatique + 1 cc. de kinase, une heure après on retire de ce mélange 6 cc. et on ajoute 5 cc. de gélatine à 5 p. 100 et 1 cc. d'eau; à partir de ce moment, on suit la vitesse de la digestion; on trouve après 10 minutes une variation de la conductibilité de 22. D'autre part, on met à digérer 10 cc.

de gélatine à 5 p. 100 + 0^{cc},4 de suc pancréatique + 0^{cc},5 de kinase + 1 cc. d'eau, on trouve, après dix minutes, une variation de 21. Dans un autre cas identique, les variations ont été 20 et 19.

3° Les produits de la digestion ralentissent la réaction. C'est ainsi que 10 cc. de gélatine + 1 cc. de suc pancréatique + 1 cc. de kinase sont mis à digérer pendant 4 h. 30; puis on porte à 100° pendant 10 minutes, et on ramène à 44°3. On met en train deux séries.

1° 6 cc. du mélange précédent + 5 cc. de gélatine à 5 p. 100 + 0^{cc},5 de suc pancréatique + 0^{cc},5 de kinase.

2° 10 cc. de gélatine à 5 p. 100 + 0^{cc},5 de suc pancréatique + 0^{cc},5 de kinase + 1 cc. d'un mélange à volume égal de suc pancréatique et de kinase, porté à 100° pendant 10 minutes.

Au bout de 10 minutes, la conductibilité spécifique varie, dans la première série, de 15; dans la deuxième série, de 19. Les mêmes expériences faites trois jours plus tard, donnent 16 et 22.

Les auteurs ont alors recherché quelle est la marche de la variation de conductibilité qui mesure la digestion. Leurs résultats les ont amenés à rapprocher l'action de la trypsine sur la gélatine de l'action des ferments sur les hydrates de carbone. Ils ont par suite cherché la loi logarithmique du résultat de leurs expériences.

Si l'on représente par t la durée, par x la variation de conductibilité électrique au bout du temps t, par a une constante correspondant à la quantité de gélatine qui se trouve au début, on a une expression

$$K = \frac{1}{t} \log. \frac{a-x}{a}.$$

dans laquelle k est une constante.

La valeur de a a été déduite de plusieurs séries d'expériences; elle est pour 10 cc. de gélatine à 5 p. 100 + 2 cc. du mélange de suc pancréatique et de kinase = à 70 environ.

En posant donc $a = 70$, nous trouvons pour k les valeurs suivantes :

12 juin. Durée.	1° 10 cc. gélatine + 1 cc. suc. panc. + 1 cc. kinase.		2° 10 cc, gélat. + 0,5 cc. suc. panc. + 0,5 kinase + 1 cc. eau.	
	x	k	x	k
10 min.	27	0,0215	19	0,0137
20 —	46	0,0223	34	0,0139
30 —	53	0,0200	42	0,0133
40 —	58	0,0188	49	0,0131
15 juin.				
10 min.	28	0,0222	22	0,0161
20 —	44	0,0216	37	0,0164
30 —	55	0,0227	45	0,0148
40 —	60	0,0213	53	0,0155

Par conséquent : 1° La méthode de conductibilité électrique permet de suivre quantitativement, avec précision, l'action de la trypsine sur la gélatine.

2° L'activité du ferment reste constante pendant une digestion d'une heure.

3° Les produits de la digestion ralentissent la vitesse de la réaction.

4° La variation de conductibilité électrique pendant la première heure peut être représentée par une loi logarithmique.

Enfin un certain nombre de microbes attaquent et digèrent la gélatine par l'intermédiaire des ferments solubles qu'ils sécrètent. Tels sont les spirilles du fromage, le bacille de Koch, le *Trichophyton tonsurans*, le *Micrococcus prodigiosus*, le *Bacillus pyocyaneus*, le *Bacillus fluorescens liquefaciens*. Ce dernier, par exemple, agit sur la gélatine, à 37°, en donnant d'abord naissance à des albumoses et à des peptones, de la méthylamine et de la triméthylamine, de la choline, de la bétaïne, mais sans production de diamine, de phénol, de scatol, d'indol, d'hydrogène sulfuré ou d'autres produits caractéristiques de la putréfaction; 25 p. 100 au moins de l'azote albuminoïde se transforment en ammoniaque.

Action de la gélatine en injection intraveineuse. — Action coagulante de la

gélatine sur le sang. — La gélatine injectée dissoute dans un sérum artificiel est éliminée en nature en grande partie par les urines qui peuvent ainsi acquérir même la propriété de se gélifier par refroidissement (Dastre et Floresco). Le sang des animaux ainsi traités a acquis la propriété remarquable de se coaguler presque instantanément. La gélatine exerce son action dans un sens contraire à celui de la peptone et de la propeptone. Ces deux substances sont antagonistes, et s'équivalent dans la proportion de 2 de peptone pour 1 de gélatine. Cet effet coagulant ne semble pas se produire dans le système circulatoire, et l'on ne voit jamais apparaître d'accidents consécutifs à la formation de thrombus.

Le caillot une fois formé se rétracte bien et laisse exsuder un sérum. Ce sérum peut ensuite, si la quantité de gélatine injectée a été suffisante, se prendre en masse par gélification consécutive. Enfin la gélatine exerce son action non seulement *in vivo*, mais encore *in vitro*.

Les explications que l'on a données de cette propriété coagulante ont été variables suivant les auteurs. Pour Dastre et Floresco, cette action serait due à une propriété spécifique de la gélatine. Camus et Gley admettent que la coagulation du sang par la gélatine est déterminée par l'acidité même de la gélatine, acidité qui serait environ de 0,674 d'HCl p. 100. La gélatine neutralisée par le carbonate de soude a perdu son pouvoir. D'ailleurs Dastre et Floresco ont parfaitement conclu aussi que l'acidité légère de la gélatine pouvait avoir une certaine influence sur le phénomène. Mais, même avec des solutions de gélatine longtemps dialysées et bien débarrassées ainsi de toutes traces d'acide libre, Floresco a obtenu encore des effets coagulants. Zibele, d'autre part, ayant montré que les gélatines commerciales renferment toujours des proportions notables de chaux. Ainsi 100 cc. d'une solution de gélatine à 5 p. 100 renferment 3 centigrammes de calcium sous une forme éminemment absorbable. Cette étude, reprise par Gley et Richaud, a montré que la gélatine neutralisée et décalcifiée ne possède plus aucun pouvoir coagulant, et semble, au contraire, être légèrement anticoagulante. D'après Gley et Richaud, l'action coagulante de la gélatine n'appartient pas en propre à cette substance; mais elle serait toute d'emprunt, due à la fonction acide de la gélatine elle-même et au calcium qu'elle contient.

Il n'en reste pourtant pas moins vrai que la gélatine, même acide, injectée dans le sang doit y être neutralisée par le milieu alcalin dans lequel elle se trouve. D'autre part, Dastre et Floresco avaient montré que le sang oxalaté n'est pas coagulé par addition de gélatine : il est donc bien difficile d'admettre l'action unique de l'acidité et de la chaux.

Carnot, d'autre part, a vu que l'injection de gélatine ne déterminait pas dans le sérum exsudé du caillot une quantité plus grande de thrombase. On peut cependant admettre qu'étant donnée la plus grande rapidité de la coagulation du sang gélatiné cette thrombase est plus rapidement excrétée par les globules blancs. La gélatine en effet exerce une action énergique sur les leucocytes. Metchnikoff a établi que, lorsqu'on injecte quelques centimètres cubes d'une solution de gélatine à 10 p. 100 dans le péritoine d'un animal, on provoque une forte leucocytose du liquide péritonéal. D'après Carnot, la gélatine détermine une leucocytose intense qui est peut-être accompagnée de phénomènes sécrétoires rapides de thrombase.

On a appliqué à la thérapeutique cette propriété coagulante de la gélatine pour provoquer l'hémostase. En Chine et au Japon, cet hémostatique serait employé depuis fort longtemps contre l'épistaxis et les hémorrhagies. Hecker, en 1838, et Priander, en 1877, sont les premiers qui appliquèrent en Europe les propriétés hémostatiques de la gélatine. Carnot, en 1896, formula nettement son emploi dans les hémorrhagies rebelles, épistaxis ou métrorrhagies, et depuis un certain nombre de cliniciens l'ont appliqué, soit comme hémostatique local (Jayle, Dalché, Laffond, Grellety, Bertino, Bar et Keuss, etc.), soit comme hémostatique général (Carnot, Arckhangeli, Heymans). Enfin Lancereaux et Paulesco l'ont appliqué à la cure des anévrismes de l'aorte pour déterminer la formation d'un caillot dans la poche anévrismale. Cette méthode a été appliquée et préconisée par Huchard, etc., et combattue par Dabrokotow, Boinel, Waldo, qui ont constaté l'apparition de convulsions tétaniformes. Mais ces accidents sont dus à la présence du bacille de Nicolaïer et sont tout à fait indépendantes de l'action physiologique de la gélatine.

Celle-ci ne pourrait guère amener que des embolies capillaires dans les centres nerveux (GROVES).

Valeur nutritive de la gélatine. — DENIS PAPIN, le premier, en 1681, soumet les os à l'action de l'eau dans un digesteur afin de les ramollir et de les utiliser pour l'alimentation; mais sa tentative échoua grâce aux intrigues de quelques courtisans et la stupide insouciance de CHARLES II. HÉRISSANT, en 1758, détermina la constitution des os en effectuant une séparation par l'acide azotique et établit la présence d'un corps albumineux, la gélatine. CHAUQUES, en 1775, montra que la poudre d'os soumise à l'action de l'eau bouillante donne naissance à une gelée savoureuse. PROUST, en 1791, a déterminé la quantité de gelée que pouvait fournir un poids déterminé d'os de différentes origines, et quelles étaient les proportions d'eau les plus favorables à employer suivant les cas.

En 1803, SÉGUIN prétendit avoir guéri les fièvres intermittentes par l'emploi de la gélatine des os : une commission nommée par l'Académie des sciences et formée de BERTHOLLET, DESESSART, DEYEUX, FOURCROY, HALLÉ et PORTAL, fut chargée de vérifier ces résultats. Ceux-ci au point de vue thérapeutique furent à peu près nuls; mais HALLÉ, dans son rapport, sembla conclure que la gélatine donnée à la dose de six onces (soit 185 grammes) par jour, ne pouvait être regardée comme une nourriture et comme devenant une partie du régime alimentaire. Elle n'avait produit d'ailleurs, même à hautes doses, aucun effet défavorable au point de vue sanitaire.

D'ARCET, en 1816, rechercha l'action des acides et notamment de l'acide chlorhydrique sur les os. Il arriva aux mêmes résultats qu'HÉRISSANT, mais en outre il obtint dans un appareil spécial la préparation pratique de la gélatine. En 1812, d'ARCET établit une usine pour l'extraction de la gélatine des os par son procédé et proposa une association charitable, la Société philanthropique, qui distribuait dans Paris un certain nombre de soupes, de lui vendre cette gélatine pour la faire entrer dans la composition de ces soupes. En 1814, une commission formée de LEROUX, DUBOIS, PELLETAN, DUMÉRIL et VAUQUELIN, nommée par la Faculté de médecine, rechercha si l'on pouvait appliquer la gélatine des os à l'alimentation ainsi que le proposait d'ARCET. Cette commission conclut avec certitude que non seulement la gélatine est nourissante, facile à digérer, mais encore qu'elle est très salubre et ne peut produire par son usage aucun mauvais effet sur l'organisme. La gélatine desséchée et coupée renferme sous un petit volume une grande quantité de matière nutritive. Mise à l'état de tablettes avec une certaine quantité de jus de viande et de racines, elle était susceptible de fournir un excellent aliment.

D'ARCET fils, pendant plus de trente, ans poursuivit ces recherches dans le but de faire pénétrer plus avant cette notion de la nutribilité par la gélatine; il fut soutenu par GIRARDIN, ARAGO, etc. Dans un certain nombre d'hôpitaux et quelques ateliers, comme ceux de la Monnaie, étaient institués des appareils pour la fabrication de la gélatine. L'Académie, de nouveau, nomma une deuxième commission de la gélatine formée par THÉNARD, d'ARCET, DUMAS, FLOURENS, SERRES, BRESCHET et MAGENDIE. Ce rapport, s'appuyant sur des expériences de DONNÉ, GANNAL, EDWARDS et BALZAC, sur celle de la commission elle-même et sur les données antérieures, concluait que la gélatine ne pouvait tenir lieu de viande, qu'elle ne pouvait alimenter les animaux que pendant un temps très court en excitant souvent un dégoût insurmontable. Et lorsque l'on pense la rendre plus agréable par un assaisonnement méthodique, elle ne parvient pas à alimenter.

Des conclusions analogues furent données par une commission nommée par la première classe de l'Institut royal des Pays-Bas et formée par VROLIK, SWART et VON BREDA. Enfin, dans une étude entreprise par une dernière commission formée par CHEVALIER, GIBERT et BÉRARD, rapporteur, nommé par l'Académie de médecine pour éclairer les pouvoirs publics dans cette question d'hygiène, le rapporteur BÉRARD conclut à la valeur très faiblement nutritive de cette substance et ne conseille pas de favoriser le développement de cette alimentation. En fait, la fabrication de la gélatine alimentaire fut abandonnée. Et cependant, dès 1832, W. EDWARDS et BALZAC, dans des expériences fort bien faites sur des chiens, avaient montré que la gélatine, insuffisante peut-être pour entretenir seule la vie et pour aider au développement des animaux, pouvait néanmoins servir d'aliment pendant un certain temps. D'autre part, les recherches faites dans de bonnes conditions sur l'homme par des expérimentateurs comme DONNÉ et GANNAL, ainsi que la pratique de chaque jour où la gélatine est employée comme aliment, avaient montré que la gélatine possède de réelles propriétés nutritives. En 1870, lors du siège de Paris, quelques personnes atténuèrent l'horreur de la famine par l'emploi de la gélatine, et GUÉRARD, en 1871, publiait un travail récapitulant les faits antérieurs et apportant un certain nombre d'observations nouvelles favorables à l'emploi de la gélatine comme aliment.

Ce sont enfin les expériences de BISCHOFF et VOIT, et celles de VOIT, qui ont montré la valeur nutritive réelle de la gélatine. D'après VOIT, elles constituent une substance nutritive (*nährend*), mais non nourrissante (*nahrhaft*). En résumé, la gélatine ne peut pas remplacer entièrement l'albumine de l'alimentation quelle que soit la quantité de gélatine absorbée. L'élimination d'urée est de plus en plus élevée, mais l'animal perd néanmoins encore une certaine quantité d'albumine propre. Pourtant, associée à l'albumine, elle peut suppléer à cette dernière dans une grande porportion.

VOIT avait pris par exemple un chien de 32 kilos que l'on avait maintenu aussi exactement que possible en équilibre azoté au moyen d'une alimentation formée de 500 grammes de viande. Si l'on remplace 100 grammes de cet aliment par 200 grammes de gélatine, on obtient un bénéfice de 44 grammes de muscle. Si au contraire on remplace les 100 grammes de viande par 200 grammes de graisse ou 250 grammes d'amidon, on constate une perte d'azote représentant une diminution du poids des muscles de 50 et de 39 grammes. Un certain nombre d'autres expériences de VOIT viennent encore confirmer le même fait. Si l'on donne à un chien les quantités suivantes de viande et de gélatine, on constate aussi les pertes ou les augmentations de poids suivants :

Expériences.	Alimentation en viande.	Alimentation en gélatine.	Perte (−) ou augmentation (+) de poids.
1	500	0	− 22
	500	200	+ 54
2	2 000	0	+ 30
	2 000	200	+375
3	200	200	−118
	200	300	− 82
4	200	200	+ 25
	0	200	−118

Dans la première expérience, on voit par exemple qu'un chien qui reçoit en 24 heures 500 grammes de viande en détruit 522 ; il perd donc 22 grammes ; mais, si à ces 500 grammes de viande on incorpore 200 grammes de gélatine, il n'y a plus qu'une destruction de 446 grammes, soit un bénéfice de 54 grammes. La gélatine provoque donc l'épargne de l'albumine.

Ces résultats ont été encore confirmés par MUNK. Il en résulte que dans les calculs de thermogénèse la gélatine doit être comptée comme albumine ordinaire et peut pratiquement en remplacer une partie.

Bibliographie. — ANDERSON. *Presence of tetanos in commercial gelatine.* Washington, 1902. — ARAGO. *Visite à l'hospice Saint-Nicolas de Metz* (*C. R.*, 1838, VII, 1117). — DARCET, père. *Rapport sur le bouillon d'os et sur la quantité qu'on peut en retirer* (*Décade philosophique, an III*, III) ; *Bouillon d'os provenant de la grande halle* (*Décade philosophique, an IV*, IV). — DARCET fils (*C. R.*, 1841, XIII, 285). — BAUERMEISTER. *Zur Wirkung des Gelatin als blutbildendes Mittel.* (*D. med. Woch.*, 1877, 55). — BENSUSSAN (P.). *Traitement des anévrismes de l'aorte par les injections sous-cutanées du sérum gélatiné.* D. in. Paris 1899. — BÉRARD (PH.). *Sur la gélatine considérée comme aliment* (*C. R.*, 1850, XV, 367). — BERNARD (CL.). *Leçons de physiologie expérimentale appliquée à la médecine*, 1856, II, 403. — BERZÉLIUS. *Traité de Chimie*, VII, 700, Paris, 1853. — BOINET. *Traitement par la méthode de* LANCEREAUX *d'un anévrisme de l'aorte ascendante et du tronc aortique* (*Rev. de médecine*, 1898, 509). — BRACHET. *Accidents tétaniques consécutifs à une injection de sérum gélatiné* (*Bull. officiel des Soc. Méd. d'Arrondissement de Paris et de la Seine*, 5 mai 1902). — BUCHNER et CURTIUS. *D. Chem. Ges.*, XIX, 850. — CADET DE VAUX. *Mémoire sur la gélatine des os et son application l'économie alimentaire privée et publique.* Paris, 1802. — CAMUS et GLEY. *Action du sérum sanguin et des solutions de propeptone sur quelques ferments digestifs* (*A. d. P.*, 1897, IX, 764-776). — CÉRAC. *Action hémostatique du sérum gélatiné en injections hypodermiques* (D.

in.Paris. 1902). — CHANGEUX. *Mémoire sur la fusibilité ou la dissolubilité des corps relativement à leur masse, où l'on trouve l'art de tirer facilement et sans frais une matière alimentaire de plusieurs corps dans lesquels on ne reconnaissait pas à la qualité. Observations sur la physique, sur l'histoire naturelle et les arts par* l'abbé ROZIER, 1775, VI, 33. — CHEVALLIER. *Note sur l'emploi comme aliment de peaux sèches* (*R. d'hygiène*, etc., 1871, (2), XXV, 359). — CHEVREUL (*C. R.*, 1870, LXXI, 856). — CHITTENDEN et SOLLEY (*J. P.*, XII, 1891, 23). — CHOSSAT. *Note sur le système osseux* (*C. R.*, 1842, XIV, 451). — CHRÉTIEN. *Traitement du tétanos par les inject. phéniquées. Méth. de* BACCELLI. *Thèse de Lyon*, imp. Rey, 1902. — DASTRE et FLORESCO. *Liquéfaction de la gélatine. Digestion saline de cette gélatine* (*B. B.*, 1895, 668); *Sur l'action coagulante de la gélatine. Antagonisme de la gélatine et des propeptones* (*B. B.*, 1896, 243); *Action coagulante de la gélatine sur le sang* (*A. d. P.*, 1896, (5), VIII, 402); *Nouvelle contribution à l'étude de l'action coagulante de la gélatine sur le sang* (*B. B.*, 1896, 358); *Contribution à l'étude des ferments coagulants du sang* (*A. d. P.*, 1896, (5), VIII, 216-228); *Action des acides et de la gélatine sur la coagulation du sang* (*A. d. P.*, 1897, (5), IX, 777-782). — DETOT et GRENET. *Tétanos traumatique* (*Gaz. hebd. Méd. et Chir.*, 1902, 1057). — DEVRENE (*C. R.*, 1843, XVII, 686); *Expériences sur les effets de la gélatine* (*C. R.*, 48, 1841, XIII, 248). — DIEULAFOY. *Un cas de tétanos consécutif à une injection de sérum gélatiné* (*Bull. Acad. Méd.*, 1903, 630). — DONNÉ (*C. R.*, 1841, XIII, 248). *Expériences sur les propriétés de la gélatine* (*C. R.*, 1843, XVII, 686). — EDWARDS. *Recherches statistiques sur l'emploi de la gélatine. Journal des connaissances usuelles*, 1835. — EDWARDS et BALZAC. *Recherches expérimentales sur l'emploi de la gélatine comme substance alimentaire* (*Archives générales de médecine*, 1833, (2), I, 313). — EIGENBRODT. *Tetanus nach subcutaner Gelatine Injektion* (*Deut. med. Wochenschrift*, 4 sept. 1902, 283). — FABRE. *Accidents tétaniq. consécutifs à une injection gélatinée* (*Bull. off. des Soc. méd. d'Arrondissement de Paris et de la Seine*, 20 juill. 1902). — FERMI. *Archiv für Hygiene*, X, 71; *Maly's Jahresbericht*, XX, 451. — FERNBACH (A.) et HUBERT (L.). *Sur la diastase protéolytique du malt* (*C. R.*, CXXX, 1900, 1783). — FRÉMY. *Emploi de l'arsenic dans l'alimentation* (*C. R.*, 1870, LXXI, 559). — GUIBERNAT. *Notice sur un nouveau procédé employé pour extraire la gélatine des os* (*Journal de médecine, de chirurgie et de pharmacie militaire*, 1815, I, 141). — GIMPOT. *Contribut. à l'étude de la gélatine comme hémostatique. D. Paris*, 1902. — GLEY et RICHAUD. *Action de la gélatine décalcifiée sur la coagul. du sang* (*B. B.*, 1903, 464). — GORUP-BESANEZ. *Jahresbericht für Thierchemie*, 1874, 126. — GROVES (E. H.). *On the nature of the so-called Tetanus following gelatine injections* (*The British Med. Journ.*, 1901, 638). — GUÉRARD. *Dictionnaire de Médecine*. Article **Gélatine**, 1836, 2e édit., XIV, 40. — GUÉRARD (A.). *Observations sur la gélatine*, Paris, J.-B. Baillière, juillet 1871. — GUREWITSCH. *Ueber Diagnose und Therapie des Aneurysma der Aorta abdominalis. Vortrag auf dem VII. Pirogoff'schen Congresse* (*Russ. Med. Rundschau*, 1903, VII, 605). — HARDY (W. B.). *Sur le mécanisme de la congélation des mélanges colloïdaux* (*Z. f. physikal. Chem.*, 1900, XXXIII, 326). — HAUSMANN (W.). *Sur la répartition de l'azote dans les molécules de l'albumine* (*Z. p. C.*, 1900, XXIX, 136). — HENDERSCH (V.). *Contribution à l'étude des bases hexoniques* (*Z. p. C.*, XXIX, 1900, 320). — HENRY (VICTOR) et LARGUIER DES BANCELS. *Loi de l'action de la trypsine sur la gélatine. Constance du ferment. Action des produits de la digestion* (*B. B.*, 1903, 787 et 866-868. — HÉRISSANT. (*Mémoires de l'Académie royale des sciences*, 1758, 322). — HOFMEISTER (F.). *Z. p. C.*, II, 299; *A. g. P.*, XXV, 1; *Maly's Jahresbericht*, 1889, XIX, 3. — HUCHARD. *Traitement des anévrismes aortiques par les injections gélatineuses* (*Bull. Acad. Méd.*, 1897). — JÆGER. *Ueber die Behandlung Aortenaneurysmen mittelst Gelatine. Inaug. Dissert.* Berlin, 1903. — JANNERET. *Journal für praktische Chemie*, (2), XV, 353. — KLUG. (*Z. p. C.*, 1890, IV, 181). — KOSSEL (D.) et KUTSCHER (F.). *Contribution à l'étude des matières albuminoïdes* (*Z. p., C.*, 1900, XXXI, 162). — LANCEREAUX et PAULESCO. *Traitement des anévrismes en général et de celui de l'aorte en particulier par des injections sous-cutanées d'une solution gélatineuse* (*Gazette des Hôpitaux*, 1897, 713 et *Bull. Acad. Méd.*, XXXVII, 784); *Traitement des anévrismes par la gélatine en injections sous cutanées* (*Gaz. des Hôpitaux*, 1898, 1073). — LAUDER-BRUNTON et MACFADYEN. *Proc. Royal Society*, XLVI, 542; *Maly's Jahresbericht*, XX, 453. — LEVENE (P. A.). *Sur le dédoublement des gélatines* (*Z. p. C.*, 1902, XXXVII, 81). — FISCHER et ADERS. *Hydrolyse des Leims* (*Z. p. C.*, 1902, XXXV, 70). — LEVITÈS (P.). *Contribution à l'étude des phénomènes de gélatinisation* (*Journal de la Société physico-chimique Russe*, 1902, XXXIV, 439); *Contribution à l'étude des phénomènes de gélatinisation* (*Journal de la*

Société physico-chimique Russe, 1902, xxxiv, 110). — Lévy et Bruns. *Ueber den Gehalt der kauflichen Gelatine an Tetanuskeim* (*Deut. med. Wochenschrift*, 1902, 180). — Lidof (A. R.). *Sur une nouvelle réaction générale des matières albuminoïdes* (*Journal de la Société physico-chimique Russe*, 1899, xxxi, 781); *Sur la solubilité du cuivre dans une solution alcaline de gélatine* (*Journal de la Société physico-chimique Russe*, 1899, xxxi, 571). — Lorenz (R.) (*A. g. P.*, 1890, xlvii, 189). — Leneveu (A. L.) et Pegewetz (A.). *Sur la composition de la gélatine insolubilisée par les sels de sesquioxyde de chrome et la théorie de l'action de la lumière sur la gélatine additionnée de chromates métalliques* (*Bull. Soc. chim. Paris*, 1903, (3), xxix, 1077). — Magendie. *Rapport fait à l'Académie des sciences au nom de la Commission de la gélatine; Différence que présentent les os suivant leur provenance* (*C. R.*, 1841, xiii, 266 à 269). — Malfitano (G.). *Appréciation du pouvoir gélatinolytique* (*B. B.*, 1903, 845-847). — Max Freudweibe. *Nachtheilige Erfahrungen bei der subcutanen Anwendung der Gelatine als blutstillendes Mittel* (*Centralblatt für innere Medicin*, 1900, 689-692). — Méreau. *Tétanos et injection de sérum gélatiné* (*Le Poitou Médical*, 1er mai 1902). — Metchnikoff. *L'immunité et les maladies infectieuses*, 1901, 115, Paris, Masson. — Mörner (C. Th.). *Contribution à l'étude de quelques propriétés de la gélatine* (*Z. p. C.*, 1899, xxviii, 471-523). — Moynitrau. *The subcutaneous administration of gelatine* (*Brit. Med. Journal*, 1901, 740). — Nasse (O.) (*Maly's Jahresbericht*, 1889, xix, 31; *Maly's Jahresbericht*, xiv, 5; *A. g. P.*, xli, 506). — Nencki. *Journal für praktische Chemie*, xxvi, 47; (*Jahresbericht für Thierchemie*, 1876, 31). — Niedhammer. *Weiterer Bericht über die Erfahrungen mit Gelatineinjectionen bei Blutungen in Ausschluss an die an der chir. Klinik zu München gemachten Beobachtungen* (*Diss. in. München*, 1903). — Nocard, Brouardel, Pouchet, Chantemesse. *Sur le mode de préparation des solutions chloruro-sodiques gélatinées, injectables* (*Bull. Acad. Méd.*, 1903, 805). — Neumeister. *Lehrbuch der physiologischen Chemie*, Jena, 1893, 47. — Obermayer. *Maly's Jahresbericht*, xix, 7. — Olivier. *Tratamiento de los aneurismos per la gelatina en ingecciones subcutaneas* (*Rev. de cien. med. Palma de Mallorea*, 1898). — Papin (Denis). *La manière d'amollir les os*, etc., Paris, 1682, *id.* Amsterdam, 1688; *La manière d'amollir les os*, etc. Paris, 1682, in-12 de 178 pages, avec une planche. Le même, avec la continuation, in-12 de 387 pages, Amsterdam, 1688. — Pauli (W.) et Rona (P.). *Rech. sur les changements d'état physique des colloïdes* (*Beitr. chem. Physiologie und Pathologie*, 1902, ii, 1). — Payen. *Notes présentées le 11 novembre 1870 au Conseil d'hygiène et de salubrité du département de la Seine, sur les moyens d'utiliser, au profit de l'alimentation, la matière grasse et le tissu organique azoté des os*, 15, 103. — Porcheron *Traitement de la variole hémorrhagique par le sérum gélatiné* (*D. in.* Paris, 1900). — Priander. *Volksarznei Mittel und einfache nicht pharmaceut. Heilmittel gegen Krankheiten des Menschen*, 1877. — Proust. *Recherches sur les moyens d'améliorer la subsistance du soldat* (*Journal de physique et chimie, d'histoire naturelle et des arts*, an IX, liii, 227). — *Rapport fait à l'Académie de médecine sur les propriétés nutritives de la gélatine* (Commissaires, Chevallier, Gibert et Bérard, rapporteurs) (*Acad. de méd. de Paris*, xv, 367 (1849-1850), 62); *Rapport fait à la classe des sciences physiques et mathémat. de l'Institut dans la séance du 4 Nivose an XII* (*Journal de médecine, de chirurgie, de pharmacie*, etc., de Sédillot, an X, xix); *Rapport sur l'emploi de la gélatine des os dans le régime alimentaire des pauvres et des ouvriers* (Lu à la Société libre d'émulation de Rouen, Rouen, 1831); *Rapport sur la gélatine considérée comme aliment* (*Acad. de Méd.*, 1849-1850, xv, 367); *Rapport sur un mémoire de* D'Arcet, *relatif à l'extraction et à l'emploi de la gélatine des os par une commission nommée par la Faculté de médecine* (Leroux, Dubois, Pelletan, Duméril et Vauquelin, commissaires) (*Journal de médecine, chirurgie, pharmacie*, etc., xxxi, 352, 1814). — Raukin (G.). *The treatment of aneurism by subcutaneous injection of gelatin* (*The Lancet*, 11 juillet 1903). — Reboud. *Deux observ. de tétanos survenu à la suite d'injection de sérum gélatiné* (*Ac. de méd. de Paris*, 24 mars 1903). — Reich-Herzberge. *De l'action de la trypsine sur la gélatine* (*Z. p. C.*, 1901, xxxiv, 119). — Riche. *Sur la préparation de l'osséine et de la gélatine* (*C. R.*, 1870, lxxi, 810). — Roudin. *Lettre à l'Académie des sciences sur les propriétés nutritives de la gélatine* (*A. chim. Phys.*, 1831, xlvii, 74). — Schmiedicke. *Deut. Med. Woch.*, 1902, 192. — Schützenberger (P.) et Bourgeois (A.). *Recherches sur la constitution des matières collagènes* (*C. R.*, 1876, lxxxii, 262). — Stassano et Billon. *La teneur du sang en fibrin-ferment est proportionnelle à sa richesse en leucocytes* (*B. B.*, 1903, 509). — Spiro (R.) *Beitr. Chem. Phys. und Path.*, i, 347-350. — Tsvett. *Sur la liquéfaction réversible; nouvelle propriété physico-chimique des substances albuminoïdes* (*Bull. Soc. chim. Paris*, 1900, XXIII, 309). — VOIT (C.) *Z. B.*, VIII, 297; *Physiologie der allgemeine Stoffwechsels* (*H. H.*, Leipzig, 1881, IV, (1), 19). — VROLIK. *Rapport fait à la première classe de l'Institut des Pays-Bas sur les propriétés nutritives de la gélatine*, 58. — WEISKE (*Z. p. C.*, 1883, VII, 460). — WERSCHININ. *Beitrag zur Frage der Aneurysmen mittelst subcutaner Gelatininjektionen* (*Russ. Medic. Rundschau*, 1902, 49). — WEYL (TH.) (*Z. f. P. C.*, I, 339). — WYNTER BLYTH (A.). *Le spectre d'absorption ultra-violet des protéides et ses relations avec les spectres de la tyrosine* (*Chem. Soc.*, 1899, LXXV, 1162). — ZIBELL. *Warum wirkt die Gelatine hœmostatisch?* (*Münch. med. Woch.*, 1902, 130).

Aug. PERRET.

GÉLOSE. — La gélose est une substance gélatiniforme qu'on peut extraire de différentes algues. PAYEN (1859) l'a extraite d'abord de l'algue de Java (*Gehelium corneum* L.), puis d'une algue de l'île Maurice (*Phearia lichenoïdes*); on l'extrait quelquefois d'une algue qu'on trouve dans l'Atlantique (*Chondrus crispus* Lyngb.). Ce dernier produit, connu sous le nom de mousse d'Irlande, est employé à la confection des gelées commerciales. MIQUEL a eu, le premier, l'idée d'employer cette substance à la préparation des cultures microbiennes sur milieux solides (*Annuaire de l'Observat. de Montsouris*, 1885, 467).

Mais, le plus souvent, le produit que l'on emploie en bactériologie, c'est la gélose de l'algue de Java (*Gehelium corneum*, ou *Gelidium spiniforme* Lamx), connue dans le commerce sous le nom d'Agar Agar, et préparée à l'état de pureté relative d'abord par PAYEN.

La gélose, préparée par dissolution dans l'eau bouillante, se prend, par le refroidissement, en une gelée qui solidifie environ cinq cents fois son poids d'eau pure, dix fois plus qu'une gelée animale. Elle est insoluble dans les acides, dans l'eau froide, dans l'éther. (C = 42. 77. H = 5. 77. O = 51. 45.)

Chauffée en solution légèrement acide à l'ébullition, elle ne se prend plus en gelée par refroidissement. Chauffée à 150°-160° avec de l'eau, elle donne un produit lévogyre à pouvoir réducteur (PORUMBARU, 1880). D'après BAUER, l'agar-agar chauffé avec l'acide sulfurique étendu donne du galactose.

Voici comment MACÉ a indiqué le mode de préparation de la gélose pour cultures microbiennes (*Ann. de l'Institut Pasteur*, 1887, 1, 1889). « 10 grammes du produit commercial sont mis, après avoir été coupés en petits fragments, à macérer dans un demi-litre d'eau acidulée d'acide chlorhydrique à 6 p. 100. On laisse en contact vingt-quatre heures; en agitant. On lave à grande eau, pour enlever toute trace d'acide. L'algue, déjà gonflée, est alors mise dans de l'eau (500 cc.) additionnée de 5 p. 100 d'ammoniaque; et, au bout de vingt-quatre heures, on la retire. Alors on met les fragments gonflés dans 450 grammes d'eau distillée, et on fait bouillir à feu nu. L'algue se dissout entièrement. On a soin que le liquide soit exactement neutralisé. On filtre à chaud, et le liquide, par refroidissement, se prend en une gelée transparente. »

C'est cette gelée qu'on utilise pour les cultures. Si l'on veut avoir une culture nutritive, on incorpore au liquide 2 à 3 grammes p. 100 de peptone pure.

L'addition de glycérine en proportions variant entre 1 et 5 p. 100 donne à cette gelée des propriétés nutritives très marquées. NOCARD et ROUX ont montré que cette gélose glycérinée était spécialement favorable à la culture des bacilles tuberculeux. On ajoute parfois un peu de gomme arabique, pour permettre à la gelée d'adhérer aux parois du vase.

La gélose (sans glycérine) commence à fondre vers 70° et 75°. A 80°, elle est visqueuse, et ne devient franchement liquide qu'à 85° et 90°. Par refroidissement, elle se solidifie vers 90° (MACÉ).

GELSÉMINE. GELSÉMININE. — **Préparation. Propriétés chimiques.** — Nous réunirons dans la même étude l'histoire de ces deux alcaloïdes, très voisins. Quant à l'acide gelséminique, il est probable qu'il est identique à l'esculine (SONNENSCHEIN).

Le *Gelsemium sempervirens* Ait. ou jasmin sauvage, a été employé en Amérique depuis PROCTER (1852), pour la guérison de diverses maladies, et notamment des névralgies faciales. En 1870, WORMLEY put, dans l'extrait aqueux de la racine de cette plante, isoler un alcaloïde qu'il appela gelsémine. Il employait à cet effet la méthode classique de l'extraction par l'éther en solution alcaline. FREDICKE put extraire ainsi 0,49 p. 100 de gelsémine des racines de la plante.

SONNENSCHEIN (*D. chem. Ges.*, 1876, 1182) prépara la gelsémine de la manière suivante : élimination de l'esculine par l'acétate de plomb; puis addition de potasse qui donne un précipité. Ce précipité, redissous dans l'acide chlorhydrique, est de nouveau précipité par la potasse en présence de chloroforme, qui dissout l'alcaloïde. Le chlorhydrate, d'après SONNENSCHEIN, aurait pour formule $(C^{11}H^{19}AzO^{2})^{2}HCl$.

Mais c'est surtout GERRARD qui prépara à l'état de pureté la gelsémine (1883). La racine est épuisée par l'alcool; le liquide se sépare en deux couches qu'on acidifie après que les matières résineuses ont été précipitées par l'eau. L'addition d'ammoniaque et d'éther fait que l'alcaloïde mis en liberté se dissout dans l'éther. La dissolution éthérée, fluorescente, est traitée par l'acide chlorhydrique qui précipite l'esculine.

Le chlorhydrate de gelsémine, après évaporation de l'éther, est repris par l'alcool bouillant, qui le dissout, et dans lequel il cristalline par refroidissement. Les sels de gelsémine, ainsi obtenus, précipitent par l'acide picrique en petits cristaux verdâtres. Avec l'acide sulfurique et le bichromate de potasse ils donnent une belle couleur rouge qui passe au vert. Il y a des chlorures doubles d'or et de platine. La formule serait, d'après GERRARD, $C^{12}H^{14}AzO^{2}$.

THOMPSON, en 1887 (cité par CUSHNY), reprit la préparation et l'analyse de la gelsémine, et donna la formule $C^{54}H^{69}Az^{4}O^{12}(HCl)^{3}$. Il put vérifier par des preuves chimiques l'hypothèse formulée déjà en 1876 par RINGER et MURRELL, qu'il y a deux alcaloïdes dans le *Gelsemium*, une gelsémine brute, et une gelsémine cristallisée, qu'on sépare par des dissolutions fractionnées dans l'éther.

CUSHNY et SPIEGEL ont repris cette étude ; et nous conviendrons d'appeler, avec CUSHNY, gelsémine, la base qui cristallise facilement, et gelséminine la base amorphe, plus ou moins identique à l'alcaloïde décrit par GERRARD et THOMPSON. La gelsémine aurait pour formule $C^{49}H^{63}Az^{5}O^{14}(HCl)^{2}$; et la gelséminine $C^{42}H^{47}Az^{3}O^{14}(HClPtCl^{4})$. Il convient de dire que, d'après SPIEGEL (cité par BÜRKER, *Dict. W.*, *2 Suppl.*, IV, 671), la gelséminine, qu'il n'a pas obtenu cristallisée plus que CUSHNY, autrement qu'à l'état de chloroplatinate, aurait pour formule $C^{22}H^{26}Az^{2}O^{3}$ ou $C^{24}H^{28}Az^{2}O^{4}$.

Au point de vue chimique, la différence essentielle entre la gelsémine et la gelséminine, c'est que la gelsémine cristallise dans l'eau très facilement, en cristaux fusibles à 45°, qu'elle donne un chloroplatinate et un sulfate cristallisables, alors que la gelséminine est amorphe, et que son sulfate comme son chloroplatinate sont incristallisables.

D'ailleurs la plupart des auteurs qui ont précédé CUSHNY ont expérimenté avec un mélange des deux alcaloïdes qui n'avaient pas été séparés.

Effets physiologiques des deux alcaloïdes, gelsémine et gelséminine. — 1. **Action sur les centres nerveux.** — L'effet caractéristique de la gelsémine est de produire un tétanos qui ressemble au tétanos strychnique. Les grenouilles, les lapins, les chiens (ROUCH) sont pris de convulsions tétaniques. Au milieu de ces convulsions, moins fortes que les convulsions strychniques, le cœur est à peu près indemne, et la mort survient par arrêt respiratoire.

Il semble donc que, par certains côtés, le tableau soit celui de l'intoxication curarique ; par d'autres, celui de l'intoxication strychnique. Aussi les expérimentateurs ont ils comparé, tantôt au type curarique, tantôt au type strychnique l'empoisonnement par la gelsémine.

On conçoit la difficulté de cette étude; car, malgré d'apparentes différences très éclatantes, au fond le curare et la strychnine se ressemblent beaucoup dans leurs effets physiologiques. Le curare à très faible dose produit de petites convulsions fibrillaires qui se généralisent. La strychnine à très forte dose agit comme un curarisant sur les grenouilles (MARTIN MAGRON), et sur les animaux à sang chaud (CH. RICHET, 1882).

Il paraît probable, d'après la lecture des travaux, un peu confus, qui ont été écrits avant le mémoire de CUSHNY, qu'à dose modérée il n'y a pas d'action paralysante sur les terminaisons motrices. Les nerfs ont gardé leur excitabilité; les muscles naturellement ne sont pas atteints par le poison, de sorte que les phénomènes paralytiques qui surviennent alors doivent être attribués à la paralysie du système nerveux central qui ordonne les mouvements musculaires (ROUCH).

Cette paralysie centrale, admise par Ringer et Murrell, Ott, Berger, Putzeys et Romiée, n'est aucunement en contradiction avec le fait qu'il y a des convulsions. C'est le propre de toute substance convulsive, de produire, après la convulsion, ou quand la dose est plus forte, des phénomènes de paralysie.

La paralysie des centres nerveux est la cause de la mort; car dès le début la respiration est atteinte dans son rythme et son amplitude. Finalement elle se ralentit, devient insuffisante, et l'animal meurt asphyxié (Putzeys et Romiée). Aussi la respiration artificielle prolonge-t-elle la vie des animaux empoisonnés (chien et lapin), même après qu'on a donné d'énormes doses (Berger).

D'après Moritz, le poison agirait d'abord sur les fonctions sensitives conductrices de la moelle. Les réflexes ne sont d'abord exaltés qu'en apparence; car, si les excitations provoquent des phénomènes à demi convulsifs, il faut remarquer que ces excitations, pour être efficaces, doivent être plus intenses que sur l'animal normal.

Berger a appelé l'attention sur les phénomènes psychiques qui surviennent dès le début. L'animal (grenouille) est paresseux, peu sensible; plus lent à se mouvoir, incapable même, dit-il, de se mettre spontanément en mouvement. Les lapins, après avoir reçu de 0,08 à 0,3 d'extrait, ont une courte période d'irritabilité excito-motrice accrue; ils ont des tremblements, du frisson; des mouvements cloniques des extrémités antérieures; puis la tête retombe presque paralysée, et ils sont dans un état d'inertie complète. Ce n'est que plus tard que la respiration se modifie et devient dyspnéique.

Ainsi il ressort de ces faits que la gelsémine est beaucoup moins convulsivante que la strychnine. En injectant de la strychnine à dose convenable, l'effet convulsivant est primitif; la convulsion est violente et prolongée; et elle recommence, si l'asphyxie n'a pas amené la mort du cœur. Avec la gelsémine la convulsion est courte, et, quelle que soit la dose, suivie d'une période de paralysie.

On peut presque dire que, par ses effets excitants, puis déprimants, la gelsémine est un poison placé à égale distance de la strychnine et du curare, constituant le poison de transition entre ces deux poisons types.

Quant à l'excitabilité musculaire directe, la plupart des auteurs pensent qu'elle n'est pas modifiée. Bufalini cependant estime qu'elle diminue notablement; mais il est difficile de séparer dans cette expérience la part des terminaisons motrices nerveuses intramusculaires et celle des fibres musculaires proprement dites.

Action sur le cœur et la pression artérielle. — La gelsémine fait baisser la pression artérielle. Tous les auteurs sont d'accord sur le fait. Rouch dit que le cœur du chien devient tellement faible qu'il donne des tracés hémométriques comparables à ceux que donne le cœur du lapin. Il a vu de grands abaissements de pression presque à zéro, suivis bientôt de relèvements considérables, mais toujours inférieurs au niveau de la pression normale. Il dit aussi que, dans ce cas, les courbes de Traube Hering sont très manifestes.

Quant à l'action du pneumogastrique sur le cœur, Berger et Ott ont constaté que ce nerf est excité, ce qui fait que le cœur se ralentit. Pourtant Rouch a noté, après une période extrêmement passagère de ralentissement, une accélération considérable. D'après lui, le pneumogastrique est paralysé ou épuisé dans ses plaques terminales des ganglions modérateurs. Putzeys et Romiée ont aussi admis que la gelsénine porte son action sur les terminaisons du nerf vague dans le cœur. D'après Rouch, chez le lapin ou le chien empoisonné par le gelsémine, on ne produit jamais l'arrêt du cœur, par l'excitation électrique du bout périphérique du nerf vague. « Au moment de la période asphyxique, l'action électrique, même des plus forts courants, est à peu près nulle sur le nerf modérateur. Chez le lapin même, j'ai pu voir l'inexcitabilité complète dix minutes après le début de l'injection. » Si plus tard le cœur se ralentit, c'est que les ganglions excito-moteurs sont, eux aussi, paralysés à leur tour, après paralysie des ganglions modérateurs.

En même temps que cette dépression artérielle, on observe toujours un abaissement, plus ou moins marqué, de la température. Enfin il faut noter un effet mydriatique très net qu'on observe même en instillant dans l'œil quelques gouttes d'une solution diluée de gelsémine.

Dose toxique. — Moritz a étudié avec soin la dose toxique de la gelsémine. Seulement, comme il expérimentait avec le mélange de gelsémine et de gelséminine, ses chiffres ne méritent pas d'être retenus, après les expériences plus précises de CUSHNY.

Voici les doses toxiques qu'il donne pour 1 000 grammes de lapin (en chlorhydrate de gelsémine).

Poids de chlorhydrate en milligrammes.	Début des accidents.	Fin des accidents.	Durée de la survie.
0,35	15′	47′	∞
0,238	11′	37′	∞
0,175	9′	43′	∞
0,238	4′	35′	∞
0,238	5′	38′	∞
0,375	8′	49′	∞
0,500	7′	132′	∞
0,600	8′	»	85′
0,750	10′	»	41′
1,630	8′	»	21′
2,000	2′	»	13′
3,720	3′	»	15′
8,150	6′	»	20′

Action différenciée de la gelsémine et de la gelséminine. — C'est à CUSHNY, qui le premier a bien distingué ces deux alcaloïdes, que nous emprunterons tous les détails qui vont suivre.

La gelsémine (cristallisable) est peu active : il faut injecter jusque à 0,01 à une grenouille pour observer un effet quelconque. Cet effet est toujours une augmentation d'excitabilité réflexe de la moelle. A cette faible dose l'animal ne meurt pas. Si la dose est plus forte, on observe tous les symptômes de l'empoisonnement curarique; mais cette paralysie est précédée d'une période convulsive strychnique. Dans l'ensemble, la plupart des phénomènes observés par les auteurs précédents peuvent assez exactement s'appliquer à la gelsémine.

La gelséminine (base incristallisable) est beaucoup plus toxique. A 0,001, sur la grenouille, on voit un état de narcotisation générale avec tremblement de la tête et du tronc, et modification du rythme respiratoire. A 0,002 ou 0,003, la narcose est plus profonde; l'animal ne peut pas faire des mouvements spontanés. Le cœur continue à battre. Mais parfois des doses de 0,002 peuvent amener la mort. Des doses de 0,005 sont toujours mortelles.

Chez les homéothermes, la gelséminine est encore plus toxique. Un lapin de 2 kilogrammes est tué par une dose de 0,001. On observe le curieux phénomène, déjà constaté par les autres expérimentateurs, de la tête qui tremble et tombe en s'affaissant sur la poitrine. Les respirations sont profondément modifiées et présentent le type de la respiration périodique, dite de CHEYNE STOKES. Finalement les respirations s'arrêtent, et la mort survient par une graduelle asphyxie due à l'insuffisance respiratoire progressive. Aussi la respiration artificielle permet-elle de prolonger la vie des animaux.

La pupille est dilatée, et il y a une paralysie de l'accommodation qui dure longtemps, voire même plusieurs jours, après l'instillation de gelséminine dans la conjonctive.

L'absorption par cette voie est tellement rapide que souvent (sur le lapin) la mort arrive avant qu'on n'ait pu observer la dilatation pupillaire.

CUSHNY admet que la gelséminine ressemble beaucoup, comme action physiologique, à la conine, tandis que l'action de la gelsémine ressemblerait à celle de la strychnine.

Applications médicales. — Etant données ces propriétés physiologiques, il est assez difficile de voir quelles pourraient être les applications médicales du *G. sempervirens* et de ses alcaloïdes. On a proposé de l'employer contre les névralgies; mais il ne semble pas qu'on ait pu en constater d'une manière régulière les bons effets. C'est un mydriatique trop lent à agir pour qu'il puisse remplacer la belladone. Et quant aux effets antipyrétiques, rien n'autorise à les supposer.

D'ailleurs, la gelsémine est assez toxique pour n'être employée qu'à doses faibles. FRONMULLER (cité par SPIEGEL) a vu, après 0,6 de chlorhydrate, de la mydriase et de la céphalalgie. On donna alors encore 0,3; et il survint des accidents graves : arrêts respiratoires, trismus, état syncopal, perte de conscience. Il fallut faire la respiration artificielle pour prévenir une terminaison fatale.

Dans d'autres cas, moins graves, il y eut des vomissements, de la salivation, un état semi-comateux. avec vertiges, diplopie, troubles prolongés de l'accommodation.

Tout compte fait, ni la gelsémine, ni la gelséminine ne paraissent devoir être employées en thérapeutique.

Bibliographie. — Bufalini. *Sopra una modificazione del ritmo cardiaco per l'azione della gelsemina* (*Boll. d. Soc. tr. i. cult. d. sc. med. Siena*, 1884, II, 62). — Bufalini. *Decorso dell'eccibilita muscolare in alcuni awelenamenti acutissimi* (*Boll. d. Soc. tra i cult. d. sc. med. Siena*, III, fasc. 5, tir. à p., 9-11, 1885). — Cushny. *Die wirksamen Bestandtheile des Gelsemium sempervirens* (*A. P. P.*, 1892, XXXI, 49-68). — Bobo. *Empoisonnement par le G. sempervirens* (*N. Y. med. Journ.*, 1899, 752. V. aussi Jepson. *Brit. med. Journ.*, (2), 1891, 644; Nankiwell. *Lancet*, (1), 1897, 1663). — Jurasz (A.). *G. sempervirens als antineuralgisches Mittel.* (*C. W.*, 1875, 513-515). — Lafon (Ph.). *De la toxicologie en Allemagne et en Russie* (*Arch. des Miss. scient. et litt.*, (3), XIII, 1885, 20-22). — Moritz (M.). *Ueber einige Präparate des G. sempervirens* (*A. A. P.*, XI, 1879, 299-308 et *D. Zeitsch. f. pract. Med.*, 1878, 11 et 12). — Pradel. *Étude sur le G. sempervirens au point de vue botanique, chimique, physiologique et thérapeutique* (*Diss.*, Montpellier, 1884). — Putzeys et Romiée (H.). *Action physiol. de la gelsémine* (*Mém. de l'Acad. de Belgique*, XXVIII, 1878, 1-80). — Rehfuss. *G. and its reputed antidotes with experiments and collection of cases of poisoning* (*Ther. Gaz.*, 1885, 655-666). — Rouch. *De l'action physiologique du G. sempervirens* (*B. B.*, 1882, 770-786). — Ruth (P.). *Ueber die Wirkung einiger Gelsemium-Verbindungen auf Kaltblüter* (*D.* Berlin, 1896). — Schwarz. *Die forensische Chemie. Nachweiss des Gelsemins* (*D.* Dorpat, 1882). — Spiegel. *Gelsemium* (*Enc. der Therapie*, 1898, II, 445-446). — Tweedy. *On the mydriatic and other topical effects of the application of gelsemina to the human eye* (*Lancet*, 1877, (1), n° 23). — Witkhead. *A study of the action of G. upon the nuclei of the motor cerebral nerves* (*N. Y. med. Journ.*, 1900, LXXII, 267). — Berger (O.). *Zur physiologischen und therapeutischen Würdigung des G.sempervirens* (*C. W.*, 1875, 721-725; 737-739).

GLOBULES. — Voyez Hématies.

GÉNÉRATION (generatio; γένεσις). — Production d'un élément anatomique, d'une cellule ou d'un organisme.

Pendant longtemps, on admettait que cette production pouvait se faire de toutes pièces dans un milieu organique ou inorganique. (Voir **Génération spontanée**, p. 73.) Aujourd'hui, on sait que toute génération s'effectue aux dépens d'une cellule ou d'un organisme préexistants.

Tous les êtres vivants naissent, s'accroissent, acquièrent une forme et une taille déterminées (état adulte), qu'ils conservent un temps variable; puis ils déclinent et meurent.

De tout temps, on s'est préoccupé du mode de formation des êtres jeunes qui remplacent ceux qui sont sur le point de disparaître. Il est d'observation vulgaire que, chez les êtres les plus perfectionnés, le concours de deux organismes de sexe différent est nécessaire pour le développement d'un nouvel individu, et, malgré les mystères qui entouraient le processus, on le désignait sous le nom de *génération sexuelle*. (Voir **Fécondation.**)

Donc, chez les êtres à organisation élevée, un nouvel individu ne peut prendre naissance que dans les conditions suivantes : deux cellules ou fractions de cellules de provenance distincte se réunissent et constituent une masse protoplasmique pour ainsi dire renforcée ou rajeunie. Dans son développement ultérieur, cette masse ou élément fécondée se divise et produit des milliers de cellules qui, par leurs différenciations et leurs élaborations, constituent les tissus et les organes du nouvel être. Or il existe de nombreux organismes, animaux et végétaux, qui non seulement s'accroissent par division cellulaire, mais qui ont la faculté de produire des masses cellulaires ou bourgeons capables de se transformer chacun en un être semblable à celui dont il procède.

C'est là la génération *agame* ou *asexuée* qui, comme on le voit, n'est que l'exagération locale de l'hyperplasie cellulaire, suivie de la différenciation des éléments qui sont capables de constituer un individu distinct.

Il convient, par conséquent, de commencer par la *génération des cellules et des tissus* et d'examiner, en second lieu, les divers modes de multiplication des individus par voie agame ou asexuée.

I. Génération des éléments anatomiques et des tissus. — Avant l'avènement de la théorie cellulaire, on avait émis toutes sortes d'hypothèses en ce qui concerne le développement des tissus. Pour les uns (Ruysch), c'était le *tube* qui produisait tous les organes; pour les autres, c'était la *fibre pleine* (Haller); pour d'autres, c'était le *globule;* pour d'autres encore, la *vésicule, etc.*

Schwann démontra le premier, vers 1838, l'unité de composition des animaux et des végétaux, qui sont, à l'origine, formés par des parties élémentaires, ou *cellules.* A partir de cette époque, on songea à rechercher la filiation des éléments anatomiques et le mode de génération des cellules, des fibres et des substances fondamentales ou amorphes.

Les premiers résultats ne furent guère satisfaisants, ce qui n'étonnera guère ceux qui songent aux moyens d'investigation dont disposaient alors les micrographes. On examinait à l'état frais, après dissociation, et on n'employait guère que la glycérine, l'acide acétique ou la potasse pour rendre les objets transparents. Les cellules paraissaient réunies entre elles par une substance organisée (cytoblastème, blastème, βλάστημα, bourgeon). En étudiant les tissus en voie d'accroissement, on croyait voir apparaître dans ce blastème des granulations (nucléoles); le nucléole lui-même s'entourait d'un corps sphérique ou lenticulaire (noyau), et, autour du noyau, le blastème, d'abord commun, finissait par se partager en autant de corps cellulaires qu'il existait de noyaux.

Telle est la théorie de la *formation libre* ou *genèse* des cellules aux dépens d'une substance organisable, produite par une sorte d'excrétion des cellules ou des éléments préexistants. Les recherches embryologiques semblaient plaider en faveur de cette doctrine. Dès que la tête du spermatozoïde avait pénétré dans l'œuf, le noyau de l'œuf et la tête du spermatozoïde disparaissaient à la vue; ils semblaient se dissoudre, et, aux dépens de cette nouvelle substance, serait né, par formation libre, le premier noyau du nouvel être (noyau vitellin). Un phénomène moléculaire spécial aurait présidé à la genèse du nouveau noyau, dont la substance ne procédait pas directement des noyaux maternel ou paternel.

La dissolution ou disparition du noyau ovulaire et de la tête du spermatozoïde n'est qu'une apparence; en réalité (voir **Fécondation**, v, 242), si l'on fixe et colore les œufs fécondés, on peut suivre toutes les phases du rapprochement et de la jonction du noyau ovulaire et du noyau mâle ou tête du spermatozoïde. La cellule fécondée résulte, par conséquent, de l'union des deux fractions de cellules qui dérivent directement de la substance maternelle et paternelle.

Les autres exemples qu'on a invoqués en faveur de la genèse sont passibles du même reproche. Je me borne à citer les suivants : 1° développement des premières cellules dans l'œuf fécondé des insectes (Weissmann, 1864); 2° apparition de noyaux, par formation libre, dans le sac embryonnaire des Phanérogames ou dans le développement des spores (Sachs, 1874); 3° formation du tissu cicatriciel dans un blastème amorphe (Arnold, 1869).

Grâce aux moyens d'observation dont nous disposons, nous pouvons aujourd'hui, d'autre part, affirmer que tout noyau procède d'un noyau préexistant, et que toute nouvelle cellule descend d'une cellule antérieure (Voir **Cellule**, ii, p. 523).

La *génération* des éléments figurés ou amorphes aux dépens de la cellule comprend les divers modes de *sécrétion*, d'*élaboration* ou de *différenciation* qu'on observe dans le corps cellulaire, ou cytoplasma. Dans le cytoplasma des cellules glandulaires apparaissent des granulations ou des substances liquides qui contribuent à former les produits de sécrétion. Ailleurs, le protoplasma uniformément granuleux se dispose en lames ou filaments anastomosés entre lesquels se produit un protoplasma transparent. Les uns regardent ce protoplasma transparent comme un produit extracellulaire, une excrétion ou substance amorphe; les autres le considèrent comme faisant partie du corps cellulaire au même titre que le protoplasma granuleux. Mais, quel que soit le nom qu'on impose à ce protoplasma transparent (*hyaloplasma*, *hyalome* ou *substance fondamentale*), on le voit évoluer : tantôt il se fluidifie, tantôt sa consistance augmente, ou il y apparaît des fibres dont la forme et les réactions varient avec l'âge, le tissu ou l'animal.

En un mot, il convient d'admettre, au point de vue de la génération des éléments anatomiques : 1° la formation des cellules nouvelles par division du protoplasma des cellules préexistantes; 2° la production d'éléments amorphes ou figurés aux dépens du protoplasma transformé ou alloplasma. (Voir **Cellule**, II, p. 537 et suivantes.)

C'est donc par division cellulaire que prennent naissance les jeunes cellules; mais, chez les organismes supérieurs, un grand nombre de cellules ne persistent pas sous cette forme, pour ainsi dire, primitive. Le protoplasma de nombre de cellules se transforme en produits soit amorphes, soit figurés, contribuant à l'accroissement, à la consolidation ou à la mobilité de l'organisme.

II. Génération des individus ou organismes entiers. — La génération des individus se fait par voie sexuée (*amphigonie*) (voir **Fécondation**) ou par voie asexuée (*monogonie*).

On distingue les modes suivants de génération asexuée ou monogonie : 1° *division simple* ou *scission;* 2° *segmentation;* 3° *bourgeonnement;* 4° *scissiparité* ou *fissiparité;* 5° *alternance régulière de générations sexuée et asexuée.*

Quelques exemples choisis dans divers groupes végétaux et animaux montreront en quoi consistent ces modes de reproduction et permettront de juger de la valeur qu'il faut accorder aux subdivisions sus-mentionnées.

A. **Végétaux.** — On observe chez les algues et les champignons, à côté de la reproduction sexuée, de nombreux faits de génération agame (multiplication par *spores*).

Dans les *Bactériacées*, certaines cellules concentrent leur matière protoplasmique, puis l'enveloppent d'une membrane; c'est la *spore* qui germe au bout d'un temps variable.

Chez les *Floridées*, il se forme des *spores* dont chacune germe et produit directement une nouvelle plante.

« Tous les champignons produisent des *spores*, c'est-à-dire des boutures, ordinairement unicellulaires, parfois cloisonnées, qui, en germant, reconstituent directement un nouveau thalle sporifère » (Belzung, *loc. cit.*, p. 1143).

Souvent, chez les algues et les champignons, on observe une alternance de générations dont l'une se reproduit par *spores*, et l'autre, par des œufs fécondés.

La fougère adulte produit à la face inférieure de ses feuilles des amas de cellules ou *spores* qui, à la maturité, sont disséminées sur le sol. Après une période de repos, chaque spore *germe*, c'est-à-dire se divise et produit une petite lame verte, cordiforme ou réniforme, d'environ un demi-centimètre de longueur, fixée à la terre par des poils absorbants. On donne à cette lame verte, munie de ses poils absorbants, le nom de *prothalle.* A sa face inférieure se produisent des cellules, les unes ciliées et mobiles (*anthérozoïdes*), les autres fixes (*oosphère*). Quand les anthérozoïdes parviennent au contact de l'oosphère, il en est un qui y pénètre et constitue, avec l'oosphère, l'*œuf fécondé.* Cet œuf se développe en une nouvelle fougère végétative.

Donc, dans les conditions ordinaires, les fougères présentent deux générations qui se succèdent et alternent régulièrement : l'une est végétative *asexuée*, et l'autre *sexuée.*

Cependant, quand les conditions ambiantes sont défavorables, le prothalle asexué ne produit ni anthérozoïdes, ni oosphère; il se met à s'accroître par *bourgeonnement* local et se transforme directement en une fougère végétative (Belzung).

Les spores qu'émet la fougère adulte ne sont, en somme, que des *boutures unicellulaires.* En germant, chaque bouture produit un être transitoire et indépendant, qui engendre les éléments sexuels donnant, par leur union, naissance à une nouvelle fougère.

Ce procédé de multiplication végétale se retrouve sous une autre forme chez certains Phanérogames. Une branche de Saule pourvue de bourgeons ou une feuille de Bégonia plantée dans l'eau et la terre humide poussent des racines, s'accroissent et reconstituent un végétal entier. Ces tronçons de végétal deviennent des plantes dont les caractères sont les mêmes que ceux des plantes dont ils procèdent.

Citons encore les *bulbes de Lis*, les tubercules de Pommes de terre, qui ne sont que des boutures naturelles, au même titre que les *spores* des Cryptogames, qui représentent, en somme, des boutures unicellulaires.

B. **Animaux.** — Les animaux nous offrent des phénomènes de génération analogues, sinon identiques.

1° *Protozoaires.* — Chez les Amibes, par exemple, l'organisme (unicellulaire) se partage en deux moitiés qui se séparent, et chacune vit d'une façon indépendante (*génération par division ou scission*). D'autres Protozoaires, tels que l'*Actinosphærium*, s'entourent d'une capsule, puis l'être (unicellulaire) se divise en un grand nombre de cellules, qui restent pendant quelque temps réunies en colonie. On croirait assister à la segmentation d'un œuf fécondé (Voir **Fécondation**, v, 253-257). Mais à l'encontre de ce qui se passe chez les Métazoaires, les cellules qui résultent de la segmentation ne restent pas associées chez les Protozoaires; elles se disjoignent et chacune reproduit un organisme unicellulaire. Remarquons encore que, chez les Protozoaires, l'être reproducteur disparaît tout entier, puisque ses diverses parties constituent la substance même des nouvelles générations.

En un mot, la reproduction agame des Protozoaires se fait par simple division cellulaire. Cependant, ce mode de génération ne se continue pas indéfiniment, puisque, après un certain nombre de générations asexuées, deux individus de tous points semblables se recherchent, s'accolent et, après l'échange de certaines substances, qui semble constituer une sorte de fécondation, ils se séparent de nouveau pour recommencer chacun à se multiplier par voie agame. (Voir **Fécondation**, 260.)

2° *Spongiaires.* — Dans les *Spongiaires*, la génération asexuée joue, à côté de la reproduction sexuée, un rôle considérable. A la surface externe ou à l'intérieur du corps des Spongiaires se développent des amas cellulaires ou bourgeons qui acquièrent la constitution de l'animal producteur. Ces bourgeons peuvent rester unis à l'individu mère, d'où la formation de colonies, souvent fort compliquées. D'autres fois, après avoir pris un certain accroissement, ces bourgeons se séparent de la colonie, deviennent libres et continuent ailleurs leur évolution.

3° *Cœlentérés.* — Dans les *Cœlentérés*, le bourgeonnement est également très répandu. Sur les parois du corps, (hydre d'eau douce), essentiellement constituées par des assises épithéliales, apparaissent des saillies sous la forme d'excroissances, qui s'allongent. Leur extrémité libre s'entoure de mamelons qui se transforment en tentacules. Le jeune individu peut finalement se détacher de l'individu producteur et vivre indépendamment, ou bien il reste uni à l'individu producteur, ainsi qu'à d'autres qui se sont formés de la même manière, ce qui amène la production de colonies revêtant les formes les plus diverses.

Un bourgeonnement analogue s'effectue chez la plupart des autres Cœlentérés. Sur le corps des *Anthozoaires* ou *Coralliaires*, par exemple, apparaissent par prolifération locale de nombreux mamelons, qui grandissent et se transforment chacun en un individu qui reste réuni à l'animal souche. Père, fils, petits-fils constituent ainsi des colonies de plusieurs centaines et même milliers d'individualités. Un tissu commun (cœnosarque ou cœnenchyme), parcouru d'un système ramifié de canalicules, assure l'union et la nutrition de la communauté.

4° *Vers plats.* — *A.* Chez certains *Turbellariés* (Vers plats, à corps inarticulé), le *Stenostomum*, par exemple, l'organisme s'accroît, s'allonge et se sépare plus tard en plusieurs tronçons dont chacun refait un individu entier. A cet effet, le tronçon ou zooïde postérieur acquiert une nouvelle tête et de nouveaux ganglions nerveux. La génération asexuée constitue en réalité une régénération physiologique.

B. Dans les *Vers rubanés* ou Cestodes, le plus souvent annelés à l'état adulte, l'organisme jeune habite un hôte et un milieu différents de l'organisme adulte. Le Ver adulte et sexué vit pour l'ordinaire dans le tube digestif d'un carnivore, d'un insectivore ou d'un omnivore. Le corps du Ver s'allonge, se segmente, et dans les anneaux ou proglottis se développent les œufs fécondés. Les anneaux se détachent, sortent avec les fèces et sont disséminés sur la terre, sur l'herbe ou dans l'eau, et, de là, passent dans l'estomac d'un herbivore. Les anneaux sont digérés, tandis que les œufs y commencent leur développement et s'y transforment en embryons munis de crochets, qui traversent les tuniques du tube digestif de l'herbivore. Parvenus dans le système circulaire du second hôte, ils sont dirigés dans les organes où ils se fixent et se transforment en une grande vésicule à contenu liquide. Cette vésicule, ou cysticerque, représente l'embryon, dont la tête s'est invaginée dans l'extrémité postérieure dilatée. Elle conserve cette forme enkystée jusqu'au moment où elle parvient dans le tube digestif d'un carnivore, et s'y accroît et pousse des anneaux ou proglottis dans lesquels se développent les organes sexuels.

Dans l'exemple précédent, il ne s'agit nullement de génération alternante : c'est toujours le même être, dont le scolex, ou forme asexuée, vit sur un premier hôte, et dont la forme adulte ou sexuée se développe dans le tube digestif d'un second hôte.

Il est cependant des Tænias qui offrent les phénomènes de la génération agame. Tel est le cas du *Tænia cœnurus*. Le ver adulte et sexué vit dans l'intestin du chien, qui dissémine les œufs fécondés sur l'herbe. Le mouton les avale avec l'herbe. Dans le tube digestif du mouton, les œufs se transforment en embryons qui arrivent comme précédemment dans les organes et de préférence dans le cerveau. L'embryon s'y enkyste et s'y transforme en une vésicule. Fait spécial pour le *Tænia cœnurus*, c'est que la vésicule ou cysticerque bourgeonne, c'est-à-dire prolifère en divers points, et chaque amas cellulaire prend la forme d'une tête de tænia ou scolex, d'où la formation d'une ou de plusieurs centaines de scolex dans la vésicule. Autrement dit, l'embryon qui arrive dans le cerveau se transforme en un cysticerque, mais les parois kystiques du *Cœnurus cerebralis* ont la faculté de produire par génération agame d'autres scolex. C'est le bourgeonnement d'un seul et même organisme. Ici de nombreux individus nés par voie asexuée s'intercalent régulièrement entre l'embryon ou scolex et le tænia adulte.

Des groupes d'animaux, tels que les *Bryozoaires*, les *Tuniciers*, les *Annélides*, pourvus de tube digestif, de systèmes circulatoire et nerveux se multiplient également par génération agame, ou bourgeonnement; d'où formation de nombreux individus qui restent réunis en colonies ou vivent chacun séparément.

Parmi les Tuniciers, les Salpes, par exemple, animaux pélagiques flottant librement sur l'eau, se multiplient alternativement par voie sexuée et asexuée.

Le premier mode donne naissance à des Salpes solitaires, le second à des Salpes agrégées ou chaînes de Salpes. Les individus qui continuent les chaînes de Salpes sont seuls sexués et ne forment jamais de stolon; les Salpes solitaires ne se reproduisent, au contraire, que par voie agamogénétique, par bourgeonnement, sur un stolon. Et comme ces deux formes, qui diffèrent aussi bien par la taille et la configuration générale que par la disposition des rubans musculaires et par diverses particularités offertes par les branchies et les viscères, alternent régulièrement dans le cycle vital d'une même espèce, il en résulte que le développement présente les phénomènes de la génération alternante. (Claus, p. 1134.)

Chez les *Annélides*, telles que les Naïs, Scyllis, Myrianides, le bourgeonnement détermine le développement de nouveaux individus. C'est ordinairement entre le dernier anneau caudal et l'avant-dernier qu'apparaît un segment ou bourgeon qui s'allonge; ensuite il se segmente, en même temps que se forment des yeux, une bouche et les divers organes céphaliques sur l'extrémité antérieure du nouvel individu qui se sépare de l'individu producteur. Le plus souvent, cette génération agame porte sur des individus qui n'ont pas d'organes sexuels. Chez certaines espèces, telles que *Scyllis ramosa*, il se produit des bourgeons latéraux qui restent réunis quelque temps à l'individu producteur; d'où la formation d'une colonie d'Annélides.

Les phénomènes de génération agame dont nous parlons se produisent en apparence *spontanément*. Par division mécanique, on détermine une reproduction asexuée qui procède de même et aboutit à des résultats identiques.

Bien des hypothèses ont été émises pour expliquer les divers modes de génération agame. On a invoqué l'état de fixation permanente où vivent les hydres et les polypes, la forme allongée et éminemment fragile ou vulnérable des vers pour soutenir que, ne pouvant se soustraire aux injures extérieures, ces divers êtres réagissent par la prolifération d'abord et souvent par la fissiparité, contre la destruction de l'espèce. La reproduction agame rentrerait, en somme, dans la catégorie des régénérations. Cependant, comme le fait remarquer fort judicieusement Eug. Schultz, le bourgeonnement, qui est le phénomène initial de toute génération asexuée, se fait en des régions spéciales du corps, tandis que la régénération a lieu uniquement aux points lésés. Cet auteur se fonde sur ce fait pour admettre l'existence de *cellules spécifiques*, ou *atypiques*, qui contribueraient par leur multiplication à constituer le bourgeon. Ces cellules conserveraient toujours les caractères des éléments parthénogénétiques.

Chez les êtres unicellulaires (Protozoaires) où les organismes pluricellulaires, qui sont composés essentiellement de cellules juxtaposées en forme d'épithélium, il est tout naturel que la multiplication porte sur les éléments cellulaires. Ici la génération d'un nouvel individu comprend deux phases : division cellulaire, puis groupement des éléments de façon à constituer deux individualités semblables. Quand, par contre, la génération agame se fait sur des organismes composés, outre le revêtement épithélial des téguments externe et interne, de tissu conjonctif, de fibres musculaires, d'éléments nerveux, d'organes circulatoires et excrétoires, il est intéressant de connaître le tissu par lequel débute le processus du bourgeonnement et la façon dont les jeunes générations cellulaires complètent les individus qui ont pris naissence par voie agame.

Nous possédons, grâce aux recherches de V. Bock et H. Wetzel, des renseignements circonstanciés sur une annélide, voisine du ver de terre, le *Chaetogaster diaphanus*.

C'est surtout en automne et en hiver que le *Chaetogaster* se reproduit par génération agame ou asexuée. Cependant ce mode de reproduction s'effectue également à toutes les époques de l'année, car les animaux pourvus d'organes sexuels sont très rares.

Le premier phénomène qui annonce le développement par voie agame d'un nouvel individu consiste dans un accroissement ou bourgeonnement qui se fait sur la partie terminale du corps. Ensuite surviennent l'étranglement et la séparation complète des anneaux produits.

Aux points où se fera l'étranglement, l'épiderme se multiplie et forme une saillie circulaire; puis, de part et d'autre du futur plan de séparation, l'épiderme s'enfonce dans le corps de l'animal, comme si on l'avait serré à l'aide d'un fil. Tout autour de l'étranglement, l'épiderme continue à s'épaissir, ce qui fait paraître l'étranglement d'autant plus profond. D'abord accolés, les bords de l'étranglement s'écartent plus tard et limitent une large fente. A mesure que l'étranglement progresse de l'extérieur vers l'intérieur, il divise les organes internes, c'est-à-dire l'intestin, les cordons nerveux et les vaisseaux du système circulatoire.

Les cellules épidermiques fournissent les éléments formateurs du système nerveux céphalique ou caudal. Quant au nouveau pharynx, il se développe grâce à la multiplication que subissent les cellules épithéliales de l'intestin.

Au total, les phénomènes d'histogénèse sont, dans la génération agame, les mêmes que dans la régénération expérimentale. Michel, Hepke et d'autres (Voir mon *Mémoire sur la cicatrisation des plaies de la cornée*), ont montré que, lorsqu'on divise le corps des Annélides, le bourgeon qui fournira les nouveaux tissus est essentiellement constitué par la prolifération des cellules épithéliales de l'épiderme. Chez les larves de *Lépidoptères*, dont Van Hirschler a enlevé les derniers segments abdominaux, c'est également l'épithélium (hypoderme et revêtement épithélial) du tégument externe qui produit le tissu de régénération.

Un seul point reste obscur : dans la régénération expérimentale, nous pouvons invoquer la lésion mécanique comme point de départ de la multiplication cellulaire. Mais, quand nous voyons un protozoaire se diviser spontanément, une hydre ou une annélide se mettre à proliférer spontanément pour faire un nouvel être, il ne nous reste pour toute explication que l'hypothèse des propriétés *spécifiques*, *embryonnaires* ou *parthénogénétiques* du protoplasma proliférant.

L'observation nous montre que les organismes jeunes, ou ceux qui restent toujours composés de cellules, offrent ce mode de multiplication asexuée.

Quant aux organismes âgés ou occupant un rang élevé dans l'échelle des êtres, leurs cellules somatiques ont perdu cette propriété. Pour donner naissance à un nouvel être, il faut le concours de deux cellules spéciales, dites *sexuelles*. Cependant nous retrouvons chez les êtres supérieurs, à tissus hautement différenciés, des vestiges de cette faculté de multiplication agame dans les cellules somatiques. Dans les pertes accidentelles de substance que subit l'organisme, les éléments qui concourent à les réparer sont fournis exclusivement par les cellules, c'est-à-dire par les masses protoplasmiques nucléées. Et parmi les cellules qui y prennent la plus grande part, il faut citer les éléments épithéliaux dont le corps reste toujours à l'état protoplasmique. Les portions protoplasmiques qui se sont transformées en fibres conjonctives, nerveuses ou musculaires (*alloplasma*) ont perdu cette activité proliférative et régénératrice.

Si nous ignorons les causes de la génération sexuée ou asexuée, nous savons que les cellules sexuelles des organismes supérieurs sont des éléments qui apparaissent de bonne heure, s'isolent et se distinguent aisément des autres cellules embryonnaires. Durant toute la période d'accroissement du corps, les cellules qui fourniront les éléments sexuels restent au repos. Après une longue période de somnolence, les cellules sexuelles entrent en action et préparent, par division, les ovules ou les spermatozoïdes. Il est indubitable, d'autre part, que les cellules sexuelles descendent de l'œuf fécondé, et sont à l'origine constituées des mêmes substances que les cellules somatiques.

L'union de deux cellules ou fractions de cellules passe pour un *rajeunissement* du protoplasma, destiné à prévenir le dépérissement et l'extinction de l'espèce. Cependant on connaît des organismes élevés dont la reproduction se fait exclusivement par voie agame, et dont les descendants ne présentent nulle marque de décrépitude. Depuis deux siècles, on n'a pas rencontré en Europe de pieds mâles dans l'espèce de saule, dite *Salix babylonica* ou *japonica*. C'est par boutures seules que ce végétal se propage, sans qu'on ait remarqué sur les descendants un signe quelconque de dégénérescence. Le climat d'Europe permet à cette espèce végétale de se reproduire par voie asexuée et assure à une série interminable de générations l'ensemble des propriétés originelles.

Nous nous fondons sur les phénomènes morphologiques et sur les résultats pour interpréter les faits; malheureusement nos explications se contredisent. Maupas et R. Hertwig ont constaté une diminution du noyau, une réduction chromatique dans les générations d'infusoires qui avaient pris naissance par voie agame. Pour eux, la copulation aurait pour effet de *rajeunir* ou de *réorganiser* le protoplasma ou matière vivante.

Chez les organismes supérieurs, l'ovule est, au contraire, une cellule énorme dont la richesse chromatique est considérable. Nous ne pouvons donc invoquer ici un appauvrissement chromatique pour expliquer la nécessité de la fécondation. Comme cet ovule expulse, sous forme de globules polaires, les trois quarts de sa chromatine, nous admettons qu'il met sa quantité de chromatine en équivalence avec celle qu'apporte la petite tête du spermatozoïde.

Pourquoi le noyau de l'ovule s'accroît-il d'une façon démesurée avant de subir la réduction chromatique qui serait la condition indispensable de l'acte fécondateur? Avouons franchement notre ignorance, et attendons les résultats de nouvelles observations et d'expériences plus décisives.

Si nous récapitulons les faits connus aujourd'hui, nous dirons que, chez les organismes supérieurs, la *fécondation* est nécessaire pour la production d'un nouvel individu. Sur nombre d'êtres multicellulaires (Annélides, Tuniciers, Coelentérés) apparaissent au contraire, par division des cellules somatiques, des amas cellulaires ou bourgeons qui s'accroissent et se transforment en individus semblables à l'être producteur (bourgeonnement, fissiparité). Sur d'autres organismes encore (Fougères, Salpes, Protozoaires), les générations agames alternent régulièrement avec les générations sexuées.

Les modes de reproduction sexuée ou asexuée ne dépendent pas de la nature du protoplasma originel. En effet, comme nous l'avons montré (**Fécondation**, p. 261 et suivantes), Klebs est parvenu à provoquer, dans une seule et même espèce d'algues et de champignons, la génération, soit sexuée, soit asexuée. Il suffit, à cet effet, de cultiver ces végétaux dans des milieux pauvres ou riches en matériaux nutritifs, de les soumettre à une température ou à une lumière d'intensité variable. En un mot, les influences extérieures et les conditions de nutrition semblent déterminer l'un ou l'autre mode de génération. Il est bien entendu qu'il faut faire abstraction des organismes supérieurs, chez lesquels la sélection et l'hérédité ont depuis des siècles effacé et exclu, en dehors de la génération sexuée, tout autre mode de reproduction.

Bibliographie sommaire. — Belzung (Er.). *Anatomie et Physiologie végétales*, 1900. — V. Bock (Max). *Ueber die Knospung von Chaetogaster diaphanus Gruith* (*Ienaische Zeits. f. Naturwissenschaft*, xxxi, 1898, 105). — Child (M. Ch.). *Fission and regulation in Stenostoma* (*Arch. f. Entwick.*, xv, 1902). — Claus (C.). *Traité de Zoologie*, [2], trad. par Moquin-Tandon. — Duval (Mathias). Article **Génération** dans le *Nouveau Dictionnaire de méd. et de chir. pratiques*. — Hertwig (R.). *Lehrbuch der Zoologie*, 1895. — Hertwig (R.).

Ueber Wesen und Bedeutung der Befruchtung (*Sitz. Math. Phys. Cl. Bay. Acad. Wiss.*, XXXII, 1902). — KORSCHELT et HEIDER. *Lehrbuch der vergleichenden Entwicklungsgeschichte der wirbellosen Thiere.* — LANG (ARNOLD). *Lehrbuch der vergleichenden Anatomie*, 1888. — LONGET. *Traité de Physiologie*, III, 1873. — MILNE EDWARDS (H.). *Physiologie et anatomie comparées*, VIII. — PERRIER (ÉD.). *Les Colonies animales et la formation des organismes*, 1881. — RETTERER (ED.). *Sur la cicatrisation des plaies de la cornée* (*J. de l'Anat. et de la Physiol.*, 1903, 454 et 595). — ROBIN (C.). *Article* **Génération** (*D. D.*). — ROWLEY (H. T.). *Histological changes in Hydra viridis during regeneration* (*The American Naturalist*, XXXVI, 1902). — SCHULTZ (EUG.). *Ueber das Verhältniss der Regeneration zur Embryonalentwicklung und Knospung* (*Biologisches Centralblatt*, XXII, 1902, 360). — WETZEL. *Zur Kenntniss der natürlichen Theilung von Chaetogaster diaphanus* (*Zeit. für wiss. Zoologie*, LXXII, 1902).

ED. RETTERER.

GÉNÉRATION SPONTANÉE. — Le mot de génération spontanée n'a plus qu'un intérêt historique. De décisives et simples expériences ont établi, sinon que la génération spontanée est à jamais impossible, au moins que, dans les conditions expérimentales les plus diverses que nous puissions imaginer, elle ne se produit jamais.

Toutefois, il y a quelque utilité à passer rapidement en revue les idées des biologistes du passé sur la génération spontanée des êtres vivants. Plus qu'en tout autre sujet d'étude, nous apprendrons là à quel point l'opinion commune — et même l'opinion des savants, — abusée par des apparences et se contentant de documents insuffisants, peut profondément errer.

Mais, avant d'entrer dans le court résumé historique de la question, il faut bien s'entendre sur la signification précise du mot « génération spontanée ».

D'une part, génération spontanée peut s'appliquer à la génération d'êtres nés aux dépens de particules organisées, c'est-à-dire provenant d'une matière vivante, mais d'une matière vivante ayant d'autres caractères spécifiques. Par exemple, quand on dit qu'un taureau mort donne naissance à un essaim d'abeilles, c'est l'*hétérogénie*, c'est-à-dire la naissance d'un être A, non pas aux dépens de la matière inerte, mais bien aux dépens d'un être vivant B, complètement différent de lui.

A côté de l'hétérogénie, il y a la génération spontanée proprement dite, création d'êtres vivants aux dépens de la matière inorganique ou inorganisée, comme par exemple si, en présence de l'air, aux dépens de l'eau, de l'acide carbonique et des sels minéraux, un être organisé, d'espèce déterminée, venait à apparaître. C'est là la génération spontanée proprement dite.

De fait, génération spontanée et hétérogénie sont aujourd'hui également impossibles à accepter. Il n'y a du reste qu'une nuance entre ces deux hypothèses : et il est tout aussi absurde d'admettre que le sang d'un poisson donne naissance à l'*Oidium albicans*, que de supposer que dans l'eau de mer, aux dépens exclusifs des matières minérales, il naîtra un *Oidium albicans*.

On verra pourtant que, si l'hypothèse de la génération spontanée proprement dite a été bientôt à peu près complètement abandonnée, l'hypothèse de l'hétérogénie, jusqu'en des temps très récents, a eu de nombreux défenseurs.

Des Anciens à Redi, Harvey et Swammerdam. — Les auteurs anciens rapportent quantité de fables relatives à la naissance d'êtres procréés sans germes préalables, *prolem sine matre creatam*. Impuissants à expliquer le mode de génération des divers êtres, ils supposent que ces organismes naissent des matières en décomposition. ARISTOTE disait que tout corps sec qui devient humide produit des animaux, pourvu qu'il soit susceptible de les nourrir (*Hist. des animaux*, 1783, 1, 313). Les poissons viennent du sable; les vers, des chairs corrompues; les chenilles naissent des feuilles; les poux naissent de la chair, et les puces proviennent de la fermentation des ordures. VIRGILE raconte que les abeilles naissent du cadavre d'un bœuf, et ce n'est pas une fiction poétique qu'a imaginée le chantre des *Géorgiques;* c'est presque une affirmation scientifique, puisque aussi bien toute l'antiquité et tout le moyen âge ont accepté la légende du pasteur Aristée.

Même VAN HELMONT, plus crédule, s'il est possible, qu'ARISTOTE et VIRGILE, admettait la génération spontanée des souris, et il donne la curieuse recette de la procréation des souris.

« Les odeurs qui s'élèvent du fond des marais produisent des grenouilles, des limaces, des sangsues, des herbes. Si l'on enferme une chemise sale dans l'orifice d'un vase renfermant des graines de froment, le ferment sorti de la chemise sale, modifié par l'odeur du grain, donne lieu à la transmutation du blé en souris après vingt et un jours environ. Les souris sont adultes : il en est de mâles et de femelles, et elles peuvent reproduire l'espèce en s'accouplant. » (Cité par PASTEUR, *Rev. des cours scient.*, 1864, 258.)

Le père KIRCHER, au milieu du XVIIe siècle, croyait que la chair des serpents, desséchée et réduite en poudre, peut donner naissance à des vers qui deviennent serpents.

Mais voici enfin la méthode expérimentale ; et tout de suite un peu de clarté apparaît.

En 1638, FR. REDI fait une expérience très précise (*Experimenta circa generationem insectorum*, Amsterdam, 1686)... « Je commençais, dit-il, à soupçonner que tous les vers qui naissent dans les chairs y sont produits par des mouches et non par ces chairs mêmes, et je me confirmais d'autant plus dans cette idée que... j'avais toujours vu des mouches voltiger et s'arrêter sur les chairs, avant qu'il y parût de vers... *Sed vana fuisset nullo experimento firmata dubitatio.* C'est pourquoi, au mois de juillet, je mis dans quatre bouteilles un serpent, quatre petites anguilles et un morceau de veau. Je bouchai exactement ces bouteilles avec du papier que j'arrêtai sur le goulot en le serrant avec une ficelle ; après quoi je mis les mêmes objets dans autant de bouteilles que je laissai ouvertes. Or, peu de temps après, les poissons et les chairs des bouteilles ouvertes se remplirent de vers ; et je voyais les mouches y entrer et en sortir librement ; mais je n'ai pas aperçu un seul ver dans les bouteilles bouchées, quoiqu'il se fût écoulé plusieurs mois... Dans d'autres expériences, il me fut prouvé qu'il ne se formait jamais de vers dans les chairs enfouies sous la terre, quoiqu'il s'en formât sur toutes les chairs sur lesquelles les mouches s'étaient posées. »

En même temps que REDI faisait cette démonstration expérimentale, HARVEY, dans son livre sur la génération des animaux (*Exercit. de generatione animalium*), formulait le grand principe : *Omne vivum ex ovo.* Mais, ne connaissant que d'une manière imparfaite le système de génération des insectes et des invertébrés, il n'applique le mot *ovum* qu'à l'œuf des mammifères, de sorte que le *Omne vivum ex ovo* signifie seulement qu'il y a chez les mammifères, comme chez les oiseaux, une ponte ovulaire ; ce qui est déjà en soit une admirable découverte, quoiqu'elle ne s'applique pas à l'hypothèse de la génération spontanée. Il semble même donner au mot *ovum* une acception beaucoup plus large que celle que nous lui attribuons aujourd'hui. « *Id commune est ut ex principio vivente gignuntur, adeo ut omnibus viventibus primordium insit ex quo et a quo provenient... Omnes generationes animalium moti in hoc uno conveniunt quod a primordio vegetali tanquam e materia efficiente virtute dotata, oriantur : differunt autem, quod primordium hoc vel sponte et casu erumpat, vel ab alio præexistente tanquam fructus proveniat.* » (*Exerc. de generat. animal.*, p. 270.)

Cette doctrine est, à vrai dire, celle de l'hétérogénie ; naissance d'êtres vivants aux dépens de matière vivante provenant d'autres êtres qu'eux. HARVEY n'a pas été formellement explicite sur l'axiome : *Omne vivum ex ovo*, et ce n'est pas sans quelque raison que VALENTIN et BURDACH se refusent à le compter parmi les adversaires de la génération spontanée.

Au contraire, SWAMMERDAM (1669) s'est très nettement prononcé. Il n'a pas de peine à prouver que les abeilles ne naissent pas des produits en décomposition. « Quoique ce soit, dit-il, le comble de l'absurdité d'imaginer que la pourriture soit capable d'engendrer des animaux aussi bien organisés que le sont les abeilles, c'est cependant l'opinion de la plus grande partie des hommes, parce que l'on juge sans vouloir rien examiner. »

RÉAUMUR s'élève, lui aussi, contre l'opinion de l'origine spontanée des larves des galles. « Nous n'avons plus besoin, disait-il en 1737, de combattre le sentiment absurde dans lequel on a été pendant si longtemps sur l'origine des insectes des galles. Il n'est plus de philosophe qui osât soutenir avec les anciens, peut-être même n'en est-il plus de capable de penser, que quelques parties d'une plante peuvent, en se pourrissant, devenir un ver, une mouche, en un mot un insecte, qui est un assemblage de tant d'admirables parties. »

Ainsi, au milieu du XVIIIe siècle, l'hypothèse de la génération spontanée, grâce à REDI, SWAMMERDAM, VALLISNIERI et RÉAUMUR, était complètement abandonnée pour les insectes et les parasites, et il est probable, dit H. MILNE-EDWARDS, qui a fait une excellente étude, à laquelle nous avons beaucoup emprunté, de toute cette histoire (*Leç. sur l'anat. et la physiol. comparées*, 1863, VIII, 245), que ces faits auraient suffi pour faire justice de l'hypothèse des générations spontanées, si le microscope, découvert par LEEUWENHOEK, n'eût fait naître d'autres difficultés, pour l'explication desquelles on eut de nouveau recours à des suppositions analogues à celles dont la fausseté venait d'être reconnue pour les animaux non microscopiques.

De Needham et Buffon à Pasteur. — Aujourd'hui que, grâce à PASTEUR, nous savons que les germes sont répandus partout, il ne nous est pas difficile de comprendre qu'une infusion de foin, de la colle de pâte, du sang, du lait ou de l'urine qu'on abandonne à l'air libre, sans avoir pris aucune précaution de stérilisation, se remplissent rapidement d'infusoires, de champignons, de bactéries et d'organismes divers. Mais cette donnée élémentaire manquait alors. Ce qui nous paraît si simple et si évident était absolument inconnu. On ignorait qu'il y avait des germes partout, et alors, en voyant au bout de quelques heures une infusion de foin fourmiller d'infusoires, on en concluait que ces organismes s'y étaient développés spontanément.

Les anguillules de NEEDHAM furent célèbres pendant tout le XVIIIe siècle, et, malgré les railleries de VOLTAIRE, dont la perspicacité scientifique fut ce jour-là vraiment remarquable, elles passèrent pour une preuve éclatante de la génération spontanée. « Un jésuite irlandais, nommé NEEDHAM, qui voyageait en Europe en habit séculier, fit des expériences à l'aide de plusieurs microscopes. Il crut apercevoir dans de la farine de blé ergoté, cuite au four et laissée dans un vase purgé d'air et bien bouché, il crut apercevoir, dis-je, des anguilles qui accouchaient bientôt d'autres anguilles. Il imagina voir le même phénomène dans du jus de mouton bouilli. Aussitôt plusieurs philosophes s'efforcèrent de crier merveille et de dire qu'il n'y a point de germes; tout se fait, tout se régénère par une force vive de la nature. De bons physiciens furent trompés par un jésuite. M. SPALLANZANI a montré que NEEDHAM n'avait pas pris toutes les précautions nécessaires pour détruire les germes qui auraient pu se produire dans les infusions, et que, quand on prend ces précautions, on ne trouve pas d'animaux. » (VOLTAIRE, *Dict. philosoph.*, art. **Anguilles.**)

Malgré VOLTAIRE, BUFFON se rattacha complètement à cette doctrine. Il admit l'existence de *molécules organiques* pouvant se reproduire par un assemblage fortuit. « Plus on observera la Nature, dit-il, plus on reconnaîtra qu'il se produit, en petit, beaucoup plus d'êtres de cette façon que de toute autre. On s'assurera de même que cette manière de génération est non seulement la plus fréquente et la plus générale, mais la plus ancienne, c'est-à-dire la première et la plus universelle... Ces molécules organiques se trouvent en liberté dans la matière des corps morts et décomposés; elles remuent la matière putréfiée et forment, par leur réunion, une multitude de petits corps organisés dont les uns, comme les vers de terre, les champignons, paraissent être des végétaux ou des animaux assez grands, mais dont les autres, en nombre presque infini, ne se voient qu'au microscope. Tous ces corps n'existent que par une génération spontanée... tous les prétendus animaux microscopiques ne sont que des formes différentes que prend d'elle-même, et suivant les circonstances, cette matière toujours active et qui ne tend qu'à l'organisation. »

Ainsi, selon cette grandiose et logique théorie, il existerait une matière organique composée de molécules, et ces molécules tendraient constamment à se différencier sous les aspects les plus divers et à revêtir des formes vivantes variées, par des transmutations et transformations perpétuelles. Mais il ne faut juger des théories, ni d'après leur ingéniosité, ni d'après la grandeur de leurs conséquences; il s'agit seulement de savoir si elles sont vraies. Or, quoique FRÉMY ait tenté de réhabiliter cette fantaisiste conception, la théorie des molécules organiques indifférentes est absolument erronée. Rien ne l'appuie, et tout l'infirme.

Elle n'a pas cessé cependant d'être soutenue, et, jusqu'à ces derniers temps, elle a encore trouvé des défenseurs. Des expériences mal faites, hâtivement élaborées, et maladroitement conduites, ont été la cause de cette longue erreur.

Nous allons exposer ces raisons, à notre sens détestables, que les partisans de la génération spontanée ou de l'hétérogénie ont fait valoir; et si, à l'heure présente, beaucoup de ces arguments nous paraissent enfantins et ridicules, c'est que les vérités acquises sont devenues tellement élémentaires à nos yeux que nous n'arrivons pas à nous imaginer l'état d'esprit des hommes qui ne connaissent pas ces vérités.

D'autant plus que de soi-disant expériences étaient invoquées. Wiegmann (cité par Adelon, *Physiologie de l'homme*, 1831, iv, 3) met dans un vase du corail et de l'eau distillée. Au bout de quinze jours, il voit se former de la matière verte, puis des conferves, puis des *Cyprides detextæ*. Plus tard, il se forme des *Daphnies*. Fray (1817), dans un *Essai sur l'origine des corps inorganisés et organisés*, prétend qu'il se forme des infusoires sous l'influence de l'hydrogène et de l'azote, dans des flacons remplis d'eau distillée : il va même jusqu'à y admettre la naissance de vers de terre et de limaçons. Gleichen (1799) dit que, pour le développement des infusoires aux dépens de l'eau, l'eau de rosée est particulièrement féconde. Wrisberg, qui créa le nom d'infusoire (1765), insiste sur l'importance de l'oxygène pour la génération de ces animaux; car une couche d'huile empêche le développement. Treviranus (1822) croit à la puissance du chlorure de sodium, et du nitrate de potasse. Gruithuisen dit que, si l'on fait infuser du granit dans l'eau pure (!), il se développe des infusoires. L'insolubilité absolue du granit n'empêche pas Burdach d'admettre l'authenticité de cette étrange expérience.

D'ailleurs Burdach, quoique son grand ouvrage de physiologie date de 1837, est d'une crédulité extraordinaire. Il admet que la formation des infusoires dépend de trois éléments : air, eau et substances solides. Selon la nature de ces substances, les infusoires sont différents, comme aussi selon les proportions d'air et d'eau.

Les objections de Ehrenberg et de J. Müller ne l'embarrassent pas. Ehrenberg, qui fut un admirable observateur, dit que les germes des infusoires préexistent dans l'eau. Or, dit Burdach, on ne voit pas ces germes : donc ils n'existent pas; et même, s'il y a des germes, c'est tout comme s'il n'y en avait pas; car l'ébullition n'empêche pas le développement des infusoires. Suit alors cette affirmation erronée, tant de fois reproduite par les défenseurs de l'hétérogénie. « Qu'on fasse bouillir une substance (solide organique) aussi longtemps qu'on voudra, qu'on la mette, chaude encore, dans des flacons préalablement échauffés, et que sur le champ on bouche ceux-ci d'une manière hermétique, il se produit cependant des infusoires. » (p. 23.)

Burdach répète les expériences de Gruithuisen et autres. « J'ai fait avec Hensche et Baer des expériences *décisives* sur des matières dont aucune ne pouvait contenir d'œufs susceptibles de se développer : de la terre fraîche qui n'exhalait point d'odeur, et dans laquelle on n'apercevait rien d'étranger, fut bouillie pendant longtemps avec une grande quantité d'eau, et la liqueur réduite fut mise avec de l'eau récemment distillée et du gaz oxygène, dans des ballons bouchés à l'émeri, et on obtint des matières vertes de Priestley... Des morceaux de granit qui viennent d'être détachés du milieu du bloc, furent enfermés avec de l'eau distillée et du gaz oxygène, et ils donnèrent au soleil de la matière verte avec des filaments confervoïdes. »

Et comme J. Müller, dont l'esprit pénétrant ne se laissait pas abuser par les apparences, objecte (1833) que les instruments employés eussent dû être débarrassés de toutes les particules organiques susceptibles d'y adhérer, Burdach, dans son aveuglement, dit : « Je ne vois là qu'un parti pris de nier la possibilité d'une expérience décisive plutôt que de renoncer à une hypothèse favorite. » Hélas! il ne faudrait presque jamais dire, en fait de science, qu'on tient une expérience décisive.

Pour ce qui est de la génération spontanée, Burdach admet tout. Il dit que les entozoaires se forment dans l'intestin. Tout ce qui affaiblit l'activité vitale, dit-il, contribue à la formation des entozoaires : par exemple les émotions morales, comme la frayeur, contribuent à la naissance de nombreux entozoaires. Il y a des entozoaires dans le cristallin, dans les œufs, dans les embryons, dans les fœtus : comment expliquer leur genèse, sinon par une génération sans germes?

Burdach étend cette conception de la génération sans germes jusqu'à des êtres très compliqués et très parfaits. Il n'ose pas affirmer que, si, après un incendie de forêt, des plantes nouvelles apparaissent, ç'a été sans germes préalables de ces plantes; mais on voit bien qu'il penche vers cette opinion absurde.

Il nous paraît inutile de réfuter de telles hypothèses. Aussi bien, de 1840 à 1864, l'effort des partisans de la génération spontanée ne porte-t-il plus que sur la génération des organismes microscopiques. Les découvertes de SIEBOLD, LEUCKHART, KÜCHENMEISTER, VAN BENEDEN, prouvèrent la migration des œufs des entozoaires; les observations de DARWIN et des autres biologistes établissent la prodigieuse dissémination des grains dans les eaux, les terres et les airs, partant la possibilité de générations en apparence spontanées. Au contraire, pour les organismes microscopiques, la démonstration était plus difficile à faire.

Expériences de Pasteur. — Actuellement, grâce à PASTEUR, grâce à ses disciples, qui furent innombrables, et dont le premier en date, et non le moins illustre, fut probablement TYNDALL, la lumière est faite; mais, de 1860 à 1884, on peut citer divers mémoires où il est admis que des organismes vivants peuvent naître sans germes préalables dans des liqueurs organiques. Nous nous contenterons de citer les titres de quelques-uns de ces travaux, en rappelant qu'ils n'ont plus guère aujourd'hui qu'un intérêt documentaire. JOLY et MUSSET. *Réfutation de l'une des expériences capitales de M. Pasteur, suivies d'études physiologiques sur l'hétérogénie* (*Monit. scientif.*, 1862, IV, p. 753-759). — SCHAAFFHAUSEN. *Recherches sur la génération spontanée* (*Cosmos*, 1863, p. 632). — BASTIAN. *On some heterogenetic modes of origin of flagellated monads, fungus germs and ciliated infusoria* (*Proc. Roy. Soc., London*, XX, 1871, p. 239-264). — WYMAN. *Experiments on the formation of infusoria in boiled solutions of organic matter in hermetically sealed vessels and supplied with pure air* (*Americ. Journ. of Science*, 1862, XX, XIV). — MUSSET, *Nouvelles recherches expérimentales sur l'hétérogénie* (*Th. de doct. ès sciences*, Toulouse, 1862). Le mémoire le plus complet et le plus sérieux qui ait été entrepris sur la question est celui de F.-A. POUCHET, *Nouvelles expériences sur la génération spontanée et sur la résistance vitale*. 1 vol. in-8°, 268 p., Paris, Masson, 1864.

Si nous nous sommes permis de dire que la question n'avait plus d'intérêt scientifique, c'est qu'il est maintenant démontré que tous les organismes qu'on voit se développer dans les liquides organiques y ont été introduits ou bien y préexistaient, soit à l'état d'organismes adultes, soit à l'état de germes.

Il est prouvé par des milliers et des milliers d'expériences, qui se répètent chaque jour avec des résultats identiques et constants, que, si l'on empêche les germes extérieurs de pénétrer dans un liquide chauffé à 120° pendant dix minutes, jamais il ne s'y développe un seul organisme.

POUCHET a beau dire : « INGENHOUSZ, MANTEGAZZA, JOLY, MUSSET, JODIN, WYMAN fermaient *sévèrement* l'accès aux germes de l'air »; nous savons aujourd'hui que cette sévérité n'était qu'apparente; car, depuis que PASTEUR a montré que les germes sont partout, on sait leur fermer la voie; et la conviction des innombrables expérimentateurs qui ont fait, depuis 1865, des ensemencements dans des ballons stériles, est tellement forte que, si nous voyons un ballon de culture soigneusement stérilisé qui se trouble, pas une minute nous n'hésitons à conclure qu'il a été commis une faute de technique. De fait, chaque fois qu'on évite les fautes de technique, le ballon reste stérile.

La discussion poursuivie par PASTEUR, dans une série d'expériences mémorables, porte donc principalement sur la technique; et il est facile de résumer en quelques propositions les points principaux qu'il a si bien mis en lumière.

1° Si l'on prend, dans des conditions qui excluent rigoureusement l'introduction de germes étrangers, un liquide organique comme le sang, le lait, l'urine (dans des conditions non pathologiques), et si l'on empêche l'accès de l'air chargé de germes, le liquide organique ne s'altère pas.

Or cette expérience a été si souvent répétée depuis qu'elle est aujourd'hui une des bases de la biologie. On peut recueillir aseptiquement de l'urine, du lait, du sang, et introduire ces liquides, à l'abri de l'air sporifère, dans des ballons stérilisés, sans qu'il se développe de microrganismes, même au bout d'un très long temps.

Rien n'est plus instructif que cette fondamentale expérience : car on pourrait supposer, au cas même où il se développerait des germes, que des germes y étaient au préalable contenus. J'ai pu prouver, en collaboration avec L. OLIVIER, que, dans les chairs de poissons, prises aseptiquement, il se développe presque toujours des organismes microbiens, des coccus qui prolifèrent; mais nous n'avions aucun droit de supposer, — et nous n'y avons pas d'ailleurs songé un seul instant — qu'il y eût là génération spontanée. Nous avons implicitement admis que ces germes apportés avec la circulation lymphatique (qui est ouverte, chez les poissons) préexistaient dans les chairs recueillies (*B. B.*, 1882, 669, et 1883, 588-594). Aussi, lorsqu'on voit du sérum recueilli aseptiquement rester stérile, peut-on en conclure, avec une rigueur absolue, d'abord qu'il ne contenait pas de germes capables de se développer; ensuite que, dans un liquide organique, qui ne contient pas de germes et dans lequel on n'introduit pas de germes, aucun organisme ne se développe.

Que l'on vienne à prouver que le lait, l'urine, le sang, recueillis aseptiquement, donnent des cultures, cela ne prouvera nullement qu'il y a eu génération spontanée; on n'aura pas le droit de conclure à autre chose qu'à la présence préalable de germes dans ces liquides, hypothèse presque nécessaire, puisque ce développement de germes n'est qu'accidentel et non constant. On voit que, loin d'appuyer l'hypothèse d'une génération spontanée, l'altération en apparence spontanée des liquides organiques, qui s'observe quelquefois, contribue à infirmer la conception d'une naissance spontanée des germes.

2° Les liquides organiques ainsi conservés stériles ne sont stériles que parce que les germes n'y ont pas pénétré. Car il suffit d'y introduire de l'air non tamisé par le coton, ou non stérilisé par la chaleur, pour voir aussitôt la pullulation des organismes s'y faire avec une intensité extraordinaire.

L'expérience de Pasteur est à cet effet d'une simplicité élégante et admirable. Dans un ballon contenant un liquide stérile, on fait passer de l'air plus ou moins impur, mais qui est filtré sur du coton. Le coton retient toutes les particules solides, et le liquide reste indéfiniment stérile. Mais, qu'on vienne à faire tomber une parcelle de ce coton chargé de germes dans le liquide, et aussitôt de nombreux organismes y apparaissent.

Donc on n'a nullement altéré l'aptitude du liquide à servir au développement des microrganismes; on a tout simplement éliminé l'introduction de germes. On introduit un germe, et il pullule, toutes conditions restant égales pour la température, l'air, et l'état chimique du liquide. Donc, s'il n'y avait pas de développement, c'était à cause de l'absence de germes.

3° La température de 100° ne suffit pas à détruire les germes.

Ce fut là probablement une des essentielles erreurs des hétérogénistes. Même, Schwann, d'abord, puis Pasteur, au début de ses recherches, avaient pensé que l'ébullition est suffisante. Mais aujourd'hui nous savons qu'il est des germes résistant à une ébullition de 100° longtemps prolongée; dans certains cas pour les spores du *B. subtilis*, par exemple, il est probable que la chaleur sèche de 100° ne détermine jamais, fût-ce au bout de plusieurs heures, la perte de germination de ces spores. Du lait chauffé à 100°, même pendant quatre ou six heures, n'est pas stérilisé. De si nombreuses expériences, rapportées par tous les physiologistes et les hygiénistes, établissent si nettement le fait qu'on ne peut le révoquer en doute.

Par conséquent doivent être considérées comme non avenues, et entachées d'une énorme faute de technique, toutes les expériences de Joly, Musset, Pouchet, Schaaffhausen, Bastian, Wyman, dans lesquelles on s'est contenté de faire bouillir des liquides, en s'imaginant que par ce procédé on les avait stérilisés.

Que dire alors de l'affirmation de Pouchet, qui déclare (p. 35) que les spores et les œufs meurent tous à 80° !!

L'objection que le liquide chauffé à 110° n'est plus cultivable est absurde; car on arrive sans peine à faire pousser dans ce liquide les mêmes organismes qui s'étaient développés soi-disant spontanément dans le liquide non chauffé et non stérilisé.

Nous pourrions insister sur les détails des inébranlables preuves qu'a données Pasteur, dans la série de discussions qu'il a soutenues avec une énergie juvénile, à l'aide d'expériences ingénieuses sans cesse renouvelées, contre Wyman et Pouchet, Joly et Bastian. Mais il nous semble que ce serait peine superflue; car aussi bien aujourd'hui (1904) il n'est plus un seul physiologiste qui ose soutenir l'idée de la génération spontanée ou de l'hétérogénie.

Ajoutons enfin que, si grand que soit le mérite de Pasteur, il n'a pas été le premier à instituer de belles expériences à cet effet. Spallanzani, dont le nom, dit H. Milne-Edwards, revient toutes les fois qu'il s'agit d'élucider une des grandes questions de la physiologie générale, avait, en 1765, montré qu'une infusion chauffée dans un ballon fermé par un tampon de coton, reste stérile, alors que des infusions chauffées de même, mais que ne protégeait pas un tampon filtre de coton, fourmillent d'animalcules. Les expériences de SPALLAZANI sont extraordinaires de simplicité et de netteté. Voici des paroles presque prophétiques : « Il ne me paraît pas possible d'attribuer la naissance des animalcules à d'autres choses qu'à des petits œufs ou à des semences ou des corpuscules préorganisés que je veux appeler, et que j'appellerai, du nom générique de *germes.* » CAGNIARD LATOUR (1828), SCHULTZE (1835), SCHWANN (1837), H. MILNE-EDWARDS (1839), avaient publié des expériences analogues; VAN BRŒK, en 1860 (cité par STRAUS, *De la génération spontanée*, *Arch. de méd. exp.*, I, 1889, 341), avait annoncé que du jus de raisin frais, du sang artériel, de la bile et de l'urine, si on les recueille à l'abri de l'air, se maintiennent sans putréfaction presque indéfiniment. Mais ces expériences laissaient toutes quelque place à la critique, tandis que celles de PASTEUR sont inattaquables, et, de fait, depuis 1865, par tous les expérimentateurs, elles ont été confirmées dans tous leurs détails. (Voir pour les travaux de PASTEUR, les *Comptes rendus de l'Académie des sciences*, notamment de 1860 à 1866, *passim.*) — *Mémoire sur les corpuscules organisés qui existent dans l'atmosphère. Examen de la doctrine des générations spontanées.* (*Ann. de Chim. et de Phys.*, (3), LXIV, 1862, 110 p.) — Voy. aussi pour l'historique, CHAMBERLAND, *Rech. sur l'origine et le développement des organismes microscopiques*, Thèse de la Faculté des Sciences, Paris, 1879. — TYNDALL, *Les microbes*, 1882.

La théorie de la génération spontanée après Pasteur. — Si, après des démonstrations aussi éclatantes que celles de PASTEUR, quelques affirmations isolées ont apparu, ce sont encore des fautes de techniques qu'il faut accuser. ONIMUS, puis LEGROS et ONIMUS, ont placé des œufs de poule à membrane intacte dans des liquides en fermentation, et ils ont vu se développer des phénomènes de fermentation dans l'œuf. ONIMUS, *Exp. sur la genèse des leucocytes et sur la génération spontanée* (*J. de l'an. et de la phys.*, 1867, IV, 47-70, et *C. R.*, 1874, LXXIX, 173-176). — LEGROS et ONIMUS, *Exp. sur la génération spontanée* (*J. de l'an. et de la physiol.*, 1872, VIII, 241-245). Mais d'abord ils n'ont pas tenu compte de ce fait maintenant démontré, notamment par GAYON (*Rech. sur les altérations spontanées des œufs. Ann. scient. de l'École normale supér.*, 1875, IV, 204-303), que l'oviducte de la poule n'est pas stérile et contient (ou peut contenir) des germes; ensuite que des spores peuvent parfaitement traverser des membranes animales. On sait que les filtres poreux, très serrés, plus imperméables peut-être que les membranes animales, laissent passer les germes au bout d'un certain temps; car ceux-ci s'insinuent dans les interstices de la membrane poreuse. Et que dire de cette expérience d'ONIMUS qui prend une membrane de baudruche, mise dans l'étuve sèche à 100°, puis retirée pour recueillir du sang? Il y a là des causes de contamination par les germes extérieurs telles qu'une pareille expérience ne prouvera jamais rien. Les objections de BASTIAN ne sont pas plus valables (*The beginnings of life being some account of the nature, modes of origin, and transformations of lower organisms.* 2 vol. in-8°, London, 1872, et *Lancet*, 1876, (1), 206-208; *Brit. med. Journ.*, 1876, (1), 157-159; 222; et (2), 39; 73. PASTEUR a répondu à BASTIAN (*Note sur l'altération de l'urine à propos d'une communication du D*r BASTIAN, *C. R.*, 1876, LXXXIII, 176-180) en démontrant que la potasse diluée employée pour neutraliser l'urine devait être stérilisée, et que les précautions contre la contamination n'avaient pas été prises avec une rigueur suffisante; car l'altération de l'urine n'a jamais lieu quand elle a été recueillie aseptiquement, dans des ballons bien stérilisés, sur des individus normaux.

Les tentatives de HUIZINGA (*Zur Abiogenesis Frage; A. g. P.*, 1873, VII, 549; 1874, VIII, 180; 551, 1875, X, 62) sont restées sans écho, et avec raison. Les hypothèses indémontrées de BÉCHAMP, encore qu'il ait écrit un gros livre sur les microzymas (*Les Microzymas*, Paris, J.-B. Baillière, 1883), ne méritent pas plus de créance. Il suffira, *brevitatis causâ*, d'indiquer son expérience sur le lait (p. 169). — « J'ai fait arriver le lait d'une vache, au moment où on la trayait à l'heure accoutumée, dans un appareil très propre, contenant un peu d'eau créosotée, plein d'acide carbonique, et traversé par un courant de ce gaz pendant qu'on le remplissait. Le lait coulait dans l'appareil à l'aide d'un entonnoir muni d'un linge fin, préalablement lavé à l'eau bouillante et créosotée. L'appareil ayant été transporté au laboratoire... et mis à l'étuve, le surlendemain ce lait était caillé. » Ce qu'il y aurait de surprenant dans une expérience conduite ainsi, c'est qu'au bout de vingt-quatre heures il ne se fût pas produit de coagulation et de fermentation du lait recueilli dans ces conditions défectueuses.

Il est vrai que, d'après A. Béchamp, les microzymas sont détruits par la chaleur. Mais alors quelle différence existe-t-il entre les microzymas de Béchamp et les germes de Pasteur? D'autant plus que pour Béchamp les microzymas ont leur spécificité. Il y a des microzymas pour la fermentation lactique, d'autres pour la fermentation alcoolique, d'autres pour les maladies. De sorte que, tout compte fait, à la bien considérer, la théorie des microzymas ne diffère de la théorie des germes qu'en ce qu'elle est fondée sur des expériences imparfaites, au lieu que la théorie des germes s'appuie sur des expériences irréprochables.

Les publications plus récentes de A. P. Fokker présentent de notables points de ressemblance avec la théorie des microzymas de Béchamp (Fokker, *Untersuchungen über Heterogenese. I. Protoplasma Wirkungen.* 8°. Groningen, 1887. IV. *Die Granula der Milch,* 8°, Noordhoff, Groningen, 1901, 102 p.). Le fondement principal de l'opinion de Fokker, c'est la discordance entre le nombre des microbes qu'on constate dans un liquide et le nombre des colonies de ce microbe qu'on réussit à cultiver artificiellement. On conçoit combien ces considérations sont fragiles, à cause de l'inexactitude effrayante des méthodes de numération : elles sont donc par conséquent impuissantes à modifier toute l'imposante doctrine de la spécificité des organismes.

Nous ne parlerons ici que pour mémoire de la théorie de Liebig sur le *mouvement communiqué*, et de celle de Frémy, proche parente de la théorie de Liebig, sur les *hémi-organismes :* car elles sont tombées l'une et l'autre dans un oubli mérité. Quand elles ne sont pas de la théorie pure, elles ne reposent que sur un petit nombre d'expériences imparfaites.

On peut, dans une certaine mesure, rattacher à la théorie des générations spontanées la théorie du blastème défendue par Ch. Robin. (V. entre autres art. *Blastème* et *Génération* du *Dict. encycl. des sc. méd.*, (4), VII, 1881, 397-405.)

A la rigueur la formation d'un blastème n'est pas tout à fait de la génération spontanée ; car le protoplasma est matière vivante, et, quoique les cytologistes tendent aujourd'hui à considérer que le protoplasma amorphe sans noyau est infécond, nous pouvons concevoir un état, amorphe en apparence, de la matière organisée, qui n'est amorphe qu'en apparence, par suite de l'imperfection de nos procédés optiques. Nocard et Roux n'ont-ils pas décrit une bactérie tellement petite qu'elle est à la limite de la perception visuelle? Il ne serait donc pas impossible que la cellule, sans noyau et sans membrane, réduite à son seul protoplasma ayant alors forme d'un liquide, fût capable de segmentation.

Mais Ch. Robin va plus loin : il dit même : « De la genèse des éléments anatomiques à l'hétérogénie, il n'y a qu'un pas, et réciproquement (p. 397). » Donc il tend à admettre l'hétérogénie comme il admet la production de cellules dans un liquide organique sans noyau. Il reproduit les observations de Trécul (*Réflexions concernant l'hétérogénie, C. R.*, 1872, LXXIV, 153), et, tout en reconnaissant que les preuves de l'hétérogénie sont faibles, il la considère comme vraisemblable et probable, *une accumulation* de probabilités sans apport de faits convaincants, c'est-à-dire vérifiables par épreuve et contre épreuve.

En réalité les examens microscopiques n'ont, dans l'espèce, aucune valeur. Même en supposant — ce que contestent les micrographes les plus experts — que ces examens soient irréprochables, ils ne pourront jamais entraîner la conviction. Ce n'est pas par l'examen anatomique qu'on pourra montrer dans tel ou tel tissu l'absence de germe : et je ne vois pas bien encore par quel détour de discussion on renversera ce fait fondamental : *Recueillis dans des conditions rigoureusement aseptiques, les liquides organiques ne s'altèrent jamais; alors que, pris dans des conditions d'asepsie non rigoureuse, ils s'altèrent toujours.*

Conclusions. — De ce court exposé, il résulte en toute évidence, sinon que la génération spontanée (ou hétérogénie) est impossible partout et toujours, au moins qu'elle n'a pas pu être démontrée. Toutes les prétendues démonstrations qu'on a cru en faire avaient pour point de départ une erreur de technique. Erreur grave ou légère, peu importe : c'en est assez pour que tout l'édifice s'écroule. Au contraire, pour prouver qu'il n'y a pas de génération spontanée, des expériences incessantes, contrôlées dans les laboratoires divers du monde entier par tous les observateurs, établissent que les liquides organiques, même les plus altérables, ne s'altèrent jamais, ne donnent jamais naissance à des êtres vivants, si des germes de ces êtres n'y sont pas parvenus. Dès qu'on y introduit des germes, la vie y pullule; mais jamais sans que les germes n'y aient pénétré.

Il n'est peut-être pas de fait plus rigoureusement établi dans toute la science biologique que cette stérilité persistante des liquides ou tissus organiques privés de germes, ou dont les germes ont été détruits par la chaleur.

Aussi bien serais-je tenté de supposer, dépassant quelque peu en cela les données expérimentales, que la génération spontanée est impossible. *Omne vivum ex ovo* reste la loi générale de la vie, et une loi qui n'a pas d'exception.

Et en effet, n'est-il pas aussi difficile de supposer la création de toutes pièces d'une monade avec ses cils vibratiles et ses organes différenciés, que la création d'une souris adulte, comme le croyait naïvement VAN HELMONT? Le problème est le même, et une création spontanée, sans germe spécifique préalable, me paraît tout aussi absurde dans un cas que dans l'autre. Pourtant il faut s'arrêter dans cette voie de la négation; car l'histoire des sciences tend à rendre sage; et les idées marchent si vite que ce qui nous paraît absurde aujourd'hui sera peut-être démontré par les savants des siècles à venir.

En tout cas, actuellement, on doit dire qu'il n'y a pas de génération spontanée dans les conditions expérimentales connues. Il n'est même pas besoin de supposer, pour expliquer les origines de la vie terrestre, qu'une génération spontanée a été nécessaire. Cet argument, presque métaphysique, qui a été longtemps l'arme suprême des hétérogénistes, ne peut plus être valablement invoqué. On sait en effet que les bolides portent avec eux de la matière organique, et que la température à laquelle sont parfois soumis ces bolides n'est pas toujours suffisante pour en détruire tous les germes. Pourquoi ne pas admettre alors, sans le secours d'une génération spontanée terrestre, l'ensemencement de notre globe par ces météorites portant avec eux des poussières cosmiques et des germes d'êtres vivants venus d'autres mondes, où il y avait la vie?

CHARLES RICHET.

GENTIANOSE.

GENTIANOSE. — Le gentianose est un hexotriose, $C^{18}H^{32}O^{16}$, retiré de la racine fraîche de gentiane jaune (*Gentiana lutea* L.) Il a été découvert, en 1881, par ARTHUR MEYER qui lui a attribué des propriétés telles qu'on doit supposer qu'il a eu entre les mains surtout du sucre de canne (1). La preuve de l'existence réelle d'un sucre particulier dans la gentiane, le mode de préparation de ce sucre, ses propriétés chimiques et biologiques, sa constitution ont été données par BOURQUELOT et HÉRISSEY (2).

Préparation du gentianose. — Pour obtenir le gentianose, il faut s'adresser à la racine fraîche de gentiane récemment récoltée (3), et non à la racine desséchée du commerce dans laquelle ce sucre a, en grande partie, sinon totalement, disparu (4). La racine raîche paraît d'ailleurs en renfermer des quantités variables suivant les époques de l'année, et il s'y trouve accompagné de sucre de canne (5) et d'un glucoside particulier, la *gentiopicrine* (voyez ce mot), qui peuvent être isolés au cours des opérations que nécessite sa préparation.

Dans un ballon de 3 litres de capacité, on introduit 2 litres d'alcool à 95° et l'on chauffe au bain-marie jusqu'à l'ébullition. On découpe la racine en menus morceaux que l'on fait tomber au fur et à mesure dans l'alcool bouillant; après quoi, on relie le ballon à un réfrigérant à reflux et l'on continue l'ébullition pendant une demi-heure.

Après refroidissement, on décante, on exprime fortement la racine à la presse, on réunit les solutions et l'on filtre.

On obtient ainsi 2300 à 2400 centimètres cubes de liquide que l'on distille pour en retirer l'alcool. On sature le résidu avec du carbonate de calcium précipité, on filtre, on évapore à consistance sirupeuse (poids du sirop : 120 grammes), et on l'abandonne à la température du laboratoire.

Très lentement, l'extrait sirupeux se remplit de cristaux de gentiopicrine, dont il y a intérêt, lorsqu'on le peut, à accélérer la production en amorçant avec de la gentiopicrine antérieurement obtenue. Quand la masse est devenue presque solide, par suite de la formation de ces cristaux, on sépare ceux-ci en les essorant à la trompe sur un entonnoir de BUCHNER. Ce sont de longues aiguilles enchevêtrées, se distinguant facilement des cristaux de gentianose, qui sont massifs. Quand à celui-ci, il reste en solution dans les liqueurs mères.

Ces liqueurs, qui présentent la consistance d'un sirop épais, sont versées dans un flacon de capacité convenable et additionnées d'alcool à 95°. On agite et on laisse reposer.

Le mélange ne tarde pas à se séparer en deux portions : l'une, de consistance d'extrait, fortement colorée, occupe le fond du vase; l'autre, liquide, limpide et à peine moins foncée que la précédente, occupe la partie supérieure. On décante celle-ci, on la distille pour retirer l'alcool et l'on concentre le résidu au bain-marie jusqu'à consistance d'extrait mou. 1 kilogramme de racine fraîche de gentiane en fournit de 50 grammes à 60 grammes. On reprend cet extrait à l'ébullition à reflux par de l'alcool à 95° : une première fois par 300 centimètres cubes, une seconde fois par 100 centimètres cubes de cet alcool pour 100 grammes d'extrait. On filtre les liqueurs alcooliques, on les laisse reposer quelques jours, on les sépare, par décantation, du vernis qui s'est fixé aux parois du vase et on les abandonne dans un flacon bien bouché.

La cristallisation est très lente et peut durer plusieurs mois. BOURQUELOT et HÉRISSEY ont ainsi obtenu, dans cette première opération, en partant de 21 kilogrammes de racine fraîche de gentiane, 50 grammes de cristaux constitués par du gentianose presque pur.

Ce n'est pas là la totalité du gentianose que renferme l'extrait ; car, en soumettant les résidus à divers traitements, les auteurs ont pu en obtenir encore de 140 à 150 grammes, en même temps qu'une cinquantaine de grammes de sucre de canne qu'il leur a été possible de séparer à l'état de pureté.

Propriétés du gentianose. — *Propriétés physiques.* — Le gentianose cristallise à l'état anhydre. On peut l'obtenir cristallisé, non seulement à l'aide de l'alcool, mais encore à l'aide de l'eau, par évaporation dans le vide de sa solution aqueuse. Dans ce dernier cas, il se présente en lamelles carrées ou rectangulaires.

C'est un corps très stable à l'air, ne prenant pas l'humidité. Il possède une saveur très peu sucrée.

Il est dextrogyre, sans présenter de phénomène de multirotation. Son pouvoir rotatoire, à 15° — 20° est : $\alpha D = +31°,50$.

Le gentianose est très soluble dans l'eau, presque insoluble dans l'alcool à 95°, lorsqu'il est pur; soluble dans l'alcool dilué et d'autant plus soluble que celui-ci renferme plus d'eau.

Le gentianose fond à 207°-209° (chiffre corrigé).

Propriétés chimiques et physiologiques. — 1° *Action hydrolysante de l'acide sulfurique dilué sur le gentianose.* Le gentianose ne réduit pas la liqueur cupro-potassique; mais il la réduit après action des acides minéraux dilués.

L'action hydrolysante de l'acide sulfurique dilué est différente, suivant qu'on emploie de l'acide à 30 p. 1000 ou de l'acide à 2 p. 1 000.

Dans le premier cas, l'hydrolyse est complète, et l'on obtient, pour une molécule de gentianose, 1 molécule de lévulose et 2 molécules de dextrose.

$$\underset{\text{Gentianose}}{C^{18}H^{32}O^{16}} + 2\,H^2O = \underset{\text{Lévulose}}{C^6H^{12}O^6} + \underset{\text{Dextrose}}{C^6H^{12}O^6} + \underset{\text{Dextrose}}{C^6H^{12}O^6}$$

Dans le second, l'hydrolyse est incomplète : il y a dédoublement du gentianose en une molécule de lévulose et une molécule d'un sucre nouveau, le gentiobiose, qui est un hexobiose.

$$\underset{\text{Gentianose}}{C^{18}H^{32}O^{16}} + H^2O = \underset{\text{Lévulose}}{C^6H^{12}O^6} + \underset{\text{Gentiobiose}}{C^{12}H^{22}O^{11}}$$

2° *Action hydrolysante des ferments solubles sur le gentianose* (6). — On obtient également des résultats différents suivant qu'on emploie le liquide fermentaire de l'*Aspergillus niger*, liquide qui, comme l'on sait, renferme en dissolution plusieurs ferments, ou la solution d'invertine.

Avec le liquide d'*Aspergillus* on aboutit à une hydrolyse complète, comme avec l'acide sulfurique à 30 p. 1 000.

Avec l'invertine (invertine provenant de levure haute) on obtient, comme avec l'acide sulfurique à 2 p. 1 000, du lévulose et du gentiobiose.

Gentiobiose, sa préparation, ses propriétés (7). — On vient de voir dans quelles conditions se forme le gentiobose. Pour l'obtenir à l'état de pureté et cristallisé, on peut opérer comme il suit :

On fait d'abord une solution composée de :

Gentianose	10 gr.
Acide sulfurique à 2 p. 1000, Q. s. pour faire	100^{cm^3}

On chauffe cette solution au bain-marie bouillant pendant 30 minutes ; on laisse refroidir ; on neutralise par addition de carbonate de calcium précipité, on filtre et on distille le liquide filtré dans le vide partiel. On reprend le résidu à l'ébullition et à reflux, une première fois par 50^{cm^3} d'alcool absolu, puis une deuxième et une troisième fois par 50^{cm^3} d'alcool à 95°. Le lévulose étant ainsi enlevé complètement, on reprend par 50^{cm^3} d'alcool à 90° bouillant. On laisse refroidir et reposer quelques heures, puis on décante. La cristallisation spontanée se fait très lentement ; mais, quand on possède déjà du produit cristallisé, on s'en sert pour amorcer ; et alors il suffit de 3 ou 4 jours pour qu'elle soit terminée. On purifie par une nouvelle cristallisation dans l'alcool à 90°.

Le gentiobiose ainsi obtenu se présente en longs prismes, souvent pointus aux deux bouts. Il fond vers 190-195°, le point de fusion étant assez difficile à saisir exactement.

Il est très soluble dans l'eau et possède une saveur amère, fait assez curieux pour un sucre.

Il est dextrogyre et présente le phénomène de multirotation. La rotation est plus faible au moment de la dissolution. Elle est même gauche au début. C'est ainsi que le pouvoir rotatoire a été trouvé : $\alpha D = -5°,87$ après 6 minutes de dissolution, pour une solution à $3^{gr},1186$ pour 100^{cm^3}. Il devient, lorsque les variations ont cessé : $\alpha D = + 9°,82$.

Le gentiobiose réduit la liqueur cupro-potassique. Pour décolorer 10^{cm^3} de cette liqueur, c'est-à-dire pour équivaloir à $0^{gr},05$ de sucre interverti, il faut $0^{gr},081$ de gentiobiose. Le quantité de maltose qui donne le même résultat en est si rapprochée ($0^{gr},079$), qu'on pourrait presque supposer que ces deux sucres ont le même pouvoir réducteur.

Le gentiobiose est susceptible de se combiner avec l'alcool méthylique. Lorsqu'on le fait cristalliser dans ce véhicule, les cristaux que l'on obtient renferment 2 molécules d'alcool méthylique, de sorte que leur formule est la suivante :

$$C^{12}H^{22}O^{11} + 2\ CH^4O.$$

Le gentiobiose méthylique est blanc, très hygroscopique ; il possède une saveur amère. Chauffé graduellement, il fond d'abord à 85°-86° (dans l'alcool méthylique de cristallisation), puis se boursoufle, brunit légèrement, diminue de poids, redevient solide et fond de nouveau vers 189°-195°, qui est la température de fusion du gentiobiose vrai.

Naturellement, le gentiobiose méthylique agit sur le plan de la lumière polarisée comme le gentiobiose vrai, c'est-à-dire que son pouvoir rotatoire, calculé d'après la quantité réelle de gentiobiose, est $\alpha D = + 9°,8$. Mais, fait curieux, sa multirotation se présente *en sens inverse* de celle du gentiobiose cristallisé dans l'alcool éthylique. Son pouvoir rotatoire est, en effet, plus élevé au moment où on le dissout, pour descendre peu à peu jusqu'à sa valeur définitive. Ainsi, pour une solution à 3,3984 de gentiobiose réel p. 100, ce pouvoir rotatoire, 6 minutes après dissolution, est : $\alpha D + = 19°,1$.

Le gentiobiose est dédoublé à l'ébullition par l'acide sulfurique à 30 p. 1 000 : il y a production de 2 molécules de dextrose. Dans les mêmes conditions, l'acide sulfurique à 2 p. 1 000 et l'acide acétique à 50 p. 1 000 sont à peu près sans action sur lui.

L'invertine n'agit pas sur le gentiobiose, et celui-ci ne fermente pas en présence de la levure de bière ; mais le liquide fermentaire de l'*Aspergillus* et le produit retiré des amandes sous le nom d'*émulsine* en déterminent l'hydrolyse complète.

Constitution du gentianose (8). Mécanisme de son hydrolyse par les ferments. — De ce qui précède et, en particulier, de l'action des ferments sur le gentiobiose et sur le gentianose découle la constitution de ce dernier sucre. C'est bien un hexotriose dont la molécule résulte de l'union de trois molécules de sucre simple; deux molécules de dextrose et une molécule de lévulose, avec élimination de deux molécules d'eau. Pour déterminer son hydrolyse complète, il faut faire intervenir deux ferments, l'*invertine* et la *gentiobiase*, ferment qui existe dans le produit appelé émulsine. Si le liquide fermentaire de l'*Aspergillus*, employé seul, conduit au même résultat, c'est qu'il renferme ces deux ferments.

Ce n'est pas tout : les actions des deux ferments ne sont pas et ne peuvent être simultanées; l'action de l'invertine doit précéder celle de la gentiobiase (émulsine) puisque celle-ci, qui hydrolyse le gentiobiose, est sans action ou presque sans action sur le gentianose. On peut, en quelque sorte, comparer cet hexotriose à un appartement composé de deux pièces dont la deuxième n'est accessible qu'après qu'on a pénétré dans la première. Le gentianose est le premier exemple d'un hydrate de carbone dans lequel on ait pu observer nettement ces actions successives de ferments différents (9).

Le gentianose est, au même titre que le sucre de canne qui l'accompagne, un aliment de réserve. Peut-être même est-il en même temps, comme ce dernier, un aliment circulant.

Quoi qu'il en soit, pour être utilisé par la plante, il doit être d'abord hydrolysé, et cette hydrolyse est provoquée par des ferments qui interviennent à des époques et dans des conditions déterminées. L'existence de tels ferments dans la plante est démontrée par ce fait, que le gentianose disparaît pendant la dessiccation, de telle sorte que la racine sèche ne renferme plus que ses produits d'hydrolyse complète : lévulose et dextrose, ou partielle : lévulose et gentiobiose (10).

La présence simultanée de gentianose et de sucre de canne dans la gentiane appelle encore une réflexion. Le premier, qui ne diffère du second que par une molécule de dextrose en plus, ne pourrait-il être considéré comme du sucre de canne combiné à du dextrose? L'action de l'invertine sur les deux sucres est un argument à l'appui de cette hypothèse. Cela conduirait à penser que le sucre de canne est vraisemblablement, des deux sucres, le premier formé.

Bibliographie. — **1.** Meyer (Arth.). *Ueber Gentianose* (*Z. p. C.*, vi, 135, 1882). — **2.** Bourquelot (Em.) et Hérissey (H.). *Recherches sur le gentianose* (*A. C. P.*, [7], xxvii, novembre 1902). — **3.** Bourquelot (Em.) et Nardin (L.). *Sur la préparation du gentianose* (*C. R.*, cxxvi, 280, 1898). — **4.** Bourquelot (Em.). *Sur quelques données nouvelles relatives à la préparation des principes actifs des végétaux* (*Congrès intern. de Médecine de 1900. Section de Thérapeutique*, 520). — **5.** Bourquelot (Em.) et Hérissey (H.). *Sur la présence simultanée du saccharose et du gentianose dans la racine fraîche de gentiane* (*C. R.*, cxxxi, 750, 1900). — **6.** Bourquelot (Em.). *Sur la physiologie du gentianose; son dédoublement par les ferments solubles* (*J. de Pharm. et de Chim.*, [6], vii, 369, 1898). — **7.** Bourquelot (Em.) et Hérissey (H.). *Sur le gentiobiose. Préparation et propriétés du gentiobiose cristallisé* (*C. R.*, cxxxv, 290, 1902); *Sur le gentiobiose cristallisé* (*J. de Pharm. et de Chim.*, [6], xvi, 417, 1902). — **8.** Bourquelot (Em.) et Hérissey (H.). *Sur la constitution du gentianose* (*C. R.*, cxxxii, 571, 1901). — **9.** Bourquelot (Em.). *Sur l'hydrolyse des polysaccharides par les ferments solubles* (*J. de Pharm. et de Chim.*, [6], xvi, 578, 1902). — **10.** Bourquelot (Em.) et Hérissey (H.). *Les sucres de la poudre et de l'extrait de gentiane* (*J. de Pharm. et de Chim.*, [6], xvi, 513, 1902).

ÉMILE BOURQUELOT.

GENTIOPICRINE. — La gentiopicrine est un glucoside qui fut retiré pour la première fois, en 1862, par Kromayer, de la racine fraîche de gentiane. (*Ueber das Enzianbitter. Arch. de Pharm.*, [2], cx, 27, 1862.) Ce chimiste, en suivant un procédé très laborieux, en avait retiré seulement 4 grammes de 3 kilogrammes de racine de gentiane. Depuis Kromayer jusqu'aux recherches récentes de Bourquelot et Hérissey, il ne paraît pas qu'on ait réussi à isoler de nouveau ce glucoside. Mais ces derniers expérimentateurs ont donné un procédé qui permet de l'obtenir assez facilement et en quantités notables.

Préparation de la gentiopicrine. — Bourquelot (Em.) et Hérissey (H.). *Sur la préparation de la gentiopicrine, glucoside de la racine fraîche de gentiane* (*Journ. de Pharm. et de Chim.*, [6], xii, 421, 1900). La gentiopicrine est obtenue, à l'état impur dans les premières opérations de la préparation du gentianose (voyez ce mot). Une première purification est faite en dissolvant à chaud les longues aiguilles recueillies sur l'entonnoir de Büchner, dans un mélange à volumes égaux d'alcool à 95° et de chloroforme, et en provoquant la cristallisation par addition d'éther. On emploie, pour 50 grammes de gentiopicrine brute, 125 cc. d'alcool et autant de chloroforme. Après vingt-quatre heures de repos, on filtre dans un vase étroit, et, à l'aide d'une pipette, on fait tomber l'éther de telle sorte qu'il ne se mélange pas au liquide sous-jacent. Le vase bien bouché est placé dans un lieu frais, et bientôt la gentiopicrine cristallise.

Les cristaux ainsi obtenus sont encore colorés. On répète sur eux l'opération précédente, en ajoutant, cette fois, du noir animal à la solution chloroformo-alcoolique.

Propriétés de la gentiopicrine. — La gentiopicrine cristallise en aiguilles prismatiques pouvant atteindre 6 à 8 centimètres de longueur. Elle est très soluble dans l'eau et l'alcool; à peine soluble dans l'éther. Elle est fortement lévogyre : $\alpha D = -196°$. Elle présente une saveur très amère. Bourquelot et Hérissey ont constaté que la gentiopicrine est dédoublée par l'émulsine en donnant du dextrose et un principe qu'ils ont obtenu cristallisé : la *gentiogénine*, mais qui n'a pas encore été étudié. Pendant la dessiccation de la racine de gentiane, la gentiopicrine disparaît. On trouve alors un principe particulier, cristallisable, le *gentisin*, dont les relations avec la gentiopicrine sont encore inconnues.

ÉMILE BOURQUELOT.

GENTISIN. — Syn : *Gentianin, gentisine, acide gentianique.* Principe cristallisé retiré de la racine de gentiane jaune desséchée (*Gentiana lutea L.*).

Henry et Caventou ont, les premiers, en 1821, retiré un produit cristallisé de la gentiane desséchée, et lui ont donné le nom de *gentianin* (1). Ils le considéraient comme étant le principe auquel ce médicament doit son amertume. Mais il a été démontré en 1837, et presque en même temps, par H. Trommsdorff (2) et Cl. Leconte (3), que le gentianin, tel que l'avaient obtenu Henry et Caventou, était un produit insuffisamment purifié et dont l'amertume était due à une impureté. En conséquence, Leconte a jugé qu'il y avait lieu de créer un nouveau nom pour désigner le produit pur qui, lui, est insipide : il a proposé le nom de *gentisin* qui a été généralement adopté.

Préparation. — On se base, pour extraire le gentisin, sur sa solubilité dans l'alcool et sur son insolubilité dans l'eau. D'après Leconte, on peut opérer comme il suit : On fait macérer la poudre de gentiane dans de l'alcool fort; on sépare la teinture obtenue que l'on distille, on achève au bain-marie l'élimination de l'alcool et, au résidu, on ajoute de l'eau qui dissout la matière amère, l'acide libre et le sucre, laissant, sous forme de flocons, la matière grasse et le gentisin. On recueille le précipité, on le lave, on le fait sécher et on le reprend à chaud par de l'alcool à 80° qui dissout le gentisin et seulement des traces de matière grasse. Par refroidissement et par évaporation spontanée, le gentisin cristallise. On le lave avec un peu d'éther, et on le fait cristalliser de nouveau dans de l'alcool à 80°.

D'après Leconte, 1 kilogramme de poudre de gentiane ne donne pas plus de 1 gramme de gentisin.

Propriétés. — Le gentisin se présente sous forme de longues aiguilles jaune pâle, ne renfermant pas d'eau de cristallisation, et qui se volatilisent, en se décomposant en partie, à une température supérieure à 300°.

Il est très peu soluble dans l'eau qui, à la température ordinaire, n'en dissout que 1/5000 de son poids environ (Leconte). Il est plus soluble dans l'alcool, surtout bouillant. L'éther n'en dissout que 1/2000 de son poids (Leconte).

Le gentisin se conduit comme un acide, ou du moins, forme avec les alcalis, des sels cristallisables qui ont été étudiés par Leconte (3), M. Baumert (4), H. Hlasiwetz et J. Habermann (5). Aussi la présence d'alcali augmente-t-elle sa solubilité dans l'eau. On a pu préparer, à l'état cristallisé, les sels de potassium et de sodium. En dissolution aqueuse, ces sels sont, d'après LECONTE, décomposés par un courant d'acide carbonique.

Constitution du gentisin. — La formule brute du gentisin est $C^{14}H^{10}O^5$. Traité à chaud par un alcali caustique, il fournit, d'après HLASIWETZ et HABERMANN, de l'acide acétique, de la phloroglucine, et un acide que ces auteurs avaient appelé *acide gentisique*, mais qui est de l'acide hydroquinone carbonique, $C^7H^6O^4$.

V. KOSTANECKI ayant établi (6) qu'en traitant le gentisin par l'acide iodhydrique on lui enlève CH^3, en produisant un composé $C^{13}H^8O^5$ qu'il a appelé *gentiséine*, il s'ensuit que le gentisin est l'éther méthylique de la gentiséine : $C^{13}H^7O^5 . CH^3$.

Or la gentiséine a été obtenue synthétiquement par V. KOSTANECKI et TAMBOR (7) en distillant en présence d'anhydride acétique, un mélange équimoléculaire d'acide hydroquinone carbonique et de phloroglucine :

$$C^7H^6O^4 + C^6H^6O^3 = H^2O + C^{13}H^8O^5.$$

Comme enfin on peut passer, par méthylation, de la gentiséine au gentisin (8), on voit que la synthèse totale de ce dernier corps a été réalisée.

Propriétés thérapeutiques. — Le gentisin ne possède pas de propriétés thérapeutiques. Si les préparations de gentianin ont paru autrefois présenter quelque activité, celle-ci doit être rapportée à la matière amère qui accompagnait ce produit impur.

Bibliographie. — 1. HENRY et CAVENTOU. *Sur le principe qui cause l'amertume dans la racine de gentiane* (*Gentiana lutea* L.) (*J. de Pharm.*, VII, 173, 1821). — 2. TROMMSDORFF (H.). *Ueber den krystallinischen Bestandtheil der gentianwurzel* (*Ann. d. Pharm.*, XXI, 134, 1837). — 3. LECONTE (CL.) *Faits pour servir à l'histoire chimique de la racine de gentiane* (*J. de Pharm.*, XXIII, 465, 1837, Thèse). — 4. BAUMERT (M.). *Ueber die Zusammensetzung des Gentianins* (*Ann. d. Ch. und Pharm.*, LXII, 106, 1847). — 5. HLASIWETZ (H.) *und* HABERMANN (H.). *Ueber das Gentisin* (*Ann. d. Chem.*, CLXXV, 62, 1875). — 6. VON KOSTANECKI. *Ueber das Gentisin* (*Monatsh. f. Chem.*, XII, 205, 1891). — VON KOSTANECKI *et* SCHMIDT (E.). *Ueber das Gentisin.* (*Monatsh. f. Chem.*, XII, 318, 1891). — VON KOSTANECKI *et* TAMBOR (J.). *Synthese des Gentisins* (*ibid.*, XV, 1, 1894; *Ueber einen weiteren synthetischen Versuche in der Gentisinreihe* (*ibid.*, XVI, 919, 1895).

EM. BOURQUELOT.

GÉOTROPISME (Géotaxie) des animaux. — Historique et description du phénomène.

— Les phénomènes de géotropisme connus depuis longtemps chez les végétaux ont été également étudiés chez les animaux dans ces vingt dernières années, sous le nom de *géotaxie*[1]. VERWORN définit la géotaxie comme « le phénomène d'après lequel certains organismes se placent et se meuvent de manière à diriger leur grand axe dans un sens parfaitement déterminé par rapport au centre de la terre ». L'animal est *positivement* géotactique lorsqu'il se dirige dans le sens où il est sollicité par la gravitation; il est *négativement* géotactique lorsqu'il se dirige en sens inverse et par conséquent s'éloigne du centre de la terre. C'est en vertu des propriétés géotactiques que les organismes unicellulaires placés dans un tube de verre tenu verticalement et rempli d'eau, descendent et s'accumulent au fond du vase, ou bien s'élèvent et se dirigent vers la surface du liquide.

SCHWARZ (1884) fut le premier à indiquer l'action de la pesanteur sur les organismes unicellulaires. Il a observé la géotaxie négative chez les *Euglènes* et les *Chlamydomonades*, et a vu ces organismes s'accumuler toujours aux parties supérieures du vase qui les contient. Si on les place dans les tubes du clinostat — appareil formé d'une caisse cubique qui tourne autour d'un axe — et qu'on les soumette à une rotation prolongée en les soustrayant ainsi à l'action directrice de la gravitation, ces protozoaires se dirigent généra-

1. L'orientation des mouvements des êtres unicellulaires a toujours été désignée par le mot *tropisme* qui sert en botanique à désigner l'effet d'accroissement dans une direction donnée de certaines plantes sous l'influence des irritants. Aujourd'hui on emploie en zoologie le mot *tactisme* pour exprimer le déplacement de la cellule dans une direction imprimée par un irritant. Les tropismes peuvent du reste être considérés comme des formes spéciales de tactisme.

lement vers le centre du clinostat. Ces faits ont été confirmés par ADERHOLD (1886) et d'autres physiologistes.

VERWORN (1889), qui a également observé ces phénomènes chez différents protozoaires, rapporte l'orientation géotactique négative chez les flagellés à des causes purement physiques, mais non à une action spéciale de la pesanteur; il n'admet pas que l'action de la pesanteur puisse être identifiée avec celle d'un irritant. La montée ou la chute des organismes à poids spécifique assez grand peut très bien être l'effet de l'activité ou du repos de leurs organes locomoteurs, comme cela s'observe facilement chez les infusoires ciliés. Pour VERWORN, le phénomène géotactique résulte d'une excitation produite par les minimes différences de pression qui existent dans l'eau comme dans l'air en des points de hauteur différents. Il importe de remarquer que, d'après VERWORN, la géotaxie n'est qu'une forme spéciale de la *Barotaxie*. Sous ce nom VERWORN désigne les phénomènes qui sont provoqués par une action des différences de pression en deux points différents du corps d'un organisme. Suivant que l'organisme se dirige du côté de la pression, la plus élevée ou la plus basse, la barotaxie sera positive ou négative. On peut distinguer plusieurs sortes de barotaxie d'après la nature de la pression. La *Thigmotaxie* présente une forme de barotaxie qui résulte du contact plus ou moins fort de la matière vivante avec des corps solides, comme la *Rhéotaxie* présente une autre forme due à la pression produite par un faible courant d'eau, de sorte que les organismes se tournent du côté où s'exerce la pression et se meuvent en sens inverse du courant de l'eau. Enfin, la *Géotaxie*, dans laquelle l'excitation est fournie par des différences de pression hydrostatique, doit être considérée comme une troisième forme de barotaxie.

MASSART a étudié la géotaxie chez les spirilles, les flagellés (*Polytoma uvella et Chlamydomonas pulviscullus*) et les infusoires ciliés (*Anophrys sarcophaga*). Il a vu, que ces organismes placés dans des tubes en verre capillaires s'accumulent tantôt à la partie supérieure, tantôt à la partie inférieure du tube. Il critique la conception physique de la géotaxie émise par VERWORN et considère les mouvements géotactiques des organismes comme des transports actifs dus à l'irritabilité spéciale de la cellule mise en jeu par la gravitation. Les protozaires morts perdent leur géotaxie négative, et tombent au fond du tube avec le flagellum dirigé en haut ou bien sans mise en axe déterminée. Beaucoup d'espèces de bactéries, d'après MASSART, manifestent une géotaxie positive et se rassemblent d'habitude à l'extrémité inférieure du tube.

C'est JENSEN (1892) qui a étudié la géotaxie chez les organismes unicellulaires avec le plus de rigueur et de précision. Il a observé les phénomènes géotactiques chez de nombreux protozoaires, aussi bien que chez les flagellés : *Euglena viridis* et *Chlamydomonas pulvisculus* que chez les infusoires ciliés : *Paramæcium aurelia*, *Urostyla grandis*. *Spirosomum ambiguum*. *Paramæcium bursaria*, *Colpoda cucullus*, *Colpidium colpoda*, *Ophryoglena flava* et *Coleps hirtus*. Placés dans des tubes bouchés à une de leurs extrémités, la plupart de ces organismes présentent une géotaxie négative et se dirigent vers l'extrémité supérieure du tube, même lorsque celui-ci n'a pas une position tout à fait verticale, mais qu'il incline vers la surface horizontale avec laquelle il forme un angle plus ou moins prononcé. Dans ce dernier cas, les mouvements géotactiques, quoique très nets, sont plus ou moins ralentis, en rapport avec le degré d'inclinaison du tube. Ce phénomène s'observe avec beaucoup de netteté chez la paramécie et chez l'euglène. Certains protistes, comme *Colpoda cucullus* et *Coleps*, présentent une géotaxie positive, tandis que l'*Ophryoglena* ne paraît manifester aucune orientation géotactique. JENSEN conclut de ses nombreuses expériences que c'est la mise en axe qui présente l'élément fondamental du phénomène géotactique et provoque l'orientation directrice du mouvement. Cette mise en axe résulte de l'action de la pression hydrostatique sur les mouvements vibratoires des cils.

Dans tout ce qui précède il n'a été question que des organismes élémentaires. La géotaxie n'est pourtant pas l'apanage exclusif des cellules à vie libre, et s'observe également chez les organismes pluricellulaires, quoique sous une forme bien plus complexe.

J. LOEB (1881-1891) a décrit les phénomènes géotactiques chez les actinies, chez les étoiles de mer et même chez les arthropodes et les crustacés. Une actinie (*Cerianthus*) placée dans un vase dans de différentes positions tend toujours à orienter son corps de manière que la tête soit tournée en haut et le pied en bas dans le sens de la gravitation.

Cette orientation est due, d'après Loeb, à la géotaxie positive dont sont douées les actinies et qui leur permet d'avoir toujours le pied tourné vers le centre de la terre. Le pied prend cette direction même lorsqu'il est séparé du reste du corps ; il possède donc une irritabilité géotropique propre. Certains échinodermes, comme par exemple *Cucumaria cucumis* et *Asterina gibbosa*, présentent une géotaxie négative, grâce à laquelle ces organismes remontent vers la surface de l'eau sans toutefois la dépasser complètement. Placés sur une plaque en verre verticale que l'on fait tourner autour d'un axe horizontal, ils accusent une tendance à grimper en haut chaque fois que le plateau fait un tour de 90°. Loeb croit qu'il s'agit là de l'action de la gravitation dans le sens vertical et rapproche ce phénomène géotactique d'un phénomène analogue observé chez quelques insectes. D'après Loeb, c'est en vertu de la géotaxie négative que les papillons quittent leur enveloppe et rampent en haut le long d'une paroi verticale avec la tête tournée en haut jusqu'au moment où leurs ailes se déplient complètement et déterminent une nouvelle série de mouvements propres au vol. Certains crustacés, comme par exemple *Astacus fluvialis*, placés sur le dos, exécutent une série de mouvements pour se retourner et se mettre de nouveau sur le ventre. Ce phénomène s'observe aussi bien chez les animaux normaux que chez les animaux privés de leur cerveau. D'après Loeb, ces mouvements sont dus à l'action de deux espèces d'irritants : irritants géotropiques et stéréotropiques. Quelques polypes Hydrozoaires manifestent également des propriétés géotactiques (Loeb et Driesch).

Davenport et Perkins (1897) ont fait des expériences très intéressantes sur la géotaxie du *Limax maximus*. Ils ont mesuré la réaction géotactique de la limace par l'orientation de l'axe du corps dans le sens vertical sur des plaques inclinées à divers degrés. Les influences lumineuses et thermiques avaient été éliminées autant que possible. Ils ont constaté ainsi que la précision de l'orientation géotactique augmente à mesure que la plaque verticale s'éloigne de sa position horizontale ; elle est presque directement proportionnelle au sinus de l'angle d'inclinaison, autrement dit à la valeur de la composante efficace de la pesanteur. La pression minimum capable de provoquer une réaction géotactique atteint 0gr,13. La rapidité avec laquelle se produit le phénomène de géotactisme chez la limace n'est pas influencée, du moins dans de très larges limites, par l'intensité de l'irritant, c'est-à-dire par la valeur de la composante de la pesanteur. Suivant que le segment antérieur de l'animal se tourne en bas ou en haut la limace présente un géotactisme positif ou négatif. Il est difficile de préciser la cause qui détermine la position variable du segment antérieur de l'animal lors de ses réactions géotactiques. Il s'agit ici probablement de causes multiples, soit internes, soit externes, peu définies et d'ailleurs très instables. Frandsen (1901) a poursuivi ces études sur les réactions du *Limax maximus* aux excitations directrices et a également constaté chez la limace une géotaxie tantôt positive tantôt négative. La géotaxie chez la limace est soumise à des influences multiples et variées ; elle varie suivant l'individu, suivant l'état de nutrition, et même suivant les jours et les différentes heures de la journée. Elle est modifiée également par la quantité et la qualité du mucus secrété, ainsi que par le rapport entre la longueur de la partie antérieure du corps et la partie postérieure, celle-ci, suivant son poids, pouvant se placer à un niveau inférieur ou supérieur à celui de la tête. Wheeler (1899) a observé chez les différents insectes la géotaxie combinée à d'autres tactismes. Il croit même que certains instincts chez les insectes pourraient être ramenés à des tactismes. D'autres expérimentateurs, au cours de leurs recherches d'ordre spécial, ont également observé des phénomènes de géotaxie chez divers animaux, ou du moins ont cherché à ramener certains faits observés à des actions géotactiques.

Tout ce que nous venons de dire indique combien les phénomènes géotactiques sont répandus dans le règne animal, du moins dans les cellules à vie libre et chez un grand nombre d'invertébrés. Ces réactions persistent-elles chez les vertébrés et chez l'homme ? Il est difficile de répondre catégoriquement à cette question d'ordre très complexe. Mais il est probable que les animaux supérieurs sont également soumis à des actions géotactiques. Les phénomènes qui en résultent présentent une grande complexité par suite de la participation du système nerveux et ils ne peuvent pas être observés avec la même netteté que le phénomène de l'orientation géotactique dans une cellule à vie libre. L'orientation générale du corps d'un animal supérieur, provenant du mouvement des muscles, ne présente pas une réaction directe de même ordre que celle du mouvement géotactique d'un organisme unicellulaire. Le mécanisme du phénomène géotactique est par conséquent bien plus compliqué chez l'homme et chez les animaux vertébrés que chez les organismes élémentaires. Il est admis actuellement en physiologie que l'orientation géotactique chez les animaux supérieurs se fait dans un organe spécial qui est situé dans les canaux semi-circulaires de l'appareil auditif et qui exerce une action sur l'équilibration du corps par rapport à la gravitation. Quoi qu'il en soit de cette hypothèse basée sur de nombreux faits expérimentaux, il n'en est pas moins vrai que, chez les organismes supérieurs, les différents mouvements complexes, et particulièrement les mouvements locomoteurs, sont orientés par les actions géotactiques.

Il résulte des faits exposés plus haut que la géotaxie est une propriété générale des animaux et se manifeste chez ces derniers dans un sens ou dans l'autre suivant les conditions physiques et biologiques de la vie de l'individu.

Interférence de la géotaxie avec d'autres tactismes. — Dans les manifestations normales de la vie des organismes on a rarement affaire à l'action isolée de la géotaxie. Les réactions des protoplasmas vivants sont généralement complexes et sont dues à l'action combinée et simultanée des différents irritants. Aussi l'effet géotactique est-il souvent contrecarré, masqué et même annulé par un autre tactisme agissant dans le même sens ou bien dans le sens contraire. Grâce à l'interférence des différents tactismes avec la géotaxie, cette dernière peut changer de caractère et d'intensité chez le même individu, suivant les conditions physiques du milieu. C'est aux actions d'interférence des divers tactismes qu'il faut attribuer souvent la marche irrégulière d'une expérience géotactique, et peut-être même les résultats discordants obtenus par les divers observateurs. Sosnowski (1899) a étudié avec beaucoup de soin les actions d'interférence de la géotaxie avec d'autres tactismes chez le *Paramæcium*. Il a constaté que, dans certaines cultures, ces infusoires, qui sont d'habitude négativement géotactiques, deviennent positivement géotactiques à la suite des secousses imprimées au milieu qui les contient; dans certains aquariums le sens de la géotaxie peut être changé, soit par une élévation de température, soit par l'addition de petites quantités d'alcalis ou d'acides.

L'irritant thermique influence notablement le sens de l'action géotactique. Dans mes expériences sur la thermotaxie des organismes unicellulaires, j'ai eu l'occasion de constater maintes fois la perversion du sens de l'orientation géotactique et même l'annulation de l'effet géotactique sous l'influence de la thermotaxie. D'autre part, l'irritant thermique peut parfois donner lieu à la production simultanée des phénomènes thermotactique et géotactique. Ainsi, par exemple, une plasmodie d'*Aethalium septicum*, qui passe d'un vase chaud dans un vase froid, présente, sous l'influence de la différence de température, non seulement un phénomène de thermotaxie positive, mais aussi celui de géotaxie négative et positive. L'irritant thermique excite l'organisme non seulement par les différences de température, mais aussi par les modifications des différences de pression hydrostatique qu'il produit. Chez les ciliés et les flagellés, les réactions mixtes résultent de la combinaison des effets de la géotaxie avec différents tactismes sont très fréquentes (Jensen). Chez l'euglène, par exemple, la phototaxie l'emporte toujours sur la géotaxie; dans l'obscurité, c'est l'effet de l'oxygénotaxie et de la thermotaxie qui contrebalance celui de la géotaxie. L'oxygénotaxie est un facteur très important dans les actions d'interférence auxquelles est soumis le phénomène géotactique. Il est souvent difficile de déterminer la part qui revient à la géotaxie négative ou à l'oxygénotaxie positive dans le mouvement d'orientation qui dirige, par exemple, une euglène de bas en haut vers la surface de l'eau contenue dans un tube. L'oxygène exerce une action directrice manifeste sur le protoplasma, et la distribution variable de l'oxygène, dans un milieu contenant des protozoaires influence, non seulement l'orientation, mais aussi la nature et l'intensité des mouvements de ces derniers. En supprimant l'oxygène on peut arrêter complètement les mouvements des protozoaires dans l'eau; les mouvements réapparaissent aussitôt que l'oxygène est restitué au milieu qui contient ces organismes (Verworn).

D'autres irritants interviennent encore dans les phénomènes d'interférence et influencent les réactions géotactiques chez les différents organismes. Il y a souvent lutte entre les actions de la géotaxie et celles des thigmo-, rhéo- et chimiotaxies. Le milieu dans lequel vivent les protistes contient trop de substances chimiques pour que les actions chimiotactiques, qui en résultent, n'influencent notablement la nature et la marche du phénomène géotactique. JENNINGS a bien étudié les réactions produites chez *Paramœcium aurelia* par l'action combinée des différents tactismes. Il croit que l'activité normale du *Paramæcium* résulte de l'action mixte de géo-, thygmo- et chimiotaxies, et que c'est en vertu de la géotaxie négative que l'infusoire se tient à la partie supérieure de l'eau.

Ces faits démontrent que les actions d'interférence jouent un très grand rôle dans les manifestations géotactiques des animaux, et que l'étude des phénomènes de géotaxie comporte une analyse rigoureuse de toutes les réactions mixtes qui influent sur l'orientation directrice des mouvements de l'animal.

Nature et mécanisme du phénomène géotactique. Différentes théories. — Toute théorie de la géotaxie devrait avant tout répondre à la question de savoir quel est le rôle de la pesanteur dans la production du phénomène géotactique, et si l'on peut considérer la pesanteur comme un irritant de la matière vivante.

ADERHOLD, cherchant à se renseigner sur la nature de la cause de l'orientation chez les cellules à vie libre, posa le premier la question de la nature physique du phénomène géotactique. Il se demandait avec raison si, dans le mouvement ascensionnel de l'euglène, il ne s'agit pas d'un simple effet de la pesanteur qui produit la mise en axe de cet organisme dont le poids spécifique est plus grand que celui de l'eau et dont le centre de gravité est placé dans la partie postérieure du corps. Dans ces conditions l'euglène se tournerait naturellement toujours avec l'extrémité postérieure du corps en bas, tandis que l'extrémité antérieure, pourvue du flagellum dirigé en haut, déterminerait la direction du mouvement vers la surface de l'eau. Cette conception logique ne paraît pas cependant à ADERHOLD suffisante pour fournir une interprétation générale de la nature du phénomène géotactique, et il conclut que dans la production de la géotaxie d'autres facteurs devraient être encore pris en considération. MASSART rejette toute théorie purement physique de ce phénomène et considère la géotaxie comme un effet d'irritabilité spéciale du protoplasma mise en jeu par la gravitation. La pesanteur serait donc un vrai irritant de la matière vivante et interviendrait comme cause déterminante du phénomène géotactique.

Déjà, en 1889, VERWORN s'est élevé contre la manière de concevoir la pesanteur comme un irritant et a cherché à donner à la géotaxie une interprétation déduite de sa théorie générale des actions directrices produites par des excitations unilatérales. D'après VERWORN, pour que les phénomènes tactiques se produisent chez les organismes se mouvant en liberté, il est indispensable qu'il existe des différences dans l'excitation aux différents points du corps. Seule une excitation inégale peut commander une direction de mouvement. Les phénomènes des différents tactismes se produisent par la mise en activité d'éléments moteurs contractiles à la suite d'une excitation unilatérale ou bien à la suite d'une excitation d'une intensité inégale en deux endroits de la cellule à vie libre. La raison principale de toute action directrice se trouve dans la position axiale du corps cellulaire et toutes les positions axiales sont déterminées par une excitation portée sur un des pôles du corps. Le mécanisme des phénomènes tactiques découle nécessairement de la mise en axe et du mode de mouvement spécial à chaque organisme. Ainsi tous les organismes qui, à l'état normal se meuvent dans la direction de leur axe longitudinal doivent, sous l'influence de l'excitation, acquérir cette position axiale avant d'orienter leurs mouvements dans un sens déterminé. C'est l'activité des éléments moteurs, cils et fouets vibratiles, qui détermine le mécanisme de la mise en axe et par conséquent l'orientation des mouvements des organismes élémentaires sous l'action des irritants. VERWORN a bien précisé les conditions spéciales du mouvement d'orientation pour les différentes formes d'organismes qui se meuvent dans l'eau au moyen d'un seul flagellum, de deux flagella, ou bien au moyen d'un grand nombre de cils. Nous ne pouvons pas entrer ici dans les détails de tous les faits qui ont servi à VERWORN de base à une théorie générale des phénomènes tactiques chez les organismes unicellulaires. Mais ce sont les conceptions générales de VERWORN qui ont servi de point de départ à JENSEN pour formuler une théorie de la géotaxie qui serre de beaucoup plus près le phénomène et sa cause déterminante.

D'après JENSEN, la réaction géotactique des organismes contenus dans un tube de verre vertical rempli d'eau est déterminée par les différences de pression en des points de hauteurs différentes. L'excitation est produite par les différences de la pression hydrostatique qui, dans une colonne d'eau, va en diminuant de bas en haut. Certains organismes excités ainsi accusent une tendance à se transporter vers les endroits à faible pression et à s'éloigner des endroits où la pression hydrostatique est plus élevée : d'autres au contraire s'écartent des endroits à haute pression et cherchent à rejoindre des endroits à pression moindre. Dans le premier cas on a affaire à un phénomène de géotaxie négative. dans le second, c'est le phénomène de géotaxie positive qui se produit. Dans les deux cas il ne s'agit nullement de la position que le centre de gravitation de l'animal occupe dans l'extrémité postérieure ou antérieure de son corps, mais le phénomène est dû uniquement à une translation active à la suite d'une mise en axe déterminée. Cette mise en axe est toujours l'effet de l'excitation plus forte qui, suivant la nature de la géotaxie, peut être produite aussi bien par les pressions plus élevées que par les pressions moins élevées. Les organismes négativement géotactiques sont plus fortement excités par les hautes pressions hydrostatiques, tandis que les organismes positivement géotactiques sont plus fortement excités par les pressions basses. En général, les protistes accusent une grande sensibilité pour les différences de pression hydrostatique. Déjà une différence de pression égale à une colonne d'eau de 1 centimètre excite l'euglène et provoque chez cet organisme un effet géotactique très manifeste. Jensen a institué une série de recherches très ingénieuses qui fournissent des preuves à l'appui de sa théorie. Pour s'assurer que l'accumulation géotactique des paramécies à la partie supérieure du tube de verre est due aux différences de pression hydrostatique et non à la pesanteur, il cherche à modifier cette pression dans un tube de verre placé horizontalement, où par conséquent normalement il ne pouvait exister aucun rassemblement géotactique des paramécies. A cet effet, il éleva la pression par la centrifugation dans la direction de l'extrémité périphérique et créa dans le tube en verre tenu horizontalement des conditions de la pesanteur analogues à celles qui existent dans un tube placé verticalement. Or, dans ces conditions, les paramécies ne suivent pas du tout les lois de la pesanteur, mais s'accumulent toujours à l'endroit de la pression la plus faible qui se trouve à l'extrémité centrale du tube. Pour que cette expérience réussisse, il faut que la vitesse de rotation du disque centrifugeur soit faible ou moyenne ; lorsqu'elle est trop rapide, les infusoires, plus denses que l'eau, sont entraînés vers la périphérie. Le phénomène d'après lequel les paramécies se rangent à l'extrémité centrale du tube centrifugé est désigné par Jensen sous le nom de *centrotaxie*. Il est certain que la théorie de Jensen explique très bien les phénomènes de géotaxie chez les organismes qui vivent dans l'eau mais elle est difficilement applicable aux animaux qui vivent sur terre, et encore moins aux vertébrés et à l'homme. Il est vrai que les phénomènes géotactiques chez ces derniers sont très complexes et échappent à une interprétation simple. Néanmoins quelques tentatives ont été faites dans cette voie et ont fourni des résultats qui méritent d'être mentionnés ici.

J. Loeb a formulé une conception énergétique de la géotaxie en admettant un parallélisme entre les phénomènes géotactiques et ceux qui résultent de l'action de la tension sur le muscle. La gravitation, comme d'autres agents physiques, exerce chez les êtres vivants une action manifeste sur la tonicité du protoplasma. Tous les tropismes et tous les tactismes (et d'après Loeb il n'y a pas de différence réelle entre ces deux ordres de phénomènes) se rapportent ainsi à des différences de tonicité cellulaire dues à l'action des excitations extérieures. Les modifications de la tonicité de la cellule expliquent aussi bien le mécanisme des courbures chez les végétaux que les mouvements d'orientation chez les animaux. La géotaxie est ainsi l'effet de l'action de la pesanteur sur la tonicité des organismes. Quant aux animaux supérieurs pourvus d'un système nerveux perfectionné, Loeb croit que la pesanteur exerce une action directe sur les cellules ganglionnaires du cerveau et les oriente dans un sens déterminé. Radl, en cherchant à appliquer sa théorie de phototropisme aux phénomènes géotactiques, reprend l'idée de Loeb relative à l'action tonique de la pesanteur, et lui fait jouer un rôle important dans l'interprétation des phénomènes géotactiques chez les animaux supérieurs. La géotaxie chez ces derniers serait l'effet de l'action de deux forces (la pesanteur et la tension musculaire) sur l'organisme labyrinthique, comme chez les organismes inférieurs la géotaxie résulterait de l'action de deux autres forces : la pesanteur, et une force intérieure qui produit le mouvement. C'est toujours une paire de forces qui produit l'orientation directrice en général et par conséquent celle de la géotaxie également. Cette interprétation est purement hypothétique, et dépasse quelque peu la valeur des faits observés.

Malgré les faits si démonstratifs de VERWORN et JENSEN relatifs à la nature de la géotaxie, l'idée de l'action de la pesanteur comme irritant géotactique n'est pas tout à fait abandonnée dans la science. Tout récemment encore, DAVENPORT a vu dans le mécanisme du mouvement géotactique de bas en haut une action directe de la pesanteur sur l'organisme qui réagit négativement. La géotaxie de toute cellule, dont le poids spécifique est plus grand que celui de l'eau, dépend de la résistance plus ou moins grande que la cellule doit vaincre, suivant qu'elle nage en haut ou en bas. PLATT, qui a cherché à vérifier ces faits en déterminant le poids spécifique de *Spirostomum*, *Paramæcium* et du têtard dans ses rapports avec le problème de la géotaxie, est arrivé à la conclusion que d'une manière générale la pesanteur n'a pas d'action directe sur l'ensemble des organismes, mais qu'elle agit sur quelque organe interne du corps cellulaire et exerce ainsi indirectement son action géotactique. Cet organe, analogue aux canaux semi-circulaires chez les animaux supérieurs et aux otolithes chez les animaux inférieurs, n'est pas influencé par la densité du milieu et subit l'action géotactique de la pesanteur indépendamment du poids spécifique de l'animal. WOLFGANG OSTWALD a déduit de sa conception physique des mouvements directeurs des organismes inférieurs une nouvelle théorie de la géotaxie basée sur le principe du frottement interne de l'eau qui contient les infusoires. Tout phénomène tactique est dominé par deux facteurs : par le frottement interne de l'eau qui influence l'étendue des mouvements natatoires et par les variations continuelles que subit ce frottement sous l'influence des mouvements produits par les irritants tactiques. Ces principes s'appliquent aussi au mécanisme de la géotaxie. L'intensité variable du frottement interne de l'eau à des hauteurs différentes rendrait plus ou moins faciles les mouvements natatoires des organismes excités géotactiquement. Si ingénieuse qu'elle soit, la manière de voir d'OSTWALD n'est qu'une conception hypothétique, à laquelle manque encore l'appui de faits expérimentaux. Il importe de remarquer que déjà en 1889 VERWORN avait attiré l'attention sur le rôle possible du frottement des particules d'eau avec le corps des infusoires dans la production des mouvements géotactiques. Ce frottement agirait comme un faible irritant mécanique, ainsi que cela a lieu dans la rhéotaxie. Plus tard, VERWORN abandonna cette manière de voir, la théorie des différences de la pression hydrostatique lui ayant paru plus conforme aux faits observés et expliquant mieux le mécanisme du phénomène géotactique.

Quoi qu'il en soit de toutes ces théories, il est certain que la pesanteur n'agit qu'indirectement sur la mise en axe des organismes et sur leur orientation géotactique et n'est pas un irritant direct du protoplasma cellulaire. Chez les animaux qui vivent dans l'eau, les différences de pression hydrostatique expliquent d'une façon très satisfaisante et très complète la nature et le mécanisme des phénomènes de géotaxie. Il est probable que cette interprétation, du moins dans ses principes fondamentaux, s'applique également à la géotaxie de certains animaux vivants sur terre ou dans l'eau, les différences de pression d'air pouvant exercer sur les organismes des actions excitantes analogues à celles de la pression hydrostatique. Quant à la géotaxie des animaux supérieurs pourvus d'un système nerveux, il a été déjà dit plus haut que les réactions géotactiques chez ces animaux sont très complexes et très probablement liées à des organes spéciaux d'orientation dont nous n'avons pas à nous occuper ici et pour lesquels nous renvoyons à l'article **Orientation** de ce Dictionnaire.

Rôle biologique de la géotaxie. — Il n'est pas douteux que la géotaxie, seule ou combinée à d'autres tactismes, prend une part considérable aux diverses manifestations de la vie. Elle intervient d'une manière très active dans plusieurs phénomènes vitaux qui contribuent à la conservation de l'espèce. C'est un moyen de conservation, et en même temps un moyen de défense, qui permet à l'animal d'éviter les actions nocives et de se placer dans des conditions favorables à son existence et à son alimentation. Un grand nombre de phénomènes très importants de la vie en général, et de la vie élémentaire en particulier, trouvent leur explication dans les réactions géotactiques. Mais l'action de la géotaxie étant le plus souvent, sinon toujours, liée à celle d'autres tactismes, il est difficile dans une fonction complexe de l'organisme de dégager nettement le rôle qui revient à la force géotactique au milieu de toutes les autres influences directrices qui agissent sur un organisme donné. Nous avons indiqué déjà plus haut qu'un infusoire qui exécute dans un tube un mouvement ascensionnel vers la surface de l'eau peut être orienté dans cette direction non seulement par une géotaxie négative, mais aussi par une phototaxie ou une oxygénotaxie positive et même par des actions chimiotactiques de sens divers, la chimiotaxie devant forcément se manifester dans un milieu aussi riche en substances chimiques que celui qui contient les infusoires. Il n'en est pas moins vrai que les organismes qui vivent dans l'eau sont constamment soumis à des excitations provenant des différences minimes de pression hydrostatique, et ce sont surtout ces excitations donnant lieu à des phénomènes géotactiques qui jouent un rôle prépondérant dans les manifestations vitales de ces animaux. D'après FRANDSEN, la limace, qui a l'habitude de mener un genre de vie nocturne et de chercher pendant le jour des trous pour se cacher, se meut vers la terre en vertu de ses propriétés géotactiques. C'est encore grâce à la géotaxie combinée à la phototaxie que, d'après BOGDANOFF, les mouches se rassemblent dans l'intérieur des habitations. Plusieurs autres phénomènes de la nature vivante, comme la migration périodique des animaux marins dans les profondeurs de l'eau ou bien leur accumulation dans une région située en dessous de la surface de l'eau, et même l'enfoncement de certains animaux dans la terre sont dus à l'action de la géotaxie seule ou combinée à d'autres tactismes. On pourrait multiplier ces exemples; mais tout ce que venons de dire plus haut suffit déjà pour démontrer le rôle considérable de la géotaxie dans les manifestations de la vie.

Bibliographie. — ADERHOLD. *Beitrag zur Kenntniss richtender Kräfte bei der Bewegung niederer Organismen.* (*Jenaische Zeitsch. f. Naturwiss.*, XXII, 1888.) — E. A. BOGDANOFF. *Zur Biologie der Coprophaga* (*Allg. Zeitschr. f. Entom.*, VI, 35-41). — DAVENPORT et PERKINS. *A contribution to the Study of geotaxis in the higher animals* (*J. P.*, XXII, 99-111). — DRIESCH (H.). *Heliotropismus der Hydroidpolypen* (*Zool. Jahrb.*, V, 1890). *Die organischen Regulationen.* Leipzig, 1901. — FRANDSEN (P.). *Studies on the reactions of Limax maximus to directive stimuli* (*Proc. Amer. Acad. Arts and Sc.*, XXXVII, 8, 185-227). — JENNINGS (H. S.). *Studies on reactions to stimuli in unicellular organisms. I. Reactions to chemical, osmotic and mechanical stimuli in the ciliate Infusoria* (*J. P.*, XXI, 258-312). — JENSEN (P.). *Ueber den Geotropismus niederer Organismen* (*Arch. ges. Physiol.*, LIII, 1892). — LOEB (Jacques). *Zur Theorie der physiologischen Licht und Schwerkraftwirkungen* (*Arch. ges. Physiol.*, LXVI, 439-466); *Ueber Geotropismus bei Tieren* (*Arch. ges. Physiol.*, XLIX, 1891, 177); *Einleitung in die vergleichende Gehirnphysiologie und vergleichende Psychologie*, Leipzig, 1899. — MASSART (J.). *Recherches sur les organismes inférieurs* (*Bull. de l'Acad. roy. de Belgique*, 3e série, XXII, n° 8, 1891, 165). — MENDELSSOHN (M.). *Recherches sur l'interférence de la thermotaxie avec d'autres tactismes et sur le mécanisme du mouvement thermotactique* (*Journ. de Physiol. et de Pathol. gén.*, 1902, 475). — WOLFGANG OSTWALD. *Zur Theorie der Richtungsbewegungen schwimmender niederer Organismen* (*Arch. ges. Physiol.*, XCV, 23, 1903). — PLATT (J.). *On the specific gravity of Spirostomum, Paramaecium and the Todpole in relation to the problem of Geotaxis* (*Amer. Nat.*, XXXIII, 31, 1899). — RADL (E.). *Untersuchungen über den Phototropismus der Tiere*, Leipzig, 1903. — ROSANOFF. *De l'influence de l'attraction terrestre sur la direction des plasmodies des myxomycètes* (*Mém. Soc. Sc. nat. Cherbourg*, XIX, I, 1868, 149). — SCHWARZ (FR.). *Der Einfluss der Schwerkraft auf die Bewegungsrichtung von Chlamydomonas und Euglena* (*Sitzungsber. d. deut. botan. Gesells*, II, 2). — SOSNOWSKI (J.). *Untersuchungen über die Veränderungen des Geotropismus bei Paramaecium Aurelia* (*Bull. intern. de l'Acad. des Sciences de Cracovie*, mars 1889). — VERWORN (M.). *Psycho-Physiologischen Protisten-Studien*, Iena, 1889, 121; *Physiologie générale*, trad. fr., 1900; *Gleichgewicht und Otolithenorgan* (*Arch. ges. Physiol.*, L, 1891, 471). — WHEELER (W. M.). *Anemotropism and other tropisms in insects* (*Arch. Entwick. Mech.*, VII, 1899, 373).

MAURICE MENDELSSOHN.

GÉOTROPISME DES VÉGÉTAUX. — **Historique.** — Vers

l'année 1700, DODART attirait l'attention sur l'*affectation de la perpendiculaire remarquable dans les tiges et les racines des plantes.* La racine et la tige, issues d'une graine, s'orientent, en effet, verticalement et en sens inverse. Viennent-elles à être écartées de leur position; au lieu de s'allonger en ligne droite, elles s'incurvent et reprennent bientôt leur direction habituelle. Du Hamel montra, par de nombreuses expériences, qu'il ne faut pas chercher la cause du phénomène dans l'influence de l'air, du sol, de l'humidité, de la lumière. Mais c'est Knight qui, le premier, en 1806, se proposa d'établir qu'il s'agit là d'un effet de la pesanteur. Il fixait des germinations de haricot sur une roue tournant rapidement autour de son axe (150 tours à la minute). Quand la roue est horizontale, la racine se dirige obliquement vers le bas, suivant la résultante de la pesanteur et de la force centrifuge produite par la rotation; la tige suit la direction inverse. Quand la roue est verticale, les organes se disposent suivant le rayon, comme s'ils étaient sollicités uniquement par la force centrifuge; la racine s'oriente vers l'extérieur, la tige vers l'axe de rotation. L'action de la pesanteur ne doit pas se manifester dans ce second cas, chaque face du végétal occupant successivement et alternativement deux positions contraires par rapport à la verticale.

Le *clinostat*, appareil de Knight, perfectionné par Sachs, permet d'égaliser l'action de la pesanteur sans développer de force centrifuge sensible. Ces conditions sont réalisées quand le disque, placé verticalement, effectue seulement trois tours à l'heure par exemple. La racine et la tige s'accroissent alors en ligne droite dans la direction qu'on leur a imposée au début.

A vrai dire, les expériences de Knight, pas plus que les autres faits connus, ne nous renseignent sur la nature de la cause de l'orientation. Elles révèlent seulement l'intervention d'un facteur extérieur à la plante et agissant verticalement. Cependant, comme la pesanteur est le seul facteur connu qui réponde aux conditions ci-dessus, on s'accorde à rapporter à l'attraction terrestre le phénomène qui nous occupe. Ainsi, la force à laquelle Newton attribue le poids des corps se manifesterait en outre, chez les végétaux, dans l'orientation des membres de l'organisme. Les manifestations les plus nettes du phénomène étant les courbures, on lui a donné le nom de *géotropisme* (γῆ, terre; τρέπω, je tourne). Le géotropisme est dit *positif* dans la racine qui prend la même direction que la force; il est dit *négatif* dans la tige qui prend la direction contraire.

Les cas d'orientation dont il vient d'être question, sont liés à la croissance longitudinale. Mais l'inégalité de la croissance transversale peut aussi déterminer des courbures. Il peut même y avoir antagonisme entre les deux modes d'accroissement. Une tige à géotropisme vertical peut devenir inclinée ou même horizontale, lorsque les tissus se développent plus rapidement sur une face que sur les autres. La face privilégiée devient ici la face supérieure (*épinastie* de Schimper, *épitrophie* de Wiesner). Dans d'autres circonstances, c'est le côté inférieur qui prédomine (*hyponastie, hypotrophie*). La cause de ces déformations est assez obscure; dans quelques cas cependant, c'est un effet de la pesanteur, d'après Hofmeister, Kraus, etc.. Czapek a fixé la terminologie des réactions de l'organisme à l'influence de la gravitation (1898). Voir aussi sur ce sujet l'*Essai de classification des réflexes non nerveux*, de Massart (*Ann. de l'Institut Pasteur*, 1902).

I. — Manifestations extérieures du géotropisme. — Examinons les manifestations extérieures du géotropisme avant d'analyser la nature du phénomène.

§ I. — **Manifestations habituelles.** — La racine principale, qu'elle soit terminale ou née sur le flanc d'une tige, se dirige verticalement vers le bas (*géotropisme positif, prosgéotropisme* de Rothert, *catagéotropisme* de Massart). Les racines de premier ordre s'orientent obliquement et font avec la verticale un angle, d'ailleurs décroissant de 60° par exemple pour celles de la base du pivot, de 40° pour les plus voisines du sommet. Ce n'est pas là une simple question d'insertion, puisqu'un changement d'orientation de la plante provoque l'inflexion des radicelles vers leur direction primitive. Les racines d'ordre élevé sont indifférentes à l'action de la gravitation.

Les tiges présentent des différences analogues. Le géotropisme négatif (*apogéotropisme* de Darwin, *anagéotropisme* de Massart) est vertical dans l'axe principal. Mais les rameaux ont une direction oblique et les ramuscules une direction quelconque. On a coutume de dire que le géotropisme s'affaiblit dans les ramifications. Les recherches de Baranetzki sur les rameaux des arbres permettent d'envisager autrement les faits. L'auteur a remarqué que, sur le clinostat, chaque incurvation s'accompagne d'oscillations alternatives de la croissance sur les côtés opposés de la tige, dans le plan de la courbure,

Il en conclut que la structure du rameau oppose à l'inflexion une résistance, et qu'il se produit une contre-incurvation. Tantôt les rameaux sont tous négativement géotropiques comme l'axe principal, mais leur orientation est modifiée par la contre-incurvation d'abord, par le poids de la branche et l'allongement des éléments ligneux de la face supérieure ensuite (*Érable*). Tantôt les rameaux sont, au début, fortement épinastiques et le géotropisme négatif ne se révèle que plus tard (*Tilleul*). Tantôt enfin, les jeunes rameaux, primitivement verticaux, s'inclinent sous leur propre poids (*Pin*, *Sapin*). Les branches pendantes des arbres pleureurs sont, d'après Baranetzki, Vöchting, Haberlandt, *négativement* géotropiques, comme les tiges normales (var. *pendula* du *Frêne*, de l'*Orme;* inflorescence du *Cytise*). C'est le poids des feuilles ou des fleurs, joint au faible développement du bois constaté depuis longtemps par Tschirch, qui les rend pendants.

Chez les plantes volubiles, le géotropisme négatif s'associe à une forte *nutation* (Ch. Darwin), elle-même influencée par la pesanteur, puisque sur le clinostat une tige volubile placée horizontalement cesse de s'enrouler et déroule ses tours les plus jeunes (Elfving).

L'attraction terrestre agit aussi sur les feuilles. Le pétiole foliaire est souvent apogéotropique au début. Certaines feuilles se retournent par torsion du pétiole, quand on renverse la plante, et cela aussi bien à l'obscurité qu'à la lumière (Frank). H. Fischer a pu renverser la position de sommeil des feuilles en retournant la tige, dans quelques espèces, mais non dans toutes. Les pièces florales réagissent également (Vöchting) : les pétales de l'*Épilobium*, redressés vers le haut à l'état normal, se disposent régulièrement autour de l'axe floral sur le clinostat ; les étamines et les carpelles de l'*Amaryllis* s'orientent vers le bas, quelle que soit la position donnée à la fleur.

Les végétaux inférieurs manifestent souvent des flexions géotropiques (notamment le thalle de *Vaucheria*, le pédicelle sporangifère de diverses Mucorinées, etc.). Chez les organismes mobiles, la gravitation produit parfois des déplacements. Les Euglènes cultivés sur du sable humide sont indifférents à l'état de repos. Mais, à l'état actif, ils se transportent vers le haut; sur le clinostat, ils s'accumulent du côté de l'axe et, fait remarquable, la réaction change de sens pour une grande force centrifuge (8 gr. d'après Schwarz). D'autres algues ne réagissent pas (*Diatomées*, *Oscillaires*, d'après Aderhold). En faisant varier la force centrifuge, on peut maintenir les Paramécies en équilibre en n'importe quel point d'une colonne d'eau (Jensen).

Un grand nombre d'organes prennent une direction horizontale et sont doués d'un géotropisme transversal (*diagéotropisme* de Frank). C'est à leur géotropisme transversal que beaucoup de fleurs zygomorphes (symétriques par rapport à un plan) doivent, d'après Noll, leur orientation inclinée; elles y reviennent par incurvation et torsion de leur pédoncule, si on les déplace. La cause de l'orientation des tiges rampantes (Kerner von Marilaun, Maige), des rhizomes souterrains (Elfving, etc.), des racines traçantes n'est pas la même dans tous les cas. En outre, les observateurs ne sont pas toujours d'accord sur un même cas particulier. Cependant les tiges rampantes, par exemple, se dirigeraient horizontalement grâce à leur géotropisme transversal, au moins dans beaucoup de plantes, et deviendraient arquées grâce à leur épinastie. On s'explique mal qu'un organe dont la structure est symétrique autour d'un axe longitudinal, prenne une direction perpendiculaire à celle du facteur qui la détermine. Aussi, Frank et Elfving admettent-ils dans de tels organes l'existence d'une polarité. Quoi qu'il en soit, il est certain que la position inclinée ou horizontale dépend souvent, même quand elle est due à la pesanteur, non du géotropisme, mais de phénomènes d'une autre nature (épinastie, poids, etc.).

§ **II. — Modifications du géotropisme.** — La pesanteur a une action continue et constante sur les végétaux. Les autres facteurs du milieu, bien que subissant les plus grandes variations d'intensité et de direction, peuvent cependant triompher de la pesanteur et en masquer plus ou moins l'effet, quand leur action ne s'exerce que d'un côté (Sachs, Wiesner, etc.). L'orientation des membres de la plante est la résultante de *toutes* ces influences externes. La répartition de l'humidité autour des organes souterrains, la répartition de la lumière autour des organes aériens, pour ne citer que les principaux agents, sont de la plus haute importance à ce point de vue (Voir sur cette question des interférences l'art. **Orientation**). Dans le cours du présent article, nous supposons constamment l'influence des divers facteurs du milieu égalisée autour de la plante.

Mais, indépendamment de cette action unilatérale ou inéquilatérale, les facteurs extérieurs peuvent modifier le géotropisme. La lumière, quelle que soit sa direction, et même si elle n'agit que durant un laps de temps court, provoque l'inflexion vers le bas du rhizome horizontal de l'*Adoxa*; elle produit aussi sur diverses plantes une diminution de l'angle que les radicelles font avec la verticale (Stahl). Le géotropisme varie avec la température (Lidforss) : la tige de l'*Holosteum*, celle du *Lamium*, normalement dressées, accomplissent leur cycle évolutif comme organes diagéotropiques avec épinastie, à une température basse. Dans l'eau, les courbures géotropiques sont plus faibles que dans l'air humide (Soposchnikoff).

Goebel, Schenk, Schimper ont observé, chez des plantes vivant sur les rivages tropicaux et partiellement submergées à marée haute, des racines qui surgissent du sol et se dressent verticalement dans l'air (*Sonneratia*, Lythracées; *Avicennia*, Verbénacées). On les a comparées à des asperges. Or, Jost a obtenu des racines émergeant du sol, en maintenant sous l'eau la base de la canne à sucre du *Raphia*. Goebel et Erikson signalent des faits analogues chez des plantes profondément immergées (*Rumex*, *Carex*) qui, normalement, ne présentent pas ce caractère. Il s'agit évidemment dans les racines-asperges d'une modification du même ordre; mais cette adaptation semble s'être fixée et se transmettre héréditairement.

Par contre, il existe, chez, certains végétaux aquatiques, des tiges à géotropisme *positif*. C'est le cas de divers rameaux tuberculeux, vivant dans la vase et *plus légers que l'eau;* sans cette particularité d'orientation, ils seraient exposés à être emportés par les courants. Les rameaux flottants, négativement géotropiques à l'état jeune, deviennent indifférents (Frank, Hochreutiner).

Enfin, c'est un fait bien connu des horticulteurs qu'il suffit de couper la flèche d'un arbre pour que le rameau supérieur ou les rameaux les plus voisins du sommet prennent la direction verticale. Les radicelles se comportent de même, et se substituent au pivot, quand on supprime une partie de la racine principale (Sachs).

Tels sont les caractères extérieurs du géotropisme : étudions maintenant de plus près le phénomène.

II. — Nature du phénomène. — On a aujourd'hui tendance à considérer le géotropisme comme un phénomène d'*irritabilité*, dans lequel la pesanteur intervient en tant que cause déterminante. Cette conception de Dutrochet (1828) a été précisée par Sachs et Pfeffer. La gravitation provoque un changement physico-chimique, d'où résulte une réaction géotropique de la plante, réaction qui n'est pas localisée dans la région de perception. La plante aurait la faculté de sentir l'excitation de la pesanteur (*géoesthésie* de Czapek). L'énergie nécessaire à l'accomplissement du travail extérieur, souvent considérable (par exemple, le redressement du chaume et de l'épi chez les Graminées qui ont versé) est fournie non par la pesanteur, mais par l'activité vitale de la plante.

§ I. — **Phases du phénomène.** — Le géotropisme est un phénomène induit ou paratonique. Les courbures ne se manifestent que si l'exposition de la plante à l'action fléchissante de la pesanteur a atteint une certaine durée minimum (*temps de présentation* de Czapek, *seuil de durée*). Une fois cette limite de temps dépassée, l'organe s'incurve, même s'il a été ramené à sa position normale. Le *temps de mémoire* est fort long; des racines incluses dans du plâtre (pour empêcher toute incurvation) sont placées d'abord horizontalement, durant un laps de temps supérieur au seuil de durée : on les porte ensuite sur le clinostat de façon à les soustraire à l'action de la pesanteur. Au bout de plusieurs heures, on les oriente verticalement en enlevant le gypse. On constate alors que la courbure, due à l'excitation du début de l'expérience, se produit (Czapek). Sous l'influence d'une excitation intermittente, la courbure géotropique se manifeste comme si l'excitation avait été continue (Noll, Jost). La plante réagit à la force centrifuge jusqu'à ce que cette dernière soit abaissée à une intensité égale à 0,001 g (Czapek).

Le laps de temps qui s'écoule entre le commencement de l'excitation et le commencement de la réaction (*temps de réaction* de Czapek, *temps de latence* de Massart) est plus long que le temps de présentation. Le temps de latence s'abaisse de 6 heures à 1 h. 45 m., quand l'intensité de la force centrifuge croît de 0,001 à 1 gr. (pour la racine du Lupin, à 30°) ; il descend à 45 min. pour une force égale à 40 gr. Le temps de latence diminue, quand la durée de l'excitation augmente (cette dernière durée est limitée par le fait de l'incurvation qui soustrait l'organe à l'excitation unilatérale). Le temps que met la courbure à s'accomplir (*temps de riposte*) paraît dépendre surtout des conditions extérieures. Quant à l'intensité de la réaction, elle suit la loi de WEBER. Tous ces résultats sont dus à CZAPEK.

§ **II. — Lieu et mode de perception ou de sensation.** — Une expérience de CIESIELSKI (1871) tend à faire admettre la localisation de la sensibilité géotropique des racines dans le sommet de ces organes. Quand on coupe l'extrémité d'une racine en supprimant même le point végétatif, l'organe mutilé devient incapable de subir des courbures géotropiques, bien que continuant à s'allonger vigoureusement (il s'incurve parfois, mais dans une direction quelconque). CH. DARWIN attribua dès lors au sommet de la racine une fonction cérébrale. Cette expression osée et les résultats contradictoires obtenus par divers auteurs ont fait mettre en doute la réalité du phénomène. L'expérience réussit toujours, d'après CZAPEK, lorsqu'on ne supprime que les deux derniers millimètres et qu'on laisse subsister la région de croissance maximum (le troisième millimètre à partir de l'extrémité). La régénération des tissus est accomplie au bout de quarante-huit heures (PRANTL); à ce moment, la courbure réapparaît (CZAPEK). Le fait n'est pas contestable. Mais la perte du géotropisme peut être simplement le résultat du trouble produit par la mutilation. WIESNER a soumis à l'action d'une force centrifuge variant de 20 à 40 gr. des racines décapitées et des racines intactes : dans les deux cas, les racines se dirigent vers l'extérieur du disque du clinostat. Cette expérience permet-elle de conclure contre la manière de voir de DARWIN?

CZAPEK fait pousser des racines intactes dans de petits tubes de verre coudés et fermés à une extrémité ; il obtient ainsi des racines dont les deux derniers millimètres font un angle droit avec le reste de l'organe. Les courbures géotropiques se manifestent dans ces racines, toutes les fois que le sommet n'est pas orienté verticalement, quelle que soit, d'ailleurs, la position de la partie principale de l'organe. La sensibilité serait donc localisée dans les deux derniers millimètres, alors que la région incurvable est longue de dix millimètres.

Si l'on admet la géo-esthésie, il y a lieu de se demander comment la plante perçoit l'excitation de la pesanteur et comment l'irritabilité se transmet de la région sensible à la région qui réagit (sur ce dernier point, voir **Irritabilité**).

CZAPEK trouve la cause de la sensibilité dans le poids des cellules ou plutôt dans la pression qu'exercent l'un sur l'autre les éléments cellulaires. Il existerait dans la racine une *structure géotropique* (agencement des cellules en files longitudinales et en anneaux concentriques). Tout repose dans la répartition de la pression transversale, la seule dont il faille tenir compte. Les explications données par l'auteur sont peu claires. La racine principale réagit plus énergiquement sous une inclinaison de 135° que sous une inclinaison de 45°, parce que la pression s'exerce vers la base des files cellulaires dans le premier cas, vers le sommet dans le second. La différence que l'on constate entre les radicelles et la racine-pivot tient à une certaine relation entre la perception et l'action. NOLL combat cette théorie en s'appuyant sur ses recherches relatives à l'influence des pressions artificielles.

NOLL explique la sensibilité par un phénomène mécanique. Les plantes posséderaient des organes comparables aux otocystes des animaux. Les otocystes servent à l'orientation (GOLTZ, YVES DELAGE); le nom de *statocystes* leur convient mieux (VERWORN). Un statocyste se compose schématiquement d'une cavité entourée d'un épithélium sensoriel et de corps lourds, otolithes ou mieux statolithes. L'animal est en équilibre, quand les statolithes portent sur une région non sensible de l'épithélium. Mais NOLL ne décrit aucun organe pouvant jouer ce rôle chez les végétaux.

HABERLANDT a donné à cette hypothèse une forme concrète. C'est la cellule entière qui est le statocyste : la membrane protoplasmique superficielle joue le rôle d'épithélium sensoriel; les statolithes sont représentés par les grains d'amidon mobiles, peut-être aussi par d'autres corps lourds. Récemment, GIESENHAGEN a attribué ce rôle à des corpuscules brillants, signalés par ZACHARIAS dans les poils des *Chara*.

HABERLANDT expose, à l'appui de sa thèse, un grand nombre de faits, malheureusement contestés pour la plupart. L'amidon ne peut jouer le rôle de statolithe que s'il a la possibilité de se déplacer dans la cellule et s'il est assez lourd pour descendre sous l'effet de son propre poids sans être entraîné par les courants protoplasmiques. Le temps de chute des grains d'amidon au sein de la cellule (10 à 20 minutes) est plus court que le temps de présentation (25 à 30 minutes). Jost était arrivé à la conclusion contraire. L'amidon de la racine est habituellement localisé dans une colonne cellulaire centrale (columelle) de la coiffe (Nemec, Haberlandt). Pour Czapek, tous les tissus du sommet sont sensibles.

Dans la tige, c'est à la *gaine amylifère* (il s'agit de l'endoderme) qu'Haberlandt attribue le rôle de perception de la pesanteur. La tige réagit géotropiquement quand on enlève l'écorce, pourvu que la gaine soit intacte. Cela est contredit par Czapek. Lorsque la gaine amylifère manque (12 cas sur 100 espèces étudiées par Herm. Fischer), il existe, d'après Haberlandt, des groupes de cellules à amidon mobile autrement situés. Le géotropisme s'affaiblit dans les rameaux et les radicelles, parce que les cellules amylifères y sont de plus en plus rares et les grains d'amidon de plus en plus petits.

Ajoutons que Czapek a constaté, dans le sommet des racines excitées géotropiquement, une surabondance des substances oxydables et, par contre, une richesse moindre en zymases oxydantes. Ce serait là un des processus intimes de la géo-esthésie.

Une vive controverse est engagée depuis quelques années sur cette question de la perception, entre les auteurs précédemment cités, et ceux-ci sont loin d'être d'accord. Signalons, en opposition avec l'hypothèse de l'irritabilité, un intéressant mémoire de Letellier (1893), dans lequel l'auteur explique l'orientation des racines par des considérations d'ordre purement statique (*position du centre de gravité*).

§ III. — **Lieu et mode de réaction ou de riposte.** — Seules, les régions en voie de croissance longitudinale sont capables de s'incurver géotropiquement. La longueur de cette région ne dépasse guère 1 centimètre dans les racines terrestres; elle peut atteindre 10 centimètres dans les racines aériennes. Dans les tiges, à cause de l'allongement intercalaire qui manque aux racines, cette longueur est beaucoup plus grande, elle varie de 15 à 50 centimètres et embrasse 1 à 5 entre-nœuds. Ce sont les entre-nœuds qui s'incurvent. C'est cependant dans leurs nœuds que les Graminées (et d'autres plantes, telles que des Caryophyllées, etc.), manifestent leurs courbures. Ces nœuds paraissent avoir cessé de croître; mais sur le clinostat, ils deviennent (même sans se courber) trois à dix fois plus longs qu'à l'état normal (Elfving). Dans une atmosphère privée d'oxygène, où la croissance est suspendue, aucune courbure ne se produit (Kraus).

Bien que le géotropisme soit un phénomène de croissance, il n'y a pas de relation étroite entre les deux ordres de faits. Le maximum d'allongement se trouve toujours à la même distance du sommet dans la racine (Sachs). Le siège du maximum de courbure varie au cours de l'incurvation (Sachs) et se déplace de l'extrémité jusqu'à la région où cesse la croissance longitudinale (Czapek). D'après ce dernier observateur, l'incurvation s'étend à toute la région de croissance, y compris la région sensible, c'est-à-dire les deux derniers millimètres.

La croissance est-elle accélérée ou retardée par la pesanteur? Elfving et Schwarz n'ont constaté aucune modification de la croissance normale en soumettant des plantes à des forces centrifuges variées. Les germinations des spores n'ont donné à Kny que des résultats négatifs. On sait seulement que les pédicelles fructifères du *Phycomyces* développés vers le bas, par suite d'un éclairement venant de ce côté, s'allongent plus lentement que les pédicelles dressés (Elfving), que les branches pendantes des arbres pleureurs s'accroissent moins vigoureusement que les autres rameaux et meurent plus tôt (Tschirch, Vöchting), que dans les courbures géotropiques la croissance de la face convexe est accélérée, et celle de la face concave fortement ralentie (28 et 9 millimètres pour un allongement normal de 20 millimètres dans la racine du Marronnier, d'après Sachs).

La croissance est liée chez les végétaux à la turgescence des cellules, à l'imbibition par l'eau de leurs membranes, et par suite à la tension des tissus. Dans un organe infléchi géotropiquement, la courbure diminue lorsqu'on plasmolyse les cellules (de Vries). Kraus croit avoir constaté une différence de teneur en eau entre les deux côtés de la courbure. Dans les nœuds incurvés des Graminées, les cellules du côté convexe sont fortement allongées, alors que celles du côté opposé restent tabulaires (Sachs). C'est donc, semble-t-il, l'inégalité de la turgescence qui produit mécaniquement l'incurvation. D'après Kohl, cependant, la partie concave est seule active dans le mouvement; elle renferme une plus grande quantité de substance osmotique et c'est elle qui est le plus turgescente, contrairement à ce que l'on pense généralement.

Quoi qu'il en soit, l'extensibilité des membranes entre aussi en jeu. Wortmann, en soumettant à l'action de la pesanteur la tige du *Phaseolus multiflorus* et en empêchant la courbure à l'aide d'une traction, a observé le transport du protoplasme vers l'écorce supérieure et l'épaississement des membranes dans cette région. Mais les tractions provoquent toujours un épaississement (Hégler). Cependant Noll figure, dans des organes infléchis géotropiquement, des membranes plus épaisses du côté concave, et Kohl décrit la même modification dans les courbures géotropiques de végétaux unicellulaires (pédicelles fructifères du *Phycomyces*). La croissance est entravée du côté où se produit l'épaississement. Noll attribue toute l'importance aux modifications de l'élasticité de la membrane. Il est probable que la turgescence des cellules et l'élasticité des membranes interviennent simultanément dans le mécanisme de l'incurvation géotropique.

Conclusion. — Le géotropisme est-il un phénomène d'irritabilité dont le facteur déterminant est la pesanteur? Se réduit-il plus simplement à une action statique et non localisée de la gravitation? Bien que la notion d'irritabilité suppose une succession de phénomènes relativement compliqués pour des organismes tels que les végétaux, et sur lesquels nous n'avons que des connaissances vagues ou incertaines, il faut reconnaître que l'ensemble de faits mis en évidence par Czapek plaide en faveur de la première hypothèse. Quant à la variété des manifestations géotropiques, notamment l'opposition si remarquable entre la tige et la racine, c'est là un phénomène encore mal étudié. Il est, du moins, hors de doute que cette diversité est de la plus grande utilité pour la plante. Il faut noter toutefois que, si l'on couche horizontalement une jeune plantule, en la fixant par un point de la tige, il se produit une courbure en U. La base de la tige se comporte comme le sommet et se dresse vers le haut, soulevant la racine; cette dernière s'infléchit bientôt d'ailleurs pour retrouver l'orientation que lui a fait perdre l'incurvation de la tige.

Bibliographie. — Aderhold. *Beiträge zur Kentniss richtender Kräfte bei der Bewegung niederer Organismen* (*Jenaïsche Zeitschr. f. Naturw.*, 1888). — Andrews. *Die Wirkung der Centrifugalkraft auf Pflanzen* (*Jahrb. f. w. Bot.*, 1902). —** Baranetzki. *Ueber die Ursachen, welche die Richtung der Aeste der Baum-und Straucharten bedingen* (Flora, 1901). — Briquet. *Modifications produites par la lumière dans le géotropisme des stolons des Menthes* (*Arch. phys. nat.*, Genève, 4e sér., I, 54). — Brunchorst. *Die Funktion der Spitze bei den Richtungsbewegungen der Wurzeln, I, Geotropismus* (*Ber. d. deutsch. bot. Ges.*, 1884). — Berthold. *Protoplasmamechanik*, 1886. — Brzobohaty. *Influence de l'orientation des organes végétaux sur la grandeur de l'irritation géotropique* (*en tchèque dans Abh. d. Böhmischen Ak.* Prague, 1902). — * Ciesielski. *Ueber die Abwärtskrümmung der Wurzel* (*Inaug. Diss.*, Breslau, 1871). — * Czapek. *Untersuchungen über Geotropismus* (*Jahrb. f. w. Bot.*, 1895). — *Die plagiotrope Stellung der Seitenwurzeln* (*Ber. d. deutsch. bot. Ges.*, 1895). — * *Ueber die Richtungsursachen der Seitenwurzeln und einiger plagiotropen Pflanzentheile* (*Sitz. d. Wiener Ak.*, 1895). — *Ueber einen Befund an geotropischgereizten Wurzeln* (*Ber. d. deutsch. bot. Ges.*, 1897). — ** *Weitere Beiträge zur Kenntniss der geotropischen Reizbewegungen* (*Jahrb. f. w. Bot.*, 1898). — * *Ueber den Nachweiss der geotropischen Sensibilität der Wurzelspitze* (*Jahrb. f. w. Bot.*, 1900). — *Ueber den Vorgang der geotropischen Reizperception in der Wurzelspitze* (*Jahrb. d. Deutsch. bot. Ges.*, 1901). — Ch. Darwin. *The movement and habits of climbing plants*, London, 1875 (*Les mouvements et les habitudes des plantes grimpantes*, Paris, 1886). — *The power of movement in plants*, London, 1880 (*La faculté motrice dans les plantes*, Paris). — Francis Darwin. *On the connection between geotropism and growth* (*Linnean Society's Journ., Bot.*, 1882). — *Preliminary note on the function of root-tip in relation to geotropism* (*Cambridge, Proc. phil. Soc.* 1901). — *The movement of plants* (*Nature*, London, 1901) et *Les mouvements des plantes* (*Revue scientifique*, 1902). — *On a method of investigating the gravitational sensitivness of the root-tip* (*Linn. Soc. Journ. Bot.*, 1902). — Detlefsen. *Ueber die von* Ch. Darwin *behauptete Gehirnfunktion der Wurzelspitze* (*Arb. d. bot. Inst. in Würzburg*, II, 1881). — Detmer. *Beiträge zur Theorie des Wurzeldrucks* (*Physiol. Abth.*, Jena, 1877). — * Dodart.

Sur l'affectation de la perpendiculaire remarquable dans toutes les tiges, dans plusieurs racines, etc. (dans *Hist. de l'Acad. royale d. Sc.*, Paris, 1700). — * Du Hamel. *Physique des arbres*, t. II, 1758. — Dutrochet (Voir *Ann. d. Sc. nat.*, 1833 et *Mémoires pour servir, etc.*, 1837). — * Elfving. *Beitrag zur Kentniss der physiol. Einwirkung der Schwerkraft auf die Pflanzen* (*Acta Soc. scient. Fennicæ*, 1880). — * *Ueber einige horizontalwachsende Rhizome* (*Arb. d. bot. Inst. in Würzburg*, II, 1880). — * *Zur Kentniss der pflanzlichen Irritabilität* (*Öfversigt of Finska Vet. Soc. Förhandlinger*, 1893). — Johann Erikson. *Geotropism, etc.* (*Botaniska Notiser*, 1894). — * *Uber negativgeotropischen Wurzeln bei Sandpflanzen* (*Bot. Centr.*, 1895). — Herm. Fischer. *Der Pericykel in den freien Stengelorgane* (*Jahrb. f. w. Bot.*, 1900). — * Frank. *Die natürliche wagerechte Richtung der Pflanzentheile*, 1870). — *Grundzüge der Pflanzenphysiologie* (Hanovre, 1882). — * *Ueber die Lage und Richtung schwimmender und submerser Pflanzentheile* (*Beitr. z. Biol. d. Pflanzen*, I). — Giesenhagen. *Ueber innere Vorgänge bei der geotropische Krümmung der Wurzeln von Chara* (*Ber. d. Deutsch. bot. Ges.*, 1901). — Guillon. *Le géotropisme des racines de la vigne* (*C. R.*, Paris, 1901). — Haberlandt. *Die reizleitende Gewebesystem der Sinnpflanze* (Leipzig, 1890). — *Ueber die Perception des geotropischen Reizes* (*Ber. d. Deutsch. bot. Ges.*, 1900). — *Ueber Reizleitung im Pflanzenreich* (*Biolog. Centr.*, 1901). — *Sinnesorgane im Pflanzenreich zur Perception mecanischer Reize* (Leipzig, 1901). — *Ueber die Statholithenfunktion der Stärkekörner* (*Ber. d. Deutsch. bot. Ges.*, 1902). — ** *Zur Statholithentheorie des Geotropismus* (*Jahrb.f. w. Bot.*, janvier 1903). — Hartig. *Einfluss von Schwerkraft, Druck und Zug auf den Bau des Fichtenholzes*, etc., 1902. — Heine. *Ueber die physiologische Funktion der Stärkescheide* (*Ber. d. d. bot. Ges.*, 1900). — Hochreutiner. *Étude sur les Phanérogames aquatiques du Rhône*, etc. (*Rev. gén. de Bot.*, 1896). — * Hofmeister. *Ueber die durch Schwerkraft bestimmten Richtungen von Pflanzentheilen* (*Ber. d. k. Sächs. Ges. d. W.*, 1860). Voir aussi *Jahrb. f. w. Bot.*, 1863 et *Bot. Zeitung*, 1868 et 1869. — Hutchinson. *Irritability in plants* (*Eastbourne Trans. nat. hist. Soc.*, 1901). — * Jensen. *Ueber den Geotropismus niederer Organismen* (*A. g. P.*, 1892). — Jost. *Ueber die Reizperception in den Pflanzen* (*Verh. Ges. deutsch. Natur. Aerzte, Vers.* 73). — * *Die Perception des Schwerereizes in den Pflanzen* (*Biolog. Centr.*, 1902). — * Kerner von Marilaun. *Pflanzenleben.* — ** Knight. *On the direction of growth of roots* (*Philosophical Trans.*, 1806). — * Kohl. *Die Mechanik der Reizkrümmung*, Marburg, 1894. — Kolkwitz. *Beiträge zur Mechanik des Wendens* (*Ber. d. deutsch. bot. Ges.*, 1895). — Krabbe. *Zur Frage nach der Funktion der Wurzelspitze* (*Ber. d. deutsch. bot. Ges.*, 1883 et 1884). — * Kraus. *Ueber die Wasservertheilung in der Pflanze, II* (*Abh. d. Naturforschenden Ges. zu Halle*, 1882). — ** Letellier. *Essai de statique végétale.* Caen, 1893. — * B. Lidforss. *Ueber den Geotropismus einiger Frühjahrspflanzen* (*Jahr. f. w. Bot.*, 1902). — Mac Dougal. *Ueber die Mechanik der Windungs-und Krümmungsbewegungen der Ranken* (*Ber. d. deutsch. bot. Ges.*, 1896). — Maige. *Recherches biologiques sur les plantes rampantes* (*Ann. d. Sc. nat. Bot.*, 1900). — Miehe. *Ueber correlative Beeinflüssung des Geotropismus einiger Gelenkpflanzen* (*Jahr. f. w. Bot.*, 1902). — Molisch. *Ueber den Längenwachsthum geköpfter und unverletzten Wurzeln* (*Ber. d. Deutsch. bot. Ges.*, 1883). — Nemec. *Ueber die Art der Wahrnehmung des Schwerkraftreizes bei den Pflanzen* (*Ber. d. Deutsch. bot. Ges.*, 1900). — *Ueber die Wahrnehmung des Schwerkraftreizes bei den Pflanzen* (*Jahrb. f. w. Bot.*, 1901). — *Ueber die plagiotropwerden orthotrope Wurzeln* (*Ber. d. deutsch. bot. Ges.*, 1901). — *Der Wundreiz und die geotropische Krümmungsfähigkeit der Wurzeln.* (*Beit. w. Bot. Stuttgard*, 1901). — * *Die Reizleitung und die reizleitenden Structuren bei der Pflanzen*, Jena, 1901. — * *Die Perception der Schwerkraftreizes bei der Pflanzen* (*Ber. d. deutsch. bot. Ges.*, 1902). — * Noll. *Ueber die normale Stellung zygomorpher Blüthen*, etc. (*Arb. d. bot. Inst. in Würzburg*, 1885 et 1886). — * *Beitrag zur Kentniss der phys. Vorgänge, welche den Reizkrümmungen zu Grunde liegen* (*Id.*, 1888). — *Ueber heterogene Induction* (Leipzig, 1892). — *Das Sinnesleben der Pflanzen* (*Ber. d. Senkenberger Ges.*, 1896). — *Ueber Geotropismus* (*Jarh. f. w. Bot.*, 1900). — * *Zur Controverse über den Geotropismus* (*Ber. d. Deutsch. bot. Ges.*, 1902). — Prantl. *Ueber die Regeneration des Vegetationspunktes an Angiospermenwurzeln* (*Arb. d. bot. Inst. in Würzburg*, 1874). — * Pfeffer. *Die Reizbarkeit der Pflanzen* (*Verh. d. Naturf. Ges.*, Leipzig, 1893). — *Ueber geotropsche Sensibilität der Wurzelspitze nach von Çzapek in Leipziger bot. Inst. angestellten Untersuchungen* (*Ber. d. k. Sächs. Ges. d. W. zu* Leipzig, 1894). — Rothert. *Die Streitfrage über die Funktion der*

Wurzelspitze (*Flora*, 1894). — * *Beobachtungen und Betrachtungen über taktische Reizerscheinungen* (*Flora*, 1901). — * J. SACHS. *Längenwachsthum der Ober-und Unterseite horizontalgelegter sich aufwärts krümmender Sprosse* (*Arb. d. bot. Inst. in Würzburg*, I, 1872). — *Ablenkung der Wurzeln von ihrer normalen Wachsthumsrichtung durch feuchte Körper*(*Ibid.*, I, 1872). — *Ueber das Wachsthum der Haupt- und Nebenwurzeln* (*Ibid.*, I, 1873). — *Ueber Ausschliessung der geotropischen und heliotr. Krümmungen während des Wachsen* (*Ibid.*, II, 1879). — * *Ueber orthotrope und plagiotrope Pflanzentheile* (*Ibid.*, II, 1879). — *Ueber das Wachsthum und Geotropismus aufrechter Stengel* (*Flora*, 1874). — ** *Vorlesungen über Pflanzenphysiologie*, 1882. — SCHENCK. *Lianen* (Jena, I, 1892, II, 1893). — SCHOBER. *Die Anschauungen über den Geotropismus der Pflanzen seit Knight* (*Beilage zum Bericht der Realschule in Eilbeck, Hamburg*, 1899). — * *Die bisherige Erklärungsversuche für die Mechanik der geotropischen Krümmungen* (*Verh. nat. Vers.*, Hamburg, 1900-1901). — * SCHWARZ. *Der Einfluss der Schwerkraft auf die Bewegungsrichtung von Chlamidomonas und Euglena* (*Sitz. d. Deutsch. bot. Ges.*, II). — *Der Einfluss der Schwerkraft auf das Längenwachsthum der Pflanzen* (*Unters. aus d. bot. Inst. in Tübingen*, 1881). — SCHWENDENER et KRABBE. *Ueber die Beziehungen zwischen den Mass der Turgordehnung* (*Jahrb. f. w. Bot.*, 1893). — * STAHL. *Ueber den Einfluss von Richtung und Starke der Beleuchtung auf einige Bewegungserscheinungen im Pflanzenreiche* (*Botan. Zeitung*, 1880). — * *Einfluss des Lichtes auf den Geotropismus einiger Pflanzenorgane* (*Ber. d. Deutsch. bot. Ges.*, 1884). — * DE VRIES. *Ueber einige Ursachen der Richtung bilateralsymmetrischer Pflanzentheile* (*Arb. d. bot. Inst. in Würzburg*, I, 1872). — * *Längenwachsthum der Ober-und Unterseite sich krümmender Ranken* (*Id.*, I, 1872). — * VÖCHTING. *U. über die mechan. Ursachen des Zellstreckung*, Leipzig, 1877. — *Ueber Organbildung im Pflanzenreich*, Bonn, 1884 (2e partie). — * *Ueber Zygomorphie und deren Ursachen* (*Jahrb. f. w. Bot.*, 1886). — WACHTEL. *La question du géotropisme des racines* (en russe dans *C. r. Soc. néorusse des naturalistes d'Odessa*, 1899). — WIESNER. * *Die heliotropische Erscheinungen im Pflanzenreich* (*Denkschr. d. K. Ak. d. W. in Wien*, 1878 et 1880). — *Das Bewegungsvermögen der Pflanzen*, 1881. — *Note über die angebliche Funktion der Wurzelspitze beim Zustandekommen der geotropischen Krümmungen* (*Ber. d. Deutsch. bot. Ges.*, 1884). — *Erklärung, etc.*, (*Id.*, 1884). — * *Ueber Trophien nebst Bemerkungen über Anisophyllie* (*Id.*, 1895). — *Experimenteller Nachweis paratonischer Trophien beim Dickenwaschsthum des Holzes der Fichte* (*Id.*, 1896). — ** *Studien über den Einfluss der Schwerkraft auf die Richtung der Pflanzenorgane* (*Anz. Ak. d. Wiss.*, Wien, 1902). — * WORTMANN. *Zur Kentniss der Reizbewegungen* (*Bot. Zeitung*, 1887). — * *Einige weitere Versuche über die Reizbewegungen vielzelliger Organe* (*Ber. d. deutsch. bot. Ges.*, 1887). — *Zur Beurtheilung der Krümmungserscheinungen der Pflanzen* (*Bot. Zeitung*, 1888).

H. RICÔME.

GERMINATION. — Les plantes supérieures donnent naissance à des *graines* qui peuvent passer un temps plus ou moins long à l'état de vie ralentie pour évoluer ensuite lorsque les conditions externes deviennent favorables.

Ces graines renferment un *germe* ou *embryon* qui porte à côté de lui ou en lui des *substances de réserve* destinées à lui permettre, le moment venu, de se développer.

Nous étudierons successivement les *conditions* de la germination, conditions qui, les les unes, tiennent à la graine elle-même et qu'on peut nommer *intrinsèques*, tandis que les autres tiennent au milieu externe, d'où leur nom d'*extrinsèques*. Nous nous occuperons ensuite des *phénomènes physiologiques*, dont les plus importants sont la *respiration* et la *digestion des réserves*. Ces phénomènes ont pour conséquence de *modifier* notablement *la composition chimique des plantules* et de *produire de l'énergie* qui se manifeste surtout par un dégagement de chaleur.

Chemin faisant nous donnerons quelques explications au sujet des *bulbes*, des *tubercules*, dont l'évolution se rapproche considérablement de celle des graines. La germination des *spores*, des *grains de pollen*, etc., sera traitée dans des articles spéciaux ; néanmoins nous en dirons quelques mots ici, pour que cet important sujet de la germination soit étudié avec toute la généralité qu'il comporte.

CONDITIONS INTRINSÈQUES DE LA GERMINATION.

Présence des réserves dans les graines. — Bonne conformation des graines. — Germination indépendante. — L'embryon exige, pour son développement, la présence d'une certaine quantité de *réserves azotées et ternaires*. Il y a bien des cas dans lesquels cet embryon contient de la chlorophylle, mais celle-ci n'est pas suffisante pour satisfaire aux besoins de la plantule ; du reste, pendant la germination de la graine du Pin Pignon par exemple, les cotylédons, quoique verts, sont longtemps masqués par la terre et par l'endosperme et ne peuvent, dans ces conditions, que très imparfaitement décomposer le gaz carbonique.

Si dans la plupart des cas les réserves accumulées dans les cotylédons ou dans l'albumen se trouvent en assez grande quantité pour permettre le développement de l'embryon, elles peuvent aussi être en excès, c'est-à-dire qu'il en subsiste encore un peu alors que la plantule vit par elle-même ; c'est, par exemple, ce qui arrive dans le Chêne, le Marronnier, le Pois.

La remarque qui précède permet de comprendre pourquoi certaines graines à embryon bien constitué, mais à albumen atrophié, ne peuvent évoluer convenablement. Si ces graines sont normalement plus lourdes que l'eau, comme c'est le cas pour les graines amylacées, il suffit, pour distinguer celles qui sont mauvaises, de les jeter dans un vase rempli d'eau ; mais il est bon d'observer que ce procédé ne saurait s'appliquer aux graines qui surnagent, comme celles du Ricin, par exemple. Nous n'insisterons pas ici sur les différents types de réserves ; nous en parlerons plus loin au sujet de la digestion.

Mais il ne suffit pas que les réserves soient présentes ; il faut encore que l'embryon lui-même soit normalement constitué. Dans certaines familles, il y a de temps en temps, ou bien toujours, des embryons indifférenciés (Solanées, Orchidées, Orobanchées, etc., Hystérophytes). Comment se fait la germination dans tous ces cas, c'est ce qui n'est pas encore nettement établi à l'heure actuelle. Il semble bien que pour les Orchidées, la germination ne puisse se faire sans le concours de champignons filamenteux, du genre *Fusarium*, qui infestent hâtivement l'embryon ; en effet, pour faire germer les graines de nos Orchidées ornementales, les horticulteurs les sèment sur le *Sphagnum* superficiel d'un pot contenant une plante vivante de la même espèce. Ils ont observé que la germination ne réussit pas sur un substratum identique, mais neuf, dans un pot qui ne contient pas d'autres plantes ; d'où est née cette opinion « qu'il faut une plante vivante pour *assainir* le substratum sur lequel la germination doit se produire ». Comme on le voit, c'est l'explication inverse qui est principalement la bonne ; l'Orchidée adulte sert à infester le substratum des champignons sans lesquels la germination ne peut se produire. Il est probable que l'on doit rapprocher de ces faits les particularités observées dans la germination des spores chez les Lycopodiacées et les Ophioglossées (Noel Bernard, *Sur quelques germinations difficiles*, *Revue générale de Botanique*, 1900, p. 108).

Les diverses parties d'un embryon peuvent, dans une certaine mesure, évoluer séparément comme des sortes de boutures ; c'est ce qu'on désigne souvent des noms de *germination indépendante* ou de *germination fractionnée* (Bonnet. *Usage des feuilles*, 1753. Van Tieghem. *Recherches physiologiques sur la germination*, *Annales scientifiques de l'Ecole normale*, 1873).

Ainsi, par exemple, un cotylédon de Légumineuse peut à lui seul digérer des réserves, verdir, former des principes nouveaux, etc. On connaît même des cas dans lesquels des cotylédons donnent naissance à des bourgeons d'où procède une plante nouvelle ; il en est également ainsi pour l'endosperme du *Cycas*. Mais il peut arriver que des cotylédons, quoique très développés, ne puissent vivre d'une vie indépendante ; c'est ce qui se produit chez le Châtaignier, le Marronnier, etc. Selon Belzung, ce fait tiendrait à un défaut de réserves protéiques qui, seules, peuvent donner naissance aux principes diastasigènes. On peut retrancher une partie des cotylédons sans que la plante meure. Ainsi des Haricots germent très bien quand on ne leur laisse qu'un seul cotylédon. Bonnet a même observé qu'un Chêne a pu germer sans aucun cotylédon ; mais alors la plante est restée pendant plusieurs années faible et très petite ; peut-être, fait remarquer DE CANDOLLE, l'effet serait-il moins sensible sur les graines à cotylédons foliacés. On peut aussi fendre l'embryon suivant sa longueur; si chaque moitié contient un cotylédon (dicotylédone) ou un demi-cotylédon (monocotylédone), elle peut évoluer et donner un nouvel individu. Les radicelles, la tigelle, isolées, prennent, comme les cotylédons, un développement en rapport avec les provisions des matières nutritives assimilables qu'elles possèdent au moment de la séparation.

L'arille et la caroncule ne paraissent jouer aucun rôle dans la germination.

Maturité des graines. — Il ne suffit pas qu'une graine ait des réserves, qu'elle soit normalement constituée pour que, lorsque le milieu est favorable, elle puisse évoluer. Il faut encore que ses tissus soient arrivés à un état particulier dit de *maturité*, lequel doit être caractérisé par une certaine composition chimique et une certaine structure du contenu des cellules.

Mais une graine peut n'avoir pas encore atteint sa différenciation complète et être néanmoins susceptible de germer; il n'y a donc pas concordance nécessaire entre ce qu'on pourrait appeler la *maturité interne* et la *maturité externe*. Ainsi, dans le Haricot et le Pois, les graines peuvent germer alors qu'elles n'ont encore atteint que la moitié ou les deux tiers de leurs dimensions définitives. Il en est de même pour le Blé dont les grains sont mûrs pour la germination alors que leur albumen est encore très hydraté et de consistance molle; bien plus, SENEBIER, TREVIRANUS ont constaté que le Pois, avant sa maturité absolue, germe plus vite qu'à l'ordinaire. DUHAMEL a constaté aussi ce fait sur des graines de Frêne. COHN (*Beiträge zur Physiologie des Samens, Flora*, 1849) a remarqué que la graine ne peut germer que si l'embryon remplit la majeure partie de la cavité des téguments et que si l'albumen a été absorbé ou a pris quelque consistance. Selon cet auteur, les plantes venant de semences non mûres ne sont pas plus faibles que les autres; en outre la germination paraît se faire dans le moins de temps possible à un degré moyen de maturité des graines. Il y a donc, comme le disait DE GASPARIN, une *maturité germinative*, antérieure à la maturité d'organes. Dans la Mangrove un certain nombre d'arbres (*Rhizophora, Ceriops, Kandelia, Bruguiera, Avicennia, Ægiceras*) donnent des graines qui germent dans la plante-mère. L'embryon du *Rhizophora Mangle* atteint un mètre de long quand il se détache.

Par contre, un fruit bien mûr peut renfermer des graines non encore susceptibles de germination; c'est ce qui arrive, par exemple, chez le Pêcher dont la graine ne germe qu'un an ou deux ans après la maturité du fruit. Selon BELZUNG, l'impossibilité où se trouvent certaines graines de germer, alors que le fruit est bien mûr, tiendrait probablement « à ce que les substances protéiques, d'où naissent par dédoublement aux premiers moments de la germination des diastases, agents de la digestion des réserves, manquent encore. C'est alors pendant une période ultérieure que ces principes diastasigènes sont élaborés par un lent travail interne, tandis que les réserves sont déjà normalement constitués. »

Faculté germinative. — La *durée* de la *faculté germinative* est très longue pour certaines graines dont la réserve est aleurique ou amylacée ou bien aleurique et amylacée à la fois, à la condition, bien entendu, que ces graines soient placées dans des conditions de milieu qui ne provoquent pas la germination.

On trouve, rapporté dans DE CANDOLLE (*Physiologie végétale*, t. II, p. 620) et dans beaucoup d'autres traités de Botanique, ce fait que des sols qui, par suite de travaux de terrassement se sont trouvés exposés à l'air après plusieurs siècles, se couvrent, dès la première année, de certaines espèces peu communes à l'entour et dont les graines se seraient ainsi conservées sous terre pendant ce laps de temps. SAVI (*Elem. di Botanica*, 136) a vu, pendant plus de dix ans après, un semis naître de jeunes plants de Tabac qu'on arrachait soigneusement chaque année. DUHAMEL (*Traité des semis*, p. 93-95) a vu le *Datura Stramonium* reparaître après vingt-cinq ans, dans en fossé qu'il avait comblé puis déblayé. GÉRARDIN a constaté que des graines de Sensitive mises en sac depuis plus de soixante ans, pouvaient encore germer. Selon PLINE, le Blé conserverait pendant cent années au moins sa faculté germinative, mais DUHAMEL réduit ce nombre à dix ans au plus. Divers auteurs auraient vu des graines de Melon germer après quarante et un ans, des graines de Haricot après trente-trois ans; des graines d'*Alcea rosea* après vingt-trois ans; de Rave, de *Malva crispa*, après dix-sept ans. GÉRARDIN aurait même fait germer des graines de Haricot provenant de l'herbier de TOURNEFORT et étant âgés d'au moins 100 ans. Bien plus, CH. DESMOULINS (*Act. Soc. Lin.*, Bordeaux, VII, avril 1835) rapporte que les graine de Minette, de Bleuet, d'Héliotrope provenant des tombeaux romains de la Dordogne et remontant au IIIe siècle de notre ère purent germer et donner des plantes qui ont fleuri. On a prétendu aussi que les grains des greniers de César trouvés à Gergovie et en Transylvanie n'avaient pas perdu leur pouvoir germinatif; de même pour les grains des hypogées de l'Égypte.

Or la question des *Blés de momie* est aujourd'hui vidée. Ces grains ne germent jamais. L'égyptologue MARIETTE les a toujours vus se réduire en une bouillie argileuse au lieu d'évoluer; il est vrai que les grains sur lesquels il a opéré étaient carbonisés, ce qui n'a pas toujours lieu; mais les autres, non carbonisés et ressemblant beaucoup aux grains actuels, ne germent pas non plus (MASPERO; GAIN; *C. R.*, CXXX. 1643); les réserves des grains pharaoniques sont chimiquement bien conservées et utilisables pour un germe viable, mais l'embryon a subi des modifications chimiques très accentuées qui ont amené depuis longtemps la mort définitive. Si des voyageurs en ont pu faire germer, cela tient à ce qu'ils ont été trompés par les fellahs; ceux-ci, pour se procurer facilement des bénéfices, n'hésitent pas à vendre aux touristes amateurs des Blés récents; telle est l'opinion que me formulait MASPERO sur cette question dans une lettre du 15 juillet 1901.

CLAUDE BERNARD, qui croyait à la germination des Blés de momie et à celle des graines enfouies depuis des siècles et que les tranchées mettent à jour, basait sur ces faits et sur quelques autres sa théorie de la *vie latente*, c'est-à-dire de la vie temporairement suspendue, sans aucune manifestation interne ni externe de nature physico-chimique. Ce n'est pas le lieu de discuter ici l'important problème de la vie latente; disons seulement qu'à l'heure actuelle il règne à ce sujet deux courants d'opinion : l'un, d'après lequel les échanges matériels avec le milieu et les actes fonctionnels seraient arrêtés radicalement dans certaines conditions sans qu'il y ait mort réelle (*Scheintod* des Allemands), l'autre d'après lequel le mouvement d'assimilation protoplasmique, signe essentiel de la vitalité, ne peut subir ni arrêt ni reprise, mais peut néanmoins être considérablement atténué ou amoindri.

Quand la graine est sèche, elle peut supporter des écarts énormes de température sans périr et ceci est conforme à ce qui a été observé maintes fois dans le règne animal. EDWARDS et COLIN ont refroidi à —40° et sans les tuer, des grains de Blé, d'Orge, de Seigle, de Fève (*De l'influence de la température sur la germination, Ann. des Sc. nat.* 1834, I, 257). Les mêmes auteurs ont trouvé que ces graines mises pendant quinze minutes dans l'eau à 50° ne peuvent plus germer; dans l'air humide il faut aller à 62° et dans l'air sec à 70°. Mais DOYÈRE (*Recherches sur l'aleucite, Ann. de l'Inst. agron.*, I, 1852, 260) a fait voir qu'on peut chauffer impunément jusqu'à 100° des grains de Blé, à la condition que ces derniers aient été desséchés dans le vide.

Les travaux d'EDWARDS et COLIN, de DOYÈRE ont été repris depuis. Ainsi KELLERMANN (*Bot. Centr.*, XLVIII, 45) a constaté que l'eau à 88°,5 tue moins de la moitié des graines de Maïs lorsque son action ne se prolonge pas au delà de vingt secondes; à 81° pendant une minute très peu de graines sont tuées; mais, si, avant l'immersion dans l'eau chaude, on fait gonfler les graines dans l'eau ordinaire, il n'y a pas de germination. A 75° on peut laisser les graines pendant trois minutes; à 72° pendant cinq minutes. L'action nuisible du gonflement dans l'eau ne commence à baisser que lorsque l'eau chaude n'a pas dépassé 62°.

DETMER a montré aussi que les graines sèches résistent à de hautes températures ainsi qu'à des froids intenses, tandis qu'à quelques degrés au-dessous de zéro seulement les graines turgescentes sont tuées.

JODIN (*C. R.*, CXXIX, 893) a trouvé qu'on peut modifier la méthode de DOYÈRE en se passant de l'emploi du vide pour soumettre les graines à 100° à la condition de les dessécher progressivement à des températures modérées.

Et maintenant que se passe-t-il si ces graines sèches sont exposées à la lumière au lieu de l'être à la chaleur ou au froid ?

Selon TAMMES (*Chem. Zeit.*, XXIX, 209, et XXIV, 1300), cette exposition n'a aucun effet;

mais LAURENT (*C. R.*, décembre 1902) a obtenu des résultats différents. Dans ces expériences cet auteur ne constatait aucune différence au bout de huit jours pour les graines de Moutarde, de Cresson alénois et de Trèfle blanc. Mais, au bout d'un mois d'exposition à la lumière solaire, les graines de trèfle se trouvaient affaiblies et germaient plus lentement, et il en était de même pour la Moutarde blanche; au bout de quarante jours, aucune graine de *Taraxacum* ne pouvait germer, alors que 66 p. 100 de celles qui n'avaient pas été insolées pouvaient évoluer, 12 graines seulement d'Epervière purent germer, au lieu de 64, et 75 graines de Seneçon au lieu de 95.

JODIN (*C. R.*, 8 septembre 1902) avait également constaté un résultat analogue. Mais il a vu en outre que les graines sèches résistent beaucoup plus que les autres à l'action de la lumière.

Selon COUPIN (*C. R.*, CXXVI, 1365), les graines mises dans l'eau confinée ou dans l'eau régulièrement renouvelée se comporte ou bien de la même façon ou bien différemment selon les espèces. Ainsi la mort arrive au bout du même nombre de jours dans les deux cas pour le Pavot et le Lin. Certaines graines résistent mieux dans l'eau renouvelée (Moutarde, Millet, Betterave). D'autres enfin vivent plus longtemps dans l'eau confinée (Mauve, Blé, Avoine, Asperge). L'immersion dans l'eau confinée même pendant un temps assez court diminue le pouvoir germinatif; certaines graines subissent aussi de ce fait un retard dans leur développement. Le Lupin peut rester pendant dix jours dans l'eau renouvelée sans perdre son pouvoir germinatif.

Il faut toutefois remarquer que de nombreuses observations faites sur les plantes aquatiques conduisent à admettre que leurs graines conservent très longtemps le pouvoir germinatif à la condition de ne pas quitter le milieu humide, que ces graines aient un albumen farineux comme les *Juncus*, *Carex*, *Coleanthus* ou qu'elles soient sans albumen comme les *Lathyrus* et *Alnus*; leur durée de conservation est identique (POISSON, *C. R.*, août 1902).

Il y a des graines chez lesquelles la durée de la faculté germinative est *limitée* à quelques années seulement. Il en est ainsi de celles qui sont riches en huile (Noyer, Ricin); en effet, l'huile s'oxyde progressivement à l'air, et il se forme des acides gras qui altèrent le protoplasma; de plus les graines, quand elles sont de consistance charnue, deviennent facilement la proie des Moisissures en milieu humide.

Il y a même des graines chez lesquelles la faculté germinative ne dure que *très peu de temps*. On sait par exemple que les graines de Caféier exposées au soleil perdent leur vitalité en quelques heures. Aussi les fait-on sécher à l'ombre avant de les utiliser ou même sème-t-on le fruit tout entier qui est drupacé. On peut citer comme autres graines très sensibles, celles de la plupart des Rubiacées, de la Fraxinelle, de l'Angélique, des Lauriers et des Myrtes. Ces faits expliquent le mode spécial de conservation des graines fragiles. En effet, tandis que les autres graines se conservent bien en milieu sec, celles-ci exigent un milieu frais, qu'on réalise par exemple par stratification dans du sable. Les graines de Caféier destinées à la culture sont expédiées dans des boîtes, dépourvues de la pulpe du péricarpe (*parche*) ou bien encore contenues dans le fruit entier (*cerise*).

Après l'exposé qui vient d'être fait, il devenait intéressant de se demander jusqu'à quel âge les *semences agricoles* par exemple conservent leur faculté germinative. On ne s'informe guère, dit DE GASPARIN (*Cours d'Agriculture*, III, 453), de l'âge de la graine de Luzerne, de Sainfoin, de Sensitive; celles de Melon, de Tabac, de Rave, de Colza, sont bonnes après plusieurs années de conservation et, d'un autre côté, les noix, les noisettes et les amandes ne peuvent plus germer après leur première année; il y a beaucoup moins de graines de Garance de la seconde année qui germent que de graines de la première, et plus elles sont vieilles, plus elles deviennent infécondes. L'auteur déclare avoir semé avec succès des Blés qui avaient été tenus en petite quantité dans des bocaux mal fermés. LAMECK (*Biederm. Centr.*, XVIII, 285) a conservé pendant une durée variant de une à cinq années, dans des sachets en papier, un grand nombre de graines qui avaient été placées dans un local sec et chauffé en hiver. Après cinq ans le pouvoir germinatif du Trèfle rouge fut réduit de 18 p. 100 en moyenne; ceux du Trèfle blanc de 79 p. 100, du Sainfoin de 32 p. 100, de la Luzerne de 23 p. 100, de l'Avoine élevée de 31 p. 100. Après onze ans, le Maïs germa dans la proportion de 56 p. 100, l'Avoine de 25, l'Orge de 28, la Luzerne de 10, le Blé et le Lin de 0.

CONDITIONS EXTRINSÈQUES DE LA GERMINATION

Action de la chaleur. — Comme pour la plupart des phénomènes physiologiques, il y a ici un *minimum*, un *maximum* et un *optimum* à envisager dans la cause qui agit sur la germination. On juge de l'effet produit par des températures différentes en appréciant le développement de la graine en un temps donné.

Edwards et Colin ont montré que pour le Blé d'hiver, l'Orge et le Seigle, la limite inférieure est de + 7°.

Alphonse de Candolle (*De la germination sous des degrés divers de température constante. Bibliothèque universelle* et *Revue suisse*, 1865) a vu germer à 0, le *Sinapis alba*. Le *Lepidium sativum* et le Lin se sont développés entre 1°,4 et 1°,9.

Le *Sinapis alba* met dix-sept jours pour germer à 0; seize jours à 1°9; neuf jours à 3°; quatre jours à 5°7; trois jours et demi à 9°; un jour trois quarts à 12-13°; trois jours et demi à 17°; à 28°, un tiers des graines seulement germe; au bout de trois jours à 41°, aucune graine ne se développe.

Pour le *Lepidium sativum*, il faut trente jours à 1°9; seize jours à 3°; cinq jours à 5°7; trois jours à 9°; un jour trois quarts à 12-13°; un jour et demi à 17°; à 28°, très peu de graines germent; enfin, aucune n'évolue à 40°.

Le *Sesamum orientale* ne commence à germer qu'à 12-13° comme la Courge; à cette température il germe en neuf jours; il met trois jours à 17°; trente heures à 20°, vingt-deux heures à 25°, vingt-cinq heures à 28°; enfin, cette plante des pays chauds a eu plusieurs germinations en dix heures et demie à 40°.

Kœrnicke (*Ann. agr.*, XXII, 344) a trouvé que certaines graines difficiles à germer telles que celles de l'*Acacia molissima*, du *Lathyrus silvestris Wagneri* évoluent plus rapidement après un certain séjour dans l'eau tiède.

Joha Vanha (*Ann. agr.*, XXV, 559) a observé que les alternances de température sont plus favorables que la constance de température, quand bien même celle-ci serait optimum.

Voici un tableau indiquant les principales températures concernant la germination de quelques graines (Sachs, Köppen, de Vries, de Candolle) :

	Minimum.	Optimum.	Maximum.
Courge	13,7	33,7	46.2
Maïs	9,5	33.7	46.2
Haricot multiflore	9,5	33.7	46.2
Blé	5	28.7	42,5
Orge	5	28.7	37.7
Cresson alénois	1,8	21	28
Lin	1,8	21	28

Voici en outre un tableau tiré du travail d'Alphonse de Candolle et qui donne le nombre de jours nécessaires à la germination en fonction de la température :

	Nombre de jours	
	en plein air.	en bâches.
Erigeron caucasicum	10	2
Thlaspi ceratocarpum	8	4
Dolichos abyssinicus	10	3
Zinnia tenuiflora	11	5
Zinnia coccinea	22	5
Grahamia aromatica	14	5
Solidago hirta	11	5
Lablab vulgaris	14	10
Anthemis rigescens	7	6
Rheum undulatum	8	7
Durana dependens	22	16

Action de l'humidité. Germination répétée; reviviscence des plantules. — Il est certain que l'humidité est une des conditions essentielles de la germination répétée des graines. La sécheresse s'oppose absolument à l'évolution de ces dernières; aussi est-ce elle qui est, comme nous l'avons vu, le facteur essentiel de leur conservation.

Doyère (*Mémoire sur l'ensilage rationnel*, Paris 1856) a constaté que le Blé germé peut, dans certains cas, supporter une dessiccation plus ou moins forte, puis ensuite reprendre la vie active si on le place de nouveau dans des conditions favorables. Selon G. Bonnier (*Note sur la reviviscence des plantes désséchées. Revue générale de Botanique*, 1892, 193), ce phénomène peut se produire chez un grand nombre de plantes cultivées. C'est surtout l'eau abandonnant le protoplasma, ou se combinant avec lui qui joue le rôle principal, dans ces alternatives de vie ralentie et de vie manifestée. L'eau des membranes dans les grains d'amidon ne paraît jouer qu'un rôle secondaire.

Parmi les espèces étudiées par l'auteur, c'est surtout le Blé, le Pois et la Fève qui présentent le phénomène de la reviviscence à l'état de développement le plus avancé. Lorsque les racines ou le sommet de la tige ne reprennent pas par elles-mêmes l'état de vie active, après dessiccation, c'est par de nouvelles racines ou par des bourgeons adventifs que la plante se développe.

Nous parlerons plus loin de la germination dans l'eau; car cette question est liée à celle de l'influence de l'oxygène.

L'action de l'humidité est intéressante à envisager, au sujet de la germination des spores des microbes. D'après Lesage (*Thèse de médecine;* Paris, 1899; *C. R.*, 14 juillet et 4 novembre 1901; 22 octobre 1902), la germination des spores de *Penicillium glaucum* placées dans l'air humide, dépend plus de l'*état hygrométrique* que de la quantité absolue de vapeur d'eau par unité de volume d'air. Cet auteur a constaté que la germination des spores de *Sterigmatocystis nigra* placées dans les parties antérieures des voies respiratoires de quelques oiseaux se fait plus lentement que dans les cultures placées à la même température et dans l'air saturé, qu'elle dépend de la tension de la vapeur d'eau dans l'air extérieur et pour une même tension, de la profondeur à laquelle les spores sont placées dans ces voies.

Absorption et rejet d'eau par les graines. Pouvoir absorbant; pression. — Quand les graines sont mises à germer, elles absorbent de l'eau à l'état de vapeur ou à l'état de liquide, selon le milieu dans lequel elles sont placées. C'est ce qu'on nomme le *pouvoir absorbant.* Ce dernier varie avec la taille des graines, la nature et la densité des réserves; on le mesure généralement par la quantité d'eau absorbée par 100 grammes de graines mûres et sèches. Cela explique que le pouvoir absorbant soit peu élevé chez les graines riches en amidon (47 pour le Blé, 38 pour le Maïs) et très élevé au contraire chez les graines riches en aleurone (100 pour le Haricot, 127 pour le Lupin).

Coupin (*Thése de Doctorat*, Paris, 1896) a constaté tout d'abord qu'en se gonflant par l'eau les graines se plissent ou ne se plissent pas selon les espèces. L'eau ne peut passer de l'extérieur à l'embryon que par le contact des téguments.

Les graines plongées dans l'eau ne se dilatent pas également dans tous les sens. Elles contiennent de l'eau libre qui n'appartient ni aux téguments ni à l'amande; cette eau représente de 1/30 à 1/8 de l'eau absorbée; la proportion de cette eau est maximum au moment de la saturation; elle est considérable chez les graines endormies par les anesthésiques. Les graines endormies absorbent autant d'eau que les autres.

L'augmentation de pression retarde notablement la pénétration de l'eau. La température n'influe pas sur la quantité totale d'eau qui entre, mais sur la vitesse de cette entrée. L'eau entre très vite par les téguments minces, beaucoup plus vite s'il y a une blessure.

Les graines plongées dans l'eau par une large surface s'imbibent très bien; mais il n'en est plus ainsi quand on les plonge seulement par une surface restreinte; la germination même ne peut s'opérer.

La vapeur d'eau est aussi absorbée; mais l'embryon en absorbe plus que les téguments.

Ce n'est pas l'augmentation de volume de l'amande qui produit la déhiscence des téguments. De plus, la radicule, par la simple force qu'elle développe en croissant, est incapable de percer les téguments; il est probable qu'elle sécrète une diastase qui dissocie les cellules.

Le même auteur montre en outre qne, dans une graine plongée dans l'eau, le volume total n'est jamais égal à la somme des volumes de la graine sèche et de l'eau absorbée. Il y a dilatation, puis contraction, chez toutes les graines à téguments minces et qui se plissent. Il y a contraction chez les graines à téguments durs, les graines où les téguments sont adhérents à l'amande, les akènes et les graines blessées.

La contraction est due à la diminution de volume qui accompagne la combinaison chimique des matières de réserve avec l'eau. La dilatation est produite par l'imbibition rapide des téguments qui se plissent et s'éloignent de l'amande.

Le volume total des graines et de l'eau est soumis pendant la durée du gonflement à des changements de pression, d'ailleurs assez faibles. Il y a d'abord augmentation de pression, puis diminution avec des graines qui se plissent. Il y a, dès le début, dépression avec les graines qui ne se plissent pas.

Leclerc du Sablon (*B. B.*, 6 avril 1884), Gréhant et Regnard (*B. B.*, 1889), puis Coupin (*loc. cit.*) se sont préoccupés de cette question de la *pression* exercée par les graines qui se gonflent. Or il ne faut pas confondre la pression du volume total des graines et de l'eau avec la compression énergique qui se manifeste au milieu des graines entassées et qu'on met à profit par exemple pour désarticuler un crâne. Regnard a bien fait observer que ce qui augmente, ce n'est pas la pression intérieure dans le crâne, ou le récipient contenant les graines; c'est une simple compression locale qui se produit sur les parois. « Supposons, dit-il, que dans une chambre, une barre de fer se trouve tendue entre les deux murs. Supposons que cette barre s'échauffe, elle augmente de longueur, elle presse sur un point limité des murs; elle pourrait les renverser. Si entre un mur et le bout de cette barre on met une ampoule en caoutchouc pleine de mercure, la barre pressera sur le mercure et le fera remonter à une grande hauteur. Pourtant, on ne pourra pas dire qu'il y ait en augmentation de pression dans la chambre. » Coupin a étendu expérimentalement cette comparaison aux graines mêmes.

Maquenne (*Ann. agr.*, xvii, 5 et *C. R.*, cxxiii, 898) a déterminé la *pression osmotique* qui se produit dans les graines germées en employant la *méthode cryoscopique* de Raoult. Il a trouvé que la pression osmotique développée dans les Lupins blancs après dix jours de germination était égale à $6^{at},4$; dans les Lentilles, après le même laps de temps à 7 atmosphères et dans le Pois de Clamart à $9^{at},8$. Ces pressions ne se manifestent plus quand on soumet les graines à l'action des antiseptiques, tels que le sublimé, qui enlève aux membranes plasmiques et au protoplasma leur caractère de membrane semi-perméable.

Action de la lumière. — La lumière ne paraît pas indispensable à la germination. Certains auteurs ont professé l'opinion qu'elle est plutôt nuisible. Boitard a opéré sur des graines d'Auricules qu'il a mises dans des terrines recouvertes de cloches dont les unes étaient en verre transparent et les autres en verre dépoli ou noirci. Or la germination a eu lieu au bout de neuf jours sous ces dernières, de douze jours ou de quinze jours sous les autres. Mais il y avait probablement des différences de température qui intervenaient, et faussaient les résultats. De Saussure, au contraire, a constaté que, sous une cloche transparente, la végétation a été beaucoup plus prompte et plus vigoureuse que sous une cloche opaque; pour ce savant physiologiste l'obscurité n'est pas indispensable à la germination; si les graines placées à la surface du sol ne germent pas, c'est que dans ces conditions l'humidité leur fait défaut.

Wollny (*Forschung auf d. Gebiete der Agrikulturphys.*, vi, 270) divise les graines en trois catégories : 1° celles qui, comme le Gui, ne peuvent se développer qu'à la lumière; 2° celles qui, tout en germant à l'obscurité, se développent mieux à la lumière, ce qui est le cas pour les petites graines pauvres en réserves; 3° celles qui, riches en substances de réserve, ou bien se développent mieux à lumière, ou bien sont indifférentes. Mais dans aucun cas une graine ne germe mieux à l'obscurité qu'à la lumière.

Selon le même auteur, les rayons jaunes favorisent la germination; les rayons violets la retardent; la lumière produirait un enracinement meilleur et une formation exagérée de substances osmogènes; en outre elle se transformerait en chaleur.

Jonsson (*Bot. Centr.*, lviii, 398) trouve lui aussi que la lumière accélère la germination et augmente souvent le nombre des graines qui se développent.

Action de l'oxygène. — L'oxygène est indispensable à l'évolution des graines; il est fixé en partie par les tissus, et, à ce titre, c'est un aliment; l'autre partie est éliminée sous forme de gaz carbonique et nous verrons plus loin que le dégagement de ce corps est très intense pendant la période germinative.

HOMBERG avait annoncé autrefois que les graines peuvent germer dans le vide de la machine pneumatique. Mais DE SAUSSURE n'a jamais observé que la germination puisse se faire sans oxygène; des graines placées dans l'azote, l'hydrogène, l'acide carbonique ne tardent pas à périr. De même les graines ne s'accommodent pas de l'oxygène pur; elles se développent bien au début, mais périssent par la suite (PAUL BERT, BOEHM, RISCHARRI). L'air normal convient bien comme véhicule d'oxygène; on a toutefois remarqué que les graines germaient mieux dans des gaz composés d'une partie d'oxygène pour trois parties d'azote ou deux d'hydrogène. MANGIN (*C. R.*, CXXII, 747) a montré que les graines placées dans une atmosphère riche en acide carbonique consomment peu d'oxygène.

Lorsque les graines sont mises dans l'eau distillée ou dans l'eau bouillie, la germination est également impossible; et même en général les graines ne germent pas dans l'eau ordinaire, sauf cependant les Pois, les Lentilles, les semences des espèces aquatiques; mais, si l'on y fait passer un courant constant d'oxygène, la germination peut avoir lieu.

Tous ces faits expliquent pourquoi les graines germent mal aux grandes profondeurs, en atmosphère confinée, et pourquoi les sols perméables sont au contraire très favorables.

MAZÉ (*Recherches sur le rôle de l'oxygène dans la germination. Ann. de l'Inst. Pasteur*, XIV, 35) a repris récemment cette question de la non-évolution des graines au sein de l'eau. Il a opéré en milieu stérilisé afin de se mettre à l'abri du rôle perturbateur des microbes qui peuvent accumuler des toxines en milieu confiné. Il a observé que, dans ce cas encore, la germination se produit très rarement. L'oxygène dissous est incapable de subvenir aux besoins de la germination; si toutefois les petites graines peuvent germer dans l'eau distillée, c'est qu'elles se constituent une sorte d'atmosphère interne, ce qui tend à montrer que l'oxygène libre seul peut circuler assez rapidement dans les tissus profonds pour empêcher leur asphyxie; la vitesse de dissolution de l'oxygène n'est pas assez grande pour alimenter un grand nombre de graines dans un petit volume de liquide, ou des graines très grosses dans des volumes d'eau quelconques. Les graines submergées sont soumises par suite à une asphyxie lente; de plus, les hydrates de carbone des graines forment dans ces conditions d'aération insuffisante de l'alcool qui se transformerait en aldéhyde, dont l'action serait particulièrement toxique.

Influences diverses. Excitants de la germination. — Depuis longtemps les agriculteurs et les horticulteurs se sont préoccupés d'activer dans certaines graines plus ou moins rebelles les phénomènes de la germination. Cette question, qui pourrait, à l'occasion, avoir une grande utilité pratique, présente également un haut intérêt théorique. Il n'est pas indifférent, en effet, de savoir si les processus évolutifs de la germination sont susceptibles d'être accélérés par d'autres facteurs, peut-être même plus puissants que les précédents et aussi de savoir par quel mécanisme intime l'accélération aurait lieu.

De très nombreuses recherches expérimentales ont été tentées dans cette voie. Malheureusement beaucoup de résultats sont contradictoires, ou ont été obtenus dans des conditions qui ne sont pas à l'abri de toute critique. Ce vaste sujet mériterait, comme le disait déjà DE CANDOLLE en 1832, de nouvelles études.

Selon DE HUMBOLDT, des graines de Cresson alénois mises dans de *l'eau de chlore* très diluée et exposée au soleil germent en cinq ou six heures, alors que, placées dans l'eau, elles exigent 24 ou 25 heures pour se développer. Bien plus, grâce à ce procédé, on pourrait réveiller dans des graines très âgées le pouvoir germinatif qui semblait pour jamais endormi. Le chlore jouerait alors le rôle d'un oxydant. Le même savant a, du reste, fait remarquer que toutes les substances qui peuvent céder facilement à l'eau une partie de l'oxygène qu'elles contiennent, telles que beaucoup d'*oxydes métalliques*, les *acides azotique*, *sulfurique*, suffisamment étendus, hâtent la germination; toutefois elles produisent l'épuisement du jeune embryon, comme cela a lieu dans l'oxygène pur. D'après GŒPPERT, *l'iode* et le *brome* combinés à l'eau auraient la même action, et il en serait de même des *acides phosphorique*, *tartrique*, *benzoïque*, *citrique*, *oxalique*, *acétique* et *gallique*. Lindley (*Théorie générale de l'Horticulture*) vante les bons effets de l'acide oxalique. Les *alcalis* auraient une action opposée.

Mais Hutstein, ayant observé que le séjour prolongé dans l'eau produit le même effet que les corps ci-dessus, en a déduit que ceux-ci n'exercent pas d'influence spécifique sur la germination, qu'ils contribuent simplement à faciliter l'entrée de l'eau dans la graine.

Jodin (*Ann. agr.*, xxiii, 462) a essayé en vain de remplacer l'eau de chlore par *l'eau oxygénée*; il n'a pas trouvé non plus d'action favorable avec les *azotates*.

D'après Wilhelm Sigmund (*Land. Versuchsstat.*, xlvii, 1, 1896), *les acides minéraux* et *organiques* sont nuisibles à la germination; seules, les graines des céréales manifestent une certaine résistance vis-à-vis des acides très dilués (au maximum 1 p. 1000 d'acide libre); les sels acides sont plus nuisibles que les sels neutres. Les *bases* libres et les sels à réaction alcaline sont fortement toxiques.

Les *sels* à réaction neutres des alcalis et des terres alcalines sont, à la concentration maximum de 5 p. 1000 à peu près sans action sur les graines des céréales; avec les graines des Crucifères la concentration ne doit pas dépasser 3 p. 1000.

Les *nitrates* favoriseraient, selon G. de Chalmot (*Agrikultural Science*, xii, 1894, 463), la germination du Maïs. D'après Jarius (*Land. Vers.*, xxxii, (2), 146), les solutions salines de 2 à 4 p. 1 000 hâtent en général la germination de toutes les graines et augmentent la vitalité des jeunes pousses. Les solutions à 2 et 3 p. 100 sont très nuisibles; les solutions à 2 p. 100 de phosphate acide de chaux et de sulfate d'ammoniaque le sont également; enfin, les graines des Graminées résistent le mieux aux divers agents.

L'arsenic est nuisible mais beaucoup plus sous la forme d'acide arsénieux que sous celle d'acide arsénique. Toutefois le corps peut jouer un rôle en protégeant les graines contre les moisissures (Jönson; *Königl. Landt. Akad. Handl.*, xxxvi, 95, 1896).

Les *acides humiques* de la tourbe sont également nuisibles. On corrige leurs mauvais effets en ajoutant de la craie (Tolf; *Tidskr. Landt.*, xviii, 387).

L'aldéhyde formique diminue considérablement l'énergie germinative et le pouvoir germinatif (Windisch; *Land. Vers. Stat.*, liv., 341, 1901). Selon Künzel une immersion d'une heure dans une solution à 1 p. 1 000 de ce corps est absolument indifférente (*Land. Vers. Stat.*, xlix, 461 et 467. 1897).

Mosso (*A. i. B.*, xxi, 231 et *Bot. Centr.*, 1895, *Repert.*, 328) a trouvé que les *alcaloïdes* exercent, suivant la dose employée, une action excitante ou narcotique sur les graines aussi bien que sur les animaux.

Burgerstein (*Land. Vers. Stat.*, xxxv, 1888, 1) déclare que l'on ne peut, à la suite de ses essais sur l'*eau camphrée*, recommander ce liquide pas plus pour activer la germination que pour faire retrouver aux vieilles graines leur pouvoir germinatif.

Les *antiseptiques* sont nuisibles quand la concentration dépasse 1 p. 1 000 (Sigmund, *loc. cit.*).

Les *corps gras* sont aussi nuisibles à la germination (Sigmund; *loc. cit.*; Cserer; *Biederm. Centr.*, 1896, 29). Le procédé de l'*huilage* des semences, s'il augmente le poids de ces dernières, modifie la faculté germinative et même tue certaines graines faibles.

Enfin, Wangh (*Gardner's Chronicle*, 14 décembre 1897, 120) aurait constaté que la *diastase* du malt et surtout la *pepsine* à 5 et 10 p. 100 ont une action beaucoup plus efficace que l'eau sur la germination des vieilles graines; celles-ci évolueraient dans la proportion de 70 à 85 p. 100 au lieu de 12 p. 100 par exemple.

Au point de vue plus direct de la pratique agricole, signalons les recherches de Hicks (*Proc. Amer. Assoc. adv. Science*, xlvii, 428), de Claudel et Gelle (*Ann. agr.*, 1896, 131). Selon le premier de ces auteurs, le chlorure de potassium et le nitrate de soude à 1 p. 100 employés directement sur les graines ou mélangés au sol nuisent beaucoup à la germination. Les engrais phosphatés et calcaires sont également nuisibles aux plantules; mais cela n'empêche qu'ils ne soient plus tard très utiles. D'après les deux derniers auteurs, les engrais potassiques, sous forme de sulfates et de chlore retardent la levée d'une façon générale; le ralentissement est plus accentué avec le chlorure qu'avec le sulfate, surtout chez les Légumineuses et le Lin. Le sulfate d'ammoniaque, le nitrate de soude et le superphosphate exercent également, à doses assez élevées, une action nuisible. Les substances alcalines à base de chaux ou de potasse favorisent la germination de certaines graines, des Légumineuses notamment, les scories et le purin produisent un meilleur effet que la chaux seule. Ces actions des substances basiques sur la levée (non sur la germination elle-même) seraient dues à la saturation des acides produits par la jeune plante; de plus, en pénétrant dans les tissus, les alcalins empêchent la déperdition de l'acide phosphorique. Völker (*Journal of the roy. agr. Soc. of England.* Déc. 1900) a constaté sur le Blé, l'Orge, la Moutarde blanche, le Foin, le Trèfle, que l'iodure de sodium, le chlorure de lithium empêchent la germination à la dose de 615 kilogrammes à l'hectare; mais des graines trempées pendant dix minutes dans des solutions d'iodure ou de bromure de sodium germent très bien et donnent un excédent de rendement.

Isidore Pierre (*Ann. agr.*, II, 176) a étudié l'influence du *vitriolage*, du *chaulage* et de l'*étuvage* sur la germination du Blé. Le chaulage par aspersion réduit à 75 p. 100 le pouvoir germinatif de la semence; le sulfatage par immersion est très dangereux bien qu'il produise d'excellents effets anticryptogamiques. Lorsque la température est à 100 degrés dans le chaulage et le sulfatage par immersion, il suffit de quelques instants pour qu'aucune graine ne puisse plus germer.

Enfin la germination est impossible dans l'eau qui renferme des traces de *cuivre* (Coupin; *La Nature*, 1er semestre 1900; Dehérain et Demoussy; *C. R.*, XXXII, 523). De l'eau distillée dans les alambics en cuivre est suffisamment toxique pour empêcher le développement des graines; mais l'expérience démontre que les grains confiés au sol et enrobés par une bouillie cuprique lèvent parfaitement, que le carbonate de chaux ajouté à cette eau distillée en paralyse les mauvais effets, que les grains immergés dans du sulfate de cuivre ne fixent le plus souvent le métal qu'à leur surface, ce qui explique qu'un certain nombre d'entre eux puisse évoluer. Dans le sol, l'absence de carbonate de chaux, de matière organique n'est pas un obstacle à la germination du Blé sulfaté; il suffit que les racines se développent dans un milieu exempt de cuivre, ce qui est réalisé naturellement dans les sols par la diffusion de la petite quantité de métal qui adhère au grain.

Coupin (*Revue générale de Botanique;* 1898, 177 et 1900, 177) a cherché à déterminer pour un certain nombre de corps et pour des graines données ce qu'il appelle l'*équivalent toxique*, c'est-à-dire le poids minimum du corps qui, dissous dans 100 parties d'eau, empêche la germination. Cet équivalent est pour le chlorure de sodium de 1,8 avec le Blé, 1,2 avec le Lin, 1,1 avec la Vesce, 1,2 avec le Lupin, 1,4 avec le Maïs, soit 1,5 en moyenne; mais il est de 3 à 4 avec les plantes maritimes (*Beta*, *Atriplex*, *Cakile*). Les équivalents toxiques des différents composés du sodium, du potassium et de l'ammonium sont très variables; mais les toxicités moyennes des composés analogues de ces trois corps sont sensiblement les mêmes.

Il est bon de marquer que les expériences de cet auteur ont été faites non sur les graines elles-mêmes, mais sur de jeunes plantules dont les racines mesuraient de 2 à 3 centimètres. Ce sont là, comme on le voit, des conditions bien différentes de celles des auteurs précédents.

Les *grains de pollen* sont également très sensibles à certaines substances au point de vue de leur germination ainsi que l'ont démontré Molisch (*Zur Physiologie des Pollens; Sitz. d. naturw. C. d. Akad. d. Wiss., Wien.* CII (1), 1893) et Burck (*Acad. d. Sc. d'Amsterdam;* 24 octobre, 1900 et 23 octobre 1900); le premier de ces auteurs a montré que du pollen Azalée, qui ne germe pas dans l'eau pure germe si l'on ajoute à la goutte d'eau de culture un stigmate d'Azalée. Le second, en opérant sur des plantes tropicales a constaté divers cas (*Mussœnda*, *Paretta*) dans lesquels un pollen germait avec des stigmates d'autres espèces du même genre et ne germait pas avec des stigmates d'autres genres. Richer (*Expériences sur la germination du grain de pollen en présence des stigmates; C. R.*, 20 octobre 1902) a vérifié ces observations et les a étendues à d'autres plantes. Il y aurait donc dans le stigmate des substances assez spécialisées pour provoquer la germination du pollen d'une plante et entraver celle d'un pollen étranger.

Disons en passant que les grains de pollen ont besoin, comme les graines, d'oxygène, de chaleur et d'humidité pour se développer. Ce sont là des conditions nécessaires et très souvent suffisantes, ce qui explique la réussite des essais de germination dans l'eau (Van Tieghem; *Sur la végétation libre du pollen et de l'ovule; Ann. Sc. nat.*, 5e série, XXII, 1871. Elfving; *Ienaische Zeitsch.*, XIII, 1879).

Certaines spores de *Bactéries* germent très bien dans l'eau distillée; mais la plupart exigent un milieu ayant une composition chimique convenable. Il est curieux de constater que les milieux défavorables à la germination des spores peuvent permettre cependant le développement des bactéries mycéliennes. Les moisissures sont moins exigeantes; toutefois les conidies du *Mucor Mucedo* exigent des aliments appropriés.

Les *poisons* influent à des doses souvent extrêmement faibles sur la germination des spores. Rappelons seulement l'action des sels de cuivre sur les conidies des Péronosporées et les spores de la Carie des céréales. Benedict Prevost (*Mémoire sur la cause immédiate de la Carie du Charbon et du Blé.* Montauban, 1807) a montré que des spores de *Tilletia Caries* ne germent pas dans un verre d'eau contenant une plaque de cuivre décapé; il évalue la dose toxique minimum à 1/400 000e de sulfate de cuivre. Selon Millardet et Gayon (*Journal d'Agriculture pratique,* 1880 à 1887), 3/10 000 000e de sulfate de cuivre suffisent à tuer les conidies du *Plasmopara viticola.* Dans une solution à 1/1 600 000e de nitrate d'argent, les spores du *Sterigmatocystis nigra* ne peuvent germer; elles ne se développent pas non plus dans un vase d'argent.

Enfin, depuis longtemps l'on s'est préoccupé de l'influence de l'*électricité* sur la végétation, mais on a eu le plus souvent en vue le résultat brutal sur le développement général des plantes; on s'est peu demandé ce qui se produit sur des fonctions déterminées; chacune de ces fonctions a certainement son optimum en ce qui concerne l'influence électrique, et c'est probablement pour avoir méconnu cette notion que les résultats expérimentaux sont d'apparence si contradictoires.

L'abbé Nollet a constaté que des graines de Moutarde électrisées germent beaucoup plus vite que celles qui ne le sont pas. Becquerel (*Arch. de Bot.*, I, 395) a vu, en opérant à l'aide de forces électriques extrêmement faibles que, comme Davy l'avait annoncé, des graines électrisées négativement germent avec rapidité, alors que celles qui sont électrisées en sens contraire ne se développent pas.

Maldiney et Thouvenin (*Revue générale de Botanique*, x, 1898) ont constaté que la germination des graines de Liseron, de Cresson, de Millet est toujours plus rapide lorsqu'on les soumet à l'influence des rayons X; ces auteurs se sont en outre assurés que ce fait n'est nullement dû à l'échauffement du sol traversé par les rayons, lesquels auraient alors réellement une activité spécifique sur l'évolution des graines.

Phénomènes physiologiques de la germination. — La germination étant un stade de l'évolution des plantes, on doit s'attendre à rencontrer dans le développement d'une graine la plupart des fonctions végétatives de l'adulte. La physiologie complète de la germination devrait donc être calquée sur la physiologie générale des plantes; mais, comme celle-ci est traitée dans des chapitres déterminés, nous ne retiendrons ici que ce qui présente des caractères tout à fait spéciaux à la vie dans le jeune âge. Nous ne diviserons pas non plus les phénomènes de la germination en internes et externes, comme on a l'habitude de le faire, la séparation de ces phénomènes étant, en réalité, impossible à établir.

Ce qui est surtout intéressant à considérer, c'est, d'une part la *respiration*, d'autre part la *digestion des réserves*. Ces deux grandes fonctions ont pour conséquence des *modifications dans le poids et la composition chimique des plantules*, ainsi qu'une *production d'énergie*.

Respiration — Le rôle de l'oxygène dans la germination a été mis en évidence par Senebier, puis étudié par Gough et Théodore de Saussure.

D'après ces auteurs, aucune partie de l'oxygène absorbé ne serait fixée par la plantule; tout ce gaz se retrouverait dans l'acide carbonique qui se diffuse dans le milieu ambiant, air ou eau. Selon de Candolle, il est évident que l'oxygène agit en enlevant à la graine son carbone surabondant; cet excès de carbone, utile à la conservation de la graine, s'oppose précisément à la germination et pour que ce dernier phénomène se produise, il faut que l'excès en question disparaisse. Cela est si vrai, ajoute le savant botaniste de Genève, que si, comme nous l'avons déjà dit, l'on prend avec Senebier des graines avant leur maturité, elles germent plus vite que des graines mûres, parce qu'elles contiennent plus d'eau liquide et moins de carbone; la germination, en imbibant d'eau et en décarbonisant les graines, les ramène au point où elles étaient avant leur maturité.

En réalité les plantules respirent comme les plantes adultes; mais il y a ici quelques particularités très importantes qu'il faut signaler.

L'*intensité respiratoire* est très grande; à ce moment, en effet, la graine consomme ses réserves et édifie des tissus nouveaux; elle est donc le siège d'une activité énorme qui se traduit par un dégagement très intense de gaz carbonique.

Mais il y a plus : la nature du phénomène est modifiée, et cette modification est rendue sensible par un *quotient respiratoire* $\frac{CO^2}{O}$ bien différent de celui de la plante adulte.

En effet, tandis que ce quotient est d'ordinaire égal ou très peu inférieur à l'unité, il s'en éloigne considérablement à un certain stade de la germination. C'est ainsi que chez des plantules de Lin dont la racine mesure 2 millimètres, le quotient respiratoire est de 0,39, alors que chez ces mêmes plantules dont la tige feuillée mesure de 3 à 5 centimètres, le quotient s'élève à 0,81 ; chez des graines de Tabac en germination le quotient respiratoire est de 0,58; il est de 0,77 pour les feuilles adultes, de 0,92 pour ces mêmes feuilles au moment de la formation du fruit. La première phase de la reviviscence des plantules, celle pendant laquelle le quotient respiratoire est voisin de 1, est très écourtée, elle l'est d'autant plus que la plantule a été desséchée à un état de développement plus avancé. (G. Bonnier, *loc. cit.*)

Ainsi donc il y a pendant la germination une absorption d'oxygène bien plus grande que le dégagement de gaz carbonique. La plantule est le siège d'une oxydation très énergique. Cet oxygène qui ne reparaît pas au dehors sous la forme de gaz carbonique est probablement employé à oxyder les matières grasses et autres principes pauvres en oxygène.

Selon Godlewski (*Ann. agr.*, IX, 37), on observe dans la germination des graines amylacées un coefficient respiratoire inférieur à 1; ce coefficient s'élève ensuite pour atteindre l'unité. Mais, avec les graines oléagineuses, il est voisin de 1 au début et correspond à la combustion des hydrates de carbone; ensuite il s'abaisse et correspond à celle des corps gras. Ces résultats sont conformes à ceux de Bonnier et s'expliquent par des transformations de principes immédiats, identiques à ceux qui ont été observés par Gerber et d'autres expérimentateurs sur les fruits.

La respiration n'est nullement accompagnée d'un gain d'azote, comme l'avait avancé De Saussure (*Ann. Sc. nat.*, II, 273). Par une méthode précise fondée sur la mesure et l'analyse de l'atmosphère au sein de laquelle s'effectue la germination, Th. Schlœsing fils a constaté récemment que les graines (Blé, Lupin) ne perdent en germant aucune trace appréciable d'azote à l'état gazeux (*C. R.*, 10 juin 1895). L'azote ne varie donc pas quantitativement, mais la matière azotée se transforme, comme nous le verrons plus loin au sujet de la digestion des réserves. (Voir en outre sur cette question de l'azote gazeux : P. Dehérain, *Ann. agr.*, 1875, p. 229 ; Leclerc, *C. R.*, LXXX, 26 ; Schulze, *Biederm. Centralbl.*, décembre 1876.)

1° Digestion des réserves. — Les réserves des graines sont susceptibles de quitter les tissus par *exosmose* et de se diffuser au sein du milieu liquide dans lequel elles sont plongées. C'est ainsi que des Légumineuses, telles que le Lupin, le Haricot, abandonnent une certaine quantité de galactane, ainsi que des sulfates et des phosphates; mais les matières albuminoïdes solubles telles que la légumine ne diffusent pas dans le milieu ambiant.

L'exosmose cesse de se produire dès que la germination commence, ou, pour parler plus exactement, dès que la radicule pointe au dehors.

Les réserves sont situées dans l'albumen comme chez le Ricin, le Pin, les Graminées (*graines albuminées*); quelquefois il y a un *périsperme*, c'est-à-dire un reste du tissu nucellaire non digéré par l'embryon, et alors, ou bien le périsperme coexiste avec l'albumen (Poivrier, Nénuphar), ou bien le périsperme est seul, l'albumen ne s'étant jamais formé (Canna).

Quoi qu'il en soit, ce sont des *diastases* qui doivent présider au travail de digestion de ces réserves. Ces diastases solubilisent s'il y a lieu, puis rendent assimilables les principes divers emmagasinés au moment de la fructification pour servir plus tard au développement de l'embryon.

Dans les graines exalbuminées, elle est surtout extra-embryonnaire.

1° *Digestion dans les graines exalbuminées.* — Le Lupin a de gros cotylédons dont la substance de réserve essentielle est l'*aleurone*, concrétée en grains homogènes dont chaque cellule est littéralement bourrée ; il faut ajouter la cellulose qui se trouve dans les membranes très épaissies. Au début de la germination, les grains d'aleurone sont attaqués; les albuminoïdes solubles de l'aleurone se séparent des grains qui prennent alors un aspect réticulé caractéristique ; puis, grâce à la trypsine, les grains sont complètement liquéfiés et transformés en parapeptone ou acidalbumine, puis en peptone ; mais l'action digestive ne s'arrête pas là; des amides, l'asparagine et la leucine, apparaissent (Boussingault ; Schulze ; Gorup-Besanez : *Bot. Zeit.*, 1864, 184); il se produirait même des acides phénylamidapropionique et amidovalérianique (Schulze et Barbieri) ; chez le Haricot, il y aurait en outre, peut-être, de la brucine, de la xanthine et de l'hypoxanthine (*Chem. Centralbl.*, 1888, 377). Selon Prianichnikow (*Land. Vers. Stat.*, LII, 137), il y a corrélation entre la grande intensité respiratoire, la destruction des matières albuminoïdes et la formation d'asparagine. Green (*Philosoph. Trans.*, CLXXVIII,, 1887, 84) a montré que la diastase présente un maximum d'activité vers 40°, que le milieu le plus favorable est un milieu faiblement acide; cette diastase serait contenue dans la graine au repos à l'état de zymogène passant grâce au milieu acide à l'état de *trypsine* qui solubilise les matières azotées.

La quantité absolue d'asparagine formée dans les graines aleurifères au moment de la germination est, d'après Robert Sachsse et Waller (*Land. Vers.*, 1874, 88), la même à la lumière et à l'obscurité ; mais, comme les plantes élevées à l'obscurité n'augmentent pas de poids, elles contiennent relativement plus d'asparagine que celles qui ont été élevées à la lumière. Cette asparagine se conserve à l'obscurité et ne peut retourner à l'état d'albumine (Pfeffer, *Bot. Zeit.*, 1874, p. 241 et *Ann. Sc. nat.*, (5), XIX, 391).

Selon Schulze et Flechsig (*Land. Vers.*, XXXII, 2, 1885, 137) près de 40 p. 100 de la matière albuminoïde primitive du Lupin est transformée en amides, alors que les céréales semblent conserver leur matière albuminoïde intacte.

On peut facilement faire cristalliser la leucine et l'asparagine en plongeant les coupes faites dans les cotylédons par exemple, dans la glycérine pure.

Ces grains d'aleurone une fois détruits, on voit se former de l'amidon transitoire dans les leucites; mais cet amidon est résorbé au cours du verdissement.

Nous avons dit plus haut que le lupin renferme aussi de la cellulose de réserve. Cette cellulose est solubilisée et transformée en glucose par la *cellulase* ou *cytase*. Cette diastase a été extraite par Green des noyaux de datte (*Ann. of Bot.*, 1888-1893). Il en est de même de l'amyloïde que contiennent certaines graines comme celle du Tamarinier, à la place de cellulose.

Dans le Haricot et le Pois, les réserves sont constituées par de l'aleurone sous forme de très petits grains et par de l'amidon. Cet amidon est digéré en deux temps : dans le premier, l'analyse le transforme en maltose; dans le second, le maltose est transformé en glucose. On rencontre très peu d'amidon dans les grains en germination ; cela tient à leur pauvreté originelle en albuminoïdes de réserve, et aussi à ce fait que les sucres provenant de la digestion se combinent à ces amides pour reconstituer des principes albuminoïdes.

On trouve toutefois dans le Pois chiche un alcaloïde assimilable; la *xanthine* ($C^5H^4Az^4O^3$), corps qui est voisin de l'acide urique ($C^5H^4Az^4O^2$) ; il est bon de remarquer, en passant, que l'acide urique, qui est un produit essentiel de décomposition des matières albuminoïdes dans l'organisme animal, ne se rencontre jamais chez les plantes.

Dans l'Amandier, le Pêcher, il y a aussi de l'aleurone, de l'huile, qui est dédoublée en acides gras et en glycérine. Quant à *l'amygdaline*, elle n'est pas transformée ; c'est que *l'émulsine*, qui est distincte de la *saponase*, se trouve dans des cellules différentes de celles qui contiennent le glucoside. On sait, comme l'a montré Guignard (*Journal de pharmacie et de chimie*, 1890), que, si l'on brise les cotylédons, le ferment et le glucoside se trouvent en présence, et il se produit de l'acide cyanhydrique, de l'essence d'amandes amères et du glucose.

Tailleur (*C.R.* CXXXII, 1235) a constaté la présence dans des plantules de Hêtre d'un glucoside et d'un ferment qui réagissent l'un sur l'autre en engendrant du glucose et de l'éther méthylsalicylique (essence de Wintergreen).

Dans le Colza les cotylédons sont très riches en *huile*. SACHS croyait que les matières grasses se transformaient en amidon, puis en sucre. MÜNTZ (*Ann. de Ch. et de Phys.*, (4), XXII, 472) qui a fait une étude très approfondie de la germination des graines oléagineuses, a bien constaté la mise en liberté, par saponification, d'acides gras; mais il n'a pas pu déceler la présence de la glycérine, ce corps servant probablement à la production d'hydrates de carbone. LECLERC DU SABLON (*Revue générale de Botanique*, 1895 et 1897) a observé que chez le Colza, l'Amandier, l'Arachide, il y a bien formation aussi d'acides gras ainsi que d'une certaine proportion de sucres non réducteurs du groupe des saccharoses; ces sucres se transformeraient ensuite en glucose directement assimilable.

2° *Digestion dans les graines albuminées.* — Chez les graines albuminées, les substances de réserve sont digérées en partie par des diastases intracellulaires, en partie par des diastases qui proviennent des cotylédons de l'embryon. De plus, il semble bien que les cellules de l'albumen soient incapables de solubiliser leurs membranes et que l'embryon seul secrète la cytase.

Les botanistes distinguent généralement des albumens charnus comme dans le Ricin, des endospermes oléagineux comme dans le Pin, des albumens farineux comme dans les Graminées, des albumens cornés comme dans le Dattier, ou mucilagineux comme dans le Mélilot.

Dans le Ricin il y a disparition de l'huile et des grains d'aleurone sous l'action de deux ferments solubles (GREEN, *Proc. of the Roy. Soc.*, XLVIII, 1890). Ces ferments seraient à l'état de zymogène au repos, la glycérine se transformerait en sucre et les acides gras en d'autres acides végétaux. L'embryon joue un rôle dans la dissolution des membranes de l'albumen et du protoplasma; mais les cellules de ce tissu digèrent réellement leurs propres réserves, comme le prouvent les essais de germination indépendante; cela est conforme aux observations antérieures de VAN TIEGHEM (*Sur la digestion de l'albumen. Ann. Sc. nat.*, (5), XVII, 1878).

Selon MAQUENNE (*Recherches sur la germination des graines oléagineuses. Ann. agr.*, XXV, 1899, 5), si les sucres produits pendant la germination du Ricin ne proviennent pas des albuminoïdes, ils dérivent pour une certaine partie des acides gras, mais la glycérine pourrait, conformément aux données de FISCHER, se polymériser et engendrer des sucres; c'est du moins ce que l'on peut admettre pour environ 5 p. 100 des sucres produits dans l'Arachide. Il faut bien remarquer que le mécanisme de la germination des graines oléagineuses est très obscur, à cause de la présence, à côté des corps gras, de matières albuminoïdes qui pourraient bien, elles aussi, concourir à former des hydrates de carbone.

En faisant germer des cotylédons de graines oléagineuses dans un courant d'air, MAZÉ (*C. R.*, CXXXIV, 309) constate un gain en substances saccharifiables et en sucres en même temps qu'une augmentation de poids de matière. Or, cette augmentation de poids ne peut être fournie par voie d'oxydation au sein des cellules cotylédonaires, car le même fait devrait être observé chez les graines amylacées, riches en matières protéiques, ce qui n'a jamais lieu. Elle s'explique, au contraire, par l'oxydation des matières grasses aboutissant ainsi aux matières saccharifiables et aux sucres.

Lorsque l'albumen germe isolément, les sucres produits redonnent, dans les leucites, des grains composés d'amidon transitoire; mais, si ce tissu est adhérent à l'embryon, l'amidon n'apparait pas; car les sucres sont directement utilisés par l'embryon en voie de développement.

Chez les Graminées, les cellules de l'albumen sont bien moins actives; on peut toutefois obtenir la germination indépendante chez le Maïs; l'assise protéique fonctionne alors très énergiquement et secrète de l'amylase; on peut isoler cette assise, la placer sur de l'amidon et constater la corrosion de ce dernier, ou observer en outre que, chez le Seigle, cette assise faisant défaut le long du sillon, l'attaque de l'amidon y est très lente. Beaucoup d'autres expériences ont démontré d'une façon irréfutable que l'amidon est digéré en partie par les cellules mûres de l'albumen, en partie par les cellules de l'épiderme des cotylédons; en outre ces dernières attaquent les membranes, le plasma et le noyau des cellules de l'albumen. Chose curieuse, le cotylédon ne grandit ni ne verdit; il dégénère, une fois son rôle achevé; c'est donc un véritable organe digesteur et absorbant servant exclusivement à la germination.

Chez le Dattier, l'albumen possède des membranes fortement épaissies et riches en cellulose de réserve; le tissu peut être extrêmement *corné*, comme dans le *Phytelephas*, où il porte le nom vulgaire d'ivoire végétal ; cet ivoire, attaqué par l'acide sulfurique, exige, pour être solubilisé, une longue ébullition.

Les albumens cornés sont des tissus morts et ne peuvent agir dans la digestion des réserves, c'est l'embryon seul qui fait tout le travail. D'après Leclerc du Sablon (*Revue générale de Botanique*, 1897, 395), les diastases secrétées par les cotylédons et qui attaquent la cellulose ne pénètrent pas dans l'albumen, leur action ne s'exerce que dans la région de contact du cotylédon et de l'albumen ou encore si l'on veut, il ne peut y avoir solubilisation à distance. Seule, la diastase qui donne lieu à la production d'acides gras passe des cotylédons dans l'albumen et commence la digestion des matières grasses.

Bourquelot et Hérissey (*C. R.*, cxxix, 614 et cxxx, 731) ont étudié la germination des grains à albumen dont les membranes sont épaissies et riches en *mucilage*; il a trouvé que chez le Caroubier il y a formation de galactose et de mannose, chez la Luzerne et le Fenugrec, il y a aussi une substance hydrocarbonée, qui, par interversion à l'aide des acides étendus donne les mêmes produits. C'est un ferment soluble, la *séminase*, qui transforme ces réserves en sucres assimilables (*Journal de Ph. et Ch.*, 15 avril 1900).

Certaines graines renferment des alcaloïdes. Heckel (*C. R.*, cx., 90) a montré que, chez la noix de Kola qui est produite par le *Sterculia acuminata*, la caféine disparaît progressivement. Les alcaloïdes du *Strychnos nux vomica*, du *Datura Stramonium*, disparaissent après quelques mois de germination. On ne connaît pas bien les processus de dégradation de ces alcaloïdes. On n'est pas bien fixé non plus sur la signification physiologique de ces principes. Les uns admettent que ce sont des matières de réserve; les autres repoussent absolument cette manière de voir.

Les bulbes et les tubercules sont aussi très riches en substances de réserve, et l'on observe dans ces organes des phénomènes digestifs analogues à ceux qui se passent dans les graines.

Puriewitch (*Ber. d. deut. ch. Ges.*, xix, et *Biederm. Centralbl.*, 1898, 206) a montré que les tubercules et les bulbes privés des yeux ou bourgeons qu'ils produisent sont capables de solubiliser leurs réserves, comme cela a lieu dans les graines lorsque l'embryon est excisé.

Leclerc du Sablon (*Recherches sur les réserves hydrocarbonées des bulbes et des tubercules, Revue générale de botanique, passim*, 1898) a étudié longuement les phénomènes digestifs dans les bulbes et les tubercules. Les réserves accumulées dans les organes sont essentiellement de l'amidon, chez les rhizomes d'Arum et d'Iris, les tubercules de Colchique et de Renoncule; de l'amidon et des dextrines dans les tubercules d'Ophrys, les bulbes de Lis, de Tulipe et de Jacinthe ; de l'amidon et de la dextrine et des sucres non réducteurs dans les tubercules de Ficaire ; de l'inuline, de la lévuline dans le Dahlia; et des sucres non réducteurs dans le Topinambour; des sucres réducteurs et non réducteurs dans l'Asphodèle.

Les réactions qui se produisent au moment de la germination dans les bulbes et les tubercules ont une remarquable uniformité ; l'amidon est transformé en dextrine, puis en sucres non réducteurs, puis en sucres réducteurs. L'inuline se conduit comme l'amidon, mais donne d'abord de la lévuline et non de la dextrine; de plus le dernier terme de la digestion est du lévulose et non du glucose. Le sucre de canne est également transformé en sucre réducteur. La galactane du *Stachys*, intermédiaire par ses propriétés à la dextrine et au sucre, semble être assimilée directement.

Ces réserves sont digérées grâce à des actions diastasiques qu'on peut mettre en évidence. Ces actions sont inverses de celles qui aboutissent à la formation des réserves hydrocarbonées. Le point de départ de la formation paraît être un sucre non réducteur. Il y a là une certaine analogie avec ce qui se passe dans les fruits charnus où les sucres non réducteurs se forment d'abord ; tandis que les sucres réducteurs apparaissent plus tard, et proviennent de la transformation des premiers. L'inuline et la lévuline se conduisent, à ce point de vue, comme l'amidon et la dextrine. La galactane du *Stachys*, qui est assimilée directement, se forme aussi directement.

Quand les tubercules et les bulbes sont bisannuels, les réserves se forment pendant la première année ; il y a ensuite une période de repos, puis, pendant la deuxième année, la digestion se produit.

Mais, dans les tubercules d'Asphodèle et de Dahlia, dans les rhizomes d'Iris et d'Arum la vie dure plus de deux ans; l'organe de réserve passe par des alternatives de vie active et de vie ralentie, et sa composition chimique se modifie régulièrement. La proportion de réserves passe par un minimum au début de la période de vie active et par un maximum au commencement de la vie ralentie. La vie ralentie coïncide avec la saison la plus sèche. Mais le repos de ces organes est plus apparent que réel; si la végétation est arrêtée, les transformations internes n'en sont pas moins actives, grâce aux diastases produites par le protoplasma. D'autre part, le moment de la floraison ne correspond pas toujours à une grande activité interne; chez le Colchique, l'Asphodèle, la Renoncule, la floraison marque pour les réserves le commencement de la vie ralentie. Chez les plantes bisannuelles, dans les jeunes organes de réserve, la quantité d'eau est très forte; elle diminue au fur et à mesure que les réserves se constituent, passe par un maximum pendant la période de repos, augmente rapidement au moment de la reprise de la végétation, et s'accroît jusqu'à ce que les réserves soient complètement épuisées,

Dans les organes de réserve vivaces, on trouve toujours une grande proportion d'eau aux époques de la formation et de la destruction finale des réserves ; entre ces deux extrêmes, la proportion d'eau subit des variations périodiques annuelles en rapport avec l'état de la végétation.

Les variations périodiques de l'eau sont inverses de celles de réserves. On peut s'expliquer ces faits en supposant qu'il se produit dans les organes de réserve, au départ de la végétation, des composés qui altèrent et retiennent l'eau avec beaucoup d'énergie ; ces matières de réserve, qui disparaissent en grande quantité à ce moment-là, peuvent être employées au moins en partie à former ces composés. L'une des substances qui contribuent à attirer l'eau dans les organes de réserve, est le sucre, dont les variations sont presque toujours dans le même sens que celles de l'eau. Plus tard, lorsque les réserves se constituent, les composés avides d'eau disparaissent, et la proportion d'eau diminue, quel que soit l'état d'humidité du sol. Cette proportion dépend donc de la composition chimique des organes de réserve et se trouve presque indépendante du milieu extérieur.

2° Modification dans le poids et la composition chimique des plantules. — L'étude des modifications qui se produisent dans les grains qui germent a beaucoup préoccupé les physiologistes.

Boussingault appliqua à cette étude les procédés de *l'analyse élémentaire*. Il partageait un certain nombre de grains en deux lots; un lot était analysé immédiatement, après dessiccation à 110°; l'autre était abandonné à l'air libre et germait; il était ensuite desséché et analysé. L'examen comparatif des résultats permit de constater que durant la germination la graine perd du carbone, de l'hydrogène et de l'oxygène.

Pour éviter les perturbations dues à la fonction chlorophyllienne qui se manifeste à la lumière avant que la période germinative ne soit terminée, il faut mettre les graines à l'obscurité. Boussingault a trouvé que l'hydrogène et l'oxygène disparaissent dans le rapport où on les rencontre dans l'eau, de sorte que la combustion du carbone se fait aux dépens de l'oxygène extérieur. Toutefois, avec le Maïs géant, la perte d'hydrogène est un peu plus faible; avec les graines riches en matières grasses et en huiles, le rapport précédent n'est plus observé.

Boussingault a aussi entrepris des recherches sur les variations de la *composition immédiate*. Ainsi il a constaté qu'après trois semaines de séjour à l'obscurité, le Maïs géant n'avait plus d'amidon, alors qu'il en contenait 74 p. 100 au début; une partie avait dû former le carbone brûlé; le reste s'était transformé en sucre et en cellulose. La proportion d'huile avait passé de 5,4 à 1,7 p. 100. Mais les matières minérales n'avaient aucunement changé. Rappelons ici que Müntz a constaté dans les graines oléagineuses la saponification des corps gras avec mise en liberté d'acides et production d'hydrates de carbone.

En étudiant les variations de la matière organique dans la germination, André (*C. R.*, CXXXIII, 1229, et *C. R.*, CXXXIV, 995) a trouvé que les *matières grasses* disparaissent peu à peu des cotylédons et que les plantules en élaborent peu à peu, même avant l'apparition de la fonction chlorophyllienne, probablement aux dépens des hydrates de carbone.

La proportion des *hydrates de carbone saccharifiables* dans les acides étendus diminue rapidement dans les cotylédons, augmente dans les plantules, mais diminue au total.

La proportion de *cellulose* diminue dans les cotylédons, augmente beaucoup dans les plantules, et par suite dans l'ensemble de la plante. Même remarque pour la *vasculose*.

L'azote total décroît dans les cotylédons, émigre intégralement dans les plantules au début; mais le poids de matières non azotées des plantules augmente plus vite que celui des principes azotés, et cette inégalité s'accentue davantage dans la suite. *L'azote amidé total* diminue au fur et à mesure qu'augmente l'azote albuminoïde.

La *matière protéique* qui disparaît le plus rapidement est l'albumine (il y en a 2,6 p. 100 dans l'azote total chez le Haricot). La légumine (qui équivaut à 1/4 de l'azote total) diminue rapidement, mais ne disparaît pas complètement; on la trouve encore dans la plantule. L'azote des matière protéiques insolubles dans l'eau (conglutine de Ritthausen) diminue constamment depuis le début de la germination. Puis, quand le poids total de la plante commence à se rapprocher de celui de la graine, quand la plante commence à prendre de l'azote et de l'acide phosphorique au sol, l'azote insoluble éprouve un accroissement notable. Il y a formation d'albuminoïdes nouveaux aux dépens de l'azote du sol et surtout des amines solubles.

Passons maintenant aux *matières minérales*. Selon Dehérain et Bréal (*Ann. agr.*, IX, 1883, 58) les plantules absorbent une quantité considérable de matières minérales pendant la germination; la chaux notamment paraît exercer l'action la plus avantageuse; quand cet élément est fourni sous forme d'humate, son influence est plus grande que sous la forme d'azotate.

Von Liebenberg (*Ak. Wien.*, 1881) pense que la chaux est indispensable pendant la germination des plantes, telles que le Maïs, le Chanvre, la Luzerne, le Poids, la Vesce, etc., alors qu'elle ne l'est point pour le Pavot, la Moutarde blanche.

Belzung (*Journal de Botanique*, 1er mars 1893) a observé que des *sulfates* peuvent prendre naissance dans des plantules aux dépens du soufre des matières albuminoïdes de réserve. Les nitrates des jeunes plantules, loin de s'y développer par oxydation de l'azote organique, sont toujours empruntés au milieu ambiant; mais certaines espèces, notamment le *Cucurbita Pepo*, le *Triticum sativum*, exercent vis-à-vis de ces sels une action absorbante très remarquable, alors que d'autres au même âge et dans les mêmes conditions de milieu sont, sous ce rapport, indifférentes.

Selon André (*C. R.*, CXXX. 1011), les cotylédons, conformément aux expériences de Sachs (1859) et de Schrœder (1868), apparaissent bien comme les réserves de matières minérales. La teneur en cendres des cotylédons va sans cesse en diminuant, et, quand le poids sec de la plantule atteint celui de la graine intacte, les cendres des cotylédons ne représentent plus que les 2/5 de la graine, bien qu'il y ait eu absorption continue de silice et de chaux. La silice et la chaux sont en effet absorbées dès le début de la germination (*C. R.*, CXXIX. 1262). Au moment du minimum de matière sèche, la silice est cent fois dans la plantule et seize fois dans les cotylédons plus forte que dans les graines; au même moment, il y a deux fois plus de chaux dans la plantule et une fois et demie dans les cotylédons. L'acide phosphorique et l'azote passent des cotylédons dans la plantule, mais ne varient pas dans l'ensemble. La plante commence à prendre ces deux corps au sol en même temps. La potasse est absorbée dès que la fonction chlorophyllienne s'exerce d'une manière efficace, alors que, par conséquent, il y a gain de matière organique; c'est la fin de la germination.

Les modifications chimiques qui viennent d'être indiquées aboutissent à ce fait que, si le poids frais des graines augmente pendant la germination, le *poids sec* au contraire diminue. Plus la respiration est intense, plus la perte de poids sec est grande. La chaleur donc favorise cette perte; la lumière au contraire la réduit; cette réduction est due à l'influence défavorable des radiations lumineuses sur le dégagement de l'acide carbonique et aussi à la fixation de carbone qui ne tarde pas à se produire.

3° Production d'énergie. — On comprend que tous les phénomènes qui se passent ainsi dans les graines puissent aboutir à la mise en liberté d'une certaine quantité d'énergie.

En effet, nous avons constaté des oxydations intra-cellulaires énergiques, des hydratations et des dédoublements; or toutes ces réactions sont exothermiques, c'est-à-dire dégagent de la chaleur.

Les principes organiques qui en brûlant dégagent le plus de chaleur, sont les hydrates de carbone et les corps gras.

On peut facilement mettre en évidence le dégagement de chaleur qui se produit pendant la germination; un lot de plantules vivantes et un lot de plantules tuées accusent une différence de température notable, de 2° pour le Blé par exemple. SEIGNETTE (*Thèse de Doctorat*, Paris, 1889) a montré que, dans les tubercules, la température est plus élevée que dans le milieu ambiant de 2° avec le *Stachys esculenta* ou Crosne du Japon, le *Cyperus Papyrus* et la Pomme de terre; l'excès de température est de 1° pour le Topinambour, 0°,7 pour le Cyclamen d'Europe, la température ambiante étant de 7°.

Quand les tubercules germent, cet excès va croissant; il peut atteindre 1° pour la Tulipe, la température externe étant de 11°.

DEVAUX (*Soc. bot. de France*, 4 mai 1860) a constaté que, dans un lot de Pommes de terre, la température pouvait s'élever jusqu'à 39° par exemple, l'air extérieur n'étant qu'à 18 ou 19°; mais cette température ne dépassait que de 1° ou 2° celle de l'air compris entre les tubercules dans l'endroit du tas considéré.

Des recherches calorimétriques ont été effectuées pour déterminer les quantités de chaleur dégagées pendant la germination. BONNIER (*Soc. bot. de France*, 14 mai 1880) a employé à cet effet le calorimètre de BERTHELOT ou le thermocalorimètre de REGNAULT.

Voici quelques-uns des résultats obtenus par cet expérimentateur. Des graines de Pois ont dégagé 66 calories par kilogramme et par minute; avec le Blé, c'est 20 calories seulement.

Bien entendu la quantité de chaleur dégagée croît jusqu'à l'optimum thermique de la germination. Elle varie aussi avec l'âge des plantules; ainsi des graines de Pois mises à germer depuis vingt-quatre heures dégagent 9 calories par kilogramme et par minute; ces mêmes graines dégagent 120 calories lorsque la radicule atteint 5 millimètres, et 6 seulement quand les cotylédons se flétrissent. Après trois jours, des graines de Ricin dégagent 25 calories et après douze jours 125 calories.

Enfin la quantité de chaleur dégagée dépend de la nature et de la proportion des principes combustibles; c'est ce qui vient d'être constaté avec le Pois et le Blé. C'est ce qui ressort aussi clairement de ce fait que les tubercules de Pomme de terre enrichis en sucre par un séjour dans une cave à 5° au plus, dégagent plus de chaleur que des tubercules comparables, qui ne contiennent que très peu de sucre. Ici, comme plus haut, la respiration est plus active, et par suite la calorification est plus énergique.

En tout cas, pendant la période germinative, la quantité de chaleur produite est bien supérieure à celle que l'on obtient en calculant la chaleur de formation de l'anhydride carbonique dégagé par la plante pendant l'expérience; elle est même supérieure en général à la quantité de chaleur qui serait due à la formation d'anhydride carbonique par tout l'oxygène absorbé; l'excédent constaté doit être précisément attribué aux hydratations et dédoublements dont il était question plus haut.

Bibliographie. — Consulter, en dehors des mémoires indiqués dans le présent article, les ouvrages suivants :

DUHAMEL DU MONCEAU. *Physique des arbres. Traité des Semis.* — DE SAUSSURE. *Recherches chimiques sur la végétation.* Paris, 1804. — BOUSSINGAULT. *Économie rurale. Agronomie; Chimie agricole et Physiologie.* — DE CANDOLLE. *Physiologie végétale*, t. II. Paris, 1832. — ACH. RICHARD. *Nouveaux éléments de Botanique*, 7e édition. Paris, 1846. — DUCHARTRE. *Éléments de Botanique.* — VAN TIEGHEM. *Traité de Botanique*, 2e édition. Paris, 1891. — SACHS. *Traité de Botanique* (traduit par VAN TIEGHEM). Paris, 1874. — DEHÉRAIN. *Traité de Chimie agricole*, 2e édition. Paris, 1902. — PFEFFER. *Planzenphysiologie*, 2e édition. Leipzig, 1897. — BELZUNG. *Anatomie et Physiologie végétales.* Paris, 1900. — DUCLAUX. *Diastases; toxines et venins* (*Traité de Microbiologie*). — GREEN. *Die Enzyme.* Berlin, t. II. Paris, chez Parey, 1901. — A. GAUTIER. *Chimie appliquée à la Physiologie.* Paris, 1896.

ED. GRIFFON.

GÉRONTINE. — V. GRANDIS a donné le nom de gérontine à un produit cristallisé qu'il a trouvé dans le noyau des cellules du foie des chiens (*Rech. chim. et physiol. sur les cristaux contenus dans le noyau des cellules hépatiques. A. i. B.*, XIV, 1891, 384-409).

Ces cristaux, antérieurement déjà entrevus dans le foie par MARCHAND et par LAPEYRE, avaient été pris pour une globuline cristallisée. Mais GRANDIS a montré leur véritable nature.

Voici, en résumé, comment il les prépare. Le foie, hydrotomisé, est broyé, puis additionné d'eau et agité avec de l'éther, qui enlève les matières grasses et colorantes. Le résidu solide est traité par l'acide acétique dilué, filtré et concentré. L'alcool absolu et l'éther dissolvent la gérontine, qu'on traite par H Cl dilué. On obtient alors un produit cristallisé qui, traité par Ag^2O, donne une base qui est la gérontine. Sa formule paraît être $C^5 H^{14} Az^2 (HCl)^2 Pt Cl^4$.

En comparant ce corps aux quatre diamines connues de même formule : neuridine, cadavérine de BRIEGER, saprine, et méthyltétraméthylènediamine (OLDACH), GRANDIS, surtout par l'examen des propriétés toxiques, conclut que la gérontine est différente de ces quatre corps. Elle est toxique à 0.0005 pour 10 grammes de grenouille. Elle n'agit pas, comme le curare, sur les terminaisons des nerfs moteurs, et c'est probablement sur les centres nerveux qu'elle porte son action. Chez les homéothermes (rats, lapins), elle a provoqué des convulsions tétaniques, et, à dose plus faible, des troubles respiratoires. Le cœur ne s'est arrêté qu'après l'arrêt respiratoire. La gérontine n'est donc pas un poison cardiaque. Chez tous les animaux injectés, elle produit des effets narcotiques assez marqués.

Son rôle général dans les fonctions de l'organisme n'est pas connu.

GESTATION. — **Définition physiologique.** — *État fonctionnel particulier que présentent les femelles des mammifères, qui après avoir été fécondées, portent et nourrissent le ou les produits de la génération.*

Cette définition de la gestation différant de la définition classique, ou traditionnelle, il nous paraît d'abord nécessaire de l'expliquer et de la préciser autant que possible.

Pour la plupart des auteurs, la gestation est l'état de la femelle qui a conçu et qui *porte* le produit de conception. Or il arrive que le produit de conception meurt pendant la gestation et n'est point expulsé; quelquefois même il peut séjourner pendant des années dans l'organisme maternel, comme cela se voit à la suite de gestation ectopique, lorsque le fœtus se transforme en *lithopédion*. D'après la définition des auteurs classiques, toute femelle portant un lithopédion serait donc en état de gestation, et cela pendant toute sa vie! D'autre part, dès que l'évolution fœtale s'arrête, et bien que le produit de conception reste contenu dans l'utérus, un nouveau cortège symptomatique se montre, de nouvelles réactions organiques générales et locales apparaissent; il existe alors un état fonctionnel qui ne ressemble nullement à celui de la gestation : il n'y a plus *gestation* au point de vue physiologique, mais bien *rétention*.

Pour qu'une femelle soit véritablement en état de gestation, il faut que, non seulement elle porte le produit de la génération, mais qu'en même temps elle le nourrisse, et cela jusqu'au moment où le produit de la génération, ayant atteint son développement *parasitaire* normal et complet, est expulsé par l'organisme maternel. La femelle véritablement *gestante* est celle qui donne en même temps le logement et la nourriture. C'est là sa caractéristique, et non pas la viviparité, comme nous le verrons plus loin.

Cette action double et simultanée ne se traduit pas de la même façon chez tous les Mammifères.

Chez les Didelphes ou Marsupiaux, la *gestation proprement dite* ou *utérine* est relativement très courte. Au moment où le produit de la génération est expulsé, il est très peu développé. Il est, à cette *première naissance*, nu, aveugle et très petit relativement à la taille qu'il atteint pendant la *deuxième gestation*, dite *abdominale*, ou *mammaire*. Au moment de sa première expulsion, la mère le saisit avec ses dents et l'applique dans sa deuxième matrice, sur l'un de ses mamelons où il adhère immédiatement et intimement. La tétine pénètre jusque dans le pharynx ou l'œsophage, et le lait est injecté directement dans l'estomac, grâce à des muscles spéciaux qui compriment les glandes mammaires. Pour que la respiration puisse s'opérer sans gêner la déglutition et simultanément, le larynx s'allonge et remonte jusque dans les arrière-narines, disposition transitoire qui rappelle ce qui existe pendant toute la durée de la vie chez les Cétacés. Il y a donc, à vrai dire, chez les Didelphes une *gestation utérine* et une *gestation abdominale* ou *mammaire*, celle-ci plus prolongée que celle-là. Ce qui a fait dire à FLOWER que les Marsupiaux étaient des Mammifères typiques, car c'est chez eux que la lactation a le plus de durée et d'importance (TROUESSART).

Nous devons signaler aussi une gestation particulière et tout à fait rudimentaire chez les Ornithodermes ou Monotrèmes. Bien que HAACH et CALDWELL aient établi presque simultanément (en 1884) ce qu'avait supposé ISIDORE GEOFFROY SAINT-HILAIRE (1824), à savoir, que ces deux genres sont *ovipares*, il n'en est pas moins vrai que chez ces animaux la *gestation* se confond avec l'*incubation*. Ce sont des *ovipares gestateurs*. En effet, aujourd'hui que l'on connaît bien, surtout depuis les travaux récents de SEMON, la structure de l'œuf des Monotrèmes, il est démontré que le développement de l'œuf, en particulier chez l'Échidné, type de l'ordre terrestre, s'opère dans l'oviducte gauche. Puis le développement définitif se complète, l'œuf ayant été expulsé dans une poche mammaire, dont la température est plus élevée que celle de l'animal lui-même (HAACH, 1884). Enfin, quand le jeune est sorti de l'œuf, il reste encore un certain temps dans la poche en s'attachant aux mamelles.

Chez l'Ornithorynque, les premières phases du développement de l'embryon s'opèrent bien également dans l'oviducte, mais l'œuf expulsé n'est jamais contenu dans la poche mammaire. C'est la véritable incubation, ou *incubation externe*, qui achève le développement. Ici donc, en même temps que se montre encore une gestation rudimentaire, apparaissent et la véritable incubation et l'ébauche d'un allaitement longtemps prolongé. C'est l'oviparité se confondant avec l'ovoviparité.

L'oviparité, l'ovoviparité ne peuvent être, au point de vue physiologique, assimilées à la gestation. De même la viviparité n'implique pas toujours la gestation. Lorsque RÉAUMUR dans son fameux mémoire : *Des mouches vivipares à deux ailes; comment les petits vers vivants sont placés et arrangés dans le corps de la mère*, parle de l'accouchement des mouches, il n'entend pas parler de gestation. Ce grand observateur avait bien vu que, chez ces insectes, il ne se produit qu'une *incubation intérieure*, ainsi que le prouve ce passage :

« REDI demande si quelques-unes des espèces de mouches qui pondent des œufs ne peuvent pas, en de certaines circonstances, mettre au jour des petits vivants; si une augmentation de la chaleur de l'air ne peut pas faire éclore les vers dans le corps de leur mère. Cette question semble être la même que de demander si les poulets peuvent éclore dans le corps de la poule, et en général si des oiseaux quelconques peuvent sortir des œufs encore renfermés dans le corps de la mère. Si quelque accident, sans être funeste à la poule, pouvait retenir pendant une vingtaine de jours un de ces œufs fécondé dans l'oviducte, l'œuf y serait couvé par un degré de chaleur plus que suffisant pour faire développer et croître les parties du poulet, par un degré de chaleur plus considérable que celui que prennent les œufs sur lesquels une poule reste accroupie avec tant de constance. »

L'hypothèse de RÉAUMUR a été confirmée par les faits. On a trouvé, dans le corps de certaines poules, des œufs qui n'avaient pu être pondus et dans lesquels le poulet était arrivé à son complet développement. (MÉGNIN, *communication orale*.) Ainsi, au lieu d'être pondu, l'œuf peut continuer à séjourner dans le corps de la femelle, et, l'évolution embryonnaire s'effectuant comme si l'œuf était pondu, l'animal est ovovivipare. Mais, ainsi que le fait remarquer P. VAN BENEDEN, l'embryon ne contracte pas d'adhérence avec la mère. Il n'y a là qu'une *incubation interne*. En forçant, comme cela peut se faire, certains animaux à retenir leurs œufs, on les rend forcément ovovivipares, alors qu'ils sont ovipares naturellement. (VAN BENEDEN.) Dans ces conditions, la mère n'est pas autre chose qu'une *couveuse naturelle*.

Dans la gestation véritable, chez les mammifères supérieurs, non seulement l'œuf est soumis à une incubation intérieure dans le corps de la mère, mais encore et surtout, il s'y *fixe*, il y *prend racine*, et c'est grâce seulement à ces connexions vasculaires qu'il puise les éléments nécessaires à sa nutrition et à son développement. Le processus du développement de l'embryon des mammifères, d'abord identique à celui qu'on observe chez les reptiles et les oiseaux, s'en différencie au moment où une partie des enveloppes fœtales se met en rapport avec l'organisme maternel et se transforme en un organe plus ou moins simple et rudimentaire, plus ou moins compliqué, dont le rôle sera de fixer et de nourrir l'embryon.

Avec O. Hertwig on peut dire que : selon la manière dont la surface de la vésicule blastodermique se met en relation avec l'organisme maternel, il y a lieu de distinguer trois modifications principales, à chacune desquelles correspond un groupe de mammifères : Dans un premier groupe, la séreuse de von Baer conserve à peu près sa structure simple primitive; dans le deuxième groupe, elle se transforme en un chorion; enfin, dans un troisième groupe, il se développe un placenta, aux dépens d'une ou de plusieurs parties du chorion.

Mais, entre les mammifères du premier groupe et ceux du second, de même qu'entre les Placentariés (*Placentalia*) et les Implacentariés (*Implacentalia*) il n'y a pas de ligne de démarcation bien tranchée. La transformation se montre progressivement et d'une façon presque insensible dans la série animale. Si le mode de placentation, propre aux mammifères supérieurs, n'existe chez les Didelphes qu'à l'état rudimentaire, on peut affirmer aujourd'hui qu'il existe dans l'œuf de ces animaux un organe de nutrition. A. Dastre, dans ses « *Recherches sur l'allantoïde et le chorion de quelques mammifères* », a eu bien raison de faire remarquer que, si les Didelphes, Marsupiaux et Monotremes, étaient considérés comme ne possédant point d'appareils placentaires, un complément d'études semblait nécessaire pour statuer définitivement sur cette question. Si Owen et Chapman ont décrit l'œuf des Marsupiaux comme enveloppé d'un chorion sans villosités et sans aucune adhérence avec les parois de l'utérus, H. F. Osborne a démontré que, comme l'avait déjà entrevu ou pressenti E. Geoffroy Saint-Hilaire en 1824, il existe un rudiment de placenta dans l'œuf des Didelphes. Mais ce placenta est formé par la vésicule ombilicale, et non par l'allantoïde, comme chez les mammifères supérieurs. Il est donc permis de supposer que tous les intermédiaires entre ces deux modes de gestation ont existé, ou existent peut-être encore, chez certains types du groupe des Didelphes qui n'ont pas encore été étudiés sous ce rapport. (Trouessart.)

Nous ne nous occuperons ici que de la gestation des mammifères supérieurs.

Ayant ainsi limité et précisé autant que possible notre sujet, n'ayant pas d'autre part à envisager ce qui concerne le fœtus et l'œuf (voir l'article **Fœtus**, t. VI), nous allons exposer, autant que le permet l'état actuel de nos connaissances, les chapitres concernant :

1° *La durée de la gestation ;*

2° *Les modifications fonctionnelles de l'organisme maternel pendant la gestation.*

Un paragraphe sera ensuite consacré à la *gestation multiple*, c'est-à-dire à la gestation caractérisée par le développement simultané de deux ou plusieurs fœtus dans l'utérus des femelles qui sont normalement *unipares :* la femme, la jument, la vache, la brebis, etc.

PREMIÈRE PARTIE

Durée de la Gestation.

§ I. — DURÉE DE LA GESTATION CHEZ LES ANIMAUX.

Le temps que dure la gestation mesure la première vie de l'individu après la vie latente ou ralentie, généralement très brève chez les mammifères. Les lois qui président à la durée de cette vie intérieure et parasitaire sont-elles connues? Hélas! non. On commence à peine à les entrevoir. Les expériences rêvées par François Bacon au commencement du XVIIe siècle (*Nova Atlantis*) et précisées par Condorcet à la fin du XVIIIe (Fragment de l'*Atlantide*, p. 451 in *Tableau historique des progrès de l'esprit humain*, édition Steinheil, 1900) qui « déterminent jusqu'à quel point, dans les différentes espèces vivipares, le temps de la gestation est variable ou constant; quelles sont les causes de ces variations; la possibilité et les moyens de faire agir ces causes à volonté; les effets qui en résultent pour l'individu dont la naissance est accélérée ou retardée », n'ont point encore été réalisées. Elles sont à peine commencées à l'heure actuelle. Il en est de même, du reste, de l'incubation.

1° **Durée de l'incubation.** — Les recherches entreprises par Réaumur (1735) n'ont point été poursuivies, et c'est à peine si l'on connaît aujourd'hui la variabilité de la durée de l'incubation et les causes qui peuvent la prolonger ou la rendre plus courte. Si Harvey (*Exercitationes de generatione animalium*, in-4°, (1654) a montré que des œufs, que l'on met en incubation dans les mêmes conditions, ne se développent jamais avec la même rapidité et présentent toujours des inégalités plus ou moins grandes dans leur évolution, il faut reconnaître que nos connaissances sur ce point n'ont pas beaucoup progressé. Nous savons depuis Réaumur que la durée de l'incubation n'est pas la même pour des degrés différents de température, qu'elle est plus courte par des températures élevées, plus longue par les températures basses; mais nos connaissances ne sont nullement précises sur le rapport qui existe entre la température pendant l'incubation et la durée de cette incubation.

Bonnet, cité par Spallanzani, dit également : « On peut à volonté accélérer ou retarder l'éclosion des poulets en augmentant ou en diminuant le degré de chaleur; mais cette possibilité est renfermée dans certaines limites que l'expérience n'a pas encore déterminées. » Et de nos jours, Dareste s'exprime ainsi : « J'ai souvent observé des faits analogues. Bien que je n'aie pas cherché à faire éclore les œufs et que je les aie ouverts au bout de quelques jours, j'ai pu constater un fait intéressant. Ainsi, vers 41° et 42°, l'évolution est très rapide, et l'embryon atteint en vingt-quatre ou trente heures le degré qu'il n'atteint, dans l'incubation naturelle, qu'après trois jours d'incubation. Au contraire, vers 30°, il n'arrive à ce développement qu'en sept ou huit jours d'incubation. » D'autre part il ajoute : « Toutes les expériences que j'ai faites, concernant l'influence des basses températures sur l'évolution, montrent que ce phénomène peut commencer à des températures notablement plus basses que la température de l'évolution normale; mais qu'à de certains moments il exige, pour pouvoir se continuer et s'achever, des températures toujours croissantes, et que par conséquent, pour déterminer la somme des températures nécessaires à l'évolution complète, il faut tenir compte de la température *minima* nécessaire à chaque période de la vie embryonnaire. « En tenant compte de tous ces faits, on *arrivera* incontestablement, à l'aide d'expériences prolongées, à constater les éléments nécessaires pour la détermination des sommes de température, et pour voir comment l'augmentation ou l'abaissement de la température agissent pour avancer ou retarder l'éclosion. Mais il y a encore ici une condition dont il faut tenir grand compte, comme dans tous les phénomènes physiologiques, c'est l'*individualité.* »

Dareste se demande ensuite si les poulets qui éclosent avant les autres ne seraient pas plus petits que les autres, si le nanisme ne tiendrait pas à la prédominance des faits de développement sur les faits de simple accroissement sous l'influence d'une température élevée, s'il n'existerait pas des faits inverses, et il réclame des expériences longtemps répétées, et dans les conditions les plus diverses, qui seules pourront nous renseigner sur toutes ces questions.

Or ces expériences, ou n'ont pas encore été faites, ou ne sont point parvenues à notre connaissance.

Nous ne possédons comme document important et sérieux que le mémoire de Tessier (*Recherches sur la durée de la gestation et de l'incubation dans les femelles de plusieurs quadrupèdes et oiseaux domestiques, Acad. Royale des sciences*, 12 mai 1817).

Dans ce travail, sur lequel nous reviendrons, Tessier, s'occupant principalement de rechercher quelle peut être la durée de la gestation chez un certain nombre d'animaux, considère que des recherches sur la durée de l'incubation pourraient fournir des données intéressantes sur la question. « Bien que l'incubation des oiseaux, dit-il, ne puisse être assimilée à la gestation des quadrupèdes, qui s'opère d'une autre manière, cependant, je n'ai pas regardé comme indifférent d'étudier ce qui se passe dans cette fonction, quant à la latitude des éclosements. Il m'a paru utile de m'assurer, si, à l'égard de cette classe d'animaux, la nature avait des termes toujours fixes, ou quelquefois des écarts. » Et il donne les tableaux ci-dessous :

TABLEAU I

Dindes ayant couvé des œufs de poule (d'après TESSIER).

NUMÉROS.	QUANTITÉS D'ŒUFS couvés.	DURÉE DE LA couvaison.	INTERVALLE DE TEMPS entre les premiers et les derniers nés.	NOMBRE D'ŒUFS non fécondés.	OBSERVATIONS ET RÉSUMÉ.
		jours.	jours.		
1	30	20	3	12	1° Durée des couvaisons : 17 à 27 jours.
2	20	19	1	0	2° Latitude : 5 jours.
3	20	17	1	9	3° Intervalle de temps entre les premiers et les derniers : nés 3 jours.
4	20	22	1	10	4° Le nombre des œufs non fécondés est à celui des œufs couvés comme 1 est à 4.
5	10	27 [a]	1	4	

a. Cette dinde couvait en même temps 10 œufs de dinde ; tous ces derniers se sont trouvés clairs.

TABLEAU II

Dindes ayant couvé des œufs de cane (d'après TESSIER).

NUMÉROS.	QUANTITÉS D'ŒUFS couvés.	DURÉE DE LA couvaison.	INTERVALLE DE TEMPS entre les premiers et les derniers nés.	NOMBRE D'ŒUFS non fécondés.	OBSERVATIONS ET RÉSUMÉ.
		jours.	jours.		
1	20	26	1	0	1° Durée de la couvaison : 27 jours.
2	20	26	1	4	2° Latitude : 1 jour.
3	20	27	2	15	3° Intervalle entre la naissance des petits : 2 jours.
					4° Le nombre des œufs non fécondés a été celui des œufs couvés comme 1 est à 3.

TABLEAU III

Dindes ayant couvé des œufs de dinde (d'après TESSIER).

NUMÉROS.	QUANTITÉS D'ŒUFS couvés.	DURÉE de la COUVAISON.	INTERVALLE DE TEMPS entre les premiers et les derniers nés.	NOMBRE D'ŒUFS non fécondés.	OBSERVATIONS ET RÉSUMÉ.
		jours	jours		
1	20	26	1	5	1° Durée de la couvaison : 26 à 29 jours.
2	20	26	2	4	2° Latitude : 3 jours.
3	20	27	1	5	3° Intervalle de temps entre les premiers et les derniers nés : 3 jours.
4	20	27	1	6	4° Le nombre des œufs fécondés est à celui des œufs couvés comme 1 est à 2.
5	20	28	1	10	
6	20	29	1	12	
7	20	29	1	12	
8	15	28, 29, 30	2	5	
9	12	»	1	3	

TABLEAU IV

Poules ayant couvé des œufs de cane (d'après TESSIER).

NUMÉROS.	QUANTITÉS D'ŒUFS couvés.	DURÉE de la COUVAISON.	INTERVALLE DE TEMPS entre les premiers et les derniers nés.	NOMBRE D'ŒUFS non fécondés.	OBSERVATIONS ET RÉSUMÉ.
		jours	jours		
1	12	26	1	0	1° Durée de la couvaison : 26 à 34 jours.
2	12	26	1	2	2° Latitude : 8 jours.
3	15	26	1	2	3° Intervalle de temps entre les premiers et les derniers nés : 8 jours.
4	12	26	1	1	4° Le nombre des œufs non fécondés a été à celui des œufs couvés comme 1 est à 3.
5	12	26	1	6	De 3 poules couvant des œufs de cane de Barbarie, 2 ont été 33 jours et 1, 34 jours.
6	14	27	1	8	Une cane de Barbarie a couvé 36 jours : sur 13 œufs, 10 sont venus à bien ; 3 étaient morts dans la coquille.
7	10	26	1	7	
8	15	28	1	6	
9	1	34	1	»	

TABLEAU V

Poules ayant couvé des œufs de poule (d'après TESSIER).

NUMÉROS.	QUANTITÉS D'ŒUFS couvés.	DURÉE de la COUVAISON.	INTERVALLE DE TEMPS entre les premiers et les derniers nés.	NOMBRE D'ŒUFS non fécondés.	OBSERVATIONS ET RÉSUMÉ.
		jours.	jours.		
1	12	20	1	2	1° Durée de la couvaison : 19 à 24 jours.
2	12	20	1	3	2° Latitude : 5 jours.
3	12	24	1	5	3° Intervalle de temps entre les premiers et les derniers nés : 2 jours.
4	12	18	2	5	4° Le nombre des œufs non fécondés a été à celui des œufs couvés comme 1 est à 3.
5	12	24	1	4	Une poule (à Chatou) a fait, en 1 année, 3 couvées dont 1 a commencé le 10 décembre, sans que ses œufs soient refroidis ; 4 sont éclos le 30 décembre ; 4 le 31, et 4 le 1er janvier : 2 ont été écrasés et 1 non fécondé. L'incubation a été de 20, 21 et 22 jours. On n'a pu élever de ces poulets que 4 ; le froid a fait périr les autres. Chez la même personne qui m'a communiqué ce fait, sur 10 poules couveuses : 8 incubations ont été 21 jours, et 2 de 19 et 20 jours.
6	15	19	1	6	
7	15	20	1	6	
8	15	20	1	11	
9	15	21	1	5	
10	15	24	1	5	
11	13	21	0	5	
12	13	20	0	2	
13	15	24	2	6	
14	15	19 et 20	1	4	

Nota. — On a mis sous une même poule, le 12 juin, 13 œufs. Le 1er juillet, il en est éclos 1 à midi ; le 2 au matin, 8 étaient éclos ; les autres se sont trouvés clairs. Il y a eu 12 heures de différence du 1er au 8e.

La pintade, qui pond jusqu'à 112 œufs, couve ordinairement 30 jours. On a vu des pintadeaux adoptés par une poule.

Quelquefois, dans les œufs qui ne réussissent pas à la couvaison, les germes, cependant, paraissent fécondés ; on les trouve à divers degrés de développement, ce qui suppose que quelque accident les a fait périr. Dans un de ces œufs, le petit était entièrement formé. Une poule avait, dans son intérieur, un œuf dont la coquille était telle qu'elle est hors du corps.

TABLEAU VI

Canes ayant couvé des œufs de cane commune (d'après Tessier).

NUMÉROS.	QUANTITÉS d'œufs couvés.	DURÉE de la couvaison.	INTERVALLE de temps entre les premiers et les derniers nés.	NOMBRE d'œufs non fécondés.	OBSERVATIONS ET RÉSUMÉ.
		jours.	jours.		
1	15	32	2	2	1° Durée de la couvaison : 28 à 32 jours. 2° Latitude : 3 jours. 3° Intervalle entre la naissance des petits : 1 jour. 4° Le nombre des œufs non fécondés a été à celui des œufs couvés comme 11 est à 10.
2	11	28 et 29	1	1	

Nota. — On a vu plus haut que les œufs de cane de Barbarie éclosaient aux 35e et 36e jours, c'est-à-dire 4 à 6 jours plus tard que ceux de la cane commune.

Une cane commune, dans la basse-cour du haras du Pin, pondait, tous les jours, un œuf bien conditionné; elle s'est mise ensuite à faire, tous les 2 jours, 2 œufs *hardelés*, c'est-à-dire sans coquille; si elle n'en pondait qu'un, il était gros comme celui d'une dinde, et avait deux jaunes.

TABLEAU VII

Oie commune ayant couvé des œufs d'oie (d'après Tessier).

NUMÉROS.	QUANTITÉS d'œufs couvés.	DURÉE de la couvaison.	INTERVALLE de temps entre les premiers et les derniers nés.	NOMBRE d'œufs non fécondés.	OBSERVATIONS ET RÉSUMÉ.
		jours.	jours.		
1	12	30, 31	1	»	1° Durée de la couvaison : 29 à 32 jours. 2° Latitude : 4 jours. 3° Intervalle entre la naissance des petits : 2 jours. 4° Le nombre des œufs non fécondés est aux fécondés comme 15 est à 13.
2	12	29	0	2	
3	12	31, 32	1	3	
4	15	31, 32, 33	2	2	

Nota. — De 15 œufs donnés à 1 oie, 9 sont éclos; 2 petits sont morts avant d'éclore; 1 n'a pas été fécondé. De 12 autres, 7 sont éclos, 2 morts dans la coquille et 2 non fécondés. Dans ces deux cas, on n'a point noté la durée de l'incubation.

TABLEAU VIII

Pigeonnes (d'après Tessier).

NUMÉROS.	QUANTITÉS D'ŒUFS couvés.	DURÉE de la COUVAISON.	INTERVALLE DE TEMPS entre les premiers et les derniers nés.	NOMBRE D'ŒUFS non fécondés.	OBSERVATIONS ET RÉSUMÉ.
		jours.	jours.		
1	2	17, 18	1	»	1° Durée de la couvaison : 17 à 20 jours. 2° Latitude : de 2 à 3 jours. 3° Intervalle : un jour ou quelques heures. 4° Tous les œufs ont été fécondés.
2.	2	20	Quelques heures.	»	

Nota. — Les femelles du pigeon pondent ordinairement 2 œufs, dont 1 mâle et l'autre femelle; quelquefois les deux sont du même sexe. On a vu deux sœurs femelles faire ensemble 4 couvées dans le même nid, ayant été couvertes par deux mâles dont chacun avait, en outre, sa femelle. Elles couvaient tour à tour; ensuite, elles se sont séparées, ayant trouvé dans la volière un mâle pour chacune à part. (Fait arrivé à Chatou.)

Quelquefois les pigeons changent de femelles,

M. de Vanieville, qui avait à Paris une volière d'expériences, qu'il observait avec la plus grande attention, a remarqué ce qui suit :

En 20 ans, il n'a vu qu'une pigeonne pondre 3 œufs; quelquefois, elle n'en pond qu'un seul, soit par indisposition, soit au renouvellement de la grappe, c'est-à-dire de l'ovaire. Elle met 1 jour d'intervalle entre les 2 œufs. La ponte se fait ordinairement de midi à 4 heures, vers les 2 heures le plus souvent. Dans la journée, le mâle et la femelle couvent alternativement; le mâle de 10 heures à 2 heures; la nuit, c'est la femelle seule; les vieux mâles la relayent plus souvent que les jeunes.

L'incubation est de 18 jours, à dater de la ponte du 2e œuf, quelquefois de moins ou de plus. Les pigeons se mettent bien sur le premier œuf pondu, mais pour le garder; ils ne s'appesantissent pas dessus. La couvaison ne commence qu'après la ponte du 2e œuf; le 2e œuf s'ouvre presque en même temps que le premier.

TABLEAU IX

Couvaison de différentes femelles d'oiseaux du Jardin du Roi, à Paris.

Durée d'incubation dans 24 individus (d'après F. Cuvier).

OISEAUX.	JOURS.	OISEAUX.	JOURS.
Oie commune.	31	Cygne.	33 et 34
Oie commune (2 ans).	30	Cygne.	33
Oie commune (2 ans).	30	Paon.	29
Oie commune (2 ans).	31	Paon.	26
Oie commune (2 ans).	30	Faisan argenté (de 4 ans . . .	25
Oie de Hollande.	31	Faisan argenté	26
Canard à bec courbe.	32	Faisan argenté.	25
Canard à bec courbe.	30	Faisan doré	22
Canard polonais.	32	Faisan doré	24
Canard de la Caroline.	30	Faisan doré.	22
Canard de la Caroline.	31	Faisan doré.	22
Cygne (de 6 ans).	33	Poule de soie	22

Nota. — Une serine verte a pondu un œuf un jour et un le lendemain; un petit est éclos un jour, et un le lendemain. Dans une seconde couvée d'un seul œuf, le petit est venu le 14e jour.

On voit, par ce dernier tableau, que les femelles d'oiseaux de même genre, telles que celles des canards, des oies, des cygnes, des faisans, des paons, de races communes ou étrangères, ont aussi présenté quelques variations dans leurs incubations. On ne peut méconnaître, dans les résultats de toutes ces recherches, un accord de la nature, pour ne rien établir de fixe dans la durée des incubations, comme dans celle des gestations.

TESSIER fait précéder ce dernier tableau des explications suivantes : « M. FRÉDÉRIC CUVIER a bien voulu me faire passer des notes, qui, n'étant pas aussi complètes que les miennes, ne peuvent être rangées de la même manière. Le point principal a été omis; savoir, l'intervalle entre les éclosements des œufs de chaque couvée. M. FRÉDÉRIC CUVIER convient qu'on n'examinait au Jardin du Roi les œufs que le jour où l'on pensait qu'ils éclosaient. Au reste, l'exposé qui va suivre, apprendra, au moins, que dans la couvaison des mêmes espèces d'oiseaux, il y a plus ou moins de prolongation; ce qui confirme, en partie, les observations précédentes, faites avec exactitude et détails. »

On peut rapprocher du tableau de CUVIER, celui de BREHM. On verra que, sauf pour le cygne, la durée *moyenne* de l'incubation indiquée est sensiblement la même pour chaque espèce.

TABLEAU X

Durée de l'incubation des oiseaux domestiques (d'après BREHM).

Oiseaux de volière.. .	10 à 12 jours.	Pintade.	28 à 30 —
Pigeons.	16 à 18 —	Paonne.	30 jours.
Perdrix.	3 semaines.	Dinde.	30 —
Poule..	3 —	Oie.	30 —
Faisan.	25 jours.	Cygne..	5 à 6 semaines.
Canard.	24 à 28 jours.		

Dans chaque couvaison, sauf pour le pigeon, le moment de l'éclosion n'est pas le même pour tous les petits. Mais la durée moyenne de l'incubation a été calculée d'après le nombre de jours qui s'est écoulé entre le début de l'incubation et celui de l'éclosion. On n'a pas recherché si les différences dans le moment de l'éclosion résultaient d'une *vie latente* plus ou moins longue. Par *vie latente*, nous entendons la vie qui s'est écoulée entre le moment où l'œuf a été pondu et le moment où l'incubation a commencé. Nous ne faisons que signaler ici ce fait important, sur lequel nous reviendrons avec plus de détails à propos de la durée de la gestation.

Enfin on peut constater que la durée moyenne de l'incubation n'est pas rigoureusement en rapport avec la taille de l'animal, puisque, pour ne citer qu'un exemple, il a été constaté que la durée de l'incubation est la même chez la perdrix et chez la poule.

De tout ce qui précède, il résulte que des variations dans le moment de l'éclosement sont observées, aussi bien dans l'incubation naturelle que dans l'incubation artificielle. La chaleur n'est donc pas le seul facteur ayant de l'influence sur la durée de l'incubation. Il y en a d'autres que nous allons essayer de déterminer dans l'étude de la *durée de la gestation*.

2° **Durée de la gestation chez les mammifères.** — Si nos connaissances relatives aux causes qui peuvent faire varier la durée de l'incubation sont aussi incomplètes et imprécises, on peut dire que les conditions qui déterminent les variations de durée de la gestation chez les mammifères, sont aussi peu que mal connues.

Pendant fort longtemps, les naturalistes et les biologistes se sont contentés, pour admettre comme *durée moyenne de la gestation* chez les différentes espèces de mammifères, des résultats fournis par une observation plus ou moins attentive, mais en tout cas presque toujours de seconde main, et, par cela même, le plus souvent insuffisante. Nous en sommes encore, pour nombre d'espèces, au temps d'ARISTOTE, ainsi que le prouve ce passage extrait d'une communication de CHAPMAN. « Appelé près d'un éléphant femelle, afin de savoir si elle était en état de gestation, j'ai cherché des renseignements bibliographiques, mais la littérature est sur ce sujet bien pauvre, excepté dans ARISTOTE (*Historia animalium*) et dans HARVEY (*De Generatione animalium*) qui ont écrit que la durée de la gestation était de 22 mois. »

BUFFON (*Histoire naturelle*, 1779, table des matières, page 258) s'exprime ainsi à propos de la gestation : « Le temps de la gestation dans la jument est de onze à douze mois; dans les femmes, les vaches et les biches, de neuf mois; dans les renards et les louves, de cinq mois; dans les chiennes, de neuf semaines; dans les chattes, de six semaines; dans les lapins de trente et un jours. Les femelles de tous les animaux qui n'ont point de menstrues mettent bas toujours au même terme ou à peu près, et il n'y a qu'une très légère variation dans la durée de la gestation. » Et ailleurs, à propos de la grossesse, il dit : « La durée de la grossesse est, pour l'ordinaire, d'environ neuf mois, c'est-à-dire de deux cent soixante et quatorze ou de deux cent soixante et quinze jours... Il naît beaucoup d'enfants à sept et huit mois et il en naît quelques-uns plus tard que le neuvième mois; mais en général, les accouchements qui précèdent le terme de neuf mois sont plus communs que ceux qui le passent. »

TABLEAU XI

Vaches (d'après Tessier).

NOMBRE de VACHES.	DURÉE DE LA GESTATION — MOIS.	DURÉE DE LA GESTATION — JOURS.
(Termes les plus faibles.)		
1	8 »	240
1	8 4	244
1	8 7	247
1	8 13	253
1	8 17	257
3	8 18	258
1	8 19	259
1	8 20	260
2	8 21	261
1	8 22	262
1	8 23	263
3	8 26	266
1	8 27	267
2	8 28	268
1	9 »	269
21		
259 1/2		
(Termes les plus ordinaires.)		
12	9 »	270
7	9 1	271
18	9 2	272
10	9 3	273
18	9 4	274
12	9 5	275
20	9 6	276
33	9 7	277
27	9 8	278
29	9 9	279
27	9 10	280
38	9 11	281
29	9 12	282
A rep. 280		

NOMBRE de VACHES.	DURÉE DE LA GESTATION — MOIS.	DURÉE DE LA GESTATION — JOURS.
(Termes les plus ordinaires.)		
Rep. 280		
22	9 13	283
32	9 14	284
22	9 15	285
35	9 16	286
24	9 17	287
23	9 18	288
19	9 19	289
19	9 20	290
14	9 21	291
12	9 22	292
9	9 23	293
9	9 24	294
8	9 25	295
3	9 26	296
3	9 27	297
6	9 28	298
4	9 29	299
544		
282 11/17		
(Termes les plus forts.)		
1	10 »	300
2	10 1	301
1	10 2	302
1	10 4	304
2	10 6	306
1	10 7	307
1	10 9	309
1	10 21	321
10		
306		

Aussi Condorcet était-il autorisé, dans un de ses *Éloges*, à s'exprimer ainsi : « La nature a-t-elle renfermé le temps de la gestation dans des limites précises? Il semble qu'il eût fallu décider cette question d'après des observations exactes sur le temps de la gestation dans différentes espèces d'animaux; observations dans lesquelles on aurait eu égard à l'*âge*, à la *constitution des individus*, au *régime différent* auquel on les aurait assujettis. Les conséquences qu'on en eût tirées pour l'espèce humaine n'auraient été fondées que sur l'analogie; et dès lors elles auraient perdu de leur force; mais on aurait été exposé encore bien moins à l'erreur, qu'en se servant d'observations directes, sur lesquelles il resterait toujours un nuage, vu l'inexactitude de l'instant de la conception et celle des signes de la grossesse. *Ces observations sur les animaux n'existent pas.* »

C'est alors que Tessier essaya de combler cette lacune « en employant le moyen indiqué par M. de Condorcet ». « J'aurais pu, dit-il, ne suivre que les gestations des femelles d'une seule ou de deux espèces d'animaux domestiques; mais j'ai désiré porter mon examen sur plusieurs, pour avoir des objets de comparaison, et donner aux résultats plus de poids et d'intérêt. »

Les résultats enregistrés par Tessier sont consignés dans les tableaux XI, p. 129 et suivants, trop clairs pour qu'une explication soit nécessaire.

TABLEAU XII

Juments saillies une seule fois (d'après Tessier).

NOMBRE de JUMENTS.	DURÉE DE LA GESTATION — MOIS.	DURÉE DE LA GESTATION — JOURS.
(Termes les plus faibles.)		
1	9 17	287
1	10 4	304
2	10 15	315
1	10 17	317
1	10 20	320
1	10 21	321
2	10 23	323
1	10 24	324
1	10 25	325
2	10 26	326
4	10 27	327
2	10 28	328
4	10 29	329
23		
	322	
(Termes les plus ordinaires.)		
5	11 »	330
8	11 1	331
7	11 2	332
12	11 3	333
12	11 4	334
15	11 5	335
9	11 6	336
7	11 7	337
10	11 8	338
11	11 9	339
11	11 10	340
9	11 11	341
9	11 12	342
7	11 13	343
9	11 14	344
8	11 15	345
22	11 16	346
A rep. 181		
(Termes les plus ordinaires.)		
Rep. 181		
5	11 17	347
6	11 18	348
7	11 19	349
5	11 20	350
2	11 21	351
7	11 22	352
4	11 23	353
1	11 24	354
5	11 25	355
1	11 26	356
7	11 27	357
2	11 28	358
3	11 29	359
226		
	346 1/3	
(Termes les plus forts.)		
4	12 1	361
4	12 3	363
3	12 4	364
3	12 5	365
4	12 7	367
1	12 9	369
1	12 13	373
1	12 17	377
1	12 22	382
1	12 25	385
2	12 28	388
1	13 1	391
1	13 18	408
1	13 29	419
28		
	372 1/7	

Quant aux juments qui ont été *saillies plusieurs fois*, sur 170, 28 ont fait leur poulain avant le 330ᵉ jour, ou le 11ᵉ mois. Terme moyen de ce nombre : 321 jours.

128 ont porté de 330 jours compris, ou 11 mois, à 339 compris, ou 11 mois 9 jours. Six seulement ont mis bas le 330ᵉ jour, ou 11 mois juste. Terme moyen de ce nombre : 341 jours 2/3 ou 11 mois 11 jours 2/3. La gestation de quatorze a été, du 362ᵉ jour compris, ou 12 mois 2 jours, à 377 compris, ou 12 mois 17 jours. Terme moyen de ce nombre : 370 jours 3/4 ou 12 mois, 10 jours 3/4.

De la plus courte à la plus longue gestation, c'est-à-dire du 290ᵉ jour compris au 377ᵉ, 87 jours; et du 330ᵉ jour, ou 11ᵉ mois, 47 jours de prolongation.

Dans cette seconde série de juments (saillies plusieurs fois), aucune n'a porté jusqu'à 13 mois, tandis que dans la première il y en a deux dont une a approché du 14ᵉ mois; et cette dernière n'offre aucune équivoque, car elle est du relevé du haras de Chivasso. D'où vient cette différence? Est-ce parce que, dans la première partie, il y a eu plus de gestations et par conséquent plus de chances pour les prolongations, 277 contre 170? Ou bien, est-ce parce que plusieurs des gestations ont commencé à la suite de quelques-unes des premières saillies? L'une et l'autre causes me paraissent possibles.

En réunissant les gestations des deux séries, c'est-à-dire des juments qui n'ont été saillies qu'une fois, et de celles qui l'ont été plusieurs fois; ne comptant toujours pour celles-ci que sur la dernière, on voit que sur 447 gestations, 42 ont passé 360 jours ou 12 mois, et qu'une même s'est élevée à 419 jours. Les prolongations ont été plus nombreuses que dans les vaches.

TABLEAU XIII

Brebis (d'après TESSIER).

NOMBRE de BREBIS.	DURÉE DE LA GESTATION. Mois.	Jours.	TOTAL des JOURS.
2	4 26	146	292
15	4 27	147	2 205
36	4 28	148	5 328
87	4 29	149	12 963
142	5 »	150	21 300
175	5 1	151	26 425
183	5 2	152	27 816
176	5 3	153	26 928
60	5 4	154	9 240
24	5 5	155	3 720
7	5 6	156	1 092
5	5 7	157	785
912			138 094
	151 1/2		

Durée de la gestation chez la truie. — Vingt-cinq truies ont fait leurs petits après des gestations de 109 à 133 jours, ou 4 mois et 13 jours. Il y en a eu 5 au 113ᵉ. Terme moyen : 115 1/2 ou 3 mois 25 jours 1/2.

Nous possédons sur ce sujet de nombreux et précieux documents, que nous regrettons de ne pouvoir publier ici. M. EUGÈNE THIVAL en particulier, nous a fourni les résultats enregistrés dans sa ferme modèle de Pinceloup (S.-et-O.) et nous ne saurions assez le remercier. Dans ce magnifique établissement, pour toutes les brebis se fait la lutte en main. Avec l'âge des reproducteurs, sont notés soigneusement la date et presque l'heure de la saillie, la date de la mise bas et le sexe du produit. Les documents qui nous ont été remis concordent à tous les points de vue avec ceux consignés par

Tessier. Ils ne viendraient que grossir le nombre des observations publiées depuis cette époque, et qui sont résumées dans les traités d'obstétrique vétérinaire.

D'autre part, M. Ferrouillat, directeur de l'École d'agriculture de Montpellier, nous a communiqué, et nous l'en remercions vivement, sur la durée de la gestation chez la truie, des documents plus complets que ceux publiés jusqu'à ce jour. Aussi croyons-nous devoir les faire connaître.

TABLEAU XIV

Durée de la gestation chez des truies métis anglaises de 1 à 2 ans et du poids de 150 à 200 kilos (d'après Ferrouillat).

	DATES		DURÉE de la GESTATION.	NOMBRE des GORETS.	OBSERVATIONS.
	DES SAILLIES.	DES NAISSANCES.			
			jours.		
A	8 janvier.	30 avril.	112	12	
	20 juillet.	8 novembre.	111	13	
	19 juin.	12 octobre.	115	11	
B	29 septembre.	17 janvier.	110	4	
	13 mars.	4 juillet.	113	9	
C	11 décembre.	3 avril.	113	11	
	29 avril.	»	»	»	
	25 octobre.	»	»	»	
D	17 juin.	10 octobre.	115	4	
	10 décembre.	»	»	»	
	16 août.	10 décembre.	116	8	
E	29 septembre.	25 janvier.	118	3	
	26 février.	»	»	»	
	20 août.	12 décembre.	114	9	
F	10 juin.	29 septembre.	111	9	
	8 janvier.	1er mai.	113	4	
	8 juin.	1er octobre.	115	8	
G	6 juillet.	8 octobre.	94	5	
	2 décembre.	24 mars.	112	10	
	23 juin.	24 octobre.	123	7	
H	22 septembre.	20 janvier.	120	11	
I	13 septembre.	8 janvier.	117	9	
	19 janvier.	14 mai.	115	8	
	25 avril.	18 août.	115	5	

Afin de montrer la valeur des recherches de Tessier, nous allons emprunter au *Traité* de F. Saint-Cyr le résumé des chapitres ayant trait à la question que nous exposons.

« a) *Durée de la gestation chez la vache.* — On estime communément que la *vache* porte neuf mois, comme la femme; mais ce n'est encore là qu'une moyenne, qui même n'est pas des plus exactes, en deçà comme au delà de laquelle on constate des variations fréquentes et assez étendues.

« C'est ce que démontre le tableau suivant, où nous avons groupé les observations recueillies par Delabère-Blaine, Tessier, Grille, et consignées par Rainard dans son *Traité de la Parturition* (I, p. 235 et suiv.), auxquelles nous avons ajouté celles qu'a bien voulu nous fournir M. Lœuilliet, directeur de la ci-devant École d'agriculture de la Saulsaie, et celles de Furstenberg, déjà consignées par Lanzillotti dans son *Manuele di ostetricia veterinaria.* »

TABLEAU XV

Durée de la gestation chez la vache.

DURÉE de la GESTATION.	D'après DELABÈRE-BLAINE.	D'après TESSIER.	D'après GRILLE.	A L'ÉCOLE de la SAULSAIE.	D'après FURSTENBERG.	TOTAL des OBSERVATIONS.
Moins de 241 jours.	»	»	15	»	»	15
de 241 à 270	17	21	6	2	6	52
— 271 à 280	50	»	34	2	33	119
— 271 à 300	»	544	»	»	»	544
— 281 à 290	68	»	71	9	82	230
— 290 à 300	29	»	22	4	15	70
de plus de 301	5	10	12	1	4	32
TOTAUX. . .	169	575	160	18	140	1 062

L'inspection de ce tableau démontre que, chez la vache, les naissances sont fort rares avant le 241ᵉ jour, un peu moins rares après le 300ᵉ; qu'elles deviennent déjà assez communes du 240ᵉ au 270ᵉ ; mais que le plus grand nombre correspond à la période qui s'étend du 280ᵉ au 290ᵉ jour, ce qui fixe entre ces deux derniers termes la durée moyenne de la gestation chez cette femelle. Et en effet, en opérant sur les chiffres de ce tableau comme nous l'avons fait pour ceux du précédent relatif à la jument, nous trouvons que la durée moyenne de la gestation our ces 1062 vaches a été de 283 jours environ.

Ces résultats sont conformes à ceux qu'ont obtenus d'autres auteurs. Ainsi DIETRICHS fixe la durée la plus courte de la gestation chez la vache du 210ᵉ au 266ᵉ jour; la plus longue, entre 326 et 335 jours, et la moyenne, à 286 jours (LANZILLOTTI).

BAUMEISTER et RUEFF donnent, pour la plus courte, 240 jours; pour la plus longue, 330 jours, et pour la plus régulière, 285 jours.

LORD SPENCER, d'après des observations faites en Angleterre sur 764 vaches, *établit qu'aucun veau vivant n'est venu au monde avant le 220ᵉ jour, ni après le 313ᵉ, et qu'il a été impossible d'en élever aucun né avant le 242ᵉ*. Il estime que toutes les naissances qui ont lieu avant le 260ᵉ jour sont décidément prématurées, et il considère aussi comme irrégulière toute gestation qui dure au delà de 300 jours. Il a constaté, en outre, que 314 vaches ont mis bas avant le 284ᵉ jour, 66 ce jour-là, 74 le 285ᵉ, et 31 après cette époque; d'où il conclut que le terme ordinaire et moyen de la gestation chez cette femelle est 284 à 285 jours.

On a cherché quelle influence pouvaient avoir sur l'irrégularité de la gestation le sexe du produit, l'âge de la mère, sa race, la manière dont elle est nourrie, etc.; mais ces influences sont encore trop mal connues pour que nous nous y arrêtions ici. Disons seulement, que, suivant une opinion fort accréditée parmi les éleveurs, la gestation serait en général un peu plus longue pour un veau mâle que pour une génisse.

b) *Durée de la gestation chez la jument.* — On admet généralement que la durée ordinaire de la gestation est de *onze mois*, mais qu'elle peut varier entre dix et douze mois. Bon nombre d'observateurs, entre autres SIMON WINTER en Angleterre, BRUGNONE en Italie, TESSIER, GRILLE, GAYOT en France, un correspondant anonyme d'un journal agricole en Belgique, ont essayé de déterminer la durée de cette fonction chez la femelle qui nous occupe. Nous résumons dans le tableau p. 134 les résultats obtenus par les quatre premiers observateurs, tels qu'ils sont consignés dans l'ouvrage déjà souvent cité de RAINARD.

Des chiffres inscrits au tableau suivant, il résulte que la durée la plus courte de la gestation chez la jument serait de 307 jours, la plus longue, de 394. En outre, en divisant par 284, nombre des juments sur lesquelles a porté l'observation, 98 284, nombre total des jours pendant lesquels ces mêmes juments ont porté, on obtient 346 jours comme exprimant la durée moyenne de la gestation chez ces mêmes juments.

TABLEAU XVI

Durée de la gestation chez la jument.

DURÉE de la GESTATION.	D'après S. WINTER.	D'après BRUGNONE.	D'après TESSIER.	D'après GRILLE.	TOTAUX.	TOTAL des OBSERVATIONS.
Jours.						
de 307	»	1	»	»	1	Le terme le plus court a été de 307 jours, le plus long de 393 et 394. Différence : 86 jours.
de 311 à 320	»	»	12	7	19	
— 321 à 330	»	3	4	5	12	
— 331 à 340	8	18	»	»	26	
— 341 à 350	7	23	45	»	75	
— 331 à 350	»	»	»	47	47	
— 351 à 360	»	8	25	»	33	
— 361 à 370	»	1	21	»	22	
— 351 à 370	»	»	»	44	44	
— 371 à 380	»	»	»	»	»	
— 381 à 390	»	1	»	2	3	
— 393 à 394	»	»	1	1	2	
TOTAUX. . .	15	55	108	106	284	

Le correspondant anonyme du *Journal d'économie rurale belge*, année 1829 (cité par RAINARD) a trouvé, de son côté, comme *minimum*, 322 jours ; comme *maximum*, 419, et comme *moyenne*, 347 jours.

GAYOT a voulu étudier, lui aussi, cette question. Ses observations ont porté sur 25 poulains nés au haras du Pin en 1842. Le dépouillement du tableau dressé par lui, au fur et à mesure de la naissance des produits, lui a donné les résultats suivants :

« Les 25 juments ont porté leurs produits, — ensemble, — pendant 8 590 jours; moyenne, 343 jours et demi. Le terme le plus faible a été de 324 jours; le terme moyen a été de 343 jours; le terme le plus fort a été de 367 jours. Que si nous entrons plus avant dans les détails, nous trouvons, par exemple :

« 1° Que 16 produits sont nés dans les limites de moyen terme au plus fort, et 9 dans les limites du moyen terme au plus faible; 2° Que la moyenne pour chacune des deux catégories se fixe de la manière suivante : 16 produits sont nés au bout de 349 jours; 9 produits sont nés au bout de 333 jours (en moyenne); 3° Que, parmi les 16 produits nés dans le plus long terme, il y avait 9 mâles et 7 femelles; et parmi les 9 autres, nés dans le délai le plus court, il y avait 7 femelles et 2 mâles. »

De tout ce qui précède, nous pouvons donc conclure que :

1° Chez la jument, la durée normale de la gestation peut être fixée entre 340 et 350 jours ; c'est dans ce délai que naissent la plupart des poulains;

2° Quelques-uns peuvent naître viables du 300e au 310e jour, mais cela est rare,

3° Les naissances sont déjà fréquentes entre le 325e et le 340e;

4° Elles ne sont pas rares non plus du 350e au 365e jour, mais elles le deviennent beaucoup après cette dernière date;

5° On peut considérer 300 et 400 jours comme les limites extrêmes entre lesquelles oscille la gestation normale chez la jument, en deçà et au delà desquelles elle cesse d'être naturelle et véritablement physiologique.

6° Enfin, d'après les recherches de GAYOT, la gestation serait souvent un peu plus longue pour un poulain que pour une pouliche. Bien que cette dernière conclusion ne repose pas encore sur un assez grand nombre d'observations, elle acquiert cependant un certain degré de probabilité par le fait de sa conformité avec ce qui a lieu pour l'espèce bovine.

On admet également, peut-être sans preuves bien suffisantes, que la gestation est généralement un peu plus longue chez l'ânesse que chez la jument ; plus longue aussi pour cette dernière, quand elle a été couverte par le baudet, que lorsqu'elle l'a été par l'étalon.

c) *Durée de la gestation chez la chèvre et la brebis.* — La chèvre et la brebis portent environ 5 mois. Sur 429 brebis, observées dans le troupeau de l'École d'Alfort, dans l'espace de huit années, et dont le jour de la lutte a été exactement noté, MAGNE a trouvé que la durée de la gestation a été :

2	fois de	143	jours.	57	fois de	150	jours.
15	—	144	—	49	—	151	—
22	—	145	—	23	—	152	—
30	—	146	—	13	—	153	—
55	—	147	—	7	—	154	—
68	—	148	—	7	—	155	—
80	—	149	—	3	—	156	—

Comme on le voit, la gestation la plus courte a été de 143 jours; la plus longue de 156 : différence 13 jours. Mais la plus grande majorité des naissances sont venues du 147e au 151e jour; d'où il suit que la durée moyenne de la gestation se trouve un peu inférieure à 5 mois. MAGNE fixe cette moyenne à 148 jours 1/2; en refaisant les calculs, nous avons trouvé 149, ou plus exactement, 148,8.

D'après cet auteur, la gestation aurait été sensiblement plus longue pour les femelles que pour les mâles; et il explique cette différence par le plus grand développement, le poids plus considérable que prennent ces derniers, et la gêne plus grande qu'ils causent à la mère. — Nous avons vu que c'est le contraire qui a lieu pour l'espèce bovine.

Chez la *chèvre*, la gestation se prolonge, en général, un peu plus que chez la brebis; elle est de *5 mois et quelques jours* en moyenne, suivant l'ancien directeur d'Alfort.

d) *Durée de la gestation chez la truie.* — Il est généralement admis que la *truie* porte *4 mois*, ou suivant d'autres, *3 mois, 3 semaines et 3 jours*; MAGNE dit : du 113e au 114e jour, rarement moins de 109 ou plus de 120.

D'après un relevé portant sur 65 de ces femelles, RAINARD a trouvé que la gestation a été :

de 104 jours pour	2
— 110 à 115 jours pour	10
— 116 à 120 —	23
— 121 à 125 —	27
— 126 jours pour	2
— 127 —	1
TOTAUX	65

D'après ces chiffres, la durée moyenne de la gestation chez ces femelles serait de 119 jours et la distance entre la plus longue et la plus courte, de 23 jours.

On n'a pas fait de relevés semblables pour la *chienne* et la *chatte;* mais tout le monde sait que la première de ces deux femelles porte environ deux mois, ou, plus exactement, de 58 à 65 jours; en moyenne, 63 jours ou *neuf semaines*. Pour la *chatte*, la durée de la gestation est de 50 à 55 jours, quelquefois de 60, 62 et même 64 jours.

Enfin pour la *lapine*, à laquelle nous donnons place ici en raison de son utilisation si fréquente dans les expériences de physiologie normale ou pathologique, la durée de la gestation varie entre 27 et 34 jours.

En résumé, de tout ce qui précède, il résulte qu'on peut fixer comme limites les plus ordinaires de la gestation normale, régulière :

340 à 360	jours,	ou environ	11 mois 1/2	pour la	jument.
275 à 290	—	—	9 — 1/2	—	vache.
147 à 151	—	—	5 —	—	brebis.
116 à 125	—	—	4 —	—	truie.
58 à 65	—	—	2 —	—	chienne.
50 à 60	—	—	2 —	—	chatte.
27 à 34	—	—	1 —	—	lapine. »

Il est facile de voir, en parcourant ces tableaux, que la durée moyenne de la gestation établie par TESSIER chez un certain nombre d'animaux, a été reconnue exacte par la plupart des auteurs.

De même presque toutes ses remarques importantes ont été confirmées. Mais ses recherches, comme celles des auteurs qui l'ont suivi, n'ont porté que sur des unités. Aussi bien des points ne peuvent-ils être élucidés d'après ces travaux. Ainsi l'*individualité*, déjà notée à propos de l'incubation, ne peut se faire jour, ne peut être étudiée par conséquent, dans les statistiques précédentes. Jusque dans ces dernières années, les statistiques familiales manquaient.

Quelques statistiques, publiées récemment ou inédites, vont nous permettre de combler partiellement cette lacune. La statistique de l'Université agricole de Cornell, publiée par Henry H. Wing (*Cornell University Agricultural Experimentation*, Ithaca. N.-Y. *Bulletin 162*. Février 1899) est, au point de vue qui nous occupe, tellement documentée et suggestive que nous n'hésitons pas à la reproduire en grande partie. Depuis 1889 des observations sur la durée de la période de gestation ont été régulièrement faites sur toutes les vaches du troupeau de l'Université, lequel était composé dans les proportions suivantes : deux tiers de sang Holstein et un tiers de sang Jersey, avec quelques vaches du pays mélangées et croisées dans le troupeau. Presque tous ces animaux provenaient de l'élevage de la ferme et de parents élevés de même. De sorte que les observations furent prises sur un seul troupeau et ses descendants.

TABLEAU XVII

DURÉE de la GESTATION.	NOMBRE de VACHES.	VEAUX FEMELLES.	VEAUX MALES.	JUMEAUX.
Jours.				
264	1	1	»	»
267	1	1	2	»
268	3	1	3	»
271	4	1	1	»
272	1	»	2	2
273	5	1	6	1
274	11	4	6	»
275	10	4	9	»
276	13	4	5	1
277	15	9	5	1
278	9	3	4	»
279	15	11	5	»
280	15	10	1	»
281	7	6	5	»
282	10	5	7	»
283	16	9	9	»
284	11	2	5	»
285	9	4	5	»
286	8	3	5	»
287	7	2	1	»
288	3	2	1	»
289	2	1	1	»
290	1	»	1	»
293	2	1	1	»
294	2	1	»	»
296	1	1	»	»
	182	87	90	5

En tout, 194 observations ont été faites, parmi lesquelles on a noté : 9 veaux mort-nés ayant moins de 253 jours de gestation et 3 observations douteuses, en sorte que 12 d'entre elles n'ont pas été prises en considération, et que le calcul a été fait seulement sur 182 naissances pouvant être considérées comme normales. Le nombre de jours requis pour la gestation dans chacun de ces cas et le sexe du descendant est exposé au tableau XVII.

A propos de ces résultats, Henry H. Wing ajoute :

« Nous pouvons dire que la moyenne de la période de gestation est à peu près de 280 jours, et la même, quel que soit le sexe du sujet produit, ce qui est contraire à la croyance générale, laquelle semble prétendre, en se basant sur les tableaux du comte SPENCER, que le mâle est porté 2 ou 3 jours de plus que la femelle. »

Une étude sérieuse du tableau XVII montrera que la grande majorité des naissances a lieu du 274e au 287e jour inclusivement, et que pendant cette période les naissances sont nettement réparties. Il semblerait donc qu'il y a une période d'environ 2 semaines et 1 jour, pendant laquelle les chances de naissance sont approximativement égales.

La grande importance pratique de la connaissance de la période de gestation est de savoir quand elle est vraisemblablement terminée, afin que l'animal puisse recevoir les soins et attentions qui lui sont nécessaires. En étudiant les rapports des différents individus, nous avons noté à cet égard que, dans beaucoup de cas, cela paraissait être une caractéristique particulière de l'animal, et aussi de la période de gestation. Nous avons remarqué également que, chez certains animaux, la période de gestation est beaucoup plus longue ou beaucoup plus courte que la moyenne. Chez d'autres, nous avons constaté que ces règles présentaient une exception pour une seule naissance, laquelle différait beaucoup des autres provenant du même animal.

Pour d'autres animaux, la période de gestation varie beaucoup avec les différentes naissances.

Cela nous a semblé si intéressant que nous avons donné dans le tableau ci-dessous les détails de la gestation de 21 vaches, chaque vache ayant donné 4 veaux ou plus.

A. — *Vaches dont la période de gestation était très uniforme et habituellement beaucoup plus longue ou courte que la moyenne.*

Vache n° 1, née le 25 septembre 1889.

	Sexe.	Période de gestation. Jours.
25 septembre 1891	Veau femelle	»
10 — 1892	Veau mâle	285
3 — 1893	Veau femelle	281
14 octobre 1894	Veau mâle	283
11 septembre 1895	Veau femelle	285
24 octobre 1896	Veau mâle	284
14 septembre 1897	Veau femelle	280
9 — 1898	Veau —	294
	MOYENNE	285

Vache n° 2, née le 20 septembre 1890.

	Sexe.	Période de gestation. Jours.
2 février 1893	Veau femelle	284
5 mai 1894	Veau mâle	280
25 août 1895	Veau femelle	279
9 septembre 1896	Veau mâle	282
22 août 1897	Veau mâle	279
7 septembre 1898	Veau femelle	282
	MOYENNE	281

Vache n° 3, née le 10 septembre 1888.

	Sexe.	Période de gestation. Jours.
5 août 1890	Veau femelle	267
1er septembre 1891	Veau —	274
16 — 1892	Veau mâle	279
3 — 1893	Veau —	280
21 août 1894	Veau mâle, veau femelle	»
11 mai 1896	Veau mâle	278
25 mars 1897	Veau femelle	278
	MOYENNE	276

Vache n° 4, née le 1er septembre 1891.

	Sexe.	Période de gestation. Jours.
27 août 1893.	Veau mâle.	268
30 — 1894.	Veau femelle.	278
5 septembre 1895.	Veau mâle.	274
20 novembre 1896.	Veau femelle.	274
25 décembre 1897.	Veau mâle.	273
2 — 1898.	Veau —	275
	Moyenne.	274

B. — *Vaches dont la période de gestation ressemble à celle du groupe A, excepté pour une ou deux d'entre elles dont la période de gestation a été plus longue ou plus courte.*

Vache n° 5, née le 6 octobre 1891.

	Sexe.	Période de gestation. Jours.
18 septembre 1893.	Veau mâle.	283
24 octobre 1894.	Veau —	284
12 — 1895.	Veau femelle.	293
10 septembre 1896.	Veau —	280
10 octobre 1897.	Veau mâle.	288
24 septembre 1898.	Veau —	286
	Moyenne.	286

Vache n° 6, née le 4 octobre 1893.

	Sexe.	Période de gestation. Jours.
18 septembre 1895.	Veau femelle.	277
22 — 1896.	Veau mâle.	290
9 — 1897.	Veau —	283
17 octobre 1898.	Veau —	294
	Moyenne.	286

Vache n° 7, née le 21 septembre 1893.

	Sexe.	Période de gestation. Jours.
18 septembre 1895.	Veau mâle.	283
18 — 1896.	Veau —	284
28 octobre 1897.	Veau —	287
12 décembre 1988.	Veau femelle.	279
	Moyenne.	283

Vache n° 8, née le 28 août 1885.

	Sexe.	Période de gestation. Jours.
» 1887.	»	»
» 1888.	»	»
4 septembre 1889.	Veau mâle.	287
18 — 1890.	Veau femelle.	287
6 octobre 1891.	Veau —	288
15 septembre 1892.	Veau —	283
23 août 1893.	Veau mâle, veau femelle. . .	273
28 — 1894.	Veau mâle.	274
	Moyenne.	282

Vache n° 9, née le 14 septembre 1885.

Date			Sexe.	Période de gestation. Jours.
»		1887	»	»
»		1888	»	»
20	août	1889	Veau mâle	285
20	septembre	1890	Veau femelle	283
2	mars	1892	Veau —	»
9	avril	1893	Veau mâle, veau femelle	273
11	—	1894	Veau femelle	285
15	juin	1895	Veau —	283
			Moyenne	282

Vache n° 10, âge inconnu.

Date			Sexe.	Période de gestation. Jours.
14	février	1890	Veau mâle	276
11	—	1891	Veau femelle	277
15	janvier	1892	Veau mâle	276
9	novembre	1892	Veau —	278
21	septembre	1893	Veau femelle	279
11	—	1894	Veau mâle	287
22	—	1895	Veau femelle	280
			Moyenne	279

Vache n° 11, née le 25 janvier 1888.

Date			Sexe.	Période de gestation. Jours.
6	septembre	1890	Veau mâle	275
8	février	1892	Veau femelle	278
1er	décembre	1892	Veau —	275
25	octobre	1893	Veau mâle	277
24	septembre	1894	Veau —	286
27	août	1895	Veau femelle	279
			Moyenne	278

Vache n° 12, âge inconnu.

Date			Sexe.	Période de gestation. Jours.
26	mars	1890	Veau femelle	277
11	—	1891	Veau mâle	277
16	janvier	1892	Veau femelle	275
31	décembre	1892	Veau mâle	279
15	—	1893	Veau —	283
			Moyenne	278

Vache n° 13, née le 26 mars 1890.

Date			Sexe.	Période de gestation. Jours.
20	septembre	1891	Veau femelle	»
22	—	1892	Veau mâle	274
13	—	1893	Veau —	275
12	—	1894	Veau femelle	277
21	—	1895	Veau —	282
			Moyenne	277

Vache n° 14, née le 9 octobre 1892.

		Sexe.	Période de gestation. Jours.
17 octobre	1894.	Veau mâle.	280
2 septembre	1895.	Veau —	272
12 —	1896.	Veau —	274
28 —	1897.	Veau —	276
8 —	1898.	Veau femelle.	277
		Moyenne.	276

Vache n° 15, née le 15 août 1888.

		Sexe.	Période de gestation. Jours.
17 octobre	1890.	Veau mâle.	278
16 septembre	1891.	Veau femelle	268
7 octobre	1892.	Veau mâle.	275
30 septembre	1893.	Veau —	274
17 —	1894.	Veau femelle.	282
30 août	1895.	Veau mâle.	276
		Moyenne.	275

C. — *Vaches dont la période de gestation a été variable.*

Vache n° 16, née le 2 septembre 1891.

		Sexe.	Période de gestation. Jours.
18 août	1893.	Veau femelle.	avortement.
30 —	1894.	Veau mâle.	273
31 —	1895.	Veau femelle.	285
29 —	1896.	Veau —	276
13 septembre	1897.	Veau —	285
		Moyenne.	280

Vache n° 17, née le 2 mars 1892.

		Sexe.	Période de gestation. Jours.
21 mars	1894.	Veau mâle.	280
10 —	1895.	Veau —	287
1er mai	1896.	2 veaux femelles.	274
25 juin	1897.	Veau femelle	280
		Moyenne.	280

Vache n° 18, née le 20 novembre 1892.

		Sexe.	Période de gestation. Jours.
14 septembre	1894.	Veau femelle	271
13 —	1895.	Veau mâle	279
28 —	1896.	Veau femelle.	279
11 —	1897.	Veau mâle	283
18 octobre	1898.	Veau —	284
		Moyenne.	279

Vache n° 19, née le 16 septembre 1888.

		Sexe.	Période de gestation. Jours.
6 septembre	1890.	Veau femelle	279
11 —	1891.	Veau —	280
14 novembre	1892.	2 veaux femelles	277
22 février	1894.	Veau femelle.	283

Vache n° 19, née le 16 septembre 1888 (*Suite*).

	Sexe.	Période de gestation. Jours.
31 janvier 1895	Veau —	286
24 décembre 1895	Veau mâle.	283
26 — 1894	Veau femelle.	281
20 mars 1898	Veau mâle	282
	Moyenne.	281

Vache n° 20, née le 4 janvier 1889.

	Sexe.	Période de gestation. Jours.
10 janvier 1891.	Veau mâle.	268
21 mars 1892.	Veau femelle.	282
26 janvier 1893.	Veau —	274
24 novembre 1893.	Veau mâle.	276
20 octobre 1984.	Veau —	281
1er septembre 1895.	Veau femelle.	283
5 — 1896.	Veau mâle.	278
16 octobre 1897.	Veau —	287
11 décembre 1898.	Veau —	285
	Moyenne.	280

Vache n° 21, née le 4 septembre 1886.

	Sexe.	Période de gestation. Jours.
» 1888.	»	»
8 septembre 1889.	Veau mâle.	275
14 août 1890.	Veau femelle.	280
2 octobre 1891.	Veau —	286
26 septembre 1892.	Veau mâle.	278
4 octobre 1893.	Veau femelle.	279
16 septembre 1894.	Veau —	284
	Moyenne.	280

On remarquera que le plus grand nombre de vaches appartiennent au second groupe, c'est-à-dire à celui où la période de gestation est uniforme avec une seule exception. En comparant ensemble les groupes *A* et *B*, il paraîtrait que, dans la grande majorité des cas, lorsqu'une vache a eu 1 ou 2 veaux, il devient possible de prédire la durée de gestation ultérieure.

Nous avons déjà démontré que, dans les cas de naissances de jumeaux, la gestation est beaucoup plus courte que quand il y a un seul sujet. Ce fait est vérifié non seulement par nos propres observations, mais aussi par celles du comte Spencer.

La différence est encore plus marquée si ces gestations de jumeaux sont comparées aux autres gestations du même animal, ainsi qu'il est démontré dans le tableau ci-dessous :

TABLEAU XVIII

Comparaison de la durée de la période de gestation entre les naissances doubles et simples.

Vache n° 8, née le 28 août 1885.

	Sexe.	Période de gestation. Jours.
4 septembre 1889.	Veau mâle.	287
18 — 1890.	Veau femelle.	287
6 octobre 1891.	Veau —	288
15 septembre 1892.	Veau —	283
23 août 1893.	Veau mâle, veau femelle. . .	273
28 — 1894.	Veau mâle.	274
	Moyenne.	282

Vache n° 9, née le 14 septembre 1885.

Date	Sexe.	Période de gestation. Jours.
29 septembre 1889.	Veau mâle.	285
20 — 1890.	Veau femelle.	283
2 mars 1892.	Veau —	»
9 avril 1893.	Veau mâle, veau femelle. . .	273
12 — 1894.	Veau femelle.	285
15 juin 1895.	Veau —	283
	Moyenne.	282

Vache n° 19, née le 16 septembre 1888.

Date	Sexe.	Période de gestation. Jours.
6 septembre 1890.	Veau femelle	279
11 — 1891.	Veau —	280
14 novembre 1892.	2 veaux femelles.	277
22 — 1894.	Veau femelle	283
31 janvier 1895.	Veau —	286
24 décembre 1895.	Veau mâle.	283
26 — 1896.	Veau femelle.	281
26 — 1898.	Veau mâle.	282
	Moyenne.	281

Vache n° 17, née le 2 mars 1892.

Date	Sexe.	Période de gestation. Jours.
21 mars 1894.	Veau mâle.	280
10 — 1895.	Veau —	287
1er mai 1896.	2 veaux femelles.	274
25 juin 1897.	Veau femelle.	280
	Moyenne.	280

Vache n° 14, née le 21 novembre 1892.

Date	Sexe.	Période de gestation. Jours.
21 octobre 1895.	Veau mâle.	285
10 mai 1897.	Veau femelle	280
1er septembre 1898.	Veau mâle, veau femelle. . .	278
	Moyenne.	281

RÉSUMÉ DU TABLEAU XVIII

	Moyenne de la période de gestation de toutes les vaches (jumeaux inclus).	Moyenne de la période de gestation (jumeaux exclus).	Période de gestation des jumeaux.
	282	284	273
	282	284	273
	281	282	277
	280	282	274
	281	282	278
Moyenne. . .	281	283	275

Résumé. — Sur 182 naissances, la moyenne de la période de gestation est presque exactement de 280 jours. La plus courte période a été de 264 jours; et la plus longue, de 296.

TABLEAU XIX

Durée de la gestation chez les vaches soumises au régime de la stabulation permanente, à l'École d'agriculture de Montpellier (d'après Ferrouillat).

NOMS.	DATES DES SAILLIES.	DATES DES NAISSANCES.	DURÉE de la GESTATION.	POIDS du VEAU.	OBSERVATIONS. VEAUX.	OBSERVATIONS. VACHES.
				kilogr.		
Lady, race Schwitz, née en 1879 600 kilog.	13 juin 1888	31 mars 1889	291	49		Abattue en décembre 1895 pour cause d'infécondité.
	5 sept. 1889	19 juin 1890	287	50		
	25 oct. —	»	»	»		
	14 nov. 1890	3 sept. 1891	293	40		
	10 — 1891	»	»	»		
	15 juil. 1892	4 juin 1893	324	45	Mort-né.	
Alida, race Tarent., née en 1882 560 kilog.	21 août 1888	7 juin 1889	290	»		Livrée à la boucherie en avril 1898 pour cause de paralysie du train postérieur.
	4 déc. 1889	11 sept. 1890	281	32		
	20 oct. 1890	24 juil. 1891	277	28 et 29	Deux veaux, un mâle et une femelle.	
	30 — 1891	31 — 1892	274	28 et 32		
	10 déc. 1892	23 sept. 1893	287	38		
	18 — 1893	»	»	»		
	15 juin 1894	»	»	»		
	23 juil. —	14 mai 1895	295	45		
	2 août 1896	25 — 1897	296	30		
Roussette, fille de Lady, métisse Tarentaise, née en 1887 570 kilog.	7 janv. 1889	»	»	»		Abattue en décembre 1895 pour cause d'infécondité.
	28 mars —	10 janv. 1890	288	44		
	17 — 1890	»	»	»		
	1er mai —	10 fév. 1891	285	48		
	30 juin 1891	»	»	»		
	12 août —	23 mai 1892	284	»		
	6 — 1892	»	»	»		
	12 oct. —	»	»	»		
	6 déc. —	30 sept. 1893	288	42		
Grisette, Schwitz, 1884 560 kilog.	29 juin 1889	4 août 1890	»	»		Abattue pour cause de fièvre vitulaire.
	21 oct. —		287	35		
Parelle, Schwitz, 1883 550 kilog.	6 janv. 1891	20 oct. 1891	287	30		Abattue pour cause de fièvre vitulaire.
Fille d'Alida, Tarentaise, née en 1893 535 kilog.	10 oct. 1894	2 juil. 1895	265	30	Mort-né.	Abattue en juin 1898 pour cause d'infécondité.
Fille d'Alida, métisse Schwitz, 1896 540 kilog.	12 janv. 1899	28 oct. 1899	289	»	Mort-né.	Abattue en avril 1901.
	23 déc. —	7 — 1900	288	»		
Pâquerette, Bernoise, 1890 470 kilog.	12 juin 1899	5 avril 1900	297	45		Abattue en avril 1901.
Parde, Schwitz, 1892 560 kilog.	24 janv. 1898	24 oct. 1898	273	»	Deux morts-nés.	Abattue en janvier 1900.
Julie, Bernoise, 1894 580 kilog.	3 juin 1899	26 mars 1900	296			Abattue pour cause de renversement de la matrice.
Violette, Schwitz, 1897 550 kilog.	21 sept. 1899	2 juil. 1900	284	45		

En comparant approximativement le nombre des naissances, on voit qu'elles se produisent du 274e jour ou 287e inclusivement. La période de gestation a été la même pour les veaux mâles et femelles. La période de gestation des jumeaux est de 5 jours plus courte que la moyenne générale est 8 jours plus courte que la moyenne d'une naissance simple pour la même vache. Chez certaines vaches présentant un caractère individuel bien marqué, on observe que la période de gestation est plus courte ou plus longue de plusieurs jours que la moyenne.

Les résultats enregistrés à l'École d'agriculture de Montpellier, et que M. Ferrouillat a bien voulu me communiquer (Tableau XIX, p. 143), confirment les observations de Henry H. Wing.

Envisageant maintenant la question d'une façon générale, peut-on dire avec Trouessart (art. *Mammifères, Gr. Enc.*, 1045) que la durée de la gestation est en rapport avec la taille de l'animal? Le tableau ci-dessous, donné par A. Larbalétrier et quelque peu modifié, va répondre à cette question, et montrer qu'il en est de la gestation comme de l'incubation.

Durée de la gestation.

	Durée		
	minima en jours.	moyenne en jours.	maxima en jours.
Souris	»	24 à 26	»
Lapine	»	29 à 30	»
Rat.	»	29 à 31	»
Lièvre	»	30	»
Taupe	»	30 à 31	»
Écureuil	»	30 à 32	»
Belette	»	34 à 35	»
Chauve-souris.	»	34 à 38	»
Kangourou	»	39	»
Hérisson	»	42	»
Chatte	»	48 à 50	»
Chienne	»	55 à 60	»
Putois	»	60 à 62	»
Renard.	»	60 à 63	»
Loutre	»	62 à 64	»
Panthère	»	63	»
Lynx d'Europe	»	70	»
Martre	»	89 à 92	»
Louve	»	91 à 98	»
Jaguar	»	105	»
Lionne	»	108 à 110	»
Truie.	100	120	133
Tapir	»	120	»
Ourse.	»	120	»
Chamois	»	140	»
Chèvre	145	150	162
Brebis	145	150	162
Gazelle	150	»	180
Renne	»	210	»
Phoque	»	240	»
Élan	»	252 à 280	»
Morse.	»	270	»
Bison d'Europe	»	270	»
Biche.	»	280 à 287	»
Vache.	240	285	321
Lama.	»	300 à 330	»
Chamelle	»	310 à 350	»
Anesse	300	360	400
Jument	330	340	419
Girafe	»	431 à 444	»
Rhinocéros	»	521 à 540	»
Éléphant	»	660 à 690	»

Nous avons vu à propos de l'incubation que la couvaison avait la même durée chez la perdrix et chez la poule, de même nous voyons ici la durée moyenne de la gestation être la même, sinon plus longue chez la chauve-souris que chez la belette, chez le putois que chez la chienne, chez le chamois que chez l'ourse, etc.

D'autres causes que la taille de l'animal agissent, par conséquent, sur la durée de la gestation de l'animal.

§ II. — DE LA GESTATION DITE RETARDÉE.

Par ces termes : *gestation retardée*, nous n'entendons parler que des gestations retardées physiologiquement. Nous laissons de côté, bien entendu, toutes les causes pathologiques qui peuvent retarder ou empêcher l'expulsion du produit de conception. Nous ne voulons parler ici que de certaines causes physiologiques, pouvant retarder la période de développement dû à la gestation proprement dite.

Nos connaissances sur ce sujet sont de date assez récente. Déjà MATHIAS DUVAL avait observé chez le cochon d'Inde que l'état de mère nourrice exerce, sur le développement des embryons, une influence qui en retarde le développement. Mais c'est LATASTE qui eut le grand mérite, après avoir réuni, selon l'expression de M. DUVAL, une collection incomparable d'organes de souris aux diverses périodes de la gestation, d'établir la réalité du fait, et de le préciser scientifiquement. Cette découverte, dont l'importance ne peut échapper aux biologistes, a été résumée par l'auteur lui-même dans sa communication, lue le 18 septembre 1889, dans la deuxième session du *Congrès médical* du Chili (Santiago), et publiée dans les *Mémoires de la Société de Biologie*, 1891. Nous allons en reproduire les parties principales :

« 1. **Observations et expériences relatives à la gestation normale.** — Chez les femelles des Muridés en état physiologique et n'allaitant pas de petits, qu'elles aient été fécondées à une époque de parturition ou à toute autre, la durée de la gestation est d'une vingtaine de jours environ.

Voici, résumées en un tableau, 33 observations, fournies par des sujets de cinq espèces différentes et dans lesquelles cette durée n'a varié que de 19 à 22 jours :

Nom de l'espèce.	Nombre des observations.	Durée en jours de la gestation.
Dachywromys Dufrasi	7	De 20 à 22
Dipodillus Simoni	11	De 20 à 21
Meriones Shavi [1]	2	20 1/2
Meriones longifrons	3	Constamment 21
Mus musculus	3	De 19 à 20 et 21
Mus decumanus	7	Constamment 22
TOTAL	33	

2. **Observations et expériences relatives à la gestation retardée des nourrices.** — a) *Dipodillus Simoni* LATASTE. — *Remarque préalable.* — Dans 25 observations, le nombre, par portée, des petits de cette espèce a varié de 1 à 7 ; il a été, en moyenne, de $\frac{117}{25} = 5 + \frac{8}{25}$; et, d'après 19 observations, le nombre moyen des petits élevés, par portée, a été de $\frac{77}{19} = 4 + \frac{1}{19}$

TABLEAU DES OBSERVATIONS

Désignation du sujet.	Date de la première parturition.	Date du coït fécondateur.	Nombre des nourrissons.	Date de la deuxième parturition.	Durée en jours de la gestation.
♀ x	4 août 1882 [2]	»	3	3 septembre	30
♀ x	3 septembre 1882	»	2	2 octobre	29
♀ B	16 octobre —	»	4	15 novembre	30
♀ B	15 novembre —	»	4	19 décembre	34
♀ ♀	8 août —	8 août	4	10 septembre	33
♀ ♀	10 septembre —	»	4	16 octobre	36

1. D'après les observations de CHARLES MAILLES (*Bull. Soc. Acclim. fr.*, 1887, p. 289.)
2. « Le plus souvent, le coït n'a pas été directement observé ; mais je suis en mesure d'établir

Conclusion. — Ainsi, chez cette espèce, quand une femelle pleine a allaité le temps normal un nombre normal de petits, la gestation, au lieu de 20 à 21 jours, a duré de 29 à 34 jours; c'est-à-dire qu'elle a subi un retard égal à la moitié ou même aux trois quarts de sa durée normale.

b) *Meriones Shawi* Duvernoy. — *Remarque préalable.* — Dans 11 observations, le nombre des petits de cette espèce a varié de 2 à 7 par portée, et il a été en moyenne de $\frac{54}{11} = 5 - \frac{1}{11}$; et, d'après 8 observations, le nombre des petits élevés par portée a varié de 2 à 7 et il a été en moyenne de $\frac{41}{8} = 5 + \frac{1}{8}$.

TABLEAU DES OBSERVATIONS

Désignation du sujet.	Date de la première parturition.	Date du coït fécondateur.	Nombre des nourrissons.	Date de la deuxième parturition.	Durée en jours de la gestation.
♀ V	5 décembre 1882	»	3	6 janvier	32
♀ XI	29 septembre 1882	29 septembre	6	30 octobre	31
♀ XIII	13 —	»	4	15 —	32
♀ *x*	24 juin 1884	»	7	24 juillet	30

Conclusion. — Ainsi, chez cette espèce, par suite de l'allaitement, le temps normal d'une portée de 3 à 7 petits, la gestation, au lieu de 20 à 21, peut durer 30 à 32 jours, c'est-à-dire être prolongée de la moitié de sa durée normale.

c) *Meriones longifrons* Lataste. — *Remarque préalable.* — Dans 7 observations, le nombre moyen, par portée, des petits de cette espèce a été de $\frac{34}{7} = 5 - \frac{1}{7}$, et celui des petits élevés a été de $\frac{26}{6} = 4 + \frac{1}{3}$.

OBSERVATION UNIQUE

Désignation du sujet.	Date de la première parturition.	Date du coït fécondateur.	Nombre des nourrissons.	Date de la deuxième parturition.	Durée en jours de la gestation.
♀ B	27 juillet 1883	27 juillet	3	27 août	31

Conclusion. — Comme la précédente et dans les mêmes conditions, cette espèce a vu sa gestation, au lieu de 20 à 21, durer 31 jours, c'est-à-dire subir un retard égal environ à la moitié de sa durée normale.

d) *Mus Musculus* Linné. — *Remarque préalable.* — Dans 5 observations, le nombre, par portée, des naissances a été de $\frac{29}{5} = 6 - \frac{1}{5}$; et, dans 2 observations, celui des petits élevés a été de $\frac{14}{2} = 7$.

OBSERVATION UNIQUE

Désignation du sujet.	Date de la première parturition.	Date du coït fécondateur.	Nombre des nourrissons.	Date de la deuxième parturition.	Durée en jours de la gestation.
♀ A	3 juin 1882	3 juin	8	4 juillet	31

Conclusion. — Ainsi, sous l'influence de l'allaitement, la gestation de cette espèce, au lieu de 19 à 21, a duré 31 jours; c'est-à-dire qu'elle a subi un retard égal à la moitié de sa durée normale.

e) *Mus decumanus* Pallas. — *Remarque préalable.* — Dans 8 observations, le nombre moyen, par portée, des naissances a été de $\frac{84}{8} = 10 + \frac{1}{2}$; et, dans 3 observations, celui des petits élevés a été de $\frac{28}{3} = 9 + \frac{1}{3}$.

que, dans ce cas, il n'a pu avoir lieu qu'à l'époque même de la parturition, soit le même jour, soit tout auplus le lendemain. »

OBSERVATION UNIQUE

Désignation du sujet.	Date de la première parturition.	Date du coït fécondateur.	Nombre des nourrissons.	Date de la deuxième parturition.	Durée en jours de la gestation.
♀ x	7 avril 1885	8 avril	3	30 avril	22

Conclusion. — Dans ce cas, la gestation n'a subi aucun retard appréciable. Il en faut conclure que, pour provoquer un retard dans la gestation, le travail physiologique de la lactation doit avoir une intensité suffisante : l'allaitement de trois nourrissons reste sans effet, dans le cas d'une espèce qui, normalement, en allaite une dizaine. Cette interprétation sera, plus loin, pleinement confirmée.

f) *Cavia porcellus* Linné. — Mathias Duval a eu l'occasion de constater, chez les embryons du Cochon d'Inde, et suivant que la femelle qui fournissait ceux-ci était ou non nourrice, des différences de développement telles qu'un produit de 16 jours, par exemple, dans le premier cas, n'était pas plus avancé qu'un produit de 8 jours dans le second.

Mes observations sur la gestation retardée par l'influence de la lactation se trouvent donc, non seulement confirmées par celles de l'éminent embryologiste, mais encore étendues au delà de la famille des Muridés et de la tribu des Myomorphes, au moins jusqu'à l'espèce du Cochon d'Inde, dans la tribu des Hystricomorphes.

3. **Variations de la durée de la gestation, suivant le nombre des petits allaités et suivant l'allaitement.** — a) **Suivant le nombre des petits allaités.** — Ayant observé, dans le cas du Surmulot, qui, normalement, en allaite une dizaine, que l'allaitement de trois petits reste sans influence sur la durée de la gestation, j'ai recherché la loi des variations de cette durée d'après le nombre des nourrissons. J'ai pris la souris pour sujet de mes observations. Voici celles-ci, résumées en un tableau :

Désignation du sujet.	Date de la première parturition.	Date du coït fécondateur.	Nombre des nourrissons.	Date de la parturition.	Durée en jours de la gestation.
♀ B	27 septembre 1882	27 septembre	0	18 octobre	21
♀ II	3 octobre 1888	4 octobre	1	26 —	22
♀ IX	24 — —	24 —	2	16 novembre	23
♀ XXI	14 février 1889	14 février	3	8 mars	22
♀ XXVIII	30 janvier —	30 janvier	4	24 février	25
♀ VIII	23 décembre 1888	23 décembre	5	18 janvier	26
♀ XXIX	11 février 1889	11 février	6	8 mars	23
♀ XXI	15 janvier —	16 janvier	7	14 février	30
♀ A	3 juin 1882	3 juin	8	4 juillet	31

On voit que, d'une façon générale et sauf perturbations accidentelles, le retard de la gestation, dans une même espèce, est proportionnel au nombre des petits allaités ; un nouveau jour de retard correspond à un nourrisson de plus.

b) **Suivant la durée de l'allaitement.** — J'ai recherché aussi la loi des variations de la gestation, en fonction de la durée de l'allaitement. Je ne pouvais pas prolonger celle-ci, mais il m'était loisible, en supprimant les nourrissons, de lui donner toutes les valeurs inférieures à la normale. J'ai pris encore la souris pour sujet de mes observations. Je résume celles-ci dans le tableau suivant :

Désignation du sujet.	Date de la première parturition.	Date du coït fécondateur.	Nombre des nourrissons.	Date de la suppression des petits.	Durée de l'allaitement.	Date de la parturition.	Durée de la gestation.
♀	3 déc. 1888	3 déc.	4	5 déc.	2	23 déc.	20
♀ I	7 sept. —	—	3	10 —	3	29 —	22
♀ XII *bis*	24 oct. —	24 oct.	6	29 oct.	5	14 nov.	21
♀ VIII	15 — —	—	4	23 —	8	8 —	24
♀ VIII	8 nov. —	8 nov.	7	17 nov.	9	3 déc.	25
♀ IX	16 — —	16 —	6	26 —	10	11 —	25

Quoique peu nombreuses (elles seront, plus bas, complétées par d'autres), ces observations nous laissent suffisamment voir que, durant les 5 premiers jours, l'état de lactation n'exerce aucune influence sur la durée de la grossesse, mais qu'il en est tout autrement ensuite. Un même sujet (♀ VIII), allaitant un nourrisson de plus, porte un jour de plus.

Ailleurs, nous voyons qu'une gestation de 25 jours correspond à 9 et à 10 jours d'allaitement, tandis que, dans la même espèce (voir plus haut), une gestation de 30 à 31 jours correspond à la durée normale, soit à une quinzaine de jours d'allaitement : c'est-à-dire que le retard de la gestation comprend un nombre de jours approximativement égal au nombre de jours que dure l'allaitement à partir du sixième.

Théorie de la gestation retardée. — a) *Première période.* — Ainsi, pendant les 4 à 6 premiers jours, l'état de la lactation de la femelle pleine reste sans influence sur la durée de la gestation, c'est-à-dire sur le développement des ovules. Or, comme on ne conçoit guère que l'état de l'organisme maternel puisse réagir sur le premier développement des ovules, autrement que par l'intermédiaire des matériaux de nutrition que ceux-ci doivent puiser dans l'utérus, il paraît vraisemblable que les ovules se suffisent à eux-mêmes durant les 4 à 6 premiers jours de leur développement ; d'où, en se laissant guider par une nouvelle induction fondée sur l'harmonie généralement observée chez les êtres vivants, entre les diverses fonctions qui concourent au même résultat, on tire quelque raison de supposer que, chez les Muriés, les ovules n'arrivent dans l'utérus que du 4e au 6e jour après la fécondation. Cette induction s'est trouvée confirmée par l'observation. Dans des expériences, d'ailleurs instituées pour un autre but et dont j'aurai à reparler plus bas, j'ai pratiqué, d'un seul côté, chez des femelles de souris fécondées, la section tubo-utérine, successivement aux 2e, 3e, 4e, 5e et 6e jours après le coït ; un temps suffisant après l'opération, j'ai sacrifié chacun des sujets ; et je n'ai retenu, de ces expériences, que celles dans lesquelles l'utérus non opéré s'est montré gravide. Or, les utérus opérés aux 5e et 6e jours se sont montrés gravides : c'est-à-dire que, sauf exception ou variation, les ovules n'ont pas encore, au 4e jour, tandis qu'au 5e ils ont déjà gagné l'utérus.

b) *Stade d'arrêt.* — Ainsi, la lactation n'influence les ovules qu'après qu'ils sont descendus dans les utérus ; mais comment agit cette influence. Provoque-t-elle un arrêt provisoire ou un ralentissement du développement des produits de la conception ?

Les indications de l'analyse tendent à rejeter *a priori* la deuxième hypothèse. Après la naissance, en effet, j'en ai fait l'expérience, l'inanition n'empêche pas le développement des petits de suivre son cours régulier : ceux d'entre eux, par exemple, qui survivent assez longtemps ouvrent les yeux à l'époque normale. Or, il y a lieu de croire que les choses se passent de la même façon, sous ce rapport, avant comme après la naissance.

Désignation du sujet.	Date de la fécondation.	Date de mort.	Jours d'âge de la gestation.	État des utérus.
♀ XXI	8 mars 1889	13 mars	6e	Semblable à des utérus non gravides.
♀ XXXV	1er — —	7 —	7e	Semblable aux utérus des 8e-10e jours.
♀ XXVIII	24 fév. —	3 —	8e	Des taches pigmentaires, chacune au milieu d'une petite masse ovoïde claire, le tout dans l'épaisseur de la paroi utérine, mais faisant relief du côté du mésomètre : chaque renflement bien plus petit qu'un grain de millet.
♀ XXXIV	24 — —	5 —	10e	*Idem.*
♀ XXXVI	26 — —	10 —	13e	Comme aux 7e, 8e et 10e jours.
♀ XXX	14 — —	27 fév.	14e	Renflements utérins un peu plus gros que des grains de millet, plus petits qu'au 7e (♀ XLIX), mais plus gros qu'au 8e jour (♀ XII) de la gestation normale.

D'ailleurs, j'ai pu résoudre la question par l'observation directe. Dans la gestation retardée, en effet, l'utérus subit quelques modifications au moment des ovules (chez la souris, ceux-ci s'enkystent dans la paroi utérine, et l'utérus prend aussitôt une apparence qui permet de le distinguer de l'utérus non gravide); et ensuite il demeure stationnaire durant un nombre de jours qui correspond assez exactement au nombre des jours de retard de la gestation. Dans les observations résumées dans le tableau ci-dessus, le nombre des petits allaités par les femelles pleines a été constamment de 5; celles-ci devaient donc avoir des gestations de 26 jours environ, c'est-à-dire retardées de 5 à 8 jours; or, à partir du 7e et jusqu'au 13e jour, c'est-à-dire pendant sept jours, les utérus et les produits de conception se sont montrés stationnaires. Ainsi la gestation, quand elle est retardée, subit, aussitôt après l'arrivée des ovules dans les utérus, un arrêt dont la durée correspond au retard dont elle est affectée.

c) *Troisième période.* — Puis elle reprend son cours; et elle évolue alors avec une vitesse normale, puisque les fœtus doivent venir au monde avec un développement normal, et qu'ils doivent achever leur évolution dans le temps ordinaire.

En somme, au moment de son arrivée dans l'utérus, l'ovule du mammifère est, sous un certain aspect, comparable à l'œuf fécondé de l'oiseau avant l'incubation, ou même à une graine avant la germination. L'œuf de l'oiseau a sa provision de nourriture, mais il lui manque un certain degré de chaleur; la graine possède ses matériaux solides de nutrition, mais il lui faut une certaine dose d'humidité et une certaine température; l'ovule du mammifère se trouve dans un milieu qui ne peut être insuffisant qu'au point de vue nutritif : parvenus à ce point de leur évolution, l'œuf, la graine, l'ovule peuvent attendre, un certain temps, la réalisation de l'ensemble des conditions nécessaires à leur développement ultérieur; mais, dès qu'ils ont dépassé ce point, ils doivent continuer à se développer, ou périr.

J'ai admis par induction que, dans la gestation retardée, la suspension du développement des ovules est due à ce que, l'activité de l'organisme maternel étant détournée au profit de la lactation, les ovules ne trouvent pas dans l'utérus les conditions d'alimentation dont ils ont besoin. Il est possible de vérifier cette induction. Si elle est exacte, en effet, il est évident que toute autre cause également susceptible de provoquer une dépense d'activité organique, qu'un traumatisme, par exemple, pratiqué en temps opportun, aura le même effet que la lactation. Or l'observation est absolument d'accord avec la théorie.

Une série d'expériences, d'ailleurs instituées pour un autre but, est résumée dans le tableau suivant :

Désignation du sujet.	Date du coït.	Date du traumatisme.	Jours depuis le coït.	Date de la mort.	Jours de retard de la gestation. (Stade d'arrêt.)
♀ XXII	28 déc. 1888	29 déc.	2e	5 janv.	
♀ XXVII	24 janv. 1889	25 janv.	2e	6 fév.	0
♀ XLIV	15 mars —	16 mars	2e	31 mars	1
♀ XXVI	25 janv. —	27 janv.	3e	9 févr.	8
♀ XXXII	27 — —	30 —	4e	12 —	10
♀ XLVI	13 mars —	17 nov.	5e	27 nov.	0
♀ XXXIII	6 fév. —	11 fév.	6e	21 fév.	0
♀ LX	28 avril —	30 avril.	3e	17 mai	5

Le premier sujet (♀ XXII) avait eu les deux utérus liés vers l'extrémité vaginale, et le dernier (♀ LX) avait reçu dans l'abdomen un utérus étranger gravide; tous les autres avaient subi, d'un seul côté, la section tubo-utérine. A l'exception du premier, mort des suites de l'opération, tous ont été sacrifiés après guérison, et quand la gestation avait déjà dépassé le stade d'arrêt. Pour chaque sujet, le retard de la gestation a été apprécié en recherchant dans une série d'utérus à tous les jours de la gestation normale, celui qui se trouvait au même stade que l'utérus du sujet en question, et en prenant la différence d'âge de gestation des deux.

Nous voyons d'abord que, lorsque le traumatisme est venu trop tard, soit aux 6e et 5e jours, la gestation n'a pas subi de retard. Cette observation est bien d'accord avec la théorie : une fois passé le stade d'arrêt, l'ovule doit suivre le cours de son évolution normale.

En second lieu, quand le traumatisme a été pratiqué avant le stade d'arrêt, la gestation a été généralement retardée; et pour un même traumatisme, elle l'a été d'autant plus que celui-ci a eu lieu plus tard. La théorie rend également bien compte de cette observation : l'ovule ne peut subir l'effet du traumatisme maternel que lorsqu'il atteint son stade d'arrêt, et cet effet se trouve d'autant plus faible, à cette époque, que le traumatisme est alors plus ancien et plus avancé dans la voie de la guérison. Dans un cas (♀ XXVII), le traumatisme ayant été pratiqué dès le lendemain du coït, la gestation n'a subi aucun retard: or, cette fois, à l'autopsie, j'ai trouvé, du côté opéré, la trompe et l'utérus soudés bout à bout, et il y avait des fœtus dans l'un et l'autre utérus; ou bien j'avais manqué la section tubo-utérine, ou bien, à l'époque du passage des ovules dans l'utérus, la réparation avait été parfaite, au point de rétablir la communication entre la trompe et l'utérus : dans tous les cas, la cause ayant disparu, n'a pu avoir d'effet au moment opportun.

Il est clair qu'en pratiquant, à propos, sur une femelle fécondée, une série de traumatismes, on pourra accumuler leurs effets sur la gestation, et que ces effets eux-mêmes pourront être ajoutés à ceux de la lactation. Encore ici, l'observation a confirmé la théorie. Voici, pour terminer, le résumé d'une expérience de ce genre.

♂ XXIX a mis bas et a été fécondée le 8 mars 1889. Je lui laisse cinq nourrissons. Le 18 mars, c'est-à-dire au 11ᵉ jour et par conséquent pendant le stade d'arrêt de sa gestation de nourrice, je lui fais une large brûlure sur une cuisse, et je lui laisse encore quatre nourrissons. Le lendemain, je la brûle de nouveau sur la plaie de la veille et je lui laisse encore trois nourrissons. Enfin, le 22 mars, soit au 15ᵉ jour de sa gestation, je la brûle pour la troisième fois sur la même plaie, et je lui supprime son dernier nourrisson; un de ceux-ci lui avait été retiré la veille et l'autre l'avant-veille. Le 18 août, au 42ᵉ jour de la gestation, je sacrifie le sujet. Je trouve alors ses utérus au même degré que ceux du 10ᵉ jour de la gestation normale! Ainsi, dans ce cas, la gestation avait été retardée de 32 jours! Si je l'avais laissée venir à terme, au lieu de 20, elle aurait duré 52 jours! »

§ III. — DURÉE DE LA GESTATION CHEZ LA FEMME.

Si, à propos de la durée de la gestation chez les animaux, nous avons pu dire que nos connaissances sur ce point n'étaient guère plus précises qu'au temps d'Aristote, Varnier a pu, avec non moins de raison, écrire dans son beau livre (*La pratique des accouchements, obstétrique journalière*, Paris, Steinheil, 1900) cette phrase concernant la durée de la *gestation* ou *grossesse* chez la *femme:* « Nous sommes aussi peu fixés sur la durée normale de la grossesse qu'à l'époque où Harvey la calculait d'après le temps pendant lequel « le Christ, le plus parfait des hommes, resta dans le sein de sa mère », c'est-à-dire, en comptant de l'Annonciation jusqu'à Noël, *une période de 275 jours.* »

Sans vouloir faire ici l'historique de la question, il nous paraît nécessaire d'indiquer les étapes de cette marche si lente vers un commencement de vérité.

Hippocrate pensait qu'un enfant naissant *à sept mois* avait toutes les conditions requises de forces et de santé. Pour lui, la grossesse pouvait donc ne durer que sept mois. Cette opinion traversa bien des siècles, et arriva jusqu'à Mauriceau (xviiᵉ siècle), sans avoir été à peine ébranlée. C'était l'époque où l'on croyait que l'enfant lui-même était l'agent actif de son expulsion. Mauriceau, le premier, s'éleva contre cette manière de voir, et s'efforça de démontrer que, si un enfant expulsé au 7ᵉ mois de la grossesse est *viable*, celui qui est expulsé à huit mois l'est plus encore; et qu'enfin l'enfant considéré comme né à terme présente seul au maximum les conditions de viabilité. Ce qui veut dire que les naissances dites précoces ne sont pas le résultat d'une grossesse ayant eu une durée normale.

Depuis Mauriceau, les accoucheurs, tout en reconnaissant que les limites de la durée normale de la grossesse sont difficiles à préciser, ont recherché quel était le laps de temps écoulé le plus souvent soit entre la copulation et la naissance, soit entre la dernière menstruation et le moment de l'accouchement. Des résultats constatés, de la *loi de fréquence* observée, ils ont conclu à une durée *moyenne* de la grossesse.

Seul, et sans preuves à l'appui de son affirmation, Depaul a écrit : « La durée normale de la grossesse est de deux cent soixante-dix jours, ou neuf mois solaires. » Il est vrai qu'il se hâte d'ajouter : « Cependant, les observations recueillies par des hommes dignes de foi permettent (au moins pour certains cas) d'assigner à l'accouchement un terme moins absolu. » (*Clinique obstétricale*, 1872.)

Voici les principaux résultats auxquels sont arrivés les observateurs, en prenant comme point de repère pour arriver à connaître approximativement le *terme* de la grossesse, c'est-à-dire la date probable de l'accouchement, soit le coït fécondant, soit la dernière menstruation.

Fixation du terme de la grossesse, calculé d'après la date du coït fécondant. — Reid a recueilli, soit dans sa clientèle, soit dans celle de ses confrères, l'histoire de 50 cas dans lesquels la fécondation aurait été le résultat d'un seul coït dont la date était exactement connue. Il a constaté que *le terme le plus fréquent* oscilla entre 274 et 280 jours, et que les limites extrêmes oscillèrent entre 260 et 294 jours.

D'après Tarnier et Chantreuil, Ravn a réuni 31 cas où le jour du coït fécondant a pu être fixé : l'accouchement a eu lieu en moyenne 272,3 jours après cette époque. Stadfelt a réuni 34 cas semblables : le chiffre moyen fut 271,4 jours. Schwegel a trouvé, en moyenne, 260 à 280 jours; Schrœder, 271,44 jours; Ahlfeld, 269,91 jours à partir du jour de la copulation.

Nous avons nous-mêmes réuni 60 cas *où il n'y avait eu qu'un seul coït*. Ces cas étant relatifs soit à des filles n'ayant eu qu'un seul rapprochement, soit à des femmes mariées dont les maris étaient restés absents depuis la dernière copulation, et la durée moyenne fut de 262 jours.

Désormeaux raconte le fait suivant : « Une dame, mère de trois enfants, et tombée en démence, avait épuisé vainement toutes les ressources de la thérapeutique. Un médecin pensa qu'une nouvelle grossesse rétablirait peut-être ses facultés intellectuelles. Le mari consentit à noter sur un registre le jour de chaque union sexuelle ; les rapprochements n'eurent lieu que tous les trois mois, afin de ne pas troubler une conception encore mal définie. Or cette dame, dit Désormeaux, gardée par ses domestiques, douée en outre de principes de religion et de morale excessivement sévères, n'accoucha qu'à neuf mois et demi. »

En examinant les chiffres donnés par les différents observateurs, on constate que la durée la plus longue après une copulation soi-disant unique a été de 294 jours.

Fixation du terme de la grossesse d'après la dernière apparition des règles. — Devilliers a noté le dernier jour des règles et le jour de l'accouchement dans 103 cas. Voici le résultat de ses observations :

		Jours.		Jours.
8	grossesses se sont terminées du	250ᵉ	au	260ᵉ
10	—	260ᵉ	—	270ᵉ
39	—	270ᵉ	—	280ᵉ
31	—	280ᵉ	—	290ᵉ
10	—	290ᵉ	—	300ᵉ
5	—	300ᵉ	—	310ᵉ

Simpson, en résumant les séries d'observations recueillies par Merriman, Murphy et Reid, a constaté que le plus grand nombre d'accouchements se produit au 270ᵉ ou 280ᵉ jour après la cessation des dernières règles. Schrader et Matthews Duncan évaluent à 278 jours d'intervalle le temps en question. Gaston, dans sa thèse, à la rédaction de laquelle nous avons participé, a trouvé que le plus grand nombre d'accouchements se produit le 272ᵉ jour après la cessation des règles. Enfin Varnier (*loc. cit.*), après avoir observé 1 000 femmes, dont la date des dernières règles avait été parfaitement connue, a donné le graphique suivant. (V. page 152.)

Causes qui d'après les auteurs classiques font varier la durée de la grossesse. — a) Influences héréditaires. — De La Motte, dans sa 89ᵉ observation, raconte l'histoire d'une dame accouchant régulièrement à sept mois d'enfants viables et bien constitués ; et afin, dit-il, « de ne rien laisser en doute de cette histoire, c'est que les filles de cette dame accouchent de même à sept mois ». Par contre, Simpson raconte avoir été informé par Retzius (de Stockholm) « d'un exemple qu'il a rencontré dans sa pratique d'une prolongation excessive de la grossesse, non comme particularité individuelle, ni comme un fait accidentel pour une seule grossesse, mais comme une particularité héréditaire chez une mère et ses deux filles. On verra plus loin ce qu'il faut penser de ces observations, lorsque nous étudierons l'influence de *l'individualité*.

b) **Age des parents.** — Dans l'article *Grossesse* du *Dictionnaire encyclopédique des sciences médicales*, nous disions : « Des recherches n'ont pas encore eu lieu à ce sujet. Cependant nous ne pensons pas que l'âge des parents puisse avoir une influence notable sur l'âge de la grossesse. Nous avons observé un certain nombre de grossesses aux deux extrémités de la vie génésique chez les femmes, et la durée ne nous a paru ni diminuée, ni accrue. Nous avons accouché une fille de 12 ans et une femme primipare

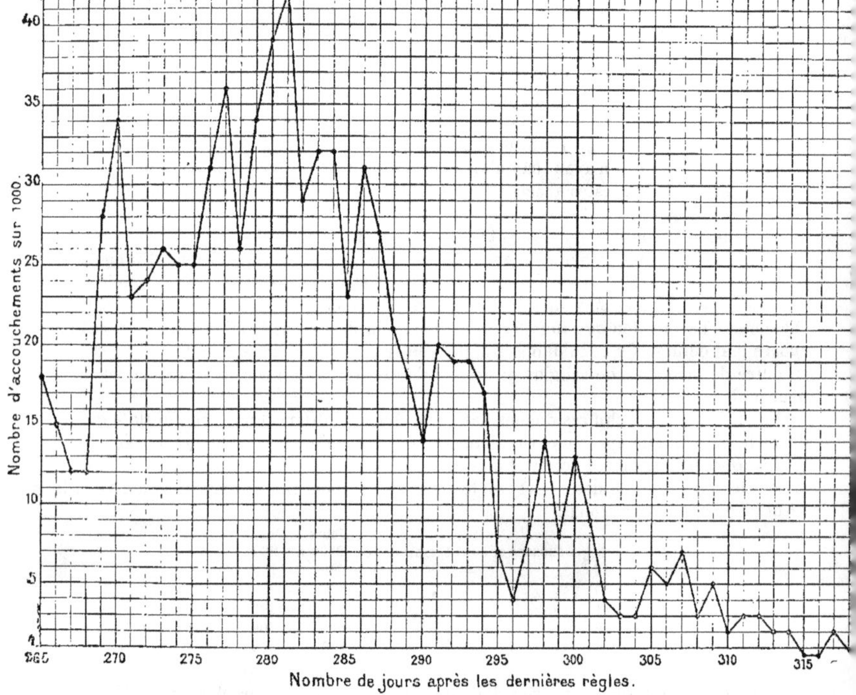

Tableau graphique de la durée de la grossesse comptée à partir de la fin des dernières règles ; résumé de 1 000 observations (VARNIER).

de 52 ans; la première 264 jours, et la seconde 269 jours après la cessation des règles. Les recherches de GASTON l'ont conduit à formuler la même appréciation. » GEORGES PICARD, étudiant ce sujet d'après les archives de la clinique *Baudelocque*, a confirmé cette appréciation, en constatant que chez 38 femmes âgées au moins de 16 ans, la grossesse a évolué normalement 29 fois. La cause de l'interruption de la grossesse chez les 9 autres a pu être déterminée en dehors de la maternité précoce (*De la puerpéralité chez les femmes âgées de moins de 16 ans, Thèse de Paris*, 1903). Nous aurons cependant à revenir sur ce point, en exposant les causes qui peuvent empêcher la durée normale de la grossesse.

c) **Durée des règles.** — SCHRŒDER pense que, chez les femmes qui ont de longues époques menstruelles, la grossesse dure beaucoup plus longtemps; et, pour lui, une longue durée des règles et une longue durée de la grossesse seraient l'une et l'autre la conséquence d'une même cause, une faible irritabilité des nerfs de l'utérus et de l'ovaire. Nous dirons avec Winckel que la question de savoir si le type de la menstruation exerce une influence sur la durée de la gestation n'a pas encore été complètement élucidée.

d) **État de primiparité et de multiparité.** — Dans l'article « Grossesse », déjà cité, nous disions : « Les recherches de Gaston et les nôtres nous paraissent démontrer d'une façon bien nette l'influence de la multiparité sur la prolongation de la durée de la grossesse. » Winckel dit à ce sujet : « La durée de la gestation augmente de 3 1/2 à 5 jours avec le nombre des grossesses. Il est également certain que jusqu'à 35 ans cette augmentation est de 4 à 5 jours, mais qu'à partir de cet âge cette augmentation ne s'observe plus. » Nous reviendrons plus loin sur ce point.

e) **Sexe des fœtus.** — Dans le tableau publié par Murphy, concernant la durée de la grossesse chez 184 femmes, le sexe de l'enfant est noté dans chaque cas à peu d'exception près. Sur 90 cas, dans lesquels les femmes n'accouchèrent qu'après le 280e jour qui suivit la menstruation, 57 p. 100 eurent des garçons et 49 p. 100 des filles. Gaston nie l'influence des sexes sur la durée de la grossesse, car sa statistique donne à peu près autant de filles que de garçons, pour les grossesses les plus longues aussi bien que pour les plus courtes. Nous avons vu que Henry H. Wing (*Period of gestation in Cows*), contrairement à d'autres éleveurs, partage la même opinion et nie l'influence du sexe des veaux sur la durée de la gestation.

f) **Constitution et habitus.** — D'après Issmer, cité par Winckel, la constitution et l'habitus semblent exercer une certaine influence. Cet auteur a observé chez les femmes vigoureuses une durée moyenne de 278,6 jours et chez les femmes faibles une durée moyenne de 276,8 jours.

D'autres causes peuvent avoir une influence sur la durée de la gestation, comme par exemple le lieu d'*insertion du placenta*, mais elles sont d'ordre pathologique et nous ne devons pas nous en occuper ici.

Influence du surmenage sur la durée de la grossesse. — a) **Surmenage.** — Cette cause, mise en évidence depuis moins de dix ans, a une importance telle à tous les points de vue, qu'il nous paraît nécessaire de l'exposer avec l'ampleur qu'elle comporte. D'autant plus que cette cause, qui n'est point contestée, qui même a été reconnue exacte par nombres d'auteurs, est pour la plupart, sinon par tous, encore aujourd'hui mal interprétée. C'est ainsi que Winckel écrit : « Il est un facteur qui prolonge nettement la durée de la grossesse : c'est le repos. Son influence a été démontrée par A. Pinard d'une manière évidente. » Et il ajoute cette remarque au moins curieuse : « C'est probablement à l'influence de ce facteur qu'est due la différence observée entre les grossesses d'hiver (279,5 jours) et les grossesses d'été (277,2 jours en moyenne).

Nous n'avons jamais voulu dire que le repos *prolongeât* la grossesse. Nous avons toujours voulu montrer par nos recherches que *le repos permet à la grossesse d'évoluer d'une façon physiologique en l'empêchant d'être interrompue avant son terme normal.* Toutes choses égales d'ailleurs, avons-nous dit, nous voulons simplement démontrer que « *la grossesse a d'autant plus de chance d'évoluer normalement, et le fœtus de se développer d'une façon plus naturelle et plus complète, que la femme se trouve placée pendant la gestation dans des conditions particulières;* et d'autre part, que *toute femme enceinte surmenée est exposée à accoucher avant terme* » (*Clinique obstétricale*, Paris, Steinheil, éd. 1899, p. 53). Enfin, après avoir démontré que le poids de l'enfant d'une femme qui s'est reposée pendant deux ou trois mois, est supérieur d'au moins 300 grammes à celui d'une femme qui a travaillé debout jusqu'à l'accouchement, nous avons écrit : les enfants des reposées sont plus développés, parce que chez elles la grossesse a eu une *durée normale*, tandis que les enfants des surmenées sont moins développés parce que *la durée de la grossesse a été interrompue*.

La première note concernant l'influence du repos sur la marche de la grossesse et le développement de l'enfant fut communiquée en 1895 à l'Académie de médecine (*in Bulletin*, 26 novembre) et à la Société de médecine publique et d'hygiène professionnelle.

Cela dit, nous allons exposer maintenant les preuves de l'influence du repos sur la durée de la grossesse.

1. *Preuves démontrant l'influence du repos pendant la grossesse sur le poids des enfants ;*

A — Nous avons calculé le poids moyen des enfants nés à la Clinique *Baudelocque* de mères ayant travaillé jusqu'à leur accouchement — s'étant reposées dix jours au refuge de l'avenue du Maine; — s'étant reposées plus de dix jours au dortoir de la clinique. Voici le résultat de cette statistique :

500 enfants nés de mères ayant travaillé jusqu'à leur accouchement ont donné un poids total de 1 505 000 grammes; par enfant, 3 010 grammes.

500 enfants nés de femmes ayant séjourné au moins dix jours au refuge de l'avenue du Maine ont donné un poids total de 1 645 000 grammes; par enfant, 3 229 grammes.

500 enfants nés de mères ayant séjourné au dortoir de la Clinique *Baudelocque* ont donné un poids total de 1 683 000 grammes; par enfant 3 866 grammes.

B. — D'après nos conseils et nos indications, Fr. C. Bachimont (*Documents pour servir à l'histoire de la puériculture intra-utérine*, Thèse de Paris 1898) a recherché quel est le poids moyen des enfants chez les femmes :

1° Ayant travaillé pendant toute la durée de la grossesse;

2° Ayant travaillé pendant toute la durée de la grossesse *dans la station debout;*

3° Ayant travaillé pendant toute la grossesse dans la station assise;

4° Ayant travaillé pendant toute la durée de la grossesse assises, mais en faisant mouvoir les jambes;

5° Ayant eu une période de repos pendant deux à trois mois;

6° Ayant eu une période de repos dépassant trois mois.

Les tableaux ci-dessous donnent le résumé de ces recherches faites à la Clinique *Baudelocque* et à la Maternité de Tourcoing :

PRIMIPARES

	Age moyen années.	Poids moyen kilogr.
355 primipares ayant travaillé debout jusqu'à l'accouchement. . .	25,67	2,931
144 — ouvrières de filature ayant travaillé debout jusqu'à l'accouchement.	20,53	2,988
54 primipares, ménagères, couturières.	21,58	3,030
219 primipares ayant travaillé assises jusqu'à l'accouchement. . .	22,54	3,097
22 — machinistes ayant travaillé assises jusqu'à l'accouchement	24,59	2,950
298 primipares s'étant reposées de 2 à 3 mois.	22,58	3,291
199 — s'étant reposées plus de 3 mois.	22,70	3,235

MULTIPARES

	Age moyen années.	Poids moyen kilogr.
523 multipares ayant travaillé debout jusqu'à l'accouchement. . . .	28,83	3,116
80 — ouvrières de filature ayant travaillé debout jusqu'à l'accouchement.	25,34	3,114
70 multipares ménagères, couturières etc.	27,32	3,323
388 — ayant travaillé assises jusqu'à l'accouchement. . . .	29,67	3,303
55 — mécaniciennes ayant travaillé assises jusqu'à l'accouchement	28,80	3,201
301 multipares s'étant reposées 2 à 3 mois.	26,90	3,457
534 multipares s'étant reposées plus de 3 mois.	26,11	3,457

Ce tableau récapitulatif, qui porte sur 4,455 observations, démontre, il nous semble, avec une rigueur mathématique l'influence du repos ou de la fatigue pendant la grossesse, sur le poids du produit de conception, puisqu'il fait savoir que : *le poids de l'enfant d'une femme qui s'est reposée deux à trois mois est supérieur d'au moins 300 grammes à celui de l'enfant d'une femme qui a travaillé debout jusqu'à l'accouchement.*

C. — Dans un travail fait à notre instigation à la Clinique *Baudelocque* par Letourneur, sur l'influence de la profession de la mère (*De l'influence de la profession de la mère sur le poids de l'enfant*, Thèse de Paris 1897), nous trouvons les chiffres ci-dessous :

α) *Influence des professions sur le poids moyen des enfants.*

SANS REPOS

	Professions fatigantes. gr.	Professions non fatigantes. gr.
I pares	2 950,95	2 946,82
II —	3 126,27	3 212,50
III —	2 977,33	3 118,94
IV —	2 898,75	3 169,16
V —	3 456,25	3 202,50
Totaux	15 409,55	15 650,00
Par enfant	3 081,91	3 130,00

AVEC REPOS

	Professions fatigantes. gr.	Professions non fatigantes. gr.
I pares	3 198,38	3 142,05
II —	3 338,19	3 349,88
III —	3 205,33	3 294,06
IV —	3 240,00	3 329,05
V —	3 616,66	3 475,38
Totaux	16 598,56	16 590,87
Par enfant	3 319,71	3 218.17

β) *Influence du repos sur le poids moyen des enfants.*

PROFESSIONS FATIGANTES

	Sans repos. gr.	Avec repos. gr.
I pares	2 950,95	3 198,38
II —	3 126,27	3 338,19
III —	2 977,33	3 205,33
IV —	2 898,75	3 240,00
V —	3 456,25	3 616,66
Totaux	15 409,55	16 598,56
Par enfant	3 081,91	3 319,71

PROFESSIONS NON FATIGANTES

	Sans repos. gr.	Avec repos. gr.
I pares	2 946,82	3 142,05
II —	3 212,58	3 349,88
III —	3 118,94	3 294,06
IV —	3 159,16	3 329,50
V —	3 202,50	3 475,38
Totaux	15 650,00	16 590,87
Par enfant	3 130,00	3 318,17

L'auteur termine son travail par ces conclusions [1] :

1° Les femmes qui ont une profession fatigante mettent au monde des enfants moins gros que celles qui ont une profession non fatigante. Il y a une différence moyenne de 50 grammes au profit des enfants de ces dernières;

2° Quelle que soit leur profession, les femmes qui se reposent pendant leur grossesse

1. L'influence du repos sur les femmes ayant des grossesses gémellaires se montre avec plus d'évidence encore que chez les femmes ayant une grossesse simple, ainsi qu'en témoignent les recherches de A. Bachimont, dont on trouvera les résultats plus loin au paragraphe : Grossesses multiples.

mettent au monde des enfants d'un poids sensiblement égal, mais qui dépasse en moyenne de 200 grammes celui des enfants des mêmes femmes ne se reposant pas.

D. — A. Bachimont a établi, d'après nos indications et des documents recueillis à la Clinique *Baudelocque* (*De la puériculture intra-utérine au cours des grossesses gémellaires.* Thèse Paris, 1899), l'influence du repos sur le poids des enfants dans les grossesses gémellaires. Sa statistique porte sur 225 grossesses gémellaires. En voici les résultats :

1° *Enfants des femmes qui se sont reposées.*

Chez ces femmes, le poids moyen des enfants a été :

A la naissance.	Gr.	A la sortie de *Baudelocque.*	Gr.
1er enfant.	2 500	1er enfant.	2 640
2e —	2 480	2e —	2 580

2° *Enfants des femmes qui ne sont pas reposées :*

Chez ces femmes le poids moyen a été :

A la naissance.	Gr.	A la sortie de *Baudelocque.*	Gr.
1er enfant.	1 935	1er enfant.	2 030
2e —	1 900	2e —	2 025

3° *Enfants des femmes qui n'ont pas donné de renseignements :*

Chez ces femmes le poids moyen a été :

A la naissance.	Gr.	A la sortie de *Baudelocque.*	Gr.
1er enfant.	2 180	1er enfant.	2 175
2e —	2 150	2e —	2 180

Chez les femmes qui se sont reposées, le poids moyen au moment de la naissance a été :

	Gr.
Pour le 1er enfant.	2 500
A la sortie de *Baudelocque*.	2 640
Pour le 2e enfant.	2 480
A la sortie de *Baudelocque*.	2 580

Chez les femmes qui ne sont pas reposées, le poids moyen au moment de la naissance a été :

	Gr.
Pour le 1er enfant.	1 935
A la sortie de *Baudelocque*.	2 030
Pour le 2e enfant.	1 900
A la sortie de *Baudelocque*.	2 025

Nos recherches ont été continuées par d'autres auteurs Sarraute-Lourié, Bernson, Vaccari, etc. (Voir *Annales de Gynécologie et d'Obstétrique*, juin 1903, p. 406), qui n'ont fait que confirmer nos constatations, ainsi qu'on va le voir.

2. — *Preuves démontrant l'influence du repos sur la durée de la grossesse.* — La durée exacte de la grossesse étant jusqu'à présent impossible à préciser, j'ai recherché, chez les femmes s'étant reposées et chez les femmes privées de repos, le laps de temps écoulé entre la dernière menstruation et l'accouchement. Ces deux points de repère bien établis, et les causes d'erreur étant les mêmes chez les unes et chez les autres, une comparaison significative peut s'en suivre.

A.— Le dépouillement de nos observations de la Clinique *Baudelocque* nous a donné la proportion ci-dessous (Pinard, *Clinique obstétricale*, 1899, p. 51) :

Chez 1 000 femmes ayant travaillé jusqu'au moment de l'accouchement, le temps qui s'est écoulé entre les dernières règles et l'accouchement a été :

	Fois.
De 280 jours et plus.	482
De 270 — à 280.	279
Au-dessous de 270.	239

Chez 1 000 femmes ayant séjourné au refuge ou au dortoir, le temps qui s'est écoulé entre les dernières règles et l'accouchement a été :

	Fois.
De 280 jours et plus.	660
De 270 — à 280.	214
Au-dessous de 270.	126

B. — Mme Livcha Sarraute-Lourié a fait des recherches analogues à la Maternité de Lariboisière et à l'asile Michelet, qui est un refuge municipal pour les femmes enceintes. Prenant comme point de départ le 15e jour après la dernière menstruation, elle a obtenu les résultats ci-après (*De l'influence du repos sur la gestation. Étude statistique*. D. Paris, 1899, pp. 66, 67 et 68).

Première série. — En comparant la durée de la gestation de 1 000 femmes qui se sont reposées à l'asile Michelet et celle de 1 000 femmes qui ont accouché à l'hôpital Lariboisière sans repos préalable, on trouve que la durée moyenne de la gestation est :

ASILE MICHELET

Primigestes, reposées.

544 primigestes se répartissent de la façon suivante :

a) Pour 423 primigestes admises enceintes de 7 à 8 mois et demi, la moyenne de la durée de gestation est de 271 jours 85.

Primigestes, reposées.

b) Pour 114 primigestes admises enceintes de plus de 8 mois et demi, la moyenne de la gestation est de 273 jours 45.

c) Pour 17 primigestes admises enceintes de moins de 7 mois, la durée moyenne de la gestation est de 268 jours 66.

Moyenne totale :

Pour 544 primigestes, la durée moyenne de la gestation est de 272 jours 08.

Pluripares, reposées.

324 pluripares se répartissent de la façon suivante :

a) Pour 263 pluripares admises enceintes de 7 mois à 8 mois et demi, la durée de la gestation est de 269 jours 38.

b) Pour 44 pluripares admises enceintes de plus de 8 mois et demi, la durée de la gestation est de 269 jours 28.

c) Pour 17 pluripares admises enceintes de moins de 7 mois, la moyenne de la durée de la gestation est de 270 jours.

Moyenne totale.

Pour 324 pluripares, la durée moyenne de la gestation est de 269 jours 39.

HÔPITAL LARIBOISIÈRE

Primigestes, non reposées.

Pour 384 primigestes, la durée moyenne de la gestation est de 246 jours 48.

Primigestes, non reposées.

Pluripares, non reposées.

Pour 420 pluripares, la durée moyenne de la gestation est de 247 jours 92.

Deuxième série. — La même comparaison faite sur une série de 550 femmes pour l'asile Michelet et de 550 femmes pour l'hôpital Lariboisière a donné à peu près les mêmes résultats :

ASILE MICHELET

Multipares reposées.

102 *multipares* se répartissent de la façon suivante :

a) Pour 87 multipares admises enceintes de 7 à 8 mois et demi, la durée moyenne de la grossesse est de 269 jours 55.

HOPITAL LARIBOISIÈRE

Multipares non reposées.

Pour 196 multipares, la durée moyenne de la gestation est de 248 jours 32.

ASILE MICHELET

Multipares reposées (*suite*).

b) Pour 15 multipares admises enceintes de plus de 8 mois et demi, la durée moyenne de la grossesse est de 274 jours 53.

Moyenne totale.

Pour 102 multipares, la durée moyenne de la gestation est de 270 jours 28.

Primigestes, reposées.

a) Pour 239 primigestes admises, enceintes de 7 à 8 mois et demi, la durée moyenne de la gestation est de 265 jours 57.

b) Pour 36 primigestes admises, enceintes de plus de 8 mois et demi, la durée moyenne de la gestation est de 271 jours 53.

Moyenne totale.

Pour 205 primigestes, la durée moyenne de la grossesse est de 266 jours 29.

Pluripares, reposées.

a) Pour 175 pluripares admises, enceintes de 7 à 8 mois et demi, la durée moyenne de la gestation est de 265 jours 40.

b) Pour 14 pluripares admises, enceintes de plus de 8 mois et demi, la durée moyenne de la gestation est de 272 jours 17.

Moyenne totale.

Pour 189 pluripares, la durée moyenne de la gestation est de 265 jours 90.

Multipares, reposées.

Pour 66 multipares admises enceintes, de 7 à 8 mois et demi, la durée moyenne de la gestation est de 265 jours 51.

HÔPITAL LARIBOISIÈRE

Multipares non reposées (*suite*).

Primigestes, non reposées.

Pour 295 primigestes, la durée moyenne de la gestation est de 245 jours 50.

Pluripares, non reposées.

Pour 227 pluripares, la durée moyenne de la gestation est de 243 jours 82.

Multipares, non reposées.

Pour 118 multipares, la durée moyenne de la gestation est de 248 jours 88.

Les conclusions du travail de l'auteur sont les suivantes :

« Nous voyons donc que pour les 1 500 femmes de la Maternité, de Lariboisière et les 1 550 femmes de l'asile Michelet, la différence de la durée de la gestation est considérable : *20 jours et plus.* »

C. — Dans un travail auquel j'ai déjà fait allusion, A. Bachimont a donné un tableau concernant la durée de la grossesse chez les *225 femmes ayant une grossesse gémellaire*

1° Pour les femmes qui *se sont reposées* pendant les derniers mois ou les dernières semaines de leur grossesse, il s'est écoulé, entre le dernier jour de leurs dernières règles et le jour de l'accouchement *en moyenne 269 jours;* 2° Pour les femmes *qui ne sont pas reposées*, on a obtenu une moyenne de *247 jours;* 3° Enfin pour les femmes sur lesquelles *on n'avait pas de renseignements*, la moyenne a été de *250 jours environ.*

D. — Enfin, dans une statistique toute récente, faite à la Clinique *Baudelocque, sur 1 000 femmes enceintes reposées* dont la date des règles a pu être précisée, la durée de temps écoulé entre cette date et le jour de l'accouchement a été :

	Jours.
Dans 11 cas de moins de	200
— 85 —	250
— 239 —	272
— 665 cas de plus de	275

Nous n'avons pas besoin d'insister sur la concordance, la valeur et l'éloquence de tous ces chiffres; il nous semble que la démonstration est suffisante pour démontrer l'influence du *surmenage.*

Nous devons maintenant faire voir dans quelle mesure il agit.

A cet effet, nous avons recherché le poids de tous les enfants nés à la Maternité depuis 1822,— année où on a commencé à peser les enfants au moment de leur naissance, — jusqu'en 1899 et de tous les enfants nés à la Clinique *Baudelocque*. Sur 168 656 enfants nés à la Maternité et 19 548 enfants nés à la Clinique *Baudelocque*, soit un total de 188 204 enfants, nous avons constaté le résultat suivant :

Enfants pesant :		P. 100.
4 000 gr. et plus.	9 236, soit environ	5,00
De 3 500 — à 4 000 gr.	35 124, —	17,00
De 3 200 — à 3 500 —	31 255, —	15,00
De 3 000 — à 3 200 —	39 963, —	20,00
De 2 800 — à 3 000 —	18 536, —	10,50
De 2 500 — à 2 800 —	25 019, —	15,00
2 500 — et au-dessous. . .	29 071, —	16,00
Pesaient moins de 3 000 grammes.		54,090
Ainsi, sur 188 204 enfants : étaient des *prématurés* ou *débiles* pesant 2 500 grammes et au-dessous .		29,071

On peut objecter que le poids de l'enfant n'est pas toujours en rapport direct avec la durée de la vie intra-utérine, et que la taille des parents a une influence capitale. Nous ne nions point cette influence, et nous reconnaissons que les gros enfants, ceux dont le poids atteint ou dépasse 4 000 grammes sont le plus souvent des enfants issus de parents de grande taille, présentant eux-mêmes un développement exceptionnel. Mais la différence de taille observée chez les parents est insuffisante à expliquer la différence de poids observée chez les enfants.

Ce n'est pas parce que les parents étaient de petite taille que 72 626 enfants, sur 188 204, pesaient au moment de leur naissance moins de 3 000 grammes. La taille des parents peut expliquer le plus, elle ne peut expliquer le moins.

Du reste, si au point de vue du développement de l'enfant pendant la vie intra-utérine, la taille des parents avait cette influence prépondérante, les femmes petites devraient donner naissance à des enfants petits. Or les résultats observés chaque jour sont en opposition avec cette manière de voir. En voici la preuve la plus démonstrative. Nous avons cherché quel était le poids moyen des enfants chez 100 femmes symphyséotomisées, c'est-à-dire chez 100 femmes ayant presque toutes *une taille au-dessous de la moyenne, et dont quelques-unes sont de véritables naines*. Or le poids moyen de ces 100 enfants est de 3 kil. 350 gr. Olshausen a fait la même constatation au Congrès de Moscou, à propos des femmes chez lesquelles il avait été obligé de pratiquer l'opération césarienne.

3. — *Quelles raisons peut-on invoquer pour expliquer l'influence du surmenage sur la marche de la grossesse ?* — Sans vouloir ici étudier spécialement les causes de l'accouchement, question qui sera envisagée plus loin, il nous paraît nécessaire de rechercher quelles peuvent être les causes de l'interruption de la grossesse, c'est-à-dire de l'expulsion prématurée du produit de la génératton, chez les femmes surmenées.

Nous pensons, quant à nous, que tout surmenage chez la femme enceinte a pour effet de faire descendre l'utérus dans la cavité pelvienne et de dilater le segment inférieur. Ainsi agissent : les longues stations debout, tout travail excessif, nécessitant l'action constante ou l'effort des muscles dans la paroi abdominale.

Depuis longtemps on a dit : la fécondation est pelvienne, la grossesse est abdominale.

Nous allons essayer de prouver la véracité de cette assertion, en démontrant que chez les femmes qui ont un bassin vicié et chez qui, par conséquent, l'utérus reste plus ou moins fatalement dans la cavité abdominale, la durée de la grossesse est plus souvent normale que chez les femmes qui ont un bassin bien conformé. Ce point a été déjà étudié par F. La Torre (*Du développement du fœtus chez les femmes à bassin vicié*, Paris, 1887). Réfutant l'opinion de Fasola, cet auteur démontre, en s'appuyant sur la statistique de Rigaud et sur la sienne, que l'accouchement prématuré est moins fréquent dans les bassins mal conformés que dans les bassins normaux, et il est évident, dit-il, « que le bassin rétréci, loin de favoriser l'expulsion prématurée de l'œuf, semblerait éloigner au contraire plusieurs facteurs pathogéniques ».

Et il ajoute plus loin : « Le poids moyen des fœtus à terme conçus dans les bassins rétrécis doit, non seulement être considéré comme égal à celui des fœtus à terme conçus dans les bassins normaux, mais assez souvent il est supérieur. » Et après avoir fait ces constatations, il formule les constatations suivantes :

« 1° Les sténoses pelviennes, sous quelque point de vue qu'on les envisage, n'accusent aucune influence sur la durée de la gestation. Il semblerait au contraire qu'elles éloignent certaines conditions favorables à l'expulsion prématurée de l'œuf; 2° L'accouchement avant terme spontané est en général plus fréquent chez les sujets bien conformés que chez ceux atteints de malformation pelvienne; 3° Le produit de la conception acquiert le même développement en poids et en volume dans les bassins viciés et dans les bassins bien conformés. »

La Torre a entrevu une partie de la vérité, mais non la vérité entière. Il faut dire : *Le poids moyen des enfants conçus dans les bassins rétrécis est supérieur à celui des fœtus conçus dans les bassins normaux.*

La preuve de cette assertion se trouve dans le tableau ci-dessous qui contient le poids des enfants de cent femmes ayant un bassin assez vicié pour avoir nécessité la symphyséotomie.

On peut dire, après l'avoir examiné, que chez ces cent femmes symphyséotomisées le poids moyen des enfants est de 3,350, à une fraction infinitésimale près.

Ce poids est supérieur au poids moyen, je n'ai pas à le rappeler ici.

Poids des enfants de cent femmes symphyséotomisées.

NUMÉROS.	KILOGRAMMES.	NUMÉROS.	KILOGRAMMES.	NUMÉROS.	KILOGRAMMES.	NUMÉROS.	KILOGRAMMES.
1.	3,350	26.	3,220	51.	1,900	76.	3,110
2.	4,630	27.	3,820	52.	3,770	77.	3,580
3.	2,730	28.	2,830	53.	3,030	78.	3,210
4.	3,110	29.	3,570	54.	3,615	79.	3,650
5.	3,300	30.	3,080	55.	2,480	80.	3,250
6.	4,000	31.	3,400	56.	3,850	81.	3,500
7.	3,200	32.	3,590	57.	2,950	82.	4,070
8.	3,220	33.	3,380	58.	3,020	83.	3,380
9.	3,750	34.	2,920	59.	3,200	84.	3,480
10.	3,650	35.	3,660	60.	3,160	85.	3,000
11.	3,300	36.	2,870	61.	4,960	86.	3,250
12.	3,180	37.	3,320	62.	3,440	87.	3,825
13.	2,800	38.	2,950	63.	3,980	88.	4,750
14.	3,390	39.	3,340	64.	3,120	89.	4,370
15.	2,950	40.	2,810	65.	3,400	90.	3,060
16.	3,900	41.	3,580	66.	3,720	91.	4,180
17.	3,730	42.	3,590	67.	3,070	92.	3,400
18.	3,700	43.	2,590	68.	3,680	93.	3,710
19.	1,700	44.	3,120	69.	3,480	94.	3,060
20.	3,260	45.	3,170	70.	3,960	95.	3,020
21.	3,770	46.	2,230	71.	2,945	96.	2,400
22.	3,730	47.	2,310	72.	3,200	97.	3,620
23.	2,520	48.	3,070	73.	3,500	98.	4,050
24.	3,170	49.	3,260	74.	4,450	99.	5,200
25.	3,020	50.	3,660	75.	2,940	100.	3,050

Cette statistique comprend : 193 femmes symphyséotomisées à la Clinique *Baudelocque* et 7 femmes symphyséotomisées par Lepage dans son service.

Il nous semble qu'on ne peut guère nous objecter l'influence de la taille de la mère, car, comme nous l'avons déjà dit plus haut, presque toutes ces femmes ont une taille au-dessous de la moyenne, et, si quelques-unes de ces femmes se sont reposées pendant leur grossesse, il en est beaucoup qui ont travaillé jusqu'au moment de l'accouchement.

Donc nous pensons qu'il est difficile de posséder une preuve plus démonstrative de la nécessité pour l'utérus de rester dans la cavité abdominale pendant toute la grossesse, afin que la durée de cette dernière soit physiologique, c'est-à-dire ait la durée normale typique.

Ainsi se trouve expliquée l'influence du repos ou du surmenage, pendant la grossesse, sur la durée de cette dernière et par elle-même sur le développement du produit de génération.

b) **Copulation.** — Il est une autre cause qui, avec le surmenage, les longues stations debout, provoque très fréquemment l'accouchement prématuré et l'avortement : c'est la *copulation*. Depuis longtemps nous enseignons que : *tout rapport sexuel doit cesser pendant toute la durée de la grossesse*, rajeunissant cet aphorisme de Soranus d'Éphèse. « Les rapprochements sexuels sont nuisibles aux femmes enceintes dans tous les temps. » Sur nos indications, Brenot a mis en relief, avec preuves à l'appui, l'influence nocive de la copulation pendant la grossesse (*De l'influence de la copulation pendant la grossesse*. Brenot, D. Paris, 1903).

La station bipède et la copulation pendant la grossesse chez la femme expliquent le nombre beaucoup plus considérable d'accouchements prématurés observés chez la femme que chez les animaux.

S'il est établi que le surmenage et le traumatisme interviennent comme facteurs d'interruption de la grossesse, s'il est prouvé qu'ils sont agents provocateurs de l'accouchement prématuré, pouvons-nous au point de vue physiologique, serrant la question de plus près, préciser la cause déterminante de la mise en jeu des puissances expulsives? La réponse à cette question sera donnée à l'article **Parturition.**

§ IV. — CONCLUSION.
DE LA DURÉE DE LA GESTATION AU POINT DE VUE PHYSIOLOGIQUE.

Pour préciser la durée de cet état fonctionnel particulier appelé état de gestation, il faut d'abord établir quand il commence et quand il finit physiologiquement. Nous devons donc poser ces deux questions: Quand commence la gestation? Quand finit la gestation ? et essayer d'y répondre.

Quand commence physiologiquement la gestation? — Aujourd'hui l'on sait que a gestation doit être précédée de phénomènes physiologiques successifs, phénomènes que dans l'état de nos connaissances, il nous est possible d'exposer avec quelque précision. Après la *copulation de deux individus multicellulaires*, nous savons qu'une deuxième *copulation unicellulaire* est nécessaire (rencontre du spermatozoïde et de l'ovule : voyez **Fécondation**), et qu'elle est suivie d'une troisième copulation (*copulation intra-cellulaire*). Alors seulement il y a fécondation. Mais entre la fécondation et la gestation quel temps va s'écouler? Quelle va être la durée de la *vie latente* du nouvel être? Pendant combien de temps va-t-il vivre exclusivement aux dépens des matériaux nutritifs ovulaires? A quel moment va-t-il demander à l'organisme maternel les matériaux nécessaires à son développement? C'est-à-dire, quand commencera véritablement la gestation, et est-il possible chez un animal quelconque de préciser ce moment? Assurément non. Nos connaissances actuelles ne peuvent que rendre plus imprécis le début de la gestation. Ce que nous savons déjà de l'enchaînement successif des phénomènes qui suivent la copulation pour arriver à la gestation, chez la chauve-souris, le chevreuil, la souris, en est la preuve. La constatation si importante faite par Lataste, concernant ce qu'il a appellé improprement la *gestation retardée de la souris*, pourrait-elle être faite chez d'autres mammifères? Cette *vie latente prolongée*, par le fait de la lactation, peut-elle être observée chez d'autres animaux que la souris? Peut-elle exister, en particulier, chez la femme qui est fécondée pendant l'allaitement? L'absence de menstruation, on le sait, n'empêche pas la fécondation chez la femme; ce qui, entre parenthèse, montre bien que l'ovulation et la menstruation sont deux choses essentiellement et absolument différentes, mais ce qui également ne permet pas pour le moment une réponse affirmative à la question posée.

D'après ce qui précède, il est impossible de savoir exactement quand commence la gestation.

Quand finit physiologiquement la gestation? — Il est impossible présentement de répondre à cette question. Il n'existe chez aucun animal nouveau-né un caractère pathognomonique, un critérium de maturité. Aucune des constatations faites sur un animal nouveau-né ne permet de conclure à une durée exacte de son séjour dans l'utérus. Les auteurs qui se sont appuyés sur un poids anormal d'un nouveau-né pour en conclure à une gestation prolongée sont dans l'erreur.

L'observation suivante authentique en est la preuve. Le mercredi 21 janvier 1903, est né à Saint-Jean-de-Luz un enfant pesant *neuf kilogrammes, neuf cents grammes.* Cet enfant mesurait *soixante et un centimètres, sept millimètres.* Poids et mesures prises par le Dr DELCAMPS, contrôlées par différentes personnes et par la photographie que nous possédons. Or la *durée de la grossesse* a été de neuf mois moins quelques jours après la dernière menstruation.

Ce que nous savons, c'est qu'il n'y a point de *gestation prolongée.* Il peut y avoir *rétention prolongée,* mais non *gestation prolongée.* Quand un fœtus se développe dans un kyste fœtal, nous savons que, si le kyste fœtal n'est pas ouvert, à un moment donné le fœtus meurt, au moment où son évolution physiologique est accomplie. Il ne croît pas indéfiniment.

Si nous comprenons, si nous savons pourquoi le traumatisme provoque son *expulsion prématurée,* nous sommes moins renseignés concernant la cause de son *expulsion tempestive.* Cependant des travaux récents permettent d'entrevoir la vérité.

Pendant longtemps, on pensa que l'utérus seul était en jeu dans les deux cas. Aujourd'hui, et surtout d'après les travaux de JOHN BEARD et de L. FRÆNKEL, le point de départ de la mise en jeu des forces expulsives ne serait pas dans l'utérus, mais dans l'ovaire. D'après J. BEARD (*The span of gestation and the cause of birth,* Iena, 1897), chez les mammifères, le développement utérin, du commencement à la fin de la gestation, la naissance, l'ovulation et dans beaucoup de cas la lactation, obéissent à un *rythme* dont la direction est dans l'ovaire. Pour J. BEARD, la menstruation doit être considérée comme un *avortement* antérieur à une nouvelle ovulation et elle n'est autre chose qu'un avortement d'une *decidua* préparée pour un œuf ayant échappé à la fertilisation. Tout s'enchaîne, d'après cet auteur, dans *le rythme de la reproduction chez tous les mammifères;* et le même cycle se reproduit sans cesse pendant toute la vie génésique : ovulation, fécondation, gestation, lactation.

D'autre part, L. FRÆNKEL a fait connaître, dès 1901, ses expériences relatives à la onction du corps jaune. En 1903 (*Archiv für Gynäkologie,* LXVIII, p. 438 à 545), il publie l'ensemble et le résultat de ses dernières recherches. D'après ses travaux, il semble résulter que le corps jaune est une *glande ayant pour fonction de rendre possible l'insertion des œufs fécondés et d'assurer la suite de leur développement :* en un mot, c'est la glande qui préside au développement de l'œuf fécondé. C'est la glande qui, chez la femme, constitue le corps jaune toutes les quatre semaines, et chez les animaux à des intervalles déterminés. Elle a toujours la même fonction : produire d'une façon périodique une excitation ovulatrice de l'utérus qui l'empêche de revenir au stade infantile, ou à marcher prématurément vers l'atrophie sénile.

Les travaux de J. BEARD, de L. FRÆNKEL, de LATASTE, doivent attirer l'attention de tous les physiologistes.

En résumé, la gestation a une durée typique pour chaque espèce; cette durée est variable pour chaque espèce; elle est même variable pour chaque individu, mais ici avec une différence infiniment moindre. Enfin son évolution physiologique exige, pour être complète, des conditions hygiéniques particulières.

DEUXIÈME PARTIE

Des modifications fonctionnelles de l'organisme maternel pendant la grossesse.

Si l'organisme est profondément modifié pendant la gestation, si la science enregistre chaque jour de nouveaux faits, qui font supposer que chez la gestante il n'y a peut-être pas une seule cellule qui n'éprouve quelque modification, il faut bien dire que la gestation constitue *un état physiologique par excellence.*

Ne devant envisager ici ces phénomènes qu'au point de vue physiologique, nous étudierons successivement les modifications des différents appareils et fonctions, laissant de côté, pour l'appareil génital, ce qui est purement obstétrical.

§ I. — MODIFICATIONS FONCTIONNELLES DES DIFFÉRENTS APPAREILS.

A. — Modifications fonctionnelles de l'ovaire et de l'utérus pendant la gestation. — L'organe gestateur, l'utérus, subit pendant le cours de la gestation des modifications aussi nombreuses que profondes, qui paraissent être sous la dépendance absolue des ovaires.

John Beard (*loc. cit.*) a insisté le premier sur le rôle du *corps jaune* pendant la gestation. Empêchant l'*ovulation* pendant la *gestation*, il serait cause, d'après cet auteur, de l'expulsion du contenu de l'utérus, lorsque sa propre évolution serait terminée.

Mais c'est surtout L. Frænkel (*loc. cit.*), qui, reprenant l'hypothèse de son maître, l'embryologiste Gustave Born, de Breslau, d'après laquelle le corps jaune de la grossesse serait, par sa structure et son développement, *une glande à sécrétion interne, ayant pour fonction de permettre la fixation et le développement de l'œuf fécondé dans l'utérus*, s'efforça d'établir, par ses expériences, la véritable fonction du corps jaune.

« Au cours de mes travaux, dit-il, j'ai reconnu que le corps jaune a une signification encore bien plus étendue que ne le pensait Gustave Born. Le fait qu'il préside à l'insertion et au premier développement de l'œuf n'est qu'un phénomène accessoire d'une loi plus générale : le corps jaune provoque la nutrition plus active de l'utérus pendant la vie génitale. Le volume et la turgescence plus marqués de l'utérus pendant toute cette période, ainsi que son hyperhémie revenant toutes les quatre semaines, sont des effets de la sécrétion interne du corps jaune. Son activité sécrétoire continue provoque, d'une part, l'insertion et le développement de l'œuf, et, d'autre part, lorsque l'œuf n'a pas été fécondé, la menstruation.

« Si les corps jaunes font défaut, l'utérus devient atrophique et la menstruation n'a pas lieu. L'état où se trouve l'utérus chez la vierge non nubile et chez la femme après la ménopause est dû à l'absence de corps jaune. »

Dans son dernier travail (1903), Frænkel a cherché à accumuler les preuves théoriques et expérimentales qui semblent militer en faveur de son assertion. Nous ne pouvons que renvoyer le lecteur à cet important travail. Les expériences de Ribbert et de Knauer, celles plus récentes de Liman (*Bulletin de la Société de biologie*, juillet 1904), concernant la transplantation de l'ovaire, paraissent bien confirmer l'importance de la fonction directrice de la glande génitale et en particulier du corps jaune, sur la nutrition et la manière d'être de l'utérus.

Les limites de cette action puissante ne sont pas encore suffisamment précisées, tout au moins en ce qui se rapporte aux différentes périodes de la gestation. De nouvelles recherches sont absolument nécessaires pour faire la lumière complète sur ce point.

Quoi qu'il en soit, il nous semble que quelque peu de chemin conduisant à la vérité a été parcouru depuis que nous écrivions ces lignes : « La grossesse suspend la fonction spéciale de l'utérus à l'état de vacuité : la menstruation. Quant aux ovaires, s'ils deviennent le siège d'un travail particulier, aboutissant à la formation du vrai et du faux corps jaune, leur fonction ovulaire paraît également supprimée. » (Art. *Grossesse*, in *Dictionnaire des Sciences médicales.*) C'était l'époque où dire que les règles n'existent pas pendant la grossesse constituait un acte révolutionnaire et antiscolastique!

B. — **Modifications du sang et de l'appareil circulatoire.** — a) *Modifications du sang.* — Pendant la gestation, il y a augmentation de la quantité du liquide sanguin.

Cette augmentation a été démontrée expérimentalement chez les animaux par Heidenhain et Spiegelberg. Ce dernier auteur (*Archiv f. Gyn.*, 1882) a donné les chiffres suivants représentant le rapport du poids du sang au poids du corps chez les chiennes :

A l'état de vacuité.	0,0787
Dans les premiers temps de la gestation.	0,0780
A la fin.	0,1080

Bien que l'augmentation de la masse sanguine n'ait pu être appréciée par des pesées chez la femme, elle est réelle et surtout accusée pendant la deuxième moitié de la grossesse. De nouveaux vaisseaux — sinus utérins — contiennent une grande quantité de sang; d'autre part, on constate souvent, dans tous les vaisseaux artériels, veineux et capillaires du tronc et des membres, une plénitude plus marquée qu'en temps ordinaire. Il y a pléthore, mais pléthore spéciale.

Non seulement il y a augmentation de la masse totale du sang, mais encore il y a, pendant la gestation, modification des rapports entre les différents éléments du sang.

Eau. — Pendant la gestation, l'augmentation de la quantité d'eau est un fait constant, et par suite le sang est moins riche pour un même volume en éléments qui le constituent normalement. Les recherches de Becquerel et Rodier ont montré que le sang, chez la femme en état de gestation, sur 1 000 parties, renferme 801,6 d'eau, alors que le chiffre normal chez la femme non enceinte est de 791, 1. Regnault a donné comme moyenne au commencement de la gestation 816,01 et dans les sept derniers mois 817,70.

Éléments cellulaires. — D'après la méthode des pesées, 1 000 parties du sang, qui donnent en moyenne 127 parties de globules secs (Andral et Gavarret), n'en donnent que 111,8 pendant la grossesse (Becquerel et Rodier). Cette quantité peut même descendre à 87,7 chez une femme à terme.

Pendant la grossesse, la leucocytose a été reconnue et affirmée par Hayem et Malassez. Très accusée surtout pendant les derniers mois, elle est très variable d'un jour à l'autre et oscille le plus souvent entre 8 000 et 15 000 leucocytes par millimètre cube. Zangemeister et Wagner, qui ont étudié la leucocytose dans les deux derniers mois de la grossesse, l'ont vu varier entre 7 500 et 15 000 leucocytes. Assez souvent on ne trouve que 6 000 leucocytes (Carton, D. Paris, 1903). C. Walh (*Archiv f. Gyn.*) conclut à une légère hyperleucocytose seulement à la fin de la grossesse. La leucocytose dite physiologique de la grossesse paraît être toujours plus considérable chez les primipares que chez les pluripares (Roux Lacroix et Benoist). Tandis que chez les premières elle présente un maximum oscillant en moyenne entre 12 000 et 20 000 leucocytes, elle ne dépasse pas 12 000 chez les secondes.

Le nombre des hématies dépasse toujours la moyenne dans le sang de la gestante. Il varie de 4 700 000 à 6 millions.

Le taux des éléments polynucléaires est également plus élevé qu'à l'état normal. Ils varient entre 70 et 80 p. 100, et peuvent s'élever davantage dans les jours qui précèdent le travail.

Les éosinophiles restent au taux normal : 1 à 3 p. 100; ils tendent plutôt à diminuer près du terme de la grossesse (Carton).

Pendant les 3e, 4e et 5e mois de la grossesse, il y aurait en général augmentation des globules rouges *prématurés* dans le torrent circulatoire. Les recherches faites pour les deux derniers mois restent négatives.

Du 6e au 9e mois, les érythroblastes jeunes augmentent régulièrement : ils n'atteignent jamais des chiffres très élevés (maximum 1,3 p. 1 000, c'est dire environ 5 000 par millimètre cube), mais leur augmentation est constante chez toutes les gestantes.

Il existe, dans le cours de la grossesse, un rapport entre la diminution des globules rouges et l'augmentation des éléments prématurés; ce fait cadre bien avec toute la physiologie des érythroblastes jeunes. (Zanfrognini et Soli, *Annali di Ost. e. Gin.*, 1903.)

Hémoglobine. — Max Miskerman, qui a employé pour l'appréciation de l'hémoglobine la méthode analytique spectrale, a toujours trouvé une diminution de l'hémoglobine. Nasse a obtenu les mêmes résultats. Quinquaud a trouvé que pendant la grossesse l'hémoglobine subit une diminution constante et progressive. Chez les femmes enceintes bien portantes l'hémoglobine ne descend guère au-dessous de 83,54 p. 1 000.

Pour le même auteur, il y aurait toujours, pendant la grossesse, *diminution de l'hémoglobine, du pouvoir respiratoire du sang et des matériaux solides du sérum.*

Albumine. — Le chiffre normal chez la femme non gravide donné par Becquerel et Rodier est de 70,5. Ils n'ont jamais trouvé ce chiffre chez la femme en état de gestation. Ils ont trouvé pendant la gestation une moyenne de 66 p. 100. Regnault a trouvé dans les premiers mois de la gestation 68,6 et dans les derniers mois 66,4.

Fibrine. — La fibrine semble diminuer pendant les premiers mois; mais à partir du sixième mois elle augmente, et cette augmentation s'accentue à mesure que l'on se rapproche du terme de la grossesse. Au lieu de 3 p. 1 000, chiffre normal donné par Andral et Gavarret chez la femme non enceinte, ces auteurs ont constaté en moyenne 2,3 et 2,9 dans les premiers mois de la gestation, mais dans les derniers mois une moyenne de 4,8 de fibrine p. 1000.

Fer. — Il diminue pendant la gestation pour être de 0,541 au lieu de 1 500, chiffre normal : il peut tomber à 0,449.

Nous retrouverons, à propos des échanges nutritifs pendant la gestation, des travaux plus récents sur ces différents points.

b) *Hypertrophie du cœur.* — Larcher le premier l'a signalée; ses recherches ont été faites en 1826-1827 à la Maternité. Pendant la grossesse, dit-il, le ventricule droit et les oreillettes conservent leur épaisseur normale; le ventricule gauche seul devient plus épais, plus ferme et d'un rouge plus vif.

Les recherches de Ducrest confirmèrent les résultats de Larcher. Blot, employant la méthode des pesées, trouva que, chez 20 femmes mortes en couches, la moyenne du poids total du cœur était de 291,85, tandis que dans l'état ordinaire, le cœur de la femme ne pèse que 220 à 230 grammes. Blot fait remarquer de plus, à l'exemple des auteurs qui l'ont précédé dans cette voie, que l'hypertrophie porte généralement sur le ventricule gauche. M. Peter admet l'hypertrophie non seulement du ventricule gauche, mais de tout le cœur.

A l'étranger, les résultats obtenus par Larcher, Ducrest et Blot furent contestés. Excepté Spiegelberg, presque tous nièrent l'hypertrophie du ventricule gauche (Bamberger, Gerhard, Friedreich, Dusch, Lohlein); ou tout au moins la constance de son apparition (Macdonald). Du Castel, chez trois femmes enceintes ayant succombé à l'éclampsie puerpérale, a trouvé deux fois le ventricule gauche hypertrophié, une fois le cœur normal. Rendu et Letulle pensent que le cœur est fréquemment dilaté pendant la grossesse (Porak, *thèse d'agrégation*, Paris). H. Vaquez et Millet pensent que les modifications du volume du cœur sont dues à la dilatation cardiaque (1898). Il semble résulter des plus récents travaux et de nos propres constatations que l'hypertrophie du ventricule gauche est fréquente pendant la grossesse, mais elle n'est pas constante. On ne sait si chez les autres femelles le cœur se dilate ou s'hypertrophie pendant la gestation. (J. Bournay.)

c) *Tension artérielle pendant la grossesse.* — Queirel et G. Reynaud, de Marseille, ont recherché systématiquement les variations que présente la tension artérielle pendant les derniers mois de la grossesse. Il résulte de l'ensemble des cinquante tracés pris par ces auteurs : que la tension artérielle, sans modifications notables jusqu'au milieu du huitième mois, tend à s'abaisser à partir de cette époque, entraînant ainsi une *hypotension* plus ou moins marquée à la fin de la gestation. (*Tension artérielle et Puerpéralité, Congrès des Sc. médicales*, Paris, 1900.)

d) *Du pouls pendant la grossesse.* — Presque tous les accoucheurs admettent que pendant la grossesse le pouls augmente de force et de fréquence. Cependant Burdach et Marty ont signalé la lenteur du pouls gravidique, le premier au début, le deuxième à la fin de la grossesse. « Le pouls est plus dur, plus développé et souvent plus fréquent qu'à l'état normal; il est, dit Bordeu, comme fiévreux. » (Tarnier et Chantreuil.) Les anciens reconnaissaient comme cause de cette fréquence l'état pléthorique dans lequel se trouve la femme pendant la grossesse.

Pierre Louge, dans un travail remarquable (*Le pouls puerpéral physiologique*, D. Paris, 1886), a repris la question et exposé le résultat de ses laborieuses recherches. Nous lui empruntons la plupart des éléments de ce chapitre et reproduisons quelques-uns de ses tracés sphygmographiques.

D'après Pierre Louge, l'état gravidique modifie sensiblement les caractères du pouls normal : il devient plus fréquent, plus dur et moins dépressible. D'après les résultats obtenus chez 50 femmes, la fréquence du pouls serait de 86 pulsations par minute. L'accélération de fréquence est la modification la plus constante. Le pouls le plus lent, observé pendant la grossesse, a été de 72, et le plus fréquent de 100.

Les caractères sphygmographiques sont également modifiés. Les inflexions diverses qui existent dans les phases systoliques (S) et diastoliques (D) de la pulsation paraissent moins accusées (voir fig. 1). Le sommet plus ou moins aigu a disparu pour faire place à un plateau arrondi et légèrement descendant. Il existe, en un mot, une véritable décapitation du sommet de la pulsation, dont l'amplitude se trouve, par suite, diminuée. Le schéma suivant rend compte de ces modifications.

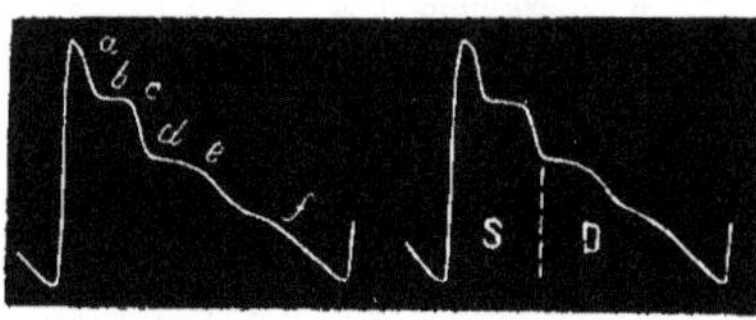

Fig. 1. — Pouls dans la grossesse (Louge).

Ces caractères graphiques ne se rencontrent généralement qu'à partir du septième mois de la grossesse; mais ils peuvent s'observer dès le quatrième mois et persistent jusqu'à l'abaissement du fond de l'utérus sans subir de modifications importantes.

Au moment de l'abaissement du fond de l'utérus, on observe généralement une diminution légère dans la fréquence du pouls; et, au sphygmographe, une augmentation dans l'amplitude, un plateau horizontal et un dicrotisme plus manifeste.

Mais, si ces caractères sont intéressants à connaître, il faut remarquer avec Pierre Louge, qu'ils ne peuvent suffire, comme on l'a prétendu, pour diagnostiquer la grossesse. L'invariabilité de fréquence dans les différentes attitudes ne peut constituer un signe de grossesse au début comme le voulait Avicenne. Les recherches de Frey, ainsi que celle de Louge, ne paraissent laisser aucun doute à cet égard.

Chez la *vache*, le pouls serait plus fréquent vers la fin de la gestation. Ce fait, signalé par Delafond, a été récemment vérifié par Lucet. Dans les quatre derniers mois de la gestation, on peut compter chez la vache de 65 à 70 pulsations par minute, alors qu'en dehors de cet état on ne perçoit guère chez cette femelle que 45 à 50 pulsations dans le même laps de temps (J. Bournay).

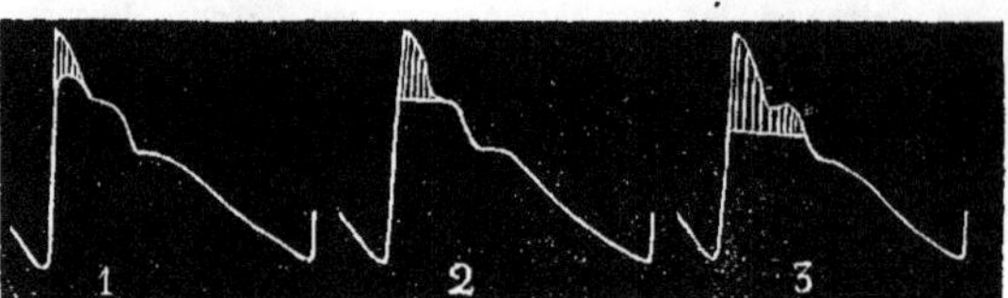

Fig. 2. — Schéma du pouls dans la grossesse (Louge).

C. — **Modifications de l'appareil respiratoire.** — Les modifications de l'appareil respiratoire sont mécaniques ou chimiques. Pendant la gestation, par le fait du développement de l'utérus dans la cavité abdominale, l'appareil respiratoire est plus ou moins modifié. Chez la femme, le diamètre antéro-postérieur du thorax diminue et le diamètre transverse augmente. Kuchenmeister, Fabius, Wintrich et Dohrn ont mis ce fait hors de doute. Le diamètre vertical de la cavité thoracique diminue, également, mais en rapport avec l'engagement plus ou moins prononcé de la région fœtale dans l'excavation.

Dans la deuxième moitié de la gestation, dit Saint-Cyr, tous les organes abdominaux et thoraciques éprouvent, plus ou moins, les effets de la compression que l'utérus en se développant exerce sur eux. Le diaphragme, repoussé en avant, comprime la poumon, diminue le diamètre antéro-postérieur de la cavité thoracique; les côtes, immobilisées par le poids du fœtus, sont difficilement soulevées par les muscles respiratoires; la respiration est courte et fréquente; l'animal s'essouffle vite, et serait certainement incapable d'un exercice exigeant des efforts puissants et soutenus.

L'étude du chimisme respiratoire sera étudiée plus loin, au chapitre : *Étude des échanges nutritifs.* Voir p. 169.

D. — **Modifications de l'appareil urinaire et de l'urine.** — L'appareil urinaire ne subit que des phénomènes de compression, soit au niveau de la vessie, soit au niveau des uretères; nous ne faisons ici que les signaler et nous passons à l'étude des modifications de l'urine pendant la gestation.

Donné, Lehmann, Chalvet, Barlermont, Harley, ont admis une diminution progressive des matériaux solides de l'urine, depuis le commencement de la gestation jusqu'au moment de l'accouchement. L'urine de la femme enceinte examinée aux diverses périodes de la grossesse contient moins d'acides libres, de sulfates, de phosphate de chaux. Nous étudierons plus loin ces différents points (*Étude des échanges nutritifs*, p. 179). La quantité d'urine pendant le cours de la grossesse est-elle supérieure à la moyenne de la femme non enceinte ? Harley, Quinquaud, donnent des analyses qui tendent à le faire admettre. Quant à la kystéine, dont on a fait grand bruit à une certaine époque, et qui se révèle par la présence d'une pellicule irisée à la surface de l'urine conservée pendant trente-six heures dans un verre à réactif et exposée à l'air, dans une complète immobilité, il est démontré aujourd'hui qu'elle est uniquement composée de cristaux de phosphate ammoniaco-magnésien, d'organismes microscopiques, et qu'on l'observe non seulement pendant la gestation, mais dans bien d'autres circonstances, et aussi bien chez les hommes que chez les femmes.

En 1890, Chambrelent et Laulanié firent connaître une série d'expériences d'où il résultait que l'urine des femmes enceintes examinées par ces auteurs s'était toujours montrée manifestement moins toxique que l'urine des femmes non enceintes.

Quelques objections ayant été faites à ces expériences, Chambrelent et Dermont recommencèrent ces expériences dans notre laboratoire à la Clinique *Baudelocque*, et publièrent le résultat de ces nouvelles recherches en 1892. (*Bulletins de la Soc. de Biologie.*) Voici leur conclusion :

Il résulte de ces expériences que « l'examen de l'urine de six femmes enceintes arrivées aux trois derniers mois de la grossesse, nous a constamment donné une toxicité manifestement au-dessous de la normale. La moyenne du coefficient d'urotoxie a été, dans ces six observations, de 0,25 au lieu de 0,46; chiffre de toxicité physiologique déterminé par Bouchard et que nous ont confirmé nos expériences sur les femmes non enceintes placées dans les mêmes conditions que les femmes enceintes qui ont servi à nos expériences. »

La glycosurie de la gestation sera étudiée plus loin. (Voy. *Étude des échanges nutritifs*, p. 170.)

E. — **Modifications de l'appareil de la digestion.** — Les modifications concernant la digestion et la nutrition pendant la gestation, tout en étant extrêmement variables suivant les individus, présentent des différences sensibles, suivant qu'on les considère chez la femme et chez les autres animaux.

Si Pajot a pu dire avec raison que, chez la femme, les modifications de la digestion et de la nutrition peuvent être divisées en trois classes : excitation, diminution, troubles et perversion, il n'en est pas moins vrai que la grossesse détermine le plus souvent des troubles.

Nous avons fait faire des recherches sur ce sujet par un de nos élèves, Maurice Gerst (*Thèse*, Paris, 1903. *Contribution à l'étude des vomissements de la grossesse*) et voici les résultats auxquels il est arrivé.

Il a observé personnellement 2 000 femmes enceintes { 902 primipares. / 1 098 pluripares.

Il a constaté que sur ces 2 000 femmes :

Femmes n'ayant pas vomi pendant la grossesse 1 144 { 478 primipares. / 666 pluripares.

Femmes ayant vomi 843 { 415 primipares. / 428 pluripares.

Cas douteux 13 { 9 primipares / 4 pluripares.

D'où cette conclusion : 42,15 p. 100 *des femmes enceintes vomissent.*
57, 2 p. 100 *des femmes enceintes ne vomissent pas.*

De plus : les vomissements au cours de la grossesse sont plus fréquents chez les primipares que chez les pluripares.

Quant à l'époque d'apparition, on peut dire en s'appuyant sur les tableaux de Gerst, qu'ils se montrent surtout un mois après les dernières règles, et deviennent très rares après le 4e mois. Chez les animaux, les modifications observées présentent une physionomie pour ainsi dire opposée.

« On n'observe pas, chez nos femelles domestiques, ces troubles digestifs si fréquents qui signalent le début de la grossesse chez la femme : au contraire, immédiatement après la conception, sans doute par l'effet du calme qui succède aux chaleurs, l'appétit se développe, la digestion se fait mieux, tous les phénomènes de plasticité semblent acquérir une activité plus grande, la femelle utilise mieux la nourriture qu'elle prend, et elle a une tendance marquée à s'engraisser, tendance qui se maintient en s'accentuant jusqu'à une époque assez avancée de la gestation. Cette tendance à prendre de la graisse disparaît vers la fin de la gestation. » (Saint-Cyr.) Tous les vétérinaires et les éleveurs ont fait cette constatation. D'autre part, d'après les recherches de Hecker et de Gassner, la nutrition serait telle chez la femme pendant la dernière période de la grossesse, qu'elle déterminerait une augmentation de poids qui serait en moyenne de 2 400 grammes dans le 7e mois, de 1 691 dans le 8e, et de 1 540 dans le 9e. Ainsi chez la femme, la gestation produit des troubles de nutrition dans près de la moitié des cas, et cela dans la première moitié de la grossesse, tandis que, chez les animaux, cette même période de la gestation est caractérisée généralement par une activité plus grande de la digestion et de la nutrition. Nous nous contentons ici de constater ce fait, sans vouloir en chercher l'explication.

En ce qui concerne l'intestin, sauf des phénomènes de compression déterminant des symptômes de rétention, l'appareil digestif n'offre de modifications intéressantes qu'au niveau du foie.

Signalé déjà par Laennec, l'état graisseux du foie a été étudié par Tarnier, 1857, et plus tard par de Sinéty (1872). De nouvelles recherches sont nécessaires pour élucider complètement ce point d'anatomie et de physiologie, aussi bien chez la femme que chez les autres animaux.

Sans vouloir affirmer que les modifications du foie soient la cause et la cause unique de la pigmentation survenant chez un grand nombre de femmes pendant la grossesse, nous croyons devoir entrer ici dans quelques détails à ce sujet.

Chez nombre de femmes, pendant la grossesse, se produit une pigmentation, surtout épidermique, dont les lieux d'élection sont : le visage, les seins (aréole vraie, tachetée, mouchetée), le milieu de la paroi abdominale (ligne brune abdominale).

Cette question a été étudiée à notre instigation par Raoul Lehmann (*De la ligne brune abdominale, Thèse de Paris,* 1901). Voici le résumé de ce travail.

Dans l'état de puerpéralité, chez les primipares, c'est vers le troisième ou quatrième mois de la gestation que la ligne blanche commence à se pigmenter.

La ligne peut apparaître plus tardivement chez les blondes.

Dans le cours de la grossesse, la ligne brune passe par toute une gamme de teintes dont les principales sont : jaunâtre, jaune roussâtre, fauve, sépia, brun foncé, marron, chocolat, couleur de la peau de nègre. Ces dernières teintes s'observent surtout chez les femmes brunes. A mesure qu'elle brunit, la ligne s'accroît en largeur. Elle atteint généralement chez les primipares de 4 à 5 millimètres, quelquefois davantage. Chez les pluripares, le début de la ligne brune est plus tardif que les primipares. Chez les grandes pluripares (8e, 10e, 14e grossesse) la ligne brune n'existe pas ou est extrêmement peu marquée. Les femmes très grasses n'ont pas de ligne brune.

Pour Lehmann, il n'y a pas corrélation entre la pigmentation de la ligne blanche et celle des seins. L'une peut exister, alors que l'autre fait défaut. Il y aurait, pour cet auteur, une indépendance absolue entre ces deux stigmates.

Enfin Lehmann pense que la ligne brune paraît due à une hyperhémie favorisant la stase sanguine dans les capillaires de la peau de la paroi abdominale[1].

1. Nous croyons bon de signaler que, dès 1838, Rokitansky a constaté que plus de la moitié des femmes enceintes présentent entre la face interne des os du crâne et la face externe de la

§ II. — DE L'ASSIMILATION ET DES ÉCHANGES NUTRITIFS PENDANT LA GESTATION.

L'étude des échanges nutritifs pendant la gestation, inaugurée par le mémoire d'Andral et Gavarret (1843), ne saurait à l'heure actuelle être présentée d'une façon synthétique et définitive. Les nombreuses expériences poursuivies dans des conditions techniques très dissemblables, soit sur la femme, soit sur les animaux, ont mis en évidence des faits intéressants qui doivent être considérés comme l'amorce des recherches ultérieures et ne peuvent encore être groupés en un corps de doctrine. Nous suivrons pour les exposer le plan adopté par Ver Eecke (de Gand) dans son remarquable mémoire : *Échanges matériels dans leurs rapports avec la phase de la vie sexuelle.* (Bruxelles, Hayez, éd. 1900.)

I. Hydrates de carbone et graisse. — A. Les échanges respiratoires pendant la gestation. — Le premier mémoire sur cette question est celui d'Andral et Gavarret (*Recherches sur la quantité d'acide carbonique exhalé par le poumon dans l'espèce humaine, C. R. des Séances de l'Acad. des Sc.*, 16 janvier 1843, *A. C. P.*, juin 1843, (3), viii, 129-150). Ils mesurèrent la quantité d'acide carbonique exhalé en un temps déterminé (1 heure) dans des circonstances autant que possible identiques, chez la jeune fille, la femme adulte, la femme après la ménopause, et la femme enceinte. Leurs recherches au point de vue qui nous occupe ont porté sur 4 femmes enceintes à diverses périodes de la grossesse. Le tableau ci-joint en donne le résumé.

ÉPOQUE DE LA GROSSESSE	AGE DU SUJET	SYSTÈME MUSCULAIRE	CARBONE COMBURÉ en une heure.
3 mois	42 ans	Bien développé	7gr,8
5 mois	32 —	*id.*	8gr,1
7 mois 1/2	18 —	Faible	7gr,3
8 mois 1/2	22 —	Bien développé	8gr,4

Comparant ces résultats à ceux qu'ils avaient obtenus chez la femme non gravide, ils ont conclu : « Chez le femme, l'exhalation de l'acide carbonique, qui augmente pendant toute la durée de la seconde enfance, s'arrête dans son accroissement au moment de la puberté en même temps que la menstruation apparaît et reste stationnaire tant que les époques menstruelles se conservent dans leur intégrité. Au moment de la suppression des règles, l'exhalation de l'acide carbonique par le poumon augmente tout à coup d'une manière très notable, puis elle décroît à mesure que la femme avance vers l'extrême vieillesse.

« Pendant toute la durée de la grossesse, l'exhalation de l'acide carbonique s'élève momentanément au chiffre fourni par les femmes parvenues à l'époque de retour. »

Ces conclusions, acceptées par les physiologistes et les accoucheurs, ont été confirmées par les recherches plus récentes d'Oddi et Vicarelli (*Influence de la grossesse sur l'ensemble de l'échange respiratoire. A. i. B.*, 1891, xv, 367-375). Oddi et Vicarelli ont expérimenté sur le rat (*Mus musculus*) en suivant ces données avec plus de rigueur, la même technique qu'Andral et Gavarret, sur la femme. Ils déterminaient la quantité d'O^2 absorbé et de CO^2 émis pendant 6 heures consécutives par des femelles à diverses périodes de gestation et soumises à une diète constante. Ces expériences montrèrent l'augmenta-

dure-mère, des dépôts d'une substance ressemblant à du tissu osseux, et qu'il désigne sous le nom de *néoplasmes osseux* ou d'*ostéophytes*.

Ducrest les étudia le premier en France; il croit, comme Rokitansky, que ces productions sont liées à l'état de gestation et indépendantes de tout état pathologique. A. Moreau a confirmé, par ses recherches, les faits avancés par Rokitansky et Ducrest.

tion graduelle et progressive de la quantité d'oxygène consommé et de CO^2 exhalé pendant le cours de la gestation.

Le quotient respiratoire $\frac{CO^2}{O^2}$ serait toujours très supérieur pendant la gestation aux moyennes établies à l'état de vacuité. Les auteurs en déduisent que la gestation est caractérisée par une prévalence de la consommation des substances hydrocarbonées et l'épargne des aliments azotés. Ces conclusions sont en corrélation avec celles de Cohnheim et Zuntz (1884), de Luciani et Piotti (1887) qui établissent que chez le fœtus du mouton et l'œuf du *Bombyx mori*, la consommation de l'oxygène est très faible et que le quotient respiratoire va croissant progressivement.

Par contre, les conclusions d'Andral et Gavarret, reprises par Oddi et Vicarelli, ont été battues en brèche par Repreff (*De l'influence de la gestation sur les échanges nutritifs chez les animaux*, *Wratsch*, 1888, n° 16). Repreff expérimenta sur divers animaux, 3 lapines, 1 cobaye, 1 chienne; et il constata un ralentissement de l'absorption de l'oxygène, un ralentissement plus sensible encore de l'exhalation de l'acide carbonique, un abaissement du quotient respiratoire.

Ces conclusions sont donc en opposition formelle avec la doctrine classique. Il n'y a donc pas actuellement, en l'absence de tout nouveau travail de contrôle, de solution satisfaisante à la question, entourée d'ailleurs de difficultés techniques considérables, du chimisme respiratoire pendant la gestation.

B. **Lactosurie et glycosurie.** — En 1856, Hippolyte Blot lut à l'Académie des sciences un travail qui fait encore autorité, sur la glycosurie des femmes grosses, accouchées et nourrices. Au point de vue chimique, il appuyait sur l'autorité de Reveil et de Berthelot ses conclusions, que nous rapportons *in extenso* :

« Il existe une glycosurie physiologique chez toutes les femmes en couches, toutes les nourrices, et la moitié environ des femmes enceintes.

« Ce fait intéressant est démontré par : la réduction de la liqueur cupropotassique, la coloration brune des solutions alcalines caustiques de potasse de chaux; par la fermentation qui donne, d'une part, de l'alcool, et de l'autre, de l'acide carbonique; enfin, par la déviation à droite du plan de polarisation.

« Cette espèce de fonction nouvelle est en rapport évident avec la sécrétion lactée. Elle diminue considérablement, cesse même complètement, dès qu'apparaît un état morbide. Elle reparaît avec le retour à la santé, et le rétablissement de la lactation.

« La glycosurie physiologique indiquée plus haut existe non seulement chez la femme, mais chez la vache. La glycosurie existait 45 fois sur 45 chez les femmes en couches, et dans la moitié environ des cas chez les femmes enceintes, à tout âge de la grossesse.

« Les quantités observées atteignaient 12 grammes pour 1 000 d'urine. Elles oscillaient entre 1, 2 et 8 grammes. La proportion la plus forte était atteinte au moment où s'établissait la sécrétion lactée. »

Cette découverte de Blot, passagèrement contestée par Leconte, a été pleinement confirmée par une série d'observateurs, Kirsten, Iwanoff, de Sinéty, Hempel, Gubler, Johannowski, etc. Le seul fait nouveau a été l'identification du sucre constaté dans les urines non pas avec le glycose, mais avec le sucre de lait. Cette notion de la lactosurie pressentie par de Sinéty (*Société de Biologie*, 1872), ainsi qu'en témoigne la phrase suivante : « Il serait intéressant de savoir si le sucre est du glucose, ou du sucre de lait », a été résolue par les recherches d'Hofmeister (*Ueber Lactosurie*, *Zeitschrift f. phys. Chemie*, I, 104, 1877), de Kaltenbach (*Lactosurie der Wöchnerinnen*, *Zeitschrift f. Gyn. und Geburtsh.* IV, 161, 1879), en Allemagne; de Mac Cann et Turner (1892), en Angleterre; recherches confirmées par les travaux plus récents d'un de nos élèves, Léon Leduc (*Recherches sur les sucres urinaires physiologiques des femmes en état gravido-puerpéral*, *P. Paris*, 1899, G. Steinheil éd.), et de Brocard.

C'est ainsi que Léon Leduc, dont les expériences ont été faites dans notre service et dans le laboratoire de Dastre, à la Sorbonne, a, sur 20 femmes enceintes, obtenu les résultats suivants :

« I. — Pendant la grossesse, le pouvoir réducteur de l'urine s'abaisse; et ce fait est en rapport avec la diminution des matériaux solides de l'urine coïncidant avec l'augmentation de la quantité d'eau.

« II. — Cette diminution de la teneur en matériaux réducteurs ne peut être compensée par la présence de petites quantités de sucre.

« III. — Il existe, en effet, une lactosurie chez les femmes dont les seins contiennent une grande quantité de colostrum durant la gestation.

« Cette lactosurie peut coïncider avec une glycosurie, ou lui succéder. Toutes deux sont très légères et, dans ces conditions, sont physiologiques.

« IV. — Dans 60 p. 100 des cas, nous n'avons pu déceler aucun sucre dans l'urine des femmes grosses.

« V. — L'urine des albuminuriques ne nous paraît contenir ni plus ni moins de sucre que celles des femmes saines. »

Le mécanisme de cette lactosurie, pressentie par Blot, a été confirmé par les recherches de tous ceux qui depuis ont étudié la question. Cette lactosurie est en rapport clinique évident avec la sécrétion lactée, et la lactosurie de la grossesse s'observe chez les femmes dont les seins contiennent une grande quantité de colostrum. Elle résulte du passage dans le sang du sucre de lait en excès dans la mamelle, passage démontré par les expériences de de Sinéty (1873). Or le sucre de lait est directement inassimilable. Dastre a en effet démontré en 1890 (*Transformation de la lactose dans l'organisme*, *A. d. P.*, janvier 1890, n° 1), qu'il peut être décelé en totalité dans l'urine quatre heures après injection dans le péritoine d'une solution de 20 grammes de lactose dans 200 cc. de sérum artificiel. Le foie lui-même n'a aucune action transformatrice sur ce sucre, puisque, injecté dans les veines intestinales, il passe en nature dans les urines. Ces constatations ont été confirmées par les recherches ultérieures de C. Voit (1897).

D'autre part, Charrin et Guillemonat ont établi par leurs recherches que le glycogène augmente pendant la grossesse, et cela d'une façon sensiblement croissante jusqu'au terme (*Acad. des Sciences, Société de Biologie*, 1900).

II. Albumine. — A. Les échanges azotés pendant la gestation. — Les première recherches sur la désassimilation azotée pendant la gestation ont été faites par Winckel, en 1865 (*Studien über den Stoffwechsel bei der Geburt und in Wochenbette im Anschluss an Harnanalysen bei Schwangeren, Gebärenden und Wöchnerinnen*, Rostock, 1865).

Ces recherches faites sur la femme étaient assez rudimentaires. Winckel se bornait à établir l'excrétion de l'urée par la méthode de Liebig, sans tenir compte ni de l'azote ingéré, ni de celui qui était contenu dans les fèces. Il calcule que l'élimination de l'urée (moyenne, 28gr,1 ; minimum, 18gr,2 ; maximum, 43gr,8 *pro die*) ne subissait pas de modification sensible pendant la grossesse, tandis qu'elle présentait une certaine augmentation pendant la parturition, et une légère diminution pendant les suites de couches.

La question fut reprise, en 1866, par Heinrichsen, qui, chez des femmes sédentaires soumises à une diète pauvre en substances azotées, trouva sensiblement la même moyenne que Winckel (26gr,6).

Plus récemment, A. V. Zacharyewsky (*Ueber den Stickstoffwechsel während der letzen Tage der Schwangerschaft und der ersten Tage des Wochebettes*, *Z. B.*, 1894, 368-438) a, toujours chez les femmes, poursuivi les mêmes recherches avec une rigueur plus grande. Sans imposer aux 9 femmes enceintes en expérience une ration déterminée, il a fixé la valeur azotée de leurs ingesta, de leurs urines et de leurs fèces. Il est arrivé à conclure que, pendant la grossesse, une quantité considérable de l'azote absorbé est épargnée. Cette épargne varie avec l'alimentation et d'autres circonstances : les pluripares épargneraient plus que les primipares. Il y aurait donc, pendant la grossesse, accroissement de l'assimilation, et *ralentissement de la désassimilation*.

Enfin, en 1901, Keller a publié (*La nutrition dans l'état puerpéral. Annales de gynécologie et d'obstétrique*, mai 1901) le résultat de recherches poursuivies sur 12 femmes enceintes de notre service pendant les années 1898, 1899 et 1900. La durée de l'observation a varié de 20 à 27 jours, temps pendant lequel Keller mesurait la quantité totale des urines par 24 heures, leur densité, l'azote total et l'urée.

Les tableaux A et B résument les calculs de Keller pour les 12 cas étudiés, et établissent la comparaison avec le mouvement de la nutrition en dehors de la gestation chez la femme, déjà étudié par lui en 1897 (*Archives générales de médecine*).

TABLEAU A. — **Moyennes totales des échanges azotés chez 12 femmes enceintes** (KELLER).

NUMÉROS	VOLUME DES URINES EN C.C.	DENSITÉ	URÉE	AZOTE DE L'URÉE	AZOTE TOTAL	COEFFICIENT AZOTURIQUE	COEFFICIENT AZOTURIQUE DU JOUR DE L'ACCOUCHEMENT	JOURS DE L'OBSERVATION	ENTRÉE	COMMENCEMENT DE L'OBSERVATION	DATE DE L'ACCOUCHEMENT	NOMBRE DES GROSSESSES	AGE	MALADIE	TRAITEMENT	DERNIÈRE MENSTRUATION	SEXE DE L'ENFANT	LONGUEUR	POIDS	OBSERVATIONS
													ans					cent.	gr.	
I	1326	1015.0	16.32	7.582	9.424	81.8	89.6	36 j.	27 XII	27 I	1898 24 II	II P.	28	Anémie. Albuminurie. Infection puerpérale. † 4 III 1898.	Injections sérum de Marmorek pendant les suites de couches.	2 VI 1897	I fille. II fille.	45 47	2.250 2.590	
II	1997	1012.1	22.43	10.420	12.713	82.0	»	26 j.	22 I	31 I	1838 17 III	VI P.	36	Albuminurie.	Régime lacté	. . . .	Fille.	48	3.370	
III	1334	1019.6	21.82	10.188	12.008	84.7	85.7	30 j.	31 I	18 II	1898 11 III	I P.	32	. . . .	. . . .	30 V 1897	Garçon.	45	2.550	
IV	1392	1019.4	16.75	7.785	9.651	80.1	81.3	43 j.	16 II	24 II	1898 7 IV	I P.	18	. . . .	. . . .	12-19 VI 1897	Garçon.	50	3.260	
V	1479	1015.9	21.01	9.766	11.436	85.4	»	28 j.	20 II	24 II	1898 7 IV	I P.	32	. . . .	. . . .	Enceinte en nourrissant.	Garçon.	52	4.000	
VI	1579	1015.2	20.50	9.531	11.150	86.1	91.7	57 j.	10 XII	5 II	1899 1 IV	I P.	24	. . . .	. . . .	10 II 1898	Fille.	49	2.800	
VII	992	1023.1	20.08	9.335	10.631	87.6	82.7	44 j.	10 II	10 II	1899 18 III	I P.	26	. . . .	. . . .	20 V 1899	Garçon.	41	1.990	Enfant mort-né.
VIII	1493	1015.3	18.12	8.461	9.973	84.8	»	20 j.	23 I	9 II	1900 22 II	I P.	19	. . . .	. . . .	Fin VI 1899	Fille.	48	3.220	
IX	1186	1024.4	24.14	11.178	12.777	87.7	»	27 j.	6 I	9 II	1900 1 III	I P.	20	Glycosurie. . .	. . . .	21-25 V 1899	Garçon.	49	3.150	
X	1123	1021.9	20.67	9.608	11.245	85.2	86.9	37 j.	22 II	8 III	1900 7 IV	I P.	24	Urines très colorées.	. . . .	22-28 VI 1899	Garçon.	51	3.750	
XI	1493	1013.9	19.79	9.208	10.700	85.8	84.6	34 j.	17 II	21 II	1900 1 III	I P.	23	Urines très colorées. Albuminurie. Hydramnios.	1 litre de lait par jour.	VI 1899	Garçon.	17	2.480	Mort.
XII	1199	1015.0	18.69	8.706	10.209	84.9	79.3	20 j.	23 III	23 III	1900 7 IV	III P.	24	Attaques nerveuses. Urines très colorées.	Régime lacté	22-28 VI 1899	Garçon.	49	3.540	
		La moyenne des 12 cas par jour.																		
	1375	1017.6	20.02	9.314	10.999	84.7	85.2													

TABLEAU B

Tableau comparatif des moyennes totales des échanges azotés chez la femme enceinte et la femme non enceinte (KELLER).

	VOLUME des URINES EN C.C.	DENSITÉ	URÉE	AZOTE DE L'URÉE	AZOTE TOTAL	COEFFICIENT azoturique.
Moyennes dans l'état puerpéral des 12 cas. .	1 375	1 017,6	20,02	9,314	10,991	84,7
Moyennes dans l'état puerpéral des 5 cas (nos I, IV, VI, VII et X).	1 366	1 019,9	20,68	9,611	11,441	84,1
Moyennes dans l'état de vacuité	1 551	1 017,3	24,47	11,351	13,232	86,0
Augmentation (+) ou diminution (—) dans l'état puerpéral des 5 cas.	— 11,3 p. 100	+ 0,25 p. 100	— 15,4 p. 100	— 15.4 p. 100	— 13,5 p. 100	— 2,3 p. 100
Augmentation (+) ou diminution (—) dans l'état puerpéral des 12 cas	— 11,3 p. 100	»	— 18,0 p. 100	— 18,0 p. 100	— 16,9 p. 100	— 1,5 p. 100
Moyennes dans l'état puerpéral des femmes normales (8 cas).	1 311	1 019,3	20,38	9,481	11,109	85,2
Moyennes dans l'état puerpéral des femmes souffrantes (4 cas I, II, XI et XII).	1 504	1 014,0	19,31	8,979	10,761	83,6

Ces tableaux montrent :

1° Une diminution de l'activité de la désassimilation des matières albuminoïdes, diminution de l'azote total de 16.9 p. 100;

2° Un ralentissement avec insuffisance de l'oxydation des matériaux albuminoïdes, diminution de l'urée de 18 p. 100, et diminution du rapport azoturique de 1,5 p. 100; par conséquent, augmentation des matières imparfaitement brûlées.

Il y aurait donc pendant la grossesse un *ralentissement de la nutrition*, plus accentué d'ailleurs chez les femmes enceintes malades que chez les femmes enceintes bien portantes, chez les pluripares que chez les primipares.

Mais KELLER ne s'est pas borné à étudier la nutrition pendant la grossesse, il a continué ses études sur les mêmes femmes pendant l'accouchement et les suites de couches. Le tableau *C* contient le résumé comparatif des trois périodes préparturiante, parturiante et post-parturiante.

En somme, il se produit pendant l'accouchement une diminution très notable non seulement du volume des urines, mais aussi de l'azote total et de l'urée; le rapport azoturique seul reste très élevé et augmente même.

Après l'accouchement, surtout dans la période post-parturiante, nous voyons une augmentation rapide du volume des urines, de l'urée et surtout de l'azote total et des matières incomplètement oxydées, tandis que le rapport azoturique tombe. Il y a donc une sorte de crise polyurique et azoturique qui annonce le retour vers la nutrition normale de la femme à l'état de vacuité.

Comparant alors la courbe idéale de la nutrition de la femme enceinte avec la courbe idéale de la nutrition dans l'état de vacuité, KELLER constate qu'elles sont parallèles.

« *L'azote total* et *l'urée* atteignent leur maximum dans la période *préparturiante* ou *prémenstruelle*, le *coefficient azoturique* ne l'atteint que dans la période *parturiante* ou *menstruelle*.

« Le *volume des urines diminue* lentement à partir de la cinquième à quatrième période avant l'accouchement ou avant la menstruation.

« La *période parturiante* accuse donc, comme *la menstruation, une diminution de tous les éléments de l'urine.*

« La *menstruation* et *l'accouchement marquent donc la même époque dans le mouvement de la nutrition : l'une et l'autre se produisent au moment précis où la nutrition est arrivée au summum de son intensité.*

« *C'est vers ce moment que se concentrent les forces vitales de la femme.*

« Comme nous avons pu le constater dans notre travail sur la menstruation, la *nutrition de la femme non enceinte se développe d'une manière périodique et rythmique : nous pouvons prouver aujourd'hui que cette périodicité et ce rythme dans le processus vital se retrouvent aussi pendant la grossesse.*

« *La loi de cette onde,* découverte par GODMANN et appuyée par les travaux de RABUTEAU, STEPHENSON, PUTNAM JACOBI, REINL et H. KELLER pour l'état de vacuité, est maintenant aussi *prouvée* pour *l'état puerpéral.* Elle régit probablement toute la vie de la femme. »

En résumé, KELLER conclut :

« 1° L'*état puerpéral* est caractérisé par un *ralentissement de la nutrition;*

« 2° Le *mouvement périodique et rythmique*, qui domine la vie de la femme, et auquel est aussi subordonnée sa nutrition dans l'état de *vacuité*, persiste pendant la *grossesse;*

« 3° La *période de l'accouchement* (le jour de la délivrance et les quatre jours précédents) *correspond,* dans l'état de vacuité, à la *menstruation.*

« Cette période est caractérisée par le *maximum* du coefficient d'oxydation ou *rapport azoturique,* et par une *diminution* très grande du *volume* des urines, de l'*azote total* et de l'*urée.*

« Le jour de l'accouchement même marque partout les chiffres les plus extrêmes : maximum du rapport azoturique, minimum des autres valeurs.

« L'azote total et l'urée atteignent leur maximum dans la période précédente : la *période préparturiante correspond* à la *période prémenstruelle.*

« L'*accouchement, comme la menstruation,* indique le commencement du mouvement descendant, si l'on se figure le *mouvement périodique de la nutrition sous forme d'une onde ou courbe.*

TABLEAU C. — **Tableau comparatif entre les périodes préparturiante, parturiante et postparturiante** (KELLER).
Moyennes de 12 cas.

NUMÉROS	VOLUME DES URINES EN C.C.			DENSITÉ			URÉE			AZOTE DE L'URÉE			AZOTE TOTAL			COEFFICIENT AZOTURIQUE		
	Période prépartur.	Période partur.	Période postpartur.	Période prépartur.	Période partur.	Période postpartur.	Période prépartur.	Période partur.	Période postpartur.	Période prépartur.	Période partur.	Période postpartur.	Période prépartur.	Période partur.	Période postpartur.	Période prépartur.	Période partur.	Période postpartur.
I	1267	470	1137	1015.0	1017.2	1015.3	19.37	9.68	19.91	9.001	4.499	9.256	10.596	5.181	10.832	84.9	87.2	85.0
II	2235	2172	1940	1011.2	1011.0	1013.2	21.51	18.36	21.23	9.996	8.534	9.866	12.924	10.518	12.161	77.4	81.1	81.2
III	1260	1165	1180	1020.2	1020.5	1020.2	21.45	21.60	21.48	9.964	10.039	9.984	11.799	11.506	11.777	84.3	87.6	84.6
IV	1635	1357	1360	1017.5	1019.2	1019.0	19.36	16.98	22.59	8.998	7.893	10.500	11.178	9.922	12.616	80.4	79.6	82.8
V	1830	1690	1040	1014.0	1014.0	1018.7	22.21	18.82	18.02	10.335	8.746	8.377	12.421	10.485	9.817	83.3	84.3	84.8
VI	1467	1907	1222	1014.5	1011 0	1015.5	22.02	18.94	25.91	10.234	8.803	12.037	11.759	10.198	13.451	87.0	86.3	89.5
VII	842	787	1275	1027.2	1028.7	1014.7	23.37	21.13	18.61	10.924	9.819	8.652	12.089	11.116	10.643	89.9	88.3	83.0
VIII	2025	1695	1190	1011.7	1014.0	1017.0	18.43	19.74	18.03	8.565	9.173	8.381	10.403	10.734	10.422	82.4	84.6	85.4
IX	1187	1545	930	1024.7	1022.0	1025.0	23.14	28.06	17.07	10.754	13.041	7.934	13.325	14.944	9.457	87.3	87.4	85.8
X	1042	790	1572	1024.0	1028.0	1011.0	24.73	21.49	14.81	11.495	9.990	6.884	13.142	11.479	8.320	87.3	87.0	79.8
XI	2230	1500	950	1011.0	1013.0	1018.0	25.67	19.89	20.66	11.935	9.245	9.606	13.880	10.868	11.045	85.9	84.9	86.9
XII	1610	1125	812	1011.0	1012.0	1027.0	24.62	20.00	21.09	11.595	9.297	9.752	13.531	10.817	11.449	85.7	86.2	85.5

« 4° Le *ralentissement de la nutrition est plus marqué chez les multipares que chez les primipares.* »

Toutes les recherches qui viennent d'être analysées peuvent être critiquées. La plupart des expérimentateurs ont fait leurs observations sur des femmes soumises à des régimes très différents, variables pour une même femme, sans que d'ailleurs les auteurs aient cherché à fixer la valeur quotidienne des ingesta. D'autre part, les observations n'ont été faites que pendant un temps souvent court, et seulement pendant les dernières semaines de la gestation.

Pour se placer dans des conditions d'étude plus rigoureuses, il faut faire appel à l'expérimentation sur les animaux. Repreff le premier en 1888 (*loc. cit.*) a dressé le bilan de l'azote chez diverses femelles en gestation (lapines, cobaye, chienne) dont la quantité d'azote ingéré était connue. Il conclut que pendant la gestation l'assimilation croît et que la désassimilation diminue. L'élimination de l'azote par les urines diminue. Il y a ralentissement progressif de la nutrition azotée.

En 1891, Osc. Hagemann a publié dans sa thèse inaugurale (*Beitrag zur Kenntniss des Eiweissumsatzes im thierischen Organismus*, Berlin) les observations de deux chiennes soumises à une ration de luxe, sensiblement invariable, dont la valeur en azote et en calories étaient connues. Il dosa la teneur en azote des urines et des fèces avant et pendant la gestation ainsi que pendant la période de lactation.

Une seule des observations a été menée à bien. La chienne mit bas à terme deux jeunes chiens bien portants. Les résultats de l'expérience furent les suivants. En voici le résumé d'après Ver Eecke (*loc. cit.*) :

« La mère qui pendant la période préparatoire, grâce à une ration riche en azote, augmentait de poids et retenait environ 0gr,57 d'Az. *pro die*, aussitôt que fécondée, assimila encore une légère quantité d'albumine, mais assez rapidement se produisit une accélération telle de ses échanges qu'elle perdit par les urines 0gr,376 d'Az. *pro die* en plus qu'elle n'en ingérait avec sa ration. L'organisme maternel s'appauvrissait donc d'une manière absolue à cause de l'augmentation de ses dépenses, et aussi relativement par suite du développement du fruit. De là, la désassimilation azotée diminua progressivement jusque vers le milieu de la gestation. Alors le bilan de l'azote devint positif, et vers la fin de la gestation, — surtout pendant la dernière semaine, quand, outre le développement des jeunes, s'établit encore une hypertrophie considérable des glandes mammaires, — l'animal retint d'importantes quantités d'azote, voire jusqu'à 1gr,617 *pro die*. Sans avoir dosé la quantité d'azote contenue dans les produits de conception (jeunes et annexes) l'auteur a cherché à l'établir approximativement, en se basant sur le poids des jeunes et les données générales fixées par Bischoff et Volkmann. Comparant les chiffres ainsi obtenus à la quantité d'azote épargnée par la chienne pendant la durée entière de la gestation il trouve que, *malgré son alimentation riche, l'organisme maternel a conçu en partie aux dépens de sa propre chair.* »

C'est là une expérience qui, pour être unique, a été conduite avec tant de rigueur qu'il faut lui attribuer une importance considérable.

Charrin et ses élèves Guillemonat et Levaditi (*Modifications provoquées dans l'organisme par la gestation. Société de Biologie*, 1899, séance du 3 juin, p. 475), expérimentant sur des lapines et des cobayes, aboutissent comme conclusion d'une série de cinquante-six observations à constater la variabilité des résultats.

Ver Eecke enfin, dans le travail que nous avons déjà cité (1900), a repris la question chez les lapines. Les lapines mises pendant une période de préparation à un régime spécial (200 grammes de carottes et 50 grammes d'avoine) sont placées en observation lorsqu'elles ont atteint un état voisin de l'équilibre nutritif. L'observation comprend pour chaque lapine une période de repos sexuel, une période de gestation et une période *post partum*. Les observations complètes sont au nombre de 19. Elles sont rapportées avec détails et ont été conduites avec une méthode et une rigueur remarquables. Seule l'unique expérience de Hagemann peut à cet égard leur être comparée.

Voici d'ailleurs la façon dont Ver Eecke pose la question : « Dans sa vie de nutrition, l'organisme normal dépense avec mesure et cherche à économiser le plus possible ses substances azotées qui représentent les matériaux les plus essentiels à la vie et qui ont aussi la plus grande valeur financière. Si les manifestations vitales exigent une combus-

TABLEAU D. — **Mouvement périodique de la nutrition** (KELLER)[1]

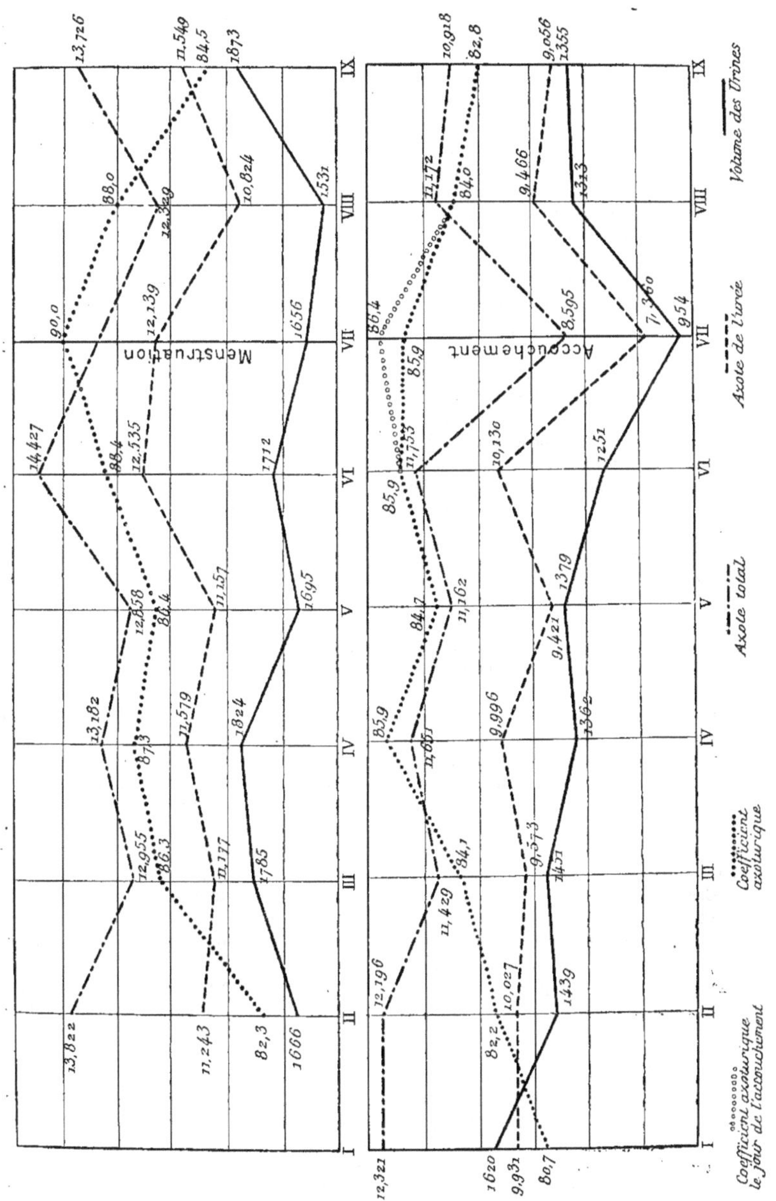

1. Ces courbes comparatives ont été obtenues, en additionnant, d'une part, les moyennes relevées pendant 10 périodes de 4 jours chez 3 femmes enceintes, et, d'autre part, les moyennes relevées pendant 8 périodes de 4 jours chez 4 femmes non enceintes.

tion continuelle des substances protéiques du corps, lesquelles, aussi bien que toutes les autres, doivent se renouveler sans cesse, du moins dans les conditions ordinaires, leur juste emploi est réglé. Il est, par exemple, assez bien établi aujourd'hui, que l'activité musculaire ne les entame guère, que la calorification est surtout assurée par l'oxydation des hydrates de carbone et de la graisse, et que l'organisme ne livre sa chair que poussé dans ses derniers retranchements par l'inanition ou par des causes morbides.

D'autre part, on sait que les pertes azotées se réparent avec difficulté et lenteur.

La gestation, cependant, est un impôt, progressif avec le temps, établi sur le capital de la mère, et la parturition est, en définitive, une soustraction de chair. Le fruit étant formé à l'image de l'organisme mère, on y retrouve les mêmes matériaux, à peu de chose près, dans les mêmes rapports.

Si l'on s'en réfère aux moyennes fournies par Bischoff et Volkmann pour l'animal adulte on peut admettre, avec Hagemann, que le fruit renferme 14 p. 100 d'albumine et de substances collagènes. Ainsi, au service de la conservation de l'espèce, l'économie femelle sacrifie d'importantes quantités d'azote.

Un intérêt majeur s'attache, par conséquent, à l'étude des échanges des matériaux azotés pendant la gestation.

Il est à prévoir que les lois de la nutrition, pendant cette phase de la vie sexuelle, doivent être profondément modifiées, sinon dans leur essence, du moins dans leurs rapports; deux vies superposées, celle de la mère et celle du fruit; l'une prenant sa source et ses aliments dans l'autre, et toutes deux restant emboîtées jusqu'au moment de la parturition; ce qui complique singulièrement le mécanisme de la vie végétative du tout.

Une question primordiale s'impose, à laquelle se rattachent toutes les autres : *La mère forme-t-elle le fruit aux dépens de sa propre chair, ou tire-t-elle de l'alimentation tous les matériaux qu'elle lui cède, ou bien encore conçoit-elle, en partie à ses propres dépens, en partie aux dépens de ses imports? dans quelles proportions, quelles conditions et par quel mécanisme?* »

De ses recherches minutieuses, dans le détail desquelles nous ne pouvons entrer et qui établissent le bilan de l'azote pendant la gestation en tenant compte du capital azoté de la mère au moment de la fécondation, de l'azote renfermé dans les produits de conception (jeunes et annexes), de l'azote contenu dans la ration journalière, de l'azote éliminé par les fèces et excrété par les urines, de la durée de la gestation, Ver Eecke conclut à la réalisation de trois éventualités différentes :

1° La mère a conçu avec gain d'azote pour elle-même; c'est l'*optimum*.

2° La mère a conservé intégral son capital azoté : cette intégrité organique n'est que relative. L'équilibre organique est rompu; car il y a eu transport des substances azotées vers les glandes mammaires et la matrice hypertrophiées aux dépens des autres organes.

3° La mère a perdu de l'azote, elle a formé des produits de conception en partie aux dépens de sa propre chair.

Ces éventualités sont, dans une certaine mesure, en relation avec son alimentation, et Ver Eecke conclut :

1° La mère forme le fruit aux dépens de sa propre chair, du moment que son alimentation se rapproche de la ration d'équilibre;

2° Elle le forme le plus souvent, en partie aux dépens de sa propre chair, en partie aux dépens de ses ingesta, même quand elle jouit d'une alimentation relativement luxueuse;

3° Elle ne peut tirer de son alimentation tous les matériaux qu'elle cède au fruit que pour autant que cette alimentation soit riche.

« Règle générale pendant la gestation, la désassimilation de l'azote est plus considérable que pendant le repos sexuel prégravidique. Cette accélératien des combustions organiques est, toutes choses égales, fonction du développement du fruit. »

La gravidité place donc l'organisme dans des conditions de nutrition défavorables; en effet, les dépenses sont accrues, et les recettes nettes tendent à diminuer; quelque énergique que soit la réaction, son efficacité est éphémère, et le plus souvent contre-balancée même outre mesure. La gestation constitue donc le plus souvent un sacrifice de l'individu en faveur de l'espèce. Elle peut gravement compromettre la nutrition de la mère, et des gestations répétées et onéreuses peuvent diminuer les résistances aux infections.

Quelque considérable cependant que soit l'impôt prélevé par la gestation, et quelque profond que soit le trouble de l'équilibre organique, après la parturition, l'économie peut réparer rapidement ses pertes; en effet, après la parturition, les épargnes sont favorisées par le ralentissement des combustions azotées, et la stimulation des fonctions digestives proportionnée aux besoins.

Quant au fruit, il est d'autant plus riche en azote que la nutrition de la mère est plus favorable; mais ce rapport est loin d'être constant.

Les recherches de B. H. Jägerroos faites dans le laboratoire de Heinricius (*Étude sur les mutations de l'albumine, du phosphore et des chlorures pendant la gestation, Archiv f. Gynäkol.*, 1902, LXVII, 317) et portant sur les chiennes, ne sont pas assez nombreuses pour permettre d'esquisser une conclusion générale.

Les conclusions de Ver Eecke, comme d'ailleurs celles de Hagemann, ne concordent pas avec les résultats obtenus chez la femme par tous les observateurs dont nous avons résumé les travaux. Ces derniers, en effet, admettent que, pendant la gestation, la désassimilation des matériaux azotés est ralentie. Les recherches de Hagemann et Ver Eecke, poursuivies chez les animaux avec une rigueur et une précision plus grandes, aboutissent à une conclusion absolument opposée.

III. — **Matériaux inorganiques.** — A. **Phosphore.** — Pendant la gestation, l'excrétion des phosphates subit des modifications correspondant à celles de la désassimilation de l'azote. Les recherches de Repreff, d'Hagemann, de Ver Eecke démontrent que vers la fin de la gravidité chez la lapine, la cobaye, la chienne, on assiste invariablement à une diminution relative et absolue très considérable de l'acide phosphorique. Cette diminution reconnaîtrait pour cause, d'après Ver Eecke, une résorption intestinale défectueuse, et accessoirement une épargne probable de P^2O^5.

B. **Chlore.** — Chez la femme, l'élimination du chlore pendant la grossesse ne présente aucune modification, d'après Winckel (*loc. cit.*). Chez les animaux (lapine, cobaye, chienne), Repreff (*loc. cit.*) a constaté une élimination un peu plus considérable pendant la gestation que pendant les phases de repos sexuel.

Quant à Ver Eecke, il conclut de ses patientes recherches sur la lapine : « Il apparaît clairement que la nutrition de l'eau et du chlore pendant la gravidité et le *post partum*, est en relation étroite avec l'état général de la nutrition azotée de l'organisme. Celui-ci manifeste une tendance à accumuler de l'eau et des chlorures aussitôt que le quotient organique s'infléchit ou que l'équilibre organique azoté se rompt. Réciproquement l'excrétion des chlorures et la diurèse sont accélérées quand la nutrition de l'azote évolue de manière à maintenir ou à améliorer l'équilibre organique. Après le part, l'organisme se débarrasse promptement de l'eau et des chlorures de rétention, et ce d'autant plus rapidement que la réparation des pertes azotées est plus active.

C. **Calcium.** — Les recherches anciennes de Donné (*C. R.*, 24 mai 1841) concluaient à une diminution de l'excrétion du phosphate de chaux par l'urine. Ce fait semblait en relation avec la formation du tissu osseux du fœtus. Il ne serait d'ailleurs pas constant d'après Lehmann (*Physiologische Chemie*, 1850, II, 397) et n'aurait aucune signification pour Van Noorden (*Lehrbuch der Pathologie des Stoffwechsels*, Berlin, 1893, 137), car les reins ne sont qu'un émonctoire secondaire pour le calcium, dont l'élimination se fait surtout par la muqueuse intestinale.

D. **Fer.** — En 1879, Bunge a montré que dans le foie des nouveau-nés de chienne, de chatte, de lapine existait une réserve considérable de fer (*Ueber Aufnahme des Eisens in den Organismus des Saüglings, Z. p. C.*, 1889, XIII, 399-406), que Bunge et Zaleski ont estimé 4 à 9 fois plus grande chez le chien nouveau-né que chez le chien adulte.

Bunge suppose que ce fer cédé au fœtus pendant la gestation était en réserve dans quelque organe maternel depuis l'époque de la puberté. Ce serait même peut-être la cause de la chlorose si fréquente à cette période de la vie féminine.

D'autre part, Bunge (*Der Kalinatron und Chlorgehalt der Milch verglichen mit dem der anderer Nahrungsmitteln und des Gesammtorganismus der Saügethiere, Z. B.*, 1874, X, 295), puis Mendes de Léon (*Archiv f. Hygiene*, 1886, VII, 286) ont établi que le lait n'est qu'un aliment relativement pauvre en fer (six fois moins que le fruit par unité de poids). Bunge en déduit que cette réserve accumulée dans le foie fœtal assure pour le développement du nouveau-né une quantité de fer que l'absorption intestinale serait impuissante à lui fournir, étant donnée la difficulté de l'absorption des composés organiques du fer.

Les recherches d'ABDERHALDEN (*Die Beziehungen der Zusammensetzung der Asche des Saüglings zu derjenigen der Asche der Milch beim Meerschweinchen*, *Z. p. C.*, 1899, XXVII, 356-367) ne lui ont pas permis de retrouver chez le cobaye nouveau-né la réserve hépatique de fer que BUNGE avait trouvée chez le chien, le chat et le lapin. Les conclusions de BUNGE ont, par contre, été vérifiées par LAPICQUE. L'appauvrissement en fer de l'organisme maternel a été, d'autre part, établi par les recherches de CHARRIN et GUILLEMONAT (*Rôle de l'hyperglycémie et de la déminéralisation dans la genèse des prédispositions morbides de la période puerpérale*, *B. B.*, 18 mars, 1899, 212). Dans quinze séries d'expériences, ces auteurs ont dosé, d'une part, chez des cobayes pleines, d'autre part, chez des cobayes non pleines et le fer du foie et celui de la rate. La moyenne pour le foie a été (rapportée à 1 000) de 0,20 dans les cas de grossesse, pendant que, dans l'état de vacuité, elle atteignait 0,24. « Ces différences assez faibles sont à peine au delà des limites de l'erreur possible. » En revanche, pour la rate les résultats sont plus nets. Les moyennes sont, pour les femelles gravides, de 1,01, et, pour les femelles à l'état de vacuité, de 1,40. Il y a d'ailleurs des variations en rapport avec l'âge de la grossesse, l'alimentation et peut-être avec le nombre des fœtus ; « à ce dernier point de vue, la femelle la plus pauvre en fer portait cinq fœtus, celle qui avait subi la plus légère diminution n'en portait qu'un. »

TROISIÈME PARTIE.

De la gestation multiple.

Les femelles des Mammifères sont suivant les espèces unipares ou multipares, c'est-à-dire que normalement la gestation chez les premières ne comporte qu'un *seul* produit de la génération, tandis qu'elle en comporte plusieurs chez les secondes. Chez ces dernières, d'après A. LARBALÉTRIER, « le nombre des petits mis au monde à chaque portée est très variable avec les espèces; là encore, dit-il, on peut admettre d'une manière très générale, et sauf toutefois quelques exceptions, que le nombre des petits est inversement proportionnel à la taille de l'animal ». Il en est ici du rôle de la taille, comme pour la durée de la gestation, ainsi que nous l'avons vu plus haut.

Quoi qu'il en soit, chez certaines femelles *normalement unipares*, on peut constater des gestations pendant lesquelles se développent, *simultanément*, plusieurs produits de la génération. On dit alors que la gestation est *gémellaire* ou double, triple ou quadruple, etc.

Ces faits sont-ils du ressort de la physiologie ou de la pathologie? Nous ne discuterons pas ici ce point qui nous paraît être surtout en rapport avec l'*évolution*, et nous donnerons un résumé de nos connaissances sur ce sujet que nous considérerons, jusqu'à plus ample informé, comme un sujet de physiologie spéciale.

Nous ne pouvons étudier ici la différence profonde qu'il y a entre les diverses gestations multiples, en un mot les *variétés* des gestations multiples. Nous ne devons que signaler ce fait, à savoir qu'on ne doit confondre à aucun point de vue une gestation multiple dans laquelle plusieurs œufs se développent en même temps, mais n'ayant entre eux que des rapports de *contiguïté ;* et une gestation multiple, dans laquelle les œufs ont des rapports de *continuité*. Dans la première variété, chaque produit résulte d'un œuf; dans la seconde, c'est un seul œuf pourvu de plusieurs germes, qui a été l'origine de plusieurs produits. De là, les dénominations de gestation multi-ovulaire quand chaque produit possède un chorion propre, et de gestation uni-ovulaire quand il n'y a qu'un chorion commun pour des produits multiples.

Si l'unité de la masse placentaire dans les gestations multiples était déjà connue dans l'antiquité, l'unité du chorion dans certains cas de gémellité a été indiquée pour la première fois par LEVRET (*Art des accouchements*, p. 68, 1761), et FR. GEOFFROY SAINT-

Hilaire fut le premier physiologiste qui tenta de faire l'application de cette notion au mode de formation des monstres doubles (*Traité de tératologie*, III, 529).

Ne voulant entrer dans l'étude, cependant si attrayante, du mécanisme physiologique intime qui procède à la formation de la gestation multiple uni-ovulaire, nous dirons que les gestations multiples bi-ovulaires chez les femelles unipares, et en particulier chez la femme, étaient bien connues des anciens, ainsi que nous le verrons plus loin (p. 188) à propos de l'évolution de ces grossesses.

Nous allons exposer rapidement ce que l'on connaît sur les causes qui favorisent la formation des grossesses multiples.

1° **Causes qui favorisent les grossesses multiples.** — Parmi les causes qui favorisent les grossesses multiples, on a cité : la latitude, la race, l'hérédité, la pluriparité, l'âge, le développement plus considérable des ovaires, etc., etc.

Disons de suite que l'influence de la *latitude* n'est rien moins que démontrée.

La *race* a une influence non douteuse. Les recherches de Bertillon (*Bulletin de la Société d'Anthropologie*, 1877, et art. *Natalité* du *Dict. Encyclop. des sc. médicales*) en donnent la démonstration mathématique pour l'espèce humaine.

Tchouriloff, tout en confirmant les recherches de Bertillon, a reconnu que la taille est, parmi les caractères de la race, celui qui aurait l'influence la plus manifeste : « la taille et la gémellité semblent décroître ensemble », dit cet auteur. Cet aphorisme retrouvera plus tard son explication probable.

L'*hérédité* a une influence des plus considérables sur la production des gestations multiples, et cela tout aussi bien dans l'espèce humaine que dans les autres espèces animales. (Voyez Sue, Gardien, Velpeau, Leroy, *Thèse* de Paris, 1869.)

Nous reviendrons plus loin sur ce point, mais nous tenons à signaler ce fait intéressant, et jusqu'à présent assez inexplicable, à savoir que des observations consciencieusement faites mettent en lumière l'influence de l'*hérédité paternelle*, chez l'homme comme chez les animaux.

La *pluriparité* paraît jouer un certain rôle dans les grossesses multiples. Lebel a trouvé 89 pluripares et 51 primipares sur 150 observations de grossesses doubles prises à la clinique d'accouchements de Paris. Cullins constata que, sur 240 cas de grossesses doubles observées à l'hôpital de Dublin, 168 appartenaient à des pluripares, 172 à des primipares. Puech a constaté que les grossesses triples se rencontrent huit fois plus souvent chez les multipares que chez les primipares.

L'*âge* semble également présenter une influence sur la production des gestations multiples.

D'après la statistique de Lebel, c'est de 21 à 28 ans que le nombre des gestations multiples est le plus considérable. D'après une statistique faite par nous-même, et qui porte sur 150 cas, nous avons fait la même constatation, et nous avons noté :

De 18 à 20 ans.	1 cas.
20 à 25 —	51 —
25 à 30 —	53 —
30 à 35 —	30 —
35 à 40 —	14 —
40 à 50 —	1 —

Selon Puech, c'est de 25 à 35 ans qu'on rencontre le maximum d'accouchements gémellaires. Voici, du reste, un tableau indiquant les résultats auxquels il est arrivé :

	Pour 100
De 25 à 30 ans.	41.06
30 à 35 —	29.91
20 à 25 —	15.22
35 à 40 —	11.67
17 à 20 —	2.12

Le *développement plus considérable des ovaires* paraît, d'après Puech (*Des naissances multiples*, 1872), avoir un rapport marqué sur la production des grossesses multiples, car la 14e conclusion de son travail est ainsi conçue : « La répétition des grossesses multiples chez la même femme paraît due à l'existence d'ovaires démesurément développés, à fonctions plus énergiques. »

De quelle façon l'énergie de cette fonction peut-elle se montrer? Soit en produisant plusieurs œufs arrivant au même moment ou à peu près à maturité, et présentant tous une aptitude à la fécondation; soit en produisant des œufs à plusieurs germes. La première hypothèse est prouvée par les exemples si nombreux d'une seule *saillie* déterminant plusieurs produits de conception.

Saint-Cyr pense que chez les juments les faits les plus nombreux de gestation double se rapportent à ceux qui reconnaissent pour cause deux fécondations successives, ou une superfécondation.

Voici maintenant les faits qui démontrent péremptoirement la possibilité de l'existence de la superfécondation, ou mieux des fécondations successives, aussi bien dans les espèces animales que dans l'espèce humaine. Ganahl a rassemblé dans sa thèse, si remarquable, la plupart des faits de nature à éclairer le sujet qui nous occupe. Quelques-uns d'entre eux ont été donnés par leurs auteurs comme des cas de superfétation, mais il est facile de voir qu'il ne s'agit pas de superfécondation.

1° Du Pineau, chanoine, communiqua à l'Académie des sciences le cas d'une jument qui aurait produit d'une même portée un poulain et une mule. (*Mémoires de l'Acad. des sciences*, 1753.)

2° En 1878, Tillet communique à l'Académie des sciences un fait absolument identique. (*Mém. de l'Acad.*, 1768.)

3° En 1809, le *Nouveau Bulletin des séances de la Société Philomathique de Paris*, t. II, 3e année, a publié une observation dans laquelle il est dit qu'une jument a donné naissance, le 15 mai 1809, à midi, à une mule, et à midi et demi à une pouliche. La jument avait été saillie par un baudet, et 8 jours après par un cheval;

4° En 1826, Castex, vétérinaire à Toulouse, publie une observation recueillie avec le plus grand soin. Jument saillie par un baudet, puis immédiatement après par un cheval, et mettant bas une mule, et, peu d'instants après, une pouliche. (*Journal pratique de médecine vétérinaire*. Paris, 1826.)

5° En 1850, dans un cas rapporté par Levrier, une jument saillie, à 15 jours d'intervalle, par un âne et un cheval donne naissance à un mulet et à un poulain. (*Recueil de médecine vétérinaire pratique*, 1850, xxviii.)

6° En 1854, Lessona fait connaître l'observation d'une jument qui, ayant été saillie, à 16 jours d'intervalle, d'abord par un baudet, puis par un cheval, avorta au bout de 6 mois, expulsant un poulain d'abord et, 2 heures plus tard, un petit mulet. (*Giornale di veterinaria*, iv, 1855.)

7° En 1858, Bissoni rapporte le cas d'une jument, qui, après avoir été saillie 4 fois par le même cheval, accepta encore un âne que son propriétaire lui fit présenter 1 heure après la dernière de ces saillies, et qui, étant arrivée au terme de la gestation, devint mère de deux petits, l'un cheval, l'autre mulet. (*Giorn. veterinario, pubblicato dal dott. L. Corvini*, 1858.)

8° En 1859, cas de Pujas, vétérinaire à l'Ile-Jourdain, d'après lequel une jument mit bas le même jour une pouliche et une mule. (*Journ. des vétérinaires du Midi*, 1859.)

9° En 1859, le Dr Chabaud cite ce fait d'une jument qui, livrée d'abord au baudet, puis 15 jours après à un étalon, mit bas à terme un poulain, et 10 minutes après une mule, 1851.

10° En 1864, Gilis, vétérinaire, a publié une observation dans laquelle une jument, saillie le même jour par l'étalon et le baudet, mit bas une mule et une pouliche. (*Journ. des vétérinaires du Midi*, 1864.)

11° Cas de Caillier, vétérinaire à Mouhon. Il concerne une jument qui, couverte par un baudet et un cheval dans l'espace d'une demi-heure, mit bas, à 1 heure d'intervalle, un poulain et un mulet. (*Recueil de médecine vétérinaire pratique*, 1830.)

12° Cas de Vaublanc, dans lequel une jument, saillie le même jour par un baudet et un cheval, mit bas un poulain et un mulet. (*Recueil de médecine vétérinaire pratique* 1834, xi.)

Geoffroy Saint-Hilaire, Collin, Goubaux, Saint-Cyr rapportent des faits qui établissent de la façon la plus nette que les produits de la même portée peuvent avoir plusieurs pères de différentes espèces ou de diverses races, et qui, pour ces auteurs, sont bien des exemples des fécondations successives opérées dans une même période de rut. Ce qui prouve, contrairement à l'opinion de Rischoff et de Baer, que chez les femelles qui font plusieurs petits à chaque portée tous les ovules ne quittent pas l'ovaire à la fois. Du reste, Pouchet a rencontré chez des femelles en chaleur des vésicules de de Graaf déchirées, tandis que d'autres étaient seulement à la veille de se rompre. Collin, en pratiquant la castration sur une truie, a également trouvé à la surface de l'un des ovaires deux vésicules de de Graaf ouvertes et saignantes, et près d'elles deux autres pleines de sang, et non encore déchirées.

Dans l'espèce humaine, on a publié un certain nombre d'observations concernant soit des négresses ayant eu à court intervalle des rapports avec un blanc et un nègre, et accouchant de deux enfants, dont l'un nègre et l'autre mulâtre; soit des femmes blanches, ayant, dans les mêmes conditions, eu des rapports avec un nègre et un blanc, et accouchant d'un enfant mulâtre et d'un enfant blanc.

Buffon rapporte le cas d'une femme de Charlestown, qui accoucha, en 1714, de de deux jumeaux, l'un mulâtre et l'autre blanc, ce qui, ajoute-t-on, surprit beaucoup les assistants. Cette femme avoua avoir eu commerce avec un nègre immédiatement après avoir été quittée par son mari. Une négresse de la Guadeloupe, ayant reçu dans la même soirée les embrassements d'un noir et ceux d'un blanc, mit au monde deux enfants mâles à terme, l'un nègre et l'autre mulâtre. (*Bull. de la Société de médecine*, 1821.)

Une autre négresse accoucha de trois enfants, dont un mulâtre, le second noir, le troisième cabre. (*Bull. de la Société de médecine*, 1821.)

Un auteur américain, P. Dewees, dit avoir eu l'occasion de voir deux enfants, une fille blanche et un garçon nègre, qui étaient nés de la même couche. La mère, servant chez une femme qui avait assisté à l'accouchement et qui garantissait toute erreur, paraissait avoir eu rapport en même temps avec un nègre et un domestique blanc. (Cassan, *Recherches anatomiques et physiologiques sur les cas d'utérus double et de superfétation.*)

Si les constatations de Puech se vérifiaient par la généralisation, elles pourraient expliquer le rôle de l'*individualité physiologique*, constatée chez un grand nombre d'animaux par tous les observateurs, dans la production des gestations multiples, ainsi que le rôle de l'hérédité. Dans son chapitre sur les *Origines de la monstruosité double et la gémellité*, Dareste écrit : « Un fait curieux de l'histoire des œufs à deux jaunes, c'est qu'ils sont fréquemment pondus par la même poule. C'est un remarquable exemple du rôle physiologique de l'individualité. »

Tout le monde, dit Saint-Cyr, connaît ce fait de fécondité extraordinaire, dont la communication est due à de Blainville, et relatif à une vache qui mit bas *neuf veaux* en trois portées successives, pendant les années 1817, 1818 et 1819.

Et cet autre fait de Gellé relatant l'histoire de cette vache qui met au monde *trois* veaux en 1838, *deux* en 1839, *deux* en 1840, et *quatre,* dont trois mâles, en 1841, ainsi que ceux de Ferrari (14 veaux en 4 portées) et de Mac Gilivray (25 veaux en 8 portées effectuées en sept ans). Les mêmes faits ont été observés dans l'espèce humaine.

Brittain communique à la Société obstétricale d'Édimbourg l'observation de mistress G... qui, à l'âge de 47 ans, avait mis au monde 25 enfants en 14 accouchements (*Edimburg med. J.*, nov. 1862).

William Wood accoucha une femme le 22 octobre 1857 de 1 garçon et de 2 filles, et le 19 octobre suivant, c'est-à-dire 11 mois 22 jours plus tard, cette même femme mettait au monde 2 garçons.

Voici maintenant des faits qui plaident en faveur de l'individualité physiologique du mâle.

C'est un fait d'observation courante que les vaches couvertes par un taureau jumeau donnent souvent des jumeaux.

On lit dans Süe : « Ménage nous apprend qu'un petit bourgeois de Paris, nommé Brunet, eut de sa femme 21 enfants en sept années de suite; on doutait lequel des deux contribuait le plus à cette espèce de prodige, mais il abusa d'une jeune servante qu'il avait, laquelle au bout de neuf mois accoucha de trois enfants mâles. »

Tous les auteurs rapportent l'histoire du paysan russe Wassilieff, dont la première femme eut 4 couches de 4 enfants, 7 de 3, et 16 de 2 et dont la seconde femme eut encore 2 grossesses triples et 6 grossesses doubles.

Un autre paysan, Kilow, présenté à l'impératrice Catherine en 1753, avait eu de deux femmes 72 enfants vivants répartis de la manière suivante : 4 fois 4 enfants à la fois, 7 fois sur 3 et 10 fois deux jumeaux, en tout 57 de la première; quant à la seconde, elle avait eu 1 grossesse triple et 6 grossesses doubles. (PUECH.)

En résumé, la *race* et l'*individualité physiologique* se transmettant plus ou moins par l'*hérédité*, paraissent jouer le plus grand rôle, posséder l'influence la plus manifeste, sur la production des gestations multiples.

2° **Fréquence des gestations multiples.** — Il est impossible, on le comprend, de savoir quelle peut être la fréquence des gestations multiples chez les femelles qui vivent à l'état sauvage. Les documents que nous possédons se rapportent tous, soit aux femelles à l'état de domestication, soit surtout à la femme.

a) **Chez les femelles domestiques.** — *Jument.* — SAINT-CYR affirmait que la *jument* est, de toutes les femelles unipares, celle chez laquelle la gestation multiple est la plus rare. Nous commencerons par exposer ce que l'on sait de la fréquence des grossesses multiples chez cet animal.

Tout en admettant la rareté des gestations multiples chez la jument, les auteurs sont loin de s'accorder sur la proportion.

On rencontre d'après BALDASSARE, chez la jument, moins de une gestation double sur 100 simples (0,09 p. 100); une sur 250 d'après RUEFF; une sur 1 000 selon CORNEVIN.

La gestation triple est si rarement observée qu'aucune statistique n'est possible.

Vache. — Les cas de gestation multiple sont incomparablement plus fréquents que chez la jument et sont observés à peu près dans les mêmes proportions que chez la femme.

D'après CORNEVIN, il y aurait une gestation double sur 80 uniques; selon BALDASSARE, il y en aurait 3 ou 4 sur 100.

La *gestation triple* n'est pas rare chez cette femelle.

La vache donne parfois *quatre* produits, *cinq* produits. MAC GILIVRAY, BOSETTI ANTONIO, DELAMARE ont même observé des cas de gestation *sextuple*, et KUÏDO, au dire de HURTREL D'ARBOVAL, a rencontré une vache ayant rejeté *sept* fœtus. Le même fait a été observé récemment par PASETTI (1897) (BOURNAY, *Obstétrique vétérinaire*, 1900).

Brebis. — Chez la brebis, les gestations doubles sont si fréquentes qu'on dit communément que dans un troupeau bien tenu il doit y avoir autant d'agneaux que de brebis portières, les parts doubles compensant les pertes par non-fécondation, avortements, mort-nés, etc. (SAINT-CYR.) La multiparité est même presque *constante*, chez certaines races de brebis; les produits sont au nombre de 2, 3, même 4. Des exemples fréquents de gestation quintuple ou sextuple ont été signalés (J. BOURNAY).

Chèvre. — La chèvre présente pour la multiparité des aptitudes analogues à celles que l'on remarque chez la brebis (J. BOURNAY).

b) **Chez la femme.** — D'après DUBOIS (in *Gaz. des hôpitaux*, 1843) sur 484 350 accouchements dont les observations ont été recueillies en Allemagne, en Angleterre et en France, on a trouvé 6 330 accouchements multiples se décomposant ainsi :

Accouchements doubles.	6.248
— triples	78
— quadruples.	4

ce qui donne la proportion suivante :

1	accouchement multiple	pour	76	accouchements	simples
1	—	double	—	78	—	—
1	—	triple	—	6.209	—	—
1	—	quadruple	—	121.082	—	—

VEIT (*Monatsschr. für Geburtsh.*, VI, 127, 1825), sur un nombre de 13 360 557 accouchements, a constaté :

Grossesses gémellaires.	149.964
— triples	1.689
— quadruples.	36

ce qui donne la proportion de :

1 grossesse gémellaire pour	. . . . . .	89	simples
1 — triple	—	7.910	—
1 — quadruple	—	371.126	

La fréquence des grossesses multiples est loin d'être la même pour tous les pays. D'après Dubois on trouve pour la France :

Pour la France.	1 grossesse	double	sur	92	simples
— l'Allemagne.. . . .	1 —	—	—	84	—
— la Grande-Bretagne	1 —	—	—	63	—

Bertillon, dans le tableau qu'il a dressé à l'article *Natalité*, page 481, donne les proportions suivantes :

Sur 1 000 grossesses générales, on rencontre :

	Grossesses doubles.
En France. . . .	9.9
Belgique . . .	9.70 [1]
Italie.	11.4
Autriche. . .	11.9
Norvège. . .	12.5
Prusse. . . .	12.5
Hollande. . .	13.1
Danemark.. .	14.20
Suède.. . . .	14.50

En France, la gémellité varie suivant les départements, ainsi que le montrent les chiffres suivants. (Voy. Bertillon, art. **France**, *Dict. encycl. des Sc. méd.*)

Départements où la gémellite est au minimum.

	Grossesses doubles sur 1 000 grossesses générales.
Gironde.	6.77
Haute-Garonne. . .	7.03
Corrèze.	7.06
Charente..	7.16
Ain.	7.33
Ardèche..	7.37
Lozère..	7.48
Gers.	7.59
Cantal.	7.59
Puy-de-Dôme. . . } Dordogne. . . . . }	7.95

Départements où la gémellité est au maximum.

	Grossesses doubles sur 1 000 grossesses générales.
Finistère..	11.36
Jura.	11.37
Morbihan.	11.40
Nord..	11.43
Mayenne..	11.44
Cher.	11.47
Vaucluse..	11.75
Vosges..	11.94
Vendée	12.34
Moselle	12.41
Savoie..	12.80
Haute-Savoie . . .	12.90

1. Les chiffres donnés par Bertillon relativement à la Belgique sont en désaccord avec ceux que fournit Constant Leroy dans sa thèse inaugurale sur la *Grossesse gémellaire*, Paris, 1872. Cet auteur a trouvé en Belgique, sur 39 508 grossesses simples, 650 grossesses doubles.

Nous arrêterons là ce qui concerne la fréquence des gestations multiples chez les femelles unipares.

Sans vouloir entrer ici dans des considérations générales, nous ne pouvons cependant nous empêcher de faire remarquer qu'entre les femelles dites unipares et celles dites multipares, il n'y a aucune ligne de démarcation bien tranchée. Là encore se montre l'enchaînement de l'évolution. Et c'est pour cette raison que nous avons considéré que les gestations multiples chez les femelles unipares devaient rentrer dans l'étude de la gestation au point de vue physiologique.

3° **Durée des gestations multiples chez les femelles ordinairement unipares.** — L'observation attentive des faits permet de faire cette constatation : La durée de la grossesse multiple survenant chez la femelle ordinairement unipare est moindre que celle de la grossesse unique.

Ce fait observé dans toutes les espèces démontre que l'expulsion est provoquée ici par une *cause d'ordre physique ou mécanique.* L'expulsion a lieu *parce que le logement est trop étroit.*

Si la question *nourriture* est capitale pendant la gestation, la question *logement* n'est pas moins importante.

Si les premières gestations ont en général une durée plus courte que les suivantes, s'il en est de même des gestations multiples par rapport aux grossesses uniques, c'est sous l'influence du même facteur. Le *contenu* devient trop volumineux par rapport au *contenant.*

On comprend alors comment et pourquoi, chez la femme en particulier, la durée de la grossesse multiple en général est jusqu'à un certain point sous la dépendance de ces deux facteurs : l'état de parité, et la taille. Les faits enregistrés prouvent en effet que, toutes choses égales d'ailleurs, la durée des grossesses multiples est plus courte dans la première gestation, et plus courte également chez les femmes de petite taille [1].

Dans ces conditions, il est facile de comprendre que la durée de la gestation multiple aura d'autant plus de chance d'être plus courte que le nombre des produits de la même génération sera plus considérable. C'est ainsi que le plus souvent les gestations triples ont une durée moindre que les gestations doubles, que les gestations quadruples ont une durée plus courte que les gestations triples, etc. Cela est si vrai que, dans les gestations triples, il n'est pas commun de voir les produits s'élever et que le fait est absolument exceptionnel dans les gestations quadruples.

Nous retrouvons là ce qui est observé dans certains cas de gestation unique, mais anormale. Ainsi le chapitre *Durée de la Gestation* de l'*Handbuch der thierarztlichen Geburtshilfe* de L. Franck (4e édition, par Albrecht et Gœring, 1901) dit que la durée normale de la gestation paraît être, comme dans les gestations multiples, un peu abrégée pour les produits d'une grandeur anormale. Les veaux hydropiques, qui sont en général très gras, sont en général expulsés plus tôt que les veaux normalement conformés.

Les mêmes auteurs donnent de ce fait l'explication suivante : « La raison de ce fait réside probablement dans *l'excitation* plus forte de l'utérus. Par suite de la forte dilatation qu'il subit, il devient plus excitable, et le degré d'excitation qui d'ordinaire détermine la parturition typique produit dans ce cas une excitation réflexe plus tôt que dans des circonstances habituelles. C'est pour des raisons analogues que chez les juments soumises au travail, d'après la remarque de Matthusius, « la parturition a lieu plus tôt que chez les juments au repos. Chez les premières, le travail développe des facteurs (accumulation d'acide carbonique et forte dépense d'oxygène) qui exercent une action irritante sur l'utérus. Ces facteurs déterminent, comme l'on sait, l'avortement chez les juments soumises à un travail excessif. »

Sans vouloir discuter ici la valeur de cette explication, n'ayant pas à étudier ici le mécanisme intime des *causes de la naissance,* nous ne retenons que cette constatation faite par tous les observateurs, à savoir que la distension anormale de l'utérus détermine l'expulsion de son contenu.

Il résulte de ce qui vient d'être dit que, dans les gestations multiples, l'expulsion

1. Cela n'est pas en contradiction avec ce que dit J. Bournay : « Plus la taille des femelles domestiques est grande, plus il semble que la multiparité soit proportionnelle. »

précoce, n'étant point la conséquence d'une maturation hâtive, n'est et ne peut être qu'une *expulsion prématurée*. Cette expulsion est d'autant plus prématurée que la grossesse multiple se produit chez les femelles plus communément unipares.

Il nous semble que cette notion capitale ne peut être contestée aujourd'hui. Elle est établie sur des bases absolument scientifiques.

Chez les femelles domestiques, dans une espèce donnée, la durée de la grossesse multiple est généralement la même chez tous les individus faisant partie du même troupeau, c'est-à-dire se trouvant dans les mêmes conditions. C'est ainsi que Trasbot avait remarqué que la durée de la gestation est en général plus longue chez les vaches en état de stabulation permanente. Il n'en est pas de même chez la femme, car les conditions de vie varient pour ainsi dire avec chaque individu. Cependant, laissant de côté les particularités anatomiques qui la caractérisent et cette autre condition non moins importante, la station bipède, il est facile de démontrer chez elle l'influence des conditions hygiéniques dans lesquelles elle se trouve sur la durée des grossesses multiples et agissant chez elle comme dans les cas de gestation unique.

A notre instigation et sous notre direction A. Bachimont a recherché dans 235 cas de grossesses gémellaires observées à la Clinique *Baudelocque* (*loc. cit.*), quels avaient été le poids des enfants et la durée moyenne et approximative de la grossesse, chez les femmes qui s'étaient reposées et chez les femmes qui ne s'étaient pas reposées pendant la grossesse. Il obtint les résultats ci-dessous :

1° *Enfants des femmes qui se sont reposées :*

Chez ces femmes, le poids moyen des enfants a été :

A la naissance.		A la sortie de *Baudelocque*.	
1er enfant.	2,500 grammes.	1er enfant.	2,640 grammes.
2e —	2,480 —	2e —	2,580 —

2° *Enfants des femmes qui ne se sont pas reposées :*

Chez ces femmes, le poids moyen des enfants a été :

A la naissance.		A la sortie de *Baudelocque*.	
1er enfant.	1,935 grammes.	1er enfant.	2,030 grammes.
2e —	1,900 —	2e —	2,025 —

Au point de vue de la durée moyenne et approximative de la grossesse, il a fait les constatations suivantes :

1° Pour les femmes qui se *sont reposées* pendant les derniers mois ou pendant les dernières semaines de leur grossesse, il s'est écoulé entre le dernier jour de leurs dernières règles et le jour de l'accouchement :

en moyenne 269 jours;

2° Pour les femmes qui ne se sont *pas reposées*, il s'est écoulé entre le dernier jour de leurs dernières règles et le jour de l'accouchement :

en moyenne 247 jours.

Il est donc permis, non pas de *prolonger* la durée des grossesses multiples, mais de faire en sorte qu'elles se rapprochent le plus possible de la durée *typique*.

En résumé, les gestations survenant chez les femelles communément unipares ont une durée moindre que les gestations uniques. Des influences puissamment modificatrices mettent en lumière l'importance des conditions dans lesquelles vivent ces femelles en état de gestation.

4° **Évolution des gestations multiples.** — Chez les femelles communément unipares, lorsque survient une gestation multiple, on observe pendant la durée de cette gestation une *symptomatologie physiologique excessive*. Il y a une suractivité fonctionnelle dont l'intensité est telle que souvent apparaît l'état dit de maladie. C'est ainsi que l'albuminurie, et des troubles des appareils circulatoire, respiratoire, etc., sont observés.

Bien que n'ayant pas à nous occuper ici de l'histoire des produits et que nous laissions de côté les cas de monstruosité observés dans les cas de gestation multiple, uni-ovulaire, nous devons cependant dire quelque mots sur les particularités pouvant se produire pendant l'évolution de ces gestations.

Assez souvent les jumeaux offrent un développement inégal, que l'on a rapporté à tort pendant longtemps à la *superfétation*. Nous savons aujourd'hui ce que l'on doit penser de cette question. On sait que le développement inégal des jumeaux tient le plus souvent aux rapports des annexes de l'œuf ou des œufs.

Il arrive que pendant la gestation l'un des fœtus meurt, l'autre ou les autres continuant à se développer. Celui qui meurt se momifie le plus souvent.

Enfin on peut voir dans les cas de grossesse double un fœtus expulsé au cours de la grossesse et l'autre se développer jusqu'à terme. Il est bien entendu que ce fait ne peut s'observer que dans le cas de *grossesse multi-ovulaire*, c'est-à-dire dans le cas où les œufs n'ont entre eux dans l'utérus que des rapports de contiguïté. Les anciens connaissaient bien ce fait dont beaucoup d'exemples sont rapportés par les auteurs. Nous devons à notre éminent ami L. HAVET, professeur au Collège de France, une notice intéressante sur ce sujet[1].

Enfin, pour en finir avec les particularités pouvant être observées chez les produits résultant de gestation multiple chez des femelles communément unipares, nous disons que, dans l'espèce bovine tout au moins, les *génisses jumelles* sont très fréquemment stériles (cela, d'après FELMANN et KULESCHOW, par suite d'atrophie des ovaires). Il serait intéressant de rechercher si, comme cela est possible, ces génisses sont toujours le produit de grossesses uni-ovulaires.

A. PINARD.

GIACOSA (Piero), Professeur à l'Université de Turin. — *Alcune analisi del midollo allungato umano* (*Arch. per le Scienze mediche*, III, 8, 1-12). — *Ueber die Gährung der Oxybaldriansäure* (*Zeitschr. Phys. Chemie*, décembre 1878, 52-53, III).

1. PLINE L'ANCIEN, *Histoire naturelle*, VII, VIII, X, 47; *Vopiscos appellabant e geminis qui retenti utero nascerentur, altero interempto abortu. Namque maxima, etsi rara, circa hoc miracula existunt.*

SOLINUS, compilateur du troisième siècle de notre ère (son témoignage est sans valeur, car il puise dans PLINE tout ce qu'il dit ici, I, 69) : *E geminis, si remanente altero alter abortivo fluxu exciderit, alter, qui legitime natus est, Vopiscus nominatur.*

NONIUS MARCELLUS, grammairien du troisième siècle de notre ère, chapitre dernier : *Vopiscus qui ex duobus conceptis, uno aborto excluso, ad partum legitimum deducitur.*

Le poète Stace à la fin du premier siècle de notre ère donne un *o* bref à *Vopiscus*, surnom d'un de ses amis (*Silves*, III). Vopiscus se trouve comme nom d'homme, à des époques très éloignées. Ainsi *Julius Cæsar Strabo Vopiscus*, parent de JULES CÉSAR, né environ cent vingt ans avant notre ère; *Flavius Vopiscus*, historien du troisième siècle après notre ère.

AFRANIUS, né environ cent cinquante ans avant notre ère, fit une comédie intitulée *Vopiscus*, dont les grammairiens citent 33 fragments très courts. Les titres des autres pièces d'AFRANIUS sont des noms communs, non des noms propres (ainsi : *Æquales, Augur, Brundisinæ, Consobrini, Emancipatus, Inimici, Materterae, Libertus, Mariti, Privignus, Sorores, Virgo*) : son *Vopiscus* a donc pour héros un *vopiscus*, non un personnage appelé *Vopiscus* en guise de surnom. Il résulte de là que le terme de Vopiscus n'était pas un terme savant et technique, connu seulement des médecins et des sages-femmes : c'était un terme de la langue courante parfaitement intelligible pour le public du théâtre.

Ceci s'explique peut-être par deux raisons : 1° L'intérêt particulier que les Romains attachaient à toutes les circonstances de la naissance (ils avaient, par exemple, un mot, *agrippa*, pour désigner un enfant qui naissait les pieds en avant); 2° la fréquence des avortements, licites dans certains cas chez les dames romaines, tolérés sans aucune restriction chez les femmes non mariées. (G. HUMBERT, dans le *Dictionnaire des antiquités* de DAREMBERG et SAGLIO, au mot *Abigere partum*.)

Les comédies d'AFRANIUS, à la différence de celles de PLAUTE et de TÉRENCE, avaient pour personnages des Romains, et non des Grecs. L'intrigue du *Vopiscus* reposait donc sur les mœurs romaines; on peut conjecturer qu'elle roulait en partie sur la déception d'un père malgré lui, qui se trouvait avoir un fils en dépit de l'avortement antérieurement obtenu.

L'un des fragments conservés (on peut les lire dans RIBBEC, *Scænicæ Romanorum poesis fragmenta*, Leipzig, 1873, p. 270 et suiv.) ne donne qu'une phrase incomplète, mais assez claire pourtant pour prouver qu'AFRANIUS entendait bien *Vopiscus* au sens défini par PLINE : « *consedit uterum, non ut omnino tamen...* »

-- *Ueber die Wirkung des Amylnitrits auf das Blut* (*ib.*, x, 1879, 54 à 57). — *Ueber das Salireton* (*Journal für pract. Chimie*, 221-227, (2), XXI). — *Vortheilhafte Darstellung der Phenolglycolsäure und ueber die Pyrogallotriglycolsäure* (*ib.*, 1879, 397-399). — NENCKI et GIACOSA. *Giebt es Bacterien oder deren Keime in den Organen gesunder lebender Thiere* (*ibib.*, (2), XIX, p. 24 à 34). — *Sulla ossidazione del benzolo per mezzo dell' ozono e sulle ossidazione nell' organismo* (*Arch. per le Scienze mediche*, IV, n. 15, 333-339). — *Sull' ossidazione dei carburi d'idrogeno aromatici nell' organismo* (*ibid.*, IV, n. 14, 317 à 332). — GIACOSA. *Di uno nuovo metodo di dosaggio dell' acido fenico.* (*Atti della R. Acc. delle Scienze di Torino*, XVI, 1881). — *Sugli albuminoidi del vitreo nell'occhio umano* (*Giorn. della R. Acc. di Medic. di Torino*, 1882, p. 71-77). — *I fondamenti della medicina antisettica* (*Collezione italiana di Letture sulla Medicina*, Milano-Vallardi). — *Studi sui corpuscoli organizzati dell' aria sulle alte montagne* (*Atti della R. Acc. delle Scienze di Torino*, XVIII, 1883, 263-272). — *Tre casi di avvelenamento per funghi* (*Riv. Chim. Med. e Farm.*, I, 136 et 389 à 400). — *Sui nitrili aromatici e grassi nell' organismo*, (*ibid.*, 71-84, 1884, et *Ann. di Chim. e Farm.*, I, 1885, 105-116 et 274-290). — *I veleni cianici* (*Ann. di Chim. e Farm.*, II, 1885, 97-112). — *Sullo siero di latte al sublimato nella medicazione antisettica* (*ibid.*, 1886, 152-157). — *Sopra una nuova sostanza colorante normale dell' urina e sopra l'eliminazione del ferro dall' organismo* (*Ibid.*, III, 1886, 201, 213). — *Studio sull' azione dell' aldeide ammoniacale* (*Arch. per le Scienze mediche*, X, 293-310). — *Studio sull' azione fisiologica di alcune sostanze aromatiche messa in rapporto colla loro struttura atomica* (*Ann. di Chim. e Farm.*, III, 1886, 273 à 293). — et MONARI. *Sopra due nuovi alcaloidi estratti dalla corteccia di Xanthoxylon senegalense* (*Artar-root*) (*Giorn. della R. Acc. di Medic.*, 1887, n. 5, 226-231). — et SOAVE. *Studi chimici e farmacologici sulla corteccia di Xanthoxylon senegalense* (*Artar-root*) (*Ann. di Chim. e Farm.*, IX, 1889, 210-241). — *Cenni sull' azione fisiologica dell' artarina* (*ibid.*, x, 1889, 257-267). — *Studi sulla produzione dell' acido urico negli organismi* (*Atti delle R. Acc. delle Scienze di Torino*, XXV). — *Studi sulle reazioni usate a stabilire la presenza di acido cloridrico libero nel succo gastrico* (*Ann. di Chim. e Farm.*, XI, 13, 22). — *Studi sull' azione fisiologica della Euforina* (*Feniluretano*) *e di alcuni corpi analoghi* (*Giorn. della R. Acc. di Med.*, 1890, 11-12, 889-904). — *Studi sui germi di microorganismi nella neve di alte montagne* (*ibid.*, 1890, 878-888). — *Farmacografia.* (*Supplemento annuale dell' Enciclopedia di chimica*, 1889-1890, x). — et GIBELLI. *Le piante medicinali* (*Manuale di botanica medica ad uso dei medici e farmacisti e degli studenti, illustrato da 137 incisioni*, pp. 335, Francesco-Vallardi, 1890. — GIACOSA. *Sull' Euforina in medicina e chirurgia* (*Giornale della R. Acc. di Medicina*, 1891, n. 6, 337-349). — *Commemorazione di Jacopo Moleschott* (*Giornale della R. Acc. di Medicina*, fasc. I, 1894, 18-25). — *Studi sull' azione farmacologica della Malachina* (*Giornale della R. Acc. di Medicina*, XLII, 1894, 281-285). — *Analisi delle ceneri di un neonato* (*Giornale della R. Acc. di Medicina*, 1894, 364-371). — *La chimica biologica e l'evoluzione.* *Rassegna Nazionale*, XVI, 16 février 1894). — *Indagini sulle acque e sulle nevi delle alte regioni* (*Spedizioni scientif. al Monte Rosa*, 1894-1895 et *Estratto del Bollettino del Club-Alpino Italiano*, *pel* 1895-96, XXIX, n. 62). — *Indagini sulle acque e sulle nevi delle alte regioni* (*Giornale della R. Acc. delle Scienze di Torino*, 1895). — *I tossici.* (*Rassegna Nazionale*, XVIII, 1896). — *Piccole communicazioni. I. Sul fermento caseificante del Carthamus tinctorius.* — *II. Alcuni esamici d'orine di velocipedisti dopo una corsa di 530 kilometri.* — *III. Un nuovo emometro per il dosaggio della emoglobina del sangue*, 1896, (*Arch. per le Scienze Mediche*, XX, 327-339). — *Il contenuto in emoglobina del sangue a grandi altezze* (*Spedizione scient. al Monte Rosa*) (*Rendiconti del R. Istituto Lombardo di Scienze e lettere*, 1897). — *Esiste un perfezionamento fisico e intellettuale nelle razze umane?* (*Rassegna Nazionale*, XIX, octobre 1899). — *Studi sull' influenza delle grandi altitudini sul ricambio della materia* (*Rendiconti del R. Istituto Lombardo di scienze e lettere*, 1897). — *La biologia nel secolo XIX. Conferenza tenuta a Roma nel Collegio Romano*, 1897. — *Sulle acque minerali di Courmayeur. Appunti storici e analisi chimica batteriologica* (*Giornale della R. Acc. di Medicina di Torino.* 1899, 17-32). — *Analisi sulle acque di St-Vincent* (*Ibid.*). — *Le acque minerali naturali ed artificiali nella loro azione farmaco dinamica* (Torino, Vincenzo Bona, 1899). — *Documents sur deux épidémies de peste en Italie en 1387 et en 1448* (*Janus*, IV, 130). — *Neue Ergebnisse auf dem Gebiete der Salernitanischen Schule, Comunicazione alla* LXXI *riunione dei naturalisti e medici tedeschi a Monaco*,

1899). — *Trattato di materia medica e farmacologia Sperimentale* (Torino, Fratelli Bocca, 1900, p. 464). — *Magistri Salernitani nondum editi.* (*1 volume con atlante*, Torino, Fratelli Bocca, 1901, p. 724). — *Sull' azione dell' ossido di carbonio* (*R. Acc. di Medicina di Torino*, 1903). — *Sul comportamento dell' ossido di carbonio nell' organismo; nota I* (*Atti della R. Acc. delle Scienze di Torino*, XXXVIII, 1903, et XXXIX, 14 fév. 1904).

GLAIRINE ou BARÉGINE. — On désigne sous le nom de glairine ou barégine une matière azotée organique que l'on rencontre dans un certain nombre d'eaux sulfureuses des Pyrénées, en particulier dans les eaux de Barèges. Un certain nombre de chimistes et de naturalistes de la fin du XVIIIe siècle : BORDEU, LEMONNIER, BAZAN, DUCHANOY, VILLAN, VAUQUELIN, etc., avaient constaté que ces eaux thermales étant évaporées devenaient de plus en plus jaunes et laissaient un résidu jaune brunâtre; ce résidu étant calciné, on percevait une forte odeur de corne brûlée en même temps qu'il se dégageait une certaine quantité d'ammoniaque.

ANGLADA montra que ces eaux renfermaient une substance chimiquement analogue aux matières animales et que l'on a successivement désignée sous les noms suivants : *matières grasses* ou *glaires* (BORDEU); *glairine* (ANGLADA, BONIS); *géline* (AULANIE); *barégine* (LONGCHAMPS); *pyrénéine* (FONTAN); *luchonine* (BARRAU); *axine* (ASTIÉ); *saint-sauverine* (FABAS); *sulfurose* (LAMBRUN); *sulfurhydrine* (CAZIN).

Pour les préparer, c'est-à-dire pour obtenir le résidu total azoté renfermé dans l'eau considerée, on doit pratiquer l'évaporation après avoir légèrement acidulé la liqueur. Sans cette précaution, une plus grande quantité de l'azote, quelquefois même la presque totalité, disparaît en présence des alcalis que renferment souvent les eaux sulfureuses.

La glairine se rencontre dans presque toutes les sources thermales des Pyrénées en quantité variable; la température, en particulier, paraît influer sur sa présence, car on ne la rencontre guère dans les eaux dont la température dépasse 70°.

La glairine en se déposant prend l'aspect d'une gelée transparente, diversement colorée : blanche, rose, rouge et même noire. Dans ce dernier cas, la couleur serait due à la présence de sels de fer (FILHOL). Les teintes roses sont souvent dues à des monades (*Monas rosea*). La température semble aussi influer sur la coloration : celle qui se rencontre dans les eaux très chaudes sont rouges; celle qui se dépose au contraire dans les sources à température peu élevée est d'un blanc mat.

Elle peut se présenter sous des aspects divers : elle est alors *floconneuse*, *filandreuse* ou *muqueuse* et, sous ces formes, elle a été désignée par CAZIN sous le nom de *sulfomucose*. Elle peut être *membraneuse*, et c'est alors la *sulfodiphétrose* de CAZIN; et enfin elle peut être *compacte*, *zonaire*, fibreuse et stalactiforme.

La composition chimique de la glairine en fait une matière azotée renfermant 8 p. 100 d'azote; et rien que ce chiffre suffit pour éloigner complètement ce corps des albumines et gélatines dont on a voulu le rapprocher. Quoique prenant naissance dans des eaux sulfureuses, le soufre n'entre point dans sa composition, et, si l'on en rencontre quelquefois en cristaux, il n'est qu'accidentel. Il renferme assez fréquemment 30 à 35 p. 100 de silice; mais cette proportion peut monter jusqu'à 80 p. 100. Ce sont alors des dépôts de silice gélatineuse laquelle, en se précipitant, soit par l'action de l'air sur le sulfure alcalin, soit par l'abaissement de température de l'eau, entraîne une certaine proportion de matière organique tenue en dissolution. D'après BOUIS, la composition de la glairine est la suivante :

	C	H	Az	Cendres.
Glairine pulpeuse grise. . . .	48.69	7.70	8.10	30.22
Glairine pulpeuse très blanche.	—	—	—	33.0
Glairine fibreuse rouge.	44.06	6.69	5.57	35.0
Glairine blanche lavée à l'eau et à l'alcool.	—	—	6.09	43.0
Glairine pulpeuse verte. . . .	45.20	6.95	5.60	40.7
Glairine transparente très dure.	—	—	5.00	59.0
Glairine pulpeuse blanche (source de la cascade Olette).	—	—	—	20.25

On a voulu établir une différence entre la glairine déposée par l'eau et celle qui reste en dissolution; cette dernière, une fois déposée, est en effet plus soluble que la première. Cette différence n'est peut-être due qu'à une altération.

La glairine précipite les sels de plomb et d'argent.

Bibliographie. — ALIBERT, *Traité des eaux d'Ax* (1853). — ANGLADA, *Mémoires pour servir à l'histoire générale des eaux sulfureuses* (1827, I, 103). — AULANIÉ (*Bull. Ac. Méd.*, 1857, XXII, 1220). — BONJEAN (*Journ. Pharm.*, XV, 321). — BAYEN (*Opuscules chimiques*, I, an VI, I, 35). — BORDEU (*Traité des eaux minérales du Béarn*, 746). — BORY SAINT-VINCENT (*C. R.*, 1835, II, 84). — BOUIS (*C. R.*, 1855, XLI, 1161). — ID., *Eaux sulfureuses minérales de Molizet*, 1841. — ID., *Notice sur les eaux thermales sulfureuses et non sulfureuses d'Olette* (1852-1854). — CAZIN (*Journ. Pharm. chim.*, 1855, XXVIII, 17). — DUTROCHET, *Essai sur l'art d'imiter les eaux minérales*, 1780. — ID. (*C. R.*, 1835, I, 286). — FONTAN, *Recherches sur les eaux minérales des Pyrénées*, 1838-1853. — GARRIGOU (*Bulletin de la Société d'histoire naturelle de Toulouse*, 1867, I, 1). — VAUQUELIN (*Ann. chim.*, an IX, XXXIX, 173). — SEGUIER (*C. R.*, 1836, III, 604). — TURPIN (*C. R.*, 1836, III, 170). — ID. (*Journ. de Chim. Méd.*, 1835, II, 225).

AUG. PERRET.

GLANDES. — Que doit-on considérer comme une glande? Est-ce une réunion de cellules, une collectivité? ou bien est-ce l'élément organique lui-même: la cellule dont le protoplasma puise dans le sang, milieu intérieur dans lequel elle vit, les éléments nécessaires à une production quelconque?

Pour trouver une base à une définition générale des glandes, doit-on s'appuyer sur la constitution anatomique, ou bien sur la fonction?

Voilà les questions que l'on est en droit de se poser au début d'une étude comme celle-ci.

Déjà CHRÉTIEN, dans l'article **Glandes** du *Dict. Encyclop. des Sciences médicales*, reconnaît combien il est impossible de formuler une définition générale; car, dit-il, « les glandes ne constituent pas un groupe naturel auquel on puisse trouver une définition ».

En effet, plus on pénètre dans l'étude des phénomènes intimes de l'organisme, plus on voit que la réponse à cette question est pleine de difficultés. Car, il n'y a plus de séparation entre la glande, ou cette réunion de cellules que l'on est habitué à dénommer ainsi et la cellule glandulaire elle-même. Plus nos connaissances approfondissent l'étude des phénomènes biologiques du protoplasma, plus s'aggrandit le rôle joué par l'élément organique : la cellule.

Au point de vue général, le leucocyte, à lui seul, ne constitue-t-il pas une véritable glande?

N'est-ce pas lui qui sécrète la diastase fibrin-ferment, la kinase, etc. N'est-ce pas lui qui, par sa présence en nombre dans l'urine de pilocarpine, lui communique par sa sécrétion son pouvoir kinasique (DELEZENNE)? N'est-ce pas dans son protoplasma que s'élaborent des substances destinées à défendre l'organisme, à lui donner l'immunité? et cependant, si l'on cherche à se baser sur la morphologie pour trouver une définition, quelle place doit-on lui assigner?

Combien nous sommes loin de la conception de BICHAT, qui ne considérait comme glandes que les organes pourvus d'un ou de plusieurs conduits excréteurs.

L'embryologie a fait faire des progrès considérables au point de vue général des définitions, et, grâce à elle, on a souvent pu rapprocher des organes qui semblaient bien disparates et qui cependant avaient une origine embryonnaire identique. Peut-on se baser sur elle pour définir le grand groupe des glandes?

Pour MATHIAS DUVAL (*Précis d'histologie*, 2e édit., 1900, 285, 286), les glandes sont des dérivés épithéliaux dont les cellules ont pour fonction d'élaborer des produits spéciaux, produits qu'elles n'utilisent pas pour elles-mêmes, mais qui servent aux autres éléments de l'organisme.

Est-ce une définition complète et suffisante?

Comme toutes les définitions, elle n'est pas complète et suffisante. C'est peut-être, de toutes les définitions proposées, celle qui se rapproche le plus d'une bonne définition générale, mais encore laisse-t-elle de côté des organes que la physiologie ne peut considérer que comme des glandes, du moment qu'il y a des cellules chargées d'élaborer un produit spécial ; par exemple : la rate, les ganglions lymphatiques.

On ne peut donc dire d'une façon absolue que toute vraie glande est d'origine épithéliale, et que c'est là sa caractéristique.

La rate, d'après Mathias Duval lui-même et Laguesse (*J. Anat. et Physiol.*, 1890), est, dès l'origine, une petite masse mésenchymateuse de cellules étoilées, qui se met en communication, par ses mailles, avec un diverticule de la veine intestinale, diverticule qui s'ouvre dans le réseau cellulaire et y vide son contenu. La rate est donc bien un diverticule réticulé du système veineux porte, et cependant nous ne pouvons pas ne pas la considérer comme une glande.

Il faut donc laisser de côté une définition basée sur la morphologie seule, et chercher, comme l'ont fait Milne Edwards et Frey, dans les fonctions physiologiques, les éléments d'une définition.

On doit regarder comme glandes les organes qui empruntent au sang des matériaux, soit pour en débarrasser l'organisme, en les rejetant au dehors, soit pour élaborer d'autres matériaux ou éléments anatomiques nécessaires, ou à l'entretien de la vie, ou à la reproduction de l'espèce.

Cette définition, un peu complexe il est vrai, permet de ranger dans le même groupe tous les organes, quels qu'ils soient, qui sécrètent un produit quelconque, depuis la simple cellule jusqu'à l'organe le plus compliqué.

Mais il nous faut, pour le moment, laisser de côté la cellule en elle-même, bien plus le protoplasma amorphe; car, au point de vue physiologique, n'est-ce pas lui qui constitue la partie essentielle de toute cellule sécrétante, et il n'est point de cellule dans laquelle il ne se passe un travail d'élaboration ayant pour fin la production d'une substance distincte. Et, en bien envisageant les choses au point de vue philosophique, nous pourrions dire que la fonction de toute glande réside dans le protoplasma, qui se différencie par la forme qu'affectent les cellules, mais qui, en somme, est toujours lui-même.

Faire la physiologie du protoplasma, c'est faire la physiologie de l'organisme.

Nous ne croyons pas, en effet, que la variété qui existe entre la fonction d'une glande salivaire et la capsule surrénale, par exemple, réside dans la morphologie qu'affectent les cellules glandulaires qui constituent ces deux organes; nous croyons plutôt qu'il n'y a là qu'une propriété spéciale du protoplasma, propriété qui nous échappe encore dans son adaptation spéciale, et qui fait que là il produit de la ptyaline et ici de l'adrénaline.

Dans un article comme celui-ci, nous devons suivre les errements et ne considérer comme glandes que les collectivités cellulaires, jouissant des fonctions qui nous ont servi à établir une définition. Il est vrai que la sécrétion est une fonction qui, par le fait, se rencontre partout, mais les glandes sont spécialement disposées pour sécréter.

Chaque glande devant être étudiée en détail à sa place dans cet ouvrage, nous y renvoyons, car nous ne devons envisager que le côté d'ensemble, sans nous préoccuper de la situation, de la forme, du volume, des rapports, de l'innervation, etc., de chaque organe.

Mais pour jeter un peu de clarté sur ce que nous avons à dire, peut-on prétendre à établir une division entre les glandes ?

Avec ce que nous avons dit précédemment, il est facile de comprendre que les mêmes difficultés se présentent quand il s'agit de diviser que lorsqu'il s'agit de définir.

Pour établir une division ou une classification, peut-on prendre pour base la morphologie ou la fonction ?

Nous ne devons pas oublier que c'est surtout le point de vue physiologique qui nous intéresse : cependant une classification des glandes basée sur les caractères anatomiques semble très facile au premier abord; c'est ainsi que l'on pourrait, à la rigueur, les diviser en deux grands groupes : 1° les glandes à canaux excréteurs; 2° les glandes dépourvues de conduits. Mais cette division apporte-t-elle quelque clarté dans l'étude physiologique des glandes? Elle est plutôt de nature à jeter de la confusion. Dans quel groupe faudra-t-il placer par exemple le foie, et toutes ces glandes munies de canaux excréteurs et dont les sécrétions internes sont si importantes?

Une autre division, qui semble plus complète, est celle qui envisage les glandes suivant que leurs vésicules sont ouvertes ou closes et qui fait classer ces organes de la façon suivante :

Glandes à vésicules ouvertes.	En grappe.	Simples. Composées.
	En tube ou folliculeuses.	Simples. Glomérulées. Composées.
Glandes à vésicules closes ou vasculaires.	Lymphatiques et sanguines.	

Pour Mathias Duval, à la division des glandes ouvertes et des glandes closes, il faut ajouter une sous-division des glandes en non remaniées et en remaniées, suivant qu'elles possèdent une membrane vitrée bien limitée, s'opposant à l'invasion du tissu conjonctif et des vaisseaux, ou que la membrane est absente et que les capillaires sanguins surtout et le tissu conjonctif pénètrent dans la glande, en fragmentant l'épithélium de façon à la rendre méconnaissable.

Mais ces classifications, qui paraissent toutes naturelles pour l'anatomiste, ne peuvent laisser le physiologiste que très indifférent, attendu qu'il n'y trouve aucun élément de clarté pour l'étude des fonctions glandulaires.

D'un autre côté, si nous envisageons la fonction, nous nous trouvons en présence d'organes à fonctions multiples et quelquefois très variées. Aussi toutes les divisions admises jusqu'à présent deviennent-elles inexactes, par suite des progrès accomplis dans la connaissance de la physiologie glandulaire, car il n'est plus possible de conserver la séparation que l'on avait établie entre les glandes à sécrétions externes et celles à sécrétions internes, attendu que, si l'on peut admettre que quelques-unes n'aient que des sécrétions internes, toutes celles à sécrétions externes ont en même temps des sécrétions internes.

Peut-on se baser sur le but de la sécrétion pour établir une division entre les glandes à secrétions excrémentitielles et celles à secrétions récrémentitielles? La même objection se présente, puisque l'on sait parfaitement que les produits de sécrétion sont multiples pour chaque glande.

J'ai moi-même proposé une division des glandes en glandes *hypertensives* et glandes *hypotensives*, d'après l'action vasculaire de leurs sécrétions internes. J'ai été heureux de voir mon opinion partagée par Gley qui, dans le traité de pathologie générale de Bouchard, tome III, 2e partie, page 165, à propos des produits glandulaires spécifiques, dit en renvoyant à mes communications à la Société de Biologie des 22 et 29 janvier 1898 : « Ces données (prédominance dans le sang des corps à action vaso-constrictive ou à action vaso-dilatatrice) sont venues en si grand nombre, que l'on pourrait aujourd'hui, en se plaçant à ce point de vue, diviser les glandes en deux grands groupes suivant qu'elles fournissent des produits vaso-constricteurs ou vaso-dilatateurs. »

Je suis le premier à reconnaître que cette division n'est pas encore assez nettement établie pour toutes les glandes, et je ne l'ai proposée du reste que pour bien montrer la séparation qui existait entre les actions des diverses sécrétions internes que j'ai étudiées. Je ne puis prétendre que toutes les glandes aient des sécrétions internes hypertensives ou hypotensives, et je ne serais pas surpris que l'on en découvrît à sécrétion interne indifférente relativement à l'action vaso-motrice.

Une classification qui, au premier abord, paraît bonne, et qui, en même temps, a le mérite de la simplicité, est celle qui divise les glandes en :

1° Glandes à sécrétions chimiques;

2° Glandes à sécrétions morphologiques.

Dans la première catégorie, il y a des glandes dont la fonction consiste à extraire du sang des produits préexistants, sans donner naissance à aucun produit nouveau; d'autres, au contraire, qui élaborent dans leur protoplasma des substances nouvelles.

Toutefois, nous devons reconnaître que si, en apparence, certaines glandes ne font qu'extraire du sang, des substances préexistantes, elles n'en forment pas moins dans leurs cellules des substances nouvelles, dont la composition et la nature ne nous sont pas encore bien connues, et qui constituent leurs sécrétions internes, le rein, par exemple, pour ne citer qu'une glande dont la fonction paraissait des plus simples.

Il en est de même des glandes de la deuxième catégorie, glandes à sécrétions morphologiques.

Nous savons actuellement, de la façon la plus évidente que, soit le testicule, soit l'ovaire, à côté de leur fonction à sécrétion morphologique, jouissent de la propriété de donner naissance à des produits spéciaux qui constituent leur sécrétion interne.

Cette division ne peut donc subsister.

Il est donc impossible, pour le moment, d'établir parmi les organes glandulaires une véritable classification physiologique, attendu qu'ils sont tous à sécrétions chimiques, qu'ils jouissent tous d'une ou de plusieurs secrétions internes constituées probablement par des produits nouveaux, formés de toute pièce ou empruntés au sang qui les a reçus à son tour d'un autre organe glandulaire.

Les divisions que l'on a cherché à établir ne fixent qu'une des modalités des fonctions multiples dévolues à chaque glande.

Si l'on ne peut établir de division, peut-on établir un rapprochement entre les fonctions d'ensemble de toutes les glandes : autrement dit, les processus sont-ils les mêmes?

D'une façon générale, on peut considérer que, pour fonctionner régulièrement, toute glande doit posséder : 1° des cellules glandulaires, dont la disposition morphologique varie suivant la nature de la glande et dont le protoplasma doit présenter des propriétés biologiques bien différentes; 2° des vaisseaux sanguins et lymphatiques; 3° des filets nerveux.

Il faut donc envisager : 1° les cellules glandulaires; 2° les vaisseaux sanguins et lymphatiques; 3° les nerfs.

Cellules glandulaires. — Elles sont représentées par toutes les cellules, épithéliales ou autres, de configuration et d'aspect variés, qui, groupées sous forme de masse ou de glande, sont destinées à donner naissance à une sécrétion. Elles constituent la partie essentielle de la glande. Disposées généralement sous forme d'épithélium, c'est dans leur protoplasma que s'élaborent les produits qui doivent former la sécrétion.

Il y a même des cellules que l'on peut regarder comme des glandes unicellulaires; ce sont les cellules caliciformes, qui ne constituent pas de simples cavités nettement délimitées, mais des cavités parcourues par de fines travées de protoplasma qui constituent, par leur anastomose, un vrai réseau dont les mailles renferment le mucigène.

Il ne nous est pas possible pour le moment de saisir le processus de toutes les cellules glandulaires. Cependant, pour quelques-unes, on a pu établir des phases diverses dans l'aspect, la forme et le volume, suivant que la glande à laquelle elles appartiennent se trouve dans un état de repos ou d'activité, et il est permis de généraliser le fait, et d'en déduire que, dans l'ensemble, pour toutes les cellules glandulaires, les processus doivent être les mêmes.

Ce n'est pas à dire pourtant que toutes les cellules glandulaires se comportent exactement de la même manière dans leur évolution totale. Que le début du processus soit le même, la chose est probable, le protoplasma et le noyau vont se modifier par le fait de l'entrée en activité; mais, une fois arrivées au moment de la *sécrétion* ou pour mieux dire de l'*excrétion* cellulaire, les cellules vont suivre une évolution différente qui permet de les diviser en cellules à sécrétions *mérocrines*, et en cellules à sécrétions *holocrines* (Ranvier).

Les cellules à sécrétions *mérocrines* sont celles qui se débarrassent simplement des substances élaborées par leur protoplasma sans se détruire; elles persistent après le travail et recommencent à fonctionner (cellules des glandes salivaires, cellules à mucus, etc.).

Les cellules à sécrétions *holocrines* sont celles dont l'évolution a pour terme leur destruction et la mise en liberté de leur contenu (cellules des glandes sébacées, des glandes mammaires, etc.). Pour que la glande puisse continuer à travailler, il faut donc qu'il y ait régénération cellulaire. Cette régénération, du reste, doit être un phénomène très actif dans toutes les glandes, dont les cellules, sous l'influence d'un travail quelquefois considérable, doivent se détruire assez vite, qu'elles soient mérocrines ou holocrines. C'est sans doute ce qu'a observé Van Gehuchten sur l'épithélium intestinal de certains insectes diptères, chez lesquels il a vu des cellules qui, à plusieurs reprises, accomplissent des actes de sécrétion mérocrine, jusqu'à ce que le noyau soit expulsé à son tour, et que la cellule morte tombe en débris.

Les cellules qui tapissent les culs-de-sac glandulaires se présentent quelquefois dans la même glande sous des aspects divers. C'est ainsi que dans la glande sous-maxillaire, qui est la glande sur laquelle les recherches les plus précises ont été faites, on voit de grandes cellules claires, transparentes, qui constituent ce que l'on appelle les cellules muqueuses, puis des cellules plus petites, qui représentent les cellules séreuses, placées profondément au contact de la membrane basale, très riches en granulations cachant quelquefois le noyau.

Cette différence entre ces cellules a permis de décrire les glandes *muqueuses* et les glandes *séreuses*, suivant qu'elles renferment l'une ou l'autre variété de cellules, et les glandes *mixtes*, celles qui renferment les deux variétés réunies.

Si l'on prend pour type la glande sous-maxillaire, qui est une glande mixte par excellence, pour suivre, sous l'influence du travail, les modifications qu'éprouvent les cellules glandulaires, on arrive à constater très nettement les diverses phases du processus.

Heidenhain, entre autres, imbu de l'idée de la fonte cellulaire, avait pensé que les cellules muqueuses disparaissaient pour être remplacées par les cellules du fond ou cellules séreuses. Mais Ranvier, reprenant les examens, après excitation prolongée, a pu infirmer les faits annoncés par Heidenhain et montrer qu'il s'agit de cellules à fonctions bien distinctes. Du reste, comme confirmation de sa théorie, il a pu examiner et exciter des glandes à cellules purement muqueuses, comme la glande salivaire rétrolinguale du cobaye, la sublinguale du rat et du cobaye et les glandes salivaires des oiseaux, et d'autres glandes purement séreuses, comme la glande sous-maxillaire du rat, les glandes du voisinage des papilles caliciformes de la langue du chat, la parotide de l'homme.

Ranvier a constaté que les grandes cellules sécrètent du mucus comme les cellules caliciformes. Ce mucus est contenu dans les mailles d'un réticulum formé par le protoplasma, et il est évacué sous l'influence de l'excitation du nerf se rendant à la glande, par les contractions des vacuoles protoplasmiques. La glande, sous l'influence seule de l'excitation et sans le secours de la circulation, peut sécréter une quantité de salive dont le poids est plus élevé que celui de l'organe même. Les cellules ne se détruisent pas; c'est donc une sécrétion mérocrine. Le même auteur a constaté que les petites cellules, sous la même influence, donnent naissance à un liquide séreux albumineux sans mucus, mais qui se mélange à la sécrétion des grandes cellules muqueuses et qui contient des granulations très nombreuses qui doivent être destinées à former les divers ferments, d'où le nom de cellules séreuses ou granuleuses ou à ferment (glandes pepsiques, cellules du pancréas, etc.). Il y a donc une grande différence entre ces deux ordres de cellules, et l'on comprend que les glandes présentent des variétés suivant les cellules qu'elles renferment.

L'étude suivie de l'évolution de ces cellules a permis de pénétrer davantage leur rôle physiologique.

Si l'on examine les cellules muqueuses pendant la période préactive, et après un travail ou une excitation prolongée, on voit que, dans le premier cas, la cellule sécrète dans son intérieur le mucus qui s'accumule dans les mailles de son protoplasma. A ce stade, la cellule est grande, nette, transparente; sa base seule est granuleuse et renferme le noyau. La portion claire regarde la lumière de l'acinus, la base granuleuse repose sur la membrane propre du cul-de-sac glandulaire.

Après la période d'activité, la cellule est devenue plus petite; elle est complètement remplie de fines granulations, et le noyau, au lieu d'être refoulé vers la base, s'est rapproché du centre. C'est que le mucus accumulé vers la portion interne de la cellule a été évacué dans la cavité glandulaire, il a été, par le fait, excrété. L'aspect et la structure de la cellule se trouvent ainsi profondément modifiés.

Le processus est à peu près le même pour les cellules à ferment ou séreuses. On peut prendre pour type la cellule pancréatique, à propos de laquelle Mathias Duval s'exprime ainsi : « Cette cellule saillante dans la cavité de l'acinus présente un beau noyau sphérique, situé environ à mi-hauteur du corps cellulaire, de sorte qu'on peut distinguer en celui-ci deux zones : une interne, c'est-à-dire placée en dedans du noyau (vers la cavité du cul-de-sac); une externe, périphérique, placée en dehors du noyau (vers la périphérie ou sur la face convexe du cul-de-sac). Lorsque la glande est au repos (dans l'intervalle de deux digestions), la zone interne est bourrée de grosses granulations ou grains qui se colorent en brun par l'acide osmique et sont solubles dans l'eau. Il est démontré aujourd'hui que ces grains représentent la substance destinée à former le ferment pancréatique, et on les nomme grains de substance zymogène. La zone externe ou périphérique est formée d'un protoplasma très finement granuleux. En étudiant l'état de ces cellules comparativement aux divers stades d'une digestion très active (chien auquel on fait faire un copieux repas), on constate que pendant les six heures qui suivent l'ingestion des aliments, la zone interne de la cellule décroît, s'amoindrit, jusqu'à disparaître plus on moins complètement; la cellule revient sur elle-même, diminue de volume. C'est que la cellule a éliminé ses grains de zymogène. Mais, à partir de la sixième heure environ après le repas, de nouveaux grains apparaissent, se formant à la limite de la zone interne et de la zone externe, puis s'accumulant à mesure qu'ils grossissent dans la zone interne. » Ces observations ont été faites par des auteurs nombreux, parmi lesquels il faut citer RANVIER, HEIDENHAIN, LAGUESSE, VIALLETON, J. MOURET, etc. J. MOURET a même constaté que, dans la zone externe de la cellule pancréatique, il se formait des granulations qui passaient ensuite dans la zone interne; ces granulations seraient des granulations prézymogènes.

On peut donc admettre que, dans toutes les glandes, pendant ce que l'on appelle la période de repos, qui n'est autre que le stade préactif, les cellules préparent dans leur intérieur les produits qui seront expulsés au moment de la période d'activité, et l'on doit partager l'opinion de RANVIER, qui appelle la première période celle de *sécrétion* cellulaire, réservant à la seconde le nom d'*excrétion* cellulaire.

Canalicules interé pithéliaux. — Les cellules glandulaires ne sont pas simplement accolées les unes aux autres. LANGERHANS, en effet, dès 1869, constata de fins canalicules creusés aux dépens des cellules glandulaires juxtaposées du pancréas: il a vu que ces canalicules pénètrent entre les cellules mêmes, y dessinent de fins canaux disposés radiairement autour de la cavité centrale et se terminent entre les cellules par une extrémité légèrement dilatée, piriforme, qui ne va pas jusqu'à la partie la plus périphérique de l'épithélium, mais s'arrête à mi-hauteur entre deux cellules.

RAMON Y CAJAL a confirmé le fait; pour lui, la cavité du cul-de-sac glandulaire est ainsi une sorte de lac central, collecteur de plusieurs sources. Ces canalicules ont en moyenne 3 μ; on peut les considérer comme ayant une signification générale, puisqu'on les a trouvés dans le foie, dans les glandes sudoripares (RANVIER), dans les glandes salivaires (RETZIUS).

Vaisseaux sanguins. — Les vaisseaux sanguins, dont chaque glande est abondamment pourvue, jouent un rôle important dans la fonction glandulaire. Ce sont eux, en effet, qui sont destinés à apporter aux éléments cellulaires les produits spéciaux qui leur sont nécessaires. Aussi leur disposition et leur distribution sont-elles en rapport avec les fonctions glandulaires; on les voit pénétrer dans l'organe, se résoudre en réseaux très ténus enveloppant les divisions glandulaires, acini, tubes, etc., et dessiner presque, par leurs mailles serrées, les formes variées qu'affectent les glandes; à tel point qu'à l'examen de certains plexus capillaires on peut reconnaître la nature de la glande à laquelle ils appartiennent. C'est ainsi que, dans les muqueuses à glandes tubuleuses, les réseaux capillaires sont à mailles allongées dont les axes sont parallèles aux tubes, tandis que, dans les glandes en grappe, les mailles sont arrondies, enveloppant les acini.

Cette richesse de vascularisation permet, suivant le cas, un apport considérable, par le sang, de principes aux cellules glandulaires. Mais cependant, il n'y a pas dans toutes les glandes une disposition générale semblable : il n'y a pas toujours contact direct entre les vaisseaux et les cellules. Dans les glandes en grappe ou en tube, les capillaires se distribuent en réseau à la surface externe de la membrane basale ou vitrée, qui, elle, se trouve alors en contact direct avec les vaisseaux sanguins, et qui se laisse facilement traverser par les principes de la sécrétion. Dans les glandes à vésicules closes, appelées autrefois vasculaires sanguines, ainsi que dans les glandes remaniées de MATHIAS DUVAL, les capillaires sanguins, au contraire, pénètrent dans la glande à travers la membrane, quand elle existe, et vont se mettre en contact direct avec les cellules. Dans les follicules clos, par exemple, la disposition des vaisseaux sanguins est toute particulière et, en même temps, typique. Le follicule est entouré par un riche réseau de vaisseaux sanguins, d'où partent les capillaires qui pénètrent à travers la membrane du follicule, et forment dans son intérieur des mailles allongées à aspect rayonné. Les capillaires se trouvent donc là en contact direct avec les cellules glandulaires. D'après His, ces capillaires n'arrivent pas jusqu'au centre du follicule, qui se trouve en être complètement dépourvu. A une certaine distance de ce centre, en effet, on voit les capillaires se contourner en anse, pour regagner la périphérie par un chemin rétrograde. En présence de cette disposition particulière, il est permis de se demander si ces capillaires intérieurs ne seraient pas plutôt destinés à l'absorption des produits de la sécrétion interne, tandis que les vaisseaux externes seraient destinés à fournir les éléments de cette sécrétion.

De même que les cellules glandulaires, les vaisseaux sanguins glandulaires éprouvent des modifications notables suivant que la glande est dans la période d'activité ou dans la période de repos. C'est encore sur la glande sous-maxillaire que les expériences les plus nettes ont été faites, grâce à sa position et à la possibilité d'exciter la corde du tympan. On sait, en effet, que cette excitation produit une suractivité de la glande. A ce moment, on voit les vaisseaux augmenter de volume; la glande devient turgescente, et le sang qui a traversé la glande et qui revient par les veines, au lieu d'être noir, est encore rutilant. C'est que, sous l'influence de l'entrée en activité, les vaisseaux se dilatent et offrent ainsi un passage plus facile au sang, qui circule en plus grande quantité et avec plus de rapidité. Dans ces conditions, il n'a pas le temps de se saturer de CO^2, et de se transformer en vrai sang veineux. Car, s'il reste rutilant, ce n'est pas qu'il y ait eu diminution de production de CO^2, mais c'est que, une plus grande quantité de sang passant, la quantité absolue de CO^2 absorbée est plus petite pour un volume donné, tandis qu'elle est plus grande pour un temps déterminé, attendu que l'on sait qu'une glande en activité consomme plus d'oxygène et élimine plus d'acide carbonique qu'une glande au repos. Chauveau et Kaufmann ont trouvé que ce rapport d'augmentation serait comme 60 à 87, soit près d'un tiers.

Ces phénomènes sont dus à une vaso-dilatation ayant pour agent provocateur toutes les causes qui excitent les sécrétions.

Lorsque la glande rentre en repos, le phénomène inverse se produit, les vaisseaux qui se sont dilatés se resserrent, la glande diminue de volume, pâlit, et le sang veineux reprend son aspect normal; mais sa quantité diminue.

Ces différentes phases ont été nettement étudiées sur les glandes à sécrétions intermittentes que l'on a pu observer, qu'elles soient en masse, comme le pancréas ou les glandes salivaires, ou qu'elles soient étalées, comme dans la muqueuse gastrique; mais il n'en est pas de même sur les glandes à fonction continue, comme le rein, par exemple, dont la circulation paraît ne pas subir de modifications bien notables, et dont le sang veineux conserve toujours les caractères de celui d'une glande en activité.

Vaisseaux lymphatiques. — Les glandes sont également riches en vaisseaux lymphatiques; mais il n'est pas encore bien facile de déterminer quels sont les rapports qu'ils affectent avec les diverses parties de ces organes. Voici ce que dit Mathias-Duval à leur sujet : « Actuellement, tout tend à démontrer que les capillaires lymphatiques sont clos et terminés par des culs-de-sac revêtus d'un épithélium continu.

« Le système lymphatique de la glande est tout entier extra-lobulaire; il est, en effet, disposé dans les travées conjonctives interlobulaires sous la forme de canaux plus ou moins larges, qui, tous, sont revêtus de grandes cellules endothéliales, et jamais ne pénètrent dans les lobules. Les rapports des lymphatiques avec la glande sont donc moins intimes que ceux des capillaires sanguins.

« Autour des tubes excréteurs, existent aussi des capillaires lymphatiques qui n'arrivent pas jusqu'au contact de la membrane basale ou vitrée de l'épithélium de ces tubes. »

Nerfs glandulaires. — Comme tous les organes, les glandes reçoivent des filets nerveux, mais ici ces filets doivent être divisés en deux catégories distinctes, car les uns pénètrent dans la glande avec les vaisseaux dont ils guident le débit, ce sont les nerfs vaso-moteurs proprement dits, les autres sont destinés spécialement à la cellule glandulaire, ce sont les nerfs excito-sécréteurs.

Nerfs vaso-moteurs. — Les expériences faites sur les glandes accessibles ont parfaitement démontré l'importance de ces nerfs au point de vue de la fonction glandulaire, car c'est à eux qu'est due la régularisation de la circulation et par suite en grande partie l'activité sécrétoire.

Lorsque l'organe est en activité, ainsi que nous l'avons vu plus haut, on constate une turgescence due à une vaso-dilatation, le repos de l'organe coïncidant avec une vaso-constriction relative. Or, comme les éléments de la sécrétion sont apportés par la circulation, on voit l'importance jouée par les agents de la distribution sanguine : les vaso-moteurs.

Ce sont des filets nerveux émanant du sympathique, accompagnant les vaisseaux jusque dans leurs dernières ramifications et agissant sur eux par voie réflexe.

Ce n'est point le lieu de chercher à élucider la question de savoir s'il y a des nerfs vaso-constricteurs et des nerfs vaso-dilatateurs distincts. Jusqu'à présent il semble bien démontré qu'il n'y a qu'une catégorie de filets nerveux vaso-moteurs périphériques qui, suivant l'excitation reçue, donnent naissance à un resserrement plus ou moins grand des vaisseaux. Si, par un effet inhibitoire, leur influence sur les vaisseaux est plus ou moins diminuée, ceux-ci, cédant à la pression sanguine, se laissent plus ou moins dilater; si, au contraire, leur activité est augmentée, il y a resserrement, et ce resserrement peut aller jusqu'à la disparition presque complète de la lumière des petits vaisseaux. Ce mécanisme explique très bien pourquoi les phénomènes circulatoires qui se passent pendant l'activité glandulaire, sont surtout d'origine réflexe ou bien ont toujours besoin de passer par des centres ganglionnaires centraux ou périphériques dans lesquels se modifient les excitations.

Nerfs excito-secréteurs. — A côté des nerfs vaso-moteurs, il y a les nerfs excito-sécréteurs qui viennent présider à l'activité même des cellules glandulaires indépendamment de la circulation, et qui ont été démontrés par Ludwig et Cl. Bernard. Ces physiologistes ont vu que l'excitation du tympanico-lingual produisait dans la glande sous-maxillaire, privée de sa circulation, une sécrétion salivaire égale ou supérieure en poids au poids de la glande elle-même.

Les expériences de Vulpian, Luchsinger et Ranvier sur diverses glandes et surtout sur les glandes sudoripares, ont confirmé la découverte de Cl. Bernard et Ludwig.

Leur démonstration anatomique, longtemps douteuse, semble cependant absolument établie aujourd'hui. Mais un point qui est resté longtemps incertain, malgré les recherches de Bidder, Schulter, Reich, Boll, Pflüger, Krause, etc., c'est leur mode de terminaison.

L'étude qui a fait le plus de bruit est celle de Pflüger qui, observant les terminaisons nerveuses sur les glandes salivaires du lapin, en décrit trois modes : celles se rendant au noyau des cellules glandulaires; celles se rendant au protoplasma de ces cellules et enfin celles se rendant aux cellules cylindriques des conduits excréteurs. Mais cette théorie de Pflüger n'est pas admise; car, malgré les travaux de Ranvier, Kölliker, Frey, Kuppfer, G. Asp, etc., elle n'a pu être confirmée, aucun de ces auteurs, malgré leurs recherches minutieuses sur les terminaisons nerveuses dans les glandes, n'ayant pu contrôler les assertions de Pflüger.

En 1891, Ramon y Cajal et Sala étudièrent les terminaisons nerveuses dans le pancréas et leurs conclusions furent confirmées en 1892 par Erick Müller. Pour ces auteurs on trouve dans le pancréas des fibres nerveuses terminales de deux ordres : d'une part, des fibres vasculaires, comme dans tous les organes et, d'autre part, des réseaux péri-acineux d'où partent des fibrilles qui vont se terminer par une extrémité libre, entre les cellules glandulaires. Gentès, en 1902, sur les nerfs des îlots de Langerhans, constate que leur terminaison se fait entre les cellules par une extremité libre rentlée en bouton et que certains de ces filets présentent un aspect variqueux très net.

Des constatations analogues ont été faites par Fusari et Panasci pour les glandes de la langue, et confirmées par Retzius, Cajal, Dogiel et C. Arnstein.

De l'ensemble de toutes ces observations on peut conclure que la membrane basale des culs-de-sac glandulaires est en rapport avec de nombreuses ramifications de cylindre-axe d'où partent des fibrilles qui traversent cette membrane pour pénétrer entre les cellules glandulaires et là, former de fines ramifications enveloppant les cellules de terminaisons tantôt lisses et terminées en bouton, le plus souvent irrégulières et présentant de petits renflements variqueux qui les font ressembler à des chapelets ou à des grappes.

Il y a donc dans les glandes des nerfs destinés aux vaisseaux et d'autres destinés aux cellules glandulaires. Les relations de leurs terminaisons expliquent l'importance que joue le système nerveux dans les fonctions dévolues aux cellules et aux vaisseaux des glandes, fonctions que nous avons décrites précédemment.

Rôle des glandes. — Si le sang, ce milieu intérieur dans lequel vivent tous les éléments organiques, conserve toujours sa composition normale, quoiqu'il soit le théâtre incessant de mutations considérables, c'est à l'appareil glandulaire, de fonctions si complexes et si variées, qu'il le doit. L'organisme, en effet, forme un ensemble d'organes tous solidaires les uns des autres et ayant besoin pour fonctionner normalement d'avoir à leur disposition des éléments spéciaux, et, en même temps, d'être débarrassés des produits usés, des déchets, des toxines formées. Ce n'est que de cette manière que les conditions biologiques normales sont réalisées.

Par quoi sont représentés ces éléments spéciaux? par des substances connues et inconnues. Et d'où viennent-elles? Les unes viennent du dehors et pénètrent par les voies digestives, mais elles ont déjà besoin d'être modifiées par les sécrétions digestives; les autres sont formées dans l'organisme lui-même avec les principes apportés par la digestion, il est vrai, mais constituent des substances nouvelles sans lesquelles les organes ne peuvent fonctionner.

Cet apport et ce débarras sont confiés à l'appareil glandulaire qui par conséquent a une importance considérable, soit pour entretenir les fonctions, soit pour défendre l'organisme.

Entretien et défense, tel est le double rôle que les glandes sont appelées à remplir.

Prenons comme exemple, un fait bien simple, l'évolution du glycose. On sait que cette substance est nécessaire au muscle qui fournit par sa contraction du mouvement et de la chaleur. L'alimentation en amène la plus grande partie, c'est certain, mais cependant elle est fabriquée régulièrement et surtout distribuée par un organe glandulaire : le foie. Les muscles ne peuvent donc fonctionner normalement qu'à la condition que le foie leur fournira le glycose nécessaire.

Ce glycose se décompose en CO^2 et en H^2O, substances qui, accumulées dans l'organisme, ne tarderaient pas à en troubler le fonctionnement; il faut donc qu'il en soit débarrassé, et c'est encore l'appareil glandulaire qui remplit cette mission. CO^2 sera éliminé par le poumon et H^2O par les reins, les glandes sudoripares, etc.

Si maintenant nous envisageons une glande à fonctions beaucoup plus complexes, la glande thyroïde, quels ne sont pas les troubles qui accompagnent son altération ou son ablation? L'intensité de la perturbation prouve l'importance de cet organe à sécrétion interne.

Il est assez difficile de séparer le rôle nutritif du rôle de défense, car la nutrition ne marche normalement qu'à la condition que l'organisme soit en état de défense contre tout ce qui pourrait porter atteinte à cette fonction.

Tous les phénomènes qui se passent dans le tube digestif, et qui constituent les actes préliminaires de la nutrition, sont d'origine glandulaire, et les recherches modernes tendent de plus en plus à prouver l'influence que les glandes annexées à cet appareil ont les unes sur les autres, à tel point que si l'une d'elles vient à être troublée dans ses fonctions, les autres éprouvent des modifications sérieuses dans leur sécrétion, exemple : la secrétine, la kinase. (Delezenne, Herzen, Dastre, Camus, Wertheimer, Lambert et Meyer, Bayliss et Starling, Enriquez et Hallion, etc.) Et si, laissant de côté les actes digestifs simples, l'on pénètre les phénomènes de la nutrition intime des tissus, on voit intervenir d'une façon très active le même appareil glandulaire, mais ici surtout, par ces sécrétions internes qui, entrevues par Cl. Bernard et Brown-Séquard, commencent à être bien étudiées.

Les travaux modernes ont parfaitement établi, que l'altération ou l'ablation de certains organes glandulaires, donnait naissance à des troubles considérables dans la nutrition. Il faut donc que par leurs fonctions ils contribuent puissamment à maintenir l'équilibre nécessaire de l'organisme, et c'est ce qui fait dire à Charrin (*Défenses de l'organisme*), que les glandes internes ont avant tout souci des conditions de la nutrition intime, de l'état des tissus, des plasmas.

Lorsqu'on approfondit le rôle des glandes, on voit donc que, si elles sont nécessaires pour transformer les substances alimentaires qui doivent fournir les éléments de la nutrition, elles défendent d'un autre côté l'organisme par plusieurs processus : tantôt c'est par transformation, tantôt c'est par élimination, tantôt c'est par accumulation.

Cet équilibre si nécessaire à l'organisme est donc d'origines multiples, soit qu'il s'agisse d'une substance particulière ayant de l'action sur le protoplasma cellulaire et produisant ce que j'appellerai un effet direct, soit qu'il s'agisse d'un corps dont l'effet se manifeste sur l'appareil circulatoire pour donner naissance tantôt à de l'hypotension, tantôt à de l'hypertension, et produise un effet indirect.

On en a un exemple frappant dans la glande thyroïde : sa suppression donne naissance non seulement à des phénomènes toxiques, mais encore à des troubles profonds de nutrition, modifiant la croissance, la cicatrisation et la composition du sang. C'est qu'en effet, comme le prouvent les recherches nombreuses de Gley, Masoin, Bajenow, Luca et Angerio, Ughetti, Mattei, Rogowitch, Laulanié, Hofmeister, etc., cette suppression produit une toxicité très grande du sérum sanguin. Cette augmentation de toxicité serait parfaitement en rapport avec les expériences qui tendent à prouver que la glande thyroïde fabriquerait une leucomaïne, la thyro-antitoxine, ayant les caractères d'un alcaloïde et pouvant neutraliser une nucléo-albumine phosphorée à réaction acide, qui se trouve dans le sang et qui provient des mutations organiques. La neutralisation produirait une substance nouvelle qui, au lieu d'être toxique, serait nécessaire à la nutrition et surtout au développement de l'organisme.

Toutes les modifications qui suivent l'ablation du corps thyroïde prouvent d'une façon très nette l'importance de la sécrétion interne de cet organe comme effet direct, sans parler pour le moment de son action indirecte. Il apparaît comme un organe destiné à protéger les tissus contre des anomalies d'évolution et de structure et à préserver le sang des altérations qui le rendraient impropre à entretenir une nutrition normale et incapable de résister à l'envahissement des microbes.

Le corps thyroïde n'est pas le seul organe glandulaire dont l'ablation produise des troubles nutritifs ; bien d'autres organes, à notre connaissance, ont été reconnus comme jouant un rôle direct dans la nutrition (capsules surrénales, pancréas, etc.), mais ils n'ont pas été, jusqu'à présent, aussi bien étudiés. Cependant, de ce que l'on connaît, il est facile d'en déduire des conclusions.

Depuis 1898, dans les différentes notes que j'ai publiées sur les extraits glandulaires hypertensifs et hypotensifs, j'ai montré, ainsi que beaucoup d'autres physiologistes, que les sécrétions internes pouvaient modifier profondément la circulation. Tous ces organes à sécrétions internes étant solidaires les uns des autres, il doit s'établir entre eux un équilibre qui maintient la pression sanguine à la normale, une trop forte augmentation ayant pour résultat d'exciter les sécrétions hypotensives, et une trop grande diminution produisant un effet opposé.

Que sous l'influence d'une cause quelconque cet équilibre soit détruit, aussitôt les glandes à sécrétion inverse entreront en jeu afin de ramener l'équilibre. C'est ainsi que, si l'on vient à augmenter la pression sanguine par une injection intra-veineuse d'extrait hypertensif, les phénomènes sont compensés peu à peu par les sécrétions hypotensives, qui sont augmentées et qui travaillent à ramener l'équilibre normal produisant même une hypotension relative et momentanée. Il ne faut pas omettre qu'à côté de ces phénomènes destinés à régulariser la pression sanguine par une action sur les centres vasomoteurs ou sur les vaisseaux de la périphérie, l'organisme se défend en détruisant la substance hyper ou hypotensive par d'autres produits encore de fabrication glandulaire, comme je l'ai signalé plus haut pour le corps thyroïde. La nutrition et la calorification subiront donc fatalement, d'une façon indirecte, l'influence de ces troubles circulatoires, et c'est ainsi que ces processus physiologiques sont sous la dépendance des sécrétions internes.

On ne peut s'empêcher d'envisager la portée de ces études au point de vue pathologique. Qu'un organe glandulaire soit atteint, aussitôt sa sécrétion interne est altérée, l'équilibre de l'organisme est détruit. Celui-ci se défend, la lutte commence entre tous les organes et souvent l'équilibre est rétabli par une sorte d'assistance mutuelle et de suppléance, puisque l'on a constaté des hypertrophies compensatrices entre les glandes parotides et le pancréas, entre l'hypophyse et le corps thyroïde, etc.

Mais si cette assistance vient à faiblir ou à faire défaut, l'organisme pourra se trouver très profondément atteint.

Une preuve expérimentale de la lutte qui s'établit entre les actions hyper et hypotensives en est donnée par les grandes oscillations de TRAUBE-HERING, que j'ai signalées en même temps que DE CYON, et qui prennent naissance lorsque l'équilibre a été brusquement détruit par une injection hypertensive (par exemple, de l'extrait d'hypophyse). Après le premier effet de l'injection intra-veineuse, la pression subit alternativement des augmentations et des diminutions en rapport avec la lutte énergique qui s'établit entre les vaso-dilatateurs et les vaso-constricteurs, et ce n'est que peu à peu que prend fin cette perturbation.

C'est encore sous l'influence de certaines glandes, que DE CYON a appelées régulatrices de la circulation et de la nutrition, que fonctionnent les nerfs accélérateurs et modérateurs du cœur, et, par conséquent, que se régularise la circulation. Et même la fonction glandulaire, relativement à la circulation, est si complexe que DE CYON a signalé dans la même glande, la thyroïde, un double mode d'action à effet modérateur ou accélérateur, selon que prédomine dans sa sécrétion de l'iodothyrine ou de l'iode.

L'organe central de la circulation est donc soumis aux sécrétions glandulaires; il doit en suivre les modifications et même les caprices. C'est ce qui fait dire à GAYME : « Le fonctionnement régulier et normal du cœur répondrait donc à la bonne harmonie des divers systèmes nerveux qui le commandent, et ces systèmes nerveux étant soumis à l'action de diverses substances organiques à effets opposés, on comprendra facilement quels résultats peuvent entraîner, vers l'un ou l'autre sens, des vices de sécrétion des diverses glandes régulatrices de la circulation. »

Les glandes, par leurs sécrétions, n'agissent pas seulement sur les nerfs du cœur. D'après ce que l'expérience a démontré, on doit les considérer comme ayant une grande importance au point de vue du rôle joué par le système sympathique qui préside directement ou indirectement à tous les phénomènes de la nutrition cellulaire, qu'il s'agisse de développement, d'entretien ou de dégénérescence.

Mais si les glandes, par leurs sécrétions, agissent sur les nerfs, il faut reconnaître que les nerfs, à leur tour, ont une action très grande sur les fonctions glandulaires pour en régler et modifier le cours. Car les sécrétions sont, comme on le sait, le résultat de réflexes particuliers dont les uns peuvent être d'origine interne et les autres d'origine externe. On connaît depuis longtemps les perturbations sécrétoires engendrées par les impressions émotives. C'est encore à l'influence directe du système nerveux sur la cellule glandulaire que l'on peut attribuer l'adaptation spéciale de certaines sécrétions qui fait, par exemple pour le suc gastrique ou le suc pancréatique, comme l'ont montré PAWLOW et ses élèves, que le suc sécrété est juste celui qui est le plus apte à la transformation des aliments ingérés.

Calorification. — L'appareil glandulaire doit encore être considéré comme jouant un rôle dans les phénomènes de calorification. CL. BERNARD avait signalé que le sang qui sort du foie est le plus chaud de l'organisme; c'est qu'en effet le travail qui se passe dans une glande en activité est tel que la température augmente très sensiblement et que l'on peut considérer les glandes comme une source de chaleur. De même qu'un muscle en activité s'échauffe, de même une glande qui fonctionne augmente de température. On peut démontrer que cette augmentation de température est bien due à l'activité cellulaire, indépendamment de la circulation. Il suffit d'arrêter le passage du sang; on sait que dans ce cas la glande est susceptible de manifester son activité sécrétoire encore pendant un certain temps sous l'influence de l'excitation de ses nerfs. C'est dans ces conditions que MORAT a observé un léger échauffement de la sous-maxillaire en excitant la corde du tympan et aussi, quoique à un degré moindre, en excitant le sympathique cervical.

CH. LIVON.

GLEY (E.), professeur agrégé de physiologie à la Faculté de médecine de Paris (1889), actuellement assistant près la chaire de physiologie générale au Muséum d'histoire naturelle et chef des travaux physiologiques à la Faculté de médecine.

Ses principaux travaux peuvent être groupés de la manière suivante :

I. — RECHERCHES SUR LE SANG. RECHERCHES SUR LE CŒUR ET SUR LES VAISSEAUX

Coagulation du sang. Substances anticoagulantes. — *Prétendue résistance de quelques chiens à l'action anticoagulante de la propeptone* (*B. B.*, 1896, 245). — *L'action anticoagulante des injections intra-veineuses de peptone est-elle en rapport avec l'action de cetet substance sur la pression sanguine?* (avec L. Camus) (*Ibid.*, 1896, 558). — *Action de la propeptone sur la coagulabilité du sang de lapin* (*Ibid.*, 1896, 658). — *Action anticoagulante du sang de lapin sur le sang de chien* (*Ibid.*, 1896, 759). — *De la mort consécutive aux injections intra-veineuses de peptone chez le chien* (*Ibid.*, 1896, 784). — *De l'action anticoagulante et lymphagogue des injections intra-veineuses de propeptone après l'extirpation des intestins* (*Ibid.*, 1896, 1053). — *Défaut de rétractilité du caillot sanguin dans quelques conditions expérimentales* (*Ibid.*, 1896, 1075). — *Moyen d'immuniser les chiens contre l'action anticoagulante de la peptone par une injection préalable de sang de lapin* (*Ibid.*, 1897, 243). — *De l'immunité contre l'action anticoagulante des injections intra-veineuses de propeptone* (avec G. Le Bas) (*A. de P.*, 1897, 848-863). — *A propos de l'action coagulante de la gélatine sur le sang* (avec L. Camus) (*B. B.*, 1898, 1041). — *Action physiologique de l'extrait de fraises. Action sur la pression et sur la coagulabilité du sang et action agglutinante* (*Ibid.*, 1902, 912). — *Action de la gélatine décalcifiée sur la coagulation du sang* (avec Richaud) (*Ibid.*, 1903, 464). — *Les sels de calcium et la gélatine, considérés comme agents de coagulation du sang* (avec Richaud) (*La Presse médicale*, 10 avril 1904, 249). — *Recherches sur le sang des Sélaciens. Action toxique du sérum de Torpille* (*C. R.*, 13 juin 1904, 1547).

L'iode du sang. — *Présence de l'iode dans le sang* (avec P. Bourcet) (*C. R.*, 18 juin 1900, 1721). — *Variations de l'iode du sang* (avec P. Bourcet) (*Ibid.*, 21 juillet 1902, 185).

Actions toxiques des sérums (en collaboration avec L. Camus). — *Toxicité du sérum d'anguille pour des animaux d'espèce différente* (*B. B.*, 1898, 129). — *De l'action destructive d'un sérum sanguin sur les globules rouges d'une autre espèce animale. Immunisation contre cette action* (*C. R.*, 31 janvier 1898, 428). — *Mécanisme de l'immunisation contre l'action globulcide du sérum d'anguille* (*Ibid.*, 8 août 1898, 330). — *Recherches sur l'action physiologique du sérum d'anguille. Contribution à l'étude de l'immunité naturelle et acquise* (*Arch. intern. de pharmacodynamie*, 1898, v, 247-305). — *Expériences concernant l'état réfractaire au sérum d'anguille. Immunité cytologique* (*C. R.*, 24 juillet 1899, 231). — *Nouvelles recherches sur l'immunité contre le sérum d'anguille. Contribution à l'étude de l'immunité naturelle* (*Ann. Inst. Pasteur*, 1899, xiii, 777-787). — *A propos de l'existence, dans un sérum sanguin, d'une action antagoniste de l'action hémolytique* (*B. B.*, 1901, 732).

Cœur et vaisseaux. — *Expér. sur les mouvements rythmiques du cœur* (avec G. Sée) (*C. R.*, 21 mars 1887, 827). — *Recherches sur la loi de l'inexcitabilité périodique du cœur chez les mammifères* (*A. de P.*, 1889, 499-507). — *Nouvelles expériences relatives à l'inexcitabilité périodique du cœur des mammifères* (*Ibid.*, 1890, 436-442). — *Note sur des phénomènes d'arrêt très prolongé du cœur* (*B. B.*, 1890, 411). — *Contribution à l'étude du tétanos du cœur* (*Ibid.*, 1890, 439). — *Contribution à l'étude des mouvements du cœur chez l'homme* [*expér. faite sur un supplicié*] (*Ibid.*, 1890, 517). — *Sur la suspension des mouvements rythmiques des ventricules cardiaques* (*Ibid.*, 1891, 108). — *Contribution à l'étude des mouvements trémulatoires du cœur* (*Ibid.*, 1891, 259). — *Contribution à l'étude des mouvements rythmiques des ventricules cardiaques* (*A. de P.*, 1891, 735-746). — *Des mouvements trémulatoires du cœur chez les animaux nouveau-nés* (*B. B.*, 1892, 684). — *Faits de dissociation fonctionnelle des différentes parties du cœur* (*Ibid.*, 1893, 1053). — *Effets des excitations électriques sur le cœur du hérisson* (*Bull. du Muséum d'hist. natur.*, 1897, 373). — *Procédé de destruction complète de la moelle chez les mammifères. Application à l'étude analytique des actions vaso-motrices* (*B. B.*, 1889, 110). — *Recherches sur les actions vaso-motrices de provenance périphérique* (*A. de P.*, 1894, 702-716).

Innervation des vaisseaux lymphatiques (en collaboration avec L. Camus). — *Recherches expérimentales sur les nerfs des vaisseaux lymphatiques* (*A. de P.*, 1894, 454-463). — *Recherches expérimentales sur l'innervation du canal thoracique* (*Ibid.*, 1895, 301-314). — *Influence du sang asphyxique sur la contractilité du canal thoracique* (*Ibid.*, 1895, 328-334). — *Recherches concernant l'action de quelques substances toxiques sur les vaisseaux lymphatiques* (*Arch. de pharmacodynamie*, 1895, i, 487-511).

II. — PHYSIOLOGIE DES GLANDES. — SÉCRÉTIONS

Dosage de l'azote total des urines par l'hypobromite de sodium titré (avec Ch. Richet) (*B. B.*, 1885, 136). — *Expériences sur la courbe horaire de l'urée et le dosage de l'azote total de l'urine* (avec Ch. Richet) (*Ibid.*, 1887, 377). — *Sur les relations qui existent entre l'acidité de l'urine et la digestion stomacale* (avec E. Lambling) (*Revue biol. du Nord de la France*, I, oct. 1888). — *Sur les conditions dans lesquelles se manifestent les propriétés antiseptiques de la bile* (avec E. Lambling) (*Ibid.*, I, oct. 1888). — *Sur les troubles consécutifs à la destruction du pancréas* (*C. R.*, 6 avril 1891, 752 et *B. B.*, 1891, 225). — *Dédoublement du salol dans l'intestin des chiens privés de pancréas* (*Ibid.*, 1892, 298). — *Action du foie sur la cocaïne* (*Ibid.*, 1891, 560 et 639). — *Note sur quelques effets de la destruction lente du pancréas. Importance de la fonction digestive du pancréas* (*Ibid.*, 1892, 841-846). — *De la non-absorption de l'eau par l'estomac* (avec P. Rondeau) (*Ibid.*, 1893, 516). — *La réaction des parois et du contenu de l'intestin grêle chez l'homme* (avec E. Lambling) (*Ibid.*, 1894, 185). — *Propriétés d'un liquide considéré comme provenant d'une fistule pancréatique chez l'homme* (avec E. Bourquelot) (*Ibid.*, 1895, 238). — *Sur la toxicité de la sueur* (avec L. Capitan) (*Ibid.*, 1896, 1110). — *Action des injections intra-veineuses de propeptone sur les sécrétions en général* (*Bull. du Muséum d'hist. natur.*, 1897, 244). — *Procédé facile d'extirpation complète du thymus chez le lapin* (*Ibid.*, 1898, 368). — *Influence des injections de propeptone sur la fonction glycogénique du foie* (*Ibid.*, 1899, 392). — *Sur le mode d'action des substances anticoagulantes du groupe de la propeptone. Action de ces substances sur les sécrétions* (in *Cinquantenaire de la Soc. de Biol.*, Paris, 1899, 701-713).

Sécrétion pancréatique (en collaboration avec L. Camus). — *Sur la sécrétion pancréatique des chiens à jeun* (*B. B.*, 1901, 194). — *Sécrétion pancréatique active et sécrétion inactive* (*Ibid.*, 1902, 241). — *A propos de l'influence des macérations d'intestin sur l'action protéolytique du suc pancréatique* (*Ibid.*, 1902, 434). — *Action de l'atropine sur la sécrétion pancréatique provoquée par les injections de propeptone ou d'extrait intestinal* (*Ibid.*, 1902, 465). — *Action de l'extrait acide de muqueuse stomacale sur la sécrétion pancréatique* (*Ibid.*, 1902, 648). — *De la sécrétion d'un suc protéolytique sous l'influence des injections de sécrétine* (*Ibid.*, 1902, 649). — *Sur la sécrétion pancréatique active* (*Ibid.*, 1902, 895).

Fonction anticoagulante du foie (en collaboration avec V. Pachon). — *Du rôle du foie dans l'action anticoagulante de la peptone* (*C. R.*, 26 août 1895, 383). — *Influence des variations de la circulation lymphatique intra-hépatique sur l'action anticoagulante de la peptone* (*A. de P.*, 1895, 711-718). — *Influence de l'extirpation du foie sur l'action anticoagulante de la peptone* (*B. B.*, 1895, 741). — *Recherches concernant l'influence du foie sur l'action anticoagulante des injections intra-veineuses de propeptone* (*A. de P.*, 1896, 715-723).

Autres notes publiées par Gley sur la même question : *Du rôle du foie dans l'action anticoagulante de la peptone* (*Bull. du Muséum d'hist. natur.*, 1896, 199). — *A propos de l'effet de la ligature des lymphatiques du foie sur l'action anticoagulante de la propeptone* (*B. B.*, 1896, 663). — *A propos du rôle du foie dans la production d'une substance anticoagulante* (avec L. Camus) (*Ibid.*, 1898, 111).

Fonctions de la glande thyroïde. — *Note préliminaire sur les effets du suc de diverses glandes et en particulier du suc extrait de la glande thyroïde* (*B. B.*, 1891, 250). — *Sur la toxicité des urines des chiens thyroïdectomisés. Contribution à l'étude des fonctions du corps thyroïde* (*Ibid.*, 1891, 366). — *Sur les fonctions du corps thyroïde* (*Ibid.*, 1891, 841). — *Note sur les fonctions de la glande thyroïde chez le lapin et chez le chien* (*Ibid.*, 1891, 843). — *Contribution à l'étude des effets de la thyroïdectomie chez le chien* (*A. de P.*, 1892, 81-91). — *Effets de la thyroïdectomie chez le lapin* (*Ibid.*, 1892, 135-147). — *Recherches sur les fonctions de la glande thyroïde* (*Ibid.*, 1892, 311-326). — *Exposé critique des recherches relatives à la physiologie de la glande thyroïde* (*Ibid.*, 1892, 391-411). — *Action du bromure de potassium sur les chiens thyroïdectomisés* (*B. B.*, 1892, 300). — *Des troubles tardifs consécutifs à la thyroïdectomie chez le lapin* (*Ibid.*, 1892, 666). — *Nouvelles recherches sur les effets de la thyroïdectomie chez le lapin* (*A. de P.*, 1892, 664-669). — *Glande et glandules thyroïdes du chien* (*B. B.*, 1893, 217). — *Nouvelle preuve de l'importance fonctionnelle des glandules thyroïdes* (*Ibid.*, 1893, 396). — *Sur la polypnée des chiens thyroïdectomisés* (*Ibid.*, 1893, 515). — *Les résultats de la thyroïdectomie chez les lapins* (*A. de P.*, 1893, 467-474). — *Recherches sur le* *rôle des glandules thyroïdes chez le chien* (*Ibid.*, 1893, 766-773). — *Note préliminaire sur les effets de la thyroïdectomie chez la salamandre* (avec C. Phisalix) (*B. B.*, 1894, 5). — *Contribution à l'étude des troubles trophiques chez les chiens thyroïdectomisés. Altérations oculaires chez ces animaux* (avec A. Rochon-Duvigneaud) (*A. de P.*, 1894, 101-105). — *Accidents consécutifs à la thyroïdectomie chez deux chèvres* (*B. B.*, 1894, 453). — *Premiers résultats de recherches sur les modifications histologiques des glandules thyroïdiennes après la thyroïdectomie* (avec A. Nicolas) (*Ibid.*, 1895, 216). — *Sur les effets de la thyroïdectomie chez la chèvre* (*Bull. du Muséum d'hist. natur.*, 1895, 286). — *Détermination de la toxicité du sérum sanguin chez les chiens thyroïdectomisés* (*A. de P.*, 1895, 771-784). — *Des effets de l'extirpation des glandules parathyroïdes chez le chien et chez le lapin* (*B. B.*, 1897, 18, 46 et 101). — *Sur le rôle des glandules parathyroïdes* (*Bull. du Muséum d'hist. natur.*, 1897, 23). — *Présence de l'iode dans les glandules parathyroïdes* (*C. R.*, 2 août 1897). — *Bemerkungen über die Funktion der Schilddrüse und ihrer Nebendrüsen* (*A. g. P.*, LXVI, 308-319, 1897). — *Glande thyroïde et glandules parathyroïdes* (*La Presse médicale*, 12 janvier 1898, 77). — *Résumé des preuves des relations qui existent entre la glande thyroïde et les glandules parathyroïdes* (*A. B.*, XXXVI, 57, 1901).

III. — FERMENTS SOLUBLES.

En collaboration avec E. Bourquelot : *Action d'un sérum sanguin sur la matière glycogène et sur la maltose* (*B. B.*, 1895, 247). — *Note concernant l'action du sérum sanguin et de l'urine sur le tréhalose* (*Ibid.*, 1895, 515). — *Digestion du tréhalose* (*Ibid.*, 1895, 555).

En collaboration avec L. Camus : *Action coagulante du liquide prostatique sur le contenu des vésicules séminales* (*B. B.*, 1896, 787 et *C. R.*, 20 juillet 1896, 194). — *Action du sérum sanguin et des solutions de peptone sur quelques ferments digestifs* (*A. de P.*, 1897, 764-776). — *A propos de l'action de la propeptone sur la présure* (*Bull. du Muséum d'hist. natur.*, 1897, 245). — *Persistance d'activité de la présure à des températures basses ou élevées* (*C. R.*, 26 juillet 1897, 256). — *Influence de la température et de la dilution sur l'activité de la présure* (*A. de P.*, 1897, 810-818). — *Note sur quelques faits relatifs à l'enzyme prostatique (vésiculase) et sur la fonction des glandes vésiculaires* (*B. B.*, 1897, 787). — *Rôle des glandes accessoires de l'appareil génital mâle dans la reproduction* (*Bull. du Muséum d'hist. natur.*, 1899, 253). — *Action coagulante du liquide de la prostate externe du hérisson sur le contenu des vésicules séminales* (*B. B.*, 1899, 462 et *C. R.*, 5 juin 1899, 1417). — *Présence d'une substance agglutinante dans le liquide de la prostate externe du hérisson* (*B. B.*, 1899, 725). — *Action du liquide de la prostate externe du hérisson sur le liquide des vésicules séminales; nature de cette action* (*C. R.*, 30 juillet 1900, 351). — *Sur quelques propriétés et réactions du liquide de la prostate interne du hérisson* (*Ibid.*, 353). — *Action du liquide prostatique du Myopotame sur le produit de la sécrétion des vésicules séminales* (*B. B.*, 1900, 1100).

IV. — SYSTÈME NERVEUX ET ORGANES DES SENS.

Étude expérimentale sur l'état du pouls carotidien pendant le travail intellectuel (*Thèse doctorat en méd.*, Nancy, 1881 et *A. de P.*, 1881). — *Influence du travail intellectuel sur la température générale* (*B. B.*, 1884, 265). — *Sur les mouvements musculaires inconscients en rapport avec les images ou représentations mentales* (*Ibid.*, 1884, 450). — *Expériences relatives à la suspension de l'action modératrice du nerf pneumogastrique sur le cœur* (*Ibid.*, 1885, 547). — *De la sensibilité gustative pour les alcaloïdes* (avec Ch. Richet) (*Ibid.*, 1885, 237). — *Action chimique et sensibilité gustative* (avec Ch. Richet) (*Ibid.*, 1885, 742). — *Expériences sur le « sens musculaire »* (avec L. Marillier) (*Bull. Soc. de psychol. physiol.*, 28 février 1887). — *Note sur l'action gustative de la corde du tympan et sur l'origine réelle de ce nerf* (*Ibid.*, 1886, 61). — *De l'action réflexe du nerf sciatique sur la glande sous-maxillaire* (*Ibid.*, 1886, 79). — *Innervation de la glande sous-maxillaire. Sur la suspension d'actions nerveuses excito-sécrétoires* (*A. de P.*, 1889, 151-165). — *Expérience relative au pouvoir moteur des images ou représentations mentales* (*Bull. de la Soc. de psychol. physiol.*, 25 février 1889). — *Sécrétion périodique sous l'influence d'une excitation nerveuse continue* *B. B.*, 1894, 446). — *De quelques conditions favorisant l'hypnotisme chez les grenouilles*, *Ibid.*, 1895, 518 et *L'Année psychol.*, 1896, II, 70-75).

V. — ÉTUDES EXPÉRIMENTALES SUR L'HÉRÉDITÉ (en collaboration avec A. CHARRIN).

Série de notes à la *Soc. de Biol.* et à l'*Acad. des sc.* de 1891 à 1896. Mémoires détaillés in *Arch. de Physiol.* : *Recherches sur la transmission héréditaire de l'immunité*, 1893, 74-82. — *Nouvelles recherches expérimentales sur la transmission héréditaire de l'immunité*, 1894, 16. — *Influence de la cellule mâle sur la transmission héréditaire de l'immunité*, 1895, 154-157. — *Sur l'action héréditaire et l'influence tératogène des produits microbiens*, 1896, 225-237.

VI. — PHYSIOLOGIE PATHOLOGIQUE ET PATHOLOGIE EXPÉRIMENTALE.

Sur quelques troubles trophiques causés par « l'irritation » du nerf sciatique (avec A. MATHIEU) (*A. de P.*, 1888, 137-143). — *Sur la production expérimentale du diabète* (avec G. SÉE) (*B. B.*, 1888, 129). — *Recherches sur le diabète expérimental* (avec G. SÉE) (*C. R.*, 14 janv. 1889, 84). — *Mode d'action des produits sécrétés par les microbes sur les appareils nerveux vaso-moteurs* (avec A. CHARRIN) (*Ibid.*, 28 juillet 1890). — *Recherches expérimentales sur l'action des produits sécrétés par le bacille pyocyanique sur le système vaso-moteur* (avec A. CHARRIN) (*A. de P.*, 1890, 724-738 et 1891, 146-153). — *Contribution à l'étude du diabète pancréatique. Des effets de la greffe intra-abdominale du pancréas* (avec J. THIROLOIX) (*B. B.*, 1892, 686). — *Note préliminaire sur quelques différences dans l'action physiologique des produits du bacille pyocyanique* (avec A. CHARRIN) (*Ibid.*, 1892, 903). — *Altérations de l'œil chez un chien diabétique par extirpation du pancréas* (*Ibid.*, 1893, 56 et 1894, 585). — *Dilatations cardiaques expérimentales* (avec A. CHARRIN) (*C. R.*, 19 juin 1893, 582). — *Mode d'action des substances solubles produites par les microbes sur l'appareil circulatoire* (avec A. CHARRIN) (*C. R.*, 19 juin 1893, 1475). — *Action des substances microbiennes sur les appareils nerveux vaso-dilatateurs chez les animaux vaccinés* (avec A. CHARRIN) (*B. B.*, 1893, 921). — *Sur le fonctionnement de la glande thyroïde et la maladie de Basedow* (*VI*e *Congrès des méd. aliénistes et neurologistes de France*, Bordeaux, 2 août 1895). — *Physiologie pathologique du myxœdème* (*XII*e *Congrès intern. de méd.*, Moscou, 1897 et *Rev. gén. des sc.*, 15 janv. 1898). — *Diabète pancréatique expérimental. Essais de traitement* (*Ann. de la Soc. de méd. de Gand*, 8 août 1900). — *Présence de l'iode dans le goitre exophtalmique* (*B. B.*, 1901, 399). — *The pathogeny of exophtalmic goitre* (*Brit. med. J.*, 21 sept. 1901 et *Rev. gén. des sc.*, 30 octobre 1901).

VII. — PHARMACOLOGIE EXPÉRIMENTALE.

État de la pression sanguine et de la circulation cérébrale pendant le sommeil produit par la boldo-glucine (*B. B.*, 1885, 550). — *Action physiologique du chlorhydrate d'hyoscine* (avec P. RONDEAU) (*Ibid.*, 1887, 56 et 163). — *Action essentielle de l'antipyrine sur le système nerveux* (in *Note* de G. SÉE, *C. R.*, 18 avril 1887 et *B. B.*, 1887, 452). — *De la toxicité de l'antipyrine suivant les voies d'introduction* (avec L. CAPITAN) (*Ibid.*, 1887, 703). — *Médicaments cardiaques : la strophantine* (avec G. SÉE) (*Bull. Acad. de méd.*, 13 nov. 1888). — *Sur la toxicité comparée de l'ouabaïne et de la strophantine* (*C. R.*, 30 juillet 1888). — *Sur l'action physiologique de la coronilline* (*B. B.*, 1889, 307). — *Action anesthésiante locale de l'ouabaïne et de la strophantine* (*Ibid.*, 1889, 617 et 1890, 100). — *Sur la toxicité du mono- et du bichloral-antipyrine* (*Ibid.*, 1890, 371). — *Action physiologique de l'anagyrine. Action sur le cœur et sur les vaisseaux* (*Ibid.*, 1892, 680). — *Nouvelle note sur l'action physiologique de l'ouabaïne* (*Ibid.*, 1895, 37). — *Sur le mode d'action de quelques poisons cardiaques* (*Ibid.*, 1897, 150).

VIII. — MONOGRAPHIES, OUVRAGES.

Article *Gustation* (*D. D.*, 1886). — *Exposé des données expérimentales sur les corrélations fonctionnelles chez les animaux* (*L'Année biol.*, 1897, I, 313). — *Mécanisme physiologique des troubles vasculaires* (in *Traité de pathol. générale* de CH. BOUCHARD, 1899, III, 133-210). — *Essais de philosophie et d'histoire de la biologie*, 1 vol. in-18 jésus de IV-341 p., Paris, Masson et Cie, 1900. — *Études de psychologie physiologique et pathologique*, 1 vol. in-8 de VIII-335 p., Paris, F. Alcan, 1903.

GLOBULINES. — Le nom de *globuline* a tout d'abord été donné par Berzelius à la matière albuminoïde qui existe dans les globules du sang; on en avait aussi rapproché la matière albuminoïde du cristallin, ou *cristalline*. Mais c'est Hoppe-Seyler qui a défini la classe des globulines comme devant renfermer toutes les matières albuminoïdes insolubles dans l'eau, solubles dans les solutions salines aqueuses, en particulier dans les solutions de chlorures et même de nitrates, de phosphates et de carbonates alcalins.

Les solutions ainsi obtenues précipitent par simple dilution et par dialyse; les acides les plus faibles, tels que l'acide carbonique et l'acide acétique, précipitent les globulines sans qu'un excès parvienne à redissoudre le précipité formé.

Un excès de sel, de chlorure ou de sulfate alcalin, l'addition de sulfate d'ammoniaque déterminent encore la précipitation des globulines.

Les globulines sont coagulables par la chaleur.

Voisines des globulines, viennent se placer les fibrines, les globulo-fibrines de la cornée et de la rétine, mais leur solubilité dans les solutions de chlorures alcalins est incomparablement plus faible.

Hammarsten, d'autre part, a montré qu'il était très difficile d'établir une limite bien nette entre les globulines d'une part et les alcali-albumines d'autre part, et qu'il existe entre elles deux toute une gamme de produits intermédiaires. En effet les albumoses sont insolubles dans des solutions diluées de chlorure de sodium, et cependant les alcalis concentrés donnent des albumoses qui précipitent bien par addition de sel marin, mais qui, immédiatement après leur précipitation, sont solubles dans les solutions salines. Certaines globulines en revanche deviennent insolubles dans les solutions diluées de chlorure de sodium après un certain temps de séjour sous l'eau.

Les caséines, qui sont, de même que les globulines, insolubles dans l'eau et solubles dans les solutions salines de carbonates ou phosphates alcalins, en sont cependant très nettement différentes : les globulines sont en effet coagulables par la chaleur, tandis que les caséines ne le sont pas.

En somme les globulines peuvent être définies comme des albuminoïdes insolubles dans l'eau distillée, facilement solubles dans des solutions au 1/5 ou au 1/10 de chlorures alcalins en donnant des liqueurs coagulables par la chaleur.

Les globulines possèdent naturellement les propriétés générales des matières albuminoïdes. Les acides minéraux, en particulier l'acide nitrique et l'acide métaphosphorique, précipitent les globulines. Il en est de même des sels de cuivre, de plomb, de mercure, d'argent, de platine, l'acétate d'urane. Signalons encore les acides phosphotungstique et phosphomolybdique, le sulfate d'ammoniaque, l'iodure de potassium et de mercure, l'iodure de potassium et de bismuth en présence d'acide chlorhydrique, l'acétate basique de fer; tous ces corps les coagulent complètement à chaud. Les phénols, l'acide picrique, le tannin, le chloral coagulent incomplètement les globulines.

Les globulines jouissent des réactions colorées générales des matières protéiques : Réaction de Caventou (coloration violette par HCl à chaud), de Raspail (coloration rouge violacé par SO^4H^2 concentré en présence de sucre), de Fröhde (coloration bleue intense par SO^4H^2 concentré renfermant 1 p. 100 d'acide molybdique), d'Adamkiewicz (coloration violette avec fluorescence verte par addition de SO^4H^2 à la solution dans l'acide acétique cristallisable), de Piotrowsky ou du *Biuret*, de Millon, de Petri, etc.

Les globulines en présence de sulfate de magnésie ne précipitent pas par un mélange de ferrocyanure de potassium et d'acide acétique. Mais elles sont précipitées par l'acide trichloracétique et par l'acétate d'urane.

Lorsqu'on chauffe légèrement une solution de globuline avec $Az\,O^3\,Ag$ et un léger excès de potasse; il se produit aussitôt une coloration brunâtre dont l'intensité augmente jusqu'à coloration cannelle très foncée. Cette intensité est d'autant plus grande que le précipité de $Ag\,^2O$ est moindre, celui-ci se réduisant petit à petit à l'état d'argent métallique qui reste en dissolution. La présence d'ammoniaque empêche la formation d'argent métallique (A. P. Lidof).

On a indiqué encore un certain nombre de réactions caractéristiques des globulines. C'est ainsi que Fr. N. Schulz et R. Zsigmondy appellent indice d'or d'un albuminoïde le nombre de milligrammes de cette substance qui devient strictement suffisant pour empêcher le virage de 10 cc. d'une solution colloïdale d'or en présence de 1cc. de NaCl à 10 p. 100. L'indice de l'or pour la globuline est 0,02 à 0,05.

F. Blum fixe de l'iode sur les matières albuminoïdes au moyen d'une solution d'iode et d'iodure de potassium ou d'une solution alcoolique d'iode; il obtient après élimination de l'excès d'iode et d'acide iodhydrique un produit contenant à peu près 4 p. 100 d'iode; si l'opération est renouvelée environ 6 fois, on obtient une teneur de 6 à 7 p. 100. En présence de bicarbonate de soude, la teneur maxima est obtenue du premier coup. De cette manière, la sérum-globuline en contient 8,45; la serum-globuline d'un liquide de pleurésie 8,99 d'iode; ce sont là de nouvelles caractéristiques du corps.

Classification des globulines. — On classe le plus généralement les globulines suivant leur origine en *globulines animales* et *globulines végétales*.

Les globulines animales présentent elles-mêmes des différences considérables. On a ainsi :

Les *globulines du sérum*, avec le très grand nombre de corps différents de cette famille que l'on a pu déceler. On doit y rattacher les globulines du sang des invertébrés de Griffiths.

Les *ovo-globulines* de l'œuf avec un certain nombre de substances du même type.

La *cristalline* ou globuline du cristallin.

Enfin d'une part, les *myosines, musculines, myo-globulines* qui présentent avec les globulines proprement dites certaines différences, faibles, il est vrai, mais qui permettent d'en faire un chapitre spécial (voir **Myosine**).

D'autre part, les fibrines peuvent, ainsi que l'a montré Arthus, se rattacher d'assez près aux globulines. Elles ont déjà fait l'objet d'une étude particulière (voir **Fibrine**).

Enfin il existe un certain nombre de globulines moins bien déterminées : telles sont les globulines du lait, du corps thyroïde et de l'urine, la *globine* de Schultz produit du dédoublement de l'hémoglobine de cheval (depuis les travaux de Kossel et Lilienfeld, elle semble appartenir aux groupes des *nucléo-histones* (voir **Hémoglobine, Histone**).

Parmi les *globulines végétales*, la plus importante est l'*édestine* ou globuline cristallisée des graines de chanvre; elle a déjà fait l'objet d'une étude détaillée (voir **Édestine**). Il existe encore dans le règne végétal un certain nombre de globulines mal connues que l'on rencontre dans les semences de courge, la noix de Para et dont nous dirons plus loin quelques mots. Wroblewsky a enfin montré qu'il existait de la globuline dans le plasma de levure.

Globuline du sérum. — Ce sont peut-être les plus importantes et les mieux connues : mais leur nature et leur nombre sont encore des plus discutables.

Panum a décrit pour la première fois sous le nom de *sérum-caséine* une globuline qu'il obtenait en traitant le sérum étendu d'eau par de l'acide acétique. Schmidt et Lehmann placent le sérum-caséine de Panum dans le groupe des globulines qui venait d'être établi par Berzelius. Alexandre Schmidt le désigne alors sous le nom *substance fibrinoplastique;* Kühne et Eichwald précipitèrent aussi des albuminoïdes particuliers qu'ils considéraient l'un et l'autre comme des alcalialbumines, et dont Hammarsten fixa la nature en montrant qu'ils n'étaient formés que par une certaine fraction des globulines du sérum.

On désigne quelquefois ces différents corps sous le nom de *paraglobuline*, donné par Kühne. Gannal a désigné sous le nom d'*hydropisine* des substances analogues extraits d'épanchements pleuraux, peritonéaux ou péricardiques. Mais il est incontestablement plus logique de réunir sous le nom de *sérum-globulines* l'ensemble des albuminoïdes répondant à la définition que nous avons donnée plus haut et que l'on trouve dans le serum et les différents exsudats. Nous verrons plus loin que l'on est loin d'avoir affaire à une seule substance.

Pour la préparation Mikaïloff étend le sérum de 2 à 3 fois son volume d'eau, puis il le sature par un excès de sulfate d'ammoniaque cristallisé en très petits cristaux. Le précipité qui se forme dans ces conditions renferme la totalité des substances albuminoïdes. On lave avec une solution saline de sulfate d'ammoniaque; on redissout dans l'eau et on dialyse; quand la liqueur ne contient plus de sels en dissolution, il se fait un précipité de globuline.

Hammarsten étend le sérum de 10 fois son volume d'eau, le sature d'acide carbonique ou le neutralise avec de l'acide acétique; puis le liquide est soumis à la dialyse. Dans ces conditions les sérum-globulines précipitent, mais seulement partiellement. Aussi Hammarsten a-t-il proposé un autre procédé qui consiste à ajouter à saturation à la température de 30° du sulfate de magnésie en poudre. On filtre, on lave avec une solution saturée de même sel et on redissout dans l'eau. Le liquide ainsi obtenu est précipité de nouveau par le même sel et lavé, redissous dans l'eau, et ainsi plusieurs fois de suite jusqu'à ce que le filtre ne renferme plus d'albumine. Par la dialyse on enlève ensuite à la dernière redissolution le sulfate de magnésie et la globuline précipite.

Par ce dernier procédé il a paru à Burkhart qu'une albumine spéciale coagulable par le sulfate de magnésie était associée à la globuline précipitée; il n'en est rien, et Hammarsten a pu montrer que cette prétendue albumine n'était qu'une globuline.

Enfin Hofmeister et Kunde ajoutent au sérum son volume d'une solution saturée de sulfate d'ammoniaque : dans ces conditions seule la globuline précipite, les albumines ne précipitent qu'à une concentration beaucoup plus grande.

Quel que soit d'ailleurs le procédé employé ; on est loin d'obtenir une espèce chimique. Ainsi nous avons dit que par demi-saturation du sérum par le sulfate d'ammoniaque on précipitait la totalité des globulines, et Hammarsten avait admis que ces précipités formaient une espèce unique. Marcus dédoubla le précipité en une partie insoluble dans l'eau et précipitable par dialyse, et une partie soluble.

Une autre méthode de fractionnement des globulines de sérum a été employée par Pick, Fuld et Spiro, Rey, qui ont montré que par l'addition de doses croissantes de sulfate d'ammoniaque on peut isoler : 1° une *fibrinoglobuline* peu abondante; 2° une *pseudo-globuline* et 3° une *euglobuline*. C'est à cette dernière fraction qu'appartiennent seulement les deux variétés soluble et insoluble de Marcus que l'on doit donc désigner sous les noms, d'*euglobuline soluble* et *d'euglobuline insoluble* dans l'eau. Enfin les parties insolubles dans l'eau renferment en outre probablement une nucléine ou *nucléoglobuline*.

Bien que de tels fractionnements paraissent au premier abord un peu illusoires, il est remarquable de constater que Seng a toujours vu l'antitoxine diphtérique suivre la globuline soluble, que Fick a trouvé que la précipitation fractionnée par le sulfate d'ammoniaque produit dans le sérum de chaque animal une séparation toujours identique des corps immunisants ainsi : la toxine anti-tétanique accompagne toujours le précipité de pseudoglobuline. Fuld et Spiro ont encore pu séparer par le sulfate d'ammoniaque, une globuline insoluble coagulant le lait comme le lab, une insoluble inactive et une autre soluble ayant une action anticoagulante.

Ernest Freund et Julius Joachim ont trouvé que la sérum-globuline obtenu par précipitation du sérum sanguin au moyen de sulfate de magnésie à saturation ou du sulfate d'ammoniaque à demi-saturation n'est pas un corps simple, mais un mélange de nucléoglobuline et de plusieurs autres globulines.

Si on la fait dialyser en solution chlorée en présence d'eau distillée, elle précipite en partie, car elle est formée d'une part par une série de substances insolubles dans l'eau distillée, d'autre part par une autre série de corps qui y sont solubles.

Elle précipite partiellement encore en présence de sulfate d'ammoniaque au tiers de saturation, et complètement lorsque le corps est à demi-saturation; la sérum-globuline comprend donc deux groupes de corps séparables par addition de plus ou moins grandes quantités de sulfate d'ammoniaque.

Ces quatre groupes de substances sont très différents les uns des autres, et Freund et Joachim ont admis à leur tour que la sérum-globuline est formée des corps suivants :

Euglobuline (ensemble des substances précipitées par le sulfate d'ammoniaque au tiers de saturation);

Pseudoglobuline (ensemble des substances non précipitées dans le même cas);

Paraeuglobuline (ensemble des substances insolubles dans l'eau distillée);

Parapseudoglobuline (substances non précipitées par le sulfate d'ammoniaque et solubles dans l'eau distillée).

F. Fuhrmann a trouvé que le sérum de bœuf, de lapin, de porc, de cheval et de cobaye, traité par du sulfate d'ammoniaque à 1/3, 1/4, 1/5 de la saturation totale, laisse précipiter successivement de l'euglobuline, de la pseudoglobuline et de la sérum-albumine.

H. Spiro, ayant repris les recherches que nous avons citées plus haut et qu'il avait commencées avec Fuld, a montré que la globuline se dédouble en *euglobuline*, qui possède les propriétés coagulantes du labferment et en *pseudoglobuline*, qui entrave l'action du lab. De même la première précipite la myosine, et la seconde est sans action, ou même elle entrave cette précipitation par le salicylate de soude ou l'acétate de potasse. Nous verrons plus loin le rôle des globulines en tant que ferments.

Les globulines du sérum se présentent sous la forme de grumeaux blanchâtres ou de filaments très fins, ne possédant d'ailleurs aucune élasticité. Elles sont insolubles dans l'eau pure et se dissolvent au contraire dans les dissolutions salines. L'étude de ces solubilités est le fait le plus intéressant dans l'histoire des globulines. La solubilité même dans l'eau est extrêmement variable.

E. Marcus, en précipitant du sérum de cheval à l'aide de sulfate de magnésium ou à demi-saturation avec du sulfate d'ammoniaque, a obtenu une globuline en partie soluble dans l'eau. L'eau peut acquérir des propriétés solvantes vis-à-vis de la globuline par le simple passage d'un courant d'oxygène, d'air ou d'acide carbonique.

Weyl a montré que, par un contact prolongé avec l'eau, la globuline devient graduellement insoluble dans les solutions de NaCl de moyenne concentration, et il considère cette forme insoluble comme un albuminate. D'autre part, Starkes, dans l'action de l'eau sur les globulines, a observé que le précipité de globuline laissé quelques minutes avec de l'eau devient plus ou moins soluble dans les solutions salines, tandis que la globuline elle-même est précipitée de ses solutions par les sels neutres. La présence d'une petite quantité d'acide suffit pour transformer la modification soluble en insoluble; ainsi la globuline séparée par l'acide carbonique est insoluble dans les solutions neutres de NaCl; de même la myosine passe à l'état de modification insoluble par suite de l'acidité qui se développe dans le muscle après la mort.

Les sérum-globulines sont solubles dans des solutions de chlorure de sodium renfermant de 5 à 10 p. 100 de sel. La solubilité va en diminuant pour des concentrations plus fortes, comme pour des dilutions plus grandes.

La solubilité dans les solutions de NaCl est d'ailleurs modifiée considérablement par les substances étrangères. Enfin le contact prolongé avec l'eau pure, ou même l'incorporation lente d'une solution salée de globuline amène l'insolubilisation partielle ultérieure de la substance dans une solution de sel marin.

Les globulines sont encore solubles dans un certain nombre de solutions salines différentes, ainsi dans les solutions alcalines étendues, dans les solutions de carbonates et de bicarbonates, de phosphates bimétalliques alcalins. Les quantités de sels nécessaires pour dissoudre, dans 100 grammes d'eau, 1 gramme de globuline, sont, d'après Al. Schmidt :

Soude	0gr,002
Carbonate de soude	0gr,017
Bicarbonate de soude	0gr,134
Phosphate de soude	0gr,092
Chlorure de sodium	1gr,974

Les acides, même l'acide carbonique, précipitent ces solutions. Un courant prolongé d'acide carbonique, après avoir déterminé une précipitation, provoque une redissolution partielle du précipité. Les solutions ainsi obtenues ont un aspect gommeux, mais non filant. Elles sont coagulables par la chaleur, entre 68° et 80°. Elles précipitent par l'acide azotique, le phénol, l'acide métaphosphorique, les carbonates alcalins, etc.

Ces précipités ne semblent pas répondre à une composition nettement définie. Ainsi E. Fuld a trouvé que la proportion de phosphore contenue dans les précipités de solution de sérum-globuline par l'acide métaphosphorique est essentiellement variable.

Les véritables précipitants des globulines sont, pour les sérum-globulines, le sulfate d'ammoniaque, l'acétate de potasse et le sulfate de magnésium. Ces trois sels précipitent complètement dans le sérum les globulines.

Les globulines sont lévogyres. Leur pouvoir rotatoire spécifique oscille, selon les auteurs, entre — 47°,8 à — 48°,2 (Fredericq), et — 47° (Hammarsten) dans les solutions salées; — 59°,8 (Haas) dans les solutions de carbonate de soude.

Les globulines sont encore plus difficilement dialysables que les albumines ordinaires.

La composition chimique des globulines est celle des albuminoïdes en général; mais elle semble, néanmoins, ne pas être constante.

O. Porges et K. Spiro ont séparé les globulines du sérum en trois parties, dont les limites de précipitation par le sulfate d'ammonium sont de (I) 28 à 36 ; de (II) 33 à 42 ; de (III) 42 à 46 p. 100 de la saturation.

L'analyse de ces différentes fractions a donné les résultats suivants :

	I	II	III
C	52,68 et 52,56	50,48 et 50,35	47,52 et 47,40
H	7,65 — 7,75	7,78 — 7.72	8,14 — 8,01
S	1,13	0,98	0,92
Az	16,03	15,5	14,45

La constitution même des globulines du sérum est encore fort mal connue. Néanmoins W. Hausmann a montré que l'azote pouvait être séparé en trois fractions distinctes après un traitement à l'acide chlorhydrique bouillant.

Sérum-globuline de cheval.

Azote amidé.	8.90
Diaminoazote.	24.95
Monoaminoazote.	63.28

D'après A. Jolles, la sérum-globuline cristallisée cède 70 à 81 p. 100 de son azote en présence de permanganate de potasse dans le filtrat phosphotungstique.

Enfin, H. Grund, en faisant bouillir divers organes de bœuf et de veau, ou des nucléoprotéides avec HCl (D = 1,06), et en pesant le furfurol du distillat à l'état de furfurol-phloroglucide, a constaté que la sérum-globuline ne donne pas de furfurol.

Les globulines sont attaquables par les ferments solubles. E. Zuntz, reprenant les travaux antérieurs de Neumeister, Kühne et Chittenden, a étudié les produits de la digestion peptique de la sérum-globuline, de l'euglobuline et de la pseudoglobuline. Par des précipitations successives, au moyen de quantités croissantes de sulfate de zinc, et par précipitation à l'aide de l'acide phosphotungstique, il a noté les cinq groupes suivants de substances :

1° Les acides albumines (10 p. 100 de l'azote total en dissolution); 2° les albumoses (9/10 de l'azote total), constituées par des proto et des hétéro-albumoses, des deutéro-albumoses; 3° les peptones vraies, en petites quantités; 4° des corps analogues aux précédents, précipitables par l'acide phosphotungstique, mais ne donnant pas la réaction du biuret; enfin, un dernier groupe, probablement constitué par des amino-acides non précipitables par l'acide phosphotungstique, et ne donnant pas la réaction du biuret.

Globulines du sérum des invertébrés : fonction respiratoire. — Une classe très intéressante de globulines a été découverte par Griffiths, dans le sang d'un certain nombre de mollusques et de tuniciers, globulines remarquables par le rôle qu'elles jouent dans la respiration des tissus.

Le sang de *Pinna squamosa*, liquide blanc brunissant à l'air, renferme ainsi une globuline, nommée par l'auteur *pinnaglobine*, qui possède les mêmes fonctions d'oxygénation ou de désoxygénation que l'hémoglobine et l'hémocyanine. La *pinnaglobine* se prépare en traitant le sérum par l'alcool : les graisses, l'urée restent en dissolution; les albuminoïdes précipitent. Le précipité ainsi obtenu est traité par une dissolution étendue de sulfate de magnésie, le produit est précipité de nouveau par un excès de sulfate de magnésie; on filtre, on lave le précipité par une solution saturée de SO^4Mg. On le redissout dans l'eau où il est soluble à la faveur de l'excès de SO^4Mg resté adhérent au précipité. Le liquide est porté à 56°, ce qui détermine la coagulation de quelques albuminoïdes non définis. On filtre, et on précipite alors le filtrat par l'alcool. Le précipité est lavé à l'eau distillée, séché à 60°, puis dans le vide. La *pinnaglobine* ainsi obtenue répond à la composition suivante :

Carbone.	55,07
Hydrogène. . . .	6,24
Azote	16,24
Manganèse. . . .	0,35
Soufre.	0,81
Oxygène.	21,29
	100,00

Ce qui correspondrait à la formule $C^{724}H^{985}Az^{183}MnS^{4}O^{210}$. Le corps se présente sous deux formes suivant son degré d'oxydation; tantôt à l'état d'une oxypinnaglobine, tantôt à l'état de pinnaglobine réduite ou pinnaglobine privée d'oxygène actif.

Elle se combine avec

Le méthane CH^4	en donnant naissance	à un composé	verdâtre.
L'acétylène C^2H^2	—	—	grisâtre.
L'éthylène C^2H^4	—	—	rougeâtre.

Toutes combinaisons dissociables par le vide. Enfin le pouvoir rotatoire pour la raie D de la pinnaglobine est de $[\alpha]_D = -61°$.

Par la même méthode de préparation Griffiths a retiré du sang jaunâtre de *Patella vulgata* une globuline incolore, de formule $C^{523}H^{761}Az^{196}SO^{140}$, qui peut s'oxygéner et se désoxygéner alternativement au contact des tissus, nommée *achroglobine* α par l'auteur. On peut donc avoir soit l'*oxyachroglobine* α, soit l'*achroglobine* réduite. Son pouvoir rotatoire spécifique est $[\alpha]_D = -48°$. Le même auteur a pu, du sang jaunâtre des *Chiton*, obtenir toujours par la même méthode une globuline douée des mêmes fonctions respiratoires, la β *achroglobine* de formule $C^{621}H^{814}Az^{175}SO^{169}$. La combinaison oxygénée qui se forme dans les branchies est ensuite transportée par la circulation dans les différents organes et les tissus. Les tissus lui enlèvent l'oxygène et la font passer à l'état réduit ou privé d'oxygène actif.

Enfin du sang des Tuniciers, *Ascidia*, *Molgula*, *Scynthia*, il a été extrait une γ *achroglobine*, de formule $C^{721}H^{915}Az^{194}SO^{183}$, de pouvoir rotatoire spécifique $[\beta]_D = -63°$.

En employant la pompe à mercure, Griffiths a pu trouver que 100 grammes de cette globuline absorbent 149 grammes d'oxygène à 0° et 760 mm. Il est très probable que plusieurs substances analogues incolores, respiratoires, existent dans le sang des invertébrés.

Ovoglobuline. — Il existe une certaine quantité de globuline dans la masse de substance albuminoïde qui forme le blanc de l'œuf, et on peut évaluer ces globulines à environ 6 p. 100 de la masse totale. Le procédé de préparation est toujours le même; il consiste à saturer le blanc d'œuf avec du sel marin ou du sulfate de magnésium. Le précipité que l'on obtient est lavé avec une solution saturée de sel, redissous dans l'eau, puis dialysé. Les globulines précipitent quand les sels ont disparu.

Il semble là encore qu'il y a au moins deux variétés d'ovoglobuline. Déjà Gorin et Bérard ont montré qu'il y avait deux points de coagulation, l'un à 57°,5, l'autre à 67°. Langstein a pu distinguer dans le blanc de l'œuf quatre substances albuminoïdes, parmi lesquelles une ovoglobuline proprement dite, et une euglobuline.

Pour précipiter la globuline, on peut ajouter au blanc d'œuf du sulfate d'ammoniaque; elle se sépare, sous l'action des solutions salines, en deux parties, l'une plus, et l'autre moins soluble; la première fraction est moins riche en carbone et en soufre que la globuline complète.

Pour obtenir un précipité d'euglobuline, il suffit d'ajouter au blanc d'œuf un égal volume d'une solution saturée à froid d'acétate de potassium. 10 cc. de blanc d'œuf donnent 0g,05 de globuline totale, dont 66 p. 100 d'euglobuline. Cette substance présente la composition suivante :

Carbone.	49,86
Hydrogène. . . .	7,10
Azote.	14,31
Soufre.	1,72

La globuline totale a pour composition :

Carbone.	51,93
Hydrogène. . . .	7,04
Azote.	15,17
Soufre.	1,99

La globuline donne toutes les réactions des matières albuminoïdes, et fournit par l'hydrolyse en présence d'HCl 11 p. 100 de glucosamine, sous la forme d'un dérivé pentabenzoylé.

J. Schultz a montré que la diastase protéolytique de la levure agit sur l'euglobuline et la pseudoglobuline, mais d'une manière moins accentuée que sur la levure elle-même, où elle provoque des phénomènes d'autolyse.

La *vitelline* du jaune de l'œuf se rapproche par certains côtés des globulines, mais l'ensemble de ses propriétés et sa composition, (présence d'une certaine proportion de lécithine) l'en éloigne tout à fait (voir **Vitelline**).

Cristalline. — La cristalline constitue la globuline du cristallin. On l'obtient en broyant des cristallins de bœuf dans des solutions salines étendues : les globulines se dissolvent. Mörner a pu dans ces conditions en distinguer deux : une *cristalline* α représentant 68 p. 1 000 de la substance fraîche, renfermant 16,68 p. 100 d'azote et 0,56 de soufre coagulable à 72°; une *cristalline* β représentant 110 p. 1 000 de la substance fraîche renfermant 17,04 p. 100 d'azote et 1,27 p. 100 de soufre coagulable à 63°. Toutes deux ne sont pas précipitées par le sel marin à saturation; mais elles précipitent par le sulfate de soude et le sulfate de magnésie. Mörner admet que la cristalline α serait plus abondante dans les courbes extérieures de l'organe.

Globulines diverses. — On a trouvé des globulines dans un très grand nombre d'organes. C'est ainsi que l'on trouve des globulines dans le lait en particulier.

W. Ellenberger a trouvé par l'analyse des matières protéiques dans le lait d'ânesse une globuline ainsi composée :

Carbone, 53,4; Hydrogène, 7,31; Azote, 15,79; Soufre, 0,47

On en rencontre dans les urines, et A. Herlant a trouvé une urine renfermant de la mucine, de la sérine, de la globuline, des albumoses et des peptones : il séparait la sérine de la globuline au moyen du sulfate de magnésie.

Dans le corps thyroïde on a pu trouver des globulines iodées. D'après A. Ostwald, abstraction faite de la richesse en iode, qui est variable, la thyréoglobuline a, dans chaque espèce animale, une composition constante.

Chez l'homme la thyréoglobuline est plus riche en iode lorsque les glandes sont dégénérées. A. Ostwald a trouvé que la proportion d'iode est directement liée à la proportion de colloïde; les préparations ne sont actives qu'en raison de l'iode qu'elles contiennent. Tout se passe comme si la glande contenait un mélange d'une thyréoglobuline iodée avec une globuline non iodée.

Globulines végétales. — Les globulines végétales, bien que jouissant de toutes les propriétés générales des globulines, sont toutefois légèrement solubles dans l'eau. Elles possèdent la remarquable propriété de pouvoir cristalliser, et leur étude est par suite du plus grand intérêt. L'édestine en est le type (voir **Édestine**), mais à côté d'elles viennent se placer quelques autres substances non moins intéressantes, et qui possèdent aussi les mêmes propriétés cristallines.

Les *globulines de la noix de Para* sont des corps bien cristallisés (Maschke), pouvant donner des combinaisons définies et bien cristallisées avec la magnésie (Schmiedeberg, Drechsel) ou la soude. Le point de coagulation oscille autour de 75°.

Les *globulines des semences de courge* sont encore des variétés cristallines solubles dans les solutions de chlorure de sodium, coagulables par la chaleur à 95° dans une solution salée à 1 p. 3; à 78° dans une solution salée à 1 p. 12. La composition de ces cristaux ne semble pas varier avec la nature de la solution au sein de laquelle ils se sont déposés.

Cristaux formés dans une solution.

	Sel marin.	Chlorhydrate d'ammoniaque.	Sulfate de magnésie.
Carbone.	53.21	53.35	53.29
Hydrogène. . . .	7.22	7.31	6.99
Azote.	19.22	19.17	18.99
Soufre.	1.07	1.16	1.13
Oxygène.	19.10	18.70	19.47
Cendres.	0.18	0.11	0.13

Ces chiffres montrent bien la constance et l'identité de la substance.

On connaît une combinaison cristallisée de cette globuline et de magnésie, renfermant 0.45 de magnésie; ce qui donne pour formule $C^{470}H^{1920}Az^{360}O^{332}S^{8}Mg^{3}$. La globuline aurait ainsi pour formule $C^{292}H^{481}Az^{90}O^{83}S^{2}$ (Grubler, Bunge).

Signalons encore les globulines du semis de chanvre (Ritthausen), de *Pœonia officinalis*, du lupin bleu, du froment, etc.

Propriétés ferments de certaines globulines. — Les globulines semblent jouir dans certains cas de propriétés fermentescibles énergiques.

Certaines globulines agissent sur les albuminoïdes. Ainsi E. FULD et K. SPIRO ont étudié l'action de l'euglobuline et de la pseudoglobuline sur le lait.

La première coagule nettement le lait; une addition de chlorure de calcium ou d'un alcali en accélère l'action, et la chaleur de 65°-70° la supprime définitivement; ainsi que l'addition d'un acide.

La pseudoglobuline peut passer pour un antilab : le séjour dans des dissolutions acides ou alcalines, ou l'addition de chlorure de calcium diminuent l'action : le chauffage à 70° la supprime.

HAMMARSTEN avait montré que la caséification se fait en deux phases : 1° production de paracaséine; 2° sa précipitation sous forme de combinaison calcique. La pseudoglobuline n'agit dans cette dernière phase que par soustraction de chaux.

Certaines globulines végétales jouissent d'une toxicité manifeste. Telles sont les globulines du jequirity trouvé par M. S. MARTIN. Le pouvoir bactéricide du sang a même été attribué aux globulines. On a pu extraire des leucocytes une cytoglobuline possédant un pouvoir bactéricide des plus marqués.

Enfin ABELOUS et BIARNÈS ont montré l'existence de globulines jouant le rôle d'oxydases (Voir **Oxydase**); les globulines des invertébrés de GRIFFITHS possèdent des propriétés analogues. On voit par là quel doit être le rôle physiologique des globulines, rôle encore peu connu qui doit être des plus importants, essentiellement variable d'ailleurs avec chaque globuline.

Bibliographie. — ABELOUS et BIARNÈS (*B. B.*, 1897, 576). — ATKINSON (*J. of exp. med.*, 1900, v, 67). — BLUM (*Z. p. C.*, 1899, XXVIII, 288). — BRAMWELL (*Atlas of clin. med.*, 1891, I, 170). — CHITTENDEN et MENDEL (*J. P.*, 1894, XVII, 48). — CHITTENDEN et KÜHNE (*Z. B.*, 1886, X, 409). — CSALARY (*D. Arch. f. klin. Med.*, XLVII, 159). — DANILEWSKY (*Trav. physiol. de Danilewsky* (en russe), 1891, II, 167). — ELLENBERGER (*Arch. f. Phys.*, 1902, *Supp.*, 313). — FREUND (F.) et JOACHIM (J.) (*Z. p. C.*, 1902, XXXVI, 407). — ID. (*C. P.*, 1902, XVI, 297). — FUHRMANN (F.) (*Beitr. ch. Phys. u. Path.*, 1903, III, 417). — FULD (*Beitr. z. ch. Phys. u. Path.*, 1902, II, 155. — Voir FULD et SPIRO). — GRIFFITHS (*C. R.*, 1892, CXIV, 840, — 1892, CXV, 259, — 1892, CXV, 474, — 1892, CXV, 738). — GRUND (*Z. p. C.*, 1902, XXXV, III). — HAMMARSTEN (*Ibid.*, VIII, 467). — HARLAUT (*Bull. Ass. belge chim.*, 1901, XV, n° 8 et 9). — HAUSMANN (*Z. p. C.*, 1900, XXIX, 136). — JOLLES (A). (*Ibid.*), 1901, XXXII, 371. — LAUNTEIN (*Beitr. ch. Phys. u. Path.*, 1901, I, 83). — LIAOF (*J. Soc. phys. chim. R.*, 1899, XXXI, 781). — MARCUS (*Z. p. C.*, 1894, XXVIII, 559). — MIKHAÏLOW (*J. Soc. phys. chim. R.*, 1885, 348). — OSTWALD (A.) (*Beitr. ch. Phys. u. Path.*, 1902, II, 545). — PASKOVICI (F.) et ULZER (F.) (*D. ch. G.*, 1903, XXXVI, 209). — PICK (*Beitr. ch. Phys.*, I, 7). — REALE (E.) (*Riv. clin. e Terap.*, 1889, XI, 63). — REMEZOFF (*Trudi fisiol. lab. imp. Moskow Univ.*, 1890, II, 255). — REY (*Dissertation*, Strasbourg, 1898). — SCHULTZ (J.) (*Beitr. ch. Phys. u Path.*, 1903, III, 433). — SCHULTZ et ZSIMONDY (*Beitr. ch. Phys. u. Path.*, 1903, III, 137). — SEUG (*Z. p. C.*, XXXI, 513). — SPIRO (K.) (*Beitr. ch. Phys. u. Path.*, 1901, I, 78). — SPIRO (K.) et FULD (*Z. p. C.*, 1900, XXXI, 132). — SPIRO (K.) et PORGES (O.) (*Beitr. ch. Phys. u. Path.*, 1902, III, 277). — STARKE (*Z. B.*, XXII, 425). — THOMAS (B.) OSBORNE (*Am. J. Soc.*, 1902, I, 28). — VIGLEGIO (A.) (*Riv. clin. di Bologna*, 1887, VII, 673). — VINCENT (*Z. p. C.*, 1902, XXXIV, 417). — WEYL (*Ibid.*, 1877, I, 72). — WROBLEWSKI (A.) (*J. f. prakt. Ch.*, 1901, LXIV, 1). — ZUNZ (E.) (*Beitr. ch. Phys. u. Path.*, 1902, II, 435; — *Z. p. C.*, XVIII, 132).

AUG. PERRET.

GLOSSO-PHARYNGIEN (NERF). — Le nerf glosso-pharyngien est-il purement sensitif ou mixte dès son origine? Telle est la question que pendant longtemps se sont posée les physiologistes. Tandis que LONGET, VALENTIN, BIFFI et MORGANTI soutenaient la première opinion, J. MULLER, VOLKMANN, HEIN se prononçaient pour la seconde. En outre, alors que LONGET reconnaissait que le nerf devient moteur à sa sortie du trou déchiré postérieur par suite de ses anastomoses, JOHN REID, BIFFI et MORGANTI, PANIZZA prétendaient qu'il reste exclusivement sensitif sur toute sa longueur.

Mais l'expérimentation ainsi que l'anatomie ont montré que le nerf de la IXe paire crânienne appartient à la catégorie des nerfs mixtes.

Le glosso-pharyngien donne la sensibilité : 1° à la muqueuse du tiers postérieur de la langue, y compris le **V** lingual; 2° à celle qui recouvre l'amygdale et les piliers du voile du palais; 3° à une partie de la muqueuse du pharynx; 4° à la muqueuse de la paroi interne de la caisse, des fenêtres ronde et ovale, de la trompe d'Eustache jusqu'à son orifice pharyngien. Ses filets moteurs sont destinés à certains muscles du pharynx. Il renferme également des fibres sécrétoires et vaso-motrices.

Notions anatomiques. — 1° *Noyaux bulbaires du glosso-pharyngien* (fig. 3). En tant que nerf mixte, le glosso-pharyngien a deux espèces de racines; des racines sensitives et des racines motrices.

Les racines sensitives ont, selon la règle, leurs cellules d'origine, et, par conséquent, leur centre trophique en dehors de l'axe cérébro-spinal. Mais ces cellules, au lieu d'être groupées en un amas unique, sont réparties en deux ganglions, dont l'inférieur est le ganglion d'Andersch ou ganglion pétreux; et le supérieur le ganglion d'Ehrenritter ou ganglion jugulaire. Comme les ganglions spinaux, ils sont formés de cellules unipolaires dont la branche unique se bifurque bientôt en T et donne naissance à un prolongement périphérique et à un prolongement central. Le prolongement périphérique va se distribuer aux muqueuses auxquelles le nerf donne sa sensibilité; le prolongement central devient le cylindre-axe d'une fibre radiculaire, pénètre dans le bulbe par le sillon collatéral postérieur et se bifurque, comme le font les racines sensitives, en une branche ascendante et une branche descendante. La première, la plus courte, a une direction presque horizontale et aboutit à la partie supérieure du noyau de substance grise connu sous le nom d'aile grise du plancher du 4e ventricule ou trigone du glosso-pharyngien et du pneumogastrique; la branche descendante, beaucoup plus longue, pénètre dans le faisceau solitaire du bulbe, bandelette longitudinale constituée par un mélange de substance grise et de substance blanche. Cette substance grise est une colonne détachée de la substance gélatineuse de Rolando dont la partie la plus volumineuse est affectée à la racine descendante du trijumeau; elle occupe ordinairement la face interne du faisceau solitaire, quelquefois elle l'entoure en anneau.

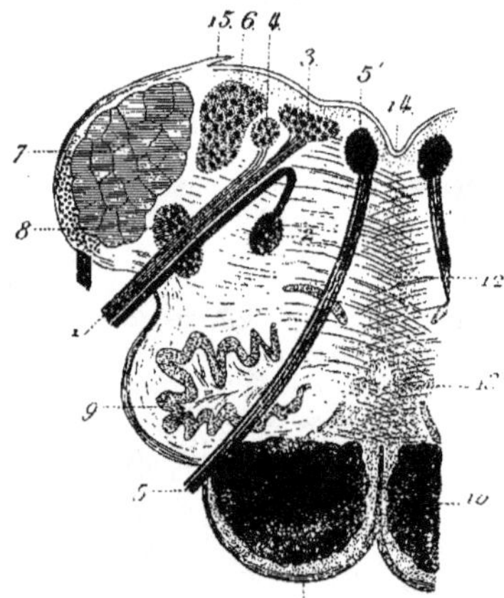

Fig. 3. — Origines du nerf glosso-pharyngien. 1, glosso-pharyngien avec 2 son noyau moteur ou noyau ambigu; — 3, son noyau sensitif ou noyau de l'aile grise; — 4, faisceau solitaire; — 5, grand hypoglosse avec 5', son noyau d'origine; — 7, pédoncule cérébelleux inférieur; — 8, racine descendante du trijumeau.

Ainsi les fibres radiculaires sensitives de la IXe paire vont aboutir à deux noyaux terminaux, à l'aile grise d'une part, à la substance grise du faisceau longitudinal, d'autre part, qui sont aussi les noyaux terminaux du pneumogastrique. Mais, tandis que le noyau de l'aile grise représente la terminaison principale du nerf de la Xe paire, et ne se met en rapport avec les racines de la IXe que par sa partie supérieure, le faisceau solitaire ne reçoit au contraire que quelques fibres du nerf vague et absorbe la grande majorité de celles de la IXe. Les prolongements cylindre-axiles de ces noyaux gris s'entre-croisent ensuite sur la ligne médiane pour se mêler au faisceau sensitif ou ruban de Reil, c'est-à-dire à la voie cérébrale consciente qui les relie au centre cortical de la gustation (voy. ce mot).

Les fibres motrices ont leur cellule d'origine dans la partie supérieure du noyau ambigu, qui représente un prolongement du groupe externe de la corne antérieure de la moelle et qui est situé profondément dans l'épaisseur du bulbe, en arrière de l'olive; d'après Cajal, ces fibres radiculaires subissent une décussation partielle.

Elles se constituent en un faisceau qui se dirige en arrière vers le plancher du 4e ventricule, puis se recourbent en genou pour se joindre aux fibres sensitives et se porter avec elles d'arrière en avant vers le sillon collatéral.

Telles sont les données classiques sur les noyaux du glosso-pharyngien. Mais, d'après les recherches récentes de VAN GEHUCHTEN, le *nucleus ambiguus* appartiendrait exclusivement au pneumogastrique, et les fibres motrices de la IXe paire viendraient d'un amas cellulaire situé au-dessus et en dedans de ce noyau. Le noyau de l'aile grise serait un noyau moteur commun aux IXe et Xe paires. Le glosso-pharyngien n'aurait qu'un seul noyau sensitif, celui du faisceau solitaire.

2° *Anastomoses et branches collatérales* (fig. 4). — Le glosso-pharyngien s'anastomose avec le pneumogastrique, avec le ganglion supérieur du grand sympathique, avec le facial au moment où il sort du trou stylo-mastoïdien.

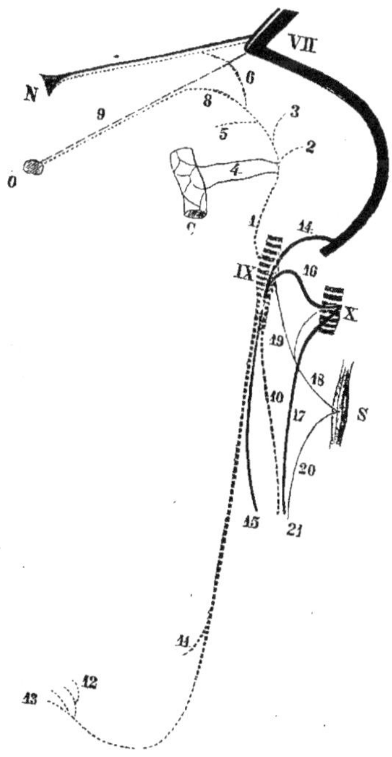

FIG. 4. — Schéma de la distribution du nerf glosso-pharyngien (IX) et de ses anastomoses avec le facial (VII) le pneumogastrique (X), et le grand sympathique (S). — C, carotide et plexus carotidien; — N, ganglion de MECKEL; — O, ganglion otique; — 1, nerf de JACOBSON; — 2, rameau de la fenêtre ronde; — 3, rameau de la fenêtre ovale; — 4, rameaux carotidiens; — 5, rameaux de la trompe d'EUSTACHE; — 6, anastomose avec le grand pétreux superficiel; — 7, grand pétreux superficiel; — 8, anastomose du rameau de JACOBSON avec le petit pétreux superficiel; — 9-10, rameau pharyngien; — 11, rameau lingual; — 12, rameaux tonsillaires; — 13, rameaux terminaux; — 14, anastomose du facial avec le ganglion d'ANDERSH; — 15, rameau du stylo-pharyngien; — 16, anastomose avec le pneumogastrique; — 17, rameau pharyngien du pneumogastrique; — 18, rameau jugulaire du ganglion cervical supérieur; — 19, anastamose entre le ganglion cervical supérieur et le ganglion d'ANDERSCH; 20, rameau pharyngien du ganglion cervical supérieur (d'après BEAUNIS).

Parmi les branches collatérales, une des plus importantes est le rameau de JACOBSON, dont il est nécessaire de bien connaître les anastomoses pour comprendre quelques-unes des théories qui ont été émises sur la répartition des nerfs gustatifs. Ce rameau de JACOBSON pénètre dans l'oreille moyenne, parcourt un sillon creusé sur la paroi interne de la caisse, et se divise en six branches : deux postérieures qui se rendent à la muqueuse de la fenêtre ovale et de la fenêtre ronde, deux antérieures, dont l'une est destinée à la muqueuse de la trompe d'EUSTACHE, et dont l'autre s'anastomose avec le plexus carotidien du sympathique; enfin deux supérieures, les plus intéressantes au point de vue physiologique, l'une, le grand nerf pétreux profond, s'unit au grand nerf pétreux superficiel du facial, pour aboutir au ganglion de MECKEL; l'autre, le petit nerf pétreux profond qui s'adjoint de même au petit nerf pétreux superficiel de la VIIe paire pour se rendre au ganglion otique. Ce sont ces filets anastomotiques du rameau de JACOBSON que les auteurs allemands décrivent sous le nom de plexus tympanique.

Les autres branches collatérales sont : 1° les nerfs pharyngiens, qui, au nombre de deux ou trois, se rendent dans la paroi latérale du pharynx et constituent le plexus pharyngien avec les filets pharyngiens du pneumogastrique et du sympathique; 2° le nerf du stylo-pharyngien qui fournit parfois un rameau au stylo-hyoïdien et au digastrique; 3° le nerf du styloglosse, qui n'est pas constant, et qui n'est d'ailleurs pas décrit par tous les anatomistes; 4° les rameaux tonsillaires, qui se portent sur la face externe de l'amygdale où ils forment un petit plexus destiné à la muqueuse qui recouvre l'amygdale et les piliers du voile du palais.

3° *Branches terminales* (fig. 5). — Elles se rendent à la muqueuse du tiers postérieur de la langue depuis le voisinage de l'épiglotte jusqu'au V lingual. Mais il importe, au point de vue d'une topographie exacte des paralysies de la gustation, de bien délimiter le territoire innervé par le nerf glosso-pharyngien; ce travail a été fait par ZANDER et son élève RAUTENBERG (*D. Koenigsberg*, 1898).

La plupart des auteurs soutiennent que les ramifications du glosso-pharyngien ne dépassent pas les papilles caliciformes. Pour quelques-uns, au contraire (ANDERSCH, VALENTIN, HIRSCHFELD) des rameaux terminaux de la IXe paire gagneraient la pointe de la langue en longeant les bords de cet organe. RAUTENBERG a montré que la zone de distribution du glosso-pharyngien, qui, en arrière atteint la base de l'épiglotte, est limitée antérieurement par une ligne passant à 6 ou 7 millimètres en avant du **V** lingual, que parmi les rameaux qui se portent en avant, le plus externe suit le bord de la langue et peut être poursuivi jusqu'à 1 centimètre ou 1 centimètre et demi au delà du milieu de la langue (région de la papille foliée). Comme les ramifications du nerf lingual qui se dirigent d'avant en arrière se terminent immédiatement au devant des papilles caliciformes et quelques-unes mêmes derrière les papilles, il y a donc, au devant du **V** lingual, et le dépassant un peu en arrière, une zone où les deux territoires du lingual et du glosso-pharyngien se superposent: la largeur de cette zone est plus grande au niveau du bord de la langue que sur la ligne médiane.

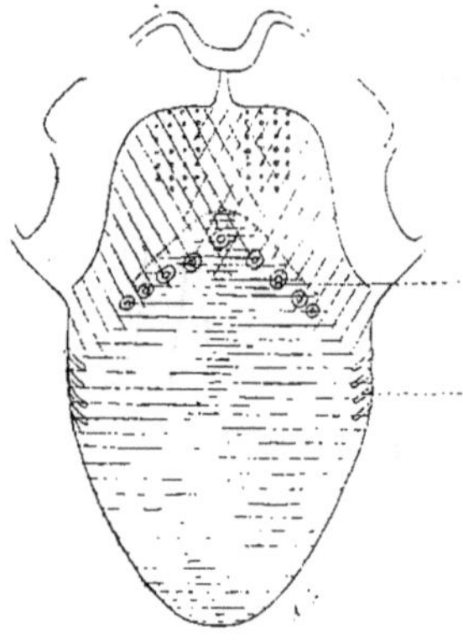

Fig. 5. — Territoires sensitifs de la muqueuse linguale. (D'après ZANDER). Le territoire du lingual est indiqué par les traits transversaux; celui du glosso-pharyngien par des traits obliques en avant et en dedans; celui du pneumogastrique par des points.

De même, en arrière du **V**, on trouve une zone commune au glosso-pharyngien et au laryngé supérieur, longue d'environ un centimètre et parallèle à la ligne médiane qu'elle n'atteint cependant pas. RAUTENBERG n'a pu poursuivre les filets du glosso-pharyngien qui se dirigent vers l'épiglotte jusque sur la face antérieure de cette membrane; ceux qui se portent latéralement dans les replis glosso-épiglottiques dépassent en arrière la base de la langue de plus d'un centimètre. Il faut noter encore que les deux nerfs empiètent l'un sur l'autre au niveau de la ligne médiane, que leurs ramifications débordent de 7 millimètres au voisinage du foramen cæcum.

Les filets terminaux du glosso-pharyngien forment trois réseaux : 1° un réseau sous-muqueux de fibres à myéline : 2° un réseau qui occupe le chorion de la muqueuse et qui est constitué par des fibres myéliniques et amyéliniques; 3° un réseau sous-épithélial de fibres sans myéline. De ces réseaux partent les fibrilles ultimes dont les unes sont affectées à la sensibilité générale, les autres à la sensibilité spéciale de la muqueuse. Les premières pénètrent dans l'épithélium et s'y terminent par des arborisations libres; on a aussi signalé chez l'homme, dans les élevures secondaires des papilles, des corpuscules de KRAUSE et de MEISSNER qui, chez la plupart des animaux, sont remplacés par des corpuscules de PACINI. Les fibres sensorielles se rendent à des corpuscules spéciaux qu'on rencontre presque exclusivement dans la muqueuse linguale et qu'on appelle les bourgeons gustatifs; bien que leur description appartienne plus particulièrement à l'étude de la gustation, nous ne pouvons nous dispenser d'en dire ici quelques mots. Ces corpuscules se trouvent principalement sur les bords de la dépression circulaire qui entoure les papilles caliciformes et sur les parois opposées des plis de la papille foliée (rudimentaire chez l'homme).

Ils sont formés de deux sortes de cellules; les unes dites de soutien, les autres dites cellules gustatives ou sensorielles. Quelle est la relation qui existe entre ces éléments cellulaires et les fibrilles nerveuses?... Un certain nombre d'histologistes (HONIGSCHMIED, SERTOLI, RANVIER, etc.) ont soutenu que le prolongement central de la cellule gustative se continue directement avec la fibrille nerveuse; FUSARI et PANASCI avaient même décrit dans les bourgeons gustatifs des cellules bipolaires, identiques aux cellules de la muqueuse olfactive, et dont le prolongement périphérique se terminerait à la surface de la muqueuse, tandis que le prolongement central devenait fibre constitutive du glosso-pharyngien; de sorte que les fibres gustatives de ce nerf auraient eu ainsi leurs cellules d'origine dans la muqueuse linguale elle-même et non dans les ganglions d'ANDERSCH et d'EHRENRITTER. Mais RETZIUS, ARNSTEIN, V. LENHOSSEK, VAN GEHUCHTEN, JACQUES, n'ont trouvé dans ces corpuscules du goût que des terminaisons libres interépithéliales. Les fibres nerveuses rampent à la surface de la cellule gustative comme à la surface de la cellule de soutien, et se terminent par des extrémités libres au voisinage du pore gustatif; par conséquent la cellule gustative n'est pas plus un élément nerveux que la cellule de soutien.

Action gustative (LONGET, *T. P.* Article **Facial** de ce dictionnaire. CASSIRER, *A. P., Suppl.*, 36, 1899). — ZWAARDEMAKER, *Erg. d. Physiol.* de ASHER-SPIRO, II, 701, 1903).

1° *Preuves expérimentales.* — Pour déterminer le rôle des glosso-pharyngiens dans la gustation, les physiologistes ont eu recours chez les animaux à la section de ces nerfs. Cette opération n'offre pas de grandes difficultés, bien que le nerf soit situé assez profondément à sa sortie du trou déchiré postérieur. SCHIFF (*Leçons sur la Digestion*, I, 91) et mieux encore PRÉVOST (*A. P.*, 1873, 258) ont d'ailleurs indiqué quelques règles qui facilitent cette vivisection. LONGET a appelé l'attention sur la confusion possible entre le glosso-pharyngien et le rameau pharyngien du pneumogastrique.

C'est peut-être ce physiologiste qui a décrit le plus nettement les conséquences de la section des nerfs de la IXe paire. « Toutes les fois que j'ai pu réussir l'opération, dit LONGET, j'ai vu les chiens qui, avant l'expérience, donnaient les signes de dégoût les plus marqués quand je déposais sur la base de la langue quelques gouttes d'un décoctum concentré de coloquinte, ne plus manifester la moindre répugnance après la section des glosso-pharyngiens, lorsque je prenais la précaution de ne verser le liquide que dans l'arrière-bouche. Car trois ou quatre gouttes seulement étaient-elles mises en contact avec la pointe ou les bords de la langue, tout de suite l'animal grimaçait et exécutait des mouvements brusques de mastication, comme s'il cherchait à se débarrasser d'une sensation désagréable. »

Si d'autres expérimentateurs étaient arrivés à des résultats moins démonstratifs, c'est qu'ils n'ont pas eu soin, comme l'a fait LONGET, de localiser les impressions gustatives au tiers postérieur de la langue. C'est ainsi qu'ALCOCK affirme que sur un chien le goût ne parut pas beaucoup affecté par la section des glosso-pharyngiens; car l'animal fit des efforts pour vomir, sous l'impression de la coloquinte; néanmoins il manifestait moins de dégoût qu'auparavant. JOHN REID a vu aussi qu'après la section de la IXe paire les animaux perçoivent encore la sensation des aliments amers.

Il ne faut pas oublier, en effet, que, si le glosso-pharyngien est le principal agent de transmission des sensations amères, il n'en est pas l'agent exclusif; et les macérations de coloquinte peuvent provoquer le dégoût en agissait sur les ramifications du nerf lingual, comme le reconnaît d'ailleurs LONGET, et comme l'avait vu déjà J. MÜLLER.

C'est ce que montrent bien aussi les expériences de PRÉVOST. Quand les glosso-pharyngiens étaient intacts, les solutions de coloquinte donnaient lieu aux signes du plus violent dégoût; après la section de ces nerfs, le dégoût devenait beaucoup moindre; mais les animaux abandonnaient cependant habituellement, et pour ne plus y revenir, les aliments imbibés de la substance.

On lit aussi dans une de ces expériences qu'un chien ainsi opéré abandonnait des aliments qui avaient été trempés dans une solution peu concentrée d'acide tartrique, d'acide oxalique, d'iodure de potassium; ce qui s'explique si l'on considère que les sensations acides et salines sont plus particulièrement transmises par les nerfs linguaux restés intacts; la voracité peut cependant triompher du dégoût, et l'animal après hésitations finit par déglutir ces substances alimentaires, malgré la saveur étrangère.

Dans une autre de ces expériences, un chien laissa, sans vouloir y toucher de nouveau, du lait dans lequel on avait mis du sel marin.

SCHIFF rapporte aussi une observation de BIFFI qui démontre clairement la persistance, au moins partielle, de la sensibilité pour l'amer chez des chiens auxquels on a sectionné les glosso-pharyngiens. BIFFI présente à ces animaux leur nourriture divisée en deux portions; l'une, mêlée à des substances amères, dans un vase jaune; l'autre, non amère, dans un vase blanc. Les chiens s'approchent d'abord indifféremment des deux vases, mais au bout de quelque temps ils ne touchent plus au contenu du vase jaune.

Chez le chat, qui est plus difficile que le chien dans le choix de ses aliments, et qui par conséquent, comme l'avait déjà fait remarquer Stannius, se prête mieux à ce genre d'expériences, l'importance du glosso-pharyngien, relativement à la transmission des impressions gustatives, a paru à Prévost plus grande que chez le chien. Si l'on introduit dans la gueule d'un chat, dont les glosso-pharyngiens sont intacts, un fragment de coloquinte, l'animal secoue la tête, gratte son museau avec ses pattes, et le dégoût va parfois jusqu'à provoquer des nausées; en même temps il ne tarde pas à se produire une abondante sécrétion de salive qui s'écoule sous forme de bave épaisse. Après la section des nerfs de la IXe paire, l'animal se comporte d'une toute autre façon : les gestes de dégoût sont beaucoup moindres; ils ne persistent pas aussi longtemps, et l'écoulement abondant de salive ne se produit plus. La saveur de la coloquinte est cependant encore perçue, car l'animal refuse, après y avoir goûté, de prendre des aliments qui en contiennent. Cependant, dans l'expérience transcrite par Prévost, on voit que le chat mange des morceaux de viande recouverts de sulfate de quinine.

Schiff avait déjà donné des phénomènes comparatifs observés chez le chat normal et chez l'animal privé de ses glosso-pharyngiens un tableau qui ne diffère pas sensiblement du précédent. Si l'on présente au chat intact des morceaux de viande imprégnés de décoction de coloquinte, il laisse tomber immédiatement les morceaux qu'on lui fait saisir. Si l'on essaie de les introduire par force dans sa bouche, il résiste violemment, secoue la tête, fait des mouvements de mastication et rejette la viande avec une grande quantité de salive. Le chat opéré accepte sans difficulté les morceaux imbibés de la substance amère; il les saisit entre les dents, mais, au lieu de les mâcher d'une manière suivie, il les rejette à plusieurs reprises, les reprend encore, mais lentement, avec méfiance, et ne les avale qu'après avoir plusieurs fois secoué la tête et donné des signes évidents d'une impression désagréable.

Pour les perceptions des saveurs autres que l'amer, le glosso-pharyngien ne joue qu'un rôle secondaire, dit Schiff : celle des saveurs acides ne paraît pas altérée par la section des glosso-pharyngiens. De l'acide acétique dilué donne lieu aux mêmes réactions et au même degré de salivation chez les animaux privés ou non de la IXe paire. D'après Krueger également, qui a fait ses expériences sur la brebis (*A. i. B.*, xxxvi, 460, 1901), l'animal, après l'opération, n'est devenu indifférent que pour les substances amères, quinine, aloès, tandis que le goût pour les matières douces, acides, salées, reste intact. Il ne faudrait cependant pas prendre ces conclusions au pied de la lettre : nous savons, en particulier par les expériences de O. Vintschgau, de Kiesow, de Hänig, que chez l'homme toutes les saveurs sont perçues par la base de la langue avec cette réserve seulement que la sensibilité y est à son maximum pour l'amer, à son minimum pour le sucré, l'acide, le salé. Il est donc certain que toutes ces sensations doivent avoir disparu en même temps à la partie postérieure de la langue, quand les glosso-pharyngiens n'existent plus : c'est ce que l'on constaterait sans doute facilement si l'on ne faisait agir les différentes substances que sur la région de la muqueuse desservie par ce nerf. Mais, si l'on se borne à présenter à l'animal un aliment imprégné par exemple d'une solution acide, rien n'indiquera que la saveur cesse d'être perçue dans l'arrière-bouche, puisque sa voie principale de transmission, qui est le lingual, est restée indemne. C'est sans doute dans ce sens que l'entendent Schiff et Krueger, quand ils parlent de l'intégrité du goût pour les sensations autres que l'amer.

Il est à noter d'ailleurs que, dans l'une des expériences de Prévost dont il a été question plus haut, le chien opéré se décide après quelques hésitations à avaler des aliments imprégnés d'une solution, peu concentrée toutefois, d'acide tartrique, d'acide oxalique, etc. Un autre chien est trouvé peu sensible au sel marin el à l'iodure de potassium. Un chat n'a pas été influencé non plus par des morceaux de viande imbibés d'une solution « de moyenne intensité » d'iodure de potassium. Il est vrai que chez le chien la voracité de l'animal peut fausser les résultats; mais il semble qu'il n'en soit pas de même chez le chat; et dans leur ensemble, ces observations de Prévost tendent à montrer que la saveur de l'amer n'est pas seule affaiblie par la section des nerfs de la IXe paire.

On sait aussi qu'une même substance peut provoquer des sensations différentes suivant qu'elle agit sur le territoire du lingual ou sur celui du glosso-pharyngien : mais l'étude de cette question appartient au chapitre de la gustation.

Une autre preuve des fonctions gustatives du glosso-pharyngien a été donnée par

O. VINTSCHGAU et HONIGSCHMIED, quand ces auteurs ont fait voir que la section de ce nerf est suivie au bout de quelque temps de l'atrophie et de la disparition des bourgeons gustatifs. Ce fait, contredit par BAGINSKY, a été pleinement confirmé par RANVIER, DRASCH et SANDMEYER (*A. P.*, 1895, 269). ROSENBERG a pu faire la même observation chez l'homme dans un cas où le glosso-pharyngien comprimé par un néoplasme était complètement dégénéré.

Il n'y a pas beaucoup de renseignements précis à tirer, pour la physiologie du glosso-pharyngien, des cas cliniques. D'abord ils ne sont pas nombreux, CASSIRER n'en mentionne que trois (*loc. cit.*); et ils sont en outre assez complexes. Le plus intéressant peut-être est celui de POPE (*British. med. Journ.*, 1889, II, 1148). Le glosso-pharyngien gauche était comprimé, comme le montra l'autopsie, par l'artère vertébrale thrombosée. On avait exploré le sens du goût chez le malade au moyen d'une solution faible d'acide acétique et du sirop ordinaire (il n'est pas question dans l'observation des saveurs amères). Du côté droit le goût était normal. Du côté gauche le malade n'accusa aucune sensation à la base de la langue; à la pointe, du même côté, la saveur acide fut perçue, la saveur sucrée non. Il faudrait donc déduire de cette observation — et c'est en effet la conclusion à laquelle arrive POPE — que le glosso-pharyngien est plus spécialement affecté à la perception des saveurs sucrées, même au niveau de la pointe de la langue, ce qui est doublement en contradiction avec les données classiques. CASSIRER suppose avec plus de vraisemblance que, chez ce malade, la pointe ne percevait pas normalement les saveurs sucrées, comme il arrive parfois; et alors ce cas pourrait être rapproché des expériences faites sur les animaux, puisque la paralysie du glosso-pharyngien a aboli le goût à la base de la langue, et l'aurait respecté à la pointe, qui continuait à percevoir les saveurs acides.

2° *Étendue du champ gustatif du glosso-pharyngien.* — Il n'est pas douteux que la sensibilité gustative constatée sur le pilier antérieur du voile du palais et sur la surface de l'amygdale ne soit due, comme celle de la base de la langue, aux filets de la IXe paire; il est très vraisemblable aussi que celle qu'on a trouvée à la paroi postérieure du pharynx est sous la dépendance des rameaux pharyngiens du même nerf. La sensibilité spéciale dont est douée la face inférieure du voile du palais lui vient-elle aussi du glosso-pharyngien? DEBROU a décrit des filets de ce nerf qui iraient à la portion horizontale du voile : d'après SAPPEY également, le plexus tonsillaire fournit des ramifications à une partie de la muqueuse qui tapisse la face inférieure de cette membrane. Mais, avant de conclure avec MARIAU (*B. B.*, 1900, 155) que dans le voile du palais les impressions gustatives sont transmises par le glosso-pharyngien, il faudrait s'assurer que l'étendue de la zone sensorielle y correspond à celle de la zone de distribution de ce nerf. Peut-être y a-t-il lieu de faire intervenir avec VULPIAN les nerfs palatins fournis par le ganglion de MECKEL, et qui viendraient du nerf de WRISBERG par l'intermédiaire du grand pétreux superficiel (voir art. **Facial**) : cette même opinion a, paraît-il, été reprise récemment par DIXON (cité par ZWAARDEMAKER).

Mais on a cherché à étendre encore au delà des régions déjà énumérées le domaine du glosso-pharyngien. L'idée que le sens du goût est sous la dépendance d'un nerf unique, a de tout temps séduit beaucoup de physiologistes. Énoncée sous une forme absolue, cette proposition ne peut être exacte, comme le fait remarquer ZWAARDEMAKER, puisqu'on trouve des bourgeons gustatifs non seulement dans la langue, mais encore dans le larynx et même dans la muqueuse olfactive, c'est-à-dire dans des régions innervées par des nerfs très différents. Cependant la sensibilité gustative, quand on l'observe ailleurs que sur la muqueuse buccale, n'est plus qu'une propriété accessoire et en quelque sorte aberrante, et il est toujours permis de supposer que dans l'organe essentiel de la gustation, dans la langue, la conduction des sensations spécifiques est conférée à un nerf unique. En effet, les uns ont soutenu avec PANIZZA que ce nerf est le glosso-pharyngien, les autres avec MAGENDIE que c'est le trijumeau. Ces deux théories ont plus qu'un intérêt historique, puisqu'elles trouvent encore aujourd'hui, surtout la première, de nombreux défenseurs.

D'après PANIZZA, le résultat immédiat de la division des glosso-pharyngiens est la perte absolue du goût (sans lésion de la sensibilité tactile). Un chien ainsi opéré mangeait indistinctement et avec la même avidité la viande pure et celle qu'on avait pétrie avec de la poudre de coloquinte. Il buvait également et le lait pur et celui auquel on avait mêlé une assez grande quantité coloquinte. Valentin avait confirmé ces résultats. Stannius a également déduit d'expériences faites chez le chat que le nerf de la IXe paire est le seul nerf du goût : l'animal privé de ses glosso-pharyngiens buvait indifféremment du lait pur ou du lait mélangé à une forte dose de quinine (*Muller' Arch.*, 1848, 133).

Les faits observés par ces divers expérimentateurs sont certainement exacts et se comprennent sans difficulté, sans qu'il soit nécessaire toutefois d'adopter leurs conclusions. Pour juger de la sensibilité gustative des animaux opérés, que fait-on? On leur présente des substances amères, et ils les avalent sans hésiter. Cela n'implique point que le goût est aboli dans la partie antérieure de la langue; nous savons qu'après la section des glosso-pharyngiens la sensibilité pour l'amer est très fortement atténuée; il est possible qu'il y ait sous ce rapport des variations individuelles, et que chez certains animaux elle ait entièrement disparu; nous savons, du moins d'après les expériences faites chez l'homme, que normalement, à la pointe de la langue, elle est souvent peu distincte et quelquefois absente. Mais, à supposer même qu'elle ne soit qu'affaiblie par l'opération, on comprend que la voracité de l'animal n'aura pas de peine à l'emporter, quand la sensation désagréable sera peu prononcée.

Il est d'ailleurs matériellement impossible que la section des nerfs glosso-pharyngiens à leur sortie du trou déchiré postérieur, telle que la pratiquait Panizza, abolisse le goût dans les deux tiers antérieurs de la langue, puisque, dans leur trajet vers la périphérie, ces nerfs ne fournissent pas de branches à cette partie de la muqueuse linguale. Sous cette forme, l'opinion de Panizza n'est donc pas soutenable. Néanmoins le nerf de la IXe paire peut encore être considéré comme le nerf exclusif du goût, si l'on admet : 1° que les filets gustatifs du lingual et ceux de la corde du tympan auxquels les régions antérieures de la langue doivent leur sensibilité gustative, n'appartiennent pas au trijumeau; 2° qu'ils sont la continuation du nerf intermédiaire ou nerf de Wrisberg; 3° que le nerf de Wrisberg représente un rameau erratique du glosso-pharyngien, lequel, d'autre part, par ses fibres propres, tient sous sa dépendance la sensibilité spéciale de la base de la langue. C'est cette manière de voir, émise par Lussana, et défendue, entre autres par Mathias Duval, que nous avons développée dans l'article **Facial**, auquel nous renvoyons.

Dans cette doctrine, on s'appuie, d'une part, sur l'expérimentation et l'observation clinique, d'autre part sur la communauté des noyaux terminaux pour rattacher, physiologiquement et même anatomiquement, au glosso-pharyngien, un tractus nerveux que l'anatomie descriptive en a entièrement séparé.

Par contre, quelques auteurs modernes ont repris la théorie de Panizza, sous une forme analogue à celle que lui avait donnée ce physiologiste, en ce sens qu'ils admettent avec lui que le glosso-pharyngien préside à la sensibilité générale des deux tiers antérieurs de la langue par des fibres qui lui appartiennent en propre. Mais elles parviennent à l'organe de la gustation par l'intermédiaire du nerf de Jacobson. C'est ainsi que Carl assigne aux fibres gustatives des deux tiers antérieurs de la langue le trajet suivant : nerf lingual, tronc du maxillaire inférieur, ganglion otique, petit nerf pétreux profond, nerf de Jacobson et glosso-pharyngien. Quelques-unes de ces fibres gustatives passent par la corde du tympan, remontent par le facial jusqu'au ganglion géniculé, vont de là par le petit nerf pétreux et par le plexus tympanique au rameau de Jacobson, c'est-à-dire encore au nerf de la IXe paire.

C'est aussi ce dernier trajet que Cassirer fait décrire aux fibres gustatives de la corde du tympan, tout en reconnaissant qu'il ne constitue pas la règle[1]. Pour soutenir que dans un certain nombre de cas, le rameau de Jacobson est l'aboutissant des fibres gustatives des parties antérieures de la langue, cet auteur s'appuie sur une observation dans laquelle on constata une abolition totale du goût sur toute la moitié gauche de la langue (avec affaiblissement de la sensibilité générale à la base de l'organe) bien que les phénomènes paralytiques fussent localisés exclusivement au nerf de la IXe paire gauche; les nerfs de la Xe, XIe et XIIe paire étaient intéressés également, mais ils n'ont rien à voir avec la gustation. Il n'y avait aucun symptôme indiquant une lésion soit du trijumeau, soit du facial, aucun trouble non plus du côté de la caisse du tympan.

1. Pour Cassirer, comme pour la plupart des auteurs allemands, les fibres de la corde du tympan suivent d'ordinaire la voie du trijumeau.

Comme autre argument en faveur de son opinion, CASSIRER invoque encore les faits dans lesquels, chez l'homme, la paralysie totale du trijumeau ou la résection du ganglion de GASSER ne s'est accompagnée d'aucune altération du goût; d'où la conclusion que, puisque les filets gustatifs de la partie antérieure de la langue ne passent pas dans ces cas, par le trijumeau, ils doivent passer par le glosso-pharyngien, en décrivant dans l'oreille moyenne le trajet décrit plus haut. Le raisonnement serait juste si l'on avait la certitude que les fibres gustatives du lingual et de la corde du tympan aboutissent réellement au trijumeau, ce qui ne nous paraît pas démontré. L'absence de troubles gustatifs dans les lésions du trijumeau s'explique aisément, et l'hypothèse de CASSIRER devient inutile, si l'on admet que ces fibres sont normalement étrangères à la Ve paire et passent par le nerf de WRISBERG. Quant au cas clinique de CASSIRER, qui est jusqu'à présent unique, il ne permet à notre avis aucune conclusion précise, puisque l'examen des lésions n'a pas été fait. Nous rappellerons aussi que le passage hypothétique des fibres de la corde du tympan dans le rameau de JACOBSON est contredit par une observation de VULPIAN, d'où il résulte que la corde reste intacte à la suite de l'avulsion de la portion intra-crânienne du nerf glosso-pharyngien et du ganglion d'ANDERSCH.

Si beaucoup de physiologistes font du glosso-pharyngien le nerf exclusif du sens de la gustation, d'autres, moins nombreux, il est vrai, lui refusent toute influence sur cette fonction. Préoccupé de l'idée que le nerf de la Ve paire étend son action sur tous les organes des sens spéciaux, MAGENDIE avança que la section du tronc du trijumeau abolit *complètement* et *partout* la propriété de reconnaître les saveurs les plus âcres et les plus caustiques. Mais LONGET met MAGENDIE en contradiction avec lui-même, en rappelant qu'antérieurement ce physiologiste avait trouvé qu'après la section intra-crânienne de la Ve paire, les corps sapides n'ont aucune action apparente sur la partie antérieure de l'organe, mais qu'ils ont une action évidente sur le centre et la base.

L'opinion de MAGENDIE a cependant trouvé quelques rares défenseurs. GOWERS n'a cessé de la soutenir d'après des observations cliniques d'anesthésie du trijumeau s'accompagnant d'une paralysie gustative de toute la moitié correspondante de la langue. FERGUSSON et TURNER sont du même avis. D'après GOWERS, les fibres gustatives de la base de la langue passent du tronc du glosso-pharyngien dans le nerf de JACOBSON, et de là par le petit nerf pétreux au trijumeau. On voit que, pour les besoins de la cause, on fait voyager, tantôt les fibres gustatives du lingual et de la corde du tympan vers le glosso-pharyngien (CARL, CASSIRER), tantôt, en sens inverse celles de la base de la langue du glosso-pharyngien vers le trijumeau, et toujours à travers le nerf de JACOBSON et le plexus tympanique.

Les observations de GOWERS ne sont cependant pas tout à fait isolées. KRAUSE a vu exceptionnellement la perte du goût de toute une moitié de la langue succéder à la résection du ganglion de GASSER. Il ne faudrait pas en conclure, fait remarquer ZWAARDEMAKER, que la sensibilité gustative de la base de la langue dépende du trijumeau, car on a observé dans les mêmes conditions la suppression de la sensibilité olfactive, bien qu'assurément celle-ci n'ait pas pour voie de transmission le trijumeau. Nous ajouterons que dans des cas analogues on a cru pouvoir rattacher aussi l'anesthésie sensorielle de l'œil, l'amblyopie, à la perte de la sensibilité générale (LANNEGRACE, BECHTEREW). L'exercice normal de cette dernière propriété serait nécessaire pour entretenir les organes des sens dans leur intégrité fonctionnelle pour leur conserver leur sensibilité spéciale.

Mais, si l'interprétation de ZWAARDEMAKER est applicable aux troubles gustatifs observés dans le tiers postérieur de la langue qui ne reçoit pas sa sensibilité générale du trijumeau, combien plus le sera-t-elle, soit dit en passant, à la suppression du goût dans la partie antérieure de la langue qui doit cette sensibilité au nerf de la Ve paire. Ainsi, en dépit de quelques cas exceptionnels, on peut affirmer que le trijumeau ne tient pas sous sa dépendance la sensibilité gustative de la base de la langue, et il est probable qu'il n'assure pas davantage, par ses fibres propres, celle des parties antérieures de cet organe. Quoique la discussion de cette seconde proposition appartienne plutôt à la physiologie du trijumeau ou à celle du nerf de WRISBERG, qu'il nous soit permis d'y revenir brièvement pour compléter ce que nous avons dit à propos des fonctions de ce dernier.

Comme nous l'avons déjà signalé (voyez **Facial**), les troubles du goût dans les lésions du tronc du trijumeau sont loin d'être constants. C'est ce que reconnaît CASSIRER lui-même. Si nous soumettons à une critique attentive, dit en substance cet auteur, les observations de paralysie du trijumeau, le nombre de celles qui démontrent le passage des fibres gustatives dans ce nerf se réduit notablement, et dans les résections du ganglion de GASSER les résultats sont aussi souvent négatifs que positifs, en ce qui concerne les troubles de la gustation. CASSIRER n'admet pas moins que, dans bon nombre de cas, les fibres gustatives de la partie antérieure de la langue passent par le trijumeau. Si l'on adoptait cette conclusion et, d'une façon générale, si l'on s'en rapportait à tous les faits cliniques contradictoires que nous avons mentionnés, et à ceux dont il nous reste encore à parler, il faudrait reconnaître que rien n'est plus capricieux que la distribution des nerfs qui président à la gustation, alors que nous voyons partout l'innervation des organes des sens soumise à des règles fixes. Il paraît peu probable que les fibres affectées à la gustation dans les deux tiers antérieurs de la langue tantôt suivent et tantôt ne suivent pas la voie du trijumeau ; il est plus rationnel de supposer que les altérations du goût observées à la suite de la désorganisation de ce nerf tiennent à quelque circonstance accessoire. Non seulement des lésions de voisinage peuvent intervenir, mais nous avons vu, par ce qui a été dit plus haut, que les troubles de la sensibilité générale entraînent quelquefois à leur suite des troubles de la sensibilité spéciale, qu'une anesthésie due à une cause matérielle peut se compliquer à distance d'une anesthésie purement fonctionnelle, et nous nous expliquons ainsi pourquoi une paralysie du trijumeau supprime parfois le goût dans toute la moitié correspondante de la langue, bien que certainement il ne fournisse pas de filets gustatifs à la base de l'organe, et que vraisemblablement il n'en donne pas davantage à sa partie antérieure. Le cas de CASSIRER, dans lequel, inversement, une lésion localisée au glosso-pharyngien a aboli le goût aussi bien en avant qu'en arrière rentre sans doute dans la même catégorie.

3° *Trajet des fibres gustatives de la base de la langue de la périphérie vers le centre.* — Cette question, qui se rattache intimement à celle que nous venons d'étudier, ne semble guère prêter à la discussion : il est généralement reconnu que les fibres gustatives de la base de la langue gagnent directement le bulbe dans le tronc même du glosso-pharyngien. Il faut dire cependant que les avis à ce sujet ne sont pas unanimes. C'est ainsi que, dans le traité récent de SCHÄFER (*Textbook of Physiol.*, II, 1238), on lit au chapitre Goût, écrit par HAYCRAFT : « Il n'est pas certain que les fibres gustatives de la base de la langue remontent vers le cerveau par le glosso-pharyngien ». HAYCRAFT s'en rapporte probablement, pour formuler ce doute, aux observations de GOWERS, dont il a déjà été question plus haut. Quelques autres cliniciens ont été amenés à attribuer à ces fibres un trajet fort compliqué, d'après les altérations du goût constatées dans les affections de l'oreille moyenne. SCHLICHTING (cité par CASSIRER) rapporte un cas d'où il résulterait qu'une lésion du plexus tympanique, c'est-à-dire des rameaux anastomotiques du nerf de JACOBSON avec conservation de la corde du tympan produit des troubles gustatifs dans le tiers postérieur de la langue et dans le voile du palais. Le même auteur a observé des malades chez lesquels la destruction simultanée du plexus tympanique et de la corde du tympan s'accompagnait d'une paralysie totale de la gustation. URBANTSCHITCH aurait déjà signalé des faits analogues.

Ces observations ont conduit à supposer que les fibres gustatives de la base de la langue, arrivées au ganglion d'ANDERSCH, au lieu de remonter directement vers le bulbe par les filets radiculaires du glosso-pharyngien, passeraient dans le rameau de JACOBSON qui les conduirait vers les centres nerveux.

Cette hypothèse est difficilement admissible. D'abord les filets anastomotiques du rameau de JACOBSON seraient trop grêles pour pouvoir contenir toutes les fibres gustatives qui viennent du tiers postérieur de la langue. Et, à supposer qu'ils les reçoivent toutes, par où arriveraient-elles à l'encéphale ? Deux voies leur sont ouvertes : celle du trijumeau ou celle du facial. Du rameau de JACOBSON, elles passeraient, par le petit nerf pétreux, dans le ganglion otique et dans le nerf de la Ve paire ; c'est là, comme il a déjà été dit, l'opinion soutenue par GOWERS. Mais alors il faudrait que la lésion ou la section du tronc du trijumeau eût comme conséquence une altération du goût dans le tiers postérieur de la langue ; or les troubles gustatifs siégeant à ce niveau n'ont été observés que très exceptionnellement dans les paralysies de la Ve paire, et nous avons vu quelle est l'explication qu'on en peut donner. Admettra-t-on que les fibres gustatives en question remontent par les nerfs pétreux dans le ganglion géniculé et le facial? Non, puisque jamais une paralysie du facial n'a provoqué d'altération du goût à la base de la langue. Il ne reste plus qu'une dernière hypothèse : c'est que les fibres qui se sont engagées dans l'oreille moyenne par le rameau de Jacobson reviennent sur leurs pas et décrivent, par conséquent, une sorte de boucle pour retourner au ganglion d'Andersch d'où elles sont parties et, de là, gagner le bulbe; un tel trajet, comme le reconnaît Cassirer, paraît bien invraisemblable. S'il nous fallait donner une explication des observations de Schlichting, nous admettrions volontiers qu'une lésion du nerf de Jacobson peut provoquer, par voie réflexe, une inhibition du centre bulbaire ou cortical du glosso-pharyngien, d'où il résulterait nécessairement une abolition du goût dans les régions auxquelles ce nerf se distribue. Tout porte à croire, en effet, que les filets qui donnent à la base de la langue sa sensibilité spéciale remontent en droite ligne vers le noyau terminal de la IXe paire.

Action sur la sensibilité générale. — Rappelons seulement pour mémoire que, d'après Panizza, la section des glosso-pharyngiens ne porte atteinte qu'au goût, et n'a aucune influence sur la sensibilité générale de la langue. Si, avant de diviser ce nerf, dit encore ce physiologiste, on l'irrite et on le pique avec une pointe de ciseaux, l'animal ne donne aucun signe de douleur. Mais il est évident que les impressions tactiles qui partent de la base de la langue ne sauraient avoir d'autre agent de transmission, si l'on fait abstraction de quelques filets du laryngé supérieur, que le nerf de la IXe paire. D'ailleurs, déjà John Reid avait dit que les animaux sont loin d'être insensibles à la section, à la piqûre, au pincement du nerf. Alcock avait aussi fait la même remarque, et Cazalis et Guyot assurent même que le glosso-pharyngien, mis à découvert à sa sortie du crâne, est doué d'une extrême sensibilité aux excitants mécaniques. Longet et Schiff ont reconnu à leur tour que les chiens souffrent du pincement et de la section de ce nerf. Schiff ajoute qu'après son extirpation la base de la langue perd sa sensibilité tactile. On peut, chez les animaux opérés, toucher impunément la muqueuse de l'arrière-bouche et la base de la langue sans provoquer les mouvements réflexes si évidents et si prompts à se produire dans l'état normal.

Comme la soif s'accompagne d'une sensation de sécheresse dans l'arrière-gorge, on a pensé que l'intégrité des glosso-pharyngiens est indispensable à sa manifestation. L'expérience a montré qu'en l'absence de ces nerfs, et alors qu'on a sectionné en plus les branches linguales du trijumeau, le besoin impérieux de boire persiste chez les animaux. Il est d'ailleurs certain que le sentiment de la soif, comme celui de la faim, réside dans l'organisme tout entier, et n'a pas son point de départ exclusif dans un organe déterminé.

Action excito-réflexe. — Par ses fibres de sensibilité spéciale ou générale, le glosso-pharyngien commande un certain nombre d'actes réflexes, soit de sécrétion, soit de mouvement, soit d'inhibition.

Sécrétions. — Stannius a constaté que, si, après la section des branches linguales du trijumeau, on donne à des chats de la quinine, il se fait une salivation abondante, qui ne se produit plus si on coupe les glosso-pharyngiens. Nous avons rapporté plus haut une observation de Prevost qui démontre bien aussi l'influence de la IXe paire sur la sécrétion salivaire, et Rahn (*Zeitschrif. rat. Med.*, I, 285, 1851) dit avoir obtenu chez les chiens les mêmes résultats que Stannius.

D'après Rahn, l'excitation du bout central du glosso-pharyngien active très fortement chez le lapin la sécrétion de la parotide, tandis que l'excitation du lingual n'aurait aucun effet sur cette glande. Cette dernière assertion a été contredite par Eckhard (cité par Heidenhain in *H. Hb.*). Schiff mentionne cependant que chez le chat les excitations gustatives qui s'exercent sur le territoire du lingual agissent moins puissamment sur la sécrétion parotidienne que celles qui portent sur les terminaisons du glosso-pharyngien; cette observation ne s'applique toutefois qu'aux saveurs amères.

L'influence réflexe du nerf de la IXe paire s'étend aussi à la glande sous-maxillaire. La sécrétion de cette glande, comme celle de la parotide, est activée par les substances amères; après la section des glosso-pharyngiens, l'augmentation de sécrétion qu'elles provoquent est moins évidente, mais toujours appréciable, dans la glande parotide; elle est presque nulle dans la glande sous-maxillaire (Schiff), ce qui revient à dire que cette dernière ne réagit guère à la saveur amère que si la sensation est transmise par le glosso-pharyngien. D'ailleurs, l'excitation du bout central de ce nerf produit un écoulement de salive par le canal de Wharton (Prevost).

Dans le fond du fossé des papilles caliciformes, dans le sillon intermédiaire aux crêtes papillaires de l'organe folié viennent s'ouvrir les conduits excréteurs de glandes séreuses ou albumineuses, glandes de v. Ebner, glandes des organes du goût de Ranvier. Sous l'influence des substances sapides, ces glandes sécrètent en abondance un liquide clair, en même temps que les papilles rougissent très vivement; ce liquide serait spécialement destiné à laver, à balayer rapidement les sillons et les fossés, pour les débarrasser des substances qui y ont pénétré, et pour permettre ainsi aux bourgeons gustatifs de percevoir, pure de tout mélange, une sensation nouvelle. Le glosso-pharyngien représente à la fois la voie centripète et la voie centrifuge de ce réflexe sécréteur. On reviendra plus loin sur l'étude expérimentale des filets centrifuges (Drasch, *K. sächs. Ges. d. Wiss.*, 1888, 231; *Akad. W.*, 1883, LXXXVIII, (3), 516).

Mouvements du voile du palais, déglutition, rumination, vomissement. — Cl. Bernard, ayant appliqué les pôles d'une pile sur le glosso-pharyngien intact, vit le voile du palais, les piliers du voile et une partie du pharynx agités par des contractions violentes; par contre, aucun mouvement ne se manifesta lorsque les électrodes furent mis en contact avec le bout périphérique du nerf sectionné. Dans une autre expérience, le facial fut coupé avant son entrée dans le conduit auditif, et alors l'excitation du glosso-pharyngien intact du côté correspondant n'amena plus que les contractions des piliers, et non celles du voile du palais lui-même.

La première expérience prouve, dit Cl. Bernard, que le nerf de la IXe paire n'est pas le nerf moteur du voile du palais, mais qu'il provoque des mouvements réflexes par l'excitation qu'il transmet aux centres nerveux, excitation qui est ramenée aux parties par un autre nerf. La deuxième expérience prouve que les mouvements réflexes du voile du palais provoqués par l'excitation du glosso-pharyngien sont en partie transmis par le nerf facial. (*Syst. nerv.*, t. II, 177.) L'action motrice du facial sur le voile est aujourd'hui révoquée en doute (Voy. **Facial**), mais il n'en résulte pas moins des observations de Cl. Bernard que le glosso-pharyngien agit par voie réflexe sur les mouvements de cette membrane.

Pour Panizza, Stannius, Schiff, ce nerf peut être le point de départ du réflexe de déglutition, sans que toutefois son intégrité soit nécessaire à l'accomplissement régulier de cet acte. Waller et Prévost (*A. de P.*, 1870, 105, 343) avaient trouvé aussi que chez le chat et le chien le réflexe peut être provoqué par l'excitation du glosso-pharyngien, tandis que chez le lapin ce nerf n'y contribue en rien. Kronecker et Meltzer ont soutenu, par contre, que, loin d'être excito-moteur, le glosso-pharyngien exerce une influence d'arrêt sur la déglutition. Ces physiologistes se fondent sur les faits suivants. Chaque mouvement de déglutition, s'il est isolé, s'accompagne d'un mouvement péristaltique de l'œsophage. Mais, si un certain nombre de déglutitions se suivent à courts intervalles, par exemple à moins de 3 secondes, il ne se produit plus de contractions dans les segments moyen et inférieur de l'œsophage après chaque déglutition, mais seulement après la dernière; et cela parce que chaque nouvelle déglutition inhibe le mouvement péristaltique qu'aurait dû provoquer dans ces segments la déglutition précédente. Cette inhibition, d'origne réflexe, a pour point de départ les filets pharyngiens du nerf de la IXe paire.

En effet, lorsqu'ils excitaient ce nerf, Kronecker et Meltzer ne pouvaient produire de mouvements de déglutition ni en versant de l'eau dans la bouche de l'animal, ni en irritant le nerf laryngé supérieur. Chez le lapin, ils ont trouvé aussi que, si l'on irrite le laryngé, et aussitôt après, quand l'acte de déglutition a commencé, le nerf glosso-pharyngien, l'œsophage reste au repos. D'autre part, quand on sectionne le nerf, ce conduit devient le siège d'une contraction tonique qui peut durer plus d'une journée. (V. **Déglutition.**)

Mais les expériences récentes d'Espezel (*Journ. de Physiol.*, 1901, 555) sont en contradiction avec celles de Kronecker et Meltzer. D'après cet auteur, l'excitation du bout central du glosso-pharyngien chez le chien et le lapin a toujours provoqué une série de mouvements de déglutition; en outre, si l'on excite le laryngé supérieur, puis, immédiatement après, le nerf de la IXe paire, l'œsophage, loin de rentrer au repos, présente une série de contractions péristaltiques; l'excitation du glosso-pharyngien ne fait même qu'augmenter leur fréquence [1].

Krueger (*loc. cit.*) a observé chez la brebis, après la section des glosso-pharyngiens, des troubles de la rumination qui seraient d'origine réflexe. Immédiatement après l'opération, l'animal était en bon état; il mangea, mais ne rumina pas. En l'observant attentivement on ne le vit ruminer que le 8e jour. Mais l'acte était pénible, et l'animal ne parvenait qu'après des efforts répétés des muscles abdominaux à ramener le bol alimentaire dans sa bouche. Dans la seconde semaine la brebis avait appris à ruminer avec moins de peine; mais l'acte était plus difficile que chez la brebis normale. Chez une deuxième brebis, le nerf gauche fut seul sectionné; le soir du 2e jour après l'opération, on voyait l'animal ruminer avec quelque effort; mais au bout de 2 jours la rumination paraissait normale. Krueger admet que « l'irritation du nerf glosso-pharyngien chez l'animal ruminant fait cesser un moment le tonus du cardia, tandis que les muscles de l'abdomen pressent le rumen ». Autrement dit, le cardia doit normalement se relâcher pendant la rumination sous l'influence d'une excitation centripète inhibitoire partie du glosso-pharyngien.

On sait qu'une sensation d'amertume très prononcée, comme aussi l'attouchement de la base de la langue, donne facilement lieu aux nausées et au vomissement; les filets gustatifs, comme les filets de sensibilité tactile de glosso-pharyngien, jouissent donc, à cet égard, d'une excitabilité particulière.

Respiration. — Chaque déglutition s'accompagne d'un faible mouvement respiratoire, suivi aussitôt d'un arrêt de la respiration (voir **Bulbe**, 364). On pouvait supposer que ces manifestations antagonistes d'excitation et d'arrêt étaient la conséquence d'une irradiation centrale directe du centre de la déglutition au centre respiratoire. Mais Marckwald a soutenu que ce sont là des actes réflexes, et en particulier que l'inhibition de la respiration est due, comme celle de la déglutition, étudiée dans le précédent paragraphe, à l'excitation des fibres centripètes du glosso-pharyngien. D'après cet expérimentateur, si l'on sectionne le nerf de la IXe paire et que l'on excite son bout central, il se produit un arrêt de la respiration, après une période latente de une demi-seconde à une seconde. Cet arrêt diffère de celui que provoque le laryngé supérieur en ce que la respiration s'arrête à la phase même où elle se trouvait au moment où l'excitation est devenue efficace, soit en inspiration, soit en expiration. La pause correspond à la durée de deux ou trois respirations normales, et elle ne se prolonge pas davantage, même si l'on continue l'excitation. On n'obtient jamais, serait-ce avec des courants très faibles, un simple ralentissement de la respiration, mais toujours un arrêt absolu. L'excitation mécanique du bout central du glosso-pharyngien est très efficace (*Z. B.*, XXIII, 1886 et XXV).

Ce qu'il faudrait donc retenir de ces expériences, c'est que le glosso-pharyngien est pour la respiration un nerf d'arrêt. Schiff, par contre, avait fait la remarque que la galvanisation du tronc ou des rameaux de ce nerf fait contracter le diaphragme, en même temps qu'elle prolonge les mouvements respiratoires; et Knoll (*Sitzungsb. d. Akad. z. Wien*, XCII, 1885) n'avait obtenu par l'excitation de son bout central que des réactions inspiratoires. Dans un travail ultérieur (*Ibid.*, XCV, 1885) ce physiologiste maintient ses assertions: une excitation faible du glosso-pharyngien accélère la respiration; une excitation forte produit des inspirations prolongées.

Laborde trouve également que, chez un chien en état de mort apparente, les tractions rythmées de la langue permettent de réaliser le rappel du réflexe respiratoire dans des conditions expérimentales telles que l'excitation mécanique du glosso-pharyngien entrerait seule en jeu (*B. B.*, 1902, 1456).

Action motrice. — Chauveau a trouvé que chez le cheval l'excitation des racines de la IXe paire fait contracter la partie antéro-supérieure du constricteur supérieur du pharynx et probablement aussi une partie des muscles staphylins; mais elle n'exerce aucune influence sur les autres parties contractiles de l'appareil digestif, sur l'œsophage (*Journ. de Phys.*, 1862, 190).

Volkmann et Hein ont obtenu, dans les mêmes conditions, une contraction dans le stylo-pharyngien, et Volkmann aussi dans le constricteur moyen.

1. Voir aussi Kahn (*A. P.*, 1903, *Suppl.*, 386), dont les observations complètent celles de Espezel.

Pour Beevor et Horsley (*Proceed. of the R. Soc.*, xlii, 269, 1888) le glosso-pharyngien anime le muscle stylo-pharyngien et peut-être le constricteur moyen.

On peut dire que, pour ce qui concerne l'action de ce nerf sur le stylo-pharyngien, tous les auteurs sont d'accord; il n'en est plus de même pour les constricteurs du pharynx et les muscles des piliers du voile du palais.

D'après Rethi (*Sitzungsb. d. Akad. z. Wien*, ci, 381, 1892; et cii, 201, 1893, (3), et Kreidl (*Ibid.*, cvi, 197, 1897) qui ont fait une étude détaillée des fonctions des racines des IXe, Xe et IXe paire, les fibres qui vont au stylo-pharyngien sont contenues dans le faisceau supérieur de ces racines, c'est-à-dire dans le glosso-pharyngien; mais les fibres motrices des piliers, ainsi que celles des constricteurs du pharynx, appartiendraient au pneumogastrique. Rethi a déterminé plus particulièrement l'origine et le trajet des filets qui vont au stylo-pharyngien. Divers physiologistes ou anatomistes (Longet, Rudinger, Hyrtl, Henle, etc.) avaient pensé qu'ils proviennent de l'anastomose qui unit le facial au glosso-pharyngien, immédiatement au-dessous du ganglion d'Andersch. Mais Rethi s'est assuré que l'excitation du facial à son origine ne produit pas de contractions dans le stylo-pharyngien. Des expériences de ce physiologiste il résulterait aussi que les filets moteurs destinés au stylo-pharyngien ne lui sont pas amenés par le rameau qu'en anatomie on décrit sous le nom de rameau du stylo-pharyngien; puisque, en effet, à sa sortie du trou déchiré postérieur le glosso-pharyngien ne renferme plus de filets pour ce muscle; l'excitation du nerf à ce niveau n'y produit pas de contraction. Ces filets ne sont pas contenus non plus dans les branches anastomotiques du glosso-pharyngien avec les rameaux pharyngiens du pneumogastriques, puisque leur excitation laisse également au repos le muscle stylo-pharyngien. En définitive, les fibres motrices de ce muscle quitteraient dans l'intérieur du crâne les fibres radiculaires du glosso-pharyngien pour s'accoler à celles du pneumogastrique, et seraient conduites à leur destination par le rameau pharyngien du nerf vague et par le nerf laryngé moyen d'Exner qui est une des divisions de ce rameau.

Divers physiologistes, en particulier Magendie, avaient observé une grande gêne de la déglutition après la section des nerfs glosso-pharyngiens; d'après Longet, ils auraient coupé le rameau pharyngien du pneumogastrique que l'on confond facilement avec le nerf de la IXe paire. La plupart des expérimentateurs n'ont constaté aucun trouble de la déglutition chez les animaux à glosso-pharyngiens sectionnés. Cependant, d'après Rethi, le stylo-pharyngien joue un rôle si important dans la déglutition, que chez le lapin la section des nerfs qui l'animent, c'est-à-dire des nerfs laryngés moyens, amène souvent la mort par suite du passage de parcelles alimentaires dans les voies respiratoires (*Sitzungsb. d. Akad. z. Wien.*, c, 398). Les filets que le nerf de la IXe paire fournit au digastrique et au styloglosse sont-ils des filets moteurs? Il semblerait que non, puisque les physiologistes qui ont excité le glosso-pharyngien à son origine ou à sa sortie du trou déchiré ne font pas mention de contractions suscitées dans ces muscles. En tout cas, les rameaux pharyngiens de ce nerf ne renferment pas de fibres motrices, d'après les expériences de Rethi; ils ne conduiraient donc que des filets de sensibilité générale, et sans doute aussi, comme nous l'avons dit, des fibres gustatives.

Action sécrétoire. — Le nerf glosso-pharyngien fournit à la parotide ses nerfs secréteurs par l'intermédiaire du rameau de Jacobson (voy. **Facial**) : de même à la glande de Nuck, aux glandules des lèvres et des joues auxquelles elles arrivent par la voie du nerf buccal. (Vulpian, *C. R.*, 1885, ci, 1448). Il donne également des filets de même nature aux glandules de la base de la langue, que l'excitation du bout périphérique du nerf fait sécréter en abondance.

Quelques jours après que le nerf a été sectionné, les substances sapides déposées sur la langue ont perdu leurs effets habituels sur ces glandes; seule une excitation électrique forte appliquée sur les papilles produit encore une faible sécrétion; mais à partir du 35e au 40e jour elle reste également inefficace. Tels sont les principaux résultats obtenus par Drasch (*loc. cit.*) : Marinescu (*A. P.*, 1891, 357) donne une description différente des phénomènes observés après la section des glosso-pharyngiens. Cette opération ne modifierait pas sensiblement la sécrétion; celle-ci est peut-être un peu diminuée, mais non supprimée, même au 40e ou 50e jour; immédiatement après la section, elle est même plutôt augmentée, et les substances excito-sécrétoires, telles que la pilocarpine, agissent plus tôt et plus activement sur les glandes du côté opéré que sur celles du côté opposé.

Marinescu attribue la persistance de la sécrétion après la section des nerfs à l'existence de centres nerveux périphériques. On a signalé en effet sur le trajet des fibres terminales du glosso-pharyngien dans la langue de nombreux ganglions qui appartiennent pense-t-on, aux filets sécréteurs et vaso-moteurs de ce nerf, et Marinescu a vu que les fibres nerveuses glandulaires étaient encore intactes, quand celles qui vont aux bourgeons gustatifs étaient déjà dégénérées, ce qui démontrerait que les premières sont soumises à l'action trophique des ganglions périphériques.

Action vaso-motrice. — Si chez le chien on fait passer par le bout périphérique du nerf glosso-pharyngien, immédiatement au-dessous du trou déchiré, un courant induit intermittent, la muqueuse linguale rougit fortement du côté correspondant, depuis la base de l'épiglotte jusqu'aux papilles caliciformes et même un peu au delà. Le reste de la face dorsale conserve sa coloration primitive. On constate aussi, le plus souvent, que le pilier antérieur du voile du palais et l'amygdale sont plus rouges du côté du nerf électrisé que du côté opposé : l'épiglotte conserve sa teinte normale.

Cette action vaso-dilatatrice a été signalée chez les mammifères par Vulpian, qui s'est assuré en même temps que les fibres vaso-motrices ne provenaient d'aucune anastomose extra-crânienne du glosso-pharyngien (*C. R.*, lxxx, 330, 1875). Plus tard ce physiologiste a montré qu'elles appartiennent en propre à ce nerf, puisque l'électrisation de ses racines dans l'intérieur du crâne amène dans le tiers postérieur de la langue une rougeur tout aussi prononcée que si l'excitation est faite au-dessous du trou déchiré.

Isergin, qui confirme Vulpian sur tous les autres points (*A. P.*, 1894, 443), dit avoir vu la rougeur débuter habituellement par la pointe de la langue, où elle est à la vérité beaucoup plus faible qu'à la base; il faudrait en conclure que les ramifications du glosso-pharyngien s'étendent jusqu'à l'extrémité antérieure de la langue, ce qui est en contradiction avec les données de l'anatomie. Dans des expériences que nous avons faites il y a quelques années sur les fibres vaso-dilatatrices de la IXe paire, cette rougeur de la pointe ne nous a pas frappé; il est vrai que notre attention n'était pas particulièrement attirée de ce côté.

Avant Vulpian, Lépine avait déjà noté l'action vaso-dilatatrice du glosso-pharyngien, et, avant Drasch, son influence sécrétoire sur les glandules de la langue; mais ses expériences avaient été faites sur la grenouille (*Arbeit. aus d. physiol. Anst. z. Leipzig*, 1870, 114 et *Rev. de Médecine*, 1896, 283). Lépine a isolé avec soin le nerf hypoglosse et le nerf glosso-pharyngien d'Ecker, et, ayant coupé l'un et l'autre de ces nerfs, il a excité le bout périphérique avec un courant d'induction. « Dès le commencement de l'excitation la moitié correspondante de la langue rougissait et se recouvrait aussitôt d'une abondante sécrétion filante. Si l'on absorbait le liquide avec un papier buvard, il se reproduisait aussitôt. » Il faut remarquer cependant que, dans cette expérience, il est difficile de faire la part de ce qui revient à l'hypoglosse et au glosso-pharyngien dans les effets de l'excitation.

Wertheimer s'est proposé de rechercher si, à la suite de la section et de la dégénérescence de l'hypoglosse, le glosso-pharyngien est apte, en sa qualité de nerf vaso-dilatateur, à acquérir des propriétés pseudo-motrices, comme l'est la corde du tympan dans ces mêmes conditions. Les résultats ont été négatifs : l'excitation du glosso-pharyngien n'a produit aucun mouvement dans la langue (*A. de P.*, 1890, 632).

On ne sait rien de précis sur la plupart des anastomoses du glosso-pharyngien, exception faite pour le rameau de Jacobson dont il a souvent été question dans cet article : encore faut-il ajouter que, si son action sur la sécrétion parotidienne est bien démontrée, son influence sur le goût est sujette à contestation. L'anastomose directe du facial avec le glosso-pharyngien, au-dessous du ganglion d'Andersch n'amène pas, avons-nous dit, au nerf de la IXe paire des filets moteurs (Rethi); par contre, on enseigne en anatomie qu'elle peut apporter au facial des filets sensitifs destinés aux téguments du conduit auditif externe, filets normalement fournis par le rameau auriculaire du vague. Nous avons signalé aussi que le rameau pharyngien du nerf de la IXe paire ne conduit au plexus pharyngien que des fibres sensitives, et non des fibres motrices. L'expérimentation ne nous apprend rien sur le rôle des anastomoses du glosso-pharyngien avec le pneumogastrique et avec le sympathique.

E. WERTHEIMER.

GLYCOGÈNE[1].

§ I. — DÉCOUVERTE DU GLYCOGÈNE.

Historique. — La découverte de ce fait que, dans l'organisme des animaux et de l'homme, il existe en quantité notable une substance qui a la plus grande ressemblance avec l'amidon des plantes, a été pour la physiologie et pour toutes les sciences médicales de la plus haute importance. Rien n'est donc plus instructif que de suivre la marche des expériences qui ont permis à CLAUDE BERNARD d'arriver à cette grande découverte de l'amidon animal.

Après que TIEDEMANN et GMELIN[2] eurent démontré la présence du sucre dans le sang par la méthode de la fermentation (1826), THOMSON[3] confirma cette découverte, et dosa le sucre dans le sang des poules, y trouvant de 0,03 à 0,06 p. 100.

En 1846, MAGENDIE (*C. R.*, XXIII, 1889) prouva que le sang des animaux nourris avec des hydrates de carbone contient du sucre.

En 1848, CLAUDE BERNARD, avec BARRESWILL (*C. R.*, XXVII, 514 : CLAUDE BERNARD, *Archives générales de Médecine*, 303) non seulement confirma cette découverte, mais encore établit que le foie, quel que soit le genre de l'alimentation, se distingue des autres organes qui ne contiennent pas de sucre par sa teneur en sucre, qui est considérable. Ce n'est qu'après une longue inanition que le foie ne contient plus de sucre (*C. R.*, 1850, XXXI, 572).

BAUMERT (*Casper's Wochenschrift*, n° 41, 1851) en 1851 a confirmé d'une manière positive l'existence du sucre hépatique en faisant fermenter ce sucre et en obtenant ainsi des quantités notables d'alcool; et FRERICHS a eu le même mérite (*Wagner's H. der Physiologie*, III, 831).

Ici se place une nouvelle découverte de CLAUDE BERNARD : il montra que c'est dans le sang des veines hépatiques que se trouve la plus grande quantité de sucre, et qu'on en rencontre dans ces veines, alors même qu'on n'en peut déceler dans le sang de la veine porte (*C. R.*, 1850, XXXI, 573).

En 1855, CLAUDE BERNARD fit une nouvelle grande découverte. Après avoir coupé la moelle épinière au-dessus du renflement brachial et au-dessous de l'origine du nerf phrénique, il vit qu'au bout de huit à dix heures le sucre du foie avait complètement disparu (*Leçons de physiologie expérimentale*, I, 377). Mais si ce foie, privé de sucre, était ensuite abandonné à lui-même, pendant quelques heures, on y trouvait alors une abondante quantité de sucre (*Ibidem*, 375).

CLAUDE BERNARD explique la disparition du sucre en faisant remarquer qu'après la section de la moelle la température de l'animal s'abaisse beaucoup. Le foie refroidi ne peut plus opérer sa fonction chimique, qui consiste à produire du sucre (*Ibidem*, 360). Ce qui confirme cette proposition, c'est que le simple refroidissement de l'animal sans section de la moelle a les mêmes conséquences au point de vue de la teneur du foie en sucre, et qu'on ne peut plus retrouver du sucre dans les animaux refroidis (*Ibidem*, 183, 184). Les animaux vernis ou recouverts d'huile se comportent comme les animaux refroidis, et on ne peut plus alors trouver du sucre dans leur foie (*Ibidem*, 190).

Ce qui prouve pleinement que cette explication est exacte, c'est qu'en réchauffant le foie refroidi on peut lui faire aussitôt produire de grandes quantités de sucre (*Ibidem*, 375). D'où CLAUDE BERNARD conclut qu'il doit y avoir dans le foie une substance qui donne naissance au sucre.

Comme d'ailleurs il montrait que la coction d'un foie privé de sucre détermine une altération telle qu'il ne peut plus alors, abandonné à lui-même, produire à nouveau du sucre, il en conclut que la production du sucre dans le foie sans sucre séparé du corps dépend d'une sorte de fermentation.

1. Voir le sommaire à la fin. — Cet article a été composé pour ce Dictionnaire par le professeur E. PFLÜGER. Mais, comme pour diverses causes la publication en a été retardée, E. PFLÜGER l'a fait paraître tel qu'il avait été écrit, en langue allemande, dans un des derniers volumes des *Archiv für die gesammte Physiologie* : depuis E. PFLÜGER y a fait de nombreuses additions, et des changements importants, de sorte que cet article, dont j'ai fait moi-même la traduction, diffère notablement de celui qui, il y a un an, a paru dans le journal allemand (CH. R.).

2. TIEDEMANN et GMELIN, *Verdauung nach Versuchen*, I, 184 (1826).

3. THOMSON, *Philosoph. Magazine*, XXVI, 189 (1845).

Dans ces expériences, il a le premier, sans même le savoir, eu sous les yeux la transformation du glycogène en sucre; car il dit que les décoctions aqueuses du foie deviennent moins opalescentes à mesure que le sucre augmente. Mais cette substance, qui donne l'opalescence, CLAUDE BERNARD au début ne la considéra pas comme la substance produisant du sucre, pour des raisons que nous étudierons plus loin.

Dans l'été de 1855, il apporta un nouveau fait qui fit faire un progrès essentiel à la connaissance de la substance génératrice du sucre.

Voici les faits qu'il indiqua dans la séance de l'Académie des Sciences du 24 septembre 1855. Un chien nourri depuis plusieurs jours exclusivement avec de la viande fut sacrifié par piqûre du bulbe sept heures après un repas abondant. L'abdomen fut ouvert, et, à travers le foie pris tout chaud encore, et avant que le sang ait eu le temps de se coaguler, on fit passer un courant d'eau froide par la veine porte. Une canule de cuivre munie d'un tube de caoutchouc fut adaptée à la veine porte, et un courant d'eau circula dans le tube avec une pression égale à une colonne de mercure de 12 centimètres. Le foie se gonfla sous l'influence de ce courant d'eau. Peu à peu sa coloration diminua à mesure que le sang en était expulsé. Au bout d'un quart d'heure l'eau qui sortait par les veines hépatiques était tout à fait incolore. On continua cependant le passage de l'eau pendant quarante minutes. Au début cette eau contenait de l'albumine et du sucre, mais à la fin de l'opération elle ne contenait plus de traces ni de l'une ni de l'autre. En prenant un fragment de ce foie, on ne trouva plus de sucre, ni par la réaction cupro-potassique, ni par la fermentation. Mais, en laissant ce foie vingt-quatre heures abandonné à lui-même, on obtint, en le faisant bouillir avec de l'eau, une liqueur très riche en sucre. Par conséquent, conclut CLAUDE BERNARD, le sucre est produit par la substance même du foie aux dépens d'un corps qui est difficilement soluble dans l'eau.

Cette formation du sucre est totalement empêchée quand le foie lavé est soumis à la coction. CLAUDE BERNARD a partagé un foie complètement lavé en deux parties : l'une de ces parties a été bouillie; et c'est seulement dans la partie non bouillie qu'on a pu constater la formation ultérieure de sucre. Quelques heures après il y en avait déjà, et après vingt-quatre heures il y en avait autant qu'au moment où le foie avait été enlevé du corps, c'est-à-dire avant le lavage. Or, si de nouveau on lave ce foie pour le débarrasser du sucre qu'il contient, il ne se produit plus de nouvelles quantités de sucre.

Toutes les recherches précédentes permettaient d'admettre que, dans le foie séparé du corps, c'était la continuation de la vie qui était la cause de la production du sucre. On pouvait donc supposer que la présence de l'air agissait sur le foie séparé du corps de manière à accélérer la formation du sucre.

Dans sa communication du 24 septembre 1855, CLAUDE BERNARD rapporte des faits qui éliminent cette hypothèse. Le foie lavé est placé dans de l'alcool; puis lavé et séché. Or cette pulpe hépatique ne donne plus traces de sucre; mais elle en donne de nouveau quand on la met en présence de l'eau à une température modérée.

L'opinion de CLAUDE BERNARD que la formation du sucre dans le foie repose sur un processus de fermentation, et non sur un phénomène vital, est donc justifiée. Dans cette même communication du 24 septembre 1855, il établit encore que toutes les actions qui empêchent la formation du sucre ont en même temps pour effet de faire disparaître la substance qui produit le sucre. Il s'agit des expériences dans lesquelles, après section des nerfs vagues au cou ou de la moelle épinière au-dessous du renflement brachial, ou après refroidissement de l'animal, le foie ne donne plus de sucre après la mort.

Mentionnons ici la découverte de CLAUDE BERNARD que dans les premiers temps de la vie embryonnaire on peut trouver cette même substance génératrice de sucre dans les poumons et les muscles de l'embryon, quoique le foie lui-même, à cette période de la vie, comme BERNARD le croit à tort, ne forme point de sucre. Si on lave les poumons et les muscles du fœtus de manière à en éliminer tout le sucre, ces organes abandonnés à eux-mêmes donnent de nouveau du sucre. Mais il ne s'en produit pas, s'ils ont été au préalable soumis à l'ébullition (*Ibidem*, 252). Là aussi il s'agit d'une fermentation; et il appelle cette substance qui fermente *une sorte de fécule animale* (*Ibidem*, 250). Mais il dit qu'elle est *sans doute différente de l'amidon;* car il croit que, dans cette fermentation, c'est une matière albuminoïde qui, en se détruisant, donne du sucre.

Dans cette même communication du 24 septembre 1855, Claude Bernard met encore en lumière un fait du plus grand intérêt qui a été plein de conséquences dans l'histoire de la découverte du glycogène, c'est qu'après la mort de l'animal, dans les conditions convenables d'humidité et de chaleur, la formation du sucre continue pendant longtemps. Mais, comme après la mort il n'y a plus de circulation de sang pour enlever le sucre qui continue toujours à se former, alors le sucre s'accumule dans le foie : par conséquent, un jour après la mort, il y a dans le foie plus de sucre qu'il n'y en a immédiatement après la mort. C'est un fait important qu'il faut avoir présent à l'esprit toutes les fois qu'on fait l'analyse du sucre hépatique.

Insistons beaucoup sur ce fait que déjà en 1855 Claude Bernard savait qu'il y a dans le foie une substance, qu'il appelle une espèce de fécule animale, qui donne du sucre par un processus de fermentation. Comme on conteste de différents côtés à Claude Bernard la découverte du glycogène, il est juste d'établir qu'en 1855 il avait déjà découvert le glycogène, sans l'avoir isolé d'ailleurs, à une époque où aucun de ceux à qui on a depuis attribué la découverte du glycogène indépendamment de Claude Bernard n'avait la moindre idée de l'existence de ce corps.

Il est clair cependant que le véritable auteur de la découverte du glycogène est celui qui a réussi à l'isoler et à indiquer les méthodes qui permettent de le préparer à l'état de pureté chimique.

De même que Claude Bernard a fait tout seul *tous* les progrès dans la connaissance de ces phénomènes, malgré les nombreuses recherches d'investigateurs habiles sur le même sujet, de même il a eu aussi le mérite d'avoir couronné l'édifice. — *C'est lui qui a le premier indiqué la méthode qui permet la préparation du glycogène chimiquement pur.*

Dans sa leçon du 18 mars 1857, et dans la séance de l'Académie des Sciences du 23 mars 1857, il indique le procédé de préparation du glycogène. Tous les faits essentiels qu'il établit alors sont encore vrais aujourd'hui, et demeurent la pierre angulaire sur laquelle on a édifié d'autres faits plus tard. Il est donc juste de reproduire ici les paroles mêmes du maître :

« On prend le foie encore chaud et saignant chez l'animal bien nourri et bien portant, aussitôt après qu'il a été sacrifié. On peut employer le foie d'un animal quelconque, soumis aux alimentations les plus diverses. Mais pour simplifier la question sur ce point, je dirai qu'il ne s'agit ici que d'expériences faites avec des foies de chiens nourris exclusivement avec de la viande. On divise le tissu du foie en lanières très minces qu'on jette aussitôt dans de l'eau maintenue constamment bouillante, afin que le tissu de l'organe soit subitement coagulé et que la matière glycogène qui se trouve en contact avec son ferment n'ait pas le temps de se changer en sucre, sous l'influence d'une température qui s'élèverait trop lentement. On broie ensuite les morceaux de foie coagulé dans un mortier; puis on laisse cette espèce de bouillie hépatique cuire pendant environ un quart d'heure, ou même moins, dans une quantité d'eau suffisante seulement pour baigner le tissu, afin d'obtenir de cette façon dans la décoction concentrée une plus grande quantité de la matière susceptible de se changer en sucre. On exprime ensuite dans un linge ou sous une presse le tissu du foie cuit, on y ajoute un peu de noir animal, qui précipite une partie des matières organiques, et aussi une petite quantité de matière glycogène, et l'on jette sur un filtre le liquide de décoction qui passe avec une teinte opaline. Ce liquide est aussitôt additionné de 4 ou 5 fois son volume d'alcool à 38 ou 40 degrés, et on voit se former sous son influence un précipité abondant floconneux d'un blanc jaunâtre ou laiteux, qui est constitué par la matière glycogène elle-même, retenant encore du sucre, de la bile et d'autres produits azotés indéterminés. Tout le précipité, recueilli sur un filtre, est alors lavé plusieurs fois à l'alcool, de manière à le dépouiller le plus possible du sucre et des matériaux biliaires solubles. A cet état ce précipité desséché revêt l'apparence d'une substance grisâtre, quelquefois comme gommeuse, à laquelle on pourrait donner le nom de matière glycogène brute. Elle possède la propriété de se redissoudre dans l'eau, à laquelle elle communique toujours une teinte fortement opaline, et d'où elle est entièrement précipitable par l'alcool concentré [1].

1. « La dissolution aqueuse de cette matière glycogène brute, et avant d'avoir été traitée par la potasse, se colore par l'iode, ne réduit pas les sels de cuivre dissous dans la potasse, ne fermente

« Pour purifier cette matière glycogène et la débarrasser des matières azotées, ainsi que des moindres traces de glycose qu'elle aurait pu encore retenir, on la fait bouillir dans une dissolution de potasse caustique très concentrée pendant un quart d'heure ou une demi-heure, opération qui ne l'altère pas et n'en change pas les propriétés fondamentales, puis on filtre en ajoutant un peu d'eau et toute la dissolution est précipitée de nouveau par l'addition de 4 ou 5 fois son volume d'alcool à 38 ou 40 degrés. Agitant alors avec une baguette de verre, la matière précipitée se divise, ayant d'abord une grande tendance à adhérer aux vases. Par des lavages répétés avec de grandes quantités d'alcool, on enlève autant que possible la potasse ; la matière glycogène se présente alors sous forme d'une substance comme grenue, presque pulvérulente. Toutefois cette matière ainsi préparée retient toujours avec elle une certaine quantité de carbonate de potasse, qu'on ne peut pas enlever par les simples lavages à l'alcool ; il faut pour cela redissoudre la matière dans l'eau, saturer le carbonate de potasse par l'acide acétique et traiter de nouveau par l'alcool, qui précipite la matière et le sépare de l'acétate de potasse qui reste soluble dans la liqueur. La matière glycogène perd alors sa forme grenue pour revêtir l'aspect d'une poudre blanche très finement tomenteuse, lorsqu'elle est en suspension dans l'alcool, pulvérulente et comme farineuse quand elle est desséchée.

« Ainsi préparée, cette matière hépatique glycogène possède un ensemble de caractères qui la rendent tout à fait analogue à de l'amidon hydraté ayant déjà subi un commencement d'altération. C'est une matière neutre, sans odeur, sans saveur, donnant sur la langue la sensation de l'amidon. Elle se dissout, ou peut-être, plus exactement, se met en suspension dans l'eau à laquelle elle communique une teinte fortement opaline. L'examen microscopique n'y montre rien de caractéristique. L'iode y développe une coloration très nettement bleue. Quand on chauffe jusqu'au rouge avec de la chaux sodée, cette matière hépatique ne dégage pas d'ammoniaque, ce qui indique qu'elle ne renferme pas d'azote[1]. La matière glycogène brute traitée de la même matière dégage très nettement des vapeurs ammoniacales. Elle ne réduit pas les sels de cuivre dissous dans la potasse, ne subit pas la fermentation alcoolique sous l'influence de la levure de bière, est entièrement insoluble dans l'alcool fort, et précipitable de sa solution aqueuse par le sous-acétate de plomb, le charbon animal en excès.

« Mais la propriété de la matière hépatique qui nous intéresse le plus est celle qui est relative à son changement en sucre. C'est là que les analogies physiologiques de cette substance avec l'amidon hydraté se montrent dans tout leur jour. On voit en effet que toutes les influences, sans en excepter une, qui transforment l'amidon végétal en dextrine et en glycose, peuvent également changer la matière glycogène du foie en sucre en passant par un intermédiaire analogue à celui de la dextrine. C'est ainsi que l'ébullition prolongée avec les acides minéraux étendus d'eau, l'action de la diastase végétale et celle de tous les ferments animaux analogues, tel que le suc ou le tissu pancréatique, la salive, le sang, etc., transforment très facilement la matière glycogène en sucre. Au moment où cette transformation graduelle s'opère, la dissolution de la matière glycogène, d'opaline qu'elle était, devient peu à peu transparente, et perd en même temps la faculté d'être colorée par l'iode. « Mais bientôt après, et seulement quand le changement définitif en sucre a été effectué, la dissolution acquiert les propriétés de réduire

pas avec la levure de bière. Cependant, abandonnée pendant longtemps à elle-même, cette substance m'a paru dans quelques cas pouvoir se changer partiellement en sucre ; c'est sans doute quand elle reste mêlée encore à des matières étrangères. »

1. « Lorsqu'on broie le tissu du foie frais et qu'on coagule la pulpe hépatique par une quantité suffisante d'alcool à 38 ou 40 degrés, on précipite la matière glycogène avec son ferment. Après avoir, par des lavages à l'alcool répétés, enlevé le sucre, et fait sécher la matière, qui se réduit à une sorte de poudre du tissu du foie, si on la replace dans l'eau froide on obtient une dissolution opaline qui contient la matière glycogène hépatique et son ferment. Ce qui le prouve, c'est que cette dissolution abandonnée à elle-même se charge de sucre très rapidement. Quand la transformation en sucre est achevée, on peut précipiter par l'alcool le ferment qu'on sépare du sucre et qu'on obtient alors isolé. Mais, quand on ajoute de l'alcool à la dissolution avant que le sucre apparaisse, on précipite la matière glycogène avec son ferment. Quand on fait bouillir la matière ainsi obtenue avec de la potasse caustique, il y a un dégagement évident d'ammoniaque qui provient de la destruction de la matière azotée du ferment mélangé à la matière glycogène. »

les sels de cuivre dissous dans la potasse, de fermenter sous l'influence de la levure de bière en donnant de l'alcool et de l'acide carbonique. J'ajouterai que l'action des ferments diastasiques opère cette transformation en sucre en quelques minutes, quand on a le soin de maintenir les liquides à une température voisine de celle du corps, entre 35 et 45 degrés. La dissolution aqueuse de la matière glycogène hépatique ne se change pas spontanément en sucre; elle ne s'altère que très difficilement quand elle est abandonnée à elle-même, et résiste en partie à la putréfaction du tissu du foie cuit.

« La torréfaction, l'action limitée des ferments et des acides minéraux changent la matière glycogène en un corps qui offre des caractères tout à fait semblables à ceux de la dextrine.

« Cette substance est insoluble dans l'alcool concentré, se dissout dans l'eau en donnant une dissolution transparente : elle ne se colore plus sensiblement par l'iode, ne réduit pas les sels de cuivre dissous dans la potasse, ne fermente pas avec la levure de bière et dévie à droite le plan de polarisation. »

Ces citations prouvent que Claude Bernard *avait obtenu une solution qui renferme, en même temps que le glycogène, de l'albumine et d'autres substances faisant partie de la composition chimique des organes, et que cette solution, chauffée avec une solution de potasse, donne le glycogène, par précipitation au moyen de l'alcool.*

Pour doser le glycogène, Claude Bernard a modifié un peu cette méthode, et il l'a communiquée à l'Académie, le 4 avril 1859. Elle est imprimée dans le *Journal de Physiologie*, II, 329. Voici les paroles textuelles de Claude Bernard :

« La matière glycogène est en effet insoluble dans l'alcool potassé, tandis que la plupart des matières albuminoïdes s'y dissolvent ou se désagrègent. Il en résulte qu'on peut, à l'aide de ce liquide, isoler la matière glycogène, et rendre ses caractères sensibles aux réactifs, quand il se trouve naturellement masqué par les matières étrangères. Voici comment je prépare la solution alcoolique de potasse : je mets dans un flacon, qui bouche à l'émeri, de l'alcool à 38 ou 40 degrés, puis j'introduis dans ce flacon de la potasse caustique à la chaux, concassée en petits fragments. J'en ajoute suffisamment pour qu'il y en ait un excès, et que l'alcool soit saturé de potasse. Cette dissolution s'altère et se colore en brun plus tard, mais elle peut cependant être conservée pendant quelque temps dans un flacon bien bouché. Pour désagréger les divers tissus qui renferment de la matière glycogène, voici comment on agit : on place dans un tube fermé par un bout quelques fragments du tissu à examiner et on verse ensuite dans ce tube un très grand excès de dissolution potassique (15 à 20 fois le volume du tissu). Ensuite on bouche exactement le tube, on le laisse à la température ambiante en l'agitant de temps à autre. Au bout de 24 heures, ou plus ou moins, le tissu se trouve désagrégé et la matière glycogène tombe au fond du tube sous forme d'une matière grenue. A l'aide d'une pipette, on prend de ce dépôt, qu'on examine au miscrocope en ajoutant toutefois de l'acide acétique pour saturer l'excès de potasse.

« On peut en séparer le dépôt, le faire dissoudre dans l'eau, et constater alors tous les caractères de la matière glycogène en dissolution. »

Ces citations suffisent pour montrer que Claude Bernard a découvert que *dans une solution alcaline l'alcool précipite le glycogène, et que ce glycogène peut être purifié par une redissolution par la potasse et une nouvelle précipitation par l'alcool.*

Remarquons en passant que Claude Bernard a aussi dosé le glycogène en analysant le sucre résultant de l'inversion de ce même glycogène.

D'ailleurs, la preuve que le corps préparé par Claude Bernard était réellement du glycogène résulte de ce fait que la substance obtenue par lui ne contenait pas d'azote, et qu'avec les ferments et les acides elle donnait du sucre : par conséquent ce ne pouvait être qu'un glycoside ou un mélange de diverses substances, parmi lesquelles se trouvait le glycogène. L'analyse élémentaire n'a d'ailleurs pas été faite.

Que Claude Bernard fût en droit d'appeler cette substance une génératrice du sucre, cela résulte clairement des recherches faites peu de temps après par le grand chimiste Auguste Kekule. Un an après la découverte du glycogène, il prépara le glycogène chimiquement pur sans azote et sans cendres, et cela d'après les indications mêmes de Claude Bernard. (*Pharmaceutisches Centralblatt*, 1858, 300). Voici comment Kekule s'exprime :

« En faisant bouillir le foie pendant une demi-heure avec une solution assez concentrée de potasse, on sépare complètement le glycogène des substances azotées, si bien qu'on ne peut plus y déceler d'azote. Par conséquent la crainte de LEHMANN que la coction du glycogène brut avec la potasse n'élimine pas complètement les substances albuminoïdes est injustifiée. »

Le glycogène, préparé d'après la méthode de CLAUDE BERNARD, retient encore énergiquement des sels de chaux. Mais, dit KEKULE, en le redissolvant à plusieurs reprises dans les acides, acide acétique fort ou acide azotique dilué, et en le précipitant ensuite par l'alcool, on peut diminuer beaucoup la teneur en cendres.

Le collègue de KEKULE, Moos (*Arch. f. wiss. Heilkunde*, IV, 75), affirme que KEKULE a préparé 0,8 gr. de glycogène extrait du foie d'un lapin, et il ajoute que, dès que le corps préparé par KEKULE sera débarrassé de ses cendres, il doit en faire la combustion.

Le glycogène séché à 100° a donné pour 0,2262 de glycogène, 0,3690 de CO^2 + 0,1322 de H^2O.

	CALCULÉ.	TROUVÉ.
C^6	44,44	44,49
H^{10}	6,17	6,49
O^5	49,39	»

Ainsi CLAUDE BERNARD a indubitablement donné le premier la méthode qui permet de préparer du glycogène chimiquement pur. Cependant on trouve souvent dans les écrits des physiologistes les noms de MAURICE SCHIFF et VICTOR HENSEN comme ayant découvert le glycogène indépendamment de CLAUDE BERNARD, et en même temps que lui. SCHIFF, dans les *Comptes rendus de l'Acad. des Sciences de Paris* de 1859 (XLVIII, 880), déclare qu'il a publié la découverte du glycogène dans les *Archiv für physiologische Heilkunde* du 18 mars 1857, c'est-à-dire avant CLAUDE BERNARD. Il prétend avoir dit qu'il y a dans les cellules hépatiques une substance qui se colore en brun par l'iode, qui, traitée par les ferments, donne du sucre, et qui est solide avant l'action des ferments : c'est pourquoi il l'appelle amidon animal.

CLAUDE BERNARD a répondu que la communication de SCHIFF avait été antidatée.

Le mémoire de SCHIFF se trouve dans le fascicule double nos 1 et 2 des *Archiv für physiologische Heilkunde* de 1857. On peut s'assurer qu'il s'agit d'un fascicule double, en voyant sur la couverture jaune les mots *Jahrgang* 1857. *Erstes und Zweites Heft* : sur le verso de cette couverture jaune on voit cette note de la rédaction : « *Le changement d'éditeur a retardé l'apparition du premier fascicule : aussi est-il donné deux fascicules en même temps.* »

La couverture consiste en deux feuilles; l'une, antérieure, et l'autre, postérieure. Sur le verso de la feuille postérieure de cette couverture jaune se trouve la table des mémoires contenus dans le fascicule double : il y a en tout dix-neuf mémoires. Le mémoire XVI est de SCHIFF. Le mémoire XIX contient des lettres de la haute Égypte envoyées par le docteur UHLE, et la dernière communication de UHLE est datée du Caire, avril 1857. Par conséquent le fascicule où se trouve la communication de SCHIFF n'a certainement pas pu paraître en mars, mais tout au plus au milieu d'avril 1857. Or CLAUDE BERNARD a communiqué sa découverte à l'Académie des Sciences au 23 mars : donc la priorité de CLAUDE BERNARD est indiscutable.

D'ailleurs SCHIFF a fourni lui-même d'autres preuves en faveur de cette priorité de BERNARD, car il commence son mémoire, ce mémoire sur lequel d'après lui se fonde sa découverte, par ces paroles : « Dans le *Cosmos* de MOIGNO, je lis que CLAUDE BERNARD, à *une des dernières séances* de l'Académie des Sciences — (on voit qu'il ne savait pas dans quelle séance CLAUDE BERNARD avait communiqué ses découvertes) — a fait une communication sur la préparation d'un corps qu'il a trouvé dans le foie, et qui forme du sucre. Je me suis occupé aussi de la question, et je présente un des résultats principaux de mes recherches entreprises avant le compte rendu donné par MOIGNO des séances de l'Académie; car elles concordent avec quelques-uns des résultats obtenus par le distingué physiologiste francais, de sorte qu'on ne pourra m'accuser de plagiat. »

La séance de l'Académie, dans laquelle CLAUDE BERNARD a publié sa découverte, est du 23 mars 1857, et le compte rendu donné par le *Cosmos* est certainement postérieur au 23 mars. Or SCHIFF, après avoir lu, comme il l'avoue lui-même, le compte rendu du *Cos-*

mos, a repris son mémoire et l'a daté : « Berne, 18 mars 1857. » CLAUDE BERNARD était donc en droit de formuler l'accusation suivante (*C. R.*, XLVIII, 885) :

« La communication du 18 mars 1857 de M. SCHIFF aux *Archives de Tubingen* est sans doute anti-datée et postérieure à la mienne; ce qui explique comment cet auteur peut y rappeler mes expériences, qui n'ont été lues à l'Académie que le 23 mars 1857. »

Mais, même si réellement le fascicule des *Archives de Tubingen* avait paru avant le 23 mars 1857, CLAUDE BERNARD serait encore l'auteur de la découverte du glycogène; car il l'a préparé à l'état de pureté chimique, tandis que SCHIFF n'a fait que supposer l'existence de ce corps d'après des réactions douteuses.

En pareil cas, il me semble que les réclamations de priorité ne sont valables que si l'on peut donner la preuve de la date même à laquelle le mémoire imprimé a été publié ! Beaucoup d'auteurs ont l'habitude de corriger notablement les feuilles d'épreuves qui leur sont envoyées, et d'y mettre des développements qu'on ne trouve aucunement dans le manuscrit qu'ils ont d'abord envoyé à l'imprimerie.

A côté de SCHIFF on trouve souvent dans la littérature allemande mentionné le nom de VICTOR HENSEN, comme d'un auteur ayant découvert le glycogène, en même temps que CLAUDE BERNARD, et indépendamment de lui.

Dans le *Canstatt's Jahresbericht über die Leistungen in den physiologischen Wissenschaften* pour 1855, le professeur SCHERER rend compte avec détail des travaux de CLAUDE BERNARD sur le sucre du foie. Par conséquent, dans ce recueil, avant la découverte du glycogène, est mentionné ce fait fondamental découvert par CLAUDE BERNARD qu'un foie privé de sucre par le lavage peut produire du sucre quand il est abandonné à lui-même, et que cette formation de sucre n'a plus lieu quand le foie a été soumis à la coction; ce qui prouve qu'il y a dans le foie une substance précédant le sucre, que BERNARD nomme une fécule animale, et qui, par fermentation, donne du sucre.

Le professeur SCHERER a été alors naturellement conduit, comme il le dit expressément dans son *Jahresbericht* pour 1856, à conseiller à VICTOR HENSEN, étudiant en médecine, qui travaillait dans son laboratoire, de poursuivre les recherches de BERNARD. Dans ce même recueil, en effet (p. 161), le professeur SCHERER s'exprime ainsi : « Sur mes conseils, et dans mon laboratoire, HENSEN a institué quelques recherches sur cette formation *post mortem* du sucre dans le foie, et il a confirmé les données de CLAUDE BERNARD. Comme ces recherches le conduisirent à cette conclusion que dans le foie il existe une substance insoluble dans l'eau qui par un ferment se change en sucre, HENSEN a essayé d'agir avec d'autres ferments, comme ceux de la salive et du pancréas : tous deux ont produit au bout de douze heures une abondante formation de sucre. »

Suit la description de diverses expériences de fermentation.

Les recherches de VICTOR HENSEN ont donc été instituées pour continuer et contrôler les importantes découvertes publiées par CLAUDE BERNARD en 1855. Ces contrôles et confirmations ont paru en 1856. Il est donc impossible d'admettre que les travaux de VICTOR HENSEN ont été *indépendants* de ceux de CLAUDE BERNARD. De fait ils ont été provoqués par eux.

En outre, quand la nouvelle grande découverte de CLAUDE BERNARD de 1857, sur la préparation du glycogène, fut publiée le 23 mars, R. VIRCHOW en eut connaissance, et communiqua ce fait nouveau à VICTOR HENSEN qui était alors à Berlin. V. HENSEN se hâta alors de réunir les faits qu'il avait établis sur le glycogène dans une petite notice qu'il déclare lui-même avoir confiée à VIRCHOW le 13 avril 1857 pour être publiée. Cette notice parut dans le fascicule d'avril du tome XI des *Archives de Virchow*. La cause pour laquelle on attribue généralement en Allemagne la découverte du glycogène à V. HENSEN, c'est sans doute parce que le 11 décembre 1856, dans la réunion scientifique des étudiants et le 1er avril (évidemment 1857), c'est-à-dire après la publication de CLAUDE BERNARD, il a montré ce corps aux élèves de l'Institut pathologique de VIRCHOW, avec ses propriétés caractéristiques. « Les professeurs DITTRICH et GERLACH, d'Erlangen, qui se trouvaient alors par hasard à l'Institut, ainsi que FICK, de Marburg, et FUNKE, de Leipzig, ont vu cette expérience et ont pu en contrôler l'exactitude. »

Il n'a pas dit quelles étaient ses propriétés caractéristiques : il ne pouvait être question, en effet, que de la formation de sucre par l'action des ferments et des acides, tant que la preuve n'était pas donnée, que la substance en question n'était pas un mélange.

HENSEN purifiait l'extrait aqueux du foie en précipitant les albuminoïdes solubles par un excès d'acide acétique; mais cela ne prouve pas que par ce procédé on éliminait les impuretés. Voilà pourquoi sans doute SCHERER, le maître de HENSEN, et qui avait provoqué les travaux de ce dernier, dans le *Canstatt's Jahresb.* de 1857, s'étend avec beaucoup de détails sur la découverte du glycogène par CLAUDE BERNARD, tandis qu'il ne consacre pas un mot au travail d'HENSEN,

J'ai préparé le glycogène exactement d'après les procédés de HENSEN; mais la solution de ce glycogène ainsi préparé précipite avec le réactif de BRÜCKE: c'est par conséquent un mélange, et la méthode d'HENSEN ne le débarrasse pas de ses impuretés.

D'autre part KEKULE a pu se servir du glycogène préparé par la méthode de CLAUDE BERNARD pour en faire une analyse élémentaire, et par conséquent il est prouvé que le mode de préparation de BERNARD est préférable au mode de préparation de HENSEN.

Nous arrivons donc à cette conclusion, que c'est vraiment CLAUDE BERNARD, et lui seul, qui a découvert le glycogène, et qui en a établi exactement les propriétés chimiques essentielles.

§ II. — ANALYSE QUALITATIVE ET QUANTITATIVE DU GLYCOGÈNE.

Beaucoup de problèmes physiologiques se rapportent à la question de savoir si un organe contient du glycogène, et combien il en contient; par conséquent le jugement qu'on peut porter de ces recherches dépend de l'exactitude des méthodes qui ont servi à doser le glycogène. Il ne s'agit pas seulement de savoir les limites des causes d'erreurs de la méthode, mais encore si l'on peut mesurer ces causes d'erreurs et déterminer l'étendue de leurs variations.

On pense généralement que les données fournies par une mauvaise méthode ont encore quelque valeur lorsqu'on les compare entre elles; mais c'est là une grave erreur dont, je le crains bien, on ne pourra guérir le monde médical. On suppose trop facilement que la différence des conditions expérimentales dans les expériences qu'on veut comparer n'exerce aucune influence, médiate ou immédiate, sur l'étendue des causes d'erreur, et par conséquent ne les modifie pas. Mais, dans la plupart des cas, sinon dans tous, c'est là une supposition impossible à prouver.

Chimie du glycogène. — Avant d'indiquer les méthodes analytiques de dosage, nous devons décrire brièvement les propriétés chimiques du glycogène.

	CARBONE.	HYDROGÈNE.	ORIGINE du GLYCOGÈNE.	AUTEURS.
Calculé.	44,44	6,17		
1	44,49	6,49	Foie de lapin.	KEKULE. *Pharm. Centralblatt*, 1858, 300.
2	44,50	6,38	?	KLINKSIECK (GORUP BESANEZ, *Liebig's Annalen*, 1861, CXVIII, 227).
3	44,41	6,24	Lapin.	HARDEN et W. YOUNG, *Transact. of the chem. Soc.*, 1902, LXXXI.
4	44,20	6,20	Id.	*Ibid.*
5	44,06	6,30	Huître.	*Ibid.*
6	44,30	6,25	Id.	*Ibid.*
7	44,13	6,34	Levure.	*Ibid.*
8	44,35	6,30	Id.	*Ibid.*
9	44,34	6,66	Viande de cheval.	NERKING, *A. g. P.*, 1901, LXXXV, 322.
10	44,33	6,47	Id.	*Ibid.*
11	44,34	»	Id.	*Ibid.*
12	44,33	6,17	Foie de chien.	Mme GATIN GRUZEWSKA, *A. g. P.*, 1904, CII.
13	44,45	6,14	Id.	THODE (Cité par Mme GATIN GRUZEWSKA), *Ibid.*, 1904, CII.
14	44,33	6,21	Id.	*Ibid.*

Comme dans la littérature contemporaine on indique inexactement la composition chimique élémentaire du glycogène (HAMMARSTEN, *Lehrb. der physiol. Chemie*, 5e édit. 1904, 243), je donne ici toutes les analyses dont on a le droit d'admettre qu'elles ont été faites avec du glycogène chimiquement pur.

Le glycogène est une poudre fine, blanche, amorphe, sans goût et sans odeur, d'une phosphorescence intense à — 180° (DEWAR, *Chemical News*, LXX, 252).

La chaleur de combustion du glycogène pour 1 gramme de substance est égale à 4190. 6 calories; sa chaleur de combustion moléculaire est donc de 678.9 calories, à pression constante (??) (ACHMANN. *Journ. f. prakt. Chemie*, II, 4, 587).

Le glycogène dévie à droite le plan de polarisation. L'étude de son pouvoir rotatoire a été entreprise par beaucoup d'auteurs; mais les chiffres trouvés ont été très différents, allant de 127, 27 (LUCHSINGER *A. g. P.*, 1874, VIII, 294) jusqu'à 226,7 (BÖHM et HOFFMANN (*A. P. P.*, 1877, VII, 489), ce qui tient probablement à ce que le glycogène dont on se servait n'était pas une préparation pure. Ce qui le prouve, c'est que les chiffres trouvés dans les analyses donnent une valeur beaucoup trop petite pour le carbone; d'autres savants ont donné des chiffres trop forts, ce qui est dû à un emploi inexact de l'appareil polarimétrique et à d'autres inexactitudes. Mme GATIN GRUZEWSKA, (*A. g. P.*, CII) a préparé du glycogène absolument pur, et a examiné le pouvoir rotatoire de ce glycogène au moyen de l'appareil de LANDOLT : le dextrose donnant dans cet appareil, à une température de 20°, la déviation de 52°,8, il a été trouvé pour le glycogène 196°,57′. HUPPERT ((*Z. p. C.*, 1893, XVIII, 137) avait déjà d'ailleurs trouvé le même nombre, mais ç'avait été, comme l'a montré Mme GATIN-GRUZEWSKA, en compensant les différents nombres inexacts de manière à en faire la moyenne, et l'on peut d'autant moins avoir confiance dans les chiffres de HUPPERT qu'il employait des solutions impures de glycogène, dont il appréciait la teneur par le dosage du sucre après interversion. Pour le dosage du glycogène, on se sert de la réaction de l'iode découverte par CLAUDE BERNARD.

Mais il faut d'abord se souvenir qu'il s'agit là d'une série de couleurs très différentes, dont le ton dépend de la concentration de la solution, ton commençant par une couleur jaune brun pour aller jusqu'au brun rouge, de manière à devenir ensuite d'un beau rouge foncé. En couche mince, cette solution concentrée tend vers le brun, surtout lorsqu'il s'agit du glycogène hépatique. La réaction est surtout sensible lorsqu'il n'y a ni acide libre, ni alcali, ni alcool. Si la solution d'iode, en l'absence de glycogène, donne une couleur brune à un liquide incolore, il faut toujours contrôler la réaction iodo-glycogénique, comme je l'ai montré précédemment (*A. g. P.*, 1899, LXXV, 198). Il vaut beaucoup mieux, comme l'a trouvé Mme GATIN-GRUZEWSKA dans mon laboratoire, prendre deux verres à expérience de même calibre, dont l'un est rempli d'eau, et dont l'autre est rempli du même volume de la solution glycogénique. Alors, dans chaque verre, on laisse tomber par la burette le même volume de la solution très concentrée de l'iode d'environ 3 pour 100.

Or, si l'on chauffe simultanément et également les deux verres, on observe ce fait important que les grandes différences que l'on avait vues d'abord entre les différentes colorations de l'un et l'autre vase finissent par disparaître complètement quand on fait bouillir la solution iodo-glycogénique: il se produit donc finalement la même couleur, comme s'il n'y avait pas eu de glycogène. Par conséquent cette couleur est due à la mise en liberté de l'iode. Ce qui prouve que la combinaison de l'iode avec le glycogène se détruit complétement quand on la chauffe, c'est qu'elle reparait quand la liqueur se refroidit. Il s'agit donc d'une reconstitution chimique. La réaction de l'iodo-glycogène doit par conséquent être considérée comme une combinaison lâche et dissociable.

Cela explique ce fait qu'une solution chauffée de glycogène reste plus fortement colorée, s'il y a un certain excès d'iode, ce qui prouve d'ailleurs qu'à 100° la recombinaison de l'iode avec le glycogène n'est pas complètement entravée. Le chiffre élevé des molécules d'iode rend possible, malgré la rapidité du processus de dissociation due à l'élévation thermique; qu'un certain nombre de molécules de glycogène se combinent encore à l'iode.

Les faits ont été observés avec du glycogène chimiquement pur, extrait de la viande de cheval ou du foie des chiens et des lapins.

Si maintenant nous étudions la réaction de l'iode sur des extraits d'organes à réactions neutres, nous voyons suivant les conditions apparaître de remarquables différences.

Je décrirai d'abord une série de faits inattendus, et de manière à en rendre la compréhension facile aux lecteurs. J'ai observé qu'une goutte de la solution iodée, versée dans un extrait hépatique, amène une forte couleur brune qui, si l'on abandonne la solution à elle-même à froid, disparaît complètement en quelques heures, ce qu'on n'observe jamais avec du glycogène pur. Si cette solution se décolore par la chaleur, alors elle reparaît d'elle-même quand la liqueur se refroidit.

La rapidité avec laquelle la couleur de la solution de glycogène hépatique disparaît quand on la laisse au froid, est très différente : parfois la coloration brune reparaît lorsqu'on ajoute quelques gouttes de la solution d'iode, pour disparaître de nouveau quand on agite le liquide. Il arrive aussi que, malgré la présence du glycogène, une goutte de la solution d'iode n'amène aucun changement de couleur dans la solution. Ces faits prouvent que, dans les extraits ainsi étudiés, il y a une substance qui forme avec l'iode une combinaison chimique stable.

Il n'est donc pas surprenant que la réaction de l'iode avec le glycogène disparaisse très rapidement, quand on chauffe jusqu'à ce que la liqueur se décolore; et on comprend bien qu'alors le refroidissement ne fasse pas revenir la coloration que la chaleur avait fait disparaître. Mais, si l'on verse une seconde goutte de la solution concentrée d'iode, alors la couleur rouge foncée disparaît de nouveau quand on chauffe, mais ne reparaît plus par le refroidissement. Comme cette expérience peut se répéter six ou dix fois, et même davantage, cela prouve que le corps qui fixe de l'iode d'une manière stable, en fixe des quantités notables avant d'être saturé. A mesure que cette combinaison iodée est plus saturée, la combinaison se fait de plus en plus lentement, et il faut attendre toujours plus longtemps avant d'arriver à la décoloration complète. Il y a donc quelques difficultés à déterminer exactement le point de saturation. Mais si enfin on a pu arriver à saturer complètement d'iode ce corps qui en est avide, on finit par obtenir une solution hépatique, qui se comporte vis-à-vis de l'iode, tout à fait comme les solutions de glycogène pur.

Une goutte de la solution d'iode donne la même coloration que la solution de contrôle quand on la chauffe; c'est-à-dire qu'en chauffant cette solution glycogénique, la décoloration n'est plus complète, et que, par le refroidissement, la forte coloration rouge du début reparaît.

Il paraît au premier abord surprenant que cette combinaison dissociable d'iode avec le glycogène puisse se produire en présence d'une substance qui fixe fortement l'iode.

Si la masse de la substance qui fixe l'iode est considérable, on voit tout de suite apparaître la décoloration de l'iode qu'on a ajouté; mais, si le glycogène se trouve en relativement grande proportion, alors la coloration de l'iode se manifeste, de même qu'une goutte de solution de nitrate d'argent rougit le mélange d'une solution de chromate et de chlorure, quoique la décoloration finalement se produise, parce que les affinités fortes du chlore pour l'argent se satisfont aux dépens des affinités plus faibles du chromate pour ce métal. Peut-être aussi faut-il faire intervenir, pour expliquer ce trouble apporté à la réaction de l'iode avec le glycogène, des combinaisons chimiques avec l'iode plus complexes, de sorte qu'il se produit alors des réactions secondaires.

On peut maintenant se proposer de séparer le glycogène de cette substance qui se combine à l'iode.

On prend 100 cc. d'une solution glycogénique additionnée de 3 p. 100 de KOH. et de 10 p. 100 de IK. On ajoute 50 cc. d'alcool à 96°; on filtre sur papier suédois; on lave le précipité avec un mélange d'une solution contenant un volume d'une solution aqueuse de 3 p. 100 de KOH. et de 10 p. 100 de IK avec un demi-volume d'alcool à 96, puis on lave plusieurs fois avec l'alcool à 96, puis enfin avec l'alcool à 99,8.

Après départ de l'alcool, on dissout le précipité dans l'eau, on chasse l'alcool au bain-marie et, par l'acide acétique, on neutralise la solution refroidie.

Alors le corps qui se combine à l'iode a complètement disparu; et la solution iodo-glycogénique ne peut plus se décolorer complètement, même par une longue et répétée ébullition; autrement dit, la réaction iodo-glycogénique se comporte comme toute solution glycogénique pure.

On peut aussi employer le procédé de purification de Brücke-Külz : on traite la solution de glycogène par l'acide chlorhydrique et l'iodo-mercurate de potassium, on filtre sur le filtre suédois, et, par les méthodes ordinaires, on extrait le glycogène du précipité. Je ne dois pas oublier de faire remarquer que, pour purifier ce glycogène par l'emploi de ces deux méthodes, il ne faut jamais manquer de laver avec de l'alcool à 66°, pour se débarrasser de l'iodure de potassium, de l'iodo-mercurate de potassium et de l'acide chlorhydrique.

Quant à la décoloration que produit dans les solutions de glycogène le corps qui se combine à l'iode, remarquons encore qu'elle est d'autant moins complète dans le sens rigoureux du mot, que l'on a employé de plus grandes quantités d'iode, de manière à approcher du point de saturation. Par des ébullitions répétées la solution prend de légères teintes virant au rouge, devant un fond de coloration blanche, ressemblant à une faible coloration iodo-glycogénique. Mais il ne s'agit pas ici de cette réaction du glycogène; car, quand la solution a été refroidie, il n'y a plus aucun retour de la coloration rouge, et une nouvelle chauffe ne la décolore pas. L'addition d'une trace d'iode fait reparaître immédiatement la coloration rouge foncé, laquelle ne disparaît pas de nouveau complètement par l'ébullition, mais redonne la même teinte jaune rouge. Par refroidissement, la teinte rouge foncé reparaît de nouveau. Par conséquent le corps qui se combine à l'iode a, lui aussi, une couleur rouge; ce qui fait qu'on peut croire à tort qu'il y a du glycogène dans des extraits d'organes qui n'en contiennent pas, ou qui n'en contiennent que des traces. Il faut que des expériences de contrôle établissent que la couleur rouge, tout en diminuant par l'ébullition, reparaît par le refroidissement. Il est donc à désirer que le glycogène soit toujours purifié par la méthode de l'iodure de potassium et de la potasse, ou qu'on sature d'iode ce corps qui peut le fixer avant de faire la réaction définitive de l'iode avec le glycogène.

D'après Claude Bernard (*Leçons sur le diabète*, 1877, 553), les muscles qui sont restés longtemps inactifs contiennent un glycogène qui se colore en bleu comme l'amidon, avec l'iode.

Axenfeld (*Chemisches Centralblatt*, 1886,383) a décrit une autre réaction colorée du glycogène. Quelques gouttes d'une solution concentrée d'acide formique avec quelques gouttes d'une solution de chlorure d'or à 0,001 p. 100 produisent dans les solutions de glycogène une teinte dichroïque rouge avec des reflets bleus.

Quant à la solubilité du glycogène, on admet en général qu'il se dissout dans l'eau, qu'il rend opalescente. Cependant Mme Gatin-Gruzewska (*A. g. P.*, cii, 1904) a remarqué qu'en laissant reposer des solutions assez concentrées de glycogène, il se fait peu à peu un dépôt qui, lorsqu'on agite la liqueur, donne des couches qui paraissent être plus réfringentes. Elle a cherché à déterminer plus exactement ce degré de solubilité en mettant dans des tubes fermés qu'on laisse reposer des solutions glycogéniques de concentration différente, variant de 0.480 à 7.724 p. 100. Or, même pour les solutions diluées, les couches supérieures étaient toujours moins concentrées que les couches inférieures. Le tableau p. 239 indique le phénomène d'une manière plus précise.

Ces changements de concentration donnent l'impression de ce fait, déjà soupçonné, que le glycogène n'est pas en réalité dissous dans les solutions aqueuses. Une découverte d'un étonnant intérêt, c'est celle qu'a faite Raehlmann (*Zeitschrift für ärtzliche Fortbildung* 1904, n° 5) qui a pu voir dans une solution de glycogène les particules microscopiques de ce corps; et, si l'on n'avait pu les observer jusqu'à présent, cela ne tient pas à ce qu'on n'avait pas encore atteint des grossissements assez grands. De même que dans l'air les poussières n'apparaissent que lorsqu'elles sont éclairées par la lumière du soleil dans une chambre obscure, de même on ne peut voir les particules de glycogène dans une solution qu'en les éclairant par une lumière, dont la direction est perpendiculaire à l'axe optique du microscope : alors on voit des granulations de même dimension, qui n'ont pas plus de 0,000005 de diamètre, et qui disparaissent graduellement lorsqu'on ajoute de la diastase à leur solution. Ces faits merveilleux parlent donc en faveur de l'hypothèse que le glycogène n'est pas dissous dans l'eau. Il convient cependant de faire quelques réserves, car il s'agit là d'un corps ayant un poids moléculaire extrêmement élevé; de sorte que les parties visibles représentent peut-être la véritable molécule. En effet, Mme GATIN-GINZEWSKA [1], dans le laboratoire du professeur NERNST à Gottingen, a constaté que le poids moléculaire du glycogène ne peut pas être fixé. Si le glycogène est un peu soluble dans l'eau, le poids moléculaire serait plus grand que 140000. Donc les chiffres de SABANEGEW, correspondant à $(C_6H_{10}O_5)_{10}$, sont faux. (*Journal der russichen Gesellschaft*, 1889, et *Deutsche Chem. Gesells.*, XXIII, 87, *Ref.*). Il était donc important d'étudier la diffusibilité des solutions aqueuses de glycogène.

	EXPÉRIENCES.	COUCHES SUPÉRIEURES.			DIFFÉRENCE p. 100.	TEMPS EN HEURES.	COUCHES INFÉRIEURES.			CONCENTRATION p. 100.
		Solution de glycogène en gr.	Poids sec en gr.	Glycogène p. 100.			Glycogène en gr.	Poids sec en gr.	Glycogène p. 100.	
Glycogène desséché dans le vide.	1	5,1523	0,398	7,724	0,406	22	5,1595	0,4195	8,130	100 : 105
	2	5,174	0,3075	5,942	0,543	27	5,1865	0,3365	6,487	100 : 109
Glycogène chauffé plusieurs fois à 100° et desséché.	3	5,0337	0,1165	2,314	0,017	28	5,0185	0,117	2,331	100 : 100.7
	4	5.005	0,026	0,519	0,001	48	4,899	0,0255	0,520	100 : 100.19
Glycogène desséché dans le vide sur le chlorure de calcium. . .	5	5,0125	0,0455	0,907	0,384	48	5,032	0,065	1,291	100 : 142
	6	5.047	0,095	1,882	0,033	24	5,0117	0,096	1,915	100 : 101.7
	7	5,033	0,095	1,887	0,040	96	4,9035	0,095	1,937	100 : 102
	8	4,982	0,0915	1,836	0,108	120	5,0635	0,0975	1,944	100 : 105
	9	4,998	0,024	0,480	0,032	24	4,9785	0,0255	0,512	100 : 106.6
	10	4,975	0,024	0,482	0,026	120	5,0165	0,0255	0,508	100 : 105,3

Mme GATIN-GRUZEWSKA (*A. g. P.*, 1904, CII) a fait sur ce point des expériences très soigneuses.

« Si, dit-elle, on place le glycogène dans des dialyseurs, on peut se convaincre qu'au bout de quelques jours le glycogène a diffusé dans l'eau. Douze dialyseurs, dont l'imperméabilité avait été contrôlée, et à la périphérie desquels on avait pris soin de mettre de la paraffine, furent remplis jusqu'à la moitié de leur contenance par des solutions glycogéniques de concentration différente. Ces vases furent ensuite placés sur des verres qui contenaient de l'eau arrivant au même niveau. Dans chaque solution glycogénique fut placé un petit cristal de thymol; au bout de 4 à 5 jours l'eau de chaque verre, ramenée par évaporation à 2 ou 3 cc., fut placée dans un verre à expérience, et dans un autre verre on mit exactement autant d'eau.

« Je traitai les deux verres par une solution concentrée d'iode versée goutte à goutte. La réaction iodée était faible, mais toujours visible. Alors on remplit le verre avec de l'alcool, et on vit se former le lendemain un fin précipité de glycogène.

« Ces 12 expériences, comme une autre dans laquelle de grandes quantités de glycogène furent placées dans une membrane de parchemin, ne donnèrent jamais que des traces de glycogène, lesquelles avaient dû passer par le parchemin. On peut expliquer ces deux résultats de deux manières : ou bien le glycogène n'est que partiellement soluble dans l'eau, et alors il ne diffuse qu'en minuscule quantité; ou bien il existe dans le parchemin des pores plus grands qui peuvent se laisser traverser par des particules de glycogène que l'eau a rendues molles. »

Il était aussi très important de voir comment se comportent les soi-disant dissolutions aqueuses de glycogène en présence de l'alcool que l'on emploie si souvent pour la précipitation de ce corps. Mme GATIN-GRUZEWSKA a fait cette recherche avec des solutions de glycogène absolument pures, et elle conclut ainsi :

« Si, à une solution glycogénique de concentration quelconque, on ajoute de l'alcool jusqu'à ce que le premier louche apparaisse, puis que l'on ajoute quelques gouttes

1. Mme GATIN-GRUZEWSKA (*A. g. P.*, CIII, 282. 1904).

d'eau jusqu'à faire disparaître ce louche, et qu'enfin on ajoute encore un léger excès d'eau, alors cette solution peut rester pendant plusieurs jours au laboratoire sans se troubler. Mais, si l'on place cette solution à 0°, on voit alors au bout de peu de temps apparaître un trouble laiteux, et il se forme un précipité qui peu à peu se dépose. Replacée à la température de la chambre, la solution redevient bientôt limpide, et le précipité se redissout. Si l'on place une solution quelconque de glycogène dans un verre à expérience et qu'on y verse goutte à goutte de l'alcool à 96, il arrive un moment où la solution présente un trouble laiteux, et on voit le glycogène se précipiter distinctement sous la forme de flocons. En faisant passer la solution sur la flamme d'un bec Bunsen, ou même seulement en la tenant dans la main, on voit le précipité et le trouble disparaître, de sorte que la solution devient limpide. En versant de l'eau froide, on voit se reformer momentanément le précipité blanc. Le phénomène est très caractéristique quand la solution est très concentrée. Alors il se forme un précipité épais de glycogène qui disparaît momentanément à la flamme de la lampe ou au bain-marie. »

« J'ai aussi cherché à déterminer le rapport entre la concentration de la solution de glycogène et la quantité d'alcool nécessaire pour le précipiter complètement. Comme critérium pour la précipitation totale du glycogène, j'ai pris le temps nécessaire pour que tout le précipité se forme, et qu'il disparaisse momentanément par la chaleur.

« Je donnerai quelques chiffres qui permettront mieux de juger du phénomène.

« Mes expériences ont été faites avec du glycogène tout à fait pur et à une température de 20°. Naturellement, avec du glycogène impur et pour d'autres températures, d'autres proportions d'alcool sont nécessaires.

« Les solutions de glycogène étaient mesurées dans une petite éprouvette graduée, et on y ajoutait goutte à goutte de l'alcool à 96 qu'on versait par une burette. 3 cc. de chaque solution furent employés.

« Solution à 24, 8 p. 100, exigeant 1,7^{ccm} d'alcool à 96°.

« Solution à 12, 4 p. 100, exigeant 2,2 d'alcool à 96°.

« Solution à 6, 2 p. 100, exigeant 2,7 d'alcool à 96°.

« Solution à 1 p. 100, exigeant environ 3,3 d'alcool à 96°.

« On voit maintenant que, pour précipiter le glycogène par l'alcool, la quantité d'alcool nécessaire ne dépend pas seulement de la pureté de la préparation, mais encore de la concentration et de la température. »

Édouard Külz avait déjà trouvé (*Berl. Chem. Ges.*, 1882, xv, 1300, et *Z. B.* 1886, xxii, 161) que la précipitation du glycogène par l'alcool en solution aqueuse est influencée d'une manière très efficace et remarquable par les sels. Plus la solution de glycogène est pure, plus il faut employer d'alcool pour le précipiter.

Külz dit que des solutions de glycogène chimiquement pur ne sont pas précipitées même par 4 ou 5 volumes d'alcool absolu. Il suffisait d'ajouter quelques milligrammes de chlorure de sodium pour rendre la précipitation possible.

Les solutions aqueuses de glycogène sont précipitées par un grand excès d'acides acétique, propionique, butyrique, de tanin, d'acide phosphomolybdique, de plombate et de zingate de soude, de sulfate de magnésium et d'ammonium (Nasse, *A. g. P.*, xxxvii, 582, et lx, 105). L'acétate de plomb ammoniacal donne, d'après Bizio, un sel de plomb (*Bull. de la Soc. chim.*, (2), viii, 442); des solutions saturées de baryte donnent des précipités répondant à des combinaisons de baryum ou de calcium avec le glycogène (Nasse, *A. g. P.*, xxxvii, 582).

Le perchlorure de fer concentré donne, d'après Nasse, par addition d'un alcali, une combinaison d'oxyde de fer avec le glycogène. Schützenberger (*Liebig's Annalen der Chemie*, clx, 80) a préparé un triacétate. Panormoff (*Chemisches Centralblatt*, 1891, ii, 854), un dibenzoate, comme Wedenski, un benzoate (*D. Chem. Ges.*, 1880, xiii, 122). Il y a aussi des combinaisons nitreuses (Lustgarten, *Monatsh. für Chemie*, ii, 626) et des combinaisons sulfoniques cristallisées (Anderlini, *Chemisches Centralblatt*, 1888, 451).

D'après Pelouze (*C. R.*, xliv, 1321), l'acide azotique dilué oxyde le glycogène en acide oxalique, et d'après Chittenden (*Liebig's Annalen*, clxxxii, 206), le brome oxyde le glycogène en acide gluconique.

Le glycogène ne réduit pas la liqueur de Fehling; il ne donne pas d'osazone, ne fermente pas par la levure, et l'invertine de la levure est sans action sur lui.

Les solutions aqueuses du glycogène ordinaire, quand il n'est pas tout à fait pur, précipitent par l'alcool en masses et flocons amorphes; mais, quand on a du glycogène d'une pureté chimique absolue, alors, comme l'a montré Mme GATIN-GRUZEWSKA, la précipitation de ces solutions par l'alcool a des caractères tout à fait particuliers. On voit se former des baguettes et petits corpuscules sphériques avec une surface à contours brillants.

Mme GATIN-GRUZEWSKA rappelle à ce propos que BÜTSCHLI (*Untersuchungen über Struckturen*, 1897) avait déjà observé cette forme caractéristique des précipités qu'on produit dans des solutions très diluées de certaines substances colloïdales. Il s'agit, dans les expériences de BÜTSCHLI, de gouttelettes qui se réunissent de manière à former une sorte de réseau filamenteux.

Parmi les formes de précipités qu'a obtenues Mme GATIN-GRUZEWSKA, il se trouve aussi des prismes qui ont tout à fait l'apparence de cristaux, comme j'ai pu m'en assurer moi-même; mais jusqu'à présent il n'a pas été possible de préparer ces cristaux en assez grande quantité pour les analyser, de sorte qu'on ne peut encore se prononcer sur leur véritable nature.

Le glycogène peut être soumis à la coction avec de la potasse à 30 p. 100 sans se détruire (PFLÜGER, *A. g. P.*, 1902, XCII, 81) et il est remarquable de voir le glycogène attaqué par une solution diluée de potasse (PFLÜGER, *A. g. P.*, XCIII, 77, 1902). Le glycogène est très sensible à l'action des acides : l'acide chlorhydrique le transforme en glycose, les conditions les plus favorables sont l'ébullition avec l'acide chlorhydrique à 2 p. 100 pendant trois heures; on n'obtient alors que 97 p. 100 de la quantité théorique de sucre; il faut donc multiplier le chiffre de sucre obtenu par 0,927 pour obtenir le chiffre exact du glycogène (NERKING, *A. g. P.*, 1901, LXXXV, 329).

Si l'on a traité quelque temps le glycogène par des acides minéraux dilués, on lui a fait perdre la propriété de se colorer par l'iode (achrooglycogène) et en même temps la solubilité dans l'alcool a notablement augmenté (CHRISTINE TEBB, *J. P.*, 1897-1898, XXII, 423). Ainsi, d'après CHRISTINE TEBB, le glycogène est précipité totalement par de l'eau contenant 55 p. 100 d'alcool, tandis qu'il faut 90 p. 100 d'alcool pour précipiter complètement l'achrooglycogène; ces substances dérivant de l'action des acides dilués sur le glycogène précipitent par l'alcool et répondent toujours assez bien à la formule $C^6H^{10}O^5x$. Ce sont des dextrines dérivées du glycogène.

Par l'action plus prolongée des acides dilués, on obtient des corps qui ne précipitent plus par l'alcool : maltose et isomaltose, et, aux dépens de ceux-ci, dextrose. On admet que toutes ces transformations sont des phénomènes d'hydrolyse. Par l'action du ferment hépatique ou du ferment du sang le glycogène est pareillement hydrolysé jusqu'à son produit final, qui est la dextrose. La diastase du malt, ainsi que le ferment diastasique de la salive ou du suc pancréatique, ne vont que jusqu'à la maltose ou à l'isomaltose, et il ne se produit que peu de dextrose (CLAUDE BERNARD, *C. R.*, 1877, LXXXV, 519); — MUSCULUS et V. MERING (*Z. p. C.*, 1876, II, 403); — E. KÜLZ (*A. g. P.*, 1881, XXIV, 57); — BIAL (*ibid.*, 1892, LII, 137); — SEEGEN (*ibid.*, 1879, XIX, 106); — R. A. YOUNG (*J. P.*, XXI et XXII, 1899-1898, 401); — CHR. TEBB (*ibid.*, 1897-1898, XXII, 423).

Le passage du glycogène en dextrine se produit déjà par l'action d'acides très dilués, comme l'acide lactique à 1 p. 100, à l'ébullition et même quand on soumet à l'ébullition avec l'eau simple une solution de glycogène pendant plusieurs semaines (NERKING, *A. g. P.*, 1901, LXXXVIII, 1), ce dont on peut se rendre compte en observant que, malgré la présence de chlorure de sodium, le glycogène est devenu plus soluble dans l'alcool. Mais dans ces conditions la proportion de sucre qu'on obtient par l'inversion ne s'est pas modifiée. Le glycogène est, comme l'amidon, changé en dextrine par l'acide citrique; mais non inverti, quoique l'acide citrique intervertisse le sucre de canne (PAVY, *Physiology of the carbohydrates*, 1894, 93; — NERKING, *A. g. P.*, 1901, LXXXV, 327).

Ces dextrines-glycogènes sont devenues attaquables par la potasse et transformables par elle, comme PAVY l'a reconnu le premier (*Physiol. of the carbohydrates*, 1894, 51; — PFLÜGER, *A. g. P.*, 1902, XCIII, 77; — VINTSCHGAU et DIETL, *ibid.*, 1876, XIII, 253, et 1878, XVII, 154); — RICH. KÜLZ (*Z. B.*, 1886, XXII, 161).

Le glycogène préparé par la méthode de BRÜCKE-KÜLZ se détruit par la potasse, parce que c'est manifestement une dextrine ou parce qu'il contient de la dextrine.

Les dextrines voisines du sucre réduisent la liqueur de FEHLING. Les recherches de

Musculus et Mering (*Z. p. C.*, 1878-1879, II, 403) établissent avec certitude que l'amidon et le glycogène, après action des ferments digestifs, donnent des dextrines dont les solutions ne fermentent pas par la levure, mais réduisent énergiquement la liqueur de Fehling; on peut dire en général « que la dextrine réduit d'autant plus fortement la liqueur de Fehling, que la transformation de l'amidon par le ferment a été poussée plus loin ». Musculus et Mering, Scheibler et Mittelmeier (*Berichte der D. chem. Ges.*, 1890, XXIII, 3068) ont montré que les dextrines réductrices peuvent donner des combinaisons avec la phénylhydrazine, lesquelles précipitent par l'alcool et donnent par la chaleur des osazones.

Préparation du glycogène. — Comme Auguste Kekule n'a pas indiqué exactement les procédés de purification, pour la préparation qui lui a servi dans son analyse élémentaire, nous devons nous en tenir aux procédés indiqués par Nerking, encore qu'ils eussent pu, je suppose, être moins compliqués.

Nerking a donné par ses analyses élémentaires la preuve de la pureté du glycogène qu'il a obtenu (*A. g. P.*, 1901, LXXXV, 321).

La pulpe de viande de cheval est bouillie pendant six heures avec de l'eau. Le liquide est filtré, concentré, refroidi, filtré de nouveau, additionné de 3 p. 100 de KOH et de 10 p. 100 de KI, et précipité par la moitié de son volume d'alcool; après deux heures le glycogène précipité est filtré avec une solution qui contient 3 p. 100 de KOH; 10 p. 100 de KI. et la moitié de son volume d'alcool à 96, puis le précipité est lavé par de l'eau contenant 66 p. 100 d'alcool contenant une petite quantité de chlorure de sodium. Ensuite on dissout le glycogène dans une solution 3 p. 100 de KOH et 10 p. 100 de KI, et on précipite par la moitié de son volume d'alcool. Cette opération est répétée quatre fois.

La cinquième fois le glycogène est simplement précipité de sa solution aqueuse par l'alcool. Le précipité est de nouveau filtré, puis lavé, d'abord par une solution alcaline et alcoolique d'iodure de potassium, puis par l'eau mélangée à 66 p. 100 d'alcool contenant du chlorure de sodium, puis à diverses reprises avec l'alcool absolu, puis à diverses reprises encore avec de l'éther bien purifié. Pour se débarrasser des substances minérales qui lui sont encore adhérentes, on redissout le glycogène dans l'eau; on ajoute de l'acide acétique et on précipite par l'alcool; solution et précipitation qu'on répète plusieurs fois. Le glycogène qu'on obtient alors ne contient plus de cendres; cependant il y a encore une trace d'azote.

Le produit de Nerking contenait encore 0,026 p. 100 d'azote; mais Nerking ne pouvait guère obtenir de produit plus pur. Les chiffres de combustion concordent avec ceux qu'a donnés Auguste Kekule et répondent à la formule $(C_6H_{10}O_5)n$.

Mme Gatin-Gruzewska a perfectionné encore les méthodes, et elle a pu obtenir un glycogène absolument pur. Le procédé est laborieux et coûteux; mais nous n'en connaissons actuellement pas de meilleur.

Il faut d'abord remarquer que, d'après B. Schöndorff (*A. g. P.*, XCIX, 201, 1903), on peut engraisser les chiens de manière que leur foie contienne (en matières solides) 66 p. 100 de glycogène. On fait donc la première extraction dans des tissus qui contiennent relativement peu de substances autres que le glycogène. Cet enrichissement de l'animal en glycogène s'obtient en donnant à des chiens (à jeun depuis huit jours) d'abord, pendant trois jours, une alimentation quotidienne de 200 grammes de viande, 100 grammes de riz, et 100 grammes de pommes de terre; puis, pendant quatre jours, on ajoute à cette ration 150 à 200 grammes de sucre de canne, et le soir du jour où on doit le sacrifier, on lui donne encore cette même abondante alimentation.

Pour extraire le glycogène du foie de ces chiens ainsi alimentés, on broie le tissu hépatique, et on traite 100 grammes de cette bouillie demi-liquide dans des ballons contenant 200 centimètres cubes d'eau; on chauffe pendant cinq à six heures au bain-marie; puis on filtre le liquide refroidi, d'abord sur du coton de verre, puis sur papier.

Le liquide transparent est alors traité suivant la méthode de Pflüger-Nerking (*A. g. P.*, LXXVI, 531, 1899) par une solution contenant pour 800 c. c. du liquide :

80 grammes de KI
40 cc. de KOH à 60 p. 100
400 cc. d'alcool à 96 —

Après que le glycogène s'est précipité, on décante le liquide limpide, et on filtre sur un filtre suédois qu'on lave soigneusement deux fois avec la solution suivante :

Eau.	1000 cc.
KI	100 gr.
KOH à 60 p. 100.	50 cc.
Alcool à 96 —	500 cc.

On lave ensuite deux fois le glycogène avec de l'alcool à 66 p. 100, puis avec de l'alcool à 96 p. 100.

Alors on reprend le glycogène resté sur le filtre qu'on traite par l'eau bouillante, pour le dissoudre; puis on le précipite de nouveau par la même solution que plus haut.

Pour le débarrasser de l'iodure de potassium et de la potasse, on le redissout de nouveau dans l'eau, on précipite par un volume d'alcool à 96 p. 100; puis on lave par l'alcool à 66 p. 100 et à 96 p. 100.

Lorsque le glycogène est dans cet état, il ne se trouble plus par l'addition d'iodo-mercurate de potassium et d'acide chlorhydrique. Mais, comme NERKING (*A. g. P.*, LXXXV, 1901, 320), en employant ce procédé de purification, a encore trouvé 0.026 p. 100 d'azote, on traite le glycogène obtenu par de la potasse, suivant le procédé de CLAUDE BERNARD. En effet, dans ces conditions, comme l'a montré AUG. KEKULÉ, on élimine toute substance azotée. Pour cette opération on traite le glycogène par de petites quantités de potasse à 30 p. 100 (la meilleure marque étant de MERCK 1[a]) pendant une heure dans un ballon au bain-marie à l'ébullition. Après refroidissement, la liqueur est traitée par son volume d'eau, de sorte que le titre en potasse devient de 15 p. 100, et on précipite par son volume d'alcool à 96 p. 100.

Après filtration sur un filtre bien lavé, le précipité est lavé par un mélange à parties égales d'alcool à 96 p. 100, et d'une solution de potasse à 15 p. 100. On lave deux fois par l'alcool à 66, puis à 96°, et finalement par l'alcool absolu et l'éther.

On procède alors à une série de cinq ou six précipitations par de l'alcool (deux volumes au plus pour un volume de la solution), afin de se débarrasser de toute trace de potasse. Par quelques gouttes de phénolphtaléine, ou mieux de rosaniline, on s'assure qu'il ne reste plus de potasse dans l'alcool de lavage.

Pour enlever les substances minérales adhérentes au glycogène, on traite la solution aqueuse par une petite quantité d'acide acétique; et ensuite on précipite par un volume d'alcool à 96 p. 100 : on décante, on filtre, et on lave le précipité par l'alcool, ainsi qu'il a été dit plus haut. On fait trois fois ce traitement par l'acide acétique. Pour enlever l'acide acétique, on précipite encore deux ou trois fois par l'alcool, et la dernière fois par de l'alcool absolu, ne contenant pas trace d'acide. Comme le glycogène, à mesure qu'il est plus pur, est précipité de plus en plus difficilement par l'alcool, les solutions aqueuses diluées ne conviennent plus. Naturellement on ne peut employer les solutions de chlorure de sodium. Alors on ajoute un peu d'éther à l'alcool.

Après ces seize à dix-huit précipitations, le glycogène, sous forme d'une préparation blanche comme neige, est mis pendant deux jours en contact avec de l'alcool absolu. On verse alors le tout sur un filtre placé sur un entonnoir à robinet, et après deux heures on laisse l'alcool s'écouler. On fait un nouveau lavage pendant trois jours avec de l'éther, de la même manière, jusqu'à ce que le glycogène se précipite sur le filtre en forme de flocons. Puis on le place dans la cloche à vide, en présence de chlorure de calcium ou d'anhydride phosphorique.

Le glycogène ainsi préparé peut, d'après Mme GATIN-GRUZEWSKA, se conserver pendant plusieurs mois. Si on le soumet à la température de 100°, il arrive, au bout de deux jours au plus, à atteindre un poids constant. On peut ainsi le laisser pendant des semaines à 100° dans le vide, sans qu'il perde sa couleur blanche; toutefois la réaction colorée par l'iode devient plus faible, et les solutions aqueuses ont une moindre opalescence.

Il est remarquable, ainsi que l'a noté Mme GATIN-GRUZEWSKA, qu'on ne peut dessécher le glycogène, sous la cloche à vide, en présence d'acide sulfurique; car il se réduit vite en poussière, et de petites particules tombent sur l'acide sulfurique, de quoi il résulte de l'acide sulfureux. Ce gaz, arrivant au contact du glycogène, détermine des altérations, et le produit est moins pur, comme Mme GATIN-GRUZEWSKA l'a remarqué avec raison.

Nous allons maintenant étudier les différentes méthodes par lesquelles jusqu'à présent on a déterminé le glycogène.

A. *Extraction du glycogène des organes par l'eau bouillante.*

Si avec de l'eau bouillante l'on extrait le glycogène des organes réduits en pulpe, et que l'on répète cette opération à plusieurs reprises, on obtient finalement des extraits aqueux qui ne semblent plus contenir de trace de glycogène.

Cependant la pulpe des organes en contient encore des quantités considérables, et on peut les extraire quand on dissout cette pulpe dans une solution de potasse à l'ébullition et quand ensuite, on la traite par les méthodes que nous décrirons plus loin.

On en a donc conclu qu'il y a deux sortes de glycogènes : l'un qu'on peut extraire par l'eau bouillante seule; l'autre, qu'on ne peut pas extraire par l'eau bouillante.

Richard Külz (*Z. B.*, xxii, 1886, 194) a montré en 1886 qu'après l'épuisement répété des muscles par l'eau bouillante il restait encore dans la chair musculaire 25 p. 100 du glycogène total, primitif, et que ce résidu ne pouvait être obtenu qu'après coction avec la potasse.

Mais R. Külz n'a pas prouvé l'existence de deux sortes de glycogènes; car il n'a pas montré que la prolongation de l'épuisement par l'eau est inefficace pour augmenter la proportion de glycogène extrait. L'hypothèse d'ailleurs qu'une partie du glycogène ne peut pas être extraite par l'eau bouillante, mais seulement par la potasse, se rencontre assez souvent dans les auteurs. Pavy (*Phil. Trans.*, *1881*; *Physiology of the carbohydrates*, 1894, 122); Panormov (*Gazeta Lekarska*, 1887, n°s 12 à 19); Cavazzani (*A. de P.*, 1898, 541) Custin (*A. A. P.*, 1897, cl, 185).

Mais c'est J. Nerking surtout qui a étudié la question avec détail. Il a pris 745 grammes d'un foie de veau broyé, et il l'a fait bouillir 18 fois en vingt-quatre heures avec des masses d'eau toujours renouvelée : après chaque coction la masse était exprimée à la presse, et épuisée par une nouvelle quantité d'eau. Le dix-huitième extrait, après élimination des albumines par le réactif de Brücke, était traité par deux fois son volume d'alcool à 96 p. 100 et ne donnait plus traces de trouble, même au bout de trois jours de contact. Cependant la poudre, exprimée, puis séchée au bain-marie, fut soumise à la coction avec 1 litre d'eau dans une capsule de porcelaine pendant trois quarts d'heure, et rien ne fut dissous. Alors on la sécha de nouveau au bain-marie, et on la fit dissoudre dans une solution de potasse à 1 p. 100 en la chauffant pendant deux heures. Dans cette solution on put précipiter des masses notables de glycogène que l'on transforma en sucre par l'ébullition avec l'acide chlorhydrique dilué. Le dosage de ce sucre montra que 24,9 p. 100 du glycogène total primitif ne pouvait pas être extrait par l'eau, mais seulement par la solution de potasse. Ces 24,9 p. 100 représentaient 1^gr,8572 de glycogène.

Dans une autre série de recherches faites avec la même méthode, et encore avec du foie de veau (*A. g. P.*, lxxxi, 1900, 638), on obtint par le traitement avec la potasse 76,4 p. 100 du glycogène, que l'eau ne pouvait pas extraire. Ainsi la décoction avec l'eau ne donnait que le quart de glycogène contenu dans le foie. Il y a donc des cas dans lesquels, malgré une pulvérisation très soigneuse et l'ébullition avec l'eau, on obtient non pas un faible résidu, mais un résidu considérable de glycogène que Nerking ne pouvait pas extraire.

Voici les résultats des expériences faites par Nerking sur le tissu musculaire (*A. g. P.*, 1901, lxxxv, 318).

I

	QUANTITÉ en grammes.	GLYCOGÈNE extrait par l'eau en grammes.	GLYCOGÈNE extrait par la potasse en grammes.	GLYCOGÈNE total p. 100.
Viande de veau.	1 000	3,8800	1,4688	0,5349
Viande de veau.	1 000	2,6535	1,3122	0,3966
Cœur de mouton.	200	0,5100	0,1014	0,3057

II

	GLYCOGÈNE soluble dans l'eau. P. 100.	GLYCOGÈNE cédé à la potasse. P. 100.	PROPORTION du glycogène soluble dans l'eau au glycogène total.	PROPORTION du glycogène potassique au glycogène total.
Viande de veau.	0,3880	0,1469	72,53	27,47
Viande de veau.	0,2654	0,1312	66,92	33,08
Cœur de mouton	0,2550	0,0507	83,42	16,58

Par conséquent il est prouvé que toutes les recherches dans lesquelles on a dosé le glycogène par la simple extraction à l'eau bouillante n'ont aucune valeur. Même la comparaison de ces recherches ne peut donner que des résultats trompeurs, car, deux foies peuvent avoir la même quantité de glycogène et cependant en céder à l'eau bouillante des quantités très différentes.

Reste alors la question importante de savoir si la coction avec l'eau seule a quelque influence.

J'ai montré que l'ébullition, prolongée pendant deux ou trois jours, d'une solution aqueuse de glycogène dans des vases qui ne donnent pas d'alcali, ne produit qu'une petite perte, en moyenne de 1 p. 100 de glycogène, quand on dose le glycogène par la précipitation avec deux fois son volume d'alcool à 96 p. 100 (*A. g. P.*, LXXV, 1899, 187).

J. NERKING (*A. g. P.*, LXXXVIII, 1901, 1) a développé cette expérience et démontré l'influence de l'ébullition prolongée de l'eau sur le glycogène. Le glycogène qu'il avait employé pour cette recherche avait été extrait du foie de cheval par l'ébullition avec l'eau, purifié plusieurs fois et séché dans le vide. Le chauffage au bain-marie se faisait dans des vases d'Iéna qui ne cèdent presque pas d'alcali en présence d'eau privée d'acide carbonique; au tournesol, la solution était absolument neutre, la précipitation se faisait par 2,5 à 3 volumes d'alcool à 96 p. 100, pour un volume de la solution de glycogène, en présence d'une petite quantité de NaCl; par conséquent avec plus d'alcool qu'on n'en emploie d'ordinaire. Le glycogène obtenu était inverti, et le sucre dosé par la méthode de PFLÜGER par l'oxydule de cuivre. Le résultat de ces recherches est présenté dans le tableau suivant :

Quantité de glycogène en grammes.	Durée de la coction en jours.	Perte p. 100 en glycogène.
1,5759	8	2,405
1,5759	12	3,768
1,5759	14	4,810

Pour savoir si tous les hydrates de carbone persistaient encore, et s'il ne s'agissait que d'une diminution de la teneur des hydrates de carbone précipitables par l'alcool et non d'une destruction plus profonde, une partie de la solution glycogénique était concentrée, invertie, et le sucre y était dosé. On a vu alors que *même après quatorze jours de coction, la solution aqueuse du glycogène contenait encore toute la masse des hydrates de carbone non diminuée; mais que ce qui avait diminué d'une manière appréciable, c'était la partie des hydrates de carbone précipitables par l'alcool.*

Remarquons encore que l'extrait aqueux des organes a une réaction acide dépendant des phosphates acides et aussi assurément d'une certaine quantité d'acide lactique.

NERKING (*A. g. P.*, LXXVII, 1901, 5) a prouvé que des solutions pures de glycogène ne contenant que 0. 1 p. 100 d'acide lactique, par la coction pendant vingt-quatre heures, perdent 13,64 p. 100 de glycogène précipitable par l'alcool. 50 cc. d'une solution de 1gr,0086 de glycogène sont chauffés au bain-marie pendant vingt-quatre heures avec 350 cc. d'une solution de 1. p. 100 d'acide lactique : on amène le volume à 500 cc., et on prélève de cette solution 100 cc. dont on précipite le glycogène par trois volumes d'alcool avec chlorure de sodium. Le glycogène précipité est inverti, et on trouve 0gr,1879 de sucre répondant à 0gr,1742 de glycogène, par conséquent la solution de 500 cc. contenait 0gr,8710 de glycogène. La perte absolue en glycogène par cette coction de vingt-quatre heures dans la solution diluée d'acide lactique a donc été de 0gr,1276, soit 13,64 p. 100; alors le filtre alcoolique fut évaporé et desséché après neutralisation de l'acide lactique. Le résidu fut dissous dans de l'acide chlorhydrique à 2,2 p. 100, et le sucre y fut dosé. On obtint 0gr,0262 de glycose répondant à 0gr,0243 de glycogène. Par conséquent, dans le précipité et le filtrat réunis, il fut trouvé 0gr,1985 de glycogène, pour 100 cc., soit 0gr,9925 pour 500 cc. avec une perte de 1,6 p. 100, laquelle ne dépasse pas l'erreur expérimentale.

Cette expérience prouve donc que la *quantité totale des hydrates de carbone ne changeait pas.*

Pour l'établir avec plus de certitude encore, on traita 200 c. c. de la solution lactique de glycogène par une solution d'acide chlorhydrique telle que la liqueur contenait 2,2 p. 100 de HCl. Le liquide fut alors chauffé pendant trois heures au bain-marie, et le poids de sucre trouvé fut de 1gr,088, quantité répondant à 1gr,086 de glycogène, puisque, d'après les recherches de NERKING (*A. g. P.*, LXXXV, 1901, 329), pour trouver le glycogène après inversion par l'acide chlorhydrique à 2,2 p. 100 pendant trois à cinq heures, il faut multiplier par 0gr,927 le chiffre du sucre obtenu. En effet, le glycogène se comporte comme l'amidon, d'après les recherches concordantes de SOXHLET, LINTNER et DÜLL (*Chemisches Centrablatt*, 1891, 733). Ainsi la coction prolongée du glycogène dans des liqueurs acides par un peu d'acide lactique amène une perte notable à l'analyse si l'on emploie la méthode ordinaire de la précipitation par l'alcool. Et on peut conclure aussi que l'extraction par la coction prolongée avec l'eau ne donne certainement pas sans altération la totalité du glycogène.

La plupart des physiologistes sont convaincus aujourd'hui que les analyses quantitatives de glycogène dans lesquelles on fait l'extraction par l'eau n'ont aucune valeur scientifique. De telles recherches ne peuvent servir que pour la détermination qualitative du glycogène dans le cas où ce corps existe; mais, quand on veut apprécier les proportions différentes de glycogène dans les tissus, il faut toujours penser qu'il s'agit de résultats très incertains.

Toutes les recherches dans lesquelles le glycogène n'a été extrait que par l'eau sont donc défectueuses, et de même aussi celles qui ont été entreprises par la méthode de BRÜCKE, dans laquelle le glycogène est extrait par l'eau et les albuminoïdes précipités par l'acide chlorhydrique et l'iodure double de mercure et de potassium. Mais parfois on indique comme méthode de BRÜCKE une méthode dans laquelle le glycogène est extrait par une solution de potasse. Souvent les auteurs ne donnent pas d'indications plus précises quand ils parlent de la méthode de BRÜCKE, et ne disent pas s'ils emploient l'extraction par l'eau ou l'extraction par la potasse : il serait cependant intéressant de le savoir, car l'extraction par la potasse est bien préférable à l'extraction par l'eau.

Méthode de Brücke-Külz pour le dosage du glycogène des organes. — *Description de la méthode.* — CLAUDE BERNARD avait déjà fait remarquer que par l'action de la potasse on obtient une solution des tissus et organes, solution dans laquelle on peut précipiter par l'alcool le glycogène inaltéré.

Mais, comme, avec le glycogène, on précipite en même temps des albuminoïdes et d'autres corps en quantités très variables, et qu'il est difficile de se débarrasser de ces impuretés, E. BRÜCKE (*Ak. W.*, 1871, LXIII, 2) a proposé de précipiter dans la solution la totalité de l'albumine par l'iodure de mercure et de potassium, et ensuite, dans le filtrat de précipiter le glycogène par l'alcool.

On prépare le réactif de BRÜCKE en introduisant dans une solution chaude et bouillante d'iodure de potassium à 10 p. 100 du biiodure de mercure autant qu'elle peut en dissoudre; après refroidissement on sépare par décantation la solution jaune des cristaux.

ÉDOUARD et RICHARD KÜLZ ont approfondi et perfectionné cette méthode, et l'ont recommandée comme la meilleure, si bien qu'elle a trouvé d'ailleurs un assentimen, presque général, et beaucoup de recherches ont été faites avec elle. Il était donc indispensable d'établir le degré de certitude de cette méthode, et nous allons la décrire en détail pour la juger ensuite (*Z. B.*, 1886, XXII, 191).

Aussi rapidement que possible après la mort de l'animal, on prend l'organe grossièrement fragmenté : on jette dans l'eau bouillante, préparée à l'avance dans une capsule de porcelaine, environ 100 grammes de l'organe pour 400 grammes d'eau, et, pour éliminer l'action des ferments, on fait bouillir vivement pendant une demi-heure.

« Pour le foie, on le broie aussi complètement que possible, et cette bouillie hépatique est remise dans l'eau et additionnée de potasse, soit environ 3 à 4 grammes d'hydrate de potasse pour 100 grammes de foie. On chauffe au bain-marie, et on concentre par l'évaporation jusqu'à ce que le volume pour 100 grammes de substance forme à peu près 200 c. c.; par conséquent, une solution de potasse de 2 p. 100 au plus. Si tout n'est pas dissous, et s'il s'est formé une pellicule à la surface, on prend alors les parties non dissoutes qu'on chauffe dans un vase de Bohême jusqu'à dissolution complète. Il suffit le plus souvent de deux ou trois heures de coction dans cette solution potassique. »

Après refroidissement on neutralise la liqueur avec l'acide chlorhydrique, on l'acidifie même légèrement, et on ajoute peu à peu l'iodo-mercurate de potassium, tant qu'il se forme un précipité. Alors de nouveau on remet HCl jusqu'à ce qu'il n'y ait plus de précipité; on recommence ensuite à verser de l'iodo-mercurate de potassium tant que la liqueur ne précipite plus, puis on ajoute encore de l'acide chlorhydrique. La réaction est terminée, quand ni l'acide chlorhydrique ni l'iodo-mercurate de potassium ne donnent plus de précipité.

Le précipité albuminoïde volumineux est filtré et lavé trois fois avec le réactif de Brücke dilué, légèrement acidifié par l'acide chlorhydrique, et les eaux de lavage sont réunies au filtrat.

Le filtrat est alors précipité par deux fois son volume d'alcool à 96 p. 100, additionné de chlorure de sodium, et on le laisse en contact jusqu'à ce que tout le glycogène se soit déposé. On le filtre ensuite sur un filtre suédois, et on lave le précipité avec de l'alcool à 66 p. 100, qui contient du chlorure de sodium. Puis on redissout le précipité dans l'eau, et on voit si l'addition d'acide chlorhydrique et d'iodo-mercurate de potassium donne encore un trouble. Si tel est le cas, on précipite de nouveau, on filtre, et on précipite encore par l'alcool. On recommence l'opération aussi souvent que la réaction de Brücke ne donne plus de trouble. On remarque souvent alors un fait important : c'est un trouble par le réactif de Brücke, trouble qui disparaît, si l'on ajoute une plus grande quantité du réactif. S'il y a beaucoup de glycogène en solution, le liquide possède alors une forte opalescence, et on ne peut plus que difficilement se rendre compte de l'effet du réactif de Brücke. Mais, si l'on abandonne la solution à elle-même pendant plusieurs heures, il se précipite une poudre jaunâtre qui doit être séparée par filtration. On comprend donc que Külz a dû répéter plusieurs fois ces précipitations du glycogène quand il a voulu l'avoir pur.

Finalement on met le glycogène sur un filtre taré; on sèche; on pèse, et, après dosage des cendres, on élimine du poids trouvé le poids des cendres obtenu. Mais l'erreur fondamentale de la méthode de Külz, c'est que *l'albumine précipitée par le réactif de Brücke entraîne avec elle beaucoup de glycogène, que l'on ne retrouve plus par le procédé de Külz, quantité qui par conséquent est perdue pour l'analyse.*

J'ai montré (*A. g. P.*, 1899, LXXV, 120) qu'une partie du glycogène est entraînée avec le précipité albuminoïde par l'iodo-mercurate de potassium et l'acide chlorhydrique, et que les lavages répétés ne le rendent plus au liquide. Je lavai le précipité d'albumine d'après les indications de Külz, puis, l'ayant dissous dans la potasse, je précipitai encore par le réactif de Brücke, et après filtration je précipitai le glycogène par l'alcool, en répétant cette opération jusqu'à ce que je n'obtinsse plus de glycogène : je trouvai alors que le précipité (que Külz, après lavage, regardait comme dépourvu de glycogène) en contenait encore des proportions notables.

Le tableau p. 248 indique l'étendue des pertes en glycogène quand on opère par la méthode de Külz.

Ces analyses prouvent donc que le glycogène qui est entraîné dans le précipité avec l'albumine ne peut plus être récupéré par un simple lavage avec le réactif de Brücke. Comme les pertes dans certains cas montent à 16 p. 100, et quelquefois à 20 p. 100, l'opinion de Külz, que l'on peut obtenir presque la totalité du glycogène par cette méthode, doit être considérée comme une illusion.

Pour 100 grammes de pulpe d'organe (*A. g. P.*, 1899, LXXV, 119).

	Glycogène sans cendres d'après Külz, en grammes.	Glycogène sans cendres obtenu par dissolution dans la potasse du précipité albuminoïde en grammes.	Organes.	Perte pour 100 grammes de glycogène d'après la méthode de Külz.
1.	5,090	0,908	Foie de chien.	15,2
2.	0,303	0,050	Foie de cheval.	16,5
3.	1,765	0,048	Muscle de cheval.	2,1
4.	5,284	0,460	Foie de cheval.	8,7
5.	0,203	0,041	Foie d'oie.	20,3

On voit d'ailleurs par le tableau ci-dessus qu'il n'y a pas de relations simples entre les pertes en glycogène et la quantité absolue de ce corps.

Les erreurs varient dans des proportions qui échappent au calcul, ce qui tient évidemment aux conditions très variables dans lesquelles se fait la précipitation de l'albumine.

Qu'on songe bien que, d'une part, dans beaucoup de recherches la démonstration se fonde sur de petites différences dans les quantités de glycogène hépatique ou de glycogène musculaire, et que, d'autre part, le nombre des expériences n'est pas considérable, et alors on comprendra en toute évidence combien la conclusion est incertaine; car des différences de 20 p. 100 ne signifieront plus rien.

D'ailleurs la méthode de Brücke-Külz comporte encore d'autres défauts .

Le glycogène obtenu en poids par la méthode de Brücke-Külz *est un produit très impur, et l'analyse des cendres ne suffit pas à corriger les erreurs dues à ces impuretés.*

Le point faible de la méthode, et sur lequel nous insisterons maintenant, c'est que le glycogène obtenu par la méthode de Brücke-Külz est toujours une préparation *impure :* cela est prouvé par ce fait seul que R. Külz lui-même déclare défectueuses toutes les observations dans lesquelles l'analyse des cendres que contenait le glycogène obtenu n'avait pas été faite. Or R. Külz n'a jamais recherché si les sels qui donnent des cendres à la calcination ne contenaient pas de matières organiques. Si tel est le cas, le dosage des cendres ne prouve rien. On ne peut douter que le glycogène de Brücke-Külz est mêlé à des impuretés organiques, car j'ai trouvé qu'il contient de l'azote. Surtout, ce qui entraînera toutes les convictions, c'est que, lorsque Külz désirait avoir des données très précises sur les propriétés de son glycogène, par exemple son pouvoir rotatoire, son inversion, etc., il le purifiait plusieurs fois, sans pouvoir jamais l'obtenir pur (E. Külz, *A. g. P.*, 1881, XXIV, 85). Ce qui prouvera encore l'impureté du glycogène obtenu par la méthode de Külz, ce sont les analyses mêmes publiées dans un travail de E. Külz et A. Bornträger (*A. g. P.*, 1881, XXIV, 25). Ces deux auteurs ont cherché à donner la composition élémentaire du glycogène. « Nos préparations de glycogène, disent-ils, ont été préparées par la méthode de Brücke et purifiées par des redissolutions répétées dans l'eau et précipitations par l'alcool, ainsi que par des lavages répétés à l'éther. »

Alors que, d'après Kekule, Nerking et Mme Gatin-Gružewska, la proportion exacte de carbone pour le glycogène du foie de lapin, répondant à la formule $C^6H^{10}O^5$, est de 44,44 p. 100, Külz et Bornträger ont obtenu de 42,8 à 44,04 p. 100; chez le chien, de 42,8 à 42,99 p. 100; chez le cheval, 43,69, etc. Ce sont là de très fortes variations, dont la cause ne peut être que dans des purifications imparfaites.

Dans le même travail nous trouvons des analyses du glycogène d'un foie de chien, glycogène dit sans cendres et sans azote, sans que l'on puisse nettement savoir comment ces chiffres ont été calculés. Les valeurs de carbone sont entre 43,47 et 43,77 p. 100, par conséquent notablement trop petites. D'autres analyses du glycogène du foie de chien ont donné aux mêmes auteurs des chiffres de carbone encore plus faibles : 42,8 et 42,99 p. 100.

Plus tard j'ai trouvé (*A. g. P.*, 1899, LXXV, 195) que le glycogène déterminé par pesées d'après la méthode de Külz a des impuretés qui sont dues non seulement à des matières minérales, mais encore pour une part importante à une substance organique qui n'est pas tout à fait insoluble dans de l'alcool à 70 p. 100 additionné de chlorure de sodium. Dans ces conditions on peut extraire du glycogène de BRÜCKE une substance qui n'est pas un hydrate de carbone, qui noircit à 110°, et qui brûle à une température plus élevée.

Mais on se rend mieux compte encore de l'importance des impuretés contenues dans le glycogène de BRÜCKE-KÜLZ, quand on l'intervertit.

Sur un chien à jeun depuis 38 jours, le glycogène musculaire a été extrait par la méthode de BRÜCKE-KÜLZ, séché et pesé. 40 grammes de muscles desséchés et pulvérulents, répondant à 200 grammes de chair musculaire fraîche, ont donné 0,100 de glycogène brut. Après l'inversion on vit qu'en réalité il n'y avait que 0gr,0364 de glycogène, par conséquent que les deux tiers de la préparation étaient des impuretés. Si les impuretés sont si évidentes, c'est que dans ce cas (muscles du chien à jeun) il n'y a presque pas de glycogène, et que la proportion des impuretés est d'autant plus grande que la quantité absolue de glycogène est plus faible (PFLÜGER, *A. g. P.*, 1899, LXXV, 225).

Dans une autre expérience, du glycogène préparé par la méthode BRÜCKE-KÜLZ a été mélangé à du tissu musculaire dépourvu de glycogène, et dissous dans une solution alcaline. Il s'agissait de retrouver le glycogène qu'on y avait mis. La méthode de KÜLZ donna une perte de 10,2 p. 100, et, quand on détermina le poids de glycogène obtenu par la méthode de l'inversion, on trouva par le dosage du sucre que la perte était de 17,5 p. 100.

Récemment de nouveaux faits ont été établis, qui semblent montrer que le glycogène, au moins dans le foie, est partiellement engagé dans une combinaison chimique.

On a vu que la durée de coction des organes dans une solution diluée de potasse exerce une influence sur le rendement en glycogène.

D'après KÜLZ, le foie et les muscles se dissolvent en quelques heures dans une dissolution diluée et bouillante de potasse. KÜLZ n'a jamais fait remarquer que dans ces conditions on n'obtient jamais de dissolution complète : il reste en effet toujours plus ou moins de petits flocons qui augmentent lorsqu'on continue à chauffer, et on voit généralement que la solution qui a filtré claire donne, lorsqu'on la chauffe de nouveau, quelques flocons encore. Par conséquent, comme KÜLZ recommande de faire bouillir jusqu'à solution complète, il est évident que les différents expérimentateurs ne pourront pas choisir le même moment pour interrompre la chauffe, moment où, selon eux, les flocons ont complètement disparu.

Enfin, il faut considérer l'espèce et l'âge des animaux dont on veut dissoudre les organes dans une solution potassique à 2 p. 100. Les tissus mous des grenouilles se dissolvent en quelques minutes, tandis que la chair musculaire des vieux chevaux exige souvent plusieurs jours pour être dissoute.

On peut se demander donc si l'action plus ou moins prolongée de la potasse altère le glycogène. CLAUDE BERNARD et BRÜCKE avaient affirmé que le glycogène n'est pas détruit par la solution diluée et bouillante de potasse, mais plus tard VINTSCHGAU et DIETL ont découvert que le glycogène est très fortement attaqué par la potasse, même très diluée (*A. g. P.*, 1876, XIII, 253; *ibid.*, 1878, XVII, 154), et le fait a été confirmé par KÜLZ lui-même (*Z. B.*, 1886, XXII, 173) et par PFLÜGER (*A. g. P.*, 1899, LXXV, 163).

Cependant, la preuve n'a pas été donnée qu'en chauffant les organes d'après la méthode de KÜLZ avec de la potasse à 2 p. 100 il se fait une perte de glycogène. En effet il se peut que la potasse se combine à l'albumine, et que par conséquent le glycogène ne soit pas attaqué, et on peut supposer que le glycogène qui a servi aux recherches de VINTSCHGAU et DIETL a déjà subi quelque altération de ses propriétés par suite des méthodes qui ont été nécessaires pour l'extraire du foie et des muscles.

Il n'est pas impossible que le glycogène qui se trouve dans les tissus perde par ce traitement sa résistance à la solution de potasse.

Aussi ai-je conseillé au chimiste J. NERKING, qui travaillait dans mon laboratoire, de rechercher l'influence d'une coction prolongée de potasse plus ou moins concentrée sur le glycogène.

La durée de la coction des tissus avec la potasse a présenté, non toujours, mais quelquefois, ce fait remarquable qu'en prolongeant la coction on obtient, non pas une moindre, mais une plus grande quantité de glycogène. Or, comme ce phénomène, même avec le glycogène du foie, ne se produit pas toujours, il était essentiel de savoir s'il ne s'agissait pas d'une erreur expérimentale.

NERKING (*A. g. P.*, LXXXI, 26, 29, 33, 1900) est arrivé à cette opinion que, dans le foie tout au moins, une partie notable du glycogène se trouve sous la forme d'une combinaison chimique, telle qu'il ne peut plus être extrait par une longue ébullition avec l'eau.

J'ai étudié la question avec HERMANN LŒSCHCKE (*A. g. P.*, CII). J'ai mélangé des solutions de glycogène avec du sérum sanguin ou de l'albumine d'œuf, puis, après coagulation du mélange par la chaleur, j'ai fait bouillir le tout, pendant toute une journée. Au bout de 24 heures, j'ai décanté l'eau, et la masse albuminoïde, finement broyée, a été reprise de nouveau par l'eau bouillante pendant 24 heures. Chaque jour l'extrait aqueux a été examiné au point de vue de sa teneur en glycogène. Pour cela le filtrat, d'un litre environ, était amené, par évaporation, à un volume de 100 à 200 cc., et, après refroidissement, précipité par l'iodomercurate de potassium en solution chlorhydrique. Le filtrat était traité par 2 vol. d'alcool à 96 p. 100 qu'on laissait en contact toute la nuit. Puis on filtrait, et le précipité était lavé à l'alcool, puis redissous dans l'eau. Alors l'alcool était chassé par évaporation au bain-marie, et le liquide était traité par l'iode, comme il a été dit plus haut. Dans une expérience je pus encore constater du glycogène dans l'extrait aqueux après 9 jours d'ébullition. Au 13e jour, après que l'albumine dissoute eût été précipitée par le réactif de BRÜCKE, le filtrat ne donna plus de précipité par l'alcool. Mais je voulus alors procéder comme dans une analyse ordinaire de glycogène, en traitant l'albumine par une solution forte de potasse. Alors le liquide fut précipité par un volume d'alcool. Le précipité fut filtré, repris par l'eau; l'alcool fut évaporé, et la liqueur fut neutralisée et filtrée de nouveau. La réaction de l'iode était encore très forte, et incontestable.

Cette expérience prouve *qu'il ne s'agit pas là d'un glycogène chimiquement combiné, contenu dans l'albumine, mais d'un glycogène incorporé à l'albumine coagulée, et présentant à l'extraction totale par l'eau les mêmes résistances que le glycogène contenu dans les organes.*

J'ai répété cette expérience en cherchant à extraire par une ébullition prolongée la totalité du glycogène mélangé à l'albumine et au sérum. Avec l'albumine d'œuf il fallut 13 jours; quant au sérum, je mélangeai 2 000 cc. de sérum de cheval avec 300 cc. d'une solution concentrée de glycogène, que je coagulai dans une capsule de porcelaine. Jusqu'au 15e jour il y eut encore du glycogène dans l'extrait aqueux. Toutefois je fis encore tous les jours, jusqu'au 21e jour, l'extrait à l'eau bouillante. Le résidu albuminoïde après expression pesait 81 grammes. Alors on le traita comme pour un dosage de glycogène; et finalement on n'y trouva plus trace de glycogène.

Nous arrivons maintenant aux tissus employés par NERKING, c'est-à-dire au foie de veau. Pour nous placer dans les conditions les plus favorables, nous employâmes pour l'extraction une bien plus grande quantité d'eau que NERKING : c'est-à-dire, pour 100 grammes de foie, un litre d'eau bouillante. Chaque jour le liquide était filtré, concentré et analysé. La pulpe de l'organe était broyée finement avec la même poussière de quartz, puis de nouveau traitée par l'eau bouillante pendant 24 heures. L'extrait donnait du glycogène jusqu'au 16e jour, et les extractions furent continuées jusqu'au 21e jour. La masse organique fut alors traitée par une solution forte de potasse, à l'ébullition, et le glycogène fut cherché par les procédés ordinaires dans le liquide, mais on n'y trouva pas de traces de glycogène, quoique au début le foie contînt du glycogène. L'expérience fut faite avec trois foies de veau de la même manière. Toutes les précautions furent prises pour éliminer l'action des ferments capables de détruire le glycogène. Jamais le glycogène ne fut mis en contact avec l'eau froide, et c'est toujours de l'eau bouillante qu'on employa. Dans la pulvérisation on ne prit que le temps strictement nécessaire, et après avoir fait bouillir le tout, de sorte que la masse peut être regardée comme ayant été stérilisée.

Par conséquent, il est certain que *le glycogène peut être extrait par l'eau bouillante, difficilement, mais complètement, si le temps est suffisant, c'est-à-dire après une ébullition de 21 jours, laquelle permet d'extraire les dernières traces de ce corps.* Jusqu'au dernier jour il se dissout toujours de l'albumine, ce dont on peut facilement s'assurer par l'emploi du réactif de BRÜCKE. Quoique au 21e jour la pulpe organique représentât encore un volume notable, cependant tout le glycogène avait été cédé à l'eau bouillante. Par là se trouvent éliminées les raisons principales qu'on peut invoquer en faveur de l'hypothèse d'une combinaison chimique du glycogène.

Nerking avait encore invoqué d'autres raisons. Il dit, en effet, que l'extraction du glycogène du foie par la potasse très diluée donne d'autant plus de glycogène que la coction est plus prolongée. H. Lœschcke a prouvé le fait, en traitant, comme Nerking, le foie par de la potasse très diluée, puis en précipitant par la méthode de Nerking et de Pflüger, et en cherchant le glycogène dans le filtrat. En effet, si, par une ébullition prolongée, ce glycogène combiné est mis en liberté, d'après Nerking, on doit le retrouver dans le filtrat, soit par une ébullition prolongée avec la potasse diluée, soit par une courte ébullition avec la potasse concentrée, tandis que dans le filtrat, après précipitation du glycogène, il ne doit plus se trouver de glycogène.

Contrairement à cette opinion de Nerking, Lœschcke a montré qu'en prolongeant la coction du foie dans la potasse diluée, le glycogène est obtenu en moindre quantité : ce qui tient non seulement à ce que le glycogène dans ces conditions devient plus soluble dans l'alcool, mais encore à ce que la potasse diluée le détruit. Le fait a été établi par Pflüger pour les solutions de glycogène pur, alors que la potasse à 30 p. 100 ne les attaque pas. Pflüger a pensé que la potasse concentrée agit comme déshydratant, et par conséquent empêche peut-être l'hydratation du glycogène que peut produire la potasse diluée.

On doit se demander pourquoi Nerking a été ainsi induit en erreur. Il s'agit là d'un fait très important pour l'analyse quantitative du glycogène. Cela tient à ce que la soi-disant dissolution des organes dans la potasse n'est pas une véritable dissolution. On peut les faire bouillir pendant longtemps, sans voir complètement disparaître les nombreux petits flocons qui se forment. Les filtres, même les meilleurs, sur lesquels on verse cette soi-disant dissolution donnent au début un filtrat plus ou moins trouble, dû au passage de ces petites portions insolubles. La filtration, d'abord rapide, se ralentit peu à peu, et cela certainement à cause de l'oblitération, par ces particules, des pores du filtre. A mesure que la filtration se ralentit, le filtrat devient de plus en plus clair et transparent. On observe alors que le premier filtrat, très trouble, est bien plus riche en glycogène que les dernières portions, tout à fait limpides. Ces différences en glycogène sont extrêmement grandes, et nous montrent donc qu'une partie considérable du glycogène est retenue sur le filtre. H. Lœschcke a alors ajouté à un extrait hépatique, contenant une quantité connue de glycogène, une autre quantité connue de glycogène, et, après l'avoir filtré, de manière à avoir un filtrat clair, il a trouvé, après dosage, que le filtre retenait plus de glycogène que le glycogène qui avait été ajouté. Nerking, dans ses recherches, avait supposé que ces diverses portions d'un filtrat de la même solution contenaient toutes la même quantité de glycogène, et, pour le dosage comparatif, il n'a pas pris la même portion pour la partager en deux parties, mais il en a prélevé diverses portions, qui étaient par conséquent très différentes. Aussi rapporte-t-il un fait qui, à première vue, est très surprenant (*A. g. P.*, LXXXI, 31, Exp. XIV); la première fraction, très trouble, est celle qu'il a prise pour la faire bouillir longtemps, et elle paraît contenir plus de glycogène; tandis que les parties qui passent les dernières sur le filtre, et qu'il ne soumettait pas à une coction prolongée, sont moins riches en glycogène. Mais cette différence existait déjà avant la coction.

Le plus souvent Nerking faisait bouillir pendant un temps variable les diverses portions de l'extrait hépatique, ce qui exerce une influence sur les conditions de la filtration : car des solutions soumises à une longue ébullition filtrent bien plus vite; et même les premières portions du filtrat ne présentent qu'un trouble peu accentué. Cette plus rapide filtration montre que les pores du filtre ne s'oblitèrent plus autant, et retiennent par conséquent moins de glycogène. Mais comme, par une longue ébullition avec la potasse diluée, le rendement devient toujours plus faible, on voit que la plus ou moins grande quantité de glycogène qu'on trouve dépend des conditions de l'expérience. Nerking ne savait rien des différences en glycogène que présentent les diverses fractions du filtrat; il ne savait pas davantage qu'en comparant la première fraction du filtrat (d'un foie bouilli pendant peu de temps) avec la dernière fraction du filtrat (d'un foie bouilli longtemps), les rapports sont tout autres qu'entre la première fraction d'un filtrat de foie bouilli longtemps, et la dernière fraction d'un filtrat de foie bouilli peu de temps. L'inconstance de ses résultats s'explique donc sans peine.

Ces faits restent importants à connaître pour tous ceux qui s'occupent de l'analyse du glycogène. Il n'y a donc pas lieu d'admettre qu'il existe dans les organes un glycogène combiné. L'insolubilité ou la faible solubilité du glycogène, ainsi que sa très faible diffusibilité, expliquent les phénomènes observés.

D'autre part, on doit cependant accorder que le glycogène peut être en combinaison chimique, car une combinaison peut exister, comme celle de l'hémoglobine, dissociable par l'action de l'eau bouillante ou des réactifs que nous employons pour la préparation.

La méthode de Külz *et l'emploi du réactif de* Brücke *attaquent le glycogène de manière à diminuer le rendement à l'analyse.*

Pavy avait déjà fait remarquer que le réactif de Brücke attaque le glycogène, ce qui s'explique, en partie au moins, par l'action de la potasse. Pavy a observé des pertes de 19,4 p. 100, et même plus, et Pflüger a confirmé ces données de Pavy; c'est là une cause d'erreur qui est considérable dans la méthode de Brücke et Külz, erreur que beaucoup de recherches, entreprises par Pflüger et Weidenbaum, ont rendue très vraisemblable.

Pour démontrer avec précision cette cause d'erreur de la méthode de Brücke et Külz, on a fait à froid une solution alcaline (solution de 1 à 2 p. 100 de potasse) de chair musculaire sans glycogène [1].

On y ajouta une quantité exactement connue de glycogène, et, sans chauffer, on en fit l'analyse d'après les indications de Külz. Dans une partie on fit l'analyse après coction, comme s'il s'agissait d'une analyse réelle du glycogène des tissus, et ensuite on procéda exactement d'après les indications de Külz.

Pour bien montrer dans quelle limite une certaine quantité de glycogène dissous dans l'eau peut être retrouvée par la précipitation par deux volumes d'alcool, on a constamment fait l'analyse des préparations de glycogène que l'on ajoutait à la chair musculaire dépourvue de glycogène. Ce glycogène était extrait par l'eau bouillante d'une bouillie hépatique provenant d'un chien qu'on venait de sacrifier, et il était purifié par la méthode de Richard Külz. Dans ces conditions, comme les chiffres mêmes de Külz l'indiquent, la perte en glycogène par la précipitation avec deux volumes d''alcool ne comporte pas une perte de plus de 2,2 p. 100.

Le tableau ci-contre donne le résultat de ces analyses (p. 253).

Les chiffres de glycogène donnés dans ce tableau ont été obtenus par pesées, suivant la méthode de Brücke-Külz, et on en a déduit le poids des cendres trouvées. Mais, comme cette méthode ne donne jamais un produit débarrassé des impuretés organiques, il est nécessaire, pour obtenir des chiffres plus précis, de transformer le glycogène en sucre, et de doser ce sucre par la méthode de Pflüger à l'oxydule de cuivre.

Voici comment ces recherches ont été faites:

D'abord, l'extraction du glycogène du foie de ce chien fut faite par l'eau bouillante. Le glycogène obtenu fut purifié par la méthode de Brücke-Külz, séché, pesé, et le poids des cendres déterminé.

100 grammes de ce glycogène contenaient 96,76 p. 100 de glycogène dépourvu de cendres. Avec ce glycogène on fit les recherches suivantes.

Expérience VI. — 20 grammes de la chair musculaire pulvérisée d'un chien à jeûn, contenant 0,0182 de glycogène, furent chauffés pendant quatre heures quinze minutes avec 200 cc. de la solution potassique à 2 p. 100, et jusqu'à ce que les particules fussent dissoutes; puis on laissa refroidir la liqueur.

0gr,6695 de glycogène répondant à 0,6411 de $C^6H^{10}O^5$, furent dissous dans 200 cc. d'eau stérilisée, puis on mélangea les deux liqueurs, et on en analysa le glycogène par la méthode de Brücke-Külz. Le précipité albuminoïde fut, d'après ma méthode, quatre fois dissous et précipité. Le filtrat de la quatrième précipitation ne donnant plus aucun trouble par l'alcool, la masse des liquides contenant le glycogène fut ramenée à un volume de 2 litres et demi, et bien mélangée. Ces 2500 cc. servirent à deux analyses.

1. De fait cette chair musculaire contenait pour cent parties 0gr,018 de glycogène. Il s'agissait des muscles d'un chien à jeun depuis 38 jours.

Tableau général.

NUMÉRO de L'EXP.	VIANDE SÈCHE en gr.	GLYCOGÈNE SANS CENDRES en gr. introduit.	retrouvé.	PERTE en glycogène p. 100.	SOLUTION CHAUFFÉE ou non chauffée.	EXPÉRIMENTATEUR.	ORIGINE du GLYCOGÈNE.	NATURE du TRAITEMENT.
I_1	5,97	0,8753	0,8154	6,8	Non chauffée.	Pflüger.	Foie de chien.	Méth. de Külz.
I_2	5,97	0,8753	0,8018	8,4	Id.	Id.	Id.	Id.
I_3	5,97	0,4816	0,4550	5,5	Id.	Id.	Id.	Id.
I_4	5,97	0,4816	0,4345	9,8	Id.	Id.	Id.	Id.
I_5	2,985	0,4816	0,4407	8,4	Id.	Id.	Id.	Id.
I_6	2,985	0,4816	0,4378	9,1	Id.	Id.	Id.	Id.
II_1	10,00	0,491	0,4130	15,9	Id.	Id.	Foie de bœuf.	Méth. de Pflüger.
II_2	10,00	0,491	0,4121	16,1	Id.	Id.	Id.	Id.
II_3	5,00	0,491	0,4196	14,5	Id.	Id.	Id.	Id.
II_4	5,00	0,491	0,4222	14,2	Id.	Id.	Id.	Id.
II_5	10,00	0,491	0,3847	21,7	Chauffée 6 h.	Id.	Id.	Méth. de Külz.
II_6	10,00	0,491	0,3914					
A^1		1,089		20,3	Id.	Id.	Id.	Id.
			1,013	6,98	Chauffée 3 h.	Weidenbaum.	Foie de chien.	Id.
A_2	10,00	1,041	0,888	14,7	Chauffée 9 h.	Id.	Id.	Id.
A_3	10,00	1,121	0,888	20,7	Id.	Id.	Id.	Id.
A_4	10,00	1,144	0,934	18,4	Id.	Id.	Id.	Id.
B_1	10,00	2,033	1,665	18,1	Id.	Id.	Id.	Id.
B_2	10,00	1,337	1,169	12,5	Id.	Id.	Id.	Id.
B_3	10,00	1,775	1,429	20,1	Id.	Id.	Id.	Id.
B_4	10,00	1,870	1,556	16,8	Id.	Id.	Id.	Id.

Les expériences I^1, I^2, I^3, etc., signifient les expériences de la première série, tandis que II_1, II_2, etc., signifient les expériences de la série II. A sont les expériences que Weidenbaum a instituées pour résoudre la question.

Analyse A. — 500 cc. sont précipités par 1 litre d'alcool à 96 p. 100 : on trouva 0,1235 de glycogène brut.

Analyse B. — Exactement comme A. On trouva 0,1217 de glycogène brut.

Donc en moyenne 0,1226 de glycogène.

La quantité qu'on aurait dû trouver étant de 0,1365, la perte absolue a été de 0,0139 de glycogène, soit une perte de 10,2 p. 100.

Il était donc nécessaire d'établir exactement la cause de cette perte, tout à fait indépendante des impuretés du glycogène.

Pour cela, je pris sur les filtres le glycogène qui avait été obtenu. Il fut séché à 98°, et inverti. 0,1226 donnèrent 0,1209 de sucre, répondant par conséquent pour 2500 cc. à 0gr,6045 de sucre, c'est-à-dire à 0gr,5441 de glycogène. Or, comme on avait incorporé à la liqueur 0,6593 de glycogène, et qu'on n'en a retrouvé que 0,5441, la perte absolue a été de 0gr,1152, soit une perte centésimale de 17,5.

Par là apparaît bien, que, si l'on ne fait pas l'analyse en transformant le glycogène en sucre, on obtient des chiffres plus favorables qu'ils ne sont en réalité, et la perte vraie est très grande; car le glycogène qu'on retrouve et qu'on dose est chargé d'impuretés.

En répétant cette expérience on retrouve toujours le même résultat (*A. g. P.*, 1899, LXXV, 288).

Le glycogène, préparé d'après les indications de Brücke-Külz, que l'on ajoute à une solution alcaline (1 ou 2 p. 100 de potasse) de chair musculaire sans glycogène, ne peut donc être retrouvé par la méthode de Brücke, même sans qu'on ait chauffé la liqueur, qu'avec une très forte erreur. Il y a donc lieu de supposer que le précipité d'albumine contient une certaine quantité de glycogène.

Si maintenant on reprend le glycogène qui a servi à cette expérience, et qu'on le mélange à froid avec une solution de muscles sans glycogène dans la potasse à 3 p. 100, après addition d'iodure de potassium, puis qu'on le précipite par un demi-volume d'alcool, l'on obtient tout le glycogène sans perte (E. Pflüger, E.-J. Nerking, *A. g. P.*, LXXVI, 1899). Ce glycogène est transformé en sucre et dosé par la méthode de Pflüger. Il sera par conséquent certain pour tout le monde qu'il existe des cas dans lesquels le glycogène précipité de la solution musculaire alcaline ne peut pas être décelé par la méthode de Brücke-Külz, même si l'on procède avec le perfectionnement introduit par Pflüger. Pour la compréhension de ce fait important, voici l'expérience instituée par Pflüger.

Que l'on prenne de la chair musculaire dissoute dans une solution de potasse à 2 p. 100, et qu'on institue des expériences comparatives (*A. g. P.*, LXXVI, 506), on verra que la précipitation du glycogène de la solution alcaline donne presque les mêmes chiffres que la méthode de Külz; bien entendu, à condition que l'on introduise dans la méthode les perfectionnements indiqués par Pflüger. Par conséquent dans ces conditions la méthode de Brücke-Külz donne des résultats relativement exacts.

Mais, pour expliquer cette contradiction, il faut remarquer que les deux méthodes ne donnent de résultats différents que si une certaine quantité du glycogène préparé par la méthode de Brücke-Külz est purifiée de différentes manières. Le glycogène est soumis à beaucoup d'opérations chimiques, qui, d'après Külz, sont nécessaires pour qu'on l'obtienne à l'état de pureté : il subit alors des altérations diverses. D'ailleurs, il n'est pas douteux que le glycogène employé dans ces expériences n'est pas du glycogène pur et normal; car, si on l'ajoute à une solution musculaire alcaline, et si on le soumet à la coction, on ne peut le retrouver par précipitation avec un demi-volume d'alcool qu'avec une perte de 10 p. 100. Donc, en le précipitant d'une solution alcaline, on obtient tout le glycogène qu'on y a mis, s'il n'y a pas eu coction; mais avec une perte de 10 p. 100, s'il y a eu coction (*A. g. P.*, LXXVI).

J'ai montré récemment qu'une solution potassique concentrée n'attaque pas du tout le glycogène normal, qu'une solution diluée l'attaque d'une manière insignifiante, mais que, si le glycogène a été préparé par la méthode de Brücke-Külz, alors il est attaqué par la potasse. En comparant la méthode de Brücke-Külz avec la méthode de la précipitation dans une solution alcaline, il a été prouvé, comme on devait s'y attendre, que, dans le dosage du glycogène de la chair musculaire, même avec les perfectionnements que j'ai introduits dans la méthode, il y avait toujours une petite perte : cette perte allait jusqu'à 4,8 p. 100.

Donc, comme il peut se faire que l'on doive employer la méthode de Külz pour l'analyse quantitative du glycogène des tissus, il est nécessaire de décrire avec détails cette méthode avec les perfectionnements introduits par Pflüger.

Analyse du glycogène d'après la méthode de Külz-Pflüger :

A. — Réactifs.

I. — Solution de potasse, telle que 100 cc. contiennent 2 grammes de KOH. Il faut s'assurer par titrage de la teneur de cette solution en potasse.

II. — Acide chlorhydrique, d'une densité de 1,114. On verse dans un vase gradué 500 cc. d'eau, et on ramène à 1 litre par addition d'acide chlorhydrique de 1,19 de densité.

III. — Solution de Brücke : on dissout dans 1 litre d'eau 100 grammes d'iodure de potassium; on chauffe et on y ajoute autant de biiodure de mercure qu'il peut s'en dissoudre. Après refroidissement on décante la liqueur des cristaux rouges qui se sont formés, et on ajoute encore quelques cristaux d'iodure de potassium.

IV. — Alcool à 96 p. 100 et à 99°8 p. 100.

V. — Alcool à 66 p. 100 qu'on prépare en mélangeant 1 litre d'eau à 2 litres d'alcool à 96 p. 100; on ajoute au mélange 0gr,25 de chlorure de sodium.

VI. — Éther sulfurique (oxyde d'éthyle distillé sur le sodium).

VII. — Filtres suédois, lavés trois fois à l'eau, à l'alcool et à l'éther. J'emploie des filtres de 12 centimètres de diamètre.

Si l'on veut intervertir le glycogène, ce qui est indispensable pour avoir des chiffres exacts, on doit employer encore :

VIII. — Solution d'ALLIHN. On chauffe 200 cc. d'eau, on y ajoute 173 grammes de sel de SEIGNETTE cristallisé, et, si la solution n'est pas parfaitement limpide, on la filtre sur un petit filtre bien lavé dans un ballon de 500 cc. Dans un flacon bien fermé est une solution de potasse qui contient pour 100 cc., 70 à 75 grammes de KOH, ce dont on s'assure par titration. On calcule combien il faut de cette solution concentrée pour avoir 125 grammes de KOH, et on mélange ce volume à la solution préparée du sel de SEIGNETTE. On réunit toutes les liqueurs, on y ajoute de l'eau chaude jusqu'à ce que le volume total soit de 500 cc., et, après refroidissement, on ajoute encore la quantité d'eau nécessaire pour que le volume soit bien de 500 cc., et on mélange. Cette solution, comme je l'ai constaté, se conserve sans altération pendant longtemps.

IX. — Une solution cuivrique, qui contient par litre 69^{gr},2 de sulfate de cuivre ($SO^4Cu + 5H^2O$). Le sulfate de cuivre *chimiquement pur* du commerce est mis à cristalliser une fois dans l'acide nitrique dilué et trois fois dans l'eau. On remarquera que la dissolution de ce sel et l'évaporation de la solution ne doivent se faire qu'à une chaleur modérée.

X. — Filtre d'amiante, dont j'ai donné la description exacte (*A. g. P.*, LXIX, 437). Ces filtres, pour ma méthode de dosage du sucre par l'oxydule de cuivre, donnent des résultats rapides et exacts. Si l'on n'a pas de filtres d'amiante, on prend des entonnoirs-filtres que j'ai décrits (*A. g. P.*, LXIX, 471), et avec lesquels on déterminera l'oxydule de cuivre par la méthode de VOLHARD.

B. — Marche de l'analyse. — Je suppose d'abord qu'on emploie 100 grammes de tissus. Si l'on veut en prendre moins, ou si l'on ne dispose pas d'une pareille quantité, il faudra diminuer notablement tous les chiffres que je donne ici.

On mélange dans un vase de 1 litre environ 200 cc. de la solution potassique à 2 p. 100, et on fait une marque sur le verre pour déterminer la hauteur de la colonne liquide, qu'on doit mesurer au millimètre. Puis on ajoute 200 grammes d'eau; on chauffe et on fait bouillir.

L'animal est tué rapidement. On prend ses muscles et son foie qu'on met en pulpe avec un hachoir ou avec une machine à saucisse. Sur une balance, qui pèse au décigramme, on pèse 100 grammes, et, avec une pince ou une cuiller, on la met par petites portions en agitant continuellement, de manière à la dissoudre et à la laisser toujours en contact avec le liquide bouillant. On chauffe ainsi pendant dix minutes, puis on porte le vase, supporté par un anneau, dans le bain-marie bouillant, et on le recouvre d'un verre de montre. Dès qu'on remarque qu'il ne reste plus à flotter dans le liquide que quelques rares flocons qui au bout d'une demi-heure ne diminuent plus, alors on filtre tout le liquide sur du coton de verre, et le plus souvent on constate que ces flocons représentent à peine 1 p. 100 de toute la masse. Alors on reprend la liqueur filtrée que l'on remet dans le vase, et on lave avec de l'eau ce qui est resté sur le coton de verre et sur l'entonnoir, ainsi que les résidus adhérents au second vase. Puis la solution musculaire est chauffée et concentrée jusqu'à ne plus faire qu'un volume de 200 cc., ce qu'on reconnaît en voyant la marque faite préalablement pour mesurer la quantité de liquide potassique primitif. Presque tous les muscles sont dissous, quoique toujours on puisse, en regardant de près, voir des flocons et des particules qui ne diminuent pas, même si la coction est prolongée.

La rapidité de cette dissolution des organes dans la potasse est très variable. Le corps des grenouilles se dissout en un quart d'heure, tandis qu'il faut souvent plusieurs heures pour les tissus des oiseaux et des mammifères. Parfois, pour dissoudre les organes de mammifères très vieux, il faut chauffer pendant plus de 12 heures avant d'obtenir la complète dissolution.

Dès que la solution musculaire s'est refroidie, on verse 12 cc. d'acide chlorhydrique de densité 1,114 dans un cylindre gradué au demi-centimètre cube. On remue avec un agitateur jusqu'à ce que la bouillie du tissu soit devenue tout à fait liquide, et on ajoute encore 4 cc. : puis on agite; on verse 50 cc. du liquide de BRÜCKE, et alors on agite fréquemment jusqu'à ce que tout soit devenu homogène. En agitant, on voit que finalement la solution d'iodo-mercurate de potassium ne produit plus qu'une légère lactescence quand on l'ajoute au mélange. Puis on ajoute 1 cc. d'acide chlorhydrique, en cherchant à voir s'il se produit quelque trouble dans la liqueur, ce qui n'est presque jamais le cas. De nouveau on ajoute de l'iodomercurate de potassium jusqu'au moment où il ne détermine plus de précipité, ce qu'on reconnait en abandonnant la liqueur à elle-même pendant quelques minutes. Le précipité s'amasse au fond de l'éprouvette, surmonté par un liquide transparent et peu trouble. Si alors on laisse couler doucement l'iodo-mercurate de potassium sur les parois, on distingue nettement, aux points où il se mélange à la solution, s'il y a ou non un précipité qui se forme. S'il ne s'en forme pas, on cherche à voir si l'acide chlorhydrique a le même effet.

En procédant ainsi, on évite l'inconvénient sérieux de produire une liqueur laiteuse, ce qui, contrairement à l'opinion de Külz, ne dépend pas d'un excès d'acide, mais d'une acidité trop faible. Mais, si certaines substances, comme les albumoses ou les peptones, sont en trop grande quantité, il se fait encore un trouble lactescent assez considérable. Si tel est le cas, on doit laisser le mélange à lui même pendant 24 heures : alors presque toujours, malgré sa forte lactescence, il peut être facilement filtré.

Mais, si tel n'est pas le cas, alors on reprend le filtre avec son précipité : on le remet dans le vase, et l'on ajoute 2 vol. d'aloool à 96 p. 100; ce qui détermine la dissolution des substances qui donnaient le trouble. Après les avoir laissé se déposer, on filtre le précipité, on l'égoutte bien, et on met le filtre et le précipité dans le premier vase contenant 200 cc. d'une solution de 2 p. 100 KOH. On le traite et on le précipite de nouveau d'après les méthodes indiquées plus haut, et alors on n'observe plus de trouble lactescent.

Il faut remarquer que, dans tous les cas, et même en employant les meilleurs filtres, le filtrat d'un précipité albumineux donne toujours une légère opalescence, même lorsqu'il n'y a pas de glycogène, opalescence qui diminue ou disparaît par l'addition d'un peu d'alcool, et qui par conséquent est certainement due à une combinaison mercurique. Comme cette opalescence de tous les filtrats est due à cette combinaison, il est évident que le précipité jaunâtre qui se forme peu à peu en est la cause. Ce précipité s'amasse sur les parois de l'éprouvette, et il est soluble dans l'alcool. A mesure que le précipité augmente, l'opalescence de la liqueur diminue.

Si l'on attend que les albumines soient précipitées, elles se rassemblent au fond du vase sous la forme d'un magma solide et adhérent, si bien que tout le liquide passe rapidement à travers le filtre, alors que le précipité reste encore dans le vase. Appelons ce vase N° 1, et appelons N° 2 le vase qui contient le filtrat. On verse ce filtrat N° 2 dans une éprouvette graduée de 2 litres, et on remet de nouveau le N° 2 sous l'entonnoir.

Alors, on verse 200 cc. de la solution de potasse à 2 p. 100 dans le vase n° 1, et on agite jusqu'à ce que tout le précipité albuminoïde soit redissous. Dès que la dissolution est achevée, on étend de 200 cc. d'eau, on agite, on neutralise avec 12 cc. d'acide chlorhydrique, on agite, puis on ajoute 4 cc. d'acide chlorhydrique : on agite encore, et on essaye avec quelques gouttes du réactif de Brücke pour voir s'il se produit encore, un précipité. S'il en est ainsi, on recommence, comme il a été dit plus haut, jusqu'à ce qu'il n'y ait plus de précipité. Une très petite quantité du réactif de Brücke est nécessaire : quelquefois même il n'en est pas besoin. Alors on filtre la liqueur sur le 1er filtre, et on la sépare ainsi de son précipité. Même on réussit souvent à garder la plus grande partie du précipité dans le vase n° 1, et à en séparer presque tout le liquide du vase n° 2. Le filtrat n° 2 est ajouté au filtrat n° 1. C'est là le traitement 1 du précipité albuminoïde.

Pour le traitement 2, on verse le filtrat avec son précipité dans le vase n°1, on ajoute 200 cc. de potasse à 2 p. 100, comme pour le traitement n° 1, et on filtre avec un nouveau filtre dans le vase n° 2 : le filtrat est remis alors dans la grande éprouvette.

Le traitement 3 comporte une petite modification, parce qu'elle doit être probablement la dernière, c'est-à-dire qu'il n'y a plus de glycogène. Le précipité avec le filtre est remis dans le vase n°1, et traité encore par 200 cc. de potasse à 2 p. 100. Il se dissout; alors on reprend le tout avec les papiers des deux filtres qu'on met sur un entonnoir avec du coton de verre, et on verse la solution alcaline avec les papiers sur le coton de verre; on lave ensuite à l'eau, jusqu'à ce qu'il n'y ait plus de réaction alcaline. Alors on verse la solution musculaire alcaline dans le n° 1, et on reprend le n° 2 avec de l'eau. On précipite par 16 cc. d'acide chlorhydrique. On met sur un nouveau filtre, et on essaye de voir s'il y a encore un précipité par addition de 2 à 3 volumes d'alcool à 96 p. 100. S'il y a encore un trouble, il faut faire un 4e traitement, et ainsi de suite jusqu'à ce que le filtrat ne se trouble plus par l'alcool.

Le nombre de ces traitements dépend évidemment de la quantité du glycogène et de la nature du précipité.

Quant à la dilution de la solution musculaire, remarquons qu'après la première dissolution du précipité d'albumine par 200 cc. de potasse et 200 grammes d'eau, je n'ai procédé aux autres dilutions que si je m'attendais à trouver beaucoup de glycogène. Mais, si après la première dissolution il n'y avait qu'un trouble faible, on peut pour le traitement n° 2 ne pas diluer, car il y a avantage à ne pas trop diluer la solution de glycogène. En effet, dans ce cas, la précipitation par l'alcool ne se fait qu'après un très long temps. Si l'on a réuni tous les filtrats dans une grande éprouvette, on lit le volume total. Je suppose qu'on trouve 1800 cc. ; on prend alors un flacon de 2 litres, on y verse toute la liqueur, et on remplit en ajoutant de l'eau jusqu'à faire 2 litres exactement. Si l'on n'a pas mes flacons à figure en biscuit, alors, on les verse dans un grand verre, on agite, et on met dans un flacon bien fermé.

De cette liqueur on prend une quantité qu'on mesure, et on en prend d'autant moins qu'elle est plus riche en glycogène. Si par exemple il y a en solution 10 grammes de glycogène, alors, pour éviter les difficultés de la dessiccation, on ne prend pour l'analyse que 200 cc. ; mais, s'il y a moins de glycogène, il faut prendre un volume du liquide plus considérable.

Ce qui facilite l'analyse et diminue les causes d'erreurs, c'est de prélever une partie du liquide uniquement pour savoir si le précipité obtenu par l'alcool donne avec le réactif de Brücke encore quelque trace d'albumine.

Les solutions de glycogène sont alors traitées par deux fois leurs volumes d'alcool à 96 p. 100, et on laisse les liqueurs, recouvertes d'une plaque de verre, se reposer jusqu'à ce que toute trace d'opalescence ait disparu.

Après que le liquide a passé à travers le filtre qui doit servir au dosage quantitatif du glycogène, il faut distinguer deux cas avant de mettre le glycogène sur le filtre pour la pesée.

Si, comme c'est le cas en général dans l'analyse du glycogène des organes, on a affaire à du glycogène normal, qui est opalescent, qui n'adhère pas au vase et se dissout très facilement, alors il est facile de le placer sur le filtre : il suffit de le verser sur le filtre avec un agitateur à l'extrémité duquel on a placé un peu de gomme élastique. Pour se débarrasser des dernières traces de glycogène qui restent dans le vase, on les lave avec le liquide qui a filtré.

Mais assez souvent on a affaire à un glycogène qui se précipite par l'alcool, non en flocons, mais en particules transparentes, qui ne se déposent que peu à peu au fond du vase, et qui adhèrent aux parois comme une résine ou un vernis transparent. Pour le mettre sur le filtre il y a deux procédés.

Après qu'on a versé tout le liquide, on lave les parois du vase avec de l'alcool salé à 66 p. 100, ce qui enlève le glycogène adhérent, et on met cet alcool de lavage sur le filtre. Ensuite avec une pipette on lave les parois du vase avec de l'eau de manière à dissoudre tout le glycogène, et il convient de le faire quand la couche de glycogène est encore humide et imprégnée d'alcool, car alors elle se dissout rapidement et complètement. Mais, si l'alcool s'est évaporé et que le glycogène ait déjà séché en partie, la solution s'en fait beaucoup plus difficilement. La solution aqueuse, qu'on met alors dans un petit vase, est traitée par trois ou quatre fois son volume d'alcool absolu, et additionnée de deux gouttes d'une solution concentrée de chlorure de sodium. S'il se forme au bout de quelques heures le dépôt d'un précipité qui n'adhère pas au vase, alors on peut filtrer. Mais assez souvent l'alcool produit une forte opalescence, sans déterminer cependant de précipité floconneux : il faut attendre un ou plusieurs jours pour que le liquide soit devenu clair, et que le glycogène adhère aux parois du vase, comme une couche transparente. Alors on filtre l'alcool limpide, on remplit le vase d'alcool à 96 p. 100, et on laisse reposer vingt-quatre heures. Au bout de ce temps, et quelquefois longtemps auparavant, le glycogène transparent est devenu opaque et blanc, et a quitté la paroi du verre. Avec l'agitateur, on peut le placer sur le filtre : cependant les dernières parties sont fortement adhérentes au verre, de sorte qu'il faut beaucoup de temps et de soins pour les détacher et les transporter sur le filtre.

Si c'est dans un verre fort petit que l'on a mis le glycogène transparent et adhérent, on peut quelquefois le mettre sur le filtre sans le redissoudre dans l'eau, après avoir fait passer sur le verre dont les parois sont enduites de glycogène de l'alcool à 96 p. 100 : et, dès que le glycogène a quitté la paroi en devenant blanc et opaque, on le met sur le filtre,

Dans certains cas, une partie du glycogène se précipite normalement en flocons, tandis qu'une autre partie forme un précipité gommeux, transparent, adhérent au verre : alors, selon les proportions relatives de ces deux sortes de glycogène, on dirige l'expérience dans tel ou tel sens.

Après que tout le glycogène a été mis sur le filtre, on le lave trois fois avec de l'alcool à 66 p. 100 contenant du chlorure de sodium ; ce glycogène plus ou moins coloré par l'iode n'est pas devenu blanc, et, même après des lavages prolongés à l'alcool, il reste coloré : alors on verse de l'eau bouillante sur le filtre, on dissout ainsi tout le glycogène, on lave bien le filtre, et on le dessèche. Le filtrat aqueux est de nouveau précipité par l'alcool et quelques gouttes de la solution de chlorure de sodium : il se précipite alors sous la forme d'une poudre incolore ou peu colorée, et on peut le mettre sur le filtre. Souvent j'ai pu facilement décolorer le glycogène rouge simplement en ajoutant à l'alcool de lavage à 66 p. 100 beaucoup d'iodure de potassium. Je recommanderais volontiers cette pratique si simple si j'avais établi par des expériences positives que l'iodure de potassium n'aurait pas d'autres désavantages, ce qui est d'ailleurs très invraisemblable.

On continue alors l'analyse comme d'après la méthode de Külz, c'est-à-dire en lavant trois fois avec l'alcool à 96 p. 100, trois fois avec l'éther, trois fois avec l'alcool absolu ; puis on place l'entonnoir avec le filtre dans une étuve de 60 à 80° jusqu'à ce que toute odeur d'alcool ait disparu : on place le filtre sur des verres de montre destinés à la pesée, on les met dans une étuve sèche à 100°, et on ne l'ouvre qu'au bout de trois fois vingt-quatre heures ; la pesée donne alors le poids de glycogène sec. On pèse ensuite toutes les vingt-quatre heures jusqu'à ce que le poids ne diminue pas : bien entendu la quantité ne doit pas être supérieure à 1 gramme de glycogène déposé sur le filtre : elle peut être bien moindre.

Mais nous avons vu que ce glycogène est plus ou moins chargé d'impuretés, et que l'analyse des cendres ne donne pas de notions exactes sur les impuretés qui y sont contenues.

Par conséquent, pour des recherches exactes, il faut déterminer la quantité de sucre répondant à ce glycogène.

Pour cela on prend le filtre avec une pincette, et on fait tomber une partie de ce glycogène dans un autre vase taré : on le pèse, on le dissout dans l'acide chlorhydrique à 2 p. 100, et on le chauffe au bain-marie avec 100 à 200 cc. de cet acide chlorhydrique dilué, puis on dose le sucre par le procédé que j'ai indiqué.

Quant au dosage des cendres, pour savoir à peu près la quantité de substances organiques qui constituaient les impuretés mêlées au glycogène, on prend le filtre avec le glycogène contenu, et on le calcine ; mais cette opération n'est guère nécessaire quand on a fait le dosage du sucre, ce qui permet de préciser les conditions de l'analyse.

Méthode de Pavy pour le dosage quantitatif du glycogène (*The Physiology of the Carbohydrates*, p. 64. London, 1894). — Pavy s'est servi pour l'analyse quantitative du glycogène des données fournies par Claude Bernard sur la préparation du glycogène.

D'abord il chauffe les organes avec une solution de potasse à 10 p. 100, précipite le glycogène par l'alcool, transforme le glycogène en glucose, et dose ce glucose par une solution cuivrique. Voici comment il décrit son procédé :

« Le procédé consiste à dissoudre d'abord les tissus qu'on veut examiner et à en éliminer les albuminoïdes de manière à empêcher qu'ils ne soient précipités par l'alcool. Si l'on n'a pas pris cette précaution, il reste des matières albuminoïdes, qui, après l'inversion du glycogène par l'acide sulfurique, donnent la réaction du biuret, et troublent le dosage du sucre par la solution cupro-ammoniacale.

« Il est nécessaire de pulvériser complètement les organes pour obtenir une dissolution complète dans la potasse : on fait d'abord l'extraction par l'alcool, et alors on broie facilement la substance dans un mortier. Si la pulvérisation a été bien faite, il suffit, comme je l'ai montré dans mes recherches sur les glucosides contenus dans les matières protéiques, d'une quantité de potasse plus petite et d'une durée de coction moindre que celles que j'avais indiquées antérieurement. Si la substance n'a pas été d'abord soumise à l'action de l'alcool, elle n'est que lentement pénétrée par la potasse, et c'est ce qui explique comment les divers physiologistes n'ont obtenu de solution complète qu'au bout de très long temps. Je noterai un autre point important. On se sert généralement de vases ouverts; c'est ainsi que j'ai procédé pendant longtemps; mais j'ai eu des résultats contradictoires, ce qui prouve qu'il y avait une faute expérimentale. Cela m'a conduit à employer des réfrigérants à reflux, et je tiens ce changement pour une condition essentielle au succès de l'expérience.

« Pour montrer que dans ma méthode il n'y a pas de destruction appréciable de glycogène, je décrirai brièvement l'expérience suivante :

« Une certaine quantité de glycogène fut extraite par la potasse d'un foie de lapin : on pouvait donc la considérer comme ne contenant pas de dextrine. Après dissolution dans l'eau, on versa 40 cc. de la solution dans 500 cc. d'alcool méthylique pour précipiter le glycogène; on prit ensuite de la même solution 40 cc., qu'on traita par de la potasse, de manière que la solution fût de 10 p. 100 de potasse. Après une demi-heure de coction, on précipita par l'alcool, et on neutralisa par l'acide acétique. Le précipité des 40 premiers cc. se sépara rapidement en flocons, au-dessus desquels surnagea une liqueur parfaitement claire. Le précipité des autres 40 cc, comme cela se passe après coction avec la potasse, se précipite au contraire en flocons très fins et ne se dépose que lentement. Au bout de trois jours, la liqueur était limpide : on rassemble le précipité, on le transforme par l'acide sulfurique en sucre qu'on dose. Le glycogène déterminé ainsi pesa, dans la première expérience, 0gr,166; et, dans la deuxième, 0gr,162. La coction avec la potasse n'a donc occasionné qu'une perte de 4 milligrammes, qui répond à 2,4 p. 100.

« Dans une autre expérience analogue, la solution avec coction dans la potasse a donné 0 gr,110. Avant la coction on a eu 0 gr,112. La perte a donc été de 1,8 p. 100.

« Ainsi que je l'ai remarqué dans mon livre (p. 152) les dextrines ne résistent pas à l'action de la potasse autant que le glycogène et les amidons, de sorte que, si ces deux dernières substances étaient altérées par la coction avec la potasse, on devrait constater des pertes plus ou moins considérables. D'ailleurs, le glycogène qu'on a employé dans cette expérience avait été obtenu par l'action de la potasse sur le foie.

« Il est essentiel *(loc. cit.*, p. 63), que le tissu soit pulvérisé à l'état de poudre aussi fine que possible, pour que les matières azotées soient complètement transformées par la potasse à 10 p. 100, et assez pour que le dosage ultérieur du sucre avec la solution cuivrique ne soit pas troublé par la réaction du biuret.

« Quelques grammes du foie pulvérisé et séché sont mis dans un vase avec 50 cc. d'une solution de potasse à 10 p. 100. Il est bon de laisser le mélange vingt-quatre heures au froid, ce qui suffit pour obtenir ensuite la dissolution complète après coction pendant une demi-heure.

« Pour éviter la concentration de la solution potassique par l'évaporation, et pour empêcher l'action de la coction sur les hydrates de carbone, on dispose un réfrigérant à reflux, et on fait la réaction dans un vase assez grand pour n'être pas gêné par la mousse de l'ébullition.

« On verse les 50 cc. dans 500 cc. environ d'alcool méthylique pour séparer et précipiter les hydrates de carbone; s'il y a moins d'alcool, on peut craindre que la précipitation ne soit pas complète. Le vase est mis de côté jusqu'au jour suivant : la séparation du précipité s'est faite alors complètement, ce qui rend la filtration ultérieure plus facile.

« Pour cette filtration il y a avantage à se servir de coton de verre ; car le papier à filtre contient souvent avec sa cellulose quelques matières amylacées, et l'on peut ainsi, en même temps que le glycogène, entraîner des substances qui donnent du glucose quand on fait le lavage du filtre.

« Le précipité est alors soigneusement lavé avec de l'alcool : le tampon de coton de verre est mis dans un vase, et l'entonnoir est lavé avec un peu d'eau chaude. Si l'on a dû employer beaucoup d'eau, il faut en concentrer le volume jusqu'à 50 cc. environ. Ensuite on place le tout dans un flacon, on y ajoute de l'acide sulfurique, assez pour que le titre devienne de 2 p. 100 : on chauffe, et on obtient une liqueur réduisant l'oxyde de cuivre.

« Généralement, on observe la formation d'un corps qui se précipite sous forme de matière foncée, et il faut l'éliminer par filtration avant de neutraliser le tout, car ce corps se dissout dans la potasse et gênerait le dosage du sucre en colorant les liqueurs. Le filtre doit être assez petit pour qu'on puisse le laver facilement sans augmenter notablement le volume du liquide. On neutralise exactement l'acide avec de la potasse, ce qui provoque encore la formation d'un précipité fortement coloré, lequel est quelquefois en assez grande proportion. On le sépare sur filtration par un filtre sec, et on ramène le volume de la liqueur à un volume déterminé.

« Alors, on titre le glucose par la réaction cupro-ammoniacale, et le résultat s'exprime en glucose ou en glycogène; l'équivalent du glucose et des amidons étant respectivement de 180 et de 162, le rapport est de 0,9, de sorte que, pour changer le chiffre de glucose en chiffre de glycogène, il suffira de multiplier le poids de glucose obtenu par ce rapport 0,9. »

Dosage quantitatif du sucre par le réactif cupro-ammoniacal de Pavy (W. Pavy. (*Journ. of the chem. Soc.*, XXXVII, 512, 1880. — *Lancet*, mars 1884. — *The Physiology of the Carbohydrates*, 38, 1894). — O. Hehner. (*Chem. Centralbl.*, 1879, 406. — *Zeitsch. f. anal. Chem.*, XIX, 100. — *The Analyst*, VI, 218. — *Zeitsch. f. anal. Chem.*, XXII, 447, 1883.) — Pavy décrit sa méthode d'une manière si diffuse et si obscure que c'est peut-être la raison pour laquelle elle a été si peu employée. — Nous allons cependant essayer de l'exposer aussi fidèlement que possible.

L'action de la solution ammoniacale d'oxyde de cuivre consiste essentiellement en ceci : que l'oxydule de cuivre obtenu par l'action réductrice du sucre ne se précipite pas sous la forme d'une poudre rouge, mais reste dans la solution incolore, et, comme la réduction s'accompagne de la décoloration de la liqueur, il n'y a aucune difficulté à constater la fin de la réaction. L'ammoniaque n'a aucune action perturbatrice : elle a l'avantage de rendre la réaction plus sensible en rendant plus intense la couleur bleue de la solution cuivrique; et, ce qui est fort important, la présence de cette ammoniaque rend la solution plus stable, car au contact de l'air le cuivre passe à l'état de peroxyde, et le précipité d'oxydule ne se forme plus bien.

Voici la composition de la solution cupro-ammoniacale de Pavy :

	gr.
Sulfate de cuivre en cristaux.	4,158
Tartrate de sodium et de potassium.	20,400
KOH.	20,400
Solution ammoniacale de 0,880 comme poids spécifique.	300^{cc},00

Le tout est ramené à un litre par addition d'eau distillée.

Pour préparer ce réactif, on dissout dans un vase la potasse, et le tartrate et le sulfate de cuivre dans un autre vase. Cette dernière solution ne se fait qu'à chaud : quand elle est complète, on mélange les deux liqueurs, et, quand elles sont refroidies, on ajoute la solution ammoniacale pour compléter ensuite le volume à un litre avec de l'eau distillée.

10 cc. de cette solution cuivrique répondent à 0^{gr},005 de glycose.

Pavy veut que pour les recherches physiologiques le titre de la solution soit chaque fois déterminé par le dosage d'une certaine quantité de sucre pondéralement déterminée. Pour cela, il dissout 0^{gr},250 de sucre de canne dans 50 cc. d'une solution d'acide citrique à 2 p. 100, on chauffe, on invertit le sucre de canne, et, après refroidissement, on neutralise par la potasse, et on ajoute de l'eau distillée jusqu'à un volume de 250 cc.

Les quantités nécessaires de cette solution pour faire la réaction sont de 10 cc. ou de 5 cc. En étendant les liqueurs, on obtient des résultats aussi exacts que si l'on employait une plus grande quantité de réactif et une solution plus concentrée de sucre.

L'appareil nécessaire pour le dosage consiste en un flacon d'environ 150 cc. Le bouchon de ce flacon est à 2 tubulures : l'une de celles-ci est traversée par l'extrémité d'une burette de Mohr, et l'autre donne issue aux gaz et à la vapeur qui se dégagent par la coction du liquide dans le ballon. Pavy emploie une pince à pression pour régulariser l'écoulement de la liqueur sucrée dans le flacon. On a placé dans ce même ballon 10 ou 5 cc. de la solution cuivrique avec 20 cc. d'eau distillée. Un brûleur de Bunsen chauffe ce liquide dans le ballon. Dès que l'ébullition a commencé, on laisse tomber la solution sucrée de la burette avec une rapidité de 60 à 100 gouttes par minute, d'après les changements de teintes qui se produisent, pour déterminer exactement le moment précis de la décoloration, : on place le ballon devant une plaque de porcelaine blanche, et on arrête l'écoulement du liquide sucré dès que la liqueur est décolorée. Une lecture de la burette indique la quantité de liquide sucré qui a été nécessaire pour la décoloration.

L'expérience doit être plusieurs fois répétée. PAVY décrit encore diverses précautions à prendre dans la conduite de cette analyse; mais nous ne pouvons entrer dans ces détails.

Il est difficile de porter un jugement précis sur l'emploi méthodique du procédé de PAVY; car assurément il n'a pas connu les recherches fondamentales de F. SOXHLET relatives à l'action des divers sucres sur les solutions alcalines de cuivre et de mercure (*Journ. f. prakt. Chem.*, (2), XXI). SOXHLET a prouvé que la concentration du sucre, et beaucoup d'autres conditions, modifient le dosage dans des proportions notables, et PAVY semble ignorer ces faits. Ce n'est que dans des cas particuliers qu'il a contrôlé l'exactitude de son procédé de dosage, lequel ne semble pas comporter une application générale.

Analyse quantitative du glycogène d'après Pflüger. — Toutes les méthodes précédentes reposent sur cette croyance invétérée que la potasse, qui sert à dissoudre les tissus préalablement à la recherche du glycogène, détruit de plus ou moins grandes proportions de cette substance. PAVY lui-même croyait à cette action, et il tâchait d'éliminer cette soi-disant action destructive de la potasse en rendant les organes facilement solubles par une pulvérisation aussi complète que possible. Comme d'ailleurs le seul procédé applicable au dosage du glycogène était la dissolution par la potasse, j'ai voulu étudier à fond cette action, et je suis arrivé à constater que la potasse, même concentrée, n'attaque nullement le glycogène des organes : j'ai trouvé que l'on ne peut obtenir avec précision le glycogène normal que si l'on n'a pas fait usage du réactif de BRÜCKE, car la supposition erronée que le glycogène est détruit par la potasse tient à ce que le réactif de BRÜCKE a modifié le glycogène.

Le fait que le glycogène normal n'est pas attaqué par la potasse concentrée est d'une si fondamentale importance qu'il est nécessaire d'exposer avec détails les recherches qui en donnent la preuve et qui entraîneront toutes les convictions.

Rappelons, pour bien faire comprendre ces expériences, qu'avec J. NERKING j'ai indiqué la méthode qui permet de précipiter dans une solution alcaline des organes tout le glycogène sans azote, c'est-à-dire presque pur (*A. g. P.*, 1899, LXXVI, 531). En effet, quand une solution musculaire contient 3 p. 100 de potasse, et 10 p. 100 de KI, par l'addition d'un demi-volume d'alcool à 96 p. 100, tout le glycogène est précipité, sans qu'il y ait de l'albumine dans le précipité.

Déjà CLAUDE BERNARD dissolvait les organes dans la potasse, et précipitait le glycogène par l'alcool : il pensait en effet que la potasse même concentrée n'altère pas notablement le glycogène. Il ne contestait pas qu'il y eût une légère altération ; mais il n'a pas fait de recherches quantitatives pour démontrer la résistance du glycogène à l'action de la potasse à chaud; et ni lui, ni les autres physiologistes n'ont étudié à fond la question.

BRÜCKE, de Vienne, pensait, lui aussi, que le glycogène n'est pas attaqué par la potasse à chaud, mais il ajoutait que la preuve n'en était point donnée (*Ak. W.*, (2), 1871, LXIII).

Sachant que le glycogène précipité de la solution alcaline d'après la méthode de CLAUDE BERNARD est toujours plus ou moins accompagné de diverses matières étrangères, et principalement de matières albuminoïdes, il trouva dans l'iodo-mercurate de potassium additionné d'acide chlorhydrique un moyen de débarrasser le glycogène de toutes ces impuretés, et c'est à partir de ce moment qu'on a approfondi les propriétés du glycogène ainsi purifié.

Alors, en effet, les recherches de VINTSCHGAU et DIETL (*A. g. P.*, XIII, 253, 1876), confirmées par KÜLZ (*Z. B.*, 1886, XXII, 161) et PFLÜGER (*A. g. P.*, 1899, LXXV, 164), prouvèrent que la potasse, même diluée à 1 ou 2 p. 100, attaque le glycogène. S'il en était ainsi, la solution des organes dans la potasse à chaud ne peut évidemment pas donner de chiffres exacts pour la teneur de ces organes en glycogène, et tous les chiffres obtenus doivent conduire à des valeurs trop faibles. Pour connaître les causes et l'étendue de cette erreur, j'ai prié JOSEPH NERKING, chimiste de mon laboratoire, de rechercher l'influence de la concentration d'une dissolution potassique agissant d'une manière plus ou moins prolongée sur le glycogène. Il a vu qu'on ne doit pas employer la potasse, parce que tantôt elle augmente, tantôt elle diminue le rendement en glycogène (*A. g. P.*, LXXXI, 39). D'après NERKING l'action de la potasse s'exerce de deux manières : « tantôt elle dégage du glycogène qui était combiné aux organes, tantôt elle détruit le glycogène déjà en solution. Selon que l'un ou l'autre processus l'emporte, on obtient plus ou moins de glycogène. »

Si cette observation de NERKING est exacte, toutes les analyses de glycogène faites par cette méthode de la potasse doivent être considérées comme sans valeur, et pourtant, de fait, presque toutes les analyses données par les auteurs ont été entreprises par cette méthode.

En effet, RICHARD KÜLZ avait déjà fait remarquer que le glycogène, après précipitation des albumines par le réactif de BRÜCKE, se sépare sous forme de poudre, et n'a que peu de tendance à adhérer au verre, tandis que le glycogène préparé et purifié par la méthode de BRÜCKE-KÜLTZ, puis chauffé dans une solution de potasse à 2 p. 100, n'est plus précipité par l'alcool sous forme de flocons, mais se dépose sur les parois du verre comme une résine transparente, ce qui semble montrer que l'action répétée du réactif de BRÜCKE employé pour purifier le glycogène en réalité l'altère.

Par conséquent, la question se posait de savoir si le glycogène des organes ne contient pas une autre substance que le glycogène de BRÜCKE, et s'il n'est pas alors inattaquable par la potasse, tandis que le glycogène, modifié par les réactifs de BRÜCKE, est devenu attaquable.

Preuves que le glycogène n'est pas attaqué par la potasse concentrée par une ébullition prolongée. — J'ai dû alors étudier le glycogène préparé sans qu'il y ait eu action des réactifs de BRÜCKE.

Série I. — Glycogène musculaire préparé sans les acides de la viande, sans coction avec la potasse, sans action du réactif de BRÜCKE.

700 grammes de viande de cheval, fraîche, sont mis en poudre, broyés avec du carbonate de chaux et placés dans un ballon de 1 500 cc. de capacité, contenant 700 cc. d'eau bouillante. On chauffe vingt-quatre heures au bain-marie, on verse sur un filtre, et le filtrat clair est précipité par l'oxalate de potasse, puis filtré. A 830 cc. de ce filtrat, on ajoute 83 grammes de KI, et 50 cc. de potasse à 72 p. 100. La solution contient donc environ 4,1 p. 100 de KOH.

On précipite par 420 cc. d'alcool à 96 p. 100 : il se sépare une matière pulvérulente très fine qui passe à travers tous les filtres. Le précipité est lavé par une solution contenant 66 grammes de KI; 666 cc. de potasse à 4 p. 100; 333 cc. d'alcool à 96 p. 100. Ce glycogène, lavé ainsi et redissous dans l'eau, ne se trouble plus par l'action du réactif de BRÜCKE,

Pour éliminer la potasse fixée au glycogène, on le lave sur le filtre avec de l'alcool à 90 p. 100, et, comme ce lavage ne suffit pas, on le redissout à froid dans l'eau stérilisée, et on le précipite par l'alcool : il se sépare en flocons.

Le lendemain on le filtre, on le lave à l'alcool à 86 p. 100 jusqu'à disparition de toute réaction alcaline. On le redissout dans l'eau stérilisée, et on porte le volume de la solution à 1 litre. On prélève alors de cette solution 100 cc. plusieurs fois pour effectuer les recherches suivantes :

EXPÉRIENCE I. — Pour connaître la quantité de glycogène contenue dans 100 cc., on prend 100 cc. de cette solution de glycogène qu'on met dans un ballon gradué de 500 cc.; on ajoute 100 cc. de HCl à 4,4 p. 100 et une solution de HCl à 2,2 p. 100 en quantité suffisante.

Après ébullition pendant trois heures, on obtient :

Analyse I. : 0,1417 de Cu^2O.

Analyse II : 0,1425 de Cu^2O.

En moyenne 0,1421; répondant à 0,1262 de Cu et à 0,0576 de sucre. Le contrôle Car la méthode de VOLHARD donne 0,1254 de Cu et 0,0572 de sucre; par pesée, 0,1262 de pu et 0,0576 de sucre.

Donc 100 cc. de la solution primitive de glycogène contenaient, d'après la méthode Volhard, 0,3518 de sucre.

Expérience II. — L'expérience I devait être modifiée de telle sorte que le glycogène fût précipité avant l'inversion exactement par les mêmes procédés que les procédés employés pour le dosage même du glycogène des organes.

On met dans un flacon 100 cc. d'eau avec 50 grammes de KI, 100 cc. de potasse à 71,48 p. 100; 200 cc. d'eau, 500 cc. d'alcool et 100 cc. d'une solution de glycogène. Le glycogène se sépare en petits flocons qui nagent dans un liquide limpide : on filtre rapidement et facilement sur un filtre suédois. Le glycogène est lavé sur le filtre avec de l'alcool à 80 p. 100, jusqu'à disparition de la réaction alcaline. On le redissout dans de l'acide chlorhydrique à 2,2 p. 100; on met dans un ballon de 500 cc., on filtre et on invertit, 81,3 cc. de cette solution donnent. Analyse I : 0,1407 de Cu^2O, soit 0,125 de Cu. — Analyse II, 0,1408 de Cu^2O.

Contrôle d'après Volhard. — 0,1249 de Cu répondant à 0,0569 de sucre.

Contrôle par pesées. — 0,1250 de Cu. Par conséquent 100 cc. de la solution primitive de glycogène contiennent 0,3500 de sucre.

Or l'expérience I, dans laquelle le glycogène n'avait pas été précipité, et par conséquent où il ne pouvait plus y avoir de pertes, a donné :

0,3518 de sucre.

alors que la solution alcaline de glycogène à 14,03 de KOH p. 100, précipitée par son volume d'alcool, a donné pour la même quantité de liqueur glycogénique :

0,3500 de sucre.

Cette expérience prouve donc que par ce procédé le glycogène est précipité sans perte.

Expérience III. — 100 cc. de la solution glycogénique sont mélangés à 100 cc. de la solution potassique à 71,9 p. 100, et chauffés deux heures et demie au bain-marie. Après refroidissement on verse la liqueur dans un vase; on ajoute 300 cc. d'eau de lavage avec 50 grammes de KI. On dissout, on précipite par 500 cc. d'alcool à 96° : il se fait un précipité pulvérulent qui n'adhère pas au verre.

Après lavage avec une solution de KOH, de même titre et d'alcool, le glycogène est dissous dans de l'acide chlorhydrique à 2,2 p. 100 : on intervertit et on ramène au volume de 500 centimètres cubes en ajoutant de l'acide chlorhydrique à 2,2 p. 100, 81,3 de cette solution sucrée donnent :

Analyse I. — 0,1385 de Cu^2O.

Analyse II. — 0,1392 de Cu^2O.

Le contrôle par la méthode de Volhard donne :

0,1238 de Cu répondant à 0,0564 de sucre.

Contrôle par pesée :

0,1232 de Cu.

Par conséquent d'après Volhard, 100 cc. de la solution glycogénique contiennent 0,3469 de sucre.

Expérience IV. — Identique à l'expérience III, à cela près que la coction dure vingt-deux heures.

On obtient par pesées :

Analyse I. — 0,1380 de Cu^2O.

Analyse II. — 0,1385 de Cu^2O.

En moyenne :

0,1383 de Cu^2O.

répondant à

0,1228 de Cu.

Le contrôle d'après Volhard donne :

0,1245 de Cu.

soit :

0,0567 de sucre.

Par conséquent, d'après Volhard, 100 cc. de la solution glycogénique contiennent 0,3490 de sucre.

Cette expérience prouve que le glycogène du muscle qui n'a pas encore été chauffé avec la potasse n'est pas attaqué par la coction avec la potasse même très concentrée. On ne peut donc pas dire que la potasse sépare le glycogène des organes en deux parties ; une partie que la potasse attaque, et une autre qu'elle n'attaque pas.

Il ne reste plus que cette possibilité qu'il se fasse dans les organes une sorte de glycogène-dextrine soluble dans l'alcool, et par conséquent échappant à la précipitation.

La partie essentielle de cette première série de recherches peut se résumer dans le tableau suivant :

TABLEAU I

Glycogène de la pulpe de viande neutralisée qui n'a été en contact ni avec la potasse chaude, ni avec les réactifs de Brücke.

	100 cc. DE SOLUTION sans précipitation du glycogène et immédiatement invertis, ont donné en sucre, en grammes.	100 cc. DE SOLUTION glycogénique. Précipitation d'une solution fortement alcaline par son volume d'alcool, ont donné en sucre, en grammes.	100 cc. à l'ébullition pendant 2 h. 1/2 avec KOH à 71,9 p. 100 (100 cc.) ont donné, préc. par l'alcool, en sucre, en grammes.	100 cc. à l'ébullition pendant 22 h. avec KOH à 71,9 p. 100 (100 cc.), ont donné, préc. par l'alcool, en sucre, en grammes.
I.	0,3518	»	»	»
II.	»	0,3500	»	»
III	»	»	0,3469 [1]	»
IV.	»	»	»	0,3490

1. Ce chiffre plus faible tient à ce que les tubes munis de filtres d'amiante 8 et 9 étaient altérés, et pour cela on a cessé de les employer.

Série II. — Extraction du glycogène de la pulpe de viande neutralisée. Précipitation par l'alcool. Chauffage avec la potasse concentrée.

1 kilogramme de viande de cheval fraîche réduite en pulpe est mis dans un litre d'eau bouillante dans une capsule de porcelaine : on neutralise par la soude et on chauffe dans un flacon pendant 24 heures au bain-marie ; 500 cc. du filtrat sont précipités par 1 000 cc. d'alcool à 96 p. 100 : on filtre : le précipité est broyé dans l'alcool absolu : on filtre, on mélange avec de l'éther dans un flacon fermé, après filtration on obtient une poudre fine.

Après évaporation de l'éther, cette poudre est agitée dans un flacon d'un litre avec de l'eau chaude privée d'acide carbonique ; après refroidissement on filtre, et sans autre purification on dissout ce glycogène. Il n'a été au contact ni avec les acides, ni avec la potasse : il est donc mélangé à des impuretés. Nous éliminerons de ces expériences les expériences I et II, qui sont défectueuses, et nous ne prendrons que celles qui portent sur les tubes IV et III.

Tube 4. Expérience I. — 200 cc. de la solution glycogénique sont amenés à un volume de 500 cc. par addition d'acide chlorhydrique dilué, de telle sorte que l'acidité réponde à 2,2 p. 100 de HCl.

On invertit, et après inversion on trouve que 81,3 de la solution répondent à 0,1172 de Cu (soit 0,132 de Cu^2O), d'après Volhard à 0,10818 de Cu, soit : 0,0487 de sucre.

Par conséquent la solution glycogénique contient, pour 100 cc., 0,150 de sucre.

Expérience II. — Exactement comme l'expérience I : la pesée donne 0,117 de Cu ;

d'après VOLHARD, 0,1075 de Cu, soit 0,0484 de sucre. Donc 100 cc. de la solution glycogénique contenaient 0,149 de sucre.

EXPÉRIENCE III. — 200 cc. de la solution glycogénique sont additionnés de 100 cc. de potasse à 71,96 p. 100. On chauffe au bain-marie pendant 17 heures, après refroidissement on ajoute de l'eau, de manière à faire 500 cc. On précipite par 500 cc. d'alcool à 96 p. 100; au bout de 2 heures on filtre sur un filtre suédois, presque tout le glycogène en forme de flocons reste dans le verre; on lave à l'eau qui passe par le filtre dans le même verre : on redissout le glycogène, on neutralise par l'acide chlorhydrique, et on ajoute peu à peu du volume égale d'acide chlorhydrique à 4 p. 100. Le tout est ramené à avec addition de HCl, à 2,2 p. 100. On invertit, et on trouve pour 81,3 cc. de la solution 500 cc. 0,1217 de Cu^2O = 0,108 Cu et d'après VOLHARD 0,10937 de Cu, soit 0,0493 de sucre.

Par conséquent 100 cc. de la solution glycogénique contiennent 0,1516 de sucre.

EXPÉRIENCE IV. — Comme l'expérience III. 81,3 cc. de la solution glycogénique donnent par pesée 0,1239 de Cu^2O, soit 0,11002 de Cu, d'après VOLHARD 0,10918 de Cu, soit 0,0492 de sucre.

Par conséquent 100 cc. de la solution de glycogène contiennent 0,1513 de sucre.

Expériences avec le tube III.

EXPÉRIENCE V. — Comme l'expérience I, 81,3 donnent par pesée 0,1273 de Cu^2O, ou 0,113 de Cu; soit, d'après VOLHARD, 0,1050 de Cu et 0,0472 de sucre.

Par conséquent 100 cc. de la solution glycogénique donnent 0,1451 de sucre.

EXPÉRIENCE VI. — Exactement comme la précédente. 81,3 de la solution sucrée donnent par pesée 0,1283 de Cu^2O, ou 0,1139 de Cu, soit, d'après VOLHARD, 0,1050 de Cu, soit 0,0472 de sucre.

Par conséquent 100 cc. de la solution glycogénique contiennent 0,1451 de sucre.

EXPÉRIENCE VII. — Comme l'expérience III. 81,3 de la solution sucrée donnent par pesée, 0,1221 de Cu^2O, ou 0,1084 de Cu, soit, d'après VOLHARD, 0,1075 de Cu, soit 0,0484 de sucre.

Donc 100 cc. de la solution glycogénique contiennent 0,1488 de sucre.

EXPÉRIENCE VIII. — Comme l'expérience VII. 81,3 cc. de la solution sucrée donnent par pesée 0,1106 de Cu; d'après VOLHARD 0,1192 de Cu, soit 0,0492 de sucre.

Donc 100 cc. de la solution glycogénique donnent 0,1513 de sucre.

Les faits principaux sont mis en évidence dans le tableau suivant :

TABLEAU II

Pulpe musculaire traitée par l'eau bouillante sans acide, glycogène précipité par l'alcool, sans que ses propriétés aient pu être modifiées par l'action de la potasse ou du réactif de BRÜCKE.

		SOLUTION DE GLYCOGÈNE IMMÉDIATEMENT TRAITÉE PAR HCl, ET INVERTIE. 100 cc. ont donné en sucre, en grammes.	SOLUTION DE GLYCOGÈNE CHAUFFÉE 17 HEURES au bain-marie avec une solution de potasse à 36 p. 100. Précipitation du glycogène par son volume d'alcool. 100 cc. de la solution glycogénique ont donné en sucre, en grammes.
Série A.	I	0,1500	»
	II	0,1490	»
	III	»	0,1520
	IV	»	0,1521
Série B.	V	0,1451	»
	VI	0,1451	»
	VII	»	0,1488
	VIII	»	0,1513
MOYENNE		0,1473	0,151

La coction avec la potasse concentrée a donc augmenté le glycogène de 2,5 p. 100.

Quelques autres explications sont encore nécessaires.

1° Le dosage du sucre par la pesée de l'oxydule de cuivre donne des résultats tout à fait concordants avec le procédé de Volhard, quand le glycogène a été avant l'interversion chauffé avec la solution concentrée de potasse; mais, quand la solution glycogénique a été invertie sans avoir été au préalable traitée par la potasse, la pesée de l'oxydule de cuivre a toujours donné des chiffres notablement plus forts que ceux de la méthode de Volhard. Il est évident que c'est parce que les albuminoïdes ont été modifiés par la coction avec la potasse, de telle sorte qu'alors ils ne sont plus après inversion précipités par la solution cupro-alcaline.

2° A première vue il semble que la coction du glycogène avec la potasse concentrée ne diminue pas, mais augmente le rendement. A vrai dire, les différences de chiffres sont assez faibles pour qu'on puisse peut-être les attribuer à des erreurs d'analyses, impossible à éviter, car la destruction du sucre dans le dosage ne peut pas être rigoureusement identique dans toutes les conditions, de sorte que peut-être les impuretés qui n'ont pas été éliminées par le traitement avec la potasse peuvent modifier les conditions d'oxydation du sucre.

3° Ces expériences prouvent qu'en précipitant l'extrait musculaire neutralisé par deux fois son volume d'alcool il ne se précipite pas de glycogène que la potasse à chaud décompose.

4° Mais on peut supposer que dans l'extrait musculaire il y a des dextrines qui ne sont précipitées que par de grandes quantités d'alcool, ou même qui sont solubles dans l'alcool.

Série III. — On a préparé une solution de glycogène extrait de la viande de cheval, sans avoir fait agir sur lui le réactif de Brücke.

Dans un flacon de 1 250 cc. on mélange 250 grammes de pulpe musculaire de cheval fraîche avec 500 cc. d'eau et 500 cc. de potasse contenant 70,5 de KOH.

La liqueur contient donc environ 5,6 p. 100 de KOH, si l'on ne tient pas compte de la contraction, et si l'on suppose que 250 grammes de viande correspondent à 250 cc.

Une coction de une heure un quart au bain-marie suffit pour tout dissoudre. Après refroidissement on précipite par 1 litre d'alcool à 96 p. 100; on filtre; on égoutte le filtre, et, pour éliminer la potasse, on lave le glycogène avec de l'alcool; on dissout dans l'eau bouillante : on précipite la solution par trois fois son volume d'alcool.

Une poudre blanche, neigeuse, se précipite. On filtre sur un filtre suédois, on lave à l'alcool, et on dissout dans l'eau.

On prélève trois portions de cette solution dans trois flacons de 200 cc. de capacité; on verse 100 cc. de la solution susdite de glycogène dans chaque flacon; on introduit 100 cc. d'une solution qui contient 71,79 de KOH.

Par conséquent, à cause d'une contraction notable, la solution contient un peu plus que 35,89 p. 100 de KOH. Alors on dispose l'expérience suivante avec les trois flacons.

Flacon I. — Dans un vase on met 150 cc. d'eau avec 50 grammes de KI : dans le ballon on met 200 cc. de la solution glycogénique, le ballon est lavé avec 150 cc. d'eau, on ajoute un demi-litre d'alcool à 96 p. 100; le glycogène, précipité par l'alcool à 96 p. 100, est lavé jusqu'à disparition de la réaction alcaline : on invertit dans un ballon de 300 cc.; et on trouve qu'il contient pour 81,3 cc.

1re analyse : 0,1537 de Cu^2O.

2e analyse : 0,1457 de Cu^2O. Soit, d'après Volhard, 0,1291 et 130,1 de Cu répondant par conséquent pour 300 cc, à 0gr21845 de sucre.

Flacon II. — Exactement traité comme le précédent à cela près qu'il a été d'abord chauffé 12 heures au bain-marie. On trouve pour 81cm,3, 0,159 de Cu^2O répondant à 0,141 de Cu, et, d'après Volhard, 0,133 et 0,1317 de Cu, en moyenne 0,1324 de Cu; soit, pour 300 cc. de la solution, 0,2236 de sucre.

Flacon III. — Chauffé 62 heures au bain-marie, traité comme le flacon n° 2. On trouve pour 81,3 cc. de la solution 0,1528 de Cu (0,1721 de Cu^2O) et, d'après Volhard, 0,1331 et 0,1331 de Cu, ce qui répond à 0,0609 de sucre et à 0,22472 de sucre pour 300 cc. de la solution.

Par conséquent ces trois expériences montrent en toute évidence qu'il y a dans les organes des animaux un glycogène qui peut être traité par une solution potassique concentrée sans s'altérer, je devrais dire, sans qu'on constate ultérieurement une différence dans le pouvoir réducteur de la liqueur de FEHLING.

TABLEAU III

Glycogène préparé sans action du réactif de Brücke.

TROIS BALLONS DE 200 CC. SONT REMPLIS DE 100 CC. DE LA SOLUTION GLYCOGÉNIQUE et de 100 cc. d'une solution de KOH à 71,79 p. 100. Après coction on dilue, on précipite par le volume d'alcool, et on invertit le glycogène. La durée de coction a été			
	heures	heures	heures
I.	0	»	»
II.	»	12	»
III.	»	»	62
LE SUCRE TROUVÉ A ÉTÉ, EN GRAMMES			
I.	0,2184	»	»
II.	»	0,2236	»
III.	»	»	0,2247

Comme, dans toutes mes recherches, je précipitais le glycogène de l'extrait aqueux des organes par l'alcool, on peut admettre comme possible que l'alcool n'ait pas précipité une sorte de dextrine glycogène qui existe dans les organes; mais la question n'est pas certaine, et l'avenir en jugera.

B. — Dosage du glycogène contenu dans les organes.

J'ai montré que le glycogène isolé n'est pas détruit par la potasse concentrée. On peut donc se demander si le glycogène contenu dans les tissus se comporte à ce point de vue comme le glycogène isolé, et s'il n'est pas partiellement détruit par la potasse à chaud.

RICHARD KÜLZ, après avoir montré que le glycogène soigneusement purifié par lui était rapidement altéré par la potasse diluée, arriva cependant à cette conclusion que les analyses du glycogène des organes traités par la potasse diluée lui montraient pour des raisons inconnues que le glycogène n'avait pas été altéré. Mais j'ai établi par d'autres recherches que les expériences mêmes de KÜLZ ne prouvent pas du tout les conclusions qu'il adopte.

Je suis arrivé aux mêmes résultats expérimentaux que KÜLZ; j'ai comparé le rendement en glycogène, en traitant d'après le procédé de KÜLZ une portion de la pulpe des organes par la potasse diluée d'une part et d'autre part une portion d'abord par l'eau, qui extrait une grande partie du glycogène, et enfin j'ai dissous dans la potasse le précipité insoluble qui reste alors. Or les deux méthodes m'ont fourni à peu près les mêmes quantités de glycogène, quoique dans l'une des méthodes l'on ne puisse invoquer l'action de la potasse. Par conséquent l'idée la plus simple est que le glycogène des organes n'est pas attaqué par la potasse. Comme les analyses de VINTSCHGAU et DIETL, de KÜLZ et de moi ont montré que le glycogène, purifié soigneusement par la méthode de BRÜCKE KÜLZ, est attaqué par la même solution de potasse, j'en ai déduit cette conclusion que la potasse qu'on emploie dans le procédé de KÜLZ forme des albuminates de potasse, de sorte que c'est cette albumine qui, en se combinant à la potasse, empêche l'altération du glycogène. Il y a peut-être quelque vérité dans cette assertion.

Mais, ayant prouvé qu'on peut isoler le glycogène des organes dans un état tel qu'il n'est pas attaqué par la potasse forte, qu'il est précipité par l'alcool en flocons non adhérents au vase, tout comme dans l'analyse directe des organes, il est probable que la méthode de purification par le procédé de Brücke-Külz altère le glycogène, et que cette altération apparaît quand on précipite le glycogène par l'alcool; car alors le précipité n'est plus pulvérulent; mais adhère comme une résine aux parois de verre : c'est un point que Külz a d'ailleurs établi (*Z. B.*, xxii, 173).

Il est donc prudent de ne pas conclure du glycogène isolé au glycogène des organes sans une étude préalable.

Il était donc nécessaire de savoir si, en chauffant longtemps les organes avec la potasse, on leur fait perdre du glycogène.

Les expériences suivantes décident la question.

Série IV. — On mélange 500 cc. d'eau avec 500 cc. de potasse contenant 72,5 p. 100 de KOH et 264 grammes de pulpe musculaire de cheval fraîche : par conséquent 1 200 cc. de la solution contiennent 262,5 grammes de KOH, ou 30,2 p. 100. Dans ces conditions, au bain marie, la chair musculaire se dissout en une demi heure : on filtre.

Expérience I. — 100 cc. du filtrat servent aux dosages du glycogène par la méthode de Pflüger-Nerking; le glycogène est inverti : on y détermine le sucre par ma méthode de l'oxydule de cuivre. La quantité de glycogène a été, après une demi heure de coction avec la potasse à 2 p. 100, de 1,882 p, 100.

Expérience II. — 500 cc. du même filtrat primitif sont chauffés au bain marie pendant 42 heures; après refroidissement on ramène le volume au volume primitif, et on détermine la quantité du glycogène par la même méthode : on trouve 1,864 p. 100. La perte n'est donc pas tout à fait de 1 p. 100, c'est-à-dire qu'elle est dans les limites de l'erreur expérimentale.

Série V. — Expérience I. — Dans un flacon de 1 250 cc. on met 100 cc. d'eau avec 50 cc. de potasse à 72,5 p. 100. On ajoute par portions 200 grammes de pulpe de viande de cheval; le titre de la solution est donc d'environ de 12 p. 100 de KOH. En quelques minutes toute la viande est dissoute. On ramène le volume à 1 250 cc., ce qui ne peut être fait exactement; car le liquide était surmonté d'une couche fine de graisse qui rendait difficile la mesure exacte.

On filtre : on précipite par 120 grammes d'iodure de potassium + 600 cc. d'alcool : le glycogène est séché et lavé avec la solution suivante : 1000 cc. d'eau, 100 grammes de KI, 500 cc. d'alcool a 96 p. 100, 50 cc. de potasse à 72,5 p. 100.

Puis on lave trois fois à l'alcool à 66 p. 100 contenant un peu de chlorure de sodium. Tout le précipité est alors dissous dans 500 cc. d'eau. On en prélève 100 cc. : on précipite par la méthode de Pflüger-Nerking, on lave, on invertit et on ramène à 500 cc. Pour 81,3 de la solution pure, on trouve 0,2040 de Cu^2O (tube 3) et 0,2043 de Cu^2O (tube 4), soit 0,0847 de sucre.

Par conséquent dans les 500 cc. de la solution sucrée il y avait 0,5210 de sucre résultant de 100 cc. de la solution glycogénique, ce qui correspond par conséquent pour 200 grammes de viande à 2,605; et, pour 100 gr., à 1,303 de sucre (Petite perte dans l'analyse).

Expérience II. — On prend, comme dans l'expérience I, 200 grammes de la même pulpe musculaire, qu'on traite par 100 cc. d'eau additionnée de 50 cc. de potasse à 72 p. 100. Le titre de la solution en potasse est donc environ 12 p. 100, si l'on admet que 200 grammes de viande répondent à environ 150 grammes d'eau.

Pendant vingt-huit fois vingt-quatre heures le mélange est chauffé au bain-marie dans un ballon dont on empêche l'évaporation en le recouvrant d'un verre de montre. On ramène alors la solution devenue épaisse à un volume de 1 250 cc. On filtre : 500 cc. du filtrat correspondant à 80 gr. de viande : on précipite par 500 cc. d'alcool contenant 50 gr. de KI. Le précipité est lavé par une solution contenant 1000 cc. d'alcool à 96 p. 100, 1 000 cc. de potasse à 3 p. 100 et 100 grammes de KI : puis le glycogène est lavé dans l'eau, précipité par 4 fois son volume d'alcool; il se forme de beaux flocons blancs; on filtre, on lave dans l'alcool à 86 p. 100. On invertit par HCl à 2,2 p. 100. 81,3 de la solution sucrée donnent 0gr,0987 de sucre, et, d'après Volhard, 0gr,0972 de sucre. Par conséquent 500 cc. du filtrat contiennent 1,1956 de sucre, soit 2,0989 pour les 1 250 cc. du filtrat. Comme ces 1250 cc. répondaient à 200 de viande, il s'ensuit que le glycogène de 100 grammes de viande a donné 1,4945 de sucre.

Expérience III. — 200 grammes de cette même pulpe musculaire sont traités comme dans l'expérience II, mais chauffés pendant 50 fois vingt-quatre heures, au lieu de 28 fois, au bain marie, en recouvrant d'un verre de montre l'orifice du flacon. On verse dans un ballon de 1 250 cc., après avoir par de l'eau exactement ramené la liqueur au volume de 1 250 cc. Alors on prélève 500 cc. du filtrat qu'on précipite par 500 cc. d'alcool à 96°: le filtrat est limpide. On lave le précipité avec un mélange de 1 litre d'alcool à 96 p. 100 et un litre de potasse à 14 p. 100. On lave ensuite avec de l'alcool à 66 p. 100 pour éliminer l'alcali, et, si cela ne réussit pas, on détache le précipité du filtre, on met le filtre dans l'eau, on neutralise, on fait bouillir et on filtre. Le précipité broyé est neutralisé, bouilli avec l'eau et filtré. Les extraits aqueux réunis sont traités par un volume égal d'acide chlorhydrique à 4,4 p. 100. On ramène au volume de 1 000 cc. L'analyse donne pour 81cc,3; 0 2315 de Cu^2O (tube 3); et 0,2328; soit 0,2067 de Cu. D'après VOLHARD 0,2020 de Cu, soit 0,095 de sucre.

Donc les 1 250 cc. répondant à 200 grammes de viande ont donné 1,1685 de sucre. Par conséquent 100 grammes de viande contenaient une quantité de glycogène qui a fourni 1gr4606 de sucre.

Je réunis ces données dans le tableau suivant :

TABLEAU V

Glycogène du muscle au début	1,303 + Δ
Glycogène après coction pendant 28 jours avec de la potasse à 10 p. 100.	1,494
Glycogène après coction pendant 50 jours avec de la potasse à 10 p. 100.	1,461

Je remarquerai aussi que ce glycogène soumis à la coction pendant 50 jours avec de la potasse à 10 p. 100 donnait encore une très belle réaction par l'iode, et précipitait en flocons qui se réunissaient facilement sous la forme d'une masse mucilagineuse.

Ainsi il est prouvé que le glycogène peut être chauffé pendant très longtemps à 100° avec une solution très forte de potasse sans être décomposé.

Maintenant il faut établir qu'une solution diluée de potasse ne peut pas déterminer l'altération du glycogène; c'est une conclusion qui n'est pas absolument certaine, car les recherches qui avaient semblé montrer que le glycogène est altéré par la potasse portaient sur la potasse diluée.

J'ai fait à ce sujet un grand nombre d'analyses qui m'ont conduit à des résultats tout à fait particuliers.

Le glycogène préparé d'après la méthode de BRÜCKE-KÜLZ est le plus souvent en partie décomposé.

La perte est d'environ 6 p. 100 en hydrate de carbone, perte mesurée par la réduction de l'oxyde de cuivre. Si l'on précipite le glycogène par deux volumes d'alcool à 96 p. 100, comme c'est le procédé ordinaire, on trouve alors que cette perte s'élève à environ 12 p. 100.

Ainsi la coction avec la potasse n'a pas altéré le glycogène autrement qu'en le rendant soluble dans l'alcool, probablement en le transformant en dextrine, au moins pour une partie, tandis que l'autre partie a été détruite plus profondément, et que tout hydrate de carbone a disparu; d'ailleurs la quantité de glycogène détruite n'a pas changé, que la solution fût chauffée six ou vingt-quatre heures avec la potasse à 2 p. 100. Ainsi, dans la solution chauffée, une partie du glycogène est restée intacte, tandis qu'une autre partie a été modifiée par la potasse à 2 p. 100.

L'explication la plus simple consisterait à admettre que la préparation contient un mélange de deux corps, un glycogène vrai, qui n'est pas attaqué par la potasse diluée, et un glycogène dextrine.

Mais il y a un autre fait très important, c'est que ce glycogène, qui est décomposé par la potasse diluée, *résiste pendant quarante heures à la potasse à 36 p. 100 sans être attaqué par la potasse concentrée à chaud*. Il semble aussi que le glycogène dextrine n'est pas attaqué, à chaud, même par la potasse concentrée.

Action de la potasse diluée (1 à 2 p. 100) *sur le glycogène.* — J'ai donc dû chercher à savoir si le glycogène normal chauffé à 100° avec la potasse à 1 ou 2 p. 100 est attaqué, et je donne ici mes expériences avec quelques légères modifications.

D'abord, pour plus de certitude, j'ai voulu éliminer, pour préparer le glycogène, l'action des acides ainsi que celle des réactifs de BRÜCKE.

En premier lieu, il fallait chercher si mon papier à filtre contenait des hydrates de carbone. Or mon papier à filtre suédois, provenant de la fabrique de MUNKTELL, d'un diamètre de 15 centimètres, résiste à des solutions alcalines très concentrées.

Je pris 400 cc. de la solution de potasse à 15 p. 100, avec 400 cc. d'alcool à 96 p. 100, mélange que j'emploie souvent pour la filtration du glycogène, et je fis passer 800 cc. de cette solution parfaitement claire à travers le filtre. La filtration fut longue, et prit plusieurs heures. Quand elle fut terminée, je bouchai l'entonnoir, et je versai au-dessus 100 cc. de la solution de HCl à 2,2 p. 100 : le filtrat était très acide. Je lavai de nouveau le filtre avec la même solution de HCl, et je chauffai pendant trois heures au bain-marie pour l'inversion. Pas de traces de réaction sucrée : le sucre étant recherché par la méthode de PFLÜGER, il n'y eut aucune formation d'oxyde de cuivre, quoique la liqueur bleue restât vingt-quatre heures en observation ; par conséquent, il n'y a aucun inconvénient à se servir des filtres suédois.

Quand la pulpe des organes a été dissoute à 100° par une solution de potasse à 30 p. 100, je dilue en ajoutant son volume d'eau, et j'obtiens un liquide contenant 15 p. 100 de potasse qu'il faut filtrer parce qu'il s'y forme des flocons. Les meilleurs filtres sont les filtres résistants de SCHLEICHER et SCHÜLL, n° 575, de 32 centimètres de diamètre. Mais, comme le glycogène dissout passe dans le filtrat, on peut se demander si la solution alcaline a pris dans le papier quelques traces d'un hydrate de carbone. Alors je pris 400 cc. d'une solution de potasse à 15 p. 100, je la filtrai trois fois, et je précipitai le filtrat parfaitement clair par 400 cc. d'alcool à 96°. Au bout de plusieurs heures, il s'était formé quelques rares flocons transparents, légers et incolores.

Au bout de vingt-quatre heures, je les filtrai au filtre suédois, puis après avoir laissé égoutter le filtre, je le remplis comme précédemment avec de l'acide chlorhydrique à 2,2 p. 100, et je laissai le filtrat acide s'écouler dans le flacon après ébullition pour l'inversion. La solution cuivrique d'ALLHIN ne montra pas de réaction réductrice immédiatement, mais, après avoir laissé reposer la liqueur pendant vingt-quatre heures, il se déposa au fond du vase une fine matière pulvérulente, qui, après décantation de la liqueur bleue, se présenta comme une poudre rouge en très petite quantité, telle que quelquefois le réactif en donne lorsqu'il est longtemps abandonné à lui-même. Si donc on veut éliminer complètement les causes d'erreurs dues à l'emploi de ces filtres résistants d'ailleurs si avantageux il faut pour la filtration des liqueurs alcalines se servir d'amiante ou de coton de verre ; car il s'agit de doser les différences très petites et la question est d'une importance fondamentale.

Série I. — 250 grammes de pulpe musculaire de viande de cheval sont mis dans un vase d'Iéna de 500 cc. et additionnés de 250 cc. d'une solution de potasse à 60 p. 100 de KOH. La meilleure potasse est celle de KAHLBAUM, marquée comme *kalium hydrat* I[a] (MERCK) à 6 marks 60 le kilo.

La durée de la coction fut de seize heures.

Après refroidissement, on mit dans un ballon gradué d'un litre 500 cc. d'eau sans acide carbonique, qu'on chauffa, et auquel on ajouta la solution musculaire alcaline à chaud ; après filtration sur l'amiante, qui ne fut terminée que le lendemain matin, j'obtins 420 cc. d'une solution rouge très limpide ; je précipitai avec 420 cc. d'alcool à 96°, et, au bout de quelques heures, je décantai le glycogène qui s'était précipité. Ce précipité fut mis sur un filtre d'amiante, et, après que le filtre fut égoutté, je lavai plusieurs fois avec un liquide contenant autant d'alcool et de potasse que la solution primitive. Puis le glycogène fut dissous dans l'eau chaude, et le volume ramené à 650 cc. On prit 100 cc. pour diverses expériences :

1° 100 cc. de cette solution sont neutralisés par 2 cc. de HCl à 4,4 p. 100.

EXPÉRIENCE I. — Dosage du glycogène, 100 cc. de la solution glycogénique sont additionnés de 2 cc. de HCl à 4,4 p. 100, pour neutraliser l'alcalinité de la liqueur ; puis de 100 cc. de HCl à 4,4 p. 100 ; puis de HCl à 2 p. 100 en quantité suffisante pour faire 300 cc. On invertit. Après inversion, la liqueur est troublée par une fine poussière ; on refroidit et on ramène à 300 cc. avec la solution chlorhydrique à 2 p. 100.

Après filtration à travers un filtre suédois, le filtrat est clair et incolore.

81 centimètres cubes de cette solution sucrée contiennent : analyse I, 0,1826 de Cu^2O, (tube 4) soit 0,1621 de Cu; analyse II, 0,1816 de Cu^2O; (tube 10); soit, d'après Volhard, 0,1597 de Cu, soit 0,074 de sucre (tube 4). Par conséquent, 100 cc. de la solution glycogénique répondent à 0,274 de sucre.

Expérience II. — Dosage du glycogène précipité par l'alcool avant l'inversion.

100 cc. de cette même solution glycogénique sont alcalinisés par la potasse, de sorte que le titre soit de 2 p. 100 de KOH; on précipite par 200 cc. d'alcool à 96°. Le glycogène est filtré sur un filtre suédois, mis après neutralisation dans un ballon de 400 cc. et additionné de HCl de telle sorte que la solution contienne 2,2 p. 100 de HCl. Après inversion, on trouve que 81 cc. de la solution sucrée contiennent : analyse I, 0,1773 de Cu^2O (tube 3) (0,1574 de Cu); analyse II, 0,1779 de Cu^2O (tube 12); d'après Volhard, 0,1591 de Cu, soit 0,07365 de sucre. Donc 100 cc. de la solution glycogénique contiennent 0,273 de sucre.

Cette expérience prouve encore que le *glycogène dissous dans une solution de potasse à 2 p. 100 est totalement précipité par 2 volumes d'alcool à 96°.*

Expérience III. — 100 cc. de la solution glycogénique additionnés de 4 grammes de KOH et d'eau en quantité suffisante pour faire un volume de 200 cc., sont chauffés pendant vingt heures.

Après refroidissement, on neutralise exactement par HCl, on verse avec les eaux de lavage dans un ballon de 300 cc., on invertit par HCl, et, après inversion et filtration, on trouve pour 81 cc. de la solution sucrée. Analyse I : 0,1850 de Cu^2O, (tube 3) soit 0,1642 de Cu; analyse II : 0,1854 de Cu^2O (tube 12). D'après Volhard, pour le tube 3, 0,1591 de Cu, soit 0,0737 de sucre. Par conséquent 100 cc. de la solution glycogénique répondent à 0,273 de sucre.

Expérience IV. — Elle fut faite exactement dans les conditions de l'expérience III, à cela près que le glycogène a été, avant l'inversion, précipité par l'alcool. Le liquide du flacon de 200 cc. a été réuni aux eaux de lavages, le volume ramené à 300 cc., et de la potasse a été ajoutée de manière que le titre répondît à 3 p. 100 de KOH. On précipite par 300 cc. d'alcool à 96°; le glycogène est filtré et interverti. 81 cc. donnent : Analyse I, 0,1797 de Cu^2O, soit 0,1598 de Cu (tube 4); analyse II, 0,1784 de Cu^2O (tube 10); soit d'après Volhard, 0,1553 de Cu (tube 4), répondant à 0,0718 de sucre. Par conséquent, 100 cc. de la solution glycogénique répondent à 0,266 de sucre.

Résultats de la série I :

En comparant ces expériences nous trouvons :

Expérience I. — Teneur de la solution glycogénique avant la coction avec la potasse : 0,274 de sucre p. 100.

Expérience II. — Teneur de la solution glycogénique avant coction avec la potasse, mais précipitation du glycogène par l'alcool : 0,273 p. 100 de sucre.

Expérience III. — Teneur de la solution glycogénique après vingt heures de coction avec la potasse à 2 p. 100 = 0,273 de sucre p. 100.

Perte = 0,4 p. 100

Expérience IV. — Teneur de la solution glycogénique après coction de vingt-quatre heures avec la potasse, mais précipitation du glycogène par l'alcool = 0,266 p. 100 de sucre.

Perte = 2,6 p. 100.

Avant d'apprécier les résultats de cette expérience, il faut donner ceux de la série II.

Série II. — 250 grammes de la pulpe musculaire fraîche sont mis dans des vases d'Iéna de 500 cc. On ajoute 250 cc. de potasse à 60 p. 100, on chauffe au bain-marie le ballon recouvert d'un verre de montre pendant seize heures.

Dans un flacon d'un litre on fait bouillir 500 cc. d'eau : on y verse la solution musculaire encore chaude, on filtre à la pompe sur du coton de verre : le filtrat est trouble. On mélange 800 cc. de ce filtrat à 800 cc. d'alcool à 96°. Après que le précipité s'est déposé, on verse la liqueur parfaitement claire, et on filtre le précipité sur du coton de verre; le filtrat, d'abord trouble, devient parfaitement limpide après une deuxième filtration. On lave à l'alcool, et on dissout les flocons de glycogène dans l'eau bouillante. Le filtrat trouble est additionné d'eau stérilisée jusqu'à un volume de 500 cc. et filtré sur du papier suédois. Le liquide qui filtre est opalescent, et il y a dépôt vert sur le papier.

500 cc. de ce filtrat sont additionnés de 15 grammes de KOH, c'est-à-dire amenés au titre de 3 p. 100 de KOH, et précipités par 500 cc. d'alcool à 96°. Le glycogène se précipite sous forme d'une poudre floconneuse blanche. Au bout de plusieurs jours le liquide est parfaitement limpide et se décante très facilement, tout le glycogène restant au fond du vase, on l'égoutte et on le dissout dans l'eau stérilisée, on amène le volume à 550 cc. qui vont servir aux expériences suivantes :

Expérience I. — Dosage du glycogène par *l'inversion immédiate sans précipitation préalable du glycogène par l'alcool.*

100 cc. de la solution glycogénique sont additionnés de HCl et d'eau, de telle sorte que la solution soit d'un volume de 300 cc. avec une acidité de 2,2 de HCl p. 100. Après inversion, 81 cc. de la solution de sucre contiennentt 0,2608 de Cu^2O, soit 0,2317 de Cu (tube 4) et, d'après Volhard, 0,2319 de Cu, soit 0.1099 de sucre. Donc 100 cc. de la solution glycogénique répondent à 0,407 de sucre.

Cette expérience avec un autre filtre d'amiante a donné, d'après Volhard, 0,2315 de Cu, soit 0,1097 de sucre; ou, pour 100 cc. de la solution glycogénique, 0,4052 de sucre, ce qui fait en moyenne 0,406 de sucre pour 100 cc. de la solution glycogénique.

Expérience II. — L'expérience précédente a donné la teneur en hydrates de carbone pour 100 cc. de la solution. Il s'agit de savoir si tout le glycogène peut être précipité de sa solution par un volume égal d'alcool à 96° en présence de 4 p. 100 de KOH.

100 cc. de la solution glycogénique sont additionnés de 6,6 cc. de potasse à 60 p. 100 et 110 cc. d'alcool à 96°. Après vingt-quatre heures on filtre sur un filtre suédois; presque tout le glycogène resté dans le vase; après décantation de la liqueur alcoolique, on met le vase contenant le glycogène sous l'entonnoir, et on remplit d'eau celui-ci, si bien que l'eau, en s'écoulant, dissout le glycogène du filtre aussi bien que le glycogène resté dans le vase. Alors, dans la liqueur, on place un petit papier de tournesol, et on laisse couler de l'acide chlorhydrique de densité 1,19, jusqu'à ce que le liquide soit neutre. Il a fallu 0 cc. 35 de HCl. Alors la solution neutralisée est placée dans un ballon de 300 cc. et on ajoute 6 gr. 6 de HCl, puis on ramène au volume de 300 cc., après avoir d'abord constaté que rien n'est plus resté sur le filtre, car l'alcool ne précipite plus rien du filtrat. Après inversion on trouve pour 81 cc., 0,232 de Cu, soit 0,110 de sucre, et, d'après Volhard, 0,2311 de Cu, ce qui fait 0,1095 de sucre. Par conséquent, 100 cc. de la solution glycogénique répondent à 0,4056 de sucre.

Ces recherches sont de grande importance : car elles prouvent que, *si une solution glycogénique est précipitée par son volume d'alcool dans une liqueur répondant à 4 p. 100 de KOH, tout le glycogène est précipité.*

Expérience III. — 100 cc. de la solution glycogénique sont amenés au volume de 200 cc. et additionnés de potasse, de sorte que le titre de la solution répond à peu près à 2 p. 100 de KOH. On chauffe dix-neuf heures et demie au bain-marie, on refroidit, on neutralise par HCl de densité 1,19, en notant le moment de la neutralisation avec le papier de tournesol. On verse dans un ballon de 300 cc.; on ajoute 15 cc. de HCl à 1,19, et on ramène au volume de 300 cc. par addition d'eau.

Après inversion, on trouve que la solution sucrée contient pour 81 cc. 0,2585 de Cu^2O, soit 0,2296 de Cu. D'après Volhard (tube 10) 0,2286 de Cu, répondant à 0,1082 de sucre.

Une seconde analyse donne (tube 4) 0.2595 de Cu^2O, soit 0,2304 de Cu, et, d'après Volhard, 0,2286. Par conséquent, 81 cc. de la solution glycogénique répondent à 0,10823 de sucre et 100 cc. de la solution glycogénique primitive à 0,401 de sucre.

Expérience IV. — Elle a été conduite exactement comme la précédente, à cela près que la solution glycogénique a été chauffée dix-neuf heures et demie dans la potasse à 2 p. 100 au bain-marie.

On précipite d'abord le glycogène par l'alcool : la solution contient 4 grammes de KOH : on amène à 300 cc. après avoir ajouté de la potasse de manière que le titre total soit 4 p. 100. On précipite par 300 cc. d'alcool à 96°. Le précipité n'est pas floconneux. C'est une fine poussière blanche qui donne l'apparence du lait : le glycogène se précipite lentement sous forme d'une masse blanche, molle et floconneuse. Une partie reste adhérente au verre, mais, au bout de vingt-quatre heures, la limpidité est complète, le liquide passe absolument limpide à travers le filtre suédois, et presque tout le glycogène reste dans le vase après décantation du liquide. Pour éviter les pertes, je procède comme dans l'expérience II. Le glycogène est chauffé au bain-marie dans une solution de HCl à 2,2 p. 100.

81 cc. donnent 0,2554 de Cu^2O, soit 0,2269 de Cu, soit, d'après VOLHARD, 0, 22661 de Cu, soit 0,1072 de sucre. Donc 100 cc. de la solution glycogénique répondent à 0,397 de sucre.

Si nous comparons les expériences dans lesquelles le glycogène n'a pas été avant l'inversion précipité par l'alcool, de telle sorte qu'il n'a pu y avoir perte d'hydrate de carbone, nous avons pour les solutions de glycogène :

EXPÉRIENCE I. — Sans coction avec la potasse, 0,406 p. 100 de sucre.

EXPÉRIENCE III. — Après coction avec 2 p. 100 de potasse, 0,401 p. 100 de sucre.

Perte 1,2 p. 100.

En comparant les deux expériences dans lesquelles le glycogène a été précipité par l'alcool avant l'inversion, nous avons :

EXPÉRIENCE II. — Sans coction avec la potasse, 0,4056 p. 100 de sucre.

EXPÉRIENCE IV. — Après coction avec la potasse à 2 p. 100, 0,3970 p. 100 de sucre.

Perte 2,1 p. 100.

TABLEAU D'ENSEMBLE.

GLYCOGÈNE PRÉPARÉ SANS LES ACIDES ET SANS LE RÉACTIF DE BRÜCKE.

Le glycogène dans 100 cc. de solution est indiqué en grammes par la quantité de sucre qu'il représente.

	AVANT COCTION AVEC LA POTASSE.		APRÈS COCTION AVEC LA POTASSE DE 2 P. 100.				Perte en glycogène par la coction avec KOH à 2 p. 100.
	Le glycogène avant l'inversion n'a pas été précipité par l'alcool.	Le glycogène avant l'inversion a été précipité par l'alcool.	Le glycogène avant l'inversion n'a pas été précipité par l'alcool.	Durée de la coction.	Le glycogène avant l'inversion a été précipité par l'alcool.	Durée de la coction.	
				heures.		heures.	
Série 1.							
1	0,274	»	»	»	»	»	»
2	»	0,273	»	»	»	»	»
3	»	»	0,273	20	»	»	0,37
4	»	»	»	»	0,266	20	2,56
Série 2.							
1 *a*	0,407	»	»	»	»	»	»
1 *b*	0,406	»	»	»	»	»	»
2	»	0,4056	»	»	»	»	»
3	»	»	0,4010	19,5	»	»	1,2
4	»	»	»	»	0,397	19,5	2,1

Série III. — Les expériences indiquées plus haut ont été pratiquées avec de la pulpe musculaire mise à froid dans la solution potassique froide et chauffée ensuite au bain-marie. Il était donc possible que la lente élévation de la température eût amené quelque altération du glycogène, changé en glycogène dextrine. PAVY a dit que la dextrine est attaquée par la potasse : aussi ai-je institué la série suivante d'expériences.

500 cc. de potasse à 60 p. 100 (marque Ia de MERCK) sont chauffés à 100° dans un ballon d'un litre, et on y introduit successivement 500 grammes de pulpe musculaire fraîche : on agite pour que le mélange se fasse intimement, et, comme on chauffe sur la toile métallique au-dessus d'un brûleur à gaz, on peut empêcher l'abaissement de la température : d'ailleurs je l'ai contrôlée avec le thermomètre, et j'ai trouvé qu'elle ne variait que de 92 à 110°. Au moment où l'on introduit les dernières portions de la pulpe

musculaire, presque tout était dissous, j'ai cependant continué de chauffer au bain-marie pendant deux heures.

Dans un ballon de 2 litres je fis bouillir 300 cc. d'eau, je versai la solution musculaire et je lavai avec 200 cc. d'eau bouillante, qui furent aussi introduits dans le ballon de 2 litres. On refroidit, on introduit de l'eau distillée jusqu'à former un volume de 2 litres, et on verse dans un grand verre à expérience. La solution est un peu trouble.

Le filtrat passant à travers le coton de verre était d'abord légèrement trouble. En cohobant on finit par l'avoir parfaitement clair : la filtration fut lente, de sorte qu'au bout de dix heures j'avais 300 cc. que je précipitai avec 300 cc. d'alcool à 96°. Le précipité floconneux se dépose rapidement. Deux heures et demie après la précipitation je décante presque sans perte, et peu importe dans le cas présent, puisqu'il ne s'agit pas d'une analyse quantitative. Le glycogène précipité est filtré sur du papier suédois, la filtration est rapide, le filtrat rouge est parfaitement clair, on égoutte, et le glycogène est lavé avec un liquide contenant autant de potasse et d'alcool que la liqueur précipitée. Le lavage se fait vite.

Après que le filtre est bien égoutté, on ferme l'entonnoir avec une pince sur un petit tube de caoutchouc, puis, on verse sur l'entonnoir de l'eau stérilisée froide. Au bout d'une heure tout le glycogène est dissous. Alors la solution glycogénique est versée dans un ballon de 500 cc., simplement en ouvrant la pince qui ferme l'entonnoir. On verse à nouveau de l'eau stérilisée sur le filtre : il ne reste sur le papier que des traces d'un enduit verdâtre. Le filtrat ne précipite plus à la fin par l'alcool. La solution glycogénique a une forte opalescence; on acidifie dans un vase, et dans un autre vase on verse le réactif de Brücke. *Ni dans l'un ni dans l'autre il ne se fait le moindre trouble.*

On ne peut voir aucune différence, quoique l'un eût été traité par le réactif de Brücke, et l'autre non; mais, comme dans ces recherches il s'agit d'apprécier des quantités très petites, j'ai dû prendre quelques précautions sur lesquelles je dois donner quelques indications.

1° Dans chaque expérience on prend 100 cc de la solution glycogénique qu'on mesure dans la même burette et au même moment.

2° Après qu'on a mesuré les 200 cc. de la solution glycogénique, on les invertit immédiatement par HCl, et on détermine immédiatement leur teneur en sucre.

Quand on précipite les 100 cc. de la solution glycogénique par l'alcool, qu'on filtre le glycogène, qu'on le redissout, qu'on l'invertit, et qu'on y dose le sucre, il se produit des pertes que l'on ne peut éviter; ces pertes sont dues à des traces de glycogène qui passent à travers les meilleurs filtres; car tout le glycogène n'est pas précipité par l'alcool : en outre, à côté du glycogène, il y a sans doute un peu de glycogène dextrine, et enfin on ne peut pas irréprochablement laver le filtre et les vases. En procédant avec le plus grand soin on ne dépasse guère une perte d'un milligramme, quand on a affaire à du glycogène normal. En tout cas, on ne peut contrôler que les expériences dans lesquelles la précipitation par l'alcool a été faite dans les mêmes conditions.

3° Si l'on intervertit la solution glycogénique par de l'acide chlorydrique à 2,2 p. 100, la durée de la coction a une influence sur la quantité d'oxydule de cuivre précipité par l'action ultérieure de la liqueur cuivrique, car une coction qui dure plus de trois à cinq heures diminue le rendement en sucre; l'élévation de la température a sans doute une influence. Aussi, toutes les fois que cela me fut possible, ai-je inverti les solutions glycogéniques que j'avais à comparer au même bain-marie, pendant une durée de trois heures.

4° Dans le dosage du sucre par la méthode gravimétrique, on doit supposer que la quantité d'oxydule de cuivre précipité dépend de la durée de l'échauffement et du degré d'élévation de la température. Or la température n'est pas toujours la même dans les différents bains-marie. Aussi ai-je l'habitude de placer les deux solutions sucrées qui doivent être comparées dans le même bain-marie aussi longtemps l'une que l'autre.

En procédant ainsi, on perd l'avantage de pouvoir chauffer en même temps la même solution sucrée dans le même bain-marie et dans deux vases différents, ce qui permet alors de faire deux analyses qui doivent donner le même résultat; en même temps qu'on renonce au bénéfice de cette même analyse, on doit ne se servir pour recueillir l'oxydule de cuivre que de filtres d'amiante dont la bonne qualité a été reconnue. L'expérience m'a appris que ces filtres ne peuvent jamais être absolument irréprochables; mais que chacun, même le meilleur, n'est pas tout à fait imperméable. Pour éviter l'erreur, comme il s'agit toujours de très petites différences absolues, dans la première le sucre de la solution α passe par le filtre A, la solution sucrée β passe par le filtre B, puis je fais passer la solution β dans le filtre A, la solution sucrée α dans le filtre B; la moyenne me donne le chiffre exact.

Je n'ai jamais manqué dans ces expériences de contrôler par la méthode de Volhard : elle est nécessaire quand il s'agit de petites quantités absolues.

Expérience I. — *Dosage de la solution glycogénique.*

100 cc. de cette solution sont mesurés dans un flacon de 300 cc. On neutralise avec de l'acide chlorhydrique, soit 0,6 cc. de 1,19 de densité; on ajoute 15 cc. de HCl, de densité 1.19, et de l'eau en quantité suffisante pour que les 300 cc. exactement mesurés contiennent 2,2 p. 100 de HCl. Après interversion la liqueur est légèrement trouble; après refroidissement on ramène exactement à 300 cc. On filtre; le filtrat est clair et incolore : 81 cc. de la solution sucrée ont donné 0,1977 de Cu^2O, soit 0,1756 de Cu, (tube 4) et, d'après Volhard, 0,1753 de Cu. *Il y a donc accord complet entre la méthode gravimétrique et la méthode par titration.* Donc 100 cc. de glycogène donnent 0,3026 de sucre. En répétant cette expérience, on trouve exactement les mêmes chiffres 0,1979 de Cu^2O (tube 10), soit 0,1757 de Cu, soit, d'après Volhard, 0,1753 de Cu. Donc les filtres 4 et 10 sont bons. Donc la solution glycogénique répond à 0,3026 p. 100 de sucre.

Expérience II. — Même solution glycogénique, chauffée quinze heures dans de la potasse à 2 p. 100.

100 cc. de potasse à 3,6 p. 100 sont mis dans un ballon de 200 cc. On ajoute 100 cc. de la solution glycogénique, et, comme cette solution contenait déjà de la potasse, le titre de la solution totale est d'environ 2 p. 100 de potasse; on chauffe 15 heures au bain-marie, on neutralise avec l'acide chlorhydrique de densité 1,19; on ajoute 15 cc. de HCl de 1,19 de densité; on ramène par l'eau à 300 cc., de sorte que le titre acide de la solution est de 2,2. On intervertit, on refroidit, on filtre à travers un filtre suédois; le filtrat est limpide et incolore; on trouve pour 81 cc. de la solution sucrée 0,1986 de Cu^2O, soit 0,1763 de Cu (tube 10), et, d'après Volhard, 0,1742; par conséquent pour 100 cc. de la solution glycogénique, 0,3006 de sucre. En répétant cette expérience, on trouve 0,1993 de Cu^2O, soit 0,1769 de Cu (tube 4) et, d'après Vollard, 0,1731.

Nous avons :

Analyse I. . . .	0,1742 de Cu.
Analyse II. . . .	0,1731 de Cu.
Moyenne.	0,1736 de Cu, répondant à 0,0809 de sucre.

Ce qui nous donne pour la solution glycogénique, en moyenne, 0,2996 de sucre.

Par conséquent, la solution glycogénique avant la coction avec la potasse a donné 0,3026 de sucre, et, après coction avec la potasse à 2 p. 100, 0,2996. La perte absolue a donc été de 0,0030 de sucre, soit 0,99 p. 100.

Expérience III. — *Précipitation du glycogène par l'alcool.*

100 cc. de la solution glycogénique sont mis dans un verre avec 200 cc. d'eau et 19cc,3 de potasse à 60 p. 100. La solution contient donc à peu près 4 p. 100 de KOH : on précipite par 320 cc. d'alcool à 96°. Le précipité n'est pas floconneux, mais tout le liquide est devenu lactescent. Peu à peu des flocons blancs, mous, se précipitent, ils adhèrent peu au vase; au bout de deux jours tout le liquide s'est clarifié et filtre limpide; après interversion dans un flacon de 300 cc. avec ClH de 2,2 p. 100 on filtre 81 cc.; on trouve 0,1964 de Cu^2O, soit 0,1744 de Cu (tube 3) et 0,1723 de Cu d'après Volhard. Et dans une nouvelle expérience (tube 12), 0,1948 de Cu^2O, et 0,173 de Cu, 0,1727 d'après Volhard; ce qui fait :

Analyse I. . . . 0,1723
Analyse II. . . . 0,1727
Moyenne 0,1725, soit 0,0803 de sucre.

par conséquent, pour 100 cc. de la solution glycogénique, 0,2974 de sucre.

Expérience IV. — 100 cc. de la solution glycogénique sont additionnés de 100 cc. d'eau et de potasse, de telle sorte que la solution soit de 200 cc. avec un titre de 2 p. 100 de potasse; on chauffe pendant quinze heures, puis on ajoute assez de potasse pour que le titre soit de 4 p. 100, on précipite par un même volume d'alcool, on intervertit et on trouve pour 81 cc. de la solution sucrée 0,1916 de Cu^2O (tube 11) 0,1703 de Cu, et, d'après Volhard, 0,1691 de Cu. L'expérience, répétée, donne 0,1908 de Cu^2O, soit 0,1694 de Cu (tube 3) et, d'après Volhard, 0,1696 de Cu, ce qui fait :

Analyse I. . . . 0,1691 Cu.
Analyse II. . . . 0,1696 Cu.
Moyenne. . . . . 0,1693 Cu, soit 0,0787 de sucre.

Soit pour 100 cc. de la solution glycogénique 0,2915 de sucre. Par conséquent, en comparant l'expérience III et l'expérience IV, nous avons : expérience III, avant coction avec la potasse, 0,2974 de sucre; après coction avec la potasse à 2 p. 100, 0,2915 de sucre.

Perte absolue. . . . . 0,0059 de sucre.
Perte pour 100. . . . . 1,98 —

La série III a donc essentiellement donné les mêmes résultats que les séries I et II.

Dosage du glycogène.

GLYCOGÈNE PRÉPARÉ SANS LES ACIDES ET SANS LES RÉACTIFS DE BRÜCKE.

Le glycogène dans 100 cc. de solution est indiqué en grammes par la quantité de sucre qu'il représente.

	AVANT COCTION AVEC LA POTASSE.		APRÈS COCTION DE 12 HEURES AVEC LA POTASSE à 2 p. 100.		Perte en glycogène par coction avec la potasse à 2 p. 100.	Moyenne.
	Le glycogène avant l'inversion n'a pas été précipité par l'alcool.	Le glycogène avant l'inversion a été précipité par l'alcool.	Le glycogène avant l'inversion n'a pas été précipité par l'alcool.	Le glycogène avant l'inversion a été précipité par l'alcool.		
1	0,3026	»	»	»	»	»
	0,3026	»	»	»	»	»
2	»	»	0,3006	»	0,66	1,0
	»	»	0,2985	»	1,35	
	»	0,2974	»	»	»	»
	»	0,2974	»	»	»	»
4	»	»	»	0,2911	2,12	1,97
	»	»	»	0,2912	1,82	

On peut résumer ces données en disant que la coction prolongée pendant plusieurs heures d'une solution glycogénique avec la potasse diluée change à peine la teneur en hydrates de carbone; car les pertes oscillent de 0,37 à 1,35 p. 100.

Si l'on compare le glycogène précipité par l'alcool avant ou après le traitement par la potasse, on trouve que la perte monte de 1,98 à 2,56 p. 100. Ces différences dans des analyses ordinaires de glycogène sont tout à fait dans les limites des erreurs expérimentales; mais, dans les dosages pratiqués de cette manière, elles suffisent pour établir ce fait que la coction avec une solution de potasse à 2 1/2 p. 100 modifie un peu le glycogène en le rendant plus soluble dans l'alcool, et probablement en détruisant ainsi une petite quantité de substance. Déjà Pavy avait montré que l'amylodextrine peut être détruite par la potasse, et il croit que le glycogène dextrine se comporte de la même manière. Les recherches seraient donc tout à fait probantes, s'il était prouvé qu'on ne provoquait pas la formation d'une petite quantité de dextrine.

J'ai pris toutes les précautions possibles pour empêcher cette formation de dextrine avant la coction : je n'ai pas mis d'acide au contact de mon glycogène, l'eau était stérilisée, et le coton de verre soumis à l'ébullition avant son emploi ; ce que je ne pouvais pas empêcher, c'est la prolongation de la filtration pendant toute la nuit à travers le coton de verre. Donc, malgré l'alcalinité (15 p. 100 de potasse), il pouvait, dans ce liquide riche en matières albuminoïdes, se produire quelques fermentations, et je ne puis pas affirmer en toute certitude qu'il n'y a eu aucune action fermentative.

D'ailleurs, Pavy a étudié la même question avant moi, et il a aussi constaté des pertes de même grandeur, en faisant bouillir le glycogène dans de la potasse à 10 p. 100 pendant une demi-heure : il a vu des pertes de 1,8 à 2,4 p. 100. Ce glycogène avait été extrait du foie par des solutions potassiques (*The Physiology of the carbohydrates. An epicriticism*, 38. London, 1895).

Malgré tout, il semble prouvé que le glycogène normal des organes n'est pas attaqué par la solution diluée de potasse de 1 à 2 p. 100.

Quant à ce qui est de l'action des solutions potassiques diluées de glycogène, il est clair que les erreurs qui résultent de l'emploi de cette méthode sont très petites, en comparaison de celles qn'on observe dans la méthode de Brücke Külz. Vintscau et Dietl (*A. g. P.*, xiii, 1876, 261) ont trouvé qu'en chauffant le glycogène pendant longtemps, c'est-à-dire trois heures, avec de la potasse de 1 à 3 p. 100, la perte peut s'élever à 11,7 p. 100. Külz (*Z. B.*, 1886, xxii, 173) a chauffé le glycogène dans une solution de potasse à 1 p. 100 pendant une ou deux heures, et il a eu des pertes de 4,88 à 10,52 p. 100 ; il précipitait la solution neutralisée par l'alcool et pesait le glycogène, en faisant déduction du poids des cendres.

Pavy s'est aussi préoccupé de la question, et il arrive à cette conclusion, que le glycogène de Brücke a subi une altération telle qu'alors il ne résiste plus à l'action de la potasse. Il a, en effet, observé des pertes de 19,4 p. 100, et plus encore (*loc. cit.*, p. 38).

Moi-même (*A. g. P.*, lxxv, 163), en répétant les expériences de ces auteurs par leurs procédés mêmes, mais en prolongeant beaucoup plus l'action de la potasse, c'est-à-dire pendant une durée de vingt-quatre heures, j'ai vu les pertes monter à 45 p. 100. Après coction, j'avais neutralisé avec l'acide chlorhydrique dilué et traité par 2 volumes et demi d'alcool a 96°.

Récemment, j'ai répété ces expériences avec ma nouvelle méthode qui élimine les erreurs dues aux impuretés. La coction prolongée du glycogène de Brücke Kulz, dans une solution de potasse à 2 p. 100, provoque une perte de 6 p. 100 d'hydrate de carbone, comme l'indique le dosage direct par la solution cuivrique; mais, si je procédais en précipitant d'abord le glycogène par l'alcool, la perte s'élevait à 12 p. 100 environ. Par conséquent, *la coction du glycogène avec la potasse en rend une partie soluble dans l'alcool, probablement en le changeant en dextrine, et d'autre part une autre partie du glycogène est détruit en tant qu'hydrate de carbone.* (Pflüger ; *A. g. P.*, xcii, 100).

Ces faits semblent prouver que, pour l'analyse quantitative du glycogène, il faut se servir, non d'une solution diluée de potasse, mais d'une solution concentrée contenant environ 30 p. 100 de KOH.

Après avoir établi solidement le point fondamental sur lequel reposent mes analyses de glycogène, j'arrive maintenant à la description de ma méthode (Pflüger, *A. g. P.*, xciii, 163).

Méthode d'analyse du glycogène, d'après Pflüger.

A. — Dans la première partie A, je décrirai la marche exacte de l'analyse du glycogène, d'après les procédés qui me paraissent le plus exacts.

Dans la deuxième partie B, je donnerai les motifs pour lesquels j'ai indiqué tel ou tel procédé de préparation décrit dans les quatre paragraphes de la première partie, et, comme dans mes recherches précédentes je n'avais pas de résultat absolument certain, j'en indique ici de nouveaux que je communique pour la première fois. Le présent travail n'est donc pas le simple résumé de mes recherches antérieures.

§ I. *Extraction du glycogène des organes.* — 100 grammes de pulpe musculaire sont mis dans un ballon de 200 cc. avec une solution de KOH à 60 p. 100. (Je recommande l'hydrate de potasse Ia de Merck); on détermine le titre alcalin avec l'acide chlorhydrique normal.

Avant de mettre le ballon au bain-marie, on l'agite énergiquement pour obtenir un mélange homogène, et on répète cette agitation aussi souvent que possible : on la recommence après que le ballon a été chauffé un quart d'heure ou une demi-heure. Quand la chaleur ne détermine plus de dilatation, on ferme l'orifice du flacon avec un bouchon de caoutchouc. Après deux heures de coction, on place tout le liquide dans un autre ballon de 400 cc. on ajoute les eaux de lavages, et, après refroidissement, on amène à 400cc. et on verse le tout dans un verre : il s'est produit un petit précipité qui doit être filtré; on prend un entonnoir d'environ un demi-litre de capacité, et on y introduit du coton de verre au moyen d'un agitateur qui presse le coton jusqu'à lui donner la consistance nécessaire; on verse la liqueur rougeâtre et trouble, et l'on obtient un filtrat qui n'est pas limpide.

§ II. *Précipitation et isolement du glycogène.* — On mesure par une burette 100 cc. de la solution musculaire filtrée, qu'on fait tomber dans un verre d'environ 200 cc., on verse 100 cc. d'alcool à 96° et on mélange avec un agitateur; il se forme un précipité qui se dépose très vite et qu'on peut filtrer au bout d'un quart d'heure, mais il est préférable d'attendre plusieurs heures, même toute une nuit, avant de filtrer. On prend un filtre suédois de 15 cent., de la fabrique de Münktell, qu'on met sur un grand filtre, et on y verse d'abord la liqueur limpide, puis à la fin le précipité glycogénique qui s'est déposé. La solution rouge passe tout à fait limpide à travers le filtre; on recouvre, et, quand la liqueur s'est égouttée, on lave le glycogène avec une solution qui contient un volume de potasse à 15 p. 100 et deux volumes d'alcool à 96°. On fait tomber les eaux de lavage dans le verre où l'on avait précipité le glycogène, et on les verse sur le filtre. On égoutte, puis on verse de l'alcool à 96° sur le filtre, de manière à déterminer le ratatinement et la cohésion du glycogène qui s'y trouvait déposé.

Après que l'alcool s'est égoutté, on adapte un tube de caoutchouc au bec de l'entonnoir et on le ferme avec une pince, on place l'entonnoir ainsi disposé au-dessus du verre à expérience vide dans lequel a été faite la précipitation du glycogène. D'où l'inconvénient qu'il reste un peu de glycogène adhérent aux parois. Alors, on remplit presque la totalité du filtre avec de l'eau froide stérilisée; au bout d'une demi-heure à une heure, presque tout le glycogène s'est totalement dissous. On ouvre la pince, et on laisse s'écouler dans le verre à expérience le liquide contenu dans l'entonnoir, puis on referme le tube, on verse de nouveau de l'eau sur le filtre, et on attend que tout se soit dissout : on ouvre de nouveau la pince, et on laisse s'égoutter tout le liquide; puis on referme la pince; on remplit à demi l'entonnoir avec de l'eau, et avec un fin pinceau on détache du papier la poudre verdâtre qui s'y est déposée de manière à la faire nager dans le liquide. Cette poudre est d'ailleurs insoluble dans l'eau. Puis on laisse de nouveau, en ouvrant la pince, le liquide filtrer.

Alors on met un papier de tournesol dans le filtrat, et on laisse goutte à goutte y couler de l'acide chlorhydrique de densité 1,19 en agitant avec un agitateur jusqu'à neutralisation exacte. Ensuite on verse toute la solution glycogénique dans un ballon de 500 cc. avec toutes les précautions analytiques nécessaires; on mélange au liquide 25 cc. d'une solution chlorhydrique de 1,19 p. 100. Au moyen d'un entonnoir on verse de l'eau dans le verre qu'on fait couler sur le filtre pour entraîner les dernières traces de glycogène, et on ajoute cette eau de lavage au ballon de 500 cc. En procédant ainsi par une série de lavages successifs, on arrive à amener presque jusqu'à 500 cc. le volume total de la liqueur.

On prélève alors 1 cc. du filtrat qu'on additionne d'alcool, et il ne doit pas se produire de précipité. On ferme le ballon par un bouchon de caoutchouc, et on agite de manière à rendre le mélange homogène : ce mélange doit avoir une acidité d'environ 2 p. 100 de HCl.

Ce procédé doit être modifié :

1° Si la quantité de glycogène est trop faible pour qu'on ne puisse plus faire une autre analyse exacte. Alors, on précipite le glycogène de la solution musculaire, non pas de 100 cc., mais de 200 ou de 300 cc. pour son volume d'alcool, et pour le reste on procède comme il a été dit;

2° Quand le glycogène à doser est extrait d'un très petit organe, comme, par exemple quand il s'est agi d'un foie de poulet; ce foie, réduit en poudre, pesait 10 grammes, qui furent mis dans un petit ballon, et additionnés de 10 cc. de potasse à 60 p. 100; on chauffe deux heures au bain-marie; on ramène à 40 cc., on filtre sur le coton de verre, et on précipite 25 à 30 cc. par un volume égal d'alcool à 96°. La filtration se fait sur un filtre suédois aussi petit que possible, et pour le lavage et les autres opérations on procède exactement d'après toutes les indications qui ont été données plus haut.

On remarquera qu'alors la dissolution de ce glycogène qui se trouve sur le filtre ne doit pas comporter un volume supérieur à 100 cc., après que la solution a été acidifiée par l'acide chlorhydrique.

§ III. *Dosage du glycogène par la transformation en sucre.* — Le ballon contenant la solution glycogénique est placé au bain-marie, puis fermé par un bouchon de caoutchouc, jusqu'à ce qu'il n'y ait plus de dilatation par la chaleur. On chauffe pendant trois heures, on laisse la liqueur se refroidir, et on ramène par de l'eau au volume initial, puis on verse dans un verre à expérience, et on place sur un ballon de 500 cc. un entonnoir garni d'un filtre suédois à travers lequel filtrera la solution sucrée. Il convient pour cette analyse d'employer les réactifs et les appareils que j'ai décrits en détail dans mon mémoire sur l'analyse quantitative du glycose; pour la commodité du lecteur, je rappellerai ici les données essentielles, avec les légères modifications que j'ai cru devoir employer.

1° Une solution qui contient pour 500 cc. 34gr,639 de sulfate de cuivre avec 5 molécules d'eau. On a fait cristalliser le sulfate de cuivre une fois dans l'acide nitrique et trois fois dans l'eau. La masse de sel, confusément cristallisé, est exprimée dans du papier buvard, puis étendue sur du papier buvard pendant vingt-quatre heures, et laissée ainsi vingt-quatre heures. Il contient alors l'eau de cristallisation théorique;

2° Une solution qui, pour 500 centimètres cubes contient 173 grammes de sel de Seignette et 125 grammes de KOH. On fait cristalliser trois fois le sel de Seignette dans l'eau et on prend le meilleur hydrate de potassium (celui de Merck). Dans un vase, on chauffe à l'ébullition 150 cc. d'eau; on y verse les 173 grammes de sel de Seignette, et on dissout en agitant. Après refroidissement, on verse par un entonnoir la solution dans un ballon de 500 cc. et on y ajoute 208 cc. de potasse à 60 p. 100. Le ballon n'est alors pas rempli, et on achève de le remplir en y ajoutant les eaux de lavage; si l'on n'a pas pris la précaution de n'employer d'abord qu'une quantité d'eau insuffisante, par suite de l'addition du sel de Seignette le volume a augmenté, et on a dépassé le volume de 500 cc. Quand la liqueur s'est refroidie, on ramène exactement au volume de 500 cc. et on la filtre sur du coton de verre dans un ballon.

Comme la solution cuivrique demeure longtemps inaltérée, il convient de préparer toujours d'assez grandes masses de liquide.

3° Voici comment on prépare les filtres d'amiante. Un tube de verre, de 10 centimètres de longueur et de 1,7 centimètres de diamètre, est rétréci pour donner un renflement ovalaire, et disposé de manière à avoir un resserrement au-dessus du tube efférent. Le petit renflement contient seul l'amiante, et on lui donne les dimensions d'un gros haricot.

Pour que l'amiante soit préparé convenablement, voici ce qu'il faut faire.

On laisse pendant plusieurs jours de l'amiante à longs filaments, en contact avec de l'acide nitrique fumant; puis on le lave avec de l'eau distillée jusqu'à ce que l'eau s'écoule parfaitement limpide (sans poussière d'amiante). On dessèche les filaments, et on choisit les plus mous et les plus longs, puis on les étale sur un verre avec des aiguilles, de manière à choisir les fils isolés les plus minces. Alors on les réunit, et on en fait une masse qu'on introduit avec des pinces dans le grand orifice de l'entonnoir. On presse alors l'amiante dans le renflement en tâchant que les plus minces filaments y pénètrent. Car, si l'on presse trop fortement l'amiante, il devient alors si épais qu'il ne peut plus filtrer même à pression. D'autre part, comme l'oxydule de cuivre passe facilement même à travers de très bons filtres, il faut que l'amiante ait une certaine épaisseur.

Avant l'expérience on fait l'épreuve du petit filtre d'amiante. On filtre par l'extrémité supérieure la solution cuivrique chaude d'Allihn, après l'avoir diluée de son volume d'eau froide, et en la faisant passer par la trompe aspirante; puis on lave avec 100 cc. d'eau, et on verse de l'acide nitrique à 1,4 de densité, de manière à le laisser passer lentement sur l'amiante. On lave l'amiante avec de l'eau, puis avec de l'alcool et de l'éther absolu. Après dessiccation à 100°, le filtre ne doit pas avoir perdu plus de 0,2 à 0,3 milligrammes. Pour s'assurer que le filtre est imperméable, on fait simultanément deux expériences identiques : les deux tubes doivent donner l'un et l'autre le même chiffre.

Voici maintenant comment il faut procéder pour la véritable analyse.

D'abord on commence par l'expérience d'épreuve.

30 cc. de la solution d'Allihn du sel de Seignette sont versés par une burette dans un vase de 300 cc. environ. Puis on mesure 30 cc. de la solution cuivrique préparée comme il a été indiqué plus haut, et qu'on mesure dans une autre burette. On ajoute 4 cc. d'une solution de KOH à 68 p. 100 pour neutraliser l'acide chlorhydrique qui est avec la solution sucrée, et on ajoute 81 cc. de la solution sucrée qui contient 2,2 p. 100 de HCL.

Le volume total de la liqueur est alors de 145 cc., volume qu'il faut avoir pour toutes les expériences. On place le vase sur une toile métallique, et on chauffe pendant deux minutes. Puis on y verse 130 cc. d'eau, et on attend un peu que tout l'oxydule de cuivre se soit déposé. Si la liqueur est restée manifestement bleue, alors on peut faire l'analyse; mais, si elle est décolorée, alors il faut recommencer en mettant deux fois moins de la solution sucrée, et ainsi de suite. Mais le plus souvent on sait d'avance si ces épreuves sont nécessaires ou non.

Quand on veut commencer l'analyse proprement dite, on prend deux anneaux supports de cuivre, adaptés à une tige. Le diamètre de ces anneaux est tel que les deux vases employés s'y adaptent exactement. Les vases sont remplis du liquide à examiner. On les recouvre d'un verre de montre, et on les plonge, par l'intermédiaire du support, dans un bain-marie, en *pleine* ébullition. Comme il ne sont remplis qu'à moitié de leur volume, on peut les plonger dans l'eau bouillante assez pour que toute la partie correspondante au liquide soit immergée dans l'eau. Après exactement une demi-heure de séjour au bain-marie, on les retire en même temps, on enlève les verres de montre qui les recouvrent, et on verse dans chaque vase 130 cc. d'eau froide.

Auparavant on a adapté un tube filtre d'amiante à chacun de deux flacons d'aspiration par un caoutchouc; ces tubes sont en rapport avec la pompe aspirante. Alors. quand on ferme un des robinets, et quand on laisse l'autre ouvert, on peut faire le vide dans l'un, et laisser l'air pénétrer dans l'autre.

Pour ne pas agiter le précipité d'oxydule de cuivre qui s'est amassé au fond des vases, on remplit le tube filtre d'amiante avec la liqueur bleue, en la versant par un entonnoir fixé à un support, et alors on fait manœuvrer la pompe. Puis, quand on a fait filtrer presque toute la liqueur bleue, on verse 100 cc. dans le vase. Pour ne pas agiter l'oxydule de cuivre déposé, ce qui gêne notablement la filtration, j'ai trouvé ce fait étonnant que l'eau, coulant le long d'un agitateur placé sur la paroi du vase, peut s'écouler rapidement, sans déranger l'oxydule de cuivre qui reste tranquillement dans le fond, surmonté par un liquide clair et incolore. On filtre encore sur l'amiante ces 100 cc. d'eau, et alors le précipité d'oxydule de cuivre peut être mis sur le filtre.

Pour cela j'emploie un ballon de lavage (*Spritzflasche*) qui a deux petits tubes de caoutchouc de 50 centimètres de long adaptés aux deux tubes de verre du ballon. Le caoutchouc par lequel l'eau de lavage doit passer porte à son extrémité un petit tube avec un ajutage terminal en verre, de sorte qu'en le dirigeant avec la main on peut donner telle direction qu'on voudra. On met l'autre tube dans la bouche, pour donner la pression nécessaire. Le ballon de lavage est sur la table, et on n'a besoin que d'une main, la droite, pour diriger le courant d'eau, tandis que la main gauche renverse le vase où s'est déposé l'oxydule de cuivre au dessus de l'entonnoir qui surmonte le filtre d'amiante. Alors on verse tout cet oxydule de cuivre sur le filtre. On lave avec quelques gouttes d'eau, et avec un fin pinceau on détache les petites particules d'oxydule de cuivre qui auraient pu adhérer au vase, jusqu'à ce qu'elles se soient détachées, et qu'il n'en reste plus de traces dans le vase.

Quant tout a été filtré, on verse à plusieurs reprises de l'alcool absolu, et on lave ensuite deux fois avec de l'éther absolu.

Il est très important de diriger la filtration de telle sorte que jamais une couche de liquide ne manque sur le filtre d'amiante; car son imperméabilité est alors modifiée.

Alors on porte les deux filtres d'amiante dans l'étuve sèche, de 100 à 120°. Au bout d'une heure la dessiccation est complète, et on peut, après refroidissement, les peser.

Puis on les fixe sur deux flacons d'Erlenmeyer, et on les remplit presque complètement d'acide nitrique fort. Quand tout l'acide s'est écoulé, on les remplit d'eau, puis on laisse couler cette eau dans le ballon, qui contient alors tout le cuivre déposé sur l'amiante. On prend ensuite les tubes qu'on lave à la pompe deux fois avec l'alcool absolu, et deux fois avec l'éther absolu. On sèche; on pèse : on doit retrouver presque le même poids qu'avant l'expérience; et ils sont alors prêts pour servir à de nouvelles analyses.

§ IV. *Contrôle d'après* Volhard. — En conduisant ainsi cette analyse quantitative du sucre, on obtient par la pesée des chiffres satisfaisants. Mais, si l'on emploie la potasse du commerce, potasse à l'alcool, qui contient des terres et de la silice, comme impuretés, ou si les organes n'ont pas été complètement débarrassés des matières albuminoïdes, on obtient seulement des chiffres un peu trop forts, parce que ces impuretés se déposent avec l'oxydule de cuivre. Aussi, pour des déterminations exactes, est-il nécessaire de doser le cuivre correspondant à l'oxydule de cuivre déposé.

Pour cela on verse dans une capsule de porcelaine le liquide cuivrique qui a été versé dans les ballons d'Erlenmeyer, et on détermine combien il faut d'acide sulfurique normal pour changer les nitrates en sulfates; on met un léger excès, et on chauffe au bain-marie jusqu'à siccité.

Pour titrer le cuivre, les solutions suivantes sont nécessaires :

1° Une solution de nitrate d'argent, décinormale;

2° Une solution de sulfocyanate d'ammonium, décinormale;

3° Une solution saturée à froid d'acide sulfureux dans l'eau ;

4° De l'acide nitrique, dépourvu d'acide nitreux, et de densité de 1, 2.

D'après Volhard, voici comment se fait la titration du cuivre.

Les cristaux bleus de la capsule de porcelaine sont dissous dans un peu d'eau, et, par un entonnoir, versés dans un ballon de 300 cc., auquel on ajoute peu à peu, et par gouttes, une solution de soude, jusqu'à ce qu'il apparaisse un trouble dans la liqueur. Puis on remplit la capsule avec 50 cc. de la solution d'acide sulfureux qu'on verse dans le ballon, ce qui rend de nouveau limpide la solution cuivrique : puis on chauffe sur une toile métallique pendant une minute à l'ébullition. Alors, pendant qu'elle est à l'ébullition, on place la liqueur sous une burette remplie de la solution de sulfocyanate d'ammonium, et on ajoute immédiatement environ 5 cc. de plus qu'il n'en faut pour la précipitation du cuivre. (On sait, en effet, par les analyses antérieures et la méthode de la pesée, à peu près combien on doit trouver de cuivre; 1 cc. de la solution du sulfocyanate répond à 6,36 milligrammes de cuivre.)

Quand le liquide s'est refroidi complètement, on remplit d'eau jusqu'à l'index; on ferme le flacon, on agite, et on filtre sur un filtre suédois sec. On cohobe le filtrat d'abord trouble, de sorte que finalement il devient parfaitement limpide. Alors on en prélève 100 cc. qu'on mesure dans un ballon bien jaugé; ces 100 cc. sont versés dans un vase. Puis on remplit d'eau le ballon jaugé, et on ajoute cette eau de lavage au liquide. Alors on met 50 cc., d'acide nitrique de 1,2 de densité, auquel on ajoute 10 cc., d'une solution saturée d'alun ferri-ammoniacal $(SO_4)_2FeNH_4+aq$). Cette solution, fortement colorée en rouge, est placée sous la burette du nitrate d'argent, dont on laisse écouler le liquide goutte à goutte, en agitant jusqu'à ce que toute teinte rouge ait disparu. On ajoute un léger excès, de 1 cc. environ, pour avoir un chiffre rond de nitrate d'argent, facile à calculer. De nouveau on verse dans le vase, par la burette, du sulfocyanate, et on laisse couler jusqu'à ce que la couleur rouge, déterminée par le sulfo-

Tableau des chiffres respectifs de sucre, de cuivre et d'oxydule de cuivre.
(Les chiffres sont des milligrammes.)

SUCRE	CUIVRE.	Pour 0,1 DE SUCRE Cuivre.	OXYDULE de CUIVRE.	Pour 0,1 DE SUCRE Oxydule de cuivre.	SUCRE	CUIVRE.	Pour 0,1 DE SUCRE Cuivre.	OXYDULE de CUIVRE.	Pour 0,1 DE SUCRE Oxydule de cuivre
12	32,8	0,21064	36,8	0,23688	71	153,6	0,204	173,0	0,22976
13	34,9	0,21064	39,2	0,23688	72	155,7	0,204	175,3	0,22976
14	37,0	0,21064	41,6	0,23688	73	157,7	0,204	177,6	0,22976
15	39,1	0,21064	43,9	0,23688	74	159,8	0,204	179,9	0,22976
16	41,2	0,21064	46,3	0,23688	75	161,8	0,204	182,2	0,22976
17	43,3	0,21064	48,7	0,23688	76	163,8	0,202	184,5	0,2272
18	45,4	0,21064	51,0	0,23688	77	165,8	0,202	186,7	0,2272
19	47,5	0,21064	53,4	0,23688	78	167,9	0,202	189,0	0,2272
20	49,6	0,21064	55,8	0,23688	79	169,9	0,202	191,3	0,2272
21	51,7	0,21064	58,1	0,23688	80	171,9	0,202	193,6	0,2272
22	53,8	0,21064	60,5	0,23688	81	173,9	0,202	195,8	0,2272
23	55,9	0,21064	62,9	0,23688	82	175,9	0,202	198,1	0,2272
24	58,0	0,21064	65,2	0,23688	83	178,0	0,202	200,4	0,2272
25	60,1	0,21064	67,2	0,23688	84	180,0	0,202	202,6	0,2272
26	62,1	0,2028	69,9	0,2288	85	182,0	0,202	204,9	0,2272
27	64,2	0,2028	72,2	0,2288	86	184,0	0,202	207,2	0,2272
28	66,2	0,2028	74,5	0,2288	87	186.0	0,202	209,5	0,2272
29	68,2	0,2028	76,8	0,2288	88	188,1	0,202	211,7	0,2272
30	70,2	0,2028	79,1	0,2288	89	190,1	0.202	214,0	0,2272
31	72,3	0,2028	81,3	0.2288	90	192,1	0,202	216,3	0,2272
32	74.3	0,2028	83,6	0,2288	91	194,1	0,202	218,6	0,2272
33	76,3	0,2028	85,9	0,2288	92	196,1	0,202	220,8	0,2272
34	78,4	0,2028	88,2	0,2288	93	198,2	0,202	223,1	0,2272
35	80,4	0,2028	90,5	0,2288	94	200,2	0,202	225,4	0,2272
36	82.4	0,2028	92,8	0,2288	95	202,2	0,202	227,6	0,2272
37	84,4	0,2028	95,1	0,2288	96	204,2	0,202	229,9	0,2272
38	86,5	0,2028	97,4	0.2288	97	206,2	0,202	232,2	0,2272
39	88,5	0,2028	99,7	0,2288	98	208,3	0,202	234,5	0,2272
40	90,5	0,2028	101,9	0,2288	99	210,3	0,202	236,7	0,2272
41	92,6	0,2028	104,2	0,2283	100	212,3	0,202	239,0	0,2272
42	94,6	0,2028	106,5	0,2288	101	214.3	0,198	241,2	0,2232
43	96,6	0,2028	108.8	0,2288	102	216,3	0,198	243,5	0,2232
44	98,6	0,2028	111,1	0,2288	103	218,2	0,198	245,7	0,2232
45	100,7	0,2028	113,4	0,2288	104	220,2	0,198	247,9	0,2232
46	102,7	0,2028	115,7	0,2288	105	222,2	0,198	250,2	0,2232
47	104,7	0,2028	118,0	0,2288	106	224,2	0,198	252,4	0,2232
48	106,7	0,2028	120,2	0,2288	107	226,2	0,198	254,6	0,2232
49	108,8	0,2028	122,5	0,2288	108	228,1	0,198	256,8	0,2232
50	110.8	0,2028	124.8	0,2288	109	230,1	0,198	259,1	0,2232
51	112,8	0,204	127,1	0,22976	110	232,1	0,198	261,3	0,2232
52	114,9	0,204	129,4	0,22976	111	234,1	0,198	263,6	0,2232
53	116,9	0,204	131,7	0,22976	112	236,1	0,198	265,8	0,2232
54	119,0	0,204	134,0	0,22976	113	238,0	0.198	268,0	0,2232
55	121,0	0,204	136,3	0,22976	114	240,0	0.198	270,2	0,2232
56	123.0	0,204	138,6	0,22976	115	242,0	0,198	272,5	0,2232
57	125,1	0,204	140,9	0,22976	116	244,0	0,198	274,7	0,2232
58	127,1	0,204	143,2	0,22976	117	246,0	0,198	276,9	0,2232
59	129,2	0,204	145.5	0,22976	118	248,0	0,198	279,2	0,2232
60	131,2	0,204	147,8	0,22976	119	250,0	0,198	281,4	0,2232
61	133,2	0,204	150,1	0,22976	120	252,0	0,198	283,6	0,2232
62	135,3	0,204	152,4	0,22976	121	253,9	0,198	285,9	0,2232
63	137,3	0,204	154,7	0,22976	122	255,9	0,198	288,1	0,2232
64	139,4	0,204	157,0	0,22976	123	257,8	0,198	290,3	0,2232
65	141,4	0,204	159,3	0,22976	124	259,8	0,198	292,6	0,2232
66	143,4	0,204	161,6	0,22976	125	261,8	0,198	294,8	0,2232
67	145,5	0,204	163,9	0,22976	126	263,7	0,1884	296,9	0,212
68	147,5	0,204	166,2	0,22976	127	265,6	0,1884	299,0	0,212
69	149,6	0,204	168,5	0,22976	128	267,5	0,1884	301,2	0,212
70	151,6	0,204	170,8	0,22976	129	269,3	0,1884	303,3	0,212

SUCRE.	CUIVRE.	Pour 0,1 DE SUCRE Cuivre.	OXYDULE de CUIVRE.	POUR 0,1 DE SUCRE Oxydule de cuivre.	SUCRE.	CUIVRE.	POUR 0,1 DE SUCRE Cuivre.	OXYDULE de CUIVRE.	POUR 0,1 DE SUCRE Oxydule de cuivre.
130	271,2	0,1884	305,4	0,212	191	379,5	0,1664	427,4	0,1874
131	273,1	0,1884	307,5	0,212	192	381,2	0,1664	429,3	0,1874
132	275,0	0,1884	309,6	0,212	193	382,9	0,1664	431,2	0,1874
133	276,9	0,1884	311,8	0,212	194	384,5	0.1664	433,1	0,1874
134	278,8	0,1884	313,9	0,212	195	386.2	0,1664	434,9	0,1874
135	280,6	0,1884	316,0	0,212	196	387,8	0,1664	436,8	0,1874
136	282,5	0,1884	318,1	0,212	197	389,5	0,1664	438,7	0,1874
137	284,4	0,1884	320,2	0,212	198	391,2	0,1664	440,6	0,1874
138	286,3	0,1884	322,4	0,212	199	392,8	0,1664	442,4	0,1874
139	288,2	0,1884	324,5	0,212	200	394,5	0,1664	444,3	0,1874
140	290,1	0,1884	326,6	0,212	201	396,1	0,1572	446,1	0,178
141	291,9	0,1884	328,7	0,212	202	397,6	0,1572	447,9	0,178
142	293,8	0,1884	330,8	0,212	203	399,2	0,1572	449,6	0,178
143	295,7	0,1884	333,0	0,212	204	400,8	0,1572	451,4	0,178
144	297,6	0,1884	335,1	0,212	205	402,4	0,1572	453,2	0,178
145	299,5	0,1884	337,2	0,212	206	403,9	0,1572	455,0	0,178
146	301,4	0,1884	339,3	0,212	207	405,5	0,1572	456,8	0,178
147	303,2	0,1884	341,4	0,212	208	407,1	0,1572	458,5	0,178
148	305,1	0,1884	343,6	0,212	209	408,6	0,1572	460,3	0,178
149	307,0	0,1884	345,7	0,212	210	410,2	0,1572	462,1	0,178
150	308,9	0,1884	347,8	0,212	211	411,8	0,1572	463,9	0,178
151	310,7	0,176	349,8	0,1986	212	413,4	0,1572	465,7	0,178
152	312,4	0,176	351,8	0,1986	213	414,9	0,1572	467,4	0,178
153	314,2	0,176	553,8	0,1986	214	416,5	0,1572	469,2	0.178
154	315,9	0,176	355,7	0,1986	215	418,1	0,1572	471,0	0,178
155	317,7	0.176	357,7	0,1986	216	419,7	0,1572	472,8	0.178
156	319,5	0,176	359,7	0,1986	217	421,2	0,1572	474,6	0,178
157	321,2	0,176	361,7	0,1986	218	422.8	0,1572	476,3	0,178
158	323,0	0,176	363,7	0,1986	219	424,4	0,1572	478,1	0.178
159	324,7	0,176	365,7	0,1986	220	425,9	0,1572	479,9	0,178
160	326,5	0,176	367,7	0,1986	221	427,5	0,1572	481,7	0.178
161	328.3	0,176	369,6	0,1986	222	429,1	0,1572	483,5	0,178
162	330,0	0,176	371,6	0,1986	223	430,7	0,1572	485,2	0.178
163	331,8	0,176	373,6	0,1986	224	432,2	0,1572	487,0	0,178
164	333.5	0,176	375,6	0,1986	225	433,8	0,1572	488,8	0,178
165	335,3	0,176	377,6	0,1986	226	435,3	0,146	490,4	0,1636
166	337,1	0.176	379,6	0,1986	227	436,7	0,146	492,1	0,1636
167	338,8	0.176	381,6	0,1986	228	438,1	0,146	493,7	0.1636
168	340,6	0,176	383,5	0.1986	229	439,6	0,146	495.3	0.1636
169	342,3	0,176	385,5	0,1986	230	441,1	0,146	497,0	0.1636
170	344,1	0,176	387,5	0,1986	231	442,6	0,146	498,6	0.1636
171	345,9	0,176	389,5	0,1986	232	444,0	0,146	500,3	0,1636
172	347,6	0,176	391,5	0,1986	233	445,5	0,146	501,9	0,1636
173	349,4	0,176	393,5	0.1986	234	446,9	0,146	503,5	0.1636
174	351,1	0,176	395,5	0,1986	235	448,4	0,146	505,2	0.1636
175	352,9	0,176	397,5	0,1986	236	449,9	0,146	506,8	0,1636
176	354,6	0,1664	399,3	0,1874	237	451,3	0,146	508,4	0.1636
177	356,2	0,1664	401,2	0,1874	238	452,8	0,146	510,1	0.1636
178	357,9	0,1664	403,1	0,1874	239	454,2	0,146	511,7	0,1636
179	359,6	0,1664	404,9	0,1874	240	455,7	0,146	513,3	0,1636
180	361,2	0.1664	406.8	0,1874	241	457,2	0,146	515,0	0.1636
181	362,9	0,1664	408.7	0,1874	242	458,6	0,146	516,6	0,1636
182	364,5	0,1664	410,6	0,1874	243	460,1	0,146	518,2	0,1636
183	366,2	0,1664	412,4	0,1874	244	461,5	0,146	519,9	0,1636
184	367,9	0,1664	414,3	0,1874	245	463,0	0,146	521,5	0,1636
185	369,5	0,1664	416,2	0,1874	246	464,5	0,146	523,6	0,1636
186	371,2	0,1664	418.1	0,1874	247	465.9	0,146	524,8	0,1636
187	372,9	0,1664	419.9	0,1874	248	467.4	0,146	526,4	0,1636
188	374,5	0,1664	421,8	0,1874	249	468,8	0,146	528,1	0,1636
189	376,2	0,1664	423,7	0,1874	250	470,3	0,146	529,7	0,1636
190	377,9	0,1664	425,6	0,1874					

cyanate, disparaisse. On ne s'arrête que lorsque le liquide est devenu nettement rosé, avec une teinte rosée permanente.

Si l'on appelle $\overset{+}{Rh}$, la quantité de sulfocyanate qu'on a versée ρ la solution de sulfocyanatee, et σ la solution de nitrate d'argent qu'on a employée pour 100 cc. de la liqueur : la quantité de cuivre est

$$\text{Cuivre} = \left(\overset{+}{Rh} + 3\rho - 3\sigma\right) \times 6.36$$

Pour la commodité du lecteur je reproduis le tableau que j'ai donné antérieurement, où est indiquée la relation entre les poids de cuivre réduit et de sucre (p. 283 et 284).

B. — **Justification des prescriptions indiquées dans la première partie** A.

1. *Traitement des organes par la potasse.* — Jusqu'à présent, les procédés employés en Allemagne pour le dosage du glycogène consistaient à traiter les organes contenant du glycogène par une solution diluée de potasse, à faire bouillir, à traiter la solution des organes par le réactif de Brücke, qui précipite l'albumine dissoute, et à précipiter le filtrat par l'alcool, qui précipite le glycogène. Or, après avoir établi que l'emploi du réactif de Brücke introduit des causes d'erreur notables, j'ai proposé une méthode qui élimine cette cause d'erreur, en supprimant l'emploi du réactif de Brücke. La partie essentielle de ma méthode consiste en ceci : que les organes sont traités à chaud si longtemps avec la potasse concentrée que l'albumine est transformée de manière à ne plus précipiter par l'alcool.

Mais, comme généralement, en Allemagne, d'après les analyses quantitatives de Vintschgau et Dietl, de Richard Külz et de moi-même, on admettait que le glycogène est attaqué par la potasse à chaud, on n'a pu recommander l'emploi de la potasse à chaud qu'après avoir montré que cette opinion, d'après laquelle le glycogène est attaqué par la potasse à chaud, est une opinion erronée.

J'ai prouvé nettement qu'il en est ainsi (*A. g. P.*, xcii, 81), et j'ai établi que le glycogène extrait des organes sans le réactif de Brücke, peut être, sans transformation, chauffé 60 heures avec de la potasse à 36 p. 100; car la solution de glycogène, étant intervertie, donne les mêmes quantités de sucre avant et après la coction avec la potasse. Même la précipitation du glycogène par l'alcool n'est pas changée par le traitement avec la solution potassique.

Pour montrer que le glycogène des organes, non isolé, se comporte comme le glycogène isolé, j'ai dû établir qu'on obtient toujours avec ma méthode, pour le glycogène musculaire, les mêmes chiffres, que la potasse à 36 p. 100 ait agi sur lui pendant une demi-heure ou pendant 42 heures.

Après coction d'une demi-heure. . .	1.882	p. 100 de glycogène.
— de 42 heures	1.864	— —

Dans une autre expérience faite avec de la potasse à 10 p. 100, j'ai trouvé dans la chair musculaire :

Après 28 jours.	1.494	p. 100
— 50 —	1.461	—

Par cette chauffe prolongée, la potasse s'est peu à peu concentrée graduellement. Les différences observées sont dans les limites de l'erreur expérimentale, sans que je les regarde comme des erreurs d'observation. Mais en pratique, les pertes sont sans importance.

Si j'ai recommandé pour le traitement des organes la potasse fortement concentrée, c'est pour deux raisons.

1° Ainsi que je l'ai établi, la potasse *diluée*, à 2 p. 100, agit sur le glycogène préparé sans l'emploi du réactif de Brücke, de sorte que la longue ébullition finit par l'altérer. Il s'agit de pertes qui atteignent 1 et 2 p. 100. F. W. Pavy, qui a fait les mêmes recherches, a observé des pertes de même ordre, encore qu'il employât de la potasse à 10 p. 100. Comme la formation de dextrine est liée sans doute à un phénomène d'hydratation, on peut supposer que la potasse concentrée agit moins bien que la solution diluée pour provoquer l'hydratation du glycogène.

2° Il y a un intérêt considérable à éviter autant que possible, quand on précipite le glycogène par l'alcool, de précipiter en même temps l'albumine. Or, comme l'ont montré Claude Bernard et Pavy, une longue chauffe des organes avec la potasse forte modifie les albuminoïdes de telle sorte que même l'alcool très fort ne précipite plus que de petites quantités de substances azotées.

Remarques relatives au § 2 : précipitation du glycogène par l'alcool dans la solution potassique et isolement du glycogène. — Supposons que la solution des organes soit faite dans de la potasse à 15 p. 100. Il faut savoir la quantité d'alcool nécessaire pour précipiter tout le glycogène. C'est une recherche que j'ai faite rigoureusement, et j'ai trouvé que dans une telle solution il faut un volume d'alcool égal au volume de la solution glycogénique. On dose le glycogène par inversion (voir pour plus de détails mon mémoire, *A. g. P.*, XVII, 81). Mais comme, dans ce travail, nos recherches portaient sur le glycogène isolé, et que la solubilité du glycogène, quand il est accompagné de diverses substances qui sont dans les organes, peut être modifiée par ces substances mêmes, j'ai voulu étudier spécialement cette question.

Dans une série de diverses expériences, j'ai précipité la solution organique.

1° Par un demi-volume d'alcool à 96°.
2° — volume égal —
3° — — double —
4° — — décuple —

Le résultat a été qu'*un demi-volume d'alcool précipite complètement le glycogène, de sorte qu'il n'y a pas d'augmentation du rendement en employant volume égal ou volume double d'alcool.*

L'emploi d'un volume décuple d'alcool augmente quelque peu la quantité des hydrates de carbone précipités.

Il s'agit maintenant d'expliquer pourquoi je lave toujours le glycogène mis sur le filtre suédois avec la même solution, 2 volumes d'alcool et un volume de KOH à 15 p. 100, et cela dans tous les cas, que la solution des organes ait été précipitée par un demi-volume, ou volume ou deux volumes d'alcool.

Si, après précipitation du glycogène, on fait la filtration sur un filtre suédois, la liqueur rouge, épaisse, filtre avec une rapidité relativement grande. Supposons que la précipitation ait été faite par un demi-volume d'alcool, et que la filtration soit presque achevée, assez pour permettre le lavage du précipité, si l'on prend alors pour le lavage une solution qui contient autant de KOH et d'alcool que le liquide primitif, on verra ce fait singulier que la filtration s'arrête presque, ou du moins se fait avec une extrême lenteur; car le glycogène s'amasse lentement en formant une masse compacte. Ainsi, quand il n'y a plus d'albumine en solution, la filtration cesse d'être facile; mais on évite cet inconvénient si l'on prend, pour le lavage du précipité, la solution plus riche en alcool que j'ai indiquée. Le même inconvénient d'ailleurs se rencontre aussi, quoique à un moindre degré, quand on lave le précipité avec une solution contenant 50 p. 100 d'alcool, de sorte qu'il convient d'employer celle qui contient 66 p. 100 d'alcool.

Voici enfin la raison pour laquelle je recommande pour la précipitation un volume d'alcool, quoique le demi volume soit suffisant. Si l'on place la liqueur sur le filtre suédois, naturellement peu à peu l'alcool s'évapore. Dans une pareille liqueur, laissée à l'air libre, de jour en jour on voit diminuer le précipité de glycogène, parce qu'il se dissout au fur et à mesure que l'alcool s'évapore. Ce fait se produit aussi, quoique à un moindre degré, pendant la simple filtration, et cela d'autant plus que la filtration dure plus longtemps. Aussi faut-il prendre des précautions toutes spéciales pour établir qu'un demi-volume d'alcool précipite la totalité du glycogène, dans des solutions à 15 p. 100 de KOH. Il faut empêcher l'évaporation de l'alcool, et commencer le lavage du précipité avec la solution alcoolique de lavage, longtemps avant que toute la solution rouge des organes ait achevé de filtrer. Alors la filtration devient plus lente, ce qui est une condition favorable à l'évaporation de l'alcool. Il faut donc précipiter le glycogène par un volume d'alcool, ce qui empêche toute perte en glycogène par évaporation de l'alcool. Les impuretés qui se précipitent alors sont insignifiantes, et l'inconvénient qui en résulte est bien moins grand que celui d'une redissolution du glycogène dans une solution dont l'alcool s'est peu à peu évaporé.

Quand l'eau de lavage filtre presque incolore, et qu'il n'en reste plus sur le filtre, je verse sur le filtre de l'alcool à 96°; et voici pour quelle raison. Si l'on verse immédiatement de l'eau sur le glycogène, il se rassemble en une masse mucilagineuse qui se redissout avec peine, de sorte que la filtration est très lente. On ne peut employer d'eau chaude, à cause de l'action de la solution alcaline chaude sur le papier du filtre. Mais, si l'on verse de l'alcool sur le glycogène, on détermine sa rétraction. En outre l'alcool en filtrant enlève une grande partie de la potasse. Il suffit d'un lavage, au plus de deux lavages avec l'alcool. Quand il s'est complètement égoutté, on met un tube de caoutchouc au bec de l'entonnoir, qu'on ferme avec une pince : on verse sur le filtre de l'eau stérilisée; le glycogène absorbe rapidement l'eau, et se dissout complètement.

Je donne maintenant les résultats des analyses.

Série I. — 500 grammes de pulpe musculaire (viande de cheval) sont additionnés de 500 cc. de potasse KOH à 60 p. 100 (hydrate de potassium 1 a de MERCK). La solution est faite à froid dans un ballon d'un litre, et plongée dans un bain-marie à l'ébullition. Au bout d'une demi-heure on agite, et on voit que toute la pulpe musculaire s'est dissoute. On la remet dans le bain-marie. En tout on a chauffé pendant deux heures. Alors on verse le tout dans un litre d'eau bouillante. On attend que la liqueur se soit refroidie, et on filtre sur du coton de verre.

EXPÉRIENCE I. — 100 cc. de la solution musculaire sont additionnés de 50 cc. d'alcool à 96°; dans un vase recouvert d'un verre de montre.

On filtre au bout de 24 heures; on lave avec la solution de lavage indiquée plus haut, et cela avant que la liqueur rouge ait achevé de passer à travers le filtre; on lave trois fois. Le glycogène est légèrement jaunâtre.

Après que la filtration a pris fin, on lave avec de l'alcool à 96°. On redissout le glycogène dans l'eau froide; on neutralise avec HCl; on met dans un ballon de 500 cc. On ajoute 25 cc. de HCl à 1,19 de densité; on lave bien le filtre avec de l'eau, qu'on remet dans le ballon de 500 cc. On ramène au volume de 500 cc. Après inversion complète et refroidissement, on filtre pour séparer quelques petits rares fins flocons.

81 cc. de cette solution sucrée ont donné

0.2018 Cu^2O = 0.1793 Cu.

Le contrôle, d'après VOLHARD, donne 0.1780 Cu.

0.178 Cu = 0.083 de sucre.

Donc 100 cc. de la solution des organes ont donné 0.512 de sucre provenant du glycogène.

EXPÉRIENCE II. — 100 cc. de la solution musculaire et 100 cc. d'alcool à 96°.

Filtration au bout de 24 heures.

On lave deux fois avec la solution de lavage; puis avec l'alcool à 96°, comme dans l'expérience II, et on procède exactement de même pour toutes les autres opérations.

81 cc. de la solution sucrée donnent

0.2041 de Cu^2O = 0.1813 de Cu.

Le contrôle, d'après VOLHARD, donne

0.1803 de Cu = 0.841 de sucre.

Donc 100 cc. de la solution musculaire ont donné 0.519 de sucre.

EXPÉRIENCE III. — 100 cc. de la solution musculaire et 200 cc. d'alcool à 96°.

Filtration au bout de 24 heures. Mêmes opérations que pour les expériences I et II.

81 cc. de la solution sucrée ont donné

0.2057 de Cu^2O = 0.1827 de Cu

Le contrôle, d'après VOLHARD, donne

0.1803 de Cu = 0.0841 de sucre

Donc 100 cc. de la solution musculaire ont donné 0.519 de sucre.

EXPÉRIENCE IV. — 100 cc. de la solution musculaire mise dans un litre d'alcool à 96°, contenant 7 p. 100 de KOH.

Filtration après 24 heures. Précipitation à peu près identique à celle qu'on avait obtenue avec moins d'alcool.

On lave avec une solution ainsi préparée : 100 cc. de solution de KOH15 p. 100, et 1000 cc. d'alcool à 96° avec 7 p. 100 de KOH. Après filtration, on ne lave pas le précipité à l'alcool, mais on le dissout immédiatement par l'eau. On neutralise, et on opère comme plus haut.

81 cc. de la solution sucrée ont donné

$$0,2112 \text{ de } Cu^2O = 0.1877 \text{ de } Cu.$$

Le contrôle, d'après VOLHARD, donne = 0.1821 de Cu, soit 0.085 de sucre.

Par conséquent 100 cc. de la solution musculaire ont donné 0.525 de sucre.

L'emploi d'une grande quantité d'alcool a augmenté le rendement de 1,1 p. 100.

Série II. — 500 grammes de viande de cheval fraîche sont mélangés à froid avec 500 cc. de potasse à 60 p. 100 (MERCK), dans un ballon d'un litre, qu'on met au bain-marie bouillant, et on procède exactement comme dans la série I.

EXPÉRIENCE I. — 100 cc. de la solution musculaire filtrée sont additionnés de 100 cc. d'alcool à 96°. On filtre, on invertit, et on procède exactement comme dans l'expérience parallèle de la première série.

81 cc. de la solution sucrée ont donné

$$0.1460 \text{ de } Cu^2O = 0.1296 \text{ de } Cu.$$

Le contrôle, d'après VOLHARD, donne = 0.1292 de Cu, soit 0.0590 de sucre.

Donc 100 cc. de la solution = 0.3642 de sucre.

EXPÉRIENCE II. — 100 cc. de la solution sucrée avec 200 cc. d'alcool à 96°. Même série d'opérations que dans l'expérience précédente.

81 cc. de la solution sucrée ont donné

$$0.1465 \text{ de } Cu^2O = 0.1300 \text{ de } Cu.$$

Le contrôle, d'après VOLHARD, donne 0.1290 de Cu, soit 0.05890 de sucre.

Donc 100 cc. de la solution musculaire = 0.3636 de sucre.

EXPÉRIENCE III. — 100 cc. de la solution des organes sont précipités par 1000 cc. d'alcool à 96°. Les autres opérations comme pour les expériences précédentes. La solution de lavage est 100 cc. d'une solution de potasse à 15 p. 100, avec 1000 cc. d'alcool à 96°.

Les autres opérations sont identiques aux précédentes.

A. 81 cc. de la solution sucrée ont donné

$$0.154 \text{ de } Cu^2O = 0.1367 \text{ de } Cu \text{ (tube 10)}.$$

Le contrôle, d'après VOLHARD, a donné 0,1314 de Cu, c'est-à-dire 0.0601 de sucre.

Donc 100 cc. de la solution musculaire = 0.3709 de sucre.

B. En répétant cette expérience avec le tube 4, on trouve

$$0,1523 \text{ de } Cu^2O = 0.1353 \text{ de } Cu.$$

Le contrôle, d'après VOLHARD, donne 0,1302 de Cu, soit 0.0595 de sucre.

Donc 100 cc. de la solution musculaire = 0.3673 de sucre

$$A = 0.3709$$
$$B = 0.3673.$$

Moyenne : 0.3691 pour 100 cc. de la solution musculaire.

Ainsi la précipitation par une grande quantité d'alcool a augmenté le rendement de 1,4 p. 100.

TABLEAU D'ENSEMBLE.

Dosage du glycogène.

Précipitation des hydrates de carbone par l'alcool dans une solution d'organes qui contient 15 p. 100 de potasse.

	DANS 100 cc. DE LA SOLUTION ALCALINE. COMBIEN DE GLYCOGÈNE (exprimé en grammes de sucre) précipité par l'alcool à 96°				AUGMENTATION EN HYDRATES de carbone par la précipitation avec 10 volumes d'alcool.
	par 50 cc.	par 100 cc.	par 200 cc.	par 1000 cc.	
Série 1					
1	0,512	»	»	»	»
2	»	0,519	»	»	»
3	»	»	0,519	»	»
4	»	»	»	0,525	1,1 p. 100
Série 2					
1	»	»	»	»	»
2	»	0,3642	»	»	»
3	»	»	0,3636	»	»
4	»	»	»	0,3691	1,4 p. 100

Ce tableau montre :

1° Que si un volume de la solution musculaire est précipité par un volume d'alcool à 96°, c'est assez pour que tout le glycogène se trouve dans le précipité. Pour montrer à quel point le contrôle par la méthode de Volhard est nécessaire, il faut se reporter au tableau suivant :

	POIDS DE CUIVRE EN GRAMMES.		
	Pesée.	Méthode de Volhard.	Différence.
			milligrammes.
Série 1.			
Expérience I. 1/2 volume d'alcool.	0,1793	0,1780	+ 1,3
— II. 1 — —	0,1813	0,1803	+ 1,0
— III. 2 — —	0,1827	0,1803	+ 2,0
— IV. 10 — —	0,1877	0,1821	+ 5,6
Série 2.			
Expérience I. 1 volume d'alcool.	0,1296	0,1292	+ 0,4
— II. 2 — —	0,1300	0,1290	+ 1,0
— III. 10 — —	0,1367	0,1314	+ 5,3
— I.	0,1353	0,1302	+ 5,1

Par conséquent la méthode de dosage par pesée donne le chiffre exact, si l'on emploie pour précipiter le glycogène un volume d'alcool.

Cependant il ne faut pas craindre de faire l'expérience de contrôle (méthode de Volhard); ne fût-ce que pour s'assurer de la pureté des réactifs qu'on emploie.

2° La précipitation par un volume décuple d'alcool donne un résultat nouveau; car alors on voit le rendement en hydrates de carbone qui augmente de plus de 1 p. 100. Mais l'augmentation est faible, et ne dépasse pas les limites de l'erreur expérimentale.

Cependant mes méthodes sont tellement exactes, et le parallélisme est si complet entre les deux séries d'expérience faites avec les muscles de deux chevaux différents, qu'il est très probable qu'il ne s'agit pas là d'une faute d'observation.

On peut se demander quel est l'hydrate de carbone qui ne se précipite que par une telle quantité d'alcool. Il est vraisemblable qu'il s'agit d'un glycogène dextrine, constaté ainsi pour la première fois dans l'organisme animal.

J'ai d'ailleurs antérieurement (*A. g. P.*, LXXV, 207) appelé l'attention sur la présence des dextrines dans le foie frais traité par l'alcool à 70 p. 100. Après élimination de l'alcool, concentration et précipitation par les réactifs de Brücke, la liqueur ne précipitait plus par dix fois son volume d'alcool. Peut-être la précipitation des albumines a-t-elle entraîné en même temps celle de traces de dextrine. Naturellement on n'aura le droit d'affirmer la présence de la dextrine que quand on l'aura extraite des organes. C'est une étude que j'entreprends en ce moment. Il n'en reste pas moins ce fait important que les hydrates de carbone supérieurs, qu'on ne retrouve pas dans l'analyse du glycogène, ne sont qu'en très faible proportion. Évidemment nous supposons que dans les organes il n'y a pas de dextrine, lequelle serait, comme le sucre, détruite à chaud par la potasse.

Enfin, pour conclure, je ferai une dernière remarque.

J'ai toujours supposé que l'hydrate de carbone précipité par l'alcool, et donnant du sucre après interversion, était du glycogène. Mais il est possible que des pentosanes soient mêlés au glycogène, qui à l'interversion donneraient des pentoses, sucres réduisant la liqueur de Fehling. Il faudra donc rechercher s'il y a une erreur provenant de ce fait, ce qui rendrait nécessaire de faire le dosage des pentosanes, et de corriger les chiffres donnés pour le glycogène.

Cette méthode de l'analyse quantitative du glycogène repose sur des expériences faites principalement avec de la viande de cheval, laquelle est, comme on sait, très pauvre en graisse. Mais on a observé dans certains cas des conditions qui rendent la conduite de l'analyse bien plus difficile.

En analysant des organes très riches en graisses, le liquide potassique où ils ont été dissous, se prend quelquefois, par suite de la formation abondante de savons, en une masse gélatineuse. Dans ce cas, pour faciliter l'analyse, on peut ajouter à la solution organique de l'alcool absolu et de l'éther qui enlèvent une bonne partie des graisses.

Beaucoup d'organes, comme le foie et d'autres glandes, donnent en se refroidissant de la solution potassique chaude, un coagulum épais, probablement un albuminate de potassium, qui redevient liquide par l'alcool et peut alors subir les autres opérations analytiques. Ce sont là des difficultés spéciales qui exigent des soins particuliers pour pouvoir être surmontées.

Analyse quantitative du glycogène, d'après Austin. — Désirant remplacer par une méthode meilleure la méthode défectueuse de Külz, Austin a, avec les conseils et la direction de E. Salkowski, indiqué un nouveau procédé de dosage du glycogène. *Ueber die quantitative Bestimmung des Glykogenes in der Leber aus dem chem. Laboratorium des patholog. Instituts zu Berlin*; *A. A. P.*, 1897, CL, 185.

Le but de Salkowski était d'abord d'empêcher la soi-disant action destructive que la potasse exerce sur le glycogène, et en même temps de se débarrasser du précipité considérable d'albumine qui entraîne mécaniquement le glycogène. Austin a donc d'abord traité les organes avec de l'eau bouillante, et traité le résidu insoluble contenant encore du glycogène par la pepsine, qui digère l'albumine et libère le glycogène.

« J'emploie, dit-il, 2 grammes de la pepsine de Finzelberg, lavée soigneusement à l'eau pour enlever toute trace de sucre de lait, cette pepsine est mise ensuite dans 990 cc. d'eau additionnée de 10 cc. d'acide chlorhydrique à 25 p. 100 de HCl. On introduit dans le ballon contenant ce liquide le précipité albumineux insoluble, qu'on suppose contenir du glycogène. On agite à diverses reprises, et on chauffe à 40° jusqu'à ce que tout soit à peu près dissous, c'est-à-dire en général au bout de deux jours. On reprend le liquide, on le neutralise, on le concentre à 200 cc. par évaporation. On ajoute encore de l'acide chlorhydrique. Le liquide filtre limpide. Alors le filtrat, qui est assez coloré, est précipité par deux fois son volume d'alcool. On le laisse vingt-quatre heures se déposer; puis on le met sur un filtre. On le lave avec de l'alcool à 62 p. 100.

Avant que l'alcool du lavage se soit évaporé, on reprend le filtre avec le précipité, et on le chauffe au bain-marie avec un peu d'eau ; ce qui suffit pour tout dissoudre, sauf une petite partie : puis on sépare par filtration. On traite alors ce précipité par la méthode de Külz, et, quant au filtrat, additionné des eaux de lavage, on le précipite par le réactif de Brücke, etc. »

Ainsi, en résumé, le procédé d'Austin consiste à extraire le glycogène par trois méthodes successives, différentes, que nous appellerons A, B, C.

A donne le glycogène que l'ébullition avec l'eau sépare de la pulpe des organes. On précipite les albumines par le réactif de Brücke. Le précipité est loin d'être aussi considérable que dans l'expérience de Külz.

B donne le glycogène que l'ébullition avec l'eau n'a pas dissous, mais que l'on peut extraire par la digestion des matières albuminoïdes que l'ébullition a précipitées. Alors ce glycogène, qui est en solution avec l'albumine digérée, est précipité sans albumine, si la concentration de la solution n'est pas supérieure à celle qu'indique Austin, et si, pour un volume de la solution acide, on n'emploie que deux volumes d'alcool. Austin n'indique pas qu'il s'agit d'alcool absolu : c'est sans doute de l'alcool à 96 p. 100. D'ailleurs, comme le glycogène qu'on obtient ainsi par digestion, contient toujours un peu d'albumine, l'emploi du réactif de Brücke est encore nécessaire.

C donne le glycogène qui est resté enfermé dans la masse des matières albuminoïdes demeurées indissoutes par la pepsine. Aussi faut-il traiter cette masse par la potasse, et la dissoudre d'après les indications de Külz.

Les tableaux suivants donnent le résumé des résultats de Austin (*loc. cit.*, 193).

Dosage du glycogène (Austin). **I.**

	POIDS DU FOIE.	A EXTRAIT AQUEUX de glycogène.	B GLYCOGÈNE DU RÉSIDU après digestion.	C GLYCOGÈNE DU RÉSIDU après digestion (méthode de Külz).	SOMME de A, B et C.	CONTRÔLE (méthode de Külz).	La méthode de la digestion a donné par rapport à la méthode de Külz en glycogène.	
							Plus.	Moins.
1	25,6	0,558	0,4445	0,0195	1,0220	0,991	0,031	»
2	22,5	0,3128	0,250	0,009	0,5118	0,561	0,108	»
3	42,0	2,0835	0,735	0,065	2,8825	2,9414	»	0,058
4	20,5	0,0105	0,022	traces.	0,0325	0,0374	»	0,049
5	19,25	0,258	0,3295	traces.	0,5875	0,535	0,0525	»
6	31	0,598	0,552	0,0115	1,1615	1,233	»	0,0715
7	30,45	0,9065	0,619	0,017	1,5425	1,486	0,0565	»

Pour comprendre la signification de ces chiffres, il faut ajouter un autre tableau, dressé d'après les chiffres mêmes de Austin, où est calculée l'erreur centésimale, en admettant que les analyses par la méthode de Külz soient exactes.

D'après les données fournies par Austin, on ne peut pas voir avec certitude si dans ses analyses il a été tenu compte des cendres. Il semble cependant que non ; car, lorsqu'il y a eu analyse de cendres, il l'indique expressément, ajoutant qu'il n'a pas fait toujours l'analyse des cendres, parce qu'il s'agit de chiffres trop faibles. Külz considérait de telles analyses comme sans valeur : mais l'analyse du glycogène quand elle est faite par la méthode de Külz, est si inexacte, et comporte tant d'erreurs que, dans un travail d'ailleurs très soigneux, il y a de plus fortes causes d'erreurs que celles qui sont dues à l'absence de dosage des matières minérales. Aussi peut-on excuser cette simplification d'un travail si laborieux et qui coûta tant de peine.

Dans ce tableau II, on voit ce fait peu satisfaisant que la méthode de la digestion a donné tantôt 1,97 p. 100 en moins, tantôt 19,25 p. 100 en plus de glycogène que la méthode de Külz. Comme j'ai montré que celle-ci est entachée de causes d'erreurs nombreuses et variables, on ne peut pas, en comparant ces deux méthodes, attribuer l'erreur uniquement à la défectuosité de la méthode de digestion (*A. g. P.*, LXXV, 120).

Dosage du glycogène (Austin). **II.**

	CONTROLE D'APRÈS KÜLZ.	LA MÉTHODE DE LA DIGESTION A DONNÉ EN GLYCOGÈNE PAR RAPPORT A LA MÉTHODE DE KÜLZ — Chiffres absolus. Plus.	Chiffres absolus. Moins.	Chiffres centésimaux. Plus.	Chiffres centésimaux. Moins.
1	0,991	0,031	»	3,13	»
2	0,561	0,108	»	19,25	»
3	2,9414	»	0,058	»	1,97
4	0,0374	»	0,0049	»	13,10
5	0,535	0,0525	»	9,8	»
6	1,233	»	0,0715	»	5,8
7	1,486	0,0565	»	3,8	»
		Moyenne générale. . . + 2,16			

Il est important de constater que la méthode de la digestion donne en moyenne à peu près les mêmes chiffres que la méthode de Külz. Les chiffres sont plus élevés de 2,16 p. 100 pour la méthode de la digestion. Or, comme j'ai montré qu'avec la méthode de Külz les chiffres sont beaucoup trop petits, il s'ensuit que cette observation reste vraie pour les chiffres obtenus par la méthode de la digestion (*Ibid.*, 121).

Cependant j'ai cru devoir examiner d'une manière plus précise la méthode d'Austin.

Quand on se propose de déterminer combien il y a d'azote, de graisse et de glycogène dans un groupe de 20 grenouilles, on se heurte d'abord à la difficulté, peut-être à l'impossibilité, de réduire les corps de ces divers animaux en une bouillie homogène, de sorte qu'on ne peut prendre une fraction de la masse, puis une autre, puis une autre encore, pour y doser dans une première l'azote, dans une autre la graisse, dans une troisième le glycogène. On ne peut guère non plus placer ces vingt grenouilles dans la potasse bouillante qui les dissout rapidement; car il se fait de l'ammoniaque, et la graisse est transformée en savon. Par conséquent, la méthode de Külz n'est pas recevable. Mais, si l'on dissout les vingt grenouilles dans un flacon contenant de l'acide chlorhydrique additionné de pepsine, on obtient une solution homogène, dans laquelle tous les corps des animaux, à l'exception des os et d'un faible résidu, se trouvent en dissolution et contiennent tout l'azote et toute la graisse, en même temps qu'elle peut servir au dosage du glycogène, d'après Austin. Athanasiu s'est servi de cette méthode pour étudier la dégénérescence graisseuse des matières albuminoïdes dans l'intoxication phosphorée (*A. g. P.*, 1898, LXXI, 318).

Mon premier soin a donc dû être de rechercher si la pepsine de Finzelberg est précipitée en totalité par le réactif de Brücke, ou si l'alcool, en précipitant le glycogène, ne précipite pas aussi une partie de la pepsine de Finzelberg. J'instituai ces expériences avec quatre préparations de cette pepsine, lesquelles ne se comportèrent pas tout à fait identiquement, et, par conséquent, provenaient d'origine différente.

De ces expériences, il résulte que la pepsine de Finzelberg contient des corps qui ne précipitent pas par l'acide chlorhydrique et le réactif de Brücke, mais qui, comme le glycogène, précipitent par l'alcool. Par conséquent, dans les analyses d'Austin, ces substances doivent augmenter le poids du glycogène qu'on veut déterminer. Cette cause d'erreur est de grandeur variable, et dépend de la présence dans la pepsine de glycogène ou d'érythrodextrine substances qui se forment, d'après Brücke, dans la digestion stomacale de l'amidon.

Par conséquent, le réactif pepsique pris par Austin pour déterminer le poids du glycogène contient lui-même des quantités très variables de glycogène ou d'un polysaccharide analogue.

La pepsine de Finzelberg *modifie-t-elle le glycogène de manière à diminuer son aptitude à être précipitée par l'alcool?*

C'est là une question que naturellement Austin s'est posée ; et il a cherché à savoir si la pepsine agit sur le glycogène de manière à rendre l'analyse quantitative impossible. Austin a pensé que la pepsine de Finzelberg ne transforme pas le glycogène en sucre. J'ai répété cette expérience, et j'ai prolongé la digestion pendant trois jours sans pouvoir constater qu'il y avait formation de sucre ; mais cela ne suffit pas ; et il faudrait prouver que la digestion pepsique ne transforme pas le glycogène, par exemple, en donnant des dextrines légèrement solubles dans l'alcool, ce qui rendrait défectueuse l'analyse quantitative. Pour décider la question, j'ai fait digérer du glycogène par la pepsine, puis j'ai procédé comme Austin dans la pesée du glycogène, et j'ai toujours constaté alors de grandes pertes.

*Le glycogène obtenu par la méthode d'*Austin *contient encore de l'azote, contrairement à l'affirmation d'*Austin. — L'affirmation souvent reproduite, depuis la découverte du glycogène, que le glycogène préparé par la méthode de Brücke ne contient pas d'azote, est due à ce que la sensibilité des réactions qui décèlent l'azote n'est pas très grande. Ainsi que moi et mes élèves nous l'avons montré, l'analyse quantitative de l'azote par la méthode de Kieldahl est jusque à présent le seul procédé satisfaisant ; on dose l'azote en titrant l'ammoniaque formée par une solution titrée d'acide sulfurique telle que 1 cc. réponde à 1 ou 2 milligrammes d'azote ; la solution de potasse étant équivalente à la solution d'acide.

Naturellement, il faut s'assurer d'abord par des épreuves préliminaires que les réactifs employés ne contiennent pas d'azote, de même que les vases et appareils de verre qui servent à la distillation ne donnent pas de potasse ou de soude. Naturellement aussi, il faut s'assurer de l'exactitude des solutions titrées en dosant l'azote de l'urée pure, et en retrouvant le chiffre théorique.

Si, dans l'analyse (au point de vue de l'azote) du glycogène préparé par la méthode Brücke-Külz, on n'a précipité qu'une seule fois les albumines par l'acide chlorhydrique et l'iodo-mercurate de potassium, on n'obtiendra qu'un glycogène, très riche encore en impuretés, contenant de l'azote. D'après mes recherches, cette proportion de l'azote oscille entre 0,1 et 0,5 p. 100. Et même, dans les préparations les plus soigneuses, on n'évite pas cet azote. La cause de cette défectuosité, c'est que les substances qui précipitent par le réactif de Brücke sont quelque peu solubles dans un excès du réactif.

Külz savait, sans aucun doute, qu'en précipitant une première fois par le réactif de Brücke, il n'obtenait d'abord qu'un produit impur : car il recommande de répéter la purification, en redissolvant dans l'eau le glycogène obtenu, et en le précipitant à nouveau par l'acide chlorhydrique et l'iodo-mercurate de potassium.

Pour ma part, j'ai cherché à maintes reprises à obtenir ainsi un glycogène pur et dépourvu d'azote. Mais je n'ai jamais réussi. Quelquefois cependant il m'est arrivé d'abaisser la proportion d'azote au-dessous de 0,1 p. 100 ; mais toujours les proportions étaient notablement supérieures à 0,01 p. 100. J'ai indiqué cela avant le travail d'Austin. (Pflüger, *A. g. P.*, LXVI, 636.)

Analyse quantitative du glycogène par la colorimétrie. — Goldstein (*Verh. d. physik. med. Gesellsch. in Würzburg, N. F.*, VII) a proposé le dosage colorimétrique du glycogène, et il l'a employé à résoudre diverses questions. Mais Luchsinger, dans sa dissertation inaugurale (Zurich, 1875, p. 10), a prouvé que la méthode de Goldstein est sans valeur. Voici pour quelles raisons :

1° Le glycogène du muscle et celui du foie se comportent chez les divers animaux d'une manière différente vis-à-vis de l'iode ;

2° D'après Brücke, la coloration du glycogène par l'iode est différente, selon qu'il est préparé récemment, ou desséché ;

3° La présence de substances diverses, albumine, gélatine, alcool, chlorure de sodium, iodure de potassium, carbonate et phosphate de sodium, modifie la coloration de la combinaison du glycogène avec l'iode.

D'après Eduard Külz (*A. g. P.*, 1881, XXIV, 91), la méthode colorimétrique donne quelquefois certains résultats satisfaisants, si l'on veut déterminer le glycogène chez chien, lapin, poule, dans le foie ou les muscles, en partant du glycogène normal, de même origine, en se servant d'un glycogène pur et sans cendres, préparé par la méthode de Brücke, et en n'employant pour la réaction colorante que des solutions récemment préparées d'iodure de potassium, lesquelles ont toujours la même concentration. Mais alors de tels procédés analytiques, comme le dit Külz avec raison, réellement, n'ont aucun avantage.

Plus récemment, Paul Jensen (*Z. p. C.*, xxxv, 525) a fait de nouvelles études sur les réactions colorimétriques. A l'appui de cette méthode, il donne trois analyses dans lesquelles il a contrôlé le procédé colorimétrique par le dosage avec la méthode Brücke Külz, employée d'ailleurs sans les perfectionnements introduits par Pflüger. Le tableau suivant donne la comparaison de ces deux méthodes :

Provenance du glycogène.	Méthode colorimétrique.	Méthode de la pesée.	Différence centésimale.
Foie	1.577	1.613	+ 2.23
Muscles des membres	0.0698	0.0705	+ 0.99
Cœur	0.0170	0.0165	— 3.03

Mais, comme Jensen, ainsi qu'il le dit lui-même, n'a pas suivi, dans sa préparation par la méthode de Brücke-Külz, les perfectionnements de Pflüger, il s'ensuit que les chiffres obtenus par pesée doivent être trop faibles. Et puis, il faut se demander si Jensen a fait le dosage des cendres. Comme il n'est pas question d'un tel dosage, on doit admettre que le poids des cendres n'a pas été déterminé, ce qui indique à quel point il s'agissait d'un glycocène impur. Donc les chiffres ne peuvent guère être comparés.

Pour l'analyse colorimétrique, Jensen emploie des solutions de glycogène pur, qu'il appelle solutions normales, et dont il connaît exactement les proportions centésimales. Il les compare à des solutions de glycogène contenant des impuretés. Le glycogène de la solution normale a été préparé par la méthode de Brücke-Külz, au moyen de précipitations répétées par le réactif de Brücke. Mais Pavy et Pflüger ont montré que, dans ces conditions, le glycogène s'est altéré, de sorte qu'on n'a plus le droit de l'appeler glycogène normal. Que la réaction colorante de l'iode sur le glycogène soit alors très affaiblie, c'est ce qu'on sait fort bien, et Brücke a montré que la simple dessiccation du glycogène suffit à cela. Pflüger a fait remarquer que le glycogène, préparé par la méthode Brücke-Külz, et desséché, perd de plus en plus, au fur et à mesure de la dessiccation, l'aptitude à se colorer par l'iode.

La concordance des trois analyses de Jensen ne peut s'expliquer que par des erreurs agissant dans des sens différents, et se compensant l'une par l'autre. Et, d'ailleurs, comme Jensen ne nous donne que trois analyses, on ne peut savoir combien il a fait d'analyses qui ne concordent pas.

C'est seulement ainsi qu'on peut s'expliquer le jugement que Jensen lui-même porte sur sa méthode (p. 529).

« S'il s'agit d'organes volumineux, et contenant de grandes quantités de glycogène, l'erreur absolue se multiplie, de sorte que les données fournies par la titration colorimétrique ne doivent plus être considérées comme satisfaisantes. »

Mais, dans les trois analyses indiquées par lui, l'erreur absolue est faible, et même aussi l'erreur centésimale. De sorte que, si réellement elles représentaient bien toutes les expériences, elles ne justifieraient pas les reproches graves que Jensen a adressé lui-même à sa méthode.

D'après mes nouvelles recherches, la difficulté de l'emploi d'une méthode colorimétrique dépend de la raison suivante : 1° la coloration de la même solution glycogénique se modifie avec la masse de l'iode qu'on ajoute à la solution depuis le jaune clair jusqu'au rouge de sang; pour atteindre ce maximum de coloration il faut mettre un excès d'iode; mais, si l'on dépasse cet excès nécessaire, la teinte de la solution iodée s'ajoute à la teinte de l'iodoglycogène; 2° le glycogène saturé d'iode ne donne la couleur rouge sang qu'en solution concentrée : en solution diluée, on observe toutes les étapes jusqu'à la coloration jaune brun; 3° si par une même solution d'iode on traite une solution dans laquelle le glycogène est à doser et une autre qui contient des quantités connues de glycogène, il faut se rappeler que les solutions d'organe contiennent des substances qui fixent l'iode, de sorte que toutes les solutions de glycogène qu'on a à analyser ont à coup sûr une coloration moindre que celle qui serait due au glycogène pur. Il est vrai que ces impuretés du glycogène, lesquelles se combinent à l'iode, peuvent être séparées, mais seulement par de longs procès de purification, ce qui rend toute analyse quantitative du glycogène très longue à cause des longs et difficiles procédés de purification nécessaires pour avoir le glycogène chimiquement pur; 4° il faudrait enfin savoir si le glycogène du foie et celui des autres organes donnent la même intensité de coloration avec l'iode.

Ainsi Harden et W. Young (*Transactions of the chemical Society, 1892*, LXXXI) ont montré dans un excellent travail que le glycogène du lapin est plus fortement coloré par l'iode que celui de la levure. Ces deux sortes de glycogène réagissent plus à l'iode que le glycogène des huîtres.

D'après Clautriau (*Études chimiques du glycogène, mémoire couronné de l'Ac. Royale Belgique*, 1895, 53,) le glycogène de la levure se colore plus fortement que celui des champignons ou des lapins. Harden et Young ont prouvé par l'analyse élémentaire de leurs produits qu'ils avaient employé pour leurs recherches du glycogène pur. Naunyn (*A. P. P.*, III, 97) avait déjà fait remarquer que chez les poules le glycogène musculaire se colore en violet par l'iode, tandis que le glycogène du foie se colore en brun. Claude Bernard a découvert que les muscles paralysés ou contraints à un long repos, chez le lapin, se chargent d'un glycogène qui donne avec l'iode une couleur bleue comme l'iodure d'amidon; or je puis affirmer par mon expérience personnelle que Claude Bernard était un observateur d'une exactitude extrême. La génialité de son esprit ne nuisait pas à l'exactitude de ses recherches, mais au contraire le conduisait par une sorte de divination vers la vérité.

On doit donc tenir compte de ce fait que le glycogène des divers organes n'exerce pas la même action colorante sur l'iode; par conséquent la recherche d'une méthode colorimétrique suppose la préalable solution de cette question par une recherche systématique.

Même si cette recherche avait été faite, une analyse exacte présenterait encore tant de difficultés et des conditions si spéciales qu'on ne voit pas quel bénéfice de temps et de certitude cette méthode pourrait apporter.

Analyse quantitative du glycogène par la mesure de la déviation polarimétrique. — Eduard Külz (*A. g. P.*, XXIV, 92) a fait, le premier, des expériences à l'effet de doser le glycogène par les mesures optiques. D'abord, il a déterminé l'angle de déviation du glycogène, purifié par sa méthode, et il a trouvé un chiffre moyen de 211°. Deux autres observateurs habiles, Böhm et Hoffmann, avaient trouvé 226,7°.

Külz a comparé les chiffres obtenus par la mesure de polarisation avec ceux que donne la méthode de Brücke-Külz; mais ce fut à une époque où Pflüger n'avait pu encore perfectionner la méthode de préparation. C'est ce qui explique peut-être pourquoi la méthode Brücke-Külz a donné des chiffres plus forts.

E. Külz a alors présenté, dans un tableau, 9 expériences qui prouveraient, d'après lui, que la méthode optique donne des résultats satisfaisants. Mais, si l'on étudie l'écart centésimal de ses chiffres, on constate un écart :

Pour l'expérience 2... de 6 p. 100
— 4... de 8 —
— 5... de 9 —
— 6... de 17 —
— 9... de 13 —

Il est difficile de trouver que ces chiffres sont concordants et satisfaisants.

De fait, les différences considérables que divers observateurs ont constatées dans le pouvoir rotatoire spécifique du glycogène, prouvent que cette méthode de mesure ne peut être encore appliquée à l'analyse quantitative du glycogène.

Analyse quantitative abrégée du glycogène d'après Pflüger. — Par les méthodes employées pour l'analyse du glycogène d'après Brücke-Külz, une durée de trois ou quatre jours à une semaine, et plus, était nécessaire pour déterminer la quantité de glycogène. Diverses recherches ont été entreprises pour procéder plus rapidement; mais aucune ne réussit.

Aussi puis-je recommander une marche de l'analyse telle qu'on peut l'achever en un jour et même en quelques heures :

1° On prend 100 grammes de la pulpe des organes qu'on chauffe pendant 2 heures à l'ébullition dans 100 cc. de potasse à 60 p. 100.

2° Après refroidissement on verse dans un vase; on ajoute 200 cc. d'eau stérilisée, on mélange et on précipite par 400 cc. d'alcool à 96 p. 100, cela sans filtration préalable.

3° Après que le précipité s'est déposé, on filtre sur un filtre suédois de 15 centimètres de diamètre; on lave d'abord avec une solution de un volume de potasse à 15 p. 100, additionné de 2 volumes d'alcool à 96; puis on lave avec l'alcool à 66 p. 100.

4° Le précipité est redissous par l'eau bouillante avec le filtre et les portions insolubles.

5° On neutralise la solution, on ne filtre que s'il se forme un précipité albuminoïde notable, et on fait bouillir le précipité insoluble. Le plus souvent cette seconde filtration peut être épargnée.

6° On ajoute de l'acide chlorhydrique pour amener l'acidité à 2,2 p. 100, et on invertit par une ébullition de 3 heures.

7° Après refroidissement, neutralisation, filtration, on dose le sucre par l'appareil polarimétrique. Le chiffre de sucre trouvé, multiplié par 0,927, donne la quantité cherchée de glycogène.

CHAPITRE III

Glycogène dans le règne animal.

La présence du glycogène dans les tissus de tout le règne animal, et même du règne végétal jusqu'aux champignons, indique déjà l'importance extrême de cette substance dans la nutrition des êtres vivants. De même, la teneur différente en glycogène des différents tissus peut prêter à d'importantes considérations sur la fonction de ces tissus.

Bien entendu, c'est l'analyse chimique du glycogène qui est notre principal moyen d'observation. Mais, comme il s'agit de savoir exactement dans quelles parties des organes, c'est-à-dire dans quelles cellules, et même dans quelles parties de la cellule vient se former le glycogène, nous devons avoir recours aussi à l'analyse microscopique. Dans cette étude, je me reporterai à une monographie soigneuse et tout à fait recommandable de Dietrich Barfurth : *Vergleichende histochemische Untersuchungen über das Glycogen* (*Arch. für mikr. Anatomie*, 1885, xxv, 259), à laquelle je ferai de nombreux emprunts.

D'après Barfurth (p. 260), voici comment on peut faire la recherche micro-chimique du glycogène. De petits fragments du tissu qu'on veut étudier sont durcis dans de l'alcool absolu. La coupe est placée sous le microscope en contact avec une solution d'iode recouverte d'une lamelle. On emploie trois solutions : 1° une solution contenant 6 grammes d'iodure de potassium et 2 grammes d'iode dans 1 litre d'eau.

2° cette solution est traitée par son demi-volume de glycérine : c'est la glycérine iodée.

3° solution gommeuse d'iode d'après Ehrlich : une solution étendue d'iode et d'iodure de potassium est mélangée avec la gomme arabique en quantité suffisante à former un liquide sirupeux.

Comme l'a remarqué Claude Bernard, la couleur de l'iodure de glycogène n'est pas toujours identique. Barfurth a trouvé, comme Claude Bernard (*C. R.*, 23 mars 1857), Naunyn (*A. P. P.*, iii, 97), Nasse (*A. g. P.*, 1877, xiv, 479), Böhm et Hoffmann (*A. P. P.*, X, 17) et Külz (*A. g. P.*, 1881, xxiv, 64), que c'est surtout entre le glycogène du muscle et celui du foie qu'existent les plus grandes différences : dans le muscle, c'est une belle couleur violette, tandis que dans le foie c'est une couleur bleu marron foncé. La coloration disparaît quand on chauffe; elle revient quand on refroidit, si tout l'iode n'a pas été expulsé.

La présence du glycogène peut être affirmée avec une certitude suffisante, si la solution iodée donne la coloration rouge brun; mais, bien entendu, il faut qu'on puisse extraire de ce tissu le glycogène, et qu'on élimine la matière amyloïde, substance insoluble dans l'eau et les acides dilués; mais qui par l'iode se colore également en brun, avec cette différence qu'après l'action de l'acide sulfurique elle devient violette ou bleue (BARFURTH, p. 262).

Foie. — Les auteurs qui ont étudié le glycogène du foie sont en première ligne : CLAUDE BERNARD (*C. R.*, LXXV, 58); SCHIFF (*Untersuchungen über die Zuckerbildung in der Leber*, Würzburg, 1856); BOCK et HOFMANN, (*A. A. P.*, LVI.); HEIDENHAIN (*H. H.* 1, 221); KAYSER (*Breslauer ärtzliche Zeitschrift*, 1879, 19); EHRLICH (*Zeits. f. klin. Med.*, VI, 33); (AFANASIEFF (*A. g. P.*, XXX, 1883, 385) et BARFURTH (p. 266).

Pendant que CLAUDE BERNARD suppose que le glycogène est mêlé à la substance cellulaire ou disséminé sous la forme de granulations, SCHIFF parle de noyaux; tous les autres observateurs s'accordent à reconnaître que le glycogène se trouve dans les cellules hépatiques sous la forme d'une masse amorphe disposée entre les noyaux transparents du contenu cellulaire (BOCK et HOFFMANN, *A. A. P.*, LVI), c'est-à-dire incorporé au paraplasma (KUPFFER).

Il est remarquable que le glycogène souvent ne remplit pas le contenu cellulaire, parce qu'il s'accumule surtout dans cette partie de la cellule qui est voisine de la veine intra-lobulaire hépatique, tandis que l'autre partie de la cellule, tournée vers la périphérie du globule, est pauvre en glycogène, ou en est dépourvue. Cette distribution spéciale du glycogène dans le protoplasma se rencontre surtout, mais non toujours, dans le foie du lapin, et paraît manquer chez le chien. D'ailleurs, constamment, même lorsqu'il y a de grandes quantités de glycogène, le noyau cellulaire en est tout à fait dépourvu.

D'après AFANASSIEW, quand il y a abondance de glycogène, la cellule hépatique augmente notablement de volume, ce qui apparaît en toute évidence quand on examine les foies d'animaux en inanition : les capillaires d'un foie pauvre en glycogène sont plus dilatés que ceux d'un foie où le glycogène est abondant (AFANASSIEW). L'alcool précipite le glycogène dans l'intérieur de la cellule sous la forme de flocons caractéristiques. Ce sont là les formations que CLAUDE BERNARD (*C. R.*, LXXV, 58) appelait les granulations, ainsi que les noyaux et les amas observés par HEIDENHAIN (*H. H.*, 1, 221) et KAYSER, et qui consistent en glycogène.

Il est encore un autre fait important; c'est celui qui a été découvert par EHRLICH (p. 34) que le glycogène doit être regardé comme disposé en forme de stroma dans le paraplasme. « Il faut bien remarquer, dit-il, que, dans ces cellules (canalicules urinaires des diabétiques) les substances qu'on trouve ne se comportent pas de la même manière vis-à-vis de l'iode. On peut dans la même cellule, à côté de masses qui présentent d'une manière intensive la coloration du glycogène, trouver d'autres masses de même dimension, mais qui ne sont colorées qu'en jaune clair; et il y a entre les deux toutes les variations de teintes qui vont du brun au jaune. Ces formes de passage prouvent qu'il y a un étroit rapport entre les masses brunes et les masses jaunes, ce que vient confirmer la similitude de l'aspect et de l'indice de réfraction. On a cette impression que les masses brunes ne consistent pas seulement en glycogène, comme cela pourrait sembler à première vue, mais qu'elles se composent de deux corps : l'un, qui devient jaune par l'iode, et l'autre qui le pénètre, et qui brunit par l'iode; c'est-à-dire le glycogène.

« Les masses jaunes ne contiennent que le premier de ces corps, tandis que les masses colorées de toutes les nuances qui vont du jaune au brun contiennent différentes quantités de glycogène. Par conséquent, là où se trouve le glycogène dans l'organisme, il est étroitement uni à une autre substance que, par analogie avec les termes dont se servent les botanistes, j'appellerai *substance de soutènement.* »

Ainsi il résulte de la description d'EHRLICH que la substance de soutènement est quelque chose qui diffère du paraplasma et du protoplasma, et qui se présente sous la forme de masses qui jaunissent par l'iode et contiennent tantôt plus, tantôt moins de glycogène. BARFURTH se rallie à la description d'EHRLICH, et dit avoir pu constater, dans tous les cas observés par lui, la présence de cette substance de soutènement. La description suivante de BARFURTH est particulièrement instructive. « Il m'a semblé, d'abord, dit-il, que la substance de soutènement manquait complètement dans deux sortes de tissus, notamment dans les cellules géantes du placenta et le tissu conjonctif de LEYDIG des gastéropodes, lesquelles contiennent des masses considérables de glycogène; ces dernières cellules sont moins du protoplasma qu'une sorte de mucus hyalin. Ce ne sont que les parties périphériques extérieures de la cellule et un protoplasma peu abondant entourant le noyau qui se colorent en jaune par l'iode : elles sont donc constituées par des substances protéiques, tandis que tout le reste de la cellule, à l'exception du glycogène, demeure incolore. Quant au glycogène, il se présente sous forme de masses irrégulières colorées en brun-rouge par l'iode, en forme de gouttes et en forme de gouttelettes, et l'on ne voit pas trace de la substance de soutènement. Mais, si l'on fait des coupes de ce tissu que l'on soumet à la glycérine iodée ou à la solution de LUGOL, on se persuade bien vite que le glycogène est, là aussi, inclus dans une substance de soutènement. Le microscope montre que la substance de soutènement se colore en jaune comme le plasma des cellules, et que le reste ne devient brun que plus tard, quand s'opère la combinaison du glycogène avec l'iode, qui est plus lente; inversement, on voit dans ces préparations disparaître au bout de moins longtemps la coloration brune de l'iodure de glycogène, parce que le glycogène se dissout assez rapidement dans le liquide de la préparation, tandis qu'on continue à voir encore pendant quelque temps la substance de soutènement jaune, plus difficilement soluble que le glycogène.

Tous ces faits s'appliquent au foie de tous les vertébrés, y compris celui de l'homme. Mais remarquons que la coloration par l'iode permet, sur le foie des animaux qui sont restés longtemps sans prendre de nourriture, de constater aussi qu'il n'y a pas trace de glycogène. Dans le foie des saumons d'hiver (*Trutta salar*) pris dans le Rhin près de Bonn, il n'y avait pas de glycogène, et la méthode de BRÜCKE permit aussi de constater qu'il n'y avait pas de glycogène.

CLAUDE BERNARD (*Journ. de la physiol.*, 1859, 335) a cru que c'est seulement au milieu de la vie fœtale que commence la fonction glycogénique.

BARFURTH (p. 275) a confirmé l'observation de CLAUDE BERNARD. Étudiant le foie d'embryons de lapin aux premiers âges, d'un embryon de mouton de $0^m,19$ de long, d'un embryon de cobaye de $0^m,10$ de long, ayant déjà le poil développé, il vit qu'il n'y avait pas de glycogène dans le foie, quoique les autres tissus de ces embryons, la peau, l'épithélium intestinal, les cornes, la vessie, les testicules, etc., continssent du glycogène en abondance. Mais la méthode employée, probablement par BERNARD et certainement par BARFURTH, a été l'extraction du glycogène par l'eau chaude. Comme nous savons aujourd'hui que ce procédé est insuffisant, j'ai voulu faire la recherche du glycogène par ma méthode de la potasse pour les foies des embryons très jeunes. Je l'ai recherché sur des embryons de veau, de porc et de mouton, et j'en ai toujours rencontré : le plus souvent il est assez rare, mais quelquefois il est très abondant.

J'ai pu déceler du glycogène déjà dans le foie de veaux de six semaines (*A. g. P.*, xcv, 19,5, cii, 305).

Pour comprendre les observations de BERNARD et de BARFURTH, remarquons que les animaux abondamment nourris, que soudain on nourrit mal, ou point du tout perdent le glycogène de leur foie avant de perdre celui de leurs muscles. Or, le plus souvent, les animaux de boucherie, dans les quelques jours qui précèdent l'abattage, sont mal nourris ou ne sont pas nourris du tout, de sorte que l'on trouve quelquefois que leur foie est pauvre en glycogène, alors que leurs muscles en contiennent encore des quantités considérables : c'est ce qu'on observe chez les veaux âgés de deux ou trois semaines; leur foie ne contient que des traces de glycogène. Mais, si on les a nourris abondamment avec du lait pendant trois jours, le foie se charge de glycogène. Ces conditions doivent être les mêmes pour le fœtus d'une vache qui est sacrifiée à l'abattoir, de sorte que, si dans un foie de fœtus on ne trouve pas de glycogène, cela ne prouve rien, si l'on ne s'est pas assuré que la mère a été soumise à une bonne alimentation jusqu'au jour de l'abattage. Les observations de BERNARD sur la première période de la vie fœtale devraient être vérifiées par des recherches ultérieures.

Quant à la glande des animaux invertébrés, qu'on identifie avec le foie, on sait, depuis CLAUDE BERNARD (*Leç. sur les phén. de la vie*, 1870, II, 110), que, chez les écrevisses, elle contient du glycogène. Les recherches de HOPPE-SEYLER (*A. g. P.*, XIV, 399), de BARFURTH et de B. KIRCH concordent sur ce point avec celles de CLAUDE BERNARD. Chez de grosses écrevisses de cinq à six ans, même après un jeûne de cinq semaines, on trouva encore dans le foie des traces évidentes de glycogène, tandis que les muscles n'en contenaient pas. Nourries avec de la fibrine pure ne contenant pas d'hydrate de carbone, elles donnèrent 0,8 p. 100 de glycogène dans le foie, et 0,114 à 0,142 p. 100 dans les muscles.

Chez les mollusques, Claude Bernard a trouvé dans le foie des lamellibranches une substance qui est probablement du glycogène (*Rech. sur une nouvelle fonction, etc., Ann. des Sc. nat., Zool.*, 1853, (3), XIX, 335). Claude Bernard dit du foie des gastéropodes : « Quant au foie, on y rencontre très distinctement deux sortes de granules, les uns se colorant en rouge vineux par l'iode et appartenant aux cellules glycogéniques, les autres se colorant en jaune par l'iode et appartenant aux cellules biliaires. »

Krukenberg (*Vergleich. physiol. Studien an den Küsten der Adria.* II, 59) a préparé avec les foies d'individus récemment capturés et vigoureux de l'espèce *Arion empiricorum* (*ater*) et *Helix pomatia*, en employant la méthode de Brücke, des quantités notables de glycogène authentique. Barfurth a confirmé les travaux d'Hammarsten (*A. g. P.*, XXXIV, 373) sur la teneur en glycogène du foie de *Helix pomatia* et de *Limax variegatus*. Il a dosé le glycogène par la méthode de Brücke, et l'a caractérisé par la méthode de l'iode, la solubilité dans l'eau, la précipitation par l'alcool et la saccharification par la diastase salivaire.

D'après Barfurth, sur des préparations fraîches faites avec des foies contenant du glycogène, on ne voit pas apparaître ce corps par l'addition de glycérine ou d'eau, mais l'alcool absolu le décèle sous forme de masses brillantes, blanches, de dimension variable, qui, par l'eau iodée, se colorent d'abord en jaune, puis en jaune foncé, puis en brun rouge. Trois semaines d'inanition firent disparaître absolument tout le glycogène du foie de l'*Helix pomatia*.

Barfurth a cherché à savoir exactement dans quelles cellules du foie des gastéropodes se dépose le glycogène. Je n'entrerai pas dans le détail de ses observations; je dirai seulement que ce n'est pas seulement le tissu conjonctif, mais encore le tissu glandulaire proprement dit qui paraît constitué par deux substances différentes.

D'après Brock (*Zeits. f. wiss. Zool.*, 1883, 1-63), on distingue dans le tissu conjonctif trois ordres de cellules : 1° les cellules plasmatiques, grandes, vitreuses, brillantes, nucléolées, polygonales par pression réciproque et analogues aux épithéliums; 2° les cellules étoilées du tissu conjonctif; 3° des cellules en fuseaux. « Dans les conditions normales d'alimentation, dit-il, tout le glycogène du foie des *Helix* s'accumule dans les cellules du plasma pendant que l'épithélium n'en contient pas, mais, dans le foie des *Limax*, ces espaces interépithéliaux se remplissent bientôt, si bien que dans l'épithélium le glycogène finit par venir s'accumuler. Quant à la forme sous laquelle ce glycogène se dépose, c'est dans ces cellules plasmatiques sous la forme de masses rondes à contour net. Dans les cellules contenant de la chaux, il est interposé aux corpuscules brillants de phosphate de chaux, lesquels, après action de l'iode, deviennent foncés. Dans les cellules du foie, il se présente sous une forme diffuse, en amas irréguliers, disséminés dans le protoplasma. Quand la teneur en glycogène est considérable, on voit de petites masses de glycogène dans les vésicules de sécrétion, mais ces vésicules sécrétées que l'on trouve dans l'intérieur des follicules ou dans la lumière des canaux d'excrétion ne contiennent pas de traces de glycogène. » Le glycogène est toujours incorporé aux cellules, et la membrane propre des follicules glandulaires ne contient pas de glycogène.

« Il est remarquable que les conduits excréteurs du foie, et même les petits canalicules biliaires soient une région de prédilection pour les dépôts de glycogène au point qu'ils en contiennent souvent des quantités considérables, alors que les follicules hépatiques n'en ont point. » (Barfurth, p. 328, 329.)

Tous les faits relatifs à la teneur du tissu hépatique en glycogène montrent qu'elle est essentiellement sous la dépendance du degré de l'alimentation. Après un jeûne de vingt à vingt et un jours chez les limaces et les limaçons, tout le glycogène a disparu (p. 330),t et même au bout de neuf à dix heures après une alimentation, le glycogène reparaî (p. 344). Fait remarquable : *c'est dans les cellules du tissu conjonctif que se dépose d'abord le glycogène, tandis qu'après une longue inanition le glycogène disparaît de l'épithélium hépatique avant de disparaître des cellules du tissu conjonctif* (Barfurth, p. 334).

Les analyses quantitatives faites par Barfurth sont importantes pour établir le rôle prépondérant du foie des gastéropodes comme organe de dépôt pour le glycogène. Il a vu qu'après vingt-quatre heures d'alimentation le foie contient dix fois plus de glycogène qu'un même poids de toute autre partie du corps (p. 338). En outre, vingt-quatre heures après le début de l'alimentation, le foie contient tant de glycogène que cette quantité égale presque tout le glycogène contenu dans le reste du corps.

En continuant l'alimentation, on voit le glycogène augmenter dans les autres tissus de l'organisme, et par exemple, dans l'expérience III, le glycogène du foie représentait encore environ un tiers de tout le glycogène de l'animal.

Le foie des gastéropodes se comporte donc en principe comme le foie des vertébrés (Barfurth, p. 345).

Voici les résultats des analyses de Barfurth :

Glycogène.

Du foie.		Du reste du corps.	
I. *Limax variegatus*	0,052	24 heures d'alimentation	0,0641
II. *Limax variegatus*	0,376	3 jours d'alimentation	0,5338
III. *Helix pomatia*	0,801	5 jours d'alimentation	2,2360

D'après Landwehr (*Z. p. C.*, vi, 74), le limaçon de vigne a un glycogène qui ne se colore pas par l'iode; ce pourquoi il l'a dénommé *achroo-glycogène;* mais ni Barfurth, ni Hammarsten (*A. g. P.*, xxxiv, 373) n'ont pu confirmer le fait.

Il nous reste maintenant à voir la distribution du glycogène dans le foie lui-même, ce qui est très important pour la physiologie expérimentale.

Seegen et Kratschmer croient avoir montré que le sucre, comme le glycogène, sont également distribués dans tout le foie, et que par conséquent le foie doit être regardé comme une unité organique (*A. g. P.*, 1880, xxii, 183). Mais, pour doser le glycogène, ils ont employé l'extraction par l'eau, ce qui est une méthode incertaine.

Richard Külz a pris différents fragments d'un foie de chien, et déterminé par la méthode de Brücke et Külz les proportions de glycogène de ces divers fragments. Je donne les résultats de ces recherches dans le tableau suivant, que j'extrais du tableau IX et du tableau X de Külz. Les expériences 1 à 4 ont été faites sur le même chien; les expériences 5 à 7 sur un autre.

Glycogène du Foie (Külz).

	Poids du fragment de foie (chien) en gr.	Glycogène (sans cendres) en gr.	Proportion de glycogène, pour 100 gr. de foie dans le fragment analysé.
1	32,5	1,6863	5,18
2	32,8	1,6560	5,05
3	32,0	1,6024	5,00
4	31,0	1,5381	4,96
5	33,0	0,8078	2,45
6	37,0	0,8331	2,25
7	29,0	0,6367	2,19

« Mes recherches, dit R. Külz, me font admettre que le glycogène est contenu à peu près en mêmes proportions dans les différentes parties du foie. »

Auguste Cramer (*Z. B.*, 1888, xxiv, 85) a poussé la question plus loin; dans des recherches entreprises sous la direction de Édouard Külz, il a dosé le glycogène dans des foies de cobaye, de lapin, de poule, de grenouille; mais, comme les foies de ces animaux, excepté du lapin, sont trop petits pour pouvoir être segmentés en fragments où se puisse doser le glycogène, je ne tiendrai compte ici que des recherches faites sur des foies de lapin, comme ayant seules une certitude suffisante. Les chiffres que je donne sont ceux du glycogène privé de cendres, et ils sont rapportés à 100 grammes de tissu hépatique.

Dans l'expérience de Richard Külz avec le premier chien, les proportions centésimales de glycogène pour les différents fragments de tissu hépatique sont sensiblement identiques. Il n'en est pas ainsi pour les dosages faits sur le foie du second chien. Les différences de 2,45 à 2,19 p. 100 (expérience 5 et expérience 7) donnent une différence centésimale de 11,9 p. 100. Cela tient probablement à une moindre proportion de glycogène de ce foie, ainsi que l'a supposé RICHARD KÜLZ. La méthode analytique n'est pas assez exacte pour que l'erreur d'observation ne croisse pas plus vite que les différences à déterminer.

	POIDS DE TOUT LE FOIE (en grammes).	POIDS DU FRAGMENT analysé (en grammes).	POIDS DU GLYCOGÈNE sans cendres (en grammes).	PROPORTION CENTÉSIMALE du glycogène.
1	80	28.0	2.5307	0.9038
2	80	24.5	2.3344	0.9528
3	80	27.5	2.5954	0.9438

Il est possible que le glycogène soit également réparti dans le foie d'un animal, mais le fait n'est pas suffisamment déterminé par les expériences ci-dessus.

Pancréas. — D'après PAVY (*Lancet*, 1881, (2), 5 et 43), il y a du glycogène dans le pancréas. AUGUSTE CRAMER a établi que chez les enfants nouveau-nés il y avait certainement du glycogène dans le pancréas (*Z. B.*, 1887, XXIV, 89).

Autres glandes de l'appareil digestif. — BARFURTH n'a pas pu démontrer l'existence du glycogène dans les glandes de l'intestin et de l'estomac; mais il a montré ce corps dans une belle préparation de la muqueuse stomacale de la grenouille. Les cellules sécrétoires, surtout celles des conduits peptiques et de la surface de l'estomac, sont fortement colorées en brun rouge par l'iode (*loc. cit.*, XIV, fig. 4).

CRAMER a aussi démontré que l'appareil digestif du lapin contient du glycogène (*Z. B.*, XXIV, 89). Il a laissé jeûner quatre lapins pendant six jours, et il les a ensuite sacrifiés par l'hémorrhagie de la carotide. L'intestin a été ensuite, depuis l'œsophage jusqu'au rectum, lavé dans l'eau froide, soigneusement, pesé, et le glycogène a été préparé par la méthode de BRÜCKE. Constamment on a trouvé du glycogène; mais la quantité de ce corps ne représentait que quelques centièmes p. 100 du poids de l'intestin. CRAMER a aussi extrait de l'intestin et de l'estomac des enfants nouveau-nés des quantités pondérables de glycogène. Cette expérience naturellement n'indique pas dans quels éléments anatomiques du tube digestif ce glycogène vient se localiser. D'après BRÜCKE, il y a du glycogène dans l'appareil musculaire stomacal du porc (*Ak. W.*, 1871, LXIII, (2), 220).

Poumons. — ABELES indique qu'après trois jours d'alimentation avec du pain il a trouvé du glycogène dans le poumon des chiens (*C. W.*, 1876, 84). PASCHOUTINE, en faisant bouillir le poumon des chiens, y a constamment trouvé du glycogène. CRAMER en a aussi trouvé dans les poumons d'enfants nouveau-nés ou dans les poumons de bœufs (*loc. cit.*, 86). Il employait la méthode de BRÜCKE-KÜLZ, la réaction de l'iode et l'inversion par formation de sucre.

En tout cas ces quantités de glycogène pulmonaire sont minimes. C'est ce qui explique sans doute pourquoi BARFURTH n'en a pas pu trouver dans les poumons des lapins, des grenouilles d'hiver, et des *Lacerta stirpium* (*loc. cit.*, 285).

Glandes salivaires et autres glandes des invertébrés. — Alors qu'il n'y a chez les vertébrés de glycogène que dans un petit nombre de cellules, il faut admettre, d'après BARFURTH, cette loi qu'il a établie chez les animaux invertébrés et en particulier chez les gastéropodes que le glycogène ne fait défaut dans aucune glande. Lorsque ces animaux sont dans un bon état de nutrition, on trouve toujours du glycogène dans les cellules, les tissus conjonctifs, et aussi dans les parenchymes glandulaires. Mais, si l'alimentation n'est pas suffisante, alors dans les éléments glanduleux on n'en trouve plus que des traces. Chez *Limax variegatus* on trouve du glycogène après avoir longtemps nourri ces animaux avec du pain, dans les glandes du pied et dans les conduits sécréteurs.

BARFURTH a trouvé du glycogène dans les glandes du manteau de *Helix pomatia*, glandes qui contiennent surtout du mucus et du pigment, et qui sécrètent du carbonate et du phosphate de chaux. Le glycogène était mélangé avec le contenu glandulaire et dans les parties les plus profondes de la glande; avec B. Kirch, Barfurth a vu que les glandes vertes de l'écrevisse ne contiennent qu'une petite quantité de glycogène.

Dans ses recherches, Barfurth a bien montré les relations du glycogène avec la sécrétion des glandes salivaires. Chez les *Helix* et les *Limax* nourries avec du pain, les glandes sécrétantes présentent les caractéristiques suivantes. Beaucoup de cellules contiennent de nombreux amas glycogéniques, au milieu desquels apparaissent des masses brillantes qui sont colorées en jaune par l'iode : ces cellules sont donc riches en glycogène, et pauvres en produits de sécrétion. D'autres cellules sont, au contraire, bourrées de granulations secrétoires, et ne contiennent pas de glycogène : l'espace conjonctif qui les entoure peut cependant contenir une petite couche, plus ou moins épaisse, de glycogène. Ce sont des cellules riches en produits de sécrétion et pauvres en glycogène. Entre ces variétés de cellules il existe toutes formes de passage. Les granulations sécrétoires n'apparaissent qu'à certains moment de la digestion, et, pour voir les phases par lesquelles elles passent, il faut les examiner aux différentes périodes digestives (*loc. cit.*, 366 et suiv.).

Après une inanition hibernale de cinq mois, chez l'*Helix pomatia* on colore avec de l'hématoxyline les cellules salivaires durcies par l'alcool : ces cellules sont petites, avec un noyau relativement gros, ovale ou globuleux, et un protoplasma fin formant un même réseau; le noyau est coloré en bleu violet par l'hématoxyline; mais le corps de la cellule est incolore : *il n'y a pas de traces de glycogène*. Le mucigène, qui précède la mucine, n'est pas coloré par l'hématoxyline, tandis que la mucine se colore.

Mais, si au sortir de la période hibernale et de ce long jeûne l'on nourrit ces limaçons avec du pain mouillé, aussitôt on voit apparaître, à mesure que la digestion de l'aliment se fait, des modifications dans la structure cellulaire, modifications que nous allons décrire. Les cellules salivaires grossissent : il se forme dans leur intérieur un grand réseau protoplasmique, dans les mailles duquel vient s'interposer une substance transparente, claire et brillante : le noyau prend une apparence fragmentaire, envoyant des prolongements, qui communique avec le réseau protoplasmique, mais à ce moment *l'hématoxyline ne colore que le noyau :* tout le reste demeure incolore, l'iode colore tout en jaune : *il n'y a donc pas encore de glycogène*. Le stade suivant est déterminé par la formation de boules brillantes qui apparaissent dans les mailles du réseau protoplasmique et dont la quantité augmente rapidement; elles ne se colorent pas par l'hématoxyline, mais jaunissent par l'iode. Cependant, à ce moment, apparaissent les premières traces de glycogène coïncidant avec l'apparition de ces globules sécrétoires. D'ailleurs, il avait déjà commencé à se montrer dans les cellules du tissu conjonctif, et, après action de l'alcool, il avait formé des amas et des stries entre le réseau protoplasmique. Il augmente en même temps que les globules salivaires, mais il se met ensuite à diminuer, pendant que la quantité de ces globules continuent à augmenter. Quand toute la cellule est finalement remplie de globules salivaires, on ne voit plus trace de glycogène, et cet état apparaît 10 à 12 heures après le début de l'alimentation. Alors apparaît une destruction des globules salivaires qui se résolvent en petites granulations, lesquelles se colorent en bleu par l'hématoxyline. Or, comme ces masses se voient dans les conduits sécréteurs, il faut considérer ce produit comme un produit de sécrétion, et, tant qu'il est à l'état frais, il colore en bleu tous les conduits salivaires par son imprégnation avec l'hématoxyline.

C'est avec ces phénomènes de sécrétion que se terminent les processus de régénération glandulaire. Lorsque la sécrétion est terminée, on voit, dans l'intérieur des cellules salivaires, une substance formée de fines granulations qui ne prennent que peu la coloration de l'hématoxyline. Par l'iode, on y décèle des granulations d'un brun rouge à côté de parties qui restent jaunes : la masse se compose donc en partie de glycogène et en partie de substances albuminoïdes; car le glycogène ne se colore ni par l'hématoxyline, ni par le carmin, mais par la solution iodée.

Reins. — Chez les lapins, les cobayes et les souris, il n'y a pas de glycogène dans le parenchyme des reins, tandis qu'on en trouve dans l'épithélium rénal et dans l'origine des canalicules urinifères; chez l'homme on voit quelquefois des traces de glycogène dans les reins, et chez les grenouilles dans certaines parties du parenchyme rénal, c'est au moins ce qu'a observé Ehrlich (*loc. cit.*, 35, 36, 39), ce qui a été confirmé par Bar-

FURTH (*loc. cit.*, 779) pour les lapins adultes, et par PASCHUTINE (*C. W.*, 1884, 692). A. CRAMER (*Z. B.*, 1887, XXIV, 87), par la méthode de BRÜCKE-KÜLZ, a pu déterminer un peu de glycogène chez les enfants nouveau-nés. Le tissu est opalescent, donne la réaction de l'iode et, après inversion, un sucre qui réduit la liqueur de FEHLING.

Pour ce qui est du rein chez l'embryon, voici ce que dit CLAUDE BERNARD : « Le tissu glandulaire ne renferme pas de matière glycogène. Sauf l'épithélium des conduits glandulaires, je n'ai trouvé de matière glycogène dans le tissu même des reins à aucune époque du développement fœtal » et, quant aux voies génito-urinaires : « elles offrent également, dit-il, chez l'embryon, des cellules glycogéniques pendant leur évolution, j'en ai constaté sur la muqueuse de l'uretère et même dans les canalicules des reins. » ROUGET (*Journ. de la physiologie*, 1859, II, 390) dit : « déjà aussi chez le même embryon toutes les cellules épithéliales de l'appareil génito-urinaire sont remplies de plasma amylacé. » BARFURTH a trouvé chez les embryons de moutons de cobayes du glycogène sous l'épithélium de l'uretère, des bassinets et des canaux urinifères, tandis que les canalicules même comme les glomérules et les vaisseaux étaient complètement dépourvus de glycogène. Chez un embryon de lapin très jeune, sur qui la différenciation du corps de WOLFF n'était pas achevée encore, il y avait du glycogène dans l'épithélium des conduits et des bassinets, comme dans le canal de MÜLLER.

Quant aux invertébrés, BARFURTH a étudié d'une manière approfondie les reins des gastéropodes, spécialement des limaçons (*loc. cit.*, 280). La partie sécrétante des reins consiste essentiellement en un sac triangulaire dont les parois sont munies de plis faisant saillie et par ces feuillets ou plis sont constitués des compartiments qui s'ouvrent par un étroit passage dans les conduits excréteurs. La surface de ces replis porte l'épithélium qui sécrète le produit cellulaire essentiel de ces glandes, c'est-à-dire de l'urate d'ammoniaque, de l'acide urique et des corps appartenant au groupe urique (xanthine).

Après 5 jours d'alimentation avec du pain, les replis de ces appareils étaient tapissés, à la surface, de cellules épithéliales, cellules sécrétantes, riches en glycogène, mais les cellules sous-jacentes du tissu conjonctif en contenaient plus encore. Les fibres musculaires disséminées dans la substance conjonctive ne contenaient que peu de glycogène, et l'épithélium limitant la surface externe de la glande n'en contenait pas du tout.

Les choses se passent tout à fait de même chez les animaux pris en été : « Chez eux on trouve du glycogène dans tous les éléments cellulaires du rein, mais, il n'y en a que peu, et beaucoup de cellules épithéliales n'en contiennent pas du tout. » En général, chez les diverses espèces, les reins contiennent moins de glycogène que chez l'Hélix; dans les reins de la limace, BARFURTH, après 16 heures d'alimentation avec le pain, n'a pas trouvé de glycogène dans l'épithélium, mais seulement dans la substance conjonctive. Chez un autre sujet, après 3 jours d'alimentation, il y avait du glycogène dans le tissu conjonctif, mais non plus dans les cellules épithéliales. Le genre *Arion* se confond ici avec le genre *Limax*, et ce n'est qu'après de longues périodes d'alimentation que le glycogène apparaît dans les cellules rénales sécrétantes. Chez *Cyclostoma elegans*, d'après BARFURTH, les reins, placés dans l'intestin, ont du glycogène, non seulement dans leurs tissus conjonctifs, mais encore dans les cellules secrétantes : l'inanition fait disparaître le glycogène des reins et des autres organes. La recherche a été faite en février pendant l'hibernation chez l'*Helix pomatia* et chez *Cyclostoma elegans*, c'est-à-dire après de longues périodes de jeûnes. Les reins, comme la substance conjonctive, ne contenaient donc pas de glycogène (*loc. cit.*, p. 282).

Glandes génitales et éléments connexes. — CLAUDE BERNARD (*C. R.*, LXXV, 55) a dit qu'il y a du glycogène dans la cicatricule de l'embryon de poulet, même avant la fécondation. ÉDOUARD KÜLZ (*A. g. P.*, 1880, XXIV, 64) a étudié, au point de vue du glycogène, la cicatricule de 5 000 œufs de poulet, mais il n'a pas réussi à déceler même une trace de ce corps. Alors il a pris 200 œufs un peu plus âgés, et les a fait couver 60 heures jusqu'au moment d'apparition d'un embryon. On prit 116 de ces œufs; on plaça les embryons dans l'eau chaude après les avoir broyés et fait bouillir convenablement. Par la méthode de BRÜCKE-KÜLZ a pu extraire moins de un centigramme d'une substance blanche pulvérulente qui possédait les propriétés suivantes : elle se dissolvait dans l'eau avec opalescence, mais précipitait par l'alcool, elle rougissait par l'iode; et la couleur rouge disparaissait par l'ébullition pour reparaître par le refroidissement : une partie de la solution aqueuse fut soumise à l'ébullition en présence d'acide chlorhydrique, l'autre fut traitée par de la salive parotidienne fraîche; or les deux liqueurs traitées par le liquide de TROMMER avaient des propriétés réductrices. Aussi KÜLZ admet-il avec raison que la présence du glycogène dans les premiers tissus de l'embryon de poulet est un fait maintenant prouvé. BALBIANI (*Ann. des sc. nat., Zool.*, 1873, (5), XVIII, 29) a découvert du glycogène dans les embryons des arachnides. CLAUDE BERNARD (*Leç. sur les phén. de la vie*, 1879, II, 95) l'a trouvé dans les œufs des insectes et des mollusques. KRUKENBERG (*Vergl. phys. Studien*, V, 38) l'a vu dans les œufs de fourmis; KÜHNE, dans les testicules du chien (*Lehrb. d. phys. Chemie*, 1868, 376-558); LUCHSINGER dans les testicules des chiens et des grenouilles (*Exper. und krit. Beiträge zur Physiol. und Pathol. des Glykogenes*. Dissert. Zurich, 1875, p. 14 et *A. g. P.*, VIII, 302). BARFURTH (*loc. cit.*, p. 287), après nutrition avec du pain, a trouvé le glycogène chez la limace dans les glandes génitales et chez le limaçon après 5 jours de nutrition avec du pain dans les glandes hermaphrodites, il y en avait beaucoup dans les cellules conjonctives, des traces dans les follicules clos, dans les tissus des vaisseaux déférents, dans les canaux excréteurs de l'oviducte et de la glande albumineuse. Le *Limax cinereo-niger* et l'*Arion empiricorum* se comportaient de même.

CLAUDE BERNARD (*Journ. de la physiologie*, 1859, II, 31) l'a découvert dans le placenta et l'amnios des vertébrés, ainsi que dans la vésicule ombilicale des embryons d'oiseaux LANGHAUS et GODET (*Rech. sur la structure du placenta du lapin*, Diss. Berne, 1877) ont constaté sa présence dans les cellules du placenta des lapins. BARFURTH (p. 312) l'a trouvé dans le placenta des cobayes et des lapins. Les cellules géantes du placenta des apins sont remplies de glycogène.

AUGUSTE CRAMER, par la méthode de BRÜCKE-KÜLZ, a dosé la quantité de glycogène dans le placenta humain, le cordon ombilical, l'utérus et le testicule des nouveau-nés. Le tableau suivant donne le résultat de ses recherches :

Exp.	Organe.	Poids de l'organe en grammes.	Poids du glycogène en grammes.	Teneur en glycogène p. 100.
I.	Placenta *a*	491,5	0,4363	0,090
II.	Placenta *b*	472,0	0,3248	0,070
III.	Placenta *c*	292,0	0,2921	0,100
IV.	Cordon ombilical *a*	44,0	0,1410	0,320
V.	Cordon ombilical *b*	31,0	0,0849	0,270
VI.	Cordon ombilical *c*	18,0	0,1063	0,590
VII.	Testicule	1,5	0,0000	0,000
VIII.	Utérus	4,5	0,0020	0,049

Le glycogène, préparé ainsi, donnait une belle opalescence en liqueur aqueuse : il présentait la réaction de l'iode et, après saccharification par la salive parotidienne humaine, donnait nettement la réaction par l'oxyde de cuivre. (*Z. B.*, 1887, XXIV, 91.)

Muscles. — Peu de temps après que CLAUDE BERNARD eut découvert le glycogène du foie, SANSON l'a découvert dans les muscles (*C. R.*, 1857, XLIV, 1159 et 1323). Le fait a été constaté par tous les observateurs, et on a établi que la quantité de glycogène qui se trouve dans les muscles dépend de l'état d'alimentation de l'animal et est dans un étroit rapport avec le travail mécanique que les muscles ont à accomplir. Même chez les muscles d'invertébrés, le glycogène ne fait pas défaut quand les animaux se trouvent dans un bon état d'alimentation. CLAUDE BERNARD a trouvé le glycogène dans le corps des Vers de terre, et BARFURTH a établi par des preuves rigoureuses que c'est dans le tissu musculaire qu'il s'est accumulé. Il prit le corps de deux grands Vers de terre durcis par l'alcool, et dans lesquels l'examen micro-chimique avait montré du glycogène intra-musculaire; puis il sépara soigneusement avec des ciseaux les muscles de la cavité générale du corps et de l'intestin et fit ensuite une décoction prolongée de cette enveloppe musculaire, précipita la décoction par le réactif de BRÜCKE, le liquide filtré fut traité par l'alcool jusqu'à formation d'un précipité blanc floconneux. Ce précipité, filtré et lavé, donna une poudre blanche qui brunissait par l'iode et, après digestion par la salive, donnait un corps qui réagissait sur le liquide de TROMMER; cette même poudre, traitée à l'ébullition par l'acide sulfurique dilué, donne la réaction du sucre. Les muscles du ver de terre contiennent donc du glycogène. Les muscles des nématodes et les grands vaisseaux de l'*Arion empiricorum* en contiennent aussi. BARFURTH a étudié avec détail la musculature des gastéropodes et confirmé l'existence constante du glycogène. Ce sont surtout les cellules conjonctives intra-musculaires qui en contiennent, mais il s'en trouve aussi dans les fibres musculaires elles-mêmes.

EHRLICH avait dit que la fibrille musculaire est libre de glycogène, tandis qu'il s'en trouve beaucoup dans la substance cimentaire interfibrillaire; mais BARFURTH a prouvé d'une manière décisive par des coupes que, chez les animaux bien nourris, le glycogène existe en abondance dans l'intimité de la fibrille musculaire. Quelquefois même le sarcolemme en contient; les muscles lisses en ont, aussi bien que les muscles striés (*loc. cit.*, 292, 293).

D'après CLAUDE BERNARD, la formation du glycogène commence dans les muscles pendant la vie fœtale, dès qu'apparaît la différenciation histologique du tissu. Après la naissance, le glycogène disparaît avec la respiration et les mouvements de l'animal (*Journ. de la physiol.*, 1859, II, 333).

Système nerveux. — PAVY paraît être le premier à avoir établi qu'il y a du glycogène dans le cerveau (*Lancet*, (2), 1881, 5 et 43). PASCHUTIN (*C. W.*, 1884, XXII, 694) dit qu'il y en a dans le cerveau malade, et non dans le cerveau sain. ABELES en a trouvé dans le cerveau des diabétiques (*Z. B.*, 1885, 451). AUGUSTE CRAMER, traitant le cerveau frais par l'éther et l'alcool, et chauffant en vase scellé pendant cinq à six heures à une pression de 3 atmosphères, a pu faire un extrait aqueux qui, traité par la méthode de BRÜCKE-KÜLZ, a donné manifestement du glycogène : ce liquide se dissolvait avec opalescence dans l'eau, donnait une coloration rouge, vineuse, par l'iode, pour se décolorer à l'ébullition et redevenir rouge par refroidissement. Traité par la salive parotidienne humaine, ce liquide réduisait l'oxyde de cuivre. La teneur du cerveau en glycogène était de 0,008 à 0,018 p. 100 (*Z. B.*, XXIV, 92).

BARFURTH, qui a étudié le même point chez les invertébrés, dit que chez les limaçons la plupart des cellules ganglionaires sont sans glycogène, mais que quelquefois, par exception, certaines cellules en contiennent; les fibres nerveuses n'en ont pas, mais, dans la névrilème, on en trouve souvent de grandes quantités. Chez les embryons, on n'a jusqu'ici pas trouvé de glycogène dans la substance nerveuse. CLAUDE BERNARD (*Journ. de la physiol.*, 1859, II, 332) l'a cherché inutilement, ainsi que BARFURTH (p. 299).

Épithéliums. — ROUGET dit qu'après la naissance, il y a du glycogène « dans les cellules épithéliaires de l'enduit saburral de la langue, où je l'ai constaté chez de jeunes enfants et surtout dans les cellules épithéliales de la surface de la muqueuse vaginale chez la femme adulte. » (*Journ. de la physiol.*, III, 308.) CLAUDE BERNARD et ROUGET ont trouvé de grandes quantités de glycogène dans l'épithélium cylindrique de l'intestin des embryons des vertébrés (*loc. cit.*, p. 330 et p. 320). BARFURTH (p. 310) l'a vu dans les embryons de lapins et de cobayes, alors que l'épithélium intestinal de ces animaux adultes ne contient de glycogène à aucun moment de la digestion; mais dans l'épithélium cylindrique des conduits glandulaires excréteurs des vertébrés adultes, il y en a toujours. Chez les invertébrés, BARFURTH (p. 311) a trouvé chez les gastéropodes du glycogène dans l'épithélium cylindrique de l'intestin et des conduits glandulaires. ROUGET a le premier découvert du glycogène dans les formations épithéliales de la peau (*Journ. de la physiol.*, II, 320). « La zoamyline (glycogène) ne se montre à aucune époque à l'état d'infiltration dans le derme lui-même. Mais les follicules pileux, logés dans l'épaisseur de cette membrane renferment de jeunes pores dont les cellules comme celles des autres productions cornées de la peau sont remplies de plasma amylacés. » CLAUDE BERNARD (*Journ. de la physiol.*, 1859, I, 327) et MAC DONNEL (*Journ. de la physiol.*, IV, 556, 566) se sont exprimés de la même manière. Quant à savoir dans quelle partie des follicules pileux s'amasse le glycogène, c'est un point que BARFURTH (p. 308) a étudié avec soin. D'après lui, ce sont les cellules de l'enveloppe du follicule qui en sont abondamment remplies. Une coupe pratiquée suivant l'axe du poil et traitée par l'iode montre le poil que l'iode a jauni entouré d'une gaine épaisse fortement colorée en brun. Des coupes parallèles à l'axe longitudinal du poil le montrent entouré d'une gaine cylindrique brune qui ne va pas, il est vrai, jusqu'aux dernières parties de la racine, mais seulement jusqu'au point où le poil s'élargit en forme ampullaire. Or c'est exactement en ce point que se termine la gaine pileuse.

Les cellules qui entourent immédiatement la papille pileuse et desquelles naît le poil même, ne sont pas celles qui contiennent le glycogène, quoique elles appartiennent, d'après le développement embryonnaire, aux mêmes éléments cutanés qui donnent les follicules pileux. (Réseau de MALPIGHI.)

BARFURTH (p. 308) dit que le glycogène des follicules pileux ne se trouve que dans les poils dont la croissance est très active et qu'il n'y a de glycogène que pendant la croissance des poils, comme c'est le cas pour tous les poils de l'embryon et pour tous les poils ou cheveux poussant rapidement chez l'adulte. Cependant il me semble que la signification du glycogène dans la croissance des poils est encore douteuse; car je me suis à maintes reprises assuré que ni des poils, ni des plumes ne contiennent de glycogène. BARFURTH (p. 310) a trouvé dans le sabot des embryons de mouton et de cerf des quantités de glycogène qui répondent à celles qu'on trouve dans les follicules pileux. Dans le cristallin des embryons de truites, on trouve aussi du glycogène, alors que cependant il n'y a aucun développement de substance cornée.

Tissus conjonctifs. — ROUGET (*Journ. de la physiol.*, 1859, II, 231) et après lui RANVIER (*Journ. de la physiol.*, 1863, 574. *Technisches Lehrb. der Histologie. Trad. allem.*, 258 et 263) ont découvert par les réactions microchimiques le glycogène dans les cartilages. MAC DONNEL (*Americ. journ. of med. sciences*, 1863) et NEUMANN (*Arch.f. mikr. Anat.*, XIV, 24) ont confirmé cette découverte. JAFFÉ (d'après BARFURTH, *loc. cit.*,300) a vu du glycogène dans la chorde dorsale des Pétromyzons; mais, quoique les cellules du cartilage donnent nettement la réaction iodée, il n'a pas pu préparer chimiquement du glycogène.

Cependant PASCHUTIN (*C. W.*, 1884, 692) a réussi à préparer du glycogène, en l'extrayant des cartilages de chiens adultes et même des os. Il a pris les os des membres, et les cartilages vertébraux soigneusement débarrassés des muscles, du périoste, et du périchondre. Les os finement broyés ont été mis à bouillir dans une solution de soude. Il est à noter qu'il n'a employé que les diaphyses des os, et qu'il a laissé les épiphyses, riches en cartilages. Or, dans ces conditions, il a vu que les os contiennent toujours du glycogène, qu'il y en a peu dans les os, mais beaucoup dans les cartilages. Parfois, dans les cartilages, la teneur en glycogène est égale à celle des muscles ou du foie, quelquefois même la proportion est plus grande que dans les muscles. Toutefois PASCHUTIN ne s'est servi pour ses analyses quantitatives que de méthodes colorimétriques incertaines, et, pour isoler le glycogène, il a employé le réactif de BRÜCKE.

BARFURTH (p. 300) a complété nos connaissances sur ce point en montrant par l'examen micro-chimique la présence du glycogène dans les cartilages de l'articulation de l'oreille, des vertèbres, du larynx, de la trachée, dans les extrémités cartilagineuses des os, appendice xyphoïde, etc., etc.

Moi-même, par la méthode décrite plus haut, j'ai déterminé les proportions du glycogène des cartilages inter-vertébraux du cheval. 100 parties de ce tissu, débarrassé soigneusement des muscles et du périchondre ont donné : 0,0237 de sucre par inversion du glycogène (*A. g. P.*, 1902, XCII, 102). M. HÄNDEL a, dans mon laboratoire, déterminé les proportions quantitatives de glycogène dans le squelette du chien et du veau (*A. g. P.*, XCII, 104). Il a trouvé pour le chien, en glycogène, pour 100 :

Os	0,008
Tendons	0,030
Cartilage	0,100

Pour le veau :

Epiphyses	0,0169
Diaphyses	0,0071
Moelle osseuse	0,0306
Tendons	0,0059
Ligament vertébral	0,0072
Cartilages	0,2168

Dans les cartilages embryonnaires et les tissus osseux embryonnaires, le glycogène ne fait pas défaut non plus. ROUGET (*loc. cit.*, 308), et plus tard MAC DONNEL (*Journ. de la physiol.*, 1863, VI, 554) l'ont trouvé. BARFURTH en a vu dans un embryon de mouton, dans le cartilage articulaire du tibia et du fémur, dans un embryon de cerf, dans la tête du tibia, dans les cartilages de l'omoplate et du maxillaire inférieur; cependant le tibia et la tête du fémur n'en ont pas montré : chez un autre embryon de cerf, il a trouvé du glycogène dans les oreilles, dans les cartilages de l'oreille, des paupières, de la queue, et il en a prouvé l'existence par les réactions microchimiques. Marchand (*Ueber eine Geschwulst an quergestreiften Muskelfasern*, etc., *A. A. P.*, 1885, c, 42) est arrivé au même résultat, et il a trouvé que l'agrandissement des lacunes cartilagineuses au voisinage des os dépend de l'accumulation du glycogène, ou du moins coïncide avec elle.

Auguste Cramer (*Z. B.*, 1887, xxiv, 95) a chauffé les cartilages d'embryon de veau en vase scellé à une pression de trois atmosphères pendant quatre heures : après addition d'ammoniaque, le liquide a été précipité par deux volumes d'alcool à deux reprises, il a obtenu 0,72 et 0,86 p. 100 de glycogène.

Il était important d'étudier la substance conjonctive des invertébrés, car on ne peut pas l'assimiler complètement à celle des vertébrés, puisqu'elle ne donne pas de gélatine par la coction. Barfurth (p. 306) en a fait une étude détaillée : « les formes diverses de la substance conjonctive, dit-il, fibrilles, substance cimentaire, et cellule plasmatique, sont en toute évidence des substances où vient se déposer abondamment le glycogène, qu'il s'agisse du tissu glandulaire interstitiel ou du névrilème, ou de la tunique adventice des vaisseaux, ou de la séreuse des glandes, ou de la muqueuse intestinale, ou du tissu qui unit les fibres musculaires du pied des gastéropodes, partout le glycogène vient s'y amasser, fait d'autant plus remarquable que le tissu conjonctif des vertébrés ne contient que très peu de glycogène.

Sang et lymphatiques. — Le système vasculaire et le système lymphatique, avec les glandes qui en font partie, ne constituent à vrai dire qu'une portion du système conjonctif; et, en général, chez les vertébrés, ils sont pauvres en glycogène.

Pour les parois des vaisseaux sanguins, pour la rate et pour les glandes lymphatiques, on a nié la présence du glycogène (Ehrlich, *loc. cit.*, 39; Barfurth, 303). Mais Brücke et Paschutin en ont préparé, qu'ils ont extrait de la rate (*C. W.*, 1884, 692). Sanson l'a découvert dans le sang des herbivores (*Journ. de la physiol.*, 1859, 104) et a admis qu'il en constituait un élément normal, ce qui a été confirmé par Salomon (*D. med. W.*, 1877, n°s 8 et 35), Frerichs et Ehrlich (*loc. cit.*, 40).

Ehrlich a remarqué que les globules blancs du sang traités par la solution iodée prennent quelquefois une couleur légèrement brunâtre qu'il attribue à la présence du glycogène. D'après Hoppe-Seyler, des cristallins de veau qui ne contiennent pas de glycogène normalement, en renferment des quantités notables après qu'on a placé ces cristallins dans le péritoine d'un chien. Comme dans ce cas il se fait une migration de leucocytes et que, d'après Hoppe-Seyler (*Med. Chem. Unters.*, iv, 486), Ehrlich (p. 40) et Barfurth (p. 305), dans les cellules lymphatiques de diapédèse, autrement dit dans les globules blancs du pus, la présence du glycogène est certaine, l'expérience de Hoppe-Seyler se comprend facilement, en admettant que les corpuscules blancs du sang sont ou peuvent être des véhicules du glycogène. A. Cramer a extrait du liquide purulent de la plèvre d'un homme (2200 cc.) 0,778 de glycogène, qu'il a identifié comme glycogène par des réactions certaines. Huppert a aussi établi, par des preuves très démonstratives, la présence du glycogène dans le sang et dans le pus (*Z. p. C.*, 1893, xviii, 145 et *C. P.*, 1893, vi). L'expérience de Huppert repose sur la séparation des albuminoïdes par un sel de cuivre. Le glycogène obtenu constituait une poudre blanche farineuse, formant dans l'eau une solution opalescente qui précipite par l'alcool, dévie la lumière polarisée à droite, se colore en brun par l'iode et, chauffée avec un acide minéral, donne un liquide qui réduit les liqueurs cuivrées alcalines : la teneur en glycogène est faible : un litre de sang de veau ne donne que 5 à 6 milligrammes de glycogène; dans le pus on a constaté constamment du glycogène en plus grande quantité que dans le sang. Kaufmann a de nouveau montré la présence du glycogène dans le sang (*B. B.*, xlvii, 153).

Remarquons que Freund (*C. P.*, 1892, vi, 345) a trouvé comme élément normal du sang ce qu'il appelle une *gomme animale*, laquelle, après ébullition avec les acides, donne un corps qui réduit les liqueurs de Fehling et de Knapp. L'analyse élémentaire permet de lui donner la formule $C^6H^{10}O^5$. Il s'agit probablement d'achroo-glycogène.

Dans le sang d'un chien à jeun depuis vingt-huit jours, j'ai trouvé, par des méthodes décrites plus haut, du glycogène; 100 parties de sang ont donné une quantité de glycogène répondant à 0,009 de sucre (*A. g. P.*, XCI, 121).

A. DASTRE (*C. R.*, XLVII, 262, et *A. d. P.*, XXVII, 232) a montré dans quelles parties du sang se trouvait le glycogène : la lymphe, rendue incoagulable par un oxalate, est additionnée d'une solution de chlorure de sodium à 6 p. 1000, mise à la glacière jusqu'à ce que les leucocytes se déposent : or le glycogène ne se trouve pas dans le plasma clair qui surnage, mais dans la couche de cellules qui tombe au fond du vase.

Quant aux glandes vasculaires sanguines, PAVY (*Lancet*, (2), 1881, 5 et 43) a trouvé du glycogène dans la rate ; ABELES (*C. W.*, 1885, 451) dans la rate des diabétiques; PASCHUTIN (*C. W.*, 1884, 692) en a parfois trouvé des traces dans la rate ; AUGUSTE CRAMER (*Z. B.*, XXIV, 88) a pu extraire de la rate des nouveau-nés, par la méthode de BRÜCKE-KÜLZ, une substance se dissolvant dans l'eau avec opalescence, ne donnant qu'une faible réaction avec l'iode ioduré de potassium, mais, après action de la salive parotidienne, réduisant nettement l'oxyde de cuivre. Une rate de bœuf de 240 grammes a donné 0,038 d'une substance ayant les mêmes réactions que celles qu'on avait extraites de la rate d'un enfant nouveau-né. On ne peut guère douter qu'il ne s'agisse là de glycogène.

CRAMER a étudié à ce point de vue le thymus (*Z. B.*, XXIV, 891) : il a isolé une substance se dissolvant avec opalescence dans l'eau, donnant la réaction de l'iode (faiblement), et, après action de la salive parotidienne humaine, réduisant l'oxyde de cuivre. Il s'agissait là assurément de petites quantités de glycogène, et, si la réaction de l'iode était faible, c'est que, dans ce cas, la méthode de KÜLZ laisse des impuretés relativement considérables, qui affaiblissent ou masquent la réaction colorante.

Comme annexe aux tissus conjonctifs, on peut considérer la peau, dans laquelle CLAUDE BERNARD (*De la matière glycogène. Journ. de la Physiol.*, 1859, II, 327) a montré la présence du glycogène par l'analyse microscopique. ROUGET (*Journ. de la Physiol.*, 1859, III, 308) et MAC DONNEL (*Journ de la Physiol.*, 1863, VI, 554), comme nous l'avons vu plus haut, ont confirmé cette découverte. PASCHUTIN a trouvé toujours du glycogène dans la peau des chiens (*C. W.*, 1884, 692). BARFURTH (275 et 307) l'a trouvé microscopiquement et a montré les relations de cette substance avec l'accroissement des poils et des tissus cornés. AUGUSTE CRAMER (*Z. B.*, XXIV, 97) a, par la méthode de BRÜCKE-KÜLZ, extrait du glycogène de la peau des enfants nouveau-nés, et il a trouvé des proportions de 0,051 à 0,066 p. 100. Dans la peau d'un chien resté vingt-huit jours sans nourriture j'ai pu, par ma méthode, préparer du glycogène; la peau qui pesait 5 100 grammes, m'a donné 1,402, soit 0,027 p. 100 de glycogène (*A. g. P.*, 1902, XCI, 121).

Glycogène des animaux inférieurs. — CLAUDE BERNARD (*Leç. sur les phén. de la vie*, 1879, II, 108) a trouvé du glycogène chez les huîtres, les larves de mouches, les chenilles, les vers de terre, les vers intestinaux, dans les œufs des insectes et des mollusques. BIZIO (*C. R.*, 1866, LXII, 675 et 1867, LXV, 75) en a trouvé dans *Ostrea edulis*, *Cardium edule*, *mytilus edulis*, *Solen siliqua*, *Pecten jacobœus*, BALBIANI (*Ann. des sc. nat., zool.*, (5), XVIII, 29, 1873), dans les embryons des Araignées. KRUKENBERG, dans les œufs de fourmis. PICARD, dans les Échinodermes, les Holothuries, les Polypes et les Éponges (*Gaz. méd. de Paris*, 1874, 618). FOSTER, dans *Ascaris lumbricoïdes* (*Proceed. of the Roy. Soc.*, 1865, 543).

On en a trouvé aussi chez les protozoaires. CERTES (*C. R.*, XC, 77) l'a décelé par des réactions micro-chimiques chez les Vorticelles, les Opalines, les Chilodon, les Amibes et les Rhizopodes. BARFURTH (p. 317) a eu en outre le mérite de constater le glycogène chez les infusoires, non seulement par des réactions micro-chimiques; mais encore par l'analyse chimique d'après la méthode de BRÜCKE. Il prépara un sérum de l'utérus frais d'une vache et cultiva dans ce sérum une grande quantité d'infusoires (*Glaucoma scintillans*). Après développement de ces organismes, il ajouta du sucre et des sels, chlorure de sodium, phosphate de potasse, carbonate de soude et sucre. Huit jours après, le liquide pullulait d'infusoires; toute la masse, environ 1 litre et demi, fut alors concentrée à 10 cc., et le glycogène précipité par la méthode de BRÜCKE : le précipité, traité par la solution de LUGOL, donna aussitôt une coloration brune. La solution fut placée dans une capsule de porcelaine blanche. Dans la solution, on mit un petit cristal d'iode : alors aussitôt le liquide environnant prit une coloration brune; l'autre partie, après ébullition avec l'acide chlorhydrique dilué, donna la réaction de TROMMER, faible, mais certaine; toutes preuves établissant la présence du glycogène dans les infusoires.

Enfin, remarquons que la présence du glycogène dans les champignons a été établie avec certitude. KÜHNE l'a découvert dans l'*Æthalium septicum* (*Lehrb. d. phys. Chemie*, 1868, 334), ce qui a été confirmé par BEREND, cité par BARFURTH (*loc. cit.*, 314), et KÜLZ (*A. g. P.*, 1881, XXIV, 65). ERRERA a trouvé dans la levure une substance qui se colore en brun par l'iode, et il l'a considérée comme du glycogène, encore qu'il n'ait pu arriver à l'isoler (*L'épiplasma des Ascomycètes et le glycogène des végétaux*, Bruxelles, 1882, et *C. R.*, 1885, CI, 253). Plus tard, CREMER a cherché dans la levure à isoler le glycogène par la méthode de BRÜCKE, et il lui a trouvé un pouvoir rotatoire dextrogyre de + 198°,9 (*Münch. med. Woch.*, 1894, XLI, 525). Il a pu obtenir du sucre par l'inversion avec l'acide chlorhydrique dilué : les diastases de la salive et du sucre pancréatique ont pu aussi transformer en sucre le glycogène de la levure. CLAUTRIAU l'a étudié avec détail; les préparations qu'il a obtenues étaient cependant riches en cendres de 1 à 3,15 p. 100 (*Étude chimique du glycogène. Mém. de l'Ac. R. de Belgique*, 1895, 53).

ARTHUR HARDEN et WILLIAM JOHN YOUNG (*Glycogen from Yeast : Transact. of the Chem. Soc.*, 1902, LXXXI) en ont fait de nouveau l'étude détaillée. La levure, bien lavée et comprimée, fut broyée avec son poids de sable, et mise dans le désintégrateur ROWLAND (*J. P.*, 1901, XXVII, 53) : pendant l'opération elle était maintenue froide par l'acide carbonique liquide; puis elle fut reprise par deux ou trois fois son poids d'eau bouillante et soumise à l'ébullition pendant environ deux heures. Après centrifugation et séparation du liquide, le résidu solide fut centrifugé une seconde fois, et on mélangea les deux liquides. Puis, on les additionne de chlorure de calcium et de phosphate de soude à molécules égales. On neutralise par l'ammoniaque, on chauffe au bain-marie et on sépare le phosphate de calcium par filtration : enfin le filtrat est concentré par évaporation, et on précipite le glycogène par son volume d'alcool. Cette opération est répétée jusqu'à ce que tout le glycogène se précipite sous la forme d'une masse visqueuse, qu'il donne dans les précipitations par l'alcool. En se précipitant, le phosphate de chaux entraîne de grandes masses de matières mucilagineuses. Quant au glycogène, on le dissout de nouveau dans l'eau, et on sature la liqueur d'abord avec du sel, puis avec du sulfate d'ammoniaque. On laisse ensuite reposer trois jours au froid. Dans ces conditions, toutes les dernières matières gommeuses se précipitent, pendant que le glycogène reste en solution. Après filtration, on sépare les sels par la dialyse, et on précipite le glycogène par l'alcool. Ensuite on précipite par la méthode de PFLÜGER le glycogène par la moitié de son volume d'alcool dans une solution qui contient 3 p. 100 de potasse, et 10 p. 100 d'iodure de potassium. Après filtration, le précipité est lavé par un mélange de 300 cc. d'alcool avec 400 cc. d'une solution contenant 3 p. 100 de potasse et 10 p. 100 d'iodure de potassium. On achève le lavage en versant de l'alcool à 50 p. 100.

Pour débarrasser le glycogène des matières minérales, on le dissout dans de l'eau, et on le précipite par son volume d'alcool, après l'avoir acidifié par un peu d'acide acétique. On répète plusieurs fois cette précipitation; enfin, on le redissout dans l'eau. On le précipite par son volume d'alcool; on filtre, on lave avec l'alcool à 50 p. 100, puis avec l'alcool absolu, et enfin avec l'éther. Finalement, on laisse la substance se dessécher à l'air libre. L'opération doit être recommencée tant qu'on trouve encore des cendres, et la purification ne doit être arrêtée que quand 0gr,2 à 0gr,4 de ce glycogène desséché ne donnent plus d'azote par la méthode de KJELDAHL, ni de cendres pondérables à la calcination.

La quantité de glycogène contenue dans la levure est variable, et en moyenne d'environ 2 p. 100 de la levure comprimée.

Pour comparer le glycogène de la levure avec celui des huîtres et des foies de lapin, on a employé la méthode de PFLÜGER pour la préparation et la purification de ces divers glycogènes. On les a desséchés à 100° dans le vide sur l'anhydride phosphorique. La combustion a donné :

I. *Glycogène de la levure.*

a. 0,2249 ont donné 0,3639 de CO^2 et 0,1283 H^2O. C = 44,13, H = 6,34
b. 0,1311 — 0,2132 de CO^2 et 0,0743 H^2O. C = 44,35, H = 6,30

II. *Glycogène des huîtres.*

a. 0,1974 ont donné 0,3189 de CO^2 et 0,1120 H^2O. C = 44,06, H = 6,30
b. 0,1643 — 0,2669 de CO^2 et 0,0924 H^2O. C = 44,30, H = 6,25

Glycogène des tissus de vertébrés, d'embryons de vertébrés et d'invertébrés (Barfurth).

CELLULES ANIMALES.			TISSUS CONJONCTIFS.			ÉPITHÉLIUMS.	
a. GLANDES.	*b.* MUSCLES.	*c.* SYSTÈME nerveux.	CARTILAGES.	SANG et glandes sanguines.	CELLULES conjonctives des invertébrés.	ÉPITHÉLIUMS stratifiés. Peau et téguments.	ÉPITHÉLIUMS cylindriques.
Foie des vertébrés, des embryons de vertébrés, des mollusques, des arthropodes. Reins des vertébrés, des embryons de vertébrés, des mollusques. Glandes vertes des écrevisses. Glandes salivaires des embryons de vertébrés et des gastéropodes. Poumons testicules et ovaires des vertébrés et des embryons de vertébrés. Glandes de l'estomac de la grenouille. Glandes hermaphrodites, glandes albumineuses, glandes du manteau et du pied des gastéropodes.	Muscles striés des vertébrés et de leurs embryons. Muscles des vers, des mollusques, des arthropodes. Fibres musculaires lisses des vertébrés.	Cellules ganglionnaires des gastéropodes (traces). Cerveau des vertébrés (d'après Pavy).	Cartilages hyalins et fibro-cartilages embryonnaires. Chorde dorsale.	Globules blancs des vertébrés. Rate. Globules sanguins des crustacés.	Cellules plasmatiques. Cellules conjonctives et fibrilles de la substance conjonctive des gastéropodes.	Épithéliums stratifiés de la peau, de la langue et du vagin des vertébrés. Gaines pileuses des poils en voie d'accroissement des vertébrés et des embryons de vertébrés. Téguments des embryons de vertébrés. Corne, bec, plumes.	Épithéliums cylindriques des conduits excréteurs des vertébrés, des embryons de vertébrés et des invertébrés. Épithéliums cylindriques du canal intestinal des embryons de vertébrés et des invertébrés. Estomac et intestin de la grenouille.

III. *Glycogène des foies de lapin.*

a. 0,2559 ont donné 0,4167 de CO^2 et 0,1462 H^2O. C = 44,41, H = 6,34
b. 0,2611 — 0,4232 de CO^2 et 0,1458 H^2O. C = 44,20, H = 6,30
Dans $C^6H^{10}O^5$ théoriquement C = 44,44, H = 6,17

Ces résultats n'ont pas de nombres différentiels qui dépassent les limites de l'erreur expérimentale : ils concordent avec la formule donnée par A. Kekule, $C^6H^{10}O^5$; et prouvent que le glycogène extrait de la levure est le même corps que le glycogène animal. Le pouvoir rotatoire spécifique du glycogène spécifique de la levure a été en moyenne de [α]D + 16, 5° + 198,3°; chiffres qui concordent, dans les limites de l'erreur expérimentale, avec les pouvoirs rotatoires du glycogène des huîtres et du foie des lapins.

Harden et Young ont confirmé l'observation de Clautriau, que les solutions aqueuses du glycogène de la levure ont une moindre opalescence que du glycogène des huîtres et des foies de lapins.

Ces divers glycogènes ne se comportent pas de la même manière vis-à-vis de la solution iodée. Le glycogène des lapins est plus profondément coloré par l'iode que le glycogène de la levure, et le glycogène des huîtres est beaucoup moins coloré que les deux autres. Notons qu'en comparant deux échantillons de glycogène de la levure obtenus par des préparations différentes, dans un cas, la profondeur de la coloration était de 25 p. 100 plus grande que dans l'autre. Harden et Young n'ont pas pu confirmer l'observation de Clautriau que le glycogène de la levure se colore plus fortement que celui des champignons et du lapin.

Harden et Young ont enfin comparé l'action de l'acide chlorhydrique dilué (hydratation et formation de sucre) sur les trois variétés de glycogène. Ils n'ont pas pu trouver de différences essentielles. En faisant bouillir une solution de glycogène avec de l'acide chlorhydrique dilué à 1,82 p. 100, le maximum de la formation de sucre n'a été obtenu qu'au bout de six à huit heures, quoique au bout de quatre heures la limite ait été presque atteinte.

Conclusion. — Dans les deux tableaux suivants, dus à Barfurth, on pourra voir en son ensemble la répartition du glycogène dans les organismes vivants :

Glycogène des animaux et des champignons (Barfurth).

VERTÉBRÉS.	MOLLUSQUES.	ARTHROPODES.	VERS.
Mammifères *. Oiseaux *. Reptiles *. Amphibies *. Poissons *.	Céphalopodes *. Gastéropodes *. Lamellibranches *. Tuniciers *. »	Arachnides *. Insectes *. Myriapodes *. Crustacés *. »	Plathelminthes *. Némathelminthes *. Annélides *. Rotifères *. »
ÉCHINODERMES.	**CŒLENTÉRÉS.**	**PROTOZOAIRES.**	**CHAMPIGNONS.**
Crinoïdes. Astéroïdes *. Échinides *. Holothuries *. »	Éponges *. Anthozoaires *. Méduses *. Ctenophores *. »	Rhizopodes *. Infusoires *. Grégarines *. » »	Myxomycètes *. » » » »

Remarques. — Ce tableau a été construit d'après les données de Krukenberg (*Physiol. Studien an den Küsten der Adria, 2e part.*, Heidelberg, 1880, 62-63). L'astérisque indique que du glycogène a été constaté directement dans tel ou tel groupe animal. Dans les autres groupes, cette recherche n'a pas été faite encore. Si j'accorde du glycogène aux éponges et aux échinodermes, c'est d'après les données de PICARD. Mais, comme KRUKENBERG n'en a trouvé chez ces êtres que peu ou pas du tout, il faut mettre un point d'interrogation. En fait de champignons, on n'a mentionné encore que les myxomycètes comme contenant du glycogène. Il faut réunir dans un même groupe les crinoïdes, les astéroïdes et les échinides; car PICARD ne parle que des échinodermes et des holothuries en général.

Distribution du glycogène dans les divers organes du même individu. — A divers points de vue, il est important de savoir si la teneur des divers muscles en glycogène chez le même individu est identique ou non. OTTO NASSE (*A. g. P.*, 1877, XIV, 481) avait déjà pensé, en s'appuyant d'ailleurs sur des méthodes peu exactes, qu'il y a de notables différences; mais de meilleures méthodes ont montré que ces différences sont quelquefois étonnamment fortes, ainsi qu'il résulte des analyses que GUSTAVE ALDEHOFF a données (*Z. B.*, 147, XXV).

Glycogène des muscles de cheval (ALDEHOFF).

EXPÉRIENCES.	ORGANES.	CHEVAL 1. Glycogène p. 100.	CHEVAL 2. Glycogène p. 100.
I	Foie	0,4212	0,2081
II	Cœur	0,8196	0,5754
III	M. *Glutaeus maximus*	2,4386	0,9875
IV	M. *latissimus dorsi*	1,2887	1,3439
V	M. *obliquus abdom. ext.*	1,7069	0,6839
VI	M. *biceps brachii*	1,4705	1,0299

Un vieux cheval de vingt-huit ans en bon état d'alimentation (cheval de l'expérience I du tableau) fut mis à jeûner pendant neuf jours, puis sacrifié par piqûres du cœur. Dans l'eau bouillante, on plaça le foie quinze minutes, le cœur trente minutes, les autres muscles environ une heure après la mort de l'animal.

Pour chacune de ces recherches, on employa chaque fois 100 grammes de tissus, de sorte que les quantités de glycogène donnent la proportion centésimale de ce corps.

La méthode employée fut celle de BRÜCKE-KÜLZ, et les résultats sont indiqués dans le tableau.

Quant au cheval de l'expérience II, les indications manquent.

ALDEHOFF a contrôlé ces analyses faites d'après la méthode de BRÜCKE-KÜLZ, à l'aide de la méthode polarimétrique, de sorte qu'on ne peut douter de leur exactitude, ce qui est important, car il s'agit de différences considérables. Le muscle oblique de l'abdomen sur le cheval de l'expérience II ne contient pas en glycogène pour 100 grammes, la moitié de ce que contient le muscle *latissimus dorsi*, la même différence se retrouve pour le cheval n° 1, entre le muscle *latissimus dorsi* et le muscle *glutæus maximus*, même en admettant que la méthode de BRÜCKE-KÜLZ est très défectueuse, on ne peut cependant pas la rendre responsable de ces grandes divergences.

D'ailleurs, un an auparavant, AUGUSTE CRAMER (*Z. B.*, XXIV, 78), qui travaillait aussi dans le laboratoire de KÜLZ, avait déjà constaté ce fait important de la grande différence de teneur en glycogène pour les muscles du même animal (par la méthode de BRÜCKE-KÜLZ).

Je reproduis les chiffres trouvés par CRAMER dans le tableau page 312.

Puisqu'il est prouvé qu'il y a de très considérables différences dans les proportions de glycogène pour les divers muscles du même individu, il faut donc, lorsqu'on veut connaître la proportion du glycogène musculaire, ne pas se contenter du dosage de quelques échantillons pris çà et là : il faut doser ce glycogène dans la totalité des muscles.

Glycogène des muscles (A. Cramer).

EXPÉRIENCES.	MUSCLES COMPARÉS.	POIDS du muscle en grammes.	GLYCOGÈNE sans cendres en grammes.	GLYCOGÈNE p. 100.
Chien I.	*Biceps brachii*	25,8	0,0444	0,17
— I.	*Quadriceps femoris*.	119,3	0,6369	0,53
— II.	*Biceps brachii*	18,2	0,0461	0,25
— II.	*Quadriceps femoris*.	148,8	0,4760	0,32
— III.	Muscle du dos.	100,0	0,1346	0,135
— III.	Adducteurs du membre postér.	100,0	0,0768	0,077
Lapin I.	Muscles du dos.	90,0	0,3755	0,417
— I.	Adducteurs du membre postér.	100,0	0,4438	0,444

Pour éviter cette recherche longue et laborieuse, on s'est demandé si les parties symétriques de droite et de gauche étaient comparables au point de vue de la quantité de glycogène contenu. Auguste Cramer (*Z. B.*, 1888, xxiv, 70) a fait cette recherche dans le laboratoire de E. Külz, par la méthode de Brücke-Külz, sur des grenouilles, des pigeons, des chiens, des poules, des lapins et des enfants nouveau-nés. Voici ses principaux résultats, présentés dans le tableau suivant :

Comparaison des extrémités droite et gauche (teneur en glycogène), d'après A. Cramer.

		POIDS DU TISSU en grammes.	POIDS du glycogène des muscles (sans cendres).
1. Poule.	Moitié gauche.	108,7	0,50
	— droite.	111,5	0,49
2. Lapin.	— gauche.	146,3	0,46
	— droite.	147,7	0,49
3. —	— gauche.	153,0	0,03
	— droite.	152,1	0,02
4. —	— gauche.	163,8	0,00
	— droite.	162,9	0,00
5. Chien.	— gauche.	277,0	0,18
	— droite.	270,0	0,23
6. —	— gauche.	42,9	0,24
	— droite.	42,3	0,21
7. —	— gauche.	51,5	0,07
	— droite.	52,8	0,08
8. —	— gauche.	279,5	0,32
	— droite.	275,0	0,32
9. —	— gauche.	254,0	0,26
	— droite.	255,0	0,29

On voit qu'en général les différences entre le côté droit et le côté gauche sont faibles, et au maximum de 7,7 à 14,3 p. 100. Comme les plus grandes différences s'observent surtout sur les animaux de petite taille, et par conséquent pour de petites quantités de tissu analysé, il est probable, quoique cela ne puisse être affirmé en toute certitude, qu'il s'agit là d'erreurs expérimentales. En tout cas, comme cette méthode de l'examen d'un seul des côtés du corps est employée dans le laboratoire de Külz, et qu'elle a servi à résoudre maintes questions importantes, il faudra toujours admettre qu'elle n'est pas rigoureusement exacte.

Cramer a aussi étudié la composition en glycogène des parties symétriques du corps sur des poules, des lapins et des chiens. Voici, disposés en forme de tableau, les résultats qu'il a obtenus :

Glycogène des parties symétriques (muscles), d'après A. Cramer.
(*Z. B.*, xxiv, p. 71, 72, 74.)

		POIDS EN GRAMMES du tissu.	GLYCOGÈNE sans cendres p. 100.
1. Grenouille. . .	Moitié gauche.	69,3	0,37
	— droite.	69,5	0,35
2. — . . .	— gauche.	85,0	0,46
	— droite.	85,7	0,44
3. — . . .	— gauche.	79,6	0,43
	— droite.	81,6	0,41
4. — . . .	— gauche.	71,0	0,31
	— droite.	72,1	0,35
5. — . . .	— gauche.	80,0	0,34
	— droite.	80,2	0,28
6. Pigeon. . . .	— gauche.	85,1	0,38
	— droite.	85,4	0,38
7. —	— gauche.	86,0	0,21
	— droite.	85,0	0,20
8. —	— gauche.	75,0	0,99
	— droite.	75,1	0,91
9. Poule.	— gauche.	79,5	0,22
	— droite.	78,5	0,22
10. —	— gauche.	89,5	0,22
	— droite.	89,5	0,24
11. Lapin.	— gauche.	576,5	0,14
	— droite.	589,5	0,13
12. Enfant. . . .	— gauche.	772,0	1,81
	— droite.	762,0	1,89
13. —	— gauche.	467,0	0,87
	— droite.	461,0	0,87
14. —	— gauche.	458,0	1,24
	— droite.	473,0	1,20

En chiffres absolus, les différences sont faibles, mais elles deviennent importantes quand on prend les proportions centésimales. En effet, chez le lapin, la différence est de 6,5 à 50 p. 100; chez le chien, de 0 à 14,3 et même de 27,7 p. 100 (Expérience 5-7, 8).

Au point de vue de la recherche physiologique, il serait bon de savoir si les muscles symétriques d'un même animal sont également riches en glycogène. A. Cramer, par la méthode de Brücke-Külz, a cherché à résoudre la question. Je donne ici, dans le tableau page 314, les résultats qu'il a obtenus (*Z. B.*, 1877, xxiv, 77).

Cramer conclut que d'une manière générale on peut considérer les muscles symétriques comme ayant la même quantité de glycogène. Ce n'est pourtant pas en réalité tout à fait le cas; car on voit, dans l'expérience I, une différence centésimale de 15,1 p. 100, et, dans l'expérience II, de 39 p. 100. Certes il est possible que les différences réelles soient moins grandes, et que les écarts trouvés par Cramer dans ses analyses dépendent souvent des imperfections de la méthode de Külz, mais cependant nous n'avons pas le droit de tenir pour négligeables de pareilles différences. D'ailleurs nous reviendrons plus tard sur cette question; car Külz a établi beaucoup d'affirmations importantes en supposant que les muscles symétriques contiennent les mêmes quantités de glycogène.

Glycogène de l'enfant nouveau-né (CRAMER, *Z. B.*, XXIV, 75).

	1er NOUVEAU-NÉ. P = 3330 GRAMMES.			2e NOUVEAU-NÉ. P = 2050 GRAMMES.			3e NOUVEAU-NÉ. P = 2100 GRAMMES.		
	POIDS des ORGANES en grammes.	POIDS du GLYCOGÈNE sans cendres en grammes.	TENEUR en GLYCOGÈNE p. 100.	POIDS des ORGANES en grammes.	POIDS du GLYCOGÈNE sans cendres en grammes.	TENEUR en GLYCOGÈNE p. 100.	POIDS des ORGANES en grammes.	POIDS du GLYCOGÈNE sans cendres en grammes.	TENEUR en GLYCOGÈNE p. 100.
1. Muscles.	1397,2	25,8406	1,85	859,7	7,4927	0,87	855,4	10,4268	1,22
2. Foie	137,2	2,9524	2,15	87,0	1,0292	1,20	66,0	0,6880	1,00
3. Poumons	68,0	0,0723	0,10	39	0,0558	0,14	35,0	0,0680	0,19
4. Cœur.	17,0	0,0214	0,12	15,0	0,0003	0,002	14,0	0,0359	0,25
5. Cerveau.	397,0	0,0338	0,008	310.0	0,0558	0,018	371,0	0,0673	0,018
6. Intestins.	?	?	»	46,0	0,3916	0,85	99,0	0,0416	0,04
7. Reins.	?	?	»	?	?	?	20,0	traces	traces
8. Pancréas	?	?	»	?	?	?	3,5	?	?
9. Thymus.	?	?	»	8,5	0,000	0,00	7,0	?	?
10. Rate	?	?	»	5,5	0,000	0,00	6,0	?	?
11. Peau.	?	?	»	397,0	0,2043	0,051	417,0	0,2775	0,066
12. Utérus	?	?	»	4,5	0,0020	0,044	?	?	?
13. Testicules. . . .	?	?	»	?	?	?	1,5	0,000	0,0
Glycogène total. . .	—	28,9215	—	—	9,2317	—	—	11,6052	—

Comparaison des muscles symétriques du chien (teneur en glycogène), d'après A. Cramer.

		POIDS du MUSCLE (en grammes).	GLYCOGÈNE (sans cendres) DU MUSCLE p. 100.	NOM du MUSCLE.
1.	Moitié gauche. . . .	113,3	0,61	*Quadriceps femoris.*
	Moitié droite	119,3	0,53	
2.	Moitié gauche. . . .	18,2	0,25	*Biceps brachii.*
	Moitié droite	17,2	0,18	
3.	Moitié gauche. . . .	25,5	0,16	*Biceps brachii.*
	Moitié droite	25,8	0,17	

Parmi les muscles, le muscle cardiaque mérite une mention spéciale. S. Weiss (*Ak. W.*, 1871, (1), LXIV) a préparé par la méthode de Brücke de notables quantités de glycogène qu'il a extrait du cœur du chien. A. Cramer a confirmé ces recherches de Weiss, et préparé du glycogène avec les cœurs de veau et d'enfants nouveau-nés (*Z. B.*, XXIV, 88). Dans le cœur des veaux il a trouvé de 0,03 à 0,16 p. 100; chez l'enfant, de 0,002 à 0,12 et 0,25 p. 100. Aldehoff a, dans le cœur du cheval, trouvé des quantités considérables de glycogène : 0,573 à 0,8196 p. 100 (*Z. B.*, XXV, 147). Ce dernier chiffre, très élevé, est d'autant plus important qu'il a été observé sur un cheval qui pendant neuf jours était resté à jeun. Il est remarquable d'ailleurs que, chez ce cheval, le glycogène du cœur était, en proportion centésimale, le double de ce qu'il était dans le foie, mais que la proportion était moindre que dans les autres muscles du corps.

A. Cramer a fait encore un autre dosage très important sur l'enfant nouveau-né par la méthode de Brücke-Külz. Quoique cette méthode ait ses imperfections et donne des chiffres certainement trop faibles, elle peut cependant fournir des résultats approchés, et les analyses de Cramer, résumées dans le tableau page 314, nous indiquent bien la répartition du glycogène dans les divers tissus de l'enfant nouveau-né.

Ainsi, pour 1 kilogramme du poids du corps, il y a :

1er nouveau-né : 8,68 de glycogène;

2e nouveau-né : 4,50 de glycogène;

3e nouveau-né : 5,28 de glycogène.

Comme, dans l'expérience I, les os et les cartilages, ainsi que la peau, n'ont pas été analysés, on peut leur attribuer la quantité de glycogène trouvée pour la peau sur le nouveau-né n° 2, soit 0,51 par kilogramme. Chez mon chien, qui avait jeûné vingt-huit jours, les os et les cartilages contenaient environ un neuvième de tout le glycogène contenu dans le corps. Nous pouvons donc en conclure que le nouveau-né n° 1 contenait par kilogramme :

$$8,68 + 0,51 + \frac{(8,68 + 0,51}{9} = 10^{gr},19 \text{ de glycogène}).$$

Autrement dit, le glycogène représentait un centième du poids du corps. J'ai trouvé cette même proportion, très forte, de glycogène dans le corps des grenouilles. 100 grammes de *Rana fusca* m'ont donné, par la méthode de Brücke-Külz perfectionnée, et par l'inversion du glycogène obtenu, 0,922. J'ai employé pour cette recherche 10 grenouilles pesant 391 grammes : l'expérience a été faite en mars, et les animaux expérimentés sortaient du sommeil hivernal.

Quant à la répartition de ce glycogène dans le corps des grenouilles, Athanasiu a fait un grand nombre de déterminations à l'aide de ma méthode : 30 grenouilles femelles (*Rana fusca*), pesant 705 grammes, ont donné le 28 mars :

Glycogène des grenouilles (ATHANASIU).

POIDS DU TISSU en grammes.	TISSUS.	GLYCOGÈNE (EN GRAMMES)	
		absolu.	pour 100.
25	Foie.	2,27	8,73
225	Muscles.	2,25	1,00
175	Téguments.	0,00	0,00
2,5	Système nerveux central. . . .	0,001	0,07
50	Ovaires.	0,55	1,1
TOTAL. 477,5		5,071	0,72

Par conséquent le kilogramme de grenouilles a donné 7,2 de glycogène.

Pour les grenouilles mâles, aux différents temps de l'année, ATHANASIU a donné le tableau suivant (*ibid.*, p. 566) :

Glycogène des grenouilles (ATHANASIU).

DATE.	ESPÈCE.	NOMBRE de grenouilles.	POIDS total.	GLYCOGÈNE. du CORPS.	du FOIE.	P. 100 dans le foie.	TOTAL du glycogène.	GLYCOGÈNE P. 100 du corps.
17 juillet.	*R. fusca*. . . .	15	533	1,289	0,443	2,77	1,732	0,324
25 —	—	20	640	1,62	0,87	4,35	2,49	0,390
27 sept. .	*R. esculenta*. .	10	256	0,87	1,24	8,26	2,11	0,820
7 oct.. .	— . .	12	449	1,88	1,56	8,21	3,44	0,760
11 nov. .	*R. fusca*. . . .	12	624	1,13	1,88	7,52	3,01	0,482

J'ai étudié la répartition du glycogène chez les animaux en inanition, et le tableau suivant présente l'ensemble des résultats (*A. g. P.*, 1902, XCI, 121) :

Glycogène des tissus d'un chien à jeun depuis 28 jours (33.6 kil. de poids au 28ᵉ jour

(PFLÜGER).

TISSUS.	POIDS DE L'ORGANE en kg.	GLYCOGÈNE (ÉVALUÉ EN SUCRE)	
		absolu (en gr.).	p. 100.
Foie.	0,507	24,260	4,785
Muscles.	13,130	20,750	0,158
Os et tissus similaires.	»	5,898	»
Peau.	5,100	1,402	0,027
Sang.	2,083	0,194	0,009
Intestin.	2,693	traces	traces
TOTAL.	23,513	52,504	»

Ainsi, chez l'animal à jeun, 1 kilogramme ne contient que 1,5 de glycogène, tandis que 1 kilogramme d'enfant nouveau-né ou de grenouille à la fin de l'hibernation en contient environ 10 grammes.

CHAPITRE IV

Origines du glycogène.

1° **État de la question.** — On est d'accord pour admettre que le glycogène se forme dans l'organisme par voie de synthèse, et, comme les processus de synthèse sont d'une importance fondamentale en physiologie générale, on a cherché par de très nombreuses expériences à approfondir cette fonction synthétique du foie. Beaucoup d'expérimentateurs estiment que le foie fait du glycogène non seulement avec le sucre, mais encore avec l'albumine, la graisse et d'autres substances. S'il était vrai que le foie fabrique du glycogène avec des molécules chimiques qui n'ont aucune relation avec la molécule du glycogène, ce serait assurément lui attribuer de bien étonnantes propriétés synthétiques.

Il y a quelques années il semblait nécessaire d'admettre ce phénomène physiologique véritablement exceptionnel que non seulement le sucre, mais encore l'albumine, est l'origine du glycogène hépatique. Je montrais en effet (*A. g. P.*, 1888, XLII, 144) qu'aucun des produits de désagrégation des substances albuminoïdes ne prouve qu'il y ait une molécule d'hydrate de carbone contenu dans la molécule albuminoïde. TOLLENS a pu obtenir de l'acide lévulinique avec les glycosides et tous les hydrates de carbone, mais dans aucun cas il n'en a pu obtenir avec la molécule albumine, et, aujourd'hui encore, il semble que dans la molécule d'albumine il n'y ait aucun hydrate de carbone.

Les découvertes décisives de PAVY (*The Physiology of the carbohydrates*, London, 1894) ont établi que beaucoup de substances que l'on considérait comme des albumines véritables sont des combinaisons de sucres, ou même de polyglycosides unis à l'albumine; ces combinaisons donnent par hydratation du sucre d'un côté et de l'albumine de l'autre.

On peut alors se demander si, dans les cas où le glycogène paraît formé aux dépens de l'albumine, on ne peut pas expliquer le fait en supposant qu'il s'agit d'une glycoprotéine : le glycogène viendrait du sucre que contient cette molécule de glycoprotéine. Si cette hypothèse se justifiait, on aurait alors expliqué le phénomène, inexpliqué jusqu'à présent, de la formation du glycogène, et les hydrates de carbone du foie ne dériveraient que des hydrates de carbone de la nutrition. Naturellement toutes les autres données, d'après lesquelles le glycogène viendrait de la graisse ou des acides organiques, ne pourraient être considérées que comme des illusions.

Des méthodes défectueuses et des expériences peu exactes ont fait qu'aujourd'hui tout le monde admet, comme un article de foi, que toutes les substances qui contiennent du carbone peuvent se transformer dans le foie en glycogène ; il faut mettre quelque clarté dans ce domaine si obscur. Et cela ne peut être fait que si nous analysons très méthodiquement les conditions de l'origine du glycogène. J'espère prouver qu'il n'y a aucune raison pour accorder au foie une puissance de synthèse si étrange. Comme, dans le corps des animaux, il existe de nombreuses réserves d'hydrates de carbone, on n'a pas le droit de supposer que le sucre éliminé par les diabétiques dérive d'une autre source que de ces réserves. C'est seulement après qu'on est parvenu à prouver que ces réserves ne sont pas suffisantes que l'on doit rechercher quelle est l'origine inconnue du sucre.

Quand le célèbre chimiste BERZELIUS a émis cette proposition, que jamais ne pourrait être synthétiquement produite une des substances que la vie fabrique dans les organismes des animaux et des plantes, la science n'était pas encore assez avancée pour réfuter cette grave erreur. Il en est ainsi pour beaucoup de questions contestées de notre époque; et on n'a pas encore bien compris que la solution rigoureuse de certains problèmes n'est pas possible dans l'état actuel de la science.

C'est un problème de cet ordre que nous avons à traiter ici. De quelle substance alimentaire dérive le glycogène?

Et aussitôt voici un fait qui se présente; c'est que, lorsqu'on ajoute à notre alimentation des substances comme l'urée et l'ammoniaque, desquelles assurément ne peut se former de glycogène, cependant on voit augmenter considérablement le glycogène hépatique.

Mais on peut expliquer de différentes manières ce phénomène singulier; d'abord, on peut supposer que les cellules hépatiques qui forment du glycogène avec une substance encore inconnue sont excitées à cette formation par l'ammoniaque, qui agit à la manière d'un stimulant : on peut aussi supposer que, dans le foie, ce n'est pas seulement de nouvelles quantités de glycogène qui sont formées, mais encore que la quantité finale de glycogène dépend de la consommation du glycogène qui est déjà formé. Si l'on admet alors que l'ammoniaque ralentit la consommation du glycogène sans diminuer sa formation, on voit que par l'ammoniaque la quantité de glycogène trouvée dans le foie peut paraître augmentée. Donc cet exemple nous prouve au moins ceci : c'est qu'il peut y avoir un accroissement dans la teneur des tissus en glycogène, dû seulement à l'action indirecte de substances desquelles certainement ne dérive pas le glycogène.

Mais il est aussi des cas où cette action indirecte existe, sans cependant qu'il soit possible d'établir que la substance ingérée ne forme pas elle-même de glycogène. Par exemple, supposons pour un instant, comme nous le verrons plus tard avec détails, que les albuminoïdes, qui ne sont pas des glycosides, sont incapables de former du glycogène, quoique ces substances, introduites dans l'alimentation, augmentent le glycogène de l'organisme. Si nous introduisons de l'albumine dans notre alimentation, nécessairement aussitôt vont diminuer les quantités de graisses et d'hydrates de carbone détruites par l'échange interstitiel, et elles diminueront dans des proportions isodynamiques à l'excès d'albumine ingéré. Donc l'introduction d'albumine va produire une épargne de glycogène, et, si l'organisme continue à fournir du glycogène aux dépens de substances inconnues encore, cette introduction d'albumine paraîtra augmenter la teneur en glycogène, et par conséquent tendra à nous faire supposer que le glycogène vient de l'albumine.

Ainsi, de ce que telle substance peut augmenter le glycogène du corps, on ne peut conclure avec certitude que cette substance a contribué à sa formation. Il y a en réalité un moyen pour en décider : c'est le même moyen qui a été employé pour savoir l'origine de l'acide hippurique et de l'urée. Si l'on introduit de l'acide benzoïque, il devient de l'acide hippurique dans l'organisme, et est éliminé par l'urine sous cette forme, de même que l'ammoniaque se change en urée et est éliminée sous cette forme. Pareillement l'acide chlorobenzoïque et l'acide amidobenzoïque deviennent de l'acide chlorohippurique et de l'acide amido-hippurique. De même l'éthylamine devient de l'éthylurée. On a essayé d'étudier la formation du glycogène de cette manière, mais sans succès : il est assez probable pourtant qu'un jour cette méthode réussira.

Par conséquent, même s'il était prouvé que telle substance déterminée, introduite dans le corps, augmente le glycogène, cela ne prouverait pas encore qu'elle contribue à la formation du glycogène. Mais il y a plus; car la preuve décisive de l'augmentation même de glycogène comporte bien des difficultés et des incertitudes.

Si l'on nourrit un animal avec une substance déterminée, comme du sucre, par exemple, et si au bout de quelques heures on le sacrifie pour doser le glycogène de son foie et de ses muscles, il est impossible de savoir combien, avant cette alimentation spéciale, existait de glycogène dans son corps. Pour éviter cette difficulté, on le laisse d'abord jeûner quelque temps pour que son organisme cesse de contenir du glycogène; mais cela ne réussit jamais complètement, et ce qu'il y a de plus grave, c'est que des animaux d'organisation sensiblement identique, dans des conditions qui paraissent identiques, après un jeûne également prolongé, renferment encore des quantités de glycogène très considérables, et très différentes d'un animal à l'autre. Et cependant souvent on se contente d'une seule expérience de contrôle. Un exemple va prouver ce que j'avance.

Mering (*A. g. P.*, xiv, 282) a voulu prouver qu'une nutrition albuminoïde augmente chez le chien le glycogène du foie. « Un chien vigoureux, dit-il, reçoit après vingt et un jours de jeûne, pendant quatre jours, 4 à 500 grammes de fibrine de bœuf bien lavée et 4 grammes d'extrait de viande. Six heures après son dernier repas, il est sacrifié. Son poids est de 17,520 grammes; son foie, de 540 grammes, contient 16,3 de glycogène.

Un autre chien servant de contrôle, et qui était de même taille, n'avait plus au 21e jour de jeûne que 0,48 grammes de glycogène. »

Mais, si Mering avait pris comme animal de contrôle le chien sur qui j'ai expérimenté et que j'avais laissé jeûner, non pas vingt et un jours, mais vingt-huit jours, il eût trouvé dans le foie, au lieu de 0,48, la proportion considérable de 22,5 de glycogène (*A. g. P.*, xci, 119). Ce chien avait dans son foie 47 fois plus de glycogène que le chien de Mering, quoique il eût jeûné huit jours de plus. En considérant que mon chien pesait une fois plus que le chien de Mering, on voit que le foie de mon chien contenait proportionnellement 23 fois plus de glycogène; et il y a certainement des chiens dont le foie, malgré un jeûne prolongé, est encore plus riche en glycogène que n'a été le mien.

Pour juger ces recherches, il est de grande importance de bien connaître les différences dans les proportions de glycogène que contiennent des animaux de même espèce, selon les conditions physiologiques qui paraissent identiques.

Les recherches systématiques de Külz sont très instructives à cet égard (*loc. cit.*, 18, 1891). Il expérimentait sur des pigeons, qui pendant huit jours recevaient 2 fois par jour des quantités d'orge considérables; au 8e jour on les sacrifiait, 3 heures et demie après le dernier repas. Le tableau suivant montre les chiffres obtenus :

Glycogène du foie (d'après E. Külz) **(Tableau VII)**.

	POIDS DU PIGEON au moment de la mort. (en grammes).	POIDS du FOIE.	GLYCOGÈNE DU FOIE. (sans cendres).	
			absolu en grammes.	p. 100.
1 . . .	390	4,5	0,0464	1,03
2 . . .	371	4,7	0,0557	1,19
3 . . .	463	5,4	0,0716	1,33
4 . . .	362	5,2	0,1113	2,14
5 . . .	437	10,5	0,1378	1,31
6 . . .	436	6,9	0,1590	2,30
7 . . .	361	5,7	0,0874	1,53
8 . . .	453	6,3	0,0477	0,76
9 . . .	318	6,9	0,0318	0,46
10 . . .	288	7,1	0,631	8,89
11 . . .	270	6,95	0,063	0.91
12 . . .	250	9,2	0,639	6.95
13 . . .	367	8,4	0,519	6,18
14 . . .	388	5,25	0,130	2,48
15 . . .	355	5,15	0,00	0.00
16 . . .	291	4,2	0,00	0,00

« Les animaux des expériences 10 à 14 étaient nourris pendant six jours très abondamment avec du pain et du froment, et ensuite sacrifiés en pleine digestion : la teneur du foie en glycogène a varié entre 0,91 et 8,89 p. 100; par conséquent avec de grandes divergences, quoiqu'ils provinssent tous d'une même couvée, et qu'ils eussent été pendant six jours nourris exactement de la même manière. »

En tout cas, on voit facilement que les différences sont énormes.

Par conséquent, on ne peut rien conclure sans prendre pour contrôle des animaux très nombreux, de manière à juger dans quelles limites oscillent les variations normales des quantités de glycogène. Or, dans beaucoup de recherches expérimentales, on ne s'est pas préoccupé de cette condition essentielle.

Il existe encore une autre notable cause d'erreur. Un animal nourri par une substance déterminée est sacrifié, et on dose son glycogène hépatique; si le glycogène est en plus grande quantité que celui de l'animal de contrôle, on va généralement en déduire que c'est la substance alimentaire introduite qui a produit cet excès de glycogène; mais on ne pense pas à chercher si dans le reste du corps, lequel contient autant de glycogène que le foie, et souvent même davantage, il n'y a pas eu accumulation de glycogène par suite de la migration de cette substance du foie vers les tissus. Aussi toutes les recherches dans lesquelles on n'a dosé que le glycogène hépatique sans faire le dosage du glycogène des autres parties du corps, ne peuvent-elles être considérées comme satisfaisantes.

Après avoir établi l'incertitude de nos conclusions sur l'origine du glycogène, il convient maintenant de traiter quelques-unes des questions qui s'y rattachent, formation aux dépens des hydrates de carbone, des graisses, de l'albumine. Nous pourrons alors nous faire une opinion sur les faits qu'on a invoqués et discuter le degré de probabilité des conclusions que l'on a voulu en déduire.

Formation du glycogène aux dépens des hydrates de carbone. — Claude Bernard avait trouvé que le foie continue à faire du sucre, même lorsque le chien ne reçoit pendant plusieurs mois que de la viande comme aliment. Ne pouvant trouver dans la viande, ni sucre, ni substances capables de donner du sucre, il en conclut que le sucre provient de l'albumine. Figuier ayant fait remarquer que cette expérience de Bernard n'est pas conclusive, Sanson fit des expériences qui changèrent l'aspect de la question (*C. R.*, 1857, xliv, 1159 et 1323; xlv, 27 *juillet*; xlvi, 7 *septembre*). En effet, il montra qu'il existe du glycogène, non seulement dans le muscle, mais encore dans les autres tissus de l'organisme. Il dit « que la ptyaline fait passer d'abord les principes amyloïdes à l'état de dextrine, puis à celui de glycose. Une grande partie de ces mêmes principes est absorbée par le système veineux abdominal à l'état de dextrine, laquelle va ensuite accomplir sa métamorphose complète dans la trame des tissus où elle est portée par la circulation. Les faits prouvent que la dextrine du sang a sa source chez les animaux herbivores dans l'action de la ptyaline sur les principes amyloïdes des aliments et chez les carnivores dans la viande dont ils se nourrissent. Enfin, que le foie ne sécrète dans aucun cas ni sucre ni matière glycogène, et qu'il se borne à servir, comme la trame de tous les autres organes, à établir le contact de la dextrine avec la diastase, lequel contact est seulement ici plus prolongé en raison du ralentissement de la circulation dans le tissu hépatique » (*C. R.*, 1857, xliv, 1323-1325). Rouget (*Journ. de la Physiol.*, ii, 83), et Colin (*C. R.*, xlix, 1859, 981) ont confirmé ces recherches.

En cherchant à extraire ce qu'il y a d'essentiel dans cette observation de Sanson, et de plus exact, on voit qu'il en résulte cette proposition que *les hydrates de carbone de l'organisme dérivent tous des hydrates de carbone de la ration.*

C'est une proposition que F. W. Pavy le premier a démontrée par d'importantes expériences pour le glycogène du foie; sa découverte a été publiée en 1860 dans les *Philosophical Transactions* (p. 579) (voir aussi *Researches on the nature and treatment of Diabetes*, London, 1862). On trouve un extrait de ce mémoire dans l'œuvre de Pavy (*Physiology of the carbohydrates*, 1894, p. 113). Les expériences fondamentales de Pavy se fondent sur 11 chiens normaux nourris de viande, sacrifiés en pleine santé, et dont le poids du foie est comparé à celui du corps: il y avait 1 gramme de foie pour 30 grammes du poids du corps. Par conséquent le foie représente 3,3 p. 100 du poids total entre 1/33 et 1/21; en moyenne, le foie contenait 7,29 p. 100 de glycogène. Sur 5 chiens, nourris avec des aliments végétaux, riches en hydrates de carbone, le rapport était de 1 à 15, autrement dit le foie représentait 6,6 du poids du corps, variant entre 1/10.5 à 1/22.5: Il y eut même des cas où le poids du foie atteignit le chiffre énorme de 1 dixième du poids du corps, et où la quantité moyenne de glycogène a été de 17,23 p. 100.

Pavy a répété ses recherches en donnant aux animaux un mélange de nourriture animale et de sucre, et ses résultats concordent aussi avec les précédents.

Or, comme nous l'avons vu dans le chapitre qui précède, l'accroissement du foie dépend essentiellement de l'accroissement du volume des cellules hépatiques, et non d'une augmentation du nombre de celles-ci.

Pavy décrit le foie des chiens nourris de viande comme un foie rouge foncé et de consistance telle qu'il peut supporter la pression des doigts sans se rompre; au contraire, chez des chiens nourris avec du sucre, le foie est blanc rosé, pâle, et si mou qu'il se déchire facilement sous les plus faibles pressions. Je puis confirmer ces observations de Pavy par mon expérience personnelle.

Pavy a répété ses recherches chez des lapins, dont les uns étaient à jeun, dont les autres recevaient de l'albumine et du sucre; et les résultats sont sensiblement identiques à ceux qu'il a obtenus chez les chiens (*loc. cit.*, 1894, p. 116 et suiv.).

On ne peut contester que cette augmentation du glycogène du foie ne soit due à l'introduction d'hydrates de carbone dans l'alimentation, mais on peut douter que ces hydrates de carbone de l'alimentation soient l'origine même du glycogène.

Les premiers chiffres de Pavy étaient basés sur des dosages de glycogène brut plus ou moins purifié; mais ses dosages ultérieurs ont été plus exacts. Or, dans ceux-ci, il a vu que le foie des chiens alimentés avec des hydrates de carbone contenait 12 à 12,6 p. 100 de glycogène. Ces chiffres sont certains; car le dosage a été fait par l'inversion du glycogène, dosé ensuite sous forme de sucre (*ibid.*, p. 127). Des expériences ultérieures ont d'ailleurs confirmé ce fait, que c'est par l'introduction du sucre dans la ration qu'on peut observer les teneurs maxima en glycogène hépatique. Tscherinoff (*A. A. P.*, 1869, xlvii, 113), ayant nourri des poulets avec du sucre de canne et du glucose, a trouvé 14,7 p. 100 de glycogène dans le foie. Salomon (*C. W.*, 1874, 740 et *A. A. P*,, 1874, lxi, 350 et 364), nourrissant des lapins avec des pommes de terre et du sucre de canne, a trouvé 8 grammes de glycogène dans le foie de ces lapins de 1 300 grammes. Erwin Voit (*Z. B.*, 1888, xxv, 546) a vu 10,51 p. 100 de glycogène dans le foie d'oies nourries avec du riz. Hergenhahn (*Z. B.*, 1890, xxvii, 215), 11, 8 dans le foie de poules nourries avec du sucre de canne; Praussnitz (*Z. B.*, 1890, xxvi, 389) 7,8 dans le foie de poules nourries aussi avec du sucre de canne. Sur des poules nourries avec du sucre, Édouard Kulz a trouvé 10 p. 100 (*Beiträge zur Kenntniss des Glycogenes*, 1891, 104); Otto, 15,3 p. 100, et chez les lapins 16,85 p. 100 (C. Voit; *Z. B.*, 1891, xxviii, 253). B. Schöndorff, 18,69 p. 100 chez les chiens (*A. g. P.*, xcix, 1903, 221).

Rien n'est moins douteux, par conséquent, que cette accumulation de glycogène dans le foie, après introduction alimentaire d'hydrates de carbone chez des animaux qui n'avaient d'abord que très peu d'hydrates de carbone dans leurs tissus. Aucun autre aliment n'est, autant que l'hydrate de carbone, capable de déterminer de pareilles accumulations de glycogène hépatique. Mais cependant les travaux des physiologistes contemporains n'ont pas pu démontrer que tout ce glycogène dérive des hydrates de carbone de la nutrition.

Maydl (*Z. p. C.*, 1889, iii, 186) a observé que, quelle que fût la constitution chimique du sucre ingéré, glycose ou lévulose, c'est toujours le même glycogène qui se forme. Si le glycose est une aldose, et le lévulose une kétose, le glycogène est toujours un glycose condensé. Il semblerait donc plus juste d'admettre que la cellule hépatique fabrique toujours le glycogène avec la même substance, c'est-à-dire l'albumine, et qu'elle continue à la fabriquer de même, alors que le sucre introduit dans l'alimentation n'a d'autre rôle que de diminuer la destruction du glycogène formé, parce qu'il est plus facilement oxydable et le protège contre la combustion. Ainsi le glycogène n'augmenterait que parce que le sucre introduit épargne la combustion du glycogène, lequel continuerait à être constamment formé par la cellule hépatique aux dépens de l'albumine.

On doit aussi en faveur de Pavy tenir compte de ce fait que toute ingestion d'albumine alimentaire diminue la combustion de quantités isodynamiques de graisses et d'hydrates de carbone. Autrement dit toute augmentation de la ration alimentaire albuminoïde épargne la combustion des graisses et des hydrates de carbone : par conséquent, quelle que soit la substance qui dans l'organisme donne naissance au glycogène, cette introduction d'albumine va épargner la consommation du glycogène. *A fortiori*, si l'albumine était la substance dont provient le glycogène, tout accroissement de l'alimentation albuminoïde augmenterait les quantités de glycogène. Mais tel n'est pas le cas, car le maximum de la formation glycogénique n'est déterminé que par les hydrates de carbone, et l'introduction des hydrates de carbone dans la ration va diminuer la consommation d'albumine. Mais cette diminution est très faible, en comparaison de l'effet inverse, c'est-à-dire de l'épargne que provoque, dans la consommation des hydrates de carbone, l'introduction d'aliments azotés.

On n'a donc pas le droit d'attribuer l'accumulation considérable de glycogène dans le foie après ingestion d'hydrates de carbone à une diminution dans la combustion de ces hydrates de carbone : car l'albumine, manifestement qui diminue beaucoup la consommation des hydrates de carbone, ne peut probablement pas augmenter la quantité de glycogène. Nous établirons ce fait plus loin.

Par conséquent, les recherches de PAVY ne prouvent pas autre chose que ce qu'il a lui-même établi, si l'on ne veut pas se livrer à d'invraisemblables hypothèses.

Recherches de Jacob Otto et des autres élèves de Voit. — JACOB OTTO, de Christiania, a fait des recherches sur l'origine du glycogène en cherchant à savoir s'il peut provenir de l'albumine. Il a travaillé dans le laboratoire de physiologie de Munich de 1885 à 1887; mais il mourut de phtisie pulmonaire au 1er juin 1888 avant d'avoir achevé ses travaux, et CARL VOIT a publié ses recherches en leur donnant le développement nécessaire (Z. *B.*, 1891, XXVIII, 243).

Voici quel a été le plan de VOIT. Si un animal est nourri avec du sucre, et si le glycogène augmente dans son foie, il s'ensuit que ce glycogène vient du sucre ou de l'albumine qui se trouvait dans le corps. Acceptons provisoirement cette opinion de VOIT que la graisse est incapable de faire du glycogène : nous verrons plus loin ce qu'il faut en penser.

Si l'albumine est l'origine du glycogène, il est facile de déterminer la quantité d'albumine consommée pendant un temps donné dans l'organisme, et un calcul simple montre quel poids de carbone répondait à cette albumine consommée. Si alors de tout ce carbone de l'albumine détruite on déduit le carbone éliminé par l'urine et les fèces, on trouve la quantité de carbone qui a pu contribuer à la formation du glycogène, car on ne peut supposer que toute la masse du carbone alimentaire a été employée à cette formation. Si en outre on admet que tout le carbone de l'albumine comburée, bien entendu après déduction du carbone des excreta, ne suffit pas à expliquer les grandes quantités de glycogène qu'a produites l'ingestion de sucre, alors la preuve est faite que ce n'est pas l'albumine, mais bien le sucre qui est l'origine du glycogène.

Voici quelle a été l'expérience : des lapins et des poules à l'inanition, et par conséquent pauvres en glycogène, reçurent de grandes quantités de sucre, et furent sacrifiés huit heures après. Alors on dosa le glycogène du foie et celui du reste du corps; puis OTTO calcula, par la quantité d'azote excrété dans ces huit heures, la quantité d'albumine comburée pendant ce temps, et par conséquent la quantité maximum de glycogène pouvant se former ainsi.

Voici d'autres développements donnés par VOIT à ses recherches. Pour déterminer l'azote, les poules furent placées dans un filet, et les excréments qu'elles rendaient furent rassemblés exactement. A l'autopsie, on recueillit le contenu intestinal, qui fut séché, et l'azote fut dosé par la méthode WILL-VARRENTRAPP. Quant aux lapins, immédiatement après l'ingestion de sucre, ils furent sondés; l'urine sécrétée fut réunie, et immédiatement avant la mort on les sonda encore, de sorte qu'on obtint ainsi toute l'urine sécrétée depuis l'injection de sucre jusqu'à la mort de l'animal; l'azote fut dosé dans cette urine par la méthode de SCHNEIDER-SEEGEN.

VOIT donne ensuite ses procédés de calcul. (Je n'insiste pas sur quelques inexactitudes de détail qui ne changent rien aux faits essentiels.) « On peut maintenant voir, dit VOIT, le maximum de la quantité de glycogène que peut donner l'albumine comburée en huit heures. Dans l'albumine musculaire, il y a, pour 1 gramme d'azote, 3gr,295 de carbone. Dans l'urine des lapins en inanition, d'après RUBNER, il y a 1 gramme d'azote pour 0gr,7956 de carbone; dans les excréments des poules en inanition, d'après RUBNER, il y a 1 gramme d'azote pour 1gr,208 de carbone.

« Or 1 gramme d'azote de l'albumine comburée chez le lapin, répondant à 2gr,4994 de carbone, peut donner un maximum en glycogène de 5gr,7236, 1 gramme d'azote répond à 6gr,02 d'albumine, soit 5gr,7226 de glycogène. 1 gramme d'azote correspond à 6,102 grammes d'albumine = 5,7235 de glycogène. Autrement dit, 1gramme d'albumine peut donner au maximum 0gr,9507 de glycogène. Chez le poulet 2gr,087 de carbone peuvent donner un maximum de 4gr,7792 de glycogène, 1 gramme d'azote, répondant à 6gr,02 d'albumine, donnera 4gr,7792 de glycogène. Autrement dit, 1 gramme d'albumine pourra donner au maximum 0gr,7940 de glycogène. »

Dans son calcul OTTO suppose que le foie contient à peu près autant de glycogène que le reste du corps. Cette supposition se fonde sur divers dosages, mais elle ne s'applique qu'à ses expériences et non aux autres. En général en effet, ses animaux étaient tués huit heures après l'alimentation, et il les nourrissait avec du sucre. Pour déterminer la quantité de sucre contenu dans l'urine et dans l'intestin, il faisait un extrait alcoolique, lequel après neutralisation était concentré par l'évaporation ou dissous dans l'eau, et dans la solution le sucre était dosé.

Quant aux animaux de contrôle, voici ce qu'en dit Otto (*loc. cit.*, 249) :

« Chez un coq vigoureux de 1 327 grammes, après quatre jours de jeûne, le foie qui pesait 26 grammes ne contenait pas de glycogène, et le reste du corps non plus. Une poule de 1 161 grammes, après quatre jours de jeûne, n'avait plus dans le foie que des traces impondérables de glycogène : dans le reste du corps, il y avait $0^{gr},063$ de glycogène. Un lapin de 1 718 grammes, après quatre jours de jeûne, ne contenait plus, ni dans le foie, ni dans le reste du corps, que des traces impondérables de glycogène. »

Et ce sont là toutes les expériences de contrôle d'Otto. Il est vrai qu'il se réfère aux recherches d'autres physiologistes. Mais celles-ci ne peuvent pas lui servir; car le glycogène était dosé par d'autres méthodes. S'il n'a pas trouvé de glycogène dans le corps de ces animaux en inanition, c'est qu'il ne faisait que l'extraction par l'eau, sans employer la potasse; et l'extrait aqueux était débarrassé de l'albumine par le réactif de Brücke.

Ainsi, d'après Otto, ses animaux de contrôle contenaient de si petites quantités de glycogène qu'on peut les considérer comme nulles, par rapport à celles qu'il a trouvées chez les animaux nourris avec du sucre.

Je crois aussi que la défectuosité des méthodes analytiques peut être éliminée; car Otto a employé la même méthode de dosage pour ses animaux nourris avec du sucre, et malgré cela il a pu constater de grandes quantités de glycogène.

L'importance de cette expérience exige une étude plus détaillée.

Expériences d'Otto sur la nutrition avec du glycose. — Un coq de 1 728 grammes reçoit, après cinq jours de jeûne, 50 grammes de glycose chimiquement pur, préparé d'après la méthode de Soxhlet. Nul trouble de la santé; l'animal est tué au bout de sept heures et demie. Cherchons d'abord combien il pouvait y avoir de glycogène dans le corps de l'animal au 5e jour de jeûne.

Otto a trouvé chez un coq témoin, de 1 327 grammes, qu'au bout de quatre jours de jeûne il n'y avait plus de glycogène, et que, chez une poule de 1 101 grammes, il n'y avait que $0^{gr},0683$ de glycogène dans tout le corps. Les expériences très détaillées d'Édouard Külz nous apprennent combien il reste de glycogène dans le corps d'une poule après quatre ou six jours d'inanition. Or, dans les expériences 13 et 14, Külz a trouvé, au 3e jour de jeûne, chez deux poules de 1 161 et 1 807 grammes, dans tout le corps, en glycogène, 0,7988 et 0,[illegible]407; ce qui fait en moyenne 0,49 de glycogène par kilogramme du poids initial; par conséquent l'animal d'Otto de 1 729 grammes pouvait contenir 0,65 de glycogène.

En outre, Külz (expériences 15, 16, 20, 21, 22, 23, 24 du tableau) a vu chez des poules, au 6e jour de jeûne, que la teneur moyenne du glycogène était pour tout le corps, y compris le foie, de $0^{gr},836$, pour un poids moyen de l'animal de 1 227 grammes. Par conséquent, au 3e jour de jeûne, il y avait, pour 1 kilogramme, $0^{gr},490$ de glycogène; et au 6e jour de jeûne, pour 1 kilogramme, $0^{gr},681$, en moyenne $0^{gr},585$. Ce qui, si l'on ne tient pas compte de l'erreur expérimentale, fait que la teneur en glycogène est à peu près la même au 3e jour et au 6e jour de jeûne. Comme chiffre maximum, Külz trouve (expérience 24) au 6e jour de jeûne, pour 1 kilogramme, $1^{gr},605$ de glycogène. Comme le coq d'Otto pesait 1 327 grammes, le reste du glycogène était au maximum de 2,130. Acceptons ce chiffre pour donner plus de certitude à la démonstration d'Otto.

Dans le foie de son coq, foie qui pesait 35 grammes, il a trouvé jusqu'à 5,368 de glycogène, c'est-à-dire 15,34 p. 100, et, dans le reste du corps, $4^{gr},982$, par conséquent en tout $10^{gr},35$ de glycogène.

Maintenant cela peut-il s'expliquer par la destruction de l'albumine? Dans les excréments pesant à l'état sec $8^{gr},263$, il y avait 0,724 d'azote, qui, si nous multiplions ce poids par le facteur 6,25, représente $4^{gr},52$ d'albumine; mais, comme, d'après Rubner, 1 gramme d'azote des excréta, chez les poules en inanition, répond à $1^{gr},208$ de carbone, il faut prendre $0^{gr},875$ du carbone des excréta pour les retrancher du carbone qui se trouve dans $4^{gr},52$ d'albumine. D'après le calcul d'Otto, $4^{gr},52$ de l'albumine contiennent, pour 1 gramme d'azote, 3gr,295 de carbone. Il reste par conséquent 2gr,385 de carbone, dont il faut retrancher 0,875 (carbone des excréta), ce qui ne laisse plus que 1gr,51 pour le carbone du glycogène. Or, si l'on admet que tout ce carbone a servi à faire du glycogène ($C^6H^{10}O^5$), ce n'a pu être que pour former 3gr,397. Par conséquent, en admettant qu'il restait dans le corps 2,130 de glycogène, nous n'arrivons qu'à un chiffre total de 5gr,527. Or on a trouvé par l'analyse 10gr,35; par conséquent il y a au moins 4gr,823 de glycogène qui ne peuvent provenir de l'albumine.

Remarquons ici que la méthode d'Otto pour le dosage du glycogène était celle de Brücke, qui ne donne jamais la totalité du glycogène. Même la méthode de Brücke-Külz comporte souvent un déficit important. On peut penser que les animaux en inanition contenaient dans le corps beaucoup plus de glycogène qu'on ne l'admettait jusqu'à présent. Si c'était le cas, les preuves d'Otto ne seraient plus démonstratives. Or, par mes nouvelles méthodes, emploi de très fortes solutions de potasse, j'ai contrôlé les chiffres de Külz pour des poules en inanition, et *je n'ai pas trouvé des quantités plus considérables de glycogène que lui.*

Je ferai plus loin un autre reproche encore à la méthode de Otto. Dans ses recherches, il a dosé non seulement le glycogène du foie, mais encore celui de tout le corps; souvent il s'est contenté de faire le dosage direct uniquement du glycogène hépatique, et de supposer que le reste du corps en contient juste autant que le foie, les variations du glycogène du corps étant parallèles à celles du glycogène hépatique. Mais il est important d'établir que tel n'est pas toujours le cas, quoique souvent les choses se passent ainsi, et, pour le prouver, il me suffira de me reporter aux recherches détaillées d'Édouard Külz et au tableau VIII qu'il donne (*Beiträge zur Kenntniss des Glycogenes*, p. 20, 1891, Marburg). Il s'agit de poules qui ont jeûné pendant des temps variables, et chez lesquelles on a dosé à la fois le glycogène du foie et celui des muscles.

Glycogène du foie et des muscles chez des poules à jeun (d'après Ed. Külz)

NUMÉROS.	POIDS INITIAL du corps de l'animal en grammes.	POIDS FINAL du corps de l'animal en grammes.	DURÉE DU JEUNE.	POIDS DU FOIE en grammes.	POIDS DU GLYCOGÈNE hépatique sans cendres.	TENEUR EN GLYCOGÈNE sans cendres des deux parties du corps.	POIDS TOTAL du glycogène de l'animal à la fin du jeûne en grammes.
13	1 161	1 035	3 jours	13,8	0.0000	0,7988	0,7988
14	1 807	1 618	3 —	24,0	0,0427	0,5980	0,6407
15	1 112	792	6 —	16.0	0,000	0,7010	0,7010
16	1 068	948	6 —	10.4	0,026	0,5173	0.5433
20	1 029	798	6 —	18,5	0,000	0,0425	0,0425
21	1 415	1 172	6 —	17.0	0,0106	0,3226	0,3332
22	1 534	1 368	6 —	16,0	0,1314	1,2625	1,3939
23	1 337	1[216	6 —	12.6	0,1193	0,9595	1,0788
24	1 097	1 055	6 —	14.0	0,0596	1,7011	1,7607
27	1 020	792	7 —	12.5	0,000	0,3075	0,3075
28	1 268	1 091	7 —	14.0	0,113	1,7006	1,8136
31	1 342	1 085	8 —	16.5	0,000	0,5368	0,5368
32	1 110	857	10 —	13,0	0,000	0,5191	0,5191
				Total. .	0,530	9,967	

Ce tableau montre que, chez les poules à jeun, pendant 3, 6 jours et davantage, le glycogène du corps dépasse celui du foie, et est 20 fois plus considérable. D'autre part, en dosant sur le cheval le glycogène du foie et celui des muscles, on voit parfois que la proportion centésimale est moindre dans le foie que dans les muscles, que, par conséquent, la quantité totale de glycogène musculaire dépasse énormément celle du glycogène hépatique. Il est certain que dans une alimentation abondante il y a plus de glycogène dans le corps qu'il n'y en a dans le foie seul, et cependant il peut arriver, après une alimentation riche en hydrates de carbone et succédant à une période de jeûne, que le glycogène du foie est en proportion plus grande que le glycogène du reste du corps.

Examinons encore quelques-unes des expériences d'Otto.

Expérience 2. — Un lapin de 2 320 grammes, après 4 jours de jeûne, reçoit 80 grammes de glycose. Nul trouble toxique; l'animal est sacrifié au bout de 8 heures et demie. Combien de glycogène peut-il contenir? Les expériences de Külz vont nous servir de contrôle (*loc. cit.*, p. 32).

Otto a laissé un lapin témoin, de 1 718 grammes, jeûner pendant 4 jours; son foie et son corps ne contenaient que des quantités impondérables de glycogène. (Voit, Z. B., xxviii, 249). D'après Külz, au 6e jour de jeûne, sur 13 lapins, il y avait 0,123 de glycogène par kil. dans le foie, et au maximum 0,186. Comme le lapin d'Otto pesait 2 320 grammes, son foie pourrait contenir 0,431 de glycogène : par conséquent, quand Otto parle d'un animal témoin, qui, au 4e jour de jeûne, n'a plus de glycogène, il s'agit là d'un lapin tout à fait exceptionnel, puisque les nombreuses expériences de Külz donnent des résultats tout différents. Mais si, pour avoir un contrôle meilleur, nous prenons les expériences mêmes de Külz, nous voyons que, chez les lapins en inanition, il n'a dosé que le glycogène du foie sans doser le glycogène du reste du corps; par conséquent, il reste une incertitude pour le glycogène total de l'animal témoin. Nous devons donc nous contenter du glycogène hépatique, et dire que, d'après les recherches d'Otto, après une alimentation sucrée, l'accroissement du glycogène hépatique coïncide avec un accroissement du glycogène du corps.

Admettons donc que le glycogène qui reste dans le foie est de 0gr,431; or Otto trouve dans le foie 9gr,269, dans le corps 8gr,972, ce qui fait une somme de 18gr,241. L'albumine n'a pu en donner que 4,8, par conséquent, le sucre a dû former 18,241 moins 4,8 = 13,441 — x (0,431). Il faut déduire de ce chiffre la quantité de glycogène préexistante, qui est inconnue. Il est vraisemblable que la différence est positive.

Recherches d'Otto avec le sucre de canne. — Chez les poules et les lapins le sucre de canne provoque des diarrhées intenses, de sorte que beaucoup d'expériences ne réussissent pas.

Chez un coq de 1 653 grammes, qui reçut au 4e jour de jeûne 60 grammes de sucre de canne, il n'y eut aucun trouble morbide; le foie de 37 grammes contenait 4gr,940 de glycogène, soit 13,35 p. 100. Le reste du corps contenait 4gr,255; par conséquent le glycogène total était de 9gr,195; il en préexistait au maximum 2,653, et l'albumine n'a pu en produire que 2,572, soit au total 5 225. En retranchant ce nombre de la quantité de glycogène trouvé, on a 9,195 — 5,225 = 3,970, quantité de glycogène qui provient du saccharose.

Les expériences sur les lapins ne sont pas probantes; car, sur les animaux témoins, la quantité du glycogène du corps n'a pas été suffisamment déterminée au 4e jour de jeûne.

Les points essentiels du travail de Jacob Otto ont été complètement confirmés par les recherches qu'a faites Hergenhahn en 1888 dans le laboratoire d'Édouard Külz à Marburg. Otto s'était servi pour doser le glycogène de la méthode de Brücke, extraction par l'eau bouillante, tandis que Hergenhahn employait la méthode de Külz, extraction par une solution diluée de potasse (*Z. B.*, 1890, xxvii, 218 *et suiv.*). En outre, il a dosé le glycogène du corps aussi bien que le glycogène du foie. Il a trouvé sur 7 lapins témoins que le glycogène du corps au 6e jour de jeûne a été au maximum, pour 1 kilogramme du poids du corps, de 1gr,659. Cette proportion a augmenté, après injection de 30 grammes de saccharose, jusqu'à atteindre 5 ou 8 grammes de glycogène, si l'animal était tué 20 heurei après l'injection de sucre.

Admettons donc qu'il y ait eu, par l'albumine, formation en 8 heures de 2gr,14 de glycogène et 5,35 en 20 heures, mais trouvé 5 à 8 grammes de glycogène.

Ainsi ont été confirmées les recherches d'Otto.

Recherches d'Otto avec le lévulose. — Un coq de 1 627 grammes reçoit, au 4e jour de jeûne, 130 cc. d'une solution contenant 54gr,8 de lévulose qui sont injectés dans l'estomac. Nul trouble : l'animal est sacrifié après huit heures. Le foie, qui pèse 38 grammes, contient 3,922 de glycogène ou 10,5 p. 100; l'autre corps 3gr,5618, ce qui fait en tout 7gr,554 de glycogène. L'albumine en a pu former 3gr,294 : il en préexistait au maximum 2gr,011 : par conséquent, il y a au maximum 5gr,905 de glycogène qui peuvent ne pas provenir du sucre. Glycogène total : 7gr,554. Par conséquent, la différence, soit 1gr,649, ne peut provenir que du sucre.

En outre, il faut remarquer que les extractions ne sont certainement pas complètes, et que cependant les résultats sont positifs.

Le saccharose, le glycose, le lévulose peuvent-ils être transformés directement en glycogène par le foie, ou bien doivent-ils subir une transformation préalable ? — Les expériences d'Otto ont prouvé que le saccharose, le dextrose et le lévulose sont substances aux dépens desquelles le sucre fait du glycogène. Mais nous devons chercher si ces divers sucres subissent des transformations dans l'appareil digestif ou dans le sang, avant de pénétrer dans le foie.

Le sucre de canne est hydrolysé dans l'estomac et dans l'intestin, et transformé en dextrose et en lévulose. Claude Bernard a étudié la question avec beaucoup de détails (*Leçons sur le Diabète*, p. 249, 1877). Il a vu que le saccharose est transformé par des ferments solubles dans l'appareil digestif. En effet, il a montré qu'une solution de saccharose par l'ébullition avec la potasse ne jaunit pas, ne réduit pas la liqueur de Fehling, et ne fermente pas par la levure, tous phénomènes que donnent le dextrose et le lévulose. Le glycose dévie de 52° à droite le plan de polarisation; le lévulose, de 106° à gauche. Aussi une solution de saccharose, qui dévie à droite, dévie-t-elle à gauche après hydratation. Quoique le saccharose soit très soluble et facilement absorbable, cependant il ne passe pas comme tel dans le sang, à moins que l'on n'en introduise de trop grandes masses à la fois dans l'appareil digestif.

Claude Bernard a montré déjà dans sa thèse inaugurale que le saccharose, introduit directement dans le sang par injection intra-veineuse, ou injecté sous la peau, passe dans l'urine, même quand la dose injectée a été très faible. Mais les résultats sont tout différents quand il a subi au préalable l'action des sucs digestifs. Alors, en effet, il n'est plus éliminé par les reins. Claude Bernard en conclut que le saccharose est modifié dans l'appareil digestif; qu'il est *inverti*, c'est-à-dire transformé en quantités égales de glycose et de lévulose. Pour le prouver il injecte à un lapin 5 cc. sous la peau d'une solution qui contient 2 grammes de saccharose, et il examine l'urine 2 heures après. Si le saccharose passe inaltéré dans l'urine, il n'y aura pas réduction de la liqueur de Fehling; mais, si l'on fait bouillir l'urine avec un peu d'acide sulfurique, le saccharose sera inverti, et cette urine neutralisée réduira la liqueur de Fehling. S'il n'y a pas de réduction dans ce cas, c'est que le saccharose n'aura pas passé dans l'urine, et l'expérience prouve que l'urine ne réduit pas d'abord, mais qu'elle réduit après ébullition avec l'acide sulfurique. Ainsi il est établi que le saccharose, introduit dans l'organisme sans avoir subi l'action des tubes digestifs, passe inaltéré dans l'urine et, par conséquent, ne peut pas servir à la nutrition.

Pour prouver l'exactitude de son hypothèse, Claude Bernard a fait l'expérience sous une autre forme. Il a injecté sous la peau 5 cc. d'une solution de 2 grammes de glycose au lieu de 2 grammes de saccharose : alors l'urine ne contenait pas de traces de sucre; par conséquent le glycose avait été consommé par l'organisme.

Pour déterminer le rôle du saccharose, non plus injecté dans le sang ou sous la peau, mais introduit directement dans l'appareil digestif, voici l'expérience qui a été faite On injecte à un lapin 3 grammes de sucre de canne dans l'estomac; l'urine ne contient pas de sucre, ce qui prouve, non que le sucre n'a pas été absorbé, mais bien qu'il a été modifié. Le suc gastrique agit à peine sur lui. La bile, le suc pancréatique, la salive, et même le sang, n'ont pas d'action sur le saccharose; même après un contact de plusieurs jours avec le sang, le saccharose n'est pas inverti. Les extraits aqueux des glandes salivaires, du pancréas, des glandes lymphatiques, des muqueuses de la bouche, de l'œsophage, de l'estomac, du gros intestin, de la vessie, n'ont aucune action inversive; mais il en est autrement pour la muqueuse du petit intestin, depuis le pylore jusqu'au cæcum. Le suc intestinal a une action inversive très nette, il suffit d'un petit fragment de la muqueuse intestinale ou d'un extrait aqueux de cette muqueuse pour transformer très rapidement, presque immédiatement, le saccharose en dextrose et lévulose.

La liqueur de Fehling, qui ne réduisait pas d'abord, réduit aussitôt; et le plan de polarisation, qui était à droite, passe rapidement à gauche. CLAUDE BERNARD a vu aussi que le suc intestinal obtenu par la méthode de THIRY invertit rapidement le saccharose.

Pour montrer que le ferment inversif ne se trouve pas dans le gros intestin, mais dans le petit intestin, CLAUDE BERNARD a injecté des solutions de saccharose dans des anses du gros et du petit intestin, et, après avoir laissé séjourner pendant quelque temps la solution, il étudiait la nature des sucres produits. Il a vu alors qu'il n'y a inversion que dans les solutions introduites dans les anses du petit intestin, tandis qu'il n'y a rien de semblable dans les solutions laissées au contact du gros intestin. Il a montré aussi que ce ferment inversif possède toutes les propriétés générales des ferments. Il est soluble dans l'eau, précipite par l'alcool sans perdre ses propriétés, et peut être conservé sans altération dans une solution aqueuse de phénol.

Les recherches de CLAUDE BERNARD ont été confirmées par maints physiologistes. LEHMANN (*Lehrb. d. phys. Chemie*, 1853, III, 255) et BECKER (*Zeitsch. f. wiss. Zool.*, v, 132) qui ont vu l'inversion dans l'intestin; RÖBNER, *Disquisitiones de Sacchari cannae in tractu cibario mutationibus. Diss. in. Breslau*, 1859; LEUBE (*Centr. f. klin. Med.*, 1882, n° 25), BROWN et HERON (*Liebig's Ann.*, 1880, CCIV, 228) et BOURQUELOT (*Journ. de l'An. et de la physiol.*, 1886, XXII, 161).

LUSK a fait une bonne étude bien détaillée de l'inversion du saccharose dans l'appareil digestif. Un lapin de 1 897 grammes reçoit 30 grammes de saccharose : 6 heures et demie après il est sacrifié, et on examine les proportions de différents sucres qui sont localisées dans les diverses parties de l'appareil digestif. Pour cela, on fait la ligature de l'estomac, de l'intestin grêle, du cæcum, du gros intestin, et on traite le contenu de ces organes par un excès d'alcool; puis on filtre; on obtient une solution plus ou moins brune qui, après exacte neutralisation, est concentrée par évaporation. Le résidu est dissous dans l'eau : une partie sert à déterminer la quantité de sucre inverti d'après la méthode d'ALLIHN. Dans une seconde partie, on intervertit le saccharose par l'ébullition dans une solution d'acide chlorhydrique à 1 p. 1 000. Dans une troisième partie, on ajoute 10 p. 100 d'acide chlorhydrique, et on fait bouillir, ce qui détruit tout le lévulose, et ne laisse que le glycose; par conséquent, cette solution d'acide chlorhydrique à 10 p. 100 a détruit aussi bien le lévulose préexistant que le lévulose résultant de l'inversion du saccharose. Voici les quantités de sucre trouvées ainsi par LUSK dans les différents segments du tube digestif.

					Cent parties de sucre se répartissent en			
	Saccharose.	Glycose.	Lévulose.	Sucre interverti. Total.	Saccharose.	Glycose.	Lévulose.	Sucre interverti. Total.
Estomac . . .	0,269	1,498	0,858	2,356	10	33	57	90
Intestin. . . .	0,002	0,000	0,000	0,005	24	»	»	76
Cæcum. . . .	0,000	0,846	1,321	2,167	»	61	39	100
Gros intestin.	0,000	0,000	0,000	0,102	»	»	»	100

On voit par là que dans l'estomac il y a inversion d'une certaine quantité de saccharose, mais que dans les autres parties de l'intestin on ne trouve plus que peu de saccharose, à côté de beaucoup de sucres invertis. Dans le cæcum et dans l'intestin grêle il n'y a plus de saccharose : il a été complètement inverti.

FR. VOIT (*Munch. med. Woch.*, 1896, 717. *D. Arch. f. klin. Med.*, 1897, LVIII, 523) a confirmé essentiellement les faits de CLAUDE BERNARD, en montrant par des analyses quantitatives que le saccharose injecté sous la peau est presque en totalité éliminé par l'urine. Par conséquent, le foie ne peut pas assimiler le disaccharide saccharose, et il ne le peut pas plus que tout autre organe. Or, comme le sucre de canne de l'alimentation amène une notable accumulation de glycogène dans le foie, celui-ci ne peut être dû qu'au sucre inverti, résultant de l'action de l'intestin sur le sucre de canne. Ce fait concorde avec l'opinion de BERNARD sur l'inversion intestinale du saccharose, et sur l'assimilation complète du glycose injecté dans le sang.

Les autres expériences de BERNARD ont été aussi confirmées par les recherches quantitatives de FR. VOIT; car FR. VOIT a prouvé qu'une solution de lévulose injectée sous la peau ne reparaît pas dans l'urine, et, par conséquent, est assimilée par l'organisme. La conclusion de ces recherches est donc que le foie ne peut pas faire du glycogène avec le sucre de canne, mais qu'il peut en faire avec le dextrose et le lévulose, produits de transformation du saccharose par les ferments digestifs.

Il est remarquable que CLAUDE BERNARD avait conçu cette loi très nettement, et l'avait généralisée, en indiquant que le saccharose n'est pas assimilable par les organismes animaux ou végétaux, mais qu'il doit être inverti pour devenir assimilable.

Recherches d'Otto sur le maltose. — Un coq de 1 772 grammes, après 4 jours de jeûne, reçoit en injection dans l'œsophage une solution de 60 grammes de maltose, préparée chimiquement pure par SOXHLET. L'animal est sacrifié au bout de 8 heures. Son foie, qui pèse 39 grammes, contient 4gr,068, soit 10,43 p. 100 de glycogène; le reste du corps, 3gr,876; ce qui fait en tout 7gr,944. La quantité de glycogène restant dans le corps au moment où le sucre a été donné, étant de 1gr,1605 par kilogramme, soit pour tout le corps de 2gr,844. L'albumine a pu en produire 2gr,080, ce qui fait un chiffre total de 4gr,924 de glycogène non formé par le maltose. Or, comme la quantité trouvée a été de 7gr,944, il s'ensuit que la quantité de sucre due au maltose est nécessairement de 3gr,020.

Le foie peut-il faire directement du glycogène avec le maltose, ou le maltose doit-il être au préalable transformé? MUSCULUS et MERING avaient établi que l'amidon et le glycogène sont transformés par la diastase, la salive et le suc pancréatique en achroo-dextrine et maltose, et qu'il se fait une petite quantité de glycose (*Z. p. C.*, 1879, II, 419). BROWN et HERON (*Liebig's Annalen*, 1880, CCIV, 228) ont confirmé et étendu le fait. Ils ont étudié l'action de différents ferments sur le maltose, et constaté que l'hydratation de ce sucre produit deux molécules de glycose aux dépens d'une molécule de maltose. Pour faire cette constatation, ils ont mis à profit ce fait que le pouvoir rotatoire diminue par les progrès de l'hydratation du maltose à mesure qu'augmente son pouvoir réducteur. Le suc pancréatique, mais surtout la muqueuse intestinale ou l'extrait aqueux des glandes de PEYER agissent énergiquement sur le maltose, et il paraît que cette action est plus énergique que l'action inversive sur le saccharose. Ces faits de BROWN et HERON ont été confirmés par BOURQUELOT (*Journ. de l'An. et de la Physiol.*, 1886, XXII, 161), qui a vu qu'après une injection intra-veineuse de maltose il n'apparaît pas de sucre dans l'urine.

Quant à savoir si le maltose, qui passe directement de l'intestin dans le sang, y trouve un ferment qui le transforme, c'est une question importante. MAGENDIE (*C. R.*, 1846, XXIII, 189) savait déjà que le sang transformait l'amidon en sucre, et le phénomène s'observe aussi bien dans le sang *in vitro* que dans le sang du corps après une injection intra-veineuse. Cette découverte a été confirmée par CLAUDE BERNARD (*C. R.*, XLI, 461), HENSEN (*A. A. P.*, 1857, XI, 397), SCHIFF (*Unters. über die Zuckerbildung in der Leber*, 16, Würzburg, 1859), WITTICH (*A. g. P.*, III, 339), SEEGEN (*C. W.*, 1887, 356), BÖHM et HOFFMANN (*A. path. Pharm.*, X, 12), LÉPINE et BARRAL (*C. R.*, CXII, 1414; et CXIII, 729 et 1014, 1891).

RÖHMANN (in BIAL, *A. g. P.*, 1892, LII, 139) a montré que le sang artériel d'un chien mis aseptiquement au contact de deux solutions d'amidon ou de glycogène transforme ces corps en sucre. BIAL (*A. g. P.*, LII, 151), dans le laboratoire de RÖHMANN, a vu qu'avec toutes les précautions d'asepsie nécessaire, les solutions de maltose sont transformées par le sérum du sang, si bien que finalement tout le maltose est transformé en glycose, ce qu'on constate en voyant le pouvoir rotatoire diminuer à mesure qu'augmente le pouvoir réducteur. L'action de cette enzyme (maltase) donne autant de sucre (glycose) qu'on pourrait en obtenir par l'ébullition avec l'acide chlorhydrique. Ce maltose se trouve dans le sérum du sang et de la lymphe, mais il n'est pas contenu dans les globules. Par conséquent, il y a une série de phénomènes qui assurent la transformation complète des amylacés en glycose.

En effet les amylacés constituent le plus important des hydrates de carbone pour l'alimentation de l'homme et des animaux. Les dérivés de l'amidon, qui dans le canal intestinal se changent en glycose et sont absorbés sous la forme d'amidon soluble, dextrine ou maltose, rencontrent dans le sang des enzymes, amylo-maltase ou malto-glycase, qui les transforment en glycose. Cet effort de la nature pour donner aux cellules vivantes les hydrates de carbone sous la forme de glycose rend vraisemblable que le disaccharide maltose n'est pas plus assimilé par les organes que le saccharose. Une expérience de FR. VOIT nous montre quelles quantités de maltose peuvent passer de l'intestin dans le sang et être transformées en glycose; car, si l'on injecte sous la peau de grandes quantités de solutions de maltose, on voit, comme après les injections de glycose, qu'il ne passe ni maltose, ni glycose dans l'urine (*Münch. med. Woch.*, 1896, 717).

Toutes ces expériences prouvent donc que le saccharose, l'amidon, la dextrine, le dextrose, le lévulose, le maltose sont assimilés par les cellules vivantes comme dextrose ou lévulose. Ces deux derniers sucres peuvent former du glycogène, et le fait ne doit pas nous surprendre; car le dextrose et le lévulose donnent avec la phénylhydrazine la même glucosazone.

Expériences d'Otto avec le lactose. — Un coq de 2545 grammes reçoit, après 4 jours de jeûne, 2 injections, chacune de 100 cc., où il y a 16 p. 100 de lactose. Nul trouble: l'animal est sacrifié 9 heures après la première injection. Le foie, qui pèse 61 grammes, a donné $0^{gr},116$ de glycogène, soit 0,19 p. 100, et le reste du corps $0^{gr},1221$, ce qui fait en tout $0^{gr},238$ de glycogène. Or, d'après les expériences de Külz (expérience 24 du tableau VIII), l'animal pouvait contenir avant l'injection du sucre $4^{gr},085$ de glycogène, il s'ensuit que le lactose et l'albumine n'ont pas fourni de glycogène.

Rapportons encore d'autres expériences d'Otto sur les lapins.

A un lapin de 2360 grammes, au 4e jour de jeûne, on injecte en trois fois, dans l'estomac, 100 cc. d'une solution de lactose à 16 p. 100, soit en tout 48 grammes de lactose. Nul trouble morbide : l'animal est sacrifié huit heures après la première injection. Le foie, qui pèse 51 grammes, contient $0^{gr},8678$ de glycogène, soit 1,7 p. 100; et le reste du corps, $0^{gr},8896$, soit en tout $1^{gr},7574$.

Or, d'après Külz (exp. n° 6, p. 35, tableau XVI, 1891), il pouvait être resté à la fin du jeûne au maximum en glycogène 0,4399. Comme on ignore la teneur en glycogène du reste du corps, il est très possible que la différence, $1^{gr},7574$ moins $0^{gr},4399$, égale à $1^{gr},3175$ représente cette quantité restée à la fin du jeûne dans le corps.

Un lapin de 2005 grammes reçoit au 5e jour de jeûne en deux fois 200 cc. d'une solution contenant 16 p. 100 de lactose, par conséquent 32 grammes en tout. Nul trouble morbide : l'animal est sacrifié 8 heures 1/2 après la première injection; le foie, qui pèse 34 grammes, contient $0^{gr},1357$ de glycogène, soit 0,40 p. 100; le reste du corps en contient $0^{gr},1268$, ce qui fait en tout $0^{gr},2625$ de glycogène. Mais, d'après Külz, il pouvait y avoir dans le corps de l'animal et dans son foie, 0,3729. Par conséquent, il ne s'est sûrement pas formé de glycogène au dépens du lactose et de l'albumine.

Expériences de Lüsk, Cremer, Kausch et Socin. — Lüsk a continué les recherches d'Otto dans le laboratoire de physiologie de Munich. Un lapin de 2913 grammes reçoit, au 5e jour de jeûne, 50 grammes de lactose, qui lui sont injectés dans l'estomac. L'animal est sacrifié après 8 heures; le foie, qui pèse $60^{gr},12$, contient $2^{gr},716$, soit $3^{gr},61$ p. 100 de glycogène. Le glycogène du corps n'a pas été déterminé. Comme, d'après Külz, le maximum du glycogène contenu dans le foie au 4e jour de jeûne peut être de 0,1864 par kilo, cela fait, pour un lapin de 2913 grammes, un maximum de $0^{gr},543$. Or le foie contenait $2^{gr},716$. Il est vrai que nous n'avons pas les chiffres relatifs au glycogène du reste du corps, ce qui nous interdit une conclusion formelle.

Pour les mêmes raisons, les expériences de Cremer (*Z. B.*, 1892, xxix, 520), sur des lapins nourris avec du lactose, ne peuvent pas être invoquées.

Dans l'ensemble, il est important d'établir que l'exactitude des recherches d'Otto a été confirmée par tous les expérimentateurs qui ont repris cet ordre de recherches.

Kausch et Socin (*A. A. P.*, 1893, xxxi, 398) ont nourri des lapins avec du lactose, et ils ont obtenu les mêmes résultats négatifs que Otto; mais les résultats ont été positifs chez le chien. Max Cremer rapporte les chiffres relatifs à un chien de 32 kil., qui, après 10 jours de jeûne, reçut une grande quantité de lactose. Le foie contenait 28,698 grammes de glycogène.

Mais, comme, sur un chien de poids sensiblement égal, après un jeûne trois fois plus long, le foie contenait encore $22^{gr},489$ de glycogène, l'expérience de Cremer n'est pas probante : c'est ce que d'ailleurs établit pour d'autres raisons Cremer lui-même, et E. Weinland rapporte quelques expériences faites sur des chiens nourris avec du sucre de lait (*Beiträge zur Frage nach dem Verhalten des Milchzuckers im Körper, besonders im Darm.* München, 1899, 35). Au 4e jour de jeûne, un de ces foies, pesant $86^{gr},09$, contenait $4^{gr},04$. Un autre foie, de $160^{gr},9$, contenait $8^{gr},12$ de glycogène. Weinland pense que par là est prouvée la formation du glycogène aux dépens du lactose; mais cette conclusion n'est point exacte. Souvent des chiens, après un jeûne de plus de 4 jours, contiennent encore dans le foie des quantités considérables de glycogène. J'ai rapporté le cas d'un chien qui était, non plus au 4e, mais au 28e jour de jeûne. Son foie, de 507 grammes, contenait encore 4gr,436 p. 100 de glycogène; par conséquent en tout 22gr,489.

Expériences d'Otto avec le galactose. — Comme le dédoublement du sucre de lait produit du dextrose et du galactose, il convient de voir ce que produit cette substance. Un coq de 1 918 grammes reçoit au 4e jour de jeûne 120 cc. d'une solution contenant 55 grammes de galactose. Nul trouble; l'animal est sacrifié 8 heures après. Le foie contient 0gr,6716 de glycogène, soit 1gr,29 p. 100; le reste du corps, 0gr,6178, ce qui fait en tout 1gr,289 de glycogène. Or le glycogène, d'après Külz, (Exp. 24, tableau VIII, p. 20) pouvait à la fin de l'inanition être de 3gr,087. L'albumine a pu en produire 2gr,420, ce qui fait en tout 5gr,498, dont on peut expliquer la formation en dehors de l'alimentation par le galactose. Cette expérience est particulièrement intéressante, parce qu'elle paraît prouver que ni le galactose, ni l'albumine ne contribuent à la formation du glycogène.

L'expérience que Otto a instituée sur le lapin peut aussi servir à cette démonstration. Un lapin, de 2 751 grammes, reçoit au 5e jour de jeûne dans l'estomac 140 cc. d'une solution contenant 68gr,2 de galactose. Nul trouble morbide; l'animal est sacrifié 8 heures après. Le foie, de 57 grammes, contient 0gr,8712 de glycogène, soit 1gr,53 p. 100; le reste du corps, 0gr,6486; ce qui fait en tout 1gr,5198. D'après les recherches de Külz, sur 13 lapins au même jour de jeûne le maximum du glycogène restant dans le foie peut être 0gr,1864 par kilogramme (Expérience no 6, tableau XVI). Par conséquent le foie de ce lapin de 2751 grammes pouvait avoir encore 0,5128 de glycogène, mais la quantité de glycogène contenue dans le reste du corps n'est pas déterminée : toutefois on peut supposer qu'elle est inférieure à la différence entre 1gr,5198 et 0gr,5128. Quant aux expériences de Max Cremer (Z. B., 1892, xxix, 521) sur le galactose chez le lapin, elles ne sont pas probantes.

Le sucre de lait peut-il être employé par le foie à former du glycogène?

Les expériences de nutrition avec le sucre de lait ont donc conduit à ce résultat que ce sucre ne produit pas de glycogène, au moins pour les poules et les lapins. Mais, comme l'hydratation du lactose donne non seulement du galactose, mais encore du glycose, il s'ensuit que le sucre de lait doit entraîner la formation de glycogène, quand il a subi l'action des ferments digestifs chez les poules et les lapins. Dastre avait déjà observé que le sucre de lait injecté dans le sang ne peut pas servir immédiatement à la nutrition des tissus. (*A. d. P.*, 1891, xxi, 718. — *B. B.*, 1889, 145. — *A. d. P.*, 1892, xxii, 103.) Car, si on l'injecte dans le sang, il est, tout comme le saccharose, éliminé par l'urine en totalité. Mais si, avant de l'injecter dans les veines, on l'a interverti par ébullition avec un acide, alors il est assimilé. D'ailleurs Dastre a montré que ni l'extrait pancréatique, ni l'extrait intestinal, ne peuvent déterminer cette hydrolyse. Droop Richmond (*Analyst*, 1892, xvii, 222) a montré aussi que ni le *lab*, ni la *pepsine*, ni la trypsine, ne transforment le sucre de lait; ce qui a été établi par l'étude de la polarisation rotatoire et du pouvoir réducteur. Abbot a vu aussi que le suc gastrique artificiel n'agit pas sur le lactose dans une solution chlorhydrique à 3 p. 1000, même au bout d'un très long temps. (Z. B., xxviii, 279.)

Ernst Weinland a repris la question, et l'a étudiée avec beaucoup de détails dans sa thèse inaugurale (*loc. cit.*, München, 1899). La recherche lui a été très facilitée par ce fait qu'il existe une levure, *Saccharomyces apiculatus*, qui ne fait pas fermenter le lactose, mais seulement ses produits de dédoublement. Les animaux dont l'alimentation normale ne contient pas de sucre de lait ne possèdent pas dans leur système digestif d'enzyme capable de dédoubler ce sucre.

Cette enzyme, que Weinland appelle *lactase*, serait donc inutile aux poules et aux lapins: aussi leur organisme ne le contient-il point. La lactase serait donc utile aux jeunes mammifères et à l'enfant nouveau-né; et, de fait, Weinland a trouvé sans exception dans toutes les parties de l'intestin de ces jeunes animaux un ferment soluble dans l'eau et qui dédouble le sucre de lait. La lactase se trouve aussi chez les omnivores : le porc adulte et le chien.

Comme le chien est essentiellement carnivore, WEINLAND essaye d'expliquer la présence de la lactase dans son organisme d'après l'adaptation des ferments digestifs à la nature de l'alimentation. Il a pu observer, chez les lapins soumis à une alimentation lactée prolongée, la continuation de la production de lactase, quoique en réalité, chez des lapins qui ne s'allaitent plus, il n'y ait plus production de cette enzyme. La même expérience réussit chez un poulet, qui reçut pendant longtemps du lait mélangé à sa nourriture. Ainsi s'explique la présence de ce ferment chez le chien, qui est en réalité omnivore. Cependant il arrive quelquefois que l'on trouve de la lactase dans l'intestin des vieux chevaux, quoiqu'elle fasse complètement défaut chez le bœuf, le mouton, le lapin et le poulet adulte.

WEINLAND dit aussi que le sucre de lait est transformé dans l'intestin, grâce aux bactéries, qui en général produisent des acides. Dans d'autres recherches il a introduit des solutions de lactose dans des portions isolées d'intestin de lapin, et il a vu que l'absorption en est beaucoup plus difficile que celle du glycose.

Un autre fait important, c'est la confirmation, donnée par FR. VOIT (*Munch. med. Woch.*, 1896, 717), des expériences de DASTRE, qu'après des injections sous-cutanées d'une solution de lactose on peut retrouver la presque totalité de cette substance dans l'urine.

Le disaccharide lactose ne peut donc pas être assimilé par les cellules vivantes, lesquelles peuvent au contraire assimiler les produits de dédoublement du lactose, dextrose et galactose. Que le galactose soit assimilé par l'organisme, c'est un point qui *a priori* ne saurait être mis en doute; car la nature l'a destiné à la nutrition des jeunes mammifères ou de l'enfant à la mamelle. Aussi bien FR. VOIT a-t-il montré que des solutions de galactose injectées sous la peau se comportent comme le glycose, c'est-à-dire qu'elles sont assimilées et ne passent pas dans l'urine. Cela ne prouve point d'ailleurs que le foie peut transformer le galactose en glycogène, et les expériences ci-dessus rapportées ne peuvent fournir cette preuve en toute certitude.

Expériences d'Édouard Külz. — Il faut reprendre de nouveau les travaux de KÜLZ, qui a traité avec beaucoup de développement la question qui nous occupe ici, par des expériences sur les poules et les lapins. Mais les conditions étaient loin d'être aussi bonnes que dans les expériences d'OTTO. En effet, il opérait sur de trop faibles quantités, ce qui ne lui donnait que de légères augmentations de glycogène, et, comme souvent les expériences de contrôle n'étaient pas faites, les résultats sont vraiment assez incertains. Elles l'ont conduit à des conclusions qui seraient, si elles étaient démontrées exactes, d'une importance fondamentale. Selon lui, en effet, ce ne sont pas seulement les hydrates de carbone vrais, dans le sens étroit de ce mot, qui peuvent donner du glycogène; mais encore ce sont toutes les substances voisines (*loc. cit.*, 1891, 35) : amidon, dextrine, dextrose, inuline, lévulose, inosite, sorbine, galactose, raffinose, saccharose, lactose, lactose inverti, éthylène glycol, propylène glycol, glycérine, érythrite, quercite, dulcite, mannite, saccharine, iso-saccharine, anhydride glycuronique, dextrinate de calcium, acide saccharique, acide mucique.

Les recherches de KÜLZ sont devenues classiques : elles ont passé dans les traités de physiologie et de chimie physiologique (HAMMARSTEN, *Lehrb. der physiol. Chemie*, 1899, 215) et on les considère volontiers comme faits de sciences positives. Mais, pour ma part, je ne puis me déclarer satisfait; car nombre des affirmations de KÜLZ manquent de preuves suffisantes. Je voudrais en donner ici la démonstration aux physiologistes, ce qui ne peut se faire en peu de mots, car ce seront toujours les chiffres et les analyses qui seront les bases de la discussion. C'est là un travail de dissection qui est pénible et laborieux; mais je ne sache point qu'il existe d'autres méthodes pour approfondir le sujet. Aussi demanderai-je au lecteur toute sa patience.

Et tout d'abord, je ferai remarquer, ce qu'on n'a jamais fait encore, une défectuosité étonnante, c'est que ÉDOUARD KÜLZ, se fondant sur des différences qui sont absolument dans les limites de l'erreur expérimentale, a établi des conclusions de la plus haute importance. Ces preuves reposent sur la différence entre des animaux pris comme témoins et d'autres animaux nourris avec telle ou telle substance; mais lui-même rapporte des analyses, d'après lesquelles des pigeons d'une même portée, nourris pendant 6 jours de la même manière, contiennent des quantités de glycogène dans le foie qui varient de 0,91 à 8,89 p. 100 (Tableau VII, p. 18).

Gürber (*Sitzb. d. phys. med. Ges. zu Würtzburg*, 1895, 17) a montré qu'en été les lapins contiennent beaucoup moins de glycogène qu'en hiver, et le fait se voit en toute évidence chez les grenouilles, comme l'a montré Athanasiu (*A. g. P.*, 1899, lxxiv, 561). Si donc en été on analyse au point de vue du glycogène des lapins qui ont jeûné pendant 6 jours, et qu'ensuite on étudie en hiver l'influence de l'alimentation sur des lapins au sixième jour de jeûne, on doit trouver toujours que ces derniers ont plus de glycogène, quel que soit l'aliment qui leur a été donné.

Dans le tableau XVIII de la page 36 il est dit que 124 expériences d'alimentations diverses ont été entreprises sur des poules dans les temps les plus froids, de 1888 et 1889. Pourtant quelques-unes de ces recherches ont été entreprises dans le mois d'août et terminées à la fin d'août. Les 62 expériences d'alimentation sur des lapins ont été presque toutes entreprises pendant les temps froids de l'année (tableau XV, p. 30) à l'exception des recherches sur la saccharine et le tartrate de soude, recherches qui d'ailleurs ont été négatives. La première de toutes les conditions expérimentales est donc de prendre des animaux de contrôle aux mêmes saisons de l'année que les animaux expérimentés.

Mais E. Külz n'a pas satisfait à cette condition, et en voici la preuve irréfutable. 124 expériences ont été par Külz poursuivies sur les poulets, et 62 sur les lapins : or, dans toutes ces expériences, la date, donnant le jour, le mois et l'année, est exactement consignée, tandis que dans aucune des expériences de contrôle ne se trouve cette indication. Je donnerai plus loin quelques détails à ce sujet, spécialement pour les poules.

Dans le tableau VIII Külz donne 32 expériences de contrôle sur des poules à jeun; c'est seulement dans 13 de ces expériences que le glycogène des muscles a été déterminé, comme le glycogène du foie. Ces 13 expériences constituent la partie fondamentale du travail. 5 d'entre elles sont empruntées au travail de Aldehoff (*Ueber den Einfluss der Carenz auf den Glycogenbestand von Muskel und Leber Z. B.*, 1889, xxv, 137), et 7 au travail de Hergenhahn (*Ueber den Zeitlichen Verlauf der Bildung resp. Anhäufung des Glycogenes in der Leber und den willkürlichen Muskeln. Z. B.*, 1890, xxvii, 215). Le tableau VI, d'Aldehoff, p. 154, contient 5 expériences, qui sont les expériences 13-14-15-27-32 du tableau VIII de Külz. Le tableau I, de Hergenhahn, p. 218, contient 7 expériences : ce sont les expériences 15-16-20-21-22-23-24 du tableau VIII de Külz.

Il est intéressant de remarquer que ce nº 15 du tableau VIII de Külz est en même temps l'expérience de contrôle du tableau I, p. 218, de Hergenhahn, et du tableau VI de Aldehoff, p. 154. Voilà donc une expérience de contrôle qui sert à trois expérimentateurs différents.

Külz ne cite pas comme collaborateurs Hergenhahn et Aldehoff; mais, à la fin de son travail (p. 53), il cite ses assistants: R. Külz, Sandmeyer et Blome, qui l'ont aidé dans ses recherches. Rien n'indique que les recherches d'Aldehoff et de Hergenhahn ont été faites à la même époque que les expériences d'alimentation de E. Külz. Le mémoire d'Aldehoff étant au tome xxv, et celui de Hergenhahn au tome xxvii der *Zeitschrift für Biologie*, cela n'est pas vraisemblable.

Claude Bernard (*Leçons sur le diabète*, 1877, Leçon XXI) était arrivé à reconnaître que la teneur en glycogène du foie de deux animaux qui paraissent être dans le même état, et qui sont tués au même moment de la même alimentation, peut présenter de si énormes différences que les comparaisons faites avec des animaux de contrôle ne fournissent que des données très incertaines. Aussi, comme procédé de contrôle, prenait-il d'abord, à l'animal qui devait servir à l'alimentation, un fragment de foie, lequel servait à doser le glycogène. Par conséquent Külz, d'après le genre de ses expériences, est forcé de renoncer à toute analogie rationnelle entre les animaux qu'il veut comparer. Il introduit dans ses tableaux des analyses faites tantôt par Edouard Külz, tantôt par Sandmeyer, tantôt par Blome, tantôt par Richard Külz, tantôt par Aldehoff, tantôt par Hergenhahn, sur des animaux de différentes races, et observés a des saisons différentes : il a donc introduit des conditions d'après lesquelles les plus grandes divergences se doivent rencontrer, et cela explique un résultat bien singulier qui se dégage des chiffres donnés par lui au tableau VIII sur le glycogène des animaux de contrôle et à jeun.

Si l'on déduit les 27 analyses où la teneur en glycogène a été déterminée, et qui n'ont pas été exécutées par Aldehoff, on n'en trouve que 3, où il y ait eu absence de glycogène, tandis que dans les 5 analyses dues à ALDEHOFF le glycogène a fait complètement défaut 4 fois. Par conséquent, d'après ALDEHOFF, le glycogène fait défaut dans le foie pour 80 p. 100 des cas, tandis que, d'après HERGENHAHN et KÜLZ, il ne fait défaut que dans 11 p. 100, dans les mêmes conditions, bien entendu.

En outre, le poids le plus faible de glycogène du corps chez le poulet, au troisième jour d'inanition, se trouve dans les analyses de ALDEHOFF, et le poids le plus élevé de glycogène au sixième jour d'inanition est dû aux analyses de HERGENHAHN. Ainsi, avec ALDEHOFF, les chiffres sont toujours plus faibles : *On ne peut donc pas douter que le poids très faible de glycogène assigné au foie des animaux de contrôle est dû principalement aux analyses d'*ALDEHOFF. Les analyses des animaux alimentés, pour lesquelles la date exacte a été donnée, ont été pratiquées par E. KÜLZ, et ses assistants, R. KÜLZ, SANDMEYER, BLOME, qui travaillaient avec plus d'exactitude, et qui par suite ont trouvé des poids plus élevés de glycogène. C'est pourquoi on devait trouver des chiffres plus élevés de glycogène pour les expériences d'alimentation, même si aucune substance formatrice de glycogène n'avait été donnée, surtout si l'on pense qu'il s'agit là de chétives différences qui tombent tout à fait dans les limites des erreurs d'analyse.

Ce n'est pas une tâche facile que de déterminer exactement la minime quantité de glycogène qui se trouve dans un organe aussi petit que le foie d'un poulet à jeun.

Les analyses faites par ma méthode et la méthode de KÜLZ ont montré presque toutes que, quand la proportion de glycogène est faible dans le corps, on en trouve encore moins dans le foie que dans le reste du corps, même au cas où la teneur en glycogène serait la même pour le foie et pour le corps. Les muscles contiennent alors centésimalement très peu de glycogène; mais comme on peut, pour l'analyse, prendre une très grande quantité de muscles, le dosage porte sur une forte proportion de tissus, et les pertes deviennent alors négligeables. Au contraire, pour doser les traces de glycogène qui se trouvent dans de très petits foies de poulet, il faut beaucoup de soins et d'habitude. Souvent alors en effet l'addition d'alcool ne produit aucun trouble dans la liqueur pauvre en glycogène, et on est amené à penser qu'elle ne contient pas de glycogène, si bien qu'on est d'abord tenté de jeter le liquide; mais au bout d'une demi-heure le liquide s'est troublé, et en douze heures le glycogène s'est précipité au fond du vase.

Une autre mauvaise condition pour ces recherches, c'est de laisser un long intervalle de temps entre les expériences de contrôle et les expériences d'alimentation. Les conditions d'achat des animaux ne sont pas les mêmes. Les races peuvent être différentes, comme aussi les moments de l'année, toutes circonstances rendant l'état de nutrition des animaux extrêmement différent. On peut prouver qu'elles exercent une influence notable sur les résultats, en prenant comme exemples les expériences de KÜLZ lui-même. On voit dans le tableau VIII que le jeûne des poulets a eu pour conséquence, dans les trois premiers jours, une période de diminution de glycogène qui a été suivie d'une période d'augmentation.

Je vais d'abord essayer d'établir les faits. Pour ce qui concerne le foie seul, il n'y a pas moins de 30 expériences faites sur les poulets. Je les divise en 2 groupes : le groupe 1 comprend les poulets où le temps de jeûne a été de 2 à 3 jours : le groupe 2, ceux dans lesquels il a été de 6 à 10 jours.

Le tableau suivant, que j'ai établi d'après les chiffres de KÜLZ, est facile à comprendre.

GROUPEMENTS.	NOMBRE des animaux (poules).	POIDS INITIAL moyen en grammes.	DURÉE du jeûne, en jours.	TENEUR MOYENNE DU FOIE EN GLYCOGÈNE.	
				en poids absolu	pour 1 kil. de l'animal
				(grammes).	(grammes).
1	14	1553	2 à 3 jours.	0,059	0,038
2	18	1354	4 à 10 jours.	0,074	0,055

Par conséquent, en comparant le glycogène de la période du deuxième et troisième jour de jeûne, et celui de la période du sixième au dixième jour, on voit que par la prolongation du jeûne il aurait augmenté de 44 p. 100.

Comme il s'agit d'un nombre considérable d'expériences, et que la durée de l'inanition est tout à fait différente, il semble d'abord qu'on pourrait considérer comme prouvé que la quantité de glycogène contenue dans le foie va en augmentant à mesure que se prolonge le jeûne.

Cependant la conclusion qu'on déduirait de ce tableau serait *fausse*, comme le prouvent les faits suivants : 1° KÜLZ a donné une nombreuse série d'expériences (tableau VI) faites sur 17 pigeons, soumis à l'inanition de 2 à 8 jours. Chez tous le glycogène du foie fut dosé. Chez 12 d'entre eux, le glycogène des muscles de l'organisme fut dosé aussi. Je construis, avec le tableau V de KÜLZ, deux nouveaux tableaux que j'appelle *A et B*.

TABLEAU A

Glycogène du foie des pigeons (KÜLZ).

NOMBRE des animaux.	POIDS INITIAL moyen en grammes.	DURÉE du jeûne en jours.	POIDS MOYEN du glycogène hépatique (sans cendres) en grammes.	POIDS MOYEN du glycogène hépatique pour 1 kil. de poids initial de l'animal. (en grammes.)
11	336	2-4	0,006	0,018
6	363	5-8	0.000	0.000

TABLEAU B

Glycogène du foie et des muscles des pigeons (KÜLZ).

NOMBRE des animaux.	POIDS INITIAL moyen en grammes.	DURÉE DU JEÛNE en jours	POIDS MOYEN du glycogène du foie et des muscles, (sans cendres) en grammes.	POIDS MOYEN du glycogène du foie et des muscles, sans cendres, en grammes, pour 1 kil. du poids initial de l'animal.	OBSERVATIONS.
6	338	3-4	0,327	0,967	Exp. 6. 7. 8, 9. 10, 11.
6	363	5-8	0,260	0,716	Exp. 12, 13, 14, 15, 16, 17.

Le tableau A donne le glycogène du foie; le tableau B donne celui du corps.

Ainsi ces expériences faites sur les pigeons prouvent que dans l'inanition prolongée le glycogène du foie continue à diminuer dans le foie aussi bien que dans les muscles.

2° J'ai déterminé aussi le glycogène des poulets d'après la méthode de BRÜCKE-KÜLZ (*A. g. P.*, LXXVI, 1899); ces animaux ayant jeûné de 3 à 6 jours, j'ai constaté que la quantité de glycogène va constamment en diminuant du troisième au sixième jour de jeûne. Il faut donc se demander quelle peut être l'explication de la grave erreur d'après laquelle, selon le tableau VIII de KÜLZ, le glycogène augmente chez les poules en inanition. Il est évident que, parmi les animaux qui ont jeûné longtemps, le hasard a pu en donner qui étaient particulièrement riches en glycogène. De fait j'ai constaté que, parmi ces poules soumises à l'inanition, beaucoup étaient d'un poids élevé; donc en bon état de nutrition. Par conséquent leurs tissus étaient particulièrement riches en glycogène, en quantités absolue ou centésimale.

Les faits que nous venons d'indiquer auront sans doute persuadé le lecteur que, faute de choisir avec le plus grand soin les animaux témoins, on s'expose à de très graves erreurs, même en sacrifiant un très grand nombre d'animaux.

Quoiqu'il semble bien, après tout ce que nous venons d'indiquer, qu'on puisse porter un jugement sur les expériences de Külz et considérer ses conclusions comme tout à fait incertaines, il faut cependant faire remarquer que Carl Voit et que toute l'école physiologique de Münich considèrent les travaux de Külz comme un modèle classique d'investigation physiologique. C. Voit a maintenu son opinion, même après qu'il fut prouvé que les recherches de E. Külz manquaient de preuves sérieuses, d'après les faits établis par Voit lui-même.

En effet, C. Voit demande que, dans toute expérience d'alimentation avec du sucre, on élimine, par des déterminations spéciales, la possibilité de la formation de glycogène aux dépens de l'albumine. Or je choisis comme exemple les expériences 5 et 6 de Külz (*loc. cit.*, Tabl. XVIII, p. 36). Deux poules après injection de 10 grammes de glycose dissous dans 30 cc. d'eau, ont donné, 12 heures après, dans le foie en moyenne 1,071 de glycogène. En calculant, d'après les chiffres de Otto, et en admettant que le corps contient autant de glycogène que le foie, cela fait pour le glycogène total la quantité de 2,142. Comme le poids moyen est de 1 050 grammes, 1 kilogramme d'animal contiendrait alors 2,040 grammes de glycogène.

Or, d'après les recherches de Külz, il peut y avoir, par kilogramme du poids initial, au neuvième jour de jeûne, dans tout le corps, en glycogène 0,681 grammes en moyenne, et 1,605 au maximum. D'après Otto et C. Voit (*Z. B.*, xxviii, 262), 1 kilogramme de poule peut former en glycogène (en 8 heures), en moyenne 1,71 aux dépens de l'albumine; ce qui fait en 12 heures 2gr,565. On peut donc expliquer qu'il y a eu 0,681 + 2,565; soit, au total, 3,246 de glycogène, dont la présence peut s'expliquer sans formation de sucre. Et on a trouvé 2,040!

L'expérience ne prouve donc rien, encore que pour le glycogène résidual nous n'ayions pas pris le chiffre maximal. Mais le même raisonnement peut s'appliquer aux expériences que Külz a instituées avec amidon, dextrine, inuline, lévulose, inosite, sorbine, galactose, raffinose, saccharose, lactose, éthylène-glycol, propylène-glycol, glycérine, érythrite, quercite, dulcite, mannite, saccharine, isosaccharine, anhydride glycuronique, dextrinate de calcium, tartrate et citrate de sodium, gomme arabique.

Maintenant il est juste de dire que les recherches d'Otto établissent presque avec certitude qu'il se forme du glycogène aux dépens du sucre. Mais on n'a pas le droit d'éliminer cette valeur hypothétique du glycogène ainsi formé; car Otto, en nourrissant ses animaux avec du galactose, n'a pas pu constater qu'il se formait du nouveau glycogène. Naturellement on peut dire que l'albumine ne se comporte pas de la même manière dans toutes les conditions. Car, d'après la célèbre proposition de C. Voit, l'albumine se dissocie tantôt en urée et en graisse, tantôt en urée et en glycogène.

Alors on peut se demander si les recherches de E. Külz sont valables, en supposant, d'une part, qu'il ne se fait pas de glycogène aux dépens de l'albumine chez des animaux nourris avec du sucre, et, d'autre part, en ne tenant pas compte des défectuosités indiquées par moi plus haut, relatives au choix des animaux témoins.

Pour prouver que le sucre introduit dans l'organisme se change en glycogène, il faut en première ligne établir que la masse du glycogène contenu dans l'organisme a augmenté. Or on trouve le glycogène non seulement dans le foie, mais encore dans les muscles, les cartilages, et, dans beaucoup d'autres tissus. Otto, qui a reconnu cela, a dû se livrer à une recherche extraordinairement laborieuse; et il a dosé non seulement le glycogène du foie, mais encore celui des autres parties du corps. Mais Ed. Külz s'est contenté, dans les 124 expériences sur les oiseaux qu'il nous donne ici, de faire l'analyse quantitative du glycogène hépatique, et il a abandonné le dosage du glycogène du reste du corps.

Il a supposé que, si ce glycogène hépatique augmente, le glycogène du reste du corps augmente également. De fait, les nombreuses analyses qu'Otto a faites sur des lapins et des poulets, ont montré que la quantité absolue de glycogène qu'on trouve dans le foie est presque égale à celle qui se trouve dans le reste du corps. Il est remarquable que cette loi, qui résulte des analyses de Otto, ne change pas, quel que soit le chiffre absolu du glycogène. Chez un gros chien qui avait jeûné 28 jours, j'ai pu confirmer que cette loi était relativement exacte. Le foie a donné 24gr,260 de sucre (dosé par inversion du glycogène), et le reste du corps, 28gr,24 (*A. g. P.*, 1902, xci, 121).

Il ne faut pas oublier que, dans toutes les recherches d'Otto, l'animal pauvre en glycogène était toujours nourri avec du sucre, et sacrifié huit heures après. Et c'est là probablement le moment précis où la teneur du foie en glycogène égale la teneur du reste du corps en glycogène. OTTO n'a pas indiqué quel est le rapport entre la quantité du glycogène hépatique et la quantité du glycogène du corps, trois heures ou vingt-quatre heures après l'ingestion de sucre. De même, il n'y a pas d'expériences pour savoir si ce rapport se modifie suivant la nature des substances alimentaires capables ou non de former du glycogène.

E. HERGENHAHN (*Z. B.*, 1890, XXVII, 222) a fait sur ce point, dans le laboratoire de E. KÜLZ lui-même, une recherche très intéressante. Il a nourri des poulets, qui avaient jeûné 6 jours, avec des quantités différentes de saccharose (10, 20, 30 grammes) et il a suivi l'augmentation graduelle du glycogène hépatique, aussi bien que celle du glycogène corporel. Les courbes données par HERGENHAHN prouvent qu'en général la teneur du foie en glycogène, et celle des autres organes croissent en même temps, pour atteindre un maximum au bout de 12 à 20 heures, pour ensuite descendre en même temps. Toutefois il peut arriver souvent qu'une des courbes monte, tandis que l'autre descend, ce qui est dû peut-être à des erreurs d'observation qui paraissent irrémédiables; car chaque courbe est la totalisation d'expériences faites sur plusieurs animaux. Il semble donc que l'augmentation du glycogène du foie entraîne une augmentation du glycogène dans le corps. On ne doit cependant pas oublier qu'il s'agit toujours, dans ces expériences, d'alimentation avec le sucre.

Reste à savoir si dans certaines conditions le foie ne cède pas du glycogène ou du sucre aux autres organes, et si, inversement, dans d'autres conditions, il ne leur en emprunte pas. Nous savons, d'après les recherches d'ATHANASIU (*A. g. P.*, 1889, LXXIV, 511), que, dans l'empoisonnement par le phosphore, les graisses du foie augmentent, non parce qu'il se produit de la graisse dans le foie, mais parce que les graisses du reste du corps viennent se fixer dans le foie.

Il est un fait qui semble indiquer que, dans certaines conditions, le glycogène des cartilages et des autres organes vient se fixer dans le foie dépourvu de glycogène. Si d'après FRENTZEL (*A. g. P.*, 1894, LVI, 273), on fait perdre à un lapin son glycogène, en l'empoisonnant par la strychnine, puis qu'on le plonge par l'uréthane dans un sommeil prolongé, alors, au bout de 20 à 28 heures, le glycogène s'accumule de nouveau dans le foie. La convulsion tétanique des muscles, due à la strychnine, a épuisé le glycogène musculaire, et le foie a lutté pour réparer cette destruction, en versant du glycogène dans le sang, jusqu'à en être à la fin dépourvu. Les autres régions où il y a du glycogène déversent lentement du glycogène et du sucre dans le sang, pour que le foie en profite. Par conséquent on peut en conclure qu'il n'y a pas de loi pour déterminer un rapport quelconque entre le glycogène hépatique et le glycogène du reste du corps.

Ici se placent les recherches d'ED. KÜLZ, qu'il faut maintenant examiner. KÜLZ, pour ses expériences de contrôle, a laissé jeûner pendant longtemps 32 poules; 8 de ces poules, pendant 2 jours; 6, pendant 3 jours; 12, pendant 6 jours; 4, pendant 7 jours; 1, pendant 8 jours; 1, pendant 10 jours. Chez toutes, le glycogène du foie fut dosé; chez 13 de ces poules il détermina en outre la quantité de glycogène de tout le corps; et cela pour 2 poules au 3e jour de jeûne; pour 7, au 6e jour de jeûne; pour 2, au 7e jour; pour 2, aux 8e et 10e jours. Comme KÜLZ ne prenait pour ses expériences d'alimentation que des poules ayant jeûné 6 jours, on ne peut leur comparer que les 7 poules ayant jeûné 6 jours; et chez lesquelles la quantité de glycogène avait été déterminée non seulement dans le foie, mais encore dans le reste du corps. Si l'on fait la somme de tout le glycogène contenu dans le foie de ces 6 animaux; et si l'on compare ce chiffre au glycogène de tout le reste du corps, on voit qu'il y a dans le corps 20 fois plus de glycogène que dans le foie.

Le fait, que les animaux témoins ont dans le corps 20 fois plus de glycogène que dans le foie, est d'autant plus extraordinaire que, d'après les recherches de OTTO sur les poules et les lapins, les quantités du glycogène du foie, et du glycogène du corps sont à peu près les mêmes.

Ici il est nécessaire de faire remarquer qu'on peut observer le fait contraire. Aussi J. FRENTZEL, dans un travail fait sous la direction de N. ZUNTZ, trouve que chez des lapins dépourvus de glycogène par la strychnisation, l'alimentation par le glycose accroît d'abord énormément le glycogène du foie, et plus tard seulement celui des muscles. Le tableau suivant résume les recherches de FRENTZEL; SALKOWSKI (*Z. p. C.*, XXXII, 393) a trouvé tout à fait les mêmes relations en nourrissant avec de l'arabinose des lapins et

Lapins sans glycogène, nourris avec dextrose (FRENTZEL).

POIDS DU LAPIN en grammes.	GLYCOGÈNE DU FOIE en grammes.	GLYCOGÈNE DU RESTE DU CORPS en grammes.	TUÉS COMBIEN D'HEURES après l'alimentation ?	DOSE DE DEXTROSE en grammes.
1. 1 920	2,020	0,0	11,5	10
2. 1 700	1,000	0,0	11,0	10
3. 1 110	2,062	0,0	10,0	10
4. 1 020	0,880	0,0	8	10
5. 2 170	3,415	0,75	12	11
6. 1 920	2,376	1,79	11	10
7. 2 500	2,775	2·33	11	11

des poules pauvres en glycogène. Souvent les muscles ne contenaient pas de glycogène, tandis que le foie en contenait de quantités notables. Ainsi nous trouvons, dans les recherches de OTTO, qu'il y avait toujours autant de glycogène dans le foie que dans le corps.

Dans les recherches de KÜLZ, le corps contenait 20 fois plus de glycogène que le foie.

Dans les recherches de FRENTZEL et de SALKOWSKI, le foie contenait beaucoup plus de glycogène que le reste du corps; et c'est seulement lorsqu'après une alimentation sucrée le foie a formé une quantité notable de glycogène que commence à croître, d'après FRENTZEL, la teneur en glycogène du reste du corps, de manière à se rapprocher du chiffre total du glycogène hépatique.

Une expérience entreprise d'après les meilleures méthodes analytiques, et les plus récentes, par SCHÖNDORFF (*A. g. P.*, XCIX, 721, 1903) sur sept chiens nourris avec de la viande, du riz et du sucre a donné pour 100 grammes de glycogène hépatique, des chiffres variant de 76,17 à 398 grammes pour le glycogène des autres parties du corps.

Ces faits prouvent que l'on ne peut conclure avec certitude, d'après la quantité de glycogène du foie, sur la quantité de glycogène du corps.

Pour montrer au lecteur sur quelles minimes différences KÜLZ a pris ces conclusions, je citerai seulement quelques exemples. « D'après douze expériences, dit-il (voir tableau VIII), la teneur du foie en glycogène chez des poulets vigoureux, au 6e jour de jeûne, atteint au maximum 0gr,1788. On a alors le droit de considérer comme positif le résultat des expériences du tableau XVIII — il s'agit des expériences où les animaux ont été alimentés avec différentes substances — dans lesquelles, après ingestion d'une substance déterminée, la teneur en glycogène du foie a dépassé dans la plupart des cas cette limite maximum, et de conclure que la substance ingérée a augmenté la formation du glycogène. » Parmi les substances qui déterminent en toute certitude une augmentation de glycogène dans le foie des chiens, d'après les expériences faites sur les poules, KÜLZ mentionne l'inuline. Or KÜLZ a fait 8 expériences d'alimentation des poules avec l'inuline; leurs foies contenaient en moyenne 0gr,178 de glycogène, *ce qui est plus que* 0gr,1788! et ce qui prouverait, d'après KÜLZ, que le glycogène a été provoqué par l'inuline.

Est-ce là la preuve que l'inuline a provoqué la formation du glycogène? Si l'on raisonne autrement, et mieux, que KÜLZ, on doit dire : chez 12 poules au 6e jour de jeûne, la quantité maximum du glycogène du foie a été de 0gr,1064 pour 1 kilogramme du poids initial (Tableau VIII, expériences 15 à 56, page 20); tandis qu'après alimentation avec l'inuline ce maximum a été de 0,1329. C'est une augmentation de 25 p. 100; mais j'a montré plus haut que KÜLZ, par ses méthodes, a obtenu des augmentations de 44 p. 100, là où certainement il y avait des diminutions. En tous cas, l'augmentation soi-disant due à l'inuline est, en chiffres absolus, tellement faible qu'elle est dans les limites de l'erreur.

Plus loin, Külz croit que l'éthylène glycol augmente le glycogène du foie chez le poulet. Pourquoi? parce que sans éthylène glycol la quantité de glycogène est par kilogramme de 0,1064, tandis que chez les animaux alimentés avec l'éthylène glycol cette quantité est de 0,176. C'est une différence qui, comme dans les cas précédents, est tout à fait dans les limites de l'erreur expérimentale.

Partout où Külz a fait des essais d'alimentation avec d'autres substances que des hydrates de carbone, il n'a jamais constaté dans les proportions du glycogène hépatique que des différences dans les premières décimales, différences qui ne prouvent rien. Nous ne voulons pas dire que ce qu'il a affirmé est erroné : nous disons seulement que ce n'est pas prouvé.

Il me semble alors qu'on peut tirer profit du grand tableau XVIII de Külz, où sont consignées les expériences d'alimentation avec le sucre, lequel, d'après Otto, augmente le glycogène, et conclure que, 12 heures après l'injection de sucre, les animaux contiennent probablement dans leur foie à peu près autant de glycogène que dans le reste du corps. J'ai calculé ces chiffres à cet effet, et je les ai réunis dans le tableau ci-joint. On verra que les hydrates de carbone seuls ont déterminé une accumulation de glycogène. Si l'on déduit de cette quantité la quantité de glycogène qui, d'après Voit, peut dériver de l'albumine, on verra que les hydrates de carbone n'augmenteraient pas la formation de glycogène. Cela prouve que la soustraction de Voit n'est pas justifiée.

En faveur de Külz on peut dire qu'il a encore publié deux importantes séries d'expériences sur les lapins qui l'ont conduit essentiellement aux mêmes résultats que les expériences faites sur les poules (tableau XV et XVI). Dans les 62 expériences du tableau XV, avec essais d'alimentation variée, on trouve pour *chaque* expérience, l'indication exacte de la date et de l'année; mais cette indication manque dans les 13 expériences de contrôle. C'est la même défectuosité que nous avons constatée pour les recherches faites sur les poules. Et pour les mêmes raisons, que j'ai développées en faisant la critique, ces expériences de Külz sur les lapins ne sont pas probantes.

On ne comprend absolument pas comment Külz, qui paraît un bon observateur, n'indique nulle part quelles précautions sont nécessaires pour qu'une expérience ait quelque valeur. Lorsque, dans ses expériences d'alimentation, il indique *toujours* la date, sans aucune exception, et que dans les expériences de contrôle il ne les indique *jamais*, il donne à penser qu'il a voulu dissimuler dans quelles conditions ont été faites les expériences de contrôle, conditions probablement toutes différentes des expériences d'alimentation, ce qui enlèverait naturellement toute valeur à ces dernières. Il me semble que Külz, en faisant un grand nombre d'expériences, a cherché une confirmation à ses recherches sans réfléchir qu'un contrôle certain est toujours nécessaire. Ainsi, par exemple, si les expériences de contrôle ont été faites en été, et les expériences d'alimentation en hiver, il y a là une cause d'erreur qui persiste, quel que soit le nombre des expériences.

Le nombre des expériences que Külz a faites sur l'alimentation par les hydrates de carbone et leurs dérivés est aussi considérable que sont incertaines ses conclusions. Et alors on comprend que souvent d'autres expérimentateurs ne soient pas arrivés aux mêmes résultats que Külz.

D'après Voit (*Z. B.*, xxviii, 262), chez une poule, en 8 heures, l'albumine peut donner en moyenne 1,710 de glycogène, et au maximum 4,280.

Or, comme Külz ne tuait ses poules que 12 heures après l'alimentation, il faut, par kilogramme du poids du corps, en moyenne 2,56, et au maximum 6,42 pour le glycogène qui peut être formé par l'albumine. Or le chiffre le plus fort qu'il ait trouvé pour le glycogène nouvellement formé, a été, dans les conditions de calcul les plus favorables, de 2,17 de glycogène, et ainsi disparaît toute la certitude de ces recherches.

D'après les recherches de Mering (*A. g. P.*, xiv, 274), contrairement à l'opinion de Külz, l'inuline, l'inosite, l'érythrite, la quercite ne peuvent pas être rangées parmi les les substances qui forment du glycogène.

Les expériences d'alimentation faites avec les pentoses sont du plus grand intérêt, pour savoir si ces sucres véritables peuvent être considérés comme des formateurs du glycogène.

Si tel était le cas, il s'ensuivrait que la formation du glycogène ne peut pas être consi-

Glycogène du foie et du corps chez des poules à alimentation variée, après six jours de jeûne (KÜLZ. Tableau XVIII).

NOMBRE D'EXPÉRIENCES.	POIDS INITIAL en grammes.	ALIMENTS.	QUANTITÉ DE l'aliment. en grammes.	TENEUR ABSOLUE du foie en glycogène, sans cendres.	TENEUR ABSOLUE du corps en glycogène, sans cendres.	TENEUR du corps en glycogène pour 1 kil. du poids initial, en grammes.	RESTE DE glycogène au maximum pour 1 kil. d'animal, en grammes.	RESTE DE glycogène en moyenne pour 1 kil. d'animal, en grammes.	GLYCOGÈNE NOUVELLEMENT FORMÉ c'est-à-dire excès du glycogène trouvé sur le reste du glycogène pour 1 kil. d'animal, en grammes.	
									Maximum.	Moyenne.
2	1353	Amidon.	10	1,656	3,312	2,448	1,605	0,681	+ 0,843	+ 1,767
2	1464	Dextrine.	40	1,139	2,278	1,5560	1,605	0,681	— 0,049	+ 0,875
2	1030	Dextrose.	10	1,071	2,142	2,040	1,605	0,681	+ 0,435	+ 1,359
2	1158	Saccharose.	10	1,650	3,300	2,852	1,605	0,681	+ 1,247	+ 2,171
3	1210	Lévulose.	10	1,408	2,816	2,327	1,605	0,681	+ 1,722	+ 1,646
8	1339	Inuline.	2 × 40	0,178	0,356	0,266	1,605	0,681	— 1,339	— 0,415
4	1221	Lactose interverti.	10	1,390	2,780	2,277	1,605	0,681	+ 0,672	+ 1,596
2	1262	Lactose.	10	0,192	0,384	0,304	1,605	0,681	— 1,301	— 0,377
4	1347	Lactose.	10 — 30	0,378	0,756	0,561	1,605	0,681	— 1,044	— 0,120
3	1243	Galactose.	10	0,587	1,174	0,945	1,605	0,681	— 0,660	+ 0,264
4	1435	Inosite.	10	0,301	0,602	0,419	1,605	0,681	— 1,186	— 0,262
3	1473	Sorbine.	10	0,788	1,576	1,070	1,605	0,681	— 0,535	+ 0,389
2	1274	Raffinose.	10	0,421	0,842	0,661	1,605	0,681	— 0,944	— 0,020
3	1485	Éthylène glycol.	10	0,262	0,524	0,353	1,605	0,681	— 1,252	— 0,328
3	1428	Propylène glycol.	10	0,597	1,194	0,830	1,605	0,681	— 0,775	+ 0,149
4	1320	Érythrite.	10 — 20	0,246	0,492	0,373	1,605	0,681	— 1,232	— 0,308
3	1557	Quercite.	10	0,299	0,598	0,384	1,605	0,681	— 1,221	— 0,297
5	1681	Dulcite.	10	0,341	0,682	0,406	1,605	0,681	— 1,199	— 0,275
10	1457	Mannite.	2 × 10	0,489	0,978	0,671	1,605	0,681	— 0,934	— 0,010
3	1583	Saccharine.	10	0,270	0,540	0,341	1,605	0,681	— 1,264	— 0,340
4	1538	Isosaccharine.	10	0,227	0,454	0,295	1,605	0,681	— 1,310	— 0,386
2	1569	Anhydride d'acide glycuronique.	10	0,703	1,406	0,896	1,605	0,681	— 0,709	+ 0,215
6	1412	Dextrinate de calcium.	10 — 15	0,351	0,702	0,497	1,605	0,681	— 1,108	— 0,184
9	1449	Tartrate de Na.	10	0,126	0,252	0,174	1,605	0,681	— 1,431	— 0,507
8	1327	Citrate de Na.	10	0,103	0,206	0,155	1,605	0,681	— 1,450	— 0,526
7	1123	Gomme arabique.	12	0,118	0,236	0,166	1,605	0,681	— 1,439	— 0,515
4	1220	Glycérine.	10	1,075	2,150	1,7624	1,605	0,681	+ 0,157	+ 1,081

dérée comme une déshydratation; car la chaîne des atomes de carbone est de six atomes dans le glycogène, et seulement de cinq dans les pentoses.

La question a été étudiée par E. SALKOWSKI (*C. W.*, n° 11, 1893), et par M. CREMER (*Z. B.*, XXIX, p. 484, 1891-1892). SALKOWSKI, a expérimenté avec 7 lapins et 1 poulet nourri avec l'arabinose; les animaux étaient tués 14 heures et demie à 19 heures après l'ingestion de la dernière quantité d'arabinose, et on trouva des quantités de glycogène variant entre 0,595 et 2,058. Mais, comme les données nous manquent sur les conditions de l'expérience, on ne peut en juger la valeur.

CREMER admet qu'après nutrition de l'animal avec les pentoses il faut laisser assez de temps s'écouler pour qu'il ne puisse y avoir possibilité d'une formation de glycogène aux dépens de l'albumine. CREMER conclut de ses recherches que les pentoses déterminent une augmentation non douteuse du glycogène de l'organisme. Après une introduction mathématique et philosophique très détaillée qui, d'après lui, est nécessaire pour les fondements théoriques et les méthodes à observer, il expose ses expériences, qui sont tellement défectueuses, qu'elles n'ont aucune valeur démonstrative. Mais, comme néanmoins elles ont passé dans les meilleurs traités classiques, il faut que je justifie mon jugement.

1° CREMER n'a pas fait d'expérience de contrôle pour les lapins et les poulets au point de vue de la durée du jeûne. Il travaillait à Munich, et il veut s'appuyer sur les recherches de KÜLZ, ce qui établit déjà une grande incertitude.

Mais cette incertitude dépend surtout de ce que les chiffres de KÜLZ se rapportent au glycogène dépourvu de cendres. « Je remarque, dit-il (*loc. cit.*, 505), qu'il est tout à fait inutile pour mes recherches de déterminer le poids des cendres du glycogène; car tous mes chiffres se rapportent au glycogène avec cendres. » KÜLZ lui-même a rejeté les analyses de glycogène dans lesquelles les cendres n'avaient pas été dosées; car on ne peut pas alors prévoir avec certitude quelle sera l'erreur due aux cendres.

En outre, l'analyse des cendres permet jusqu'à un certain point d'apprécier le degré d'impureté du glycogène, impureté qui ne manquera jamais dans le glycogène préparé par les méthodes de BRÜCKE-KÜLZ. Mais l'analyse des cendres était d'ailleurs nécessaire, parce que CREMER a formulé des conclusions très graves conclusions qu'il fondait sur de toutes petites différences dans les proportions du glycogène hépatique.

2° CREMER a toujours dosé le glycogène du foie, mais jamais celui du reste du corps. OTTO ne s'était jamais permis de se priver de cette recherche nécessaire, et il faut toujours penser que, dans certaines conditions, le glycogène peut passer des organes dans le foie.

3° CREMER n'a pas envisagé comme possible que son glycogène nouvellement formé pouvait provenir de l'albumine.

Pour faciliter la critique de ces expériences de CREMER, je les ai réunies dans le tableau suivant, et j'ai calculé, d'après les données de VOIT, combien de glycogène pouvait, pendant l'expérience s'être formé aux dépens de l'albumine. Au bénéfice de CREMER, j'ai supposé que la quantité de glycogène des organes, quantité non déterminée par lui, était identique à celle du foie, comme cela a été établi par les expériences de OTTO avec différentes hexoses. Pour calculer le glycogène formé aux dépens de l'albumine, je n'ai pas pris le chiffre maximum de VOIT, mais bien le chiffre moyen qu'il donne (voir tableau p. 341).

Si l'on examine dans ce tableau la colonne où est indiquée la teneur du foie en glycogène, après alimentation avec les pentoses, on voit que partout, excepté dans l'expérience VIII, la teneur du foie en glycogène est inférieure à 1 gramme, tandis que, d'après les expériences de OTTO, chez le poulet, cette quantité est de 5,37, et, chez le lapin, de 9,27.

Les nombres trouvés par MAX CREMER, pour le glycogène du foie des animaux alimentés avec des pentoses, sont si petits, qu'ils eûssent été peut-être observés, même si CREMER n'avait pas donné de pentoses à ces animaux. Le temps du jeûne est aussi un temps très limité, car deux fois la durée de l'inanition n'a été que de 2 jours et demi. Même l'expérience VIII, dans laquelle un chiffre très élevé de glycogène a été trouvé (3,102) ne prouve rien; car, chez ce lapin, le foie contenait 4,1 p. 100 de glycogène après 4 jours de jeûne. Or, pour ma part, j'ai trouvé chez un chien, après 28 jours de jeûne, sans hexoses, ni pentoses, que le foie contenait encore 4,4 p. 100 de glycogène. Certes on ne peut prendre un chien comme expérience de contrôle, pour une expérience sur un lapin. Encore cela est-il préférable à l'absence de contrôle, comme c'est le cas pour les expériences de CREMER.

Recherches de M. Cremer sur l'alimentation avec des pentoses.

	ANIMAL.	POIDS INITIAL.	POIDS FINAL.	HEURES QU'A DURÉ L'ALIMENTATION avant la mort.	SUCRE INGÉRÉ (EN GRAMMES)	GLYCOGÈNE HÉPATIQUE.	GLYCOGÈNE HÉPATIQUE PROVENANT DE L'ALBUMINE d'après VOIT.	DURÉE DU JEUNE (EN JOURS) avant l'ingestion des pentoses.	PAGE DU T. XXIX DES Z. B. où est rapportée l'expérience.
1	Poule.	1 089	1 002	12	Xylose. . . 10,16	0,843	1,282	2 1/2	543
2	—		1 146	12	Arabinose. 9,88	0,278	1,469	2 1/2	544
3	Lapin.		2 836	12	Arabinose. 30,0	0,928	4,186	4	544
4	Poule.		1 045	12	Rhamnose. 9,973	0,376	1,340	4	550
5	—		882	12	Rhamnose. 15,0	0,208	1,131	6	550
6	Lapin.	2 211		15	Rhamnose. 30,0	0,420	4,078	5	550
7	—		2 675	16	Rhamnose. 30,0	0,426	5,264	4	550
8	—		2 470	24	Rhamnose. 30,0	3,102	7,291	4	551

Pour juger ces expériences, un fait important est encore à signaler. CREMER reproche aux expériences de SALKOWSKI sur les pentoses, que, par suite de la longue durée de l'expérience, on peut admettre qu'il s'est formé du sucre aux dépens des albumines. Or, d'après mes calculs, consignés dans le tableau ci-joint, ce reproche peut parfaitement s'appliquer aussi aux expériences de CREMER. CREMER, en résumant ses recherches, dit que le xylose agit d'une manière positive dans le sens donné par KÜLZ à ce mot sur la formation de glycogène. Mais sa conclusion finale est moins obscure. « Mes résultats, dit-il, ne peuvent pas nous permettre d'affirmer que la nutrition avec les pentoses produit du glycogène. » (*Z. B.*, XXIX, 552.)

Nous sommes donc complètement d'accord.

Que les pentoses n'agissent pas sur la formation de glycogène, soit directement, soit indirectement, c'est un fait qui a été démontré par J. FRENTZEL, sous la direction de N. ZUNTZ, d'une manière tout à fait décisive. FRENTZEL a institué des expériences sur des lapins dont il faisait disparaître le glycogène par la strychnisation; il examinait non seulement le foie, mais encore les muscles, employant pour la recherche du glycogène la méthode de FRÄNKEL, combinée à celle de BRÜCKE-KÜLZ. FRENTZEL dit qu'il nourrissait pendant au moins 3 jours ses lapins avec du lait, et les faisait jeûner 24 heures avant l'expérience. La strychnine était injectée sous la forme d'azotate dans une solution contenant 0,1 p. 100 de strychnine. L'injection faite sous la peau provoquait de vigoureuses convulsions. Dans ces conditions, on peut être sûr que tout le glycogène de l'animal reste complètement disparu.

On doit maintenir l'état de convulsion de l'animal au moins pendant 5 heures. S'il y a imminence de mort, on fait la respiration artificielle; puis on donne aux animaux qui ont ainsi perdu leur glycogène, de l'hydrate de chloral ou de l'uréthane, substances qui provoquent un sommeil qui ne dure pas plus de 12 heures, et, au bout de ce temps, tout le glycogène a disparu. Comme le travail de FRENTZEL est d'une importance fondamentale et que cependant toutes les précautions nécessaires ne paraissent pas avoir été prises pour affirmer l'absence absolue du glycogène, je priai le professeur ZUNTZ, sous la direction de qui le travail avait été fait, de me donner des détails plus exacts : « On doit, m'écrit-il, ne jamais quitter des yeux, pendant 5 heures, l'animal qui a des convulsions, et il faut faire la respiration artificielle par la compression du thorax, dès qu'on voit s'arrêter les mouvements respiratoires. Quelquefois l'intoxication strychnique doit être poussée si loin, que la respiration artificielle est nécessaire. Cependant, même alors, FRENTZEL a perdu plus de la moitié de ses animaux, parce qu'ils ne pouvaient plus être rappelés à la vie, après une violente convulsion. On fera bien de donner la strychnine simultanément à trois animaux, et de faire l'excitation de l'animal par le pincement de ses orteils, ce qui réussit à provoquer des convulsions, même quand l'animal a reçu peu de strychnine. Il faut en outre qu'avant l'expérience les animaux reçoivent, au moins pendant 3 jours, une alimentation avec du lait, et que, pendant 1 ou 2 jours ils soient à l'inanition avec intestins vides. Les recherches ont été pratiquées par l'ancienne méthode de KÜLZ. » (*Lettre inédite de* N. ZUNTZ du 15 janvier 1903.)

Pour appuyer les affirmations de FRENTZEL, j'ai fait remarquer qu'en 1879 F. ROSENBAUM, qui travaillait sous la direction de R. BÖHM, avait fait disparaître par l'intoxication strychnique le glycogène du foie et des muscles (Diss. Dorpat, 1889). Plus tard, HERGENHAHN, sous la direction de KÜLZ, a fait des recherches de ce genre sur les grenouilles et les lapins, et il a réussi à faire disparaître complètement le glycogène du foie et des muscles. Pour le dosage il se servait de la méthode de BRÜCKE-KÜLZ. « L'empoisonnement par la strychnine, dit KÜLZ (*loc. cit.*, p. 53), est le seul moyen qu'on possède jusqu'à ce jour pour faire disparaître chez des lapins, en peu d'heures, le glycogène hépatique et le glycogène musculaire. Et cette méthode convient, à cause de la rapide disparition du glycogène, et aussi parce que la strychnine n'amène pas des changements anatomo-pathologiques compliqués du foie, comme le phosphore, le chloroforme et l'arsenic. »

Comme FRENTZEL communique une série de recherches dans lesquelles les lapins strychnisés étaient absolument dépourvus de glycogène, il faut admettre qu'il a pris les précautions nécessaires pour être maître de son expérience.

Puis il a montré que ces animaux sans glycogène forment du glycogène quand on leur donne du glycose, et il a trouvé, pour ce glycogène, des valeurs de 4,166; 4,166; 5,100 (*A. g. P.*, LVII, 285). Comme ce glycogène, d'après les recherches d'OTTO, est dû au sucre ingéré, on voit que la strychnine n'a pas paralysé le travail synthétique de la cellule hépatique, et alors on ne comprendrait pas pourquoi les pentoses, s'ils sont formateurs de glycogène, ne donneraient pas, dans ces conditions, du glycogène à l'animal strychnisé.

Or le xylose, donné à des animaux sans glycogène, n'a provoqué, ni dans le foie ni dans les muscles, de dépôt de glycogène. FRENTZEL croit donc avoir démontré « que le xylose n'est pas capable de produire du glycogène dans le corps des lapins ou même d'un corps analogue au glycogène et possédant les mêmes réactions caractéristiques » (p. 288). Il conclut avec raison que le xylose n'est pas d'une manière positive en état de déterminer l'accumulation de glycogène dans le corps, ni même de provoquer la formation de glycogène, en diminuant l'oxydation des substances mêmes qui forment le glycogène, par exemple, de l'albumine.

Les recherches de FRENTZEL sont d'autant plus intéressantes, qu'il s'agit du xylose, c'est-à-dire d'un sucre véritable, très peu différent du glycose par sa constitution chimique, et cependant ne pouvant pas être transformé en glycogène par le foie.

Après FRENTZEL, SALKOWSKI a repris la question du rôle des pentoses, dans la formation de glycogène, et il croit avoir constaté que l'alimentation avec l'arabinose a augmenté légèrement le glycogène du foie. Mais son travail manque d'expériences de contrôle; car il se contente d'admettre qu'une poule, après 4 jours de jeûne, et qu'un lapin, après 5 ou 6 jours de jeûne, ne contiennent plus que des traces de glycogène. Or, d'après les analyses de E. KÜLZ, le foie d'un lapin, au sixième jour de jeûne, contient encore, au minimum, 0,1026, et au maximum, 0,3291 de glycogène.

De plus, des animaux soumis à des conditions d'existence différente ne se comportent pas de la même manière. C'est donc tout à fait arbitrairement que SALKOWSKI prétend que la nutrition par les pentoses augmente le glycogène du foie. Il reconnaît, à la vérité, que cette légère augmentation de glycogène peut être attribuée à la désassimilation de l'albumine; car il croit avoir montré que la plus grande partie de l'arabinose ingéré a été employée par l'organisme, de telle sorte qu'il y a eu une épargne dans la consommation du glycogène hépatique.

En tout cas, CREMER, FRENTZEL et SALKOWSKI s'accordent à reconnaître que les pentoses ne forment pas de glycogène.

Aux substances que l'on peut considérer comme formant du glycogène, à cause de leurs groupements atomiques *H C O H.*, appartient la glycérine, qui, hors de l'organisme, peut être transformé, par une oxydation partielle, en sucre véritable et particulièrement en hexose.

VAN DEEN a, le premier en 1861, essayé d'établir que la glycérine est formatrice de glycogène (*Arch. f. die höllandischen Beiträge*, III, 25 et 61, et *Tydschrift voor Geneeskunde*, 1861, 67); mais G. MEISSNER a montré clairement la défectuosité de ces recherches. et il est inutile d'y revenir (*Henle Meissner's Jahresbericht für* 1861, 289, et 1862, 319). Mais en 1873, SIGMUND WEISS (*Ak. W.*, LXVII, (3), 1873, 5) a fait sur ce point des recherches de plus grande importance. Il a expérimenté sur des poules qui, par une alimentation appropriée, ou l'inanition, étaient réduits à un minimum de glycogène. Puis il les a nourries avec la glycérine, et, après la mort, a déterminé la quantité du glycogène hépatique. A chaque expérience d'alimentation, il a joint une expérience de contrôle.

Le résultat de ses expériences est présenté dans le tableau suivant.

	GLYCOGÈNE DU FOIE DE L'ANIMAL TÉMOIN pour 1 kil. du poids du corps à la fin de l'expérience. En grammes.	GLYCOGÈNE DU FOIE DE L'ANIMAL nourri à la glycérine pour 1 kil. du poids du corps à la fin de l'expérience. En grammes.
1	0.1100	0.9804
2	0.1725	1.3630
3	0.2530	1.2540
4	0.0540	1.9730
5	0.0540	0.5750

Ainsi, dans le foie des animaux nourris avec de la glycérine, on trouve cinq à six fois plus de glycogène que dans le foie des animaux de contrôle.

LUCHSINGER a confirmé les résultats de WEISS. Il apporta quelques expériences relatives aux poulets et aux lapins, en comparant le glycogène des muscles et celui du foie, Mais il a trouvé moins de glycogène dans le foie. Les analyses de WEISS et de LUCHSINGER parlent donc en faveur de cette opinion que la glycérine augmente le glycogène du foie.

WEISS et LUCHSINGER ont extrait le glycogène par l'eau bouillante, et l'ont dosé en se servant comme indicateur, de la cessation de la réaction glycogénique. Or les recherches de PAVY (*the Physiol. of the carbohydrates*, 1894, pp. 123 et 125), de KÜLZ (*Z. B.*, 1886, XXII, 194) et de NERKING (*A. g. P.*, LXXXI, 29 et 33; LXXXV, 318; 1900-1901) ont montré que, par ce procédé, on n'obtient qu'une partie du glycogène. Si donc la glycérine exerce quelque influence sur le chimisme du foie, il n'est pas impossible qu'elle facilite l'extraction du glycogène par l'eau. En outre ces expérimentateurs ne dosaient que le glycogène hépatique, et laissaient de côté celui du reste du corps.

Il est assurément vraisemblable que dans ce cas l'augmentation du glycogène hépatique ne soit pas dû au départ du glycogène du reste du corps. Mais ce n'est pas une certitude; et par conséquent les expériences ne sont pas démonstratives.

Enfin, il faut tenir compte de la correction de VOIT. Comme une poule en huit heures peut faire, dans le foie, aux dépens de l'albumine, 0,855 de glycogène; et qu'il y a un intervalle de 25 heures entre le moment d'ingestion de la glycérine et le moment où l'animal a été sacrifié, il peut s'être formé 2,465 de glycogène dans l'expérience de WEISS, sans qu'il soit nécessaire de les attribuer à la glycérine. Cela suffit pour enlever toute valeur démonstrative à toutes ces recherches.

D'après SEEGEN (*A. g. P.*, XXXIX, 138 *et suiv.*), la teneur en sucre d'une bouillie hépatique augmente quand on lui ajoute de la glycérine. SEEGEN en conclut que c'est la glycérine qui s'est changée en sucre, mais il n'établit pas que le sucre ne peut pas provenir d'une autre origine. KÜLZ a aussi cherché à connaître à quel point la glycérine est capable d'agir sur la formation de glycogène, et il donne 4 expériences sur des poules, au sixième jour de jeûne. Le poids moyen de ces poules est de 1 220 grammes. La teneur moyenne en glycogène de ces 4 foies, est, 12 heures après l'injection de glycérine, de 1,075. Par conséquent, un kil. de poule contient 0,881 de glycogène.

Or, d'après Voit, en 12 heures, l'albumine peut en former 1,282.

Et encore ne prenons-nous point le glycogène du reste du corps, et calculons-nous le glycogène pouvant provenir de l'albumine d'après les chiffres moyens, et non d'après les chiffres maxima de Voit. Mais, si l'on se dit que la correction de Voit est certainement injustifiée, le fait restera assez probable que la glycérine est une des origines du glycogène; car, par une oxydation modérée et formation d'aldéhyde, il peut y avoir, sans déshydratation, formation d'une molécule de dextrose aux dépens de 2 molécules d'aldéhyde. M. Cremer (*Ergebn. der Physiol.*, i, 889 (1903) et H. Lüthye (*Deutsches Arch. klin. Med.* lxxx, 98 (1904) ont prouvé que la glycérine augmente le sucre chez les chiens diabétiques dans une proportion extraordinaire. — J'en parlerai plus tard.

Formation de glycogène aux dépens de l'albumine. — Ainsi on s'accorde à reconnaître que ce sont avant tout les hydrates de carbone qui donnent naissance au glycogène, et cependant ce ne sont pas toutes les sortes d'hydrates de carbone qui peuvent être par le foie transformés en glycogène, puisque des sucres véritables, comme le saccharose, le lactose et les pentoses, ne donnent pas de glycogène.

Si donc la cellule hépatique ne peut pas faire du glycogène avec de véritables hydrates de carbone, il serait assez extraordinaire que des substances dont la constitution chimique est absolument différente de celle des hydrates de carbone puissent donner du glycogène.

Nous savons aujourd'hui que certaines matières albuminoïdes, comme la caséine, ne contiennent pas d'hydrate de carbone dans leur molécule, pendant que d'autres substances, qui sont dites aussi albuminoïdes, contiennent des hydrates de carbone qui leur sont combinés. Ces substances, qu'on appelle les glyco-protéines, peuvent donc être envisagées comme formatrices de glycogène; car elles sont capables de fournir par leur dédoublement plus ou moins de sucre. Nous aurons donc à rechercher s'il est des cas dans lesquels l'élimination du sucre dans la glycosurie est due aux glycoprotéines. C'est d'ailleurs la même question qu'il faut se poser pour toutes les substances qui paraissent produire du glycogène.

Claude Bernard, qui a découvert le glycogène, pensait qu'il provenait de l'albumine. Il a montré que le foie d'un chien, nourri longtemps avec de la viande, contenait beaucoup de glycogène, et il croyait que, dans cette viande servant à l'alimentation, il n'y avait ni sucre ni glycogène. D'ailleurs, d'après lui, dans l'alimentation carnée, il n'y a pas de sucre dans le sang de la veine porte, mais seulement dans le sang des veines hépatiques, et il en est ainsi chez les animaux en inanition. Mais nous savons aujourd'hui qu'il y a du glycogène dans toutes les viandes. Par conséquent l'opinion sur laquelle se fondait Claude Bernard n'était pas exacte et son expérience, ainsi que l'a démontré Külz, n'était pas démonstrative (*Beitr. zur Kenntniss des Glykogenes*, 1891, 9).

Plus tard, Claude Bernard nourrissant des larves de mouches avec de l'albumine cuite et de la viande lavée, a montré qu'elles fournissent de grandes quantités de glycogène (*Leç. sur le diabète*, 1877, 464). Or je rappellerai d'abord les faits suivants : c'est que l'albumine de l'œuf d'oiseau contient du sucre. Finn donne, comme moyenne de 25 analyses pour l'albumine de l'œuf de poule, de 0,08 à 0,09 de glycose (*Exp. Beiträge zur Glykogen und Zuckerbildung in der Leber. Diss.* Wurzburg, 1877, p. 22).

Meissner (*Zeitsch. f. rat. Med.*, (3), vii, 12) donne 0,23. Lehmann, (*Lehrb. d. physiol. Chemie*, 1853, i, 271), Salkowski (*C. W.*, 1893, n° 30), Barreswill (*Journ. f. prakt. Chemie*, l, 134) sont arrivés aux mêmes résultats.

Külz a examiné avec soin la question et repris les expériences de Bernard, 72 grammes d'œufs de *Musca vomitoria* furent partagés en deux parties égales. Dans une portion, on rechercha le glycogène par la méthode de Brücke, et le résultat fut négatif. Quant à l'autre portion, Külz la laissa plusieurs jours dans un verre avec du blanc d'œuf cuit et divisé en petits fragments. Il ne réussit pas à obtenir ainsi des proportions pondérables d'une substance chimique pure ayant les propriétés du glycogène. En répétant plusieurs fois l'expérience avec des quantités plus considérables, il n'arriva à obtenir qu'une petite quantité de glycogène impur.

Pour savoir si les larves de mouches contiennent du glycogène, Külz a recherché le glycogène, d'après la méthode de Brücke, sur 239 grammes de ces larves, nourries sur de la viande de cheval. Les larves furent bouillies avec de la potasse. Le précipité par l'alcool, lavé et séché, fut dissous, filtré, et le filtrat fut précipité de nouveau par le réactif de Brücke; puis toute l'opération fut recommencée. Dans ces conditions, Külz a obtenu 0,42 grammes de glycogène à peu près pur, et ces expériences furent recommencées en nourrissant les larves sur de la viande. Le glycogène chimiquement pur obtenu alors servit à l'analyse élémentaire et à la détermination du pouvoir rotatoire spécifique.

Par conséquent, Külz a confirmé les recherches de Bernard; mais il faut remarquer que la viande contient des hydrates de carbone, et spécialement du glycogène, lequel ne peut pas être éliminé complètement par le lavage, quoi qu'en ait supposé Claude Bernard.

En effet Böhm, et surtout Richard-Külz, ont prouvé que, ni le lavage, ni même l'ébullition ne pouvaient enlever complètement le glycogène des organes. Si donc les larves ont du glycogène qui s'accumule dans leur organisme, cela peu s'expliquer parce qu'elles empruntent ce glycogène à la viande : il n'y a donc pas de raison de supposer que l'albuminoïde de la viande est l'origine de ce glycogène.

Külz a répété encore ses recherches en faisant vivre 50 grammes d'œufs de mouches sur de l'albumine; celles-ci se développèrent lentement et irrégulièrement, et finalement on obtint 0gr,03 de glycogène. Mais comme avec le blanc d'œuf il y avait du sucre, il n'y a pas de raison pour supposer que la petite quantité de glycogène trouvée ne provient pas du sucre et des hydrates de carbone contenus dans l'albumine.

Pour pousser plus loin l'étude de cette influence de l'albumine et de l'amidon sur la formation du glycogène, Claude Bernard (9 décembre 1858) a nourri deux chiens de races différentes qui avaient été soumis à 8 jours de jeûne, un chien-loup avec de la fibrine, et un chien de chasse avec de l'amidon. Le chien-loup augmenta de poids, tandis que le chien de chasse diminua (*Leç. sur le diabète*, 1877, 541). Mais, quand un animal comme le chien-loup est soumis à une alimentation albuminoïde (fibrine) assez abondante pour qu'il augmente de poids, l'échange interstitiel n'est plus certainement déterminé que par l'albumine, et toutes les graisses et hydrates de carbone du corps ou de l'alimentation cessent d'être consommés. Si donc le chien loup, au 8e jour de jeûne, quand on a commencé à le nourrir avec de la fibrine, avait encore du glycogène dans son foie, c'est que le glycogène était resté dans son foie sans avoir été consommé. Et en effet il est probable qu'il y avait encore du glycogène dans le foie; car chez un gros chien, au 28e jour de jeûne, j'ai pu encore extraire 22 grammes de glycogène du foie. On trouve dans la littérature maints exemples qui montrent que le foie d'un chien, au 8e jour de jeûne, non seulement n'est pas dépourvu de glycogène, mais encore qu'il en contient des quantités considérables. Il n'est donc pas surprenant que ce chien-loup, après alimentation avec de la fibrine, ait encore du glycogène dans le foie. On peut même concevoir non seulement qu'il ne s'est pas formé de nouveau glycogène; mais encore qu'il y a eu une notable diminution du glycogène existant. Quant au chien de chasse, son poids avait diminué, et par conséquent il avait vécu aux dépens de ses propres tissus. Or, dans ce cas, les combustions organiques se font aux dépens de la graisse et des hydrates de carbone, et, si l'amidon introduit produit du glycogène dans le foie, ce glycogène a dû être immédiatement consommé. En faisant l'extrait aqueux du foie de ces deux chiens, Claude Bernard a vu que chez le chien-loup il y avait du glycogène, tandis qu'il n'y en avait pas chez le chien de chasse; car, dit-il, 'extrait hépatique du chien nourri avec de la fibrine avait une forte opalescence, tandis que l'extrait hépatique du chien nourri à l'amidon n'avait qu'une opalescence faible.

Il est possible que Bernard ne se soit pas trompé. Il est cependant certain qu'après des décoctions répétées le foie finit souvent par donner des extraits qui ne contiennent presque plus de glycogène et qui cependant ont encore une forte opalescence. Il est remarquable de voir que c'est en 1877 que Bernard communique cette expérience faite en 1858 : il ajoute : « Ce résultat semble indiquer que l'organisme animal ne peut pas former du glycogène avec un corps ternaire seul, mais qu'il le peut avec des substances plus complexes comme la fibrine. »

Il a donc maintenu son opinion première, mais il est dans l'incertitude; car dans le même ouvrage il dit : « La matière sucrée sortant de l'intestin est en partie retenue dans le foie sous forme de glycogène. Nous reviendrons sur cette sorte de métamorphose régressive parce que c'est là un des phénomènes les plus intéressants pour la physiologie générale, en ce sens qu'il rapproche la nutrition chez les animaux de la nutrition chez les végétaux. Il explique pourquoi on trouve chez les animaux nourris avec des féculents une plus grande porportion de glycogène que chez les animaux nourris exclusivement à la viande. »

Quoique cette déclaration ne laisse aucun doute sur l'opinion de Claude Bernard que le sucre est une des origines du glycogène, cependant, en d'autres endroits de son livre, il s'exprime en des termes qui montrent bien l'hésitation de son opinion (*Leçons sur le diabète*, 1877, p. 424). « Dans l'état physiologique cependant nous avons constaté que le sucre favorise la formation de la matière glycogène, soit en se fixant directement dans le foie après déshydratation, soit indirectement, par une sorte de théorie d'épargne, admise par certains auteurs, d'après laquelle l'organisme recevant du sucre garderait en réserve le glycogène qu'il forme dans le tissu hépatique. »

Nous arrivons maintenant aux expériences de Stokvis (*Bijdragen tot de Kennis van zuckervorming in de lever. Diss. in.*, Amsterdam, 1856). Il a nourri un chien avec de la viande de cheval, et recherché ensuite le sucre du foie. Mais, comme la viande de cheval est riche en glycogène, cela suffit pour expliquer d'une manière très simple la présence du sucre dans le foie. Stokvis n'avait pas pu constater de sucre dans la viande, et il croyait, par conséquent, qu'il n'y avait pas d'hydrates de carbone dans la viande; ce qui est excusable; car, lorsqu'il faisait ses recherches, le glycogène musculaire n'avait pas été découvert encore.

Tscherinow (*Ak. W.*, (1 et 2), li, 1865, 412; et *A. A. P.*, 1869, xlvii, 102) a fait des expériences dans le laboratoire de Brücke, à Vienne, sur quatre poules qui avaient jeûné 2 jours, et dont les unes furent nourries avec de la fibrine et de la graisse; les autres avec de la viande. Chez les animaux nourris à la fibrine, il trouva dans le foie 0,14 et 0,38 de glycogène. Mais, comme Külz (*Beiträge zur Kenntniss des Glykogenes*, 1891, 9) a trouvé chez les poules, au 6ᵉ jour de jeûne, 0,95 p. 100 de glycogène, on voit que ces expériences ne prouvent pas que ce glycogène trouvé par Tscherinow provienne de l'albumine. Chez les poules nourries avec de la viande, Tscherinow a trouvé de 1,06 à 1,71 p. 100 de glycogène, par conséquent un peu plus qu'au 6ᵉ jour de jeûne. Mais, comme la viande servant à l'alimentation contenait certainement du glycogène, on peut facilement comprendre pourquoi, dans ce cas, le glycogène du foie a légèrement augmenté. D'ailleurs, Tscherinow ne s'explique pas nettement sur le rapport entre l'alimentation albuminoïde et la formation du glycogène. Aussi bien Schöndorff (*A. g. P.*, lxxxii, 65) a insisté sur l'imperfection des méthodes qui ont servi à Tscherinow pour doser le glycogène, et il n'est pas intéressant d'y revenir.

Külz a cité les expériences faites par Sigmund Weiss (*Ak. W.*, (3), li, 5) sur des poules, dans le laboratoire de Brüke, comme prouvant que le glycogène provient de l'albumine. Weiss a nourri pendant 10 jours ses poules avec de la viande de veau, de telle sorte que chaque poulet recevait de 250 à 350 grammes. Comme il faut supposer que cette viande contenait du glycogène, de grandes masses de ce glycogène devaient s'accumuler dans le foie, car toutes les combustions des substances autres que l'albumine disparaissent quand la matière albuminoïde est donnée en excès. Après cette nutrition avec la viande, Weiss nourrit ses poulets pendant 5 jours avec de la fibrine. Or, si la quantité avait été suffisante pour couvrir les besoins de l'organisme, le glycogène amassé dans le foie à la suite de l'alimentation précédente par la viande devait rester sans diminution. Mais comme, par l'alimentation avec fibrine, les poules diminuèrent de poids, du glycogène a dû être consommé, si bien que, dans 6 expériences, 5 jours après l'alimentation avec la fibrine, on ne put trouver dans le foie que de petites quantités de glycogène. Les maxima furent 0,214, et, une fois, 0,301 (p. 12). C'était sans doute le glycogène résiduel déposé pendant la période de l'alimentation abondante avec la viande. Pourtant, d'après Külz (*loc. cit.*, p. 20, tabl. VIII), les poules au 6e jour d'inanition ont encore 0,1788 de glycogène dans le foie.

F. W. Dock (*A. g. P.*, v, 576) rapporte que, chez des lapins, au 2e jour de jeûne, après ingestion de 90 grammes de blanc d'œuf, il n'y avait plus trace de glycogène hépatique, quand l'animal était sacrifié 6 heures après la dernière ingestion. Külz a trouvé chez 10 lapins, au 6e jour de jeûne, que le foie contenait toujours de 0,33 à 0,90 p. 100 de glycogène, ce qui répond au chiffre absolu de 0,1026 à 0,3283. Nouvelles preuves pour établir les grandes différences individuelles dans les proportions du glycogène hépatique. D'ailleurs on ne peut par une expérience unique décider de questions si importantes.

Luchsinger (*A. g. P.*, viii, 292) fit jeûner une poule un jour et demi. Le poids tomba à 1235 grammes; alors il fit ingérer à l'animal pendant 2 jours de la viande de veau finement hachée avec une quantité de 250 grammes par jour. Le poids monta à 1280 grammes, puis l'animal reçut pendant 5 jours 125 grammes de fibrine précipitée, lavée par le chlorure de sodium. Le poids de l'animal tomba à 1 200 grammes, ce qui prouve que la nutrition était insuffisante, et ce qui explique pourquoi la petite quantité de glycogène qui était restée dans le foie a pu disparaître. On n'en trouva, en effet, que des traces impondérables : quelques cellules seulement donnèrent la réaction de l'iode. On ne peut donc pas prendre cette expérience pour prouver que l'albumine ne fait pas du glycogène; elle ne prouve rien.

Naunyn (*A. P. P.*, 1875, iii, 93), chez des poules nourries avec de la viande cuite, mais qui, auparavant, n'avaient pas, par l'inanition, été rendues pauvres en glycogène, a trouvé dans le foie et dans les muscles les mêmes quantités de glycogène qu'on doit trouver chez les poules qui sont traitées sans alimentation pendant 6 jours. Or Külz et Frerichs (*loc. cit.*, 1891, 10) ont prouvé que la viande dont se servait Naunyn pour alimenter ses poules n'était pas privée de glycogène, comme celui-ci l'avait admis. Naunyn avait fait bouillir la viande pendant 14 jours; et montré qu'une coction même plus prolongée ne suffit pas pour enlever le glycogène (*A. g. P.*, 1900, lxxxi, 636).

Ainsi que Külz le fait remarquer, il n'y a dans les recherches de Naunyn qu'une seule expérience dans laquelle la teneur du foie en glycogène, teneur qui est de 3,5 p. 100, dépasse celle du foie des animaux en inanition. Külz considère cette expérience comme décisive : ce que je conteste; car, parmi les poules qui n'avaient été soumises à aucune privation d'aliments avant l'alimentation par la viande, quelques-unes avaient peut-être un foie contenant 10 p. 100 de glycogène. Une fois nourries avec la viande, es poules doivent avoir des combustions qui se font complètement aux dépens de l'albumine, de sorte que le glycogène accumulé et la graisse n'étaient pas attaqués. Or, précisément, cette poule qui avait 3,5 p. 100 de glycogène dans son foie fut gavée avec de la viande. Donc, si même une des poules de Naunyng, au moment où on la sacrifia, avait eu 10 p. 100 de glycogène dans son foie, cela ne prouverait pas que le glycogène vient de l'albumine.

Je ne crois pas nécessaire d'indiquer encore d'autres défectuosités des recherches de Naunyn, sur lesquelles Külz a attiré avec raison l'attention.

Sous la direction de C. Voit, S. Wolffberg a essayé de prouver qu'une alimentation albuminoïde accumule le glycogène dans le foie. Comme ce travail a reçu dans le public médical un accueil particulièrement favorable, je suis doublement forcé de mettre en lumière ses défectuosités et de justifier mon jugement.

1° Wolffberg a nourri avec de la viande des poules qui avaient jeûné 2 jours, et qu'il estimait être alors dépourvues de glycogène (*Z. B.*, 1876, xii, 277).

« On prend, dit-il, de la viande de cheval, maigre et rigide, que l'on découpe en tranches, et dont on élimine avec soin toutes les parties non charnues : les tranches sont séchées à l'étuve, puis broyées dans un mortier, de manière à former une poudre fine. Nous savons que cette poudre, à cause de sa réaction fortement acide pendant la dessiccation, ne contient pas d'hydrates de carbone. Voit a souvent employé une poudre ainsi préparée pour ces recherches. » Or j'ai souvent fait des analyses de la viande de cheval acide, et j'y ai trouvé de 1 à 2 p. 100 de glycogène. Külz (Beitr., etc., p. 13) a, dans des recherches spéciales, prouvé que la viande traitée suivant les indications de Wolffberg contient toujours encore du glycogène. Son observation est d'autant plus importante qu'il a employé pour cette contre-épreuve de la viande de bœuf, et une fois seulement de la viande de cheval. Or la viande de cheval est caractérisée par son extrême richesse en glycogène. Külz (*Beitr.*, *Z. Kenntniss des Glycogenes*, 13, tabl. IV, 1901) a donné, dans le tableau suivant, le résumé des expériences qu'il a faites pour contrôler les expériences de Wolffberg.

ORIGINE ET PRÉPARATION de la POUDRE DE VIANDE	POIDS de la POUDRE DE VIANDE En grammes.	TENEUR EN GLYCOGÈNE (sans cendres) de la POUDRE DE VIANDE P. 100.
1. Poudre de viande de cheval préparée à l'Institut physiologique et traitée exactement suivant les indications de Wolffberg. . .	50	0,097
2. Viande maigre (de vache), broyée par la machine à viande, étalée au soleil séchée et pulvérisée.	30	0.055
3. Viande du même animal coupée en fines tranches, séchée au soleil (comme dans l'exp. II) et broyée au mortier.	30	0.134
4. Viande de bœuf sans tendons et sans graisse, coupée en petits fragments, séchée au soleil et broyée au mortier.	32	0.302

Comme Wolffberg donnait une viande contenant du glycogène en quantité suffisante pour faire augmenter le poids de ses animaux, et que, d'ailleurs, les quantités de glycogène trouvées étaient faibles, ne dépassant pas ce qu'on peut trouver chez des animaux en inanition, on peut bien en conclure que le glycogène du foie ne provenait pas de l'albumine de l'alimentation, mais du glycogène qui se trouvait dans leur alimentation.

Külz a, chez des poules à jeun depuis 6 jours, trouvé 1 p. 100 de glycogène dans le foie. Les poules de Wolffberg avaient en glycogène hépatique une fois de 1,56 1,45 p. 100 (*Z. B.*, XII, 278); mais elles n'avaient jeûné que 2 jours avant l'alimentation carnée, et, par conséquent, elles devaient avoir plus de glycogène encore que les poules de Külz, toutes réserves faites sur le glycogène introduit par l'alimentation carnée.

2° Dans les recherches de Wolffberg, on ne trouve pas d'expériences pour établir combien il y a de glycogène dans le corps des poules après 2 jours de jeûne, dans les conditions de son expérimentation. Cependant un contrôle est toujours nécessaire, quand l'alimentation dont on étudie l'influence n'accumule pas de très grandes quantités de glycogène.

3° Une plus grave cause d'erreur dépend de la méthode que Wolffberg a employée pour doser le glycogène (*Z. B.*, XII, 277). Les reproches que Külz (E. Külz *Jubilacumschrift*, 14) lui a adressés sont justifiés; mais ils ne suffisent pas; car il ne fait pas remarquer que Wolffberg s'est contenté, pour obtenir ses extraits glycogéniques, de faire bouillir le foie et les muscles jusqu'à ce qu'il n'y ait plus d'opalescence. En procédant ainsi, Wolffberg perdait une grande partie de glycogène, car la potasse est nécessaire pour extraire la totalité du glycogène des organes. Les chiffres analytiques de Wolffberg sont donc absolument inexacts.

4° Wolffberg (*Z. B.*, XII, 301) a essayé de donner une preuve directe en partant de ce fait, démontré rigoureusement (?), dit-il, par Pettenkofer et Voit, que les hydrates de carbone dans l'organisme ne se transforment pas en graisse. D'après Voit et Wolffberg, ils empêchent la combustion de la graisse ou des hydrates de carbone dérivés de l'albumine. A cet effet, Wolffberg a nourri des poulets après 2 jours d'inanition avec du blanc d'œuf et du sucre. Dans la première série d'expériences, chaque jour la même quantité d'albumine d'œuf était donnée, mais les quantités de sucre ingéré allaient croissant. Il a trouvé alors que le foie contenait d'autant plus de glycogène que l'animal avait reçu plus de sucre. Mais cela ne prouve pas que le glycogène doive avoir eu l'albumine pour origine. L'expérience même n'est valable que si elle est disposée en séries. D'après tout ce que nous savons, *cette série d'expériences prouve que le glycogène vient du sucre et non de l'albumine.* Dans le 2e groupe d'expériences, les poules sont nourries avec la même quantité de sucre, mais avec des quantités d'albumine allant en croissant. Or, dans ces conditions, la quantité du glycogène hépatique, allait aussi en croissant légèrement. Or, comme les échanges portent sur l'albumine d'autant plus qu'on en a ingéré davantage, il est clair que la combustion du sucre est diminuée d'autant plus qu'il y a eu plus d'albumine ingérée, et ce sucre peut servir à l'accumulation du glycogène dans le foie. D'ailleurs, en augmentant l'ingestion de viande, on introduit avec la viande de plus en plus de glycogène. Ainsi le *glycogène du foie dérive certainement du sucre, et non de l'albumine.*

Mering a, comme Claude Bernard, laissé les chiens jeûner pendant longtemps, et ensuite il les a nourris plusieurs semaines, et même plusieurs mois, avec de la viande de cheval, (*A. g. P.*, 1877, xiv, 274). Au moment où on les a sacrifiés, leur foie était très riche en glycogène. Mais, comme un kilo de viande de cheval contient de 10 à 20 grammes de glycogène, et comme cette alimentation carnée entraîne la prépondérante combustion des albumines, il s'ensuit qu'il y a épargne des graisses et des hydrates de carbone qui peuvent alors se fixer dans le foie, ce qui explique les résultats de Mering, et ne prouve rien pour l'origine albuminoïde du glycogène.

Mering, au 18e jour de jeûne, a nourri un chien avec le blanc d'œuf de 20 œufs, additionnés de 3 grammes d'extrait de viande. Le foie contenait 4,96 de glycogène. Or j'ai montré qu'au 28e jour de jeûne un chien peut avoir encore 22,5 grammes de glycogène dans son foie (*A. g. P.*, 1902, xci, 119). En outre, aujourd'hui, nous savons que l'albumine des œufs contient du sucre libre et du sucre combiné et que l'extrait musculaire contient du glycogène.

Enfin Mering (*A. g. P.*, xiv, 274) donne une expérience qui, à première vue, est éclatante. Au 21e jour de jeûne, un chien reçoit par jour 4 à 500 grammes de fibrine de bœuf, avec 4 grammes d'extrait de viande. Le poids du corps du chien est de 17, 520 grammes. Le foie pesant 540 grammes contenait 16, 3 grammes de glycogène, soit 3,02 pour 100. Un animal servant de contrôle, et de poids à peu près égal, n'avait, au 21e jour de jeûne, que 0,48 de glycogène hépatique.

Külz reproche au travail de Mering qu'il ne soit pas dit si le glycogène obtenu a été redissous après dessiccation et si le poids des cendres a été déterminé. En outre, mes recherches ont montré que le glycogène précipité par la méthode de Brücke contient encore de grandes masses d'albumine, ce qui est une grave cause d'erreur. Enfin, si l'on ne prend qu'une petite portion du foie, les calculs qu'on fait ensuite multiplient l'erreur, de sorte qu'on conclut à de grandes masses de glycogène, alors qu'en réalité on n'en a obtenu que peu.

Il est regrettable que Mering n'ait pas répondu à ce désideratum par des analyses plus exactes. En tout cas, on doit remarquer que la fibrine est peut-être un glycoside, et qu'elle retient mécaniquement du glycogène.

Külz reproche encore à Mering l'incertitude qui résulte du petit nombre d'animaux de contrôle servant d'expériences, alors qu'il aurait dû expérimenter sur un bien plus grand nombre. Le chien de Mering, au 21e jour de jeûne, n'avait dans son foie que la 34e partie du glycogène que contenait le foie de l'animal nourri à l'albumine. Mais, sur un chien de Pflüger qui avait jeûné plus longtemps, c'est-à-dire 28 jours, et qui pesait 33,6 kilogrammes, le foie contenait 22,5 grammes de glycogène répondant à 4,43 p. 100, c'est-à-dire beaucoup plus que le chien de Mering (*A. g. P.*, 1902, xci, 119). Donc, puisque au bout d'un long jeûne il y a encore de si grandes différences dans les proportions de glycogène d'un animal à l'autre, on ne peut que trouver absolument justifié le reproche que Külz fait à Mering.

Dans une autre expérience, Mering a donné à un lapin, pendant 36 heures, 24 grammes de peptone, et il a trouvé dans le foie 0,56 grammes de glycogène. Mais ce qui est extraordinaire, c'est que nous ne trouvons pas indiqué combien de temps, avant cette ingestion de peptone, l'animal avait été soumis au jeûne. Par conséquent, cette expérience est sans valeur.

Pourtant Mering conclut ainsi (*A. g, P.*, 1877, xiv, 282) : « Il ne peut y avoir de doute qu'après l'alimentation avec des albuminoïdes le glycogène s'accumule dans le foie, comme cela avait été prouvé il y a vingt ans, par Claude Bernard et Stokvis. »

Mais pour les raisons que nous avons développées, les recherches de Mering n'ont aucune valeur démonstrative.

B. Finn (*Verh. d. phys. med. Ges. zu Würzburg. N. F.*, xi) a nourri des chiens et des lapins avec de l'albumine d'œuf, et il est arrivé à cette conclusion que cette alimentation entraîne la formation de glycogène dans le foie. Quoique Külz ait soumis à une critique incisive, et que je trouve justifiée, le travail de Finn, je tiens à mettre en lumière quelques points importants sur lesquels Külz n'a pas porté son attention. Finn dit (*loc. cit.*, 98) : « Le glycogène a été préparé et dosé par la méthode de Brücke. Le foie, soumis à l'action plusieurs fois avec de l'eau et le glycogène pesé. » Külz remarque que, dans les travaux de Naunyn, Wolffberg, Mering et Finn, on ne voit pas si le glycogène obtenu finalement par eux avait été redissous après dessiccation, et si le poids des cendres avait été déterminé. Mais la chose est plus grave que ne l'admet Külz. En effet, Finn a cherché si les glycogènes formés dans le foie, après ingestion d'albumine, de glycérine et de glycose, sont des corps différents, et pour cela il les a intervertis avec l'acide chlorhydrique ou la salive. Après interversion avec l'acide chlorhydrique, il a trouvé que 0,342 grammes de glycogène albumine ont donné 0,195 de sucre (51, 3 p. 100); 0,43 de glycogène glycérine ont donné 0,27 grammes de sucre (56, 3 p. 100); 0,513 de glycogène glycose ont donné 0,26 de sucre (45,6 p. 100). Le dosage de sucre se faisait par la liqueur de Fehling. En faisant des expériences de contrôle avec l'amidon, Finn a eu des expériences manifestement satisfaisantes. Car il dit que le glycogène se distingue de l'amidon, en ce qu'il est étonnamment lent à se saccharifier. Il ne suppose cependant pas que, si son glycogène ne donne que peu de sucre, c'est précisément parce que la plus grande partie de son glycogène n'est pas du glycogène. Par l'inversion avec la salive, il a obtenu des chiffres plus élevés avec son glycogène albumine, et il a trouvé 68,6 à 74,4 pour 100 de la quantité théorique. Et les quantités qu'il a trouvées pour le sucre obtenu par l'interversion de son glycogène albumine, varie entre 44.4 et 74, 4 pour 100 du chiffre théorique.

Le pouvoir rotatoire spécifique, que Mme Gatin-Gruzewska (*A. g. P.*, cii, 569) a donné comme égal à 196,57° a été par Finn trouvé égal à 163, ce qui dénote de grosses impuretés. Tous ceux qui ont précipité l'albumine dans une solution de glycogène par la méthode de Brücke, savent combien il est difficile de déterminer la fin de la réaction. Külz, qui a assurément la très grande pratique de cette méthode, veut que le glycogène obtenu soit redissous de nouveau, et de nouveau traité par le réactif de Brücke, (pour être certain que la précipitation de l'albumine a été totale. Quand on ne connaît pas parfaitement les détails de cette méthode, on n'arrive qu'à des préparations qui sont extrêmement impures, comme cela a été le cas dans les expériences de Finn. C'est donc en pesant du glycogène impur que Finn est arrivé à cette conclusion qu'il se forme du glycogène aux dépens de l'albumine. Ses analyses de glycogène n'ont donc absolument aucune valeur.

D'ailleurs, même si ses chiffres étaient exacts, ils ne prouveraient rien encore, pour des raisons que Külz a déjà développées. En effet, Finn a supposé que le temps d'inanition adopté par lui était suffisant pour priver de glycogène le foie de ses lapins et de ses chiens. Les lapins qui devaient être nourris avec de la fibrine ou de l'albumine d'œuf étaient laissés à l'inanition pendant 4 heures et demie ou 6 jours (*loc. cit.*, 106 et 187) ; puis, il les alimentait pendant quelques jours, et trouvait alors dans le foie de très petites quantités de glycogène. Après alimentation avec fibrine, il n'y avait plus que des traces de glycogène dans le foie. Le chiffre le plus fort fut trouvé après alimentation avec albumine d'œuf : et il fut de 0,482 pour tout le foie, dont d'ailleurs le poids n'a pas été donné. Or Külz dans un grand nombre d'expériences a déterminé le poids du glycogène hépatique chez les lapins au 6e jour de jeûne, et, dans une série de 10 expériences, il a montré que le foie de ces animaux à jeun contient en moyenne 0,2316, et au maximum 0,329, chiffres qui égalent et même qui dépassent les chiffres donnés par Finn. D'ailleurs il faut remarquer que le glycogène de Külz était certainement plus pur que celui de Finn; car Külz a redissous le glycogène précipité, et en a dosé les cendres. Or nous avons vu que souvent plus de la moitié du glycogène de Finn n'est pas du glycogène. Les expériences de Külz sont données dans son tableau XVI (*loc. cit.*, 32).

Pour les recherches sur les chiens, Finn (p. 108) a supposé qu'après 13 ou 14 jours de jeûne, le foie ne contient plus de glycogène, en se référant aux recherches de Goldstein et Strokowsky et autres. Or Mering a montré qu'au 18e jour de jeûne un chien a encore 0,48 de glycogène; un autre, au 21e jour, avait encore 0,48. J'ai remarqué, comme il a été dit plus haut, que le foie d'un chien, au 28e jour de jeûne, contient encore 22,5 de glycogène. Les chiens de Finn, qui n'avaient jeûné que 13 ou 14 jours, pouvaient donc très bien avoir plus de glycogène encore dans leur foie. Finn donne des chiffres très élevés pour ces 3 expériences : 12,23 : 11,842; 8,571. Mais, comme son glycogène n'est en grande partie aucunement du glycogène, il est impossible de dire de combien ces chiffres sont trop forts. Enfin, ce qui est extraordinaire, c'est que nous n'avons pas de données sur le poids de ces chiens, ce qui rend non pas seulement difficile, mais impossible toute signification. D'ailleurs, comme Finn donnait de grandes quantités de fibrine pendant plusieurs jours, il est possible que les combustions alors ne portaient plus que sur l'albumine, ce qui rend admissible l'accumulation dans le foie du glycogène contenu dans la fibrine.

TABLEAU V (E. Külz, *loc. cit.*, 16).

NUMÉRO DE L'EXPÉRIENCE.	POIDS INITIAL en grammes.	POIDS FINAL en grammes.	DURÉE DU JEUNE en jours[1].	POIDS DU FOIE en grammes.	GLYCOGÈNE SANS CENDRES DU FOIE en grammes.	GLYCOGÈNE TOTAL SANS CENDRES DE LA musculature en grammes.	MOYENNE.	GLYCOGÈNE TOTAL PAR KIL. du poids initial.
1	344	317	2	3,7	0	»	»	»
2	362	327	2	3,7	0	»	»	»
3	325	299	2	4,5	0,00093	»	»	»
4	300	268	2	3,7	0	»	»	»
5	333	298	2	4,4	0,0509	»	»	»
6	355	283	2	3,5	0	0,3386		
7	331	279	2	4,0	0	0,3258		
8	346	315	3	4,2	0,0041	0,4316		
9	297	258	3	4,1	0	0,4105	0,32	0,946
10	365	295	4	3,3	0	0,1164		
11	339	251	4	3,0	0	0,2897		
Moy. 339								
12	349	256	5	3,0	0	0,4934		
13	344	258	6	3,4	0	0,2785		
14	392	267	7	4,2	0	0,1723		
15	348	256	7	4,0	0	0,1570	0,26	0,716
16	365	277	7	3,0	0	0,1835		
17	380	263	8	3,0	0	0,2451		
Moy. 363								

1. Divers animaux n'ont été mis au jeûne qu'après que leur jabot a été vidé.

Finn nous donne encore deux expériences sur des chats nourris avec de la fibrine après 13 jours de jeûne : « Comme ces animaux, dit-il, étaient bien nourris et en bon état de santé, cela rend plus vraisemblable que chez eux le glycogène hépatique a dû disparaître plus rapidement que chez les chiens ». Et c'est avec ce facile raisonnement que Finn se débarrasse des expériences de contrôle qui lui auraient été absolument nécessaires pour juger. Il eût été plus exact de dire : « Les chats qui, au début de l'inanition, étaient dans un bon état de santé, devaient, au 13e jour de jeûne, garder un peu de glycogène dans leur foie. » Quand donc on les nourrit abondamment avec une ration quotidienne de 400 à 600 grammes de fibrine, contenant 78,87 p. 100 de substances sèches, les combustions devaient porter uniquement sur l'albumine, et le glycogène qui restait, joint au glycogène contenu dans la fibrine de l'alimentation, pouvait ne pas disparaître du foie. Il n'est donc nullement surprenant qu'on ait trouvé dans un foie 1,684, et dans l'autre 1,913 de glycogène.

Expériences de Külz sur l'origine albuminoïde du glycogène. — 1° *Expériences sur les pigeons.* — Le premier fait à établir était de déterminer la durée de l'inanition nécessaire pour faire disparaître le glycogène. Külz a donné les chiffres dans son tableau V, que j'ai reproduit ci-dessus (*Beitr. zur K. der Glykogenes*, Marburg, 1891).

Le résultat de ce tableau est le suivant :

1° Quand les pigeons jeûnent de 4 à 8 jours, leur foie ne contient plus de glycogène;

2° Après 2 ou 4 jours de jeûne, la quantité moyenne du glycogène du foie et des muscles est, pour 1 kilogramme du poids initial, de 0,946. Le poids maximum (expér. XVIII) a été de 1,259 pour 1 kilogramme du poids initial;

3° Après 5 ou 8 jours de jeûne, le poids moyen du glycogène, du foie et des muscles est de 0,716.

Le poids maximum (expér. XII) a été de 1,414 pour 1 kilogramme du poids initial.

Pour expliquer ces chiffres négatifs, Külz a déterminé le poids du glycogène chez des pigeons vigoureux et bien nourris (tableau VII), et le résultat principal de cette expérience a été que la teneur du foie en glycogène varie dans des limites considérables, quoiqu'il s'agisse d'animaux d'une même couvée, et nourris pendant 6 jours de la même manière.

TABLEAU VII (Külz, *loc. cit.*, 18)

NUMÉRO de L'EXPÉRIENCE.	POIDS au MOMENT DE LA MORT en grammes.	POIDS DU FOIE en grammes.	POIDS DU FOIE EN GLYCOGÈNE (sans cendres) en grammes.	TENEUR DU FOIE en glycogène p. 100.
1	390	4,5	0,0464	1,03
2	371	4,7	0,0557	1,19
3	463	5,4	0,0716	1,33
4	362	5,2	0,1113	2,14
5	437	10,5	0,1378	1,31
6	436	6,9	0,1590	2,30
7	361	5,7	0,0874	1,53
8	453	6,3	0,0477	0,76
9	318	6,9	0,0318	0,46
10	288	7,1	0,631	8,89
11	270	6,95	0,063	0,91
12	250	9,2	0,639	6,95
13	367	8,4	0,519	6,18
14	388	5,25	0,130	2,48
15	355	5,15	0	0
16	291	4,2	0	0

La quantité de glycogène pour 100 grammes de foie a varié, en éliminant les expériences 15 et 16, entre 0,46 et 8,89, c'est-à-dire dans le rapport de 1 à 19. La quantité absolue du glycogène hépatique a varié, d'un animal à l'autre, de 0,0318 à 0,519, c'est-à-dire de 1 à 16.

Si l'on compare le tableau V, dans lequel les chiffres se rapportent à la fois au glycogène hépatique et au glycogène musculaire, on voit qu'il y a encore des variations considérables d'un animal à l'autre, mais qu'elles sont beaucoup moins considérables que celles du foie, fait qui, jusqu'ici, n'a malheureusement pas été suffisamment étudié.

Or, après ce travail préparatoire, si détaillé, qui comprend 33 expériences, Külz s'est contenté, pour prouver que l'albumine forme du glycogène, ce qui est l'objet même de ses recherches, de *deux* expériences seulement, et cependant il avait vu lui-même les colossales variations des proportions de glycogène dans l'organisme normal, de sorte qu'il aurait dû éviter les influences du hasard en faisant un très grand nombre d'expériences. (Il ne dit pas d'ailleurs pourquoi il ne les a pas continuées.) Le tableau suivant donne ces 2 expériences :

L'expérience I ne compte pas, puisqu'il s'agit d'un animal qui n'était pas à jeun. Dans les expériences II et III, 2 pigeons reçurent de la poudre de viande sans glycogène, après 3 et 7 jours de jeûne. Le glycogène total du foie et des muscles a été en moyenne, pour 1 kilogramme du poids initial, de 2,03, pendant que les animaux de contrôle, ayant jeûné de 3 à 4 jours ou de 5 à 8 jours, avaient 0,946 et 0,716.

Mais, si l'on considère que chez les animaux de contrôle on a eu, au 5e jour de jeûne (N° 12), 1,414 de glycogène pour 1 kilogramme, et que d'ailleurs KÜLZ n'a pas jugé nécessaire de faire de très nombreuses expériences de contrôle, on ne peut rien fonder sur ces 2 expériences.

KÜLZ lui-même ne leur a donné aucune valeur, pour d'autres raisons que celles qui ont été indiquées ici.

Remarquons encore que les deux pigeons de cette expérience n'ont pas reçu, en 15 et 25 jours, moins de 383 + 675 = 1058 de poudre de viande sèche et sans cendre, quantité qui répond à environ 5 kilogrammes de viande fraîche. Si l'on calcule comme pour de la viande fraîche, il ne faudrait que 0,02 p. 100 de glycogène pour expliquer l'excès de glycogène trouvé dans le foie de ces animaux. Or il n'est pas facile de doser 0,02 p. 100 de glycogène.

TABLEAU VI (E. KÜLZ, *loc. cit.*) (Pigeons).

Numéro de l'expérience.	Poids initial.	Durée du jeûne.	Poids de l'animal à la fin du jeûne.	Combien de jours d'alimentation par la poudre de viande ?	Combien de poudre de viandre en tout ?	Combien de poudre de viande (extrait sec, sans cendres) en tout ?	Combien de grammes de poudre de viande par jour ?	Moment où l'animal a été sacrifié.	Poids final de l'animal (sans le contenu intestinal).	Sacrifié combien d'heures après la dernière alimentation ?	Poids du foie.	Glycogène du foie. grammes.	Glycogène du foie. p. 100.	Glycogène des muscles.	Glycogène moyen total pour 1 kg. du poids initial (expér. 2 et 3).
	gr.	j.	gr.	j.	gr.	gr.				h. m.	gr.				
1 [1]	300	0	»	19	470	423,5	En 2 j., 30 gr. chaque j. En 16 j., 25 gr. En 1 j., 20 gr. en deux parties égales, l'une le matin et l'autre le soir.	15 janv. 1887	364	2 30	11.0	0,0210	0,192	0,5608	»
2 [2]	359	3	288	15	425	383.0	30 gr. en 3 parts, matin, midi et soir.	27 janv. 1887	349	3	[illegible]	0.0113	0,115	0,8504	2,03
3 [3]	350	7	257	25	750	675,8	30 gr. en 3 parts, matin, midi et soir.	10 mars 1887	360	2 36	16.4	traces 0.01	0	0,5780	

1. Animal très bien portant jusqu'au dernier jour.
2. Animal très bien portant tout le temps.
3. Au septième jour de jeûne, animal un peu faible ; mais il se remet ensuite, et est bien portant jusqu'à la fin.

Expériences sur les poules. — Dans ces recherches, KÜLZ a d'abord déterminé le poids du glycogène, du foie et des muscles après un long jeûne, sur les poules. On trouve ces expériences de contrôle dans le tableau suivant, qui facilitera la lecture.

TABLEAU

NUMÉROS.	POIDS INITIAL en grammes.	POIDS FINAL peu de temps avant la mort, en grammes.	DURÉE DU JEÛNE.	FOIE.			MUSCLES.	
				Poids en grammes.	Glycogène sans cendres, en grammes.	Glycogène p. 100.	Poids de la moitié droite du corps (employé pour l'analyse du glycogène), en grammes.	Poids de la moitié gauche du corps
1	1813	1520	2 jours.	25g	0,0422	0,17	»	»
2	1690	1470	2 —	23	0,0745	0,32	»	»
3	1338	1217	2 —	23	0,0721	0,31	»	»
4	1744	1595	2 —	27,5	0,0879	0,32	»	»
5	1316	1251	2 —	20	0,1377	0,69	»	»
6	1508	1352	2 —	25,5	0	0	»	»
7	1211	1148	2 —	21	0,0520	0,25	»	»
8	1225	1134	2 —	19,5	0,0206	0,10	»	»
9	1751	1533	3 —	21	0,0843	0,40	»	»
10	1754	1576	3 —	22,5	0,0485	0,22	»	»
11	1556	1254	3 —	19	0,0775	0,41	»	»
12	1866	1640	3 —	22	0,0889	0,40	»	»
A. 13 (1)	1161	1035	3 —	13,8	0	0	234,4	237
A. 14 (2)	1807	1618	3 —	24	0,0427	0,18	422	417
H. 15 (1)	1112	792	6 —	16	0	0	221,5	221
H. 16 (2)	1068	948	6 —	10,4	0,0260	0,25	241,5	233
17	1168	1027	6 —	15	0,0459	0,31	»	»
18	1680	1309	6 —	26	0,1788	0,69	»	»
19	1452	1203	6 —	17,5	0,1165	0,67	»	»
H. 20 (3)	1029	798	6 —	18,5	0	0	176	176
H. 21 (4)	1415	1172	6 —	17,0	0,0106	0,06	326	318
H. 22 (5)	1534	1368	6 —	16	0,1314	0,82	341	340
H. 23 (6)	1337	1216	6 —	12,6	0,1193	0,95	347	35[illegible]
H. 24 (7)	1097	1055	6 —	14	0,0596	0,43	279	28[illegible]
25	1776	1327	6 —	21,5	0,1060	0,49	»	»
26	1370	1230	6 —	14,7	0,1325	0,90	»	»
A. 27 (4)	1020	792	7 —	12,5	0	0	220	219
28	1268	1091	7 —	14	0,1130	0,81	290	290
29	1652	1450	7 —	13,8	0,1332	0,97	»	»
30	1953	1620	7 —	21,0	0,1605	0,76	»	»
31	1342	1085	8 —	16,5	0	0	269	27[illegible]
A. 32 (5)	1110	857	10 —	13	0	0	234	23[illegible]

LZ, *loc. cit.*)

…en grammes.	MUSCLES. MOITIÉ GAUCHE DU CORPS. Glycogène (en grammes).	GLYCOGÈNE des deux moitiés du corps.	GLYCOGÈNE HÉPATIQUE POUR 1 KILOG. DU POIDS INITIAL.	GLYCOGÈNE DES MUSCLES POUR 1 KIL. DU POIDS INITIAL.	GLYCOGÈNE DES MUSCLES POUR 1 KIL. DU POIDS INITIAL.	GLYCOGÈNE TOTAL A LA FIN DU JEÛNE (EN GRAMMES).	GLYCOGÈNE TOTAL PAR KILOGR. du poids initial.
	»	»	0,028	De 1 à 12 glycogène musculaire non déterminé.			»
	»	»	0,051				»
	»	»	0,059				»
	»	»	8,055				»
	»	»	0,110				»
	»	»	0				»
	»	»	0,045				»
	»	»	0,018				»
	»	»	0,055				»
	»	»	0,031				»
	»	»	0,062				»
	»	»	0,054				
72	0,4016	0,7988	0	0,688	0,772	0,7988	0,49
08	0,2972	0,5980	0,026	0,331	0,370	0,6407	
05	0,3505	0,7010	0	0,630	0,885	0,7010	0,57
40	0,2540	0,5173	0,027	0,484	0,546	0,5433	
	»	»	0,045	Dans 17, 18, 19 glycogène des muscles non déterminé.			
	»	»	0,137				0,656
	»	»	0,097				
12	0,0213	0,0425	0	0,041	0,053	0,0425	
32	0,1594	0,3226	0,009	0,228	0,275	0,3332	
22	0,6303	1,2625	0,096	0,823	0,923	1,3939	0,69
70	0,4825	0,9595	0,098	0,718	0,789	1,0788	
30	0,8581	1,7011	0,057	1,551	1,602	1,7607	
	»	»	0,069	De 25 à 26, glycogène musculaire non déterminé.			
	»	«	0,108				
11	0,1534	0,3075	0	0,301	0,389	0,3073	
03	0,8503	1,7006	0,1036	1,341	1,559	1,8136	
	»	»	0,092	Dans 29 et 30 glycogène des muscles non déterminé.			0,67
	»	»	0,099				
74	0,2694	0,5368	0	0,400	0,495	0,5368	
04	0,2587	0,5191	0	0,468	0,606	0,5191	

On peut en résumer les résultats en peu de mots. Après un jeûne de 6 à 7 jours, chez les poules, le poids total du glycogène, du foie et des muscles a été, pour 1 kilogramme du poids initial, de 0,636 grammes. Le poids maximum (exp. XXIV) a été de 1gr,605 par kilogramme.

Külz a nourri ses poules, après 3 jours de jeûne, avec de la poudre de viande sans glycogène, pendant une durée de 8 à 43 jours; mais il a vu alors un tel accroissement du poids de ses animaux qu'au moment où on les sacrifiait ils pesaient plus qu'avant le début de l'inanition. Les chiffres sont indiqués dans le tableau ci-joint (p, 357) :

Le poids moyen de tout le glycogène du foie et des muscles a été de 1,634, chiffre qui concorde avec le chiffre maximum sur les animaux de contrôle (1,605), dépassant la moyenne de 0,636. Et ainsi tombe en réalité la valeur démonstrative de ces expériences.

Pour le prouver, je dois entrer dans quelques détails qui montreront que les conclusions de Külz ne sont pas justifiées.

Il est presque incroyable de voir les fautes graves de ces recherches, pourtant si estimées par Karl Voit et toute l'école de Munich. Dans le tableau VIII, Külz a estimé combien une poule, après 6 ou 7 jours de jeûne, peut encore contenir de glycogène dans son organisme. Après le 6e jour, d'après 7 expériences, il y eut en moyenne 0,636 de glycogène total; du 7e au 10e jour, d'après 4 expériences, 0,67 de glycogène total; pour le 3e jour, d'après 2 expériences, 0,49 de glycogène total. Mais, comme ces 2 expériences de contrôle donnaient pour le 3e jour de jeûne un chiffre beaucoup plus petit que les 7 expériences de contrôle au 6e jour de jeûne, et même que les 4 expériences de contrôle pour le 7e et le 10e jour de jeûne, il est clair que ces 2 expériences (du 3e jour) donnent un chiffre trop faible, comme je l'ai déjà montré plus haut avec détail. Le chiffre des expériences de contrôle pour le 3e jour de jeûne devait être plus grand que le chiffre correspondant pour le 6e et le 10e jour de jeûne. Par conséquent, on doit au moins introduire dans les expériences de contrôle les chiffres qui se rapportent au 6e et 10e jour de jeûne. Et alors Külz commet cette erreur incompréhensible de ne laisser jeûner que trois jours les animaux qui servent à ces expériences d'alimentation. *Trois* jours seulement! quoiqu'il sache uniquement, en fait de proportion de glycogène, celle qu'ils auront du 6e au 10e jour.

C'est précisément dans les premiers jours de jeûne que diminue rapidement la teneur du corps en glycogène; plus tard, elle ne diminue que lentement. Il est donc, par conséquent, certain qu'après 3 jours de jeûne, il y a, en moyenne, beaucoup plus de glycogène dans le corps qu'après 6 jours de jeûne.

Külz a nourri ses poules pendant 8 à 43 jours avec de la poudre de viande soi-disant privée de glycogène, et l'alimentation était si abondante que les animaux ont eu un étonnant accroissement de poids.

Expérience	I. . .	de	1 188	à	1 329	grammes.
—	II. . .	de	906	à	1 188	—
—	III. . .	de	1 054	à	1 322	—
—	IV. . .	de	1 161	à	1 582	—
—	V. . .	de	1 267	à	1 220	—
—	VI. . .	de	1 180	à	1 551	—

Par conséquent, la poudre de viande a été donnée en quantité surabondante, ce qui fait que la poule ne vivait plus alors qu'aux dépens de l'albumine, de sorte que toutes les parcelles de glycogène incorporées à la poudre de viande qu'on lui donnait comme aliment, pouvaient s'accumuler dans le foie avec le glycogène résidual restant encore dans l'organisme, au 8e jour d'inanition. Reste à savoir si, dans la poudre de viande donnée en aliment, ne se trouvaient pas encore de minimes quantités de glycogène.

Pour en juger, Külz a laissé se putréfier la viande finement hachée jusqu'à ce qu'il ne puisse plus par sa méthode trouver de glycogène dans cette viande. Or, il y a là une faute qui suffit à elle seule pour enlever toute valeur à ces recherches; car la putréfaction change le glycogène en dextrine, et celle-ci ne peut plus être décelée par la méthode de Brücke-Külz. Par conséquent, Külz a commis une erreur en prétendant que sa poudre de viande ne contenait plus d'hydrates de carbone.

C'est un point sur lequel je dois insister avec détail, car, jusqu'à présent, il n'a pas

TABLEAU X (KÜLZ, *loc. cit.*, 22).

NUMÉRO DE L'EXPÉRIENCE.	POIDS INITIAL en grammes.	DURÉE DU JEUNE en	POIDS FINAL en grammes.	COMBIEN DE JOURS D'ALIMENTATION par poudre de viande?	COMBIEN DE GRAMMES DE POUDRE DE VIANDE en tout?	COMBIEN DE GRAMMES DE POUDRE DE VIANDE donnés chaque jour?		MOMENT DE LA MORT de l'animal.	POIDS FINAL en grammes.	TEMPS ÉCOULÉ ENTRE LA DERNIÈRE alimentation et la mort de l'animal.	POIDS DU FOIE en grammes.	GLYCOGÈNE, SANS CENDRES, dans le foie, en gr.	GLYCOGÈNE DU FOIE P. 100.	GLYCOGÈNE DANS LA TOTALITÉ des muscles.	GLYCOGÈNE TOTAL POUR 1 KIL. du poids initial.
										h. m.					
1	1 294	3	1 188	8	450	3 jours à 50 gr. 5 — 60 —	en 3 parts.	12 mars 1887	1 328,8	2 40	47,0	0,1369	0,291	1,7824	1,483
2	1 056	3	906	15	1 040	9 — 50 — 1 — 70 — 3 — 80 — 2 — 90 —	—	10 — —	1 188	2 45	55,5	0,0762	0,137	1,6530	1,637
3	1 219	3	1 054	18	1 180	8 — 50 — 2 — 70 — 8 — 80 —	—	14 — —	1 322	2 45	35,2	0,3273	0,930	1,7482	1,662
4	1 252	3	1 161	28	1 910	5 — 50 — 3 — 60 — 12 — 70 — 8 — 80 —	—	16 — —	1 582	2 30	47,9	0,3475	0,725	1,9564	1,840
5	1 338	3	1 267	11	550	2 — 25 — 9 — 50 —	—	26 — —	1 220,5	2 27	31,0	0,4486	1,447	0,9862	1,073
6²)	1 335	3	1 180	43	3 210	10 — 50 — 4 — 60 — 7 — 70 — 22 — 90 —	—	27 avril —	1 551	2 7	46,5	0,3469	0,746	2,4736	2,112
														Moy.	1,634

encore été étudié. En 1880, R. Bœhm et A. Hoffmann (*A. g. P.*, xxiii, 212) publièrent un travail sur la formation du sucre dans le foie, après la mort. Ils observèrent que, si l'on prend deux fragments de foie fraîchement extrait, et si l'on examine un de ses fragments immédiatement; l'autre, 24 heures après, on ne trouve jamais de dextrine dans le fragment frais; mais que, dans l'autre fragment, on en trouve toujours, en même temps que ses phénomènes de putréfaction se sont manifestés. « Les différentes dextrines, disent B. et H., qui proviennent du glycogène, dévient à droite 3 ou 4 fois plus que le glycose. » Les extraits aqueux du foie, débarrassés d'albumine par l'acide acétique, furent concentrés fortement et traités à chaud par de l'alcool à 96 p. 100. Le filtrat fut par évaporation débarrassé de l'alcool, traité par l'éther qui enleva les graisses, filtré de nouveau, et le liquide fut examiné à la fois au point de vue de la déviation polarimétrique et de sa teneur en sucre par dosage avec la liqueur de Fehling. « Si des quantités considérables de dextrine avaient passé dans la solution alcoolique, on aurait dû trouver une différence entre le chiffre donné par la polarimétrie et le chiffre donné par le dosage du sucre. Or, en retranchant le chiffre centésimal donné par la titration du sucre, du chiffre donné par la mesure polarimétrique, on obtient précisément le chiffre polarimétrique de la dextrine, ce qui permet de calculer approximativement la quantité de dextrine de la solution. » Comme il s'agissait de quantités pouvant être isolées, on prit la solution aqueuse que l'on concentra jusqu'à consistance sirupeuse épaisse, et on précipita, par beaucoup d'alcool, une masse ténue, mucoïde, adhérant aux parois du vase. Après concentration nouvelle du liquide, et nouvelle précipitation par beaucoup d'alcool, on obtint finalement une masse assez considérable d'une substance ayant les caractères de la dextrine. Cette substance est soluble dans l'eau : elle dissout l'oxyde de cuivre en liqueur alcaline, mais ne réduit pas par l'ébullition, dévie le plan de polarisation 3 à 5 fois plus que le glycose, ne se colore pas par l'iode, mais jaunit par ébullition avec la potasse. « Or ce sont là exactement les propriétés de la substance qui apparaît dans l'urine, après injection de glycogène dans le sang, substance que nous avons préparée chimiquement pure, et déterminée comme achroodextrine. Il n'y a donc pas lieu de douter que, dans ce fragment de foie, abandonné à lui-même pendant 24 heures (et devenu acide), il s'était formé de l'achroodextrine. »

Moi-même, plus récemment, j'ai montré que, dans les solutions alcalines de viande fraîche, on trouve un hydrate de carbone soluble dans l'alcool, qui n'est pas du sucre, et qui, par conséquent, est très vraisemblablement de la dextrine (*A. g. P.*, 1902, xciii, 183).

On peut encore objecter à la prétention de Külz qui croyait détruire le glycogène par la putréfaction de la viande, que Pavy a montré que le glycogène et l'amidon sont à peine attaqués par la potasse, mais qu'il n'en est pas ainsi, lorsqu'ils ont été par des ferments transformés en dextrine (*The Physiology of the Carbohydrates*, 1894, 151).

Or mes propres expériences confirment les données de Pavy (*A. g. P.*, 1902, xciii, 77). Dans le dosage du glycogène par la méthode de Brücke-Külz, on fait bouillir les organes dans une solution diluée de potasse, et on les dissout. Dans ces conditions, la potasse détruit la dextrine. Enfin, après précipitation des albumines par le réactif de Brücke, et filtration de la solution glycogénique, on précipite par 2 ou 3 volumes d'alcool à 96 p. 100. Comme Bœhm et Hoffmann l'ont montré, la glycogène-dextrine n'est alors pas précipitée. Donc il est clair que Külz a pu, en donnant de la poudre de viande à ses animaux, leur donner en même temps de la glycogène-dextrine en quantités notables, sans que sa méthode permette d'en démontrer la présence.

Revenons maintenant aux recherches de Külz qui nourrissait ses poules avec de grandes quantités de viande. Si le glycogène provient de l'albumine, il doit alors se déposer en masse dans le foie, puisque l'alimentation est continuée pendant plusieurs jours et même plusieurs semaines. Or qu'est-il arrivé ? Les animaux nourris de poudre de viande, après 3 jours de jeûne, avaient en moyenne, comme glycogène total, pour 1 kilogr. de poids initial, 1,634 de glycogène. Les animaux qui avaient jeûné 6 à 10 jours avaient en moyenne 0,670, et au maximum, 1,605. Et voilà les recherches que, dans le monde physiologique, on déclare classiques, servant à établir que le glycogène vient de l'albumine. Il est au contraire tout à fait évident que c'est la preuve du contraire que ces expériences établissent. *Malgré l'engraissement énorme dû à l'albumine, il n'y a pas eu d'augmentation du glycogène.*

Examinons maintenant les recherches entreprises par KÜLZ d'après le même type que les expériences précédentes, soit sur des poules nourries en partie avec de la fibrine, en partie avec de la caséine. KÜLZ a résumé ses recherches dans un tableau que je donne ici (p. 360 et 361). C'est dans la dernière colonne que l'on trouve les résultats les plus intéressants sur le chiffre du glycogène total rapporté à un kilogramme du poids du corps. Or, après alimentation avec la fibrine donnée pendant cinq à six jours après un jeûne qui avait duré trois jours, le glycogène total, pour un kilogramme du poids initial, était de 1,122; mais, chez les animaux de contrôle du sixième et du septième jour de jeûne, la moyenne a été pour le glycogène total de 0,656 et de 1,605 au maximum.

Par conséquent le chiffre observé après alimentation par la fibrine est entre les limites des chiffres trouvés sur les témoins non alimentés par la fibrine.

Si l'on objecte que, chez les animaux nourris par la fibrine, le poids moyen est plus fort que le poids moyen des animaux de contrôle, je ferai remarquer ceci : les expériences ne prouvent rien, car chez les animaux de contrôle le dosage du glycogène a été fait après un jeûne de six à sept jours, tandis que KÜLZ a alimenté ses poules au troisième jour de jeûne : or on ne comprend pas pourquoi un expérimentateur, qui veut comparer deux expériences, lesquelles doivent donner des chiffres comparables, prend de propos délibéré des dispositions qui donneront de toute nécessité un excédent à une des deux séries. Cela est incompréhensible, et pourtant c'est ce qui a été pratiqué par KÜLZ. Remarquons en outre que la fibrine contient du glycogène, et qu'elle est peut-être un glycoprotéide.

Les expériences VI, VII, VIII, où de la caséine a été donnée, montrent que le glycogène total a été de 0,797, c'est-à-dire moindre qu'après alimentation avec la fibrine. Elles ne prouvent donc rien, et on peut leur adresser les mêmes objections qu'aux expériences faites avec la fibrine. Seulement il n'y a pas d'hydrate de carbone dans la caséine.

Si ces expériences indiquées dans le tableau XII ne prouvent rien et ne nous forcent pas à admettre que l'albumine de l'alimentation produit du glycogène, cela pourrait tenir à ce que dans ces expériences les poules pendant l'alimentation ont fortement diminué de poids. Or chaque physiologiste sait que, pendant le jeûne, ce sont surtout les graisses et le glycogène qui sont consommés. Si donc, après alimentation avec telle ou telle substance, on voit le poids de l'animal continuer à baisser, sans qu'il y ait accumulation de glycogène, on ne peut évidemment pas en conclure que cette substance ne contribue en rien à la formation de glycogène. Il est assez singulier, et difficile à comprendre, que cette erreur se perpétue dans toute l'histoire scientifique du glycogène.

Six expériences de KÜLZ (page 26 du volume jubilaire), indiquées dans le tableau suivant (p. 360), ne comportent pas pareille erreur.

Cette série d'expériences (tableau XIII) a l'avantage de permettre une comparaison entre les animaux de contrôle et les animaux alimentés; car les uns et les autres subirent une inanition de même durée et pendant l'alimentation le poids du corps, en général, augmenta. On voit par ce tableau XIII que, chez les animaux nourris avec de la caséine, le glycogène total a été, pour un kilogramme de poids initial, de 0,90, tandis que les animaux de contrôle (tableau VIII) ont donné, après six ou sept jours de jeûne, pour un kilogramme du poids initial, en moyenne 0,656, et au maximum 1,605 de glycogène total. Par conséquent le chiffre obtenu après alimentation avec la caséine est compris dans les limites des chiffres observés sur des animaux non alimentés.

Les autres expériences d'alimentation avec la fibrine, la sérine et l'albumine d'œuf n'ont en réalité donné, quoique ces aliments continssent des hydrates de carbone, pas beaucoup plus de glycogène que l'alimentation avec la caséine, soit en moyenne 1,2 de glycogène total, de sorte qu'on n'a pas le droit de supposer une formation quelconque de glycogène aux dépens de ces matières albuminoïdes.

Ainsi les recherches de KÜLZ sur le glycogène dans l'alimentation avec les matières azotées sont trop défectueuses pour qu'on puisse en déduire rigoureusement quoi que ce soit. Elles semblent cependant parler nettement en faveur de cette opinion que *dans l'alimentation azotée il ne se fait pas de glycogène aux dépens des matières azotées.*

Je ne peux pas abandonner ces expériences de KÜLZ, qui devaient prouver que le glycogène provient de l'albumine, sans faire expressément remarquer au lecteur que les animaux de contrôle servant aux expériences d'alimentation avec l'albumine sont les

TABLEAU XII

NUMÉROS des expériences.	POIDS INITIAL, en grammes.	DURÉE DU JEÛNE jours.	POIDS DE L'ANIMAL à la fin du jeûne en grammes.	PENDANT COMBIEN de jours alimenter avec la fibrine ?	COMBIEN DE GRAMMES l'animal a-t-il reçu en tout ?	COMBIEN DE GRAMMES d'aliments pour chaque animal par jour ?	MOMENT où l'animal a été sacrifié.	POIDS FINAL de l'animal sans contenu intestinal en grammes.	SACRIFIÉ combien d'heures après la dern. aliment. ?	POIDS DU FOIE en grammes.	GLYCOGÈNE DU FOIE (sans cendres) en grammes.	GLYCOGÈNE du foie p. 100.	GLYCOGÈNE sans cendres des muscles en grammes.	REMARQUES.	GLYCOGÈNE TOTAL par kilogramme du poids initial.
						a) Fibrine			h. m.						
1	1 517	3	1 397	8	590	3 jours à 60 gr. de fibrine 4 — à 80 — — 1 — à 90 — — en trois portions.	6, 4, 87	1 283,5	2 40	35,2	0,7392	2,10	0,8184	Le gâteau de fibrine contient en moyenne : 65,33 0/0 d'eau. 0,61 0/0 de cendres.	
2	1 460	3	1 345	8	600	3 jours à 60 gr. de fibrine 3 — à 80 — — 2 — à 90 — — en 3 portions.	6, 4, 87	1 162	2 35	29,5	0,8511	2,895	0,1956		1,122
3	1 400	3	1 350	7	210	30 gr. de fibrine en 3 portions.	1, 5, 87	1 246	2 20	28,0	0,6044	2,151	1,1858	Le fibrine en poudre contient : 10,96 0/0 d'eau. 1,42 0/0 de cendres. 1,37 0/0 de graisse.	
4	1 228	3	1 182	6	180	30 — — en 3 —	2, 5, 87	1 070	1 48	28,0	0,7851	2,803	0,9290		
5	1 807	3	1 679	5	200	40 — — en 2 —	7, 6, 87	1 525	2 30	42,5	0,7006	1,65	1,5124		
Moy.	1 482	3	1 391	»	»		Moy. par kg. du poids initial.				0,496	»	0,626		
						b) Caséine								La caséine contient : 15,17 0/0 d'eau. 1,05 0/0 de cendres. 5,89 0/0 de graisse.	
6	2 008	3	1 902	7	420	Par jour 60 gr. en 3 portions.	28, 4, 87	1 748	2 30	43,0	0,6258	1,453	1,2548		
7	1 588	3	1 504	7	420	60 gr. en 3 portions.	28, 4, 87	1 335	2	31,0	0,5220	1,684	0,4416		0,797
8	1 577	3	1 510	5	250	50 gr. en 2 portions.	7, 6, 87	1 357	2 30	25,5	0,3873	1,519	0,8716		
Moy.	1 724	»	1 639	»	»	»	Moy. par kg. du poids initial.				0,297	»	0,500	»	»

TABLEAU XIII (E. Külz, *loc. cit.*, 26).

NUMÉRO DE L'EXPÉRIENCE.	POIDS INITIAL EN GRAMMES.	DURÉE DU JEÛNE EN JOURS.	POIDS DE L'ANIMAL A LA FIN DU JEÛNE en grammes.	PENDANT COMBIEN DE JOURS ALIMENTÉ avec la fibrine?	COMBIEN DE GRAMMES L'ANIMAL A-T-IL REÇU en tout?	COMBIEN DE GRAMMES D'ALIMENTS pour chaque animal par jour?	MOMENT OÙ L'ANIMAL a été sacrifié.	POIDS FINAL DE L'ANIMAL SANS contenu intestinal en grammes.	SACRIFIÉ COMBIEN D'HEURES après la dern. aliment.?	POIDS DU FOIE en grammes.	GLYCOGÈNE DU FOIE (SANS CENDRES) en grammes.	GLYCOGÈNE DU FOIE P. 100.	GLYCOGÈNE DES MUSCLES en grammes.	REMARQUES.	GLYCOGÈNE TOTAL PAR KILOGRAMME du poids initial.
						a) Poudre de viande			h.						
1	1 244	6	1 126	21	1 460	13 jours à 25 gr. } en 2 portions 8 — 50 — } chaque.	23. 4. 88	1 141	4	27,4	0,5661	2,07	1,4654	Poudre de viande de cheval sans graisses : 15,66 0/0 d'eau. 2,20 0/0 de cendres.	1,636
						b) Fibrine									
2	1 370	6	1 246	9	240	3 — 40 — } 6 — 20 — } —	12. 4. 88	1 172	4	38	0,3405	0,90	0,6283	Poudre de fibrine sans graisses : 15,31 0/0 d'eau. 3,06 0/0 de cendres.	0,705
3	1 470	6	1 276	8	200	2 — 40 — } 6 — 20 — } —	23. 4. 88	1 315	4	27,7	0,7387	2,67	1,8706		1,776
														Moyenne. . .	1,240
						c) Caséine									
4	1 561	6	1 350	6	180	3 — 40 — } 3 — 20 — } —	20. 4. 88	1 404	4	36,5	0,3758	1,03	1,4789	Poudre de caséine sans graisse : 11,85 0/0 d'eau. 1,07 0/0 de cendres.	0,901
						d) Sérum albumine									
5	1 384	6	1 260	7	224	3 — 40 — } 4 — 20 — } —	12. 5. 88	1 305	4	29,3	0,4203	1,43	1,1430	Sérum albumine sans graisses : 14,92 0/0 d'eau. 1,34 0/0 de cendres.	1,132
						e) Albumine d'œuf									
6	1 540	6	1 392	8	220	3 — 40 — } 6 — 20 — } —	14. 5. 88	1 452	4	32,5	0,3978	1,22	1,3825	Albumine d'œuf sans graisses : 8,72 0/0 d'eau. 0,93 0/0 de cendres.	1,155
														Moyenne. . .	1.217

mêmes qui ont servi aux expériences d'alimentation avec les hydrates de carbone. Comme chaque analyse du glycogène, faite d'après la méthode de Brücke-Külz, dure environ une semaine, et que chaque expérience nécessite plusieurs analyses, on voit que ce travail a exigé au moins plus d'un an. Par conséquent les expériences de contrôle et les expériences d'alimentation ont été pratiquées certainement à des époques très différentes, ce qui infirme la valeur des expériences de contrôle, par suite du chiffre différentiel très faible qui a été constaté.

Il était désirable de reprendre cette question de l'origine du glycogène en éliminant ces causes d'erreur. Pour écarter l'incertitude due aux différences individuelles considérables qu'on peut constater, il fallait d'abord prendre des groupements de beaucoup d'animaux de contrôle, comparés à des groupements d'animaux alimentés, et ensuite choisir une matière albuminoïde alimentaire ne contenant pas d'hydrate de carbone. J'ai donc prié B. Schöndorff (*A. g. P.*, 1900, lxxxii, 60) de faire des expériences sur des grenouilles nourries avec de la caséine.

La caséine a été préparée d'après la méthode de Hammarsten. Du lait était étendu de quatre fois son volume d'eau. La caséine y était précipitée par de petites quantités d'acide acétique. Le précipité fut lavé, dissous dans un peu de soude, précipité de nouveau par l'acide acétique, filtré et lavé jusqu'à ce qu'il ne contînt plus de sucre. Cette caséine fut ensuite lavée par l'alcool et l'éther, desséchée par le vide sur l'acide sulfurique, finement pulvérisée, et, après plusieurs pulvérisations, épuisée par de l'éther dans l'apppareil d'extraction de Soxhlet, puis de nouveau séchée dans le vide sur l'acide sulfurique.

Dans chaque groupe on fit trois séries d'expériences, et on employa à peu près les mêmes poids de grenouilles, de sorte qu'au point de vue du poids et du sexe les trois séries d'expériences étaient comparables. La première série des grenouilles servit à doser le glycogène total du corps d'après la méthode de Pflüger-Nerking : les grenouilles, anesthésiées par le chloroforme, furent jetées dans une solution potassique bouillante et en quelques minutes les parties molles furent dissoutes. Les chiffres relatifs au glycogène de ces grenouilles se rapportent toujours au poids de l'animal au début de l'expérience, poids que nous appellerons poids initial. Avant toute expérience, les grenouilles étaient restées longtemps sans nourriture, et toutes se trouvaient exactement dans les mêmes conditions physiologiques.

Dans la 2e série, les grenouilles furent nourries avec de la caséine. Cette caséine était donnée à la dose de 0,1 dans une solution de bicarbonate de soude diluée, contenant 10 p. 100 de caséine, soit 1 cc. par jour pour chaque grenouille.

Dans la 3e série, on injecta aux animaux 1 cc. d'une solution de bicarbonate de soude dont la concentration était la même que celle de la solution de caséine.

En comparant le poids moyen des quatre séries d'expériences, et en remarquant que la valeur des résultats est d'autant plus grande qu'il s'agit d'un nombre plus grand d'animaux expérimentés, on voit que 100 grammes de grenouille nourries avec de la caséine ont eu une augmentation en glycogène total de 0,001 ; autrement dit, qu'il n'y a pas eu d'augmentation du glycogène total. Il résulte de ces recherches que les grenouilles n'ont pas consommé le glycogène qu'elles avaient au début de l'alimentation, parce que la matière azotée qu'on leur donnait en abondance suffisait seule au besoin de la combustion. Les grenouilles nourries avec de la caséine ont augmenté de poids, ce qui s'explique facilement par la nutrition azotée, et cependant il n'y a eu aucune augmentation de glycogène.

Schöndorff conclut avec raison de ces recherches que les matières azotées qui ne contiennent pas d'hydrates de carbone ne peuvent pas former de glycogène.

L'important travail de Schöndorff a été repris avec soin par Blumenthal et Wohlgemuth (*Berl. klin. Woch.*, n° 15, 391 et suiv.), lesquels ont confirmé pleinement ce fait que la caséine ne produit pas de glycogène : il en est de même pour la gélatine. Mais l'albumine d'œuf, qui contient des glycosides, augmente notablement le glycogène du corps. Ainsi cette confirmation des recherches de Schöndorff par des résultats positifs établit bien ce fait que les albumines qui ne contiennent pas d'hydrate de carbone ne sont pas formatrices de glycogène, tandis que les glyco-protéides peuvent former du glycogène.

E. Bendix (*Z. p. C.*, xxxii, 479), dans un travail fait au laboratoire de Zuntz, a cherché à contredire les conclusions de Schöndorff, de Blumenthal et de Wohlgemuth,

TABLEAU DE SCHÖNDORFF (Grenouilles)

NUMÉROS de la SÉRIE EXPÉRIMENTALE		NOMBRE des GRENOUILLES	POIDS INITIAL en grammes.	POIDS FINAL en grammes.	QUANTITÉ DE CASÉINE par jour en grammes.	TENEUR EN GLYCOGÈNE P. 100 du poids initial.	DURÉE DE L'ALIMENTATION.
I	Grenouilles témoins . . .	11	363.0	—	—	0.3647	19 jours.
	— à caséine. . .	10	335.9	304.3	0.1	0.3308	
	— en inanition.	10	336.3	305.8	—	0.2436	
II	Grenouilles témoins. . .	42	891.4	—	—	0.2118	13 jours.
	— à caséine. . .	42	887.7	961.5	0.1	0.2327	
	— en inanition.	42	868.9	892.3	—	0.1479	
III	Grenouilles témoins . . .	25	630.6	—	—	0.2344	8 jours.
	— à caséine. . .	25	627.4	682.0	0.1	0.1608	
	— en inanition.	25	632.0	636.0	—	0.1786	
IV	Grenouilles témoins. . .	33	591.3	—	—	0.2209	11 jours.
	— à caséine. . .	32	571.5	591.5	0.1	0.2659	
	— en inanition.	33	597.9	581.0	·	0.1864	

et à prouver que la gélatine et l'albumine sont substances formatrices du glycogène. D'après lui, on ne devrait prendre pour ces expériences que des mammifères, et non des grenouilles; car on ne peut supposer *à priori* que les lois trouvées pour les animaux à sang froid s'appliquent aux animaux à sang chaud. Et certes cela est vrai, en général; mais la grenouille, comme un animal à sang chaud, vit d'albumine, de graisse et d'hydrates de carbone, et elle produit de grandes quantités de glycogène, et il serait singulier que sa nourriture principale, l'albumine, ne pût lui servir à faire du glycogène, quand l'albumine est à ce point utilisée par tout organisme animé.

D'ailleurs, toutes les expériences faites jusqu'ici sur la nutrition des animaux à sang chaud nourris avec de la caséine ne prouvent pas que cette alimentation puisse produire du glycogène, comme je l'ai montré plus haut dans la critique des expériences de KÜLZ. Qu'un glyco-protéide qui, en se dédoublant, donne du sucre, contribue à former du glycogène, il n'y a là rien d'extraordinaire, puisqu'il est certain que le glycogène est surtout formé par les hydrates de carbone. Ce qui serait étonnant, c'est qu'une albumine ne contenant pas d'hydrate de carbone pût faire du glycogène dans le corps des animaux.

Or BENDIX a fait beaucoup de recherches, mais le plus souvent ç'a été avec les glyco-protéides : avec la caséine il n'a fait que *deux* expériences. Avec la gélatine il n'en a fait qu'*une*.

On sait qu'il est impossible de prévoir les grandes différences individuelles qu'on observera dans les proportions de glycogène chez des animaux qui semblent vivre dans les mêmes conditions physiologiques. BENDIX paraît avoir reconnu cette difficulté; car il a essayé d'expérimenter sur des animaux ne contenant pas de glycogène. D'après lui, un jeûne de 24 jours, suivi d'un travail musculaire qui dure 4 heures, fait disparaître tout le glycogène : à l'appui de son affirmation il apporte cinq expériences. Dans deux de ces expériences il y avait encore des proportions pondérables de glycogène dans le foie et les muscles. Dans l'une de ces expériences, ne concordant pas avec les autres, le foie d'un chien de 8 kil., foie pesant 180 grammes, contenait encore 2gr,5696 de glycogène brut, répondant à 1gr,886 de glycogène pur, et 153 grammes de tissu musculaire contenaient 0,1245 de glycogène brut, répondant à 0,0742 de glycogène pur. Dans une autre expérience non concordante, le foie d'un chien de 5kgr,5 contenait 0,184 p. 100 ; et les muscles 0,11 p. 100 de glycogène pur. Bendix cherche à justifier ces deux expériences non concordantes, mais il n'arrive pas à établir cette justification.

L'affirmation de Bendix que les chiens, après 24 jours de jeûne et un travail musculaire de 4 heures, sont à coup sûr débarrassés de leur glycogène, est en contradiction avec les recherches des autres physiologistes.

Ainsi Külz (*loc. cit.*, 50) cite une expérience, dans laquelle il a placé, en une roue de travail, un chien qu'il forçait à travailler, non pas pendant 4 heures, mais pendant 11 heures et demie. Il le laissa jeûner ensuite pendant 14 jours, en lui donnant graduellement du chloral, à différentes doses (65 grammes), pour lui faire éliminer tous ses hydrates de carbone à l'état d'acides urochloraliques (69gr,2). Au début de l'expérience, le chien pesait 12,150 grammes, et à la fin 8,500. Cependant, au moment de la mort, le foie contenait encore 0gr,3316 de glycogène (sans cendres), avec 1gr,3619 pour le glycogène total. Un autre chien de Külz, pesant 4kil,55, fut forcé de courir devant une voiture pendant 9 heures 40 minutes; malgré ce travail, il y avait dans le corps 52gr,053 de glycogène, et, dans le foie, 0,8923. D'autres recherches, entreprises en faisant tourner les chiens dans la roue de travail, n'ont jamais réussi à faire disparaître tout le glycogène. Külz résume ses recherches en disant : « Un travail musculaire énergique est un moyen efficace et sûr pour faire disparaître le glycogène du foie et l'amener à un taux minimum, qui est celui des animaux au 20e jour de jeûne. Et ce résultat ne fait pas défaut, même quand il s'agit de grands animaux très bien nourris. Cependant, même alors, le glycogène des muscles est encore en quantités considérables, si bien que le glycogène musculaire peut compenser la perte du glycogène hépatique, quand l'animal est soumis, après le travail forcé qu'il a dû faire, à un jeûne de 14 à 15 jours, avec sommeil chloralique et élimination des acides glycuroniques. Peut-être ces données contribueront-elles à rendre à l'avenir plus prudent, quand on parlera d'animaux sans hydrates de carbone. »

Par conséquent, on doit peut-être attribuer au hasard ce fait que, sur 5 chiens à jeun depuis 2 jours et faisant un travail de 4 heures, il y en eut seulement 3 que Bendix trouva sans glycogène. Il est parfaitement possible que les animaux, sans glycogène, d'après Bendix, nourris à la caséine et sacrifiés, n'eussent pas donné davantage de glycogène, même s'ils n'avaient reçu aucune alimentation, ou seulement de la graisse.

Mais il me paraît probable que Bendix a commis une autre erreur, laquelle en réalité donne l'explication des résultats trouvés par lui. Il s'agit de savoir comment il a dosé le glycogène total de tout le chien. Sur ce point, il ne s'explique pas clairement. Une fois, après avoir fait remarquer, avec raison, qu'il faut doser le glycogène de tout l'animal, il décrit son mode de procéder. A l'animal fraîchement tué, le foie est enlevé; la peau rapidement disséquée; les viscères thoraciques et abdominaux enlevés; l'animal scié par le milieu avec un rein, un poumon, la moitié du foie et la moitié du cœur. Mais il n'est pas dit dans les analyses combien de glycogène était dans le foie, et combien dans une moitié du corps. A-t-il pris la moitié de l'animal en solution dans un vase avec 2 p. 100 de potasse, ou bien a-t-il pris les parties molles rapidement séparées des os, pour les réduire en pulpe, et analyser une portion de cette pulpe ? Il semble que ce soit là le procédé qu'il a adopté, comme il paraît résulter de la description qu'il donne d'une analyse faite sur les animaux de contrôle. A propos de l'expérience I, comme dans l'expérience II et l'expérience III, il dit : « Les muscles ne contiennent pas de glycogène. » Pour l'expérience IV, il dit : « Les muscles (153 grammes) contenaient 0gr,1245 de glycogène brut. »

Ainsi, pour prouver que les chiens après inanition et travail ne contenaient pas de glycogène, Bendix a analysé le foie et les muscles; et il n'indique rien de plus; ce qui paraît démontrer qu'il n'a dosé le glycogène ni des cartilages, ni des os, ni de la peau.

Il a analysé les poumons, le cœur, la rate et les reins; mais il faut supposer qu'il a fait une pulpe homogène de tous ces tissus, et qu'il l'a appelée *muscle*, parce que le tissu musculaire en faisait la partie principale. Mais il n'a pas donné le poids des os ni des muscles. Donc, certainement, il n'a pas recherché le glycogène dans les cartilages, les os, la peau, le cerveau; car il était sans doute pénétré de cette idée que certainement ces organes, quand le glycogène manque dans le foie et les muscles, ne contiennent que peu de glycogène, ou, tout au moins, qu'on peut négliger la petite quantité de glycogène qui s'y est déposé. Tel est certainement le cas chez les animaux dont un long jeûne a consommé le glycogène du foie et des muscles. Mais, dans les recherches de Bendix, les conditions sont différentes. 4 heures de travail musculaire énergique ont fait disparaître le glycogène du foie et des muscles, et assurément on peut expliquer le fait par la consommation du glycogène dans le muscle qui travaille.

Le sucre disparaît du sang; et le foie, par l'intermédiaire du sang, cède ses hydrates de carbone aux muscles. Car le foie est l'organe qui perpétuellement prépare les hydrates de carbone, pour satisfaire aux besoins de l'organisme en hydrates de carbone. Quand donc on sacrifie un animal, immédiatement après un travail de 4 heures, il est tout naturel qu'on trouve le foie et les muscles libres de glycogène. Mais, si Bendix avait, d'après ma méthode, analysé cartilages, os, peau et autres organes, probablement il y aurait souvent trouvé de notables quantités de glycogène.

Alors, quand Bendix nourrissait plusieurs jours, avec de la caséine et de la graisse, des animaux qui, d'après lui, étaient libres de glycogène, il s'est écoulé un temps suffisant pour que le glycogène des cartilages, de la peau, des tissus conjonctifs et des autres organes, ait pu émigrer vers le foie et les muscles, afin de restituer à ces organes leur intégrité menacée.

Il est d'ailleurs possible que, dans le cas de besoin urgent de sucre, les glycoprotéides cèdent du sucre pour former du glycogène.

Voici le résultat de deux expériences, dans lesquelles des animaux, prétendus sans glycogène, furent nourris avec la caséine. Un chien de 5 520 grammes contient dans tout le corps 14gr,378 de glycogène pur; par conséquent, par kilogramme, 2gr,6 de glycogène. Un chien de 6kg,5 contient dans tout le corps 29gr,46 de glycogène pur; par conséquent, par kilogramme, 4gr,5 de glycogène. Dans ces deux expériences, les chiffres de glycogène restent bien au-dessous des chiffre maxima, c'est-à-dire de 37gr,9 par kil., qui ont été constatés : on peut donc très bien les attribuer au glycogène qui restait dans les cartilages, les os et la peau. En outre, il faut remarquer que nulle part Bendix n'a dit un mot des précautions qu'il aurait prises pour contrôler la pureté de la caséine qu'il s'est procurée à une fabrique, et qui lui a été vendue comme *caseinum purissimum*.

Schöndorff a examiné ces préparations, et, comme il y a trouvé du sucre, il a préparé lui-même sa caséine dans le laboratoire de Bonn, par la méthode de Hammarsten, sans se la procurer dans une fabrique. Bendix a répondu à cette observation de Schöndorff (*Z. p. C.*, XXXIV, 543), en disant avoir aussi trouvé des hydrates de carbone dans la caséine qu'il avait fait venir d'une fabrique; mais, plus tard, sur recommandation spéciale, Merck lui fournit une préparation de caséine ne contenant pas d'hydrates de carbone.

Quant à l'expérience faite par Bendix sur la gélatine, un chien de 6kil,2 reçut pendant 3 jours, après travail forcé, 180 grammes de gélatine avec 180 grammes de lard; son foie contenait 5gr,2386 de glycogène pur. Il ne semble pas que le glycogène du corps ait été dosé. L'expérience ne peut donc pas être considérée comme démonstrative, pour les raisons données ci-dessus. D'ailleurs le glycogène pouvait encore provenir de la glycérine de la graisse ou de la graisse elle-même.

La conclusion du mémoire de Bendix (*Z. p. C.*, 1901, XXXII, 501 et 502) est assez curieuse; puisqu'il insiste sur l'incertitude résultant des grandes différences individuelles et des graves causes d'erreur que présente l'analyse du glycogène. On a l'impression que l'auteur ne croit pas lui-même bien fermement aux conclusions qu'il déduit de ces expériences.

Récemment Rolly (*D. Arch. f. klin. Med.*, 1903, LXXVIII, 250 et 380; LXXXIII, 1905, 107), a repris encore la question. Des lapins, qui avaient perdu leur glycogène à la suite d'injection de strychnine, en quelques jours ont repris leur glycogène,

Mais le nouveau glycogène est en très faible proportion; et pour tout l'animal la quantité totale ne s'élève qu'à 0gr.18 ou 1gr2. Comme il s'agit de lapins d'assez grande taille, dont le poids final n'est pas donné, cette quantité de glycogène de nouvelle formation est au dessous, en général, de 0.1 p. 100 du poids total du corps.

Mais il n'a pas été établi avec certitude que les animaux pris comme témoins n'avaient plus de glycogène. Car, dans le protocole des expériences, on ne parle que du *glycogène absolu* du foie et des muscles. Or, d'après une remarque de son dernier travail, ROLLY (*loc. cit.*, 1905, 121) a dissous les os et les muscles dans la potasse, et déterminé aussi le glycogène des os. Dans son travail sur la piqûre cérébrale hyperthermisante (*loc. cit.*, 1903, 252), il parle de sa méthode de recherches du glycogène avec plus de détails. « Voici comment je dosais le glycogène des muscles. Immédiatement après la mort, j'enlevais les viscères de l'animal, à l'exception du foie. Puis la peau était enlevée, et le corps séparé en deux parties dont une partie servant à l'analyse. »

ROLLY n'a donc pas dosé le glycogène des viscères et de la peau. Or, ainsi que je l'ai dit, il y a 4.49 p. 100 de glycogène dans la peau, d'après SCHÖNDORFF, et 3.81 dans les viscères (le foie non compris, bien entendu). On ne peut donc pas conclure des recherches de ROLLY si la strychnine fait disparaître ce glycogène. Donc on ne sait pas si ces animaux témoins étaient complètement libres de glycogène; et, pour le glycogène de nouvelle formation, il ne s'agit que de traces.

L'incertitude est d'autant plus grande que, d'après des expériences répétées, il y avait un peu de glycogène dans le corps, quoique l'animal eût été sacrifié peu de jours après l'intoxication strychnique.

Dans la série II (*loc. cit.*, 1905, III), trois jours après la strychnine.

Dans l'expérience XIV (*loc. cit.*, 1903, 385) et dans l'expérience XV, deux jours après la strychnine.

Par conséquent, le glycogène n'a pas complètement disparu, même peu de temps après le tétanos strychnique.

Une autre notable incertitude dépend des procédés analytiques de ROLLY. L'addition d'alcool, dit-il, ne produit qu'un léger trouble; mais l'inversion ne donne rien. Or, il s'agit dans l'espèce de très faibles quantités de glycogène. Et j'ai fait souvent remarquer que le trouble déterminé par l'alcool, quoique très faible au début, finit par donner un assez fort précipité de glycogène qui se dépose en quantité non négligeable. Dans l'expérience de ROLLY, il s'agit de tout le demi corps d'un lapin, ce qui a nécessité un volume dissolvant considérable. Il eût peut-être mieux valu ne prendre pour l'analyse qu'une partie de ce liquide. L'idée de ROLLY que cette petite quantité de glycogène ne peut pas être déterminée par l'inversion n'est pas valable; car j'ai indiqué qu'on arrive à faire le dosage (différentiel) en ajoutant une quantité connue de sucre.

Quoique les travaux de LÜTHJE, de G. EMBDEN et SALOMON aient établi que l'organisme animal peut faire des hydrates de carbone avec des substances qui ne sont pas des hydrates de carbone, le fait (dont ROLLY ne donne pas la preuve) que des animaux à jeun, et sans glycogène, font en quelques jours du glycogène, serait de grande importance. Dans le même sens parlent d'autres faits encore; la formation de glycogène dans la chrysalide du ver à soie, la persistance du glycogène chez les grenouilles d'hiver, la non-disparition du glycogène (dans le foie et les muscles) après un long jeûne.

Supposons que l'expérience de ROLLY soit répétée d'une manière irréprochable et donne, ce qui est fort possible, un résultat positif, cela ne prouverait en rien que le glycogène nouvellement formé dérive de l'albumine. ROLLY, ayant constaté chez ses lapins à jeun, après tétanos strychnique, une augmentation dans l'excrétion d'azote, croit que cela prouve la vraie origine du glycogène nouvellement formé.

« Même en admettant, dit-il, (*loc. cit.*, 1905, 124) que la mutation des graisses en hydrates de carbone soit possible, on ne saurait faire cette supposition pour nos animaux qui sont très pauvres en graisses, et alors ont une désassimilation azotée plus intense. » (VOIT).

Comme divers auteurs et moi-même l'ont établi, tout travail musculaire énergique amène un accroissement de la désassimilation azotée qui se prolonge pendant plusieurs jours après le travail. Or, je me suis persuadé que tel est encore le cas, quand il s'agit d'un animal qui engraisse et augmente de poids, pendant qu'il continue à travailler.

Comme l'animal privé de glycogène est soumis au jeûne, la graisse est plus énergiquement attaquée encore que l'albumine, ainsi que dans le cas d'inanition. Tout ce que dit ROLLY sur le rôle de l'albumine dans la formation du nouveau glycogène est plus valable encore pour la graisse; car la graisse disparaît la première, avant que soient consommées les matières azotées, et, dans le cas présent, il n'y a pas de glycogène pour être consommé à sa place.

Enfin, en disant qu'il n'y a plus assez de graisse pour former des hydrates de carbone, ROLLY ne pense pas aux animaux pancréato-diabétiques de SANDMEYER, devenus maigres comme des squelettes et contenant encore, ainsi que SANDMEYER et moi (*A. g. P.*, 1905, CVIII, 163) nous l'avons montré, 0.5 à 2.6 p. 100 de graisse. Chez des animaux morts d'inanition, la teneur en graisse est de 0.8 à 2.4 p. 100 du poids du corps, comme je l'ai établi en rappelant les recherches de HOFMANN, KUMAGAVA, N. SCHULZ, PFEIFFER, B. SCHÖNDORFF. Les petites quantités de glycogène que trouve ROLLY chez ses lapins pourraient, même si elles étaient bien plus considérables, être expliquées par la transformation des graisses.

Par conséquent, ROLLY ne donne nulle preuve pour la formation de glycogène par l'albumine. S'il me représente comme l'adversaire de la formation du glycogène aux dépens de la graisse, c'est qu'il n'a pas bien lu ma monographie sur le glycogène et qu'il ne connaît pas la récente littérature physiologique de la question.

Formation de glycogène aux dépens de l'albumine dans le diabète. — Examinons maintenant les faits relatifs au diabète, lesquels ont semblé prouver que les albumines peuvent produire des hydrates de carbone.

En première ligne, il faut citer les recherches de MERING (*Z. klin. Med.*, 1889, XVI, 437) qui a donné de la phloridzine à des chiens à jeun, et a vu alors une glycosurie si intense que ce sucre paraissait ne pouvoir provenir que des matières albuminoïdes.

Or, si l'on donne à un chien soumis à l'inanition des doses répétées de phloridzine, et si l'on dose les quantités de sucre qu'il rend dans l'urine, les conclusions qu'on va tirer de cette expérience dépendent essentiellement de la quantité de glycogène qui se trouve dans le corps de ce chien avant l'injection de phloridzine. Eh bien ! le fait surprenant, c'est qu'il n'y a pas encore une seule analyse qui nous permette de savoir combien il peut y avoir de glycogène dans le corps de chiens bien nourris.

MERING s'est appuyé sur des dosages de BOEHM et HOFMANN (*A. P. P.*, VIII, 271 et *suiv.*, 375 et *suiv.*) qui ont trouvé, pour le glycogène total du corps, chez le chat, des chiffres variant entre 1,5 et 8,5 par kilo. Mais il ne fait pas attention à ceci : c'est que les expériences de BOEHM et HOFMANN ont été faites en 1878, et que le glycogène n'avait été extrait des organes que par l'eau bouillante. Or on obtient ainsi, comme KÜLZ l'a montré (*Z. B.*, 1886, XXII, 194), les 3/4 du glycogène; le reste du glycogène ne peut être extrait que par des solutions potassiques bouillantes. Il faut donc, au lieu du chiffre maximum 8,5, adopter le chiffre de 11,3 par kilo d'animal comme maximum du glycogène.

C'est ainsi que je m'exprimais dans la première édition de cette monographie. Depuis lors, B. SCHÖNDORFF (*A. g. P.*, XCIX, 191, 1903) a dans mon laboratoire étudié à fond la question de la quantité maximale de glycogène chez sept chiens. Ces animaux, de 6 à 9 kilogrammes, après être restés huit jours sans aliments, recevaient une alimentation de 200 grammes de viande, 100 à 150 grammes de riz; et 150 à 200 grammes de sucre de canne, pendant une durée de huit jours, pour être alors sacrifiés. Un de ces chiens pesait au début 53 kilogrammes, et il augmenta de poids jusqu'à atteindre 63[kil],250. SCHÖNDORFF a dosé le glycogène d'après nos méthodes; c'est-à-dire que tout l'animal (la moitié du corps) était dissous dans une solution de KOH à 10 p. 100 : puis dans cette solution le glycogène était précipité par l'alcool.

Les résultats principaux ont été, pour un kilogramme d'animal :

EXPÉRIENCES	SUCRE en grammes.	GLYCOGÈNE en grammes.
1	6,23	5,78
2	7.75	7,18
3	32,49	30,07
4	40,897	37,8
5	37,64	34,89
6	19,72	18,2
7	8,19	7,5

Ainsi un kilogramme de chien peut contenir au maximum 37gr,87 de glycogène, correspondant à 40,897 de sucre. La valeur varie de 8gr,19 de sucre (7,59 de glycogène) à 40,897 de sucre (37,87 de glycogène), c'est-à-dire dans le rapport de 1 à 5, même avec une alimentation identique.

Sur 100 grammes de glycogène hépatique, il peut y avoir, dans le reste du corps, de 76,17 à 398 grammes. La teneur maximum du foie répond à 20,17 p. 100 de sucre (soit 18,69 p. 100 de glycogène). Le minimum a été de 4,697 de sucre p. 100 (soit 4,354 p. 100 de glycogène. Le glycogène était également réparti dans toutes les portions du foie.

Le poids du foie a varié entre 2,49 et 12,40 p. 100 par rapport au poids du corps. Les muscles contenaient de 0,78 p. 100 de sucre (0,72 de glycogène) à 4,01 p. 100 de sucre (3,72 de glycogène).

En outre, tous les organes contenaient aussi du glycogène.

Dans les os, la teneur du glycogène a varié de 0,197 à 1,9024 p. 100. Dans les intestins, de 0,0264 à 1,8428 p. 100 ; dans la peau, de 0,0927 à 1.6801 ; dans le cœur, de 0,1074 à 1,3204 p. 100 ; dans le cerveau, de 0,0469 à 0,287 p. 100 ; dans le sang, de 0,0016 à à 0,0066 p. 100.

Ainsi il est un fait certain, c'est que 1 kilogr. de chien peut fournir un maximum de 41 grammes de sucre par la conversion en sucre de son glycogène.

Je prie maintenant le lecteur de bien considérer ce fait important. Mering admettait comme quantité maximale de glycogène pour un chien 8gr,5 par kilogramme ; Pflüger, en 1903, a trouvé 11 grammes ; et maintenant, en 1904, le vrai chiffre maximal trouvé est de 41 grammes. Or c'est de ce chiffre que dépend la question de savoir si le sucre éliminé dans le diabète peut provenir, ou non, des hydrates de carbone préformés dans l'organisme.

Mering a, en 1886, nettement posé la base de ces recherches (*Verh. des 5 Congresses f. innere Medicin*, 1886). « Diverses expériences, dit-il, ont établi qu'après un jeûne de trois semaines les chiens n'ont plus de glycogène, ni dans le foie ni dans les muscles. » Mais il a évidemment oublié que, neuf années auparavant (*A. g. P.*, XIV, 281 et 282), il avait communiqué des expériences (1877), d'après lesquelles des chiens, du 18e au 21e jour de jeûne, avaient encore 0,48 de glycogène dans le foie. Bien entendu, ce glycogène n'était dosé que par la coction avec l'eau et sans potasse, de sorte que les chiffres sont trop faibles.

J'ai trouvé, pour ma part, que le foie d'un chien au 28e jour de jeûne contenait encore 22,5 de glycogène et les muscles 19,23. Même il y a certainement des chiffres plus forts encore chez les animaux soumis à l'inanition (*A. g. P.*, 1902, XCI, 121).

Examinons de près maintenant les expériences principales de Mering.

1° Un chien de 8 800 grammes, qui avait été longtemps nourri uniquement avec de la viande, fut rendu diabétique par la phloridzine, et laissé au jeûne jusqu'au 31 mai 1888. Au 4 juin, on lui injecte de la phloridzine (9 grammes), et on le laisse jeûner pendant 20 jours à partir du 31 mai, en répétant les injections de phloridzine. Au 21e jour de jeûne, l'animal est mourant. On réussit à le faire vivre en lui donnant des aliments. Or, dans ces 20 jours d'inanition, le chien élimina 67,76 grammes de sucre. Comme 100 grammes de phloridzine donnent 38,1 grammes de sucre, et que le chien a reçu en tout 23 grammes 5 de phloridzine, il faut en retrancher 9 grammes, ce qui fait 58,76 grammes de sucre. Mais, puisque le chien pesait 8kil,8 au début de l'expérience, on peut lui accorder qu'il avait au début 332gr,4 de glycogène répondant à 360gr,8 de sucre.

Mering dit que longtemps avant l'expérience le chien n'avait reçu en fait d'alimentation que de la viande, comme si c'était là une condition défavorable pour que l'animal contînt du glycogène. Mais, comme il s'agit de viande de cheval, on n'a pu savoir exactement la quantité de glycogène qu'il a reçue, et cette quantité doit être considérable, car l'animal recevait des quantités de viande suffisant complètement aux besoins de sa nutrition. Si la viande est donnée en quantité suffisante, les graisses et le glycogène s'accumulent pour faire engraisser l'animal.

D'après Mering, « cette expérience prouve qu'un animal dépourvu d'hydrates de carbone peut donner une grande quantité de sucre que la phloridzine fait passer sans changement dans l'urine. Comme, chez les chiens à jeun depuis 18 à 20 jours, la teneur en glycogène du foie et des muscles s'est abaissée, il faut admettre que, dans le cas présent, un jeûne de 20 jours a pareillement fait disparaître le glycogène. Ce qui devient tout à fait certain, si l'on considère que pendant ce jeûne de 20 jours l'animal a pu éliminer encore 67 grammes de sucre ».

Mering pense donc qu'un chien qui n'a pas reçu de phloridzine aurait consommé tout son glycogène. S'il a reçu de la phloridzine, il consommera non seulement ce même glycogène, mais encore tout celui que le diabète lui aura donné. Or, si l'on songe que le diabète consiste en un défaut dans l'utilisation des hydrates de carbone par l'organisme, on doit supposer que dans cette affection la consommation des hydrates de carbone est troublée ou complètement entravée. Puisque la phloridzine produit le diabète, peut-être empêche-t-elle la combustion et la destruction des hydrates de carbone. On peut donc penser que l'ingestion de phloridzine arrête la désassimilation des hydrates de carbone dans l'organisme, si bien que l'on n'a pas le droit d'admettre qu'outre la perte de sucre par l'urine il y a une autre perte de sucre due aux oxydations intra-organiques. Et de plus l'hypothèse de Mering, qu'un chien au 28e jour de jeûne ne contient plus d'hydrates de carbone, est, ainsi que je l'ai montré, une opinion absolument inexacte. Par conséquent, l'affirmation de Mering, qu'un chien sans hydrates de carbone peut, après avoir reçu de la phloridzine, produire de grandes quantités de sucre, n'a nullement été établie par son expérience.

Expérience II (Expérience LX de Mering). — Elle porte sur un chien de 26kil,200. L'animal a été longtemps nourri avec de la viande; il est soumis à l'inanition pendant 2 jours; puis, sans qu'il reçoive d'aliment, on lui donne pendant 11 jours de la phloridzine à dose répétée : et alors il élimine en tout 275 grammes de sucre, dont il faut déduire 22gr,9 de sucre, dérivant des 60 grammes de phloridzine ingérée. Par conséquent, 252gr,1 de sucre ont été éliminés. Or, d'après notre calcul, ce chien pouvait, au commencement de l'expérience, avoir 995gr,6 de glycogène ou 1 074gr,2 de sucre dans son corps. Et il n'a donné que 250gr,1 de sucre!

Cette expérience doit être jugée comme la précédente, et, quoi qu'en dise Mering, elle ne prouve pas qu'un chien sans hydrates de carbone puisse fabriquer du sucre.

Expérience III (Expérience LXI de Mering, *loc. cit.*, 438). — Un caniche de 6kil,200, après 2 jours de jeûne, reçoit des doses répétées de phloridzine sans être alimenté. En 14 jours, il élimine 81 grammes de sucre, dont 6gr,5 de sucre peuvent provenir des 17 grammes de phloridzine. Ce qui fait 74gr,5 de sucre. Or il pouvait contenir, au début de l'expérience, 235gr,6 de glycogène, répondant à 250gr,6 de sucre.

Expérience IV (Expérience LXII de Mering, *loc. cit.*, 438). — Un chien de 8kil,500 élimine, après injection répétée de phloridzine, en 19 jours de jeûne, 115gr,7 de sucre. Comme Mering n'a pas donné les chiffres indiquant la quantité de phloridzine injectée, nous sommes forcés de nous en rapporter à l'expérience I, dans laquelle un chien de même poids a été soumis pendant le même temps à l'injection de phloridzine. Admettons donc 9 grammes de sucre dérivant de la phloridzine. Alors si l'on fait la déduction de ces 9 grammes, on n'a plus que 106,7 de sucre. Au début de l'expérience, le chien pouvait contenir 323 grammes de glycogène, ce qui représente 358gr,5 de sucre. Par conséquent le sucre éliminé peut être représenté par la quantité de glycogène contenue dans le corps.

Mering dit aussi (*loc. cit.*, 439) : « Comme ces quatre expériences portent sur des animaux qui sont dépourvus d'hydrates de carbone et dont le corps ne contient plus que de l'albumine et du sucre, on voit que l'influence de la phloridzine lui a fait rendre des quantités notables de sucre, si bien que le sucre de l'urine rendue pendant le jeûne ne peut venir que de la viande ou de la graisse. Or, selon moi, le sucre ne dépend pas de la transformation de la graisse, mais seulement de celle de l'albumine. »

Le calcul de Mering est que, lorsque l'albumine se détruit, tout le carbone du résidu non azoté, à part une certaine quantité de carbonate d'ammoniaque, sert à former du sucre. Un gramme d'azote répondrait donc à 8 grammes de sucre : autrement dit, 1 gramme d'urée répondrait à 4 grammes de sucre.

En faveur de l'opinion de Mering, on peut prétendre que, dans les chiffres qu'il nous donne, les quantités de sucre éliminé ne sont représentées par les hydrates de carbone de l'organisme, que parce que les hydrates de carbone sont évalués à leur quantité maximale. Je répondrai que Mering a fait plus d'expériences qu'il ne nous en communique, et que celles qu'il nous donne sont évidemment superflues et destinées surtout à prouver autre chose. Car il dit : « Ces quatre expériences, et de nombreuses autres — comme on peut le penser, — sont concordantes pour prouver, etc. »

Naturellement, il ne résulte de nos calculs d'autre conclusion, sinon que la preuve formelle n'est pas donnée qu'un animal sans hydrates de carbone peut fournir des quantités abondantes de sucre, et il n'est pas prouvé que ce processus est impossible.

Au temps où Mering faisait ses expériences, on ne savait pas encore que beaucoup de substances de l'organisme, qui jusqu'alors étaient considérées comme de véritables albuminoïdes, contiennent en réalité un hydrate de carbone, étant des glycosides. Alors il est plus facile d'admettre que, dans certaines conditions, ces glycosides donnent du sucre, que d'attribuer à l'albumine, qui ne contient pas d'hydrates de carbone, le pouvoir de faire du sucre. Quant aux proportions de ces hydrates de carbone combinés, on les ignore. On doit remarquer toutefois que l'opinion de Mering est justifiée, si l'on suppose que ce n'est pas l'albumine proprement dite, mais les combinaisons glycosiques, éthers de l'albumine, qui fournissent, dans le diabète, ces quantités de sucre que l'on ne peut suffisamment expliquer par l'hydratation du glycogène existant.

Prausnitz a repris les expériences de Mering dans deux séries de recherches (Z. B., 1892, xxix, 168); il a pris deux animaux aussi semblables que possible, et, au lieu de les mettre à l'inanition, il les alimentait de la même manière pendant quatre à sept jours avec de la viande et du lard. Puis il sacrifiait l'animal de contrôle, et donnait à l'autre de la phloridzine en dosant la quantité de sucre éliminé. Mais je ne tiens pas ces expériences pour probantes : car, quand on prend deux animaux, même aussi semblables que possible, et quand on les nourrit pendant quatre ou sept jours, comme l'a fait Prausnitz, ils peuvent contenir des quantités de glycogène très différentes.

Külz (*loc. cit.*, 1891, 18) a nourri des pigeons abondamment avec de la farine et du pain, et il les a sacrifiés lorsqu'ils étaient en pleine digestion. La teneur du foie en glycogène variait entre 0,91 et 8,89 p. 100. Et cependant, dit-il, les animaux provenaient de la même couvée, et ils avaient été pendant 6 jours nourris de la même manière. Par conséquent, après six jours d'une alimentation identique, il y a eu dans un cas dix fois plus de glycogène que dans l'autre.

Dans la série I, Prausnitz indique, ce qui aggrave l'erreur, que, des deux animaux pesant le même poids et nourris de la même manière pendant sept jours, l'un a diminué de 23,35 à 22,85 kilogrammes, par conséquent de 500 grammes, tandis que l'autre a diminué de 23,50 à 22,55, par conséquent de 950 grammes. D'où il s'ensuit que, malgré l'identité de l'alimentation, un animal peut diminuer deux fois plus qu'un autre, ce qui probablement dépend d'une plus grande activité dans les combustions pour l'animal de la seconde expérience. Et il est vraisemblable que cette alimentation insuffisante a fait qu'il a employé davantage de sa provision de glycogène. En tous cas, ces différences dans les diminutions du poids prouvent que l'on ne pouvait se servir de l'un de ces animaux pour contrôle de l'autre. Or précisément Prausnitz a pris comme témoin l'animal que l'on pouvait par avance considérer comme contenant le moins de glycogène.

Dans sa seconde série d'expériences, Prausnitz a encore pris pour animal témoin celui qui avait diminué de poids, et il a fait son expérience sur l'autre animal, celui qui avait augmenté de poids.

Une autre défectuosité des expériences de Prausnitz, c'est que, au lieu de rechercher la teneur en glycogène de la totalité des muscles, il s'est contenté de prendre quelques échantillons des muscles des membres, du thorax et du tronc. Or les variations de chaque muscle en glycogène sont assez grandes pour qu'il soit nécessaire de réunir tous les muscles et de faire l'analyse de la masse totale.

Les expériences de Prausnitz comportent les mêmes observations que celles de Mering.

Dans la première série, un chien de 23^{kgr},35, après 92 grammes de phloridzine, élimina 286^{gr},7 de sucre. 35 dérivaient de la phloridzine : il reste donc 251,7 de sucre. Or, dans ce chien, on pouvait admettre qu'il existait 889^{gr},2 de glycogène, par conséquent 959^{gr},6 de sucre. Dans l'expérience II, un chien élimina 115,3 de sucre, dont 9,6 peuvent être dus à la phloridzine (25,25); ce qui fait 105,7 de sucre. Or ce chien, de 7850 gr. au début de l'expérience, pouvait avoir au maximum 296^{gr},4 de glycogène, soit 319^{gr},8 de sucre. Donc PRAUSNITZ n'a pas prouvé que le sucre éliminé ne dérive pas de la provision de glycogène contenu dans le corps. Mais elles peuvent volontiers, servir à des constatations statistiques et remis à l'appui d'autres expériences.

Des recherches doivent être rapportées ici, entreprises sous la direction de RUMPF par GRUNOW, HARTOGH et O. SCHUMM (*A. P. P.*, XLV, 11).

Le but de la recherche a été de voir le maximum de ce que peut produire la phloridzine en sucre, chez des animaux ayant un minimum de consommation d'albumine. Les animaux expérimentés étaient de gros chiens nourris abondamment par du lard avec de petites quantités de jambon et de choux-fleurs. « Le lard était donné en quantité suffisante pour répondre aux besoins de l'organisme en calories, d'après les chiffres indiqués par RÜBNER. » Avant l'expérience, des essais préparatoires furent faits pour diminuer autant que possible le glycogène de l'animal. On fit tirer des voitures aux gros chiens et aux petits chiens; on les fit courir dans des roues de travail : ce fut avant d'instituer le régime alimentaire spécial, et cela pendant au moins six à huit heures sans interruption. Avant le commencement du travail, les chiens n'avaient pas été soumis au jeûne. Par conséquent, c'est de leur état de nutrition que dépend la source du travail accompli aux dépens soit de l'albumine, soit de la graisse, soit des hydrates de carbone. Il n'est donc point certain que par ce procédé on détermine la consommation de glycogène. Le régime alimentaire institué après le travail durait de six à quatorze jours; pendant ce temps, on donnait à l'animal autant de graisse que possible. A la fin de ce temps, on leur faisait faire encore un travail de six à huit heures. Comme sans doute, d'après le genre d'alimentation, ce sont tels ou tels aliments qui sont la source du travail musculaire, il est probable que, dans le cas actuel, pendant cette seconde partie de travail, c'est surtout aux dépens de la graisse donnée en quantité abondante que le travail musculaire a été produit. Par conséquent, il n'est point certain que la provision de glycogène ait été consommée dans ces deux séries de travail musculaire. D'ailleurs HARTOGH et SCHUMM font remarquer que, si leur but a été de faire disparaître le glycogène ou de le ramener à un maximum, ils ne peuvent pas décider dans quelles limites cela est possible.

Je vais maintenant analyser la plus remarquable de leurs expériences (Exp. VI). Une chienne danoise de 60 kilogrammes, ayant été préparée d'après les indications ci-dessus pendant vingt-quatre jours, reçut chaque jour de grandes quantités de phloridzine, et élimina 1288,3 grammes de sucre.

Mais remarquons que nous n'avons aucune donnée sur la teneur en glycogène de ces énormes chiens. Nous savons seulement que par rapport au poids les combustions interstitielles doivent être beaucoup plus petites que chez les autres chiens de taille moyenne. Les conditions pour l'accumulation du glycogène sont donc particulièrement favorables.

Nous allons maintenant calculer combien un chien de 60 kilos peut contenir au maximun de glycogène.

SCHÖNDORFF a établi qu'un chien peut donner au maximum aux dépens de son glycogène 41 grammes de sucre par kilogramme.

Le chien de 60 kilogrammes auquel TH. RUMPF a donné le diabète phloridzinique a pu éliminer 1,288^{gr},3 de sucre. Or, comme 1 kilogramme d'animal peut produire 41 grammes de sucre, on doit admettre que depuis le début de l'expérience le chien pouvait éliminer 2 460 grammes de sucre ; ce qui dépasse la quantité de sucre réellement éliminée.

Il est vrai qu'on peut objecter que ces chiffres maxima s'observent rarement chez le chien. Assurément. Mais, même si l'on réduit de moitié ce chiffre maximum, on voit qu'on peut encore attribuer tout le sucre produit à la transformation du glycogène du corps

Les faits suivants doivent aussi être pris en considération.

On sait que le glycogène du foie et des muscles diminue immédiatement après la mort, sans qu'on puisse dire exactement de combien il diminue. Cette perte en glycogène, qui est soustraite à l'analyse, est tout simplement laissée de côté. De même on ne tient pas compte du sucre des organes, parce que la coction avec la potasse détruit le sucre. Enfin, plusieurs faits semblent rendre probable l'existence de dextrines dans les organes. Or l'extraction avec la potasse détruit la dextrine partiellement, autrement dit l'empêche d'être précipitée par l'alcool à 66 p. 100. Comme l'a montré H. LOESCHKE dans mon laboratoire il y a peu de temps (*A. g. P.*, CII, 592, 1904), la filtration des solutions alcalines, troubles, des organes fait perdre des quantités de glycogène qui parfois sont considérables. Le glycogène reste avec le précipité sur le filtre. C'est là un point bien digne de remarque, et auquel cependant personne n'a jamais fait attention, quoique les analyses soient, par cela même, entachées d'erreurs graves. Comme le glycogène est répandu dans tout l'organisme et qu'on ignore l'ordre de grandeur des quantités qu'on néglige ainsi, il n'est pas impossible que ces pertes soient plus considérables qu'on ne l'admet jusqu'à présent.

Parmi les recherches faites avec la phloridzine pour prouver que du sucre est formé aux dépens de l'albumine, nous noterons un travail remarquable de Munco Kumagava et Kentaro Hayeshi (*A. A. P. Phys. Abth.*, 1898, 431). Une chienne très grasse, de 17 kilogrammes, resta pendant quatre-vingt-dix-huit jours sans recevoir aucun aliment. Aux 15e, 23e et 32e jours de jeûne, elle reçut sous la peau de petites injections de phloridzine, et élimina alors 9,12; 10,1; 6,848 grammes de sucre. Au 39e jour de jeûne, elle pesait 11 kilogrammes; elle avait donc perdu 35,3 p. 100 de son poids. Elle reçut alors 2gr,5 de phloridzine et élimina les jours suivants 62 grammes de sucre. Au 98e jour de jeûne (jour de la mort), elle pesait 5kil,96. Elle avait donc perdu 65 p. 100 de son poids initial; ce qui prouve qu'elle devait avoir au début une grande quantité de matériaux de réserve. Je ne connais dans la littérature aucun fait établissant qu'un mammifère a pu perdre, avant de mourir, les deux tiers de son poids.

Kumagava considère comme prouvé que cette chienne, au 39e jour de jeûne, ne contenait plus de glycogène dans son corps, alors que cependant elle a pu encore éliminer 62 grammes de sucre. J'ai analysé les muscles d'un chien qui, pendant trente-huit jours n'avait pas reçu de nourriture et qui cependant était encore très vigoureux. Les muscles ne contenaient que 0,018 p. 100 de glycogène, par conséquent des traces seulement. Souvent j'ai parlé du cas d'un autre chien très gras, maintenu sans aliments pendant vingt-huit jours. Au 28e jour il pesait 33kil,6, et son foie contenait 24gr,26 de glycogène; ses muscles, 20gr,750; ses os et les parties molles, 5gr,8 0; la peau, 1gr,402; en tout 52gr,504 de glycogène. Ce chien pesait trois fois plus que le chien de Kumagava, et il avait jeûné vingt-huit jours, et non trente-neuf. Cependant cette observation prouve que chez les chiens très gras, après un très long jeûne, il peut y avoir encore d'abondantes provisions de glycogène dans le corps. Par conséquent l'hypothèse de Kumagava, qu'alors il n'y avait plus de glycogène, ne peut aucunement être considérée comme démontrée. Surtout il faut penser que le chien de Kumagava était un animal tout à fait exceptionnel, au point de vue de sa résistance au jeûne, et par conséquent ayant des proportions exceptionnelles de matériaux de réserve.

Les calculs de Kumagava se fondent sur l'augmentation dans l'élimination du sucre et des matières azotées sous l'influence de la phloridzine, et il attribue le sucre éliminé à une désassimilation des matières azotées. Comme la quotité d'azote éliminée par l'urine suffit à expliquer la quotité de sucre éliminé aussi par l'urine, Kumagava a supposé que le sucre doit provenir de l'albumine.

Si maintenant on suppose que la phloridzine trouble l'oxydation du sucre, ou facilite le passage du sucre par le rein, il s'ensuit que la nutrition est modifiée dans le sens d'une diminution dans ces matières non azotées, et que l'organisme doit y suppléer par une combustion plus intense des matières azotées. Le fait est rendu plus clair encore, si l'on admet que la graisse est une source abondante de sucre, de sorte que l'oxydation des graisses produit du sucre. L'expérience de Kumagava ne prouve donc rien pour la formation du sucre aux dépens de l'albumine, rien contre la formation du sucre aux dépens de la graisse.

Hédon (art. **Diabète**, *D. P.*, IV, 818) rapporte une expérience très remarquable qu'il donne comme preuve de la formation du sucre aux dépens de l'albumine. Il a donné de la phloridzine à un chien sans pancréas, et montré que l'animal, même à la période d'extrême marasme qui précède immédiatement la mort, a encore une notable glycosurie, quoique cependant, d'après Hédon, toutes ses réserves en hydrates de carbone et en graisse aient été consommées. Mais, en réalité, il est impossible de dire si alors un chien a encore de la graisse. Hédon eût dû établir que le sang, avant l'injection de phloridzine, ne contenait plus de sucre, et que le corps ne contenait plus de graisse. Sandmeyer a déjà prouvé que les animaux sans pancréas, entièrement maigres et réduits à l'état de squelette, ont encore de la graisse dans le corps, et notamment dans le foie. Moi-même j'ai pu confirmer le fait. Quoique ayant fréquemment fait cette recherche, je n'ai jamais pu trouver de chair musculaire qui ne contînt pas de graisse. Donc, comme la graisse peut être une source de sucre l'expérience de HÉDON ne prouve rien pour la formation de sucre par l'albumine.

Dans toute la littérature relative au diabète on voit qu'on cherche toujours à expliquer l'origine du sucre par l'albumine, dès que le glycogène du corps ne suffit pas à l'expliquer. Il s'agit donc de savoir s'il n'y a pas dans l'organisme d'autres hydrates de carbone, à côté du glycogène.

Les hydrates de carbone forment des combinaisons définies qui, dans les glycoprotéides et les glycoprotéines, peuvent en s'hydratant donner du sucre et de l'albumine.

MERING, en faisant sa découverte, a montré que l'intoxication par la phloridzine chez des animaux à jeun déterminait, en même temps que l'élimination du sucre, l'augmentation dans l'élimination d'azote. Il en a conclu que toute l'albumine, en se détruisant, donne du carbonate d'ammoniaque et du sucre. Mais en même temps, il a établi que cette augmentation dans l'excrétion d'azote après ingestion de phloridzine ne se montre plus quand les animaux sont bien nourris.

Par conséquent, l'augmentation de la dénutrition azotée doit dans ce cas avoir, au moins en partie, la même cause que la dénutrition qu'on observe à la fin de l'inanition, quand il n'y a plus de graisse, car dans le diabète l'organisme ne peut plus employer les sucres. RUMPF (*Berl. klin. Woch.*, 1895, n. 31; 1899, n° 9; et *D. med. Woch.*, 1900, n° 40) a signalé deux cas de diabète grave, dans lesquels l'excrétion azotée n'avait pas augmenté. De même, il est impossible d'expliquer, dans l'expérience, citée plus haut, de la grosse chienne, les quantités considérables de sucre éliminé par les petites quantités d'albumine qui ont été simultanément comburées. Aussi beaucoup d'expérimentateurs, comme RUMPF et quelques cliniciens, ont-ils pensé que ce n'était pas l'albumine, mais bien la graisse, qui était l'origine, inconnue encore, du sucre éliminé.

Il est certain que dans l'organisme les glycoprotéides donnent, en s'hydratant, d'une part du sucre, et de l'autre de l'albumine. S'il en est ainsi, si c'est de l'albumine qui est produite, pourquoi ne se comporterait-elle pas comme les autres albumines? Car l'hydratation détermine un état naissant, et, par le fait même des combustions, il tend à s'établir un équilibre des produits de décomposition. Donc l'hydratation des glycoprotéides dans l'échange interstitiel peut donner du sucre, sans que l'albumine, qui s'est séparée du sucre, soit nécessairement décomposée ou comburée. Le fait a été bien déterminé par les physiologistes qui se sont occupés de la question.

Ainsi KRAWKOV (*A. g. P.*, 1897, LXV, 281) dit que l'hydrate de carbone n'est pas un élément essentiel de la molécule d'albumine, et BLUMENTHAL est arrivé au même résultat (F. BLUMENTHAL et P. MAYER; *Berl. chem. Ber.*, 1899, XXXII, 274). Ces deux expérimentateurs ont fait remarquer qu'après le dédoublement qui a donné des hydrates de carbone, le résidu est constitué par des corps ayant le caractère de l'albumine, et qui ne peuvent plus redonner d'hydrates de carbone, si on les traite de nouveau par des acides.

Ainsi, par la mise en liberté du groupement hydrate de carbone, la molécule d'albumine n'a pas été détruite, comme dans la putréfaction ou dans la digestion pancréatique. On n'a donc pas le droit de dire, lorsque le sucre est éliminé par l'urine sans qu'il y ait excès de l'excrétion azotée, que le sucre éliminé ne provient pas d'un glycoprotéide.

Or, dans l'organisme, l'hydrolyse se fait suivant d'autres conditions que dans l'ébullition des glycoprotéides avec des acides, *in vitro* : il n'est donc pas impossible que dans un cas il se produise des sucres, dans l'autre cas seulement des sucres amidés. Nous devons nous demander s'il n'y a pas d'objection à rechercher, dans le dédoublement des glycoprotéides, l'origine du sucre.

D'après BIDDER et SCHMIDT, un chat de 1 kilogramme contient $35^{gr},5$ d'azote, répondant à 221,9 d'albumine. Par conséquent, pour un chien de 60 kilogrammes, tel que celui de TH. RUMPF, nous pouvons supposer environ $13^{kil},314$ d'albumine. Or, comme ce chien a éliminé 1 288 grammes de sucre, on n'a besoin que de prendre 10 p. 100 de cette albumine, pour expliquer la formation de sucre à ses dépens. Il y a certains glycoprotéides qui sont plus riches en sucre que d'autres, et toutes les albumines ne contiennent pas des hydrates de carbone.

Beaucoup d'auteurs, considérant la petite quantité de sucre que l'on obtient par l'hydrolyse de la plupart des substances albuminoïdes, trouvent une difficulté particulière à admettre que le sucre éliminé dans le diabète ne vient pas du glycogène, mais des glycoprotéides, Mais en réalité il existe de très grandes différences dans la rapidité avec laquelle s'hydrolysent les différents glycoprotéides. Pour cette hydrolyse, il faut tantôt des acides forts, tantôt des acides faibles; une ébullition tantôt courte, tantôt longue. Les acides minéraux, quand ils sont concentrés et quand ils agissent pendant longtemps, décomposent plus ou moins les hydrates de carbone en produisant des acides lévulosiques et des substances ulmiques. Naturellement il est possible que les hydrates de carbone soient engagés avec la molécule albuminoïde dans une combinaison telle que l'hydrolyse ne puisse régénérer le sucre, de sorte que nous n'avons aucun moyen de les obtenir par dédoublement de l'albumine.

Pavy, par sa découverte (*loc. cit.*, 1894), a rendu admissible la présence d'hydrates de carbone dans des substances qui jusque-là avaient été considérées comme des albuminoïdes. Mais, peu d'années auparavant, on n'avait aucun droit d'admettre l'existence d'hydrates de carbone dans la molécule d'albumine. Et cela, d'après des recherches dues à B. Tollens; un des chimistes qui connaissent le mieux les hydrates de carbone. (Wehner et Tollens *Ber. d. d. chem. Ges.*, 1886, xix, n° 6, 707 — *Liebig's Annalen*, 1888, ccxliii, 314). Tollens a découvert en 1886 que les vrais hydrates de carbone, si on les fait bouillir avec 20 p. 100 d'acide chlorhydrique, donnent de l'acide lévulosique qui doit être considéré comme de l'acide acétyle-propionique. Des substances qui, d'après leur constitution, n'appartiennent pas aux hydrates de carbone, ne donnent pas d'acide lévulosique, comme l'isosaccharine, la phloroglucine, la santonine, l'acide pipéridique, l'inosite, le carmin, le tanin, etc. Tollens a montré aussi que la réaction ne réussit pas si l'on fait bouillir les glycosides avec de l'acide chlorhydrique à 20 p. 100. De même pour l'hydrolyse de la salicine et de l'amygdaline et la préparation de sels d'argent combinés à l'acide lévulosique. Le tissu élastique n'a donné que des résultats négatifs, ainsi que la caséine et la fibrine. Avec les cartilages vertébraux on a pu préparer un lévulosate d'argent.

Comme l'acide lévulosique ne constitue, disent Tollens et Wehner (*loc. cit.*, 319), qu'une partie des hydrates de carbone décomposés, il est clair que, s'il y a peu d'hydrate de carbone dans la substance qu'on analyse, on peut craindre de passer à côté de l'acide lévulosique qui existe, et on ne peut savoir définitivement s'il se forme de petites quantités de cet acide aux dépens de l'albumine. D'ailleurs nous remarquons que l'on n'extrait pas d'acide lévulosique ou seulement des quantités douteuses; ce qui prouve que ces acides ne sont qu'en petites proportions dans la substance examinée, et en quantité notablement plus petite que lorsque la substance est un hydrate de carbone ou un glycoside; car alors on obtient toujours et facilement avec les hydrates de carbone et les glycosides des quantités notables d'acide lévulosique. »

Après que Pavy a étudié par des méthodes plus exactes le sucre de l'organisme d'après les recherches de Fischer, il a montré que Tollens a eu raison de contester l'existence d'un groupement hydrate de carbone dans la molécule de caséine, pendant que la fibrine semble contenir une certaine quantité de ces corps. A mesure qu'on étudiait la question davantage, on a vu un plus grand nombre de corps albuminoïdes pouvant, par un traitement convenable, donner des hydrates de carbone. Dans les mucines et les mucoïdes, F. Müller a trouvé beaucoup d'hydrates de carbone; soit 36,9 p. 100 dans la mucine de la salive (*Z. B.*, xlii, 489).

Seemann (*Diss. in.*, Marburg, 1898) en a trouvé 10 à 11 p. 100 dans l'albumine de l'œuf, tandis que, pour la plupart des substances albuminoïdes, la quantité d'hydrate de carbone qu'elles donnent en se désagrégeant est si petite que, selon l'opinion générale et particulièrement l'opinion des cliniciens, on ne peut expliquer l'origine du sucre éliminé par l'homme ou les animaux dans le diabète (en supposant que le glycogène du corps ne suffise pas à le produire) par les groupements d'hydrates de carbone contenus dans les albumines du corps.

La seule opinion exacte qu'on puisse admettre, c'est que le sucre dérive des hydrates de carbone; et on doit en rester à cette affirmation, jusqu'à ce qu'on ait trouvé d'autres origines du glycogène. On doit se rappeler d'ailleurs que les combinaisons d'hydrates de carbone sont difficiles à déceler. On sait que les glycosides, qu'on appelle glycoprotéides et glycoprotéines, constituent une série de substances très différentes, comme il appert de ce fait que, pour certains de ces glycosides, la teneur en hydrate de carbone est, dans quelques cas, 1 sur 2 ; dans d'autres cas, 1 sur 10 ; dans beaucoup d'autres, bien moindre et au-dessous de 1 p. 100. Les animaux et les plantes, lesquels sont remarquables par leur richesse en glycosides, se comportent, à ce point de vue, de même. Donc il faut toujours penser à ceci : que les cellules animales contiennent des glycosides qui ressemblent à ceux des plantes, et qui leur sont identiques.

Le nombre de ces glycosides est considérable, et leurs propriétés sont très différentes, comme l'indique le tableau ci-dessous où l'on donne les produits de décomposition de quelques-uns d'entre eux. (E. V. LIPPMANN, *Die Chemie der Zuckerarten*, 1895, 271.)

$C^{30}H^{22}O^{11} = C^{14}H^{8}O^{4} + \text{glycose} + H^{2}O.$
Acide rubérythrique. — Alizarine.

$C^{15}H^{20}O^{8} = C^{9}H^{6}O + \text{glycose} + H^{2}O.$
Globularine. — Globularétine.

$C^{40}H^{70}O^{8} = C^{28}H^{42}O^{4} + 2\ \text{glycose} + 2H^{2}O.$
Parilline. — Parigénine.

$C^{30}H^{46}O^{14} = 3(C^{8}H^{8}O) + \text{glycose} + 5H^{2}O.$
Ményanthine. — Ményanthol.

$C^{27}H^{42}O^{12} = C^{21}H^{30}O^{6} + \text{glycose}.$
Argyrescine. — Argyrescétine.

$C^{26}H^{44}O^{15} = C^{14}H^{20}O^{3} + 2\ \text{glycose}.$
Elléboréine. — Elléborétine.

$C^{10}H^{18}KAzS^{2}O^{10} = C^{4}H^{5}AzS + KHSO^{4} + \text{glycose}.$
Myronate de potassium. — Sulfhydrate d'allyle. — Bisulfate de potassium.

$C^{36}H^{42}O^{6} + 3H^{2}O = C^{14}H^{22}O^{2} + 3\ \text{glycose}.$
Elléborine. — Sapogénol.

$C^{34}H^{56}O^{16} + 6H^{2}O = C^{16}H^{30}O^{3} + 3\ \text{glycose}.$
Jalapine. — Acide jalapinique.

$C^{34}H^{56}O^{16} + 6H^{2}O = C^{16}H^{32}O^{4} + 3\ \text{glycose}.$
Turpéthine. — Acide turpéthinique.

$C^{34}H^{52}O^{20} + 7H^{2}O = C^{20}H^{18}O^{3} + 4\ \text{glycose}.$
Sénégine. — Sénéginine.

$C^{40}H^{64}O^{20} + 8H^{2}O = C^{16}H^{32}O^{4} + 4\ \text{glycose}.$
Acide grillayaique. — Méthylsapogénine.

$C^{20}H^{20}O^{8} + 2H^{2}O = C^{7}H^{6}O^{2} + C^{7}H^{8}O^{2} + \text{glycose}.$
Populine. — Acide benzoïque. — Saligénine.

$C^{20}H^{27}AzO^{11} + 2H^{2}O = C^{7}H^{6}O^{2} + HCAz + 2\ \text{glycose}.$
Amygdaline. — Aldéhyde benzoïque. — Acide cyanhydrique.

$C^{21}H^{24}O^{10} + H^{2}O = C^{15}H^{14}O^{2} + \text{glycose}.$
Phloridzine. — Phlorétine.

Que le glycose de l'organisme ait une tendance à former des glycosides, c'est un fait démontré par de nombreuses expériences, par ce fait surtout que les alcools et les phénols, d'après ÉMILE FISCHER et O. PILOTY (*Ber. d. d. chem. Ges.*, 1891, 524. — E. FISCHER, *ibid.*, 1893, 2405) se combinent au sucre pour former des glycosides et ensuite s'oxyder pour devenir des acides. Ainsi, après injection d'hydrate de chloral, il se fait de l'acide uro-chloralique ; après injection de camphre, de l'acide campho-glycuronique ; après injection d'euxanthone, de phénol, de thymol, il se fait des acides euxanthinique, phényl et thymol glycuronique. On pourrait mentionner aussi les glycosides de la lécithine.

Tous ces glycosides donnent du sucre quand on les chauffe avec des acides minéraux ; mais, quand il s'agit de les déterminer dans des organes qui contiennent du glycogène, l'analyse devient très difficile, car le glycogène donne aussi du glycose. Si l'on veut avoir le glycogène, il faut faire bouillir le tissu avec de la potasse; or la potasse dédouble certains glycosides, mais ne les dédouble pas tous. Quant au glycose, il est détruit par l'alcali. L'hélicine est par les acides, les alcalis, l'invertine de la levure et l'émulsine des amandes dédoublée en aldéhyde salicylique et glycose (LIPPMANN, *Chemie der Zuckerarten*, 1895, 239) : le glycoside gaïacol est, par une longue ébullition avec les alcalis dilués, dédoublé en gaïacol et glycose (LIPPMANN, *ibid.*, p. 244). La glycoso-amido-guanidine est dédoublée par les acides et les alcalis (*Id.*, *ibid.*, 258). La glycosanilide est par l'eau chaude dédoublée en ses éléments constituants; aniline et glycose (*Id.*, *ibid.*, 258).

Comme preuves qu'il y a encore d'autres sources, inconnues jusqu'ici, de sucre, qu'il faut prendre en considération, rappelons que, dans plusieurs glycosides, le sucre existe à l'état de combinaison instable, et par conséquent dissociable. Il est difficile de le prouver, comme pour l'oxygène libre des tissus, parce que la cellule vivante continue ses actions chimiques, après que la circulation a cessé. Les choses se passent comme pour l'acide nitrique dans le nitrate mercurique; l'acide carbonique dans les bicarbonates; l'oxygène dans l'oxyhémoglobine; une solution de CO^3Na^2 se combine faiblement à d'autant plus de CO^2 qu'elle est plus concentrée. De même, il y a d'autant plus de sucre combiné que la quantité de sucre en dissolution est plus considérable.

Pour juger la quantité de sucre contenu dans les organismes diabétiques, il faut savoir quelle est la teneur des humeurs en sucre.

D'après FRERICHS (*Ueber den Diabetes*, Berlin, 1884, 270), la teneur du sang en sucre varie chez les diabétiques entre 0,28 et 0,44 p. 100; d'après NAUNYN, entre 0,12 et 0,4 p. 100 (*Ueber Diabetes Mellitus*, NOTHNAGEL'S *Pathol. u. Ther.*, 1898, VII, 149).

Or cette richesse du sang en sucre doit entraîner une agmentation du sucre dans les liquides organiques, et c'est d'ailleurs ce qu'a montré directement l'analyse de ces liquides. QUINCKE (*Berl. klin. Woch.*, 1876, XXXVII) a trouvé 0,14 à 0,24 p. 100 de sucre dans le liquide de l'ascite : FOSTER (*Brit. u. foreign. med. chir. Review*, 1872, L, 485) 0,5 p. 100 dans les épanchements de la plèvre; HUSBAND (*Obstetr. Transact.*, VII, 151) 0,7 p. 100 dans le liquide de l'amnios, alors que l'urine de la mère contenait 5,5 p. 100 de sucre. NAUNYN a trouvé 0,41 p. 100 de sucre dans les épanchements de la plèvre, et, dans le liquide de l'ascite, 0,27 et 0,32 p. 100 (*loc. cit.*, 151). Par conséquent la teneur des liquides organiques en sucre varie dans les mêmes limites que pour le sang.

On doit se demander si les cellules des organes se comportent comme les liquides, autrement dit s'il se passe des échanges osmotiques entre les cellules et les tissus avec tendance à l'équilibre. Comme les cellules musculaires absorbent énergiquement le sucre, il s'ensuit que cette substance doit passer facilement dans l'intérieur de la cellule. Si dans les muscles l'analyse montre moins de sucre que dans le sang, c'est probablement pour la même raison qui fait que dans l'analyse des gaz du muscle on ne rencontre que peu d'oxygène. Pendant la vie il y a toujours de l'oxygène dans la cellule musculaire; mais, dès que la circulation cesse, aussitôt la cellule musculaire consomme complètement l'oxygène libre, si bien qu'on ne peut plus y trouver d'oxygène; et probablement c'est ce qui se passe pour le sucre.

Par conséquent, il est possible que les organes aient à peu près la même quantité de sucre que le sang : ce qui nous permettra de calculer combien il y a de sucre au maximum dans l'organisme d'un diabétique. Un individu de 60 kilogramme, ayant 0,3 p. 100 de sucre dans son organisme, aura donc au total environ 420 grammes de sucre; et ce chiffre énorme sera atteint d'autant plus que les cellules de l'organisme auront davantage perdu la capacité de transformer le sucre. D'après les cliniciens les plus autorisés, il est des cas de diabète dans lesquels l'organisme ne peut absolument plus oxyder les hydrates de carbone, et naturellement dans ces cas ce sont les lois de la diffusion qui régissent l'équilibre entre le sucre du sang et le sucre des organes. Je ne nie point qu'une teneur de 0,7 p. 100 en sucre est une exception; mais, chez bien des diabétiques, le sucre du sang oscille dans de très larges limites, et spécialement, après une alimentation riche en hydrates de carbone, ce chiffre de 0,7 p. 100 doit être atteint et dépassé. NAUNYN (*loc. cit.*, 144), d'après des observations personnelles, dit que souvent la glycosurie varie de 100 p. 100 sans qu'on puisse en déterminer la cause. Or assurément de telles variations dans le sucre de l'urine doivent correspondre à des variations semblables dans le sucre du sang. Ces chiffres élevés de sucre ont des conséquences immédiates et des conséquences lointaines dont il faut tenir compte.

Que pour un homme de 60 kilogrammes la quantité maximale de 2280 grammes de glycogène coïncide avec la quantité maximale de 420 grammes de sucre, cela n'est pas vraisemblable. Mais cependant ce n'est pas impossible : soit 2900 grammes de sucre par le glycogène.

S'il existe de pareils glycosides dans l'organisme, et peut-être en quantité considérable, on comprend pourquoi jusqu'ici ils ont échappé à nos recherches. En outre, comme la plupart de ces glycosides ne contiennent pas d'azote, cela expliquerait comment il peut y avoir glycosurie sans qu'il y ait augmentation dans l'excrétion de l'azote.

Si l'on me reproche de ne faire ici qu'une hypothèse, puisqu'aussi bien l'existence de ces glycosides n'a pas été démontrée dans les organismes, je répondrai que mon but a été surtout de faire provenir le sucre du sucre et non d'une autre substance, et cela jusqu'à ce que le contraire ait été démontré. Or on n'a pas pu encore justifier de l'opinion contraire; à savoir, qu'il y a dans l'organisme trop peu de sucre à l'état de glycoprotéide pour expliquer l'élimination de sucre dans le diabète. Personne ne peut dire la quantité de glycose contenue dans tous les glyco-protéides de l'organisme. Par conséquent, on ne peut en déduire aucune conclusion rigoureuse, et toute appréciation de cette quantité de sucre n'est qu'une hypothèse.

Qu'il me soit permis maintenant d'examiner quelques cas dans lesquels, chez les diabétiques, une alimentation albuminoïde a fait croître l'élimination du sucre de manière à prouver la formation du sucre aux dépens de l'albumine.

Nous allons d'abord examiner les célèbres recherches de E. Külz.

Il s'agit d'un homme de 23 ans atteint de diabète grave. Külz a fait sur lui deux séries de recherches (*A. A. P.*, VI, 140). Dans la 1re série, qui dura 4 jours, le malade reçut par jour de 200 à 300 grammes de caséine, et élimina en tout 360 gr. 6 de sucre. Mais, comme le malade ne fut surveillé qu'au quatrième jour, l'expérience n'a aucune valeur. Pour la 2e série, les résultats sont consignés dans le tableau suivant :

Date.	Quantité d'urine en 24 heures. gr.	Quantité de caséine donnée en 24 heures. gr.	Sucre. p. 100.	Quantité de sucre éliminée en 24 heures. gr.
19 mars.	4100	200	1,48	66,0
20 —	6140	240	1,07	65,6
21 —	6620	300	1,46	96,7
22 —	7210	300	1,76	126,9
23 —	5250	240	1,65	86,6
			Total.	441,9

Dans cette série de recherches, tout ce temps-là, le malade fut surveillé pendant cinq jours et cinq nuits. Mais quant aux aliments qu'il avait reçus auparavant, lorsqu'il n'était soumis à aucune surveillance, nous devons nous en rapporter à sa bonne foi et à son affirmation, faite à Külz, qu'il n'avait pris comme aliment aucun hydrate de carbone. Külz lui-même déclare d'ailleurs que sans une surveillance comme celle à laquelle il a été soumis pendant qu'on l'alimentait avec la caséine, on ne peut rien affirmer avec certitude. Par conséquent, on peut admettre que, pendant le temps qui a précédé la période d'alimentation avec la caséine, le patient a pu ingérer de grandes quantités d'hydrates de carbone, et alors il devient facilement explicable qu'en cinq jours il puisse rendre 441gr,9 de sucre, car un homme adulte de 50 kil. peut avoir dans le corps 2 kil. de glycogène et davantage.

On doit remarquer, en effet, que, jusqu'à présent, il n'y a pas une seule expérience pour nous indiquer quel est chez un homme bien nourri la quantité de glycogène contenu dans le corps. On a admis que dans le diabète du chien le sucre éliminé n'était pas représenté par la quantité de glycogène du corps, quoique cette quantité demeurât tout à fait inconnue, et on a fait un raisonnement tout aussi défectueux pour les expériences de Külz.

Il est bon de noter que, très nettement, l'élimination du sucre croît avec la quantité de caséine qui est ingérée, de sorte qu'on est facilement conduit à croire à une relation directe.

Mais on peut imaginer que, dans ce cas, le diabétique, lorsqu'il ne prend pas de la caséine, peut faire du sucre aux dépens d'une substance inconnue — et nous supposerons que c'est le glycogène — et l'oxyde; mais que, dès qu'on lui donne de la caséine, il ne se fait plus d'oxydation du sucre, lequel est alors ménagé et, par suite, éliminé en plus grande quantité.

L'opinion que l'augmentation dans l'élimination du sucre dépend de la caséine est en contradiction avec un fait très significatif que NAUNYN (*Diabètes*, p. 136-304, 1900) décrit de la manière suivante : Dans le diabète grave ce n'est pas seulement la privation complète d'aliments, mais encore l'alimentation avec des matières albuminoïdes et de la graisse, c'est-à-dire avec des substances qui ne contiennent pas d'hydrates de carbone, qui détermine pendant quelques jours l'arrêt de la glycosurie. Si l'alimentation par l'albumine supprime l'élimination du sucre, c'est une preuve que le sucre éliminé ne provient pas de l'albumine, mais bien des hydrates de carbone. Ce qui est très significatif, c'est que l'alimentation azotée ne fait pas disparaître immédiatement la glycosurie, mais qu'il faut plusieurs jours pour atteindre ce résultat. D'ailleurs, ce n'est pas dans tous les cas que disparaît ainsi la glycosurie.

Mais, après l'institution d'un régime tel que celui qui a été indiqué par NAUNYN (*Nothnagel's Path. u. Ther*, VII, 131, 1900), la glycosurie est fortement diminuée. On peut donc se demander si, dans ces cas, à l'insu du médecin, il n'y a pas eu quelques aliments hydrates de carbone dont le patient ait pu se nourrir, malgré la défense qui lui en a été faite. *Le pain est le labsal des diabétiques*, dit B. NAUNYN, (*Ibid.*, p. 367). Les malades qui se trouvent soumis à une surveillance étroite reçoivent cependant quotidiennement la visite du médecin et de tout le personnel médical, et l'occasion peut leur être donnée de se procurer quelques petits pains.

MERING (*Deutsche Zeitschrift f. praktische Medizin*, 1876, 432) dit que chez un diabétique qui, depuis quatorze jours, n'avait qu'une nourriture animale, il y avait encore 59 grammes de sucre dans l'urine.

KRATSCHMER (*Ak. W.*, LXVI, (3), 265, 1872) a trouvé 112 grammes chez un malade qui depuis dix-sept jours ne prenait que de la viande. Au contraire, NAUNYN (*loc. cit.*, 131) dit : Chez des malades soumis pendant huit jours à une alimentation absolument dépourvue d'hydrate de carbone, même dans les cas les plus graves, même en donnant jusqu'à 1 500 gr. de viande, je n'ai jamais pu constater une diminution de plus de 100 gr. de sucre. La limitation de la glycosurie par la suppression des aliments hydro-carbonés et par une alimentation albuminoïde ne peut s'expliquer que s'il y a une réserve d'hydrate de carbone, réserve qui s'épuise progressivement si elle n'est pas renouvelée par de nouveaux apports d'aliments de cette nature.

A cet ordre de faits, il faut rattacher les périodes diabétiques que NAUNYN (*loc. cit.*, 135) a provoquées chez ses malades. A des malades atteints de diabète grave, il a donné du lactose, lequel, d'après KÜLZ, peut être complètement assimilé. Après que ses malades furent rendus non glycosuriques par un régime convenable, on put leur faire prendre par jour 100 à 150 grammes de lactose sans provoquer d'élimination du sucre. Au contraire, il y avait presque toujours élimination de dextrose, en quantités de 20 gr. et plus par jour s'ils prenaient pendant cinq ou six jours des hydrates de carbone lévogyres. Il s'est trouvé que l'élimination de sucre augmentait de jour en jour, dépassant de beaucoup le nombre de jours pendant lesquels avaient été ingérés des hydrates de carbone.

« Le fait est vrai, continue NAUNYN, pour le sucre de lait, qui, même à des doses de 150 grammes, est supporté par les diabétiques atteints de diabète grave, à la condition qu'ils n'aient antérieurement pas rendu de sucre, sans que cela entraîne la glycosurie ; mais cependant l'absence de sucre ne se maintient pas, et le sucre éliminé continue à croître et même à dépasser la dose de sucre ingérée.

Ces faits rendent très vraisemblable que l'apport d'hydrates de carbone détermine une accumulation de ces substances dans l'organisme pour leur permettre d'être éliminés sous la forme de sucre diabétique quand il n'y a plus d'alimentation en

DATE.	ALIMENTATION.	URINE. DILUTION.	ÉLIMINATION D'AZOTE.	ROTATION A DROITE.	ROTATION A GAUCHE.	SUCRE TOTAL d'après la POLARISATION.	RÉDUCTION p. 100.	SUCRE TOTAL d'après la RÉDUCTION.	N. D.	POIDS DU CORPS. en grammes.
29-31 oct. .	environ 150 gr. nutrose + 1 000 ccm. sérum.	900 / 1 500	15,7	0,90	»	13.5	1,07	16.1	1,0	5 800
31-1er nov..	environ 70 gr. nutrose + 500 ccm. sérum.	690 / 1 000	10,1	0.85	»	8,5	0,93	9,3	0,9	—
1-2 — ..	100 gr. nutrose + 500 ccm. sérum.	800 / 1 000	12.3	1,45	»	14,5	1,45	14,5	1,2	5 400
2-3 — ..	125 gr. nutrose + 600 ccm. sérum.	950 / 1 000	15,2	3,20	»	32,0	3.06	30.6	2,0	—
3-4 — ..	125 gr. nutrose + 600 ccm. sérum.	1 100 / 1 500	16,4	2,24	»	33,6	2,35	35,3	2,2	—
4-5 — ..	140 gr. nutrose + 500 ccm. sérum.	1 000 / 1 500	17,2	2,70	»	40,5	2,94	44,1	2,6	—
5-6 — ..	150 gr. nutrose + 400 ccm. sérum.	1 190 / 1 500	18,5	2.40	»	36,0	2.56	38,4	2,0	—
6-7 — ..	200 gr. nutrosec.	1 200 / 1 500	22,8	3,35	»	50.3	3,46	51,9	2,3	—
7-8 — ..	150 —	1 490 / 2 000	20,6	1,60	»	32,0	1,66	33,2	1,6	—
8-9 — ..	150 —	1 000 / 1 600	21,2	2.35	»	37,6	2,30	36,8	1,7	—
9-10 — ..	150 —	1 120 / 1 600	17,9	2,40	»	38.4	2.37	37,9	2,1	—
10-11 — ..	150 —	1 200 / 1 700	19.0	2,40	»	40.8	2,50	42,5	2.2	—
11-12 — ..	200 —	1 290 / 2 000	21,8	2,90	»	58.0	3,02	60,4	2,8	5 200
12-13 — ..	200 —	1 460 / 2 000	25,5	3,00	»	60,0	3.01	60,2	2,4	—
13-14 — ..	200 —	1 480 / 2 000	25,9	3.10	»	62,0	3,25	65,0	2,5	—
14-15 — ..	200 —	2 020 / 2 300	27,6	3,25	0,25	80,5	3,72	85,6	3.1	—
15-16 — ..	200 —	1 700 / 2 000	24,3	3,00	0,35	67,0	3.58	71,6	3,0	5 000
16-17 — ..	200 —	1 680 / 2 000	25,8	2,95	0,30	65,0	3,45	69,0	2,7	—
17-18 — ..	200 —	1 940 / 2 200	25,5	2,75	0,20	64,9	3,00	66.0	2,6	—
18-19 — ..	200 —	1 980 / 2 200	27,1	3.00	0,30	72,6	3.60	79,2	2.9	—
19-20 — ..	175 gr. caséine H + 15 gr. beurre.	1 700 / 2 200	26.3	2,55	0,55	62.0	3,58	70,6	2,7	—
20-21 — ..	175 gr. caséine H + 10 gr. beurre.	1 300 / 2 000	24.2	3,00	0.35	67,0	3,38	67,6	2,8	—
21-22 — ..	240 gr. caséine H[1] + 68 gr. beurre[2].	900 / 1 500	18.2	3,00	0,40	51.0	3,37	50,6	2,8	—
22-23 — ..		600 / 1 000	12.4	4,45	0,25	47.0	4,56	45.6	3.7	—
23-24 — ..	90 gr. caséine H + 10 gr. beurre.	1 120 / 2 000	16.0	2,10	»	42,0	2,47	49.4	3,1	—
						176.7		1 231.4		

1. Toute la masse des excréments, desséchée, depuis le 1er jusqu'au 22 novembre, pesait 205 grammes. D'après deux analyses, il y avait 9,73 p. 100 et 9,81 p. 100 d'azote.

2. Au 21-22 novembre, la quantité d'aliments pesée ne fut ingérée qu'en partie, et ce qui restait fut ajouté le 22-23 novembre à une nouvelle quantité qui fut pesée. Toutefois, de ces deux portions réunies, le chien n'ingéra encore qu'une partie. Alors toute la masse fut reprise, desséchée, et extraite par l'éther, ce qui permit d'établir les quantités qui avaient été ingérées par le chien dans l'ensemble de ces deux jours.

hydrates de carbone, et cela jusqu'à ce que toute glycosurie ait fini par disparaître.

Les observations de KÜLZ, de MERING, de KRATSCHMER et de NAUNYN s'expliquent facilement si l'on admet que chez un homme de 60 kgs, il peut y avoir aux dépens du glycogène contenu dans son corps élimination de 2800 grammes de sucre, ce qui fait par jour pendant trois semaines et demie une élimination quotidienne de 100. gr de sucre.

Tel était l'état de la science il y a quelques mois. En d'autres termes, il n'existait pas d'autres preuves pour établir qu'il se fait du glycogène au dépens de l'albumine, et que le sucre éliminé dans le diabète ne provient pas des hydrates de carbone préformés.

En 1904 parurent les travaux de HUGO LUTHJE, qui donnèrent à la question une direction toute nouvelle en montrant que chez les chiens dépancréatisés le sucre qui est éliminé ne peut pas provenir des hydrates de carbone préexistants. Et ce n'est pas, dans les expériences de LUTHJE, d'une petite différence qu'il s'agit, comme dans les travaux antérieurs où de faibles différences, dues peut-être à des erreurs expérimentales, ne pouvant conduire qu'à des conclusions douteuses. Dans les expériences de LUTHJE, il s'agit de chiffres considérables, dont la signification ne comporte aucun doute.

Le premier travail résumé de LUTHJE (*Deutsches Archiv. f. klin. Med.*, LXXIX, 499, 1904) a été complété par un autre, qui corrige certaines défectuosités du premier (*A. g. P.*, CVI, 160, 1904).

Ce travail de LUTHJE constitue un élément fondamental dans nos connaissances à ce sujet. Je dois donc donner textuellement ses paroles.

« Les recherches expérimentales que j'ai faites sur des chiens privés de pancréas ont été poursuivies en satisfaisant à toutes les exigences de la critique de PFLÜGER. La mesure de la déviation polarimétrique de l'urine a été prise avant et après fermentation par un excellent appareil polarimétrique dont j'ai souvent constaté l'exactitude. En outre, chaque spécimen d'urine a été analysé par la méthode d'ALLIHN (Voir plus haut, p. 379, les tableaux analytiques). La nutrose qui servait à l'alimentation était, chaque fois, bouillie avec de l'eau. Le filtrat était examiné de manière à voir s'il ne contenait pas de substances réductrices, et le résultat a toujours été négatif. En outre, une partie de cette nutrose était mise à bouillir avec HCl; dans le filtrat rendu alcalin on recherchait aussi les substances réductrices, et cela toujours avec le même résultat négatif.

« Pour contrôler la valeur de cette recherche, on a ajouté à la nutrose 1 p. 100 de farine, de lactose ou de saccharose, puis on l'a amené à un même degré de concentration, et on l'a fait bouillir autant de temps (avec HCl) que les échantillons de nutrose préalablement employés ; alors l'épreuve de la réduction fut tout à fait positive.

« Comme au début le chien ne voulait pas ingérer la nutrose pure, on dut d'abord la mélanger avec du sérum de veau. Plus tard, comme il est indiqué dans le tableau, on n'y ajouta que de l'eau et 20 cc. d'extrait de viande par jour.

« Cet extrait de viande ne réduisait pas, et il donnait, pour 20 grammes, 2 grammes d'extrait sec. Cet extrait sec, bouilli avec HCl, donne ensuite la réaction des pentoses de TOLLENS avec la liqueur de TROMMER, mais la minime quantité d'hydrate de carbone qui est ingérée ainsi dans ces 2 grammes d'extrait sec n'est pas plus considérable que les hydrates de carbone contenus dans le sérum de veau des premiers jours, et ne peut jouer qu'un rôle insignifiant dans l'élimination du sucre chez le chien.

« A partir du 19 novembre, le chien reçut, au lieu de nutrose, de la caséine pure qui fut préparée dans la fabrique de MERCK, d'après la méthode d'HAMMARSTEN.

« Si j'ai voulu remplacer la nutrose par des quantités équivalentes de caséine, c'est parce que le chien ne voulait plus la prendre, comme on le voit dans le tableau ci-joint. Même il ne prenait pas la caséine pure (probablement à cause de sa saveur acide), si l'on n'y ajoutait pas une petite quantité de beurre, ainsi qu'on peut le voir sur le tableau (voir page 379).

« Au 23 novembre, on interrompit l'alimentation avec l'albumine; parce que je voulais introduire dans l'expérience pendant quelques jours une alimentation avec glycérine. Le chien était en excellent état, et n'avait pas subi de réelle diminution de poids. Par malheur, j'ai été assez imprudent pour donner à ce petit chien en une seule fois 100 grammes de glycérine mélangée à du sérum. Au bout d'un quart d'heure, il se produisit de violentes convulsions générales, et l'animal périt, malgré le lavage de l'estomac, des injections de sel, etc.

« J'ai encore, à propos de ce chien, à noter ceci. Après deux jours de jeûne, il fut opéré par moi le 24 octobre à 5 heures. Immédiatement avant l'opération, il pesait 5 800 gr. C'est toujours moi qui ai préparé sa nourriture.

« Au tableau ci-contre (p. 379), on peut voir les différents détails qui s'y rapportent.

« Dans la colonne 3, le chiffre inférieur indique le degré de dilution de l'urine. Presque toujours l'urine était extraite par cathétérisme ; l'urine qui était rendue directement était recueillie dans sa cage.

« Pour les calculs qui vont suivre, je prendrai pour base les chiffres trouvés par la mesure polarimétrique ; car ils donnent les quantités les plus faibles.

« Pendant toute la durée de l'expérience, du 29 octobre au 23 novembre, le chien a éliminé en fait de sucre 1 176 grammes.

« Comme son poids immédiatement avant l'opération était de 5 800 grammes, il s'ensuit, d'après les données de Pflüger sur le chiffre maximum de glycogène, que sa teneur maximale en glycogène était de 5,8 × 40 = 232 grammes. Ces 232 grammes répondent à 257 grammes de sucre.

« D'ailleurs, il m'a semblé qu'il y avait un parallélisme entre la quantité de sucre éliminé et l'intensité de la consommation d'azote ; assez pour porter à croire à une relation génétique de ces deux phénomènes. — Nous croyons que chaque fois qu'il y a plus d'albumine détruite, la quantité de sucre éliminé augmente. »

Quoique je fusse persuadé de la certitude des faits annoncés par Luthje, il m'a semblé nécessaire de répéter cette expérience, d'importance extrême. Je résolus donc d'expérimenter sur un chien ayant subi l'extirpation, non pas totale, mais partielle, du pancréas. Comme Sandmeyer l'a montré, après cette opération, les chiens restent assez longtemps sans glycosurie ; de sorte que la plaie guérit, et qu'il n'y a pas à tenir compte des complications dues à des abcès. Le résidu du pancréas dégénère peu à peu, et il se produit alors un diabète bien caractérisé qui dure longtemps. Je veux donner ici les principaux faits relatifs à ces expériences. Pour le détail on se reportera au travail que j'ai publié à ce sujet (*A. g. P.*, 1905, cviii, 115).

La première grande difficulté fut de trouver un aliment albuminoïde non seulement dépourvu de graisse et d'hydrate de carbone, mais encore de nature à pouvoir être pris sans répugnance par les chiens et sans dommage pour leur digestions.

D'abord, la préparation que nous avons employée fut la nutrose qui, même à forte dose, est facilement assimilable. Mais à cause de sa désagréable odeur, elle est repoussée par la plupart des chiens et n'est ingérée par eux que s'ils ont grand'faim ou si l'on ajoute un condiment qui en améliore le goût. J'ai fait toutes sortes d'essais à cet égard et constaté que les chiens qui, pendant un certain temps, avaient pris de la nutrose avec condiments, refusaient ensuite d'en ingérer davantage. Je fis alors cette découverte qu'il y a une viande que les chiens prennent volontiers, qui ne contient pas de glycogène et presque pas de graisse. J'ai trouvé, en effet, ce fait remarquable que, pendant tout l'hiver et même une partie du printemps, la viande cuite du cabillaud est complètement dépourvue de glycogène. J'ai fait sur cette viande, que je donnais comme aliment méthodiquement, la recherche du glycogène et je n'en ai trouvé aucune trace, ni par l'iode ni par la précipitation par l'alcool. Deux fois seulement l'iode m'a donné la coloration, et la précipitation par l'alcool m'a montré qu'il s'agissait seulement de 0,01 p. 100 de glycogène. D'ailleurs, il est possible que, au printemps et en été, par suite d'une alimentation plus abondante, cette chair du cabillaud puisse contenir du glycogène. Il est bon de remarquer que de gros morceaux de cabillaud coupés au couteau furent mis à l'ébullition dans de l'eau, de sorte que toute la viande se détachait facilement des os et qu'on pouvait la séparer de toutes les arêtes. Travail pénible, mais qui est nécessaire, et qui réussit, tandis qu'avec la viande de la morue, c'est plus difficile encore et presque impossible. Cette viande bouillie ne donne pas la réaction de sucre, tandis que l'extrait aqueux la donne.

La recherche des glycosides dans cette viande de cabillaud bouillie n'a donné, d'après la méthode de Pavy, que des résultats négatifs, cette recherche a été faite par mon assistant de physiologie Grube, qui ayant travaillé chez Pavy, a eu l'occasion de connaître exactement ses méthodes. Il n'a pu trouver aucun glycoside ; de même mon assistant de chimie, Meckel, n'a pu discerner aucun glycoprotéide.

Quant à la teneur en graisse de cette viande, le chiffre maximal a été de 0,55 p. 100, tandis que König (*Nahrungs und Genussmittel*, 2e édit., II, 1904, 1447) donne comme moyenne de la chair de cabillaud cuite ou bouillie 0,5 p. 100, nous avons constamment enlevé avec soin les couches graisseuses sous-jacentes à la peau. Ce tissu forme une masse brune, molle, pulpeuse, qui se distingue facilement de la chair musculaire blanche qu'elle recouvre. Du 18 janvier au 25 février, le chien de l'expérience 1 a rendu 1 628 grammes de matière fécales sèches avec 123gr,39 de graisse brute, par conséquent 3gr,2 de graisse par jour. Dans le même temps, la quantité totale de graisse contenue dans la viande de cabillaud et la nutrose était de 85,3, de sorte que l'ingestion a été de 3gr,2 par jour, et l'excrétion de 3gr,2 : ce sont des chiffres qui, dans ce genre de recherches, ne sont pas suffisants pour qu'on en tienne compte. La quantité sèche de cette viande a été en moyenne de 25,5 p. 100, chiffre très voisin de ceux que donne König. Il y a cependant des écarts de plus de 1 p. 100 que nous mentionnerons quand nous ferons les calculs. La substance sèche de cette viande de cabillaud cuite contenait de 15,2 à 15,4 p. 100 d'azote, et 4,24 p. 100 de cendres. On pouvait laisser cette viande dans la glacière et elle se conservait bien pendant 3 ou 4 jours. Avant de la donner aux animaux, on la réduisait en pulpe par une machine broyant très fin.

Il est avantageux de mélanger la nutrose au cabillaud, car de cette manière on fait ingérer plus d'albumine. Si l'on mélange ces deux aliments dans une proportion telle que la quantité d'azote soit la même pour chacun d'eux, les chiens prennent volontiers ce mélange surtout quand la nutrose ne contient pas trop de savon, ce qui est souvent le cas. Cependant, dans le cours de cette expérience, au bout d'un temps plus ou moins long, il arrive que les chiens refusent presque toujours cette nourriture ; je fus donc forcé de leur donner uniquement du cabillaud. Voici comment ils étaient alimentés.

Pour un chien de 8 000 grammes, on versait 500 cc d'eau froide et on ajoutait, en agitant, 100 grammes de nutrose par petites portions, en évitant qu'il y ait des grumeaux, et de manière à avoir une soupe uniformément épaisse.

Je dois l'indication de cette préparation de nutrose à Luthje ; j'ai essayé inutilement de faire prendre de la nutrose aux chiens d'une autre manière.

Je suis très reconnaissant à Luthje de l'indication qu'il m'a donnée ; cependant ce procédé à un grave inconvénient : c'est de faire ingérer aux chiens de grandes quantités d'eau ; car, chose extraordinaire, ils ont l'habitude de boire beaucoup après avoir mangé, de sorte qu'ils prennent en somme de grandes quantités d'eau. C'est peut-être pour cette raison qu'augmente tellement la proportion d'eau de leurs tissus. Ce n'est point là une théorie, car, dans certaines analyses, il y a une augmentation vraiment surprenante de la quantité d'eau des muscles et du foie. J'ai observé jusqu'à 83 p. 100 d'eau dans le muscle frais ; et cette condition rend fort difficile l'appréciation des changements de poids de l'animal.

Dans la soupe de nutrose, on introduit, par petites portions, de la chair de cabillaud finement réduite en pulpe, et on en fait une bouillie homogène.

Mais tout cela ne suffit pas pour faire vivre le chien longtemps et en bonne santé. A la seule inspection des matières fécales jaunes et rendues plusieurs fois par jour en trop grande quantité, on voit tout de suite qu'elles consistent essentiellement en viande non digérée. La recherche microscopique montre beaucoup de fibres musculaires striées. La recherche de l'azote sur ces matières desséchées (après épuisement par l'alcool pour enlever les acides biliaires et les graisses), donne une teneur en azote de 14,7 p. 100. Une fois, mon assistant Meckel a trouvé dans ces matières fécales desséchées, puis traitées par l'alcool bouillant, 15,263 d'azote. Sur les matières séchées en présence d'un peu d'acide sulfurique et après épuisement par l'alcool, nous avons trouvé presque toujours des chiffres voisins de 14 p. 100 d'azote. Il est donc certain que les excréments contiennent beaucoup de viande non digérée et qu'il ne doit se former que très peu d'ammoniaque par la décomposition de son albumine.

Ceci prouve un fait qui, à ma connaissance, n'avait jamais été observé encore, qu'après l'extirpation du pancréas, la fonction de l'estomac est profondément troublée. J'ai antérieurement montré (*A. g. P.* 1899, LXXVII, 438) que, chez des chats nourris avec de la viande et sacrifiés au bout d'un temps variable, on trouve cette viande dans l'estomac pendant vingt-quatre heures, et même plus longtemps, jusqu'à ce qu'elle soit complètement dissoute, tandis que dans l'intestin on ne trouve presque plus d'éléments organisés. Mais ici on voit une très légère couche qui tapisse la surface de la muqueuse. J'ai fait récemment encore cette recherche avec GRUBE, sur des chiens nourris avec de la viande bouillie, et sacrifiés quelques heures après. Or on voit chez eux la même chose que chez les chats. Avec une différence cependant : la surface entière de la muqueuse intestinale est tapissée d'une fine bouillie colorée en brun par de la bile demi-transparente et pour ainsi dire adhérente à la muqueuse. On y distingue de petits amas à demi translucides que l'on reconnaît au microscope comme étant des fragments de muscles striés. Ces flocons, tout en diminuant à mesure qu'on descend dans l'intestin et que la couche adhérente à la muqueuse devent plus brune, indique le commencement de l'inflammation des matières fécales. Le chien diabétique vide son estomac dans l'intestin par grandes masses avant que le produit alimentaire ait été préparé par la digestion gastrique. Et toute la masse demeure ainsi jusqu'au rectum sans qu'il y ait pour ainsi dire de digestion.

Or SANDMEYER a prouvé que l'ingestion de pancréas crus introduits dans l'alimentation améliore notablement l'assimilation de la viande.

Le pancréas ne contient pas de glycogène ; mais il est très riche en graisse. Il me fallut donc prendre un chemin détourné pour en faire usage.

Je pris du pancréas frais de bœuf finement haché, placé pendant quatre à six heures à l'étuve en présence de la solution physiologique du chlorure de sodium. Le liquide fut filtré sur du coton de verre, et, après refroidissement, filtré dans la glacière à plusieurs reprises, sur du papier dur, ce qui élimine toute la graisse ; on a alors une solution claire, presque dépourvue de graisse, qu'on conserve dans la glacière. J'ai dû déterminer, pour les introduire dans mes calculs, les proportions, trouvées dans les matières sèches, d'extrait éthéré et d'azote.

Cet extrait pancréatique, mêlé à l'alimentation, a notablement favorisé l'assimilation de la viande. Cependant, au début, peu de temps après l'opération, malgré l'addition du suc pancréatique à l'aliment, il y avait encore d'assez notables portions de viande qui passaient dans l'intestin sans avoir été digérées, et cela même alors que la blessure opératoire avait été entièrement guérie. Puis peu à peu la quantité en diminuait dans les matières fécales, qui devenaient de plus en plus brunes, témoignant ainsi d'une meilleure assimilation de la viande.

Alors je remarquai que des animaux se portaient fort bien par ce mode d'alimentation et augmentaient de poids jusqu'à l'apparition d'un diabète intense. Malgré une alimentation abondante et en dépit de tous nos soins, il se produisait une décadence rapide et générale dont on pouvait se rendre compte par la fonte des tissus adipeux et musculaires. J'ai souvent supposé que c'est au moment où le résidu de pancréas reste dans l'abdomen non dégénéré encore, versant sa sécrétion dans la cavité abdominale ou les vaisseaux, est atteint à son tour par la digestion intestinale, alors que le sang apporte au foie les zymases pancréatiques déversées avec la bile dans le duodénum. En effet, le foie a la propriété particulière de fixer les substances étrangères et de les éliminer avec la bile.

Comme on connaît aujourd'hui d'extraordinaires exemples de l'accommodation de l'organisme aux conditions les plus étranges, mon hypothèse n'est pas indigne de considération. De telles accommodations ne peuvent se comprendre que d'après une mécanique qui n'est pas nécessairement liée à la conscience : elles agissent ainsi que la ψύχη, laquelle ne se comporte pas comme paraissent l'exiger les excitations immédiates, mais comme l'ont déterminé les nombreuses excitations antécédentes. Ce qui confirme ma supposition, c'est le fait constaté par GÜRBER et HALLAUER (*Z. B.*, 1904, XLV, 372) que la caséine injectée dans le sang est éliminée par la bile dans l'intestin.

Les chiens n'ont pas été sondés, car l'expérience devait durer plusieurs mois, et toute lésion dans les organismes diabétiques met la vie en péril. Comme ces animaux ne vident pas leur vessie complètement, les quantités quotidiennes de sucre et d'azote éliminées varient plus ou moins, mais, comme je prenais la moyenne des chiffres obtenus pendant plusieurs jours, cela n'introduit aucune erreur dans mes conclusions finales. La mesure quantitative du sucre se faisait avant et après fermentation, par l'appareil polarimétrique de LANDOL

Souvent, des analyses de contrôle furent faites avec la liqueur de Fehling, par la méthode de Soxhlet. Tout ce que j'ai constaté, c'est que le titrage donne un chiffre plus fort que la polarisation, de sorte que l'on doit considérer l'absence du glycogène par cela même comme établi. La durée de fermentation était de deux fois vingt-quatre heures. Quand il y avait de l'albumine dans l'urine, on l'éliminait par l'ébullition en présence d'une trace d'acide acétique. Le chien I eut constamment, jusqu'à sa mort, de petites quantités d'albumine. Les chiens II et III n'en eurent point.

Quand le diabète fut plus intense, la réaction par le perchlorure de fer fut positive, et l'urine toujours acide. Les matières fécales étaient desséchées en présence d'une petite quantité d'acide sulfurique dilué, et l'azote dosé dans l'urine et les fèces, par la méthode de Kjeldahl.

Expérience du 14 décembre 1904. Un chien bien nourri et gras, de 12 kilogrammes, à jeun depuis trente-six heures, fut opéré sur ma demande par mon collègue le professeur Oscar Wetzel, lequel fit l'extirpation partielle du pancréas.

L'expérience fut faite sur l'animal anesthésié par la morphine et l'éther. La partie gastrosplénique et la tête du pancréas furent enlevées avec les portions adhérentes au duodénum, à l'endroit où débouche le canal de Wirsung. Ce canal fut plusieurs fois coupé et lié. On laissa dans la cavité péritonéale la partie gauche du pancréas placée entre l'orifice du canal de Wirsung et le duodénum.

Les premiers jours après l'opération, vomissements fréquents, mais urine sans sucre. Au troisième jour, l'animal prend 100 grammes de viande de bœuf haché, 200 grammes le 17 septembre, 200 grammes le 20 septembre, et le 21 septembre 200 grammes avec 50 grammes de glucose, sans que cependant l'urine contienne de sucre. 24 septembre, 300 grammes de viande et 100 grammes de dextrose, l'urine contient ce jour-là 0,65 p. 100 de dextrose et 0,07 p. 100 le 25 septembre.

Le 26 septembre, il n'y a plus de sucre, quoique l'animal prenne 300 grammes de viande et 50 grammes d'amidon. Le 27 septembre, 500 grammes de viande et 50 grammes de sucre : pas de glucosurie. On le nourrit avec de la viande et du pancréas cru. Peu d'appétit, pas de glycosurie, mais diminution de poids : il pèse 9k,6 le 6 octobre. Le 5 octobre, il prend 450 grammes de viande, du pancréas et 500 grammes de lait, 0,18 p. 100 de sucre de l'urine. Par l'ingestion de viande, de pancréas et de lait, on fait apparaître d'une manière continuelle de petites quantités de sucre dans l'urine. Mais le poids augmente :

17 oct. . .	14kg,3	30 oct. . . .	11kg,5
7 nov. . .	12 kg.	14 nov. . .	12kg,2
21 nov. . .	12kg,6		

Par conséquent, plus de deux mois après l'extirpation partielle du pancréas, le chien pèse plus qu'avant l'opération.

Le 27 novembre, quoiqu'il soit nourri uniquement avec de la viande, pas de sucre. Du 27 novembre au 23 décembre, il n'y a de glycosurie que quand on lui donne beaucoup de viande.

A partir du 2 décembre, le diabète augmente, de sorte qu'on peut commencer l'expérience au 24 décembre, sur un chien de 10kg,2.

Du 24 décembre au 26 février, ce chien a éliminé 3097,1 grammes de sucre. Au début de l'expérience, ce chien de 10kil,3 pouvait avoir un maximum de glycogène répondant à 422gr,3 de sucre. Pendant ce temps, il a reçu dans sa ration alimentaire 91gr,5 de graisse; ce qui pouvait produire, au maximum, 175gr,7 de sucre. En effet, deux molécules de stéarine, avec 49 molécules d'oxygène, et 4 molécules d'eau, représentent 19 molécules de sucre.

$$2[C^{57}H^{110}O^{6}] + 49\,(O^{2}) + (H^{2}O)^{4} = 19\,(C^{6}H^{12}O^{6})$$

100 grammes de graisse donne 192 grammes de sucre.

Le bilan de l'expérience est le suivant :

Production totale de sucre, 3097, 1; sucre pouvant dériver du glycogène résiduel, 422,3; sucre pouvant dériver de la graisse de l'alimentation, 175,7; total, 598.

Si l'on retranche du premier chiffre (3097,1) le sucre pouvant provenir du glycogène

(422) ou de l'alimentation grasse (175) (soit 422 + 175,7 = 598), il reste une quantité de glycose, 2499,1, dont l'origine est inexpliquée.

Cette expérience prouva que le foie, dans le diabète pancréatique, quoique l'alimentation soit absolument exempte d'hydrate de carbone, peut former encore du glycogène jusqu'au moment de la mort; car j'ai pu extraire, de 100 grammes de ce foie, 0,02595 gr. de glycogène, caractérisé par la très nette réaction de l'iode, glycogène qui fut dosé quantativement par l'inversion en glycose.

Comme, d'après Bidder et Schmidt, un animal de 1 kilogr. contient 35 grammes d'azote, au début, ce chien (de 10 kil. 3), contenait donc 3605 grammes d'azote, représentant 2253 grammes d'albumine. Par conséquent, le poids total de l'albumine de son corps était inférieur à la quantité de sucre qu'il a produite. Cela prouve nettement que le sucre éliminé ne dérive pas du glycogène préexistant dans l'organisme, non plus que des glycosides qui se décomposent dans la désassimilation.

Ce sucre éliminé provient donc ou de l'albumine de l'alimentation ou de la graisse qui préexiste dans le corps.

Dans le diabète pancréatique apparaît un fait que l'on n'a jamais auparavant observé. Nous avons vu, en analysant tous les travaux antérieurs, qu'on n'était pas arrivé à provoquer la formation de glycogène par une alimentation azotée; autrement dit, qu'on n'avait pas pu augmenter la teneur du corps en hydrates de carbone. C'est le mérite de Luthje d'avoir établi que, dans le diabète pancréatique, l'alimentation azotée augmente l'élimination du sucre, même lorsqu'il n'y a pas d'hydrates de carbone dans la ration, même lorsqu'on ne peut pas faire entrer en ligne de compte les réserves organiques. J'ai pu constater ce phénomène, et même le rendre plus net encore que dans les recherches de Luthje, en donnant, pendant plusieurs mois, une alimentation azotée sans hydrates de carbone, et en faisant croître énormément la production de sucre. Après l'extirpation partielle du pancréas par la méthode de Sandmeyer, en laissant s'écouler un certain temps depuis le moment où il n'y a pas de sucre dans l'urine jusqu'au moment où la glycosurie augmente graduellement, j'ai souvent observé que, si l'animal est laissé au jeûne, quoique d'abord il produise du sucre, quand on lui donne de l'albumine, alors ce sucre disparaît complètement en quelques jours par le fait même du jeûne. On comprend bien maintenant une observation, jusqu'alors inexpliquée, faite par les cliniciens. Chez beaucoup de diabétiques, la glycosurie disparaît quand on les alimente avec des matières azotées sans hydrates de carbone, tandis que, chez d'autres malades, cette même alimentation augmente la glycosurie : les hydrates de carbone d'une part, et la graisse ou l'albumine, d'autre part.

Luthje dit que, dans le diabète pancréatique, le sucre produit vient de l'albumine et non de la graisse.

Je ne puis dire que cette affirmation soit fausse. Toutefois elle n'est pas prouvée encore. Dans l'état actuel de nos connaissances, il est plus probable que c'est la graisse qui est l'origine du sucre. Luthje indique, pour appuyer son opinion, que ce n'est pas une alimentation grasse, mais une alimentation azotée qui détermine la plus forte élimination de sucre. C'est un fait que je lui accorde.

Mais l'ingestion de phloridzine ne produit-elle pas une très forte glycosurie, quoique personne ne prétende que la phloridzine est une des sources du sucre?

Comme Richardson (*Medical Times and Gazette*, 1862, I, 234) l'a découvert, comme Claude Bernard, Hesse, Friedberg et d'autres auteurs ont pu le constater (Schröder. *D. in.*, *Würtzburg*, 1892; Graf Juan. *D. in.*, *Würtzburg*, 1895), l'inhalation d'oxyde de carbone détermine un diabète caractérisé qui dure plusieurs jours, et dans lequel il peut y avoir jusqu'à 4 p. 100 de sucre dans l'urine, sans que cependant il soit possible que l'oxyde de carbone soit l'origine directe du sucre. Même des poisons minéraux déterminent la glycosurie, comme, par exemple, les sels d'uranium (Cartier. *Glycosuries toxiques*. Paris, 1891) ou le bichlorure de mercure.

On peut donner encore beaucoup d'exemples pour prouver que diverses substances, de constitution chimique très différente, peuvent provoquer la glycosurie sans cependant produire directement du sucre. Tout cela rend bien évident qu'on ne peut pas dire que l'aliment azoté est l'origine du sucre, parce que, chez un chien diabétique, cet aliment produit ou augmente la glycosurie.

Quelle est donc la raison pour laquelle LUTHJE conclut de ses expériences que l'albumine est la substance mère du sucre des diabétiques? « Il me semble, dit-il, que le parallélisme entre la quotité du sucre éliminé et la quotité de l'azote désassimilé prouve qu'il s'agit d'une relation génétique entre ces deux phénomènes. Toujours le sucre va en augmentant à mesure que la désassimilation de l'azote va en augmentant. » Mais, à ces conclusions de LUTHJE on peut répondre que les poisons ont une action d'autant plus intense qu'ils sont introduits en plus grande quantité. Si l'albumine de l'alimentation exerce, par ses produits de dédoublement, une action spécifique sur la production de sucre, il n'y a pas de surprise à constater que cette action augmente avec la quantité de la substance active. C'est seulement lorsqu'on aura établi une proportionnalité rigoureuse entre la production du sucre et les échanges de l'azote que l'on pourra affirmer cette proposition fondamentale. Or cette proportionnalité n'a pas encore été établie en général, mais seulement pour une période déterminée du diabète pancréatique. MINKOWSKI a pensé que le quotient $\frac{D}{N}$, c'est-à-dire le rapport entre la quantité de sucre (D) et la quantité d'azote urinaire éliminé en même temps (N), est un chiffre constant, voisin de 2,8. « Il se trouve, dit MINKOWSKI (*A. A. P.*, XXXI, 1892, 97), qu'en supprimant les hydrates de carbone de la ration, le sucre continue à être éliminé par l'urine en restant dans le même rapport avec la quantité d'azote éliminé aussi par l'urine, de sorte que la quantité de sucre dépend de la destruction des albumines de l'organisme. » Ce rapport, d'après MINKOWSKI, varie de 2,62 à 3,05. Il dit cependant lui-même qu'il existe de grands écarts dans ce chiffre, de 0,41 à 7,71 (*loc. cit.*, p. 100).

L'opinion de MINKOWSKI se fonde sur l'extirpation totale du pancréas, laquelle amène toujours la mort de l'animal dans l'espace de deux ou trois semaines ou plus, parce que, dans ce cas, les abcès qui se produisent ne tendent pas à la guérison; mais, si l'on pratique l'opération d'après la méthode de SANDMEYER, ce qui évite la complication des abcès, et ce qui ne détermine la mort qu'au bout d'un très long temps, même de plusieurs mois, alors on peut observer, après une alimentation exclusivement azotée, sans hydrates de carbone et sans graisse, que le quotient $\frac{D}{N}$ est inférieur à 1, au début,

DATE.	NOMBRE DE JOURS de la période.	POIDS MOYEN du chien en gr.	INGESTION D'AZOTE par jour en gr.	ÉLIMINATION D'AZOTE par jour (en gr.). Urines.	Fèces.	SUCRE EXCRÉTÉ par jour en gr.	BILAN DE l'azote.	$\frac{D}{N}$
				CHIEN 10 (MOYENNE)				
14 au 17 janv. . . .	4	8 580	15,2	13,2	4,2	27,8	— 2,2	2,10
18 — 30 — . . .	13	8 350	27,9	24,6	2,5	55,9	+ 0,8	2,27
31 janv.-15 févr.. .	16	8 300	36,1	30,8	4,1	69,8	+ 1,2	2,26
16 — 20 — . .	5	8 200	36,8	31,1	6,3	71,2	— 0,6	2,29
21 févr. 26 — . .	6	8 150	39,1	31,0	6,3	47,3	+ 1,8	1,52
27 — 4 mars. .	6	7 070	88	16,2	4,5	35,5	+ 11,9	2,20
				CHIEN 16 (MOYENNE)				
25 févr. au 8 mars.	13	4 025	20,58	15,1	4,7	27,5	+ 0,78	1,8
10 mars — 20 — .	11	3 675	22,20	17,6	3,7	37,4	+ 0,90	2,1
21 — — 25 — .	5	3 350	24,00	19,5	4,3	28,0	+ 0,30	1,5
26 — — 3 avril.	10	3 156	20,7	17,4	3,6	16,1	+ 0,30	0,9
4 avril — 6 — .	3	3 086	?	9,1	3,3	10,4	?	1,1
				CHIEN 11 (MOYENNE)				
15-20 déc.	6	6 500	22,8	21,5	5,4	35,5	— 4,1	1,65
21-25 —	5	5 900	27,0	23,7	5,4	32,4	— 2,1	1,36
26-30 —	5	5 270	27,3	24,5	(5,4) ?	33,8	(— 2,6) ?	1,40

pendant la période dans laquelle il n'y a pas de sucre urinaire; tandis que, plus tard, ce chiffre croît, monte à 2,3, pour tomber ensuite au-dessous de 2, et même se rapprocher de 1. Ce notable abaissement du quotient se remarque quand la graisse a déjà notablement disparu, et même quand la désassimilation azotée continue avec la même intensité.

Les chiffres du tableau ci-dessus (page 386) extraits de mon grand travail sur le diabète pancréatique, prouvent que, par une alimentation albuminoïde et absolument exempte de tout hydrate de carbone, le quotient $\frac{D}{N}$ n'est pas constant, et qu'il est bien inférieur à ce qu'indique MINKOWSKI. On trouvera dans mon mémoire (*A. g. P.*, CVIII, 136, 174, 182), tous les détails nécessaires.

Mais il y a aussi des faits qui prouvent que, malgré l'absence totale d'hydrate de carbone dans la ration, le quotient $\frac{D}{N}$ est tellement plus fort que le chiffre 2.8 donné par MINKOWSKI, que cela contredit absolument l'hypothèse que l'albumine est la source du sucre.

D'après STILES et LUSK (*Am. J. of Phys.*, X), quand un animal n'a pas d'hydrates de carbone dans sa ration, le quotient est entre 3.40 et 3.89, que l'animal soit à jeun ou qu'on le nourrisse avec de la viande, de la caséine, de la gélatine ou de la graisse. Ici, il faut mettre en première ligne une expérience importante de RUMPF, HARTOGH et SCHUM (*A. A. P.*, XLV, 17). A un gros chien de 60 kilos, qui fut mis au travail forcé et soumis à une alimentation convenable, de manière qu'il contînt le moins possible de glycogène, pendant 23 jours, on injecta de la phloridzine assez pour lui donner un diabète très intense, et on le nourrit avec très peu d'albumine et beaucoup de sucre, de telle sorte que l'échange d'azote restât très faible.

Période du 1er au 4e jour :	Quotient $\frac{D}{N}$	2,3
— 5e au 9e —	—	4,4
— 10e au 14e —	—	6,1
— 15e au 19e —	—	9,1
— 20e au 23e —	—	4,1

Même, à un certain jour, le quotient a été de 13.

Si l'on admet que tout le carbone de l'albumine détruite, abstraction faite de l'urée éliminée, a été transformé en sucre, on voit que 100 grammes d'albumine ont donné 112,5 gr. de sucre; mais cela ne ferait monter le quotient que jusqu'à 7, et non à 9 ou 13, parce que, dans cette expérience, le quotient est d'autant plus élevé que le diabète est établi depuis plus longtemps et que les quantités de sucre éliminées sont plus grandes. Cela rend difficile d'admettre que le croît de ce quotient est lié à une destruction croissante de glycogène. En effet, MERING (*Zeitsch. f. klin. Med.*, 1889, XVI, 435) a prouvé que, sous l'action de la phloridzine, chez un chien à jeun, le glycogène du foie diminue plus que dans le jeûne ordinaire. Mais, lorsque l'alimentation est abondante, d'après MERING, la teneur du foie en glycogène diminue aussi notablement par le fait de l'ingestion de phloridzine. Une expérience de LUTHJE donne un exemple classique de ce même fait. Chez un chien privé de pancréas, l'alimentation avec de la glycérine et du sérum sanguin provoqua une si intense excrétion de sucre que le quotient $\frac{D}{N}$ monta à 10, et même à 14, 6, et cela à un moment de l'expérience où l'on ne pouvait plus trouver de glycogène dans le corps. Je reviendrai plus tard sur certains détails de cette expérience.

Les cliniciens ont aussi souvent signalé des cas dans lesquels des diabétiques nourris pendant longtemps uniquement avec de l'albumine et de la graisse ont un quotient $\frac{D}{N}$ qui atteint 10 et plus. THÉODORE RUMPF (*Berl. klin. Woch*, 1899, n° 9) signale des cas très intéressants de ce genre. Malheureusement, pour affirmer qu'il n'y a pas d'aliments hydrocarbonés dans la ration des diabétiques, il faut admettre que le médecin n'a pas été trompé; mais on ne peut avoir là de certitude scientifique. Donc il est certain que, dans le diabète, même en l'absence prolongée de tout hydrate de carbone alimentaire, il ne peut être question de la constance du quotient $\frac{D}{N}$. Ces grands changements dans le quotient $\frac{D}{N}$ (expériences de RUMPF avec la graisse, de LUTHJE avec la glycérine, de moi avec l'albumine) autorisent à en chercher l'explication dans les nombreuses origines possibles du sucre, d'autant plus qu'il est prouvé aujourd'hui que ces origines sont multiples. On ne doit donc pas dire albumine *ou* graisse, mais peut-être albumine *et* graisse, de sorte que, selon les conditions, c'est tantôt un de ces éléments, tantôt l'autre, tantôt tous les deux qui entrent en jeu.

HUGO LUTHJE donne encore une autre raison pour indiquer que le sucre des diabétiques vient de l'albumine ; c'est que, dans le diabète pancréatique, la quantité de sucre éliminé est telle qu'elle ne peut pas provenir de la graisse, mais bien de l'albumine. Si cela était exact, nous aurions ici la solution du problème. J'ai déjà montré plus haut que 100 grammes de graisse peuvent produire au maximum 100 grammes de sucre. Un chien très gras de 10 kilogrammes, contenant 48, 8 p. 100 de graisse, pourrait donc, avec la graisse de son corps, produire 8 790 grammes de sucre, c'est-à-dire à peu près autant que son propre poids. Mais, jusqu'à présent, dans aucune expérience, on n'a observé une élimination aussi élevée de sucre après une alimentation sans hydrates de carbone et sans graisse. Dans la célèbre expérience de LUTHJE, un chien de 3 800 grammes a produit 919 grammes de sucre, que l'on ne peut, d'après LUTHJE, attribuer aux hydrates de carbone. D'après les calculs faits plus haut, il aurait pu, avec sa graisse, produire, au maximum, 5 104 grammes de sucre; par conséquent, cinq fois davantage qu'il n'en a produit. Mon chien diabétique de 10,3 kilogrammes a produit 3 091 grammes de sucre; il aurait pu produire au maximum 9 064 grammes, c'est-à-dire trois fois davantage. La teneur en graisse de 45,8 p. 100 du poids du corps que j'ai adoptée se fonde sur les tableaux de KÖNIG (*Nahrungs und Genussmittel*, 4e éd., 1903, I). Récemment mon assistant, K. MÖCKEL (*A. g. P.*, 1905, CVIII), a déterminé la quantité de graisse d'un chien moyennement gras, et il a trouvé 26 p. 100 du poids du corps.

On peut objecter à mon expérience que le sucre produit dans l'organisme dépasse la quantité de sucre qui est éliminée par l'urine, parce qu'une partie de ce sucre est oxydée. Mais on ne sait pas si tel est le cas dans le diabète pancréatique grave; et on ne peut dire si la suppression d'une alimentation azotée diminue la formation de sucre ou en augmente la destruction par oxydation. Par conséquent ce reproche n'est guère valable. Il faut remarquer que, dans mon expérience, 200 grammes des savons de l'alimentation n'entrent pas en ligne de compte, car on ne peut savoir quelle est l'étendue de la résorption dans ce cas.

Le chien de SANDMEYER (*Z. B.*, XXXI, 50) de 8 470 grammes avait produit 4 190 grammes de sucre, mais il aurait pu en produire 7 453 gr. 5; par conséquent le double. Dans cette expérience, on voit que les hydrates de carbone et les graisses qui entraient dans l'alimentation de ce chien peuvent suffire, d'après mes calculs, pour expliquer toute la quantité de sucre éliminé.

Jusqu'à présent, je n'ai pas encore pu réussir à déterminer, chez des chiens privés de pancréas et abondamment nourris d'albumine, une élimination de sucre assez abondante pour qu'il ne soit plus possible de l'attribuer à la graisse. Plus tard, je reviendrai sur ce point.

Je n'ai pas encore traité a question de savoir comment on peut, dans le diabète pancréatique, expliquer comment l'élimination en sucre croît avec l'alimentation azotée, mais on doit supposer possible que la désassimilation des matières azotées facilite la transformation de la graisse en sucre, en permettant à l'oxygène de se fixer sur la graisse.

Une autre explication peut être adoptée. Dans une alimentation mixte, toute ingestion d'albumine détermine nécessairement une économie dans la consommation de la graisse et des hydrates de carbone; et par conséquent elle diminue l'oxydation des hydrates de carbone. Peut-être, chez des diabétiques, l'excitation exagérée des centres nerveux glycoso-formateurs amène-t-elle la production de plus de sucre qu'il ne peut en être oxydé; mais, dans ce cas, l'on introduit une plus grande quantité d'albumine qu'auparavant; l'oxydation du sucre est diminuée, et, comme la production resterait la même, l'élimination irait en croissant. L'engraissement des animaux et l'augmentation de la graisse et des hydrates de carbone de leur corps, telle qu'en détermine une augmentation dans la ration azotée, dépend, comme je l'ai montré, non de ce que l'albumine se change en graisse et en hydrates de carbone, mais de ce qu'elle épargne la consommation de ces aliments ; elle est oxydée en leurs lieu et place et, par conséquent, les protège contre la destruction.

Récemment, G. Embden et H. Salomon ont publié, sur ce point, des travaux d'extrême importance (*Zeitsch. f. die gesammte Biochemie*, v, 507, 1904 et vi, 63, 1904). Ces physiologistes ont, pour la première fois, prouvé, d'une manière irréprochable, que des chiens privés de pancréas, recevant dans leur alimentation des acides amidés, avaient alors une élimination de sucre énormément plus considérable. Ils ont employé à cet effet l'alanine, l'asparagine et le glycocolle, comme le montre le tableau suivant.

Substances.	Sucre avant l'alimentation spéciale en grammes par jour.	Sucre le jour de l'alimentation spéciale.	Sucre aux jours suivants.
Alanine.	16,000	29,3	19.3
Id.	6,2	19,5	3,6
Asparagine..	1,7	8,48	2,45
Glycocolle.	1,79	10,05	2,45
Id.	2,45	5.26	7,00
Id.	2,45	7,9	3,00
Alanine.	2.50	18,9	6,2

Neuberg, Langstein, Rodolphe Cohn et Frederic Kraus ont montré que les acides amidés pouvaient être l'origine des hydrates de carbone de l'organisme, mais j'ai contesté dans une discussion détaillée la valeur des preuves qu'ils invoquent à cet effet (*A. g. P.* 1903, ciii, 41). Il est remarquable de voir les produits azotés du dédoublement des matières protéiques, diminuer la glycosurie autant que le font les matières protéiques elles-mêmes. Cela rend bien vraisemblable que, dans les deux cas, le processus est analogue.

Mais la principale signification de la découverte de Embden et Salomon est la suivante :

Quand nous donnons de la nutrose, c'est-à-dire de la caséine, nous supposons que cette substance ne contient aucun groupe hydrate de carbone, parce que toutes les méthodes analytiques n'ont donné à cet égard que des résultats négatifs. Cependant il est certain qu'une partie de l'albumine donne par hydratation des produits dont l'origine chimique nous est inconnue. Qu'on se réfère aux travaux de Émil Fischer et Abderhalden (*Z. p. C.*, 1901, xxxiii, 151 ; 1904, xxlii, 541 ; 1905, xliii, 23) ; de Skraup (*Z. p. C.*, 1904, xlii, 273) et de Abderhalden et P. Rona (*Z. p. C.*, 1905, xliv, 204). Il est de fait que, dans les divers glycoprotéides, les hydrates de carbone combinés à la molécule d'albumine résistent à l'hydrolyse d'une manière très différente. On peut donc supposer qu'il y a dans la caséine un petit groupe hydrocarboné qui se détruit complètement quand la caséine est dédoublée. Ce qui confirme cette supposition, c'est que, d'après mes recherches, l'albumine peut donner deux fois plus de sucre que, d'après Minkowski, on ne le supposait. 100 grammes d'albumine donnent 24 grammes de sucre. Si le groupe (donnant du sucre) qui se trouve dans la caséine, n'est pas un hydrate de carbone, mais un hydrocarbure, alors il n'y aurait que 12 p. 100 de la caséine qui pourrait participer à la formation de sucre. Quoique ce soit là un chiffre faible, on peut toutefois admettre que, malgré toutes les analyses de caséine, il y existe un composé pouvant donner du sucre, et par conséquent pouvant expliquer la glycosurie.

Après que Embden et Salomon ont éliminé de la molécule d'albumine les composés (acides amidés) qui produisent la glycosurie, sans qu'il puisse y avoir le moindre doute sur la constitution chimique de ces substances, toute hésitation a été supprimée. Il a été prouvé que les groupements moléculaires dont est formée l'albumine peuvent, sans être des hydrates de carbone, et sans en contenir, déterminer l'élimination de grandes quantités de sucre, comme l'albumine elle-même.

L'hypothèse que la cellule animale emploie les acides amidés, comme le glycocolle, pour fabriquer avec eux du sucre, indiquerait une puissance synthétique extraordinaire, qui ne pourrait être admise que si nous avions des preuves formelles, meilleures que toutes celles que nous possédons jusqu'ici. De la désamidation des acides amidés devraient résulter des acides oxy-amidés contenant le groupe oxy-méthylène, qu'il faudrait alors regarder comme l'élément fondamental et le noyau des hydrates de carbone. Ainsi la cellule transformerait ces substances pour en faire du sucre. Certes, ce n'est pas impossible, mais ce n'est guère vraisemblable, parce que les groupements oxy-méthyléniques, qui se trouvent dans certains hydrates de carbone, soit le sucre de canne, le sucre de lait et les pentoses, ne peuvent pas être assimilés par la cellule animale. Il faudrait alors admettre que, par exception, les groupements oxy-méthyléniques, provenant de la transformation et de la substitution des méthylamines de la molécule protéique, ont une manière d'être à part, et peuvent former le noyau de l'hydrate de carbone. Il y a seulement cette difficulté que dans l'albumine, l'azote, en majeure partie, ne se trouve pas à l'état d'amide, mais sous une autre forme.

Mais il faut encore, pour expliquer le croît de la glycosurie par une alimentation exclusivement azotée, tenir compte du fait suivant. Dans toute alimentation mixte, l'ingestion d'albumine a pour premier effet d'épargner la combustion des graisses et des hydrates de carbone. Peut-être chez le diabétique, à la suite de l'excitation des centres nerveux, se forme-t-il alors plus de sucre qu'il ne peut en être oxydé. En faisant ingérer plus d'albumine, on diminue l'oxydation de ce sucre, et alors évidemment l'élimination de sucre augmente. Si l'on fait engraisser un animal et qu'on augmente ses hydrates de carbone, en lui donnant plus de matières azotées, ce n'est pas, ainsi que je l'ai montré, parce que l'albumine se change en graisses et hydrates de carbone, mais bien parce qu'elle brûle en leur place, et alors les protège contre l'oxydation.

Résumons maintenant les raisons principales qui semblent s'opposer à cette hypothèse que l'albumine sans hydrates de carbone peut être l'origine du sucre. 1° J'ai donné l'analyse technique et critique des travaux qui ont paru jusqu'ici, et j'ai montré que nulle part ne se trouve un fait établissant que le sucre vient de l'albumine. Il n'y a que dans le domaine du diabète pancréatique que se trouvent des faits récemment établis qui pourraient nous faire croire que l'albumine donne des produits de dédoublement qui fournissent du sucre; 2° Si, dans le diabète pancréatique, l'ingestion d'albumine ou des acides amidés augmente l'élimination du sucre, d'autre part, beaucoup de substances ont la même action, sans pouvoir prendre part directement à la formation. Cela est prouvé rigoureusement par le fait que certaines substances qui produisent la glycosurie ne contiennent pas d'azote, comme, par exemple, le bichlorure de mercure, le chlorure de sodium, les sels d'uranium, etc. Cela est prouvé aussi, parce que la quantité de sucre produit est beaucoup plus considérable que ne peut l'expliquer la quantité de carbone contenue dans ces substances mêmes, et parce qu'enfin il s'agit sans doute d'une action sur le système nerveux qui augmente l'élimination du sucre. Quand donc une substance, chez un diabétique, augmente l'excrétion sucrée, il faut savoir si c'est une action directe ou indirecte. Cette proposition s'applique évidemment aussi à l'albumine et aux acides amidés; 3° O. Minkowski a énoncé ce fait que, dans le diabète, l'azote et le sucre sont éliminés dans un rapport constant; mais j'ai pu obtenir des diabètes pancréatiques qui duraient bien plus longtemps que ceux de Minkowski, et j'ai pu prouver que cette proportionnalité alors n'existe plus, même dans le diabète pancréatique, celui sur lequel cependant Minkowski se fonde pour établir sa proposition. Par conséquent, la raison fondamentale manque, qui pourrait nous faire admettre que l'albumine est la véritable origine du sucre dans le diabète; 4° Luthje pense que dans le diabète la quantité de sucre éliminé en l'absence d'une alimentation hydrocarbonée est trop grande pour qu'on puisse l'attribuer à la graisse; et que, par conséquent, le sucre provient de l'albumine. Mais, en me fondant sur les travaux de Sandmeyer et sur une longue recherche personnelle, que je n'ai pas publiée encore, j'ai prouvé qu'on n'a pu arriver jusqu'ici à faire éliminer des quantités de sucre plus grandes que ne pourrait l'expliquer la quantité de graisse contenue dans le corps; 5° Si les acides amidés, et notamment les acides acéto-amidés agissent réellement par leur propre molécule pour faire croître l'élimination du sucre, il faudrait d'abord admettre une première transformation :

$$H-\underset{AzH^2}{\overset{H}{C}}-CO.OH + H^2O = H-\underset{OH}{\overset{H}{C}}-CO.OH + AzH^3$$

le groupe C H O H contenu dans l'acide glycolique (acide oxy-acétique) et le groupe oxy-méthylique pourraient, en se polymérisant, se transformer en glycose. L'acide lycolique, par la fixation d'un atome d'oxygène, deviendrait de l'oxy-méthylène $CO^2 + OH^2$.

Ce même processus aurait lieu, dans les acides amidés homologues, de la même manière; mais nous avons des preuves très nettes, données à nous par les transformations organiques, que la cellule ne peut pas employer les groupes oxy-méthyléniques qu'on lui donne pour en faire du glycose. Le sucre de canne et le sucre de lait, lorsqu'on les injecte dans le sang, passent en totalité dans l'urine; les pentoses ne peuvent pas se transmuter en glycogène, ainsi que les hydrates de carbone bien définis qui contiennent le groupe oxy-méthylène. Il serait donc bien invraisemblable que cette transformation pût se faire pour les acides oxy-amidés; c'est une forte présomption contre l'hypothèse que l'albumine est une des origines du sucre; 6° On voit que toutes les raisons ci-dessus suffisent à prouver que la production du sucre dans le diabète aux dépens de l'albumine n'est pas prouvée. J'accorde cependant que ces expériences ne prouvent pas le contraire. Les nouvelles recherches de la sérothérapie doivent nous donner à réfléchir, parce qu'elles prouvent que la cellule vivante, dans certaines conditions, produit des substances, et fait des opérations chimiques qu'elle n'avait jamais produites encore. Pour se protéger contre des différentes toxines, l'organisme produit des antitoxines différentes. C'est donc un motif excellent pour nous mettre dans l'état d'esprit ψυχὴ σκεπτικὴ d'Aristote. Par l'extirpation du pancréas, on produit des troubles spéciaux dans l'organisme, et il est possible que l'organisme réagisse par de *nouvelles* réactions, car c'est seulement dans le diabète pancréatique qu'on observe des faits qui, jusqu'alors, n'avaient pas été vus dans l'histoire des transformations des hydrates de carbone.

Mais les physiologistes n'étudieront la question à ce point de vue que lorsqu'ils n'auront pas d'autres moyens à leur disposition.

Après avoir montré toutes les raisons qu'on peut donner contre l'hypothèse que l'albumine est l'origine du sucre des diabétiques et les avoir réfutées, je vais donner les raisons pour lesquelles on peut montrer que la graisse est l'origine de ce sucre.

Formation du sucre aux dépens de la graisse. — Examinons donc, puisque aucun fait n'établit que le sucre provient de l'albumine, s'il ne proviendrait pas du sucre.

Comme, dans aucun cas, l'apport de graisses à l'alimentation n'augmente la glycosurie, même dans les diabètes graves, tandis qu'au contraire, en des conditions très diverses, une alimentation azotée fait aussitôt croître la glycosurie, on a considéré comme très simple de conclure que le sucre vient de l'albumine et non de la graisse. Mais c'est là une conclusion erronée, et il importe d'éclaircir les faits et de faire disparaître les difficultés qui jusqu'ici nous ont empêché d'admettre que la graisse est l'origine du sucre. Je dois d'abord rappeler certains principes fondamentaux de l'échange matériel dans les tissus vivants.

Le corps vivant ne peut pas être comparé à un vaste foyer qui brûle d'autant plus qu'on lui fournit plus de matériaux de combustion. Il oxyde, quelle que soit la quantité des matériaux qu'on lui apporte, uniquement la quantité qui lui est nécessaire pour le fonctionnement des organes. Les matériaux de combustion, s'ils lui sont donnés en trop grande quantité, demeurent inutilisés, et servent à l'engraissement. Par conséquent, ce qui détermine la quantité du travail de nos organes, ce n'est pas la quantité des matériaux qu'apporte l'alimentation, mais la quantité des matériaux qui sont utilisés. Nous devons d'abord penser à la découverte importante de Karl Voit, que j'ai constatée et développée; c'est que l'échange des graisses s'arrête si une quantité suffisante d'albumine est introduite dans la ration. Alors l'animal ne vit que d'albumine, et cela aussi longtemps qu'on le veut. Or cette condition ne se rencontre que chez les carnivores, et encore seulement dans certaines circonstances spéciales, tandis que jamais elle n'apparaît chez les omnivores et chez les herbivores. La quantité d'albumine que les omnivores prennent dans leurs aliments ne suffit jamais à satisfaire tous les besoins de leur organisme; elle ne peut pas suffire, parce que chez eux, les puissances digestives ne sont pas suffisantes à transformer toute l'albumine qui serait alors nécessaire. Aussi les échanges, chez les omnivores, se font-ils toujours aussi aux dépens des graisses ou des hydrates de carbone. Mais, ici encore, les proportions consommées sont très différentes, car la graisse et les hydrates de carbone ne sont détruits que dans la proportion nécessaire à la nutrition, c'est-à-dire pour être le complément de la ration alimentaire indispensable, que l'albumine à elle seule ne peut représenter. Or, comme les aliments et, par conséquent, l'albumine ingérée, varient chaque jour, les quantités consommées de graisse et d'hydrates de carbone sont chaque jour très différentes. Par conséquent, l'échange des graisses et des hydrates de carbone dépend, en première ligne, de la quantité d'albumine que nous ingérons, et elle leur est inversement proportionnelle. Nous pouvons donc dire : *La grandeur de l'échange d'albumine est déterminée par la grandeur de l'ingestion d'albumine, tandis que la grandeur de l'échange des graisses est absolument indépendante de la grandeur de l'ingestion des graisses.*

Ces considérations expliquent certaines particularités dont on ne pouvait se rendre compte quand on n'admettait pas qu'il se formait du sucre aux dépens de la graisse.

Si la graisse ne modifie pas la quantité du sucre éliminée par le diabétique, c'est que la quantité de graisse qui est employée par l'organisme ne peut pas dépasser une certaine limite, et que nous ingérons toujours plus de graisse que cela nous serait nécessaire pour atteindre cette limite. Comme l'ingestion de graisse n'a pas d'autre effet que d'augmenter la réserve des quantités de graisse non employées, les quantités de graisse que l'organisme diabétique transforme en sucre ne dépendent aucunement de la quantité de graisse ingérée ou tenue en réserve.

Il est d'abord essentiel d'établir que, chez les plantes, la formation du sucre aux dépens de la graisse est chose prouvée. Comme il s'agit là d'un phénomène général d'oxydation, d'après la constitution chimique de la graisse, et que les lois générales de la vie des animaux et des plantes sont les mêmes, c'est déjà une très forte induction en faveur de cette opinion que les animaux peuvent faire du sucre avec leur graisse.

Le 30 mai 1859, Julius Sachs (*Ueber das Auftreten der Stärke bei der Keimung ölhaltiger Samen. Bot. Zeitung*, 1859, 177-185) a publié deux mémoires importants, dans lesquels il réunit tous les faits de physiologie végétale qui démontrent la transformation de la graisse en amidon, en sucre et en cellulose. Les données de Sachs sont aujourd'hui universellement acceptées. Seegen (*A. g. P.*, 1886, xxxix, 140) raconte que le professeur Wiesner, directeur de l'Institut botanique de Vienne, lui a fait connaître une expérience fondamentale qui montre la transformation de la graisse dans les graines, riches en graisse, de certaines plantes. Si l'on fait germer des graines contenant de l'amidon dans un tube fermé sur le mercure, le volume du gaz ne change pas, tandis que, si l'on met des graines oléagineuses, le mercure monte dans le tube, ce qui indique que le volume du gaz a diminué. Ce phénomène est dû à une absorption d'oxygène, lequel est nécessaire à la transformation de la graisse en amidon. La graisse de la graine finit par disparaître complètement, et l'amidon s'accumule dans les cotylédons. Dans l'obscurité, les graines oléagineuses germent encore, mais les cotylédons meurent et sont colorés en bleu. Cette expérience a été montrée par le professeur Wiesner à Seegen. Peters (*Landesversuchs Stat.*, 1861, 111), Boussingault (*C. R.*, 1864, lviii) et d'autres ont donné diverses expériences confirmatives.

Comme les phénomènes des échanges organiques, si l'on ne tient pas compte des phénomènes de synthèse que provoque la lumière solaire, sont les mêmes chez les animaux et chez les plantes, d'une manière générale, et, comme, pour le passage de la graisse en sucre, il s'agit d'un phénomène non de réduction, mais d'oxydation, il devient probable que le travail chimique de la cellule animale peut oxyder et transformer en hydrates de carbone, non seulement la glycérine, mais encore les acides gras. Donc je répondrai à Luthje que la formation du sucre aux dépens de l'albumine n'a encore été prouvée ni chez les animaux, ni chez les plantes, tandis que la transformation de la graisse en sucre a été démontrée.

D'ailleurs on connaît quelques faits qui prouvent que, dans le règne animal aussi, il peut y avoir transformation de la graisse en hydrates de carbone.

D'après COUVREUR (*B. B.*, XLVIII), chez les chenilles, au moment de la transformation de la chrysalide, du glycogène se forme aux dépens de la graisse. C'est ainsi que pourrait s'expliquer le fait caractéristique établi par MARIA DE LINDEN (*Ueber die Athmung der Schmetterlingsgruppen* [*Sitzungsber. Ges. f. Nat. u. Heilkunde in Bonn*, 6 févr. 1905]), que, pendant la période d'hibermation de la chrysalide du *Papilio podalirius*, le quotient respiratoire tombe à 0. Là, en effet, comme dans les graines oléagineuses qui germent, il y a absorption d'oxygène sans production d'acide carbonique. Chez un chien très gras que j'ai laissé jeuner pendant 28 jours, il y avait dans le foie encore 4,785 p. 100 de glycogène, calculé comme sucre. Le foie, qui pesait 507 grammes, contenait donc 24,26 grammes de glycogène, calculé en sucre. Or, comme ce chien, après un jeûne de 28 jours, contenait encore dans ses muscles 19,97 p. 100 de graisse, il est vraisemblable que ces deux exceptions reconnaissent la même relation causale.

Peut-être faut-il rappeler ici le fait établi par ATHANASIU et moi (*A. g. P.*, LXXI, 1898, 318 et LXXIV, 561) que, chez les grenouilles en hibernation, le glycogène reste à peu près inattaqué, tandis que la graisse disparaît. J'ai donné ces différents faits qui, en eux-mêmes, ne sont pas contradictoires; car ils semblent nous montrer la voie dans laquelle il faut probablement marcher pour faire des expériences qui réussiront à donner une démonstration normale. En effet les recherches faites jusqu'ici pour montrer que le sucre a la graisse pour origine n'ont pas réussi, parce que les expérimentateurs n'avaient pas pris les précautions nécessaires. Nous devons donc nous demander comment de la graisse totale du corps peut provenir le sucre.

Or, dans l'organisme, il y a souvent des processus cycliques. Dans l'intestin, la graisse neutre se transforme en acides gras et en glycérine, et, dans la cellule épithéliale, elle retourne à sa constitution initiale aux dépens de ses produits de dédoublement, car l'hydrolyse et l'éthérification sont deux phénomènes qui se succèdent. Dans le foie, nous voyons le sucre redevenir du glycogène, alors que la même cellule transforme de nouveau le glycogène en sucre. La cellule pancréatique hydrolyse ou éthérifie, selon les conditions. Ne s'agit-il pas là de lois générales? Est-ce qu'on ne peut pas dire qu'à côté de la transformation du sucre en graisse neutre, il y a la transformation de la graisse neutre en sucre? Ici, il n'est pas question de simple hydrolyse ou de simple éthérification. Comme l'ont montré les expériences de MAX BLEIBTREU (*A. g. P.*, LVI, 464, 1894; et LXXXV, 345, 1901), la formation de graisse aux dépens du sucre est un processus analogue à celui de la fermentation alcoolique. Une partie de la molécule est oxydée en formant de l'acide carbonique, l'autre partie est réduite. Il s'agit essentiellement d'un transport intra-moléculaire des atomes d'hydrogène et d'oxygène qui amènent la destruction de la molécule sucrée par une oxydation et une réduction simultanées. Dans la formation des graisses aux dépens du sucre, il y a une oxydation, puisqu'il se forme de l'acide carbonique; il y a une réduction, qui est la formation de graisse.

Il est important d'étudier la mécanique de cette formation du sucre, pour pouvoir conclure, par analogie, au mécanisme chimique de sa formation dans l'organisme.

La molécule d'un acide gras est une chaîne de carbone qui contient 18 atomes, et peut-être davantage encore, tandis que la molécule de sucre ne contient que 6 atomes. Donc cette longue chaîne de 18 atomes de carbone doit se diviser en des chaînes plus petites, à 6 atomes seulement. Nous avons, pour la dislocation de cette chaîne, un bon exemple dans la fermentation alcoolique, où une chaîne de 6 atomes de carbone se partage en quatre parties, par l'oxydation de 2 atomes de C qui deviennent CO^2.

Le schéma suivant rend clair ce mécanisme de la fermentation alcoolique :

```
              H   H
    H   H  ↙        ↘ H   H
    |   |      |   |    |   |
H — C — C  —  C — C  —  C — C
    |   |  ↗   |   |  ↖ |   ||
    OH  O      O   O    O   O
        |      |   |    | ↗
        H      H   H    H
               ↓
```

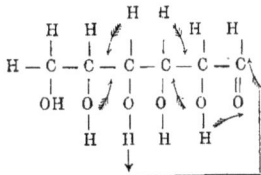

Les flèches indiquent la direction que prennent les divers atomes dans la fermentation. On a alors :

```
    H   H                                  H   H
    |   |                                  |   |
H — C — C — H     CO²  CO²            H — C — C — H
    |   |                                  |   |
    OH  H                                  H   OH
   alcool.          2 mol.                 alcool.
             d'acide carbonique.
```

Ces migrations des atomes qui divisent la molécule de sucre en quatre fragments sont, suivant moi, l'œuvre de l'activité vitale de la cellule de la levure. Le suc qu'on extrait de la levure par la presse contient encore des portions de substance vivante, même si les cellules ne sont pas tout à fait intactes.

La soi-disant zymase contenue dans la levure est certainement formée par de petites particules du corps cellulaire, encore vivantes. Toute la physiologie générale des nerfs repose sur des expériences faites avec de petits fragments nerveux sectionnés, qui sont constitués par des substances cellulaires. Car ce cylindre-axe n'est qu'une partie de la substance nerveuse cellulaire qui garde sa puissance vitale, malgré bien des mutilations, pendant plusieurs heures et même pendant plusieurs jours.

Et, si cette comparaison ne suffisait pas, il faudrait prouver qu'il n'y a pas dans la zymase de combinaisons éthyliques capables de donner de l'alcool par leur dédoublement ou qu'il n'y a pas de bactéries qu'on n'a pas décelées dans les solutions fermentescibles. Toute cette histoire merveilleuse des zymases est encore trop énigmatique pour qu'on puisse l'admettre tout entière.

De même que la molécule de sucre est brisée par l'oxydation de C qui devient CO^2, de même est brisée la longue chaîne d'atome de carbone des acides gras.

Voici comment nous pouvons comprendre la formation de radicaux alcooliques par l'hydrolyse et l'oxydation. J'ai prouvé que cette fixation de CH se produit dans l'organisme, en voyant que la bouillie hépatique, mêlée au sang, transforme le phénol en pyrocatéchine : je me représente les deux atomes d'hydrogène, voisins des oxhydriles du phénol, comme oxydés et donnant de l'eau, de manière à mettre en liberté deux atomicités des deux atomes de carbone :

```
          H   H
          |   |
          C = C                              H   H
        /       \                            |   |
H — C             C — H                      C = C
        \\      //                         /       \
          C — C          + O = H — C                  C — + O H
          |   |                        \\          //
          O   H                          C — C          — + O H
          |                              |
          H                              O
      Phénol + oxygène.                  |
                                         H

              H   H
              |   |
              C = C
            /       \
    H — C             C — H     Pyrocatéchine.
            \\      //
              C — C
              |   |
              O   O
              |   |
              H   H
```

Nous allons voir encore un autre exemple intéressant de la fixation de CH sur un carbure d'hydrogène. Voici la chaîne de carbone contenue dans un acide gras :

```
I.       H   H   H   H   H   H   H   H
     H — C — C — C — C — C — C — C — C —
         |   |   |   |   |   |   |   |
         H   H   H   H   H   H   H   H
         1   2   3   4   5   6   7   8
```

Alors un atome d'oxygène emporte l'hydrogène de 1 et 2 de manière à faire de l'eau, et les atomicités de 1 et 2 deviennent libres, dans le stade II.

$$\text{II.}\qquad \begin{array}{lcccccccc}
 & H & H & H & H & H & H & H & H \\
H - & C - & C - & C - & C - & C - & C - & C - & C - \\
 & | & | & | & | & | & | & | & | \\
 & O & H & H & H & H & H & H & H \\
 & H & & & & & & & \\
 & 1 & 2 & 3 & 4 & 5 & 6 & 7 & 8
\end{array}$$

L'hydrogène des groupes 2 et 3 est fixé alors par l'oxygène, et les atomicités devenues libres sont saturées par OH, comme on voit dans le stade III.

$$\text{III.}\qquad \begin{array}{lcccccccc}
 & H & H & H & H & H & H & H & H \\
H - & C - & C - & C - & C - & C - & C - & C - & C - \\
 & | & | & | & | & | & | & | & | \\
 & O & O & H & H & H & H & H & H \\
 & H & H & & & & & & \\
 & 1 & 2 & 3 & 4 & 5 & 6 & 7 & 8
\end{array}$$

Les choses se passent de même pour le stade IV, l'hydrogène des groupes 3 et 4 est pris par l'oxygène, et les atomicités correspondantes du carbone saturées par les éléments OH.

$$\text{IV.}\qquad \begin{array}{lcccccccc}
 & & & & & & & a & b \\
 & H & H & H & H & H & H & H & H \\
H - & C - & C - & C - & C - & C - & C - & C - & C - \\
 & | & | & | & | & | & | & | & | \\
 & O & O & O & H & H & H & H & H \\
 & H & H & H & & & & & \\
 & 1 & 2 & 3 & 4 & 5 & 6 & 7 & 8 \\
 & & & & & & & c &
\end{array}$$

Si nous supposons que la fixation de OH va jusqu'à l'atome 5 de carbone, inclusivement, nous arrivons aux atomes 6 et 7 où l'oxydation se fait autrement. Les deux atomes d'hydrogène *a* et *b*, les atomes 6 et 7 de carbone sont fixés par l'oxygène, et un second atome de carbone s'unit à l'atome 6 de carbone, de manière que la molécule de sucre ainsi formée constitue un corps saturé, à fonction aldéhydique. L'atome 7 de carbone s'unit à O pour former de l'acide carbonique, et l'hydrogène C de l'atome 7 se combine à l'atome 8 de carbone, de sorte qu'un nouveau processus peut continuer à s'établir pour former de même une nouvelle molécule de sucre.

C'est pourquoi une molécule d'acide stéarique (ou d'acide oléique) qui forme une chaîne de 18 atomes de carbone donne deux molécules de glycose, deux molécules d'acide carbonique et une molécule d'acide butyrique, laquelle donnera ensuite l'acide B oxybutyrique. Une molécule d'acide palmitique, qui est une chaîne à 16 atomes de C. donnera deux molécules de glycose, deux molécules d'acide carbonique, et une molécule d'acide acétique.

Peut-on dire maintenant que je n'avais pas le droit de nier la formation de sucre aux dépens des acides amidés, qui sont une partie de la molécule d'albumine ? Après la désamidation des acides monoaminés nous avons un acide gras. D'après BAUMANN (*Z. p. C.*, IV, 304 et *Berl. Ber.*, XII, 145, et XIII, 279), la désamidation dans l'organisme se produit de la manière suivante :

La tyrosine

$$C^6H^4 \left\{ \begin{array}{l} OH \\ C^2H^3CO^2H \\ \quad | \\ \quad AzH^2 \end{array} \right.$$

devient acide hydroparacumarique

$$C^6H^4 \left\{ \begin{array}{l} OH \\ C^2H^4CO^2H \end{array} \right.$$

et de l'acide oxyphénylacétique

$$C^6H^4 \left\{ \begin{array}{l} OH \\ CH^2CO^2H \end{array} \right.$$

Et, si le H de la chaîne latérale est remplacé par AzH^2, elle devient de l'alanine. Il s'agit donc d'une réduction. D'après les recherches de BLENDERMANN (*Z. p. C.* VI, 256)., la tyrosine donne de l'acide oxyphényllactique et de l'acide oxyhydroparacumarique

$$C^6H^4 \left\{ \begin{array}{l} OH \\ C^2H^3CO^2H \\ \quad \diagdown \\ \quad OH. \end{array} \right.$$

Ici la désamidation se fait par l'hydrolyse'; comme aussi, d'après BAUMANN, pour l'acide oxyamygdalique

$$C^6H^4 \left\{ \begin{array}{l} OH \\ CHCO^2H \\ | \\ OH. \end{array} \right.$$

NEUBERG et LANGSTEIN (*A. P.*, 1903, *Suppl.* 514) ont donné à des lapins à jeun de l'alanine et ont pu observer dans l'urine la présence de grandes quantités d'acide lactique dérivant vraisemblablement de l'hydrolyse et de la désamidation de l'alanine due sans doute aux phénomènes de putréfaction qui se passent dans l'intestin. Je ne fais aucune objection à cette hypothèse, car, dans la putréfaction, il s'agit encore de l'action de substances vivantes. P. MAYER (Z. *p. C.*, 1904, XLII, 59) a encore, pour prouver l'hypothèse de la formation de sucre par l'albumine, fait à trois lapins des injections sous-cutanées d'acide diaminopropionique, et constaté dans l'urine la présence d'une petite quantité d'acine glycérique. Ainsi l'hydrolyse avait produit une double désamidation. Mais l'expérience de MEYER n'est pas démonstrative; car il n'a fait qu'une seule analyse du glycérate obtenu, et il n'est pas prouvé qu'il n'y a pas dans l'urine normale des traces d'acide glycérique.

On a fait beaucoup de recherches avec les acides amidés pour prouver qu'ils peuvent, dans l'organisme, se transformer en hydrates de carbone. Si l'on examine sans préjugé la question, on voit que, certainement, il ne se produit pas d'hydrates de carbone aux dépens des acides amidés, qui constituent un des éléments de la molécule d'albumine. C'est ainsi qu'il faut juger les expériences de FRÉDÉRIC MULLER, actuellement professeur de clinique à Munich, lequel a dit que la leucine (acide amido-caproique) était un des premiers éléments formateurs du sucre. La critique de ces expériences est importante, car on peut se demander si les mêmes réactions se produisent dans l'alimentation normale que dans le diabète pancréatique. C'est là une question que je n'ai point encore traitée.

RODOLPHE COHN (*Z. p. C.*, XXVIII, 1898, 211-218), en donnant de la leucine à des lapins, a toujours vu qu'il se formait alors une grande quantité de glycogène dans leur foie, et l'augmentation est parfois de 400 p. 100.

Glycogène du foie 0/0 : 1,16; 1,80, chez l'animal témoin.

— ; 4,60; 2,3, (?), 2,1; 2, 8; (chez l'animal ayant reçu de la leucine).

On devrait en conclure que la formation de sucre aux dépens de la leucine est, par ce fait, prouvée d'une manière éclatante. Mais ce serait une grave erreur; car, dans des conditions qui paraissent identiques, les quantités de glycogène contenues dans le foie varient en des proportions considérables, et il ne suffit pas de faire deux expériences de contrôle, comme l'a fait R. COHN. En outre, R. COHN n'a pas dosé le glycogène du corps : or, comme l'a montré ATHANASIU, (*A. g. P.*, LXXIV, 1899, 511), dans l'empoisonnement par le phosphore, la graisse du foie s'accroît beaucoup, tandis que la quantité de graisse du reste du corps ne change pas. L'expérience de R. COHN ne prouve donc rien.

Qu'il en soit vraiment ainsi, c'est ce que prouve un travail fait par OSCAR SIMON (*Z. p. C.*, XXXV, 315, 1902) dans le laboratoire de N. ZUNTZ. Il a fait disparaître le glycogène chez des lapins en les empoisonnant par la strychnine; puis il leur a donné, par la sonde, de 15 à 18 grammes de leucine. Or, en cherchant le glycogène par la méthode de PFLÜGER, il n'en a trouvé ni dans les muscles, ni dans le foie. FRÉDÉRIC KRAUS (*Berl. klin. Woch.*, 1901, n° 1, p. 7) a répété et confirmé sur le chat cette expérience de O. SIMON et J. T. HALSEY (*Americ. J. of Phys.*, X, 229, et *C. P.*, 1904, 251) en donnant de grandes quantités de leucine à des chiens rendus diabétiques par la phloridzine : il a vu qu'il ne se produisait pas de sucre.

La question a été renouvelée par la conception de FISCHER, lequel a admis que les acides amidés forment peut-être une chaîne à trois atomes de carbone, très analogue à la chaîne des hydrates de carbone. Un élément constant de la molécule d'albumine est de fait l'alanine $CH^3—CH—AzH^2—CO^2H$. NEUBERG et LANGSTEIN (*A. P.*, 1903, 514) ont alors entrepris de donner de l'alanine à des lapins à jeun.

Ils disent avoir obtenu ce résultat surprenant qu'il se fait une accumulation de 1 ou 2 grammes de glycogène dans le foie, « sans tenir compte du glycogène des muscles ». Mais cette accumulation n'est cependant pas aussi considérable que l'accumulation consécutive à l'ingestion de leucine dans l'exemple de COHN, puisqu'alors on trouve de 2,3 à 4,6. Cependant cette donnée, surprenante, d'après NEUBERG et LANGSTEIN, a été constatée aussi par OSCAR SIMON et FRÉDÉRIC KRAUS; et elle devrait paraître bien plus surprenante encore.

En réalité, que veut dire cette accumulation de 1 à 2 gr. de glycogène dans le foie, lorsqu'on sait qu'il peut y en avoir jusqu'à 19 p. 100, et que, dans des conditions semblables, les variations individuelles peuvent être énormes? On ne peut s'appuyer sur deux expériences d'animaux pris comme témoins, parce que le hasard joue là un très grand rôle, et je ne puis comprendre comment on publie de pareilles recherches dans un journal scientifique. On n'a donné ni le poids de l'animal, ni celui du foie. Le poids des lapins sur lequel on expérimente varie de 1kg,5 à 4 kilogrammes, de sorte que, si le poids du foie représente 3 p. 100 du poids du corps, il pèse de 45 à 120 grammes. Si le foie ne pèse que 46 grammes, il contiendrait 2,2 à 4,4 p. 100 de glycogène, et seulement 0,8 p. 100 s'il pèse 120 grammes. Ainsi un foie qui contient de 0,8 à 4,4 p. 100 de glycogène serait un foie où du glycogène s'est *accumulé;* et même, s'il s'agit de lapins de grande taille, le foie avec accumulation de glycogène aurait 0,8 p. 100 de glycogène. On sait cependant que le foie peut en contenir vingt fois davantage. D'ailleurs NEUBERG et LANGSTEIN ne semblent pas avoir fait d'expériences de contrôle, car ils ne parlent pas de la quantité de glycogène contenue chez les animaux témoins. Ils n'ont pas dosé non plus le glycogène du corps. Par conséquent, la défectuosité de leur expérience est complète.

FRÉDÉRIC KRAUS, un des auteurs qui ont soutenu le plus énergiquement l'opinion que le sucre provient de l'albumine, a récemment étudié la question de savoir si l'alanine introduite dans l'organisme peut produire du glycogène.

Il a pris deux groupes de chats qu'il a nourris de la même manière, il a sacrifié les animaux du premier groupe et dosé le glycogène de tout le corps. Les animaux du deuxième groupe ne recevaient pas de nourriture. Il leur donna de la phloridzine, et pendant quelques jours de l'alanine et de la leucine. Le tableau suivant donne les résultats de KRAUS, en grammes de glycogène (calculé en glycose), pour 100 grammes du poids du corps.

ANIMAUX DE CONTRÔLE sacrifiés au début de l'expérience.	CONTENANCE en GLYCOGÈNE.	ANIMAUX RECEVANT de la phlorétine, et à jeun.	QUANTITÉS DE SUCRE ÉLIMINÉES DANS L'URINE en glycogène du corps.		DURÉE de L'EXPÉRIENCE en jours.
1	0,2637	1	0,5887		8
2	0,3793	2	1,2282	5 gr. d'alanine par jour.	6
3	0,2414	3	0,7724		5
4	0,4900	4	0,3272	1 gr. de leucine par jour.	5
5	0,1985	5	0,4356		5

Si l'on compare les animaux ayant reçu de l'alanine (2 et 3), on voit qu'il y a chez eux un léger accroissement du glycogène qui peut, vraisemblablement, être dû au hasard. Si ce n'était pas le hasard, on pourrait supposer que, sur les animaux de contrôle, on ne connaît que le glycogène, non la masse totale des hydrates de carbone, et penser que le sucre provient de la glycérine ou d'une autre substance. Les expériences de COHN avec la leucine donnent de plus grandes différences, mais qui peuvent être encore fortuites. Sans leucine : 1,16; 1,80. Avec leucine : 4,60; 2,30; 2,1; 2,8, pour le glycogène du foie.

KRAUS (*Berl. klin. Woch.*, 1904, n° 1, p. 8) a fait encore une autre expérience avec l'alanine sur un chat, mais il reconnaît qu'elle lui a donné un résultat négatif, et cependant il cherche à éliminer ce résultat manifestement négatif à l'aide de raisonnements particuliers. Il dit, en effet, en relatant cette expérience négative : « Mon résultat a été négatif, sans que je puisse me l'expliquer, mais cela tient peut-être à ce que je n'ai pas employé l'alanine active, préparée avec la soie; cependant je tiens les deux expériences précédentes pour positives. »

D'ailleurs KRAUS donne des raisons pour montrer que, dans les expériences négatives faites avec la leucine; il s'agissait d'une nutrition défectueuse de la cellule. « Ces expériences apprennent, dit-il, qu'il n'est pas absurde au point de vue biologique et au point de vue chimique de chercher les constituants de l'albumine — qui produisent le sucre normalement ou pathologiquement — dans les produits amidés de dédoublement, qui n'ont pas par eux-mêmes la constitution des hydrates de carbone. Il est vraisemblable que cela nous fournira des données non seulement sur les stades préparatoires de la formation du sucre, mais encore sur la manière dont la cellule de l'organisme élabore telle ou telle partie de la chaine du carbone, sur le mécanisme du dédoublement de la molécule, ainsi que sur les produits intermédiaires de sa destruction (énantiomorphie). Aussi les divers monosaccharides présentent-ils de notables différences dans leurs processus de fermentation. Seuls les triases, les hexoses, les nonoses, fermentent rapidement, mais les pentoses, non. Parmi les nombreux hexoses, tous ne sont pas fermentescibles. Il y a une différence notable entre le glycose *d*, le fructose *d* et leur antipode optique, mais les microrganismes savent bien, *sit venia verbo*, distinguer entre ces formes énantiomorphes. On voit de telles séparations se faire entre les acides tartriques d'activité optique différente; par exemple, le *Penicilium glaucum* respecte l'acide tartrique gauche et s'accroit aux dépens de l'acide tartrique droit. Certaines cellules, par exemple, les cellules secrétoires du rein des animaux supérieurs, éliminent plus facilement la forme racénique que les corps qui en dérivent. Comme l'a montré BRION, après introduction de glucose, l'urine est, en général, optiquement négative, quoique ses composés ne soient pas, avec la même facilité, détruits dans l'organisme. Nous pouvons donc, au point de vue de la stéréophysiologie, continuer ces recherches sur la transformation des acides amidés chez les diabétiques, parce que cela nous permettra d'aller plus loin, de faire dériver les hydrates de carbone des hydrates de carbone et des hydrates de carbone seuls; mais en donnant à la conception de l'hydrate de carbone une forme toute différente, et ici disparait toute la difficulté de concevoir que la glycérine et l'alanine forment du glycogène, mais que les pentoses ne peuvent en produire. »

On voit par cette citation que, pour expliquer les résultats négatifs des expériences faites avec la leucine, FRÉDÉRIC KRAUS a atteint les régions les plus élevées. La leucine qu'il donna n'avait pas la constitution convenable de la leucine; et les cellules animales savent, comme nous l'apprend FRÉDÉRIC KRAUS, distinguer entre la bonne et la mauvaise configuration de la leucine. Malheureusement, c'est le hasard qui fait qu'on leur attribue l'une ou l'autre forme.

Mais KRAUS n'a oublié qu'un point : la formation de sucre aux dépens de la leucine devrait prouver qu'il se forme de la leucine aux dépens de l'albumine; et la caséine, qui contient 30 p. 100 de leucine, devrait avoir la structure chimique convenable à la formation du sucre, mais les expériences décisives de SCHÖNDORFF, qui a nourri des grenouilles avec de la caséine, ont prouvé, en toute certitude, qu'alors il ne se produit pas d'hydrates de carbone dans le corps. BLUMENTHAL et WOHLGEMUTH ont confirmé le fait.

Il s'agit ici d'animaux à sang froid, ce que je ne regarde point comme constituant une différence essentielle. Mais il y a des expériences sur les animaux homéothermes, faites par E. KÜLZ et d'autres auteurs, dans lesquelles la nutrition avec la caséine n'a provoqué aucune formation de glycogène. J'ai montré plus haut (*A. g. P.*, 1903, XCVII, 227) que nul ne peut parler dans ce cas de glycogène formé aux dépens de la caséine, et cependant les acides amidés doivent avoir leur bonne structure chimique dans les matières albuminoïdes alimentaires.

Il est donc certain que les acides amidés ne fournissent pas de sucre.

Les expérimentateurs que j'ai cités plus haut sont arrivés à cette conclusion que les acides amidés doivent être désamidés pour se transformer en sucre. Alors le sucre proviendrait des acides gras; la leucine donnerait de l'acide caproïque; l'alanine, de l'acide propionique. Se formerait-il du sucre, si à la place de la leucine, on donnait de l'acide caproïque; à la place d'alanine, de l'acide propionique? Ces recherches, et d'autres, analogues, ont été faites, en 1903, par Leo Schwartz.

Un point essentiel dans cette étude, c'est que, si l'on introduit des acides gras dans l'alimentation diabétique, ils apparaissent alors sous la forme d'acétones dans l'urine. Geelmuyden a réuni sous le nom de corps acétoniques l'acide oxy-butyrique, l'acide acéto-acétique et l'acétone (*Z. p. C.*, 1897, XXXII, 431). S'appuyant sur les recherches de Weintraud (*A. P. P.*, XXXIV, 169), de Rosenfeld (*Centralbl. f. innere Med.*, 1895, 51), de Hirschfeld (*Zeitsch. f. klin. Med.*, 1895, XXXIII, 176), et de Geelmuyden (*Z. p. C.*, 1897, XXIII, 473), on peut dire que la présence de corps acétoniques dans l'urine est notablement diminuée ou même supprimée quand, à côté des acides gras, on introduit dans la ration beaucoup d'hydrates de carbone ou beaucoup d'albumines; toutes conditions qui diminuent l'échange des matières grasses. Un fait qui concorde avec cette opinion, c'est qu'en supprimant les hydrates de carbone et les matières azotées, et en donnant seulement des acides gras comme aliments, on fait croître, même chez les individus normaux, la production de l'acétone dans l'urine. Ainsi il est prouvé que les acides gras sont l'origine des corps acétoniques, et, lorsque ces corps se produisent en abondance, cela montre que les échanges se produisent surtout aux dépens de la graisse.

Comme cela a été prouvé par les recherches de Leo Schwartz (*loc. cit.*, 252), ce sont surtout les acides gras à poids moléculaire peu élevé qui sont les origines des corps acétoniques: à savoir l'acide caproïque, surtout l'acide valérianique et l'acide butyrique, mais jamais l'acide propionique. Déjà, en 1898, Théodore Rumpf (*Berl. klin. Woch.*, 1899, n° 9, *Comm.* du 27 octobre 1898) a montré que, chez un diabétique dont l'urine ne contenait pas d'acide oxy-butyrique, il suffisait de donner par jour 50 grammes de butyrate de soude pour voir apparaître aussitôt l'acide oxybutyrique dans l'urine, acide que Rumpf considère comme un des produits d'oxydation du butyrate ingéré. Au contraire, les acides gras à poids moléculaire élevé, comme l'acide stéarique, l'acide palmitique, l'acide oléique, ont une action si faible qu'il est bien douteux qu'ils aient quelque relation avec la formation de corps acétoniques. Les nouvelles recherches de Leo Schwartz semblent montrer cependant que, dans certaines conditions, ces substances peuvent exercer encore une petite influence sur la formation d'acétones.

Le mécanisme de cette transformation des acides gras en acétones est du plus grand intérêt. Aussi faut-il insister un instant sur ce point.

$$
\begin{array}{ccccccccccccccccc}
 & & H & & H & & H & & O & & & & H & & H & & H & & O & \\
 & & | & & | & & | & & \| & & & & | & & | & & | & & \| & \\
H & - & C & - & C & - & C & - & C & - OH + O = & H & - & C & - & C & - & C & - & C & - OH \\
 & & | & & | & & | & & & & & & | & & | & & | & & & \\
 & & H & & H & & H & & & & & & H & & O & & H & & & \\
 & & & & & & & & & & & & & & | & & & & & \\
 & & & & & & & & & & & & & & H & & & & &
\end{array}
$$

Acide butyrique. Acide oxybutyrique.

Nous avons ici une excellente preuve pour montrer comment se peut faire par la vie chimique des cellules une oxydation dans des groupes de la chaîne de carbone. J'ai déjà parlé plus haut d'un processus analogue pour un corps de la série aromatique; transformation du phénol en pyrocatéchine. Je pense que c'est une réaction chimique analogue que l'on doit supposer ici; ce qui donnera une base solide à l'histoire de la transformation des acides gras supérieurs en sucre.

Le passage de l'acide β-oxybutyrique en acide acétique se fait essentiellement comme l'oxydation de la glycérine.

```
    H   H   H   O               H   O   H   O
    |   |   |   ||              |   ||  |   ||
H — C — C — C — C — OH + O = H — C — C — C — C — OH + OH²
    |   |   |                   |       |
    H   O   H                   H       H
                              Acide acéto-acétique.
```

Le passage de l'acide acéto-acétique en acétone s'accompagne de formation de CO².

```
          H
Acide β-oxybutyrique.
    H   O   H   O               H   O   H
    |   ||  |   ||              |   ||  |
H — C — C — C — C — OH = H — C — C — C — H + CO²
    |       |                   |       |
    H       H                   H       H
```

C'est un processus tout à fait analogue à la destruction de la tyrosine dans l'intestin; l'acide hydroparacuminique donne du paréthylephénol; l'acide paroxybenzoïque donne du phénol.

En examinant avec soin les expériences de Leo Schwarz, j'ai pu constater que nulle part il n'y a augmentation du sucre urinaire après ingestion de ces acides gras.

Chez un malade atteint de diabète grave, l'ingestion d'acide propionique a donné les résultats suivants :

Jours de l'observation.	Ingestion de	Sucre en gr.
1	»	98
2	100 gr. d'acide oléique	86
3	30 — — propionique.	101

La toute petite augmentation de sucre qu'on a constatée ainsi est tout à fait dans la limite des erreurs expérimentales. Quant aux corps acétoniques, ils ont monté dans de telles proportions que l'on ne peut pas penser que le sucre dérive des acides gras inférieurs.

Plus haut, j'ai déjà indiqué que ce sont seulement les chaînes de carbone contenant au moins six ou sept groupes méthyliques qui peuvent être transformées en sucre. On peut d'ailleurs penser qu'il en est de même pour la caséine de Skraup, et pour les acides diamino-trioxy-dodécaniques de Fischer et Abderhalden.

Ma conception de la formation du sucre aux dépens de la graisse est celle d'une réaction chimique qui, se produisant à peu près toujours de la même manière, permet de comprendre que de grandes quantités de sucre peuvent dériver de la graisse. Au contraire, dans l'hypothèse de la formation du sucre aux dépens de l'albumine, on ne peut pas admettre que les divers groupements atomiques de l'albumine organisée puissent devenir du sucre. Cette hypothèse est en contradiction avec tous les faits expérimentaux bien observés, qui démontrent que, dans l'organisme vivant, les matières protéiques ne peuvent pas être changées en hydrates de carbone. Aussi dois-je considérer que, du moment que les hydrates de carbone préformés ne suffisent pas à expliquer la formation du sucre dans le diabète, il s'ensuit nécessairement que le sucre est formé par la graisse. En faveur de mon hypothèse sur la formation du sucre aux dépens de la graisse, on peut invoquer aussi la facilité qu'on trouve alors à expliquer la formation des corps acétoniques.

Il est juste de rappeler encore que Théodore Rumpf (Hartogh et O. Schumm. *A. P. P.*, xlv, 11) se fondant sur son importante expérience du diabète par la phloridzine, a déjà admis que le sucre dérivait de la graisse, et non de l'albumine.

Il faut répondre encore à une objection que l'on pourrait faire. Dans les recherches de L. Schwartz, l'ingestion de substances grasses augmente les phénomènes d'oxydation chez les diabétiques, tandis que, comme je l'ai montré plus haut, les aliments gras ne changent pas les phénomènes d'oxydation cellulaire. A vrai dire, on doit penser que les substances grasses qu'a employées LEO SCHWARTZ ne sont pas de la graisse, mais des produits d'oxydation et de dédoublement, ainsi que la glycérine. Ils sont oxydables comme la glycérine, tandis que les graisses ne le sont pas. Il est donc de grande importance de constater que les acides gras supérieurs introduits dans l'alimentation, acides gras qui constituent la partie principale des graisses, ne jouent, d'après LEO SCHWARTZ, aucun rôle dans les phénomènes d'échange chez les diabétiques. S'ils agissent à un faible degré, c'est que la non-oxydation des graisses introduites dans les aliments ne doit pas être considérée comme une loi absolument rigoureuse, car KARL VOIT a prouvé que, si l'on introduit de la graisse dans la ration avec l'albumine, cette graisse épargne quelque peu la consommation de l'albumine.

C'est là un fait assez extraordinaire. Lorsque la graisse, dans le cours normal des échanges organiques, abandonne les tissus où elle se trouve pour passer dans le sang et de là arriver aux organes où elle doit se transformer, on peut supposer que la très fine émulsion des graisses alimentaires absorbées dépasse un peu la quantité de graisse qui à l'état normal va dans les organes, et que, par conséquent, cet apport détermine une légère augmentation de l'oxydation de la graisse. C'est ainsi que je crois pouvoir répondre à l'objection.

Il n'y a pas de fait pour établir qu'il se fait du sucre aux dépens des acides gras à poids moléculaire peu élevé.

G. EMBDEN et SALOMON ont prouvé que, chez les chiens dépancréatisés, le sucre augmentait après ingestion d'acides amidés à poids moléculaire peu élevé. Mais j'ai déjà indiqué plus haut que cela ne prouve rien en faveur de l'origine du sucre aux dépens des acides amidés.

Je peux retourner la proposition. La formation de sucre par la graisse est, comme je l'ai montré, un dédoublement avec oxydation, une destruction qui ne peut donc porter que sur les acides à poids moléculaire élevé qui ne se trouvent pas dans l'albumine. Mais on peut dire que les acides gras qui viennent de l'albumine peuvent être des sources du sucre, et qu'il est légitime de leur attribuer un rôle dans la formation du sucre. On doit répondre que les acides gras venant de la graisse sont des acides gras oxydés : comme l'a montré TH. RUMPF, pour la transformation de l'acide butyrique en acide oxybutyrique. D'ailleurs, aujourd'hui, on admet que l'acide oxybutyrique vient des graisses par fixation de OH sur les groupes CH (SATTA, *Zeits. f. d. ges. Biochemie*, VI, 24 et 276, 1904 et 1905).

Mon hypothèse sur la formation des sucres par la graisse n'explique pas seulement la formation des sucres, mais encore celle des acétones.

Il est très important de constater que, d'après les dernières recherches, il se forme des acétones dès que la destruction des graisses devient maximale, même quand il n'y a pas de diabète. Or, dans le diabète pancréatique, il s'agit d'une destruction intense de la graisse, plus intense qu'elle ne peut être ailleurs observée.

Quand, dans le diabète, on voit apparaître dans l'urine nombre de substances anormales, c'est assurément que la plupart d'entre elles dérivent de la graisse, et il est alors bien vraisemblable que le sucre a la même origine que ces divers corps. Ce n'est pas une preuve rigoureuse; cependant, cela me paraît d'importance majeure. Et si le sucre vient de l'albumine et non de la graisse, les acétones venant de la graisse et non de l'albumine, on ne voit pas pourquoi le sucre n'exercerait pas son action inhibante, bien connue, sur la formation des corps acétoniques. Au contraire, la formation du sucre et des acétones va en augmentant simultanément : ce qui se comprend si la graisse est l'origine du sucre. Dans le récent travail, déjà cité, de G. SATTA, de bonnes expériences ont établi qu'une alimentation riche en hydrates de carbone diminue la production d'acétone. Il compte aussi, comme substances *inhibantes*, celles qui contiennent dans leur molécule un groupe OH alcoolique uni au C aliphatique. SATTA attache trop d'importance à de petites différences, qui sont dans les limites de l'erreur expérimentale. Car l'albumine a, comme on sait, le pouvoir de diminuer l'élimination des acétones, quoiqu'elle n'ait pas de OH alcoolique ; même la sérine. Probablement l'explication rationnelle est que ces substances inhibantes sont facilement oxydables, et alors diminuent l'oxydation des graisses.

On pourrait objecter encore ceci contre la formation de sucre par la graisse. J'observe un chien qui depuis longtemps est atteint de diabète pancréatique (extirpation par la méthode de SANDMEYER). On ne peut expliquer chez lui la formation du sucre par ses réserves en hydrates de carbone; depuis plusieurs mois, en effet, il est nourri avec de l'albumine, sans recevoir de graisses ni d'hydrates de carbones; or, pendant cette longue période, l'élimination du sucre et celle de l'azote sont exactement proportionnelles. Le rapport $\frac{D}{N}$ égale 2,2, et est constant. Si l'on suppose que l'origine de ce sucre est l'albumine, on peut expliquer cette réaction chimique, qui forme le sucre, par la transformation des acides amidés, par exemple du glycocolle :

$$\begin{array}{l} AzH^2 - CH^2 + H^2O + O = AzH^3 + HO - C - H + CO^3 + H^2O \\ \qquad\quad | \\ \qquad CO - OH. \end{array}$$

La désamidation accompagne l'oxydation et l'hydrolyse d'un atome d'azote; et il s'agirait d'une molécule de l'hydrate de carbone élémentaire :

$$\frac{HCOH}{Az} = \frac{30}{14} = 2,15 = \frac{D}{N}.$$

Nous pouvons imaginer que, dans le diabète pancréatique, l'albumine, à la suite d'oxydations et d'hydrolyses, malgré les différents groupements dans lesquels l'azote est engagé, ne donne comme combinaison entre le carbone et l'azote que des composés de la forme

$$\begin{array}{c} H \\ | \quad | \\ Az - C - H \\ | \quad | \\ H \end{array}$$

Alors on a le rapport $\frac{D}{N} = 2,15$. Cette coïncidence remarquable ne prouve rien pour l'albumine. Si l'on suppose que, dans le diabète pancréatique, au moment de l'oxydation de l'albumine, chaque atome d'azote transporte un atome d'oxygène sur le groupement CH^2 de la graisse pour donner HCOH, alors la quantité de sucre croît proportionnellement aux transformations de l'albumine, et le rapport $\frac{D}{N}$ doit être égal à 2,15.

Je dois encore étudier un des arguments de FRÉD. KRAUS (*Berl. klin. Woch.*, 1904, 8), contre la formation du sucre aux dépens de la graisse et pour sa formation aux dépens de l'albumine. « Chez les individus, dit-il, qui sont atteints de diabète grave, souvent les graisses de l'organisme diminuent tant, que le fait de rendre de grandes quantités de sucre, quand l'alimentation est uniquement azotée, rend très probable que ce sucre provient immédiatement de l'albumine. Nous sommes donc amenés à comparer la valeur d'un phénomène naturel, une réalité complexe que la Nature nous donne sans que nous l'ayions provoquée, à la valeur d'une démonstration expérimentale. »

Je puis montrer que cette estimation faite par FR. KRAUS l'a conduit à des conclusions erronées.

Le tableau suivant donne la quantité de graisse des chiens ayant atteint le maximum de maigreur.

Observateurs.	Poids du corps en gr.	Diminution centésimale du poids.	Graisse. absolue en gr.	Graisse. p. 100.
HOFMANN (*Z. B.*, 1872, VIII, 105)	4,989	47,5	39,0	0,8
KUMAGAVA (*Mitth. Fac. Med. Tokio*, 1895, III, I)	7,350	36,36	145,5	1,9
N. SCHULZ (*A. g. P.*, 1897, LXVI, 146)	25,200	»	1408,0	5,8
PFEIFFER (*Z. B.*, 1887, XXIII, 358)	»	»	»	9,4
N. SCHULZ (*loc. cit.*)	23,300	44,0	226,0	1,0
B. SCHÖNDORFF (*A. g. P.*, 1897, LXVIII, 438)	25,008	45,6	283,9	1,8

Georges Rosenfeld (*Zeitsch. f. klin. Med.*, 1899, xxxvi, 237), observateur impartial, et un des plus compétents en la matière, s'exprime ainsi : « Des chiens qui paraissent maigres au toucher et à la vue sont cependant, en général, beaucoup plus gras qu'on ne pourrait d'abord le supposer. Des chiens d'un âge moyen perdent difficilement leur graisse, et beaucoup moins que les jeunes animaux. Si à un chien gras on fait perdre 35 p. 100 du poids de son corps, on n'est pas du tout certain que l'animal ait perdu toute sa graisse; aussi ne peut-on jamais supposer qu'on a pu faire perdre à un chien toute la graisse de ses tissus. Il n'y a pas plus d'animal sans graisse qu'il n'y a d'animal sans hydrates de carbone, ou d'animal sans albumines. On ne peut faire perdre la graisse d'un chien que jusqu'à une certaine limite, et il lui reste toujours une certaine quantité de graisse qui, quoique minimale, ne doit pas être négligée. »

Les analyses faites sur la quantité de graisse des chiens qui sont morts après un diabète pancréatique prolongé sont plus probantes encore. Je puis confirmer complètement les recherches de Sandmeyer (*Z. B.*, 1895, xxxi, 46), que j'ai répétées. Il y a des animaux réduits tellement à l'état de squelette qu'il est impossible d'en observer de plus maigres; cependant les muscles ont encore un peu de graisse, et le foie même en contient plus de 1 p. 100. De pareils animaux semblent réellement être des ossements de chiens recouverts de peau, et, quand on ne les a pas vus, on ne peut vraiment savoir ce qu'est la maigreur véritable. Sandmeyer donne comme teneur en graisse de ces animaux squelettiformes :

Numéros.	Dans le foie. p. 100.	Muscles de la hanche. p. 100.	Muscles de la nuque. p. 100.
1	2,361	0,539	0,425
2	3,019	0,673	»

A ce point de vue je puis confirmer les expériences de Sandmeyer. Voici les chiffres que j'ai obtenus en dosant la graisse de chiens devenus squelettiformes par le fait du diabète.

	Graisse p. 100 dans les organes frais. Foie.	Muscles.	Os.	Graisse p. 100 de substance sèche.
Chien I (10).	2,688	1,19	1,38 (tibia et fémur)	Foie. 11,20 Muscles 6,08
Chien II (11).	1,711 4,619 dans tout le foie.	0,385 0,545 dans l'ensemble des muscles.	5,755 dans tout le squelette.	»
Chien III (16)	1,638	0,661	»	Foie 7,079 Muscles 3,860

Or ces analyses portent sur des chiens morts du diabète; par conséquent, pendant la vie, la quantité de graisse devait être plus considérable que celle qu'on trouve après leur mort.

Pour expliquer l'illusion de Fr. Kraus, je dois dire que dès la première semaine après l'ablation totale du pancréas, on voit chez ces chiens saillir les côtes, les iléons, et les apophyses vertébrales, par suite de la disparition immédiate de tout le pannicule adipeux sous-cutané. On n'observe de tels amaigrissements que chez les chiens qui ont déjà, depuis plusieurs semaines, été soumis à l'inanition. Chez l'animal diabétique, cela peut assurément s'expliquer par la migration complète de la graisse du corps dans le foie, qui contient alors d'énormes quantités de graisse.

Fr. Kraus n'a jugé que par l'apparence extérieure; il ne se rendait pas compte qu'alors qu'il n'y a plus de graisse sous la peau, il y en a encore dans le foie. Je dois pourtant reconnaître que cette explication que je donne du rapide amaigrissement ne me satisfait pas pleinement. Il semble que les humeurs du tissu conjonctif disparaissent, de sorte que l'état des tissus est tout le contraire de tissus très hydratés; ce qui est peut-être compatible avec une proportion d'eau réellement très forte dans les tissus.

Ainsi se trouve réfutée l'objection de Fr. Kraus à la théorie de la formation du sucre aux dépens de la graisse.

Quant à la raison alléguée, pour admettre l'origine albuminoïde du sucre, que le quotient respiratoire diminue beaucoup, je l'ai réfutée dans un travail spécial (*A. g. P.*, 1904, ciii, 32) en montrant que peut-être la graisse en se changeant en sucre est totalement oxydée. On comprend alors que le quotient respiratoire ne s'abaissera pas seulement dans le cas où l'albumine serait transformée en sucre, mais encore quand, en fixant de l'oxygène, la graisse se transforme en sucre, qui s'élimine par l'urine, en supposant, bien entendu, que le sucre ne dérive pas des groupes aminés de l'albumine.

Après avoir traité la question théorique, je vais donner les expériences pour lesquelles je crois à la transformation immédiate de la graisse en sucre.

En premier lieu, il faut mentionner les expériences faites avec le tissu hépatique lui-même.

Seegen (*A. g. P.*, 1886, xxxix, 137 et 138) a fait passer pendant 6 heures de l'air dans une bouillie hépatique fraîche, additionnée de graisse, ou d'acides gras, ou de savons, ou de glycérine, et il a toujours trouvé, dans ses nombreuses recherches, que le sucre avait augmenté, comparativement à ce qui se passait dans les autres flacons non additionnés de graisse. Seegen pense avoir observé là une augmentation non seulement du glycose, mais encore de tous les hydrates de carbone, et notamment du glycogène.

L'expérience de Seegen a été, par Weiss (*Z. p. C.*, xxiv, 542), nettement réfutée dans des expériences faites au laboratoire de Bunge : il a institué en effet une expérience de contrôle importante : le sang et le sérum seuls, sans addition de bouillie hépatique, lorsqu'ils sont traversés par un courant d'air, montrent une augmentation de sucre, avec ou sans addition de graisse.

Or, dans ces recherches, il n'est pas tenu compte de deux conditions très importantes. Quand de l'air atmosphérique passe à travers une bouillie hépatique, le sucre continue à se former aux dépens du glycogène, et on peut se demander si l'addition d'une graisse émulsionnée favorise cette transformation. Seegen n'a pas répondu à cette objection; car il voyait, par l'addition de graisse, croître la totalité des hydrates de carbone et non du sucre seulement (*A. g. P.*, xxxix, 139). Mais, comme, pour doser le glycogène, il se servait d'eau bouillante dans l'épuisement, il n'a pas pu déterminer le chiffre total des hydrates de carbone. Il est remarquable que Seegen, dans le livre qui parut quatre ans après sur la formation du sucre dans le corps (*Die Zuckerbildung im Thierkörper*, Berlin, 1890, 151), a passé sous silence ces recherches sur la totalité des hydrates de carbone qu'augmente l'addition de graisse.

Un autre point qui, jusqu'ici, a été passé sous silence, concerne la destruction continue du sucre dans les liqueurs où il se trouve. Or il s'agirait de savoir si, vraiment, une émulsion graisseuse ne diminue pas la rapidité de la destruction du sucre. Ceux qui ont lu les travaux de O. Cohnheim (*Z. p. C.*, 1903, xxxix, 336), et de R. Hirsch (*Beitr. zur chem. Physiol. u. Path.*, iv, 530, 1903) sur la glycolyse, et la critique qu'en ont faite G. Embden et Claus (*Zeitsch. f. die ges. Biochemie*, 1905, 215 et 343) comprendront la valeur fondamentale de mon objection.

Les recherches de Seegen et de Weiss ont été répétées récemment par Abderhalden et Rona, mais sans être confirmées (*Z. p. C.*, 1904, xli, 303 et 530). Toutefois ils ont reconnu que les résultats négatifs de leur expérimentation ne pouvaient naturellement autoriser aucune conclusion sur la manière dont les choses se passent dans l'organisme vivant. Enfin Hesse a répété l'expérience de Weiss avec les acides gras et la glycérine, mais il croit que les minimes différences obtenues par lui dans ses cinq expériences sont tout à fait dans les limites de l'erreur expérimentale (*Zeitsch. f. exp. Ther.*, i. *Tir. à part*, n. 1-4).

Nous devons considérer comme très importante pour le développement de la question, une recherche récente de Hildesheim et Leathes (*J. P.*, 1904, xxxi, I). En faisant passer de l'air à travers une bouillie hépatique ils ont vu du glycogène se former aux dépens de la graisse. En même temps se produisaient d'autres phénomènes chimiques d'ordre inverse.

Mais le côté défectueux de ces recherches, c'est qu'on doit supposer que le foie réduit en pulpe continue, pendant quelques heures, à exécuter les opérations chimiques de synthèse qu'il fait pendant la vie. Toutes les expériences à cet égard ne doivent donner que peu d'espoir, comme le montre le travail de Karl Grube (*J. P.*, 1903, xxix, 276. Brodie, *ibid.*, 1903, 266. — K. Grube, *A. g. P.*, 1905, cvii, 483) qui a réussi à augmenter la production de glycogène dans le foie, en faisant passer par le foie, après la mort, du sang chargé de sucre. Immédiatement après la mort, chez un chien ou un chat, on faisait passer du sang par une branche de la veine-porte, par conséquent dans des conditions bien meilleures que lorsque on a réduit le foie en pulpe. Cependant, K. Grube, sur le foie des chiens, n'a pu constater alors que de faibles différences, qui sont tout à fait dans les limites de l'erreur expérimentale. Sur le foie des chats, les résultats ont été meilleurs.

Enfin, nous devons remarquer que la transformation de la graisse en sucre ne se fait peut-être pas uniquement dans le foie, mais aussi dans les muscles et d'autres tissus; l'innervation joue sans doute aussi un rôle, puisqu'il s'agit d'une destruction de la graisse par oxydation.

Plus importantes sont les recherches qui établissent que, dans l'organisme, un des éléments essentiels de la graisse, la glycérine, se transforme très problablement en sucre. Déjà, en parlant des hydrates de carbone comme origine du glycogène, j'ai indiqué les expériences prouvant que l'ingestion de glycérine augmente le glycogène du foie.

Mais il ne s'agit là que de faibles quantités. Le premier, E. Cremer (*Sitzb. d. Ges. f. Morph. u. Phys. in München*, 27 mai 1902) a réussi à produire une augmentation considérable de sucre par le diabète de la phloridzine. L'expérience dura 5 jours trois quarts, et l'accroissement moyen de sucre fut par jour de 50 gr. : ce qui donne en tout une augmentation de 265 gr. de sucre. Or, comme, d'après B. Schöndorff, son corps contenait environ 758 gr. de sucre, et qu'il n'avait jeûné que 2 jours avant l'expérience, il est fort possible que l'excès de sucre éliminé dérive du glycogène qui était dans son organisme, glycogène dont la quantité est trois fois plus grande que celle du sucre.

En outre, Cremer, pendant l'expérience, l'a nourri avec de la viande, et avec des quantités de viande dont il ne donne pas le poids. Même si ce chien de 18^{k},5 ne recevait que 1 k. de viande par jour, cela ferait encore par jour environ 20 gr. de glycogène. Le quotient $\frac{D}{N}$ s'éleva finalement à 8.

Donc, Cremer se trompe s'il croit avoir prouvé ainsi que la glycérine peut être l'origine d'une dextrose, ou de glycogène.

Il a annoncé un compte rendu détaillé de son expérience; mais c'est en vain que j'ai cherché ce travail dans la littérature physiologique récente.

L'expérience la plus importante qu'on trouve à cet égard dans toute la littérature est l'expérience 4 de Luthje : jamais auparavant on n'avait observé une si énorme excrétion de sucre après ingestion de glycérine.

Je donne ici textuellement cette observation (*D. Arch. f. klin. Med.*, lxxx, 101). « Il s'agit d'un grand chien de berger, dont le poids initial était de 15^{kil}200 grammes : à jeun, depuis le jeudi 28 janvier 1904. Il fut opéré par le professeur Küttner le 30 janvier; et on fit l'extirpation totale du pancréas. On ne lui donne rien à manger d'abord. L'urine n'est pas obtenue par cathétérisme, car on peut vider la vessie par pression, de sorte que l'on pouvait ainsi avoir exactement les quantités d'urine quotidiennement secrétées.

« Le tableau suivant donne les résultats (Voy. p. 406).

« Dans ce tableau, on doit remarquer que l'élimination de sucre pendant les premiers jours de jeûne a été peu considérable, et même, au septième jour, a été nulle. (L'autopsie du chien a montré qu'il ne restait plus de trace macroscopique du pancréas. Il n'y avait pas eu de prolifération dans la cicatrice, de sorte que les rapports étaient restés très nets; on n'a pas fait l'examen microscopique.) Les jours suivants, l'ingestion de nutrose détermina une élimination rapide et abondante de sucre. Le neuvième et le dixième jour, on donna 500 grammes de sérum de veau qui fut bu avidement. A partir du 11 février, on ajouta chaque jour au sérum de grandes quantités de glycérine, jusqu'à 360 grammes par jour. La glycérine mélangée au sérum fut ingérée très volontiers, sans jamais provoquer d'effet toxique. Notre intention était de la continuer jusqu'à provoquer une élimination de sucre telle qu'on ne puisse l'expliquer par les

TABLEAU de LÜTHJE.

FÉVRIER 1904.	ALIMENTATION.	URINE et DILUTION.	SUCRE en GRAMMES.	AZOTE en GRAMMES.	POIDS DU CORPS en kil.	REMARQUES.
Jusqu'au 1er, soir. . . .	»	680 / 1 000	16,00	20,16	15,2	Poids initial.
— 3, 5 h. 30, soir.	»	460 / 1 000	5,00	9,74	»	Acétone O.
— 5, 11 h. mat.	»	520 / 1 000	1,50	7,39	»	id.
— 6, 4 h. soir.	»	420 / 600	»	3,14	14,500	
— 7, 5 h. — .	100 gr. nutrose et eau.	1 190 / 2 000	24,00	14.56	»	
— 8, 5 h. — .	100 gr. nutrose et eau.	1 450 / 2 100	35,70	18,11	»	
— 9, 5 h. — .	300 cc. sérum.	150 / 300	3,50	4,40	»	— Sérum III.
— 10, 5 h. — .	500 cc. sérum.	300 / 700	»	5,10	»	— III.
— 11, 4 h. 30. — .	500 cc. sérum et 60 cc. glycérine.	1 350 / 1 300	6,00	5,30	13,00	— III.
— 12, — — .	500 cc. sérum et 80 cc. glycérine.	1 650 / 2 000	39,00	6,60	»	— III.
— 13, — — .	500 cc. sérum et 100 cc. glycérine.	2 150 / 2 300	41,40	6,00	»	— IV. Acétone O.
— 14, — — .	500 cc. sérum et 100 cc. glycérine.	2 400 / 2 500	57,50	6,73	»	Sérum IV.
— 15, — — .	850 cc. sérum et 170 cc. glycérine.	3 750 / 3 800	89,30	11,28	»	— VI.
— 16, — — .	1 000 cc. sérum et 250 cc. glycérine.	5 180 / 5 200	114,40	7,85	12,500	— VI.
— 17, — — .	1 000 cc. sérum et 300 cc. glycérine.	5 890 / 5 900	141,60	10,56	»	— VI. Acétone O.
— 18, — — .	1 200 cc. sérum et 300 cc. glycérine.	6 900	158,70	12,35	»	Sérum VI.
— 19, — — .	1 000 cc. sérum et 320 cc. glycérine.	6 050 / 6 100	134,20	9,88	»	Acétone O.
— 20, — — .	1 200 cc. sérum et 270 cc. glycérine.	6 300	126,00	9,89	12,300	
— 21, — — .	1 200 cc. sérum et 240 cc. glycérine.	4 920 / 5 000	125,00	10,90	»	— O.
— 22, — — .	900 cc. sérum et 160 cc. glycérine.	4 000	70,00	10,32	»	
— 23, — — .	1 200 cc. sérum et 240 cc. glycérine.	5 800	104,40	10,09	»	— O.
— 24, — — .	1 200 cc. sérum et 240 cc. glycérine.	4 760 / 7 800	115,20	9,41	12,200	

hydrates de carbone de l'organisme. Or la diurèse, sous l'influence de la glycérine, augmenta énormément, et la quantité d'urine éliminée par jour atteignit, dans certains cas, jusqu'à la moitié du poids du corps (Nous nous proposons de rechercher à notre clinique jusqu'à quel point l'usage de la glycérine peut produire un effet diurétique utile dans certaines affections.) Les quantités de sucre éliminé sont considérables, comme on peut le voir dans le tableau (voir le tableau p. 406). Elles varient nettement avec la quantité de glycérine ingérée ; au total, la quantité de sucre éliminé jusqu'au 24 février 1904, fut de 1 408,4 grammes de sucre. La chienne pesait au début 15 kilos, en chiffres ronds, ce qui, en supposant une quantité de glycogène de 11 p. 100, correspond à 165 grammes de glycogène total, soit 183 grammes de sucre. Si l'on admet la teneur maximum en glycogène de 40 p. 100, cela fait 600 grammes de glycogène ou 664 grammes de sucre en chiffres ronds. Dans le premier cas, il y a eu un excès de 1 408 — 183 = 1 225 de sucre ; dans le deuxième cas, un excès de 1 408 — 664 = 744 de sucre.

« On doit se demander si le sucre provient de l'albumine de l'alimentation ou de la glycérine, les petites quantités de sucre contenues dans le sérum ne jouant aucun rôle. L'animal a éliminé, pendant tout le temps de cette expérience, 209,8 grammes d'azote. Si nous supposons que 1 gramme d'albumine produit 3 grammes de sucre, alors l'albumine peut donner raison de 630 grammes de sucre, mais il faudrait savoir d'où proviennent les 595 grammes de sucre (soit 595 grammes dont l'origine reste à déterminer, en supposant 11 p. 100 de glycogène préalable) ou 114 grammes de sucre (en supposant 40 p. 100 de glycogène préalable).

« Cette quantité ne peut provenir que de la glycérine.

« Ainsi, même en faisant les suppositions les plus défavorables, il reste du sucre qui ne peut provenir que de la glycérine. Or, d'abord, il est invraisemblable que ces hypothèses défavorables puissent s'appliquer à ce chien. En effet : 1° Au début de l'expérience, l'animal était mal nourri, de sorte qu'alors il avait probablement consommé beaucoup de glycogène et ne pouvait alors avoir 40 p. 100 de glycogène ; 2° Puisque, chez un chien sans pancréas, une partie du sucre est encore consommée, en réalité la production de sucre est plus grande que celle qu'on suppose en jugeant seulement la quantité de sucre éliminé. Nous voyons, d'ailleurs, qu'avant l'ingestion de glycérine, l'ingestion de 500 centimètres cubes de sérum n'a pas produit d'excrétion sucrée. Par conséquent nous devons admettre que le sucre éliminé provient totalement de la glycérine ingérée.

« Je crois bien qu'après cette expérience on ne peut plus douter que la glycérine ne forme du sucre.

« Le dosage de l'azote contenu dans le sérum qui servait à l'alimentation a donné :

Sérum 3 : 1,109 p. 100 d'azote.
— 4 : 1,148 — —
— 6 : 1,105 — —

« L'animal qui a servi à cette dernière expérience a vécu encore plusieurs jours, mais, à partir du 25 février, il fut soumis à d'autres conditions expérimentales. »

Comme ce chien pesait au début 15k,2, il pouvait donner en glycogène au maximum 615 gr. de sucre. (Lüthje a fait à son détriment une faute de calcul.) En tout, il a produit 1 408 gr. de sucre. Restent par conséquent 793 grammes dont on ne peut expliquer l'origine par le glycogène. Comme ce chien, pendant toute l'expérience, a éliminé 209gr,8 d'azote répondant à 1 311gr,25 d'albumine, d'après Minkowski, cette quantité d'albumine détruite ne pouvait produire que 629gr4 de sucre, de sorte qu'il reste encore 793 moins 629.4 ; c'est-à-dire 163,6 dont l'origine n'est plus expliquée. De fait, le calcul est plus favorable encore, car d'après mes recherches, dans le diabète pancréatique, ce rapport $\frac{D}{N}$ est bien plus petit que 3. Pourtant, ce sucre en excès n'est pas en assez grande quantité pour qu'on puisse être absolument assuré qu'il ne provient pas des glycosides. Le chien pesait 15 k. : il contenait donc, à raison de 35 gr. d'azote par kilog., 3 281 gr. d'albumine. Pour que cette albumine donnât 163.5 de sucre, il faudrait supposer seulement qu'elle fournisse 5 p. 100 de son poids. On ne peut donc pas, en toute certitude, éliminer l'hypothèse qu'une telle quantité de glycosides ait été dissimulée dans l'albumine.

L'expérience a encore un autre côté défectueux, LÜTHJE veut prouver que la glycérine augmente la glycosurie. Mais il ne nourrit pas ses chiens seulement avec la glycérine. Il leur donne aussi 1 000 à 1 200 cc. de sérum, soit 80 à 100 gr. d'albumine par jour, quoiqu'il semble prouver que l'albumine ne produit pas de sucre, et que, dans cette expérience, il est établi que l'albumine (de la nutrose) même sans glycérine provoque une glycosurie intense, qui n'existait pas auparavant. Il avait, il est vrai, donné 500 cc. de sérum, après l'opération, mais à un moment où le diabète ne s'était pas produit encore, et constaté que ces 500 cc. de sérum ne produisaient pas de glycosurie; d'où il conclut que l'albumine du sérum ne donne pas de glycosurie, même avec l'ingestion d'une dose de 1 280 cc. de sérum. Cependant l'expérience n'a été vraiment instituée qu'à partir du moment où le diabète pancréatique a apparu, et il n'y a pas d'expérience pour établir que dans cette période l'albumine du sérum ne provoque pas la glycosurie, tout comme la glycérine. Il n'est pas douteux d'ailleurs que ce n'est pas la glycérine seule qui, après une alimentation en glycérine, provoque ces intenses glycosuries.

Toutefois, pour montrer que l'albumine, dans cette expérience, n'est pas en cause, j'ai calculé de la manière suivante le quotient $\frac{D}{N}$:

11 février. . . .	1,1
12 — . . .	6,0
13 — . . .	6,9
14 — . . .	8,5
15 — . . .	7,8
16 — . . .	14,6
17 — . . .	13,4
18 — . . .	12,8
19 — . . .	13,6
20 — . . .	12,7
21 — . . .	11,5
22 — . . .	6,8
23 — . . .	10,3
24 — . . .	12,2

L'élévation considérable du quotient $\frac{D}{N}$, qui atteint parfois jusqu'à 14,6, prouve que les grandes quantités de sucre éliminé ne peuvent provenir de l'albumine. Comme le chien pesait au début 15kg,2, il pouvait donner en glycogène, au maximum, 615 grammes de sucre. Restent par conséquent 793 grammes dont on ne peut expliquer l'origine par le glycogène. Mais, comme ce chien contenait 3 281 d'albumine; il devait y avoir encore 24,3 p. 100 de sucre dissimulé sous la forme de glycosides, ce qui est contraire à tout ce que nous savons. Donc, si le sucre ne provient ni des glycosides ni de l'albumine, il doit être produit par la glycérine ou la graisse du corps. Comme ÉMILE FISCHER a montré que l'oxydation de la glycérine peut produire du sucre, il n'y a plus aucune difficulté pour les physiologistes à admettre que, dans les échanges organiques, le sucre provient de la glycérine.

Reste le problème de savoir pourquoi l'ingestion de grandes quantités de sucre ne fait pas croître la quantité de sucre éliminé dans le diabète, quoique certainement, dans l'intestin, les graisses se transforment en glycérine et en acides gras. Mais on doit admettre que, dans la cellule épithéliale de l'intestin, la glycérine se combine avec les acides gras pour former de la graisse, tandis que l'ingestion de grandes quantités de glycérine sans acides gras détermine nécessairement l'oxydation de la glycérine.

Cependant la preuve rigoureuse n'a pas été donnée que, dans l'expérience de LUTHJE, le sucre éliminé provient de la glycérine. Ce n'est pas par des hypothèses que l'on peut admettre qu'une substance est l'origine du sucre, et il ne suffit pas d'avoir établi que son ingestion augmente l'excrétion sucrée. Il est possible que la glycérine introduite agisse comme excitant, et que le sucre provienne des graisses neutres; mais, après tout, il paraît vraisemblable que, dans l'organisme animal, la glycérine est une des sources du sucre, quoique la quantité centésimale de la glycérine dans les graisses soit trop faible pour expliquer dans le diabète ces grandes éliminations de sucre que ne peuvent produire ni les hydrates de carbone, ni l'albumine. Nous devons donc revenir à la graisse, et nous demander comment de la graisse totale du corps peut provenir le sucre.

Comme tous les moyens employés jusqu'ici n'avaient pas abouti d'une manière définitive, j'ai entrepris un plan nouveau d'expériences pour décider la question de l'origine du sucre; graisse ou albumine.

La physiologie nous apprend qu'un chien peut être aussi longtemps qu'on veut maintenu en vie avec un régime d'albumine seule sans hydrates de carbone ni graisses. Or, comme les chiens atteints du diabète de Sandmeyer peuvent vivre plusieurs mois, il semble qu'en leur donnant une alimentation exclusivement azotée, si tout le sucre éliminé provient de la graisse, on puisse finalement avoir des animaux absolument dépourvus de graisse. Si alors la glycosurie continue, on aurait prouvé par là qu'il provient de l'albumine. Mais si le sucre ne se produit pas chez l'animal qui n'a plus de graisse, pour reparaître quand on lui rend de la graisse, alors on devra admettre que la graisse est l'origine du sucre.

J'ai fait à cet effet trois grandes expériences, que j'ai publiées (*A. g. P.*, 1905, VIII, 115). Mais mon attente n'a pas été satisfaite. Car ces trois chiens succombèrent, malgré une alimentation abondante en albumine (qui était bien absorbée), dès que la graisse de leur corps eut complètement disparu.

Ce qui rend vraisemblable l'opinion que le sucre vient de la graisse, c'est qu'aucun des tissus de l'organisme n'a autant perdu de poids, au moment de la mort, que le tissu graisseux. Macroscopiquement, on ne peut plus en voir nulle part, même dans les régions où la graisse existe ordinairement toujours. En outre, le quotient $\frac{D}{N}$ se met à baisser rapidement dès que la graisse a disparu; et, dans les derniers moments de la vie, l'ingestion de graisse fait monter le quotient $\frac{D}{N}$ quelquefois au-dessous de 2. Je ferai remarquer aussi que, de nos 3 chiens, c'est le plus gros qui a vécu le plus longtemps et qui a, de beaucoup, éliminé le plus de sucre. Il est naturel d'ailleurs que ce sucre éliminé ne pourra pas en quantité dépasser la quantité de graisse qui est sans doute son origine.

Quant à la perte de poids des tissus, ni le cerveau, ni le cœur, ni le foie (!) n'ont perdu de poids, et à peine les reins.

C'est surtout le tissu musculaire qui a diminué; on peut donc penser que l'alimentation était insuffisante. Mais on ne saurait dire si la mort est due à la disparition de la graisse ou aux lésions de certains organes riches en albumine. En tout cas, les chiens meurent avec les symptômes de paralysies musculaires, plus ou moins complètes, en même temps que dans une sorte de coma.

Je dois maintenant mentionner un travail tout récent, qui paraît fort important.

A. Magnus Levy (*Zeits. f. klin, Med.*, 1905, LVI, 83) a cherché par des études sur le quotient respiratoire, à déterminer quelle est l'origine du sucre des diabétiques.

Il est arrivé à ce résultat que le quotient respiratoire, chez un malade atteint de diabète grave qui ne se nourrit que d'albumine et de graisse, doit être entre 0.613 et 0.707, si le sucre provient de l'albumine. Si le sucre provenait de la graisse, on verrait des quotients respiratoires plus bas, ce qui n'est pas le cas. La démonstration de Magnus Levy est entachée de deux grosses erreurs qui annulent ses résultats.

Magnus Levy dit : « Dans 60 gr. de glycose, qui, d'après les données actuelles, doivent provenir au maximum de 100 gr. d'albumine, il y a plus d'oxygène que 100 gr. d'albumine. Car on trouve (en tenant compte des produits de l'albumine éliminés dans l'urine et les matières locales) :

		C	H	O
100 grammes d'albumine.	=	38,6	4,24	9,24
60 — de sucre.		24,0	4,0	32,0
Différence.		+ 14,6	+ 0,24	— 22,8

Par conséquent, pour former le sucre, il faut qu'il y ait fixation dans les poumons de grandes quantités d'oxygène (22.8) qui n'apparaîtront pas sous forme de CO^2, et par conséquent le quotient respiratoire va être abaissé.

Pour le diabétique, après qu'on a calculé ce que les albumines sans hydrates de carbone consomment pour être transformées en sucre, on trouve pour le quotient respiratoire :

	O (litres).		CO^2 (litres).	Q. R.
100 gr. d'albumine consommant. . .	89,2	forment	72,0	0,808
60 gr. de sucre — . . .	44,8	—	44,8	1,000
Différence.				
Albumine moins sucre = . . .	44,4	—	27,2	0,613

Le quotient respiratoire est donc alors de 0,613. Mais comme le diabétique entretient sa vie par la graisse et l'albumine sans hydrates de carbone, alors son quotient respiratoire doit être entre 0,613 et 0,707, et probablement plus voisin de ce dernier chiffre; car, dans une alimentation rationnelle, c'est la graisse surtout qui produit, chez le diabétique, la chaleur normale et le CO^2 excrété, de sorte que c'est elle surtout qui détermine la valeur du quotient respiratoire.

Première erreur de Magnus-Levy. — Magnus-Levy affirme que, *d'après les données actuelles*, il y a un maximum de 60 grammes de sucre pouvant être donné par 100 grammes d'albumine. En faisant les calculs, je trouve que Magnus-Levy s'est servi des chiffres donnés par Stohmann et Langbein pour la viande privée de cendre et de graisse, chiffres dont j'ai constaté l'exactitude dans mon laboratoire (*J. f. pract. Chimie*, XLIV (2), 364).

L'albumine contient 16,36 p. 100 d'azote. Par conséquent, d'après Magnus-Levy, le quotient $\frac{D}{N}$ pour 60 grammes de sucre serait $\frac{60}{16.35} = 3,67$.

Mais l'opinion que ce chiffre est conforme aux données actuelles est tout à fait arbitraire. Car, d'après Minkowski, qui l'a établi le premier, le quotient typique est 2,8 (*Unters. uber den Diabetes Mellitus.* Leipzig, Vogel, 1893. *A. P. P.*, XXXI).

Pour dire que son chiffre de 3,67 répond aux opinions actuelles, Magnus Levy aurait dû au moins consulter ce que dit à cet égard le plus récent auteur qui se soit occupé avec succès des transformations des hydrates de carbone dans le diabète, à savoir Hugo Luthije, qui donne pour le quotient $\frac{D}{N}$, en chiffres ronds, 3,07, non 3,67.

Je n'ai, d'ailleurs, qu'à faire remarquer que, d'après nos recherches sur le diabète pancréatique, non seulement la constante typique de Minkowski, 2,8, est fausse et beaucoup trop forte, mais encore qu'il n'y a pas de constante (*A. g. P.*, 1905, CVIII, 115). En étudiant les chiens dépancréatisés et sans glycogène; nourris d'albumine seule pendant plusieurs semaines, j'ai trouvé dans trois grandes série d'expériences :

	Durée.	Moy. de $\frac{D}{N}$
Série 1	38 jours	2,22
Série 2	29 —	1,86
Série 3	16 —	1,48

Pour calculer la moyenne, je n'ai pas introduit les chiffres de la dernière semaine, qui précède la mort; car ils sont en général beaucoup trop faibles. Quant à la raison pour laquelle ce quotient, dans nos expériences, a été si faible, c'est, je crois, parce que la nourriture était absolument dépourvue d'hydrates de carbone, et que l'animal n'avait plus de glycogène dans son corps. Jamais, avant moi, le quotient $\frac{D}{N}$ n'avait pu être établi par un aussi grand nombre d'expériences, et dans des conditions aussi précises.

Donc 100 parties d'albumine doivent fournir au maximum 36gr,4 de sucre, (et non 60) et au minimum 24,2.

C'est avec ces chiffres modifiés que nous calculerons les résultats obtenus par Magnus-Levy. Mais nous allons examiner d'abord sa seconde erreur.

Deuxième erreur de Magnus-Levy. — Magnus-Levy, dans tous ses calculs, suppose que tout l'oxygène qui sert à oxyder l'albumine, et à former du sucre aux dépens d'icelle, vient de l'atmosphère. Il ne s'est pas fait une notion claire de la mécanique des réactions qui entrent en jeu, et il ne connaît pas les plus récents travaux de chimie physiologique.

Dans de nouvelles et nombreuses recherches, on a cherché à trouver dans les acides amidés les éléments de la molécule d'albumine qui concourent à la formation du sucre. L'importante découverte de EMBDEN et H. SALOMON donne un fort appui à cette opinion (*Zeitsch. f. Bioch.*, 1903 et 1904, v, 507; vi, 63).

Pour comprendre comment un acide amidé qui ne contient pas d'hydrate de carbone peut faire du sucre, on a cherché quelles sont les transformations des hydrates de carbone dans l'organisme.

NEUBERG et LANGSTEIN (*A. P.*, *Suppl.*, 1903, 514) ont nourri des lapins avec de l'alanine; et ils pensent qu'il apparaît de l'acide lactique dans l'urine formée aux dépens de cette alanine.

$$\underset{\text{Alanine.}}{CH^3 - \overset{\displaystyle H}{\underset{\displaystyle AzH^2}{C}} - CO^2H} + OH^2 = \underset{\text{Acide lactique.}}{CH^3 - \overset{\displaystyle H}{\underset{\displaystyle OH}{C}} - CO^2H} + Az\,H^2$$

Ainsi, la fixation de H^2O a produit de l'acide lactique qui contient un hydrate de carbone, notamment le groupe oxyméthylique

$$- \overset{\displaystyle H}{\underset{\displaystyle OH}{C}} -$$

PAUL MAYER (*Z. p. C.*, 1904; XLII, 59) a ensuite, dans le laboratoire de SALKOWSKI, étudié à ce point de vue l'acide diamino-propionique qu'il faisait ingérer à des lapins, et il retrouvait de l'acide glycérique dans l'urine (encore n'a-t-il fait qu'une seule analyse). Il donne de cette réaction l'équation suivante :

$$\begin{array}{l} CH^2 - Az\,H^2 \\ | \\ CH - Az\,H^2 \\ | \\ CO = OH \end{array} + 2H^2O = \begin{array}{l} CH^2 - OH + AzH^3 \\ | \\ CH - OH + AzH^3 \\ | \\ CO - OH \end{array}$$

L'action de deux molécules d'eau a donné deux groupements d'hydrates de carbone. Par conséquent, l'oxygène de ces hydrates de carbone ne provient pas, comme le pense MAGNUS-LEVY, de l'atmosphère, mais de l'eau.

Outre ces recherches, dont il ne tient pas compte, MAGNUS-LEVY n'a pas pensé que l'azote dans l'albumine ne peut être combiné qu'au C ou à l'H. D'après les recherches de PAAL, il y a en général plus d'un atome d'Az. uni au carbone. Mais, comme tout l'azote de l'albumine, au moment de sa destruction, devient AzH^3, il faut donc que l'eau lui donne une partie de l'H qui est nécessaire; ce qui met O en liberté et aide à l'oxydation. C'est ainsi que se comprendra de quelle manière remarquable il détruit le molécule d'albumine. Une partie s'oxyde; l'autre se réduit. Car l'azote ne s'unit pas à l'oxygène, lequel ne se combine qu'à l'hydrogène et au carbone. Ainsi l'hydrogène combiné à l'azote est préservé de l'oxydation.

Que les groupes amides des acides amidés, et les atomes d'azote fortement combinés au carbone subissent alors une sorte de dédoublement par hydrolyse, on le comprendra bien, si l'on se représente que l'oxydation décompose le molécule d'albumine, et que les atomes d'azote, à l'état naissant, se saturent par hydrolyse.

L'acide amido-acétique augmente, comme l'albumine, l'élimination de sucre chez les diabétiques, et l'équation suivante rend la chose très claire :

$$H - \overset{\displaystyle H}{\underset{\displaystyle AzH^2}{C}} - CO.OH + H^2O = H - \overset{\displaystyle H}{\underset{\displaystyle OH}{C}} - CO.OH + AzH^3$$

L'opinion de P. Mayer (*Z. p. C.*, 1903, XXXVIII et 1904, XLII, 64), que l'acide obtenu donne par réduction de l'aldéhyde glycolique, laquelle, en se polymérisant, donnerait du sucre, est inadmissible; car alors $\frac{D}{N}$ serait égal à 4,3. Il ne peut être question d'une polymérisation des groupes oxyméthyléniques. Si, d'après P. Mayer, l'aldéhyde glycolique dans l'organisme se transforme en sucre, il faudrait d'abord prouver que l'acide glycolique se transforme par réduction en aldéhyde.

Calcul des données de Magnus-Levy corrigées. — Je fais d'abord la supposition la plus favorable à Magnus-Levy, en posant le quotient le plus fort que j'aie obtenu, soit 2,22. Par conséquent, 100 grammes d'albumine donnent 36,4 de sucre. Comme nous l'avons prouvé, l'oxygène de ce sucre vient de l'oxygène de l'eau; et un atome de C fixe aussi un atome de H venant de l'eau, un atome de H venant de l'albumine. Alors :

$$\text{Az}\,H^2 - \underset{|}{\overset{|}{C}}H + H^2O = \text{Az}\,H^3 + HO - CH$$

Le calcul suivant doit être fait :

	C.	H	O
100 gr. d'albumine . . . =	38,52	4,17	9,21
36 — sucre. . . . . . =	14,50	1,21	»
Différence.	24,02	2,96	9,21

Or : 24,02 de C répondent à	64,052 de O
2,96 de H — —	23,680 de O
Total	87,732 de O
Dont il faut retrancher 9,210	
Reste	78,522 de O

Le quotient respiratoire est donc de . . . . . . $\frac{64,052}{78,522} = 0,816$

et il a augmenté quelque peu, puisque le quotient respiratoire de l'albumine sans formation de sucre = 0,809.

Mais, comme le diabétique ne vit que d'albumine et de graisse, le quotient respiratoire de la graisse étant 0,7, son quotient respiratoire doit être entre 0,816 et 0,7.

Or son quotient respiratoire est descendu à 0,63, et la cause doit en être dans la transformation de la graisse en sucre ; car pour cela il a fixé de l'oxygène emprunté à l'air atmosphérique, et qui ne se retrouvera plus sous forme de CO^2.

Après avoir calculé ces chiffres pour le chiffre $\frac{D}{N}$ le plus élevé, je vais faire le même calcul en adoptant le chiffre le plus faible; 1,48, qui répond à 24,2 de sucre pour 100 grammes d'albumine. Il faut dans ce cas admettre qu'il y a moins de groupes $\text{Az}H^2$, lesquels, dans la molécule d'albumine, participent à la formation du sucre.

Pour un atome de C du sucre, il est pris un atome de H à la molécule d'albumine :

	C	H	O
100 gr. d'albumine. . . . =	38,52	4,17	9,21
24,2 — de sucre. . . . . =	9,68	0,807	»
Différence. . . . . =	28,84	3,363	9,21

Or : 28,84 de C répondent à	76,9 de O
3,363 de H — —	26,9 de O
Total	103,8 de O
Dont il faut retrancher 9,21	
Reste	94,6 de O

Le quotient respiratoire est donc . . . . $\frac{76,9}{94,6} = 0,812$

Cela prouve que, chez les diabétiques, le quotient respiratoire ne changerait point, dans le cas où le sucre proviendrait de l'albumine, quel que fût le quotient $\frac{D}{N}$ (dans les limites que nous avons indiquées); peut-être avec une légère augmentation du quotient respiratoire, quand $\frac{D}{N}$ s'élève.

Cela nous conduit à faire la remarque suivante :

Nous avons supposé que 1 atome d'Az n'est combiné qu'à un atome de C. Mais, dans la molécule d'albumine, beaucoup d'atomes d'azote sont unis à des groupes contenant 2 et 3 C. Pour que, dans ce cas, il puisse se former de l'ammoniaque, il faut que l'eau donne une plus grande quantité d'hydrogène, ce qui met en liberté une plus grande quantité d'oxygène. Et comme cet oxygène dépasse la quantité nécessaire à la formation du sucre, alors il se forme probablement de l'acide carbonique, dans lequel l'oxygène constituant ne provient pas de l'atmosphère.

Le véritable quotient respiratoire du diabétique devrait donc être intermédiaire entre le quotient respiratoire de l'albumine $+ \Delta$ et celui de la graisse (0,7) si le sucre venait de l'albumine. Il peut aussi être très bas, inférieur à celui de la graisse.

Si l'on admet, comme cela est l'opinion générale, que les groupes AzH^2 de l'albumine sont aptes à fournir du sucre, alors il n'y a plus de doute. C'est la graisse qui est l'origine du sucre des diabétiques. On ne peut pas réfuter complètement la théorie d'après laquelle l'albumine ne jouerait aucun rôle dans la formation du sucre. Mais, comme tous les faits s'expliquent bien sans cette hypothèse, et que toutes les recherches précises sont contre elle, alors il paraît décidément bien vraisemblable que l'albumine n'a rien à faire avec la formation du sucre.

Si l'on veut cependant continuer à soutenir que le sucre des diabétiques ne provient pas de la graisse, mais de l'albumine, alors on peut espérer prouver qu'il y a dans les albumines, notamment dans la caséine, des groupements hydrates de carbone. Mais ce n'est guère vraisemblable, ou bien il faudra supposer que, dans certaines régions non azotées de la molécule d'albumine, il puisse par oxydation se faire du sucre. Ce serait là d'ailleurs un processus bien analogue à la formation de sucre par la graisse. Mais, dans les deux cas, formation de sucre par des acides amidés, ou par une alimentation albuminoïde, la glycosurie diabétique aurait une origine très différente. Pour maintenir la théorie de la formation de sucre par l'albumine (et non par la graisse), on serait vraiment forcé de faire des hypothèses que personne ne pourrait admettre.

Augmentation du glycogène du foie après injection de substances dont ne peut provenir le glycogène. — S'il est vrai, comme, par exemple, quand on donne à des animaux de l'ammoniaque, qu'on augmente leur glycogène hépatique — et c'est un fait établi sans que nous sachions rien davantage sur la nature du phénomène, — il est possible que cette augmentation de glycogène soit due à une migration des hydrates de carbone venant des autres parties du corps, de même qu'après l'empoisonnement par le phosphore il se fait une migration des graisses allant des divers éléments de l'organisme dans le foie. Mais on peut encore faire d'autres hypothèses, comme nous le prouvent les expériences de Röhmann (*A. g. P.*, 1886, xxxix, 21).

Röhmann a nourri deux lapins avec l'aliment de Weiske, 50 grammes d'huile d'olive, 820 grammes d'amidon, 100 grammes de sucre et 30 grammes de cendres (cendre de pois et de foin avec chlorure de sodium). On fait du tout une sorte de gâteau qu'on coupe en tranches minces, puis qu'on réduit en petits fragments après l'avoir desséché à 45°. Un des deux lapins servant de témoin recevait cet aliment, tandis que l'autre recevait en outre de l'asparagine, du glycocolle, et du carbonate d'amoniaque.

Röhmann a fait un assez grand nombre d'expériences sur de tels couples de lapins et observé que le foie des animaux, ayant reçu cette addition des matières azotées à leur alimentation, était plus riche en glycogène. Malheureusement, Röhmann n'a pas dosé le glycogène du corps, mais seulement celui du foie, de sorte qu'il n'a pas éliminé l'hypothèse d'une migration des hydrates de carbone.

En examinant de plus près les expériences dans lesquelles le poids des lapins a été donné, on voit qu'ils ont diminué plus ou moins de poids. Ils ont donc vécu dans des conditions qui entraînaient une plus rapide consommation de leur glycogène. Les dérivés ammoniacaux que Röhmann ajoutait aux aliments agissent certainement sur le foie, et augmentent la formation d'urée, et il n'est pas sans importance de noter que cette formation d'urée se produit dans un organe qui reçoit par la veine porte le sang dépourvu d'oxygène. Si la formation d'urée correspond à une diminution dans les processus d'oxydation de la cellule, on peut penser que, réciproquement, avec l'augmentation de la formation d'urée il y a diminution des processus d'oxydation dans le foie, de sorte que moins de glycogène est détruit dans le foie. On pourrait aussi supposer que les sels d'ammoniaque ajoutés au foie diminuent la puissance d'oxydation du foie.

Édouard Külz a, pour le même effet, nourri avec de l'urée des poules et des lapins après 6 jours de jeûne (*Beitr. z. Kenntniss des Glycogenes*, 1891, 27). Ses recherches lui ont fait conclure que l'urée augmente certainement la teneur du foie en glycogène. Dans trois recherches sur les poules, le glycogène du corps n'est pas déterminé; le glycogène du foie, dosé 24 heures après l'élimination d'urée, comportait par kilogramme du poids initial en moyenne : 0,449. Chez les poules de contrôle, la teneur maximale du foie en glycogène était, au 6e jour de jeûne, de 0,1788 pour un poids initial de 1 680 grammes; par conséquent, de 0,115 pour 1 kilogramme de poids initial.

L'alimentation avec l'urée a donc déterminé une augmentation notable de glycogène. Toutefois l'expérience ne peut être considérée comme démonstrative pour les raisons que j'ai données plus haut : 1° parce que les expériences de contrôle n'ont pas été faites par le même auteur et à la même époque; 2° parce qu'on n'a pas répondu à l'objection d'une migration possible du glycogène.

Külz a encore fait deux expériences sur les lapins. Les animaux nourris avec de l'urée après 6 jours de jeûne avaient pour un kilo de poids initial en moyenne 0,237 de glycogène hépatique. Or, chez les animaux témoins (p. 32), la proportion de glycogène hépatique pour un kilogramme de poids initial était, en moyenne, de 0,123 avec un maximum de 0,329. Par conséquent, ces expériences ne prouvent pas l'augmentation de glycogène après l'injection d'urée.

Embden et Salomon, chez des chiens dépancréatisés, dans des conditions où la production de sucre est très facilitée, n'ont pu obtenir aucune glycosurie, mais seulement de la polyurie, en leur donnant de l'urée. L'hypothèse de Külz est donc bien difficile à admettre.

Dans le laboratoire d'Édouard Külz, Nebelthau a repris ces expériences (*Z. B.*, xxviii, 138) et très fortement critiqué les conclusions de Röhmann. Nebelthau, d'abord, croit prouver qu'une poule, après 6 jours de jeûne, présente une augmentation de glycogène si on lui injecte de l'hydrate de chloral. A l'appui, Nebelthau apporte trois expériences (*loc. cit.*, 140) dans lesquelles il a dosé non seulement le glycogène du foie, mais encore tout celui du reste du corps. Comme animaux témoins, il dit formellement qu'il prend ceux qui ont été étudiés par Hergenhahn et Aldehoff après plusieurs jours de jeûne; cependant deux animaux, qui se trouvent dans des conditions biologiques différentes, ne peuvent pas être pris comme contrôle l'un de l'autre. Cette faute de méthode enlève toute valeur démonstrative aux expériences de Nebelthau, d'autant plus que ses conclusions s'appuient presque toujours sur de minimes différences. Je puis le prouver pour les expériences faites avec de l'hydrate de chloral : dans trois expériences où le glycogène total a été déterminé, il a trouvé au 6e jour de jeûne, pour un kilogramme du poids initial, 1,261 ; 1,736 ; 2,567 de glycogène, tandis que sur les animaux de contrôle, (d'après Külz, *loc. cit.*, 1891, 20) la somme totale de glycogène au 6e jour de jeûne varie, pour un kilogramme du poids initial, entre 0,041 et 1,608. Les premiers chiffres de Nebelthau, relatifs à l'influence du chloral, sont donc tout à fait dans les limites des chiffres qu'on observe sans le chloral; et, quant au troisième chiffre, il dépasse tellement le premier qu'on peut l'attribuer au hasard. Pour éliminer ce hasard, trois expériences ne suffisent pas; les conclusions de Nebelthau ne sont donc pas démontrées.

Nebelthau a encore fait des recherches analogues avec la chloralamide, la paraldéhyde, le chloroforme, l'éther, l'alcool, le sulfonal; mais il n'a dosé que le glycogène du foie, et non celui du corps : en outre il ne fait pas d'expériences de contrôle, se contentant de calculer comme il a été dit plus haut. Tout aussi peu démonstratives sont ses expériences avec l'ammoniaque, l'asparagine, les citrate, formiate et lactate d'ammoniaque, la benzamide, la formiamide. Il s'agit toujours de petites différences, de sorte que, pour les raisons données plus haut, ses expériences ne prouvent rien.

Du lieu de formation du glycogène. — En voyant chez les animaux rendus pauvres en glycogène par un long jeûne que l'administration d'hydrates de carbone fait croître d'abord le glycogène du foie, et n'accroît que plus tard celui des muscles, et en constatant que nulle part il ne s'accumule autant de glycogène que dans la cellule hépatique, alors on ne peut plus douter que c'est la cellule hépatique qui forme synthétiquement le glycogène.

C'est là assurément l'opinion générale; mais il faut reconnaître qu'elle n'est pas démontrée; car, après ingestion de viande, dans aucun organe il ne s'accumule autant d'urée que dans le rein, alors qu'il s'en amasse peu dans le foie : et cependant ce n'est pas le rein, mais le foie, qui forme l'urée.

T. G. BRODIE et K. GRUBE (*J. P.*, 1903, XXIX, 276 et 266) ont eu le grand mérite de donner de ce fait une démonstration rigoureuse. Immédiatement après la mort (chez un chat), ils prenaient un fragment de foie dont ils faisaient l'analyse, puis ils faisaient passer pendant deux heures ou deux heures et demie du sang chargé de 1 p. 100 de sucre à travers le foie, à une pression de 20 à 30 millimètres de mercure.

Voici les résultats obtenus :

Numéros.	SUCRE p. 100.		GLYCOGÈNE p. 100.		HYDRATES DE CARBONE p. 100.	
	AVANT le passage du sang.	APRÈS le passage du sang.	AVANT le passage du sang.	APRÈS le passage du sang.	AVANT le passage du sang.	APRÈS le passage du sang.
1 . . .	0,89	0,80	1,58	2,38	2,47	3,18
2 . . .	1,04	1,19	2,07	2,78	3,11	3,97
3 . . .	1,23	1,44	0,46	1,73	1,69	3,17
4 . . .	1,89	1,40	0,74	2,04	2,63	3.44

Comme les analyses ont été faites par la méthode de PAVY, on peut regarder les résultats comme valables. Plus tard GRUBE (*A. g. P.*, 1905, CVII, 490) a repris cette expérience sur le chien, et l'a confirmée, à quelques nuances près. Ces résultats sont d'autant plus précieux que cette méthode, absolument irréprochable, donne une preuve de plus que le sucre est la source du glycogène.

On eût pu objecter aux recherches de K. GRUBE qu'il suppose le glycogène également réparti dans toutes les parties du foie. Mais, dans un travail ultérieur, comme il s'agissait d'un fait d'extrême importance, il a pu répondre à cette objection.

On peut se demander maintenant si le foie a seul cette propriété de faire du glycogène, et si le glycogène formé par lui est lentement cédé aux autres organes, étant au fur et à mesure de sa formation emporté par le courant sanguin.

Après qu'on a, par l'inanition, privé à peu près complètement un animal de glycogène, si alors on le nourrit avec des hydrates de carbone en abondance, on voit d'abord le foie se charger de glycogène ; c'est plus tard seulement que les autres organes se chargent de glycogène, pour arriver finalement à dépasser la quantité totale qui se trouve dans le foie. Si au contraire on fait jeûner un animal riche en glycogène, alors diminue la teneur du foie en glycogène, et il devient bientôt plus pauvre en glycogène que les muscles. Au moins telle est la règle ; mais il y a des exceptions. Chez un chien extraordinairement gras, qui avait jeûné vingt-huit jours, j'ai trouvé, après la mort, dans son foie, 4,785 p. 100 de glycogène (exprimé en sucre) et 0,158 p. 100 dans les muscles.

D'abord ce n'est pas le foie seul qui a la propriété de faire du glycogène dans la nature, puisque on la trouve dans les champignons, par exemple, dans le protoplasma de l'*Aethalium septicum*, ainsi que dans la levure, d'après la découverte de L. ERRERA. Nous avons vu plus haut que le glycogène a été découvert chez les animaux inférieurs qui n'ont pas de foie, chez les embryons d'oiseau, alors qu'ils n'ont pas encore de foie : l'œuf avant son développement ne contient pas de glycogène. (?)

BARFURTH a montré que chez les céphalopodes, qui après l'inanition n'ont pas de glycogène ou en ont très peu; le glycogène, dès qu'ils sont alimentés, apparaît d'abord dans les cellules du tissu conjonctif, et plus tard seulement dans les cellules épithéliales du foie. Si l'opinion généralement reçue est vraie, que le glycogène n'est pas dissous dans le plasma du sang, mais se trouve dans les leucocytes du sang, il faudrait admettre que les muscles ont, tout comme le foie, le pouvoir de faire du glycogène avec du sucre. Cette opinion pourrait s'appuyer sur l'observation de NAUNYN (*A. P., P.*, III, 97) que chez les poules le glycogène musculaire se colore en violet par l'iode, tandis que le glycogène du foie se colore en brun.

Il y a une observation de CLAUDE BERNARD bien importante, et qui, chose étonnante, a passé inaperçue; c'est que les muscles paralysés ou restés longtemps en repos, chez le lapin, se chargent de glycogène (*Leçons sur le diabète*, 1877, 553). Dans ces cas le glycogène donne avec l'iode une couleur tout à fait bleue, comme celle de l'amidon. KÜLZ a injecté du sucre à des grenouilles privées de foie, pour savoir si dans ces conditions le glycogène du muscle augmentait (*A. g. P.*, 1881, XXIV, 69). La teneur en glycogène a été

Animaux témoins. p. 100.	Animaux injectés. p. 100.
0,6299	0,7977
0,6350	»
0,5441	0,5571

KÜLZ semble considérer ce résultat comme positif. Cela est possible; mais en tout cas la différence est dans les limites de l'erreur expérimentale, quand on emploie pour le dosage du glycogène l'ancienne méthode de BRÜCKE.

KÜLZ, en 1890, reprit la même expérience, en l'instituant autrement. On prend du sang additionné de sucre, et on le fait circuler à travers l'extrémité postérieure gauche d'un chien immédiatement après la mort, tandis que l'extrémité postérieure droite est immédiatement analysée au point de vue de sa teneur en glycogène (*Z. B.*, 1890, XXVII, 237). Il s'agissait donc de savoir si dans l'extrémité gauche, qui recevait du sang chargé de sucre, le glycogène avait augmenté. Mais naturellement la question se pose tout d'abord de savoir si l'extrémité droite et l'extrémité gauche contiennent la même quantité de glycogène. A. CRAMER a fait cette recherche sous la direction de KÜLZ, et KÜLZ en a conclu que dans les conditions normales il y a, d'une manière tout à fait satisfaisante, la même teneur en glycogène, non seulement dans les deux extrémités du corps, mais encore dans les deux moitiés du corps. Pourtant le tableau de KÜLZ et de CRAMER, que nous avons donné plus haut, si on le regarde avec attention, montre dans les expériences comparables des différences, pour le numéro 1, de 23,2 p. 100; pour le numéro 2, de 16, 1 p. 100; pour le numéro 3, de 19, p. 100; pour le numéro 4, de 2 p. 100; pour le numéro 5, de 11,1 p. 100. Par conséquent le membre traversé par un courant chargé de sucre pouvait fort bien garder la même quantité de glycogène, et cependant en donner tantôt plus, tantôt moins, que l'autre membre pris comme témoin.

Dans 11 expériences il s'en trouva 3 où il y eut augmentation, 11 où il y eut diminution de glycogène. Des 3 expériences qu'il considère comme positives, il en est une que KÜLZ lui-même regarde comme incertaine (numéro 1). Quant aux deux autres, on constate une fois une augmentation de 47,7 p. 100; et une autre fois, de 12, 9 p. 100. Les autres expériences, négatives, ont donné des différences qui allaient jusqu'à 125 p. 100. Donc assurément le laborieux travail de KÜLZ n'a pas donné de résultats certains. Mais, comme KÜLZ conclut des deux résultats positifs qu'il a obtenus, que le muscle est capable de faire du glycogène, je devais examiner la question d'une manière approfondie. Au surplus, on voit bien que KÜLZ, dans ses conclusions, n'est pas tout à fait certain de la force démonstrative de ses expériences.

En voyant, dans l'expérience de BRODIE et K. GRUBE, que la transfusion de sang sucré à travers le foie après la mort chez un animal à sang chaud, a fait croître la quantité de glycogène hépatique, et en se rappelant que KÜLZ, chez des grenouilles sans foie, n'a pas pu faire, par des injections de sucre, croître le glycogène musculaire, que de même le passage du sang sucré à travers les muscles d'un chien n'a donné que des résultats presque négatifs, on doit regarder comme très douteux que la fibre musculaire puisse faire du glycogène. Mais naturellement il ne faut jamais regarder comme certaines des expériences négatives : et les propriétés si différentes du glycogène musculaire et du glycogène hépatique, notamment vis-à-vis de l'iode, exigent beaucoup de prudence dans toute conclusion.

CHAPITRE V

DESTRUCTION DU GLYCOGÈNE.

Parmi les nombreux constituants des cellules animales, il y a deux substances qui se distinguent de toutes les autres par une propriété commune; à savoir, que, pendant que toutes les autres substances se trouvent dans la cellule en proportions déterminées et peu variables, le glycogène et la graisse peuvent au contraire exister dans une cellule, et spécialement dans la cellule hépatique, en des proportions qui varient énormément. Une autre propriété du glycogène et de la graisse, c'est qu'aucune autre substance constituante de la cellule hépatique ou de la cellule musculaire n'est capable de diminuer ou d'augmenter avec tant de rapidité et dans des proportions si considérables. Un excès d'alimentation accumule le glycogène ; un travail musculaire énergique ou une oxydation plus intense le font disparaître : d'où il suit que le glycogène et la graisse ne peuvent pas être considérés comme éléments essentiels de la cellule vivante, mais bien comme aliments de ces cellules.

Le glycogène est du sucre condensé ; il sert à la nutrition en devenant du sucre. Les conditions de la transformation du glycogène en sucre ont été déjà bien établies par Claude Bernard. Il a montré que, par l'ébullition avec les acides minéraux ou par les ferments, comme la diastase, la salive et le suc hépatique, le glycogène se transforme en sucre, tout comme l'amidon végétal.

Il s'agit d'abord de savoir la nature du sucre ainsi formé.

Musculus et Mering ont les premiers démontré rigoureusement qu'il s'agit de glycose (*Z. p. C.*, II, 416). Du foie fraîchement enlevé d'un chien ils ont pu extraire plusieurs grammes de glycose, qu'ils ont chimiquement déterminé par ses propriétés optiques, sa puissance réductrice et sa fermentation. Plus tard ils ont pu constater avec certitude l'existence de maltose. Pavy a aussi montré que, entre le glycogène et le glycose, les substances intermédiaires, dextrine et maltose, peuvent se trouver dans le foie; car le sucre du foie a une puissance réductrice moindre que le glycose, et même moindre que le maltose. Pavy conclut à l'existence de dextrine (*loc. cit.*, 1894, 125 et 132).

E. Külz a repris la question. Il a préparé du glycose avec le foie d'un chien en rigidité cadavérique. « Une solution fraîche de ce glycose ainsi préparé donnait la double polarisation. Des quantités déterminées en furent prises, pesées et séchées sur l'acide sulfurique et dissoutes dans l'eau. Dans trois solutions différentes on fit la titration et on prit la déviation polarimétrique : les résultats en furent aussi satisfaisants qu'on pouvait l'espérer. Comme preuve particulièrement démonstrative, il faut noter ce fait qu'on a pu préparer des quantités notables de la combinaison du chlorure de sodium avec le glycose. » Külz insiste sur les erreurs qui ont été commises dans l'étude de cette question, mais il est inutile de reproduire ici cette critique.

Avec Vogel, Külz a réussi à préparer avec le foie de veau les osazones du maltose et de l'isomaltose (*C. W.*, 1894, n° 14; et *Z. B.*, 1894, XXXI, 108). Immédiatement après la mort de l'animal, le glycogène du foie se transforme en sucre. Mais ce phénomène chimique ne se produit avec grande intensité que pendant les premières minutes : au bout de quelque temps il marche avec une telle lenteur que pendant plusieurs jours on peut encore trouver dans le foie des quantités considérables de glycogène. On doit alors se demander si cette formation de sucre dans le foie est un phénomène physiologique dépendant de l'activité du protoplasma musculaire ou un phénomène de fermentation.

En 1873, Wittich (*A. g. P.*, 1873, VII, 28), par l'étude du ferment du foie, a apporté des preuves indiscutables pour établir que la formation de sucre dans le foie n'est pas le résultat de l'activité vitale de la cellule hépatique. Il fit passer pendant plusieurs heures un courant d'eau à travers le foie enlevé du corps, en continuant jusqu'à ce que l'eau s'écoule incolore et sans contenir de sucre : puis le foie fut traité par l'alcool absolu, desséché et broyé dans un mortier avec de la glycérine; 24 heures après, la glycérine contenait déjà des ferments. Pour s'en assurer, on plaça deux échantillons glycérinés du foie dans 2 vases. A l'un de ces vases on ajouta 25 cc. d'eau distillée; à l'autre, une quantité égale d'empois d'amidon, et dans un troisième vase on mit de l'empois d'amidon sans extrait hépatique. Quatre heures après on essaya les trois liquides avec la liqueur de Fehling. L'amidon pur ne donna point de réaction. Dans 10 cc. du mélange de l'extrait glycérique avec l'eau, il n'y avait que des traces de sucre, tandis que dans la liqueur constituée par l'extrait hépatique glycériné et l'amidon, il y eut décoloration de la liqueur de Fehling et abondante précipitation d'oxydule de cuivre.

Wittich en conclut que le foie complètement lavé et privé de sang contient un ferment diastasique évident, lequel peut être, par la glycérine, extrait du foie durci par l'alcool. Comme Wittich a trouvé aussi ce ferment diastasique dans la bile et dans le foie lavé à maintes reprises, et que, malgré le lavage, il a pu toujours en extraire du ferment, il conclut que ce ferment ne vient pas du sang, mais de la cellule hépatique.

Pavy a aussi, d'une manière démonstrative et en concordance avec Claude Bernard, prouvé que la formation de sucre qui se produit dans le foie immédiatement après la mort est un phénomène de fermentation, et qu'elle se produit indépendamment de l'activité du protoplasma vivant. D'après Pavy (*loc. cit.*, 144), le foie normal vivant ne contient que de très faibles quantités de sucre; 1 à 4 pour mille. Deux minutes après la mort de l'animal, la proportion de sucre augmente rapidement, jusqu'à être de 12 à 15 pour mille, et 18 à 24 heures après on trouve communément de 20 à 35 pour mille. En comparant la quantité de sucre, deux minutes après la mort et celle qui se produit plusieurs heures après, on voit que la formation du sucre est beaucoup plus rapide au début que plus tard (*loc. cit.*, p. 136, 1894).

Pavy s'élève contre l'opinion de Foster (*Text book of physiology. Appendix by* Sheridan Lea, 58, 98) et de Paton (*Hepatic glycogenesis. Trans. of the Roy. Soc.*, 1894) d'après lesquels la formation de sucre aux dépens du glycogène serait un processus vital de la cellule hépatique, et il donne de très belles et décisives expériences. « On sait, dit-il, que les ferments peuvent être précipités par l'alcool sans perdre leur activité : le foie traité par l'alcool et desséché donne un produit que l'on peut indéfiniment conserver (*loc. cit. An Epicriticism*, 1895, 73).

Si l'on prend la poudre de ce foie desséché et qu'on la mette à macérer dans de l'eau à une température convenable, tout le glycogène se change en sucre en six ou sept heures, et la moitié même de cette transformation s'effectue en une demi-heure.

Noël Paton a objecté à F. Pavy que la transformation du glycogène en sucre est due à l'activité vitale des cellules (*Hepatic glycogenesis. Philos., Trans.*, CLXXXV, 1894). Paton a broyé le tissu hépatique frais avec du sable, de manière à abolir la vie des cellules par la destruction de leur organisation morphologique. Si la formation de sucre est due à un enzyme, elle doit continuer après le broiement des cellules; mais, si elle est un processus vital, elle doit être suspendue. Or Paton semble conclure de ses recherches qu'il s'agit d'un processus vital; mais Pavy a démontré, par de nombreuses expériences, que l'opinion de Paton était sans fondement (*loc. cit.*, 74).

On a aussi objecté à l'hypothèse d'une transformation du sucre par un ferment que, dans la plupart des recherches, l'action des microbes n'avait pas été suffisamment éliminée, et que les enzymes connus de l'organisme ne peuvent transformer le glycogène qu'en dextrine et maltose, alors que dans le foie il se forme du glycose. Dastre (*A. d. P.*, 1888) a cherché alors à empêcher l'activité vitale des cellules, en chauffant le foie à 50°, ou en le refroidissant, supposant qu'en opérant ainsi on n'altère pas les enzymes. Or, comme les extraits hépatiques traités de cette manière ne fournissent pas de sucre, Dastre en conclut que la formation de sucre est un processus vital. Mais il n'a pas démontré ceci, qui est hypothétique, que le ferment inconnu du foie n'est pas détruit par la température de 50°.

D'ailleurs, la question a été abordée par des méthodes plus décisives, et elle a conduit plutôt à l'hypothèse d'une transformation du sucre par un ferment. Salkowski (*D. med. Woch.*, 1888, n° 16 et *A. P.*, 1890, 554) a fait remarquer que le chloroforme en solution aqueuse est un moyen précieux pour séparer l'action des ferments solubles de l'action des ferments organisés, car le chloroforme suspend les opérations dues au protoplasma vivant, tandis qu'il laisse intacte l'action des enzymes et des ferments solubles. Déjà, en 1889, E. Salkowski (*C. W.*, 1889, n° 13, 228) et Otto Nasse (*Rostocker Zeitung*, 1889, n° 105) avaient montré que la formation de sucre se continue dans l'eau chloroformée, et dépend d'un ferment soluble.

L'expérience fondamentale de Salkowski est la suivante : On donne à un lapin dans l'estomac 10 grammes de sucre de canne en dissolution dans l'eau, puis, dix-sept heures après, on le sacrifie ; on lui prend le foie, en enlevant la vésicule biliaire et les principaux conduits biliaires; après l'avoir haché et broyé, on sépare ce foie en deux parties de 23 grammes chaque ; l'une est mise dans un flacon avec 400 cc. d'eau chloroformée (flacon A). L'autre (flacon B) est portée à l'ébullition, pour être stérilisée, et placée ensuite dans un flacon avec 400 cc. d'eau chloroformée. On laisse digérer les deux flacons pendant 68 heures, on filtre et on épuise par l'eau. L'extrait A est jaune clair, limpide, tandis que l'extrait B est fortement opalescent. Les deux extraits sont concentrés, et ramenés à 500 cc. ; puis filtrés sur des filtres secs. On trouve alors que le flacon A contient beaucoup de sucre, mais pas de glycogène ; tandis que l'extrait B, qui ne contient que des traces de sucre, contient beaucoup de glycogène. En dosant ce sucre et en le ramenant à 1000 grammes de tissu hépatique, on trouve qu'il y a dans le flacon A 48gr,28 de sucre, et dans le flacon B, 3gr,65.

Ces recherches ont été confirmées par Arthus et Huber (*A. d. P.*, 1892, 651). Ces savants ont établi que des solutions contenant 1 p. 100 de fluorure de sodium abolissent toute activité cellulaire, et n'altèrent pas l'activité des ferments solubles. Les fragments d'un foie lavé mis dans cette solution de fluorure de sodium ont conservé intacte la puissance de faire du sucre ; et, ce qui est plus important, des extraits hépatiques dans des solutions de fluorure de sodium avaient conservé, après des semaines et des mois, leur aptitude à transformer le glycogène en sucre.

Enfin, les recherches de Röhmann et Bial ont pu résoudre une difficulté qui avait embarrassé quelques physiologistes, à savoir que le ferment du foie se distingue des autres diastases connues, par ce fait qu'il transforme le glycogène non seulement en maltose, mais encore en glycose. Or M. Bial a trouvé qu'il existe, dans le sérum du sang, et non dans les globules, un ferment qui transforme le glycogène et l'amidon en glycose. Si l'on précipite le sérum du sang avec dix fois son volume d'alcool additionné d'éther, et qu'on dessèche le précipité d'albumine à l'air, on obtient une poudre qui, traitée par la glycérine, abandonne son principe saccharifiant (*A. g. P.*, 1892, LII, 149). Cette puissance de saccharification disparaît par la coction du sérum ; quant à la formation de sucre, au début elle est très active, mais elle se ralentit peu à peu, à mesure que s'accumulent les produits de fermentation, ce qui est un caractère générique. Après action du sérum du sang sur l'amidon, on trouve un chiffre de réduction dont le maximum répond au chiffre qu'on obtient en faisant bouillir l'amidon avec l'acide chlorhydrique. Cent parties d'amidon sec ont donné par l'ébullition avec l'acide chlorhydrique dilué 86 p. 100 de sucre, tandis que le ferment diastasique du sérum a donné 85, 87 et 88 p. 100. Dans les mêmes conditions, le ferment du pancréas a donné des chiffres de réduction d'environ 50 p. 100. En outre, on peut dire que ce sucre est formé par le sérum du sang et du glycose ; car, après qu'on en a séparé l'albumine, on obtient des chiffres de polarisation qui sont identiques aux chiffres de réduction, en supposant, bien entendu, qu'il s'agit dans les deux cas de dextrose. Röhmann (*D. Chem. Ges.*, 1892, XXV, 3654) a combiné le sucre obtenu par le ferment du sang au chlorure de sodium, ce qui donne une combinaison cristallisée qu'on peut chimiquement déterminer par l'analyse élémentaire, la teneur en chlore, la puissance de réduction, la fermentation, le point de fusion de son ozazone. M. Bial a établi, en outre, que le ferment du sérum ne transforme pas directement l'amidon en glycose, et il a pu montrer qu'il existe probablement un corps intermédiaire, qui serait le maltose (*A. g. P.*, 1893, LIV, 73).

Il n'y a donc pas lieu de douter du ferment soluble transformant le glycogène en sucre, puisque le glycogène peut être transformé en glucose. Bial considère le ferment diastasique du foie comme un ferment du sang ayant pénétré dans la cellule hépatique. L'explication la plus simple et la plus naturelle qu'on puisse donner pour le mécanisme de la formation de sucre dans le foie des êtres vivants est aussi celle qui nous montre une transformation du glycogène par un enzyme contenu dans le sang et dans la lymphe, et c'est une hypothèse qui s'applique à tout ce qu'on sait sur les phénomènes chimiques qui se passent dans le foie après la mort (*A. P.*, 1901, 255). Mais cela n'est point fondé. Le fait qu'il y a dans le sérum un ferment agissant d'une manière analogue au ferment hépatique, ne nous permet pas de conclure que le ferment du foie soit dû à la migration du ferment du sang. Il pourrait tout aussi bien se faire que ce ferment puissant fût dû à la migration du ferment hépatique; car les cellules vivantes, et notamment les cellules glandulaires, sont les organes où se forment les enzymes, et, de même que nous savons que les diastases de la salive et du suc pancréatique se forment dans les cellules des glandes salivaires et pancréatiques, de même nous pouvons considérer la diastase hépatique comme un produit de la cellule hépatique.

Ainsi c'est un fait positif que le glycogène du foie est transformé en glycose par un ferment.

Pourtant SEEGEN a prétendu que le sucre formé ne provient pas seulement du glycogène, mais encore d'autres substances : peptone et graisse. Mais les méthodes de SEEGEN pour le dosage du glycogène, et même du sucre, sont d'une exactitude qui laisse beaucoup à désirer, et on comprend qu'il est difficile de résoudre le problème posé. D'ailleurs d'habiles expérimentateurs ont tenté de contrôler les faits indiqués par SEEGEN (SEEGEN et KRATSCHMER, *A. g. P.*, XXII, 1880) et ils n'ont pu les confirmer. Ils ont vu que le sucre qu'on trouve dans le foie quelque temps après la mort correspond sensiblement à la quantité de glycogène qui a disparu pendant le même temps. On doit mentionner ici les travaux de R. BÖHM et F. HOFFMANN (*A. g. P.*, XXIII, 1880, 205), H. GIRARD (*A. g. P.*, XLI, 1887, 294), N. ZUNTZ et CAVAZZANI (*A. P.*, 1898, 539).

Action du système nerveux sur la formation du sucre dans le foie. — Tout aussi importante que la découverte du glycogène est la découverte de ce fait que le système nerveux exerce une influence puissante sur la transformation du glycogène en sucre. Le grand honneur de ces deux découvertes est dû à CLAUDE BERNARD seul.

Voici comment, avant d'avoir isolé le glycogène, CLAUDE BERNARD décrit le fait pour la première fois (*Leç. de Physiol. Expérimentale*, 1855, I, 299) : « Si l'on pique un certain point de la moelle allongée d'un animal carnivore ou herbivore, le sucre, après un certain temps, se répand dans l'organisme en si grande abondance qu'il en apparaît dans les urines. Voici l'instrument dont nous nous servons pour pratiquer cette piqûre (Fig. 14, p. 298). Il se compose d'une tige aplatie par une de ses extrémités, amincie et tranchante comme un petit ciseau. Au milieu de la lame et dans l'axe de l'instrument la tige se prolonge par une petite pointe très aiguë, longue de 1 millimètre environ. Vous comprendrez l'usage de cet instrument quand je vous aurai indiqué le point où il faut le porter. » L'expérience a d'abord été faite sur des lapins. Il s'agit de piquer le plancher du quatrième ventricule. Le point qu'il s'agit de toucher peut être limité en haut par une ligne transversale qui unit les deux tubercules de WENZEL (origine des nerfs acoustiques). En bas, par une ligne qui va d'une origine d'un pneumogastrique à l'autre. On saisit fortement la tête du lapin de la main gauche pendant qu'un aide tient solidement les quatre pattes, pour empêcher l'animal de faire aucun mouvement. Puis, on plante la pointe de l'instrument sur la ligne médiane, dans le tissu spongieux de l'os occipital, exactement en avant de la bosse occipitale supérieure. Alors on presse d'une manière continue en faisant exécuter de légers mouvements de latéralité pour faire enfoncer les parties tranchantes de l'instrument, et on tâche de lui faire croiser sur la ligne médiane une ligne qui s'étendrait d'un conduit auriculaire à l'autre. On dirige l'instrument avec beaucoup de précautions dans cette direction jusqu'à ce qu'on atteigne l'os basilaire. Alors l'on retire l'instrument, et on a ainsi traversé le crâne, le cervelet, les couches postérieures et moyennes de la moelle allongée, mais la partie large et tranchante de l'instrument n'aura pas lésé d'une manière sensible la couche antérieure de la moelle qui aura seulement été traversée par la pointe de l'instrument. On a évité ainsi une lésion grave et on comprend maintenant la raison de la présence de cette pointe. Si l'on a réussi à atteindre exactement la ligne médiane du plancher du quatrième ventricule, on ne remarque pas d'abord qu'il y ait après cette piqûre de troubles quelconques. Une ou deux heures après la piqûre, le sucre apparaît dans l'urine. Or ce diabète artificiel ne dure pas longtemps, mais disparaît quelquefois; cependant, il persiste chez les lapins de cinq ou six heures, rarement de vingt-quatre heures. Chez les chiens atteints de diabète artificiel, les effets de la piqûre du bulbe durent plus longtemps. BERNARD a observé un cas dans lequel l'élimination du sucre a duré sept heures (*Loc. cit.*, 412). La quantité de sucre qui est alors éliminé par l'urine n'est jamais considérable : elle ne dépasse pas, comme le remarque HÉDON, 2 à 3 p. 100.

CLAUDE BERNARD dit s'être assuré qu'après cette piqûre bulbaire la teneur en sucre du sang et du foie a augmenté. Or, comme beaucoup d'expérimentateurs divers ont établi que si, pour une cause quelconque, la teneur du foie en sucre dépasse 0,3 p. 100, alors le sucre passe dans l'urine. On ne peut pas douter que cette piqûre bulbaire n'augmente la teneur du sang en sucre. BOCK et HOFFMANN (*Exper. Studien über Diabetes*, Berlin, Oliven, 1874). BOCK et HOFFMANN, dans des recherches très détaillées, ont montré qu'après la piqûre bulbaire le sucre du sang augmente de 0,1 à 0,4 p. 100, mais les méthodes analytiques employées par eux ne donnent pas de certitude absolue.

La piqûre du bulbe produit aussi de la glycosurie chez les oiseaux, d'après M. BERNHARDT (*A. A. P.*, 1874, LIX, 407) et chez les grenouilles, d'après M. SCHIFF (*Unters. über die Zuckerbildung*, etc., Würzburg. 1859).

Plus tard, CLAUDE BERNARD (*Leçons sur le diabète*, 1877, p. 380) a montré que la piqûre bulbaire réussit mal, ou ne réussit pas, quand les animaux sont restés longtemps sans prendre de nourriture, et des expériences importantes confirmatives de cette opinion de CLAUDE BERNARD ont été faites par F. DOCK, sous la direction de L. HERMANN (*A. g. P.*, 1872, V, 571). Quand DOCK piquait le bulbe de lapins ayant jeûné depuis quatre ou cinq jours, on n'observait pas de glycosurie. Des expériences de contrôle montraient qu'après une pareille période de jeûne les lapins n'avaient plus de glycogène dans le foie, ou n'en avaient plus que des traces. Essentiellement les expériences de DOCK ont été confirmées par NAUNYN (*A. P. P.*, III, 85). Mais NAUNYN n'a pas eu des résultats aussi nettement négatifs. Cela se comprend sans peine, car l'absence totale de glycogène dans le foie d'un lapin après quatre ou cinq jours de jeûne dépend en grande partie de l'état de sa nutrition au moment où commence la période d'inanition.

Ces expériences prouvent que l'origine du sucre après la piqûre du bulbe est bien le glycogène, mais il ne s'ensuit pas nécessairement que le glycogène des muscles ne joue aucun rôle.

Il s'agit maintenant de savoir quelles relations la piqûre de la moelle allongée peut avoir avec la transformation du glycogène en sucre. Et cela a été aussi expliqué par CLAUDE BERNARD : il a prouvé que la lésion bulbaire agit sur le foie par l'intermédiaire de la moelle et des nerfs splanchniques.

Nous avons d'abord à rappeler la découverte de CLAUDE BERNARD, d'après laquelle les nerfs vagues excitent le centre glycosoformateur de la moelle allongée.

Voici comment il décrit l'expérience (*Leçons de physiologie expérimentale*, 1855, I, p. 333). « Si l'on fait la piqûre bulbaire après la section des deux nerfs vagues au cou, les effets sont les mêmes que si les nerfs vagues n'avaient pas été coupés. Par conséquent ce n'est pas par la voie de ces nerfs qu'est conduite l'excitation qui se transmet du centre glycosoformateur au reste de l'organisme. »

Voilà pourquoi, si l'on excite le bout périphérique du nerf vague sectionné, on n'observe pas de glycosurie, tandis que, si l'on excite le bout central, lequel est encore en relation avec la moelle allongée, on observe la glycosurie aussi bien qu'après la piqûre de bulbe. CLAUDE BERNARD donne à ce sujet l'exemple suivant. « Chez un chien en pleine digestion il excite fortement les deux bouts centraux des nerfs vagues pendant six à dix minutes, et après un repos d'une heure on les électrise de nouveau. L'excitation du nerf vague de droite provoqua l'expulsion des aliments par le vomissement et l'arrêt respiratoire, tandis que l'excitation du pneumogastrique gauche ne produisit pas de vomissements, et n'amena pas si facilement l'arrêt des respirations. Une heure après on fit encore l'électrisation, et l'on prit aussitôt après ses urines en le sondant. Les urines étaient devenues alcalines, d'acides qu'elles étaient avant l'opération, et elles contenaient très manifestement du sucre. Le lendemain l'animal n'était pas mort, ses urines étaient toujours alcalines, mais elles ne renfermaient plus de sucre. Le jour suivant, ce chien étant mort, on fit son autopsie, et ni son foie ni aucun tissu ou liquide du corps ne contenaient de sucre. L'expérience fut répétée sur un autre chien également en digestion : on galvanisa de la même manière que précédemment les bouts centraux des nerfs vagues, et l'on obtint le passage du sucre dans les urines, qui devinrent alcalines. Alors on sacrifia l'animal par la section du bulbe rachidien, et l'on trouva le sucre répandu partout; dans le sang de la veine porte, dans le sang des veines hépatiques, dans le sang du cœur droit et dans le sang du cœur gauche. Toutefois le sang des veines hépatiques fut celui qui contenait le plus de sucre. Il existait dans le péricarde un épanchement de sérosité qui était très sucrée. Le tissu du foie dosé donna 1gr,415 p. 100 de sucre. »

Ici nous devons indiquer l'autre découverte de Claude Bernard que la section des nerfs vagues au cou arrête la production de sucre dans le foie. Il en conclut que le centre diabétique de la moelle allongée a besoin pour produire du sucre de l'excitation permanente qui lui vient des nerfs vagues, et par conséquent, comme il le dit avec raison, la production de sucre après l'excitation des nerfs vagues est un processus réflexe. Il croit en outre que ce sont les rameaux intrapulmonaires des nerfs vagues qui contiennent ces fibres agissant sur le centre glycosoformateur du bulbe. En effet, si l'on coupe les nerfs vagues au-dessus du foie et au-dessous des branches qu'ils envoient aux poumons, on voit que la formation de sucre dans le foie n'est pas arrêtée. Par une très ingénieuse expérience (*Leçons de physiologie expérimentale*, 1855, I, 338 : voyez aussi p. 412), il fait la section des nerfs vagues dans la cavité thoracique, sacrifie l'animal le jour suivant, et montre que le foie contient autant de sucre que de coutume. Ce point sera d'ailleurs exposé avec détails plus tard. E. Külz (*A. g. P.* XXIV, 1881, 100) a pris le nerf vague après son passage à travers le diaphragme et pense que, en ce point, il n'a pas, au point de vue de la formation du sucre, des effets différents des nerfs vagues au cou. Mais il n'y a pas d'autres détails sur ce point, si bien que nous ne savons guère juger à quel point est justifiée cette contradiction avec Claude Bernard.

L'importante découverte de Claude Bernard relative à la fonction réflexe du nerf vague comme excitateur de la production de sucre a été reprise avec détail par Eckhardt. D'abord Eckhardt (*Beiträge zur Anat. und Physiol.*, VIII, 1879, 77) établit que la simple section d'un seul des nerfs vagues provoque une glycosurie de courte durée, à condition que l'expérience soit faite sur un animal en bon état de nutrition. Évidemment il faut supposer que l'expérience ne réussit que s'il y a du glycogène amassé dans le foie en quantité suffisante. Une belle et instructive expérience d'Eckhardt est la suivante. On prend l'urine d'un lapin sain et vigoureux, et on constate qu'il n'y a pas de sucre. Alors on coupe le pneumogastrique gauche, et au bout d'une heure on retire 17 cc. d'une urine riche en sucre. Deux heures après l'urine ne contient que des traces de sucre. Alors on excite le bout central du nerf vague pendant trois quarts d'heure avec des intervalles de cinq à six minutes entre chaque excitation, laquelle dure une minute et demie. Quand ces excitations sont terminées, on retire 14 cc. d'urine et, par la liqueur de Fehling on constate que cette urine contient beaucoup plus de sucre qu'il n'en avait été produit dans l'urine précédente par le fait de l'excitation qu'avait déterminée la section du vague. Dans les trois heures qui suivirent, l'urine éliminée était chargée de sucre. On fit alors la suture de la plaie, et l'animal fut abandonné à lui-même; or, le lendemain matin, l'urine recueillie ne contenait plus de sucre. Alors, comme le jour précédent, on recommença de nouveau l'excitation électrique pendant trois quarts d'heure, et de nouveau le diabète reparut, pour durer plusieurs heures. Cette expérience fut répétée par Eckhardt pendant plusieurs jours consécutifs. Le matin l'urine ne contenait pas de sucre; mais le sucre reparaissait après l'excitation, et la glycosurie durait plusieurs heures. On a là par conséquent la preuve que le diabète peut être déterminé par l'excitation du bout central du nerf vague agissant par voie réflexe, et Eckhardt remarque avec raison que le diabète observé après une section unilatérale du pneumogastrique, diabète très passager, doit être considéré comme étant d'origine réflexe.

L'excitation des centres diabétiques pourrait agir sur toutes les parties du corps qui contiennent du glycogène ou d'autres hydrates de carbone. Claude Bernard a montré que ce centre n'agit que sur le foie et qu'il n'agit que par l'intermédiaire du système nerveux, et il en a fait la preuve en coupant la moelle à différentes hauteurs au-dessous de la moelle allongée; ce qui, suivant le siège de la section, arrête ou laisse persister l'activité du centre diabétique bulbaire (*Leçons*, etc., 1854, 330).

Les voies conductrices de l'excitation résident dans les parties supérieures de la moelle; car la section de cet organe au-dessous de la première vertèbre dorsale suspend l'action du centre bulbaire sur la formation de sucre. J'ai traduit cette phrase comme je la comprends, car CLAUDE BERNARD s'exprime d'une manière qui n'est pas très claire. « Les régions supérieures de la moelle, dit-il, pouvaient seules être mises en cause, car en dépassant la première vertèbre dorsale je ne produisais plus le phénomène (*Leçons sur le diabète*, 1877, 371). L'excitation efficace se transmet donc par la moelle jusqu'à la hauteur de la première paire rachidienne, et à partir de ce point elle suit la seule route qui conduise au foie, le grand et le petit splanchnique, branche du sympathique. L'action nerveuse est donc toujours transmise finalement au tissu hépatique. »

F. W. PAVY (*Diabetes mellitus*, 1864) a montré, en concordance avec CLAUDE BERNARD, que l'excitation de la moelle au niveau du renflement brachial peut amener la glycosurie.

ECKHARDT a confirmé d'une manière extrêmement intéressante l'opinion de CLAUDE BERNARD (*Beiträge zur Anat. und Physiol.*, IV, 138). Il a prouvé d'une manière positive que la piqûre bulbaire produit du sucre, même après la section des nerfs vagues et des nerfs sympathiques, mais qu'elle est sans effet après qu'on a coupé les nerfs splanchniques.

Comme dans cette expérience le système nerveux central peut agir sur tout l'organisme, puisque les seules parties innervées par les splanchniques sont soustraites à cette action bulbaire, il est prouvé par là rigoureusement que le glycogène existant dans l'organisme en d'autres régions que dans le foie n'est pas touché par la piqûre du bulbe. *Par conséquent, la piqûre du bulbe n'agit que dans les organes innervés par les splanchniques, c'est-à-dire uniquement sur le foie.*

C'est là une proposition trop importante pour que nous ne tentions pas d'en donner encore une preuve. Si l'on coupe les nerfs splanchniques et qu'ensuite on constate que la piqûre du bulbe est sans effet au point de vue de la glycosurie, cela peut avoir pour cause soit qu'on n'a pas touché le point spécial du plancher du quatrième ventricule, soit qu'on n'a pas réussi à faire convenablement la section des nerfs splanchniques. Les deux cas ont été observés par CLAUDE BERNARD, qui les expose avec détail. (*Leçons sur la physiol. et la pathol. système nerveux*, II, 528. Piqûre du bulbe n'ayant pas réussi, p. 528. Section des splanchniques n'ayant pas réussi, p. 439.) Aussi ECKHARDT a-t-il institué une nouvelle expérience qui lui permet de faire sur le lapin la piqûre du bulbe avec un succès certain. Il met à nu le plancher du quatrième ventricule, en enlevant la membrane occipitale, qui s'étend de l'occipital à l'atlas, si bien qu'il peut voir à découvert la région qu'il s'agit de piquer (*Beiträge zur Anat. ùnd Physiol.*, IV, 1869, 11, et VIII, 77, 1879). Dans ces conditions il n'y a plus un seul insuccès. Quant aux nerfs splanchniques, il les coupe au-dessus du diaphragme et en dehors du péritoine, en opérant à découvert sur ces nerfs. Or, après une section faite dans ces conditions, la piqûre du bulbe, sans exception, n'a pas amené de glycosurie.

ECKHARDT avait trouvé, au point de vue de l'action excito-réflexe des nerfs vagues sur le foie, que la section simple suffit pour amener une glycosurie de courte durée, qu'on peut considérer comme un diabète dû à une excitation réflexe. Or, d'après GRÆFE (KRAUSE, *Annotationes ad diabetem*, Halis Saxonum, 1863) et V. HENSEN (*Eckhardt's Beiträge*, etc., IV, 1869, 7), c'est le cas aussi après la section des nerfs splanchniques; mais ECKHARD dit qu'il a une centaine de fois fait la section des nerfs splanchniques, et que jamais il n'a observé de glycosurie consécutive. D'autre part, ECKHARDT (*loco citato*, IV, 10) a excité électriquement les nerfs splanchniques, et, ce qui est difficile à concevoir, il n'a jamais vu survenir de glycosurie. Par conséquent, le nerf qui, après piqûre du bulbe, transmet l'excitation au foie, et le provoque à former du sucre, ne peut pas produire cet effet après une excitation électrique.

ECKHARD (*loco citato*, IV, 11 *et suiv.*) expliqua en partie ces contradictions par une découverte qui serait de grande importance pour la physiologie générale des nerfs. Par des méthodes opératoires très habilement ménagées, il a mis à nu les ganglions thoraciques et le ganglion cervical inférieur du sympathique. Alors, en coupant les voies nerveuses unissant ces ganglions l'un à l'autre, il n'a jamais obtenu de glycosurie. Mais, en sectionnant le ganglion cervical inférieur, il observait un diabète tout aussi intense que celui qu'on peut constater après la piqûre du bulbe. Ce diabète atteint son maximum dans les deux premières heures qui suivent l'opération, diminue pendant les quatre ou cinq heures suivantes; puis reste encore pendant quelque temps à l'état de traces, si bien qu'on peut encore, au bout de vingt-quatre heures, en constater quelques vestiges. La section des premier et second ganglions thoraciques avait le même effet, encore que plus faible. Quant aux autres ganglions, on ne peut faire cette même opération, car on ne peut guère les atteindre directement. ECKHARD a alors coupé les rameaux communiquants du ganglion cervical inférieur et du premier ganglion thoracique, et, à la suite de cette opération, il a vu survenir, quoique irrégulièrement, de la glycosurie.

Ce fait énigmatique, que l'excitation hépatique produisant du sucre n'est pas due aux nerfs splanchniques eux-mêmes, mais aux ganglions dont ils partent, n'est pas sans présenter quelques analogies avec des faits connus. On sait qu'après guérison de certaines paralysies motrices, chez l'homme, il se produit parfois des altérations nerveuses telles que le tronc nerveux ne peut plus être excité directement par l'électricité, tandis que la volonté peut encore mettre en jeu l'action nerveuse et déterminer par conséquent des contractions musculaires. Or l'excitation nerveuse qui a son point de départ dans la cellule ganglionnaire paraît être un mouvement moléculaire spécial qui excite les fibres nerveuses, plus facilement que toute autre excitation extérieure. MARC LAFFONT (*Journal de l'Anatomie et de Physiologie*, XVI, 347) a donné une expérience qui confirme ces faits. Il a montré que la piqûre du bulbe devient inefficace à produire la glycosurie, quand on a coupé les trois premières paires dorsales. Ce qui est intéressant aussi, c'est de voir la glycosurie, provoquée au préalable par la piqûre du bulbe, s'arrêter après la section de ces trois troncs nerveux. L'expérience prouve donc qu'il y a dans le bulbe un centre qui, pour provoquer la glycosurie, envoie ses excitations au foie par la voie des nerfs splanchniques.

Nous devons à C. ECKHARD (*Beiträge*, etc., 1879, VIII, 87) des expériences importantes qui montrent bien le rôle de la moelle dans ces phénomènes. Après section de la moelle au niveau des 9e et 11e vertèbres (soit 2e et 4e cervicale) la piqûre du bulbe provoque encore la glycosurie. (Ailleurs, p. 89, ECKHARD dit que la piqûre bulbaire est inefficace, quand est faite la section de la moelle au niveau des 10e et 11e vertèbres, soit 3e et 4e cervicale.) A la région inférieure du cou, ou dans les parties supérieures de la moelle dorsale, il existe donc beaucoup de fibres nerveuses allant au foie par les nerfs splanchniques, lesquels suffisent pour conduire l'excitation des centres au foie. Mais, comme d'autres faisceaux vont aux régions inférieures de la moelle pour donner naissance aux splanchniques, on comprend que la section de ces parties inférieures de moelle excitent d'une manière passagère ces filets du splanchnique, de manière à provoquer une glycosurie de courte durée. ECKHARD a remarqué qu'après section de la moelle au niveau des 11e à 16e vertèbres (4e à 9e dorsale), il se produit souvent, mais non toujours, une glycosurie qui dure peu de temps. Nous devons mentionner aussi que, d'après E. CAVAZZANI (*A. g. P.*, 1894, LVII), par l'excitation des plexus cœliaques il se fait du sucre dans le foie aux dépens du glycogène qu'il contient.

C'est ici le lieu d'indiquer une expérience de CLAUDE BERNARD (*Leçons de Physiologie expérimentale*, I, 1855, 363). Il s'agit d'un animal dont la moelle avait été coupée au-dessous de l'origine des nerfs phréniques et au-dessus du renflement brachial, et dont le foie ne contenait pas de sucre. Cette expérience jette peut-être quelque lumière sur la disparition du sucre du foie après section des nerfs vagues au cou. Pour que l'expérience réussisse, il faut ne sacrifier l'animal que 8 ou 10 heures après qu'on a fait la section de la moelle. Si l'on extrait rapidement le foie, on voit qu'il ne contient plus de sucre. Mais, comme la température, à la suite de la section médullaire, s'est fortement abaissée, il est possible que cet abaissement thermique soit la cause pour laquelle le ferment diastasique n'agit point. Et de fait le sucre augmente beaucoup, si l'on expose le foie à des températures de 40 à 50°. Quoique dans ce cas le bulbe soit resté plusieurs heures sans agir sur le foie, le foie contient encore du ferment.

Avant de laisser l'étude de l'influence nerveuse sur la formation du sucre dans le foie, nous devons faire remarquer que le diabète ordinairement provoqué par la morphine ou par l'injection dans les vaisseaux d'une solution de chlorure de sodium au 100e ne se produit plus, si l'on a au préalable fait la section des nerfs splanchniques. C'est probablement parce que la morphine et le chlorure de sodium exercent une excitation sur le centre glycoso-formateur de la moelle allongée. Les expériences relatives au diabète morphinique sont dues à C. ECKHARD (*Beiträge, etc.*, 1879, VIII, 77). Les expériences sur le diabète par le chlorure de sodium sont dues à E. KÜLZ (*Eckhard's*

Beiträge, etc., 1872, VI, 117). Le diabète chloruro-sodique a été provoqué sur le lapin par l'injection intraveineuse d'une solution à 1 p. 100 de chlorure de sodium. Il est assez remarquable que la même injection, à 1 p. 100 de bromure ou d'iodure de sodium, détermine bien de la polyurie, mais ne produit plus de diabète. D'autre part, l'acétate de sodium agit comme le chlorure et détermine de la glycosurie, mais celle-ci cesse d'avoir lieu lorsqu'on a fait la section des nerfs splanchniques. Chez le chien, l'acétate de sodium, et non plus le chlorure de sodium, produit de la glycosurie. Chez le lapin, on obtient aussi de la glycosurie par injection intra-veineuse de carbonates et de valérianate de sodium (KÜLZ, *Eckhard's Beiträge*, 1871, VI, 140). Ces expériences rendent très probable que, si certains sels et certains poisons produisent la glycosurie, c'est parce qu'ils agissent comme stimulants du centre de la moelle allongée; car ils demeurent sans effet si les nerfs splanchniques ont été coupés.

Le diabète produit par la strychnine relève aussi des diabètes d'origine nerveuse. O. LANGENDORFF, dans un travail fait avec son élève FR. GÜRTLER (*A. P... Suppl.*, 1886, 280; et GÜRTLER (*Der Strychnin Diabetes, Diss. in.*, Königsberg, 1886) a très bien montré que la strychnine ne produit pas de diabète si la moelle a été enlevée de manière à respecter les parties supérieures bulbaires. C'est l'excitation du foie qui produit la glycosurie : car, chez des grenouilles à foie enlevé, la strychnine ne provoque pas le diabète; et d'ailleurs le diabète est d'autant plus intense que le foie est plus riche en glycogène, ce qu'on voit en comparant le poids moyen du foie chez les grenouilles normales et les grenouilles diabétiques. LANGENDORFF a remarqué que le poids du foie va en croissant en même temps que la proportion de glycogène. Voici quelle a été la proportion du foie pour 100 gr. du poids du corps, chez des grenouilles d'hiver, pour 100.

	Normales.	Diabétiques.
Moyenne.	5,4	3,7
Minimum	3,6	2,5
Maximum	8,6	5,1

LANGENDORFF a aussi montré que les contractions tétaniques musculaires ne sont en rien la cause du diabète. Car, si l'animal est empoisonné par de fortes doses de strychnine, on sait, depuis les travaux de H. RŒBER (*A. P.*, 1870, 615) et de P. BONGERS (*A. P.*, 1884, 331) qu'il y a paralysie des nerfs moteurs, mais sans tétanos. Cependant la glycosurie est plus intense, ce qui tient, comme le remarque LANGENDORFF avec raison, à ce que les contractions musculaires brûlent une partie du sucre. Les grenouilles paralysées par le curare, et non diabétiques, deviennent, d'après LANGENDORFF (*A. P.*, 1884, 273), diabétiques, quoiqu'il n'y ait pas trace de contractions musculaires; mais l'expérience n'est pas tout à fait probante ; car le curare seul sans strychnine est capable de provoquer la glycosurie.

Ces faits établissent donc que la piqûre de bulbe, comme d'autres excitations nerveuses, produisent la glycosurie, parce que par là est activée la formation de sucre dans le foie. Or Moos (*Arch. für wiss. Heilk.*, IV, 37) a montré qu'il s'agit bien du foie; car la piqûre bulbaire est sans effet, quand les vaisseaux du foie ont été liés. Ce fait important a été encore confirmé par les recherches que MAURICE SCHIFF a instituées en 1859 sur des grenouilles et des crapauds (*Untersuchungen über die Zuckerbildung in der Leber*, Würzburg, 1859, 76). 8 grosses grenouilles de même taille et 8 *Pelophylax* sont rendus diabétiques par la piqûre du bulbe : chez tous ces animaux, il fut constaté, au bout de 2 à 4 heures 45, qu'il y avait du sucre dans l'urine. Alors on mit le foie à nu, et on le fit par une incision sortir du péritoine, puis on lia par un même fil les vaisseaux du foie et les conduits biliaires. Chez 4 individus de chaque espèce, on enleva ce fil immédiatement après la ligature. Chez les 4 autres de chaque espèce on laissa les fils en place. Puis le foie fut remis dans l'abdomen, et la plaie soigneusement suturée. Sur les individus à foie lié, on vit diminuer notablement le sucre urinaire, et aucun de ces animaux n'en présentait plus au bout de 3 heures. D'ailleurs ils étaient gais, paraissaient bien portants et tous survécurent longtemps, à l'exception d'une *Pelophylax* femelle. Chez les autres animaux auxquels on avait enlevé les fils de la suture, la sécrétion sucrée resta normale, sans modification, jusqu'au quatrième jour. Ainsi ce n'est pas l'opération sanglante, mais bien la destruction du foie, qui a fait cesser le diabète des animaux à ligature hépatique, et le diabète a pris fin, quand trois heures après la ligature, le sang ne contenait plus de sucre. Il est ainsi prouvé, ce qu'avait soupçonné BERNARD, que dans le diabète artificiel le sucre ne vient que du foie.

Quelle était donc l'opinion de CLAUDE BERNARD sur la nature du diabète artificiel provoqué par la piqûre du bulbe? « Je résumerai donc, dit-il, mon opinion, en disant : *le diabète artificiel est produit par une excitation, et non par une paralysie.* » (*Leçons sur le Diabète*, 1879, 397).

Il n'est pas douteux que ce ne soit exact; car l'effet de la piqûre est passager. Le sucre disparaît dans l'espace de quelques heures, en très peu de temps, le temps qu'il faut pour que la plaie puisse se guérir, et, après qu'a disparu la glycosurie produite par la piqûre, on peut sur le même animal faire reparaître le diabète par une seconde piqûre au même endroit, et même une troisième fois, et davantage encore. Donc c'est l'excitation du nerf vague, et non la paralysie qui provoque le diabète. Tous ces faits ne nous permettent point de douter qu'il ne s'agisse là d'une excitation véritable. Une autre expérience de SCHIFF parle encore dans le même sens (*Untersuchungen über die Zuckerbildung in der Leber*, 1859, Wurzburg, 101). C'est que la piqûre n'est plus efficace quand on fait l'opération sur un animal endormi par l'éther, car naturellement la cellule nerveuse, paralysée par l'anesthésie, ne peut plus être excitée. Si l'on fait la piqûre bulbaire sur des grenouilles ou des crapauds éthérisés, la glycosurie apparaît à mesure que disparaît l'anesthésie. On ne peut donc point douter que le diabète artificiel produit par la piqûre du bulbe ne soit la conséquence d'une excitation nerveuse du foie.

CLAUDE BERNARD pensait que les nerfs activent la circulation du sang dans le foie, dilatent les vaisseaux, élèvent la température, et par conséquent augmentent l'action du ferment sur le glycogène. « L'influence, dit-il (*Leçons sur le diabète*, 1877, 388), du curare, de la morphine, comme celle de la piqûre, reviendrait en définitive à une action sur les vaisseaux. Cette action n'est pas directe, elle s'exerce par l'intermédiaire du système nerveux au moyen des nerfs vaso-moteurs ou autres. La piqûre porterait précisément dans le bulbe rachidien sur un centre des nerfs vaso-moteurs. La conséquence de cet état de choses serait l'augmentation de la circulation dans les organes viscéraux, l'accroissement des sécrétions glandulaires, de la matière sucrée dans le foie, de l'infiltration urinaire dans le rein. De là, glycosurie et polyurie, c'est-à-dire diabète. En résumé, c'est dans le foie que se trouverait le secret des diabètes artificiels provoqués par le curare et par la piqûre; le mécanisme de la production consisterait dans un accroissement de la circulation de l'organe, entraînant un accroissement dans la formation du sucre ».

CLAUDE BERNARD se fonde ici sur les effets produits simultanément par l'excitation de la corde du tympan, à savoir un accroissement de la sécrétion salivaire et une circulation plus active dans la glande sous-maxillaire. Mais nous savons aujourd'hui, grâce à un remarquable travail de R. HEIDENHAIN (*A. g. P.*, 1872, v, 309 et 1874, IX, 335), qu'après empoisonnement par l'atropine, l'excitation du nerf sympathique cervical provoque la sécrétion de la glande sous-maxillaire, quoique la circulation du sang y ait notablement diminué. Nous savons que, dans ce cas, l'excitation de la corde du tympan active la circulation dans la glande, mais ne provoque plus sa sécrétion. Il est certain qu'il existe dans les différentes glandes des nerfs sécréteurs spécifiques, actifs par eux-mêmes et seulement aidés dans leur action par des changements appropriés de la circulation du sang dans la glande. Par analogie, nous pouvons donc dire que, dans les nerfs splanchniques, il n'existe pas seulement des vaso-moteurs hépatiques, mais encore des filets nerveux ayant une activité spécifique pour produire du sucre dans le foie; cette production de sucre étant déterminée par l'action du ferment diastasique. Ainsi le nerf, agissant comme tous les nerfs en dédoublant les molécules chimiques, agirait sur la substance cellulaire en produisant un ferment, lequel serait un produit de décomposition du protoplasma cellulaire. CLAUDE BERNARD a pensé que l'action nerveuse mettait en contact avec le glycogène un ferment préexistant, ce qui naturellement doit conduire à la production de sucre; mais je crois que mon hypothèse répond mieux à la nature même des excitations nerveuses. D'ailleurs LANGENDORFF (*A. P.*, 1886, *Suppl.*, 277) avait déjà, en se fondant sur la nature des excitations glycosoformatrices, émis des idées analogues.

Cette hypothèse fait comprendre pourquoi les convulsions violentes qui se produisent au moment de la mort d'un animal, convulsions qui sont liées à une forte excitation du foie, s'accompagnent d'une production abondante de ferment, et nécessairement alors de la formation d'une grande quantité de sucre.

Quand le foie meurt, la formation de ferment cesse. Donc, au lieu de supposer que cette diastase ne se détruit pas, ce qui cependant est encore possible, il vaut mieux admettre que, comme dans toutes les fermentations, à mesure que s'accumulent les produits de cette fermentation, l'activité des phénomènes chimiques va en diminuant graduellement. Ainsi la formation de sucre dans le foie serait due à un véritable processus vital; car c'est ce processus vital même qui produirait le ferment.

Cette hypothèse expliquerait d'une manière satisfaisante le fait annoncé par Claude Bernard qu'après la section des nerfs vagues au cou le sucre disparaît. Bernard supposait que les rameaux pulmonaires du nerf vague envoyaient continuellement des excitations à la moelle allongée, excitations transmises au foie par voie réflexe. Quand l'innervation est supprimée, la formation de ferment s'arrête, et alors, après la mort de l'animal, il ne se fait plus de sucre aux dépens du glycogène préexistant, à cause de l'absence ou de la rareté du ferment. Mais la section des nerfs vagues au cou est accompagnée de tant de troubles divers, qu'on ne peut considérer cette explication que comme très hypothétique.

Après que nous avons ainsi établi les conditions de la production du sucre par le système nerveux, on comprendra que d'autres régions nerveuses doivent être étudiées encore au point de vue de l'action qu'elles exercent sur la formation du sucre; car de toutes les parties de l'organisme arrivent des excitations qui se transmettent à la moelle allongée pour exciter divers centres, et quelques-unes de ces relations ne se manifestent pas dans toutes les conditions, ce qui explique comment il peut y avoir des contradictions dans l'opinion des divers auteurs.

Il faut aussi remarquer que, d'après les observations importantes de J. P. Pawlow, de Pétersbourg (*Die Arbeit der Verdauungsdrüsen*, Wiesbaden, 1898), certaines excitations psychiques peuvent déterminer des réactions nerveuses puissantes, alors que des excitations artificielles du nerf restent sans aucun résultat: quoiqu'elles eussent dû être efficaces, si le système nerveux s'était trouvé dans des conditions normales. Combien de fois les physiologistes ont-ils voulu provoquer la sécrétion du suc gastrique par l'excitation du nerf vague, et cela sans jamais obtenir de résultat? Mais Pawlow a obtenu des résultats positifs, et il nous a fait connaître les précautions qu'il convient de prendre pour que l'expérience réussisse.

Résumons maintenant les relations principales des nerfs sensibles avec le centre glycosoformateur du bulbe. D'abord, d'après la découverte de E. Cyon et Aladoff (*Bull. Ac. imp. de Pétersbourg*, 1872), l'extirpation du ganglion cervical inférieur et des 1er et 2e ganglions thoraciques, ainsi que la section de l'anneau de Vieussens, produit de la glycosurie. Filehne (*C. W.*, 1878, 321) a découvert que l'excitation du bout central du nerf dépresseur produit la glycosurie. Laffont (*Recherches sur la vascularisation du foie et des viscères abdominaux, au point de vue de la production du diabète par influence nerveuse*, *Progrès Médical*, 1880, n° 10); E. Külz (*A. g. P.*, 1881, xxiv, 101) et Eckhard (*Communication orale* à Külz. *A. g. P.* 1881, xxiv, 101) ont confirmé le fait. E. Külz (*loc. cit.*, 109), a établi, qu'après section du sympathique au cou l'excitation électrique du bout céphalique de ce nerf amène parfois la glycosurie chez le lapin. M. Schiff (*Journal de l'Anatomie et de la Physiologie*, 1866, iii, 354) a annoncé qu'après section du sciatique droit ou du sciatique gauche, on observe une glycosurie passagère. Böhm et Hoffmann (*A. P. P.*, viii, 302) ont vu chez les chats survenir la glycosurie après la section du nerf ischiatique, non pas toujours, mais souvent, et d'une manière évidente. J. Ryndsjun (*Diabetes mellitus bei Ischias und Ischiaticus Verletzung*, *Diss. Iéna*, 1877) a placé sur le nerf sciatique du lapin un fil trempé dans l'huile de crotone » et dans 2 cas il a vu une glycosurie passagère. Le plus souvent, quand il excitait le nerf sciatique avec l'huile de croton ou la solution de Fowler, il ne voyait pas survenir la glycosurie. F. Froning (*Versuche zum Diabetes mellitus bei Ischias. Diss. in., Gottingen*, 1879) coupait le nerf sciatique et excitait le bout central de ce nerf par une ligature permanente, ou par le phénol, le bichromate de potasse, la solution de Fowler, chez des lapins, des cobayes, des chats, des chiens, et il observait une glycosurie passagère qui durait plusieurs jours.

Dans un travail détaillé, E. Külz (*A. g. P.* xxiv, 108) a confirmé les expériences de Schiff sur les rapports entre le nerf sciatique et la glycosurie. Le sucre apparaît dans l'urine une à deux heures après la section du nerf, et la glycosurie pendant deux ou trois heures. En excitant électriquement le bout central du nerf sciatique coupé, on obtient une glycosurie plus forte qu'après la simple section nerveuse. Il s'agit donc bien d'un phénomène d'excitation; et, si la glycosurie n'apparaît pas en même temps que l'excitation, c'est parce que les nerfs produisent bien immédiatement le ferment, mais que le ferment ne peut produire que peu à peu du sucre : d'ailleurs le sucre du sang ne peut apparaître dans l'urine que s'il est déjà en quantité notable dans le sang.

Après avoir prouvé que les graisses sont la source du sucre, on doit se demander quelles sont les relations de cette action chimique avec l'activité nerveuse.

Je me suis souvent demandé pourquoi, lorsque, par suite d'une quantité insuffisante d'albumine alimentaire, la cellule vivante doit se consumer elle-même, il se fait aussitôt une consommation aussi intense des graisses et des hydrates de carbone, alors que cependant la substance vivante, quoique ayant un moindre pouvoir de résistance, est protégée. D'après la loi que j'ai établie sur la mécanique téléologique de la nature (*A. g. P.*, 1887, xv, 57), il me semble que la substance qui pâtit se défend elle-même. Le besoin d'oxygène des tissus, et l'excès de CO^2 sont des stimulants respiratoires. Quand la cellule a besoin d'aliments, les nerfs sont excités et provoquent la faim ; le besoin d'eau provoque la soif ; et alors la réparation se fait par l'ingestion d'eau et d'aliments. Quand donc il y a déficit d'albumine dans la cellule, les nerfs des tissus qui souffrent de ce défaut d'albumine doivent être excités, et par voie réflexe stimulent les organes aptes à remédier à ce défaut d'albumine. Cela n'est pas une hypothèse pour les hydrates de carbone, puisqu'on a pu expérimentalement prouver cette formation de sucre dans le foie par voie réflexe. Je n'ai fait que donner, le premier, l'explication du phénomène. Mais n'est-il pas rationnel d'admettre que cette formation de sucre, d'origine réflexe, ne porte pas seulement sur le foie et le glycogène, mais encore sur tous les organes qui produisent du sucre? Donc on peut fort bien supposer que les cellules qui changent la graisse en sucre, ou organes *lipotrophiques*, sont sous la dépendance du système nerveux.

On doit cependant se bien figurer que le centre nerveux ne doit pas être le même pour les organes *lipotrophiques* et les organes *glycogénotrophiques*. Le foie pourrait être l'organe capable de faire du sucre, non seulement avec le glycogène, mais encore avec la graisse. Les actions que peut effectuer le foie sont multiples. C'est comme un clavier capable de jouer beaucoup de mélodies. Il peut très bien y avoir des nerfs qui changent la graisse en sucre, et d'autres nerfs qui changent le glycogène en sucre. Remarque importante : la piqûre du bulbe n'amène la glycosurie que s'il y a du glycogène dans le foie. Elle n'agit nullement sur la graisse.

La multiplicité des fonctions de la cellule hépatique n'est qu'une faible partie des différences qui séparent cette cellule hépatique des autres cellules de l'organisme, autant que nos connaissances actuelles nous permettent de le dire. En effet la cellule hépatique fait :

Du glycogène avec le dextrose ;
Du glycogène avec le lévulose ;
Une diastase (glycogénoglucose, d'après v. Lippmann) ;
Des acides glycocholique et taurocholique ;
La bilirubine ;
De l'urée avec des acides organiques et de l'ammoniaque ;
De l'acide urique avec des acides organiques et de l'ammoniaque
De la pyrocatéchine avec le phénol ;
Des éthers sulfophénYliques avec les divers phénols ;
Du sucre avec la graisse (probablement) ;
De l'albumine de constitution avec l'albumine alimentaire ;
La sécrétion biliaire, etc.

Toutes ces actions diverses sont produites par une seule cellule. Pourtant Aristote dans son livre sur la Politique, parlant de la division du travail dans les organismes, vivants, s'exprime ainsi : *Pour qu'un instrument soit parfait, il ne doit servir qu'à une fin unique*. L'exception que nous offre la cellule hépatique est très instructive ; car elle semble en contradiction avec la sage parole d'ARISTOTE. Mais il n'y a pas d'exception dans les lois de la nature : elles ne paraissent telles que parce que certaines propriétés communes à toutes les cellules sont plus marquées chez les unes, et plus marquées chez les autres. Aussi les difficultés que soulève la théorie, admise dans toute sa rigueur, de l'énergie spécifique des nerfs, dans l'optique et l'acoustique physiologiques, seront-elles peut-être résolues si l'on admet que la loi de l'énergie spécifique n'est pas aussi absolue qu'on le croit.

Nous avons vu les conditions physiologiques de l'excitation nerveuse. Il sera utile d'examiner maintenant ce que nous apprend la pathologie. D'autre part, les cliniciens nous rapportent différents cas de diabète ayant pour cause des lésions périphériques des nerfs. Je donnerai ici quelques cas très instructifs empruntés à l'ouvrage de FRERICHS sur le *Diabète*.

1. *Névralgie du trijumeau. Diabète. Arrêt du diabète. Hyperesthésie persistante.* — V. B. âgé de 58 ans, subit une grave opération oculaire, après laquelle il fut atteint d'une névralgie du trijumeau accompagnée d'une hyperesthésie des nerfs de la peau. Peu après les douleurs de la face, il fut atteint de diabète : sa soif était inextinguible; il rendait 8 à 10 litres d'urine par jour avec 5 p. 100 de sucre. En même temps le cœur était accéléré, avec 120 pulsations à la minute. Une saison à Carlsbad améliora son état; puis on lui donna de la créosote, et, huit semaines après le début de son diabète, tout le sucre disparut de l'urine pour ne plus reparaître. L'urine n'avait d'autre altération que d'être très riche en urates. Je revis ce malade huit ans après sa maladie, et, en analysant l'urine à diverses reprises, je ne pus y trouver trace de sucre, ce qui prouve que son diabète avait été guéri définitivement. Cependant l'hyperesthésie cutanée persistait encore, et nécessita divers traitements par le bromure de potassium, la quinine et la morphine.

2. *Paralysie faciale gauche. Ptosis de la paupière droite. — Immobilité de l'œil droit. — Soif ardente. — Guérison progressive de la paralysie faciale. — Amélioration de la paralysie de l'oculo-moteur, en même temps amaigrissement progressif et urination abondante avec albumine et à 2 p. 100 de sucre. Amélioration par les eaux de Carlsbad et l'opium; puis guérison (hémorragie dans le plancher du quatrième ventricule).*

J. V., âgé de 70 ans, vigoureusement constitué, et d'embonpoint notable, a mené une vie très active, et jadis il a été atteint plusieurs fois de congestions du poumon; à l'âge de 40 et 50 ans, il a eu une paralysie faciale qui ne semble pas avoir laissé de trace, plus tard il a souffert de dépôts urinaires, contre lesquels il a employé avec quelques succès les bains de Pfafer.

Au commencement de mai 1871, il a eu un refroidissement grave, ayant été forcé de voyager pendant plusieurs heures dans une voiture ouverte, et exposé à un vent du Nord violent et froid. Pendant deux ou trois jours, il put encore sortir le matin, mais pendant la nuit il se sentait malade avec des chaleurs et de l'insomnie. C'est seulement lorsque un de ses amis l'avertit que sa lèvre tombait et était rétractée à droite, qu'il s'adressa à un médecin, lequel ordonna des purgatifs et, pour combattre le vertige et les chaleurs dans la tête, des saignées locales. En dépit de ce traitement, son état s'aggrava, et à la paralysie de la face à gauche vint se joindre le ptosis de la paupière supérieure droite avec paralysie et immobilité du bulbe oculaire correspondant, paralysie complète et dans tous les sens. C'est à cette époque qu'il commença à souffrir de la soif : il buvait jusqu'à trois carafes d'eau par jour. En quatre semaines la paralysie faciale disparut presque complètement, mais l'œil droit resta immobile. On lui fit alors des injections sous-cutanées de strychnine, et, pour combattre l'inflammation, des injections de nitrate d'argent. Quatre semaines après il avait encore une diplopie pénible; mais il ne pouvait sortir et se remettait lentement, tout en restant pâle et maigre, souffrant du manque d'appétit et d'une soif intense.

Une saison balnéaire à Pfafer fut sans résultat; au contraire, la soif et l'épuisement augmentèrent; dans l'urine qui, jusqu'alors, n'avait pas été examinée, on trouva de l'albumine et du sucre en proportion de 1 à 2 p. 100, avec élimination quotidienne de 2 litres; on prescrivit un régime sévère : d'abord de l'eau de Vichy, puis, pendant six semaines, les eaux de Carlsbad, avec 0,5 de teinture d'opium par jour. Le résultat de ce traitement fut si favorable, que le malade n'eut plus ses douleurs, et se croyait complétement rétabli. Il rendait moins de 1 500 cc. d'urine par jour. Cependant le poids spécifique de l'urine du soir ne descendait pas au-dessous de 1028, et celle qui s'amassait pendant la nuit 1022. Celle-ci contenait toujours du sucre et de l'albumine. En décembre, on cessa l'eau de Carlsbad, et on n'employa plus que l'opium. L'état du malade fut fort bon jusqu'au nouvel an, époque à laquelle il recommença à se plaindre à nouveau de la soif. L'urine du soir contenait beaucoup de sucre : l'urine de la nuit était plutôt de densité faible, contenant moins d'albumine et de sucre, mais elle était en assez grande quantité : de 1 300 cc. environ. Quant à la quantité de l'urine de la journée, on ne peut guère la déterminer, car le malade restait toute la journée dehors. On peut penser cependant qu'elle n'était guère plus abondante que l'urine de la nuit. Après le nouvel an, on suspendit toute médication, et le régime fut moins sévère, ce qui fut probablement la cause de l'aggravation momentanée qui survint. D'ailleurs, cette aggravation cessa bientôt, puisque au commencement de février il n'y avait plus que des traces de sucre dans l'urine ; et quant à l'albumine, elle disparaît rapidement, quoiqu'il y en eût encore 0,1 à 0,2 p. 100. D'ailleurs l'état du patient est excellent, et il n'y a plus aucun symptôme cérébral. Je pense donc, eu égard au début et à la marche de la maladie, avoir le droit d'admettre que la cause de tous ces troubles est une hémorrhagie au plancher du quatrième ventricule (observation due à mon collègue Naunyn et au fils du malade).

3. *Apoplexie. — Troubles de la parole. — Parésie du nerf facial. — Diabète. — Guérison du diabète. — Mort ultérieure par hémorrhagie cérébrale.*

Barth, propriétaire, âgé de 54 ans, est subitement atteint de troubles de la parole, de parésie droite du facial, et de soif intense. Je trouve dans son urine (5 à 6 litres par jour) 3 p. 100 de sucre. On prescrit un régime sévère et des purgatifs salins, avec repos absolu et compresses froides sur la tête. Peu à peu, disparaissent la paralysie faciale, ainsi que les troubles de la parole, de sorte que trois mois après il n'y avait plus de sucre dans l'urine, quoique le malade n'observât aucun régime. Trois ans après, la santé du malade était bonne, l'urine ne contenait plus de sucre. Alors survint une hémorrhagie cérébrale qui détermina la mort.

V. G., âgé de 60 ans, rendit pendant trois ans une urine contenant 2 à 3 p. 100 de sucre. Il se retira des affaires, et, peu à peu, par un régime régulier et l'usage d'eaux alcalines, le sucre disparut complètement. Trois ans plus tard, il fut atteint d'artério-sclérose, avec une hémorragie cérébrale qui se termina, en vingt-quatre heures, par la mort.

Pour le système nerveux périphérique, nous avons nombre de cas bien observés et très instructifs.

Ainsi on indique que souvent la glycosurie accompagne la sciatique (Braun, *Balneotherapie*, 1868, 411, 3e édition, cité par Külz, *A. g. P.*, xxiv, 106. — Eulenburg et Guttmann, *Die Pathologie des Sympathicus auf physiologischer Grundlage*, 1873, 194. — Erb *Ziemssen's Handbuch der spec. Pathol. und Therapie*, xiv, (1), 154, 1876, etc.). — Frerichs (*Ueber den Diabetes*, Berlin, 1884, 215) rapporte un cas remarquable.

J., libraire, âgé de 52 ans, souffre de diabète depuis 1873. Il a 6 p. 100 de sucre dans l'urine; mais, à la suite d'un régime sévère, le sucre disparaît, et il n'y en a plus que des traces. En même temps, il est atteint d'une double névralgie sciatique qui disparaît parfois pendant des semaines et des mois, pour revenir ensuite. Chaque fois que la névralgie cesse, le sucre disparaît de l'urine, pour revenir quand les douleurs névralgiques reparaissent. La maladie a duré ainsi pendant trois ans, jusqu'au moment où l'albuminurie se produit avec hydropisie.

Dans la littérature du diabète on trouve des cas où les autopsies faites sur les diabétiques ont montré des altérations anatomo-pathologiques de la moelle allongée, de la protubérance, du cervelet, plus rarement du cerveau et de la moelle.

Frerichs (*loc. cit.*, 135) indique une tumeur de la circonvolution droite et de la circonvolution gauche, un abcès gros comme une lentille de la pyramide droite, et un autre, plus petit, sur l'autre pyramide; sclérose du plancher du quatrième ventricule, tumeur calcaire et pachyméningite des circonvolutions occipitales gauches; cysticerques du cervelet. Dans FRERICHS (*loc. cit.*, 135), je trouve encore le recueil remarquable des faits suivants : ROSENTHAL (*Klin. der Nervenkrankheiten*, Stuttgart, 1875, 188), sarcome gros comme une noix dans l'hypophyse; RECKLINGHAUSEN (*A. A. P.*, XXX), tumeur fibrineuse dans les plexus choroïdes du quatrième ventricule; tumeur qui aurait été la cause du diabète; MOSLER (*D. Arch. f. klin. Med.*, XV) indique, dans le *nucleus dentatus* de l'hémisphère gauche du cervelet, une tumeur ramollie, grosse à peu près comme un œuf de pigeon; PÉROTOF (*Th. de Paris*, 1859), tumeur colloïde du quatrième ventricule; H. LIOUVILLE (VERRON, *Étude sur les tumeurs du quatrième ventricule*, D. Paris, 1874), tumeur du plexus choroïde de ce même ventricule, et un petit fibrome dans le quatrième ventricule, près du *calamus scriptorius*: REIMER (*Jahrb. für Kinderheilkunde*), un grand gliome dans le plancher du quatrième ventricule; WEICHSELBAUM (*Wien. med. Woch.*, 1880), scléroses multiples du cerveau et de la moelle, spécialement des faisceaux postérieurs; DOMBLING (*Neederl. Arch. f. Geneeskunde*, 1861, IV, 179), sarcome gros comme une noisette dans la partie supérieure de la moitié droite de la moelle allongée, avec atrophie du nerf glosso-pharyngien et du nerf vague; DE JONGE (*Arch. f. Psychiatrie*, 1882), tuberculose de la moelle allongée; GROSSMANN (*Berl. klin. Woch.*, 1879), tumeur sarcomateuse à la base du cerveau, allant jusqu'à la protubérance; W. MÜLLER (*Beitrag zur pathol. Anat. und Physiol. des Rückenmarks*, Leipzig, 1871), abcès de la substance grise à la base des cornes antérieures; SILVER et IRVINE (*Trans. of the pathol. Society*, XXIX, 25), deux ramollissements de la moelle dorsale, au niveau de la troisième et de la cinquième cervicale, au niveau aussi de la deuxième et septième dorsale.

On trouve encore dans la littérature du diabète des cas signalés par ANGER, PERCY, HEURAT, dans lesquels on constata, à l'autopsie, le nerf vague dégénéré. Dans le cas d'ANGER (LÖSCHNER'S *Beitr. zur Balneologie*, 1863, 1), l'autopsie montra une concrétion calcaire grosse comme une amande qui comprimait le nerf vague, à côté de tubercules pulmonaires disséminés. PERCY, SENATOR (*Ziemssen's Handb. d. spec. Pathol. und Therapie* 1876, XIII, (2), 140) a trouvé le ganglion semi-lunaire et les nerfs splanchiques, ainsi que le nerf vague, épaissis et durs comme des cartilages. Dans le cas de HEURAT (*Diabète. Tumeur sur le trajet du pneumogastrique. Gaz. hebd.*, 1875), l'autopsie a donné une tnmeur grosse comme une noisette, placée sur le trajet du nerf vague droit, à l'endroit où il croise le hile du poumon. Sa surface était rugueuse : il était entouré d'une écorce épaisse où se trouvaient des granulations semblables à du sable et une sorte de substance caséeuse. Le tronc nerveux se perdait complètement à la surface de cette tumeur, et partait d'elle avec un volume très diminué; mais, quelques centimètres au-dessous, il était revenu à ses dimensions normales. FRERICHS (*Ueber den Diabetes*, Berlin, 1884, 92) a signalé une tumeur grosse comme une lentille sur le trajet du vague droit, allant jusqu'au plancher du quatrième ventricule.

Par conséquent, il est certain que le diabète peut être produit par l'excitation nerveuse, et même par des excitations nerveuses provenant des régions les plus différentes. Si donc l'on considère combien de nerfs peuvent être capables par leur excitation de produire de la glycosurie, on peut souhaiter, au point de vue de la cause du diabète sucré, qu'il soit fait des recherches dans ce sens; mais le physiologiste ne peut pas étudier cette question : il se demande quelle en serait l'utilité.

Si un muscle se met à travailler avec force et que ses provisions alimentaires commencent à disparaître, il doit être en état d'envoyer un ordre télégraphique à l'appareil préparatoire de ses ressources nutritives, pour que celui-ci lui envoie la substance qui lui sera utile. Lorsque la contraction musculaire excite les nerfs sensibles intramusculaires, cela suffit pour que, par voie réflexe, le foie donne aussitôt du sucre. Si nous produisons la glycosurie par l'excitation du nerf sciatique, c'est qu'alors nous excitons certains nerfs sensibles des muscles. Quand, par l'excitation du bout céphalique du nerf vague, nous provoquons le foie à abandonner du sucre au sang, nous pouvons penser que nous excitons alors des nerfs sensibles qui viennent du cœur; car le cœur doit être capable, par son excitation sensible, d'appeler à son secours rapidement le sucre du foie.

Par conséquent, dans cette adaptation admirable, nous voyons le développement de la loi que j'ai établie sur la régulation automatique. Le processus que nous appelons contraction musculaire qui produit un besoin de l'organisme, permet, en même temps, à ce besoin de se satisfaire.

W. SEITZ, dans mon laboratoire, par des recherches qui ne sont pas publiées encore, a montré que le foie est comme une étape pour l'évolution des matières azotées, qui dans l'inanition, brûlent ainsi que le glycogène. Cela permet de supposer que lorsque le foie, par voie réflexe, se décharge de sucre, il se fait en même temps une décharge d'albumine, de sorte que la glycosurie est liée à une excrétion d'azote plus abondante.

Échange des hydrates de carbone entre le foie et le sang. — Le fait établi dans nos études précédentes que de grandes quantités de sucre passent du foie dans le sang n'est peut-être pas cependant un processus tout à fait normal; et, de fait, un des expérimentateurs qui ont le mieux étudié cette question, à savoir PAVY, élève de CLAUDE BERNARD, conteste qu'à l'état normal le foie abandonne du sucre au sang. C'est là un vieux et difficile problème; on a été amené à le résoudre en comparant la quantité du sucre du sang de la veine porte et celle du sang des veines hépatiques; car il est très difficile de prendre en même temps des quantités notables de ces deux sortes de sang, sans, par cela même, amener un trouble de la circulation et de l'état normal du foie. Si l'on élimine ces troubles, alors les différences entre le sucre du sang qui arrive au foie et le sucre du sang qui en sort, sont si petites que, par suite de la défectuosité des méthodes analytiques, on ne peut pas avoir de certitude suffisante pour en déduire une conclusion. Il paraît donc plus sage de prendre la question à un autre point de vue afin de la juger.

1° Il faut d'abord remarquer que, parmi les innombrables substances chimiques qui sont les éléments des cellules vivantes, il n'y en a que deux qui se distinguent essentiellement de toutes les autres à un autre point de vue. Ces deux substances sont le glycogène et la graisse. La teneur centésimale des cellules en ces deux substances varie, comme il a été montré plus haut, dans de très larges limites; depuis le zéro jusqu'à des nombres très élevés. Pour toutes les autres substances constitutives de la cellule, la variation de la teneur centésimale, la graisse et le glycogène exceptés, se produit dans des limites très faibles, limites que, généralement, la chimie n'est pas en état de déterminer. Mais microscopiquement, ces deux substances, graisse et glycogène, diffèrent des autres éléments cellulaires. La graisse, si l'on ne tient pas compte de quelques traces de graisse dissoute, forme des gouttes plus ou moins grosses dans le protoplasma cellulaire, et il est difficile qu'elles soient en un autre état, chimique ou physique, dans l'intérieur de la cellule, comme en dehors de la cellule même. En un mot, la graisse n'est pas une partie essentielle du protoplasma vivant, mais un aliment incorporé dans la cellule vivante, et comme une substance morte. De même le glycogène distribué dans les mailles du protoplasma, quoiqu'il ne se distingue pas aussi bien que la graisse des autres parties de la cellule, peut cependant former des masses et des fragments qui constituent une substance tout à fait particulière, ne faisant pas partie de la constitution même de la cellule.

C'est par là que la graisse et le glycogène peuvent être considérés comme des réserves. Après une alimentation abondante, ils s'accumulent en grandes masses dans le foie, de telle sorte qu'ils se distinguent des autres parties par les étonnantes variations absolues du poids de cet organe.

Le chien qui avait jeûné vingt-huit jours, et dont j'ai parlé plus haut, pesait 33^{kil},6; le foie, 507 grammes. Par conséquent, le foie représentait 1,5 p. 100 du poids. PAVY a étudié avec détail ces rapports du poids du foie chez le chien. Il nourrissait onze chiens avec une nourriture exclusivement animale, et il trouvait, comme poids moyen du foie, 3,3 p. 100 du poids du corps; le minimum étant de 3, le maximum étant de 4. Il a nourri 5 chiens en hydrates de carbone, et il a trouvé pour leur foie :

N° 1. . .	6,9 p. 100	du poids du corps.
N° 2. . .	6,9 —	—
N° 3. . .	4,8 —	—
N° 4. . .	9,5 —	—
N° 5. . .	4,0 —	—

Ainsi, après une nourriture riche en hydrates de carbone, le poids du foie était, en moyenne, de 6,4 p. 100 du poids du corps, deux fois plus qu'après une nourriture animale, et trois fois plus au maximum.

B. SCHÖNDORFF a récemment confirmé ces données de PAVY. D'exactes expériences lui ont montré que, chez les chiens, par ingestion de grandes quantité d'hydrates de carbone, on peut accroître le poids du foie jusqu'à lui faire atteindre 12,43 du poids du corps, avec 18,69 p. 100 de glycogène. Le poids moyen trouvé par SCHÖNDORFF est de 6,34 p. 190, et par conséquent il coïncide absolument avec le chiffre donné par PAVY. Mme GATIN GRUZEWSKA, dans les mêmes conditions d'alimentation, a trouvé chez le chien 18,44 de glycogène dans le foie, au maximum.

E. KÜLZ a donné une intéressante série d'expériences où il a montré que des mouvements musculaires intenses faisaient disparaître tout le glycogène du foie, de sorte que le poids de cet organe devenait aussi faible que chez les animaux en inanition (*A. g. P.*, 1881, XXIV, 45). Il a nourri 5 chiens pendant 8 jours avec une nourriture abondante, indiquée dans le tableau ci-joint. Pendant l'expérience qui commençait à huit heures du matin, les chiens devaient traîner une lourde voiture. L'animal en expérience était comparé à deux autres chiens qui depuis deux ans étaient attelés ensemble, habitués à traîner la voiture et habiles à courir.

	Date.	Poids du chien en grammes.	Nourriture quotidienne en grammes — Pain.	Viande.	Durée du travail.	Poids du foie gr.	Poids du foie p. 100 du corps.	Glycogène du foie en grammes.
1.	1er février 1879.	10 050	250	200	5 h. 1/2	255	2,5	traces
2.	5 — —	22 800	250	250	5 h.	550	2,4	traces
3.	6 mars —	11 720	250	300	5 h.	240	2,0	0,8
4.	9 — —	15 430	250	350	6 h.	257	1,7	traces
5.	18 — —	39 520	500	1 000	7 h.	835	2,1	traces
			MOYENNE.				2,1	

Par conséquent, le poids absolu ou centésimal varie pour le foie plus que pour tout autre organe du corps; et, ce qui est bien remarquable, c'est qu'avec un travail musculaire énergique, un foie volumineux devient, en cinq ou six heures, un foie de petit volume tel qu'on ne peut guère en observer de tel qu'après un jeûne absolu prolongé pendant quatre semaines.

On ne peut donc pas douter que le foie ne soit un appareil de réserve, mais on doit se demander si ces réserves sont destinées au foie seul ou à tout le corps.

2° Un travail musculaire énergique fait disparaître, comme nous l'avons déjà vu, dans l'espace de cinq ou six heures, les réserves de glycogène qui se trouvent dans le foie, mais, pour comprendre ce phénomène, il faut se rappeler que, dans le muscle qui travaille énergiquement, les processus d'oxydation atteignent une intensité maximale. On sait de source certaine que le sang qui passe dans un muscle travaillant énergiquement donne presque tout son oxygène et prend une quantité correspondante d'acide carbonique. On sait en outre que cette oxydation est due au tissu musculaire; car on a comparé les gaz du sang dans l'artère et la veine du muscle pendant le travail et pendant le repos. Pendant le repos, la consommation d'oxygène et la production d'acide carbonique diminuent notablement. C'est donc pendant le travail que le glycogène du muscle disparaît; et on ne peut douter qu'il n'ait été employé au travail musculaire. Or le foie contient, en général, autant de glycogène que tous les muscles du corps; mais comme, pendant un travail énergique, ce n'est pas seulement le glycogène des muscles, mais encore celui du foie qui disparaît, on doit supposer que, pendant le travail musculaire, le foie oxyde autant de glycogène que n'en oxydent les muscles, ou bien, d'après PAVY, qu'il se transforme en graisse, et en glycoprotéides, si l'on ne veut pas admettre que ce glycogène hépatique émigre dans les muscles à l'état de glycogène ou de sucre. Par conséquent, au moment même où les muscles ont besoin de glycogène pour exécuter leur travail, le foie, qui n'a pas besoin de ce glycogène, leur en envoie pour satisfaire à leurs besoins. Depuis CHARLES DARWIN, ce point de vue téléologique n'a rien de contraire à la science.

En tout cas il est de fait que dans la vie des êtres il n'existe jamais de grave défaut d'adaptation dans la fonction des organes.

On comprend que toute subite augmentation dans les échanges va aussitôt amener une disposition du glycogène hépatique, sans qu'une alimentation plus abondante puisse compenser cette consommation du glycogène. LANGENDORFF (*A. P.*, 1886., *Suppl.*, 281) admet que, sur 100 grammes du corps, il y a chez les grenouilles d'hiver 5gr,4 de foie. Mais, après un séjour de douze à vingt-huit jours dans un endroit chauffé, les proportions du poids du foie étaient :

N° 1	2,8 p. 100
N° 2	3,2 p. 100
N° 3	3,4 p. 100
En moyenne. . .	3,1 p. 100

On sait, par les recherches bien connues et très exactes de HUGO SCHULZ (*A. g. P.*, 1877, XIV, 78), que chez la grenouille les échanges croissent avec la température à ce point qu'à 33° et 35°, ils atteignent le niveau des échanges chez l'homme. Si l'on accepte que le foie donne son hydrate de carbone quand l'organisme en a besoin, il n'y a aucune difficulté à admettre que, pendant le repos ou le jeûne, le foie satisfait encore, quoique avec une intensité moindre, aux besoins du reste du reste du corps en glycogène.

3° CLAUDE BERNARD a déjà montré que le sang artériel est plus riche en sucre que le sang veineux. Par conséquent, la consommation des organes en sucre est une consommation qui se poursuit perpétuellement. De même CLAUDE BERNARD a montré que la teneur du sang en sucre pendant le jeûne, et même pendant un très long jeûne, persiste sans modifications. Il s'ensuit qu'il doit y avoir quelque part une source de glycogène qui répare perpétuellement les pertes en glycogène que peut faire le sang. Comme les grosses veines qui viennent des extrémités contiennent moins de sucre que les artères correspondantes, il est évident que ce n'est pas le glycogène des muscles qui peut être cette source inconnue que nous cherchons. Il ne reste donc plus que le foie, et, pour le démontrer, il me suffira de présenter le tableau de CLAUDE BERNARD, p. 397.

Comme les chiffres se rapportent à 1000 parties de sang, les différences dans les proportions de sucre des diverses variétés de sang sont, en réalité, très faibles.

PAVY (*loc. cit.*, 1894, 170) tient pour erronées ces affirmations de BERNARD. Par une étude très minutieuse, il est arrivé à constater que le sang de toutes les parties du corps contient partout à peu près la même quantité de sucre. La moyenne des analyses de PAVY nous donne, pour 1000 parties de sang, dans le sang artériel : 0,941 de sucre, et, dans le sang veineux : 0,938 de sucre, de sorte que la différence sur 1000 parties de sang n'est que de 0,003.

Comment expliquer ces contradictions? PAVY estime que les chiffres de BERNARD sont erronés ; mais, pour moi, je pense que les chiffres donnés par ces deux observateurs sont exacts, quoique au fond ce soit BERNARD qui ait raison.

Certes, les méthodes d'analyse du sucre comportent, pour les expériences de BERNARD comme pour celles de PAVY, de notables réserves, car ces deux expérimentateurs n'ont pas pu prendre toutes les précautions qui n'ont été données que plus tard par SOXHLET ; mais, en réalité, il ne s'agit pas de l'exactitude absolue des chiffres, puisqu'il n'est question que de comparer le sucre du sang artériel et le sucre du sang veineux. Or c'est cela qu'ont cherché les deux observateurs ; ils ont d'ailleurs travaillé l'un et l'autre dans des conditions différentes.

PAVY a toujours cherché, avec le plus grand soin, à n'expérimenter que sur des animaux qui, après une opération, s'étaient complètement remis, et il leur faisait des saignées dans un état de tranquillité aussi grande que possible, au risque même de voir diminuer la proportion du sang en sucre. On sait, en effet, que les grands mouvements de l'animal et les douleurs qu'il éprouve augmentent le sucre du sang, parce que, dans ces conditions, le foie déverse beaucoup de sucre dans le sang, et on peut penser que la consommation de chaque organe en sucre croît à mesure qu'augmente la proportion centésimale du sang en sucre. De même, il faut admettre que les muscles, lorsqu'ils sont en repos absolu, consomment moins de sucre que dans leurs contractions. MERING (*A. P.*, 1877, 89) se range à l'opinion de PAVY ; mais, si l'on prend la moyenne des quatre expériences qu'il a faites, on voit que le sérum de l'artère carotide contient plus de sucre que celui de la veine jugulaire, encore que la différence soit faible. JACOB OTTO

(*A. g. P.*, 1885, XXXV, 495), par une méthode très exacte, a bien établi ce fait que le sang artériel est plus riche en glycose que le sang veineux. CHAUVEAU et KAUFMANN (*C. R.*, LIII, 1057) ont prouvé que, pendant le travail musculaire, la différence entre les proportions de sucre dans le sang artériel et dans le sang veineux va en croissant. Enfin, depuis longtemps, il a été établi que les muscles consomment des hydrates de carbone; il est donc certain que les artères musculaires apportent des hydrates de carbone à la substance musculaire, ce qui explique pourquoi, dans le sang veineux qui vient des muscles, il y a moins d'hydrates de carbone. Peut-être la différence de la teneur en sucre entre le sang artériel et le sang veineux est-elle en moyenne moindre que celle qu'a indiquée CLAUDE BERNARD; il n'en est pas moins certain qu'il y a une différence notable.

Sucre dans 2 000 grammes de sang.

(CLAUDE BERNARD, *Leçons sur le diabète*, 1877, 234.)

	ARTÈRE CRURALE.	VEINE CRURALE.	ARTÈRE CAROTIDE.	VEINE JUGULAIRE.	VENTRICULE DROIT.	VEINE CAVE inférieure.
	gr.	gr.	gr.	gr.	gr.	gr.
A. Chien en digestion de viande. .	1,45 1,32	0,73	»	»	»	»
B. Chien en digestion de viande. .	1,25	0,99	»	0,67	1,56	1,28
B. Chien en digestion de pommes de terre.	1,53	»	»	1.17	»	1,38
C. Chien en digestion de viande. .	11	»	1,10	0,91	1.25	»
D. Chien, digestion de viande et de sucre candi . . .	1.51	»	»	»	»	»
E. Chien à jeun . .	1,17	»	»	»	1.81	»

Par conséquent, nous devons penser que l'animal à jeun, au moment où il reçoit une nourriture riche en hydrate de carbone, tout de suite accumule une grande quantité de cet hydrate de carbone dans son foie et, alors, dans ce cas, il n'est pas douteux qu'il y a dans le sang de la veine porte plus de sucre que dans le sang des veines hépatiques venant du foie. Mais, dès qu'il se fait un travail musculaire énergique qui détermine la migration des hydrates de carbone du foie, alors, assurément, il y a plus d'hydrate de carbone dans le sang des veines sus-hépatiques venant du foie que dans le sang de la veine porte allant au foie. Probablement, il y a aussi d'autres conditions de nutrition dans lesquelles la teneur du sang en sucre est la même dans ces deux sangs. Par exemple, il doit en être ainsi quand, à la suite d'une alimentation riche en albuminoïdes chez les carnivores, les besoins de l'organisme sont complètement couverts par la consommation des albumines, sans qu'une consommation d'hydrates de carbone soit nécessaire. On n'a peut-être pas suffisamment songé à ces relations variables lorsqu'on a voulu, avec des appareils, d'ailleurs fort ingénieux, savoir s'il y a plus de sucre dans le sang de la veine porte ou dans le sang des veines hépatiques.

Glycogène des muscles. — Comme le glycogène des muscles a été, par beaucoup de cliniciens contemporains et par quelques physiologistes, considéré comme l'élément principal et unique de l'origine du travail musculaire, il est nécessaire de rappeler d'abord les travaux de PETTENKOFFER et VOIT, lesquels ont montré que, si l'on fournit à un organisme des quantités d'albumine suffisantes, la consommation organique se fait exclusivement aux dépens de cet organisme. Les hydrates de carbone et les graisses introduites simultanément avec cette albumine dans l'alimentation sont économisés par l'organisme qui les met alors en réserve pour l'engraissement du corps. Par conséquent, dans une alimentation exclusivement albuminoïde, toutes les fonctions des organes ne sont exécutées que par la dépense des énergies latentes dans l'albumine, comme par exemple, le travail du cœur, les mouvements respiratoires, etc. Donc, si l'on ne fait pas travailler un animal d'une manière spéciale, il effectue cependant encore d'assez notables travaux musculaires.

Pour combattre le préjugé enraciné, et difficile, à ce qu'il semble, à renverser, à savoir que la graisse et le glycogène sont l'unique source de la force musculaire, j'ai nourri pendant près des trois quarts d'une année un chien très maigre, pesant à peu près 30 kilos, avec une viande préparée de telle sorte qu'elle ne contenait pas assez de graisse et d'hydrate de carbone pour suffire au seul travail du cœur. J'ai analysé toute cette viande au point de vue de sa teneur en azote, en graisse, en hydrates de carbone, et j'ai chaque jour dosé l'azote de l'urine et des excréments. J'obtenais ainsi le bilan quotidien de l'azote, et je comparais mes chiffres au poids quotidien de l'animal. Les périodes de travail pour ce chien duraient quelques jours; j'ai eu des périodes de 14, 35, et même 41 jours pendant lesquelles ce chien était soumis à de très rudes travaux allant dans un seul jour jusqu'à 50 117 à 109 608 kilogrammètres.

J'ai montré qu'un chien qui doit, par jour, faire un travail de 109 608 kilogrammètres a besoin, alors, pour être en équilibre nutritif, de recevoir 496,5 grammes de viande, laquelle ne contient que de l'albumine comme aliment. Au bout de trois quarts d'année d'une semblable alimentation, et malgré un travail considérable accompli, le chien était encore parfaitement en état de travailler. Or l'homme et les herbivores ne peuvent pas digérer autant d'albumine qu'il leur en faudrait pour satisfaire à tous les besoins de leur organisme; par conséquent, il faut qu'une partie de leur alimentation consiste en graisses et hydrates de carbone. Cette proposition est vraie pour les carnivores qui sont soumis à une alimentation mixte, dans laquelle l'albumine ne suffit pas à tous les besoins de l'organisme. Les travaux de Zuntz et de ses élèves confirment le fait que ce ne sont pas seulement les graisses et les hydrates de carbone, mais encore les albumines qu'il faut considérer comme source de la force musculaire. Cependant, malgré tout, on trouve, même dans les travaux les plus récents et spécialement ceux des cliniciens, exprimée cette opinion que ce n'est pas, comme on le croyait autrefois, la graisse, mais bien le glycogène qui est la source unique des travaux musculaires. Pour mieux justifier mon opinion, je donne ici les résultats de deux longues périodes de travail, expériences entreprises en 1890, mais que je n'avais pas publiées. Je les ai indiqués dans les deux grands tableaux ci-joints, où tous ceux qui s'intéressent à la question pourront trouver tous les renseignements nécessaires (voir les tableaux pp. 438-442). Je ferai aussi remarquer que j'ai fait seul toutes ces analyses, que la récolte de l'urine et des excréments a toujours été faite sous ma direction ou celle de mon assistant. Dans la petite voiture que traînait le chien, il y avait une inscription graphique permettant de lire la grandeur du travail accompli. L'expression: « *plein travail,* » indiquée dans le tableau signifie 109 600 kilogrammètres.

Si l'on se rappelle les conclusions de Naunyn, Minkowski, et autres auteurs, d'après lesquels le glycogène est la seule origine du travail musculaire, on verra, en regardant les périodes de travail de la saison d'été, que le chien a eu par jour de 0,6, à 3,2 de glycogène comme aliment et que, dans cette période, il a fourni 35 jours de travail. Si nous supposons que la valeur dynamique du glycogène est de 4 calories, on voit qu'au maximum il y a eu : $3,2 \times 4 = 12,8$ calories dues au glycogène pour son travail quotidien, et si nous supposons que 33,3 p. 100 de la puissance dynamique de ce glycogène se transforment en travail mécanique, il s'ensuit un travail de 1823 kilogrammètres. Cependant le chien en a fait 109 608; donc, le glycogène n'a été que pour 1,7 p. 100 dans le travail accompli.

Pendant la seconde période de travail, celle du printemps, je n'ai pas pu me procurer de viande aussi pauvre en glycogène que pendant l'été. Alors, l'alimentation quotidienne était en glycogène de 7,5 à 16,3 grammes par jour, ce qui représente au maximum 9 158 kilogrammètres. Or le travail accompli a été de 109 608 kilogrammètres; donc le glycogène ne peut représenter que 8,4 p. 100 du travail total qui a été exécuté. Par conséquent, il faut définitivement rompre avec cette légende que le glycogène est l'origine de la force musculaire.

Même si l'on introduit dans le calcul non plus le glycogène seul, mais la graisse et le glycogène, cela ne peut pas suffire davantage à donner la raison du travail musculaire.

Or, comme certainement pendant longtemps, une grande somme de travail musculaire peut être exécutée sans que l'albumine de l'alimentation paraisse y contribuer, on doit supposer que l'origine de la force musculaire peut être aussi bien dans l'albumine que dans la graisse et les hydrates de carbone. Il est cependant évident que les divers individus peuvent exécuter également du travail musculaire malgré des différences considérables dans la nature de leur alimentation, et cette proposition reste vraie pour le travail que les muscles ont à donner. C'est la nature de l'alimentation qui détermine la substance qui va être employée par le travail musculaire; s'il s'agit d'omnivores ou d'herbivores, alors, c'est la substance non azotée qui devient la principale source du travail, mais le problème est tout différent si l'on considère la substance irritable capable de contraction au point de vue de sa composition chimique, il m'a toujours semblé que cette substance devait avoir la même structure moléculaire. J'ai montré que tout travail musculaire, malgré une alimentation très abondante en graisse, assez forte pour déterminer l'engraissement, détermine constamment une augmentation dans l'excrétion d'azote. Par conséquent, la substance contractile doit contenir de l'azote, autrement dit, doit être un dérivé de l'albumine. J'ai prouvé que cette substance peut se produire aux dépens de l'albumine seule, mais je n'ai jamais nié que les graisses et les hydrates de carbone ne puissent contribuer à sa synthèse.

Pour comprendre la physiologie du glycogène hépatique et les autres questions qui s'y rattachent, ainsi que ses rapports avec le glycogène musculaire, il nous reste à rendre compte d'autres expériences.

Le premier auteur qui ait vu une relation entre le glycogène et le travail du muscle a été Claude Bernard : en 1859, deux ans après avoir découvert le glycogène, il s'exprime ainsi : « Chez les animaux en sommeil hibernal examinés pendant la saison d'hiver, on trouve accumulé beaucoup de glycogène dans le foie et spécialement dans les cellules hépatiques. En outre, on trouve encore du glycogène non organisé, mais infiltré dans le tissu musculaire et dans les poumons. Dès que l'animal s'éveille, s'agite et respire avec plus de fréquence; ce glycogène est détruit et disparaît de ses tissus, mais il continue à s'en former dans le foie. » Quand j'ai des mammifères et des oiseaux bien nourris, les muscles sont en repos, que ce soit normalement, que ce soit artificiellement à la suite de la section des nerfs, on voit s'accumuler le glycogène dans les muscles inactifs pour disparaître ensuite au moment de leur activité, mais Cl. Bernard ne semble pas avoir fait sur ce point d'expériences systématiques. De telles recherches ont été faites, d'abord par Weiss. Il a pris les deux extrémités postérieures d'une grenouille, dont l'une servait de contrôle et l'autre était tétanisée jusqu'à épuisement. Le glycogène a été dosé par la méthode de Brücke et les muscles mis à bouillir avec la solution de potasse. Le résultat a été que le glycogène dans les muscles actifs diminuait dans les proportions de 24,27 à 50,427 p. 100.

Ensuite, Chandelon, confirmant les données fournies par Cl. Bernard et Weiss, a montré que, sur les lapins, la section des nerfs sciatiques et cruraux déterminait en deux à cinq jours une augmentation notable de glycogène de 5, 51 à 172, 4 p. 100 dans les muscles paralysés. Chandelon a comparé, en dosant le glycogène par la méthode de Brücke, la teneur en glycogène des muscles paralysés avec celle des muscles homologues non paralysés de l'autre côté. Si le glycogène paraît augmenter dans les muscles inactifs et paralysés, ce n'est peut-être qu'une apparence, due à ce que le glycogène diminue beaucoup dans le membre paralysé pris comme terme de comparaison. C'est un point sur lequel Manché a insisté dans un travail spécial. Marcuse a confirmé les recherches de Weiss en expérimentant sur les muscles de grenouille. Le tableau suivant indique les résultats qu'il a obtenus (v. plus loin, p. 443). On voit que, pour l'activité des muscles, le glycogène diminue de 33,9 p. 100. Manché a, dans le laboratoire de Külz, confirmé le fait en comparant le glycogène de muscles de grenouille au repos et de muscles tétanisés. Dans les muscles tétanisés, le glycogène diminuait de 12,76 à 15,44 p. 100.

Ces recherches ont été confirmées et développées par un excellent travail de Külz (*Beitr. z. Kennt. des Glykogenes*, 1891, 41).

Tableau de la période de travail du 23 Juillet au 10 Septembre 1890.

1	2	3	4	5	6	7	8	9	10	11	12	13	14	15	16	17	18	19	20
DATE 1890.	POIDS DU CORPS EN KILOGRAMMES 8 heures du matin.	DIMINUTION DU POIDS DU CORPS APRÈS TRAVAIL EN GRAMMES.	VARIATIONS PAR JOUR DU POIDS EN GRAMMES.	AZOTE INGÉRÉ PAR JOUR EN GRAMMES.	VIANDE INGÉRÉE PAR JOUR EN GRAMMES.	GRAISSE INGÉRÉE PAR JOUR EN GRAMMES.	HYDRATES DE CARBONE INGÉRÉS PAR JOUR EN GRAMMES.	EAU INGÉRÉE PAR JOUR EN CC.	VOLUME DE L'URINE PAR JOUR EN CC.	POIDS SPÉCIFIQUE DE L'URINE.	POIDS SPÉCIFIQUE DE L'URINE RAMENÉE à 2 500 cc.	AZOTE EXCRÉTÉ PAR JOUR PAR LES URINES EN GRAMMES.	EXCRÉMENTS PAR JOUR EN GRAMMES.	MATIÈRES SÈCHES DES EXCRÉMENTS PAR JOUR EN GRAMMES.	AZOTE ÉLIMINÉ PAR JOUR EN MOYENNE DANS LES FÈCES EN GR.	AZOTE ÉLIMINÉ PAR JOUR EN GRAMMES.	ÉCHANGE DE L'AZOTE EN GRAMMES.	NOMBRE DES JOURS DE REPOS.	NOMBRE DES JOURS DE TRAVAIL.
Juillet.																			
23-24	29,65	»	0,0	62,0	1 852,5	12,8	1,1	»	1 212	1,048 (17°)	1,024 (17°)	59,8	262,6	15,0	1,6	61,4	+ 0,6	8	—
24-25	29,65	»	0,0	62,0	1 852,5	12,8	1,1	»	1 212	1,048	1,024 (17°)	59,2	0,0	22,6	2,6	61,8	+ 0,2	9	—
25-26	29,75	»	+ 100	62,0	1 852,5	12,8	1,1	500	1 655	1,036 (20°)	1,0245 (18°)	59,4	267,3	22,6	2,6	62,0	+ 0,0	10	—
26-27	29,65	»	— 100	62,0	1 852,5	12,8	1,1	»	1 352	1,044 (18°,5)	1,0245 (16°,5)	58,7	0,0	17,6	2,1	60,9	+ 1,1	11	—
27-28	29,40	1150	— 250	62,0	1 852,5	12,8	1,1	800	1 302	1,0435 (19°)	1,024 (17°)	59,3	236,5	17,6	2,1	61,4	+ 0,6	»	1. Travail complet.
28-29	29,30	1100	— 100	62,0	1 852,5	12,8	1,1	800	1 318	1,044 (20°)	1,024 (17°,5)	60,2	164,2	23,9	2,9	63,1	— 1,0	»	2. —
29-30	29,10	800	— 200	62,0	1 852,5	12,8	1,1	700	1 612	1,040 (18°,5)	1,027 (17°,5)	66,8	162,5	23,9	2,9	69,7	— 7,7	»	3. —
30-31	29,00	700	— 100	62,0	1 852,5	12,8	1,1	700	1 386	1,044 (18°,5)	1,0255 (17°)	63,3	139,5	23,9	2,9	66,2	— 4,2	»	4. —
31 Juillet au 1er août.	29,15	500	+ 150	62,0	1 852,5	12,8	1,1	500	1 366	»	»	66,8	207,7	23,9	2,9	69,7	— 7,7	»	5. —
Août.																			
1-2	28,90	800	— 250	62,0	1 852,5	12,8	1,1	500	1 339	»	»	61,9	perdu.	23,9	2,9	64,8	— 2,8	»	6. —
2-3	29,0	700	+ 100	62,0	1 852,5	12,8	1,1	500	1 335	1,044 (16°)	1,0230 (16°)	58,3	perdu.	23,9	2,9	61,2	+ 0,8	»	7. —
3-4	28,75	700	— 250	62,0	1 852,5	12,8	1,1	300	1 435	1,042 (17°)	1,0245 (16°)	61,5	179,3	23,9	2,9	64,4	— 2,4	»	8. 2/3 de travail.
4-5	28,63	750	— 120	65,3	1 952,5	13,7	2,1	300	1 445	1,043 (19°)	1,0265 (17°)	64,4	177,4	23,9	2,9	67,3	— 2,0	»	9. Travail complet.
5-6	28,55	580	— 80	65,3	1 952,5	13,7	2,1	300	1 392	»	1,0255 (18°)	63,2	165,5	23,9	2,9	66,1	— 0,8	»	10. —
6-7	28,45	550	— 100	65,3	1 925,5	13,7	2,1	300	1 450	»	1,0265 (18°)	65,1	»	23,2	2,7	67,8	— 2,5	»	11. —
78	28,25	700	— 200	65,3	1 952,5	13,7	2,1	500	1 500	»	1,0275	65,1	251,0	23,2	2,7	67,8	— 2,5	»	12. —

8-9	28,20	400	— 50	65,3	1 952,5	13,7	2,1	200	1 390	»	1,0265 (17°)	64,5	»	23,2	2,7	67,2	—1,9	»	13.	—
9-10	28,10	750	— 100	66,2	2 068	11,1	0,6	300	1 375	»	1,0265 (17°)	66,1	308,3	23,3	2,7	68,8	—2,6	»	14.	—
10-11	28,05	750	— 50	66,2	2 068	11,1	0,6	250	1 372	»	1,0260 (18°,5)	65,9	183,7	23,2	2,7	68,6	—2,4	»	15.	—
11-12	28,05	750	+ 00	66,2	2 068	11,1	0,6	300	1 383	»	1,0265 (18°,5)	64,9	172,9	23,2	2,7	67,6	—1,4	»	16.	—
12-13	28,00	700	— 50	65,9	1 970,7	13,8	2,2	300	»	»	—	65,6	170,0	23,2	2,7	68,3	—2,4	»	17.	—
13-14	28,10	750	+ 100	69,2	2 070,7	14,7	3,2	700	»	»	—	68,5	169,5	23,2	2,7	71,2	— 0,96	»	18.	—
14-15	28,10	800	+ 00	69,2	2 070,7	14,7	3,2	500	1 512	»	1,0275	67,4	276,0	23,2	2,7	70,1	— 0,9	»	19.	—
15-16	28,30	600	+ 200	69,47	2 169	11,6	0,65	500	1 628	»	1,028 (19°)	70,1	146,6	22,8	2,55	72,7	—3,2	»	20.	—
16-17	28,20	800	— 100	69,52	2 166	12,13	2,2	450	1 625	»	1,028 (18°,5)	69,3	110,7	22,8	2,55	71,9	—2,4	»	21.	—
17-18	28,10	800	— 100	69,52	2 166	12,13	2,2	500	1 630	»	1,0275 (19°,5)	68,9	179,2	22,8	2,55	71,5	—2,0	»	22.	—
18-19	28,10	950	+ 00	69,52	2 166	12,13	2,2	1000	1 828	»	1,0265 (20°,5)	67,3	»	22,8	2,55	69,9	— 0,4	»	23.	—
19-20	28,10	550	+ 00	69,47	2 169	11,7	0,96	1000	2 109	»	1,028	68,4	110,6	22,8	2,55	71,0	— 1,5	»	24. 2/3 de travail.	
20-21	28,05	600	— 50	69,47	2 169	11,7	0,96	730	1 955	»	1,0255 (19°,5)	64,3	155,3	22,80	2,55	66,9	+ 2,6	»	25.	—
21-22	27,85	550	— 200	69,47	2 169	11,7	0,96	550	2 047	»	1,0265 (20°)	67,6	109,7	22,80	2,55	70,2	— 0,7	»	26.	—
22-23	27,80	450	— 50	69,47	2 169	11,7	0,96	850	2 225	»	1,0205 (18°)	65,0	230,4	22,80	2,55	67,6	+ 1,9	»	27.	—
23-24	27,83	200	+ 30	69,68	2 166	11,6	1,9	740	2 100	»	1,0255 (19°,5)	66,7	131,5	22,34	2,5	69,2	+ 0,5	»	28.	—
24-25	27,90	»	+ 70	69,68	2 166	11,6	1,9	940	2 210	»	1,0255 (18°)	65,1	177,9	22,34	2,5	67,6	+ 2,1	»	29.	—
25-26	27,85	520	— 50	69,68	2 166	11,6	1,9	780	2 183	»	1,0265 (17°,5)	67,2	152,9	22,34	2,5	69,7	+ 0,0	»	30.	—
26-27	27,80	450	— 50	69,68	2 166	11,6	1,9	340	1 935	»	1,0265 (17°)	66,7	172,3	22,34	2,5	69,2	+ 0,5	»	31.	—
27-28	27,95	500	+ 150	69,68	2 166	11,6	1,9	790	1 993	»	1,0255 (16°,7)	67,9	127,3	22,34	2,5	70,4	— 0,7	»	32.	—
28-29	27,95	500	0	69,68	2 166	11,6	1,9	560	1 998	»	1,0260 (17°)	66,0	166,0	22,34	2,5	68,5	+ 1,2	»	33. 2/3 de travail.	
29-30	28,05	480	+ 100	69,68	2 166	11,6	1,9	540	1 950	»	1,0265 (16°)	65,0	102,0	22,34	2,5	67,5	+ 2,2	»	34.	—
30-31	28,35	+380	+ 300	69,68	2 166	11,6	1,9	1000	2 204	»	1,028 (15°,5)	70,4	0,0	22,34	2,9	75,3	— 3,6	»	35.	—
31 août au 1er septembre.	28,45	»	+ 100	69,68	2 166	11,6	1,9	160	1 770	»	1,027 (15°)	67,4	0,0	21,3	2,9	70,3	— 0,6	1		—
Septembre.																				
1-2	28,25	»	— 200	69,68	2 166	11,6	1,9	150	1 448	»	1,0245 (15°)	59,5	484,8	21,3	2,9	62,4	+ 7,3	2		—
2-3	28,55	»	+ 300	69,68	2 166	11,6	1,9	460	1 726	»	1,0255 (14°,5)	63,4	67,1	21,3	2,9	66,3	+ 3,4	3		—
3-4	28,90	»	+ 350	69,68	2 166	11,6	1,9	362	1 710	»	1,0255 (16°)	64,2	0,0	21,3	2,9	67,1	+ 2,6	4		—
4-5	29,05	»	+ 150	69,68	2 166	11,6	1,9	730	2 148	»	1,0265 (16°)	67,0	207,7	21,3	2,9	69,9	— 0,2	5		—
5-6	29,05	»	+ 000	69,68	2 166	11,6	1,9	240	1 620	»	1,0245 (16°,5)	61,4	272,5	21,3	2,9	64,3	+ 5,4	6		—
6-7	29,15	»	+ 100	69,68	2 035,0	12,8	16,5	220	1 495	»	1,0244 (15°)	60,0	120,6	21,3	2,9	62,9	+ 6,8	7		—
7-8	29,25	»	+ 100	69,68	2 035,0	12,8	16,5	560	1 665	»	1,0265 (15°,5)	64,6	188,5	21,3	2,9	67,5	+ 2,2	8		—
8-9	29,48	»	+ 230	69,68	2 035,0	12,8	16,5	730	1 756	»	1,0265 (15°,6)	62,9	133,5	21,3	2,9	65,8	+ 3,9	9		—
9-10	29,50	»	+ 20	69,68	2 035,0	12,8	16,5	240	1 653	»	1,026 (15°)	63,1	144,9	21,3	2,9	66,0	+ 3,7	10		—
10-11	29,70	»	+ 200	69,68	2 835,0	12,8	16,5	800	1 826	»	1,0255 (16°)	63,4	140,2	21,3	2,9	66,3	+ 3,4	11		—

Tableau de la période de travail du 11 octobre au 9 décembre 1890.

1	2	3	4	5	6	7	8	9	10	11	12	13	14	15	16	17	18
DATE 1890.	POIDS DU CORPS EN KILOGRAMMES.	DIMINUTION DU POIDS DU CORPS APRÈS TRAVAIL EN GRAMMES.	VARIATIONS PAR JOUR DU POIDS EN GRAMMES.	AZOTE INGÉRÉ PAR JOUR EN GRAMMES.	VIANDE INGÉRÉE PAR JOUR EN GRAMMES.	GRAISSE INGÉRÉE PAR JOUR EN GRAMMES.	HYDRATES DE CARBONE INGÉRÉS PAR JOUR EN GRAMMES.	EAU INGÉRÉE PAR JOUR EN CC.	VOLUME DE L'URINE PAR JOUR EN CC.	POIDS SPÉCIFIQUE DE L'URINE RAMENÉE A 2500 CC.	AZOTE EXCRÉTÉ PAR JOUR PAR LES URINES.	EXCRÉMENTS PAR JOUR EN GRAMMES.	AZOTE ÉLIMINÉ PAR JOUR EN MOYENNE DANS LES FÈCES EN GR.	AZOTE ÉLIMINÉ PAR JOUR EN GRAMMES.	ÉCHANGE DE L'AZOTE EN GRAMMES.	NOMBRE DES JOURS DE REPOS.	NOMBRE DES JOURS DE TRAVAIL.
Octobre.																	
11-12	30,60	»	— 100	68,4	2 090,2	7,6	16,3	598	2 270	1,0255 (15°)	63,8	352,4	3,4	67,2	+ 1,2	15	—
12-13	30,75	»	+ 150	68,4	2 090,2	7,6	16,3	990	2 258	1,0255 (15°)	64,2	219,0	3,4	67,6	+ 0,8	16	—
13-14	30,70	»	— 50	68,4	2 090,2	7,6	16,3	872	2 278	1,0265 (15°)	64,4	196,5	3,4	67,8	+ 0,6	17	—
14-15	30,90	»	+ 200	68,4	2 090,2	7,6	16,3	964	2 258	1,0265 (15°)	64,0	222,0	3,4	67,4	+ 1,0	18	—
15-16	30,85	»	— 50	68,4	2 090,2	7,6	16,3	1 000	2 282	1,0265 (15°)	66,2	214,4	3,4	69,6	— 1,2	19	—
16-17	30,85	»	+ 00	68,4	2 090,2	7,6	16,3	899	2 282	1,0255 (14°)	62,4	171,2	3,4	65,8	+ 2,6	20	—
17-18	30,75	»	+ 100	68,4	2 090,2	7,6	16,3	815	2 296	1,0270 (13°)	64,9	239,6	3,4	68,3	+ 0,1	21	—
18-19	30,85	»	+ 100	68,4	2 090,2	7,6	16,3	965	2 295	1,0265 (13°)	64,3	164,9	3,4	67,7	+ 0,7	22	—
19-20	30,90	»	+ 50	68,4	2 090,2	7,6	16,3	918	2 332	1,0265 (10°)	64,6	189,2	3,4	68,0	+ 0,4	23	—
20-21	30,40	750	— 500	68,4	2 090,2	7,6	16,3	708	2 428	1,0280 (12°)	66,2	perdu.	4,1	70,3	— 1,9	»	1. 2/3 de travail.
21-22	30,60	550	+ 200	68,4	2 090,2	7,6	16,3	1 435	2 596	1,0280 (9°)	65,8	281,9	4,1	69,9	— 1,5	»	2. —
22-23	30,45	600	— 150	68,4	2 090,2	7,7	16,3	1 150	2 633	1,028 (10°)	67,9	242,6	4,1	72,0	— 3,6	»	3. —
23-24	30,00	700	— 450	68,4	2 090,2	7,6	16,3	675	2 255	1,028 (11°)	65,2	290,2	4,1	69,3	— 0,9	»	4. —
24-25	30,10	450	+ 100	68,4	2 090,2	7,6	16,3	812	2 189	1,027 (11°)	65,9	171,3	4,1	70,0	— 1,6	»	5. —
25-26	29,95	350	— 150	68,4	2 090,2	7,6	16,3	610	2 122	1,0275 (12°)	65,1	287,7	4,1	69,2	— 0,8	»	6. —
26-27	29,85	550	— 100	68,4	2 090,2	7,6	16,3	690	2 032	1,0275 (11°)	65,4	291,3	4,1	69,5	— 1,1	»	7. —
27-28	29,90	450	+ 50	68,4	2 090,2	7,6	16,3	656	2 125	1,0275 (10°)	66,9	perdu.	4,1	71,0	— 2,6	»	8. —
28-29	29,60	520	— 300	68,4	2 090,2	7,6	16,3	268	1 921	1,028 (10°)	66,4	283,2	4,1	70,5	— 2,1	»	9. —
29-30	29,90	450	+ 300	68,4	2 090,2	7,6	16,3	1 218	2 382	1,0275 (11°)	67,4	181,3	3,9	71,3	— 2,9	»	10. —
30-31	29,80	500	— 100	68,4	2 090,2	7,6	16,3	358	1 982	1,0275 (11°)	65,3	185,7	3,9	69,3	— 0,8	»	11. —
31 oct. au 1er nov.	29,6	550	— 200	68,4	2 090,2	7,6	16,3	353	1 895	1,0275 (11°)	65,3	206,2	3,9	69,2	— 0,8	»	12. —

Novembre.																		
1-2	29,75	450	+ 150	68,4	2 090,2	7,6	16,3	668	2 015	1,0275 (13°)	66,6	200,1	3,9	70,5	— 2,1	»	13.	—
2-3	29,55	680	— 200	68,4	2 090,2	7,6	16,3	»	1 855	1,0275 (12°)	64,4	357,2	3,9	68,3	— 0,1	»	14.	—
3-4	29,60	600	+ 50	68,4	2 090,2	7,6	16,3	668	1 836	1,0275 (12°)	65,1	321,3	3,9	69,0	— 0,6	»	15.	—
4-5	29,45	750	— 150	68,4	2 090,2	7,6	16,3	723	2 170	1,0285 (12°)	68,3	277,5	3,9	72,2	— 3,8	»	16.	—
5-6	29,25	550	— 200	68,4	2 090,2	7,6	16,3	118	1 802	1,0280 (12°,5)	65,8	121,8	3,9	69,7	— 1,3	»	17.	—
6-7	29,25	700	+ 00	68,4	2 090,2	7,6	16,3	452	1 770	1,0275 (12°)	64,5	perdu.	3,8	68,3	+ 0,1	»	18.	—
7-8	28,7	700	— 550	68,4	2 090,2	7,6	16,3	318	»	»	67,2	295,0	3,8	71,0	— 2,6	»	19.	—
8-9	28,8	500	+ 100	68,4	2 090,2	7,6	16,3	390	1 648	1,0275 (11°)	64,0	perdu.	3,8	67,8	+ 0,6	»	20.	—
9-10	28,95	450	+ 150	68,4	2 090,2	7,6	16,3	710	1 772	1,0275 (13°)	65,9	356,8	3,8	69,7	— 1,3	»	21.	—
10-11	28,80	450	— 150	68,4	2 090,2	7,6	16,3	290	1 632	1,027 (11°)	63,5	435,2	3,8	67,3	— 1,1	»	22.	—
11-12	29,00	400	+ 200	68,4	2 090,2	7,6	16,3	377	1 680	1,0275 (11°)	66,0	265,3	3,8	69,8	— 1,4	»	23.	—
12-13	28,85	550	— 150	68,4	2 090,2	7,6	16,3	152	1 628	1,0275 (11°)	64,7	272,8	3,8	68,5	+ 0,1	»	24.	—
13-14	28,80	400	— 50	68,4	2 090,2	7,6	16,3	220	1 594	1,0275 (11°)	63,8	464,0	3,8	67,6	+ 0,8	»	25.	—
14-15	28,70	500	— 100	68,4	2 090,2	7,6	16,3	145	1 582	1,0280 (11°)	65,3	250,0	3,8	69,1	— 0,7	»	26.	—
15-16	28,90	400	+ 200	68,4	2 090,2	7,6	16,3	378	1 688	1,0275 (12°)	64,9	187,9	3,8	68,7	— 0,3	»	27.	—
16-17	28,85	500	— 50	68,4	2 090,2	7,6	16,3	0	1 550	1,0270 (12°)	63,4	233,7	3,8	67,2	+ 1,2	»	28.	—
17-18	28,90	450	+ 50	68,4	2 090,2	7,6	16,3	585	1 774	1,027 (12°)	66,1	396,5	3,8	69,9	— 1,5	»	29.	—
18-19	28,95	450	+ 50	69,3	2 152,8	9,2	7,5	165	1 675	1,0275 (13°)	64,0	261,2	3,8	7,8	+ 1,5	»	30.	—
19-20	28,95	500	0	69,3	2 152,8	9,2	7,5	192	1 645	1,0285 (12°)	67,5	260,9	3,8	71,3	— 2,0	»	31.	—
20-21	28,90	400	— 50	69,3	2 152,8	9,2	7,5	42	1 633	1,0280 (13°)	63,3	259,0	3,8	67,1	+ 2,2	»	32.	—
21-22	28,85	450	— 50	69,3	2 152,8	9,2	7,5	259	1 708	1,0280 (11°)	66,5	247,7	3,7	70,2	— 0,9	»	33.	—
22-23	28,80	400	— 50	69,3	2 152,8	9,2	7,5	0	1 686	1,0375 (12°)	66,3	151,7	3,7	70,0	— 0,7	»	34.	—
23-24	28,80	330	0	69,3	2 152,8	9,2	7,5	70	1 582	1,0265 (13°)	61,4	217,0	3,7	65,1	+ 4,2	»	35.	—
24-25	28,75	400	— 50	69,3	2 152,8	9,2	7,5	18	1 676	1,0285 (10°)	68,5	perdu.	3,7	72,2	— 2,9	»	36.	—
25-26	28,80	450	+ 50	69,3	2 152,8	9,2	7,5	230	1 648	1,0285 (9°)	67,7	perdu.	3,7	71,4	— 2,1	»	37.	—
26-27	28,60	700	— 200	69,3	2 152,8	9,2	7,5	230	1 840	1,0305	70,8	239,2	3,7	74,5	— 5,2	»	38.	Travail plein.
27-28	28,60	600	0	76,2	2 368,1	10,1	8,3	347	1 872	1,0305 (8°)	69,4	263,2	3,7	73,1	+ 3,4	»	39.	—
28-29	28,60	700	0	76,2	2 368,1	10,1	8,3	374	1 920	1,0325 (5°)	75,0	192,0	3,7	78,7	— 2,5	»	40.	—
29-30	58,45	600	— 50	76,2	2 368,1	10,1	8,3	275	1 958	1,0325 (5°)	72,3	194,9	3,7	76,0	+ 0,2	»	41.	—
30 novembre au 1er décembre.	28,50	»	+ 50	69,3	2 152,8	9,2	7,5	112	1 602	1,0295 (7°)	69,1	»	3,4	72,5	— 3,2	1		—
Décembre.																		
1-2	28,4	»	— 100	62,4	1 937,5	8,3	8,3	34	1 562	1,027 (5°)	61,0	»	3,4	64,4	— 2,0	2		—
2-3	28,35	»	— 50	62,4	1 937,5	8,3	8,3	0	1 366	1,025 (4°)	57,6	»	3,4	61	+ 1,4	3		—
3-4	28,35	»	0	62,4	1 937,5	8,3	8,3	0	1 445	1,026 (7°)	59,8	»	3,4	63,2	— 0,8	4		—
4-5	28,25	»	— 100	62,4	1 937,5	8,3	8,3	15	1 328	1,026 (6°)	57,3	»	3,4	60,7	+ 1,7	5		—
5-6	28,47	»	+ 220	62,4	1 937,5	8,3	8,3	290	1 512	1,0255 (9°)	58,8	»	3,4	62,2	+ 0,2	6		—
6-7	28,55	»	+ 80	62,4	1 937,5	8,3	8,3	40	1 436	1,025 (5°(	56,5	»	3,4	59,9	+ 2,5	7		—
7-8	28,48	»	— 70	62,4	1 937,5	8,3	8,3	0	1 360	1,0245 (6°)	57,3	»	3,4	60,7	+ 1,7	8		—
8-9	28,65	»	× 170	62,4	1 927,5	8,3	8,3	0	1 215	1,0255 (4°)	57,6	»	3,4	60,1	+ 2,3	9		—

Tableau indiquant la pression barométrique, la température et la quantité d'eau tombée dans la période de travail du 23 juillet au 10 septembre 1890 (Observatoire de Bonn).

DATE 1890.	TEMPÉRATURE. Maximum.	Minimum.	Moyenne.	PRESSION barométrique à 0°.	PLUIE EN 24 H. en mm.
Juillet.					
23-24	19,6	16,7	18,1	752,7	0,3
24-25	20,6	13,2	16,9	755,5	2,4
25-26	20,1	9,3	14,7	758,9	0,0
26-27	20,3	10,2	15,2	757,6	0,0
27-28	22,7	13,2	17,9	753,4	0,0
28-29	26,3	15,8	21,0	756,8	0,2
29-30	21,6	11,8	16,7	756,7	0,0
30-31	24.7	13,7	19,2	757,4	0,0
31 juillet au 1er août.	27,8	15,1	21,6	754,9	0,0
Août.					
1- 2	29.7	17,8	23,7	754,3	3,3
2- 3	22,1	14,8	18,4	758,2	16,5
3- 4	19.9	12,9	16,4	761.0	2,6
4- 5	21,9	14,1	18,0	758,0	0,1
5- 6	23,9	16.5	20,2	755,1	0,0
6- 7	25.0	17,0	21,0	756,4	1,0
7- 8	22,4	15,2	18,8	756,0	0,0
8- 9	20,9	14,9	17,9	754.6	0,0
9-10	25,0	16,4	20,7	752,6	0,0
10-11	26.5	16,2	21,3	751,9	6,5
11-12	24,4	16,0	20,2	751,6	4,4
12-13	22,1	15.8	18,9	749,4	0,6
13-14	23,1	15,2	19,2	751.0	3,6
14-15	20,8	14.0	17,4	753,6	0,0
15-16	22,3	18,0	20,1	753,9	0,0
16-17	25,9	13,4	19,6	755,1	0,0
17-18	24,4	17,3	20,8	750,4	3,4
18-19	27.5	19,3	23,4	751,5	0,4
19-20	27,4	15,0	21,2	753,4	0,0
20-21	24,5	13,3	18,9	758,3	0,0
21-22	22,1	14,3	18,2	757,3	6,2
22-23	19,1	11,8	15,4	752,2	0.0
23-24	23,7	14,7	19,2	748.1	6,6
24-25	18,8	9,8	14,3	747,6	0,2
25-26	16,9	9,1	13,0	746,5	0,2
26-27	17,3	14,2	15,7	745,0	2,0
27-28	18,0	9,6	13,8	751,6	20,1
28-29	18,8	10,8	14,8	753,5	5,1
29-30	18.2	9,4	13,8	753,8	1,0
30-31	16,7	9,5	13,1	756.8	0,4
31 août au 1er sept.	16,4	7,6	12,0	761,5	0,0
Septembre.					
1- 2	16,2	6,1	11,1	763,5	0,1
2- 3	15,6	5.2	10,4	762,5	0.1
3- 4	18,5	10.8	14,6	702,1	0,0
4- 5	20,6	12,2	16,4	763,5	0,0
5- 6	20.5	14,9	17,4	764,0	0,1
6- 7	20,4	12,9	16,6	765,5	0,0
7- 8	17,1	11,0	14,0	765,2	0,0
8- 9	18,4	10,0	14,2	763,8	0,0
9-10	18,4	11.0	14,7	760,4	0,0
10-11	22,7	13,3	18,0	757,9	0.0
Octobre.					
11-12	15,6	5,3	10,4	766.6	0,2
12-13	16,9	5,8	11,3	765,2	0,2
13 14	19,7	6,8	13.2	760,1	0,2
14-15	20,5	9,2	14,8	751.3	0,0
Octobre.					
15-16	15,1	5,6	10,3	744,7	8,8
16-17	12,1	5,8	8,9	747,1	3,1
17-18	9.4	7,6	8,5	746,4	10,5
18-19	10,6	7,6	9,1	752,1	7,6
19-20	11,0	3,9	7,4	759,0	3,4
20-21	7,3	0,3	3,8	764,8	0,0
21-22	7,0	— 0,7	3,1	768,4	0,0
22-23	6,6	4,0	5,3	763,5	0,9
23-24	8,8	7,3	8,0	759,3	3.3
24-25	11.6	9,0	10,3	750,5	0,1
25-26	12,4	6,5	9,4	739,8	9,3
26-27	10,8	3,4	7,2	747,8	2,3
27-28	6,2	1,3	3,7	755,9	0,2
28-29	5,5	1,0	3,2	757,9	1,0
29-30	9,1	5,2	7,1	754,8	1,6
30-31	7,6	6,3	6,9	750,6	0,3
31 oct. au 1er nov.	9,1	6,8	7,9	746,1	1,9
Novembre.					
1- 2	12,5	7,3	9,9	744,2	0,7
2- 3	12,0	6,4	9,2	746,5	17,7
3- 4	11,5	6,5	9,0	740,7	0,9
4- 5	12.1	5,7	8,9	741,8	8,1
5- 6	11.5	6,3	8,9	750,1	2,9
6- 7	9,5	4,9	7,2	739,7	0,7
7- 8	7,6	4,7	6,1	747,0	0,0
8- 9	8,3	6,2	7,2	744,2	0,0
9-10	9,3	5,3	7,3	750,4	1,4
10-11	8.4	1.5	4,9	749,0	0,1
11-12	7.6	1.3	4,4	754,3	0,0
12-13	7,0	1,5	4,2	758,8	0,0
13-14	9.4	5,0	7,2	757,6	6,3
14-15	8,1	4,6	6,3	760,8	0,1
15-16	11.6	6,3	8,9	762,6	0,1
16-17	11,8	8,6	10,2	764,5	2,2
17-18	11.5	6,1	8,8	766,6	0,0
18-19	9,8	7,6	8,7	767,1	4,0
19-20	10.5	4,9	7,7	765,0	0,8
20-21	11.0	9,7	10.3	760,9	6,3
21-22	11,3	6,8	9,0	757,1	6,7
22-23	9,4	6,0	7.7	741,5	19,5
23-24	14.2	6,7	10.4	731,3	13,0
24-25	10.4	2,2	6,3	745,2	1,6
25-26	3,7	— 5,0	— 0,6	755,4	0,0
26-27	— 2,3	— 12,6	— 7,4	753,1	0,5
27-28	— 6.9	— 11,3	— 9,1	756,4	0,0
28-29	— 6,7	— 7,3	— 7,0	756,2	1,0
29-30	— 5,7	— 6,8	— 6,2	766,8	8,1
30 nov. au 1er déc.	— 1,0	— 5,9	— 3,4	758,7	0,0
Décembre.					
1-2	— 0,5	8,5	— 4,5	752,0	0,0
2-3	+ 1,5	1.6	0,0	745,1	0,0
3-4	+ 0,1	1,0	— 0,4	750.1	0,6
4-5	+ 2,1	3,7	— 0,6	752,7	0,0
5-6	+ 2,7	+ 0,2	+ 1,4	754,9	0,0
6-7	+ 2,5	— 6,2	— 1,8	758,8	0,0
7-8	+ 0,9	— 6,4	— 2,7	757,2	0,0
8-9	+ 0,7	— 6.2	— 3,4	759,9	0,0

Expérience.	Glycogène des muscles p. 100. Muscles non excités.	Muscles excités.
I	0,748	0,539
II	»	»
III	0,749	0,461
IV	0,589	0,395
V	0,542	0,341
Moyenne	0,657	0,434

Deux chiens bien nourris, étaient attelés à une assez lourde voiture. Le chien 1 de 45. 500 grammes, après avoir traîné la voiture pendant neuf heures quarante minutes, fut alors tué par hémorrhagie. La peau fut enlevée ; le corps partagé en deux parties par section transversale sur la ligne médiane ; et une moitié du corps fut traitée par la potasse. La solution potassique était de 17.500 cc.

	Poids en gr.	Glycogène sans cendres. en gr. total.	p. 100.
Foie	588	0,8923	0,16
Cœur	345	2,1453	0,62
Partie droite	14,450	24,5000	0,17
Partie gauche	14,458	24,5155	0,17

Par conséquent le chien avait en totalité 52. 0531 grammes de glycogène, soit 1.16 par kilogramme.

Comme nous avons vu que la teneur en glycogène chez un chien bien nourri et qui n'a pas été fatigué peut monter à 38 grammes par kilogramme et que chez un chien de poids analogue, après vingt-huit jours de jeûne, il y avait encore $1^{gr},5$ de glycogène par kilogramme, on voit qu'un travail musculaire de $9^{h}\ {}^{2}/_{3}$ a vu faire perdre à un chien autant de glycogène qu'un jeûne de vingt-huit jours.

L'expérience fut répétée sur un second chien, mais qui n'était pas si vigoureux, et qui ne put traîner la voiture que pendant six heures quarante-quatre minutes. ie pesait 17. 250 grammes.

	Poids en gr.	Glycogène sans cendres. en gr. total.	p. 100.
Foie	385	0,1988	0,05
Cœur	175	0,2388	0,14
Partie droite	5 520	1,4880	0,03
Partie gauche	5 495	1,4813	0,03

Teneur totale absolue en glycogène. . . . = 3,4069
Glycogène par kilog . . . . = 0,20

Le troisième chien, de $5^{k}250$, courut six heures dans la roue de travail. L'analyse donna :

Teneur totale absolue en glycogène. . . . = 8,2384
Glycogène par kilog. . . . . = 1,63

Le quatrième chien, bien nourri, pesait $7^{k}100$. Il courut $8^{h},25'$ dans la roue de travail.

Teneur totale absolue en glycogène. . . . = 4,0606
Glycogène par kilog. . . . . = 0,66

Ces expériences ne permettent pas de douter que par un travail épuisant et prolongé presque toute la provision de glycogène est épuisée.

Il est certain que ce glycogène est oxydé : quant aux transformations par lesquelles il passe, il serait d'une extrême importance de le savoir. Or nous n'en connaissons que le premier terme, et nous savons que ce n'est pas une oxydation.

De même que l'excitation des nerfs du foie fait croître la quantité de sucre dans le foie, de même, l'excitation des nerfs musculaires fait croître la quantité de sucre. Seulement la contraction musculaire, au lieu d'augmenter la quantité de sucre glycogène, augmente la quantité de sucre soluble. Nous devons la connaissance de ce fait important à J. Ranke (*Tetanus*, Leipzig, 1865, 168), quoique dans son opinion le sucre ne dérive pas du glycogène. Voici comment il a disposé son expérience. Il excitait le train postérieur de plusieurs grenouilles et comparait la quantité de sucre contenu dans ces muscles excités à la quantité de sucre que contenaient les muscles en repos. Comme moyenne de plusieurs analyses, il a eu : pour 100 parties sèches du muscle à l'état de repos, 0,058, et, après tétanisation, 0,082 de sucre. (Une faute d'impression lui fait écrire 0,093.) Donc en moyenne la tétanisation a augmenté le sucre dans la proportion de 41 p. 100 (*Loc. cit.*, p. 190).

Ces recherches de Ranke ont été confirmées sur les muscles de grenouille par Otto Nasse (*A. g. P.*, II, 1869, 97, et XIV, 1877, 473), G. Meissner (*Nachrichten von d. Univ. u. d. kön. Ges. Wiss. zu Gottingen*, 1861, n° 15 et Meissner's *Jahresbericht*, 1861, 296). Meissner avait déjà en 1861 reconnu la présence d'un sucre fermentescible différent de l'inosite, qu'on peut par l'eau extraire des muscles de l'homme, des mammifères, des carnivores ou herbivores comme des oiseaux, des batraciens et des poissons.

D'après Meissner, ce sucre se trouve dans les tissus musculaires, quelle que soit l'alimentation, même si celle-ci est dépourvue de matières amylacées et de sucre. La teneur des muscles en sucre dépasse celle du sang, et, d'après Meissner, elle sera en général de 0,2 à 0,3 p. 100.

Comme, pendant le tétanos musculaire, le glycogène diminue en même temps que le sucre augmente, on peut considérer comme très vraisemblable que le glycogène se transforme par hydrolyse en sucre. En outre, il y a dans les contractions musculaires énergiques consommation de tout le glycogène du muscle avec combustion du sucre hépatique que le sang leur apporte : il n'est donc pas rationnel de supposer que, lorsque les tissus musculaires se contractent, ils forment du sucre. Il est évident au contraire que, si le glycogène devient du sucre, c'est pour que cette substance soit utilisée. L'analogie avec la fonction hépatique rend cette hypothèse nécessaire.

En étudiant l'inervation du foie, nous avons vu que l'excitation nerveuse produit des dédoublements chimiques du protoplasma cellulaire dont un produit est le ferment diastasique. On peut se demander s'il y a quelque phénomène analogue pour le muscle. Magendie (*C. R.*, XXIII-189) avait déjà découvert qu'il y a dans les muscles un ferment diastasique, et Claude Bernard a montré, comme nous l'avons indiqué déjà, que dans les muscles du fœtus il se fait du sucre par une sorte de fermentation. Claude Bernard (*Leçons sur le système nerveux*, 1855, p. 383) avait établi, avant la découverte du glycogène, qu'il y a de l'acide lactique dans les muscles du fœtus, et il pensait que l'origine de cet acide lactique était du sucre, du glycose, dont il rendait la présence manifeste par la fermentation alcoolique.

Claude Bernard a aussi montré que les poumons du fœtus contiennent du sucre quand on les laisse à basse température en contact avec de l'alcool dilué. Mais, si l'on élève la température, alors, d'après Bernard, la fermentation qui aboutit à l'acide lactique est tellement rapide qu'on ne peut plus constater de sucre, parce que la fermentation acide le détruit.

Or, puisque les muscles et les poumons du fœtus sont riches en glycogène, on peut supposer que ce glycogène est l'origine du sucre, comme cela a été démontré pour le foie. La formation de sucre sans excitation des nerfs moteurs accompagne la disparition du glycogène dans les muscles dont l'artère a été liée (Chandelon, *A. g. P.*, XIII, 628). Elle se produit aussi quand le muscle a été séparé de l'organisme. On doit donc se demander s'il s'agit là d'un processus physiologique comme dans le foie, ou d'un phénomène de putréfaction. M. Werther (*A. g. P.*, 1890, XLVI, 63) a institué cette expérience sur des muscles de lapin en prenant toutes les précautions aseptiques et antiseptiques nécessaires, et il a obtenu les résultats suivants.

	Poids des muscles en grammes.	Durée de l'échauffement.	Température.	Glycogène des muscles p. 100.
Frais	40	3 heures	45°-48°	0,239
Rigides	39			0,003
Frais	41	5 heures 1/2	43°-47°	0,234
Rigides	39			0,019

Les recherches entreprises avec les muscles de chat ont donné les mêmes résultats. Des muscles de grenouille placés dans la glace ont passé en 30 heures de 0,53 à 0,11 de glycogène (*Loc. cit.*, 81).

E. Külz (*A. g. P.*, 1881, xxiv, 57) nous a fourni sur la rapidité avec laquelle disparaît le glycogène des données qui sont de la plus haute importance pour l'analyse du glycogène. Sur un chien, 50 grammes de muscle du côté gauche, analysés immédiatement, ont donné 0,278 de glycogène : 50 grammes du côté droit des muscles correspondants, analysés 30 minutes plus tard, ont donné 0,2463. Par conséquent en une demi-heure la proportion de glycogène a diminué de 0,556 à 0,492 : autrement dit, de 11,5 p. 100.

Toutefois Külz a pu, d'un foie de chien qu'il avait laissé huit jours dans le laboratoire et qui pesait 58 grammes, extraire encore 4gr,2 de glycogène. Je puis confirmer le fait pour la viande du cheval avec laquelle j'ai souvent fait une expérience analogue. Par conséquent, pour les muscles comme pour le foie, immédiatement après la mort, le glycogène disparaît très vite; mais ensuite le phénomène est très lent, comme si la diastase qui hydrolyse le glycogène s'était épuisée, de sorte qu'alors le glycogène ne diminue presque plus.

Külz a d'ailleurs fait étudier spécialement la question par son élève Auguste Cramer (*Z. B.*, xxiv, 79). Cramer a montré que le glycogène des muscles disparaît après la mort, d'autant plus lentement que la température de 40° suffit pour faire disparaître en 4 heures la plus grande partie du glycogène musculaire.

En comparant des muscles de droite et de gauche, en analysant immédiatement les muscles du côté gauche, et en exposant pendant quatre heures les muscles de droite à la température de 40°, il a trouvé que l'échauffement à 40° pendant quatre heures avait diminué de 88,8 p. 100 la proportion de glycogène.

Glycogène p. 100 des muscles au froid et au chaud.

		Muscles frais de gauche.	Muscles de droite exposés à la température. de 40°.
1	Chien	0,135	0,044
2	Chien	0,077	0,023
3	Lapin	0,417	0,025
4	Lapin	0,444	0,029
	Moyenne . . .	0,268	0,030

Assurément cette rapide destruction du glycogène ne s'observe pas constamment. J'ai déjà fait remarquer que l'origine de la force musculaire dépend certainement de diverses substances, et que le muscle suivant son état de nutrition produit telle ou telle substance.

Si la combustion ne porte que sur les matières albuminoides, alors le glycogène reste inattaqué dans le tissu musculaire. On doit se rappeler que deux excellents observateurs, Boehm et Hoffmann, ont vu que la rigidité musculaire se produisait sans qu'il y eût disparition du glycogène. R. Boehm (*A. g. P.*, 1880, xxiii, 52) a même communiqué cette expérience extraordinaire : il a comparé pour leur teneur en glycogène les muscles immédiatement après la mort, et après une ou deux heures. Sur un chat tué par strangulation, les muscles d'un côté du corps ont été aussi rapidement que possible préparés pour l'analyse du glycogène. Les muscles de l'autre côté ne furent sectionnés et préparés que une ou deux heures après. Dans l'intervalle, le corps de l'animal fut laissé sur la table dans une chambre assez chaude. Le traitement chimique fut exactement le même dans les deux cas.

Glycogène musculaire (Bœhm).

	Glycogène (sans cendres) p. 100 immédiatement après la mort.	Temps écoulé entre la mort et l'analyse de la seconde partie du corps.	Glycogène (sans cendres) dans les muscles de la seconde partie du corps p. 100.
I.	0,13	1 h. 10'	0,16
II.	0,10	1 h. 55'	0,15
III.	0,39	2 h. »	0,34
IV.	0,33	2 h. 15'	0,38

Boehm répéta cette expérience avec le même résultat en laissant le cadavre pendant vingt-quatre heures dans un lieu froid. Si pendant le même temps le cadavre était laissé dans une chambre chaude, on constatait la disparition du glycogène. Or, comme dans les cas où il n'y avait pas de disparition du glycogène, on voyait cependant survenir la rigidité cadavérique avec acidification du muscle, Bœhm en a conclu que ce n'est pas le glycogène qui est l'origine de l'acide lactique (*Loc. cit.*, 55). Il a donné des analyses quantitatives montrant que l'accroissement de l'acide lactique se produit dans la rigidité cadavérique sans qu'il y ait de changement dans la proportion de glycogène (*loc. cit.*, 59). Jusqu'à présent on n'a pas encore pu établir avec certitude la relation qui existe entre le glycogène (outre le sucre qui en provient) et l'acide lactique.

En tout cas, cette hydratation post-mortelle du glycogène se fait suivant les conditions diverses avec une intensité extrêmement différente, et nous ne savons rien sur l'activité du phénomène dans les premiers moments qui suivent la mort. Il s'ensuit que même les meilleures méthodes analytiques doivent toujours donner un chiffre de glycogène trop faible, sans que nous puissions savoir la limite de l'erreur. Il semble qu'il y ait une sorte d'entente tacite pour ne pas admettre cette erreur et considérer la chose comme insignifiante. Nous devons cependant avoir conscience qu'il y a là une lacune grave, sur laquelle il n'est pas permis de faire le silence.

Étudions maintenant, au point de vue chimique, avec plus de précision, la transformation du glycogène musculaire.

A. Panormof (*Z. p. C.*, 1894, xviii, 596) a essayé de montrer que parmi les sucres du muscle il y a du glycose. Des muscles frais de chiens furent traités par l'eau bouillante: le liquide, filtré; le filtrat; concentré et précipité par l'alcool. Dans ce filtrat alcoolique, il put avec la phénylhydrazine obtenir un osazone qu'il put transformer en glycozone et de nouveau en osazone, lequel corps possédait la composition et les propriétés du glycosazone. Il trouva que la composition élémentaire du corps analysé coïncidait avec la composition calculée du glycosazone, mais il trouva un point de fusion de 195°, pendant que, d'après Fischer, ce point de fusion est 205° (*Ber. d. d. chem, Ges.*, 1890, xxiii, 2 119).

Il a aussi trouvé ce glycosazone dans les muscles d'autres animaux. Dans les muscles du brochet il trouva des cristaux fondant à 165°, dont il prépara, par la méthode de Baumann un peu modifiée, une benzoyl-dextrose. Panormof croit donc avoir le droit de dire qu'il s'agissait d'une dextrose. Il ne put pas obtenir de maltosazone. Plus récemment la question a de nouveau été étudiée par William Osborne et S. Zobel (*J. P.*, 1903, xxix, 1) et par E. Pavy et Siau (*J. P.*, 1901, xxvi, 282) qui ont confirmé les expériences de Panormoff. Il s'agissait de savoir si la transformation du glycogène en dextrose donnait du maltose. Comme produit intermédiaire, Osborne et Zobel ont d'abord cherché à savoir quels sont les produits de dédoublement d'une solution de glycogène, traitée par la salive mixte, le suc pancréatique, dans des conditions d'asepsie rigoureuse. Ils ont trouvé que par hydrolyse du glycogène il se forme de la soi-disant isomaltose, substance, qui, d'après Brown et Morris, n'existerait pas, et ne serait que du maltose impur (*Trans. Chem. Soc.*, 1895, 702).

En traitant une solution de glycogène par du suc pancréatique on obtint une osazone fondant à 153°. Mais cette substance appelée isomaltose n'est pas une substance définie.

En la précipitant à diverses reprises par de l'alcool de plus en plus fort, et en précipitant les filtrats par la phénylhydrazine, on voyait constamment s'élever le point de fusion de l'osazone. En précipitant par de l'alcool à 66°, le point de fusion était à 156°; par de l'alcool à 85°, le point de fusion était de 185°; par de l'alcool à 94°, le point de fusion était de 204°. Or le maltose pur donne une maltosazone fondant à 205°. Si le maltosazone obtenu dans le filtrat de l'alcool à 66° était redissous de nouveau, on ne pouvait plus le précipiter, et on n'obtenait plus que des osazones à point de fusion plus bas, soit des isomaltoses. Par conséquent les impuretés empêchent de préparer le maltosazone avec ses propriétés caractéristiques.

Pour la recherche des autres sucres musculaires, la pulpe des muscles de chat, de chien, de lapin était épuisée par l'eau bouillante. Le filtrat était concentré dans le vide, et traité par trois fois son volume d'alcool. Alors le filtrat, concentré de nouveau dans le vide jusqu'à consistance sirupeuse, était traité par la phénylhydrazine, laquelle donnait un mélange de glucosazone, d'isomaltosazone et d'autres combinaisons dont l'étude ne fut pas poursuivie. Les osazones solubles dans l'eau chaude étaient beaucoup plus abondantes que les osazones insolubles. Le point de fusion de l'osazone soluble était autre.

Par une méthode de fractionnement, analogue à la méthode employée plus haut, le point de fusion de l'osazone obtenu s'éleva à 156° et 162°. Mais on ne put pas atteindre le point de fusion du maltosazone; et même, en ajoutant du maltosazone chimiquement pur à l'extrait musculaire, il ne fut pas possible d'obtenir de nouveau des cristaux de maltosazone. On n'obtint que de l'isomaltose en plus grande quantité. Osborne et Zobel ont alors fait remarquer la ressemblance entre l'isomaltose qu'ils préparaient avec l'extrait musculaire et le produit similaire qu'ils obtenaient en hydratant le glycogène. En outre, ils ont vu, ainsi que Pavy l'avait déjà constaté, qu'en faisant bouillir l'isomaltose avec les acides, on a des substances qui réduisent de plus en plus la liqueur de Fehling. Aussi ne doutent-ils pas que dans le muscle, à côté du glycogène, il y a de la dextrine, du maltose et de la dextrose.

Assurément cela peut être, mais la démonstration n'est point faite. En effet, É. Fischer (*D. Chem. Ges.*, 1895, xxviii, 3024), sans combattre positivement les conclusions de Brown et Morris, maintient ses conclusions sur le disaccharide obtenu par synthèse, qu'il appelle isomaltose, dont l'osazone fond à 158°.

Cet isomaltose se distingue du maltose par sa solubilité, et parce qu'il ne peut pas fermenter. L'analyse élémentaire donne une formule qui répond assez bien à $C^{24}H^{32}Az^{4}O^{9}$, d'où Fischer conclut que le produit préparé par lui est mélangé à une autre substance, plus pauvre en azote.

Notons encore une autre expérience d'Osborne et Zobel. En préparant un extrait musculaire frais et privé de sang avec une solution de fluorure de sodium à 2 p. 100, ils ont vu que ce liquide filtré, si l'on y ajoute du glycogène, donne des cristaux avec la phénylhydrazine, des osazones, du dextrose et de l'isomaltose; mais cette expérience comporte des significations multiples.

Les hydrates de carbone du sang. — Le sucre du sang. — C'est probablement Tiedemann et Gmelin (*Verdauung nach Versuchen*, i, 184, 1826) qui ont, les premiers, prouvé par la méthode de la fermentation qu'il y avait du sucre dans le sang, et cela chez des chiens nourris aussi bien avec de la viande qu'avec des hydrates de carbone. Thomson (*Philosoph. Magaz.*, xxvi, 1845) a confirmé le fait: il a déterminé par fermentation la teneur du sang en sucre et a trouvé chez des poules de 0,03 à 0,06 p. 100.

Magendie (*C. R.*, xxiii, 189, 1846) a trouvé du glycose dans le sang d'un chien nourri avec du lard et des pommes de terre, et il a aussi obtenu une substance insoluble dans l'alcool, qu'il considéra comme de la dextrine. Th. Frerichs (*Wagners Handwört. d. Physiologie*, iii, (1), 803, (*note*), 1846) a fait la même constatation pour le sang de la veine jugulaire d'un chien. Il a obtenu un extrait alcoolique qui, concentré et repris par l'eau, a donné la réaction du sucre avec le liquide de Trommer et le liquide de Moore. Claude Bernard (*B. B.*, 1849, i, 121) a trouvé, d'une manière certaine, du sucre dans le sang, et ce fut le point de départ de ses grandes découvertes. C. Schmidt (*Charakt. d. ep. Cholera*, Dorpat et Mitau, 161, 1850) et beaucoup d'autres expérimentateurs ont aussi constaté la présence de sucre.

D'après Mering (*A. P.*, 379, 1877), Bleile (*A. P.*, 59, 1879) et J. Otto (*A. g. P.*, xxxv, 495, 1875), le sucre est dans le plasma et non dans les globules.

Il était nécessaire de préciser la nature de ce sucre. Seegen (*A. g. P.*, xxxiv, 1884, 393), après précipitation des albuminoïdes, a dosé dans le filtrat le sucre par la liqueur de Fehling, par la déviation polarimétrique et la fermentation. Les chiffres concordent avec ceux qu'on eût obtenus, si ce sucre était du glycose.

E. Külz, avec son élève K. Miura en 1887, a extrait, du sang de veau, un sucre donnant un phénylglycosazone fondant à 204° et 205°, ce qui est la caractéristique du glycose. Max Pickhardt (*Z. p. C.*, xvii, 217, 1891) a fait toutefois remarquer que le sucre du sang qui réduit les sels d'oxyde de cuivre en solution alcaline, dévie à droite la lumière polarisée et fermente avec la levure, ne peut cependant pas être absolument identifié pour cela avec le glycose. Aussi a-t-il alors, suivant l'indication d'Abeles (*Z. p. C.*, xv, 495, 1891), précipité par des sels de zinc l'albumine du sang des veaux et des chiens et constaté dans le filtrat les trois propriétés principales du glycose (réduction, polarisation, fermentation par la levure). Alors une partie du filtrat, concentrée, a été traitée, d'après la méthode de E. Fischer, par l'acétate de soude et le chlorhydrate de phénylhydrazine. Dans la liqueur refroidie il se forma des cristaux ayant la structure cristalline du glycosazone et fondant à 204°, et 205°. K. Miura (Z. B., xxxii, 280, 1895), sous la direction de Külz, a préparé le glycosazone. Il a précipité le sérum avec 5 volumes d'alcool. Le filtrat a été ramené à un petit volume, filtré et chauffé avec de l'acétate de soude et du chlorhydrate de phénylhydrazine. Il se précipita des flocons qu'on sépara par filtration. Alors du filtrat chauffé se précipita du glycosazone, qui, après plusieurs cristallisations, donna comme point de fusion 204° à 205°.

On ne peut donc point douter qu'il n'y ait du glycose dans le sang; mais il s'agit de savoir si toutes les substances réductrices du sang sont du glycose. Jacob G. Otto (*A. g. P.*, xxxv, 1885, 467) a pensé que, parmi les substances réductrices du sang, il y en a une qui peut fermenter et une qui ne peut pas fermenter. Seegen (*A. g. P.*, xxxvii, 1885, 369), ayant repris cette étude, admet que la soi-disant partie non fermentescible ne dépend que d'une fermentation non achevée. Fr. Schenck (*A. g. P.*, lvii, 1894, 567) contredit les résultats d'Otto et rapporte les recherches de Gurber, lequel, après que le sucre du sang a fermenté, ne peut plus y trouver trace d'une substance réductrice.

Cependant, plus récemment, Valdemar Henriques (*Z. p. C.*, xxiii, 244, 1897) a essayé de prouver que le sucre est dans le sang sous deux formes différentes, comme glycose libre et comme glycose combiné. Drechsel (*J. f. pract. Chem.*, xxx, 425, 1886 et *Z. B.*, xxxiii, 85, 1896) a extrait du foie par l'alcool une substance remarquable qui contient du soufre et du phosphore, qui fermente par la levure, réduit la liqueur de Fehling et, chauffée avec les acides minéraux, donne du sucre. Cette substance, que Drechsel a nommée *jécorine*, n'existe pas seulement, d'après Baldi (*A. P., Suppl.*, 1897, 100), dans le foie, mais encore dans tout l'organisme, les muscles, le sang et le cerveau.

V. Henriques pense que le sucre du sang provient en majeure partie de la jécorine, car celle-ci est facilement dédoublée en sucre. R. Kolisch et R. de Stejskal (*Wien. klin. Woch.*, 1897, 1101) ont confirmé les faits établis par Henriques pour le sang de l'homme. Pour doser la jécorine du sang, Henriques fait d'abord l'extrait alcoolique; puis il enlève la jécorine avec l'éther aqueux, et il suppose alors que l'éther ne prend pas le glycose non combiné. Mais il ne donne pas de preuves suffisantes pour établir la valeur de ce procédé de séparation. Bing (*C. P.*, xii, 209, 1898) a fait la recherche suivante : « On dissout de la lécithine et du glycose dans l'alcool; on redissout le résidu dans l'éther, et on voit alors que la substance dissoute est analogue à la jécorine et en donne toutes les réactions. Par conséquent, la jécorine est une sorte de lécithine-glycose... Il y a encore d'autres combinaisons analogues avec la lécithine, pour l'arabinose, le lévulose, le galactose et le saccharose. »

Bing a trouvé, comme Kolisch et Stejskal, que, si l'on broie du sang desséché avec du sable et qu'on le maintienne dans le vide sur l'acide sulfurique, la jécorine alors ne se dissout plus dans l'éther; il suppose donc qu'il y a une combinaison de glycose lécithine avec la globuline et que le glycose lécithine ne se dissout dans l'éther que s'il a été séparé par l'alcool de sa combinaison avec la globuline. Bing dit aussi que, si l'on ajoute du sucre à du sérum ou à l'extrait alcoolique du sang, on obtient une combinaison avec la jécorine.

Mais il semble, d'après l'opinion de tous les chimistes dont je viens de citer les noms, que la question n'est pas jugée encore. La combinaison du sucre avec la lécithine serait une combinaison instable et dissociable.

L'autre question est de savoir si, dans les conditions normales, il y a dans le sang d'autres hydrates de carbone que le glycose.

Déjà Magendie (*C. R.*, xxiii, 189, 1846) avait vu qu'après une nourriture amylacée, il y avait dans le sang non seulement du sucre, mais encore de la dextrine.

Figuier (*C. R.*, xlv, 4, 27 juillet 1857) et Sanson (*C. R.*, xliv, 26, 29 juin et xlv, 343, 7 sept. 1857) ont montré que dans le sang de la veine porte il y a une substance qui n'est pas fermentiscible, mais qui devient fermentiscible quand on l'a fait bouillir avec des acides. P. David (*Ein Beitrag zur Frage über die Gerinnung des Lebervenenblutes und die Bildung von Blutkörperchen in der Leber*; *D. in.*, Dorpat, 1866) a vu qu'après une alimentation mixte on peut extraire du sang de la veine-porte des substances qui, par l'ébullition avec l'acide sulfurique dilué deviennent réductrices et solubles dans l'alcool. NAUNYN (*A. P. P.*, III, 85, 1874) dit que dans le sang de la veine-porte, chez les chiens nourris avec des matières amylacées, il y a de la dextrine que la salive transforme en sucre. Pourtant S. J. PHILIPS (*Over Maltose en Rare overgehling tot glycose binnen het dierlijk organismus. Akad. droefschrift. Amsterdam*, 1881), après nourriture amylacée, a trouvé du maltose dans l'intestin, mais non dans le sang de la veine-porte qui ne contenait que du glycose.

Or, comme nous l'avons vu plus haut, le glycogène est un des éléments du sang, en quantité faible, quoique réelle, de sorte que (dans la veine-porte) la présence de ces substances qui, par les acides, donnent des corps réducteurs, rend la recherche du glycogène plus difficile.

Tous les sucres solubles, quand ils sont en excès, passent dans l'urine, et il est bien probable que, dans certaines conditions, la dextrine soluble est absorbée et passe dans le sang de la veine-porte.

Plus récemment G. EMBDEN (*Zeits. f. d. ges. Biochemie*, VI, 44, 1904), en faisant passer du sang dans un foie dépourvu de glycogène, a vu, après cette circulation artificielle, qu'il y avait dans le sang des substances préparatoires du sucre, dont on ne peut déduire la quantité d'après la teneur du sang en glycogène. EMBDEN dépouillait le foie de glycogène par l'intoxication strychnique, amenant des convulsions. Souvent alors, après le passage du sang à travers ce foie sans glycogène, on constatait une augmentation dans la teneur du foie en sucre; et il en était de même quand on faisait passer dans ce foie du sang chargé de sucre. Cette quantité croît jusqu'à un maximum, et demeure constante tant que la circulation du sang y continue. Si l'on fait alors passer du sang frais dans le foie, le sucre y augmente, comme précédemment, pour atteindre de nouveau un maximum. Mais, si l'on reprend ce même sang pour le faire passer dans un foie sans glycogène, alors l'augmentation de sucre n'est plus qu'insignifiante. Il y a donc dans le foie des sources de sucre qu'on peut constater en l'absence de tout glycogène, de sorte que la question mériterait d'être reprise.

Transformations chimiques du sucre dans les échanges organiques. — Je supposerai d'abord que les phénomènes d'oxydation se passent presque exclusivement dans la cellule, et non dans le sang. En effet, les globules rouges, chez les animaux supérieurs, ont perdu leur caractère cellulaire essentiel, et ne consomment que des traces d'oxygène. Quant aux globules blancs, ils sont en trop faible proportion pour que leur oxydation ait quelque importance par rapport à l'échange moléculaire total. En un mot la cellule extra-vasculaire est l'officine qui prépare les aliments, et notamment les hydrates de carbone, à leur oxydation en CO^2 et en eau. Si le sucre n'est pas oxydé, ce sont les cellules des tissus qui en sont responsables. Et, si l'on suppose que ce sucre doit subir quelque modification avant d'être oxydé, alors on peut répondre que dans le sang, à côté du glycogène, il n'y a que du glycose, sans qu'on puisse soupçonner qu'il existe des substances intermédiaires et de transition, autrement qu'à l'état de trace.

Rappelons ici que CLAUDE BERNARD (*Leç. sur le diabète*, 208, 1877) a montré que dans le sang il se fait une lente consommation du sucre. LÉPINE (*C. R.*, CX, 742, 1890) et LÉPINE et BARRAL (*C. R.*, CX, 1314 et CXII, 113, 120) l'ont appelée glycolyse du sucre. D'après ces expérimentateurs, auxquels se rallie ARTHUS (*B. B.*, XLIII, 1891, 65), il ne s'agit pas là de micro-organismes, mais d'une enzyme glycolytique, qui est détruite à 54°. Mais ARTHUS a montré que cette zymase n'est pas contenue dans le sang vivant (*B. B.*, XLIII, 1891, 65). En effet, si l'on traite du sang défibriné par du fluorure de sodium à 0.02 et 0.05 p. 100, il n'y a pas de zymase. Or le fluorure de sodium ne détruit pas la substance qui consomme le sucre, et à 1 p. 100 le fluorure de sodium arrête, d'après ARTHUS (*A. d. P.*, XXIV, 1893, 337), tout développement microbien. SPITZER (*A. g. P.*, LX, 1895, 303), travaillant sous la direction de RÖHMANN, a prouvé qu'il n'y a de glycolyse que dans le sang oxygéné. KRAUS (*Zeitsch. f. klin. Med.*, XXI, 315, 1892) avait déjà montré que du sang additionné de sucre, et dans lequel on fait passer de l'air sans CO^2, abandonne plus de CO^2 qu'il n'en contenait primitivement. LÉPINE avait pensé que chez les diabétiques le pouvoir de glycolyse du sang a notablement diminué, et il a cherché à expliquer ainsi la cause du diabète. Mais KRAUS s'est assuré qu'il n'y avait pas, à ce point de vue, de différence notable entre le sang normal et le sang diabétique. Toutefois, même si l'on admet que cette glycolyse est un processus physiologique, il serait difficile d'expliquer ainsi la destruction de la grande quantité des hydrates de carbone qui sont brûlés chaque jour.

Du sang normal, additionné de 1 p. 100 de sucre et stérilisé par le thymol, fut laissé pendant une heure à 41° (LÉPINE et BARRAL, *C. R.*, CX, 1314). Le sucre ne diminua que dans la proportion de 4 à 6 p. 100. Supposons alors chez l'adulte une quantité de 4 kilos de sang contenant 4 grammes de sucre. Si le sang ne détruit en une heure que 6 p. 100 du sucre qu'il contient, cela fait pour une heure 0gr,24 en tout, et 3gr,76 pour vingt-quatre heures. Or en réalité la destruction du sucre, chez un individu normal est de 500 à 600 grammes par jour.

Par conséquent la glycolyse de LÉPINE ne rend pas compte de la destruction du sucre dans l'organisme.

La glycolyse avec la pulpe des organes broyés a été aussi l'objet de mainte récente controverse, par suite des erreurs liées à la présence possible de microbes.

Comme les microbes et leurs spores sont parfois beaucoup trop petits pour atteindre la visibilité microscopique, puisque ceux de la variole, de la scarlatine, de la syphilis, des oreillons, n'ont pas, malgré toutes les recherches, pu être observés encore, il faut reconnaître qu'il existe peut-être des organismes vivants qui dépassent la limite de la visibilité au microscope. De plus il n'est pas douteux que la résistance des microbes aux antiseptiques est très diverse. Le fait qu'on a éliminé par des agents antiseptiques, dans les liquides qu'on examine, tout microbe vivant, est une hypothèse non prouvée, qui souvent repose sur une erreur. Aussi toutes les recherches sur la glycolyse, les autolyses et les zymases, etc., sont-elles sujettes à une profonde incertitude.

§ III. — LE DIABÈTE

La découverte glycogénique du foie a certainement donné la première base sur laquelle s'édifiera la théorie rationnelle de cette maladie (diabète). Ce qu'il faut aujourd'hui, c'est une critique expérimentale sévère, car c'est la physiologie qui doit y éclairer la pathologie (CLAUDE BERNARD, *Leçons sur le diabète*, 1879, p. 475).

Quoique nous ayions dans les chapitres précédents parlé souvent du diabète et de sa dépendance du système nerveux, il nous reste cependant une série de faits à établir, important pour l'histoire des hydrates de carbone et exigeant alors une discussion spéciale. Je parlerai d'abord en général, et j'examinerai ensuite les différentes variétés du diabète.

Quand le sucre apparaît dans l'urine, on dit qu'il y a glycosurie ou diabète. Toutefois, si chez des individus bien portants, l'injection de grandes quantités de sucre ou l'empoisonnement par la phloridzine, l'adrénaline, etc., déterminent une excrétion de sucre passagère, on dit plutôt qu'il y a glycosurie, en réservant le nom de diabète pour une maladie interne provoquant la glycosurie. Mais comme d'une part les intoxications diverses, et même l'injection d'une grande quantité de sucre, troublent certainement la fonction normale d'un ou de plusieurs organes, comme d'autre part certains diabètes caractérisés sont guérissables, et par conséquent passagers, on voit que toute démarcation absolue entre la glycosurie et le diabète n'est pas fondée.

La première question à se poser, c'est de savoir quelles sont les causes du diabète. Or parmi les causes immédiates, il faut en distinguer trois : et d'abord la surproduction de sucre. Cette cause est méconnue ou à peine reconnue par la plupart des auteurs, cependant elle est positive, et très souvent, sinon toujours, elle est la cause essentielle de l'élimination du sucre par les reins. Du moment que CLAUDE BERNARD fait en sorte, par la piqûre du bulbe, que le foie transforme rapidement son glycogène en sucre, qu'il produit de l'hyperglycémie et le passage du sucre dans l'urine, alors le diabète par hyper-production du sucre est prouvé, car ce qui devait rester à l'état de glycogène dans le foie, passe à l'état de sucre dans le corps. Toute injection dans le sang qui augmente la teneur du sang en sucre, amène la glycosurie : de même la piqûre du bulbe détermine le diabète par hyperproduction du sucre.

Si l'excitation des nerfs vagues ou d'autres nerfs amène la glycosurie, nous savons que c'est par une action réflexe agissant sur la moelle allongée d'une manière analogue à la piqûre du bulbe.

Après une simple piqûre, CLAUDE BERNARD a vu sur des chiens des glycosuries qui duraient jusqu'à trois jours dans les maladies de la moelle allongée il y a des états diabétiques faibles, dont nous avons donné plus haut des exemples très nets.

Ces diabètes de cause nerveuse doivent-ils être également expliqués par une hyperproduction du sucre? Pour ma part, je le pense. Nous avons admis que les nerfs du foie peuvent déterminer sécrétion abondante d'une diastase qui à son tour, transforme le glycogène en sucre. Quand, par une dégénérescence de la moelle allongée, le centre glycoso-formateur est maintenu dans un état d'irritabilité prolongée, la teneur du foie en ferment se maintient à un niveau élevé. En conséquence, le sucre de l'alimentation qui arrive au foie est bien transformé en glycogène, mais ce glycogène revient aussitôt à l'état de sucre. Ce qui justifie cette supposition, c'est le fait démontré par MINKOWSKI, et vérifié par moi, que dans le diabète pancréatique, jusqu'au moment de la mort, le foie contient toujours des traces de glycogène, encore que l'animal ne puisse plus contenir de réserve de glycogène, puisqu'il est depuis plusieurs semaines nourri avec de l'albumine sans hydrate de carbone, et qu'il élimine d'énormes quantités de sucre. Alors le glycogène qui se forme constamment aux dépens du sucre ne s'accumule pas, mais devient aussitôt du sucre, ce qui entraîne l'hyperproduction du sucre. Un certain état physiologique s'établit, dont les conditions extrêmes sont que tout se passe alors comme s'il n'y avait plus de foie. Par là s'explique ce fait curieux que beaucoup d'organes qui normalement sont pauvres en glycogène ou n'en contiennent pas, en contiennent chez les diabétiques, alors que le foie n'en a pas. L'hyperglycémie ne peut pas déterminer l'accumulation de glycogène dans le foie, par suite de la présence d'une diastase, alors que cette diastase manque dans les reins, le cerveau, etc.

Le sucre absorbé par l'intestin doit rester dans le sang indépendamment de la quantité qui se distribue aux organes. Si nous supposons qu'un adulte, avec 5 000 grammes de sang, ingère et oxyde en vingt-quatre heures 600 grammes de sucre, si ce sucre devait rester dans le sang, alors le sang contiendrait 12 p. 100 de sucre. Si nous répartissons cette alimentation sucrée en 24 repas, cela fera 25 grammes de sucre absorbés par heure. Alors le sang contiendra encore 0, 8 p. 100 de sucre, ce qui détermine encore le passage du sucre dans l'urine.

On comprend que, si le sucre est oxydé dans les mêmes proportions qu'il est absorbé, la teneur du sang en sucre ne variera pas, et il n'y aura pas de glycosurie, même en admettant l'inactivité du foie.

Mais nous supposons alors que l'oxydation et l'absorption du sucre sont à chaque moment parallèles, quoique en réalité elles soient indépendantes l'une de l'autre. Que l'individu soit en repos ou qu'il contracte énergiquement ses muscles, l'intensité de l'oxydation est absolument différente. Elle est sujette à des variations considérables, sans que l'absorption se modifie pour cela. Aussi, en général, ne doit-on pas supposer que l'oxydation et l'absorption suivent une marche rigoureusement parallèle.

Les choses sont bien différentes, quand l'alimentation est répétée à chaque quart d'heure, soit à raison de 6^{gr},25 d'hydrate de carbone, sous la forme ou non de glycose. Si ces quantités étaient absorbées à chaque quart d'heure, et non oxydées, la teneur du sang en sucre s'élèverait à 0.12. Comme le sang en contient déjà 0.10, le taux du sucre s'élèverait à 0.22, ce qui n'entraîne pas nécessairement la glycosurie.

Ces calculs, qui ne peuvent évidemment être que des approximations, montrent que dans l'alimentation ordinaire — à supposer qu'elle ne soit pas trop pauvre en hydrates de carbone — il y aurait élimination de sucre par l'urine, s'il n'existait une disposition qui réserve le sucre du sang qui n'est pas oxydé. C'est là l'œuvre du foie, qui pèse 2 kilos chez l'homme. S'il peut réserver 10 ou 20 p. 100 de son poids en glycogène, on voit qu'il peut débarrasser le sang de 200 à 400 grammes d'hydrates de carbone. Tout le reste du corps en réserve à peu près autant, et même bien davantage, mais peut-être le foie est-il nécessaire pour permettre au corps cette réserve. Ainsi il n'est pas possible que le sang se charge de sucre. Car presque toute notre alimentation en hydrates de carbone peut être mise en réserve dans les organes, sous forme de glycogène.

Comme, même dans les formes graves du diabète, il se dépose encore de petites quantités de glycogène dans le foie, il est tout naturel alors que le foie des diabétiques ne soit pas complètement dépourvu de glycogène.

Külz (*A. g. P.*, XIII, 1876, 267) a eu l'occasion d'analyser le foie d'un diabétique, atteint de diabète grave, et cela douze heures après la mort. Le malade avait, longtemps avant sa mort, été soumis à une diète carnée rigoureuse, sans aucune alimentation avec hydrates de carbone. L'agonie dura quarante-huit heures, et depuis six heures il n'avait rien mangé, de sorte qu'en réalité sa dernière alimentation remontait à cinquante-quatre heures avant la mort.

Environ la dixième partie du foie fut mise à l'ébullition dans l'eau pendant une heure, et l'extrait fut précipité par la méthode de Brücke par l'acide chlorhydrique et l'iodure mercuro-potassique. Le filtrat fut additionné de trois fois son volume d'alcool, et donna un précipité de 0.685 de glycogène brut, lequel, après purification, donna 0.45 de glycogène pur. Ce précipité, qui ne contenait ni azote ni cendres, se dissolvait dans l'eau avec opalescence, ne réduisait pas la liqueur de Fehling, et donnait une réaction caractéristique par l'iode. La solution aqueuse se saccharifiait par la salive parotidienne, comme par l'ébullition avec l'acide chlorhydrique dilué. Le sucre qui en résultait déviait la lumière polarisée à droite, et fermentait.

E. Külz ajoute qu'il eût fait l'analyse avec plus de soin, s'il s'était douté qu'il y avait dans le foie d'aussi grandes quantités de glycogène. « Tous ceux, dit-il, qui se sont occupés du glycogène hépatique, savent qu'il est difficile d'extraire du foie tout son glycogène. Le tissu hépatique broyé dans un mortier doit être mis à bouillir au moins 8 à 10 fois avec de grandes quantités d'eau. Or, dans le cas actuel, le tissu du foie, coupé avec des ciseaux, n'a été mis à bouillir qu'une seule fois dans l'eau. Aussi pensai-je qu'il y avait au moins 10 à 15 grammes de glycogène dans tout le foie examiné... Ainsi de cette observation il résulte que, même dans le diabète grave, et après une alimentation exclusivement carnée, il y a encore des quantités notables de glycogène dans le foie. Et pendant la vie la teneur en glycogène devait être plus élevée encore, si l'on songe que cet individu était resté cinquante-quatre heures avant sa mort sans prendre de nourriture, et si l'on admet, ce qui est certainement vrai, que le sucre qui existait abondamment dans la décoction hépatique provenait en totalité ou en partie du glycogène du foie. »

Frerichs (*Ueber den Diabetes*, 272, Berlin, 1884) mentionne des expériences dans lesquelles, pendant la vie, des fragments de foie furent pris à des diabétiques, afin d'y rechercher le glycogène.

Cela fut fait avec un trocart fin et soigneusement désinfecté qui fut plongé dans le parenchyme du foie. En retirant le stylet, on recueillit dans la cavité du trocart quelques gouttes de sang, et quelques cellules du foie, soit isolées, soit en groupes. Quelquefois un fragment allongé du tissu hépatique fut durci dans l'alcool et soumis à des coupes après avoir été inclus dans la celluloïdine. Dans tous les cas observés, les individus sains ou diabétiques avaient fait un repas abondant avec des aliments amylacés. La ponction était faite quatre heures et demie ou cinq heures et demie après le repas. Chez les gens sains les cellules hépatiques se coloraient en brun foncé dans tout leur protoplasme par l'iode : seul, le noyau de la cellule n'était pas coloré. Chez une malade diabétique quelques cellules isolées du foie étaient riches en glycogène, lequel, après coloration par l'iode, se présentait sous la forme d'un anneau coloré en brun foncé qui entourait le noyau. Beaucoup de cellules étaient plus pauvres en glycogène, mais, ce qui est très remarquable, c'est que dans diverses cellules on voyait des accumulations de glycogène dans l'intérieur du noyau qui enveloppaient le nucléole. Chez un malade diabétique les cellules du foie étaient pauvres en glycogène. Dans quelques cellules seulement on voyait une coloration brune indiquant des traces de glycogène.

Ces divers cas, et notamment celui de Külz, prouvent que, même dans les cas graves du diabète, il y a encore une active formation de glycogène dans le foie. Une transformation active par le ferment diastasique change ce glycogène en sucre, et, si cette transformation est plus rapide que la formation du glycogène, alors évidemment le foie paraît dépourvu de glycogène, ainsi qu'on l'a observé dans le foie des individus diabétiques. Mais cela ne prouve pas que le foie ne forme pas de glycogène.

On ne peut donc parler d'une disparition complète du glycogène, quand parfois, dans les autopsies des diabétiques, on trouve des quantités considérables de glycogène, tandis que dans d'autres cas le glycogène est très peu abondant, ou même fait complètement défaut. Ainsi Frerichs (*Diabetes*, 1884, 271) parle d'une dégénérescence glycogénique dans l'isthme de Henle, et il donne à ce sujet de très beaux dessins (Pl. I, fig. 1 et 3). Grohe (*C. W.*, 1874, 870) a signalé la présence du glycogène dans le cerveau des diabétiques. Abeles a fait une étude soigneuse de la question, et montré que le glycogène peut être, par la méthode de Brücke, extrait des organes des diabétiques et dosé après interversion à l'état de sucre. Il a trouvé dans le cerveau d'une femme diabétique, cerveau pesant 1 012 grammes, 0 628 grammes de sucre provenant du glycogène. Dans un autre cerveau de femme pesant 1 222 grammes, il a trouvé 0 213 grammes de sucre provenant du glycogène. Ces malades étaient mortes dans le coma diabétique. Si l'ancienne opinion n'est pas tout à fait exacte qu'il n'y a pas de glycogène dans le cerveau, on voit cependant par ces analyses que le diabète peut produire une augmentation notable dans la quantité de glycogène contenue dans le cerveau. Très remarquable est l'observation de Kaufmann que le sang oxalaté d'un chien rendu diabétique contient du glycogène (*B. B.*, xlvii, 316). Cela nous fait comprendre comment chez les diabétiques on a trouvé de la dextrine dans l'urine, comme l'a noté Reichard (*Pharm. Zeitsch. f. Russland*, xiv, 45; *in* Maly's *Jahresb.*, 1875, 60). De telles augmentations de glycogène ont été encore signalées pour d'autres organes.

Ces quantités anormales et si élevées de glycogène dans le cerveau et les reins dépendent sans doute de la grande quantité de sucre que contiennent les liquides de l'organisme, même si l'on n'admet pas que le plasma du sang, riche en glycogène, dépose cette substance dans les divers organes.

D'ailleurs, en considérant les divers degrés du diabète, on voit que des quantités très différentes de glycogène peuvent se trouver dans le foie des diabétiques.

Mais, comme, dans les cas graves de diabète pancréatique, il n'y a que des traces de glycogène dans le foie, il parait évident, que, d'après Minkowski, c'est l'ingestion de lévulose, et non de dextrose, qui doit amener une production abondante de glycogène. Les trois expériences qu'il apporte à l'appui ont donné 0,72; 4,13; 8,14 p. 100 de glycogène. Le nombre 0, 72 est dans la limite de l'erreur expérimentale, et le chiffre de 4,13 p. 100, se rapporte à un chien à qui le pancréas n'avait été que partiellement extirpé (*Unters. über den Diabetes mellitus*, Leipzig, 1894, 81). Minkowski a lui-même donné des expériences qui prouvent qu'après l'extirpation partielle du pancréas il s'amasse encore du glycogène dans le foie. Dans ce cas, un fragment de pancréas avait été greffé sous la peau (*loc. cit.*, 81). Par conséquent ces deux expériences ne sont pas démonstratives.

La troisième expérience donne en apparence un résultat positif; mais pour les raisons suivantes elle ne prouve rien.

Minkowski a d'abord, ce qui est difficile à concevoir, nourri un chien, pendant plusieurs jours, avec de grandes quantités de glycose (75 gr. par jour), ce qui a sans doute déterminé une notable accumulation de glycogène dans le foie. Ensuite, pendant trois jours, il lui a donné 650 gr. de viande par jour. Si c'était de la viande de cheval, cela fait encore, en glycogène, environ 20 gr. de sucre. Alors seulement il lui donna 400 gr. de lévulose, en deux jours; puis l'animal fut sacrifié. Le foie contenait 8,14 p. 100 de glycogène; en tout 46,32, et dans les muscles 0,81 p. 100. Mais peut-on garantir que ce glycogène ne provenait pas des 150 gr. de glycose et de glycogène musculaire donnés dans l'alimentation préalable, et ayant persisté plutôt que la lévulose plus facilement oxydable? car j'ai trouvé chez un chien, qui avait jeûné 28 jours, 4 785 p. 100 de glycogène dans le foie, (évalué en sucre); ce qui faisait 24 gr. 26 de glycogène pour tout le foie.

Comme, dans cette expérience de Minkowski, le glycogène trouvé dans le foie après ingestion de dextrose et de lévulose était du glycogène normal, on peut supposer que le foie de l'animal rendu diabétique par une extirpation pancréatique totale ne peut plus fabriquer de glycogène, car il y a alors un état diabétique tout autre qu'après une extirpation incomplète du pancréas. Comme Minkowski a souvent fait des extirpations qu'il supposait complètes, encore qu'elles ne le fussent pas, ainsi que je le montrerai plus loin, il n'était certainement pas suffisant de se contenter d'une seule expérience pour établir un fait aussi important. L'expérience ne prouve donc rien.

Remarquons aussi que, d'après W. Kausch (*A. P. P.*, xxxvii, 274), chez les canards, après l'extirpation pancréatique, le lévulose détermine, comme le dextrose, l'accumulation de glycogène dans le foie. Mais ce sont des expériences qui ont besoin d'être répétées.

O. MINKOWSKI (*loc. cit.*, 82) parle aussi de ce fait *extrêmement paradoxal* que « dans l'organisme des animaux diabétiques un hydrate de carbone lévogyre détermine la production de glycogène dextrogyre, alors que les hydrates de carbone dextrogyres n'ont pas cet effet ». Mais, comme l'a montré OTTO dans des expériences que j'ai rapportées plus haut, chez l'animal sain, le lévulose amasse dans le foie du glycogène dextrogyre, de sorte qu'il n'y a pas là de paradoxe.

Nous avons donc vu que la surproduction du sucre est funeste, surtout parce que le foie a perdu le pouvoir de prendre leur sucre aux liqueurs de l'organisme.

Parmi les moyens dont les organismes disposent pour se protéger contre un excès de sucre, il y a encore la formation de graisse.

On sait que les cliniciens sont disposés à croire que les individus obèses sont des diabétiques. Mais je présume que ces diabétiques étaient malades déjà, avant d'être gras. Aussi bien, chez tous les diabétiques la maladie n'est-elle pas accompagnée d'obésité. Il y a à cet égard de grandes différences individuelles. C. v. NOORDEN (*Die Zuckerkrankheit und ihre Behandlung*, Berlin, 1901, 56) a déjà remarqué qu'il y a des gens obèses qui sont déjà en réalité diabétiques, avant d'éliminer du sucre par l'urine. Il note aussi que certains individus obèses, en des familles où l'obésité est héréditaire, peuvent ingérer de grandes quantités d'amidon, sans que cela entraîne la glycosurie, tandis qu'après ingestion de doses relativement faibles de glycose (100 grammes), ils deviennent glycosuriques. C'est ce que V. NOORDEN appelle avec raison le *diabète masqué*.

On peut supposer qu'après une production plus abondante de sucre, il y a une légère augmentation dans la proportion de sucre du sang, insuffisante pour qu'il y ait production de graisse. Si le sucre augmente, alors il y a glycosurie. Comme le diabétique, à mesure que la maladie fait des progrès, perd peu à peu sa graisse, il s'ensuit que le pouvoir normal de changer le sucre en graisse est alors, chez le diabétique, ou diminué, ou perdu, ou compensé.

Par conséquent le diabétique est dépourvu des deux grands moyens qui permettent au sucre de se déposer dans les tissus sous forme de réserve.

D'après ces divers faits, on ne peut contester que les diabètes d'origine nerveuse sont déterminés essentiellement par une surproduction du sucre.

Mais, si l'on prend des chiens atteints du diabète de SANDMEYER, et n'ayant alors plus de glycogène, et qu'on les nourrisse avec de l'albumine et des acides amidés, en éliminant de leur alimentation la graisse et les hydrates de carbone, on voit augmenter énormément leur glycosurie, de sorte qu'on est forcément amené à conclure que la production du sucre a été augmentée.

La piqûre du bulbe, chez des animaux sans pancréas (chez lesquels par conséquent le sucre ne provient pas du glycogène, mais de la graisse) est suivie d'effet. Par conséquent les nerfs agissent sur la transformation de la graisse en sucre, puisqu'il y a alors hyperproduction de sucre. Ces expériences ont été faites par E. HÉDON (*A. d. P.*, 1894, 269) et KAUFMANN (*A. d. P.*, *avril* 1895). Il serait désirable de reprendre ces recherches sur des chiens, qui, comme ceux sur lesquels j'expérimentais, avaient le diabète de SANDMEYER, et ne contenaient plus de glycogène, condition qui n'a peut-être pas été réalisée complètement dans les expériences de HÉDON et de KAUFMANN. Il faut en effet éclaircir cette contradiction apparente que chez l'animal normal la piqûre du bulbe ne produit de glycosurie que quand le foie contient du glycogène, tandis que chez l'animal sans pancréas elle est efficace, quoique le foie ne contienne pas de glycogène. De nouvelles recherches sont nécessaires.

2. Comme seconde cause du diabète on allègue généralement l'incapacité pour l'organisme d'oxyder le sucre. Et on se fonde sur ce fait que, dans le diabète grave, le sucre ingéré fait croître en mêmes proportions le sucre éliminé. « Il résulte au moins de ces recherches, dit MINKOWSKI (*Diabetes mellitus nach Pancreasexstirpation*, tir. à p. Vogel, Leipzig, 1893, 22), que, lorsque le diabète par ablation du pancréas a atteint son maximum d'intensité, les quantités quelconques de glycose qu'on introduit dans l'organisme ne peuvent plus être assimilées. » Or cette conclusion, comme je le montrerai plus loin, a une double signification. Dans un autre endroit MINKOWSKI (*Commun. à la Soc. méd. de*

Strasbourg, 18 déc., et *Berl. klin. Woch.*, 1892, n° 5) nous dit que dans l'état diabétique maximum, le sucre ne peut plus, en aucune proportion, être consommé par l'organisme. Récemment A. MAGNUS LEVY (*Zeitsch. f. klin. Med.*, LVI, 1905, 94) dit que le diabétique vit aux dépens de la graisse et des albuminoïdes sans hydrates de carbone.

L'élément essentiel de la combustion des tissus, c'est que la grandeur de cette combustion est déterminée par la vie des organes et non par la quantité des aliments introduits dans l'organisme. Cette proposition est vraie surtout pour les aliments graisse et hydrates de carbone. La petite quantité de sucre qui est dans le sang suffit aux besoins des organes; et, si la proportion du sucre augmente, la consommation n'en augmente pas, de sorte qu'alors le sucre est éliminé par l'urine. Que si nous introduisons plus de sucre dans l'alimentation des diabétiques, alors nous faisons croître la quantité du sucre inutilisable qui est dans le sang, de sorte que l'élimination du sucre augmente; et cependant les quantités de sucre brûlées peuvent être très grandes. De même que si l'on verse de l'eau dans un vase plein, et qu'elle déborde toute, on ne peut en conclure que le vase ne peut pas contenir d'eau. De même le sucre qu'on donne à un diabétique n est pas oxydé; et alors évidemment il n'exerce aucune influence sur le quotient respiratoire.

Je vais prouver que la supposition de MINKOWSKI, qne le sucre apparaît dans l'urine du diabétique parce qu'il n'est pas brûlé, est une supposition injustifiée.

Rappelons d'abord que souvent il y a plus de sucre éliminé qu'il n'en est introduit dans l'alimentation, de sorte que l'explication n'est pas simple.

TH. RUMPF (27 *oct.* 1898, et *Berl. klin. Woch.*, 1899, n° 9) rapporte des cas de diabète grave, dans lesquels l'ingestion d'aliments amylacés déterminait une élimination de sucre supérieure à la somme de l'amidon ingéré et du sucre éliminé normalement dans l'état de jeûne absolu. Par conséquent l'amidon n'épargnait pas la consommation des albuminoïdes; il augmentait au contraire la consommation d'azote.

Si le sucre introduit dans l'alimentation était simplement éliminé, on ne voit pas bien pourquoi ce sucre augmenterait la combustion de l'azote, puisque le sucre éliminé ne dépend pas d'une plus grande consommation d'azote.

Il faut rattacher à ces faits les observations de MINKOWKSI, qui, après avoir fait ingérer du lévulose, a vu croître l'excrétion du sucre, à savoir l'excrétion du glycose, qui n'avait cependant pas été ingéré. L'expérience de RUMPF prouve aussi qu'après ingestion de glycose il y a élimination de glycose, mais en plus grande quantité qu'il n'en avait été ingéré.

Sur ces faits jettent une certaine lumière les recherches qui ont établi la puissance toxique du sucre.

JULIUS V. KOSSA a injecté sous la peau différentes solutions de sucre, et spécialemen de sucre de canne; et il croit que tous les genres de sucre se comportent de la même manière. Il est arrivé à ce résultat que de fortes doses de sucre injectées sous la peau, ou de petites doses, si l'on continue pendant longtemps les injections, déterminent dans l'organisme des troubles graves, et des altérations que décèle l'examen anatomo-pathologique (*A. g. P.*, 1899, LXXV).

L'injection sous-cutanée de sucre de canne à la dose de 1 p. 100 du poids du corps amène chez l'oiseau une cyanose de la crête, un catarrhe bronchique, de l'œdème pulmonaire, de la diarrhée, une très grande faiblesse musculaire, de la somnolence, de l'incoordination, une soif très vive et de la polydipsie. Si les doses sont plus fortes, la somnolence ressemble au coma qu'on observe dans le diabète. A l'autopsie, on constate la dégénérescence des muscles, la congestion des muqueuses, la néphrite et des dépôts uratiques. Dans quelques cas, ce sont les mêmes constatations anatomo-pathologiques essentielles que dans la goutte des oiseaux.

Les doses mortelles de dextrose, de lactose et de saccharose concordent entre elles.

En injectant à des lapins pendant longtemps, durant deux à quatre semaines, des quantités de sucre répondant à 0,5 ou 1 p. 100 du poids du corps, KOSSA a vu survenir: un amaigrissement rapide, qui, en trois semaines, allait jusqu'à atteindre 21 à 36 p. 100 du poids initial du corps. En différents organes, il se faisait des hémorragies interstitielles avec de l'albuminurie et de la néphrite. Un fait à noter, c'est que, chez le chien comme chez le lapin, des injections de sucre, au taux de 0,25 à 0,7 p. 100 du poids du corps, déterminaient une augmentation considérable de l'élimination des matières azotées par l'urine, urée et ammoniaque, et que cette augmentation dans l'élimination d'azote continuait encore quelque temps après qu'on avait cessé les injections de sucre.

Déjà, avant Kossa, Albertoni (*Ann. di chim. e di farmac.*, (4), ix, 65, et *Ak Bologna*, 1888, *in* Maly's *Jahresbericht* 1889, 48) avait fait d'importantes expériences sur la résorption des divers sucres et leurs effets sur l'organisme. L'accumulation de sucre dans le sang amène des troubles fonctionnels dans les organes de la circulation. L'injection de glycose, de maltose, de saccharose augmente chez le chien la fréquence des battements du cœur, de 15 à 20 par minute, et cette augmentation cesse après la section des deux nerfs vagues, de sorte qu'on peut en conclure que le sucre agit sur les centres de ces nerfs. Chez l'homme, la fréquence du pouls augmente après injection de 100 grammes de sucre de canne, de 6 à 8 par minute. Quelquefois cette augmentation dans la fréquence du pouls est précédée d'une courte période de diminution. La pression artérielle monte, après injection intra-veineuse de glycose, de maltose ou de saccharose, de 15 à 20 millimètres de Hg, et cette élévation de la pression s'observe encore après section des nerfs vagues et de la moelle. On peut donc attribuer cet effet à une activité plus grande du cœur. En outre, après injection intra-veineuse de ces trois variétés de sucre, on observe une dilatation des capillaires, une augmentation du volume des reins et des extrémités, et une accélération du mouvement circulatoire, ce qui explique la polyurie qu'on avait déjà constatée.

Récemment Lamy et Mayer (*B. B.*, 1904, lvii, 27) ont montré qu'après une injection intra-veineuse de sucre la diurèse est proportionnelle à la concentration du sucre dans le sang. Au point de vue de l'intensité des effets diurétiques on a eu la série suivante descendante : lactose, saccharose, glycose, maltose. L'excrétion d'azote a été plus grande par lactose et saccharose que par glycose et maltose.

V. Harley (*A. P.*, *Suppl.*, 1893, 46) a, dans le laboratoire de Ludwig, à Leipzig, étudié la question à un autre point de vue, un peu différent, spécialement pour les changements que des injections intra-veineuses de dextrose déterminent dans le chimisme organique de l'animal. Pour obtenir une plus longue action du sucre, Harley faisait à des chiens la ligature des uretères, et leur injectait des solutions de dextrose jusqu'à 1 p. 100 du poids du corps. Il a vu que c'étaient surtout les organes centraux du système nerveux qui étaient atteints. Tremblement des muscles, convulsions, difficulté dans les mouvements, vomissements, accélération respiratoire avec 50 à 80 respirations à la minute, rétrécissement de la pupille, salivation abondante, et finalement mort dans un état comateux. Il a alors recherché si, après injection de glycose, il se développe dans le sang de l'acétone, de l'acide acétique et de l'alcool éthylique. L'acide acétique, l'acétone et l'ammoniaque peuvent être obtenus par distillation du sang. Or, en opérant sur le sang normal du chien, on trouve de l'ammoniaque; mais on n'a ni acétone, ni acide acétique, ni alcool; tandis que le sang de chien ayant reçu une injection de glycose donne à la distillation, à côté de l'ammoniaque, de l'acétone, de l'acide acétique et de l'alcool éthylique. Harley n'a pas négligé de rechercher si, après ligature des uretères, même sans injection de sucre, il se trouve dans le sang de l'acétone, de l'acide acétique et de l'alcool éthylique ; et il n'a pas pu en trouver. Il n'en a pas trouvé davantage quand il attendait plusieurs jours après la ligature des uretères pour faire la prise du sang à analyser.

Ces recherches sont de grande importance : elles prouvent que chez un chien normal le seul fait de la présence du sucre dans le sang suffit pour amener un état du système nerveux tout à fait analogue au coma des diabétiques, en même temps qu'elle détermine la formation d'acétone et d'acide acétique.

Harley pense que ces deux substances viennent du sucre, et ce qui confirme son opinion, c'est que les acides du lévulose appartiennent à une série homologue à la série acétique, et qu'on peut les obtenir facilement en partant des hydrates de carbone, mais non en partant de l'albumine. Voici ce qui le prouve :

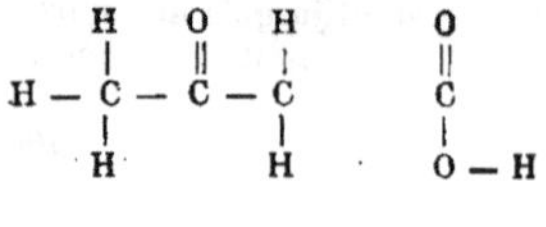

$$\begin{array}{ccccccc} & \text{H} & & \text{O} & & \text{H} & & \text{O} \\ & | & & \| & & | & & \| \\ \text{H}- & \text{C} & - & \text{C} & - & \text{C} & & \text{C} \\ & | & & & & | & & | \\ & \text{H} & & & & \text{H} & & \text{O}-\text{H} \end{array} \quad \begin{array}{l} = \text{Acide acétique.} \\ = \text{Acide acéto-formique.} \end{array}$$

```
    H   O   H   H   O
    |   ‖   |   |   ‖
H — C — C — C — C — C
    |       |   |   |
    H       H   H   O — H
```

= Acide lévulosique.
= Acide acéto-propionique.
= Acide acétone acétique.

```
    H   O
    |   ‖   H
H — C — C — C — H =
    |       |
    H       H
```

= Acétone.

```
    H   O   H   O
    |   ‖   |   ‖
H — C — C — C — C
    |       |   |
    H       H   O — H
```

= Acide acétique.
= Acide acéto-formique.

```
    H  OH H H   O
        \ /  |   ‖
H — C — C — C — C
    |       |   |
    H       H   O — H
```

= Acide oxybutyrique.
= Acide hydroacétique.

La transformation du sucre en acide acétique, acétone et acide oxybutyrique est un procédé de guérison que la nature emploie pour combattre l'influence nocive du sucre. Les quantités notables d'acide oxybutyrique qui se produisent dans la période terminale du diabète ne sont toxiques que par leur acidité même; car, si l'on neutralise cet acide par des quantités suffisantes de carbonate de soude, on écarte toute action toxique.

On admet que l'augmentation de l'élimination d'ammoniaque dans le diabète a pour origine la formation d'acide oxybutyrique. Mais comme, après administration de fortes doses de carbonate de soude, l'élimination d'ammoniaque diminue, tout en restant plus considérable qu'à l'état normal, cela donne à penser que le foie est malade, et qu'une partie de sa fonction consiste à transformer les sels ammoniacaux.

En tout cas, on doit reconnaître qu'on n'a pas prouvé avec certitude que l'acide oxybutyrique, l'acide acétique et l'acétone proviennent dans le diabète des hydrates de carbone. L'opinion soutenue récemment par des savants éminents que ces corps dérivent des graisses mérite d'être examinée de près; car de bonnes raisons ont été données à l'appui.

Après avoir analysé les désordres que peut produire dans l'organisme le sucre du sang quand il est en trop grande quantité, nous ne pouvons cependant dire exactement quelle influence funeste peut avoir cet excès de sucre quand cet excès est prolongé. Toutefois nous pouvons considérer le diabète comme une intoxication chronique par le sucre; tandis que, dans la lésion du centre glycoso-formateur de la moelle allongée, l'empoisonnement par le sucre est la conséquence, et non la cause de la maladie. Quand le pancréas est atteint d'un cancer, alors il perd son pouvoir inhibiteur sur la formation du sucre, de sorte que la glycémie n'est que la conséquence de la maladie du pancréas. Ces deux exemples nous montrent deux maladies totalement différentes, mais qui ont toutes deux pour même résultat : un trouble dans la nutrition par le sucre. Nous avons donc affaire à deux maladies distinctes, et le diabète peut être produit, tantôt par une maladie de l'encéphale, tantôt par une maladie du pancréas.

Harley n'a pas tardé à se convaincre qu'après la ligature des uretères on ne trouvait dans le sang ni acétone, ni acide diacétique, ni alcool éthylique, si l'on n'avait pas injecté du sucre. Cela est vrai même dans le cas où l'on attend pour prendre du sang un temps suffisamment prolongé après la ligature des uretères.

Ces expériences sont de la plus grande importance. Elles prouvent que, chez l'animal sain, la seule présence du sucre dans le sang amène un état du système nerveux très analogue au coma diabétique, avec même la formation d'acide acétique et d'acétone.

D'après Harley, ces deux matières proviennent du sucre. L'opinion de Harley est confirmée par ce fait que les acides lévulosiques appartiennent à la même série que l'acide diacétique, et peuvent être facilement obtenus aux dépens de tous les hydrates de carbone vrais, mais non de l'albumine.

Par exemple :

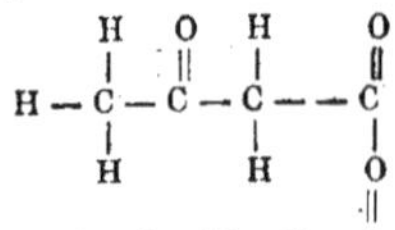

```
    H   O   H    O
    |   ||  |    ||
H — C — C — C —— C        Acide diacétique = acide acétoformique.
    |       |    |
    H       H    O
                 ||

H   O   H   H   O
|   ||  |   |   ||
H — C — C — C — C — C     Acide lévulique = acide acéto-propionique
|       |   |   |             = acide acétone-acétique.
H       H   H   O
                H
```

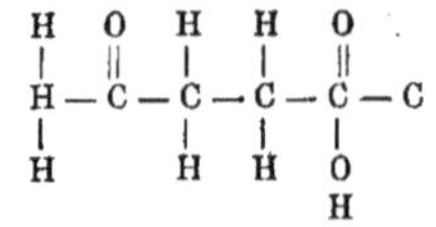

Il faut, en tout cas, avouer qu'on n'a pas prouvé rigoureusement que, dans le diabète, l'acide oxybutyrique, l'acide diacétique et l'acétone provenaient des hydrates de carbone. D'après plusieurs savants très estimés, ces matières, proviennent des graisses, opinion qui est aujourd'hui généralement reconnue exacte, et à laquelle je m'associe. On peut donc en conclure immédiatement que l'injection du sucre amène une destruction de la graisse, comme c'est le cas dans le diabète. Mais, à mon avis, cette destruction de la graisse chez le diabétique est liée à la formation du sucre. Le sucre injecté peut donc être considéré comme analogue à un poison à effet glycosurique. Une excitation du foie a lieu, qui provoque synergiquement une augmentation de la formation de l'urée. Comme le foie est un réservoir, non seulement d'hydrates de carbone, mais aussi d'albumine, on peut donc admettre que l'excitation nerveuse du foie a pour conséquence une décharge à la fois de sucre et d'albumine. On suppose que la production considérable d'ammoniaque dans le diabète a sa cause dans sa combinaison avec l'acide oxybutyrique qui est toxique en tant qu'acide. Mais, comme, même après l'ingestion de grandes quantités de carbonate de sodium, l'excrétion de l'ammoniaque diminue, quoique restant toujours au-dessus de la normale, on pourrait bien supposer que le foie se trouve dans une activité plus intense, et que, par suite de cet état pathologique, sa fonction de transformation de l'ammoniaque est atteinte.

Donc, comme le sucre ingéré augmente la formation du sucre avec une intensité *inconnue*, on ne peut pas conclure avec O. Minkowski que le sucre introduit n'a pas été entièrement oxydé.

On a toutefois quelques données positives sur les processus d'oxydation du sucre chez les diabétiques.

Tous les observateurs qui ont fait des expériences de respiration avec des diabétiques, sont d'accord avec C. Voit et Pettenkofer (*Sitzungsber. der bayr. Akad.*, 1865, 224 ; *Z. B.*, iii, 380, 1867 ; Hermann's *Handbuch der Physiologie*, lxi, 225, 1881), qu'il n'y a pas de différence essentielle entre la quantité d'oxygène fixée par le diabétique et celle que fixe l'homme sain.

Ces expériences de respiration ont été continuées par H. Leo (*Zeitschr. für klin. Med.* xix. *Suppl.*, 101, 1891); Weintraud et Laves (*Z. p. C.*, xix, 603, 1894); Laves (*Z. p. C.*, xix, 500, 1893) ; Stuves (*Festschr. d. städt. Krankenhauses zu Frankfurt a. M.*, 1896; et aussi par Magnus-Levy (*Zeitschr. f. klin. Med.*, lxvi, 83, 1895); Weintraud et Laves (*loc. cit.*, 635) s'expriment ainsi : « Comme moyenne de quatre expériences, l'animal, tant qu'il était sain, consommait par minute, et par kilogramme du poids du corps, 13,35 ccm. de O^2 et 12,35 ccm. de CO^2 ; quand il fut rendu diabétique (par l'extirpation du pancréas), 13,41 ccm. de O^2 et 12,24 ccm. de CO^2. Ces valeurs moyennes correspondent presque exactement à celles que Regnault et Reiset ont trouvées pour de petits chiens. » Il ne faut pas oublier que ces expériences ne duraient qu'un temps court et ont été faites dans des conditions défavorables. D'un autre côté, les mêmes savants, en observant un diabétique dans l'appareil respiratoire de Hoppe-Seyler (système J. Regnault), ont obtenu des valeurs très élevées pour la quantité d'oxygène consommé. « En effet, disent Weintraud et Laves, les valeurs de 6,23, 6,16 et 5,74 ccm. de O^2 par kilogramme et par minute dans l'état de repos complet du corps sont très élevées et dépassent de beaucoup toutes les valeurs trouvées par la détermination directe de l'oxygène chez l'individu normal et adulte en repos dans les expériences récentes sur les échanges respiratoires. » [Katzenstein (*A. g. P.*, xlix, 330, 1891); Magnus-Levy (*A. g. P.*, lii, 475, 1892; lv, 7, 1893)] : « La valeur moyenne trouvée pour le diabétique (6,04 cm. de O^2 par minute et par kilogramme) dépasse le maximum observé par Katzenstein de plus de 29 p. 100 (*loc. cit.*, 613). » Magnus-Levy (*Zeitschr. f. klin. Med.*, lvi, 87, 1905), se basant sur ses expériences de respiration, conclut : « Dans les cas graves, c'est seulement chez la femme mentionnée en γ qu'on trouva un échange gazeux correspondant à peu près à celui d'une personne saine. Dans tous les autres cinq cas (sauf, bien entendu, le numéro γ qui, vu les causes susdites, doit être exclu), la quantité d'oxygène consommée fut presque toujours élevée. » Il faut constater que cette élévation ne convient pas à Magnus-Levy, et il cherche à formuler des objections contre ce fait.

Ces expériences m'intéressent particulièrement, parce que j'ai eu, dans mes expériences sur des chiens privés de pancréas, la forte impression d'un échange gazeux augmenté, ce qui suppose une plus forte consommation d'oxygène et rend le collapsus rapide plus compréhensible.

Pour établir que la force d'oxydation de l'organisme diabétique n'est pas diminuée, on a fait remarquer que des molécules chimiques introduites dans cet organisme malade, même si elles sont difficilement oxydables, s'oxydent aussi bien que chez l'individu sain.

De la formation d'acétone, d'acide acétylacétique et d'acide oxybutyrique, il ne faut pas, comme on le fait, conclure que la force d'oxydation de l'organisme diabétique est diminuée, tant qu'on ne connaît pas, par la détermination de la quantité absolue de l'oxygène consommé, la grandeur réelle de la masse oxydée. Si la substance oxydable est en trop grande quantité, la force normale d'oxydation peut devenir insuffisante.

Car les diabétiques qui, après une nutrition exempte d'hydrate de carbone, voient cesser leur glycosurie, peuvent prendre pendant un certain nombre de jours de grandes quantités d'hydrate de carbone sans décharger du sucre. Mais le sucre pris excite peu à peu le diabète. Ces faits sont exposés d'une façon satisfaisante par Naunyn (*loc. cit.*, 160). Il faut également mentionner ici l'observation importante de Bouchardat et Trousseau, Külz, Zimmer, von Mering, Naunyn (*loc. cit.*, 398) qu'un travail modéré et bien dirigé diminue chez le diabétique l'intensité de la glycosurie.

Expérimentalement, on a bien démontré que, même dans le diabète pancréatique, le sucre est oxydé. Il paraît qu'il n'y a pas de différence notable avec ce qui se passe à l'état normal. Chauveau et Kaufmann (*B. B.*, 1893; et *C. R.*, 1893, cités d'après Naunyn, *Diabetes*, 92) ont trouvé qu'après l'extirpation du foie le sucre disparaissait aussi rapidement du sang des animaux sans pancréas que des animaux sains; la consommation du sucre dans les capillaires ne différait également pas de celle des animaux normaux. Kausch (*A. P. P.*, xxxix) a obtenu les mêmes résultats avec des oiseaux. Après l'extirpation du foie, le sucre disparaissait du sang des animaux sans pancréas aussi rapidement que chez ceux qui ont conservé le pancréas, et même dans le cas où l'on injecte aux premiers, après l'extirpation du foie, une quantité de sucre correspondant à ce qui leur manque alors en fait de glycogène.

On ne peut cependant pas nier que le sucre contenu dans les liquides de l'organisme est peu à peu nuisible à toutes les fonctions. Des blessures guérissent difficilement ou pas du tout; la force musculaire diminue; la puissance sexuelle s'éteint. On pourrait donc supposer que le travail chimique de la cellule qui préside à l'oxydation du sucre, dans les cas graves de diabète, est altéré d'une façon notable. Il ne s'agit malheureusement ici que d'hypothèses. Il n'y a pas de fait prouvant même la diminution de l'oxydation du sucre, et les multiples preuves de l'utilisation continue et visiblement non diminuée du sucre, même dans le diabète pancréatique, sont difficilement compatibles avec l'opinion de O. Minkowski et A. Magnus-Levy, que le malade fortement diabétique n'utilise plus du sucre.

Quelques-uns cherchent la troisième condition de la glycosurie dans ce fait que les reins laissent passer le sucre. Nous en reparlerons plus loin d'une façon plus détaillée.

Abordons maintenant l'étude des différentes sortes de diabète, ce qui nous permettra d'éclaircir les conditions des échanges moléculaires des hydrates de carbone.

Je distingue quatre sortes de diabète :

I. Diabète par excitation des nerfs;

II. Diabète par extirpation des glandes;
III. Diabète par empoisonnement;
IV. Diabète physiologique.

Comme le diabète de la première sorte est déjà étudié, je commence immédiatement l'étude du diabète II.

Les diabètes occasionnés par l'extirpation des glandes. — J. VON MERING et O. MINKOWSKI (*Diabetes mellitus nach Pankreas-exstirpation*, Leipzig, 1889) découvrirent, en 1889, le diabète pancréatique, c'est-à-dire une forte glycosurie après l'extipartion complète du pancréas.

Extirpation partielle du pancréas. — VON MERING et O. MINKOWSKI prétendaient, dès le début, que l'extirpation amenait le diabète seulement dans le cas où elle était complète.

« VON MERING et moi, écrit MINKOWSKI (*Untersuchungen über den Diabetes mellitus*, Leipzig, 1893, 26), avons dit qu'il n'y avait pas de diabète après des extirpations partielles du pancréas. Nous avons attribué une très haute importance à ce fait. »

Mais il faut noter ici ce fait très important qu'on a sans doute bien souvent fait des extirpations très étendues, donc presque complètes, du pancréas, sans qu'une trace de glycosurie ait lieu, mais assez souvent une glycosurie plus ou moins forte survenait. Malgré le nombre extrêmement grand des expériences, la cause de cette différence est inconnue encore aujourd'hui.

O. MINKOWSKI a observé plus tard qu'une extirpation partielle du pancréas pouvait également amener une glycosurie.

« En continuant ces expériences, dit MINKOWSKI (*Untersuchungen über den Diabetes mellitus*, 27, Leipzig, 1893), j'ai constaté que de petites parties de la glande restées dans la cavité abdominale ne suffisaient pas pour remplir intégralement la fonction du pancréas dont il s'agit ici, et que, même *après l'extirpation partielle, une sécrétion plus ou moins forte du sucre dans l'urine pouvait avoir lieu.* » Dans un autre passage O. MINKOWSKI (*Untersuchungen über den Diabetes mellitus*, 27, 28, Leipzig, 1893) s'exprime encore plus nettement. « Dans 2 cas où les parties restées n'étaient que 1/12ᵉ et 1/15ᵉ de l'organe, j'ai observé l'apparition d'un diabète sucré des plus graves, comme dans le cas de l'extirpation totale. Il était en effet douteux, d'après le résultat de l'étude anatomique, que les parties de la glande qu'on avait laissées pouvaient fonctionner encore. »

MINKOWSKI généralement n'extirpe pas le pancréas dans une séance, mais dans plusieurs opérations plus ou moins séparées. Se basant là-dessus, il explique comment il faut comprendre d'après lui la glycosurie qui apparaît souvent, bien qu'une partie seulement du pancréas ait été extirpée.

MINKOWSKI explique le diabète qui survient après l'extirpation partielle du pancréas, par ce fait qu'en supprimant une partie de l'organe on supprime une fonction. Mais cette suppression a un effet très positif : le diabète. MINKOWSKI ne suppose pas ici nécessairement la suppression d'une action d'arrêt exercée par le pancréas, comme l'établit l'explication qu'il donne à un autre endroit de la glycosurie qui succède à l'extirpation partielle.

En ce qui concerne les extirpations des parties du pancréas faites par lui dans différentes séances séparées, O. MINKOWSKI dit (*A. P. P.*, XXXI, 26 et 31, 1903) :

« La sécrétion passagère du sucre immédiatement après la première opération (sur le pancréas) est dans ces cas probablement causée par les lésions des parties non enlevées du pancréas, lésions inévitables à la suite d'une intervention opératoire. On sait bien qu'on observe ces glycosuries passagères après toutes les opérations chirurgicales prolongées, *mais elles semblent particulièrement fréquentes après les opérations faites sur le pancréas ou dans sa proximité.* (C'est moi qui ai souligné : PFLÜGER.) Après des opérations analogues (résections partielles, transplantations, ligatures des conduits excréteurs, etc.) et, dans un cas, après la faradisation du canal cholédoque près du pancréas, en tout dans 32 cas, j'ai trouvé jusqu'à quinze fois du sucre passagèrement dans l'urine, et dans quelques cas même en proportion considérable jusqu'à 4-5 p. 100 (Voir expér., 14 et 15).

« Dans trois autres cas, où l'on avait laissé à peu près 1/18-1/12 de la glande, on constata une espèce de glycosurie alimentaire qu'on peut considérer comme la forme la plus légère du diabète. »

Cela prouve que O. MINKOWSKI explique la glycosurie qui survient après l'extirpation partielle du pancréas, non par la disparition d'une fonction du pancréas, mais par l'excitation des nerfs du pancréas, donc par un travail très positif. Les autres savants dont le nom fait autorité dans cette question, E. Hédon et J. Thiroloix, se sont joints à cette opinion. Je me joins également à cette conception, parce que c'est elle qui rend le mieux compte de tous les phénomènes multiples. Pourtant j'avoue qu'il n'y a pas encore une preuve irréfutable de cette théorie.

Mais mon accord avec O. Minkowski prend fin, quand il s'agit de la vraie nature de ce diabète nécrogène. Toutes les opérations chirurgicales prolongées, qui atteignent un organe quelconque, amènent une glycosurie, comme c'est le cas pour la résection partielle du pancréas, tandis que c'est seulement l'extirpation totale du pancréas qui produit le diabète. Comme l'opinion de Minkowski a une grande importance pour l'entendement du diabète expérimental du pancréas, j'ai jugé nécessaire de faire là-dessus une étude détaillée. J'ai prouvé avec mes collaborateurs, O. Schöndorff et F. Wenzel (*A. g. P.*, cv, 121, 1904), que l'opinion de Minkowski était erronée. Cette erreur est sans doute basée sur l'augmentation des substances réductrices de l'urine, augmentation amenée très souvent par des interventions chirurgicales, et qui ne peut être prouvée d'une façon décisive que par l'essai de Trommer, bien qu'il n'y ait pas de sucre. Dans ces cas j'ai toujours démontré avec le polarimètre que l'urine ne contenait pas de matières polarisantes, mais seulement de faibles quantités de substances lévogyres, qui donnaient, dans un tube d'une longueur de 189,7 mm., une déviation de — 0°1, jusqu'à — 0°5. Ces urines, analysées par le réactif de Worm-Müller, essai qui est le seul décisif, ne contenaient pas de sucre. Pour bien nous assurer du résultat, nous avons soumis à une étude approfondie les méthodes de la recherche qualitative du sucre dans l'urine. On a constaté que l'essai de Trommer donnait de trompeurs résultats, que le procédé, si vanté, de Hammarsten-Nylander était complètement inutilisable, et que l'essai de la fermentation pouvait donner lieu aux erreurs les plus grossières.

Voilà pourquoi toutes les données cliniques qui parlent de l'apparition des glycosuries sont incertaines tant qu'il ne s'agit que de réactions qualitatives. Dans les cas où l'on a trouvé par la solution de Fehling des quantités de sucre qui dépassent 1 p. 100, on peut en général considérer la présence du sucre comme prouvée. Car je ne connais pas un cas où les matières réductrices de l'urine, qui ne sont pas du sucre, se trouvent, exception faite des cas où il y a élimination de certains médicaments, en quantité assez grande pour qu'on puisse croire à un volume de sucre supérieur à 1 p. 100. La sûreté de la diagnose est fortifiée si elle est en même temps confirmée par l'analyse polarimétrique et la fermentation.

Il était évident que le dogme clinique de la glycosurie traumatique ne pouvait être réfuté victorieusement que par de très vastes expériences. Grâce à l'obligeance des directeurs de toutes les cliniques chirurgicales et gynécologiques de Bonn, et par l'intermédiaire de notre collaborateur, médecin chef de la section chirurgicale de l'Hôpital Sainte-Marie, Frédéric Wenzel, nous avons analysé, dans l'été et dans l'automne de l'année 1904, l'urine de tous les opérés jusqu'aux cinquième et sixième jours après l'opération, et dans *aucun cas* nous n'avons pu trouver de glycosurie consécutive à l'intervention chirurgicale, si elle n'existait pas déjà précédemment.

Le classement suivant (*A. g. P.*, cv, 155, 1904) permet à chacun de se faire une idée de l'étendue des résultats que nous avons obtenus et dont on pourra contrôler l'exactitude en recourant à notre mémoire original.

1. — Opérations

On a observé 144 cas d'opérations, parmi lesquelles 15 lésions, dont 10 graves : fracture de la base du crâne, fracture de l'avant-bras, luxation de la clavicule, luxation du coude, fracture du bassin, hernie crurale, graves lésions des poignets (2 fois), fracture des jambes (2 fois).

Les autres 129 cas concernent les opérations chirurgicales les plus diverses. Ils se divisent ainsi pour les différentes régions du corps :

1. Tête : 12 cas, dont
   8 trépanations de l'apophyse mastoïde.
   4 opérations sur parties molles.

2. Cou : 11 cas, dont
 2 strumectomies.
 5 extirpations de lymphômes.
 1 ligature de la carotide.
 3 autres opérations.
3. Poitrine : 7 cas, dont
 4 opérations sur mamelles (dont 10 amputations).
 2 opérations costales.
 1 opération dans le creux axillaire.
4. Ventre (laparotomies) : 25 cas, dont
 4 pour l'estomac (gastro-entéro-anastomoses).
 4 pour l'intestin.
 3 pour la vésicule de la bile (cholécystectomies).
 1 pour le pancréas.
 10 pour les organes génitaux internes de la femme.
 1 laparocèle.
 2 laparotomies d'essai.
5. Région inguinale : 23 cas, dont
 15 opérations radicales de hernies.
 5 opérations d'ALEXANDER ADAMS.
 2 tumeurs des glandes.
5. Testicules : 2 cas, dont 1 castration.
7. Périnée : 5 cas.
8. Rectum : 2 cas, dont 1 résection.
9. Colonne vertébrale : 1 cas (trépanation).
10. Extrémités : 37 cas, dont
 10 résections d'articulations.
 7 opérations sur les os (5 amputations).
 4 opérations sur tendons.
 18 opérations sur parties molles.

2. — NARCOSES

On a fait usage de différentes sortes de narcoses, à savoir :

1. *Anesthésie locale :*
 a) Méthode de SCHLEICH (cocaïne). . . . . 2 cas.
 b) Cocaïne-eucaïne. 6 —
 c) Cocaïne-eucaïne avec addition d'adrénaline . . . . . . 2 —
2. *Anesthésie lombaire* (d'après BIER), (cocaïne 0,02 ; paranéphrine 0,5). 11 —
3. *Narcoses générales :*
 a) Éther . . . . 27 cas.
 b) Chloroforme . . . . 20 —
 c) Éther-chloroforme. . . . . 6 —
 d) Morphine-éther. . . . . 48 —
 e) Morphine-chloroforme. . . . . 2 —
 f) Morphine-éther-chloroforme. . . . . 9 —
4. *Hydrate de chloral.* . . . . 1 —
5. *Pas de narcose.* . . . . 7 —

En ce qui concerne la quantité des narcotiques employés, on a employé dans la narcose chloroformique plus de 50,0 grammes dans sept cas; la plus grande quantité a été de 75,0 grammes.

Les quantités d'éther employé ont été :

Dans 9 cas. . . . . 150,0 gr.
— 20 — . . . . 200,0 gr. et au-dessus.
— 3 — . . . . 250,0 gr.
— 4 — . . . . 300,0 gr.

La durée de la narcose a été :

Dans 19 cas. . . . . 1 heure.
— 11 — . . . . 1-2 heures.
— 9 — . . . . 2 heures et au-dessus.

La durée la plus longue a été de 24 heures 1/2.

Le résultat de toute cette étude est donc que l'intervention chirurgicale n'a pas amené de glycosurie, malgré l'emploi de la narcose. Nous ne doutons cependant pas que des lésions qui ont pour effet l'excitation du centre cérébral glycoso-formateur peuvent amener une glycosurie. Dans nos 15 cas de lésions, dont 10 étaient graves (par exemple fracture de la base du crâne, fracture du bras, fracture du bassin, fracture de la cuisse, etc.), nous n'avons pu trouver de glycosurie.

La narcose, même si elle durait très longtemps, jusqu'à 24 heures 1/2, n'a généralement pas donné lieu à une glycosurie. Nous n'avons qu'à mentionner comme exception le cas 8, où l'on s'était servi de cocaïne-eucaïne et d'adrénaline pour anesthésie locale, et où l'on constata une sécrétion de 0,3 p. 100 de sucre. Comme il n'y avait pas de sécrétion de sucre après l'emploi de cocaïne-eucaïne seulement, et que, d'après les études de F. BLUM (*Deutsch. Arch. f. klin. Med.*, LXXI, 1901. *A. g. P.*, XC, 617, 1902), de A. C. CROFTAN (*A. g. P.*, XC, 285, 1902) et de HERTER et WACKEMANN (*Americ. Journ. of the med. Science*, janvier 1903, *Ref. in Centralblatt f. innere Med.*, 1903, 15), une injection d'adrénaline produit la glycosurie, il faut dans ce cas rendre responsable, non l'intervention chirurgicale (qui était ici très légère : extirpation d'un tatouage, et transplantation de THIERSH), mais l'adrénaline.

Les faits susdits prouvent que, contrairement à l'opinion de MINKOWSKI, *les glycosuries survenant après lésion ou résection partielle du pancréas doivent avoir leur cause dans les fonctions spécifiques de cet organe; car d'analogues interventions chirurgicales, subie par différents organes du corps, ne produisent pas de glycosurie.*

Avec cela une autre question très importante trouve sa solution. D'après ENRICO REALE (*X. internat. med. Congr.*, Berlin, 1890, II, V, 97; DE RENZI et REALE, *Berliner klin. Wochenschr.*, 1892, N° 23), l'extirpation des *glandes salivaires* produit également une glycosurie.

O. MINKOWSKI (*Unters. ü. d. Diabetes mellitus*, 57, Leipzig, 1893) a répété chez un chien les importantes expériences de REALE. 4 fois MINKOWSKI trouva la glycosurie. Une fois seulement la glycosurie ne se produisit pas après l'extirpation des glandes salivaires. D'après MINKOWSKI, la glycosurie apparaît généralement après l'extirpation des glandes salivaires, même si l'extirpation n'est pas complète. MINKOWSKI trouva ainsi une glycosurie, bien qu'il n'eût fait qu'à gauche l'extirpation de la parotide, de la sous-maxillaire et de la sublinguale. Dans un cas la glycosurie dura même deux jours.

Voilà comment MINKOWSKI conçoit la glycosurie survenant après l'extirpation des glandes salivaires (O. MINKOWSKI *Unters. ü. d. Diabetes mellitus. Sonderabdr.*, 59, 1893) :

« Il s'agit évidemment d'une de ces glycosuries passagères, comme on en observe chez des hommes et chez des animaux après les diverses interventions chirurgicales, et qui ne sont guère comparables au long et intense diabète qui survient après l'extirpation du pancréas. La longue durée de la narcose, la lésion inévitable de nombreux nerfs peuvent expliquer le fait que ces glycosuries surviennent assez fréquemment après opérations sur ces glandes salivaires. »

Comme j'ai prouvé, avec mes collaborateurs, que le fait d'une opération chirurgicale ne produisait pas de glycosurie, il faut donc conclure que les glandes salivaires de la bouche et leurs nerfs ont également une relation spécifique avec les échanges des hydrates de carbone. Quelle est la nature de cette relation? Est-elle la même que celle du pancréas avec la glycosurie? On ne peut pas le décider au premier abord.

Il faut encore faire remarquer combien les faits se rattachant à cette question, et observés par les différents savants, se contredisent. En 1862, donc avant REALE et MINKOWSKI, FEHR (*Uber die Exstirpation sämmtl. Speicheldrüsen beim Hunde. Inaug.-Dissert.* Giessen, 1862) a, dans le laboratoire de C. ECKHARD, fait l'extirpation de toutes les huit glandes salivaires chez le chien. FEHR dit expressément que les recherches du sucre et des autres éléments anormaux dans l'urine ont donné des résultats négatifs. Cela ne peut s'expliquer que par ce fait que C. ECKHARD, qui est lui-même un observateur très consciencieux, n'a pas suffisamment surveillé son élève FEHR. Comme FEHR dit que les chiens opérés par lui absorbaient plus d'eau, nous voyons donc que la soif de ces chiens a été augmentée, ce qui est probablement la conséquence de l'état diabétique.

Il faut enfin citer ici la découverte faite par FALKENBERG (*Zur Exstirpation der Schilddrüse. Verhandl. des X. Congr. f. inn. Med.*, Wiesbaden, 1891, 502) et KÜLZ, à savoir que l'extirpation de la glande thyroïde amène, chez des chiens, assez fréquemment, sinon constamment, des glycosuries qui durent parfois assez longtemps (18 à 14 jours), même jusqu'au moment de la mort, comme dans le diabète pancréatique.

Cette recherche détaillée, faite par E. Külz, n'a pas suscité l'attention qu'elle mérite.

L'extirpation complète de la glande thyroïde produit une série de graves accidents, mortels, qu'on désigne sous le nom de *Cachexia strumipriva*. Comme il y a bien souvent beaucoup de glandes thyroïdes secondaires, dont le nombre et la position sont irréguliers, on comprend que parfois on ne peut pas faire avec certitude l'extirpation complète, de sorte que les résultats obtenus par les différents expérimentateurs ne sont pas toujours identiques. W. Falkenberg et E. Külz ont expérimenté avec 20 chiens: Chez 13 de ces chiens on trouva du sucre dans l'urine. On a constaté ce phénomène curieux chez 11 chiens (sur 16 qui sont morts, donc presque chez 70 p. 100), et chez 2 sur 4 qui ont survécu. Le sucre n'apparaissait pas rapidement dans l'urine, mais au bout d'un temps de longueur différente; chez un chien, ce fut trois semaines après l'opération. Il y eut des cas où rien n'était régulier : tantôt il y avait du sucre, tantôt le sucre manquait. *Dans les cas mortels le diabète durait jusqu'à la mort, sauf en un cas où le sucre a disparu de l'urine avant la mort* (Falkenberg, *loc. cit.*, 508, 1891) : particularité qui a été observée également dans le diabète pancréatique.

On voit donc que ce n'est pas après opérations sur le seul pancréas qu'on voit des glycosuries consécutives à une intervention. Les glandes salivaires et les glandes thyroïdes possèdent la même propriété. Mes études ont démontré que ces glycosuries ont pour cause une fonction spécifique de ces organes, et qu'il ne faut pas les considérer, ainsi que le croyait Minkowski, comme des réactions traumatiques.

Nous comprendrons mieux le diabète pancréatique, si nous analysons un peu les faits qui se produisent à la suite d'une extirpation partielle.

Il s'agit là d'un paradoxe extraordinaire dont l'explication nous fournira une conception plus nette du diabète.

Tandis qu'on a fait des extirpations partielles très étendues qui n'ont pas donné trace de glycosurie, il est non moins certain, et même relaté par O. Minkowski, comme nous l'avons déjà dit plus haut, qu'on a bien souvent observé un diabète aigu, quoiqu'on n'eût pas fait d'extirpation totale. De Renzi et Reale relatent également ce fait.

De Renzi et Reale (*Uber den Diabet. mellit. nach Exstirp. d. Pancreas. Berl. klin. Wochenschr.*, 1892, 23. — *Maly's Jahresbericht.*, xxii, 515) ont extirpé tout le pancréas, sauf $\frac{1}{8}$ de la glande, qui fut conservé, et ils ont pu constater cependant un diabète aigu. A l'autopsie on a étudié microscopiquement ce résidu, qui pesait 2 grammes, et on l'a trouvé histologiquement normal. Il digérait également l'amidon et la fibrine. Il n'est donc pas légitime de le considérer comme incapable de fonctionner. J. Thiroloix (*Diabète pancréatique*, 95, 1892), qui, par ses nombreuses expériences de l'extirpation du pancréas, s'est acquis beaucoup de mérite, observa un diabète pancréatique aigu, dans un cas où il ne s'agissait pas d'une extirpation totale, et bien qu'une moitié de l'organe fût restée dans l'abdomen.

Quant au cas contraire, où des extirpations partielles très étendues n'ont pas donné trace de glycosurie, je peux en parler d'après ma propre expérience. Mon collègue Oscar Witzel a, sur ma demande, fait à l'Institut physiologique de Bonn, chez beaucoup de chiens, l'extirpation totale du pancréas, qui fut immédiatement suivie de glycosurie. Quand il a de nouveau fait l'extirpation, comme si l'on devait enlever tout le pancréas, mais qu'il laissa dans l'abdomen la partie du pancréas qui va du conduit de Wirsung en arrière vers le bassin, il n'y avait pas trace de glycosurie, bien que le conduit excréteur de la glande eût été réséqué. J'ai moi-même étudié constamment l'urine pour voir si l'on y trouvait du sucre. Dans ces expériences on a fait, comme on doit le faire dans l'extirpation totale, la partie la plus difficile de l'opération avec la plus grande précision sans voir apparaître la plus petite trace de glycosurie. On avait pourtant enlevé la plus grande partie du pancréas. V. Mering et O. Minkowski ont évidemment obtenu les mêmes résultats au début de leurs recherches, et beaucoup d'autres observateurs relatent la même chose.

Est-ce que ce sont des parties *déterminées* du pancréas dont la résection produit plus facilement la glycosurie? V. Mering et O. Minkowski (*Diabet. mellit. nach Exstir-*

pation des Pankreas, Leipzig, 12, 1889) disent : « Nous avons fait des extirpations partielles de manière à respecter dans chaque cas une partie différente du pancréas. Les lésions secondaires, qui pourraient avoir une importance ici, devaient finalement se faire remarquer dans l'une ou dans l'autre de ces expériences. Malgré tout, nous n'avons jamais observé une sécrétion de sucre dans l'urine, durable ou passagère, pas même à l'état de trace. »

J. Thiroloix, qui extirpait généralement le pancréas, non en une, mais en plusieurs séances, a presque toujours enlevé dans la première opération la partie duodénale (c'est-à-dire la partie située derrière le *Ductus Wirsungii*), et réséqué le *Ductus Wirsungii* et *l'Accessorius*. Généralement une glycosurie apparaît, qui dure plusieurs jours. Il a fait l'analyse quantitative du sucre : il a donc donné une preuve certaine de la présence du sucre.

Je donne ici un aperçu sommaire des expériences les plus importantes de Thiroloix.

1re *Expérience*. Thiroloix (*Diabète pancréatique*, 1892, 30). Ligature des conduits excréteurs et isolement du pancréas d'avec le *duodénum* sur une longueur de 3 cm. chez un chien. Légère glycosurie de 24 heures.

2e *Expérience*. Thiroloix (*loc. cit.*, p. 32). Ligature des conduits excréteurs; résection de la *pars duodenalis* du pancréas. *Glycosurie de 48 heures* avec 4,85 p. 100 de sucre au début.

21e *Expérience*. Thiroloix (*loc. cit.*, p. 62). Résection de toute la *pars duodenalis* avec les conduits sur une longueur d'environ 9 cm. Il s'ensuit une glycosurie qui dure 5 jours avec 0,2 à 3 p. 100 de sucre.

23e *Expérience*. Thiroloix (*loc. cit.*, p. 68). Résection des conduits et enlèvement de la *pars duodenalis* du pancréas. Glycosurie de 4 jours avec un maximum de 4 p. 100 de sucre.

Expérience de M. Rémond (*Gaz. des Hôpitaux*, 1890, p. 777). Résection de la *pars duodenalis* du pancréas avec *glycosurie de 48 heures*.

Thiroloix a fait également un grand nombre d'extirpations, de telle manière que non seulement il réséquait dans la première opération la *pars duodenalis* et les conduits du pancréas, mais qu'il en amenait l'atrophie par l'injection de particules de charbon mêlées à de l'huile et de la paraffine; et il ne survenait pas de diabète.

4e *Expérience*. Thiroloix (*loc. cit.*, p. 44). Injection de vaseline, qui contient de la poussière de charbon, dans le *Ductus Wirsungii*, de sorte que le pancréas devient tout noir et s'atrophie ensuite. Cette injection ne produit pas de glycosurie. On avait réséqué les conduits.

5e *Expérience*. Thiroloix (*loc. cit.*, p. 44). Injection d'huile de charbon. Résection des conduits et de la *pars duodenalis*. Glycosurie 2 jours.

6e *Expérience*. Thiroloix (*loc. cit.*, p. 46). Comme la 5e expérience.

9e *Expérience*. Thiroloix (*loc. cit.*, p. 51). Conditions d'expérience comme dans l'expérience no 5. Glycosurie 2 jours, avec 3,2 et jusqu'à 4,0 p. 100 de sucre.

7e *Expérience*. Thiroloix (*loc. cit.*, p. 47). Injection d'huile de charbon. *Pars duodenalis* non réséquée. Pas de glycosurie.

8e *Expérience*. Thiroloix (*loc. cit.*, p. 48). Comme l'expérience précédente.

17e *Expérience*. Thiroloix (*loc. cit.*, p. 56). Injection d'huile de charbon. Résection des conduits et de la *pars duodenalis* du pancréas. Glycosurie en deux fois 24 heures.

20e *Expérience*. Thiroloix (*loc. cit.*, p. 61). Injection d'huile de charbon. Résection de la partie verticale du duodénum. Glycosurie 3 jours.

15e et 18e *Expériences*. Thiroloix (*loc. cit.*, p. 54 et p. 56). Injection de mercure. Résection des conduits et de la *pars duodenalis*. Pas de glycosurie.

16e *Expérience*. Mêmes conditions que précédemment. Résection des conduits et de la *pars duodenalis*. Glycosurie.

Ce sont 16 expériences qui nous donnent des notions très importantes sur les suites de la résection de la *pars duodenalis* du pancréas. On désigne sous le nom de *pars duodenalis* la partie du pancréas située entre les feuillets du péritoine, à gauche du duodénum, et qui va du conduit de Wirsung en arrière vers le bassin. La terminologie anatomique des différentes parties du pancréas varie malheureusement chez les divers auteurs, de sorte que la partie en question n'est pas toujours désignée exactement. Cela ne s'applique pas aux expériences 4,7 et 8 qui sont des expériences de contrôle, car on a réséqué seulement les conduits, et non la *pars duodenalis*.

Il reste donc 13 expériences. Dans 11 de ces expériences l'extirpation de la *pars duodenalis* et des conduits a produit une glycosurie qui durait généralement plusieurs jours.

W. SANDMEYER (*Die Folgen der partiellen Pancreasexstirpation beim Hund. Z. B.*, XXXI, 74 et 85, 1894) a confirmé et complété les résultats de THIROLOIX. Il a extirpé chez un chien de 15kg,27 un morceau du pancréas d'une longueur de 23 centimètres, mais il a laissé dans l'abdomen la partie libre de la portion duodénale, d'une longueur de 12 centimètres. Pendant les deux premiers jours qui ont suivi l'opération, le chien a sécrété jusqu'à 12 grammes de sucre. Il se produisit ensuite une glycosurie légère qui dura plusieurs semaines et enfin disparut.

THIROLOIX cite également des expériences où l'extirpation non seulement de la partie duodénale, mais de la partie gastro-splénique, eut pour effet de la glycosurie. Cependant il s'agit ici d'animaux dont le pancréas fut atrophié par l'injection de poussière de charbon, sans que cependant le diabète fût survenu.

La 6e expérience de THIROLOIX (*loc. cit.*, p. 46) concerne trois laparotomies faites chez le même chien les 5 juin, 7 juillet, 14 septembre. La première fois on a extirpé la partie verticale, la seconde fois une partie de la partie splénique atrophiée, la troisième fois plusieurs fragments de la partie duodéno-stomacale. Chaque fois l'extirpation partielle fut suivie d'une glycosurie qui dura de un jour et demi à deux jours, mais qui fut passagère.

La 9e expérience de THIROLOIX relate la même chose.

Citons également l'expérience importante de THIROLOIX (*loc. cit.*, p. 62) qu'une chienne dont le pancréas était réséqué à deux endroits eut une glycosurie qui dura jusqu'à la mort. La mort se produisit dans le cours de la 6e journée après l'opération.

Très instructif est ce cas (*loc. cit.*, p. 62), relaté par THIROLOIX :

Chien de 13kg,34. Résection du canal de WIRSUNG et injection de poussière de charbon dans la glande le 14 mai. Pas de glycosurie jusqu'au 2 juillet.

2 *juillet*. — Seconde laparotomie, avec résection d'une partie du pancréas située dans la région du canal de WIRSUNG. Il s'ensuit une forte glycosurie qui dure 58 heures et disparaît ensuite.

5 *juillet*. — Troisième laparotomie. Résection d'un fragment de la portion splénique du pancréas d'une longueur de 2,5 centimètres. Il s'ensuit une forte glycosurie, qui dure jusqu'au 18 *juillet*, donc 2 semaines. La glycosurie disparaît alors ; l'animal reprend ses forces : il est tué le 16 septembre, sans avoir eu de glycosurie pendant 2 mois, même lorsque on l'a nourri avec du sucre.

La 5e expérience de THIROLOIX (*loc. cit.*, p. 44) confirme l'expérience précédente :

1er *juin*. — Résection de la portion verticale et des conduits avec injection de poussière de charbon. Glycosurie de 48 heures.

Le 2 septembre résection de 2 centimètres dans la région de la tête du pancréas. Glycosurie de 48 heures.

Tué le 24 septembre. Reste du pancréas = 1/24 du poids normal.

Il faut encore mentionner :

6e expérience de THIROLOIX (*loc. cit.*, p. 46).

5 *juin*. — Résection de la portion verticale avec injection de poussière de charbon. Glycosurie de 10 heures.

7 *juillet*. — Laparotomie II. 3 résections dans la partie duodéno-stomacale. Glycosurie de plusieurs jours.

Ces expériences prouvent que la résection d'une partie quelconque du pancréas produit une glycosurie qui, suivant les circonstances, dure un temps court ou plus long, c'est-à-dire dure un certain nombre de jours, et même de semaines, pour disparaître ensuite.

Ces faits sont très précieusement complétés par les recherches de E. HÉDON (*Travaux de Physiologie*, p. 1-150), qui a fait plus de 200 extirpations du pancréas, et qui a publié ses résultats les plus importants dans une grande monographie.

E. HÉDON (*Travaux de Physiologie*, p. 37 et 70, Octave Doin, Paris, 1898), qui est un partisan convaincu des doctrines de Minkowski, avoue que la résection partielle du pancréas peut produire une glycosurie passagère peu de temps après l'intervention chirurgicale.

Le résultat le plus important des nombreuses recherches de E. Hédon est que l'extirpation presque complète, mais non absolument complète, du pancréas produit une forme légère du diabète qui peut durer plusieurs jours, mais qui est fortement influencé dans son intensité par le mode et la quantité de la nourriture que l'on donne. La limite d'assimilation pour les hydrates de carbone est plus ou moins notablement abaissée.

Si l'on laisse dans l'abdomen des chiens de grandeur moyenne (8-16 kilogrammes) des fragments de pancréas de la grandeur d'un pois, c'est souvent assez pour que le diabète produit soit d'intensité diminuée (*Travaux*, p. 34, 40, 41, 43. 1898).

Il faut citer ici également les expériences de Sandmeyer (*Die Folgen der Pancreas exstirpation beim Hund.* Z. B., ix, 26, 1892 et xxxi, 12, 1894). Il constatait que des chiens, auxquels on extirpait une partie du pancréas, n'avaient pas de glycosurie après l'opération, mais que la glycosurie survenait quelques semaines plus tard. Elle est d'abord faible, mais croît de mois en mois, et devient finalement un fort diabète.

Je peux le confirmer jusqu'à un certain point par les deux expériences suivantes :

Mon collègue O. Witzel extirpe le 14 septembre, chez un chien de 12 kilogrammes, tout le pancréas avec les conduits, mais sans la partie duodénale. — Pas de glycosurie. — 16 septembre, essai par la méthode de Worm-Müller, négatif. Polarisation 0,0. — 17 septembre, le chien n'a pas uriné. — 18 septembre, l'urine contient de l'albumine. — 1er octobre, l'essai par la méthode de Worm-Müller est positif, et le polarimètre indique 0,15 p. 100 de sucre. Le sucre éliminé varie dans les 4 semaines qui suivent entre 0,1 à 0,3 p. 100, et sa quantité quotidienne est à peu près de 1 à 2 grammes.

O. Witzel a fait le 19 septembre, chez un second chien de 10 kilogrammes, la même extirpation partielle, comme dans l'expérience précédente. Pas de glycosurie. Un léger diabète commence le 5 octobre, et varie pendant 4 semaines de 0,1 à 0,4 p. 100 avec une sécrétion quotidienne de 1 à 2 grammes.

Voici la conclusion qui se dégage des faits communiqués :

Des interventions chirurgicales qui atteignent une partie quelconque du pancréas produisent, dans certaines conditions, une glycosurie de durée et d'intensité variables. Il n'est donc pas douteux que toute partie du pancréas peut *dans certaines conditions* augmenter les proportions du sucre dans le corps, donc avoir un effet glycosurique.

Les recherches actuelles ont donc prouvé que le résultat variable de l'intervention chirurgicale n'est nullement fondé sur les propriétés différentes des diverses parties du pancréas. Il faut donc chercher l'explication dans la méthode opératoire.

Très instructive est à ce point de vue la méthode de Thiroloix, avec laquelle l'extirpation partielle produit presque toujours une glycosurie. Il dit lui-même (*Diabète pancréatique*, p. 63, 1892) : « Les résultats qu'avaient produits nos interventions opératoires sur le pancréas étaient tels que nous ne pouvions sûrement pas les attendre en prenant en considération ce que relataient les savants qui avant nous faisaient des recherches sur le pancréas. *Tous ou presque tous sont d'avis que l'extirpation partielle, surtout l'enlèvement de la partie verticale du pancréas, ne produit jamais de glycosurie.* »

Si la dernière phrase est un peu trop absolue, ce qui est prouvé par ce qui a été dit précédemment au sujet des glycosuries produites par des extirpations partielles, il reste quand même vrai que pour Thiroloix la glycosurie consécutive est la règle, pour tous les autres savants l'exception. On peut donc conclure que les méthodes d'expérimentation de Thiroloix diffèrent plus ou moins de celles des autres savants.

Thiroloix (*loc. cit.*, p. 72) se sert parfois des ongles pour séparer le mésentère du pancréas. Si une artère s'y déchire et saigne, il pince le vaisseau avec la pincette et lie.

Il manque malheureusement dans l'ouvrage de Thiroloix une description plus détaillée de ses méthodes d'opération. E. Hédon (*Travaux de physiologie*, p. 15, 1898), témoin oculaire de l'extirpation du pancréas par Thiroloix, donne une description et une critique de la méthode. *Cette méthode consiste à prendre entre les doigts la portion gastro-splénique de la glande et à l'arracher d'un trait continu; de cette façon les vaisseaux sanguins sont tiraillés avant qu'ils ne se déchirent, de sorte que l'hémostase est assurée; on fait la même chose avec la partie descendante de la glande.* Comme, dans cette méthode, avec les vaisseaux sanguins les nerfs qui les accompagnent sont également déchirés, il est certain qu'une excitation plus grande et plus longue est exercée que si l'on opère la ligature des vaisseaux sanguins et que l'on sépare les nerfs par une incision momentanée. C'est un point qui nous fait comprendre le grand effet des résections partielles du pancréas faites par THIROLOIX.

On pourrait trouver une autre cause de cet effet dans la façon dont THIROLOIX narcotisait les chiens. SCHIFF a, comme on sait, trouvé que la piqûre du bulbe était sans effet si l'animal était narcotisé. Peut-être que, dans cet état, même la lésion des nerfs du pancréas n'aurait pas d'effet, l'excitation manquant. THIROLOIX ne dit malheureusement pas dans son ouvrage quelles méthodes de narcotisation il employait.

Les récentes recherches de HUGO LUTHJE (*Münchener med. Wochenschr.*, 1902, 1601. — *Id.*, *Deutsch. Arch. f. klin. Med.*. XIX, 498, 1904; LXXX, 98, 1904. — *Id.*, *A. g. P.*, CVI, 160, 1905) confirment la conception exposée. Dans des extirpations soi-disant totales il obtenait, lui aussi, du diabète, mais ce diabète disparaissait complètement si l'on privait l'animal de nourriture. Comme ce n'est pas le cas, ainsi que je l'ai prouvé dans une recherche ultérieure, après une réelle extirpation totale, j'ai demandé des renseignements à LUTHJE, et j'ai appris qu'il ne fallait pas prendre *strictissimo sensu* le mot extirpation totale employé par lui. Après l'examen microscopique on a trouvé des résidus du pancréas reposant sur le duodénum. On a fait l'extirpation de telle sorte que les lobules glandulaires plus difficiles à enlever, et adhérents au duodénum, et aux vaisseaux sanguins, fussent brûlés avec le thermo-cautère. L'excitation des nerfs produite par l'eschare gangréneuse est sûrement très grande, mais ne garantit pas quand même la destruction absolue de toutes les cellules glandulaires. Le diabète se produisant après cette intervention était, surtout si l'on donnait de la nourriture, d'une intensité extrême. Mais le fait de ce diabète qui survenait après l'opération, même si l'on privait l'animal d'aliments, et qui disparaissait peu à peu, doit avoir sa cause dans ce que la forte excitation des nerfs diminuait peu à peu, que quelques lobules glandulaires blessés se fortifiaient de nouveau et exerçaient leur activité entravant la glycosurie.

La soif et la faim intenses des animaux opérés par LUTHJE prouvent l'excitation extraordinaire du système nerveux, qui provient probablement des traumatismes de l'abdomen.

La disparition temporaire de la glycosurie nous prouve ici également d'une façon irréfutable que des résidus infiniment petits de tissu du pancréas échappés à l'extirpation totale, peuvent encore exercer une influence très grande sur la sécrétion du sucre.

Ces expériences me semblent confirmer une expérience d'OSCAR WITZEL, dans laquelle il a fait l'extirpation partielle du pancréas de telle sorte que la partie postérieure du pancréas allant du conduit de WIRSUNG au bassin fût seule laissée dans l'abdomen. Tandis que, dans d'autres extirpations partielles, faites par le même chirurgien, il n'y avait pas trace de glycosurie, il y eut dans ce cas un diabète nettement prononcé, et de longue durée, mais qui disparut finalement. Après la laparotomie on constata que l'animal (une chienne) avait eu une péritonite, laquelle avait déterminé beaucoup de solides adhérences ayant rendu l'opération très difficile. C'est la forte excitation très étendue, nécessaire pour dissoudre les adhésions, qui a sans doute produit la glycosurie. J'ai décrit ce cas d'une façon plus détaillée (E. PFLUGER, *A. g. P.*, CVIII, 166, 1905).

On observe les mêmes résultats après l'extirpation du pancréas chez les grenouilles et les oiseaux. MINKOWSKI (*A. P. P.*, XXXI, 10 du *tiré à part*) n'a pas pu produire de diabète chez des grenouilles par l'extirpation totale du pancréas. Il opérait sur six grenouilles d'été et dix grenouilles d'hiver, de sorte qu'on ne peut pas expliquer son résultat par le hasard de quelques différences individuelles. ALDEHOFF (*Z. B.*, XXVIII, 293, 1892) dit avoir observé chez des grenouilles, cinq jours après l'extirpation totale, une sécrétion de sucre de 0,01 à 0,028 grammes dans 24 heures.

WILHELM MARCUSE (*A. P.*, 1874, 539) a eu plus de succès. Parmi les 19 grenouilles auxquelles il extirpait le pancréas, et pas d'autre organe, 9 ont eu un diabète qui survenait même du premier au deuxième jour, comme chez les mammifères. Les quantités d'urine étaient très considérables, et la proportion de sucre dans l'urine atteignait un maximum de 0,4 p. 100. La présence du sucre fut établie par la polarisation, par l'essai de TROMMER et par la fermentation.

Nous avons ici ce fait très important que les grenouilles auxquelles MINKOWSKI a extirpé le pancréas n'ont pas de diabète, tandis que ALDEHOFF obtient un diabète douteux, et MARCUSE, un diabète très prononcé. On voit qu'il dépend de l'opérateur que l'extirpation totale du pancréas chez la grenouille produise le diabète ou non. MINKOWSKI, qui possède une grande habileté, et qui a, comme il dit, bien étudié l'anatomie du pancréas chez la grenouille, et fait ensuite l'opération aussi soigneusement que possible, constate l'absence du diabète après l'extirpation totale, et cette constatation ne lui est sûrement pas très agréable. Voilà pourquoi il a si souvent répété l'expérience avec des grenouilles d'été et des grenouilles d'hiver. Que MARCUSE ait obtenu des résultats si décisifs après l'extirpation totale, c'est ce qu'on peut bien comprendre quand on lit comment il a opéré les grenouilles, et maltraité la cavité abdominale. MARCUSE dit en effet : « Comme les lésions secondaires qui accompagnent nécessairement l'extirpation du pancréas de la grenouille pendant l'opération (ligature d'une partie d'importants vaisseaux hépatiques, du canal cholédoque et grandes *déchirures de péritoine* sans *asepsie* ni *antisepsie*), avaient pour conséquence des maladies très compliquées visibles par l'état des grenouilles après l'opération (*violente péritonite, légère atrophie du foie, stase sanguine dans l'abdomen*), il semble que l'influence de ces maladies (péritonite purulente, nécrose du duodénum), limitant et même excluant le diabète, constatée par MINKOWSKI chez les animaux à sang chaud, n'existe pas chez les animaux à sang froid. » Ces conclusions finales sont très bizarres. Après que MARCUSE a vu que MINKOWSKI, malgré sa grande habileté, n'avait pas obtenu le diabète par l'extirpation totale du pancréas chez les grenouilles, il ne vient pas à MARCUSE la supposition que le diabète produit par lui pourrait être la conséquence des graves traumatismes de la cavité abdominale.

Pour expliquer les contradictions entre O. MINKOWSKI et MARCUSE, il faut donc supposer, ou que l'extirpation totale chez la grenouille a bien réussi à MARCUSE et que de petits résidus ont échappé à MINKOWSKI, ou que MINKOWSKI a fait l'opération avec plus de ménagement, de sorte qu'elle n'était plus assez efficace pour déterminer une excitation réflexe suffisante de glycogénie, ou que ces deux éléments interviennent.

MINKOWSKI (*A.P.P.*, XXXI, 9, *tiré à part*, 1893) dit que chez les oiseaux (pigeons, canards), il n'y a pas d'excrétion de sucre après l'extirpation du pancréas. » MINKOWSKI ajoute ceci : « Le pancréas est chez ces animaux plus facilement accessible que chez les mammifères. La longue étendue du duodénum allant jusqu'au petit bassin et enfermant le pancréas entre ses deux portions est très mobile, et peut être facilement retirée par une petite incision, faite soit à la ligne blanche, soit transversalement sous le bord inférieur du sternum. Cependant il n'est pas facile d'enlever totalement l'organe sans amener un trouble de nutrition de l'intestin donnant lieu à une nécrose. Les 3-4 lobes de la glande munis de conduits spéciaux vont des deux côtés du feuillet mésentérique en union étroite avec les vaisseaux qui irriguent l'intestin. Ils doivent être préparés avec de grandes précautions, et l'on doit opérer, avec des fils très fins, la ligature des branches latérales des vaisseaux conduisant à la glande, etc.

« De cette façon, j'ai réussi à conserver en vie, après l'extirpation totale du pancréas, 3 pigeons et 2 canards. Un canard fut tué le septième, un autre le dix-huitième jour, après l'extirpation du pancréas. Comme il fallait s'y attendre, à l'autopsie on n'a pas trouvé trace du tissu du pancréas. Pas un de ces animaux n'a sécrété, même passagèrement, du sucre dans l'urine. Tous ont présenté les troubles de digestion connus déjà par les recherches de O. LANGENDORFF (*A. P.*, 1879, 1-35) (résorption défectueuse des graisses et des amylacés); mais, même après une nourriture abondante avec du pain et des pommes de terre, une fois même après une ration de 15 gr. de sucre de canne, et une autre fois après une ration de 15 gr. de sucre de raisin, il n'y avait pas de sucre dans les excréments. Chez un canard, le sang contenait, dix-huit jours après l'extirpation totale, seulement 0,136 p. 100 de sucre, donc une quantité très normale. » Ces recherches furent répétées et confirmées par H. WEINTRAUD (*A. P. P.*, XXXIV, 303), et LANGENDORFF. Des recherches ultérieures ont prouvé que le pancréas des oiseaux ne se distinguait pas en principe de celui des mammifères.

D'après les recherches de O. LANGENDORFF, l'extirpation totale du pancréas a produit une glycosurie chez le vautour. WEINTRAUD a répété l'expérience sur un faucon avec un résultat positif. Il a noté ensuite une glycosurie, qui dura jusqu'à la mort, laquelle eut lieu le dixième jour après l'opération. En nourrissant l'animal avec de la viande, on a trouvé 0,127 gr. de sucre; en le nourrissant avec un peu d'amidon, il y avait 0,214 gr. de sucre dans l'urine des vingt-quatre heures.

L'explication du phénomène curieux que l'extirpation du pancréas ne produit pas le diabète chez les oiseaux mangeant des grains fut poussée plus loin par les expériences ultérieures de Weintraud (*A. P. P.*, xxxiv, 303). Il a fait l'extirpation totale chez 9 canards; dans un cas seulement il y avait excrétion de sucre de 0,71 gr.; il faut remarquer que l'animal est mort le jour même de l'opération. 7 fois on a enlevé non seulement le pancréas, mais aussi l'anse du duodénum : il y eut glycogénie dans 2 cas. Un animal auquel on avait en outre enlevé la rate a vécu 19 jours : il sécrétait quotidiennement dans l'urine 0,84 gr. de sucre. Weintraud constata une glycosurie chez un animal auquel il avait enlevé le pancréas et les deux cæcums et qui survécut trois jours à l'opération. — L'enlèvement du pancréas avec la rate ou le cæcum ne produisit pas de glycosurie. Également pas de glycosurie, si l'on enlève uniquement le duodénum, la rate ou le cæcum.

De toutes les 19 expériences avec des canards, 4 ont donné un résultat positif, et 15 un résultat négatif.

Nous devons à Kausch (*A. P. P.*, xxxvii, 274-1896) des expériences particulièrement importantes. Il a exécuté l'extirpation totale du pancréas sur plus de 100 canards et oies, rassemblé des matériaux abondants et précieux, mais il n'a malheureusement pas décrit assez exactement les conditions de ses expériences pour nous permettre une critique certaine. Le résultat des expériences de Kausch, c'est qu'il n'y a pas de diabète, après l'extirpation du pancréas. Si l'on enlève, outre le pancréas, encore l'intestin grêle, il n'y a pas de glycosurie proprement dite, mais une augmentation du sucre dans le sang, qui coïncide parfois avec la glycosurie, et qui entraîne une diminution de poids malgré la polyphagie. Kausch comprend bien l'importance de ces faits. Car il dit (*A. P. P.*, xxxvii, 223, 1896) : « Il me faut répondre à la question de savoir si le diabète des oiseaux est réellement une conséquence de l'élimination du pancréas ou si l'enlèvement du duodénum n'y a pas sa part. On peut certainement faire cette objection. » « Comme je l'ai déjà dit, je crois impossible d'enlever totalement le pancréas chez des canards et des oies sans malmener les vaisseaux du duodénum. Là où le pancréas semble se terminer par une extrémité arrondie, il y a, d'après Kausch, si l'on examine bien « un petit prolongement étroitement adhérent aux vaisseaux jusqu'à l'endroit où la veine pancréatico-duodénale se joint à d'autres grandes veines de l'intestin pour former la veine porte (*A. P. P.*, xxvii 278, 1896). »

Après que Kausch a prouvé que la totalité de l'extirpation du pancréas chez des canards et des oies n'était possible que si l'on réséquait en même temps le duodénum et les vaisseaux, il faut avouer, puisque Minkowski ne l'a pas fait, que ces résultats négatifs s'expliquent par la non-totalité de l'extirpation. Quand on songe quel intérêt a eu Minkowski à provoquer aussi chez les oiseaux le diabète pancréatique, et quelle grande habileté il a dû atteindre dans l'opération de l'extirpation, on voit que des restes minimes du pancréas suffisent souvent pour empêcher l'apparition du diabète. On comprend bien alors comment Weintraud, lui aussi, n'a pas pu produire toujours le diabète, après l'extirpation du pancréas avec le duodénum.

Le plus important résultat obtenu par Kausch, c'est qu'il a prouvé qu'après l'extirpation du pancréas et du duodénum il n'y avait pas fatalement glycosurie, mais bien hyperglycémie. Donc il faut admettre ou bien que le rein de l'oiseau laisse plus difficilement passer le sucre, ou bien que le sucre du sang se trouve engagé dans une certaine combinaison chimique. Tandis que, dans le sang des canards normaux, le taux du sucre est, d'après W. Kausch (*A. P. P.*, xxxvii, 284, 1896), de 0,14 p. 100, il augmente après l'extirpation du pancréas et du duodénum, et peut atteindre 0,7 p. 100 et plus. Kausch déduit de ses nombres des conclusions très importantes pour la teneur du sang en sucre; mais il ne faut pas oublier que sa méthode analytique ne peut être considérée que comme une approximation peu exacte.

Nos conceptions s'approfondissent si nous examinons les conséquences *de l'extirpation vraiment totale du pancréas.*

Comme l'extirpation totale du pancréas est toujours suivie de glycosurie durable, ce qui n'est pas le cas après l'extirpation partielle, Minkowski a prétendu qu'il s'agissait de deux maladies essentiellement différentes. La glycosurie passagère est une névrose traumatique; celle qui survient après l'extirpation totale est une maladie basée sur un trouble chimique de l'échange des hydrates de carbone, laquelle seule mérite le nom de diabète. Les savants dont le nom fait autorité dans cette question, comme E. Hédon et Thiroloix, se sont énergiquement joints à cette conception. J'ai déjà bien prouvé qu'on ne pouvait pas considérer la glycosurie provenant d'une extirpation partielle comme un diabète traumatique. La première distinction de ces deux maladies faite par Minkowski est donc inadmissible. C'est ensuite nier la vérité que de ne pas vouloir avouer *qu'on trouve tous les passages possibles de la glycosurie passagère à la glycosurie durable.* Il n'est pas moins certain *qu'après l'extirpation totale du pancréas il n'y a pas un seul trouble de la nutrition qu'on n'ait également observé après l'extirpation partielle.* La maladie causée par l'extirpation du pancréas est donc bien la même maladie, mais d'intensité différente. Le diabète « passager » survenant après l'extirpation partielle dure parfois assez longtemps, comme le prouvent les cas publiés par Luthje : dans le diabète survenant après l'extirpation totale l'animal survit trop peu de temps à l'opération pour qu'on puisse dire avec une certitude absolue que la glycosurie ne serait pas passagère. D'après mes expériences il est certain que la cause de la mort rapide après l'extirpation totale, c'est la suppuration traumatique. Je fais allusion ici aussi bien aux essais de greffe de Minkowski qu'au diabète de Sandmeyer, dont je parlerai plus tard d'une façon détaillée.

Les contradictions rencontrées parmi les auteurs ont nécessité de nouvelles recherches pour déterminer les vrais symptômes du diabète consécutif à l'extirpation absolument totale du pancréas.

J'ai eu la bonne fortune d'être assisté par un des plus grands maîtres actuels de la chirurgie, le prof. O. Witzel, qui faisait l'extirpation totale du pancréas, tandis que je faisais la partie physiologique du travail.

Nous avons constaté que 13 extirpations totales du pancréas chez le chien furent toutes suivies de diabète durant jusqu'à la mort de l'animal, bien qu'on l'eût privé d'aliments. Dans un cas le chien a survécu 16 jours, dans un autre 19 jours à l'extirpation totale. Dans ce cas, étudié de la façon la plus minutieuse, Nussbaum a fait l'autopsie, et il a constaté, par une série de coupes sur le duodénum et le mésentère, l'absence absolue de toute cellule du pancréas. Mon collègue Nussbaum a soumis à mon examen les très belles préparations qu'il a faites. Cette constatation est très importante; car on croit généralement qu'une extirpation absolument complète du pancréas est impossible. C'est l'opinion de Thiroloix (*Diabète pancréatique,* 95, 1892), un des chercheurs les plus expérimentés dans cette question; et de E. Hédon (*Travaux de Physiologie,* 1898, 39, 71, 74), qui connaît très bien toute la question du diabète et qui a fait lui-même des centaines d'extirpations.

On pourrait croire que des restes microscopiques du tissu du pancréas, qui échappent à l'extirpation totale, n'ont aucune importance pratique. Mais, si je compare les opérations faites par Oscar Witzel avec les opérations habituelles, je dois conclure que ces résidus du tissu du pancréas incomplètement extirpé ont une importance décisive. Comme l'indique bien Wilhelm Sandmeyer (*Z. B.*, xxix, 94, 1892), après l'extirpation totale manquent, — ce qui est extrêmement important, — la polydipsie, la polyphagie, la polyurie, et, si ces symptômes sont à peine marqués, c'est, comme le dit expressément Sandmeyer, la preuve que l'extirpation a été *partielle.*

Mais toute extirpation partielle ne produit pas la polydipsie, la polyphagie et l'énorme polyurie. L'essentiel est dans le mode de l'intervention opératoire et dans la position des restes incomplètement extirpés.

Il est très important de noter que Paul Schulz et Georg Zülzer (*C. P.*, 1905, 2), qui ont fait dernièrement 28 extirpations totales du pancréas, n'ont dans aucun cas observé les symptômes de la polydipsie, de la polyphagie et de la polyurie, et croient avoir donné par ce fait la preuve de la totalité absolue de leur extirpation. Et, comme O. Witzel a fait pour moi la partie chirurgicale de l'expérience, ils croient devoir dire que l'habileté d'un physiologiste suffit pour faire l'opération de Minkowski ! Ils émettent ensuite l'avis que beaucoup de leurs collègues partagent leur opinion. Ces propos ne sont dus qu'à l'ignorance des faits dont il s'agit. Car le même Minkowski et V. Mering écrivent à propos des suites de l'extirpation totale du pancréas :

« A côté de l'excrétion prolongée de sucre nous avons observé, chez les animaux opérés, tous les autres symptômes qu'on voit chez l'homme dans la forme aiguë du diabète. D'abord les chiens auxquels on a fait l'extirpation du pancréas, s'il n'y avait pas de complication, présentaient une énorme *polyphagie* et une énorme *polydipsie*. Ils se précipitaient à toute heure avec une convoitise extraordinaire sur la nourriture qu'on leur donnait, même s'ils étaient auparavant abondamment nourris, et sur chaque goutte d'eau qu'ils pouvaient atteindre. Très souvent ils dévoraient leurs propres matières fécales, qui contenaient, comme nous le verrons plus tard, des quantités énormes d'aliments non digérés.

« A l'intense polydipsie correspondait une intense *polyurie*. C'est ainsi qu'un chien de 7 kilogrammes sécrétait journellement 1 000 à 1 200 cc. d'urine; un autre, de 10 kilogrammes, 1 600 à 1 700 cc. dans 24 heures, etc. (V. MERING et A. MINKOWSKI, *Diabetes mellitus nach Pancreas-exstirpation*, 9 et 10, Leipzig, 1889). »

Cette description prouve, que, non seulement d'après SANDMEYER et moi, mais aussi d'après PAUL SCHULZ et GEORG ZÜLZER, les extirpations faites par MINKOWSKI n'étaient pas totales dans le sens absolu du mot. Comme je l'ai dit plus haut, la non-totalité des extirpations soi-disant totales faites par MINKOWSKI chez les oiseaux a été prouvée par KAUSCH.

Les recherches les plus fructueuses entreprises en ces dernières années sur le diabète pancréatique sont dues à LÜTHJE, qui était assisté du distingué professeur de chirurgie KÜTTNER. LÜTHJE regardait ces opérations comme des extirpations totales, et elles furent évidemment considérées comme telles par lui et KÜTTNER. Mais l'examen microscopique ultérieur prouva que l'extirpation n'avait pas été totale; car on trouvait des restes du tissu du pancréas sur le duodénum. Pourtant ces résidus minimes ont suffi pour rendre la glycosurie temporaire et pour prolonger extraordinairement la vie du chien. LÜTHJE, en croyant avoir un animal sans pancréas, a donc eu devant lui en somme le diabète de SANDMEYER, et il doit ses succès à cette circonstance non voulue.

Il est donc prouvé que beaucoup d'extirpations totales décrites par les spécialistes n'étaient pas totales dans le sens absolu du mot.

PAUL SCHULZ et GEORG ZÜLZER croient avoir fourni dans leur communication provisoire la preuve qu'ils savent extirper totalement le pancréas, parce qu'ils n'ont pas une fois observé, après 28 extirpations totales, la polydipsie, la polyphagie, la polyurie. Ils savent fort bien, toutefois, que très souvent, après des extirpations partielles, la glycosurie est légère ou nulle, sans polyphagie, polydipsie, polyurie. Ils se sont convaincus, comme moi, qu'on n'observe pas ces phénomènes après des extirpations totales. Polyphagie et polydipsie prouvent donc la non-totalité de l'extirpation; mais l'absence de la polyphagie et de la polydipsie ne garantit pas que l'extirpation a été totale.

Je crois donc qu'un excellent chirurgien, qui fait toutes les semaines plusieurs laparotomies chez l'homme, donne une plus grande garantie d'un heureux succès que n'importe quel physiologiste. Je devais me défendre contre l'objection qui eût pu m'être présentée, si j'avais tenté moi-même l'extirpation totale, qu'un meilleur chirurgien que moi aurait peut être mieux réussi à enlever le pancréas à un chien et à pouvoir alors observer l'absence de diabète.

Comme O. WITZEL a fourni, par l'examen microscopique et l'étude des animaux opérés, la preuve certaine de l'extirpation absolument totale du pancréas, je suis heureux qu'il ait pu donner une description détaillée de son procédé. Voici textuellement les paroles de WITZEL (*A. g. P.*, CVI, 173, 1905).

Technique de l'extirpation du pancréas chez le chien. — Les opérations sur le pancréas, que j'ai faites sur le désir de E. PFLÜGER, pour ses recherches sur le diabète pancréatique chez le chien, étaient des extirpations totales et partielles de l'organe, dans quelques cas avec résection primaire ou secondaire du duodénum.

Même pour le chirurgien assisté des hommes du métier, ces opérations offrent de multiples difficultés. Quelques non-réussites seront inévitables pour celui qui se met pour la première fois à la chirurgie expérimentale du pancréas. On a imaginé beaucoup de procédés pour les éviter, surtout pour éviter une nécrose du duodénum dans une extirpation absolument totale de l'organe. La préoccupation de conserver la faculté ale de l'intestin, et par cela, de faire survivre les animaux, a conduit la plupart des savants à choisir un procédé qui consiste à laisser au duodénum quelques restes de la glande cautérisés ou liés, qui doivent ensuite disparaître. On ne doit pas considérer ces interventions comme extirpations totales, comme on l'a fait bien souvent, et s'en servir pour d'importantes conclusions.

Vu le grand labeur qui incombe au physiologiste après l'intervention, il faut lui donner au point de vue chirurgical la garantie que les prémisses de ses observations et de ses recherches sont consciencieusement remplies. Pour être utile aux collègues qui voudront faire ces interventions opératoires, ces pages sont écrites sur la demande de E. Pflüger.

Pour les opérations sur le pancréas sont aptes surtout des chiens au-dessous de la taille moyenne, d'un poids de 8-10 kilogrammes. Plusieurs auteurs recommandent de jeunes animaux, chez qui l'union de la tête du pancréas avec la partie pylorico-duodénale n'est pas très étroite. L'animal jeûne au moins un jour avant l'opération.

L'opération est préparée et exécutée de la même façon que pour une laparotomie chez l'homme. Nous ne devons pas oublier que la moindre faute qui permettra une infection sera complètement pernicieuse; car, à cause du trouble ultérieur de l'échange du sucre, il ne faut pas compter ici sur les moyens naturels de défense et de compensation que possède le corps sain à l'égard des lésions opératoires.

Le nettoyage de l'animal commence déjà quelques jours avant l'intervention. Il est tondu au ventre et à la poitrine aussi ras que possible, et lavé à différentes reprises dans l'eau chaude avec beaucoup de savon, pour la dernière fois encore quelques heures avant l'opération. Malheureusement on ne peut bien raser la peau que sur un animal narcotisé, attaché à la table. Un lavage abondant avec de l'eau chaude stérilisée doit faire soigneusement disparaître les poils.

La préparation de la peau du champ de l'opération, celle des instruments, des fils, des compresses, celle de l'opérateur et de ses aides doivent se faire d'après les règles générales. Pour les opérations sur les animaux nous nous servons également du voile de visage que j'ai recommandé pour protéger la blessure contre les microbes de notre nez et de notre bouche.

La chirurgie moderne attache une grande importance à ce qu'aux manipulations des tissus on éloigne tout ce qui peut être nuisible à la faculté vitale des organismes cellulaires. On ne se sert pas d'un antiseptique, car, même superficiellement, il est caustique. On emploie une solution stérilisée de 0,8 p. 100 de sel ordinaire à la température du corps. Il faut soigneusement éviter l'évaporation et le refroidissement. On évite de frotter, de tirailler et surtout de broyer les tissus. Pour l'extirpation du pancréas il faut procéder avec un soin particulier, vu le diabète ultérieur de nos animaux. Le plus petit résidu de tissus à vitalité amoindrie deviendra du pus abondant et fétide, et la combinaison du diabète et de la suppuration avec le grave trouble des fonctions de digestion amènerait une fin rapide de l'animal. Il faut prêter une attention particulière aux ligatures et aux piqûres. On emploie de la soie en fils très fins, bien stérilisés par l'ébullition et non imprégnés d'un antiseptique qui créerait un foyer de nécrose. Les petits vaisseaux doivent être tordus pour introduire le moins possible de corps étrangers sous forme de ligatures. Il faut aussi veiller à ce qu'il n'y ait pas d'hématomes pendant qu'on pratique la rétraction des vaisseaux saignants, et à ce qu'il ne se produise pas au moment du réveil, par l'agitation des animaux, d'hémorrhagies consécutives, surtout des veines non liées. Ces précautions sont décisives pour le succès de ces expériences; elles ne sont possibles que si l'on est assisté des hommes du métier.

La narcose doit être régulière. Notre narcose par la morphine et l'éther (injection de 0,01 à 0,03 de morphine avant l'opération, puis emploi de l'éther goutte à goutte) a donné également de bons résultats chez les chiens.

Toute la technique consiste surtout à éviter la *gangrène du duodénum*. La tête du pancréas est, surtout chez le chien, étroitement liée avec la première partie du duodénum. Elle forme souvent une gouttière étroite dans laquelle est logé l'intestin par sa concavité. Des prolongements vont des bords de cette gouttière sous la séreuse jusqu'à la convexité de l'intestin. L'extirpation totale du pancréas chez le chien sans section de l'intestin eût été, chez l'homme, à cause des étroits rapports de ces deux organes, absolument impossible, si le duodénum chez le chien n'avait pas été relativement beaucoup plus long et plus mobile que chez l'homme. Il possède chez le chien une mobilité à peu près égale à celle de la partie supérieure du jéjunum chez l'homme.

Une connaissance anatomique approfondie des vaisseaux est d'une extrême importance pour la réussite de l'opération. Le duodénum et le pancréas sont unis par une artère pancréatico-duodénale supérieure, et une inférieure, qui se rencontrent près des conduits de sortie de la glande, là où la tête de la glande est le plus étroitement liée à l'intestin. Les terminaisons de ces artères, qui reposent sur l'intestin, ne doivent pas être trop fortement lésées ni doublement liées; autrement l'intestin se gangrène, malgré les anastomoses qu'on trouve surtout sous la muqueuse. L'artère pancréatico-duodénale inférieure vient de l'artère mésentérique supérieure ; elle se divise de bonne heure, de sorte qu'on peut opérer la ligature du rameau pancréatique inférieur allant à la portion descendante du duodénum sans troubler la circulation du sang dans le rameau duodénal inférieur qui va librement le long du bord du duodénum. Plus difficile et plus irrégulière est la même opération pour l'artère pancréatico-duodénale supérieure qui vient de l'artère gastro-duodénale, généralement entièrement couverte par la tête du pancréas. Quelquefois il se sépare de l'étroite racine commune un rameau pancréatique supérieur, qui alors serait à disséquer entre deux ligatures mises très soigneusement. Généralement un tronc commun formant des branches à droite et à gauche, va d'abord dans le bord postérieur du pancréas, et ensuite dans sa substance après l'embouchure du canal de Wirsung. Ce dernier paraît souvent entouré d'un *Rete vasculosum*. Conserver ce tronc en bas aussi loin que possible est la tâche difficile dont on est récompensé par ce fait qu'on évite ainsi la gangrène du duodénum. Bien au-dessus du canal de Wirsung la ligature du tronc devient quand même nécessaire. Plus loin en bas on ne réussit généralement pas à dégager les petites branches en ôtant les parties de la glande. Les vaisseaux se déchirent finalement, ou il sont mécaniquement tellement lésés qu'ils doivent se thromboser. Quand on s'est servi une fois de la sonde de Kocher pour l'isolement des vaisseaux, on ne voudra plus s'en priver pour ce dégagement minutieux.

Une extirpation totale du pancréas se composerait donc des opérations suivantes :

Ouverture de la cavité abdominale. — Section sur la ligne médiane du processus ensiforme jusqu'au nombril ou en passant à gauche un peu au devant de celui-ci. Elle passe par la peau et le fascia superficialis entre les saillies des muscles droits, jusqu'à ce qu'apparaisse une couche de graisse grise prépéritonéale. Cette couche graisseuse est ensuite divisée avec la peau du ventre et mise dehors de chaque côté, sur les bords de la blessure, attachée au moyen de crampons aux bords de la toile de la fente. On a ainsi deux lambeaux latéraux qui protègent pendant l'intervention et sont extirpés ensuite avant qu'on referme la plaie.

Orientation sur l'état anatomique du pancréas. — On prend la partie pylorique de l'estomac qu'on reconnaît facilement par la marche de ses artères du bord, puis on passe au duodénum qu'on tire de la blessure, et l'on empêche une sortie plus grande de l'intestin en mettant une grande compresse mouillée sous les bords de la section du ventre. Dans la concavité de l'intestin, la tête du pancréas devient visible, jaunâtre, avec ses saillies angulaires. On tire la portion descendante du pancréas, pour reconnaître son rapport avec le duodénum et le mode de division de l'artère pancréatico-duodénale inférieure. Dans les cas rares où la partie descendante du pancréas est aussi étroitement liée avec le duodénum, on ne peut extirper totalement cette glande sans résection de l'intestin. — Dans les cas ordinaires on remet en place les parties inférieures qu'on avait extraites pour les examiner; la partie supérieure du duodénum est tirée à droite, en écartant de plus en plus sur le côté le bord gauche de la plaie; dans la fente qui s'ouvre apparaît toute la tête du pancréas, son corps, et peu à peu la queue de la glande, se dirigeant en arrière vers la rate.

Dégagement du pancréas. — Nous devons observer strictement les limites de l'organe, suivre ses bords et éviter tout traumatisme. Nul vaisseau ne doit être reséqué sans isolement et ligature préalables. Toute contradiction à cette règle conduit à la formation d'hématomes dans les tissus par hémorrhagie des vaisseaux, ce qui entraînerait la nécessité de saisir de plus grandes parties de tissus et de comprendre dans les ligatures de grands vaisseaux qui sont à ménager.

Avec la pointe de la sonde de Kocher, ou d'une forte pincette anatomique, nous réséquons, en commençant par la partie extrême de la queue, la couche du tissu conjonctif parallèlement au bord supérieur du pancréas, mais en passant toujours au-dessus de la substance glandulaire. Les petits lambeaux sautent, les cordes fines ou grosses, conduisant les vaisseaux, s'isolent, si l'on tire toujours légèrement sur le pancréas, et sont liées avec de la soie très fine. Pour les plus petits vaisseaux la ligature suffit; cependant une ligature double est faite avant la résection; car, si l'on met des pinces sur la glande, le maniement et l'examen deviennent plus difficiles. Souvent une ligature au bord supérieur et une au bord inférieur suffisent au dégagement du pancréas jusqu'à la partie céphalique. Les grands vaisseaux de la rate n'apparaissent généralement pas d'une façon bien nette.

Maintenant on attaque la partie descendante du pancréas. Son dégagement n'offre aucune difficulté après la ligature du rameau pancréatique inférieur.

L'exécution de la dernière partie de l'opération est la plus difficile : c'est l'isolement de la tête du pancréas, possible seulement après une claire orientation. Nous retirons tout le duodénum et la partie pylorique de l'estomac avec le pancréas devenu libre dans ses parties finales, et nous passons autour de ce que nous avons retiré, mais sans trop forte pression, une grande compresse tiède. On remet la glande avec ses parties à droite, pour pouvoir se rendre compte de la division des vaisseaux à la partie postérieure de la tête. Un rameau pancréatique bien développé est réséqué entre deux fils aussi loin que possible de l'artère gastro-duodénale. Nous suivons le rameau duodénal supérieur, en séparant avec la pointe de la sonde les lambeaux glandulaires des vaisseaux. Le fait de lier ou de léser un tronc essentiel près de ce rameau met en question la persistance de la circulation intestinale, c'est-à-dire la faculté vitale de l'intestin! Nous arrivons, en suivant ce rameau artériel, jusqu'à la profondeur de la tête, et nous nous y arrêtons provisoirement. Les bords de la branche pancréatique posés sur l'intestin sont maintenant rejetés d'abord en avant, et ensuite en arrière en ménageant toujours les vaisseaux. La tête du pancréas devient toujours plus mobile. Nous lions — parfois sans nous en rendre compte — la fine corde du conduit secondaire supérieur, et nous arrivons, en enlevant le tout, au *Rete vasculare* qui entoure le conduit principal. On n'a pas besoin de le ménager en haut; il suffit que la partie d'en bas reste intacte. Le rameau duodénal supérieur est lié doublement; la tige du conduit de Wirsung saisie et liée dans la direction de l'intestin, ensuite réséquée et recousue avec quelques fils très fins, d'après Lembert. — L'intestin, qui a montré par instants une forte injection veineuse, se meut maintenant librement, vivement péristaltique; il a partout une coloration rose, et est simplement de nouveau remis en place. Le canal cholédoque n'apparaît pas pendant l'opération.

Achèvement de l'opération. — On retire la compresse de dégagement, et, après s'être assuré de l'exacte hémostase, on la remplace par la petite compresse chaude qui retient les viscères pendant la suture. Les lambeaux de graisse prépéritonéale mis pour protéger la blessure ne doivent pas être inclus dans la suture du ventre. Là où ils se détachent nettement des deux côtés à l'intérieur, ils sont enlevés, tandis qu'on saisit en même temps avec des pincettes la peau du ventre pour l'empêcher de se rétracter. On met 4-5 sutures de fils d'argent qui comprennent les couches intérieures à l'exception de la peau, et qu'on tortille après qu'on a retiré les compresses. Les bouts sont mis soigneusement dans la fente de la blessure. Ensuite on fait la suture continue du fascia superficiel, puis celle de la peau avec un fil d'argent très fin. Une couche d'ouate collodion recouvre la blessure.

L'animal, dont il faut éviter le refroidissement après l'opération, est enveloppé dans des couvertures bien chaudes, et mis dans sa caisse.

Si l'on suit exactement le procédé que nous venons de décrire, *on peut éviter la gangrène du duodénum, tout en enlevant avec certitude toute la glande.* Si l'on désire, pour observer les effets de la sécrétion interne, laisser en place une partie de la glande, *extirpation partielle,* on laissera la partie descendante du pancréas en relation avec ses vaisseaux; on ne liera donc pas le rameau pancréatique inférieur. Autrement l'extirpation se fait de la façon décrite. Finalement on fait la séparation en écrasant avec une forte pince le tissu glandulaire dans la ligne de séparation. Le reste du pancréas est replongé dans l'abdomen et devient peu à peu une ronde boule de tissu conjonctif :

on le met, avant la fin de l'opération, sous le péritoine pour pouvoir le retirer ensuite facilement et avec certitude. »

Résultats de l'extirpation totale. — Tout d'abord il faut faire remarquer que dans nos expériences le diabète survenait toujours dans les premières 24 heures et durait jusqu'à la mort, toujours décroissant sans jamais disparaître, bien qu'on n'eût donné aucune nourriture. On a mis seulement de l'eau à la disposition des chiens. Récemment H. Bierry et Mme Gatin-Gruzewska (*B. B.*, LVIII, 902, Séance du 17 mai 1905) ont recherché combien de temps s'écoulait après la fin de l'extirpation totale jusqu'à l'apparition des premières traces du sucre. Dans quatre expériences on trouva :

N°.	Poids du chien. kgr.	Fin de l'opération.	Première réduction.
1.	10	1 heure	3 heures
2.	14	4 —	5 heures 35 minutes.
3.	20 (20)	1 —	3 — 30 —
4.	14,3	10 heures 30 minutes.	3 — 30 —

Dans un cas exceptionnel l'extirpation totale du pancréas a duré, chez un chien de 15,5 kilogrammes, trois heures, à cause de la longueur extraordinaire du pancréas qui était de 49 centimètres. Le chien survécut seulement deux jours et demi à l'opération, sans avoir jamais eu trace de sucre dans l'urine. Si le chien avait survécu plus longtemps, la glycosurie serait sûrement survenue. Car d'autres auteurs ont observé un retard encore plus prolongé dans l'apparition de la glycosurie. W. Sandmeyer (*Z. B.*, XIX, 92, 1892) relate un cas où la glycosurie est survenue 68 heures ; Thiroloix (*Diabète pancréatique*, 77, 1892), le septième jour après l'opération. Il est possible que le foie, qui se refroidit après une opération prolongée et qui est toujours quelque peu lésé, subisse une sorte de paralysie, de sorte qu'il ne peut plus produire de sucre ou qu'il a besoin d'un temps prolongé pour reprendre sa fonction glycosopoïétique. Chez nos chiens privés de pancréas il y avait parfois albuminurie; parfois elle manquait complètement. Dans certains cas la réaction avec le perchlorure de fer était positive; dans d'autres, négatives; ce qui correspond à ce que dit Sandmeyer.

Je donnerai maintenant quelques exemples particulièrement instructifs qui montrent comment, dans tous les cas d'extirpation totale, le diabète s'est manifesté. *On a toujours constaté après la mort par des recherches minutieuses la totalité absolue de l'extirpation, et on a reconnu la formation d'abcès purulents comme cause de la mort.* En tout cas la blessure de la peau ne guérissait pas. Ce n'est pas l'absence de pancréas, ce n'est pas le fait du diabète qui abrègeaient la vie de l'animal, mais c'est parce que les traumatismes ne peuvent pas alors guérir à cause du sucre contenu dans les liquides de l'organisme. Le diabète de Sandmeyer le prouve suffisamment.

Chien 14. — L'urine du chien avait toujours une réaction acide. Dans la colonne 3 (Voy. le tableau p. 477) les chiffres gras signifient la proportion vraie, les chiffres placés au-dessus indiquent de combien ce volume fut augmenté par l'eau de la cage. Comme la quantité modérée de l'urine prouve l'absence d'une polydipsie considérable, il faut dier que dans la cage il y avait toujours un vase rempli d'eau à la disposition du chien. Les premiers jours après l'opération il y avait chez quelques chiens polydipsie avec vomissement. Dans la colonne 5, les chiffres gras signifient la vraie proportion du sucre dans l'urine. Des deux autres chiffres, le premier, celui qui est au-dessus, signifie le pouvoir rotatoire de l'urine diluée observée avant la fermentation dans un tube long de 189,7 millimètres. Le chiffre qui est au-dessous donne le pouvoir rotatoire corrigé après la fermentation. C'est sur ce chiffre que le calcul est basé, car le titrage est influencé non seulement par le sucre, mais par d'autres subtances également qui ne sont pas du sucre. Le quotient $\frac{D}{N}$ a été, en moyenne (à l'exception des deux derniers jours avant la mort), 2,17. L'autopsie du chien a été faite par le professeur d'anatomie Maurice Nüssbaum. La mort fut due à de multiples perforations du duodénum et à des abcès de la muqueuse tout près des perforations.

Le foie a présenté ce phénomène curieux, de peser, sans la vésicule biliaire, 530 grammes, donc 8,37 p. 100 du poids du corps. Un poids si énorme ne se rencontre que dans le cas d'engraissement avec des hydrates de carbone. Mais ici il y avait privation de

Chien 14. Poids primitif 10 kg. 2. Extirpation totale du pancréas
par le professeur OSCAR WITZEL, le 9 novembre 1904.

DATE 1904.	POIDS DU CHIEN en gr.	VOLUME DE L'URINE en cc.	POIDS SPÉCIFIQUE de l'urine.	ROTATION POLARIMÉTRIQUE en degrés.		SUCRE p. 100 d'après FEHLING.	QUANTITÉ DE SUCRE d'après la polarisation en gr.	URÉE en p. 100	QUANTITÉ TOTALE d'urée en gr. pour 24 heures.	D/N	ALIMENTATATION.	OBSERVATIONS SPÉCIALES.
				Avant la fermentation.	Après la fermentation.							
10 Novembre.	10 200	540	1 026	+ 3,4		+ 3,7	**20,03**				Nulle.	Le sucre produit pendant 22 heures est calculé pour 24 heures.
		390		+ **5,1**								
11 —		550	1 033	+ 3,25			**17,88**				—	
		400		+ **4,4**								
12 —		480	1 029	+ 2,56	— 0,20	+ 3,1	**13,25**				—	
		330		+ 2,76								
				+ **4,0**								
13 —		470	1 030	+ 2,36			**11,09**				—	
		320		+ **3,5**								
14 —		400	1 024	+ 2,34			**9,36**				—	
		250		+ **3,7**								
15 —		435	1 026	+ 2,23		+ 2,71	**9,76**				—	
		285		+ **3,4**								
16 —		360	1 024	+ 2,17			**7,79**				—	
		210		+ **3,7**								
17 —		380	1 027	+ 2,54		+ 2,56	**9,65**				—	
		230		+ **4,2**								
18 —		450	1 024	+ 2,01			**9,05**				—	
		300		+ **3,0**								
19 —	7 600	380	1 033	+ 2,80		+ 3,29	**10,64**	1,319	**5,01**	2,1	—	
		230		+ **4,6**								
20 —		480	1 025	+ 2,13	— 0,34	+ 2,50	**11,86**	1,03	**4,94**	2,4	—	
		330		+ 2,47								
				+ **3,6**								
21 —		500	1 024	+ 2,10		+ 2,47	**10,50**	1,07	**5,35**	2,0	—	
		350		+ **3,0**								
22 —		480	1 017	+ 1,38	— 0,10	+ 1,55	**7,10**	0,72	**3,46**	2,0	—	
		330		+ 1,48								
				+ **2,1**								
23 —		410	1 021	+ 1,70		+ 2,01	**6,97**	0,88	**3,61**	2,0	—	
		260		+ **2,7**								
24 —		450	1 016	+ 1,24	— 0,45	+ 1,68	**7,61**	0,655	**2,95**	2,5	—	
		300		+ 1,69								
				+ **2,5**								
25 —	6 330	430	1 022	+ 2,50		+ 2,88	**10,75**	0,70	**3,01**	3,57	—	
		280		+ **3,8**								
26 —	Mort.	275	1 009	+ 0,50				2,53		0,20	—	
		125		+ **1,1**								

nourriture depuis presque trois semaines, et le chien avait perdu en seize jours 38 p. 100 de son poids, tandis que le foie semblait avoir augmenté. Si l'on compare le poids du foie constaté à l'autopsie (530 grammes) et le poids primitif de l'animal (10200 grammes), le foie est toujours 5,2 p. 100 du corps, poids qui est très élevé et d'autant plus remarquable que le chien n'avait pas reçu d'aliments une semaine avant l'opération. Le foie était fortement marbré en jaune. La quantité de glycogène était nulle; mais le poids de graisse était de 47,5 p. 100, de sorte que, comme le poids de toutes les matières solides était de 58,5 p. 100, il ne reste que 11 p. 100 pour les substances azotées et les sels. — Dans le diabète pancréatique il se fait, après la disparition rapide du glycogène, une abondante compensation par l'immigration de graisse dans les muscles, surtout dans le foie.

Chien 12. — Poids, 12 kilogrammes. Le prof. OSCAR WITZEL fait l'extirpation totale du pancréas, le 24 septembre 1904. Le chien ne reçoit pas de nourriture. Il survit à l'opération dix-huit jours et demi.

DATE 1904	QUANTITÉ DE SUCRE en 0/0.	QUANTITÉ DE SUCRE de 24 heures en gr.	VOLUME DE L'URINE en cc.
24-25 sept.	1,9	14,19	750
25-26 —	2,4	11,98	462
26-27 —	4,6	36,66	790
27-28 —	5,5	26,65	480
28-29 —	4,05	26,33	500
29-30 —	3,7	30,36	820
30 sept.-1er oct. . . .	5,2	15,05	290
1-2 oct.	4,6	21,35	460
2-3 —	5,6	12,56	225
3-4 —	5,3	8,24	155
4-5 —	3,0	6,06	200
5-6 —	2,9	3,63	125
6-7 —	1,3	2,55	190
7-8 —	1,0	1,88	180
8-9 —	0,8	0,93	130
9-10 —	1,1	2,01	185
10-11 —	4,9	5,13	105
11-12 —	2,2	3,36	155
12-13 — Mort. L'urine dans la vessie contient du sucre. A l'autopsie abcès purulent.			

Comme W. SANDMEYER l'a reconnu le premier, le diabète amené par l'extirpation totale du pancréas n'offre pas des circonstances favorables pour bien comprendre la vraie nature de cette maladie. Les chiens en effet ne vivent alors que quelques jours; dans les cas les plus favorables, deux à trois semaines; car ils meurent par suite de plaies purulentes inguérissables. Exempt de cette complication est le diabète survenant après l'extirpation partielle et amené par la mort du résidu de pancréas laissé dans la cavité ventrale. Dans ce diabète de SANDMEYER une glycosurie intense se développe et dure beaucoup plus longtemps qu'on ne peut jamais observer après une extirpation totale. J'ai déjà parlé d'une façon détaillée de ces expériences que j'ai faites (*A. g. P.*, CVIII, 115, 1905); je voudrais seulement ajouter, pour faire comprendre la nature du diabète, quelques points qu'on n'a pas encore traités.

Analyse chimique des troubles de nutrition observés dans le diabète de Sandmeyer.

L'impression que fait sur moi l'autopsie des chiens morts de diabète, c'est la fonte des tissus de l'organisme causée par une alimentation insuffisante, sans qu'un organe quelconque offre une maladie notable. Tout d'abord disparaît le tissu adipeux, qui manque totalement, même à l'œil nu. Quant aux muscles, ils ont diminué de plus en plus. Il est curieux de voir que, de tous les organes, c'est le foie seul qui a augmenté, en tout cas il n'a pas diminué. Comme dans tous les cas d'inanition, le cœur, le cerveau et le rein sont intacts, c'est-à-dire non atrophiés. Voici les détails :

Le *foie* pesait 293 grammes; formant donc 4,77 p. 100 du poids du corps; car le cadavre pesait 6,15 kilogrammes.

D'après F. W. PAVY (*Phil. Trans. for* 1860, 579. — *Researches of the nature and treatement of Diabetes.* London, 1862), le foie des chiens, auxquels on donne une nourriture animale, est de 3,3 p. 100 du poids du corps. L'amplitude de l'oscillation physiologique est de 3,0 à 4,7 p. 100. Mais, après une longue privation de nourriture (28 jours), le foie d'un chien n'est que de 1,5 p. 100 du poids du corps (E. PFLÜGER, *A. g. P.*, XCI, 121, 1902). C'est ce rapport qui nous intéresse; car notre chien diabétique présentait tous les symptômes d'une alimentation insuffisante. Si l'on compare le poids du foie diabétique avec le poids primitif du chien (12 kilogrammes), cela fait toujours 2,4 p. 100 du poids du corps, ce qui est donc peu différent du poids normal.

Mais il est plus juste de comparer le poids au foie du poids du corps de 10 kilogrammes que l'animal avait au commencement du diabète. Et alors le foie de 293 grammes fait environ 2,9 p. 100, ce qui est une valeur normale. Tandis que l'animal maigrissait de 10 à 6 kilogrammes, donc de 40 p. 100, le foie ne changeait pas de poids : il était donc identique au cerveau. *Mais il y a cette différence notable entre l'inanition ordinaire et l'inanition du diabète que dans toute inanition, où il n'y a pas de diabète, le foie maigrit encore plus que le reste du corps.* Si dans l'inanition normale le cerveau, le cœur et les nerfs ne participent pas à l'amaigrissement général, c'est qu'ils se nourrissent aux dépens des organes qui maigrissent, et la cause en est dans la force et la durée de leur travail. Car le cœur est un muscle comme les autres muscles. Ceux-ci maigrissent, mais le cœur ne maigrit pas. J'en conclus que, si le foie conserve intégralement dans le diabète son poids, c'est à cause de son travail intense. Il est le foyer principal où se forme le sucre diabétique. C'est, chez le diabétique, l'organe qui est essentiellement atteint. De très grand intérêt était donc l'examen de sa composition chimique.

		p. 100.
Substances sèches du foie frais.	Analyse I. . .	24,40
	— II . .	23,97
Graisse du foie		2,688
— des substances sèches		11,200
Eau du foie frais sans la graisse		78,3
Substances sèches du foie frais sans la graisse..		21,7
Azote du foie frais.		3,174
— — sec.		13,22
Azote du foie sec sans la graisse.		14,90

Ces valeurs sont dans les limites normales.

Ce foie contenait 0,0259 grammes de glycogène.

J'ai analysé 50 grammes du foie frais avec ma méthode quantitative pour dosage du glycogène. Après inversion du glycogène le filtrat fut ramené à 200 ccm. 81 ccm. donnèrent 0,0235 grammes de Cu^2O qui correspondent à peu près à 0,006 grammes du sucre (*A. g. P.*, LXIX, 446, 1898). Le filtrat donnait nettement avant l'inversion la réaction du glycogène avec l'iode, et était précipité par l'alcool, bien qu'exempt d'albumine.

Ce fait est de grande importance; car il prouve que le foie, même dans le diabète le plus grave, continue à former du glycogène jusqu'à la mort.

Les muscles frais ont donné	18,6	0/0 de substances sèches.
— — —	2,831	0/0 d'azote.
La substance sèche des muscles a donné..	15,21	0/0 —

Une autre masse musculaire, examinée par K. MŒCKEL, a donné :

Muscle frais	19,56	0/0 de substances sèches.
— —	2,831	0/0 d'azote.
— —	1,190	0/0 de graisse.
Muscle sec.	6,083	0/0 de graisse.
Muscle sec sans graisse.	15,41	0/0 d'azote.
— — — — .	5,32	0/0 de cendre.

Résultat d'une grande importance. Car la substance sèche du muscle a sa composition normale; donc toutes les théories du diabète tombent, qui supposent une destruction des matières albuminoïdes des tissus. Pour viande sèche sans graisse en moyenne :

	I	II
Azote.	15,49	15,3
Cendres. . . .	5,32	5,2

I. D'après Stohmann t Langbein (*Journal f. prakt. Chem. N. F.*, XLIV, 364, 1891).
II. D'après Argutinsky (*A. g. P.*, LV, 362, 1893).

Le seul état anormal des muscles est leur grande proportion d'eau, ce qu'on voit déjà dans le foie, quoique à un moindre degré. Pour bien déterminer la proportion d'eau, il ne faut pas hacher l'organe et peser ensuite une partie de la masse, car trop d'eau s'évapore. Immédiatement après la mort de l'animal et l'enlèvement de la peau, on coupe un gros fragment de muscle qui est immédiatement introduit dans un flacon hermétiquement clos, et pesé; on y ajoute de l'alcool, on vide le tout dans un vase taré, e on le coupe avec des ciseaux en de très petits morceaux; on met au bain-marie et on dessèche à 100° jusqu'à ce que le poids ne varie plus.

Mais chez ce chien on pouvait considérer comme cause de la très forte proportion d'eau des muscles les grandes masses d'eau ingérées avec la nutrose : alors nous avons analysé la chair d'un chien mort 8 jours après l'extirpation totale du pancréas, qui était resté sans nourriture et n'avait pas eu de polydipsie.

Le muscle frais contenait.	21,58	0/0	de substances sèches.
— — —	1,89	0/0	de graisse.
Le muscle frais sans graisse contenait. .	19,692	0/0	de substances sèches.
Le muscle frais contenait.	2,963	0/0	d'azote.
La substance sèche sans graisse.	15,05	0/0	—

On voit ici également une très forte proportion d'eau. La proportion d'azote, peut-être parce que la matière n'avait pas été suffisamment séchée, est très peu au-dessous de la normale, et ne laisse pas supposer qu'il y a eu destruction de l'albumine.

Comme les tissus adipeux ont complètement disparu, d'après l'observation macroscopique au moins, il était très important de savoir si les *graisses du cerveau* étaient également ab sentes. La différence entre la matière grise et la matière blanche était bien nette, et dans le cervelet l'arbre de vie se distinguait nettement.

D'après l'analyse de Mœckel :

	Substances sèches du cerveau en 0/0.	Extrait éthéré par rapport à 100 des substances sèches du cerveau.
Chien normal	23,82	51,82
Chien diabétique.	23,24	52,77

Le cerveau est donc évidemment resté tout à fait normal.

Cette constatation est plus curieuse encore, si nous examinons la teneur en graisse d'autres tissus où elles ne manquent jamais :

Dans les os : On a mis le tibia et le fémur dans un litre d'acide chlorhydrique à 20 p. 100 : on chauffe quelques jours à l'ébullition; puis, après le refroidissement, on a ramené à 1 litre et traité 200 ccm. avec de l'éther. J'ai obtenu 0,276 grammes d'extrait éthéré : Il y avait donc dans les quatre grands os seulement 1,380 grammes de graisse brute. En brisant les os frais on voit une masse rougeâtre, gélatineuse, sans qu'on aperçoive la présence de graisse; car, comme ailleurs, elle a été presque entièrement consommée.

Les théories du diabète pancréatique. — Il faut considérer trois points de vue possibles :

Chaque partie du pancréas peut, d'une façon quelconque : 1° diminuer le sucre des tissus, ou : 2° L'augmenter, ou : 3° Faire l'un et l'autre.

Cette fonction du pancréas se manifeste ou par l'intermédiaire des nerfs ou par des sucs particuliers.

Si l'extirpation partielle amène une glycosurie, on pourrait supposer, d'après la première théorie que le pancréas sécrète constamment dans le sang une matière ayant la faculté de diminuer le sucre des tissus. L'intervention opératoire a été nuisible également à la partie non opérée du pancréas. Le sucre des tissus doit donc augmenter. Mais peu à peu le résidu de pancréas reprend sa fonction normale et fait disparaître l'excédent du sucre. L'extirpation totale doit amener naturellement un diabète durable.

Au point de vue I, la théorie névrogène suffit également. On peut supposer que de chaque partie du pancréas vont des nerfs centripètes aux centres saccharifiques de l'organe cérébro-spinal, dont ils peuvent diminuer l'activité.

Le point de vue II est en harmonie avec les faits, si l'on considère le système nerveux comme élément intermédiaire.

O. Minkowski considérait la glycosurie survenant après l'extirpation partielle du pancréas comme traumatique, causée par l'excitation des nerfs, comme cela peut arriver après lésion chirurgicale de tout organe. D'après O. Minkowski, c'est seulement après l'extirpation totale que survient le vrai diabète, qui est une maladie absolument différente de la glycosurie traumatique. J'ai déjà prouvé plus haut que la glycosurie amenée par l'extirpation partielle a un caractère *spécifique*, et qu'elle est toujours liée à une forme grave de la maladie.

Nous avons vu que l'extirpation partielle faite avec le plus de ménagements possible amène une glycosurie qui dure souvent plusieurs jours. Le fait que peu à peu elle disparaît peut être expliqué par la diminution de l'excitation nerveuse. Mais comme, après une extirpation totale, l'excitation doit être plus forte qu'après une extirpation partielle, il faut conclure qu'elle dure plus longtemps. Pourtant, comme l'animal survit très peu de temps à l'extirpation totale, la mort survient avant la fin de la glycosurie. Le caractère durable du diabète survenant après l'extirpation totale n'est donc pas bien établi. Le diabète de Sandmeyer peut être expliqué en admettant qu'après l'extirpation partielle il y a, par suite des multiples blessures et ligatures des nerfs du pancréas et des vaisseaux, une insuffisance d'excitation qui augmente constamment l'irritabilité des centres saccharifiques, comme dans beaucoup de névroses réflexes. Qu'il s'agisse ici de conditions analogues, cela est bien prouvé par ce fait que parfois un chien ne montre pas trace de glycosurie pendant des semaines après l'extirpation partielle, et que cependant la glycosurie survient immédiatement s'il est nourri avec de l'albumine pure. La disposition à la glycosurie a donc atteint son maximum, et la moindre cause suffit pour produire un effet décisif. La nécrose du résidu de pancréas, qu'on observe après l'extirpation partielle, se joint à une irritabilité toujours plus grande des nerfs qui également se nécrosent, ce qui suffit alors à la production de la glycosurie, laquelle, à cause de l'excitation nerveuse continue, dure jusqu'à la mort. Ainsi tout peut être expliqué, sans qu'on suppose des forces d'arrêt.

Si, pour réfuter cette observation, on allègue que le diabète survient *sans exception* après l'extirpation totale, et seulement *par exception* après l'extirpation partielle, je réponds que ce n'est pas exact. Il est plutôt certain que le vrai diabète survient, si l'on a enlevé une partie *suffisamment grande* du pancréas. Car, comme je l'ai montré, les extirpations totales relatées par J. V. Mering et O. Minkowski étaient certainement non absolues, c'est-à-dire qu'elles étaient des extirpations partielles.

La plupart des savants ont interprété le fait, qu'un petit reste du pancréas laissé dans l'abdomen suffisait pour qu'il n'y eût pas de glycosurie, en disant que chaque partie de la glande peut exercer une action d'arrêt. Les mêmes savants ont expliqué la glycosurie survenant après l'extirpation d'une partie quelconque du pancréas par l'excitation nerveuse. Nous aurions donc le point de vue III qui prête au pancréas des forces antagonistes. Tout le monde admet la faculté des nerfs du pancréas de produire une glycosurie par excitation. Il s'agit donc de savoir comment on peut expliquer l'effet inhibiteur du pancréas sur la glycosurie, et quelle est la nature de cette action.

Après la découverte du diabète pancréatique, V. Mering et Minkowski (*Diabetes mellitus*, 16, Leipzig, 1889) ont pensé d'abord que le métabolisme produit une substance toxique qui amène dans le sang une décharge de sucre par le foie, tandis qu'à l'état normal cette substance est détruite par le pancréas. V. Mering et O. Minkowski ont dirigé le sang d'un chien, rendu diabétique par l'extirpation du pancréas, directement de l'artère crurale dans la veine crurale d'un chien plus petit. Ce chien n'est pas devenu diabétique, même passagèrement. On peut, il est vrai, supposer que le pancréas normal a détruit la matière toxique déjà existante. Mais, comme une substance en proportion si infiniment petite exerce déjà une influence, cette expérience paraît digne d'être prise en considération.

E. Hédon (*Travaux de physiologie*, 130, Paris, 1898) a répété cette expérience en faisant passer le sang d'un chien diabétique dans le sang d'un autre chien auquel il avait extirpé presque tout le pancréas, et qui n'avait qu'une trace de glycosurie. Le résultat fut complètement négatif. Minkowski prétend que cette expérience ingénieuse ne prouve pas grand'chose, Hédon est d'accord avec Minkowski, mais il croit que son expérience laisse très peu de vraisemblance à l'hypothèse de la destruction de la matière toxique. Quant à moi, j'ajouterais une très grande importance à cette expérience, s'il s'agissait non d'un seul cas, mais de toute une série de cas ayant donné le même résultat.

Ce qui me paraît encore parler contre cette hypothèse, c'est qu'il faut alors admettre que le résidu presque microscopique du pancréas pourrait, après l'extirpation, détruire complètement le produit toxique. Or, à chaque circulation il ne passe qu'une trace de tout le sang dans ce fragment de glande, presque microscopique.

On a pensé à un ferment diastasique comme matière nuisible dans le sang diabétique. Comme le dit E. Hédon (*Travaux de physiologie*, 130, Paris, 1898), on voit, par les travaux de Lépine (*Lyon médical*, 86, 1890), et de Kaufmann (*B. B.*, 130, 16 février 1894), qu'on ne peut pas prouver, après l'extirpation du pancréas, qu'il se fait une accumulation dans le sang d'un ferment diastasique (substance diabétogène).

Comme V. Mering et O. Minkowski (*Diabetes Mellitus*, 16, Leipzig, 1882), presque tous les savants repoussent l'hypothèse de l'activité anti-toxique du pancréas, et ils préfèrent supposer que cette glande prépare une substance spéciale qu'elle déverse dans le sang, substance qui réglerait la consommation de sucre dans l'organisme.

En partant de l'hypothèse que le pancréas sécréte une matière pareille, E. Hédon (*Travaux de physiologie*, 133, Paris, 1898) a recherché s'il pouvait faire disparaître ou diminuer le diabète, en remplaçant par transfusion le sang d'un chien sans pancréas, par celui d'un chien normal. Le diabète diminuait pour quelques heures, mais si peu, que E. Hédon n'y ajoute aucune importance.

Déjà antérieurement, A. Capparelli (*Maly's Jahresbericht für* 1895, xxiii, 569) avait relaté qu'un extrait de pancréas, injecté avec la solution physiologique de sel dans l'abdomen d'un chien, qu'il avait rendu diabétique par l'extirpation du pancréas, amenait souvent la disparition complète du sucre de l'urine. Cette expérience a été faite presque en même temps, avec le même succès, par L. Vanni (*Arch. ital. di Clinica med.*, 1894, fasc. 2. — *Maly's Jahresbericht für* 1894, 653).

On a multiplié ces expériences sous différentes formes, sans obtenir une diminution du diabète. Comme l'a montré Sandmeyer (*Die Folgen der partiellen Pankreas estirpation beim Hund. Z. B.*, xxxi, 28, 1895), si l'on nourrit des chiens diabétiques auxquels on a extirpé le pancréas, avec du pancréas brut, il se produit une forte augmentation de la glycosurie. Dans ce cas, les ferments introduits dans l'appareil digestif avec le pancréas donné comme aliment, déterminent une meilleure utilisation des aliments; de sorte que plus de sucre peut se former.

E. Hédon (*Travaux de Physiologie*, 131, Paris, 1898) dit avec raison que la soi-disant sécrétion interne du pancréas, qui influencerait l'échange des hydrates de carbone, doit être considérée comme hypothèse jusqu'à ce qu'on ait réussi à isoler de la glande une substance dont l'injection peut indubitablement faire disparaître le diabète d'un animal privé de pancréas. E. Hédon a injecté une assez grande quantité des extraits soigneusement stérilisés du pancréas, soit sous la peau, soit directement dans le système des vaisseaux sanguins, sans le moindre résultat au point de vue de l'affaiblissement du diabète. E. Hédon croit donc que quelques soi-disant succès de guérison, observés chez l'homme, doivent être mis en doute, parce que ces extraits ne pouvaient sûrement contenir que des quantités minimales de la substance agissante. E. Hédon (*loc. cit.*, 132 et 133, Paris, 1898) donne — et il faut lui en savoir gré — toute la bibliographie de ces expériences faites sur l'homme; mais il est inutile d'en parler ici.

La théorie d'une sécrétion interne du pancréas, par laquelle serait réglé, d'après O. Minkowski, l'échange des hydrates de carbone, se base uniquement sur la greffe d'un fragment du pancréas placé sous la peau du chien, avant que les autres parties de cette glande soient complètement enlevées de l'abdomen. D'après Minkowski, ce fragment, mis sous la peau, empêche le diabète, qui survient immédiatement si on l'enlève.

O. Minkowski (*Untersuchungen über den Diabetes mellitus*, 35, Leipzig, 1893) séparait d'abord la partie inférieure, facilement isolable, de la partie duodénale du pancréas, de telle façon que cette partie isolée restât en contact avec une longue lame mésentérique dans laquelle vont déboucher les vaisseaux nutritifs. Cette partie de la glande suffisamment nourrie est extraite de l'abdomen et mise sous la peau. O. Minkowski ne fait pas la ligature des restes de la glande restés dans l'abdomen pour ne pas nuire à l'alimentation de l'animal, et afin d'éviter la dégénérescence de la glande. La preuve que ce fragment glandulaire greffé continue à vivre, c'est qu'il saccharifie l'amidon, sécrète du suc et digère de la fibrine.

Trois semaines à peu près après la première opération, si l'on peut supposer que la greffe a réussi, on fait une seconde ouverture de la cavité ventrale, et l'on enlève tout le pancréas qui s'y trouve, sans qu'il y ait régulièrement de diabète.

Dans ce stade O. Minkowski (*loc. cit.*, 38, Leipzig, 1893) a fait une expérience qui est importante. Il voulait rechercher s'il n'est pas nécessaire que le sang venant du pancréas passe par la veine porte pour que le diabète soit empêché. « Car il est possible que la fonction normale du pancréas, relative à la consommation de sucre, soit liée à la pénétration dans le foie de certaines matières provenant de cette glande. Pour le décider, dans un cas où la greffe sous-cutanée d'une partie de la glande avait si bien réussi que le diabète était complètement absent (expérience 16, p. 43), j'ai pris le pédicule vasculaire dans lequel j'ai isolé et laissé libre l'artère qui y conduit, mais j'ai fait une double ligature du reste de la lame et réséqué. Après cette intervention, il n'y eut pas de sécrétion de sucre dans l'urine. Le diabète est survenu pourtant, quand on a totalement enlevé la partie glandulaire sous-cutanée. »

Bien que cette expérience soit très importante, elle ne démontre pas le point essentiel. O. Minkowski a laissé l'artère allant de la lame mésentérique, c'est-à-dire de la cavité abdominale, à la glande, et restant en union normale avec le pancréas cicatrisé jusqu'au moment où il a enlevé la glande greffée. Mais, comme l'artère est accompagnée de nerfs, ceux-ci furent également réséqués au moment de l'extirpation du pancréas, et la dernière relation unissant le tissu pancréatique au système nerveux fut détruite. Car, si les nerfs centripètes du pancréas peuvent arrêter l'activité des centres saccharifiques du cerveau ou de la moelle épinière, la résection de ces nerfs d'arrêt aurait pour conséquence une formation augmentée de sucre. E. Hédon, Lancereaux et Thiroloix ont, par d'ingénieuses expériences, tenu compte de cette objection. Hédon, quand il estimait suffisante la cicatrisation sous la peau d'une partie du pancréas (celle qui va du canal dans la direction du bassin), enlevait la plus grande partie du pancréas restée dans la cavité ventrale et faisait la ligature de la lame mésentérique du résidu du pancréas greffé. Ce reste fut donc séparé des vaisseaux sanguins et des nerfs qui le pourvoyaient normalement. La partie greffée était maintenant nourrie par les nouveaux vaisseaux sanguins formés pendant la cicatrisation. Si la théorie de Minkowski est vraie, il ne doit pas y avoir de diabète, parce que la partie greffée transmet au sang la substance active par sécrétion interne.

Or E. Hédon (*Travaux de physiologie*, 49, Paris, 1898) dit avoir, sauf pour trois cas exceptionnels, constaté dans toutes ses expériences que la ligature ou la séparation de la lame mésentérique conduisant à la partie greffée, amènent rapidement son atrophie et le diabète, si l'on a au préalable bien enlevé tout le tissu pancréatique de la cavité abdominale. Ces trois cas exceptionnels sont :

Expérience 18 d'Hédon (p. 56) : 15 juin. Transplantation. — 6 juillet (donc après trois semaines), extirpation totale du pancréas intra-abdominal et ligature de la lame mésentérique de la partie greffée. Glycosurie de deux jours. — Sans sucre jusqu'au 15 juillet, donc une semaine. Le 15 juillet, extirpation de la partie greffée. Fort diabète, de sorte que 66 à 88 grammes de sucre sont sécrétés quotidiennement jusqu'au 21 juillet; donc pendant environ une semaine. Le 21 juillet on sacrifie l'animal.

Expérience 19 D'HÉDON (p. 57) : Transplantation sous-cutanée le 1er mars. Après 18 jours, extirpation totale du pancréas intra-abdominal et ligature autour de la lame mésentérique de la partie greffée. Glycosurie passagère. Elle disparaît au bout de trois jours, et la partie greffée est extirpée le 23 mars. Glycosurie avec 5,2 p. 100, 3,7 p. 100 jusqu'au 25 mars, et alors est instituée une alimentation avec du sucre de canne, ce qui ne nous intéresse pas ici.

Expérience 20 D'HÉDON (p. 58) : Transplantation sous-cutanée le 24 mars. Après 19 jours, extirpation totale du pancréas intra-abdominal le 12 avril et résection de la lame mésentérique de la partie greffée entre deux ligatures. Du 13 au 17 avril seulement, des traces du sucre dans l'urine. Le 17 avril, extirpation de la partie greffée. Glycosurie considérable qui dure jusqu'au 21 avril, donc quelques jours.

Les expériences de E. HÉDON (*Greffe sous-cutanée du pancréas. C. R.* 1er avril 1892. — *B. B.*, 23 juillet 1892. — *A. d. P.*, 1892, 618) furent répétées avec le même succès par THIROLOIX (*Greffe pancréatique sous-cutanée. Bull. soc. anat.*, juillet 1892), GLEY et THIROLOIX (*B. B.*, 23 juillet 1892), LANCEREAUX et THIROLOIX (*C. R.*, 8 août 1892).

On a conclu de ces expériences qu'une partie du pancréas cicatrisée sous la peau après l'extirpation de tout le pancréas, se trouvant dans la cavité ventrale, empêchait le diabète, bien que la partie greffée ne fût plus unie comme précédemment à la cavité ventrale, ni par ses vaisseaux sanguins, ni par ses nerfs. On a généralement suppos que cet arrêt exercé par la partie greffée devait être produit par une substance qu'elle transmettait au sang en circulation. En étudiant cette théorie, j'ai conçu quelques doutes. E. HÉDON (*loc. cit.*, 129) a déjà, avant moi, exprimé les mêmes doutes. Bien qu'il ne leur attache pas lui-même une grande importance, je veux quand même citer ici textuellement ce passage important : « Une théorie nerveuse du diabète pancréatique serait jusqu'à un certain point conciliable avec les expériences de transplantation sous-cutanée du pancréas, pourrait-on dire en poussant la critique jusqu'aux derniers limites. L'action exercée par la glande serait indirecte et transmise par ses nerfs centripètes aux centres nerveux qui tiennent sous leur dépendance les phénomènes de la nutrition. Il n'y aurait aucun produit de sécrétion interne; mais le tissu de la glande serait plutôt le point de départ d'un réflexe régulateur de certains phénomènes chimiques de l'organisme, et ce réflexe pourrait exercer son action efficace, tant qu'un fragment de glande conserverait encore, par un filet nerveux, ses relations avec les centres. L'objection qui vient immédiatement, c'est que dans certains cas on peut séparer complètement le fragment de glande greffée sous-cutanée de ses connexions abdominales, vasculaires et nerveuses, sans immédiatement produire de glycosurie. Mais on peut répondre que ce résultat provient de ce que le fragment transplanté a contracté dans le tissu cellulaire de nouvelles connexions nerveuses. Assurément cette hypothèse est très difficile à réfuter; elle paraît seulement très invraisemblable. D'autre part, l'énervation du pancréas *in situ*, qu'il doit être, il est vrai, bien difficile de réaliser d'une manière complète, ne produit pas de glycosurie, d'après KAUFMANN. » A mon avis cette théorie nerveuse explique d'une façon très satisfaisante tous les phénomènes, et d'autre part toutes les expériences qui ont eu pour but de prouver l'existence d'une matière active dans la sécrétion interne n'ont pas réussi. Il faudrait d'abord considérer ce fait que, dans l'expérience de greffe, non seulement un morceau du pancréas, mais aussi sa lame mésentérique adhère aux tissus voisins. Si l'on a mis un fil autour du pédicule, et si ce pédicule doit être réséqué, il est difficile d'isoler toutes les parties dont il était auparavant constitué. Si un filet nerveux du pédicule reste non réséqué, la partie greffée conserve ses rapports avec les centres nerveux. Cette incertitude, qui est inhérente à l'opération de la séparation de la partie greffée de ses adhérences abdominales vasculaires et nerveuses, est très importante; car, comme le dit HÉDON expressément, cette séparation produit régulièrement un diabète qui ne manque que dans de rares exceptions. Mais la pensée émise tout d'abord par HÉDON que la partie greffée, cicatrisée après la résection de la lame mésentérique, ou même avant, a contracté de nouvelles adhérences non seulement vasculaires, mais aussi nerveuses, n'est pas du tout invraisemblable. CLAUDE BERNARD, E. HÉDON, J. THIROLOIX relatent cette observation très étonnante, qu'après la résection des conduits du pancréas une partie de cette glande laissée dans l'abdomen forme un nouveau canal, qui tend à se diriger et à s'ouvrir vers son orifice naturel. Je n'ai jamais vu moi-même un fait analogue. Il faut finalement avouer que la théorie généralement acceptée sur la greffe pancréatique n'est pas un fait: ce n'est qu'une explication des faits basée sur des hypothèses.

On prétend que la partie greffée empêche le diabète. Mais beaucoup d'expériences, surtout celles d'Hédon, nous prouvent que le diabète apparaît quand même, si l'on attend un peu pour faire l'enlèvement de la partie greffée. On dit que, dans ces cas, la partie greffée est morte. Mais on a vu des cas dans lesquels elle sécrète et digère, et n'empêche cependant pas le diabète.

E. Hédon dit que la partie greffée bien cicatrisée et vigoureuse n'empêche pas des glycosuries plus ou moins longues, si le résidu pancréatique de l'abdomen est enlevé, et si l'on a fait la ligature du pédicule mésentérique conduisant à la partie greffée.

Il arrive aussi que la partie greffée cicatrisée est sclérosée, que sa sécrétion a cessé, et que cependant le diabète est empêché.

Il existe encore d'autres faits qui sont plus difficiles à mettre d'accord avec la doctrine de la sécrétion interne du pancréas qu'avec la théorie « nerveuse ». L'inflammation aiguë du pancréas peut donner lieu à la destruction étendue de l'organe sans qu'il y ait diabète, comme l'indique D. Hansemann (*Die Bezichungen des Pankreas zum Diabetes. Zeitschr. f. klin. Med.*, xxvi, 195, 1894), qui fonde son opinion sur des recherches très détaillées. Il dit que la maladie se développe si vite, amenant si rapidement la mort, qu'il n'y a pas de temps pour le développement du diabète. Car, après l'extirpation expérimentale totale du pancréas, il ne se passe que quelques heures, et avant la mort la glycosurie disparaît. D'après mon expérience, qui se base sur 12 cas d'extirpation totale du pancréas, la glycosurie apparut dans les premières 24 heures et ne disparut pas avant la mort, bien que les animaux n'eussent aucune nourriture après l'extirpation et lui survécussent jusqu'à 2, même 3 semaines. Dans un cas seulement la glycosurie a disparu quelques heures avant la mort. Dans un 13e cas, après l'extirpation totale, il n'y eut pas trace de diabète, bien que l'animal mourût seulement 3 jours après l'opération. L'exactitude de l'explication de Hansemann est donc douteuse; elle n'explique pas non plus le manque de diabète dans le pancréas complètement détruit par la gangrène. Il s'agit pour Hansemann (*loc. cit.*, 196) des cas dans lesquels tout l'organe est transformé en un tissu cicatriciel. Ici, Hansemann a recours à une autre hypothèse. Les cellules cicatricielles hériteraient de la capacité du tissu épithélial sain du pancréas, et régleraient comme celui-là l'échange des hydrates de carbone, bien que la faculté sécrétrice fût complètement perdue.

Mais il y a encore d'autres difficultés pour la théorie de la sécrétion interne.

E. Hédon, Gley et J. Thiroloix ont dans beaucoup d'expériences obtenu par l'injection de différentes matières dans la glande une dégénérescence très avancée, microscopiquement constatée, et une atrophie de la glande, et cela sans qu'il y eût trace de diabète. On objecte que de petits restes du pancréas échappent toujours à la dégénérescence. Bien que cette objection ne puisse pas être réfutée, il est quand même difficilement compréhensible que la substance vivante du pancréas, qui réglerait l'échange des hydrates de carbone, puisse être totalement détruite sans qu'il y ait le moindre trouble dans les échanges des hydrates de carbone.

Il est donc compréhensible que certains auteurs supposent la substance active non dans les cellules pancréatiques proprement dites, mais dans celles des îlots de Langerhans. Comme l'a démontré H. Küster (*Arch. mikrosk. Anat.*, liv, 158, 1904), chez l'embryon les cellules de Langerhans prennent leur origine de vraies cellules épithéliales des canaux glandulaires, et bientôt se forment des groupes détachés de ces derniers. V. Diamare (*Bollett. Soc. Nat. Napoli*, ix, 1895. — *Internat. Monatsschr. f. Anat. und Phys.*, xvi, 7 et 8, 1899.—*Anat. Anzeiger*, xvi, 1899) a fait l'importante découverte que, chez certaines espèces de poissons, surtout chez *Lophius piscatorius* et *Scorpæna scropha*, les groupes cellulaires des îlots de Langerhans sont complètement libres de tout mélange avec les masses pancréatiques et se distinguent bien de celles-ci. Ces îlots de Langerhans apparaissent alors parfois assez grands (jusqu'à 5 millimètres de diamètre), et on peut en faire des préparations. Avec un grand nombre de ces préparations, V. Diamare et A. Kuliabko (*Centralbl. f. Phys.*, 1904, 432) ont fait des observations très intéressantes. Le résultat le plus important de ces recherches est que les cellules des îlots de

Langerhans sont en effet différentes des cellules épithéliales du pancréas proprement dites. Car des extraits aqueux des îlots de Langerhans n'ont aucun effet diastasique sur l'amidon, et le contraire est certainement le cas pour les extraits des cellules pancréatiques. Des expériences sur la glycolyse n'ont pas donné des résultats décisifs. John Rennie (*C. P.*, 1905, 729), qui a répété ces expériences, n'a pu produire aucune glycolyse avec les extraits des îlots de Langerhans. Mais il pense que, si on les donne aux diabétiques, ils ont quelque chose à faire avec la régulation de la proportion du sucre dans le sang. Ce qui est en contradiction avec le fait constaté par W. Sandmeyer et moi, que le fait de donner avec les aliments du pancréas brut, augmente étonnamment la sécrétion diabétique du sucre.

Les îlots de Langerhans ne donnent donc pour le moment aucun éclaircissement, et je n'insisterai pas sur quelques cas de dégénérescence de ces cellules constatée dans le diabète.

En présence de toutes ces difficultés la théorie la plus satisfaisante est celle qui assigne au diabète pancréatique une origine nerveuse. Il est presque certain que le diabète survenant après l'extirpation partielle et pouvant durer plusieurs jours, est d'origine nerveuse : il est également certain qu'entre cette maladie et le diabète survenant après l'extirpation totale se trouvent tous les passages possibles. Faut-il dans un cas accepter une origine nerveuse, et dans un autre cas la repousser, parce que la maladie est plus intense?

Chauveau et Kaufmann surtout ont essayé de constater par de multiples expériences l'importance du système nerveux pour l'explication du diabète pancréatique. Ils supposent deux espèces de centres nerveux dans le cerveau et dans la moelle épinière qui ont des effets antagonistes. Kaufmann remarquait que la résection préalable des nerfs du foie n'empêchait pas que le diabète survînt après l'extirpation totale du pancréas. On a donc conclu — et E. Hédon (*Article « Diabète »*. *Dictionnaire de Physiologie*, iv, 847, 1900) le dit également — que les nerfs ne peuvent pas être les intermédiaires entre le pancréas et le foie. Il faudrait supposer que le pancréas produit par sécrétion interne une matière spéciale qu'il verse dans le sang qui circule, ce qui le rend capable d'arrêter la formation de sucre du foie. Mais il n'est pas douteux que les expériences de Chauveau et Kaufmann sont peu concluantes.

Dans ces recherches de Kaufmann (*C. R.*, cxxviii, 894), il ne faut pas oublier que chaque vaisseau sanguin qui pénètre dans un organe, contient dans sa paroi les plus abondants plexus nerveux. Si l'on croit avoir détruit les nerfs du foie, ces plexus nerveux restent, qui, dans les parois de l'artère hépatique, de la veine porte, de la veine hépatique, des vaisseaux lymphatiques, du canal cholédoque, etc., unissent l'organe au reste de l'organisme. Si, après la destruction supposée de nerfs hépatiques, la piqûre du sucre ne réussit plus, il faut bien considérer qu'il peut y avoir des fibres nerveuses d'un effet glycosurique plus intense, qui ne répondent pas à l'excitation bulbaire, et arrivent au foie par une voie inconnue. Quand on voit que la corde du tympan est indubitablement le nerf de sécrétion de la glande sous-maxillaire, et que, d'après R. Heidenhain, les nerfs de la corde du tympan agissent sur *toutes* les cellules de la glande salivaire, il ne faut pas en conclure qu'un second système nerveux ne peut pas arriver par une autre voie à la même glande et provenir du sympathique cervical pour influencer absolument les mêmes cellules, ce qui est complètement établi par les expériences de Heidenhain et les recherches microscopiques.

Mais, même si l'on pouvait réséquer avec certitude tous les nerfs allant au foie, et si, après l'extirpation du pancréas, le diabète survenait quand même, cela ne prouverait nullement qu'il n'est pas produit par le système nerveux. Car il n'est pas établi que d'autres nerfs également, et non pas seulement ceux du foie, ne provoquent pas dans le diabète pancréatique la formation de sucre dans les autres organes, par exemple dans les muscles, ou qu'ils ne peuvent pas amener une hyperglycémie d'une façon quelconque.

Une importante découverte de Kaufmann (*A. de P.*, xxvi, 287, 1896) qu'il faut prendre en considération, c'est qu'après la résection de la moelle épinière au devant de la première vertèbre dorsale, l'extirpation du pancréas ne produit pas le diabète. Si, après l'extirpation du pancréas, le foie jette subitement de grandes quantités de sucre dans le sang, parce qu'il ne reçoit plus de sucs arrestateurs provenant du pancréas, il devrait en être de même, ce me semble, après la résection de la moelle épinière. Il faut en tout cas considérer que la résection de la moelle épinière interrompt une grande partie de l'influence du centre saccharifique sur le foie, ainsi que le réflexe de nombreux nerfs centripètes sur les organes formant du sucre, et que la température baisse. Toutes ces circonstances doivent avoir pour conséquence une forte diminution de la formation normale du sucre. Si ensuite on extirpe le pancréas, il n'y a plus d'arrêt de l'hyperglycémie. Mais il y a peu à arrêter, et voilà pourquoi la glycosurie manque. En tout cas l'expérience n'indique pas de quelle nature est cet arrêt.

Les maladies causées par les extirpations du pancréas ont fait supposer que le pancréas exerce des *actions d'arrêt* par lesquelles il *réglerait* le volume de sucre. Mais il ne faut point oublier que l'hypothèse d'un arrêt n'est qu'une explication non prouvée de certains faits. Peut-être rien ne survient-il, parce qu'il n'y a rien à arrêter. Le mot « arrêt » suppose donc un travail non prouvé.

Nous avons vu que, d'après les recherches de E. Külz et Falkenberg (*Zur Extirpation der Schilddrüse. Verhandlungen des X. Congresses f. innere Medizin*, 502, Wiesbaden, 1891) l'extirpation de la glande thyroïde pouvait amener des glycosuries qui durent 8 à 14 jours, même jusqu'à la mort de l'animal. Pourquoi donc le pancréas n'arrête-t-il pas la glycosurie qui survient? Il arrive, et Claude Bernard l'a observé, que la piqûre du bulbe amène un diabète durant jusqu'à huit jours, malgré le pancréas resté intact. De même, des maladies de la moelle allongée et des excitations périphériques produisent un diabète de longue durée, qui disparaît après la guérison de la maladie nerveuse. Comme l'a prouvé O. Langendorff, on peut obtenir chez des grenouilles un diabète durant plusieurs jours, bien que le pancréas soit intact. Il n'est donc pas légitime de prétendre quand même, avec O. Minkowski, que le pancréas règle l'échange général des hydrates de carbone. Le fait est *que le pancréas semble pouvoir « arrêter » une glycosurie, seulement dans le cas où cet organe est lui-même lésé par des interventions opératoires antérieures;* donc, dans le cas seulement où le pancréas est la cause de la glycosurie.

A mon avis, le diabète survenant après l'extirpation du pancréas est donc une névrose réflexe. Quant à savoir s'il faut supposer, pour expliquer cette névrose, des actions d'arrêt ou une excitation nerveuse ou une sécrétion interne, cela ne peut pas être décidé aujourd'hui avec certitude.

On demandera alors ce que signifie une glycosurie survenant après l'extirpation du pancréas, si l'on ne veut pas reconnaître à cet organe une fonction régularisatrice. La réponse est très simple.

Que l'excitation des nerfs du pancréas, des glandes salivaires, des glandes thyroïdes ait un rapport spécifique avec la fonction des centres nerveux saccharifiques, cela est indubitable, et il faut considérer ces organes, ainsi que les muscles, comme ayant, dans des conditions normales, une forte consommation de sucre, et par conséquent comme devant être en état de collaborer eux-mêmes à la satisfaction de leur besoin. On ne reconnaît donc pas au pancréas une place exceptionnelle, ce qui serait contraire à tous les faits.

Les diabètes toxiques. — Il est remarquable de voir qu'un grand nombre de substances chimiquement très différentes produisent la glycosurie. Des substances organiques et anorganiques, aliphatiques et aromatiques, azotées et non azotées, ont un effet glycosurique. Quand on pense que chaque cellule collabore à l'échange des hydrates de carbone, de sorte que des phénomènes très divers l'influencent et peuvent également amener une hyperglycémie, on commencera à comprendre que des causes si diverses amènent la même maladie, c'est-à-dire la glycosurie, et que l'examen de la nature de l'effet du poison offre, dans le cas particulier, de grandes difficultés.

On a fait peu de recherches sur la glycosurie consécutive à l'absorption de : oxyde de carbone, acides minéraux, acide arsénique, sels uraniques, sublimé, strychnine, caféine, diurétine, chloralamide, chloral, nitrobenzol, acide orthonitrophénylpropionique, chloroforme, acétone, éther, extrait de sangsue, corps thyroïde, capsules surrénales, matières fécales et urine fermentée diabétique. Dans les extraits organiques il faut savoir si la substance active a déjà existé dans le corps vivant, ou si elle s'est formée plus tard.

Il faudrait également encore examiner d'une manière plus approfondie les diabètes par asphyxie et par contention.

Diabète de phloridzine. — Obscure est également l'origine du diabète par phloridzine découvert par v. MERING (1885) (*Verhandl. des 5 Congr. f. inn. Med.*, 1886; — *Verhandl. d. 6 Congr. f. inn. Med.*, 1887; — *C., W.*, 1887, 53; — *Zeitschr. f. klin. Med.*, XIV, 405, 1888; et XVI, 43, 1889). La phloridzine ($C_{21}H_{24}O_{10}$) de l'écorce du pommier, du poirier, du cerisier et du prunier donne par l'hydrolyse d'abord dextrose et phlorétine :

$$C_{21}H_{24}O_{10} + H_2O = C_6H_{12}O_6 \text{ (dextrose)} + C_{15}H_{14}O_5 \text{ (phlorétine)}$$

Cette dernière substance se divise par hydrolyse conformément à l'équation suivante :

$$C_{15}H_{14}O_5 + H_2O = C_6H_6O_3 \text{ (phloroglucine)} + C_9H_{10}O_3 \text{ (ac. phlorétinique)}$$

La phloroglucine se comporte comme un phénol trivalent : $C_6H_3(OH)_3$; l'acide phlorétinique semble être acide p-hydrocumarique (acide phénolpropionique) : $HO - C_6H_4 - CH_2 - CH_2 - CO_2H$.

Des chiens deviennent diabétiques après l'absorption de 1 à 3 grammes de phloridzine par kilogramme. Pour des chiens à jeun, il suffit, d'après MUNCO KUMAGAVA et RENTARO HAYASHI (*A. P.*, 1898, 443) de doses plus faibles; soit, sous la peau, de 0gr,3 à 2gr,5 de phloridzine pour un animal de 11 à 17 kilogrammes. Pour produire avec certitude le diabète par la phloridzine chez des lapins, des poulets et des grenouilles, il faut, d'après MAX CREMER (*Z. B.*, XXIX, 175, 1893; — MAX CREMER et RITTER, *ibid.*, XXVIII, 459, 1891), mettre le poison sous la peau.

D'après v. MERING la phlorétine produit également la glycosurie, tandis que la phloroglucine et l'acide phlorétinique sont sans effet. Sans effet sont également restés d'autres glycosides, comme amygdaline, arbutine, esculine, salicine, coniférine, quercitine.

Dans le diabète par phloridzine on remarque une particularité qu'on n'a observée dans aucune autre espèce de diabète. D'après v. MERING et MINKOWSKI, la proportion du sucre du sang ne dépasse pas la normale, et n'augmente pas après la ligature des urétères. Ces données de v. MERING ont été confirmées par beaucoup d'auteurs. Pour expliquer la glycosurie produite par la phloridzine, on a fait la supposition qu'après l'action de ce poison le rein laisse davantage passer le sucre. On a fait une nouvelle sorte de diabète : le diabète rénal.

Cette difficulté n'existe pas, d'après F.-W. PAVY (*J. P.*, XX, XIX-XXII, 1896). PAVY s'est convaincu que le sang du chat contenait, dans des conditions normales, 1 p. 1000 de sucre. Après injection sous-cutanée d'une solution de phloridzine, cette quantité augmente, et atteint 1,869 p. 1000 et 2,307 p. 1000, si l'extrait alcoolique est inverti par l'acide sulfurique. Bien que cette augmentation ne soit pas forte, il est clair que les analyses faites par F.-W. PAVY sont absolument dignes de foi. Les travaux de PAVY furent confirmés par S. LEONE (*Gazz. internaz. di med. prat.*, III, 21, 295; *Maly's Jahresbericht für* 1900, 892).

Quelques cliniciens ne semblent pas être convaincus par le travail important de F.-W. PAVY, et NAUNYN, par exemple, ne cite même pas F.-W. PAVY dans son grand ouvrage sur le diabète, paru 2 ans après F.-W. PAVY. Il est vrai que la plupart des auteurs se sont prononcés pour v. MERING contre lui. Mais on ne peut pas voter dans des questions scientifiques et laisser la décision à la majorité. Il est cependant certain que le non-changement dans la teneur de sang en sucre après la ligature des uretères parle en faveur de la thèse de v. MERING.

La cause du désaccord est sans doute dans la petitesse des valeurs à déterminer et dans la précision insuffisante de l'analyse de sucre.

CLAUDE BERNARD (*Leçons sur le diabète*, 234, 1879) donne pour la quantité de sucre dans 1000 parties du sang artériel du chien normal (*Arteria cruralis*) :

A jeun.	1gr,17 de sucre.
Digestion de viande.	1gr,25 à 1gr,45 de sucre.
Digestion de viande et d'hydrates de carbone.	1gr,51 à 1gr,53 —

Pour l'homme, NAUNYN (*Der Diabetes mellitus*, 12, 1898) donne une quantité de sucre généralement de 1 p. 1000. « Il paraît que, chez les mammifères, dit NAUNYN, il y a glycosurie, quand la proportion de sucre dépasse 2 p. 1000. »

D'après F.-I. FRERICHS, comme nous l'avons déjà dit plus haut, la proportion de sucre chez le diabétique varie de 2,8 à 4,4; d'après NAUNYN (*loc. cit.*, 149), de 1,2 à 7,0 sur 1000 parties de sang.

Donc, dans les légères glycosuries, la proportion du sucre dans le sang diffère seulement très peu, peut-être pas du tout, des proportions maximales de sucre dans le sang des individus sains.

Que des différences si minimes suffisent pour amener, dans un cas, sécrétion de sucre, tandis que, dans l'autre cas, pour des quantités de sucre presque égales, il n'y a pas d'excrétion de sucre, c'est un fait curieux et peu compréhensible.

En faveur de l'opinion de v. MERING, on peut encore ajouter que, par la plupart des moyens, qui ont des effets chez les mammifères, on peut, chez les oiseaux, produire l'hyperglycémie, mais non la glycosurie, tandis que par la phloridzine l'urine des oiseaux contient du sucre, sans qu'il y ait hyperglycémie. ANDREAS THIEL (*Beiträge zur Kenntniss der experimentellen Glycosurie*, 37; *Inaug.-Dissert.*, Königsberg, 1887), avec la collaboration de O. MINKOWSKI, a communiqué une expérience de ce genre dans sa dissertation inaugurale. On a extirpé le foie à une oie après avoir fait la ligature du cloaque, et constaté que l'urine ne contenait pas de sucre. Immédiatement après l'opération l'oie recevait, à l'aide de la sonde œsophagienne, 5 grammes de phloridzine et sécrétait $0^{gr},759$ de sucre en 9 heures environ. Bien que les 5 grammes de phloridzine aient pu donner beaucoup plus de sucre, $1^{gr},9$, cela ne détruit pas ce fait que le rein a laissé passer du sucre après l'empoisonnement par la phloridzine. A. THIEL n'obtenait de glycosurie chez les oiseaux ni par la piqûre bulbaire, ni par l'oxyde de carbone, ni par le gaz d'éclairage, ni par le nitrite d'amyle, ni par l'acide orthonitrophénylpropionique (?), ni par l'acide lactique, qui sont très efficaces chez les mammifères. Mais la phloridzine a, chez les oiseaux, un effet bien moindre que chez les mammifères, et on voit dans toutes les expériences que la quantité de sucre de l'urine est beaucoup plus petite que celle que pourrait donner la phloridzine absorbée, qui est un glycoside. Mais ce qui diminue la valeur des expériences de THIEL, c'est d'abord qu'il n'a pas pu prouver l'existence de sucre dans le sang de l'animal empoisonné avec de la phloridzine, bien qu'il y en eût sûrement. Comme MINKOWSKI a collaboré à cette expérience, il faut n'accepter qu'avec réserve la thèse de MINKOWSKI et v. MERING sur le non-changement du sucre de sang chez les animaux phloridzinés. Une seconde infirmation des résultats des expériences de THIEL est le fait prouvé par KAUSCH qu'on peut produire la glycosurie, également chez des oiseaux, par extirpation du pancréas, donc sans phloridzine, et ensuite que THIEL n'a pas déterminé les proportions du sucre du sang dans ses nombreuses expériences avec les autres poisons. O. MINKOWSKI (*A. P. P.*, XXIII, 142, 1887) a brièvement rendu compte du travail de THIEL.

v. MERING a également communiqué deux expériences faites sur des oies : après l'enlèvement du foie une dose de 4 grammes de phloridzine amena dans un cas une sécrétion de $1^{gr},3$ de sucre, dans l'autre cas, à la même dose, une sécrétion de $0^{gr},735$. Mais, comme ces quantités de sucre sont beaucoup plus petites que celles que la phloridzine peut donner elle-même comme glycoside, on ne voit pas bien ce que cette expérience prouve contre l'idée que c'est le foie qui est le producteur du sucre. D'ailleurs ces expériences ont été mal comprises, au moins si l'on en juge par la relation d'ANDREASCH (*Maly's Jahresbericht für* 1887, p. 299). « Le foie n'est donc pas nécessaire à la production du diabète : il en est autrement pour le diabète strychnique et le diabète par piqûre bulbaire. Le diabète phloridzinique survient également, d'après MERING, chez des grenouilles privées de foie ». Je n'ai pu trouver que v. MERING avait déjà fait à cette époque des expériences sur des grenouilles privées de foie. Comme il est d'importance considérable de savoir quelle part prend le foie à la production de telle ou telle forme de diabète, il faut dire qu'ANDREASCH juge tout à fait dans le sens de v. MERING. Car déjà, dans sa première communication sur le diabète phloridzinique découvert par lui, v. MERING dit : « Je me servais donc d'oies privées en partie de leur foie par la ligature des vaisseaux ; une fois j'ai extirpé le foie. A ces animaux, après un jeûne de deux ou trois jours, j'ai donné de la phloridzine, et j'ai réussi à obtenir 1 p. 100 de sucre dans l'urine. Cela prouve qu'il est possible de produire la glycosurie non seulement sans qu'il y ait de glycogène dans les muscles et dans le foie, mais même chez des animaux auxquels on a extirpé le foie. »

Si la phloridzine donnée à l'animal se dissocie dans le sang en sucre et phloridzine, de sorte que la proportion de sucre du sang croît, une légère glycosurie doit se produire. Des propres déclarations de Mering (*Verhandl. d. V Congr. f. inn. Med. Tiré à part*, p. 4, 1886), il s'ensuit que le sucre sécrété après l'extirpation du foie peut, à cause de sa petite quantité, provenir de la phloridzine injectée. L'expérience ne prouve donc rien.

A l'appui de la thèse de V. Mering, il faut citer les expériences de Langendorff (*A. P.*, 1887, 138) qui prétend que le diabète curarique peut survenir également chez des grenouilles privées de leur foie. D'après Langendorff, le glycogène des cellules du foie est diminué par le diabète strychnique, pour lequel l'existence du foie est nécessaire, et tout l'organe devient plus petit. Tel n'est pas le cas pour le diabète curarique. Le foie ne différait guère du foie normal, et contenait beaucoup de glycogène, bien que le diabète eût duré dix jours. Comme Langendorff se servait pour ces expériences de grenouilles d'automne, dont le foie et le corps sont, d'après Athanasiu (*A. g. P.*, xxiv, 561, 1899), remplis de glycogène, on s'explique bien le résultat obtenu par Langendorff qu'une fois la période de diabète terminée, il reste encore beaucoup de glycogène dans le foie. Comme Langendorff n'a pas examiné combien de sucre la grenouille avait sécrété pendant ce diabète, toute base manque pour juger si ce n'est pas le foie qui a fourni le sucre. Ajoutons que, d'après Athanasiu, le glycogène ne diminue presque pas dans le corps des grenouilles pendant tout l'hiver, tandis que la graisse disparaît. Il est donc bien possible que le glycogène se forme perpétuellement aux dépens de la graisse. Pour donner de ce fait des preuves plus nettes, O. Langendorff a produit le diabète curarique chez des grenouilles privées de foie. Cinq grenouilles furent empoisonnées avec de petites quantités de curare. Avant que la paralysie fût complète, on leur enlevait le foie. Un très petit résidu fut laissé pour ménager la veine cave inférieure et éviter ainsi une anurie de plusieurs jours. Chez toutes les cinq il y eut glycosurie.

Tandis que le poison agissait dans le corps et produisait la paralysie, la fonction du foie était encore intacte. Le foie avait donc sûrement commencé le diabète, si tant est qu'il est capable de le faire. Et voilà pourquoi le sucre n'avait pas encore besoin d'être, au moment de l'extirpation, en quantité suffisante dans l'urine. Il faudrait faire l'expérience, d'abord en enlevant le foie, et ensuite en injectant du curare. Ainsi il n'est pas prouvé que le diabète curarique peut survenir après l'extirpation du foie.

Comme le glycogène doit se trouver également dans d'autres organes que le foie, et qu'on ne peut plus douter que la graisse est également une source de sucre, il serait insensé de dire que le foie seul est en jeu dans toutes les espèces de diabète.

Il n'en est donc que plus étonnant qu'après avoir soumis à la critique tous les faits on ne puisse affirmer l'existence d'une seule sorte de diabète pouvant se développer après suppression du foie. Je fais abstraction du diabète par l'oxyde de carbone qui, d'après Eckhard, survient encore après résection des nerfs splanchniques. Ce point mériterait des recherches détaillées.

Quant à la nature du diabète par phloridzine, Mering (*Zeitschr. f. klin. Med.*, xiv, 422, 1888) semble l'attribuer à une production plus forte de sucre, qu'il explique par la décomposition plus active de l'albumine. Mais il parle également d'une utilisation amoindrie de sucre.

D'après Minkowski (*Zeitschr. f. klin. Med.*, xiv, 145), il s'agit probablement ici non d'une plus forte production de sucre, mais d'une atténuation de l'utilisation de sucre dans l'organisme ou d'une modification de l'activité sécrétoire des reins.

Comme la sécrétion de l'eau dans les reins n'a aucun rapport avec la sécrétion du sucre diabétique, il faut supposer que cette dernière est basée sur un travail spécifique de certains tissus épithéliaux des reins. Tout diabète serait donc une glycosurie rénale, et la phloridzine ne ferait qu'augmenter cette action. Or pareille supposition se complique de ceci. Henriques a constaté que le sucre de sang se trouvait sous deux formes : *libre*, et *composé*, comme dans la *jécorine*. Dans l'analyse habituelle du sucre du sang on obtient tout le sucre, parce que la jécorine est alors décomposée et perd son sucre. Il est maintenant très probable que c'est seulement le sucre libre, et non le sucre composé, qui est éliminé dans les reins. Il est possible qu'il n'y ait pas de sucre libre dans le sang normal : voilà pourquoi il n'est pas éliminé du sang par les reins. Il n'y a pas jusqu'ici de recherches pour établir à partir de quelle proportion de sucre libre la glycosurie apparaît.

Il est clair que, pour un poids égal de sucre trouvé au dosage, les proportions de sucre libre peuvent être très différentes. Nous ne sommes donc pas en mesure de dire que le diabète par phloridzine constitue un état particulier, et oblige à créer une maladie nouvelle, le diabète rénal.

N. Zuntz (*A. P.*, 570, 1895) a essayé de démontrer qu'il fallait chercher dans le rein la cause du diabète par phloridzine. Il injectait directement de la phloridzine dans l'artère rénale, et il voyait alors que le rein ayant reçu de la phloridzine sécrétait plus tôt une urine sucrée que l'autre rein. Mais on ne sait pas si la phloridzine ne s'est pas dissociée elle-même dans le sang en phlorétine et sucre. Car alors le rein injecté de phloridzine doit naturellement sécréter plus tôt du sucre, puisque l'injection de phlorizine est indirectement une injeclion de sucre. Il resterait encore à savoir si la phloridzine ne décompose pas les glycosides ou la jécorine pour donner du sucre libre qui n'existait pas auparavant. L'hypothèse du diabète rénal n'a donc pas de base certaine.

Mais il faut avouer, au point de vue physiologique, qu'en principe on peut admettre qu'il y a un diabète rénal, car on suppose généralement que le rein sain n'est pas absolument réfractaire au passage du sucre. On a voulu établir que d'autres matières que la phloridzine produisent le « diabète rénal ». Ainsi Carl Jacobj (*A. P. P.*, xxxv, 213, 1895), premier assistant du pharmacologue Schmiedeberg, dit *que les substances appartenant au groupe de la caféine (ac. caféosulfonique, caféine, théobromine) amènent chez le lapin, en même temps qu'une plus forte sécrétion d'urine, une sécrétion de sucre dans l'urine, dont la cause n'est qu'une sécrétion plus intense qui doit donc être considérée comme un réel diabète rénal.* » Bien que Naunyn (*Der Diabetes mellitus*, 1898, p. 106) adhère à cette opinion, elle est complètement injustifiée. Car, pour qu'on puisse supposer le diabète rénal, il faut que les proportions de sucre du sang n'aient pas augmenté. Jacobj n'a point fait cette détermination. Il est non moins certain qu'une diurèse augmentée n'aura, même dans le cas d'une hyperglycémie, aucune influence sur la glycosurie. Il faut citer ici comme preuve, que G. Embden et H. Salomon (*Zeitschr. f. d. gesammte Biochem.*, vi, 66, 1904), dans leurs célèbres recherches avec des acides amidés chez des chiens privés de pancréas, ont obtenu une très forte augmentation de la sécrétion de sucre avec intense diurèse, tandis qu'après ingestion d'urée la diurèse devient quatre fois plus forte, sans la moindre influence sur la quantité du sucre sécrété. A cause de la diurèse plus forte, la proportion de sucre dans l'urine est même diminuée d'un tiers. Quant à la glycosurie produite par la phloridzine, Ludwig Knopf (*A. P. P.*, xlix, 128 et 133, 1903, et *Inaug. Dissert.*, Marburg, 1902) a démontré que la diurèse augmentée n'exerce aucune influence sur l'intensité de la sécrétion de sucre. « Pour observer l'influence de la diurèse, on augmentait la quantité des liquides absorbés, et un chien reçut dans l'estomac, par la sonde œsophagienne, deux fois 500 cc. d'eau. *La sécrétion de sucre resta absolument la même qu'auparavant*, bien que la quantité d'urine fût augmentée d'environ 120 à 150 cc. » On constata encore que, si l'on donnait de l'asparagine aux chiens empoisonnés par la phloridzine, il y avait augmentation de la diurèse et de la sécrétion de sucre. Si l'on donne de l'urée, la diurèse est dans les mêmes conditions fortement augmentée, sans que la quantité de sucre excrétée *pro die* soit changée.

La conception de Carl Jacobj que, si la présence de sucre dans le sang détermine une forte diurèse, il y a, par ce fait même, sécrétion de sucre dans l'urine, ne peut donc pas être reconnue juste. Carl Jacobj dit plus loin que d'autres diurétiques que ceux qui appartiennent au groupe de la caféine peuvent, avec l'augmentation de la sécrétion, faire passer le sucre dans l'urine, ainsi que cela est prouvé par les recherches de Bock et Hoffmann (*A. P.*, 1871, 550), qui, après injection intra-veineuse d'une solution de 1 p. 100 de NaCl, ont vu apparaître une glycosurie qu'ils expliquaient, non par l'activité sécrétoire plus grande du rein, mais d'une autre façon.

Naunyn (*Der Diabetes mellitus*, 1898, p. 32), également, dit en 1898 : « C'est peut-être la forte diurèse qui est la cause de cette glycosurie passagère. »

Il est assez curieux de constater qu'il y a 26 ans (1872), E. Külz (*C. Eckhard's Beiträge*, vi, 117) a expliqué la cause du diabète de NaCl par une excitation des centres nerveux glycoso-formateurs, car ce diabète ne survient pas après la résection des nerfs splanchniques.

Donc actuellement il nous manque la preuve qu'il y a des formes de diabète amenées seulement par des modifications de la fonction du rein.

Abstraction faite de cela, les recherches de Jacobj, Knopf, Embden et Salomon prouvent d'une façon classique que l'intensité de la diurèse, aussi bien dans le diabète par phloridzine que dans le diabète pancréatique, n'a dans de très grandes limites aucune influence sur la sécrétion du sucre. La sécrétion de l'eau et celle du sucre sont évidemment deux processus différents qui se passent dans diverses régions du rein. On comprend donc que le sucre est quand même un diurétique (Lamy et Mayer, *B. B.*, LVII, 27, 1904). Il exerce peut-être une influence sur le centre hydrurique de la moelle allongée.

Les recherches de Carl Jacobj et Ludwig Knopf contiennent encore beaucoup d'autres résultats importants. Car, d'après Knopf, le dérivé ammoniacal de l'asparagine augmente fortement la glycosurie dans le diabète par phloridzine, comme cela fut constaté également pour le diabète pancréatique, par G. Embden et H. Salomon, non seulement pour ce dérivé, mais dans les dérivés ammoniacaux analogues. D'après F. Jacobj, il y a, dans le diabète par phloridzine, également augmentation de glycosurie par la caféine et la théobromine, qui sont aussi des dérivés ammoniacaux; mais qui se distinguent dans leur structure chimique des acides amidés, employés par Knopf, Embden et Salomon. Car caféine et théobromine ne sont pas des acides amidés, mais des dérivés puriniques. Si l'on veut considérer l'augmentation de la glycosurie diabétique amenée par les acides amidés comme preuve qu'ils se transforment en sucre, il faudrait considérer également la théobromine et la caféine comme matières donnant du sucre. Au lieu de faire cette supposition aventureuse, il est plus naturel de penser qu'aussi bien les acides amidés que les dérivés puriniques agissent sur le foie, parce qu'ils sont des dérivés de l'ammoniaque, et qu'ils mènent indirectement à une formation plus grande de sucre.

Adrénaline, strychnine, curare peuvent aussi être considérés comme des dérivés ammoniacaux. Mais il est plus probable que toutes ces bases produisent l'hyperglycémie par l'intermédiaire du système nerveux.

Je sais que ma thèse a un côté faible, car les expériences avec les corps puriniques sont faites sur des animaux empoisonnés avec de la phloridzine, auxquels on a, par la phloridzine, fourni de grandes quantités de sucre : aussi le corps contient-il toujours du glycogène. G. Fichera (*in Ziegler's Beitr. z. pathol. Anat.*, XXXVI, 295, 1904), qui a récemment étudié le diabète par phloridzine, dit qu'en rassemblant ses résultats histologiques, il arrive à cette conclusion que, malgré la glycosurie intense, le glycogène n'a pas diminué ni disparu dans les organes où on le trouve habituellement : bien au contraire, il augmente d'autant plus que l'on injecte des doses de phloridzine toujours plus grandes. Il faudrait donc répéter ces essais d'ingestion de dérivés puriniques sur des chiens sans glycogène privés de pancréas. G. Embden et H. Salomon étaient bien conscients de la nécessité d'une pareille expérience.

G. Embden, *chef du laboratoire chimique de Francfort, s'est convaincu, comme il a bien voulu me le dire en réponse à une question que je lui avais adressée, par l'analyse du glycogène du corps des chiens privés du pancréas, que le glycogène qui reste ne peut pas servir à expliquer l'augmentation de la glycosurie observée après l'introduction des acides amidés.* C'est justement parce que ces expériences ont été faites pour la première fois sur des animaux sans glycogène, que je leur ai attribué une si grande valeur, bien qu'il soit désirable de les répéter sur des chiens opérés comme je l'ai dit plus haut dans mes recherches sur le diabète pancréatique.

La théorie du diabète par phloridzine a été élargie par une série de recherches de Georges Rosenfeld, qu'il faut étudier avec un intérêt particulier.

Si l'on laisse, d'après G. Rosenfeld (*Verhandl. d. Congr. f. inn. Med.*, 1893, 359), jeûner 5 jours un chien de 3 à 5 kilogrammes, si l'on donne le 6e et le 7e jour journellement 2 à 3 grammes de phloridzine par kilogramme, quand on introduit en même temps des hydrates de carbone dans l'alimentation, et qu'on sacrifie l'animal le 8e jour, on ne trouve pas d'infiltration graisseuse du foie. Mais si le 6e ou le 7e jour on donne avec de la phloridzine de la graisse ou rien, l'animal sacrifié le 8e jour a un foie graisseux. Tandis que, d'après ROSENFELD, la proportion de graisse du foie par rapport aux substances sèches est chez le chien qui jeûne de 10 p. 100 (*Zeitschr. f. klin. Med.*, XXVIII, 264, 1895), il croit qu'alors, après phloridzine, cette proportion de graisse s'élève de 25 à 75 p. 100, tandis que le glycogène disparaît presque complètement. Si l'on donne le 6e et le 7e jour de la viande à côté de phloridzine, cela rend également plus difficile la formation de graisse dans le foie (*loc. cit.*, 256, 1895). La graisse du foie disparaît au bout de 2 jours environ lorsqu'on cesse de donner de la phloridzine, plus vite encore si l'on introduit du sucre dans l'alimentation (*loc. cit.*, 263, 1885). L'examen microscopique de la graisse du foie prouve que la graisse se trouve non dans les tissus conjonctifs, mais dans les cellules du foie : elle n'est pas dans les noyaux des cellules, mais garnit les mailles du protoplasme qui autrement sont remplies par du glycogène. L'infiltration se trouve surtout dans les cellules qui sont voisines de la veine centrale : il n'y en a pas à la périphérie des acini.

GEORGES ROSENFELD a, comme nous l'avons déjà dit, prouvé par des expériences ingénieuses que la graisse du foie, qui se produit dans l'empoisonnement par phloridzine, est due à l'immigration de la graisse des autres parties du corps ; qu'il s'agit donc ici d'une infiltration de graisse. G. ROSENFELD a constaté que cette immigration de graisse a lieu seulement quand le foie est pauvre en glycogène. Dans des expériences que j'ai faites avec le prof. BERNHARD SCHONDORFF sur des chiens phloridzinés traités conformément aux prescriptions de G. ROSENFELD, je me suis également convaincu du fait que le foie contenant de la graisse est extrêmement pauvre en hydrates de carbone. Dans des expériences que Mme GATIN-GRUZEWSKA a faites dans mon laboratoire, où elle obtenait, par l'introduction de grandes quantités d'amidon, de sucre et d'un peu de viande, des accumulations énormes de glycogène dans le foie, j'ai vu qu'il ne se formait que très peu de graisse. Il semble donc que l'organisme, après l'introduction de grandes quantités d'hydrates de carbone, accumule d'abord de grandes quantités de ces matières de réserve avant que commence la transformation du sucre en graisse. Grand avantage, puisque le sucre vient avant la graisse comme source d'énergie. Car le glycogène se transforme en sucre rapidement, facilement et en grande quantité, tandis que la transformation de graisse en sucre nécessite un temps beaucoup plus long. Peut-être même la graisse n'est-elle utilisable par l'organisme qu'après s'être d'abord transformée en sucre.

Mais comme, après la consommation de la réserve de glycogène, qui est hâtée par l'empoisonnement par la phloridzine, immédiatement la graisse immigrée dans le foie prend la place du glycogène, on peut conclure que cela a pour but de remplacer la fonction du glycogène, c'est-à-dire de former du sucre. N. ZUNTZ (*Berliner klin. Wochenschr*, n° 3, 70, 1904) a vu diminuer, dans le diabète par phloridzine, la valeur du quotient respiratoire jusqu'à 0,63. — On voit de même qu'après l'introduction de phloridzine la sécrétion de sucre dans le diabète pancréatique augmente malgré l'absence du glycogène. Cette thèse jette un peu de lumière sur la formation des graisses dans le foie amenée par d'autres interventions. Ainsi il y a, d'après J. ATHANASIU (*A. g. P.*, LXXIV, 511, 1899) et TAYLOR (*Journal of experimental medicine*, IV, 399, 1899), dans l'empoisonnement par le phosphore, une infiltration du foie avec de la graisse, et en même temps diminution du glycogène.

D'après LŒPER et COUZON (*B.B.*, IV, 33, 1452, cités par M. H. BIERRY et Mme Z. GATIN-GRUZEWSKA) l'adrénaline augmente le glycogène du foie : d'après DOYON (*B. B.*, IV, 66, 16 janvier 1904), elle le diminue. NOEL PATON (B. DRUMMOND et NOEL PATON, *J. P.*, XXXI, 1904, 92) avait déjà constaté que le glycogène diminue après l'injection d'adrénaline. Au même résultat sont récemment arrivés M. H. BIERRY et Mme Z. GATIN-GRUZEWSKA (*B. B.*, LXIII, 902, 27 mai 1905).

Les foies contenant de la graisse résultant de l'empoisonnement par l'arsenic et l'antimoine sont, d'après SALKOWSKI (*C. W.*, 1865, 353), ROSENBAUM (*St-Petersburger med. Wochenschr.*, 1881, n° 28), LEO MOHR (*Ueber den Einfluss darmreinigender Mittel auf den Glykogengehalt der Leber. Inaug-Dissert.* Würzburg, 1904), pauvres en glycogène. Le même phénomène a lieu après la respiration de chloroforme, ce qui est relaté par F. ROSENBAUM (*Dissertat. Dorpat. A.P.P.*, 1879). Le même auteur (*St-Petersburger med.*

Wochenschr, 1881, n° 28) nous apprend que le glycogène du foie diminue par le phosphore, la strychnine, la morphine. Une méthode pour produire avec certitude un foie graisseux par l'introduction d'alcool, est communiquée par ROSENFELD (*Ergebnisse der Physiol.*, I, 1903, 71). Des chiens qui avaient jeûné pendant cinq jours recevaient deux fois par jour 3 et demi à 4 cc. d'alcool par kilogramme de corps sans aucune autre nourriture. S'ils recevaient plus de 4 de ces doses, leur foie contenait toujours de la graisse. Si on leur donnait en même temps du sucre pour former du glycogène, le foie ne devenait pas graisseux. Même la quantité de graisse tombait, comme dans le cas d'alimentation avec des hydrates de carbone, au-dessous (par rapport aux substances sèches des 10 p. 100 du foie normal, sans que la proportion de la graisse du foie par kilogramme du corps tombât au-dessous de la normale. V. MERING et MINKOWSKI ont vu, après l'extirpation partielle du pancréas, que le foie, riche en graisse, est pauvre en glycogène; mais il s'agit là d'infiltration de graisse, de sorte que des animaux n'ayant pas des réserves de graisse, n'ont pas de foie graisseux après l'extirpation du pancréas (ROSENFELD, *loc. cit.*, I, 1903, 72). Ces faits furent confirmés par E. WIERSMA (*Inaug.-Dissert.* Groningen, 1886) pour le chloral, par B. DEMANT (*Z. p. C.*, x, 442, 1886) pour la strychnine et le curare, par KISSEL (*Inaug. Dissert.* Würzburg, 1894) pour le sublimé.

En général, ces foies contenant de la graisse sont de nature physiologique, car ils peuvent se réparer rapidement et facilement, sans qu'il y ait lésion des cellules du foie. Il y a cette loi que les foies qui sont très riches en glycogène, sont pauvres en graisse, et que ceux qui sont riches en graisse sont pauvres en glycogène. En général on voit le foie riche en graisse s'il y a privation de nourriture; riche en glycogène s'il y a nourriture abondante avec des hydrates de carbone. Cependant il se trouve, comme dit G. ROSENFELD (*Verhandl. d. Cong. f. inn. Med.*, 1893, 359), certaines conditions de nutrition où le foie contient de la graisse et du glycogène en quantités égales. Il s'agit peut-être là de certaines formes de passage.

La production de ces foies graisseux par des actions toxiques peut s'expliquer par ce fait que les poisons font plus ou moins disparaître d'une façon quelconque le glycogène du foie (trouble de la synthèse glycogénique, transformation augmentée du glycogène en sucre, sécrétion augmentée de sucre par les reins, innervation, etc.). Le foie n'est alors plus en état de maintenir le taux normal de sucre du sang. Une immigration de graisse doit donc avoir lieu, que le foie peut transformer en sucre. Dans le cas d'un jeûne prolongé, qui fait disparaître le glycogène du foie, le foie devient plus riche en graisse par immigration. On a publié là-dessus récemment d'intéressantes recherches de A. GILBERT et J. JOMIER (*B. B.*, LVII, 494 et *C. P.*, 1905, 89). Fr. N. SCHULTZ (*A. g. P.*, LXV, 299, 1897) a, comme je l'ai dit plus haut, démontré que, pendant le jeûne, le sang devient plus riche en graisse.

Cela explique également les conditions trouvées par ROSENFELD, pour l'origine du foie gras après empoisonnement par phloridzine. Le jeûne avant la phloridzine a pour but l'appauvrissement du foie en glycogène; l'injection de phloridzine fait disparaître les derniers restes de glycogène. Pour que le foie puisse donner au sang le sucre nécessaire, de la graisse immigre dans le foie qui la transforme en sucre, et le foie se charge de graisse. Qu'il s'agisse ici de graisse immigrée, on le voit par le fait que des animaux pauvres en graisse ne peuvent pas dans les conditions susdites, avoir un foie gras. Il est clair que la nourriture graisseuse, comme le prouve ROSENFELD, favorise le développement du foie gras. C'est un fait très intéressant que l'alimentation avec du sucre au lieu de graisse, empêche la formation du foie gras. On comprend bien pourquoi une alimentation d'albumine rend impossible, ou au moins plus difficile, chez les animaux phloridzinisés le développement du foie gras, car toute viande introduite introduit du glycogène, et toute introduction d'albumine a pour conséquence une économie d'hydrates de carbone. Le défaut de sucre est donc moins à craindre.

Les faits communiqués ne laissent pas de doute que le sucre sécrété dans le diabète phloridzique provient non seulement du glycogène, mais aussi de la graisse. Cela semble être rigoureusement prouvé par l'augmentation de la glycosurie, glycosurie que l'empoisonnement par phloridzine produit même chez des animaux privés de pancréas, dont le corps ne contient pas de glycogène. Il serait désirable que l'on répétât cette recherche sur des animaux rendus absolument dépourvus de glycogène d'après la méthode de LUTHJE et la mienne. Car, comme je l'ai prouvé, le quotient inexact de 2,8, donné par MINKOWSKI pour $\frac{D}{N}$, prouve qu'on a expérimenté avec des chiens qui n'étaient pas absolument dépourvus de glycogène.

Tout fait croire que dans le diabète par phloridzine le sucre sécrété par un animal, devenu pauvre en glycogène provient aussi essentiellement de la graisse. Cela correspondrait parfaitement avec la présence relatée par v. MERING de l'acétone et de l'acide oxybutyrique dans l'urine du chien phloridziné. La présence des corps acétoniques a été d'ailleurs constatée, comme celle de l'acide biacétique, dans les expériences d'empoisonnement avec la phloridzine, expériences faites sous la direction de TH. RUMPF, par HARTOGH et O. SCHUMM (*A. P. P.*, XLV, II).

EDOUARD KÜLZ et A. E. WRIGHT (*Z. B.*, XXVII, 181, 1890. — A. E. WRIGHT, *On some points connected with the Pathology and treatements of Diabetes.* CROCER's *research Scholarship lecture London*, 1891, 16 et *Jahresbericht f. Thierchemie*, 1891, 404) avaient déjà trouvé la réaction de l'acide biacétique dans le diabète par phloridzine, tandis qu'ils n'avaient pu trouver d'acétone ni d'acide oxybutyrique.

Il s'ensuit de tous ces faits que, dans le diabète par phloridzine, le sucre provient aussi bien du glycogène que de la graisse, et que, dans le cas d'une alimentation graisseuse suffisante, comme l'a découvert v. MERING et comme l'a confirmé surtout TH. RUMPF, ce diabète n'est nullement accompagné d'une augmentation dans la sécrétion d'azote. Comme la phloridzine amène une si rapide évacuation de glycogène du foie, et qu'ensuite le foie devient graisseux, la part que prend le foie au diabète est donc établie.

J'ai déjà dit pourquoi les recherches de v. MERING, de THIEL et de MINKOWSKI avec des oies phloridzinées privées de foie ne prouvaient rien contre cette conclusion.

Les diabètes physiologiques. — Aux diabètes physiologiques appartient d'abord le diabète d'*inanition* découvert par HOFMEISTER (*A. P. P.*, XXV, 355). Des chiens amaigris deviennent diabétiques après une faim prolongée. Si on leur donne 1/3 à 1/4 des quantités d'amidon qui normalement ne produisent pas de glycosurie, ils sécrètent du sucre. J'en donne ici l'explication hypothétique suivante. L'animal doit faire son métabolisme par une forte consommation de glycogène et de graisse, et beaucoup de sucre provient de ces deux matières de réserve. Si l'on donne au sang encore plus de sucre dans ses aliments, le foie, devenu, à cause de son activité plus intense, plus riche en ferments, n'est pas en état de faire disparaître l'excédent de sucre dû à l'accumulation de glycogène.

Il faut citer également le diabète par *contention*, observé chez les chats par R. BÖHM et F. A. HOFFMANN (*A. P. P.*, VIII, 171 et 375). Il se produit même quand il n'y a pas trachéotomie et quand l'animal est bien enveloppé pour être protégé contre le refroidissement. Le diabète par contention est un phénomène passager, même si la contention dure : il est causé, à mon avis, par la lésion des nerfs sensitifs de l'animal qui amènent un réflexe sur le foie. L'introduction de la sonde dans la vessie, décrite par BÖHM et HOFFMANN, doit causer une vive excitation. D'après une communication verbale que le Dr GRUBE m'a faite, les chats, sur lesquels il a pratiqué beaucoup d'expériences, réagissent facilement, par une glycosurie marquée, à toute intervention.

On peut considérer comme une troisième forme de diabète physiologique, le diabète par le froid, décrit également pour la première fois par BÖHM et HOFFMANN (*loc. cit.*, p. 271 et 375). Ici il s'agit également d'une si forte excitation réflexe du foie que soudainement, comme dans la piqûre bulbaire, de grandes quantités de sucre sont déversées dans le sang. Le violent effet réflexe du froid, saisissant la peau, se manifeste par le tremblement des muscles.

Une quatrième forme du diabète physiologique est la glycosurie *alimentaire*, dont le mécanisme se comprend sans peine.

SOMMAIRE[1]. — § I. **Découverte du glycogène** (228).

1. Les numéros entre parenthèses se rapportent aux pages du Dictionnaire.

(244). — Méthode de Brücke Külz pour le dosage du glycogène dans les organes (246). — Description de la méthode (246). — La défectuosité essentielle de la méthode de Brücke-Külz est dans l'entraînement du glycogène qui se précipite avec l'albumine par le réactif de Brücke-Külz est une préparation impure, et le dosage des cendres ne corrige pas cette erreur (247). — Des recherches récentes semblent établir que le glycogène, au moins celui du foie, est en partie combiné chimiquement à d'autres substances (249). — L'emploi du réactif de Brücke-Külz, dans la méthode de Külz, diminue le rendement en glycogène, parce qu'il en précipite une partie (252). — Indications pour l'analyse de glycogène par la méthode de Pflüger (254). — Méthode de F. W. Pavy pour le dosage quantitatif du glycogène (262). — Analyse quantitative du glycogène d'après Pflüger (261). — Remarques préliminaires (261). — Preuves que le glycogène dissous dans une solution forte de potasse n'est pas attaqué par l'ébullition avec cette solution (262). — Expériences I. Glycogène préparé sans les acides de la viande, sans l'ébullition avec la potasse, sans l'action des réactifs de Brücke (262). — Exp. II. Extraits aqueux de la pulpe musculaire neutralisée. Précipitation du glycogène par l'alcool. Ébullition avec une solution forte de potasse (264). — Préparation d'une solution de glycogène sans le réactif de Brücke avec de la viande de cheval (solution dans une liqueur contenant 5,6 p. 100 de potasse, précipitation par l'alcool et purification) (265). — Effets de l'ébullition avec la solution forte de potasse (265). — Dosage du glycogène des organes avec emploi d'une solution forte de potasse (265). — Action sur le glycogène d'une solution de potasse diluée de 1 à 2 p. 100 (261). — Indications pour le dosage de glycogène d'après la méthode de Pflüger (277). — Extraction du glycogène des organes (278). — Précipitation et isolement du glycogène (278). — Dosage du glycogène par inversion en glycose (279). — Contrôle d'après Volhard (281). — Tableau des chiffres respectifs de cuivre, de sucre et d'oxydule de cuivre (282). — Justification des indications données (284). — Précipitation des hydrates de carbone par l'alcool dans une solution des organes avec 15 p. 100 de KOH (285). — Analyse quantitative du glycogène (d'après Austin) (289); par la colorimétrie (292); par le dosage polarimétrique (294). — Résumé de la méthode d'analyse de Pflüger (294).

§ **III. Extension du glycogène dans le règne animal** (295). — Foie (296). — Pancréas (300). — Glandes de l'appareil digestif (300). — Poumons (300). — Glandes salivaires et autres glandes des vertébrés (300). — Reins (301). — Glandes génitales et leurs annexes (302). — Muscles (303). — Système nerveux (304). — Epithéliums (304). — Tissus conjonctifs (305). — Sang, vaisseaux et lymphatiques (306). — Tableau I, donnant la teneur en glycogène des tissus des vertébrés, des embryons de vertébrés et invertébrés. — Tableau II, donnant la teneur en glycogène des animaux et des champignons. — Glycogène des animaux inférieurs (307). — Tableaux de Barfurth (309). — Distribution du glycogène dans les organes divers du même individu (311. — Teneur en glycogène des muscles de droite et de gauche (312). — Teneur en glycogène des muscles symétrique de la partie droite et de la partie gauche du corps (313). — Glycogène des organes du nouveau-né chez l'homme (314). — Glycogène du corps de la grenouille (315). — Glycogène du corps du chien après quatre semaines d'inanition (316).

§ **IV. Origines du glycogène** (317). — Etat actuel de la question (317). — Production du glycogène aux dépens des hydrates de carbone (320). — Recherches de Jacob Otto et des autres élèves de Voit (322). — Recherches d'Otto sur l'alimentation avec le glycose (323). — Le saccharose, le glycose, le lévulose peuvent-ils être transformés directement en glycogène par le foie, ou doivent-ils subir une transformation préalable? (326), avec le maltose (328), avec le lactose (329). — Recherches de Lusk, Cremer, Kausch et Socin (329). — Recherches d'Otto avec le galactose (330). — Le lactose peut-il être employé par le foie pour donner du glycogène? (330). — Recherches d'E. Külz (331). — Nutrition avec les pentoses, par Salkowski, M. Cremer, J. Frentzel, C. Neuberg et J. Wohlgemuth (338). — Nutrition avec la glycérine (343). — Production de glycogène aux dépens de l'albumine (344). — Recherches de Cl. Bernard, E. Külz, Tscherinoff, S. Weiss, Dock, Luchsinger, Naunyn, S. Wolffberg, V. Mering, Finn (344). — Recherches de Külz sur les pigeons pour démontrer la formation de glycogène par l'albumine (352). — Recherches de Külz sur les poules (nutrition avec l'albumine (353). — Recherches de Schöndorff sur la nutrition des grenouilles avec la caséine (352). — Recherches de Blumenthal et de Wohlgemuth sur la nutrition des grenouilles avec de la caséine de l'albumine et de la gélatine (362). — Recherches de Bendix sur la nutrition des animaux à sang chaud avec la caséine et la gélatine (363). — Recherches de Rolly sur les animaux strychnisés (365). — Recherches avec la phloridzine de Mering, de Schöndorff sur le maximum du glycogène (367), de Prausnitz (370), de Rumpf (371). de Kumagava (372), de Hédon (372), sur les animaux sans pancréas. — Combinaisons faibles des sucres et glycosides (374). — Expériences de Külz sur l'alimentation des diabétiques avec la caséine, et observations cliniques (376). — Expériences de Lüthje sur la nutrition d'animaux sans pancréas par l'albumine (380). — Expériences de Pflüger sur le même sujet (381). — Observations de Pflüger relatives à l'impossibilité de l'hypothèse que le sucre des diabétiques provient de l'albumine (385). — Formation de sucre aux dépens de la graisse (391). — L'alimentation grasse n'augmente pas l'élimination du sucre des diabétiques (391). — Formation d'hydrates de carbone par la graisse chez les plantes (392). — Faits établissant la formation d'hydrates de carbone par la graisse chez les animaux (E. Bataillon, et E. Couvreur) (393). — Hypothèses sur les processus chimiques de la formation du sucre aux dépens de la graisse chez les animaux (393). — Relations des acides amidés avec les hydrates de carbone, d'après Neuberg et Langstein, P. Mayer, Rudolf Cohn, Oscar Simon, Fried. Kraus (396). — Désamidation des acides amidés donnant des acides gras et amenant la glycosurie. Recherches de Léo Schwarz (399). — Relations de l'acide butyrique avec les acétones (399). — Nutrition avec des acides gras, par L. Schwarz (400). — Réponse aux objections de Fr. Kraus, qui dit que les diabétiques n'ont point de graisses (402). — Expériences relatives à la formation de sucre dans un mélange de bouillie hépatique et de graisse, d'après J. Seegen, J. Weiss, E. Abderhalden et P. Rona, A. Hesse, Hildesheim et Leathes, K. Grube (404). — Formation de sucre par la glycérine, d'après M. Cremer et Luthje, avec la glycérine (407).— Valeur très élevée du quotient $\frac{D}{N}$ que n'explique pas la formation de glycogène (408). — Trois séries d'expériences dans lesquelles, pendant plusieurs semaines, un chien dépancréatisé fut nourri exclusivement avec de l'albumine (409). — Calcul du quotient respiratoire d'après Magnus Levy, et réponses aux objections qu'il fait relatives à l'impossibilité d'admettre la graisse comme origine du sucre (409). — Augmentation du glycogène dans le foie après injection de substances dont ne peut provenir le glycogène (413). — Lieux de formation du glycogène, d'après T. G. Brodie, K. Grube, L. Errera, Barfurth, Cl. Bernard, E. Külz, A. Cramer (414).

§ V. **Destruction du glycogène** (417). — Le glycogène se transforme en glycose dans le foie. Étapes intermédiaires. Dextrine et maltose, d'après Cl. Bernard, Musculus et Mering (417). — Recherches de E. Külz et J. Vogel sur la formation de maltose, d'isomaltose et de dextrose aux dépens du glycogène hépatique (417). — v. Wittich découvre le ferment diastasique du foie (418). — Remarques de Pavy, Foster, Paton et Dastre (418). — Salkowski démontre par le chloroforme qu'il s'agit bien d'une zymase qui transforme le glycogène du foie en glycose (418). — Röhmann et Bial trouvent cette zymase dans le sérum du sang (419). — Action du système nerveux sur la formation du sucre dans le foie (420). — Piqûre du bulbe, d'après Claude Bernard (420). — Développement de l'expérience de Claude Bernard. Recherches de Bock et Hoffmann, M. Bernhardt, M. Schiff, W. Dock (421). — Glycosurie après excitation du vague (Cl. Bernard) (421). — Expériences d'Eckhardt sur les nerfs qui agissent dans cette glycosurie nerveuse, et recherches de Pavy, v. Graefe, v. Hensen, Marc Laffont, E. Cavazzani (422). — Le diabète provoqué par la morphine et les sels neutres ne se produit plus après section des nerfs splanchniques. Expériences de Eckhard, E. Külz. M. H. Fischer (424). — Mêmes résultats pour le diabète strychnique. Expériences de Langendorff et Gürtler, H. Rœber et P. Bongers (425). — L'extirpation du foie et la ligature de ses vaisseaux rend la piqûre bulbaire inefficace. Expériences de Moos et M. Schiff (425). — L'éthérisation des grenouilles empêche l'action de la piqûre bulbaire (426). — Opinion de Claude Bernard sur le mécanisme par lequel la piqûre du bulbe produit la glycosurie (426). — Explication de Pflüger, par analogie avec l'expérience de Heidenhain sur l'innervation des glandes salivaires (426). — Des nerfs sensibles divers produisant la glycosurie réflexe. Expériences de Cyon et Aladoff, Filehne, M. Laffont, E. Külz, C. Eckhard, M. Schiff, Böhm et Hoffmann, J. Ryndsjun, F. Froning (427). — Signification physiologique de la glycosurie réflexe (428). — Observations cliniques sur des malades ayant un diabète d'origine nerveuse (429). — Glycosurie réflexe (431). — Échange des hydrates de carbone entre le foie et le sang (432). — Rapports du poids du foie avec sa teneur en glycogène. Expériences de Pavy, B. Schöndorff, Mme Gatin-Gruzewska, E. Külz (432). — Rapports du travail musculaire avec le glycogène hépatique. Recherches de O. Langendorff et Hugo Schulz (433). — Le sang artériel plus riche en sucre que le sang veineux. Recherches de Claude Bernard, P. Pavy, Mering, Jacob Otto (434). — Le travail musculaire fait croître la différence de sucre entre les sangs veineux et artériel. Expériences de Chauveau et Kauffmann (435). — Glycogène des muscles (435). —Expériences de Pflüger pour établir que le travail musculaire n'a pas pour unique origine le glycogène (436). — Influence du travail musculaire sur la consommation du glycogène. Expériences de Cl. Bernard, S. Weiss, Th. Chandelon, E. Manché, W. Marcuse, E. Külz, J. Ranke, Otto Nasse, G. Meissner (437). — Rapports du travail musculaire avec la formation de sucre dans les muscles, d'après J. Ranke, Otto Nasse, et G. Meissner (444). — Fermentation intra-musculaire et rigidité cadavérique, d'après Magendie, Claude Bernard, Chandelon, M. Werther (444). — Disparition rapide du glycogène dans les muscles après la mort, d'après E. Külz, A. Cramer, Böhm et Hoffmann (445). — Dérivés du glycose dans les muscles après la mort, d'après Panormoff, W. A. Osborne et S. Zobel, Pavy, Brown et Morris (446). — Les hydrates de carbone du sang. Recherches de Tiedemann et Gmelin, Thomson, Magendie, Frerichs, Claude Bernard, v. Mering, Bleile, J. Otto, J. Seegen, E. Külz et K. Miura, M. Pickhardt, Abeles, F. Schenck, Gürber, v. Henriques, Drechsel, Balbi, R. Kolisch et R. v. Stejskal, H. J. Bing, Figuier, Sanson, P. David, Naunyn, S. J. Philips, G. Embden (447). — Rôle du sucre dans les échanges, d'après Claude Bernard, Lépine, Barral, Arthus,

Spitzer, Röhmann, F. Kraus (449). — Incertitude des recherches actuelles sur la glycolyse, l'autolyse et les zymases (450).

VI. Le Diabète (450). — De l'hyperproduction de sucre (450). — Hyperproduction provoquée par une transformation plus abondante de glycogène en sucre, ou par une transformation moindre de sucre en glycogène. Expériences de Claude Bernard, E. Külz, Frerichs, Grohe, M. Kauffmann, E. Reichard, O. Minkowski, W. Kausch, J.-G. Otto (451). — Hyperproduction liée à une transformation plus active de graisse en sucre, ou à une moindre transformation de sucre en graisse. Expériences de V. Noorden, Hédon, Kauffmann (454). — Oxydation du sucre chez les diabétiques, d'après Magnus Lévy, Th. Rumpf, V. Kossa, Albertoni, Lamy et Mayer, V. Harley, Voit et Pettenkoffer, H. Léo, Weintraud et Laves, Laves, Stüve, Katzenstein, Naunyn, Bouchardat, Trousseau, Külz, Zimmer, Mering, Chauveau et Kauffmann, Kausch (455). — Les quatre sortes de diabète (459). — L'extirpation partielle du pancréas produit un diabète traumatique. Recherches de Mering et Minkowski (460). — La glycosurie, produite par l'extirpation partielle du pancréas, ne peut pas être considérée comme une glycosurie traumatique. Analyse de l'urine de 114 malades après opérations chirurgicales graves, par E. Pflüger, B. Schöndorff et Fr. Wenzel (461). — Glycosurie provoquée par l'extirpation des glandes salivaires (463). — Recherches de E. Reale, Renzi et E. Reale, Minkowski, Fehr (464). — Glycosurie après extirpation de la thyroïde, d'après E. Külz et Falkenberg (464). — Effets de l'extirpation partielle du pancréas; recherches de Renzi et Reale, Thiroloix, O. Witzel, Mering et Minkowski (464). — Résultats remarquables obtenus par Thiroloix (465) et par Sandmeyer et Hédon (460) après extirpation partielle du pancréas. — Diabète survenant tardivement après extirpation partielle du pancréas. Recherches de Sandmeyer, Pflüger et O. Witzel (466). — La technique opératoire de Thiroloix entraîne presque nécessairement la glycosurie (467). — Diabètes intenses déterminés par l'extirpation incomplète du pancréas. Expériences de Lüthje (468). — Diabète déterminé par la rupture des adhésions après extirpation pancréatique partielle. Recherches de E. Pflüger et O. Witzel (468). — Glycosurie des grenouilles après extirpation du pancréas. Expériences négatives de Minkowski (468). — Expériences positives de Aldehoff et Marcuse (469). — Raisons de dissidence (469). — D'après Minkowski, l'extirpation du pancréas ne produit pas de glycosurie chez les oiseaux (469). — D'après Langendorff, Weintraud et Kausch, l'extirpation chez les oiseaux produit l'hyperglycémie et quelquefois la glycosurie (470). — Explication des contradictions, par Kausch (470). — Extirpation totale du pancréas (470). — Recherches de Pflüger et Witzel (470). — P. Schulz et G. Zulzer nient qu'il y ait alors polyphagie, polydipsie, polyurie (471), quoique Mering et Minkowski les aient observées (472). — L'ablation du pancréas dans les expériences de Mering et Minkowski n'a pas été totale (472). — Kausch prouve que chez les oiseaux Minkowski n'a pas fait l'ablation totale du pancréas (472). — Les extirpations totales de Lüthje n'ont été que partielles, en réalité (472). — Les extirpations faites sur les chiens par Witzel ont été, comme le prouve l'examen microscopique, totales, ce qui est établi aussi par l'absence de polyphagie, de polydipsie et de polyurie (472). — Technique de l'extirpation totale du pancréas d'après O. Witzel (472). — Résultats obtenus par Pflüger après extirpation totale du pancréas (476). — Début de la glycosurie après extirpation totale. Expériences de M. H. Bierry et Mme Gatin Gruzewska (476). — Recherches de Sandmeyer et Thiroloix sur la glycosurie tardive après extirpation du pancréas (477). — Tableaux de Pflüger sur le diabète après extirpation totale du pancréas. Quotient $\frac{D}{N}$ (477). — Troubles nutritifs dans le diabète de Sandmeyer (478). — Analyses chimiques du foie (479); des muscles (479); des muscles après extirpation totale (479). — Extrait éthéré du cerveau chez des chiens malades ou diabétiques, d'après Mœckel (480). — Graisse des os chez les chiens diabétiques (480). — Théories du diabète (480). — Trois hypothèses possibles (480). — Critique de l'hypothèse de Minkowski, d'après lequel l'extirpation du pancréas détermine deux maladies différentes, selon qu'elle est totale ou partielle (481). — Conciliation entre les résultats divers obtenus par l'ablation totale ou partielle du pancréas. Explication sans faire intervenir des phénomènes d'inhibition dans le diabète de Sandmeyer (481). — Recherches sur l'hypothèse que le pancréas a une action antitoxique, de Mering et Minkowski (481), de Hédon (482). — Recherches de Lépine et Kauffmann sur la non-accumulation d'un ferment diastasique dans le sang après extirpation du pancréas (482). — Recherches de Hédon pour guérir par infusion de sang normal des chiens atteints de diabète pancréatique (482). — Recherches de Capparelli et Vanni qui font cesser la glycosurie pancréatique par injection d'extrait pancréatique (482). — D'après Sandmeyer, l'alimentation avec du pancréas cru fait croître la glycosurie (482). — Expériences négatives de Hédon sur des injections d'extrait glandulaire pour guérir la glycosurie pancréatique sur les chiens (482). — sur l'homme (482). — Greffe d'une portion de tissu pancréatique sous la peau, d'après Minkowski (483). — Autres meilleurs essais de greffe par Hédon, Lancereaux, Thiroloix (483). — D'après Hédon, la greffe est sans effet après section des nerfs mésentériques (484). — Trois exceptions (484). — Recherches de Thiroloix, Gley, Lancereaux (484). — Explication de Hédon, d'après lequel l'expérience de greffe de Minkowski ne prouve pas qu'il y a sécrétion interne (484). —

Absence de diabète dans l'inflammation aiguë du pancréas, d'après HANSEMANN (485). — Absence de diabète dans le cas de cancer total du pancréas et hypothèse de HANSEMANN (485). — Recherches de HÉDON, GLEY et THIROLOIX sur l'absence de diabète après injection intra-pancréatique de substances qui ont provoqué la dégénérescence de la glande (485). — Ilôts de LANGERHANS et leur signification. Observations de H. KÜSTER, V. DIAMARE, A. KULIABKO, J. RENNIE, SANDMEYER (485). — Expériences de KAUFFMANN sur la section des nerfs du foie qui est sans influence sur le diabète pancréatique (480). — Objections à ces recherches de KAUFFMANN (486). — Expériences de HEIDENHAIN sur les glandes salivaires (486). — D'après KAUFFMANN, la section de la moelle au-dessus de la douzième vertèbre dorsale rend l'ablation du pancréas sans effet (486). — Pourquoi la fonction inhibante du pancréas sur la glycosurie, ou sur la régulation de la consommation des hydrates de carbone est une donnée insuffisante (496). — Diabète par phloridzine de MERING (488). — Teneur du sang en sucre dans le diabète par phloridzine, d'après MERING, MINKOWSKI, F.-W. PAVY (490). — Diabète par phloridzine chez les oiseaux, d'après A. THIEL, O. MINKOWSKI, V. MERING, KAUSCH (489). — Diabète curarique chez des grenouilles à foie enlevé, d'après LANGENDORFF (490). — Opinions de V. MERING et MINKOWSKI sur le diabète par phloridzine (490). — Jécorine et sucre libre ou combiné, d'après les recherches de HENRIQUES et N. ZUNTZ (490). — Diabète rénal après ingestion de sulfo-caféine, de caféine et de théobromine, d'après C. JACOBJ (491). — Recherches d'EMBDEN et SALOMON, L. KNOPF, BOCK et HOFFMANN, sur la diurèse et la glycosurie (492). — La phloridzine, d'après G. FICHERA, ne change pas et même augmente la teneur des organes ou glycogène (490). — Formation de foies gras par la phloridzine, d'après les recherches de J. ROSENFELD, B. SCHÖNDORFF, Mme GATIN GRUZEWSKA, N. ZUNTZ (492). — Foies gras et disparition du glycogène après injection d'adrénaline. Recherches de V. LŒPER et COUZON, DOYON, N. PATON, M.-H. BIERRY et MAD. GATIN GRUZEWSKA (493). — Effets de l'intoxication par l'arsenic et l'antimoine, par SALKOWSKI, F. ROSENBAUM, L. MOHR (493); du phosphore, de la strychnine, de la morphine, d'après ROSENBAUM (490); de l'alcool, d'après ROSENFELD (494); du chloral, d'après E. WIERSMA (494); de la strychnine et du curare, d'après B. DEMANT (494); du sublimé, d'après KISSEL (494). — Augmentation de la graisse du foie et du sang dans le jeûne, d'après A. GILBERT et J. JOMIER, et FR. N. SCHÜLZ (494). — Acétones dans le diabète par phloridzine, d'après les recherches de V. MERING, E. KÜLZ et A.-E. WRIGHT, TH. RUMPF, HARTOGH et SCHUMM (495). — Les diabètes physiologiques (495). — Diabète de l'inanition, d'après HOFMEISTER (495). — Diabètes de contention, de froid, d'après BÖHM et HOFFMANN (495). — Diabète alimentaire (495). — Sommaire (495).

E. PFLÜGER.

GLYCOLYSE. — Le mot *glycolyse*, que j'ai proposé en 1890, signifie *disparition* du sucre. La glycolyse est un processus aussi général et aussi complexe que la glycogénie, et qui est intimement lié à un grand nombre de phénomènes vitaux. Si nous voulions l'envisager dans son ensemble, il nous faudrait faire une incursion dans le domaine de la physiologie botanique; et, rien que pour l'étude de la glycolyse produite par les végétaux inférieurs, transcrire, en quelque sorte, plusieurs chapitres de la *Microbiologie* de DUCLAUX. Nous nous bornerons à exposer ce qu'on sait de la glycolyse chez l'animal, en limitant d'ailleurs notre sujet; car, chez lui, le sucre disparaît de plusieurs manières. Il peut entrer dans la molécule de certaines matières albuminoïdes; il peut, par anhydrisation, devenir du glycogène; il peut passer à l'état de graisse, comme l'a montré HANRIOT. Or ces divers modes de glycolyse sont étudiés dans différents articles de ce *Dictionnaire*. — C'est seulement de la glycolyse qui se produit pendant le fonctionnement des organes qu'il sera question ici.

Encore ne pouvons-nous l'étudier dans la série; car, pour les animaux inférieurs, les documents font totalement défaut. Nous aurons donc seulement en vue les mammifères voisins de l'homme.

On sait, aujourd'hui, que ces derniers ont besoin de consommer une certaine quantité d'hydrates de carbone et, spécialement, de glucose[1]. Les chimistes ont autrefois pensé que la destruction du sucre consistait simplement en une *oxydation*. Mais, comme on l'a justement remarqué, l'oxygène n'oxyde pas directement la plupart des substances oxydables de l'économie : il lui faut l'aide d'un ferment. — J'ai dit, il y a près de quinze ans, que les faits connus conduisaient à admettre l'existence d'un ferment spécial,

1. Le sucre peut provenir des matières protéiques ainsi que des graisses (CHAUVEAU, GEELMUYDEN, etc.); mais, au moins chez certains animaux, parmi lesquels se trouve l'homme, *il faut*, en outre, qu'une certaine quantité d'hydrates de carbone soit apportée du dehors : l'homme normal *doit* en ingérer quotidiennement au moins 60 à 80 grammes; sinon, il devient acétonémique. — Le chien peut se passer de cet apport. L'addition de graisse aux matières protéiques lui suffit.

(ferment *glycolytique*). Un peu plus tard, SPITZER (**24** et **24** *bis*), a supposé que ce ferment était identique avec les oxydases découvertes par SCHMIEDEBERG, SALKOWSKI, JAQUET, ABELOUS et BIARNÈS, etc., dans les tissus animaux et végétaux. Mais j'ai montré depuis plusieurs années (*Semaine médicale*, 1897, 277) que cette assimilation n'était pas admissible, et ma manière de voir a été généralement acceptée. Il y a des oxydases qui sont glycolytiques; par exemple celles que MADAME SIEBER a récemment extraites de la fibrine du sang (**63**); mais elles restent à l'état d'exception.

Le professeur A. GAUTIER, qui a, le premier, comme on sait, montré l'importance de la vie anaérobie dans nos tissus, admet l'intervention nécessaire d'un processus d'oxydation dans la glycolyse; seulement, dit-il, ce n'est qu'ultérieurement, après le premier stade du dédoublement hydrolytique, que les produits, dérivés par hydratation, des albuminoïdes du protoplasma vivant, sont soumis à l'action de l'oxygène du sang, qui oxyde le sucre. — BOURQUELOT (**26**) exprime la même opinion. Il considère la glycolyse comme se faisant en deux actes, ainsi que la formation d'aldéhyde salicylique dans le cas suivant :

« A une solution étendue de salicine on ajoute quelques centigrammes d'émulsine, puis une petite quantité d'un ferment oxydant. Dès le second jour on peut constater l'odeur de l'aldéhyde salicylique, dont la ormation s'explique en supposant que dans une première phase la salicine a été dédoublée par l'émulsine, et que, dans une seconde phase, l'alcool salicylique produit sous l'influence du ferment oxydant s'est transformé en aldéhyde salicylique. »

BACH et BATTELLI (**67**), qui admettent hypothétiquement une *alternance* des deux processus hydrolysant et oxydant, proposent le schéma que voici :

« Le glucose est d'abord dédoublé en acide lactique, puis en alcool et anhydride carbonique. L'alcool, à l'état naissant, est oxydé avec une grande facilité en présence de l'oxygène du sang avec le concours d'enzymes oxydantes.

« Le produit de l'oxydation de l'alcool est l'acide acétique, qui est à son tour dédoublé en méthane et acide carbonique. Le méthane à l'état naissant est oxydé en acide formique, et celui-ci est dédoublé en acide carbonique et hydrogène. Finalement, l'hydrogène, à l'état naissant se combine avec l'oxygène, pour faire de l'eau. »

Ce n'est là bien entendu qu'un *schéma*, et, si nous le reproduisons, c'est seulement avec les plus expresses réserves.

En résumé, d'après plusieurs savants, dont la compétence est indiscutable, la glycolyse débuterait toujours par un processus anaérobie. — Je ne conteste point qu'il en soit ainsi dans beaucoup d'organes, mais je ne puis m'empêcher de rappeler que si l'on agite avec CO le sang défibriné (LÉPINE et BARRAL), ou si on le laisse sous une couche d'huile, il ne se produit pas, en 1 heure, à 38°, de glycolyse appréciable (LÉPINE et MARTZ) (**34**) tandis que dans les mêmes conditions, sauf qu'il est oxygéné, le même sang perdra entre le quart et le tiers de la quantité de sucre qu'il renferme. — Je me garderai, d'ailleurs, de généraliser, car le sang est un milieu spécial, à cause de l'oxyhémoglobine, et il se peut — j'ai émis il y deux ans cette hypothèse — que dans les tissus et organes moins pourvus d'oxygène, « suivant les conditions, la dislocation de la molécule du sucre se fasse de manières différentes ». (*Semaine méd.*, 1903).

Produits de la glycolyse. — Les produits *ultimes* de la destruction de la molécule du sucre sont, comme on sait, CO^2 et H^2O. — Quant aux produits intermédiaires, ils sont incomplètement connus, et en tout cas, plus nombreux que ne l'indique le schéma de BACH et BATTELLI.

In vitro, plusieurs expérimentateurs, BLUMENTHAL (**35**) le premier, ont observé la production d'une certaine quantité de CO^2 dans une solution sucrée additionnée de suc d'organes (obtenu après le broiement de ces organes et l'action d'une presse hydraulique puissante). Cette production de CO^2 est plus abondante en milieu anaérobie (BLUMENTHAL), et STOKLASA (**64-66**) l'a particulièrement étudiée dans ce milieu. Comme il a aussi obtenu de l'alcool, STOKLASA n'hésite pas à considérer la glycolyse dans les tissus comme identique à la fermentation alcoolique[1]. Mais cette conclusion ne paraît pas

1. L'hypothèse que la glycolyse chez l'animal serait une fermentation alcoolique n'est pas nouvelle. D'après CLAUDE BERNARD (*Leçons sur le diabète*, 329) elle a été soutenue par BLONDEAU et HUTSON FORD.

admissible; car les quantités d'alcool obtenues dans la fermentation provoquée par les sucs d'organes sont, par rapport à CO^2, très inférieures à ce qu'on observe dans la fermentation alcoolique réalisée par la levure. BATTELLI (73), PORTIER (85) et MAZÉ (85 *bis*) contestent même qu'on puisse obtenir de l'alcool, *in vitro*, avec le suc d'organes, *sans l'intervention de microbes*. Toutefois plusieurs expérimentateurs (BLUMENTHAL, FEINSCHMIDT) (68) en ont trouvé, bien que le milieu fût stérile. Il semble donc légitime de considérer, avec BLUMENTHAL, l'alcool comme un produit *accessoire* de la fermentation *in vitro*, provoquée par le suc d'organes.

Cette question, malgré son intérêt, est d'ailleurs moins importante que celle de savoir si, chez l'animal *vivant*, la glycolyse est une fermentation alcoolique; en d'autres termes, si pour 100 grammes de glucose détruit elle entraîne la formation de 50 grammes environ d'alcool. MAQUENNE (98) le nie formellement, et, *a priori*, cela paraît bien invraisemblable; car, s'il en était ainsi, les herbivores, qui absorbent beaucoup de substances amylacées, seraient plus accoutumés à l'alcool que les carnivores, de sorte que l'ingestion de quelques grammes de cette substance devrait être sans effet chez eux. Or ce n'est pas ce qu'on observe. — On a trouvé de l'alcool dans les organes (J. BÉCHAMP, cité par DUCLAUX : *Traité de microbiologie*, III, 57) et dans le sang (JOLY : *C. R. de l'Acad. des Sciences*, 1893, 9 novembre) d'animaux n'ayant jamais ingéré d'alcool[2]; mais sa présence (en petite quantité) dans les organes et dans le sang est très explicable, en admettant — ou bien qu'il s'y trouve comme produit accessoire (ainsi que dans les fermentations *in vitro*) — ou bien qu'il a été formé dans l'intestin (par fermentation du glucose), puis résorbé. A l'appui de cette opinion on peut faire valoir le fait que l'alcool n'augmente pas pendant l'autolyse spontanée des tissus (LANDSBERG : *Zeitschrift für physiolog. Chemie*, 1904, XLI, 505).

Un certain nombre d'acides organiques se produisent pendant la fermentation du glucose additionné de suc d'organes; mais ils n'ont pas été isolés. On sait seulement, par les recherches de FEINSCHMIDT, etc., que le liquide, après quelques heures de fermentation, est beaucoup plus acide qu'au début. Il est probable que, parmi ces acides figure l'acide lactique[3], que C. LUDWIG et ses élèves ont trouvé en assez grande abondance dans le sang ayant circulé plusieurs fois à travers le rein (DRECHSEL), les muscles (v. FREY), le poumon (GAGLIO), surtout comme l'a vu BERLINERBLAU, si le sang a été additionné de glucose (*Archiv für exp. Path.*, 1887, XXIII). D'après VAUGHAN-HARLEY, l'acide lactique serait même plus abondant que le sucre dans le sang de chiens à uretères liés quelques heures après l'injection intra-veineuse de 10 grammes de glucose par kilogramme (*Archiv für Physiol.*, 1893, *Suppl.*).

Il n'est pas impossible que, dans certains cas, l'acide lactique soit le premier produit de la dislocation de la molécule du glucose, comme l'admettent BACH et BATTELLI. On sait qu'on l'obtient dans le laboratoire en traitant à chaud le glucose par la potasse, mais il est certain que tout le glucose ne se dédouble pas en acide lactique; car il est des cas, bien étudiés par P. MAYER chez l'animal vivant, et par BOULUD et moi, dans le sang *in vitro*, où ce sucre a produit de l'acide glycuronique. On sait que cet acide ne diffère du glucose que par COOH à la place de CH^2OH.

Au point de vue chimique il est difficile d'admettre que le passage du glucose à l'acide glycuronique consiste seulement en une oxydation; car le radical alcoolique CH^2OH est moins oxydable que le radical aldéhydique COH, situé à l'autre extrémité de la chaîne. FISCHER, pour résoudre cette difficulté, imagine une hypothèse assez compliquée (Voir P. MAYER (58). Sans admettre avec MAYER qu'il y a dans ce cas une dérogation aux lois de la chimie, on peut supposer que le glucose passe à l'état d'acide gluconique[4], par oxyda-

1. D'après PORTIER (85) les sucs d'organes (ou leurs précipités) sont incapables de produire une glycolyse appréciable en trois heures. Cet expérimentateur pense que les expériences de STOKLASA ont eu une durée trop longue pour que le milieu soit resté stérile.

2. Plus récemment MAIGNON (*C. R. de l'Académie des Sciences*, 1905, 20 avril) a de nouveau insisté sur la présence normale d'alcool et d'acétone dans les tissus et liquides de l'organisme.

3. La constatation de l'existence de cet acide, et la détermination de sa proportion dans le mélange, présentent quelque intérêt, ARONSSOHN (57) ayant noté que l'acide lactique, en certaine proportion, exalte l'action du ferment glycolytique du sang.

4. RUFF a obtenu des pentoses au dépens de l'acide gluconique.

tion de l'aldéhyde, puis que l'acide gluconique passe à l'état d'acide saccharique. Or une simple réduction de ce dernier conduit à l'acide glycuronique. Remarquons que la transformation du glucose en acide gluconique et celle de ce dernier en acide saccharique a été réalisée par P. MAYER (*loc. cit.*,) chez le lapin[1].

Chez les mêmes animaux, P. MAYER a trouvé de l'acide oxalique dans le foie et dans l'urine, après l'injection d'une quantité un peu forte de glucose (ou d'acide glycuronique). Ses expériences ont été confirmées par celles d'HILDENBRANDT (Z. *p. C.*, 1902, XXXV) : Des lapins, alimentés avec de l'avoine (à laquelle il faut ajouter de la chaux, pour prévenir les effets pernicieux de l'intoxication acide qu'amènerait l'avoine seule) excrètent quelques milligrammes seulement d'acide oxalique par jour. Si on leur donne, en plus, 30 grammes de glucose, ils excrètent *dix* fois plus d'acide oxalique.

La destruction de la molécule de glucose amène la formation des molécules plus petites et nécessairement en nombre beaucoup plus considérable; aussi n'est-il pas étonnant que le point de congélation d'une solution sucrée s'abaisse pendant la glycolyse.

Isolement du ferment glycolytique. — Avec BARRAL j'ai tenté d'isoler le ferment glycolytique du sang, en lavant les globules, après centrifugation, dans une solution d'eau salée; puis, après une nouvelle centrifugation, en les faisant macérer également dans l'eau salée. Nous avons ainsi obtenu un liquide très pauvre en matières albuminoïdes, et doué d'un pouvoir glycolytique assez prononcé.

Par l'addition de phosphate de chaux, nous avons produit dans la liqueur un précipité qui possédait aussi un pouvoir glycolytique. Mais toutes nos tentatives pour séparer le ferment d'avec le phosphate tricalcique ont été vaines. La dialyse ne peut être employée; car le ferment glycolytique du sang ne dialyse pas.

ARONSSOHN (**56**), en se servant du sulfate d'ammoniaque pour saturer une macération de globules du sang dans l'eau salée, a obtenu, par filtration, un liquide possédant un pouvoir glycolytique, et *absolument* exempt de matières albuminoïdes. C'est assurément un important résultat. — Malheureusement il ne paraît pas s'être assuré de la stérilité du liquide. Si elle n'était pas absolue (et l'on sait la difficulté de maintenir un liquide aseptique après plusieurs manipulations) il est possible que des microbes aient été les agents de la glycolyse, et que le liquide n'ait pas renfermé le ferment glycolytique du sang.

Enzymes de SIEBER. — Quoi qu'il en soit, MADAME SIEBER (**63**), qui a, sinon *isolé*, au moins *séparé* trois enzymes glycolytiques contenues dans la fibrine du sang, a trouvé qu'elles présentaient les réactions des substances albuminoïdes. De ces trois enzymes la première est soluble dans l'eau distillée : il suffit donc d'un simple lavage de la fibrine du sang, surtout d'animaux immunisés contre le bacille de LŒFFLER et contre le strepto- et le staphylocoque.

La seconde enzyme s'obtient en lavant la fibrine dans une solution de sels neutres, et particulièrement de nitrate de potasse à 8 p. 100, à la température de l'étuve. Elle est précipitée de sa solution par CO^2, par l'alcool, et surtout par le sulfate d'ammoniaque, dont MAD. SIEBER a essayé de se débarrasser par la dialyse[3], mais infructueusement; car, après la dialyse, l'enzyme se trouve *en partie* dans le liquide dialysé.

Pour obtenir la troisième enzyme, il faut, d'après MADAME SIEBER, se servir du liquide *filtré*, saturé de sulfate d'ammoniaque, qui a servi à l'opération précédente. On le réduit à basse température, dans le vide; et, quand on est arrivé à 100 cc., on ajoute beaucoup d'alcool absolu, pour précipiter les sels. Le liquide filtré est de nouveau évaporé dans le vide, jusqu'à ce qu'il prenne une coloration brune.

Cette enzyme diffère de la précédente en ce qu'elle ne colore en bleu la teinture de gaiac qu'en présence de l'eau oxygénée, tandis que l'enzyme précipitée par le sulfate d'ammoniaque ne la colore au contraire qu'en l'absence d'eau oxygénée. La première enzyme (celle qui est soluble dans l'eau distillée, et dont le pouvoir glycolytique est d'ail-

1. On sait qu'il existe d'autres sources possible d'acide glycuronique.

2. ASHER et JACKSON (*Z. B.*, XLI), se fondant sur les résultats de circulations artificielles et d'expériences *in vivo*, contestent que l'acide lactique provienne du glucose. Il n'en est sans doute pas la seul source, mais l'opinion de ces auteurs parait beaucoup trop exclusive.

3. C'est ce qu'avait déjà fait ARONSSOHN (p. 40). Mais le ferment s'est détruit pendant la dialyse.

leurs plus faible) bleuit la teinture de gaïac, soit avec, soit sans l'eau oxygénée, mais mieux cependant dans le dernier cas.

Des trois enzymes, celle qui est soluble dans les sels neutres et précipitée par le sulfate d'ammoniaque est la plus sensible à la chaleur. Elle est très affaiblie à 65°, et détruite au dessus de 70° en deux ou trois minutes.

La première enzyme n'est affaiblie que par une exposition de plus de 5 minutes à 70°. Quant à la troisième, c'est la plus résistante; elle est simplement affaiblie à 90°, et il faut un chauffage de plusieurs minutes à 97° pour la détruire.

La deuxième enzyme *paraît* douée d'un pouvoir glycolytique supérieur aux deux autres (on ne peut d'ailleurs avoir aucune certitude, les enzymes n'ayant pas été *isolés*).

En somme, on doit à Madame Sieber la connaissance de deux faits nouveaux. D'abord que le sang ne renferme pas un seul ferment glycolytique, comme je l'avais supposé; en second lieu, que certaines *oxydases* sont glycolytiques. Comme les sucs glycolytiques, extraits des organes, produisent une fermentation *plus active* en milieu anaérobie, (ainsi que l'a constaté Blumenthal), Madame Sieber confirme l'idée que la glycolyse dans le sang *in vitro* est un processus spécial.

Les ferments glycolytiques du sang paraissent plus délicats que ceux des organes. Aussi Blumenthal a-t-il orienté d'une manière très heureuse l'étude de la glycolyse, en s'adressant à un d'eux; et sa technique, calquée sur celle de Buchner, semble irréprochable. La voici, telle qu'elle est exposée par son élève, Feinschmidt :

Les organes sont broyés avec du sable, et la pulpe, ainsi obtenue, est soumise à une pression de 300 atmosphères. Pour 1 kilogramme d'organes on peut obtenir jusqu'à 100 cc. de suc. On ajoute de l'alcool absolu; on décante, et on agite le résidu avec l'éther; on filtre et on évapore le précipité dans le vide; puis on le reprend par l'eau distillée, qui est additionnée de glucose et de toluol. La glycolyse est appréciée par le volume d'acide carbonique obtenu après un certain nombre d'heures. L'asepsie de la solution est vérifiée.

Arnheim et Rosenbaum (72) à l'exemple de Rapp et Buchner, traitent le suc d'organes par l'acétone et l'éther, l'acétone présentant sur l'alcool quelques avantages.

D'après eux, ajouté à une solution de glucose, le suc de foie produirait une glycolyse assez énergique; celui des muscles, une glycolyse *faible*, ainsi que l'avait autrefois noté Lauder Brunton. Quant au suc de pancréas, ses effets seraient inconstants, et, en tous cas, peu intenses. Cohnheim (61) en employant le suc *non desséché* de cet organe n'a pas observé de glycolyse. On pourrait être tenté d'attribuer ce résultat à une formation de sucre (peut-être aux dépens des nucléoprotéïdes du pancréas)[1], mais cette explication ne paraît pas suffisante; car l'addition à une solution sucrée d'un *mélange* de suc de pancréas et de suc de muscles lui a donné une forte glycolyse. Il faut d'ailleurs savoir que le suc du pancréas n'a, par lui-même, qu'un faible pouvoir glycolytique : Blumenthal n'a obtenu avec lui qu'un dégagement d'acide carbonique assez minime, après 48 heures. Aussi je n'hésite pas à affirmer que l'action incontestable qu'il exerce sur la glycolyse est surtout une action indirecte, *favorisante*. Telle est l'idée que je soutiens depuis plusieurs années. Je reviendrai tout à l'heure, avec détails, sur cette importante question; mais, pour terminer l'exposé de nos connaissances sur les ferments glycolytiques, j'ai à mentionner les travaux d'Herlitska et Borrino (57) qui ont obtenu une glycolyse assez prononcée dans des solutions sucrées, en les additionnant, soit d'une nucléo-histone du foie, soit de nucléoprotéïdes extraites du rein ou du thymus, Herlitzka a réussi également à extraire un nucléohistone de la levure de bière, et a produit, avec elle, une fermentation qui paraît bien avoir été une fermentation alcoolique véritable, car l'alcool et l'acide carbonique s'y trouvaient dans le rapport normal. Mais, ainsi que nous l'avons déjà dit, la glycolyse dans les tissus ne peut être considérée comme un processus identique avec celui de la fermentation alcoolique.

1. Il résulte des expériences d'Umber et de Rahel-Hirsch que, pendant l'autolyse, le pancréas produit une notable quantité de sucre. J'avais déjà observé avec Métroz, que dans ces conditions tous les organes produisent du sucre *fermentescible*), notamment un pentose. Or, comme le remarque avec raison Blumenthal, ce sucre n'est pas, ou presque pas attaqué par le ferment glycolytique.

Mesure de la glycolyse. — 1° Glycolyse dans le sang circulant. — Chauveau, puis Cl. Bernard, ont vu que le sang artériel renferme plus de sucre que le sang veineux. Mais les chiffres qu'ils ont publiés ne sauraient être tenus pour exacts; car, à l'époque de leurs mémorables travaux, on était loin de soupçonner l'existence de certaines causes d'incertitude ou d'erreur. Parmi ces causes d'erreur — ou tout au moins d'incertitude — il faut citer surtout l'acide glycuronique et le sucre virtuel.

On sait, depuis une publication de P. Mayer, que l'acide glycuronique peut exister dans le sang, et nos travaux (Lépine et Boulud, *C. R. de l'Académie des sciences*, 15 juillet, 4 novembre 1901, 17 février, 21 juillet 1902, 12 janvier, 4 mai, 2 novembre 1903, 7 mars 1904) ont prouvé que son existence y est constante, et qu'il s'y trouve souvent en proportion très considérable vis-à-vis des autres matières sucrées. Nous avons surtout établi, par des dosages comparés de sang artériel et de sang veineux recueillis au même moment, que, véritable protée, il peut se former (et se détruire) pendant la traversée des capillaires. Or il y a, comme on sait, des combinaisons de l'acide glycuronique qui ne réduisent pas la liqueur de Fehling, de sorte que la réduction ne donne pas la totalité des matières sucrées [1]. Il faut, pour détruire la conjugaison, chauffer, en présence d'un acide une partie de l'extrait de sang. Mais ce chauffage, même pratiqué par un chimiste très expérimenté, ne donne pas des résultats entièrement satisfaisants : s'il est trop court, ou trop modéré, la conjugaison n'est pas détruite; dans le cas inverse, on détruit une certaine quantité de matière sucrée; dans les deux cas on a un chiffre trop faible. Il est donc impossible, dans l'état actuel de l'analyse chimique, de connaître *rigoureusement* le chiffre des matières sucrées d'un sang renfermant certaines conjugaisons de l'acide glycuronique.

L'erreur, provenant de la production de sucre pendant la traversée des capillaires est encore plus importante. Boulud et moi avons récemment montré (*C. R. de l'Acad. des Sciences*, 21 septembre et 2 novembre 1903) qu'il existe *normalement* dans le sang un hydrate de carbone non décelable par nos moyens actuels d'investigation (sucre virtuel), et capable de se transformer en *glucose* dans les capillaires. Cette transformation de sucre *virtuel* en sucre décelable par nos méthodes de dosage fait comprendre que des chimistes d'une habileté consommée aient trouvé parfois le même chiffre de matières sucrées dans une veine que dans l'artère, voire même un chiffre *plus fort* dans la veine.

Cela est, à la vérité, exceptionnel, et l'on observe généralement pour le sang veineux un chiffre de matières sucrées sensiblement inférieur à celui du sang artériel. Quelques exemples ne seront pas inutiles. Je les prends dans le registre de mon laboratoire. Tous les dosages ont été faits par Boulud, chef des travaux.

Matières sucrées du sang veineux comparées à celles du sang artériel;

1° *Sang de la jugulaire.* Chien bien portant, à l'inanition depuis plus de vingt-quatre heures. Le sang de l'artère et celui de la veine ont été recueillis simultanément :

Numéros des chiens		*Pour 1000g de sang :* Pouvoir réducteur exprimé en glucose (a).	après chauffage. (b).	Acide glycuronique B absolu (c).	pour 100. (d).
2426	Artère	0,64	0,94	0,30	31
	Jugulaire	0,72	0,84	0,12	14
2432	Artère	0,50	0,66	0,16	24
	Jugulaire	0,42	0,52	0,10	20

Les chiffres de la colonne (*c*) sont obtenus en soustrayant ceux de la colonne (*a*) de ceux de la colonne (*b*); ceux de la colonne (*d*), en divisant les chiffres de la colonne (*c*) par ceux de la colonne (*b*).

Les extraits de sang ont été faits par la méthode de Bierry et Portier [2]. Les chiffres

1. Pour la commodité du langage nous désignons arbitrairement ces combinaisons par la lettre B.

2. Bierry et Portier, *B. B.*, 1902, 1276.

de la colonne *b* ont été obtenus après chauffage d'une partie de l'extrait, en présence de l'acide tartrique, à 110°.

Il n'y a pas toujours une grosse différence entre l'artère et la veine. Il se peut que la glycolyse dans les capillaires, à certains moments, soit très faible. Il se peut aussi que la perte qu'elle entraîne soit compensée par une formation de sucre (aux dépens du sucre virtuel). Parfois même, cette formation produit un excès relatif de sucre dans la jugulaire. Chez le chien sain et neuf, l'acide glycuronique B se trouve presque toujours dans le sang veineux en moindre proportion que dans le sang artériel; cela prouve que, dans les capillaires, il est détruit de préférence au glucose.

2° *Sang de la veine crurale*. — Dans le sang de la veine crurale, nous trouvons en général une diminution des matières sucrées par rapport à l'artère. Mais il y a des exceptions à cette règle. En voici une que j'ai observée chez un chien mouton, à jeun depuis plusieurs jours. Les deux sangs ont été recueillis simultanément :

	gr. (*a*).	gr. (*b*).	gr. (*c*).	(*d*).
Artère.	0,68	0,80	0,12	15
Veine crurale.	0,70	0,86	0,16	18

Ainsi, dans ce cas, la veine crurale a plus de sucre que l'artère[1]. D'après SEEGEN, ce fait ne pourrait s'observer qu'après la faradisation des *nerfs* du membre inférieur (et non des muscles). On voit que cette assertion est erronée. Ce chien était parfaitement sain; mais l'artère seule possédait du sucre virtuel. En effet, dans ce même sang, *fluoré*, pour empêcher la glycolyse, on obtenait, après une heure, *in vitro*, les valeurs suivantes :

	Déviation polarimétrique	gr. (*a*).	gr. (*b*).	gr. (*c*).	(*d*).
Artère.	+ 0,5	0,84	0,90	0,06	7
Veine crurale.	+ 0,1	0,68	0,86	0,18	20

Ainsi, dans l'artère il s'est produit du sucre secondaire : (0,90 — 0,80 = 0,10). Il ne s'en est pas produit dans la veine.

Influence de la température de la patte sur les matières sucrées du sang de la veine crurale. — Chez plusieurs chiens nous avons immergé les membres inférieurs, l'un dans de l'eau à plus de 40°, et l'autre dans de l'eau à 6° environ. Les nerfs sciatique et crural de l'un et de l'autre côté étaient préalablement sectionnés. Dix minutes après le début de l'immersion, on a pris, simultanément, du sang dans la carotide et dans les deux veines crurales :

		gr. (*a*).	gr. (*b*).	gr. (*c*).	(*d*).
Sang carotidien	+ 0,3	1	1,05	0,05	5
Sang veineux de la patte chaude.	+ 0,2	0,82	1,00	0,18	18
Sang veineux de la patte froide. .	+ 0,2	0,81	0,88	0,07	8

Ainsi, par rapport au sang artériel, le sang veineux de la patte chaude a perdu peu de matières sucrées pendant la traversée des capillaires (0,05). Le sang veineux de la patte froide en a perdu davantage (0,17). On remarquera de plus qu'il existe une assez forte proportion d'acide glycuronique non spontanément réducteur dans la patte chaude (1 — 0,82 = 0,18).

Chez un autre chien, nous avons trouvé :

		gr.	gr.	gr.	
Sang carotidien	+ 0,3	1,02	1,03	0,01	1
Sang veineux de la patte chaude.	+ 0,4	1,00	1,06	0,06	6
Sang veineux de la patte froide. .	+ 0,3	0,74	0,80	0,06	7

Comme chez le chien précédent, les matières sucrées sont moins abondantes dans le sang de la patte froide; mais le sang de la patte chaude en renferme plus que celui de la carotide, ce qui s'explique par une production de sucre aux dépens du sucre virtuel,

1. On remarquera que, contrairement à la règle, chez ce chien d'ailleurs sain, on trouve plus d'acide glycuronique B dans la veine que dans l'artère.

En effet, le sang artériel *fluoré*, ainsi que le sang des deux veines, donne, après une heure, *in vitro*, les chiffres suivants :

		gr.	gr.	gr.	
Sang artériel	+ 0,5	1,12	1,18	0,06	5
Sang veineux de la patte chaude. .	+ 0,5	0,93	1,06	0,13	12
Sang veineux de la patte froide .	+ 0,2	0,98	1,09	0,11	10

On voit que le sang artériel possédait une certaine proportion de sucre virtuel (1,18 — 1,03 = 0,15). On n'en trouve plus dans la patte chaude.

Chez un autre chien la formation de sucre a été tellement considérable dans la patte froide, que la veine de cette patte renfermait 0gr,20 de sucre de plus que l'artère :

		gr.	gr.	gr.	
Carotidien.	+ 0,4	1,44	1,48	0,04	3
Sang veineux de la patte chaude.	+ 0,5	1,16	1,33	0,17	5
Sang veineux de la patte froide .	+ 0,8	1,61	1,68	0,07	4

3° *Sang de la veine pancréatique.* — Je possède un grand nombre de dosages du sang de cette veine. Le fait général qui s'en dégage est sa teneur relativement faible en matières sucrées. Voici comme exemple la teneur en sucre de différents vaisseaux chez le même chien. Les prises de sang ont été faites simultanément. L'animal était en digestion de viande :

	gr. (*a*).	gr. (*b*).	gr. (*c*).	(*d*).
Carotide	0,78	1,09	0,31	30
Veine pancréatique.	0,62	0,62	0	0
— splénique	0,78	0,84	0,06	7
— porte	0,63	0,64	0,03	4

Mais, dans des conditions particulières il n'en est plus de même : Voici les résultats du dosage du sucre dans trois veines *aussitôt* après l'excitation des nerfs du pancréas :

	gr. (*a*).	gr. (*b*).	gr. (*c*).	(*d*).
Veine pancréatique.	0.88	1,18	0,30	26
— splénique	0,82	1,01	0,19	19
— jugulaire.	0,82	0,94	0,12	13

J'explique le chiffre relativement élevé (1,18) du sucre dans la veine pancréatique par l'accélération de la circulation. En effet, pendant et aussitôt après l'excitation des nerfs du pancréas, le sang de la veine pancréatique est rutilant, et coule avec une abondance insolite.

Les modifications de la circulation sont en effet un des facteurs importants de la perte de sucre dans les capillaires. Il est certain que, toutes choses égales, il se détruit plus de sucre quand la circulation capillaire est lente. Malheureusement il n'est pas facile de déterminer avec quelque rigueur la durée de la circulation capillaire dans un organe à un moment donné. Morat note, avec un métronome, le temps que mettent 20 cc. de sang veineux à tomber dans le récipient. C'est une mesure très utile; mais on comprend qu'elle n'est pas toujours suffisante.

Vu la difficulté d'apprécier, même pendant un temps très court, l'intensité de la glycolyse dans un organe, et l'impossibilité de connaître les variations qu'elle présente à différents moments dans les divers organes, il est puéril d'essayer de calculer, en dosant le sucre du sang artériel et celui du sang d'une veine, la quantité de sucre que détruit l'économie pendant vingt-quatre heures.

Influence du travail. — On vient de voir que, consécutivement à l'excitation des nerfs du pancréas, le sang de la veine pancréatique renferme beaucoup de sucre, soit parce qu'il se produit du sucre, sous une influence nerveuse, soit, comme je l'ai dit plus haut, parce que la quantité absolue du sucre détruit dans les capillaires est masquée par la quantité relativement considérable de sang qui les traverse pendant la période d'excitation. Dans certains organes, notamment dans les muscles en contraction, la perte absolue du sucre est suffisante pour que, malgré l'accélération de la circulation, il se produise, ainsi que l'ont vu Chauveau et Kauffmann (3), une diminution notable de la proportion centésimale du sucre dans le sang veineux.

2° Glycolyse dans le sang in vitro. — Depuis plus de quinze ans, avec la collaboration de chimistes compétents (parmi lesquels je puis citer surtout Barral, agrégé de chimie de la Faculté de médecine de Lyon, et Boulud, pharmacien des hôpitaux), je détermine le *pouvoir glycolytique du sang*, au moyen d'une méthode qui, dans certaines limites, donne des résultats importants :

On sait que, sorti des vaisseaux, le sang est encore vivant pendant plusieurs heures, même après la défibrination. Il est donc légitime de déterminer dans ces conditions l'intensité de la glycolyse. Voici comment il convient de procéder :

On recueille, *en même temps*, du vaisseau, dans lequel une canule stérilisée a été introduite, deux échantillons de sang. L'un tombe dans du nitrate acide de mercure, et sert à doser les matières sucrées dans l'état où elles se trouvent dans le sang circulant. L'autre est reçu dans un ballon stérilisé, renfermant du sable (la laine de verre cédant de l'alcali au sang est à rejeter), et défibriné par l'agitation. Puis on le met au bain-marie, à une température toujours identique (j'ai adopté 39°, qui n'est pas la température optimum pour la glycolyse, mais qui a l'avantage de se rapprocher de la température normale du chien, animal sur lequel j'ai exclusivement expérimenté); on l'y laisse une heure. Pendant ce temps, de l'oxygène passe bulle à bulle dans le sang. On prévient ainsi la multiplication des microbes, qui peuvent s'y trouver malgré les précautions prises.

Au bout d'une heure, le sang retiré du bain-marie est traité exactement comme le précédent.

Bien que, dans ces conditions, il se soit, pendant cette heure, produit une certaine quantité de sucre aux dépens de sucre virtuel, on constate une glycolyse assez forte; c'est la glycolyse *apparente*. Pour connaître la glycolyse *réelle*, il faudrait déterminer pour ce même sang, la quantité de sucre produit. Cela est assez difficile : on peut recueillir, en même temps que les deux autres un troisième échantillon dans un ballon renfermant du fluorure de sodium; cette substance empêchant, au moins en grande partie, la glycolyse, ainsi que l'a remarqué Arthus (14). Mais il n'est pas certain que, dans le ballon renfermant le fluorure, il se produise autant de sucre que dans l'autre ballon.

Dans les conditions normales, le sang artériel d'un chien éprouve en une heure une perte *apparente* de $0^{gr},30$ p. 1 000. Comme la production de glucose aux dépens du sucre ne dépasse pas, dans ces conditions, $0^{gr},10$, on voit que la perte réelle est comprise entre $0^{gr},30$ et $0^{gr},40$.

Outre la diminution de la quantité de sucre, il se produit, *in vitro*, des modifications qualitatives très notables, notamment dans les rapports réciproques du glucose et de l'acide glycuronique (Lépine et Boulud).

Si l'on procède de même, non avec du sang mais avec du sérum aseptique d'un chien sain, on ne peut constater de glycolyse.[1] (Lépine et Barral). De ce fait, confirmé par Spitzer, Portier, etc., il faut nécessairement conclure que les éléments figurés du sang sont la cause de la glycolyse *in vitro*. Si l'on centrifuge le sang, on constate que la couche la plus inférieure du sérum (la plus voisine des globules) est souvent moins riche en sucre que la couche supérieure (Lépine et Boulud). — On sait que les globules blancs occupent la partie supérieure de la couche des globules. Or, bien que cette dernière retienne toujours plus de sérum que la couche inférieure, on trouve *très souvent* celle-ci beaucoup plus sucrée que la couche supérieure[2]. Ce fait prouve que l'action glycolytique des globules blancs, pendant la durée de la centrifugation, s'exerce beaucoup plus énergiquement que celle des globules rouges (Lépine et Boulud).

Il est probable que le ferment contenu dans les globules blancs se dégage plus ou moins lentement. En effet, dans les premières minutes, la glycolyse apparente est nulle; (mais, comme c'est aussi à ce moment que se fait surtout la production du sucre, aux

1. Cohnheim (61), p. 346, croit que le sérum renferme un principe antagoniste du ferment glycolytique, « afin que le sucre ne soit pas détruit dans le sang, où il ne produirait que de la chaleur et pas de travail ».

2. On sait que 1 000 grammes de sérum renferment plus de sucre que 1 000 grammes de globules.

dépens du sucre virtuel, il est fort difficile d'être fixé sur la glycolyse *réelle*). Après le premier quart d'heure, en général, la glycolyse se fait d'une manière régulière, et proportionnellement au temps.

Si le sang est agité avec l'oxyde de carbone (Lépine et Barral), ou maintenu sous une couche d'huile (Lépine et Martz), il ne perd pas de sucre d'une manière bien sensible en une heure. Ainsi la glycolyse dans le sang, *in vitro*, ne peut se faire sans oxygène; et, si Croftan (59) affirme le contraire, c'est qu'il s'est glissé quelque erreur dans ses expériences. Il se fait probablement une ou deux oxydations successives produisant de l'acide *gluconique*, puis de l'acide *saccharique*, suivies d'une *réduction* qui aboutit à la formation d'acide glycuronique.

L'addition de fluorure de sodium, comme il a été dit précédemment, diminue, et peut même (si la proportion de fluorure de sodium dépasse notablement celle de 2 p. 100, indiquée par Arthus (14) supprimer complètement la glycolyse. De même, l'addition en *quantité suffisante*, d'un antiseptique quelconque, ou simplement d'eau. L'action de l'eau est complexe, suivant l'état du sang et la proportion d'eau introduite. Elle agit en modifiant les phénomènes d'osmose, et en altérant les globules. L'influence *favorisante* (observée par Arthus et de Meyer), d'une faible quantité d'eau distillée, s'explique par l'issue plus facile du ferment hors des globules blancs. En tous cas, une très forte proportion d'eau exerce généralement une influence très défavorable sur la glycolyse. Doyon et Morel (78) disent que 10 parties d'eau distillée l'arrêtent, et que 10 parties d'eau salée à 7 p. 1 000 la laissent intacte. Cette double proposition est trop absolue. J'ai fait remarquer (79) *qu'une seule* partie d'eau salée à 7 p. 1 000 peut diminuer la glycolyse dans certains sangs tout autant que *quatre* parties d'eau distillée la diminuent dans d'autres sangs; voir aussi de Meyer (82.) Lépine et Fauchon (34).

L'exposition prolongée du sang à l'action des rayons X Lépine et Boulud (77), diminue beaucoup la glycolyse. Je pourrais allonger beaucoup la liste des substances qui l'entravent.

Au contraire, l'addition au sang *in vitro* d'une très faible proportion d'eau distillée d'un sel alcalin, — mais jusqu'à une certaine limite, — d'acide lactique (Aronssohn (56), jusqu'à la proportion de 0gr,3 environ par litre de sang, d'une trace d'acétate de manganèse (Lépine et Martz), l'exposition du sang *pendant peu de minutes* à l'action des rayons X (Lépine et Boulud, 76), favorisent la glycolyse *in vitro*. Je ne parle pas, bien entendu, des microbes qui l'opèrent pour leur compte.

D'après de Meyer (82) l'addition à du sang, *in vitro*, d'un peu de suc de pancréas augmenterait dans ce sang la glycolyse. J'ai répété bien souvent avec Boulud cette expérience, en la variant de différentes manières, et je dois dire que nous n'avons obtenu un résultat d'une netteté *absolue* que dans un seul cas. C'était chez un chien hyperglycémique par suite de l'ablation du pancréas. Le sang renfermait 1gr,8 de matières sucrées, et, après une heure à 39°, 1gr,52. Or, si à 30 grammes de ce sang également maintenu à 39° on ajoutait 1 cc. de macération aqueuse du pancréas filtrée au filtre Chamberland, il n'en renfermait plus, au bout d'une heure, que 1gr,32.

Il faut bien savoir, d'ailleurs, que l'on observe parfois *in vitro* des résultats difficiles à interpréter. Dans beaucoup de cas, au contraire, les résultats de la glycolyse dans le sang veineux, *in vitro*, s'expliquent facilement, par exemple quand on observe un *balancement* entre la perte dans les capillaires et la perte *in vitro*. Chez un chien dont les pattes avaient été immergées, l'une dans l'eau froide, et l'autre dans l'eau chaude, le sang veineux de la patte froide *n'a pas perdu de sucre* pendant une heure à 39°; mais, dans les capillaires, la glycolyse avait été énorme (0gr,60). Le pouvoir glycolytique de ce sang était épuisé.

En somme, l'étude de la glycolyse *in vitro* est sujette à diverses causes d'erreurs, et les résultats qu'elle donne ont besoin d'être judicieusement interprétés. Ils sont, d'ailleurs, d'un autre ordre que ceux que l'on obtient par la comparaison du sang artériel et du sang veineux recueillis simultanément. Dans ce dernier cas, nous avons la glycolyse telle que l'influence des tissus la réalise dans le sang des capillaires. Au contraire, *in vitro*, nous avons la glycolyse dans le sang privé de l'influence des tissus; en d'autres termes, nous apprécions seulement le *pouvoir glycolytique* idéal, si l'on peut ainsi dire, du sang. Dans les capillaires la proportion d'acide glycuronique B *diminue* par rapport à ensemble des matières sucrées; au contraire, *in vitro*, à la température de 39°, pendant une heure, elle augmente dans le sang artériel.

Passons maintenant en revue quelques états dans lesquels le pouvoir glycolytique du sang artériel, *in vitro*, s'écarte de la normale. On se rappelle que nous avons précédemment fixé la perte de ce sang autour de 0gr,30 par litre de sang.

États dans lesquels le pouvoir glycolytique du sang artériel est diminué. — *Asphyxie.* — Si l'on asphyxie un chien par l'occlusion incomplète des narines ou de la trachée pendant une demi-heure environ, et d'une manière suffisante pour qu'il se produise de petits mouvements convulsifs; si l'on retire deux échantillons de sang d'une artère, et qu'en défibrinant l'un d'eux on l'agite avec de l'oxygène, pour lui rendre sa couleur rutilante, puis qu'on le porte à 39°, et que pendant une heure on le fasse traverser par des bulles d'oxygène; enfin qu'on y dose le sucre, on constatera que la glycolyse, pendant une heure y est faible, bien qu'il ait été parfaitement oxygéné à partir de sa sortie du vaisseau[1]. Du sang d'animaux asphyxiés, nous avons, Boulud et moi, retiré une substance cristallisable qui, mélangée à du sang (défibriné) recueilli chez un chien sain, entrave beaucoup la glycolyse (**53-54**).

Commotion cérébrale. — Un coup de maillet sur le crâne, assez violent pour suspendre momentanément la respiration, provoque toujours une hyperglycémie plus ou moins forte (Cl. Bernard), et, le plus souvent, suivie d'une diminution *considérable* de la glycolyse dans le sang artériel.

Si avant l'assommement on a sectionné les nerfs d'un membre, par exemple le sciatique et le crural du côté droit, et qu'aussitôt après avoir porté le coup on prenne simultanément le sang de la veine fémorale de l'un et de l'autre côté, on peut constater que le sang du côté droit est peu sucré, et qu'il a conservé un pouvoir glycolytique plus ou moins normal, tandis que du côté gauche (où les nerfs sont intacts), le sang est riche en sucre et a perdu plus ou moins complètement son pouvoir glycolytique. Cela montre que ce dernier vient en grande partie des tissus. On en trouvera dans le paragraphe suivant une autre preuve.

Influence du chloroforme. — J'ai étudié avec Boulud l'influence du chloroforme sur le pouvoir glycolytique du sang (**92**). Si la chloroformisation a été suffisamment prolongée, ce pouvoir est aboli dans le sang artériel; mais il est conservé d'une manière plus ou moins complète dans le sang veineux. Aboli sous l'influence du toxique inhalé dans le poumon, il est donc récupéré pendant la traversée des capillaires.

Ablation du pancréas. — Quelques heures après l'ablation du pancréas, le pouvoir glycolytique du sang est diminué. — Mais cette diminution est, en grande partie, masquée par diverses influences dont la principale paraît être l'*infection du sang*. En effet, ainsi que je l'ai remarqué depuis vingt ans, la septicémie augmente beaucoup la glycolyse. Or, malgré l'asepsie avec laquelle est faite l'ablation du pancréas, le chien qui a subi cette opération est toujours, au bout d'un certain temps, atteint de péritonite septique, à un degré variable d'ailleurs, parce que l'ischémie et, le plus souvent, la nécrose du duodénum facilitent le passage dans le péritoine des microbes de l'intestin. On a la preuve de la septicémie en prenant avec une aiguille stérilisée un peu de sang dans une artère dont on a cautérisé la surface, et en portant ce sang dans une solution sucrée stérilisée. Si le sang est emprunté à un chien dépancréaté depuis plus de vingt-quatre heures, la glycolyse dans la solution sucrée (qui fourmille de microbes) est très active.

États dans lesquels le pouvoir glycolytique du sang artériel est augmenté. — *Excitation du pancréas.* — Il y a plusieurs moyens d'exciter le pancréas. Celui que j'ai le plus employé consiste à faradiser les nerfs qui accompagnent l'artère pancréatico-duodénale. La simple section de ces nerfs a une action du même genre, mais bien moins marquée.

Quelques heures (*au moins* six heures) après l'excitation faradique, le pouvoir glycolytique du sang est très augmenté; la perte de sucre dépasse souvent 0gr,50 p. 1000. Il existe en même temps une hypoglycémie très prononcée.

Il résulte de plusieurs expériences personnelles, toutes concordantes, que la ligature du canal thoracique au cou n'empêche pas l'excitation des nerfs du pancréas d'augmenter le pouvoir glycolytique du sang.

Chez un chien qui avait subi une ablation partielle du pancréas, le sang artériel possédait le lendemain un pouvoir glycolytique supérieur à la normale. Ce résultat me paraît explicable par l'excitation nerveuse de la glande.

J'ai aussi observé une augmentation du pouvoir glycolytique du sang, mais à un moindre degré, après le chauffage artificiel du pancréas ectopié (fait avec un appareil que j'ai décrit, **38**), et aussi après le simple *massage* de cette glande mise à nu.

La ligature du canal de Wirsung, ainsi que je l'ai montré il y a plus de quinze ans, a la même action, et l'augmentation du pouvoir glycolytique du sang est plus prononcée, si l'on y ajoute, comme je le fais aujourd'hui, l'ingestion d'eau acidulée (**76**). On sait, depuis les travaux de Pawlov, que l'acidité de l'estomac provoque la sécrétion du suc pancréatique. Vu l'obstruction du canal, une contre-pression s'exerce sur les cellules glandulaires, d'où accroissement de la résorption des produits qu'elles ont élaborés.

L'injection dans une veine d'un peu plus d'un centigramme de pancréatine par kilogramme de poids vif, amène au bout de quelques heures un accroissement *énorme* du pouvoir glycolytique du sang. Il est possible que la trypsine agisse en facilitant l'issue du ferment hors des globules blancs.

Avec Boulud j'ai récemment constaté que, même chauffée à une température supérieure à 100°, la pancréatine injectée dans la veine d'un chien, à dose, à la vérité, beaucoup plus forte, augmente aussi chez lui, *au bout de quelques heures*, le pouvoir glycolytique de son sang. La macération de pancréas, même portée pendant un quart d'heure à 120° agit d'une manière semblable ; mais, dans le cas où elle est chauffée, son action est plus faible. J'insiste sur le fait que ce n'est guère que le lendemain que se manifeste l'augmentation du pouvoir glycolytique du sang. Il faut un certain temps pour la production de la cytase glycolytique[1].

On peut obtenir cette fermentation également au bout d'un certain nombre d'heures, sans recourir à la pancréatine ou à une macération de pancréas ; mais il faut alors injecter dans le sang une grande quantité de liquide, par exemple (15 ou 20 cc. par kil. d'eau salée physiologique (7 ou 8 pour 1000) en quantité suffisante.

Influence des îlots de Langerhans sur la glycolyse. — Les faits que je viens de citer (influence de l'excitation du pancréas, de la ligature du canal de Wirsung, etc.) conduisent à admettre que le pancréas exerce une action très marquée sur la glycolyse.

Quand, le premier (**12**), j'ai parlé de *sécrétion interne* du pancréas[2], j'ai admis que celle-ci provenait des cellules des *acini* et supposé que ces cellules fournissaient une sécrétion *double*, comme les cellules du foie. Mais, depuis quelques années, un anatomiste français, Laguesse, a émis une hypothèse qui mérite l'attention :

On sait qu'il existe dans le pancréas de petits groupes de cellules (îlots de Langerhans) ayant la même *origine* que les cellules des acini (leur développement le prouve), mais en différant par leur forme et par l'absence de communication apparente avec les canaux excréteurs (une matière à injection poussée par le canal de Wirsung n'y pénètre pas (Schmidt). Ce sont ces cellules qui, d'après Laguesse, seraient les organes de la sécrétion interne. Cette hypothèse est appuyée sur une constatation anatomo-pathologique, à savoir que, dans un certain nombre de cas de diabète (maladie dans laquelle il y a, *généralement*, une diminution évidente de la glycolyse), ces cellules ont été trouvées en grande partie détruites, celles des acini paraissant, pour la plupart, saines[3].

Un autre fait, d'ordre expérimental, s'il était rigoureusement établi, apporterait une nouvelle preuve à l'appui de l'idée que les cellules des îlots servent à la glycolyse, c'est

1. La macération d'autres organes que le pancréas, injectés dans le sang, amène aussi, le lendemain, une augmentation considérable du pouvoir glycolytique du sang (Lépine et Boulud). Mais, de tous les organes, c'est le pancréas qui paraît, à cet égard, le plus actif.

2. Quelques auteurs attribuent l'idée de la sécrétion interne du pancréas à v. Mering et Minkowski, ou à Minkowski. C'est à tort : ces auteurs n'ont nullement précisé de quelle manière l'ablation du pancréas produit le diabète. Ils sont restés à cet égard dans une réserve absolue. C'est seulement *après* ma leçon publiée dans la *Revue scientifique* (**12**), et après ses expériences de greffe, que Minkowski a accepté l'idée d'une sécrétion interne.

3. Les plus nets de ces faits appartiennent à Opie. Il y a, d'ailleurs, des cas parfaitement observés de diabète même très grave, où les ilots de Langerhans étaient intacts ; mais ils ne sauraient contredire la théorie de Laguesse ; car *tous* les diabètes n'ont pas une pathogénie pancréatique.

leur diminution de volume quand l'économie est saturée de sucre. Il est à noter que l'inanition ne semble pas produire cette diminution de volume, observée par SSOBOLEW (*A. A. P.*, CXVIII, 107) chez des chiens, et par JEAN LÉPINE chez des cobayes qui avaient reçu une injection de sucre (*C. R. de la Société de Biologie*, 1903).

En somme, un ensemble de faits contribue à appuyer l'hypothèse de LAGUESSE; mais ils ne donnent pas le droit d'affirmer que les îlots sont les organes *exclusifs* de la sécrétion; car il n'est pas prouvé que les cellules des acini ne cèdent *rien* aux vaisseaux. On a rapporté des cas de diabète dans lesquels les îlots étaient intacts, et les acini plus ou moins envahis par une sclérose. J'ai d'autre part, montré, il y a plus de douze ans, que la ligature du canal de WIRSUNG est suivie d'une augmentation notable du pouvoir glycolytique du sang — et j'ai récemment, avec BOULUD, confirmé ce fait. — Or la ligature du canal de WIRSUNG ne peut guère agir sur les îlots. Les cellules des acini et des îlots sont de même nature. Il est donc probable que leurs fonctions ne diffèrent pas *essentiellement*, et qu'au point de vue de la sécrétion interne il n'existe entre elles qu'une différence de *degré*.

L'action exercée par le pancréas sur la glycolyse générale n'est pas directe, mais favorisante. — Peu après avoir découvert l'influence glycolytique exercée par le pancréas, j'ai été conduit, par les faits, à admettre qu'il n'était pas le seul organe jouissant de cette influence, et j'ai dit, plus tard, d'une manière très explicite « que la *sécrétion interne ne produit vraisemblablement pas directement, mais favorise* la glycolyse des tissus » (**19**).

J'aurais pu ajouter que cette action favorisante n'est certainement pas due *exclusivement* à une enzyme, car j'avais, dès 1899, constaté avec MARTZ dans des expériences très précises (37), qu'un fragment *bouilli* de pancréas, extirpé après l'extirpation des nerfs de cet organe, favorise beaucoup plus la fermentation alcoolique qu'un fragment (également bouilli) extirpé *avant* cette excitation. Voici le résumé d'une de ces expériences :

On a pris deux ballons renfermant chacun 200 centimètres cubes de liquide minéral PASTEUR, peu sucré, et 1 gramme de levure très exactement pesée. A l'un d'eux, on a ajouté la pulpe d'un fragment de pancréas, aussitôt après l'avoir extirpé, pesé et fait bouillir pendant 5 minutes (pour détruire la trypsine). Puis on a excité avec un courant faradique assez fort et pendant un quart d'heure, le faisceau de nerfs qui entoure l'artère pancréatico-duodénale. Cinq heures plus tard on a extirpé un fragment de pancréas de même poids (8 grammes), et on l'a traité comme le précédent, en ayant soin que les conditions de temps, de température, etc., fussent identiques dans les deux ballons. Après quinze heures de fermentation, on a dosé le sucre restant dans le ballon, et, par pesée, l'acide carbonique dégagé. La solution des deux ballons renfermait au début $4^{gr},4$ de glucose.

Dans le premier ballon, il en a disparu $3^{gr},48$;

Dans le second, $3^{gr},93$;

Du premier, il s'est dégagé $0^{gr},70$ de CO^2;

Du second, $1^{gr},01$ de CO^2.

On voit que la glycolyse a été bien plus active dans le ballon ayant reçu le pancréas excité.

Incidemment je ferai remarquer que, dans le deuxième ballon, nous avons trouvé, pour 1 gramme de glucose disparu, *beaucoup plus* de CO^2 dégagé ($0^{gr},257$ au lieu de $0^{gr},201$). La modification de la fermentation a donc été, non seulement quantitative, mais *qualitative*.

L'expérience suivante montre que la substance favorisante peut être décelée dans le sang de la veine pancréatique :

On répartit entre huit ballons 400 centimètres cubes d'eau sucrée à 5 p. 1000, légèrement thymolée et renfermant un peu de zymase de BÜCHNER.

Deux de ces ballons (témoins) reçoivent chacun 5 grammes d'eau salée;

Deux autres, chacun 5 grammes de sang de la veine pancréatique d'un chien à jeun;

Deux autres, chacun 5 grammes de sang de la même veine, immédiatement après la faradisation des nerfs du pancréas, pendant dix minutes;

Les deux derniers, chacun 5 grammes de sang de la même veine, quatre heures et demie plus tard.

Tous ces ballons, ainsi préparés, sont mis à l'étuve. Chacun y reste quatre heures.

Au bout de ce temps, on dose le sucre dans chaque ballon. Voici la perte moyenne de chaque série :

1° Ballons témoins.	0,09
2° — renfermant le sang avant la faradisation.	0,72
3° Immédiatement après la faradisation. .	0,84
4° 4 heures après la faradisation.	1,05

Ainsi, dans la dernière série, la perte est plus de dix fois supérieure à celle des témoins.

Il importe de remarquer que les écarts entre les deux ballons de chaque série étaient fort peu considérables. J'ajoute enfin qu'on a tenu compte de la proportion variable de sucre que renfermaient les trois sangs ajoutés au liquide sucré.

La conclusion de cette expérience est que le sang de la veine pancréatique, après la faradisation des nerfs du pancréas, favorise la fermentation alcoolique plus que le sang retiré de la même veine *avant* la faradisation, et que le sang recueilli quatre heures après la faradisation est beaucoup plus efficace que le sang recueilli aussitôt après. Il y a donc parallélisme entre les effets sur la fermentation et la glycolyse chez l'animal.

J'ai fait l'expérience suivante, avec la collaboration de Boulud.

Nous faisons fermenter avec un peu de levure de bière un litre environ d'une solution de glucose à 2 p. 100. Quand la fermentation est en train, nous filtrons, à travers un linge (pour avoir un liquide bien homogène); nous dosons le sucre, nous versons dans plusieurs éprouvettes semblables 100 centimètres cubes du liquide en fermentation, et nous ajoutons à chacune d'elles, sauf à celles qui servent de témoins et qui reçoivent 5 centimètres cubes d'eau salée, le même nombre de centimètres cubes de divers échantillons de lymphe fraîche qui s'écoule d'une canule (placée dans le canal thoracique d'un gros chien), soit *avant*, soit *après* la faradisation des nerfs du pancréas. Au bout de deux heures, nous dosons le sucre dans chaque éprouvette, les conditions de temps, de température, d'acidité, etc., ayant été identiques. Or nous avons constamment trouvé que c'étaient les éprouvettes témoins qui avaient perdu le moins de sucre, et que c'étaient celles qui avaient reçu la lymphe recueillie *après* la faradisation qui en avaient perdu le plus.

Cette expérience montre nettement que la substance favorisant la fermentation alcoolique est plus abondante dans le canal thoracique après l'excitation du pancréas. Thibaudeau (*Presse médicale*, 29 septembre 1904, 231) se fondant sur des considérations histologiques, a pensé que la sécrétion interne du pancréas doit passer, non seulement par les veines, mais par les lymphatiques. C'est ce que démontrait déjà l'expérience que j'ai publiée en 1890 (5).

La substance favorisante issue du pancréas est, d'après Cohnheim (84), soluble dans l'alcool à 96°, tandis que le ferment glycolytique des organes est, comme nous l'avons vu, précipité par l'alcool. Elle résiste non seulement à la température de l'ébullition, comme je l'ai montré en 1899, mais à une température plus élevée.

En résumé, la glycolyse dans le sang est aérobie, contrairement à celle qui se produit dans les organes. Le pouvoir glycolytique du suc de ces derniers paraît, en général, assez faible. Il est notablement renforcé par des produits issus du pancréas et constituent ce qu'on nomme sa *sécrétion interne*. Ces produits sont décelables dans le sang de la veine pancréatique et dans la lymphe du canal thoracique. L'extrait du pancréas *bouilli*, surtout après l'excitation des nerfs de l'organe, a encore une action favorisante bien marquée.

Relations entre les pouvoirs glycolytique et catalytique du sang. — Contrairement à ce qu'a pensé Spitzer, il est *exceptionnel* de trouver un parallélisme entre le pouvoir glycolytique du sang et la quantité d'oxygène qu'il est capable de dégager de l'eau oxygénée. Comme preuve, il suffit de dire qu'un sang ayant séjourné une heure à 39° conserve généralement l'intégrité de son pouvoir catalytique, bien qu'il ait perdu une grande partie de son pouvoir glycolytique. Cela n'a rien qui puisse étonner, si l'on admet avec Ville et Moitessier (*B. B.*, 1903, 1126), que l'action catalytique du sang est une propriété exclusive des globules rouges, et qu'elle tient à une zymase contenue dans ces globules. Voici cependant une expérience où ce parallélisme a existé. C'était chez un chien vieux, mais bien portant. Le sang de la carotide, de la jugulaire et de la fémorale avait une teneur en sucre normale, un pouvoir glycolytique normal, et 1 cc. de ces divers sangs dégageait, en quinze minutes, avec l'eau oxygénée, de 5 à 7 cc. d'oxygène. Huit heures après la section des nerfs du foie, et la faradisation des nerfs du pancréas, j'ai trouvé de l'hypoglycémie, une énorme glycolyse, après séjour du sang à 39°, et une grande augmentation du pouvoir catalytique du sang. En effet, avec la même quantité d'eau oxygénée, et dans le même temps, le sang de la jugulaire donnait 15 cc. d'oxygène; celui de la fémorale, 14 cc.; et celui de la carotide, 18 cc.

Relation entre le pouvoir glycolytique du sang et sa teneur en globules blancs. — J'ai dit depuis longtemps que le ferment glycolytique du sang est, en grande partie, inclus dans les globules blancs. S'il en est ainsi, on conçoit que des modifications de ces globules influent beaucoup sur le pouvoir glycolytique du sang. Malheureusement nos connaissances à cet égard laissent encore beaucoup à désirer. Lœwy et Richter (**32**) ont vu coïncider l'hypoleucocytose et la diminution du pouvoir glycolytique du sang. Hahn (**28**) a trouvé une glycolyse forte avec une hyperleucocytose.

Dans l'expérience que je viens de relater, à propos du pouvoir catalytique du sang, et dans un certain nombre d'expériences analogues, j'ai trouvé une remarquable corrélation entre le pouvoir glycolytique et la leucocytose: huit heures après l'excitation du pancréas, le nombre des globules blancs avait *triplé*, et je me suis assuré par d'autres expériences que l'ouverture de l'abdomen seule ne produisait pas une leucocytose aussi prononcée.

Quant à la relation qu'Arthus avait cru trouver entre la glycolyse et la coagulation, c'est une erreur sur laquelle il est inutile d'insister. Martin Hahn a montré que le sang rendu incoagulable par une histone possède le même pouvoir glycolytique que le sang normal.

Influence de la proportion de glucose dans la solution sucrée. — Avec Métroz (**22**) j'ai étudié cette influence dans des solutions renfermant de 1 à 5 grammes p. 1000 de glucose. Nous avons constaté que dans ces limites la destruction absolue du sucre est plus forte (pour une même proportion de ferment) quand la proportion de sucre est plus considérable. Mme Sieber (**90**), en employant des solutions beaucoup plus concentrées (de 7,4 à 33 gr. p. 1000), a vu au contraire que la glycolyse est plus forte dans les solutions moins sucrées; mais ses expériences ont peu d'intérêt au point de vue biologique; car dans l'économie, il n'existe pas de solutions aussi concentrées. J'ai constaté, il y a longtemps, que, si l'on infuse dans la veine d'un chien un quart de litre environ d'une solution de glucose à 10 p. 100, le pouvoir glycolytique du sang est aboli pendant plusieurs heures, et Mme Sieber a pu constater, dans des expériences *in vitro*, que le ferment glycolytique est dépourvu de toute activité en solution sucrée très concentrée (**90**).

Glycolyse de différents sucres. — Jusqu'ici nous ne nous sommes occupés que de la glycolyse du glucose. Il n'est pas sans intérêt de savoir comment se produit celle des autres sucres. Portier, le premier, a fait cette recherche (**43**). Mais ses expériences ont été faites avec le sang d'animaux anesthésiés, ce qui n'est pas le moyen d'obtenir le maximum de la glycolyse; et celle-ci a duré quarante-huit heures, ce qui est un temps bien long. En effet, au bout de ce temps, le lévulose et le maltose, ajoutés dans la proportion de 2 p. 100 de sang, avaient complètement disparu (sauf dans une expérience où la moitié du lévulose a été retrouvée). Quant au saccharose, au lactose et au xylose, ils ont été retrouvés en totalité.

Deux ans plus tard, Portier a repris ces expériences (**71**), en suivant la même méthode. Il a vu que d'autres pentoses que le xylose (l'arabinose et le sorbose) sont également incapables d'être glycolysés. Il en est de même du lactose, ce qui n'a rien d'extraordinaire, la lactase n'existant pas dans le sang. Il a constaté, de plus, que le galactose et le mannose subissaient la glycolyse.

Blumenthal, en employant non le sang, mais le *suc* du pancréas, a trouvé qu'en douze à seize heures il y avait formation abondante d'acide carbonique avec le *lactose*, le galactose et le lévulose, mais moins abondante, toutefois, qu'avec le glucose. Il a constaté, de plus, que de l'acide carbonique s'était formé aux dépens de l'*arabinose*. J'ai dit précédemment que le ferment glycolytique du sang et celui des organes ne paraissaient pas identiques. Les résultats des expériences que je viens de citer confirment cette opinion.

Bibliographie. — **1.** Chauveau. *Nouvelles recherches sur la question glycogénique* (*C. R. de l'Acad. des Sciences*, 1856, xliii. — **2.** Cl. Bernard. *Leçons sur le diabète*. Paris, 1877. — **3.** Chauveau et Kaufmann, *La glucose, le glycogène, la glycogénie en rapport avec la production de la chaleur et du travail mécanique dans l'économie animale* (*C. R. de l'Acad. des Sciences*, 1886, ciii). — **4.** Seegen. *Der Einfluss von Chloroform, von Morphium und von Curare auf Zuckerbildung und auf Zuckerumsetzung* (*Centralblatt für die med. Wissensch.*, 1888, n°s 14 et 15). — **5.** Lépine. *Sur la présence normale dans le chyle d'un ferment destructeur du sucre* (*C. R. de l'Ac. des Sciences*, 1890, cx, p. 742). — **6.** Lépine et Barral. *Sur le pouvoir glycolytique du sang et du chyle* (*ibid.*, p. 1314). — **6** *bis. Ibid. Sur la destruction du sucre dans le sang* in vitro (*Ibid.*, cxii, p. 146). — **7.** *Ibid. Sur l'isolement du ferment glycolytique du sang* (*Ibid.*, p. 411). — **7** (*bis*). *Ibid. Sur le pouvoir glycolytique du sang chez l'homme* (*Ibid.*, p. 604). — **8.** *Ibid. Sur la détermination exacte du pouvoir glycolytique du sang* (*Ibid.*, p. 1185). — **8** (*bis*). *Ibid. De la glycolyse hématique apparente et réelle, etc.* (*Ibid.*, p. 1414). — **9.** *Ibid. De la glycolyse dans le sang circulant dans les tissus vivants* (*Ibid.*, cxiii, p. 118). — **10.** *Ibid. Sur quelques variations du pouvoir glycolytique du sang* (*Ibid.*, p. 729). — **11.** *Ibid. Sur les variations du pouvoir glycolytique, etc.* (*Ibid.*, p. 1014). — **12.** Lépine. *Le ferment glycolytique* (*Revue scientif.*, 1891, 28 févr.). — **13.** Lépine et Barral. *Sur la question du ferment glycolytique* (*Sécrétion interne*) (*C. R. de la Société de Biologie*, 1891, p. 271). — **14.** Arthus. *Glycolyse dans le sang et ferment glycolytique* (*Archives de Physiologie*, 1891, p. 425 et 1892, p. 437). — **15.** Hédon. (*Ibid.*, 1892). — **16.** Colenbrander. *Maly's Jahresbericht für* 1892, p. 137. — **17.** F. Kraus. *Ueber die Zuckerumsetzung im menschlichen Blute ausserhalb der Gefässystem* (*Zeitschrift für kl. Medicin*, 1892, xxi, p. 315). — **18.** Sansoni. *Il fermento glicolitico Riforma*, 1892. — **19.** Seegen. *Ueber die Umsetzung von Zucker im Blut.* (*Centralblatt für Physiol.*, v, n°s 25-26). — **20.** Jessner. *Berliner kl. Wochensch.*, 1892, p. 417. — **21.** Lépine et Barral. *Sur la glycolyse dans une veine fermée à ses deux bouts* (*Ibid.*, 1892, p. 220). — **22.** Lépine et Métroz. *Sur la glycolyse dans le sang normal et dans le sang diabétique* (*C. R. de l'Acad. des Sciences*, 1893, cxviii, p. 154). — **23.** Lépine. *Étiologie et pathogénie du diabète sucré*. Voir surtout l'*Addendum* (*Revue de Méd.*, 1894). — **23** bis. Lépine et Lyonnet. *Pouvoir glycolytique de cultures filtrées* (*Lyon médical*, 1896, 26 avril). — **24.** Spitzer. *Ueber die Zuckerzerstörende Kraft des Blutes und der Gewebe* (*Berliner klin. Woch.*, 1894, n° 42). — **24** *bis*. Id., *Pflüger's Archiv*, 1895, lx, p. 303. — **25.** Dastre. *Archives de Physiologie*, 1895, p. 532. — **26.** Bourquelot. (*C. R. de la Société de Biologie*, 1896, p. 314). — **27.** Spitzer. *Die Bedeutung gewisser Nucleoproteide für die oxydative Leistung der Zellen.* (*Pflüger's Arch.*, 1897, lxvii, p. 615). — **28.** Hahn (M.). *Zur Kenntniss der Wirkungen der extravasculären Blutes* (*Berliner kl. Woch.*, 1897, p. 499.) — **29.** Achard et Weil. (*C. R. de l'Acad. des Sciences*, 1898). — **30.** Achard et Castaigne. (*Bull. de la Société médicale des hôpitaux de Paris*, 1897, p. 1350). — **31.** Rywosz. *Ueber den Zerfall des Zuckers* (*Archiv für Verdauungskr.*, iv, p. 250). — **32.** Lœwi et Richter. *Berliner kl. Woch.*, 1897, n° 47, — **33.** *Id. Virchow's Archiv*, 1898, cli, p. 220. — **34.** Fauchon. *De la glycolyse* (*Thèse de la Faculté de Lyon*, 1898). — **35.** Blumenthal. *Zeitsch. für diaet. und physik. Therapie.*) 1898, 1). — **36.** Lauder Brunton. *Ferment glycolytique dans le muscle* (*Zeitsch. für Biologie*, 1896, xxxiv, p. 487). — Id. et Rhodes (*Centralblatt für Physiologie*, 1898, xii, p. 353.) — **37.** Lépine et Martz. *Sur l'action favorisante exercée par le pancréas sur la fermentation alcoolique* (*C. R. de l'Acad. des Sciences*, 1899, cxxviii, 10 avril). — **38.** Lépine. *Sur l'exaltation des propriétés des organes par le chauffage de ces organes* (*C. R. de la Société de Biologie*, 1899, p. 399). — **39.** Idem. *Le Diabète et son traitement*. Paris, 1899, p. 26. — **40.** Jacoby. *Virchow's Archiv*, 1899, clvii, p. 235. — **41.** Garnier. *Action glycolytique du sang dans le foie après la mort* (*C. R. de la Société de Biologie*, 1899, p. 427.) — **42.** Bellisari. *Sul potere glicolitico del sangue venoso del pancreas* (*Archivio internaz. di medicina e chirurg.*, 1899). — **43.** Portier. *Sur la glycolyse de différents sucres* (*C. R. de l'Acad. des Sciences*, 1900, cxxxi, p. 1217). — **44.** Lépine et Boulud. *Influence favorisante de la lymphe du canal thoracique* (*après l'excitation des nerfs du pancréas*) *sur la fermentation alcoolique d'une solution sucrée* (*C. R. de la Société de Biologie*, 1900, p. 723). — **45.** Biernacki. *Beobachtungen über die Glycolyse* (*Zeitschrift für klin. Medicin*, 1900, xli, p. 332). — **46.** Lépine. *Influence de la faradisation des nerfs du pancréas sur la glycolyse* (*Cinquantenaire de la Société de Biologie*, 1900, p. 352). — **47.** Umber. *Zur Lehre von der Glyc.* (*Zeits-*

chrift für klin. Medicin, 1900, XXXIX, p. 13). — 48. PIERALLINI (Ibid., p. 26). — 49. LAMBERT et GARNIER. *Action du chloroforme sur le pouvoir réducteur du sang* (C. R. de la Société de Biologie, 1901, p. 197). — 50. LÉPINE et BOULUD. *Sur les sucres du sang et leur glycolyse* (C. R. de l'Acad. des Sciences, 1901, 4 nov.). — 51. *Ibid. Sur le dosage des sucres du sang* (Ibid., 1902, 17 février). — 52. *Ibid. Glycosurie asphyxique* (Ibid., 10 mars). — 53. *Ibid. Leucomaïnes diabétogènes* (Ibid., 9 juin), — 54. PAVY et SIAU. *An experimental inquiry upon glycolysis in drawn blood* (Journal of Physiology, XXVIII, p. 451). — 55. HERZOG. *Liefert das Pankreas ein Dextrose spaltendes Alkohol und Kohlensaürebildendes Enzym?* (Hofmeister's Beiträge zur chem. Physiol. u. Path., 1902, II, 102). — 56. ARONSSOHN. *Contribution à l'étude du ferment glycolytique du sang* (Thèse de Paris, 1902). — 57. HERLITZKA et BORRINO. *Ricerche sull azione biochem. di alcuni nucleoistoni e nucleoproteidi* (Lo Sperimentale, 1902, p. 669). — 58. P. MAYER. *Exp. Unters. über Kohlenhydratsäuren* (Zeitschrift für klin. Medic., 1902, XLVII, p. 68). — 59. CROFTAN. *Philadelphia Med. Journal*, 1902. — 60. BENDIX et BICKEL. *Exper. krit. Beitrag zur Lehre von der Glycolyse* (Zeitschrift für klin. Medic., 1903, XLVIII, p. 79). — 61. COHNHEIM. *Die Kohlenhydratverbrennung in den Muskeln und ihre Beeinflussung durch das Pankreas* (Hoppe-Seyler's Zeitschrift, 1903, XXXIX, p. 336). — 62. LÉPINE et BOULUD. *Sur la glycolyse dans le sang* in vitro (C. R. de l'Acad. des Sciences, 1903, 12 janvier). — 63. SIEBER (N.). *Einwirkung der Oxydationsenzyme auf Kohlenhydrate* (Hoppe-Seyler's Zeitschrift, 1903, XXXIX, p. 484). — 63 bis. EADEM. *Ibid.*, 1905, XLIV, p. 560. — 64. STOKLASA. (Beiträge zur chem. Phys. u. Path., 1903, III, p. 464). — 65. *Ibid.* (et CERNY). *Centralblatt für Physiol.*, 1903, 14 févr. — *Ibid.*, 21 nov. — 66. SIMACEK. *Ibid.* — 67. BACH et BATTELLI. (C. R. de l'Acad. des Sciences, 1903, 2 juin). — 68. FEINSCHMIDT. *Ueber das Zuckerzerstörende Ferment* (Beiträge zur chem. Phys. u. Pathol., 1903, IV, p. 511). — 69. RAHEL HIRSCH. *Ibid.*, p. 535. — 70. PORTIER. *Sur la glycolyse de différents sucres* (C. R. de la Société de Biologie, 1903, p. 191). — 71. *Ibid. Recherches sur les glycolyses dans les liquides filtrés sur une bougie de porcelaine* (Ibid., p. 192). — 72. ARNHEIM et ROSENBAUM. *Zur Frage der Zuckerzerstörung* (Hoppe-Seyler's Zeitschrift, 1903, XL, p. 220). — 73. BATELLI. *La prétendue fermentation alcoolique des tissus animaux* (C. R. de l'Acad. des Sciences, 1903, 14 décembre). — 74. BLUMENTHAL. *Ueber das glycolyt. Ferment* (Deutsche med. Woch., 1903, n° 51). — 75. LÉPINE et BOULUD. *Augmentation du pouvoir glycolytique du sang après la ligature du canal de Wirsung* (C. R. de la Société de Biol., 1903, p. 449). — 76. *Ibid. Action des rayons X sur les tissus* (C. R. de l'Acad. des Sciences, 1904, 11 janvier). — 77. *Ibid. Sur la formation d'acide glycuronique dans le sang* (Ibid., 7 mars). — 78. DOYON et MOREL. *Rôle des éléments figurés du sang dans la glycolyse* (Société médicale des hôpitaux de Lyon, 1903, p. 120. — 79. LÉPINE. *Sur la glycolyse* (Société médicale des hôpitaux de Lyon, 1903, p. 257). — 80. MAYER (PAUL). *Ueber einige Fragen des interm. Kohlenhydratstoffwechsels* (Verhandlungen des Congresses für innere Med., 1904). — 81. STOKLASA. *Alkoholische Gährung im Thierorganismus* (Pflüger's Archiv, 1904, CI, p. 311). — 82. DE MEYER. *Sur la signification physiologique de la sécrétion interne du pancréas* (Bulletin de la Société des Sciences médicales et naturelles de Bruxelles, 1894, n° 2). — 82 bis. ID. *Archives internationales de physiol.*, 1905, II, p. 131. — 83. BRAUNSTEIN. *Beitrag zur Frage der Glycolyse* (Zeitschrift für klin. Med., 1904, LI, p. 359). — 84. COHNHEIM (2e Mitth.). *Die activirende Substanz des Pankreas* (Hoppe-Seyler's Zeitschrift, 1904, XLII, p. 401. — 84 bis. ID. *Ibid.*, 1905, XLIII, p. 547. — 85. PORTIER. *Glycolyse des organes des mammifères* (Annales de l'Institut Pasteur, 1904, p. 633). — 85 *bis*. MAZÉ. *Sur l'isolement de la zymase dans les tissus animaux et végétaux*. (Ibid., p. 378 et 534). — 86. R. LÉPINE. *Sur la participation des acini à la sécrétion interne du pancréas* (Journal de physiologie et de path. générale, janv. 1905). — 87. R. CLAUSS et G. EMBDEN. *Pankreas und Glycolyse* (Hofmeister's Beiträge, 1905, VI, p. 215 et 343). — 88. SEHRT. *Zeitschrift für kl. Med.*, 1905, LVI, p. 509. — 89. J. DE MEYER. *Note à propos des expériences de M. Cohnheim* (Archives internationales de physiologie, 1905, février, II, fasc. 3. — 90. SLOSSE. *Note préliminaire sur la glycolyse* (Bulletin de la société royale des sciences médicales et naturelles de Bruxelles, 1905, juin, n° 6, p. 103). — 91. PIERRE SÉE. *Des oxydases*, Thèse de Paris, 1905 (avec une bibliographie très complète de la question). — 92. LÉPINE et BOULUD. *Effets des inhalations de chloroforme sur les substances sucrées du sang* (Archives intern. de pharmacodynamie et de thérapie, 1905, XV, p. 359). — 97. RAPOPORT. *Exper. Untersuch. über Glycolyse* (Zeitschrift für klin. Medicin, 1905, LVII, p. 208). — 98. MAQUENNE. *La respiration chez les plantes* (*Revue générale des Sciences*, 15 juillet 1905). — **99.** Lépine et Boulud. *Influence des globules blancs sur la glycolyse* (*C. R. de la Société de Biologie*, 1906, 14 janv.).

R. LÉPINE.

GLYCOSES (Chimie).

— On désigne sous le nom générique de *glycoses* ou *hexoses* un certain nombre de corps jouissant de propriétés organoleptiques spéciales, en particulier d'une saveur plus ou moins sucrée, de propriétés réductrices vis à vis des solutions alcalines de sels métalliques, de propriétés fermentescibles en présence de levure de bière avec transformation consécutive en alcool et acide carbonique, de propriétés optiques résultant de leur action sur la lumière polarisée.

Enfin, leur formule correspond à la fixation des éléments de l'eau sur le carbone; ce sont des sucres, des hydrates de carbone, en un mot, mais répondant à 6 atomes de carbone soudés à 6 molécules d'eau. Leur formule générale est donc $C^6H^{12}O^6$.

Ces corps peuvent se diviser en deux groupes : 1° Les *aldoses*, qui possèdent cinq fonctions alcool, dont une primaire et quatre secondaires, et une fonction aldéhydique, de formule générale :

$$CH^2OH—CHOH—CHOH—CHOH—CHOH—COH$$

2° les *cétoses* qui possèdent cinq fonctions alcool, deux primaires et trois secondaires, et une fonction cétonique de formule générale :

$$CH^2OH—CHOH—CHOH—CHOH—CO—CH^2OH$$

A ces corps se rattachent des dérivés d'hydratation et d'oxydation qui constituent les alcools hexatomiques correspondants, *mannites ou hexites* de formule générale $C^6H^{14}O^6$, ou mieux :

$$CH^2OH—CHOH—CHOH—CHOH—CHOH—CH^2OH$$

et des acides, acides *saccharíques* ou *muciques*, possédant deux fonctions acide et uatre fonctions alcool secondaires, $C^6H^{10}O^8$ ou :

$$CO^2H—CHOH—CHOH—CHOH—CHOH—CO^2H$$

Enfin des corps un peu différents doivent être placés à côté des consti uants de cette série : tels sont par exemple : 1° le *rhamnose*, qui est une fois aldéhydique, quatre fois alcool secondaire, et dont le premier groupement CH^3 n'est pas substitué; 2° l'*isoglycosamine*, qui correspond à une cétose dans laquelle un des groupements alcool primaire est remplacé par un groupement CH^2AzH^2; 3° l'acide *glucosamique* droit, qui correspond à une aldose dont le groupement alcool primaire a été oxydé et remplacé par un groupement acide.

Tous ces corps appartiennent en somme à la grande famille des monosaccharides, dont les premiers éléments sont les trioses, les tétroses, les pentoses, tous de formule générale :

$$CH^2OH—(CHOH)^n—COH$$

dans laquelle *n* peut aller de 0 à 9.

Le nombre de corps correspondant à ces formules est extrêmement grand.

Nous nous attacherons, dans cet article, à décrire les plus importants d'entre eux et à montrer seulement pour les autres quelles sont les relations qui existent entre eux et ceux dont nous nous occuperons.

Propriétés générales des glycoses. — Les glycoses possèdent un certain nombre de propriétés, qui leur sont communes, d'ailleurs, avec la plupart des hydrates de carbone. Chauffés, ils se colorent en jaune, puis en brun par les alcalis; ils réduisent les solutions alcalines d'hydrate métallique, la liqueur de Fehling, les solutions argentiques alcalines, le sous-nitrate de bismuth en présence de potasse ou de soude.

Ils font tourner le plan de la lumière polarisée, et la rotation est spécifique du glycose considéré. Ils fermentent en présence de levure de bière en donnant naissance à de l'alcool et à de l'acide carbonique. Par l'action des acides chlorhydrique ou sulfurique à chaud, ils donnent naissance à de l'acide lévulique, des matières humiques et de l'acide formique.

Quelques acides et quelques phénols aromatiques donnent, avec certains glycoses, le dextrose en particulier, quelques réactions colorées. Enfin la phénylhydrazine donne avec les glycoses un précipité cristallisé aciculaire, jaune, presque insoluble dans l'eau. Les proportions pour obtenir cette réaction dans de bonnes conditions sont : une partie d'hydrate de carbone pour un mélange de deux parties de chlorhydrate de phénylhydrazine, trois parties d'acétate de soude dissoutes dans 20 parties d'eau.

Synthèse des glycoses. — Nous n'entrerons pas dans le détail des essais nombreux qui ont été faits sur cette question. Höwig a cru obtenir un glycose par réduction de l'éther oxalique par l'amalgame de sodium. Mais ce résultat a été contesté par Brunner.

On a essayé de condenser l'aldéhyde méthylique un certain nombre de fois; mais c'est Fischer qui a pu obtenir synthétiquement du glycose et les différents sucres naturels par une voie longue et compliquée qui consiste à obtenir un glycose inactif, l'acide glycosique inactif correspondant. On effectue le dédoublement de cet acide; on élimine l'acide gauche par exemple, et on revient finalement de l'acide au glycose. Nous renvoyons pour plus de détails nos lecteurs aux mémoires originaux de Fischer.

Composition et constitution des sucres. — La constitution des sucres et en particulier du glycose a été pour la première fois envisagée par Fittig. Mais ce sont surtout les travaux récents de E. Fischer qui ont commencé à jeter un peu de lumière sur cette question très complexe. Nous devons signaler aussi les travaux de Collfz, Tollens, Marchlewski qui ont contribué aussi à éclaircir le problème. Nous allons résumer rapidement dans ce qui suit de quelle façon nous pouvons concevoir maintenant la constitution du glycose et ses différentes isoméries.

Pour pouvoir nous rendre compte de la constitution des glycoses ou hexoses, il faut que nous envisagions la constitution et les propriétés de tous les monosaccharides.

Les monosaccharides sont des corps possédant une ou plusieurs fonctions alcooliques associées à une fonction réductrice aldéhydique ou cétonique.

Les polysaccharides proviennent de la soudure de deux ou plusieurs monosaccharides avec élimination de une ou plusieurs molécules d'eau.

Nous pouvons par exemple prendre pour type de monosaccharide le glycose ordinaire ou dextrose, $C^6H^{12}O^6$; et le lévulose $C^6H^{12}O^6$: le disaccharide, le saccharose, ou sucre de canne, répondra à la formule $C^{12}H^{22}O^{11}$, et proviendra de la combinaison du glycose et du lévulose avec élimination d'eau.

Ainsi que nous le disions plus haut, les monosaccharides répondent à la formule générale $CH^2OH-(CHOH)^n-COH$ dans laquelle on peut aller de zéro à 9.

Un très grand nombre de corps répondent à cette formule, d'autant que, pour la même valeur de n et des fonctions chimiques identiques, il peut exister un certain nombre d'isomères.

L'isomérie ne vient pas alors d'une disposition différente des atomes constituants entraînant une forme particulière de la molécule, mais uniquement de la situation occupée dans l'espace relativement à la chaîne centrale des carbones, des différents atomes ou groupements fonctionnels d'atomes. Nous pouvons concevoir assez facilement la formation et la constitution de ces différents corps en partant du groupement sucré le plus simple pour aller jusqu'à la formule du glycose et de ses isomères, c'est-à-dire des hexoses.

Le sucre le plus simple, l'aldéhyde glycolique, ou *biose*, de formule

$$CH^2OH-COH.$$

provenant de l'oxydation limitée du glycol, est un corps qui possède à la fois une fonction alcool primaire et une fonction aldéhyde. Il ne peut exister dans l'espace qu'un seul composé de cette forme. Il n'en est plus de même si nous considérons l'homologue supérieur, l'aldéhyde glycérique ou triose : deux fois alcool et une fois aldéhyde :

$$CH^2OH - CHOH - COH.$$

En effet représentons l'atome de C par un tétraèdre, nous voyons que l'un des atomes de carbone entrant dans la constitution de ce corps ne présente pas de plan de symétrie ; c'est le carbone du milieu autour duquel se trouvent les groupements suivants :

$$H, (OH), (CH^2OH), (COH).$$

Ce carbone peut donc être représenté de deux façons différentes, image l'une de l'autre, et non superposables.

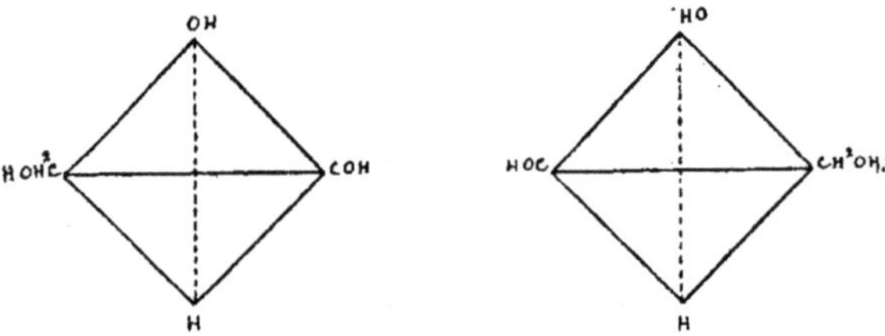

Ces deux corps diffèrent donc l'un de l'autre par une disposition particulière des éléments. Ils ont mêmes fonctions, mêmes propriétés chimiques : néanmoins l'un dévie à gauche le plan de polarisation de la lumière; l'autre le dévie à droite; ce sont deux stéréo-isomères. L'un est le glycérose droit, l'autre le glycérose gauche.

Pour simplifier davantage l'écriture, nous pouvons représenter les deux corps de la façon suivante :

Glycérose droit. $$CH^2OH - \underset{\displaystyle H}{\overset{\displaystyle OH}{C}} - COH$$

Glycérose gauche. $$CH^2OH - \underset{\displaystyle OH}{\overset{\displaystyle H}{C}} - COH$$

A chacun de ces corps correspond un acide jouissant des mêmes propriétés :

L'acide glycérique droit. $$CH^2OH - \underset{\displaystyle H}{\overset{\displaystyle OH}{C}} - CO^2H.$$

L'acide glycérique gauche. $$CH^2OH - \underset{\displaystyle OH}{\overset{\displaystyle H}{C}} - CO^2H.$$

Et tous proviennent de l'oxydation plus ou moins complète d'un alcool trivalent, la glycérine

$$CH^2OH - CHOH - CH^2OH$$

qui ne présente pas d'isomères stéréochimiques, étant donnée l'absence de carbone asymétrique, les deux groupes extrêmes étant identiques.

On voit donc que les sucres les plus simples proviennent de l'oxydation incomplète d'un alcool et de la transformation d'un des groupements fonctionnels alcool primaire en aldéhyde.

L'asymétrie, autour d'un atome de carbone, que cette réaction entraîne, provoque la formation de deux composés jouissant de propriétés optiques différentes. Si l'oxydation est poussée plus loin, nous avons deux corps à la fois acide monobasique et alcool divalent présentant les mêmes formules et les mêmes caractères, ou un corps acide bibasique et alcool secondaire, qui correspond exactement à l'alcool primitif, à la glycérine; et qui ne présente pas d'isomères.

Le nombre des isomères stéréochimiques va en augmentant au fur et à mesure que l'on s'avance dans la série : ainsi les sucres en C^4 ou tétroses sont au nombre de 4 répondant à la formule linéaire

$$CH^2OH - CHOH - CHOH - COH$$

qui dans l'espace peuvent se présenter sous la forme de quatre stéréo-isomères :

$$(1)\qquad \begin{array}{ccccccc} & & H & & H & & \\ & & | & & | & & \\ CH^2OH & - & C & - & C & - & COH \\ & & | & & | & & \\ & & OH & & OH & & \end{array}$$

$$(2)\qquad \begin{array}{ccccccc} & & H & & OH & & \\ & & | & & | & & \\ CH^2OH & - & C & - & C & - & COH \\ & & | & & | & & \\ & & OH & & H & & \end{array}$$

$$(3)\qquad \begin{array}{ccccccc} & & OH & & H & & \\ & & | & & | & & \\ CH^2OH & - & C & - & C & - & COH \\ & & | & & | & & \\ & & H & & OH & & \end{array}$$

$$(4)\qquad \begin{array}{ccccccc} & & OH & & OH & & \\ & & | & & | & & \\ CH^2OH & - & C & - & C & - & COH \\ & & | & & | & & \\ & & H & & H & & \end{array}$$

Ils proviennent de l'oxydation d'un sucre, l'érythrite, qui à son tour présente deux carbones asymétriques

$$CH^2OH - CHOH - CHOH - CH^2OH$$

En raison de l'identité des deux groupes terminaux, les isomères correspondant au tétrose (2) sont identiques, et inactifs sur la lumière polarisée, de telle sorte qu'il n'y a là que trois érythrites, une droite, une gauche, et une inactive par compensation non dédoublable racémique. L'association à parties égales de la droite et de la gauche conduit à une inactive par mélange, mais dédoublable.

Les monosaccharides en C^5 ou *pentoses* forment déjà un groupe plus important.

Considérons les alcools primitifs ou *pentites* $C^5H^{12}O^5$. Ces corps sont au nombre de quatre : les *arabites*, droite et gauche, la *ribite* ou *adonite*, et la *xylite;*

La ribite a pour formule :

$$\begin{array}{ccccccccc} & & H & & H & & H & & \\ & & | & & | & & | & & \\ CH^2OH & - & C & - & C & - & C & - & CH^2OH \\ & & | & & | & & | & & \\ & & OH & & OH & & OH & & \end{array}$$

Ce corps est identique avec son symétrique en raison de l'identité des deux noyaux terminaux et de la symétrie du carbone central.

$$\begin{array}{ccccccccc} & & OH & & OH & & OH & & \\ & & | & & | & & | & & \\ CH^2OH & - & C & - & C & - & C & - & CH^2OH \\ & & | & & | & & | & & \\ & & H & & H & & H & & \end{array}$$

Mais par oxydation si l'un de ceux-ci devient aldéhydique, il se forme deux isomères différents, deux pentoses, les *riboses droit et gauche.*

$$\begin{array}{rcccccccl} & & H & & H & & H & & \\ & & | & & | & & | & & \\ \mathrm{CH^2OH} & - & C & - & C & - & C & - & \mathrm{COH} \\ & & | & & | & & | & & \\ & & OH & & OH & & OH & & \end{array}$$

Ribose droit.

$$\begin{array}{rcccccccl} & & OH & & OH & & OH & & \\ & & | & & | & & | & & \\ \mathrm{CH^2OH} & - & C & - & C & - & C & - & \mathrm{COH} \\ & & | & & | & & | & & \\ & & H & & H & & H & & \end{array}$$

Ribose gauche.

Il en est de même pour la xylite, dont les deux formes sont identiques et superposables, en raison de la symétrie du carbone central.

$$\begin{array}{rcccccccl} & & OH & & H & & OH & & \\ & & | & & | & & | & & \\ \mathrm{CH^2OH} & - & C & - & C & - & C & - & \mathrm{CH^2OH} \\ & & | & & | & & | & & \\ & & H & & OH & & H & & \end{array}$$

Identique avec

$$\begin{array}{rcccccccl} & & H & & OH & & H & & \\ & & | & & | & & | & & \\ \mathrm{CH^2OH} & - & C & - & C & - & C & - & \mathrm{CH^2OH} \\ & & | & & | & & | & & \\ & & OH & & H & & OH & & \end{array}$$

mais qui donnent par oxydation deux sucres en C^5 ; les *xyloses droit et gauche.*

$$\begin{array}{rcccccccl} & & OH & & H & & OH & & \\ & & | & & | & & | & & \\ \mathrm{CH^2OH} & - & C & - & C & - & C & - & \mathrm{COH} \\ & & | & & | & & | & & \\ & & H & & OH & & H & & \end{array}$$

Xylose droit.

$$\begin{array}{rcccccccl} & & H & & OH & & H & & \\ & & | & & | & & | & & \\ \mathrm{CH^2OH} & - & C & - & C & - & C & - & \mathrm{COH} \\ & & | & & | & & | & & \\ & & OH & & H & & OH & & \end{array}$$

Xylose gauche.

Au contraire, les *arabites* sont différentes, le carbone central étant dissymétrique, et nous avons :

$$\begin{array}{rcccccccl} & & H & & H & & OH & & \\ & & | & & | & & | & & \\ \mathrm{CH^2OH} & - & C & - & C & - & C & - & \mathrm{CH^2OH} \\ & & | & & | & & | & & \\ & & OH & & OH & & OH & & \end{array}$$

Arabite droit.

$$\begin{array}{rcccccccl} & & OH & & OH & & OH & & \\ & & | & & | & & | & & \\ \mathrm{CH^2OH} & - & C & - & C & - & C & - & \mathrm{CH^2OH} \\ & & | & & | & & | & & \\ & & H & & H & & OH. & & \end{array}$$

Arabite gauche.

Chacune d'elles pourra donner naissance à deux sucres en C^5.

$$\begin{array}{rcccccccl} & & H & & H & & OH & & \\ & & | & & | & & | & & \\ \mathrm{CH^2OH} & - & C & - & C & - & C & - & \mathrm{COH} \\ & & | & & | & & | & & \\ & & OH & & OH & & H & & \end{array}$$

Arabinose droit.

$$\begin{array}{rcccccccl} & & H & & H & & OH & & \\ & & | & & | & & | & & \\ \mathrm{COH} & - & C & - & C & - & C & - & \mathrm{CH^2OH} \\ & & | & & | & & | & & \\ & & OH & & OH & & H & & \end{array}$$

Lyxose droit.

dérivant tous deux de l'arabite droite et

$$\begin{array}{ccccccccc} & & \mathrm{OH} & & \mathrm{OH} & & \mathrm{H} & & \\ & & | & & | & & | & & \\ \mathrm{CH^2OH} & - & \mathrm{C} & - & \mathrm{C} & - & \mathrm{C} & - & \mathrm{COH} \\ & & | & & | & & | & & \\ & & \mathrm{H} & & \mathrm{H} & & \mathrm{OH} & & \end{array}$$

Arabinose gauche.

$$\begin{array}{ccccccccc} & & \mathrm{OH} & & \mathrm{OH} & & \mathrm{H} & & \\ & & | & & | & & | & & \\ \mathrm{COH} & - & \mathrm{C} & - & \mathrm{C} & - & \mathrm{C} & - & \mathrm{CH^2OH} \\ & & | & & | & & | & & \\ & & \mathrm{H} & & \mathrm{H} & & \mathrm{OH.} & & \end{array}$$

Lyxose gauche.

dérivant tous deux de l'arabite gauche.

On voit donc qu'il existe 8 isomères possibles des sucres en C^5 ou pentoses, et par suite, par substitution de CO^2H et COH, 8 isomères pour les acides pentoniques.

Enfin, si nous considérons les corps en C^6, les *glycoses* ou hexoses, nous allons arriver à une complication extrême : 10 isomères sont possibles pour les alcools pentavalents et 16 corps peuvent exister, répondant à la formule générale $C^6H^{12}O^6$.

Nous allons résumer dans le tableau ci-dessous la formule de composition de chacun d'eux avec l'alcool dont il dérive, sans entrer de nouveau dans les considérations que nous avons développées à propos des homologues moins élevés.

I

$$\begin{array}{ccccccccccc} & & \mathrm{H} & & \mathrm{H} & & \mathrm{H} & & \mathrm{H} & & \\ & & | & & | & & | & & | & & \\ \mathrm{CH^2OH} & - & \mathrm{C} & - & \mathrm{C} & - & \mathrm{C} & - & \mathrm{C} & - & \mathrm{CH^2OH} \\ & & | & & | & & | & & | & & \\ & & \mathrm{OH} & & \mathrm{OH} & & \mathrm{OH} & & \mathrm{OH} & & \end{array}$$

Inconnu.

donnant naissance à

1)

$$\begin{array}{ccccccccccc} & & \mathrm{H} & & \mathrm{H} & & \mathrm{H} & & \mathrm{H} & & \\ & & | & & | & & | & & | & & \\ \mathrm{CH^2OH} & - & \mathrm{C} & - & \mathrm{C} & - & \mathrm{C} & - & \mathrm{C} & - & \mathrm{COH} \\ & & | & & | & & | & & | & & \\ & & \mathrm{OH} & & \mathrm{OH} & & \mathrm{OH} & & \mathrm{OH} & & \end{array}$$

Inconnu.

2)

$$\begin{array}{ccccccccccc} & & \mathrm{OH} & & \mathrm{OH} & & \mathrm{OH} & & \mathrm{OH} & & \\ & & | & & | & & | & & | & & \\ \mathrm{CH^2OH} & - & \mathrm{C} & - & \mathrm{C} & - & \mathrm{C} & - & \mathrm{C} & - & \mathrm{COH} \\ & & | & & | & & | & & | & & \\ & & \mathrm{H} & & \mathrm{H} & & \mathrm{H} & & \mathrm{H} & & \end{array}$$

Inconnu.

$$\begin{array}{ccccccccccc} & & \mathrm{H} & & \mathrm{H} & & \mathrm{OH} & & \mathrm{H} & & \\ & & | & & | & & | & & | & & \\ \mathrm{CH^2OH} & - & \mathrm{C} & - & \mathrm{C} & - & \mathrm{C} & - & \mathrm{C} & - & \mathrm{COH^2OH} \\ & & | & & | & & | & & | & & \\ & & \mathrm{OH} & & \mathrm{OH} & & \mathrm{H} & & \mathrm{OH} & & \end{array}$$

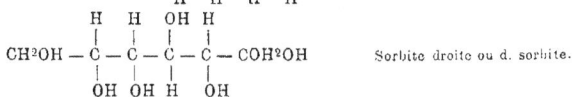

Sorbite droite ou d. sorbite.

donnant naissance à

$$\begin{array}{ccccccccccc} & & \mathrm{H} & & \mathrm{H} & & \mathrm{OH} & & \mathrm{H} & & \\ & & | & & | & & | & & | & & \\ \mathrm{CH^2OH} & - & \mathrm{C} & - & \mathrm{C} & - & \mathrm{C} & - & \mathrm{C} & - & \mathrm{COH} \\ & & | & & | & & | & & | & & \\ & & \mathrm{OH} & & \mathrm{OH} & & \mathrm{H} & & \mathrm{OH} & & \end{array}$$

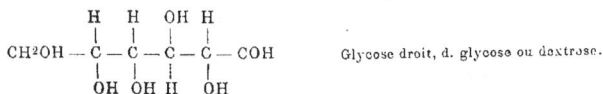

Glycose droit, d. glycose ou dextrose.

$$\begin{array}{ccccccccccc} & & \mathrm{OH} & & \mathrm{H} & & \mathrm{OH} & & \mathrm{OH} & & \\ & & | & & | & & | & & | & & \\ \mathrm{CH^2OH} & - & \mathrm{C} & - & \mathrm{C} & - & \mathrm{C} & - & \mathrm{C} & - & \mathrm{COH} \\ & & | & & | & & | & & | & & \\ & & \mathrm{H} & & \mathrm{OH} & & \mathrm{H} & & \mathrm{H} & & \end{array}$$

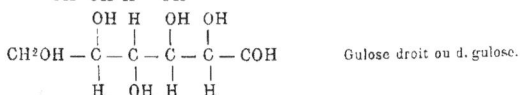

Gulose droit ou d. gulose.

$$\begin{array}{ccccccccccc} & & \mathrm{OH} & & \mathrm{OH} & & \mathrm{H} & & \mathrm{OH} & & \\ & & | & & | & & | & & | & & \\ \mathrm{CH^2OH} & - & \mathrm{C} & - & \mathrm{C} & - & \mathrm{C} & - & \mathrm{C} & - & \mathrm{CH^2OH} \\ & & | & & | & & | & & | & & \\ & & \mathrm{H} & & \mathrm{H} & & \mathrm{OH} & & \mathrm{H} & & \end{array}$$

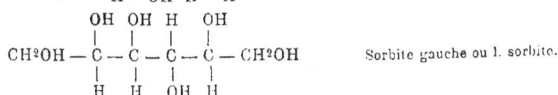

Sorbite gauche ou l. sorbite.

Avec

$$\begin{array}{ccccccccccc} & & \mathrm{OH} & & \mathrm{OH} & & \mathrm{H} & & \mathrm{OH} & & \\ & & | & & | & & | & & | & & \\ \mathrm{CH^2OH} & - & \mathrm{C} & - & \mathrm{C} & - & \mathrm{C} & - & \mathrm{C} & - & \mathrm{COH} \\ & & | & & | & & | & & | & & \\ & & \mathrm{H} & & \mathrm{H} & & \mathrm{OH} & & \mathrm{H} & & \end{array}$$

Glucose gauche ou l. glucose.

$$\begin{array}{ccccccccccc} & & H & & OH & & H & & H & & \\ & & | & & | & & | & & | & & \\ CH^2OH & - & C & - & C & - & C & - & C & - & COH \\ & & | & & | & & | & & | & & \\ & & OH & & H & & OH & & OH & & \end{array}$$

Gulose gauche ou l. gulose.

II

$$\begin{array}{ccccccccccc} & & OH & & H & & H & & H & & \\ & & | & & | & & | & & | & & \\ CH^2OH & - & C & - & C & - & C & - & C & - & CH^2OH \\ & & | & & | & & | & & | & & \\ & & H & & OH & & OH & & OH & & \end{array}$$

Talite gauche ou l. talite.

donnant naissance à

3)

$$\begin{array}{ccccccccccc} & & OH & & H & & H & & H & & \\ & & | & & | & & | & & | & & \\ CH^2OH & - & C & - & C & - & C & - & C & - & COH \\ & & | & & | & & | & & | & & \\ & & H & & OH & & OH & & OH & & \end{array}$$

Talose gauche ou l. talose.

$$\begin{array}{ccccccccccc} & & OH & & OH & & OH & & H & & \\ & & | & & | & & | & & | & & \\ CH^2OH & - & C & - & C & - & C & - & C & - & COH \\ & & | & & | & & | & & | & & \\ & & H & & H & & H & & OH & & \end{array}$$

Inconnu.

$$\begin{array}{ccccccccccc} & & H & & OH & & OH & & OH & & \\ & & | & & | & & | & & | & & \\ CH^2OH & - & C & - & C & - & C & - & C & - & CH^2OH \\ & & | & & | & & | & & | & & \\ & & OH & & H & & H & & H & & \end{array}$$

Talite droite ou d. talite.

qui donne naissance à

$$\begin{array}{ccccccccccc} & & H & & OH & & OH & & OH & & \\ & & | & & | & & | & & | & & \\ CH^2OH & - & C & - & C & - & C & - & C & - & COH \\ & & | & & | & & | & & | & & \\ & & OH & & H & & H & & H & & \end{array}$$

Talose droit ou d. talose.

$$\begin{array}{ccccccccccc} & & H & & H & & H & & OH & & \\ & & | & & | & & | & & | & & \\ CH^2OH & - & C & - & C & - & C & - & C & - & COH. \\ & & | & & | & & | & & | & & \\ & & OH & & OH & & OH & & H & & \end{array}$$

Inconnu.

$$\begin{array}{ccccccccccc} & & H & & H & & OH & & OH & & \\ & & | & & | & & | & & | & & \\ CH^2OH & - & C & - & C & - & C & - & C & - & CH^2OH \\ & & | & & | & & | & & | & & \\ & & OH & & OH & & H & & H & & \end{array}$$

Mannite droite ou d. mannite.

Avec

$$\begin{array}{ccccccccccc} & & H & & H & & OH & & OH & & \\ & & | & & | & & | & & | & & \\ CH^2OH & - & C & - & C & - & C & - & C & - & COH \\ & & | & & | & & | & & | & & \\ & & OH & & OH & & H & & H & & \end{array}$$

Mannose droit ou d. mannose.

$$\begin{array}{ccccccccccc} & & OH & & OH & & H & & H & & \\ & & | & & | & & | & & | & & \\ CH^2OH & - & C & - & C & - & C & - & C & - & CH^2OH \\ & & | & & | & & | & & | & & \\ & & H & & H & & OH & & OH & & \end{array}$$

Mannite gauche ou l. mannite.

Avec

$$\begin{array}{ccccccccccc} & & OH & & OH & & H & & H & & \\ & & | & & | & & | & & | & & \\ CH^2OH & - & C & - & C & - & C & - & C & - & COH \\ & & | & & | & & | & & | & & \\ & & H & & H & & OH & & OH & & \end{array}$$

Mannose gauche ou l. mannose.

$$\begin{array}{ccccccccccc} & & H & & OH & & OH & & H & & \\ & & | & & | & & | & & | & & \\ CH^2OH & - & C & - & C & - & C & - & C & - & CH^2OH \\ & & | & & | & & | & & | & & \\ & & OH & & H & & H & & OH & & \end{array}$$

Dulcite.

Avec

$$\begin{array}{ccccccccccc} & & H & & OH & & OH & & H & & \\ & & | & & | & & | & & | & & \\ CH^2OH & - & C & - & C & - & C & - & C & - & COH \\ & & | & & | & & | & & | & & \\ & & OH & & H & & H & & OH & & \end{array}$$

Galactose droit ou d. galactose.

$$\begin{array}{ccccccccccc} & & OH & & H & & H & & OH & & \\ & & | & & | & & | & & | & & \\ CH^2OH & - & C & - & C & - & C & - & C & - & COH \\ & & | & & | & & | & & | & & \\ & & H & & OH & & OH & & H & & \end{array}$$

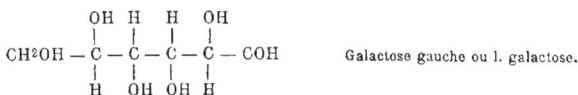

Galactose gauche ou l. galactose.

$$\begin{array}{ccccccccccc} & & OH & & H & & OH & & H & & \\ & & | & & | & & | & & | & & \\ CH^2OH & - & C & - & C & - & C & - & C & - & CH^2OH \\ & & | & & | & & | & & | & & \\ & & H & & OH & & H & & OH & & \end{array}$$

Inconnu.

Avec

$$\begin{array}{ccccccccccc} & & OH & & H & & OH & & H & & \\ & & | & & | & & | & & | & & \\ CH^2OH & - & C & - & C & - & C & - & C & - & COH \\ & & | & & | & & | & & | & & \\ & & H & & OH & & H & & OH & & \end{array}$$

Idose droit ou d. idose.

$$\begin{array}{ccccccccccc} & & H & & OH & & H & & OH & & \\ & & | & & | & & | & & | & & \\ CH^2OH & - & C & - & C & - & C & - & C & - & CH^2OH \\ & & | & & | & & | & & | & & \\ & & OH & & H & & OH & & H & & \end{array}$$

Inconnu.

Avec

$$\begin{array}{ccccccccccc} & & H & & OH & & H & & OH & & \\ & & | & & | & & | & & | & & \\ CH^2OH & - & C & - & C & - & C & - & C & - & COH \\ & & | & & | & & | & & | & & \\ & & OH & & H & & OH & & H & & \end{array}$$

Idose gauche ou l. idose.

En résumé, les corps connus qui rentrent directement dans la catégorie des hexoses ou glycoses et de leurs dérivés sont donc :

I. **Les aldoses.**	II. **Les alcools correspondants.**	III. **Les acides correspondants.**
Glycoses droit et gauche.	Sorbites droite et gauche.	Acides sacchariques droit et gauche.
Mannoses droit et gauche.	Mannites droite et gauche.	— mannosaccharriques droit et gauche.
Guloses droit et gauche.	Dulcite.	Acide mucique.
Galactoses droit et gauche.	Talites droite et gauche.	— allomucique.
Taloses droit et gauche.		— palomucique droit et gauche.
Idoses droit et gauche.		— idosaccharique droit et gauc.

IV. **Les cétoses.** — Les fructoses droit et gauche (Lévulose).

V. Le Rhamnose, l'isoglycosamine, l'acide glucuronique droit, l'acide oxyglucosique, tous corps à fonctions un peu spéciales.

Nous renvoyons, pour l'étude de ces différents corps, aux articles correspondants du dictionnaire (voir **Mannose, Galactose, Lévulose, etc.**). Nous ne nous occuperons ici que du glycose droit ou glycose proprement dit, à propos duquel nous donnerons les réactions les plus générales à tous ces corps.

Glycose droit ou glycose proprement dit. — Ce corps a encore été appelé *dextrose, sucre de raisin, sucre d'amidon, sucre en grumeaux, sucre de miel.*

Historique. — Lowitz en 1792 isola le glycose pour la première fois dans le jus du raisin. Kirchoff en 1811 l'obtint par hydratation de l'amidon.

Les propriétés chimiques ont été étudiées en particulier par Péligot et Dubrunfaut, qui mirent en lumière en particulier la faculté qu'il possède de se combiner avec les bases.

Berthelot a établi ses fonctions alcool, quatre fois secondaire et une fois primaire.

État naturel.— Le *glycose* se rencontre : 1° dans les organismes végétaux ; le plus souvent, il est accompagné d'hydrates de carbone différents, d'hexoses, surtout de lévulose; on le rencontre ainsi dans un très grand nombre de fruits, de baies : raisin, figues, dattes, prunes. Le glycose peut même cristalliser par concentration du jus des fruits doux. C'est ainsi que, sur les fruits secs, il se dépose à la surface externe une poudre blanche jaunâtre qui est formée principalement de glycose associé à un peu de lévulose (Tollens), peut-être même à une combinaison moléculaire de ces deux sucres.

La quantité de sucre réducteur qui existe dans les fruits est donnée dans le tableau suivant :

Raisin (variable)	10-30 p. 100
Cerise	10-11 —
Banane mûre	10 —
Baie de myrtille	8 —
Poire, pomme	7-8 —
Groseille à maquereau, Framboise, fraise	4-7 —
Prune	2-4 —
Abricot	2-3 —
Pêche	1-2 —

Or ceci indique non la quantité de glycose, mais bien la quantité totale de sucre réducteur; il faudrait encore y ajouter une certaine quantité de saccharose qui y est fréquemment associée.

On rencontre encore le glycose toujours associé au lévulose et à d'autres sucres dans les fleurs d'un très grand nombre de plantes, où il s'accumule dans les nectaires et est l'origine d'un goût sucré plus ou moins marqué. Des fleurs, les sucres passent dans le miel; on les y retrouve sous la forme de glycose et de lévulose; les quantités sont néanmoins très faibles, puisqu'il faut cinq à six millions de fleurs de trèfle, pour fabriquer 1 kilog. de miel. Il est cependant difficile de dire si le glycose et le lévulose existent dans les nectaires des fleurs ou s'ils proviennent du dédoublement, sous l'action d'un ferment, soit d'un polysaccharide tel que le saccharose, soit d'un glycoside.

On trouve encore le glycose dans les tiges d'un certain nombre de plantes; il est associé au saccharose dans la canne à sucre, à l'amidon dans les tiges de froment et de maïs.

La feuille de canne à sucre renferme du glycose, mais pas de lévulose (Winter); on rencontre encore le glycose dans les feuilles d'un grand nombre d'espèces, dans les feuilles du pêcher, de la betterave (Girard), de la pomme de terre, de la vigne (Neubauer), de la vigne vierge.

Ainsi, de 500 grammes de feuilles de vigne fraîches, on peut extraire 3gr,5 à 6 grammes de glycose.

C'est surtout, en réalité, dans la sève que se trouve le sucre : ainsi, dans la sève de la canne à sucre, se trouve environ 1 p. 100 de glycose; dans celle de la betterave, il en existe de petites quantités; dans celle du sorgho, 1 à 2 p. 100 de glycose associé à 10 à 13 p. 100 de saccharose.

La quantité de sucre est d'ailleurs variable avec l'année. Ainsi c'est surtout au printemps que l'on en trouve dans la sève des bouleaux. A la suite de piqûres d'insectes, il se fait encore à cette époque de l'année des dépôts sucrés sur les feuilles nommées *miellées*, et qui sont surtout formées de glycose.

Le glycose est aussi répandu dans l'organisme animal que dans l'organisme végétal. Il existe dans le sang en quantités notables : ce sucre est certainement du glycose dextrogyre; car, dans le sang du bœuf et du cheval, on a pu caractériser ce corps par ses combinaisons (Rickardt).

Un certain nombre de facteurs font varier la quantité de sucre dans le sang. Déjà dans le sang normal la proportion de glycose peut varier de 0,2 à 0,12 p. 100 (Seegen). Le chloroforme et la morphine ont pour effet d'augmenter la proportion de glycose et cela par suite de la diminution des combustions. C'est là, en effet, le grand facteur qui intervient pour modifier la quantité de glycose contenu dans le sang. C'est ainsi qu'une diminution d'oxygène dans l'air inspiré, que l'intoxication par l'oxyde de carbone augmentent la proportion de sucre dans le sang et le font apparaître dans les urines : il en est de même d'une réfrigération énergique (Araki). L'empoisonnement par l'acide cyanhydrique provoque encore une augmentation légère du sucre du sang pouvant encore provoquer de la glycosurie.

Dans l'urine humaine, il existe normalement de très petites quantités de glycose que l'on peut caractériser par ses combinaisons (Baisch), associé à une gomme et à de l'iso-maltose.

La proportion de glycose oscillerait dans une urine normale entre 0,003 et 0,009 p. 100 (Baisch). On a pu même prétendre (Quinquaud) que la proportion de sucre fermentescible contenu dans l'urine normale pouvait atteindre $0^{gr},4$ à $0^{gr},6$. Mais cette assertion a été mise en doute (Tollens). L'urine normale peut contenir de grandes quantités de sucre à la suite d'ingestion copieuse de sucre de canne ou de tout autre polysaccharide, lactose, maltose, etc. : c'est alors une glycosurie alimentaire (Moritz). Il existe des glycosuries toxiques, telles que celle dont nous avons parlé plus haut, empoisonnement par l'oxyde de carbone, par l'acide cyanhydrique, intoxication par le chloroforme et la morphine. La morphine et l'azotite d'amyle administrés même dans un parfait état de santé provoquent la sécrétion de glycose (Reigoldt). L'ingestion d'un certain nombre de dérivés de la caféine, benzoate de caféine et de sodium, acide caféine-sulfurique, salicylate de théobromine, provoque chez le lapin une forte diurèse accompagnée de glycosurie. L'extrait de glande thyroïde amène aussi de la glycosurie (James).

L'absorption de sels d'urane provoque encore la glycosurie (Kobert, Chittenden).

La quantité de sucre qui existe dans le sang normal serait variable avec l'endroit même d'où il est extrait. Le sang de la veine hépatique serait plus riche que celui de la veine porte ou des artères hépatiques (Abeles). Le sucre disparaît dans le sang au fur et à mesure que son séjour hors du corps est plus long (Seegen). Ce fait rentre dans les phénomènes de *glycolyse* (voir ce mot et **Glycogène**).

On trouve encore le glycose dans un certain nombre de parties du corps, muscle, foie, corps vitré, cristallin. Le sucre réducteur qui se trouve en petite quantité dans le muscle a été caractérisé comme glycose par ses réactions et ses combinaisons (Panormow). On trouve de faibles quantités de glycose dans le corps vitré et l'humeur aqueuse de l'œil (Cl. Bernard, Kühne, Pantz), dans les liquides de l'ascite consécutive à la cirrhose du foie (Moscatelli, Hammarsten). Dans le foie, il existe du glycose à côté du glycogène. C'est ainsi que, par digestion dans l'eau de foies de veau frais ou conservés quelques jours au contact de la glace, on extrait une petite quantité de glycose (Seegen, Kratschmer).

On trouve encore le glycose dans certains produits animaux, dans les nids d'hirondelles comestibles (Green), dans diverses substances hyalines (Krukenberg).

Le glycose existe encore dans la nature sous forme de glycosides, c'est-à-dire de combinaisons avec d'autres groupements hydrocarbonés plus ou moins complexes : tels sont l'amygdaline, la populine, la salicine, etc. Nous n'entrerons pas dans l'étude de ces différents produits, renvoyant le lecteur à l'article spécial qui leur est consacré (Voy. **Glycosides**, p. 539).

Préparation. — On peut extraire le glycose de tous les produits qui en contiennent naturellement. Le jus de raisin concentré permet d'obtenir assez facilement du glycose (Rehlung).

Le glycose peut être extrait du miel de Narbonne qui le renferme à l'état cristallisé englobé dans du lévulose sirupeux : on épuise ce miel par l'alcool froid : le lévulose se dissout et laisse presque intact le glycose; la masse solide encore humectée d'alcool est placée sous une presse afin d'en extraire la totalité de la solution alcoolique de lévulose, et le résidu solide est repris par l'alcool bouillant laissant déposer par refroidissement des cristaux de glucose.

On peut extraire quelquefois le glycose de l'urine d'un diabétique, lorsque celle-ci en renferme de grandes quantités. Pour cela, il faut évaporer l'urine, la traiter par l'alcool et la déféquer par l'addition de quelques gouttes d'une solution d'acétate de plomb. On filtre, on se débarrasse du plomb par l'hydrogène sulfuré, on filtre encore, et on fait cristalliser en concentrant le sirop (Hunefeld).

Le glycose s'obtient encore par dédoublement des glycosides. Ces corps, sous l'action des acides dilués à l'ébullition ou de certains ferments solubles, se dédoublent par hydratation et donnent du glycose, en même temps qu'un certain nombre de corps particuliers.

Un grand nombre de polysaccharides en solution dans l'eau à l'ébullition en présence des acides donnent du glycose; tels sont le maltose, le mélézitose, le tréhalose, le mycose, le saccharose.

Le dédoublement de ce dernier présente un intérêt tout particulier et nous allons revenir en détail sur cette réaction.

Les méthodes de préparation les plus pratiques du glycose sont l'hydratation du sucre de canne et celle de l'amidon.

La préparation au moyen du sucre de canne ou saccharose se fait en hydratant ce dernier en présence d'un acide dilué, hydratation qui donne naissance à un mélange de molécules égales de glycose et de lévulose; c'est ce qu'on appelle l'interversion du saccharose. Cette interversion peut encore se faire sous l'influence d'un ferment soluble, l'invertine. L'interversion une fois produite, on fait cristalliser le glycose, et on le purifie en le redissolvant dans l'eau et en le faisant cristalliser à nouveau. Cette cristallisation est activée par la lumière, ralentie à l'obscurité (Scheibler).

Schwartz, Neubauer, Worm-Müller ont donné des indications particulières pour cette préparation. Voici en particulier celle de Soxhlet : on prépare tout d'abord un alcool chlorhydrique en mélangeant, à 40°-45°, 12 litres d'alcool à 90° et 480 cc. d'acide chlorhydrique fumant. On dissout dans ce mélange quatre kilos de saccharose en poudre en maintenant la température à 45° et en agitant constamment. La dissolution est complète au bout de 2 heures. Le sucre est alors interverti. Le liquide est plus ou moins coloré. On laisse refroidir et, pour provoquer la cristalisation, on ajoute quelques cristaux de glycose anhydre provenant d'une opération antérieure, et, au bout de quelques jours, on décante, on essore à la trompe, on lave à l'alcool faible, et on fait recristalliser dans l'alcool méthylique.

Tollens redissout au bain-marie le glycose dans la moitié environ de son poids d'eau, additionne cette solution de 2 fois son volume d'alcool à 90°-95°, décolore au noir animal, filtre enfin la solution chaude, en se servant même, s'il est nécessaire, d'un entonnoir à filtration chaude. On amorce encore avec quelques cristaux de glycose, et le corps anhydre se dépose en poudre finement cristalline qu'on arrose et qu'on lave à l'alcool, puis à l'éther. On sèche enfin à l'air, et, dans ces conditions, d'après Tollens, 2 kilos de saccharose donnent 400 grammes de glycose anhydre pur.

La préparation par hydratation de l'amidon est la seule employée dans l'industrie; c'est la réaction indiquée par Kirchoff, Payen et autres, hydratation des hydrates de carbone complexes par les acides dilués, qui permet depuis longtemps déjà de préparer le glycose du commerce et, depuis quelque temps, des glycoses purs cristallisés.

Les réactions qui se passent sont assez complexes : pour pouvoir les étudier complètement, il faut que nous envisagions non seulement ce qui se passe dans l'action d'un acide, mais encore dans celle des ferments solubles, tels que ceux contenus dans le malt.

L'amidon est, comme on sait, un hydrate de carbone de formule $C^6H^{10}O^5$ condensé un certain nombre de fois. Payen et Persoz, en 1833, ont les premiers, par l'action de la diastase, obtenu son dédoublement : ils ont constaté qu'il se produisait un sucre réducteur et en même temps une dextrine non colorable par l'iode et soluble dans l'alcool dilué.

En 1860, Musculus constata que la dextrine et le sucre étaient formés simultanément. Dix ans plus tard, Griesmayer, O'Sullivan, Brücke démontraient qu'il se formait au moins deux dextrines, une colorée en brun par l'eau iodée, tandis que l'autre ne donnait aucune coloration sensible. Ces deux corps furent nommés par Brücke érythrodextrine et achroodextrine.

Musculus et Grüber, en 1878, poussant plus loin ces recherches, arrivèrent à admettre la production de 3 achroodextrines; montrant ainsi que la molécule d'amidon était dégradée successivement par hydratation.

Tous ces auteurs avaient constaté la formation simultanée d'un sucre particulier, le maltose. Les dextrines obtenues étaient d'un poids moléculaire de plus en plus faible, et à chaque dédoublement correspondait la mise en liberté d'une molécule de maltose.

En 1879, Brown et Héron, à la suite d'une série de recherches, admettent pour formule de l'amidon $(C^{12}H^{20}O^{10})^{10}$; l'hydrolyse par la diastase met graduellement en liberté des groupes $C^{6}H^{10}O^{5}$ qui se combinent avec $H^{2}O$ pour donner du maltose $C^{12}H^{22}O^{11}$, tandis qu'il reste des dextrines de poids moléculaire de plus en plus faible : or on voit, d'après la formule précédente, que 8 dextrines sont possibles, correspondant chacune à une hydratation partielle.

O'Sullivan, dans la même année, arrivait à constater l'existence d'une érythrodextrine et de trois achroodextrines. Vers la même époque, Herzfeld remarqua que les produits d'hydrolyse de l'amidon sont variables, si celle-ci a lieu au-dessus ou au-dessous de 65°. A basse température, il se forme du maltose et des achroodextrines, celle-ci donnant par la suite une maltodextrine et enfin du maltose. A haute température, il se forme au contraire de l'érythrodextrine.

D'après Herzfeld, la conversion de l'amidon se fait d'après les étages suivants : amidon soluble, érythrodextrine, achroodextrine, maltodextrine, maltose.

La maltodextrine aurait pour formule $(C^{6}H^{10}O^{5})^{2}\,C^{6}H^{12}O^{6}$, provenant de la combinaison d'une hexose avec deux groupes dextriniques.

Brown et Morris en 1885, après avoir montré qu'il se forme dans l'hydratation par la diastase 81 p. 100 de maltose et 19 p. 100 de dextrine, cette dernière portion étant très difficilement hydrolysée, obtiennent aussi une maltodextrine, mais ce corps est différent de celui de Herzfeld, produit qui serait, d'après Brown et Morris, très impur.

D'après ces auteurs, les 4/5 de l'amidon seraient tout d'abord convertis en maltose, et la formule de l'amidon serait au moins $5\,(C^{12}H^{20}O^{10})^{3}$, formés de 5 groupes dextriniques. Quatre d'entre eux seraient arrangés symétriquement autour du 5e et seraient facilement hydratables; le dernier au contraire présenterait une très grande résistance, et tendrait à se reformer en dextrine. A chaque attaque, un groupe $(C^{12}H^{20}O^{10})^{10})^{3}$ subirait l'hydratation donnant naissance à de la maltodextrine $C^{12}H^{22}O^{11} - (C^{11}H^{20}O^{10})^{2}$.

Cette maltodextrine hydratée à fond se décomposerait enfin en maltose par fixation de deux molécules d'eau. Cette maltodextrine peut être séparée du maltose et de la dextrine par dialyse; elle ne donne pas de maltose par l'action de la diastase, et ne fermente pas directement sous l'action de la levure.

Nœgeli obtint, en 1877, par l'action des acides dilués sur l'amidon, un corps particulier, l'amylodextrine. Brown et Morris, en 1889, montrèrent que cette amylodextrine avait une composition analogue à la maltodextrine et la représentèrent par la formule $C^{12}H^{22}O^{11} - (C^{12}H^{20}O^{10})^{6}$. Ce corps était transformable directement et complètement par la diastase en maltose. La même année, les mêmes auteurs reprenaient leur théorie de la constitution de l'amidon et de l'action hydrolytique de la diastase. Ainsi que nous le disions plus haut, l'amidon présenterait un noyau central dextrinique, symétriquement rattaché à quatre groupes dextriniques identiques, périphériques.

Chacun de ces groupes aurait pour formule $(C^{12}H^{20}O^{10})^{20}$, ce qui correspond au poids moléculaire obtenu par la méthode de Raoult.

La molécule d'amidon soluble est représentée alors par la formule $5\,(C^{12}H^{20}O^{10})^{20}$, avec un poids moléculaire de 32.400.

Quatre de ces groupes donnent par hydratations successives des maltodextrines et finalement du maltose. Le dernier, au contraire, semble se former sur lui-même et résiste à toute hydratation ultérieure.

Les quatre groupes dextriniques périphériques semblent de même valeur.

Rappelons enfin les différents faits qui se rattachent à l'isomaltose, disaccharide préparé synthétiquement en 1890, par Émile Fischer. Ce même sucre fut obtenu en 1891, par Lintner, parmi les produits résultant de l'hydratation de l'amidon sous l'influence des diastases.

Deux ans plus tard, Lintner et Dull critiquent fortement la théorie de Brown et Morris et supposent que les différents produits obtenus par ce dernier sont des mélanges de dextrine et d'isomaltose.

Pour eux, l'action de la diastase sur l'amidon donne naissance à cinq composés différents : l'isomaltose, le maltose et trois dextrines, l'amylodextrine, l'érythrodextrine, et l'achroodextrine. Le plus élevé parmi ceux-ci est l'amylodextrine $(C^{12}H^{20}O^{10})^{54}$, principal constituant de l'amidon soluble. Puis vient l'érythrodextrine $(C^{12}H^{20}O^{10})^{17}.C^{12}H^{22}O^{11}$.

L'achroodextrine $(C^{12}H^{20}O^{10})^5C^{12}H^{22}O^{11}$, enfin l'isomaltose et le maltose avec les formules suivantes :

$$(C^{12}H^{20}O^{10})^{54} + 3H^2O = 3[(C^{12}H^{20}O^{10})^{17}C^{12}H^{22}O^{11}]$$

Amylodextrine. — Érythrodextrine.

$$3[(C^{12}H^{20}O^{10})^{17}C^{12}H^{22}O^{11}] + 6H^2O = 9[(C^{12}H^{20}O^{10})^5C^{12}H^{22}O^{11}]$$

Érythrodextrine. — Achroodextrine.

$$9[(C^{12}H^{20}O^{10})^5C^{12}H^{22}O^{11}] + 45H^2O = 54C^{12}H^{22}O^{11}$$

Achroodextrine. — Isomaltose.

$$= 54C^{12}H^{22}O^{11}.$$

Maltose.

Toutes ces réactions se produisent simultanément. Vers la même époque, en 1893, Schutler et Mittelmeyer admirent au contraire l'identité de constitution de l'amidon, des dextrines et des disaccharides.

La seule différence serait dans le nombre de résidus de glycose contenu dans la molécule.

Dans l'amidon, les résidus de glycose sont reliés par le groupement carbonyle empêchant par suite la réduction par la liqueur de Fehling. L'hydrolyse par les acides ou la diastase dédouble en deux molécules, chacune contenant un groupement aldéhydique.

Brown et Morris, en 1895, remarquèrent que le maltose obtenu par l'action de la diastase sur l'amidon était dans un état de demi-rotation. Par simple abandon à lui-même, ou en chauffant, le maltose acquerrait le pouvoir rotatoire normal.

O'Sullivan et Thomson ont observé la même particularité pour le glycose obtenu par inversion du sucre de canne.

D'autres auteurs, Ling et Baker, remarquent que l'isomaltose de Lintner n'est pas du tout identique à celle de Fischer et que, par l'alcool, on peut dédoubler ce corps en maltose et en dextrine. En 1895, Ulrich confirme le même fait et montre qu'il ne se forme que du maltose. Jalowetz arrive au même résultat, de même que Ost, en 1896, et Pottevin, en 1899. De telles conclusions éliminent complètement la possibilité de la formation d'isomaltose dans ces conditions.

En 1895, Mittelmeyer vit que l'hydratation de l'amidon se fait en deux temps; dans le premier temps, une petite fraction de l'amidon est rapidement transformée en amylo, achroo et érythrodextrine, puis en sucre. Ce sont les dextrines primaires. Dans le second temps, il se formerait des corps analogues, mais non identiques, des dextrines secondaires, qui conduiraient à un métamaltose.

Deux ans plus tard, le même auteur supposa que le premier stade de l'hydratation de l'amidon est la formation de quantités égales de deux amylodextrines différentes, dont l'une est beaucoup plus facilement attaquable par la diastase que l'autre. L'une s'arrête au stade érythrodextrine, l'autre va jusqu'au sucre.

Pottevin, en 1890, chercha à démontrer à son tour que la conversion de l'amidon en maltose se fait en deux temps, la dextrine étant un produit intermédiaire; que les différentes dextrines ne diffèrent que par leur état physique; enfin que les diverses parties du grain d'amidon sont plus ou moins facilement hydrolysées et transformées en dextrine et en maltose; sa conversion se fait donc inégalement vite; Pottevin n'admet que trois sortes de dextrines, l'amylodextrine colorée en bleu, l'érythrodextrine en rouge et l'achroodextrine non colorable par l'eau iodée. Quant à la maltodextrine de Brown et Morris, il dit qu'elle n'est qu'un mélange de maltose et de dextrine dédoublable.

Brown et Millar, en 1899, reprennent encore la question et l'étude de leur maltodextrine $C^{12}H^{22}O^{11}(C^{12}H^{20}O^{10})^2$.

Par des procédés laborieux et pénibles, ils purent obtenir ce produit à l'état de pureté.

Par oxydation avec HgO ou BaO, ils obtiennent un acide, l'acide maltodextrinique A; par l'hydrolyse avec la diastase, ils obtiennent 40 p. 100 de maltose et 60 p. 100 d'un autre acide, l'acide maltodextrinique B. Enfin, les acides dilués donnent 8, 8 de dextrose et un acide à 5 atomes de carbone complètement différent.

Les acides A et B par hydrolyse donnent les mêmes produits; quant à l'acide en C^5, il paraît être analogue à l'acide xylonique et dériver d'un pentose. Quelle serait donc la constitution de la maltodextrine?

La maltodextrine serait formée d'un certain nombre de groupes en C^{12} complètement dédoublables en maltose; mais le groupement terminal COH entraînerait des propriétés réductrices. L'oxydation poussée plus loin entraîne la transformation du groupement COH en un groupe CO^2H. Si nous admettons pour le maltose la formule de FISCHER.

$$CH^2OH - CHOH - \underbrace{CH - (CHOH)^2 - CH}_{O} - O - CH^2 - (CHOH)^4 - COH.$$

La formule de la maltodextrine peut être représentée comme formée par 3 molécules analogues soudées de la façon suivante :

$$CH^2OH - CHOH - \underbrace{CH - (CHOH)^2 - CH}_{O} - O - CH^2 - CH(OH) - \underbrace{CH - (CHOH)^2 - CH}_{O}$$
$$\text{———————————— O ————————————}$$
$$CH^2 - CHOH - \underbrace{CH - (CHOH)^2 - CH}_{O} - O - CH^2 - CHOH - \underbrace{CH(CHOH^2) - CH}_{O}$$
$$\text{———————————— O ————————————}$$
$$CH^2 - CHOH - \underbrace{CH - (CHOH)^2 - CH}_{O} - O - CH^2 - (CHOH)^4 - COH.$$

ou plus simplement :

$$C^{12}H^{21}O^{10} - O - C^{12}H^{20}O^9 - O - C^{12}H^{21}O^{10}.$$

les groupes en C^{12} et les groupes en C^6 sont rattachés les uns aux autres par des atomes d'O, et c'est en ces points que se produit la fracture de la molécule par hydratation.

La différence entre l'hydrolyse par les acides ou la diastase réside dans ce fait que, dans le premier cas seulement, il se forme du glycose. Ce phénomène peut être la conséquence, soit de relations spéciales entre les groupes en C^{12} voisins, soit dans les dimensions relatives ou la masse de ces mêmes groupes en C^{12} ou des groupes en C^6.

La constitution de l'acide maltodextrinique A ne peut être expliquée qu'en supposant que le groupe terminal en C^{12} de la maltodextrine est, par oxydations successives ou simultanées, transformé en $C^7H^{12}O^5H^{10}O^6$. Ce dernier reste encore rattaché au résidu complexe de la molécule, de telle sorte que la formule sera :

$$C^{12}H^{21}O^{10} - O - C^{12}H^{20}O^9 - O - C^5H^9O^5.$$

Le groupe terminal étant devenu :

$$- O - CH^2(CHOH)^3 - CO^2H.$$

L'hydrolyse de l'acide maltodextrinique A peut être exprimée, suivant que l'on a affaire à l'hydrolyse par la diastase ou par les acides, de la façon suivante :

Hydratation sous l'influence de la diastase.

$$\begin{matrix} C^{12}H^{21}O^{10} \\ / \\ O \\ \rangle C^{12}H^{20}O^{15} \\ O \\ \backslash \\ C^5H^9O^5 \end{matrix} + H^2O = O\langle\begin{matrix} C^{12}H^{21}O^{10} \\ C^5H^9O^5 \end{matrix} + C^{12}H^{22}O^{11}$$

Acide maltodextrinique A. — Acide maltodextrinique B. — Maltose.

Hydratation sous l'influence des acides.

$$\begin{array}{l} C^{12}H^{21}O^{10} \\ \quad / \\ O \\ \quad \backslash \\ \quad C^{12}H^{20}O^{9} + 4H^{2}O = 4C^{6}H^{12}O^{6} + C^{5}H^{10}O^{6} \\ \quad / \\ O \\ \quad \backslash \\ \quad C^{5}H^{9}O^{5}. \end{array}$$

Acide maltodextrinique B. — Dextrose. — Acide dérivé d'un pentose.

Brown et Millar ont montré en outre que la dextrine qui se forme en même temps que le maltose dans l'hydrolyse diastasique de l'amidon, dextrine obtenue à l'état pur par précipitation fractionnée par l'alcool, possédait un léger pouvoir réducteur.

L'oxydation de cette dextrine par l'oxyde mercurique et la baryte donne naissance à l'acide dextrinique, qui se transforme à son tour, par hydrolyse ou par les acides, en dextrose et acide en C^5.

Cette expérience nous éclaire sur la constitution des dextrines stables, provenant de l'hydrolyse par la diastase. Nous pouvons les considérer comme formées de la combinaison de 39 groupes $C^6H^{10}O^5$ en un $C^6H^{12}O^6$, ou mieux de 40 molécules de glycose combinées ensemble avec élimination de 39 molécules d'eau.

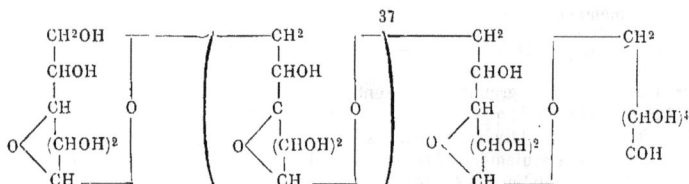

$$\begin{array}{cccc} & & 37 & \\ CH^2OH & \left(CH^2 \right. & \left. \right) CH^2 & CH^2 \\ | & | & | & | \\ CHOH & CHOH & CHOH & \\ | & | & | & (CHOH)^4 \\ CH \quad O & C \quad O & CH \quad O & | \\ O\langle (CHOH)^2 & O\langle (CHOH)^2 & O\langle (CHOH)^2 & COH \\ CH & CH & CH & \end{array}$$

La constitution de l'acide dextrinique ne diffère de la précédente que par la transformation du groupe terminal aldéhydique en un groupe acide avec perte d'un groupement CH OH :

$$- CH^2 - (CHOH)^3 - CO^2H.$$

Ce corps peut être mis en liberté par une hydrolyse plus complète. Les formules simplifiées de ces corps seront donc :

$$\begin{array}{ll} C^6H^{10}O^4 & C^6H^{10}O^4 \\ \quad / & \quad / \\ O & O \\ \quad \backslash & \quad \backslash \\ \quad (C^6H^{10}O^4)^{38}O^{37} & \quad (C^6H^{10}O^4)^{38}O^{37} \\ \quad / & \quad / \\ O & O \\ \quad \backslash & \quad \backslash \\ \quad C^6H^{10}O^4 & \quad C^5H^9O^5. \\ \text{Dextrine.} & \text{Acide dextrinique.} \end{array}$$

Cette dextrine stable peut définitivement se dédoubler par hydratation en 40 molécules de glycose; or la molécule d'amidon ne peut pas être moindre que 100 $C^{12}H^{20}O^{10}$, correspondant par suite à 5 fois la formule de cette dextrine; mais quatre de ces groupes sont transformables en maltose, une seule est transformable en dextrine pouvant donner naissance directement à du glycose. L'amidon ne jouissant d'aucune propriété réductrice ne présente pas de groupement aldéhydique; on peut donc admettre, pour la formule de l'amidon, la formule suivante dans laquelle 80 groupes maltogènes (β, β, β, β) réunis par O sont soudés par O à 40 groupes dextriniques (α).

$$
\begin{array}{ccccc}
 & O & & O & \\
C^6H^{10}O^4 & & (C^6H^{10}O^4)^{38}O^{37} & & C^6H^{10}O^4 \\
O & & \alpha & & O \\
C^{12}H^{20}O^9 & & & & C^{12}H^{20}O^9 \\
O & & & & O \\
(C^{12}H^{20}O^9)^{18}O^{17} & \beta & & \beta & (C^{12}H^{20}O^9)^{18}O^{17} \\
O & & & & O \\
C^{12}H^{20}O^9 & & & & C^{12}H^{20}O^9 \\
O & & & & O \\
C^{12}H^{20}O^9 & & & & C^{12}H^{20}O^9 \\
O & & & & O \\
(C^{12}H^{20}O^9)^{18}O^{17} & \beta & & \beta & (C^{12}H^{20}O^9)^{18}O^{17} \\
O & & & & O \\
C^{12}H^{20}O^9 & & & & C^{12}H^{20}O^9. \\
| & & O & & |
\end{array}
$$

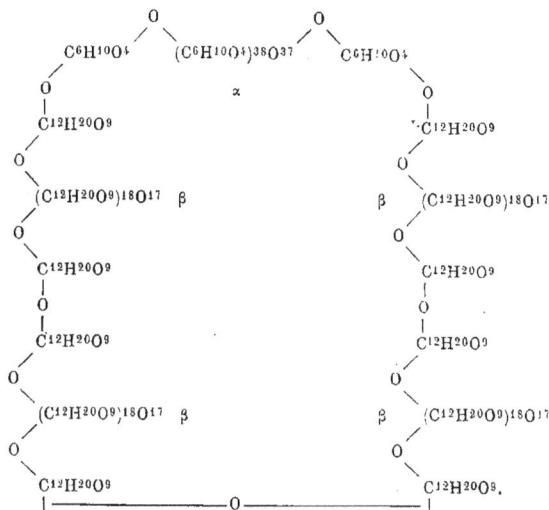

Ces différentes conceptions permettent d'envisager quelles sont les réactions qui se passent dans l'hydrolyse de l'amidon et la formation consécutive des glycoses.

Dans la préparation industrielle de glycose, ces transformations sont faites en bloc et de la façon suivante :

On obtient le dextrose le plus souvent à l'aide de la fécule en raison de son bas prix, mais on utilise aussi en Amérique l'amidon de maïs, et celui-ci ferait une concurrence très grande à la fécule, s'il n'était frappé chez nous de droits d'accise assez élevés.

On tranforme la fécule en dextrose en la chauffant avec l'acide sulfurique étendu. On commence par chauffer la quantité d'eau nécessaire jusqu'à l'ébullition : on étend alors l'acide sulfurique de trois fois son poids d'eau, et l'on mélange les deux solutions. On fait de nouveau bouillir, et l'on introduit la fécule délayée dans l'eau en un liquide laiteux. Il importe d'opérer vivement afin de prévenir la formation de l'empois.

Le degré d'acidité le plus convenable est 1/100, agissant à la température de 110 à 115°. On peut alors obtenir une transformation de 90 °/₀ de la fécule en 3 ou 4 heures. On n'est pas arrivé tout de suite à ce résultat; la fécule passe en effet par les différents stades dextriniques que nous avons étudiés plus haut avant de donner du dextrose, et la seconde transformation n'a lieu, au moins sous la pression ordinaire, que par une longue ébullition. Pour suivre la marche de l'opération, on fait de temps à autre l'épreuve par l'alcool. On prend une partie de la solution sucrée à essayer, et on ajoute 6 parties d'alcool absolu; il se produit un précipité s'il reste de la dextrine.

Les proportions ordinaires de matières premières sont de 100 kilogrammes de fécule, 3 à 400 litres d'eau, 2 kilogrammes d'acide sulfurique, quantité qui peut s'élever jusqu'à 4 kilogrammes.

Une fois la transformation en sucre opérée, on neutralise l'acide sulfurique en excès, le plus souvent à l'aide de la chaux On pratique cette opération dans la cuve ellemême, alors qu'elle est encore en ébullition. L'appréciation de la neutralité est assez délicate, elle se fait au papier tournesol, puis à la teinture de même couleur, qui est beaucoup plus sensible. Cependant, la teinture ne peut plus virer au rouge par le liquide de la cuve, et celui-ci être encore nettement acide après concentration. Aussi faut-il d'ordinaire neutraliser une seconde fois après évaporation à 26° Baumé du liquide sucré.

On continue l'évaporation dans des chaudières plates en cuivre, où le sulfate de chaux formé se dépose, et où l'on peut, en outre, enlever les écumes. On filtre au noir, et l'on peut livrer tel quel le « sirop » au commerce. Sinon, on l'amène dans de grands réservoirs qui alimentent un appareil d'évaporation dans le vide ou « triple-effet », analogue à celui qu'on emploie pour la cuite du sucre. Ce supplément d'évaporation, qui amène le sirop de 16 à 30° Baumé, laisse déposer une nouvelle portion de sulfate de chaux que l'on enlève par décantation. Si enfin l'on veut obtenir du sucre solide, on évapore le sirop purifié dans des vases plats jusqu'à ce qu'il marque 40-41° Baumé, puis on le verse dans des cristallisoirs. Dès qu'on voit les cristaux apparaître, on verse le tout dans des tonneaux où la masse ne tarde pas à devenir extrêmement dure et de texture cristalline. C'est le « glucose en masse ». On peut obtenir un glucose « granulé » en versant le sirop à 32° Baumé dans des tonneaux en bois où il est conservé une huitaine de jours. Dès que le glucose commence à former des masses en « choux-fleurs », on retire les faussets dont est muni le fond du tonneau, et l'on fait écouler la mélasse liquide. On sèche le glucose cristallisé sur des plaques de plâtre dans une étuve à 25°, et on le crible pour en égaliser les grains. En été, le séjour dans des tonneaux pouvant amener la fermentation, on ajoute un peu de solution d'acide sulfureux au sirop.

Aujourd'hui, la plus grande quantité de la fécule est livrée aux glucoseries à l'état « vert ». La saccharification se fait sous pression, dans des autoclaves contenant environ une tonne et demie de fécule verte.

On obtient la conversion complète de l'amidon sous pression à 160°. On emploie dans ce cas une chaudière en forte tôle, doublée de plomb et entourée d'une enveloppe isolante, dans laquelle la vapeur arrive par un serpentin, tandis que l'amidon délayé dans l'eau acidulée s'y charge par un trou d'homme ou un tube à robinet.

On verse dans ce « convertisseur » 25 kilogrammes d'acide sulfurique étendu de 2.500 kilogrammes d'eau, et l'on chauffe à 100°. Pendant ce temps, on verse dans une cuve en bois pourvue d'un tuyau de vapeur et d'un agitateur, une quantité d'eau et d'acide sulfurique égale, on la porte à 30° seulement, et on y délaie 1.000 kilogrammes d'amidon ou de fécule. On met l'agitateur en marche, et l'on porte la température à 48°. On fait alors passer cette bouillie dans le convertisseur, en ayant soin de maintenir à 100° la température de l'eau acidulée qu'il contient. On ferme alors l'appareil, et l'on continue à donner la vapeur jusqu'à ce que la température atteigne 160°. La vapeur s'échappe à travers un serpentin, entraînant les impuretés. On s'assure, au moyen de l'iode, qu'il ne reste plus d'amidon non saccharifié : la liqueur ne doit pas bleuir. Le silicate de potasse ou l'acétate de plomb ne doivent donner aucun précipité indiquant la présence de dextrine non convertie en dextrose. Ce résultat est obtenu en un temps qui varie de 2 à 4 heures, suivant la qualité des matières mises en œuvre.

On décante alors dans une cuve de « neutralisation », où l'on verse, par petites portions, 75 kilogrammes de craie délayée dans 2.500 kilogrammes d'eau. A l'aide d'un agitateur, on mélange le tout et l'on facilite le dégagement de l'acide carbonique.

On abandonne alors la liqueur au repos pendant quelques heures, pour laisser déposer le sulfate de chaux provenant de la neutralisation. On décante, et on reçoit la liqueur sucrée dans une bassine en fer, où achève de se déposer le sulfate de chaux. Ce sel, dans un état de division très grand, est toujours difficile à extraire complètement et constitue souvent une impureté du glucose. On favorise son dépôt à l'aide d'un courant de gaz carbonique ou par l'oxalate d'ammoniaque. La liqueur filtrée est transformée, dans une bassine évaporatoire à vapeur, en un sirop marquant 20° à l'aréomètre. Il faut ensuite déféquer ce sirop à l'aide d'un mélange de charbon de bois en poudre sans dessécher, puis par un passage sur du noir animal. Il subit enfin la dernière concentration soit simplement à 28° Baumé pour l'obtenir en sirop, soit à 38° pour l'obtenir granulé.

Les proportions d'acide à employer ont fait l'objet d'un certain nombre de travaux (Payen, Sachsse, Allihn, Salomon, Soxhlet, Behr, etc.).

Soxhlet indique pour une saccharification complète pour 1 d'amidon l'emploi de 4,5 de SO^4H^2 à 0,5 %, en autoclave.

Les acides organiques peuvent aussi opérer l'hydratation de l'amidon ; il en est de même de l'acide chlorhydrique et de l'acide azotique.

L'acide azotique a été indiqué en particulier à raison de 0,5 % du poids de l'amidon (Seyberlich). L'acide sulfureux à 135° B. a aussi été indiqué.

Enfin, nous pouvons en dernier lieu résumer, d'après Krieger, la fabrication à Chicago d'un glycose anhydre, cristallisé pur, que l'on trouve actuellement dans le commerce. On met en suspension dans l'eau de l'amidon de maïs dans la proportion de 16,5 d'amidon pour 100 d'eau, et on y ajoute 0,23 de SO^4H^2; le lait d'amidon ainsi obtenu est porté à l'autoclave pendant une demi-heure à la température correspondant à l'atmosphère. L'acide est alors saturé par de la craie; on décolore au charbon, on évapore dans le vide et, en maintenant la cuite à 40°, on y ajoute quelques cristaux de glycose anhydre finement divisé.

Dans ces conditions, le glycose cristallise, et la masse solide est alors séparée du liquide mère. Le moyen le plus fréquemment employé depuis quelque temps dans tous les cas est l'emploi de turbines essoreuses.

De ces glycoses cristallisés du commerce, on peut facilement extraire du glycose pur; pour cela, on le dissout dans le quart environ de son poids d'eau tiède, on y ajoute deux volumes d'alcool à 90°. On filtre chaud et on laisse refroidir; le glycose cristallise après ensemencement par des cristaux provenant d'une opération antérieure.

On essore, et, par une seconde cristallisation faite dans les mêmes conditions, on obtient un corps absolument pur.

Propriétés physiques. — Le glycose est un produit blanc qui cristallise anhydre dans l'alcool à 95° en fines aiguilles blanches microscopiques. Dans l'eau, où il se dissout très facilement, il cristallise à saturation en masses sphéroïdales blanches, en grains blancs, voire même en cristaux définis renfermant une molécule d'eau. Soxhlet a fait cristalliser le glycose sans eau de cristallisation dans l'alcool méthylique. Le même résultat a été obtenu dans l'eau par A. Behr, en ayant soin d'amorcer la cristallisation par un cristal de glycose anhydre. La concentration de la liqueur qui convient le mieux est de 12 à 15 parties d'eau pour 88 à 85 parties de glycose. On peut même obtenir la cristallisation sans amorçage préalable, à la condition d'avoir une solution suffisamment concentrée, un glycose suffisamment pur, une température constante de 30° à 35°. Ces cristaux perdent à 60° l'eau de cristallisation en se transformant en glycose anhydre. Les cristaux de $C^6H^{12}O^6,H^2O$ sont des tables à six pans présentant un plan de clivage à 120°. On connait un second hydrate répondant à la formule $\alpha(C^6H^{12}O^6)H^2O$, connu dans le commerce sous le nom de glycose cristallisé pur.

La solubilité du glycose dans l'eau est variable suivant la température :

A 15°., 100 H^2O dissolvent 81,68 dextrose anhydre
— — — 97,85 — hydraté (Authose).

Cette solubilité croît rapidement avec la température, elle est presque indéfinie à 100°.

100 parties d'alcool de densité :

		0,837	0,880	0,910	0,950
dissolvent en dextrose anhydre.	à 17°,5	1,95	8,10	16,01	32,5
	à l'ébullition	27,7	136,6	»	»

Biot a montré le premier que le dextrose possède la faculté de faire tourner vers la droite le plan de polarisation de la lumière.

Son pouvoir rotatoire varie suivant son état physique. Le glycose fondu ou les solutions de glycose au bout de quelque temps présentent un pouvoir rotatoire légèrement variable suivant les auteurs.

Il est pour une solution à

18,6211 p. 100 de $\alpha = 52°,2$ (Dubrunfaut)
— — 53°,15 (Pasteur)
— — 52°,85 (Soxhlet).

Tollens a donné comme formule pour le dextrose anhydre :

$$\alpha\alpha = 52°,50 + 0,018796\ p. + 0,00051683\ p^2.$$

et pour le dextrose hydraté $C^6H^{12}O^6 + H^2O$.

$\alpha d = 47°,73 + 0,015534\ p. + 0,0003883\ p^2$ dans lesquelles p désigne la teneur °/₀ des solutions en glycose anhydre et hydraté.

Lorsque l'on s'adresse à des solutions de glycose fraîchement préparées, en partant soit du glycose hydraté, soit du glycose anhydre, mais n'ayant pas subi de fusion préalable, le pouvoir rotatoire est double du précédent; puis il s'abaisse peu à peu jusqu'à la limite indiquée plus haut.

Fondu, le glycose n'offre pas ce phénomène, et donne tout de suite le pouvoir rotatoire normal.

Propriétés chimiques. — *Action de la chaleur :* Le glycose chauffé même au-dessous de 100° se colore plus ou moins. Il fond à 145°, perd une molécule d'eau à 170° en donnant de la glycosane $C^6H^{10}O^5$. Enfin la distillation sèche du glycose se produit au-dessus de 200° et laisse comme résidu du caramel ou sucre brûlé ou couleur de sucre, etc.

Action des acides : Le glycose se dissout à froid *sans noircir* dans SO^4H^2 concentré. L'alcool le précipite de cette solution. SO^4H^2 étendu, par une longue ébullition donne entre autres de l'acide lévulique et de l'acide formique. L'acide azotique donne à froid du nitro-glycose, à chaud, et étendu, c'est un mélange d'acide oxalique et oxysaccharique.

L'acide chlorhydrique à l'état de gaz donne du diglycose ou dextrine; l'acide chlorhydrique étendu à l'ébullition donne de l'acide lévulique.

Action des alcalis : La potasse et les alcalis attaquent le glycose avec dégagement de chaleur, formation d'acides lactique, formique, acétique, glucique, etc.

La chaux donne naissance à un corps particulier, la saccharine.

Le glucose chauffé entre 150° et 160° avec de l'hydrate de baryte donne environ 60 °/₀ d'acide lactique ordinaire (Schulzenberger). Les alcalis donnent une réaction identique à la température ordinaire (Nencki et Sieber).

Oxydation et réduction du glycose. — L'hydrogène naissant donne de la mannite; avec l'amalgame de sodium, de la sorbite.

Par oxydation, il donne, suivant les cas, des acides saccharique, gluconique, lactique. Le glycose peut être oxydé par les oxydes métalliques, en particulier par les oxydes métalliques en solution alcaline, tels que la liqueur de Fehling.

Fermentation des glycoses. — Les transformations des glycoses sous l'influence des ferments sont d'une très grande importance. La fermentation la plus anciennement connue est la fermentation alcoolique qui résulte de la combustion du glycose droit ou glycose proprement dit, sous l'influence des levures de bière et de vin.

Nous ne reviendrons pas sur ce qui a été déjà dit à ce sujet dans d'autres parties de ce dictionnaire. (Voir **Fermentation.**) Nous ne ferons que rappeler les faits fondamentaux de l'histoire de la fermentation alcoolique et nous nous étendrons surtout sur les faits récents relatifs à ce phénomène.

La connaissance de la fermentation des liquides doux et sucrés sous l'influence des levures remonte à la plus haute antiquité; elle constituait la fabrication du vin, celle de la bière, etc. On en retrouve la première explication, au xve siècle, dans les manuscrits de Basile Valentin.

Van Helmont, au siècle suivant, remarque les analogies entre le gaz qui se dégage et celui que l'on trouve dans les caves et les puits.

En 1682, Becker étudie les changements qui se passent dans les liquides sucrés et constate que l'alcool est le produit de la réaction, que l'air est nécessaire, le phénomène ressemblant à une combustion. Vingt ans après, Willis remarque que le levain est indispensable au phénomène; il l'appelle un ferment, et ce ferment possède des propriétés particulières en lui-même qu'il communique à la matière fermentescible. Stahl croit, en outre, que la matière fermentescible est un mélange instable de sel, huile et terre. L'ébranlement en levure provoqué par le ferment entraîne la séparation des différentes particules élémentaires qui se rassemblent à nouveau en d'autres proportions, formant un composé stable.

Lavoisier montre quelle est la nature du phénomène : la décomposition du sucre donne naissance à de l'alcool et à de l'acide carbonique. Le corps se sépare en deux parties : l'une est oxygénée aux dépens de l'autre, c'est l'acide carbonique. Il reste de l'alcool avide d'oxygène, combustible. Les analyses de Lavoisier étaient inexactes, et la formule ne répondait pas absolument aux quantités en réaction.

Gay-Lussac, Thénard, de Saussure, déterminent la formule du sucre de canne.

En 1828, Dumas et Boullay donnent une formule plus exacte, corrigent encore les résultats de Gay-Lussac, et donnent l'équation véritable de la réaction.

En 1832, Dubrunfaut montre que le sucre de canne, avant de fermenter, se transforme d'abord en sucre cristallisable, et Berthelot montre que cette transformation est produite par un ferment soluble.

En 1847, Schmidt montre qu'il se forme de l'acide succinique.

Pasteur, en 1860, étudie complètement la fermentation alcoolique : il se forme de la glycérine, du sucre et de l'alcool : l'acide acétique, quand il y en a, provient d'une fermentation consécutive, tandis que les alcools d'un rang plus élevé se produisent en même temps que l'alcool ordinaire. Nous ne reviendrons pas sur ce qui a été dit sur la nature même de la levure. (Voir **Fermentation.**)

Mais, depuis Pasteur, des travaux importants ont été faits sur la fermentation même du glycose et des monosaccharides.

Schunck, en 1854, montra que l'érythrozyme ou diastase de la garance pouvait provoquer la fermentation alcoolique.

Manassein, en 1871, trouva que la présence des cellules de levure n'était pas indispensable à la fermentation.

O'Sullivan, en 1892, observa que le pouvoir hydrolytique de la levure était analogue à une simple réaction chimique ; Brown, qu'elle n'était pas directement proportionnelle au poids de levure formée, et à la quantité de sucre fermentant ; elle se produisait plus activement en présence d'oxygène : ce qui était sensiblement différent de l'opinion de Pasteur pour lequel la fermentation consistait en une vie anaérobie.

Prior et Schulze ont fait un certain nombre d'expériences quantitatives sur la fermentation d'un mélange de glycose et de lévulose, glycose et maltose, qui ont montré que le phénomène dépend de la diffusion de la solution sucrée à travers la paroi des cellules.

La vitesse de la diffusion varie avec les diverses espèces de cellules et avec la pression osmotique.

Knecht a trouvé que deux variétés de levures faisaient fermenter plus rapidement le dextrose que le lévulose.

Les recherches de Fischer ont conduit enfin à cette idée que, suivant toute probabilité, la différence de structure des divers sucres entraîne naturellement des différences dans la facilité des dédoublements et des combustions par les ferments.

Rappelons enfin que Büchner a trouvé que la levure agit par un ferment soluble, la zymase, obtenue par destruction des parois cellulaires.

Le glycose ne fermente pas seulement en présence de levure. *Mucor racemosus*, *M. circinelloïdes*, *Oïdium albicans* donnent aussi naissance à une fermentation alcoolique; certains schizomycètes provoquent les fermentations lactiques ou butyriques, ou citriques. *Micrococcus oblongus* donne des acides gluconique et oxygluconique.

Signalons enfin les fermentations mucilagenique, mannitique, dextrinique et cellulosique.

Combinaisons du glycose. — Le glycose se combine : 1° avec les bases, en donnant des glycosates de chaux, de baryte, de cuivre, de plomb, de potasse.

2° Avec les acides, en donnant des acides glycosulfuriques, des nitroglycoses, glycose phosphorique, glycose acétique, etc. ; enfin, des éthers, véritables glycosides artificiels.

3° Le glycose donne une phénylhydrazone. $C^{12}H^{18}Az^2O^5$ est une ozazone, $C^{18}H^{22}Az^4O^4$ fusible à 205° avec la phénylhydrazine.

4° Avec le chloral, le glycose donne naissance au chloralose. (Voir ce mot.)

Enfin, le glycose se combine avec certains sels, en particulier avec le chlorure de sodium. Ce dernier corps donne un composé qui se forme facilement quand on évapore une urine diabétique.

Recherches et dosage du glycose. — La recherche qualitative du glycose se fait toujours par l'emploi des réactions générales que nous avons indiquées plus haut.

1° Une solution de glycose chauffée avec une solution alcaline concentrée ou même de la chaux se colore et vire au brun plus ou moins foncé.

2° Le glycose possède des propriétés réductrices vis-à-vis des oxydes métalliques en solution alcaline. Imaginée par Becquerel et Trommer en 1841, cette méthode a reçu toute une série d'améliorations que nous indiquerons très rapidement. Un simple mélange de lessive de potasse ou de soude et de sulfate de cuivre en solution chauffé avec une solution glycosique donne déjà d'excellents résultats.

Fehling, puis Barreswill, ont proposé l'addition d'une substance organique telle que l'acide tartrique. La liqueur bleue et limpide ainsi obtenue donne, quand on la chauffe avec du glycose, un précipité jaunâtre, virant à l'orange, puis au rouge; la coloration bleue disparaît pendant ce temps. On peut déceler ainsi $0^{mm},00833$ de glycose dans 1 cmc. (Worm-Müller et Hagen).

D'autres réactifs ont été imaginés : on a ainsi remplacé l'acide tartrique par la glycérine ou la mannite; on a proposé aussi l'emploi d'une dissolution de carbonate de cuivre dans une solution aqueuse de bicarbonate de potasse (Réactif de Soldaïni); l'emploi d'une solution d'hydrate cuivrique dans du chlorhydrate d'ammoniaque (Pavy); enfin, on a employé aussi des solutions cuivriques acides telles que la solution de Bartœd renfermant, pour 15 parties d'eau, une partie d'acétate neutre de cuivre et 0,4 d'acide acétique à 38 p. 100. Ce réactif est caractéristique du glycose qui le précipite seul. Le maltose, le lactose, la dextrine, le saccharose ne le précipitent pas.

Les propriétés réductrices du glycose sont encore applicables à des solutions alcalines de mercure, de bismuth, d'argent, même de fer.

Le réactif de Knapp est une solution alcaline de mercure donnant à l'ébullition avec du glycose un précipité jaune verdâtre.

La solution d'argent ammoniaco-alcaline de Tollens, mélange d'azotate d'argent et de potasse caustique, avec la quantité d'ammoniaque exactement suffisante pour redissoudre l'hydrate formé, chauffée avec du dextrose, donne un miroir d'argent.

Le chlorure d'or est également réduit en présence d'un alcalin; aussi Agostini a-t-il proposé pour rechercher le glucose, en solution, un réactif fourni de :

1° Une solution de chlorure d'or au millième.

2° Une solution de potasse au vingtième.

On mélange, d'après l'auteur, 5 gouttes du liquide à essayer, 5 gouttes de solution aurique, 2 gouttes de la solution de potasse dans un tube à essai et on porte à l'ébullition. Par refroidissement il se manifeste une coloration violacée dont l'intensité varie avec la proportion de glucose. Agostini admet que ce réactif permet de déceler un cent-millième de glucose. La coloration violacée est remplacée dans les urines par une coloration rouge vineux sensible au millième.

Le procédé du bismuth consiste à chauffer la solution de dextrose avec un peu de soude et du nitrate de bismuth ou de l'oxyde de bismuth fraîchement précipité. Ce produit vire au noir.

Le réactif de Nylander est une solution alcaline de bismuth renfermant 1 gramme de nitrate de bismuth, 2 grammes de sel de Seignette et 50 grammes de soude à 8 p. 100; il devient foncé à l'ébullition en présence de 0,05 p. 100 de sucre.

L'acide picrique est réduit à l'état d'acide picramique lorsqu'il est chauffé en solution alcaline avec les glycoses ; il se fait une coloration rouge sang.

3° Le glycose donne avec la phénylhydrazine en solution acétique à chaud une glycosazone jaunâtre insoluble dans l'eau et fondant à 204°.

4° Enfin le glycose possède certaines réactions colorées.

L'acide diazobenzène-sulfurique en présence de soude et d'amalgame de sodium donne avec le glycose une coloration rouge.

Un certain nombre de phénols, phénol, thymol, résorcine, donnent en présence de glycose et d'acide sulfurique des colorations particulières L' α-naphtol donne une coloration violette précipitable en bleu violet par l'eau.

Le thymol donne une coloration d'un beau rouge.

Dosage du glycose. — Le dosage du glycose peut se faire de quatre manières différentes : 1° Par les méthodes de polarisation ; 2° par réduction des hydrates métalliques ; 3° par fermentation ; 4° par les méthodes pondérales.

1° Emploi du polarimètre : Dans les polarimètres, un degré de rotation correspond à $\frac{1,8961}{l}$ gramme de glycose dans 100 cc., l étant la longueur de la solution de glycose traversée par le faisceau de lumière polarisée. On a construit des polarimètres donnant par lecture directe la proportion de glycose p. 100.

2° Emploi des solutions alcalines de cuivre. La formule de préparation de la liqueur de Fehling peut se résumer de la façon suivante :

1° Dissoudre 34gr,65 de sulfate de cuivre cristallisé et pur dans 200 cc. d'eau distilleé.

2° Dissoudre 173 grammes de tartrate de sodium et de potassium ou sel de Seignette dans 480 cc. de lessive de soude d'une densité de 1,14. On verse peu à peu la première solution dans la seconde, puis on étend le tout de manière à faire 1 litre à la température normale de 17,5.

On amène cette solution à être équivalente exactement à 0gr,05 de glycose ou de sucre interverti par 10 cc. Soit un titre de 0,05 en grammes de glucose pour 10 cc. de Fehling, n le nombre de centimètres cubes de liquide sucré employé pour 10 cc. de la liqueur de Fehling. On a : grammes de sucre par litre $\frac{50}{n}$.

Mais la liqueur de Fehling absorbe l'oxygène de l'air (Nysten). Elle s'altère quand elle est abandonnée à elle-même et laisse déposer d'abord du sulfate de potasse, puis des cristaux bleus facilement réductibles en présence de l'air humide, des matières organiques par l'action de la lumière, par l'ébullition à chaud sans addition d'alcalis. Ils absorbent l'oxygène et l'acide carbonique de l'air (Sonnerat).

Violette a modifié ainsi la préparation que nous venons d'indiquer plus haut.

1° Faire dissoudre 260 grammes de sel de Seignette dans 200 grammes d'eau distillée, ajouter 300 grammes de lessive de soude à 24° Baumé.

2° Faire dissoudre 36gr,45 de sulfate de cuivre cristallisé dans 140 grammes d'eau.

3° Mêler les deux solutions en versant la seconde dans la première, agiter et compléter un litre à la température de 15°.

Cette solution se conserve longtemps dans de petits flacons d'une centaine de grammes bouchés à l'émeri et dont le bouchon est recouvert de paraffine, et qu'on place ensuite dans un endroit obscur.

10 cc. de la liqueur de Violette correspondent à 0gr,050 de saccharose (avant l'interversion) ou 0gr,05263 de glucose ou de sucre interverti.

Quinquaud a modifié dans ce cas le dosage du glucose de la façon suivante. Il prépare une solution d'ichtyocolle renfermant

Ichtyocolle	2gr,50
Lessive des Savonnières (Lessive de soude.)	10 cc.

et il mélange cette solution au réactif de Violette dans la proportion de 10 cc. de réactif pour 6 d'ichtyocolle ; le mélange est étendu de 250 cc. avec de l'eau distillée : on porte à l'ébullition et on laisse refroidir ; puis on détermine le titre de la solution avec une solution de glucose de teneur connue. Sonnerat indique pour préparer une solution de Fehling en réduisant par la lumière le procédé suivant ;

Dissoudre à saturation à froid, dans de l'eau distillée, 34gr,639 de SO^4Cu pur et cristallisé, et à froid encore 173 grammes de tartrate de potasse pur et cristallisé dans 600 grammes de levure de soude caustique de densité 1.12.

A cette solution alcaline ainsi préparée on ajoute à froid la solution cuivrique, et on ramène le volume à 1 litre. Ces opérations, ainsi pratiquées à froid, empêchent la réduction spontanée de la liqueur de Fehling obtenue.

Pasteur a indiqué une formule qui donne un liquide inaltérable à la lumière.

On fait dissoudre séparément :

130	grammes	de soude ;
105	—	d'acide tartrique ;
80	—	de potasse :
40	—	de sulfate de cuivre cristallisé.

On mélange et on complète le volume de 1 litre.

Enfin Boussingault a indiqué la formule suivante d'une liqueur inaltérable et ne déposant pas spontanément d'oxydule.

1° Sulfate de cuivre cristallisé . . . . 40 grammes.

Dissoudre dans 200 cc.

2° Tartrate neutre de potassium. . . . . . . 160 grammes.
Soude caustique sèche. . . . . 130 —

Dissoudre dans 600 centimètres cubes d'eau ; mêler et compléter 1 litre, faire bouillir quelques minutes après la préparation.

10 centimètres cubes de liqueur de Fehling étendue de son volume d'eau sont placés dans un ballon pouvant être chauffé sur un bec de gaz. Ce ballon est fermé par un bouchon à deux trous, dont l'un sert au passage du tube de dégagement des vapeurs et dont l'autre est destiné à permettre l'écoulement du liquide sucré. Ce dernier est placé dans une burette graduée. La teneur approchée en a été déterminée par un dosage approximatif préalable, de telle sorte que le volume du liquide glycosique soit à peu près égal au volume de Fehling. On fait bouillir le liquide du ballon et on laisse couler la solution sucrée goutte à goutte, jusqu'à ce que la couleur bleue ait disparu. Pour faciliter le dépôt de l'oxyde cuivreux et, par suite, la clarification du liquide, on peut, vers la fin du titrage, ajouter quelques gouttes de sulfate d'alumine, de chlorure de zinc ou de chlorure de calcium.

On peut aussi dissoudre l'oxyde cuivreux qui se forme par l'addition à la liqueur de Fehling de quelques gouttes de ferrocyanure de potassium. Dans ces conditions, la liqueur, au lieu de se décolorer complètement, de bleu vire au jaune, et l'oxyde cuivreux ne précipite pas.

Méthode par fermentation. — D'après l'équation $C^6H^{12}O^6 = 2CO^2 + 2C^2H^6O$, 100 parties de glucose doivent donner 48,89 parties d'acide carbonique ; cependant on n'en obtient jamais que 47, à cause des produits secondaires. On prend environ 3 grammes de sucre, on les dissout dans 4 parties d'eau ou 12 grammes, et on ajoute un peu de levure de bière, dans un petit appareil qui permet de doser l'acide carbonique dégagé, puis on dispose le tout dans un endroit modérément chaud, après l'avoir pesé. Quand le dégagement d'acide carbonique a cessé, ce qui exige plusieurs jours, on aspire de l'air à travers l'appareil et on pèse de nouveau. Le poids d'acide carbonique trouvé en grammes, multiplié par $\frac{100}{47}$, donne la quantité de glucose, d'où se déduit la quantité de sucre de canne correspondante.

Il est bon de vérifier, dans une opération conduite de la même façon, si la levure ne dégage pas par elle-même de l'acide carbonique.

Dans le cas où l'on a affaire à des mélanges de glycose et de saccharose, Gayon a indiqué l'emploi du *Mucor Circinelloïdes*. Ce champignon fait fermenter le dextrose, mais non le saccharose.

Méthodes pondérales. — On peut déterminer la quantité de glucose par pesée de l'oxyde cuivreux réduit (Soxhlet, Allihn, etc.), mais il faut alors se placer dans des conditions toujours identiques, pour avoir des résultats comparables ; il faut, en outre, transformer l'oxyde cuivreux en oxyde cuivrique par oxydation, au moyen de l'acide azotique, ou en cuivre par réduction par l'hydrogène. L'oxyde cuivrique ou le cuivre sont pesés.

Allihn a donné une table indiquant en milligrammes la quantité de dextrose correspondant à un poids donné de cuivre. (Voir **Glycogène**, p. 282.)

On a proposé enfin la réduction des oxydes de mercure par le glycose et la pesée du mercure correspondant à cet oxyde.

L'argent est dans le même cas.

Bibliographie. — On trouvera dans Tollens : *Les hydrates de carbone*, traduction française de Léon Bourgeois, 1903, Paris, Dunod, une bibliographie complète sur la chimie du glycose. Voir aussi Würtz, *Dict. de chimie*, 1870. — 1er *Suppl.*, p 865. — 2e *Suppl.* p. 727-763. — Fischer, *D. chem. Ges.*, xxii, 2204 ; xxiii, 930, 2114 ; xxiv, 521 ; xxvii, 579.

Aug. PERRET.

GLYCOSIDES. — **Sommaire.** — § I. **Définition.** — § II. **Classification des glycosides.** — Classification en glycosides artificiels et glycosides naturels. Classification en glycosides non azotés et glycosides azotés. Classification basée sur la nature des sucres qui entrent dans la composition des glycosides. — § III. **Préparation des glycosides.** Préparation des glycosides artificiels. Extraction des glycosides naturels. — § IV. **Propriétés générales et constitution chimique des glycosides.** Décomposition des glycosides par les agents chimiques. Dédoublement des glycosides par les ferments solubles. Essai de synthèse des glycosides au moyen des ferments solubles. — § V. **Méthodes de recherche et de dosage des glycosides dans les végétaux :** 1° Recherches touchant la présence ou l'absence de principes glycosidiques dans une plante déterminée. 2° Dosage des glycosides dans les végétaux. 3° Recherche microchimique des glycosides. — § VI. **Rôle physiologique des glycosides dans les végétaux. Rôle des glycosides dans la formation de certains principes immédiats qu'on rencontre chez les plantes.** — § VII. **Bibliographie.**

§ I. **Définition.** — On désigne actuellement sous le nom de *glycosides* des principes immédiats très répandus dans le monde végétal et encore des composés chimiques artificiels, susceptibles de se décomposer sous des influences déterminées, pour donner naissance d'une part à un *sucre*, et d'autre part à un ou plusieurs corps pouvant présenter les fonctions chimiques les plus diverses ; parmi ces derniers, on trouve surtout des phénols, des alcools, des aldéhydes et des acides. Toutefois, les combinaisons formées de l'union d'un sucre avec un acide seul, rentrent dans le groupe des éthers et ne sont pas, à proprement parler, des glucosides.

Le seul caractère commun à tous les glycosides est donc de fournir une matière sucrée parmi leurs produits de décomposition. Par raison d'étymologie, de même qu'on dit glycérine, glycocolle, etc., il est donc beaucoup plus rationnel d'employer pour ces composés le terme de *glycosides* (de γλύκυς, doux), au lieu de *glucosides* longtemps utilisé. Cette dernière expression serait mieux appropriée à la désignation exclusive des seuls dérivés du glycose-d, connus communément sous le nom de glycose.

Il convient de remarquer d'ailleurs que le terme de *glycosides*, adopté à défaut d'un meilleur, ne saurait être pris exclusivement dans son sens littéral de dérivés de *glycoses*, c'est-à-dire de sucres simples. Beaucoup de glycosides peuvent en effet non seulement dériver des pentoses ou des hexoses, mais aussi des saccharoses et des polysaccharides.

§ II. **Classification des glycosides.** — On voit, d'après ce qui précède, que les propriétés ou les réactions des glycosides doivent être des plus diverses, puisqu'elles dépendent précisément des propriétés et des réactions des matières unies aux principes sucrés, en même temps que du mode d'agencement de ces composés divers dont l'assemblage forme le glycoside. Il résulte de ce fait qu'il est fort difficile de donner une classification rationnelle des nombreux glycosides connus à l'heure actuelle. Il faut naturellement abandonner dès l'abord toutes les classifications anciennes qui envisageaient toujours comme glucose le sucre formé.

Classification de Van Rijn. — Van Rijn (2), dans sa récente monographie chimique des glycosides, divise ces derniers en deux grands groupes principaux :

1° Les glycosides artificiels.

2° Les glycosides naturels.

Les glycosides artificiels sont rangés suivant un ordre chimique qui conduit des plus simples aux plus complexes, et qui peut évidemment donner place à de nouveaux groupes au fur et à mesure que des méthodes nouvelles permettraient leur création. Les glucosides artificiels connus sont ainsi rangés en :

Combinaisons des sucres avec l'alcool méthylique.
Combinaisons des sucres avec l'alcool éthylique.
Combinaisons des sucres avec des alcools riches en carbone.
Combinaisons des sucres avec des alcools plurivalents.
Combinaisons des sucres avec les mercaptans.
Combinaisons des sucres avec les mercaptans plurivalents.
Combinaisons des sucres avec des phénols.
Combinaisons des sucres avec la phloroglucine.
Combinaisons des sucres avec des aldéhydes.
Combinaisons des sucres avec des cétones.
Combinaisons des sucres avec des oxyacides.
Combinaisons des sucres avec des corps azotés.

Quant aux glycosides naturels, van Rijn les étudie simplement dans l'ordre naturel des familles végétales qui les fournissent, et il donne, comme raison de cette manière de faire, le manque de connaissances où l'on en est actuellement de la structure chimique d'un grand nombre de glycosides végétaux. Une telle méthode n'est pas du reste absolument arbitraire, car on constate en chimie végétale que des végétaux appartenant à des groupes botaniques voisins ont, de ce fait même, une composition chimique présentant une certaine analogie. C'est là un fait remarquable surtout au point de vue des alcaloïdes et sur lequel il n'est pas besoin d'insister.

Il existe certains glycosides artificiels qui sont obtenus en partant de glycosides naturels, sous l'influence d'actions chimiques déterminées ; c'est le cas, par exemple, des dérivés bromés, chlorés ou iodés de la salicine; ces composés se rattachent tout naturellement aux glycosides dont ils dérivent.

Classification en glycosides non azotés et glycosides azotés. — C'est là une classification tout artificielle, mais qui est encore quelquefois suivie. Elle n'envisage d'ailleurs que les glycosides naturels. Nous donnons ci-dessous la liste des principaux glycosides bien caractérisés, rangés d'après cet ordre. Nous ne pouvons évidemment mentionner tous les glycosides innombrables signalés par les divers auteurs, mais cela ne saurait être d'aucune importance dans cet article qui est une vue d'ensemble sur les glycosides et non une monographie de ces derniers. On trouvera du reste dans ce Dictionnaire, à la place alphabétique, l'étude spéciale des principaux glycosides importants au point de vue physiologique.

GLYCOSIDES NON AZOTÉS

Adonine	$C^{24}H^{40}O^{9}$	Inéine	$C^{31}H^{48}O^{12}$
Antiarine	$C^{27}H^{42}O^{10}$	Ipomœine	$C^{78}H^{132}O^{36}$
Apiine	$C^{27}H^{32}O^{16}$	Iridine	$C^{24}H^{26}O^{13}$
Arbutine	$C^{12}H^{16}O^{7}$	Isohespéridine	$C^{50}H^{60}O^{27}$
Atractylate de potasse	$C^{30}H^{51}S^{2}O^{18}K^{3}$	Jalapine	$C^{34}H^{50}O^{16}$
Aucubine	$C^{13}H^{16}O^{8}$	Lokaïne	$C^{42}H^{48}O^{27}$
Aurantiine	$C^{21}H^{26}O^{11}$	Lupinine	$C^{23}H^{32}O^{16}$
Baptisine	$C^{26}H^{32}O^{14}$	Ményanthine	$C^{30}H^{46}O^{14}$
Boldine	$C^{30}H^{52}O^{8}$	Méthylarbutine	$C^{13}H^{18}O^{7}$
Caïncine	$C^{40}H^{64}O^{18}$	Méthylesculine	$C^{16}H^{18}O^{9}$
Cerbérine	$C^{27}H^{40}O^{8}$	Morindine	$C^{26}H^{18}O^{14}$
Chicoriine	$C^{32}H^{34}O^{19}$	Ononine	$C^{30}H^{34}O^{13}$
Colocynthine	$C^{56}H^{84}O^{23}$	Ouabaïne	$C^{30}H^{46}O^{12}$
Coniférine	$C^{16}H^{22}O^{8}$	Phlorizine	$C^{21}H^{24}O^{10}$
Convallamarine	$C^{23}H^{44}O^{12}$	Picéine	$C^{14}H^{18}O^{7}$
Convallarine	$C^{34}H^{62}O^{11}$	Picrocrocine	$C^{38}H^{66}O^{17}$
Convolvuline	$C^{54}H^{96}O^{27}$	Polygonine	$C^{21}H^{20}O^{10}$
Coriamyrtine	$C^{30}H^{36}O^{10}$	Ponticine	$C^{21}H^{24}O^{9}$
Crocine	$C^{44}H^{70}O^{28}$	Populine	$C^{20}H^{22}O^{8}$
Cyclamine	$C^{20}H^{34}O^{10}$	Quercitrin	$C^{21}H^{22}O^{12}$
Daphnine	$C^{15}H^{16}O^{9}$	Quinovine	$C^{30}H^{48}O^{8}$
Datiscine	$C^{21}H^{24}O^{11}$	Rhéine	$C^{15}H^{10}O^{6}$
Digitoxine	$C^{34}H^{54}O^{11}$	Rhinanthine	$C^{29}H^{52}O^{20}$
Digitonine	$C^{27}H^{46}O^{14}$	Robinine	$C^{25}H^{30}O^{16}$
Digitaline	$C^{35}H^{56}O^{14}$	Acide rubérythrique	$C^{26}H^{28}O^{14}$
Esculine	$C^{15}H^{16}O^{9}$	Rutine	$C^{27}H^{32}O^{16}$
Franguline	$C^{21}H^{20}O^{9}$	Salicine	$C^{13}H^{18}O^{7}$
Fraxine	$C^{16}H^{18}O^{10}$	Saponines	$C^{n}H^{2n-8}O^{10}$
Fustine	$C^{58}H^{46}O^{23}$	Smilacine	$C^{26}H^{44}O^{10}$
Gaulthérine	$C^{14}H^{18}O^{8}$	Syringine	$C^{17}H^{24}O^{9}$
Gentiopicrine	$C^{16}H^{20}O^{9}$	Tampicine	$C^{34}H^{54}O^{14}$
Glycogalline	$C^{13}H^{16}O^{10}$	Tanghinine	$C^{27}H^{44}O^{10}$
Glycyphylline	$C^{21}H^{24}O^{9}$	Tétrarine	$C^{32}H^{32}O^{12}$
Hédérine	$C^{32}H^{52}O^{19}$	Turpéthine	$C^{34}H^{56}O^{16}$
Helléboréine	$C^{37}H^{56}O^{18}$	Vincétoxine	$C^{16}H^{12}O^{6}$
Helléborine	$C^{36}H^{42}O^{6}$	Xanthorhamnine	$C^{24}H^{32}O^{11}$
Hespéridine	$C^{50}H^{60}O^{27}$		

GLYCOSIDES AZOTÉS

Amygdaline	$C^{20}H^{27}NO^{11}$	Sambunigrine	$C^{14}H^{17}NO^{6}$
Glycotropéoline	$C^{14}H^{18}KNS^{2}O^{9}$	Sinalbine	$C^{30}H^{42}N^{2}S^{2}O^{15}$
Glycyrrhizine	$C^{44}H^{63}NO^{18}$	Sinigrine	$C^{10}H^{16}NS^{2}KO^{9}$
Indican	$C^{52}H^{62}N^{2}O^{34}$	Solanéine	$C^{52}H^{83}NO^{13}$
Prulaurasine	$C^{14}H^{17}NO^{6}$	Solanine	$C^{52}H^{93}NO^{18}$

Remarquons que les formules attribuées à certains glycosides ci-dessus mentionnés ne doivent pas encore être considérées comme absolument définitives.

Il faudrait encore ajouter à cette liste un certain nombre de *tanins* qui sont en réalité aussi de véritables glucosides, puisque, traités par les acides minéraux étendus et bouillants, ils sont susceptibles, en dehors d'autres produits plus ou moins nettement caractérisés, de fournir un sucre réducteur.

Cette classification des glycosides végétaux en glycosides azotés et glycosides non azotés est, comme on en peut juger, tout à fait factice. En dehors de ce fait qu'elle fait rentrer dans le premier groupe la grande majorité des glycosides connus, les plus variés, elle a le grave inconvénient de ne tenir aucun compte de la structure chimique des composés auxquels elle se rapporte.

Classification basée sur la nature des sucres qui entrent dans la composition des glycosides. — On tend beaucoup à l'heure actuelle (3) à sérier les glycosides, suivant la nature des sucres qu'ils fournissent par décomposition en leurs éléments constituants. La nomenclature correspondante est pour ainsi dire calquée sur celle usitée pour les hydrates de carbone condensés, dans laquelle les générateurs des sucres sont désignés par le suffixe *ane* correspondant (xylanes, mannanes, dextranes, galactanes, etc.); elle consiste à remplacer la terminaison *ose* du sucre envisagé, par le suffixe *ide;* les glycosides fournissant des pentoses prennent ainsi le nom générique de *pentosides*, ceux qui fourniront des hexoses prendront celui d'*hexoside,* et ainsi de suite. Chacun des groupes ainsi constitués peut à son tour être divisé en sous-groupes correspondant à un sucre déterminé ; c'est ainsi que le groupe des hexosides sera divisé en *dextrosides* ou *d-glucosides*, *l-glucosides*, *galactosides*, *mannosides*, etc.; le groupe des *pentosides* comprendra les *xylosides*, *arabinosides*, etc.

On peut envisager ensuite successivement les combinaisons de chaque sucre déterminé avec les diverses fonctions principales de la chimie organique et on arrive ainsi à grouper les glycosides suivant leur structure et leurs affinités chimiques.

C'est là une des classifications qui paraissent le plus rationnelles. Malheureusement, cette classification nécessite pour son établissement la connaissance chimique approfondie des glycosides à classer; et, si elle est facilement applicable aux glycosides obtenus synthétiquement en présence de composés connus, il n'en est plus de même, comme on sait, de beaucoup de glycosides naturels, dont l'étude et même la caractérisation sont encore très incomplètes. Remarquons toutefois que, parmi les produits de décomposition des glycosides, les matières sucrées sont, d'une façon générale, les composés les plus aisément identifiables et caractérisables ; il est inutile d'ajouter que cette règle souffre quand même beaucoup d'exceptions, et que le sucre de nombre de glycosides reste encore indéterminé. Il y a plus; certains glycosides peuvent fournir plusieurs matières sucrées, et il est vraisemblable, d'après les exemples que nous verrons plus loin, que ces divers sucres proviennent d'un polysaccharide unique, plus condensé, qui en serait le générateur ; c'est sur la nature de ce dernier qu'il faudrait rationnellement s'appuyer pour classer les glycosides; de nouvelles difficultés viennent ainsi compliquer le problème.

Toutefois, les progrès de la chimie végétale permettent d'espérer que la dernière classification exposée, avec quelque lenteur qu'elle pût être édifiée, est loin dès l'abord d'apparaître comme irréalisable.

Les sucres hydrolysables, tels que le saccharose, le maltose, le lactose, se rapprochent à plus d'un point de vue des glycosides et sont parfois considérés comme de véritables glycosides. Il est certainement préférable de les disjoindre d'un groupe déjà suffisamment complexe, et ils sont suffisamment caractérisés par ce fait que leur décomposition les résout uniquement en sucres, sans mélange de composés appartenant aux autres fonctions de la chimie organique.

§ III. **Préparation des glycosides.** — A vrai dire, il ne s'agit de préparation véritable que pour les glycosides artificiels, parmi lesquels il faut comprendre certains glycosides dérivés par actions chimiques des glycosides naturels. Quant aux glycosides naturels, aucun d'entre eux n'a encore pu être préparé synthétiquement, et on doit se contenter de les extraire tout formés des végétaux qui les contiennent.

Glycosides artificiels. — La préparation des glycosides artificiels est toute synthétique et relève par conséquent du domaine de la chimie pure. Nous nous contenterons ici de quelques indications générales à ce sujet, en renvoyant le lecteur à la bibliographie indiquée par van RIJN pour la nomenclature des principaux mémoires qui se rattachent à cette question.

SCHÜTZENBERGER (4) a tenté le premier de réaliser la synthèse d'un glycoside naturel, le salicine, en particulier en chauffant le triacétylglycose avec de la saligénine sodée; mais la combinaison amorphe obtenue, quoique de nature glycosidique et donnant bien par hydrolyse avec l'acide sulfurique étendu du glucose et de la salirétine, ne pouvait être en aucune façon considérée comme étant de la salicine.

A. MICHAEL (5), en faisant agir l'acétochlorhydrose $C^6H^7OCl\ (OC^2H^3O)^4$ sur les combinaisons alcalines des phénols, a obtenu des combinaisons du glycose avec les phénols monovalents, absolument analogues à des glycosides naturels. Il est parvenu également à préparer synthétiquement l'hélicine, glycoside qu'on obtient communément par l'oxydation ménagée de la salicine au moyen de l'acide nitrique étendu.

Les méthodes les plus fécondes ont été celles indiquées par FISCHER (6), qui consistent à déterminer la condensation des produits destinés à constituer le glycoside, soit à froid en présence d'acide chlorhydrique gazeux, soit à chaud avec des quantités très faibles de ce même acide. S'agit-il par exemple de préparer les méthylglycosides, la méthode la meilleure consiste à dissoudre du glycose dans cinq fois son poids d'alcool méthylique contenant 0gr,25 pour 100 de HCl et à chauffer pendant 50 heures à 100°; à ce moment, la combinaison est complète car le mélange ne réduit plus la liqueur cupro-potassique. Avec les méthodes de FISCHER, on peut condenser presque tous les sucres avec les différents alcools, mercaptans, cétones et phénols plurivalents.

Avec les alcools, la réaction se passe la plupart du temps entre une molécule de sucre et une molécule d'alcool, et il se forme ainsi deux combinaisons stéréo-isomères α et β, par exemple, α-méthylglycoside et β-méthylglycoside de formule $C^6H^{11}O^5.OCH^3$. Dans certains cas, deux molécules d'alcool entrent en réaction avec une molécule de sucre, et il se forme des combinaisons que FISCHER ne considère pas comme de vrais glycosides et qu'il range parmi les acétals ; tel est le glycose éthylacétal

$$C^6H^{12}O^5\!<\!\begin{matrix}OC^2H^5\\OC^2H^5\end{matrix}$$

Avec les mercaptans, on n'obtient précisément que de pareils dérivés disubstitués; tel est le glycose éthylmercaptal

$$C^6H^{12}O^5\!<\!\begin{matrix}SC^2H^5\\SC^2H^5\end{matrix}$$

Quant à l'acétone, suivant les sucres employés, on obtient tantôt des combinaisons de une molécule de sucre avec une seule molécule d'acétone, tantôt des combinaisons de deux molécules d'acétone avec une molécule de sucre.

Extraction des glycosides naturels. — Les propriétés des glycosides naturels étant essentiellement variables de l'un à l'autre, on ne saurait indiquer des règles fixes pour leur préparation. Nous donnerons seulement quelques types des méthodes employées, lesquelles d'ailleurs peuvent en somme être classées dans deux grands groupes. Dans les méthodes du premier groupe, le glycoside est extrait au moyen de dissolvants neutres, soit directement, soit après des traitements spéciaux destinés à débarrasser les liqueurs qui les contiennent des éléments étrangers pouvant entraver leur extraction à l'état de pureté; dans les méthodes du deuxième groupe, le glycoside est engagé dans une combinaison insoluble, convenablement choisie, et facile à obtenir dans un assez grand état de pureté, puis cette combinaison est décomposée ensuite par un traitement chimique approprié permettant d'obtenir le glycoside cherché. Nous dirons quelques mots d'une méthode pour ainsi dire intermédiaire, qui consiste à précipiter le glycoside de ses dissolvants, par addition de sels neutres.

Extraction des glycosides naturels au moyen des dissolvants neutres. —

Nous prendrons comme premier exemple, parce qu'il constitue pour ainsi dire l'un des plus simples, celui de la préparation de l'*amygdaline* qui a été découverte par Robiquet et Boutron-Charlard (7) et dont le mode d'obtention a été perfectionné par Wöhler et Liebig (8). Les amandes amères, débarrassées le plus possible d'huile par une forte expression, sont traitées à deux reprises par l'alcool à 94-95° bouillant; on exprime, on passe, à travers une toile et on laisse en repos le liquide trouble qui laisse peu à peu déposer un peu d'huile ; on sépare cette dernière. On filtre la liqueur de façon à l'obtenir limpide et on l'abandonne à elle-même ; on peut ainsi obtenir directement en quelques jours de l'amygdaline qui se dépose lentement à l'état cristallisé. Il reste d'ailleurs une certaine quantité de ce principe dans les eaux-mères. Pour ne pas perdre de produit, on distille ces dernières jusqu'à un petit volume et on ajoute au résidu un demi-volume d'éther. Toute l'amygdaline est ainsi précipitée. On presse entre des feuilles de papier à filtrer les cristaux qui sont imprégnés d'une petite quantité d'huile, on les lave à l'éther dans lequel l'amygdaline est insoluble, puis on fait recristalliser le tout dans l'alcool bouillant. Dans le traitement primitif des amandes, il importe d'employer de l'alcool à 94-95°, et non de l'alcool plus faible, car ce dernier, d'après les auteurs, entraîne avec l'amygdaline une petite quantité de sucre incristallisable qui est ensuite partiellement précipité dans le traitement par l'éther, et dont il est difficile de débarrasser le glycoside.

Beaucoup des glycosides des Convolvulacées, qui sont insolubles dans l'eau, s'obtiennent ainsi avec le seul concours des dissolvants neutres. Voici, par exemple, comment l'on peut préparer la *scammonine* (9) : 5 000 grammes de racine sèche de scammonée grossièrement pulvérisée sont mis à macérer pendant 3 jours dans 25 litres d'alcool à 90°, à une température modérée. Cette opération est répétée 3 fois, et les liqueurs alcooliques sont distillées dans le vide afin de recueillir la plus grande partie de l'alcool. Le résidu liquide est versé dans une grande quantité d'eau froide qui précipite le glycoside ; on lave ce dernier à l'eau bouillante jusqu'à ce que les eaux de lavage soient neutres au tournesol. On purifie ensuite le produit en dissolvant dans un peu d'alcool à 90°, décolorant au noir, précipitant de nouveau dans l'eau, renouvelant les lavages à l'eau bouillante et séchant ensuite à l'étuve. Enfin la scammonine sèche est lavée à l'éther de pétrole pour la débarrasser de quelques matières grasses entraînées.

La *convolvuline* peut s'obtenir de la racine de jalap par un procédé analogue. En outre, il est recommandé par la plupart des auteurs d'épuiser préalablement la racine de jalap par l'eau qui ne dissout pas le glycoside, et qui entraîne un grand nombre de principes solubles qui seraient susceptibles de souiller ce dernier au cours des opérations.

Il est souvent nécessaire, pour obtenir un glycoside végétal à l'état de pureté, de purifier les liqueurs extractives qui le contiennent, en les débarrassant, au moyen de précipitants convenables, des matières accessoires qui empêcheraient la cristallisation du principe à extraire. On emploie le plus souvent dans ce but l'acétate de plomb, lorsque ce composé n'est pas lui-même susceptible de donner une combinaison insoluble avec le glycoside envisagé. Pour préparer, par exemple, l'*arbutine*, d'après Kawalier (10), on fait un décocté aqueux de feuille d'*Uva ursi* et on ajoute à ce dernier de l'acétate de plomb. La liqueur, séparée par filtration du précipité plombique, est distillée jusqu'à un petite volume, filtrée à nouveau, puis traitée par un courant d'hydrogène sulfuré qui enlève l'excès de plomb. Le liquide filtré, en dehors de l'arbutine, contient, entre autres produits, une petite quantité de sucre qui est susceptible de fermenter par la levure de bière, cette dernière n'exerçant d'ailleurs aucun action sur l'arbutine présente. Quoi qu'il en soit, la liqueur, soumise ou non à la fermentation alcoolique, est évaporée en consistance de sirop. Après plusieurs jours, il se sépare des cristaux d'arbutine et finalement toute la masse se prend en une bouillie cristalline qu'on exprime et qu'on fait recristalliser dans l'eau bouillante en présence du noir animal.

Lorsque le glycoside est accompagné dans la plante d'une forte proportion de sucre, glucose ou saccharose par exemple, et qu'il possède en même temps des coefficients de solubilité voisins de ceux de ces derniers, il est absolument indispensable de détruire le sucre qui viendrait souiller le glycoside au cours de la cristallisation. Tel est le cas qui se présente dans l'extraction de l'*aucubine* de la graine d'*Aucuba japonica*, qui la contient mélangée à une proportion bien supérieure de saccharose. Pour préparer l'aucubine, d'après Bourquelot et Hérissey qui l'ont découverte (11), les graines fraîches d'*Aucuba* sont séparées du péricarpe, puis découpées immédiatement dans de l'alcool à 90° bouillant, dans la proportion d'environ 500 grammes pour 2000$^{cm^3}$ d'alcool. On fait bouillir à reflux pendant environ 45 minutes, puis on sépare les liquides alcooliques et on les distille en présence d'une petite quantité de carbonate de calcium, de manière à éviter toute hydrolyse du glycoside, du fait de la légère acidité des liqueurs. L'alcool étant éliminé, le liquide restant est filtré, puis étendu d'eau distillée de façon à ne pas renfermer plus de 12 à 14 p. 100 de sucre de canne. La solution ainsi obtenue est distribuée par portions de 500$^{cm^3}$ dans des ballons d'un litre. Après stérilisation à l'ébulition et refroidissement, on ensemence chacun de ces ballons par addition de 10 grammes de levure haute et on laisse la fermentation se continuer à la température du laboratoire jusqu'à disparition complète ou presque complète du sucre (4 à 5 jours). A ce moment, on ajoute un peu de carbonate de calcium, on porte à l'ébullition, on laisse refroidir et on filtre. On procède ensuite à la décoloration des liquides par le noir animal; on filtre de nouveau, on évapore en partie au bain-marie, et on achève l'évaporation dans le vide partiel. Le produit ainsi obtenu présentant l'aspect d'un extrait sec, est traité à l'ébullition à reflux par une quantité convenable d'alcool à 95°. Après 12 heures de repos, le liquide filtré dans des flacons à large ouverture ne tarde pas à laisser cristalliser le glycoside. Au bout de 24 à 48 heures, la cristallisation étant terminée, les cristaux sont essorés à la trompe, lavés à l'alcool à 95° et séchés dans le vide sulfurique. On obtient le glycoside très pur en le faisant recristalliser une première fois dans l'eau et une deuxième fois dans l'alcool à 80°.

Extraction des glycosides en les engageant dans une combinaison insoluble. — Suivant la nature et les propriétés du glycoside à extraire, la combinaison insoluble dans laquelle on l'engage peut être de nature très variable; le plus souvent, on utilise les combinaisons susceptibles de se produire avec l'oxyde de plomb ou avec le tanin.

Avant de donner un exemple de cette méthode, il faut mentionner une méthode pour ainsi dire intermédiaire entre celle-ci et les méthodes aux dissolvants neutres précédemment exposées. On a vu plus haut qu'il était facile, par précipitation au moyen de l'éther, d'extraire toute l'amygdaline contenue dans une solution alcoolique. Cela tient à ce que l'amygdaline est complètement insoluble dans l'éther; mais certains glycosides peuvent être ainsi précipités de leurs dissolutions, non plus par un liquide dans lequel ils seraient insolubles, mais bien par un sel neutre convenablement choisi, comme par exemple le chlorure de sodium, le sulfate de sodium, le sulfate de magnésie. Il se passe ainsi un phénomène analogue à ce qu'on observe dans la précipitation de certains albuminoïdes par les mêmes agents, et cette propriété peut être mise à profit pour l'extraction de certains glycosides, Ainsi Tanret (12) prépare la *vincétoxine* en lixiviant à l'eau froide la poudre grossière de Dompte-venin, préalablement mélangée d'un léger lait de chaux; les liqueurs sont saturées de chlorure de sodium, et le précipité qui se forme est recueilli, lavé à l'eau salée, séché et repris par le chloroforme. La solution chloroformique traitée par le noir est distillée; au résidu dissous dans son poids d'alcool, on ajoute de l'éther tant que la liqueur précipite, puis on agite le tout avec son demi-volume d'eau. Ces deux couches de liquide étant séparées, l'inférieure évaporée à siccité dans la *vincétoxine soluble dans l'eau*. Quant à la solution éthérée, on l'agite avec de l'eau légèrement alcaline qui en enlève un acide résineux, puis avec de l'acide sulfurique étendu qui s'empare d'un peu d'alcaloïde. Après une nouvelle neutralisation, on distille et l'on dessèche le résidu à 100°. Il constitue la *vincétoxine insoluble dans l'eau*. Ce glycoside est susceptible de se présenter en effet à l'état soluble et à l'état insoluble sans que ses autres propriétés et sa composition en soient d'ailleurs modifiées.

Pour préparer la *picéine*, glycoside du *Pinus picea*, Tanret (13) engage d'abord le glycoside dans une combinaison plombique qu'il décompose par l'acide sulfurique. Des ramilles de sapin épicéa finement hachées sont traitées par de l'eau bouillante additionnée de bicarbonate de soude à raison de 5 grammes par kilogramme de ramilles. Après quelques instants d'ébullition et une macération de 24 heures, on précipite la liqueur successivement par l'extrait de Saturne et l'acétate de plomb ammoniacal, en ne gardant que le dernier précipité qu'on décompose par l'acide sulfurique ; puis, après filtration et neutralisation exacte par la magnésie, on évapore en consistance de sirop clair.

On dissout dans celui-ci encore chaud le tiers de son poids de sulfate de magnésie, puis on l'épuise avec de l'éther acétique. Quand ce dernier, chargé de glycoside, s'est éclairci, soit par un repos suffisant, soit à la suite d'une forte agitation avec du bicarbonate de soude, on le distille, on reprend le résidu par de l'alcool, on l'évapore de nouveau à siccité pour chasser complètement l'éther, puis on le dissout, ou simplement même on le délaie, selon le cas, dans son poids d'alcool absolu chaud. La liqueur ne tarde pas à se prendre en une masse pâteuse qu'on essore à la trompe et qu'on lave à l'alcool absolu. Celui-ci entraîne en solution un ou plusieurs glycosides amorphes. Quant au résidu laissé par l'alcool, on le redissout dans l'alcool absolu bouillant ou dans l'eau bouillante; par refroidissement la solution abandonne une superbe cristallisation de picéine.

§ IV. **Propriétés générales et constitution chimique des glycosides.** — Les glycosides naturels n'ont guère de propriétés communes permettant une description d'ensemble; beaucoup sont cristallisés, mais il en est aussi en grand nombre qui n'ont pu être obtenus jusqu'à présent qu'à l'état amorphe. Leurs différents caractères de solubilité sont aussi essentiellement variables de l'un à l'autre, les uns, par exemple, étant facilement solubles dans l'eau, les autres étant totalement insolubles dans ce solvant, et par contre facilement solubles dans les solvants organiques comme l'éther et l'alcool.

Au point de vue des propriétés générales, le groupe des glycosides artificiels est un peu plus homogène. Ces glycosides, dont un grand nombre a été obtenu à l'état cristallisé, peuvent cependant être amorphes ou même sirupeux; ils possèdent à peu près tous ce caractère commun d'être facilement solubles dans l'eau, difficilement solubles dans l'alcool absolu, insolubles dans l'éther. Ils sont incolores et d'une saveur très variable, sucrée ou amère; ils sont actifs sur la lumière polarisée. Leurs solutions aqueuses sont neutres aux réactifs; seules, les combinaisons des sucres avec les oxyacides possèdent un caractère acide à cause d'un groupement carboxylique libre. A l'encontre de quelques rares glycosides naturels, les glycosides artificiels ne réduisent pas la liqueur de Fehling, et ne réagissent pas avec la phénylhydrazine. Ils sont susceptibles de fournir des éthers acétiques et benzoïques.

Au point de vue de leur dédoublement, en leurs composés constituants, les glycosides artificiels, comme nous le verrons plus loin, se comportent d'une façon absolument comparable à celle des glycosides naturels.

Le fait capital de la disparition du pouvoir réducteur dans les glycosides indique bien que le groupe aldéhydique du sucre qui entre en combinaison est intéressé, puisque les propriétés de cette fonction ne se retrouvent plus dans le composé. Aussi Fischer (14) pense-t-il devoir attribuer au méthylglycoside par exemple la formule de constitution suivante,

$$
O \left\langle \begin{array}{l} CH.O.CH^3 \\ | \\ CHOH \\ | \\ CHOH \\ | \\ CH \end{array} \right. \\
\quad\quad | \\
\quad\quad CHOH \\
\quad\quad | \\
\quad\quad CH^2OH
$$

qui correspond tout à fait à la formule oxydique du glycose proposée par Tollens :

$$
O \left\langle \begin{array}{l} CHOH \\ | \\ CHOH \\ | \\ CHOH \\ | \\ CH \end{array} \right. \\
\quad\quad | \\
\quad\quad CHOH \\
\quad\quad | \\
\quad\quad CH^2OH
$$

Cette formule de Fischer conduit à admettre pour un même sucre la formation de deux dérivés stéréo-isomériques, et c'est en fait ce que l'expérience confirme. Les dérivés stéréo-isomériques des hexoses par exemple posséderont ainsi la constitution suivante :

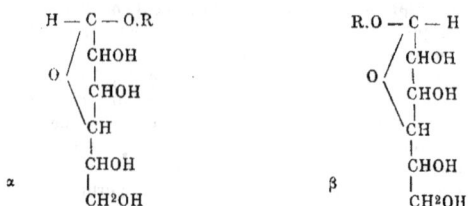

```
        H — C — O.R              R.O — C — H
           /|                        /|
          / CHOH                    / CHOH
        O   |                     O   |
          \ CHOH                    \ CHOH
           \|                        \|
            CH                        CH
            |                         |
            CHOH                      CHOH
   α        |              β          |
            CH²OH                     CH²OH
```

Ces glycosides stéréo-isomériques se distinguent l'un de l'autre par leur point de fusion, leur solubilité dans les divers dissolvants, leur pouvoir rotatoire, et spécialement leur résistance différente à un même ferment.

Des recherches récentes ont établi que ces deux variétés de glycosides correspondent à des états isomériques différents du sucre qui entre dans leur composition. Prenons comme exemple l'α-méthyl-d-glycoside et le β-méthyl-d-glycoside. D'après les anciennes recherches de Tanret (10), le glycose-d était supposé exister sous trois états isomériques qui avaient été désignés par les lettres α, β, γ, chacun d'entre eux étant caractérisé par un pouvoir rotatoire différent : le glycose α dissous rapidement dans l'eau possède un pouvoir rotatoire immédiat $\alpha_D = +110°$, qui décroît à chaud ou par addition d'ammoniaque ou de potasse étendue et devient alors constant pour une même concentration, soit $\alpha_D = +52°,5$ pour une solution au dixième. Le glycose γ possède un pouvoir rotatoire immédiat $\alpha_D = +19°$ et ce pouvoir rotatoire s'élève peu à peu pour atteindre $+52°,5$. Déjà Armstrong (17) s'était demandé si la forme du glycose considérée comme stable était bien une modification véritable et si elle ne correspondait à un mélange des deux stéréo-isomères α et γ, mélange arrivé à son état d'équilibre. Armstrong avait cru devoir énoncer une telle conclusion en s'appuyant sur des expériences de dédoublement des α et β méthyl-*d*-glycosides; voyant qu'une solution d'ammoniaque diminue la rotation d'une solution de méthylglycoside α traitée par la maltase et augmente au contraire celle du méthylglycoside β traitée par l'émulsine, il concluait que l'hydrolyse du méthylglycoside α donne du glycose α et celle du méthylglycoside β du glycose γ, et que, par conséquent, ces glycoses sont en relation avec les méthylglycosides d'où ils proviennent, puis, qu'à ces deux glycoses, correspondent les deux formules lactoniques du glycose, tandis que le glycose arrivé à son pouvoir rotatoire stable (ancien glycose β de Tanret) n'était qu'un mélange des deux stéréo-isomères (anciens glycoses α et γ de Tanret). Cette opinion fut soutenue aussi par Behrend et Roth (18) qui s'appuyaient sur ce fait qu'ils obtenaient. dans des conditions déterminées d'action, deux acétines différentes à partir du glycose arrivé à une modification stable, l'une fondant à 130°, l'autre à 110°.

Tanret (19), après avoir montré que ces diverses recherches n'étaient pas suffisantes pour légitimer entièrement les conclusions que leurs auteurs en avaient tirées, a repris l'étude de cette question. En s'appuyant sur des expériences précises et décisives, il est arrivé à cette conclusion importante qu'une solution de glycose-d dont le pouvoir rotatoire est devenu stable, contient un mélange des sucres α et γ. Il en est de même avec le galactose et le lactose, et vraisemblablement aussi avec tous les sucres à multirotation. L'ancienne forme β des sucres n'est donc pas une modification moléculaire au même titre que les modifications α et γ; elle est constituée en solution par un mélange en équilibre de ces modifications. D'après Tanret lui-même, qui propose d'appeler cette modification forme ε, il convient d'attribuer la lettre β qui servait à la désigner à l'ancienne forme γ. Le glycose γ devient donc le glycose β, et ainsi, aux deux glycoses α et β correspondent respectivement les deux méthylglycosides α et β; il n'y a plus ainsi de confusion possible entre les divers dérivés stéréo-isomériques du glycose.

Décomposition des glycosides par les agents chimiques. — Les glycosides soumis, dans des conditions variables d'ailleurs pour chacun d'eux, à l'action des acides ou des bases dilués, subissent une décomposition dont le processus est tout à fait différent, suivant que le traitement est effectué soit avec un acide, soit avec un alcali.

C'est ainsi que l'amygdaline, soumise à l'action des acides minéraux étendus et bouillants, est dédoublée en glycose-d, acide cyanhydrique et aldéhyde benzoïque, suivant l'équation :

$$C^{12}H^{21}O^{10} - O - CH(CN) - C^6H^5 + 2H^2O = 2C^6H^{12}O^6 + CNH + COH.C^6H^5$$

Bouillie avec une solution étendue de potasse ou de baryte, elle donne de l'ammoniaque et un sel de l'acide amygdalique, la fonction nitrile se trouvant changée en fonction acide

$$C^{12}H^{21}O^{10} - O - CH(CN) - C^6H^5 + 2H^2O = NH^3 + C^{12}H^{21}O^{10} - O - CH(COOH)C^6H^5$$

De même, la picéine (13) se dédouble sous l'influence des acides étendus en glycose et picéol; soumise d'autre part à l'action de l'eau de baryte à 100°, elle donne du picéol et un anhydride gauche du glycose ou lévoglycosane (20).

Les conditions d'action nécessaires au dédoublement des divers glycosides sont très variables suivant le glycoside à dédoubler. Pour certains glycosides, il faut opérer à l'ébullition, avec des acides minéraux forts, tels que l'acide chlorhydrique ou l'acide sulfurique; d'autres glycosides, au contraire, comme l'aucubine, peuvent être dédoublés même à froid par des doses faibles d'acides organiques, tels que l'acide tartrique.

Il est à remarquer que, toutes les fois qu'on a pu déterminer avec sécurité la formule de dédoublement d'un glycoside par un acide, on a reconnu que ce dédoublement s'effectuait avec fixation d'au moins une molécule d'eau; pour certains glycosides, deux et même un plus grand nombre de molécules d'eau peuvent entrer en réaction.

Dédoublement des glycosides par les ferments solubles. — Pour beaucoup de glycosides connus, le dédoublement peut être provoqué au moyen de ferments solubles ou enzymes. Comme ferments susceptibles de déterminer le dédoublement de principes glycosidiques, nous citerons l'émulsine, la myrosine, l'érythrozyme, la rhamnase, la gaulthérase, la géase (21); il en existe certainement un grand nombre d'autres non encore connus. D'autre part, nous savons, d'après Fischer et ses collaborateurs (22), qu'un grand nombre de glycosides artificiels sont dédoublés par les enzymes de la levure de bière.

Nous ne nous arrêterons pas à l'étude des lois d'action des diastases sur les glycosides, étude pour laquelle on pourra consulter certains mémoires spéciaux, comme celui de V. Henry (23); et, nous insisterons seulement sur les relations générales qui existent, au point de vue de la constitution chimique, entre les divers glycosides susceptibles d'être dédoublés par un même ferment.

On sait, en effet, que certains ferments des glycosides ne limitent pas leur action à un seul glycoside, mais sont capables d'agir sur un grand nombre de ces principes. Il n'y a là du reste aucun argument à tirer contre le principe de l'individualité des diastases, car il est absolument bien démontré aujourd'hui que des glycosides différents sont dédoublés par le même enzyme parce qu'ils possèdent une constitution stéréoisomérique semblable.

Cette notion a été fortement mise en lumière par les travaux de Fischer sur les glycosides artificiels (24). Fischer a montré, par exemple, qu'un des deux méthyl-d-glycosides, dont nous avons plus haut indiqué la constitution, est dédoublé par les enzymes de la levure et reste inaltéré en présence de l'émulsine des amandes; au contraire, l'autre méthyl-d-glucoside est inattaqué par les ferments de la levure et se dédouble en présence de l'émulsine des amandes; comme la même relation se reproduit pour les autres *d*-glycosides, Fischer les classe en deux séries; la série α, dédoublable par les enzymes de la levure[1]; la série β, dédoublable par l'émulsine.

1. Nous n'entrerons pas ici dans la discussion de savoir si l'enzyme de la levure qui agit sur le méthyl-d-glycoside α doit être considéré comme l'invertine ou comme la maltase; Fischer, dans ses dernières recherches à ce sujet, a conclu que le dédoublement du méthyl-d-glycoside α devait être le fait de la maltase. La solution particulière de cette question n'intéresse d'ailleurs aucunement l'exposé des résultats généraux qui nous occupent.

Bourquelot et Hérissey (25) ont fait remarquer, à plusieurs reprises, que l'action de émulsine n'avait été observée jusqu'ici que sur des glycosides lévogyres, donnant du glycose-d par hydrolyse; ainsi, l'amygdaline, l'arbutine, l'aucubine, la coniférine, l'esculine, la gentiopicrine, l'hélicine, la salicine, la picéine, la sambunigrine (32), la prulaurasine (25 bis), la syringine, qui sont dédoublées par l'émulsine, ont un pouvoir rotatoire gauche et donnent du glycose-d dans leur dédoublement; il y a donc lieu de ranger tous ces corps dans la série des glycosides β; en effet, comme il est bon de le faire remarquer, les glycosides β artificiels ont précisément, eux aussi, un pouvoir rotatoire gauche; on peut donc dire que les glycosides sur lesquels l'émulsine exerce son action sont ceux qui dérivent de la forme β (nouvelle notation) du glycose-d.

Les recherches de Pottevin (26) ont attesté, elles aussi, l'accord qui existe entre les données qui résultent de la façon dont les glycosides réagissent vis-à-vis des diastases et celles qu'on pouvait induire en faisant appel aux seules considérations théoriques.

Quand l'histoire des ferments glycosidiques, autres que l'émulsine, sera aussi bien connue que celle de ce dernier enzyme, on y trouvera certainement matière à des rapprochements du même ordre.

Comme nous l'avons fait remarquer dans la définition du début de cet article, certains glycosides peuvent être considérés comme des dérivés d'hexobioses ou même de polyoses plus condensés; de tels glycosides, hydrolysés *complètement* par les acides ou les ferments, fournissent dans leur dédoublement deux ou plusieurs molécules de sucres simples. Les acides et les ferments peuvent être envisagés ensemble, car ils provoquent toujours le dédoublement des glycosides dans le même sens, tandis que les bases, comme on l'a vu, conduisent à des produits de décomposition spéciaux.

Il y a cependant une certaine différence à établir entre l'action des acides et celle des ferments, précisément au point de vue des glycosides dérivant des polyoses. Tandis, en effet, que l'action de l'acide — probablement d'ailleurs parce que nous ne savons pas graduer d'une façon suffisamment précise les conditions de cette action, — conduit à l'obtention de sucres simples, il est possible au contraire, au moins pour quelques glycosides, à l'aide d'enzymes convenablement choisis, de ne pas dépasser le terme polyose et de pouvoir isoler ce dernier composé des produits de la réaction. C'est ainsi que C. et G. Tanret (27), faisant agir la *rhamnase* sur la xanthorhamnine ont obtenu un sucre spécial, le *rhamninose*, de formule $C^{18}H^{32}O^{14}$. Sous l'influence des acides étendus, ce sucre s'hydrate à son tour, en donnant deux molécules de rhamnose et une molécule de galactose.

$$C^{18}H^{32}O^{14}+2H^2O=2C^6H^{12}O^5+C^6H^{12}O^6$$

On conçoit que l'action des acides appliquée sans ménagement à la xanthorhamnine doive précisément conduire aux produits de dédoublement du rhamninose et non au rhamninose lui-même.

Dans certains cas, il peut arriver que le dédoublement partiel du glycoside par un enzyme se produise dans le sein même de la molécule du polyose qui entre dans sa constitution; on obtient ainsi d'une part un sucre et d'autre part un nouveau glycoside contenant le reste du polyose uni aux autres principes constituant le glycoside primitif. C'est ainsi que Fischer (28), faisant agir les enzymes de la levure sur l'amygdaline, a obtenu la séparation d'une molécule de glycose-d et la formation d'un nouveau glycoside, l'amygdonitrileglycoside :

$$C^{20}H^{27}NO^{11} + H^2O = C^6H^{12}O^6 + C^{14}H^{17}NO^6$$

Sous l'influence de l'émulsine, l'amygdonitrile se dédouble à son tour en donnant une nouvelle molécule de glycose, une molécule d'acide cyanhydrique et une molécule d'essence d'amande amère :

$$C^{14}H^{17}NO^6 + H^2O = C^6H^{12}O^6 + CNH + C^7H^6O$$

Comme on le voit, dans l'hydrolyse d'un glycoside complexe par les ferments solubles, la décomposition se fait par actes fermentaires successifs et suivant un ordre déterminé; c'est là un fait qu'on retrouve dans l'hydrolyse des polysaccharides et sur lequel BOURQUELOT (29), à plusieurs reprises, a attiré l'attention des expérimentateurs.

Essai de synthèse des glycosides au moyen des ferments solubles. — EMMERLING (30), qui s'est occupé de l'action réversive et, par là même, synthétique des diastases, action mise en lumière par les travaux antérieurs de CROFT-HILL, a tenté vainement de reproduire l'amygdaline en mettant en présence d'émulsine des solutions aqueuses concentrées, contenant en proportion convenable les éléments de ce glycoside, glycose, acide cyanhydrique et essence d'amande amère. Par contre, en faisant agir, pendant 3 mois, la maltase de la levure sur une solution concentrée d'amygdonitrile et de glycose, mélangés en proportion équimoléculaire, il aurait obtenu la formation d'une très petite quantité d'amygdaline.

§. V. Méthodes de recherche et de dosage des glycosides dans les végétaux.

1° **Recherches touchant la présence ou l'absence de principes glycosidiques dans une plante déterminée.** — Il n'existe pas, comme pour les alcaloïdes, de méthode générale permettant de retrouver facilement les glycosides dans les végétaux: nous ne possédons pas de réactifs généraux, caractéristiques de la présence de ces principes immédiats. En outre, comme les méthodes d'extraction des glycosides sont très variées, ainsi qu'on a pu s'en convaincre plus haut, et comme il serait par suite tout à fait peu praticable de les appliquer toutes successivement au même objet d'étude, il s'ensuit que le résultat de la recherche d'un glycoside dans un végétal déterminé est un peu subordonné aux hasards, heureux ou malheureux, de l'expérimentation suivie; il est donc bien difficile, même en présence d'un résultat négatif, de conclure à l'absence des principes cherchés.

Un fait qu'il faut bien se garder d'oublier au cours de la recherche est que glycoside et ferment dédoublant du glycoside existent souvent simultanément dans le même tissu, quoique dans des cellules différentes, et qu'on doit par suite éviter avec soin de faire naître, au cours de la recherche, les conditions favorables à la réaction fermentaire qui amènerait la destruction du principe à isoler.

Cette coexistence fréquente du glycoside et du ferment doit en outre déterminer l'expérimentateur, dans la mesure du possible, à n'opérer que sur des matériaux entiers et frais; d'une part, en effet, on conçoit que la section ou la contusion déterminant le contact des deux principes, il s'ensuivra la production de la réaction fermentaire; et d'autre part, la dessiccation pourra également, dans certains cas, conduire au même résultat, par suite de la diffusion susceptible de s'opérer d'une cellule à l'autre après la mort du tissu.

On obviera à ces graves inconvénients en opérant suivant le procédé de BOURQUELOT, qui conseille d'une façon générale, dans l'étude des principes immédiats, d'opérer sur des végétaux frais, toutes les fois au moins que cela est possible, et de traiter directement ces végétaux par l'alcool à 90°-95° bouillant. On détruit ainsi les ferments solubles contenus dans la plante, et la recherche peut être poursuivie sans qu'on ait rien à redouter de leur action. L'emploi de l'alcool, dont le pouvoir dissolvant s'exerce facilement sur les principes qui nous occupent a, sur l'emploi de l'eau, le grand avantage d'éliminer, dès l'origine, des liqueurs extractives un grand nombre de substances indifférentes telles qu'amidon, gomme, mucilages et pectines.

BOURQUELOT (31) a imaginé une méthode biologique de recherche des glycosides qui est susceptible d'une assez grande généralisation, et qui, appliquée rationnellement, a déjà conduit (11 et 32) et conduira sûrement encore à la découverte des glycosides dédoublables par l'émulsine.

Il nous faut exposer avec quelques détails cette méthode qui s'applique à la recherche des glycosides dédoublables par ce dernier ferment. Le tissu végétal est divisé en présence d'alcool à 95° bouillant; si, par exemple, on opère sur une racine, on découpe cette racine, en ayant soin de laisser tomber immédiatement chaque fragment dans l'alcool à l'ébullition; pour 1000 gr. de végétal frais, il est bon d'employer environ 4000$^{cm^3}$ d'alcool, dans lequel on a introduit préalablement un peu de carbonate de calcium destiné à saturer les acides végétaux susceptibles d'agir sur les glycosides. Le ballon qui contient le produit est ensuite relié à un réfrigérant à reflux, et on continue l'ébullition pendant environ 30 minutes. Après refroidissement, on filtre la liqueur, et on l'évapore en présence d'un peu de carbonate de calcium ; on reprend le résidu par de l'eau thymolée en quantité suffisante et on filtre. On obtient ainsi une liqueur qui doit renfermer tout glycoside soluble dans l'eau originairement contenu dans la plante. On conçoit que, si à une telle liqueur contenant un glycoside susceptible d'être dédoublé par l'émulsine, on ajoute une certaine proportion de ce dernier ferment, il se produira, dans des conditions convenables de température, un dédoublement de glycoside accusé par une augmentation du sucre réducteur primitivement contenu dans la solution et aussi par un retour vers la droite de la rotation polarimétrique de cette dernière. En réalité, la liqueur de recherche peut contenir beaucoup d'autres principes que des glycosides, par exemple du saccharose, dont la présence peut être considérée comme absolument générale chez les Phanérogames (33). Aussi, comme l'émulsine qu'on obtient pratiquement des amandes est un mélange de plusieurs ferments, ainsi que l'ont fait ressortir Bourquelot et Hérissey (25), et comme en particulier cette émulsine contient assez fréquemment des traces d'invertine qui pourraient agir sur le sucre de canne et donner lieu à des interprétations erronées ou confuses, il est de beaucoup préférable de ne commencer la recherche des glycosides que lorsqu'on a préalablement fait agir l'invertine de la levure sur la liqueur de recherche. Lorsque le dédoublement du saccharose est complet, ce qui est attesté par l'invariabilité des pouvoirs rotatoire et réducteur du liquide examiné après défécation convenable, on porte à 100° les mélanges fermentaires pour détruire l'invertine, et, après refroidissement, on y ajoute de l'émulsine; on les maintient à une température d'environ 30° à 35°, en ayant soin qu'ils soient additionnés d'un excès d'antiseptique convenable, comme le thymol ou le toluène, de façon à empêcher toute intervention des microrganismes; puis on les examine chaque jour au point de vue de leurs pouvoirs réducteur et rotatoire. Comme on l'a dit précédemment, dans le cas d'un glycoside dédoublable par l'émulsine, on constate un accroissement du pouvoir réducteur, et, conjointement, un retour vers la droite de la déviation polarimétrique. Les valeurs numériques trouvées sont évidemment en relation avec la quantité de glycoside présente dans la liqueur, de telle sorte que la méthode ne renseigne pas seulement l'expérimentateur sur la présence d'un glycoside; d'après la quantité de sucre réducteur formé elle lui fournit des notions assez précises sur la plus ou moins grande proportion de glycoside contenue dans un poids donné de la plante mise en œuvre; elle prépare ainsi utilement la voie au travail de l'extraction et de l'isolement à l'état pur du glycoside considéré.

Le principe de la méthode de Bourquelot est d'ordre tout à fait général, car il suffirait par exemple de remplacer l'émulsine par un autre ferment pour rendre le procédé applicable à la recherche des principes hydrolysés par cet autre ferment. C'est ainsi que la recherche des glycosides dédoublables par la myrosine pourrait se faire en s'inspirant de la méthode indiquée pour ceux dédoublables par l'émulsine. L'action d'un ferment hydrolysant sur le glycoside qu'il décompose déterminant toujours la production d'un sucre réducteur, il sera facile ds se rendre compte de l'action dédoublante, en utilisant comme réactif la liqueur de Fehling ; on pourra d'autre part étayer les résultats ainsi obtenus sur les variations concomitantes qu'on observe en examinant la liqueur au point de vue polarimétrique.

La méthode que nous venons d'exposer, qui ne s'applique évidemment qu'à des glycosides solubles dans l'eau, pourrait être largement généralisée, s'il était facile de se procurer à l'état pur, sans aucun mélange d'autres enzymes, les ferments hydrolysants des divers glycosides ou groupes de glycosides ; les difficultés qu'on rencontre à ce point de vue restreignent dans bien des cas son emploi, mais ne sauraient toutefois l'empêcher de rendre les plus grands services à cause de sa simplicité et de sa rapidité d'exécution : en présence d'un résultat négatif avec l'émulsine, par exemple, on sera dès l'abord prévenu qu'il n'y a pas lieu de pousser plus loin l'extraction d'un glycoside rentrant dans le cadre de ceux que dédouble ce ferment.

2° **Dosage des glycosides dans les végétaux.** — On conçoit aisément, d'après ce qui précède, qu'il n'existe pas de procédé général permettant de doser avec sûreté la teneur d'une plante en élément glycosidique. Les procédés de dosage, souvent bien imparfaits du reste, varieront essentiellement suivant le glycoside considéré et nous ne pouvons guère donner ici sur ce sujet que des indications tout à fait générales.

Dans certains cas, on cherche à déterminer la proportion de glycosides en isolant ce dernier en nature d'un poids déterminé de plante et en pesant la quantité obtenue; c'est ainsi qu'on procède par exemple pour le dosage de la digitoxine dans les feuilles de digitale. On opère aussi d'une façon analogue dans le dosage des glycosides des Convolvulacées.

Le plus souvent, on détermine, par un moyen chimique ou biologique approprié, le dédoublement du glycoside dont on veut déterminer la proportion dans la plante et on pratique le dosage d'un ou de plusieurs des produits de dédoublement obtenus; d'après les chiffres trouvés, on calcule facilement la quantité de glycoside initial. S'agit-il, par exemple de doser un glycoside fournissant de l'acide cyanhydrique, on commence par déterminer le dédoublement total du glycoside au moyen de l'émulsine ou de tout autre ferment susceptible d'effectuer ce dédoublement; le mélange sera soumis à la distillation après avoir été rendu très faiblement acide par l'acide tartrique, s'il était neutre ou alcalin, et, dans le distillat, on pratique le dosage de l'acide cyanhydrique. Sous la réserve que le dédoublement a été complet, — ce dont on peut s'assurer en ne constatant aucune action ultérieure à la suite d'une nouvelle addition de ferment, — on obtiendra facilement le poids de glycoside primitif cherché en multipliant par un coefficient convenable le chiffre d'acide cyanhydrique trouvé.

Un procédé un peu plus général est celui qui consiste à effectuer le dosage du sucre réducteur mis en liberté dans le dédoublement. Ce dosage peut être effectué soit par les méthodes physiques, au moyen du polarimètre, soit par les méthodes chimiques, au moyen de la liqueur cupro-potassique. Il est bien évident que l'expérimentateur devra se mettre en garde contre les causes d'erreur pouvant provenir de la présence simultanée dans la liqueur de composés actifs sur la lumière polarisée ou encore de composés possédant des propriétés réductrices, comme les sucres qu'il s'agit de doser.

Pour certains glycosides solubles dans l'eau, un ou plusieurs des principes formés au cours de l'hydrolyse sont susceptibles de se précipiter sous forme insoluble. Comme la quantité de produit ainsi précipité est, au moins dans des conditions bien déterminées, en rapport constant avec la quantité de glycoside hydrolysé, il suffira de recueillir le précipité, de le laver, de le sécher et de le peser pour arriver facilement à la détermination du poids de glycoside qui l'a fourni. Un tel dosage pourrait s'appliquer par exemple à l'aucubine (11). Si l'on opère dans une liqueur renfermant un mélange complexe de principes immédiats, il va sans dire que l'on devra s'assurer qu'aucun de ces derniers n'est susceptible au cours de l'opération, de fournir des précipités étrangers dont le poids viendrait s'ajouter à celui qui doit seul entrer en ligne de compte dans le calcul de glycoside.

3° **Recherche microchimique des glycosides.** — Les méthodes chimiques ou chimico-biologiques de recherche et de dosage des glycosides dans les végétaux sont donc essentiellement variables suivant le glycoside auquel elles s'appliquent; il en est de même des méthodes microchimiques qui, employées parfois à la recherche et même au dosage des glycosides, ont été plutôt, d'une façon générale, utilisées à l'étude de la répartition et de la localisation de ces derniers dans les tissus végétaux.

Il nous est impossible de citer ici tous les auteurs qui se sont occupés de la localisation des glycosides dans les végétaux; un travail de Goris (34) donne le résumé des recherches faites sur ce sujet jusqu'à 1903; signalons en outre les recherches de Russell (36) publiées également en 1903.

La recherche microchimique d'un glycoside quelconque suppose nécessairement connues les propriétés chimiques de ce glycoside et en particulier les réactions colorantes qu'il est susceptible de fournir avec un certain nombre de réactifs; c'est en effet surtout à l'aide de ces derniers qu'on localise les glycosides dans les parties de plantes.

Dans certains cas, on conseille d'effectuer sur place dans la cellule même, au moyen d'agents biologiques ou chimiques convenables, le dédoublement du glycoside cherché. On localise ensuite les produits de dédoublement obtenu; et, de cette localisation, on conclut à celle du glycoside qui les a fournis.

Malgré la multiplicité des faits déjà accumulés, il n'est pas possible de poser une règle fixe relativement à la présence d'éléments glycosidiques dans tel ou tel tissu végétal déterminé. Toutefois ces recherches ont conduit à un certain nombre de résultats décisifs, du plus haut intérêt au point de vue physiologique.

En particulier, les recherches classiques de Guignard (37) ont établi d'une manière définitive que, lorsqu'un glycoside existe dans une plante simultanément avec le ferment susceptible d'en effectuer le dédoublement, glycoside et ferment sont contenus dans des cellules séparées, de telle sorte que le broyage des tissus est absolument nécessaire pour déterminer la réaction mutuelle des deux principes considérés. L'exposé des recherches de Guignard montre précisément l'impossibilité dans laquelle l'expérimentateur se trouvera, en l'absence de réactions colorantes, de localiser dans la cellule même certains glycosides, tels par exemple l'amygdaline et la lauro-cérasine; la localisation ne peut alors être effectuée que par des moyens détournés, par exemple en faisant agir l'émulsine sur des fragments de tissu isolés par dissection fine et en constatant chimiquement, après l'action du ferment, la présence ou l'absence d'acide cyanhydrique.

Dans ses recherches sur la racine de raifort, Guignard (37) a localisé le glycoside en faisant agir une teinture d'orcanette convenablement préparée sur les tissus préalablement bien dégraissés et soumis à l'action de la myrosine. La présence du glycoside était révélée par une coloration rouge résultant de l'action de l'orcanette sur l'essence sulfurée produite au cours du dédoublement du glycoside.

Beaucoup de recherches inspirées des travaux de Guignard, telles que celles de Lutz (38), n'ont fait que montrer la généralisation de cette loi que glycoside et ferment dédoublant existent toujours dans des cellules séparées, et souvent même dans des portions de tissu absolument distinctes, susceptibles d'être isolées les unes des autres par dissection fine.

Une question intéressante, mais qui est loin d'être complètement résolue, est celle de savoir sous quel état les glycosides existent dans les végétaux. Pour certains auteurs ces principes n'existeraient pas à l'état libre dans les cellules végétales; ils existeraient à l'état de composés plus ou moins facilement dissociables, résultant d'une combinaison avec d'autres principes immédiats, avec le tanin par exemple. Goris (34) penche pour cette opinion, relativement du moins à un certain nombre de glycosides. Dans le cas de l'esculine en particulier, le tanin du marronnier se trouvant localisé, dans les mêmes cellules que le glycoside, il lui semble naturel de supposer que le véritable principe glycosidique qui existe dans la plante vivante est en réalité une combinaison de l'acide esculitannique avec l'esculine; ce serait de l'esculitannate d'esculine. Les recherches faites par Goris sur la fustine, la salicine, la fraxine, le conduisent à des conclusions analogues. Dans certains cas toutefois, en particulier pour la daphnine, la recherche à conduit a des résultats opposés. D'ailleurs, dans les cas mêmes ou glycoside et tanin se trouvent dans des cellules analogues, il est peut-être prématuré de conclure qu'ils doivent forcément exister sous forme de combinaison et non à l'état de liberté mutuelle.

§ VI. **Rôle physiologique des glycosides dans les végétaux. Rôle des glycosides dans la formation de certains principes immédiats qu'on rencontre chez les plantes.** — Comme pour les alcaloïdes, les auteurs ne sont pas d'accord sur la question de savoir si l'on doit considérer les glycosides comme des produits d'excrétion de la plante, ou au contraire comme des substances de réserve. Jusqu'à présent, la question n'a pas reçu de solution absolument satisfaisante. Ce fait tient surtout à ce que la question n'a guère été abordée jusqu'ici qu'à l'aide des méthodes microchimiques. Or il importerait surtout, comme on l'a fait déjà pour l'amidon et les hydrates de carbone du genre des sucres, d'étudier, au moyen d'analyses chimiques rigoureuses, les variations pondérales d'un glycoside dans une plante ou dans un organe végétal déterminés aux divers temps de la végétation; on pourrait utiliser dans ce but les méthodes de dosage dont nous avons indiqué plus haut les principes généraux. Les recherches microchimiques prêtent d'ailleurs aux méthodes chimiques une aide de la plus haute importance, en ce sens qu'elles permettent, au moins d'une façon générale, de se rendre compte, sinon de la quantité pondérale des principes glycosidiques, au moins de leurs migrations et de leurs variations dans les diverses parties d'un même végétal aux différentes saisons.

A ce point de vue le travail récent de Russell (39), sur les migrations des glycosides dans les végétaux, a conduit cet auteur à considérer ces derniers principes comme susceptibles, dans bien des cas, d'être repris par la plante et d'être utilisés pour sa nutrition. La technique microchimique suivie a été celle exposée précédemment (36) par l'auteur. Les déplacements qu'éprouvent les principes glycosidiques au cours de la végétation, la concentration de ces principes pendant le repos hivernal en des organes déterminés, tels que rhizomes, bulbes et racines, ou encore en des régions déterminées d'un même organe, leur présence fréquente dans les graines ne permettraient pas de considérer les glycosides comme de simples déchets; ce seraient sinon des matières de réserve proprement dites tout au moins des produits de l'activité cellulaire ulilisables dans une certaine mesure. Russell a tiré en outre de ses recherches deux conclusions intéressantes au point de vue pratique : en premier lieu, selon lui, la teneur en principes glycosidiques augmente considérablement chez les plantes que l'on soustrait à l'action de la lumière, soit en les faisant végéter à l'obscurité, soit en procédant à l'opération du buttage; en second lieu, le maximum de concentration de ces principes s'observe en hiver dans les parties souterraines.

A l'appui de l'opinion qui ne considère pas les glycosides comme de simples déchets de la nutrition, on pourrait invoquer les résultats des recherches de Puriewitch (40), qui a montré que les moisissures sont parfaitement susceptibles d'utiliser certains glycosides pour leur nutrition. Dans certains cas, la moisissure est tuée par certains produits de dédoublement du glycoside, produits de dédoublement toxiques pour les cellules vivantes, comme c'est le cas de l'acide cyanhydrique; mais il est plus vraisemblable que, dans les plantes vivantes, ces glycosides eux-mêmes, à composants toxiques, subissent des dédoublements tout autres que ceux que nous savons produire *in vitro*, de manière à pouvoir être utilisés sans dommage par le végétal qui les a produits.

A notre avis, les conclusions des auteurs qui s'accordent à considérer les glycosides comme des matières de réserve sont justifiées dans un grand nombre de cas. De là à considérer tous les glycosides comme matériaux de réserve, il y a évidemment un abîme; ces principes, pris individuellement, sont si différents les uns des autres, qu'il est parfaitement rationnel de ne pas leur attribuer à tous le même rôle physiologique; c'est ainsi que dans le cas des glycosides résineux des Convolvulacées, il paraît bien plutôt s'agir de produits d'excrétion que de matériaux utilisables pour la nutrition du végétal.

Les glycosides jouent un rôle très important dans la genèse de nombreux principes immédiats qu'on peut isoler chez les végétaux. Ils sont, comme on sait, les générateurs d'un grand nombre d'essences qui ne préexistent pas dans la plante et qui n'apparaissent que par dédoublement d'un glycoside sous l'influence d'un ferment spécifique; c'est le mode de formation depuis longtemps connu des essences d'amande amère, de moutarde, de cochléaria, de cresson, de gaulthérie, de bouleau d'Amérique, etc. Ce mode de formation des essences est certainement beaucoup plus général qu'on ne le croit généralement (41); Bourquelot et Hérissey (21), en particulier, ont récemment montré que c'était à un tel mécanisme qu'était due la formation d'essence de benoîte, riche en eugénol.

En dehors des essences, le dédoublement des glycosides s'effectuant après la mort de la plante, pendant la dessiccation par exemple, est susceptible de faire apparaître certains principes nouveaux qui sont les produits de dédoublement eux-mêmes, ou des modifications de ces produits de dédoublement sous l'influence de l'air ou de la lumière. Citons l'exemple de la gentiane fraîche qui ne renferme pas de gentisine, mais bien de la gentiopicrine, de la gentiine et de la gentiamarine, tandis que la gentiane des officines qui, pendant sa dessiccation, a perdu tout ou partie de ses glycoside, doit contenir à un état plus ou moins altéré les produits de dédoublement de ces derniers principes (42). Un grand nombre de glycosides sont susceptibles de donner par dédoublement des corps de la série aromatique, facilement oxydables, sous l'influence des oxydases si répandues dans le monde végétal, pour donner des principes colorés le plus souvent insolubles et susceptibles de se fixer sur les tissus végétaux. Il n'y a aucun doute qu'il faille rattacher à un tel mécanisme la formation de beaucoup de matières colorantes chez les végétaux.

L'action physiologique des divers glycosides sur l'homme et les animaux ne saurait être indiquée dans cet exposé général; l'étude en est d'ailleurs faite dans ce livre au cours des articles relatifs à chaque glycoside qui présente des applications médicamenteuses; qu'il suffise de rappeler que, tandis que certains glycosides ne sont aucunement toxiques, il en est d'autres au contraire, comme la digitoxine, dont l'action sur l'organisme animal s'exerce à des doses infinitésimales, et égale celle des alcaloïdes les plus énergiques, tels que l'aconitine ou l'atropine.

Bibliographie. — **1.** B. Dupuy. *Glucosides*, 1891. — **2.** J. J. L. van Rijn. *Die Glykoside*, Berlin, 1901. — **3.** Wurtz. *Dict. d. Chim.*, 2e *Supplément*, iv, 785, 1901. — **4.** Schützenberger. *Mémoire sur les dérivés acétiques des principes hydrocarbonés de la mannite et de ses isomères, et de quelques autres principes immédiats végétaux* (*A. C.*, (4), xxi, 235, 1870). — **5.** A. Michael. *On the synthesis of helicin and phenolglucoside* (*American chemical Journal*, i, 305, 1880). — **6.** Em. Fischer. *Ueber die Glucoside der Alkohole* (*Ber. d. d. chem. Ges.*, xxvi, 2400, 1893). *Ueber die Verbindungen der Zucker mit den Alkoholen und Ketonen* (*Ber. d. d. chem. Ges.*, xxviii, 1145, 1895). — **7.** Robiquet et Boutron-Charlard. *Nouvelles expériences sur les amandes amères et sur l'huile volatile qu'elles fournissent* (*A. C.*, (2), xliv, 352, 1830). — **8.** F. Wöhler et J. Liebig. *Ueber die Bildung des Bittermandelöls* (*Ann. der Pharm.*, xxii, 1, 1837). — **9.** P. Requier. *Recherches sur la scammonine* (*Journ. Pharm. et Chim.* (6), xx, 148, 1904). — **10.** Kawalier. *Ueber die Blätter von Arctostaphylos uva ursi* (*Ann. der Pharm.*, lxxxii, 241, 1852; lxxxiv, 356, 1852). — **11.** Em. Bourquelot et H. Hérissey. *Sur un glucoside nouveau, l'aucubine, retiré des graines d'Aucuba japonica L.* (*C. R.*, cxxxiv, 1441, 1902; *A. C.*, (8), iv, 1905). — **12.** C. Tanret. *De la vincétoxine* (*C. R.*, c, 277, 1885). — **13.** C. Tanret. *Sur la picéine, glucoside des feuilles de sapin épicéa* (*C. R.*, cxix, 80, 1894). — **14.** Em. Fischer. Voir **6**, 2403. — **15.** Em. Fischer. *Einfluss der Configuration auf die Wirkung der Enzyme* (*Ber. d. d. chem. Ges.*, xxvii, 2985, 1894). — **16.** C. Tanret. *Sur les modifications moléculaires du glucose* (*B. S. C.* (3), xiii, 337, 1895). *Sur les modifications moléculaires et la multirotation des sucres* (*B. S. C.* (3), xv, 195, 1896). — **17.** E. F. Armstrong. *Studies on Enzyme action. I. The Correlation of the Stereoisomeric α-and. β-Glucosides with the corresponding Glucoses* (*Proceedings Chem. Soc.*, xix, 209, 1903; *Journ. Chem. Soc.*, lxxxiii, 1305, 1903). — **18.** Behrend et Roth. *Ueber die Birotation der Glucose* (*Ann. der Chem.*, ccci, 359, 1904). — **19.** C. Tanret. *Sur les transformations des sucres à multirotation* (*B. S. C.*, xxxiii, 337, 1905). — **20.** C. Tanret. *Sur une nouvelle glucosane, la lévoglucosane* (*B. S. C.* (3), xi, 949, 1894). — **21.** Em. Bourquelot et H. Hérissey. *Sur l'origine et la composition de l'essence de racine de Benoîte; glucoside et enzyme nouveaux* (*C. R.*, cxi, 870, 1905; *Journ. Pharm. et Chim.* (6), xxi, 481, 1905). — **22.** Voir **6** et **15**. Em. Fischer et L. Beensch. *Ueber einige synthetische Glucoside* (*Ber. d. d. chem. Ges.*, xxvii, 2478, 1894). Em. Fischer. *Einfluss der Configuration auf die Wirkung der Enzyme* (*Ber. d. d. chem. Ges.*, xxvii, 3479, 1894; xxviii, 1429, 1895). Em. Fischer et P. Lindner. *Ueber die Enzyme von Schizo-Saccharomyces octosporus und Saccharomyces-Marxianus* (*Ber. d. d. chem. Ges.*, xxviii, 984, 1895). — **23.** V. Henri. *Lois générales de l'action des diastases* (*Thèse doct. ès sciences*, Hermann, Paris, 1903). — **24.** Voir **6**, **15** et **22**. — **25.** Em. Bourquelot et H. Hérissey. *L'émulsine telle qu'on l'obtient avec les amandes est un mélange de plusieurs ferments* (*B. B.*, lv, 219, 1903). — **25 bis.** A. Hérissey. *Sur la prulaurasine, glucoside cyanhydrique cristallisé retiré des feuilles de Laurier-cerise* (*C. R.*, cxli, 259, 1905). — **26.** H. Pottevin. *Influence de la configuration stéréochimique des glucosides sur l'activité des diastases hydrolytiques* (*Ann. Inst. Pasteur.*, xvii, 31, 1903). — **27.** C. et G. Tanret. *Sur le rhamninose* (*C. R.*, cxxix, 725, 1899; *B. S. C.* (3), xxi, 1065, 1899). — **28.** Em. Fischer. *Ueber ein neues dem Amygdalin ähnliches Glucosid* (*Ber. d. d. chem. Ges.*, xxviii, 1508, 1895). — **29.** Em. Bourquelot. *Généralités sur les ferments solubles qui déterminent l'hydrolyse des polysaccharides et des glucosides* (*B. B.*, lv, 386, 1903). — **30.** O. Emmerling. *Synthetische Wirkung der Hefenmaltase* (*Ber. d. d. chem. Ges.*, xxxiv, 3810, 1901). — **31.** Em. Bourquelot. *Recherches, dans les végétaux, du sucre de canne à l'aide de l'invertine et des glucosides à l'aide de l'émulsine* (*C. R.*, cxxxiii, 690, 1901). — **32.** Em. Bourquelot et Em. Danjou. *Sur la présence d'un glucoside cyanhydrique dans les feuilles de sureau*, Sambucus nigra L. (*B. B.*, lviii, 18, 1905; *C. R.* cxli, 59, 1905; *Journ. Pharm. et Chim.*, (6), xxii, 154, 210, 1905). — *Préparation du glucoside cyanhydrique du sureau à l'état cristallisé* (*Journ. Pharm. et Chim.*, (6), xxii, 219, 1905). — *Sur la « sambunigrine », glucoside cyanhydrique nouveau retiré des feuilles de sureau noir* (*Journ. Pharm. et Chim.*, (6), xxii, 385). — **33.** Em. Bourquelot. *Le sucre de canne dans* *les réserves alimentaires des plantes phanérogames* (*C. R.*, CXXXIV, 718, 1902). — **34.** A. Goris. *Recherches microchimiques sur quelques glucosides et quelques tanins végétaux* (*Thèse doct. ès sciences*, Joanin, Paris, 1903). — **36.** W. Russell. *Sur le siège de quelques principes actifs des végétaux pendant le repos hivernal* (*Rev. gén. Bot.*, XV, 160, 1903). — **37.** L. Guignard. *Sur la localisation dans les amandes et le laurier-cerise des principes qui fournissent l'acide cyanhydrique* (*Journ. Pharm. et Chim.* (5), XXI, 233 et 289, 1890; *Journ. Bot.*, IV, 3 et 21, 1890). *Recherches sur la localisation des principes actifs des Crucifères* (*Journ. Bot.*, IV, 385, 412 et 435, 1890). *Recherches sur la localisation des principes actifs chez les Capparidées, Tropéolées, Limnanthées, Résédacées* (*Journ. Bot.*, VII, 345, 393, 417 et 444, 1893). *Recherches sur certains principes encore inconnus chez les Papayacées* (*Journ. Bot.*, VIII, 67 et 85, 1894). *Sur l'existence et la localisation de l'émulsine dans les plantes du genre Manihot* (*Bull. Soc. Bot.*, XLI, CIII, 1894). — **38.** L. Lutz. *Sur la présence et la localisation dans les graines d'un certain nombre de Pomacées des principes fournissant l'acide cyanhydrique* (*Union pharm.*, XXXVIII, 193, 1897). *Sur la présence et la localisation dans les graines de l'Eriobotrya japonica des principes fournissant l'acide cyanhydrique* (*Bull. Soc. Bot.*, XLIV, 263, 1897). — **39.** W. Russell. *Sur les migrations des glucosides chez les végétaux* (*C. R.*, CXXXIX, 1230, 1904). — **40.** K. Puriewitsch. *Destruction de l'amygdaline et de l'hélicine par les moisissures* (*B. B.*, (10), IV, 686, 1897). *Ueber die Spaltung der Glycoside durch die Schimmelpilze* (*Ber. d. d. bot. Ges.*, XVI, 368, 1898). — **41.** Gerber. *Revue des travaux récents sur les huiles essentielles et la chimie des terpènes* (*Monit. scient.*, (4), XIX, 8, 1905). — **42.** Em. Bourquelot et H. Hérissey. *Les sucres de la poudre et de l'extrait de gentiane; préparation du gentiobiose et partant de ces médicaments* (*Journ. Pharm. et Chim.*, (6), XVI, 513, 1902). — G. Tanret. *Contribution à l'étude de la gentiane* (*Thèse doct. méd.*, 46-55, Baillière, Paris, 1905).

HENRI HÉRISSEY.

GLYCÉRINE. — La glycérine $CH^2OH.CH\ OH.CH^2OH$ est l'alcool triatomique correspondant au propane normal $CH^3.CH^2.CH^3$.

Rappelons tout d'abord ses propriétés physiques, et quelques-unes de ses propriétés chimiques.

La glycérine pure est un liquide incolore, sirupeux, d'une saveur sucrée, inodore; exposée à l'air, elle fixe une certaine proportion d'eau. Sa densité à 20° est de 1.2064 : son indice de réfraction à la même température 1.47289.

Elle cristallise dans des conditions non encore déterminées.

La glycérine se dissout en toutes proportions dans l'eau, dans l'alcool, elle est également soluble dans l'acétate d'éthyle (Trillat) : elle est insoluble dans l'éther et dans le chloroforme.

Lorsqu'une solution aqueuse de glycérine est soumise à l'action du froid, une partie de l'eau passe à l'état de glace en même temps que la solution se concentre,

La glycérine dissout un grand nombre de matières minérales et organiques.

Lorsqu'on la soumet à l'action de la chaleur, elle distille en partie vers 275-280°; mais une grande partie se décompose en fournissant de l'acroléine, de l'acide acétique, de l'acide carbonique et des gaz combustibles. Elle distille sans altération dans le vide. Elle brûle à l'air avec une flamme claire.

Action des réactifs, — Le permanganate de potasse en solution sulfurique fournit de l'acide carbonique et de l'acide formique.

Le mélange chromique, acide sulfurique et bichromate de potasse, fournit exclusivement de l'acide carbonique et de l'eau.

L'acide nitrique donne, suivant son état de concentration, l'acide glycérique ou la nitroglycérine.

Les acides fournissent avec la glycérine des éthers désignés sous le nom général de glycérides, dont les graisses naturelles ne constituent que quelques termes particuliers.

Elle est entraînée par la valeur d'eau surchauffée à la température de 110-115° par le vide de la trompe à eau; à 100° dans le vide de la pompe à mercure.

Action des microbes. — Le *Bacillus subtilis*, le *B. butylicus*, et d'autres, provoquent une fermentation énergique en donnant les alcools éthylique, propylique, butylique, amylique; les acides formiques, acétique, butyrique, succinique; des gaz hydrogène et acide carbonique.

Les proportions dans lesquelles se forment ces divers produits sont extrêmement variables : elles dépendent du ferment, de la concentration et de la composition des liqueurs (Voir pour plus de détails : *Dictionnaire de Würtz*, 2e *Supplément*).

La bactérie du sorbose transforme la glycérine en dioxyacétone (Bertrand, *C. R.*, 1898, cxxvi, 762 et 842).

Le tissu testiculaire de diverses origines : chiens, lapins, cobayes, coqs, transforme la glycérine en sucre (Berthelot, *Annales de Chimie et de Physique*, 3e série, iv, 369-376).

Cette transformation est due à des microbes préexistants sans doute dans le tissu testiculaire : le sucre est de la dioxyacétone (Bertrand, *C. R.*, 1901, cxxxiii, 887).

Étude physiologique. — B. Luchsinger (1874) constate que la teneur du foie en glycogène augmente chez les animaux (poules, lapins), après l'ingestion de glycérine.

L'augmentation est nulle si la glycérine est introduite en injection sous-cutanée.

C. Ustimowitsch (1876) se contente de constater l'action diurétique de la glycérine : il signale en outre lors de l'injection et de l'ingestion de la glycérine, la présence dans l'urine de l'hémoglobine et d'une substance réductrice, Ces derniers résultats n'ont pas été confirmés depuis.

Les premières données relatives à l'étude de la toxicité sont fournies par Dujardin-Beaumetz et Audigé (1876).

Les animaux (chiens) recevaient la glycérine en injection sous-cutanée.

Les phénomènes observés, pour des doses injectées variant entre 8gr,5 et 14 grammes par kilogramme du poids de l'animal, sont les suivants.

Quelque temps après l'injection de la glycérine, l'animal, sous l'influence des piqûres qui lui ont été faites et de l'action locale irritante du liquide injecté, est agité et manifeste sa souffrance par quelques cris. Au bout de quelques heures il devient triste, inquiet, va et vient la tête basse, cherchant en vain une position qui lui convienne; il urine du sang, il vomit; à une période plus avancée il se produit de la sécheresse du côté des muqueuses, la conjonctive est moins humide, la langue et la voûte palatine sont desséchées, la soif est ardente; à ce moment la température commence à baisser; puis des troubles se produisent du côté du système moteur, l'animal marche avec difficulté, il reste étendu somnolent et indifférent à tout ce qui l'entoure; l'abaissement de la température augmente, la respiration diminue de fréquence; le pouls devient faible, et le chien succombe.

Suivant la dose injectée, la mort survient plus ou moins vite.

Avec 8gr,50 par kilogramme,	la mort survient	en 24 heures.
Avec 10 à 12 grammes par kilogramme,	—	en 15 à 20 heures.
Avec 14 grammes par kilogramme,	—	en 4 heures.

Catillon (1877) a montré que la toxicité est bien moindre si l'on fait ingérer la glycérine au lieu de l'injecter sous la peau, et si l'on espace les doses; dans ces conditions on peut arriver à faire absorber des doses énormes. Je cite quelques chiffres.

A un chien de 10 kilogrammes, on donne, mélangés à la pâtée et rationnés en plusieurs fois pendant la journée :

1er jour.	150 grammes.	8e —	150 grammes.
2e —	165 —	9e —	150 —
3e —	180 —	10e —	100 —
4e —	200 —	11e —	200 —
5e —	100 —	12e —	200 —
7e —	150 —		

Dans ces conditions, l'animal a conservé son poids, n'a présenté aucun signe particulier d'intoxication, a conservé la même allure, et n'a manifesté aucun malaise. On constate, aussitôt après l'ingestion, une petite élévation de température.

Répétition de la même expérience sur un chien de 7 kilogrammes, auquel on donne par jour jusqu'à 20 grammes de glycérine par kilogramme, mais en deux fois, et cela pendant 31 jours; la quantité absorbée fut alors de 3940 grammes, l'animal se maintint en bonne santé.

Toutefois, dans une expérience faite sur un chien du poids de 10 kilogrammes, CATILLON a fait ingérer en une seule fois, mélangés à la pâtée, 125 grammes de glycérine, le lendemain, 125, le 3e jour, 150 grammes; à ce moment, on note de l'agitation des membres, avec démarche incertaine, puis impossible, convulsions cloniques, mort avec élévation de température qui est alors de 41°,5.

A l'autopsie, on trouve de la congestion du cerveau et des méninges, et un léger épanchement vers la base. Emphysème des deux poumons, congestion du poumon droit (l'animal était couché sur ce côté). Cœur revenu complètement sur lui-même, dur; les parois du ventricule gauche sont complètement appliquées sur elles-mêmes. Sang noir coagulé dans l'oreillette. Congestion du foie. Rein normal. Rate petite, mince, molle, exsangue. Congestion légère de l'estomac dans la région pylorique. Il est vide. La muqueuse de l'intestin est pâle sur toute sa longueur. Il est rempli de matières fécales liquides. Dans le gros intestin se trouvent quelques morceaux solides, mais ramollis ».

A la dose de 15 grammes par kilogramme, et dans les mêmes conditions, un chien de 9kg,500 ayant absorbé en une seule fois 145 grammes de glycérine à 9 heures du matin, est mort à midi dans les convulsions.

A l'autopsie, le cerveau est congestionné, congestion partielle du poumon du côté où l'animal était couché. Cœur rempli de caillots noirs. Foie exsangue anémié. Rein à peu près normal. L'estomac présente une légère rougeur vers la grande courbure. Il est plein d'un liquide très acide. L'intestin est vide et ne présente rien d'anormal. CATILLON n'a jamais observé d'hémoglobinurie,

SCHEREMETJEWSKI, 1869 (cité par ARNSCHINK), constate une augmentation des échanges respiratoires après l'injection de glycérine.

A. CATILLON (1878), par l'analyse des gaz de la respiration après l'ingestion de 150 grammes de glycérine absorbée par un chien de 15 kilogrammes, a vu la proportion centésimale de l'acide carbonique augmenter, ainsi que la quantité absolue représentée par la quantité produite en un temps donné.

L'augmentation est d'autant plus sensible et se manifeste pendant un temps d'autant plus long que la dose de glycérine ingérée est plus forte. Elle commence une heure environ après l'ingestion, elle est à son maximum de 3 à 4 heures après, et elle peut durer 5 à 10 heures suivant la dose.

PLOSZ (1878), après avoir répété les expériences de DUJARDIN-BEAUMETZ et AUDIGÉ, en confirme tous les résultats, il signale en outre, comme USTIMOWITSCH, l'action réductrice de l'urine après l'absorption de glycérine dans la proportion de 4 à 6 grammes par kilogramme.

I. MUNK (1879), en vue de rechercher ce que devient la glycérine introduite dans l'organisme, institue les expériences suivantes :

Deux chiennes d'environ 20 kilogrammes sont maintenues en état d'équilibre physiologique par l'ingestion journalière de 400 grammes de viande et de 50 grammes de lard. C'est la période pré-expérimentale. Pendant deux ou trois jours, on introduit dans l'alimentation une dose déterminée de glycérine pour revenir ensuite pendant quelques jours à l'alimentation première.

La même expérience est faite, non plus avec la glycérine, mais avec le sucre de canne, de manière à pouvoir comparer les deux modes d'alimentation.

Les deux animaux (dressés à ne pas éliminer leur urine) sont sondés deux fois par jour, et, pour délimiter d'une façon rigoureuse l'urine des 24 heures, on pratique le lavage de la vessie avec de l'eau tiède.

Le volume de l'urine (injection d'eau comprise) est de 600 cc. environ sur lesquels on prend 5 cc., pour le dosage de l'azote.

Les fèces sont soigneusement recueillies, séchées au bain marin, le poids sec déterminé, et sur une partie aliquote on détermine l'azote. A la fin de chaque période, environ 8 heures après le repas, les fèces sont délimitées par l'ingestion spontanée ou forcée de morceaux de liège. On note de plus, chaque jour, le poids de l'animal.

MUNK fait remarquer que, pour un chien du poids de 20 kilogrammes, l'ingestion pendant plusieurs jours de 25 à 30 grammes de glycérine n'amène aucun trouble dans les phénomènes de la digestion. Avec 40 grammes de glycérine, les fèces prennent une consistance molle, et, pour des doses encore supérieures, survient la diarrhée.

La glycérine est étendue de 3 fois son poids d'eau et incorporée aux aliments divisés en petits morceaux. Le tableau suivant donne tous les détails de l'expérience.

De l'examen de ce tableau, on voit nettement l'influence nulle de la glycérine, en ce qui concerne la diminution de l'excrétion de l'azote. La première série, par exemple, montre que, dans la période préexpérimentale, il a été éliminé 38gr,959 d'azote par l'urine, 1gr,27 par les fèces, soit en moyenne par jour 12,986 + 0,42 = 13gr,406 d'azote (400 grammes de viande à 3,4 p. 100 d'azote = 13gr,6. Ainsi donc, il y a bien équilibre de l'azote). Dans la période suivante, alimentation par la glycérine, on trouve en moyenne 13gr,156, et enfin, pour la période de retour à l'état normal, 13gr,441. Ces chiffres sont voisins et les différences sont de l'ordre d'erreur des expériences.

D'autre part, le calcul des expériences de la 4e série montre l'identité des deux chiffres. Enfin, pour les deuxième et troisième séries, l'influence du sucre est bien mis en évidence (7 p. 100 en moins), alors que l'influence de la glycérine est nulle. I. MUNK conclut alors que la glycérine n'a pas la moindre valeur alimentaire.

Cela est en désaccord avec les faits observés par CATILLON (1877); mais, pour le cas particulier de l'étude des échanges azotés, le travail de CATILLON est certainement incomplet. MUNK signale les imperfections de technique qui ont amené les causes d'erreur, et particulièrement ce fait que, après l'ingestion de glycérine, comme il résulte de l'examen des tableaux de MUNK, une plus grande quantité d'azote est éliminée par les fèces. Si l'on se contente alors de l'examen des urines, comme l'a fait CATILLON, on est amené naturellement, en constatant la diminution de l'azote éliminé par l'urine (conséquence nécessaire d'élimination plus abondante par les fèces), à conclure à une action d'épargne des albuminoïdes à la suite de l'ingestion de glycérine.

MUNK pose alors la question de savoir si la glycérine est détruite en totalité ou en partie dans l'organisme. Il cherche à vérifier la formation d'acides sulfo ou phospho-glycériques; il ne peut mettre en évidence ces deux composés.

Pour ce qui est de l'élimination en nature pour la dose indiquée de 25 à 30 grammes chez un chien d'environ 20 kilogrammes, MUNK croit pouvoir conclure de ses essais, dont il reconnaît lui-même l'imperfection, que des traces seulement de glycérine passent dans l'urine. BUCHHEIM (cité par MUNK) était arrivé au même résultat pour l'homme. Cela est en contradiction avec le travail de CATILLON (1877), dont MUNK critique, non sans raison, le procédé de dosage tout à fait arbitraire de la glycérine dans l'urine. Il faut pourtant reconnaître, d'après les derniers travaux, que la proportion éliminée par l'urine n'est pas négligeable, même pour ces petites doses. (Voir NICLOUX, 1903).

Ainsi donc la glycérine introduite dans l'organisme subit une complète et rapide destruction. Le glycogène du foie est-il augmenté? Les observations de WEISS (cité par MUNK), de LUCHSINGER (1874), de SALOMON (cité par MUNK), semblent le démontrer (voir plus haut **Glycogène**, p. 407.) MUNK fait remarquer qu'il faudrait savoir surtout si l'on tient compte de ce fait que bien d'autres substances concourent à la formation du glycogène dans le foie, si la glycérine est véritablement transformée en glycogène, ou si, par sa rapide destruction, elle restreint la consommation du glycogène ou accélère la formation du glycogène du foie par les autres matériaux du sang (sucre et albumine).

MUNK arrive finalement à cette conclusion que la glycérine, substance extrêmement soluble dans l'eau, très facilement diffusible, passe en grande partie du tube intestinal dans le sang.

L'autre partie, la plus petite, échapperait à la résorption, et, dans les parties inférieures de l'intestin, serait transformée par des processus de fermentation et de réduction en acide butyrique, acide succinique, acide carbonique.

Dans les tissus, en milieu alcalin, la glycérine serait oxydée, donnerait de l'acide carbonique et de l'eau en passant par des stades intermédiaires, tels que l'acide propionique et l'acide formique.

L. LEWIN (1879) a répété les expériences de MUNK pour ce qui est de la détermination de l'azote urinaire, en exagérant, contrairement à MUNK, les doses de glycérine ingérée.

JOURS.		EAU INGÉRÉE.	QUANTITÉ D'URINE.	AZOTE dans L'URINE.	AZOTE dans les FÈCES.	POIDS DE L'ANIMAL en kilogr.
	I. — CHIEN DOGUE : 400 GR. VIANDE, 50 GR. LARD.					
1		257	293	12,984		21,94
2		390	268	13,171	1,27	21,82
3		435	260	12,804		21,66
4	25 gr. glycérine.	470	314	12,516	0,88	21,69
5	Id.	480	235	12,916		21,6
6		388	312	12,954	0,62	21,49
7		429	313	13,308		21,4
	II					
9		325	297	12,918		21,14
10		500	314	13,542	0,98	21,17
11		500	328	12,798		21,18
12	25 gr. glycérine.	490	418	13,254		21,13
13	Id.	400	315	12,816	1,75	21,08
14	Id.	255	303	12,57		20,99
15		412	291	12,618		21,03
16	25 gr. sucre.	240	277	11,778	1,52	21,09
17	Id.	360	291	12,864		21,14
18	Id.	380	333	11,91		21,21
	III. — CHIEN DOGUE BÂTARDÉ.					
1		327	361	12,264		19,18
2		313	377	11,832	1,17	19,1
3		400	378	11,892		19,04
4	30 gr. glycérine.	230	390	11,724		18,85
5	Id.	208	302	12,168	1,52	18,99
6	Id.	337	342	12,096		18,98
7		400	364	12,084		19,01
8		290	339	12,366	0,93	18,9
9		200	366	12,394		18,77
10	30 gr. sucre.	323	340	11,778		18,75
11	Id.	205	346	10,95	0,9	18,68
12	Id.	200	309	11,60		18,65
	IV					
14		395	401	12,498		18,67
15		370	373	12,552	1,21	18,69
16		340	393	11,904		18,73
17	30 gr. glycérine.	400	407	12,984		18,66
18	Id.	210	363	11,556	1,47	18,57
19	Id.	285	318	12,132		18,54
20		215	331	12,45		18,5
21		320	351	12,06	1,26	18,47
22		200	398	12,096		18,39

Les chiffres d'urée restent à peu près constants : il y a une légère augmentation avec des doses plus fortes de glycérine (7 grammes par kilogramme). Le volume absolu d'urine augmente avec la quantité de glycérine ingérée. Dès le retour au régime normal, on voit immédiatement la quantité d'urée et le volume de l'urine redevenir également normaux; on ne constate pas d'hémoglobinurie.

Ces résultats confirment les données de MUNK.

Toutefois, ajoute LEWIN, si la glycérine n'est pas un aliment d'épargne pour les albuminoïdes, puisque celles-ci sont décomposées dans la même proportion, il se peut qu'elle puisse diminuer la destruction des graisses : elle aurait aussi une valeur alimentaire.

N. TSCHIRWINSKY (1879) répète les expériences de LEWIN sur un chien de 24 kilogrammes, auquel il donne jusqu'à 8 grammes de glycérine par kilogramme : les résultats des expériences sont identiquement les mêmes. Comme le précédent auteur, il n'a pas constaté d'hémoglobinurie.

En outre, par une méthode qui consiste à évaluer le poids d'oxyde de cuivre dissous par l'urine (ce poids est proportionnel à la quantité de glycérine qui, comme on le sait, a la propriété de dissoudre les oxydes métalliques), a déterminé la quantité de glycérine contenue dans l'urine, et par suite la quantité éliminée par cette voie.

TSCHIRWINSKY trouve ainsi pour le chien mis en expérience, qui pesait 24 kilogrammes :

DATES.	GLYCÉRINE ingérée. gr.	VOLUME de l'urine. c. c.	GLYCÉRINE p. 100 d'urine.	GLYCÉRINE éliminée. gr.	GLYCÉRINE éliminée p. 100 de glycérine ingérée.
4 mai.	100	952	5,8	55	55
5 —	100	955	4,0	38	38
6 —	100	955	3,7	37	37
8 —	200	1 760	7,1	124,9	62
9 —	200	1 390	8,7	120,9	60

L'auteur considère comme surprenant qu'une aussi grande quantité de glycérine puisse s'éliminer par l'urine sans occasionner d'hématurie. Il fait l'hypothèse, qu'en un temps très court de très petites quantités de glycérine sont résorbées, puis éliminées en forte proportion par les reins; sans qu'ainsi, les globules cédant leur hémoglobine, celle-ci entre en solution. Par l'injection intra-veineuse ou sous-cutanée la glycérine dissoute dans le sang y séjourne plus longtemps; l'élimination par le rein n'étant pas assez rapide, une partie de l'hémoglobine des globules rentre en solution, d'où hémoglobinurie. Cette dernière hypothèse, relative à l'injection intra-veineuse ou sous-cutanée, n'est pas exacte. En effet, après l'injection intra-veineuse de glycérine, cette substance disparaît du sang avec une très grande rapidité (voir plus bas NICLOUX, 1903), et il n'y a pas d'hémoglobinurie ; d'autre part, si l'on a constaté l'hémoglobinurie après l'injection sous-cutanée de glycérine, c'est là un phénomène qui trouve confirmation et explication dans les récents travaux de J. CAMUS et P. PAGNIEZ sur l'hémoglobine musculaire (Voir de ces auteurs : *Hémoglobinurie musculaire*, *C. R.*, 11 août et 24 novembre 1902, et de J. CAMUS : *les Hémoglobinuries, étude pathogénique*, Paris, 1902).

ARNSCHINK (1887) a complété les recherches des auteurs précédents, en déterminant après l'ingestion de glycérine.

1° La quantité d'azote éliminé par l'urine et les fèces, ce qui donne la valeur de la destruction des matières albuminoïdes;

2° La quantité de carbone éliminé par l'urine, les fèces et la respiration, ce qui donne la valeur de la destruction des substances exemptes d'azote.

La mesure de l'acide carbonique dans les produits de la respiration s'effectue par l'emploi d'un appareil analogue à celui de PETTENKOFFER, mais de dimensions plus réduites; le carbone de l'urine est dosé, après dessiccation, par une combustion au moyen de l'oxyde de cuivre.

Les expériences en deux séries sont faites sur un chien du poids de 6 900 grammes. Chaque série dure 7 jours. Elle comprend, pendant les 1er, 2e, 6e et 7e jours, une alimentation carnée composée de 200 grammes de viande et d'eau, les 3e 4e et 5e jours, de la même quantité de viande avec l'addition de 50 à 80 grammes de glycérine (7 à 11 grammes par kilogramme d'animal). La glycérine a pour densité 1,232, et correspond à 89,3 0/0 de glycérine pure. auteur, comme les auteurs précédents, ne constate aucune hémoglobinurie.

Les tableaux suivants donnent les résultats des deux séries de recherches.

SÉRIE DE RECHERCHES N° 1.

Poids de l'animal : au début de l'expérience, 6k,77; à la fin de l'expérience, 6k,61.

JOURS.	INGÉRÉ (EN GRAMMES).	AZOTE.			CARBONE.				TEMPÉRATURE de L'AIR.
		URINE.	FÈCES.	SOMME.	RESPIRATION.	URINE.	FÈCES.	SOMME.	
1	200 Viande. 50 Eau.	6,57	0,15	6,72	37,9	4,14	0,95	42,99	16,5
2	200 Viande. 50 Eau.	6,83	0,15	6,98	36,9	4,30	0,95	42,15	15,0
3	200 Viande. 50 Glycérine.	6,93	0,15	7,08	40,58	4,36	0,95	45,89	15,8
4	200 Viande. 50 Glycérine. 184 Eau.	6,78	0,15	6,93	43,06	4,27	0,95	48, 8	14,5
5	200 Viande. 80 Glycérine. 287 Eau.	7,45	0,15	7,60	50,62	4,69	0,95	56.26	14,2
6	200 Viande. 200 Eau.	8,01	0,15	8,16	41,15	5,04	0.95	47,14	13,9
7	200 Viande. 100 Eau.	8,15	0,15	8,30	35,23	5,13	0,95	41,31	15,1

SÉRIE DE RECHERCHES N° 2.

Poids de l'animal : au début de l'expérience, 7k,01 ; poids au 3e jour, 6k,95 ; à la fin, 6k,40.

JOURS.	INGÉRÉ (EN GRAMMES).	AZOTE.			CARBONE.				TEMPÉRATURE de L'AIR.
		URINE.	FÈCES.	SOMME.	RESPIRATION.	URINE.	FÈCES.	SOMME.	
1	200 Viande. 50 Eau.	7,42	0,15	7,57	44,8	4,67	0.95	50,42	16,4
2	200 Viande. 50 Eau.	7,22	0,15	7,37	45,9	4,55	0,95	51,40	16,3
3	200 Viande. 50 Glycérine. 50 Eau.	7,45	0,15	7,60	52,5	4,69	0,95	58,14	16,3
4	200 Viande. 50 Glycérine. 165 Eau.	7,24	0,15	7,39	48,4	4,56	0,95	53,91	15,6
5	200 Viande. 80 Glycérine. 320 Eau.	7,90	0,15	8,05	53,5	4,98	0,95	59,43	15,6
6	200 Viande. 100 Eau.	8,74	0,15	8,89	44,8	5,51	0,95	51,26	14,2
7	200 Viande. 100 Eau.	8,46	0,15	8,61	44,3	5,33	0.95	50,58	14,9

On voit tout de suite que l'élimination de l'azote par l'urine et les fèces est la même pour une alimentation normale ou additionnée de 50 grammes de glycérine (7 grammes environ par kilog). En effet l'on a :

	JOUR des recherches.	SÉRIE de recherches I.	SÉRIE de recherches II.
Sans glycérine. . .	1er, 2e	6,85	7,47
Avec glycérine. . .	3e, 4e	7,00	7,50

Au contraire, l'élimination azotée s'élève pour des doses plus élevées de glycérine (80 grammes correspondant à 11 grammes par kilog). En effet l'on a :

	JOUR des recherches.	SÉRIE de recherches I.	SÉRIE de recherches II.
Sans glycérine. . .	1er, 2e	6,85	7,47
Avec glycérine. . .	3e, 4e	7,60 (+ 11 p. 100)	8,05 (+ 8 p. 100)

Cependant, pendant les deux jours qui suivent, alors que l'ingestion de glycérine a complètement cessé, l'élimination de l'azote reste encore au-dessus des chiffres normaux. En effet l'on a :

	JOUR des recherches.	SÉRIE de recherches I.	SÉRIE de recherches II.
Sans glycérine. . .	6e	8,16 (+ 19 p. 100)	8,89 (+ 19 p. 100)
Avec glycérine. . .	7e	8,30 (+ 21 p. 100)	8,61 (+ 15 p. 100)

Pour tirer des conclusions du tableau résumant ses expériences, Arnschink se propose tout d'abord de déterminer la quantité de glycérine dans l'urine, il emploie alors le procédé de Tschirwinsky, basé sur la propriété que possède l'oxyde de cuivre, d'être dissous dans les solutions de glycérine. (Toutefois, pour une même quantité de glycérine, les deux auteurs ne trouvent pas la même quantité d'oxyde de cuivre dissous.)

On consultera l'original pour les détails de ce dosage.

Les résultats sont les suivants :

JOUR de la recherche.		GLYCÉRINE PURE ingérée. gr.	GLYCÉRINE dans l'urine. gr.	GLYCÉRINE p. 100 d'urine. gr.	QUANTITÉ P. 100 de glycérine éliminée.
I	3	44,25	11,19	3,2	25,3
	4	44,25	14,49	4,3	32,7
	5	70,80	16,73	2,9	23,6
II	3	44,25	15,12	3,9	34,2
	4	44,25	16,38	4,3	37
	5	70,80	17,87	3,5	25,2

La quantité de carbone que l'on trouve en excès dans l'urine correspond-elle à l'excès de glycérine?

Arnschink a résolu cette question en montrant que le rapport de l'azote au carbone, étant 1 : 0.627 pour l'urine de l'alimentation normale carnée, devient 1 : 0.632 (déduction faite naturellement de la glycérine trouvée par l'analyse) après l'ingestion de glycérine, ce qui exclut la présence dans l'urine de tout corps contenant du carbone, autre que la glycérine.

Les fèces ne renferment pas de glycérine.

On peut maintenant, avec les données relatives au carbone, figurant dans le tableau ci-dessus, p. 561, mettre en évidence quelques faits intéressants.

Si l'on admet : 1° Avec Rübner, que pour une alimentation carnée (viande complètement exempte de graisse), l'élimination de 1 gramme d'azote est accompagnée de l'élimination de 3.28 de carbone ; 2° que le surplus du carbone est fourni par la décomposition des graisses de l'organisme même.

On peut alors tirer, des données du premier tableau, les résultats suivants :

Pour la série de recherches N° I.

JOUR.	AZOTE.	CARBONE.	CARBONE PROVENANT de la matière albuminoïde.	CARBONE PROVENANT de la glycérine.	RESTE POUR les graisses.
1	6,72	42,99	22,04	—	20,95
2	6,98	42,15	22,89	—	19,26
3	7,08	45,89	23,22	12,93	9,74
4	6,93	48,28	22,73	11,64	13,91
5	7,60	56,16	24,93	21,15	10,18
6	8,16	47,14	26,76	—	20,38
7	8,30	41,31	27,22	—	14,09

Pour la série de recherches N° II.

JOUR.	AZOTE.	CARBONE.	CARBONE PROVENANT de la matière albuminoïde.	CARBONE PROVENANT de la glycérine.	RESTE POUR les graisses.
1	7,57	50,42	24,83	—	25,59
2	7,37	51,40	24,17	—	27,23
3	7,60	58,14	24,93	11,40	21,81
4	7,39	53,91	24,24	10,90	18,77
5	8,05	59,43	26,40	20,71	12,32
6	8,89	51,26	29,16	—	22,10
7	8,61	50,58	28,24	—	22,34

On voit, par le simple examen de ce tableau, que l'action d'épargne de la glycérine pour les graisses est manifeste. On peut le mettre en évidence d'une façon tout aussi nette, en calculant le nombre de calories fournies par l'azote (25.95 calories par gramme pour la viande), par le carbone (12.55 calories par gramme pour les graisses, et 11.01 calories pour la glycérine).

Pour la série de recherches N° I.

JOUR.	CALORIES PROVENANT DE Azote.	Glycérine.	Graisses.	SOMME.	
1	174.38	—	258,73	433,11	426,65
2	181.13	—	237,86	418,99	
3	183,73	142,36	130,29	456,38	
4	179,83	128,16	169,69	477,68	
5	197,22	232,86	124,86	554,94	
6	211,75	—	250,70	462,45	
7	215,38	—	170,02	388,40	

Pour la série de recherches N° II.

JOUR.	CALORIES PROVENANT DE Azote.	Glycérine.	Graisses.	SOMME.	
1	196,44	—	316,04	512.48	520,01
2	191,25	—	336,29	527,54	
3	197,22	125,51	269,35	592,08	
4	191,77	120,01	232,37	544,15	
5	208,90	228,02	152,15	589,07	
6	230,70	—	272,93	503,63	
7	223,43	—	275,90	499.33	

Ainsi, dans les jours d'ingestion de glycérine, la glycérine ne se substitue pas d'une façon absolue à la graisse pour ce qui est du nombre de calories fournies : il y a un excès produit, d'autant plus grand que l'ingestion est plus forte. Mais l'action d'épargne pour la graisse est néanmoins tout à fait nette; le calcul montre qu'elle peut s'élever à 11g.89, 8g.12, 11g.03 pour la série I; 5.68, 10.17, 17.87 pour la série II. Il est vrai qu'en même temps il y a, sur 100 parties de glycérine, un excès non utilisé de 22, 41, 55 p. 100 pour la série I; et 57, 20 et 20 p. 100, pour la série II.

L'auteur conclut que la valeur de l'aliment glycérine n'a qu'une signification théorique.

Le fait de l'épargne ou de la non-épargne de l'albumine dans l'organisme ne permet pas de conclure à une action d'épargne de la graisse. De ce qu'une substance organique est détruite et oxydée, ou fournit de la chaleur, on ne peut encore conclure que l'on a affaire à un aliment, car on ne sait pas si cette substance ne possède pas une action connexe qui augmenterait la destruction de l'albumine ou des graisses : comme c'est le cas, par exemple, pour de grandes quantités de glycérine ou d'alcool.

Munk (1890), après avoir rappelé les travaux de Lewin et de Tschirwinsky, qui ont confirmé les données expérimentales établies par lui douze années auparavant sur l'action d'épargne nulle de la glycérine vis-à-vis des albuminoïdes, rappelle qu'en 1880, contrairement à ce qu'il avait cru pouvoir affirmer en 1878, il admettait pour la glycérine une valeur nutritive, mais avec ce correctif « que la glycérine est bien loin d'être un aliment à la façon des hydrates de carbone et des graisses ».

Munk répète alors les expériences de Arnschink, et, grâce aux appareils de Zuntz, détermine à la fois l'oxygène consommé et l'acide carbonique produit. L'animal (lapin) étant placé à température constante, on commence par déterminer, pendant une heure, divisée en quatre périodes de 15 minutes, à la fois les deux éléments du quotient respiratoire CO^2 et O^2. Puis on effectue l'injection extrêmement lente de la glycérine à 10 p. 100 dans le système veineux : cette injection dure une heure à deux heures, et pendant ce temps on détermine CO^2 et O^2 ; puis ensuite, pendant une heure environ, et toujours par période de quinze minutes, le quotient respiratoire.

Voici le résumé de ses expériences.

A un lapin curarisé de 1kg,47 maintenu dans un bain à température constante on détermine, par périodes de 15 minutes pendant une heure, la valeur de l'oxygène consommé et de l'acide carbonique produit ; on trouve :

PÉRIODES de 15 minutes depuis le début de l'expérience.	O (à 0° et 76°). c. c.	CO^2. c. c.	Q. R.	MOYENNE.
1	186,39	138,32	0,74	0,72
2	175,75	121,30	0,70	
3	196,98	269,62	0,73	
4	171,26			

On injecte alors 0gr,729 (0gr,5 par kilogr.) de glycérine pure en solution à 10 p. 100 goutte à goutte par la veine jugulaire externe : l'injection dure 1 h. 15. Pendant ce temps on fait par périodes de 15 minutes les déterminations suivantes :

PÉRIODES de 15 minutes depuis le début de l'expérience.	O (à 0° et 76°). c. c.	CO^2. c. c.	Q. R.	MOYENNE.
5	182,44	134,05	0,74	0,76
6	163,78	133,98	0,81	
7	188,28	263,09	0,76	
8	160,79			
9	185,08	139,55	0,75	

L'animal est laissé à lui-même pendant une demi-heure ; on trouve :

PÉRIODES de 15 minutes depuis la durée de l'expérience,	O (à 0° et 76°). c. c.	CO^2. c. c.	Q. R.	MOYENNE.
10	17[illegible],46	131,55	0,77	0,71
11	186,47	121,85	0,65	

En résumé le quotient respiratoire est :

Avant l'injection	0,72
Pendant —	0,76
Après —	0,71

Les quatre expériences suivantes, conduites d'une façon absolument identique, en faisant varier seulement la quantité de glycérine injectée, donnent pour les différentes valeurs du quotient respiratoire :

Pour 0gr,65 de glycérine injectée par kilogramme :

Avant l'injection	0,73
Pendant —	0,79
Après —	0,79

Pour 0gr,68 de glycérine injectée par kilogramme :

Avant l'injection	0,67
Pendant —	0,72
Après —	0,70

Pour $0^{gr},94$ de glycérine injectée par kilogramme :

Avant l'injection	. . . .	0,62
Pendant —	. . . .	0,69
Après —	. . . .	0,60

Pour 1 gramme de glycérine injectée par kilogramme :

Avant l'injection	. . . .	0,67
Pendant —	. . . .	0,72
Après —	. . . .	0,69

Considérons maintenant la formule d'oxydation :

$$C^3H^8O^3 + O^7 = 3CO^2 + 4H^2O$$

On voit que le rapport $\frac{CO^2}{O^2} = \frac{6}{7} = 0,857$. Il est de toute évidence que le rapport $\frac{CO^2}{O^2}$, déduit de l'expérience pendant la période de l'injection, ayant été influencé dans le sens voulu par le calcul, la glycérine a subi une oxydation très manifeste.

L'auteur en conclut que des doses moyennes de glycérine introduites dans le torrent circulatoire sont combinées dans l'organisme et par leur oxydation empêchent la destruction d'une partie des graisses de l'organisme. Ce qui constitue le complément et la confirmation des expériences de ARNSCHINK.

H. LEO (1903) reprend la question de l'élimination par l'urine chez l'homme.

Pour rechercher la glycérine dans l'urine, l'auteur emploie la méthode suivante :

L'urine est évaporée au bain-marie ; le résidu repris par l'alcool à 96°. Sans filtrer, on ajoute un égal volume d'éther, et on filtre le précipité volumineux qui se forme dans ces conditions. Le filtrat est évaporé à sec, et le résidu repris par un peu d'eau ; on ajoute alors une solution de nitrate de mercure, puis du bicarbonate de soude en nature et en excès, les matières azotées sont précipitées. On filtre : le liquide clair alcalin est exactement neutralisé par l'acide azotique. On évapore à sec, le résidu est repris par l'alcool, la solution additionnée d'un égal volume d'éther dans lequel l'azotate de soude reste insoluble. On filtre. Après évaporation de la liqueur alcoolique on reprend par l'eau. Ce liquide contient la glycérine.

On répète le même traitement par l'alcool, l'éther, l'azotate de mercure, et finalement on sépare la glycérine d'après la méthode de VON TŒRING modifiée par PARTHEIL, qui repose sur la distillation dans le vide de la pompe, à 120°.

Dans le but de contrôler sa méthode, LEO a fait un mélange d'urine normale et d'un poids connu de glycérine. Après le traitement ci-dessus l'auteur a toujours trouvé des nombres inférieurs à ceux de la glycérine ajoutée ; mais il ne donne aucun chiffre.

Il en conclut que les résultats de ses analyses, qui seront tous entachés d'une erreur en moins, ne permettront pas de conclure à l'absence de glycérine, alors que l'essai aurait donné un résultat négatif.

L'auteur a trouvé que, pour $8^{gr},93$ de glycérine ingérée, on ne retrouve pas de glycérine dans l'urine. Pour $17^{gr},86$, l'essai est encore négatif ; pour 20 grammes, traces ; pour $26^{gr},76$, on en retrouve $0^{gr},5$ à 1 gramme. Ainsi donc l'ingestion de 20 grammes de glycérine n'est suivie d'aucune élimination par l'urine (et cette limite est certainement inférieure, puisque la méthode de recherche est susceptible, comme on l'a vu, d'une erreur en moins), elle représente, pour un adulte de 70 kilogrammes, $0^{gr},29$ par kilogramme.

D'autre part, elle représente également plus de 200 grammes de graisse dédoublée. C'est là une quantité considérable qui prouve l'impossibilité de retrouver, alors même que les graisses seraient dédoublées, une quantité appréciable de glycérine dans l'urine.

Comme on vient de le voir par l'exposé chronologique de l'ensemble des recherches entreprises sur la glycérine, aucun auteur ne s'était préoccupé du dosage de la glycérine dans le sang, après l'injection et l'ingestion de glycérine.

Toutefois on trouve dans le travail de CATILLON une tentative dans ce sens, mais par une méthode toute arbitraire. L'auteur conclut d'ailleurs à l'absence de la glycérine dans le sang après l'ingestion de glycérine.

Pour aborder l'étude de cette question, il était nécessaire d'établir une méthode de dosage de la glycérine dans le sang. C'est ce dont s'est occupé M. Nicloux (1903). Voici le résumé de la méthode employée par cet auteur (on consultera, pour tous les détails techniques, la description et le dessin des appareils, les mémoires originaux).

1° Précipitation et séparation des matières albuminoïdes du sang;

2° Séparation de la glycérine par entraînement par la vapeur d'eau à 100° dans le vide de la pompe à mercure;

3° Dosage de la glycérine par l'emploi du bichromate et de l'acide sulfurique.

Voici brièvement comment il convient d'opérer.

Les matières albuminoïdes du sang sont précipitées par l'eau bouillante légèrement acidifiée par l'acide acétique (eau : dix fois le volume du sang; acide acétique à 1 p. 100 en poids, le quart du volume du sang), on filtre. Le liquide est clair et incolore, il contient la glycérine. On évapore à sec dans le vide, dans un petit ballon mis en communication par l'intermédiaire d'un réfrigérant avec la pompe à mercure. L'évaporation étant terminée, et le résidu étant absolument sec, on entoure complètement le ballon d'eau bouillante et on fait arriver un courant de vapeur d'eau provenant d'un générateur de vapeur. Celle-ci entraîne la glycérine. Le liquide condensé se réunit dans le réservoir fixe de la pompe à mercure. On le recueille. L'opération est terminée lorsque les dernières portions du liquide distillé ne renferment plus trace de glycérine, ce que l'on reconnaît par un essai au bichromate dont la sensibilité est extrême : la réduction ou la non-réduction indiquent la présence ou l'absence de glycérine.

Les liquides d'entraînement sont concentrés par simple évaporation dans un ballon, amenés à un volume déterminé, et la glycérine dosée par la même méthode que Nicloux a fait connaître le premier pour le dosage de petites quantités d'alcool.

Cette méthode a sur toutes les méthodes employées précédemment les avantages suivants :

1° La séparation de la glycérine par une méthode mettant en jeu une de ses propriétés physiques tout à fait spéciale : distillation dans le vide à 100° au moyen de la pompe à mercure;

2° Grâce à une méthode d'analyse organique donnée par le même auteur, qui permet, sur quelques milligrammes de glycérine en solution dans l'eau, de pouvoir déterminer l'oxygène consommé et l'acide carbonique produit, et ainsi d'identifier ou non le corps dosé par le bichromate avec la glycérine elle-même.

L'auteur a appliqué cette méthode à une série de recherches qui l'ont conduit à démontrer l'existence de la glycérine dans le sang à l'état normal : la proportion est, pour 100 cc. de sang, d'environ 2 milligrammes à $2^{mgr},5$ dans le sang de chien, de 4 à 5 milligrammes dans le sang du lapin.

L'état de jeûne ou l'état de digestion d'un repas de graisse n'influe pas ces proportions (expériences faites sur le chien).

Le même auteur a entrepris en outre l'étude de la question de savoir comment la glycérine disparaît du sang lorsqu'on l'introduit dans le torrent circulatoire par la voie intra-veineuse,

Les expériences ont été entreprises sur le lapin et sur le chien.

En voici le résumé :

Exp. I. — Lapin du poids de $2^{kg},465$. Glycérine à 20 p. 100 injectée : $24^{cc},65$. Durée de l'injection : 40 secondes. On trouve :

2 minutes après la fin de l'injection	. . .	0,37
4 min. 30 sec.	— . . .	0,27
30 minutes	— . . .	0,18

Exp. II. — Lapin du poids de $2^{kg},445$. Glycérine à 20 p. 100 injectée : $24^{cc}45$. Durée de l'injection : 1 min. 40. On trouve :

30 secondes après la fin de l'injection	. . .	0,53
5 minutes	— . . .	0,33
40 —	— . . .	0,15

Les expériences sur le chien permettent un plus grand nombre de dosages.

Exp. III. — Chien du poids de 7 kilogrammes. Glycérine à 20 p. 100 injectée : 70 cc. Durée de l'injection : 2 min. 15. On trouve :

30 secondes après la fin de l'injection	. .	0,54
5 minutes	— . . .	0,37
30 —	— . . .	0,21
1 heure 30 min.	— . . .	0,115
6 heures	— . . .	0,01

Exp. IV. — Chien du poids de 9^{kg},750. Glycérine 20 p. 100 injectée : 97^{cc},5. Durée de injection : 5 minutes. On trouve :

1 minute après la fin de l'injection	. .	0,38
30 —	— . . .	0,15
2 heures	— . . .	0,03
3 heures 30 min.	— . . .	0,008
7 heures 30 min.	— . . .	0,004

Ces expériences, qui pourront être multipliées en faisant varier les conditions expérimentales, et particulièrement les quantités de glycérine injectée par kilogramme du poids de l'animal, montrent déjà ce fait intéressant, que la glycérine ne séjourne pas dans le sang. Voilà pourquoi aussi les auteurs qui l'ont recherchée par des méthodes tout à fait insuffisantes, n'ont pu la retrouver.

L'injection dans le sang est-elle suivie d'une élimination par l'urine ? Nicloux, après avoir établi une méthode de dosage de la glycérine dans l'urine, qui repose sur l'entraît nement, dans l'appareil décrit, de la glycérine contenue dans l'urine, a entrepris l'étude de cette question.

Voici le résumé des expériences :

Chien de 14 kilogrammes. Glycérine à 20 p. 100 injectée 140 cc. Durée de l'injection : 6 minutes.

TEMPS COMPTÉ depuis la fin de l'injection.	VOLUME de l'urine recueillie. c. c.	QUANTITÉ de glycérine p. 100 d'urine. gr.	QUANTITÉ de glycérine éliminée. gr.
De 0 à 15 minutes.	13	0,86	0,112
De 15 m. à 1 h. 30 m. . . .	144	2,13	3,067
De 1 h. 30 m. à 2 h. 37 m.	52	2,71	1,409
De 2 h. 37 m. à 5 h. 37 m.	69	0,23	0,158

Soit élimination en 5 h. 47 : 4^{gr},746 de glycérine sur 28 grammes injectés : ou 17 p. 100

Chien de 9^{kg},750. Glycérine à 20 p. 100 injectée : 97^{cc},5. Durée de l'injection : 5 minutes.

TEMPS COMPTÉ depuis la fin de l'injection.	VOLUME de l'urine recueillie. c. c.	QUANTITÉ de glycérine p. 100 d'urine. gr.	QUANTITÉ de glycérine éliminée. gr.
De 0 à 30 minutes.	78	3,18	2,480
De 30 m. à 2 h.	46	4,93	2,268
De 2 h. à 3 h. 30 m. . . .	22	2,32	0,510
De 3 h. 30 m. à 5 h. 20 m.	44	0,23	0,101
De 5 h. 20 m. à 7 h. 45 m.	105	0,04	0,042

Soit élimination en 7 h. 45 : 5^{gr},401 de glycérine sur 19^{gr},50 injectés, ou 27,7 p. 100.

La glycérine est donc éliminée par l'urine en proportion qui est loin d'être négligeable : 17 p. 100, 27,7 p. 100.

D'autre part, ainsi qu'il résulte des tableaux relatifs aux dosages dans le sang et dans l'urine faits au même moment, — c'est le cas pour l'animal du poids de 9^{kg},750 dont les résultats d'expériences font l'objet de l'avant-dernier et du dernier tableau (les chiffres ont été dissociés pour la compréhension plus facile du texte), — il se fait, au niveau du rein, une sélection de la glycérine, d'une intensité très grande. On voit, par exemple, alors que la teneur du sang oscillait entre 0,38 et 0,15 p. 100, correspondant aux 30 premières minutes, l'urine éliminée contenant 3,18 p. 100 de glycérine, soit environ 10 à 20 fois plus; alors que la teneur du sang oscillait entre 0,15 et 0,03, correspondant à l'intervalle de temps compris entre 30 minutes et 2 heures, l'urine éliminée contenait 4,93 p. 100, soit 30 à 100 fois plus ; pour l'intervalle de temps suivant, la proportion est encore plus grande.

C'est là, à le noter en passant, un fait remarquable qui rapproche la glycérine de l'urée : l'épithélium rénal fonctionne pour la glycérine du sang, comme il le fait pour l'urée.

Des expériences absolument analogues ont été entreprises par NICLOUX, pour étudier le passage de la glycérine dans le sang et l'élimination par l'urine après l'ingestion de glycérine.

Les tableaux suivants résument ces recherches.

Chien de 14 kilogrammes. Glycérine ingérée : 2 grammes par kilogramme, soit 140 cc. d'une solution à 20 p. 100. On trouve :

TEMPS COMPTÉ depuis la fin de l'injection.	GLYCÉRINE p. 100 de sang. c. c.	VOLUME de l'urine. c. c.	GLYCÉRINE	
			p. 100 d'urine.	éliminée.
10 minutes après. . .	0,016	—	—	—
30 — — . . .	0,222	196	0,26	0,509
3 h. 17 m. — . . .	—	190	3,26	6,194
5 h. 47 m. — . . .	—	98	0,29	0,284

Soit élimination en 5 h. 47 : 6gr,987 sur 28 grammes ingérés, ou 24,9 p. 100.

Chien de 18kg,400. Glycérine ingérée : 2 grammes par kilogramme, soit 184 cc. d'une solution à 20 p. 100. On trouve :

TEMPS COMPTÉ depuis la fin de l'injection.	GLYCÉRINE p. 100 de sang. c. c.	VOLUME de l'urine recueillie. c. c.	GLYCÉRINE	
			p. 100 d'urine.	éliminée.
16 minutes . . .	0,24	50	2,70	1,350
40 minutes . . .	—	66	3,74	2,468
1 h. 15 m. . . .	0,15	85	4,29	3,646
2 h.	0,08	22	5,04	1,109
3 h.	0,036	46	0,066	0,029
5 h.	0,009	32	0,028	0,009

Soit au total élimination : 8gr,611 sur 36gr.8 ingérés, ou 23,4 p. 100.

Chien de 5kg,300. Glycérine ingérée : 2 grammes par kilogramme, soit 53 cc. d'une solution à 20 p. 100. On trouve :

TEMPS COMPTÉ dépuis la fin de l'injection.	GLYCÉRINE p. 100 de sang. c. c.	VOLUME de l'urine recueillie. c. c.	GLYCÉRINE	
			p. 100 d'urine.	éliminée.
15 minutes. . .	0,019	—	—	—
30 — . . .	0,038	3,5	0,6	0,021
45 — . . .	0,031	—	—	—
60 — . . .	0,025	8	0,25	0,020
1 h. 30 m. . . .	0,018	—	—	—
2 h.	0,087	13	0,3	0,039
3 h.	0,086	35	2,68	0,938
6 h. 30 m. . . .	—	26	0,29	0,074
8 h. 30 m. . . .	—	25	0,21	0,052

Soit élimination en 8 h. 30 : 1gr,144 sur 10gr6 ingérés, soit 10,7 p. 100.

La dernière expérience mise à part, irrégulière par ce fait que la solution de glycérine n'a dû pénétrer que tardivement (3 heures après) dans l'intestin où s'effectue sans doute l'absorption, on peut, des résultats consignés dans les trois derniers tableaux, tirer les conclusions suivantes :

Pour la dose indiquée de 2 grammes de glycérine ingérée par kilogramme.

1° La glycérine passe dans le sang et de là dans l'urine. Comme pour l'injection intraveineuse de cette substance, l'épithélium rénal exerce une sélection très intense de la glycérine du sang;

2° La proportion éliminée, si l'absorption commence immédiatement après l'ingestion, est d'environ 25 p. 100.

Cette dernière donnée est du même ordre que celle obtenue par ARNSCHINK pour des doses de glycérine ingérée plus élevées.

Bibliographie. — 1869. — SCHEREMETJEWSKI. *Arbeiten aus der physiol. Anstalt zu Leipzig*, 1869, 194.

1874. — LUCHSINGER (B.). *Zur Glycogenbildung in der Leber* (*A. g. P.*, 1874, VIII, 289-305).

1876. — USTIMOWITSCH (C.). *Ueber die angebliche zuckerzersetzende Eigenschaft des Glycerins* (*A. g. P.*, 1876, XIII, 453-460).

1877. — DUJARDIN-BEAUMETZ et AUDIGÉ. *Sur les propriétés toxiques de la glycérine* (*Bull. et mém. de la Soc. de thérapeutique pour l'année 1876*, 2e sér., III, 88-102). — CATILLON (A.). *Études des propriétés physiologiques et thérapeutiques de la glycérine* (*A. de P.*, 2e sér., 1877, IV, 83-118).

1878. — CATILLON (A.). *Étude des propriétés physiologiques et thérapeutiques de la glycérine* (*suite*). *Analyse des gaz de l'expiration après l'ingestion de glycérine* (*A. de P.*, 1878, 2e sér., V, 144-164). — PLOSZ (P.). *Ueber die Wirkung und Umwandlung des Glycerins im thierischen Organismus* (*A. g. P.*, 1878, XVI, 153-157).

1879. — LEWIN (L.). *Ueber den Einfluss des Glycerins auf den Eiweissumsatz* (*Z. B.*, 1879, XV, 243-252). — MUNK (I.). *Die physiologische Bedeutung und das Verhalten des Glycerins im Organismus* (*Archiv für pathologische Anatomie*, 1879, LXXVI, 119-136). — TSCHIRWINSKY (V.). *Ueber den Einfluss des Glycerins auf die Zersetzung des Eiweisses im Thierkösper* (*Z. B.*, 1879, XV, 252-261).

1880. — MUNK (I.). (*Archiv für pathologische Anatomie*, 1880, (5) LXXX, 39).

1887. — ARNSCHINK (L.). *Ueber den Einfluss des Glycerins auf die Zersetzung im Thierkörper und über den Nährwerth desselben* (*Z. B.*, 1887, XXIII, 413-433).

1890. — MUNK (I.). *Der Einfluss des Glycerins, der flüchtigen und festen Fettsaüren auf den Gaswechsel* (*A. g. P.*, 1890, XLVI, 303-334).

1903. — LEO (H.). *Ueber die Ausnützung des Glycerins im Körper und seine Bestimmung im Harn* (*A. g. P.*, 1903, XCIII, 269-277). — NICLOUX (M.). *Dosage et analyse organique de très petites quantités de glycérine pure* (*B. Soc. Chim*, 3e sér., XXIX, 245-249 et *C. R. Soc. Biol.*, LV, 221). — *Sur l'entraînement de la glycérine par la vapeur d'eau* (*B. Soc. Chim.*, 3e sér., XXIX, 283-285 et *B. B.*, LV, 281). — *Méthode de dosage de la glycérine dans le sang* (*C. R.*, CXXXVI, 559 et *B. B.*, LV, 285). — *Existence de la glycérine dans le sang à l'état normal* (*C. R.*, CXXXVI, 764 et *B. B.*, LV, 391). — *Sur la glycérine du sang au cours : 1° du jeûne; 2° de la digestion des graisses* (*C. R.*, CXXXVI, 1576, et *B. B.*, LV, 794). — *Injection intraveineuse de glycérine. Dosage dans le sang, élimination par l'urine* (*C. R.*, CXXXVII, 70 et *B. B.*, LV, 888). — *Ingestion de glycérine. Dosage dans le sang, élimination par l'urine* (*B. B.*, LV, 1014) — *Contribution à l'étude physiologique de la glycérine. Exposé technique des méthodes d'étude. Dosage, analyse, séparation de la glycérine. Application au dosage dans le sang et dans l'urine* (*J. de phys. et de path. gén.*, 1903, V, 803-819). — *Contribution à l'étude physiologique de la glycérine. Glycérine normale du sang. Les variations dans quelques conditions physiologiques et expérimentales. Injection intraveineuse et ingestion de glycérine, dosage dans le sang, élimination par l'urine* (*Ibid.*, 827-843).

Maurice NICLOUX.

GOITRE. Voyez THYROÏDE (corps).

GOMMES. — Les gommes sont des exsudats végétaux qui possèdent la propriété de se dissoudre dans l'eau en se gonflant, et en communiquant au liquide une consistance visqueuse. Elles forment alors ce qu'on nomme un *mucilage*.

Au point de vue chimique, elles fournissent par l'hydrolyse (ébullition avec les acides dilués) de l'arabinose et du galactose. Elles ne réduisent donc pas la liqueur de FEHLING ; mais la réduction se produit, quand on les a interverties avec des acides dilués.

Oxydées par l'acide nitrique, elles donnent des acides oxalique et mucique. Distillées avec l'acide chlorhydrique concentré, elles fournissent du furfurol.

Landwehr a essayé de rattacher aux gommes végétales ce qu'il appelle les gommes animales, mucine, chondrine, et il leur trouve les mêmes caractères, insolubilité dans l'alcool, précipitation par l'acétate de plomb, le perchlorure de fer ammoniacal, les sulfate de cuivre, et surtout l'acide acétique dont l'action est caractéristique. Nous renvoyons pour l'étude de ces gommes animales, différentes des gommes végétales, à l'art. Mucine (Landwehr. *Ueber die Bedeutung des thierischen Gummis* [*A. g. P.*, 1886, xxxix, 193-204; 1887, xl, 21-37]).

Les gommes sont des hydrates de carbone difficiles à classer méthodiquement, puisqu'elles sont des mélanges en proportions variables d'arabanes et de galactanes. Leur molécule est très considérable. D'après leur pouvoir osmotique, elle serait en C^{84} (Linebarger, *Dict. Chimie*, 2e *Suppl.*, iv, 908).

On les distingue en trois groupes : 1° celles qui se dissolvent entièrement dans l'eau (gomme arabique), et qui contiennent presque uniquement de l'arabine ; 2° celles qui se gonflent dans l'eau en abandonnant un peu d'arabine (gommes nostras, gommes du cerisier, du pêcher, du prunier) ; 3° celles qui sont insolubles dans l'eau, contiennent de l'amidon, et se gonflent en formant un mucilage épais (gommes de Bassora, de chagual, d'acajou).

Dans la gomme arabique, on trouve un ferment soluble (amylase) (Béchamp, *Bull. Soc. Chim. de Paris*, (3), ix, 45), et un ferment oxydant ; Bourquelot a fait l'étude détaillée des réactions colorantes de la gomme, dues à la présence des ferments oxydants qui s'y trouvent mélangés (*Ferments solubles oxydants et médicaments* [*Journ. de Pharm. et de Chimie*, 1896, iv, 481] ; *Sur la présence des ferments oxydants dans quelques substances médicamenteuses* [*B. B.*, 1897, 25-28]). Il est évident, d'ailleurs, que ces propriétés des gommes ne sont pas inhérentes aux gommes elles-mêmes, mais aux ferments qui leur sont associés, et que la préparation de gomme pure éliminerait ces diastases.

On sait peu de chose sur la digestion et l'absorption des gommes.

Fudakowsky (*Zur Charakteristik der bei den näheren Milchzucker Abkömmlinge. D. Chem. Ges.*, 1878, xi, 1669) a mis de la gomme arabique au contact du suc gastrique artificiel de porc, extrait par la glycérine, d'acidité de 0,37 de HCl p. 100 ; et il a constaté qu'il se formait de l'arabiade. Des expériences de contrôle lui ont montré que c'est la pepsine qui agit et non HCl dans cette réaction. Le suc pancréatique a paru être sans action.

Dans des expériences trop peu nombreuses pour permettre une conclusion (R. Moutard-Martin et Ch. Richet. *Rech. exp. sur la polyurie. Trav. du lab. de physiologie*, 1893, ii, 202), on a étudié sur des chiens l'effet des injections intra-veineuses de dissolutions de gomme arabine. Si l'on injecte une dissolution concentrée de gomme, la sécrétion urinaire diminue, puis s'arrête, même s'il existait auparavant une polyurie abondante provoquée par une injection de sucre de lait ou de sucre de canne. L'urine contient une substance qui précipite par l'alcool. La pression artérielle s'élève beaucoup, tandis qu'après l'injection de sucre en quantité modérée elle croît à peine. Il n'y a donc pas, au moins dans ces expériences, de relation à établir entre l'élévation de la pression artérielle et la polyurie.

Albanese (*Ueber den Einfluss der Zusammensetzung der Ernährungsflüssigkeiten auf die Thätigkeit des Froschherzens.* [*A. P. P.*, xxxii, 1893, 297-312]), a proposé pour la circulation artificielle dans le cœur de la grenouille, d'ajouter au sérum physiologique (6 p. 1000 de NaCl), 2 p. 100 de gomme et un peu de $Na^2 CO^3$. La solution est parfaitement isotonique, peu alcaline, et sa viscosité est une condition favorable. P. Oehrn a repris ces expériences, dans le laboratoire de Holmgren, à Upsala (*Einige Versuche über Gummilösung als Nährflüssigkeit für das Froschherz* [*A. P. P.*, 1894, xxxiv, 29-36]) et il a vu que la solution de gomme est parfois apte à rétablir les contractions d'un cœur de grenouille, alors que la solution physiologique est sans effet ; de sorte qu'il est amené à conclure que, dans une certaine mesure, la solution de gomme est nutritive pour le cœur.

GOUT. — Pour plus de facilité dans l'étude de la physiologie du goût, nous allons examiner tout d'abord l'anatomo-physiologie de la langue au point de vue fonctionnel ; nous analyserons ensuite les fonctions physiologiques spécifiques et la psycho-physiologie de la gustation.

Dans la *première partie*, nous étudierons l'anatomie descriptive et topographique de la langue, l'innervation de la langue, l'histologie de la langue et des organes de la gustation chez l'homme et dans la série animale, et la gustation dans la série animale.

Dans la *deuxième partie*, nous étudierons le mécanisme physiologique de la gustation, c'est-à-dire les données et les hypothèses sur son mécanisme. La technique de la gustatométrie, et la psycho-physiologie de la gustation, c'est-à-dire l'analyse minutieuse des processus psychiques associés au phénomène de la gustation, sera faite dans une *troisième partie*.

Nous essaierons de faire dans cet article une étude critique aussi complète que possible et surtout synthétique et documentaire.

ANATOMIE

I. — ANATOMIE DESCRIPTIVE ET TOPOGRAPHIQUE DE LA LANGUE.

I

Étudions d'abord la langue dans sa forme et sa constitution. C'est un organe musculeux, du moins chez l'homme, où il ne présente comme charpente de soutènement que deux membranes fibreuses qui en forment le squelette. Une muqueuse recouvre cet amas musculaire sur toute ses surfaces supérieure, inférieure, latérale, antérieure, mais fait défaut à la partie postérieure, où les muscles se continuent avec la membrane hyo-glosse et l'os hyoïde qui sert, pour ainsi dire, de point d'implantation et d'appui à la langue.

D'une façon générale, la langue est aplatie, oblongue, un peu plus large au centre qu'à ses extrémités, ce qui lui donne un aspect légèrement fusiforme. Une coupe sagittale de la tête et du cou d'un cadavre congelé montre qu'elle est disposée normalement selon deux directions, l'une horizontale pour la moitié antérieure de l'organe, l'autre verticale pour la moitié postérieure.

Les rapports de la langue sont, pour la moitié antérieure, en haut la voûte palatine et le voile du palais contre lesquels s'applique la face supérieure de la langue lorsque la bouche est fermée; latéralement les arcades dentaires; en bas le plancher de la bouche. La partie postérieure est en rapport en haut et latéralement avec la luette, les piliers du voile du palais, les amygdales; en arrière, avec le pharynx; en bas, portion non recouverte par la muqueuse, avec l'os hyoïde auquel elle est rattachée par la membrane fibreuse hyo-glosse.

La langue est un organe éminemment mobile et souple chez l'homme; elle peut se porter dans la plupart des directions, elle peut se replier sur elle-même spontanément et sans l'aide d'un autre organe; elle peut même être projetée au dehors à une certaine distance, et sa moitié antérieure peut être placée hors de la bouche; la moitié postérieure ne peut pas franchir les arcades dentaires.

Prise en elle-même, la langue nous présente les quelques particularités suivantes. Elle se compose d'une série, d'un groupe de muscles n'étant soutenus par aucune charpente, aucun squelette dur et rigide; c'est un organe uniquement musculeux. C'est ce qui explique sa souplesse, la docilité et la facilité de ses mouvements.

Il y a *dix-sept muscles* de la langue; huit sont pairs et symétriques, un seul est impair et unique; on peut les diviser en *intrinsèques* et en *extrinsèques*.

Le muscle intrinsèque est le *lingual transverse*, muscle pair et symétrique, dont les insertions se font à la partie médiane sur le septum lingual, et de chaque côté sur la face profonde de la muqueuse linguale au niveau des bords latéraux de la langue. Sa contraction diminue le diamètre transverse de l'organe en rapprochant les bords de la partie médiane, et produit ainsi un allongement de l'organe.

Les autres muscles s'insèrent : d'une part à la langue, et, d'autre part, à un organe ou à un os voisins. Ils impriment de la sorte des déplacements et des changements de situation à l'organe dans sa totalité. D'une façon générale, les uns sont *protracteurs* de la langue; les autres *rétracteurs*.

Parmi les premiers, nous devons mentionner : le *génio-glosse* et l'*amygdalo-glosse;* parmi les seconds : le *stylo-glosse*, le *palato-glosse* ou *glosso-staphylin*, le *pharyngo-glosse*, l'*hyo-glosse*, le *lingual supérieur* et le *lingual inférieur*. Étudions-les rapidement dans leurs insertions et leurs actions.

Le *génio-glosse* a la forme générale d'un éventail dont la large circonférence s'insé-

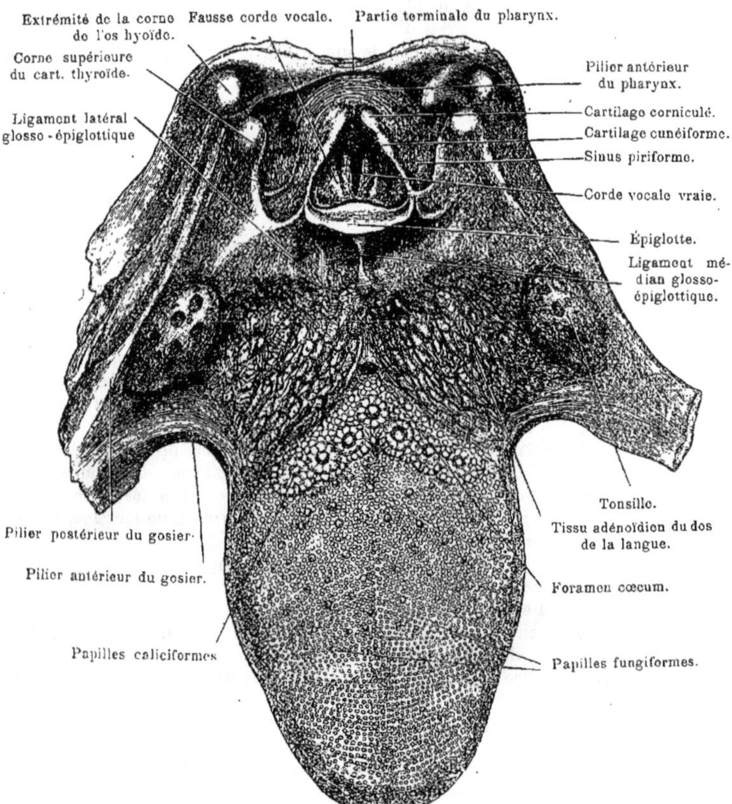

FIG. 6. — *Rapports anatomiques de la langue avec les régions voisines.* — La langue vue sur sa surface. (D'après ARTHUR HENSMAN in HENRY MORRIS : *Treatise on Human Anatomy.* London, 1898; J. et A. CHURCHILL, p. 885, fig, 507.)

rerait sur toute l'étendue de la langue depuis son extrémité antérieure jusqu'à sa base et même jusqu'à l'os hyoïde; la pointe, formée par la convergence de nombreuses fibres de ce muscle, se termine par un court tendon qui s'insère sur les apophyses génio-supérieures. On comprend facilement que la contraction générale de ce muscle, portant par ses fibres postérieures et moyennes la langue en haut et en avant, par ses fibres antérieures en bas et légèrement en arrière, produisent un pelotonnement général de l'organe dans son diamètre antéro-postérieur.

L'*amygdalo-glosse* s'insère d'une part sur l'aponévrose pharyngienne, qui recouvre la face externe des amygdales, et, de l'autre, il vient entre-croiser au niveau de la base de la langue ses fibres avec celles du muscle correspondant, formant ainsi une véritable sangle, qui, par sa protraction, soulève la base de la langue, la portant ainsi en haut et par suite en avant.

Le *stylo-glosse* s'insère d'une part sur l'apophyse styloïde et le ligament stylo-maxil-

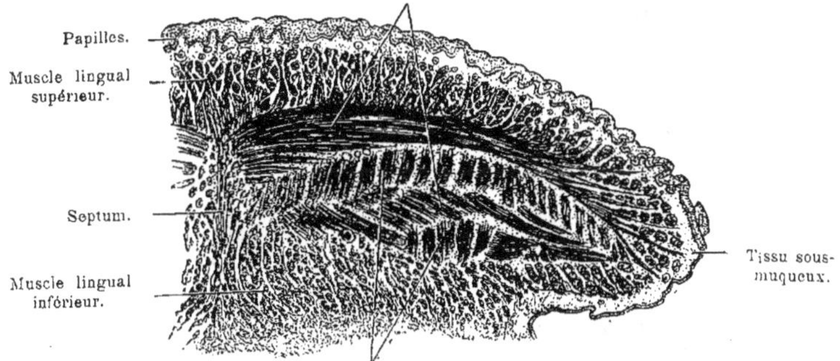

FIG. 7. — *Section transversale de la langue* (D'après HENSMAN, *Ibidem*, p. 887, fig. 510).

laire, d'autre part à la base de la langue sur une étendue assez considérable. La contraction attire de la sorte la base de la langue en haut et en arrière, et tend à l'appliquer fortement contre le voile du palais.

Le *palato-glosse* ou *glosso-staphylin* s'insère d'une part sur la face inférieure du voile

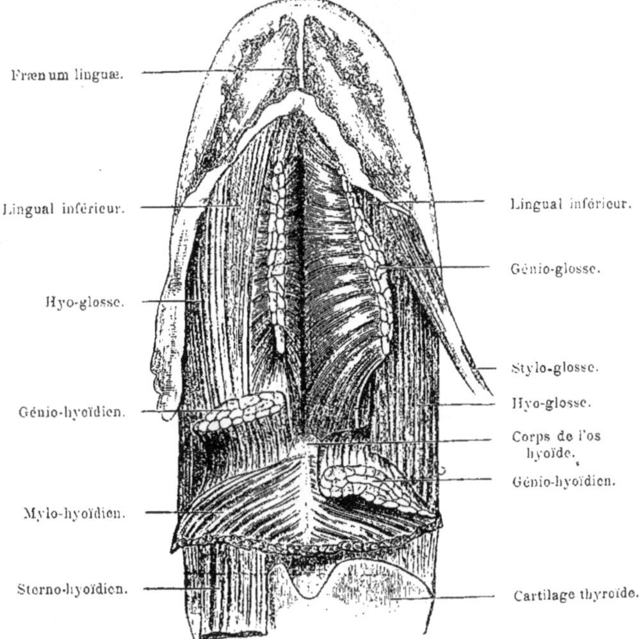

FIG. 8. — *Les muscles du dos de la langue* (D'après HENSMAN. *Ibidem*, p. 886, fig. 509).

du palais, de l'autre à la base de la langue en confondant ses fibres d'insertion avec celles du stylo-glosse et du pharyngo-glosse. Son action est la même que celle du stylo-glosse; il attire la base de la langue en haut et en arrière.

Le *pharyngo-glosse* s'insère : d'une part au niveau du constricteur supérieur du pharynx, d'autre part sur les côtés de la base de la langue. Comme pour les deux muscles précédents, sa contraction porte la base de la langue en arrière et en haut.

Ces trois muscles stylo-glosse, palato-glosse et pharyngo-glosse attirent en arrière la base de la langue en la portant en haut; ceux que nous allons étudier maintenant portent la base de la langue en arrière, mais en l'attirant en bas.

L'*hyo-glosse* s'insère d'une part sur l'os hyoïde et, d'autre part, sur toute l'étendue du

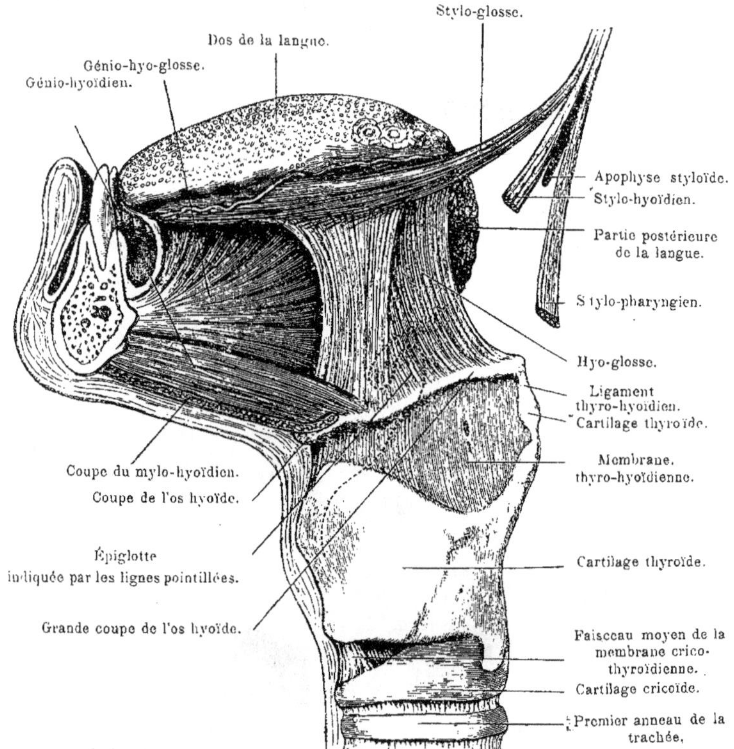

FIG. 9. — *Topographie des muscles de la langue vue de profil.* (D'après HENSMAN. *Ibidem*, p. 887, fig. 511.)

septum médian depuis la base de la langue jusqu'à sa pointe. Leur contraction porte en bas et en arrière la base de la langue; c'est un muscle abaisseur et rétracteur de l'organe.

Le *lingual supérieur* est un muscle impair et médian. Il s'étend transversalement sous la muqueuse linguale s'insérant en avant comme un muscle peaucier à la muqueuse sus-jacente, puis se divisant à la partie postérieure en trois portions, dont une médiane s'insère à la lame fibreuse reliant l'épiglotte à la base de la langue et les deux latérales sur les petites cornes de l'os hyoïde. L'os hyoïde étant fixe, ce muscle en se contractant porte la langue en arrière, et redresse la pointe.

Les *muscles linguaux inférieurs*, pairs et symétriques, s'insèrent d'une part sur les petites cornes de l'os hyoïde, et, renforcés par quelques fibres du pharyngo-glosse, s'insèrent d'autre part à la muqueuse de la pointe de la langue. En se contractant ces muscles attirent en arrière et en bas la pointe de la langue en raccourcissant son diamètre antéro-postérieur et en l'incurvant sur lui-même.

D'une façon plus synthétique, on peut dire que la langue présente des *fibres musculaires longitudinales, transversales* et *verticales.*

Les fibres longitudinales proviennent du lingual supérieur, du lingual inférieur, du faisceau externe du stylo-glosse, du pharyngo-glosse, du glosso-staphylin, d'une partie des muscles hyo-glosse et génio-glosse.

Les fibres transversales proviennent du lingual transverse et de l'amygdalo-glosse.

Les fibres verticales enfin sont, à la partie médiane, celles des deux tiers postérieurs du génio-glosse, et latéralement celles de la portion ascendante des hyo-glosses.

Pour plus de clarté nous pouvons résumer dans le tableau synoptique suivant les muscles de la langue :

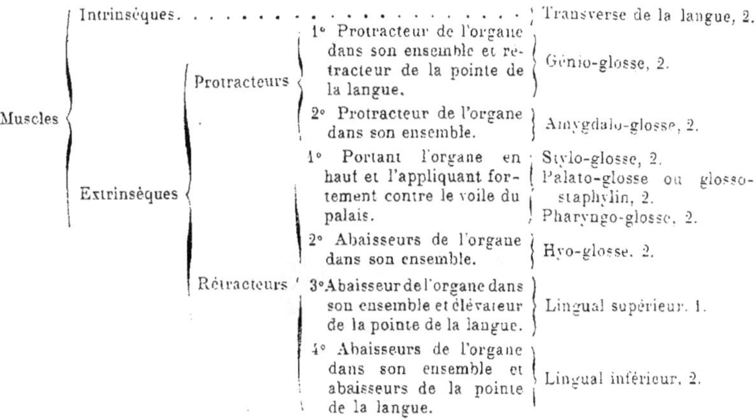

Muscles	Intrinsèques			Transverse de la langue, 2.
	Extrinsèques	Protracteurs	1° Protracteur de l'organe dans son ensemble et rétracteur de la pointe de la langue.	Génio-glosse, 2.
			2° Protracteur de l'organe dans son ensemble.	Amygdalo-glosse, 2.
		Rétracteurs	1° Portant l'organe en haut et l'appliquant fortement contre le voile du palais.	Stylo-glosse, 2. Palato-glosse ou glosso-staphylin, 2. Pharyngo-glosse, 2.
			2° Abaisseurs de l'organe dans son ensemble.	Hyo-glosse, 2.
			3° Abaisseur de l'organe dans son ensemble et élévateur de la pointe de la langue.	Lingual supérieur, 1.
			4° Abaisseurs de l'organe dans son ensemble et abaisseurs de la pointe de la langue.	Lingual inférieur, 2.

II

Nous ne dirons rien actuellement des troncs artériels et veineux, ni de leur situation. Si une telle description intéresse l'anatomiste et le chirurgien, elle ne peut pas être étudiée dans une question de physiologie avec laquelle elle n'a rien à faire. Seule, leur description histologique, soit au niveau des organes de la gustation, soit dans toute l'étendue de la langue, peut prêter à des considérations intéressantes; nous y reviendrons plus tard. La question des lymphatiques ne présente, elle non plus, pas grand intérêt pour le physiologiste dans cette question de la gustation.

Revenons donc aux parties réellement importantes pour l'intelligence de notre étude.

Lorsque nous regardons une langue par sa face supérieure, voici ce que nous voyons. La couleur est généralement rouge ou rose chez les individus bien portants; cette couleur change avec la maladie et l'état des voies digestives. Les enduits de couleurs différentes, qui la recouvrent alors, peuvent abolir ou émousser plus ou moins ses fonctions. Nous remarquons sur cette face supérieure, à la jonction de ses deux tiers antérieurs avec son tiers postérieur, environ au niveau du voile du palais, convergentes l'une vers l'autre à la partie postérieure en forme de V, s'écartant au contraire en un angle ouvert en avant, deux séries ou rangées de petites circonférences adjacentes, au nombre de quatre ou cinq de chaque côté; la plus postérieure, qui forme la pointe de l'angle, est unique, et plus développée que les autres : elle porte le nom de *foramen cæcum* ou *trou borgne de la langue.* Tout cet ensemble porte le nom de *V lingual.* L'aspect de la muqueuse est différent en avant du V lingual et en arrière, ainsi que sur les bords et à la partie postérieure.

La face supérieure en avant du V est rosée, même rouge, après les repas; à jeûn elle est plus pâle; dans les cas pathologiques, surtout dans les troubles digestifs, elle est blanchâtre, jaunâtre, parfois noirâtre à ce niveau. Lorsqu'on la regarde de près et surtout à l'aide d'une loupe, on observe à sa surface des plis peu profonds analogues à ceux que l'on voit à la paume de la main, mais affectant une direction différente, ici parallèle au V lingual. La partie médiane est traversée, du foramen cœcum à la pointe, par un sillon légèrement sinueux formant une faible dépression. Ce sillon forme une séparation à la pointe de la langue, qui présente de la sorte deux légères saillies à la partie antérieure. Nous remarquons, en outre, que toute la surface est parsemée de fines granulations à peu près équidistantes, surtout visibles à la loupe. Toute cette surface forme la partie où la muqueuse de la langue est la plus épaisse et la plus consistante; à la pointe elle est moins résistante.

En arrière du V lingual, l'aspect est un peu différent; la coloration est toujours rosée ou rouge; mais la surface ne présente plus les plis parallèles aux branches du V,

FIG. 10. — *Coupe verticale de la langue cuite* (D'après SAPPEY, *Tr. d'Anat.*, t. II, p. 531).
Faisceaux musculaires primitifs et verticaux, dont quelques uns se bifurquent.
1. Épithélium. — 2. Faisceaux nerveux. — 3. Petit rameau artériel.

que nous avons signalés plus haut. Ce que l'on voit à ce niveau, ce sont de petites bosselures irrégulières, sphériques ou oblongues, dessinant, dans leurs intervalles, des sillons irréguliers formant des sortes de mailles oblongues, le sommet de chaque surélévation portant un petit orifice central. Sur les bords, on voit renaître les stries analogues à celles de la muqueuse située en avant du V. A la partie médiane on remarque l'existence d'un léger sillon antéro-postérieur. Latéralement la muqueuse se relève pour recouvrir d'avant en arrière les piliers antérieurs du voile du palais, les amygdales, les piliers postérieurs; à la partie postérieure la muqueuse se relève sur l'épiglotte, formant à ce niveau trois replis glosso-épiglottiques, deux latéraux et un médian.

Nous serons plus brefs sur l'aspect de la muqueuse linguale à sa partie inférieure, celle-ci n'étant pas gustative. A la partie médiane, on voit un repli muqueux formant un véritable septum qui, arrivé au niveau du plancher de la bouche, se confond avec la muqueuse adjacente, formant une sorte de faulx tournée en avant : ce repli muqueux est le *frein* ou filet. C'est lui qui retient la langue dans ses mouvements d'expansion au dehors et l'arrête dans sa protraction, qu'elle limite.

Sur le tiers externe de l'espace compris entre le septum médian et les bords latéraux de la langue, on voit, dessinant un trajet antéro-postérieur, deux petites veines, qui vont presque jusqu'à la pointe de la langue, en se rapprochant progressivement l'une de l'autre d'arrière en avant; ce sont les *veines ranines*.

De chaque côté du frein de la langue, à sa partie la plus postérieure, se présentent deux petits orifices, qui sont l'embouchure des conduits de WHARTON, derniers canaux collecteurs de la *glande sous-maxillaire*. Un peu plus en avant et plus en dehors du frein, on voit quatre ou cinq petits orifices de chaque côté, embouchures des conduits des *glandes sublinguales;* enfin, à la partie antérieure, cinq ou six orifices de chaque côté, conduits excréteurs de la glande de KÜHN.

La muqueuse, comprise d'une part entre la base du frein et la pointe de la langue,

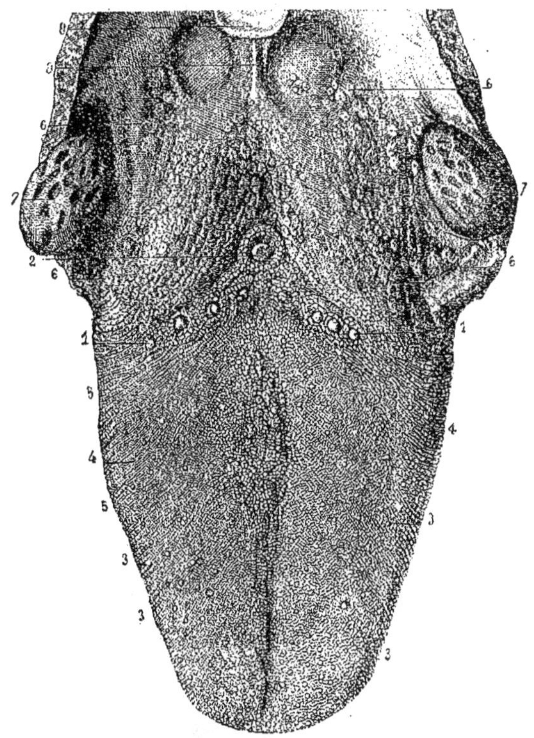

FIG. 11. — *Papilles de la langue* (D'après SAPPEY. *Traité d'Anatomie*, III. 615).

1, 1. Papilles caliciformes. — 2. Papille caliciforme médiane, occupant le trou borgne qu'elle remplit ici en totalité. — 3, 3, 3, 3. Papilles fongiformes. — 4, 4. Papilles corolliformes. — 5, 5. Plis et sillons verticaux des bords de la langue. — 6, 6, 6, 6. Glandules de la base de la langue. — 7, 7. Amygdales. — 8. Épiglotte. — 9. Repli glosso-épiglottique médian.

d'autre part entre les bords externes des deux veines ranines, est lisse, mince, s'excorie facilement.

La muqueuse des bords de la langue, comprise entre le bord externe de la veine ranine et le bord externe de la face supérieure, présente à sa surface « au lieu d'une surface unie, un système de plis, de crêtes, de bosselures formant par leur ensemble une surface essentiellement raboteuse et comme déchiquetée » (TESTUT, *Traité d'Anatomie*, III, 4e éd., 1899, 331 et 661).

La partie de la langue la plus intéressante pour le physiologiste est, ainsi que nous le verrons plus tard, la partie de la surface supérieure comprise en avant du V lingual et limitée en arrière par le V, sur les côtés par les bords latéraux; en avant elle s'étend jusqu'à la pointe. Pour plus de précision pour l'étude du goût ultérieur, nous croyons utile de subdiviser cette portion ainsi circonscrite en neuf zones, délimitées par deux traits antéro-postérieurs équidistants et placés à égale distance des deux bords, et par deux autres traits horizontaux, perpendiculaires aux premiers, équidistants, eux aussi, et placés aussi à égale distance de la pointe de la langue et du foramen cæcum; ces carrés ainsi

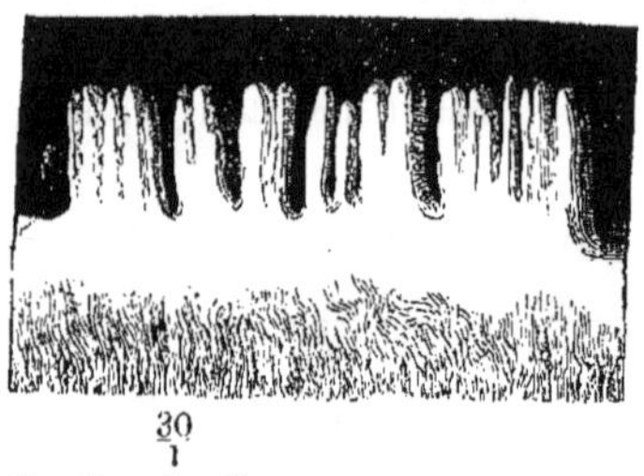

Fig. 12. — *Papilles filiformes d'une langue qui, l'œil nu, paraissait complètement lisse* (Sappey, t. II, p. 461).

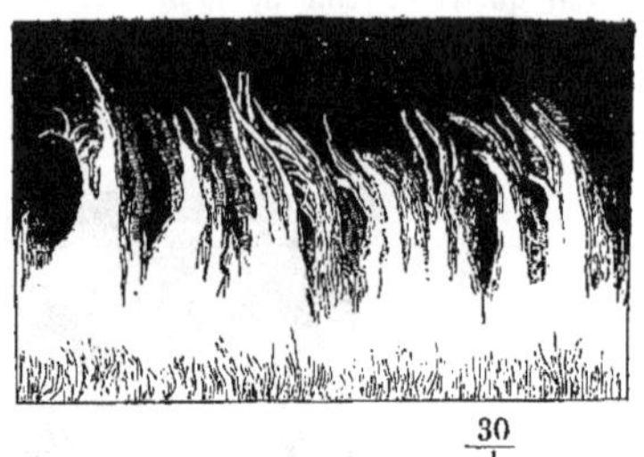

Fig 13. — *Papilles filiformes de la langue avec prolongements capillaires* (Sappey, IV, 47).

délimités pourront être appelés premier, deuxième, troisième en allant de la pointe au V lingual, et latéral droit ou gauche (par rapport à la langue) et médian.

Lorsque l'on regarde la surface de la muqueuse linguale avec un bon éclairage et une lampe un peu forte, on s'aperçoit que sa surface est hérissée de petites surélévations, variables en nombre et en volume, que les anatomistes ont désignées du terme général de *papilles*. On a eu tort, nous semble-t-il, d'englober sous une même dénomi-

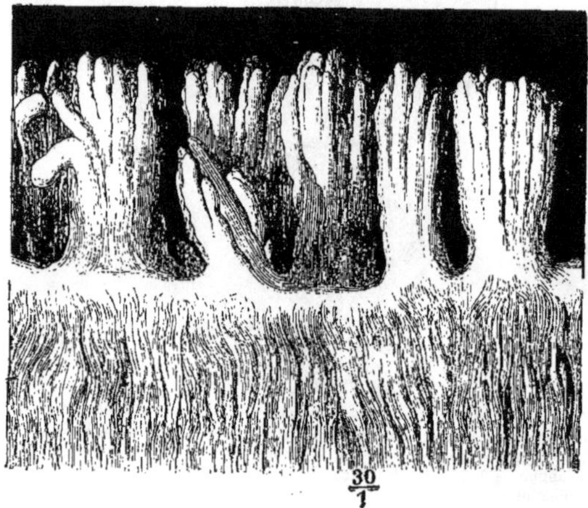

Fig. 14. — *Papilles filiformes simples du dos de la langue* (Sappey, *Ibid.*, V, 46).

nation, et d'un même terme générique, toutes ces formations morphologiquement et physiologiquement tout à fait différentes. Quoi qu'il en soit, conformons-nous à l'usage, et décrivons soigneusement ce qu'une étude macroscopique fine nous permet de relever à la surface de la langue.

Les plus simples que nous rencontrons sont les papilles *hémisphériques;* elles sont répandues sur toute la surface de la langue, et jusqu'à la surface de certaines papilles que nous décrirons plus tard. Elles sont simplement constituées par une surélévation du derme muqueux affectant des formes plus ou moins variées, et recouvert par la muqueuse normale.

A côté de ces papilles, il en est d'autres moins nombreuses, ainsi constituées : surélévation marquée du derme muqueux, pénétration de bouquets vasculaires à l'intérieur; épaisse assise épithéliale enveloppante, de la surface de laquelle s'échappe un bouquet plus ou moins riche de prolongements filiformes, en nombre variable (généralement de 15 à 20). Parfois ces prolongements filiformes sont retournés à l'intérieur de la papille comme des festons rentrés à l'intérieur d'une manche; d'autres fois ils font défaut, et la papille se réduit à une surélévation cylindrique ou conique, présentant à sa surface une série de dentelures ou de dents. Ces papilles portent le nom de *filiformes*.

D'autres surélévations affectant une forme différente sont désignées sous le nom de papilles *fongiformes;* elles présentent un col rétréci, leur servant de base d'implantation, et une tête renflée en forme de massue constituant leur extrémité supérieure.

Nous avons vu du côté de la région postérieure de la langue, latéralement, les bords se froncer, se plisser, dessinant de la sorte des plis verticaux parallèles et rapprochés les uns des autres. Ces formations sont désignées sour le nom de *papilles foliées*.

Enfin on voit la série des corps sphériques, qui composent le V lingual. Étudions chacun de ces corps arrondis, qui sont décrits sous le nom de *papilles caliciformes*. Vus à l'aide d'une forte loupe d'abord par en haut, puis sur une tranche de section latérale.

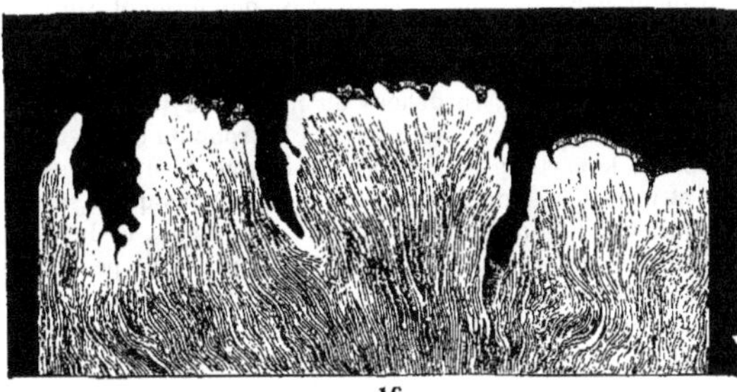

$\frac{16}{1}$

Fig. 15. — *Section verticale d'une papille caliciforme* (Sappey, *Ibidem*, II, 49).

voici comment ils se présentent : une surface arrondie légèrement et insensiblement déprimée à son centre, c'est la papille proprement dite; tout autour, un sillon de un millimètre environ de profondeur ; tout autour du sillon, un nouveau relèvement de la muqueuse dont la partie supérieure est au niveau de celle de la papille proprement dite. En raison de cette disposition et du sillon qui sépare la papille du bourrelet muqueux périphérique, ces papilles ont été encore appelées *papillæ circumvallatæ*.

Tel est l'ensemble disparate décrit sous le même nom générique de papilles linguales.

Quant à leur topographie à la surface de la langue, les papilles caliciformes forment les deux branches du V lingual, les papilles fongiformes sont irrégulièrement disséminées à la surface supérieure de la langue en avant du V lingual; quelques-unes, très rares, immédiatement en arrière du V; les papilles filiformes sont situées en avant du V, et, par leur réunion sous forme de lignes parallèles aux branches du V, elles dessinent les stries parallèles, que macroscopiquement nous avons rapprochées plus haut des lignes plus ou moins contournées de la peau de la face palmaire de la main, tout en insistant sur leur direction et leur orientation différentes.

Nous avons décrit plus haut la situation des papilles foliées sur les bords postérieurs de la langue. Quant aux papilles hémisphériques, elles sont répandues, rapprochées les unes des autres, sur toute l'étendue de la muqueuse linguale et jusqu'à la surface de toutes les autres papilles. Elles doivent être considérées comme faisant partie de la constitution de la muqueuse de la langue et se rencontrant alors sur tous les points revêtus et recouverts par cette muqueuse.

II. — INNERVATION DE LA LANGUE.

Lorsqu'on étudie macroscopiquement les nerfs qui se rendent à la langue, on voit qu'ils proviennent de *quatre troncs nerveux*. Au point de vue de leur topographie et de leur distribution, deux sont plus externes. Le premier est le *grand hypoglosse;* c'est le plus facile à atteindre; et les points de repère qu'il présente sont nets et précis. Il est situé en dehors du large muscle mylo-hyoïdien, en dedans duquel chemine l'artère linguale à peu près parallèlement au nerf; le tronc de l'hypoglosse accompagne la veine linguale; une dissection minutieuse montre que les ramuscules et les filets de ce nerf se rendent uniquement aux faisceaux musculaires. Le second aborde, lui aussi, la langue en dehors du muscle mylo-hyoïdien; c'est le *lingual*, branche du trijumeau. Près du bord postérieur du mylo-hyoïdien, ce tronc nerveux présente un ganglion, le ganglion sous-maxillaire; puis il se divise alors en un bouquet de rameaux terminaux, qui vont se ramifier dans toute l'étendue des deux tiers antérieurs de la muqueuse linguale, dans toute la portion de cette muqueuse située en avant du V lingual.

Le lingual et l'hypoglosse, immédiatement avant de se diviser en leurs branches de ramifications, s'envoient deux ou trois anastomoses, qui forment ainsi deux ou trois arcades jetées sur le mylo-hyoïdien d'un tronc nerveux à l'autre, dont la concavité regarde en arrière.

Plus interne et plus postérieur, en dehors du muscle mylo-hyoïdien et dépassant à peine le bord postérieur de ce muscle, nous voyons le tronc du *glosso-pharygien* profondement situé, qui aborde la partie postérieure de la langue. Si nous suivons minutieusement ses branches et ramuscules de terminaison, nous voyons qu'ils se rendent au tiers postérieur de la muqueuse linguale sur le V lingual y compris, et dans toute la portion de la muqueuse située en arrière du V, à l'exception d'une zone peu étendue qui va de l'épiglotte à la portion de muqueuse qui dépasse un peu en avant et latéralement la partie antérieure des replis glosso-épiglottiques; dans cet espace ainsi circonscrit, la muqueuse ne semble pas recevoir de filets du glosso-pharygien. Le nerf qui innerve cette région est un *filet qui vient du laryngé supérieur*, branche du pneumogastrique; il innerve l'épiglotte, ainsi que toute la portion de muqueuse comprise dans l'étendue circonscrite par un peu plus de toute la hauteur des trois replis glosso-épiglottiques.

En *résumé*, les nerfs qui fournissent à la muqueuse linguale sont : pour le *tiers postérieur une branche du laryngé supérieur* et le *glosso-pharyngien;* pour les *deux tiers antérieurs*, le *lingual;* enfin pour la *nombreuse musculature* de la langue, le *grand hypoglosse.*

Les nerfs qui se rendent à la langue sont donc les suivants :

1° A la partie postérieure, se distribuant à une faible portion de la muqueuse linguale, on voit quelques ramuscules nerveux venant des filets antérieurs du rameau supérieur du *nerf laryngé supérieur*, branche du pneumogastrique cervical. Leur importance physiologique n'est pas telle qu'il soit nécessaire d'insister plus longuement sur leur description anatomique.

2° Toujours à la partie postérieure, un tronc nerveux se distribue pour sa plus grande part à la langue : c'est le *nerf glosso-pharyngien.* Nous ne voulons pas revenir ici sur sa topographie dans l'intérieur de la langue; mais nous voudrions dire quelques mots du parcours du tronc nerveux. Sorti de la base du crâne par le trou déchiré postérieur, et affectant un trajet descendant, il ne tarde pas à présenter un ganglion (ganglion d'ANDERSCH), contourne l'artère carotide interne en passant sur son côté externe, tout en restant en dedans de la veine jugulaire, puis se dirige d'arrière en avant et de bas en haut, formant une courbe à concavité dirigée en haut et en avant, et pénètre dans l'intérieur de la langue, cheminant entre les muscles stylo-glosse et stylo-pharyngien. Nous insistons avec intention sur son trajet et sur quelques-uns de ses principaux rapports, afin de bien montrer sa situation profonde. Les physiologistes, en expérimentant sur les animaux, ont tous insisté sur la difficulté de le découvrir et la délicatesse de l'opération, lorsque l'on veut pratiquer sa section. L'erreur la plus facile à commettre est celle qui consiste à confondre ce nerf avec le nerf pharyngien, qui est tantôt simple, tantôt double ou triple, et passe, lui aussi, sur le côté externe de la carotide interne, tout en restant en dedans de la veine jugulaire, puis, situé sur les côtés du pharynx, envoie des ramifications au plexus pharyngien qui reçoit également des rameaux du glosso-pharyngien et du grand sympathique. Debrou (*Thèse inaugurale*, Paris, août, 1841, cité par Longet. *Traité de physiologie*, III, 468) a décrit des filets du glosso-pharyngien, qui iraient à la portion horizontale du voile du palais et exerceraient ainsi une fonction gustative.

3° A la partie antérieure arrive à la langue le *nerf lingual*, qui se détache du nerf maxillaire inférieur, branche du trijumeau, à peu de distance du trou ovale. Situé en avant du glosso-pharyngien, il affecte une direction sensiblement analogue et décrit une courbe à concavité dirigée dans le même sens. Certains de ses filets se distribuent à la muqueuse linguale vers la partie antérieure, d'autres aux régions avoisinantes (voile du palais, amygdales, gencives, plancher de la bouche); enfin d'autres se rendent aux deux

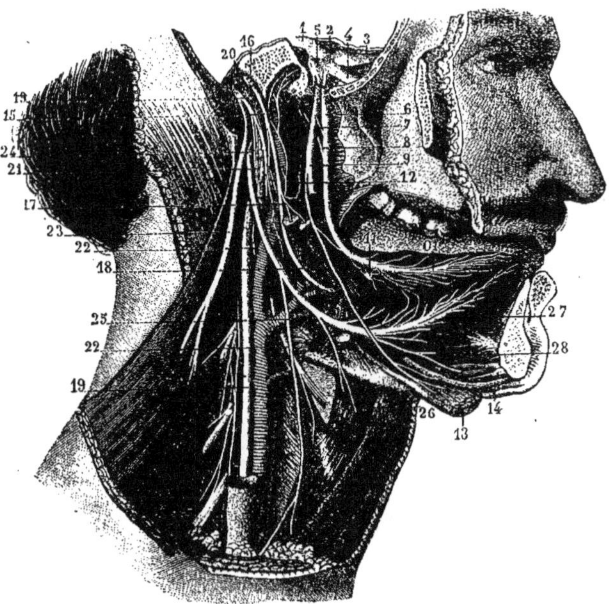

Fig. 16. — *Trajet, rapports et distribution de l'hypoglosse* (Sappey, *Ibid.*, III, 369).

1. Portion ganglionnaire du trijumeau. — 2. Ganglion de Gasser. — 3. Branche ophtalmique de Willis. — 4. Nerf maxillaire supérieur. — 5. Nerf maxillaire inférieur. — 6. Nerf lingual ou petit hypoglosse. — 7. Filet que ce nerf reçoit du dentaire inférieur. — 8. Cordo du tympan. — 9. Nerf dentaire inférieur. — 10. Divisions terminales du lingual. — 11. Ganglion sous-maxillaire. — 12. Rameau mylo-hyoïdien. — 13. Ventre antérieur du digastrique recevant un ramuscule du mylo-hyoïdien. — 14. Muscle mylo-hyoïdien dans lequel se rend un autre ramuscule du même nerf. — 15. Nerf glosso-pharyngien. — 16 Ganglion d'Andersch. — 17. Filets que donne le glosso-pharyngien aux muscles styloglosse et stylo-pharyngien. — 18. Ce même nerf se réfléchissant pour remonter sur la base de la langue. — 19, 19. Tronc du pneumo-gastrique. — 20. Son ganglion supérieur. — 21. Son ganglion inférieur. — 22, 22. Nerf laryngé supérieur. — 23. Nort spinal. — 24. Nerf grand hypoglosse. — 25. Sa branche descendante. — 26. Rameau du muscle thyro-hyoïdien. — 27. Ses divisions terminales. — 28. Ramuscule du même tronc nerveux se divisant en deux filets, dont l'un pénètre dans le génio-glosse et l'autre dans le génio-hyoïdien.

ganglions sous-maxillaire et sublingual. Ces deux ganglions fournissent des rameaux; le premier à la glande sous-maxillaire, le second à la sublinguale.

4° Le *nerf grand-hypoglosse* à sa sortie du trou condylien est situé en arrière et en dehors du glosso-pharyngien. Lui aussi décrit une courbe analogue, qui semble embrasser dans sa concavité le tronc du glosso-pharygien, dont il rappelle la forme. Plus extérieur, le XII passe en dehors de la carotide externe comme le glosso-pharyngien et en dehors de la jugulaire interne, contrairement à ce dernier nerf qui est situé en dedans; il chemine sur la face externe du muscle mylo-hyoïdien, envoie deux ou trois rameaux au nerf lingual, qui, rejoignant ce nerf, forment des arcades à concavité regardant en arrière; enfin il s'épanouit en ramuscules plus ou moins ténus, qui se distribuent aux différents muscles de la langue. Jusqu'ici les nerfs que nous avons décrits se distribuaient uniquement à la muqueuse; celui-ci innerve uniquement les muscles lingaux.

Dans la description des nerfs, que nous venons de faire, il est une partie que nous avons laissée à dessein dans l'ombre pour éviter des redites, nous réservant d'y revenir dans un paragraphe spécial, et dont voici le moment de parler : c'est la question des anastomoses de ces nerfs soit entre eux, soit avec les autres troncs nerveux importants, dans ce qu'ils peuvent présenter d'intéressant pour l'intelligence de la physiologie du goût. Il est nécessaire pour cela de dire quelques mots d'un nerf cranien, qui ne se rend pas à la langue, mais qui, par l'importance de l'anastomose qu'il envoie au lingual, et l'importance qu'il a dans la fonction du goût, mérite d'être étudié comme un nerf se rendant à

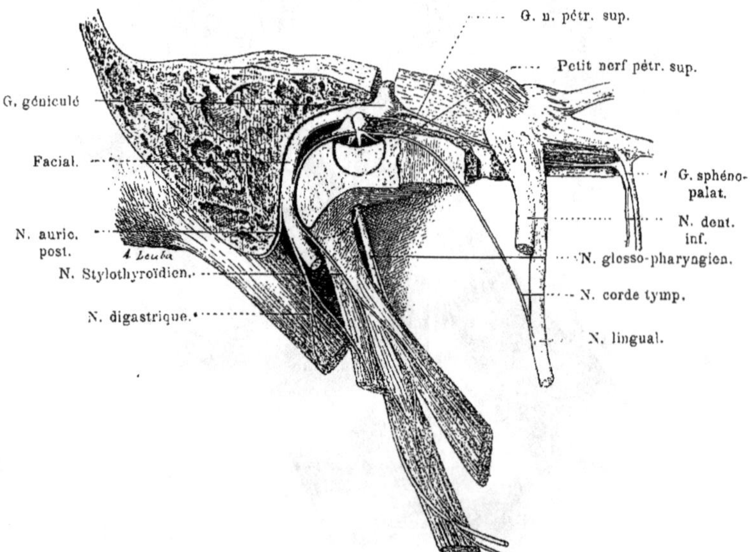

Fig. 17. — *Rameaux profonds du facial* (D'après Morat. *Traité de Physiologie,* t. ii, p. 182).

la langue, nous voulons parler de la corde du tympan et du tronc nerveux du facial. A sa sortie de la fossette sus-olivaire, le facial se dirige vers le conduit auditif interne, le parcourt dans toute son étendue. Embrassé dans la concavité formée par l'accolement des deux branches du VIII°, entre le VII° situé en haut et les branches du VIII° placées en bas, on voit, occupant une position intermédiaire, le *nerf* de Wrisberg. Arrivé à la partie externe du conduit auditif interne, le facial, accompagné de l'intermédiaire de Wrisberg, s'engage dans la première portion de l'aqueduc de Fallope, qu'il parcourt jusqu'à son premier coude situé en regard de l'hiatus de Fallope. A ce niveau, le facial fait un coude pour prendre une direction de dedans en dehors; ce coude est coiffé d'un ganglion nerveux, le ganglion géniculé, de forme triangulaire, présentant un angle interne, un externe, un antérieur. L'intermédiaire de Wrisberg vient se jeter dans le ganglion géniculé au niveau de l'angle interne. Puis le tronc du facial arrive à un second coude, et, prenant alors une direction verticale, se dirige en bas pour venir sortir par le trou stylo-mastoïdien et se diviser peu après sa sortie du crâne en *deux branches, temporo-faciale* et *cervico-faciale.* Durant son trajet intrapétreux, le facial a abandonné des anastomoses importantes pour l'étude du goût, et dont nous allons dire quelques mots. C'est d'abord le grand *nerf pétreux superficiel,* qui se détache de la pointe antérieure du ganglion géniculé et s'engage dans l'hiatus de FALLOPE. A sa sortie du rocher, il reçoit une branche du glosso-pharyngien (*grand nerf pétreux profond*) issue du rameau de JACOBSON qui se détache du glosso-pharyngien au niveau du ganglion d'ANDERSCH. Ces deux filets réunis continuent une direction horizontale antérieure, puis, recevant un rameau du plexus carotidien, portent à partir de ce point le nom de *nerf vidien*. Le nerf vidien continue encore son trajet en avant, et vient en fin de compte aboutir au ganglion sphéno-palatin, qui est situé sur le trajet du nerf maxillaire supérieur, branche du triju-meau, au niveau de la fosse ptérygo-maxillaire. De l'angle externe du ganglion géniculé, s'échappe un filet nerveux qui se dirige un peu en dessous du grand pétreux superficiel, c'est le *nerf petit pétreux superficiel*. Ce filet ne tarde pas à recevoir, lui aussi, une anastomose du glosso-pharyngien par le *nerf petit pétreux profond*, branche du rameau de JACOBSON, issu lui-même du glosso-pharyngien au niveau du ganglion d'ANDERSCH. Ces deux filets réunis continuent leur direction antérieure et viennent se jeter immédiatement au-dessous du trou ovale dans le ganglion otique rattaché au tronc du maxillaire inférieur, branche du trijumeau, à sa sortie du ganglion de GASSER.

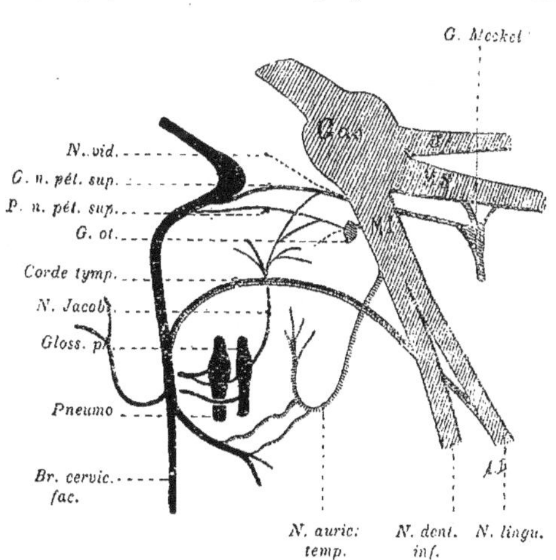

FIG. 18. — *Schéma des anastomoses du facial avec le trijumeau, le glosso-pharyngien et le pneumo-gastrique. Nerfs pétreux superficiels et profonds* (D'après MORAT. *Ibid.*, 183).

La *corde du tympan* se sépare du facial à peu de distance du trou stylo-mastoïdien; suivant alors une direction de bas en haut et d'arrière en avant, elle s'engage dans le canal postérieur de la corde, traverse la caisse du tympan, en se frayant un chemin dans la membrane du tympan entre la couche muqueuse et la couche fibreuse; arrivée à la partie antérieure de la caisse, elle passe dans le canal antérieur de la corde, dont elle s'échappe à peu de distance de l'épine du sphénoïde; elle se dirige alors vers le nerf lingual et se confond avec ce tronc nerveux, ayant décrit dans tout son parcours une vaste concavité regardant en bas.

Nous voyons ainsi que tous les nerfs, qui se rendent à la langue, échangent entre eux des anastomoses, et peuvent ainsi mutuellement emprunter plusieurs voies détournées pour mettre en communication l'organe du goût et les centres nerveux. Des *anastomoses sont établies* entre les *nerfs trijumeau, facial, glosso-pharyngien* par les pétreux grands et petits, superficiels et profonds; la *corde du tympan* unit le *facial* au *trijumeau;* il n'es pas jusqu'au grand hypoglosse, qui n'affecte des anastomoses périphériques avec le lingual.

Après avoir étudié les troncs des principaux nerfs, qui jouent un rôle dans la gustation, disons un mot des centres nerveux; nous ne parlerons que des centres bulbo-protubérantiels, qui sont les mieux connus, laissant de côté la question des centres corticaux sur lesquels on n'a pas actuellement de données anatomiques positives, et dont en conséquence nous ne dirons rien ici, nous réservant d'en parler au moment où nous ferons l'étude physiologique de ce point uniquement physiologique.

Le *grand hypoglosse* a son noyau d'origine sous le *plancher du 4e ventricule* dans deux noyaux rapprochés de la ligne médiane. Comme ce nerf est uniquement moteur, nous n'insisterons pas davantage sur son centre d'origine.

Le *trijumeau* présente une racine motrice, la moins importante, dont nous ne voulons pas parler. Sa racine sensitive se rend à une longue colonne, qui s'étend depuis la partie supérieure de la moelle cervicale jusqu'à l'extrémité supérieure à la protubérance; elle est située au-dessous et en dehors des noyaux sensitifs des nerfs mixtes de l'auditif, et du facial et conserve cette situation.

Le *glosso-pharyngien* a, lui aussi, deux racines : l'une, motrice, dont nous ne dirons rien, l'autre, sensitive, la seule qui nous intéresse; son noyau est situé au-dessous et en dehors du noyau moteur de ce nerf, en dehors de ses fibres radiculaires, en dedans du noyau de l'auditif, au-dessus de la racine descendante du trijumeau; elle constitue le faisceau solitaire, qui se continue en bas, dans une topographie identique, avec la racine sensitive du pneumogastrique, en haut affectant toujours les mêmes rapports avec les racines centrales du nerf *intermédiaire* de Wrisberg, qui, pour certains auteurs, ne serait de la sorte que la continuation du glosso-pharyngien; ce serait le même nerf prenant simplement une voie et une direction périphériques différentes, suivant un autre chemin.

Les racines sensitives centrales des X, IX et intermédiaire de Wrisberg, surtout celles de l'intermédiaire et du IXe, peuvent donc physiologiquement être considérées comme la continuation d'un même nerf, ayant un centre bulbaire unique et empruntant des voies périphériques différentes et spéciales à tel ou tel groupe de fibres plus ou moins considérable et diversement volumineux.

III. — HISTOLOGIE DE LA LANGUE ET DES ORGANES DE LA GUSTATION.

Pour prendre une connaissance exacte de la disposition et de l'aspect histologique de l'appareil gustatif, il est nécessaire d'étudier sa constitution dans la série animale. Nous ne saurions mieux faire que d'emprunter la description dans la série au remarquable *Traité d'histologie pratique* de J. Renaut. Ici l'appareil gustatif est étudié d'abord chez les têtards d'anoures, soit à l'état de complet développement, soit pendant le stade embryologique; puis dans l'organe folié du lapin, et enfin chez l'homme.

Étudions donc sommairement leur constitution chez les *têtards d'anoures* à l'état adulte. Une coupe portant en arrière du bec nous montre qu'ils se composent de corps ovoïdes allongés, logés dans l'épithélium buccal modifié à cet effet pour les recevoir. Ces corps portent le nom de bourgeons du goût. Au niveau de chaque bourgeon du goût la surface libre épithéliale présente un orifice (*pore gustatif*).

Du pore du goût, on voit s'échapper un pinceau de fibres, qui dépasse la surface libre de l'épithélium. Lorsqu'on isole un bourgeon gustatif, voici ce que l'on remarque : les éléments, qui forment le bourgeon, sont réunis au niveau du pore gustatif en une collerette non rompue, alors qu'à leur partie profonde ils sont libres et semblent avoir perdu leurs adhérences. Si l'on étudie de plus près les éléments qui composent les bourgeons, on voit qu'ils sont de deux sortes, présentant quelques différences morphologiques. Les uns (périphériques) ont une forme oblongue qui les fait ressembler à des côtes de melon, Le noyau est étalé du côté de la convexité extérieure de la cellule. Les côtés latéraux portent des dépressions ou empreintes provoquées par les noyaux des autres cellules, principalement des cellules centrales. La partie interne concave, ou petite courbure, envoie dans l'intérieur du bourgeon des expansions protoplasmiques qui forment à l'extérieur comme des cloisons réunissant et séparant les éléments anatomiques, leur servant de cloison et de soutien. Quant aux cellules centrales, elles sont nettement fusiformes, elles ont un gros noyau qui laisse une empreinte sur les cellules adjacentes; quelques-unes envoient des prolongements protoplasmiques à l'intérieur du bourgeon, aidant à l'achèvement de son cloisonnement. A leur extrémité libre ou périphérique, toutes ces cellules présentent un cil plus ou moins long. Ces divers cils se réunissent sous forme de pinceau qui est comme agglutiné par une sorte de substance intercalaire; c'est ce pinceau que nous avons vu plus haut s'échapper par le pore gustatif. A leur bases ces cellules soit s'élargissent avant leur insertion par un large pied, soit se divisent en plusieurs branches, afin d'avoir plusieurs points d'insertion. Les cellules fusiforme centrales ont plus fréquemment un point d'insertion unique.

Comment se forme embryologiquement ce bourgeon gustatif ? On voit tout d'abord s'avancer vers l'épithélium malpighien les fibres nerveuses. Lorsqu'elles arrivent à son contact, les cellules s'ordonnent à ce niveau, de façon à former une trouée pour leur laisser passage libre. Les fibrilles présentent alors un épaississement ovoïde dans leur trajet intra-épithélial, et se terminent, par une extrémité effilée, à la périphérie de l'épithélium. Ce n'est que plus tard que les cellules épithéliales se différencient de façon à s'adapter à leur nouvelle fonction, en formant le bourgeon du goût, dont nous venons d'étudier la morphologie fine. C'est ce qui ressort des recherches de Renaut et de G. Roux sur les têtards d'anoures.

Chez l'embryon humain, Tuckerman (*On the Development of he Taste-tornes of Man. Journ. of Anat. Physiol.*, XXIII, 354) a rencontré la disposition suivante:

Sur un fœtus de quatre mois il a trouvé « cinq papilles du type caliciforme ; mais à cette époque il n'y a pas, à proprement parler, de fossette ; chacune de ces papilles possède, du côté de sa face libre, un bourgeon du goût. Chez le fœtus de six mois il y a huit papilles ; chaque fossette est représentée par une fente étroite, et la face latérale de la papille renferme quelques rares bourgeons du goût, encore mal différenciés. A sept mois, des bourgeons apparaissent dans la paroi externe de la fossette ; ceux de la face libre commencent à disparaître, sans doute par suite de la multiplication de l'épithélium indifférent ».

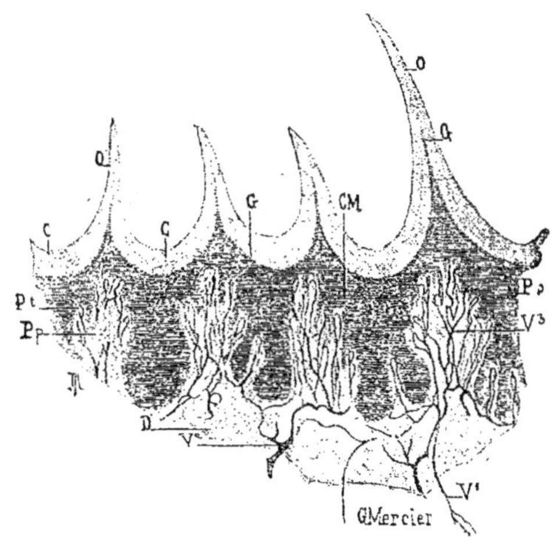

Fig. 19. — [1]*Réseaux sanguins papillaires de la langue du cochon d'Inde injectés avec une masse à la gélatine et au carmin.* (Conservation dans le baume du Canada — 50 diamètres. D'après J. Renaut, *Traité d'histologie pratique*, II, 1. 1897, Rueff. 431.)

O,O odontoïdes surmontant des papilles composées *Pp*, formées par la réunion de papilles secondaires *Ps*, Ps : — G. couche granuleuse ; — G', son prolongement dans l'odontoïde ; — C.C. épiderme. Des vaisseaux V_1, V_2, V_3 sont contenus entièrement dans le dessin D. Ils ne se poursuivent pas dans le corps de Malpighi, CM, ombré par des traits horizontaux.

Chez certains mammifères, on voit que les organes du goût, au lieu d'être disséminés sur toute la surface de la langue, sont groupés en des points circonscrits. Chez le lapin, par exemple, ils sont réunis au niveau de l'organe folié, qui se trouve de chaque côté de la langue, à sa partie postérieure. On observe que cette surface, longue de cinq millimètres, large de quatre millimètres environ, fait une légère saillie ; son pourtour présente une dépression qui lui forme comme une sorte de rigole. A sa surface on observe des sortes de sillons dirigés transversalement, qui forment des stries à peu près parallèles, rappelant de plus ou moins loin l'aspect de la peau de la face palmaire de la main. Tout autour de l'organe folié, l'entourant sur tout son pourtour, on relève l'existence d'un vaste sinus ovoïde, comme l'organe folié lui-même, collecteur du sang veineux de cet organe.

Lorsqu'on pratique une coupe longitudinale, de façon que les sillons soient coupés en travers, voici ce que l'on voit : le sillon présente vers la face profonde un orifice étroit qui conduit à une glande. De chaque côté du sillon, sur ses bords latéraux, nous voyons une élevure ou crête au centre de laquelle il y a la lumière d'une veine, qui occupe une grande partie de la surface. La veine étant vide de sang, cette surélévation présente trois élevures secondaires, la médiane étant la plus haute et étant occupée par la veine sus-décrite. L'aspect général rappelle d'un peu loin l'image d'une fleur de lis ou plutôt d'un trèfle. Lorsque la veine est gorgée de sang, les deux crêtes latérales distendues s'effacent, et l'on n'observe plus qu'une surélévation unique. L'épithélium passe à la surface des anfractuosités ainsi formées, à la manière d'un pont, ne dessinant à sa surface qu'une ondulation plus arrondie. De cette façon, les sillons sont formés par les bords latéraux de deux crêtes voisines.

Dans la partie profonde, au-dessous des sillons gustatifs, on relève l'existence de glandes assez nombreuses, glandes séreuses en grappe, dans le genre de la parotide ou de la lacrymale, sécrétant un liquide surtout aqueux. Ces glandes viennent déboucher à la partie inférieure de chaque sillon par un orifice étroit situé au fond de chaque sillon. A côté des sections des glandes on voit de larges orifices vasculaires correspondant à la lumière des vaisseaux veineux en rapport avec la veine centrale de la crête. Ces vaisseaux veineux vont eux-mêmes se jeter dans d'autres, qui passent au niveau des plans

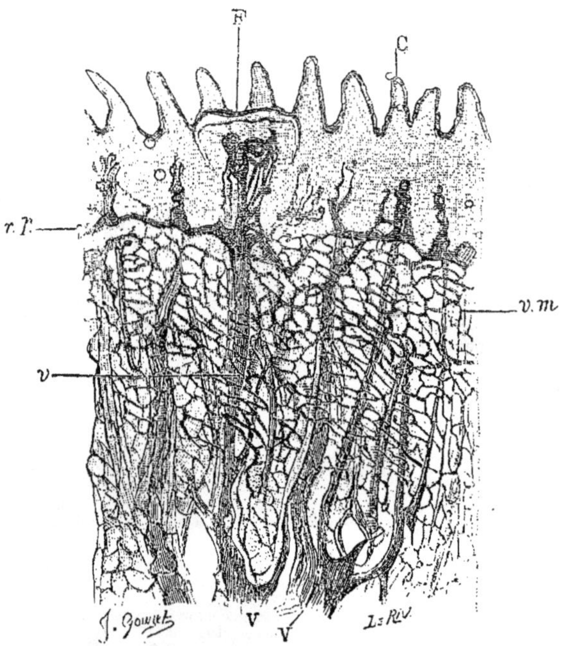

Fig. 20. — *Vaisseaux de la langue et de la muqueuse linguale du rat injectés par une masse à la gélatine et au carmin; Durcissement dans l'alcool fort.* — Conservation dans le baume du Canada. — (Faible grossissement). (D'après J. Renaut, *op. cit.* 432.)

musculaires de la langue. La contraction des muscles linguaux amène un arrêt dans la circulation veineuse de retour, d'où une turgescence de tout le système des crêtes, correspondant à une véritable érection.

Le nombre des bourgeons gustatifs est de trois à cinq sur chaque versant de deux sillons voisins.

C'est dans la moitié inférieure de la dépression épithéliale creusée et évasée pour les recevoir, que l'on remarque la présence de bourgeons gustatifs; ils s'ouvrent dans le sillon par le pore interposé entre les pointes des bourgeons gustatifs, par lequel s'échappe le pinceau fibrillaire sus-décrit.

Ebner a décrit chez l'homme et chez quelques mammifères « la disposition et les rapports de l'extrémité périphérique des bourgeons gustatifs dans les papilles circumvallées. Le pore gustatif, limité par les cellules plates superficielles de l'épithélium, n'est pas un simple trou; mais plutôt un canal, qui conduit dans une petite fossette, de forme et de profondeur variables suivant les cas, dont l'entrée est limitée par les cellules de soutien périphériques du bourgeon, tandis que le fond et les parois latérales sont formés par les cellules de soutien les plus internes d'une part, et par les cellules à bâtonnets d'autre part. Chez l'homme, jamais les bâtonnets des cellules sensorielles ne pénètrent dans le pore gustatif canaliculé ». (Ebner. *Ueber die Spitzen der Geschmacksknospen. Akad. Wien*, cvi, 1897, 10.)

Ebner compare ensuite ces dispositions avec celles « que présentent les bourgeons épithéliaux décrits ailleurs, notamment avec ceux qu'a étudiés Schaffer dans l'intestin branchial de l'Ammocœte. »

Les cellules gustatives proprement dites, colorées par la méthode de Golgi, se terminent toutes, selon cet auteur « à leur pôle basal par une extrémité tronquée, con-

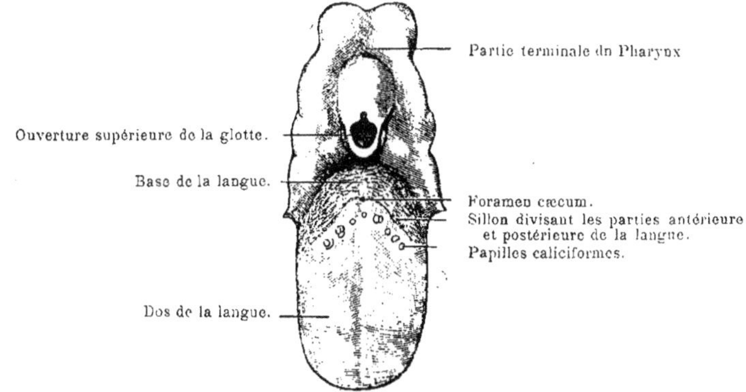

Fig. 21. — *La langue fœtale chez l'homme*, d'après Hensman (*op. cit.*, A. 880).

trairement à ce qu'ont décrit Fusari et Panasci, qui prétendent que ce pôle se continue directement avec une fibre nerveuse. » Ces éléments ne sont donc pas, selon d'autres auteurs, des cellules nerveuses typiques, des cellules d'origine de fibres nerveuses périphériques (comme les cellules olfactives par exemple), « mais sont des cellules épithéliales sensorielles, qui n'ont avec les fibres nerveuses que des rapports de contact ». Au-dessous des bourgeons il existerait des cellules spéciales fusiformes ou multipolaires, cellules subgemmales, que Drasch, Fusari et Panasci ont considérées comme des éléments nerveux. Von Lenhossek n'accepte pas cette interprétation, sans pouvoir d'ailleurs préciser d'une manière ou d'une autre leur véritable nature. (V. Lenhossek, *Der feinere Bau und die Nervenendigungen der Geschmacksknospen. Anat. Anz.*, viii, n° 41.) Voici l'argumentation de ces auteurs italiens; elle est tirée de leur mémoire publié dans les *Archives italiennes de Biologie*.

« Les plexus nerveux résultant, dans ces papilles fongiformes, écrivent Fusari et Panasci, des divisions et des anastomoses des faisceaux nerveux qui y pénètrent, présentent deux formes de cellules nerveuses; les unes sont situées à la base de la papille et au milieu du plexus, les autres au sommet de la papille, sous les papilles secondaires. Les premières sont de petites cellules ganglionnaires communes (fig. 24-1 *d*); les secondes, au contraire, possèdent quelques caractères par lesquels elles nous semblent se rapprocher d'une certaine manière, des cellules du système nerveux central. Celles-ci ont, en effet, un prolongement distinct des autres, mince, par lequel elles se mettent en rapport avec les fibres du plexus, et un nombre variable d'autres prolongements plus gros qui se portent vers l'épithélium, se ramifiant dichotomiquement. Les dernières ramifications de ces derniers prolongements traversent les couches épithéliales, arrivant à toucher les lamelles cornées (fig. 24-2, 3, 4, 13). Dans les papilles fongiformes et dans les caliciformes,

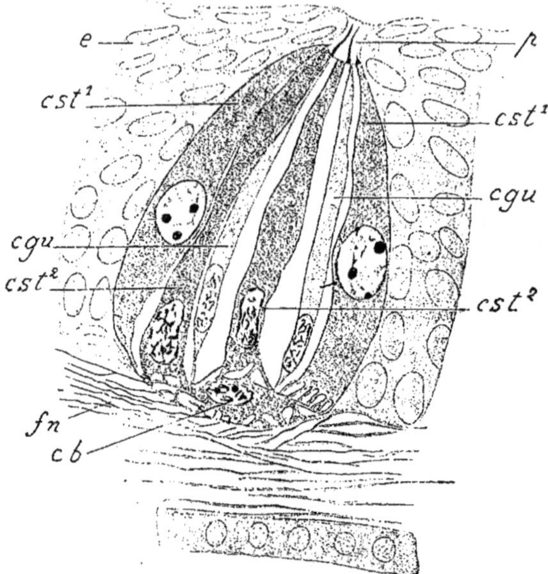

FIG. 22. — *Coupe demi-schématique d'un bourgeon du goût du lapin, avec les deux principales sortes de cellules* (D'après HERMANN. In *Traité d'Histologie* de PRENANT, BONIN et MAILLARD, Schleicher, 1904, I, 34).

a. Épithélium ordinaire ; — *p*. pore gustatif (orifices interne et interne dans ce pore marqués par une ligne pointillée) ; — *cgu*, cellules gustatives ; — *cst*, cellules de soutien. Elles sont de deux sortes : les unes extérieures aux piliers (*cst*¹) ; les autres, intérieures, mélangées aux cellules gustatives des cellules en bâtonnet (*cst*²) ; en outre, *cb*, cellules basales ; — *fn*, fibres nerveuses.

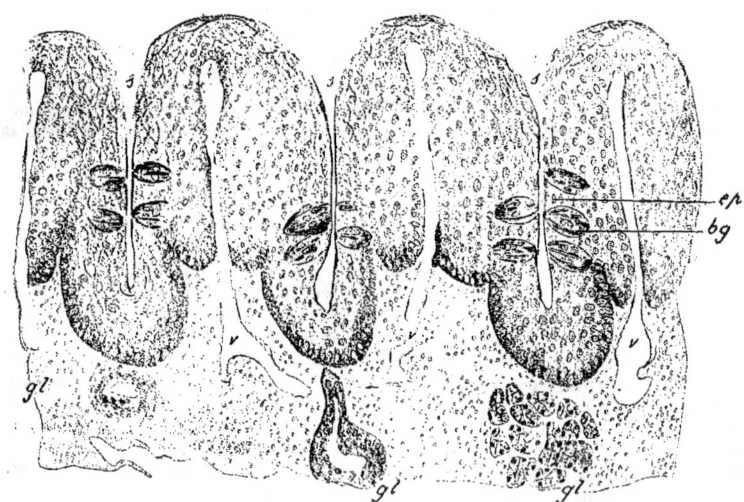

FIG. 23. — *Coupe d'une papille foliée de la langue du lapin, avec les bourgeons du goût.* (D'après PRENANT, BONIN et MAILLARD, Ouv. cité, p. 342.)

s, sillon de la papille sur les parois desquels sont disposés les bourgeons du goût ; — *bg-ep*, épithélium stratifié indifférent ; — *gl*, glandes séreuses ou d'EBNER ; — *v*, vaisseaux sanguins.

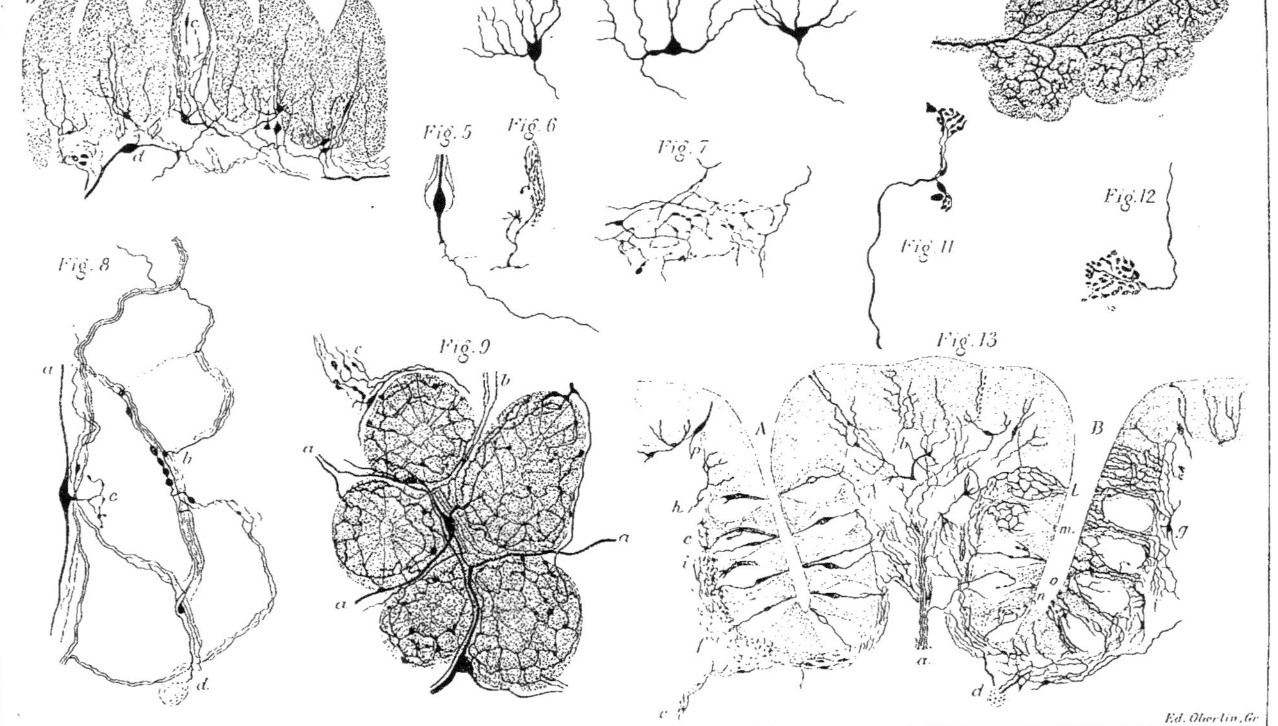

Fig. 24. — D'après Fusari et Panasci. — *Ouvr. cit.* 1. Section d'une papille fongiforme (*a*) et de quelques papilles coniques; (*b*) De la langue de souris; (*c*) Bourgeon gustatif (*d*) Fibre du plexus profond; (*e*) groupe de cellules nerveuses; (*f*) Corps fusiforme terminal (Koristka. Oc. 2. Obj. 7). — 2-3-4. Cellules nerveuses des papilles caliciformes de chevreau (Zeiss. Oc. 3. Obj. E). — 5. Cellule gustative d'une papille fongiforme de chat entourée d'une cellule de revêtement (Leitz. Immers. homog. 1/12. Oc. 3). — 6. Cellule de recouvrement d'un bourgeon gustatif de chat revêtue intérieurement d'une arborisation nerveuse (Leitz. Immers., homog., 1/12. Oc. 3). — 7. Réticulum nerveux de la région des granules chez le chat (Leitz. Immers., homog., 1/12. Oc. 3). — 8. Plexus nerveux infraracineux des glandes séreuses de souris; (*a*) Grosse fibre d'origine cérébrale avec renflement fusiforme; (*b*) Fibres sympathiques; (*c*) Rameau formant le réticulum hypolemmal; (*d*) Cellule nerveuse décolorée (Koristka, Oc. 3. Obj. 7). — 9. Plexus nerveux épilemmal et hypolemmal des glandes séreuses de souris; (*a*) Réticulum des grandes fibres; (*b*) Réticulum des fibres fines; (*c*) Connexion du plexus avec le cordon nerveux dérivant de la région des granules (Koristka, Oc. 3. Obj. 7). — 10. Lumière des conduits et des tubes glandulaires dans les glandes séreuses de la souris (Koristka, Oc. 2. Obj. 7). — 11-12. Terminaisons nerveuses motrices dans la langue du chat (Koristka, Oc. 3. Obj. 7). — 13. Dessin semi-schématique de la papille caliciforme du rat, autour de la partie A du fossé on a dessiné des bourgeons avec cellules gustatives de différente forme et avec cellules de revêtement; autour de la partie B, on a dessiné les autres terminaisons nerveuses dans les bourgeons et dans l'épithélium: (*a*) Faisceau central; (*b*) Plexus de la papille; (*c*) Cordon nerveux plexiforme se portant dans les glandes séreuses; (*d*) Faisceau latéral sectionné transversalement; (*e*) Granules; (*f*) Plexus nerveux des granules; (*g*) Cellule nerveuse; (*h*, *i*) Cellules de revêtement, (*l*, *m*) Réseaux nerveux péribulbaires; (*n*) Fibre des bourgeons qui se divise; (*o*) Terminaisons interépithéliales; (*p*) Corps fusiforme terminal; (*q*) Ramification en barbe de pinceau.

abstraction faite, dans ces dernières, de la région du fossé, les fibres nerveuses cessent avant d'atteindre l'épithélium, soit librement, soit avec un petit renflement; ou bien elles entrent dans l'épithélium comme dans les papilles filiformes.

Bien plus important est le mode de se comporter des éléments nerveux dans la région du fossé qui entoure la papille caliciforme et dans les lamelles de la papille feuilletée (fig. 24-13). Dans l'une et l'autre localité, arrivent des rameaux nerveux provenant de diverses parties : quelques-uns, des faisceaux centraux de la papille; d'autres, des faisceaux qui courent dans la couche profonde de la muqueuse; d'autres, plus gros, des troncs qui se trouvent plus profondément entre les fibres musculaires.

Les divers rameaux, à mesure qu'ils s'approchent de la région gustative, deviennent toujours plus riches de fibres pâles et de cellules ganglionnaires, et, sous l'épithélium, les fibres pâles forment un plexus très développé et très enchevêtré. Immédiatement au-dessous de l'épithélium, dans ce qu'on appelle la région nucléaire, le plexus est composé de fibrilles variqueuses qui courent, en bonne partie, par faisceaux, parallèlement à la direction de la couche épithéliale. De toutes les parties du plexus se détachent des filaments qui pénètrent dans l'épithélium.

Les filaments les plus robustes vont se mettre en rapport, ou se continuent, avec l'extrémité profonde des cellules gustatives, dont on remarque tant les formes à pointe que les formes en bâton (*Stiftchen* et *Stabzellen* de Schwalbe). Souvent l'extrémité profonde des cellules mentionnées présente des divisions latérales qui vont se continuer avec d'autres filaments du plexus nerveux (fig. 24-13 *g*).

Dans les bulbes bourgeons gustatifs entrent, en outre, par le plexus situé au-dessous, d'autres filaments nerveux (fig. 24 B, *n*), lesquels ne vont se mettre en rapport avec aucune cellule, mais, courant entre les cellules de recouvrement, se terminent à l'extrémité libre du bulbe, et en proximité de celle-ci, par un petit bouton.

Beaucoup d'autres filaments vont, au contraire, se mettre en rapport indirect avec les cellules recouvrantes, donnant lieu, sur les surfaces concaves de celles-ci, à une arborisation fort compliquée, chaque filament se divisant et se subdivisant plusieurs fois (fig. 24-6).

Une autre particularité non moins importante se remarque en dehors des bulbes gustatifs.

En effet, à l'extérieur, chaque bulbe est entouré par un réseau régulier de filaments nerveux, à mailles serrées, qui dessine nettement la forme du bulbe. Ce réseau, lui aussi, est formé par la subdivision de fibres nerveuses provenant du plexus de la région des granules (fig. 24-13 *l*, *m*). (Fusari et Panasci. *Les terminaisons des nerfs dans la muqueuse et dans les glandes séreuses de la langue des mammifères*, *A. i. B.*, 1898, xiv, 240-247.)

Par leur base, les cellules qui composent le bourgeon, reposent sur une vitrée. A quelques distances au-dessous de la vitrée, on remarque l'existence d'un véritable bouquet ou arborescence de fibrilles nerveuses amyéliniques plus ou moins ténues avec de petits ganglions sur leur trajet, formant le plexus sous-gemmal (Jacques). Lorsque la crête est gonflée par le sang veineux, le filet nerveux générateur de cette touffe nerveuse arborescente « petit tronc nerveux, occupant la base de la crête veineuse, et courant parallèlement à celle-ci tout du long » (Renaut), entre en tension légère sous l'influence de ce gonflement général de toute la crête. De ces fibrilles s'échappent des ramifications plus ténues, qui se dirigent droit vers la partie profonde du bourgeon gustatif pour le pénétrer directement. Ces fibrilles toutes amyéliniques sont divisées, d'après les remarquables travaux de Jacques, en raison de la position qu'elles occupent par rapport aux bourgeons du goût, en fibres *périgemmales* (Jacques) ou *péribulbaires* (Retzius) et en fibres *intragemmales* ou intrabulbaires, sur lesquelles nous allons revenir. Enfin, il est un troisième groupe de fibres qui ne se rendent pas au bourgeon gustatif, mais qui vont à l'épithélium avoisinant, au niveau des crêtes gustatives, dans les intervalles des bourgeons gustatifs; ce sont les fibres *intergemmales*. Celles-ci s'engagent dans l'épithélium et s'y terminent par des extrémités libres, qui se perdent dans le corps muqueux de Malpighi après un trajet horizontal plus ou moins long, ou bien sont retournées sur elles-mêmes en crochet avant leur terminaison définitive.

Les *fibres périgemmales* se portent à la périphérie du bourgeon; elles s'appliquent sur la surface convexe des cellules en côtes de melon, au niveau desquelles elles dessinent un réseau à mailles plus ou moins régulières.

Les *fibres intragemmales* pénètrent dans l'intérieur du bourgeon gustatif, et vont se terminer en s'enroulant autour des cellules fusiformes hautement différenciées pour leur fonction physiologique ; et cet enroulement, cette fusion sont tellement intimes que l'on a pu croire que la cellule fusiforme se continuait directement par la fibrille nerveuse. C'est ce que semblait prouver par exemple la méthode au chlorure d'or, qui

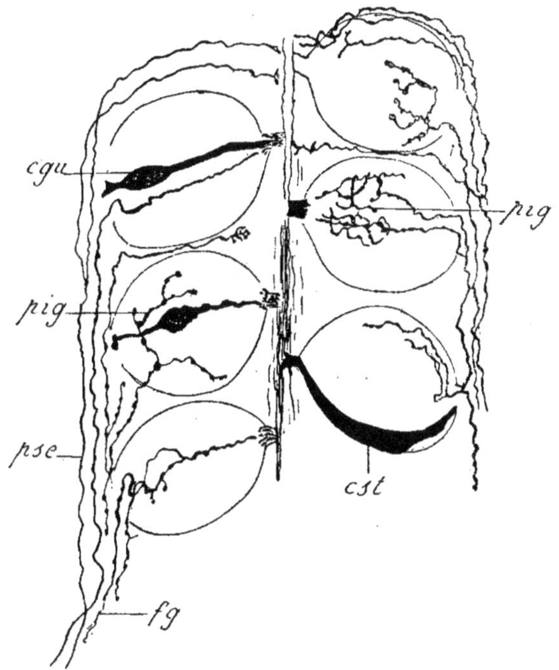

Fig. 25. — *Terminaisons nerveuses dans l'organe du goût (papille foliée) du lapin* (D'après Retzius, reproduit *in Traité de* Prenant, Bonin et Maillard, *op. cit.*, p. 344).

Méthode de Golgi ; — *fg*, fibres gustatives, venues des cellules ganglionnaires du nerf gustatif (glosso-pharyngien) ; — *psc*, plexus sous-épithélial formé par ces fibres ; — *cgn*, une cellule gustative imprégnée par le procédé ; — *cst*, une cellule de soutien ; — *pig*, plexus intra-gemmal fourni à l'intérieur d'un bourgeon du goût dont les fibres ne se continuent pas avec les cellules gustatives.

colorait également les cellules gustatives et les fibres nerveuses. Mais la méthode au bleu de méthylène, caractéristique pour la détermination des éléments nerveux à l'état vivant, montre qu'il n'en est rien, en colorant les fibrilles nerveuses et en laissant incolores les cellules gustatives. Il s'agit donc là de deux tissus chimiquement différents.

Par la méthode du bleu de méthylène en injection à des lapins, Arnstein (*Die Nervenendigungen in den Schmeckbechern der Saüger. Arch. f. mikrosc., Anat.*, xli, 1893, 2, 195-219) a montré que dans les papilles foliées « les cellules de recouvrement, aussi bien que les cellules axiales, sont entourées de fines fibrilles nerveuses variqueuses, qui se terminent librement au niveau du pore gustatif, qu'elles ne dépassent pas. » Ces fibres sont appliquées à la surface des cellules et ne les pénètrent pas : « jamais non plus elles ne se continuent avec le prolongement central des cellules sensorielles ; elles lui sont simplement accolées, le suivent dans leur ascension le long des éléments axiaux et se terminent par des extrémités libres, mousses ou renflées en un petit bouton ». L'erreur des auteurs, qui avaient pensé que le prolongement des cellules gustatives se continuait par une fibre nerveuse, s'explique par « l'insuffisance ou l'imperfection des méthodes. Pour ce qui est de la méthode de Golgi, qu'ont employée Fusari et Panasci, les images qu'elle fournit ne répondent pas à la réalité; elle a coloré la cellule et les fibrilles nerveuses qui lui sont accolées, de sorte qu'on a cru à tort que celles-ci étaient en continuité avec celle-là ».

Chez le lapin les cellules fusiformes seules présentent un cil à leur extrémité périphérique; les cellules en côtes de melon n'en ont pas. La différenciation physiologique est ici plus marquée que chez les têtards d'anoures.

Il y a un rapport étroit entre les filets nerveux et les cellules gustatives, rapport déjà établi par l'étude du développement embryologique dans les recherches de Henaut et G. Roux (*loc. cit.*) et démontré par la section du IXe, qui se rend aux bourgeons du goût. Cette section provoque (Vintschgau et Hœnigschmied, *Beobacht. über d. Veränderungen der Schmeckbechen*, etc. *A. g. P.*, xxiii, 1880, cité par Renaut, *loc. cit.*, 1894) la dégénérescence cellulaire d'abord, puis la disparition complète et rapide des éléments et du bourgeon lui-même, qui est détruit et remplacé par du tissu épithélial ordinaire. Comment s'effectue cette disparition des éléments cellulaires? Il est probable qu'elle est due à l'intervention des cellules migratrices (globules blancs) : car on trouve, dans l'intérieur des éléments cellulaires, des trous, de véritables thèques dues à la présence de globules blancs, frayant leur voie dans l'intérieur des bourgeons. Lorsque les bourgeons marchent à leur extinction après la section du IXe, les cellules rondes n'augmentent pas notablement de nombre.

Tel est l'aspect des bourgeons du goût, tels qu'on les observe réunis sous forme d'un organe différencié chez certains animaux comme le lapin, le cheval, etc. Mais chez d'autres, comme chez l'homme par exemple, ils ne sont pas groupés, mais au contraire répandus sur toute l'étendue de la surface linguale, sur le voile de palais, la partie supérieure de l'épiglotte.

Comme nous l'avons décrit en anatomie descriptive, la langue présente plusieurs sortes de papilles, sur lesquelles nous n'avons pas à revenir ici. A part quelques rares bourgeons gustatifs disséminés dans les papilles fongiformes, leurs véritables lieux d'élections sont les papilles *caliciformes*, qui forment le V lingual. Ces papilles sont, à leur pourtour, creusées d'un fossé ; les bourgeons du goût sont situés sur la pente papillaire, étagés les uns au-dessus des autres, sur toute la circonférence de la papille; la pente opposée n'en contient pas; au fond du sillon s'ouvrent les orifices glandulaires. Nous n'avons rien d'autre à ajouter sur la structure et la constitution anatomique fine de ces bourgeons, qui n'ait déjà été dit à propos de l'organe folié du lapin ; la topographie seule présentait des différences. Comme au niveau de la crête papillaire de l'organe folié, le plateau supérieur de la papille ne renferme jamais de bourgeons gustatifs. Ici les glandes sont encore des glandes séreuses, en grappe, sur le type de la parotide ou de la lacrymale.

Après une étude comparative des papilles foliées et des papilles vallées, Gmelin (*Zur Morphologie der Papilla vallata und foliata. Arch. f. mikrosc. Anat.*, xl, 1) examine « la disposition des glandes de la base de la langue, et les rapports de leurs conduits excréteurs avec les cavités des follicules clos de la langue et de l'amygdale. Il montre qu'il y a des formes de passage entre les sillons de ces follicules et les sillons gustatifs des papilles, ce qui l'amène à conclure que la forme fondamentale de l'organe du goût n'est pas la papille. Cette forme est déterminée par le sillon, qui, lui, est la partie morphologiquement la plus importante, résulte de la fusion des conduits excréteurs de glandes séreuses, pourvu d'un épithélium à bourgeons sensoriels, et délimite un certain territoire de la muqueuse linguale pouvant acquérir chez les mammifères supérieurs l'apparence d'une papille ».

La description histologique des cellules gustatives, soit fonctionnelles à proprement parler, soit remplissant un rôle de soutien, ainsi que des distributions nerveuses, présente la même disposition chez l'homme et les animaux similaires. Nous avons indiqué la *différence de la répartition topographique* des bourgeons du goût. Au lieu d'être groupés comme au niveau d'un lieu unique et limité, tel que l'organe folié, ils sont répartis sur les *papilles circumvallées*, qui s'étendent en deux séries linéaires venant opérer leur jonction au niveau du *foramen cœcum*, et constituant les deux branches du V lingual.

F. Kiesow, dans le laboratoire d'A. Mosso, de Turin, a étudié récemment la présence de boutons gustatifs à la surface linguale de l'épiglotte humaine et à ce propos il fait quelques réflexions sur les mêmes organes qui se trouvent dans la muqueuse du larynx (*A. i. B.*, 1902, 334-337). L'objet de ses recherches était de pouvoir résoudre la question de l'origine des organes gustatifs qui se trouvent dans les diverses parties de la muqueuse des voies respiratoires. Il a étudié les épiglottes des fœtus humains, et l'épiglotte d'un enfant né à terme qui avait vécu cinquante-quatre jours, et celle d'un adulte âgé de dix-neuf ans.

« Comme résultat général, dit-il, dans les fœtus humains des derniers mois de vie intra-utérine, on trouve aussi, sinon avec une régularité *absolue*, du moins dans la très grande majorité des cas, à la surface *linguale* de l'épiglotte, des boutons gustatifs qui, dans leurs aspect général, ne diffèrent en rien des mêmes organes qu'on rencontre dans les autres parties de la muqueuse de la bouche et des voies respiratoires. Ces boutons se trouvent très fréquemment sur des proéminences papilliformes de la muqueuse. J'ajoute que, à la face laryngienne de l'épiglotte du fœtus et du nouveau-né, j'ai trouvé aussi les organes susdits, lesquels, dans certains cas, et peut-être plus souvent que chez l'adulte, sont situés sur des papilles. Rabl (*Anat. Anzeiger*, xi, 1896, 153) a déjà observé que, à la surface laryngienne de l'épiglotte de l'adulte, les boutons gustatifs se trouvent quelquefois sur des papilles. J'ai observé le même fait dans l'épiglotte d'un lapin adulte. Je mentionne cette particularité, qui me semble d'une certaine importance relativement au développement des surfaces gustatives de l'homme et de la fonction des organes en question.

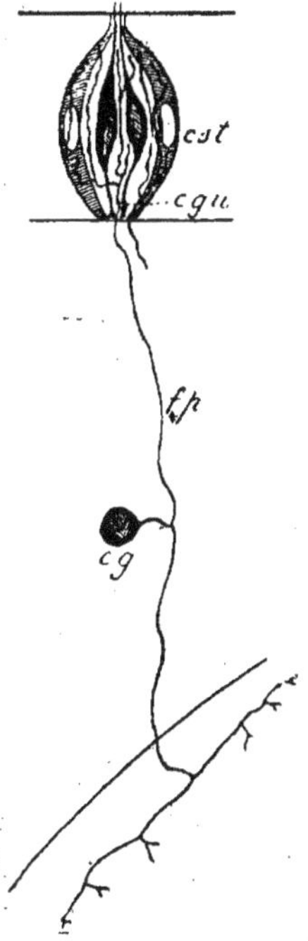

Fig. 26. — *Schéma de l'organe du goût.* (D'après Prenant, Bonin et Maillard, *op. cit.*, 345.)

cgu, cellule gustative; *cst*, cellule de soutien; — *cg*, cellule ganglionnaire; — *fn*, fibre du nerf glosso-pharyngien, prolongement périphérique d'une cellule ganglionnaire.

« Sur la face linguale de l'épiglotte du petit enfant né à terme, dont j'ai parlé, je n'ai plus rencontré les boutons gustatifs. De l'épiglotte de la jeune fille de dix-neuf ans, j'ai fait des coupes longitudinales en série de toute la moitié gauche; et je n'ai trouvé en tout (dans 400 coupes environ) que trois boutons à la surface linguale, tandis que, sur la surface laryngienne, ces organes se trouvaient en très grande abondance.

« D'après ces observations, je crois pouvoir conclure que les boutons gustatifs, à la partie linguale, disparaissent graduellement après la naissance, bien qu'il puisse s'en conserver quelques-uns dans des cas individuels. Cette disparition s'accomplit probablement à la suite de l'accroissement de l'organe, lequel fait passer les boutons de la partie linguale à la partie interne. Il n'est d'ailleurs pas exclu que quelque phénomène dégénératif puisse aussi concourir à déterminer cette disparition.

« Que les boutons qui se trouvent dans la face interne du larynx soient véritablement des organes gustatifs, c'est ce que j'ai déjà pu établir expérimentalement depuis un certain temps, en confirmant et en étendant les recherches de Michelson (*A. A. P.*, cxxiii, 1891, 389). Suivant mon opinion, ils se sont conservés ici, parce qu'ils sont en relation avec le mécanisme des mouvements réflexes (voir mon travail avec Hahn : *Zeitsch. für Psychologie und Physiologie der Sinnesorgane*, xxvii, 1901, 80 et ma Communication au Ve Congrès international des Physiologistes; *A. i. B.*, xxxvi, 1901, 94), et non parce qu'ils ont quelque rapport avec les *goûts consécutifs*, comme le suppose Krause (*Allg. u. microscop. Anatomie*, 1876, 198). Il peut se faire cependant — mais, de cela, je n'en suis pas encore absolument certain — qu'ils soient aussi dans un certain rapport avec ce qu'on appelle le goût nasal.

« Déjà, dans mes premiers travaux sur les sensations gustatives, j'ai soutenu que l'extension plus grande des surfaces gustatives, dans la cavité orale du petit enfant, doit être considérée en partie comme une répétition ontogénétique du développement phylogénétique. La preuve anatomique de cette assertion a été donnée récemment par Stahr (*Zeitschr. für Morphologie und Anthropologie*, IV, 1902, 199), lequel a trouvé, dans le centre de la langue des enfants, des papilles gustatives, qui disparaissent complètement plus tard. Dans un travail précédent, j'ai dit que les boutons gustatifs du larynx et de l'épiglotte sont, eux aussi, un résidu phylogénétique. Or cette manière de voir reçoit une confirmation, non seulement des faits mentionnés, mais encore de cet autre, que les organes en question sont diversement distribués dans le larynx de divers animaux. Une autre considération qui doit être mentionnée à ce propos, c'est que le cartilage aryténoïdien, dont la muqueuse semble posséder toujours des boutons gustatifs, est, dans l'échelle zoologique, la première à apparaître. Viennent ensuite le cartilage cricoïde, et, en dernier lieu, le cartilage thyroïde et l'épiglotte, qui ne se trouvent que chez les mammifères. Enfin mon opinion est appuyée aussi par les recherches de Gegenbaur (*Die Epiglottis*, Leipzig, 1882, 5), lequel soutient que l'épiglotte se forme, chez les mammifères inférieurs, à la suite du développement du voile du palais, dont la muqueuse conserve aussi, chez l'homme, de nombreux boutons gustatifs. »

IV. — LA GUSTATION DANS LA SÉRIE ANIMALE.

Lorsqu'on étudie l'organe du goût dans la série animale, on voit s'opérer d'importantes modifications, mais qui touchent moins la forme de l'organe gustatif et de ses éléments anatomiques constitutifs que leur nombre, leur distribution, leur localisation et surtout la configuration générale de la langue.

Nous avons vu dans la description anatomique de la langue de profondes différences entre les diverses catégories de papilles. Leur forme se modifie dans la série, ainsi que leur nombre et leur disposition.

Étudions d'abord dans une rapide esquisse ce que l'on voit dans la classe des mammifères. Chez les quadrumanes, les papilles offrent cette simple différence avec celles de la langue de l'homme, qu'elles sont moins nombreuses et ne représentent pas par leur groupement la forme d'un V. Chez les chéiroptères, leur nombre se réduit à trois ou cinq, formant un V par leur réunion, du moins chez certains d'entre eux, qui se nourrissent de fruits, car chez d'autres, au contraire, qui sont insectivores, on rencontre surtout l'existence de papilles cornées facilitant la trituration des aliments. C'est là d'ailleurs une disposition du revêtement lingual, que l'on trouve chez les autres insectivores de la classe des mammifères (taupe, etc.). Chez les carnassiers, la langue présente une surface hérissée de papilles cornées très abondantes et développées. Chez les omnivores, au contraire, les papilles caliciformes augmentent de nombre, et la muqueuse linguale se rapproche de celle des quadrumanes. Parmi les rongeurs, les frugivores présentent des papilles caliciformes; dans les autres groupes, la langue a une constitution rugueuse avec des papilles cornées abondantes. Dans la classe des lémuriens, la langue présente des dispositions différentes, suivant les diverses espèces : tantôt elle est effilée, tantôt tronquée à son extrémité, tantôt épaisse, tantôt très mince. Les papilles caliciformes se rencontrent surtout au niveau du tiers postérieur de l'organe. Chez les ongulés, on remarque l'existence de papilles caliciformes plus ou moins nombreuses; la surface de la muqueuse est tantôt finement papilleuse, tantôt dure et hérissée de papilles cornées. Chez les édentés, les marsupiaux, les monotrèmes, le nombre des papilles caliciformes diminue, et la langue présente une structure en rapport avec le genre d'alimentation. C'est ainsi qu'elle est protractile, allongée, vermiforme chez certains édentés, le fourmilier par exemple. Chez les cétacés, le nombre des papilles caliciformes est réduit à son minimum.

Dans la classe des oiseaux, la langue est très rudimentaire et atrophiée; il faut excepter le groupe des perroquets, chez qui elle est réellement charnue, molle et papilleuse, ainsi qu'on la voit également chez quelques rapaces et quelques échassiers, flamants. (Chatin, *Les organes des sens dans la série animale*, Paris, Baillière, 1880, p. 726, 184.)

Chez les reptiles, la langue présente peu d'organes rappelant les papilles caliciformes. Mais là encore il y a des différences, suivant chaque groupe : les tortues ont une langue molle, papilleuse; les crocodiliens « possèdent (CHATIN, *loc. cit.*, 186) à peine une saillie rugueuse; chez quelques sauriens la langue est molle et charnue (scinque), ou se transforme en un véritable organe de préhension, qui rappelle ce qui s'observe dans les fourmiliers (caméléon) ». Chez les reptiles, la langue présente de véritables papilles bien développées, qui servent à la gustation.

Chez les poissons, la langue ne présente pas de papilles; mais la gustation paraît s'exercer ici au niveau de la muqueuse buccale, qui se plisse et s'ordonne, devenant ainsi une véritable surface gustative. Les organes, à proprement parler gustatifs, ont la constitution suivante, qui peut se résumer « en deux types histologiques : 1° des éléments protecteurs ou de soutien, cellules épithéliales légèrement modifiées, tendant vers la forme cylindrique; 2° des éléments excitables distingués par TODARO en *bâtonnets* et en *cônes* ». (CHATIN, 192.)

Nous en arrivons maintenant au groupe des invertébrés.

« Les céphalopodes, écrit CHATIN (*loc. cit.*, 185), possèdent une sorte de langue, cachée dans l'angle antérieur de la « mâchoire » inférieure, couverte de villosités papilleuses; aussi la plupart des malacologistes n'hésitent-ils pas à y voir un véritable organe gustatif. »

Chez les insectes, les parties au niveau desquelles on a localisé le goût sont encore bien hypothétiques. Chez certains coléoptères, on trouve un organe mou décrit par les auteurs sous le nom de langue, ou d'hypopharynx, et richement innervé; chez d'autres, on ne voit qu'un simple repli de la cavité pharyngienne. C'est chez les hyménoptères surtout que l'on voit l'appareil gustatif bien développé. A la partie médiane de la cavité buccale, on observe une formation allongée, au niveau de laquelle de nombreux filets nerveux viennent se ramifier. Sa surface est formée par une mince lamelle chitineuse, au-dessous de laquelle s'étend une épaisse assise glandulaire.

A mesure que l'on descend l'échelle de la série animale, l'exercice du goût devient de plus en plus incertain; et surtout les régions où l'on doit localiser les appareils au niveau desquels il s'exerce sont de plus en plus problématiques. Leur aspect et leur configuration anatomiques ne permettent pas de les déterminer d'une façon exacte; la morphologie des organes gustatifs, si tant est qu'ils soient différenciés et spécialisés uniquement pour cette fonction, telle que nous la comprenons chez l'homme, perdant toujours davantage les caractères particuliers que nous leur connaissons chez les vertébrés, et se rapprochant de plus en plus des terminaisons tactiles ordinaires.

PHYSIOLOGIE.

V. — DONNÉES ET HYPOTHÈSES SUR LE MÉCANISME PHYSIOLOGIQUE DE LA GUSTATION.

S'il est une question de physiologie où bien des points sont encore à la discussion et restent obscurs, c'est assurément celle des nerfs du goût. Ce qui contribue surtout à embrouiller la question, ce n'est pas l'absence d'expériences et d'expériences précises sur ce point, car peut-être aucun sujet n'a été autant à l'étude que celui-ci; ce n'est pas tant les interprétations données aux faits par les différents auteurs, mais c'est la contradiction même sur les expériences brutales entre les différents physiologistes. Telle opération, telle section donne entre les mains de l'un tel résultat, qu'un autre expérimentateur obtient absolument contraire. En voulons-nous quelques exemples? SCHIFF sectionne les deux glosso-pharyngiens et les deux cordes du tympan en respectant le lingual; la sensibilité tactile reste conservée, mais il obtient une diminution de la sensibilité gustative. LUSSANA avec INZANI sectionnent les deux glosso-pharyngiens et les deux cordes, et ils remarquent que la sensibilité gustative est perdue. CL. BERNARD et J.-L. PRÉVOST sectionnent les deux glosso-pharyngiens et les deux cordes, et notent la persistance du goût, au moins en avant; après la section des linguaux, ils observent la disparition totale de la sensibilité gustative. Voilà bien des résultats différents et opposés.

I

Malgré toutes les discussions encore pendantes, voici, rapidement signalées, quelques conceptions des principaux auteurs qui ont traité ce sujet.

HERBERT MAYO faisait jouer en 1823 un rôle dans la gustation au *trijumeau* et au *glosso-pharyngien*. HERBERT MAYO (*Anatomical and Physiological Commentaries*, etc., London, 1823. *Journal de physiol. expér*., 1823, III, 356, et LONGET, *Traité de Physiologie*. Paris, 1873, III, 468) a observé un cas dans lequel les fonctions du trijumeau gauche étaient suspendues, et on constatait que « la langue, du côté gauche, avait perdu *en avant* la faculté de goûter et celle de sentir... pendant que la surface gauche *de sa base* était sensible au toucher et aux saveurs... Une sonde, appliquée du même côté, déterminait des nausées et des efforts de vomir ». Il en concluait que le *trijumeau* innervait la *partie antérieure* de la langue ; *le glosso-pharyngien, la partie postérieure*.

Cette conception de plusieurs nerfs préposés à l'exercice du sens du goût devait bientôt être mise en doute; et chacun des deux nerfs indiqués par MAYO devait avoir ses partisans pour lui attribuer le rôle principal et unique dans la gustation. PANIZZA (*Ricerche sperimentali sopra i nervi. Lett. del profess. Panizza al profess.* BUFALINI. Pavie, 1834) pratique sur des chiens la section des grands hypoglosses, puis des linguaux et n'observe aucun trouble. La section seule *des glosso-pharyngiens* amène la perte des sensations gustatives et produit de l'agueusie.

Mais bien des protestations s'élèvent. Des physiologistes éminents repoussent cette façon de voir, qui consiste à placer toute la gustation sous la dépendance des glosso-pharyngiens. Pour eux, ils ne sont pas les seuls nerfs du goût; cette fonction est partagée et dévolue à plusieurs. Parmi les auteurs qui formulent ces vives critiques, il y a surtout MÜLLER (*Arch. für Anat. und Physiol.*, 1835. — *Handbuch der Physiol. des Menschen*. Coblenz, 1837), ALCOCK (*The Dublin Journal*, 1836), JOHN REID (*The Edimb. Med. and Surg. Journal*, 1838), CAZALIS et GUYOT (*Arch. génér. de méd.* février 1839, (3), IV), BIFFI (*Sui nervi della lingua*; *ricerche anat. fisiol. Annali univers. di medicina*, Milan, 1846). SCHIFF (*Sui nervi gustatori*, dans le *Morgagni*, 1870, et dans l'*Impartiale*, XI, 15), et LONGET (*Leçons sur la physiologie de la digestion*, Florence, 1867). Nous devons faire une mention toute spéciale pour LONGET, sur l'opinion duquel nous reviendrons plus tard, après l'exposition des idées de MAGENDIE. Nous verrons alors que LONGET soutient la même idée que MAYO, et qu'il critique à la fois et PANIZZA, pour lequel le *glosso-pharyngien* est le seul nerf du goût, et MAGENDIE et MÜLLER, qui veulent *que le trijumeau soit le seul nerf de la gustation*.

Cependant cette opinion de PANIZZA, malgré les nombreuses critiques que nous venons de voir s'élever contre elle, trouve encore des partisans, qui se rangent à la manière de voir du physiologiste italien, en modifiant légèrement l'explication qu'il donne, afin de se mettre d'accord avec les critiques, qui lui avaient été faites, pour les tourner, tout en soutenant au fond la même idée. C'est ainsi que VALENTIN (*De functionibus nervorum cerebralium et nervi sympathici*. Berne, 1839) et HIRSCHFELD (*Traité et iconographie du système nerveux et des organes des sens de l'homme*, 1866, Paris, 216, [2]), trouvant dans une fine dissection anatomique un rameau externe du glosso-pharyngien anastomotique entre ce nerf et le lingual, disent que les impressions gustatives passent des extrémités périphériques du lingual, par ce rameau anastomotique, pour arriver au glosso-pharyngien, dont elles suivent à partir de ce moment la voie. Le *glosso-pharyngien*, ici encore, serait donc le seul nerf gustatif. Cette conception, elle aussi, a été attaquée.

Enfin, on a eu recours, pour montrer le rôle du glosso-pharyngien dans la gustation, et pour lui faire jouer un rôle de la plus haute importance dans l'exercice de cette fonction à l'histologie et à la méthode des dégénérescences nerveuses. VON VINTSCHGAU et HÖNIGSCHMIED (*Beobacht. über d. Veränderungen der Schmechbechern*, etc., *A. g. P.*, XXIII, 1880) ont sectionné le glossopharyngien, et ont fait une étude des bourgeons gustatifs; ils ont noté une disparition de ceux-ci, ainsi que nous l'avons déjà constaté en histologie.

Pour opposition à ces diverses conceptions d'une localisation de la gustation dans le *glosso-pharyngien*, il est d'autres physiologistes qui voulurent voir dans le second nerf, auquel MAYO faisait jouer un rôle dans la gustation, le seul nerf gustatif. MAGENDIE (*Leçons sur les maladies du système nerveux.* 1839, II) prétendit que le lingual, et par lui le trijumeau, était le seul nerf du goût. Müller soutint la même opinion. Comme il avait déjà combattu l'idée qui attribuait tout le rôle dans la gustation au glosso-pharyngien, Longet se fait encore ici l'adversaire de l'opinion qui veut que le trijumeau soit le seul nerf exclusivement gustatif. Mais là encore il y a des discussions entre physiologistes, et des avis contraires sont en présence. Voici comment Longet (*loc. cit.*, III, 469) combat les deux théories extrêmes et diamètralement opposées, et s'exprime à ce sujet :

« Selon Panizza, le résultat immédiat de la division des glosso-pharyngiens est la *perte absolue du goût,* sans lésion ni de la sensibilité tactile, ni des mouvements de la langue ; et l'excision du nerf lingual de chaque côté ne fait disparaître que la *sensibilité tactile* dans *tout* cet organe. »

Préoccupé de l'idée que le nerf de la cinquième paire étend son influence sur tous les organes des sens spéciaux, Magendie avance, en 1839, « qu'il n'y a, en définitive, que la section de la cinquième paire qui abolisse la sensibilité tactile et gustative de la langue ; que, pour abolir *entièrement* le goût, il faut couper le tronc même de la cinquième paire dans le crâne. C'est, dit-il, ce que j'ai eu plusieurs fois l'occasion de faire, et *toujours* je me suis assuré que la section du tronc même de la cinquième paire abolit, *complètement et partout,* la propriété de reconnaître les saveurs les plus âcres et les plus caustiques » (p. 289). Mais cet auteur oublie ses assertions de 1824 : « Après la section intra-cranienne de la cinquième paire, la langue est insensible du côté où ce nerf est coupé, et des deux si les nerfs le sont à droite et à gauche. Les corps sapides n'ont aucune action apparente sur la partie antérieure de l'organe ; mais ils ont une action évidente sur le centre et la base.

« De ce qui précède il résulte que Panizza a accordé au glosso-pharyngien une part beaucoup trop grande dans la gustation, et que Magendie, en refusant à ce nerf toute influence sensorielle, a admis une action exagérée du nerf trijumeau sur le goût comme sur tous les autres sens spéciaux.

« Le résultat immédiat de la division de ces nerfs (Longet, *loc. cit.*, III, 474-475), (il s'agit des glosso-pharyngiens), dit Panizza, est la *perte absolue du goût,* sans lésion, ni de la sensibilité tactile, ni des mouvements de la langue... Un chien mangeait alors indistinctement, et avec la même avidité, de la viande pure et celle qu'on avait pétrie avec de la poudre de coloquinte. Il buvait également et le lait pur, et celui auquel on avait mêlé une assez grande quantité de cette substance. Bien plus, ayant pilé et malaxé un morceau de viande dans une solution de coloquinte, et l'ayant présenté à l'animal non seulement il l'a mangé, mais encore il a bu tout le liquide qui était dans le vase. » Valentin (*De fonctionibus nervorum cerebralium et nervi sympathici*) dit avoir confirmé ces résultats par ses propres expériences.

Au contraire, Alcock (*The Dublin Journ.*, 1836, n° 29) affirme que, « sur un chien, le goût ne parut pas beaucoup affecté par la section des glosso-pharyngiens, car l'animal fit des efforts pour vomir sous l'impression de la coloquinte ; néanmoins, il manifestait moins de dégoût qu'auparavant ».

John Reid (*Mém. cit.* (*Edimb. Journ.*), XLIX, 128) croit avec Alcock, contrairement à Panizza, qu'après la résection de cette paire nerveuse les animaux perçoivent encore la sensation des aliments amers. Toutefois Reid est loin de nier toute influence sur le goût.

« La section des glosso-pharyngiens, disent Cazalis et Guyot (*Mém. cit.*, *Arch. gén. de méd.*, février, 1839, 248), n'abolit point le sens du goût tout entier ; elle permet à certaines saveurs très mauvaises de passer inaperçues, tandis que d'autres, même beaucoup moins déplaisantes, sont très bien distinguées. »

Magendie va plus loin que tous ces auteurs, car il lui a semblé que l'animal sentait les saveurs tout aussi bien qu'avant cette section. Quoique j'aie pratiqué, ajoute Longet, bien souvent la résection de ces derniers nerfs, j'avoue que cette opération m'a toujours paru très délicate et très difficile à exécuter d'une manière convenable et complète. En effet, sans parler des embarras que suscite une abondante hémorragie, prend-on le nerf un peu trop bas, on laisse échapper un certain nombre de filets pharyngiens supérieurs ; le saisit-on un peu trop haut et en arrière, on compromet les filets moteurs anastomotiques du rameau pharyngien du spinal : de là, des demi-résultats ou des résultats en apparence contradictoires ; ou bien encore des complications qui, comme la gêne de la déglutition, par exemple, sont rapportées mal à propos à la lésion des glosso-pharyngiens.

« Toutes les fois que j'ai pu réussir, j'ai vu les chiens qui, avant l'expérience, donnaient les signes de dégoût les plus marqués, quand je déposais sur la base de leur langue quelques gouttes d'une décoction concentrée de coloquinte, ne plus manifester la moindre répugnance après la section des glosso-pharyngiens, lorsque je prenais la précaution de ne verser le liquide que dans l'arrière-bouche; car trois ou quatre gouttes seulement étaient-elles mises en contact avec la pointe ou les bords de la langue, tout de suite l'animal grimaçait et exécutait des mouvements brusques de mastication, comme s'il cherchait à se débarrasser d'une sensation désagréable. Le nerf lingual était donc l'agent qui transmettait ces impressions sapides, et, par conséquent, le glosso-pharyngien n'est point le seul nerf gustatif. Toutefois, comme chacun peut l'expérimenter sur soi-même, ce dernier nerf se montre toujours beaucoup plus sensible aux saveurs amères que le lingual. »

Et, pour conclure, LONGET écrit :

« Je mentionnerai ici quelques cas dans lesquels, après la résection des deux glosso-pharyngiens et des deux nerfs linguaux, il m'a semblé que des chiens, conservés vivants pendant plusieurs jours, appréciaient encore, bien légèrement à la vérité, l'amertume ou la saveur désagréable de certaines substances, d'ailleurs dépourvues d'odeur.

« Avais-je laissé intacts quelques filets des glosso-pharyngiens? Je suis porté à le croire, quoiqu'il m'ait été impossible de le reconnaître au fond d'une plaie, quelquefois cicatrisée, mais le plus souvent enflammée. Ou bien, ce peu de sensibilité gustative dépendrait-il de cette petite surface du voile du palais qui, indiquée par VERNIÈRE, mais surtout bien circonscrite par GUYOT et ADMYRAULD, est supposée emprunter aux nerfs palatins ses filets gustatifs? Pour trancher la question, il aurait fallu extraire le ganglion sphéno-palatin; mais j'avoue que je ne me suis pas senti l'adresse du Dr ALCOCK (de Dublin), qui dit avoir accompli cette opération et n'avoir point remarqué que le goût en fût altéré. »

Quoi qu'il en soit, les faits démontrent : 1° que *le rôle du glosso-pharyngien, comme agent de sensibilité générale et spéciale, ne saurait être contesté;* 2° qu'il y aurait exagération et *erreur à placer le goût sous la dépendance exclusive de ce nerf.*

II

Un rôle dans la gustation est reconnu et attribué au *trijumeau* par BIFFI et MORGANTI, se basant sur leurs expériences chez le chien, par FUZONI, se basant sur ses expériences sur l'homme. CLAUDE-BERNARD et PRÉVOST (de Genève) ont pratiqué la section des deux glosso-pharyngiens et des deux cordes du tympan, et ont observé que les sensations gustatives étaient conservées en avant; ils pratiquaient alors la section des linguaux et remarquaient la disparition totale de la sensibilité gustative. PRÉVOST pratique sur un chien la section des glosso-pharyngiens et des cordes, et observe la persistance du goût; alors il coupe les linguaux, et remarque la disparition de la sensibilité gustative.

D'autre part, LUSSANA retire tout rôle au lingual dans la gustation, BIMAR (*Étude physiologique sur le sens du goût. Thèse inaugurale*, Montpellier, 1875-76, p. 63), continuant le développement des conceptions de ROUGET (cité par BIMAR), exprime les mêmes idées et les confirme. Après une étude physiologique minutieuse sur la nature des impressions gustatives senties par les diverses parties de la langue et sur le siège du goût, il est amené à penser que « la partie antérieure de la langue ne perçoit pas les véritables saveurs, et que les sensations qu'elle fournit sont des sensations de contact toutes particulières, qu'il est tenté d'appeler *pseudo-gustatives.* Or cette partie de la langue est innervée par le lingual, nerf de sensibilité par excellence; pourquoi donc chercher ailleurs un autre nerf de sensibilité, lorsqu'il est prouvé surtout que la section du lingual (ou celle du trijumeau) abolit entièrement la sensibilité tactile et générale de la partie antérieure de la langue? » ROUGET les admettait en se basant sur des observations faites sur des larves de grenouille; chez ces animaux, on constate, en effet, des tubes nerveux cheminant au milieu des cellules glandulaires et destinés probablement à ces cellules, attendu qu'il n'y a dans ces glandes ni vaisseaux, ni conduits excréteurs.

Comme on le voit, ici encore certains prétendent que le *lingual* est le seul nerf du goût ;

d'autres, que ce n'est pas le seul ; d'autres, qu'il n'a aucun rôle dans la gustation ; d'autres enfin limitent son action gustative et la *localisent* dans la *partie antérieure de la langue*.

Tels sont les rôles attribués pour la gustation aux nerfs qui se rendent à la langue et s'y terminent. On avait bien pensé que le grand hypoglosse était le seul nerf gustatif; mais cette opinion n'a pas vécu, et ne vaut pas la peine qu'on s'y arrête davantage. Mais, à côté de ces troncs nerveux, il en est d'autres qui ne se rendent pas à la langue, et qui néanmoins semblent jouer un rôle direct ou indirect dans l'excercice de la gustation. Ici encore ces phénomènes furent mis en évidence par des constatations pathologiques. Déjà Mayo (*loc. cit.*) avait établi sur des observations anatomo-cliniques, le fait que les deux nerfs du goût étaient le glosso-pharyngien et le trijumeau ou le lingual. Voici ce que révéla la clinique à certains observateurs, ce qui plus tard posa des problèmes physiologiques et suscita des expériences fécondes en résultats. Caldani (*Institutions de physiologie et de pathologie*, Padoue, 1793) aurait le premier remarqué l'abolition du goût dans certaines névralgies faciales; puis Roux (*Dissertation sur les affections locales des nerfs*, Paris, 1825), Montault (*Dissertation sur l'hémiplégie faciale*, Paris, 1831), Noble (*London Med. Gazette*, 1834), Romberg (*Anesthesie im Gebiete des Quintus, Müller's Archiv*, 1838), Bérard (*Fractures du crâne par armes à feu*, in *Gazette médicale*, 1840), Stich (*Beiträge zur Kenntniss der chorda tympani, Annalen der Charité-Krankenhauses*, Berlin, 1857), Guenther, Arnison, Burrons, Vogt (cités par Lussana. *Recherches expérimentales et observations pathologiques sur les nerfs du goût, Archives de Physiologie*, 1869, II, 20-33) en rapportent des exemples. Une nouvelle voie s'ouvrait donc aux physiologistes : les rapports et le rôle du facial avec le goût.

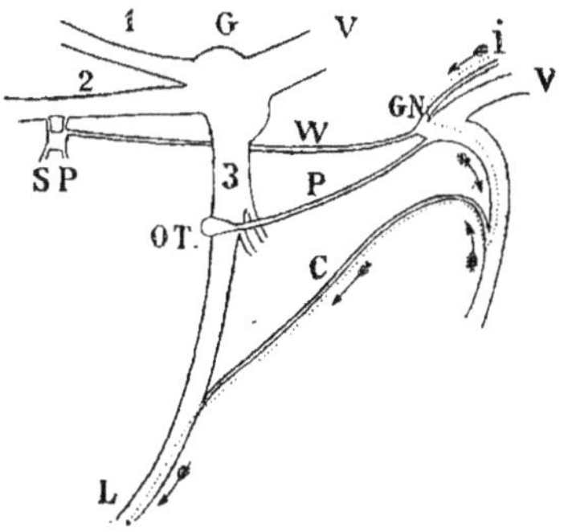

Fig. 27. — *Hypothèse de* Lussana, d'après Bimar (Étude physiologique sur le sens du goût. Montpellier, 1875).

L, Nerf lingual ; — Sp, ganglion sphéno-palatin ; — OT, ganglion otique ; — S, nerf sphénoïdal ; — W, grand nerf pétreux superficiel ; — P, petit pétreux superficiel ; — C, corde du tympan. Les lignes pointillées représentent les fibres gustatives ; les flèches indiquent leur direction des centres nerveux à la périphérie.

Lussana esquisse rapidement cet historique et d'une manière très précise.

Bellingeri assigna le premier « à la corde du tympan une influence spéciale sur le sens du goût (*De nervis facici*, Turin, 1818) ». Scarpa avait constaté « que le nerf intermédiaire de Wrisberg a sa naissance à côté du IXe (*Œuvres diverses*, Florence, 1858, 4e partie, chap. III, 3e p., 461), d'où communauté d'origine de la portion sensitive de la septième paire et du glosso-pharyngien ».

Caldani, de Padoue, signala le premier le phénomène singulier de l'abolition du goût dans les névralgies faciales : « Dans le spasme dit cynique, a-t-il écrit, où certainement les nerfs de la neuvième paire ne présentent aucune lésion, la névralgie ayant son siège uniquement dans les nerfs de la cinquième paire (?), le sens du goût est complètement aboli. (*Institutions de Physiologie et pathologie*, de Caldani, 2e édition, Padoue, 1793, I, 147). » Stich (Berlin, 1857) réunit et apprécia diverses observations disséminées « où l'on remarque l'altération de la faculté gustative dans le côté de la langue correspondant à celui du nerf facial paralysé ». Dans les cas de lésion de la cinquième paire (facial) avec abolition du goût dans la partie antérieure de la langue, ou bien il s'agissait d'une lésion périphérique à laquelle participait la corde tympanique déjà réunie au nerf lingual, ce qui résulte des observations de Müller, de Marchal, et des miennes ; ou bien il s'agissait de lésion intra-crânienne compromettant l'innervation de la septième paire et celle de la corde, ce qui a été observé par Bell, Bischop, Schneemann. Lorsque la corde seule de la septième paire est atteinte périphériquement sans lésion de la cinquième paire, dans ce cas la faculté gustative se trouve altérée à la partie antérieure de la langue. » (Lussana.)

L'influence de la corde du tympan sur le goût, écrit Schiff, ne peut lui être communiquée par les origines de la septième paire, qui sont exclusivement motrices. « Cette objection n'est pas grave; car il est faux que la septième paire, en vertu de toutes ses origines, soit un nerf exclusivement moteur. Il est démontré, au contraire, que la corde de la septième paire est un nerf *exclusivement sensitif.* » (LUSSANA.)

Citons aussi les nombreux résultats de BIFFI et MORGANTI.

« Dans toutes ces expériences, nous n'avons jamais pu observer que, en irritant la corde du tympan ou du moins sa portion périphérique, l'on puisse susciter le moindre mouvement dans la langue. »

Voici les paroles de LONGET :

« Bien des fois j'ai fait passer des courants électriques dans le tronc du facial pris à son origine, en évitant de comprendre la langue dans le circuit, et jamais je n'ai réussi à déterminer dans cette dernière le moindre frémissement. Les mêmes effets négatifs ont été obtenus en agissant avec les précautions convenables sur la corde du tympan elle-même. »

DUCHENNE, de Boulogne, est arrivé aux mêmes résultats:

« Je n'ai jamais, dit-il, négligé d'observer très attentivement, et souvent à l'aide d'une loupe, l'état de la langue pendant la galvanisation de la corde du tympan, et je puis affirmer n'avoir pas vu la plus petite contraction fibrillaire à la surface de la langue. »

« Je suis bien loin de nier, conclut LUSSANA, que la corde du tympan renferme aussi des fibres nerveuses *vaso-motrices glandulaires*; mais ce que je crois essentiel d'établir, c'est que dans la corde du tympan se trouvent les fibres spécifiques gustatives propres du nerf lingual pour la partie antérieure de la langue. Eh bien, ces deux faits ne sont pas exclusifs l'un [illegible]utre, au contraire; aussi bien anatomiquement que physiologiquement les nerfs [illegible]ifs, sans en exclure la corde du tympan, contiennent ordinairement des fibres vasculaires.

« Afin de concilier les résultats des expériences des professeurs BERNARD et VULPIAN avec les miennes, on pourrait invoquer l'opinion, d'après laquelle l'excision de la corde tympanique est suivie de l'abolition du goût par la raison qu'elle supprime la sécrétion salivaire (LUSSANA, *Recherches expérimentales et observations pathologiques sur les nerfs du goût*, *Archives de physiol.*, 1869, II, 20; 33-197, 210). Mais les expériences de SCHIFF ont réfuté d'avance la possibilité de cette conciliation, lorsqu'il écrivait ces paroles: « Chez les animaux qui montrent un affaiblissement du goût après la section de la corde du tympan, cet affaiblissement est indépendant de l'état d'humidité ou de sécheresse de la langue; c'est ce que j'ai souvent constaté chez les chiens. »

III

CL. BERNARD (*Recherches sur la corde du tympan. Annales médico-psychologiques*, mai 1843) étudia les modifications survenues dans l'exercice du goût à la suite de paralysie faciale intérieure. Il fut amené d'autre part à faire des sections de la *corde du tympan* portant dans la caisse. Des résultats fournis par ces différents ordres de recherches, il constata des troubles du goût dans les différents cas. Il fit alors porter la section plus haut et pratiqua une section intra-cranienne du facial. Là encore il nota une altération du goût, et les troubles observés étaient les mêmes que ceux qu'il avait déjà constatés dans les cas de paralysies intérieures du facial.

Tels sont les faits. En retenant simplement les constatations physiologiques, BLUMENBACH (*Institutiones physiologiæ*, Gœttingen, 787) et HALLER (*Elementa physiologiæ*, 1763) avaient depuis longtemps déjà émis l'opinion que la corde du tympan agissait indirectement sur le goût en vertu de propriétés motrices. GUARINI (*Annali universali di medicina*, 1842) ne voyait même dans la corde qu'un nerf purement moteur, destiné spécialement au muscle lingual et au muscle stylo-glosse. CL. BERNARD n'attribue pas davantage un rôle gustatif au facial ni à la corde, en tant que nerf gustatif. Leur action et leur rôle dans la gustation étaient tout à fait indirects. Le facial et la corde exerçaient des actions motrices sur les papilles, dont ils provoquaient l'érection, condition nécessaire à l'exercice du goût, et, d'autre part, ils exerçaient (la corde en particulier) une action sur les vaisseaux de la langue.

Pour CL. BERNARD (*Leçons sur la physiologie du système nerveux*, Paris, Baillière et fils,

1858), le sens de la gustation est sous l'influence de deux nerfs, le glosso-pharyngien et la cinquième paire : « Outre la cinquième paire, il y a encore la corde du tympan qui agit sur la gustation dans la partie antérieure de la langue. » (p. 240.)

« Quant à la paralysie du nerf facial proprement dite, les auteurs reconnaissent que tantôt elle est simple, c'est à dire qu'elle n'atteint que les mouvements extérieurs de la face et n'altère que l'expression de la physionomie, en laissant intactes toutes les parties profondes : voile du palais, langue, etc. (p. 113).» D'autres fois, au contraire, la paralysie faciale, outre les symptômes extérieurs, qu'elle manifeste, atteint aussi certains organes intérieurs : langue, voile du palais, pharynx et détermine alors des altérations particulières dans le goût, dans la déglutition, etc. « Dans la paralysie du facial, beaucoup de malades se sont plaints d'une altération du goût » (p. 120). Dans ce cas, l'altération remonte très haut. « On ne l'observe pas dans les affections de la portion superficielle du facial, dans les paralysies, dont la cause n'a atteint que les branches superficielles du nerf (p. 121). »

« Or nous verrons que ce phénomène s'observe chez les animaux, auxquels on a coupé la corde du tympan. » La sensibilité générale et tactile est parfaitement conservée. « La section de la corde du tympan amène une diminution dans la faculté gustative du côté correspondant. » (Cl. Bernard, *loc. cit.*)

Cl. Bernard cite six observations cliniques, dont l'une suivie d'autopsie, dans lesquelles il montre des phénomènes de paralysie extérieure du facial « en même temps qu'il y avait des lésions caractérisant une paralysie des rameaux profonds de ce nerf », (p. 122) et, dans tous les cas, il y avait des troubles manifestes et notoires du goût du côté correspondant aux signes de paralysie. « Nous pensons avoir établi qu'on doit distinguer deux sortes de paralysie de la septième paire : l'une, que nous appellerons extérieure, tantôt double, tantôt simple, et qui dépend d'une altération du facial proprement dit, — l'autre, que nous appellerons intérieure, qui affecte certains mouvements profonds des organes des sens, et qui dépendrait, suivant nous, d'une lésion du nerf intermédiaire de Wrisberg » (p. 130). La section du facial dans le crâne produit les mêmes résultats chez des chiens (p. 130) et des lapins, savoir un trouble du goût du côté de la paralysie, ainsi qu'il ressort des expériences de Cl. Bernard (p. 133).

Pour Cl. Bernard, la corde du tympan n'est pas un filet sensitif, ainsi que certains auteurs l'ont proposé : elle est motrice. « La muqueuse de la langue, à laquelle elle se distribue surtout, renferme des éléments moteurs dont la corde du tympan met en jeu l'activité. C'est ainsi que la paralysie ralentirait la perception de la sensation. » Il pense également que la corde s'unit à des filets du sympathique et qu'en conséquence elle agit de la sorte sur les vaisseaux de la langue. « Ce qui reste acquis à la science, c'est que c'est par des actions motrices que la corde du tympan exercerait son influence sur des phénomènes de nature variée : sur les sécrétions glandulaires, sur la circulation locale, sur les sensations gustatives » (p. 174).

La corde du tympan vient-elle du facial ou d'ailleurs? Cl. Bernard (*Recherches sur la corde du tympan. Annales médico-psychologiques*, mai 1843 et *Archives de médecine*, (4), II, 1843, 332-334) y répond par la dissection et les expériences. *a*) Par la dissection, il s'est assuré que la corde vient bien réellement du tronc du facial, sur des pièces ayant macéré dans l'acide nitrique. — *b*) Par les expériences, il a observé que la section intra-crânienne du facial, c'est-à-dire avant qu'il ait abandonné la corde, provoquait, du côté du goût, exactement les mêmes phénomènes et symptômes que la section de la corde elle-même; la section du facial, à sa sortie du crâne, c'est-à-dire après avoir abandonné la corde, ne provoquait aucun trouble du côté du goût.

Pour Claude Bernard, *la corde du tympan*, qui est un filet moteur, agit indirectement pour provoquer des troubles gustatifs ou sensoriels. La corde du tympan « donne aux papilles de la muqueuse linguale une action qui leur permet de s'adapter convenablement aux molécules sapides et de rendre leur appréciation instantanée. Supprimez l'influence motrice du nerf, les papilles perdent l'action dont nous parlons : de là un retard pour la perception des saveurs » (p. 334).

IV

Vulpian (*Remarques sur la distribution anatomique de la corde du tympan. Arch. de Physiol.*, 1869, II. — *Sur la corde du tympan, distributions et usages*, in *Comptes rendus de la Soc. de biologie* et *Acad. des Sciences*, 1873. — *Leçons sur l'appareil vaso-moteur*, Paris, Germer Baillière, 1875, 2 vol.) partage cette conception des troubles vasculaires. Et c'est ainsi qu'il explique l'action de la corde et les troubles gustatifs qui suivent sa section. Ce rôle *vaso-moteur*, il le constata aussi pour le *glosso-pharyngien*, et il remarqua qu'il exerçait sur la base de la langue une action analogue à celle que la corde du tympan avait sur la partie antérieure.

L'action de la *corde du tympan* est étudiée alors, soit par la section et l'excitation électrique consécutive chez les animaux, soit grâce aux données de l'anatomie pathologique et à l'expérience électro-physiologique sur de jeunes animaux : lapin, chien.

Vulpian (*Remarques sur la distribution anatomique de la corde du tympan. A. de P.*, 1869, II, 209) arrache la partie intra-pétreuse du facial, jusqu'à sa racine. Dégénération de la corde du tympan pour la plupart des fibres : quelques-unes n'étaient pas altérées. Vulpian les regarde comme des fibres anastomotiques émanées du nerf trijumeau. « En étudiant la partie supérieure du nerf lingual après sa réunion avec la corde du tympan, je reconnus, écrit-il, facilement les fibres altérées de ce rameau nerveux au milieu des fibres saines du lingual. Les filets nerveux allant du lingual au ganglion sous-maxillaire contenaient un nombre plus ou moins grand de fibres altérées. Mais, au delà des points d'où ces filets se séparent du lingual, c'est-à-dire entre ces points et les extrémités périphériques de ce nerf, celui-ci ne contenait pas une seule fibre altérée. Toutes les branches du lingual se rendant à la langue ont, d'ailleurs, été examinées elles-mêmes, et l'on n'y a trouvé que des fibres saines. En laissant de côté toutes les expériences directes, qui témoignent dans le même sens, ces faits démontrent donc bien nettement, je crois : 1° que les fibres nerveuses de la corde du tympan sont destinées à la glande sous-maxillaire ; 2° que la corde du tympan ne fournit aucune fibre nerveuse à la langue, et qu'en conséquence elle ne saurait être en aucune façon considérée comme un nerf gustatif. »

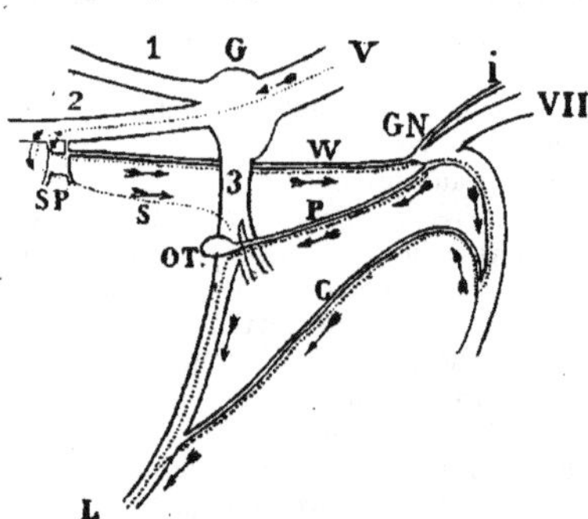

Fig. 28. — *Hypothèse de* Schiff. D'après Bimar.

V, Tronc du trijumeau ; — G, ganglion de Gasser ; — VII, nerf facial. — C. nerf intermédiaire de Wrisberg ; — GN. branche ophtalmique. — 2. Maxillaire supérieur. — 3. Maxillaire inférieur. — *Ibidem*. Les lignes pointillées représentent les fibres gustatives ; les flèches indiquent leur direction des centres nerveux à la périphérie.

Vulpian, par l'excitation de la corde du tympan avant sa jonction au lingual, provoque de la rougeur et de la congestion de la langue du côté où portait l'excitation. Il a vu qu'après la section de la corde, lorsque la dégénérescence avait eu le temps de se produire, l'excitation périphérique du lingual ne *produisait plus* ses effets ordinaires de vaso-dilatation. C'est donc un *nerf vaso-dilatateur* (I, 157).

Schiff avait, dès 1851, constaté (Vulpian. *Leçons sur l'appareil vaso-moteur*, 1875, I, 153), par l'expérimentation, que la corde du tympan « avait une influence sur les glandes salivaires ».

Duchenne (de Boulogne) (*Recherches électro-phys. et path. sur les propriétés et les usages de la corde du tympan. Archives générales de médecine*, décembre 1860) s'adresse à l'anatomie pathologique et à des expériences électriques pour reconnaître que la corde est nécessaire à la sensibilité générale et à la sensibilité gustative des deux tiers antérieurs de la langue.

Contrairement à cette opinion qui rapporte l'action de la corde à une action purement vasculaire, les travaux de Stich (*Loc. cit.*) et de Moos (*Innervationstörungen durch Application der künstlichen Trommelfells. Centralblatt für die Med. Wiss.*, 1867, etc.) tendent à prouver que la plupart des filets nerveux de la corde sont gustatifs. La même opinion semble encore confirmée par les cas de Louis Blau (*Ein Beitrag zur Lehre von Function der Chorda tympani*, in *Berliner klinische Wochenschrift*, 1879) et de Mac Bride (*Observations on Ear Diseases*, in *Edimburg Med. Journal*, avril 1881).

Les physiologistes pratiquent la section de la corde du tympan et ne sont pas toujours d'accord sur les résultats observés. Schiff (*Loc. cit.*) sectionne les glosso-pharyngiens, puis le lingual au-dessus de la corde, et voit que les sensibilités générales et douloureuses étaient complètement abolies, tandis que la sensibilité gustative était simplement diminuée en avant. Dans une autre série d'expériences, il sectionne les deux glosso-pharyngiens et les deux cordes, en respectant le rameau lingual : il remarque dans ce cas une diminution de la sensibilité gustative, alors que la sensibilité tactile était conservée.

Concluant dans le même sens que les expériences de Schiff, Lussana et Inzani (*Loc. cit.*, et *Sur les nerfs du goût, observations et expériences nouvelles. Archives de Physiol.*, 1892, 150-168) eurent l'occasion d'observer dans un cas clinique une véritable expérience de section de la corde du tympan réalisée chez l'homme. Il s'agissait d'un sujet auquel un charlatan avait sectionné la corde du tympan. Le goût était aboli dans les deux tiers antérieurs de la moitié correspondante de la langue. La sensibilité tactile et douloureuse était au contraire bien conservée. Les expériences physiologiques de ces auteurs parlent d'ailleurs dans le même sens. Sur un même sujet, ils pratiquent d'un côté la section du lingual avant que ce dernier ait reçu son anastomose de la corde du tympan; de l'autre côté, après que ce dernier nerf a reçu son anastomose de la corde. Sur un chien, ils pratiquent de la sorte, d'un côté la section du lingual dans la région sous-maxillaire (il s'agit ici du lingual mixte), de l'autre la section du lingual au-dessus de son anastomose avec la corde (il s'agit du lingual simple) : voici, après le choc opératoire passé, les résultats observés. Ils remarquent une abolition de la sensibilité générale des deux côtés et la conservation du goût du côté où la corde n'avait pas été comprise dans la section. Mais ils ne se contentent pas de cette expérience, ils poussent le détail plus loin et instituent une contre-expérience. Sur un chien, ils pratiquent la section des glosso-pharyngiens et la section des deux cordes, et voici ce qu'ils obtiennent; la sensibilité gustative fut complètement perdue.

La conclusion, qui se dégage de ces différentes expériences, est donc celle-ci : que la *corde distribuerait des filets propres réellement gustatifs à la partie antérieure de la langue.*

V

Lussana affirme que le *glosso-pharyngien est le nerf du goût pour la partie postérieure de la langue*; *la corde du tympan* pour la *partie antérieure.* Voici les expériences sur lesquelles il se fonde :

I. « Le nerf lingual préside à la sensibilité générale et gustative de la partie antérieure de la langue. » Cas pathologique d'Inzani, qui, pour une névralgie de la face, sectionna à un homme le lingual du côté de la névralgie. Les deux bases de la langue perçoivent les saveurs, ainsi que la partie antérieure du côté non opéré. Du côté où a porté la section, abolition complète du goût à la partie antérieure de la langue.

La section des linguaux sur des chiens amène de l'agueusie, à la partie antérieure de la langue.

II. « Le nerf glosso-pharyngien préside au goût dans la partie postérieure de la langue. »

Section des glosso-pharyngiens à leur sortie du crâne. Tout d'abord abolition complète du goût. Au bout d'un an, signes manifestes que la chienne percevait les saveurs à la partie antérieure de la langue, et que l'agueusie était complète à la partie postérieure.

III. « La faculté gustative de la partie antérieure de la langue, à laquelle préside le nerf lingual, ne dépend pas des fibres propres de la cinquième paire, mais de fibres nerveuses d'une origine différente, qui vont se joindre au nerf lingual. »

Le cas pathologique de Renzi est celui d'un homme dont la paroi cranienne était détruite par une tumeur. Tout le côté gauche de la face était insensible au tact et à la douleur, tandis que le goût était parfaitement conservé dans toutes les parties de la langue, même à la partie antérieure gauche, « tandis que celle-ci était complètement insensible à toute espèce d'irritation et de contact mécaniques... Il n'existait pas de lésions d'autres nerfs... » On connaissait d'autres cas pathologiques rapportés par Guenther, Noble, Arnison, Burrows, Vogt, Bérard, et Romberg, dans lesquels le goût était conservé, bien que la sensibilité générale fût abolie, à la suite d'une lésion de la cinquième paire.

Opération sur un chien : les linguaux sont mis à découvert, d'un côté section d'un nerf avant sa jonction avec la corde, de l'autre section de l'autre lingual après sa jonction. Du côté où a porté la section de la corde, agueusie complète de la partie *antérieure* de la langue ; du côté où la corde n'a pas été sectionnée, le goût est parfaitement conservé à la partie antérieure de la langue.

IV. « C'est la corde du tympan qui préside au goût dans la partie antérieure de la langue. » Cas d'une femme à qui un charlatan sectionna la corde du tympan d'un côté. A la partie postérieure, goût conservé ; à la partie antérieure et moyenne de la langue du côté opéré agueusie complète ; du côté non opéré, conservation absolue du goût.

Sur les animaux : sur un chien section des deux cordes du tympan (1862) abolition du goût à la partie antérieure de la langue, conservation à la base. Sur une chienne chez laquelle les deux glosso-pharyngiens avaient été sectionnés, destruction de la corde du tympan des deux côtés au point de son passage dans la caisse. Depuis ce moment, on vit disparaître à jamais tout indice de faculté gustative.

Observation de Lussana et de Vanzetti (*loc. cit.*, II, 20-33) : « Excision du nerf lingual (chez une femme pour névralgie linguale), abolition du goût dans la partie antérieure correspondante de la langue. »

Observation de Vizioli de Naples (*Movimento medico-chirurgico*, Naples, n°s 34 et 35 de l'année 1864) recueillie par Lussana : « Paralysie du nerf trijumeau ; abolition de la sensibilité générale et tactile dans la partie correspondante de la tête et de la langue ; conservation du goût dans toutes les parties de la langue. »

Observation tirée du *Wiener medizin. Wochenschrift* par Althaüs : « Paralysie du trijumeau ; abolition de la sensibilité générale et tactile ; paralysie vaso-motrice dans la moitié correspondante de la tête et de la langue ; conservation du goût. »

Observation de Vizioli, de Naples (n°s 34 et 35 du *Movimento medio-chirurgico*, 1864) : « Paralysie du nerf facial par blessure ; abolition du goût dans la partie antérieure correspondante de la tête et de la langue. »

On constate en somme : *Paralysie du nerf facial ; abolition du goût* dans la partie *antérieure* de la langue.

Paralysie du nerf facial ; abolition du goût dans la partie *antérieure correspondante* de la langue.

Longet (*loc. cit.*, III, 546) exprime une opinion à peu près analogue : « Des observations pathologiques et quelques expériences tendraient à établir leur influence sur la *gustation*, puisque l'altération du goût aurait été constatée dans des cas où le nerf facial était paralysé ou divisé au-dessus de l'origine de la corde du tympan ; mais on est encore loin de s'entendre sur la nature de cette influence, les uns voulant faire de la *corde du tympan* un nerf moteur, les autres un nerf sensitif, les autres enfin un nerf mixte. »

Plus près de nous, Donnell (*Double facial paralysy with loss of taste in the forepart of the tongue, The Lancet*, 29 mai 1875, 759) a observé un cas de paralysie faciale double avec perte du goût dans la partie antérieure de la langue et conservation de la sensibilité générale. Voici l'observation qu'il rapporte.

« Agé de 24 ans, bien portant d'ordinaire, le malade avait contracté une paralysie faciale sous l'influence du froid et de l'humidité, le nerf facial du côté gauche ayant été compromis avant celui du côté droit. Rien n'indiquait l'existence d'une lésion centrale du cerveau, non plus que l'altération d'aucun autre nerf crânien. Le sens du goût était complètement aboli à la partie antérieure de la langue, ce que l'auteur attribue à la paralysie de la corde du tympan. La perception des impressions tactiles et thermique dans les mêmes points ne présentait pas le moindre affaiblissement. Les irritants qui, chez les sujets sains, augmentent le flux salivaire, n'excitaient point la sécrétion des glandes sublinguales. Cette abolition du goût dura plus longtemps que la paralysie motrice. »

Plaidant toujours en faveur de la même hypothèse, KIESOW et NADOLECZNI rapportent récemment les observations et expériences suivantes; elles concernent deux cas mis à leur disposition par G. GRADENIGO, de Turin.

OBSERVATION I. — Il s'agit d'abord de l'observation (KIESOW et NADOLECZNI, *Sur la physiologie de la corde du tympan* : *Archivio italiano di Otologia, Rinologia e Laringologia*, vol. x, fasc. 3) d'un sujet atteint *d'otite moyenne purulente chronique gauche*; 15 ans, écolier.

Dans une opération curative on extrait le marteau entouré de granulations, mais non carié; aucune trace de l'enclume; curettage de la caisse et des cavités annexes. Suture complète de la blessure rétro-auriculaire.

Lors du passage d'un stylet dans la caisse, le malade dit que, lorsqu'on touche un point déterminé, il persiste nettement une saveur acide métallique sur la moitié antérieure latérale gauche de la langue. Le phénomène ne se produit pas lorsqu'on touche d'autres parties. Le point dont l'attouchement donnait lieu à la sensation gustative correspondait à la partie postérieure du cadre tympanique, et il semblait correspondre à l'endroit où la corde sort de l'os temporal.

En répétant les attouchements avec le stylet, l'intensité de la sensation diminuait; si les attouchements étaient pratiqués avec force, des douleurs apparaissaient dans les régions du second et du troisième rameau du trijumeau avec irradiation spéciale aux nerfs dentaires supérieurs et au rameau auriculo-temporal. Le plus souvent les douleurs étaient localisées aux deux dents molaires antérieures de la mâchoire supérieure. La saveur accusée était constamment acide ou acide métallique.

Ces sensations pouvaient être provoquées non seulement avec des excitations tactiles, mais encore avec des excitations électriques.

L'examen tactile et dolorifique de la langue montra que ces deux sensibilités étaient normales partout, tandis que l'examen des quatre sortes de goût et du goût électrique fit reconnaître un territoire *complètement anesthésique*, qui s'étendait à gauche (côté correspondant de l'oreille malade) sur le bord de la langue, depuis la *regio foliata* jusqu'à six ou sept millimètres de distance de la pointe. Partout ailleurs la sensibilité était normale.

OBS. II. — Observation d'un sujet atteint *d'otite moyenne purulente chronique bilatérale*; fils de paysan, 15 ans.

A gauche un stylet touchant un point déterminé dans le recessus épitympanique à la périphérie et un peu en avant provoque des excitations de la corde du tympan. « Le contact sur ce point provoque une légère sensation gustative comparable à celle produite par l'eau de seltz (acide, piquant) ». En touchant ce point avec une solution iodo-iodurée à 1 p. 100, une fois la même sensation fut provoquée, une autre fois une saveur acide au bord gauche de la langue en avant de la *regio foliata*. Le badigeonnage avec du laudanum provoque, « sur la partie gauche de la langue, une impression comme de chair morte; l'attouchement avec de l'alcool à 45 p. 100 produit une sensation de frais et de contact sur la superficie inférieure de la langue ; puis, deux minutes plus tard, à gauche, une saveur salée. Avec le badigeonnage au moyen d'une solution concentrée de sulfate de quinine, perception à la langue d'une sensation de brûlure, qui diminue aussitôt après. »

« L'examen du patient, relativement à la sensibilité tactile et à la sensibilité dolorifique sur la langue, fournit partout des données normales. L'examen du goût laisse reconnaître à gauche un territoire complètement anesthésique, qui s'étend de la région foliée à la pointe de la langue, tandis que la moitié droite de la langue, sur la même extension montre une diminution de la sensibilité pour les quatre qualités de goût. Le goût est normal sur le voile du palais et sur les piliers palatins antérieurs. »

Outre ces deux cas, KIESOW a examiné dix autres malades, qui soit à la suite d'une opération radicale dans l'oreille moyenne, soit après l'extraction du marteau, avaient perdu la pouvoir gustatif dans la partie correspondante de la langue. Ces cas fournissent essentiellement les mêmes données que celles des cas précédents.

On pourrait expliquer la présence des sensations gustatives à la suite de l'excitation de la corde dans l'oreille moyenne, par le fait que l'extrémité central de la corde a été stimulée. La lésion de la corde du tympan l'empêcherait de transmettre les excitations *maxima* adéquates; tandis qu'elle pourrait encore servir comme le canal des excitations inadiquates, d'où la perception gustative grâce au centre nerveux : Kiesow et Nadoleczni remarquent avec raison que l'apparition de toutes les qualités gustatives par l'excitation directe de la corde n'avait pas été observée jusqu'à présent; ils se souviennent néanmoins des cas confirmatifs de Urbantschitsch et de Blau.

« Pour ce qui concerne, écrivent ces auteurs, les sensations tactiles et thermiques que l'on provoque à la langue avec l'excitation de la corde, on doit penser à des réflexes, du trijumeau. La sensibilité tactile n'était pas altérée du côté respectif de la langue; de même, nous avons constaté que la sensibilité pour la température se comporte d'une manière normale. »

Sur un sujet on observe après l'extraction du marteau la perte, « du côté correspondant de la langue, de la sensibilité gustative, dont l'existence avait été constatée auparavant.

« Le sens de la température était bien conservé dans les deux moitiés de la langue et de même la sensibilité tactile recherchée minutieusement avec le thermo-esthésiomètre de Kiesow, avec l'appareil de Frey et avec les pinceaux. Il ne fut pas même possible de reconnaître une diminution de la sensibilité dolorifique.

« On pourrait inférer de là que la corde ne porte pas constamment des fibres tactiles ou dolorifiques ou thermiques, ou bien que, dans le cas de diminution de sensibilité tactile dans les lésions de la corde, le trijumeau a été affecté en quelque manière, tandis que la corde ne contient d'ordinaire que les fibres gustatives. Enfin les sensations dolorifiques qui, aux attouchements de la corde, apparurent sur les dents molaires et sur la langue, devraient être d'un intérêt tout spécial. Les douleurs, lancinantes dans la langue, de même que l'odontalgie signalée quelquefois, dépendent certainement de réflexes du trijumeau. Elles ont été observées aussi par Urbantschitsch, et vraisemblablement ces réflexes déterminés expérimentalement doivent être mis en relation, soit avec les douleurs d'oreille souvent irradiées, c'est-à-dire avec l'otalgie provoquée par la carie dentaire soit avec les otalgies que l'on observe dans les maladies de la langue (carcinome et abcès). »

Dans ces observations, on note des *troubles de la sensibilité gustative* et *l'intégrité des autres sensibilités*, soit *tactile* soit *thermique*, soit *à la pression*. Il semble ainsi que la *corde du tympan* contienne *uniquement* des *filets affectés à la gustation.*

Une observation faite par Vaschide et Marchand (*Anesthésie gustative et hypoesthésie tactile par lésion de la corde du tympan. Comptes rendus des séances à la Société de Biologie*, séance du 29 juin 1901) semble au contraire parler en faveur de l'existence dans la corde du tympan non seulement de filets affectés à la gustation, mais encore de fibres nerveuses affectées à la sensibilité générale. Comme pareilles observations attribuant un rôle de *sensibilité générale à la corde du tympan* sont rares, nous citons *in extenso*, en raison de son importance physiologique, ce cas minutieusement observé :

Il s'agit d'une jeune fille de 18 ans, qui a souffert depuis l'âge de 7 ans d'une otorrhée du côté gauche. L'écoulement d'oreille persiste encore. Elle a subi, il y a 3 ans, l'opération du trépan au niveau de l'apophyse mastoïde. A la suite, il lui est resté une contracture faciale gauche, qui disparut en quelques semaines. L'examen du conduit auditif montre une destruction presque totale de la membrane du tympan du côté gauche; la surdité est absolue de ce côté.

La sensibilité gustative a été mesurée avec le guesi-esthésimètre de Toulouse et Vaschide.

Au niveau du V lingual, la sensibilité tactile et gustative est conservée également des deux côtés. Voici le résultat des expériences pratiquées sur les deux tiers antérieurs du dos de la langue.

	CÔTÉ DROIT		CÔTÉ GAUCHE	
	Sensation.	Perception.	Sensation.	Perception
Saveurs salées. . . .	4 p. 100	8 p. 100	0	0
— acides. . . .	1 p. 1 000	1 p. 100	0	0
— sucrées. . .	1 p. 1 000	1 p. 100	0	0
— amères . . .	1 p. 10 000	1 p. 1 000	0	0

La sensibilité gustative est donc normale pour toutes les saveurs dans la moitié droite de la surface supérieure de la langue, tandis que dans la moitié gauche on constate une agueusie complète pour toutes les saveurs.

La sensibilité tactile de pression a été mesurée avec l'haphi-esthésimètre de Toulouse et Vaschide. On constate pour elle une diminution notable dans les deux tiers de la moitié gauche de la langue.

Ci-joint les chiffres correspondant aux minima perceptibles.

CÔTÉ DROIT	CÔTÉ GAUCHE
1 milligramme et demi.	7 milligrammes.

La sensation provoquée par un courant électrique est obtuse aussi du côté gauche de la langue (2/3 antérieurs). Il fallait, par rapport au côté sain, doubler l'intensité du courant pour obtenir du côté malade la sensation de piqûre caractéristique.

Il semble donc résulter de notre observation que la corde du tympan contient les fibres gustatives des deux tiers antérieurs de la surface supérieure de la langue, et qu'en outre elle contient des filets de sensibilité générale, ce qui expliquerait la diminution notable des sensations tactiles du côté gauche de la langue. Toulouse et Vaschide ont montré que les nerfs gustatifs de la langue ne paraissent pas avoir des fonctions différentes; qu'ils sont capables de transmettre, à des degrés divers, il est vrai, les différentes saveurs; et que la *corde du tympan* et le *glosso-pharyngien* peuvent être considérés comme des nerfs ayant des fonctions semblables. Ce fait que la corde du tympan semble aussi contenir des filets de sensibilité générale est à rapprocher des résultats expérimentaux, qui montrent que le glosso-pharyngien contient aussi des fibres pour la sensibilité générale. Il permettrait de supposer que la corde du tympan aurait des filets sensitifs généraux provenant du nerf intermédiaire de Wrisberg. L'opinion de Mathias Duval, montrant qu'un même noyau dans le bulbe reçoit les ramifications terminales des neurones sensitifs périphériques, qui forment le nerf de Wrisberg et le glosso-pharyngien, est conforme à nos constatations.

Grasset et Rauzier partagent, dans leur classique *Traité des maladies du système nerveux*, une opinion presque analogue au sujet du rôle gustatif de la corde du tympan dans les paralysies faciales :

« Pour le moment, il semble être démontré par les observations recueillies scientifiquement que les troubles du goût apparaissent dans la paralysie du facial, quand la lésion est placée assez haut au-dessus de l'origine de la corde du tympan, et ils deviennent ensuite beaucoup plus rares, quand la lésion siège encore plus haut du côté des centres. » (Grasset et Rauzier, *loc. cit.*, II, 443.)

VI

Mais ces expériences, qui semblent très nettes et très catégoriques, sont contredites par l'observation de Carl (*Ein Beitrag zur : Enthält die Chorda tympani Geschmacksfasern? Archiv für Ohrenheilkunde*, 1875). Ce médecin à la suite d'une otite moyenne survenue sur lui-même eut le goût aboli pour les saveurs, le tact étant conservé. Il put donc suivre son observation sur lui-même avec toute la finesse et tout le détail désirables. Malheureusement les constatations anatomiques ne purent pas avoir la même rigueur et restèrent hypothétiques. Chez lui, le facial, le trijumeau et la corde du tympan n'étaient pas lésés. Il semble résulter de cette observation *que la corde n'a pas de filets gustatifs*.

Un autre argument parlant dans le même sens que l'observation de Carl est tiré de l'étude des dégénérescences nerveuses consécutives à des sections de nerfs. Lussana (*loc. cit.*), sectionnant le lingual chez des animaux n'observa pas de dégénérescences consécutives récurrentes dans la corde du tympan. Enfin une autre preuve est tirée de la réaction aux excitations mécaniques ou électriques. L'excitation soit électrique, soit mécanique du bout central de la corde du tympan ne provoque aucune réaction soit de sensibilité générale soit de sensibibilité gustative. Pour Prévost (*Recherches anatomiques et physiologiques sur le ganglion sphéno-palatin, Archives de Physiologie*, 1868. — *Nouvelles expériences relatives aux fonctions gustatives du nerf lingual, Archives de Phy-*

siologie, 1873), la *corde n'a donc presque pas d'influence sur le goût*. Ce physiologiste fait porter ses expériences sur le *lingual*, afin de voir si la physiologie peut démontrer l'existence de filets gustatifs dans ce nerf.

Voici les quelques expériences de J.-L. Prévost, et les conclusions qu'il se croit en droit de pouvoir formuler :

« Exp. VII (faite avec Déjerine). Jeune chat. Section des deux glosso-pharyngiens. Section des deux cordes du tympan dans l'oreille moyenne. Conservation avec affaiblissement du goût. Dégénération des glosso-pharyngiens et de la corde du tympan. Fibres nerveuses dégénérées dans les branches terminales du lingual, et la muqueuse de l'extrémité de la langue. Corde du tympan saine à son émergence du facial, constituant donc son bout central.

Exp. VIII (faite avec Favrot). Chatte. Section des deux glosso-pharyngiens, des deux cordes du tympan. Perte du goût. Dégénérations des cordes du tympan.

Exp. IX (faite avec Déjerine). Chat. Section des deux cordes du tympan dans l'oreille. Fibres nerveuses dégénérées trouvées dans les branches terminales du lingual et l'épaisseur de la muqueuse recouvrant l'extrémité de la langue. Corde du tympan saine à son émergence faciale.

Exp. X (faite avec Déjerine). Chat. Section des glosso-pharyngiens. Nerfs dégénérés dans les papilles caliciformes. Les branches terminales du nerf lingual sont intactes.

Exp. XI, XII, XIII (faites avec Reverdin). Rats. Arrachement du facial droit. Dégénération de la corde du tympan. Fibres dégénérées trouvées dans les rameaux terminaux du lingual et dans la muqueuse de la langue.

Exp. XIV. Cochon d'Inde. Arrachement du nerf facial. Dégénération de la corde du tympan. Des fibres dégénérées sont trouvées dans les branches terminales du lingual et dans la muqueuse linguale du côté correspondant. »

De ses expériences cet auteur croit pouvoir conclure que :

« 1° L'ablation des *deux ganglions sphéno-palatins n'amène pas* chez le chien et le chat de modification sensible relativement aux fonctions gustatives des parties de la langue animées par le nerf lingual. (Prévost J.-L. *Nouvelles expériences relatives aux fonctions gustatives du nerf lingual*, *Archives de Physiologie normale et pathologique*, 1873.)

2° Après la section des cordes du tympan, faite chez des chiens et des chats privés des glosso-pharyngiens, le goût a été peu modifié dans certains cas, notablement diminué dans d'autres, et comme aboli dans un cas. Nos résultats ne nous permettent pas de spécifier le rôle que la corde du tympan joue relativement aux fonctions du goût. Nous inclinons cependant à ne lui accorder qu'*un rôle accessoire*.

3° Contrairement aux anciennes observations de Vulpian, et conformément aux recherches plus récentes de cet observateur, nous avons trouvé que la *corde du tympan envoie des filets* aux branches terminales *du lingual*, ainsi qu'à la *glande sous-maxillaire*. Nous avons trouvé après la section de la corde du tympan faite chez le chat, le chien, le rat, le lapin, le cochon d'Inde, des filets nerveux dégénérés, soit dans les branches terminales du lingual, soit dans la muqueuse de la langue, soit dans le nerf de la glande sous-maxillaire.

4° La *corde du tympan n'a pas de centre trophique* dans les papilles de la langue, et si le ganglion sous-maxillaire agit sur elle comme centre trophique, cette influence doit du moins être limitée. Après la section de la corde du tympan faite dans l'oreille, le bout central de ce nerf (du côté de son émergence faciale) reste sain. »

C'est également l'opinion de Schiff. « Après la section du maxillaire inférieur faite avant que la corde se joigne au lingual, il a trouvé le goût intact dans les parties antérieures de la langue. Après la section du maxillaire supérieur au-dessus des rameaux qui se rendent dans le ganglion sphéno-palatin, il a constaté l'abolition du goût, surtout pour les acides, la sensibilité générale étant conservée. Après la section du nerf vidien et l'arrachement du prolongement postérieur du ganglion sphéno-palatin, il a également constaté la perte complète du goût, surtout pour les acides. » (Gley. Article **Gustation** in *D. D.*, 4e série, xi, 1886, p. 626.)

VII

Telles sont les idées en cours au sujet du rôle des troncs nerveux dans la physiologie des impressions gustatives. Mais ces troncs nerveux périphériques, qui s'étaient présentés à nous isolés, suivent eux-mêmes plusieurs voies pour arriver à leurs centres nerveux. Ces *centres nerveux* doivent donc être précisés dans leur topographie. Cette partie de l'étude physiologique est encore soumise à plus de controverses que celle que nous venons de faire.

Voici, brièvemement résumées, les nombreuses conceptions et manières de voir émises sur ce sujet.

Le *trajet du glosso-pharyngien et du lingual* se poursuit en un tronc nerveux continu jusqu'au *bulbe* et à la *protubérance*. Mais il n'en est pas de même de l'*anastomose* importante, qui *relie le facial au lingual, corde du tympan*, sur laquelle nous avons longuement insisté dans notre description anatomique précédente et sur laquelle nous ne voulons pas revenir ici.

Tous les trajets plus ou moins compliqués pouvant être suivis par la corde ont eu leurs défenseurs, les *uns la mènent au bulbe par le nerf intermédiaire de* Wrisberg, d'autres *par le trijumeau*, d'*autres par le glosso-pharyngien*. Étudions successivement les arguments invoqués par les différents auteurs pour étayer le trajet qu'ils lui imposent.

I. *Le chemin suivi est le nerf intermédiaire de* Wrisberg. — C'est d'abord l'anatomie clinique qui donna à penser que le chemin suivi était le nerf de Wrisberg. Cusco (*Recherches sur différents points d'anat., de phys. et de path. Thèse inaugurale*, Paris, 1848), Duchenne de Boulogne (*loc. cit.*), et Lussana (*loc. cit.*), observèrent des cas de paralysie faciale sans lésion du trijumeau, s'accompagnant de troubles gustatifs. De plus, Lussana observe qu'on ne relève de troubles du goût que lorsque la lésion touche le facial après sa jonction avec le nerf de Wrisberg et avant que la corde du tympan se soit séparée du tronc nerveux. En deçà ou au delà les lésions anatomiques ne retentissent pas sur l'organe du goût, et ne produisent pas à leur suite de troubles dans la perception des saveurs.

Comme, d'autre part, le facial est un nerf exclusivement moteur, sur lequel on ne trouve pas la caractéristique des nerfs sensitifs, le ganglion, ils en conclurent que le chemin suivi dans ce cas ne pouvait être que le nerf accolé au facial, qui devait être pris dans la même lésion : c'était le nerf intermédiaire de Wrisberg, sur le trajet duquel on trouvait la caractéristique du nerf sensitif, le ganglion, qui ici était le ganglion géniculé.

Néanmoins des physiologistes s'élevèrent contre cette manière de voir. C'est d'abord Cl. Bernard (*loc. cit.*), qui prétend que l'*intermédiaire n'est pas une branche sensitive*. Il sectionne le facial et le nerf de Wrisberg, puis il pratique des pincements, des tiraillements qui ne provoquent aucune réaction de douleur chez l'animal. Lorsqu'on tiraille un nerf réellement sensitif, on obtient des cris de douleur, et cela d'une façon constante, ce qui n'a pas lieu ici. Le nerf de Wrisberg n'est donc pas sensitif. Quant à la présence du ganglion géniculé, il ne faut pas s'en laisser imposer par son existence. Car sur le trajet des nerfs sympathiques on trouve toujours des ganglions. Pour Cl. Bernard l'intermédiaire serait le filet le plus élevé, intra-crânien, de la longue chaîne sympathique, et non un nerf sensitif.

Une expérience de Vulpian (*Expériences ayant pour but de déterminer la véritable origine de la corde du tympan. Gaz méd. de Paris*, 1878) parle dans le même sens. Ce physiologiste sectionne le facial avec le nerf de Wrisberg dans l'intérieur du crâne. Il étudie les dégénérescences consécutives à la section et constate que les fibres dégénérées sont celles du facial et non celles de la corde du tympan.

Il établit alors une contre-expérience, qui mène à la même conclusion; il sectionne le trijumeau intracranien, et constate, à la suite, de la dégénération des fibres de la corde, et nullement de celles du facial, qui restent absolument indemnes.

Voilà des expériences qui semblent nettes et démonstratives. Cependant le même auteur donne des résultats d'expériences qui, apparemment du moins, semblent parler dans un sens absolument opposé. Il pratique l'électrisation du tronc du trijumeau, et dans ces conditions il n'obtient ni salivation, ni vaso-dilatation, réactions ordinaires des perceptions gustatives.

Voici encore une autre expérience, qui semble corroborer cette dernière manière de voir. L'auteur électrise le facial intracranien et voit des effets analogues à ceux que produit l'électrisation de la corde.

Le chemin suivi par la corde est donc le nerf de Wrisberg, qui se trouve électrisé lors de l'électrisation du bout central du facial intracranien, ce dernier nerf étant purement moteur et ne pouvant pas provoquer de réactions sensitives.

Une observation anatomo-clinique parlait également dans le même sens. Il s'agissait d'une hémiplégie alterne, entraînant un affaiblissement dans la gustation du côté du facial paralysé.

De son côté, Mathias Duval (*Recherches sur l'origine réelle des nerfs crâniens. Journal de l'anat. et de la physiologie*, 1880), se basant sur des travaux anatomiques poursuivis parallèlement sur l'homme, le singe et d'autres animaux, est conduit à supposer que le nerf de Wrisberg n'est, d'une part, que la continuation de la corde du tympan, et d'autre part n'est lui-même qu'un filet du glosso-pharyngien.

Ces mêmes résultats sont encore affirmés par Bigelow (*The Brain*, avril 1888) qui a pratiqué l'expérience suivante : il a coupé l'intermédiaire de Wrisberg dans l'aqueduc de Fallope, derrière le ganglion géniculé, et il obtint comme résultat de cette section l'abolition du goût.

Au point de vue anatomique, Spitzka (*New-York medical Record*, 31 janvier 1880, cité par Gley, *loc. cit.*, 626) parle en faveur de cette conception, en refusant de voir l'origine de l'intermédiaire dans la colonne des noyaux moteurs du bulbe, et en la plaçant dans la colonne sensitive, qui suit en bas la colonne grise des racines du trijumeau. « Il convient, écrit Gley (article *Gustation*, in *D. D.*, (4), xi, 620, 626), d'ajouter que ces faits semblent recevoir une confirmation sérieuse des recherches de Spitzka, sur la véritable origine du nerf de Wrisberg ; cette origine ne serait pas dans la colonne des noyaux moteurs du bulbe, mais dans la colonne sensitive, qui fait suite au noyau du trijumeau. » (Gley, *Ibidem*, 620.)

Les travaux anatomiques de Mathias Duval placent en outre l'origine de l'intermédiaire de Wrisberg dans les parties grises sensitives, et parlent dans le même sens.

II. Le chemin suivi est le trijumeau. — Nous venons de signaler dans le chapitre précédent deux expériences de Vulpian (*loc. cit.*) semblant parler en sens différent. L'une, basée sur la dégénérescence consécutive aux sections nerveuses, montre des fibres dégénérées dans la corde à la suite de la section du trijumeau intracrânien, ce qui semblerait indiquer que le trajet suivi par la corde est le trijumeau. D'autre part, l'électrisation du tronc du trijumeau ne produisait pas les réactions habituelles consécutives aux perceptions gustatives.

Schiff (*loc. cit.*) relate une expérience qui semble indiquer que le chemin suivi par la corde est le trijumeau. Il sectionne le trijumeau intracrânien et note l'abolition du goût dans la partie antérieure de la langue, dans la même zone que lorsqu'il s'agit d'une section de la corde, puis il coupe le glosso-pharyngien et obtient une abolition complète du goût.

Certaines constatations et observations cliniques amènent aux mêmes conclusions; c'est en particulier cette remarque que souvent les lésions pathologiques du ganglion de Gasser s'accompagnaient de perte du goût en avant de la langue, constatations qui semblent confirmées par plusieurs expériences de Vulpian développées dans le chapitre précédent.

Donc, pour Schiff, les impressions qui empruntent le chemin de la corde suivent ensuite le trajet du trijumeau pour arriver jusqu'aux centres nerveux. Mais, pour arriver de la corde au trijumeau, quelle voie empruntent-elles ? Là encore des expériences de physiologie ont servi à préciser les voies nerveuses suivies pour aller de la corde au trijumeau. Il pratique la section du maxillaire inférieur avant la jonction de la corde au lingual, et il remarque que le goût est intact : il pratique alors la section du maxillaire supérieur au-dessus du ganglion sphéno-palatin et observe des troubles du goût. Puis il pratique la section du nerf vidien, et il arrache le prolongement postérieur du ganglion sphéno-palatin; il obtient consécutivement à ces expériences l'abolition du goût. Que conclure de ces expériences ? C'est d'abord que les fibres de la corde ne suivent pas le maxillaire inférieur, mais bien le maxillaire supérieur, et pour y parvenir suivent la voie du nerf vidien et du ganglion sphéno-palatin. Le trajet parcouru de la sorte serait donc le suivant : lingual périphérique, corde du tympan, facial ganglion géniculé, grand pétreux superficiel, nerf vidien, ganglion sphéno-palatin, maxillaire supérieur, ganglion de GASSER, trijumeau.

« 1° Les fibres gustatives (SCHIFF. *Origine et parcours des nerfs gustatifs de la partie antérieure de la langue. Semaine méd.*, 29 décembre, 1886. Anal. par A.-C. in *R. S. M.*- 1887, XXXIX, 403) de la partie antérieure de la langue ne proviennent pas originairement du facial;

2° Elles quittent le cerveau avec la racine du trijumeau;

3° Elles suivent d'abord la deuxième branche de ce nerf;

4° Elles se rendent ensuite par les nerfs sphéno-palatin et grand pétreux superficiel à la partie coudée du facial;

5° Elles rejoignent enfin la troisième branche du trijumeau en partie par la corde du tympan, en partie, et surtout par le nerf petit pétreux superficiel. »

Mais les expériences, sur lesquelles était basé ce trajet ainsi décrit, ont été absolument contredites par les recherches d'ALCOCK (*loc. cit.*) et de PRÉVOST (*loc. cit.*). Ces auteurs arrachent les ganglions sphéno-palatins et n'obtiennent aucun trouble du goût.

J.-L. PRÉVOST pratique sur un chien l'ablation des deux ganglions sphéno-palatins : « le goût est conservé. On donne à l'animal un morceau de viande recouverte de quelques gouttes de solution alcoolique de vératrine; il le met dans sa bouche, le rejette immédiatement, donne des signes de dégoût en secouant son museau et en le frottant de ses pattes. » (PRÉVOST. *Recherches anatomiques et physiologiques sur le ganglion sphéno-palatin. A. de P.*, 1868, I, 211.)

« EXP. I (faite avec DEJERINE). — Chien. Section d'un IX. Ablation des deux ganglions sphéno-palatins. Section des deux cordes du tympan, sans abolition du goût de l'extrémité de la langue. Cordes du tympan dégénérées, suivies dans les branches terminales du lingual jusqu'à la muqueuse linguale.

EXP. II (faite avec VALENTIN fils, de Berne, et REVERDIN, de Genève). — Chien vigoureux. Ablation des deux ganglions sphéno-palatins, section des deux glosso-pharyngiens. Conservation du goût. Etablissement d'une fistule salivaire sous-maxillaire. L'écoulement de la salive augmente sous l'influence des sensations gustatives.

EXP. III (faite avec REVERDIN). — Chatte. Ablation des deux ganglions sphéno-palatins. Section des deux glosso-pharyngiens. Section d'une corde du tympan sans abolition du goût de l'extrémité de la langue.

EXP. IV (faite avec FAVROT). — Jeune chien. Section des glosso-pharyngiens. Ablation des ganglions sphéno-palatins, des cordes du tympan, sans abolition du goût. Section des linguaux. Abolition du goût.

EXP. V (faite avec FAVROT et MASSON). — Chien. Section des deux glosso-pharyngiens, des deux cordes du tympan, incomplète d'un côté. Ablation des ganglions sphéno-palatins, sans abolition du goût. Section des nerfs linguaux : abolition de toute sensation gustative. »

« Ces cinq expériences me paraissent suffisantes, écrit L. PRÉVOST, pour prouver d'une manière catégorique que l'*ablation des deux ganglions sphéno-palatins n'abolit pas le sens du goût* dans la partie de la langue où se distribuent les nerfs linguaux. Je dirai plus, cette opération m'a paru ne modifier en aucune façon les sensations gustatives transmises par le nerf lingual. » (*Nouvelles expériences relatives aux fonctions gustatives du nerf lingual. Archives de Physiologie*, 1873.)

Une autre preuve, confirmant cette dernière donnée, est tirée de l'étude de la dégénération consécutive aux sections nerveuses. L'ablation du ganglion sphéno-palatin n'amène aucune dégénération, ni dans le nerf vidien, ni dans le grand pétreux superficiel, ni dans la corde du tympan.

Lorsque l'on sectionne la corde et que l'on excite son bout central, on obtient une abondante salivation du côté opposé, réaction caractéristique des animaux aux sensations gustatives. FRANÇOIS-FRANCK (*Note sur l'action gustative de la corde du tympan et sur l'origine réelle de ce nerf. Comptes rendus de la Société de biologie*, 1886) a réalisé cette expérience en 1877, et a obtenu les résultats précédents. GLEY la répète, et obtient les mêmes résultats. Pour déterminer le trajet suivi par les fibres sensorielles de la corde, il sectionne le trijumeau intra-cranien sans blesser le VIIe ni le nerf de WRISBERG (LABORDE fait l'opération). L'excitation du bout central de la corde ne provoque plus le réflexe salivaire dans toutes les expériences, à l'exception d'un seul cas où le réflexe consista en une salivation « réduite à quelques gouttes à la vérité et non plus ce jet de salive bien connu auquel donne lieu toute excitation de la corde ».

Une observation clinique de SENATOR (*Un cas d'affection du trijumeau. Contribution à la connaissance de l'ophtalmie neuro-paralytique, du trajet des fibres du goût issues de la corde du tympan, et des tuméfactions articulaires intermittentes*) parle dans le même sens que l'expérience précédente, et fait jouer un rôle au trijumeau dans la transmission des impressions gustatives au cerveau. « L'observation concerne un homme de trente-neuf ans ayant subitement présenté une paralysie de la moitié gauche de la face, une ophthalmie de l'œil du même côté, de la congestion céphalique (étourdissements, vertiges, tintoins). Insensibilité complète au contact, à la douleur, aux impressions thermiques de la peau, et des muqueuses nasale, labiale, buccale, gingivale, palatine, linguale, conjonctivale du côté malade. Intégrité des mouvements de la mastication, de l'odorat; perte du goût, léger affaiblissement de l'ouïe, conservation des réflexes des deux yeux. L'atteinte exclusive du trijumeau dans ses trois branches et la kératite indiquent que la cinquième paire est lésée avant sa division, et que le ganglion de GASSER est altéré. L'intégrité du facial et du glosso-pharyngien dans l'observation précédente, rapprochée de la perte du goût constatée, prouve que les fibres gustatives de la corde du tympan émanent non du nerf de WRISBERG, non du nerf tympanique, mais du trijumeau. » (GRASSET et RAUZIER, *loc. cit.*, II, 253.)

Dans l'anesthésie du trijumeau : « Le goût même est supprimé quelquefois dans la partie antérieure de la langue. »

ERB (*Sur la voie que suivent les fibres gustatives de la corde du tympan pour se rendre à l'encéphale Neurolog. Centralbl.*, 1882. Anal. par KÉRAVAL in *Arch. de Neurologie*, 1884, VII, 124) a publié un fait, d'après lequel il semble que les fibres gustatives des deux tiers antérieurs de la langue passeraient par le tronc du trijumeau. « Le diagnostic porté pendant la vie du malade que ce fait concerne fut : lésion de la base du crâne (étage moyen), occupant la moitié antérieure, vers la fente orbitaire supérieure et ayant atteint le trijumeau, les trois nerfs de l'œil, finalement le nerf optique. Dans ces conditions, le goût étant aboli sur les deux tiers antérieurs de la langue (zone des fibres de la corde du tympan), le nerf facial étant complètement intact, alors que le trijumeau était plus ou moins affecté dans toute son étendue, l'auteur en conclut que les fibres en question occupent à la base *le tronc du trijumeau*. Confirmation nécroscopique, inflammation chronique comprenant le périoste, la dure-mère, la pie-mère, et englobant les nerfs cités. Un second cas entraîne la conclusion que les fibres gustatives sont contenues dans le *maxillaire supérieur*. »

ZIEHL (*A. A. P.*, CXVII, 1889) « dans un cas de paralysie du nerf maxillaire inférieur gauche, où tous les muscles masticateurs de ce côté furent paralysés, et où il existait une anesthésie de la région correspondante de la peau, a noté l'absence de sensibilité gustative dans les deux tiers antérieurs de la moitié gauche de la langue, ainsi qu'une anesthésie tactile et thermique sur la moitié gauche de la base de cet organe. » (In GRASSET et RAUZIER, *loc. cit.*, II, 481.)

Enfin GOWERS (*J. P.*, III, 230) a cité un cas des plus nets, dans lequel une lésion du trijumeau droit, accompagnée d'anesthésie dans tout le domaine cutané et muqueux de ce nerf, avait entraîné l'abolition complète de la sensibilité gustative du même côté. » (GRASSET et RAUZIER, *loc. cit.*, II, 442.)

Il est vrai qu'une observation d'ALTHAÜS (*Medico-chir. Transactions*, LIII. Anal. in *R. S. M.*, VII, 166) parle dans un sens absolument opposé et donne des résultats tout à fait contradictoires. Dans le cas d'ALTHAÜS il s'agit d'un homme atteint de paralysie trifaciale double et dont la langue avait perdu la sensibilité tactile tout en conservant la sensibilité gustative.

NIXON (*Double facial paralysis, with some remarks upon the nerves of taste. The Dublin Journ. of med. Science*, CV, août 1876) rapporte l'observation suivante. « Un homme de trente ans contracte la syphilis ; trois mois après, il ressent une violente douleur dans l'oreille droite, puis bientôt dans la gauche et devient absolument sourd. On constate, à son entrée à l'hôpital, tous les signes classiques de la diplégie faciale, avec intégrité complète des fonctions de la Ve paire et sensibilité intacte. Tous les sens étaient parfaitement normaux, sauf l'ouïe et le goût. Ce dernier point constitue le fait intéressant de l'observation. La gustation était nulle au niveau des deux régions antéro-latérales. Des solutions d'acide citrique, de quinine, de sel, de coloquinte n'étaient aucunement perçues, lorsqu'on promenait le pinceau sur la pointe de la langue ; à la base, les saveurs étaient au contraire parfaitement appréciées. De même, à la partie antérieure de la langue, l'application de deux plaques métalliques par lesquelles on faisait passer un courant ne développa aucun goût. Le malade avait de plus du vertige, que l'on rapporta à son affection auriculaire. Nixon considéra le cas comme une méningite bacillaire d'origine syphilitique, ayant envahi les deux temporaux et donné lieu à de l'otite. »

Valentin (*loc. cit.*) avait décrit chez le chien un rameau, qu'il désigna sous le nom de nerf sphénoïdal, qui allait du maxillaire supérieur au maxillaire inférieur et au linguall Schiff (*loc. cit.*) avait supposé que certaines fibres suivaient la voie du rameau sphénoïda. pour aller du ganglion sphéno-palatin au maxillaire inférieur. Mais de nouvelles recherches anatomiques n'ont pas permis de retrouver chez l'homme ce rameau sphénoïdal décrit par Valentin chez le chien.

Dans le chapitre précédent nous avons vu qu'une des premières raisons, qui avaient fait supposer que la corde du tympan jouait un rôle dans la gustation, était la coexistence de troubles dans les fonctions du goût avec une paralysie faciale; mais il s'agissait toujours d'une paralysie faciale interne, s'accompagnant de troubles gustatifs.

Contrairement à cette constatation, Stich (*loc. cit.*) observa des lésions du goût dans des paralysies faciales externes. Pour expliquer de tels cas, Stich admit l'existence d'anastomoses périphériques. Pour lui certaines fibres, venant de la corde, au lieu de remonter du côté des centres encéphaliques le facial intrapétreux, descendraient au contraire le tronc nerveux en dehors du rocher, et viendraient s'anastomoser vers la périphérie à la face avec des branches périphériques du trijumeau. De sorte que le trajet suivi serait l'extrémité périphérique du lingual, la corde, le facial, dont elles suivraient les filets descendants du côté de la face, les anastomoses périphériques du facial et du trijumeau, et remonteraient par les maxillaires inférieurs et supérieurs et le trijumeau. Mais les faits de paralysies faciales externes, sur lesquels se basait Stich, ont été mis en doute principalement par Mathias Duval (*loc. cit.*), qui a objecté que dans les cas dont il a été question la tumeur pouvait toucher et comprimer la corde vers l'aqueduc de Fallope. L'observation, qui servait de point d'appui à cette conception, pèche donc par un manque de précision dans le détail.

D'autres critiques lui ont d'ailleurs été adressées dans la façon dont les recherches expérimentales ont été conduites, on leur a reproché de manquer de précision et de précautions, en ce sens que l'auteur n'a pas judicieusement distingué ce qui revient au goût de ce qui doit être imputé à un défaut d'adaptation dans les organes accessoires (joues, lèvres, etc.).

III. *Le chemin suivi est le glosso-pharyngien.* — Nous avons relaté plus haut l'observation de Carl (*loc. cit.*) chez qui, le facial, le trijumeau et la corde n'étant pas lésés, on observait une abolition du goût, tandis que le tact était parfaitement conservé. La lésion dans ce cas portait sur l'oreille moyenne. Pour expliquer ce désordre, cet auteur admit que la lésion avait dû toucher le nerf de Jacobson. Par ce rameau nerveux passeraient donc des filets gustatifs. De sorte qu'ici la corde ne renfermant pas de filets gustatifs, ceux qui se trouvaient dans le lingual, suivaient pour arriver jusqu'aux centres nerveux le trajet suivant : lingual, maxillaire inférieur, ganglion otique, petit pétreux superficiel, petit pétreux profond, nerf de Jacobson et glosso-pharyngien, dont ils suivaient la direction jusqu'au bulbe.

Une conception analogue ou plutôt assignant en dernière analyse au glosso-pharyngien les fibres trouvées à l'origine dans le lingual et suivant ou non la corde du tympan avait déjà été soutenue par Duchenne (de Boulogne) (*loc. cit.*) et par Krause (*Die Nerven-Endigung in der Zunge des Menschen, Göttinger Nachrichten*, 1870). Le premier pensait que la corde recevait une branche du glosso-pharyngien par le nerf de Jacobson et par le plexus tympanique ; le second, que des fibres gustatives, issues du lingual, suivaient la corde du tympan, remontaient le facial jusqu'au ganglion géniculé, à ce moment suivaient le trajet du petit pétreux superficiel jusqu'à ses anastomoses avec le nerf de JACOBSON qu'elles suivaient; elles arrivaient ainsi au glosso-pharyngien, pour de là gagner les centres nerveux. URBANTSCHISCH (*Beobachtungen über Anomalien des Geschmacks, der Tastempfindungen und der Speichel-Secretion in Folge von Erkrankungen der Paukenhöhle*, Stuttgart, 1876), s'appuyant sur la clinique, soutient cette dernière manière de voir.

Nous avons déjà parlé suffisamment de la conception de M. DUVAL (*loc. cit.*) pour qui la corde du tympan se continuerait par l'intermédiaire de WRISBERG, celui-ci n'étant qu'un filet du glosso-pharyngien. De sorte qu'en dernière analyse il n'y aurait pour cet auteur qu'un seul *nerf du goût*, le *glosso-pharyngien*.

VIII

Nous avons conduit les impressions gustatives jusqu'au *bulbe*, au niveau duquel certaines lésions nerveuses peuvent provoquer des troubles dans la gustation.

En 1885, VULPIAN (*Recherches sur les fonctions du nerf de* WRISBERG. *Comptes rendus Acad. des Sciences*, 23 nov. et 28 déc. 1885. Anal. par M. DUVAL in *R. S. M.*, 1886, (2) 416), donnait les observations suivantes, confirmant cette assertion : Il s'agit d'un « malade atteint d'hémiplégie alterne; les muscles faciaux étant paralysés à droite, la sensibilité gustative de la langue est intacte du côté gauche, mais affaiblie à droite; la moitié droite du voile du palais a ses muscles paralysés, et en même temps les saveurs y sont moins bien senties (saveurs amères, quinine) que sur la moitié gauche. Ce malade ayant succombé, on a trouvé à l'autopsie, conformément aux prévisions cliniques, une tumeur du volume d'une noisette, siégeant dans la partie supérieure de la moitié droite du bulbe et comprimant les fibres intrabulbaires du nerf facial.

Chez ce malade, et chez un autre présentant un cas très semblable, on constatait une hémianesthésie dans la moitié du tronc et dans les membres du côté opposé à la lésion bulbaire; mais dans l'un des cas l'hémianesthésie s'étendait à la moitié de la face de ce même côté opposé; dans l'autre cas, la sensibilité cutanée était diminuée dans la moitié de la face correspondant au côté lésé du bulbe, les différences s'expliquent en ce que dans le premier cas la tumeur laissait intacte la racine descendante du nerf trijumeau et comprimait probablement les voies, par lesquelles les impressions conduites par le trijumeau gauche, après avoir passé de la moitié gauche du bulbe dans la moitié droite, gagnent l'hémisphère cérébral pour y être perçues; tandis que dans le second cas, il s'agissait d'un ramollissement atteignant la racine descendante du trijumeau. Quant à l'anesthésie des téguments de la moitié du tronc et des membres du côté opposé à la lésion bulbaire, elle avait pour cause, dans les deux cas, la lésion des fibres sensitives, qui s'entre-croisent d'un côté à l'autre à la partie inférieure du bulbe. Et en effet la section transversale d'une moitié du bulbe rachidien produit chez les animaux une hémianesthésie alterne. »

On a également relevé des troubles du goût dans la *paralysie labio-glosso-laryngée*. Voici ce qu'écrivent à ce propos GRASSET et RAUZIER (*loc. cit.*, II, 14) : « Chez un de nos malades de l'Hôpital général, atteint de paralysie labio-glosso-laryngée secondaire, le goût était aboli dans toute l'étendue de la langue (*Montpellier médical*, 1878, XL, 512) quoique la sensibilité tactile de la langue soit parfaitement conservée. (Addition au texte d'après le texte de la page 442, II, GRASSET et RAUZIER. *loc. cit.*). C'est là un fait rare. Sans discuter ici la physiologie pathologique de ce symptôme, nous ferons remarquer que d'après les recherches de DUVAL, le noyau d'origine bulbaire du nerf de WRISBERG ferait partie de la masse grise d'où part le glosso-pharyngien; le nerf de WRISBERG et la corde du tympan pourraient donc être considérés comme un ramuscule du IXe, qui serait ainsi le nerf du goût de la langue tout entière. »

IX

Il nous faut maintenant mener les impressions gustatives jusqu'au *centre cortical*. Les données physiologiques sur cette question sont encore bien plus imprécises que toutes celles, que nous avons mentionnées jusqu'alors. Ici point d'expériences précises et nettes. Ce que nous savons, ce sont surtout des hypothèses plus ou moins étayées par des faits trop généraux et peu précis.

Magendie (*Journal de Physiologie expérimentale*, iv) et Flourens (*Recherches expérimentales sur les fonctions et les propriétés du système nerveux*, Paris, 1842) ont pratiqué des ablations du cerveau et du cervelet chez des animaux, le premier prétend que le sens du goût n'est pas aboli, le second pense qu'il est supprimé. Longet (*Loc. cit.*) pratique l'extirpation des lobes cérébraux sur des animaux et les voit continuer à réagir aux impressions gustatives. Il nous a été donné à nous-mêmes de porter nos investigations, le second jour après sa naissance, sur un sujet humain privé congénitalement de cerveau. (Vaschide et Vurpas. *Contribution à l'étude psycho-physiologique des actes vitaux en l'absence totale du cerveau chez un enfant. C. R.*, 11 mars 1901. — Vaschide et Vurpas. *La vie biologique d'un acéphale. Revue générale des sciences*, n° 8, 30 avril 1901, 378.) « Les substances employées (pour l'examen des sens) furent choisies parmi celles qui provoquent les sensations les plus intenses pour chacun des organes des sens examinés et qui devaient entraîner sûrement des mouvements de défense, si les impressions en avaient été perçues. Du bromhydrate de quinine, déposé à la surface de la langue, restait sans effet. » Dans les cas de réactions après l'ablation du cerveau il s'agit probablement, de l'avis de Longet lui-même, de réactions purement réflexes et automatiques. Ferrier (*Les fonctions du cerveau*, traduction de H. de Varigny, Paris, Germer-Baillière, 1878) pratiqua des excitations et des destructions plus limitées à la surface du cerveau; il localisa le *centre du goût* à l'*extrémité temporale* du *gyrus uncinatus*.

Après une série d'expériences, Ferrier ne peut pas dissocier les centres du goût et de l'odorat. Pour parvenir au *subiculum cornu Ammonii* et à son voisinage, les lésions sont telles qu'elles entraînent de nombreux troubles, et ce n'est qu'après élimination qu'on peut arriver à une localisation approximative des deux centres du goût et de l'odorat. « L'abolition du goût coïncidait avec la destruction de régions, qui sont en relation étroite avec le subiculum. » (Ferrier, *loc. cit.*, 303.) Il constate que des coups ou des chutes portant sur la tête, et en particulier sur le vertex ou l'occiput, s'accompagnent de perte du goût et de l'odorat. C'est par la *destruction du subiculum* qu'il explique l'*agueusie* et l'*anosmie*.

Ballet (*Recherches anatomiques et cliniques sur le faisceau sensitif et les troubles de la sensibilité dans les lésions du cerveau*, Paris, 1881) admet qu'il n'y a pas de centres sensitifs limités, mais qu'ils sont répandus sur une large surface dans les zones postérieures du cerveau. Le trajet suivi par les fibres nerveuses serait celui du faisceau sensitif.

D'une façon encore plus hypothétique, Luys (cité par Gley, in article *Gustation, loc. cit.*, 639) plaçait le centre du goût dans la *couche optique* vers le *noyau médian*.

La physiologie tire peu d'éclaircissement de certaines observations cliniques pour cette localisation corticale, et le problème n'y trouve pas de solution bien plus précise. Dans un cas d'*hémianesthésie d'origine cérébrale*, « le goût était perdu dans la moitié correspondante de la langue; le sucre, le sel, le sulfate de magnésie, l'aloès, la coloquinte n'étaient pas perçus. L'expérience était concluante, quand on promenait un pinceau trempé dans la coloquinte, d'abord sur la partie malade, puis sur la partie saine. Le sujet ne pouvait pas dissimuler au moment où l'on dépassait la ligne médiane, l'impression désagréable qu'il recevait. » (Grasset et Rauzier, *loc. cit.*, i, 195.)

Dans les *tumeurs cérébrales*, « on a également signalé des modifications du goût et de l'odorat (Charton. *Brit. Med. Journ.*, mai 1887, 1191; Jackson et Beevor. *Brain*, 1889, 346, Grasset et Rauzier, *loc. cit.*, i, 426); ces dernières ont été constatées au cours de tumeurs occupant la région de l'*hippocampe*. »

En un mot, sur le trajet suivi par les fibres cérébrales conduisant les impressions gustatives, ainsi que sur la localisation précise du centre du goût à la surface du cerveau, nous n'avons que des hypothèses, et aucun fait précis ne nous permet une conception nette et réellement scientifique de la localisation du goût sur le cortex.

X

Des nombreuses expériences entreprises sur cette question délicate de physiologie, des discussions soulevées dans tant de remarquables travaux sur ce sujet, il semble résulter que, si certains points paraissent définitivement acquis à la science, il en est d'autres sur lesquels on est encore réduit à des hypothèses plus ou moins problématiques et à des théories étayées sur des faits plus ou moins contredits par les différents auteurs.

Parmi les faits semblant *acquis*, on peut placer la physiologie des troncs nerveux périphériques, qui se distribuent à la langue, ainsi que le rôle gustatif de la corde du tympan. Les nombreux résultats obtenus par les auteurs portent à admettre et à conclure que la *partie antérieure* de la langue reçoit ses *filets gustatifs du lingual*, tandis que la *partie postérieure, y compris le V lingual*, est innervée *par le glosso-pharyngien*. Il semble également que la *corde du tympan joue un rôle important dans la gustation*, ce rôle gustatif étant pris et considéré dans le fait brutal, dans sa simple constatation physiologique et indépendamment de l'explication plus analytique s'adressant aux processus, grâce auxquels le goût s'exerce par ce nerf : qu'il s'agisse là de phénomènes soit directement moteurs, soit vaso-moteurs provoquant une véritable érection des papilles, capable de transformer les sensations tactiles générales ordinaires en sensations spécialisées gustatives, comme l'afflux du sang veineux transforme les sensations tactiles ordinaires en sensations génésiques; ou, au contraire, qu'il s'agisse de filets sensitifs, suivant pour gagner les centres nerveux le trajet de la corde du tympan.

Le trajet suivi par les fibres du glosso-pharyngien est simple; il remonte le tronc de la neuvième paire jusqu'aux centres nerveux.

Mais les discussions commencent, lorsqu'il s'agit d'assigner un *trajet aux impressions gustatives de la partie antérieure de la langue*, qui, passant à l'origine par le lingual, gagnent les centres nerveux (Lussana) par des voies qui diffèrent selon les divers auteurs. Pour les uns le trajet parcouru serait le lingual, la corde du tympan, le ganglion géniculé et l'intermédiaire de Wrisberg, pour de là gagner le bulbe; pour d'autres (Schiff), les impressions gustatives suivraient un trajet plus compliqué : elles passeraient successivement par le lingual, la corde du tympan, le ganglion géniculé, le grand nerf pétreux superficiel, le nerf vidien, le ganglion sphéno-palatin, le nerf maxillaire supérieur qui les conduirait jusqu'au ganglion de Gasser, et de là, suivant la branche émergente unique de la Ve paire, arriveraient de la sorte à la région bulbaire; pour d'autres encore (Carl), les perceptions sapides passeraient par le lingual, le maxilliaire inférieur, le ganglion otique, le petit pétreux superficiel, le petit pétreux profond, le nerf de Jacobson, le glosso-pharyngien dont elles suivraient le trajet ascendant jusqu'au bulbe; pour d'autres (Stick), la voie suivie serait le lingual, la corde du tympan, le facial, mais ici le facial serait parcouru non dans un sens ascendant, contraire à la direction générale des incitations qui le parcourent normalement, mais bien dans un sens descendant, cheminant vers la périphérie : à ce niveau les anastomoses périphériques entre les filets terminaux du trijumeau et du facial établiraient une communication entre le facial et les nerfs maxillaires supérieur et inférieur, dont les trajets seraient alors suivis et conduiraient les impressions gustatives jusqu'au bulbe; pour d'autres (Duval), l'intermédiaire de Wrisberg et le glosso-pharyngien ne seraient que deux directions différentes, deux trajets éloignés parcourus par les fibres d'une même colonne nerveuse bulbaire ne faisant en réalité qu'un seul nerf, dont les fibres de la partie supérieure suivraient la voie de l'intermédiaire de Wrisberg, celle de la partie inférieure le trajet du glosso-pharyngien. A ce point de vue, l'accord est donc loin d'être fait entre physiologistes. Ce qui rend la solution du problème difficile, c'est la difficulté de l'expérimentation physiologique. Mettons à part les difficultés de technique opératoire. L'examen de la sensibilité gustative chez l'animal reste toujours particulièrement difficile et embarrassant. Il n'est pas toujours facile de distinguer et de différencier ce qui revient à la sensibilité gustative de ce qui appartient à la sensibilité tactile ou olfactive, etc. Chez l'homme les observations anatomo-cliniques, qui ont permis un examen minutieux et délicat de la sensibilité gustative dans les cas de lésions des troncs nerveux supposés parcourus par les impressions gustatives, sont rares, et surtout les données anatomiques nécessaires à une interprétation logique des phénomènes observés sont le plus souvent incertaines et ne comportent pas la précision nécessaire et indispensable à une pareille étude.

A propos d'examens de la sensibilité gustative, à la suite d'expériences de physiologie très précises (que l'on nous permette cette expression) réalisées chez l'homme par certaines *opérations chirurgicales*, nous devons regretter une lacune, l'absence d'examens minutieux de la sensibilité gustative qui, s'ils avaient été faits dans tous les cas, ou même simplement dans la plupart des cas, n'auraient pas manqué de jeter une vive lumière sur la solution encore incertaine des importants problèmes de physiologie, que nous venons d'esquisser rapidement, et dont nous avons vu les solutions encore pendantes. Depuis quelques années on a tenté dans les cas de névralgie faciale diverses opérations, portant sur le trijumeau, soit au niveau du ganglion de Gasser, soit à différentes hauteurs, et sur différents points des nerfs maxillaires, soit supérieur, soit inférieur. Dans toutes les monographies, dans tous les articles, qui ont trait à ces opérations, nous avons cherché, mais en vain, des examens consécutifs de la sensibilité gustative. Des examens concernant les troubles trophiques de la face et de l'œil ont été pratiqués dans divers cas; mais nous n'avons rien trouvé touchant des recherches et une étude sur le goût. Cependant, plusieurs fois, de véritables expériences d'un haut intérêt physiologique se trouvaient réalisées chez l'homme même. C'est ainsi qu'à côté des *sections du ganglion de* Gasser, nous devons signaler des sections et des tractions périphériques pratiquées sur les nerfs maxillaires supérieur et inférieur, mais surtout des sections du *ganglion de* Meckel et du nerf *maxillaire inférieur*. Guinard (*Société de chirurgie*, 5 octobre 1898) en relève huit cas : il étudie au point de vue opératoire et thérapeutique ces opérations, mais il ne fait rien à propos d'une étude sur le goût. Quelle merveilleuse occasion cependant de vérifier dans ces conditions la théorie de Schiff sur le trajet suivi par les impressions gustatives!

Des discussions qui se sont élevées entre chirurgiens au sujet de ces opérations délicates, principalement de la résection du ganglion de Gasser, nous devons relever la nécessité de ne négliger aucune vérification dans les expériences. Dans l'exposition des résultats de ces différentes interventions opératoires, les chirurgiens conseillent de n'affirmer la résection d'un ganglion, comme le ganglion de Gasser, par exemple, qu'après examen micrographique consécutif à l'opération. Gérart Marchand (*Société de chirurgie*, séance du 15 juillet 1896) rapporte un cas de résection du ganglion de Gasser, qu'il croyait complète. Un examen histologique minutieux de Gombault ne montra aucune trace de tissu nerveux dans la pièce. L'auteur en conclut que l'on ne peut affirmer la résection du ganglion qu'après examen histologique minutieux de la pièce enlevée. Ces constatations et ces réflexions nous portent à nous demander maintenant, si, dans certains résultats contradictoires obtenus par les différents physiologistes, diverses contradictions dans les faits ne seraient pas dues à quelques erreurs techniques, à quelques erreurs opératoires?

S'il en était autrement, nous serions conduits à penser par les faits mêmes, par l'expérience en un mot, qui nous révèle des données si disparates, si contradictoires chez différents sujets, que chez chacun les impressions gustatives suivent des voies particulières pour gagner les centres nerveux. Seule ici notre croyance scientifique à la nécessité de l'uniformité des lois de la nature, aussi bien dans le domaine de la biologie que dans celui de la physique et de la chimie pures, nous invite au contraire à chercher des lois uniques et bien définies, applicables à tous les cas, de sorte que les nombreux faits discordants rentrent tous dans une même loi générale et trouvent en elle l'explication de leur apparente contradiction. Les examens de la sensibilité gustative chez l'homme, après les nombreuses et variées interventions chirurgicales portant sur le domaine du trijumeau, sont, par la précision des détails et la perfection des recherches sur le goût, comparativement aux examens possibles chez les animaux, appelés à fournir de précieux documents sur la question qui nous occupe : ce point spécial de la physiologie des nerfs du goût, le trajet véritable suivi par les impressions gustatives pour gagner les centres nerveux, y trouvera dans des faits d'une haute importance physiologique peut-être la solution cherchée, sa détermination complète et définitive donnant enfin l'explication de tant d'observations disparates et contradictoires, et mettant d'accord les différents auteurs, en rendant à chacun la part de mérite justement pesée, qui lui revient dans la recherche de ce point spécial de physiologie.

XI

Parmi les *nerfs* auxquels, en somme, sont dévolus des rôles dans la transmission des impressions gustatives, *les uns conduisent également les incitations de la sensibilité générale tactile et douloureuse, les autres non.* C'est ainsi que des sections portant à diverses hauteurs sur tout le trajet du tronc du glosso-pharyngien privent toujours la partie postérieure de la langue de sa sensibilité générale tactile et douloureuse, ainsi que de sa sensibilité gustative. Le *glosso-pharyngien* est donc *un nerf de sensibilité à la fois générale et spéciale.*

La *section du lingual* provoque également une *abolition de la sensibilité générale à la douleur et au tact*, ainsi qu'aux *sensations gustatives.* Mais « plus heureux ici que pour le glosso-pharyngien, les physiologistes, écrit GLEY, sont parvenus à démontrer la réalité de l'indépendance fonctionnelle des deux sortes de filets contenus dans le nerf dont il s'agit (lingual). » (GLEY, Article *Gustation, loc. cit.*, 615.) LUSSANA sectionne, sur un chien, *d'un côté le lingual périphérique* dans la région sous-maxillaire *après* sa jonction avec la corde du tympan, *de l'autre côté le lingual sur un point plus élevé* de son trajet *avant* sa jonction avec la corde; et voici ce qu'il observe consécutivement. Du côté où le lingual avait déjà reçu les filets de la corde, les sensibilités tactile, douloureuse, aussi bien que gustative, étaient abolies à la partie antérieure de la langue; du côté où le lingual avait été coupé avant d'avoir reçu les filets de la corde, la *sensibilité générale seule était abolie, le goût était conservé à la partie antérieure* de la langue. Voilà une expérience qui dissocie nettement les deux sensibilités générale et spéciale du nerf lingual, et implique des directions différentes dans les voies suivies par les fibres de transmission de ces deux modes de sensibilité.

D'autre part, la *section de la corde du tympan* provoque sinon une agueusie complète, du moins une *agueusie partielle*, un amoindrissement notable de la fonction gustative à la partie antérieure de la langue du côté correspondant, tout en laissant *parfaitement intactes les sensibilités tactile et douloureuse* (LUSSANA, CLAUDE BERNARD, etc.).

En rapprochant ces deux données, d'une part abolition de toutes les sensibilités par la section du lingual mixte, et, d'autre part, abolition de la sensibilité gustative avec conservation du tact par la section de la corde et abolition de la sensibilité générale avec conservation du goût par la section du lingual avant sa jonction avec la corde, on est conduit à penser que les fibres, ou *la plupart des fibres, transmettant les impressions gustatives passeraient par la corde,* quel que soit d'ailleurs leur trajet ultérieur, tandis que les fibres de la *sensibilité générale* suivraient la voie du *trijumeau par le lingual, le maxillaire inférieur*, etc. Il est néanmoins probable qu'un certain nombre de fibres de la partie antérieure de la langue, affectées à la sensibilité gustative, suivent également le trajet du trijumeau, ainsi qu'il semble ressortir des expériences de LUSSANA, de CLAUDE BERNARD, etc. Cette remarque a été nettement mise en lumière par des expériences très décisives de J.-B. PREVOST. Cet auteur a constaté dans ses expériences, après la section des nerfs glosso-pharyngiens et des cordes du tympan (chiens et chats), la persistance des sensations gustatives; cette sensibilité disparaît complètement lorsque la section est portée sur les nerfs linguaux. PREVOST avait constaté encore la persistance du goût même lorsqu'il extirpe les ganglions sphéno-palatins.

Ces expériences si précises sont, il est vrai, contredites ailleurs par les faits, et cela entre les mains du même expérimentateur. Voici, en effet, ce qu'écrit J.-L. PREVOST. « La conviction, que nous avions acquise de la conservation du goût après la section des cordes du tympan, a été ébranlée par notre expérience VIII concernant un chat, dont le goût subsistait encore, quoique affaibli, après la section des glosso-pharyngiens, et chez lequel la section des cordes du tympan a produit un tel affaiblissement du goût, que nous considérons ce sens comme complètement aboli. »

Il semble ainsi en dernière analyse, que, si quelques *fibres affectées au goût* à la partie *antérieure* de la langue passent par le tronc *nerveux du trijumeau, la plupart* passent par la *corde du tympan*, quel *que soit d'ailleurs le trajet plus ou moins compliqué qu'elles parcourent pour arriver aux centres nerveux.*

En un mot, à *la partie postérieure de la langue*, les *fibres de sensibilité générale* et de *sensibilité spéciale* semblent suivre la *même voie pour gagner les centres nerveux, celle du glosso-pharyngien;* à la *partie antérieure* elles semblent parcourir *deux trajets différents : les fibres gustatives*, la plupart d'entre elles en tout cas, prenant, à l'origine du moins, et quel que soit leur trajet ultérieur, *le chemin de la corde du tympan*, tandis que les *fibres de la sensibilité générale* parcourent plus simplement le *tronc du trijumeau par le lingual, le maxillaire inférieur, le ganglion de* GASSER, etc., pour arriver enfin aux centres nerveux.

DEUXIÈME PARTIE.

VI. — LA GUSTATOMÉTRIE.

I

La gustatométrie est un chapitre sans doute plus court, moins fouillé dans la technique de la mesure des sens, mais qui trouve son importance dans la complexité et l'intérêt des problèmes agités par l'étude des modifications sensorielles gustatives.

La gustatométrie n'excelle pas, jusqu'à présent, par la précision de ses résultats et cela tient, non seulement à l'aspect purement clinique auquel s'est bornée la technique, mais aussi en grande partie, du moins on le dit, à la difficulté de l'opération. La langue est un organe mobile, et l'exploration est particulièrement délicate; elle le devient encore plus, quand on songe qu'il faut examiner minutieusement des portions minimes de la surface linguale. A ces défauts vient s'ajouter la précision peu définie des sensations gustatives, car pour tout auteur qui a poursuivi des recherches expérimentales sur la gustation et sur soi-même, la sensation a un coefficient bien peu déterminé qualitativement; plus que les autres sensations, les sensations gustatives ont leur minimum perceptible plus difficilement mesurable, les saveurs sont accompagnées souvent des sensations secondaires qui obnubilent la qualité primordiale ou l'altèrent tout au moins.

Le premier auteur qui a traité de la gustatométrie est, à ma connaissance, ANT. VERNIÈRE qui, vers 1827, montra, dans son classique mémoire, une tendance des plus heureuses, sinon vers la mesure précise, au moins vers une délimitation nette des conditions de l'expérience.

Ce mémoire, de quelques pages seulement, et que depuis on cite comme le cliché-bibliographique-échantillon à la portée de tous, a pour but de contrôler les faits signalés par MAGENDIE et ADELON, sur le siège du goût. Voici textuellement les lignes où il est question de la gustatométrie :

« Je n'aurais songé à vérifier une opinion qui ne pouvait me paraître douteuse si, dans un autre but, je n'avais été conduit à m'assurer du véritable siège du sens du goût et de ses limites précises. Je pensais, qu'en touchant isolément, et l'une après l'autre, avec un liquide savoureux, les diverses parties dont se compose la cavité de la bouche, je pourrais établir avec assez d'exactitude la topographie du sens du goût.

« Pour porter plus commodément la substance savoureuse sur chaque endroit que je voulais explorer, je me servais d'une petite éponge attachée à l'extrémité d'une mince tige de baleine. » (A. VERNIÈRE, *Sur le sens du goût. Journal des Progrès des Sciences et Institutions médicales*, 1827, IIIe vol., p. 208-214; 298. — dans notre citation, je n'ai pas suivi l'orthographe de l'auteur.)

C'est à ANT. VERNIÈRE qu'on doit également la première tentative d'isoler une surface de la langue pendant un examen sensoriel. Il conseilla, en effet, pour prouver que le palais et les parties solides de la cavité buccale ne jouent dans la gustation qu'un rôle mécanique, de couvrir la langue avec une pellicule insipide et imperméable (celle qui recouvre certains fruits, les prunes, par exemple); « si la pellicule est placée sur la langue et qu'on y dépose une substance savoureuse, on a beau ensuite la porter au palais et répéter les frottements, on n'y développe aucune impression de sapidité. »

Après Vernière, c'est Guyot et Admyrauld qui se sont occupés de la gustatométrie ; ils exposent de la manière suivante leur technique :

« Si l'on engage l'extrémité antérieure de la langue dans un sac de parchemin très souple et ramolli, de manière à la recouvrir complètement, il sera possible alors d'introduire entre les lèvres, d'écraser et d'agiter entre elles une petite quantité de conserves ou de gelées très sapides, sans qu'on puisse percevoir d'autre sensation que celle de consistance et de température. Il en sera exactement de même si l'on promène ces substances à la partie antérieure de la face externe des joues et de la voûte palatine, pourvu que ni ces substances, ni la salive imprégnée de leurs sucs ne puisse arriver à la langue. Nous avons varié cette expérience en employant l'acide hydrochlorique affaibli et l'eau sucrée, sans qu'il nous ait été possible, non seulement de les distinguer, mais encore de leur attribuer aucune saveur. » (Guyot et Admyrauld. *Mémoire sur le siège du goût chez l'homme. Bull. des Sciences médicales*, IIIe sect. du *Bulletin universel* publié par la *Soc. pour la propagation des connaissances scientifiques*, etc. Paris, 1820, XXI, 18-22.)

Cette manière d'isoler les surfaces de la cavité buccale a été appliquée à toute l'étendue de la langue : on déposait le corps sapide sur la surface dénudée, avec un stylet muni à son extrémité d'une éponge imbibée dans une substance sapide quelconque ou simplement trempée dans la substance sapide elle-même.

Valentin employait, dans ses expériences déjà anciennes, des solutions titrées, et il faut retenir de ses données, quelques chiffres.

Pour le sucre, il donne comme limite minimum 1,2 p. 100; 0,2 ou 0,5 p. 100 pour le sel; 0,001 p. 100 pour l'acide sulfurique et 0,003 p. 100 pour la quinine (Valentin. *Lehrbuch der Physiologie des Menschen*. Brunswick, 1843, 2e éd., II, 2).

Les recherches de Camerer confirment les données de Valentin (*Die Grenzen der Schmeckbarkeit von Chlornatrium in wässeriger Lösung. Arch. f. die gesammte Physiol.*, II, 1869, 323). Il utilisa des solutions de 30^{cm3}, dont on devait préciser le contenu, la langue restant immobile.

Neumann utilisa en 1864 l'électricité comme critérium de la gustatométrie. L'excitation électrique donna entre les mains de Neumann des résultats excellents, mais à condition de prendre les précautions nécessaires pour isoler les électrodes. Le dispositif était simple, il était celui qu'on employe dans toute espèce d'excitation électrique : les électrodes se terminaient par deux petites boules métalliques séparées environ par un millimètre de distance; elles sont disposées de telle manière que le courant est fermé dès qu'on les applique sur la muqueuse qu'on explore (Neumann E. *Die Electricität als Mittel zur Untersuchung des Geschmacksinnes im gesunden und kranken Zustande und die Geschmacksfunction der Chorda Tympani. Kœnigsberger Med. Jahrb.*, IV, 1864, 5, 1-22).

Von Vintschgau, dans son article documenté du *Handbuch der Physiologie* (*Physiologie des Geschmacksinns*, III 2e part., 1880, Leipzig, 183-225, 153-155, 161), remarque, à l'occasion de l'exposition de la technique de Neumann, qu'elle a été employée avant par Henle et Meissner in *Jahresbericht*, p. 552 et in *Canstatt's Jahresb.*, 1864, I, 213.

C'est seulement dans l'article de Von Vintschgau que j'ai pu trouver des considérations plus ou moins systématiques sur la gustatométrie; les quelques remarques bien éparses qu'on trouve dans quelques auteurs ne valent pas la peine d'être jugées comme des considérations techniques. Je fais allusion, cela va sans dire, seulement aux travaux qui sont venus à ma connaissance et que j'ai pu lire dans mes recherches bibliographiques. Les remarques de V. Vintschgau ne méritent non plus la désignation d'une méthode, mais elles portent l'empreinte d'un vrai expérimentateur et valent à ce titre d'être prises en considération.

V. Vintschgau distingue les méthodes gustatométriques en trois catégories; les unes consistent à déposer des substances rapides sur une région donnée de la muqueuse linguale, les autres utilisent l'excitation électrique; et la dernière catégorie a pour critérium l'isolement et la détermination précise des papilles : c'est un procédé anatomique extrêmement délicat et qui repose sur une question de pétition de principe, à savoir l'admission d'une hypothèse non prouvée sur la terminaison des nerfs gustatifs dans les papilles. V. Vintschgau incline pour la première comme plus sûre et n'oublie pas de noter quelques remarques très intéressantes à savoir pour l'expérimentateur.

Notons parmi ces remarques, en première ligne, l'immobilité de la langue ; elle ne doit faire aucun mouvement avant que le sujet ait pris connaissance réellement de la qualité des substances sapides déposées sur la langue.

La salive est un grand agent de diffusion, surtout quand la langue remue ; la division des particules du corps sapide est plus vite et plus facilement faite.

Le sujet en expérience ne doit pas connaître les substances sapides destinées à lui être présentées, et ses réponses doivent être notées précisément, soit en tant que précision des sensations perçues, soit surtout à cause du temps, car plus une réponse est rapide, plus la détermination de l'acuité sensorielle de la région explorée est grande ; plus une réponse est lente, plus on est incliné à attribuer l'excitation sensorielle aux régions voisines, touchées en seconde ligne par la substance sapide diluée.

V. Vintschgau donne encore des conseils sur la température des substances sapides, qui doit être sensiblement la même que celle de la bouche, le but étant de ne pas éveiller la sensibilité générale de la langue ; sur les soins qu'il faut prendre pour déterminer l'endroit exploré, sur la nécessité d'employer des substances franchement sapides, éloignant soit le rôle de l'olfaction, soit celui de la sensibilité tactile thermique ou générale.

Les substances sapides doivent être déposées avec un pinceau très fin, en ayant soin de délimiter la région explorée des régions voisines. Pour les régions profondes de la cavité buccale, V. Vintschgau conseille l'emploi du doigt imprégné de la substance en question.

Gley, dans son article *Gustation* du *Dictionnaire des Sciences médicales* (*Gustation* : II, 1886, p. 580-633 [p. 595] ne fait que répéter les données de V. Vintschgau, dont il s'approprie le plan et l'exposition qu'il trouve excellents ; et à juste raison, car ce mémoire est digne de tout éloge.

Gley rappelle les remarques de V. Vintschgau et les techniques de Vernière, Guyot et Admyrauld, Neumann et Drielsma.

Gley, résumant les quelques lignes de V. Vintschgau, complète les remarques du savant autrichien par quelques considérations dont voici l'essentielle. « Les principales causes d'erreur sont dans l'extrême mobilité de la langue, qui fait qu'une substance appliquée à un endroit peut être facilement transportée sur un autre, et dans la rapide diffusion de la salive en vertu de laquelle une substance appliquée sur un point peut se répandre sur les points avoisinants. Bien entendu, il importe de n'expérimenter qu'avec des saveurs très fraîches, c'est-à-dire des substances nettement amères (sulfate de quinine) ou douces (sirop de sucre), ou salées (chlorure de sodium), ou acides (vinaigre). Il faut encore éviter de prendre une impression tactile pour une impression gustative ; il n'y a pas d'autre moyen que d'appliquer la substance essayée sur des points de la muqueuse buccale ou linguale qui ne soient pas réservés au goût, en les empêchant de venir en contact avec des parties où s'exerce la gustation : on voit alors à quelle sensation elle donne lieu. Pour ne pas confondre les sensations olfactives et gustatives, il faut employer des substances non odorantes et bien goûter, le nez bouché. Il suffit de connaître ces causes d'erreur pour pouvoir imaginer des précautions grâce auxquelles on les évitera. On verra qu'on y est arrivé au moyen de divers artifices. » Notons encore, en passant, que Drielsma avait conseillé, vers 1859, de se rincer la bouche après chaque expérience ; il était d'avis, en outre, de passer une éponge imbibée d'eau sur la papille qui avait constitué l'objet même de l'expérience, afin d'être sûr qu'il n'en était aucune trace (Drielsma, *Onder zoek over den tetel van het Smackzintnig*. Groningen, 1889, d'après V. Vintschgau, *loc. cit.*).

Citons aussi les données de Béclard (*Traité de Physiologie*) ; pour lui, une solution sucrée commence à être sensible vers 2 p. 100 ; à 1 p. 100, elle est insipide ; il en est de même pour le salé à une proportion de 0,5 p. 100 ; une solution d'extrait de coloquinte à 1 p. 5000 d'eau est également insipide.

Marshall, dans son traité de physiologie (*Physiology*, I, 481), donne des chiffres à peu près analogues. Selon lui, on reconnaît une solution d'acide sulfurique à 1 p. 1000, une solution de sucre à 2 p. 80 ou 1 p. 90, et une solution sucrée à 1 p. 200.

Bailey et Nichols publient les chiffres suivants pour les solutions minima :

1 p. 390,000 de quinine.
1 p. 199 de sucre.
2 p. 2240 de sel.
1 p. 2080 d'acide sulfurique.

(*The delicacy of the sense of taste. Nature*, xxxvii, 1887-88, 557.)

Lombroso et Ottolenghi (*Die Sinne der Verbrecher. Zeitschrift für Psychol. und Physiol. der Sinnesorg.*, *1891*, ii, 342) employèrent, dans leurs recherches sur la sensibilité chez les criminels des solutions titrées. Ils opérèrent avec douze solutions :

1er Degré	=	1/50 000
2e —	=	1/25 000
3e —	=	1/10 000
4e —	=	1/ 5 000
5e —	=	1/ 2 500
6e —	=	1/ 2 000
7e —	=	1/ 1 000
8e —	=	1/500
9e —	=	1/300
10e —	=	1/250
11e —	=	1/200
12e —	=	1/100

Enfin Sandford (*A Course in Experimental Psychology*, 1897, i, 47, 48) se contente de conseiller comme technique quatre pinceaux de poils de chameau, un miroir et une pile électrique Grenet. Comme solution qui servirait de base, il conseille d'utiliser des solutions plus fortes pour étudier les sensibilités gustatives des papilles isolées et des solutions plus faibles pour les expériences sur la topographie gustative et pour la sensibilité minimum. Comme solutions fortes :

Sucre	40 p. 100
Quinine	5 p. 100
Acide tartrique.	5 p. 100
Sel en solution saturée . .	

Comme solutions faibles :

Sucre.	5 p. 100
Quinine.	2 p. 100,000
Acide tartrique	5 p. 1,000
Sel.	2 p. 100.

Pour les expériences délicates, il conseille des solutions sucrées à 20, 18, 16, 14, 12 et 10 p. 100. Pour des déterminations approximatives, Sandford conseille également les solutions sucrées; on commencera tout d'abord par goûter une solution donnée qui déterminera d'une manière précise la sensation du sucre; goûter ensuite les autres jusqu'à ce qu'on trouve une différence sensorielle avec la solution constante. Selon cet auteur, certaines personnes peuvent distinguer une solution sucrée à 18 p. 100 d'une solution sucrée à 20 p. 100; leur sensibilité s'exprime alors par le rapport 2 : 20. (*Ouvr. cit.*, ii, 370 : *Suggestion an Apparatus.*)

II

En clinique, on retrouve les mêmes données empiriques que jadis, et on se contente des quelques réponses sommaires du sujet; il est vrai que le temps ne permet au clinicien qu'une constatation bien rapide, mais on pourrait quand même mieux faire.

Dans un ensemble de recherches entreprises par Toulouse et moi sur la mesure des sens, nous nous sommes occupés également de la mesure de la gustation. Voici notre technique; elle a constitué l'objet d'une note à l'*Académie des Sciences de Paris.*

Boîte gustatométrique.

NUMÉROTAGE ET TITRE DES SOLUTIONS GUSTATIVES.

ACUITÉ GUSTATIVE.

SAVEURS SALÉES (Sa)

		Sel	Eau distillée
		—	—
Sa.	1,1	1 p.	1 000 000
	2,1	1 p.	100 000
	3,1	1 p.	10 000
	3,2	2 p.	—
	3,3	3 p.	—
	3,4	4 p.	—
	3,5	5 p.	—
	3,6	6 p.	—
	3,7	7 p.	—
	3,8	8 p.	—
	3,9	9 p.	—
	4,1	1 p.	1 000
	4,2	2 p.	—
	4,3	3 p.	—
	4,4	4 p.	—
	4,5	5 p.	—
	4,6	6 p.	—
	4,7	7 p.	—
	4,8	8 p.	—
	4,9	9 p.	—
	5,1	1 p.	100
	5,2	2 p.	—
	5,3	3 p.	—
	5,4	4 p.	—
	5,5	5 p.	—
	5,6	6 p.	—
	5,7	7 p.	—
	5,8	8 p.	—
	5,9	9 p.	—
	6,1	1 p.	10
	6,3	3 p.	10
	7,1	Sel pur	1

SAVEURS SUCRÉES (Su)

		Saccharose cristallisé.	Eau distillée.
		—	—
Su.	1	1 p.	10 000
	2	1 p.	1 000
	3	1 p.	100
	4	1 p.	10

RECONNAISSANCE SAPIDE.

SAVEURS AMÈRES (Am).

		Di-Bromhydrate de quinine	Eau
		—	—
Am.	1	1 p.	100 000
	2	1 p.	10 000
	3	1 p.	1 000
	4	1 p.	100
	5	1 p.	10

SAVEURS ACIDES (Ac).

		Acide citrique	
		—	
Ac.	1	1 p.	100 000
	2	1 p.	1 000
	3	1 p.	100
	4	1 p.	10

SAVEURS (S).

S.	1	Sel.	à 1 p.	100
	2	Saccharose	à 1 p.	10
	1	Di-Bromhydrate de quinine. .	à 1 p.	1 000
	4	Acide citrique.	à 1 p.	100

SAVEURS-ODEURS (S. O.).

S. O.	1	Eau de fleurs d'oranger. . . .	30cc	0
	2	— laurier-cerise.	30	0
	3	Essence d'anis.	2 gttes	30
	4	— de menthe.	1	30
	5	— d'ail	1	30
	6	Camphre à 1 pour 100. . . .	30cc	0
	7	Vinaigre.	30	0
	8	Sulfate de fer à 1 pour 200. .	30	0
	9	Rhum.	30	0
	10	Huile	30	0

SENSIBILITÉ TACTILE.

Eau distillée.

S. O.

Boîte gustatométrique.

TECHNIQUE DES SOLUTIONS SALÉES (Chlorure de sodium).

(Agiter chaque solution en la secouant avec un agitateur.) — Mettre les lettres sur les solutions au fur et à mesure qu'on les fait.

Nos OU LETTRES des SOLUTIONS A FAIRE.	TITRES DES SOLUTIONS à faire.	NOMBRE DE CENTIMÈTRES CUBES. des solutions à faire.	
			eau distillée.
		gr.	gr.
7,1	Sel pur	Sel 35	0
A.	3 p. 10	Sel 30	100
6,3	3 p. 10	A. 35	0
B.	1 p. 10	Sel 100	1 000
6,1	1 p. 10	B. 35	0
5,1	1 p. 100	B. 10	90
5,2	2 p. —	20	80
5,3	3 p. —	30	70
5,4	4 p. —	40	60
5,5	5 p. —	50	50
5,6	6 p. —	60	40
5,7	7 p. —	70	30
5,8	8 p. —	80	20
5,9	9 p. —	90	10
C.	1 p. 100	B. 100	900
4,1	1 p. 1 000	C. 10	90
4,2	2 p. —	20	80
4,3	3 p. —	30	70
4,4	4 p. —	40	60
4,5	5 p. —	50	50
4,6	6 p. —	60	40
4,7	7 p. —	70	30
4,8	8 p. —	80	20
4,9	9 p. —	90	10
D.	1 p. 1 000	C. 100	900
3,1	1 p. 10 000	D. 10	90
3,2	2 p. —	20	80
3,3	3 p. —	30	70
3,4	4 p. —	40	60
3,5	5 p. —	50	50
3,6	6 p. —	60	40
3,7	7 p. —	70	30
3,8	8 p. —	80	20
3,9	9 p. —	90	10
E.	1 p. 10 000	D. 10	90
F.	1 p. 100 000	E. 10	90
2,1	1 p. 100 000	F. 35	0
G.	1 p. 1 000 000	F. 10	90
1,1	1 p. 1 000 000	G. 35	0

Le sujet a les yeux bandés, et il est convenu d'avance qu'il répondra le plus rapidement possible aux excitations gustatives provoquées par des signes conventionnels. Le principe général de la technique est le même que celui de tous nos appareils pour la mesure des sensations. Avant de passer à l'expérimentation, on s'adresse au sujet avec l'explication préliminaire suivante :

« Lorsque je vous le dirai, vous sortirez votre langue, et je déposerai sur elle une goutte de liquide. Puis vous la rentrerez dès que je vous le dirai, et vous l'appuierez contre le palais en faisant des mouvements pour bien sentir le goût du liquide.

« Vous me direz ensuite, quand je vous le demanderai et sans réfléchir, ce que vous sentez.

« Je vous préviens que je vous ferai goûter des saveurs différentes et que je vous donnerai aussi à goûter de l'eau pure.

« Si vous ne sentez aucun goût, vous me direz : rien. Si vous sentez un goût sans pouvoir définir, vous me direz : un goût. Enfin, si vous reconnaissez le goût du corps, vous m'en direz le nom. »

Je reproduis ici textuellement la technique Toulouse-Vaschide :

« Il n'existe pas, à proprement parler, de méthode systématique pour la mesure du goût. Certains expérimentateurs ont employé des poudres gustatives; d'autres, des solutions déposées sur la langue avec le doigt, un pinceau, une éponge ou des tubes; d'autres enfin, des courants électriques. Mais les conditions de l'expérience n'ont pas été rigoureusement établies. Or c'est la seule chose qui importe pour que les recherches puissent être comparables, ainsi que nous l'avons montré pour les autres sens.

« Nous avons adopté le chlorure de sodium pour les saveurs salées, le saccharose pour les saveurs sucrées, le di-bromhydrate de quinine pour les saveurs amères et l'acide citrique pour les saveurs acides. Ces corps, qui sont définis et familiers à tous les sujets normaux, sont solubles dans l'eau distillée à 1 p. 10.

« Chacun est dilué à 1 p. 10, à 1 p. 100, à 1 p. 1000, etc.; ensuite chacune de ces solutions de série est divisée en 9 plus faibles, et donne des solutions divisionnaires, à 1, 2, 3...9 p. 100, à 1, 2, 3...9 p. 1000, etc.

« On emploie, au moyen de compte-gouttes convenables, des gouttes de $\frac{1}{50}$ de centimètre cube, présentant toutes le même volume, quelle que soit la concentration de la solution, et sensiblement le même poids. D'ailleurs ce poids, lorsque la vitesse de chute tend à être nulle, est en général insuffisant à éveiller une sensation de contact. En outre, si la solution est maintenue dans un bain-marie réglé à 38°, la goutte d'eau, dans les conditions normales, ne provoque pas de sensation thermique appréciable. Si donc elle est sentie, c'est uniquement à cause de ses qualités sapides, puisque, d'autre part, ces corps ne donnent pas lieu à des solutions olfactives.

Disposition des flacons dans la boîte gustatométrique.

Sa. 3,1	Sa. 3,2	Sa. 3,3	Sa. 3.4	Sa. 3,5	Sa. 3,6	Sa. 3.7	Sa. 3,8	Sa. 3.9			
Sa. 4,1	Sa. 4,2	Sa. 4,3	Sa. 4.4	Sa. 4,5	Sa. 4,6	Sa. 4,7	Sa. 4.8	Sa. 4,9		S. O. 1	S. O. 2
Sa. 5.1	Sa. 5.2	Sa. 5.3	Sa. 5.4	Sa. 5.5	Sa. 5,6	Sa. 5,7	Sa. 5,8	Sa. 5,9		S. O. 3	S. O. 4
Sa. 6,1	Sa. 6,3	Sa. 6,3	Sa. 6,4	Sa. 6.5	Sa. 6,6	Sa. 6,7	Sa. 6,8	Sa. 6.9	Sa. 5	S. O. 5	S. O. 6
Am. 1	Am. 2	Am. 3	Am. 4	Am. 5	Ac. 1	Ac. 2	Ac. 3	Ac. 4	Ac. 5	S. O. 7	S. O. 8
S. 0	S. 1	S. 2	S. 3	S. 4						S. O. 9	S. O. 10

Nous commençons par des gouttes qui, par leur dilution, provoquent des excitations gustatives au-dessous du minimum perceptible (solution salée à 1 p. 10 000, solution sucrée à 1 p. 10 000, solution amère à 1 p. 100 000, solution acide à 1 p. 100 000). Alternativement et sans ordre, nous employons, pour les expériences négatives, des gouttes d'eau distillée du même volume; et nous faisons croître l'excitant, c'est-à-dire que nous employons des gouttes de plus en plus concentrées, jusqu'à ce que le sujet accuse une sensation gustative déterminée qui donne un premier minimum de la sensation.

« Dix expériences analogues nous fournissent une moyenne pour le même point de la langue. Nous procédons de la même manière pour déterminer le minimum de la perception gustative (reconnaissance du corps sapide).

« Après chaque expérience, le sujet se rince la bouche avec 5 c. c. d'eau distillée à 38°, et se repose pendant un temps suffisant pour la disparition des saveurs salées, sucrées, acides et amères, soit pendant une minute environ pour les trois premières, et cinq minutes pour la dernière.

« Pour l'étude des saveurs-odeurs, que nous appelons ainsi parce qu'on ne les reconnaît prs lorsque le nez est bouché, et qu'on les reconnaît aussitôt que ce dernier est débouché, et qui nous renseignent sur le fonctionnement de l'odorat associé au goût, nous employons les solutions ou mélanges suivants, qui donnent des excitations supérieures à celles qui sont nécessaires à une perception.

Eau de fleur d'oranger.
Eau de laurier-cerise.
Mélange aqueux d'essence d'anis (1 goutte pour 30 c. c.).
Mélange aqueux d'essence de menthe (1 goutte pour 30 c. c.).
Mélange aqueux d'essence d'ail (1 goutte pour 30 c. c.).
Solution aqueuse d'eau camphrée (1 p. 1000).
Vinaigre.
Solution aqueuse de sulfate de fer (1 p. 200).
Rhum.
Huile.

« On remarquera que ce sont des produits usuels, mais non définis. Employés sous cette forme, ils doivent être reconnus par des sujets normaux, car leur valeur gustative, variable selon la qualité des produits, est dans tous les cas fort au-dessus du minimum perceptible. D'autre part, on ne recherche pas quelle intensité minimum est nécessaire pour provoquer la perception, mais seulement l'état du développement de la mémoire et du jugement liés à l'exercice du goût.

« Nous employons, pour les essences, des mélanges aqueux et non des solutions alcooliques, afin de ne pas être gênés par le goût de l'alcool; dans ce cas, l'eau agit mécaniquement en divisant les particules des essences, dont l'excitation à l'état pur serait trop intense. »

(Toulouse et Vaschide. *Méthode pour l'examen et la mesure du goût. Comptes rendus de l'Académie des Sciences*, 1900, cxxx, 803-805.)

Voici encore un « test » de Quix pour la mesure de la gustation, mais il s'agit d'un procédé, et nullement d'une méthode.

« Pour empêcher la diffusibilité de la *test-solution*, écrit cet auteur, il faut la rendre moins fluide, tout en y incorporant, au degré de concentration voulu, l'excitant sapide; mais il faut aussi qu'ainsi préparée la *test-solution* puisse être facilement portée à l'endroit que l'on désire. Une solution de gélatine variant, suivant la température, de 1 à 2 p. 100, constituera un excipient supérieur. On y incorporera les excitants sous forme de :

a) Solutions sucrées à 30, 40, 60 p. 100;
b) Solutions de chlorure de sodium, de 10 à 20 p. 100 ;
c) Solutions de chlorhydrate de quinine de 0,1 à 0,4 p. 100;
d) Solutions d'acide tartrique, de 2 à 4 p. 100.

« Pour ces dernières la quantité de gélatine doit être un peu plus grande, si l'on veut obtenir une cohésion suffisante. On fera bien d'ajouter à la solution de gélatine quelques gouttes de la solution normale (40 p. 100) de formaldéhyde, afin de prévenir le développement des bactéries. A la dose de quelques gouttes pour 100 grammes d'excipient, le formol ne détermine pas de sensation gustative. On a ainsi sous la main un moyen pratique de faire varier l'intensité de l'excitation entre des limites minima et maxima, Celle des solutions, signalées plus haut, qui est la plus faible, est encore perçue par la plupart des individus normaux à la dose d'une goutte de volume moyen; la solution la plus concentrée détermine une excitation très intense. En clinique, il suffit d'avoir à sa disposition des solutions concentrées à trois degrés différents. Quant à la dimension de la goutte, elle est naturellement proportionnelle à l'aire gustative que l'on veut déterminer; la quantité absolue de substance sapide peut être facilement évaluée en milligrammes. Cette goutte ne diffuse que très lentement, tandis que la sensation gustative se produit bien avant que la fluidification sont réalisée. Pour obtenir les plus fortes impressions, les substances sapides sont disposées sous forme de cristaux. Ainsi on fabrique de petites tiges de sucre candi, d'acide tartrique, de sel en cristaux, de chlorhydrate de quinine comprimé que l'on introduit ensuite dans des tubes de verre de forme et de courbure convenable. Avant de les employer, on aura soin de les mouiller légèrement, et, l'expérience finie, on les désinfectera en les frottant à l'ouate imbibée d'alcool. Ce procédé rend possible l'évaluation aussi bien qualitative que quantitative du sens du goût » (F. H. Quix, *Nouvelle méthode de gustatométrie... La Presse Oto-Laryngologique Belge*, 1903, II, 581).

A ma connaissance, il n'existe pas d'autres techniques que celles que je viens d'analyser sommairement; la technique personnelle Toulouse-Vaschide, malgré la physionomie qui paraît évoquer des faits déjà vus, est la première systématisation précise et rigoureuse d'une technique gustatométrique.

Il existe encore d'autres procédés pour la détermination de la sensibilité gustative, mais elle ne sont en somme que des modifications plus ou moins sommaires des techniques connus. A. Stich, Erb, Köster, Frankl-Hochwart, Oehrwall, Zwaardemaker et récemment Kiesow, Moritz, Maier, Patrick, etc. ont fait des recherches intéressantes sur la gustation; leur technique n'est pas pourtant de nature à mériter une mention spéciale, malgré la minutie de leurs expériences. A ce propos, il serait intéressant de reprendre les tableaux des divers auteurs sur la topographie sensorielle de la bouche [1].

VII. — LES SAVEURS ET CLASSIFICATION DES SAVEURS.

On entend par « saveur » l'impression produite par les corps sapides sur l'organe du goût. Il n'a pas encore été possible de déterminer physiquement et chimiquement la nature des saveurs. On sait seulement que certaines conditions sont nécessaires pour que les corps stimulent les organes gustatifs. Quant à la manière dont ils excitent les terminaison nerveuses, on en est réduit aux hypothèses et aux conjectures, naturellement les plus diverses et les plus factices. La description des conditions qui agissent sur l'organe du goût serait, en d'autres termes, l'objet des recherches sensorielles à l'état actuel de nos connaissances sur la gustation.

Il est généralement admis que les liquides seuls sont les excitants spécifiques du goût. Cependant, entre autres auteurs, J. Müller (*Handbuch der Phys. des Menschen, Coblentz, 1837*) et Stich (*Ueber die Schmeckbarkeit der Gase. Annalen des Charité Krankenhauses*. Berlin, 1857; *Ueber das Schmeckgefühl, ibid., 1858, et Ueber das Gefühl in Munde mit besonderer Rücksicht auf Geschmach, Arch. f. Path. Anat. und Phys., 1859*) ont admis la sapidité des gaz. L'acide carbonique aurait une saveur piquante, l'hydrogène sulfureux, les vapeurs de chloroforme, le protoxyde d'azote auraient un goût sucré. Pour Valentin (*Lehrbuch der Phys. des Menschen, Brünswick, 1848*) et Von Vintschgau (*Art. Geschmackssinn* du *Handbuch der Physiologie de Hermann*, Leipzig, 1880) les gaz ne deviennent sapides qu'après avoir été dissous par les liquides buccaux. Les travaux et les recherches de Chatin (*Les organes des sens dans la série animale*, 1880, 196) et de Von Ebner ont corroboré ces dernières conclusions; jusqu'à nouvel ordre, il est convenable de croire que les gaz dits « sapides » (acide carbonique, hydrogène sulfuré, protoxyde d'azote, etc.) doivent, pour acquérir cette qualité, être préalablement dissous dans les liquides de sécrétion, et qu'ils n'agissent pas immédiatement et directement sur les nerfs sensibles.

1. En corrigeant les épreuves de cet article, je viens de prendre connaissance indirectement d'un dispositif clinique de Sternberg, sur lequel je regrette de ne pas pouvoir donner au moins quelques détails (*Zur Untersuchungen des Geschmackssinnes für klinische Zwecke. Deutsche medizin. Wochenschrift*, 1905, n° 51).

L'anatomie de la langue montre qu'au fond de chaque sillon gustatif viennent s'ouvrir des canaux glandulaires et Von Ebner a mis ce fait en lumière, que ces glandes sous-muqueuses, surtout actives au moment de la gustation, entretiennent toujours une certaine humidité dans la sphère des bourgeons gustatifs. Il est donc très probable que les gaz ne deviennent sapides que lorsqu'ils sont dissous par la sécrétion de ces glandes sous-muqueuses.

L'électricité est susceptible d'exciter l'appareil gustatif. (Cf. les travaux de Rosenthal, *Ueber den elektrischen Geschmack, Arch. für Anat. und Phys.*, *1860*, Neumann, *Die Electricität als Mittel zur Untersuchung des Gechmackssinnes*, etc. *Königsberger Med. Jahrb*, 1864, Von Vintschgau; Bordier : *Recherches sur les phénomènes gustatifs et salivaires produits par le courant galvanique.*) Il ne faut pas oublier les expériences de Volta et de Du Bois-Reymond , celles de Ritter et de Von Vinstchgau, qui ont démontré la spécialisation des sensations déterminées par un courant électrique, et réfuté l'objection de Humboldt, qui attribuait les dites sensations à une action de décomposition exercée par l'électricité sur les liquides buccaux, et non à une action directe sur le réseau nerveux.

Volta avait institué des expériences fort intéressantes pour prouver que les nerfs spécifiques réagissent à toutes les excitations les plus différentes ; ces expériences furent reprises par Du Bois-Reymond et par Rosenthal. Une chaîne est faite de quatre personnes. La première tient une plaque de zinc avec une main humide et touche avec un doigt de l'autre main la pointe de la langue d'une seconde personne; la seconde touche de l'autre main la nuque d'une troisième personne; la troisième tient dans les mains la tête d'une grenouille, et la quatrième personne tient d'une main, toujours humide, les pattes de la même grenouille préparée et dans l'autre main un plat d'argent. Établissant un contact entre le zinc et l'argent, les quatre personnes éprouvent des sensations toutes différentes; la deuxième personne accuse une sensation gustative acide à la pointe de la langue, là troisième éprouve un phosphène dans l'œil, tandis que les pattes de la grenouille se contractent.

Si le pôle positif d'un courant électrique est posé sur la nuque, et le pôle négatif à la pointe de la langue, on provoque ainsi le goût acide. Si l'on change la direction du courant en posant le pôle positif sur la pointe de la langue, et le pôle négatif sur la nuque, on provoque le goût alcalin. Ces expériences ont été critiquées, avec raison, semble-t-il, par Chatin. D'après cet auteur, des phénomènes d'électrolyse se produisent aux deux pôles, et les sels contenus dans la salive se trouvent décomposés.

L'électricité ne doit donc pas être considérée comme provoquant des sensations gustatives.

Dans une seconde expérience de Volta, on sentait instantanément une saveur acide en plongeant la langue dans un goblet étamé et rempli de lessive. Les expériences de Rosenthal, et surtout celles de Von Vintschgau, ont fait connaître la sensibilité particulière gustative accusée par tous les savants, quand on emploie des courants électriques faibles. Il reste pourtant encore à résoudre ce problème d'une grande importance psychologique; car il touche d'une part à la question toujours discutable de la spécifique sensorielle, et d'autre part, au mécanisme biologique des sensations et des perceptions sensorielles. La cause du désaccord des données expérimentales des auteurs tiendrait, selon Von Vintschgau, au point même de l'excitation synchrone par l'électricité des nerfs de la sensibilité générale et les nerfs du goût.

De nombreux auteurs se sont occupés des excitations *mécaniques* des organes de la gustation. Henle fait remarquer qu'un courant d'air dirigé sur la surface linguale détermine une saveur d'abord fraîche, puis salée. Valentin (*De fonctionibus nervorum cer. et nervi sympathici*, Berne, 1839), a déterminé, par de fortes pressions exercées sur la muqueuse de la langue. une saveur alcaline à sa pointe. Wagner (*Lehrbuch der speciellen Physiol.*, Leipzig, 1845), Baly et Von Vintschgau rapportent diverses expériences du même genre qu'ils ont tentées sur eux-mêmes et sur d'autres personnes. Baly, cité par V. Vintschgau, avait remarqué qu'on accusait une sensation gustative, acide ou salée, identique presque à une sensation électrique, lorsqu'on percute tout doucement avec le doigt le bout de la langue.

Pour Aubert, la sueur de la main contient divers sels alcalins, d'où la sensation gustative spécifique explicable par le sel contenu dans la sueur de la main et nullement par le contact mécanique. Pour Wundt, les impressions gustatives amères et acides, dues aux excitations mécaniques (pression) sur la langue, ne sont que des illusions subjectives, explicables par l'association avec certaines sensations générales, l'esprit pouvant associer aisément la sensation gustatvie. Un autre problème donc à peine attaqué de ce domaine sensoriel.

Nos connaissances sont également restreintes, pour ne pas dire réduites, sur l'effet sapide des excitations thermiques; le froid et le chaud ont pourtant une influence qu'il faut prendre en considération dès qu'on touche au si délicat domaine d'un mécanisme sensoriel. Les physiologistes n'admettent point ces faits, que les travaux de Aubert (*Sur la respiration cutanée et sur l'élimination des sels minéraux par la sueur* (*Lyon Médical*, 1874), de Wundt (*Éléments de Psychologie physiolog., trad. fr.* Paris, 1885, 1, 434) et de Kiesow (*Schmeckversuche an einzelnen Papillen, Philos. Stud.*, XIX, 1899, 591-615), rendent difficilement acceptables. Les simples sensations musculaires peuvent en effet être prises très facilement pour des sensations gustatives, surtout lorsqu'elles ont pour siège la base de la langue. La sensation d'amertume, de nausée, est d'origine musculaire. Kiesow, répétant les expériences de Von Vintschgau en faisant porter les pressions uniquement sur la pointe de la langue, ne put déterminer aucune sensation gustative, mais seulement des sensations tactiles ou de douleur.

L'ignorance où l'on est des causes de la sapidité rendait une classification des saveurs particulièrement difficile. Les propriétés chimiques des corps sapides (recherches de Graham, citées par Chatin, p. 149, et remarques de Bernstein (*Les Sens*, Paris, 1876) ne révèlent pas la cause des différentes saveurs. Graham avait établi que les colloïdes sont insipides, et les cristalloïdes sapides. L'hypothèse ancienne d'un principe spécial aux corps sapides, et constituant leur qualité, est inacceptable, selon certains auteurs. La conception d'une cause purement subjective des saveurs ne mène à rien. Enfin les réactions perpétuelles de l'odorat sur le goût, et les sensations de sensibilité générale consécutives aux sensations gustatives ne contribuent pas à simplifier le problème qui, cependant, requit de tout temps l'attention des physiologistes. Les recherches de Chevreul sur la réactions des alcalins sur les sels ammoniacaux sont curieuses, mais à reprendre avec des méthodes plus précises.

La classification de Galien admet huit saveurs principales : l'austère, l'acerbe, l'amer, le salé, l'âcre, l'acide, le doux, le gras.

Celle de Boërhaave les divise en primitives : acide, douce, amère, salée, âcre, alcaline, vineuse et spiritueuse, et en composées, lesquelles sont des combinaisons des premières. Pour Haller (*Elementa Physiologiæ, 1763*), elles étaient au nombre de douze : fade, douce, amère, acide, acerbe, âcre, salée, urineuse, spiritueuse, aromatique, nauséeuse et putride. Quant à Linné, sa classification procédait par opposition : il distinguait les saveurs en douces et âcres, grasses et styptiques, visqueuses et salées, aqueuses et sèches.

Les recherches de Chevreul (*Des différentes manières dont les corps agissent sur l'organe du goût, Journal de Physiologie*, de Magendie 1824) marquent une date mémorable dans l'histoire de la classification des saveurs. Le premier, Chevreul s'appliqua à distinguer les sensations vraiment gustatives de celles qui devaient être attribuées au tact ou à l'odorat. Ses expériences l'amenèrent à formuler la classification suivante, où les corps sont divisés en quatre classes, selon les impressions et sensations que leur contact avec la muqueuse linguale détermine :

1° Ceux qui agissent sur le tact seul de ladite muqueuse (cristaux).

2° Ceux qui agissent sur le tact et l'odorat (métaux odorants).

3° Ceux qui agissent sur le tact et le goût (sucre candi, chlorure de sodium).

4° Ceux qui agissent sur le tact, le goût et l'odorat (huiles volatiles, etc.).

De remarquables travaux vinrent corroborer les résultats obtenus par Chevreul. Les expériences de Wing (*Fonctions de la pituitaire, Archives générales de médecine*, Paris, 1836) conduisirent leur auteur aux très importantes conclusions que les sensations de douceur et d'amertume étaient procurées par la langue, « mais que le *fumet*, ou la sensation propre à chaque substance sapide », était donné par l'odorat. Cette constatation établissait expérimentalement la relation étroite qui existe entre le goût et l'odorat, relation que mirent ultérieurement toujours plus en lumière les études de Longet (*Traité de Physiol.*, 3e édit., 2e tirage, 56), de Béclard (*Traité de Physiol.*, 7e édit., Paris, 1884, 364) et d'E. Gley et Ch. Richet (*Sur la saveur vireuse de l'aconitine, Comptes rendus de la Société de biologie*, 18 avril 1885). D'autre part, Vernière établissait, dès 1827, la nature purement tactile d'un grand nombre d'impressions réputées jusqu'alors sapides (*Mémoire sur le sens du goût, Journal des Progrès*, 1827).

Seuls peuvent être considérés comme sapides les corps rentrant dans une catégorie bien définie. On les peut classer, d'après Chatin, selon quatre méthodes : méthode *naturelle*, méthode *chimique*, méthode *électrique*, méthode *sensorielle*. Camerianus, Hoffmann, Linné, De Jussieu, Pyrame de Candolle ont suivi la méthode naturelle.

Les plantes d'une même famille, les animaux d'un même ordre jouissent, d'après cette méthode, des mêmes vertus, des mêmes caractères organaleptiques. Il nous semble inutile d'insister pour montrer que cette méthode, appliquée à la classification des sensations gustatives, est inacceptable. Elle se fonde, en effet, sur un principe faux.

Chevreul, Bain acceptent la méthode chimique. Bain fait remarquer que le goût d'un sel est déterminé par la base plutôt que par l'acide. Cette méthode ne tient pas compte du fait évident que des corps chimiquement différents ont pourtant le même goût. Le sucre, la glycérine, l'acétate de plomb ont une saveur sucrée; la quinine, l'antipyrine, le sulfate de magnésie ont une saveur amère. La chimie ne peut, selon Graham, que distinguer les corps sapides des corps insipides. *A priori*, les cristalloïdes sont sapides, et les colloïdes sont insipides.

Rosenthal (*Ueber den elecktrischen Geschmack, Arch. für Anat. und Physiol.*, 1860) a adopté la méthode électrique qui offre les mêmes causes d'erreur que la méthode chimique. Le courant décompose les sels : l'acide se porte au pôle positif, la base au pôle négatif.

La méthode sensorielle fut employée pour la première fois par Gmelin. « Rien de plus empirique, écrit Chatin (*loc. cit.*, 181); on note les saveurs des corps, on rapproche ceux qui paraissent offrir à cet égard les mêmes propriétés; on donne à chacun de ces grands groupes le nom d'un des corps les plus remarquables ou les plus usuels qu'il renferme; on cherche à réunir celles de ces familles qui semblent le moins éloignées et la classification se trouve établie. »

Inzani et Lussana (*Sui nervo del gusto. Ann. universali di med.*, août 1862) ont classé les saveurs selon la valeur nutritive des corps qui les déterminent. Le défaut de cette méthode est que l'on est forcé de confondre dans un même groupe des substances toxiques et des substances alimentaires.

Bain (*Les sens et l'intelligence*, 1889), reconnaît six sortes de saveurs : la sucrée, l'amère, la saline, l'alcaline, l'acide ou aigre, l'astringente.

Gmelin ajoute à ces six espèces de sensations gustatives une septième : le goût ardent (moutarde, poivre, etc.). Mais ces sensations sont d'ordre tactile. Les sensations acides, salées et alcalines ont paru dépendre aussi de la sensibilité générale. (Zenneck. *Die Geschmackserscheinungen. Repertorium für die Pharm. von* Büchner. Nuremberg, 1839. — Valentin. *Lehrbuch der Phys. des Menschen*, Braunschweig, 1848.)

Pour Wundt (*loc. cit.*, i, 432), le goût est un sens encore imparfaitement formé. Il est en relation constante avec l'olfaction, et aussi avec la sensibilité tactile. D'où un très grand nombre de combinaisons possibles. Wundt reconnaît pourtant six sensations gustatives : l'acide, le doux, l'amer, le salé, l'alcalin et le métallique. Mais ces sensations, en se combinant entre elles, en se joignant aux sensations olfactives, peuvent donner un nombre extrêmement considérable de combinaisons : sensations d'astringence, sensation de mou, etc.

C'est au tact, par exemple, qu'appartiennent les sensations causées par les corps froids, alcalins, astringents, les prétendues saveurs gommeuses et farineuses. La question fut longuement discutée à propos des saveurs *acide* et *salée*. Zenneck (*Die Geschmackserscheinungen, Repertorium für die Pharm. von* Buchner, Nuremberg, 1839), les attribue à la sensibilité générale; Valentin (*Ouvr. cité*) se range à cette opinion, que Mathias-Duval (*Leçons sur la Physiologie du système nerveux*, Paris, O. Doin, 1883), adopte, en l'amplifiant, et en déniant aux sensations gustatives, en général, toute spécialisation. Pour cet auteur, le goût ne paraît pas constituer une sensibilité spéciale, car beaucoup des sensations produites sur la langue peuvent être tout aussi bien déterminées sur d'autres muqueuses ou sur telles parties de la peau.

TABLEAU DE LA CLASSIFICATION DES SAVEURS

	GALIEN.	BOERHAAVE.	HALLER (1763).	LINNÉ.	CHEVREUL (1824).	VERNIÈRE (1827).	ZENNECK (1839). VALENTIN (1848). MATHIAS DUVAL (1883).	STICH (1857).	BAIN.	WUNDT.	GMELIN.
1	L'austère.	L'acide.	Le fade.	Douces.	1° Les corps sapides qui agissent par l'intermédiaire du tact par exemple : glace, cristal, roche, etc. 2° Les corps sapides qui agissent sur le tact et en même temps sur l'odorat (par exemple : métaux odorants). 3° Les corps agissant sur le tact et sur le goût en même temps (par exemple : chlorure de sodium). 4° Les corps qui agissent sur le tact, sur le goût et sur l'odorat (par exemple : les huiles volatiles).	Beaucoup des impressions sapides sont uniquement tactiles comme par exemple les impressions d'âcreté, d'irritation et d'astringence.	L'acide, le salé et l'alcali sont des sensations appartenant à la sensibilité générale.	La saveur acide n'est pas perçue indistinctement sur toute la surface buccale ; seulement où il y a des papilles.	Sucré.	Acide.	Saveurs agréables. Saveurs désagréables. Saveurs intermédiaires. } salé, acide Le goût ardent.
2	L'acerbe.	Le doux.	Le doux.	Acres.					Amer.	Doux.	
3	L'amer.	Le salé.	L'amer.	Grasses.					Salin.	Amer.	
4	Le salé.	L'âcre.	L'acide.	Styptiques.					Alcalin.	Salé.	
5	L'âcre.	L'alcalin.	L'acerbe.	Visqueuses					Acide.	Alcalin.	
6	L'acide.	Le vineux.	L'âcre.	Salées.					Astringent.	Métallique.	
7	Le doux.	Le spiritueux.	Le salé.	Aqueuses.							
8	Le gras.		L'urineux.	Sèches.							
9			Le spiritueux.								
10			L'aromatique.								
11			Le nauséeux.								
12			Le putride.								

1. Von Vintschgau donne une classification à peu près analogues à celle de Bain ; il ajoute la saveur métallique.
2. Inzani et Lussana classent d'après leurs valeurs nutritives ou non nutritives.
3. Pour Rouget et Bimar il n'y a que deux saveurs : l'*amer* et le *doux* ; l'*acide* et le *salé* sont des saveurs mixtes ou pseudo-saveurs : sensation et contact chimique (Rouget).

Cette théorie fut combattue par SCHIFF (*Physiologie de la Digestion*, 1866, I, 81), qui put se convaincre, en appliquant sur une plaie de vésicatoire diverses substances sapides, que les sensations produites ne participaient en rien de la gustation; par STICH (*Ueber die Schmeckkarbeit der Gase*, in *Annalen des Charité-Krankenhauses*, Berlin, 1867), qui démontra que la saveur acide n'est perceptible pour le sujet étudié que si la solution est appliquée sur une partie de la surface buccale pourvue de papilles gustative; par FICK (*Lehrbuch der Anat. und Physiol. der Sinnes organe*, 1864) et VON VINTSCHGAU (*Beiträge zur Physiol. des Geschmacksinnes*, dans le *Handbuch der Physiologie* de HERMANN, III, (2), Leipzig, 1880), dont les expériences ont établi en fait, que les acides et les sels s'ils provoquent en solutions concentrées des sensations tactiles et une excitation des nerfs sensitifs généraux, n'agissent que sur les nerfs du goût lorsqu'on les emploie en solutions diluées.

Toutes les investigations ci-dessus relatées semblent donc bien établir la spécialisation des sensations d'acide et de salé, et leur caractère gustatif, ainsi que la dissociation possible des sensations gustatives et tactiles (Cf. LONGET, Observation de lésion de la sensibilité tactile de la langue avec persistance de la sensibilité gustative, *Traité d'anat. et de Physiol. du syst. nerveux*, II, 198, 234. SPRING, *Symptomatologie*, Bruxelles, 1870), Cette dissociation est encore attestée par les expériences de KLAATSCH et STICH (*Ueber das Gefühl im Munde mit besonderer Rücksicht auf Geschmack. Arch. f. Pathol. Anat. und Physiol.*, XVII, 1859).

Il faut encore mentionner, à propos de la question de savoir si les sensations d'acide et de salé appartiennent au goût ou au tact, la théorie du professeur ROUGET, développée par BIMAR (*Etude physiologique sur le sens du goût*, Montpellier, 1875, 15 et 16) et P. LANNEGRACE (*Terminaisons nerveuses dans les muscles de la langue et dans sa membrane muqueuse, anatomie et physiologie*, Paris, 1878, p. 39). ROUGET tient l'acide et le salé pour des « sensations de contact » exquises, particulières à la langue; pour des saveurs mixtes, ou pseudo-saveurs qu'il propose de désigner sous le nom de « sensations de contact chimique ». Pour BIMAR (expériences avec le chlorure de sodium, le chlorure de potassium, l'acide oxalique), elles formeraient transition entre les sensations tactiles et les sensations gustatives, et les seules saveurs véritables seraient l'amer et le doux.

Nonobstant l'ingéniosité de l'argumentation des auteurs, les physiologistes reconnaissent presque unanimement quatre sortes de sensations gustatives : les sensations *sucrées, amères, salées et acides*, et cette classification, pour imparfaite qu'elle soit, est encore la plus acceptable qu'on ait proposée jusqu'à ce jour. Elle est le fruit de la méthode dite « sensorielle » dont on doit l'ébauche à GMELIN, et l'emporte de beaucoup en simplicité et en excellence relative sur les méthodes naturelle (CAMERIANUS, HOFFMANN, LINNÉ, DE JUSSIEU, PYRAME DE CANDOLLE), chimique (CHEVREUL), électrique, (ROSENTHAL) et les classifications d'INZANI et LUSSANA, établies d'après les valeurs nutritives, (*Sui nervo del gusto. Ann. universali di med.*, 1862) et de WUNDT. Il faut mentionner pour mémoire l'interprétation que VON VINTSCHGAU donne de la classification généralement admise, à laquelle il ajoute cependant la saveur métallique.

Dans le groupement du savant physiologiste (saveurs : 1° doux; 2° amer; 3° salé; 4° acide), l'ordre observé, allant des sensations gustatives pures et simples à celles où interviennent les impressions tactiles, paraît plus rationnel.

Toutes les saveurs peuvent rentrer dans ces quatre groupes. Pour séparer les sensations gustatives des sensations olfactives, on emploie le très simple procédé indiqué par CHEVREUL et par WING (*Fonctions de la membrane pituitaire. Arch. générales de médecine*, Paris, 1836) ; l'occlusion des narines. Pour séparer les sensations gustatives des sensations tactiles, TOULOUSE et VASCHIDE (*Méthode pour l'examen et la mesure des sensations gustatives, Académie des sciences*, 19 mars 1900) ont imaginé le procédé suivant :

Une goutte d'eau, déposée sur un point quelconque de la muqueuse linguale et élevée à une température voisine de celle de la muqueuse, n'y détermine aucune sensation ; si donc on dissout les substances sapides dans un liquide élevé à une température d'environ 20°, on pourra percevoir des sensations gustatives pures. Par ce procédé expérimental, TOULOUSE et VASCHIDE ont pu établir qu'il n'existe que les quatre sortes de sensations gustatives ci-dessus mentionnées, et que les sensations acides sont celles qui se rapprochent le plus des sensations tactiles.

Il est extrêmement difficile, en tout cas, de localiser les sensations gustatives. Les mouvements de la langue, la salivation viennent à l'encontre de la précision expérimentale.

VIII. — TOPOGRAPHIE DE LA SENSIBILITÉ GUSTATIVE

Quel est le siège du goût? De nombreuses expériences ont été tentées pour en déterminer la place exacte et les divers investigateurs sont arrivés à des conclusions que rendront manifestes les tableaux ci-joints. Non seulement la langue, mais un grand nombre d'autres parties de la muqueuse buccale peuvent être impressionnées par les substances sapides. La grande difficulté de ces recherches consiste dans la minutie et l'exactitude nécessaires à l'obtention de résultats probants. Voici l'énumération succincte des déterminations de la topographie du goût faites par les physiologistes et les psycho-physiologistes.

Certains auteurs, se fondant sur des expériences trop superficielles, ont refusé à la muqueuse linguale la faculté de percevoir des impressions gustatives.

De Jussieu, en 1718, présenta devant l'Académie des Sciences une jeune fille atteinte d'atrophie congénitale de la langue et montra qu'elle percevait cependant normalement les saveurs. Il en conclut que la voûte palatine était le siège de la sensibilité.

Brillat-Savarin cite le cas d'un homme à qui on avait enlevé la partie antérieure de la langue jusqu'au filet. Le goût était normal, si ce n'est cette particularité que les substances amères ou alcalines provoquaient de très vives douleurs.

Rodier a observé un homme, parfait gourmet, qui pouvait distinguer les nuances les plus délicates des saveurs et auquel on avait extirpé la langue à la suite d'un cancer.

Ces observations, si l'on veut bien les examiner sans enthousiasme, ne prouvent en somme qu'une chose : que la muqueuse linguale n'est pas la seule partie de la bouche capable d'être impressionnée par les substances sapides. Mais elles n'infirment en rien le rôle de la langue.

Le premier, Vernière (*Sur le sens du goût. Journal des Progrès*, 1827) chercha à localiser expérimentalement le siège du goût. Son procédé, très simple, consistait à poser de petites éponges imprégnées de substances sapides sur diverses parties de la muqueuse linguale. Il constata que l'arrière-bouche et le plancher de la bouche jouissaient d'une sensibilité gustative égale.

Guyot et Admyrauld (*Mémoire sur le siège du goût chez l'homme. Bulletin des Sc. méd. de Pérussac.* Paris, 1830) reprirent ces expériences en entourant, pour empêcher la diffusion des substances à expérimenter, la partie impressionnée de la langue d'une feuille de parchemin. Leurs conclusions sont opposées à celle de Vernière. Pour eux : 1° les lèvres, la partie interne des joues, la voûte du palais, le pharynx, les piliers du voile du palais, la face dorsale et la face inférieure de la langue ne peuvent recevoir d'impressions gustatives; 2° ces impressions ne sont reçues que sur la partie postérieure de la langue au-delà d'une ligne courbe à concavité intérieure passant par le trou borgne et joignant les deux bords de la langue en avant des piliers; sur les bords de la langue; sur la pointe (quatre à cinq lignes sur la face dorsale, une ou deux sur la face inférieure); sur une petite portion du voile du palais, vers le centre de la face antérieure.

Voici le détail de leurs expériences :

Première épreuve. — Si l'on engage l'extrémité antérieure de la langue dans un sac de parchemin très souple et ramolli, de manière à la recouvrir complètement, il sera possible alors d'introduire entre les lèvres, d'écraser et d'agiter entre elles une petite quantité de conserves ou de gelées très sapides, sans qu'on puisse percevoir d'autre sensation que celle de consistance et de température. Il en sera de même exactement si l'on promène ces substances à la partie antérieure de la partie externe des joues et de la voûte palatine, pourvu que ni ces substances ni la salive imprégnée de leurs sucs ne puissent arriver à la langue. Nous avons varié cette expérience en employant l'acide hydro-chlorique affaibli et l'eau sucrée sans qu'il nous ait été possible non seulement de les distinguer, mais encore de leur attribuer aucune saveur.

2ᵉ *épreuve.* — Si l'on écarte la joue de l'arcade alvéolaire et qu'on la recouvre intérieurement d'une gelée acide ou sucrée, la sensation de saveur est tout à fait nulle dans touté son étendue en prenant pour la salive et pour la langue les précautions indiquées. On peut varier cette expérience en mettant entre les joues et les arcades alvéolaires serrées un corps soluble, comme du sucre, du chlorure de sodium, un peu d'extrait d'aloës; la sensation ne se manifeste pas, même lorsqu'ils sont tombés en déliquium; elle devient, au contraire, très vive lorsqu'on permet à la salive de s'épancher sur la langue.

3e *épreuve.* — La langue recouverte comme dans le premier cas, seulement dans une plus grande étendue, au moyen d'un prolongement qui descend dans l'épiglotte, si l'on avale plusieurs substances pulpeuses d'une saveur très prononcée et que dans le mouvement de déglutition on ait soin de les mettre successivement en contact avec tous les points de la voûte palatine et du palais, on observe que la saveur se manifeste vers la partie postérieure seulement.

4e *épreuve.* — Si l'on recouvre dans toute son étendue la voûte palatine d'une feuille de parchemin, un corps sapide placé sur la langue et avalé n'en produit pas moins sur cette dernière une vive impression.

5e *épreuve.* — Un fragment d'extrait d'aloès fixé à l'extrémité d'un stylet et porté sur tous les points de la voûte palatine et du palais donne les résultats suivants : dans toute l'étendue de la voûte palatine, à ses bords comme à son centre, nulle autre impression que celle du tact. Il en est exactement de même pour la luette, les piliers du voile du palais et la plus grande partie de cet organe. Seulement, à la partie antérieure moyenne et supérieure de cet organe, une ligne au-dessous de son point d'insertion à la voûte palatine, existe une petite surface sans limites précises, ne descendant point jusqu'à la base de la luette dont elle est distante de trois ou quatre lignes, mais se prolongeant et se perdant insensiblement sur les côtés. Cette surface perçoit les saveurs d'une manière très marquée. Le même instrument porté dans l'arrière-bouche nous a montré que la partie postérieure du voile du palais et la muqueuse du pharynx ne prenaient aucune part au sens du goût. Si donc nous exceptons le point que nous venons d'indiquer à la partie supérieure du voile du palais, la langue est le siège du goût. Mais toutes les parties de cet organe ne concourent point à l'exercice de ce sens.

6e *épreuve.* — La langue étant recouverte d'un morceau de parchemin percé à son centre de manière que l'ouverture corresponde au milieu de sa face dorsale, si l'on applique sur cette partie une conserve sucrée ou acide, on n'éprouve aucune sensation de goût, même en la pressant contre la voûte palatine, et la saveur ne se manifeste que lorsque la salive imprégnée arrive au bord de la langue. En répétant la même expérience sur la plus grande partie de sa face dorsale, on arrive au même résultat.

7e *épreuve.* — Un corps sapide quelconque placé au-devant du frein de la langue et comprimé par la face inférieure de cet organe le laisse tout à fait insensible.

8e *épreuve.* — Un stylet disposé comme le précédent, c'est-à-dire muni à son extrémité d'un fragment d'aloës ou d'une éponge imbibée de vinaigre, porté sur les diverses parties de la langue, nous a donné les résultats suivants : toute la face dorsale de la langue ne jouit point de la propriété de percevoir les saveurs; seulement, on rencontre cette propriété en approchant de la circonférence, dans une étendue d'une à deux lignes sur les côtés, de trois à quatre à la pointe et tout à fait en arrière dans un espace situé au-delà d'une ligne courbe qui passerait par le trou borgne et dont la concavité serait tournée en avant.

Ces auteurs en concluent :

1° Que les lèvres, la partie interne des joues, la voûte palatine sont complètement étrangères à la perception des saveurs.

2° Que le pharynx n'y paraît point participer;

3° Que le voile du palais n'y concourt que par une petite surface sans limites précises, allongée transversalement, commençant à peu près à une ligne au-dessous de son insertion à la voûte palatine, ne descendant point jusqu'à la base de la luette dont elle est distante de trois ou quatre lignes se prolongeant et se perdant insensiblement sur les côtés;

4° Que la langue ne jouit de cette propriété que dans sa partie postérieure et profonde, au delà du trou borgne et sur toute sa circonférence dont la sensibilité s'étend un peu plus loin à sa face supérieure, surtout vers sa pointe, qu'à sa face inférieure ;

5° Que la partie inférieure de la langue et toute sa face dorsale sont incapables de percevoir les saveurs.

Les mêmes observateurs (*Nouvelles expériences sur le sens du goût chez l'homme*, *Arch. génér. de Méd.*, 3e série, I, Paris, 1837), essayant de déterminer les sensibilités relatives des surfaces gustatives, trouvèrent que les bases de la langue, sa pointe, ses bords et le voile du palais sont particulièrement impressionnables. Ils constatèrent également que des sels tels que l'alun, le sulfate de soude, l'acétate de plomb, etc., donnaient au sens gustatif des impressions très différentes selon qu'on les appliquait sur la partie antérieure ou postérieure de la langue. La pointe et les bords de la langue apprécient mieux les acides, tandis que les bases sont habituellement goûtées par la base de la langue. Il va sans dire qu'il existe à cette règle générale un grand nombre d'exceptions.

F. Müller (*loc. cit.*) et Schiff (*loc. cit.*) estiment que les saveurs amères sont transmises surtout par le glosso-pharyngien, mais que ce nerf n'est pas le seul capable d'agir. Müller accorde au palais la faculté de recevoir des impressions gustatives.

Les résultats obtenus par Stich et Klaatsch (*Ueber den Art der Geschmackvermittlung. Arch. f. path. Anat. und Phys.*, xiv, 1858) sont à peu près identiques aux résultats de Guyot et Admyrauld. Mais ce sont les bords de la langue qui leur semblent les plus propres à recevoir avec délicatesse des impressions gustatives.

Pour Schirmer (*Studien zur Phys. des Geschmack. Deutsche Klinik*, 1859), les bords de la langue sont les plus capables de recevoir les sensations gustatives ; viennent ensuite, par ordre décroissant, la base et la pointe de la langue, le voile du palais, la partie inférieure des piliers.

Neumann (*Die Electricität als Mittel zur Untersuchung des Geschmackssinnes im gesunden und kranken Zustande und die Gechmacksfunction der Chorda tympani, Kœnigsberger Med. Jahrb.*, 1864) tenta de déterminer par l'électricité quel était le siège du goût. Horn (*Ueber den Geschmackssinn. des Menschen*, Heidelberg, 1825) inaugura des recherches sur les papilles linguales prises séparément, afin de rechercher s'il n'y avait pas de papilles spéciales pour chaque espèce de saveurs.

Rosenthal (*Ueber den electrischen Geschmack. Müller's Archiv*, 1860) et Neumann (*Die Electricität als Mittel zur Untersuchung des Geschmackssinnes in gesunden und kranken Zustande und die Geschmacksfunction der Chorda tympani. Kœnigsberger Med. Jahrb.*, 1864), expérimentant selon la méthode électrique, localisent le goût à la pointe, sur les bords et la base de la langue, sur la face inférieure du voile du palais, sur les piliers antérieurs, à l'exception de la luette ; la voûte palatine ne pourrait être impressionnée.

Longet (*Traité de physiologie*) et Dugès (*Traité de phys. comparée de l'homme et des animaux*, i, 131, Montpellier, 1838) attribuent le goût à l'arrière-bouche, à la base de la langue et aux piliers.

Todd et Bowmann (cités par A. Bain) estiment que toute la surface dorsale de la langue possède la sensibilité gustative, mais surtout « la circonférence, la base, les bords et la pointe. » Le palais, les piliers, les amygdales leur semblent aussi propres à être impressionnés par les saveurs, mais moins fortement que les parties susdites et d'une façon plus individuelle.

Pour Wundt (*loc. cit.*), l'organe essentiel de la gustation est la langue ; mais la sensibilité spéciale serait localisée dans la partie supérieure de la face inférieure du voile du palais.

Dans toutes ces recherches, la technique est pour beaucoup dans la divergence considérable des résultats. Employant tout au moins des corps sapides bien définis, les conditions d'erreur diminueraient sensiblement, laissant de côté, ou au moins diminuant les variations individuelles. D'après les recherches déjà anciennes de Horn, Picht, Guyot et Admyrauld, les mêmes substances sapides produisent des sensations toutes différentes, selon surtout les régions de la langue qu'on examinait.

Les recherches postérieures de Bimar, inspirées des considérations de son maître Rouget, précisèrent le fait que les impressions sensorielles différentes pour un même sel résultent de l'excitation particulière des cordes de sensibilité plus ou moins bien définies de la langue. Pour Rouget, seule, la partie postérieure de la langue perçoit les saveurs; la partie antérieure ne perçoit que les sensations tactiles ordinaires; cet auteur avait en vue surtout des considérations histologiques chez certains animaux. Au point de vue histologique, on ne trouve aucun organe spécial à la partie moyenne de la langue.

Le fait est certain, néanmoins, que des substances sapides agissent sensoriellement différemment si elles sont appliquées à la partie antérieure ou à la partie postérieure de la langue. Le chlorure de potassium, par exemple, est perçu comme salé, quand il est déposé sur la moitié antérieure de la langue, et il est perçu amer quand on le dépose sur la partie postérieure; il en est de même pour le nitrate de potasse. L'acétate de potasse est salé ou amer selon la région de la muqueuse où on l'applique; il est amer au niveau des papilles caliciformes, et acide au niveau des bords de la pointe de la langue.

Voici quelques données à ce sujet selon Lussana : Une première liste se réfère aux substances sapides perçues également dans la partie antérieure ou postérieure de la langue.

1° Aliments.	*a.* Saveur du lait. *b.* — de la viande. *c.* — des farines. *d.* — des substances sucrées. *e.* — des corps gras. *f.* — des alcooliques. *g.* — du vin. *h.* — des acides. *i.* — du sel.
2° Assaisonnements, aromes, café, poivre, absinthe, huiles essentielles.	*a.* Saveur piquante. *b.* — aromatique. *c.* — aigre. *d.* — éthérée.

Les saveurs suivantes sont perçues seulement à la partie postérieure de la langue.

a. Saveur acide, caustique (les acides minéraux, etc.).
b. — métallique (sulfate de fer, alun, etc.).
c. — alcaline.
d. — ammoniacale, urineuse.
e. — acre (jalap, semen-contra, oignons, ail, etc.).
f. — amère (coloquinte, quinine, aloès).
g. — putride.

Ces dernières saveurs sont perçues d'une manière différente par la corde du tympan et par le glosso-pharyngien.

SUBSTANCES diverses.	A LA PARTIE antérieure de la langue.	A LA PARTIE postérieure de la langue.
a. Chlorure de potassium .	Saveur de fraîcheur, salée.	Douceâtre.
b. Acétate de potasse. . .	— brûlante, acide piquante.	Amère nauséabonde, ni âcre, ni piquante.
c. Nitrate de potasse . . .	— fraîche, piquante.	Amère, fade.
d. Alun.	— acide, fraîche, styptique.	Douceâtre, non acide.
e. Sulfate de soude	— salée.	Amère.
f. Acétate de plomb. . . .	— fraîche, piquante, styptique.	Sucrée.
g. Acide oxalique.	— piquante.	Amère.
h. Bisulfate de quinine . .	— piquante, acide, fraîche.	Très amère.

On sait que d'après Lussana, le glosso-pharyngien avait comme fonction la distinction qualitative des substances agréables ou désagréables; la corde du tympan serait réduite à la perception gustative des aliments.

Ces investigations ont été récemment reprises par Œhrwall (*Untersuchungen über den Geschmackssinn, Skand. Arch. für Physiologie*, II, 1) qui, prenant pour base la théorie de l'énergie spécifique des organes sensoriels, envisageait ainsi la question.

Il décrit en ces termes la technique qu'il a suivie :

« Je commence par remarquer que les différentes expériences avec la même substance, sur la même papille, n'ont jamais été faites immédiatement l'une après l'autre, mais dans la plupart des cas à des jours différents. Généralement, j'expérimentais sur toutes les papilles d'un ou de plusieurs groupes avec une solution de quinine, par exemple, laissant passer un intervalle de quelques minutes entre chaque expérience. Ensuite, j'opérais de la même manière sur ces papilles avec une solution de sucre, par exemple, et ainsi de suite. Ici, les expériences se faisaient avec connaissance, de la part du sujet, de l'espèce de la substance gustative (à l'opposé de ce qui avait lieu dans les premières expériences). On peut, à mon avis, décider avec plus de sûreté, si une sensa-

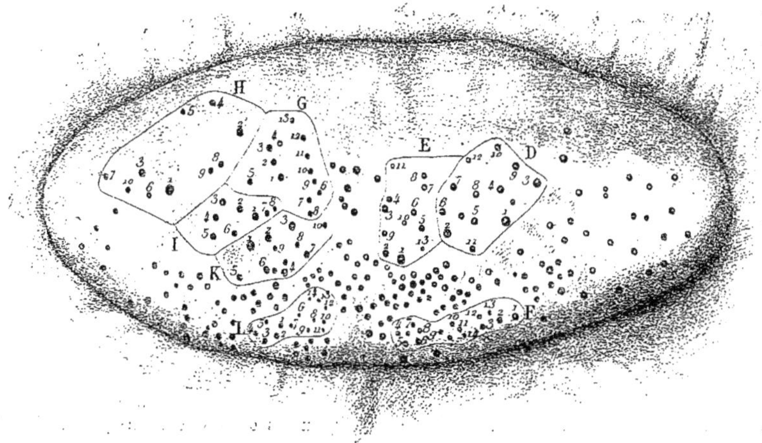

FIG. 29. (D'après ŒHRWALL). — La figure nous montre trois sortes d'agrandissements du bout de la langue, et tend à nous donner l'image de la position et de la grandeur relative sur ces derniers des papilles en forme de champignons, qui furent mentionnées dans les protocoles des essais. Elle est dessinée d'après un instantané au magnésium.

Voici aussi le texte auquel l'auteur nous renvoie :

« Je compte à 350-400 le nombre des papilles en forme de champignon sur ma langue. Elles se divisent de cette manière, suivant les estimations de livres d'études d'anatomie qui sont à consulter, que la plus grande partie est sur le bout de la langue, un petit nombre sur les parties de derrière de la tache supérieure, immédiatement situées devant les papilles circumvallées, et sur les bordures de côté en plus petit nombre encore, tandis que celles exceptées dans le compte se trouvent sur la partie du milieu de la tache supérieure. J'ai choisi et examiné 125 morceaux, sur ce nombre, 31 (les groupes A B et C) se trouvaient sur les bordures de côté, le reste sur le bout de la langue. Au moment de choisir les papilles pour les recherches, je suivis seulement la règle, d'examiner de préférence les papilles qui étaient plus facilement accessibles et qui par leur image libre étaient plutôt consacrées à une excitation isolée. Mais le choix se rapporte plutôt aux groupes qu'aux papilles isolées, car j'ai examiné généralement toutes les papilles comprises sur le territoire de chaque groupe. »

tion apparaît ou non — et, dans le cas présent, c'était la question principale — en connaissant la nature de la sensation à laquelle on doit s'attendre. Au contraire, je ne fis aucune attention aux séries d'expériences déjà faites, et je changeai exprès constamment l'ordre des différents groupes, afin de ne pas arriver à connaître les particularités des papilles, ce qui aurait pu influencer mon jugement.

« Bien qu'il nous faille, continue-t-il, de prime abord renoncer à toute expérience de pouvoir stimuler isolément un seul appareil terminal ou le nerf correspondant, il serait peut-être possible et intéressant au point de vue de la théorie, d'exciter une seule papille fongiforme à la fois, pour voir comment est constitué le sens gustatif de cette papille. Si chaque papille est composée d'un nombre plus ou moins grand d'appareils gustatifs terminaux, ceux-ci peuvent être, bien entendu, de nature diverse.

« Dans le premier cas, les papilles fongiformes présenteraient, suivant la théorie, de grandes différences : quelques-unes ne devraient percevoir que le goût amer, d'autres le sucré, etc. Les ressemblances entre la constitution des papilles fongiformes et celle des *papillae circumvallatae* (celles-ci peuvent être considérées comme une forme plus développée de celles-là) paraissaient cependant appuyer la seconde possibilité, à savoir que chacune des papilles fongiformes soit fournie de diverses espèces d'appareils terminaux, de même que doivent l'être les *papillae circumvallatae*, puisque celles-ci réagissent, comme on le sait, aux stimulus de l'amer, du sucré, du salé et de l'acide. On pourrait penser, cependant, que cette distribution des diverses espèces d'appareils terminaux n'est pas complètement régulière, et, dans ce cas, les diverses papilles fongiformes devraient certainement montrer des différences fonctionnelles dont l'examen vaudrait bien une expérience. »

Œhrwall a observé dans ces conditions 125 papilles fongiformes, dont 98 présentèrent une sensibilité gustative indéniable, se manifestant par des réactions à divers excitants. Il conclut, faisant allusion aux papilles demeurées insensibles :

« Me basant sur ces expériences, je considère comme probable que ces papilles étaient complètement dépourvues de la perception gustative, soit pour le sucré, soit pour l'amer ou l'acide.

Quoi qu'il en soit, il est clair qu'un nombre considérable des 125 papilles examinées montre de grandes différences fonctionnelles. Ces différences sont d'un grand intérêt pour la théorie des énergies spécifiques des sens. Il est clair aussi que ces différences fonctionnelles doivent être plus grandes qu'il n'apparaît directement d'après les chiffres donnés ci-dessus, car, pour des raisons bien compréhensibles, j'ai omis, dans les tableaux des expériences, presque toutes les observations ayant rapport à l'intensité de la réaction, laquelle est naturellement très difficile à apprécier. Dans le résumé, j'ai également omis les quelques observations notées dans les tableaux, bien qu'elles fassent voir que quelques papilles furent faiblement, d'autres fortement excitées par une certaine substance. Si j'avais employé des solutions plus faibles, certaines papilles, qui sont considérées actuellement comme appartenant à un groupe seul, auraient été distribuées probablement parmi plusieurs groupes... Au contraire, le nombre des papilles non réagissantes se serait naturellement augmenté, et il est difficile de dire si les différences seraient devenues plus ou moins frappantes, au cas où des solutions plus faibles auraient été employées ».

Kiesow (*Expériences gustatives sur diverses papilles isolément excitées*, *A. i. B.*, xxx, 3, 1898) entreprit de contrôler les résultats des recherches d'Œhrwall, et nous citerons ici d'importants fragments de son remarquable travail. Les sujets étaient Mme Kiesow et M. Segré, étudiant en médecine...

« Comme Œhrwall, nous avons employé un miroir concave pour nos expériences, qui se faisaient, cependant, seulement à la lumière du jour. Les substances gustatives furent appliquées au moyen de pinceaux, comme le faisait Œhrwall, par le sujet lui-même. Les pinceaux étaient de ceux qu'on emploie pour la peinture, mais de l'espèce fine, et taillés un peu au bout. Ils avaient une longueur de 8 millimètres à peu près, leur épaisseur moyenne ayant un diamètre d'un millimètre environ quand ils étaient mouillés. Il n'est guère nécessaire de dire que, nous aussi, nous avons examiné des papilles fongiformes, et que nous avons toujours choisi celles qui contrastaient avec les papilles voisines par leur grandeur et par leur couleur. Afin de simplifier la méthode d'Œhrwall, sans y porter préjudice, je fis faire une carte (voir la figure 29, 637), non de toutes les papilles qui devaient être étudiées, mais d'un groupe de 3 ou 5 papilles, que le sujet déterminait, et dont il faisait alors le dessin d'après l'image reflétée par le miroir.

Les différentes papilles « étaient numérotées dans le dessin que le sujet gardait toujours près de lui pendant les expériences, afin de pouvoir s'orienter sans difficulté. Comme nous conservions toujours les dessins faits et que nous les comparions avec chaque nouveau groupe de papilles déterminé, il devenait impossible qu'une papille fît partie de plus d'un groupe ».

Il dirigeait lui-même les expériences, « en passant au sujet assis devant le miroir un pinceau trempé dans une des substances gustatives, lui indiquant en même temps le numéro de la papille qui devait être stimulée. Je tins les substances gustatives dans des éprouvettes derrière un petit écran qui les cachait au sujet. Les substances gustatives étaient à la température de la chambre et consistaient en solutions de sel marin, de sucre de canne, d'acide chlorhydrique et de sulfate de quinine. L'acide chlorhydrique avait une concentration de 0,2 p. 100; les solutions des autres substances étaient presque saturées. Suivant, dans ce cas aussi, l'exemple d'Œhrwall, j'ai choisi exprès des concentrations aussi fortes, afin d'être sûr que le stimulus correspondît au plus haut degré de la faculté gustative de la papille. Je n'ai pas augmenté l'intensité de l'acide chlorhydrique, parce que la solution me paraissait suffisamment acide, et parce que la sensation tactile produite par des solutions plus fortes est très prononcée et pourrait facilement influer sur l'expérience. J'étais curieux de connaître le jugement des sujets sur des solutions de sel marin. Je ne fis pas d'expériences avec des mélanges, afin de ne pas obscurcir les résultats. Les expériences étant faites d'après la méthode d'ignorance, les processus centraux d'association, comme on le verra encore mieux par les tableaux, avaient un rôle très important dans les cas où la sensation restait très faible, ou bien dépassait à peine le seuil, ou lorsque la fatigue périphérique se faisait sentir. La difficulté, déjà très grande, de juger des stimulus inconnus est augmentée dans ces cas, si l'on emploie des mélanges; le sujet s'y perd, et il y a une accumulation de faux énoncés qu'on ne peut contrôler.

Pour la raison donnée, il était à prévoir que les résultats de nos expériences ne seraient pas collectivement aussi clairs et aussi précis que le sont ceux de Œhrwall, car, lorsqu'on sait quelle substance gustative on a à apprécier, on peut répondre à la question posée par un « oui » ou « non » décisif, ou bien on répondra que la sensation est douteuse, indistincte, et ainsi de suite, et Œhrwall a certainement raison en trouvant que ce procédé est plus facile.

Si, malgré cela, j'ai préféré la méthode d'ignorance, c'est parce que le psychologue se décide mal volontiers à suivre une méthode qui est, ne fût-ce qu'à moitié, consciente. De plus, il me semblait que les résultats auraient ainsi une plus grande valeur, au cas où ils confirmeraient ceux qu'Œhrwall a trouvés, et j'espérais d'ailleurs susciter de nouvelles questions dans le domaine du sens gustatif. J'ai prié mes sujets de diriger leur attention, autant que possible, sur la qualité de la sensation, puisque celle-ci m'importait plus que tout autre chose. Je ne leur demandai donc de ne donner une attention spéciale ni à l'apparition graduelle de la sensation gustative (Œhrwall donne à ce propos des renseignements précieux), ni aux sensations tactiles et thermiques qui l'accompagnent, ni aux degrés initiaux d'intensité de celle-ci. Néanmoins, mes sujets ont souvent fait spontanément, sur tous ces points, des communications que j'ai écrites dans mes tableaux. D'après ces jugements spontanés, on voit que les sujets distinguaient quatre degrés d'intensité dans les sensations gustatives, qu'ils disaient : fortes, distinctes, faibles ou très faibles. Ils ont de même distingué des degrés d'intensité de la sensation tactile. La sensation de douleur a été évidemment confondue avec la sensation tactile. Les réponses : brûlant, piquant, comme une piqûre d'aiguille, etc., me semblent plutôt suggérées par des sensations douloureuses. En effet, j'ai pu observer plusieurs fois que les papilles fongiformes sont sensibles à la douleur, car des recherches faites dans un autre but m'ont obligé à couper des papilles avec les ciseaux. »

Avant de recueillir les données définitives, Kiesow préparait les deux sujets aux expériences par des exercices méthodiques, les soumettant aussi parfois à des expériences d'alternance (*Vexirversuche*). « J'observai, écrit-il, en faisant ces expériences préparatoires, des « phénomènes de fatigue périphérique », fait qui paraît avoir échappé à Œhrwall. Lorsqu'une papille avait été stimulée plusieurs fois de suite, elle montrait souvent, pour des substances qui avaient été perçues antérieurement, une sensibilité diminuée ou insensibilité complète. Cette circonstance me semblait de grande importance pour la recherche proposée, et je m'en suis toujours rendu compte, sans que j'ose toutefois déclarer que j'ai réussi complètement à exclure ce phénomène de la fatigue. Je n'ai jamais stimulé la même papille plusieurs fois successivement et sans intervalle; au contraire, je passais constamment, dans une série d'expériences, d'une papille à l'autre d'un groupe, ayant soin, cependant, de suivre un nouvel ordre de stimulation pour chaque série nouvelle, afin de ne pas habituer le sujet à un ordre fixe. Après chaque expérience unique, le sujet se rinçait la bouche avec de l'eau, afin de se débarrasser complètement

1re Série. — **5 Papilles du bout de la langue (moitié gauche de la langue).**

PAPILLE	SEL MARIN.	SUCRE DE CANNE.	ACIDE CHLORHYDRIQUE.	SULFATE DE QUININE.
	Indéfinissable.	+	Salé. sens. de piqûre.	Sensation tactile.
	»	+	Sensation de piqûre.	Indéfinissable.
1	+ ou acide.	+	un peu acide.	O
	Sensation tactile.	+	? salé.	O
	Indéfinissable.	+	Sensation de piqûre.	O
	O	+	Sensation de piqûre.	O
	+ ou un peu acide.	+	+	O
2	? +	+	Sensation de piqûre.	O
	Indéfinissable.	+	Indéfinissable.	O
	O	+	Sensation de piqûre.	Indéfinissable.
	+ ou acide.	O	? salé. sens. de piqûre.	O
	Sensation de piqûre.	+	Salé ou acide.	O
3	O	+	Sensation de piqûre.	O
	O	O	Indéfinissable.	Indéfinissable.
	O	+	Sensation tactile.	»
	+	O	O	O
	? +	Indéfinissable.	Sensation de piqûre.	O
4	Sensation de piqûre.	O	O	+
	Indéfinissable.	O	Indéfinissable.	O
	»	O	O	O
	O	? +	+	O
	+	+	Sensation distincte de piqûre.	O
5	+	Douteux.	Sensation de piqûre.	+
	Sensation tactile.	? +	? Salé.	Sensation tactile.
	» »	Sensation tactile.	un peu acide.	Indéfinissable.

2me Série. — **5 Papilles du bord gauche de la langue, près du bout.**

PAPILLE	SEL MARIN.	SUCRE DE CANNE.	ACIDE CHLORHYDRIQUE.	SULFATE DE QUININE.
	Indéfinissable.	? +	O	
	Sensation tactile.	Sensation tactile.	Sens. tactile de piq.	Indéfinissable.
1	O	+	Sensation tactile.	»
	O	+	» »	»
	O	+	» »	»
	? un peu sucré.	? amer.	? amer.	? +
	Indéfinissable.	? amer.	O	+
2	? un peu salé.	? amer.	+ ou salé.	+
	Sensation tactile.	Amer.	Sensation tactile.	+ avec sens. tact.
	? un peu acide.	Indéfinissable.	» »	+
	? +	+	Salé.	+
	+	+	»	+ avec sens. tact.
3	+	+ ou amer.	»	? +
	+ ou sucré.	+	»	+
	+	+	»	+ avec sens. tact.
	+ ou acide.	Amer ou sucré.	Sensation de piqûre.	Indéfinissable.
	Indéfinissable.	? +	» »	Salé ou acide.
4	O	Amer.	Forte sensat. tactile.	+
	+ ou acide.	+	O	O
	Sensation tactile.	+	Forte sensat. tactile.	+
	+	Indéfinissable.	? un peu acide.	? +
	+	? +	+ ou salé.	? +
5	+	+	? + f.	Douteux.
	O	? +	+	? +
	? un peu acide.	+	+ ou salé.	Douteux.

3me Série. — **5 Papilles de la moitié gauche antérieure de la langue à 1 cm. environ de la pointe.**

PAPILLE	SEL MARIN.	SUCRE DE CANNE.	ACIDE CHLORHYDRIQUE.	SULFATE DE QUININE.
1	O O O Un peu frais. O	O O O O O	Légère sensation thermique. O Légère sensation de piqûre, sucré. O Lég. sent. de piqûre.	O O O O O
2	O O O Sensation tactile légère : un peu chaud. O	O O O O Frais.	O O Un peu chaud. O O	? sens. thermique. O O O Un peu frais.
3	O O O O O	O O Un peu frais. Sens. tact. légère. O	O O O O O	O O O O O
4	Frais. O O O O	Un peu frais. O Frais. O O	O O O O O	O Frais. » O O
5	Faiblement + ou acide. Faiblement + + ou acide. Indéf., métallique. certainement pas sucré ou amer. Entre + et acide, f.	Indéfinissable ? Faiblement + Indéf., frais. O Indéf. avec sensation tactile. O	Légère sensation de piqûre. O O O O	O Frais. Légère sens. tact. et thermique. Frais. »

4me Série. - **5 Papilles du bout de la langue situées à droite de la ligne médiane.**

PAPILLE	SEL MARIN.	SUCRE DE CANNE.	ACIDE CHLORHYDRIQUE.	SULFATE DE QUININE.
1	Entre + et acide Faiblement + avec sensation tactile. + + ou acide Frais, sens. tact.	Indéfinissable. O Très faiblement amer O Frais.	+ et sens. de piqûre + ou salé, sens. tact. + f. Sensation de piqûre Légère sensation de piqûre.	Indéfinissable. Frais. » Difficile à définir.
2	Indéf., sens, tact. ? acide avec sensation tactile. Très faiblemt. acide Indéf. forte sensation tactile. O	Faiblement + » + O Sensation tactile. O	+ f. sensation tact. Forte sens. tact. Sens. tact. légère. ? Sucré, frais.	Frais. O Indéfinissable. ? sucré. Frais.
3	Sucré, goût second. » » » Sens. tact. acide. + ? + sensation tact.	+ imm. + » + » + faible, mais immédiatement.	Indéf., sens. tact. + sens. tact. Forte sens. tact. Sens. tact. Sensation de piqûre.	Indéfinissable. ? sens. tact. O Sens. tact. O
4	Sucré avec sensation tactile. Sucré avec sensation tactile. Acide avec sensation tactile. Sensation tactile légère. Légère sens. de piqûre.	+ avec sens. tact. + imm. + » + imm. avec goût second[e]. + imm.	+ sens. tact. Sens. tact. + f. sens. tact. + f. » » ? + » »	? + + + + et frais. Sens. tact.
5	O Sens. tact. » » » » légère. Indéfinissable.	Sens. tact. légère. Sens. tact. Sens. tact. légère. » » »	Indéfinissable. » Frais, f., sens. tact. O	Frais. Sens. tact. Frais. O O

de l'impression reçue. J'attendais alors 2-3 minutes avant de recommencer. Après chaque série, nous avons laissé passer un intervalle de 5 minutes au moins. Je changeais constamment aussi l'ordre des substances gustatives que je passais au sujet, lui donnant cependant, le plus souvent, la solution de quinine à la fin d'une série, parce que les saveurs amères laissent, en général, une saveur consécutive de plus longue durée. Dans les cas où, pour changer l'ordre, je donnais la solution de quinine au commencement ou au milieu d'une série, je faisais interrompre les expériences pendant un intervalle de temps assez prolongé. L'observation de toutes ces règles justifie, j'ose le croire, l'assertion que la méthode, par nous suivie, était complètement celle d'ignorance. »

Chaque papille a été stimulée, en règle générale, cinq fois avec chaque substance gustative. Dans le tableau de la page 641, + indique une réaction positive; ? veut dire peut-être; f. = faible; imm. = immédiatement; 0 = aucune réaction. Les autres réponses sont écrites en toutes lettres, ou bien l'abréviation est facile à comprendre.

« Je remarque, conclut Kiesow, avant d'aller plus loin, que, en résumant les résultats donnés dans les tableaux, je n'ai tiré aucune conclusion décisive, quant à la faculté gustative d'une papille, si celle-ci n'avait pas réagi au moins deux fois positivement : car, malgré tous nos soins, on ne peut exclure toute erreur d'expérience, par exemple, qu'une ou plusieurs papilles voisines soient stimulées en même temps, ou que la petite goutte déposée sur la papille qu'on veut stimuler ne vienne à couler sur les papilles voisines. »

Voici quelques-unes de ces données expérimentales; elles sont intéressantes à être considérées.

Kiesow a étudié en tout 39 papilles fongiformes. Sur ce nombre, 4 ne réagissaient pour aucune des quatre substances gustatives.

Si nous considérons comme faisant défaut les réactions marquées *peut-être* (?), sur les 35 papilles, qui restent :

18 réagissaient pour le sel			3 pour le sel exclusivement.		
26	—	— le sucre.	7 —	le sucre.	—
18	—	— l'acide chl.,	3 —	l'acide chl.	—
13	—	— la quinine.	0 —	la quinine.	—

Si, au contraire, nous considérons les réactions douteuses comme positives, nous aurons, pour les 35 papilles,

31 réagissant pour le sel,			0 pour le sel exclusivement.		
31	—	— le sucre,	1 —	le sucre	—
29	—	— l'acide chl.,	0 —	l'acide chl.	—
21	—	— la quinine,	1 —	la quinine	—

Dans le premier cas, parmi les 35 papilles,

17 ne réagissaient pas pour le sel.			
9	—	—	le sucre.
17	—	—	l'acide chl.
22	—	—	la quinine.

Dans le second cas,

4 ne réagissaient pas pour le sel.			
4	—	—	le sucre.
6	—	—	l'acide chl.
14	—	—	la quinine.

Mentionnons, du même Kiesow, la communication qu'il fit le 14 novembre 1902 à l'Académie R. de méd. de Turin, sur « *La présence de boutons gustatifs à la surface linguale de l'épiglotte humaine, avec quelques réflexions sur les mêmes organes qui se trouvent dans la muqueuse du larynx* » (*A. i. B., 1902*).

Les expériences de Schreiber sont en contradiction avec celles de Kiesow. Schreiber, employant des solutions de sucre cristallisé, de sel marin, de chlorhydrate de quinine et d'acide citrique, après avoir fait plus de 6.300 expériences, arrive aux conclusions suivantes: L'amer est perçu à la partie postérieure de la langue au niveau des papilles caliciformes, des bords et de la pointe de la langue. La partie postérieure et la face dorsale de la langue, les bords et la pointe de la langue sont sensibles à toutes les saveurs. Les régions insensibles pour le doux intéressent la moitié antérieure de la face dorsale de la langue.

Voici encore, d'après cet auteur, quelques termes de ces différentes sensations : la langue est plus sensible pour toutes les saveurs au niveau des papilles caliciformes.

	SUCRE pour 100.	SEL pour 100.	ACIDE pour 100.	QUININE pour 100.
Pointe de la langue . . .	0,20	0,10	0,0050	0,0003
Bords.	0,20	0,10	0,0050	0,0003
Papilles caliciformes. . .	0,15	0,08	0,0040	0,0002
Bouche	0,10	0,05	0,0025	0,0001

La sensibilité de la bouche, excitée par les solutions sapides, est plus fine qu'excitée isolément.

Les recherches de Toulouse et Vaschide (*Topographie de la sensibilité gustative. Comptes Rendus*, CXXX, 1900), pratiquées sur vingt-quatre hommes (infirmiers) et sur trente et une femmes (infirmières) âgés en moyenne de 23 à 30 ans, conduisent aux conclusions suivantes :

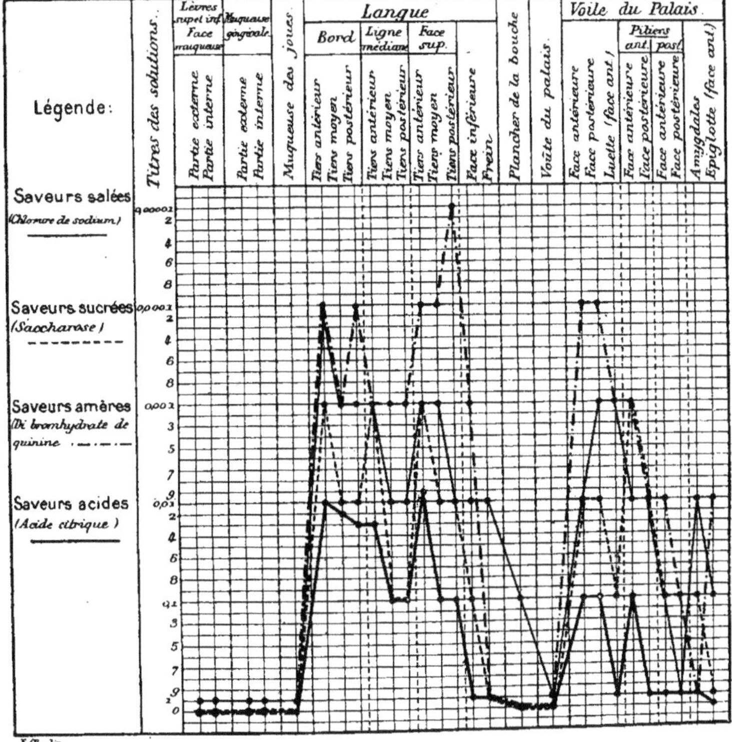

Fig. 30. — *Topographie de la sensibilité de la gustation de la langue* (Toulouse et Vaschide).

« 1° Toutes les parties de la muqueuse buccale peuvent avoir des sensations gustatives

Topographie de la sensibilité gustative de la bouche.

(D'après Toulouse et Vaschide)

(L'acuité de la perception est représentée par le titre des solutions.)

RÉGIONS EXPLORÉES DE LA CAVITÉ BUCCALE.		SAVEURS			
		SALÉES. — Chlorure de sodium.	SUCRÉES. — Saccharose.	AMÈRES. — Dibromhydrate de quinine.	ACIDES. — Acide acétique.
Lèvres sup. et inf. (Face muq.)	Partie externe	»	»	»	»
	Partie interne	»	»	»	Ac. acét. pur
Muqueuse gingivale. (Arcades sup. et inf.)	Partie externe	»	»	»	Ac. acét. pur
	Partie interne	»	»	»	Ac. acét. pur
Muqueuse des joues		»	»	»	Ac. acét. pur
Langue. Bord	Tiers antérieur	1 p. 100	1 p. 1 000	1 p. 10 000	1 p. 10 000
	— moyen	2 p. 100	1 p. 100	1 p. 1 000	1 p. 1 000
	— postérieur	3 p. 100	1 p. 100	1 p. 1 000	1 p. 1 000
Langue. Ligne médiane	Tiers antérieur	3 p. 100	1 p. 1 000	1 p. 1 000	1 p. 1 000
	— moyen	1 p. 10	1 p. 10	1 p. 1 000	1 p. 100
	— postérieur	1 p. 10	1 p. 10	1 p. 1 000	1 p. 100
Langue. Face supérieure	Tiers antérieur	9 p. 1 000	1 p. 1 000	1 p. 10 000	1 p. 1 000
	Tiers moyen	1 p. 10	1 p. 100	1 p. 10 000	1 p. 1 000
	Tiers postérieur	1 p. 10	1 p. 100	1 p. 100 000	1 p. 100
Face inférieure		Chl. sod. pur	1 p. 10	1 p. 10 000	1 p. 100
Frein		Chl. sod. pur	Sacc. pure	Dib. de quin. pur.	1 p. 100
Plancher de la bouche		»	»	»	1 p. 10
Voûte du palais		»	»	»	Ac. acét. pur
Voile du palais. Face antérieure		1 p. 10	1 p. 100	1 p. 10 000	1 p. 100
Face postérieure		1 p. 10	1 p. 100	1 p. 10 000	1 p. 1 000
Luette	Face antérieure	Chl. sod. pur	1 p. 10	1 p. 1 000	1 p. 1 000
Piliers antér.	Face antérieure	1 p. 10	1 p. 1 000	1 p. 1 000	1 p. 100
	Face postérieure	Chl. sod. pur	1 p. 10	1 p. 100	1 p. 100
Piliers postér.	Face antérieure	Chl. sod. pur	1 p. 10	1 p. 100	1 p. 10
	Face postérieure	Chl. sod. pur	1 p. 10	1 p. 10	Ac. acét. pur
Amygdales		Chl. sod. pur	1 p. 10	Dib. de quin. pur.	1 p. 100
Épiglotte	Face antérieure	»	Sacc. pure.	1 p. 100	1 p. 10

Toutefois les lèvres, les gencives, les joues, les dents, le plancher de la bouche, la voûte du palais ne perçoivent que les sensations acides. Comme ces parties ne sont pas innervées par des nerfs sensoriels, on peut se demander si la sensation d'acide est une véritable saveur, ou bien une modalité de la sensibilité tactile. Les saveurs salées, sucrées et amères sont perçues par les autres parties de la muqueuse buccale, et notamment par la langue et l'isthme du gosier, qui constituent vraiment l'organe du goût.

Le bord et la face supérieure de la langue sont plus sensibles que la face inférieure et le frein. Il est à remarquer que, sur la face postérieure de la langue, la ligne médiane sent moins que les parties latérales. Le voile du palais est moins sensible que la langue.

Il est intéressant de noter que les amygdales sont sensibles aux quatre saveurs.

2° Si, contrairement à l'opinion d'un grand nombre d'auteurs, la langue et chacune de ses papilles, et aussi l'isthme du gosier, nous ont paru percevoir toutes les saveurs, il n'en est pas moins vrai que ces territoires anatomiques sentent mieux certaines saveurs que d'autres. C'est ainsi que le tiers antérieur de la langue sent mieux l'amer; de même, dans l'isthme du gosier, c'est le voile lui-même qui sent le mieux le salé et l'amer.

3° Il résulte de ces expériences que la partie antérieure de la langue, qui est innervée par le lingual, et la partie postérieure ainsi que l'isthme du gosier, qui sont innervés par le glosso-pharyngien, ont, à des degrés divers, les mêmes fonctions. Ce fait physiologique rend vraisemblable l'opinion de Carl, Urbantschitsch et Mathias Duval, d'après laquelle un nerf unique, le glosso-pharyngien, présiderait à ces fonctions semblables, en innervant, par des filets directs, la base de la langue et l'isthme du gosier et, par des filets indirects passant par la corde du tympan et le lingual, la pointe de la langue. »

Mariau, dans une communication à la *Société de Biologie*, rapporte le résultat de quelques recherches sur le voile du palais, et fait un plaidoyer pour lui restituer en partie la fonction gustative, fonction niée actuellement par tous les physiologistes, et localisée uniquement par eux sur la langue. Mariau n'a expérimenté qu'au point de vue des saveurs sucrées et amères, les seules admises par tous les physiologistes, certains rapportant les autres sensations gustatives à des impressions de sensibilité générale. Il évita le contact avec la langue, en la comprimant avec un abaisse-langue; de plus, dès qu'une goutte de la solution, soit amère, soit sucrée, employée pour les expériences, semblait avoir impressionné l'organe classique de la gustation, il éliminait le sujet.

Après avoir fait ainsi disparaître toutes les causes d'erreur, Mariau prit une douzaine de sujets sur lesquels il expérimenta, en prenant toutes les précautions possibles pour ne pas les suggestionner, et en les faisant répondre par une mimique convenue. Comme solutions, il employa le sirop de sucre et une solution de quinine. « J'ai constaté, dit-il, en me mettant à l'abri de toutes les causes possibles d'erreur, que le voile du palais percevait les sensations de saveur, d'une façon peut-être un peu moins vive, un peu obtuse, surtout pour les saveurs sucrées, mais en tout cas réelle, comme la langue. Quant à la saveur amère, elle se perçoit très rapidement et se prolonge longtemps.

« L'anatomie permet de contrôler les données de l'expérience. Les voies de conduction centrales sont les mêmes pour la langue et pour le voile du palais. Elle nous apprend de plus qu'il n'y a qu'un nerf gustatif, le glosso-pharyngien; car le lingual, branche du trijumeau, innervant la langue, est, au point de vue physiologique, le prolongement du nerf intermédiaire de Wrisberg, racine supérieure du glosso-pharyngien, d'après Mathias Duval. »

Mariau rappelle que l'innervation sensitive du voile du palais provient des nerfs palatins, mais que, de plus, le glosso-pharyngien envoie sur l'amygdale et le voile du palais et la luette une série de fibrilles nerveuses anastomosées. Il ajoute que le glosso-pharyngien, appelé encore nerf nauséeux, remplit sur le voile du palais le même rôle que sur la base de la langue, et qu'il a souvent constaté le réflexe nauséeux, après avoir impressionné, par des saveurs amères, les terminaisons dans le voile du palais.

Les recherches de Mariau confirment à ce sujet celles de Toulouse et Vaschide qui ont constaté que le voile du palais était capable d'être impressionné par une solution de chlorhydrate de quinine (à 1 p. 10.000, etc.).

Nous résumons dans ces trois tableaux ci-joints (v. p. 646 et 647) les données les plus classiques sur la topographie de la sensibilité gustative jusqu'aux dernières recherches de Toulouse et Vaschide, et de Mariau, etc. Il serait difficile de classer les recherches disparates de Oehrwall et de Kiesow, qui concernent surtout l'analyse psycho-sensorielle du fonctionnement de certaines papilles.

	1 LÈVRES.	2 GENCIVES.	3 MUQUEUSE DES JOUES.	4 POINTE DE LA LANGUE Face supérieure.	5 FACE INFÉRIEURE de la langue.	6 BOR DE LA L
Auteurs qui ont reconnu une sensibilité gustative.	GREW (d'après RULLIER. *Dict. en 30 vol.* 14,196). LUCHTMANS (*Specimen physico-medicum inaugurale de gustu*, 1758). LE CAT (d'après RULLIER, *loc. cit.*). MAGENDIE (*Précis élém. de physiologie*, t. I).	GREY. LUCHTMANS. LE CAT. MAGENDIE.	Les anciens physiologistes (d'après RULLIER. *Dict. en 30 volumes*).	VON VINTSCHGAU (*A. g. P.*, XIX, et *H. H.*, III, (2), Leipzig 1880. Sent l'acide; moins bien le doux et le salé et pas du tout l'amer: sur lui). SCHREIBER.	VERNIÈRE (*Sur le sens du goût j.d. progrès.* 1827). VALENTIN (*Lehrbuch d. Phys. d. Menschen*, 1848). URBANTSCHITSCH (*Beobachtungen über Anormal d. Geschmacks* 1876, Stuttgart); seulement pour les deux parties de la langue situées de chaque côté du frein (d'après GLEY). BIMAR (*Etude physiologique sur le sens du goût.* 1874, p. 29): sur lui même, la sensation d'acide et de salé.	VERNIÈ GUYOT WYRA BUDGE *Gesch sempf de S Deu Klinik* SCHIRME *nige Physi Gesch Deu Klinik* KLATS STICH NEUMAN *nigsb med.* 1864). Urbantschi BIMAR.
Auteurs qui n'admettent la sensibilité gustative qu'avec des réserves.			Urbantschitsch (chez les enfants).	INZANI et LUSSANA (*Sui nervi del gusto : Annali universali di medicina*, 1862) : chez certains individus. DRIELSMA (variat. individuelles). SCHIFF (*Leçons sur la physiol. de la digestion* (1867): on ne reconnait que l'acide).	KLAATSCH et STICH (*Ueber den Art des Geschm. Archiv f. pathol. Anat. t. XIV.*) DRIELSMA (*Onderzek over den zetel von het smack zinting*, Groningue, 1859) d'après GLEY.	DRIELSM
Auteurs qui n'admettent aucune sensibilité.	Tous les physiologistes modernes (d'après GLEY *D. D.* article Goût, 597). GUYOT et ADMYRAULD. VERNIÈRE.	Tous les physiol. modernes (d'après GLEY, *loc. cit.*). GUYOT et ADMYRAULD. VERNIÈRE.	Tous les physiol. modernes (GLEY). VERNIÈRE. GUYOT et ADMYRAULD.	WAGNER (*Lehrbuch der speciellen Physiologie*. Leipzig, 1845). FUNKE (*Lehrbuch der Physiolog.* Leipzig, 1869). VALENTIN.	GUYOT et ADMYRAULD (*Mém. sur le siège du goût chez l'homme. Bull. des sciences médicales de Férussac.* Paris, 1830). LONGET. *Traité de physiol.*, III, 52.	VON VINT (lui-m

SIBILITÉ GUSTATIVE.

IEU ANGUE.	8 BASE de LA LANGUE.	9 VOUTE DU PALAIS.	10 VOILE DU PALAIS.	11 LUETTE.	12 PILIERS du VOILE DU PALAIS.	13 AMYGDALES.	14 FACE POSTÉRIEURE LANGUE.	15 ÉPIGLOTTE.
	On est d'accord à considérer cette région comme très sensible surtout pour l'amer. BIDDER, WAGNER, etc. ROUGET.	DRIELSMA.	VERNIÈRE. HORN (*Ueber d. Geschmacksinn d. Menschen*, Heidelberg. 1825). TOURTUAL (*Die Sinne des Menschen*, etc. Münster, 1827). RAPP (*Die Verrichtungen d. fünften Nervenpaares*, 1832. Leipzig). J. MÜLLER. - BUDGE. - DRIELSMA Urbantschitsch.	VERNIÈRE. HORN. TOURTUAL. RAPP. J. MÜLLER. DUGÈS. BUDGE. DRIELSMA.	VERNIÈRE. LONGET. WUNDT.	Lochtmans. VERNIÈRE. VALENTIN.	VERNIÈRE. Urbantschitsch. WUNDT.	MICHELSON et LANGENDORF (face interne). KIESOW.
hitsch. : aper- sur le eu de ce dor- de la gue l'a- ct le . ET (sur e la ré- a supé- ure et eure).		Urbantschitsch (chez les enfants plus que chez les adultes).	DUGÈS (*Traité de Phys. comparée*, Montpellier, 1838). NEUMANN. SCHIFF. KLAATSCH et STICH (sauf le bord postér.). GUYOT et ADMYRAULD (sensible sur une toute petite portion de voile située au milieu de la face antérieure). LONGET (ligne médiane). BIMAR (face inférieure). VON VINTSCHGAU, VALENTIN (2 sur 8 cas positifs : surface antérieure).	VON VINTSCHGAU VALENTIN (2 sur 8, surface antérieure).	BIMAR (seulm. acide: piliers antérieurs). V. VINTSCHGAU. SCHIFF. VALENTIN (extrémités supérieures et inférieures des deux piliers; face antérieure du pilier postérieur et face post. du pilier antér.). SCHIRMER (partie inf. du pilier antér.). NEUMANN (partie inf. du pilier antér.). URBANTSCHITSCH (pilier antér.).		VALENTIN. (seulement parties post., situées en face de la racine de la langue).	VALENTIN (autour).
on una- ne des ysio- gistes EY).		VERNIÈRE. GUYOT et ADMYRAULD. LONGET.	PICHT (*De Gustus et Olfactus nexu*, etc. Berlin, 1829). ERLASSER (MAGENDIE. *Lehrbuch d. Physiol.* Tubingen, 1834). BIDDER (*Neue Beobachtungen über die Bewegungen des weichen Gaumens und über den Geruchssinn*, 1868. Dorpat). WAGNER. FUNKE. CAMERER (*Ueber die Abhängigkeit des Geschmacksinnes. Z. B.*, 1870).	NEUMANN. KLAATSCH et STICH. PICHT. ERLASSER. BIDDER. WAGNER. FUNKE. CAMERER.	GUYOT et ADMYRAULD. WAGNER. FUNKE. KLAATSCH et STICH. CAMERER.			

IX. — L'ANALYSE DES PERCEPTIONS GUSTATIVES.

Le seul travail expérimental d'ensemble sur l'analyse des perceptions gustatives est celui de Patrick. Nous l'analysons en détail pour donner un aperçu complet du problème; certes il est à peine posé, mais on pourra quand même tirer quelque profit de la lecture de ce travail sérieux. Les recherches de Patrick peuvent figurer avec honneur à côté de celles de Oehrwall, Kiesow, Nagel, Sternberg, etc., pour ne parler que des derniers auteurs qui se sont occupés de goût et de la psycho-physiologie gustative.

Les recherches qu'on va résumer ici sont basées sur une série de *tests* qui ont consisté a essayer un nombre considérable d'objets communs de boisson et de nourriture.

On remarque d'abord que les perceptions gustatives sont la plupart du temps complexes, étant constituées par des sensations gustatives, olfactives, tactiles, visuelles, musculaires, de température, et qu'on n'a encore entrepris aucune analyse exacte de ces perceptions. Vulgairement, les perceptions gustatives sont considérées tout simplement comme des sensations gustatives, le goût du fromage, du vin, etc. — Scientifiquement, malgré les récentes recherches de Kiesow et celles de Zwaardemaker, la psychologie et la physiologie de ces perceptions sont très peu développées, surtout en ce qui concerne notre connaissance de leurs différences qualitatives.

On croit et on dit qu'il n'y a que quatre sensations gustatives élémentaires : le *doux*, l'*amer*, le *salé* et l'*aigre*, qui ne sont pas dans des relations déterminées les unes avec les autres, excepté celles de compensation et de contraste; enfin, on dit que les sensations gustatives sont mélangées aux sensations olfactives. Mais à voir les livres de plus près, on s'aperçoit qu'il y a beaucoup de confusions et controverses en ce qui concerne la composition des perceptions gustatives. Au lieu de quatre saveurs simples, on dit qu'il y a un grand et indéfini nombre de goûts et que le *doux*, l'*amer*, le *salé* et l'*aigre* sont simplement quatre classes où toutes les saveurs peuvent être distribuées.

Mais il y a plusieurs manières d'interpréter cette classification. On suppose par exemple que cette classification de saveurs est basée sur quatre sortes d'analogie qu'il y aurait entre les nombreuses sensations gustatives qualitativement distinctes. Mais c'est une vue qui ne doit pas être prise au sérieux.

Une autre tendance consiste à diminuer le nombre des différences qualitatives, et à réduire la multiplicité indéfinie de ces sensations, d'abord à dix, puis à six, puis à quatre, et finalement à deux. C'est parce qu'on croit que les quatre goûts élémentaires ont une base purement physiologique dans les quatre différentes sortes de nerfs terminaux. Nous aurions ainsi nombre de goûts de transition, tout comme nous avons des divers tons de couleurs.

Cette vue non plus ne peut pas être acceptée; car elle n'est pas fondée.

Selon une troisième hypothèse, le nombre indéfini de goûts résulte de la fusion des quatre sensations gustatives élémentaires, analogue à la fusion des tons dans les *tons* musicaux.

Une quatrième hypothèse enfin admet seulement quatre sortes de sensations gustatives.

De toutes, la troisième hypothèse pourrait être admise par beaucoup d'auteurs; mais elle paraît manquer de preuves expérimentales. Si l'on exclut les relations quantitatives, cette théorie ne peut donner que quinze goûts différents.

Puis les expériences faites en combinant les solutions simples de substances douces, amères, salées et aigres, n'ont pas révélé des goûts nettement perçus qui puissent être proprement appelés, fusions de goûts simples. On ne peut y trouver qu'un mélange de *doux* et *amer*, là où, physiologiquement, il y a deux simples sensations rapportées à un mélange des deux solutions. On ne peut pas obtenir, comme dans la musique, des fusions provenant du mélange de plusieurs éléments.

Comme recherche préliminaire, Patrick a préparé les solutions suivantes : 10 p. 100 de sucre; 0,25 p. 100 de sulfate de quinine; 5 p. 100 de sel: 5 p. 100 d'acide tartrique. Ces substances sont combinées, dans des proportions égales, en onze combinaisons possibles avec des groupes de deux, trois et quatre. En outre, six autres combinaisons de sucre et de sel furent faites avec des variations quantitatives pour voir si des proportions différentes de goûts simples combinés peuvent donner un goût nouveau. Quatre sujets, deux hommes et deux femmes, ont essayé ces combinaisons. Les solutions furent présentées dans des bouteilles de verre marquées seulement avec un numéro respectif. On demandait aux personnes en question de goûter ces solutions avec le plus d'attention possible et de dire s'il y avait là des substances douces, amères, aigres, etc., ou des combinaisons de celles-ci, en écrivant eux-mêmes le résultat, selon le numéro de chaque bouteille.

Les résultats sont contenus dans le tableau suivant :

SOLUTION.	Mme. S.	Mr. S.	Mlle. W.	Mr. E.
Doux et aigre.	Doux et aigre.	Amer.	Doux	Aigre et (doux).
Doux et salé.	Doux.	Doux avec du salé.	Doux et salé	Salé et doux.
Salé et aigre.	Salé et aigre.	Salé et amer combiné. Le salé noté premièrement.	Un salé que je n'ai jamais goûté.	Très aigre. Ne paraît pas être simple.
Doux, salé et aigre.	Aigre, salé et doux.	Amer suivi par un effet astringent.	Un aigre particulier, ni doux, ni salé, ni amer.	Aigre et doux; pas comme précédemment. Peut-être un peu plus.
Salé et amer.	Amer.	Un amer de quinine très décidé.	Amer.	Amer et salé.
Doux, aigre et amer.	Amer et aigre.	Un amer suivi par un goût doux possible.	Amer et salé.	Aigre et amer.
Doux, salé, aigre et amer.	Amer, aigre et doux.	Amer.	Amer et aigre.	Aigre et amer.
Doux, salé et amer.	Doux et amer.	Un doux, décidément désagréable, amer	Amer et doux et salé.	Un faible amer et doux.
Doux et amer.	Doux et amer, aigre.	Un goût doux amer.	Amer et doux.	Doux et amer.
Aigre et amer.	Amer et aigre.	Amer.	Amer, mais non pas quinine.	Amer aigre piquant.
Salé, aigre et amer.	Salé et aigre.	Aigre et amer.	Salé et aigre, encore différent.	Aigre (salé).

On doit remarquer avec Patrick que, sur les 68 jugements inclus dans les *tests*, aucun mauvais goût n'apparaît. La distinction ou l'intensité des sensations varie, mais c'est toujours « le doux », « le salé », « l'aigre », et, à peine s'il y a une personne qui parle d'un aigre particulier, et plus souvent on en parle du goût astringent et piquant, qui sont de simples sensations tactiles. — Ensuite, il est aussi à remarquer une facilité considérable à analyser les mélanges. Ceux qui contiennent deux ingrédients sont ordinairement analysés d'une manière correcte, et ceux qui en contiennent trois sont seulement quelquefois analysés exactement. La seule exception est le mélange de tous les quatre ingrédients, où le sel n'est plus découvert par aucun observateur. Quant aux combinaisons de doux et amer dans des proportions variables, on peut voir que, lorsque l'un ou l'autre des deux éléments est augmenté, l'observateur ne peut découvrir que celui qui est augmenté; pas de goûts qualitativement nouveaux.

Mais ces expériences, quoique incomplètes, ne vérifient en rien la troisième hypothèse, qui compare la combinaison des goûts à celle des tons dans la musique.

Cependant Kiesow (*Kant Studien*), dans une série de recherches, arrive à la conclusion que le goût diffère de l'odorat, puisque, en combinant plusieurs odeurs, il en résulte plutôt une opposition qu'une fusion des éléments. Au contraire, si l'on combine des goûts élémentaires différents, on obtient, à son avis, un goût nouveau, dans lequel les goûts élémentaires peuvent être distingués, comme on distingue dans le brun une combinaison de couleurs. Le salé et le doux, combinés dans des proportions données, se neutralisent l'un l'autre, et donnent une sensation nouvelle, qu'on appelle insipide ou alcaline, ou bien insipide alcaline. PATRICK essaya 25 autres combinaisons de sucre et de sel, dont les solutions combinées variaient de 1 jusqu'à 40 0|0. De ces 25 combinaisons, deux ne donnèrent aucun goût autre que l'insipide ou alcalin, trois autres donnèrent un goût insipide ou alcalin en connexion avec le doux ou le salé, tandis que tout le reste donnait le salé ou le doux, ou la prépondérance de l'un sur l'autre.

Les résultats de KIESOW soulèvent deux questions. D'abord, ne peut-on expliquer l'alcalin ou l'insipide autrement que par une fusion ou un mélange de doux et salé? Et puis, quand même ce serait là la vraie explication, peut-on trouver dans une telle fusion un résultat propre à rendre compte de toute l'infinie variété de goûts dont parlent les psychologues? Comme réponse à la première question, on a trouvé que l'eau distillée peut, même seule, donner le goût « insipide » ou « alcalin », d'autant plus avec une solution faible de sel; donc l'alcalin que KIESOW a obtenu en mélangeant le salé avec le doux était dû au salé seulement.

Le salé peut être reconnu par peu d'observateurs, dans la proportion de 1 sur 600, mais plus généralement dans la proportion de 1 sur 400 et 1 sur 300. Pour le doux, l'amer (l'aigre), l'acide, le seuil de la reconnaissance coïncide presque avec le seuil de la sensation. Mais tel n'est pas le cas avec le salé. Si une solution de sel est faite en proportion de 1 sur 2000, on peut la distinguer de l'eau distillée, mais on ne peut pas la reconnaître comme étant du sel. D'autre part, l'explication de l'hypothèse de KIESOW doit être que la petite proportion de sel dans la solution est suffisante pour affecter les organes terminaux du toucher, mais non ceux du goût, le goût alcalin étant réellement une sensation tactile. Car il y a plusieurs raisons de croire, avec VALENTIN et d'autres encore, que le salé et l'acide ne sont pas des goûts véritables.

PATRICK a de nouveau essayé de vérifier la conclusion de KIESOW sur les goûts combinés. On a choisi les mélanges de salé et doux, qui étaient, à son avis, d'une manière certaine, des goûts nouveaux. Ces combinaison étaient du sucre $\frac{1}{100}$ et du sel $\frac{1}{100}$ combinés en proportion de 50 sur 25, du sucre $\frac{2}{100}$ et du sel $\frac{2}{100}$ combinés en proportion de 50 sur 20 ; puis du sucre $\frac{4}{100}$ et $\frac{4}{100}$ du sel, combinés en proportion de 50 sur 10. On a fait la preuve sur 4 sujets, deux hommes et deux femmes, qui avaient les yeux bandés, et on les a priés de goûter et sentir les solutions (1/2 ccm. dans un petit verre) avec beaucoup de soin. Après quoi ils devaient écrire leur appréciation sur le nom du goût, s'ils en trouvaient. Sur les douze jugements qu'on a obtenus, 3 ont révélé le doux et le salé ; 5, le salé ; 2, le doux ; et 2, un goût faible inconnu. Aucun sujet n'a trouvé l'alcalin ou l'insipide. On a ensuite préparé des solutions de sel depuis 1 sur 1100 jusqu'à 1 sur 200 et on a fait l'expérience sur les mêmes sujets. Pour un sujet, la reconnaissance du salé commença avec 1 sur 700, pour un second, avec 1 sur 600; pour le troisième, avec 1 sur 300, et le quatrième avec 1 sur 200. Mais le goût alcalin apparaît maintenant huit fois plus tôt avec une solution de sel pur, et deux fois avec de l'eau distillée.

Pour résumer les résultats de ces recherches préliminaires sur la psychologie du goût, PATRICK pense que l'hypothèse qui paraît le plus en accord avec les faits connus est celle des quatre sensations gustatives, incapables de fusion. Et toutes les perceptions gustatives qu'on éprouve journellement se réduisent à ces quatre sensations gustatives avec leur degré d'intensité et avec les sensations olfactives, tactiles, de température, etc.

La discrimination subtile de nos diverses nourritures et boissons est due à la sensation délicate du toucher que possède la langue, et à l'odorat. Les sensations gustatives par elles-mêmes n'ont pas un trop important rôle en ce qui concerne la perception. Mais quoique leur valeur discriminative soit petite, leur valeur affective cependant est grande. Le miel, par exemple, et toutes les espèces de sirops ou mélasses, n'ont que le goût *doux*, et en effet, pour un enfant de six ans, toutes ces matières sont « *bonnes* ». La saveur particulière du sirop et des mélasses est due en ce cas à l'odorat. De même, il est probable que le miel, à cause de son manque d'odeur, ne peut être reconnu que par la vue. Mais cette confusion entre les sensations gustatives et olfactives est encore plus augmentée par ce qu'on appelle *les goûts odorants*. Des particules de substances, ou les boissons avalées, montent par le pharynx et par les narines postérieures vers la région olfactive, et y exercent quelque action, facilitée naturellement par l'odorat.

Dans une autre série de recherches Patrick a essayé d'éliminer le toucher et les sensations de température en employant des substances d'une fluidité uniforme et de la même température, ce qui n'est pas toujours possible. Au contraire, des cas où partiellement le sens de l'odorat est absent se présentent plus souvent, tout comme les cas de daltonisme. Quant à l'absence complète de l'odorat, elle est très rare : pourtant elle a été très étudiée au point de vue psychologique. On a eu la chance d'en trouver un cas, et on en a profité pour le soumettre à toute une série d'expériences. La personne qui présentait ce cas d'absolue anosmie avait fait une étude spéciale de pharmacie, et était habituée aux noms des substances dont on devait faire usage dans ces recherches. De son propre aveu, confirmé d'ailleurs par un médecin spécialiste, elle était à peu près (non entièrement) privée du sens de l'odorat. De plus, cette absence complète de sensations olfactives a été confirmée aussi par un grand nombre d'expériences avec les substances odorifères représentant toutes les 9 classes mentionnées par Zwaardemaker. Quelques-unes de ces substances ont provoqué, il est vrai, certaines réactions; mais ces réactions n'étaient pas provoquées par des sensations olfactives, car ces substances affectaient plutôt les extrémités des organes tactiles, comme c'était le cas du chloroforme, qui est très volatil. Le chloroforme produisait une sensation agréable de doux dans le fond de la bouche. Toutes les substances qui, comme le chloroforme, ont produit des réactions, peuvent être considérées comme une classe de substances volatiles qui excitent le toucher et le goût. D'autres expériences ont été faites sur des femmes normales pour en comparer les résultats avec ceux du sujet précédent. En voici les résultats :

SOLUTIONS.	Mr S...	4 FEMMES.	16 FEMMES.
Sucre	1-150	1-144	1-204
Sel	1-200	1-675	1-1980
Acide sulfurique	1-2000	1-2368	1-3280
Acide tartrique	1-1000	1-1500	
Sulfate de quinine	1-160 000	1-640 000	1-456000
Strychnine	1-100 000	1-100 000	

Comme on le voit, la sensibilité gustative du sujet est peu au-dessous de la sensibilité gustative moyenne des autres femmes; elle n'est pas supérieure à leur sensibilité moyenne, comme il aurait fallu s'y attendre si la sensibilité gustative jouait un rôle prépondérant dans les perceptions gustatives. Quant aux autres sensibilités, on a constaté que les sensations de pression étaient normales sur les doigts, sur les mains et sur la face. L'absence des sensations olfactives a été, chez ce sujet, compensée sinon par une supériorité, au moins par une finesse peu commune, du toucher sur la langue; mais en comparant cette sensibilité avec celle d'autres femmes, on a pu voir que cette supériorité concernait le toucher passif, non pas actif. Des recherches nombreuses furent ensuite commencées dès octobre 1898, pendant à peu près 8 semaines. A peu près 200 substances, des boissons et des substances nutritives habituelles, furent essayées par le sujet en question, et simultanément par deux ou trois autres sujets servant comme termes de comparaison. Tous ces sujets étaient des dames de bonne éducation, habituées au goût et à l'odeur de tous les articles ordinaires de boisson et de manger. Les sujets étaient réunis jusqu'à trois fois par semaine. La séance durait une heure ou deux par jour, et pendant ce temps on essayait de 15 à 20 substances. La méthode dans ces expériences était la suivante : Les trois sujets sont assis autour d'une table, les yeux bandés, ayant une cuiller à thé d'argent, un verre d'eau tiède distillée, et un crayon devant eux; après chaque épreuve, la bouche était lavée avec de l'eau distillée. Souvent les substances étaient avalées, pour que de cette manière le sujet pût les goûter et sentir plus sûrement. Les sujets écrivaient, sur des cartes qui se trouvaient devant eux, les résultats, c'est-à-dire les noms des substances essayées, ou le goût perçu. La proportion des substances était depuis une demi-cuiller jusqu'à une cuiller entière (8 à 20 gr.). Autant que possible, toutes ces substances étaient présentées à une température voisine de 25°; et sous forme liquide, ou bien liquide et solide pour réduire au minimum l'action des muscles et les sensations tactiles, en connexion avec la langue. On a dressé un tableau complet des résultats obtenus. Nous en donnons ici une petite partie dans le tableau ci-dessous.

SUBSTANCES.	Me S.	Me L.	Me K.
Sirop de framboise.	Comme du jus de framboise.	Raisin.	Sirop de framboise; ressemble au New-Orléans sirop.
Vin de Xérès.	Comme du vin légèrement aigre, quoique je n'en aie jamais goûté.	Spirit.; du vin probablement wicky.	Vin de Xérès.
Acide lactique.	Ce semble de l'acide citrique, mais un goût peu persistant.	Acide, je ne peux pas le nommer.	Citron.
Eau distillée.	De l'eau.	De l'eau.	
Teinture de rhubarbe.	Amer. Je ne connais rien de comparable.	Rhubarbe.	
Vin de Porto.	Je ne connais pas; ça a un goût qui réchauffe.	Du vin, probablement du Xérès.	
Huile de fenouil et alcool.	Une teinture de quelque chose d'agréable. Doit avoir une forte odeur.	Alcool, avec une odeur familière, probablement carvi.	
Eau distillée.	De l'eau.	De l'eau.	
Vinaigre.	Acide acétique.	Vinaigre	
Huile de carvi et alcool.	Alcool, pas autre goût.	Je ne puis pas le nommer, contient alcool.	
Assa fœtida.	Je ne connais pas. C'est amer, probablement une teinture.		
Sirop de fraises.	Doux. Je pense du sucre.	Sirop de sucre. Ne peux pas le nommer.	
Sirop de pêches.	Sucre.	Jus de fruit. Ne peux pas le distinguer.	
Spirit. de menthe.	Menthe poivrée.	Menthe poivrée dans de l'alcool.	
Lait, 50 p. 100 d'eau.	Ce semble de l'eau avec quelque chose de dissous, amidon.	Du lait avec de l'eau.	
Jus de compote de pomme avec du sucre.	Jus de pêche.	Jus de pommes.	

L'interprétation des résultats coordonnés dans ce tableau fait penser, dit PATRICK, que les substances qui n'ont pas été reconnues par aucun des trois sujets dépendent, quant à leur reconnaissance, des sensations visuelles; celles qui ont été reconnues par les sujets normaux seulement dépendent des sensations olfactives; tandis que celles qui ont été reconnues par tous les trois dépendent ou des sensations gustatives ou bien des sensations musculaires. Quoique le nombre et l'exactitude de ces recherches ne puissent absolument satisfaire, on peut cependant dire, avec l'auteur, que la liste suivante montre au moins le rôle joué par différentes sortes de sensations dans les perceptions gustatives. Les substances suivantes ont été perçues par les sujets normaux, mais non pas par le sujet anormal, ce qui prouve que l'odeur est la *caractéristique* des goûts de ces substances : teinture de vanille, extrait de vanille, orange, citron, banane, thé, chocolat, lait, vinaigre, etc., etc. Cette liste doit être complétée par la suivante, qui contient les substances reconnues par un sujet normal seulement et d'où l'on doit tirer la même conclusion : sirop de pêches, gelée de groseille, vin de Porto, champagne, beurre frais, crème, huile d'olives, bouillon de bœuf, etc.

L'importance des sensations visuelles est donnée dans la liste des substances qui, reconnues dans l'expérience de tous les jours, ne le sont pas ni par les sujets normaux ni par le sujet anormal, les yeux bandés. Les plus remarquables sont les différentes sortes d'objets de nourriture. Ces substances n'ont pas de goût, excepté celui du sel ou un peu de doux, tandis que leur odeur est trop faible pour en être reconnue. Il est à remarquer que la viande fraîche de bouillon (non salée) ne peut pas être reconnue par le sujet privé du sens de l'odorat, mais dès qu'elle est présentée salée, elle est reconnue comme étant de la viande.

Le sujet anormal a eu plus de facilité à reconnaître les différentes sortes de pains : le fait est dû à leur différence de contexture. Parmi d'autres sortes de substances dans le goût desquelles les sensations visuelles jouent un rôle important, notons : le beurre, la crème, l'huile d'olive et différents fruits et légumes.

Mais ce qui est intéressant à savoir, selon Patrick, c'est si ces résultats tendent à affaiblir ou à confirmer l'hypothèse qu'on avait émise plus haut, à savoir qu'il y a seulement quatre sortes de sensations gustatives, que leur rôle dans la discrimination des boissons et nourritures est très peu important, et enfin qu'elles ne sont pas fusionnées dans les perceptions gustatives de l'expérience commune. Il est de toute évidence que les sensations visuelles, et plus particulièrement les sensations olfactives, jouent un rôle très important dans les perceptions du goût, et qu'elles sont des éléments essentiels dans les plus communes boissons et nourritures. On comprend bien que le reste des substances qui peuvent être reconnues sans l'intervention de la vue ou de l'odorat, peuvent être distinguées par la délicatesse du sens du toucher que la langue et les muscles de la mastication possèdent, y compris naturellement l'intervention des sensations gustatives salées, douces, amères ou acides. A peu près quarante substances furent correctement nommées par M. S. Mais, en examinant la liste de ces substances, on voit qu'elles ont presque toutes une composition caractéristique avec un effet astringent ou aigreur piquante, comme le camphre, la moutarde, le poivre, la menthe poivrée, la farine d'avoine, le maïs, le fromage, etc. Probablement, quelques-unes de ces substances, spécialement celles qui étaient douces et acides, furent bien devinées ; mais ce fut surtout par l'action musculaire et les sensations tactiles. Tels furent, probablement, les cas du fromage, du café, du poivre, de la farine d'avoine, des pommes de terre, etc., etc.

En somme, ces expériences, aussi loin qu'elles sont poussées, confirment l'hypothèse chère au psychologue américain, à savoir que, sans diminuer l'importance qui est donnée aux sensations olfactives dans le goût, par l'expérience commune, *elles indiquent, en plus, que le toucher et les sensations musculaires y jouent un rôle d'une importance peu soupçonnée.*

Dans une série supplémentaire d'expériences spéciales sur le goût du café et du thé, ces liqueurs diluées ont été confondues avec l'eau à la même température par le sujet qui manquait du sens de l'odorat. Enfin, le thé et le café ont un goût amer qui ne peut pas être distingué de l'amer de la quinine ou d'autres substances amères, quand l'intensité est la même.

X. — MÉCANISME DE L'APPAREIL GUSTATIF.

I

Hypothèses sur le mécanisme de la gustation. — La sensation gustative dépend, comme on l'a vu, de l'excitation nerveuse par des corps sapides, en dehors de toute autre considération théorique. Mais de quelle manière les corps sapides agissent-ils sur les terminaisons nerveuses? C'est le point essentiel, car on sait que, quel que soit le mécanisme qui agisse sur les papilles et sur les bourgeons gustatifs, l'excitation est transmise par les nerfs de la gustation — question encore à résoudre — au cerveau, pour ne pas dire aux centres nerveux de la gustation.

Deux hypothèses se disputent cette possibilité d'excitation : une première, déjà abandonnée d'ailleurs, invoque des raisons toutes mécaniques; une seconde, celle qui arrêtera plus particulièrement notre intention, invoque des raisons chimiques. Cette dernière hypothèse est la seule plausible, car la nature chimique des excitants gustatifs s'impose presque catégoriquement à notre pensée. La combinaison chimique est pourtant loin de nous donner l'explication complète, totale, et on ignore encore, malgré les recherches que nous analyserons plus loin, pourquoi telle substance chimique, et non une autre, produit une sensation gustative définie. La nature des sensations gustatives est extrêmement obscure, et des recherches nombreuses restent encore à être instituées. La chimie et la physico-chimie apporteront certainement des données plus précises, plus démonstratives et plus claires.

L'action des substances sapides se réduit en somme dans cette hypothèse à une réaction chimique qui ébranle les terminaisons nerveuses chimiquement. L'ébranlement mécanique est à rejeter, au moins à l'état actuel de nos connaissances.

Graham soutenait que les substances sapides appartenaient toutes à la classe des cristalloïdes, comme, par exemple, le sucre, le sel : les colloïdes ne sont pas sapides, comme, par exemple : l'albumine, le tanin, les matières extractives et végétales, les gommes, etc. Ces dernières ne traverseraient pas les corps cristalloïdes; au contraire, les corps cristalloïdes traversent les colloïdes. La muqueuse linguale appartenant à la classe des colloïdes se laisserait pénétrer par les cristalloïdes (Bain, *Les Sens et l'Intelligence*, 1889, p. 99).

H. Taine énonçait, théoriquement une hypothèse presque analogue dans son volume sur l'*Intelligence* (2e éd. 1870, I, 245). Les nerfs gustatifs sont probablement perméables aux colloïdes, et ils sont imperméables aux substances non colloïdes, d'où l'absence de saveur des substances colloïdes et la sapidité des substances non colloïdes. La chaleur animale influencerait les combinaisons chimiques des substances sapides dissoutes dans le tissu de la langue; cette combinaison serait variable selon la nature et la qualité de ces solutions. Tandis que Graham se posait ce problème comme étant à résoudre, Taine admet facilement sa vraisemblance et accepte comme probable l'existence d'une membrane colloïde imperméable qui protégerait les nerfs du goût.

La pénétration des substances sapides jusqu'au contact intime avec les nerfs du goût paraît réelle, si l'on tient compte de l'observation que le chien, dans les veines duquel on a injecté de la coloquinte, manifeste vraiment le dégoût, tout comme si l'on appliquait directement les mêmes substances sapides sur la langue. Selon Beaunis, la substance sapide s'éliminerait par la salive, et agirait de cette manière sur les papilles gustatives. J'ai répété cette expérience à plusieurs reprises, et je n'ai pu constater d'une manière réelle ce dégoût annoncé par les auteurs. Les réactions psycho-physiologiques, si ce terme pouvait s'appliquer dans ce cas, ne se distinguent guère des autres réactions liées, en principe, avec d'autres manifestations gustatives. Sur trois chiens, une seule fois j'ai pu constater ce dégoût dont parlent les auteurs, mais il n'est guère typique : il n'avait pas la spontanéité de la réaction sensorielle gustative directe. Je l'ai constaté seulement avec la coloquinte, mais guère avec d'autres substances sapides amères.

Béclard avait remarqué ce fait, d'ailleurs signalé par des cliniciens, que les malades atteints de diabète sucré se plaignent de la sensation sucrée.

Sur neuf diabétiques que j'ai pu examiner à ce sujet, un seul accusait d'une manière manifeste ce goût de sucre. Je crois, à mon avis, qu'il s'agit surtout d'auto-suggestions extrêmement faciles à se systématiser dans les cas pathologiques.

Ch. Richet, dans une note à la *Société de Biologie* (*De l'action comparée de quelques métaux sur les nerfs du goût*, *B. B.*, 25 décembre 1884, 687), avait recherché l'étude comparative des sels métalliques sur les nerfs du goût; au moyen des solutions titrées, il cherchait à préciser deux solutions, dont une A agissait sur le goût, et l'autre A' n'agissait pas.

La limite de la sensibilité gustative serait donc représentée par ce rapport $\frac{A' + A}{2}$. Les recherches sont pourtant extrêmement délicates, surtout à cause de l'eau des solutions métalliques qu'on ne saura pas négliger; d'autre part, la sensation gustative associée aux solutions métalliques n'est pas constante : les mêmes sujets accusèrent parfois des sensations gustatives ; et, d'autres fois, constatèrent que les solutions étaient insipides. Les causes d'erreur ne dépassent pas 50 p. 1000. Il faut retenir des recherches de Ch. Richet deux faits : tout d'abord qu'il n'y a aucune relation entre la sensibilité gustative et la toxicité, et ensuite que les différents acides ont une sensibilité gustative assez fixe : elle varie seulement dans des limites très faibles.

E. Gley et Ch. Richet, voulant établir la limite de la sensation gustative pour les sels des métaux alcalins, ont étudié de plus près l'action chimique des saveurs et la sensation gustative (E. Gley et Ch. Richet, *Action chimique et sensibilité gustative. Soc. de Biol.*, 9 décembre 1885, 742). Ils expérimentèrent avec des sels de lithium, sodium, potassium, rubidium, substances chimiques qui, tout en ayant des poids atomiques bien différents. (dont les rapports sont de 7, 23, 39, 85), possèdent des propriétés chimiques voisines. Prenant toujours la même quantité volumétrique des solutions (5 cc.) et comparant avec la même quantité d'eau ordinaire, on arrive à la précision de la dose-limite. Voici leurs chiffres ; ils expriment la quantité de métal par litre (c'est-à-dire à la dose nécessaire perceptible) :

MÉTAUX	CHLORURES	BROMURES	IODURES	MOYENNES
Lithium	0,06	0,055	0,05	0,055
Sodium	0,17	0,13	0,10	0,13
Potassium	0,30	0,30	0,25	0,28
Rubidium	0,50	0,50	0,50	0,50
Moyennes	0,26	0,245	0,225	

En rapportant la molécule de sel goûté à un atome de métal, on constate que 7 grammes de lithium représentent la même quantité que 23 grammes de sodium, 39 de potassium et 85 de rubidium. On obtient alors les chiffres suivants :

	Grammes.
Lithium.	0,0078
Sodium.	0,0056
Potassium.	0,0072
Rubidium.	0,0059

La quantité de lithium étant de 100, écrit Gley, les quantités correspondantes de Na, de K et de Rb seront de 139, 108 et 132 ; chiffres très concordants avec les chiffres théoriques, étant données les variations bien connues du sens du goût.

Ch. Richet (*De l'action physiologique des sels de lithium, de potassium et de rubidium. Comptes rendus de l'Académie des Sciences*, 12 oct. 1885. — *De l'action physiologique des sels alcalins. Arch. de Physiol.*, 3e série, 1886, p. 101) tira plus tard de ces faits et d'autres des données plus précises. L'action physiologique des métaux alcalins est proportionnelle non au poids absolu, mais au poids moléculaire de leurs sels. Les douze sels alcalins avec lesquels Gley et Ch. Richet ont expérimenté exercent la même action pour une même molécule.

« Si nous prenons pour type le chlorure de lithium, écrit Gley (art. *Gustation*, p. 153) dont la molécule est de 42 grammes et, d'autre part, l'iodure de rubidium, dont le molécule est de 212, nous arrivons à constater qu'une molécule de chlorure de lithium et une molécule d'iodure de rubidium ont à peu près la même sapidité, ou, en effectuant les calculs, que 124 grammes d'iodure de rubidium ne sont pas plus sensibles que 36 grammes de chlorure de lithium. N'est-on pas, dès lors, en droit de conclure que l'action des substances sapides se ramène à une action chimique, puisqu'elle a lieu d'après les même lois que les actions chimiques ? »

Ch. Richet et Gley ont essayé de voir si les sels alcalins mélangés ajoutent leurs effets sur les nerfs du goût. Ils ont fait une solution contenant des proportions telles qu'il y avait :

	Grammes.
Lithium.	0,7
Sodium.	2,3
Potassium. . . .	3,8
Rubidium. . . .	8,5

Soit en unités atomiques :

	Grammes.
Lithium.	0,1
Sodium.	0,1
Potassium. . . .	0,1
Rubidium. . . .	0,1

La solution de 1 p. 20 était très salée, et, à 1 p. 40, elle était encore sensiblement salée; la dose limite a été, en unités atomiques :

	Grammes.
Lithium.	0,00025
Sodium.	0,0025
Potassium. . . .	0,00025
Rubidium. . . .	0,00025

Cette dose est à peu près le tiers de celle qui agissait sur le goût en n'employant qu'un seul des sels en question. « Ces divers sels accumulent donc leur action sur les nerfs du goût; et, s'il en est ainsi, n'est-ce pas parce que l'action de chacun d'eux, sensiblement identique à celles de tous les autres, porte sur la même substance chimique des mêmes éléments anatomiques (matière nerveuse des terminaisons gustatives)? » (Gley, art. *Gustation*, 598.)

Dans d'autres expériences, Gley et Ch. Richet, ayant pris le même métal, avaient préparé une solution de chlorure, de bromure et d'iodure de potassium telle qu'un tiers de potassium fut mêlé à chacune de ces substances. Pour que le potassium fût sensible, on avait besoin d'une solution contenant 0gr,20 de potassium; cela fait 0gr,06 par rapport à chacune de ces trois substances, donc une quantité extrêmement faible; ce qui prouve que ces trois substances : le chlorure, le bromure et l'iodure, surajoutent leur puissance sapide.

Ces expériences, Gley et Ch. Richet les contrôlèrent par une autre méthode. On introduisit des quantités croissantes de sel dans une quantité déterminée d'eau jusqu'au moment où s'accusait une sensation gustative. La quantité de chlore, de brome et de soude fut recherchée, et on obtint les chiffres suivants :

	POIDS DE CHLORE de brome ou d'iode.	POIDS DE MÉTAL correspondant.
Chlorure de lithium . . .	0,350	0,070
Chlorure de sodium . . .	0,133	0,087
Chlorure de potassium . .	20,54	0,285
Chlorure de rubidium . .	0,224	0,540
Bromure de lithium . . .	0,49	0,043
Bromure de sodium . . .	0,57	0,164
Bromure de potassium . .	0,52	0,253
Bromure de rubidium . .	0,66	0,700
Iodure de lithium	1,06	0,058
Iodure de sodium	0,717	0,130
Iodure de potassium. . .	0,664	0,194
Iodure de rubidium . . .	0,374	0,260

Rapportées au poids moléculaire, ces données numériques nous fournissent les chiffres suivants :

	CHLORURES	BROMURES	IODURES	MOYENNES
Lithium.	0,0100	0,0060	0,0083	0,0081
Sodium	0,0037	0,0070	0,0057	0,0055
Potassium.	0,0073	0,0064	0,0050	0,0061
Rubidium.	0,0060	0,0082	0,0050	0,0051
Moyennes.	0,0068	0,0069	0,0055	0,0062

Le goût peut donc reconnaître avec une certaine probabilité la quantité moléculaire des sels alcalins dans des solutions aqueuses. La sapidité des sels des métaux alcalins, c'est-à-dire leur action sur les terminaisons nerveuses, est, selon CH. RICHET et GLEY, proportionnelle au poids atomique de ces métaux. Le phénomène de la gustation se rapprocherait donc des actions chimiques ordinaires.

W. STERNBERG, de Berlin (*Beziehungen zwischen dem chemischen Bau der süss und bitter schmeckender Substanzen und ihrer Eigenschaft zu Schmecken. Arch. für Physiol.*, 1898, 804-884) examina chimiquement et physiologiquement les relations qui existent entre les propriétés des corps doux et des corps amers. Selon ses recherches, il n'y a aucune différence moléculaire. Des substances chimiques qui anesthésient la langue pour le goût sucré (l'acide gymnémique par exemple) suppriment également le goût amer. Le goût tiendrait de l'harmonie et de la dysharmonie moléculaire ou plutôt intra-moléculaire : l'harmonie serait le goût doux, et la dysharmonie le goût amer. Les substances sapides sucrées et les substances sapides amères appartiennent chimiquement aux groupes OH et AzH^3; ils sont odorifères et chromophores.

Repreuant plus tard ces recherches, auxquelles il ajoute avec sa précision habituelle quelques nouvelles données vraiment personnelles, le même auteur vient de publier récemment, dans les *Archives internationales de Pharmacodynamie et de Thérapeutique*, un travail des plus curieux sur le « principe du goût dans le second groupe des corps sucrés » (XIII, fasc. 1 et 2, 1904). Lorsqu'on étudie toutes les combinaisons chimiques capables de nous donner des sensations gustatives, on remarque qu'il y a trois séries de combinaisons douces, de même qu'il y a trois séries de substances amères. Les trois séries des corps sucrés ont une propriété caractéristique toute particulière, propriété de nature double, comme l'avait remarqué W. ENGELMANN (*Arch. f. Physiol.*, 1898), et qui semble être commune à toutes les combinaisons douces. W. STERNBERG a cherché à trouver précisément le principe contenu dans cette nature double, qui provoque le goût. Quand le goût doux s'atténue ou disparaît, il pourrait devenir amer. Les recherches de STERNBERG l'ont conduit à croire que pour les substances inorganiques cette nature double est bien une condition particulière, mais elle n'est pas unique. Il faut une seconde condition, que va nous montrer l'étude des combinaisons organiques.

Tous les alcools sans exception possèdent la nature double à cause des radicaux alcooliques et hydroxyliques; le goût doux est limité seulement à certains groupes d'alcools : les glycols et les sucres. Les alcools monoatomiques ont aussi la nature double, pouvant fonctionner comme base et en même temps comme acide; pourtant, ils ne sont pas de goût doux, pas même insipides. Avec un simple changement survenant dans les molécules du sucre, le goût doux est transformé en amer, comme dans les saccharates et les glycosides, substances amères.

Partant de ces considérations chimiques, STERNBERG a examiné les alcools monoatomiques, diatomiques, polyatomiques et pleistatomiques, sans comparer l'intensité à la douceur, comme l'avait fait MÜSSLE (*Vergleichende Geschmacksprüfung zwischen Alcoholen, Glycosen und Saccharosen. Dissert.* Würzburg, 1891). Il résulte des observations de l'auteur que tous les alcools polyatomiques $Cn\ Hn + 2$ (OH) possèdent sans exception le goût doux; les alcools monoatomiques, ceux donc qui ne contiennent le groupement hydroxylique qu'une fois, ne provoquent aucune excitation gustative ou autre dans la vraie acception du terme. Tous les alcools polyatomiques possèdent un goût, ou bien doux ou amer. « Ce ne sont ni la composition arithmétique des atomes de carbone ni la position stéréometrique dans l'espace qui ont de l'influence sur le goût. » Le nombre des groupements hydroxyliques n'égalant pas au moins de moitié celui des radicaux alcooliques, le goût amer persiste; il se change en doux, aussitôt que ce nombre est au moins égal à la moitié des radicaux. L'arrangement des atomes de carbone et d'hydrogène provoque une exception, car le rapprochement mutuel des atomes dans l'espace modifie sensiblement les conditions chimiques pour produire le goût doux; un petit changement peut transformer le goût doux en amer, et il suffit que ces transformations portent seulement sur la position relative. Le goût doux peu donc indiquer le premier et le deuxième échelons sur le nombre d'hydroxyles mêlé parm les autres atomes de carbone, et le goût amer nous invite à connaître « la disproportion réciproque de nombreux radicaux alcooliques en relation avec les groupements hydroxyliques ». Le goût doux prend donc une part active à notre restauration, tandis que le goût amer nous défend contre tout ce qui nous nuit. Le goût aigre dénonce toujours le troisième degré d'oxydation, que les autres atomes de carbone soient ou non chargés d'hydroxyle.

Les conditions sont-elles les mêmes pour les matières douces de la chimie minérale? Il y a beaucoup de sels qui, malgré la qualité dulcigène de certains éléments et malgré leur solubilité, sont pourtant insipides. La qualité gustative d'un sel dépend exclusivement de sa base. Les éthers sels, soit inorganiques, soit halogènes, ont l'odeur douceâtre, une saveur douce, c'est-à-dire le principe du goût. Aucun de ces éthers n'a le goût amer; c'est la même loi qui régit la qualité du goût des sels, qualité déterminée par la base exclusivement.

Voici le tableau schématique des combinaisons douces et amères :

	COMBINAISONS DOUCES.	COMBINAISONS AMÈRES.	
I Combinaisons inorganiques.	La zone dulcigène.	La zone amaragène.	
II Combinaisons organiques.	Alcools.	Alcools. Éthers.	Saccharates. Glucosides. Substances amères de constitution inconnue. *Bitterstoffe*.
	Acides amers.		Alcaloïdes.

Les sels ont toujours sans exception le goût doux; pour les oxydes cependant, cette propriété gustative se limite à un petit nombre.

Voici les conclusions terminales de W. Sternberg :

« Comme les alcools ont le goût doux, les éthers proprement dits ont distinctement le goût amer. Cependant il est digne de remarquer que l'éther, si volatil qu'il soit, ne possède pas l'odeur amère. En général, il n'y a aucune substance qui possède l'odeur vraiment amère. Il existe, il est vrai, des substances à d'odeur douce ou acide, mais il n'en est pas même une seule à odeur amère, ni à odeur salée. L'éther, cependant, a une odeur, c'est-à-dire qu'il possède un goût amer, et outre cela une odeur propre. Les éthers proprement dits sont comparables aux oxydes minéraux. Parmi les oxydes minéraux, il n'y en a qu'un qui possède le goût amer; c'est H_2O_2. Le goût amer est réduit pour les combinaisons inorganiques aux sels, de même le goût acide exclusivement aux acides, de même le goût salé aux sels. Ce n'est que le goût doux qui se trouve en outre parmi les sels minéraux, et aussi parmi quelques oxydes. »

Amer	$CH_3 - O - CH_3$
Insipide	$CH_3 - O.H$
Doux	$CH_2 - O.H$ | $CH_2 - O.H$
Amer	$O.H$ | $O.H$

POUR LES « COMBINAISONS DU GOUT »

	DOUX [OH = 1/2C — H —]	AMER [OH < 1/2C — H —]
1) Les *oxydes*.	*Les alcools.* (Les sucres).	*Les alcools.* *Les éthers.*
2) Les *sels*.	*Les éthers.*	Les alcoolates. Les saccharates.
3) Les combinaisons inorganiques.	II. Les combinaisons organiques.	

Mais il est étrange, pense Sternberg, « qu'en considérant le goût doux des combinaisons minérales, il n'y ait pas même un seul exemple d'un cas où l'oxyde et en même temps le sel aient le goût doux. C'est ou bien l'oxyde comme As_2O, As_2O_3 qui a le goût doux, ou bien les sels, mais pas les deux séries réunies. Pourquoi des combinaisons comme $Pb(OH)_2$, ont-elles le goût doux comme les combinaisons de $Mg(OH)_2$, le goût amer? Cela n'est pas connu jusqu'à présent.

Cependant KAHLENBERG (*The Action of solutions on the sense of Taste. Bulletin of the University of Wisconsin*, n° 25, Madison, Wisconsin, September 1898, p. 30, § 6) dit : « *The ions SO_4 and CH_3 COO have but very little taste : the effect of the latter seems to be a trifle sweet.* »

Par conséquent, conclut STERNBERG, ce sont les sels et les oxydes qui possèdent le goût doux dans cette série.

Mais en réalité nous ignorons complètement la nature de la sapidité.

Les recherches de STERNBERG, qui confirment et complètent celles de CH. RICHET, de GLEY et CH. RICHET, de KAHLENBERG, nous indiquent la voie à suivre. La sapidité doit certainement avoir une relation intime avec la nature des substances chimiques; les sensations nerveuses doivent être pour quelque chose certainement, et on ne sait comment fixer sinon nos connaissances, du moins quelques hypothèses possibles, sur l'action des substances sapides avec l'ébranlement nerveux.

Faut-il admettre l'hypothèse de vibrations courtes, comme certains savants inclinent à le croire, schématisant nos connaissances acquises, ou faut-il attendre une explication possible des faits de la physico-chimie ou de la physique? Ce serait la voie la plus logique. Il faut en tout cas ne pas s'en tenir à la théorie subjective, facile à construire dans ce domaine comme dans tous les autres. Aussi bien ne pourra-t-on jamais nier la réalité objective des sensations gustatives.

II

Condition des sensations gustatives. — Pour qu'une substance sapide exerce son action sur la gustation, il est à considérer certaines conditions qui précisent, d'après tous les auteurs, l'hypothèse de l'action physico-chimique de la gustation.

Il faut distinguer deux sortes de conditions, les unes dépendant des substances sapides excitantes de la muqueuse linguale, et les autres, de l'état biologique et physiologique des éléments qui entrent en jeu dans la processus de la gustation.

a) **Conditions qui dépendent des excitants.** — Nous avons vu que la *solubilité* est une condition nécessaire de la gustation, et de BLAINVILLE, dans un classique traité sur l'*organisation des animaux* (1822), affirmait même un rapport étroit entre la solubilité et la sapidité; un corps était d'autant plus sapide qu'il était plus soluble. Il est vrai d'ailleurs que les corps insolubles n'ont pas de saveur, ou qu'en tout cas il s'agit alors d'une saveur spéciale. Analysant les sensations gustatives évoquées par les corps insolubles, on trouve toujours des sensations plus ou moins adéquates aux corps excitants. La saveur *métallique* n'a-t-elle pas été imaginée précisément pour définir des sensations gustatives autres que celles des classifications courantes?

Il faut toutefois n'admettre pas comme définitive la classification des saveurs. Qui oserait d'ailleurs écrire ce mot définitif en science à moins d'être un grand ignorant? Il se peut bien qu'avec le temps, les sensations s'affinissant, et devenant plus délicates et plus analytiques, les épithètes gustatives s'enrichiront peu à peu.

Une seconde condition, qui est d'ailleurs intimement liée avec l'hypothèse de la chimie du mécanisme gustatif, est, comme nous l'avons remarqué lors de l'étude des saveurs, *la nature de la solution sapide;* ou en d'autres mots l'élément qualitatif de la solution. VON VINTSCHGAU, avec son bon sens scientifique, indique cette influence, sans toutefois lui accorder la moindre considération. Nous répétons à titre de document l'observation de CAMERER, que le sel dissous dans une solution de gomme arabique perdrait notablement de sa sapidité; la sensibilité gustative deviendrait plus grossière : elle exigerait une solution plus forte (*Ueber die Abhängigkeit des Geschmackssinnes von der gereizten Stelle der Mundhöhle. Zeitschrift für Biologie*, 1870).

La troisième condition est la *température* des substances sapides. Parlant des saveurs, nous avons rappelé rapidement certains faits; examinons-les de plus près. Les expériences de CAMERER, quoique critiquées, sont confirmées par de nombreux faits. Entre

10 et 20° la sapidité s'exercerait dans les conditions les meilleures. Nous avons vu que Beaunis donnait comme température favorable 10 et 35°, chiffre d'ailleurs indiqué aussi par Béclard (21-35). Les sensations trop basses ou trop hautes diminuent ou annihilent la sensibilité gustative : cela se passe d'ailleurs comme dans tous les domaines sensibles car les sensations du froid et du chaud obnubilent toute autre sensation spécifique. Weber admettait déjà en 1847 (*Ueber den Einfluss der Erwärmung und Erkältung der Nerven auf ihr Leitungsvermögen. Arch. für Anat. und Physiol.*), pour que la langue soit capable de percevoir les substances sapides d'une température bien définie, le goût sucré n'est plus perçu à une température de 0, de même qu'à une température de 45 et 48.

Nous avons vu aussi dans les judicieuses remarques de Guyot, qu'il était arrivé presque aux mêmes données. Il lui avait été impossible de percevoir la saveur amère du colombo, après avoir gardé dans la bouche un morceau de glace.

Il faut tenir encore compte de la quantité de la substance sapide, de sa concentration; nous reviendrons sur ces questions en parlant du seuil des sensations gustatives et de la loi psycho-physique de la gustation.

b. — **Les conditions concernant les organes de la gustation.** — La gustation exige toute une série d'organes dont on connaît à peine la fonction psycho-sensorielle spécifique : les causes d'erreurs dans l'appréciation de la sensibilité gustative en sont d'autant plus nombreuses.

Les premières conditions que demande une bonne détermination de la sensibilité gustative sont la détermination des autres *sensibilités connexes*, intimement liées, comme la sensibilité tactile et la sensibilité olfactive. Cette connexion est tellement étroite que des physiologistes, surtout parmi les anciens, refusaient d'admettre un domaine propre à la sensibilité gustative. Cuvier rapprochait le goût du tact; et Blainville le définissait « une simple extension du tact ».

Pour l'influence de l'olfaction, nous avons cité, examinant la nature des saveurs et leur classification, les expériences de Chevreul : il y a des huiles essentielles qui agissent à la fois simultanément sur les deux domaines sensoriels. Le vin, avec son bouquet, est un exemple à citer; le goût n'a pas la même précision, la même finesse, si on goûte le vin avec ou sans l'intermédiaire du nez. Cela tient, selon M. Berthelot, à la présence de certains éthers composés. Il en est de même pour de nombreux plats; l'art culinaire cite maints exemples (Brillat-Savarin), des aromes, du fumet des viandes (Wing), etc., qui réclament la collaboration des sensations olfactives. Cette association s'expliquerait par la connaissance de la disposition si rapprochée, si connexe, des organes de la gustation et de l'olfaction; chez les Reptiles, il y a une communication directe entre la bouche et les fosses nasales, et, chez les Ruminants, l'organe de Jacobson représente l'intermédiaire entre ces deux organes sensoriels. Pour Liégeois cette association influerait sur la nature qualitative de l'odorat; l'odeur n'était pas la même si l'on prenait connaissance par les narines ou par la partie postérieure des fosses nasales. L'humidité de la cavité buccale favoriserait la diffusion des émanations odorantes (*Mémoire sur les mouvements de certains corps organiques à la surface de l'eau et sur les applications qu'on peut en faire à la théorie des odeurs. Archives de Physiol.*, 1868).

Les exemples ne manquent pas pour prouver l'association étroite, et qui se trouve presque continuellement mise en jeu à l'état normal, de ces trois ordres des sensation : olfactive, tactile et gustative.

La seconde condition qu'exige la gustation est d'ordre mécanique, pour ne pas dire *musculaire*. La gustation est intimement liée aussi avec le mouvement musculaire de la cavité buccale et de la langue. Guyot et Admyrauld, Patrick surtout, nous donnent des détails précieux sur cette partie du mécanisme de la gustation, sur cette compression réciproque des substances sapides introduites dans la cavité buccale. Longet, dans son *Traité de Physiologie*, ajoute quelques considérations, insistant sur la nécessité de presser, de triturer le corps solide; la voûte palatine joue un rôle purement mécanique, et elle sert comme point d'appui de résistance dans tous ces essais gustatifs. Les lèvres, les joues concourent seulement à retenir dans la bouche les substances sapides pendant l'acte de la gustation.

Les mouvements de la langue jouent le rôle le plus important. Raspail et Valentin dénient la possibilité de percevoir les saveurs, la langue étant immobile. Raspail affirme

« qu'en plongeant la pointe de la langue dans une solution sucrée sans qu'elle touche un point de la bouche, ni les parois du vase, on n'éprouve qu'une sensation de froid et d'un corps liquide, mais jamais on ne sent la saveur » (*Das Organ des Geschmacks. Froriep's neue Notizen*, février 1838. D'après GLEY, art. *Gustation*, 607).

Pour VALENTIN, l'acte de la déglutition est nécessaire dans la gustation; le sucre pulvérisé et déposé sur le bord de la langue étant imperceptible en tant que saveur sans le mouvement de la déglutition. GLEY a vérifié l'exactitude des affirmations de RASPAIL et de VALENTIN. J'ai répété sur moi-même l'expérience; elle est vraie, mais il faut remarquer qu'à la longue les sensations gustatives se perçoivent, l'amer surtout. La perception est plus difficile, plus tardive, le sujet met du temps pour accuser la sensation spécifique du corps sapide introduit dans la bouche, mais elle est réelle à la langue. Dans les expériences de DRIELSMA, les sujets, qui avaient la langue immobile et isolée dans la bouche, répondaient seulement 18 fois sur 24 pour les saveurs mises en contact avec la muqueuse linguale. GLEY trouve dans la pathologie la confirmation de ce fait. « Les personnes atteintes de paralysie de la langue ou des joues donnent souvent des indications fausses sur la saveur des substances appliquées sur les bords de la langue. » (GLEY, *art. cité*, 607.) Selon les expériences et les observations de BIMAR, il faut attribuer aux mouvements de la langue la diffusion des substances sapides. L'expérience citée par tous les auteurs, est assez concluante. BIMAR n'a jamais observé de diffusion de deux solutions différentes : une solution de ferro-cyanure de K., — quelques gouttes — déposée sur la partie de la langue tenue immobile hors de la bouche et une solution de perchlorure de fer déposée à la base de la langue. La langue devenant mobile, cette diffusion avait rapidement lieu, et la coloration bien caractéristique se produisait à la pointe de la langue. L'expérience, répétée sur le chien, donne les mêmes résultats; sectionnant chez une chienne les deux linguaux dans la région sous-maxillaire, l'animal n'éprouvait aucune sensation gustative, il ne manifestait aucune réaction psycho-sensorielle tant qu'on maintenait sa langue immobile; mais il manifestait des signes de dégoût dès qu'il fermait sa gueule et qu'on lui rendait la liberté.

La sensation gustative aurait besoin, selon J. MÜLLER, d'une répétition mécanique, pour ainsi dire, des mouvements de la langue et de son appui sur le palais de la cavité buccale; la sensation est comme renforcée par la pression. VON VINTSCHGAU considère, comme FICK et FUNKE (*Lehrbuch der Physiol.*, *Leipzig*, 1860), le rôle de la compression comme important dans le mécanisme de la gustation. Selon FICK (*Lehrbuch der Anat. und Physiol. der Sinnesorganen*, cité par VON VINTSCHGAU), la pression, la trituration donneraient aux substances sapides plus de fluidité pour qu'elles puissent arriver plus intimement en rapport avec les terminaisons nerveuses des nerfs de la gustation.

« Il se passe dans la gustation, écrit GLEY, ce qui se passe dans l'exercice des autres sens : les mouvements musculaires jouent un tel rôle dans la production de la sensation qu'ils en font partie intégrante. On a peine à se représenter ce que serait sans eux la sensation. Par exemple, les mouvements des yeux ne sont-ils pas nécessaires pour mettre les éléments sensitifs de la rétine en contact successif avec les différentes parties de l'image et, par suite, étant eux-mêmes réunis par la conscience, ne deviennent-ils pas véritablement des éléments de la perception? Il en est de même de la part que prennent dans l'orientation auditive les mouvements de la tête et les vibrations du pavillon de l'oreille » (*Art. cité*, 608).

Parmi les conditions exigées par une fonction normale de la sensibilité gustative, citons encore, comme d'ailleurs dans tous les domaines sensoriels : l'*état normal* de la circulation et de la sécrétion de la muqueuse linguale. Une langue épaisse, recouverte par un mucus épais, empêche la gustation; il en est de même pour une langue sèche. Les substances sapides exigent une humidité préalable et convenable, liée assez intimement à leur pouvoir gustatif. Analysant la physiologie de la gustation et son mécanisme de transmission, nous avons longuement parlé du rôle de la corde du tympan dans la gustation, et indirectement de l'importance de la circulation pour le fonctionnement normal de la gustation. Nous n'y reviendrons plus.

La sécrétion salivaire est certainement nécessaire, connaissant surtout le rôle que l'humidité joue dans la gustation. L'expression populaire : « faire venir l'eau à la bouche », consacre le rapport étroit qui existe entre la gustation et la sécrétion salivaire. De la viande montrée à un chien provoque facilement une sécrétion salivaire. L'homme ne peut pas empêcher cette sécrétion, s'il vient à penser à un mets favori, à un plat succulent. La salive paraît donc jouer un grand rôle dans la gustation des substances sapides excitant particulièrement la muqueuse linguale.

La sécrétion *parotidienne* entre aussi en jeu dans le mécanisme de la gustation, selon les expériences de VULPIAN, dont nous avons fait plus haut une longue exposition. VULPIAN admettait que la glande parotidienne était innervée par des fibres excito-sécrétoires provenant du glosso-pharyngien, le nerf de la gustation par excellence, selon cet auteur; d'où la probabilité de la transmission par action réflexe.

La glande *sublinguale* entrerait en action, selon G. COLIN (*Traité de Physiol. comparée des animaux*, 3e édit., I, 1886, 336), de même que toutes les autres petites glandes à salive visqueuse, pendant l'acte de la gustation.

Rappelons que la muqueuse linguale exige, ainsi que les substances sapides, une certaine température pour qu'elle puisse percevoir les substances sapides, tout comme ces substances sapides en exigent une pour se faire percevoir. F. KIESOW (*Beiträge zur physiologischen Psychologie des Geschmackssinnes. Phil. Studien*, XII, 255-275 et 464-473) fait remarquer que l'influence de la température se manifeste différemment selon qu'elle s'exerce en même temps que la gustation ou avant l'excitation de la muqueuse linguale. Selon lui, la température de la solution de la substance sapide n'a aucune influence, mais au contraire la température de la langue aurait une influence certaine. La langue plongeant dans l'eau pendant au moins deux minutes, à une température de 0° ou de 50°, ne peut plus accuser aucune sensation gustative, même pour une solution très forte, au bout de quelques minutes, ce qui est énorme pour une activité sensorielle. Elle serait plus manifeste pour le sucré, pour l'amer et pour l'acide, et moins pour le salé. SCHREIBER arrive à des conclusions différentes de celles de KIESOW (*Étude sur le sens du goût* (en russe. *Recueil de Mémoires sur la Philosophie*, offert à MOROCHOWTZEV en 1892, Moscou, 1893, 42-60). Il pense que l'influence de la température est d'autant plus grande sur les saveurs qu'elles ont une puissance plus sapide. Voici quelques chiffres de cet auteur :

	Solution à 30° ou 40°	Solution à 0°
Sucre.	0,1 p. 100	0,4 p. 100
Sel.	0,5 p. 100	0,25 p. 100
Chlorhydrate de quinine.	0,0001 p. 100	0,003 p. 100
Acide citrique.	0,025 p. 100	0,003 p. 100

Notons enfin le rapport qui existe entre la gustation et l'étendue de la surface de la muqueuse linguale excitée. Plus la surface est étendue, plus l'intensité de la gustation est grande. Les expériences de CAMERER plaideraient dans ce sens (*Ueber die Abhängigkeit des Geschmackssinnes von der gereizten Stelle der Mundhöhle*, *Z. B.*, 1870). Il avait employé quatre solutions de NaCl titrées différemment, et il avait reconnu les saveurs plus facilement si la substance était plus étendue sur la surface linguale. Dans son dispositif expérimental, on pouvait agir à volonté sur une surface simple ou double ; il avait imaginé un gros tube contenant deux petits tubes, de sorte qu'en introduisant la substance sapide dans un tube ou les deux à la fois, on était maître de l'augmentation de la surface excitée.

En résumé, l'hypothèse chimique est la seule qu'on doive prendre en considération. Mais de quelle manière cette réaction se produit-elle ? Les substances sapides excitent-elles les bâtonnets de l'extrémité périphérique des cellules gustatives des bourgeons, ou cet ébranlement a-t-il lieu à l'intérieur même du bourgeon ? On pourrait faire encore la supposition que tout se passe dans le protoplasme cellulaire, supposition d'ailleurs gratuite et des plus hypothétiques. L'histologie nous a montré à quel point les terminaisons gustatives diffèrent de celles de l'olfaction. Les auteurs auraient tort de comparer ces deux sens au point de vue de leur fonctionnement et de leurs structures histologiques. Les terminaisons nerveuses sont tout à fait différentes. Les recherches histologiques de RENAUT et JACQUES sont démonstratives. Les cellules olfactives et les cellules gustatives n'ont pas la moindre analogie, et WUNDT à tort considère, dans ses avant-dernières éditions, que dans les deux sensations les cils seraient mis en mouvement par les excitants chimiques. Les cellules olfactives sont des cellules ganglionnaires; elles constituent des protoneurones sensitifs. Le corps cellulaire est superficiel, tandis que le corps cellulaire des protoneurones sensoriels gustatifs est situé plus profondément (ganglion d'ANDERSCH et ganglion géniculé); le prolongement périphérique, très long d'ailleurs, se termine en s'enroulant presque autour des cellules des bourgeons gustatifs.

D'après les recherches de L. MARCHAND (*Le goût. Bibl. Internationale de Psychol. expérimentale.* Paris, Doin., 1903, 73) sur la muqueuse linguale du fœtus humain et sur les papilles foliées du lapin, on pourrait mettre en évidence le trajet suivi par les filets terminaux gustatifs. « Ces filets, écrit L. MARCHAND, suivant l'expression de JACQUES, se servent des cellules gustatives et de même des cellules de soutien comme de simples perches autour desquelles ils s'enroulent pour atteindre l'extérieur. Dans l'organe folié du lapin, nous avons pu voir l'extrême terminaison des nerfs gustatifs ; ils viennent se terminer en partie à l'intérieur du bourgeon, en partie autour du bouquet des cols des cellules gustatives. Autour de celles-ci, les renflements terminaux des nerfs forment une couronne régulière. Il n'y a aucune différence anatomique entre les filets terminaux qui arrivent ainsi aux pores du goût et ceux qui se terminent à l'intérieur du bourgeon. Les pores du goût permettent aux liquides sapides d'arriver à l'intérieur du bourgeon et d'impressionner les filets nerveux plus profonds. Les filets qui sont les plus voisins du pore sont plus facilement impressionnés par les substances chimiques sapides. »

Ces considérations anatomo-histologiques ne font que confirmer la probabilité de l'hypothèse chimique; on saurait comprendre le pourquoi du retard des réactions des substances sapides. Il y aurait un rapport entre la longueur de temps de réaction des saveurs et la persistance des impressions (VON VINTSCHGAU et HOENIGSCHMIED, GLEY, MARCHAND).

La durée est plus longue pour les substances amères que pour les substances sapides; cela s'expliquerait par la difficulté au liquide de venir en contact avec les bourgeons gustatifs, d'où leur persistance due à la difficulté de la faire ressortir des corpuscules gustatifs. Hypothèse claire, mais à mon avis trop sommaire.

Les corpuscules gustatifs possèdent un dispositif spécial pour faciliter la pénétration et la diffusion des saveurs, à l'extérieur des bourgeons gustatifs. C'est l'appareil érecteur décrit par RENAUT. Le mécanisme de la gustation provoque, soit par le jeu des mouvements musculaires (mastication surtout), soit par la compresssion des troncs veineux des parties de la muqueuse linguale, l'érection des papilles qui s'élèvent, et les substances sapides arrivent plus facilement dans les rigoles, et par suite, dans les pores gustatifs.

Les recherches histologiques de MARCHAND sur la langue de l'homme et du singe le conduisent à croire « que les bourgeons du goût sont très rares dans les régions dépourvues de papilles caliciformes. Au niveau des papilles fongiformes, selon lui, on ne trouve sur les corps histologiques qu'un ou deux bourgeons gustatifs par papille (MARCHAND, *Ouv. cité*, 75). Et MARCHAND se demande, à la suite de tant d'autres auteurs, s'il faut considérer les terminaisons nerveuses des corpuscules du goût comme seules capables d'être impressionnées par les saveurs. La topographie de la gustation et les recherches récentes de TOULOUSE et VASCHIDE, de MARIAU, confirment des constatations antérieures des auteurs, et accusent une sensibilité gustative en des régions buccales dépourvues de corpuscules du goût. Il existe donc d'autres terminaisons nerveuses capables d'être impressionnées par les saveurs en dehors des corpuscules gustatifs, et cette possibilité ébranle la théorie chimique et toute l'argumentation qui liait nécessairement la gustation à la présence des bourgeons gustatifs.

MARCHAND n'a pu trouver dans la muqueuse du voile du palais, ou dans les amygdales, des corpuscules du goût; les vagues terminaisons libres qui s'arborisent dans toute la muqueuse, renflées à leur extrémité, pourraient être considérées, selon cet auteur, comme des filets nerveux sensibles aux substances sapides (MARCHAND, *Ouv. cité*, 76). Il faut pourtant retenir que les papilles caliciformes seraient surtout sensibles pour les substances amères ; la disposition anatomique des rigoles des bourgeons expliquerait pourquoi ces sensations mettent plus de temps à ébranler le système nerveux; les autres sensations seraient plus rapidement perçues à cause de la terminaison des éléments percepteurs, les terminaisons libres intra-épithéliales.

Un dernier point avant de finir ce chapitre. De quelle manière toutes ces voies de perception doivent-elles être conçues? Existe-t-il une seule voie nerveuse pour toutes les substances sapides, ou faut-il admettre des voies différentes pour toutes les sensations gustatives, qualitativement différentes ? Pourrait-on conclure, malgré les expériences, d'ailleurs exactes, des auteurs, de ce fait qu'il y a des papilles qui réagissent d'une manière différente, qu'il y aurait des voies différentes pour leur transmission et pour leur conductibilité ? Ou bien cette transformation est-elle d'origine cérébrale ? Ou cela tiendrait-à des modifications dues aux neurones de relais, qui renforceraient l'excitation première, plus ou moins spécifique ? Gorchkoff admet même des centres corticaux distincts pour les diverses saveurs : chez le chien, ils sont disposés à la partie antérieure inférieure de la 3e et de la 4e circonvolution primaire, en d'autres mots, c'est dans la région de la sylvienne antérieure et de l'ecto-sylvienne antérieure. Le plus bas situé serait le centre pour l'amer ; le centre pour l'aigre, plus haut; celui du salé encore plus, et le plus haut serait celui du doux (Gorchkoff. *Travaux de la clinique des maladies mentales et nerveuses de Saint-Pétersbourg*, 1902, 1, *Revue Neurologique*, 1903, 764).

La question non seulement est loin d'être résolue, mais elle est à peine posée; elle est intimement liée au problème toujours nouveau de la spécificité des sens, qui, malgré les ingénieuses inductions de J. Müller, Meynert, Helmholtz, etc., reste encore debout et demande des faits, et toujours des faits nouveaux, pour consolider certains points faibles, ou pour expliquer des données que les physiologistes ignoraient jadis. Les éléments périphériques de la gustation favorisent certainement la possibilité de percevoir les substances sapides. Comme dans tous les domaines sensoriels, l'organe d'impressionnabilité joue un rôle de tout premier ordre ; les neurones intermédiaires transmettraient cette impression, la rendant encore plus spéciale en la renforçant davantage, et dans les centres corticaux, sur cette grande surface des lobes temporo-sphénoidaux, aurait lieu cette modification, cette empreinte sensorielle spécifique. Mais toute hypothèse plus explicite serait gratuite.

XI. — LE SEUIL ET LA PSYCHO-PHYSIQUE DES SENSATIONS GUSTATIVES.

I. **Le minimum perceptible.** — La détermination du minimum perceptible des sensations gustatives est extrêmement difficile à cause des nombreuses conditions exigées, tant pour les saveurs excitantes que pour l'organe de la gustation, si indéfinissable, si complexe, et qui se prête surtout si peu à une analyse psychologique délicate.

Toute détermination ancienne est empreinte de nombreuses causes d'erreur : l'absence d'une technique précise empêchera toujours la réalisation des conditions exigées par toute mesure scientifique. Les anciennes recherches de Von Vintschgau, Camerer, Valentin, etc., sont intéressantes seulement à titre de documentation. Il faut arriver à Ch. Richet, et à Gley et Ch. Richet, pour noter des chiffres qui sortent de la valeur comparative des renseignements des auteurs classiques. Von Vintschgau a d'ailleurs adressé à ces recherches les mêmes critiques, et il insiste sur les mauvaises conditions de technique. On essayait de déterminer la connaissance perceptible soit des quantités données d'une solution quelconque, solution faite à tout hasard, et on cherchait à se rendre compte du titre de la solution perçue, solution de plus en plus diluée, ou on se servait d'une quantité aussi minime que possible d'une solution concentrée. La première technique est la plus logique. Nous avons parlé, dans le chapitre de la Gustatométrie, des techniques utilisées empiriquement ou scientifiquement par les différents auteurs. Je donnerai ici seulement les résultats de leurs expériences.

Voici les chiffres de Valentin, et les substances sapides employées :

Nature de la substance sapide.	Quantité volumétrique de la solution perçue (dans l'eau distillée).	Quantité absolue de la substance sapide. Grammes.	Observations.
Sucre de canne. . . .	20 cc. à 1 p. 83	0,24	Sensation faible, presque indéfinissable.
Sel de cuisine.	11cc,5 à 1 p. 215	0,007	Sensation nette.
	12 cc. à 1 p. 426	0,027	Saveur très faible.
Acide sulfurique. . . .	1 p. 100 000	—	Avec de l'attention.
Extrait d'aloès.	1/4 cc. à 1 p. 323	0,008	Saveur nette.
Sulfate de quinine. . .	1 p. 33,000	—	Sensation nette.

VALENTIN croit qu'il faut plutôt se servir d'une petite quantité volumétrique d'une solution concentrée que d'une grande quantité d'une solution diluée.

Ainsi, pour avoir des sensations sapides du salé, il faut prendre 1 cc, 5 d'une solution de sel de cuisine de 0,87 p. 100 pour provoquer la sensation de salé, donc, 0gr006 sel; on perçoit pourtant à peine la saveur d'une solution de 1/4 p. 100 de sel en prenant 12 cc. de la solution, soit 0gr029 de sel. Cela est explicable, car il se peut bien que l'excitation plus intense de quelques fibres gustatives soit suffisante pour éveiller la sensation, tandis que l'excitation faible d'un plus grand nombre de terminaisons nerveuses serait moins capable d'évoquer une sensation nette. VON VINTSCHGAU explique le fait ainsi, et, ce semble, avec raison.

Pour la *strychnine*, VALENTIN donne comme solution possible : 1. p. 40,000.

CAMERER donne les chiffres suivants pour NaCl (*Die Grenzen der Schmeckbarkeit von Chlornatrium in wässriger Lösung* — *A. g. P.*, II, 232).

QUANTITÉ DE SEL en milligrammes contenu dans sa solution acide.	DILUTION du sel.	NOMBRE DE FOIS où la sensation a été vraie.
4,8	1 p. 6250	8,7
9,5	1 p. 3158	48,7
14,3	1 p. 2098	79,7
19,1	1 p. 1570	91,5
28,6	1 p. 1049	98,7

Pour la quinine :

QUANTITÉ DE LA QUININE en milligrammes contenue dans la solution acide.	DILUTION de la quinine.	NOMBRE DE FOIS où la diagnose a été exacte.
0,029	1 pour 103,400	32
0,044	1 pour 68,000	62
0,059	1 pour 51,000	77
0,074	1 pour 40,000	88
0,089	1 pour 34,000	89

La sensibilité sapide de la quinine est, d'après CAMERER, 211 fois plus grande que celle du sel. Les chiffres de ces auteurs se ressemblent, avec cette différence que la sensibilité gustative de CAMERER est un peu plus grande que celle de VALENTIN. CAMERER reconnaissait une saveur salée contenant 28mgr de sel, tandis que VALENTIN reconnut une saveur légèrement salée à une solution qui contenait 0gr,027 de chlorure de sodium. CAMERER se servait d'une solution à 1 p. 1049 et prenait 30 cc., tandis que VALENTIN se servait d'une solution à 1 p. 413 et prenait 12 cc.

CAMERER avait essayé de déterminer la sapidité du sel pour une région délimitée de la pointe de la langue, et il a obtenu la sensation salée avec une solution de 0gr039 avec un coefficient de 70 p. 100 de vrais ; le coefficient était de 12 p. 100 seulement avec une solution à 0,089.

Avec CH. RICHET on arrive aux observations plus précises. Les observations faites sur lui-même (*B. B.*, 1883, 17 décembre) sont toujours à citer; il employait 1 cc. de solution. Voici ses résultats :

	QUANTITÉ DE MÉTAL (par litre de liquide).
Sulfate de cuivre	0,001
Nitrate d'argent.	0,004
Bichlorure de mercure . .	0,010
Chlorure d'ammonium . .	0,020
Sulfate de zinc	0,045

Voici aussi les chiffres de CH. RICHET pour la sapidité de quelques acides.

	POIDS D'ACIDE par litre (poids absolu)	par litre évalué et poids de CaO saturé.
Acide sulfurique.	0,07	0,040
Acide nitrique	0,07	0,031
Acide chlorhydrique . . .	0,078	0,059
Acide acétique	0,09	0,042

L'action des différentes solutions acides sur la gustation ne varie donc que dans de très faibles limites. Donc cela se passe tout autrement que pour le sel et pour les substances amères.

E. Gley et Ch. Richet déterminèrent le minimum perceptible de divers alcaloïdes; en goûtant 5 cc. d'une solution dans l'eau. On avait pris tous les soins pour laisser aux sensations toute leur indépendance psycho-physiologique, mettant de l'intervalle entre les essais gustatifs et cherchant à éviter les post-sensations ou arrière-goût, source inépuisable des causes d'erreur dans toute détermination gustative (*De la sensibilité gustative pour les alcaloïdes. B. B.*, 18 avril 1885, 237).

ALCALOÏDES	DEGRÉ de la dilution par litre	QUANTITÉ de substance nécessaire pour être perçue en gr.
	gr.	
Strychnine monochlorée	0,0006	0,000003
Strychnine	0,0008	0,000004
Nicotine	0,003	0,000015
Éthyl-strychnine	0,004	0,00002
Quinine	0,004	0,00002
Colchicine	0,0045	0,0000225
Cinchonine	0,016	0,00008
Vératrine	0,02	0,0001
Pilocarpine	0,035	0,000125
Atropine	0,03	0,00015
Aconitine	0,05	0,00025
Cocaïne	0,15	0,00075
Morphine	0,15	0,00075

Il n'y a pas de rapport à établir « entre la quantité nécessaire pour produire la sensation et la composition chimique », et il n'y a aucun rapport entre la toxicité et l'amertume. La sapidité des substances amères est, comme on le voit, extrêmement variable d'un alcaloïde à l'autre : il faut 200 fois plus de morphine que de strychnine pour provoquer une sensation gustative.

Voici, d'après Gley et Ch. Richet, quelques chiffres sur la quantité nécessaire pour être perçue des quelques corps dans lesquels entre aussi le groupe AzH^2, comme dans les alcaloïdes :

	Degré de la dilution par litre.	Quantité de substance nécessaire pour être perçue.
	grammes.	grammes.
Méthylamine	0,15	0,00075
Ammoniaque	0,4	0,002
Urée	7,5	0,035

J'ai étudié dernièrement avec le *guési-esthésimètre* Toulouse-Vaschide le minimum perceptible des sensations gustatives; j'ai voulu déterminer la sensibilité gustative générale, et nullement locale. J'ai examiné 28 sujets hommes et 30 sujets femmes, leur âge variant de 22 à 36 ans. C'est la première fois qu'on essaye de déterminer la sensibilité gustative pour obtenir une vraie moyenne. Voici les chiffres :

NATURE des SUBSTANCES SAPIDES.	MOYENNE DES SENSATIONS.		MOYENNE DES PERCEPTIONS.		NOMBRE DE CAS SUR 10 OÙ LA SUBST. EST RECONNUE.	
	HOMMES.	FEMMES.	HOMMES.	FEMMES.	HOMMES.	FEMMES.
Salé	2 p. 1 000	1 p. 100	1 p. 100	4 p. 100	9,27	8,31
Doux	6 p. 1 000	7 p. 1 000	6 p. 100	7 p. 100	8,73	8,03
Amer	5 p. 100 000	8 p. 100 000	5 p. 10 000	8 p. 10 000	8,90	7,82
Acide	8 p. 10 000	7 p. 10 000	8 p. 1 000	7 p. 1 000	9,40	9,20

L'homme a donc une sensibilité plus fine que la femme pour le salé; la supériorité persiste en faveur de l'homme avec moins de différence pour l'amer; pour l'acide et le doux, sa sensibilité gustative est presque égale, tant pour la sensation que pour la perception. La valeur des réponses concernant la sensation se juge chez les hommes et chez les femmes sur la proportion élevée des cas où l'eau est reconnue. Quoique l'homme paraisse avoir un goût plus fin, la femme est supérieure pour la reconnaissance des saveurs-odeurs. Sur 10 saveurs-odeurs les hommes en reconnaissaient en moyenne 6,42, tandis que les femmes en reconnaissaient 7,46. Cela tient sans doute à l'habitude qu'ont les femmes de porter, par leurs occupations de ménagère et leurs habitudes de toilette, davantage leur attention sur les saveurs et les odeurs des corps (VASCHIDE. *Mesure de la sensibilité gustative chez l'homme. C. R.*, 1901, 893-900).

II. **La psychophysique des sensations gustatives.** — La loi psycho-physique de WEBER-FECHNER a été confirmée en partie seulement par les recherches de F. KEPPELER. KEPPELER avait montré qu'il est impossible d'évaluer psycho-physiquement le rapport entre l'excitation et la sensation. Lorsqu'on prend deux solutions différentes et dont la sapidité est très faible, on se trompe assez souvent dans la désignation qualitative de ces solutions; le nombre de ces jugements vrais et de ces jugements faux ne présente en aucune manière un rapport plus étroit. Les sujets qui goûtaient les solutions même d'une progression croissante de sapidité accusaient tantôt des sensations vraies, tantôt des sensations fausses. KEPPELER concluait que la loi de FECHNER, c'est-à-dire que la sensation croît comme le logarithme de l'excitation, ne peut pas s'appliquer aux sensations gustatives (*Die Unterscheidungsvermögen des Geschmackssinnes für Concentrationsdifferenzen der schmeckbaren Körper. A. g. P.*, 1869, II, 489).

Voici quelques chiffres :

Le degré de la concentration des différentes solutions.	Le pourcentage des cas vrais.
2,5 0/0	53,8
5,0	61,2
7,5	73,2
10,0	80,8

G. T. FECHNER, examinant les recherches de KEPPLER, constate que les résultats de cet auteur confirment sa loi pour ce qui concerne le chlorure de sodium, confirmation approximative, sans doute à cause de la différence considérable des considérations expérimentales. Les résultats des autres recherches sur la quinine, sur la glycérine, etc., sont sans doute moins favorables, même selon G. T. FECHNER. Les dernières recherches de HÖNIG confirment vaguement la loi psycho-physique de la gustation. Ces données expérimentales seraient d'ailleurs mises en doute par FECHNER comme dans les expériences de KEPPLER. Je ne connais pas d'autres recherches sur la psycho-physique; la question est encore à étudier expérimentalement. Les difficultés expérimentales sont notoires : on ne peut pas circonscrire l'irritation sensorielle, et, pour une même excitation, la surface excitée peut introduire des coefficients difficiles à interpréter dans le calcul des résultats.

XII. — LE TEMPS DE RÉACTION DES SENSATIONS GUSTATIVES.

La rapidité perceptive des sensations gustatives, c'est-à-dire le temps nécessaire pour que le corps sapide déposé sur la muqueuse linguale soit perçu, est généralement très long.

VON WITTICH et GRÜNHAGEN étudièrent les premiers cette question (VON WITTICH, *Ueber die Fortleitungsgeschwindigkeit in menschlichen Nerven. Zeitschrift f. wiss. Med.*, 31, XXXI). VON WITTICH employa, pour la détermination de la durée des réactions des sensations gustatives, le courant électrique. Appliqué sur la pointe de la langue, le courant électrique provoquait une saveur acide; l'accusation d'une perception était accompagnée de l'interruption immédiate de l'excitation électrique. Il donne comme chiffre de la durée : 0″167 : dans ce temps entre aussi certainement l'acte musculaire qui détermine l'interruption du courant électrique.

Les recherches de Von Vintschgau et Hönigschmied sont plus nombreuses, et sont, avec celles de Beaunis, de Buccola et de Ch. Henry, les seules qui aient été faites sur la vitesse des réactions gustatives. Les recherches de Kiesow concernent des points spéciaux de la psycho-physiolologie sensorielle gustative.

Von Vintschgau et Hönigschmied (*Versuche über die Reactionszeit einer Geschmacksempfindung*, *A. g. P.*, x; xii, 87; xiv, 529) employèrent une technique des plus ingénieuses et simples. La substance sapide était déposée sur la muqueuse linguale, à la base ou à la pointe, avec un pinceau, en même temps qu'un courant électrique se formait instantanément. Il y avait rupture de courant immédiatement dès qu'on accusait une perception. Ils divisent leurs recherches en trois catégories :

1° Celles dans lesquelles les sujets avaient connaissance de la nature de la substance sapide employée.

2° Celles dans lesquelles les sujets devaient distinguer la substance sapide connue de l'eau distillée.

3° Celles dans lesquelles les sujets devaient distinguer deux substances sapides totalement ignorées. Il s'agissait, en somme, du « temps de choix ».

Voici les chiffres de Von Vintschgau et de Hönigschmied sur le temps de réaction pour la base de la langue des sensations gustatives :

Attouchement de la langue, simple contact, 0''1409.

Temps de réaction pour les saveurs amères, 0''552.

Temps de réaction pour les saveurs sucrées, 0''502.

Temps de réaction pour les saveurs salées, 0''543.

Le tableau suivant donne le résultat des expériences sur la pointe :

NATURE DE L'EXPÉRIENCE.	LE SUJET H.	S. Dr O.	FU.
Attouchement.	0'',1507	0'',1251	0'',1742
Chlorure de sodium.	0'',1598	0'',597	»
Sucre.	0'',1639	0'',752	0'',3502
Acide.	0'',1676	»	»
Quinine.	0'',2196	0'',993	»

Les trois sujets avaient connaissance de la nature des substances sapides utilisées pendant l'expérimentation.

Dans le tableau suivant, on trouvera en secondes les résultats des trois sortes d'expériences faites sur un sujet :

	DISTINCTION DU CORPS SAPIDE de l'eau.	DISTINCTION DE				
		EAU.	CHLORURE de sodium.	ACIDE.	SUCRE.	QUININE.
Chlorure de sodium.	0'',1598	0'',2766	»	0'',3338	0'',3378	0'',4802
Acide.	0'',1676	0'',3315	0'',3749	»	0'',4081	0'',4096
Sucre.	0'',1639	0'',3840	0'',3688	0'',4373	»	0'',4224
Quinine.	0'',2196	0'',4129	0'',4388	0'',5095	0'',4210	»

La première colonne indique la substance dont on a mesuré la réaction gustative; les autres colonnes donnent le temps de réaction cherchée par distinction de la substance dont la colonne respective indique la nature.

La conclusion des recherches de VON VINTSCHGAU et HÖNIGSCHMIED est que la vitesse des réactions gustatives de choix est d'autant plus lente que sa vitesse réactive individuelle est plus lente.

Les dernières recherches sont celles de H. BEAUNIS, auquel la psychologie doit de bien solides études. Les expériences ont été faites sur lui-même (*Recherches expérimentales sur les conditions de l'activité cérébrale et sur la physiologie des nerfs*, Paris, II, 1884, 49-81). Le dispositif est plus précis que le précédent. Sur la langue est appliquée une mince lamelle de platine, qui se trouve reliée à l'un des rhéophores d'une pile par un fil de platine; l'autre rhéophore de la pile est mis en rapport à l'aide d'un fil de platine, avec un anneau métallique, un bouton entouré d'une éponge; le signal électrique de DEPREZ, interposé dans le circuit, fermait le courant au moment où l'éponge imbibée de la substance sapide était appliquée sur la muqueuse linguale. La réaction était indiquée par le signal donné par le sujet, signal électrique qui marquait la durée perceptive gustative.

Voici les chiffres de BEAUNIS :

POINTE DE LA LANGUE.

Nature de la substance sapide utilisée.	Minimum.	Maximum.
Salé.	0'',25	0'',71
Sucré.	0'',30	0'',85
Acide.	0'',64	0'',70
Amer	2'',00	7'',00

DOS DE LA LANGUE

Nature de la substance sapide.	Minimum.	Maximum.
Salé.	0'',70	0'',146
Sucré	?	0'',166
Acide	0'',165	0'',166
Amer	en moyenne	1'',5

Ces chiffres sont sensiblement supérieurs à ceux de VON VINTSCHGAU: cela tient certainement aux conditions différentes expérimentales. Graduer l'excitation pour avoir la mesure exacte et adéquate d'une excitation sapide donnée, c'est une besogne difficile, même entre les mains des physiologistes les plus exercés; le moment précis de l'excitation sensorielle ne peut pas être exactement déterminé; BEAUNIS analyse le minimum du temps de réaction des sensations gustatives, et il passe en revue les conditions des excitants sapides et celles des sensations gustatives. Si l'on voulait comparer le temps de réaction des sensations gustatives et celui des sensations olfactives au temps de réaction des autres sensations, BEAUNIS fait remarquer qu'on marcherait à l'aveugle, car il s'agit d'unités bien différentes.

CHARLES HENRY a étudié également la mesure du temps de réaction des sensations gustatives (CH. HENRY, *Le temps de réaction et des impressions gustatives mesuré par un compteur à secondes*, *B. B.*, 1894, 27 oct., 682). On excite la langue avec un courant électrique faible, produit par une pile placée dans une cuvette « fixée au bouton déclancheur à secondes ». Cette pile consiste dans un disque d'argent, un morceau de ruban de magnésium brillant, et une rondelle de papier saturée d'eau. Le déclanchement de l'appareil est provoqué par l'application de la langue sur le disque d'argent. Le compteur s'arrête quand le sujet retire la langue. La mesure du temps de la réaction gustative est indiquée par le calcul du temps, depuis l'application de la plaque d'argent sur la langue et la perception de la sensation d'acide déterminée par le courant électrique. Pour cet auteur, la durée des sensations gustatives est de 1'', 4'', 5'', chiffres variant avec les individus, mais concordant chez le même sujet.

Citons aussi pour finir les chiffres du psychologue italien, G. BUCCOLA. On déterminait le temps par la mesure entre l'application d'une éponge imbibée avec la substance sapide et la rupture d'un contact électrique (G. BUCCOLA, *Le Legge del tempo nei fenomeni del pensiero. Saggi di Psicologia sperimentale.* Milano, 1883, in-18, 632). Voici, en centièmes, le résultat de ses données :

A la pointe de la langue.	Base de la langue.
350 centièmes de secondes.	434 centièmes de seconde.

XIII. — LES PERCEPTIONS GUSTATIVES.

Dans ce chapitre, j'examinerai quelques données particulières qualitatives des sensations gustatives, et, entre autres : les phénomènes de *persistance des saveurs*, de *contraste des saveurs, combinaison des saveurs*, de *l'évolution des saveurs avec l'âge*, et le phénomène psycho-physiologique du *dégoût*.

1. — Les sensations gustatives ont la qualité d'être **généralement persistantes**. Or la cause de ce phénomène est extrêmement peu connue. Les recherches méthodiques font défaut, et nous sommes en pleines hypothèses; les unes évoquent l'action chimique des substances sapides; les autres, la lenteur de la perception. Bidder trouvait une certaine analogie entre la persistance des couleurs et celle des saveurs, mais ses considérations sont vagues (*Wagner's Handwörterbuch der Physiologie*, III, (1), 1846,10-11). Il faut toujours retenir l'hypothèse d'une énergie spécifique des sensations gustatives qui procéderait des mêmes bases et des mêmes principes que les sensations visuelles de couleur.

Fick (*Lehrbuch der Anatomie und Physiologie der Sinnesorgane*, 1864) invoque les considérations anatomiques; il y aurait un rapport intime entre le nombre des fentes papillaires et la persistance des sensations gustatives. Valentin (*Lehrbuch der Physiol.*) invoque les considérations chimiques. Certaines substances sapides changeraient de saveur après la première impression gustative; l'arrière-goût ne serait pas le même lorsqu'il s'agit de la gustation des substances aromatiques, des substances qui contiennent du tanin, certaines liqueurs, etc. Les substances qui contiendraient du tanin, donc une substance amère, laisseraient aussi un arrière-goût, parfois une sensation de douceur. L'exemple de Bimar (*ouv. cité*) est assez typique; ayant fait des expériences avec l'acide oxalique sur lui-même, il avait remarqué des différences notoires qualitatives entre les excitations sensorielles de la même substance sapide par rapport à la topographie de la muqueuse linguale irritée; mais elle produisit à la base de la langue un goût acide, sensation devenue quelques instants après douce, et à tel point que l'eau pure prise à la suite paraissait sucrée.

Les expériences manquent; tout au plus si la physiologie pourra enregistrer quelques cas d'observations isolées ou des considérations secondaires.

La *post-perception*, ainsi que les psychologues allemands appellent la sensation postérieure à l'excitation première, est plus typique, plus précise dans les sensations gustatives.

Les **saveurs consécutives** ont été rapprochées par certains auteurs des images consécutives et des couleurs contrastantes des sensations visuelles. Après la perception du sucré, il reste toujours dans la bouche la sensation d'acide; l'eau paraît légèrement douce après qu'on a goûté du salé ou de l'amer.

Nagel et Kiesow sont les seuls auteurs qui aient étudié scientifiquement ce problème. Il ont apporté tous deux leur minutiosité habituelle, toujours intéressante à suivre, surtout quand on lit des auteurs aussi compétents dans les questions qu'ils étudient. Nagel (*Ueber die Wirkung der Chlorsaueren Kali auf den Geschmacksinn. Z. f. Phys. u. Psych. d. Sinnesorg*, x, 235-239) a constaté qu'une solution de chlorate de potasse à 1 p. 100, qui habituellement n'évoque qu'une vague et froide sensation gustative, presque indéterminable, communique à l'eau goûtée après cette solution une légère saveur sucrée et acide. La seconde sensation dépasse la première. Selon Kiesow, les sensations consécutives ne dépassent jamais les sensations primitives, contrairement à ce qu'affirme Nagel ; c'est seulement après un certain temps que la sensation se modifie, et elle devient alors amère. Le problème est à peine posé; il a besoin encore de nombreux faits pour admettre la moindre probabilité. Le goût, par sa complexité chimico-physiologique, explique la vieille expression : « *De gustibus non est disputandum.* » Les actions glandulaires des papilles, les réactions de la salive, les éléments nerveux et les coefficients subjectifs, etc., sont des facteurs qui entrent en jeu et qui modifient et changent l'appréciation possible objective des sensations gustatives.

Un fait est certain : le goût s'émousse, les sensations s'affaiblissent avant de s'éteindre d'une manière particulière, à cause de la difficulté et de la complexité d'analyser les sensations de la cavité buccale. La **fatigue gustative** existe, mais elle est rarement constatable. Les *phénomènes physiologiques* troublent le goût par la distraction plus facilement qu'il ne peuvent troubler les autres excitations sensorielles. Comme phénomène psychologique, le goût constitue un état psycho-sensoriel particulier, car il a son autonomie toute particulière.

2. — Il n'existe aucun travail, en dehors des recherches de Patrick (*On the analyses of perception of taste*), sur l'analyse des sensations gustatives, sur la *mémoire* et sur la **combinaison des saveurs**.

Tous les auteurs évoquent des souvenirs personnels, des analyses ingénieuses, des analogies, pour la plupart fausses, avec l'odorat; mais il n'y a aucun fait, aucune expérience précise, au moins dans la mesure où j'ai pu me documenter. En tout cas, la mémoire d'une saveur, le souvenir d'une saveur ne doivent jamais se confondre avec la *post-sensation* gustative, avec l'*arrière-goût;* le souvenir d'une saveur est un acte psychologique indépendant de l'excitation physiologique immédiate et peut être évoqué en dehors de tout concomitant physiologique. La post-sensation est comme l'ombre de l'excitation physiologique normale.

Longet prétendait qu'il est impossible de remémorer les sensations gustatives, cela pourrait se traduire psychologiquement qu'il n'existe pas d'**images gustatives**. Nous sommes persuadés du contraire; mais toutefois il faut définir expérimentalement la nature et le contenu de ces images. Nous gardons le souvenir des saveurs, et Rouillard disait, peut-être avec raison, que la satiété est un effet de la mémoire du sens du goût.

L'image gustative entre en jeu dans notre langage intérieur, dans notre mémoire affective, dans notre association d'idées. On en fait un usage plus rare à cause de la petite place que cette image occupe dans la sphère intellectuelle humaine. En tout cas, cette sphère est beaucoup plus grande qu'on n'incline à l'admettre. On s'en rend compte lorsqu'on analyse les perversions du goût, et toute cette riche et inouïe pathologie des perversions sexuelles, pour la plupart toutes caractérisées par des perturbations gustatives.

Chez l'homme normal, ces images jouent aussi un rôle considérable; mais l'attention est portée consciemment souvent sur elles, à cause de l'intimité du domaine qu'elle atteint.

L'existence de l'image gustative ne serait-elle pas mieux expliquée par l'analyse de certains cas d'aphasie, où les sujets ne reconnaissent pas les objets visuellement, mais par l'odorat ou par le goût? Des lésions cérébrales bien délimitées, comme par exemple celles de l'occipital, n'empêchent pas les chiens opérés de reconnaître les aliments même par le goût en dehors de l'odorat; j'ai pu remarquer le fait maintes fois dans mes recherches sur les chiens écérébrés. L'image gustative existe; elle est définissable, et par conséquent la sensibilité gustative est capable d'emmagasiner des images, d'avoir une mémoire et d'intervenir dans le mécanisme mental au même titre que les autres sensations.

Les saveurs sont toujours accompagnées, en tant que saveurs, d'une certaine affectivité, mais à mon avis moindre que celle qui est admise par les auteurs. Les saveurs-images jouent dans la pensée normale un rôle effacé, elles entrent en jeu lorsqu'il s'agit surtout de *l'apport* des sensations de fusion ; tout au contraire elles deviennent obsédantes dans les troubles pathologiques. Les images gustatives jouent souvent dans le mécanisme de notre pensée le rôle de rappel ; elles servent comme plan à une association émotive, souvent intimement liée avec des souvenirs olfactifs. Au point de vue de la mémoire et du souvenir des images, la gustation, est, à mon avis, l'esclave du mécanisme psychologique de la gustation, et secondairement de la vision. Je pourrais donner des exemples multiples, mais je me contente de ces propositions explicatives, pensant y revenir plus tard avec des recherches expérimentales. Une image gustative est rarement seule dans l'esprit : elle se confond facilement avec les autres, et ce qui les distingue, ce qui donne de l'individualité à leur souvenir, ce sont précisément les images olfactives et visuelles associées. Cela s'explique, à mon avis, par la pauvreté de notre langage, et par le peu d'épithètes avec lesquelles nous fixons dans notre pensée les images gustatives. Que dire d'une sensation douce, amère, acide ou salée, autre chose qu'elle est plus ou moins douce, amère, etc.? On ajoutera des termes approchés; mais l'image sera toujours pauvre. L'art culinaire, un art visuel plutôt que gustatif, a tellement compris, subconsciemment d'ailleurs, ce fait, que l'esthétique se réduit à une savante utilisation des matières premières culinaires pour frapper l'œil et le nez, pour provoquer des associations nombreuses et agréables de ces sensations adéquates. Les sensations de température et les saveurs-odeurs contribuent à donner le relief, à mieux fixer dans la mémoire toutes les excitations des substances sapides.

3. — Le **phénomène de contraste** des sensations gustatives se rapproche sensiblement du mécanisme psycho-physiologique des autres sensations. On entend par contraste une transformation, une inversion des sensations; une sensation en évoquerait une autre totalement opposée. Physiologiquement on sent que le nerf du goût est excité par une substance sapide, il devient moins ou plus apte à être excité par une nouvelle saveur. J. Müller cite (dans son *Traité de Physiologie*, 1837, 493), comme phénomène de contraste, le fait que les saveurs du vin seraient moins franches, après des substances sapides sucrées, de même que le goût du fromage évoquerait le goût du vin... L'observation courante, d'ailleurs précisée dans l'art culinaire, nous déconseille de goûter le vin après avoir goûté des substances amères ou acides. Il y a incompatibilité entre certaines saveurs; comme entre certaines autres une affinité.

Pour **la compensation des saveurs**, la thérapeutique pharmaceutique pourrait à la rigueur nous fournir de nombreux exemples; les sirops et toutes les solutions sucrées servent couramment à cacher, à masquer les saveurs franchement désagréables. Je ne partage guère l'explication de Brücke, admise par tous ceux qui le citent (*Vorlesungen über Physiol.*, 2ᵉ éd., *Wien*, 1876). Brücke est d'avis que le phénomène de la compensation est d'origine centrale; le sucre ne pourrait neutraliser l'acide et n'exercerait d'autre part aucune action sur la muqueuse linguale, selon cet auteur. Or il arrive souvent que le sucre masque une saveur acide. Von Vintschgau, malgré l'opinion de Brücke, est d'avis qu'on pourrait expliquer la compensation par la modification de nos sensations sapides. En tant que sensation, nous corrigeons la sensation acide. Dans ce cas, elle devient donc plus agréable pour la muqueuse linguale. Je crois que, dans le phénomène de la compensation, la subjectivité est prépondérante. Dans une série d'expériences et d'observations, je n'ai pas pu remarquer la moindre concordance expérimentale; les réponses variant non seulement d'un sujet à l'autre, mais aussi chez le même sujet et dans une proportion considérable, qui empêchait de songer à un phénomène psycho-physiologique central. Lorsque nous parlerons de la subjectivité des sensations gustatives, nous verrons quel rôle joue dans ce domaine sensoriel l'analyse mentale, le coefficient subjectif désorienté, n'ayant aucun point de repère et aucun critérium. Ainsi les suggestions sapides sont les plus faciles et les hallucinations les plus obsédantes.

D'après F. Kiesow (*Beiträge zur physiologischen Psychologie des Geschmackssinne*. § 4. *Compensation und Mischungscheinungen. Philosophische Studien*, XII, 254-274), on ne peut pas obtenir l'annihilation réciproque d'une solution de deux substances sapides. Il a expérimenté avec dix combinaisons: sucré-salé, sucré-acide, sucré-amer, salé-acide, salé-amer, acide-amer; il a utilisé des solutions de sucre de canne, d'acide chlorhydrique ou de chlorure de sodium et de quinine. Le mélange était fait de manière à déposer sur la muqueuse linguale 1 cc.; les sujets devaient faire grande attention à leurs réponses. On n'a pas pu avoir des mélanges franchement insipides; tout au plus arrive-t-on à obtenir un liquide fade, différent comme goût des deux solutions mélangées. Plus les solutions sont faibles, plus le mélange est facile; plus elles sont fortes, plus le mélange est impossible; on perçoit la saveur sur laquelle l'attention se porte; parfois, mais c'est rare, on peut percevoir les deux saveurs en même temps. Le retard de la réaction des substances sapides amères expliquerait pourquoi dans le mélange elles apparaissent en dernier lieu. Les impressions gustatives sont si variables qu'on ne saurait comparer au mélange des couleurs le mélange, improprement d'ailleurs nommé ainsi, des saveurs.

Selon SCHIRMER (*Einiges zur Physiologie des Geschmacks. Deutsche Klinik*, 1859, XI, N°s 13, 15, 18. *Nonnullae de gustu disquisitiones. Diss. inaug.* Gryphiae, 1856), dans un mélange de saveurs on ressent tout d'abord le salé, le sucré ensuite ; viennent ensuite l'acide et dernièrement l'amer. Cela s'explique pour un mélange dans lequel le sucré se fait sentir le premier : la perceptibilité serait en rapport direct avec la sapidité des réactions sensorielles.

4. — L'art culinaire tire des avantages de ces phénomènes de contraste et de compensation. **La combinaison des saveurs** est l'âme de l'art culinaire ; il y aurait des gammes de saveurs selon les gourmets, et certains auteurs pensent même à comparer les accords et les désaccords des saveurs avec les phénomènes analogues des sensations auditives et gustatives. Il serait intéressant de voir s'il n'y aurait pas là quelque phénomène d'interférence, et de contrôler expérimentalement toutes les données de ces comparaisons gustatives, surtout si l'hypothèse du mécanisme de la gustation n'était pas celle d'ondes vibratoires, aussi courtes que possible, et surtout quand la théorie des *ions* nous oblige à nous diriger vers d'autres conceptions de nos mécanismes sensoriels.

5. — Les modifications les plus variées, les plus importantes, sont dues aux coefficients subjectifs individuels. Les **impressions gustatives subjectives** constituent un chapitre à peine commencé, mais qui sera des plus riches quand la pathologie nous documentera sur la portée analytique de nos investigations mentales dans le domaine de la gustation. Nous examinerons au chapitre suivant la pathologie de ces impressions gustatives, liées à des troubles nerveux soit centraux, soit périphériques ou fonctionnels Dans les cas normaux, les impressions subjectives apparaissent surtout lorsqu'il s'agit de la dénomination des saveurs. Comme nous l'avons dit, le langage n'est pas toujours apte à former le terme adéquat : d'où perte du souvenir des phénomènes de contraste ou de compensation, des illusions, etc. A ce titre, il faut lire le travail intéressant de CH. S. MYERS, de Cambridge, sur les dénominations gustatives chez les sauvages (*Taste names in Murray Island. Reports of the Cambridge anthropological Expedition to Torres Straits*, II, (2), 186-189). C'est une étude psycho-linguistique des termes par lesquels les habitants de Murray-Island désignent les sensations gustatives. La voie indiquée par cet auteur sera très féconde ; car, au point de vue psychologique, la linguistique peut nous donner des renseignements de tout premier ordre. Citons encore à ce sujet le travail de A. F. CHAMBERLAIN (*Primitive Taste-Words. American Journ. of Psychol.*, XIV, 410-417) ; on trouve les noms et les expressions se rapportant au sens du goût dans le tribu des Algonquins.

L'attention joue un grand rôle dans les impressions subjectives gustatives, à cause des conditions si complexes de la psycho-physiologie buccale. L'art de goûter exige une grande attention, une fixation de l'attention, même très soutenue, et les dégustateurs des vins, de même que les chefs de cuisine, ont une attitude attentive typique quand ils dégustent. Il faut pourtant distinguer la *gustation* et l'acte de la *dégustation ;* le premier acte est purement physiologique ; l'attention exerce un rôle secondaire, elle n'est qu'appliquée. L'attention intervient au contraire dans l'acte de la *dégustation*, il s'agit alors de l'analyse du goût. L'acte de la dégustation exige dès le début une part active, immédiate, de l'attention. Le dégustateur cherche à obtenir de la gustation toutes les données physiologiques ; il savoure, ou, en termes physiologiques, il provoque l'acte de la gustation un nombre indéfini de fois, et il fait ensuite appel à ses souvenirs, à la mémoire des saveurs. Cela en principe doit se passer de la sorte. Dans la vie courante, ces deux actes se confondent le plus souvent, et goûter veut dire souvent *déguster*, même en dehors des dégustateurs de métier chez qui l'exercice a développé particulièrement non seulement la sensibilité gustative de la muqueuse linguale, mais aussi la mémoire et la sensibilité olfactives.

Il faut étudier un dégustateur de profession, pour comprendre la complexité analytique des sensations gustatives. Il est vrai que le sens du goût ne peut pas avoir en même temps des actions aussi variées, aussi nombreuses que celui de l'audition et de la vision ; mais des professionnels savent tirer de la gustation tout un monde d'images qui nous échappe. De sensations gustatives successives, momentanées, composées, etc., ils tirent des données précieuses, et ils arrivent à fixer la date, l'époque exacte d'un cru, ou les substances sapides qui entrent dans la composition d'un plat. L'olfaction joue, ne l'oublions pas, un rôle considérable. J'ai vu un chef de cuisine qui avait distingué dans une sauce à la crevette, où il y avait plus de vingt-quatre goûts différents, la présence d'un goût de vanille, après avoir mis dans la sauce 5 centigrammes d'un mélange liquide, et cela après une analyse de moins de trois minutes. L'usage plus fréquent du goût explique certainement son développement si restreint par rapport aux autres sensations. On trouvera des détails vulgaires, mais intéressants, dans tous les livres de cuisine, surtout dans ceux du XVIIIe siècle (VICAIRE GEORGES, *Bibliographie gastronomique*).

« L'homme d'esprit seul sait manger, » disait BRILLAT-SAVARIN, dans sa spirituelle *Physiologie du goût*. Cet ouvrage est encore à lire, et, en dehors des considérations psycho-physiologiques, l'art culinaire n'aurait pas pu trouver un plus brillant et plus compétent rédacteur. En lisant ce livre, dont la psychologie ne pourra tirer, malheureusement, que des indications plutôt esthétiques, pour ainsi dire, que scientifiques, on trouvera des données bien curieuses sur la psychologie de la gustation, sur l'art de manger, et on s'habituera facilement à l'idée du grand rôle que jouent dans la vie les sensations gustatives, par leur coefficient intellectuel. « Le goût, dit cet auteur, nous invite par le plaisir à réparer les pertes continuelles que nous faisons par l'action de la vie (*Ouv. cité*, p. 37). » Il consacre aussi le *plaisir* de table et les jouissances du goût. « Tout ce qui est mangeable, écrit cet auteur, est soumis à l'appréciation de l'homme, et, dès qu'un corps succulent est introduit dans la bouche, il est confisqué, gaz et sucs, sans retour. Les lèvres s'opposent à ce qu'il rétrograde, les dents s'en accaparent et le broient, la salive l'imbibe, la langue le gâche et le retourne, un mouvement aspiratoire le pousse vers le gosier, la langue se soulève pour le faire glisser, l'odorat le flaire en passant, et il est précipité dans l'estomac, pour y subir des transformations ultérieures; sans que, dans toute cette opération, il se soit échappé une parcelle, une goutte ou un atome qui n'ait pas été soumis au pouvoir appréciateur. C'est par suite de cette perfection que la gourmandise est l'apanage exclusif de l'homme. » (*Ouv. cité*, p. 51.)

La gourmandise est, selon BRILLAT-SAVARIN, un acte de notre jugement. Parmi les aphorismes de cet auteur, citons encore ceux-ci, qui sont spirituels et vrais : « La table est le seul endroit où l'on ne s'ennuie jamais pendant la première heure. — La découverte d'un mets nouveau fait plus pour le bonheur du genre humain que la découverte d'une étoile. » Et celui-ci : « Prétendre qu'il ne faut pas changer de vins est une hérésie; la langue se sature, et, après le troisième verre, le meilleur vin n'éveille plus qu'une sensation obtuse. » Parmi les chapitres « méditations » de BRILLAT-SAVARIN, citons la Méditation II, qui traite du goût, de sa physiologie, et de son mécanisme (p. 36-75); Méditation IV, de l'appétit; Méditation VI, de la friture; et les Méditations XI (de la gourmandise), XII (des gourmands), XIV (du plaisir de la table), XIX (des vins); et la Méditation XXIII, où se trouve une complète histoire, abrégée et philosophique, de la cuisine. On se rend compte, à chaque page de la lecture de ce précieux ouvrage, que l'auteur aimait son sujet, qu'il avait une expérience large et sérieuse, et qu'il savait apprécier mieux que personne ces impressions subjectives dégustatives qui font défaut à nombre de personnes; peut-être, disait cet auteur, parce que leur attention ne s'est pas encore portée vers ce domaine, le seul où l'homme trouve de la consolation, du « bonheur ! », et prend parfois contact avec la sensation de la vie, et du goût de la vie.

N'oublions pas de citer l'opinion de LUYS, qui attribuait aux sensations gustatives l'origine des notions morales du *bon* et du *mauvais*, aux coefficients psycho-physiologiques, des sensations gustatives. On se serait habitué déclarer une action *bonne* ou *mauvaise*, en se rappelant les émotions subjectives des sensations gustatives agréables, douces; ou désagréables, amères. Nous citons cette opinion à titre de document; elle est certainement très discutable, et je ne saurais la critiquer sans évoquer le nombre considérable des problèmes qu'elle agite, en commençant par la théorie des causes finales. On pourrait faire à cette théorie l'objection que, dans les autres données sensorielles, les sensations sont accompagnées de coefficients subjectifs agréables ou désagréables.

Comme exemple de finesse des sensations gustatives, et de la délicatesse subjective à laquelle les sujets sont arrivés, soit par l'habitude, soit par des qualités sensorielles indispensables, citons celui où, selon un auteur anglais, CARPENTER, cité par BIMAR, des épiciers de Londres seraient capables de déterminer à quel endroit de la Tamise on aurait retiré le sel dont on leur dira d'apprécier la saveur. On ne nous dit pas pourtant si l'examen a été fait par un homme de science, et si l'on a contrôlé scientifiquement ces données, sans doute considérablement grossies et dénaturées par l'ignorance publique. D'après Carpenter, la personne qui dégustait d'habitude le Sherry à Cadix ou à Séville peut citer le tonneau dont il déguste l'échantillon; la variété des vins était pourtant considérable, plus de cinq cents. Moi-même, j'ai pu expérimenter sur deux dégustateurs : un sujet pouvait distinguer, les yeux bandés, dix-sept crus différents : il ne fit aucune erreur sur leur âge, leur valeur et leur goût. Je publierai un jour les observations détaillées. Le même sujet faisait des erreurs notables, dégustant le vin avec le nez bouché; et, dès qu'on lui présentait en examen des boissons différentes, comme du champagne, de l'eau-de-vie, etc., il faisait des erreurs grossières. Le second sujet a réussi devant moi, ayant les yeux bandés, à déterminer trente-trois nuances de vins de Bordeaux que j'avais pu recueillir; il ne se trompa jamais, quand il s'agit de la qualité du vin; et je n'ai réussi à le tromper qu'une seule fois, non avec des vins ayant le même âge, mais ayant dilué le vin dans des quantités différentes d'eau. Il ne put cependant déterminer l'âge aussi exactement que le premier; il me disait qu'il ne goûte que rarement des vins fins, et qu'il s'occupe de placer surtout des vins neufs, et qu'il représente plusieurs maisons. J'ai été également surpris de constater que ces deux sujets déterminent aussi exactement que possible leurs sensations gustatives, sans prendre de mesures préalables pour annihiler les sensations précédentes. Ils attendent la réponse de leur « gosier », et ne le nettoient jamais, selon leur dire.

L'habitude joue un rôle assez notoire dans l'appréciation des sensations gustatives; des exemples vulgaires peuvent être évoqués par tous et me dispenser d'en citer. Les éleveurs savent qu'en persistant, on peut arriver à faire manger aux animaux des aliments qui déplaisaient d'abord.

L'influence du tabac modifie aussi l'appréciation des sensations subjectives; à la longue, les fumeurs n'ont plus le goût fin, et la délicatesse de leur sensibilité gustative s'émousse. Dans mes observations, j'ai pu préciser *de auditu* quelques cas affirmatifs, mais je n'ai encore fait aucune détermination expérimentale.

L'éducation est encore à avoir en vue lorsqu'on parle des coefficients subjectifs gustatifs. Tous les peuples ont des plats nationaux, dont ils savourent copieusement le goût, soit par habitude, soit surtout par éducation. Un homme instruit n'a pas le même goût qu'un analphabète et un amateur de la bonne cuisine saura mieux apprécier que le simple mangeur de plats banaux, la saveur de certains mets ou des vins fins. Une cuisine étrangère est toujours peu agréable au sens dans les premiers contacts, et il y a des plats fameux que certaines personnes ne peuvent pas supporter, dont elles n'arrivent même pas à comprendre la réputation. La sauce romaine si vantée, le *liquamen*, n'était-elle pas préparée avec des intestins de poisson à moitié pourri? Les voyageurs publient, à ce sujet, des exemples très curieux, de peuplades aimant la viande pourrie, ou en état de putréfaction. Lhumholz et Grey nous citent des cas instructifs sur les indigènes australiens, amateurs de viande pourrie, qu'ils avalent jusqu'à la satiété (Grey, *Exploration in North-West and Western Australia*, Eyre, II). Dans Lubbock (*L'homme préhistorique*, Trad. Baillière, 1876), on trouve des citations de voyageurs qui racontent des faits analogues; les sauvages ont un goût tout particulier pour la viande pourrie de poisson et des matières en décomposition (Hawkesworth, *Voyages*, 403, William, *Figi and the Figiens*, I, 213), etc. La manière dont les chefs Taïtiens mangent les poissons crus est citée par tous les auteurs (Cook, *Premier voyage*, II, 100). Les Esquimaux affectent une grande sympathie pour les matières végétales à peine digérées (Cook, *Troisième voyage*, II, 311).

La gourmandise, non dans le sens de Brillat-Savarin, hélas ! est habituelle aux sauvages et aux êtres arriérés. Qui n'a pas remarqué l'appétit et la gloutonnerie d'un débile-idiot? On dirait que le pauvre être est réduit à la seule forme expressive de la sensation de la vie!

Les auteurs ont essayé de trouver une explication psycho-physiologique du rire dans cet état de satisfaction alimentaire. Darwin avait déjà fait remarquer que certains sauvages expriment le plaisir par des mouvements dérivés du plaisir de la nourriture.

Hypothèse ingénieuse, mais qui n'expliquera certainement pas les autres formes du rire, nombreuses, déviées peut-être de la forme primitive, mais difficiles à classer dans cette catégorie d'expressions.

L'*hérédité* entre aussi en ligne de compte. MARCHAND (*Le Goût*, 275) avait pu observer « une famille où bisaïeux, grands-parents, enfants et petits-enfants, avaient la répulsion pour la même saveur, considérée cependant communément comme agréable, et, point intéressant, chaque membre de la famille avait tenté d'habituer ses enfants à considérer la saveur comme bonne. » L'observation de MARCHAND est curieuse, mais pourquoi invoquer l'hérédité quand l'éducation expliquerait cette observation amplement?

Le psychologue anglais BAIN (*Les Sens et l'Intelligence*), examinant les sensations gustatives, considère la langue comme directement dépendante de la sensibilité de l'estomac. La langue n'est qu'un appendice de l'estomac, et elle est agréablement affectée ou désagréablement, selon la sensibilité stomacale. Par saveur, il entend les sensations agréables déterminées par l'aliment; la langue aurait la propriété d'apprécier, en d'autres mots, la digestibilité d'une substance. Les mots « frais, dégoûtant, nauséabond » et toutes les épithètes gustatives s'appliquent à la sensibilité stomacale et de la langue, organe attaché à son fonctionnement gustatif. Pour BAIN, l'élément psychique subjectif du goût joue un rôle presque nul. Certainement la digestion joue un rôle prépondérant dans l'appréciation et dans l'analyse des sensations gustatives; mais néanmoins, toutes ces épithètes qualitatives, toute cette sensibilité gustative est bien subjective; elle est liée à des données intellectuelles qu'on ne saurait dénier; car elles reposent sur l'éducation, sur l'habitude, sur la mentalité même du sujet.

6. — **Les illusions gustatives et les hallucinations** s'observent rarement à l'état normal. L'illusion gustative n'est pas une erreur gustative; elle est explicable surtout par un défaut d'attention, par une distraction plus ou moins grande, ou elle peut être provoquée par la suggestion. Les mauvais médicaments ne sont-ils pas goûtés parfois délicieusement par des enfants, et aussi par des grandes personnes, à la suite de bonnes paroles? Il serait banal de donner des exemples de suggestion. Les enfants ont plus souvent des illusions à cause de la pauvreté de leurs termes linguistiques, et aussi à cause de leur analyse limitée. Les travaux expérimentaux manquent également à ce sujet.

7. — **La variation des sensations gustatives avec l'âge** suit la courbe normale de l'évolution individuelle humaine.

Les enfants auraient, selon les affirmations classiques, dès la naissance, une sensibilité gustative fine et assez développée. Le sein de la nourrice humecté avec une solution amère est pris avec moins de facilité que le sein humecté avec une solution sucrée.

Selon PREYER, on reconnaît que le nouveau-né réagit, même s'il est né un ou deux mois avant le terme, lorsqu'on lui met dans la bouche des matières sapides. KUSSMAUL a expérimenté sur 20 nouveau-nés, et GENZMER sur 25 enfants, dont quelques-uns avaient à peine quelques heures, d'autres de trois à six jours, et d'autres six semaines au plus. La quinine et le vinaigre provoquaient, selon KUSSMAUL, des grimaces de déplaisir. La saveur acide fut constatée comme saveur acide, et nullement comme sensation de douleur provoquée par l'action chimique de l'acide. « Quelques-uns, écrit KUSSMAUL, firent la grimace la première fois qu'ils goûtèrent du sucre, mais, après les premiers moments, ils prirent plaisir au reste. La cause de ce fait me paraît être non dans la saveur elle-même, mais dans un autre phénomène psychique, la surprise que provoque la subite excitation des nerfs du goût. Un des enfants s'agite, très effrayé, au moment où il commence à goûter le liquide auquel il n'était pas habitué (et qui avait été réchauffé). Si la quinine avait provoqué une vive réaction chez les enfants, ils avaient coutume de retirer la tête plusieurs fois de suite quand on leur donnait ensuite du sucre, s'efforçant vivement de repousser celui-ci jusqu'à ce qu'enfin il se produisît un mouvement de succion et de déglutition. Cela concorde avec l'expérience que tout adulte a pu faire sur lui-même : une saveur très amère ou nauséeuse n'est pas aussitôt dissipée par une saveur sucrée : une nouvelle excitation du sens du goût, par des saveurs différentes, provoque le retour — sans cesse plus faible — de la sensation primitive. » (D'après W. PREYER, *L'âme de l'Enfant*, trad. fr., Alcan, 1887, IV, 94.)

Les expériences de GENZMER confirment à tous points, et complètement, les observations de Küssmaul. Il résulterait de ses recherches que, même chez les enfants, il existe des différences individuelles. Les expériences de W. Preyer sont tout aussi confirmatives. Il a vu son fils, le premier jour de la naissance, lécher le sucre pilé dont il avait saupoudré légèrement le mamelon maternel. Preyer va jusqu'à considérer que l'innervation de certains mouvements de mimique et de certaines sensations gustatives est constante, parce qu'elle est innée. (*Ouvr. cité*, p. 99.)

Le sens du goût chez le nouveau-né est constitué : il est donc capable de fonctionner; il perçoit l'amer à une solution de 3 p. 100 jusqu'à 5 p. 100.

Toute saveur nouvelle provoque chez les enfants qui ont plus de 6 mois un jeu de physionomie qui s'approche de l'étonnement. Je renvoie le lecteur au chapitre intéressant de Preyer, et particulièrement à la partie concernant la comparaison des impressions gustatives (*Ouvr. cité*, 100-104). L'observation faite sur son fils est des plus intéressantes, surtout quant à la comparaison des saveurs différentes après le sevrage.

Les animaux nouveau-nés distinguent aussi la qualité des saveurs, selon Preyer; ses observations sont à lire. Il avait placé sous une coupe en verre un cobaye de 17 heures, et devant lui il avait mis un morceau de thymol, un morceau de camphre et un morceau de sucre candi. « Il tourne autour et s'arrête surtout devant le sucre, en ronge un angle et se met à le téter avec ardeur. On le voyait nettement, dit Preyer, sortir la langue et la passer contre la surface polie du cristal. Après qu'il se fut ainsi occupé pendant quelques minutes, avec grande satisfaction, je l'enlevai; je lui bandai les deux yeux, et je répétai l'expérience vingt-quatre heures plus tard. A mon étonnement il reconnut encore le sucre, bien qu'il n'eût ni touché au thymol ni au camphre, et qu'il ne pût le voir; sans doute, il se guidait par l'odorat. Il ne lécha ni le verre ni le bois, mais il lécha tout de suite le sucre comme précédemment et comme lorsque l'usage des yeux lui fut rendu (*Ouvr. cité*, p. 105). »

Longet aurait donc eu tort d'écrire que « le goût est faiblement développé dans l'enfance » (*Ouvr. cité*, III, 58). Les jeunes enfants, selon lui, mangeraient la plupart des aliments qu'on leur présente, les plus grossiers comme les plus délicats. Le goût se développerait à l'âge mûr, l'âge des gustations. « C'est qu'en effet, écrit-il, le goût survit à la perte de tous les penchants, de tous les sentiments, de tous les plaisirs; c'est souvent la dernière jouissance de l'homme dans la vieillesse. »

Di Mattei (*Archivio di Psichiatria, etc.*, XX, (3), 1900) a déterminé l'acuité gustative chez les enfants par rapport à l'âge et à leur sexe. Dans ces deux groupes composés, l'un, d'enfants âgés de 4 à 8 ans et l'autre d'enfants de 8 à 12 ans, il a constaté que l'acuité gustative n'est pas moins fine chez les garçons que chez les filles, comme toutes les autres sensibilités. Le salé est également perçu au même titre par les deux groupes de jeunes garçons; ils perçoivent et reconnaissent mieux l'amer que leurs camarades plus âgés; chez les filles, le premier groupe a une sensibilité plus fine que le second. Les filles auraient une sensibilité gustative plus fine que celle des garçons; pour les substances sapides salées, les filles et les garçons se valent. Les garçons auraient l'acuité sensorielle plus fine pour les substances amères. La sensibilité gustative augmenterait avec l'âge, et la perception deviendrait plus pure.

Mes recherches sur la sensibilité gustative des adultes, dont j'ai rendu compte plus haut, ont montré une différence notoire entre les deux sexes; l'homme aurait une sensibilité plus développée (*Mesure de la sensibilité gustative chez l'homme et chez la femme.* — *C. R.*, 21 novembre 1904, 898).

La qualité des sensations enrichit la mémoire, et la reconnaissance des sensations devient plus facile. L'adulte — et à ce point de vue Longet a peut-être raison — a une acuité, une perception sensorielle gustative très développée, acuité qui, si l'on peut se baser sur les considérations vulgaires, et les données de l'observation courante, augmenterait avec l'âge. Je doute fort que la vieillesse puisse compter dans son domaine sensoriel une acuité maximum; mes travaux sur la vieillesse, encore inédits, me conseillent la prudence devant une pareille affirmation, erronée de toute pièce, tout comme l'affirmation de Gall, que l'homme est très mal doué au point de vue du goût.

7. — Les **Rêves gustatifs** ont été extrêmement peu étudiés. Les remarques de Brillat-Savarin sur les *Rêves gustatifs* constituent plutôt une causerie familière qu'un travail scientifique; l'analyse de ses rêves ne manque pas pourtant de finesse. Il fait remarquer que

les sensations qu'on éprouve dans le sommeil se rapportent rarement à l'odorat et au goût. « Quand on rêve d'un parterre ou d'une prairie, on voit les fleurs sans en sentir le parfum; si l'on croit assister à un repas, on voit les mets sans en savourer le goût. » (*Ouvr. cité*, 244.) BRILLAT-SAVARIN demande un psychologue qui puisse expliquer pourquoi ces deux rêves impressionnent si peu l'âme pendant le sommeil. La diète détermine les rêves; les aliments excitants font rêver, comme la viande noire, le pigeon, le canard, le gibier et surtout le lièvre; il en est de même pour les asperges, le céleri, les truffes, les sucreries parfumées et particulièrement la vanille. « Ce serait une grande erreur, écrit BRILLAT-SAVARIN, qu'il faut bannir de nos tables les substances qui sont ainsi somnifères, car les rêves qui en résultent sont, en général, d'une nature agréable, légère et prolongent notre existence, même pendant le temps où elle paraît suspendue. » (*Ouvr. cité*, 215.) Voir aussi A. MAURY (*Le sommeil et le rêve*, IV, 98).

Mlle M. W. CALKINS, dans sa statistique des rêves (*Statistics of Dreams. American Journal of Psychology*, 1893, (3), 311), a relevé 2 rêves sur 335 cas, et elle n'a pu en constater aucun sur 298 observations.

B. TITCHNER a étudié et analysé le rêve concernant les images gustatives. On constate des rêves contenant des images gustatives sans qu'on puisse accuser des corrélations décélables avec de réelles modifications physiologiques. L'examen de la salive n'a relevé, lors de l'observation d'un rêve, rien d'anormal; il ne s'agissait que d'une auto-suggestion (B. TITCHNER. *Taste Dreams. American Journal of Psychology*, 1885, VI).

WEED, HALLAM et PHINNEY donnent le pourcentage suivant sur la nature de la fréquence des images sensorielles dans le rêve (*A Study of Dream Consciousness, American Journal of Psychology*, 1896, avril, VII, 405-411).

Images visuelles	34	p. 100
Images auditives. . . .	62	—
Images tactiles.	10	—
Images olfactives . . .	7	—
Images gustatives . . .	6	—

8. — Les impressions gustatives peuvent se modifier encore sous l'influence des **troubles organiques fonctionnels**; elles peuvent être altérées par l'action réflexe du sympathique. Une substance sapide provoque, on le sait, une sécrétion non seulement salivaire, mais gastrique; les idées de PAVLOFF et de son école ont confirmé scientifiquement les données intuitives sur le rôle prépondérant du système nerveux dans les phénomènes de la digestion. L'appétit provoqué par la faim ne fait pas toujours choix des aliments, il accepte tout aliment; le goût d'un plat favori, d'une sensation gustative agréable peuvent, à leur tour, provoquer l'appétit. Dans les troubles gastriques, la sensibilité gustative se modifie; les troubles fonctionnels mêmes du foie s'annonceraient par des troubles gustatifs; il y aurait une persistance d'une saveur amère (SPRING). On sait le rôle que joue l'examen de la langue dans le diagnostic médical.

9. — Nous avons vu que certains auteurs prétendent pouvoir exciter la muqueuse linguale en injectant dans le sang la substance sapide en cause. Précisons par quelques mots cette **objectivité de la sensation gustative**. Si l'animal de Claude BERNARD se léchait quand on lui avait injecté de la coloquinte, tout comme si on lui avait déposé une autre substance sapide sur la langue; si, de même, le chien de MAGENDIE se léchait quand on lui avait injecté du lait dans les veines, ce n'est pas que ces animaux eussent alors des sensations subjectives. Il en sera de même des ictériques, qui se plaignent de la persistance d'une saveur amère dans la bouche; des diabétiques, qui accusent la présence constante dans leur bouche d'une sécrétion sucrée, etc. Les malades ne subissent pas de sensations, mais il se peut bien qu'il s'agisse d'une réaction chimique, curieuse, en tout cas, à déterminer. BÉCLARD (*Ouvr. cité*, 369) réplique avec raison que, s'il s'agissait d'une transmission directe, d'une excitation sensorielle reliée réellement avec la présence dans le sang du sucre, jamais les sujets normaux n'arrivent à accuser les mêmes sensations sucrées. Le sang circule continuellement dans nos tissus, et on n'a jamais le goût du sang, sauf quand il est déposé immédiatement en contact avec la muqueuse linguale. Il faut un contact direct, immédiat de la muqueuse linguale avec les substances sapides. L'habitude n'est pour rien, certainement. Très sceptique dans toutes

ces affirmations, je ne crois pas qu'on puisse transporter aux hommes les sensations des animaux en expérience, au moins pour le domaine si peu fouillé des sensations gustatives. A mon avis, il doit y avoir des sensations de psychologie, liées parfois à des combinaisons chimiques, qui provoquent ces sensations en apparence subjectives.

Brown-Séquard avait montré que l'excitation des nerfs du goût contribue d'une manière active à la sécrétion des sucs gastrique, pancréatique, biliaire et intestinal. C'est une action réflexe. Et il y a maintes relations fonctionnelles entre la gustation et les organes activés par le grand sympthique. La sécrétion salivaire est, comme nous l'avons vu, intimement liée avec les sensations gustatives; les glandes sous-maxillaire et sublinguale paraissent être plus directement en rapport avec la gustation. Cela complique encore l'analyse psycho-physiologique des impressions sensorielles gustatives : car il faut tenir compte de ces nombreuses actions réflexes, et des concomitants psychiques dont le grand sympathique a le monopole discret dans notre organisation biologique.

1° — La sensation du **dégoût** est en rapport direct avec le *goût*. Il faut distinguer les sensations de nausée, le vomissement, phénomènes physiologiques bien distincts, de la sensation du dégoût.

Le vomissement et la nausée sont des actions réflexes qui ne sont pas nécessairement accompagnées de dégoût; le dégoût, d'autre part, n'est pas lié avec ces sensations réflexes. Il faut chercher sa définition dans l'analyse psychologique de cette sensation; c'est ce que Charles Richet a fait avec précision.

Rappelons, avant d'exposer l'explication de Ch. Richet, les quelques données et appréciations exprimées par les auteurs au sujet du *dégoût*.

Voici un tableau schématique de ces quelques considérations. Pour :

Vernière. . . . . Flemming (cité in *Canstatt's Jahresb.*, 1893)	Il existe des excitations propres qui provoquent le dégoût.
Valentin. . . . . J. Müller	Le dégoût est une sensation gustative.

Le dégoût, selon ces deux derniers auteurs, dépendrait entièrement du glosso-pharyngien, et il se produirait surtout sous l'influence des substances sapides amères : *Saporis ingrati affectio quem motus pharyngis reflexivi insequuntur* » (Valentin, *De fonctionibus nervorum cer. et nervi sympathici.* Berne, 1839).

Pour Romberg (*Lehrbuch der Nervkenrankheiten des Menschen*, Breslau, 1851)	Le dégoût est une modification spéciale du goût d'ordre mécanique; elle serait en rapport avec les excitations du glosso-pharyngien.
Bidder (*Schmecken. Wagner's Handwörterbuch der Physiol.*, 1846).	Le dégoût est une sensation spéciale du tube digestif.
Stich (*Ueber das Eckelgefühl; Annalen des Charitékranken hauses*, Berlin, 1858).	Le dégoût doit être rangé parmi les sensations musculaires: il précède toujours un mouvement réflexe antipéristaltique. — L'excitation est *centripète*.
Von Vintschgau (*Ouvr. cité*, 196).	Le dégoût est à séparer des sensations gustatives et des sensations musculaires.
E. Gley (*Art. cit.*, 648).	Le dégoût est provoqué par une excitation qui agit tout d'abord sur les nerfs gustatifs, et seulement ensuite sur le pneumogastrique pour provoquer le vomissement.

E. Gley ajoute, avec raison d'ailleurs, que « si l'excitation est forte, quoique désagréable encore, il peut n'y avoir ni nausées, ni, *a fortiori*, vomissement; il y a cependant dégoût. » (*Ouvr. cité*, 648.) L'excitation devenant trop forte, elle ne se limite pas, remarque Gley, au pneumogastrique, mais elle atteint tout le système nerveux de la vie organique.

Pour Ch. Richet, le dégoût est un phénomène tout psychologique; E. Gley adopte la conception de Ch. Richet, et, dans son article du *Dictionnaire encyclopédique*, il la résume simplement. Nous renvoyons les lecteurs à l'article *Dégoût* de ce Dictionnaire;

on y trouvera toutes les données nécessaires (Ch. Richet, *L'Homme et l'Intelligence*, Chap., *Des causes du dégoût*. Paris, 1884, 81-84. et Append., X, 477-483). Il s'agit d'une loi simple et ingénieuse sur l'activité sensorielle organique ; cette loi a été appelée par Ch. Richet *Loi de la nocivité ou de l'inutilité*. Tout ce qui est inutile et dangereux est répulsif, disons-le, dégoûtant. Toutes les sensations peuvent provoquer le dégoût; le dégoût n'est donc pas l'apanage des sensations gustatives. Toutes les choses dangereuses à la santé, au bien-être de l'organisme, comme les alcaloïdes (*Poisons*), sont toutes amères. Les substances putrides, les animaux vénéneux et les parasites provoquent le dégoût. Les substances inorganiques laissent l'individu indifférent; elles n'évoquent pas cette inactivité qui touche de si près la défense de l'organisme. Si quelques odeurs provoquent le dégoût, comme l'hydrogène sulfuré et l'ammoniaque, il s'agit simplement d'une association des idées évoquant la putréfaction.

Instinctivement, l'homme aurait associé des coefficients émotifs d'appétition aux substances utiles à sa vie, et des coefficients de répulsion aux substances nuisibles. L'origine de la sensation du dégoût tiendrait à cette association instinctive, à cette défense biologique, pour ainsi dire, de l'organisme psycho-sensoriel. Ch. Richet distingue ces sentiments instinctifs des sentiments acquis par l'éducation, par la civilisation. L'être primitif aurait fait ce choix instinctivement, comme l'alimentation joue dans la vie un rôle prédominant, il est facile de concevoir de nombreuses associations de dégoût avec les sensations gustatives. Avec la civilisation et l'éducation, le dégoût aurait gagné même les phénomènes moraux ; la pensée devenant plus subtile, elle a trouvé d'autres éléments de nocivité, non seulement dans le domaine sensoriel, mais dans les analyses mentales, parfois je crois aussi précieuses, sinon plus, pour l'homme civilisé que tous les domaines des sensations. L'enfant arrive à avoir du dégoût, à force d'éducation, fait remarquer avec raison Ch. Richet.

Le dégoût serait donc une *action psychique réflexe*.

11. — Citons, avant de terminer ce chapitre, les quelques **recherches expérimentales** faites sur la gustation, en dehors des questions que nous venons d'examiner. Nous citerons, à titre de documents, les travaux de Ch. Féré, de Sante de Sanctis et Vespa, et de Hämelick.

Ch. Féré a étudié l'influence des sensations gustatives sur la motilité volontaire (*Note sur la fatigue par les excitations du goût. B. B.*, 1901, 6 juillet). Les excitations gustatives augmentent la capacité du travail épigastrique au début, et surtout lorsqu'elles sont de courte durée; quand les excitations sont prolongées, elles provoquent immédiatement une dépression. « Dans tous les cas, selon cet auteur, elles précipitent la fatigue, et diminuent le travail total. »

Selon De Sanctis et Vespa, les sensations gustatives peuvent modifier les perceptions visuelles. Deux expériences furent faites sur treize sujets, dont tous des dégénérés : un mélancolique, et le troisième paralytique. On mesurait le champ visuel de ces sujets, pendant qu'ils goûtaient différentes saveurs mélangées. Le champ visuel était sensiblement modifié, surtout chez les sujets débiles; la saveur amère serait un agent plus modificateur du champ visuel que les autres sensations (*Riv. quindicinale d. Fisiol. Psich.*, 15 avril 1898).

Toute forme de l'attention distraite modifiera toujours n'importe quelle détermination sensorielle. On pourrait arriver aux mêmes conclusions par une généralisation logique des phénomènes de l'attention et de la distraction sensorielles.

Enfin, Hämelick a examiné dernièrement l'*asymétrie gustative*. Il ne m'est pas possible d'analyser ici ce long travail. Il ne paraît pas, toutefois, bien documenté, et sa technique est des plus critiquables. Il y aurait une asymétrie gustative, comme il y a une asymétrie sensorielle, musculaire, visuelle, auditive. Elles rentrent dans le cadre des asymétries psycho-sensorielles connues (*L'asymétrie gustative. Année Psychologique*, 1904).

XIV. — LA PATHOLOGIE DES SENSATIONS GUSTATIVES

Les troubles de la sensibilité gustative peuvent se diviser en deux grandes catégories, selon leur nature : *Troubles objectifs* et *troubles subjectifs*. Les premiers peuvent se préciser par la détermination de l'agent provocateur, donc de l'action extérieure qui modifie le mécanisme normal des sensations gustatives, et les seconds sont des perturbations psychiques d'ordre central, sans aucun objet réel, comme les illusions, les hallucinations et les perversions gustatives.

J'ajouterai quelques nouveaux détails aux tableaux qu'a donnés mon ami MARCHAND (*Ouv. cité*, 289).

Troubles objectifs.	Agueusie Uni- ou bilatérale. Hypogueusie. Unie- ou bilatérale.	Paragueusie Monogueusie. Panhypogueusie. Monohypogueusie.
Hypergueusie. Uni- ou bilatérale.	Panhypergueusie. Monohypergueusie.	
Paragueusie.	Retard de la sensation. Erreur de localisation. Gustation colorée.	
Troubles subjectifs.	Illusion de goût. Hallucination du goût. Perversion du goût.	

Les termes « para », « mono » expriment la valeur du contenu ; l'agueusie exige la perte de la sensibilité gustative, elle est générale (paragueusie), c'est-à-dire porte sur toutes les saveurs, ou sur une seule (monogueusie). La sensibilité gustative dénommée hypogueusie peut être de même générale, c'est-à-dire pour toutes les saveurs ou pour une seule. Il y a en a même pour les états d'hypersensibilité gustative. L'*antigueusie* est la perception erronée d'une saveur ; on perçoit une saveur pour l'autre. C'est tout comme l'illusion gustative, que je n'arrive pas bien à différencier de cette substitution sensorielle. La *paragueusie* serait identique avec les perversions du goût (GLEY, *loc. cit.*, 647).

I. **Les troubles objectifs des sensations gustatives.** — Pour bien comprendre ces troubles, il faut considérer le fonctionnement des organes, en d'autres mots les modifications du mécanisme anatomo-physiologique de la gustation.

Ces troubles peuvent être liés avec des lésions :

a) *De la langue;*
b) *Des nerfs de la gustation;*
c) *Des voies cérébrales;*
d) *D entres cérébraux.*

a) **Les lésions de la langue.** — On sait le rôle considérable que la langue joue dans le diagnostic médical. Il y a toute une séméiotique de la langue, exagérée même dans l'ancienne médecine. La langue, son état vasculaire et surtout son aspect, dénonceraient l'état de la maladie, et les sensations gustatives doivent s'en ressentir nécessairement. Des indications séméiotiques se basent sur l'état d'humidité, de turgescence, de la couleur de la langue et aussi des enduits de la face dorsale. Je rappelle à titre de documents la langue dite *saburrale*, catarrale, la langue turgescente, œdémateuse et gardant l'empreinte des dents ; « elle est humide et recouverte d'un enduit blanchâtre, très épais, très profond ; les saillies papillaires sont très accentuées » (MARFAN. *Note au Traité de Diagnostic médical* de E. EICHHORST. *Trad. d'après l'Éd. allemande par* MARFAN et L. BERNARD, 1905, Steinheil, 534). Quand l'enduit de la langue est teint de jaune par la bile, le malade a la bouche amère. Citons encore la langue de la *fièvre typhoïde* et des états typhoïdes, que les médecins anciens présentaient comme un symptôme des plus graves : « *Lingua arida et tympanitis, signa mortis imminentis* » ; la langue dite *rhumatismale de* LASÈGUE, etc. Signalons encore avec MARFAN les dilatations ampullaires des petits vaisseaux de la langue, qui feraient pronostiquer l'imminence d'une hémorragie cérébrale, etc. Des modifications organiques annihilent ordinairement la perception exacte des saveurs. L'agueusie généralisée a été observée, quoique d'une manière passagère, chez certains fumeurs, ou chez des alcooliques invétérés, qui, à cause de leur bouche ouverte, avaient la langue sèche et « recouverte d'un enduit saburral épais ». Ce sont les mêmes modifications de la surface de la langue, empêchant les substances sapides d'arriver aux corpuscules du goût, qui suppriment les sécrétions gustatives chez les fébricitants, et surtout chez les malades ataxo-adynamiques à bouche sèche, fuligineuse, à « langue rotie » (Jules Renaut, *Manuel du Diagnostic médical* : Paris, Rueff, 1902, I, 346).

Les lésions de la muqueuse linguale, les brûlures, et toute modification pathologique provoquent certainement des modifications sensorielles concomitantes. Toute destruction des corpuscules du goût en somme empêcherait ou diminuerait sensiblement la sensibilité gustative spécifique de la muqueuse linguale. L'épaississement même de la muqueuse provoque, dans certaines maladies, l'abolition de la perturbation des sensations gustatives.

Odgeworst, Kiesow, Goy (*Ueber Substanzen welche die GeschmacksEmpfindungen beeinflussen. Dissert. Würzburg*, 1896) et Podiapolsky (*Expériences avec l'acide de gymnemne. Bull. Lab. Psych. de Tokarsky*, à Moscou, 1896) ont étudié l'action particulière de l'acide de *gymnemne*. On supprime complètement la sensibilité pour le sucre et pour l'acide, et l'on frotte la langue avec une solution alcoolique d'acide de gymnemne; on perçoit encore le salé et l'acide. Les expériences de U. Mosso sur la cocaïne montrent également la possibilité de supprimer la sensibilité gustative.

L'absence de la langue n'empêcherait pas la perception gustative. Les cas de Jussieu, de Brillat-Savarin et de Rodier, sont concluants à ce sujet. Dans le premier cas, il s'agissait d'une atrophie congénitale de la langue; dans le second cas, de l'absence de toute la partie antérieure de la langue jusqu'au filet, et, dans le troisième cas, de Rodier, d'une extirpation de la langue à cause d'un cancer. Voici l'observation de Brillat-Savarin :

« Les personnes qui n'ont pas de langue, ou à qui elle a été coupée, ont encore assez bien la sensation du goût. Le premier cas se trouve dans tous les livres; le second m'a été assez bien expliqué par un pauvre diable auquel les Algériens avaient coupé la langue pour le punir de ce qu'avec quelques-uns de ses camarades de captivité il avait formé le projet de se sauver et de s'enfuir. Cet homme, que je rencontrai à Amsterdam, où il gagnait sa vie à faire des commissions, avait eu quelque éducation, et on pouvait facilement s'entretenir avec lui par écrit.

« Après avoir observé qu'on lui avait enlevé toute la partie antérieure de la langue, jusqu'au filet, je lui demandai s'il trouvait encore quelque saveur à ce qu'il mangeait, et si la sensation du goût avait survécu à l'opération cruelle qu'il avait subie. Il me répondit que ce qui le fatiguait le plus était d'avaler (ce qu'il ne faisait qu'avec quelque difficulté); qu'il avait assez bien conservé le goût; qu'il appréciait, comme les autres, ce qui était peu sapide ou agréable; mais que les choses fortement acides ou amères lui causaient d'intolérables douleurs (*Ouv. cité*, 79). »

L'ablation de la langue n'empêcherait donc pas la manifestation des sensations gustatives sans doute sensiblement modifiées.

Citons également les troubles gustatifs chez les tabétiques. Pierre Marie signala le premier l'abolition complète des sensations gustatives chez les tabétiques (*Maladies de la moelle*, 1852, XVIIe leçon, 26). « Quelques tabétiques, écrit Pierre Marie, accusent des saveurs bizarres, notamment une saveur sucrée plus ou moins persistante, qui, bien entendu, n'ont objectivement aucune raison d'être. Parfois aussi il existe une véritable agueusie qui probablement est due aussi à l'altération des nerfs du goût. Ces différents troubles sensoriels sont en somme assez rares, peu accusés et mal connus. » Klippel a consacré à ce sujet un mémoire très complet, que nous examinerons en détail : car c'est un des rares travaux de clinique qui analysent minutieusement les perturbations gustatives.

L'étude du tabès apporte une importante contribution à la pathologie du goût. Bien que cette maladie affecte fréquemment la sensibilité spéciale gustative, les ouvrages classiques indiquent à peine ce côté de la question. Vulpian (*Maladies du système nerveux*, 1879, I, 330) affirme que le goût est très rarement atteint dans le tabès. Leyden (*Maladies de la moelle épinière*, 610) écrit : « L'odorat et le goût ne sont jamais sensiblement troublés. » Raymond (*Tabès dorsalis. D. D.*, 340) dit de ces troubles gustatifs et des troubles olfactifs : « Ce sont là des manifestations insolites auxquelles on ne saurait, en l'état des choses, attribuer une grande importance. »

Cependant les observations publiées par Topinard, Pierret, Joffroy et Hanot, Falret, de Massary (Topinard, *Traité de l'ataxie locomotrice*. Paris, 1864, 154 et 274. — Pierret Observations IV et X. — Joffroy et Hanot, *Accidents bulbaires à début rapide chez les ataxiques*, Congrès d'Alger, 1881. — Falret, cité par Althaüs, 61. — De Massary. *D. de Paris, 1896*) montrent bien que ces troubles ne sont point exceptionnels, et que, comme le dit Klippel (*Les troubles du goût et de l'odorat dans le tabès. Archives de Neurologie*, 1897, n° 16), il s'agit là de symptômes souvent rencontrés en clinique.

Klippel a examiné la question d'une façon méthodique et a précisé les faits. Nous reproduisons le tableau des symptômes qu'il a relevés :

Tableau des symptômes sensitivo-sensoriels gustatifs chez les tabétiques.

Abolition totale du goût.
Diminution uni- ou bilatérale du goût.
Perversion du goût.
Délire de persécution tabétique à point de départ dans les troubles du goût. (Sphère du glosso-pharyngien).
Anesthésie linguale, uni- ou bilatérale.
Perversions du goût consécutives à des troubles d'inervation et de trophicité dans la sphère du nerf lingual.
Langue saburrale névropathique (sphère du trijumeau).
Abolition du réflexe pharyngien.
Abolition du réflexe salivaire.
Exagération du réflexe salivaire (surtout dans les perversions du goût).
Troubles probables de l'action réflexe de la gustation sur les sécrétions gastriques.

Klippel fait très justement remarquer que, dans ce tableau symptomatique, les troubles de la muqueuse buccale relevant de la sensibilité spéciale (nerf glosso-pharyngien) sont nettement séparés de ceux de la sensibilité générale (trijumeau) de cette muqueuse. Mais, dans la pratique, les deux espèces de sensibilité sont le plus souvent attaquées, et le sujet présentant de *l'agueusie* peut fort bien présenter de *l'anesthésie* linguale. Il y a même plus : c'est que les troubles ci-dessus mentionnés ne sont pas forcément produits par des lésions du glosso-pharyngien. Les nerfs de la sensibilité générale jouent un grand rôle dans la gustation, et suffisent, à eux seuls, à en expliquer les troubles.

Klippel a divisé les deux symptômes en deux ordres de phénomènes : phénomènes *d'anesthésie*, et phénomènes *de perversion*.

1° *Phénomènes d'anesthésie uni- ou bilatérale.* — Lorsque le tabès est confirmé depuis un certain temps, le malade accuse assez fréquemment une agueuse totale. Il ne reconnaît pas la nature des aliments qu'on lui sert. A l'aide de différentes substances douces et amères, il est aisé de mesurer le degré de cette agueusie par la technique ordinairement employée pour la mesure des anesthésies hystériques. On reconnaîtra par le même procédé si l'agueusie est uni ou bilatérale. La secrétion réflexe salivaire semble diminuée dans l'agueusie tabétique; dans les perversions gustatives, au contraire, la sialorhée peut être très importante; mais les recherches de Klippel ne sont pas suffisamment certaines sur ce point pour pouvoir y trouver un résultat précis.

2° *Phénomènes de paresthésie. Perversions du goût.* — Le malade, dans ce cas, perçoit une saveur n'ayant pas de réalité objective. Ce phénomène, purement subjectif, provient soit d'un trouble de la sensibilité générale (muqueuse linguale), soit d'un trouble de la sensibilité spéciale; mais le plus souvent ces troubles affectent les deux appareils.

Ces perversions de la sensibilité générale concomitantes aux lésions de la branche linguale du trijumeau sont des paresthésies se présentant sous divers aspects. Klippel dans son étude les a peu examinées, et il est possible, en effet, qu'elles soient moins caractérisées dans le tabès que les troubles de l'olfaction (crise nasale). Par contre, les perversions de la sensibilité spéciales sont extrêmement fréquentes, et caractéristiques. Un malade, observé par Klippel trouve, à tous ses aliments, le goût de poisson pourri. « En même temps la salivation était extrême. La salive recueillie en vingt-quatre heures dépassait deux litres et était en réalité plus considérable. Les aliments la provoquaient en très grande abondance. La diminution de la sensibilité générale de la langue était peu marquée; mais dans la sphère du trijumeau, à la face, il y avait des troubles des plus nets. Le malade sentait incomplètement au toucher; à la piqûre il y avait erreur de lieu. Il désignait la lèvre supérieure au lieu du front; le cou au lieu de la joue (Klippel, (*loc. cit.*, 11). »

Chez ce malade, les perversions gustatives étaient constantes. Mais, dans la plupart des cas, les perversions sont passagères. Elles se produisent soit spontanément, soit à l'occasion de l'ingestion des aliments qui semblent amers ou désagréables.

Un fait remarquable, relevé par Klippel, est que ces troubles de l'état physique de la langue semblent indépendants de l'état des fonctions digestives. Un tabétique peut présenter les troubles les plus nettements accusés de la perversion gustative sans que l'on puisse constater rien d'anormal dans l'état de ses fonctions digestives.

Klippel a constaté deux états de la langue corrélatifs avec les sensations subjectives d'amertume ou de terre accusées par les malades. Dans le premier état, la langue présente à son centre « un dépôt blanchâtre, non humide, laissant les bords intacts ». Cet état est, du reste, assez passager. Dans le second état, toute la surface de la langue présente une coloration blanchâtre ou grisâtre, mais sans dépôt. Les papilles restent apparentes, mais l'épithélium qui les recouvre semble épaissi; la bouche est sèche, le malade est altéré. Cet état de la langue dépend, selon Klippel, du tabès; il peut être compatible avec de bonnes digestions. L'expression de *langue saburrale névropathique* semble donc légitime. Au point de vue psychiatrique, il faut se rappeler que ces illusions sensorielles évoluent parfois, lorsque le tabétique est affaibli intellectuellement, vers les interprétations délirantes, et qu'on les peut retrouver à la genèse de certains délires de persécution. C'est pourquoi il peut être utile de supposer un tabès caché dans certaines formes de persécution durant lesquelles l'aliéniste reste indécis.

Un des résultats des recherches de Klippel est que la lésion des nerfs du goût s'accompagne de symptômes d'origine bulbaire. Chez le malade de Klippel, dont nous avons déjà parlé, on relevait :

« 1° Des troubles de la déglutition avec parésie du voile du palais, répondant à la lésion du nerf facial et du nerf grand hypoglosse;

2° Une salivation d'intensité peu commune au cours du tabès, se produisant continuellement avec des exacerbations, causant par elle seule une déperdition considérable des forces du malade et impliquant la lésion des nerfs dont la fonction est la sécrétion salivaire;

3° Des troubles de la sensibilité dans la sphère du trijumeau caractérisés surtout par l'impossibilité de préciser le point où l'on opérait un contact avec la peau de la face (le malade indiquant par exemple la lèvre supérieure quand on le touchait au front);

4° Des paralysies permanentes des muscles moteurs des paupières.

Tous ces symptômes indiquent nettement le rôle joué par le bulbe dans ces processus morbides. De plus, il est à remarquer que les tabétiques alcooliques présentent beaucoup plus régulièrement des perversions de la sensibilité gustative que les tabétiques non alcooliques.

Klippel examine ensuite la *marche des symptômes*. L'agueusie ou les perversions du goût peuvent se reproduire simultanément avec les troubles de la sensibilité caractérisant la première période du tabès. Parfois aussi, les troubles dont nous nous occupons ne se révèlent que beaucoup plus tard, souvent sans que l'on puisse préciser à quel moment le malade, accablé par tant d'autres affections, ne leur accorde pas d'attention. L'agueusie paraît alors généralement en premier; les troubles peuvent être soit continus, soit intermittents; ils revêtent le plus souvent cette forme intermittente.

Périodiquement (toutes les semaines, tous les mois, par exemple) le malade accuse un goût d'amertume, un goût de terre toujours désagréable. Ces troubles peuvent se produire à n'importe quel moment de la journée en dehors de toute ingestion d'aliments. Le goût de terre dure généralement une demi-journée; le goût *âpre*, que les malades définissent très difficilement, dure une dizaine de minutes. Les symptômes concomitants à ces processus morbides nous renseignent sur leur pathogénie. Rappelons qu'ils sont de deux sortes : ceux qui évoluent dans la sphère du trijumeau; paresthésies diverses de la face, engourdissement, crispation, fourmillements; ceux qui modifient l'aspect de la muqueuse; troubles trophiques de la langue.

Au point de vue de l'anatomie pathologique, KLIPPEL a eu l'occasion de faire l'autopsie d'un tabétique ayant présenté des troubles importants du goût et de l'odorat. Voici, brièvement résumé, le résultat de cette autopsie :

Les cordons postérieurs et les racines spinales présentaient les lésions caractéristiques du tabès, qui ne faisait, du reste, aucun doute. Le volume des glandes salivaires était considérablement augmenté ; elles ont révélé des lésions inflammatoires du parenchyme glandulaire.

Du côté gauche, le tissu conjonctif du nerf glosso-pharyngien présentait un épaississement considérable. L'action de l'acide osmique révèle pour un petit nombre de fibres nerveuses un état de dégénérescence caractérisé par la fragmentation de la myéline. Un grand nombre de fibres, examinées selon la méthode de MARCHI, accusent des altérations pathologiques. La plupart sont plus grêles qu'à l'état normal. Le *ganglion* d'ANDERSCH présente des lésions remarquables. Les coupes histologiques préparées selon les méthodes de WEIGERT et de PAT montrent une atrophie de ce ganglion. De plus, le protoplasma cellulaire est occupé tout entier par de légères granulations qui masquent parfois entièrement le noyau ; ce noyau est, du reste, fort grêle et souvent invisible. Les fibres qui se présentent à la coupe longitudinale du ganglion sont altérées de la même façon que le nerf. Les vaisseaux du ganglion sont pleins de sang ; la sclérose est incertaine.

Les lésions du nerf olfactif ne nous intéressent pas. Elles sont surtout localisées dans le trajet nerveux du bulbe olfactif au cerveau.

Dans le *trijumeau*, les ganglions de GASSER, examinés suivant les mêmes méthodes, ont présenté cependant des lésions différentes du ganglion d'ANDERSCH. La plupart des cellules sont atrophiées ; elles se forment parfois en groupes de trois ou quatre ; elles présentent un corps festonné, allongé, couvert de granulations ocreuses, rendant le noyau invisible.

Toutes les cellules du ganglion ne présentent pas ces lésions qu'on trouvait éparses sous forme « d'îlots de cellules ». Le système vasculaire est très développé. La sclérose est certaine, mais assez légère. Les branches du nerf ne présentent pas de dégénérescence caractérisée.

Les lésions du bulbe rachidien se trouvent au niveau des noyaux grêles. Les noyaux des cellules ganglionnaires des nerfs moteurs sont atrophiés, ce qui montre nettement la généralisation des lésions du bulbe chez les tabétiques présentant des troubles gustatifs. Des stigmates de dégénérescence et d'atrophie ont été relevés sur les circonvolutions cérébrales, surtout sur les corps calleux, sur l'hippocampe, sur les frontales internes et externes, et sur les temporales.

De cet examen anatomique et pathologique, KLIPPEL conclut que, pour ce qui concerne la localisation périphérique ou centrale, tout le système de la sensibilité entre en jeu. La question ne peut donc être que de déterminer son siège dans la première période du processus morbide. KLIPPEL y répond en affirmant que, pour lui, comme pour d'autres auteurs, le tabès est « une maladie du téléneurone centripète ». Les nerfs du goût se rangent donc sous ce titre.

Une seconde question, plus importante, se pose : à savoir si, dans les troubles que nous venons d'examiner, les lésions des nerfs du goût jouent seules un rôle, ou si les altérations du nerf lingual, branche du trijumeau, suffisent à les déterminer?

KLIPPEL estime que, selon les cas, les troubles tabétiques de la gustation proviennent, soit de la lésion des nerfs de la sensibilité spéciale (nerf glosso-pharyngien), soit de la lésion des nerfs de la sensibilité générale de la langue, soit, ajoute-il, peut-être, des nerfs du sens musculaire. Examinons un instant, chacun de ces cas.

1° La lésion du glosso-pharyngien, sans être nécessaire, est cependant suffisante. En effet, ce nerf est maintenant connu comme le seul dont dépende la sensibilité spéciale du goût (KLIPPEL). Or, même s'il y a anesthésie du trijumeau à la face, dans les cas où l'on constate que la sensibilité générale de la langue est intacte, lorsque l'on ne peut diagnostiquer la mauvaise nutrition de cet organe par le symptôme de la langue saburrale névropathique, lorsque les réflexes sont normaux, on doit attribuer les troubles examinés au nerf de la sensibilité spéciale, en dehors de toute participation du trijumeau.

2° Les troubles de la gustation peuvent aussi dépendre d'une lésion des nerfs de a sensibilité générale altérant secondairement la fonction des nerfs de sensibilité spéciale. Comment des lésions du trijumeau entraîneront-elles l'anesthésie du glosso-pharyngien?

« Le trijumeau tient sous sa dépendance, dit Klippel (*loc. cit.*, 23-24), en ce qui concerne l'organe du goût et de l'odorat : 1° la circulation des muqueuses correspondantes; 2° la sécrétion de ces muqueuses; 3° leur état trophique... *En un mot, le trijumeau est un nerf accessoire de l'olfaction et du goût qu'il peut abolir en troublant les fonctions circulatoires, secrétoires et trophiques des muqueuses correspondantes.* »

Le trijumeau, atteint dans le tabès, peut donc provoquer à lui seul, et indirectement, des troubles de la sensibilité gustative.

3° Enfin la sensibilité musculaire peut jouer aussi son rôle dans la forme tabétique de la pathologie du goût. Il est à remarquer, en effet, que les malades accusent toujours des troubles provoquant des sensations désagréables, et jamais des sensations agréables. La sensation de dégoût, qui va dans certains cas jusqu'à la nausée et au vomissement, ne peut-elle être trouvée à la genèse des perversions que nous avons décrites?

Il y a là au moins une hypothèse à retenir.

Klippel conclut finalement que :

a) Les troubles du goût (et de l'odorat) sont fréquents chez les tabétiques;

b) Qu'ils dépendent, soit d'une lésion du nerf de la sensibilité spéciale (glosso-pharyngien); soit d'une lésion de la branche du trijumeau dont dépend la nutrition de la muqueuse linguale; soit même d'un trouble primitif de la sensibilité musculaire;

c) Qu'ils sont toujours associés, dans les cas très caractéristiques, à d'autres troubles d'origine bulbaire;

d) Les cas d'agueusie sont extrêmement rares, et ceux que divers auteurs ont publiés sont pour la plupart enregistrés sans aucun contrôle expérimental.

J'ai eu l'occasion d'examiner minutieusement un cas *d'agueusie soi-disant complète* (N. Vaschide. *Un cas d'agueusie. Bull. de laryngologie, otologie et rhinologie*, 30 mars 1903, VI).

Observation. — Une femme de 62 ans, en août 1900, a remarqué que son goût s'affaiblissait. La nourriture n'avait plus de goût; la bouche avait un goût de sang, et, plus la perte du goût normal s'accentuait, plus le goût de sang prédominait sur toutes les sensations gustatives. Elle ne percevait le goût que par différence. L'odorat était resté excellent.

On lui a donné des dépuratifs et on accusait l'état mauvais de son sang. On lui recommanda, paraît-il, des inhalations. A cette époque, elle gardait encore, de chaque côté de la langue, deux régions sensibles; elles étaient placées de chaque côté de la langue. Quelque temps après, elle perdit complètement le goût.

Tous les aliments ont actuellement le goût de l'eau de mer, mais plus salé encore, et en même temps, du sucre lui donne la sensation de l'amer. La bouche devient salée et âcre surtout à la suite de la digestion; elle devient alors âcre et fade, sensation qui la gêne.

Elle sent et perçoit tout en tant qu'odorat : elle ne distingue pas de sensations gustatives différentes. La seule sensation qui accompagne les aliments, en dehors de la perpétuelle perception du goût amer-fade, c'est celle du froid; quand elle mange, par exemple, des fruits, elle remarque, parfois, que c'est froid. La soupe lui paraît simplement chaude, et, comme sensation, elle n'accuse que celle de « l'eau de vaisselle ». Les sensations de « chaud » et de « froid » sont perçues distinctement par la malade et la guident vaguement dans la reconnaissance des mets.

Il lui est arrivé plusieurs fois de croire qu'elle avait recouvré le goût, notamment quand elle mange des fruits. Une fois, en avalant des groseilles, elle crut vraiment que le goût était revenu. L'odeur des fruits, les sensations olfactives, et parfois les images visuelles contribuaient à lui suggérer cette erreur; car, il faut le dire, elle cherchait à se convaincre, faisant des expériences méthodiques pour arriver à consolider ou à rejeter les sensations perçues.

Retenons encore cette particulière observation; quand elle avale doucement et qu'elle met du temps à mâcher, il lui arrive souvent d'accuser, au moment de la déglutition, une sensation gustative. « C'est l'arrière-gorge, nous disait-elle, qui me fait encore espérer que je pourrai sentir de nouveau. » Le goût des fruits, celui des plats sucrés, la saisissent parfois, quoique d'une manière bien obtuse, et cela dans l'arrière-gorge; autrement « du sucre et du sel sont la même chose ».

Examen des fonctions organiques. — La malade se présente avec l'aspect caractéristique d'une mélancolique; elle est maigre, très peu musclée, et la parole laisse apercevoir un très léger embarras : sa marche n'est pas sûre et elle se fatigue bien vite.

Les réflexes patellaires sont presque abolis; celui du pied droit paraît complètement aboli; il en est de même pour les réflexes des membres supérieurs.

Les réflexes pupillaires sont sensiblement abolis; la papille est punctiforme, et réagit extrêmement peu et très lentement aux excitations lumineuses. Les mouvements des yeux sont parfaits, la vision binoculaire ne présente aucun trouble décelable.

Pouls normal : 78 à la minute. — Rien du côté des salives.

La sensibilité musculaire est précise; on peut déceler néanmoins quelques légers troubles de la localisation des excitations, de même que dans la fixité des attitudes musculaires.

L'ouïe est en bon état; l'examen otoscopique et celui des sensations auditives à l'aide des diapasons ne révèlent rien d'anormal; les quelques troubles, d'ailleurs très peu sensibles, dépendent sans doute de l'âge du sujet.

La sensibilité tactile est diminuée dans une mesure extrêmement restreinte; elle distingue toutes les excitations fortes, mais on remarque un léger retard dans la perception de ces excitations. En moyenne et d'une manière générale, on peut affirmer une légère hypo-esthésie, qui porterait davantage sur les membres supérieurs, le cou et sur le dos, particulièrement du côté droit.

Du côté de l'odorat, on peut affirmer une hypoesthésie notoire. L'examen, pratiqué avec l'*osmi-esthésimètre* Toulouse-Vaschide, nous a permis de noter les chiffres suivants :

Sensation.	Perception.	Nombre des odeurs reconnues.
4 p. 10 000	7 p. 10 000	7

Cela prouve que l'hypoesthésie est considérable, surtout quand on pense que les femmes accusent nettement les sensations olfactives pour des solutions de camphre dans la série de 3 à 6 p. 100 000.

La sensibilité tactilo-olfactive est également touchée; ainsi elle accuse pour l'ammoniaque une sensation pour des solutions aqueuses de 1 p. 1 000 et une perception pour des solutions de 1 p. 100; il en est de même et dans les mêmes proportions pour l'éther. Le degré de la précision des sensations était de 7/10, et 8/10 dans les deux cas d'examen.

L'examen du goût a été pratiqué avec le *guési-esthésimètre* Toulouse-Vaschide; des solutions décimales titrées, selon leur système de mesure, des substances sapides simples et dont la constitution chimique était bien définie, soit une série de dix substances sapides.

La malade confond le sucre avec le sel à l'état de poudre ou de solution à 1 p. 10; elle n'accuse aucune autre sensation dans les deux cas qu'une excitation tactile un peu obtuse. Elle distingue pourtant l'*acide* et l'*amer*; elle accuse pour l'acide une sensation, mais très confuse pour une solution aqueuse de 1 p. 100 et une perception pour une solution aqueuse de 1 p. 10; la sensation sapide de l'acide existe donc, mais elle est obnubilée, quand on pense que les sujets normaux accusent des sensations pour des solutions de 1 p. 10 000 et des perceptions nettes à 1 p. 1 000. L'amer est la sensation sapide la plus précise; elle est accusée surtout au moment de la déglutition qui est accompagnée d'une grimace de dégoût, lorsqu'on lui fait avaler une solution à 1 p. 10 de bromhydrate de quinine. Elle distingue une sensation d'amer précise pour une solution de 1 p. 100, et elle reconnaît, facilement et sans aucune hésitation, l'amer à une solution de 1 p. 10. Cette sensation n'est accusée que dans la partie postérieure de la langue et dans le pharynx, partie antéro-postérieure; le bout de la langue distingue avec difficulté l'amer à une solution de 1 p. 10. Il n'y a aucune différence appréciable entre les deux côtés de la langue.

La reconnaissance des substances sapides est nulle; elle en reconnaît quelques-unes, mais grâce aux excitations olfactives. Autrement, le nez étant bouché, elle confond le camphre avec l'eau de fleur d'oranger et l'essence de menthe. Pourtant la menthe la pique un peu; le vinaigre, de même. Les substances qu'elle devait reconnaître étaient : l'eau de fleur d'oranger, l'eau-de laurier-cerise, mélange aqueux d'essence-anis (1 goutte pour 30 centimètres cubes), mélange aqueux d'essence d'ail (1 goutte p. 30 centimètres cubes), solution aqueuse d'eau camphrée (1 p. 100), vinaigre, solution aqueuse de sulfate de fer (1 p. 200), rhum et huile.

Ajoutons encore que la sensibilité tactile de la langue est extrêmement obtuse; la malade n'accuse des sensations tactiles de la langue que lorsqu'on exerce des pressions fortes.

Des excitations avec des poids fins de l'*haphi*-esthésimètre Toulouse-Vaschide ne décèlent aucune sensation; il faut passer dans la série des poids lourds, centigrammes, décigrammes et grammes, pour remarquer des sensations nettement délimitées.

La malade constate aussi que parfois elle mord le bout de sa langue, et qu'elle ne souffre pas alors autant qu'auparavant. Elle est extrêmement inquiète de son état et examine méthodiquement les sensations qui accompagnent l'alimentation et de même celles qui doivent accompagner le goût d'un fruit ou celle d'une excitation buccale quelconque. Elle fait appel à ses souvenirs gustatifs; elle les a conservés, paraît-il, d'une manière précise. Parfois elle croit les reconnaître réellement, mais elle s'aperçoit bien vite que ce n'est qu'une illusion.

Il est inutile de dire que toutes ces recherches ont été faites en dehors de la connaissance du sujet, qui avait les yeux bandés.

En résumé, la malade paraît avoir des troubles sensoriels profonds et qui atteignent particulièrement, et *crescendo*, le tact, l'odorat et le goût. L'agueusie n'est pas aussi complète qu'elle le croit; la sensation de l'amer existe, de même que l'acide. Peut-être la présence de la sensation de l'amer est une des causes de la sensation d'amertume qu'elle a continuellement dans la bouche.

L'absence des réflexes patellaires, les troubles pupillaires, de même que les troubles sensoriels, nous conduisaient à croire que nous sommes peut-être en présence d'un tabès à forme fruste. L'hérédité de la malade, son passé clinique, le traitement ioduré, les maux de gorge qu'elle accuse avoir eus pendant son rhume, l'existence d'un mari alcoolique mort aliéné, confirment, quoique vaguement, le diagnostic suggéré par ses troubles sensoriels. Elle n'a pourtant pas le signe de Romberg, et l'état dynamique n'est pas sérieusement atteint. L'absence du goût nous paraît liée à ces troubles tabétiques, des auteurs ayant observé souvent des troubles gustatifs et olfactifs dans le tabes (Klippel).

Au point de vue de la psycho-physiologie de la gustation, remarquons l'existence de la sensation de l'acide; ce serait une preuve qu'elle n'est pas à proprement parler une sensation spécifique, mais une sensation tactilo-gustative spéciale, perçue, en dehors de la gustation, par les dents, les gencives et le voile du palais.

L'observation de pareils cas est extrêmement rare, et, à notre connaissance, on pourrait compter facilement les cas publiés; encore ceux-là — trois ou quatre — font-ils partie, pour la plupart, des exposés cliniques généraux.

b) **Les troubles du goût consécutifs des lésions des nerfs périphériques.** — Nous avons longuement discuté ce point lors de l'analyse de l'innervation gustative, examinant les lésions du trijumeau, périphériques ou centrales. Les observations de Erb (1882), Archer (1878), Ziehl (1889), Senator, Müller, Krause (1873 et 1895), Gowers, etc.). Malgré les faits négatifs cités par Gasser et ceux de Burrows, Vogt, Romberg, Vizioli, Althaüs, Nixon, Cushing, les lésions du trijumeau entraîneraient des troubles de la gustation. Le dernier travail de Cushing plaide dans le sens négatif (*John's Hopkins Hospital Bulletin*, 1904). Après extirpation du ganglion de Gasser pour des névralgies rebelles, le goût n'avait été guère modifié; à peine si se pouvait signaler une légère perturbation sur un ou deux tiers antérieurs de la langue.

Les lésions du *facial* ont été également analysées dans les mêmes chapitres. Les troubles gustatifs, dans la paralysie faciale, sont assez curieux pour que j'insiste davantage. Ils sont plus manifestes quand la lésion est placée au-dessus de l'origine de la corde du tympan. Les cas de Bellingeri, Caldani, Neumann, Stich, Morganti, Cuzco, Vaschide et Marchand, Vaschide et Vurpas, etc., sont démonstratifs à cet égard.

c) **Les troubles gustatifs dus à des lésions des voies sensitives.**

Les troubles gustatifs dus à des lésions des voies sensitives relèvent de lésions qui intéressent :

1) La base du cerveau, les ganglions de la base;
2) Le bulbe ;
3) La protubérance annulaire ;
4) La capsule interne.

Les troubles gustatifs ont été constatés en dehors du tabès, dans un cas de *paralysie labio-glosso-laryngée*, par Grasset (*Montpellier médical*, 1878, juin), dans des cas de *lésions bulbaires* (Steiner), etc. — les troubles sont alors très marqués; — dans un cas *d'hémorrhagie de la protubérance*. Le goût est également aboli dans la *syringomyélie bulbo-spinale*. C'est encore la perte du goût, dans l'observation de Schtscherbak, perte produite par la destruction des fibres postérieures de la couronne rayonnante.

Les troubles les plus notoires sont dus à des lésions de la *capsule interne*; ils sont toutefois mal définis. La littérature médicale compte pourtant quelques observations, sinon précises, au moins intéressantes à noter. Le segment postérieur de la capsule interne, et particulièrement son *tiers postérieur*, serait plus directement lié, selon Gilbert Ballet, à l'hémianesthésie sensitivo-sensorielle; en d'autres mots le carrefour sensitif de Charcot. L'hémianesthésie dissociée, c'est-à-dire une hémianesthésie intéressant un sens spécial à la suite d'une lésion limitée de la capsule interne, est extrêmement rare. On sait qu'anatomiquement les fibres de la sensibilité spécifique passent par la partie la plus interne de la capsule interne (Voir Lang. *Les voies centrales de la sensibilité*. Thèse de Paris, 1899). Déjerine et son école ont combattu la doctrine du carrefour sensitif de Charcot, et ils ne la trouvent pas en rapport avec les données anatomo-histologiques contemporaines. Préciser des troubles agueusiques dans des lésions de la capsule interne, comme d'ailleurs dans toute affection cérébrale, est entièrement impossible. Dans toutes les hémianesthésies sensitivo-sensorielles, les troubles gustatifs sont en absolu désaccord avec les troubles des autres sensibilités; on dirait qu'il s'agit de l'ébranlement d'un même et unique processus. Comme les fibres gustatives suivent un même trajet que celles de la sensibilité générale, elles s'arboriseraient dans la partie postéro-inférieure du thalamus (noyau externe), avant de se rendre au centre cortical du goût.

d) **Les troubles gustatifs dus à des lésions cérébrales.** — La physiologie, de même que l'anatomie, nous fournit à peine quelques vagues données sur la localisation d'un centre cortical du goût. Les agueusies gustatives sont extrêmement mal analysées (V. Nodot. *Les agueusies. La cécité psychique en particulier*, F. Alcan, 1899). Toute lésion cérébrale qui attaquerait le centre cortical gustatif provoquerait une hémiagueusie croisée. Voici quelques conclusions données par ces divers auteurs.

L'agueusie serait constatée dans les lésions attaquant :

La base du crâne.	Peltier (*Mouv. médical*, 1872). Nothnagel.
La partie antérieure de la première circonvolution temporo-sphénoïdale, et s'étendant jusqu'à la base du crâne.	Glynn.
La partie moyenne de la circonvolution de l'hippocampe...	tous les auteurs classiques.
Le noyau lenticulaire gauche, l'avant mur et une grande partie des circonvolutions de l'insula. Destruction presque totale du lobe sphénoïdal	Cas de Van Gehuchten (*Un cas de tumeur cérébrale avec autopsie* : *Soc. Belge de Neurologie*, 24 février 1900).
Bechterew (*Les voies de cond.*, Tr. fr., p. 684)	Aucun trouble gustatif : destruction de deux cornes d'Ammon et des régions temporales voisines.

Pour les faits *négatifs*, notons que les auteurs n'ont constaté aucune perturbation gustative, malgré des lésions circonscrites dans la circonvolution de l'*hippocampe* et de la *corne d'*Ammon.

Bouchaud (*Soc. Neurol.*, 6 février 1902. *Revue Neurol.*, 1902, p. 119).	Aucun trouble gustatif : destruction du pôle sphénoïdal et de la région de l'hippocampe dans les deux hémisphères.
Bartels (*Archiv f. Psych. u. Nervenkrankheiten*, 1902, p. 326).	Aucun trouble gustatif : myxosarcome du lobe temporal gauche ; la corne d'Ammon également prise.

Grasset, examinant au point de vue clinique l'appareil central du goût, incline à conseiller de s'appuyer sur les faits positifs, parce que les cas négatifs ne sont jamais démonstratifs ; car on n'est jamais sûr, d'abord, qu'il n'a pas persisté quelque parcelle du centre qui paraît détruit, et ensuite qu'une suppléance ne s'est pas établie par les parties voisines, spécialement dans les lésions à marche lentement progressive (J. Grasset, *Les centres nerveux*. Baillière, 1905, 504).

Des troubles de la sensibilité gustative peuvent être déterminés encore, soit par les *malformations congénitales* du cerveau, soit par des *maladies diffuses de l'écorce cérébrale.*

Dans la *paralysie générale* . .	Diminution ou abolition, même au début, d'après J. Voisin (*Traité de paralysie générale*. Baillière, 1879, p. 419) ; Hermann (*Obozrenie psichiatrie*, 1899) ; De Martines (*Recherches sur les troubles du goût et de l'odorat dans la paralysie générale progressive. Revue médicale de la Suisse romande*, 20 août 1900, p. 405 et 409) : cet auteur a constaté 21 cas sur 22 malades, pour le salé surtout.

Les troubles gustatifs sont, dans ces cas pathologiques, liés intimement avec ceux de l'odorat.

On observe les mêmes troubles gustatifs dans les malformations congénitales, chez les *idiots*. Selon J. Voisin, les idiots mangeraient, sans choisir, tout ce qui tomberait sous la main : des cailloux, de la terre, des cataplasmes, etc. (*L'Idiotie*, F. Alcan, 1893, 131).

Dans l'*épilepsie*.	Obnubilation du goût après les crises paroxystiques dans 10 cas sur 20 malades, trouvée par Féré (*Les épilepsies et les épileptiques*, Alcan, 1890, p. 123). — Féré, Batigne et Ouvry (*B. B.*, 1892). Une diminution de la sensibilité pour les saveurs salées et sucrées, selon Hermann. L'obnubilation persiste chez deux malades plus d'une heure après la crise. Agostino observe le même fait qu'Hermann et Féré (*Sulle variazioni delle sensibilita generale, sensoriale e reflessa negli epileptici nel periodo interparossistico e dopo le convulsione. Riv. sper. di Freniatria*, xvi, 36).

Des idiots ne distinguent pas le sucré de l'amer, et l'hypergueusie serait extrêmement rare. D'ailleurs l'hypergueusie se rencontre souvent dans toutes les affections de la sensibilité gustative.

D. Mattei, examinant le sens du goût chez des enfants dégénérés, et comparant leur capacité mentale au degré de leur dégénérescence par l'examen de leurs stigmates, constate qu'il n'y a aucun rapport entre la dégénérescence et l'acuité gustative.

Chez les aliénés, à mon avis, il serait téméraire d'accuser anatomiquement des troubles objectifs de la gustation, quoique Mingazzini ait trouvé qu'ils présentent souvent une abolition complète de la gustation, ou une sensible diminution ; la fréquence des troubles pour les saveurs fondamentales pourrait être classée dans l'ordre suivant : le sel, l'acide, l'amer, et, en dernier lieu, le doux (*Archivio di Psichiatria, Scienze penali ed Antrop. Crim.* xv, ii, 1894).

D'Abundo signale le cas d'une agueusie héréditaire, due probablement à une anomalie du développement du centre cortical du goût (1894).

Dans la catégorie des troubles gustatifs objectifs, citons les troubles gustatifs des *névropathes*, et particulièrement ceux des *hystériques*. Lichtwitz (*Les anesthésies hystéri-*

ques des muqueuses et des organes des sens et les tares hystériques des muqueuses. Thèse de Bordeaux, 1881) a trouvé très fréquent ce stigmate chez les hystériques : dix cas sur 11 malades. L'hémiagueusie et l'hypogueusie sont plus fréquentes que l'abolition totale gustative; le côté gauche de la langue est plus souvent atteint, et l'hyperesthésie reparaît, franchement limitée à la ligne médiane de la langue. Le tiers postérieur de la langue serait, selon Lichtwitz, une région toujours plus ou moins sensible; la sensibilité persisterait plus souvent. On constate encore dans l'hystérie de *l'hypergueusie*, ou des *monogueusies*, des abolitions partielles de la gustation limitées à une seule saveur, ou encore cette insensibilité peut être circonscrite à une certaine région de la muqueuse linguale. Il me semble toutefois bizarre que Lichtwitz ait pu faire de telles constatations sur des malades complètement hémianesthésiques, et qui pouvaient encore goûter les substances déposées sur le voile du palais et sur la joue, et par exemple percevoir le sel sur le bord gingival gauche, l'acide et l'amer avec la muqueuse de la joue gauche. Physiologiquement, il me semble qu'il s'agirait des impressions généralement gratuites des hystériques; car la topographie de la sensibilité gustative et les observations des expérimentateurs nous indiquent des données tout autres. Je conçois parfaitement la persistance de la sensibilité pharyngienne dans un troisième cas, où le malade percevait, à ce niveau seulement, les saveurs sucrée, salée et acide. Mais attribuer ce fait à la sensibilité gustative semble, à moins d'autre preuve, une des nombreuses fantaisies que les partisans de théories physiologiques de l'hystérie enregistrent avec crédulité toutes les fois qu'ils veulent expérimenter. Les hystériques perdraient même, selon Lichtwitz, la sensibilité gustative du courant électrique. Dans six cas, il a constaté une diminution ou une abolition du champ gustatif électrique; le champ du goût électrique, à la suite de l'examen bipolaire des malades, étant identique au champ gustatif pour les substances sapides, ou plus petit. Enfin, selon cet auteur, il n'y a le plus souvent aucune relation entre l'anesthésie spéciale et l'anesthésie générale. Gilles de la Tourette, et quelques autres auteurs, nient ce fait. Selon Gilles de la Tourette (*Traité clinique et thérapeutique de l'hystérie*, 1891, 3-101), il faut croire au contraire que l'anesthésie générale domine toujours l'anesthésie spéciale : cette dernière se superpose pour le goût comme pour toutes les autres sensations.

Lichtwitz ne fait que que confirmer d'ailleurs les recherches de A. Pitres (*Leçons cliniques sur l'hystérie et l'hypnotisme*, i. 1891, 87). Quand l'anesthésie est générale, les malades ne perçoivent guère les saveurs; quand elle est limitée, les malades ne s'en plaignent guère. « La gustation se fait alors par les points de la muqueuse qui ont conservé leurs propriétés physiologiques, et il faut un examen attentif pour découvrir et limiter les plaques d'anesthésie gustative. » (Pitres., 87.) Certaines hystériques éprouvent du plaisir à boire du vinaigre ou à introduire dans leur alimentation des substances dont le goût ne paraît pas agréable aux personnes bien portantes. Pitres fait remarquer aussi l'existence des *perversions* de la sensibilité gustative chez les hystériques : certaines saveurs seraient perçues autrement que par les personnes normales. Une de ces malades accusait à une solution de sel marin un goût âcre, différent de la saveur salée bien connue.

Selon Pitres, ces diverses anesthésies hystériques sont dictées par l'inertie fonctionnelle de certains centres. Je m'associerais davantage à l'opinion de Pierre Janet, qui explique les anesthésies hystériques par un affaiblissement de l'attention, par un état notoire de distraction sensorielle.

Les *criminels* et les *prostituées* auraient une sensibilité gustative diminuée, selon certains auteurs. Ainsi Lombroso et Ferrero trouvent 15 p. 100 de femmes criminelles ayant une sensibilité gustative très fine; elles perçoivent 1/500 000 de strychnine, tandis qu'on trouve pareille sensibilité dans 50 p. 100 des cas normaux; 10 p. 100 des normales se montrèrent, selon leur méthode, très obtuses : 20 p. 100 des criminelles; et 30 p. 100 des prostituées (1 p. 100 de strychnine).

Mme Tarnowsky, citée par ces auteurs, trouve que 20 p. 100 des criminels homicides et des voleurs, et 4 p. 100 des prostituées, ne distinguaient aucune des solutions : amère, douce et salée, employées pour l'examen du goût; ce qui ne s'était jamais vérifié chez les normales; le goût salé était sujet aux plus grandes erreurs (C. Lombroso et G. Ferrero. *La femme criminelle et prostituée*. Trad. fr., 1896, Alcan). Norwood East, examinant le rapport du sens moral avec les troubles physiques, étudie aussi les criminels au point de vue de la discrimination sensorielle, comparativement à 10 sujets normaux. Il emploie, pour l'examen de la sensibilité gustative, des solutions de 5, 10, 20, 30, 60 et 80 gouttes de glycérine pour une once d'eau. On procédait à l'examen sensoriel par la gustation des solutions les plus faibles. Il n'examina que la sensation gustative du sucre à cause de son analyse psycho-sensorielle plus facile (*Physical and moral Insensibility in the Criminal. The journal of Mental Science*, oct. 1901, 737); on examinait la sensibilité gustative en appliquant sur la langue une baguette de verre, soigneusement lavée chaque fois, nettoyée dans la solution respective.

On a obtenu les chiffres suivants pour la gustation; les sujets sont divisés en trois groupes dans toutes ses recherches :

	NOMBRE DE CAS	GOUT
Criminels de hasard	13	2,384
Criminels d'occasion.	52	3,115
Criminels de profession . . .	35	3,171

La sensibilité générale est en outre de moins en moins délicate à mesure qu'on se rapproche du criminel de profession.

Si l'on compare les criminels instruits et les criminels illettrés, on constate que les différences sont extrêmement légères, et que pourtant le goût est plus délicat chez le criminel instruit.

Criminels instruits . . .	2,571
Criminels illettrés . . .	2,965
Médecins.	1,15

Dans une autre série de recherches, on examine la mesure de la sensibilité, par rapport à la nature du crime, en classant les criminels selon le crime commis; on trouve dans la liste des crimes, toutes les formes des délits criminels, à partir du vol avec effraction jusqu'aux crimes d'incendie. Il y aurait un rapport assez déterminé entre la désignation du crime et la sensibilité sensorielle des criminels.

Le fameux « Vampire du Muy » avait le goût tout à fait aboli : il ne distinguait pas le salé du sucré, et il mangeait toutes les choses les plus abjectes (A. Épaulard, *Examen du nécrophile, dit « Le Vampire du Muy », Archives d'Anthrop. criminelle*, 1901, n° 98).

Pour finir avec la liste des troubles des sensations objectives, citons encore les modifications provoquées par les maladies infectieuses graves. Ainsi Rockwells avait constaté l'abolition complète du goût à la suite d'une grippe chez une femme, et l'agueusie dura pendant deux mois (*Un cas de perte complète et prolongée des sens du goût et de l'odorat*, *The Medical Record*, 1881, janvier, 120).

Un trouble assez fréquent chez les névropathes est l'association des sensations visuelles avec les sensations sapides, trouble analogue à l'audition colorée. Ch. Féré (*La vision colorée et l'équivalence des excitations sensorielles. B. B.*, 14 novembre 1891, 763) cite, le premier, le cas d'une anorexique qui avait associé au vinaigre la sensation du rouge, qui devenait persistant pendant de longues minutes, et apparaissait immédiatement après l'ingestion buccale. Sollier publie un cas semblable (*Gustations colorées, B. B.*, 1891, 763); son malade, un syphilitique neurasthénique, avait associé ses éructations avec des sensations de couleur. Il avait des éructations vertes, qui lui rappellaient le cadavre et qui évoquaient en même temps un goût cadavérique : il avait aussi des éructations jaunes ou violettes. Le malade se figurait pourtant ne pas sentir la sapidité des aliments.

Cette association s'expliquerait par une association psycho-mécanique, par une irradiation sensorielle et pathologique; car nous ne la trouvons pas chez les névropathes.

Puisque nous parlons des névropathes, voici l'observation détaillée que j'ai publiée sur une malade extrêmement intéressante (N. Vaschide. *Contribution à la psycho-physiologie de la cavité buccale. Bulletin de Laryngologie, Otologie et Rhinologie*, 1903, VI, 1er trimestre, 30 mars).

« Elle sent le goût des aliments, mais à peine, et infiniment moins que par rapport au passé. La bouche est pâteuse, toujours sèche, quoiqu'elle n'ait pas soif. Elle a la sensation d'une bosse dans le palais. Des élancements traversent toute la cavité buccale, et ils se localisent surtout dans les gencives : elle a des picotements dans le nez et dans les lèvres. Elle ne sent pas les odeurs. Elle rend ce qu'elle mange, et n'a pas faim ; une haleine forte s'exhale de sa bouche; elle a connaissance de cette haleine, et elle remarque qu'elle sent encore plus mauvais après les repas. Le matin elle se réveille avec cette gêne qui la tourmente.

« Elle ne dort pas, et elle fait tout pour dormir; sa bouche la préoccupe continuellement. Elle croit n'avoir que peu de salive dans la bouche, en effet elle n'en a que très peu. La salive qu'elle a lui semble piquante. La langue la pique sur le milieu. Quand elle mange, il lui semble continuellement avoir des grains et de la farine dans la bouche. Elle éprouve continuellement la sensation d'avaler la salive. Elle juge étranges ces sensations; et ses souffrances sont si atroces qu'elle pleure à l'idée que cela pourrait continuer ainsi. »

L'examen de la malade nous a révélé la physionomie nette d'une névropathe. Aucun trouble organique, ni dans la sensibilité générale, ni du côté des sens. Audition et vision bonnes; sensibilité musculaire parfaite. Le tact est normal sur toute la surface du corps; nous n'avons pas pu distinguer des stigmates ou des zones sensorielles pathognomoniques.

L'odorat existe, quoique sensiblement diminué, encore que la malade affirme ne sentir rien. Nous avons pu obtenir avec l'*osmi-esthésimètre* Toulouse-Vaschide, les chiffres suivants :

SENSATION.	PERCEPTION.	NOMBRE DES ODEURS reconnues.
4 p. 10 000	6 p. 10 000	6

ce qui confirme l'existence d'une hypoesthésie notoire. Il est à remarquer que cette hypoesthésie est plus grande pour la narine gauche, qui accuse une sensation à 6 pour 10 000, au lieu de 4 pour 10 000 pour la narine droite.

La sensibilité tactilo-olfactive est perçue presque normalement, avec de légères différences : l'éther perçu, à 1 pour 1 000, et l'ammoniaque au même titre.

La sensibilité gustative, mesurée avec le *guési-esthésimètre* Toulouse-Vaschide, révèle l'état suivant :

	SENSATION.	PERCEPTION.
Salé	1 p. 100	3 p. 100
Amer	1 p. 10 000	1 p. 1 000
Doux	1 p. 100	1 p. 10
Acide	1 p. 100	1 p. 10

ce qui veut dire que la sensibilité gustative est à peu près normale, quoique légèrement hypoesthésique : la sensation gustative acide semble la plus atteinte.

Si la sensibilité gustative est presque normale, la sensibilité tactile de la bouche est nettement hypoesthésique, le palais est tout à fait anesthésique, la langue sensiblement hypoesthésique, les gencives, le plancher de la bouche et la partie moyenne et antérieure de la langue, de même. Les piliers du gosier et le voile du palais sont pourtant très sensibles : même plus que d'habitude. On remarque encore, sur la langue, des régions plus sensibles que les autres. Ainsi, au dos de la langue, sur une surface de 1 centimètre carré, nous avons pu constater deux points anesthésiques et cinq points hypoesthésiques par rapport à la sensibilité générale. Il existe, au milieu de la langue, précisément au point où elle accuse des picotements, une zone d'environ 3 millimètres carrés qui est nettement anesthésique.

Pour la reconnaissance des substances sapides, elle a une certaine facilité; elle a reconnu 8 sur 10, ce qui est tout à fait l'état normal : elle a même décelé une goutte de l'huile déposée sur la langue. Elle a reconnu l'ail, la menthe, le vinaigre, le camphre, la fleur d'oranger, le sulfate de fer, le rhum et l'huile.

En résumé il s'agirait d'une névropathie localisée particulièrement dans la cavité buccale. L'attention du sujet étant portée vers les sensations de la cavité buccale, elle est saisie par des troubles plus ou moins complexes des sensations tactilo-gustatives, et, gênée par son râtelier, elle greffe tout un système d'ennuis et de douleurs à la suite d'une forte secousse émotive. Le terrain névropathique était préparé pour l'éclosion de pareils troubles. Ce qu'il y a de vrai dans l'interprétation de ces douleurs hypochondriaques, c'est l'hypoesthésie tactile de certaines régions de la cavité buccale et l'anesthésie des autres. Or, si l'on se souvient bien de la description des douleurs, on remarquera que ces zones font partie de son système d'interprétations douloureuses : le palais, qui est anesthésique, lui donne la sensation d'une bosse, et le milieu de la bouche est l'endroit où elle accuse des picotements. Or c'est précisément là qu'il existe une zone anesthésique. La malade remarque ces sensations, mais elle les interprète mal.

Nous connaissons très peu d'observations d'hystérie *buccale*, si l'on peut s'exprimer de la sorte, et il est curieux que la bouche, organe aussi délicat et compliqué que possible, et qui s'impose à plus d'un titre à l'attention du sujet, ne fixe plus leur analyse pathologique.

II. **Les troubles subjectifs de la gustation.** — On peut distinguer trois catégories des troubles subjectifs de la gustation :

a) **Les illusions gustatives;**

b) **Les hallucinations gustatives;**

c) **Les perversions gustatives.**

a) **Les illusions gustatives** sont des interprétations fausses de sensations réellement perçues, où la subjectivité entre donc en jeu, d'une manière directe et active.

Les aliénés, particulièrement les mélancoliques et les persécutés, accusent des illusions gustatives. Les persécutés se méfient des aliments, et ils ont peur d'être empoisonnés, mais il s'agit plutôt d'une idée fixe, d'une phobie, que d'une réelle illusion gustative. Des mélancoliques qui accusent de pareilles illusions ne me paraissent non plus exprimer la sensation concomitante ; l'analyse des sensations gustatives étant faite dans un état de distraction notoire, l'interprétation est d'autant plus fausse que les excitants ne sont pas francs. Dans le travail publié avec Vurpas sur l'*Analyse mentale morbide* (1 vol. 1894, Rudeval), j'ai insisté sur le rôle capital, fondamental même, de l'analyse mentale, dans toutes nos constructions et nos systématisations psychiques.

D'après certains aliénistes, les illusions gustatives des aliénés seraient des troubles réels objectifs, produits par des troubles organiques, particulièrement par la mauvaise digestion. L'absence d'une hygiène de la bouche, l'attention vague accordée à la nourriture, contribuent à faire de la cavité buccale une source de saveurs indéfinies, des sensations prédominantes, obsédantes, et qui empêcheraient la perception réelle et exacte des saveurs. On sait à quel point la langue des aliénés est saburrale, blanchâtre et épaisse, comme leur haleine est désagréable, et leur salive visqueuse.

D'après Joffroy et Hanot, les illusions gustatives se rencontreraient aussi dans les affections bulbaires. Leur malade accusait une sensation franchement amère pour tout ce qui était sucré (*Accidents bulbaires à début rapide chez les ataxiques. Congrès d'Alger*, 1881). De nombreux tabétiques accusent également de pareilles illusions gustatives.

Dans l'hypnose et la suggestion, les illusions, de même que les hallucinations, sont très faciles à évoquer. Les substances les plus amères sont bues avec délice, et les médicaments les plus désagréables au goût passent comme inaperçus. Bernheim composait des breuvages avec de l'eau ou du vinaigre en guise de vin, et un crayon dans la bouche faisait l'office d'un cigare (H. Bernheim, *De la Suggestion*, 1891, 44). Charles Richet, composait des breuvages odieux, quoique inoffensifs, mélange d'huile, d'encre, de café, de vin : « et les malades endormies se disputaient ce ragoût détestable, dès que je leur avais annoncé que c'était de délicieux chocolat » (*L'homme et l'Intelligence*, 182). Dans l'expérience de tous ceux qui ont étudié l'hypnotisme et la suggestion, ces exemples peuvent se multiplier indéfiniment.

b) **Les hallucinations gustatives** sont provoquées, selon les auteurs, soit par l'irritation des centres nerveux, soit par l'irritation de l'organe sensoriel. Il me semble pourtant qu'aucune des théories de l'hallucination n'explique réellement ces étranges phénomènes psychiques ; mais ce n'est ici la place pour les discuter. Remarquons pourtant qu'en pratique il est extrêmement difficile, sinon impossible, de distinguer les hallucinations centrales des hallucinations périphériques, surtout quand il s'agit de formes unilatérales, et chez les aliénés. Je ne conçois guère comme démontrée la théorie de l'irritation corticale pour expliquer les états hallucinatoires ; l'analyse psychologique de ces états implique toute une autre explication. On aura beau citer des cas avec des lésions circonscrites : ne sait-on pas à quel point ces circonscriptions sont vagues, et combien les constatations pathologiques sont globales, surtout pour les troubles sensoriels spécifiques ?

Bazire avait remarqué, chez un sujet atteint de paralysie faciale, une hallucination gustative métallique dans la moitié respective de la langue (*Brit. med. Journal*, 1867, 21 septembre) ; l'hallucination avait fait apparition un peu avant l'accident paralytique. Marotte a publié un cas analogue : des hallucinations gustatives vagues, plutôt sucrées, concomitantes avec l'apparition des bourdonnements des oreilles et une névralgie temporale du côté respectif (*Névralgie accompagnée d'un goût sucré dans la bouche. Union médicale*, VII). Ch. Féré nous donne l'observation d'une hallucination gustative — un goût de poisson prononcé — dans un cas de zona de la face, joue gauche, apparition parallèle avec celle des plaques érythémateuses (*Note sur un cas de zona de la face avec hallucination du goût et hallucination unilatérale de l'ouïe chez un paralytique général. B. B.*, 3 juin 1899). Pierre Marie a constaté des hallucinations gustatives chez les tabétiques, « des saveurs bizarres, une saveur sucrée plus ou moins persistante » (*Ouvr. cit.*, p. 216).

Les fièvres graves sont souvent accompagnées d'hallucinations gustatives obsédantes plutôt indéfinissables : un mauvais goût d'amertume dans la fièvre typhoïde, malgré l'hygiène la plus soignée de la bouche.

Certaines substances toxiques provoquent des hallucinations gustatives. Wernicke rapporte deux observations de la présence d'un goût d'amertume à la suite d'injections sous-cutanées de morphine ; l'hallucination apparut dans un cas dix secondes après dans l'injection (*Arch. für Psych.*, 1896, VII). Pour Rose, la santonine produirait des hallucinations gustatives ; le fait a été d'ailleurs souvent contrôlé, et il me paraît exact. La sensation hallucinatoire n'est guère définie : c'est un mélange de « mauvais goût », et d'un « goût d'amertume ».

Les hallucinations gustatives des aliénés se confondent souvent avec les illusions gustatives. Elles se rencontrent fréquemment dans les délires mélancoliques, où les malades accusent des sensations fétides, des saveurs affreuses, ou encore chez des persécutés qui trouvent des saveurs bizarres dans tous les aliments : on veut les empoisonner ; dans n'importe quelle substance alimentaire ils trouvent de l'arsenic, du soufre, des matières putrides, etc. Chez certains aliénés, les auteurs ont constaté, particulièrement chez les paralytiques généraux, des hallucinations gustatives très agréables. Pour ma part, je ne les ai pas remarquées chez les paralytiques généraux ; leurs affirmations ne doivent être prises en considération qu'après de nombreuses expériences. Il y a tout au plus des phases agréables, ou des excitations déprimantes de leur sensibilité, et ils font rentrer toutes les illusions et les hallucinations dans leur cadre mental. Les auteurs invoquent, pour expliquer les hallucinations gustatives, des lésions du cortex. L'opinion est trop classique pour ne pas être citée, même si elle n'est pas solidement démontrée. Un auteur italien (Tomassini, 1896) a publié le cas d'une mélancolique qui éprouvait la sensation hallucinatoire du sucré, et à tel point qu'elle avait des nausées. La malade examinée avait une hyperesthésie pour les saveurs sucrées et de l'hypogueusie pour l'amer, pour l'acide et pour le salé. Après dix jours de traitement, anesthésie de la muqueuse linguale avec une solution d'acide gymnémique, les hallucinations disparurent. Selon l'auteur, dans ce cas, les hallucinations auraient eu comme cause initiale des troubles périphériques.

c) **Les perversions** et les **aberrations sensorielles** gustatives sont les plus fréquents des troubles gustatifs.

Les aberrations gustatives chez les animaux sont connues, et les vétérinaires en donnent de nombreux exemples. Serions-nous pourtant en face de réelles perversions sensorielles, ou devant un goût préféré et réellement perçu par des animaux ? Les psychologues des animaux sont, pour la plupart, si peu psychologues, ou si suggestionnés par la continuité des fonctions psycho-biologiques dans l'échelle organique, que presque toutes leurs observations sont empreintes d'une systématisation souvent grossière.

On raconte couramment que des animaux mangeraient de la terre glaise (les loups, les porcs, etc.).

Chez certains sauvages, ces perversions de goût ne prennent-elles pas la forme des habitudes coutumières?

Les aberrations gustatives se trouvent chez les femmes enceintes, et moins souvent chez les chlorotiques, chez les neurasthéniques. Elles sont nombreuses aussi chez les hystériques et chez les aliénés.

Chez les femmes enceintes les perversions gustatives sont presque un trouble symptomatologique. *L'envie* des femmes en état de gestation est le terme qui désigne chez elles le plus souvent les perversions gustatives. Les anciens connaissaient ce fait, et la littérature est pleine d'anecdotes et d'exemples, dans lesquels les femmes enceintes mangeaient les substances les plus répugnantes pendant la gestation. Elles ne pouvaient pas dominer leurs impulsions, et ingéraient alors des substances nauséabondes. Roderick de Castro cite l'observation, qu'on trouve d'ailleurs un peu partout, d'une femme enceinte qui aurait eu envie de l'épaule d'un boulanger (*De universali mulierum medicina*. Hamburg, 1603). Langius rapporte le cas, classique aussi, d'une femme qui tue son mari, le goûte, le mange en partie, et elle sale le reste du corps (*Opera omnia*, 1704). La plupart des femmes ont des envies simples, des goûts pour les écrevisses, le papier d'imprimerie, les fruits crus, les mets préparés d'une manière plus ou moins étrange, ou encore des boissons alcooliques. On a vu même des cas où de simples désirs se transforment en de vraies impulsions. Distinguons néanmoins les envies des femmes enceintes, avec hallucinations gustatives banales, symptomatologiques, de ces hallucinations impulsives qui sont pour la plupart des syndromes d'aliénation mentale. Je considérerai au moins comme tel le cas de cette jeune fille cité, je ne sais pas où, par Lasègue, laquelle dévora une partie de la redingote de son professeur de dessin.

Parmi les perversions du goût citons les affections nommées : *pica* et *malacia*, la première de ces affections, comme l'indique bien son nom (pica = pic; oiseaux omnivores) quand les sujets absorbent sans aucun choix tous les aliments, tous les corps qui tombent sous leurs mains, comme cela se rencontre assez souvent chez les idiots, chez les imbéciles et surtout chez les aliénés. Le *malacia* (malacia = mollesse, défaut d'appétit) indique les cas où les sujets mangent des substances sapides insolites et qu'ils préfèrent à de vrais aliments; ainsi ils mangent du sel, du poivre, du vinaigre, des fruits verts. On rencontre ces troubles pendant la puberté et chez des névropathes, chez des chlorotiques. Ces troubles peuvent conduire les sujets à des systématisations, véritables monomanies gustatives. Au point de vue du diagnostic, les perversions gustatives constituent toujours un phénomène grave. Les dentistes le savent, et ceux avec qui j'ai pu causer m'ont confirmé l'observation personnelle que toutes les personnes qui accusent des hallucinations gustatives persistantes sont des névropathes difficiles à guérir et qui s'acheminent pour la plupart vers des troubles mentaux, comme le délire mélancolique, et vers le délire de persécution. Toute affection psycho-pathologique de la bouche semble comporter toujours un pronostic des plus sérieux au point de vue de la mentalité du sujet (V. *Analyse mentale*, par Vaschide et Vurpas).

Rappelons encore que les hallucinations et les *perversions* gustatives jouent un rôle considérable dans la vie sexuelle; les érotomanes cherchent les perversions gustatives spéciales : ils les provoquent de mille manières, et chez eux c'est une obsession presque typique. Les hallucinations sont mêlées le plus souvent avec des hallucinations olfactives, et il se forme un état sensuel des plus étranges, s'il est permis de considérer comme étranges les sensations qui constituent l'excitation mentale sexuelle.

Pourtant Jean-Jacques Rousseau avait dit : « *Je ne connais qu'un sens aux affections duquel rien de moral ne se mêle : c'est le goût.* »

XIV. — RECHERCHES A FAIRE SUR LA GUSTATION.

Pour faciliter les recherches des expérimentateurs, je crois qu'il serait utile de donner, toutes les fois qu'on rédige une revue générale d'une question, une liste des sujets à traiter expérimentalement.

Pour le goût, il y a beaucoup à faire, surtout au point de vue de la psycho-physiologie. Voici quelques-unes des questions les plus intéressantes à étudier.

a) La physiologie de la corde du tympan.

b) Le rôle dans la gustation du nerf intermédiaire de WRISBERG.

c) Le rôle du facial et l'examen de la sensibilité gustative dans les paralysies faciales, périphériques ou centrales et dans des névralgies opérées chirurgicalement.

d) Le rôle de l'hypoglosse dans les paralysies intéressant l'origine centrale et le trajet de ce nerf.

e) L'histologie de la langue, au point de vue de la constitution différentielle des papilles; examiner minutieusement et comparativement la muqueuse de la cavité buccale accusée comme capable de percevoir une sensation gustative. Étudier histologiquement les terminaisons nerveuses dans leurs rapports avec des excitations spécifiques des saveurs fondamentales.

f) Le centre cortical du goût.

g) Les voies sensitivo-sensorielles de la gustation.

h) Le mécanisme de la gustation.

i) La nature chimique des saveurs.

j) La classification des saveurs et l'analyse psycho-physiologique des saveurs.

k) L'analyse de la sensation gustative.

l) La psycho-physique des sensations gustatives.

m) Le temps de réaction des sensations gustatives, réactions simples et de choix.

n) La détermination de la limite perceptible des différentes saveurs.

o) L'évolution de la sensation gustative dans l'individu et dans la race.

p) Les anesthésies gustatives.

q) Les hallucinations et les illusions gustatives, la compensation des saveurs, le contraste des saveurs et leurs combinaisons ou mélanges.

r) Enfin, l'image gustative, la mémoire des saveurs, le souvenir, et toute l'élaboration mentale des images gustatives.

Bibliographie. — Jusqu'à 1806. — ALBINUS. *Academicarum Annotatium*, Leyde, 1754, Lib. I, 58. — J. H. E. AUTENRIETH. *Handbuch der empirischen menschlichen Physiologie*, III, Tübingen, 1802. — BLUMENBACH. *Institutiones physiologiæ*, Gœttingen, 1787. — CALDANI. *Institutions de physiologie et de pathologie* (2ᵉ édit.), Padoue, 1793, vol. I. — DOBSON (M.). *Experiments and observations on the urine in the diabetes* (*Med. observ. and Inquiries, London*, 1776, V, 298). — R. J. DANIELS. *Gustus organi novissime detecti Prodromus.* (*Dissert. Maguntiæ*, 1790). — F. A. VON HUMBOLDT, *Versuche über die gereizten Muskel und Nervenfasern nebst Vermuthungen über den chemischen Process des Lebens in der Thier. u. Pflanzenwelt. Posen u. Berlin*, 1797). — KIELMAYER. *Versuche über die sogennante animalische Elektricität* (*Green's Journ. d. Physik.*, Leipzig, VIII, 1794, 65). — LANGIUS. *Opera omnia* (1704). — LEHOT. *Theorie des einfachen Galvanismus gegründet auf neue Versuche* (*Gilbert's Ann. d. Physik.*, IX, Halle, 1805). — PETRUS LUCHTMANN's. *Specimen physico-medicum inaugurale de saporibus et gustu* (*Lugduni Batavorum*, 1758). — C. H. PFAFF. *Abhandlung über die sogennante thierische Elektricität.* (*Green's Journal d. Physik.*, Leipzig, VIII, 1794). — ALEXANDER MUERO et RICHARD FOWLER. *Abhandlung über thierische Elektricität und ihren Einfluss auf das Nervensystem* (Leipzig, 1796). — J. W. RITTER. *Beweis, das ein beständiger Galvanismus den Lebensprocess in dem Thierreich begleitet nebst neuen Versuchen und Bemerkungen über den Galvanismus* (Weimar, 1798). — J. W. RITTER. *Versuche und Bemerkungen über den Galvanismus der Volta'schen Batterie. Zweiter Brief. Wirkungen des Galvanismus der Volta'schen Batterie auf menschliche Sinneswerkzeuge* (*Gilberts's Ann. d. Physik.*, VII, Halle, 1801, 448). — J. W. RITTER. *Beiträge zur näheren Kenntniss des Galvanismus und des Resultate seiner Untersuchung.*, II, 2ᵉ partie, Iéna 1802, (2, 3, 4), dernière partie, Iéna, 1805. — *Neue Versuche und Bemerkungen über den Galvanismus. Zweiter Brief* (*Gilbert's Ann. d. Physik.*, XIX, Halle, 1805). — M. SULZER. *Recherches sur l'origine des sentiments agréables et désagréables. Trois parties, Des passions des sens.* (*Histoire de l'Acad. des Sciences et Belles-Lettres de Berlin* (1752), 1754, 8°, 356). — THOMAS WILLIS. *Pharmaceutice rationalis sive diatriba de medicamentorum operationibus in corpore humano* (Hagae Comitis, 1677, IV, cap. 3, 206-218).

1806-1830. — Carol. Fr. Bellingeri. *De nervis faciei*, Turin, 1818, *Dissert. Inaug.* — Descot. *Dissertation sur les affections locales des nerfs*, Paris, 1825. — Fodéra. *Recherches expérimentales sur le système nerveux, présentées à l'Académie des Sciences*, 31 déc. 1822 (*J. d. Physiol. exp. et path.*, III, 1823, 191-217). — W. Horn. *Ueber den Geschmackssinn des Menschen. Heidelberg*, 1825. — Magendie. *De l'influence de la cinquième paire de nerfs sur la nutrition et les fonctions de l'œil* (*Journal de physiologie expérimentale*, 1824, IV). — *Suite des expériences sur les fonctions de la cinquième paire de nerfs* (*Acad. d. Sciences*, 31 nov. 1824; *Journal de Physiol. expérim. et pathol.*, 1824, IV). — Herbert Mayo. *Anatomical and physiological Commentaries*, etc. London, 1823; — *Note sur les nerfs cérébraux considérés dans leur rapport avec le sentiment et le mouvement volontaire* (*Journal de physiol. expérim.*, 1823, III, 356). — Picht. *De gustus et olfactus nexu, præsertim argumentis pathologicis et experimentis illustrati*, Berlin, 1829. — S. Th. Sömmering. *Icones organ. gustus et vocis human.* Frankf., 1806, in-fol. — Tourtual. *Die Sinne des Menschen in den wechselseitigen Beziehungen ihres psychischen und organischen Lebens. Münster*, 1827. — Vernière. *Répertoire d'Anatomie et de Physiol.* de Breschet, 1827, IV, 39. — *Sur le sens du goût* (*Journal des progrès des Sciences et Institution médicale*, 1827, III, 208-211). — *Physiologische Untersuchungen über den Sinn des Geschmacks* (*Froriep's neue Not.*, 1828, XXV, 423-424). — Alessandro Volta. *Collezione dell' opere* (Firenze, I, 2e partie, 1816).

1830-1837. — Alcock. *Determ. to the question which are the nerves of taste* (*The Dublin Journal of Medical and Chemical Science*, nov. 1836). — Burkard Eble. *Versuch einer pragmatischen Geschichte der Anatomie und Physiologie von Jahre* 1800-1825 (Wien, 1836). — Gerdy. *Note sur les mouvements de la langue et quelques mouvements du pharynx* (*Bull. d. Scienc. médic.*, 1830, XX, 26-36). — J. Guyot. *Nouvelles expériences sur le sens du goût chez l'homme, etc.* (*Arch. gén. de méd.*, (III), 1837, (1), p. 51). — Guyot et Admyrauld. *Mémoire sur le siège du goût chez l'homme* (*Bull. des Sciences médicales, IIIe Sect. du Bull. universel de Férussac*, Paris, 1830, XXI, 18-22). — J. Kornfeld. *De functionibus nervorum linguae experiment. Diss. inaug.*, Berolini, 1836. — Montault. *Dissertation sur l'hémiplégie faciale*, Paris, 1831. — J. Müller. *Arch. für Anat. und Physiol.*, 1835. — J. Müller. *Handbuch der Physiol. des Menschen*, Coblentz, 1837, II. — *Historisch-anatomische Bemerkungen* (*Arch. Anatom. u. Physiol.*, 1837). — Noble. *London Med. Gazette*, 1834. — Panizza. *Ricerche sperimentali sopra i nervi. Lettere del profess. Panizza al profess. Buffalini*, Pavie, 1834. — Rapp. *Die Verrichtungen des fünften Nervenpaares* (Leipzig, 1832). — B. F. Wing. *Fonctions de la membrane pituitaire* (*Arch. génér. de Médec.*, XII, 2e série, Paris, 1836, 92).

1838. — Bidder. *Neue Beobachtungen über die Bewegungen des weichen Gaumens und über den Geruchssinn*, Dorpat. — Brillat Savarin. *Physiologie du goût ou méditation de gastronomie transcendante. Ouvrage théorique, historique et à l'ordre du jour, dédié aux gastronomes parisiens, par un professeur*, Paris, Charpentier, 1 vol., 493 pp. — H. Dugès. *Traité de Physiologie comparée de l'homme et des animaux.* Montpellier, I. — Raspail. *Das Organ des Geschmacks* (*Froriep's neue Not.*, n. 98). — John Reid. *An experiment investig. into the functions of the eight par of nerves* (*The Edimb. Med. and Surg. Journal*). — Romberg. *Anesthesie im Gebiete des Quintus* (*Müller's Archiv*).

1839. — Guyot et Cazalis. *Recherches sur les nerfs du goût* (*Arch. gén. de méd.*, février (3), IV, 258). — Magendie. *Leçons sur les fonctions et les maladies du système nerveux*, II, 292. — Valentin. *De functionibus nervorum cerebralium et nervi sympathici*, Berne. — Zenneek. *Die Geschmackserscheinungen* (*Repertorium für der Pharmacie*, LXV).

1840-1842. — Bérard. *Fractures du crâne par armes à feu* (*Gazette Médicale*). — Debrou. *Thèse inaugurale*, Paris. — Flourens. *Recherches expérimentales sur les fonctions et les propriétés du système nerveux*, Paris. — Guarini. *Annali universali di medicina*, 1842. — J. F. C. Mayer. *Neue Untersuchungen aus dem Gebiete der Anatomie u. Physiologie*, 1842, Bonn, 25-26. — Hatten Thénard. *Nichtexistenz des geschmacklosen Zuckers* (*Ann. d. Chem. u. Pharmacie*, XXXIX, 1841, 125; *Journ. Pharm.*, XXVII, 100). — Trommer. *Unterscheidung von Gummi, Dextrin, Traubenzucker und Rohrzucker* (*Ann. der Chemie und Pharm.*, XXXIX, 1841, 360).

1843-1846. — Cl. Bernard. *Recherches anatomiques et physiologiques sur la corde du tympan, pour servir à l'histoire de l'hémiplégie faciale* (*Ann. médico-psychologiques*, 1843, 408-439). — *Recherches sur la corde du tympan* (*Arch. gén. de méd.*, 1843, II, 332).

— *De l'altération du goût dans la paralysie du nerf facial* (*Arch. génér. de méd.*, 1844, LVI, 480). — BIDDER. *Schmecken* in *R. Wagner's Handwörterbuch der Physiologie*, 1846, III, 1, — BIFFI. *Sui nervi della lingua; ricerche anat. fisiol.* (*Annali univers. di medicina*, Milan, 1846). — J. A. HORN. *Ueber die Nerven d. Gaumenscegels* (*Arch. f. Anat. u. Physiol.*, 1844). — GAL. *Cas de paralysie du nerf facial avec perte complète du goût* (*Gaz. medic. di Milano*, juin 1846). — MORGANTI. *Anat. et physiologie du ganglion géniculé*, Milan, 1846.

1847-1850. — BIFFI et MORGANTI. (*Archiv f. Anat. u. Physiol.*, 1847; et *Gaz. méd. de Paris*. 1847, XVII, IIIe sér., (2), 188). — CARPENTER. *Taste. Todd's Cyclopædie of Anat. and Physiol.*, IV, part. II, London, 1849-1852). — CUSCO. *Recherches sur différents points d'anat. de physiol. et de path.* (*Diss. inaugurale*, Paris, 1848). — DUCHENNE (de Boulogne). *Recherches électro-physiologiques et pathologiques sur les propriétés et les usages de la corde du tympan* (*Arch. génér. de méd.*, décembre 1850, XXIV, 4, 385). — E. DU BOIS REYMOND. *Untersuchungen über thierische Elektricität*, I, Berlin, 1848. — STANNIUS. *Versuche über die Function der Zungennerven* (*Arch. f. Anat. u. Physiol.*, 1848). — FR. UTERHART. *De fonctionibus nervi hypoglossi, rami lingualis nervi trigemini, nervi glosso-pharyngei* (*Diss.* 1847). — VALENTIN. *Lehrbuch der Physiologie des Menschen*, II, 1848, 301. — WALLER. *Minute structure of the papillæ and of the tongue* (*Philosoph. Transact.*, 1847). — E. H. WEBER. *Ueber den Einfluss der Erwärmung und Erkältung der Nerven auf ihr Leitungsvermögen* (*Arch. f. Anat. u. Physiol.*, 1847).

1851-1855. — BRÜHL. *Ueber das Mayer'sche Organ an der Zunge der Haus-Säugethiere oder die seitliche Zungenrücken-Drüse derselben* (*Vierteljahrschrift für wiss. Veterinärkunde*, 1851, I, 165). — A. KÖLLIKER. *Microscopische Anatomie : II. Specielle Gewebelehre*, Leipzig, 1852. — LEYDIG. *Ueber die äussere Haut einiger Süsswasserfische* (*Zeitsch. f. wiss. Zool.*, III, 1851). — REMAK. *Ueber die Ganglion der Zunge bei Saügethieren und beim Menschen* (*Müller's Arch.*, 1852). — ROMBERG. *Lehrbuch der Nervenkrankheiten des Menschen*, I, (2), Berlin, 1851, 305.

1856-1857. — FIXEN. *De linguæ raninæ textura, disquisitiones microscopicæ*. Dorpat, 1857. — GUYOT. *Note sur l'anesthésie du sens du goût* (*C. R.*, XLII, 1856, 1143). — R. SCHIRMER. *Nonnullæ de gustu disquisitiones. Diss. Inaug.*, *Gryphiæ*, 1856. — *Einiges zur Physiologie des Geschmacks*. (*Deutsche Klinik*, 1857, XI, n. 13, 15, 18). — A. STICH. *Ueber die Schmeckbarkeit d. Gase* (*Ann. des Charité-Krankenhauses*, VIII, Berlin, 1857, 105-115). — *Beiträge für Kenntniss der Chorda tympanis* (*Ann. des Charité-Krankenhauses*, 1857).

1858. — CL. BERNARD. *Leçons sur la physiologie et la pathologie du système nerveux* (*Cours de médecine du Collège de France*, II, Paris, Baillière, 1858, 560. — BILLROTH. *Ueber die Epithelzellen der Froschzunge* (*Müller's Arch.*, 1858, 159). — C. LUDWIG. *Lehrbuch der Physiologie des Menschen*. 2 Aufl., *Leipzig u. Heidelberg*, 1858. — SCARPA. *Œuvres diverses*, Florence, 1858, 4e partie, chap. 3. — STICH. *Beiträge zur Kenntniss der Chorda tympani* (*Ann. des Charité-Krankenhauses*, Berlin, 1858, 59). — STICH. *Ueber der Ekelgefühl* (*Ann. des Charité-Krankenhauses*, VIII, Berlin, 1858, 22). — STICH et KLAATSCH. *Ueber den Art der Geschmack-vermittlung* (*A. A. P.*, XXIV, 1858).

1859-1860. — BÜDGE. *Ueber geschmacksemfindende Stellen* (*Deutsche Klinik*, 1859, XI, n. 19). — A. DRIELSMA. *Onderzoch over den zetel van het smaakzintuig* (*Diss. Groningen*, 1859). — HOYER. *Mikroskopische Untersuchungen über die Zunge des Frosches* (*Arch. f. Anat. und Phys.*, 1859, 481 et 1860, 217-223).

1861-1867. — KEY AXIEL. *Ueber die Endigungsweise der Geschmacksnerven in der Zunge des Frosches* (*Arch. f. An. u. Phys.*, 1861, 386). — BAZIRE. *Observation de paralysie du nerf facial avec troubles du goût et de l'audition* (*Brit. med. Journal*, 21 sept. 1867). — BÉCLARD. *Traité élémentaire de physiologie humaine*, 5e édit., Asselin, Paris, 1866, 1248. — ENGELMANN. *Ueber die Endigungsweise der Geschmacksnerven in der Zunge des Frosches* (*Zeitschr. f. wissensch. Zool.*, VIII, 1867, 142). — O. FUNKE. *Lehrbuch der Physiologie*, Leipzig, 1860, II. — HARTMANN. *Ueber die Endigungsweise der Nerven in die Papilla fongiformes der Froschzunge* (*Arch. f. Anat. u. Physiol.*, 1883, 634). — HIRSCHFELD. *Traité et iconographie du système nerveux et des organes des sens de l'homme*, 2e édit., Paris, 1866, 21. — G. INZANI et F. LUSSANA. *Sui nervi del gusto* (*Annali universali di Medicina*, 1862, août, CLXXXI). — LOVÉN. *Bidrag till Kœnnedomen an tungens smakpapilles* (*Archiv f. mikrosp. Anat.*, 1867, IV, 96). — MOOS. *Innervationsstörungen durch Application des künstlichen Trommelfells* (*C. W.*, 1867, n° 46). — (E. NEUMANN). *Die Elektricität als Mittel* zur *Untersuchung des Geschmackssinnes im gesunden und kranken Zustande* (*Königsberger med. Jahrb.*, IV, 1864, 1-22). — SCHIFF. *Leçons sur la physiologie de la digestion.* Florence, 1867. — M. SCHIFF. *Neue Untersuchungen über die Geschmacksnerven des vorderen Theiles der Zunge* (*Molesch. Untersuch.*, Giessen, 1867, X, 406). — SCHULTZE. *Ueber die becherförmigen Organe der Fische* (*Zeitschr. f. wissensch. Zoologie*, XVI, 1863, 218). — SCHWALB. *Ueber das Kenntniss der Papillæ fungiformes der Säugethiere* (*Med. Centralbl.*, 1867, n. 28). — SCHWALBE. *Ueber das Epithel der Papillæ Vallatæ* (*Arch. f. Mikrosk. Anat.*, III, 1867, 504).

1868. — LETZERICH. *Ueber die Endapparate der Geschmacksnerven* (*Medic. Centralbl.*). — LOVÉN. *Beitrag zur Kenntnis von Bau d. Geschmacksstarchen der Zunge* (*Arch. f. mikrosk. Anat.*, IV, 96). — PRÉVOST. *Recherches anatomiques et physiologiques sur le ganglion sphéno-palatin* (*A. de P.*, I, 24). — CH. ROUGET, *Corpuscules nerveux de la peau et des muqueuses* (*A. de P.*, 1868). — SCHWALBE. *Ueber die Geschmacksorgane der Saügethiere und des Menschen* (*Arch. f. Mikrosk. Anat.*, IV, 154). — *Zur Kenntniss der Papillæ fungiformes d. Säugethiere* (*C. W.*, 437). — VERSON. *Beiträge zur Kenntniss des Kehlkopfes und der Trachea* (*Acad. Wien*, (1), LVII, 1093).

1869. CAMERER. *Die Grenzen der Schmeckbarkeit von Chlornatrium in wässeriger Lösung* (*A. g. P.*, II, 322). — KEPPLER (FR.). *Das Unterscheidungsvermögen des Geschmacksinnes für Concentrationsdifferenzen der schmeckbaren Körper* (*A. g. P.*, II, 449). — LONGET. *Traité de physiologie*, Paris, 1869, 3e édit. — LUSSANA. *Recherches expérimentales et observations pathologiques sur les nerfs du goût* (*A. de P.*, 20-33; 197-209). — LUSSANA. *Sui nervi del gusto. Ricerche sperimentali ed osservazioni patologiche* (*Gaz. Med. Ital. Prov. Veneta*, 12e ann., n. 14, 15, 16, 1869). — *Destruction du goût à la partie antérieure de la langue par suite de la section de la corde du tympan* (*Gaz. Méd. de Paris*, III, sér. XIX, 409). — *Destruction du goût à la partie antérieure de la langue par suite de la section de la corde du tympan* (*Ann. Univ. di Medic.*, CLXXXII, 307). — MADDOX. *A contribution to the minute anatomy of the fungiform papillæ* (*Monthly Microsc. Journal*). — MOOS. *Ueber Störungen des Geschmacks u. Tastsinnes der Zunge in Folge von Application des künstlichen Trommelfells bei grossen Trommellfell-Perforationen* (*Arch. f. Augen-und Ohrenheilkunde*, I). — J.-L. PRÉVOST. *Note relative aux fonctions gustatives du nerf lingual* (*Gaz. méd. de Paris*, XXIV). — SCHIFF. *Recherches expérimentales et observations pathologiques sur les nerfs du goût* (*A. de P.*). — K. VIERORDT. *Ueber die Ursache der verschiedenen Entwickelung des Ortssinnes der Haut* (*A. g. P.*, 297-357). — VULPIAN. *Remarques sur la distribution anatomique de la corde du tympan* (*A. de P.*, II, 209). — WERNICKE. *Paresthésies du goût* (*Arch. für Psych.*, VII). — WYSS. *Ueber ein neues Geschmacksorgan auf der Zunge des Kaninchens* (*C. W.*, 548).

1870. — CAMERER. *Ueber die Abhängigkeit d. Geschmackssinnes von der gereizten Stelle der Mundhöhle* (*Z. B.*, VI, 440). — CAMERER. *Die Grenzen der Schmeckbarkeit* (*A. g. P.*). — ERB. *Zur Casuistik der Nerven und Muskelkrankeiten* (*Deutsch. Arch. f. klin. Med.*, VII, 246). — KRAUSE. *Die Nervenendigung in der Zunge des Menschen* (*Göttinger Nachrichten*, 423). — LUSSANA, *Sui nervi del gusto. Novelle osservazioni ed esperienze* (*Gaz. med. Ital. Prov. Veneta.* XII, n. 41, 44, 46, 1870). — W. OGLE. (*Med. chir. Transactions*). — SCHIFF. *Sui nervi gustatori. Intorno ai nervi del gusto ed all' eterotopia tattile* (*Il Morgagni*, 47. *l'Impartiale*, XI, 15). — WYSS. *Die becherförmigen Organe der Zunge* (*Arch. f. mikr. Anat.*, VI, 1870, 251).

1871-1872. — A. V. AJTAÏ. *Ein Beitrag zur Kenntniss der Geschmacks-organe* (*Arch. f. mikr. Anat.*, VIII, 1872, 455). — DITLEVSEN. *Undersægelse over smagslægene paa tungen hos patte dyrene og mennesket*, Copenhague, 1872. *Ref. in Hofmann u. Schwalbe Jahresb.*, 1872, 211. — M. DUVAL. Article GOUT *Du Nouveau Dictionnaire de médecine et de chirurgie pratiques.* Baillière, Paris, XVI, 1872, 530-532. — ENGELMANN. *Die Geschmacksorgane.* In *Stricker's Handbuch der Lehre von den Geweben.* II, 1872, 822. — HÖNIGSCHMIED. *Ein Beitrag über die Verbreitung der becherförm. Organe auf der Zunge der Saugethiere* (*C. W.*, 1872, n° 26, 401). — JACOBOWITSCH. *Zur Geschmacksempfindung* (*Medicinsky Wiestnik*, 1872, 32; *Hofmann u. Schwalbe's Jahresb.* I, 1872, 572). — JOBERT. *Études d'anatomie comparée sur les organes du toucher* (*Ann. des Sc. nat.*, 5e série, XXI, 1872). — LUSSANA. *Sur les nerfs du goût; observations et expériences nouvelles* (*A. de P.*, IV, 1872, 150-168). — PELTIER. *Fracture du crâne, troubles des sens* (*Mouvement Médical*, 1872). — J.-L. PRÉVOST. *Sur la distribution de la corde du tympan* (*C. R.*, LXXV, juillet-déc. 1872, 1828). — RANDACCIO. *Sur les nerfs du goût*. Naples, 1870. — M. Schiff. *Sull' origine dei nervi gustatori della parte anteriore della lingua* (*L'Imparziale*, xii, n. 14, 1872). — Schiff. *Sur les nerfs du goût; observations et expériences nouvelles* (*A. de P.*, 1871-1872). — M. Schultze. *Erklärung die Entdeckung der Schmeckbecher von G. Schwalbe betreffend* (*Arch. f. mikr. Anat.*, 1872, viii, 660). — M. Schultze. *Die Geschmacksorgane der Froschlarven* (*Arch. f. mikr. Anat.*, vi, 1870, 407.) — Verson. *Kehlkopf und Trachea.* (*Stricker's Handbuch der Lehre von den Geweben*, Leipzig, 1871, i, 456).

1873. — Henle. *Handbuch der system. Anatomie des Menschen*, ii, 373. — Hœnigschmied. *Ein Beitrag zur mikroskopischen Anatomie über die Geschmacksorgane der Saugethiere* (*Zeitschrift f. wiss. Zool.*, xxiii, 414). — Prévost. *Nouvelles expériences relatives aux fonctions gustatives du nerf lingual* (*A. de P.*, v, 253 et 375). — Von Ritter von Ebner. *Die acinösen Drüsen der Zunge und ihre Beziehungen zu den Geschmacksorganen*, Gratz, 1873, 261. — Sertoli. *Osservazioni sulle terminazioni dei nervi del gusto* (*Gaz. med. veterin.*, iv, 1873, n. 2). — Todaro. *Organes du goût et muqueuse bucco-branchiale des Sélaciens* (*Arch. de Zool. exp.*, ii, 534). — Viault (*Arch. de Zool. exp.*). — Vulpian. *Sur la corde du tympan, distribution et usages* (*B. B.*.,). — Vulpian (A.). *Nouvelles recherches physiologiques sur la corde du tympan* (*C. R.* 20 janvier).

1874-1875. — Bimar. *Étude physiologique sur le sens du goût* (*Diss. inaug.*, Montpellier, 1875, 76). — Carl. *Ein Beitrag zur Frage : Enthält die Chorda tympani Geschmacksfasern?* (*Arch. f. Ohrenkeilkunde*, x, 1875, 152-178). — Donnell. *Double facial paralysis with loss of taste in the forepart of the tongue* (*The Lancet*, 29 mai 1875, 759). — Hoffmann. *Ueber die Verbreitung des Gesmacksorgane beim Menschen* (*Arch.*, lxii, 1875, 516). — Krohn. (H.). *Diss. Coppenhague*, 1875. — Vulpian. *Leçons sur l'appareil vaso-moteur*, Germer-Baillière, Paris, 571-775. — K. Wilczynski. *Mit welchen Theilen der Mundhöhle und speciell der Zunge können wir den Geschmack einiger Substanzen erkennen?* in *Hofmann* et *Schwalbe's Jahresb.*, 1875, iv, 3, 137.

1876. — Brücke. *Vorlesungen über Physiologie*, Wien, (2). — Krause (W.). *Allgemeine und mikroskopische Anatomie. Handb. der Anatomie*, 190-198. — Nixon. *Double facial paralysis, with some remarks upon the nerves of taste* (*The Dublin Journ. of med. science*, août, 105). — Shofield (R. H. A.). *Observations on tast-goblets in the epiglottes of the dog and cat.* (*Journal of Anat. and Phys.*, x, 475). — Urbantschitsch. *Beobachtungen über Anomalien des Geschmacks, der Tastempfindungen und der Speichel-Secretion in Folge von Erkrankungen der Paukenhöhle*, Stuttgart.

1877-1878. — Davis (C.). *Arch. f. mikroskop. Anatomie*, xiv, 1877, 158. — G. F. Fechner. *Sachen der Psychophysik*, Leipzig, 1877. — Ferrier. *Les Fonctions du cerveau*, traduction H. de Varigny. Paris, Germer-Baillière, 1878, 294, 307, 519. — Glynn. (*Brit. med. Journal*, 1878, obs. iv). — Hesse (Fr.). *Ueber die Tastkugeln des Entenschnabels*, 1878). — J. Hönigschmied. *Kleine Beiträge zur Vertheilung der Geschmacksorganen bei den Säugethiere* (*Zeitschr. f. wiss. Zool.*, xxix, 255). — Lannegrâce. *Terminaisons nerveuses dans la langue* (*Thèse d'agrégation*, Paris). — Podwisitzky. *Anatomische Untersuchungen über die Zungendrüsen des Menschen und der Säugethiere* (*Inaug. Diss.*, *Dorpat.*, 1878). — Richards. *The relation of the Taste of acids to their degree of dissociation* (*American chemical Journal*, xx, 1878, n° 2, Februar, *C. R.*). — Von Vintschgau et Hönigschmied. *A. g. P.*, xiv, 557. — Vulpian. *Expériences ayant pour but de déterminer la véritable origine de la corde du tympan* (*Gaz. méd. de Paris*, vii, 231).

1879. — Blau (Louis). *Ein Beitrag zur Lehre der Function der Chorda tympani* (*Berliner klin. Woch.*) — Gegenbaur (C.). *Die Gaumenfalten des Menschen* (*Morph. Jahrb.*, iv). — J. Henle. *Handbuch der Nervenlehre des Menschen*, Braunschweig, 2e édit. — Luys. *Le cerveau* (*Bull. scient. Internat.*, 219). — Vintschgau (von). *Beiträge zur Physiologie des Geschmackssinnes.* (*A. g. P.*, xix, 236-253). — Voisin (A.). *Traité de la paralysie générale*, Baillière, 1879, 41.

1880. — B. v. Arep. *Ueber die physiol. Wirkung der Cocains* (*A. g. P.*, xxi, 1880, 47). — Bigelow. *Anatomie et physiologie de la corde du tympan* (*The New-York Med. Record*, 57; *The Brain*, avril). — Chatin (J.). *Les organes des sens dans la série animale*, 176. — Hönigschmied. *Zeitschrift für wiss. Zool.*, xxxiv, 452. — Krause. *Die Nervenendigung innerhalb der terminalen Körperchen* (*Arch. f. mikr. Anat.*, xix, 53, 130). — Mathias Duval. *Recherches sur l'origine réelle des nerfs crâniens* (*Journal de l'anat. et de la physiol.*

— Merkel. *Ueber die Endigungen der sensiblen Nerven in der Haut der Wirbelthiere*, Rostock. — Spitzka. *New-York medical Record*, 31 janvier. — Vintschgau. *Beiträge zur Physiologie des Geschmackssinnes* (*A. g. P.*, xx, 81, 225). — Vintschgau et Hœnigschmied. *Beobacht. über Veränderungen der Schmeckbecher, etc.* (*A. g. P.*, xxiii). — Vintschgau. Art. *Geschmacksinn. Handbuch der Physiol. von Hermann*, Leipzig, iii, (2), 143-225.

1881. — G. Ballet. *Recherches anatomiques et cliniques sur le faisceau sensitif et les troubles de la sensibilité dans les lésions du cerveau* (*Thèse de Paris*). — Mac Bride. *Observations on Ear diseases* (*Edimburg med. Journal*, avril). — F. Churchill et A. Leblond. *Traité pratique des maladies des femmes* (Baillière, Paris). — Couty. *Recherches sur les troubles sensitifs sensoriels et intellectuels consécutifs à des lésions expérimentales du cerveau chez le singe et le chien* (*B. B.*, 26 février, 95.) — Gottschau. *Ueber Geschmacksknospen* (*Verhandl. der phys. med. Gesellschaft in Würzburg*, xv). — Joffroy et Hanot. *Accidents bulbaires à début rapide chez les ataxiques* (*Congrès méd. d'Alger*, 1881). — Künckel (J.) et Gazagnaire. *Rapport du cylindre-axe et des cellules nerveuses périphériques avec les organes des sens chez les insectes* (*B. B.*, 15 janv. 30, et 29 janvier, 48). — Rockwell (A. D.). *Un cas de perte complète et prolongée des sens du goût et de l'odorat* (*The Medical Record*, janvier, 120). — Wolff. (W.). *Ueber freie sensible Nervendigungen* (*Arch. f. Mikr.* xx, 377).

1882. — Erb. *Sur le trajet des fibres gustatives de la corde du tympan* (*Neurol. Centralbl.*, 949). — Gottschau. *Ueber Geschmacksknospen* (*Biolog. Centralbl.*, xiii, 1882). — Ranvier. *Nouvelles recherches sur les organes du goût* (*C. R.*, 1880).

1883. — Drasch. *Histologische und physiologische Studien über die Geschmacksorgane Ak. W.*, lxxxviii, (3). — Mathias Duval. *Cours de Physiologie*, 5e *Édit.*, Baillière, Paris, 684. — Ch. Richet. *De l'action comparée de quelques métaux sur les nerfs du goût* (*B. B.*, 29 déc., 687). — Rosenthal (J.). *Ueber Temperatur-und Tastnerven* (*Sitzungsb. d. phys. med. Soc. zu Erlangen*, xvi, 104). — N. Simanowsky. *Arch. f. mikroskop. Anat.*, xxii, 709. — Urbantschitsch. *Beobachtung eines Fall von Anästhesie der periph. Chorda tympani Fasern, etc.* (*Arch. f. Ohrenheilkunde*, xix, 1883, 135). — Voisin (A.). *Leçons cliniques sur les maladies mentales et sur les maladies nerveuses*, Paris.

1884. — Csokor (J.). *Vergleichend-histologische Studien über den Bau des Geschmacksorganes der Haussaügethiere* (*Oesterr. Vrtljschr. f. wissensch. Veterinärk.*, Wien, lxii, 117-163. — Lustig (A.). *Beiträge zur Kenntniss der Entwickelung der Geschmacksknospen* (*Ak. W.*, lxxxix, (3), 308-324).

1885. — Beaunis (H). *Recherches expérimentales sur les conditions de l'activité cérébrale et sur la physiologie des nerfs*, Paris. — Camerer (W.). *Die Methode der richtigen und falschen Fälle angewendet auf den Geschmackssinn* (*Z. B.*, xxi, 570-602). — Dyer (W. T. T.). *A plant which destroys the taste of sweetness* (*Nature*, 176-182). — E. Gley et Ch. Richet. *Action chimique et sensibilité gustative* (*B. B.*, 19 déc. 742). — *De la sensibilité gustative pour les alcaloïdes* (*B. B.*, 18 avril; *C. R.*, 237). — Knapp. *Das Kokain und seine Anwendung* (*Archiv für Augenheilk.*, xv, 398). — L. Ranvier. *De l'éléidine et de la répartition de cette substance dans la peau, la muqueuse buccale et la muqueuse œsophagienne des vertébrés* (*A. de P.*, 125). — Rittmeyer (Karl). *Geschmacksprüfungen*, Inaugur. Diss. Helmstedt. — Schultze (E.). *Die Beziehungen der Chorda tympani zur Geschmacksperception auf den zwei vorderen Dritteln der Zunge* (*Ztschr. f. Ohrenh.*, xv, 67-78). — Senator. *Un cas d'affection du trijumeau. Contributions à la connaissance de l'ophtalmie neuro-paralytique, du trajet des fibres du goût issues de la corde du tympan et des tuméfactions articulaires intermittentes* (*A. P.*, xiii, 3, 1885). — Vulpian. *Recherches sur les fonctions du nerf de Wrisberg* (*C. R.*, 23 nov.). — *Recherches sur les fonctions du nerf de Wrisberg* (*C. R.*, 28 déc., 1885). — *Paralysie faciale périphérique* (*Gazette des Hôpitaux*, 31). — Wundt. *Éléments de Psychologie physiologique* (éd. franç. Paris, i, 434).

1886. — Aducco (V.) et U. Mosso. *Richerche sopra la fisiologia del gusto* (*Gior. d. r. Accad. di med. di Torino*, xxxiv, 39-42). — Fincks (H.-T.). *The gastronomic value of odours* (*Contemp. Rev.*, Londres, i, p. 680-695). — Gegenbaur (C.). *Beiträge zur Morphologie der Zunge* (*Morph. Jahrbuch.*, xi). — Gley. Article Gustation. *Du Dictionnaire encyclopédique des sciences médicales*, 4e Série, xi, 626. — *Note sur l'action gustative de la corde du tympan et sur l'origine réelle de ce nerf* (*B. B.*, 13 fév., 6). — Heubner (L.). *Eine Beobachtung über den Verlauf der Geschmacksnerven* (*Berl. klin. Wochenschr.*, xxiii, 758). — Hooper (D.). *An examination of the leaves of Gymnema sylvestre* (*Nature*, xxxv, 565-567). —

Ch. Richet. *De l'action physiologique des sels alcalins* (*A. de P.*, x, 1886, 101). — Rosenberg. *Ueber die Nervenendigungen in der Schleimhaut und im Epithe' der Saugethierezunge* (*A. k. W.*). — Schiff. *Origine et parcours des nerfs gustatifs de la partie antérieure de la langue* (*Semaine méd.*, 29 déc.). — Swani. *Die Balgdrüsen am Zungengrunde und deren Hypertrophie* (*Archiv f. klin. Med.*, xxxix).

1887. — Ackermann. *Über die Geschmacksveränderung oder Beeinträchtigung durch Gebissplatten* (*D. Monatschr. f. Zahnheilk*, v, 259). — Bailey (E.-H.-S.) et Nichols (E.-L.). *The delicacy of the sense of taste* (*Nature*, xxxvii, 557). — Chartan. *Brit. med. Journal*, mai. 1161. — Corin (J.). *Action des acides sur le goût* (*Bull. Acad. roy. d. sc. de Belg.*, Bruxelles, 3e *Série*, xiv, 616-637). — Drasch. *Untersuchungen über die papillæ foliatæ und circumvallatæ des Kaninchen und Feldhasen* (*Abhandl*, *der math. phys. k. der kgl. Gesellsch. d. Wissench.*, xiv). — Féré (Ch.). *La vision coloriée et l'équivalence des excitations sensorielles* (*B. B.*, 24 déc., 791). — Griffini (L.). *Sulla reproduzione degli organe gustatorii* (*R. Ist. Lomb. di sc. e lett.* Milano, 2e *Série*, xx, 667-683, 2 pl.). — Haycraft (J.-B.). *The nature of the objective Cause of sensation.* II, Taste. *Brain*, Lond., x, 1887-8, 145-163. — Hermann (Friedrich). *Studien über den feineren Bau des Geschmacksorgans*, Erlangen, 1887, E.-T. Jacob, 41 pp. 1 vol. 8°. — Howell (W.-H.) et J.-H. Kastle. *Note on the specific energy of the Nerves of Taste* (*John's Hopkins Univ. Stud. biol. lab.*, Balt., iv, 13-17). — Lichtwitz. *Les anesthésies hystériques des muqueuses et des organes des sens et les zones hystériques des muqueuses* (*Thèse de Bordeaux*). — Preyer (W.). *L'âme de l'enfant*, trad. fr., Alcan, chap. iv, 95-107. — Suzanne (G.). *Recherches anatomiques sur le plancher de la bouche avec étude pathologique sur la grenouillette commune ou sublinguale* (*A. de P.*).

1888. — Bailey (E.-H.S.) et Nichols (E.-L.). — *On the Sense of Taste* (*Science*, N. Y., xi, 1888, 145). — Beaunis. *Nouveaux éléments de Physiologie humaine*, IIIe *Édit.*, 2 vol. Baillière, Paris, 1888, 736-936. — Cl. Bernard. *Leçons sur la physiologie et la pathologie du système nerveux*, i. — Berthold. *C. W.*, 460. — Bruns (L.). *Multiple Hirnnervenläsion nach Basisfractur; ein Beitrag zur Frage des Verlaufs der Geschmacksnerven* (*Arch. f. Psychiat.*, Berlin, xx, 1888, 495-503). — Corin (J.). *Action des acides sur le goût* (*Arch. de Biol.*, Gand et Leipzig, viii, 121-138). — Gauppe (E.). *Anatomische Untersuchungen über die Nervenversorgung der Mund-und Nasenhöhlendrüsen der Wirbelthiere* (*Morph. Jahrb.*, xiv). — Goldscheider et Schmidt. *Bemerkungen über den Geschmackssinn* (*C. P.*, 10). — Allen Harrisson. *The paletal rugal in Man* (*Proceedings of the Acad. of Nat. Scient.*, Philadelphia). — Hermann (F.). *Studien über den feineren Bau des Geschmacksorganes* (*Sitzungsb. d. math. phys. Cl. d. K. bayer. Akad. d. Wissensch., zu München.*, xvii, 277-318, 2 pl.). — Petersen. *Note upon disturbance of the sense of Taste after amputation of the Tongue* (*N. Y. med. Record*, 1890 et *Centralbl. f. Laryng.*, viii, 81). — Tuckermann (F.). *Note on the Papilla foliata and other Taste areas of the pig.* (*Anat. Anz.*, Iena, iii, 67-73). — *On the gustatory organs of Putorius Vison* (*Anat. Anz.*, Iena, iii, 941). — *The gustatory organs of Vulpes Vulgaris* (*J. Anat. and Physiol.*, Lond., xxiii, Jan., 201-205). — *On the development of the Taste-organs of Man* (*J. Anat. and physiol.*, Lond., xxiii, 559-582). — *The Tongue and gustatory organs of Fiber Libethicus* (*Journ. of Anat. and phys.*, xxii). — Zenner. (P.). *Ein klinisches Beitrag über den Verlauf der Geschmacksnerven* (*Neurol. Centralbl.*, Leipzig, vii, 457-460).

1889. — Bain. *Les Sens et l'Intelligence*, Paris, trad. fr., 95. — Da Costa. *Paralysie du goût périphérique* (*Med. News.*, 11 mai). — Gmelin. *Zur Morphologie der Papilla vallata und foliata* (*Arch. f. mikr. Anat.*, xl, 1). — Jackson et Beevor (*Brain*, 1889, p. 346). — Öhrwall (H.). *Studien och undersökningar öfver Smaksinnet* (*Upsala Läkaref. Förh.*, xxiv, 353-439). — Ottolenghi. *Il gusto nei criminali in rapporto coi normali* (*Arch. di Psichiat.*, Torino, x, 332-338). — *Il gusto nei criminali in rapporto ai normali* (*Gior. d. r. Acad. di med. di Torino*, xxxvii, 218-222). — Schreiber (P.-J.). *Abnorme Geschmacksempfindung bei Neurasthenia sexualis* (*Med. Ztg.*, Dayton, 1889-90, i, p. 206-210). — Tuckerman (F.). *An undescribed Taste area in Perameles nasuta* (*Anat. Anz.*, Iena, iv, 411). — *On the gustatory organs of the Lepus americanus* (*Americ. J. Sc.*, N. Haven, 3e *Série*, xxxviii, 277-280). — *The gustatory organs of Belidens ariel* (*J. Anat., and Physiol.*, Lond., xxiv, 85-88, 1 pl.). — *On the gustatory organs of Erethizon dorsatus* (*Ann. Month. Micr. J.*, x, 181). — Vulpian (A.). *Remarques sur la distribution anatomique de la corde du tympan* (*A. de P.*, ii, 209). — Ziehl. *Arch. f. Anat. und Phys.*, cxvii, 1.

1890. — Bruns (L.). *Erwiderung an Herrn Dr. Ziehl in Lübeck, die Innervation des Geschmacks betreffend* (*A. A. P.*, CXIX, 185-191). — Dubois (R.). *Sur la physiologie comparée des sensations gustatives et tactiles* (*C. R.*, 3 mars). — Féré (Ch.). *Les épilepsies et les épileptiques* (Alcan, 193). — Fergusson (J.). *The nervous supply of the Sense of Taste* (*Med. News*, LVII, 18 oct., 395-397). — Fischer (Emil.). *Synthese der Mannose und Lävulose* (*Chem. Ber.*, XXIII, 376). — Funke (R.). *Ueber eine neue Methode zur Prüfung des Tastsinns* (*Ztschr. f. Heilk.*, Berlin, XI, 443-471). — *Ueber eine neue Methode zur Prüfung des Tastsinnes* (*Festschr. z. Feier d. k. k. allg. Krankenh. in Prag.*, Berlin, 107-135). — *Ueber eine neue Methode zur Prüfung des Tastsinnes* (Berlin. 1891, Fischer, 1 vol. 8° 29 pp.). — Fusari (R.) et Panasci. *Sulle terminazioni nervose nella mucosa e nelle ghiandole sierose delle lingua dei mammiferi* (*Atti Accad. di Torino*, XXV). — *Démonstration des terminaisons des nerfs dans les glandes séreuses de la langue des mammifères* (*Verhandl. des X. internat. medic. Kongresses*, Berlin, II, I). — Gley (E.) *Les nerfs du goût* (*Tribune méd.*, Paris, XXII, (2e *Série*), p. 453-456). — Goldscheider et Schmidt. *Bemerkungen über den Geschmackssinn* (*Centralblatt für Physiologie*, IV, 10-12). — Hintze (A.). *Ueb. die Entwickelung der Zungenpapillen beim Menschen* (*Inaug. Diss.*, Strasbourg). — Jaume y Matas (P.). *Nervosismo cronico con perversion del gusto* (*Rev. balear de Scien. med.*, Palma de Mallorca, VI, 1890, 449-454). — Œhrwall (H.). *Untersuchungen über den Geschmackssinn* (*Skandin. Arch. f. Physiol.*, Leipz., II, 1890, 1-69, 1 pl. et *Zeitschrift für Psychol.*, I, 1890, 141). — René (A.). *Anosmie* (*B. B.*, 1890, 439-441). — Thompson (J.-H.). *On sensations referred to the mouth* (*Lancet*, Lond., I, 1890, p. 900). — Tuckerman (F.). *Observations on some mammalian Taste organs* (*J. Anat. and Physiol.*, Lond., XXV, 1890, 505-508). — *On the gustatory organs of some of the mammalia* (*J. Morphol.*, Bost., IV, 1890, 151-193). — Ziehl (F.). *Einige Bemerkungen zu der Erwiderung des Herrn Dr. Bruns in Hannover, meines Aufsatz über die Innervation des Geschmacks betreffend* (*A. A. P.*, Berl., CXX, 1890, 193).

1891. — Bernheim. *De la suggestion*, 1891, 44. — Rocci (Balduino). *L'Organo del gusto*, Milan, 1891, F. Vallardi, 1 vol. 12°, 67. — Breglia (A.). *Note anatomice sulle capacita del cavo buccale* (*Progresso Med.*, Napoli, 1891). — Déjerine. *B. B.*, 1891. — Fischer (Emil) et Julius Tafel. *Synthetische Versuche im der Zuckergruppe* (*Chem. Ber.*, XXII, 1891, 100). — Fusari (R.). et Panasci (A.). *Les terminaisons des nerfs dans la muqueuse et dans les glandes séreuses de la langue des mammifères* (*avec une planche*) (*A. i. B.*, XIII, 1891, 240-247). — Gilles de la Tourette. *Traité clinique et thérapeutique de l'hystérie* (Plon, Paris, 1891, 3 vol.). — Hermann et Laserstein. *Beitrag zur Kenntnis des electrischen Geschmacks* (*A. g. P.*, XLIX, 1891, 36). — Hermann (L.). *Ueber Rheo-Tachyographie; ein Verfahren zur graphischen Registierung schneller electrischer Vorgänge* (*A. g. P.*, XLIX, 539-548). — His (W.). *Der Tractus thyreo-glossus und seine Beziehungen zum Zungenbein* (*Arch. f. Anat.*, 1891). — Laserstein et Hermann (L.). *Beiträge zur Kenntniss des electrischen Geschmacks* (*A. g. P.*, XLIX, 519-538). — Lombroso et Ottolenghi. *Die Sinne der Verbrecher* (*Zeitschr. f. Psych. u. Physiol. d. Sinnesorgane*, II). — Michelson. *Geschmacksempfindungen im Kehlkopf* (*A. A. P.*, 123, 389). — Müssle. *Vergleich. Geschmacksprüfung zwischen Alkoholen, Glykosen und Saccharosen* (*In. Dissertation*, Würzburg). — Pitres. *Des anesthésies hystériques. Leçons cliniques sur l'hystérie* (Paris, 2 vol.). — Quitzow (Joh.). *Ein Fall von Monoplegie mit Anästhesie des Tastsinnes.* Würzb., F. Fromme, in-8°, 19. — Scutscherback, *Zur Frage der Lokalisation des Geschmackszentrums in der Hirnrinde* (*C. P.*, V, 1891, 289). — Sergi. *Ueber einige Eigentümlichkeiten des Tastsinns* (*Ztschr. f. Psychol. u. Physiol. d. Sinnesorg.*, III, 175-184). — Sollier (P.). *Gustation colorée* (*B. B.*, 793). — Soury (J.). *Des fonctions du cerveau*, 221.

1892. — Feré (Ch.), P. Batigne et P. Ouvry. *Recherches sur le minimum perceptible de l'olfaction et de la gustation chez les épileptiques* (*B. B.*, 259-270). — Gillet (H.). *Particularités anatomiques du frein de la lèvre supérieure* (*Ann. policl. de Paris*). — Lenhossek. *Verhandl. der naturforsch. Gesellsch.*, Bâle, X, 1892. — Marie (Pierre). *Leçons sur les maladies de la Moelle*, 1892, 216. — Merkel (F.). *Jacobson'sche Organ und Papilla palatina beim Menschen* (*Anat. Hefte*, I, 1892). — Retzius (G.). *Die Nervenendigungen in dem Geschmacksorgan der Saügethiere und Amphibien* (*Biol. Untersuch.*, Stockholm, IV, 19-32, 4 pl.). — *Ueber die neuen Prinzipien in der Lehre von der Einrichtung des sensiblen Nervensystems* (*Biol. Untersuch.*, Stockholm, IV, 49-56). — Schrieber. *Étude sur le sens du goût (en russe). Recueil de mémoires sur la philosophie offert à Morochowtzew*, en 1892, Moscou, 1893, 42-60. — Shore (L.-E.). *A Contribution to our knowledge of Taste sensation* (*J. P.*, xiii, 191-217). — Tuckermann (F.). *Further observations on the gustatory organs of the mammalia* (*J. Morphol.*, vii, 1892-3, 69-94). — Zuntz (N.). *Beitrag zur Physiologie des Geschmacks* (*A. P.*, 1892, 556).

1893. — Arnstein (K.). *Die Nervenendigungen in den Schmeckbechern der Saüger* (*Arch. f. mikrosk. Anat.*, xli, ii, 195-219). — *A new ending of gustatory nerve* (*Neurol. Vestnik, Kasan*, i, 79-98, 1 pl.). — Doyen. *Ablation du ganglion de Gasser* (*Congr. fr. de chir.*, 1893, 3-8 avril). — Fischer. *Ueber die Glykoside der Alkohole* (*D. ch. Ges.*, xxvi, 1893, 2400). — Grützner (P.). *Über die Bestimmung der Giftigkeit verschiedener Stoffe* (*Deutsche med. Wochenschrift*, n. 32, 1369). — Hirth (G.). *Haben wir einem Ferntastsinn?* (*Wien. med. Bl.*, xvi, 459, 473). — Kiesow (F.). *Ueber die Wirkung des Cocaïn und der Gymmasäure auf die Schleimhaut der Zunge und des Mundraums* (*Phil. Studien*, ix, 510-528). — Lenhossek (V.). *Der feinere Bau und die Nervenendigungen der Geschmacksknospen* (*Anatom. Anzeiger*, viii, janv., n° 4). — Lenhossek (V.). *Die Geschmacksknospen in den blattförnigen Papillen der Kaninchenzunge.* (*Verhandl. d. phys. med. Gesellsch. Würzburg*, xxvii, n° 17, 191. — Lichtenstein (A.). *Ueber die Geschmacksempfindung gesunder und rachitischer Kinder* (*Jahrb. f. Kinderh.*, Leipzig, xxxvii, 76-90). — Marinesco et Sérieux. *Sur un cas de lésion traumatique du trijumeau et du facial avec troubles trophiques consécutifs* (*A. d. P.*, 455 et *B. B.*, 18 mars). — Montesano. *Boll. delle Soc. Lancisiana di Roma.* — Scheier. *Deux cas de lésions dú trijumeau* (*Soc. Berl. de Psych., et de Mal. nerv.*, 8 mai). — Stscherbach (A.-E.) *Neurolog. Centr.*, 261. — Vierordt (H.). *Anatomische und physiologische Daten und Tabellen*, Iéna (2e *Édit.*), 322-325. — Voisin (J.). *L'Idiotie* (Alcan, 1893, p. 131).

1894. — D'Abundo. *Anosmia ed ipoguesia ereditaria* (*Soc. fra i cultur. delle scienze mediche*, Cagliari). — Debove-Achard. In *Manuel de médecine*, iii-iv. *Maladies du système nerveux*, Rueff et Cie, Paris, 727-839. — Den (M.). *Recherches comparées sur le sens cutané et gustatif chez les hommes et les femmes de différentes conditions* (*Thèse de* Dorpat, [en russe]. — Gegenbaur (C.). *Zur Phylogenese der Zunge* (*Morph. Jahrb.*, xxi). — Grasset et Rouzier. *Traité pratique des maladies du système nerveux.* Masson, Paris, 899-1091. — Grützner. C. *Schmeckversuche über die chemische Reizung sensibler Nerven* (*A. g. P.*, lviii, 69-104). — Henry (Ch.). *Le temps de réaction des impressions gustatives mesuré par un compteur à seconde* (*B. B.*, 27 oct., 682). — Jacques (Paul). *Terminaisons nerveuses dans l'organe de la gustation* (*Th. in. Paris*, 72 pp., 5 pl., 8°). — Keen. *Removal of the Gasserian ganglion* (*Trans. of the Philadelphia county med. Soc.*). — Kiesow (F.). *Zur Psychophysiologie der Mundhöhle* (*Phil. Studien*, xiv, iv, 567-588). — Kleiner (M.). *Paraguesia, with report of a case* (*Med. Coll. Bull.*, Denver, ii, 149). — Mingazzini. *Sui disturbi del gusto negli alienati* (*Arch. di psich. scienze penali e antropologia criminale*, xv, fasc. i, ii). — Nagel (W.-A.). *Ergebnisse vergleichend physiologischer und anatomischer Untersuchungen über den Geschmackssinn und ihre Organe* (*Biol. Centralbl.*, Leipzig, xiv, 543-555). — Nagel Willibald. *Untersuchungen über den Geruchs und Geschmackssinn, etc.* (*Bibliotheca Zoologica*, viii, 49-62). — Von Œfele. *Gymenama silvestre bei unangenehmen Geschmacksempfindungen* (*Allg. med. Centr. Ztg.*, Berl., lxiii, 121). — Quénu. *De la résection du nerf maxillaire inférieur dans le crâne* (*Gaz. des Hôp.*, 11 janv., 36). — Rauber. *Lehrbuch der Anatomie des Menschen*, ii, 2 *Abth.*, Leipzig.

1895. — Chipault. *Chirurgie opératoire du système nerveux*, Paris, ii. — Déjerine. *Anatomie des centres nerveux*, Rueff et Cie, Paris. — Edm. O. V. Lippmann. *Chemie des Zuckerarten.* Braunschweig, 731. — Neumann (H.). *Bemerkung über die Geschmacksempfindung bei kleinen Kindern* (*Jahrb. f. Kinderk.*, xli, 155-159). — Rabl (H.) *Notiz zur Morphologie der Geschmacksknospen auf der Epiglottis* (*Anat. Anz.*, xi, 153-156). — Staurenghi. *Distribution et détermination des nerfs dans la muqueuse de l'épiglotte* (*Soc. Méd. Chir.*, Paris, janvier). — Tancret (Ch.) (*Bulletin de la Soc. chirurg. de Paris*, 728).

1896. — Alberda van Ekenstein. *Sur la dimannose cristallisée* (*Rec. de trav. chim. des Pays-Bas*, xiv et xv, 221-224). — Chaput (*Indépend. méd.*, 229). — Frentzel. *Notiz zur Lehre von den Geschmacksempfindungen* (*C. P.*, x, 3-4). — Gérard-Marchant. *Extirpation des ganglions de Gasser* (*Soc. de Chir.*, 15 juillet). — K. Goy. *Ueber Substanzen welche die Geschmacksempfindungen beeinflussen* (*Dissert. Würzburg*). — Kiesow (F.). *Beiträge fur physiologischen-psychologische Gesmackssinnes* (*Philosoph. Studien*, XII, 255-278, 464-472). — KRAUSE. *Die Neuralgie des Trigeminus* (Leipzig). — MEYER LEVI. *Durchschneidungsversuche des N. Glosso-pharingeus.* (*Arch. f. mik. Anat.*, XLVIII, I). — NAGEL (W.-A.). *Ueber die Wirkung des chlorsäuer Kali auf den Geschmackssinn* (*Zeitschrift f. Psychol.*, 235-239). — BERNARD PÉREZ. *L'éducation intellectuelle dès le berceau* (Paris, Alcan, 35). — PODIAPOLSKY. *Expériences avec l'acide des gymnemen* (*Bull. Labr. Psychol. de Tokarsky.* Moscou, 1896). — POIRIER (*Indépend. méd.*, 229). — QUÉNU (*Indépend. méd.*, 238). — RABL (H.). *Anatom. Anzeiger*, XI, 153. — SZYMONOWICZ-LADISLAS. *Ueber den Bau und die Entwicklung der Nervenendigungen im Entenschnabel* (*Arch. f. mikr. Anat.*, XLVIII, II, 329-358). — TOMASSINI. *Le allucinazioni del gusto ed il loro trattamento con l'acido gymnemico* (*Archivio di Farmacologia e Terapeutica*, 517).

1897. — BLEYER. *Essai sur les organes du goût* (*Laryngoscope*, I, 329). — DIXON (FR.). *Trajet suivi par les fibres du goût* (*Edimburg Med. Journal*, avril). — EBERSON. *Kolorierter Geschmack* (*Wiener med. Presse*, 1541, et *C. P.*, XII, 100.) — EXNER. *Ueber die Spitzen der Geschmackshnospen* (*Akad. W.*, CVI, 10). — FRANKL-HOCHWART. *Innervation du goût* (*C. P.*, X, 60). — GOWERS (W. R.). *Un cas de paralysie du trijumeau* (*Edimburgh. med. Journ.*, janvier 1897). — HOFMANN et BUNZEL. *Unters. über den elektr. Geschmack.* (*A. g. P.*, LXVI, 215). — KLIPPEL. *Des troubles du goût et de l'odorat dans le tabac* (*Archives de Neurologie*, avril). — MAUCLAIRE. *Traitement chirurgical de la névralgie faciale* (*Presse méd.*, 9 juin, 261). — NAGEL. *Ueber Mischgerüche und die Komponentengliederung des Geruchssinnes* (*Zeitsch. f. Physiol. u. Psych. d. Sinn.*, XV, p. 82). — OVERTON (ERNST). *Über die osmotischen Eigenschaften der Zelle in ihrer Bedeutung für die Toxicologie und Pharmacologie mit besonderer Berücksichtigung der Ammoniake und Alkaloide* (*Z. p. C.*, 1897, XXII, 189). — ED. C. SANFORD. *A Curse in Experimental Psychology*, Part. I, Boston, 47-49, chap. III. — SCHLICHTING. *Geschmackslähmungen nach Zerstörung der Chorda tymp. und des Plexus tymp.* (*Zeitsch. f. Ohrenheilk.*, XXXII, 388). — ZANDER. *Über das Verbreitungsgebiet der Gefühls und Geschmacksnerven in der Zungenschleimhaut* (*Anat. Anzeiger*, XIV, 5).

1898. — AMABILINO. *Sui rapporti del ganglio geniculato con la corda del tympano et col faciali.* (*Il Pisani*, cité par TESTUT, *Anat.*, II, 872). — CIPRIANI. *Ueber den anästhet. Werth des Beta-Eucains* (*Therapeut. Monatshefte*, juin). — P. EHRLICH. *Über die Beziehungen von chemischer Konstitution, Verteilung und pharmakologischen Wirkung.* In *Vereine für innere Medizin*, 12 déc. — GRÄBERG (J.). *Beiträge für Genese des Geschmacksorgans des Menschen* (*Morphol. Arb.*, VIII, 117-134). — GUINARD. *Traitement chirurgical de la névralgie facia'* (*Soc. de Chir.*, 5 oct.). — HENSMAN (A.). *The Tongue.* In *A Treatise on Human Anatomy*, London, Churchills, 888-889. — HÖBER (R.). et KIESOW (F.). *Ueber den Geschmack von Salzen und Laugen* (*Ztschf. f. physikal. Chemie*, XXVII, 601-616). — *Intorno al sapore di alcuni sali e di alcune sostanze alcaline* (*Arch. per le scienze mediche*, 90-101). — KALHENBERG (L.). *The action of solutions on the Sense of Taste* (*Bull. Univ. of Wisc.*, n° 25). — KAHLENBERG. *Die Wirkungen der Lösungen auf die Geschmacksempfindung* (*Amer. Chem. Journ.*, XX, 120-126). — *Bull. Univ. of Wisc.*, II, 31. — KASTLE (J. H.). *Über den Geschmack und die Acidität der Säuren* (*Amer. Chem. Journ.*, XX, 466-471). — KIESOW (F.). *Schmeckversuche an einzelnen Papillen* (*Phil. Studien*, XIV, 1898, 591-615). — *Expériences gustatives sur diverses papilles isolément excitées* (*A. i. B.*, XXX, 399-426). — LOVELAND (A.-E.). *Study of the organ of Taste* (*Trans. Amer. Microsc. Soc.*, XIX). — POIRIER, POTHERAT, SCHWARTZ, RECLUS, REYNIER (*Soc. de Ch.*, 12 oct., anal. in *Presse médic.*, 15 oct., 108). — RAUTENBERG. *Beitr. zur Kenntniss der Empfindungs-und Geschmacksnerven der Zunge* (*Inaug. Diss. Königsberg*). — RICHARDS (TH. W.). *The Relation of the Taste of acids to their Degree of Dissociation* (*Amer. Chem. Journ.*, 121-126). — *Die Beziehungen zwischen dem Geschmack der Säuren und ihrem Dissociationsgrade* (*Amer. Chem. Journ.*, XX, 121-126). — S. DE SANCTIS et B. VESPA. *Modifications des perceptions visuelles sous l'influence des variations gustatives simultanées* (*Rev. Quind. di fisiol. psich.* 15 avril). — SHERRINGTON. *Expériences sur la distribution périphérique des fibres des racines postérieures de quelques nerf spinaux* (*Philos. Trans.*, CLC, 45-186). — STERNBERG (W.). *Geschmack und Chemismus* (*Physiol. Ges.*, Berlin, 9 déc., 33-38). — STERNBERG (W.). *Beziehungen zwischen den chemischen Bau der süss und bitter schmeckenden Substanzen und ihrer Eigenschaft zu Schmecken.* (*A. P.*, 450-484). — ZANDER (R.) *Über das Verbreitungsgebiet der Gefühls Gesch-*

macksnerven in der Zungenschleimhaut (Anatom.. Anzeiger, XIV, 131-145). — ZEYNEK (R.) VON. Ueber den elektrischen Geschmack (C. P., 617-621).

1899. — BORRI (G.) et SILVESTRO (R.). Sur le mode de se comporter des différentes sensibilités sous l'action des divers agents (A. i. B., XXXI, 460-464). — BORDIER (H.). Recherches sur les phénomènes gustatifs et salivaires produits par le courant galvanique (Arch. d'électr. méd., 251). — CASSIRER. Ein Fall von multipler Hirnnervenlähmung, zugl. als Beitrag der Lehre von der Geschmacksinnervation (A. P., Suppl., 36). — COUVELAIRE et CROUZON. Sur le rôle du voile du palais pendant la déglutition, la respiration et la phonation (Soc. de Biol., 25 nov.). — DIXON. The sensory distribution of the facial nerve in man (Journ. of Anat. and Physiol., XXXIII, 471). — FREY (M. VON) und KIESOW (F.). Ueber die Function der Tast-Körperchen (Ztsch. f. Psych., XX, 126-163). — FRIEDRICH. Observations sur les résultats obtenus par la résection et l'extirpation du ganglion de Gasser. Récidives de névralgies après l'extirpation du ganglion (Presse méd., 22 sept., 216). — GRÄBERG (J.). Zur Kenntnis des cellulären Baues der Geschmacksknospen beim Menschen. (Anat. Hefte, XXI, 337-368). Beiträge zur Genese des Geschmacksorgans der Menschen. Morphol. Arbeiten, VIII, 117. — HEYMANS. Über psychische Hemmung (Zeitschrift f. Psychol. u. Physiol. d. Sinnesorgane, XXI, 330). — HÖBER (R.). Ueber einige Beziehungen zwischen den Geschmacks qualitäten und dem physikalisch-chemischen Verhalten der Schmeckstoffe (Biol. Centr., XIX, 421-426). — KIESOW (F.). Contribution à la psycho-physiologie de la cavité buccale (A. i. B., XXX, 377-398). — NAGEL (W. A.). Ueber neue Nomenclatur in der vergleichenden Sinnesphysiologie (C. P., XIII, 281-284). — NODET (V.). Les agnoscies. La cécité psychique en particulier (F. Alcan, Paris). — PATRICK (G.-F.-W.). On the analysis of perception of Taste (Univ. of Jowa Stud. in Psychol., II, 85-128). — ROLLET (A.). Beiträge zur Physiologie des Geruchs, des Geschmacks, der Hautsinne und der Sinne im allgemeinen (A. g. P., LXXIV, 83-465). — SCHLESINGER (H.). Beitrag für Physiologie des Trigeminus und der Sensibilität der Mundschleimhaut (Neurol. Centralb., XXIII, n° 9). — SCHMIDT (H.). Die Sinneszellen der Mundhöhle von Helix (Anat. Anz., XVI, 577-584). — STERNBERG (W.). Geschmack und Chemismus (A. P., 367-371); et Ztsch. f. Psychol., XX, 386-407). — TESTUT. In Traité d'anatomie humaine, III, 4e édit., 664. — WIERME (E.). Fälle von Hematrophia linguae (Neurol. Centr., n° 18). — ZWAARDEMAKER (H.). Tast en Smaakgewaarwordingen big het Ruiken (Tast-und Geschmackswahrnehmungen beim Riechen) (Ned. Tydschrift voor Geness Kunde, I, 113; Anal. in Zeits. f. Psych., XXI, n. 2, 99, 143-147).

1900. — ARNOLD (J.). Die Demonstration der Nervenausbreitung in den Papillæ fungiformes der lebenden Froschzunge (Anat. Anz., XVII, 517-519). — V. BECHTEREW. Über die Lokalisation der Geschmackszentren in der Gehirnrinde (A. P., Suppl., 145). — CHATIN. Troubles trophiques et troubles de sensibilité chez les hémiplégiques (Rev. de Méd., 799). — DECROLY (O.). Paralysie faciale double d'origine périphérique (Jour. de Neurol. belge, 432). — GOODHART (JAMES F.). An address on acidity (Lancet, I, 1-6). — GORCHKOFF. Les centres corticaux du goût (Conférence de la clinique neuropsychique de Pétersbourg, 19 mars, Vratch, 1125-1126). — A. VAN GEHUCHTEN. Un cas de tumeur cérébrale avec autopsie (Soc. Belge de Neurol., 24 fév.). — HÖNIG. Zur Psychophysik des Geschmacksssinns (Inaug. Diss. Leipzig, et Philos. Studien, XVII, 576). — JULLIAN (H.). Troubles du goût et de l'odorat dans le tabes (Thèse de Paris). — KAHLENBERG (L.). The relation of the Taste of acid salts to their degree of dissociation (Jour. Phys. Chem., IV, 33-39). — KIESOW et NADOLECZNY. Zur Psychophysiologie der Chorda tympani (Ztschr. f. Psychol. u. Physiol. d. Sinnesorg., Leipzig, XXIII, 33-59). — Sur la physiologie de la corde du tympan (A. i. B., XXXIV, 277-288). — MARIAU (A.). Le voile du palais, organe de gustation (Écho méd. du Nord, Lille, IV, 52-54 et B. B., 255-256). — MARTINES (C. DE). Recherches sur les troubles du goût et de l'odorat dans la paralysie générale progressive (Rev. méd. de la Suisse Romande, XX, 485-423; 452-471). — DI MATTEI. Acuité des sens chez les enfants en relation de l'âge et du sexe (A. P., XXII, fasc. 3). — OSSIPOFF. Moniteur Neurologique, VIII, (en russe), 1900, fasc. IX, 11-13). — RICHARDS (W. TH.). Beziehungen zwischen dem Geschmack von Säuren und ihrem Dissozialionsgrads (Journ. Phys. Chem., 207-211). — SIEBERT. Ein Fall von Hirntumor mit Geruchstäuschungen (Monatschrift für Psychiatrie und Neurol., VI). — TALLMANN (R.-W.). Taste and Smell. (Psychol. Stud., 118-139). — TOULOUSE et VASCHIDE. Topographie de la sensibilité gustative de la bouche (C. R., CXXX, 1216-1218). — Méthode pour l'examen et la mesure du goût (C. R., CXXX, 803-805).

1901. — Crauste (J.). *Contribution à l'étude des divisions congénitales de la langue* (Thèse de Bordeaux). — Ferrannini. *Sur la physiologie du lobe orbitaire* (*Riforma Medica*, xi, 13 juillet, 134). — Féré (Ch.). *Notes sur la fatigue par les excitations du goût* (*B. B.*, 6 juillet). — Fusari et Panasci. *Des terminaisons des nerfs dans la muqueuse et dans les glandes séreuses de la langue des mammifères* (*A. i. B.*, xiv, 240). — Kiesow (F.). *Über Geschmacksempfindungen im Kehlkopf* (*Comm. au Ve Congrès intern. de physiologie; A. i. B.*, xxxvi, 94). — Kiesow (F.) et Hahn (R.). *Beobachtungen über die Empfindlichkeit der hinteren Theile des Mundraumes für Tast, Schmerz., Temperatur-und Geschmacksreize* (*Ztsch. f. Psych.*, xxvi, 5 et 6, 383-417). — *Ueber Geschmacksempfindungen im Kehlkopf* (*Ztsch. f. Psych.*, xxvii, 80-95). — *Sulle sensibilita gustative di alcune parte della retrobocca, e dell' epiglottide* (*Giorn. R. Accad. Med. Torino*, lxiv, 497-553). — Kiesow et R. Hahn. *Osservazione intorno alle sensibilita alcune parte della retrobocca ed alla sensibilità di esse per il solletico* (*Giornale delle R. Acc. di Med. di Torino*, n. 4). — Kron (J.). *Neurol. Centr.*, xv, 12. — Manouelian. *La structure de la circonvolution de l'hippocampe* (*B. B.*, 536). — Oehrwall. *Die Modalitäts-und Qualitätsbegriffe in der Sinnesphysiologie und deren Bedeutung* (*Skand. Arch. f. Phys.*, xi, 256). — Pastrovich (G. de). *Paralisi dell'ipoglosso de probabile causa alcoolica* (*Rivista sperimentale di Freniatria*, xxvii, ii, 415-426). — Vaschide et Marchand. *Anesthésie gustative et hypoesthésie tactile par lésion de la corde du tympan* (*B. B.*, 705-707). — W. Norwood East. *Physical and moral insensibility in the criminal* (*The Journ. of Mental Science*, 737). — Sternberg (W.). *Geschmacksempfindung eines Anencephalus* (*Zeitsch. f. Psych.*, xxiii, 77-79). — Vaschide et Vurpas. *Contribution à l'étude psycho-physiologique des actes vitaux en l'absence totale du cerveau chez un enfant* (*C. R.*, cxvi, 116). — *La vie biologique d'un anencéphale* (*Rev. gén. des Sc.*, 373-381, 378).

1902. — Bouchaud. *Destruction du lobe sphénoïdal et de la région de l'hippocampe dans les deux hémisphères* (*Soc. de Neurol.*, Paris, 6 fév.). — Bianchini-Lévi. *Langue cérébriforme chez un aliéné épileptique* (*Nouv. Iconogr. de la Salpêtrière*, 252-257). — Bozo. *Des amputations spontanées de la langue* (*Thèse de Paris*). — Fasola (G.). *Contributo clinico alla conoscenze dell' innervazione gustatoria* (*Rivista di Patol. nerv. e mentale*, vii, ii, 49-57). — Fontana (A.). *Ueber die Wirkung des Eucain B. auf die Geschmacksorgane* (*Zeitsch. f. Psychol. und Phys. der Sinnesorg.*, xxviii, 253-261). — Gorchkoff. *Des voies conductrices centrales des sensations gustatives* (*Moniteur russe neurol.*, x, fasc. 1, 2-34). — Herrick (J.). *The organs and senses of Taste in Fishes* (*N. S. Fish. Comm. Bull.*, 237-272). — Kiesow (F.). *Sulla presenza di calici gustativi nelle superficie linguale dell' epiglottide umana, con alcune riflexioni sugli stessi organi che si trovano nella mucosa della laringe* (*Giornale delle R. Accademia di Medicina di Torino*, n° 10-11; 18 nov.). — Kœppe (H.). *Der Salzhunger* (*23 Verh. d. Balneolog. Gesells.*, 8 mars 1902). — Marchand (L.). *Développement des bourgeons gustatifs chez le fœtus humain* (*B. B.*, 910-912). — Morat. *Fonctions d'innervation*. In *Traité de Physiologie*, 175, 680. — Sternberg (W.). *Ueber das wirksames Princip in den süsschmeckenden Verbindungen das dem süssen Geschmack zu Grunde liegt, das sogenannte dulcigene Princip* (*Verh. der physiol. Gesells. zu Berl.*, 14 nov., 6-9). — Vaschide et Vurpas. *Contribution à l'étude de la psycho-physiologie de la corde du tympan à propos d'un cas de paralysie faciale* (*Bull. de Laryngol., Otologie et Rhin.* v, 169-175). — Wertheimer. *Nerf de Wrisberg, nerf intermédiaire* (Art. *Facial. Dict. Phys*, v, 942). — Ziehen (U.). *Leitfaden der physiologischen Psychologie*, 50.

1903. — Biancone Giovanni. *Contributo allo studio della emiatrofia della lingua* (*Riv. Sperim. di Freniatria*, xxix, 189-225). — Bischoff. *Jahrbücher für Psychiatrie und Neurologie*, 229. — Chamberlain (Alex.-Francis). *Primitive Taste-words* (*Amer. Journ. Psych.*, xiv, 410-417). — Ferrier. *Langue saburrale et albuminurie* (*B. B.*, 814). — Fontoynont et Jourdan. *Glossite et stomatite à streptocoques observées à Madagascar* (*Presse Méd.*, 653). — Gaucher. *La leucoplasie linguale* (*Presse Méd.*, 493). — Goudret. *Le lymphangiome circonscrit de la langue* (*Arch. des mal. du larynx*, 299-313). — Guillain (G.). *Hemiatrophie der Zunge* (*Neurol. Centralbl.*, xxii, 1, 46). — Harlow Broock. *Un cas de rhabdomyome de la langue* (*Proc. of the New-York Med. Soc.*, mai 138). — Harvey Cushing. *The Taste fibers and their independance of the N. Trigeminus* (*John's Hopkins Hosp. Bull.*, xiv, 71-78). — Kiesow (F.). *Ein Beitrag zur Frage nach den Reaktionszeiten der Geschmacksempfindungen* (*Zeitschrift für Psychol. und Physiol. der Sinnesorg.*, xxxiii, 176). — Kiesow (F.). *Zur Psychophysiologie der Mundhöhle nebst Beobachtungen über Funktionen des Tast-*

und Schmerzapparates und einigen Bemerkungen über die wahrscheinlichen Tastorgane der Zungenspitze und des Lippenrots (*Zeitschrift f. Psychol. und Physiol. der Sinnesorg.*, XXXIII). — LE MAIR. *Des paralysies unilatérales du palais* (*Th. in. de Paris*). — MARCHAND (L.). *Mesure des sensations gustatives* (*Rev. de Psychiatrie et de Psychol. Expér.*, 1903, VII, IV-6, 245-254). — MUNCH. *Des modifications des papilles linguales comme moyen de diagnostic précoce de la scarlatine* (*Sem. méd.*, 11 fév., 1903, p. 87). — QUIX (F. H.). *Eine neue Methode zur Untersuchung des Geschmackssinnes* (*Monatschr. f. Ohrenheilk*, XXXVII, 12, 572). — SIEDENTOPF. *Visibilité et mesure de particules ultra-microscopiques* (*Arch. des Sc. phys. et nat.*, 129). — STAHL HERMANN. *Ueber die Ausdehnung der Papille und die Frage einer einseitigen « compensatorischen Hypertrophie » im Berichte des Geschmacksorgans* (*Arch. f. Entwicklungsmechanik der Org.*, XVI, 2, 179-199). — STERNBERG (W.). *Über das süssende Princip* (*A. P.*, 1903). — URBANTSCHITSCH, *Über die Beeinflussung subjekt. Gesichtsempf.* (*A. g. P.*, XCIV, 104). — VASCHIDE (N.). *La gustatométrie* (*Bull. de laryngol. otol. et rhinol.*, VI, 93-104). — *Contribution à la psychophysiologie de la cavité buccale* (*Bull. de laryngologie, otologie et rhinologie*, VI, 1903, p. 15-19). — *Un cas d'aguésie* (*Bull. de laryng., otologie et rhinol.*, VI, 1903, p. 19-25). — VERLUYS (J.). *Entwicklung der Columella auris bei dem Lacertiliern. Ein Beitrag zur Kenntniss der schalleitenden Apparate und der Zungerbeinbogen bei den Saurospiden* (*Zool. Jahrb.*, *Anatomie*, XIX, 107-188). — ZWAARDEMAKER (H.). *Geschmack* (In *Ergebnisse der Physiol.*, 699-726).

1904. — BOTEZAT (E.). *Geschmacksorgane und andere nervöse Endapparate im Schnabel der Vögel* (*Biol. Centralbl.*, XXIV, 722-736). — CECHERELLI (G.). *Sulle espansioni nervose di senso nella mucosa della lingua dell' uomo* (*Anat. Anz.*, XXV, 56-69). — GARDELLA (ELOISA). *Azione dell' acido fenico sulla sensibilità gustativa* (*Arch. di Fisiolog.*, 398-403). — GRANJUX. *Auto-sectioni linguale* (*Soc. de méd. lég.*, 9 nov.). — JEANNIN. *Flore buccale du nouveau-né* (*Soc. Obstétricale de Paris*, avril). — KIESOW (F.). *Ueber die Tastempfindlichkeit* (*Zeitschrift. f. Psychol. und Physiol. d. Sinnesorgane*, XXXV, 4). — *Zur Kenntniss der Nervendigungen in der Papillen der Zungenspitze* (*Zeitschrift. f. Psychol. u. Physiol. d. Sinnesorg.*, XXXVI, 3-4). — *Zur Frage nach den Schmeckflächen des hinteren kindlichen Mundraumes* (*ibid.*, XXXVI, 42). — KÖSTER (G.). *Eine merkwürdige Störung des Geschmacksempfindung* (*Neurol. Med. Woch.*, LI, 333-335, 392-397). — LANDAU (H.). *Fälle von halbseitiger Atrophie der Zunge.* (*Deutsche Zeitschrift f. Nerv.*, XXVI, 11-17). — MOSER (E.). *Über die Geschmacksstörungen bei Mittelohreskrankungen* (*Arch. f. Ohrenheilk.*, XLVIII, 1904, 170-209). — MYERS (C. S.). *The Taste-nams of Primitives Peoples* (*British Journ. of Psych.*, 1904, XXXV, 268). — NAGEL (W.). *Einige Bemerkaugen über nasales Schmecken* (*Zeitsch. f. Psychol. u. Physiol. d. S.*, XXXV, 4). — PRENANT (A.), MAILLARD (L.). *Traité d'histologie*, I, 341-343. — STERNBERG. *Zur Physiologie des süssen Geschmacks.* (*Zeitsch. f. Psychol. u. Physiol. d. Sinnesorg.*, XXXV, 81-32). — *Der salzige Geschmack und der Geschmack der Salze* (*A. P.*, 1904, 483-559). — VASCHIDE (N.). *Mesure de la sensibilité gustative chez l'homme et chez la femme* (*C. R.*, XXXIX, 898-900). — ZIEM (G.). *Zur Lehre von der Anosmie, Parosmie und Aguesie* (*Monatsch. f. Ohrenhk.*, XXXVIII, 461-466).

1905. — BOTTEY (R.). *Hygiène du goût et de l'odorat* (*Arch. Int. de laryng.*). — CAMUS (M.) et ERTZBISCHOFF. *Tumeur de la langue* (*Soc. Anatomique*, 7 avril). — GRASSET (J.). *Des centres nerveux.* Paris, Baillière, 484-505. — HÄMELICK. *L'asymétrie gustative* (*Année Psycholog.*, Paris, XI, VII-695). — HERSIK (J.). *The central gustatory paths in the brains of bony Fishes* (*The Journal of comparative neurol. and psychol.*, XV, n. 1, sept.). — PARANHOS. *Contribution à l'étude de la salive comme moyen de défense naturelle de la bouche* (*Revista Med. de San Paulo Brésil*, n. 2, 25-31). — PAYENNEVILLE. *La langue plicaturée symétrique congénitale, dite « langue scrotale »* (*Th. in. de Paris*).

N. VASCHIDE.

GRAISSES. — **Historique, généralités.** — Le terme générique *graisses* est entré assez tard dans la taxonomie des corps organiques. Primitivement, le nom de *graisse* s'appliquait uniquement à l'axonge ou graisse de porc; il s'étendit ensuite à tous les corps analogues fournis par les deux règnes organiques. L'aspect physique intervenait seul alors dans la classification des *corps gras* (ou paraissant tels) en huiles, beurres, graisses, suifs, cires, etc. On ne tarda pas à pressentir l'étroite parenté de ces corps; mais on continua à confondre dans le même groupement le blanc de baleine, les cires et mêmes certaines essences, de même que l'on persiste parfois à décrire les vaselines, paraffines et lanolines dans les chapitres consacrés à l'histoire des graisses, bien qu'il n'y ait aucune analogie de composition entre ces divers produits.

En effet, tous ces corps, soumis à un examen superficiel, ne paraissent guère différer entre eux que par le degré de fusibilité. Ils sont insolubles dans l'eau, avec laquelle ils ne peuvent être incorporés que sous forme d'émulsion. Ils se dissolvent sans difficulté dans l'éther, le chloroforme et le sulfure de carbone; liquéfiés, ils tachent le papier d'une façon permanente en le rendant translucide; ils brûlent avec une flamme fuligineuse; enfin ils subissent des modifications comparables quand on les soumet à l'action de certains réactifs.

On comprend sans peine l'impossibilité où se trouvaient les anciens chimistes d'établir sur des bases certaines la constitution de corps que les alcalis seuls peuvent attaquer et que le feu détruit. La question ne pouvait être élucidée que par des méthodes d'analyse rigoureuses qui faisaient complètement défaut à cette époque. On définissait alors l'huile « une espèce de mucilage, si ce n'est que le principe terreux y est beaucoup plus atténué, qu'il y a beaucoup moins d'eau et beaucoup plus de phlogistique que dans le mucilage. L'huile ne se dissout point dans l'eau, parce qu'elle en contient elle-même trop peu; elle s'enflamme à cause de son phlogistique, et elle se dissout de préférence dans l'esprit de vin. Les huiles ont été dans leur immaturité des mucilages; car les noix, les olives, etc., avant qu'elles ne fussent mûres, étaient mucilagineuses; aussi le mucilage lui-même est une huile, mais très atténuée. L'huile n'est pas nourrissante comme le mucilage, etc... » (Desbois de Rochefort. *Traité de matière médicale*, 1789, p. 71, t. II).

Baumé définissait les huiles des sucs onctueux gras et inflammables, tirés des végétaux, des animaux et de plusieurs endroits de la terre, se distinguant des sucs aqueux par leur inflammabilité et leur non-miscibilité à l'eau. Il leur attribuait comme constituants beaucoup d'acide et de phlogistique, le principe aqueux et le principe terreux entrant dans leur composition en moindre quantité que dans le suc aqueux.

D'après Lavoisier, les huiles fixes se distinguent des huiles volatiles par un excès de carbone qui s'en sépare quand on cherche à les distiller. Pour lui, les huiles fixes et volatiles contiennent uniquement du carbone et de l'hydrogène : « Peut-être, dit-il, les substances huileuses solides contiennent-elles en outre un peu d'oxygène auquel elles doivent leur état solide. » Ailleurs, Lavoisier considère les huiles comme de véritables radicaux carbonehydreux ou hydrocarboneux; « car, dit-il, il suffit d'oxygéner les huiles pour les convertir d'abord en oxydes, et ensuite en acides végétaux, suivant le degré d'oxygénation. » (Lavoisier, *Chimie*, 1793). Le destin ne permit pas à Lavoisier de continuer ses études sur les corps gras qu'il reprenait sans cesse, avec une obsédante tenacité, car son génie prévoyait bien que la solution de ce problème donnerait la clef de la chimie organique.

C'est évidemment l'étude des savons ou plutôt de la saponification qui pouvait seule permettre de résoudre la question.

Le terme « *Savon* » dérivé du mot latin *sapo*, dont le radical *sop*, signifie en celtique corps gras, se trouve dans les ouvrages de Pline. D'après cet auteur, les Gaulois préparaient un savon avec des cendres et du suif (Pline, XVIII, CXXVIII). On a retrouvé d'ailleurs au milieu des ruines de Pompéi un atelier de savonniers contenant encore des baquets pleins d'un savon préparé au premier siècle de notre ère et conservé intact sous un lit de cendres. Divers auteurs anciens, Athénée, Aetius, les médecins arabes, parlent de produits analogues aux savons.

Pour Baumé, le savon est en général une combinaison formée par l'union d'une matière saline avec une huile. Pour le même auteur, les sucs sucrés, les extraits de plantes et des animaux, les sels essentiels des végétaux sont des savons dans lesquels *l'huile est rendue miscible à l'eau par la matière saline* (*Chimie expérimentale et raisonnée*, 1773).

Quelques années plus tard, Scheele (*Opuscules*, II, 175) étudiant la préparation de l'emplâtre simple par la réaction de la litharge sur divers corps gras, constata la formation d'un corps à saveur sucrée (la *glycérine*) auquel il donna le nom de *principe doux des huiles* (1779)[1]. Cette découverte devait rester stérile jusqu'au moment où Chevreul reprit l'étude de la saponification. En effet, Fourcroy crut pouvoir identifier la glycérine au mucilage et autres impuretés contenues dans les huiles non dépurées. Entre temps, Braconnot fit toutefois cette remarque importante que les corps gras étaient constitués par des mélanges en proportions variables de deux substances, un corps gras solide, le *suif*, et un corps gras liquide, dit *oléine*.

Chevreul développa et précisa cette observation de Braconnot, en établissant que les corps gras naturels sont constitués par le mélange intime, ou la dissolution réciproque de principes immédiats neutres, nettement définis, possédant tous la propriété de donner, par l'action des alcalis et de l'eau, un terme constant, la glycérine, et un sel, ou savon de potasse ou de soude.

Chevreul fut ainsi amené à formuler deux hypothèses : ou bien les corps gras étaient comparables à des sels résultant de l'union des acides anhydres avec une glycérine anhydre, ou bien ils étaient composés simplement « d'oxygène, de carbone et d'hydrogène dans des proportions telles qu'une partie de leurs éléments représente un acide gras fixe ou volatil, tandis que l'autre portion, plus de l'eau, représente la glycérine. » (Chevreul. *Rech. chim. sur les corps gras*, Paris, 1823, page 450.)

Malgré quelques essais tentés dans la voie synthéthique par Berzelius, Pelouze et Gélis, Redtenbacher, la question était encore controversée en 1854, quand parut le mémoire dans lequel M. Berthelot mit en lumière la fonction alcool de la glycérine et établit définitivement la constitution des corps gras proprement dits, en réalisant leur synthèse.

Depuis ces mémorables travaux par lesquels Berthelot a fondé une science nouvelle, la synthèse organique, on définit les corps gras : *des éthers de la glycérine formés par l'union d'une molécule de cet alcool triatomique et de trois molécules d'acide gras avec élimination de trois molécules d'eau* (algorithme de Berthelot).

Les corps gras naturels sont des glycérides tertiaires formés par des acides gras à équivalents élevés.

Propriétés physiques et chimiques des graisses. — Nous allons passer en revue les propriétés physiques et chimiques des corps gras, en insistant sur celles de ces propriétés qui peuvent intéresser plus particulièrement le biologiste.

Les corps gras naturels sont formés par des mélanges en proportions très variables de glycérides incolores, inodores, et peu sapides par eux-mêmes, mais souvent accompagnés par des substances aromatiques et des matières colorantes qui donnent à chaque espèce des caractères organoleptiques particuliers.

Tous ces corps maintenus à une température suffisamment élevée, mais variable pour chacun d'eux, prennent l'état liquide, et sont alors susceptibles de tacher le papier d'une manière permanente, en le rendant transparent (*épreuve dite du papier*). Par refroidissement, le produit fondu prend une consistance de plus en plus ferme, par suite de la cristallisation successive des divers glycérides. C'est en mettant à profit ces propriétés des corps gras que Braconnot et Chevreul ont effectué les premières analyses immédiates de ces produits, sur la complexité desquels l'analyse élémentaire (dosage du carbone, de l'hydrogène et de l'oxygène) ne fournit aucune indication.

La densité des graisses est toujours inférieure à celle de l'eau. Cette densité, étant donnée la viscosité des produits, doit être déterminée de préférence au moyen de la balance aérothermique de Dalican.

Tous ces corps se dissolvent facilement dans l'éther ordinaire, l'éther de pétrole, le sulfure de carbone et le chloroforme. Ils sont, en général, fort peu solubles dans l'alcool, mais leurs constituants, glycérine et acides gras, sont très solubles dans ce véhicule. L'alcool concentré ne dissout guère que les huiles fournies par les graines d'euphorbiacées (ricin, croton).

Nous verrons plus loin que la conductibilité électrique, la fluidité et le pouvoir réfringent peuvent servir à la détermination spécifique de certains corps gras.

Les graisses amenées à l'état liquide ne peuvent être incorporées à l'eau que sous forme d'émulsion. La stabilité de l'émulsion est en rapport avec la tension superficielle des deux liquides non miscibles ; c'est ce qui explique pourquoi les savons, la *saponine*, et certains mucilages permettent d'effectuer plus facilement la préparation des émulsions. Dans l'organisme, la bile et le suc pancréatique jouent un rôle très analogue. Ils amènent les corps gras à un état de division extrême, *qui permet aux ferments d'agir comme ils le feraient sur des substances réellement dissoutes.*

Les leucocytes, dont le rôle actif dans l'absorption des corps gras est aujourd'hui admis, ne sauraient agir d'ailleurs que sur des particules graisseuses infiniment petites. Le chyle et le lait représentent des types parfaits d'émulsion graisseuse. La question des émulsions présente donc pour le physiologiste une importance extrême. (Voir DUCLAUX, *Le lait*, et le *Traité de microbiologie* du même auteur, II, 535.)

L'histoire chimique des graisses comporterait l'étude préalable de la *glycérine* et des *acides gras*. Nous devons nous borner ici à une simple énumération des principaux contituants des graisses.

La *glycérine*, alcool triatomique, a été découverte par SCHEELE, en 1779. Sa fonction chimique, soupçonnée par CHEVREUL, a été nettement établie par BERTHELOT. Ce corps forme, avec les acides, des mono, bi et triglycérides. C'est à un monoglycéride, *la monobutyrine*, que M. HANRIOT s'est adressé pour mesurer le pouvoir lipasique des liquides organiques.

Les corps gras natnrels sont des triglycérides formés par des acides monoatomiques, acides gras proprement dits, appartenant à plusieurs séries.

1° Série des acides saturés, $C^nH^{2n}O^2$, dont le premier terme est l'acide formique, homologue inférieur de l'acide acétique. Les acides de cette série, dont les glycérides se rencontrent le plus souvent dans le règne organique, sont les acides butyrique, caprylique, caproïque, palmitique, stéarique et arachidique;

2° Série des acides $C^nH^{2n-2}O^2$, qui forment les glycérides acrylique, crotonique et linoléique;

3° La série propargylique $C^nH^{2n-4}O^2$, qui fournit les glycérides linolique et linoléique.

Les trois glycérides les plus communément rencontrés dans les corps gras sont la *palmitine*, la *stéarine* et l'*oléine*. Ce dernier corps, la trioleine, constitue l'élément le plus important des graisses liquides à la température ordinaire; il forme la presque totalité de l'huile de pieds de bœuf. L'acide oléique est un isologue de l'acide stéarique; il donne, avec les sels de plomb, un savon soluble dans l'éther. Son caractère d'acide non saturé influe sur la valeur de certains indices analytiques des corps gras. La stéarine donne aux suifs leur consistance particulière, due à la faible fusibilité du glycéride.

Nous devons rappeler ici que certains corps, les *phosphoglycérates* et les *lécithines*, présentent avec les corps gras des affinités d'ordres multiples que leur constitution chimique fait prévoir. Ces corps paraissent jouer un rôle important dans la synthèse naturelle des principes gras et dans leur métabolisme.

Ces corps seront décrits dans des articles spéciaux de ce dictionnaire.

Les graisses ont un poids moléculaire élevé : une molécule de tristéarine = 890. La chaleur de combustion moyenne des corps gras est voisine de 9 400 calories. 1 gramme de graisse dégage en brûlant autant de chaleur que 2.25 de substance hydrocarbonée, ou de substance albuminoïde (déduction faite de la chaleur de combustion correspondant à la quantité correspondante d'urée). Nous retrouverons l'application de ces notions, quand nous aborderons l'histoire physiologique des graisses.

La principale caractéristique des corps qui nous occupent est, évidemment, leur dédoublement, ou saponification, sous l'influence des agents d'hydratation. Ce dédoublement s'effectue presque instantanément, au moyen de la potasse alcoolique. Il donne comme produit constant la glycérine, tandis que les acides s'unissent à l'alcool pour donner un savon. C'est sur ce savon, ou sel alcalin, à base d'acide gras, que le chimiste dirigera ensuite tous ses efforts, pour déterminer la nature des acides qui éthérifiaient la glycérine.

Le dédoublement des graisses s'effectue suivant une équation de la forme suivante :

$$\underset{\text{tripalmitine}}{(C^{16}H^{31}O^2)^3C^3H^5} + 3H^2O = \underset{\text{glycérine}}{C^3H^8O^3} + \underset{\text{ac. palmitique}}{3C^{16}H^{32}O^2} + 20 \text{ calories}$$

Les savons, par leurs relations étroites avec les corps gras, présentent pour le physiologiste un intérêt considérable. Ces corps accompagnent les graisses dans leur migration du tube digestif aux cellules de réserve. C'est par une saponification partielle que débute l'action de la bile sur les graisses. L'émulsion, favorisée par la présence du savon, met les corps gras dans les conditions physiques favorables à l'absorption, quel que soit, d'ailleurs, le mécanisme intime de cette digestion des graisses. Peut-être même les savons jouent-ils un rôle important dans les synthèses intracellulaires. *L'union des deux constituants des savons se fait avec un faible dégagement de chaleur, condition favorable aux mutations réversibles, aux équilibres de dissociation.*

La solubilité relative de ces corps permet aux acides gras libérés de leur liaison glycérinique de diffuser avec la plus grande facilité dans les milieux à réaction neutre ou alcaline. Chaque fois que les acides gras apparaissent dans un tissu, une sécrétion ou une excrétion, on peut supposer que l'apport d'un savon a précédé la mise en liberté d'un acide gras.

Nous verrons plus loin que la saponification des graisses peut être effectuée par certains ferments.

Sous l'influence de la chaleur sèche, les corps gras tendent à se dédoubler en leurs générateurs, mais, l'eau faisant défaut, on obtient de l'*acroléine*, au lieu de glycérine. Les acides gras, eux-mêmes, s'altèrent, et fournissent des acides moins complexes (acide acétique, acide sébacique).

Disons, en terminant cet aperçu des propriétés physiques et chimiques des graisses, que l'extension du terme « gras » à tous les dérivés immédiats des carbures forméniques et éthyléniques, constituant ce qu'on appelle la « série grasse », et l'attribution du vocable « acides gras » à tous les acides monoatomiques de cette série, crée souvent une fâcheuse confusion dans l'esprit de ceux auxquels le langage des chimistes n'est pas très familier. Aussi voit-on souvent appeler indifféremment corps gras, dans les mémoires de physiologie, la glycérine, les acides gras, les savons et les glycérides. L'emploi abusif de ce terme générique ne peut causer que des mécomptes.

Nous croyons devoir donner ici quelques indications sur la diagnose, l'extraction et l'analyse des graisses, avant d'exposer les propriétés physiologiques de ces composés.

Recherche et analyse des graisses. — La présence des graisses dans un tissu peut être constatée au moyen du microscope. Suivant les proportions relatives des divers glycérides solides et liquides, les graisses se présentent sous la forme de gouttelettes réfringentes ou de cristaux se colorant fortement en noir par l'acide osmique et fixant avec ténacité certaines matières colorantes. (Voir plus loin : *Anatomie et histologie de la graisse et du tissu adipeux.*)

Toutes les levures et quelques bactéries dites acidophiles contiennent une forte proportion de matière grasse. C'est à cette particularité que les microbes de la tuberculose, de la lèpre, du smegma, les bactéries acidophiles du lait, du beurre, des excréments, de l'herbe (Mœller) doivent leur pouvoir de fixer les couleurs basiques d'aniline, de telle sorte que les acides ne peuvent ensuite les décolorer.

Quelle que soit la valeur de ces réactions, il faut toujours les contrôler par l'extraction et le dosage de la graisse. S'il s'agit d'un liquide, d'une sérosité au sein de laquelle nagent des globules de graisse, on peut essayer d'enlever ces derniers par simple agitation avec de l'éther sulfurique, ou mieux l'éther de pétrole, dont le pouvoir dissolvant est plus limité. Certains liquides riches en albumine, le lait par exemple, se prêtant mal à ce mode d'épuisement, on pourra avoir recours à la méthode indiquée par Adam. 10 volumes de liquide graisseux sont additionnés de 22 volumes d'une liqueur éthéro-alcoolique préparée en ajoutant à 1 100 cc. d'éther pur 1 000 cc. d'alcool à 75° ammoniacal (alcool à 90°, 830 cc.; ammoniaque 30 cc.; eau q. s. p. 1 000). Il suffit de décanter et d'évaporer la couche éthérée qui se sépare en entraînant toute la matière grasse. Pour extraire la graisse d'un organe (foie, muscle) nous conseillons de pulper l'organe avec 1 p. 100 de carbonate de soude et de dessécher ensuite la masse en l'additionnant de sulfate de chaux calciné ou de sulfate de soude anhydre. La poudre obtenue est facilement épuisée ensuite par un dissolvant approprié, et la matière grasse ne subit aucune altération. Pflüger et Argutinsky, Dormeyer (1896), Kumagawa-Suto, Schultz (1896) conseillent de faire précéder l'extraction à l'éther d'une digestion au moyen du suc gastrique artificiel; Rosenfeld insiste sur l'utilité d'une coction préalable dans l'alcool (*Centr. für innere Med.*, n° 14, 1905, p. 355).

Les corps gras étant isolés, on peut essayer de caractériser les glycérides qui le composent, mais cela exige de longues et minutieuses manipulations. Aussi doit-on se contenter généralement de déterminer ce qu'on appelle *les indices ou constantes physiques et chimiques* de la graisse isolée : Densité, pouvoir réfringeant, indice d'iode (Hübl), dosage des acides fixes et des acides volatils (indices de Hehner-Reichers-Meissl), indice d'acétyle (Benedick et Ulzer), indice de saponification (Kœttsdorfer), etc. (Voir *Moniteur scientifique*, juin 1902 et le traité de Ferd. Jean).

L'analyse immédiate des graisses animales ou végétales appelle de nouvelles recherches, car les méthodes employées jusqu'à ce jour pour la séparation et la diagnose des différents glycérides ne présentent aucune garantie. On consultera néanmoins avec profit pour les recherches de ce genre le travail de Heintz, dans *Poggendorf's Ann.* CXII, 588.

La caractérisation complète d'une graisse, l'étude du processus de dédoublement, comportent en général la recherche et le dosage rigoureux de la glycérine. On adoptera de préférence pour les recherches de ce genre la technique indiquée par Nicloux dans ses récentes communications à la Société de Biologie (1902-1903).

Modifications que les graisses subissent sous l'influence des agents naturels. — Altérations dites spontanées des graisses : siccativité : rancissement. Action des diastases. Lipases. — Tous les corps gras naturels s'altèrent à la longue au contact de l'air : ils s'acidifient et se décolorent en augmentant de poids : *ils rancissent.* Quand le phénomène se produit rapidement, le corps gras se transforme en une masse solide constituant une sorte de vernis : tel est le cas des huiles siccatives, et plus particulièrement de l'huile de lin.

Th. de Saussure voyait uniquement dans le phénomène une absorption d'oxygène avec dégagement d'acide carbonique et d'hydrogène. Cloez, qui a précisé ces données dans un travail d'ensemble, admet que toutes les huiles augmentent de poids sous l'influence simultanée de trois agents, l'air, c'est-à-dire l'oxygène, la lumière et la chaleur. Certaines substances activent cette transformation en jouant le rôle de ferments minéraux.

Les conditions favorisant cette modification des huiles ont été plus récemment étudiées par Livache (*C. R. Acad. Sciences*, 3 décembre 1883).

On a pensé que la siccativité de certaines huiles tenait à la présence de glycérides spécialement altérables dans certaines conditions. Les travaux de A. Bauer, K. Hazura et A. Grussner ont montré en effet que les corps gras siccatifs donnaient tous à la saponification une forte proportion d'acides linoléique, linolique et isolinoléique. (*Zeitschrift für ang. Chemie*, 1888. *Moniteur scientifique*, 1889, p. 129, 135, 492 et 494.)

Le rancissement du beurre et d'autres corps gras est un phénomène analogue. D'après Duclaux, le rancissement n'est pas dû à un processus microbien. C'est un phénomène inévitable, une décomposition spontanée des glycérides du beurre, favorisée par la présence de l'eau et l'acidité naturelle du produit. Les glycérides à poids moléculaire le moins élevé, butyrine, caproïne, se décomposent les premiers. Le rancissement spontané des beurres purifiés est extrêmement lent. Il est considérablement activé dès que l'on fait intervenir l'air, la lumière et surtout les végétations cryptogamiques qui souillent ordinairement le produit commercial. Au point de vue chimique, le rancissement se résume dans une oxydation. (Duclaux, *C. R.*, CII, 1077, 1886.)

Les recherches plus récentes de Ritsert (*Natur. Wochenschrift*, V, 136) et de J. A. Mœn (*Forschungs Ber.*, 1897, 195) conduisent ces auteurs aux mêmes conclusions. Pour Orla Jensen (1901), le principal rôle serait joué par deux microorganismes, l'*Oidium lactis* et le *Cladosporium butyri*. Le premier de ces microbes dédoublerait les corps gras et se nourrirait des produits de décomposition : il existerait presque seul à la surface du beurre rance. L'odeur caractéristique serait due à l'éther éthylbutylique, pour la formation duquel interviendrait plus particulièrement le *caldosporium*.

Il est vraisemblable d'admettre que tous ces phénomènes sont dus aux oxydases contenues dans les corps gras naturels ou secrétées par les microbes qui souillent ces produits. De fait, le beurre stérilisé ou additionné d'antiseptiques s'altère très lentement.

Dédoublement des corps gras par des ferments diastasiques. Lipases. — Claude Bernard a montré le premier que le suc pancréatique donnait avec les huiles et avec les graisses fondues une émulsion très stable dont l'acidité augmentait progressivement par suite d'une saponification du corps gras.

Il y a là deux phénomènes confondus par Cl. Bernard, *l'émulsion* et la *saponification*, que Duclaux a étudiés séparément.

C'est grâce à l'émulsion que les graisses peuvent pénétrer dans les lymphatiques, parce que dans cet état spécial leurs particules sont soustraites « aux actions d'adhésion moléculaire qui les maintiendraient au contact des parois, et les amèneraient bientôt à former bouchon sur tous les orifices capillaires. » (Duclaux, *Microbiologie*, II, 538.)

Il convenait donc d'analyser ce phénomène complexe en éliminant le facteur émulsion, dont la superposition masque le rôle des diastases. M. Hanriot a tourné cette difficulté en employant dans ses essais un éther de la glycérine, soluble dans l'eau, la monobutyrine, qui avait déjà servi à Claude Bernard et à M. Berthelot dans leurs recherches sur l'action du suc pancréatique. En dissolvant cet éther dans le suc pancréatique, le sérum sanguin et divers liquides de l'organisme, on constate facilement qu'il se dédouble, tandis que rien d'analogue ne se produit quand on met cette même monobutyrine en présence de l'eau pure ou additionnée de carbonate de soude. Cette activité des liquides organiques s'affaiblit quand on les chauffe à 60°, et cesse quand on atteint la température de 90°. De faibles quantités de liquide organique peuvent décomposer des quantités relativement considérables de glycéride, à la condition de saturer de temps en temps l'acidité, pour que le phénomène ne se limite pas de lui-même. On a donc bien affaire à une diastase. Bourquelot a proposé pour ces diastases le terme générique « *Lipases* » auquel les auteurs allemands ont substitué sans raisons le nom de « *stéapsines* ».

Lipases végétales. — Les ferments lipasiques sont très répandus dans le règne végétal. On avait fait autrefois la remarque que la graisse pouvait disparaître dans les graisses oléagineuses; mais l'étude méthodique de cette transformation des glycérides n'a été faite que beaucoup plus tard par Green et Siegmund, et plus récemment par Hanriot, dans les graines en train de germer. Le même auteur a étudié le pouvoir lipasique des cultures de B. pyocyanique. Carrière a fait des recherches analogues sur le bacille de Koch; Gérard et Camus ont étudié le *Penicillium glaucum* et l'*Aspergillus Niger*; Arloing, *le B. hemicrobiophilus*. Enfin, tout récemment, Nicloux a étudié les applications industrielles de la saponification biochimique des graisses, au moyen du cytoplasma des graines oléagineuses.

Lipases animales. — La lipase a été décelée par Hanriot dans les tissus: sa présence dans le sérum a été l'objet de contestations de la part de Morat, Doyon et Arthus. Il ne faut voir dans cette controverse qu'un malentendu créé par l'emploi de techniques différentes. C'est pourquoi il nous paraît inutile de substituer au terme lipase le nom de monobutyrinase proposé par Arthus. Le terme générique lipase, créé par Bourquelot, doit comprendre sous sa désignation tous les ferments susceptibles de dédoubler les glycérides. La monobutyrine, par sa solubilité et sa facile décomposition, se prête mieux d'ailleurs à des expériences de ce genre que les graisses, ces dernières ne pouvant subir l'action lipasique qu'à la condition d'être émulsionnées. Kast et Lœwenhart ont d'ailleurs repris et confirmé les expériences de M. Hanriot en employant comme réactif le butyrate d'éthyle.

L'étude physiologique et clinique de la lipase a été faite par Hanriot et Camus, Carrière, Poulain, Achard et Clerc. Nous empruntons à l'excellent travail de ce dernier sur les ferments solubles du sérum les détails qui vont suivre.

Hanriot et Camus appellent *unité lipasique* ou *unité de lipase*, la quantité de lipase qui met en liberté un millionième de molécule d'acide butyrique en 20 minutes, à la température de 25°.

Technique : On prend un centimètre cube du liquide contenant le ferment; on l'ajoute à 10 cc. d'une solution fraîche de monobutyrine à 1 p. 100; on ajoute de la phtaléine (2 à 4 gouttes au plus pour ne pas retarder la réaction). On sature exactement par le carbonate de soude, on chauffe 20 minutes à 25°; la solution devient acide; on sature à nouveau par une solution titrée de carbonate de soude contenue dans une burette donnant 20 gouttes au centimètre cube. Le nombre de gouttes de cette solution (renfermant 2gr,12 de CO^3Na^2 desséché par litre) mesure l'activité lipasique. Il ne faut pas prolonger indéfiniment la réaction sans saturer par le carbonate de soude, car un excès d'acide butyrique peut entraver le dédoublement (Réaction réversible). On peut constater *in vitro* l'influence de la température, du temps de réaction, de la quantité de liquide examinée, de la réaction acide ou alcaline du milieu. L'activité croît jusqu'au voisinage de 50° pour décroître très rapidement ensuite, puisque le ferment est à peu près détruit autour de 65°. Un milieu alcalin est nettement favorable, parce qu'il supprime l'action inhibitrice et limitative de l'acide butyrique.

Certaines substances, chloroforme, sulfure de carbone, fluorure de sodium, thymol, acide cyanhydrique, acide osmique, acide salicylique, agissent d'une façon différente sur les diverses lipases (Hanriot, Kast et Lœvenhart).

Nature et reversibilité de l'action. — Hanriot a montré que l'action de la lipase s'étendait à la plupart des éthers, sauf cependant à ceux de divers acides minéraux susceptibles d'entraver l'action lipasique ; les éthers des phénols sont aussi décomposés. Le ferment agit donc *sur une fonction chimique, et non sur un corps déterminé.* Hanriot a montré en outre que la lipase semblait se combiner aux acides en donnant des combinaisons peu actives, se dissociant toutefois avec facilité, s'il s'agit d'acides organiques, très lentement dans le cas des acides minéraux.

En résumé, la lipase exerce *une action saponifiante et non oxydante :* aussi la privation d'oxygène n'exerce-t-elle aucune influence *in vitro.*

La réversibilité de l'action, phénomène capital au point de vue de ses conséquences physiologiques, a été nettement démontrée par Hanriot.

On peut rapprocher la lipase de certains oxydes métalliques qui forment avec des acides organiques des sels dissociables; ces oxydes décomposent du reste la monobutyrine; les sels de fer, d'alumine et de zirconium présentent cette particularité. Ce fait a conduit Hanriot à penser que les sels de fer joueraient probablement vis-à-vis des lipases le même rôle que le manganèse vis-à-vis des oxydases.

L'activité lipasique d'un même liquide, le sérum par exemple, est constante pour un même animal placé dans des conditions physiologiques rigoureusement déterminées.

Par contre, les lipases de diverses origines ne paraissent pas se conduire d'une façon identique vis-à-vis des glycérides. L'influence du milieu, de la température et des autres conditions expérimentales se fait sentir d'une façon différente sur telle ou telle lipase.

Hanriot se base sur des faits de ce genre pour conclure à la non identité de la sérolipase et de la pancréatinolipase. Duclaux et Effront ont contesté le bien fondé de ces déductions.

Origine de la lipase. — On semble admettre aujourd'hui l'origine leucocytaire des divers ferments. On sait en effet que les poisons cytolytiques et la pilocarpine, excitateur général des sécrétions glandulaires, exaltent l'activité du sérum; tandis que les intoxications chroniques amènent un ralentissement considérable de cette fonction.

On sait également que les globules blancs ont la propriété d'englober les particules graisseuses, comme Poulain l'a montré dans son étude des ganglions lymphatiques du mésentère au cours de la digestion.

Par contre, certains faits plaident contre l'influence exclusive des leucocytes. C'est ainsi que le sérum et le plasma ont la même activité, et qu'il n'y a aucun rapport entre le pouvoir lipasique d'un sang et le nombre de leucocytes qu'il contient (A. Clerc).

On peut donc simplement dire que la lipase semble tirer son origine d'un processus général de cytolyse.

Rôle physiologique de la lipase dans l'organisme animal. — La réversibilité de l'action lipasique a permis à Hanriot de considérer la lipase comme un agent régulateur de la proportion des graisses circulant dans l'organisme. Le même ferment, suivant les besoins, saponifie les graisses ou en opère la synthèse. Chez le fœtus, la lipase apparaît en même temps que les graisses.

D'ailleurs, rien ne peut faire varier la fixité de ce pouvoir lipasique, ni l'apport de graisses par un procédé quelconque, ni la suppression totale de cet apport.

Hanriot définit ainsi le rôle de la lipase : « *au moment de la digestion, les acides gras arrivent en abondance dans le sang; la lipase les combine et les fixe à l'état de graisses; pendant le jeûne, ces acides diminuent et la même lipase reprend la graisse déposée et la solubilise.* »

Les dernières observations sur la réversibilité des actions lipolytiques, dont le processus lipasique constitue le premier stade, sont dues à H. Pottevin (*C. R.*, 1903, n° 19, 11 mai). Dans une communication précédente cet auteur avait étudié le mécanisme des actions lipolytiques et cherché la cause des différences constatées entre l'action *in vitro* et l'action *in vivo*. Dans le sang, les graisses disparaissent rapidement; les choses se passent comme s'il existait dans les vaisseaux un agent révélateur ou excitateur de la lipase. En effet, l'expérience montre qu'en faisant agir d'une part le suc pancréatique seul, d'autre part le suc pancréatique mêlé au sérum, l'action lipolytique est incomparablement plus active dans le second cas; ainsi, après 3 et 24 heures de réaction, l'extrait pancréatique, agissant sur 15 grammes d'huile, met en liberté une quantité d'acide gras correspondant à 1/2 centimètre cube et à 1 cc. 5 de potasse décinormale. Le même extrait dissous dans du sérum libère des quantités d'acide correspondant respectivement à 24 cc. en 3 heures, et à 139 cc. en 24 heures. Il est à remarquer que le sérum bouilli ou privé d'albuminoïdes agit comme le sérum neuf, ce n'est donc pas à la sérolipase, mais plutôt aux matières minérales du sérum qu'il faudrait rapporter l'action accélératrice de la pancréaticolipase observée dans ces expériences. Ce fait explique pourquoi les corps gras disparaissent rapidement du torrent circulatoire. Ils doivent fixer la lipase pancréatique au moment de leur émulsion dans le tube digestif; ils trouvent ensuite dans le sang les conditions qui peuvent favoriser leur dédoublement. L'action favorisante du sérum sur les amylases animales (salivaire et pancréatique), mise en lumière par Sidersky, serait un phénomène de même ordre. (H. Pottevin, *Mécanisme des actions lipolytiques*, *C. R.*, 23 mars 1903.)

Nous avons parlé plus haut des objections faites par Doyon et Morat et par Arthus aux expériences de Hanriot. On trouvera les documents intéressant cette polémique dans les *Comptes rendus de la Société de Biologie* (1902 et 1903). Les dernières communications de Morat et Doyon (*B. B.*, juin 1903) reproduisent intégralement les conclusions formulées depuis plusieurs années par M. Hanriot; elles n'apportent aucun fait nouveau, et établissent simplement, ce qu'il était facile de prévoir d'après les données de la thermochimie, que les ferments lipasiques agissent sur un éther avec d'autant moins d'énergie que cet éther a été formé avec un plus grand dégagement de chaleur. Une autre objection tirée de ce fait que la glycérine n'avait pas été décelée dans les expériences de digestion lipasique *in vitro* et *in vivo*, objection qui visait simplement l'imperfection de nos méthodes analytiques, tombe d'elle-même depuis les travaux de Nicloux. On possède maintenant une méthode permettant de doser rigoureusement de très petites doses de glycérine; cette méthode a permis à Nicloux de démontrer la présence de la glycérine dans le sang. Comme on l'a dit à propos de l'absorption des graisses, le dosage rigoureux de la glycérine permettra seul d'élucider le mécanisme de l'utilisation des corps gras. Tous les travaux faits jusqu'à ce jour présentent la même lacune expérimentale et appellent de nouvelles observations dans le sens que nous indiquons.

Nous bornerons là cet aperçu préliminaire sur le dédoublement fermentatif des graisses, question à peine ébauchée à l'heure actuelle, nous réservant de traiter ce sujet avec plus d'ampleur aux articles *Lipase*, et *Nutrition* (métabolisme des graisses) où seront également reprises, avec tous les détails qu'elles comportent, les notions concernant la formation, la digestion et l'utilisation des graisses. Nous donnerons cependant dans ce chapitre un rapide exposé du rôle des graisses dans le règne végétal et dans le règne animal.

Les êtres animés n'utilisent pas toutes les substances qu'ils introduisent dans leur organisme, pour l'entretien des différentes fonctions dont l'ensemble constitue la vie. Ils sont encore capables de transformer et d'emmagasiner certaines de ces substances qui, ainsi isolées, deviennent de *véritables provisions nutritives* et *d'importantes réserves*. Parmi ces réserves, une des premières places appartient à la *graisse*. On la retrouve, en effet, en plus ou moins grande abondance, emmagasinée dans certaines *cellules végétales* et dans certaines *cellules animales*.

De plus, *l'être vivant n'amasse pas seulement de la graisse pour lui-même, mais encore pour l'individu qui dérive de lui* : le végétal en accumule dans le fruit (*graine oléagineuse*), qui, détaché de lui, donnera naissance à un autre végétal de même espèce; de même l'animal ovipare en emmagasinera dans l'œuf (*jaune d'œuf*), qui servira au développement d'un autre animal de même espèce. S'il n'en est pas ainsi chez l'animal vivipare, c'est que l'ovule, une fois fécondé, se greffera sur l'organisme maternel, et lui empruntera toute la graisse dont il a besoin au cours de son développement.

Graisses végétales. — *Dans les cellules végétales, les masses de réserve sont constituées par des cristaux de protéine, des grains d'aleurone, des hydrates de carbone (amidon, sucre) et aussi par de la graisse.*

La graisse végétale est, dans la majorité des cas, *incluse dans des cellules;* elle se présente, au microscope, sous des aspects différents. Liquide, elle est constituée par une série de gouttelettes plus ou moins volumineuses, contenues dans les mailles du réticulum protoplasmique. Elle forme alors une huile grasse, et se retrouve en abondance variable, principalement dans les *graines oléagineuses*. Solide, elle forme des masses amorphes, de consistance plus ou moins molle, auxquelles on donne le nom soit de *suif* (graine de *Stillingia sebifera*), soit de *beurre* (*Peckea butyrosa*), soit enfin de *cire* (graine de *Rhus succedaneum*).

La graisse végétale, figée à la température ordinaire, apparaît comme un mélange de substances fluides et solides. La partie solide est surtout composée de cristaux qui, presque toujours aciculaires, sont isolés ou réunis en groupes. Dans certaines graisses (*beurre de muscade*), ou dans les graisses rances, ces amas cristallins sont assez gros pour être visibles à l'œil nu. Ces diverses formations cristallines ne sont autre chose que des acides gras libres. Si l'on chauffe la graisse sur le porte-objet du microscope jusqu'au point de fusion, on voit, par le refroidissement, se reformer dans la masse des granulations amorphes. A ce moment, les acides gras recristallisent et se disposent à nouveau, le plus souvent, sans forme d'aiguilles. Toutefois de certaines graisses fondues, de celle de l'*Astrocaryum vulgare* en particulier, on voit se séparer des cristaux en tablettes, formes cristallines qui n'existaient pas dans la graisse avant sa fusion. Dans les graisses solides, pauvres en huile, la graisse liquide affecte la forme de gouttelettes; dans les graisses riches en huile, elle se présente comme une substance fondamentale, dans laquelle on retrouve en suspension des cristaux et des grains amorphes. Souvent une masse graisseuse liquide ne paraît pas homogène, et, s'il en est ainsi, c'est qu'elle renferme des gouttelettes plus fortement réfringentes que les autres.

Dans l'*huile de palme*, dans celle de l'*Astrocaryum vulgare*, les gouttes graisseuses présentent une coloration rouge. Dans nombre d'autres huiles, elles ont une coloration jaune, parfois verdâtre. Quand la graisse est vieille, elle a un aspect blanc un peu terne. L'huile végétale est parfois incolore (*huile d'olives*), parfois même d'un blanc pur (*huile de noix de coco*).

La substance colorante des graisses végétales, qui offre des teintes variées, est tantôt dissoute dans l'huile liquide; tantôt elle se montre, à l'examen microscopique, sous forme de granulations inter ou intracellulaires.

Nos connaissances sur l'*apparition* et le *mode de formation de la graisse* dans les cellules végétales sont actuellement assez restreintes. On sait cependant que la graisse végétale peut provenir d'une transformation des hydrates de carbone (amidon, glycose, cellulose) ou d'un dédoublement, d'une dissociation des matières albuminoïdes. Quant aux phénomènes intimes qui se passent dans le protoplasma et qui aboutissent à l'élaboration de la matière grasse, ils sont complètement inconnus. Les recherches de Luca sur la production et la résorption de la mannite dans l'olivier nous ont cependant appris que l'élaboration de l'huile dans le péricarpe de l'olive coïncide avec la disparition de la mannite qui s'était accumulée dans les feuilles de l'arbre.

Comme les hydrates de carbone, *les matières grasses s'accumulent dans les graines et dans les fruits*, et c'est dans ces formations qu'elles constituent véritablement des réserves. On peut en retrouver, en beaucoup moins grande abondance toutefois, dans les parties souterraines de certains végétaux, dans celles de l'*arachide* (*Cyperus esculentus*) et dans presque tous les tissus des *plantes phanérogames* et *cryptogames*.

D'une manière générale, les graisses végétales s'accumulent dans les tissus et organes où elles ont été élaborées; elles restent incluses dans les cellules qui constituent ces tissus et organes. Cependant elles sont susceptibles de transsuder et de venir, par un mécanisme jusqu'à présent inconnu, s'étaler, sous forme de couches plus ou moins épaisses, dans certaines parties de la plante. Un phénomène de transport de ce genre s'observe dans les semences du *Sapinum sebiferum*, qui fournit le *suif de Chine* du commerce. D'après R.-H. Schmidt, le passage de la graisse au travers des parois cellulaires est favorisé par la présence, dans ces dernières, d'un corps particulier qui, en s'unissant aux acides gras, forme avec eux une sorte de savon.

Suivant le moment et la région où ils se développent et s'accumulent, les corps gras jouent un rôle très différent dans la vie de la plante. S'ils se forment dans l'enveloppe charnue d'un fruit à noyau pendant sa maturation (*Olivier*, *Elacis*, *Peckea*), ou dans le tégument de la graine (*Stillengia*), ils sont désormais sans utilité pour la nutrition et le développement de la plante qui les a élaborés. Ils ne subissent en effet, dans les cellules, aucune transformation ultérieure, et vont grossir la masse des substances élimiminées. Il en est de même pour les corpuscules huileux qui se forment dans la tige, les feuilles et les poils radiaux des *hépatiques*. Il en est, par contre, tout autrement, si, comme c'est de beaucoup le cas le plus général, ils s'amassent soit dans les organes de végétation, soit dans l'amande des grains, soit dans les spores, soit enfin dans les ovules, au moment où ces divers organes passent de la vie latente à la vie active. *Ils constituent alors de véritables réserves, qui seront utilisées au moment du réveil de la végétation et au moment de la germination.*

En effet, pendant la germination des graines ou des spores oléagineuses, le protoplasma végétal élabore une substance azotée, neutre, soluble, qui possède la propriété d'émulsionner les matières grasses et de les dédoubler, avec fixation d'eau, en glycérine et en acide gras. Ainsi dissociés, ces deux corps subissent une série de transformations : ils s'oxydent, et, par une série d'intermédiaires encore inconnus, ils donnent finalement naissance à divers hydrates de carbone, en particulier à des grains d'amidon.

Les diverses réserves nutritives que renferment les tissus végétaux (aleurone, amidon, sucre, graisse), quoique chimiquement différentes, sont donc susceptibles de se substituer les unes aux autres. Les fruits de la plupart des graminées, par exemple, contiennent de l'amidon; dans certains cas particuliers, l'amidon se trouvera remplacé par de l'huile, c'est-à-dire par une graisse végétale. Dans les feuillets germinatifs de la balsamine (*Impatiens Balsamina*), la substance amylacée de réserve est accumulée dans la paroi de la cellule, qui se trouve ainsi considérablement épaissie; dans d'autres espèces de la même famille, les cotylédons ont de minces parois, mais leur protoplasma est surchargé d'huile.

D'autres observations faites sur la constitution des graines ont démontré la réalité et la généralisation de cette substitution. En se rappelant que la densité de l'amidon est de 1, 56, tandis que celle de la graisse n'atteint que 0,91, on comprendra que les plantes aquatiques possèdent des semences riches en amidon, qui les rend plus lourdes, tandis que les graines des plantes aériennes renferment surtout de la graisse, qui les allège considérablement. *L'adaptation au milieu dans lequel doivent se faire le transport et la germination, a déterminé des variations dans la composition et la nature des provisions de réserve.*

Ces mêmes variations s'observent encore pendant les premières phases de la germination. A l'état de repos, une graine, qui renferme 32 gr. 55 de graisse et 0 gramme d'amidon, contiendra, sept jours après la fécondation, 17 gr. 09 de graisse et seulement 8 gr. 64 d'amidon. De même, à l'époque de la maturité de certains fruits, on peut voir l'huile se former aux dépens du glycose, comme dans l'endosperme du *Ricinus*, ou aux dépens de l'amidon, comme dans l'endosperme du *Pœonia*. Fleury a constaté qu'une certaine quantité de matière grasse disparait pendant la germination et est remplacée par de la dextrine, du sucre et de la cellulose. L'agent de ces transformations est encore inconnu; on tend à admettre qu'il est de nature protéique, comme la diastase.

Les matières grasses de réserve concourent donc au développement du jeune végétal issu de la graine; nous retrouvons le même phénomène au cours du développement du jeune animal chez les ovipares. Les graisses s'accumulent dans la graine, comme elles s'accumulent dans l'œuf.

L'huile est de plus susceptible, comme l'a montré van Tieghem, d'être utilisée par certaines plantes. Elle renferme, en effet, de l'oxygène et de l'azote dans des proportions comparables à celles où ces deux gaz se trouvent mélangés dans l'atmosphère. C'est à cette composition qu'elle doit la propriété de pouvoir entretenir la vie et assurer le développement et la reproduction de divers champignons inférieurs, tels que le *Saccha-*

romycès olei, le *Penicillium glaucum*. Ces végétaux sont capables d'absorber l'oxygène contenu dans l'huile; ils jouissent ainsi d'une propriété particulière que ne possèdent pas ceux qui sont plus élevés qu'eux dans la série.

Les protorganismes se prêtent particulièrement bien à l'analyse des phénomènes d'absorption, d'utilisation et d'excrétion. C'est ainsi que les travaux de Laborde et ceux de Macé sur une levure spéciale, l'*Eurotiopsis Gayoni*, ont montré que ce végétal n'assimile pas directement les hydrates de carbone, les albumines et les graisses, mais qu'il les dédouble au préalable au moyen de ses diastases pour les amener à un groupement relativement simple, l'*alcool*, avant de s'assimiler leurs éléments. Macé, étendant ses recherches aux graines en germination, a montré que les réserves hydrocarbonées et oléagineuses étaient consommées par la plantule à la suite de transformations analogues aboutissant à l'alcool et à l'aldéhyde. Ce dernier corps n'a pas été isolé; mais la réaction aldéhydique du protoplasma végétal a été nettement mise en évidence par J. Reinke, O. Loewe et Th. Bokorny. Les cellules des microbes sont donc tout à fait assimilables sur ce point à celles des végétaux supérieurs. Nous ne sommes même pas éloignés de croire que la réaction réductrice du protoplasma cellulaire animal, mise en évidence par Armand Gautier, ne soit due à un processus analogue. Quoi qu'il en soit de cette dernière conception, il paraît nettement établi que le passage de l'une à l'autre des réserves hydrocarbonées, *graisse et fécule*, est précédé d'une destruction complète de ces molécules.

Certains microbes produisent de la graisse sans qu'il soit possible de déterminer aux dépens de quels corps a lieu cette formation. On connaît le microbe de la maladie appelée *graisse des vins*, mais le processus lipoformateur de cette fermentation est absolument inconnu. Certains microrganismes, les levures en particulier, contiennent jusqu'à 5 p. 100 de matières grasses. Le globule de levure en vieillissant s'enrichit en graisse à tel point que le taux de cette dernière peut s'élever à 13, 22, 32 et même jusqu'à 52 p. 100 dans les levures conservées de longues années dans la bière. Cette graisse est toujours accompagnée de lécithine et de cholestérine. La présence à peu près constante de ces deux derniers éléments dans les cellules productrices de graisse laisse supposer qu'ils doivent entrer comme facteurs normaux dans les équations synthétiques ou analytiques qui président à la genèse et à la destruction des corps gras.

On sait que certains *bacilles*, dits *acidophiles* ou *acidorésistants*, doivent leurs propriétés chromatiques spéciales à la présence de graisse et de lecithine dans leur protoplasma. Tels sont les bacilles de la tuberculose, de la lèpre et du smegma; les bacilles acidophiles du beurre, de l'herbe, de la tuberculose de l'orvet décrits récemment par Mœler. Nægeli et Lœw ont également montré que les champignons inférieurs formaient de la graisse pendant leur vie végétative (*Journal für praktische Chemie*, XXI, 97, 1880. Résumé *in Rev. des sc. méd.*, XVI, 46, 1880).

La plante élabore tous ses principes constitutifs par synthèse totale en partant des éléments, l'eau et l'acide carbonique, qui constituent les apports étrangers, aux dépens desquels l'organisme s'assimile l'hydrogène et le carbone pour constituer les substances hydrocarbonées, les hydrates de carbone plus ou moins condensés et les graisses. La plante doit ensuite subvenir d'une façon plus ou moins directe à l'alimentation de tous les animaux. C'est donc chez elle que l'on doit étudier d'abord la genèse des graisses. On s'adressera ensuite aux animaux inférieurs, aux larves d'insectes, aux mollusques, avant d'aborder l'étude des mêmes phénomènes physiologiques chez les animaux supérieurs, beaucoup moins malléables pour l'expérimentateur. Comme nous le verrons plus loin, les expériences faites sur ces derniers sujets laissent toujours place aux interprétations les plus contradictoires.

Graisses animales. — Comme la cellule végétale, *la cellule animale est capable d'élaborer et d'accumuler de la graisse*; en se réunissant les unes aux autres, *les cellules animales, surchargées de graisse, constituent pour l'organisme de véritables réserves.*

ANATOMIE ET HISTOLOGIE COMPARÉES DE LA GRAISSE ET DU TISSU ADIPEUX.

Les données rassemblées par les naturalistes et les histologistes permettent aujourd'hui, sinon d'exposer d'une manière complète, tout au moins d'esquisser l'*anatomie et l'histologie comparées de la graisse et du tissu adipeux.*

Les animaux, placés aux plus bas échelons de la série, ne possèdent pas de réserves graisseuses dans leurs tissus. On trouve cependant quelques fines gouttelettes de matière grasse dans le protoplasma des *Infusoires* et dans les cellules épithéliales de l'intestin de nombre d'*Invertébrés*, de celui des *Turbellariés* en particulier (von Graf). Mais ces substances représentent des matériaux d'absorption et non d'élaboration.

L'absence de graisse chez les *Cœlentérés* s'explique par la raison qu'ils sont dépourvus de feuillet moyen; la graisse animale se localise en effet dans les cellules du mésoderme, qui concourt à la formation des tissus de soutien et de nutrition.

Chez les *Spongiaires*, les *Échinodermes*, dont le tissu conjonctif acquiert un développement assez marqué, les cellules conjonctives se chargent de granulations, mais celles-ci ne sont pas de nature graisseuse.

C'est dans l'organisme des *Vers* qu'on voit apparaître les premières réserves graisseuses: Leydig constate, en effet, la présence de graisse dans les tissus de certains groupes de la famille des *Lombrics* (*Phreoryctès Menkeanus*) et dans ceux de certains groupes de la classe des *Hirudinées* (*Pisciola, Clepsine*).

Le tissu adipeux véritablement développé se montre chez les *Arthropodes*. Chez quelques *Crustacés* (*Astacus fluviatilis*), il forme des amas plus ou moins volumineux, disséminés dans la cavité générale du corps. Chez ces mêmes animaux, certaines cellules d'origine entodermique sont susceptibles d'élaborer de la graisse : on en retrouve, en effet, disposée sous forme de fines gouttelettes, dans l'épithélium de la glande digestive, que l'on considère comme représentant le foie.

L'organisme des *Insectes* est riche en réserves graisseuses, et celles-ci sont d'autant plus abondantes que l'animal est à une période moins avancée de son évolution. Si l'on étudie le tissu conjonctif de *la larve*, avant qu'il y ait eu métamorphose ou métabolisme, on voit qu'il est formé par des éléments cellulaires, juxtaposés les uns à côté des autres, et dont les principaux sont des cellules migratrices (amibocytes), des œnocytes, des cellules excrétrices et enfin des cellules adipeuses. En s'agglomérant les unes contre les autres, ces cellules forment une masse, le *corps adipeux*, qui remplit presque en totalité la cavité générale du corps.

Berlesse a pu suivre, chez un *Diptère* (*Calliphora erythrocephala*), l'évolution de la cellule adipeuse. Peu après la naissance de la larve, les cellules adipeuses sont d'assez faibles dimensions : l'acide osmique ne décèle dans leur protoplasma que quelques granulations graisseuses encore rares et de très petite taille. Bientôt la cellule grossit, et les particules graisseuses augmentent en nombre et en dimensions. De grandes vacuoles apparaissent, principalement dans les cellules adipeuses de la région céphalique. Le corps de la larve devient de plus en plus blanc, à mesure que s'accroît l'émulsion contenue dans son tissu adipeux. Lorsque la larve a cessé de se nourrir et a fait toutes ses provisions nutritives, les cellules adipeuses sont fortement brunies par l'acide osmique : le protoplasma de chaque élément forme un fin réseau, dont la disposition varie quelque peu suivant les régions du corps que l'on examine. Il est plus fin et plus régulier dans les cellules de l'abdomen; les vacuoles sont plus grandes dans celles qui avoisinent la portion céphalique. A cette période de l'évolution, le tissu adipeux est véritablement constitué: il forme, à droite et gauche du corps, deux colonnettes irrégulières, assez développées, mais toujours moins développées chez des larves carnivores. Les masses adipeuses sont particulièrement abondantes dans les larves des insectes végétariens, les *Lépidoptères* par exemple. *Dans toutes les espèces, le tissu adipeux est accumulé, chez la larve, sous forme de réserves utilisables pendant la phase nymphale, et les cellules différenciées qui le constituent méritent à juste titre le nom de trophocytes que leur a donné* Berlesse.

Avant le début de la nymphose proprement dite, à ce stade qu'on peut appeler *stade de la larve mûre*, l'insecte a déjà cessé de se nourrir; il se passe dans son organisme des modifications qui ont pu être analysées. L'acide osmique, par exemple, noircit moins les cellules de réserve, surtout celles de la région antérieure. Au sein du protoplasma des éléments apparaissent de petites sphères d'aspect très réfringent, de structure finement granuleuse et se colorant en violet par l'hématéine. On les voit bientôt emplir toute la cellule, entourer complètement le noyau, mais elles respectent toujours une zone étroite de protoplasma autour de lui.

Quant à la formation des enclaves intracell laires, Berlesse en a donné l'explication suivante. Autour des cellules adipeuses, l'auteur a constaté l'existence de plages formées par une substance finement granuleuse, qui pénètre, à travers la membrane, dans l'intérieur même des éléments. Cette substance ambiante se trouve donc absorbée peu à peu par la cellule adipeuse, qui, après avoir accumulé de la graisse, acquiert des réserves d'un autre genre, telles que du glycogène et des substances albuminoïdes en voie de transformation. Primitivement irrégulières, les granulations deviennent ovoïdes, puis sphériques. Quant aux substances albuminoïdes de réserve, qui viennent se surajouter à la graisse et qu'on trouve répandues dans la cavité générale du corps à partir du moment où la larve cesse de se nourrir, elles sont très probablement le résidu de l'histolyse que subissent à ce moment les muscles. La transformation des cellules adipeuses est plus précoce dans la région céphalique, comme d'ailleurs celle des muscles dans la même région. On est amené à supposer que la substance albuminoïde du muscle, liquéfiée et digérée par les humeurs du liquide cavitaire, peut-être sous l'action des ferments du tube digestif (?), passe, par pression osmotique, dans les cellules de réserve où elle subit la fermentation et l'organisation décrites ci-dessus.

Tous ces phénomènes commencent d'assez bonne heure et se rapportent plutôt à la phase larvaire qu'à la phase nymphale; toujours est-il que le tissu de réserve, chez la nymphe, bourré de granulations albuminoïdes, est, une fois constitué, d'aspect fort différent de celui qui se rencontre chez la larve. La membrane des cellules adipeuses subsiste pendant toute la nymphose.

Quant au tissu adipeux larvaire, on s'est demandé s'il subsistait chez l'insecte adulte. Berlesse l'admet et étend cette conclusion à tous les ordres d'insectes, en l'appuyant sur de nombreuses observations personnelles. Anglas, auquel nous empruntons tous ces détails, ne considère pas le fait comme constant. Cette persistance du tissu adipeux larvaire comme tissu n'a d'ailleurs qu'une importance secondaire; son rôle physiologique est d'accumuler des réserves pour la période du jeûne nymphal et pour l'édification d'organes nouveaux.

Quoi qu'il en soit, la masse adipeuse, dont nous venons de suivre l'évolution au cours des métamorphoses, se retrouve chez les insectes adultes. Elle acquiert chez certaines espèces, les *Arachnides* par exemple, un développement assez marqué et présente des modifications dans sa constitution histologique. Chez *Periplaneta orientalis*, elle est formée par plusieurs sortes d'éléments : on trouve, dans la région centrale, des *cellules excrétrices*, dont le protoplasma est chargé d'amas d'urate de soude; de même on observe des cellules, dites *cellules bactérioïdes*, remplies de corps en bâtonnets avides de matières colorantes et représentant vraisemblablement des tablettes cristallines de substances albuminoïdes de réserve. Ces différents éléments, décrits pour la première fois par Leydig, sont entourés par de volumineuses cellules, dont le protoplasma est surchargé de graisse. La graisse se présente sous forme de gouttelettes, de volume variable, incluses dans les mailles du réticulum protoplasmique qu'entoure une mince membrane cellulaire. Ainsi formé, le *corps adipeux* a été considéré par quelques observateurs comme un organe d'excrétion; il n'a pas été possible cependant jusqu'à présent de constater la présence d'un conduit excréteur. Sa surcharge en graisse doit plutôt le faire considérer comme une provision de réserve. Weismann a pu, d'ailleurs, chez *Leptodora hyalina* adulte, constater dans les cellules des corps adipeux la formation de grains albuminoïdes et de gouttelettes graisseuses peu de temps après l'ingestion d'aliments.

Chez d'autres insectes (*Lampyre*, *Luciole*), le tissu du corps adipeux mérite de prendre le nom de *corps photogène*. Dans certains des amas cellulaires qui le constituent, la graisse coexiste avec des granulations particulières représentant probablement un ferment, auquel on a donné le nom de *luciférine*. Ce ferment décompose la graisse et lui donne l'éclat phosphorescent qu'on observe plus particulièrement chez les femelles des espèces précitées.

Les *Mollusques*, riches en tissu conjonctif, possèdent cependant peu de graisse dans leur organisme. Chez certaines espèces, les *Gastéropodes* tels que *Helix pomatia*, les cellules adipeuses voisinent, dans la cavité générale du corps, avec les cellules du tissu fibro-hyalin décrites par Renaut. Vers la fin de l'automne, on retrouve des cellules adipeuses jusque dans la musculature du pied. Ces provisions nutritives diminuent d'ailleurs pendant le sommeil hivernal.

C'est chez les *Vertébrés* que les réserves de graisse acquièrent leur plus grand développement; on les rencontre dans la profondeur et, chez les *Mammifères*, également à la surface, au-dessous du tégument.

Chez les larves de *Petromyzon*, chez l'*Ammocète*, la graisse apparait dans les cellules du tissu conjonctif péri-axial et s'accumule en plus ou moins grande abondance dans l'arachnoïde.

D'une façon générale, les lobules adipeux se présentent sous la forme d'amas d'un blanc nacré, appendus à la face dorsale et échelonnés dans l'intérieur de la cavité abdominale. Ils sont surtout développés au voisinage des reins et des capsules surrénales, qui disparaissent plus ou moins au milieu d'eux. Ces amas graisseux correspondent au tissu de remplissage que nous avons rencontré chez les *Invertébrés* et en particulier chez les *Arthopodes*. Leydig a remarquablement montré les homologies de structure et de disposition que présentent toutes ces formations.

Les *Poissons* possèdent de la graisse dans leur cavité orbitaire et dans leur cavité encéphalique; quelques-uns présentent même une mince couche adipeuse sous la peau. Nous verrons des réserves de graisse se faire parfois aussi chez certaines espèces dans le foie.

La distribution de la graisse dans la cavité abdominale est tout à fait remarquable chez les *Batraciens*. Si, dans cette classe, quelques espèces telles que *Bufo*, possèdent des amas sous la peau, dans l'aisselle (Flemming) ou au voisinage des cœurs lymphatiques, toutes les espèces sont riches en formations graisseuses intra-abdominales. Vers l'extrémité craniale du rein existe toujours un corps particulier, plus ou moins volumineux, présentant une coloration jaune-ocre, qui a été souvent confondu avec les capsules surrénales. Cette confusion est d'autant plus compréhensible que ce corps a l'aspect d'une véritable glande. Formé par la réunion de cellules graisseuses mûriformes, il constitue une véritable provision de réserve, dont le volume varie suivant les dépenses et les recettes de l'organisme.

Chez les *Mammifères*, le corps adipeux est représenté par l'*atmosphère graisseuse du rein;* son existence est accusée de bonne heure. Il appartient au groupe des *organes adipeux primitifs*, qui occupent, dès les premières phases du développement, des régions spéciales où l'organisme se prépare à accumuler des réserves. Dans le même groupe rentre *le tissu graisseux parathymique*, qui, un des premiers, a attiré l'attention des anatomistes (Velsch).

La graisse, chez les *Vertébrés*, ne s'accumule pas seulement autour du rein, du thymus, dans l'orbite, sous le péritoine, entre les deux épaules, on la voit encore s'infiltrer dans les interstices qui séparent entre eux les différents tissus et organes. On la voit également s'amasser dans les cavités creusées dans les différentes pièces du squelette : la moelle rouge des os fait place progressivement à la moelle jaune. Chez les plus élevés en organisation, chez les *Mammifères*, les cellules conjonctives de l'hypoderme se surchargent de graisse, deviennent *cellules* et *vésicules adipeuses*, s'ordonnent en *lobules* et forment le *pannicule adipeux sous-cutané*. Plus ou moins épais, celui-ci peut être subdivisé en tranches, soit par des couches de fibres musculaires lisses (muscles peauciers), soit par des formations fibreuses. Chez les *Mammifères aquatiques*, tels que les *Cétacés*, le derme lui-même est envahi par la graisse, et n'est plus représenté que par une mince couche conjonctive, correspondant à la zone papillaire.

Si l'on s'élève plus haut encore dans la série, on voit l'ectoderme lui-même faire de la graisse. Ranvier a, en effet, montré que, chez l'homme, les cellules les plus superficielles de l'épiderme renferment une matière analogue à la cire d'abeille. D'autre part, certaines glandes d'origine ectodermique, telles que les glandes sébacées, la glande mammaire, les glandes sudoripares, sont susceptibles d'élaborer et de secréter de la graisse (*matière sébacée, lait*).

Étude histologique des cellules et vésicules adipeuses. — *Les réserves graisseuses s'amassent*, chez les *Vertébrés*, dans certains éléments du feuillet moyen du blastoderme, c'est-à-dire *dans les cellules fixes du tissu conjonctif*. Parmi ces cellules, il en est qui se font remarquer et par leurs caractères morphologiques et par les rapports qu'elles affectent avec les vaisseaux capillaires. Munies de prolongements, elles s'appliquent contre les parois des vaisseaux sanguins, s'anastomosent les unes avec les autres et forment, par leur ensemble, la *gaine rameuse péri-vasiculaire* de RENAUT. Le protoplasma de ces éléments est réticulé; ses mailles chromophiles délimitent des vacuoles, dont le nombre et les dimensions sont variables; la graisse s'accumule dans ces vacuoles, sous forme de provision de réserve. Par le fait de cette accumulation, une cellule simple du tissu conjonctif devient *une cellule adipeuse* et se transforme en *vésicule adipeuse*, lorsque sa surcharge est complète. En s'unissant les unes aux autres, sous forme de masses plus ou moins volumineuses (*pelotons adipeux*), les vésicules constituent, dans leur ensemble, le *tissu adipeux*.

L'étroitesse des relations, qui existent entre les cellules fixes du tissu conjonctif, susceptibles de se surcharger de graisse, et les vaisseaux capillaires, est très facile à apprécier, à l'aide du microscope, chez les animaux en voie de développement. Elle ne l'est pas moins chez un animal adulte, soit quand l'observation est faite à l'œil nu, pendant la vie, soit lorsqu'elle est poursuivie après la mort, surtout quand les vaisseaux ont été remplis par une masse solidifiable colorée.

FIG. 31. — *Réseau limbiforme* du mésentère d'un jeune chat. Acide osmique à 1 p. 100. Montage dans la glycérine. Injection physiologique des vaisseaux sanguins par ligature de la veine cave supérieure : gross. : 53.

v = Vaisseaux sanguins,
l = Lobules adipeux.

Quand on dissèque, sur un lapin curarisé ou chloroformé, le tissu cellulaire lâche sous-cutané, alors que la circulation sanguine continue son cours, on reconnaît aisément que partout où il n'existe pas de pelotons adipeux, ce tissu ne donne pas de sang. « Il n'est, en effet, parcouru que par des fusées de distribution vasculaire rares et grêles; la masse du tissu conjonctif lâche reste pour ainsi dire exsangue. De distance en distance, à l'extrémité de ces fusées vasculaires rares, constituées par une artériole et une veinule qui suivent un chemin parallèle, on trouve, au sein du tissu, appendus aux branches des vaisseaux, de petits corps rappelant par leur configuration extérieure l'aspect d'une feuille ovalaire. Les rameaux vasculaires ressemblent alors à de petites feuilles composées dont leurs branches représenteraient le pétiole commun et leurs rameaux les pétioles, contenant chacun un petit corps en forme de limbe. Si l'on examine ces petits corps, on voit qu'ils sont formés d'un réseau de capillaires sanguins à mailles étroites, plongé dans un tissu conjonctif riche en cellules fixes et parfaitement individualisé au sein du tissu ambiant. » C'est à ces formations que RENAUT, dont nous avons tenu à reproduire la description, a donné le nom de *réseaux vasculaires limbiformes*.

Ce sont précisément les cellules conjonctives, encloses dans ces réseaux vasculaires, qui se chargent de graisse et deviennent cellules et vésicules adipeuses. Lorsqu'elles sont arrivées à leur complet développement, leurs rapports avec les vaisseaux demeurent aussi étroits : chaque élément se trouve enfermé dans une véritable cage vasculaire. Ce sont encore les vaisseaux qui donnent au tissu cellulo-adipeux sa constitution lobulaire.

En étudiant l'évolution du tissu adipeux chez le fœtus ou chez l'animal jeune, on peut suivre *les différentes étapes de transformation de la cellule conjonctive en cellule et vésicule adipeuses.* Chez certains animaux comme le veau, chez l'homme, les cellules fixes conservent primitivement leur forme ramifiée; elles ne la perdent qu'au moment où commence l'élaboration graisseuse intra-protoplasmique, et celle-ci se fait tout d'abord sans augmentation de volume de la masse du corps cellulaire. A côté de ce processus primaire, il en est un autre auquel on peut donner, avec HAMMAR, le nom de processus secondaire; il s'observe chez certains animaux tels que le rat, le cobaye, le lapin. Les cellules conjonctives ramifiées augmentent de volume d'une façon assez marquée, elles se rapprochent ensuite les unes des autres et prennent une forme polygonale par pression réciproque.

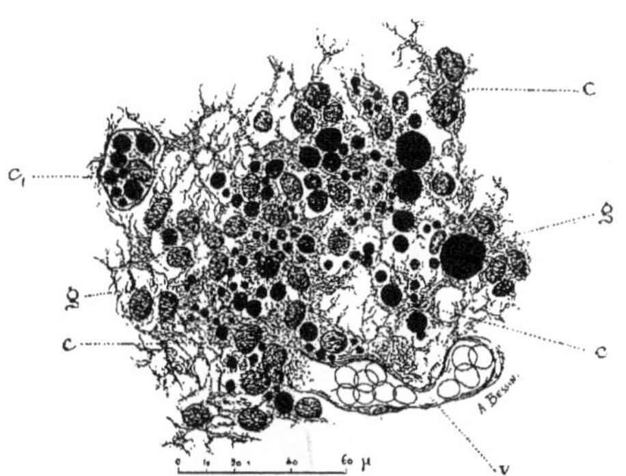

FIG. 32. — *Histogénèse du tissu adipeux.* — Stade 1.

Graisse interscapulaire d'un embryon de cobaye de 35 millimètres. Liquide de Flemming, Rouge de Magenta, Carmin d'Indigo picrique, gross. : 500.

Au sein du protoplasma de l'amas syncytial constitué par les cellules conjonctives (mésenchyme) *c* apparaissent des gouttes de graisse *g*. Les cellules sont encore ramifiées et n'ont pas de vésicule.

En c_1 une cellule, plus avancée, est déjà limitée par une membrane.

En *v* est un capillaire rempli de globules rouges.

Des *granulations* réfringentes, très fines d'abord, naissent par différenciation au sein du protoplasma et occupent ses vacuoles. Elles demeurent primitivement séparées les unes des autres par des travées protoplasmiques chromophiles relativement épaisses. Cette épaisseur diminue progressivement à mesure que les granulations augmentent de volume. Ces dernières confluent en trois ou quatre globes principaux et ne tardent pas à se confondre en un bloc unique, qui occupe plus ou moins complètement la totalité de l'élément. Le protoplasma et le noyau comprimés se trouvent refoulés à la péri-

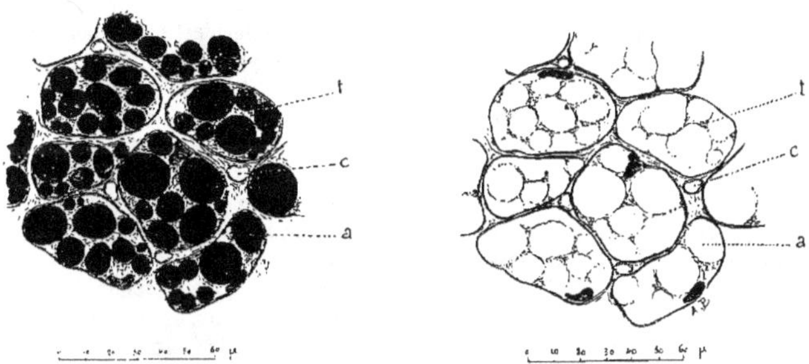

FIG. 33 et 34. — *Histologie du tissu adipeux.* — Stade 2.

Graisse périrénale d'un enfant à terme. Gross. = 340.

A Liquide de Flemming; Fuchsine acide.
B Même préparation après passage dans l'essence de térébenthine.
g — gouttes de graisse osmiées.
t = travées protoplasmiques séparant encore les gouttes de graisse.
c = capillaires sanguins.
a = alvéoles laissées vides après dissolution de la graisse dans l'essence de térébenthine.

phérie de la cellule qui se trouve alors environnée par une cuticule protoplasmique plus ou moins épaisse. Au niveau du noyau, le protoplasma présente le plus souvent un léger épaississement, et, en coupe optique, la lame enveloppante de protoplasma apparait comme une bague, munie de son chaton, disposée autour du globe graisseux central ; le chaton de la bague représente le noyau.

Mais là ne s'arrête pas l'évolution de la cellule conjonctive, déjà cependant nettement différenciée. La surcharge graisseuse se continuant, le protoplasma distendu se laisserait éclater s'il n'élaborait une membrane de soutien et de maintien. La *vésicule adipeuse*, complètement formée, comprend : une membrane ou production exoplastique, une mince couche de protoplasma comprimée en forme de calotte, renfermant le noyau et une masse centrale, plus ou moins volumineuse, formée de graisse. Dans certaines cellules, la masse de graisse, au lieu de constituer un bloc unique, demeure divisée en amas séparés par des travées protoplasmiques.

Déjà reconnaissables au microscope, grâce à leur réfringence toute spéciale, les formations graisseuses sont très faciles à déceler dans les cellules animales à l'aide de

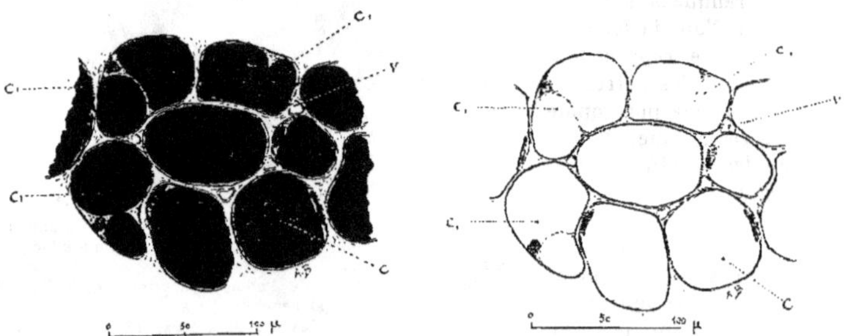

FIG. 35 et 36. — *Tissu adipeux adulte.* — Graisse périrénale d'homme adulte.

A. Liquide de Flemming ; fuchsine acide ; B. même préparation traitée par l'essence de térébenthine gross. : 200.
c = Cellule adipeuse avec sa capsule et son noyau.
c_1 = Cellules à l'intérieur desquelles restent encore des travées protoplasmiques.
v = Capillaires sanguins.

certains réactifs. Le plus communément employé est l'*acide osmique :* utilisé en vapeurs ou en solution aqueuse à 1 p. 100, il colore les graisses en noir plus ou moins foncé en quelques minutes. La graisse se trouve ainsi métallisée; elle n'est pas cependant rendue insoluble, comme on l'admet communément. Toutes les graisses animales ne se comportent pas de la même façon en présence de l'osmium; s'il en est qui se teintent vigoureusement en noir, il en est d'autres qui ne prennent qu'une coloration bistre, plus ou moins foncée. Les recherches d'ALTMANN, STARKE, HANDWERK, PAUL MULON, nous ont fait comprendre la raison de ces différences : l'acide oléique seul est capable de réduire l'acide osmique, de se colorer et, partant, de se fixer grâce à cette réduction. La couleur, le degré de fixation d'une graisse sont en relation avec sa teneur en acide oléique. Certaines graisses peu colorables peuvent ainsi échapper aux recherches histologiques, alors même que celles-ci seraient poursuivies sur des pièces très fraîchement recueillies.

MICHAËLIS a doté la technique d'une autre couleur azoïque, le *scarlach* ou *ponceau*, dont les propriétés tinctoriales sont plus énergiques et plus électives que celles du sudan III. Comme le sudan, l'orcanette, l'alkaima, le bleu de quinoléine, le henné, le scarlach est un colorant qui agit en se dissolvant simplement dans la graisse. Au contraire de l'acide osmique, il colore par simple action physique (MICHAËLIS, MULON), et, comme il se dissout dans toutes les graisses, dans tous les acides gras, il est donc supérieur à l'acide osmique pour la recherche des graisses dans les tissus. Mais pour faire agir le scarlach, on doit choisir des pièces fraîches ou fixées dans le formol au tiers et coupées par congélation. La solution suivante a donné à PAUL MULON les meilleurs résultats :

Acétone (du bisulfite). . . } ãã.	50
Alcool absolu. . . . . }	
Alcool à 70°.	58
Scarlach (de DIEBRICH).	Q. S.

On colore avec cette solution en une minute, on lave la coupe rapidement dans l'alcool à 70° avant et après. Au moyen de méthodes spéciales, certaines graisses peuvent se colorer par l'hématoxyline. On sait que la myéline des fibres nerveuses se colore par la méthode de WEIGERT (hématoxyline agissant après un mordançage chromo-cuprique). Au niveau du testicule, les recherches de LOISEL ont montré que les vésicules de sécrétion, colorables par la méthode de WEIGERT, que l'on rencontre dans les cellules de SERTOLI ou dans l'épaisseur de l'épithélium séminifère, étaient formées par de la graisse. REGNAUD avait considéré ces vésicules comme le produit d'une sécrétion spéciale. La graisse des cellules interstitielles du testicule et de l'ovaire, celle des cellules de la capsule surrénale (MULON), celle des cellules des corps jaunes, certaines gouttelettes intra-épithéliales du rein jouissent toutes de la propriété de se colorer par la méthode de WEIGERT (PAUL MULON).

La théorie de cette coloration n'est pas encore classiquement établie, mais il est rationnel d'admettre que la propriété de se colorer par la méthode de WEIGERT appartient plus particulièrement aux graisees lécithiques.

Pour différencier les *acides gras* des *graisses neutres*, BENDA et plus récemment PAUL MULON ont préconisé deux méthodes s'appuyant sur le principe suivant : les acides gras sont capables de s'unir à des bases métalliques insolubles. Ces savons métalliques sont ensuite capables de produire des laques colorées avec l'hématoxyline. BENDA fixe des pièces dans l'acétate de cuivre additionné de formol, puis immerge les coupes dans l'hématoxyline : il aurait ainsi coloré en vert des cristaux (?) d'acides gras libres. MULON mordance des coupes dans le fer dialysé, lave ensuite à l'eau pendant 24 heures et met à colorer dans 5 centimètres cubes d'eau additionnée de quelques gouttes de solution d'hématoxyline à 1 p. 100 dans l'eau. Au bout de 24 heures, la coupe a pris une teinte bistre et les acides gras ont pris une coloration gris violet (surrénale).

J. CAMUS et PAGNIEZ ont, de leur côté, observé que les acides gras se colorent par la solution de fuschine phéniquée de ZIEHL et que la coloration résistait à l'action décolorante des acides minéraux. Les graisses ne présentent pas ce caractère d'acido-résistance. Ce procédé donne des résultats superposables à ceux de la méthode de coloration par les laques (surrénales, P. MULON).

La graisse se colore en bleu sous l'action de l'*iode :* la teinte qu'elle offre diffère toujours de la coloration brun acajou que présente la matière glycogène, soumise à l'action du même réactif.

L'usage d'une *solution alcoolique de bleu de quinoléïne* teint en bleu les cellules adipeuses. Cette coloration se conserve, et même devient plus intense, si la préparation, colorée et lavée, est soumise ensuite à l'action de la potasse à 40 p. 100 (RANVIER).

On peut se servir encore, pour colorer la graisse, d'*une solution alcoolique d'orcanette* (ACHARD) ou de *vert malachite*. D'après REGNAULT, le *henné* serait un bon réactif de la graisse : employé en solution alcoolique à 50 p. 100, il lui donne une coloration verte et permet l'emploi des autres réactifs tels que le *picro-carmin* et l'*hématoxyline*. Dans ces derniers temps ROSENTHAL a introduit, dans la technique, un nouveau réactif, le *soudan*, qui donne à la graisse une coloration rouge.

La graisse étant soluble dans l'alcool, l'éther sulfurique, le chloroforme, le xylol, on devra éviter l'emploi de ces agents, quand on voudra étudier soit les dispositions et les rapports des cellules adipeuses dans les tissus, soit leurs caractères structuraux.

La *graisse est à l'état liquide*, quand la cellule animale est vivante : elle se présente alors comme une goutte d'huile plus ou moins volumineuse. Après la mort, après le refroidissement du cadavre, *elle se fige*, et souvent aussi *cristallise*, en formant, dans le centre de l'élément, de longues aiguilles radiées (*cristaux de margarine*). La cristallisation est d'autant plus nette que la mort remonte à une époque plus éloignée.

La graisse contenue dans les cellules adipeuses, chez l'homme, est *un mélange de tristéarine, tripalmitine, et trioléine;* il y a toutefois prédominence de stéarine et de palmitine. S'il en est ainsi chez l'homme, il ne faut pas oublier que les proportions de ces corps gras varient suivant les espèces animales : la graisse ou *suif de mouton*, pour ne rappeler que cet exemple, est presque uniquement formée de stéarine.

Pour bien étudier *les caractères morphologiques et structuraux des cellules et vésicules adipeuses*, on peut recourir à la technique suivante. Sur un chien que l'on vient de tuer, on détache un fragment de peau muni de son tissu cellulo-adipeux; tandis qu'il est encore chaud, on pratique dans l'épaisseur de ce dernier une injection interstitielle avec une solution de nitrate d'argent à 1 p. 100. On abrase avec des ciseaux une mince tranche de la boule d'œdème ainsi produite. Cette tranche, montée entre lame et lamelle, permet l'étude des vésicules adipeuses, étude qui sera facilitée par l'emploi des différents réactifs colorants indiqués précédemment.

Les dimensions des vésicules adipeuses sont variables : leur diamètre, chez *l'homme*, oscille entre 22 et 135 μ. Quand elles atteignent cette dernière taille, elles constituent les plus volumineuses cellules de l'organisme et peuvent être distinguées à l'œil nu. Les vésicules adipeuses peuvent acquérir des dimensions plus grandes encore chez certains animaux, tels que le *bœuf*, le *porc*, les *cétacés*. Elles présentent souvent, chez le même individu, des différences de volume très notables, d'une région à l'autre du corps. Elles sont, par exemple, plus petites, en général, autour du rein et dans les différents replis du péritoine que dans le tissu adipeux sous-cutané ou intermusculaire (Ch. Robin).

Chaque vésicule adipeuse a la forme d'une utricule limitée par *une membrane*, reconnaissable au microscope par son double contour et remarquable par sa minceur et sa transparence. En écrasant légèrement une préparation de tissu adipeux, on fait éclater quelques cellules : leur contenu s'échappe sous forme de gouttes de graisse, et la membrane d'enveloppe apparaît vide et plissée. On peut de même examiner un fragment de tissu graisseux qui a macéré pendant vingt-quatre heures dans l'éther : les membranes cellulaires flasques deviennent apparentes, grâce aux plis qu'elles présentent.

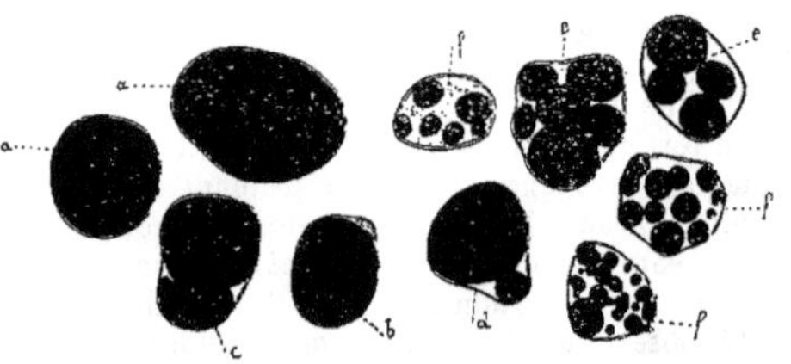

Fig. 37. — *Types de cellules adipeuses* fixées par l'acide osmique et colorées par la fuchsine acide.

a. Grosses cellules adipeuses coupées en dehors de leur noyau : la graisse, noire, et la membrane d'enveloppe sont seules visibles.

b. Cellule type : contenu-graisse; protoplasma granuleux et noyau réfugiés à la périphérie, sous la membrane d'enveloppe.

c. Cellule de graisse périrénale adulte avec une travée protoplasmique.

d, e, f. Cellules *mûriformes* de plus en plus jeunes, c'est-à-dire contenant de plus en plus de gouttes graisseuses. Toutes ont une membrane d'enveloppe. Ces cellules volumineuses ont été coupées en dehors de leur noyau. (Graisse périrénale et interscapulaire d'embryons.)

Une *couche de protoplasma* finement granuleux double la membrane d'enveloppe. Elle renferme presque toujours de fines gouttelettes ou de petites granulations graisseuses, qui, incessamment élaborées, vont rejoindre et grossir la masse centrale. Refoulée à la périphérie de l'élément, la couche protoplasmique, toujours plus ou moins aplatie, forme tantôt un anneau complet, tantôt un simple croissant. Quelle que soit sa minceur, elle présente, en un point, un léger épaississement qui renferme *le noyau*. Celui-ci, muni d'*un ou deux nucléoles*, est de forme arrondie, s'il est vu à plat; s'il se montre de profil, sur le côté de la cellule, il paraît ovalaire et aplati. Il n'est pas rare de trouver *deux noyaux* dans un même élément. Cette constatation indique, ou que deux cellules se sont fondues en une seule, ou que la division du noyau a eu lieu, sans que la division cellulaire s'en soit suivie.

Entre la couche protoplasmique et la masse graisseuse centrale existe une mince zone qui paraît transparente, et qui est occupée par *un liquide séreux*, à réaction alcaline, dont la quantité varie avec l'état de la nutrition.

Quant à la partie centrale de l'élément, elle est occupée par *la masse de graisse*, qui se présente comme une grosse goutte d'huile, reconnaissable à sa grande réfringence et aux caractères histochimiques précédemment indiqués. Cette disposition se retrouve dans les cellules adipeuses de *la graisse blanche sous-cutanée;* elle n'est plus la même dans *la graisse jaune* ou *ocre* qui forme le corps adipeux des insectes, des batraciens et l'atmosphère adipeuse du rein chez les vertébrés. Dans les éléments qui, par leur assemblage, constituent ces réserves, la substance grasse est et demeure répandue dans le protoplasma, sous forme de grosses gouttes, séparées les unes des autres par des travées granuleuses plus ou moins épaisses. L'aspect des cellules est tout à fait particulier, et il justifie le nom de *cellules mûriformes*, que leur a donné HAMMAR.

Tout dernièrement, UNNA, étudiant le noyau de certaines cellules adipeuses, crut remarquer qu'ils étaient perforés comme à l'emporte-pièce. SACK, cherchant à interpréter l'histo-physiologie de ces *noyaux perforés*, admit qu'au voisinage d'un des nœuds du réseau chromatinien nucléaire se forme une vacuole, se remplissant progressivement d'une substance particulière qui, émigrant du noyau, venait grossir l'amas de réserve central. Pour RABL, les vacuoles nucléaires n'existent pas, l'aspect observé est dû à la présence de gouttes de graisse très réfringentes, qui, appliquées sur le noyau, semblent renfermées dans sa masse.

La présence de la graisse à l'intérieur même du noyau a été constatée d'une façon irréfutable chez les végétaux par CARNOY, ZOPF et NOVAKOWSKI, MAIRE et, chez les animaux, par DE ALMEIDA dans le noyau des vésicules adipeuses sous-cutanées, par PAUL MULON dans le noyau des cellules surrénales.

Tels sont les caractères histologiques des cellules et des vésicules adipeuses; ils permettent de classer ces éléments en deux variétés, suivant la disposition de leur contenu, et de distinguer *les cellules blanches* des *cellules ocres*.

D'une façon générale, chez les *vertébrés supérieurs*, on peut dire que *la graisse a une coloration jaune* , mais cette coloration varie d'une nuance claire à une nuance foncée presque brune. On sait d'ailleurs que, chez un même individu, les pelotons adipeux n'offrent pas, dans toutes les régions, la même teinte, et que, sous ce rapport, la graisse sous-cutanée diffère considérablement de la graisse profonde. La matière colorante de la graisse est un pigment qui appartient au groupe des *lipochrômes*.

Des variations de teinte s'observent dans la série animale, et, comme exemples frappants, il suffira de rappeler que, chez le *crocrodile*, la graisse est *verte*, tandis qu'elle est *rouge* chez un grand nombre d'*invertébrés*.

La cellule graisseuse jaune est brillante au centre, lorsqu'on l'examine à la lumière transmise, ses bords apparaissent noirs : ces aspects sont particuliers aux gouttes et gouttelettes graisseuses, suspendues dans les liquides qu'on examine au microscope.

Chez les animaux bien portants, chez ceux surtout qu'on soumet à l'*engraissement*, les vésicules adipeuses, distendues, sont rondes ou ovales; elles se dépriment cependant plus ou moins par pression réciproque, quand les amas qu'elles forment sont très développés. Après la mort, elles se déforment, deviennent irrégulières ou polyédriques; ces déformations sont dues à la rétraction et à la solidification de la graisse, toujours plus ou moins rapides quand survient le refroidissement.

Dans l'*amaigrissement*, la cellule diminue de volume, à mesure que la graisse de réserve disparaît. La membrane d'enveloppe, plus ou moins ratatinée, renferme presque exclusivement un liquide séreux, dont la quantité, minime à l'état normal, s'est considérablement accrue. Ces modifications sont faciles à apprécier sur les appendices épiploïques de la grenouille à la fin de l'hiver : les cellules, qui entrent dans leur constitution, ne renferment plus qu'un liquide un peu louche, dans lequel nage librement une grosse granulation, de couleur jaune ambré, et qui a la réfringence de la graisse.

Dans l'*inflammation*, il se produit rapidement une raréfaction de la graisse : on voit se produire une hyperplasie du protoplasma en même temps qu'une prolifération des noyaux. Le protaplasma ne tarde pas à se segmenter, à se répartir autour des noyaux de nouvelle formation, de telle sorte que *chaque vésicule adipeuse devient un véritable nid de cellules embryonnaires* (RANVIER). La paroi s'étant déchirée, les cellules jeunes sont mises en liberté, et l'élément revient ainsi à son stade primitif, en poursuivant un cycle inverse à celui qu'il avait parcouru pour arriver à sa complète différenciation. On admet aussi que, dans les régions enflammées, la margarine et la stéarine contenues dans les vésicules adipeuses se séparent de l'oléine et se déposent sous forme de cristaux s'irradiant du centre de l'amas vers la périphérie.

La graisse apparaît de bonne heure dans les cellules fixes du tissu conjonctif chez les *vertébrés supérieurs :* des vésicules adipeuses, parvenues à leur complet développement, se rencontrent chez l'homme, à partir du 30e jour de la vie embryonnaire. Elles font leur apparition successivement dans le fond de l'orbite, le creux de l'aisselle, le dos, le pli de l'aîne et, un peu plus tard, dans la paume des mains et la plante des pieds. Depuis cette époque jusqu'à celle de la mort, on en trouve partout où il existe de la graisse visible à l'œil nu dans l'économie. De même, à compter de l'époque de la naissance, on en trouve dans la moelle des os, et sa quantité varie suivant les individus et les espèces animales. On en rencontre encore, en quantité variable et comme élément accessoire, dans un grand nombre de tissus et d'organes, où l'œil nu ne permet pas d'en soupçonner la présence. Il est, par contre, certaines formations où les vésicules adipeuses font toujours complètement défaut ; elles manquent, par exemple, dans le derme de la peau, dans celui des muqueuses, dans les tendons, les aponévroses, les formations élastiques.

Observées chez l'embryon ou le fœtus, les vésicules adipeuses sont petites : *leur accroissement* se fait insensiblement, non par multiplication directe ou indirecte, mais par accumulation progressive de le graisse de réserve, qui est une élaboration de leur protoplasma. Cette élaboration est sujette à des variations plus ou moins marquées, en rapport avec l'état de santé ou de maladie, c'est-à-dire avec les besoins de l'organisme qui utilise ou non ses provisions de réserve. En se plaçant au point de vue de la physiologie générale, on peut, avec Milne-Edwards, assimiler son fonctionnement à celui d'une glande. Une fois différenciée au sein du tissu conjonctif, la cellule peut, sans pour cela modifier sa constitution complexe, accumuler de la graisse au maximum dans son intérieur, la maintenir fluide pendant la vie et la dépenser plus ou moins complètement pour les besoins de la nutrition interstitielle, sans pour cela se détruire. Quand elle s'est appauvrie, elle devient alors larvée et demeure prête à séparer du sang une nouvelle réserve de graisse. « De semblables fonctions rentrent pleinement dans le rôle nutritif général, exercé dans l'organisme par le tissu conjonctif lâche. Sa plus large et sa première différenciation, aboutissant à l'édification des pelotons adipeux avec le concours des vaisseaux sanguins, est bien de la sorte en rapport avec la nutrition générale de l'organisme (Renaut). »

ÉTUDE ANATOMIQUE ET HISTOLOGIQUE DU TISSU ADIPEUX.

Le *tissu adipeux* ou *graisseux est formé par la réunion des cellules et des vésicules adipeuses*, c'est-à-dire de cellules fixes du tissu conjonctif ayant subi une différenciation particulière; aussi ne le rencontre-t-on que dans les régions où il existe du tissu cellulaire ou conjonctif. La dénomination de *tissu cellulo-adipeux* est beaucoup moins appropriée, car il n'existe pas de tissu adipeux à proprement parler, mais seulement des éléments adipeux juxtaposés, et ceux-ci appartiennent en propre au tissu conjonctif.

Pour constituer le tissu cellulo-adipeux, *les vésicules se groupent sous forme de pelotons*, c'est-à-dire de petites masses dont l'ordination est réglée par les mailles vasculaires qui servent de travées directrices au moment de la formation.

Les *pelotons* ou *lobules graisseux* apparaissent au milieu des aréoles du tissu conjonctif comme autant de grains jaunâtres, ayant le volume d'un grain de millet à celui d'un petit pois. Ils sont englobés dans la trame même du tissu conjonctif qui les unit les uns aux autres.

Chaque peloton est formé par un plus ou moins grand nombre de vésicules adipeusess accumulées sans ordre les unes contre les autres. En se juxtaposant, les cellules se déforment plus ou moins; elles demeurent parfois arrondies, mais prennent le plus souvent une forme polyédrique, présentant des angles assez nets quand elles sont fortement comprimées, comme cela s'observe chez le porc, les cétacés. Lorsqu'elles constituent des amas peu considérables, celles qui sont voisines du centre se déforment seules, celles qui siègent vers la périphérie s'aplatissent par leur côté tangent et demeurent arrondies par leur surface libre. Dans le voisinage des îlots cellulaires, on trouve toujours des éléments isolés, disposés souvent sous forme de traînées. Leur observation permet de reconnaître qu'ils sont normalement de forme sphérique ou souvent aussi ovoïde. Sur une coupe, un peloton adipeux revêt l'apparence d'un pavage dans lequel les pierres seraient non seulement juxtaposées, mais encore superposées ; en raison de son épaisseur, la préparation intéresse toujours plusieurs couches de cellules.

L'appareil vasculaire du tissu adipeux a été très bien décrit et figuré par Mascagni : il comprend l'épanouissement complet des réseaux limbiformes que nous avons étudiés aux premières phases du développement. Des rameaux artériels et veineux sont logés dans les sillons qui séparent les uns des autres les pelotons et englobés dans les éléments mêmes de la trame conjonctive. Leurs divisions représentent par leurs anastomoses des réseaux capillaires qui enserrent dans leurs mailles un plus ou moins grand nombre de vésicules adipeuses. Parfois une seule cellule se trouve enclose dans une véritable cage vasculaire. Un pareil ensemble de vaisseaux et de grains agglomérés a quelque ressemblance avec une grappe de raisins munie de son pédicule, dans laquelle chacun des grains qui la composent possède son pédicelle propre. Cette disposition est facile à observer sur un fragment de graisse prélevé sur un cadavre injecté, ou encore sur un animal dont les vaisseaux sont demeurés gorgés de sang.

On commence à apercevoir le tissu adipeux, chez l'homme, à partir du soixante-quinzième jour de la vie intra-utérine (CH. ROBIN). Les premières régions, où il se montre, sont le pli de l'aîne, le creux de l'aisselle, le fond de l'orbite, la paume des mains, la plante des pieds. Peu de temps après, on voit se former la boule sous-massétérine de BICHAT. Le tissu adipeux apparaît toujours par petits lobules séparés, arrondis ou ovoïdes, ressemblant à de petits grains de semoule. Ayant, à ces premières phases de son développement, une coloration jaune blanchâtre, il possède un aspect tremblotant et gélatiniformeque l'on peut observer au fond de l'orbite chez la plupart des enfants à la naissance. Cette apparence gélatiniforme est due à l'état de la substance renfermant les cellules adipeuses, substance qui est encore au stade muqueux de son développement.

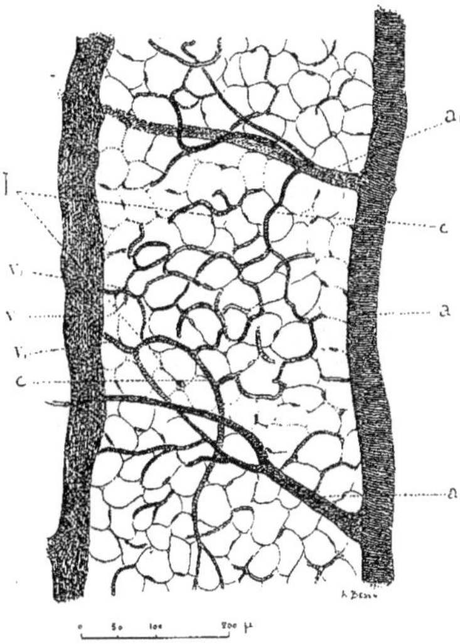

FIG. 38. — *Lobule adipeux du mésentère d'un jeune chat.* — Acide osmique à 1 p. 100 ; essence de térébenthine ; fuchsine acide ; montage au baume. — Injection physiologique par ligature de la veine cave inférieure. — Gross. = 96.

Les contours des cellules adipeuses sont nettement visibles, ainsi que leur noyau.

De l'artériole *a*, se détachent de plus petites branches a_1, ces petites branches abandonnent à leur tour des capillaires *c*. Ceux-ci se ramifient et forment un réseau dont le pourtour assez nettement arrondi indique la limite d'un *lobule graisseux l*.

De ce réseau lobulaire partent v_1, de petites veinules qui viennent s'ouvrir dans la veine *v*.

Chaque cellule adipeuse est toujours en contact avec un vaisseau sanguin sur une partie quelconque de sa surface.

Peu à peu les lobules augmentent de volume et aussi de nombre; ils s'associent en masses plus ou moins considérables et prennent une coloration jaunâtre tout à fait caractéristique. Cette coloration, qui est celle de la graisse renfermée dans les cellules, varie chez les divers animaux et aussi dans les différentes régions du corps d'un même animal. Dans le cas où la graisse est incolore, la lumière est réfléchie en blanc, comme cela s'observe chez le porc (lard) et chez les cétacés, par les amas de cellules adipeuses. Si, au contraire, il y a abondance de formations graisseuses d'une teinte jaune, comme le sont en particulier l'oléine et la margarine, on voit le tissu adipeux prendre une coloration jaune ocre plus ou moins foncée (bœuf, viandes de boucherie). Chez les sujets émaciés ou amaigris, on observe souvent une teinte orangée ou rougeâtre; elle est en rapport avec le contenu des vésicules flétries, qui est formé par un liquide séreux renfermant des granulations d'un jaune orangé parfois très vif.

La consistance du tissu adipeux est soumise à certaines variations ; ferme et résistant chez les sujets jeunes ou bien portants, il doit ces propriétés à une réplétion absolue de ses éléments constitutifs par la graisse. Chez les individus amaigris ou malades, il redevient gélatiniforme.

Le tissu adipeux est moins dense que la plupart des tissus de l'économie : les masses adipeuses, plongées dans l'eau, surnagent, et cette propriété est due aux corps gras (margarine, stéarine, oléine), qui entrent dans sa constitution.

Le tissu adipeux a une résistance beaucoup plus grande que les autres tissus de l'économie à la putréfaction : les corps gras, en pareil cas, se saponifient et forment une masse résistante qui ne se décompose pas à la manière des substances azotées.

Dans le corps des mammifères, dans celui de l'homme en particulier, le tissu adipeux se dispose, à la superficie et dans la profondeur, en couches plus ou moins épaisses.

Interposé entre la peau et les aponévroses, il forme le *pannicule adipeux sous-cutané*. La graisse, après avoir infiltré l'hypoderme, s'étend de la superficie vers les plans profonds, à la face sous les muscles de la région, au thorax sous le trapèze, le grand dorsal, le grand pectoral, à la fesse sous le grand fessier. Elle manque sous la peau de la ligne médiane du nez au niveau des os propres, sous celle du pavillon de l'oreille, le lobule excepté, sous celle des paupières, du prépuce, de la verge, du scrotum. Le pannicule adipeux s'amincit considérablement au niveau de la portion moyenne du front, du sternum, du sommet des apophyses épineuses dorsales et sacrées, de l'acromion et de la tête de l'omoplate. Il se réduit, dans ces différents points, à quelques rares lobules et peut même, chez certains sujets, faire complètement défaut.

Au niveau du cou et de la racine des membres (creux de l'aisselle, creux inguinal) il forme des amas plus ou moins abondants dans lesquels se trouvent logés les ganglions lymphatiques. Ces relations entre les ganglions et les formations adipeuses ne sont vraisemblablement pas de simple relations de voisinage : les ganglions jouent probablement un rôle important dans l'élaboration des graisses, soit à l'état normal, soit à l'état pathologique. La démonstration absolue de ce rôle n'a pas encore été donnée, mais il est rationnel d'en admettre l'exactitude, ainsi que l'un de nous l'a supposé dans l'étude d'une affection cliniquement caractérisée, l'adéno-lipomatose symétrique à prédominence cervicale (Launois et Bensaude).

Au niveau des membres, le pannicule sous-cutané, très développé chez l'enfant et la femme en général bien potelés, est moins abondant chez l'homme adulte et vigoureux, dont les reliefs musculaires sont rendus plus visibles. A la paume des mains, à la plante des pieds, il forme un épaississement constitué par des lobules volumineux, arrondis et mous. Ces lobules sont enserrés dans de nombreux faisceaux conjonctifs, riches en formations fibreuses et élastiques, qui, de la face profonde du derme, vont s'insérer sur les aponévroses palmaire et plantaire. Incompressibles à peu près par eux-mêmes, parce qu'ils sont composés de gouttes d'une substance semi-liquide retenues dans des cavités closes, ils remplissent les intervalles des faisceaux fibreux et les maintiennent, ainsi que le derme, dans un état de distension permanent. Leur tension est telle qu'on les voit faire saillie sur les lèvres d'une incision aussitôt qu'elle est pratiquée, pourvu qu'elle intéresse toute l'épaisseur du derme (Robin).

Dans la profondeur, on voit le tissu adipeux s'interposer au-dessous des gaines aponévrotiques propres des muscles, autour des paquets vasculo-nerveux, autour des plexus nerveux, au niveau de la jonction des tendons élargis avec les ventres musculaires, etc. Les articulations elles-mêmes en sont parfois pourvues : dans certaines, le genou par exemple, les lobules se disposent sous forme de masses pédiculées, et constituent ce que l'on a improprement appelé *les glandes de* Clopton Havers.

Au cou, le tissu adipeux d'interposition remplit les intervalles qui séparent les uns des autres les muscles ou mieux les gaines aponévrotiques de ces muscles, et, d'un sujet à l'autre, il laisse des intervalles plus ou moins profonds, selon que son abondance est plus ou moins grande.

Le tissu cellulo-adipeux profond du cou communique largement avec celui du médiastin. Dans cette dernière région, on trouve en effet toujours de la graisse, en plus ou moins grande abondance. On la voit, dans la partie antéro-supérieure, se substituer progressivement au thymus, alors que cette glande diminue et disparaît.

Dans la cavité abdominale, au niveau du péritoine, si les formations graisseuses sont peu développées au-dessous du feuillet pariétal, on les voit acquérir, progressivement avec l'âge, des proportions plus ou moins considérables au-dessous du feuillet viscéral. A son niveau en effet, peu après la naissance, du tissu graisseux se développe, sous forme de traînées, le long des vaisseaux mésentériques et épiploïques. Chez beaucoup d'animaux, il reste, pendant toute la vie, à l'état de bandelettes jaunes ou blanches, dont la coupe triangulaire ont leur base appuyée sur les vaisseaux. Dans le mésentère d'abord, dans l'épiploon ensuite, ces bandelettes s'élargissent et se réunissent pour former une couche continue entre les deux feuillets péritonéaux, qu'elles écartent l'un de l'autre proportionnellement à leur épaisseur, qui est parfois considérable. On le voit aussi souvent former, le long de l'intestin, des appendices plus ou moins volumineux.

Chez l'enfant, comme l'avait déjà remarqué Bichat, la quantité de graisse est en proportion beaucoup plus considérable sous la peau que partout ailleurs, surtout que dans l'abdomen : l'épiploon n'en renferme en effet qu'une très faible proportion à cette période du développement. A l'âge adulte, au contraire, la graisse abdominale est plus abondante que la sous-cutanée. « La bouffissure extérieure est aussi rare vers la quarantième année qu'elle est commune jusqu'à la quatrième ou la cinquième, époque à laquelle toutes les formes musculaires étant cachées par la surabondance graisseuse, le corps est sensiblement arrondi. »

Certains viscères, autres que l'intestin, possèdent en propre une couche graisseuse plus ou moins développé. C'est ainsi que la graisse, contrairement à ce qui existe chez nombre d'animaux, les poissons en particulier, fait défaut dans la cavité encéphalique des mammifères. On la retrouve, par contre, dans le canal rachidien où, chez l'homme, à partir de la troisième vertèbre cervicale, elle se dispose sous forme de bandes transversales, semi-annulaires d'abord et ensuite sous forme d'une couche continue depuis la région lombaire jusqu'à l'extrémité du canal sacré.

Au-dessous du péricarde viscéral, on trouve des travées graisseuses le long des vaisseaux coronaires du cœur, sur les bords gauche et droit de l'organe, plus particulièrement sur ce dernier et au niveau de la pointe. Ces traînées sont souvent assez larges pour empiéter sur les faces elles-mêmes. Au niveau du sillon auriculo-ventriculaire, le tissu graisseux forme souvent des prolongements coniques, qui, soulevant le feuillet viscéral de la séreuse, affectent des analogies avec les lobules graisseux épiploïques. Poirier a tout dernièrement attiré l'attention des anatomistes sur des franges adipeuses qui sont groupées dans la cavité péricardique au niveau même de la pointe du cœur.

Le rein, chez les vertébrés supérieurs, est caché au centre d'un amas adipeux auquel on donne, en anatomie descriptive, le nom de *capsule* ou *atmosphère adipeuse du rein*. Cet amas de graisse, qui est l'analogue du corps jaune étudié précédemment dans la série animale, constitue, chez l'homme, la première formation adipeuse qui se développe dans l'abdomen. Dans le dernier ou les deux derniers mois de la gestation, il forme déjà une couche lobulée à la surface de l'organe et vers son hile : il envoie ensuite des traînées de lobules rougeâtres sur le rein lui-même. La quantité de graisse, accumulée dans cette région, augmente proportionnellement avec l'âge, mais en présentant des variations d'un sujet à l'autre. Vers le hile du rein, le tissu graisseux s'enfonce plus ou moins profondément dans la dépression par laquelle passent les vaisseaux artériels, veineux et l'uretère. En bas, il se prolonge, dès la naissance, dans le sillon qui sépare le muscle psoas du transverse de l'abdomen, et se continue, sous forme de traînées, jusque dans la fosse iliaque.

On trouve encore, *à la face*, deux formations graisseuses qui se font remarquer par leur constance et par les caractères qui leur sont particuliers. C'est d'une part *le coussinet adipeux ou graisseux de l'orbite*, qui occupe le fond même de la loge qui renferme le globe de l'œil ; c'est d'autre part *la boule graisseuse de* Bichat.

La boule graisseuse de Bichat forme comme une masse isolée au milieu de la graisse environnante ; on peut, par la dissection, l'extraire en totalité de la loge qu'elle occupe, loge formée par le buccinateur, le masséter et les plans aponévrotiques de la région (aponévrose génienne de Blandin). Les récentes recherches de Laffitte-Dupont ont permis de comprendre la valeur de cette formation qu'on retrouve toujours, même chez les individus les plus émaciés.

Chez le lapin, l'orbite s'ouvre, à sa partie inférieure et postérieure, dans la fosse zygomatique : une membrane obture, à l'état frais, cet orifice et porte le nom de membrane orbitaire. Elle est représentée, chez l'homme, par le périoste épais qui double l'os à ce niveau. En arrière de cette membrane se trouve située une glande qui s'étend dans la fosse temporale et descend en avant du bord antérieur du muscle temporal pour se mettre en rapport avec la face externe du buccinateur. Ainsi située, elle affecte les mêmes relations avec les parties voisines que la boule graisseuse de Bichat qu'on rencontre chez l'homme. La glande, dont nous venons d'indiquer les rapports, fait partie du groupe des glandes salivaires annexes décrit par Krauss et Lœventhal ; elle porte le nom de glande infra-orbitaire. Elle possède un canal excréteur unique qui va s'ouvrir dans la bouche, au niveau de la troisième molaire. Elle est représentée chez l'homme par de petites formations glandulaires atrophiées, les glandes molaires, dont les canaux déversent le produit de sécrétion au niveau des deuxième et troisième molaires. L'espace que laissent libres ces glandes atrophiées est comblé par un tissu de remplissage, qui n'est autre que la formation graisseuse à laquelle on donne communément le nom de boule graisseuse de Bichat. Au point de vue physiologique, la boule de Bichat joue le rôle de coussinet élastique dans l'acte de la succion chez le nouveau-né et dans l'acte de la mastication chez l'adulte.

Chez la femme, la glande mammaire, qui n'existe en tant qu'organe glandulaire qu'aux époques de la gestation et de la lactation, est riche en tissu adipeux, dont la consistance et la quantité varient aux différents âges. Il fait place aux acini glandulaires alors que s'établit la fonction physiologique et redevient abondant quand la sécrétion s'est tarie. La mamelle n'est plus alors représentée que par une masse fibreuse plus ou moins volumineuse, noyée au milieu de pelotons adipeux.

Des variations nombreuses s'observent dans la disposition et l'abondance du tissu adipeux, suivant les individus et suivant aussi les espèces animales. L'hypertrophie graisseuse des fesses, chez les femmes boschimanes, est trop connue pour qu'il soit besoin d'insister sur sa description.

Il en est de même de la surcharge graisseuse que l'on observe sur le dos des dromadaires, des chameaux, des zébus, etc., et aussi à la racine de la queue, chez les moutons de Barbarie.

FONCTIONS PHYSIOLOGIQUES DU TISSU ADIPEUX. RÉSERVES GRAISSEUSES DE L'ORGANISME.

Comme le tissu conjonctif, dont il représente un stade d'évolution physiologique, *le tissu adipeux joue, dans l'organisme, un rôle mécanique.* Il remplit et comble plus ou moins complètement les espaces qui existent entre les parties constituantes, les rapproche les unes des autres et les confond en masses plus homogènes.

Dans certaines régions, ce rôle mécanique se précise en s'adaptant à une fonction physiologique déterminée. Dans celles qui sont, comme la paume de la main et la plante du pied, soumises à des pressions plus ou moins fortes et plus ou moins continues, il s'organise pour former de *véritables coussinets*, à la fois résistants et élastiques. Plus épais que celui de la main, le coussinet du pied se trouve de plus doublé par une remarquable formation vasculaire constituée par de volumineuses veines anastomosées en réseaux (semelle veineuse plantaire de Lejars).

C'est aussi la graisse qui, dans le fond de l'orbite, forme un lit spécial sur lequel s'appuie le globe de l'œil et qui lui permet d'échapper aux pressions et aux traumatismes (*coussinet adipeux de l'orbite*).

C'est elle encore qui, se disposant en masses homogènes plus ou moins abondantes, forme *l'atmosphère graisseuse du rein* et maintient l'organe dans une situation fixe qu'on le verra abandonner (rein mobile) chez les sujets rapidement amaigris.

Chez certains animaux, chez ceux en particulier qui vivent dans les régions froides (baleine, otarie, phoque, ours blanc, etc.), le pannicule adipeux acquiert une épaisseur considérable. La même richesse en graisse de l'hypoderme se retrouve chez l'homme (Lapon, Esquimau), quand il est appelé à vivre dans les régions voisines du pôle. Ainsi se forme sous la peau une couche qui, mauvaise conductrice de la chaleur, *lutte contre le refroidissement périphérique de l'organisme.*

C'est encore un rôle purement mécanique que remplit la graisse (*myéline*) que l'on rencontre dans le système nerveux. En enveloppant chaque fibre nerveuse de la périphérie ou des centres, la myéline forme au cylindre-axe une gaine de protection et d'isolement. On la retrouve non seulement au niveau des nerfs périphériques (*fibres à myéline*), mais encore dans la moelle et le cerveau. Toutes les parties blanches de l'axe cérébro-spinal doivent leur coloration particulière à la myéline, qui entre dans la constitution de leurs parties formatrices.

Mais le rôle du tissu adipeux de l'organisme ne se borne pas à des fonctions exclusivement mécaniques : en s'accumulant à la surface et dans la profondeur, *la graisse constitue une véritable provision de matériaux de réserve*, qui seront utilisés suivant les besoins. Chez les fourmis, par exemple, les reines possèdent des ailes qui ne leur servent que pour le vol nuptial, pendant lequel se fait l'accouplement. Ces appendices, désormais inutiles, disparaissent peut-être par arrachement. Janet, qui vient d'étudier avec beaucoup de soin les mœurs des fourmis, a observé que les reines vivent de dix à quinze ans, ayant périodiquement des pontes pendant toute leur existence. Or les muscles moteurs des ailes, qui sont de beaucoup les organes les plus volumineux, ne sont pour ainsi dire utilisés que pendant un quart d'heure dans une existence de plus de dix années. D'après Giard, les masses musculaires sont remplacées par des colonnes de cellules adipeuses qui constituent, pour ces animaux, de véritables réserves.

La graisse, chez les vertébrés, s'emmagasine dans les périodes où l'alimentation est surabondante pour être reprise et utilisée quand cette même alimentation devient insuffisante. C'est ainsi que, chez les animaux vivant à l'état sauvage, les réserves graisseuses sont toujours plus abondantes en été qu'à la fin de l'hiver.

Les réserves graisseuses sont sujettes, chez l'homme, à des variations. Très abondantes pendant l'enfance, on les voit diminuer considérablement à l'époque de la puberté : le corps prend alors des formes élancées, et les modifications observées à cette période de l'évolution, sont dues en grande partie, comme nous l'avons montré, à la raréfaction de la couche graisseuse hypodermique.

Chez l'adulte, le développement du tissu adipeux présente les plus grandes variations. Il est des sujets qui, soit parce qu'ils ont une vie très active, soit parce qu'ils sont insuffisamment nourris, soit enfin parce qu'ils sont dans un équilibre de santé instable, ne possèdent que peu de graisse (*maigreur*). Ils sont maigres, et le demeurent pendant toute leur vie, même quand, chez quelques-uns d'entre eux, la ration alimentaire est plus que suffisante. Il en est d'autres chez lesquels le tissu adipeux prend et conserve des proportions plus développées (*polysarcie*), et peut acquérir un tel développement qu'il constitue une dystrophie véritable, l'*obésité*, que nous étudierons plus loin.

A mesure que l'homme approche de la sénescence, on voit diminuer ses réserves graisseuses : elles disparaissent même complètement dans l'extrême vieillesse : à cette époque de l'évolution, le corps, en effet, se ride et se racornit. Il se produit cependant dans quelques parties de l'organisme *une infiltration graisseuse*, qui est beaucoup plus un processus d'accumulation qu'un processus de dégénérescence et qui doit être considéré comme un stade de transition entre les dégénérescences physiologique et pathologique. Dans les parois artérielles qui, chez les gens âgés, présentent des plaques d'athérome, on trouve toujours, à côté des grains calcaires, de très fines gouttelettes de graisse agglomérées les unes à côté des autres. De même dans les cartilages, on constate la surcharge graisseuse des cellules. La forme la plus fréquente de cette infiltration d'un tissu par de la graisse est représentée par le *gérontoxon* ou arc sénile. Il constitue, à la périphérie de la cornée transparente, une bandelette blanc-jaunâtre, formée en partie par les cellules fixes ou migratrices devenues graisseuses, en partie par l'accumulation de graisse dans les lacunes de la membrane. Ce qui prouve bien que cette modification est plus le fait d'une simple accumulation que d'une dégénérescence, c'est qu'on l'observe non seulement chez le vieillard, mais aussi chez l'individu encore jeune, mais polysarcique, en particulier chez la femme obèse.

Parmi les réserves graisseuses de l'organisme, chez les animaux supérieurs et l'homme, les unes se font dans certains éléments anatomiques et ne sont appréciables qu'au microscope, les autres prennent un tel développement qu'elles forment de véritables organes et deviennent appréciables à la vue.

Au premier groupe appartiennent, par exemple, les enclaves graisseuses que l'on peut observer dans les cellules cartilagineuses. Emprisonnées dans leurs capsules, incluses dans une substance fondamentale qui ne renferme pas de vaisseaux, dans laquelle ne pénètrent pas les cellules migratrices, elles doivent accumuler dans leur protoplasma de véritables provisions nutritives. Le cartilage, dans lequel elles représentent les éléments nobles, est un tissu vivant, dans l'intérieur duquel se font des échanges nutritifs. Aussi voit-on le protoplasma des cellules se charger en plus ou moins grande abondance de glycogène et se farcir de granulations graisseuses. La graisse y est ordinairement à l'état neutre, individualisée sous forme de gouttelettes que le bleu de quinoléine teinte en bleu azuré, et l'acide osmique en noir.

Dans certains cartilages, la graisse se montre sous une forme un peu différente : elle ne se colore que peu ou pas sous l'influence de l'osmium, mais elle prend une teinte rose quand on soumet la préparation à l'action de la purpurine et une teinte rouge brique, comme l'hémoglobine du sang, quand on emploie l'éosine soluble dans l'eau ou l'éosine primerose. Des réserves de nature différente, comme le glycogène, la graisse neutre et la graisse à affinité éosinophile peuvent donc se trouver réunies dans un même élément.

La présence de ces enclaves variées dans une même cellule a permis de se demander si elles ne procèdent pas les unes des autres, et si elles ne sont pas le résultat de transformations d'une même substance emmagasinée et modifiée par le protoplasma. Placée à distance des vaisseaux, et n'étant jamais abordée par les cellules lymphatiques, la cellule cartilagineuse est devenue l'instrument de l'élaboration de certaines substances nutritives, nécessaires à l'entretien de la vie dans la portion de protoplasma qu'elle individualise. Elle élabore elle-même les matériaux, glycogène, substance intermédiaire éosinophile, et enfin graisse qui, dans les autres tissus, sont apportés au protoplasma au fur et à mesure de ses besoins. Mais, si cette élaboration cellulaire est possible, c'est que la substance intercellulaire, c'est-à-dire la substance fondamentale, malgré son homogénéité, est perméable au plasma exsudé du sang et que son imbibition par ce plasma est suffisante pour apporter aux cellules les matériaux de la nutrition.

Il est, dans l'organisme des mammifères adultes, un tissu qui, par une évolution particulière, devient une véritable réserve de graisse : ce tissu est la *moelle osseuse.*

C'est vers le troisième mois de la vie intra-utérine qu'apparaissent, chez l'homme, les premiers rudiments de la moelle osseuse, au sein même des premières formations cartilagineuses. Ils ne constituent un véritable tissu que quand s'effectue l'ossification du squelette primitif, c'est-à-dire quand l'os se substitue au cartilage. S'étendant progressivement, au fur et à mesure de l'ossification, la moelle osseuse est en pleine activité au moment de la naissance. Cette activité se continue pendant toute la deuxième enfance : la moelle conserve sa coloration rouge (*moelle rouge*). Mais, peu à peu, avec les progrès de l'âge, la moelle diaphysaire devient de plus en plus graisseuse (*moelle jaune*), et finalement, chez l'adulte, elle ne demeure rouge que dans certains os, tels que les os plats du crâne, les corps des vertèbres, les côtes, le sternum. Souvent même, sinon toujours, la moelle dans ces divers segments du squelette devient, elle aussi, complètement graisseuse chez les vieillards. Il peut même arriver qu'à un âge avancé la moelle diaphysaire du fémur n'est plus représentée que par quelques traînées jaunâtres, tendues entre les parois osseuses et limitant des interstices remplis par une huile jaune. Au point de vue histo-physiologique, la moelle rouge, renfermant les éléments du tissu myéloïde entremêlés à quelques éléments lymphoïdes, constitue la moelle active; la moelle jaune n'est qu'une provision de réserve; mais, comme l'a montré Dominici, elle peut, à la suite de saignées répétées ou dans les infections, recouvrer toute son activité formatrice.

Au moment de la transformation de la moelle rouge en moelle jaune, on voit les éléments caractéristiques du tissu myéloïde (mégacaryocites, cellules hémoglobinifères, myélocytes granuleux et leurs myéloblastes, Dominici), disparaître peu à peu et les cellules fixes du réticulum conjonctif se charger progressivement de gouttelettes, de granulations graisseuses. Celles-ci confluent bientôt dans chaque élément et refoulent le protoplasma à la périphérie, où on le retrouve avec le noyau sous forme d'une mince collerette. La cellule adipeuse, ainsi constituée, se transforme bientôt en vésicule adipeuse, munie d'une mince membrane.

Quand on examine une coupe de la moelle, portant sur le milieu du cylindre médullaire, empruntée au fémur d'un lapin, on aperçoit, vers la partie centrale, la section d'une artère assez volumineuse, engainée dans les trois quarts de sa circonférence par un sinus veineux. Comme l'ont fait remarquer Roger et Josué, cette artère est le principal vaisseau afférent, le sinus veineux constituant, de son côté, le principal vaisseau efférent. Pour Dominici, ces deux vaisseaux contigus constituent l'axe de l'armature conjonctivo-vasculaire de la formation médullaire. De l'axe vasculaire partent et s'en vont, s'irradiant dans toutes les directions, de minces fibrilles conjonctives et élastiques. En s'anastomosant les unes avec les autres, elles délimitent des mailles plus ou moins larges dans lesquelles se trouvent encloses les vésicules adipeuses. Entre ces dernières, on aperçoit, sur des préparations colorées, des coulées de cellules formées par des globules rouges et des globules blancs.

Sans nous étendre davantage sur la structure intime de la moelle osseuse jaune, nous pouvons dire que sa richesse en graisse est tout à fait remarquable : des analyses faites par les chimistes, par Berzelius en particulier, il résulte que la moelle des os renferme 96 p. 100 de graisse.

Cette énorme masse de réserve peut être utilisée suivant les besoins de l'organisme. Si elle disparaît, la moelle change d'aspect et devient *gélatineuse*. Bizzozero a étudié cette évolution régressive de la formation médullaire : il a constaté qu'à mesure que les cellules adipeuses perdent leur graisse, on voit réapparaître le réticulum protoplasmique qui appartient en propre à chaque élément. Redevenues cellules conjonctives étoilées, les cellules du tissu médullaire laissent entre elles des espaces qui se remplissent d'une substance gélatiniforme, ayant les caractères de la mucine.

A la suite de saignées répétées (Dominici), à la suite d'injections de cultures microbiennes ou de toxines (Roger et Josué, Dominici), au cours des maladies infectieuses, la graisse disparaît de la moelle osseuse et celle-ci redevient rouge et active : les globules rouges, les cellules hémoglobinifères, les éléments blancs de la série myélogène reparaissent en grand nombre et prennent la place des éléments en voie de régression. Les cellules adipeuses ont, en effet, disparu dès le troisième jour qui suit une injection de culture microbienne, une culture de streptocoque, par exemple. Il a été toutefois jusqu'alors impossible d'analyser le processus suivant lequel se fait la disparition de la graisse de réserve. L'infection ayant disparu, la provision graisseuse se reforme par le même mécanisme que celui qui a été précédemment indiqué.

Ce n'est pas seulement dans une cellule et dans un tissu, mais encore dans un organe que se font les accumulations graisseuses de réserve. Chez un grand nombre d'animaux, *on voit s'accumuler dans le foie des provisions de graisse*, susceptibles de subvenir à leurs besoins, plus particulièrement pour certains d'entre eux pendant la saison d'hiver.

Clotilde Deflandre, qui a tout dernièrement étudié la fonction adipogénique du foie chez les invertébrés, a constaté que, chez ces animaux, la glande hépatique est un véritable entrepôt de réserves nutritives, essentiellement constituées par des graisses et économisées pendant la saison favorable à la suralimentation.

Dastre a, de son côté, signalé la présence presque exclusive et la surabondance des graisses dans le foie des crustacés : 6 grammes de foie desséché contiennent $2^{gr},98$ de graisse chez le crabe, $3^{gr},04$ chez la langouste. Chez ces animaux, les autres tissus ne renferment, ainsi que nous l'avons précédemment indiqué, aucune proportion de substances grasses.

Chez certains poissons, le foie est imbibé de graisse (huile de foie de morue); chez quelques-uns, comme la loche, l'infiltration est telle que l'organe forme une véritable masse adipeuse.

Dans l'engraissement des volailles, la quantité de graisse accumulée dans le foie peut atteindre des proportions énormes, et c'est sur cette singulière propriété qu'est basée l'industrie des foies gras. En pareil cas, la graisse, accumulée dans les cellules hépatiques, dérive probablement pour une part d'autres matériaux que de celle qui a été ingérée. Une oie est susceptible, d'après Boussingault, quand elle est soumise à l'engraissement, de former 17 grammes de graisse par jour, avec des aliments autres que des corps gras.

Pendant la vie intra-utérine, et aussitôt après la naissance, le foie est, chez les mammifères, normalement surchargé de graisse; il en est ainsi aussi bien chez le cobaye que chez l'homme. A cette période, il est également chargé de glycogène. Toutes les réserves sont donc accumulées dans le foie pour assurer la vie, si défectueuse, dans les premiers jours de l'existence, ainsi d'ailleurs que nous l'avons observé dans certains tissus de la larve chez les insectes. Le glycogène est, en pareil cas, péri-sus-hépatique et la graisse est péri-portale, d'après Nattan-Larrier. Dans les quelques jours qui suivent la naissance, la graisse disparaît entièrement, et le foie devient plus riche en glycogène d'après l'auteur que nous venons de citer, il s'agirait d'une véritable transformation de la graisse en glycogène. Il semble y avoir corrélation étroite entre l'activité de la cellule hépatique, caractérisée histologiquement par la réaction ergastoplasmique et l'accumulation, à son niveau, des réserves glycogéniques et graisseuses.

Enfin, on connaît, chez l'homme adulte, la fréquence des surcharges et infiltrations graisseuses du foie dans les états pathologiques. On peut retrouver dans les cellules hépatiques des granulations de graisse ou de lécithine qui dérivent évidemment d'autres substances que des matières grasses : leur présence est constante dans le foie des buveurs, des tuberculeux, des intoxiqués (empoisonnement par le phosphore en particulier) » (Gilbert et Carnot).

En résumé, la graisse peut s'accumuler dans une cellule (cellule cartilagineuse), dans un tissu (moelle osseuse), dans un organe (foie); elle peut de même s'amasser dans un organisme tout entier, comme la chose s'observe chez *les animaux hivernants.*

LES RÉSERVES GRAISSEUSES CHEZ LES ANIMAUX HIVERNANTS.

Tous les animaux inférieurs (*invertébrés, insectes, crustacés, mollusques*), tous les animaux à sang froid (*poissons*, sauf quelques espèces vivant au fond des eaux qui ne gèlent pas), *lacertiens, batraciens, reptiles*), en d'autres termes tous les animaux qui ne produisent que peu de chaleur, sommeillent pendant l'hiver. Parmi les *mammifères,* il en est certains qui tombent également, pendant la saison froide, dans un véritable état de torpeur. On leur a donné le nom d'*animaux hivernants :* ils se distinguent par la curieuse propriété qu'ils possèdent de retrouver leur vitalité, dès que la température ambiante s'abaisse vers 0°. « Les limites les plus favorables pour la production de la torpeur hivernale des *mammifères* sont entre + 10 et + 5°. Lorsque le froid devient un peu vif, vers 0° ou au-dessous, ils sortent spontanément de leur immobilité, tandis que les autres hivernants s'y enfoncent de plus en plus, sans qu'on observe la moindre réaction de réveil » (Raphaël Dubois).

Certains *faux hivernants,* comme l'*ours,* le *blaireau,* engraissent pendant la belle saison et se retirent dans des retraites qu'ils ont préparées pour y passer l'hiver; ils demeurent assoupis pendant des journées entières, réduisant leurs dépenses au minimum. La température de leur corps n'est supérieure que de quelques dixièmes de degrés à celle du milieu ambiant. Les *écureuils* se comportent de la même façon, mais accumulent des provisions, en particulier des graines oléagineuses, dont ils se nourrissent quand la faim les réveille.

Dans nos pays, les *véritables hivernants* se rencontrent parmi les *insectivores* (*hérisson*), les *chiroptères* (*chauve-souris*), les *rongeurs* (*marmotte, loir, lérot commun, chien des prairies* ou *écureuil jappant* acclimaté en France).

Si les *mammifères hivernants* appartiennent à des groupes fort différents au point de vue zoologique, tous possèdent la curieuse propriété d'amasser dans leur organisme, pendant la belle saison, des réserves nutritives, et plus particulièrement de la graisse. *Celle-ci s'emmagasine dans les cellules conjonctives, un peu partout dans l'organisme;* on retrouve, en effet, des vésicules adipeuses sous la peau, dans l'abdomen, entre deux feuillets du péritoine, autour des viscères. Toutefois, les formations graisseuses affectent certaines localisations particulières, déjà notées par Prunelle, par Valentin, et qu'on a de la tendance à considérer comme de véritables glandes. De toutes ces formations, la plus constante, comme aussi la plus importante, est appelée *glande hivernale.*

Elle siège dans la région occupée par le thymus, mais s'étend dans la région du cou, dans la partie supérieure de la cavité thoracique et envoie des prolongements jusque dans l'aisselle et dans la région dorsale. Dans cette dernière, elle forme, chez la *chauve-souris,* par exemple, deux masses plus ou moins volumineuses, disposées symétriquement entre les omoplates. On la retrouve chez le fœtus humain, ainsi que cela résulte de recherches toutes récentes poursuivies en Allemagne.

Les caractères macroscopiques, dimensions, couleur, etc., de la glande hivernale varient suivant les espèces, l'âge des individus et aussi suivant les saisons. Il en est de même de ses caractères histologiques, qui ont été analysés minutieusement par Ehrmann.

La *glande hivernale* est formée par la réunion de grosses cellules polygonales, amoncelées les unes contre les autres en lobes et lobules, enfouies dans un stroma conjonctif dont il est assez difficile de les isoler. Le stroma renferme de nombreux capillaires sanguins. Si l'examen histologique est fait au printemps, chez le *hérisson*, par exemple, les éléments se présentent avec des aspects différents : on trouve des cellules avec un noyau rond et un protoplasma parsemé de granulations, des cellules mûriformes renfermant de grosses gouttelettes graisseuses séparées par de minces travées protoplasmiques granuleuses, et enfin des vésicules adipeuses ordinaires.

Prunelle a, un des premiers, constaté que la glande hivernale s'atrophie en été. Valentin a, de son côté, observé que ses prolongements se rétractent et disparaissent pendant la même saison. Quand vient l'automne, en septembre par exemple, les cellules se chargent progressivement de graisse. Les modifications dont les éléments de réserve sont le siège pendant l'hiver ont pu être analysées chez la *chauve-souris*. Dès le mois de janvier, il y a disparition de la plus grande partie des globules graisseux : la marge protoplasmique des cellules devient plus large et présente une structure réticulaire. En février, la diminution de la réserve graisseuse est plus accentuée encore : les cellules sont devenues anguleuses et le noyau se rapproche de la partie centrale. A une étape plus avancée enfin, les éléments, ayant perdu toutes leurs réserves, sont constitués par du protoplasma granuleux, renfermant de petites cavités remplies d'un liquide séreux. Leur aspect rappelle celui que l'on observe chez les animaux qui ont considérablement maigri.

Il est une donnée anatomique qu'il faut rapprocher de celles qui viennent d'être résumées et qui présente, au point de vue biologique, une certaine importance. Chez des animaux jeunes, tels que des *chiens*, des *chats*, des *lapins*, on trouve dans le cou, la nuque, la région interscapulaire, un amas adipeux qui rappelle, par sa disposition, sa forme, sa coloration, ses prolongements, la glande graisseuse des animaux hivernants, Dans ces accumulations de cellules adipeuses, on retrouve des formations lymphatiques qui démontrent l'étroitesse, précédemment signalée, des relations qui unissent le ganglions lymphatiques aux masses adipeuses.

La glande hivernale est donc constituée par des formations conjonctives dont la fonction est d'emmagasiner de la graisse: celle-ci est utilisée pendant le sommeil hivernal, car, si les échanges sont ralentis au cours de cet engourdissement physiologique, ils n'en persistent pas moins: la température de l'animal, qui normalement oscille autour de 37°, tombe et se maintient entre 7° et 12°.

Pendant l'état de veille, les animaux hivernants, avides d'accumuler rapidement leurs réserves, deviennent très voraces, ils arrivent à être carnivores, alors que normalement ils sont insectivores ou rongeurs; aussi les voit-on s'entre-dévorer plutôt que de rester à jeun. Leur formidable appétit se conserve jusqu'à l'approche du sommeil hivernal.

La graisse, qu'ils accumulent ainsi, dans leur organisme, sous forme de réserve, est jaune. Si on la fait chauffer au bain-marie, il s'en échappe une huile ambrée, qui laisse, au bout d'un certain temps, déposer une partie plus solide et blanchâtre. Cette huile reste fluide à 18°; elle s'épaissit à 12° et prend la consistance du beurre à 1°. L'analyse chimique a permis de constater que la partie solide est une tripalmitine, la partie fluide, une trioléine.

Au moment où il s'endort au seuil de l'hiver, l'animal hivernant est une masse de graisse. Par contre, quand, au printemps, il se réveille, toute sa provision de réserve a disparu. De 17 p. 100 du poids total, la graisse est tombée à quelques grammes. La disparition est telle qu'on ne retrouve même plus le coussinet adipeux de l'œil. La diminution est toutefois moins marquée pour le foie, qui, de 3,33, descend seulement à 2,25 p. 100, et, s'il en est ainsi pour cet organe, c'est que toute la graisse absorbée a été utilisée et transformée en glycogène qui, au moment du réveil printanier, se transforme en sucre ou hydrate de carbone, nécessaire à la reprise et à l'entretien de l'activité vitale.

L'utilisation des corps gras, pendant l'hivernation, est telle que tout converge vers leur production, même pendant le complet sommeil. C'est ainsi que, si l'animal, au moment où il s'endort, n'a pas accumulé de graisse en quantité suffisante, il se réveille de loin en loin pour manger. En pareil cas, les albuminoïdes assimilés ne fournissent pas d'hydrates de carbone, mais, par dédoublement simple, de l'urée et des corps gras.

En résumé, pendant la saison d'été, l'animal hivernant accumule de la graisse; pendant l'hiver, il utilise cette graisse, dont une partie se transforme en glycogène. Au moment du réveil, le glycogène est directement utilisé par la reprise et l'entretien de l'activité vitale.

L'ENGRAISSEMENT DES ANIMAUX DOMESTIQUES.

Si les réserves graisseuses sont, en général, peu abondantes chez les animaux qui vivent à l'état sauvage, il n'en est pas de même chez ceux qui sont réduits à la domesticité; chez ces derniers, on trouve toujours de la graisse en excès dans les parties superficielles, comme dans les parties profondes. Il est certaines espèces qui présentent de plus, lorsqu'elles sont placées et maintenues dans des conditions favorables, une tendance à *l'engraissement*, c'est-à-dire à l'accumulation de réserves de graisse. En même temps que la graisse s'amasse, la chair musculaire, qui doit servir à l'alimentation, devient plus succulente.

Une longue pratique a permis aux éleveurs de formuler les règles qui doivent être suivies pour obtenir aussi rapidement qu'économiquement les résultats les meilleurs. Les succès de l'engraissement dépendent, tout d'abord, du choix des animaux que l'on veut y soumettre. Comme le sol, qui multiplie la semence en raison de sa fécondité, ceux-ci produisent plus ou moins, suivant qu'ils sont plus ou moins bien appropriés à leur destination. La race, la conformation, la taille, la constitution, l'âge, l'état de santé, le sexe sont autant de conditions qui doivent faire l'objet d'un examen attentif.

L'engraissement peut s'obtenir de façons différentes : tantôt les animaux sont placés à l'étable et maintenus au repos, dans une demi-obscurité: tantôt on les fait vivre au grand air, dans un pâturage. On diminue toujours autant que possible leurs dépenses, en même temps que, par une alimentation judicieusement combinée, on augmente leurs recettes. Ils sont en effet soumis à la suralimentation, et celle-ci doit-être réglée de façon à ne point déterminer de troubles dans le fonctionnement de l'appareil digestif.

Si nous prenons comme exemple l'engraissement des bovidés, nous verrons que, dans les environs des grandes villes seulement, on utilise les vaches en vue de cette destination. Comme ce n'est que lorsqu'elles ont vieilli ou qu'elles ont perdu leur qualité lactifère qu'on les engraisse pour les livrer à la boucherie, la viande qu'elles fournissent n'est jamais que de qualité inférieure. Il n'en serait pas de même si elles étaient engraissées pendant l'âge adulte, après les premières portées, lorsqu'elles sont vigoureuses, bien portantes, et qu'elles possèdent l'aptitude à prendre la graisse. Dans toutes les espèces, les femelles ne jouissent-elles pas, à conditions égales, de la faculté de s'entretenir plus facilement que les mâles dans un état satisfaisant d'embonpoint, surtout quand elles ne sont pas épuisées par des travaux au-dessus de leurs forces.

Les animaux mâles sont donc préférés; mais, comme ils sont vifs, ardents, souvent soumis à une surexcitation provoquée par le désir du rapprochement sexuel et exposés à de grandes déperditions, on les prive de leurs organes génitaux. En supprimant l'action des organes génitaux, l'émasculation transforme, d'une manière radicale, tout l'organisme. Lorsque la castration a été pratiquée dès le jeune âge, la tête, l'encolure, les épaules ne prennent pas le développement exagéré qui s'observe chez le taureau. Les muscles sont moins saillants; ils se trouvent enveloppés et pénétrés par une masse considérable de tissu cellulaire; leurs fibres sont plus blanches, plus ténues, plus délicates. Les sujets offrent moins de résistance à la fatigue et aux causes morbides, mais ce défaut est largement compensé par une plus grande docilité et une tendance plus marquée à accumuler la graisse (voir **Castration**).

Les divers états d'engraissement sont exprimés, chez les éleveurs, par certaines dénominations qu'il faut connaître : on utilise, en effet, communément, les expressions

« *en bonne viande, gras, haute graisse, fin gras* »; tous ces termes correspondent aux divers états que présentent les animaux. Le premier degré de l'engraissement, c'est-à-dire l'état désigné par les mots en chair, en bonne viande, est caractérisé par une apparence de santé et de vigueur qui donne à l'animal un air gai. De cet état, considéré comme point de départ, le bœuf passe insensiblement à un degré supérieur, par un accroissement progressif de son corps. Les protubérances saillantes semblent s'effacer, les dépressions extérieures se comblent, les dépôts de graisse s'amassent en diverses régions. Puis peu à peu la gaîté diminue pour disparaître complètement : la démarche devient lourde, embarrassée. Les saillies s'effacent complètement, le corps s'arrondit : l'animal est arrivé à l'état que l'on appelle fin-gras, état que quelques auteurs ont comparé à celui d'un fruit mûr, qu'il faut se hâter de cueillir (Vial).

La graisse, formée pendant la période d'engraissement, ne se dépose pas toujours avec la même uniformité dans toutes les régions. Certains animaux ont la faculté de l'accumuler principalement autour des viscères; on les dit gras en dedans. Chez d'autres, les dépôts se font surtout dans les parties externes, on les dit gras en dehors. Le plus souvent, il y a corrélation entre les deux espèces d'accumulation et, dans la pratique, c'est par l'examen des formes extérieures que l'on cherche à apprécier le poids et les qualités commerciales d'un animal de boucherie.

Stephen, cultivateur anglais, a cherché, en le soumettant à des règles méthodiques, à donner à ce mode d'appréciation la plus grande précision possible. Il compare le corps d'un bœuf gras à un parallélipidède rectangulaire et il en conçoit une opinion d'autant plus favorable, quant à la quantité des produits, qu'il se rapproche davantage de cette figure géométrique. On inscrit les différentes faces (latérales, postérieure, antérieure, supérieure) de l'animal dans des cadres rectangulaires, et chacune de ces faces doit remplir le cadre de la manière la plus complète.

Pour atteindre une exactitude plus grande, les données fournies par la vue demandent à être contrôlées par une exploration méthodique pratiquée avec la main. Il existe, en effet, sur le corps de l'animal des points particuliers qui ont une situation fixe et dans lesquels la graisse s'accumule de préférence. Ces points sont désignés par le nom générique de *maniements*. L'exploration des maniements a pour but de reconnaître l'importance des couches de graisse dont ils sont le siège, d'apprécier si celle-ci est dure, ferme ou molle et de tirer de là des inductions relatives à la qualité de la viande et au poids net de l'animal. Cette opération s'effectue, soit en appliquant la main sur le maniement, soit en cherchant à prendre la couche de graisse entre le pouce et les autres doigts de la main pour en mesurer l'épaisseur.

Ces données fournies par l'examen extérieur peuvent être contrôlées par la recherche du poids faite à l'aide de la bascule, soit pendant la vie, soit après l'abattage. C'est, en effet, surtout après la mort que l'on peut se rendre compte des énormes proportions qui peuvent atteindre les réserves graisseuses chez des animaux dont le poids total arrive à dépasser 1 000 kilogrammes.

Les éleveurs ne pratiquent pas seulement l'engraissement chez les animaux adultes, ils choisissent parfois aussi de jeunes bêtes, en particulier des veaux. L'engraissement des veaux est une industrie qui se pratique surtout dans les environs des grandes villes : les veaux blancs, généralement très gras, sont ainsi nommés parce qu'ils ont la chair très pâle et d'une blancheur éclatante, quand elle est cuite. Cet aspect est en rapport avec la pauvreté du sang en globules rouges et avec l'état d'anémie dans lequel ils se trouvent. Les animaux sont étiolés par un séjour constant dans une quasi-obscurité. On juge de leur qualité par la pâleur de leur conjonctive et de leur muqueuse buccale. Ils sont nourris exclusivement avec du lait; on leur en fait ingérer la plus grande quantité possible; vers la fin de l'opération, qui dure parfois trois mois, il en est qui arrivent à consommer jusqu'à dix-huit litres de lait par jour. On joint aussi à leur ration alimentaire des œufs frais et crus, qu'on leur fait avaler avec la coquille, mais la grande difficulté est d'arriver à cette alimentation intensive sans provoquer l'indigestion ou la diarrhée (Sanson).

Sans nous étendre davantage sur l'engraissement des autres espèces d'animaux (porcs, moutons), nous ferons mention des résultats obtenus chez des oiseaux de basse-cour (dindons, pintades, poulets, oies, canards). On cherche chez eux à produire soit un engraissement généralisé à tout le corps, soit un engraissement prédominant dans certains organes, tels que le foie. On voit alors cet organe, plus particulièrement chez l'oie et le canard, atteindre des proportions phénoménales et peser à lui seul plus d'une livre.

L'obésité. — La règle générale qui préside à l'engraissement des animaux domestiques peut être résumée de la façon suivante : réduire au minimum les dépenses, élever au maximum les recettes fournies par une alimentation judicieusement combinée. Il s'agit donc d'une véritable rupture de l'équilibre organique, provoquée dans un but déterminé. Mais cette rupture peut se faire spontanément chez l'homme, surtout chez certains individus prédisposés et dans certaines conditions; elle aboutit, comme chez les animaux, à la formation d'abondantes réserves adipeuses et arrive à constituer un état particulier désigné sous le nom *d'obésité.*

Ainsi qu'il a été précédemment indiqué, les réserves graisseuses varient, chez l'homme, aux différentes périodes de la vie. Si certains individus sont maigres et demeurent maigres pendant toute leur vie, la majorité des autres met et tient en réserve une proportion constante de graisse. Cette proportion a été définie par BOUCHARD qui admet qu'un adulte normal, dont la taille est voisine de $1^m,70$, pèse en moyenne 70 kilogrammes et a dans son corps 9 k. 100 de graisse. Le même auteur, reprenant les données de v. NOORDEN, admet comme composition moyenne du kilogramme de corps humain les proportions suivantes :

Albumine.	160	grammes.
Graisse	130	—
Eau.	660	—
Matières minérales.	50	—
	1 000	—

Il s'en faut que ces proportions demeurent constantes et, sous des influences diverses, on voit varier celles de la graisse qui nous intéressent plus particulièrement.

En se basant sur les résultats obtenus dans l'engraissement des animaux domestiques, on avait été amené tout naturellement à attribuer à l'alimentation excessive un rôle important dans la production de l'obésité. Mais, après avoir considéré l'engraissement comme la résultante fatale de l'excès des recettes sur les dépenses, les physiologistes posèrent autrement les termes du problème, lorsque l'étude de la valeur calorique des aliments se trouva faite et lorsque le principe de l'isodynamie des aliments fut admis. On formula que l'engraissement survenait lorsque le nombre des calories utilisées était plus petit que le nombre des calories reçues : on ajoutait à cela que le principe restait vrai, quelle que fût la nature de l'aliment, et qu'il n'y avait pas lieu de s'occuper de la teneur en graisse; seule, la valeur calorique était utile à connaître (v. NOORDEN cité par LEVEN). L'étude de 111 obèses, 36 hommes et 75 femmes a appris à BOUCHARD que 50 avaient un régime normal, 40 étaient gros mangeurs et que 10 avaient une ration quotidienne inférieure à la normale.

On a accusé aussi, comme cause d'engraissement, l'absorption exagérée d'aliments liquides, de l'eau en particulier. Il est légitime, aujourd'hui, d'affirmer que l'eau ne fait ni maigrir ni engraisser, lorsqu'on a analysé les nombreuses expériences faites pour élucider le problème de l'influence de l'eau sur l'obésité, dont les données sont si nettement exposées dans un travail de CALLAMAND. Les recherches de DEBOVE et FLAMAND peuvent être considérées comme absolument démonstratives. La notion inexacte que l'eau fait engraisser, soutenue par tant d'auteurs en France et à l'étranger, comme le fait remarquer LEVEN, auquel nous empruntons toutes ces données, reposait sur les travaux bien peu scientifiques de DANCEL, qui avait emprunté à BOUSSINGAULT des conclusions que ce savant n'avait jamais formulées.

C'est BUNGE qui a soutenu que l'insuffisance de l'exercice musculaire était la seule et unique cause de l'engraissement. Pour formuler une semblable proposition, il a dû se contenter d'observer des obèses qui, sous l'influence d'un exercice exagéré, perdent rapidement du poids. Son erreur est de même nature que celle du médecin qui supprime l'eau à un obèse, et le voit, avec joie, perdre 3 à 4 kilogrammes en quelques jours. La diminution de poids rapide, consécutive à un exercice pénible, est passagère : dès que l'individu cesse l'exercice, son poids augmente à nouveau. Sur 100 obèses qu'il examina BOUCHARD remarque que 35 avaient une vie insuffisamment active; il est amené à formuler son opinion de la manière suivante : « L'obésité, cette maladie des gourmands et des paresseux, ne reconnaît pour cause, dans la moitié des cas, ni l'abus des aliments, ni le défaut d'exercice. »

Le problème n'est donc pas aussi simple qu'on serait tenté de le croire au premier abord, et lorsque WORTHINGTON cite l'exemple des entraîneurs anglais, il ne voit pas que le canotier, qui perd 4 livres anglaises après une course, a perdu de l'eau et non pas de la graisse, tout aussi bien que les jockeys qui perdent 21 livres en huit jours ou même 17 livres en 24 heures, comme on l'a observé.

Actuellement, on tend à considérer l'obésité comme un symptôme morbide ayant sa raison d'être dans un trouble de la nutrition. Comme la nutrition est sous la dépendance du système nerveux, on a été amené à rechercher si le système nerveux a une influence directe sur l'engraissement. LEVEN a rassemblé les preuves susceptibles de confirmer une semblable hypothèse ; il a montré, en particulier, que l'adipose localisée peut se produire à la suite de lésions nerveuses, de névralgies anciennes, par exemple ; qu'on peut observer l'adipose généralisée à la suite d'émotions morales, de traumatismes, de maladies du système nerveux et que les symptômes de névrose, de neurasthénie se retrouvent souvent, sinon toujours, chez les obèses. Il a confirmé enfin l'opinion de BOUCHARD, pour lequel l'obésité n'est que le symptôme d'une nutrition troublée, au même titre que l'asthme, le diabète, la goutte ou qu'une des autres manifestations morbides rangées dans le groupe des maladies par ralentissement de la nutrition, les maladies névro-arthritiques ou dans la famille névropathique. Le même auteur a enfin montré la part qui revient dans la production de l'obésité aux troubles apportés dans les fonctions gastriques, et donné la preuve que tous les obèses sont dyspeptiques.

Quoi qu'il en soit de cette pathogénie, l'obésité peut s'observer chez l'homme et chez la femme. Les hommes obèses sont nombreux et, chez eux, la surabondance de graisse est surtout marquée lorsqu'ils ont atteint l'âge adulte. Chez la femme, l'obésité est principalement contemporaine de la puberté, de la grossesse, de la lactation et de la ménopause, c'est-à-dire des actes importants de la vie génitale.

L'adiposité peut s'observer aussi chez les enfants et les adolescents ; elle est chez eux une manifestation de leur hérédité neuro-arthritique.

LES ORIGINES DES GRAISSES ANIMALES.

La cellule fixe du tissu conjonctif, différenciée et devenue vésicule adipeuse, est donc susceptible soit d'accumuler, parfois même jusqu'à l'excès, des provisions de réserve dans les mailles de son protoplasma, soit de céder ces provisions suivant les besoins de l'organisme. Mais d'où tire-t-elle ces provisions de réserve, en d'autres termes *quelle est l'origine de la graisse que l'on trouve dans l'organisme animal ?*

Cette origine a soulevé et soulève encore de nombreuses controverses. Pendant les premières phases du développement, le fœtus, *chez les animaux ovipares*, trouve dans *le jaune d'œuf* toutes les provisions graisseuses (lécithine, etc.), dont il a besoin, et il les utilise successivement, jusqu'à épuisement, au cours de son développement. Il en est du jaune (graisse), comme du blanc (albumine), comme de la coquille (sels de chaux) ; toutes ces parties disparaissent ou diminuent au fur et à mesure que se poursuit l'incubation. Les phénomènes d'utilisation de matériaux de réserve sont comparables à ceux que nous avons observés chez les plantes (graines oléagineuses).

Chez les animaux ovipares, l'ovule est peu riche en réserves graisseuses ; sa pauvreté en matières grasses est telle qu'on décrit comme *alécithe*, c'est-à-dire comme privé de jaune. Une abondante provision serait d'ailleurs inutile, car l'ovule, une fois fécondé, se greffe sur l'organisme maternel dont il dérive, et c'est le sang même de cet organisme qui lui fournira tous les matériaux nécessaires à son développement.

Après la naissance, c'est-à-dire à l'époque où le fœtus se trouve séparé de l'organisme sur lequel il était greffé, c'est encore la mère qui, par le lait qu'elle fournit, supplée aux besoins du jeune être. Quand il vit de sa propre vie, la graisse, qu'il consomme ou qu'il accumule, lui est fournie par les aliments qu'il ingère : elle provient soit des matières albuminoïdes, soit des hydrates de carbone.

Comme l'écrit Langlois, la première supposition, qui vient nécessairement à l'esprit, est que la graisse de l'organisme animal a pour origine la graisse alimentaire. En augmentant la ration de matières grasses donnée aux animaux soumis à l'engraissement, on active en effet celui-ci, en même temps qu'on l'accroît.

« Mais une observation, même superficielle, ayant montré que, chez les herbivores, surtout, la quantité de graisse, déposée dans les tissus ou secrétée par le lait des femelles, ne pouvait être fournie par l'alimentation végétale, il se produisit une réaction telle qu'on nia la formation, même partielle, de la graisse organique aux dépens de l'alimentation grasse et il fallut démontrer, par des faits expérimentaux, cette possibilité de l'assimilation des graisses alimentaires ».

On peut, de deux façons différentes, démontrer la fixation dans les tissus animaux de la graisse alimentaire.

Hoffmann fait jeûner un chien pendant trente jours. L'animal perd dix kilogrammes de son poids pendant l'expérience. Comme on sait que la perte de poids porte avant tout sur la graisse, on peut admettre qu'à cette époque, la totalité des réserves graisseuses a disparu. Ainsi dégraissé, le chien est nourri pendant cinq jours avec du lard et une quantité minime de viande. A ce moment, on retrouve dans ses tissus une quantité notable de graisse et sa proportion correspond à 43 pour 100 de la graisse ingérée.

Pettenkoffer et Voit procèdent d'une autre manière : il donnent à un chien une alimentation presque exclusivement grasse et ils dosent l'azote excrété et l'acide carbonique exhalé. L'azote trouvé correspond aux albuminoïdes ingérés ; mais une partie du carbone ne se retrouve pas dans les produits de l'excrétion pulmonaire et cette quantité en moins est supérieure à celle que pourrait donner le carbone des albuminoïdes fixés. Les physiologistes de Munich en concluent que l'organisme peut fixer jusqu'à 35 pour 100 des graisses alimentaires.

Une seconde méthode a permis de montrer que la graisse, absorbée dans le canal intestinal, se fixe dans l'organisme.

La graisse du corps des animaux supérieurs est constituée, comme nous l'avons précédemment indiqué, par un mélange de trois éthers glycériques : la tripalmitine, la tristéarine et la trioléine. Ces trois graisses se trouvent en proportions variables, suivant l'espèce animale, et chacune d'elles ayant un point de fusion différent, le mélange complexe présente un point de fusion dépendant de cette composition. La graisse de mouton, par exemple, très riche en stéarine et en palmitine, a un point de fusion (40°) supérieur à la graisse de chien (20°) qui renferme une quantité notable d'oléine. Lebedeff et Munk ont utilisé cette propriété. En nourrissant un chien avec de la graisse de mouton, on trouve dans les tissus de l'animal une graisse dont le point de fusion est supérieur à 20°. En donnant de l'huile d'olives, on abaisse au contraire le point où la graisse recueillie devient liquide (Langlois).

En faisant ingérer à des animaux une graisse qui n'existe pas normalement dans leur organisme, l'acide érucacique par exemple, Radziejewski et Subbotin ont retrouvé cette graisse localisée dans certaines régions ; elle s'y trouvait, il est vrai, en faibles proportions, mais sa présence n'en était pas moins évidente.

D'après Claude Bernard et la plupart des physiologistes qui ont étudié la digestion des graisses, ces dernières ne commenceraient à être attaquées que dans l'intestin et qu'après avoir subi l'action du suc pancréatique. Des recherches récentes tendraient à prouver que le dédoublement des graisses commence déjà d'une façon manifeste dans l'estomac. C'est du moins l'opinion à laquelle semblent se rallier maintenant Volhard et Gürber. (Volhard, *Zeitchr. klin. Medic*, 1901, p. 397-420. Gürber, *Digestion stomacale des graisses. Société médicale de Würzbourg*, 21 nov. 1901.)

Magendie avait d'ailleurs admis autrefois que les matières grasses subissaient une véritable transformation dans la première partie du tube digestif et plus particulièrement dans la partie pylorique.

La graisse, accumulée sous forme de réserves, peut donc provenir des matières grasses, végétales ou animales ingérées. Celles-ci, lorsqu'elles ont pénétré dans le tube digestif, subissent une série de modifications dont le but est d'assurer leur absorption et leur assimilation.

Dans l'estomac, les graisses alimentaires sont soumises à une double action, mécanique et chimique. S'il s'agit, en effet, de graisses animales, incluses dans des cellules conjonctives, le suc gastrique, en désagrégeant la trame qui unit les éléments les uns aux autres, en dissolvant le protoplasma qui les forme, libère les enclaves cellulaires et leur permet de se mélanger aux autres parties constituantes du bol alimentaire. Avec elles, elles sont soumises à un brassage plus ou moins long, en rapport avec les contractions plus ou moins énergiques de l'estomac, brassage qui commence à assurer leur division.

Magendie avait admis autrefois que les matières grasses subissaient une véritable transformation dans la première portion du tube digestif et plus particulièrement dans la partie pylorique de l'estomac. Contejean a reconnu depuis que l'agent chimique qui intervient en pareil cas n'est autre qu'un ferment saponifiant, capable de refluer de l'intestin par le pylore.

De plus, dans l'estomac, si leur point de fusion n'est pas supérieur à la température du corps de l'animal qui les a ingérées, les matières grasses se trouvent fluidifiées.

C'est donc à l'état de division et de fluidification que les matières grasses ingérées pénètrent dans l'intestin grêle. Elles en parcourent la première portion sans être grandement modifiées et ne changent véritablement d'aspect que dans la région où viennent se diviser, amenés par les conduits excréteurs, les produits de sécrétion du foie et du pancréas, c'est-à-dire *la bile* et *le suc pancréatique*.

Le rôle le plus important dans la digestion des graisses appartient, sans contredit, au suc pancréatique : il exerce sur les matières grasses neutres une double action, une action physique (*émulsion*) et une action chimique (*saponification*). *Aucun liquide de l'organisme ne donne une émulsion aussi complète et aussi persistante.* Le ferment émulsif admis par Cl. Bernard n'a pu être isolé; l'émulsion peut, d'ailleurs, être une conséquence de la saponification, avec mise en liberté d'acides gras qui, en présence des alcalis du suc pancréatique ou de la bile, forment des savons qui agiraient comme émulsionnants. L'émulsion, c'est-à-dire la subdivision en nombreuses petites gouttelettes, est instantanée, permanente et complète. Elle se produit même après saturation par un acide, et elle est due à ce fait que le suc pancréatique est alcalin, visqueux, et aussi qu'il a une action saponifiante, toutes propriétés qui, comme le remarque Hédon, sont favorables à une bonne émulsion.

Le suc pancréatique dédouble les graisses neutres en acides gras et glycérine (Claude Bernard); il saponifie aussi les lécithines qu'il décompose en acide phosphoglycérique, choline et acides gras libres: c'est une diastase, la *stéapsine* ou *lipase* qui est le ferment saponifiant. On conçoit que la suppression du pancréas entraîne des troubles graves dans la nutrition, la digestion des graisses se trouvant fort compromise. Après l'ablation du pancréas et la suppression du flux biliaire, une partie des graisses peut encore être absorbée, et cela, grâce à l'action des glandes pancréatiques accessoires, grâce à l'épithélium intestinal, grâce enfin aux microbes habitant l'intestin.

Il est intéressant encore de savoir que les graisses sont des excitants pour la sécrétion pancréatique. Wagner a, en effet, établi que la sécrétion du ferment des graisses est sous la dépendance directe des corps gras ingérés. Pawlow a confirmé récemment cette opinion. « Dans les deux premières heures, écrit-il, qui suivent un repas de lait, il est sécrété par le pancréas un suc qui est très riche en ferment lypolitique. Or vient-on à priver le lait par filtration de sa teneur en graisse, le suc produit, tout en étant aussi abondant et sécrété aussi régulièrement, se distingue alors par la grande diminution de son pouvoir lipolytique. Si on mélange de nouveau le filtratum de lait à de la graisse et que l'on reproduise ainsi synthétiquement le lait, le suc pancréatique s'enrichit parallèlement en ferment des graisses jusqu'à concentration caractéristique du suc de lait. » L'action de la graisse sur la composition du produit glandulaire sécrété est donc manifeste et, pour Pawlow, l'excitation réflexe se ferait au niveau de la muqueuse du duodénum. La graisse exciterait les terminaisons nerveuses, périphériques spécialement destinées à réagir sous toutes les influences chimiques, mécaniques et autres. De plus, comme le fait remarquer Chauvet, le chyme stomacal lancé dans le duodénum étant acide, excite encore par son acidité même la sécrétion de la glande pancréatique. L'acidité est ensuite neutralisée par l'alcalinité des autres produits déversés dans la cavité intestinale.

La bile vient combiner son action à celle du suc pancréatique. DASTRE a nettement démontré que le suc pancréatique n'est pas apte à opérer seul la digestion des matières grasses, et que la bile, agissant isolément, n'est pas plus capable d'agir : le concours des deux sécrétions paraît indispensable. Il a pu démontrer la synergie d'action des deux glandes annexes de l'intestin en pratiquant sur des chiens une fistule cholécysto-intestinale. Pour l'obtenir il a abouché la vésicule biliaire dans l'intestin grêle à soixante-cinq centimètres au-dessous de l'orifice du canal pancréatique et a constaté que, quand l'animal digérait des graisses, les chylifères n'étaient lactescents qu'au-dessous du point où la bile s'écoulait dans l'intestin.

En perfectionnant ses moyens d'investigation, PAWLOW a pu observer la pénétration de la bile dans l'intestin et son action sur les graisses chez les chiens. Il a montré, par exemple, qu'en donnant à manger à un chien exclusivement des graisses, il se produisait une issue abondante de bile, tandis que d'autres aliments ne provoquaient aucun écoulement.

La bile émulsionne et saponifie les graisses comme tout liquide renfermant de la soude et de la potasse à l'état libre ou à l'état de combinaison facile à détruire; elle ne contient pas de ferment capable de modifier les matières grasses. Elle dissout cependant légèrement graisses et savons, elle favorise leur passage à travers les membranes (WISTINGHAUSEN).

Après avoir subi l'action combinée du suc pancréatique et de la bile, les graisses se trouvent amenées à un état de division extrême, elles sont alors véritablement émulsionnées. Elles forment une sorte de fine poussière, dont les grains, visibles seulement au microscope, peuvent, en raison de leur ténuité extrême, pénétrer dans les voies d'absorption.

Quant au mécanisme intime de cette émulsion, il paraît exclusivement résider dans une condition d'ordre physique, ainsi que l'a indiqué DUCLAUX. Pour produire l'émulsion de liquides non miscibles ni solubles l'un dans l'autre, il faut, dit cet auteur, et il suffit que les tensions superficielles des deux liquides soient égales ou voisines. Or cette condition est assurée, au moins pour le suc pancréatique et les graisses. Elle est moins précise en ce qui concerne la bile : aussi l'émulsion, opérée par ce liquide, est-elle instable et passagère, au contraire de l'émulsion réalisée par le suc pancréatique, qui se produit instantanément et demeure définitive.

Comme tous les liquides alcalins, *le suc entérique*, produit par les glandes de LIEBERKÜHN, est capable d'émulsionner les corps gras. COLIN en a donné la démonstration directe en enfermant 150 grammes d'huile d'olive dans une anse de l'intestin grêle, isolée sur un cheval, entre deux compresseurs. L'examen du liquide ainsi emprisonné a démontré qu'au bout d'une heure, l'émulsion était presque complète. L'action du suc intestinal s'ajoute donc à celle du suc pancréatique et de la bile. Mais c'est à PAWLOW que l'on doit les notions les plus précieuses sur l'action du suc intestinal sécrété par les glandes de BRÜNNER et de LIEBERKÜHN. N'est-ce pas lui qui nous a appris que le suc intestinal augmente de façon notable le pouvoir actif des ferments déversés dans l'intestin, notamment celui du ferment saponifiant des graisses ; n'est-ce pas lui qui a, le premier, élucidé le rôle de ce « ferment des ferments », qu'il a baptisé du nom d'*entérokinase?* Cette action de renforcement est d'ailleurs influencée par le régime : si l'on nourrit des chiens avec du lait ou de la graisse, le suc pancréatique fourni est très énergiquement renforcé par le suc entérique. L'action de la bile sur le ferment des graisses a été augmenté de la même manière. On doit enfin tenir compte du rôle joué par les leucocytes. D'après DELEZENNE, ils produiraient une *kinase* (kinase leucocytaire) qui serait étroitement unie par ses propriétés avec l'entérokinase. Quant au rôle de la *sécrétine*, produite par la muqueuse intestinale, il n'est pas encore complètement élucidé, tout au moins en ce qui concerne les graisses. Des considérations précédentes, il résulte que le suc intestinal n'a pas, par lui-même, d'action directe sur la digestion des graisses. HÉDON et VILLE ont supprimé, chez un animal, l'accès de la bile et du suc pancréatique dans l'intestin (fistule biliaire et extirpation du pancréas) et ont constaté que les graisses étaient rejetées à peu près intégralement. Elles étaient saponifiées en partie; mais cette modification doit être attribuée à une action microbienne.

On peut conclure avec PAWLOW : « Les facteurs chimiques de la digestion forment une sorte d'alliance complexe, dans laquelle les composants respectifs sont enchaînés les uns aux autres, se suppléent et se soutiennent mutuellement. »

L'étude histo-physiologique du passage des graisses émulsionnées au travers de la muqueuse intestinale, l'analyse chimique de leur dédoublement ont été traitées avec d'assez amples détails (voir **Absorption**) pour qu'il ne soit pas nécessaire d'y revenir actuellement. Le problème comporte d'ailleurs encore un certain nombre d'obscurités, que n'ont pu éclaircir complètement les recherches poursuivies dans ces dernières années.

Quoi qu'il en soit, au niveau de l'intestin, la graisse passe de la surface dans la profondeur et le passage se fait surtout au niveau des villosités qui hérissent la muqueuse de l'intestin grêle. Chaque villosité se compose d'une trame conjonctive lymphoïde, dans laquelle on trouve un chylifère central, des capillaires sanguins, des fibres musculaires lisses, des ramifications nerveuses. La surface est tapissée par un revêtement de cellules épithéliales de forme cylindro-conique dont le bord libre présente une bordure en brosse, faite de petits prolongements protoplasmiques serrés les uns contre les autres. La rangée de cellules cylindriques est parsemée de cellules caliciformes à mucus. Quel est le rôle de cette membrane épithéliale dans l'absorption des graisses? Demeure-t-elle inerte, laissant aux seules forces physiques (osmose, dialyse, filtration) le soin d'agir sur les graisses? On admet que l'épithélium constitue une membrane active, et qu'en la traversant les graisses peuvent être modifiées et présenter d'autres caractères chimiques à leur sortie qu'à leur entrée (Friedenthal).

Il se peut qu'une partie de la graisse neutre soit absorbée en nature directement, sous forme de fines gouttelettes, comme l'ont soutenu Munk, Exner, Hofbauer. Ce dernier observateur, grâce à un dispositif ingénieux qu'il a employé, celui des colorants insolubles dans l'eau mais solubles dans les graisses, a pu conclure à l'absorption des graisses en nature. On discute encore pour savoir si la bordure en brosse joue un rôle actif dans la captation des particules graisseuses et si d'autre part les cellules migratrices éparses dans le stroma de la villosité et infiltrant même la paroi épithéliale ne possèdent pas une fonction analogue. D'après une autre opinion, qui est d'ailleurs la plus commune admise par les physiologistes (Krehl, Cohnstein, Pflüger, Morat, Doyon, etc.), la graisse neutre ne pénètre l'épaisseur de la muqueuse qu'en se dédoublant, de telle sorte qu'elle est modifiée et reconstituée au cours de son passage à travers la membrane.

Si, après avoir fait ingérer des graisses à un animal, on le sacrifie, on prélève de la muqueuse de l'intestin grêle et qu'on l'observe au microscope, on constate que, sauf les fibres musculaires et les cellules caliciformes, toutes les autres parties constituantes des villosités sont chargées de gouttelettes graisseuses. Si l'examen est pratiqué aux différentes périodes de la digestion des graisses, on constate que ces substances sont plus ou moins profondément modifiées. On ne retrouve pas de granulations graisseuses dans le plateau des cellules, pas plus que dans le ciment qui unit le plateau à ses voisins; elles apparaissent par contre au-dessous du plateau et se disposent en rangées plus ou moins sériées dans l'intérieur du protoplasma.

De par l'expérience, on a constaté que la paroi intestinale est susceptible non seulement de modifier, mais encore de régénérer les graisses aux dépens des éléments constituants que lui fournissent les produits de la digestion ou qui lui sont donnés artificiellement. Si l'on injecte dans une anse intestinale grêle chez un chien un mélange de savons alcalins et de glycérine en solution aqueuse, on voit rapidement apparaître les globules gras dans l'épithélium des villosités et dans les chylifères dont le contenu devient lactescent. Cohnstein, expérimentant avec la lanoline, substance émulsionnable mais non saponifiable, a montré qu'elle n'était pas absorbée. Enfin d'autres observateurs, mettant en contact des fragments de muqueuse intestinale avec un mélange de savons et de glycérine, ont prouvé qu'il se formait de la graisse neutre.

Toutes ces expériences et beaucoup d'autres du même genre, celles de Henriques et Hansen, de Pflüger en particulier, ont démontré que les intermédiaires qui contiennent la graisse, la modifient profondément avant de la laisser pénétrer dans les vaisseaux, qu'ils la dédoublent et qu'après la traversée de la paroi intestinale les éléments constitutifs se reforment par synthèse pour constituer une graisse, tout particulièrement apte à être utilisée par l'organisme. L'absorption des graisses au niveau de l'intestin est lente; elle est d'ailleurs influencée par de nombreux facteurs qui ont été judicieusement analysés par KNŒPFELMACHER. Elle dépend tout d'abord du séjour de l'aliment dans le tube digestif, et aussi de l'état de digestibilité sous lequel la graisse y parvient. On sait que, donnée seule, la graisse est moins bien absorbée que lorsqu'elle est mêlée aux autres aliments. Si la graisse est déjà émulsionnée, comme dans le lait, elle est plus facilement absorbable, à quantité égale, que la graisse provenant de la viande ou du lard. De nombreuses recherches ont montré que la graisse ingérée en proportion moyenne chez les animaux était très complètement utilisée, mais que, si l'on dépassait une certaine proportion, variable d'ailleurs avec chaque individu, elle était plus mal absorbée. DASTRE a montré encore que la faculté absorbante de l'intestin avait des limites rapidement atteintes. Afin d'apprécier le chiffre d'utilisation des graisses, il est donc nécessaire de connaître la quantité de graisse ingérée pour voir si elle n'excède pas la quantité normalement digestible. V. NORDEN nous a appris, en effet, qu'au fur et à mesure que la quantité des graisses de la nourriture augmentait, la perte p. 100 diminuait jusqu'à un certain point, au delà duquel, ayant dépassé les limites de l'assimilation, elle commençait à augmenter. Pour RUBNER, ce chiffre serait de 300 grammes. Le point de fusion de la graisse ingérée doit également entrer en ligne de compte. Sous ce rapport, ARSCHINEK a divisé les graisses en trois groupes : celles dont le point de fusion est inférieur à la température du corps (huile d'olives, graisse d'oie, graisse de porc) et qui sont résorbées avec un faible déchet de 2 à p. 100; celles dont le point de fusion est supérieur à la température du corps; elles sont résorbées avec une perte de 7 à 11 p. 100; enfin celles dont le point de fusion dépasse de beaucoup la température du corps; elles sont très mal utilisées, telle la stéarine qui n'est utilisée que dans la proportion de 9 p. 100. D'une façon générale, l'utilisation de la graisse est en rapport inverse avec son point de fusion. Le point de fusion de la graisse du lait est de 34° : aussi ce corps gras remplit-il les meilleures conditions désirables pour être presque complètement utilisé. Est-il besoin de rappeler l'action favorisante de la bile et du suc pancréatique, que les expériences de DASTRE, de LOMBROSO ont mise en pleine valeur.

Il est encore certaines actions, comme celle des fibres musculaires lisses de la paroi intestinale et des villosités, qui réclament une certaine part dans l'absorption des graisses. Par leurs contractions, ces éléments lisses de la villosité, en diminuant la hauteur et comprimant le contenu du chylifère central, favorisent la pénétration des corpuscules graisseux.

Enfin, d'après CONCETTI, à côté des ferments digestifs, de ceux qu'on peut trouver dans certains aliments riches en graisse, comme le lait, il faudrait accorder un certain rôle à des ferments assimilateurs (trophozymases), qui interviendraient dans l'assimilation par les tissus des substances ingérées.

Quand elles ont traversé la paroi intestinale, les graisses, réduites à l'état de très fines particules, suivent le chemin des chylifères ou des capillaires sanguins; c'est le réseau des chylifères qui en entraîne la plus grande partie; l'autre pénètre dans le réseau veineux par l'intermédiaire des ramifications originelles de la veine porte.

Entraînées par les chylifères, les graisses émulsionnées arrivent jusqu'aux ganglions (*ganglions mésentériques*) étagés dans l'épaisseur du mésentère. Les récentes recherches de POULAIN, poursuivies chez le chien, ont permis de suivre les modifications qu'elles subissent et qui ne consistent pas en une simple filtration, comme on aurait pu le supposer au premier abord.

Chez des jeunes chiens sacrifiés de 2 à 3 heures après un repas, les ganglions sont peu modifiés; l'examen histologique permet de retrouver la graisse dans quelques sinus situés au-dessous de la capsule. Si l'animal est tué au bout de 4 heures et demie, les ganglions mésentériques sont turgescents; ils renferment du chyle en telle abondance que celui-ci s'écoule, à la coupe, sous forme d'un liquide lactescent. Sur une coupe, on constate la présence d'une grande quantité de graisse : colorée par l'acide osmique, elle apparaît sous la forme de masses noires, très finement granuleuses, occupant les cavités des sinus sous-capsulaires, des sinus caverneux; elle fait complètement défaut dans les follicules. On aperçoit aussi çà et là, dans les sinus et parfois aussi dans les follicules, de grands macrophages surchargés de granulations graisseuses. De la 8e à la 12e heure après le repas, l'aspect du ganglion se modifie progressivement : la graisse à l'état libre diminue peu à peu dans les sinus qui s'affaissent; les macrophages graisseux persistent un peu plus longtemps, puis ils disparaissent à leur tour, et le ganglion rentre à l'état de repos jusqu'à la digestion suivante.

L'étude des ganglions mésentériques, pendant la digestion, chez le chien, a montré que, contrairement à ce que permettaient de supposer l'augmentation de volume et la turgescence des glandes mésentériques, la graisse n'y était pas très abondante et qu'elle n'était pas répandue dans la totalité de la formation lymphatique. Pour avoir l'explication exacte du phénomène, on a été amené à supposer que le suc laiteux du ganglion n'était pas exclusivement formé par de la graisse émulsionnée, mais qu'il devait être, au moins partiellement, constitué par une graisse transformée, vraisemblablement saponifiée et rendue soluble dans les liquides fixateurs en même temps que moins facilement colorable par l'acide osmique. Cette supposition a pu être justifiée par les faits. Si, en effet, on prend un de ces ganglions turgescents et remplis de chyle, et qu'après l'avoir coupé en plusieurs fragments, on l'abandonne dans une petite quantité d'eau (20 à 30 centimètres cubes par exemple), additionnée de quelques gouttes de formol pour éviter la putréfaction, on constate qu'au bout de 24 heures le liquide est devenu opalescent. « Le ganglion s'est peu à peu débarrassé du chyle qu'il contenait, tout comme un foie cardiaque, gorgé de sang, abandonné pendant 24 heures dans un seau d'eau, revient sur lui-même et abandonne à l'eau la plus grande partie du sang qu'il contenait. » Le liquide opalin obtenu par cette macération du ganglion possède le reflet et la couleur d'une solution aqueuse de savon. Si, d'ailleurs, on ajoute quelques gouttes d'une solution concentrée d'alun, on voit se former immédiatement un précipité floconneux, blanchâtre ; cette réaction est une de celles qui sont particulières aux savons.

La même expérience peut être faite en remplaçant l'eau par de l'alcool, qui possède, lui aussi, la propriété de dissoudre les savons.

De ces faits, il résulte que, pendant son passage au travers des filtres ganglionnaires du mésentère, la graisse n'est pas simplement émulsionnée; elle s'y dédouble de la même manière que dans l'intestin. Elle se transforme, avec mise en liberté de glycérine, en une substance analogue et même identique à un savon, substance éminemment soluble dans tous les liquides fixateurs.

« Pendant la digestion intestinale, les chylifères apportent successivement aux ganglions de la graisse partiellement reconstituée et émulsionnée. Celle-ci se saponifie dans le ganglion pour se transformer à nouveau et devenir à la fin une graisse directement utilisable par l'organisme. »

Quant à l'agent de ces transformations de la graisse, pendant son passage au travers des ganglions, il n'est autre qu'un ferment. Son existence avait été soupçonnée par Ch. Robin, par Renaut, mais il était réservé à Poulain d'en démontrer l'existence et de prouver qu'il n'était autre que le *ferment lipasique*, découvert par Hanriot.

Dans une série de travaux et de communications faites à l'Académie des Sciences depuis 1896, Hanriot a montré qu'il existe dans le sérum sanguin un ferment saponifiant les graisses, *une lipase*, ferment distinct de la lipase pancréatique, bien que possédant une action analogue.

Poulain a fait subir à la technique de Hanriot quelques modifications de détails; ses recherches l'ont conduit aux conclusions suivantes :

1° La sécrétion de la lipase est une propriété générale du tissu lymphoïde;

2° A l'état normal, tous les ganglions de l'économie ont sensiblement le même pouvoir lipasique, déterminé au même moment chez le même sujet;

3° L'activité lipasique des ganglions paraît plus marquée pendant la période digestive qu'à l'état de jeûne;

4° Le pouvoir lipasique, chez les animaux, paraît s'accroître, toutes choses égales d'ailleurs, avec l'âge, au moins pendant les premiers mois, et même pendant les premières années (jusqu'à l'âge de 4 ou 5 ans chez l'enfant).

La question de la nature de cette lipase est, comme le fait remarquer Poulain, le point le plus obscur de son histoire. A l'origine, elle fut considérée, par Hanriot et les auteurs qui l'ont spécialement étudiée, comme un ferment soluble. Elle en présente, en effet, un certain nombre de propriétés. Comme les ferments, elle est capable de transformer, avec le temps, une quantité considérable de substance, de graisse dans le cas particulier; comme les ferments, elle est détruite par la chaleur et n'est pas dialysable. Mais elle s'en écarte par plusieurs propriétés qui lui sont spéciales. C'est ainsi que son activité semble s'exagérer en milieu alcalin, tandis que son action s'éteint rapidement en milieu acide. De plus, Hanriot n'a pu l'isoler ni la précipiter par l'alcool. On peut, actuellement, constater ses effets, mesurer et comparer son action, mais il n'a pas encore été possible de l'isoler, ni de déterminer sa nature.

Si cette dernière n'est pas déterminée, on est, par contre, d'accord sur son mode d'action. Elle saponifie les graisses, c'est-à-dire les dédouble en acides gras et glycérine. Mais si elle dédouble les graisses, elle ne les décompose pas en leurs radicaux chimiques élémentaires, comme le fait le ferment récemment découvert par Cohnstein et Michaëlis dans le sang, et qui semble provenir des globules rouges. *La lipase a une action saponifiante, mais non lipolytique.*

Enfin cette action est à double effet : après avoir dédoublé les graisses, elle peut les reconstituer par synthèse. Elle est donc, tout à la fois, décomposante et recomposante, propriété qui appartient aussi au ferment des peptones.

A la faveur de ces données nouvelles, cherchons à interpréter le mode d'absorption des graisses dans l'intestin et à suivre les modifications successives qu'elles présentent.

« Les graisses alimentaires sont, les unes à l'état d'acides gras, les autres à l'état de combinaisons de la glycérine (stéarates, oléates, palmitates, etc.). Les acides gras traversent l'intestin directement et, se combinant à une glycérine d'origine indéterminée qui a été constatée dans le sang, ils se retrouvent à l'état de graisse dans les chylifères.

Quant aux stéarates, oléates, etc., de la glycérine, ils se dédoublent dans l'intestin sous l'influence du suc pancréatique et de la bile, peut-être aussi dans l'épaisseur de la paroi intestinale, sous l'influence de ces mêmes ferments associés à la lipase ganglionnaire. Mais cette lipase, d'origine lymphoïde, douée d'une double action, reconstitue aussitôt les éléments de la graisse, de sorte que les chylifères du mésentère contiennent de la graisse émulsionnée, mais à l'état de combinaisons. Cette graisse, transportée dans les ganglions mésentériques, y subit une série de transformations, consistant en des séries de dédoublements suivis de synthèses, sous l'influence de la lipase ganglionnaire. Ce sont ces transformations successives qui, s'étageant de l'intestin jusqu'aux chylifères du mésentère, tributaires de la citerne de Pecquet, rendent peu à peu la graisse d'alimentation apte à être utilisée par l'organisme qui s'en sert, soit immédiatement comme combustible, sous forme d'hydrate de carbone, soit en l'emmagasinant sous forme de graisse de réserve dans le tissu cellulaire.

Les mêmes transformations se font, sans doute, dans la substance grasse qui provient des albuminoïdes et des hydrates de carbone des aliments. Le but final de toutes ces modifications est visiblement l'identification non seulement *chimique*, mais encore *biologique* de la graisse de provenance variée, qui se trouve dans les aliments, en une graisse spéciale à chaque espèce animale (Poulain).

C'est de deux à quatre heures après l'ingestion des aliments que la lymphe mésentérique cesse d'être limpide pour devenir lactescente ou tout à fait laiteuse. Elle est, du reste, plus opaque après un repas riche en viande, en graisse, surtout en graisses oléagineuses. Les matières grasses se trouvent en suspension dans le chyle à l'état de fines gouttelettes, ayant environ 1 millimètre au plus de diamètre et qui se présentent, à l'examen microscopique, sous la forme de très petits points à centre brillant, lorsqu'on les observe à de forts grossissements et à contours foncés. Ces granulations sont extrêmement nombreuses et douées d'un mouvement brownien extrêmement vif (Ch. Robin).

L'apparence laiteuse et l'opalescence des vaisseaux chylifères permettent de suivre, chez un animal sacrifié en pleine digestion, le chemin que suivent les graisses pour aller de l'intestin jusque dans l'appareil circulatoire. Au sortir des ganglions mésentériques, les vaisseaux chylifères, considérablement réduits de nombre, ne forment plus que quelques troncs qui convergent vers la citerne de Pecquet. Le chyle passe dans le canal thoracique et se trouve déversé dans le système veineux, dans le point même où ce canal vient s'ouvrir dans la veine sous-clavière gauche. Le mélange du chyle au sang donne au sérum de ce dernier un aspect lactescent tout particulier, qui persiste pendant quelques heures après la digestion.

On a cherché à évaluer la vitesse moyenne du courant du chyle dans le canal thoracique; les recherches ont donné des résultats différents : Beilard admet 2 centimètres et demi par seconde, Weiss 4 millimètres, Béraud 12 centimètres dans le même temps. Ludwig, cherchant l'explication de ces différences, a constaté que la vitesse du courant change d'une expérience à l'autre, les conditions restant en apparence les mêmes.

Quant à la quantité de chyle qui passe par le canal thoracique, elle a été déterminée par Colin; en établissant une fistule sur le canal thoracique du cheval, il a retiré 11 kilogrammes et demi de lymphe en douze heures et 95 kilogrammes sur une vache, en vingt-quatre heures.

La pénétration des corps gras dans la circulation est d'ailleurs grandement influencée par leur état physique; elle dépend surtout de leur degré de fusibilité. Les graisses liquides à la température du corps (huile d'olives, graisse d'oie ou de porc) n'abandonnent aux fèces que 2 ou 3 p. 100 de leur quantité totale. Le suif en laisse 7 à 11 p. 100. Quant à la stéarine, dont le point de fusion est à 63°, elle échappe à la résorption intestinale dans la proposition de 86 à 91 p. 100 (Arnochnick).

Une partie de la graisse absorbée au niveau de l'intestin pénètre dans les origines de la veine-porte et est ainsi amenée jusqu'au foie. Gilbert et Carnot ont montré que, seule, la graisse décomposée dans l'intestin en savons et glycérine et recombinée au delà de la paroi, prend la voie-porte et arrive par ce chemin au contact de la cellule hépatique.

La graisse est arrêtée par le foie. Drosdorff a comparé la proportion de graisse dans les sangs porte et sus-hépatique : il a donné 5,04 pour 1000 dans le premier et 0,84 dans le second. Même en admettant, comme le font remarquer Gilbert et Carnot, qu'il s'agisse ici d'un cas exceptionnel, le rôle du foie n'en paraît pas moins considérable.

On a pu aussi s'assurer directement de l'arrêt des graisses dans le foie pendant la période digestive. Sur des coupes de l'organe hépatique, enlevé chez un animal au cours de la digestion, on peut constater, à l'aide de l'acide osmique, une grande accumulation de gouttelettes graisseuses à la périphérie du lobule. Sur des chiens nourris avec de l'huile de foie de morue, Frerichs a vu les cellules hépatiques se transformer en véritables vésicules adipeuses.

Pour élucider ce problème, Gilbert et Carnot ont institué une série d'expériences reprises depuis par Jomier, et qu'ils ont résumées de la façon suivante : « Nous injections par la veine-porte, chez des lapins, des cobayes et des chiens, une certaine quantité d'huile finement émulsionnée par addition d'une légère proportion de bile ou de carbonate de soude. Nos animaux étaient sacrifiés en série, de quelques minutes à quelques jours après l'injection. Lorsque l'injection a été copieuse, le foie apparaît congestionné, luisant à la coupe, et laisse sourdre, à la surface de section, un liquide huileux, tachant le papier et surnageant sur l'eau. L'huile a donc été retenue en masse par le foie ».

Si l'on injecte par une veine mésaraïque une certaine quantité de lait, le foie, après quelques heures, et même au bout de trois ou quatre jours, laisse écouler, à la coupe, un liquide blanc, opalescent, qui contient les graisses émulsionnées du lait : on voit ainsi sourdre le lait accumulé dans le foie. Il en est de même lorsqu'on injecte du beurre liquéfié.

Lorsque les quantités de graisse ou d'huile injectées sont faibles, on peut suivre, au microscope, les transformations des corpuscules graisseux. On voit alors, après fixation de petits fragments de tissu hépatique par l'acide osmique, les gouttelettes graisseuses, retenues dans les capillaires, s'attarder en longeant les parois vasculaires et parfois tapisser celles-ci d'une lame mince ininterrompue. On retrouve également de fins corpuscules graisseux à l'intérieur des cellules endothéliales; celles-ci en sont parfois absolument bourrées. Enfin, au bout de quelques heures, des gouttelettes de graisse, toujours très fines, apparaissent dans les cellules hépatiques. Elles augmentent progressivement de nombre et se fusionnent ensuite en constituant des masses de plus en plus considérables.

Cette localisation cellulaire des graisses dure un temps variable, suivant la quantité injectée. Puis on voit, au bout de quelques jours, le volume et le nombre des grains noirs diminuer et, finalement, on n'en retrouve plus, après dix jours environ, que quelques rares, qui disparaissent à leur tour. A ce moment on ne peut, avec l'iode, mettre en lumière une augmentation du glycogène, produit aux dépens des graisses disparues.

Non seulement la graisse émulsionnée est arrêtée par le foie et absorbée par les cellules endothéliales, puis par les cellules hépatiques, mais aussi les éléments de décomposition des graisses y sont également fixés. Si on fait, avec des savons, des injections analogues et si on recherche la graisse par l'acide osmique dans les cellules hépatiques, on obtient des résultats analogues.

L'action du foie sur les savons résulte des expériences de Munk : l'injection intraveineuse de savons tue le lapin, à la dose de 0gr07 par kilogramme, à celle de 0gr.14, si on fait la respiration artificielle. Par la veine-porte, au contraire, la dose mortelle est de 2 1/2 à 5 fois plus considérable, et ce résultat expérimental démontre bien le rôle d'arrêt du foie à leur égard.

Si, à l'état normal, le foie est susceptible de retenir les graisses, qui lui sont apportées par la veine-porte, il les transforme, et, au bout d'un temps variable, leur disparition est complète. Mais si l'organisme a besoin d'une provision de graisse mobile et circulante, on voit celle-ci se faire dans le foie. Les gouttelettes de graisse se localisent autour de la veine sus-hépatique. C'est ainsi que Ranvier et de Sinéty ont constaté l'infiltration graisseuse des cellules centrales du lobule, vers la fin de la gestation et pendant tout le cours de la lactation.

Nous avons vu plus haut que le processus d'absorption des graisses étrangères et leur utilisation par l'organisme tendait, au moins en partie, à l'identification finale, chimique et biologique des matériaux hydrocarbonés ingérés aux constituants hydrocarbonés normaux de l'animal observé. Cette identification n'est possible que si l'on admet l'intervention de réactions diastasiques. Or, nous savons que les réactions de cet ordre sont limitées par les produits mêmes qu'elles engendrent; *elles s'accompagnent d'un très faible dégagement de chaleur*, circonstance qui rend possible leur réversibilité. *Cette réversibilité domine d'ailleurs la chimie cellulaire*, mais elle ne suffit pas à élucider l'interprétation des phénomènes observés, elle exige le concours d'un autre facteur, par exemple la formation de corps intermédiaires. Il paraîtrait certain en effet, d'après Armand Gautier, qu'au cours de ces transformations, une partie tout au moins des principes gras passerait transitoirement « par une forme complexe, car on a signalé dans le chyme des graisses azotées, entre autre *une amido-distéarine* $C^3 H^5 (Az H^2), (C^{18} H^{35} O^2)^2$, qui témoignent que les nouveaux corps gras ont fait partie, avant de se transformer en graisses normales, de molécules azotées plus compliquées » (A. Gautier, *Chimie de la cellule vivante*, 71). Tout nous porte à croire que la formation de ces corps mixtes et transitoires, hydrocarbonés et amidés, intervient également dans l'évolution biologique du glycogène. La question de l'utilisation directe des graisses alimentaires hétérogènes, qui semble se produire surtout dans des conditions extra-physiologiques, tels que l'inanition préalable, la suralimentation ou le surmenage des organes digestifs, soulève de nombreux problèmes du plus haut intérêt. Nous signalerons particulièrement la possibilité du passage dans le lait des graisses qui interviennent dans l'alimentation. Cette éventualité, admise par quelques auteurs (Girard et Magnier de la Source), présente au point de vue des falsifications du lait une importance capitale. Il serait à désirer que de nouvelles expériences vinssent montrer s'il faut admettre le passage dans le lait de la graisse des tourteaux, si employés dans l'alimentation du bétail.

A l'appui des hypothèses émises sur l'état de dissociation transitoire que présentent les graisses, et sur la possibilité des synthèses ultérieures, aiguillées en quelque sorte vers la reconstitution d'une molécule analogue ou identique à celle que l'on rencontre dans les tissus, nous pourrions citer les expériences qui ont été entreprises, soit avec des acides gras libres, soit avec des savons. L'ingestion stomacale de ces derniers étant suivie de la mise en liberté des acides correspondants, le problème est sensiblement le même, quel que soit le produit ingéré, savon ou acide libre. Nous rappellerons les travaux de Percwoznikoff (1876) et ceux de A. Will (1876), qui semblent démontrer que l'ingestion de savons et de glycérine dans le tube digestif provoque la synthèse d'une graisse neutre et l'apparition de cette dernière dans les chylifères. Worochlikow (1871) et J. Munk (1899), sont d'ailleurs arrivés à un résultat analogue en administrant du savon sans glycérine. Lebedeff paraît avoir obtenu également une synthèse des graisses dans ces conditions.

Citons également une très curieuse expérience de Munk au cours de laquelle il aurait constaté que le palmitate de cétyle (blanc de baleine), introduit dans l'estomac, provoquerait la formation d'un corps gras proprement dit, le palmitate de glycéryle ou tripalmitine.

Nous avons vu qu'une partie des graisses utilisées ou accumulées proviennent des matières grasses ingérées; il nous faut rechercher maintenant si la graisse ne provient pas de la transformation des matières albuminoïdes.

Une première démonstration de cette transformation est fournie par la constitution, dans un organisme mort, de l'adipocire ou gras de cadavre. Dans certaines conditions d'inhumation, on trouve, au bout d'un temps variable, les corps transformés en une masse cireuse, constituée presque exclusivement par de la graisse. Dans cette transformation, il faut, il est vrai, tenir grand compte de l'action de certaines bactéries.

Elle parait due à une fermentation anaérobie. Elle a été étudiée pour la première fois par Fourcroy, qui remarqua la formation de gras de cadavres dans un charnier du cimetière des Innocents. Certains terrains, certaines eaux même ont la propriété de convertir rapidement en adipocire les pièces anatomiques qu'on y enfouit ou qu'on y plonge. Tel est le cas d'une fontaine d'Oxford.

Le processus chimique de la transformation de l'albumine en graisse n'est pas encore entièrement élucidé. Le radical graisse ne semble pas persister dans la molécule d'albumine; sa formation ne peut donc être la conséquence d'une simple décomposition de l'albumine. Elle est vraisemblablement le produit de l'activité vitale du protoplasma, car elle ne se forme pas dans le protoplasma mort. Composée de trois éléments, C, H, O. la graisse ne renferme ni Az, ni S dans sa molécule constituante. Il s'ensuit que dans la transformation d'une molécule d'albumine en une molécule de graisse, les deux derniers éléments, Az et S, ainsi qu'une partie de O, qui se trouve en moindre quantité dans la graisse, n'entrent pas dans la constitution de la nouvelle substance. Az et S, sont éliminés dans l'urine, sous forme de matières solubles telles que l'urée, les extractifs, les urates et les sulfates. Quant à la graisse, insoluble dans les sucs de l'organisme, elle reste sur le lieu de sa formation et se présente physiquement sous l'apparence de granulations et de gouttelettes.

Pour Chauveau, Kauffmann, Armand Gautier, l'albumine se dédouble en urée d'une part, en graisse et hydrate de carbone d'autre part. Le dédoublement se produit soit par hydratation (Armand Gautier), soit par oxydation (Chauveau).

Quelques auteurs persistent à prétendre que la graisse ne peut se former dans l'organisme aux dépens de l'albumine, et que sa source exclusive se trouve dans l'absorption des graisses et des hydrates de carbone alimentaires. Il en est même qui ont proposé de proscrire jusqu'au terme de dégénérescence graisseuse. Rosenfeld, par exemple, a émis cette opinion que, dans l'empoisonnement par le phosphore, la graisse, qui apparaît dans le foie et dans les autres viscères, provient non d'une transformation de l'albumine, mais du transport de matières grasses puisées dans d'autres parties de l'organisme. Chez les animaux maintenus dans un jeûne prolongé, le phosphore ne provoquerait pas, d'après lui, la dégénérescence graisseuse viscérale. Mais on peut lui objecter, avec Chantemesse et Podwissotsky, que, sous l'influence du jeûne, l'albumine perd la propriété de se dédoubler et de donner de la graisse.

La formation de graisse aux dépens de l'albumine est un processus vital qu'on observe dans nombre de circonstances physiologiques. Elle peut être suivie au cours de la régression de certaines parties de l'organisme, au moment où, devenues inutiles, ces parties doivent disparaître, ou encore lorsqu'il s'agit d'éléments hypertrophiés qui doivent s'amoindrir.

« Les exemples de cette dégénérescence physiologique sont nombreux : fibres musculaires de l'utérus pendant l'involution post-puerpérale, dégénérescence graisseuse des cellules de la membrane granuleuse dans la vésicule de de Graaf au moment de sa maturité, dégénérescence des cellules du corps jaune pendant le développement du fœtus dans l'utérus, enfin dégénérescence de la membrane déciduale et de certaines parties du placenta, vers la fin de la gestation, à l'approche de l'accouchement. Dans ce dernier cas, la dégénérescence graisseuse des cellules et des fibres, qui réunissent le placenta à l'utérus, prépare graduellement l'affaiblissement des liens réciproques de ces parties et facilite le décollement du placenta au moment de la délivrance. » (Chantemesse et Podwissotsky.)

Il en est de même dans nombre d'affections pathologiques et aussi dans certaines intoxications. Le fait le plus remarquable réside dans la dégénérescence graisseuse qu'éprouvent la plupart des organes du corps vivant dans l'empoisonnement par le phosphore.

D'après une expérience faite par J. Baur, il ne serait pas douteux que la graisse formée sous l'influence d'un empoisonnement lent par le phosphore dérive exclusivement de l'albumine ; il y a perte d'azote sous forme d'urée éliminée par les urines. Voici ce que rapporte l'éminent physiologiste de Munich. Un fort chien de basse-cour, laissé à jeun pendant douze jours afin de détruire complètement sa graisse, fut lentement empoisonné par le phosphore : la mort survint dans la nuit du dix-neuvième au vingtième jour de jeûne. Avant l'empoisonnement, dans la période du cinquième au douzième jour, la quantité d'azote éliminée par les urines resta assez constante, et s'éleva, en moyenne, à 7, 8 grammes par jour. A la suite de l'intoxication, la quantité d'azote contenue dans les urines augmenta considérablement, au point d'atteindre, dans le même temps, 23,9 grammes, soit une quantité triple de celle qui est journellement évacuée lors du jeûne normal. Chez un autre chien, soumis, en même temps que le précédent, à des expériences sur la respiration et traité absolument de la même façon que le premier, l'absorption de l'oxygène et l'élimination de l'acide carbonique formé n'atteignirent que la moitié des proportions constatées pour l'autre. On observe donc, dans les transmutations organiques, lors de l'empoisonnement lent par le phosphore, deux modifications qui paraissent indépendantes : d'abord une augmentation de la proportion d'albumine convertie en urée et en graisse ; ensuite une réduction dans la quantité d'oxygène absorbé, et, comme conséquence, une oxydation moins intense de la graisse. Mais ces modifications doivent tendre vers un même but et contribuer, malgré la condition du jeûne, à une accumulation de la graisse dans le corps, ainsi que l'examen du chien empoisonné l'a d'ailleurs démontré. En effet, la substance musculaire sèche de celui-ci contenait 42,4 p. 100, et celle du foie 30 p. 100 de graisse, c'est-à-dire trois fois plus qu'il n'en existe lors d'une nutrition normale, et au moins dix fois autant que le corps du sujet en aurait montré après vingt jours de jeûne, s'il n'avait pas été empoisonné. L'analyse du foie d'un homme décédé à la suite d'un empoisonnement par le phosphore a révélé que la matière sèche de cet organe renfermait 76,8 p. 100 de graisse. On doit cependant faire observer qu'il a pu se produire dans le foie une rapide accumulation de graisse originaire d'autres parties du corps.

Après l'énoncé de ces faits, si l'on conservait encore quelque doute au sujet de la formation de la graisse aux dépens de la substance albuminoïde, il devrait se dissiper en présence des résultats que fournit l'expérience directe ; alimentation d'animaux sains et normalement nourris. Ainsi F. Hofmann a observé que les œufs de la mouche commune, déposés sur du sang pur, se développent, et que les larves qui apparaissent à l'éclosion contiennent sept à onze fois plus de graisse que n'en renfermaient les œufs et la nourriture offerte. Il restait cependant encore une notable portion de sang ; l'excédent en graisse ne pouvait provenir que de l'albumine consommée.

De nombreuses expériences de C. Voit et Pettenkofer, sur des chiens nourris au moyen de quantités abondantes de viande privée de graisse, ont conduit aux mêmes résultats; ainsi les animaux absorbaient par jour 42,1, 42,7 grammes de carbone en excès, qui n'était pas retrouvé dans les évacuations. L'azote dépensé correspondait exactement à celui des aliments ; il y avait équilibre parfait pour cet élément, tandis qu'une proportion considérable de carbone existant dans les aliments restait dans le corps et s'y déposait sous forme de graisse, car on ne connaît aucune autre substance organique non azotée qui puisse s'accumuler dans l'économie animale en quantité quelque peu importante (Em. Wolff).

Il ne semble donc pas douteux que l'albumine puisse fournir de la graisse, et qu'une partie des albuminoïdes, introduits par l'alimentation, serve à constituer et à entretenir les réserves que l'animal accumule dans son organisme, ou encore à l'aider à subvenir à ses besoins du moment.

Nous pouvons d'ailleurs citer encore quelques faits à l'appui de cette hypothèse. SUBOTTIN et KEMMERICH, soumettant une chienne à l'alimentation purement albuminoïde, ont vu que cet animal continuait à produire un lait très riche en beurre. TSCHERINOFF a engraissé des poulets en les gavant avec de la viande dégraissée. BLONDEAU, puis KEMMERICH, ont montré que, pendant la maturation de certains fromages, la caséine se transforme en graisse. BURDACH a observé la diminution de la matière albuminoïde et l'augmentation des graisses dans les œufs de *Limneus stagnalis* en cours de développement.

ARMAND GAUTIER explique par une simple hydratation la formation des principaux produits de la désassimilation des albuminoïdes.

$C^{72}H^{112}Az^{18}O^{22}S$ albumine + $14H^2O$ donnent :
$9(COAz^2H^4)$ (urée).
+ $C^{51}H^{98}O^6$ (tripalmitine, graisse neutre).
+ $C^3H^6O^3$ (acide lactique ou hydrate de carbone).
+ $9CO^2$ + SO^3

La formation des graisses aux dépens des albuminoïdes paraît donc au-dessus de toute discussion. Il est d'ailleurs vraisemblable que cette transformation se fait par l'intermédiaire du glycogène ou d'un dérivé protéoglycogénique, ce qui ramène le problème à celui que nous nous proposons d'aborder maintenant, c'est-à-dire à la formation des graisses aux dépens des hydrates de carbone.

La part que prennent les hydrates de carbone dans la formation des réserves graisseuses est depuis longtemps connue (LIEBIG). L'observation a, en effet, appris que les animaux herbivores, nourris presque exclusivement avec des hydrates de carbone, engraissent, et que leur engraissement est d'autant plus rapide que leur ration hydro-carbonée est plus abondante. De plus leurs femelles sont susceptibles, surtout s'il s'agit d'animaux domestiques, de fournir, par leur lait, des quantités de corps gras (beurre) parfois considérables.

D'après KÜHNE, dont l'opinion est acceptée par SEEGEN, les féculents ne se transformeraient pas directement en graisse : la production de matière glycogène serait un intermédiaire obligé entre les deux, et la transformation serait en partie localisée dans le foie. On pourrait sans doute expliquer ainsi la fréquence des rapports que la clinique constate entre l'adiposité et certaines formes du diabète (diabète gras, diabète arthritique).

VOIT n'admet pas non plus la transformation directe des hydrates de carbone en graisse : pour lui, les féculents ne servent que d'aliments d'épargne : pendant qu'ils brûlent, les albuminoïdes peuvent se transformer en graisse. Cette opinion a été démentie par des observations récentes qui ont apporté la démonstration évidente de la transformation directe des féculents en graisse.

L'examen des résultats obtenus dans diverses expériences d'engraissement est-il susceptible d'éclairer le problème de l'origine de la graisse animale? C'est ce que s'est demandé E. WOLFF, dans son *Étude sur l'alimentation des animaux domestiques*.

« Des recherches, poursuivies depuis longtemps en Angleterre, ont démontré que, dans l'engraissement, 100 *parties d'augmentation du poids vivant* contiennent :

	Matières minérales.	Albumine.	Graisse.	Total de la substance sèche.	Eau.
Porc.	0,53	7,76	63,1	71,4	28,6
Mouton.	2,34	7,13	70,4	79,9	20,1
Bœuf.	1,47	7,69	66,2	75,4	24,6
Moyenne. . .	1,45	7,53	66,6	75,6	24,4

Dans ces derniers temps, diverses stations agronomiques ont beaucoup expérimenté sur l'engraissement, et, presque toujours, c'est *l'espèce ovine*, et spécialement les moutons adultes qui ont fait l'objet des recherches. Les fourrages consommés ont été soumis à l'analyse chimique d'après des méthodes d'opération uniformes, et les augmentations de poids soigneusement constatées : partout aussi la durée de l'opération a été suffisamment prolongée, puisqu'elle a embrassé une période de 2 1/2 à 3 mois ; presque toujours l'expérience se terminait par un abatage, dont on notait les résultats. Ces recherches ont accusé les chiffres moyens suivants, au sujet desquels il faut cependant observer que la proportion des éléments des fourrages digérés a été obtenue, sauf quelques exceptions, non par détermination spéciale et directe, mais en prenant pour base de calcul les données ordinaires :

NOMBRE d'expériences	ÉLÉMENTS DU FOURRAGE QUI ONT été digérés par jour et par tête.		RAPPORT entre les SUBSTANCES azotées et les substances non azotées.	AUGMENTATION DE POIDS par jour et par tête.	POIDS NET à l'abatage.	POIDS du SUIF DES REINS et du mésentère.
	Albumine.	Hydrates de carbone.				
	grammes.	grammes.		grammes.	(P. 100 du poids vif).	(P. 100 du poids vif).
7	110	824	1 : 7,49	55,5	48,0	7,2
13	134	779	1 : 5,81	79,0	51,9	9,9
20	164	779	1 : 4,70	53,5	53,5	10,9
19	192	769	1 : 4,01	54,9	54,9	11,2

Ces nombres font ressortir d'une manière péremptoire l'influence favorable de l'albumine du fourrage sur la production de la graisse. L'augmentation de la proportion d'albumine est régulièrement accompagnée d'une progression correspondante du poids vivant, tandis que la quantité de substances nutritives non azotées, qui est restée sensiblement invariable dans les divers groupes d'expériences, n'a pu exercer une action marquée sur l'accroissement en poids. Au surplus, ce dernier s'explique parfaitement en considérant seulement la richesse du fourrage en albumine ; bien plus, celle-ci a dû laisser un excédent; car les aliments contenaient aussi une proportion de graisse toute formée, variant, suivant les expériences, de 15 à 60 grammes par tête et par jour.

Des faits analogues s'observent dans l'engraissement du bœuf. Des expériences générales, ainsi que des recherches directes, indiquent que, dans certaines limites, un fourrage passablement riche en azote produit aussi les meilleurs effets, et que l'albumine et les corps gras qui lui sont enlevés par la digestion fournissent la matière première suffisante au dépôt de la graisse dans l'organisme.

Chez le porc, la formation de graisse par les hydrates de carbone a été mise hors de doute par les recherches entreprises par Soxhlet à Munich, Tschirwinsky à Moscou et Weissl et Strohmer à Vienne.

Les recherches faites sur des oies ont également montré que la graisse dérive des hydrates de carbone. Weiske et H. Schulze, à Proskau, ont nourri des oies au moyen de son, de seigle et de fécule de pommes de terre; la ration offrant le rapport nutritif de 1 à 5, l'intervention des hydrates de carbone dans la production de la graisse a été incontestable. En admettant même que toute la graisse des aliments, ainsi que l'albumine et l'asparagine, aient contribué dans la plus large mesure à la production de la graisse trouvée dans le corps lors de l'analyse, il restait 73 et 84,8 grammes respectivement, soit 13 et 17,6 p. 100 de la quantité de graisse produite (en 36 jours) dont la matière première doit être cherchée dans les éléments hydrocarbonés, sucre, féculents, etc. Citons aussi les expériences très concluantes de Chaniewski à Péterhof, près Riga. Des oies adultes furent engraissées pendant 18 jours au moyen d'orge et de riz, et on arriva à admettre qu'une proportion de 71,7 à 78,6 p. 100 de la graisse nouvelle dérivait des hydrates de carbone. Dans une autre expérience sur des oies, soumises au préalable à un jeûne de cinq jours, afin de les dépouiller de graisse, et que l'on gorgea ensuite d'orge et de riz, on put conclure que la graisse nouvelle formée en 14 jours dérivait, dans la proportion de 86,7 p. 100, des hydrates de carbone renfermés dans la nourriture.

Signalons également que A. de Planta et Erlenmeyer, à Munich, ont observé, contrairement aux conclusions d'autres expérimentateurs, que les abeilles forment la cire, substance analogue à la graisse, aux dépens du sucre. Enfin O. Kellner conclut de ses recherches sur l'alimentation du ver à soie que cette chenille a la propriété de produire de la graisse au moyen de substances non azotées, même lorsque le rapport nutritif est très étroit (= 1 : 1,45), quand l'animal se nourrit des feuilles du mûrier.

Rubner a montré qu'il peut aussi se former de la graisse à l'aide des hydrates de carbone dans l'organisme des carnivores, notamment quand il y a une notable ingestion de substances hydrocarbonées, et que les organes en sont, pour ainsi dire, inondés.

Il n'est donc plus permis de considérer la substance albuminoïde comme étant la matière fondamentale exclusive d'où dérive la graisse, bien que son rôle soit important, et qu'elle mérite de conserver le premier rang; souvent même l'albumine suffit pour rendre compte de l'origine de la graisse déposée dans le corps ou livrée par le lait. Mais d'autres fois, spécialement chez le porc, l'intervention simultanée et directe des hydrates de carbone n'est pas douteuse. Du reste, il n'est guère admissible que, à cet égard, il existe une différence caractéristique entre le carnivore et l'herbivore. Chez toutes les espèces animales, et notamment chez les mammifères, les composés nutritifs organiques qui parviennent dans la circulation des liquides sont identiques : ils consistent essentiellement en albumine, en graisse, en sucre, et, comme les organes correspondants ont partout les mêmes missions physiologiques à remplir, les phénomènes de décomposition doivent concorder dans leurs caractères généraux. Mais les résultats de la décomposition sont, au point de vue quantitatif, très divers, et particulièrement déterminés par la masse et par les proportions relatives dans lesquelles les éléments nutritifs sont résorbés. On sait d'ailleurs que les espèces animales possèdent à des degrés bien inégaux la prédisposition à former et la propriété d'accumuler de la graisse dans leurs tissus. Dès lors, il est possible que l'organisme du chien et des carnivores en général ait la propriété de former de la graisse avec de la substance albuminoïde seule, dans des conditions d'alimentation où les ruminants, et aussi le porc, ont besoin, dans une plus large mesure, de l'intervention des hydrates de carbone pour produire la substance grasse (E. Wolff).

On peut résumer toutes les expériences faites en vue d'élucider la transformation des hydrates de carbone en graisses par cette constatation que toute addition d'hydrate de carbone au régime d'un carnivore augmente considérablement chez lui la production des graisses. On peut objecter à l'interprétation un peu hâtive de ce fait expérimental que la combustion facile des hydrates de carbone permet à l'animal de ménager ses réserves graisseuses, ainsi que la graisse introduite par l'alimentation. Là encore les expériences faites sur les organismes inférieurs nous paraissent plus probantes. La production de la graisse par les levures nourries dans un milieu nutritif pauvre en albumine et particulièrement riche en hydrate de carbone avec formation intermédiaire du glycogène, nous paraît poser la question sur son véritable terrain. Les expériences personnelles de l'un de nous sur la production de la graisse par les parasites des céréales, et en particulier par le ver des farines, expériences dans lesquelles le carbone albuminoïde initial ne pouvait suffire à la formation de la graisse dosée à la fin de l'expérience, donnent encore une solution expérimentale non douteuse du problème physiologique. Ces expériences présentent la plus grande analogie avec celles qui ont été réalisées sur des abeilles, et dans lesquelles on a constaté la transformation du sucre en une substance adipoïde, la cire.

Les expériences de Hanriot sur le glucose alimentaire ont mis en évidence ce fait important que le glucose introduit dans l'organisme ne se brûlait pas toujours complètement. Si l'on fait ingérer à un sujet, au repos et à jeun depuis quelques heures, des quantités considérables de glucose, on peut constater que, pendant les heures qui suivent, les volumes d'acide carbonique exhalé et d'oxygène absorbé par les poumons augmentent, mais l'augmentation de l'acide carbonique est supérieure à celle de l'oxygène; il faut donc bien admettre que cet excès provient du glucose ingéré : cette quantité est proportionelle à la quantité de glucose absorbée et dédoublée suivant l'équation :

$$13C^6H^{12}O^6 = C^{55}H^{104}O^6 \text{ oléostéaropalmitine} + 23CO^2 + 26H^2O$$

Ch. Richet et Hanriot. *C. R.*, CXIV, 371).

D'ailleurs, *chaque fois qu'il n'existe pas un rapport convenable entre la capacité pulmonaire et la quantité d'aliments ingérés, la proportion de graisse augmente*, par suite d'une combustion incomplète des hydrates de carbone, la combustion complète se faisant suivant l'équation :

$$C^6H^{12}O^6 + 6O^2 = 6CO^2 + 6H^2O$$

qu'il convient de comparer à celle qui a été donnée plus haut, et *dans laquelle l'oxygène n'intervient pas*. La dernière formule indique la fixation d'un volume d'oxygène égal au volume d'acide carbonique formé. Ainsi donc, qu'une cellule soit imparfaitement irriguée par le sang et « *la graisse apparait et s'y accumule en place du glycogène* » (A. Gautier, *Chimie de la cellule vivante*, p. 84). Claude Bernard admettait la transformation du sucre en graisse dans le foie, sans doute par l'intermédiaire du glycogène ; A. Gautier donne même l'équation de cette transformation dans son traité des Toxines (p. 204) :

$$13C^6H^{10}O^5 = C^{55}H^{104}O^6 + 23CO^2 + 13H^2O$$

La formation de la graisse aux dépens du glycogène se ferait, suivant Bouchard, d'après un processus aérobie, et suivant l'équation :

$$C^{55}H^{104}O^6 + 60O = 12H^2O + 7CO^2 + 8C^6H^{10}O^5$$

(Bouchard, *C. R.*, 3 octobre 1898. Bouchard et Desgrez, *C. R.*, 26 mars 1899). Cette dernière théorie a, d'ailleurs, été contestée par M. Berthelot, dans une note publiée le 10 octobre 1898. Nous ajoutons que, de son côté, M. Hanriot n'a jamais réalisé la production d'hydrates de carbone dans ses expériences sur l'oxydation des graisses. La transformation des graisses en hydrate de carbone, vraisemblable au point de vue physiologique, doit donc se faire par un autre mécanisme que le processus d'oxydation, peut-être même par la simple réversibilité de la réaction de A. Gautier (Voy. aussi art. **Glycogène**).

Se plaçant simplement au point de vue expérimental, Arthus pense « qu'il est possible qu'une très petite quantité de glycogène se produise à la suite de l'ingestion d'une très grande quantité de graisse; mais rien ne prouve que la graisse soit la matière première de la formation glycogénique. Il est très possible, d'autant plus que la quantité déposée est minime, que les graisses aient préservé de la destruction du glycogène d'origine protéique. Il est même possible que les graisses neutres n'aient joué aucun rôle dans la production de ce dépôt, et que ce soit la glycérine, libérée en petites proportions dans l'intestin, après ingestion des graisses, qui en ait été cause, sans qu'il soit d'ailleurs possible de dire actuellement si la glycérine intervient comme matière première ou comme élément d'épargne. » (Arthus, *Éléments de physiologie*.)

Les sources où l'organisme animal peut puiser des matières grasses étant connues, il convient d'établir *le processus par lequel la cellule animale, et particulièrement la cellule conjonctive, les rassemble, les modifie et les fixe dans son protoplasma.*

On admet volontiers aujourd'hui que le processus de fixation de la graisse par la cellule animale est un processus d'ordre phagocytaire. Il se rapproche des processus dont on doit la connaissance aux belles recherches de Metchnikoff. La consistance molle, semi-liquide de la molécule de graisse facilite son absorption par le protoplasma vivant.

De nombreuses expériences démontrent la réalité de ce phénomène. Munk donne à un chien, dégraissé par un jeûne suffisamment prolongé, de l'huile de colza, et retrouve dans les tissus de l'animal une graisse qui a les caractères de l'huile végétale ingérée. Lebedeff est arrivé aux mêmes constatations en nourrissant des animaux avec de l'huile de lin.

Mais le rôle de la cellule animale ne se réduit pas à un simple phénomène d'intussusception : ce rôle est beaucoup plus complexe. La cellule est, en effet, susceptible de procéder par synthèse. Dans l'expérience de Munk, concernant un chien dégraissé par le jeûne et nourri avec de la graisse de mouton, expérience que nous avons rapportée précédemment, la graisse de nouvelle constitution, entrant en fusion à 40°, comme la graisse de mouton, n'a pas été formée aux dépens des substances albuminoïdes du chien, mais créée avec de la glycérine prise dans l'organisme et avec les acides gras ingérés. La cellule conjonctive, empruntant les matériaux au sang, a fait synthétiquement cette graisse. Ce sont des phénomènes du même ordre qui se passent dans les cellules épithéliales qui revêtent les villosités intestinales, cellules qui empruntent au contenu du tube digestif les éléments premiers à l'aide desquels elles econstituent les graisses (absorption intestinale).

Une dernière preuve du rôle propre des cellules dans l'élaboration des graisses est fournie par la diversité de composition du tissu adipeux chez les différentes espèces animales. On sait en effet que, chez un animal qui reçoit beaucoup de matières grasses, la graisse qui s'accumule dans son organisme, à moins qu'il ne se nourrisse exclusivement d'êtres semblables à lui, n'a pas, le plus souvent, la même composition chimique que celle qu'il a reçue. Ce cas particulier est une nouvelle preuve de la propriété générale appartenant au protoplasma animal comme végétal d'assimiler des substances et de les élaborer en produits nouveaux, après leur avoir fait subir une transformation plus ou moins complète. Dans ces derniers temps, on a cherché à déterminer le sort de matières grasses, en particulier de l'huile, introduites dans l'hypoderme. Winternitz admet une utilisation, extrêmement lente, des huiles injectées et il avait constaté qu'une injection massive de 500 grammes était absorbée à raison de 2 à 3 grammes par jour.

Wandel Henderton et Ed. F. Crofutt ont, de leur côté, expérimenté à l'aide de l'huile de graines de coton, qui reste entièrement fluide à la température ordinaire, qui possède une couleur jaune foncée, qui, par sa forte teneur en iode, donne d'une façon très nette la réaction de Halphen. La réaction de Halphen se pratique de la façon suivante : on prend du sulfure de carbone contenant environ 1 p. 100 de soufre en solution, et on le mélange avec un volume égal d'alcool amylique. Le réactif étant ainsi préparé, on mélange volume à volume le réactif et l'huile à examiner, et on porte dans un bain d'eau salée bouillante pendant 15 minutes. On obtient avec l'huile de coton une coloration orange ou rouge tout à fait caractéristique.

Des expériences poursuivies par les auteurs précédents qui injectaient de l'huile de coton sous la peau d'un chien, il semble résulter que l'huile est absorbée et transportée non pas à l'état d'émulsion, mais sous une forme soluble.

Au point de vue de l'influence sur le métabolisme, on s'aperçoit que, bien que dans certains cas les espaces sous-cutanés soient restés saturés d'huile pendant 35 jours, il n'y a pas eu formation de tissu adipeux vrai. On a retrouvé de l'huile de coton dans les graisses péritonéales. Les mêmes observateurs ont constaté qu'après l'ingestion par voie buccale, on retrouve facilement l'huile de coton dans le lait, chez les femelles en lactation; il n'en a pas été de même en injectant la quantité sous la peau. Wandel Henderton et Ed. F. Crofutt concluent que l'huile injectée sous la peau se répand facilement et rapidement à travers les espaces sous-cutanés, qu'elle n'est pas transformée *in situ* en tissu adipeux. Ce tissu réagit en présence de l'huile comme en présence de toute autre substance vulnérante étrangère. Après l'injection hypodermique, elle n'apparaît ni dans le sang, ni dans la lymphe, ni dans le lait. Son utilisation est donc extrêmement faible, et les injections de cette huile ne semblent avoir pratiquement aucune valeur nutritive.

Quant au *mécanisme suivant lequel se fait, dans l'organisme, l'utilisation des graisses*, il est diversement interprété. On admet communément que la graisse se brûle dans l'organisme, qu'elle constitue, dans l'économie, une réserve de combustible, et que, au moment du besoin, elle est mise en rapport avec l'oxygène pris à l'air, d'où il résulte formation d'eau et d'acide carbonique et dégagement de calories. D'après

Bouchard, qui a cherché à donner la solution de cet important problème biologique, il y a des raisons qui tendent à faire supposer que la graisse peut disparaître par simple oxydation. A poids égaux, elle est la substance de l'organisme le plus richement douée d'énergie (9 calories 3 pour 1 gramme), et elle ne saurait disparaître sans livrer ses calories. Chez les animaux nourris avec de la graisse, on constate une consommation intense d'oxygène et une production d'acide carbonique relativement moindre que dans la combustion du sucre.

Un animal au repos engraisse. Un animal gras, auquel on impose un exercice musculaire actif, perd sa graisse en même temps qu'il consomme plus d'oxygène et émet plus d'acide carbonique. Ce fait n'est pas contestable : encore est-il bien difficile, d'après ce que nous savons de la constitution anatomique, de la chimie et de la physiologie de la fibre musculaire, d'admettre que, même à titre exceptionnel, la graisse puisse se substituer au glycogène, se brûler directement dans le muscle et dégager son énergie en produisant du travail mécanique. La disparition de la graisse est certainement liée, dans certains cas, au fonctionnement des muscles, mais il doit y avoir des intermédiaires entre cette disparition de la graisse et les actes chimiques qui s'opèrent dans le muscle pour lui livrer l'énergie.

En tout cas, si la graisse s'oxyde, ce n'est pas dans le tissu adipeux que s'accomplit la combustion. Les larges mailles de son réseau capillaire tiennent la graisse à trop grande distance de l'oxygène, et d'ailleurs, dans les circonstances où la consommation de l'oxygène est la plus active, on peut constater que les parties les plus abondamment pourvues de graisse restent les plus froides et ne se réchauffent que tardivement, par emprunt de calorique aux tissus voisins.

L'acte chimique accompli dans la cellule adipeuse ne peut être que l'hydratation qui dédouble la graisse neutre et peut permettre aux produits de dédoublement, acides gras et glycérine, de franchir la membrane cellulaire, ce que la goutte de graisse neutre ne ferait peut-être pas. Il y a dans le sang un ferment capable de produire ce dédoublement : la lipase d'Hanriot. Mais, comme on n'a pas constaté dans le sang la présence de glycérine, il se pourrait, ou qu'elle y fût brûlée immédiatement, ou que la graisse dédoublée se reconstituât immédiatement après sa sortie de la cellule, comme cela a lieu vraisemblablement pour une partie de la graisse intestinale quand elle traverse la surface de l'intestin, comme cela a lieu certainement pour l'albumine intestinale qui se dédouble en s'hydratant pour franchir la cellule, et de peptone redevient albumine dès qu'elle arrive au capillaire.

Si, directement ou après dédoublement, la graisse s'oxyde complètement dans l'organisme, la formule de sa combustion est la suivante, en prenant encore comme type l'oléo-stéaro-margarine :

$$C^{55}H^{104}O^{6} + 156O = 55CO^{2} + 52O^{2}$$

1 gramme de graisse en brûlant consomme 2,9023 d'oxygène et produit 2,8140 de CO^2 et 1,0884 de H^2O avec dégagement de 9^{cal},3. L'eau produite reste dans le corps, l'acide carbonique est éliminé. Les 104 atomes d'hydrogène de la graisse, en passant à l'état d'eau, fixent dans le corps 52 atomes de carbone de la graisse et les 6 atomes d'oxygène qui y étaient unis ont quitté l'organisme, soit une perte de 756 pour 860 de graisse. Ainsi, un gain de 832 et une perte de 756 : comme résultante un bénéfice de 76. La variation de poids est positive. Pour 1 gramme de graisse brûlée, on a 0,0884 d'augmentation de poids.

Cependant, la combustion complète pourrait ne pas être la seule métamorphose que la graisse subisse dans l'organisme.

Cl. Bernard admettait que la glycérine peut se transformer en glycogène, et Berthelot a vu, en 1857, le dixième du poids d'un corps gras neutre se transformer en sucre, mais c'était par le fait de la fermentation de la glycérine : les acides gras n'avaient pas participé à cette métamorphose.

Après la digestion, le plasma sanguin est laiteux ; au bout de quelques heures, il est clair. Peut-être quelques gouttelettes de graisse se sont-elles brûlées ; la plupart se sont déposées. Il s'en dépose probablement dans le tissu cellulaire ; ce qui est certain, c'est que la plus grande partie se dépose dans le foie. La graisse, d'origine alimentaire, se dépose dans le foie, elle ne s'y accumule pas : malgré la succession des repas qui ramènent le même phénomène, le foie ne s'enrichit pas indéfiniment en graisse. NASSE pensait que le foie détruit cette graisse, que c'est même dans ses cellules que se détruirait la graisse venue du tissu adipeux. A la même époque, en 1886, SEEGEN formulait cette opinion que le foie fait en effet disparaître la graisse qui s'y dépose, mais que cette disparition résulte d'une transformation en glycogène, et non d'une combustion. Sans spécifier le lieu de la transformation, CHAUVEAU a insisté sur les raisons qui rendent vraisemblable et même nécessaire cette métamorphose de la graisse non en glycogène, mais en sucre. Il a adopté la formule hypothétique que BERTHELOT avait donnée de cette transformation : il prend pour exemple la formation de glycose aux dépens de la stéarine :

$$C^{57}H^{110}O^{6} + 67O = 8C^{6}H^{12}O^{6} + 9CO^{2} + 7H^{2}O$$

Ce serait une combustion incomplète, à la façon de certaines fermentations. Les chimistes, en général, ne se sont pas montrés favorables à cette manière de voir, qui a cependant pour elle le témoignage de la physiologie générale.

Dans les graisses oléagineuses, la germination fait disparaître la graisse, le germe et les cotylédons utilisent cette graisse qui disparaît. On peut, par un artifice, saisir le premier stade de la transformation. Quand on place à l'étuve sur une flanelle humide une graine de ricin, et quand, la germination étant commencée, on enlève le germe, le travail ne cesse pas pour cela dans la graine. Les cellules de l'albumen montrent, à côté des gouttelettes huileuses qui diminuent, des grains d'amidon qui se multiplient. Il est probable que, dans les graines pourvues de leur germe, le même travail s'accomplissait, mais que les ferments du germe transformaient cet amidon en sucre, qui était détruit pour fournir l'énergie nécessaire à la constitution de la matière du germe, en attendant que le développement des parties vertes rendît possible l'utilisation de l'énergie solaire.

Le ver à soie, au moment où il passe à l'état de chrysalide, est riche en graisse, pauvre en glycogène. Peu à peu la chrysalide devient pauvre en graisse et riche en glycogène, sans avoir rien pu emprunter à l'extérieur, sauf un peu d'oxygène. La marmotte, pendant l'hivernation, perd sa graisse; mais son foie garde sa teneur en glycogène.

La plante, comme l'animal, nous donne, par ces exemples, lieu de croire que c'est bien d'une transformation de graisse en glycogène qu'il s'agit, le sucre arrivant comme produit d'une transformation ultérieure (BOUCHARD).

L'organisme animal n'est pas seulement capable d'absorber, d'assimiler et d'utiliser les matières grasses; il peut encore sécréter de la graisse. Chez les animaux supérieurs, ce pouvoir sécréteur appartient surtout à l'ectoderme et à ses dérivés glandulaires.

L'étude histologique de l'épiderme a permis à RANVIER de mettre en évidence la surcharge graisseuse que présentent les cellules d'une de ses couches constitutives, le *stratum granulosum*. Le protoplasma des éléments est infiltré par une substance émulsionnée sous forme de très fines gouttelettes et comparable à de l'huile (*éléidine*). La répartition et la transformation de cette substance huileuse constituent, pour l'organisme, un véritable moyen de protection.

Il en est de même pour le produit des glandes sébacées (*sebum*), qui recouvre la peau d'une couche de matière grasse.

Quant au produit des glandes mammaires, *le lait*, il est destiné, chez les vivipares, à fournir au nouveau-né les substances grasses (*beurre*), dont il a besoin pour parfaire son développement, quand il se trouve séparé de l'organisme maternel sur lequel il était greffé pendant la vie intra-utérine.

Enfin certaines glandes, comme les capsules surrénales, le rein, le testicule, l'ovaire, contiennent dans leurs cellules épithéliales des enclaves graisseuses, lécithiques pour la plupart, dont la signification physiologique, encore peu connue, est vraisemblablement en rapport avec des fonctions d'excrétion.

P. E. LAUNOIS et MEILLÈRE.

GRAPHIQUE (Méthode).

PREMIÈRE PARTIE

La méthode graphique indirecte.

I

REPRÉSENTATION GRAPHIQUE DE L'ESPACE

La connaissance de la forme de la surface terrestre se place parmi les premiers besoins de l'humanité. — Aussi, de tout temps, les pasteurs des peuples ont dû chercher à représenter par des lignes, sur une surface, la forme des contrées sur lesquelles s'exerçait leur domination et les itinéraires entre les principaux marchés. Dès la plus haute antiquité aussi les philosophes se sont préoccupés de figurer l'ensemble des parties connues de la terre suivant les notions qu'on en avait alors.

L'origine de la figuration graphique de la surface terrestre, figuration qui porte le nom de *carte géographique*, se perd donc dans la nuit des âges. La fable nous raconte que le bouclier d'Achille était orné de ciselures géographiques. Les voyageurs contemporains nous ont appris que les indigènes des pays sauvages, auxquels ils demandaient des indications, exécutaient pour l'intelligence de leurs réponses des croquis géographiques.

Cartes géographiques. — Pour pouvoir tracer sur un plan la forme d'une certaine étendue de la surface terrestre, il faut savoir déterminer sur le plan la position de plusieurs points du terrain.

La position d'un point est déterminée quand on connaît les distances qui séparent le point de deux droites fixes qui se coupent. Ces droites sont représentées d'une part sur le terrain et d'autre part sur une surface de papier avec une réduction connue. Du point considéré du terrain, on abaisse deux perpendiculaires sur les deux lignes repères tracées sur le terrain. On mesure la longueur de ces droites, et on les porte, avec une réduction convenable, sur le papier. — Les lignes repères constituent un *système de coordonnées*. En géographie ces coordonnées s'appellent *longitude* et *latitude*.

Nous nous contentons de mentionner ces *coordonnées géographiques* sans entrer dans des détails concernant cette question qui est hors du cadre de notre travail.

Courbes d'égal niveau terrestre. — 1) Quand on veut représenter sur un plan la forme d'un terrain présentant des irrégularités d'altitude, on commence par représenter, sur le plan, la forme du terrain, et par déterminer, à l'aide des coordonnées géographiques, la position des points remarquables. A côté de ces points on marque le chiffre qui correspond à l'altitude de ce point. En réunissant par des traits les divers points qui correspondent à la même altitude, on obtient des courbes qui s'appellent *courbes d'égal niveau.*

Les courbes de niveau ne sont autre chose que la projection sur un plan du relief du terrain. Les divers points du plan représentent les pieds des perpendiculaires abaissées des points correspondants du terrain ; une courbe de niveau, c'est la projection d'une surface horizontale qui couperait le terrain ; l'ensemble des courbes de niveau représente la projection de plusieurs surfaces horizontales parallèles qui couperaient le terrain.

Ce mode de représentation graphique a l'avantage de présenter immédiatement à l'œil la forme vraie du terrain.

2) L'emploi des courbes d'égal élément remonte à une date fort éloignée. Vers 1665 furent publiées en Hollande des cartes sur lesquelles des courbes d'égal niveau montraient les légères inclinaisons du terrain et servaient à calculer la pente des eaux dans ce pays sillonné de canaux.

Buache a fourni le principe de ce mode de représentation dans son *Essai de géographie physique* en 1752 ; les premières applications de ce principe avaient été publiées en 1737. Les cartes de Buache se rapportent aux profondeurs de la mer.

Ducarla, en 1780, étendit aux reliefs terrestres le système de courbes de niveau de Buache.

1. Voir le *Sommaire* à la fin de l'article.

En 1804, cette méthode de représentation fut présentée comme une invention nouvelle par Dupain-Triel.

II

LES MATHÉMATIQUES ET LA MÉTHODE GRAPHIQUE

Les constructions graphiques ont joué de tout temps un très grand rôle dans les sciences mathématiques. Contentons-nous de citer simplement ici celles qui en font plus particulièrement un usage constant :

La *géométrie* et la *géométrie descriptive* étudient graphiquement la forme et la grandeur des corps.

La *géométrie analytique* étudie les relations qui existent entre les propriétés géométriques et les propriétés analytiques des équations.

Le *calcul graphique* a pour but, certaines quantités étant représentées par divers éléments géométriques du plan, de déterminer les quantités liées aux premières par des formules connues. — Grâce à cette science, on peut, en se bornant à l'emploi exclusif de la règle et du compas, c'est-à-dire en n'employant que la ligne droite et le cercle, effectuer par des tracés géométriques des calculs assez complexes.

La *statique graphique*, qui n'est qu'une branche du calcul graphique, a particulièrement pour objet l'étude de la composition des forces et la recherche des conditions de leur équilibre. — Grâce à elle, les problèmes usuels concernant la stabilité des constructions et la résistance des matériaux peuvent être résolus par de simples tracés, aussi expéditifs qu'élégants, qui, tout en comportant beaucoup moins de chance d'erreurs que les calculs longs et pénibles, donnent cependant les résultats avec un degré d'approximation plus que suffisant pour les besoins de la pratique.

Enfin, une science toute nouvelle, la *nomographie*, a pour but de remplacer des opérations délicates et difficiles, qui exigent des calculs numériques laborieux, par des images appelées *abaques*, qui traduisent les lois qui unissent un certain nombre de quantités simultanément variables, de façon à permettre, par une *simple lecture*, étant données des valeurs particulières pour toutes ces quantités, sauf une, d'avoir la ou les valeurs correspondant à celle-ci.

III

LA MÉTHODE GRAPHIQUE INDIRECTE DANS LA PRATIQUE

1) L'origine de la représentation graphique des phénomènes par des surfaces et des symboles est très ancienne. Nous pouvons citer comme exemple un document du vieux Mexique. Ce document raconte les événements survenus pendant le règne du roi Acamapich. La durée de ce règne est représentée par une large et longue bande bleue, divisée en treize parties; chacune de ces parties représente une année; comme il y a treize divisions, il en résulte qu'Acamapich a régné treize ans. Dans chaque division de la grande ligne se trouvent représentés par des symboles les événements importants de l'année.

2) Parmi les premières applications de la construction graphique à la représentation des phénomènes nous pouvons citer un Mémoire de Lambert sur les mouvements hygrométriques. Ce mémoire a été présenté à l'Académie des Sciences de Berlin, en 1769.

3) Vincent et Goiffon, en 1769, ont employé une notation graphique très intéressante, et qui est restée jusqu'à présent le plus parfait mode d'exprimer les phénomènes des allures du cheval. Voici en quoi consiste cette représentation graphique. Sur une sorte de portée musicale, composée de quatre lignes, se trouvent notés l'instant de chaque battue des quatre pieds et la durée de l'appui qui le suit.

4) L'emploi de la méthode graphique en statistique est très ancien. Playfair, dans son travail : *Tableaux d'arithmétique linéaire du commerce des finances et de la dette nationale d'Angleterre*, publié en 1789, insiste sur la clarté que donne la représentation graphique et montre que les courbes font apparaître clairement la signification d'une statistique.

5) En 1845, Ibry imagina une construction graphique très ingénieuse pour montrer la marche des trains. On trouve à l'École des Arts et Métiers, inscrite au catalogue de 1845, l'indication suivante : *tableau régulateur pour rendre sensible la marche générale des trains du chemin de fer* (à la lettre Y, page 371).

6) Berghaus, dans son atlas, publié en 1852, a représenté par des courbes construites dans un système de coordonnées rectilignes quelques données relatives à l'anthropologie.

7) Les courbes propres à représenter la *loi d'un phénomène* s'appellent aussi *courbes physiques.*

L'utilité de ces courbes est très grande et leur emploi très fréquent dans toutes les sciences expérimentales et appliquées. La mécanique, la physique et toutes les sciences qui en dérivent ou s'y rattachent par quelque côté, ont énormément généralisé l'emploi des tracés graphiques qui leur ont rendu des services d'une importance extrême.

Les courbes construites d'après la relation analytique qui exprime la loi commune d'un phénomène s'appellent *courbes représentatives.*

Les courbes construites d'après un certain nombre de valeurs ou d'observations, en donnant une solution graphique du problème de l'interpolation, s'appellent *courbes interpolaires.*

8) Les constructions graphiques, les diagrammes, les abaques, etc., rendent de très grands services à toutes les sciences ; leur usage prend une extension de plus en plus grande. La logique même emploie quelquefois des graphiques pour représenter des propositions et des raisonnements. Les représentations graphiques employées par la logique sont, en général, des cercles concentriques ou des ellipses qui s'entre-croisent.

En voulant choisir des exemples pour montrer comment on représente à l'aide des graphiques de simples faits d'observation et des lois, nous n'avons que l'embarras du choix. Pour mettre de l'ordre et de la clarté dans l'exposition des exemples choisis, nous commencerons par les moyens les plus simples de représentations graphiques, et, graduellement, d'exemple en exemple, nous irons vers des représentations de lois et de faits de plus en plus complexes.

§ I. — *Droites, colonnes, surfaces.*

A. — Un phénomène quelconque peut être représenté à l'aide d'une seule ligne divisée, c'est-à-dire à l'aide d'une *échelle.* Voici un exemple de ce mode de représentation :

Le spectre solaire peut être représenté par un trait divisé en parties proportionnelles aux longueurs d'onde ou aux fréquences des vibrations. Ces deux modes de représentations se valent au fond ; mais, en général, l'échelle des longueurs d'onde a été préférée et a été employée parce qu'elle a l'avantage d'être directement réalisée par les réseaux.

Avec une échelle proportionnelle aux longueurs d'onde, les divisions de l'échelle du côté de l'infra-rouge sont énormes ; avec un échelle proportionnelle aux fréquences des vibrations, les divisions de l'échelle du côté de l'infra-violet sont énormes. C'est là un inconvénient de ce mode de représentation.

Pour éviter ces inconvénients, Lord Rayleigh (*Nature*, 1885, XXVII, 559) a proposé, le premier, l'échelle logarithmique. — Guillaume (*Revue gén. des Sc.*, 1899, 5) a montré l'intérêt qu'offre l'échelle logarithmique pour la représentation d'une grande étendue du spectre.

La fig. 39 représente le tableau que Guillaume a dressé de l'ensemble du spectre. Ce tableau comprend, en dehors du spectre visible, qui s'étend à peu près sur une octave (de 0,4 μ à 0,8 μ), les deux octaves de l'ultra-violet (0,1 μ à 0,4 μ) et six octaves de l'infra-rouge (0,8 μ à 61 μ), explorées dans ces dernières années. On voit, de plus, sur ce tableau, qu'il reste encore une région inconnue, comprenant environ cinq octaves, qui s'étend des ondes calorifiques les plus longues que l'on ait mesurées jusqu'aux ondes électriques les plus courtes (4^{mm}) observées par Lampa.

Ce tableau nous montre que la représentation du spectre à l'aide de l'échelle logarithmique présente les avantages suivants :

a) Elle est absolument symétrique par rapport aux longueurs d'onde et évite ainsi tout développement exagéré de la figure vers l'infra-rouge. Il en serait de même si l'échelle logarithmique correspondait aux fréquences des vibrations; dans ce cas, on n'aurait pas un développement exagéré de la figure vers l'ultra-violet.

b) Elle correspond exactement à la division par octaves, usitée en acoustique. A une même différence de longueurs des divisions correspond toujours le même rapport des longueurs d'ondes ou des fréquences.

c) Elle permet de représenter sur une même feuille les propriétés spectrales d'un corps depuis l'extrême ultra-violet jusqu'à l'extrême infra-rouge, sous une forme qui les fait ressortir avec la même netteté dans toutes les régions du spectre. Cela tient à ce que les propriétés varient d'une manière beaucoup plus régulière quand on fait varier la longueur d'onde par *progression géométrique* au lieu de la faire varier par *progression arithmétique*.

B. — *a*) On peut représenter une quantité quelconque par une *colonne*. En subdivisant une colonne, et en teintant différemment les divers segments, on peut représenter les

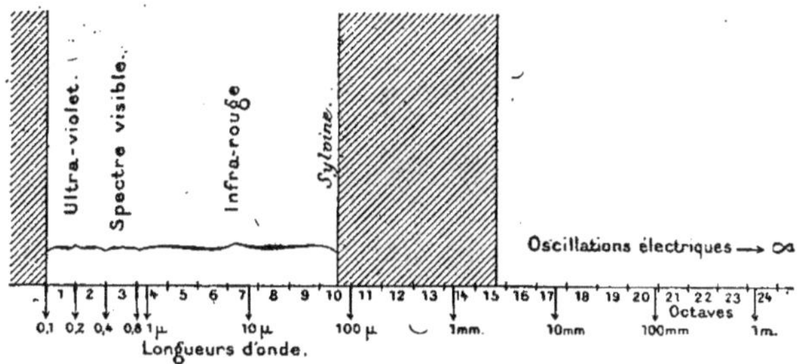

Fig. 39. — Représentation graphique du spectre solaire.

diverses variétés qui font partie de la quantité représentée par la grande colonne. Une telle représentation des faits s'appelle représentation en *grandeurs scalaires*. Par exemple, pour représenter la mortalité par an pour mille habitants dans un pays, on procède de la façon suivante : on représente le nombre total des morts par une grande colonne et dans celle-ci on fait plusieurs subdivisions correspondant aux maladies qui ont provoqué la mort. La colonne totale de la mortalité est ainsi formée d'un ensemble d'assises.

Voici un exemple de ce genre de représentation : La ventilation pulmonaire (fig. 40). Les explications indiquées sur la figure nous dispensent de tout commentaire.

b) En mettant côte à côte plusieurs colonnes représentant en grandeurs scalaires un fait, on obtient un tableau qui rend saisissable au premier abord un phénomène complexe.

Naturellement, les colonnes peuvent être verticales ou horizontales. Voici quelques exemples de ce mode de représentation.

1. La figure 41 représente un tableau dans lequel les colonnes sont disposées en rangées horizontales. Les parties hachurées des colonnes indiquent les pertes subies, à la fin de l'inanition par 100 grammes des tissus les plus importants de l'organisme; les parties blanches montrent ce qui reste au moment de la mort. Ce tableau montre immédiatement que la graisse est le tissu qui subit la plus grande perte, tandis que le cœur est l'organe qui subit la moindre perte.

2. On trouve dans le livre de Marey (*La Méthode graphique*) un tableau remarquable de *chronologie graphique* représentant en grandeurs scalaires la durée des règnes des souverains de la maison de Hanovre, depuis Georges Ier jusqu'à la reine Victoria. — Dans ce tableau, qui est extrait d'une intéressante publication de J. Russell (*Chronological,*

historical and statistical Diagram from the year 1600 to the present time), une bande teintée formée de hachures représente la durée de la vie de chacun des souverains; cette bande commence à la date de la naissance, qu'on lit sur la ligne horizontale supérieure du tableau, et finit à la date de la mort. La durée du règne est figurée par une bande noire. — Les généalogies se comprennent aisément, car la bande qui correspond à la vie de chaque souverain se détache de celle qui mesure la vie de son père comme une branche se détache d'un tronc. — Au bas du tableau, une ligne horizontale, coupée en tronçons de longueurs variables, exprime, pour l'Angleterre, les périodes alternatives de paix et de guerre pendant l'espace de temps considéré.

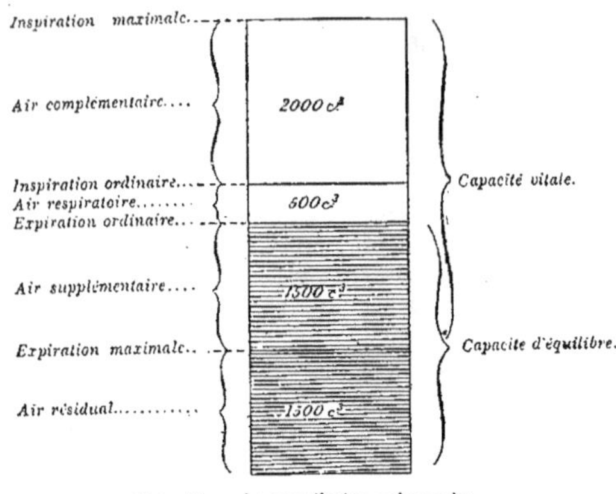

Fig. 40. — La ventilation pulmonaire.

3. La figure 42, empruntée à Chauveau, représente l'élasticité musculaire de l'homme quand le raccourcissement et la charge varient en sens inverse. Les résultats d'une expérience sont représentés par un groupe de trois colonnes. Dans chaque groupe, la colonne *a* représente le raccourcissement musculaire, la colonne *b*, la charge soutenue ou la résistance équilibrée, la colonne *c*, la force élastique créée pour équilibrer la charge. La partie claire, à la base de cette dernière colonne, représente l'élasticité effective ou le travail statique qu'elle accomplit.

4. Citons encore, comme exemples de ce mode de représentation, les tableaux à colonnes d'Arthaud et Butte représentant l'action du pneumogastrique sur la sécrétion rénale; ceux de Laulanié représentant la marche des combustions et du quotient respiratoire en fonction du travail musculaire et du repos consécutif.

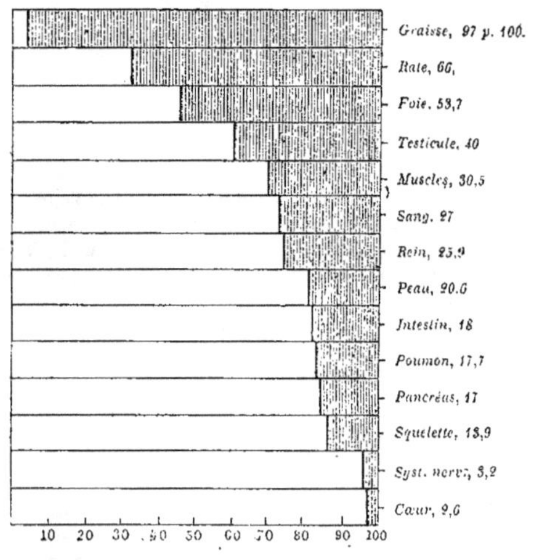

Fig. 41. — Pertes du poids des tissus pendant l'inanition.

C.— Au lieu de colonnes on peut employer des *surfaces* de formes diverses. Ainsi Levasseur, dans sa *Statistique graphique* de 1885, a employé des *rectangles* et des *carrés* pour représenter, par des aires proportionnelles, d'une part les superficies, de l'autre, les populations des divers États du globe. Cheysson, dans ses travaux de statistique graphique, a donné aux surfaces représentatives du mouvement maritime des ports français, la forme d'*éventails* disposés en demi-cercle. Dans ce dernier mode de représentation, la mesure visuelle des rapports n'est pas seulement provoquée par des éléments superficiels, mais aussi par des éléments linéaires, car chacun des éventails est partagé par des secteurs dont les rapports mutuels de grandeur résultent simplement de l'arc qu'ils embrassent.

§ II. — *Coordonnées rectilignes.*

Le résultat des expériences qu'on fait pour déterminer la loi d'un phénomène consiste en général en une série de chiffres que l'on réunit en un tableau. Ces chiffres permettent quelquefois d'établir une formule. Dans ce cas, la loi du phénomène se présente plus facilement à l'esprit que sous forme de tableau. Pour avoir la loi en

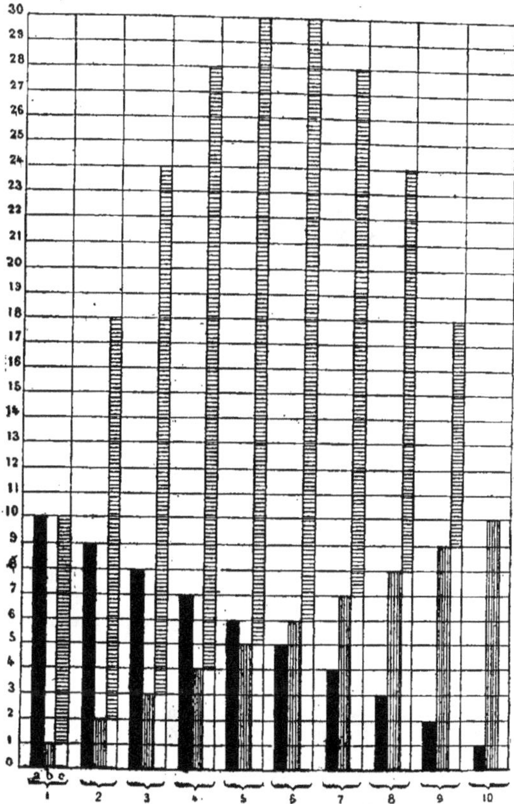

Fig. 42. — Variations de l'élasticité musculaire de l'homme en fonction du raccourcissement et de la charge.

question sous forme de courbe, il suffit de prendre les chiffres du tableau sur les axes d'un système de coordonnées.

Rien de plus simple que de représenter un phénomène en coordonnées orthogonales, quand dans la loi de ce phénomène il n'entre que deux variables : il suffit de porter l'une sur l'abscisse et l'autre sur l'ordonnée et de réunir par une courbe les points de rencontre des abscisses avec les ordonnées correspondantes.

Le choix des échelles de graduation des axes des coordonnées n'est pas indifférent. Le *graphique*, ou *diagramme*, est *mou*, si l'échelle des ordonnées et trop faible par rapport à celle des abscisses, car alors les différences des hauteurs de la courbe sont peu accusées. — Le graphique au contraire devient *criard*, si l'échelle des ordonnées est trop forte, car alors certaines differences s'accentuent trop énergiquement.

Quand un phénomène présente deux ordres de variations : des variations représentées par des valeurs faibles, d'autres, au contraire, par des valeurs considérables, on rencontre de grandes difficultés pour sa représentation graphique. — On ne peut le représenter autrement, qu'en ayant recours à deux échelles différentes, avec deux champs différents.

Des représentations des phénomènes par une courbe construite à l'aide de coordonnées rectilignes se rencontrent à chaque pas dans toutes les sciences. — Nous en donnerons quelques exemples pour montrer les avantages considérables que présente, au point de vue de la compréhension des phénomènes, ce mode de représentation.

A. Physique. — **I. L'une des variables est le temps, l'autre l'espace.** — 1) La représentation graphique du mouvement, c'est-à-dire de l'espace parcouru par le mobile avec le temps, s'obtient très facilement. Il suffit de marquer sur l'axe des abscisses les variations du temps, et sur l'axe des ordonnées les variations de l'espace parcouru.

En réunissant par une courbe les points de rencontre des abscisses et des ordonnées, on obtient la courbe du mouvement. De cette façon, on voit mieux toutes les circonstances d'un mouvement, même quand la loi du mouvement se présente sous la forme d'une relation analytique de la forme :

$$S = f(t),$$

entre le temps (t) et l'espace (s).

Précisons la relation entre le temps et l'espace, en prenant l'équation suivante :

$$S = \cos t,$$

comme représentant la loi du mouvement. Dans ce cas, la courbe représentative du mouvement est une sinusoïde. Cette courbe montre qu'à l'origine du temps, le mobile était à une distance de l'origine égale à 1, puis il se rapproche, repasse à l'origine lorsque $t = \frac{\pi}{2}$, la dépasse d'une quantité egale à 1 et revient sur ses pas, accomplissant ainsi de part et d'autre de l'origine des oscillations d'égale amplitude.

2) La courbe obtenue en construisant $S = f(t)$ est désignée quelquefois sous le nom de *courbe de l'espace*. Il ne faut pas confondre une telle courbe avec la trajectoire du point mobile. — De même, il ne faut pas confondre la courbe de l'espace parcouru et la *courbe de la vitesse* avec laquelle l'espace est parcouru.

La courbe des espaces permet de construire graphiquement la courbe de la vitesse, en déterminant la grandeur de la vitesse à tous les points de la courbe de l'espace, et en portant ces grandeurs comme ordonnées au-dessus de l'axe des x.

Pour déterminer la grandeur de la vitesse à un point de la courbe de l'espace, on procède de la façon suivante : à chaque point de la courbe des espaces, on mène une tangente à cette courbe et on la prolonge jusqu'à la rencontre de l'axe des x ou d'une parallèle à cet axe. De ce point de rencontre comme centre, avec une longueur quelconque comme rayon, on trace l'arc de l'angle formé par la tangente et l'axe des x; la tangente trigonométrique de cet angle donnera la valeur de la vitesse.

Dans une série de déterminations successives, il faut, pour tracer les arcs de la série des angles obtenus, se servir de la même ouverture de compas. La série des tangentes de ces angles fournira les rapports des différentes vitesses, et permettra de construire la courbe des vitesses. — Celle-ci est obtenue de la façon suivante : à chaque division du temps prise sur l'abscisse, on élève une ordonnée égale à la grandeur de la vitesse correspondant à la même division du temps. La courbe de la vitesse d'un mouvement quelconque est représentée par l'équation : $V = f'(t)$.

En appliquant à la courbe de la vitesse une construction identique à celle qui a été appliquée à la courbe des espaces, on pourra construire graphiquement la courbe des valeurs de l'*accélération*.

3) Parmi les applications pratiques de la représentation graphique d'un mouvement, citons les tableaux de la marche des trains. Avec un tel tableau, un employé sait exactement l'heure du passage de tous les trains en chaque point de la ligne, le lieu de croisement des trains qui montent avec ceux qui descendent, la vitesse absolue

de chacun d'eux, les temps de marche et ceux d'arrêts, les heures de départ et celles d'arrivée.

L'invention de tels tableaux est due à IBRY (1845).

On trouve dans le livre de MAREY un tableau représentant la marche des trains entre Paris et Lyon. Sur l'axe des ordonnées de ce diagramme, on lit la série des stations, c'est-à-dire les divisions de l'espace à parcourir; l'écartement des stations entre elles est proportionnel aux distances kilométriques qui les séparent. — Sur l'axe des abscisses sont comptées les divisions du temps en heures, partagées elles-mêmes en subdivisions de 10 minutes chacune. La largeur du tableau est telle que les 24 heures du jour y sont représentées, commençant à 6 heures du matin et finissant à la même heure du soir.

A des instants successifs, le train occupe des points toujours différents du tableau. La série de ces points donne naissance à une ligne qui est descendante et oblique de gauche à droite pour les trains venant de Paris, tandis qu'elle est ascendante et oblique dans le même sens pour les trains montant sur Paris. Les arrêts sont représentés par des lignes horizontales en face des stations. — Les rapides sont tracés par un trait plus fort. — Le croisement des trains a lieu à l'entre-croisement des traits.

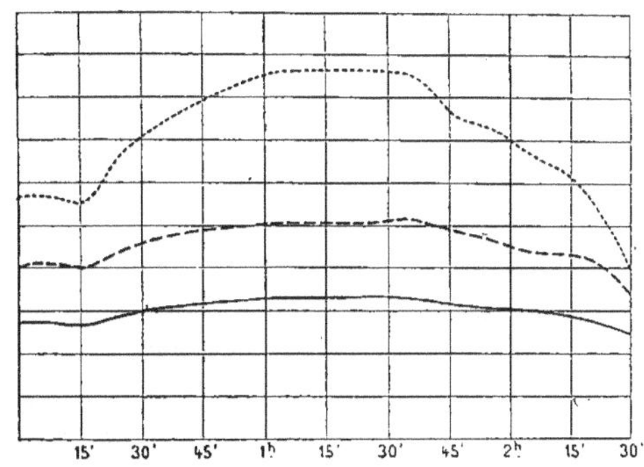

FIG. 43. — Variations de l'intensité, du potentiel et de la puissance d'un courant électrique en fonction du temps.

II. — Variations des phénomènes électriques avec le temps. — En prenant le temps sur l'axe des abscisses, on peut prendre sur l'axe des ordonnées des longueurs proportionnelles soit à l'intensité du courant, soit au potentiel, soit enfin à la puissance. Dans le premier cas, l'échelle des ordonnées représente des ampères, dans le second des volts et dans le troisième des watts.

Les trois diagrammes représentant les variations de l'intensité, du potentiel et de la puissance, ayant une échelle commune, celle du temps, marquée sur l'abscisse, peuvent être superposés. C'est ce qu'on a fait sur la fig. 43. De cette façon, on saisit mieux d'un seul coup d'œil les relations qui existent non seulement entre une des variables et le temps, mais aussi entre toutes les variables.

La figure 43 représente les variations des éléments d'une pile du colonel RENARD. La courbe en trait continu représente le voltage, un volt correspondant sur l'échelle des ordonnées à $0^{mm}5$. La courbe en trait discontinu représente l'intensité du courant débité par la pile, un ampère correspondant, sur l'échelle des ordonnées, à une longueur de 5^{mm}. Enfin, la troisième courbe, en pointillé, représente la puissance du courant électrique, un *watt* correspondant sur l'échelle des ordonnées à une longueur de $0^{mm}25$.

III. — Variations du volume d'un corps avec la température et en fonction du temps. — 1) En portant sur l'axe des abscisses d'un système de coordonnées le degré de température et sur l'axe des ordonnées les variations de volume rapportées au volume primitif à zéro, on obtient la courbe des variations de volume d'un corps en fonction de la température.

C'est ce qu'on a fait pour obtenir les diagrammes des fig. 44 et 45. — La figure 6 représente, d'après ERMANN, les variations de volume de l'alliage de ROSE (alliage formé de deux parties de bismuth, une de plomb et une d'étain). — En regardant cette figure, on voit dès le premier abord que la variation de volume pendant la fusion n'a aucune influence sur le volume final, qui serait celui d'un solide s'étant [illegible] régulièrement, car la ligne D E de dilatation semble être le prolongement de la ligne O A. — En examinant de près cette courbe, on voit que, pendant l'échauffement, le volume présente un maximum à 43° (A), ensuite l'alliage se contracte rapidement et son volume présente un minimum à 68°. A partir de 68°, le volume augmente de nouveau jusqu'à 93° (C) environ, où le métal est complètement fondu. — En continuant l'échauffement, on provoque une dilatation rapide jusqu'à 100° (D) environ : ensuite la dilatation est régulière et la ligne D E qui la représente semble être la continuation de la ligne O A.

La courbe de la fig. 45 représente, toujours d'après ERMANN, les variations de volume

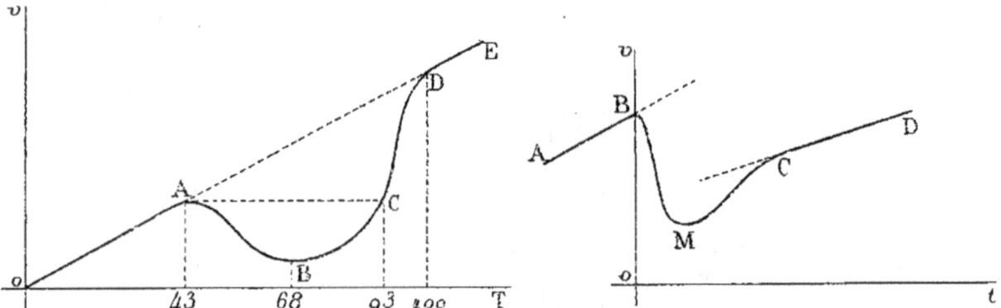

FIG. 44. — Variations du volume de l'alliage de Rose.

FIG. 45. — Variations du volume de l'eau.

de l'eau en fonction de l'échauffement. Les lignes A B et C D représentent les dilatations de la glace et de l'eau. Le point B, maximum, correspond à la fusion à 0° et le point M au minimum de volume à 4°.

2) On peut représenter sur un diagramme les relations qui existent entre les variations de volume et la température en fonction du temps. — C'est ce qui a été fait sur la fig. 46, empruntée à GUILLAUME. La courbe O A B C D représente les variations de volume d'une masse de verre qu'on chauffe successivement à des températures différentes (Θ_1, Θ_2). — Sur l'axe des abscisses se trouve marqué le temps (T); sur l'axe des ordonnées des diminutions de volume, c'est-à-dire des contractions (— V).

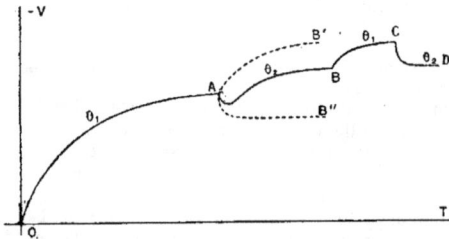

FIG. 46. — Variations des contractions (— V) d'une masse de verre en fonction de la température et du temps.

En analysant cette figure, on voit comment la contraction se produit lentement, suivant la courbe *O A*, quand la masse de verre est à la température Θ_1. — A une autre température, Θ_2, le verre se dilate d'abord rapidement (courbe descendante) et ensuite se contracte lentement, suivant la courbe *A B*. Ramenée de nouveau à la température Θ_1, la masse de verre se contracte de nouveau, suivant la courbe *B C*. Enfin ramené à Θ_2, le verre reprend les mêmes valeurs qu'à la fin du premier recuit à cette température.

IV. — **Statique des fluides. Température, volume et pression.** — Les relations qui existent entre les variations de la température, du volume et de la pression ont été représentées graphiquement de la façon suivante :

1) La figure 47 montre comment CLAPEYRON a représenté l'état d'un corps dont le volume est *v* et la pression *p* à un instant donné. — Sur l'axe des abscisses d'un système de coordonnées se trouvent marquées les valeurs *v* du volume et sur l'axe des ordonnées les valeurs *p* de la pression du gaz. A deux valeurs déterminées des coordonnées *v* et *p* correspond un point figuratif (A) du plan.

Si le point figuratif se déplace de *A* en *B* sur une parallèle à l'axe de *O p*, cela signifie que, le volume du gaz restant constant, on a augmenté la pression en augmentant la température; si au contraire le point figuratif se déplace de *B* en *C* suivant une parallèle à l'axe *O v*, cela signifie que, la pression étant maintenue constante, un accroissement de température a provoqué un accroissement correspondant du volume.

Suivant ce mode de représentation, on trace soit une série de *lignes isothermes*

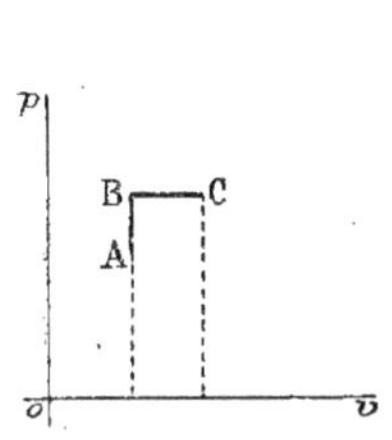

FIG. 47. — Variations de volume d'un gaz en fonction de la pression.

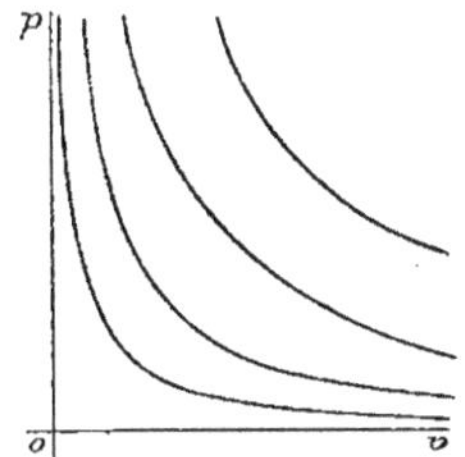

FIG. 48. — Lignes isothermes.

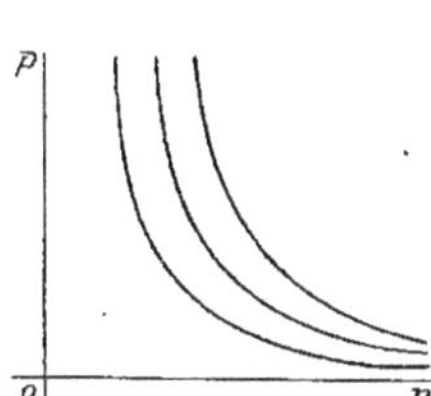

FIG. 49. — Lignes adiabatiques.

(fig. 48), représentant les transformations d'une masse gazeuse à température constante, soit une série de *lignes adiabatiques* (fig. 49), représentant les transformations d'une masse gazeuse à chaleur constante. — La forme générale de ces courbes rappelle celle des hyperboles équilatérales.

2) La figure 50 représente une série de lignes isothermes qui montrent la relation qui existe entre le volume et la pression d'une vapeur à différentes températures. — Dans cette figure, les pressions, au lieu d'être marquées sur l'axe des ordonnées,

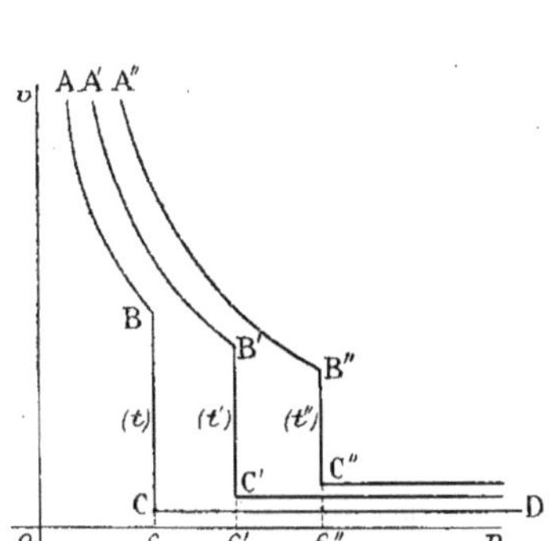

FIG. 50. — Variations du volume et de la pression d'un gaz à différentes températures.

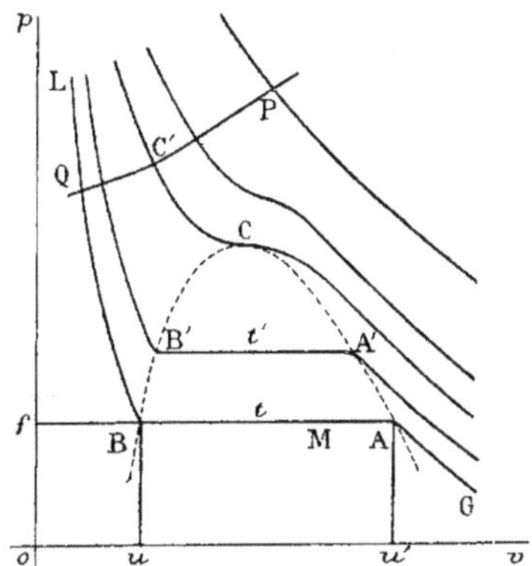

FIG. 51. — Lignes isothermes d'ANDREWS.

comme dans les figures précédentes, sont prises sur l'axe des abscisses. — En examinant la branche de courbe *A B* de la ligne A B C D, correspondant à la température (*t*), on voit qu'elle indique que, au fur et à mesure que le volume diminue, la pression augmente suivant à peu près la loi de MARIOTTE. — La droite *B C*, de la même ligne isotherme, parallèle à l'axe *Ov*, montre que si l'on continue à diminuer le volume de la vapeur, il arrive un moment où la force élastique, qui a toujours été en croissant, cesse d'augmenter et demeure invariable; en même temps la vapeur commence à se condenser en une goutte liquide. A ce moment, la vapeur saturante a atteint la force maximum correspondant à cette température. La branche $C D$ de la courbe, qui est une droite sensiblement parallèle à Op, représente les faibles variations de volume subies par le liquide provenant de la condensation de toute la vapeur sous l'influence d'une pression toujours croissante.

Les courbes A'B'C'D', A''B''C''D'', obtenues à des températures plus élevées (t', t''), sont analogues à la courbe A B C D que nous venons d'analyser. Les portions rectilignes B' C', B'' C'' de ces isothermes (correspondant à l'existence simultanée du

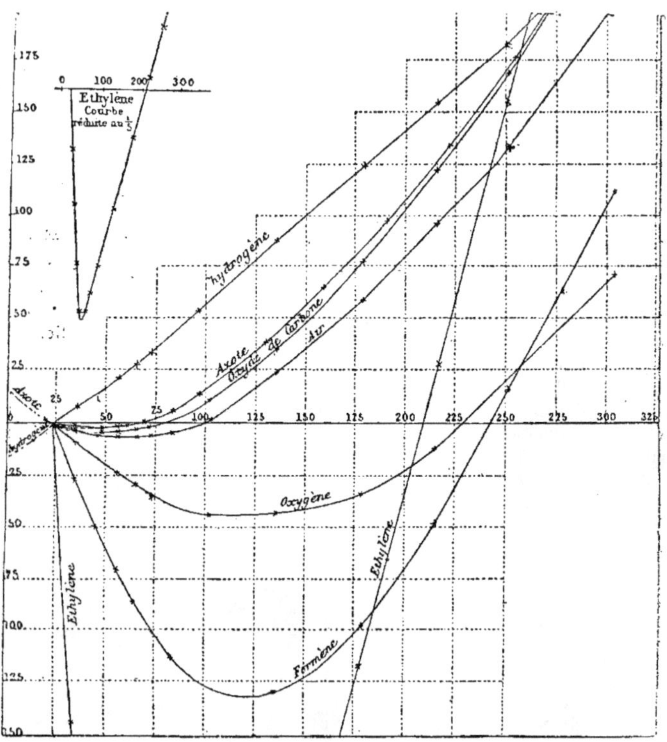

Fig. 52. — Courbes de la compressibilité des gaz d'après Amagat.

liquide et de la vapeur) diminuent de longueur à mesure que la température augmente.

3) La figure 51 représente un tableau de lignes isothermes construit par Andrews Dans cette figure, les abscisses représentent les variations de volume d'une vapeur; les ordonnées, les variations de pression. Sur l'une des courbes G A B L, l'ordonnée commune aux points A et B mesure la force élastique maximum à la température t, à laquelle a été construite cette isotherme; les abscisses u' et u des points extrêmes de la droite $A B$ sont les volumes spécifiques de la vapeur et du liquide dans les mêmes conditions de température et de pression (f et t); au point A, la vapeur est saturée, la liquéfaction commence, au point B, elle est totale, et en un point intermédiaire M, les distances MB, MA sont proportionnelles aux poids du liquide formé et de vapeur restante.

A une température supérieure t', les points A' et B' se rapprochent; ils se confondent à la température critique en C où la ligne isotherme présente un point d'inflexion et une tangente horizontale.

La courbe qui joint les points A, A', C, B', B sépare le plan en deux régions. Dans l'intérieur de la courbe, en un point M, le fluide se présente simultanément sous les deux états. A une même température et à une même pression, correspondent une infinité de volumes entre u et u'.

A l'extérieur de la courbe, une température et une pression données suffisent à définir le volume correspondant, et, si la température est supérieure à la température critique, les deux états distincts de la matière ne se montrent plus simultanément. Si l'on imagine que, par des transformations, on fasse suivre au corps la courbe PQ, le corps passera totalement de l'état gazeux à l'état liquide en c' sans aucune transition appréciable : il existe donc une continuité de l'état gazeux à l'état liquide dans toute cette région du plan.

4) La figure 52 représente les résultats des études d'Amagat sur la compressibilité des gaz sous des pressions très fortes et à température constante. Dans cette figure, les abscisses sont proportionnelles aux pressions (p), et les ordonnées sont proportionnelles au produit de la pression par le volume (pv).

En examinant ce tableau, on voit que l'azote commence à se comprimer plus que ne l'exige la loi de Mariotte, comme Regnault l'avait annoncé. Cet écart passe par un minimum, puis il change de signe, de sorte que, à une pression très considérable, l'azote se comporte comme se comportait l'hydrogène dans les expériences de Regnault, et se comprime moins que la loi de Mariotte ne l'indique.

On retrouve ce minimum bien accentué pour tous les gaz étudiés par Amagat : air, oxygène, hydrogène, oxyde de carbone, formène, éthylène. Pour l'éthylène, ce minimum est placé tellement bas qu'il sort des limites de la figure. Cette courbe de l'éthylène, réduite au $\frac{1}{5}$, se trouve représentée, en haut, dans un coin de la figure.

La courbe de compressibilité a donc, pour tous les gaz, la forme générale suivante : Une branche descendante, un minimum, ensuite une branche ascendante. L'hydrogène, qui sur la figure paraît faire exception à cette règle, en réalité n'en fait pas. V. Wroblewski a montré qu'on retrouve aussi pour ce gaz la branche descendante et le minimum de pv si l'on expérimente à de très basses températures.

V. — **Thermodynamique. Représentation graphique du travail. Cycle.** — 1) Quand, à la suite des transformations qu'un corps subit, le point figuratif qui représente la relation entre le *volume* et la *pression* décrit d'abord l'arc AMB (fig. 53) et ensuite revient en A en décrivant l'arc BNA, c'est-à-dire quand le point figuratif décrit une figure fermée, l'état final du corps étant identique à son état initial, on dit que le corps a parcouru un *cycle fermé*.

2) Soit AB (fig. 54) une courbe représentant la relation qui existe entre les variations de volume et de pression d'un corps, le volume étant marqué sur l'axe des abscisses, la pression sur l'axe des ordonnées. *Le travail* du corps, qui a subi des transformations telles que le point figuratif décrit la courbe AB, a pour valeur *l'aire curviligne comprise entre la courbe, l'axe des volumes et les deux ordonnées extrêmes*, c'est-à-dire $AabB$.

Il est convenu de prendre comme *positif* le travail effectué par le corps quand le point figuratif décrit la courbe, en allant de A en B, et comme *négatif* si le point parcourt la courbe de B en A.

3) *Quand un corps parcourt un cycle fermé, le travail a pour représentation géométrique l'aire de la courbe qui représente le cycle fermé.*

Soit le cycle fermé $AMBN$ (fig. 55). Menons deux tangentes parallèles à l'axe Op. Imaginons que le corps subisse la transformation d'une façon telle que le point figuratif décrive la courbe représentative dans le sens des aiguilles d'une montre. Pendant qu'il décrit l'arc AMB le travail est positif et est représenté par l'aire $AMBba$; quand il revient de B en A, le travail est négatif et représenté par $ANBba$, qu'il faut prendre en signe contraire, c'est-à-dire retrancher de l'aire $AMBba$. Le travail total est donc mesuré par l'aire de la courbe fermée (représentée sur la figure avec des hachures simples).

Le travail est pris positivement quand le corps décrit un cycle fermé de façon que la trajectoire du point figuratif est parcourue dans le sens des aiguilles d'une montre ; il est pris négativement dans le cas contraire.

4) Parmi le nombre infini de cycles qu'on peut faire décrire à un corps, il est un cas particulier très intéressant : c'est celui qui a reçu le nom de *Cycle de Carnot*. Ce cycle, représenté par la fig. 56, est formé de deux portions d'isothermes infiniment voisines, AB et CD, aux températures T_1 T_2, et de deux portions de courbes adiabatiques AD et BC, également très voisines. Si ce cycle est parcouru dans un sens, cela correspondra au cas où la chaleur se transforme en travail ; s'il est parcouru en sens contraire, cela correspondra au cas où le travail sert à fournir de la chaleur. Un pareil cycle est entiè-

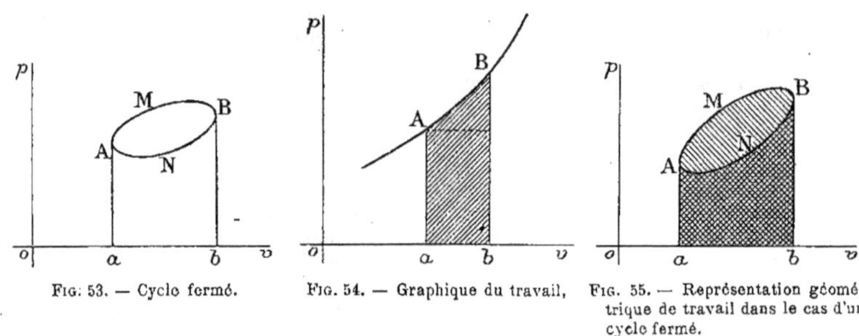

Fig. 53. — Cycle fermé.

Fig. 54. — Graphique du travail.

Fig. 55. — Représentation géométrique de travail dans le cas d'un cycle fermé.

rement réversible et par conséquent le rendement du moteur thermique qui l'aura décrit sera maximum.

5) Pour montrer comment on interprète un cycle, nous allons donner deux exemples de cycles décrits par l'air de deux machines à air chaud.

a) Dans la machine de Robert Stirling (1816), à laquelle correspond le cycle de la figure 57, il y a deux transformations à volume constant. Supposons d'abord l'air à une pression et à une température élevées ; soit A la position du point représentatif. Dans la première phase, l'air se détend à température constante Θ_1 en poussant un piston P. Le point figuratif décrit le tronçon d'isotherme AB, la machine fournit du travail et le foyer fournit de la chaleur pour maintenir constante la température de l'air ; Dans la deuxième phase, l'air déplacé par un piston auxiliaire P' imperméable à la chaleur, traverse un volume constant, le régénérateur de chaleur et s'y refroidit jusqu'à atteindre une certaine température Θ_2 : le point figuratif décrit la parallèle BC à l'axe des pressions : la machine ne fournit pas de travail. Dans la troisième phase, l'air est comprimé, à la température constante Θ_2 par le piston P qui revient en arrière : le point figuratif décrit le tronçon d'isotherme CD, la machine consomme du travail et une source froide reçoit de la chaleur en maintenant l'air à la température basse Θ_2. Dans la quatrième phase, l'air déplacé par le piston auxiliaire P' qui revient en arrière, traverse à volume constant les régénérateurs de chaleur et s'y réchauffe jusqu'à atteindre la température primitive Θ_1 ; le point figuratif décrit la parallèle DA à l'axe des pressions : la machine ne fournit pas de travail. Tout est ainsi revenu à l'état initial.

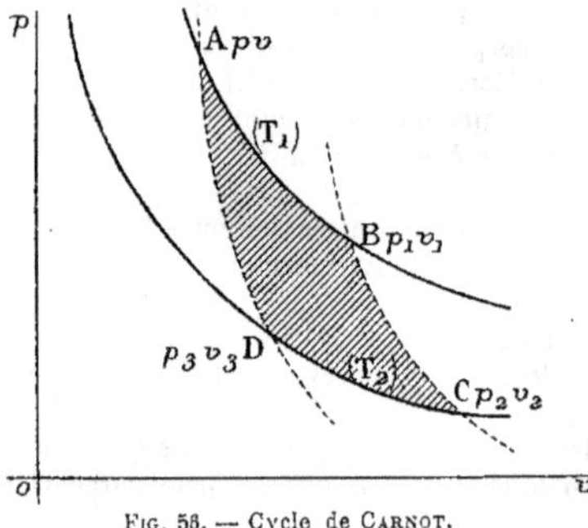

Fig. 56. — Cycle de Carnot.

b) Dans le cycle de la figure 58 correspondant à la machine d'Ericcson (1872-1856), il y a des transformations à pression constante. L'analyse de cette figure se rapprochant de l'analyse du cycle précédent, nous trouvons qu'il est inutile de la faire.

6) Gibbs a préconisé l'introduction en thermodynamique d'un diagramme différent du diagramme classique de Clapeyron, et que, depuis quelques années, certains ingé-

nieurs emploient couramment dans l'étude des machines thermiques. Ce diagramme consiste à prendre pour variables, non plus le volume spécifique v et la pression p, mais l'entropie S (rapportée à l'unité de masse) et la température absolue T.

On a pour la chaleur, dans le système aux variables ST, la représentation graphique qu'on avait pour le travail dans le diagramme de Clapeyron.

Brunhes (B) (1901) a montré l'intérêt que présente le diagramme entropique, aussi bien en physique appliquée qu'en physique pure.

Pour un corps bien déterminé et bien étudié, gaz parfait, gaz réel, mélange de liquide et de vapeur il n'est pas toujours facile, mais il est toujours possible de passer des variables (v, p) aux variables (S, T).

Brunhes a étudié les propriétés essentielles du diagramme (S, T) et ensuite il en a montré l'application aux moteurs à gaz.

Le mode de représentation géométrique de Willard Gibbs est plus rationnel que

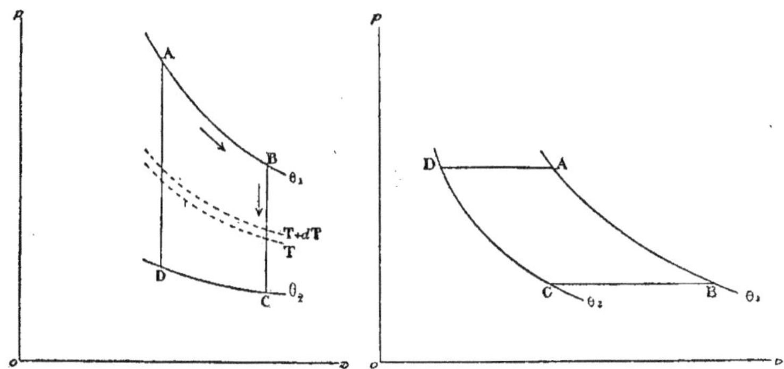

Fig. 57 et 58. — Cycles de deux machines à air chaud.

celui qu'a imaginé Clapeyron. Il permet, en quelque sorte, de peindre aux yeux les lois de la thermodynamique, et les conditions qu'elles imposent aux diverses transformations de la matière.

Toutes les lignes tracées sur une surface thermodynamique de Gibbs représentent un changement réversible. On distingue des *surfaces primitives, surfaces physiques, surfaces chimiques, lignes d'isodissociation* ou *lignes isochimiques.*

7) Saussure, dans ses travaux sur la *thermodynamique graphique* (1895), a fait des essais de transformations thermodynamiques en choisissant les coordonnées de façon que le plus grand nombre possible des éléments variables qui accompagnent ces transformations, tels que les coefficients de dilatation sous pression constante et sous volume constant, soient représentés graphiquement par des grandeurs géométriques, ne dépendant que de la forme et de la position du cycle de transformation rapporté à ces coordonnées.

Dans le système de représentation qu'il a adopté, et que nous ne pouvons pas exposer ici, comme la plupart des éléments variables qui accompagnent toute transformation ont une signification géométrique, il en résulte une simplification dans la démonstration de quelques théorèmes thermodynamiques.

VI. — **Acoustique.** — On représente graphiquement la distribution des pressions, à un instant déterminé, dans un tuyau d'orgue, en prenant comme axe des abscisses la longueur du tuyau et en portant de chaque côté de cet axe x y, sur l'ordonnée, la différence entre la pression dans la tranche correspondante et sa valeur moyenne, différence qu'on appelle élongation. On trace, pour un même instant, le système des ondes incidentes et celui des ondes réfléchies. La somme algébrique des ordonnées de ces courbes, qui correspondent à un même point de l'axe, donnera l'élongation réelle en ce point, à l'instant considéré.

La figure 59 représente la forme des ondes sonores dans un tuyau fermé. La sinusoïde S représente les ondes incidentes, et S_1, cette courbe prolongée au delà du fond M. Les ondes réfléchies sont de même nature que les ondes incidentes dont elles proviennent et s'obtiendront, par conséquent, en prenant le symétrique de la partie S_1 dans le plan M. On voit alors que, dans les tranches n, n_1, n_2..., les élongations composantes sont toujours égales et de même signe et s'ajoutent. Ces tranches sont fixes, leur distance mutuelle est d'une demi-longueur d'onde et la pression y subit des variations périodiques dont l'amplitude est le double de celle des ondes incidentes. Ces tranches constituent les nœuds.

Au contraire, dans les tranches v_1, v_2, v_3..., qui sont à égale distance des nœuds, les élongations sont toujours égales et de signe contraire. Leur résultante est toujours

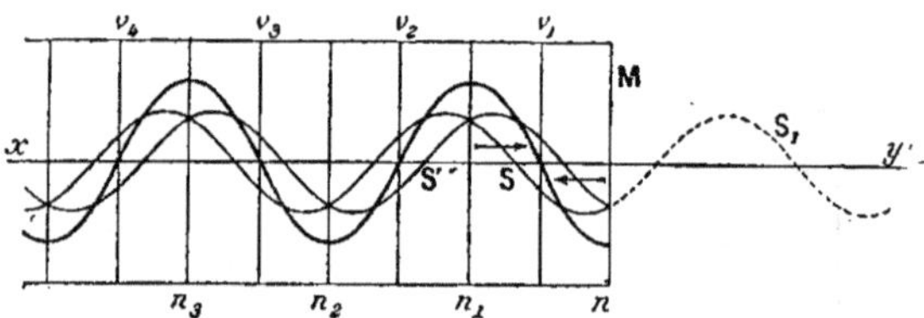

Fig. 59. — Diagramme des ondes sonores dans un tuyau fermé.

nulle, c'est-à-dire que la pression y reste immobile : v_1, v_2, v_3, sont appelés les ventres.

VII. — **Optique.** — 1) La répartition de l'énergie dans le spectre d'un corps peut être représentée graphiquement en prenant comme abscisses les longueurs d'onde et comme ordonnées l'énergie mesurée à l'aide d'un bolomètre. C'est ainsi que Lummer (fig. 60) a représenté la répartition de l'énergie dans le spectre d'un corps noir. En faisant la détermination de l'énergie, le corps noir étant porté à différentes températures, Lummer a tracé les différentes courbes superposées de cette figure.

2) La figure 61, empruntée à Rydberg, montre les rapports qui existent entre les valeurs de certains éléments du spectre émis par un corps et sa masse atomique. Les premières valeurs sont prises sur l'axe des ordonnées; les secondes, sur l'axe des abscisses.

Voici un passage extrait du travail de Rydberg, qui fera comprendre l'importance de ce graphique :

« On sait que quand la valeur et la masse atomique augmentent, les spectres deviennent de plus en plus compliqués, mais l'expérience a montré jusqu'ici qu'à chaque raie au moins d'un spectre plus simple correspond toujours une raie au moins d'un spectre plus compliqué. De sorte qu'on peut dire en général que *le nombre d'ondes qui correspond à une forme de vibration quelconque est une fonction périodique de la masse atomique de l'élément.*

« On peut donc former autant de fonctions périodiques qu'il y a de modes de vibration différents dans un spectre quelconque et en outre toutes les constantes des équations varient périodiquement. Comme ces fonctions suivent à peu près la même marche, il est toujours possible d'interpoler, avec une certaine approximation, la position d'une raie ou d'une série quelconque d'un élément, quand on connaît cette marche générale des fonctions. »

VIII. — **Solubilité.** — 1) La solubilité d'un sel à différentes températures peut être représentée graphiquement, comme l'a fait Gay-Lussac. Sur les abscisses (fig. 62), est marquée la température, et on prend sur les ordonnées des longueurs proportionnelles aux poids de sel dissous dans un même poids d'eau à différentes températures. On détermine, en joignant les extrémités des ordonnées, la courbe de solubilité du sel considéré. Il n'est pas nécessaire, pour construire cette courbe, de connaître les quantités de sel dissoutes à toutes les températures ; il suffit d'avoir un petit nombre de

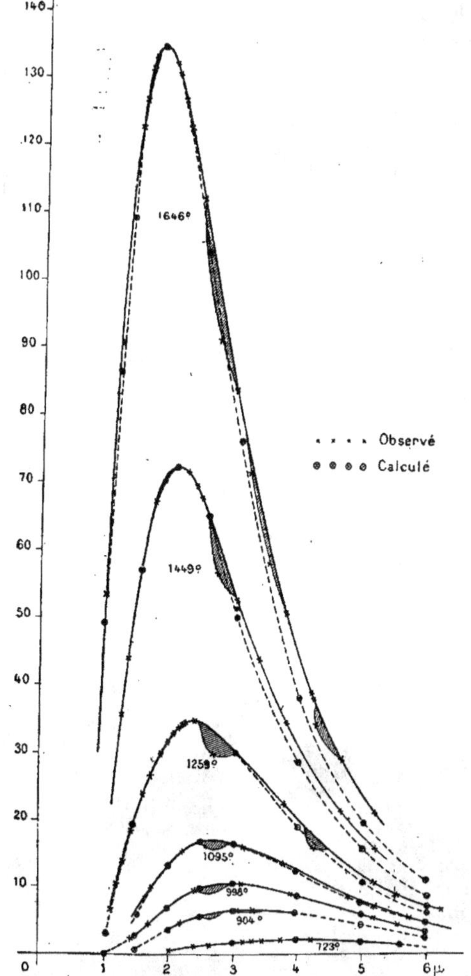

Fig. 60. — Répartition de l'énergie dans le spectre d'un corps noir porté à différentes températures.

déterminations directes convenablement espacées. La courbe, une fois construite, peut servir pour reconnaître la solubilité aux températures intermédiaires.

2) Au lieu de rechercher, comme Gay-Lussac, les quantités de sel dissous dans 100 grammes de dissolvant, on peut rechercher la quantité de sel anhydre contenu dans 100 grammes de dissolution saturée, c'est-à-dire le quotient $\frac{100 + \text{sel}}{\text{sel} + \text{dissolvant}}$ (Étard) ; on a ainsi immédiatement la composition de la dissolution. On peut alors étudier la

solubilité d'un sel dans un intervalle de température beaucoup plus étendu, par exemple,

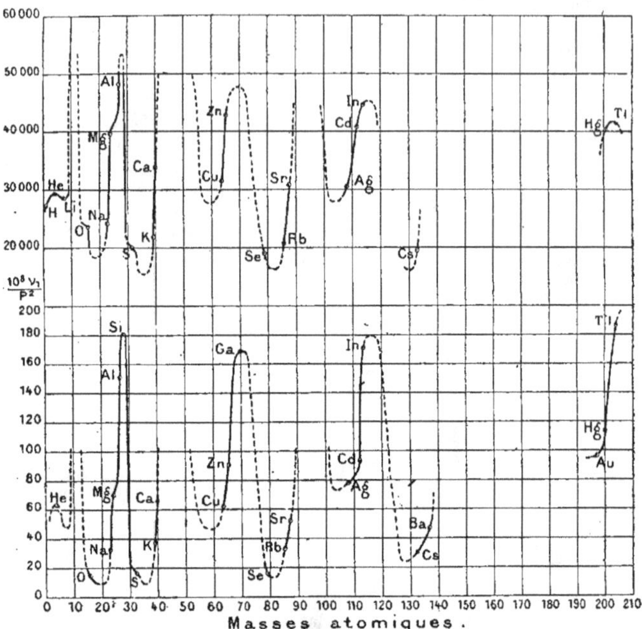

FIG. 61. — Représentation graphique des relations qui existent entre les masses atomiques et les spectres des corps.

jusqu'à la température de fusion du sel anhydre. On constate alors que la solubilité est toujours représentée par des droites inclinées sur l'horizontale. Le changement d'incli-

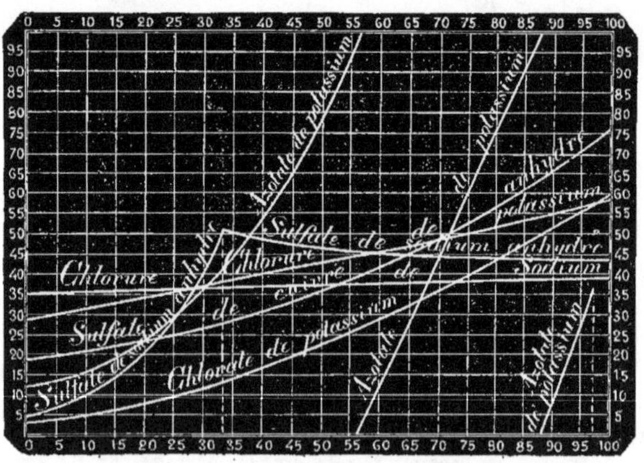

FIG. 62. — Courbes de solubilité de différents sels.

naison de la droite qui correspond à la solubilité d'un sel paraît correspondre à un changement dans le degré d'hydratation du sel dissous.

3) Parmi les travaux sur la solubilité des corps dans lesquels on trouve des représentations graphiques, nous citerons ceux de Charpy (voir *Revue gén. des Sciences*, 1893, p. 39) et de Le Chatelier (*id.*, 1894, p. 36). Ce dernier a constaté qu'un corps a autant de courbes de solubilité distinctes qu'il peut présenter d'états différents. Ainsi, les différents hydrates d'un même sel, ses différents états chimiques ou physiques, n'ont pas, à la même température, la même solubilité. De même, deux états allotropiques d'un même corps, l'iodure jaune et l'iodure rouge de mercure, le nitre prismatique et le nitre rhomboédrique n'ont pas la même solubilité.

B. **Statistique, Industrie, Finances,** etc. — 1) La statistique graphique a pris, de nos jours, un très grand développement. Des exemples de son application se trouvent partout. On trouve dans *La Méthode graphique* de Marey un exemple très ancien, le tableau construit par Playfair (1789) pour représenter les accroissements successifs de la dette d'Angleterre. Dans ce tableau les abscisses représentent le temps et les ordonnées les valeurs de la dette.

2) Voici la liste de quelques travaux où l'on trouve d'intéressantes applications de la méthode graphique à l'industrie, au commerce, à l'agriculture, etc. :

— Les cartes agronomiques de A. Hébert (*Revue gén. des Sc.*, 1893, 286).

— Les produits végétaux du Congo français (Leconte, *ibid.*, 1894, 803).

— Culture de l'orge de brasserie et du houblon (A. Larbalétrier, *ibid.*, 1895, 965).

— État actuel de la vinification en France (L. Roos, *ibid.*, 1895, 798).

— La vinification en Algérie et en Tunisie (J. Dugast, *ibid.*, 1895, 140).

1. Courbe de la richesse saccharienne du jus;
2. Courbe de l'acidité;
3. Courbe de la température pendant la fermentation.

— État actuel de la sucrerie en France (L. Lindet, *ibid.*, 1895, 224). Avec les autres courbes suivantes :

1. Prix d'achat de la betterave en fonction du sucre;
2. Épuration du jus;
3. Extraction du jus;
4. Évaporation du jus et cuisson du sirop;
5. Prix de la main-d'œuvre en fonction du sucre extrait;
6. Carte;
7. Tableau représentatif des productions françaises, indigènes, coloniales et étrangères.

— Influence de la température sur le rendement et la richesse en sucre de la betterave (*Revue gén. des Sc.*, 1896, 638).

— Tableaux des alcools (*ibid.*, 802).

— L'industrie française des pêches maritimes (Roché, *ibid.*, 1895, 109). On y trouve des courbes et des colonnes scalaires.

— L'industrie des suifs commerciables et industriels (F. et J. Jean, *ibid.*, 1895, 421, etc.).

— L'avenir géologique de l'or et de l'argent (L. de Launay, *Revue gén. des Sc.*, 1895, 369).

— Industrie des chaux hydrauliques et des ciments en France (Candlot, *ibid.*, 331-332).

— État actuel du travail du fer et de l'acier (E. Demenge, *ibid.*, 885, 931). Avec de nombreux diagrammes, par exemple un diagramme montrant la marche de la température pendant l'opération du recuit.

— Nouvelles recherches sur la métallurgie du bismuth (Ed. Mathey, *Soc. Roy. de Londres* et *Rev. gén. des Sc.*, 1893, 90).

— Variation de la superficie cultivée en plantes oléagineuses herbacées de 1840-95. Courbes des graines oléagineuses (*Rev. gén. des Sc.*, 1897, 425, etc.).

— Commerce du cacao depuis 1850 (*ibid.*, 472).

— Population porcine des principaux États (*ibid.*, 619).

— Parfumerie (*ibid.*, p. 660).

— Industrie de l'ivoire (*ibid.*, p. 822).

— Industrie du fer et de l'acier (*ibid.*, 1898, 293).
— Industrie de la soie (*ibid.*, 573).
— Le commerce de la Grèce (*ibid.*, 903).
— Le commerce de la Turquie (*ibid.*, 941).
— L'olivier en France (*ibid.*, 682).
— La pomme de terre (*ibid.*, 27).
— Tonnage des voies navigables (*ibid.*, 1896, 823).
— Tonnage des chemins de fer (*ibid.*, 825).
— Notes statistiques sur la Tunisie (*ibid.*, 1209).
— Carte de la population et des races en Tunisie (*ibid.*, 975, etc.).
— Disposition de la marche dans la brousse du Soudan et Dahomey (*ibid.*, 1897, 895).
— Courbes des débits des filtres. Influence de la façon dont se fait le nettoyage (*ibid.*, 1891, 400.

3) La méthode graphique vient de recevoir une nouvelle application, assez ingénieuse, dans un ouvrage de P. Aynè (1904) traitant des opérations financières. — Cet auteur montre que la méthode graphique peut rendre de grands services aux financiers dans la direction des échelles de primes, sur lesquelles les méthodes numériques ne donnent pas d'indications générales.

Les constructions graphiques mettent en évidence, *d'une façon générale* : les limites au delà desquelles l'opération cesse d'être avantageuse; les conditions les plus favorables pour l'entreprendre; le maximum de gain qu'on peut espérer; l'étendue des risques auxquels on s'expose. Elles renseignent, en outre, exactement le financier sur sa position à chaque variation de cours et sur les opérations qui lui restent à faire pour se liquider.

L'exposé des conventions, très simples, représentant les opérations fondamentales des *marchés à terme ferme* et des *marchés à prime*, a été fait par P. Aynè dans un article intitulé : *Nouvelles applications des méthodes graphiques à l'étude des opérations financières* (*Revue générale des Sciences*, 1904, p. 733-740).

4) Babinet (*Rev. gén. des Sc.*, 1894, 491) a construit le graphique des rivières torrentielles et des rivières tranquilles en prenant sur l'axe des ordonnées la hauteur du niveau de l'eau lue à une certaine heure sur une règle verticale plongée dans l'eau; et en marquant sur l'axe des abscisses les jours. On obtient ainsi des diagrammes représentant des crues d'eau.

5) On a représenté graphiquement les erreurs faites par un tireur envoyant des balles dans un cible, en représentant sur l'axe des abscisses les écarts, et, en construisant, sur chaque fragment fini de l'abscisse comme base, un rectangle dont l'aire est égale au nombre des écarts positifs observés dans les limites de la base. (Voir Violle, *Physique*, I, p. 7 et 10).

C. Physiologie. — I. Une des variables est le temps. — Les représentations graphiques des variations d'un phénomène physiologique en fonction du temps sont d'un emploi courant en physiologie et en clinique. Rappelons seulement les courbes des variations diurnes de la température, de la fréquence des pulsations, du nombre des mouvements respiratoires, du poids, de la quantité d'urine éliminée, etc.

Voici quelques exemples de ce genre des courbes :

1) La figure 63 représente, d'après Charles Richet, l'influence de l'alimentation sur les échanges. Sur l'axe des abscisses se trouvent marquées les heures; sur l'axe des ordonnées sont marquées, en chiffres absolus, par heure, d'abord la ventilation, en litres (350, 400 litres, etc.), puis la quantité d'acide carbonique produit en litres (13, 14 litres, etc.), enfin la quantité d'oxygène absorbé (15 litres, etc.). La courbe en trait plein représente les variations de l'acide carbonique; la courbe en tirets représente les variations de la ventilation; enfin la courbe en tirets et points représente les variations des quantités d'oxygène absorbé.

2) La figure 64, empruntée à Waller (*Traité de Physiologie*), représente, d'après Bidder et Schmidt, la diminution de poids et l'excrétion journalière d'un chat en inanition. L'unité de l'échelle linéaire n'est pas la même pour toutes les courbes; celle

qui correspond à la courbe des variations du poids est beaucoup plus petite que celle

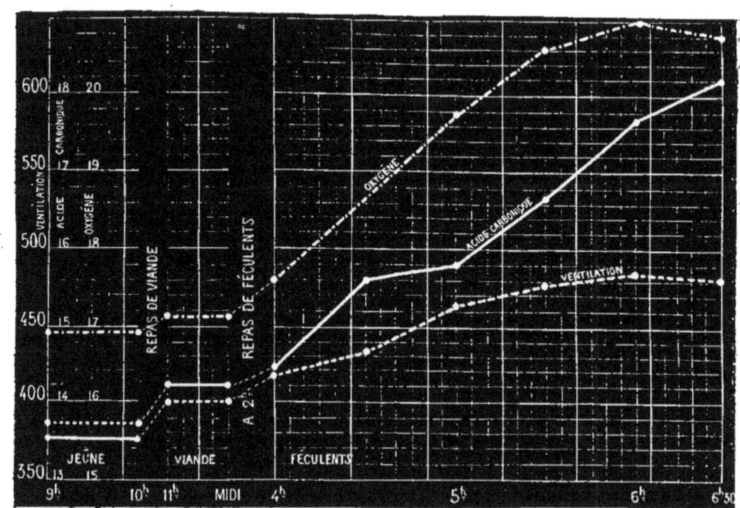

Fig. 63. — Variations des échanges respiratoires (suivant l'alimentation).

qui correspond aux courbes des variations de l'urée et du carbone. — Remarquons encore que les courbes de cette figure, au lieu d'être représentées par un trait continu,

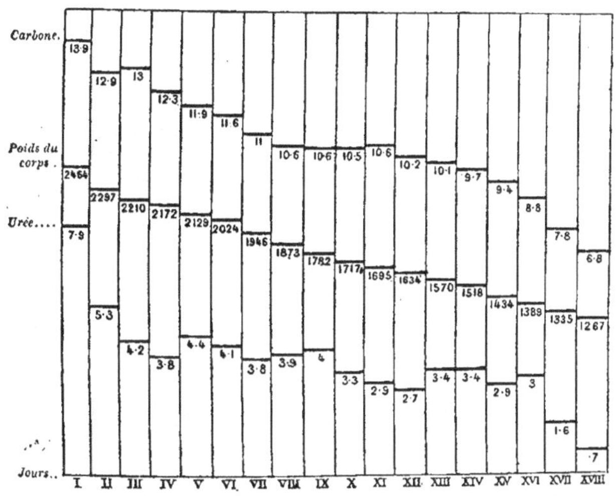

Fig. 64. — Variations de la diminution de poids et de l'excrétion journalière d'un chat en inanition.

sont en gradins. Les chiffres donnés par les observations sont représentés par un trait. Les valeurs des ordonnées sont marquées à côté de chaque trait.

3) La figure 65, empruntée, comme la précédente, au livre de Waller, représente le

poids et la surface du corps à différents âges et les quantités nécessaires d'éléments protéiques, en grammes, par kilo de poids du corps. — Sur l'axe des abscisses sont marquées les années (de 1 à 30 ans). La courbe *PP* représente les variations du poids du corps : un millimètre de l'ordonnée correspond à un kilo. — La courbe *SS* représent

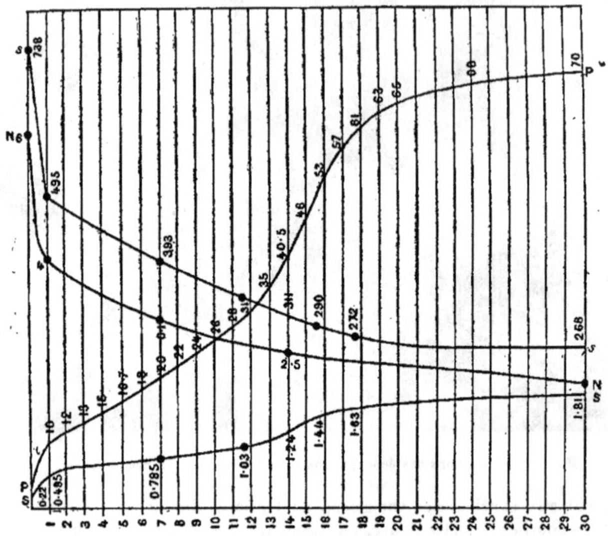

Fig. 65. — Courbes du poids (P) et de la surface (S) du corps à différents âges et de la quantité (N) (en grammes) de matières protéiques nécessaires par kilogramme de poids du corps.

les variations de la surface du corps : un centimètre de l'ordonnée correspond à un mètre carré. — La courbe *ss* représente la surface correspondant à un kilo : un millimètre de l'ordonnée représente 10 centimètres carrés. — La courbe *NN* représente la quantité des substances protéiques par kilo du poids du corps : un centimètre de l'ordonnée correspond à un gramme. — On voit donc que dans cette figure chaque courbe

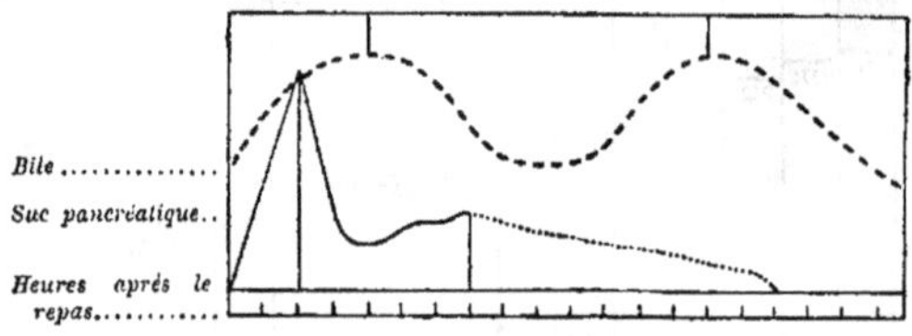

Fig. 66. — Courbes des sécrétions biliaire et pancréatique après un repas.

a une échelle à part sur l'axe des ordonnées. — Ce tableau, formé des courbes superposées, est extrêmement instructif.

4) Voici encore quelques exemples très simples de représentation d'un phénomène en fonction du temps :

La fig. 66 montre la marche de la sécrétion biliaire et pancréatique après un repas.

La fig. 67 représente, d'après Grützner, l'activité peptique de la muqueuse gastrique cardiaque après un repas.

La fig. 68 représente l'éloignement progressif, avec l'âge, du punctum proximum. Les ordonnées de cette courbe représentent en centimètres la distance du punctum proximum de l'œil.

La fig. 69 représente, d'après DONDERS, la force d'accommodation aux différents âges. — La force d'accommodation, exprimée en dioptries, se trouve marquée sur l'axe des ordonnées ; l'axe des abscisses correspond aux différents âges. La surface blanche,

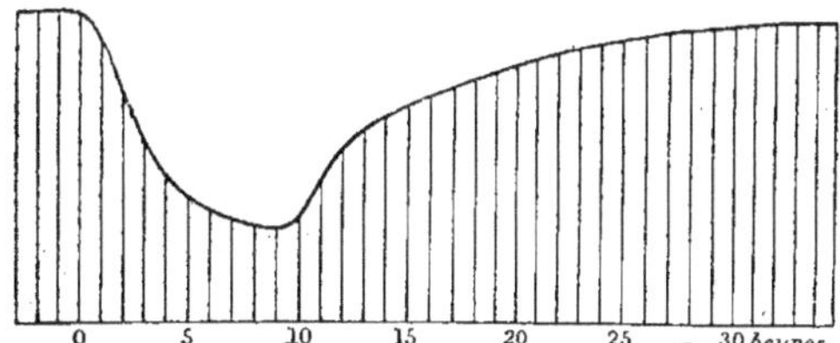

FIG. 67. — Courbe de l'activité peptique de la muqueuse gastrique après un repas.

comprise entre les deux surfaces couvertes des hachures, montre immédiatement les variations de la force d'accommodation.

5) La figure 70, empruntée à WALLER, représente la variation de la durée des systoles et des diastoles avec différentes fréquences des pulsations. — Dans ce tableau, le temps,

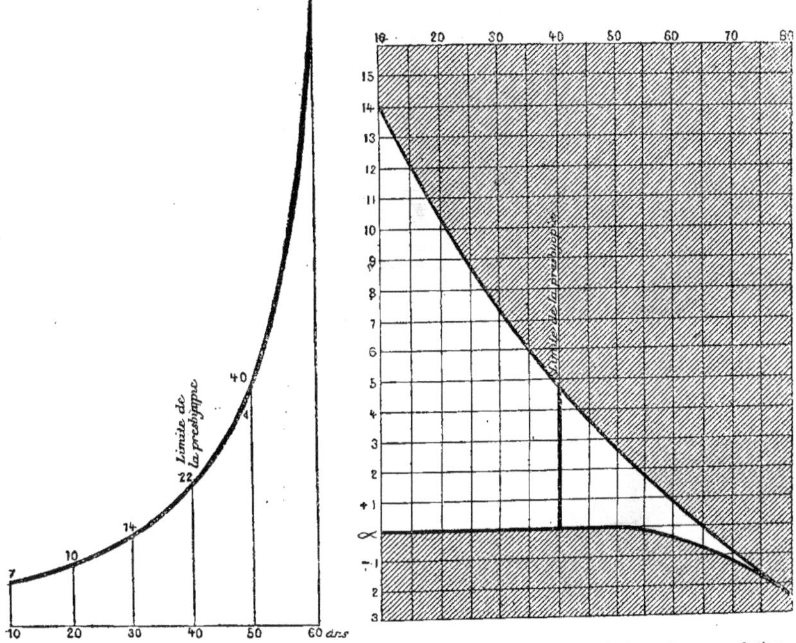

FIG. 68. — Courbe de l'éloignement, progressif avec l'âge, du *punctum proximum* de l'œil.

FIG. 69. — Diagramme de la force d'accommodation aux différents âges.

au lieu d'être marqué sur l'axe des abscisses, est marqué, en centièmes de seconde, sur l'axe des ordonnées. — La fréquence du pouls par minute est indiquée par les chiffres placés au-dessous de l'abscisse. — La durée des systoles et des diastoles est donnée en centièmes de seconde. Leurs courbes respectives montrent que la systole se raccourcit de 0″,02 pour chaque dix battements en plus et que la diastole se raccourcit de

0″,1. La partie blanche de ce tableau représente les variations correspondantes du temps de repos; la partie hachurée, les variations du temps de travail.

Ce tableau graphique a été construit d'après les mensurations faites sur des gra-

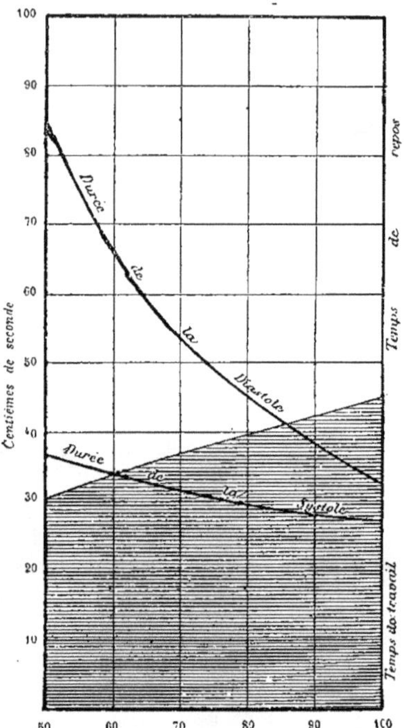

Fig. 70. — Courbes des variations de la durée des systoles et des diastoles selon la fréquence des pulsations.

phiques obtenus directement par des procédés spéciaux que nous examinerons plus loin.

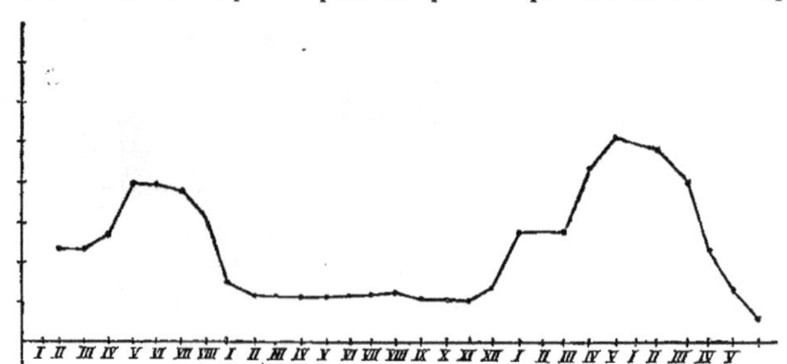

Fig. 71. — Courbe de la quantité de substance grise contenue dans différentes parties de la moelle.

II. **Relations entre des variables quelconques.** — 1) Une relation anatomique peut être représentée graphiquement par une courbe. En voici un exemple :

La fig. 71 représente la quantité de substance grise contenue dans différentes parties de la moelle. — Dans cette figure, sur l'axe des abscisses se trouvent marquées les racines médullaires, sur l'axe des ordonnées, la quantité de substance grise (figure empruntée à LANGENDORFF).

On peut de même représenter par une courbe la relation qui existe entre le poids du corps et le poids du foie. — Il suffirait pour cela de prendre sur l'axe des abscisses le poids du corps, et sur l'axe des ordonnées le poids du foie. — Au lieu du poids, on pourrait prendre sur l'axe des abscisses la surface du corps : on aurait ainsi la relation qui existe entre le volume du foie et la surface cutanée, etc.

2) L'influence de la charge sur le travail d'un muscle se trouve représentée à la fig. 72. Sur l'axe des abscisses on a marqué les différents poids soulevés par le muscle ; sur l'axe des ordonnées se trouvent marquées des longueurs proportionnelles au travail.

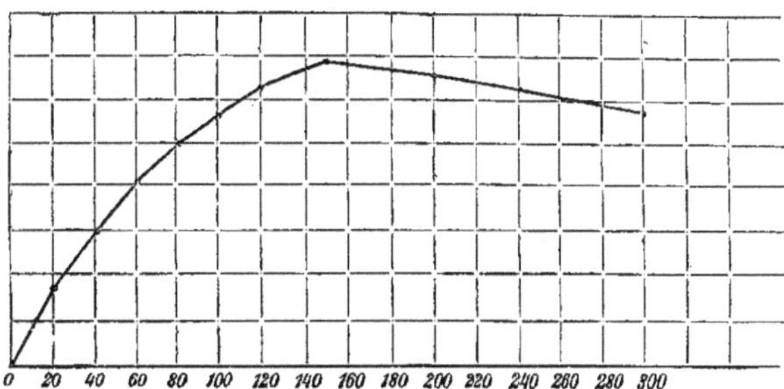

FIG. 72. — Courbe des variations du travail d'un muscle qui soulève des charges variables.

3) De nombreux exemples d'applications de la méthode graphique à l'étude des phénomènes de la vie se trouvent dans tous les travaux récents des physiologistes.

D. Chimie. — 1) GIBBS a imaginé de représenter graphiquement, à l'aide de coordonnées triangulaires, divers mélanges. — Pour cela il portait sur les trois côtés d'un triangle équilatéral les proportions de trois corps en présence et il déterminait à l'intérieur du triangle le point représentatif du mélange. Tous les points de la surface du triangle représentent des mélanges possibles.

Comme exemple de ce mode de représentation, nous donnerons un diagramme relatif aux alliages ternaires (fig. 74). Avant d'expliquer ce diagramme, il est bon de comprendre d'abord la représentation d'un alliage binaire liquide (fig. 73).

Dans un semblable alliage (fig. 73), chaque métal dissout une certaine proportion de

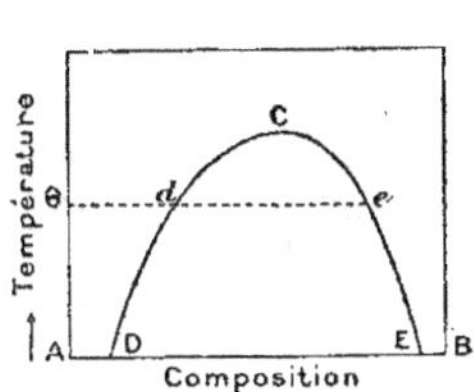

FIG. 73. — Représentation graphique d'un alliage binaire liquide.

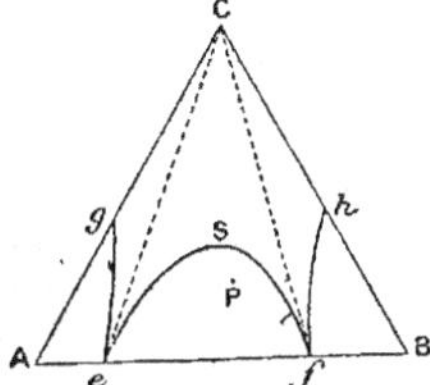

FIG. 74. — Représentation graphique d'un alliage ternaire.

l'autre jusqu'à saturation ; on a ainsi, en général, deux solutions conjuguées qui peuvent être mélangées mécaniquement sous forme d'émulsion, ou séparées en deux couches par ordre de densité. — La courbe tracée à l'intérieur du diagramme indique que la solubilité de chaque métal dans l'autre est une fonction de la température. Les métaux mélangés sont A et B. Les ordonnées de la courbe représentent les températures ; les abscisses, les proportions du métal B présentes dans chaque solution. — A la température Θ, par exemple, les deux solutions contiendront Θ *d* pour 100, et Θ *e* pour 100 du métal B. —

Aux températures plus élevées, la solubilité de chaque métal dans l'autre augmente, jusqu'à ce que, en C, les métaux s'unissent pour former une seule solution.

Cette figure montre qu'un alliage peut être représenté, au point de vue de la composition chimique et de la température, par un point quelconque pris dans le plan du diagramme. Si ce point est à l'intérieur de la courbe DCE, deux solutions conjuguées se forment; mais, s'il lui est extérieur, il ne peut exister qu'une seule solution. Pour cette raison, DCE se nomme *courbe critique*.

Dans le cas des alliages ternaires, trois solutions séparées peuvent se produire. Ceci peut être représenté au moyen d'un triangle équilatéral (fig. 74) dans lequel les distances d'un point P aux trois côtés du triangle représentent les proportions des trois métaux présents.

Cette méthode de représentation des alliages ternaires est due à Sir G. G. Stokes (*Proc. Roy. Soc.*, 1891, XLIX, 174).

A une température donnée, les proportions de A et B dans les solutions conjuguées d'un alliage binaire seront représentées par les points *e*, *f* sur la ligne AB ; et si l'addition du métal C n'a aucune influence sur la solubilité de A dans B ou de B dans A, les solutions conjuguées possibles seront représentées par des points situés sur les deux droites pointillées *e*C et *f*C.

Si l'addition de C diminue la solubilité naturelle de A et B, les solutions conjuguées seront représentées par des points situés sur des courbes extérieures à ces droites, telle que *eg*, *fh* ; enfin si, comme il arrive d'ordinaire, la solubilité est augmentée par l'addition de C, la courbe se trouvera à l'intérieur en *e*SF.

Pour de plus amples détails concernant ce mode de représentation des alliages, nous renvoyons au travail de Roberts-Austen et Stansfield, publié dans le T. I du *Congrès de Physique* de 1900, p. 363.

2) Van't Hoff a représenté graphiquement les transformations subies par le fer carburé aux températures descendantes.

Sur l'abscisse d'un système de coordonnées rectangulaires il a porté la température, sur l'ordonnée, les quantités de carbone (fig. 75). A droite de *b a c* se trouve la région de la *martensite*, limitée par la formation de la *cémentite* en *ab*, de la *ferrite* en *ac*, de la *perlite* en *a*. Les flèches indiquent les transformations à température descendante.

3) Van't Hoff a pu représenter, par des constructions graphiques, les phénomènes les plus complexes qu'on rencontre dans l'étude de la cristallisation des dissolutions complexes de sels maritimes, à température constante.

La fig. 76, empruntée au travail de Van't Hoff (publié dans le t. I du Congrès de Physique, 1900), permet de se faire une idée du mode de représentation adopté par lui. Cette figure représente les résultats obtenus et la marche de la cristallisation qu'on peut réaliser à 25° en opérant dans une dissolution quelconque renfermant les sulfates et les chlorures de magnésium et de potassium.

Les quatre composés salins mis en présence se réduisent à trois, car trois analyses suffisent pour connaître la composition de la dissolution (à savoir : un dosage du chlore, un dosage de l'acide sulfurique et un dosage de la magnésie). On fait un diagramme dans l'espace rapporté à trois axes rectangulaires. On a pris d'abord deux axes rectangulaires, AC et BD, situés dans un plan horizontal. Le nombre de molécules de KCl, K^2SO^4, $MgSO^4$, $Mg\,Cl^2$ sont portées respectivement sur OA, OB, OC et OD, en prenant comme unités des quantités équivalentes (K^2Cl^2 pour le chlorure de potassium). Enfin, sur un troisième axe, perpendiculaire en O aux deux autres, on porte le nombre total des molécules dissoutes. La fig. 76 reproduit une projection horizontale de ce diagramme, projection qui possède à peu près les mêmes avantages que le diagramme lui-même. Cette figure représente la marche qualitative et la marche quantitative de la cristallisation.

En effet les quatre points E, G, J et K sont les limites des régions correspondant à la présence de deux sels : ce sont les points de départ des courbes qui figurent la variation de composition de la dissolution pendant l'évaporation. Ces courbes EMNPQR, GN PQR, IR, KR aboutissent toutes au point R. Ce point R représente l'état de la dissolution finale, déposant par évaporation le chlorure de magnésium, le carnallite et le sulfate de magnésium à 6 molécules d'eau.

Considérons, par exemple, une dissolution non saturée quelconque : le point représentatif s'éloignera du point O, puis pénétrera dans une des régions que détermine la construction graphique, et qu'on trouve immédiatement sur le diagramme : ce sera celle du sulfate de potassium. Ce sel se séparera : le point représentatif se déplacera vers la région opposée à B, qui correspond à la saturation par le sulfate de potassium. Si l'on rencontre la ligne FM, on la traversera ; la schœnite se déposera, et c'est elle maintenant qui déterminera la direction ultérieure du déplacement. Si l'on tombe sur EM, on suivra cette courbe jusqu'en R, et tout ce qui passera ensuite est prévu.

Van't Hoff a vérifié l'exactitude de ces prévisions, en pesant directement les dépôts obtenus par l'évaporation.

4) Bien des notions chimiques sont exprimées par des constructions graphiques. Ainsi Ramsay s'en est aidé dans ses recherches sur la détermination des poids moléculaires(*Revue gén. des Sc.*, 1894, 186).

La loi périodique des poids atomiques a été représentée graphiquement par Reynolds. Les poids atomiques des éléments étant portés en ordonnées, et leurs atomicités en abscisses, il a obtenu une ligne brisée, dont il n'a pas pu déterminer l'équation.

Haughton, en 1889, a vu que les éléments, rangés par ordre de poids atomiques crois-

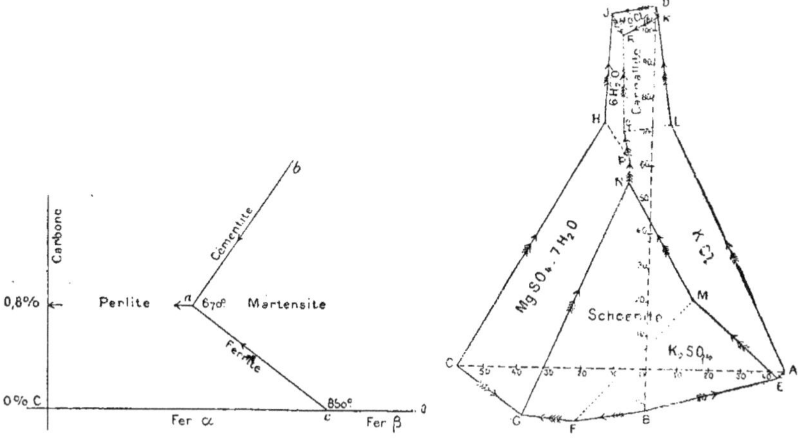

Fig. 75.— Représentation graphique des transformations subies par le fer carburé.

Fig. 76. — Représentation graphique de la cristallisation d'une dissolution de sels.

sants, se classent en groupes ayant chacun 7 éléments. Les membres correspondants des différents groupes présentent des propriétés analogues. La périodicité s'accuse quand on prend les périodes de deux en deux, constituant ainsi des doubles périodes ayant chacune 14 éléments. Les 14 points représentatifs de ces éléments déterminent une courbe du 4ᵉ degré, une courbe quartique, et une seule.

Haughton a calculé les équations de ces courbes, et a observé que :

1° Les quartiques qui représentent les doubles périodes successives sont toutes de la même classe. Elles possèdent deux asymptotes réelles et deux asymptotes imaginaires ;

2° Les quartiques successives sont liées entre elles par des lois de variations des paramètres qui permettent de tracer la courbe complète dans le cas où l'on ne connaît pas les 14 éléments.

La loi périodique se trouve ainsi représentée par une série de courbes définies algébriquement, sur lesquelles viennent se placer exactement les points représentatifs des éléments.

Si l'on se rappelle l'hypothèse d'une substance unique appelée *protyle* par Crookes, il en résulterait vraisemblablement que chacune des courbes de HAUGHTON correspond à une phase distincte dans la condensation du protyle.

RAMSAY a employé aussi des constructions graphiques dans ses recherches sur la détermination des poids moléculaires (Voir *Revue gén. des Sc.*, 1894, p. 186).

§ III. — *Courbes d'égal élément.* — *Cartogrammes.*

A. Courbes d'égal élément. — 1° Toute la physique du globe peut se traduire par des courbes d'*égal élément* ou courbes *isoplèthes*. Ces courbes sont l'analogue des courbes de niveau. Cette généralisation des courbes de niveau se comprend facilement. En effet, que ce soit la hauteur du sol, la pression de l'air, la température ou l'intensité du magnétisme qu'on veuille exprimer, on peut toujours imaginer que la valeur en soit représentée par la hauteur d'une verticale s'élevant au point d'observation. Si l'on multiplie suffisamment ces ordonnées verticales, afin qu'elles soient très rapprochées les unes des autres, leurs sommets, de hauteurs inégales, constitueront par leur ensemble une surface plus ou moins irrégulière, c'est-à-dire à reliefs variés comme ceux d'un sol accidenté. Si l'on suppose que des plans parallèles entre eux, et équidistants, coupent tous ces reliefs à des hauteurs différentes, il se produira, au point d'intersection de ces différents plans avec la surface onduleuse, des courbes d'égal niveau.

Dans certains cas spéciaux, les courbes d'égal élément ont reçu des dénominations particulières. En voici quelques exemples :

On appelle *lignes isothermes* les lignes qui passent par les points où la température de l'année est la même. De telles courbes ont été tracées par HUMBOLDT.

Les lignes *isothères* sont les courbes qui passent par les points où la température pendant l'été est la même; les lignes *isochimènes* correspondent aux points d'égale température pendant l'hiver.

Les courbes d'égale pression barométrique s'appellent *courbes isobares*. Sur les cartes météorologiques, outre les courbes d'égale pression atmosphérique, on lit aussi l'indication du beau et du mauvais temps, et, par des flèches, la direction du vent. Cette vue d'ensemble qui traduit l'état de l'atmosphère, au même instant, sur des espaces immenses, permet de comprendre les liens qui existent entre le vent, la pluie et la pression barométrique.

Les *courbes isorachies* sont les courbes d'égal niveau qui montrent quelle est à un instant donné la hauteur de la marée sur une certaine étendue de la mer.

Les *courbes isogones*, sont les courbes d'égale déclinaison. Les *courbes isoclines* désignent les lignes où une aiguille aimantée, oscillant dans un plan vertical, ferait le même angle avec l'horizon. L'ensemble de ces lignes constitue un système analogue à celui que forment entre eux les méridiens et les parallèles destinés à exprimer la longitude et la latitude de chaque lieu. C'est ainsi que sont constituées les cartes magnétiques qui ont une si grande importance pour l'étude scientifique du magnétisme terrestre.

On appelle *dygogramme* par contraction de *dynamo-gonio-gramme*, une construction géométrique qui permet de représenter les déviations et le champ à tous les caps.

2) L'emploi des courbes d'égal élément remonte à une date fort éloignée. Déjà au XVIe siècle J. BASSANTIN a appliqué au calcul du mouvement des astres des courbes d'égal élément (Discours astronomique de JACQUES BASSANTIN, Écossais, Lion, chez Jan de Tovrnes, 1557, in-folio).

3) On peut généraliser davantage encore l'application des courbes d'égal niveau ou d'égal élément. — Au lieu de considérer comme variables la longitude, la latitude et une troisième variable quelconque, on peut prendre trois variables quelconques. Parmi ces grandeurs variables, deux sont les variables indépendantes et la troisième est exprimée par les courbes d'égal élément.

C'est LALANNE qui a conçu cette large application de ce genre de représentation graphique. Deux ans après avoir exposé l'ensemble de ses idées sur ce sujet à l'Académie des Sciences, en 1845, LALANNE présentait le projet d'une *statistique* figurée de la population d'une région entière.

VAUTHIER, en 1874, réalisa le concept de LALANNE (dont il semble avoir ignoré les publications), et dressa un plan de la population de Paris.

On trouve dans le livre de MAREY (*La méthode graphique*) des exemples de ce genre de représentation graphique empruntés à LALANNE.

Un des tableaux donnés par MAREY représente les courbes d'égale hauteur de la mer, à Brest, selon les heures et les jours. Un autre représente les variations de la température, selon les heures et les saisons ; ces deux dernières, étant considérées comme variables indépendantes, sont prises, les premières, les heures, sur les ordonnées, les secondes, les mois et l'année, sur les abscisses.

4) Les *diagrammes électriques* offrent une grande analogie avec les courbes d'égal niveau des cartes topographiques. Ces diagrammes,qui ont pour objet de représenter aussi complètement que possible toutes les particularités du champ électrique, sont construits au moyen de lignes de force et de surfaces équipotentielles. Leur lecture est aisée, et leur emploi permet de résoudre graphiquement un grand nombre de problèmes d'électricité pratique. Pour donner à ces diagrammes toute la précision possible, il convient de faire partir du point électrisé un nombre de lignes de force proportionnel à la charge et de supposer celles-ci également réparties dans l'espace.

5) Les courbes *d'égal éclairement*, analogues aussi aux courbes d'égal niveau, s'obtiennent de la façon suivante. Sur un plan de la surface éclairée, on indique la position des sources lumineuses, et l'on trace autour de celles-ci des circonférences concentriques, représentant les lieux des points d'égal éclairement relatifs aux foyers considérés isolément. En additionnant, en un nombre de points suffisant, les cotes d'éclairement qui se rapportent aux diverses lampes, on trace les courbes d'égal éclairement relatives à l'ensemble des foyers.

6) On appelle *lignes isomériques* les lignes qui relient des molécules matérielles présentant le même état physique. Aussi les *lignes isothermes* d'un corps sont-elles les courbes isomériques de température propres à définir graphiquement l'état calorifique d'un corps en ses divers points.

B. Cartogrammes. — 1) Quand on veut représenter les variations d'un phénomène avec les localités, par exemple la mortalité dans différentes villes de France, on emploie un mode de représentation graphique spécial, appelé *cartogramme à cartouches* ou à *foyers diagraphiques*. Ces cartes sont obtenues de la façon suivante : sur une carte géographique, on dispose dans diverses localités des surfaces proportionnelles aux phénomènes considérés. La nécessité du groupement fixe le choix de la forme des surfaces.

Ce mode de représentation graphique est d'un usage courant en statistique graphique.

2) Quand on veut représenter les variations d'un phénomène le long d'une route, les cartogrammes, au lieu d'être à foyers distincts, sont à *bandes*. La largeur de la bande qui suit la direction de la voie considérée est proportionnelle à la valeur du phénomène considéré. — Ce mode de représentation a été imaginé par MINARD qui a fait des cartes figuratives de l'activité commerciale et des voies qu'elle suit de préférence. La largeur des bandes des cartogrammes représente dans ce cas, en milliers de tonnes, la quantité du produit transporté.

Comme exemple de cartogramme à bande, citons celui de l'itinéraire de l'armée française pendant la campagne de Russie, dressé par MINARD. Dans ce cas, la largeur représente le nombre d'hommes qui ont suivi les routes tracées sur la carte.

Ce graphique, bien connu de tous, se trouve dans le livre de MAREY.

§ IV. — *Graphiques coloriés.* — *Teintes monochromes.*

Pour rendre les graphiques plus *expressifs*, c'est à dire plus frappants d'aspect, on emploie des éléments étrangers au graphique.

Dans ce but, on emploie des *teintes monochromes* nuancées. Des divers ordres de pointillés sont employés, comme succédanés des couleurs différentes, pour distinguer l'une de l'autre des lignes d'ordres divers appartenant à la même figuration.

Les lignes et les couleurs suggèrent des idées qui ne découlent pas de la notion graphique pure.

On juge de l'intensité que présente, en divers points, un phénomène physique ou social, d'après la valeur des teintes plus ou moins foncées qui couvrent chaque région. C'est ainsi, par exemple, qu'on indique, dans les cartes géographiques, la distribution des roches, et qu'on fait des cartes agricoles montrant comment se répartissent les différentes cultures; on a des cartes pour la géographie médicale, montrant comment se répartissent les diverses maladies, etc.

Au lieu de couleurs on peut employer des grisés, obtenus par des combinaisons de hachures, parallèles ou croisées, et des points.

Les colorations graduées entrent dans le domaine de la géométrie. Il faut construire des échelles ou diapasons de teintes. L'indigence du moyen employé est un obstacle et une excuse. On a eu recours à un artifice, on a employé deux couleurs au lieu d'une seule, en appliquant chacune à deux phases diverses du phénomène à représenter. Chaque phénomène présente un opposé ; c'est le positif et le négatif mis en opposition, le plus (+) et le moins (—) de l'algèbre. Par exemple : La perte et le gain ; la dépense et la recette ; le froid et le chaud ; la profondeur au-dessous et la hauteur au-dessus du niveau de la mer, etc. Toutes ces choses impliquent une inversion de sens bien caractérisée.

Les *figurations coloriées*, quels que soient leur mérite, leur valeur et leur utilité, ne peuvent s'appliquer strictement qu'à des circonscriptions territoriales. Chaque nuance est obligée de se renfermer étroitement dans l'une d'elles. Elles n'expriment qu'imparfaitement la répartition continue et graduelle d'un phénomène donné pour tout un territoire, indépendamment des circonscriptions qui le divisent.

On attribuait conventionnellement certaines valeurs déterminées soit à des grisés soit à des couleurs différentes pour représenter sur une carte l'intensité variable d'un phénomène. C'était là une période d'initiation rudimentaire. Il n'y avait aucune raison pour faire exprimer au rouge une valeur numérique supérieure au bleu, plutôt que de faire l'inverse, ou pour mettre le jaune au-dessus du vermillon au lieu de le placer au-dessous. C'était là des conventions incompréhensibles sans le secours incessant de la légende. Or, qu'est-ce qu'une langue qu'on ne peut lire sans avoir à chaque mot recours au glossaire ?

Les cartes teintées ont fait beaucoup de progrès depuis. Aux teintes purement conventionnelles on a substitué des teintes nuancées d'intensité croissante, ou, quand on ne peut faire mieux, des grisés s'élevant graduellement du blanc au noir. L'œil voit donc quelque chose qui s'élève ou s'abaisse : une échelle de couleurs, c'est comme une série d'éléments linéaires superposés, *la couleur employée d'une certaine manière devient une dimension*. Mais, tandis qu'une droite se segmente à l'infini, la couleur ne comporte qu'un petit nombre de divisions (sept nuances distinctes pour l'œil). Donc il y a là une pauvreté de moyens.

On peut voir des exemples de cartes teintées dans l'Album de Statistique graphique du Ministère du Commerce.

Méthode graphique indirecte. — ARNOUX (G.). *Essais de psychologie et de métaphysique positives* (*L'Algèbre graphique*, in-8, Digne, 1890, 40 pages). — BERGHAUS. *Allgemeiner Anthropographischer Atlas. Eine Sammlung von vier Karten, welche die Grundlinien der auf das Menschen-Leben bezüglichen Erscheinungen nach geographischer Verbreitung und Vertheilung abbilden und versinnlichen*, 1852, Justus Perthes, Gotha. — BUFFETAU (TH.). *L'origine du graphique et ses applications à la marche des trains du chemin de fer*, in-8, Paris, 1885, 60 pages. — CANDLOT. *Industrie des chaux hydrauliques et des ciments en France* (*Rev. gén. des Sc.*, 1895, 331, 333). — CHEYSSON. *Rapport sur les méthodes de statistique graphique à l'Exposition universelle de 1878*, 14 pages. — CHEYSSON (E.). *Les cartogrammes à teintes graduées* (*système de classification rendant comparables les divers cartogrammes d'une même série*) (Nancy, 1887, in-8, 7 pages). — DEMENGE (E.). *État actuel du travail du fer et de l'acier* (*Rev. gén. des Sc.*, 1895, 885, 931, etc.). — HATT. *Emploi des constructions graphiques pour la détermination rigoureuse des positions des signaux trigonométriques* (*Annales hydrographiques*, 1883, 1er semestre). — JOANIN et VADAM. *D'un mode* *particulier de représentation graphique des phénomènes* (*Bull. génér., de thérap.*, 1900, CXL 2, 56-68, 7 fig.). — LEFÈVRE (J.). *Évolution de la topographie thermique des homéothermes en fonction de la température et de la durée de la réfrigération* (*A. de P.*, 1898, 254-268). — MINARD. *Des tableaux graphiques et des cartes figuratives*, 1861, in-4, Paris, 7 pages; — *La Statistique*, Paris, 1869. — MAYR (G.). *Gutachten über die Anwendung der graphischen und geographischen Methode in der Statistik*, 1874, München, 28 pages. — PETERSEN (J.). *Die Theorie der regulären Graphs* (*Acta Mathematica*, 1891, XV). — PLAYFAIR (W.). *Tableaux d'arithmétique linéaire du commerce, des finances et de la dette nationale d'Angleterre*, trad. de l'anglais, Paris, 1789, chez Barrois. — SAINT-MARC (H.). *Les procédés graphiques d'analyse sociale à l'Exposition universelle* (*Revue d'Économie politique*, 1889). — VAUTHIER L.-L.). *Cartes statistiques en relief* (*Exposition universelle de 1878*, in-8, Paris, 24 pages; — *Quelques considérations élémentaires sur les constructions graphiques et leur emploi en statistique* (*Journal de la Société de statistique de Paris*, juin 1890). — VENN (J.). *On the diagrammatic and mechanical representation of Propositions and Reasoning* (*Philosophical Magazine*, 1880, (5), X, 1-18).

Statique graphique. — CULMANN (C.). *Die graphische Statik*, 1878, Zürich, 2e édit., trad. franç. par Glasser, Jacquier et Valat, Paris, 1880. — CULMANN (C.) et RITTER (W.). *Anwendung der graphischen Statik*, Zurich, 1888-1890, 2 vol. — HAUSSER et CUNQ (L.). *Statique graphique appliquée*, Paris, 1886. — KŒCHLIN (M.). *Application de la statique graphique*, Paris, 1889, 2 vol. — LEMAN (G.). *Leçons de statique graphique*, 1887, Gand, 2 vol. — LÉVY (MAURICE). *La statique graphique et ses applications aux constructions*, Paris, 1886-1887, 4 vol. et Atlas, 2e éd. — MULLER-BRESLAU. *Éléments de statique graphique*, trad. franç. par Seyrig, Paris, 1886. — ROUCHÉ (E.). *Éléments de statique graphique*, Paris, 1889. — SAVIOTTI (C.). *La Statica grafica*, Milan, 1888, 3 vol. — SEYRIG (T.). *Statique graphique des systèmes triangulés*, Paris, 1898. — THIRÉ (A.). *Éléments de statique graphique appliquée à l'équilibre des systèmes articulés*, Paris, 1888.

Nomographie. — ALLIX. *Nouveau système de tarifs*, 1840. — BASSANTIN (J.). *Discours astronomique de J. B. Écossais, Lion, chez Jan de Tournes*, 1557, in-folio. — BUACHE (PH.). *Essai de géographie physique* (*Mém. de l'Acad. des Sc.*, 1737, 1752). — CARVALLO (E.). *Conférence sur les notions de calcul géométrique utilisées en mécanique et en physique* (*Nouv. Annal. Math.*, Paris, 1902, (4), 433-442). — DUCARLA. *Expression des nivellements ou méthode nouvelle pour marquer sur les cartes terrestres et marines les hauteurs et la configuration des terrains*, Paris, 1782. — DUPAIN-TRIEL. *Méthode de nivellement, présentant des images exactes et pratiques d'exprimer ensemble sur les plans et les cartes les dimensions horizontales et verticales des objets* (avec une carte comme spécimen), 1804 (an XII). — FAYÉ. *Abaque pour la détermination du point à la mer* (*Ann. hydrograph.*, 1892). — GENAILLE. *Les graphiques de l'ingénieur* (*Mémoires sur les méthodes graphiques, dans les Notices publiées par le Ministère des Travaux publics. Exposition de Melbourne*, Imp. Nat., 1880). — JEAN-FRANÇOIS (P.). *Art du fontainier*, 1665. — LAFAY (A.). *Abaques relatifs à la polarisation elliptique* (*J. de Physique*, 1895, (3), IV, 178-182). — LALANNE (L.). *Remarques à l'occasion du mémoire de M. MORLET sur les centres de figures et réflexions sur la représentation graphique de divers éléments relatifs à la population* (*C. R.*, 1843, XVII, 492-494; 1845, XX, 438-441); — *Mémoire sur les tables graphiques et sur la géométrie anamorphique* (*Annal. des Ponts et Chaussées*, in-8, Paris, 1846, 72 pages; — *Note sur un nouveau mode de représentation de la marche des trains sur une voie de communication* (*C. R.*, 18 août 1884, XCIX, 307; *La Nature*, 11 oct. 1884); — *Méthode graphique pour l'expression des lois empiriques ou mathématiques à trois variables*, in-8, 1878, Paris, 63 pages. — LALLEMAND. *Abaques hexagonaux* (*C. R.*, 1886). — LEMOINE (E.). *La géométrographie ou l'art des constructions géométriques*, Paris, 1893, 66 pages, G. V.; — *Étude sur le triangle et sur certains points de géométrographie* (*Edinburgh Mathematical Society*, 1894-1895, XIII). — MASSAU. *Mémoire sur l'intégration graphique* (*Annales de l'Association des ingénieurs sortis des Écoles spéciales de Gand*, 1884). — OCAGNE (M. D'). *Traité de Nomographie*, Paris, 1899, G. Villars. — ROUDET (L.). *Abaque pour l'analyse des courbes périodiques* (*La Parole*, 1900, no 1, 1-8).

DEUXIÈME PARTIE

Méthode graphique directe.

Les procédés employés pour obtenir l'enregistrement direct des mouvements constituent la méthode graphique directe ou *autographique*.

Avant d'exposer les procédés spéciaux appliqués à l'enregistrement des phénomènes mécaniques, physiques et physiologiques, nous allons décrire les méthodes générales grâce auxquelles on peut obtenir l'enregistrement d'un mouvement quelconque.

I

MÉTHODE DES EMPREINTES ET DES TRACES

I. Lorsqu'un animal marche sur un terrain sablonneux ou détrempé, il y laisse les empreintes de ses pas. Ces traces peuvent être considérées comme une sorte d'inscription naturelle des mouvements.

Ce mode d'étude des mouvements a été élevé à la dignité d'une méthode, à juste raison, car les empreintes peuvent nous apprendre une foule de choses. D'après les empreintes on peut reconnaître l'espèce animale, en apprécier le poids et la taille, l'allure avec laquelle l'animal se déplaçait, etc.

On connaît l'usage que les géologues ont fait des empreintes qui nous ont été transmises à travers les périodes géologiques.

Dans les écoles vétérinaires, les empreintes servent à l'étude des allures du cheval.

Bloch (1896) a étudié à l'aide d'empreintes la marche de l'homme. Ses moules en plâtre étaient obtenus d'après les empreintes laissées sur une piste de sable fin.

II. Neugebauer a étudié la marche de l'homme à l'aide du procédé suivant : On frotte la plante des pieds du sujet en expérience avec du sesquioxyde de fer pulvérulent ; puis, plaçant le sujet, au départ, à l'extrémité d'un rouleau de papier de 7 à 8 mètres de long sur 50 centimètres de large, étendu sur le sol et divisé en deux dans toute sa longueur par un trait, on le fait marcher droit devant lui, jusqu'à l'autre extrémité de la bande.

Ce procédé a été employé par Gilles de la Tourette dans ses études cliniques et physiologiques de la marche (Thèse de Paris, 1886).

III. Les pattes d'un animal humectées de liquides diversement colorés, laissent sur la surface de déplacement des traces qui donnent des renseignements très intéressants. C'est ainsi que Fano a étudié les mouvements des tortues.

Si au lieu d'humecter de liquides colorants les pattes d'un insecte, on le laisse se déplacer sur une surface enduite de noir de fumée, on obtient des traces blanches qui montrent les allures de la marche.

IV. Vierordt a employé le *procédé des injections ou des empreintes colorées*.

La marche s'effectuait sur des bandes de papier posées sur le sol ; une ligne tracée d'avance sur le papier indiquait la direction de la marche. La chaussure contenait, pour chaque pied, trois chambres remplies d'un liquide coloré, différent pour le pied gauche et le pied droit, et correspondant l'un au talon, les deux autres à la partie antérieure du pied. Chaque appui du pied sur le sol laissait sur le papier une triple empreinte. On obtenait ainsi la position de chaque pied, la longeur du pas, l'angle que fait chaque pied avec la ligne de direction de la marche et l'écartement des pieds.

Pour étudier les soulèvements et les abaissements des diverses parties du corps, des feuilles de papier verticales étaient tendues latéralement le long du champ de marche, et des tubes horizontaux placés à différentes hauteurs (calcanéum, trochanter, etc.) injectaient sur ces feuilles des liquides colorés.

II

CHRONOSTYLOGRAPHIE

Le procédé pour obtenir le diagramme d'un mouvement est le suivant :

Le corps en mouvement est mis en relation avec une plume inscrivante qui laisse sa trace sur une surface animée d'un mouvement de translation. La direction suivant laquelle se déplace la surface enregistrante est perpendiculaire à la direction du mouvement de la plume. Ce procédé d'inscription par style a été appelé *chronostylographie* par Chauveau.

Quand la plume est immobile et la surface enregistrante en mouvement, on obtient comme tracé une droite ; cette droite, qui représente l'axe des abscisses d'un système de coordonnées rectangulaires, est proportionnelle au temps. Quand la surface est immobile et la plume en mouvement, on obtient comme tracé une droite perpendiculaire à l'axe des abscisses ; cette droite représente l'axe des ordonnées ; elle sert de mesure à l'amplitude des mouvements de la plume.

Quand la plume et la surface sont en mouvement, on obtient comme tracé une courbe qui représente la loi du mouvement en fonction du temps, c'est-à-dire la représentation graphique d'une fonction à deux variables : $y = f(t)$, dont l'une (t) est le temps et l'autre (y) le mouvement.

La plume enregistrante laisse la trace de ses mouvements sur la surface enregistrante, soit en grattant la couche légère de noir de fumée qui couvre la surface, soit en écrivant avec de l'encre sur la surface blanche. Le premier mode d'enregistrement, beaucoup plus délicat que le dernier, exige une préparation spéciale de la feuille (son noircissage) avant l'enregistrement, et une autre préparation après l'enregistrement (la fixation du tracé grâce à un vernis spécial). L'enregistrement à l'encre n'est applicable qu'aux mouvements lents.

I

Surfaces enregistrantes.

L'enregistrement des mouvements d'un style enregistreur peut se faire sur des surfaces animées soit d'un mouvement de rotation, soit d'un mouvement de translation rectiligne, soit d'un mouvement d'oscillation pendulaire, soit enfin sur une surface ayant la forme d'un disque circulaire tournant autour de son centre.

La surface peut être constituée par une feuille ou une bande de papier plus ou moins longue, ou par une plaque de verre enfumée.

Les appareils qui ont pour but de mettre en mouvement une surface sur laquelle se fait l'enregistrement portent des noms divers, *Cylindre enregistreur*, *Kymographion*, *Myographion*, *Chronographe*, *Polygraphe*, *Pansphygmographe*, *Phonautographe*, *Cardiographe*, *Phrénographe*, etc. Ces appellations n'ont aucune raison d'être ; elles ont pour origine les noms des phénomènes qui ont été enregistrés au début. Ainsi, comme Ludwig, qui le premier (en 1847) s'est servi d'un appareil enregistreur en physiologie, pour étudier la pression sanguine, a donné à son appareil le nom de *Kymographion* (κῦμα, onde ; γραφειν), cette désignation a été appliquée par les physiologistes à tous les cylindres enregistreurs, même quand on s'en servait pour inscrire autre chose que des ondes sanguines.

Il en est de même de la désignation *Myographion*, qui a été donnée pour la première fois par Helmholtz à l'appareil sur lequel il a fait l'enregistrement des contractions musculaires.

Le nom de *Phonautographe* désigne, de même que le *Kymographion* et le *Myographion*, un cylindre enregisteur tournant : seulement ce cylindre enregistreur a servi au début à l'enregistrement des sons.

La désignation *Polygraphe* veut dire que l'appareil peut servir à l'enregistrement de plusieurs phénomènes. La désignation *Pansphygmographe* veut aussi dire que l'appareil peut servir à l'enregistrement de tous les phénomènes dépendant de la circulation.

La désignation de *Chronographe* montre que l'appareil auquel elle s'applique sert à la mesure des durées.

En face de tant de noms divers, on pourrait croire que les appareils qu'ils désignent, diffèrent beaucoup entre eux. Ce serait une illusion. Tous les appareils que nous décrivons sous le nom donné par leur inventeur, sont en principe identiques ; ils sont tous constitués soit d'une surface cylindrique animée d'un mouvement de rotation, soit d'une plaque ou d'une longue bande de papier animée d'un mouvement de translation. Sur ces surfaces on peut inscrire des durées et des phénomènes de toutes sortes, contractions musculaires, pulsations artérielles, etc. Donc chaque appareil est à la fois chronographe, kymographion, myographion, pansphygmographion, phonautographe, polygraphe.

Dans notre classification des appareils enregistreurs nous ne tiendrons pas compte de leur nom spécial, mais de la forme de la surface sur laquelle se fait l'enregistrement.

§ I. — *Appareils enregistreurs à bande de papier sans fin.*

A. Les cylindres enregistreurs se composent essentiellement d'un cylindre métallique, placé horizontalement ou verticalement, animé d'un mouvement de rotation. On peut faire tourner le cylindre soit à la main, soit à l'aide d'un poids, soit à l'aide d'un mécanisme d'horlogerie, soit enfin à l'aide d'un moteur, électrique ou autre.

I. Comme exemple de cylindre enregistreur très simple, citons le *cylindre phonautographique* de Scott et Kœnig qui est analogue au cylindre sur lequel Thomas Young (1807) a enregistré les vibrations d'un diapason.

Cet appareil se compose d'un lourd cylindre de cuivre jaune, long de 23 centimètres environ, ayant un périmètre de 560 millimètres, placé sur un axe horizontal en forme de vis. Cet axe repose sur un support fixé sur une planchette de bois. Quand l'on fait tourner l'axe qui supporte le cylindre, à l'aide d'une manivelle, le cylindre tournant se déplace le long de son axe. De cette façon, une pointe inscrivante fixe tracerait sur la surface du cylindre une spirale.

Le *Myographion* de Wastien se compose d'un cylindre vertical, dont l'axe présente à la partie inférieure une roue dentée. Une vis tangente engrène avec cette roue; un ressort spécial fait appuyer la vis sur la roue. En tournant la vis, on fait tourner le cylindre.

A part ces deux appareils que nous venons de décrire, il en existe beaucoup d'autres, aussi simples, qu'on trouve dans les catalogues de tous les constructeurs.

II. Parmi les appareils enregistreurs dont le cylindre est mis en mouvement par la chute d'un *poids*, citons d'abord le *Kymographion* de Ludwig (1847). Cet appareil, qui est le premier appareil enregistreur employé en physiologie, se compose d'un cylindre vertical, d'une série de roues dentées qui engrènent avec l'axe du cylindre, d'un poids attaché par une corde enroulée sur une gorge de l'axe et d'un pendule qui régularise les mouvements du rouage provoqué par la chute du poids. — Tout l'appareil est placé sur une grande table support à trois pieds. A cette table se trouve fixé le manomètre enregistreur de la pression du sang.

Le *myographion* de Helmholtz (1852) se compose d'un cylindre en verre (*cy*) recouvert de noir de fumée, placé verticalement, et mis en mouvement par la chute d'un poids. Un mécanisme d'horlogerie et un pendule (*pe*) régularisent les mouvements de rotation du cylindre. La vitesse de rotation du cylindre peut être variée de la façon suivante : sur l'axe du cylindre se trouve placé un volant (*s, s*) à la face inférieure duquel sont fixées deux ailettes (*fl, fl*) qui plongent dans un espace annulaire plein d'huile ; en variant la position des ailettes, on varie la vitesse de rotation du cylindre. La vitesse maximum de rotation du cylindre est telle qu'un millimètre de surface représente 0″,00192 seconde.

Du Bois Reymond a modifié l'appareil de Helmholtz de façon à avoir une vitesse de rotation plus grande : un millimètre par 0″,00044, — en donnant des dimensions plus grandes au cylindre trop petit de Helmholtz. Le cylindre de Du Bois Reymond faisait 15 tours par seconde.

Fick (1882) a employé le dispositif suivant pour imprimer à un cylindre un mouvement de rotation uniforme à l'aide de la chute d'un poids : un cylindre de cuivre très lourd, ayant un mètre de circonférence, est fixé sur un axe d'acier. Sur le même axe, au-dessous du cylindre, est fixée une bobine ayant un diamètre de 20 millimètres. Une corde est enroulée sur cette bobine. Un anneau est attaché à l'une des extrémités de la corde; cet anneau est accroché à un crochet qui se trouve fixé à la face inférieure du cylindre. L'autre extrémité de la corde passe sur une poulie fixée au support de l'appareil, et va s'attacher à une sorte d'étrier auquel est suspendu le poids. Un levier maintient le poids immobile ; quand on soulève le levier, le poids tombe. Le poids est arrêté dans sa chute par une cheville enveloppée de caoutchouc (pour amortir les chocs) L'arrêt du poids et la continuation de la rotation du cylindre font que la corde se dis-

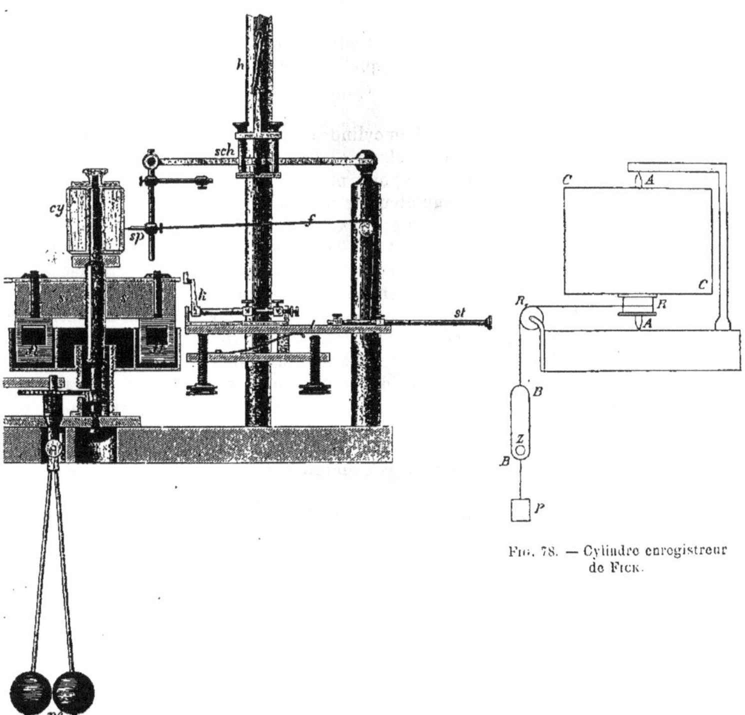

FIG. 77. — Myographion de HELMHOLTZ.

FIG. 78. — Cylindre enregistreur de FICK.

tend. Alors l'anneau qui était accroché au cylindre tombe, et le cylindre, tout à fait libre, continue à tourner avec la vitesse qui lui a été imprimée par la chute du poids.

En variant le poids et la hauteur de la chute, on varie facilement la vitesse de rotation du cylindre. Avec un poids de quatre kilos environ et avec une hauteur de chute maximum, FICK a obtenu, comme vitesse maximum, un millimètre de déplacement de la surface par 0",00286 seconde.

JAQUET (1890) a employé un cylindre placé verticalement au-dessus d'un volant très lourd (10 kilos). Le tout, étant mis en mouvement par la chute d'un poids, continue à se mouvoir pendant 6 à 8 minutes après la cessation de l'effort exercé par le poids. Comme la masse mise en mouvement présente une grande inertie, son mouvement de rotation est régulier.

REICHERT a fait deux kymographions, mis en mouvement par un poids d'une façon tout à fait différente. L'un d'eux est composé d'un cylindre de bois, qu'on recouvre d'une feuille de papier; la périphérie du disque, qui constitue la face inférieure du cylindre, présente une gorge dans laquelle passe la corde qui supporte le poids moteur. Un système d'engrenage sert à régulariser les mouvements du cylindre. Dans le second kymographion de Reichert, le poids moteur est attaché à une corde fixée à une des extrémités d'une longue bande de papier. A l'autre extrémité de cette bande de papier est accroché un contrepoids. La bande de papier passe sur un cylindre de bois placé verticalement sur une table. La corde qui supporte le poids moteur passe sur la poulie d'un petit mécanisme d'horlogerie qui a pour but d'uniformiser le mouvement de la feuille de papier. Comme on voit, dans cet appareil, le poids, au lieu de faire tourner le cylindre, tire sur le papier.

Marey a fait construire il y a longtemps, par Breguet, un appareil à poids de grande précision.

Baltzar a construit pour Tigerstedt un cylindre enregistreur sur le modèle de l'appareil de Ludwig et Baltzar, mais dans lequel le ressort d'horlogerie a été remplacé par un poids. — La vitesse maxima de ce cylindre correspond à un millimètre par 0'',0016 seconde.

L'enregistreur de Weiss se compose d'un cylindre horizontal, de $0^{m},50$ centimètres de longueur et de $0^{m},20$ centimètres de diamètre. — A l'une des extrémités de son arbre se trouve la bobine sur laquelle s'enroule le poids moteur; à l'autre, un système d'engrenage et l'aile du volant, servant de régulateur de la vitesse du cylindre.

Le *pantokymographion* d'Engelmann se compose d'un cylindre disposé verticalement, et présentant un dispositif spécial qui fait que le cylindre peut se déplacer, automatiquement, de haut en bas le long de son axe, pendant qu'il tourne. De cette façon, on peut avoir l'enregistrement spiral. Un système de roues d'engrenage, placé près de l'axe du cylindre, permet de varier facilement la vitesse de rotation en marche. En variant le poids qui agit sur les roues et les rapports réciproques des roues d'engrenage, on peut varier dans de grandes limites la vitesse de rotation du cylindre.

Parmi les appareils enregistreurs à poids de grande précision, citons l'appareil de Broca (André), dont le cylindre peut être placé soit horizontalement, soit verticalement.

III. Les cylindres enregistreurs employés généralement sont mis en mouvement par un mécanisme d'horlogerie.

a) Parmi les cylindres le plus fréquemment employés dans les laboratoires de phy-

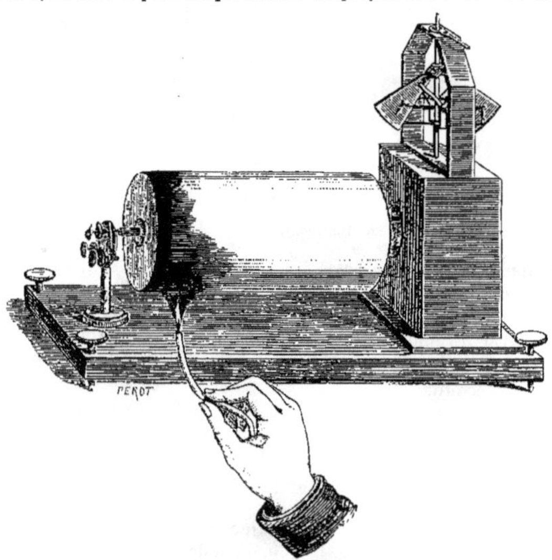

Fig. 79. — Cylindre enregistreur de Marey.

siologie, il faut mettre en première ligne l'appareil de MAREY et le *kymographion* de LUDWIG et BALTZAR.

L'appareil de MAREY (fig. 79) se compose d'un cylindre en cuivre mince soutenu par des diaphragmes intérieurs et traversé par un axe d'acier qui s'ajuste d'une part à une pointe terminant l'un des axes du rouage d'un mécanisme d'horlogerie, et de l'autre à la pointe d'une vis qui traverse un disque de bronze et sert de contre-pivot. — Ainsi placé, le cylindre peut tourner librement et indépendamment du rouage. — Le rouage est contenu dans une sorte de boîte. Un régulateur FOUCAULT régularise le mouvement du rouage. Trois axes à vitesses variables sortent de la platine du rouage. Le cylindre est placé entre un de ces axes et l'une des vis qui font face à ces axes et qui traversent le disque qui surmonte la branche montante du support. Un cadre de bronze ou une planche solide constitue le support. L'appareil peut se placer horizontalement ou verticalement.

Les axes qui sortent du rouage présentent les vitesses de rotation suivantes : l'axe supérieur fait un tour en 1″,5, l'axe moyen en 6 minutes et l'axe inférieur en 1 minute. Quand on veut entraîner le cylindre au moyen du rouage, on place sur l'axe du rouage qu'on a choisi une pièce appelée *toc*. — La longueur du cylindre est de 28 centimètres environ, sa périphérie de 42 centimètres. — Pour la vitesse maximum du cylindre, un millimètre de surface correspond à 36 secondes.

L'appareil de MAREY ne permet pas de varier la vitesse de rotation du cylindre au cours d'une expérience. Pour faire varier la vitesse, il faut changer d'axe le cylindre. De plus, comme les trois axes du rouage n'ont pas le même sens de rotation, il faut retourner entièrement le cylindre et son rouage.

Le *kymographion* de LUDWIG et BALTZAR (fig. 80) se compose d'un mécanisme d'horlo-

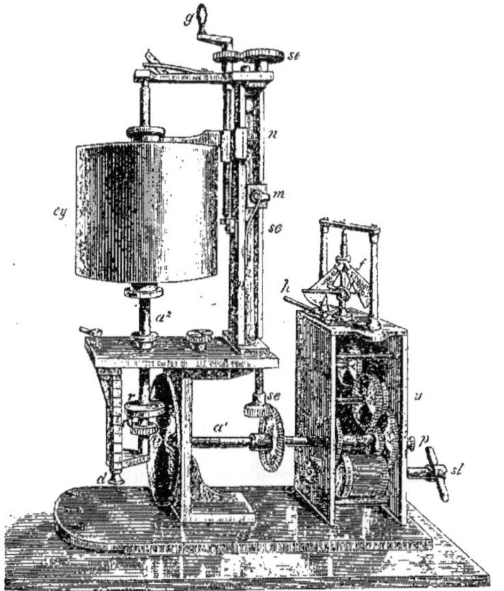

FIG. 80. — Cylindre enregistreur de LUDWIG et BALTZAR.

gerie (*u*), placé dans une boîte complètement fermée, qui met en mouvement un disque métallique (*s*). Le cylindre (*cy*) placé à côté du disque présente sur son axe un galet (*r*) qui roule sur le plateau. Le galet peut être fixé à différentes hauteurs sur l'axe du cylindre ; en variant la distance du galet au centre du plateau, on varie la vitesse de rotation du cylindre. Celui-ci tournera d'autant plus vite que le galet sera plus près de la périphérie du plateau. — Un index (*i*) donne la longueur de la distance qui sépare le galet du centre du plateau. — La pression du galet contre le plateau est réglée à l'aide d'une vis (p). — On varie encore la vitesse de rotation du cylindre en déplaçant à droite ou à gauche la roue inférieure (w') ou la roue supérieure (w^2). Quand la roue inférieure est à gauche et la roue supérieure à droite, la durée d'un tour de cylindre variera, selon la position du galet sur le plateau, entre 90 à 12 minutes. — Quand les deux roues sont à droite, la durée variera entre 12 à 1 minute et quart. Enfin, quand la roue inférieure est à droite, et la roue supérieure à gauche, la durée d'un tour varie entre 1 minute 1/2 et 1/8 de minute. — En variant les ressorts des ailettes du régulateur Foucault, en attachant ces ailettes ou en les enlevant complètement, on varie encore la vitesse du cylindre. On peut arriver à avoir un tour en 3 secondes.

Le cylindre peut se déplacer le long de son axe, soit en tournant à la main une manivelle (g), soit automatiquement, à l'aide d'un dispositif spécial (se), qui peut être employé à volonté. Une roue dentée (a') placée sur l'arbre du mouvement d'horlogerie fait tourner une tige qui présente à son extrémité supérieure une roue qui s'engrène avec une roue placée sur la vis sans fin à manivelle. De cette façon, les mouvements de cette vis sont commandés par le mécanisme d'horlogerie. — Quand le cylindre, en descendant, a atteint la limite inférieure de sa course, une pointe (n), fixée sur l'écrou qui porte le cylindre, appuie sur un ressort (m); ce contact fait que l'engrenage de roues cesse. Alors, à l'aide de la manivelle, on remonte le cylindre, l'engrenage des roues se rétablit, et le cylindre commence de nouveau à descendre.

Le cylindre peut être placé aussi horizontalement. Dans ce cas, le fonctionnement de l'appareil n'est nullement changé.

La hauteur du cylindre est de 30 centimètres; la périphérie de 50 centimètres; un millimètre de la surface du papier correspond à 0″,006 de seconde pour la vitesse maximum de rotation du cylindre.

Baltzar a construit pour Bowditch et Warren un appareil enregistreur à deux plateaux. Le galet qui se trouve sur l'axe du cylindre peut rouler tantôt sur un plateau tantôt sur l'autre. Un des plateaux fait un tour en 24 heures; l'autre, un tour en une heure. De cette façon, le cylindre enregistreur peut être animé d'un mouvement très lent ou d'un mouvement très rapide.

Le cylindre enregistreur de Razounov diffère de celui de Marey en ce que ce mouvement d'horlogerie renferme deux pignons de différents diamètres que l'on peut adapter à volonté à trois axes du mouvement tournant dans le même sens. Le mouvement des axes est transmis par les pignons à un quatrième axe qui est muni à son extrémité d'un pignon conique, qui s'accroche au pignon de l'axe du cylindre et le met en mouvement. L'action de ces pignons, combinée avec celle des axes, permet d'avoir 6 vitesses différentes. L'appareil possède un mécanisme automatique, dont la pièce principale est un ressort, au moyen duquel on déplace le cylindre sur son axe après chaque tour. Grâce aux deux pignons coniques, le cylindre peut fonctionner aussi bien dans la position horizontale que dans la position verticale.

L'enregistreur de Morat se compose d'un moteur à ressort qui par une de ses roues moyennes actionne des transmissions qui communiquent au cylindre soit des mouvements de rotation, soit des mouvements de translation. Par sa roue extrême le moteur actionne les régulateurs. Cet appareil possède deux régulateurs, ce qui permet d'avoir une plus grande étendue dans la gamme des vitesses à employer.

Pour ne pas exagérer la force nécessairement limitée du ressort, Morat a donné à son appareil deux séries de vitesses très différentes. Avec l'un des régulateurs, le mouvement se fait avec une grande lenteur, un tour en six heures; avec l'autre, un tour dure une demi-heure. — Dans chacun de ces deux cas, le cylindre peut prendre toute une série de vitesses différentes et graduées à volonté. — Le passage d'une vitesse à une autre se fait avec la plus grande facilité; l'embrayage de l'un à l'autre régulateur se fait par le jeu d'un levier.

Un cadre métallique, placé sur une tablette, et articulé avec elle, peut prendre, à volonté, la position horizontale ou verticale. Ce cadre est pourvu de rails sur lesquels est placé le cylindre, qui glisse à l'aide d'un chariot léger métallique qui le supporte par ses pointes entre deux équerres. Le déplacement du chariot est obtenu par une vis sans fin qui reçoit le mouvement du moteur. A la base du cadre, se trouve un axe transversal, coïncidant avec un de ses petits côtés. Il est situé exactement sur l'axe de pivotement du cadre. Cet arbre moteur reçoit le mouvement de la roue moyenne du moteur, et le communique soit au chariot, pour donner au cylindre un mouvement de translation, soit au cylindre, pour lui donner un mouvement de rotation.

Les dimensions du cylindre sont celles du cylindre de l'appareil de Marey; il a 25 centimètres de long, et une périphérie de 42 centimètres.

La vitesse maximum est d'un tour en 2 secondes, avec le régulateur pour les mouvements rapides; la vitesse maximum, avec le régulateur pour les mouvements lents, dont le minimum est d'un tour en 6 heures, est d'un tour en 5 minutes.

On peut avoir des gradations variables d'une vitesse à l'autre.

L'appareil de Morat, construit par Trenta, de Lyon, peut marcher aussi avec un autre moteur que le moteur à ressort, par exemple avec un moteur électrique, une turbine ou un moteur à vapeur ou à gaz. Dans ce cas, on peut avoir des variations de vitesse bien plus grandes que celles du moteur à ressort.

Le *kymographion* d'Ellis est un appareil très simple et sans aucune prétention à l'exactitude. Il se compose simplement d'une boîte contenant un mécanisme d'horlogerie; sur l'axe en mouvement vertical qui sort de la boîte on place une bobine de papier. Le bout libre de la feuille de papier de la bobine est serré dans une pince. Un fil est attaché à la pince, un poids au fil. Celui-ci tend le papier.

En plaçant sur l'axe du mouvement des bobines de différents diamètres, on obtient différentes vitesses de translation du papier.

L'appareil peut être placé horizontalement ou verticalement.

L'appareil enregistreur universel de G. Le Bon permet d'avoir un grand nombre de vitesses différentes. Son cylindre peut faire un tour en 3 secondes, pour la vitesse maximum, et un tour en 24, pour la vitesse minimum.

On trouvera dans les catalogues de tous les constructeurs des appareils enregistreurs à mécanisme d'horlogerie très simple, comme celui de Porter (de Harvard University), par exemple.

Ziemmermann a construit d'après les indications de Wundt un chronographe qui permet de mesurer le 10 000e de seconde.

En balistique, en physique, etc., on emploie des chronographes d'une très grande précision.

b) Dans les appareils enregistreurs décrits jusqu'à présent, le mécanisme d'horlogerie était complètement indépendant du cylindre. Il n'en est pas toujours ainsi : il y a des cylindres enregistreurs qui contiennent le mécanisme d'horlogerie dans leur intérieur.

Dans les enregistreurs Richard, les rouages d'horlogerie intérieurs font corps avec le cylindre et tournent avec lui, constituant un mouvement satellite. Dans d'autres enregistreurs, le mouvement, tout en étant à l'intérieur du cylindre, reste fixe et produit la rotation du cylindre par un de ses axes.

Ces cylindres enregistreurs font partie intégrante d'appareils plus complexes destinés à enregistrer des variations de température, de pression, des phénomènes électriques, etc.

c) Il est quelquefois utile d'avoir un cylindre enregistreur dont se puisse changer automatiquement la vitesse de rotation.

Comme exemple d'un tel appareil, citons le cylindre enregistreur d'Agamemnone (1890). Cet appareil se compose d'un cylindre horizontal pourvu à ses deux extrémités de roues dentées, et tournant entre deux mécanismes d'horlogerie. L'un de ces mécanismes peut communiquer au cylindre un mouvement rapide, l'autre un mouvement lent. Les arbres des mécanismes d'horlogerie présentent des roues dentées qui peuvent s'embrayer automatiquement avec les roues dentées du cylindre; cet embrayage se fait grâce à un levier actionné par un électro-aimant. Tant que le courant passe dans l'électro-aimant, le cylindre est entraîné par le mécanisme d'horlogerie à mouvement rapide; quand le courant cesse, le cylindre est entraîné par le mécanisme d'horlogerie à mouvement lent. Ce genre d'appareil est très employé en séismographie.

d) A part les grands appareils enregistreurs, sur lesquels on peut tracer toutes sortes de mouvements, il existe, parmi les instruments destinés à enregistrer un mouvement spécial, des appareils qui sont pourvus d'un tout petit cylindre enregistreur mis en mouvement par un mécanisme d'horlogerie. Ainsi le sphygmographe de V. FREY est pourvu d'un tel cylindre.

Les appareils appelés polygraphes comprennent aussi un petit cylindre enregistreur. Dans le *polygraphe* de GRUNMACH, le cylindre est séparé du mécanisme d'horlogerie qui présente, comme l'appareil de LUDWIG, un plateau sur lequel roule un galet fixé à l'axe du cylindre. Le cylindre est horizontal, il a une longueur de 12 centimètres, un diamètre de 15 centimètres et une périphérie de 46 centimètres. Sa vitesse varie de deux à six centimètres par seconde, selon la position du galet sur le plateau.

IV. Il existe un grand nombre d'appareils enregistreurs qui peuvent être actionnés par un moteur électrique. Parmi les appareils présentant un dispositif électrique particulièrement intéressant, nous citerons les kymographions de KRONECKER et de BLIX.

L'*électro-kymographion* de KRONECKER (1889) est basé sur le principe suivant, dû à PAUL LACOUR (1875) :

Un électro-aimant qui se magnétise et se démagnétise rythmiquement fait fonctionner rythmiquement le diapason d'un autre électro-aimant; celui-ci met en mouvement une roue dentée qui se trouve devant lui.

KRONECKER a placé sur la roue dentée un cylindre vertical ayant 20 centimètres de hauteur et 50 centimètres de périphérie. La roue dentée, qui se déplace en face de l'électro-aimant, possède 50 dents en fer doux.

Le *kymographion électrique* de SANDSTRÖM et BLIX (1894) permet d'avoir des vitesses qui présentent entre elles un rapport décimal. Ce résultat est obtenu grâce à un arrangement très ingénieux des roues d'engrenage (fig. 81). Voici la description de ce dispositif spécial.

Deux séries de cinq roues dentées : la série 1, 2, 3, 4 et 5, et la série I, II, III, IV et V, sont disposées de la façon suivante : 1, I, 2, II, 3, III, 4, IV, 5, V. La série de roues 1-5 présentent 90 dents; la série I-V en a 100. Toutes les roues sont munies d'un pignon à 30 dents; les mouvements sont transmis d'une roue à l'autre au moyen de ce pignon. De cette façon, si la vitesse de la roue I est 1, la roue II aura la vitesse suivante : $\frac{30}{90} \cdot \frac{30}{100} = \frac{1}{10}$; la roue III aura la vitesse suivante : $\frac{30}{90} \cdot \frac{30}{100} \cdot \frac{30}{90} \cdot \frac{30}{100} = \frac{1}{100}$, etc. On voit qu'on obtient ainsi des vitesses de 10 en 10 en descendant (fig. 81).

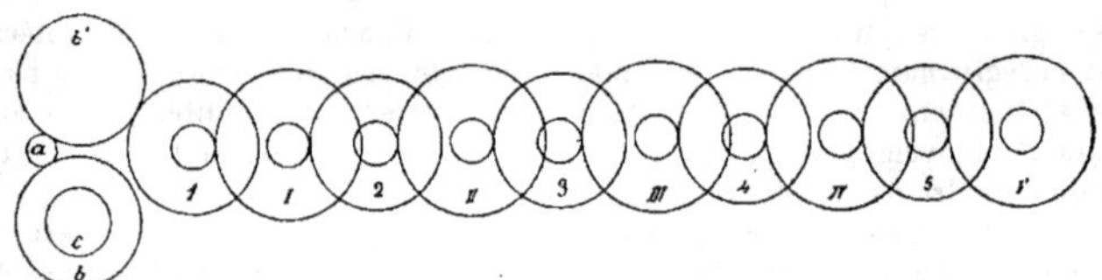

FIG. 81. — Kymographion électrique de BLIX (Schéma).

Toutes ces vitesses peuvent être réduites de moitié au moyen d'un engrenage spécial qu'on établit entre l'arbre du moteur électrique et la roue 1. On peut avoir en tout 10 vitesses allant de 1 à 50 000.

La vitesse de l'arbre du moteur est choisie de telle sorte que, pour la plus grande vitesse de cylindre, alors que son arbre est entraîné par la roue I, il défile 1 000 millimètres de surface enregistrante par seconde. Quand l'arbre du cylindre est engrené avec la roue II, il défile 100 millimètres de papier par seconde ; avec la roue III, il en défile 10, et ainsi de suite.

Les changements de vitesse s'obtiennent très facilement. Sur la paroi supérieure de la boîte qui contient le rouage, il y a un anneau mobile qui présente 10 divisions sur lesquelles sont inscrits les chiffres suivants : 1000, 500, 100, 50, 10, 5, 1, 0,5, 0,1, 0,05. Quand un de ces chiffres est en face de l'index, cela veut dire que le cylindre tournera avec une telle vitesse qu'il défilera par seconde autant de millimètres de papier que l'indique le chiffre placé devant l'index.

Le moteur électrique exige comme courant de 0,07 à 0,1 d'ampère pour 110 volts.

L'arbre du moteur fait 35,3 tours par seconde. L'uniformité du mouvement est obtenue grâce à un régulateur électrique formé par un contact à ressort.

Indépendamment de sa rotation, le cylindre vertical peut être animé d'un mouvement de translation de haut en bas, ce qui permet d'avoir l'enregistrement en spirale. Ce mouvement est obtenu grâce à une vis qui traverse l'arbre du cylindre et qui, en tournant, fait descendre le cylindre.

L'ensemble de l'appareil se présente sous un petit volume ; il est très commode, très pratique, et il présente de nombreux avantages. Par exemple, le cylindre peut être placé dans une position verticale ou dans une position horizontale ; un dispositif spécial permet d'ajouter à l'appareil une bobine de papier pour l'enregistrement sur papier sans fin.

Le kymographe de STRAUBE (1900) est une modification de l'appareil de BALTZAR dans lequel le mécanisme d'horlogerie a été remplacé par un électromoteur, qui nécessite 10 volts et 2,5 ampères pour entraîner le cylindre. — Le cylindre peut être placé horizontalement ou verticalement.

Les variations de vitesses s'obtiennent de trois façons :

1° A l'aide du disque de friction, en changeant le rayon sur lequel appuie le pignon de l'axe du cylindre ;

2° A l'aide du mécanisme de transmission ;

3° Enfin par des résistances variables introduites dans le circuit.

L'échelle de variation des vitesses est $0^{mm},1$ à 220 millimètres par seconde.

Le cylindre prend sa vitesse maximum au bout de 0″,2 de seconde.

Parmi les appareils à moteurs électriques, citons encore ceux de MORAT, de CYON, d'OLHMEE, de FANO, etc.

CARPENTIER a construit un chronographe électrique de grande précision qui permet d'obtenir à la circonférence du cylindre tournant des vitesses variant de $0^{m},50$, 1 mètre, $2^{m},50$ et 5 mètres par seconde.

V. Il y a des cylindres enregistreurs qui sont mis en mouvement par des dispositifs tout à fait spéciaux. En voici quelques exemples :

L'appareil enregistreur de NOACK (1895) se compose d'un trépied auquel est suspendu un pendule. Ce pendule est réuni à la manivelle de l'axe d'un cylindre. Quand le pendule oscille, le cylindre tourne autour de son axe.

VINTSCHGAU et DIETL (1881) ont construit un cylindre qui est mis en mouvement par la détente d'un ressort (de là le nom de *Cylinder-Feder-Myographion* qu'ils ont donné à leur appareil). — Le cylindre horizontal peut être déplacé le long de son axe ; il ne peut pas faire un tour entier. Le mouvement de la surface est assez rapide pour qu'on puisse évaluer des durées de 0″,00042 de seconde.

BLIX (1892) a employé aussi un cylindre mis en mouvement par la détente d'un ressort (*Rotirende Federmyographion*). — Son cylindre était vertical.

THIRY (1864) a employé comme mécanisme moteur, pour entraîner un cylindre, une *sirène*. D'après le ton de la sirène on peut déterminer la vitesse de rotation du cylindre. En réglant la force d'un courant d'air, la sirène donne le même son, et par conséquent la vitesse du cylindre placé sur son axe est uniforme.

VI. Citons encore, parmi les nombreux cylindres enregistreurs qu'on trouve dans les laboratoires, le cylindre enregistreur de CHAUVEAU qui mesure 60 centimètres de long sur 25 centimètres de diamètre. — Ce cylindre peut tourner assez vite pour que la surface soit entraînée avec une vitesse variant à volonté entre $1^{m},20$ et 2 mètres par seconde. — Grâce à cette vitesse, des durées de $\frac{1}{2400}$ de seconde équivalent sur le papier à des longueurs de 1/2 millimètre au moins, et peuvent ainsi être rigoureusement déterminées. — Ce cylindre est mis en mouvement par un moteur hydraulique.

Le cylindre enregistreur de BOECK (1855) avait une vitesse maximun d'un millimètre par 0″,005 de seconde.

On pourrait encore citer beaucoup d'appareils enregistreurs intéressants, comme ceux que KAGENAAR d'Utrecht a construits pour DONDERS et pour BRONDGEEST (le *phonautographe* et le *pansphygmographe*); les appareils de HEYNSIUS (1869), de HERING (1879), de LOVEN (1883), de GRÜNHAGEN (1883), de R. DUBOIS, de TAINTURIER, etc.

B. — Pour faire des enregistrements de longue durée, on emploie des appareils à papier sans fin.

1. — En prenant deux cylindres semblables, par exemple deux cylindres enregistreurs de MAREY, en les plaçant parallèlement et à une certaine distance l'un de l'autre et en les entourant d'une longue bande de papier, on improvise un excellent appareil pour les enregistrements de longue durée. En éloignant plus ou moins les cylindres, on donne à la bande de papier la longueur et la tension voulues. — Un des cylindres est mis en mouvement par un mécanisme d'horlogerie.

Le dispositif que nous venons de décrire se retrouve dans beaucoup d'appareils, comme par exemple dans ceux de MAREY, HERING, HÜRTHLE, EPSTEIN, MAGNUS, etc.

MAREY et CHAUVEAU (1862) ont été les premiers à employer un tel dispositif dans leurs recherches cardiographiques. Voici la description de leur appareil modifié par FRANÇOIS FRANCK :

Deux cylindres, dont l'un est mobile, et l'autre fixe (mû par un mécanisme d'horlogerie), sont montés verticalement sur une planche longue de $2^m,50$, qui est fixée sur une console. — De fortes charnières permettent de faire basculer l'enregistreur et de le placer dans une position horizontale, nécessaire pour faire le noircissage de la bande de papier qui entoure les deux cylindres. — La bande de papier est tendue par le glissement du cylindre mobile le long d'une rainure centrale. Deux rouleaux tendeurs permettent de régler la tension du papier. La bande a une hauteur de 35 centimètres et une longueur de 5 mètres. Sa vitesse de translation est en général de 5 millimètres par seconde. Le volant régulateur de vitesse, placé sur l'axe du cylindre mis en mouvement par un mécanisme d'horlogerie, présente des ailettes qui plongent à demi dans de l'eau glycérinée. En faisant plonger plus ou moins les ailettes, on peut varier la vitesse de translation du papier.

L'appareil de HERING se compose, de même que l'appareil de MAREY, de deux cylindres sur lesquels peut être tendue une bande de papier. — L'enregistrement se fait sur le papier quand il passe sur le cylindre principal. Ce cylindre est mis en mouvement par un mécanisme d'horlogerie. — Tout l'appareil peut être déplacé de haut en bas, afin que toute la hauteur de la bande de papier puisse être employée. — Cet appareil a été construit par ROTHE.

Dans l'appareil de HÜRTHLE le support des deux cylindres, constitué par une forte tige métallique, présente une articulation en forme de genouillère, ce qui permet de placer l'appareil dans différentes positions. — La hauteur des deux cylindres est de 20 centimètres; l'un des deux cylindres est mis en mouvement par un mécanisme d'horlogerie. — La longueur de la bande de papier peut varier de 185 à 320 centimètres. La vitesse de translation du papier varie de 5 centimètres à $1^m,45$ par seconde. Cet appareil a été construit par ALBRECHT (de Tübingen).

ZIMMERMANN a construit un appareil semblable au précédent, mais il a remplacé le mécanisme d'horlogerie par un moteur électrique.

L'appareil de PALMER peut être mis en mouvement par un moteur quelconque.

Le *Kymographion* d'EPSTEIN (1896) est mis en mouvement par la chute d'un poids de 1 à 9 kilos selon la vitesse qu'on veut imprimer au papier. — Un régulateur à ailettes permet de régler le mouvement. — On peut varier la vitesse non seulement à l'aide de poids moteurs, mais aussi à l'aide des roues d'engrenage. La vitesse minimum est de 5 millimètres par seconde ; la vitesse maximum est de 150 millimètres par seconde.

MAGNUS (1902) a fait construire par RUNNE (de Heidelberg) un appareil analogue à celui de HERING, de BRODIE, etc., pour les inscriptions de longue durée. — La partie motrice est représentée par un mécanisme d'horlogerie. — Les deux cylindres, sur lesquels est tendue une bande de papier enfumée, longue de deux mètres, sont placés à 75 centimètres de distance. La hauteur des cylindres est de 18 centimètres ; leur périphérie, de 50 centimètres.

Les variations de vitesse s'obtiennent à l'aide des ailettes du régulateur (système RUNNE). On varie les ressorts qui attachent les ailettes. — On peut avoir 10 vitesses différentes. La vitesse maximum donne 63 millimètres par seconde; avec la vitesse minimum un millimètre correspond à une seconde.

Cet appareil présente le grand avantage de n'être pas cher comme les autres.

2. — En général, quand on veut avoir l'enregistrement des mouvements sur papier sans fin, on prend des bobines sur lesquelles est enroulée une longue bande de papier, et on les adapte à un mécanisme moteur qui, mettant une des bobines en mouvement, provoque le déroulement du papier, et son enroulement sur l'autre bobine. Les cylindres enregistreurs décrits précédemment peuvent facilement être transformés en appareils enregistreurs de longue durée. Il suffit pour cela d'enlever leur cylindre et de le remplacer par des bobines, ou bien, tout en le gardant, de disposer à côté de lui une bobine magasin à papier et une autre bobine destinée à recevoir la bande de papier qui, partant

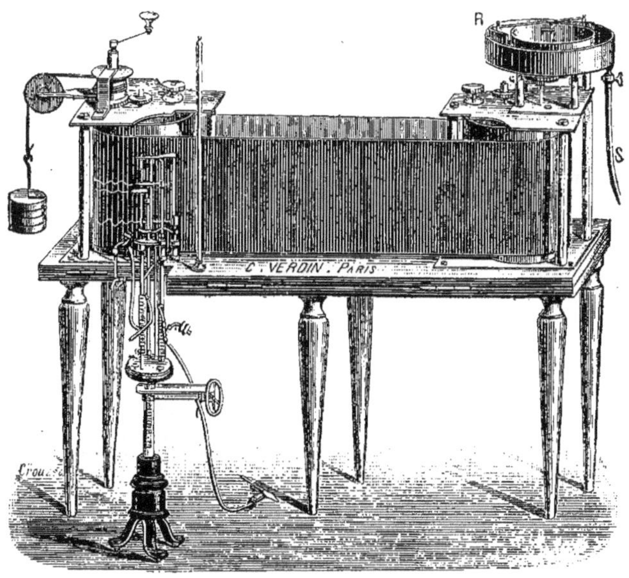

Fig. 82. — Cylindre de Chauveau et Marey, modifié par Fr. Franck.

de la bobine magasin, passe sur le cylindre et va s'enrouler sur la bobine vide. — L'enregistrement des mouvements d'une plume se fait sur la feuille pendant son passage sur le cylindre.

Les appareils de Ludwig-Baltzar et Blix sont pourvus du dispositif nécessaire au placement des bobines.

Les constructeurs font des appareils spéciaux à bobines. Dans le catalogue de Zimmermann (de Leipzig), on peut voir un grand nombre d'appareils construits sur le même principe. — Voici la description de quelques appareils de ce genre :

Le *Kymographion* de Baltzar (laboratoire de Leipzig) est indépendant de son mécanisme moteur. Celui-ci, qui peut être un mécanisme d'horlogerie, ou bien un moteur électrique, à vapeur, ou autre, transmet son mouvement, à l'aide d'une courroie, à une grande poulie. Cette poulie met en mouvement un arbre horizontal (w). Sur cet axe il y a un galet (f) qui roule sur un plateau (s) avec friction. — Le plateau et l'axe vertical (l) qu'il porte est mis en mouvement de la sorte. — Une bande de papier, large de 17cm,5, passe sur le cylindre fixé sur l'axe du plateau; la bande est pressée par deux galets (p^1, p^2) sur le cylindre; elle est de la sorte forcée de se déplacer en se déroulant d'une bobine (r^1) pour s'enrouler sur une autre (r^2) qui est mise en mouvement au moyen d'une corde qui s'enroule d'une part à un disque (sch^2), qui se trouve à sa base, et d'autre part sur une poulie de l'axe qui tourne. — Un cylindre métallique placé à côté de l'axe sert à guider le papier. — On varie la vitesse de translation du papier, en variant, comme dans l'appareil de Ludwig-Baltzar, la position du galet sur le plateau. Un dispositif spécial (*d*) sert à établir un bon contact entre le galet et le plateau.

L'appareil d'Aubert et Angelucci se compose de plusieurs cylindres sur lesquels passe la bande de papier. La bande de papier se trouve enroulée sur le cylindre I, de là elle passe sur les cylindres II et III qui servent de guide, ensuite sur le cylindre IV, sur lequel se fait l'enregistrement, et enfin elle va s'enrouler sur le cylindre V qui est animé d'un mouvement de rotation. — Sur ce dernier cylindre, l'extrémité de la bande de papier est fixée à l'aide d'une lame élastique, d'après le procédé de Traube.

L'appareil de François-Franck et Galante se compose d'un bâti dans lequel sont disposés trois cylindres R R′ R″ sur lesquels se développe d'une façon continue le papier. Ce papier, placé en réserve sur un touret, est exactement appliqué sur les cylindres par un système de rubans analogue à celui qu'on emploie dans les presses à imprimer pour conduire le papier; un tendeur sert à régler la tension de ces rubans.

Trois pignons, calés dans un même plan sur chacun des arbres des cylindres R R′ R″, engrènent avec une roue dentée actionnée par un pignon commandé par une chaîne venant du moteur.

Les trois cylindres sont animés d'un mouvement parfaitement uniforme. Les styles inscripteurs sont en rapport avec le papier dans sa partie disposée en pupitre.

Le papier est noirci à son passage sous le cylindre inférieur R″ de la façon suivante:

Parallèlement à une génératrice de ce cylindre est disposée dans un cadre une vis à deux pas, de sens contraire, entraînant un chariot porteur d'une grosse bougie dont la position de la flamme est convenablement réglée. Un double déplacement (aller et retour) de cette bougie noircit une bande de papier dont la longueur est le dixième de la circonférence du cylindre.

Sur la surface de ce cylindre sont placés dix taquets régulièrement espacés. Lorsqu'un de ces taquets rencontre le levier de commande de l'appareil de noircissage, la vis à deux pas est embrayée et elle entraîne le chariot porteur de la bougie; celui-ci, à la fin de son mouvement de retour, c'est-à-dire à son point de départ, en rencontrant une butée, détermine le débrayage de la vis. Le chariot reste alors immobile jusqu'à ce qu'une nouvelle longueur de papier soit déplacée et que le taquet suivant détermine une nouvelle mise en marche de l'appareil de noircissage.

La fixation est obtenue par le passage dans un bassin contenant du fixatif; des galets assurent l'immersion du papier dans le bain. Pour aider l'évaporation de l'alcool, le papier passe ensuite sur une plaque chauffée.

Comme nous venons de le voir, dans l'appareil de François-Franck et Galante, l'enregistrement, au lieu de se faire à l'encre, comme dans les appareils à bobines, se fait sur une bande de papier noirci, ce qui permet d'enregistrer des mouvements très délicats et rapides.

Nous retrouvons, de même, dans l'appareil de Lumière (1900) un dispositif intéressant pour l'enfumage et le vernissage continus de la bande de papier.

Citons encore parmi les enregistreurs de longue durée, les appareils de Roussy (1898) dont l'un se prête aux inscriptions sur papier enfumé, et l'autre aux inscriptions à l'encre.

Jansen (1894) a fait construire par Richard un météorographe à longue marche, destiné à l'observatoire du Mont-Blanc et dont le mécanisme de l'appareil enregistreur est intéressant.

Tout l'instrument est actionné par un poids de 90 kilogrammes, descendant de 5 à 6 mètres en 8 mois. Ce poids donne le mouvement à un pendule qui communique, en le réglant, le mouvement à l'appareil. Tous les mouvements de l'appareil sont donnés par un arbre horizontal qui reçoit son mouvement du pendule, à raison de un tour en 24 heures, et le communique aux bobines et aux autres organes des enregistreurs. Les bobines, qui portent le papier, se déroulent avec une vitesse variable pour chaque instrument.

3. — Parmi les appareils enregistreurs à inscription de longue durée, citons aussi les *polygraphes* qu'on emploie en clinique pour l'enregistrement simultané des battements du cœur, du pouls et de la respiration.

Dans le *polygraphe de* Marey, une bande de papier, large de 10 centimètres et longue de 15 à 20 mètres, est enroulée sur une bobine. Un cylindre, mis en mouvement par un mécanisme d'horlogerie, entraîne le déroulement de la bande de papier.

Le *polygraphe* de Coop (1896) se compose d'un mécanisme d'horlogerie qui, à l'aide d'un dispositif spécial de roues d'engrenages, permet d'avoir des vitesses variables : $0^m,60$, $1^m,20$, $1^m,70$ par minute. La bande de papier est entraînée sur une plate-forme par deux galets appuyés par des ressorts. Cette plate-forme est en deux pièces qui peuvent être écartées, de sorte que sa longueur peut atteindre le double de sa largeur primitive. L'intervalle entre les deux pièces est comblé par des plaques situées sur la plate-forme et qui sont poussées par des ressorts à la place qu'elles doivent occuper dans l'intervalle ouvert entre les deux parties qu'on écarte. Ce dispositif permet d'employer des bandes ayant 75, 100 et 150 millimètres de largeur.

Le même mécanisme d'horlogerie qui met en mouvement le papier, commande aussi le mouvement d'un métronome, qui, à l'aide d'une transmission à air, que nous étudierons plus loin, enregistre ses mouvements sur le papier.

La hauteur totale de cet appareil est de 10 centimètres ; sa base présente un côté de 8 centimètres.

4. — Dans le récepteur du télégraphe inscripteur de Morse et dans beaucoup d'autres appareils employés en météorologie et en physique, le mécanisme qui commande le déroulement d'une bande de papier est le suivant :

La bande de papier est serrée entre deux cylindres, dont l'un est mis en mouvement par un appareil d'horlogerie et dont l'autre est libre sur son axe ; les deux cylindres tournent nécessairement en sens inverse et entraînent la bande de papier à la façon d'un petit laminoir. Au-dessus de la boîte qui contient le mécanisme d'horlogerie se trouve la bobine sur laquelle est enroulée la bande de papier à provision.

§ II. — *Appareils enregistreurs avec plaque animée d'un mouvement de translation.*

A. **Pendule enregistreur** (*Pendelmyographion*). — Pour faire l'étude de certains phénomènes de très courte durée, par exemple l'étude de la période latente, les physiologistes emploient, au lieu d'un cylindre enregistreur, une plaque fixée à l'extrémité inférieure d'un lourd pendule battant la seconde.

L'enregistrement des mouvements se fait sur une plaque de verre noircie avec du noir de fumée ou bien sur une feuille de papier noircie collée sur la plaque du pendule. Les abscisses des tracés sont des courbes dont le rayon est égal à la longueur du pendule.

Le premier pendule enregistreur a été imaginé par Fick. L'axe de son *Pendelmyographion*, qui était long d'environ un mètre, reposait sur deux petites roues pour que le frottement fût très faible. A l'extrémité de la plaque de verre portée par le pendule, se trouvent, à droite et à gauche, deux pointes qui vont s'accrocher à deux crochets fixés à droite et à gauche sur le support du pendule. Le pendule reste immobile, dans une position oblique, à droite ou à gauche, selon qu'il est accroché par l'un ou l'autre crochet. En tirant le crochet qui fixe le pendule, celui-ci commence à osciller, mais, arrivé du côté opposé, il est immobilisé par le crochet qui se trouve là. L'enregistrement du mouvement étudié a lieu pendant l'oscillation simple effectuée par le pendule.

Pendant son oscillation, les crochets de l'extrémité du pendule ouvrent un contact électrique qui se trouve placé sur le support de l'appareil.

Helmholtz a perfectionné l'appareil de Fick en rendant possible l'enregistrement de plusieurs tracés sur une même plaque. Pour cela il a fait la plaque mobile. Pour que ce changement de position de la plaque n'entraîne pas un changement du centre de gravité du pendule, et par conséquent un changement des oscillations, il a ajouté au pendule une plaque compensatrice qui descend quand la plaque sur laquelle se fait l'enregistrement monte. Les deux plaques sont mobiles sur des rails ; leur mouvement est commandé par un système d'engrenage. Il suffit de tourner une manivelle pour que le mouvement des plaques ait lieu.

Dew-Smith a fait construire aussi un pendule enregistreur. Dans cet appareil un électro-aimant, mobile sur un axe gradué derrière le pendule, maintient le pendule immobile. — En déplaçant l'électro-aimant, on peut varier l'amplitude de l'oscillation du pendule.

Sur la plaque enregistrante du pendule du *King's College Laboratory* de Londres on peut enregistrer 40 tracés superposés. — L'inscription se faisant toujours au même endroit, correspondant au centre de gravité du pendule, les tracés ont tous la même courbure et les durées sont représentées par des abscisses égales. — La vitesse du mouvement pendulaire peut être variée, en changeant la position des crochets qui fixent la plaque dans une position oblique. La vitesse maximum est de 0″,00028 de seconde par millimètre de surface ; la vitesse minimum est de 0″,0023. — Une tige qui se trouve à la partie inférieure du pendule sert à rompre un courant électrique, comme dans les pendules de Fick et de Helmholtz.

La vitesse de translation du pendule est calculée d'après la formule suivante :

$$V = ch\sqrt{\frac{g}{l}}$$

Connaissant *ch*, la corde de l'arc décrit par le centre de gravité, *l*, la longueur du pendule simple équivalent, et *g*, on voit qu'il est facile de calculer la vitesse du pendule.

Sur la plaque du pendule, la vitesse n'est pas la même aux extrémités de l'oscillation et au milieu; si la vitesse est de 0″,000383 par millimètre au centre, elle sera de 0″,0003912 aux extrémités. — Au milieu de la plaque, sur une longueur de 5 centimètres la vitesse paraît uniforme.

Les pendules que nous venons de décrire sont des instruments encombrants et fixes, étant scellés au mur pour éviter les oscillations irrégulières.

On a construit aussi des pendules petits et transportables. — Le pendule enregistreur de Wundt est un appareil de ce genre.

Le pendule de Putnam permet d'avoir des tracés superposés sur la plaque en faisant le déplacement vertical de tout l'appareil. — A l'aide d'une roue, d'un pignon et d'une corde, on peut, en tournant une manivelle qui se trouve derrière l'appareil, faire monter dans un cadre le support du pendule. — Ce déplacement se fait facilement; car un contrepoids équilibre le pendule.

La plaque enregistrante du pendule est émaillée ; sur sa surface se trouvent tracées des lignes divergentes qui représentent les ordonnées des tracés. Les abscisses, étant donnée la petite longueur du pendule, présentent une courbure très accentuée.

La plaque est maintenue immobile à droite et à gauche par des crochets fixés sur des axes ayant une courbure égale à celle de l'arc décrit par la plaque enregistrante.

Pour faire l'étude de la contraction des muscles de l'homme, Mendelssohn a employé une sorte de pendule enregistreur dont voici la description :

Sur une planchette rectangulaire est articulée une charpente métallique susceptible de se reployer en s'accolant à la planchette pour rendre l'appareil peu encombrant et portatif, ou bien de se déployer en formant une sorte de trépied au sommet duquel est suspendu un autre trépied semblable qui oscille librement à son intérieur. A sa partie inférieure, le trépied oscillant porte une plaque métallique courbée suivant une circonférence qui aurait l'axe d'oscillation pour centre. C'est sur cette plaque que le tracé myographique sera recueilli. Pour cela on le recouvre d'un papier que l'on fixe avec deux agrafes, et qu'on noircit à la fumée, puis, portant le trépied intérieur du côté de la branche unique du trépied extérieur à la rencontre d'un ressort, on pousse la plaque contre ce ressort, et on l'y accroche. En appuyant sur une détente, on dégage le crochet qui maintient la plaque, et, par la détente du ressort, celle-ci est projetée d'un mouvement accéléré d'abord, puis uniforme, aussitôt que le ressort est complètement détendu. A partir de ce moment s'inscrivent les indications myographiques, et la plaque, ayant achevé sa course et traversé l'intervalle des deux branches du trépied extérieur, reste fixée dans cette position par un encliquetage. — A l'intérieur d'une cavité creusée dans la planchette support se trouvent les appareils enregistreurs :

1° Un chronographe, simple tige vibrante munie à son extrémité d'une masse pesante et d'un style inscripteur : cette tige, déviée de sa position, est maintenue par la même pièce qui retient la plaque oscillante; elle devient libre en même temps que la plaque; elle vibre 100 fois par seconde.

2° Un tambour de Marey est placé à côté du chronographe.

La plaque rencontre dans sa course une petite tige métallique qui joue le rôle d'interrupteur. On détermine le moment où l'excitation se produit par la méthode de Helmholtz.

B. **Appareils à plaques**. — I. Parmi les appareils à plaque, il y en a qui sont mis en mouvement par la détente d'un ressort. Citons parmi ces appareils :

Le *Federmyographion* de Du Bois-Reymond. Cet appareil se compose d'une plaque de

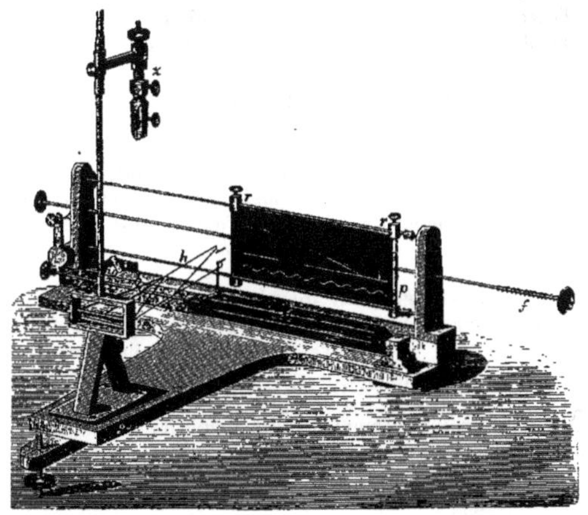

Fig. 83. — *Federmyographion* de Du Bois-Reymond.

verre longue de 20 à 25 centimètres et haute de 2 centimètres (*p*) placée verticalement et pouvant se déplacer le long de deux fils d'acier qui la guident. Ces fils sont tendus sur un fort support. A l'une des extrémités du support se trouve un ressort spiral (*f*). Deux tiges d'acier, fixées à la plaque, passent sans frottement par deux trous du support. En tirant la plaque autant que possible vers la gauche, à l'aide d'une des tiges, on comprime le ressort; quand on lâche la tige, le ressort se détend; pendant cette détente la plaque est poussée vers la droite. La vitesse de déplacement de la plaque dépend de la force du ressort, du frottement et du poids du système; elle n'est pas uniforme, elle augmente d'abord pour diminuer ensuite quand la plaque atteint presque l'extrémité de sa course. En employant des ressorts plus ou moins forts, Du Bois-Reymond a obtenu les vitesses suivantes : 1 088, 1 536 et 2 522 millimètres par seconde.

Cet appareil présente l'inconvénient d'offrir une place très restreinte pour les tracés.

Du Bois-Reymond l'a employé pour faire l'enregistrement de la contraction musculaire. A côté du support de la plaque, son appareil était pourvu d'un support spécial pour les appareils d'enregistrement. La plaque, pendant son mouvement, rompait un contact électrique et par cela provoquait une excitation. Un diapason, qui enregistre ses mouvements sur la plaque, commence à vibrer dès que la plaque commence à se déplacer.

Cet appareil a été perfectionné par Frederico et Vandervelde (1880).

Le chronographe de Mac Kendrick ressemble, dans ses parties essentielles, à l'appareil de Du Bois-Reymond, seulement la plaque de verre est portée par un chariot qui se déplace sur des rails.

Le *myographe à ressort* (*Federmyographion*) de Mares (1891) se compose d'une plaque de métal pesant un kilo et se déplaçant horizontalement

Le mouvement est provoqué par la détente de deux forts ressorts en spirale.

II. La chute d'un poids, au lieu de mettre en mouvement un cylindre, peut provoquer le déplacement d'une plaque enregistrante.

Harless (1860), le premier, a employé un appareil de ce genre, basé sur le principe de la machine d'Atwood. Il obtenait de la sorte une vitesse d'un millimètre par 0'',001208 de seconde.

Jendrassik (1873) a construit un appareil de grande précision basé sur le principe de la machine d'Atwood. En variant le poids moteur, il a obtenu les vitesses suivantes : un millimètre en 0''00186; 0'',00150; 0'',00133, etc.

A l'*Institut de Physiologie* de Königsberg on peut voir un appareil de ce genre, c'est-à-dire formé d'une plaque qui descend verticalement entre deux rails par suite de la descente d'un poids.

Dans le *chronographe* de Smith (1890) une plaque de verre enfumée est fixée sur un chariot qui se déplace horizontalement sur des rails longs de deux mètres environ.

III. Dans le *kymographion* de Wilkins, une plaque est mise en mouvement par un moteur à eau. La plaque, équilibrée par deux poids, descend verticalement entre deux rails. Une corde attachée à la plaque s'enroule sur l'arbre d'une poulie mise en mouvement par le moteur à eau.

IV. Il existe des appareils enregistreurs formés d'une plaque se déplaçant horizontalement ou verticalement sur des rails, et mis en mouvement par un mécanisme d'horlogerie. Un tel dispositif, en petit, se retrouve dans des appareils enregistreurs employés en physiologie, comme par exemple dans le sphygmographe direct de Marey.

V. On peut enregistrer un mouvement sur une plaque de verre collée à une branche de diapason, comme l'ont fait Klünder et Hensen (1868-69). Le diapason portant la plaque se déplaçait verticalement en face de la plume enregistrante.

§ III. — *Appareils enregistreurs à disque tournant.*

C'est Valentin qui, le premier, en 1855, a employé comme surface enregistrante un disque circulaire, noirci avec du noir de fumée.

La *toupie myographique* de Rosenthal se compose d'un disque de verre, dont le rayon est de 25 centimètres, placé verticalement. — Sur l'axe du disque se trouve une poulie autour de laquelle s'enroule une corde. Cette corde, qui porte un poids, passe sur une poulie fixée à la partie supérieure d'une machine d'Atwood. — La chute du poids entraîne le mouvement du disque. — La vitesse de rotation du disque varie entre un tour en 2 secondes, ou un tour en 1 seconde 1/2. — En général, le disque fait un tour en 0'',75 ; un centimètre de la périphérie du disque correspond à 0'',005 ; comme vitesse maximum on a 2 millimètres en 1/1000 de seconde.

Clopatt (1900), dans ses recherches myographiques, a employé aussi un disque de verre placé verticalement ; le système d'entraînement par un poids est analogue à celui qu'a employé Fick, pour mettre en mouvement un cylindre.

Presque tous les constructeurs d'instruments ont construit des appareils enregistreurs plus ou moins différents les uns des autres. — Voici les noms de quelques constructeurs d'appareils employés en physiologie:

Albrecht (Tübingen); Bianco et Corino (Turin); Fuess (Steglitz); Korvistka (Milan); Krusich (Prague); Noyer (Londres); Petzold (Leipzig); Peyer et Favarger (Neuchâtel); Reichert (Vienne); Richard (Paris); Sandström (Lund); Schmidt (Giessen); Siemens et Halske (Berlin); Speri (Sienne); Cambridge Scientific Instrument Company; Tainturier (Paris); Verdin (Paris); Zambelli (Turin); Zimmermann (Leipzig).

II

Régulateurs et Rouages

§ I. — *Régulateurs.*

La qualité essentielle d'un appareil enregistreur étant la régularité de ses mouvements, il nous paraît intéressant de donner ici quelques aperçus sur les régulateurs chargés d'uniformiser les mouvements des moteurs qui commandent les déplacements des surfaces enregistrantes.

1. Les régulateurs usités en horlogerie comprennent les types suivants : *a*) le pendule simple ; *b*) le balancier entretenu par une lame vibrante, telle qu'un ressort en spirale ; *c*) le régulateur conique, et *d*) le régulateur à ailettes.

Les deux premières (*a* et *b*) formes de régulateurs entretiennent une régularité parfaite des mouvements des montres et des horloges. Ils présentent l'inconvénient de donner aux rouages une marche saccadée, car le pendule et le spirale agissent par l'intermédiaire de l'échappement qui arrête périodiquement les rouages. — Hipp a essayé de remédier à cet inconvénient en employant comme rouage de réglage une lame métallique vibrant un grand nombre de fois. Une pièce fixée à ce ressort appuie sur la dent d'une roue à rochet reliée au rouage moteur et ne laisse passer qu'une dent par oscillation. Le mouvement est saccadé, mais les arrêts sont tellement rapprochés, qu'au point de vue pratique l'appareil peut être considéré comme animé d'un mouvement continu.

c) Le *pendule conique* est un pendule nommé ainsi parce que, au lieu d'osciller comme le pendule ordinaire dans un plan vertical, il décrit dans un plan horizontal un cercle qui est la base d'un cône ayant pour sommet le point de suspension. Cet excellent régulateur ne présente pas des mouvements saccadés.

Le pendule conique ou centrifugal a été appliqué au chronographe de Fuess par Fecker. Le poids constituant le pendule, suspendu par un double ressort en spirale, est entraîné par le rouage du mécanisme d'horlogerie. Plus la vitesse du mouvement est grande, plus le poids s'écarte du centre. Le déplacement du poids vers la périphérie provoque la flexion du ressort, ce qui accroît la résistance. Cette augmentation de la résistance entraîne la diminution de la vitesse du mouvement.

d) Les *régulateurs à ailettes* sont excellents pour les appareils enregistreurs de grande vitesse. Leur application à la régularisation des mouvements est très ancienne. Avant la découverte des propriétés du pendule, *le régulateur à palettes* était le seul moyen connu de régulariser les mouvements des horloges. De nos jours, déchu d'un tel honneur, il n'a plus que la modeste mission de régulariser les mouvements des tournebroches.

Les régulateurs à ailettes, par leur poids ; agissent comme *volant* et entretiennent la régularité du mouvement quand le travail moteur et le travail résistant viennent à subir de brusques variations ; par leur surface, ils agissent en régularisant la vitesse quand celle-ci devient trop grande ; car, plus la vitesse est grande, plus la résistance que les lames présentent à l'air est considérable.

Le *régulateur* de Foucault est le type des régulateurs les plus employés pour la régularisation des cylindres enregistreurs employés en physiologie. Ce régulateur se compose essentiellement de deux ailettes triangulaires, munies de petites masses additionnelles et suspendues au sommet d'un axe en relation avec les rouages d'un mouvement d'horlogerie par un pignon et une roue de champ. Ces deux ailettes sont rapprochées à leur base par des ressorts à boudin, de sorte que, quand l'appareil est en mouvement, elles peuvent s'écarter plus ou moins sous l'influence de la force centrifuge et décrivent pendant leur rotation un cône à base plus ou moins large.

Le régulateur d'Yvon Villarceau est plus parfait que le précédent. Dans ce régulateur, les deux ailettes et les tiges de réglage qu'elles portent, sont reliées à la partie inférieure de la tige articulée qui est au-dessus. Quand la rotation s'effectue, les ailettes et les masses s'écartent en vertu de la force centrifuge, les tiges articulées se redressent et la douille centrale mobile à laquelle elles sont fixées se relève. Ce régulateur peut prendre des vitesses qui varient du simple au double, suivant que l'appareil est incliné ou vertical.

2. Pour maintenir constante la vitesse d'un moteur électrique, on emploie des régulateurs spéciaux.

a) Voici la description du régulateur électrique de D'ARSONVAL : sur la poulie motrice qui termine l'axe de la machine électrique, se trouve fixée une lame de ressort plat, dont les deux extrémités sont pincées sous une plaque tenue par des vis à l'extrémité de la poulie. Ce ressort prend une forme circulaire par sa propre élasticité. Lorsqu'on veut une grande précision, on munit le ressort de deux masses égales placées symétriquement par rapport à l'axe de rotation. En face de ce ressort, et sur le prolongement de l'axe de rotation, se trouve une vis portée par une potence faisant corps avec le bâti qui porte le moteur. Cette vis est munie d'un contre-écrou servant à la fixer dans sa position. Elle peut naturellement s'approcher plus ou moins du ressort en la faisant avancer dans l'écrou qui la porte.

Le courant passe par la pointe du ressort, de là dans l'anneau du moteur et de l'anneau dans les inducteurs pour ressortir par la borne la plus éloignée. Le jeu de l'appareil est le suivant : dès que le courant traverse le moteur, l'anneau se met à tourner, et avec lui la poulie et le ressort circulaire qui lui sont solidaires. Sous l'influence du courant, la vitesse de rotation s'accélère, jusqu'à ce que la force centrifuge développée par la rotation aplatisse suffisamment le ressort circulaire pour l'obliger à quitter la pointe et rompre par conséquent le courant. Le moteur n'étant plus traversé par le courant, sa vitesse diminue, et le ressort venant alors de nouveau au contact de la pointe le courant se rétablit, et ainsi de suite.

Le ressort oscille donc, sous l'influence de la force centrifuge, entre deux positions extrêmement voisines, puisqu'un centième de millimètre d'écart est suffisant pour rompre le circuit. Par suite, la vitesse du moteur est astreinte à rester constante. Les masses qu'on met sur le ressort permettent de sensibiliser l'appareil.

b) Pour régler la vitesse d'un petit moteur électrique, HELMHOLTZ faisait interrompre le courant par un régulateur à boules.

c) Toujours par l'intermédiaire d'un régulateur centrifugal, on peut avoir le réglage d'un moteur quelconque de la façon suivante. Dans le circuit d'un courant interrompu par le régulateur centrifugal, on intercale deux électro-aimants qui agissent sur un frein qui arrête le mouvement d'un mécanisme d'horlogerie commandé par la chute d'un poids.

d) On emploie aussi comme régulateur électrique un *vibrateur-alternateur*.

§ II. — *Rouages.*

La facilité avec laquelle on peut faire varier la vitesse du mouvement d'un cylindre enregistreur est une qualité importante de ces appareils.

L'amplification et la réduction de la vitesse du moteur s'obtiennent généralement à l'aide d'un système d'engrenage particulier. — En variant les rapports entre le nombre des dents des roues et des pignons, on obtient la vitesse voulue. Par exemple, si un pignon de six dents engrène avec une roue ayant 10 fois plus de dents, la roue fera un dixième de tour pendant que le pignon en exécutera un entier.

Ces rouages de transmission, qui sont intercalés entre le moteur et l'arbre qui porte le cylindre enregistreur, doivent être travaillés avec grand soin. — Un régulateur parfait ne suffit pas pour avoir un mouvement uniforme du cylindre enregistreur, il faut que les rouages soient aussi parfaits. — Le régulateur et le rouage de transmission constituent deux parties distinctes ; le premier ne peut être assujetti à corriger les erreurs du second.

III

Styles enregistreurs. — Leviers. — Inscription tangentielle Inscription frontale

Le mouvement qu'on désire enregistrer est transmis, directement ou indirectement, à un style. Il est rare que le style ne soit qu'une simple tige se déplaçant parallèlement à la génératrice du cylindre sur lequel elle inscrit ses mouvements; le plus souvent, l'organe traceur du mouvement se présente sous la forme d'un levier.

§ I. — *Leviers.*

Un levier enregistreur se compose d'une tige présentant à une de ses extrémités une articulation et à l'autre une plume. Le mouvement étudié est transmis, à l'aide d'organes spéciaux, particuliers à chaque espèce d'appareil, à un point du levier plus ou moins rapproché de l'axe de mouvement; l'extrémité du levier portant la plume, est rapprochée de la surface enregistrante sur laquelle elle inscrit les mouvements qui lui sont imprimés. — Ces mouvements sont d'autant plus amplifiés que le levier est plus long et que les mouvements étudiés sont transmis à un point très rapproché de l'axe de mouvement du levier. — Le levier est une sorte de microscope du mouvement.

1. Le levier peut être complètement métallique, par exemple en aluminium, ou bien n'être composé que d'une partie métallique, celle qui constitue l'axe et le bras auquel on attache le corps dont on étudie les mouvements, et dans la plus grande partie de sa longueur, celle qui porte la plume inscrivante, être formé d'un mince brin de paille ou d'une lame fine de jonc ou de bambou.

L'axe du levier est constitué par deux pointes fines qui appuient, sans frottement, sur deux vis portées par un support. — Le corps dont on étudie le mouvement peut être attaché, à l'aide d'un crochet ou d'une goupille, à un manchon mobile sur la partie métallique du levier ou à un des trous percés dans cette partie de levier. — En variant la position du point d'attache du corps par rapport à l'axe, on varie l'amplification du tracé inscrit par l'extrémité du levier. — Par exemple, si la longueur totale du levier est de 200 millimètres, et si le point d'attache est une fois à 5 millimètres et une fois à 10 millimètres de l'axe, l'amplification du mouvement donné sera de 40 dans le premier cas et de 20 dans le second.

2. Rien de plus simple que d'improviser un levier enregistreur : on prend un brin de paille, on le transperce à l'aide d'une aiguille chauffée au rouge; on place dans ce trou une tige d'acier (une épingle par exemple) fixée par ces deux bouts dans une sorte de petit cadre en liège; on fixe à l'extrémité de ce levier une plume, et on place le levier sur le corps à étudier, ou on l'attache à ce corps par un fil si l'on ne peut l'en rapprocher.

Helmholtz et Pflüger ont employé dans leurs appareils des leviers métalliques en forme de cadre.

Fick s'est servi de leviers formés de deux bandes de jonc collées ensemble.

Rosenthal remplissait un brin de paille d'une solution chaude de colle, et le mettait ensuite immédiatement dans une presse pour le presser jusqu'à ce que la colle se fût solidifiée; il obtenait ainsi d'excellents leviers, très légers, larges de deux millimètres.

3. Si l'on veut que le poids du levier n'intervienne pas dans le phénomène qu'on étudie, il faut équilibrer le poids du bras de levier à l'aide d'un poids placé sur la partie du levier qui se trouve de l'autre côté de l'axe du mouvement. — La parfaite équilibration peut être obtenue à l'aide d'un petit cavalier ou d'un poids mobile sur une vis. — Quand il s'agit de leviers comme ceux qu'on emploie en physiologie, et qui sont très légers, on peut improviser l'équilibration, en collant une épingle tout près de

l'axe du levier, de façon que la tête de l'épingle, passant de l'autre côté de l'axe, serve de contrepoids.

L'équilibration des leviers, bonne pour les cas où il s'agit de l'enregistrement des mouvements lents, est tout à fait nuisible quand il s'agit de l'enregistrement des mouvements rapides. On en comprendra facilement les raisons quand on aura lu le chapitre consacré à l'inertie des leviers.

Quand on veut obtenir une grande amplification d'un mouvement, on peut employer un levier double composé de deux leviers superposés (fig. 84). Le mouvement à enregistrer transmis au plateau (p) fixé au premier levier h^1; ce levier le transmet au deuxième levier h^2. — Le poids (g), mobile sur une tige équilibre le levier.

La figure 84 représente, schématiquement, un levier accroché au corps dont on étudie les mouvements.

Comme, dans ce cas, le poids du levier ne suffit pas à ramener le levier à sa position

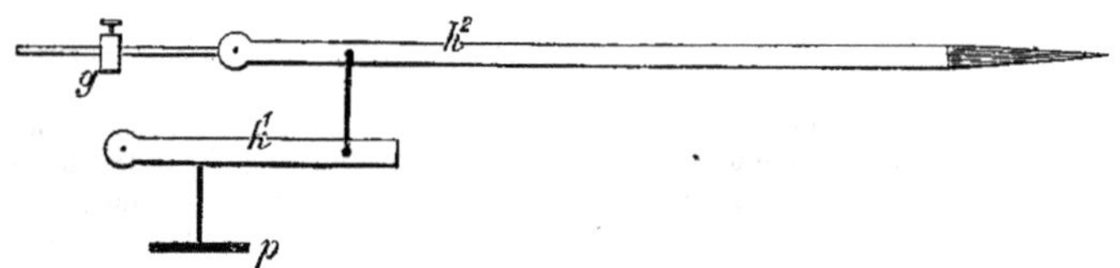

Fig. 84. — Plume avec levier double.

primitive, après la cessation d'un mouvement, on accroche au levier un plateau dans lequel on met un poids. En général le fil qui porte le poids, au lieu d'être accroché directement au levier, s'enroule sur une poulie fixée à l'axe du levier.

En réfléchissant le fil qui sert d'attache entre le corps mobile et le levier, et entre le levier et le poids, sur des poulies, on peut enregistrer verticalement ou horizontalement le mouvement d'un corps qui occupe n'importe quelle position.

§ II. — *Plumes.*

L'enregistrement des mouvements lents peut être fait soit à l'aide de crayons, soit à l'aide de plumes à encre. L'enregistrement des mouvements rapides se fait à l'aide de plumes très légères qui grattent le noir de fumée de la surface enregistrante.

La matière dont sont faites les plumes enregistrantes pour inscription sur noir de fumée est variable ; on en fait en corne mince, en papier, en clinquant, en baleine, en mica. Un brin de crin, un fil de verre, une petite pointe en acier, constituent souvent d'excellentes plumes. La condition essentielle que doit présenter une plume est que sa souplesse ne soit pas trop grande, afin d'éviter les boucles quand les mouvements sont très rapides.

Les plumes sont, soit collées directement à l'extrémité du levier enregistreur, soit collées sur un petit manchon qu'on fixe à l'extrémité du levier.

Quand on fait l'enregistrement sur une feuille de papier blanc, on emploie des plumes à encre.

L'encre est formée d'une solution d'aniline (violet de méthyle, par exemple) dans laquelle on a ajouté de la glycérine pour éviter la dessiccation trop rapide.

Ludwig a employé, comme plumes enregistrantes, des plumes de moineau ou de loriot, coupées en pointes fines et bien polies ; il a employé aussi de petits tubes de verre à réservoir, comme ceux représentés par la figure 85, qu'il remplissait d'une solution d'aniline.

Les tubes, au lieu d'être en verre, peuvent être en caoutchouc. C'est Rosenthal (1862) qui a décrit pour la première fois l'emploi de petits tuyaux à encre.

Dew-Smith a imaginé un dispositif composé d'un tube capillaire en argent qui aspire sa provision d'encre contenue dans un réservoir.

Volkmann a employé de petits pinceaux à l'encre de Chine.

Westien a employé des plumes d'oie ou de pigeon taillées comme une plume ordinaire. La solution qu'il recommande se compose de 1,8 parties de noix de galle, de 7 parties de gomme arabique, de 7 parties de vitriol martial et de 96 parties d'eau. Ce mélange, bien secoué, n'est filtré qu'après plusieurs semaines. L'inscription doit se faire sur un papier très glissant.

Morokhovetz emploie des plumes en ébonite à réservoir cylindrique. — Le réservoir est muni à sa partie inférieure d'un tube horizontal à bec court, courbé dans le même plan horizontal. — On introduit dans le réservoir un fil que l'on coupe en biais, après qu'il a traversé la branche horizontale. Non seulement ce fil empêche l'encre de couler, mais encore il trace une courbe très fine lorsque sa pointe appuie sur le papier.

Le moyen d'enregistrement à encre le plus répandu est la plume Richard qui se place à l'extrémité d'un style d'aluminium très léger et très souple. Cette plume est constituée par un petit récipient métallique, dans lequel on dépose une goutte d'encre spéciale ne séchant que sur le papier; elle possède une petite queue avec deux agrafes à l'aide desquelles on l'enfile sur l'extrémité du style. Une vis permet de régler la position de la plume de manière que sa pointe vienne simplement effleurer le papier sans qu'il y ait un frottement appréciable; de cette façon, une fois la plume amorcée, l'encre se dépose par capillarité sans gêner le mouvement.

Fig. 85. — Plume Richard.

Dans le but de remplacer le léger frottement de glissement de ce dispositif par un frottement de roulement, on emploie quelquefois une plume à molette (Arnoux). La molette est composée de deux petites calottes sphériques dont les bords sont séparés par un petit disque de matière poreuse; quand la molette est garnie d'encre, le disque s'en imprègne, et laisse une trace sur le papier.

§ III. — *Qualités d'un bon style enregistreur.*

Un style enregistreur doit être aussi léger que possible, pour que son inertie ne modifie pas le mouvement qu'on veut étudier; il doit être parfaitement flexible dans le sens suivant lequel il rencontre le papier, et parfaitement rigide dans l'autre sens. En effet, si le style n'était pas flexible dans le sens de la pression qu'il exerce sur le papier, la moindre irrégularité de la surface enregistrante créerait des frottements énergiques, ou bien le contact du style avec le papier cesserait. — Au contraire, le style doit avoir une grande rigidité dans le sens transversal; car, si le style était flexible dans tous les sens, les mouvements étudiés seraient entièrement absorbés par cette flexion.

De plus, le style ne doit pas gripper sur les rugosités du papier, et sa position doit être telle qu'il puisse être toujours en contact avec la surface enregistrante. Pour cela, le style doit rencontrer le papier sous une incidence très oblique, et, avant de placer le style, il faut observer dans quel sens se fait le déplacement de la surface enregistrante : le papier doit fuir la pointe inscrivante et non pas aller à sa rencontre.

§ IV. — *Enregistrement par traits continus, discontinus ou pointage.*

L'enregistrement d'un mouvement peut se faire d'une façon *continue* ou *discontinue* ou par *pointage*.

En général, quand il s'agit d'étudier des mouvements délicats, l'enregistrement est continu. — Pourtant Ewald, pour éviter l'influence nuisible qu'exerce le frottement sur la forme des courbes, a imaginé de tracer les courbes par traits discontinus en tenant la plume éloignée de deux millimètres environ de la surface enregistrante, et de ne la laisser toucher cette surface que de temps en temps.

Dans l'enregistrement discontinu ou par pointage, le style enregistreur, muni à son extrémité d'une plume à encre, d'un crayon ou d'une pointe métallique, est tenu éloigné de la surface enregistrante au moyen d'un ressort. De temps en temps, à intervalles réguliers, un petit marteau, actionné par un électro-aimant, vient appuyer sur le style. — On obtient ainsi, sur le papier, un point ou un trou. — Dans certains appareils, la bande de papier, sur laquelle se fait l'enregistrement, est placée entre un ruban chargé d'une matière colorante et l'extrémité du style formée par un tampon. Quand le marteau appuie sur le style, la surface postérieure du papier touche le ruban chargé d'encre. — De cette façon, on obtient sur le papier, à chaque appui du marteau, une tache colorée.

§ V. — *Inscription tangentielle.* — *Inscription frontale.*

La plume enregistrante peut occuper, relativement au cylindre enregistreur, deux sortes de positions : 1° elle peut être placée de côté, latéralement ; 2° elle peut être placée normalement à la surface enregistrante. Dans le premier cas, on dit que l'inscription est tangentielle ; dans le second cas, elle est frontale.

a) *Inscription tangentielle.* — 1) Quand la plume se déplace parallèlement à la génératrice du cylindre enregistreur, c'est-à-dire quand le style enregistreur n'est pas un levier, la courbe tracée est la reproduction fidèle du mouvement transmis à la plume ; quand le style enregistreur est un levier, le tracé obtenu n'est pas la reproduction fidèle du mouvement qu'on enregistre. — En effet, la plume trace un arc de cercle dont le rayon est égal à la longueur du levier. Rigoureusement, les courbes tracées ont pour coordonnées des abscisses rectilignes et des ordonnées curvilignes.

2) Si l'on prenait des tracés sur des surfaces planes, la déformation précédente serait la seule déformation imposée aux courbes par l'inscription tangentielle. — Quand on enregistre un mouvement sur une surface cylindrique, comme on le fait le plus souvent, on observe de ce fait encore une autre déformation que voici. La plume enregistrante, au lieu de tracer une courbe plane, trace en réalité une courbe dans l'espace. La courbe obtenue devrait donc être rapportée à un système de trois coordonnées. Cette déformation de la courbe est due à la flexibilité du levier. Elle ne peut être évitée ; car cette flexibilité est nécessaire à l'enregistrement. Un levier rigide qui ferait ses mouvements rigoureusement dans un plan, ne pourrait enregistrer ses mouvements sur une surface cylindrique ; car, forcément, à certains moments, il quitterait la surface du cylindre ; c'est grâce à une certaine mobilité de la plume dans un plan normal à la surface enregistrante que l'inscription continue peut avoir lieu.

C'est Rollet, le premier, qui a attiré l'attention sur cette déformation des tracés. D'après ses déterminations empiriques, et d'après les calculs de Dantscher, il résulte que l'erreur introduite par cette déformation est très petite. — Elle est d'autant moins importante que le cylindre enregistreur est plus grand.

3) Pour qu'une plume porte bien sur toute la surface enregistrante, elle doit être à la fois *rigide* pour la direction du mouvement et *flexible* pour l'inscription. Il est difficile de réunir dans un même organe ces deux qualités contradictoires.

Pour les concilier, Hospitalier a imaginé un dispositif qui consiste, en principe, à séparer, tout en les laissant solidaires, l'organe de direction du mouvement et l'organe d'inscription, et à réaliser, avec un système directeur de faible rayon, un enregistrement dont les ordonnées ont un rayon assez grand pour que l'inscription se rapproche sensiblement de celle que donnerait un enregistreur dont la plume décrirait un arc de cercle de rayon infini.

L'aiguille directrice consiste en un levier rigide monté sur l'organe dont on veut enregistrer le mouvement. Une de ses extrémités, celle qui est la plus éloignée de l'axe de rotation, se termine par une fourche dans laquelle vient s'engager le levier portant la plume. Cette fourche décrit, pendant l'enregistrement, le chemin que décrirait un levier enregistreur ordinaire.

La plume d'inscription est constituée par un levier de grande longueur, dont l'une des extrémités pivote autour d'un axe parallèle à celui de l'enregistreur, mais en est éloignée d'une distance sensiblement égale à la différence des longueurs des deux leviers. Son autre extrémité s'engage dans la fourche de l'aiguille directrice, et porte, un peu au delà de cette fourche, la plume inscrivante qui peut être quelconque (plume Richard, roulette Chauvin-Arnoux, tube capillaire renfermant de l'encre, fil de crin pour enregistrement sur papier enfumé, etc.). — Pendant que la fourche décrit un arc de cercle de petit rayon, la plume décrit un arc de grand rayon. En donnant au levier qui la porte une longueur suffisante, cet arc peut, dans les limites de la largeur du cylindre, se confondre sensiblement avec la tangente en son milieu. Le point de contact de la plume avec le papier s'éloigne ainsi fort peu d'une génératrice, et l'inscription se fait avec une égalité parfaite dans toute l'étendue du cylindre. La plume et son levier peuvent donc être proportionnés pour satisfaire aux conditions de souplesse et de réglage de l'inscription, et de l'inscription seule, puisque la direction de la plume est confiée à un autre organe auquel on donne, de son côté, toute la rigidité nécessaire pour remplir exactement cette fonction directrice.

Le levier directeur et le levier inscrivant décrivant des arcs de cercle de rayons différents, il en résulte que le levier portant la plume glisse légèrement, animé d'un mouvement de va-et-vient, dans la fourche ménagée sur le levier de direction. Le levier et la fourche doivent être combinés pour faciliter ce déplacement relatif. Dans ce but, la tige de la plume est bien polie dans la région du glissement, et la fourche est taillée en biseau ou arrondie sur les côtés pour permettre les légers déplacements angulaires

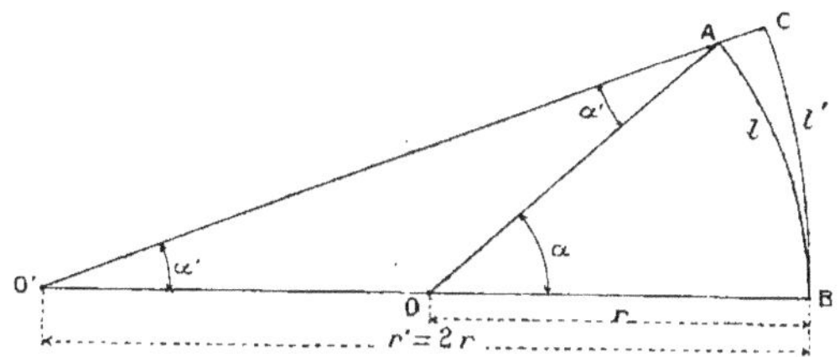

Fig. 86. — Dispositif de Hospitalier pour la correction des arcs de cercle.

relatifs des deux organes. Elle est articulée à son attache par un joint à la Cardan, qui permet à la plume de se déplacer librement et d'exercer sur le papier une pression constante réglée par son propre poids en partie équilibré par un contrepoids à vis mobile à volonté. — L'axe vertical permet des déplacements pour la direction, l'axe horizontal les légers déplacements en hauteur nécessités par le mouvement de la plume sur le système enregistreur.

Le levier inscripteur peut d'ailleurs être monté verticalement, tandis que le levier directeur reste horizontal.

L'inscription de la courbe se fait presque rigoureusement sur la génératrice du cylindre enregistreur, et la plume, indépendante et facilement réglable, ne produit aucun raté d'inscription.

Ce dispositif sera utilisé avec avantage dans tous les cas où l'allongement de l'appareil, résultant de l'emploi d'une plus longue aiguille, ne constitue pas une sérieuse objection à cet emploi.

Il est facile de démontrer que la différence de longueur entre les deux ordonnées curvilignes, l'une correspondant à la valeur théorique pour l'aiguille donnée, et l'autre à l'ordonnée redressée par la plume, est absolument nulle.

En effet, si l'angle α, décrit par l'appareil de mesure, est proportionnel à la grandeur à mesurer, il est facile de voir qu'en faisant $OO' = r = \frac{r'}{2}$, le triangle OO'A est isocèle ; il en résulte que :

$$\alpha = 2\,\alpha'$$

L'arc AB de longueur l est égal à l'arc BC de longueur l', et l'appareil reste rigoureusement proportionnel.

b) *Inscription frontale.* — Dans ce genre d'inscription, la plume, fixée à une partie mobile de l'extrémité du levier, décrit ses mouvements dans une direction parallèle à la génératrice du cylindre enregistreur.

Pour enregistrer les contractions musculaires, Helmholtz (1852) a employé ce genre d'inscription. A l'extrémité d'un levier se trouve articulée une tige verticale sur laquelle est fixée la plume. — Cette première tige porte une deuxième tige sur laquelle on peut déplacer un poids. En rapprochant ce poids de la tige qui porte la plume, on rend de plus en plus intime le contact entre la plume et la surface enregistrante.

On peut, au lieu d'avoir un poids qui assure le contact de la plume avec la surface enregistrante, employer un ressort. Ce dispositif existe dans l'appareil de Helmholtz qui se trouve à l'Institut de Physiologie de Königsberg, et qui est un des premiers instruments de ce genre.

Un dispositif analogue a été employé par Hermann; mais la plume est fixée sur la partie la plus convexe d'un ressort fixé à l'extrémité du levier.

Dans le dispositif employé par Fick, entre la plume et l'extrémité du levier, il y a un ressort en forme d'étrier.

Un dispositif spécial a été employé par Ludwig et est encore en usage dans le laboratoire de Leipzig. L'extrémité du levier se termine par une sorte de fourche qui supporte un axe très fin. Une aiguille incurvée est mobile sur cet axe. L'extrémité inférieure de cette aiguille appuie sur la surface enregistrante ; son extrémité supérieure est attachée au bout d'un fil en caoutchouc. L'autre bout de ce fil est attaché à une pièce mobile sur le levier. Suivant la direction du fil en caoutchouc, l'aiguille appuie plus ou moins sur la surface du cylindre enregistreur.

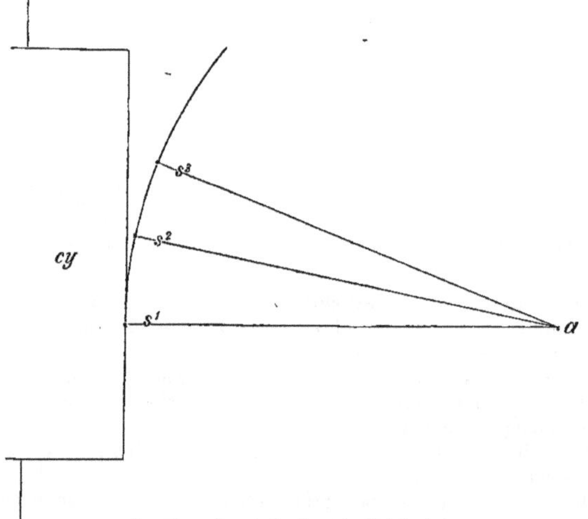

Fig. 87. — Inscription frontale (Schéma).

Dans le dispositif employé par Vierordt la plume s est fixée à une sorte de parallélogramme de Watt p porté par deux leviers a^1 et a^2. Le mouvement qu'on étudie est transmis au levier a^2.

Dans l'inscription frontale, avec n'importe quel dispositif mécanique, le mouvement étudié ne s'inscrit pas dans toutes ses phases avec la même amplification. Quand le levier est soulevé, le bras de levier enregistreur est plus long que quand le levier est en bas; les amplifications sont donc moins grandes quand le mouvement commence. Par contre, le frottement est beaucoup plus grand au commencement du mouvement que quand le mouvement atteint son maximum.

La figure 87 montre comment, au fur et à mesure que le levier as^1 s'élève en s^2 et s^3, il faut, pour que la plume touche toujours la surface enregistrante, que le levier s'allonge. Cet allongement est obtenu grâce à la mobilité de la partie qui supporte la plume.

IV

Transmission à distance par l'air ou par l'intermédiaire d'une colonne liquide.

L'enregistrement des mouvements des corps qui ne peuvent pas être rapprochés d'une surface enregistrante est obtenu grâce à des moyens spéciaux de transmission. — Ces moyens permettent aussi d'enregistrer simultanément, sur une même surface enregistrante, des mouvements qui ont lieu dans des endroits éloignés les uns des autres. Les courbes ainsi obtenues montrent les relations qui existent entre les phénomènes synchrones.

La transmission d'un mouvement par la pression de l'air est assez ancienne. En 1854, Galy Cazelat, en France, et L. Clarke, en Angleterre, ont fait breveter des moyens pour faire avancer par l'air raréfié ou comprimé, dans des tuyaux fermés, des boîtes en fer-blanc qui contenaient des lettres ou des petits paquets.

En physiologie, la transmission d'un mouvement a été tentée pour la première fois par Upham, de Boston, en 1859, pour faire percevoir à un public nombreux la succession des battements du cœur d'un individu, Groux, atteint d'une fissure congénitale du sternum.

Upham appliquait sur la peau, au devant des oreillettes et des ventricules, de petits entonnoirs en verre remplis de mercure, dont les pavillons étaient fermés par des membranes en caoutchouc. Les entonnoirs étaient remplis de mercure; leurs tubes étaient prolongés par des tuyaux en caoutchouc pleins d'air. Le déplacement d'air, produit dans ces tuyaux par le déplacement du mercure, actionnait deux sonneries de timbres différents; la succession de ces deux sons révélait à l'oreille celle des mouvements des oreillettes et des ventricules du cœur.

Dans une brochure publiée par Groux (*Fissura sterni congenita, New Observ. and experim.*, 2e Edit., Hambourg, 1859) on trouve la figure de l'appareil d'Upham.

Buisson (1859) réalisa le premier une véritable transmission par l'air, en prenant deux entonnoirs de verre et en les réunissant par un tube en caoutchouc. Les pavillons des entonnoirs étaient fermés par des membranes en caoutchouc. A l'aide de ce dispositif, les mouvements les plus légers pouvaient être transmis à distance.

En appliquant la membrane d'un des entonnoirs sur la carotide d'un homme et en faisant agir la membrane du second entonnoir conjugué au premier sous le levier d'un sphygmographe, Buisson a obtenu à distance le tracé très fidèle du pouls carotidien. Il a obtenu de même des tracés cardiographiques en plaçant un des entonnoirs sur la région précordiale.

Marey s'est emparé de cette idée de transmission au moyen d'une colonne d'air, et, en lui donnant une grande extension, il en a agrandi considérablement le champ d'application.

En 1861, Marey et Chauveau, dans leurs mémorables recherches sur les mouvements du cœur, se sont servis de la transmission par l'air. Les entonnoirs de Buisson furent alors remplacés par des appareils spéciaux : d'une part des *ampoules* exploratrices qu'ils placèrent dans les cavités du cœur; d'autre part des *ampoules réceptrices* qui, par leur gonflement, soulevaient les leviers des sphygmographes enregistreurs.

§ I. — *Transmission aérienne.*

Le principe de cette méthode d'enregistrement est le suivant :

Un espace clos, déformable, est mis en relation avec le corps dont on désire étudier les mouvements. Ces mouvements provoquent des déformations de la membrane élastique qui ferme l'espace clos. Ces déformations donnent naissance à des variations de pression à l'intérieur de l'espace clos (ampoule ou tambour explorateur). Ces variations sont transmises par l'intermédiaire d'un tube de caoutchouc à un deuxième espace clos, formé essentiellement d'une membrane élastique déformable. Les variations de pression mettent en mouvement cette membrane élastique de l'appareil récepteur (second espace clos). Les mouvements de la membrane du deuxième espace clos sont la reproduction, en sens inverse, des mouvements de la membrane du premier espace clos. En enregistrant à l'aide d'un levier les mouvements de l'appareil récepteur, on a la forme des mouvements du corps qui agit sur l'appareil explorateur (premier espace clos).

Les *appareils enregistreurs*, dans la transmission par l'air, affectent trois sortes de formes : 1° de *tambour ;* 2° de *piston ;* 3° de *soufflet.*

Dans le *piston-recorder,* il n'y a pas de membrane déformable. Dans cet appareil, l'air ne fait que se déplacer entre l'appareil explorateur et la partie mobile de l'inscripteur, tandis que dans le *tambour à levier* l'air subit à la fois une compression et un léger déplacement.

Le *soufflet enregistreur,* comme le *piston-recorder,* est un appareil à déplacement.

Les *appareils explorateurs* des mouvements affectent des formes très diverses, selon

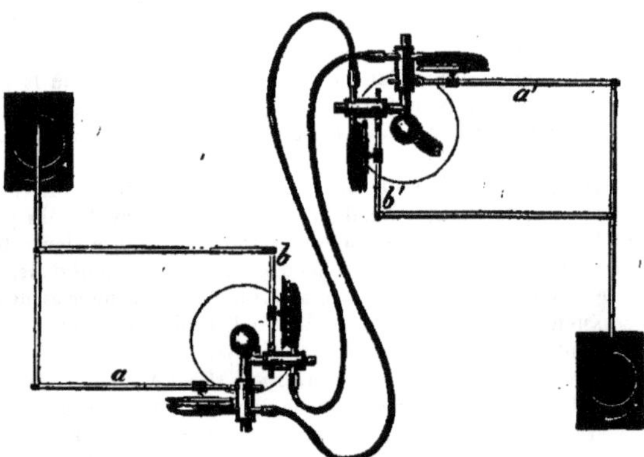

Fig. 88. — Deux tambours explorateurs, dont les leviers (*a* et *b*) sont reliés entre eux, transmettent le mouvement qu'on imprime à leur tige commune à deux tambours récepteurs, dont les leviers (*a'* et *b'*) tracent fidèlement la forme du mouvement reçu.

l'organe auquel ils s'appliquent. On en trouvera les descriptions dans les chapitres consacrés à l'étude des applications de la méthode graphique en physiologie. — Pourtant, quelle que soit leur forme, leur partie essentielle est presque toujours un *tambour à air,* c'est-à-dire une cuvette métallique sur laquelle est tendue une membrane de caoutchouc ; sur cette membrane se trouve le plus souvent collé un disque métallique, qui, par des pièces intermédiaires, est mis en relation avec l'organe dont on veut étudier les mouvements.

A) Le *tambour enregistreur de* Marey se compose d'une cuvette métallique circulaire (de 30 à 50 millimètres de diamètre) à bords recourbés. Sur ces bords est attachée une membrane de caoutchouc. Sur cette membrane est collé un petit disque d'aluminium ; au centre du disque est fixée une pièce d'articulation ; cette pièce relie la membrane à un levier inscripteur. La double articulation est nécessaire pour assurer la mobilité parfaite du levier. Celui-ci à l'une de ses extrémités tourne librement autour d'un axe horizontal.

Le levier est métallique en partie. Dans un manchon qu'il supporte on place une lame de bambou, de jonc, ou une tige de paille qui porte à son extrémité une plume en corne ou en papier. La forme du levier enregistreur est donc identique à celle des leviers qui inscrivent directement un mouvement quelconque.

La partie métallique de ce levier présente une fente, le long de laquelle glisse la pièce à double articulation qui réunit le levier à la membrane du tambour. Ce glissement a pour effet d'amplifier ou de diminuer l'étendue des oscillations. Un même déplacement de la membrane du tambour imprimera au levier une oscillation d'autant plus grande que ce déplacement sera transmis par la pièce intermédiaire à un point plus rapproché de l'axe de pivotement du levier.

En faisant glisser le long du levier la pièce qui termine en haut la pièce intermédiaire entre le levier et le tambour, celle-ci cesse d'être verticale. Pour la redresser, on tourne une vis de réglage qui, faisant avancer ou reculer le tambour, le ramène au-dessous du point où le mouvement de la membrane se transmet au levier dans les conditions les plus favorables. Un levier solidaire du support de l'axe du levier sert à

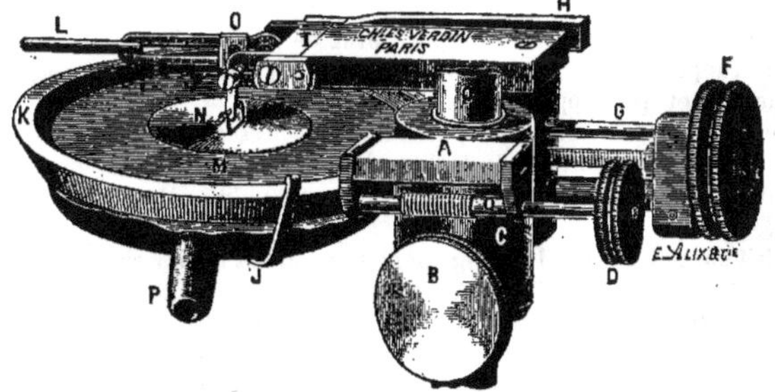

Fig. 89. — Tambour enregistreur de Marey.

donner à la plume une position convenable dans le plan vertical et le ramène à l'horizontalité. La longueur du levier du tambour varie de 10 à 15 centimètres.

Rummo a perfectionné le tambour enregistreur de Marey en ajoutant à la virole, qui sert à fixer le tambour sur un support, une vis tangente qui permet de mettre le style inscripteur au contact de la feuille de papier du cylindre avec beaucoup de précision.

Le tambour enregistreur de Chauveau présente une vis d'avance et de recul qui permet le réglage de la plume sur le papier.

Verdin a construit un tambour qui présente à la fois le système de réglage du tambour de Rummo et celui du tambour de Chauveau.

Dans le tambour enregistreur de Brondgeest, le style enregistreur repose sur un cou-

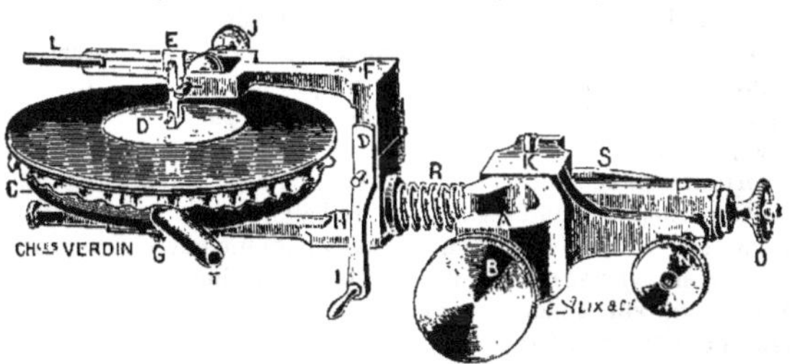

Fig. 90. — Tambour enregistreur de Chauveau.

teau collé sur la membrane du tambour. Le contact du levier et du couteau est assuré au moyen d'un anneau de caoutchouc.

Le tambour de Coop présente un levier enregistreur qui amplifie doublement les mouvements de la membrane du tambour. Le levier placé au-dessus de la membrane s'articule à charnière avec un autre levier qui porte la plume. Le support de l'axe de ce deuxième levier est fixé sur la cuvette du tambour. Le tambour présente un diamètre de 30 millimètres; le levier enregistreur est long de 85 millimètres.

Dans le tambour de Grunmach (1876), le levier enregistreur est équilibré par un contrepoids. La longueur du levier est de 220 millimètres; le point d'attache de la membrane du tambour au levier est à 5 millimètres de distance de l'axe du levier; l'amplification des mouvements de la membrane par le levier est égale à 44; cette amplification ne peut pas être variée, car la pièce intermédiaire entre le levier et le tambour ne peut pas varier de position. Les dimensions de ce tambour sont moindres que celles du tambour de MAREY : son diamètre est de 3 centimètres et demi; le diamètre du disque posé sur la membrane est de 1 centimètre et demi.

Le tambour de KNOLL (1879) diffère un peu, par la forme, du tambour de MAREY. Son amplification est aussi fixe, comme dans le tambour de GRUNMACH, elle est de 33 fois, son levier ayant 100 millimètres de longueur, et le point d'attache de la membrane étant à 3 millimètres de l'axe du levier. Le diamètre du tambour est de $3^{cm},5$; sa membrane est très mince.

Dans le tambour de KNOLL, construit par ROTHE de Prague, la pointe du style enregistreur peut être rapprochée du papier au moyen d'une vis de réglage qui appuie sur une lame élastique d'acier qui supporte le tambour.

Le tambour de HÜRTHLE, construit par ALBRECHT, présente un système enregistreur extrêmement léger. Le poids total du levier, long de 120 millimètres, de la pièce intermédiaire, et du disque en aluminium perforé (ayant 20 millimètres de diamètre) est de 0,3 grammes.

Un dispositif spécial permet l'arrangement très parfait du levier enregistreur.

Le diamètre du tambour est égal à 3 centimètres.

PETZOLD a construit un dispositif spécial pour le support du tambour qui permet d'avoir, avec un tambour placé sur un support vertical, l'inscription des mouvements du tambour sur une surface horizontale ou verticale, à volonté.

BOWDITCH a imaginé un dispositif spécial pouvant servir de support à plusieurs tambours.

ELLIS (1885), dans ses recherches pléthysmographiques sur la grenouille, a employé un très petit tambour, dont le diamètre est de $1^{cm},5$, et la profondeur de 1 à 2 millimètres. Sur la membrane très mince de ce tambour se trouve collée une bande de papier, large de 5 millimètres, et coupée en V. Un des côtés de ce V est collé à la membrane; l'autre sert de support à un très léger levier en paille; une petite feuille de clinquant sert de plume. Une petite boule de cire équilibre le levier.

Le tambour enregistreur de PORTER est très simple; le tube de transmission sert en même temps de support au levier enregistreur. Il est dépourvu d'appareil de réglage.

RENÉ (1887) a modifié le support du tambour de MAREY, et lui a donné le nom de : *Tambour à levier rectifiable.*

LEPAGE a modifié le levier inscripteur du tambour de MAREY. Il a muni l'extrémité du levier d'une petite fourche en aluminium qui porte le style inscripteur formé par un fil métallique recourbé qui repose par son propre poids sur le cylindre enregistreur. Ce style est mobile autour d'un axe transversal passant par les oreillets de la fourche.

ROUSSY (1899) a construit un tambour à encrier équilibré. Une vis anneau et le style forment une sorte de balance de précision. — La vis est à molette; le déplacement de l'écrou sur la vis permet d'équilibrer le fléau de balance pour la rendre sensible. — Le style, qui est cannelé, se termine par une pointe maintenue de chaque côté par un petit ressort plat extrêmement doux. — Le tout est en aluminium.

Le tambour inscripteur MOROKHOVETZ consiste en un petit réservoir de cuivre (1 centimètre de hauteur, $1^{cm},5$ de diamètre), ayant la forme d'un entonnoir large et bas, que l'on recouvre d'une mince membrane en caoutchouc. Au sommet du cône de l'entonnoir se trouve un tube qui se dirige perpendiculairement à l'axe du cône et sert de communication avec le tambour récepteur. — La membrane est percée au milieu par la pointe d'une tige, dont l'autre extrémité se divise en deux branches qui entourent le levier enregistreur. Il n'y a donc pas de disque sur la membrane. Le levier est vertical et sa pointe dirigée vers le bas. L'extrémité opposée présente un pas de vis dans lequel passe un contrepoids. Le point d'appui du levier se trouve au bord supérieur du tambour; un mécanisme très simple permet de le déplacer à volonté.

Les tambours enregistreurs de BLIX (construits par SANDSTRÖM) présentent des membranes en celluloïde. — On en distingue deux types : de grands, à deux membranes gondolées comme les membranes des capsules anéroïdes; et de petits tambours, composés de 6 à 8 membranes élastiques superposées. La sensibilité de ces tambours paraît être très grande; BLIX a pu enregistrer avec eux les vibrations d'un diapason faisant

250 oscillations doubles par seconde. — L'élasticité de la membrane de celluloïde paraît être invariable.

Le *tambour enregistreur* d'Athanasiu (construit à l'Institut Marey) se compose d'une cuvette dont la capacité est réduite au minimum; au bord de la cuvette et à l'extérieur se trouve une gorge dans laquelle la membrane est attachée. Au-dessous de cette gorge il y a une saillie circulaire et filetée sur laquelle se visse une bague qui protège la membrane sur les bords de la cuvette, tout en les comprimant assez fortement, ce qui assure la fermeture du tambour. Le tube de transmission débouche dans le fond de la cuvette, et il sert en même temps à fixer la cuvette sur sa monture. A son extrémité libre se trouve un diaphragme percé en mince paroi. La monture du tambour se compose d'une virole ouverte servant à fixer l'appareil sur la tige support. Sur cette virole en forme de chape s'articule tout le système de la monture pour la mise en contact du style sur le cylindre enregistreur. La correction s'obtient à l'aide d'une vis tangente. Le déplacement d'avant en arrière s'obtient à l'aide d'une vis analogue à celle qui se trouve

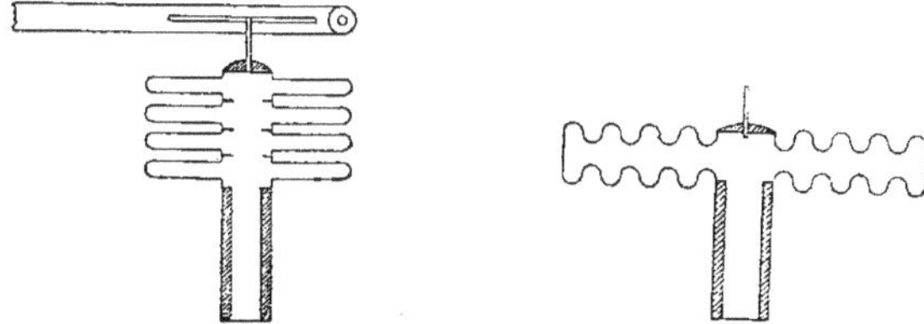

Fig. 91. — Tambours enregistreurs de Blix.

dans le tambour de Chauveau. La pièce supportant le levier est suspendue longitudinalement, ce qui permet de remplacer la cuvette par une autre de diamètre différent et de changer l'amplification du levier.

Pour tendre la membrane sur ce tambour, on emploie un appareil spécial.

L'*appareil tenseur* de la membrane, qu'Athanasiu a fait construire pour son tambour, se compose d'une pièce métallique en forme d'étrier. Cette pièce est traversée par une vis. L'extrémité supérieure de cette vis est percée d'un trou dans lequel pivote librement une pièce qui est pourvue d'un plateau sur lequel on fixe la cuvette du tambour. L'anneau métallique de l'étrier a une largeur de 12 millimètres environ, et une épaisseur de 8 millimètres. A l'extrémité de cet anneau se trouve un pas de vis sur lequel se visse une bague. La membrane de caoutchouc est serrée entre l'anneau et la bague, et sur cette membrane on dessine un carré de côté connu. La cuvette de la membrane se trouve en dessous de la membrane. En tournant la grande vis de l'appareil, on peut faire monter la cuvette. Celle-ci en montant tend de plus en plus la membrane qui la recouvre. On uniformise la tension de la membrane en gardant toujours la forme du carré dessiné sur la membrane; le rapport entre la surface finale et la surface initiale de ce carré nous donne le degré de tension. — Quand cette tension est jugée suffisante, on applique une ligature dans la gorge de la cuvette, et l'on découpe la membrane assez près de la ligature. De cette façon la cuvette du tambour enregistreur se trouve couverte par une membrane de tension connue.

Le *tambour enregistreur de* Mariette Pompilian présente un dispositif spécial qui permet de changer, à volonté, la tension de la membrane sans nécessiter pour cela le démontage de l'appareil.

B) Le *piston-recorder* a été employé pour la première fois comme appareil enregistreur dans la transmission aérienne par Ellis (1886). Avant lui, il était employé seulement dans la transmission par une colonne liquide.

Le *piston-recorder* d'Ellis se compose d'un petit tube de verre dans lequel se trouve un piston en paraffine. L'extrémité inférieure du tube est reliée par un tube de caoutchouc à l'appareil explorateur. Les mouvements du piston sont enregistrés par un levier équilibré au moyen d'une tige de verre. L'occlusion de l'appareil est assurée à l'aide d'un peu d'huile de menthe poivrée placée entre le piston et la paroi du tube.

Dans le *piston-recorder de* JOHANSSON TIGERSTEDT (1889) le piston, qui a la forme d'un couvercle, est en ébonite. L'amplification des mouvements du piston par le levier

FIG. 92. — Tambour enregistreur de M. POMPILIAN.

peut être variée à volonté. Le levier enregistreur est équilibré par un contrepoids mobile sur le bas du levier qui le supporte.

Dans le *piston-recorder de* HÜRTHLE (1893) le cylindre qui constitue le corps de pompe est métallique; le piston est en ébonite. Une petite tige est articulée d'une part au piston, d'autre part elle est attachée au levier enregistreur au moyen d'un anneau en caoutchouc. Le levier est équilibré par un contrepoids. Le cylindre est fixé sur un sup-

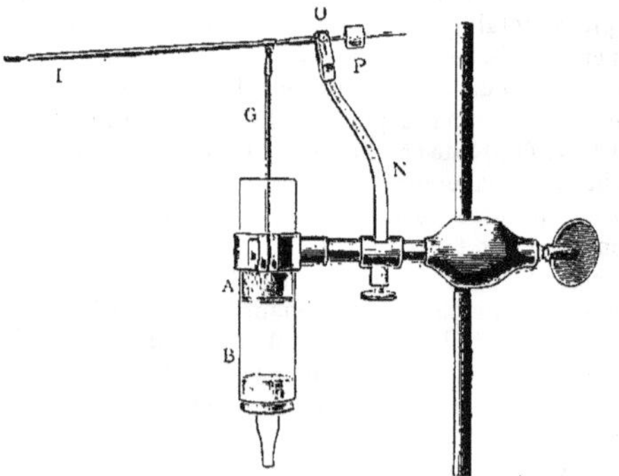

FIG. 93. — Piston-recorder d'ELLIS.

port à l'aide d'une vis de pression qui permet de changer l'amplification du levier. La hauteur du cylindre est de 4 à 5 centimètres pour les petits appareils, de 8 centimètres pour les appareils moyens et de 14 centimètres pour les grands. Entre les parois du piston et du cylindre il n'y a pas d'huile.

Le *piston-recorder de* SANDSTRÖM *et* BLIX se compose d'un piston en acier se déplaçant sans frottement dans un cylindre en acier; il est comme l'appareil de HÜRTHLE dépourvu d'huile.

Le *piston-recorder de* LOMBARD *et* PILLSBURG (1899) est remarquable par la légèreté de ses parties mobiles; leur poids ne dépassant pas 0gr,34, tandis qu'il est de 0gr,68 dans l'appareil de Johansson et Tigerstedt. L'appareil de Lombard et Pillsburg ressemble au piston-recorder d'Ellis.

C) Le *soufflet enregistreur de* Brodie (1902), comme le *piston-recorder*, est un appareil à déplacement d'air. Cet appareil se compose d'une plaque métallique rectangulaire qui est fixe et qui porte le tube au moyen duquel on établit la communication entre cet appareil et l'appareil explorateur. Au-dessus de la plaque fixe se trouve une autre plaque (formée d'un cadre en aluminium sur lequel est collée une feuille de papier) de mêmes dimensions que la plaque fixe, sur laquelle elle est articulée. Tout autour de

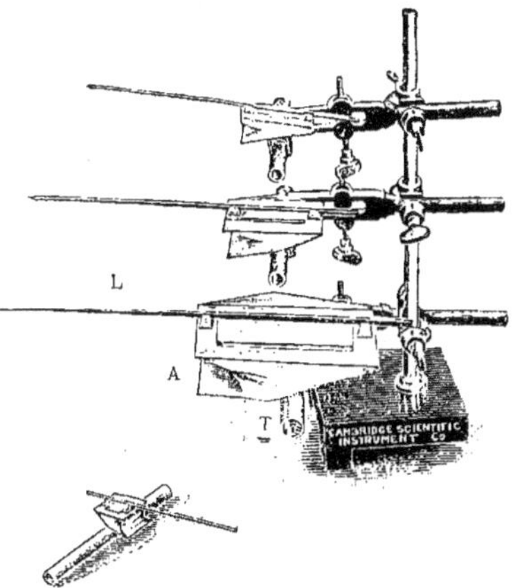

Fig. 94. — Soufflets enregistreurs de Brodie.

ces deux plaques se trouve collée une membrane en baudruche qui ferme l'espace qu'elles laissent libre quand on les écarte d'un certain angle. Sur la plaque supérieure est fixée une plume (en bois très léger), qui suit les mouvements de cette plaque.

Les dimensions du soufflet sont variables : les petits sont de 30 millimètres sur 20 millimètres (leur capacité est de 7,2 c.c.); les moyens sont de 45 millimètres sur 30 millimètres (leur capacité est de 25 c.c.); enfin les grands sont de 120 millimètres sur 80 millimètres (leur capacité est de 500 c.c.).

D) Quelle que soit la forme des appareils enregistreurs et explorateurs, ils sont toujours reliés par un tube de caoutchouc, ayant un orifice large de 3 à 5 millimètres, et une paroi plus ou moins épaisse. La longueur du tube est très variable, selon les besoins de l'expérience. En général, le tube est interrompu par une soupape, comme celle employée par Marey. Cette soupape est formée d'un petit tube métallique qui présente un petit trou. Ce trou est fermé par la pointe d'un levier. Le bras du levier étant maintenu soulevé par une lame ressort, le trou est bouché. En appuyant sur la longue branche du levier, le trou se débouche, et l'air contenu dans le tube peut se mettre en équilibre de pression avec l'air extérieur, et la pression dans les cavités closes devient égale à la pression atmosphérique.

La vitesse de transmission d'un mouvement (d'une onde) dans un tube ayant un orifice de 4 millimètres est de 280 mètres par seconde.

§ II. — *Transmission par une colonne liquide.*

Marey, en 1858, a essayé d'obtenir la transmission des mouvements à distance à l'aide d'un tube de plomb plein d'eau et muni à une de ses extrémités d'ampoules pleines d'eau également. Une de ces ampoules élastiques était mise en contact avec le corps dont on voulait étudier le mouvement (elle était introduite dans le cœur par exemple, s'il s'agissait de l'étude des mouvements cardiaques) tandis que sur l'autre ampoule on posait un levier enregistreur. — Les variations de volume imprimées à la première ampoule étaient transmises par la colonne liquide à la seconde ampoule ; ces dernières variations étaient enregistrées par le levier.

Cette méthode présente l'inconvénient d'exiger une force considérable pour que les variations de volume de la première ampoule puissent être transmises à la seconde ; l'inertie du liquide de transmission est un obstacle difficile à vaincre.

Roy (1879) a construit, pour faire ses recherches sur le cœur, une sorte de *piston-recorder* plein de liquide (bicarbonate de soude). — Dans un petit cylindre, servant de corps de pompe, se déplace un petit piston dont les bords sont attachés aux bords du

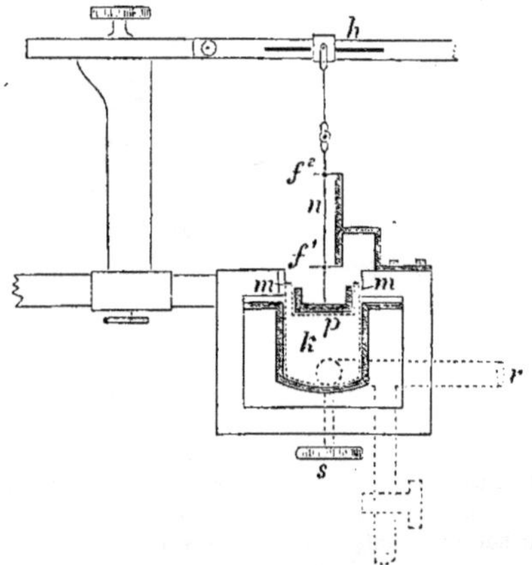

Fig. 95. — Appareil de Roy.

cylindre, par l'intermédiaire d'une mince lame flexible. Le piston transmet ses mouvements, par l'intermédiaire d'une tige, à un levier enregistreur. A cette tige sont attachés deux fils élastiques qui s'enroulent sur deux poulies, de chaque côté de la tige.

Dans l'appareil de Schäfer (1884), le piston se déplace dans un cylindre horizontal plein d'huile.

V

Enregistrement électrique.

L'application de l'électricité à l'enregistrement comprend plusieurs procédés fondés sur trois propriétés différentes des courants électriques : 1° Sur l'emploi des propriétés électro-chimiques du courant : décomposition électro-chimique ; 2° Sur l'emploi de l'étincelle d'induction : production d'étincelles au moyen de courants induits ; 3° Sur l'emploi des propriétés électro-magnétiques : enregistrement électro-magnétique. C'est de ce dernier mode d'enregistrement que nous allons nous occuper, après avoir dit quelques mots seulement sur les deux autres. Dans tous les moyens d'enregistrement électrique cités, la partie de l'appareil qui est mise en contact direct avec le corps dont on désire étudier les mouvements est identique : il s'agit d'un dispositif spécial de contacts électriques. — Ce n'est pas cet appareil, variable de forme, selon le phénomène qu'on étudie, qui nous occupe pour le moment : nous n'avons en vue que la partie enregistrante proprement dite.

§ I. — *Enregistrement électro-chimique.*

Le passage d'un courant à travers un style de fer, appuyé contre une feuille de papier humide imbibée de cyanure de potassium, détermine à la surface du papier la production d'un trait bleu qui cesse dès que le courant est interrompu. En faisant varier la composition des substances dont le papier est imbibé, ainsi que la nature de l'électrode, on peut obtenir des tracés de différentes couleurs.

Cette méthode d'enregistrement présente l'inconvénient d'exiger un courant de grande tension et un papier dont le degré d'humidité soit toujours le même. — En effet, quand le papier n'est pas humide, le courant est trop affaibli ; quand, au contraire, il est trop humide, il se déchire et, en outre, les traces deviennent étalées et diffuses. Il y a un autre inconvénient encore : l'électrode servant de style conserve à sa surface, pendant le passage du courant, une couche de matière colorante qui continue à tacher même quand le courant est interrompu.

Malgré ces inconvénients, cette méthode a été employée avec succès dans plusieurs cas, et en particulier dans les télégraphes autographiques.

§ II. — *Enregistrement au moyen des étincelles d'induction.*

L'étincelle d'induction jaillissant contre un cylindre argenté enduit de noir de fumée laisse à la surface une auréole au centre de laquelle se trouve un point brillant extrêmement petit. — L'étincelle peut laisser une trace aussi sur une feuille de papier enfumé entourant la surface métallique du cylindre.

Cette méthode n'est pas très bonne. La production de l'étincelle est un phénomène capricieux qui dépend beaucoup de la manière dont la rupture est faite. — L'étincelle ne suit pas, pour aller frapper le cylindre, le chemin qui est géométriquement le plus court, mais bien celui qui est électriquement le plus court. De là des déviations de l'étincelle, qui ne sont pas négligeables, et dont le sens et la grandeur ne sauraient être prévus. — C'est là un inconvénient.

Un autre inconvénient de l'étincelle est qu'elle est suivie d'une foule de petites étincelles parasites formant comme une queue. Ces étincelles prouvent que la décharge du fil induit n'est pas instantanée. — Il résulte de là que, si l'on voulait mesurer la durée d'un phénomène très court, dont l'origine et la fin devront être indiquées par deux étincelles jaillissant du même fil, la deuxième étincelle pourrait se confondre avec les étincelles parasites qui accompagnent la première étincelle. — Il arrive souvent que le trait de feu produisant l'étincelle principale se divise en deux ou trois autres traits produisant chacun une trace sur le cylindre, de sorte qu'on ne sait absolument lequel choisir. Ces inconvénients, déjà observés depuis longtemps, sont bien plus graves encore lorsque le cylindre est recouvert d'une feuille de papier enfumé destinée à conserver la trace de l'expérience.

Même lorsqu'on amène le fil d'où jaillit l'étincelle au contact du papier, de façon à en faire un véritable style frottant, l'étincelle n'éclate pas au contact, mais bien à une distance de ce point qui varie capricieusement d'un moment à l'autre, et qui peut atteindre 1/2 millimètre.

Le nombre d'étincelles distinctes qu'on peut obtenir avec une bobine Ruhmkorff est de 250 environ par seconde. Lorsque les interruptions du courant deviennent très rapides, les étincelles deviennent de plus en plus petites, et finissent par ne plus éclater.

Comme le courant inducteur doit passer pendant un certain temps pour qu'il se produise une étincelle, il faut, quand on veut appliquer la bobine d'induction aux phénomènes extrêmement rapides, employer un nombre de bobines égal au nombre de signaux qu'on veut obtenir.

M. Deprez a mesuré le retard de l'étincelle, et il l'a trouvé inférieure à $\frac{1}{10000}$ de seconde. Quelquefois, quand la distance explosive est très petite $\left(\frac{1}{4}\text{ de millimètre}\right)$, ce retard devient tout à fait imperceptible, puisqu'il se confond avec la déviation de l'étincelle.

§ III. — *Enregistrement électro-magnétique.*

Presque tous les enregistreurs électriques sont des enregistreurs électro-magnétiques. — Les premiers appareils de ce genre ont été imaginés par Wheatstone. — Ils se composent tous, essentiellement, d'une armature garnie d'une plume inscrivante et soumise, d'une part, à l'attraction d'un électro-aimant, et, d'autre part, à l'action d'un ressort antagoniste.

La première condition que doit remplir un tel appareil est d'avoir un retard invariable. Ce résultat est très difficile à atteindre. Pour le réduire à ses dernières limites, on a donné aux électro-aimants des dimensions très petites.

Le retard total d'un électro-aimant se compose de deux parties : la première, due au temps que nécessite l'aimantation ou la désaimantation ; la seconde, due à l'inertie des pièces mobiles qui mettent un certain temps pour accomplir leurs oscillations.

A) *Signaux électriques.* — Voici la description de quelques signaux électriques grossiers (*a*) et de grande précision (*b*).

a) Le signal électrique de v. Wittich est un appareil très grossier ne pouvant enrégistrer les signaux que sur une surface horizontale. — Cet appareil se compose d'un électro-aimant placé horizontalement, et d'un levier à deux bras, mobile autour de l'axe (*x*), placé verticalement. — Quand le courant électrique passe dans l'électro-aimant, le morceau de fer doux (*a*), fixé au bras inférieur du levier, se trouve attiré par l'électro-aimant ; le bras supérieur du levier, se rapprochant alors du cylindre enregistreur, trace une droite sur la surface enregistrante, grâce à une pointe inscrivante (*s*). Cette pointe, étant portée par une vis, peut être plus ou moins rapprochée de la surface enregistrante. — La longueur de la ligne tracée par la pointe varie avec la durée du passage du courant électrique. — Quand le courant ne passe plus, la pointe s'éloigne du cylindre enregistreur, le levier étant entraîné par un poids (*g*) mobile sur une tige fixée au levier. — Le tracé donné par cet appareil est formé de traits discontinus.

Le signal électrique de Brondgeest se compose d'un électro-aimant en forme de fer à cheval (*m*) ; en face des pôles de cet électro-aimant se trouve placée une armature (*p*), formée d'une plaque en fer doux fixée au levier (*h*). Ce levier est mobile autour de l'axe (*a*) porté par un support placé à côté de l'électro-aimant. Près de l'axe, au-dessous du levier, se trouve le ressort (*f*) qui maintient le levier éloigné des pôles de l'électro-aimant. — Quand le courant électrique passe dans l'électro-aimant, la plaque (*p*) se trouvant attirée, l'extrémité inscrivante du levier se trouve abaissée, et elle trace sur le cylindre une ligne descendante. Tant que le courant passe, ou quand le courant ne passe pas, le levier trace une droite horizontale. Quand le courant cesse d'agir, le levier, étant soulevé brusquement par le ressort, trace une droite verticale ascendante. De cette façon on obtient un tracé continu à dents. — Cet appareil présente trop d'inertie, et il ne peut inscrire les signaux que sur une surface verticale.

Le signal de Baltzar se compose d'un électro-aimant et d'un signal direct. — L'électro-aimant (*m*, *m*) présente ses pôles disposés de telle façon que, pendant le passage du courant, l'armature (*a*, *a*), qui porte la plume inscrivante (s^1), tourne autour de l'axe x'. Quand le courant électrique ne passe plus dans l'électro-aimant, l'armature est ramenée à sa position primitive par un ressort réglable à l'aide de la vis (*sch*). Les fils électriques sont fixés aux bornes (p, p').

Au-dessous de l'électro-aimant, il y a un contact électrique de platine (*k*). Les mouvements de la tige (*d*) sont transmis par l'intermédiaire de l'axe (x^2) et de la pointe (s^2) au levier (*b*) qui porte le style enregistreur (s^2). De cette façon on a l'inscription directe du moment où l'on fait l'interruption d'un courant électrique.

b) Le signal de DEPREZ (fig. 96) (construit par VERDIN) se compose d'un petit électro-aimant (m), en forme de fer à cheval. Le fil dont se composent les deux bobines est très fin. En face des pôles de l'électro-aimant se trouve placée une armature mobile autour de l'axe (c). L'armature porte une plume inscrivante très légère (s). L'armature est tenue éloignée des pôles de l'électro-aimant par un petit ressort spiral accroché à l'axe (c). Un petit levier (f) permet de varier la tension du ressort, et varie, par conséquent, l'éloignement de l'armature des pôles de l'électro-aimant, jusqu'à ce que le tracé donné par la plume (s) paraisse le plus convenable. Le courant électrique, qui arrive à l'électro-aimant, passe par les fils (d^1) et (d^2).

Toutes les pièces que nous venons de décrire sont fixées à une tige mobile à l'aide d'une crémaillère dans une autre tige qui se fixe à un support. De cette façon on peut varier la longueur de la tige support de l'électro-aimant et placer la plume à l'endroit voulu. L'inscription peut se faire, indifféremment, sur une surface horizontale ou verticale — Le signal de DEPREZ peut fonctionner avec un seul élément BUNSEN.

L'appareil de KRONECKER et PFEIL (fig. 97), connu surtout sous le nom de *signal de* PFEIL, est basé sur le même principe que le téléphone. Cet excellent appareil se compose d'un petit électro-aimant (m) et d'une mince plaque d'acier (p), servant d'armature. Les extrémités de cette lame, qui sert d'armature, sont solidement fixées aux deux branches du support. Le milieu de cette plaque est relié, par l'intermédiaire d'une petite tige, avec un levier enregistreur (h) très long, mobile autour de l'axe (a). Un contrepoids (g) fait équilibre à la longue branche du levier. En tournant une vis (s) placée au-dessous de l'électro-aimant, on peut rapprocher ou éloigner l'électro-aimant de l'armature. Quand le courant passe, la lame (p) se trouve attirée, sans pourtant jamais arriver à toucher les pôles de l'électro-aimant : une vis tangente (t) sert à régler la position de l'appareil par rapport à la surface enregistrante. Le fil des bobines de cet appareil étant plus gros que celui des bobines du signal de DEPREZ, on peut employer des courants forts sans craindre de le brûler.

B) *Signaux électriques doubles.* — Pour certaines expériences il est utile d'avoir deux signaux électriques très rapprochés l'un de l'autre. Pour cela les constructeurs ont fixé sur une même tige à support deux signaux identiques. C'est ainsi, par exemple, que VERDIN a construit des signaux doubles de DEPREZ.

C) *Retard des signaux électriques.* — a) HELMHOLTZ a imaginé une méthode qui permet d'estimer avec une précision extrême le retard d'un signal électrique. Voici en quoi consiste cette méthode : On commence par déterminer, sur la surface enregistrante, la position où le signal s'inscrirait si l'appareil enregistreur n'avait pas de retard ; ensuite

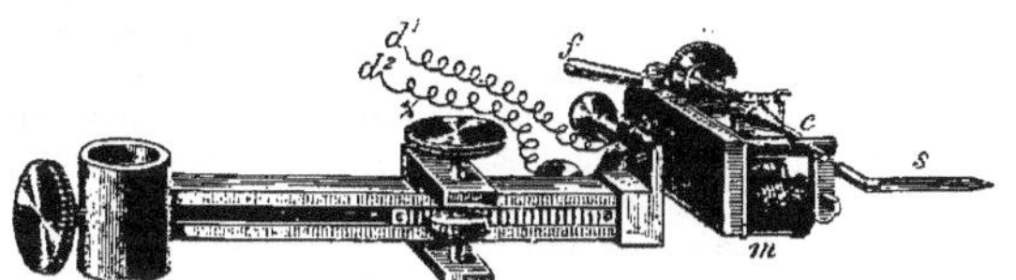

FIG. 96. — Signal électrique de DEPREZ.

on laisse l'appareil enregistrer normalement le signal sur la surface en mouvement. La distance qui sépare les deux tracés du signal électrique représente le retard de l'appareil. C'est le cylindre enregistreur lui-même qui, à un certain moment de sa rotation, rompt ou ferme le courant électrique qui provoque le signal. Dans une première expérience, on fait tourner le cylindre enregistreur avec une extrême lenteur au moment où va se produire le signal électrique ; la vitesse du cylindre étant presque nulle, le signal ne subira aucun déplacement. Dans une autre expérience, on imprime au cylindre enregistreur son mouvement rotatif maximum, et l'on fait inscrire le signal. Le tracé, dans ce deuxième cas, se trouve inscrit un peu plus loin que la première fois, car, depuis le moment où la rupture du courant de pile s'est faite, jusqu'à celui où le signal est inscrit, le cylindre a tourné d'une certaine quantité. Cette quantité, mesurée au chronographe, donne exactement le retard du signal.

Marcel Deprez, pour déterminer à l'aide de cette méthode le retard d'aimantation et de désaimantation de ses signaux électriques, a incrusté dans l'un des fonds du cylindre tournant un secteur de caoutchouc durci. Doux frotteurs métalliques, en contact avec le fond du cylindre, ferment le courant tant qu'ils touchent les parties métalliques; le courant est rompu quand le secteur isolant passe au-dessous d'eux. En procédant comme nous l'avons dit plus haut, Deprez a trouvé des retards plus ou moins grands : dans certains cas, le signal de clôture retardait de $\frac{1}{5\,000}$ (retard d'aimantation) tandis que le retard de rupture était de $\frac{1}{500}$ (retard de désaimantation).

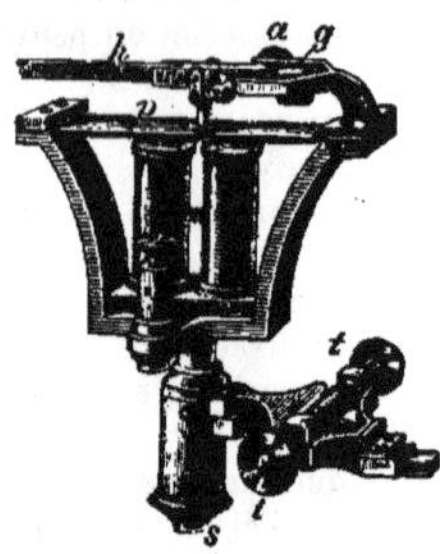

Fig. 97. — Signal de Kronecker et Pfeil.

b) En réduisant la masse de fer doux qui est soumis à la traction de l'électro-aimant, en donnant une légèreté extrême au style, et en plaçant en circuit dérivé sur le courant de la pile une bobine munie d'un fer doux, Deprez a abrégé d'une façon considérable le retard des signaux électriques. Plus ce retard est petit, plus le nombre de signaux par seconde qu'on peut enregistrer est grand. Deprez a réussi à construire des appareils capables de donner 1 500 signaux doubles par seconde avec possibilité de fournir 3 000 signaux, si l'on utilisait séparément la rupture du circuit de pile.

c) Tigerstedt et Yeo ont déterminé la période latente de démagnétisation des signaux électro-magnétiques. Voici les chiffres trouvés par ces auteurs :

Le signal de Pfeil présente, en moyenne, une durée de démagnétisation égale à 0″,00077, avec une erreur moyenne de 0″,000048.

Le signal de Pfeil, employé par Tigerstedt dans ses expériences, présentait une période de démagnétisation égale, en moyenne, à 0″,0003.

Le signal de Deprez, quand son ressort en caoutchouc est très peu tendu, présente, en moyenne, une durée de démagnétisation égale à 0″,00090, avec nne erreur moyenne de 0″000048. — Quand le ressort du signal de Deprez est tendu, la durée de démagnétisation est, en moyenne, de 0″,00060, avec une erreur moyenne de 0″000042.

Les signaux Deprez à ressort métallique, construits par Verdin, présentent une période latente constante, dont la durée moyenne est de 0″,00086, avec une erreur de 0″000087.

Le signal de Dew-Smith (construit par la C. C. S.), semblable à celui de Pfeil, présente, selon la distance qui sépare l'électro-aimant de l'armature, une période latente variable. Cette période est, pour un certain écart de l'électro-aimant, de 0″,00076 avec une erreur moyenne de 0″000032; pour un autre écart de l'électro-aimant, la période latente est de 0″,00086, avec une erreur moyenne de 0″,000057.

Le signal de Smith, construit dans le laboratoire de Burdon-Sanderson, possède une période latente de 0″00086, avec une erreur moyenne de 0″,000087.

D) *Réglage des signaux électriques.* — Quand plusieurs électro-aimants sont employés simultanément, il faut que leurs retards d'aimantation et de désaimantation soient uniformes. Quand même ces retards seraient grands, s'ils sont tous égaux, les rapports de durée et de succession des phénomènes qu'on étudie ne sont pas altérés.

Une série de signaux électro-magnétiques, construits simultanément, en employant le même fer doux, le même fil conducteur, et en donnant les mêmes dimensions à toutes les pièces, ont beaucoup de chances pour avoir les mêmes qualités électro-magnétiques. Pour avoir l'égalité de leurs retards, il suffira d'assurer l'uniformité parfaite de leurs ressorts de traction.

Pour cela, on place dans le circuit d'une même pile un interrupteur et les signaux qu'on veut régler. Leurs styles enregistreurs sont au contact d'une surface enfumée animée d'une translation rapide. — En faisant, à l'aide de l'interrupteur, des fermetures et des ruptures de courant, on voit si les signaux s'arment ou se désarment simultanément. En général cela n'a pas lieu. — On commencera alors par régler l'égalité de la rupture; pour cela on agira sur les petits ressorts tenseurs du contact en fer doux : on armera davantage celui dont le mouvement est le moins rapide. Avec quelques essais et tâtonnements, on arrivera rapidement à un résultat satisfaisant. — Puis on s'occupera de régler la simultanéité dans les indications du commencement du passage du courant; il suffira pour cela d'agir sur la vis de réglage qui rapproche ou éloigne le contact en fer doux de l'électro-aimant. Ce petit réglage se fait rapidement, et dès lors les signaux fonctionnent simultanément.

§ IV. — *Gravure électrique.*

Voici un mode d'enregistrement qui pourrait, peut-être, trouver une application à l'inscription électrique des phénomènes. — Il a été employé par PLANTÉ (1878) pour graver sur verre.

On recouvre la surface d'une lame de verre ou d'une plaque de cristal avec une solution concentrée de nitrate de potasse. On fait plonger dans la couche liquide, le long des bords de la lame de verre, un fil de platine horizontal, communiquant avec les pôles d'une batterie secondaire de 50 à 60 éléments. Tenant à la main l'autre électrode formée d'un fil de platine, on touche le verre recouvert de la mince couche de solution saline. Un sillon lumineux se produit partout où touche l'électrode. Quelle que soit la rapidité avec laquelle on écrit, les traits se trouvent nettement gravés sur le verre. Il faut un courant moins fort pour graver avec l'électrode négative.

VI

Chronographie.

Pour analyser un phénomène dont on a le tracé, il faut connaître avant tout la vitesse avec laquelle s'est déplacée la surface enregistrante pendant l'expérience.

Quand on emploie une surface enregistrante mise en mouvement par un mécanisme d'horlogerie bien régulier, il suffit de connaître la vitesse de rotation du cylindre, car d'après elle on peut estimer la durée d'une étendue quelconque de l'abscisse.

La vitesse de rotation d'un cylindre peut être déterminée très facilement de la façon suivante : on fait tracer, par une plume enregistrante, sur le cylindre au repos, une ligne verticale; cette ligne servira de point de repère; elle donne le moment à partir duquel il faut déterminer le temps. En mettant le cylindre en mouvement, on compte le nombre des passages du repère devant la plume en un temps déterminé à l'aide d'une montre (1). Pour avoir la vitesse, il faut diviser le nombre de minutes ou de secondes, pendant lesquelles on a compté les tours, par le nombre de tours observés. Soit par exemple un cylindre qui fait 4 tours en 160 secondes. En faisant la division de 160 par 4, on voit que la durée d'un tour est de 40 secondes. — Si le cylindre présente une périphérie de 500 millimètres, une abscisse d'un millimètre représentera $\frac{40}{500} = 0'',08$.

Avant d'apprécier la vitesse de rotation, il faut d'abord laisser au cylindre le temps de faire quelques tours pour acquérir un mouvement régulier. On ne doit pas non plus faire cette détermination quand le cylindre est près de s'arrêter, car alors sa vitesse est moindre qu'au début.

La détermination de la vitesse de translation d'une surface enregistrante à l'aide du procédé que nous venons de décrire, est lente et ne s'applique qu'aux surfaces cylin-

(1) Les anciens cylindres enregistreurs, comme ceux d'HELMHOLTZ et de VOLKMANN, étaient pourvus de compteurs de tours.

driques. Pour déterminer rapidement la vitesse de déplacement d'une surface quelconque, il faut inscrire sur la surface des durées connues.

Les appareils et les procédés qu'on emploie pour enregistrer des durées longues, comme les quarts d'heure, les heures, les demi-heure, ou bien des durées brèves comme les minutes, les secondes et les fractions de seconde, ne sont pas les mêmes.

L'ensemble des procédés qu'on emploie pour faire la mesure graphique du temps constitue la *chronographie* proprement dite. — Les tracés qui représentent le temps s'appellent des *chronogrammes*.

§ I. — *Mesures des longues durées.*

A. **Mécanisme d'horlogerie.** — I. **Chronomètres à pointage.** — On peut déterminer la durée d'un phénomène à l'aide d'un *chronomètre à pointage*. L'aiguille d'un tel chronomètre est chargée d'encre à sa pointe; par la pression d'une détente, cette pointe s'applique sur le cadran et laisse la trace de la position qu'elle occupait au début du phénomène qu'on étudie. A la fin du phénomène considéré, on provoque un second pointage. Le nombre des divisions du cadran qui séparent les deux points donne la mesure de l'intervalle considéré.

Le principal avantage de cette méthode est qu'il n'est pas nécessaire de regarder le cadran pendant la durée d'une observation ; une simple pression du doigt au moment où le phénomène commence, et une autre au moment où il finit, suffisent pour en déterminer la durée.

Si le temps à mesurer excédait la durée d'un tour de cadran, on risquerait de commettre des errenrs sur le nombre de tours.

Grossmann (1882) a fait l'historique des montres qui présentent ce moyen si simple d'enregistrement.

Rieussac (brevet du 9 mars 1822) a construit un *chronographe* dont voici le mécanisme :

Sur l'axe des secondes d'un mécanisme d'horlogerie était ajouté, par son centre, un cadran se mouvant avec lui. Sur le bord de la boîte de l'appareil, tout près du cadran, une petite pointe lancée par une détente à la volonté de l'observateur, sortait d'un encrier par une échancrure de celui-ci, et projetait une petite goutte d'encre sur la partie du cadran qui se trouvait devant lui à cet instant. Ce n'était pas là un appareil de précision; son auteur l'avait uniquement destiné aux courses de chevaux. La grande masse du cadran placée sur l'axe des secondes en faisait un instrument très impropre aux mesures exactes des phénomènes physiques et astronomiques.

Le chronographe de Rieussac avait la forme et le volume d'un gros chronomètre de poche ; le cadran était mobile autour d'un axe perpendiculaire à son plan passant par le centre. Quand la montre marchait, le cadran faisait un tour en une minute.

Plus tard, en 1837, Rieussac a perfectionné son appareil en le rendant semblable à celui de Breguet.

Le *chronomètre à détente* de Breguet (1822, *Rapport de l'Exposition de 1823*) donne le moyen d'apprécier rigoureusement la durée d'un phénomène. Le cadran est fixe, tandis que l'aiguille des secondes, qui porte un petit encrier, ainsi que la pointe destinée à marquer les instants d'observation, est mobile.

II. — **Chronomètres enregistreurs directs.** — Jaquet a fait construire par Runne un *chronographe* qui permet d'inscrire directement les mouvements d'un mécanisme d'horlogerie sur un cylindre enregistreur recouvert d'une feuille de papier enfumée.

Ce chronographe se présente sous la forme d'une petite boîte rectangulaire, haute de $4^{cm},5$, profonde de $1^{cm},5$, pesant 200 grammes, avec une virole qui lui permet d'être fixé sur un support à côté des autres appareils enregistreurs. Son levier inscripteur est long de 12^{cm}. Sur une des faces de la boîte se trouvent deux cadrans : un pour les secondes, l'autre pour les minutes. La pression sur un bouton spécial permet de ramener les aiguilles à zéro. L'erreur de cet appareil est de 3 secondes en 24 heures. En déplaçant une petite tige, on peut inscrire les secondes ou les demi-secondes. On peut arrêter l'appareil à volonté.

III. — **Électrochronographes.** — a) L'*électrochronographie* a été introduite dans les recherches astronomiques par Locke en 1848.

Locke se servait d'une montre à contacts électriques. Il marquait les secondes par de petits traits ; les minutes étaient marquées par des traits plus longs, car alors le courant était laissé ouvert pendant plus longtemps. Les traces du temps étaient disposées ainsi en groupes, ce qui est très commode pour la lecture.

b) Quand la surface enregistrante est mise en mouvement par un mécanisme d'horlogerie, on s'est souvent servi du même mécanisme, pour avoir le tracé de la durée d'un phénomène, en forçant ce mécanisme à établir ou à rompre des contacts qu'on inscrivait à l'aide d'un signal électro-magnétique.

L'appréciation des durées à l'aide de ce procédé est imparfaite, car le mouvement d'horlogerie de l'appareil enregistreur présente rarement une grande régularité.

c) On peut enregistrer électriquement les mouvements de n'importe quelle montre ; il suffit pour cela d'adapter au rouage des contacts électriques. La seule condition à observer est la suivante : les contacts électriques doivent être disposés de telle façon qu'ils n'influencent pas la marche de la montre.

Ainsi le *chronographe de* Jaquet présente un dispositif qui permet d'avoir, à côté de l'inscription directe, l'inscription à distance au moyen de l'électricité.

Baltzar a construit une montre à contacts extrêmement intéressante, dont les

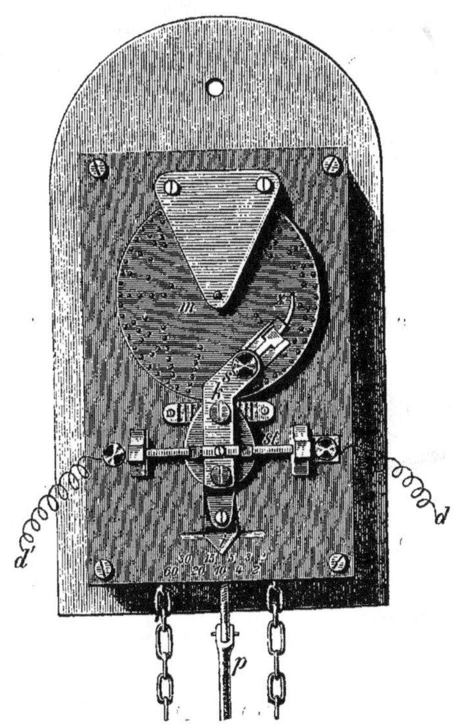

Fig. 98. — Électrochronographe de Baltzar.

figures 98 et 99 représentent les parties essentielles. Le disque métallique *m* est mis en mouvement par le rouage d'une horloge. Cette horloge est mise en mouvement par la chute d'un poids, un pendule dont on voit une partie de la tige en p, bat la seconde. Le disque m, qui fait un tour en une minute, présente plusieurs pointes métalliques disposées en 10 cercles concentriques. Le cercle extérieur se compose de 60 pointes; le second cercle se compose de 30 pointes; le troisième de 20, et ainsi de suite jusqu'au cercle intérieur qui ne comprend qu'une pointe.

En face du disque m se trouve une petite languette métallique élastique z, portée par le support k. Ce support peut être déplacé de façon que la lame z puisse être placée en face d'un des 10 cercles du disque. Quand le disque tourne, les pointes soulèvent la languette z. Quand cette languette est soulevée, le contact électrique qui existe entre son prolongement en platine et la pointe de la vis s se trouve interrompu. Quand la languette z n'est plus soulevée, le contact se rétablit. La lame de platine est en communication avec le fil électrique d'; la pointe, avec le fil d.

Si la languette z est en face du cercle composé de 60 pointes métalliques, on aura 60 interruptions du courant par minute; si elle est en face du cercle composé d'une seule pointe, il n'y aura qu'une seule interruption par minute. — Le nombre des interruptions par minute est indiqué par les chiffres qui sont en face de l'index i.

En variant la position de la languette sur son support, on peut varier la durée de l'interruption du circuit.

La montre à contact de Baltzar est renfermée dans une boîte fixée au mur. — Les interruptions du circuit sont marquées sur la surface enregistrante par un signal électromagnétique.

Un élément Daniell ou Leclanché suffit pour obtenir des chronogrammes.

Bowditch, dans ses recherches faites au laboratoire de Ludwig, avait employé un dispositif particulier, qui permettait d'obtenir, avec la montre de Baltzar, des tracés plus grands toutes les 5 secondes. Brodie a fait construire par Palmer (1900) un appareil analogue à celui de Baltzar.

B. **Le pendule.** — I. Le pendule battant la seconde est le type des appareils qui servent à mesurer le temps.

Voici la description d'un pendule à seconde très simple employé au laboratoire des recherches physiques de la Sorbonne :

Une tige plate en sapin porte une masse de fonte que l'on assujettit à la hauteur convenable à l'aide d'une vis de pression.

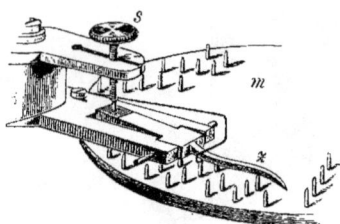

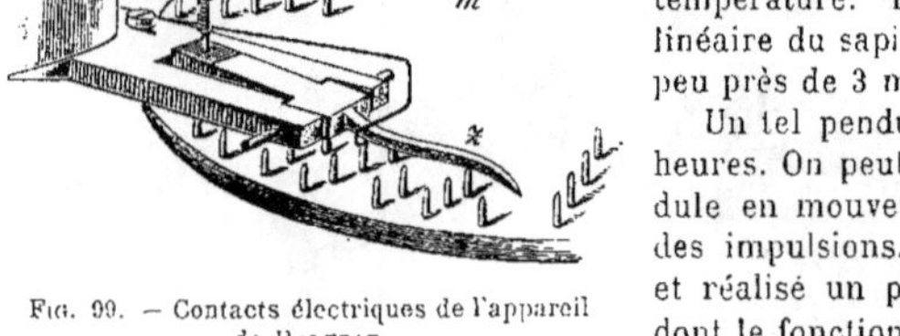

Fig. 99. — Contacts électriques de l'appareil de Baltzar.

La tige du pendule est de bois de sapin verni, très sec et très droit de fil, parce que le sapin est indifférent aux variations de température. Le coefficient de dilatation linéaire du sapin dans le sens des fibres est à peu près de 3 millionièmes.

Un tel pendule oscille pendant plusieurs heures. On peut, de plus, entretenir un pendule en mouvement en faisant agir sur lui des impulsions. — Lippmann (1896) a conçu et réalisé un pendule sans perturbation et dont le fonctionnement repose sur la proposition suivante :

« Si deux impulsions égales sont imprimées au pendule en un même point de sa trajectoire, l'une à la montée, l'autre à la descente, les perturbations qu'elles produisent sont égales et de sens contraire. »

Guillet (1898) a produit des impulsions au moyen de courants d'induction dus à la fermeture et à l'ouverture d'un circuit inducteur; le pendule ouvre et ferme le circuit inducteur, lorsqu'il passe par la verticale dans les deux sens.

Le mouvement d'un pendule successivement libre et entretenu a été comparé à celui d'un pendule auxiliaire approximativement synchrone au premier. Les oscillations des deux pendules ont été inscrites au début et à la fin de chaque phase d'observation sur un cylindre enregistreur. On a constaté ainsi la régularité des mouvements du pendule entretenu par des impulsions.

II. Les oscillations d'un pendule peuvent être enregistrées au moyen de l'électricité de la façon suivante :

On fixe perpendiculairement à la tige (*s*) et dans son plan d'oscillation, une petite tige de cuivre (*t*), recourbée à son extrémité, qui se termine par une pointe de platine. Cette pointe effleure la surface du mercure (*m*) contenu dans un petit godet placé sur une tablette d'ébonite fixée à côté du pendule sur le même support que lui. — Le mercure d'une part, la tige (*t*) d'autre part, sont en communication par deux fils fins, aux deux bornes (*b*) auxquelles aboutissent les conducteurs polaires d'une pile (P). — Dans ce même circuit se trouve intercalé un électro-aimant inscripteur placé à côté de la surface enregistrante. — A chaque oscillation du pendule, le courant est interrompu et établi. On transmet ainsi à l'électro-aimant des signaux périodiques espacés d'une seconde.

Un tel pendule peut osciller pendant plusieurs heures; il se prête donc parfaitement à des expériences de longue durée. — La mesure de la seconde par ce procédé est très précise.

Voici encore quelques dispositifs de contacts électriques appliqués au pendule pour en enregistrer les oscillations.

Le godet à mercure, au lieu de se trouver sur le côté, comme dans le cas précédent, peut être placé à la partie inférieure, au-dessous du pendule.

Krille a imaginé le dispositif suivant. Deux vases contenant du mercure communiquent entre eux par un petit pont formé par une goutte de mercure qui se trouve entre les extrémités effilées des tubes fixés aux parois des vases. Le courant passe par le pont de mercure. — Le pendule présente à son extrémité inférieure une lame de mica. A chaque oscillation du pendule, la lame de mica coupe le pont, et ainsi interrompt le courant électrique. C'est là le signal enregistré par l'électro-aimant intercalé dans le circuit.

Voici le dispositif de Buff.

D'un seul côté, ou des deux côtés du pendule, se trouve une petite plaque métallique supportée par un ressort spiral très délicat. Le pendule, quand il est dans sa position la plus éloignée de sa position d'équilibre, touche une de ces plaques. Le ressort spiral permet à la plaque de céder facilement sous l'influence de l'impulsion donnée par le pendule, de sorte que les oscillations de ce dernier ne sont pas troublées. La tige du pendule communique avec l'un des pôles d'un circuit, tandis que la plaque, ou les plaques, s'il y en a une de chaque côté, communiquent avec l'autre pôle. On obtient ainsi un ou deux signaux par seconde, signaux qui sont enregistrés par l'électro-aimant intercalé dans le circuit.

C. **Le métronome.** — I. Klemensiewicz a enregistré les mouvements d'un métronome de la façon suivante :

On fait agir le balancier du métronome sur un ou deux tambours à air de Marey placés de chaque côté de l'appareil. Chaque fois que le balancier touche la membrane du tambour, l'air qui en est chassé pénètre dans le tambour inscripteur, et on a un trait sur la surface enregistrante.

Au lieu de faire agir le balancier directement sur la membrane, on peut le faire agir sur un fort levier qui se trouve relié à la membrane (Dispositif de Langendorff).

Verdin, observant que les chocs imprimés à la membrane du tambour altèrent les oscillations du balancier d'une quantité variable et inconnue, a confié cette fonction à la roue dentée qui commande l'échappement du rouage qui met en mouvement le balancier. Pour cela la roue dentée est munie de chevilles qui, à chaque oscillation, frappent un tambour à air.

II. Les mouvements du métronome peuvent être enregistrés au moyen d'une transmission électrique de la façon suivante :

On fixe sur le balancier du métronome un fil de cuivre recourbé, et amalgamé à son extrémité. Cette extrémité du fil plonge à chaque mouvement du balancier dans un petit godet rempli de mercure. Le godet à mercure d'une part, le métronome de l'autre, étant reliés aux électrodes d'une pile, à chaque mouvement du balancier il se produit un contact, et par conséquent le circuit électrique est fermé. Un signal électro-magnétique intercalé dans le circuit, enregistre les mouvements du balancier sur une surface enregistrante.

Le courant électrique peut ne pas traverser le métronome, si au lieu d'un godet à mesure on en prend deux à côté du métronome et si l'on place à l'extrémité de l'arc fixé au balancier un fil à deux branches recourbées. Ces branches, plongeant dans le mercure des godets, ferment le courant électrique d'une pile dont les électrodes sont en relation avec les godets.

III. Il y a des métronomes, comme par exemple celui de Noel et Le Bon (1878), qui sont pourvus à la fois d'un contact électrique et d'un tambour à air.

D. **Stalamochronographie.** — L'isochronisme de la chute des gouttes d'un

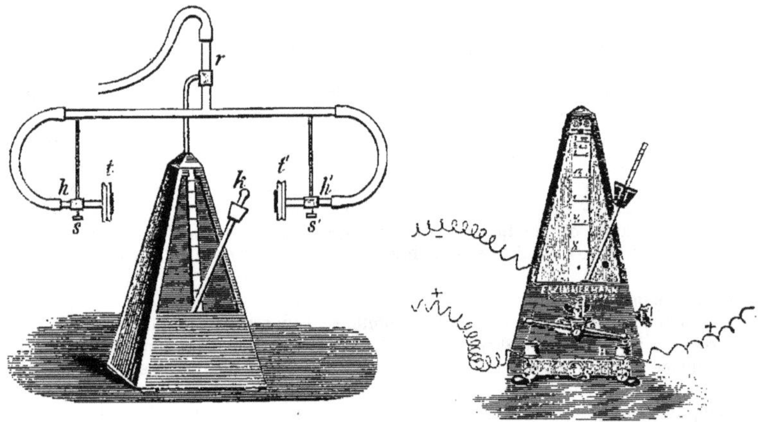

Fig. 100. — Métronomes.

liquide, s'écoulant par un orifice étroit sous une charge constante, a été employé par Grützner (1887) pour évaluer la durée des phénomènes.

Sigalas a utilisé aussi ce phénomène de la façon suivante :

Deux tambours de Marey étant conjugués, on met sur l'extrémité du levier d'un des tambours une petite cupule à convexité supérieure : les gouttes qui tombent d'un flacon de Mariotte viennent frapper sur cette cupule. Chacun des chocs provoqués par la chute d'une goutte se trouve enregistré par le tambour inscripteur. Le réglage de la chute des gouttes se fait en agissant : 1° sur le tube du flacon de Mariotte, pour varier la charge de la chute ; 2° sur le robinet d'écoulement, dont la clef est munie d'un levier, déplaçable sur un cercle divisé, grâce auquel on peut produire des variations lentes et progressives de la lumière du tuyau de sortie. Pour des vitesses d'écoulement ainsi réglées, à 1, 2, 3, 5, etc. par seconde, les oscillations représentées sur le tracé correspondent évidemment à $1''$, $\frac{1''}{2}$, $\frac{1''}{3}$, $\frac{1''}{5}$, etc.

§ II. — *Mesures des petites durées.*

Le vrai moyen de mesurer le temps, c'est de compter le nombre de vibrations d'une tige vibrante. Cette méthode d'estimer le temps, base de la chronographie, est due à Thomas Young (*A course of lectures on natural philosophy and the mechanical arts*. 1807. I, p. 191) qui se servit à cet effet d'une tige vibrante munie d'un style.

Duhamel (1841) a appliqué cette méthode à l'étude des vibrations des cordes.

Wertheim (1844), le premier, l'employa à déterminer le nombre des vibrations d'un son à l'aide d'un diapason de tonalité connue (*Ann. de Chim. et de Phys.*, 1844, (2), xii, 385.

A. **Le diapason.** — I. Les vibrations du diapason, ayant une amplitude rapidement décroissante, le diapason ne pouvait servir à mesurer le temps, pendant une expérience de quelque durée, si l'on n'avait des moyens pour entretenir ses vibrations[1].

1) Parmi les moyens employés, il faut citer en premier lieu l'emploi de l'électricité. L'entretien, par l'électricité, d'un diapason est un problème résolu depuis longtemps par Helmholtz, Regnault, Foucault et autres physiciens.

Le principe de ce moyen est le même que celui de *l'interrupteur de* Wagner. Une des branches d'un diapason forme l'armature d'un électro-aimant; le tout, électro-aimant et diapason, est disposé comme une sonnerie trembleuse, et la branche vibrante elle même, en touchant un contact ou en s'en éloignant, établit ou interrompt un courant électrique synchroniquement avec le mouvement vibratoire; la branche mobile est par suite attirée régulièrement, et le mouvement est entretenu aussi longtemps qu'on le désire.

L'entretien du mouvement du diapason, de même que celui d'une lame vibrante quelconque, n'exige pas que l'action électrique s'effectue à chaque période. En ne réalisant cette action que toutes les 2, 3, 4 ou 5 périodes, on peut obtenir une subdivision de plus en plus grande du temps. C'est le procédé employé par Cornu dans ses belles expériences sur la vitesse de la lumière, pour inscrire le 1/10e de seconde en même temps que la seconde sur un cylindre enregistreur.

Il est bon, dans les recherches de grande précision, de contrôler par l'observation d'une horloge bien réglée la durée d'un grand nombre d'oscillations du diapason; car l'attraction électro-magnétique peut altérer légèrement la durée de la vibration.

2) Les électro-diapasons ont pris une forme pratique et industrielle. Il y en a de diverses formes, avec l'électro-aimant disposé de différentes manières. L'électro-aimant peut être double, comme dans les électro-diapasons système Lissajous et

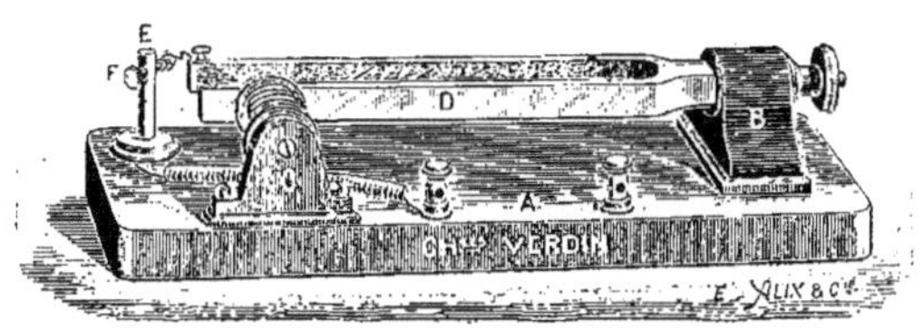

Fig. 101. — Électro-diapason de Verdin.

système Marcel Deprez; il réagit alors extérieurement sur les deux branches du diapason. Il peut être simple, comme dans le système Mercadier adopté par Breguet et Duboscq, et dans ce cas il peut être placé entre les deux branches du diapason.

Mercadier a montré que le même appareil d'entretien peut s'appliquer à des diapasons différents, moyennant une légère modification de la pile.

Généralement, un élément Tauch de grosseur moyenne suffit pour entretenir un diapason automatique et pour faire fonctionner l'électro-aimant inscripteur.

On a construit plusieurs types de diapason entretenus électriquement. Ainsi Koenig a construit des diapasons avec des contacts à mercure ou avec des contacts de platine.

La position de l'électro-aimant par rapport aux branches du diapason est aussi variable. L'électro-aimant peut être placé entre les deux branches du diapason, comme dans le diapason interrupteur construit par Koenig; ou bien il peut être placé à côté d'une des branches, comme dans l'appareil construit par Verdin (fig. 101).

Dans l'appareil de Koenig le contact électrique s'établit entre une colonne métal-

1. Pour les diapasons de fabrication française, le nombre des oscillations par seconde est donné en demi-vibrations; pour les diapasons allemands, les vibrations sont comptées en vibrations entières, nommées aussi oscillations doubles.

lique et une tige *k* en platine. La colonne et l'électro-aimant étant mobiles dans deux fentes, on peut régler l'appareil.

Au lieu d'un seul électro-aimant il peut y en avoir deux, un de chaque côté des deux branches du diapason.

Pfaundler a construit un diapason interrupteur à mercure; deux électro-aimants entretiennent les vibrations du diapason ; une tige fixée à une des branches, plonge à chaque vibration dans le mercure contenu dans le godet.

3) Guillet (1900) a trouvé un procédé d'entretien qui s'applique aussi bien au pendule qu'au diapason. Le voici :

L'électro-aimant est en série avec le fil d'une bobine dont le gros fil reçoit le courant d'une pile. Les interruptions ayant lieu juste au moment où le diapason passe par sa position d'équilibre, les charges induites à l'ouverture et à la fermeture du courant primaire impriment aux branches du diapason des impulsions favorables. On peut obtenir des interruptions du primaire à l'aide d'un microphone, dont les mouvements sont commandés par le diapason lui-même, soit directement, soit par l'intermédiaire d'un milieu interposé. Lorsque les crachements ont disparu et que le microphone rend un son musical à l'unisson de celui du diapason, l'amplitude du mouvement des branches du diapason atteint sa valeur maximum.

4) Ewald (1888) a proposé d'entretenir les oscillations d'un diapason au moyen d'un courant d'air ou d'un courant d'eau. — Ce procédé est beaucoup plus simple que le procédé électrique.

Le courant liquide ou gazeux peut agir de deux façons sur le diapason : en exerçant une aspiration ou en exerçant une pression. Dans les deux cas, on fixe à l'extrémité de l'une des branches du diapason une petite tige longue de 10 millimètres de diamètre. Cette petite plaque est placée en face de l'ouverture d'un tube dans lequel passe un courant d'eau ou d'air. — A l'aide d'une trompe à eau on peut exercer une aspiration dans le tube. — Tant que dure l'aspiration, le diapason est constamment en mouvement. Pour un diapason qui fait 50 oscillations par seconde, une pression négative de 3 millimètres de mercure est suffisante pour entretenir ses mouvements indéfiniment.

Quand on veut faire agir une pression au lieu d'une aspiration, on fait passer le courant liquide ou gazeux entre la plaque et le diapason.

II. L'enregistrement des vibrations d'un diapason peut se faire de différentes manières.

1) En collant une soie de porc ou une petite plume sur une des branches d'un diapason entretenu électriquement, et en le plaçant à côté d'une surface enregistrante, on obtient le tracé direct des vibrations du diapason. C'est ainsi qu'a procédé Mercadier.

Cette façon d'enregistrer les mouvements du diapason altère très peu le nombre des vibrations par seconde. — Koenig a constaté qu'un diapason, qui ferait 256 vibrations par seconde, fait, quand il enregistre ses mouvements, 1,6 de vibrations de moins par seconde.

Ce procédé d'enregistrement n'est pas commode.

2) L'enregistrement du diapason se fait généralement au moyen de la transmission électrique. — Un second diapason, en tout semblable au premier, est placé à côté du cylindre enregistreur et est pourvu d'une plume. — Ce procédé, qui exige deux diapasons, un primaire et un autre secondaire, est très encombrant.

Le diapason secondaire est remplacé par un signal électrique, comme ceux que nous avons décrits dans un chapitre précédent. — Ces signaux électro-magnétiques qui enregistrent le temps s'appellent des *chronographes*.

Le chronographe de Marey se compose d'un électro-aimant présentant une masse de fer doux en face de laquelle se trouve une petite masse de fer doux, l'armature fixée sur une lame d'acier munie d'une plume. — La longueur de la lame d'acier doit varier avec le nombre des vibrations que l'on veut enregistrer. Pour faire le réglage de cette longueur, l'appareil présente une vis spéciale. — En tournant cette vis on déplace un étau mobile qui maintient la lame d'acier. — L'électro-aimant entretient les vibrations de la lame d'acier, en produisant, pendant le passage du courant, une série d'attractions renouvelées autant de fois qu'il y a de vibrations à enregistrer.

Si l'appareil est réglé de façon que la lame du chronographe ait des vibrations propres du même nombre que celles du diapason, on voit, dès que le circuit électrique est fermé, le chronographe vibrer à l'unisson du diapason. Si le style du chronographe n'est pas soigneusement accordé pour le nombre de vibrations que le diapason exécute, il reste immobile, et le diapason vibre seul. Il suffit alors d'un léger tâtonnement pour amener, au moyen de la vis de réglage, le style du chronographe au nombre voulu de vibrations. Alors, les vibrations durent tant que la pile conserve une énergie suffisante, c'est-à-dire très longtemps.

Un même chronographe peut donner, à volonté, différents nombres de vibrations par seconde ; il faut alors prendre, comme interrupteurs du courant, des diapasons du nombre que l'on veut obtenir, et régler le chronographe à l'unisson de l'interrupteur employé.

Avec un même interrupteur, on peut donner au chronographe des nombres divers de vibrations, qui varient du simple au double. Par exemple, avec un diapason de 100 vibrations par seconde, on peut faire vibrer le chronographe 200 fois par seconde ; il suffit pour cela d'accorder le style à l'octave aiguë du diapason.

Le chronographe de Marey donne, généralement, 100 vibrations par seconde.

Le chronographe proprement dit est porté par une tige à crémaillère ; à l'aide d'une vis, on varie la longueur de cette tige, ce qui permet de bien disposer la plume de l'appareil sur le cylindre ; les fils électriques sont fixés aux bornes.

Quand on veut n'inscrire les mouvements d'un chronographe que pendant un petit instant, on place le chronographe sur une pièce basculante qui, sous l'influence d'un électro-aimant, ne s'approche de la surface enregistrante qu'au moment voulu. — Le chronographe vibre cependant, même quand il est éloigné de la surface enregistrante. Cet appareil inscrit ses mouvements également bien sur une surface horizontale ou sur une surface verticale.

Le chronographe de v. Fleischl (1883) ressemble à celui de Marey : seulement sa lame vibrante présente une longueur fixe. — Elle est placée entre les pôles de l'électro-aimant dont elle est rapprochée ou éloignée à l'aide d'une vis.

Quand on considère le style vibrant d'un chronographe, on voit que le style décrit une oscillation dont les limites sont constituées par deux images divergentes formant une sorte de V.

Pour prouver le parfait synchronisme de deux chronographes, on regarde si, en les

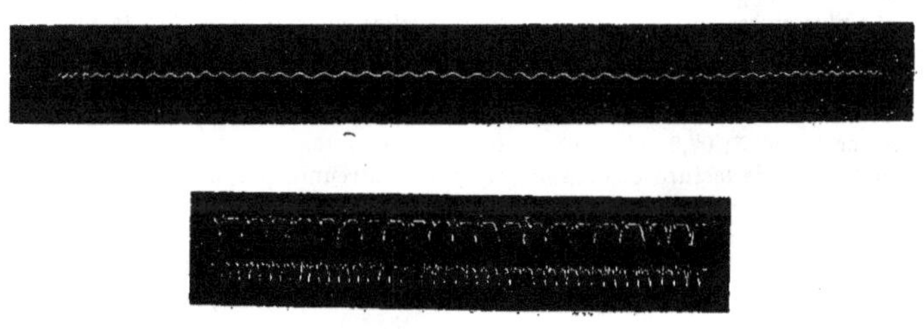

Fig. 102. — Inscriptions des tracés chronographiques.

tenant perpendiculairement l'un à l'autre, les deux V peuvent être amenés à se pénétrer l'un l'autre sans qu'il se produise de choc entre les deux styles.

3) Les vibrations d'un diapason peuvent être enregistrées au moyen de la transmission à air. Pour cela une des branches du diapason est reliée à la membrane d'un tambour à air de Marey. Ce tambour est tout à fait identique à celui que nous avons décrit en parlant du tambour enregistreur. Ce dernier tambour reçoit, par l'intermé-

diaire d'un tube qui le relie avec le tambour explorateur placé à côté du diapason, les mouvements de la membrane synchrones aux vibrations du diapason.

En variant la position du tambour placé à côté du diapason, on varie l'amplitude du mouvement de sa membrane; plus le tambour est rapproché de la base du diapason, plus l'amplitude des mouvements qu'il reçoit est petite.

B. **Lames vibrantes** — 1) Le chronographe de KRONECKER et GRUNMACH est basé sur le principe du sifflet à languette (*Zungenpfeife*). — Cet appareil se compose d'un tube de cuivre jaune, présentant une fente dans laquelle peut se mouvoir une lame d'acier, qui fait 100 vibrations par seconde. En aspirant l'air contenu dans le tube à l'aide d'un tube en caoutchouc en communication avec une trompe à eau, ou en aspirant simplement avec la bouche, la lame commence à vibrer. Un style enregistreur, fixé à la lame, trace les mouvements de la languette sur une surface enregistrante. — Entre le sifflet et la trompe se trouve intercalé un résonnateur accordé à une tierce supérieure.

2) CASTAGNA (de Vienne) a construit un chronographe formé d'une lame métallique sur laquelle peut se déplacer un poids. Un levier enregistreur, placé tout près de la partie fixe de la lame vibrante, enregistre directement ses mouvements. — Des repères tracés indiquent où il faut placer le poids pour avoir un nombre donné d'oscillations par seconde.

3) Il existe des lames vibrantes entretenues électriquement comme les diapasons, et enregistrant leurs oscillations par l'intermédiaire d'un signal électrique.

L'interrupteur acoustique de BERNSTEIN peut aussi être employé pour la mesure des durées. Cet appareil se compose d'une lame d'acier vibrante, dont les vibrations sont entretenues électriquement comme celles du diapason. La lame vibrante peut être remplacée aisément par d'autres lames, d'élasticité et de longueur variables. On peut apprécier le nombre des vibrations de ces lames en les intercalant dans le courant d'un téléphone et en écoutant le son auquel elles donnent naissance.

En variant la longueur du ressort à l'aide d'une pince qui peut se fixer à des endroits variables, et en choisissant des lames d'épaisseur variable, on peut avoir de 5 à 250 vibrations par seconde. Un courant faible suffit pour entretenir les vibrations de la lame. Cet appareil a été construit par ZIMMERMANN (Leipzig).

C. **Tiges vibrantes.** — *Le chronoscope de* KAGENAAR se compose de six tiges d'acier placées sur un support. Le mouvement vibratoire de ces tiges est entretenu électriquement. La plus grosse de ces tiges fait deux oscillations par seconde; la plus petite, 50 vibrations par seconde. Les mouvements de chacune de ces tiges sont transmis au moyen de la transmission à air, à des tambours enregistreurs de MAREY. Pour cela, chaque tambour est relié à un tambour explorateur. Les tracés obtenus permettent d'apprécier les 0″,5; 0″,2; 0″,1; 0″,04; 0,02; 0″,01.

Pour faciliter la lecture des chronogrammes, on réunit, par un tube, les tambours de deux tiges, par exemple ceux des tiges dont les vibrations sont dans le rapport de 1 à 5. Dans ce cas, le tracé se présente sous la forme de courbes représentant des oscillations lentes : sur les branches de la grande courbe il y a d'autres petites courbes, toutes les 5 oscillations, on observe une courbe ayant une amplitude plus considérable que celle des autres courbes.

§ III. — *Enregistrement microphonique des chronomètres.*

BERGET (1889) a fait l'enregistrement microphonique de la marche des chronomètres.

Un microphone de HUGHES à charbon vertical et à support léger, placé sur la boîte d'un chronomètre, est en relation avec un téléphone sur la plaque vibrante duquel est un transmetteur microphonique à quatre charbons. Ce transmetteur est en relation avec un récepteur téléphonique dont la membrane vibrante exécute des mouvements d'amplitude suffisante pour rompre à chaque fois le contact établi entre une pointe de charbon et une mince lame de platine fixée à la membrane. On enregistre ainsi, à l'aide d'un électro-aimant intercalé dans le circuit interrompu par la membrane téléphonique, les chocs du chronomètre, c'est-à-dire les battements de l'échappement, sur un cylindre recouvert de noir de fumée.

Cette méthode s'applique aussi à l'inscription de la marche d'une horloge astronomique à balancier.

§ IV. — *Chronoscopie.*

1) Les mécanismes d'horlogerie et des dispositifs électriques spéciaux servent à la mesure des petits intervalles de temps. WHEATSTONE, le premier, a employé de tels dispositifs de la façon suivante.

Il fermait d'abord un courant électrique dans le circuit duquel était intercalé un électro-aimant qui agissait sur une montre. Quand le courant était fermé, l'armature de l'électro-aimant arrêtait la marche de la montre. Au début du temps qu'on voulait mesurer, on ouvrait le courant, ce qui faisait que l'électro-aimant n'agissant plus sur l'armature, la montre se mettait en marche. A la fin de l'intervalle étudié on fermait le courant, ce qui arrêtait la marche de la montre. D'après les positions de l'aiguille, au début et à la fin de l'expérience, on déduisait la durée de l'intervalle étudié. La montre donnait non seulement des secondes, mais aussi des fragments de seconde.

Ce procédé comporte une erreur, le temps perdu pour la mise en marche de la montre; car il faut un certain temps pour qu'une montre prenne son mouvement uniforme.

2) *Le chronoscope de* HIPP présente sur celui de WHEATSTONE l'avantage suivant : son mécanisme d'horlogerie n'est jamais arrêté ou mis en marche par l'électro-aimant : le rôle de ce dernier est de rompre ou d'établir le contact entre une roue de la montre et une aiguille qui se déplace devant un cadran. De cette façon on peut avoir avec précision la durée d'un intervalle de temps. Voici la description de l'appareil de HIPP.

Sur une table de bois, supportée par des colonnes, se trouve placé le mécanisme d'horlogerie. Sur la face antérieure de ce mécanisme d'horlogerie se trouvent deux cadrans avec leur aiguille. Chaque cadran est divisé en 100 parties. L'aiguille du cadran z^1 fait un tour en 10 secondes; une division du cadran représente donc 0''.1. L'aiguille du cadran z_2 fait un tour en 0''.1; une division de ce cadran représente donc 0''001. Le mécanisme d'horlogerie est mis en mouvement par un poids, dont le cordon d'attache s'enroule autour de l'axe de la clef de l'appareil. Le sens de rotation de la clef est l'inverse de celui du mouvement des aiguilles. Pour tourner la clef, il faut soulever la cloche de verre qui couvre l'appareil. Deux leviers servent à l'arrêt ou à la mise en marche de l'appareil. Des fils attachés à ces leviers traversent la table support. En tirant un fil p_1, on abaisse le premier levier, et ainsi on met en marche l'appareil : en tirant sur un autre fil, on abaisse le second levier, et on arrête le mouvement de l'appareil.

A la partie postérieure de l'appareil se trouve l'électro-aimant MM qui agit sur l'armature A. — L'armature A est fixée à l'extrémité inférieure d'un levier mobile autour de l'axe a. Le ressort T tient l'armature A éloignée de l'électro-aimant, quand le courant ne passe pas. Quand le courant passe, l'armature étant attirée, l'extrémité supérieure du levier avance dans la boîte qui contient le rouage, ce qui fait que l'axe de l'aiguille du cadran supérieur se trouve dérangé dans sa position. Alors une cheville qui se trouve sur cette aiguille est poussée hors des dents d'une des roues du rouage, ce qui fait que l'aiguille, n'étant plus en relation avec le rouage, s'arrête. Donc, tant que le courant passera, l'aiguille supérieure, et aussi l'aiguille du cadran inférieur, resteront immobiles, quoique le rouage soit en mouvement. — Quand le courant est rompu, la cheville de l'aiguille se fixant entre les dents d'une roue, les aiguilles se déplaceront sur leurs cadrans. Pour que l'appareil fonctionne bien, il faut qu'on puisse régler la position de l'armature ; c'est à cela que sert la vis S qui commande la tension du ressort T.

Pour mesurer la durée d'un intervalle avec le chronoscope de Hipp, on procédera donc de la façon suivante : avant le début du phénomène, le courant est fermé, les aiguilles sont par conséquent immobiles ; on lit leurs positions sur les cadrans. — Au début du phénomène on ouvre le courant, ce qui fait que les aiguilles commencent à se mouvoir. — A la fin du phénomène, on ferme le courant, ce qui fait que les aiguilles s'arrêtent ; on lit de nouveau leurs positions sur le cadran. — La différence entre les chiffres donnés par les deux lectures donne la mesure de la durée cherchée.

3) Le chronomètre de D'Arsonval (1886), à embrayage magnétique, est fondé sur le principe suivant :

Un axe entraîné par un mouvement d'horlogerie fait exactement un tour par seconde. Cet axe est terminé par un petit électro-aimant qui tourne avec lui. En face de l'électro-aimant mobile, et sur le prolongement de l'axe, se trouve un second axe portant une aiguille légère qui peut se mouvoir sur un cadran divisé en 100 parties. Cet axe est terminé par un petit disque de fer-blanc faisant face aux pôles de l'électro-aimant tournant. Un ressort antagoniste éloigne ce disque de l'électro-aimant, tant que celui-ci n'est pas aimanté par le passage du courant. Donc, tant que le courant ne passe pas, l'électro-aimant tourne seul. Quand on supprime le courant, le ressort antagoniste s'embraye, et l'aiguille reste fixée sur le cadran. Grâce à l'extrême légèreté de l'aiguille et à la grande force antagoniste du ressort, l'inertie de l'appareil n'est autre que celle du signal de Deprez lui-même, qui est égale à 1/700 de seconde environ. — Le mécanisme d'horlogerie présente un régulateur Foucault. — Verdin en a fait un appareil de poche extrêmement commode.

4) Le contrôle des chronoscopes se fait à l'aide de la loi de la chute des corps. — Il faut que les chiffres donnés par le chronoscope soient identiques à ceux qui sont donnés par la relation :

$$t = \sqrt{\frac{2s}{g}}$$

dans laquelle t représente la durée, s la hauteur de la chute en mètres, et g est égal à $9^{m},8$.

Pour la mesure de la chute d'un corps on se sert d'un appareil spécial qui permet d'avoir une ouverture du courant au moment où le corps commence à tomber, et une fermeture au moment de la fin de la chute.

Hipp a construit un appareil spécial de ce genre qui sert au contrôle de son chronoscope.

A l'aide d'un rhéocorde et d'un galvanomètre intercalés dans le circuit, on règle l'intensité du courant qui agit sur l'électro-aimant du chronoscope.

VII

Enregistrement d'un mouvement quelconque et du temps à l'aide d'un seul style enregistreur.

Il existe des procédés qui permettent d'enregistrer le temps directement sur la courbe du phénomène qu'on étudie.

I. Grashey, qui a introduit en physiologie la méthode de l'enregistrement au moyen d'étincelles électriques, a employé le dispositif suivant dont voici le schema.

Le tambour enregistreur, qui trace la courbe d'un mouvement quelconque (des battements du cœur, des pulsations des artères, par exemple), présente un style enregistreur métallique. Ce style communique avec l'un des pôles de la bobine secondaire de Ruhmkorff. L'interrupteur de cette bobine est représenté par un diapason dont les vibrations sont entretenues à l'aide d'un courant de pile.

Le cylindre enregistreur métallique communique aussi par son axe avec un des

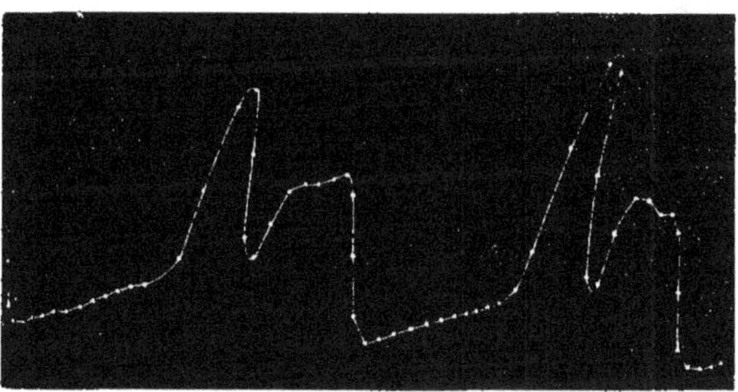

Fig. 103. — Battements du cœur, avec inscription du temps (Ziemssen et Maximowitsch).

pôles de la bobine de Ruhmkorff. Chaque fois que le diapason établit un contact, une étincelle éclate entre le cylindre et le style métallique du tambour. Cette étincelle laisse, comme trace, sur le papier noirci une tache blanche, le noir de fumée étant brûlé. Si le diapason fait 50 vibrations par seconde, l'intervalle entre les taches représente 0",02 de seconde.

La figure 103, empruntée à V. Ziemssen et Maximowitsch, représente un tracé obtenu à l'aide de ce procédé. La courbe représente les battements du cœur ; l'intervalle entre deux taches représente un intervalle de 0",028 de seconde, parce que le diapason employé donnait 36 vibrations par seconde.

II. Hensen et son élève Klunder, pour obtenir sur un seul tracé l'inscription d'un phénomène et celle du temps, ont employé le procédé suivant (représenté par la figure 104). Un tambour à air trace ses mouvements sur une plaque fixée à une branche

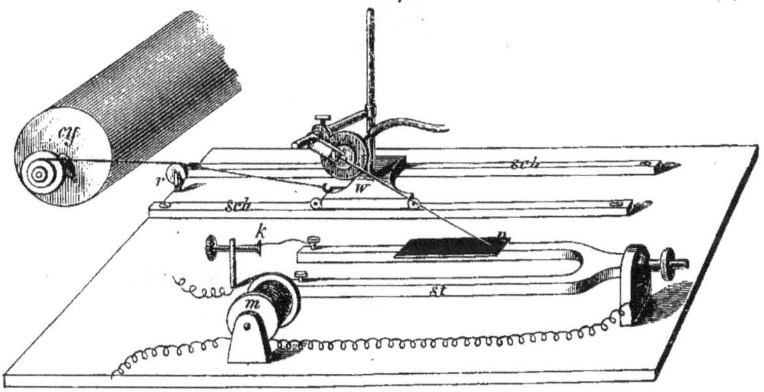

Fig. 104. — Appareil de Hensen et Klunder pour l'inscription chronographique.

de diapason. Les vibrations de ce diapason (*st*) sont entretenues électriquement à l'aide de l'électro-aimant (*m*) et du contact (*k*).

Le tambour enregistreur est fixé sur un chariot (*w*) mobile sur des rails (*sch*). Un moteur quelconque (l'arbre d'un cylindre enregistreur par exemple) met en mouvement le chariot, à l'aide d'un fil qui se réfléchit sur une poulie (r).

La figure 105 représente un tracé obtenu à l'aide de ce procédé. Les grandes ondu-

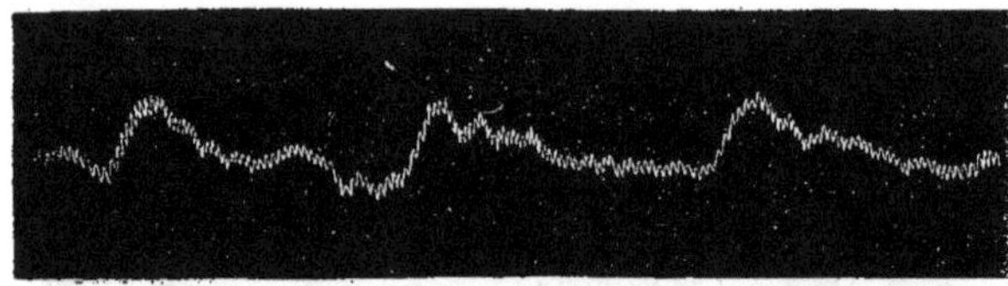

FIG. 105. — Inscription chronographique des pulsations de la carotide (HENSEN et KLUNDER).

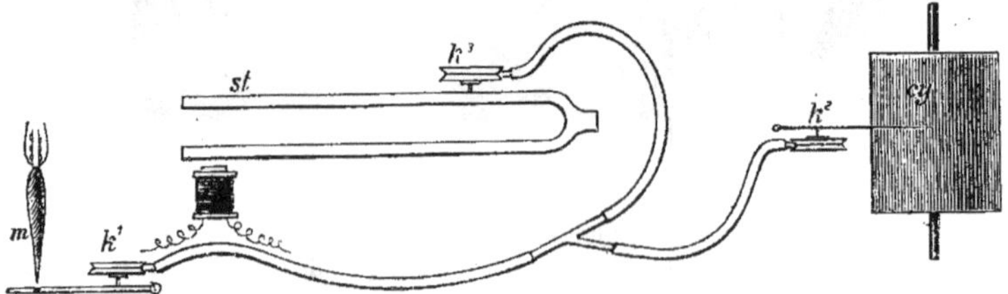

FIG. 106. — Appareil pour l'inscription chronographique d'un phénomène (LANGENDORFF).

lations de ce tracé représentent les pulsations de la carotide; les petites ondulations, les mouvements d'un diapason qui fait 64 oscillations par seconde.

III. LANGENDORFF a employé un procédé très simple (représenté schématiquement par

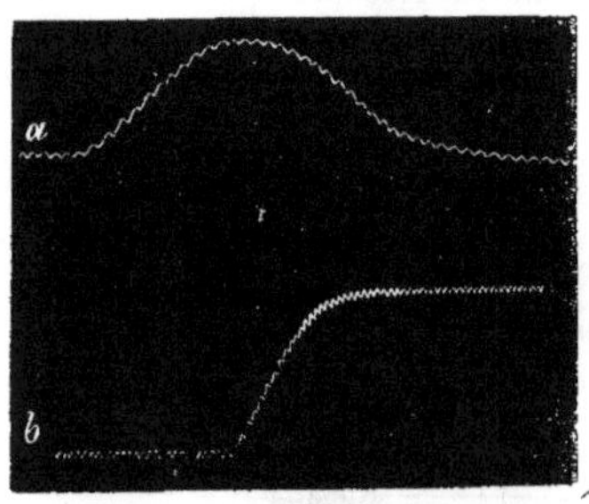

FIG. 107. — Inscription chronographique d'une secousse musculaire (a) et d'un tétanos musculaire (b) (LANGENDORFF).

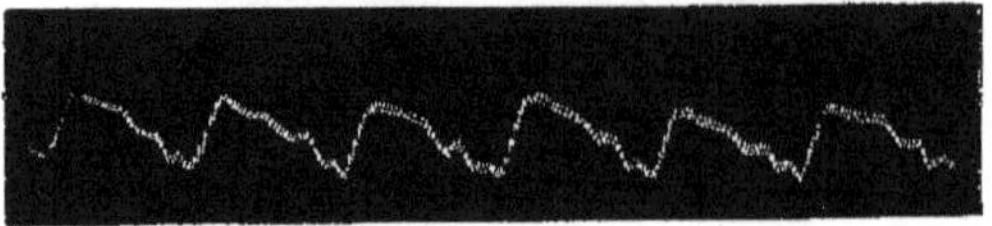

FIG. 108. — Inscription chronographique du pouls.

la figure 106), qui permet d'inscrire, sur un seul tracé, la courbe d'un phénomène quelconque et la courbe chronographique.

Le tambour enregistreur (k^2) communique, à l'aide d'un tube à deux branches, d'une part avec un tambour explorateur (k^1), qui reçoit le mouvement qu'on veut étudier (les contractions du muscle (m) par exemple), et d'autre part avec un autre tambour explorateur (k_3) qui reçoit les mouvements d'un diapason entretenu électriquement.

La figure 107 représente deux exemples de tracés obtenus à l'aide de ce procédé. La courbe *a* représente une simple secousse du muscle gastrocnémien de la grenouille; le tracé *b*, le commencement d'un tétanos.

Les petites sinuosités de ces courbes représentent les mouvements d'un diapason qui faisait 150 vibrations par seconde.

VIII

Supports. Chariot.

I. Les appareils enregistreurs, tambours à air, signaux électriques, etc., sont placés à côté de la surface enregistrante sur des supports spéciaux. Dans certains cas, le support fait corps avec l'appareil enregistreur; dans d'autres, il est complètement indépendant. — Un bon support doit être solide et facilement réglable, c'est-à-dire présentant des vis qui permettent de l'éloigner ou de l'approcher facilement de la surface enregistrante.

Nous ne pouvons pas décrire ici les différentes formes de support. Citons le support à bascule de Marey, le support de Cowl, le support universel à crémaillère de Verdin, etc.

Il est bon que les tiges des supports employés dans un laboratoire, et les viroles des appareils qui se fixent sur ces tiges, aient toutes les mêmes diamètres. De cette façon les pièces des supports sont interchangeables.

On fait des viroles à deux trous, ce qui permet que la même pièce portée par la virole puisse être fixée, tantôt sur une tige verticale, tantôt sur une tige horizontale.

II. Quand on veut enregistrer un phénomène pendant longtemps, il faut faire en sorte que le style laisse la trace de ses mouvements sur des points différents de la surface du cylindre. A cet effet, bien des cylindres enregistreurs présentent un dispositif spécial de descente automatique. Pour les cylindres qui ne peuvent pas avoir ce mouvement, il faut que le style inscripteur se transporte parallèlement à la génératrice du cylindre d'un mouvement lent.

Ce procédé d'enregistrement en spirale ou en hélice paraît avoir été introduit en physiologie par Donders.

Pour cette sorte d'enregistrement, Marey (1866) a employé un appareil spécial appelé *chariot automoteur.*

Cet appareil se compose d'un mécanisme d'horlogerie qui met en mouvement une vis sans fin; sur la vis se trouve placé un chariot, et sur le chariot un support pour les appareils. Les mouvements de la vis sans fin provoquent le déplacement du chariot.

Marey a employé aussi un chariot entraîné par le mouvement d'horlogerie du cylindre. Une corde sans fin passe sur une poulie, formant la tête de la vis sans fin du chariot, et sur une poulie à gorge du mécanisme d'horlogerie du cylindre enregistreur.

De tels chariots font partie intégrante de beaucoup de chronographes employés depuis longtemps en astronomie et en balistique.

En physiologie, Schelske (1864) a employé un chariot de déplacement avant Marey, dans ses recherches sur la vitesse de propagation de l'excitation dans les nerfs de l'homme.

Wittich (1868) a employé un chariot mis en mouvement de la façon suivante :

Sur l'axe du cylindre enregistreur se trouvait une poulie à gorge sur laquelle s'enroulait une corde qui allait, après avoir passé sur une autre poulie, s'attacher à un chariot se déplaçant sur des rails parallèles à l'axe du cylindre.

IX

Préparation des surfaces enregistrantes.

I. C'est THOMAS YOUNG qui le premier a employé, pour obtenir des tracés, un cylindre recouvert d'une couche fine de noir de fumée.

HELMHOLTZ enduisait directement le cylindre en verre de son myographe de noir de fumée.

VOLKMANN semble être le premier qui eut l'idée de ne pas noircir la surface du cylindre, mais la surface d'une feuille de papier collée sur le cylindre.

Ce dernier procédé est celui qu'on emploie à présent; il permet la conservation des tracés. Il suffit pour cela de couper, à l'aide de la pointe d'un couteau, le papier suivant une génératrice du cylindre, pour détacher la feuille de papier qui n'est collée que par ses bords.

Il y a des cylindres enregistreurs sur lesquels la feuille de papier n'est pas collée du tout, mais simplement appliquée à l'aide d'un ressort. — Dans le Kymographion de TRAUBE, la lame du ressort ne s'enlève pas complètement; elle est articulée à la base du cylindre.

Il est bon, dans une expérience, d'avoir toujours deux cylindres préparés d'avance recouverts de papier et noircis, pour pouvoir continuer l'enregistrement du phénomène, étudié sans trop d'arrêt.

Le papier doit être lisse, mince et solide. Parfois on peut employer du papier glacé au blanc de zinc.

Pour appliquer une feuille sur le cylindre, on place celui-ci horizontalement sur l'axe de l'appareil, ou sur un support quelconque, on glisse la feuille en dessous, tenant en haut la face qui porte le bord gommé; celui-ci est humecté. En refermant la feuille autour du cylindre, on a soin que le bord gommé et humide recouvre l'autre bord sur lequel on l'applique exactement.

Le noircissage se fait généralement à l'aide de la flamme d'une bougie qu'on glisse sous le cylindre. — On se sert à cet effet de ces bougies à grosse mèche, ayant très peu de cire, et qu'on vend dans le commerce sous le nom de rat-de-cave. On glisse une de ces bougies allumée sous le cylindre de façon que la pointe de la flamme vienne lécher la surface du papier; on tourne le cylindre à la main, et l'on promène la bougie d'un bout à l'autre du cylindre.

Au lieu d'une bougie, on peut se servir aussi d'une lampe à pétrole ou à térébenthine qui donne une fumée épaisse. Dans ce cas, le noircissage se fait plus vite, mais la surface noircie est plus floconneuse.

On peut noircir le papier à l'aide du camphre brûlant.

CHAUVEAU emploie la flamme d'hydrogène carburé que fournit une petite rampe dont le gaz traverse un flacon rempli de pierre ponce imbibée de benzine.

HÜRTHLE a fait construire un petit appareil spécial à l'aide duquel on souffle le noir de fumée de la lampe sur le papier, ce qui permet d'avoir un noircissage régulier. L'appareil de HÜRTHLE se compose d'une sorte d'entonnoir, recouvrant la flamme d'une lampe à pétrole ou à gaz, terminé à sa partie supérieure par un tube horizontal mis en relation avec un ballon de caoutchouc qui sert de soufflerie (fig. 109).

MOROKHOVETZ emploie pour noircir le papier une lampe à pétrole qui a la forme d'une boîte allongée en fer-blanc. Cette boîte est munie d'un mécanisme qui permet de régler la mèche d'après la longueur du cylindre enregistreur. Pour ne pas brûler le papier, on place la lampe sous un cylindre ordinaire, rempli de glace ou d'eau froide, que l'on introduit par une ouverture munie d'un bouchon.

Dans les cas où il s'agit de noircir une bande de feuille sans fin, le noircissage du papier peut se faire automatiquement de la façon suivante :

La bougie ou la lampe est placée sur un chariot qui chemine lentement d'un bout à l'autre du cylindre. — Au lieu d'avoir le déplacement de la bougie, on peut avoir le déplacement du cylindre, si celui-ci est porté par un axe fileté qui tourne dans un écrou. C'est ce dispositif qu'on emploie pour le noircissage des grands cylindres.

II. Quand on emploie comme surface enregistrante une plaque, on peut la recouvrir d'une feuille de papier qu'on noircit, ou bien on peut noircir directement la plaque de verre.

On peut obtenir le tracé d'un mouvement par grattage d'une pointe de diamant. Si l'on emploie des disques de verre argentés par le procédé Foucault-Martin, un frottement très faible suffit pour produire un trait très fin et très net.

Au lieu de noircir les disques avec du noir de fumée, on peut les couvrir d'une couche d'une substance colorante. Les couleurs d'aniline, les violets surtout, étant très solubles dans l'eau, présentent des inconvénients. En effet, la moindre condensation d'humidité sur le verre produit des taches et peut effacer les tracés. Favé a employé

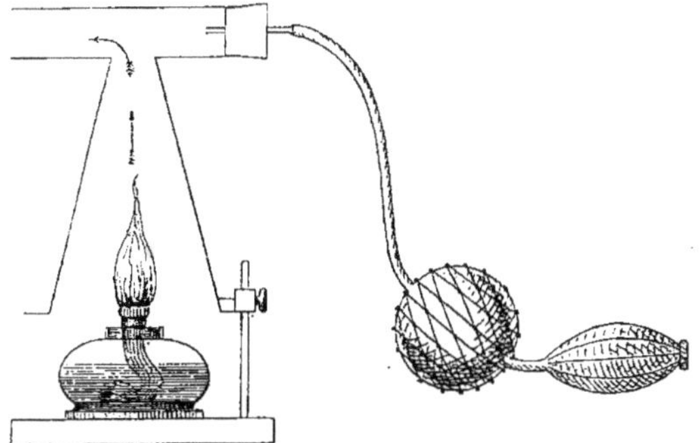

Fig. 109. — Appareil de Hürthle pour noircir les tracés.

l'azotate de rosaniline, qui est très peu soluble dans l'eau. Voici la formule qu'il propose : dissolution saturée d'azotate de rosaniline dans l'alcool à 95°, soit 2 grammes pour 100 centimètres cubes d'alcool ; on ajoute 10 centimètres cubes d'éther. Cette solution est versée sur le disque légèrement chauffé et tenu d'abord horizontalement. Lorsque la surface est couverte, on la renverse verticalement et on la présente devant un feu ardent, en essuyant rapidement et constamment le liquide qui s'amasse à la partie inférieure, sur la tranche. — La couche ainsi obtenue sèche en quelques secondes; elle est uniforme. — On peut en varier l'épaisseur en augmentant ou en diminuant la proportion d'éther.

III. Au lieu de faire l'enregistrement sur des plaques de verre, on peut, comme l'a fait Vosmaer (1899), employer des plaques de celluloïde polies sur les deux surfaces. Ces plaques peuvent avoir 1 demi-millimètre d'épaisseur. — Elles sont noircies au noir de fumée, comme les plaques de verre ; comme elles sont souples, elles peuvent s'appliquer sur un cylindre enregistreur. Les tracés obtenus sur les lames de celluloïde peuvent être comme les tracés obtenus sur des plaques de verre, après fixation, projetées.

IV. Les surfaces enregistrantes peuvent être aussi recouvertes d'une couche de paraffine, de cire, etc., sur laquelle la pointe enregistrante laisse sa trace par grattage. — Hankel (1866) a fait l'enregistrement des mouvements sur couche de paraffine placée dans une rigole qui faisait le tour d'un disque de cuivre.

V. Volkmann semble être le premier qui ait fixé les tracés en trempant la feuille de papier dans du vernis.

Le vernis est mis dans une cuvette de photographe, capable de contenir la largeur de la feuille tout entière, ou dans une gouttière spéciale de zinc.

On prend la feuille avec les tracés, sur laquelle on a écrit avec une pointe les indications nécessaires; on la tient par ses deux bords extrêmes, avec la face noircie en haut. On la plonge dans le vernis par la partie moyenne, puis, par des mouvemente de latéralité, on baigne successivement les deux moitiés de la feuille. On la retire ensuite, on la fait égoutter, et on la suspend à un support à l'aide d'épingles, pour qu'elle sèche.

On remet le vernis dans le flacon pour s'en servir encore dans d'autres occasions.

Marey recommande le dispositif suivant qui facilite la manipulation du vernis : on le met dans un flacon à deux tubulures, la tubulure inférieure communique avec la cuvette ou le fond de la gouttière par un tube en caoutchouc. Veut-on remplir la gouttière, on élève le flacon ; le vernis s'écoule du flacon dans la gouttière. Au contraire, veut-on remettre le vernis dans le flacon, on élève la gouttière.

VI. Voici la composition du vernis qu'employait Marey. On dissout à saturation de la gomme laque incolore dans de l'alcool à 36° ; après l'addition d'une très petite proportion de térébenthine de Venise qui donne de la souplesse au vernis, on filtre la solution dans un linge, puis au papier.

Langendorff donne la formule suivante : 10 parties de gomme laque sont dissoutes dans 100 parties d'alcool à 90°. Cette résine (la gomme laque) se dissout facilement à une température douce. On ajoute, comme le faisait Marey, de la térébenthine de Venise, et l'on filtre.

On peut employer d'autres résines que la gomme laque, par exemple du mastic ou du colophonium.

Bleibtreu (1892) donne la formule suivante : 4 à 8 grammes de celloïdine dans 50 centimètres cubes d'alcool absolu et 50 centimètres cubes d'éther. Il est bon d'ajouter du collodion.

Smith, et d'autres, fixent les plaques de verre noircies de fumée à l'aide du vernis photographique. Une partie dans 25 parties d'alcool méthylique.

On peut employer simplement du vernis blanc, qu'on trouve dans le commerce, étendu d'alcool à 90°, dont la quantité varie selon qu'on veut avoir des tracés sur papier souple, ou sur papier plus rigide.

Quand le tracé est fait sur une petite plaque (par exemple sur une plaque qui avait été fixée au diapason), on s'en sert comme d'une préparation microscopique, en la couvrant de baume du Canada (dissous dans du xylol) et d'une lamelle.

VII. Pour conserver les tracés pris sur le cylindre enfumé, Helmholtz transportait le noir de fumée sur du papier. Pour cela, il prenait le petit cylindre de verre, le mettait entre les pointes d'une sorte de fourche et le faisait rouler sur une plaque couverte légèremeut de colle de poisson. — La couche de noir de fumée reste adhérente à la plaque. Celle-ci est posée sur une feuille de papier humide à laquelle elle reste collée.

Toujours pour transporter le noir de fumée sur une feuille de papier, Marey recommande le procédé suivant :

On recouvre la plaque de verre qui porte le tracé avec une couche de collodion élastique (50 parties de collodion pour 1 partie d'huile de ricin) auquel on peut ajouter 5 parties de térébenthine. — Quand le collodion est sec, on presse dessus une feuille de papier recouverte de colle (de menuisier), pendant quelques minutes. — En soulevant le papier, on voit que le noir de fumée avec le tracé renversé est resté collé au papier.

Si l'on ne veut pas avoir un tracé renversé, on presse sur la plaque de verre recouverte de collodion une feuille de papier de gélatine, recouverte aussi de collodion. Puis on colle sur une feuille de papier la lame de gélatine avec la partie directement sur le papier. Comme la gélatine est transparente, on voit le tracé exact.

Funke et Heidenhain ont copié les tracés faits sur plaque de verre sur du papier sensible, comme on le fait pour les négatifs en photographie.

X

Analyse des tracés.

I. Tous les tracés obtenus à l'aide d'un levier enregistreur représentent le mouvement étudié un peu déformé. — Pour corriger l'erreur occasionnée par la marche du levier, il suffit de mesurer l'écart qu'il y a entre l'arc de cercle tracé par le levier sur la surface enregistrante immobile et la verticale. — Cet écart doit être mesuré à une hauteur égale à celle du point de la courbe qu'on veut rectifier. Cette distance est portée ensuite, soit à droite soit à gauche du point considéré, suivant que l'axe passe soit à droite soit à gauche de la verticale.

C'est ainsi que Marey a procédé pour rectifier la courbe en trait plein de la fig. 110 La courbe en pointillé 0 *a' b' x'' b'' a''* représente la même courbe rectifiée. Celle-ci est la reproduction fidèle du mouvement qui avait été représenté d'une façon erronée par le premier tracé.

Rollett a montré qu'on peut faire la correction d'une courbe à l'aide du calcul, au lieu de la faire, comme nous venons de le voir, à l'aide d'une construction géométrique.

Il n'est pas nécessaire de corriger tous les points d'une courbe; il suffit de faire la correction pour les points les plus importants.

Il ne faut jamais perdre de vue que les ordonnées des courbes tracées par des leviers ne sont pas rectilignes, mais curvilignes. Le rayon des courbes représentant les ordonnées est égal à la longueur du levier. En tenant compte de ce fait, les déformations des mouvements par le levier ont moins d'importance.

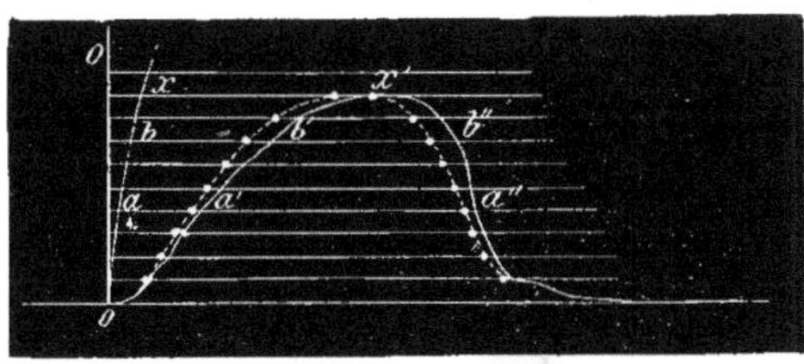

Fig. 110. — Rectification des courbes (Marey).

II. Voici quelques considérations sur les tracés en général :

1) Un tracé donne une idée précise de la marche, en fonction du temps, d'un mouvement quelconque. Une courbe ascendante indique que la fonction croît; une courbe descendante, qu'elle décroît.

Une ligne droite indique que le phénomène varie proportionnellement au temps. Une ligne courbe à convexité supérieure indique que la fonction croît moins vite que le temps; si la convexité est inférieure, cela veut dire que la fonction croît plus vite que le temps.

Si une courbe ascendante ou descendante tend à se rapprocher d'une ligne droite sans jamais l'atteindre, on appelle cette courbe une *asymptote*. Quand une courbe, après avoir été ascendante, commence à descendre, on dit qu'elle présente un maximum; si, après être descendue, elle remonte, on dit qu'elle présente un minimum. Une ligne parallèle à l'abscisse signale l'absence du mouvement.

2) Pour faciliter la mesure des divers éléments qui caractérisent une courbe, il faut tracer sous la courbe une droite horizontale.

Il est souvent difficile de déterminer le point où commence une courbe. La détermination de ce point est très embarrassante, surtout quand on a recueilli le tracé sur une surface animée d'une très grande vitesse. Pour déterminer ce point, HERMANN traçait à égale distance, au-dessus et au-dessous du début de la courbe, deux abscisses, et il mesurait l'écart entre la ligne précédant la courbe et les deux abscisses. Le point où ces deux écarts ne sont plus égaux représente le début de la courbe.

3) Pour savoir quels points de l'axe des abscisses correspondent aux points importants de la courbe, LANDOIS a procédé de la façon suivante : il dessinait sur une feuille de papier un arc de cercle dont le rayon était égal à la longueur du levier; ensuite il découpait cet arc, et il s'en servait comme d'une règle. En plaçant cette règle sur n'importe quel point de la courbe, parallèlement à l'arc qui passe par le point où la courbe commence, on a sur l'abscisse le point correspondant au point de la courbe. C'est ainsi qu'ont été déterminés les points a', b', c' correspondant aux points a, b, c (fig : 111).

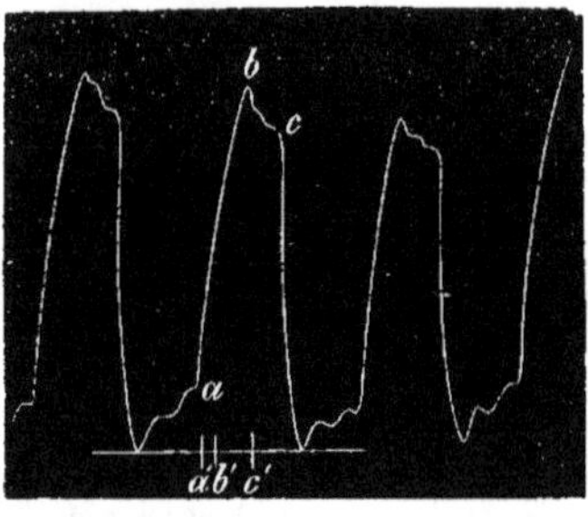

FIG. 111. — Analyse des courbes d'après LANDOIS.

III. Pour analyser une courbe, il faut mesurer les abscisses et les ordonnées de ses points marquants. Ces mesures se font à l'aide d'une échelle millimétrique. Pour les mesures de grande précision, on emploie des appareils spéciaux appelés : *analyseurs des courbes* (*Curvenanalysator*). Ces appareils se composent essentiellement de deux échelles millimétriques transparentes pouvant se déplacer perpendiculairement l'une à l'autre. L'une sert à la mesure des abscisses, l'autre à la mesure des ordonnées. La lecture des divisions des échelles se fait à l'aide d'un microscope ou d'une loupe. Le déplacement des échelles se fait à l'aide de vis micrométriques. La feuille sur laquelle se trouve le tracé qu'on désire analyser est placée sur une table, et bien fixée à l'aide de vis et de ressorts. Le cadre qui porte les échelles se place dessus.

Parmi les appareils de ce genre citons ceux de LUDWIG et STARCKE, de v. FREY, de JACQUET, etc. L'appareil de HALLSTEN permet d'analyser les courbes tracées sur des disques circulaires. — L'appareil de BRAUN et FISCHER permet de faire, à l'aide d'une seule échelle, la mesure des coordonnées des points tracés sur une plaque photographique à 0,001 de millimètre près. Le support de la plaque peut se déplacer et faire un angle de 90°.

IV. Quand on veut connaître la hauteur moyenne d'une courbe, on fait la somme des hauteurs de plusieurs ordonnées, et le chiffre obtenu est divisé par le nombre des ordonnées additionnées.

Quand il s'agit d'une courbe très compliquée, ce procédé étant trop long, il faut avoir recours à la mesure de la surface comprise entre l'axe des abscisses et la courbe.

Pour cela, on commence par abaisser de deux points de la courbe des perpendiculaires sur l'abscisse ; on mesure la surface comprise entre ces deux perpendiculaires, l'abscisse et la courbe ; ensuite, on élève sur l'abscisse un rectangle dont la surface est la même que celle mesurée directement; la hauteur de ce rectangle représente la hauteur moyenne cherchée.

Quand la courbe est tracée sur un papier millimétrique, la mesure de la surface comprise entre la courbe et l'abscisse est très facile; il suffit, en effet, de compter les petits carrés compris dans cette surface. On peut aussi mesurer la surface comprise entre la courbe et l'axe des abscisses, à l'aide du procédé de TH. YOUNG, que voici :

On coupe la surface qu'on désire mesurer, et on la pèse; ensuite on découpe dans une feuille de papier d'égale épaisseur un carré qu'on pèse également. Soit p le poids de la surface irrégulière f qu'on veut connaître, et p' et f le poids et la surface du carré; on a, d'après la relation qui relie ces quatre valeurs :

$$f = \frac{f' p}{p'}$$

Pour déterminer la hauteur moyenne d'une courbe (la courbe de la pression du sang), VOLKMANN a procédé de la façon suivante : il a tracé au-dessus de la courbe une droite parallèle à l'abscisse; on forme ainsi un rectangle qui a une hauteur H. On découpe ce rectangle et on le pèse; soit G son poids. Ensuite on découpe la courbe, et on pèse la surface comprise entre la courbe et l'abscisse; soit g son poids. La hauteur moyenne h de cette dernière surface se déduit de la relation suivante :

$$h : \mathrm{H} = g : \mathrm{G},$$

d'où on déduit :

$$h = \frac{\mathrm{H}.\ g}{\mathrm{G}}$$

V. Bien souvent l'analyse des courbes enregistrées conduit à des calculs très compliqués, si l'on veut exprimer les courbes par des équations. Comme exemples de calculs se rapportant à des courbes représentant des phénomènes physiologiques, citons les équations de la courbe de la contraction musculaire déterminée par JENDRASSIK (*Pogendorff's Annalen, Jubelband*, 1874, p. 598).

HERMANN, en poussant très loin l'étude mathématique des courbes relevées sur le phonographe, a créé à cette occasion une méthode simplifiée qui peut rendre de grands services aux physiciens toutes les fois qu'ils auront besoin d'analyser une courbe résultant de la composition d'un grand nombre de courbes sinusoïdales.

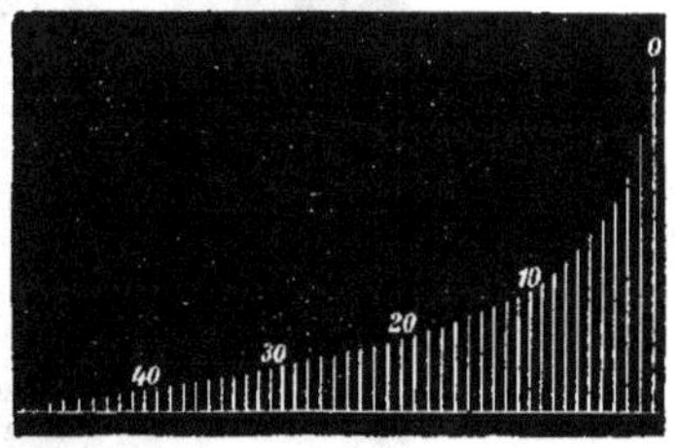

FIG. 112. — Série d'ordonnées représentant les hauteurs maxima des courbes enregistrées sur une surface se déplaçant lentement.

Ces calculs, étant trop complexes, sortent du cadre de notre travail. Aussi n'en dironsnous rien et renvoyons-nous ceux que cette question intéresse aux travaux de HERMANN, et à l'excellent résumé que WEISS en a donné.

VI. Quand on veut déterminer les points synchrones de deux tracés, pris simultanément, on procède de différentes manières :

1) Pour déterminer les points synchrones de deux tracés dont l'un n'a pas subi la déformation de l'arc du cercle, on procède de la façon suivante : soit s (fig. 113) un point de la courbe non déformée d'un signal électrique; on veut savoir quel point de la courbe A correspond à ce point s. Pour cela on abaisse une perpendiculaire (sa) sur l'abscisse; par le point a ainsi déterminé on fait passer à l'aide du levier enregistreur un arc de cercle. Le point où cet arc coupe la courbe détermine le point qui correspond au point (s).

2) Quand on prend sur une même surface plusieurs tracés, on a soin de placer les leviers enregistreurs de telle sorte que leurs pointes inscrivantes soient exactement sur une même ligne verticale.

Quand on désire connaître les points synchrones de deux courbes obtenues de la sorte, on procède comme nous l'avons vu précédemment dans le cas où l'un des tracés n'a pas subi la déformation en arc de cercle. Quand les deux tracés ont subi la déformation de l'arc du cercle du levier, on procède de la façon suivante :

Soit k^1 et k^2 les deux courbes dont on désire déterminer les points synchrones, par exemple on veut savoir quel point de la courbe k^1 correspond au point m, maximum de la courbe k^2. — On commence d'abord par déterminer, d'après le procédé de LANDOIS indiqué plus haut, le point a^2 de l'abscisse qui correspond au point m. De ce point a^2 on abaisse une perpendiculaire sur l'abscisse de la courbe k^1; on détermine aussi le point a^1. Ensuite, on cherche le point de la courbe k^1 qui correspond à a^1; on trouve le point n. Ce point est donc celui qui correspond au point m de la courbe k^2.

3) Quand les points inscrivants n'ont pas été disposés exactement sur une même verticale, voici comment on procède pour déterminer les points synchrones : on imprime à la fois aux deux leviers un mouvement; ce mouvement s'enregistre sur le cylindre

immobile sous forme d'arc de cercle qu'on appelle *repère*. En traçant des repères sur différents points des courbes, on voit facilement quels sont les points synchrones.

VII. L'étude des tracés est souvent facilitée si l'on a les moyens d'agrandir les tracés originaux. Pour cela il faut photographier les tracés. Les clichés obtenus peuvent servir à obtenir de très grandes projections.

En faisant l'enregistrement d'un mouvement sur une plaque de verre enfumée, on

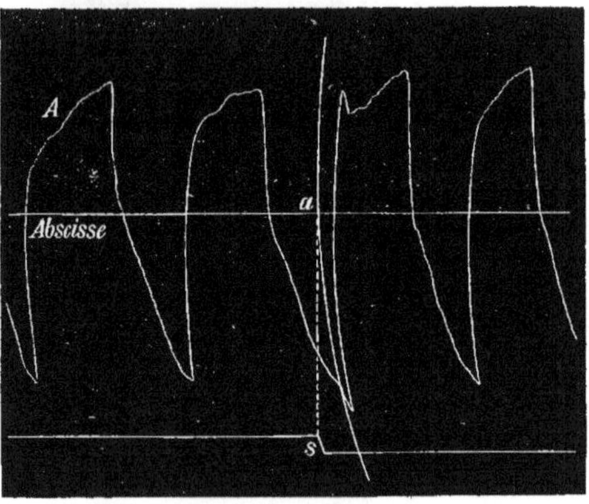

Fig. 113. — Détermination de deux points synchrones.

peut, grâce à des procédés spéciaux, obtenir la projection du tracé au moment même où il est obtenu.

III

AUTOGRAPHIE PROPREMENT DITE.

Un mouvement peut être enregistré directement sans l'intermédiaire d'une plume inscrivante, sur une surface animée d'un mouvement de translation. C'est ainsi qu'on peut enregistrer les mouvements des ailes d'un insecte. Il suffit d'approcher la pointe d'une aile d'un insecte, tenu à la main avec les doigts ou à l'aide d'une pince, d'une surface enduite de noir de fumée, pour que le frôlement de la pointe de l'aile agisse sur la surface enregistrante comme une plume.

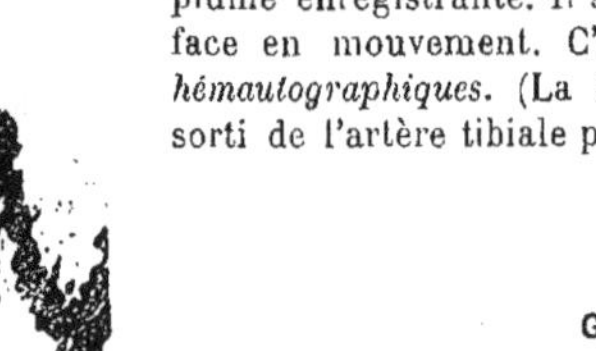

Fig. 114. — Tracé hémautographique de Landois.

Les variations de pression et les mouvements d'une colonne liquide peuvent aussi être enregistrés sans l'intermédiaire d'une plume enregistrante. Il suffit de recevoir le jet liquide sur une surface en mouvement. C'est ainsi que Landois a obtenu des tracés *hémautographiques*. (La fig. 114 représente le tracé de jet de sang sorti de l'artère tibiale postérieure du chien.)

IV

GLYPHOGRAPHIE.

Certains mouvements, au lieu d'être enregistrés à l'aide d'une plume qui se déplace dans un plan *parallèle* à la surface enregistrante, peuvent être enregistrés à l'aide d'une pointe qui se déplace dans un plan *perpendiculaire* à la surface enregistrante. La surface enregistrante étant recouverte d'une couche de cire ou de paraffine, la pointe enregistrante creuse un sillon dans cette couche. La profondeur du sillon varie avec l'amplitude des mouvements de la pointe. Ce mode d'enregistrement s'appelle *glyphique*. C'est lui qui est employé dans les phonographes. La fig. 115 représente une coupe schématique du cylindre du phonographe : la pointe (*s*) fixée à la membrane (*p*) creuse un sillon dans la couche (*m*) qui recouvre le cylindre (*cy*). Le sillon se présente en coupe sous la forme d'une courbe sinueuse. Pour faire l'étude de cette courbe on peut procéder de deux façons : 1° Placer dans le sillon une légère plume enregistrante qui suivrait, quand le cylindre est en mouvement, toutes les inégalités de profondeur du sillon,

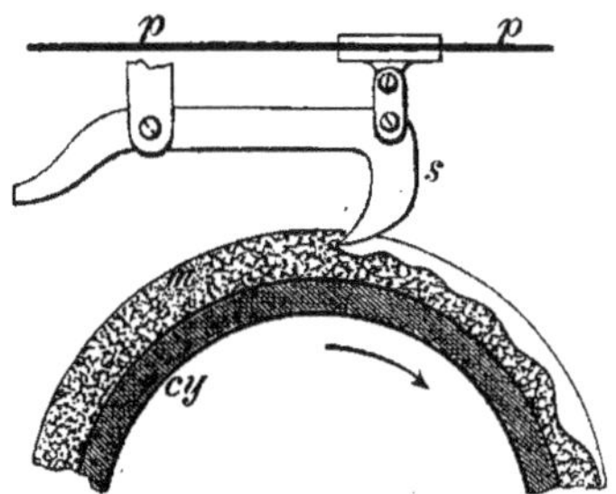

Fig. 115. — Schéma d'une coupe du phonographe d'Edison (Witt).

et enregistrer sur un cylindre enduit de noir de fumée les mouvements de cette plume; 2° En faisant des coupes de la couche de paraffine qui recouvre le cylindre et en les examinant au microscope.

V

ENREGISTREMENT OPTIQUE. — CHRONOPHOTOGRAPHIE.

Quand les mouvements qu'on veut étudier sont très faibles ou très étendus, il est difficile de les enregistrer à l'aide de la méthode chronostylographique. Dans ce cas il faut avoir recours à l'enregistrement optique.

Dans cette méthode d'enregistrement, entre le corps en mouvement et la surface enregistrante il n'y a qu'un seul intermédiaire : un faisceau de rayons lumineux. — Ce faisceau joue le rôle du levier enregistreur dans la chronostylographie, et il présente sur ce dernier l'avantage d'être dépourvu de masse.

I

Stroboscopie[1].

II

Photographie.

Les premières applications de la photographie à l'étude des mouvements sont naturellement récentes, puisque la photographie est elle-même une découverte contemporaine (1816) et que son emploi n'a guère commencé à se généraliser que depuis 1860 environ. Depuis, le rôle de la photographie dans la science est devenu très important.

1. Voir un livre qui paraîtra prochainement : *La Méthode graphique*, par Mariette Pompilian.

Une des premières applications de la photographie à l'étude des mouvements est celle d'Onimus et Martin (1860) qui eurent l'idée de photographier le cœur sur une plaque photographique. Le cœur en mouvement, comme tout corps qui présente des mouvements rythmiques, oscillatoires, laisse sur la plaque deux images particulièrement accusées de ses deux positions extrêmes, tandis que les images intermédiaires ne laissent pas de traces nettes. L'image photographique se présente donc avec un double contour; l'écart de ces deux contours est proportionnel à l'amplitude des oscillations du corps photographié.

1. Pour obtenir l'image photographique d'un corps, on commence par l'éclairer vivement, et on reçoit les rayons réfléchis sur une surface sensible, plaque ou papier.

On peut avoir l'image photographique par projection, quand ce n'est que le contour du corps qui intéresse. Dans ce cas, le corps intercepte les rayons lumineux, étant interposé entre la source lumineuse et la surface sensible; le corps se détache en noir sur un fond clair, dans les images positives.

2. Que ce soit par *réflexion* ou par *projection*, on peut obtenir une image photographique du corps plus grande ou plus petite que le corps lui-même, en interposant entre l'objet à photographier et la surface sensible des lentilles. L'ensemble de la plaque sensible et des lentilles constitue un appareil photographique. La forme de cet appareil varie avec le phénomène qu'on désire étudier.

3. Les plaques sensibles photographiques ne sont pas sensibles seulement aux rayons lumineux : elles le sont aussi à d'autres sortes de rayons, comme les rayons x par exemple. Dans ce cas, on n'a plus la photographie d'un corps, mais la *radiographie*. Les images radiographiques ne nous présentent plus seulement le contour et la forme du corps, mais sa structure intérieure, quand il s'agit d'un corps non homogène, dont les diverses parties constitutives présentent des opacités différentes aux rayons pénétrants qu'on étudie.

La radiographie nous permet de faire l'étude des mouvements des corps contenus dans une enveloppe opaque à la lumière. Les Américains ont appelé la radiographie *skiagraphie*.

4. Quand on désire obtenir la photographie de corps en mouvement, d'une scène animée, on emploie la *photographie instantanée* : c'est-à-dire, on expose une plaque très sensible pendant un temps extrêmement court.

On peut avoir la photographie instantanée d'un corps de deux façons : soit en éclairant très vivement un corps placé dans l'obscurité, pendant un temps extrêmement court, soit en démasquant l'objectif ou la surface sensible, pendant une durée extrêmement courte à l'aide d'un dispositif mécanique. Dans les deux cas, le corps doit être vivement éclairé afin que les rayons lumineux qu'il envoie soient suffisamment intenses pour impressionner la plaque.

5. En pratique, on nomme communément photographie instantanée une épreuve prise en un dixième ou un centième de seconde. Pour l'étude de la plupart des êtres animés, le millième ou le dix-millième sont suffisants d'ordinaire. Mais il y a des phénomènes qui exigent des expositions plus courtes. Par exemple, pour l'étude des projectiles en marche, il faut des durées d'exposition extrêmement courtes, car une balle de nos fusils actuels parcourt 600 mètres en une seconde et 6 centimètres en un dix-millième de seconde. Une telle durée d'exposition donnerait une simple ombre vague sur la plaque. Avec un millionième de seconde, l'image serait indistincte à l'avant et à l'arrière, et les phénomènes qui accompagnent le passage de la balle dans l'air perdraient toute délicatesse. Il faut donc diminuer la durée de l'exposition au delà de cette limite.

Aucun dispositif mécanique ne permet d'obtenir une durée d'exposition suffisamment courte; seule l'étincelle électrique permet de résoudre le problème. Mais même une étincelle peut être cent fois trop lente pour donner un bon résultat. L'étincelle doit être brillante en même temps que de très courte durée; la condition est donc que le circuit dans lequel elle éclate ait une assez grande capacité, en même temps qu'une induction propre extrêmement petite; en un mot, il doit donc contenir un condensateur.

D'autre part, le seul moyen d'obtenir l'étincelle au moment voulu (par exemple au passage d'un projectile) est de faire fermer le circuit par la balle elle-même. Mais, si l'étincelle active éclate dans le cercle ainsi complété, elle est trop rapprochée, ou bien le circuit est trop long : surtout l'étincelle qui éclate près de la balle est si brillante que la plaque est forcément voilée. Il faut donc avoir recours à un artifice particulier.

Voici le dispositif employé par Boys :

Un grand condensateur *C* est en connexion avec un autre plus petit *c*; les armatures extérieures sont en court-circuit, tandis que les autres sont réunies par un fil de coton trempé dans une solution de chlorure de calcium. Le grand condensateur peut se décharger par E, E′, tandis que le petit se ferme sur E′ B. Lorsqu'une balle, passant en B, met les fils en communication, le condensateur *c* se décharge en produisant une petite étincelle en E′; la résistance du circuit de C est subitement diminuée, et le grand condensateur devient capable de se décharger par E′ et E. L'étincelle E′ est cachée par un écran, tandis que l'autre étincelle projette l'ombre de la balle sur la plaque P. Durant la charge du système, les condensateurs C et *c* ont leurs armatures respectivement au même potentiel, l'équilibre se faisant par le morceau de fil; mais la décharge est de trop courte durée pour que ce mauvais conducteur y prenne aucune part, et la charge entière du condensateur C passe par E et E′. On sait d'autre part que, pour une longueur donnée, l'étincelle en E est plus brillante si le circuit contient une autre interruption que s'il est complet. Cet arrangement réunit donc tous les avantages. Pour que l'expérience réussisse, il est nécessaire que la différence de potentiel produisant l'étincelle soit comprise entre certaines limites; si elle est trop faible l'étincelle active n'éclate pas; si elle est trop forte, elle part sans être et la plaque est perdue.

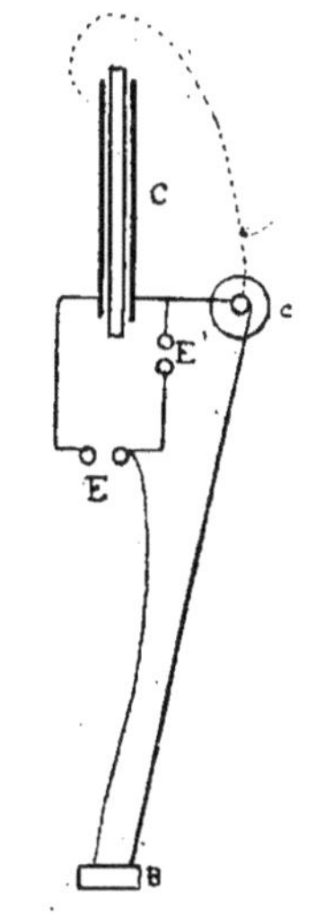

Fig. 116. — Dispositif de Boys pour obtenir des étincelles de très courte durée.

Lord Rayleigh, dans ses expériences sur la rupture des bulles de savon, se servait d'un petit électroscope en dérivation sur le condensateur. Mais, lorsqu'on a une machine statique d'un débit régulier, il est beaucoup plus simple de compter les tours de roue, et d'arrêter la charge lorsqu'elle est près de suffire à la décharge spontanée. Dans certains cas, Boys a muni l'appareil d'une *soupape* électrique de sûreté; les deux boules sont reliées aux bornes du circuit électrique. Celle de droite porte une vis de réglage; en avançant plus ou moins la vis, on règle sa position de telle sorte que l'effluve suffise pour maintenir le potentiel au-dessous de la valeur dangereuse.

Le circuit de Boys peut être étudié, au point de vue de son efficacité, par un procédé indirect permettant de fixer d'avance les conditions dans lesquelles on peut obtenir de bons résultats. Il suffit pour cela de photographier l'étincelle active, étalée d'abord à l'aide d'un miroir tournant, faisant par exemple 512 tours par seconde. L'image de l'étincelle ainsi obtenue montre que la durée totale de l'étincelle est inférieure à un millionième de seconde. Une petite partie seulement, celle qui passe pendant le premier dixième de ce temps, est assez intense pour produire l'image du projectile; le reste est presque inactif. La durée efficace de l'étincelle est d'environ 1/25 000 000ᵉ de seconde.

A l'aide de cette étincelle, Boys a photographié la projection de la balle sur une plaque sensible. Cette méthode de projection donne des images un peu agrandies. La grande simplicité d'appareil qu'elle exige permet d'attaquer des problèmes divers.

III

Diagramme photographique des oscillations.

Prenons un corps en mouvement, par exemple une tige vibrante, à l'extrémité de laquelle se trouve collé un petit miroir éclairé par les rayons solaires concentrés ou par une source lumineuse artificielle. Ce point lumineux se déplace avec la verge ; les rayons qui en partent présentent la même forme de mouvement oscillatoire. Regardons ce point lumineux ; l'œil percevra une ligne lumineuse. A cause de la persistance des images, l'œil ne peut pas voir le point lumineux dans ces diverses positions, mais la trajectoire reste comme un sillon lumineux sur la rétine qui se comporte comme une plaque photographique. Les rayons lumineux agissent sur la rétine à l'instar d'un levier sur une surface enregistrante noircie.

Dans ce dernier cas, nous savons que, pour analyser un mouvement, il faut que la surface enregistrante se déplace dans une direction perpendiculaire à celle dans laquelle s'effectue le mouvement à analyser. Pour analyser les mouvements du point lumineux, nous pouvons en faire de même : déplacer la tête dans une direction horizontale, si la tige oscille verticalement, ou dans la direction verticale, de haut en bas, si la tige oscille horizontalement.

Dans ces conditions, au lieu d'un trait lumineux, on verra une courbe.

On conçoit facilement que l'effet est le même si, au lieu de déplacer la tête (avec la rétine surface enregistrante), on déplace le corps vibrant même. En imprimant un mouvement de translation dans une direction horizontale à une verge qui effectue des oscillations verticales, l'œil immobile verra une courbe qui lui permettra de connaître la forme du mouvement.

Une telle analyse des mouvements est difficile; il y a d'autres procédés qui la rendent plus aisée. — En voici un très simple :

Si entre le corps vibrant et l'œil restant immobile, l'on intercale un miroir qu'on fait tourner, on obtient le même résultat que celui qu'on obtenait en déplaçant la tête, c'est-à-dire, on voit la forme du mouvement effectué par le corps examiné. Ce procédé du *miroir tournant* a été inventé par Wheatstone qui s'en est servi pour la détermination de la vitesse de propagation d'un courant électrique. Foucault s'en est servi dans ses recherches sur la vitesse de la lumière.

Au lieu de regarder les images lumineuses d'un corps en mouvement dans le miroir tournant, on peut les projeter sur un écran, à l'aide d'un miroir. Plus le miroir est éloigné de l'écran, plus le grossissement de l'image est grand. Quand on déplace le miroir pendant que la verge avec son point lumineux oscille, on voit, sur l'écran, se dessiner en gros traits la courbe d'oscillation.

Pour rendre visible un mouvement à un nombreux auditoire, on peut employer ce procédé grossier :

Un diapason de Lissajous (diapason avec un point lumineux) est tenu à la main de telle façon que le faisceau du rayon se réfléchisse sur le plafond ou sur une paroi. En déplaçant le diapason pendant qu'il oscille, on voit, sur le plafond ou la paroi, la courbe des oscillations sans qu'il soit nécessaire de faire l'obscurité de la chambre.

Si, au lieu de projeter l'image du miroir sur un écran, on la projette sur une feuille sensible en mouvement, on obtient l'image photographique du mouvement étudié.

§ I. — *Enregistrement des oscillations à l'aide du miroir.*

L'emploi des rayons lumineux en physique, pour la mesure des petits déplacements, est très ancien. La méthode de Poggendorff est basée sur le théorème d'optique suivant :

« Quand un miroir, sur lequel tombe un rayon incident fixe, tourne d'un angle Θ, le rayon réfléchi tourne d'un angle $2\ \Theta$".

Voici comment on procède d'après cette méthode :

Un petit miroir (M), généralement concave, est fixé avec de la cire sur le fil qui soutient la partie mobile dont on veut mesurer le déplacement angulaire (soit par exemple une aiguille aimantée). A une distance égale au rayon du miroir, on installe en avant une flamme (ᕋ) qui éclaire une fente à réticule (F); au-dessous de la fente il y a une règle horizontale (RR') perpendiculaire à la droite (FM) qui unit le miroir à la flamme. Dans ces conditions on voit sur la règle une image réelle de fil, qui se projette sur les divisions. On note la division n à laquelle correspond la position d'équilibre de l'aiguille. Si l'aiguille tourne d'un angle inconnu θ, l'image s'arrête sur une division n'. Si la règle est divisée en centimètres et que d représente, en centimètres, la distance de la règle au miroir, nous aurons, en nous basant sur ce fait que le quotient des deux côtés, d'un triangle rectangle représente la tangente trigonométrique de l'angle que fait l'hypoténuse avec l'un des côtés, la relation suivante :

$$\text{Tang. } 2\,\theta = \frac{n' - n}{d}$$

Si l'angle est assez petit, on peut confondre la tangente avec l'arc, et alors on a :

$$\theta = \frac{n' - n}{2\,d}$$

Connaissant la déviation du spot lumineux sur la règle, et la distance qui sépare la règle du miroir mobile, on peut donc calculer le déplacement réel du corps, de même que, quand on emploie un levier enregistreur, la connaissance du déplacement de l'extrémité inscrivante du levier, de la longueur du levier et du point d'attache du corps dont on étudie le mouvement, nous donne la possibilité de calculer le déplacement réel du corps.

1. En général, lorsqu'on veut étudier les oscillations d'un corps à l'aide de la photographie, on colle sur le corps oscillant un petit miroir, qu'on éclaire vivement, à l'aide

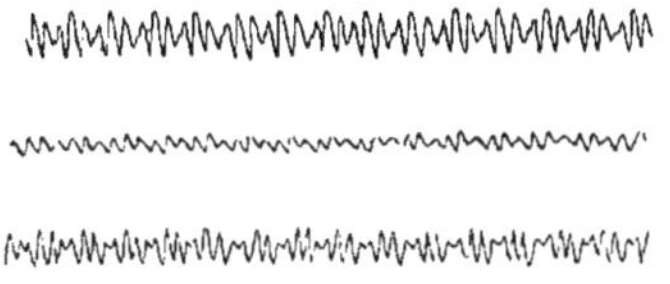

Fig. 117. — Courbes phonophotographiques (Hermann).

d'un faisceau lumineux et on en reçoit l'image réfléchie sur une surface sensible en mouvement. C'est ainsi qu'ont procédé Czermak, Stein, Bernstein, etc.

La figure 117 donne, d'après Hermann, les courbes phonophotographiques des voyelles A, U et O. Elles ont été obtenues de la façon suivante :

Sur une plaque ou une membrane vibrante se trouve fixé un miroir extrêmement petit qui oscille, pendant les vibrations de la membrane, autour de son axe vertical. Sur ce miroir, une lentille placée tout près projette l'image d'une fente verticale fortement éclairée par une lampe électrique. L'image de cette fente, réfléchie par le miroir, traverse la lentille et arrive sur la fente horizontale d'un écran noir. Derrière cette fente, et tout près d'elle se trouve un cylindre enregistreur de Baltzar recouvert d'une feuille de papier sensible. Par un choix convenable de la largeur de la fente, Hermann est arrivé à obtenir des tracés admirables de finesse.

Pour avoir l'indication du temps au-dessous du photogramme du mouvement étudié, on peut photographier, pour les mêmes procédés, l'image d'un petit miroir collé à la branche d'un diapason.

Pour avoir sur un seul tracé la courbe du phénomène étudié et l'indication du temps, on éclaire le miroir par un faisceau de lumière intermittent, par exemple pour les étincelles d'une bobine de Ruhmkorff dont l'interrupteur serait un diapason. Dans ce cas les photogrammes se présentent sous forme de traits discontinus. C'est ainsi qu'a procédé Gérard (1890) pour étudier les mouvements de l'aiguille d'un galvanomètre.

2. Pour faire l'enregistrement du miroir des galvanomètres et des oscillographes, on emploie généralement un cylindre enregistreur ordinaire, recouvert d'un papier sen-

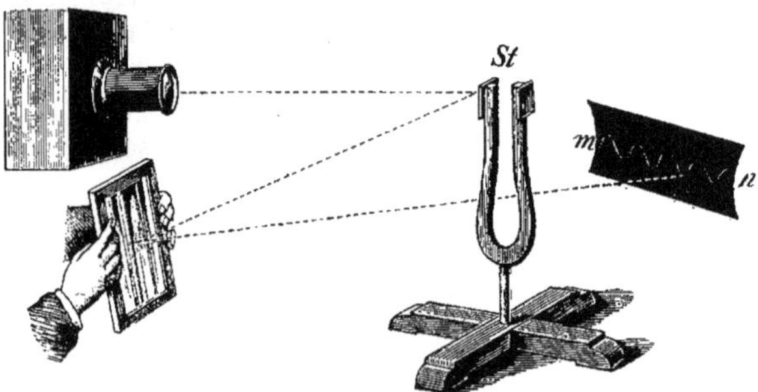

Fig. 118. — Projection des vibrations d'un diapason à l'aide d'un miroir (Tyndall).

sible, et enfermé dans une chambre noire. Le spot lumineux se déplace suivant la génératrice du cylindre.

Hotchkiss, Millis et Mac-Kittrick ont employé en 1895 un dispositif déjà employé par Nichols, et qui consiste à faire tomber devant le spot une plaque photographique glissant dans un châssis à glissière analogue à une guillotine. La vitesse initiale est produite par une certaine hauteur de chute préalable, ou par un ressort. Pendant le passage devant le spot, la vitesse est rendue sensiblement constante par la résistance de l'air dans la coulisse fermée, munie d'orifices d'échappement dont on peut modifier à volonté l'ouverture.

Pour faire l'enregistrement du spot lumineux des oscillographes, on a employé aussi un cylindre tournant lancé par un ressort au moment de l'ouverture d'un obturateur instantané, puis abandonné pendant un tour à sa vitesse acquise.

3. Dans certains appareils, comme par exemple dans les oscillographes, il est quel-

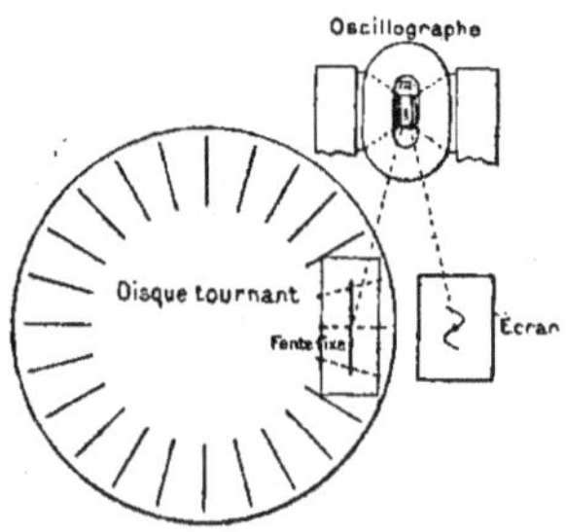

Fig. 119. — Schéma de la méthode de composition optique permettant d'étaler les courbes sur un écran (Blondel).

quefois nécessaire d'avoir non seulement l'enregistrement photographique d'un miroir, mais aussi la vision directe de la courbe de ces mouvements.

Voici quelques dispositifs employés à cet effet.

Le plus ancien est celui du miroir tournant. Dans ce dispositif, on projette sur l'écran d'observation les rayons venant du galvanomètre, à l'aide d'un miroir plan tournant à une vitesse uniforme autour d'un axe de rotation compris dans le plan de déviation. Le mouvement du miroir est entretenu par un mécanisme d'horlogerie ou par un moteur électrique. Quand le moteur est synchrone et alimenté à la même source que le courant qu'on veut étudier à l'aide de l'oscillographe, les images projetées à chaque tour du miroir se superposent.

Frölich (1887) a employé un miroir cylindrique polygonal ayant un nombre de faces réfléchissantes égal à celui des champs du moteur synchrone ou à un sous-multiple, de sorte que les images successives obtenues sur l'écran se superposent.

Abraham (1896) a remplacé la rotation du miroir par une oscillation produite par une came qui lui donne un mouvement d'aller lent proportionnel au temps, suivi d'un brusque retour aidé par un ressort. Le mouvement de la came est entretenu soit par un pendule soit, de préférence, par un moteur synchrone. — Le *miroir oscillant* donne la vision continue plus simplement que le miroir tournant polygonal et sans la cause d'erreur, assez importante et croissante avec l'angle d'incidence, qui résulte pour ce dernier de l'écartement existant entre l'axe de rotation et le plan des miroirs.

Le *synchronoscope* à miroir oscillant de Blondel (1897) présente l'avantage d'éviter la perte de lumière due à la réflexion. Dans ce dispositif optique on donne au point éclairant lui-même un déplacement vertical uniforme. Pour cela, on fait tourner devant une fente verticale éclairée par un projecteur (dont le foyer conjugué est sur l'oscillographe) soit un filament vertical de lampe à incandescence, soit un disque percé de fentes radiales, rectilignes si l'angle de déplacement est très faible, ou en forme de développante, si cet angle dépasse 18°. — Ce disque est entraîné par un moteur synchrone aux courants alternatifs étudiés. Les effets dus à chaque fente se superposant, on a la vision continue.

Pour la photographie des courbes de l'oscillographe on remplace l'écran par une plaque sensible avec obturateur instantané.

4. Dans certains appareils très délicats, comme par exemple dans les oscillographes, il est indispensable d'une part de réduire les dimensions du miroir le plus possible, et d'autre part il faut que l'éclairement du spot soit suffisamment grand pour avoir une image photographique rapide. — Ces deux choses sont difficiles à concilier, étant donnée la formule de l'éclairement du spot qui est la suivante :

$$e = \frac{(1-a)\, s\, i}{l^2}\, \beta$$

en appelant a le coefficient d'absorption totale des rayons dans leur trajet à travers le projecteur et l'oscillographe ; s la surface éclairée du miroir ; l la distance de celui-ci au spot ; i l'éclat de l'arc ; β le coefficient de diffusion du verre dépoli.

Boys a eu l'ingénieuse idée, pour diminuer la surface du miroir de l'oscillographe, de concentrer verticalement les rayons qui en proviennent par une lentille cylindrique

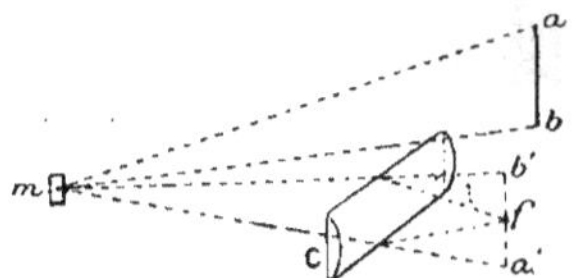

Fig. 120. — Dispositif de Boys pour la concentration des rayons (Blondel).

à axe horizontal (C) (fig. 120), qui permet leur libre déviation dans le sens horizontal. La source de lumière est une fente verticale éclairée par le projecteur, dont les miroirs plans des oscillographes, précédés d'une lentille plan convexe sphérique, donnent des images conjuguées. La lentille (C) réduit chacune de ces droites lumineuses à un point rectangulaire ayant ponr hauteur celle du miroir correspondant, réduite dans le rapport des distances $\left(\frac{Cf}{Cm}\right)$. L'éclairement de l'image se trouve accru en raison inverse de sa hauteur, de sorte qu'en appelant l et l' les distances du point image respectivement au miroir de l'oscillographe et à l'axe optique de la lentille cylindrique, H la hauteur de la fente, a la hauteur et b la largeur du miroir, l'expression précédente de e est remplacée par

$$e = \frac{(1-a)(1-a')\,b\,H\,i}{l\,l'} \times \beta$$

a' étant le coefficient d'absorption de la lentille cylindrique.

On conçoit facilement combien est précieux ce procédé qui permet d'augmenter l'éclat, non par la dimension du miroir mobile, mais par celle d'une simple fente fixe ; il résout complètement la question de l'éclairement des oscillographes, quelque petite que soit leur partie vibrante.

En outre, il suffit que les miroirs (M_1, M_2, M_3) de plusieurs oscillographes soient placés sur une même horizontale pour que leurs images, fournies par la lentille (C) à génératrices horizontales, soient également toutes sur une même horizontale, alors même que ces miroirs ne seraient pas verticaux.

Cette méthode de Boys permet à volonté l'enregistrement sur glace tombante ou tambour tournant, ou l'emploi des miroirs tournants ou oscillants.

§ II. — *Enregistrement des oscillations d'une colonne liquide.*

1. Quand on veut photographier les mouvements d'une colonne de mercure, on peut procéder de deux façons différentes : 1° On peut placer le tube à mercure sur un fond noir, l'éclairer vivement et recevoir l'image réfléchie sur une plaque sensible qui se

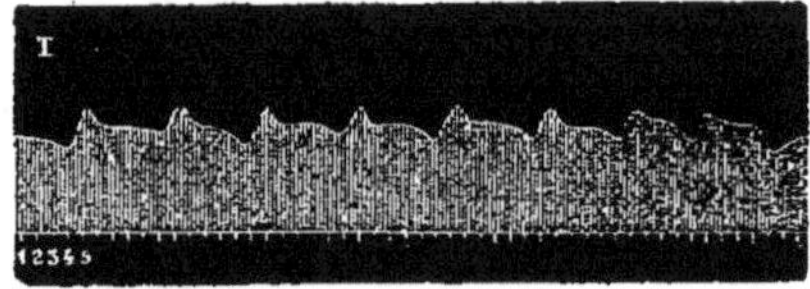

Fig. 121. — Variations électriques du cœur de la tortue (Marey).

déplace devant un écran à fente ; 2° On peut faire agir la lumière, par transparence, sur un tube à mercure placé devant la fente d'un écran qui protège la surface sensible. — Dans ce dernier cas, la surface sensible se trouvant à l'abri de la lumière dans les endroits cachés par la colonne mercurielle, le photogramme se détache en blanc sur

Fig. 122. — Variations électriques du cœur du chien (Fredericq).

fond noir. Cette dernière méthode a été la première employée à l'Observatoire de Greenwich pour l'enregistrement des oscillations de la colonne des thermomètres à mercure.

Dans certains cas, il est nécessaire d'agrandir l'image de la colonne mercurielle, à l'aide d'un objectif microscopique, avant de le projeter sur la surface sensible.

C'est Marey qui le premier a photographié les mouvements d'un électromètre capillaire; après lui nous pouvons citer : Burdon-Sanderson, Fredericq, Fano, etc.

2. Pour photographier les mouvements d'une colonne d'eau, on procède de même que pour la colonne mercurielle, c'est-à-dire on la photographie par transparence. —

Quand l'eau est colorée en rouge, la colonne d'eau ne laisse pas passer les rayons actifs ; quand elle est pure elle se laisse traverser par la lumière, et on n'obtient sur la surface sensible que l'image du ménisque. — Il est souvent nécessaire de réduire l'image de la colonne d'eau avant de la photographier ; pour cela on interpose entre la colonne d'eau et l'écran à fente de la surface sensible une lentille appropriée.

3. Ellis (1886) a imaginé un piston-recorder à liquide et à enregistrement photographique pour l'étude des mouvements au moyen de la transmission à air. Un petit tube de verre, mis en communication par un tube avec un appareil explorateur, est rempli de liquide et placé horizontalement dans une fente faite dans la paroi d'une chambre obscure. Derrière le tube se trouve diposé un système d'éclairage. L'image du tube est concentrée, au moyen d'un système de lentilles, sur un diaphragme présentant une étroite fente horizontale derrière laquelle se déplace une feuille de papier sensible. — Les petits mouvements du piston liquide sont amplifiés par les lentilles. — La nature du liquide qui forme le piston varie avec la largeur du tube ; on met de l'éther dans les tubes étroits, de l'eau ou de l'alcool dans les tubes larges.

§ III. — *Enregistrement des oscillations d'une aiguille.*

Pour photographier les mouvements d'une aiguille, Raps (1894) a employé le procédé suivant :

Dans une boîte, près de la fente d'un écran, on place l'aiguille dont on veut étudier les mouvements. Derrière l'écran à fente se trouve un cylindre enregistreur recouvert de papier sensible. Une lampe électrique projette sa lumière sur l'index et sur la fente ; de cette façon, le papier étant protégé aux endroits occupés par l'aiguille, on obtient, en blanc, la silhouette des positions occupées par l'aiguille à différents moments. — En même temps, on obtient aussi l'image des fils tendus verticalement devant la fente et des lignes et chiffres tracés sur un disque transparent qui tourne devant la fente. Ce disque est mis en mouvement par un mécanisme d'horlogerie (le même que celui qui commande le mouvement du cylindre). — On obtient de cette façon sur les photogrammes l'indication du temps. Grâce à un dispositif spécial, la feuille de papier qui recouvre le cylindre enregistreur peut être changée en plein jour.

§ IV. — *Flammes manométriques.*

1. Les oscillations d'une masse gazeuse peuvent être rendues visibles, sous forme d'oscillation d'une flamme, de la façon suivante :

On prend une petite capsule (fig. 123) divisée en deux par une membrane de caout-

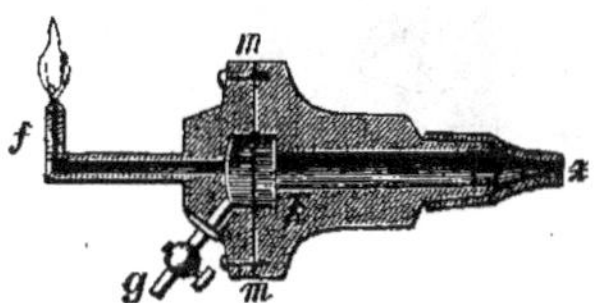

Fig. 123. — Capsule de Kœnig.

chouc, ou bien par une feuille de papier ou d'or (m, m), et on fait agir sur la face postérieure (K) de cette membrane la masse gazeuse dont on veut étudier les mouvements. Dans la moitié antérieure de la capsule, on fait passer un courant de gaz d'éclairage. Le gaz entre par le tube g et sort par le tube f, à l'extrémité duquel il brûle. Tant que la membrane est au repos, la flamme n'oscille pas ; quand la membrane, à la suite des oscillations qui lui sont imprimées par la masse gazeuse avec laquelle elle est en contact, commence à vibrer, la flamme présente des oscillations synchrones avec les vibrations de la membrane.

La figure 124 représente le dispositif classique adopté par Kœnig pour l'étude des vibrations sonores. En parlant dans l'entonnoir t, les vibrations sonores arrivent par l'intermédiaire d'un tube dans la capsule manométrique K. — L'observation des mouvements de la flamme f est faite à l'aide du miroir tournant sp. En regardant l'image de

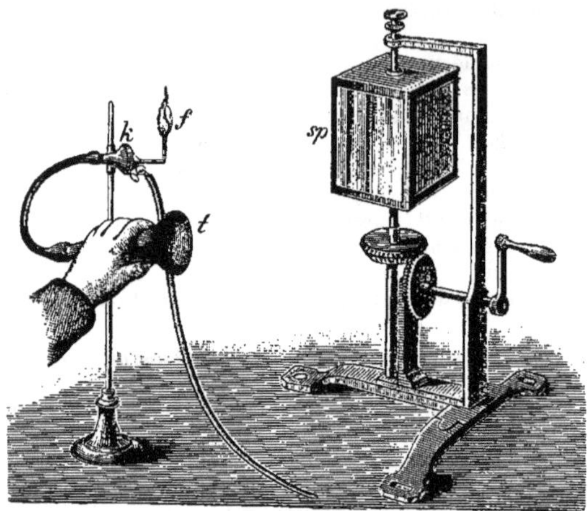

Fig. 124. — Flamme manométrique et miroir tournant (Kœnig).

la flamme dans ce miroir, qu'on tourne à l'aide d'une manivelle, on voit, quand la flamme est immobile, une bande lumineuse, et, quand la flamme oscille, une ligne dentée.

2. Quand on veut photographier les flammes manométriques, on n'emploie pas le gaz d'éclairage ordinaire, mais le cyanogène ou un mélange d'acétylène et d'hydrogène

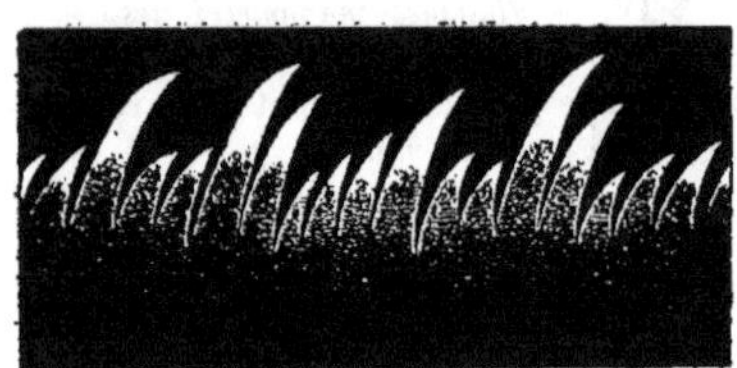

Fig. 125. — Courbes de la voyelle A.

brûlant dans une atmosphère d'oxygène. On obtient ainsi des flammes très lumineuses qui donnent de belles images sur la surface sensible.

L'image de la flamme est projetée au moyen d'un objectif photographique sur la surface sensible. — Si l'on laissait agir toute l'image de la flamme, on obtiendrait un photogramme très grossier, une sorte de ligne épaisse, comme tracée par un pinceau. Pour obtenir de belles images, on place devant la surface sensible un écran qui présente une mince fente.

Le déplacement de la surface sensible, qui est une feuille de papier enroulée sur un cylindre ou bien une longue pellicule photographique, se fait horizontalement, dans une direction perpendiculaire à la direction des oscillations de la flamme.

Avant de tomber sur la surface sensible, l'image de la flamme peut être étalée par un miroir tournant.

La figure 126 représente un photogramme obtenu par v. KRIES (courbe de la vitesse du sang). La courbe inférieure de cette figure représente le photogramme chronographique; il correspond aux oscillations d'une flamme animée d'oscillations synchrones avec celles d'un diapason.

Pour avoir l'indication du temps, on peut aussi procéder autrement. Par exemple,

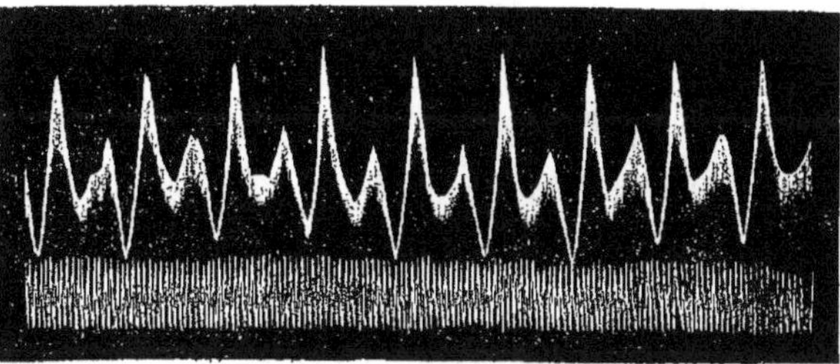

FIG. 126. — Courbes de la vitesse du sang et tracé chronographique (V. KRIES).

en faisant qu'un diapason ou un chronomètre quelconque agisse sur une lame qui obturerait périodiquement la fente de l'écran sur laquelle tombe l'image de la flamme. Dans ce cas, le photogramme serait représenté par un trait discontinu. — On pourrait aussi faire une fente au-dessus de la fente principale de l'écran, l'éclairer vivement, et, par un dispositif chronométrique quelconque, l'obturer périodiquement.

§ V. — *Appareils enregistreurs.*

Dans les paragraphes précédents nous avons décrit quelques procédés spéciaux d'enregistrement photographique. Nous dirons maintenant quelques mots des surfaces sur lesquelles se fait l'enregistrement.

Les surfaces enregistrantes qui servent à la chronostylographie peuvent servir aussi à l'enregistrement photographique, si on les recouvre d'une feuille de papier sensible et si on les place dans une chambre noire.

La maison RICHARD construit des cylindres très commodes pour l'enregistrement photographique. Le cylindre à feuille de papier sensible tourne dans l'intérieur d'un cylindre fixe possédant une fente longitudinale munie d'un volet obturateur. Ce cylindre peut être mis dans une position horizontale ou verticale, et peut être déplacé de haut en bas sur un support (Fig. 127).

1. Pour étudier à l'aide d'enregistrement photographique des changements très lents, HERMANN (1896) a imaginé un dispositif spécial qui permet d'avoir une image tous les quarts d'heure, toutes les demi-heures ou toutes les heures.

Dans ce dispositif, l'aiguille des minutes d'une horloge établit deux contacts électriques : l'un pour l'exposition d'une surface sensible, l'autre pour le glissement de la surface sensible entre deux expositions. Le contact d'exposition ferme le courant d'un petit électro-aimant qui agit sur une mince plaque d'aluminium placée dans la chambre obscure derrière l'objectif. — Le cylindre enregistreur, qui est recouvert d'une surface sensible longue de $1^{m},50$, est formé par un cylindre de bois ayant à sa base une roue avec 360 dents. Deux crochets s'engrenant avec la roue l'empêchent de se mouvoir. Sur ces crochets d'arrêt agit un électro-aimant. A chaque contact établi par l'aiguille de l'horloge, l'électro-aimant devient actif, et, la ligne d'arrêt se déplaçant, le cylindre avance d'une dent. Le courant commun pour les deux électro-aimants provient de 3 accumulateurs. L'appareil peut fonctionner nuit et jour.

2. Le *pendule photochronographe* de MOROKHOWETZ se compose d'une tige de pendule sur laquelle on fixe à différentes hauteurs une plaque photographique. L'appareil est

enfermé dans une boîte dont la face antérieure est pourvue d'une fente. Un objectif et un soufflet peuvent être fixés en face de cette fente.

3. Samojloff, pour photographier les déplacements du ménisque de l'électromètre capillaire, a employé une plaque mise en mouvement par un ressort.

4. Morokhowetz a fait construire dans son laboratoire une chambre noire de très grandes dimensions, véritable salle obscure dans laquelle l'observateur lui-même peut pénétrer pour placer des cylindres enregistreurs, des pendules chronographes, etc. Les dispositifs expérimentaux sont situés à l'intérieur de cette chambre. Les faisceaux de lumière impressionnant les surfaces sensibles pénètrent dans la chambre noire par des ouvertures convenablement placées. De cette façon, on évite la construction des chambres noires spéciales pour chaque genre d'expériences.

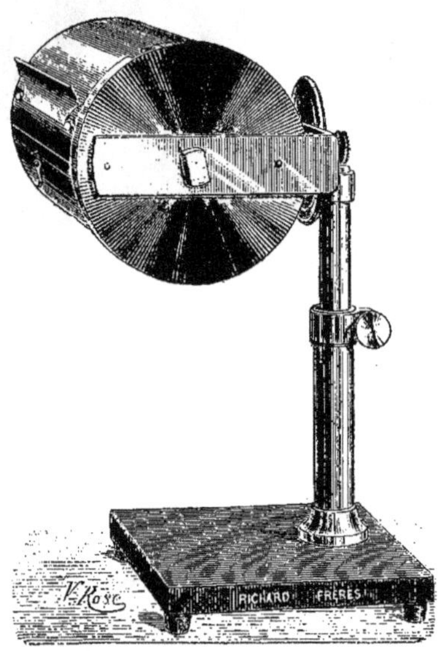

Fig. 127. — Enregistreur photographique Richard.

5. Le papier qu'on emploie pour obtenir des photogrammes est préparé au bromure d'argent. Hermann augmente la sensibilité du papier par des bains d'ammoniaque.

La surface recouverte de papier sensible est enfermée dans une boîte.

La lumière qui éclaire l'objet dont on désire photographier les mouvements doit être intense, uniforme et d'une forte activité chimique. Les éclairages avec la lumière solaire, directe ou réfléchie par un héliostat, avec l'arc électrique, avec la lumière au magnésium ou au calcium, sont excellents. — Si l'on veut employer un éclairage au gaz, il faut le mélanger avec des vapeurs de naphtaline ou de benzine pour en augmenter l'intensité.

Plus l'éclairage est intense, plus la vitesse de la surface enregistrante peut être rapide, et la fente qui livre passage aux rayons lumineux étroite ; par conséquent, les photogrammes obtenus sont d'autant plus beaux que l'éclairage est plus intense.

IV

Chronophotographie.

On donne le nom de chronophotographie à une méthode qui analyse les mouvements au moyen d'une série d'images photographiques instantanées, recueillies à des intervalles de temps très courts et équidistants.

Cette méthode, qui peut être considérée presque entièrement comme la création de Marey, avait été désignée par lui, au début, sous le nom de *photochronographie*. Le nom de chronophotographie lui a été donné par le Congrès photographique de 1889.

Cette méthode trouve sa principale application dans l'étude des grands mouvements de translation. C'est Muybridge (1882) qui le premier l'a mise en œuvre. Pour avoir une série d'images représentant les différentes phases d'un mouvement, il a employé une série d'appareils photographiques. Voici la description de son dispositif :

Muybridge (Willmann : « *The horse in motion* », London, Turner and C°, 1882, livre publié sous les auspices de Stanford, ancien gouverneur de la Californie, qui a eu l'idée première, et qui a confié ce travail à Muybridge) a étudié les mouvements des animaux en les faisant passer sur une piste tracée devant un plan incliné, formant écran et orienté de façon à réfléchir la lumière solaire pour augmenter, par contraste lumineux, l'intensité des silhouettes à reproduire.

En face de cet écran se trouvait une série d'appareils photographiques chargés de plaques sensibles, et placés de façon à viser ensemble tous les points de la piste et de l'écran. En travers de la piste des fils électriques tendus commandaient les électro-aimants qui maintenaient fermés les obturateurs des appareils ; de telle sorte qu'en parcourant cette piste à une allure quelconque l'animal rompait successivement les fils tendus, et déterminait lui-même, automatiquement, l'ouverture instantanée des objectifs. De nombreuses divisions équidistantes ($0^{m},58$), tracées sur le plan incliné, se trouvaient naturellement reproduites avec les silhouettes dans les clichés et servaient à mesurer les déplacements des membres de l'ensemble des animaux observés.

Au début de ses essais, Muybridge n'obtenait que des silhouettes peu nettes, parce qu'il n'employait que des plaques au collodion humide. Plus récemment les plaques extra-rapides au gélatino-bromure d'argent lui ont donné des résultats très supérieurs, et tout à fait remarquables.

Le temps de pose pour chaque image était de 1/500 de seconde. Les images n'étaient pas prises à des intervalles de temps rigoureusement égaux, la vitesse du cheval n'étant pas uniforme, Muybridge a essayé de corriger ce défaut en déclanchant les objectifs par un mécanisme indépendant, mais il n'a pas réussi d'une façon satisfaisante.

Muybridge a appliqué cette méthode aussi à l'analyse de l'aviation.

Ottmar Anschütz (de Lissa) a fait une très belle étude des mouvements de l'homme et des animaux par la méthode de Muybridge.

Le procédé de Muybridge n'était nullement pratique. Les dispositifs de Marey sont au contraire très commodes ; c'est grâce à eux que la chronophotographie a pu entrer dans la pratique courante des recherches sur la locomotion.

Les images photographiques peuvent être obtenues sur une plaque fixe ou sur une pellicule mobile.

§ I. — *Chronophotographie sur plaque fixe.*

Si l'on vise avec un appareil photographique convenablement orienté, c'est-à-dire en tournant le dos au soleil, un champ complètement obscur, même après une pose d'une certaine durée, la plaque sensible, n'ayant reçu aucune impression lumineuse, ne porte aucune image. Si l'on lance, devant ce champ obscur, un objet brillant au soleil, une boule de métal poli, par exemple, l'image de cette boule sera reproduite sur la plaque sous la forme d'un trait courbe blanc, représentant la trajectoire de la boule, puisque la boule aura impressionné, en passant, d'une façon continue tous les points de la plaque sur lesquels l'objectif aura renvoyé les rayons lumineux réfléchis par elle.

Si, au lieu de laisser l'objectif ouvert pendant toute la durée du passage de la boule devant le champ obscur, on le ferme et on l'ouvre successivement, au lieu d'un trait blanc continu sur la plaque, on aura des points blancs correspondant à chaque ouverture de l'objectif. L'ensemble des points représente la trajectoire de la boule. La série des points de cette trajectoire fournira des renseignements complets sur la marche dans l'espace du mobile observé, si les obturations de l'objectif ont été faites à des intervalles de temps rigoureusement égaux et si ces intervalles, d'une durée connue, ont été assez courts pour que, sans se confondre, les images soient pourtant aussi rapprochées que possible sur la plaque sensible.

L'exemple que nous venons de citer nous montre que, pour obtenir sur plaque fixe la *chronophotographie* d'un corps quelconque animé d'un mouvement de translation, il faut :

1° Employer un dispositif tel que l'image seule du corps en mouvement soit reproduite sur la plaque sensible;

2° Réaliser des obturations successives de l'objectif, obturations se succédant à des intervalles égaux d'une grande brièveté.

I. *Champ obscur.*— Quand il s'agit de photographier les mouvements de translation d'un objet clair ou brillant, il faut que derrière le mobile le fond soit obscur. Au contraire, quand le mobile est de couleur sombre, il faut que le fond soit blanc.

Un simple rideau noir, tendu devant le champ de l'objectif, ne suffit généralement pas pour constituer le *champ obscur* sur lequel doit se détacher le mobile blanc ou brillant. Aucune substance n'est absolument noire. CHEVREUL a montré que le noir ou l'obscurité absolue ne pouvait s'obtenir qu'au moyen d'une cavité tapissée de noir et sur les parois de laquelle la lumière ne vient pas frapper. Pour obtenir le champ obscur, MAREY a installé au Parc des Princes, à la *Station Physiologique*, une sorte de grand trou noir, orienté de telle façon que les rayons du soleil ne peuvent y pénétrer. Devant ce champ obscur se trouve une piste de pavés de bois noircis sur laquelle s'avance en pleine lumière le sujet soumis à l'observation chronophotographique.

II. *Appareils chronophotographiques de* MAREY. — 1. L'appareil pour la chronophotographie sur plaque fixe (1882) se compose, ainsi que les appareils photographiques

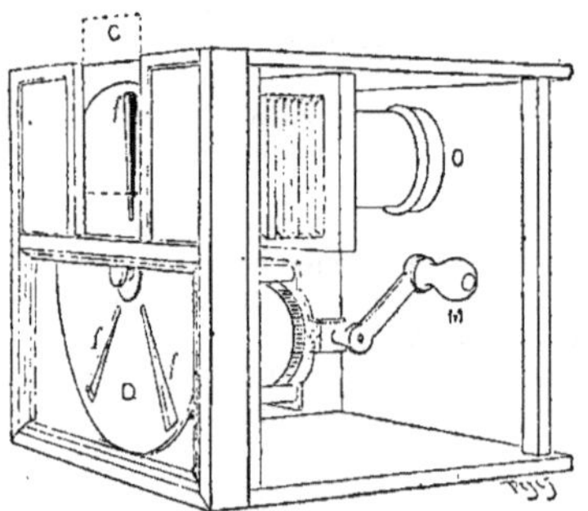

FIG. 128. — Appareil chronophotographique de MAREY.

ordinaires, d'un objectif et d'une chambre noire à soufflet renfermée dans le haut d'une boîte dont la partie inférieure est occupée par un mécanisme de transmission de mouvement agissant au moyen d'engrenages. Ce mécanisme a pour but de mettre en rotation rapide, par une manivelle, un large disque jouant à la fois le rôle de volant et d'obturateur. Quand, après plusieurs tours, ce disque fortement lancé à la main par l'intermédiaire de la manivelle, a acquis une grande vitesse, réglée par un régulateur, la marche du disque reste uniforme pendant toute la durée, d'ailleurs fort courte, de l'opération photographique proprement dite. Le disque présente des fentes ou fenêtres, percées à égale distance les unes des autres. A l'arrière de l'appareil, tout contre le disque, on place le châssis négatif contenant la plaque sensible. Le disque constitue un système d'obturations et d'éclairements successifs d'autant plus rapides qu'il y aura sur le disque un plus grand nombre de fenêtres, et que la vitesse de rotation du disque sera plus grande.

La plaque sensible reçoit à chaque passage d'une des fenêtres du disque une nouvelle image représentant le mobile visé dans la position qu'il occupe au moment du passage de cette fenêtre. Comme entre le passage de deux fenêtres le mobile s'est déplacé, on obtiendra sur la plaque une série d'images.

L'intervalle entre la prise de deux images était primitivement de 1/10e de seconde, et la durée d'un éclairement était de 1/500 de seconde.

En perfectionnant l'appareil chronophotographique, Marey a obtenu des images bien plus fréquentes avec des durées d'éclairement très petites.

2. Marey a construit un appareil qui réunit toutes les conditions pour la chronophotographie sur plaque fixe et sur pellicule mobile. Nous le considérons dans ce paragraphe seulement au point de vue de la chronophotographie sur plaque fixe.

L'appareil complet se compose de deux parties : un avant-corps portant l'objectif et un arrière-corps relié au premier par le soufflet de la chambre noire. L'arrière-corps renferme soit simplement le châssis pour la chronophotographie sur plaque fixe, soit, en outre, au besoin, le mécanisme spécial nécessaire pour le déroulement des pellicules sensibles dans les applications de chronophotographie sur pellicule mobile.

Pour la mise au point, l'arrière-corps avance ou recule sur des rainures ou rails au moyen d'une crémaillère et d'un pignon qu'actionne un bouton placé à la base de l'arrière-corps.

A la partie supérieure de l'avant-corps, l'objectif est à moitié contenu dans une boîte coulissant à frottement dans cet avant-corps. La boîte de l'objectif est percée à l'avant et au-dessous d'une fente qui coupe en deux l'objectif perpendiculairement à son axe optique principal. Cette fente est réservée pour le passage des disques fenêtrés qui produisent, en tournant, des obturations intermittentes régulières.

Les intermittences d'éclairement sont données par deux disques fenêtrés tournant en sens contraire; les rencontres des ouvertures produisent les éclairements. Grâce à cette disposition, les éclairements sont très brefs et très rapprochés. Les dimensions des disques sont assez réduites, de sorte que l'appareil présente un volume très maniable, puisqu'il est à peu près égal à celui d'une chambre noire ordinaire de 30 × 40.

Dans la partie supérieure de l'arrière-corps se glisse, par une rainure, le châssis à verre dépoli pour la mise au point, ou le châssis contenant la plaque sensible.

Le mécanisme du rouage actionnant les disques est mis en mouvement par une manivelle placée derrière le second corps de l'instrument. L'arbre de la manivelle traverse l'arrière-corps pour rejoindre l'avant-corps au-dessous du soufflet. Cet arbre est extensible et réductible, étant formé de deux tubes carrés coulissant l'un dans l'autre, de quantités variables à volonté, télescopiquement, pour permettre la mise au point par le rapprochement ou l'éloignement des deux corps de l'instrument.

III. *L'opération chronophotographique.* — Si l'objet dont on veut étudier le mouvement n'a pas beaucoup de relief, ou s'il peut être vu sous des perspectives très différentes, sans que ce relief ait une importance pour l'observation, on peut le chronophotographier de près avec un objectif à court foyer, pour avoir des images très lumineuses.

Mais, si l'objet a un relief important, il est nécessaire, au contraire, de s'en éloigner autant que possible pour éviter les différences de perspective qui nuiraient gravement à la comparaison des images chronophotographiques. En ce cas, pour ne pas trop réduire les images par l'éloignement, on emploie de préférence un objectif à long foyer.

Marey employait à la *Station Physiologique* du Parc des Princes une sorte de cabane montée sur un chariot roulant sur des rails, qui renfermait l'appareil chronophotographique. La cabine pouvait être avancée ou reculée, à volonté, sans cesser de rester, dans ses mouvements, perpendiculaire au champ obscur.

Après le réglage et la disposition du champ obscur, le réglage de l'éloignement de l'appareil et le choix de l'objectif, l'opération chronophotographique proprement dite commence. La mise au point se fait en amenant les fenêtres des disques en coïncidence et en examinant sur la glace dépolie un objet quelconque, placé dans le plan que devra parcourir l'objet qu'on veut chronophotographier.

La mise au point étant faite, on ferme l'objectif extérieurement avec un obturateur d'avant ordinaire actionné par une poire en caoutchouc; on remplace le châssis de mise au point par un châssis garni d'une plaque sensible; on tire la planchette de ce châssis; on lance les disques en manœuvrant la manivelle, et enfin on presse la poire en caoutchouc de l'obturateur d'avant pour l'ouvrir au moment où l'objet en mouvement va passer devant le champ obscur dans le plan pour lequel on a fait la mise au point.

Quand l'opération est finie, on lâche la poire en caoutchouc; l'obturateur d'avant se referme, et on repousse la planchette du châssis qui contient la plaque sensible. Cette plaque est traitée dans la chambre noire comme les clichés ordinaires.

IV. *Mesures et comparaisons des images chronophotographiques* — 1. Muybridge avait eu l'idée de tracer sur le plan incliné servant d'écran des gradations qui, se trouvant reproduites dans les clichés en même temps que les images des animaux en marche, fournissaient un moyen d'apprécier exactement l'amplitude des mouvements exécutés dans un temps donné.

Marey a employé un procédé plus pratique. Devant le champ obscur, visé par l'appareil, sont tracées une suite de divisions métriques très visibles dans le plan parcouru par le mobile observé. Cette échelle métrique, reproduite en même temps que le mobile sur la plaque sensible, sert à mesurer la grandeur réelle de l'objet et des espaces qu'il a parcourus. Afin de supprimer les calculs résultant de la réduction photographique de l'image, on peut agrandir celle-ci à l'aide d'une lanterne à projection, et l'amener jusqu'aux dimensions exactes du sujet observé. Dans ce cas, il n'y a qu'à lire directement, sans faire aucun calcul, les divisions de l'échelle métrique, également ramenées à leurs dimensions vraies.

2. Le temps pendant lequel le mouvement chronophotographié s'est accompli peut être déterminé d'après la vitesse de rotation du disque.

Pour une appréciation plus délicate du temps, Marey employait le *cadran chronométrique*. — Cet appareil se compose d'un cadran en velours noir, gradué de traits blancs devant lequel tourne un indicateur blanc semblable aux aiguilles des anciennes horloges. — Cet indicateur est actionné par un mouvement d'horlogerie, muni d'un régulateur Foucault; il fait le tour du cadran en une seconde et demie. Le cadran présente 18 divisions.

Si l'obturateur de l'appareil chronophotographique n'est pas assez rapide, les images successives de l'aiguille en marche ne sont pas nettes; si, au contraire, la vitesse de l'obturateur est suffisante, les pointes mêmes des images de l'indicateur apparaissent nettement. Cette netteté des images donne le moyen de mesurer exactement le temps écoulé entre deux éclairements successifs, seule mesure nécessaire, la durée de l'éclairement lui-même étant trop courte pour qu'on puisse l'apprécier utilement. Les images de l'aiguille sont d'autant plus nombreuses que la vitesse de l'obturateur est plus grande.

3. Pour un espace de temps donné, on peut prendre d'autant plus d'images d'un mobile que sa vitesse de translation est plus grande. Prenons un exemple : un homme passe en courant avec une vitesse V devant le champ obscur; sur la plaque de l'appareil chronophotographique, on n'obtient que quatre images non superposées. Sans modifier le mouvement des disques de l'appareil, faisons repasser l'homme au pas avec la vitesse v; dans ce cas, la plaque sensible portera 16 images superposées en grande partie et presque confondues les unes avec les autres. — Pour la petite vitesse de translation de l'homme, il aurait fallu, pour obtenir des images distinctes, réduire au quart la vitesse de rotation des disques de l'appareil chronophotographique. La notion de temps est très complète quand celle d'espace est très restreinte (Marey).

Quand le mobile est de faibles dimensions, par exemple, quand il s'agit d'une boule brillante, il est facile de multiplier les images chronophotographiques. — Au contraire, si pour une même vitesse le mobile occupe un grand espace, quand il s'agit par exemple de l'homme ou du cheval, il devient impossible, sans certains appareils, d'en multiplier beaucoup les images, vu leur confusion provenant de leur superposition.

V. *Chronophotographie géométrique.* — Il est rarement indispensable de reproduire toutes les parties d'un sujet pour être renseigné sur son mouvement.

Ainsi, chez l'homme et la plupart des animaux observés de profil, les mouvements d'un seul côté du corps suffisent pour caractériser la marche, la course, le saut, etc.

En ce cas, pour supprimer les images, il suffit de supprimer un côté du corps en le noircissant, puisque ce côté noirci se confondra avec le noir du fond obscur.

Mais on peut faire mieux encore : revêtir, par exemple, l'homme observé, si le sujet est un homme, d'un maillot noir l'enveloppant de la tête aux pieds et ne tracer que des points et des lignes (boutons brillants, galons blancs) correspondant aux segments des membres et à leurs articulations.

La chronophotographie d'un personnage en marche vêtu de cette façon ne donnera

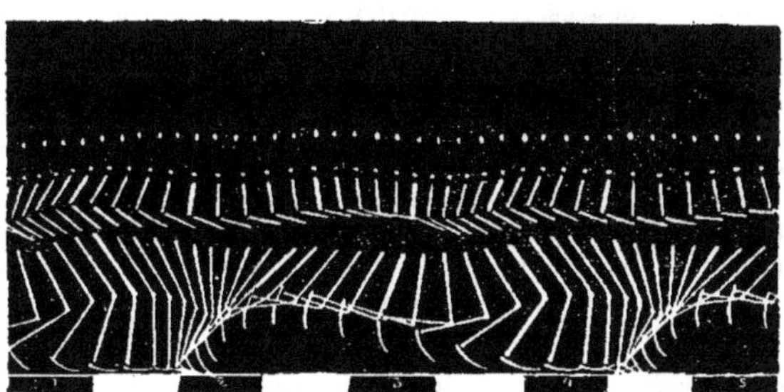

Fig. 129. — Chronophotographie de la marche (Marey).

comme images que des lignes et des points, *figures géométriques* assurément peu encombrantes, et multipliables sans inconvénients. Néanmoins, chaque figure prise isolément permettra de reconstituer, avec des lignes et des points, l'exacte position des membres et par conséquent du corps entier de l'homme dans chacune des phases du mouvement où il aura été chronographié.

VI. *Miroir tournant.* — Dans bien des cas, il est désirable de multiplier les images tout en leur conservant leur intégrité. — Pour réaliser ce *desideratum,* Marey a imaginé de suppléer à la translation insuffisante du sujet par un déplacement imprimé à l'image sur la plaque photographique.

On peut arriver à ce résultat de diverses manières, par exemple, en faisant pivoter la chambre photographique sur son support autour de son axe vertical. — La difficulté de mouvoir régulièrement la masse considérable de l'appareil a fait remplacer cette méthode par l'emploi d'un miroir tournant. L'image reflétée par le miroir dans l'objectif va se peindre sur la plaque sensible en des points toujours différents. On obtient de cette façon une série d'images complètes se succédant à des intervalles de temps très courts.

Voici comment on procède pour dissocier les images au moyen du miroir tournant :

On enferme tous les instruments dans une caisse obscure formée de deux compartiments à angle droit l'un sur l'autre. Une ouverture (DD) pratiquée dans l'un de ces compartiments, en forme de tube carré (TT) reçoit les rayons (*rr'*) émanés du mobile en expérience. Ces rayons tombent sur le miroir (M) qui les réfléchit dans l'objectif (O) de l'appareil chronophotographique. Un mécanisme d'horlogerie imprime au miroir (M) un pivotement vertical. Ce mouvement a pour effet de promener de gauche à droite les images et de les étaler sur la plaque photographique (*v*) dans des positions toujours différentes, à chaque fois que la rotation du disque (*l*) provoque une nouvelle admission de lumière dans l'appareil. Le rouage d'horlogerie doit conduire le miroir d'autant plus vite que les images doivent être plus écartées.

Grâce à ce moyen, comme aussi à la chronophotographie géométrique, les limites imposées à l'enregistrement sur plaque fixe peuvent être élargies dans une très importante proportion.

§ II. — *Chronophotographie sur plaque mobile.*

En 1873, Janssen eut l'idée de prendre une série de vues successives d'un même corps sur une plaque photographiqne en mouvement. En faisant ses observations sur le passage de Vénus devant le soleil, Janssen se servit d'une lunette qui présentait à son foyer une chambre photographique. La plaque sensible de cet appareil était circulaire et tournait par saccades autour de son centre, de manière à présenter toutes les 70 secondes un point différent de son pourtour au foyer de l'objectif. On obtenait ainsi la silhouette faite par Vénus sur le soleil à des intervalles connus. Ces images permettent de mesurer la vitesse du phénomène.

Janssen a désigné son appareil sous le nom de *revolver astronomique*. En 1878, il a indiqué l'application qu'on peut faire de cet appareil à l'étude des mouvements des animaux.

En 1882, Marey, en adoptant le principe du revolver astronomique de Janssen, a construit un appareil spécial, appelé *fusil photographique*, avec lequel il visait un oiseau pendant une partie de son vol.

Dans cet instrument, le canon du fusil, gros tube noirci, servait à la visée et contenait l'objectif. A la place de la batterie, une chambre noire cylindrique à mécanisme automatique, logeait une plaque sensible, ronde ou octogonale, qui tournait sur elle-même, et un obturateur tournant commandé par un fort mouvement d'horlogerie. — L'oiseau étant visé, le déclanchement de la détente du fusil mettait le mouvement d'horlogerie en marche, et, par une suite de petits déplacements de la plaque sensible, déplacements coupés d'arrêts, pendant lesquels agissait l'obturateur, douze images successives se trouvaient prises en une seconde de temps sur tout le pourtour de la plaque. Chacune des images était faite en 1/720 de seconde et donnait des renseignements précis, mais encore trop incomplets, sur les mouvements du vol. Les images obtenues étaient fort petites. — Pour plus de sûreté dans la mesure des durées, Marey adapta au fusil un appareil chronographique formé d'une capsule à air qui recevait un choc à chacun des déplacements de la plaque sensible; un tube de caoutchouc reliait ce tambour à un tambour enregistreur qui traçait les mouvements reçus sur un cylindre tournant; on enregistrait aussi en même temps les vibrations d'un diapason. De cette manière, la durée de l'impression lumineuse et l'intervalle de temps qui séparait les images les unes des autres, étaient mesurés avec une précision satisfaisante.

Janssen (*C. R. Ac. des Sc.*, 1882, xciv, 911) a proposé de recueillir les images photographiques sur une plaque animée d'une rotation continue. — Ce procédé ne donne que des images peu nettes.

§ III. — *Chronophotographie sur bande pelliculaire.*

Pour avoir un grand nombre d'images, bien distinctes, Marey a imaginé de recueillir les images successives sur différents points d'une longue bande qui passerait au foyer de l'objectif en s'y arrêtant un instant très court pour la prise de chaque image.

Les premiers appareils chronophotographiques à pellicule mobile de Marey présentaient un dispositif électrique constitué par des contacts et des électro-aimants qui provoquaient l'arrêt de la bande pelliculaire sensible au passage d'une fenêtre éclairante. Le papier sensible se déroulait sous l'influence d'un mécanisme d'horlogerie.

Plus tard, Marey a renoncé à l'emploi de l'électricité, et dans les appareils les plus récents les mouvements de la pellicule et ses arrêts ne sont plus confiés à un rouage indépendant, mais ils sont solidaires des mouvements du disque.

1. *Appareil chronophotographique.* — Le chronophotographe de Marey qui sert pour la chronophotographie sur plaque fixe sert aussi à la chronophotographie sur pellicule mobile. Pour cela, il suffit de remplacer, dans l'arrière-corps de l'appareil, le châssis négatif de la plaque fixe par un autre châssis qui se nomme *fenêtre d'admission*, parce qu'il joue, en effet, au moyen de deux panneaux mobiles coulissant dans une rainure, le rôle de fenêtre à ouverture variable pour l'admission de la lumière.

En arrière de cette fenêtre se place dans une boîte spéciale, dite *chambre aux images*, la pellicule sensible et son mécanisme, le tout se logeant comme la fenêtre d'admission dans l'arrière-corps du chronophotographe.

Dans la chambre aux images la pellicule s'engage sur divers organes mécaniques qui servent à la faire passer, en la déroulant d'une bobine (M) servant de *magasin* sur une autre bobine *réceptrice* (R) après avoir reçu, derrière la fenêtre *d'admission* (en F), dans la chambre aux images, l'impression lumineuse.

Les pellicules qu'on emploie sont de longues bandes sensibles de 9 centimètres de hauteur qui se terminent à leurs deux extrémités par une certaine longueur de papier parfaitement opaque et taillé au bout en pointe.

Les bobines ont, comme les pellicules, 9 centimètres de hauteur; ce sont de petits cylindres fermés en haut et en bas par des disques d'épaisseur inégale. Ceux du haut sont minces; et ceux du bas, épais, portant en dessous des trous sur tout leur pourtour. Un petit tube traversant chaque bobine d'un fond à l'autre sert à l'enfiler, dans la chambre aux images, sur une broche verticale fixée à cette chambre.

A l'abri de la lumière, dans le laboratoire, on garnit la bobine-magasin (M) de la pellicule sensible en engageant le papier opaque sur celle-ci par l'une de ses pointes dans la fente ménagée sur le cylindre, puis en enroulant.

Il suffit de maintenir cette pellicule enroulée bien fixe sur la *bobine-magasin*, avec un lien par exemple, pour qu'elle soit à l'abri de la lumière, grâce aux sortes de queues de papier dont nous avons déjà parlé. L'enroulement achevé dans le laboratoire, on peut en sortir pour charger en pleine lumière la boîte aux images de la façon suivante : sur la broche de gauche de cette chambre on place la bobine-magasin ; puis on dégage l'extrémité de la queue opaque libre pour l'engager par sa pointe dans la fente de la *bobine réceptrice* en faisant un ou deux tours avec l'extrémité de cette queue sur cette seconde bobine. Enfin, en gardant cette dernière bobine de la main droite, on fait passer, avec la main gauche, la queue opaque dans une rainure, devant une ouverture (F) de la chambre aux images, puis sur un tambour-guide (L), où elle se trouve maintenue par un rouleau compresseur (*r*) qu'on écarte légèrement, et il n'y a plus qu'à enfiler la *bobine réceptrice* (R) par la broche de droite en écartant son rouleau compresseur (*r*) pour que la chambre aux images soit chargée.

La queue opaque, partant de la *bobine réceptrice* (R), passe devant l'ouverture (F) sur un tambour-guide pour aller jusqu'à la *bobine-magasin* (M) qu'elle recouvre encore de plusieurs tours, protégeant ainsi la pointe sensible de la pellicule qui se déroulera au moment de l'opération. Quand elles sont placées sur leurs broches dans la chambre aux images, les bobines s'engagent par les trous percés en couronnes dans l'épaisseur de leur base sur des chevilles fixées dans des plateaux tournants actionnés par la manivelle du chronophotographe comme les disques obturateurs fenêtrés, de telle sorte que le même effort de la manivelle du chronographe lance les disques fenêtrés et met en mouvement le mécanisme de la chambre aux images, au moyen d'un embrayage, dès qu'on veut commencer l'opération.

Marey a modifié cet appareil dans ses détails afin d'obtenir une parfaite égalité entre les intervalles des images, égalité qui lui a paru nécessaire pour rendre la chronophotographie applicable aux projections.

Marey, depuis lors, s'est contenté de recourir à des bandes refermées sur elles-mêmes et présentant le retour périodique d'un même mouvement. Il tombait ainsi dans un dispositif très analogue à celui du kinétoscope d'Edison à bandes.

A présent on trouve dans le commerce des pelliculaires de 20 mètres et plus.

L'invention de Kodak ayant mis dans le commerce de longues bandes de papier au gélatino-bromure d'argent, et la facilité de se procurer des *films* transparentes plus avantageuses encore, ont aidé au développement de la chronophotographie.

2. Voici encore, très brièvement, la description de quelques types d'appareils chronophotographiques de Marey :

Le type I (*a*), fonctionnant dans la lumière rouge du laboratoire photographique ; l'objectif est braqué au dehors au travers d'un pavillon en forme d'entonnoir. A la place du châssis ordinaire on glissait une planchette sur laquelle était monté un rouage d'horlogerie (R) conduisant sur des rouleaux une longue bande de papier. La rotation du disque produisait, à chaque passage d'une fenêtre éclairante, un contact électrique pendant lequel un électro-aimant comprimait la bande et l'arrêtait. Cet arrêt très court est nécessaire au moment de la prise d'une image.

Le Type II (*b*). On ne photographiait plus dans la chambre noire. Marey fit une boîte portative qui se chargeait dans le laboratoire, mais qu'on pouvait porter au dehors avec le chronophotographe lui-même.

Le Type III (*c*). Renonçant à l'emploi de l'électricité, Marey fit un appareil où les *mouvements* de la pellicule et ses arrêts n'étaient plus confiés à un rouage indépendant, mais étaient solidaires des *mouvements* du disque.

3. *Fusil chronophotographique à bandes pelliculaires.* — Dans sa forme primitive, le fusil chronophotographique ne donnait qu'un nombre insuffisant d'images, 12 seulement. — Dans le nouveau fusil, une bande de 20 mètres reçoit les images successives. L'obturateur est formé d'un robinet à lumière, bien moins encombrant que le disque. Un rouage mû par une dynamo est placé dans la crosse.

Chaque fois qu'on presse sur la détente, le courant se ferme, et la pellicule prend son *mouvement*, qui cesse aussitôt qu'on cesse d'appuyer sur la détente. Des accumulateurs légers ou une pile portative fournissent le courant nécessaire.

4. *Opération chronophotographique sur pellicule mobile.* — Le champ clair ou obscur étant choisi et réglé, ainsi que la distance du chronophotographe, et la *fenêtre d'admission* étant mise dans la rainure, avec l'écartement qui convient, on ouvre dans l'arrière-corps de l'appareil la chambre aux images; on repousse dans cette chambre le verre dépoli (V) contre l'ouverture (F); on referme le couvercle de la chambre et, par le viseur de cette chambre, on règle la mise au point. Il n'y a plus ensuite qu'à garnir la chambre aux images de ses deux bobines, enlever le verre dépoli, refermer le couvercle et lancer les disques fenêtrés au moyen de la manivelle.

Quand le sujet va passer devant le champ obscur ou clair, on fait agir par un déclanchement l'embrayage, et le mécanisme de la chambre aux images entre en fonction, tandis que sur la *bobine-magasin* (M) le papier opaque et la pellicule sensible se déroulent, malgré la pression de son rouleau compresseur, le papier opaque s'enroule, maintenu par un autre rouleau compresseur, sur la *bobine réceptrice* (R), après avoir passé sur le tambour-guide du laminoir (L) et devant l'ouverture (F).

Pendant toute la durée de l'opération la marche du mécanisme est égale et continue, mais la pellicule, néanmoins, n'avance devant l'ouverture (F) que par saccades, car il importe qu'à chaque éclairement des disques obturateurs il y ait un arrêt de la surface sensible pour que les images possèdent toute la netteté désirable. Ce mouvement saccadé est donné, au passage de la surface sensible devant l'ouverture (F), par un organe spécial qui la pince, l'arrête et la laisse reprendre son mouvement quand l'image est reproduite.

Dès que les derniers tours de papier opaque, enroulés sur la bobine-magasin, se sont déroulés, la surface sensible arrive au foyer de l'objectif devant l'ouverture (F) et la chronophotographie commence. Quand la surface sensible a passé, la seconde queue opaque se déroule à son tour et recouvre la pellicule impressionnée, de telle sorte qu'à la fin de l'opération il ne reste rien de la bobine (M), toute la pellicule étant enroulée sur la bobine R, et celle-ci est prête à être reprise en pleine lumière et portée dans le laboratoire pour le développement photographique.

Pour toutes les opérations, la *fenêtre d'admission* règle l'utilisation de la surface sensible et permet de l'économiser en la réduisant au minimum nécessaire. — Si le sujet à chronophotographier est plus long que large, on rapproche les volets mobiles de la fenêtre. Si le sujet est au contraire plus large que haut, on écarte les volets, e on retourne même au besoin le chronographe sur le côté afin d'utiliser la plus grande largeur de la fenêtre d'admission, mais en ce cas la succession des images, au lieu d'être transversale, est verticale et se lit de haut en bas.

Sur une même largeur de bande pelliculaire on peut prendre d'autant plus d'images que celles-ci sont plus réduites; il suffit pour cela de multiplier les éclairements au moyen des disques obturateurs dans une proportion correspondant à la réduction de l'admission de la lumière par la fenêtre d'admission.

A cet effet, les fenêtres des disques obturateurs sont munies de volets, et on n'a qu'à ouvrir ou fermer un certain nombre de ces volets pour augmenter ou réduire le nombre des fenêtres des disques.

On ne se préoccupe pas du nombre des arrêts de la pellicule, une disposition particulière du mécanisme de l'appareil le réglant automatiquement.

5. Pour le développement des épreuves, Marey se sert de deux poulies de métal, munies chacune d'une manivelle et montées l'une à côté de l'autre sur un bâti porté par quatre pieds. En se déroulant d'une bobine pour s'enrouler sur l'autre, la pellicule se réfléchit sur une tige de verre horizontale placée au niveau des pieds. Cette tige plonge dans une cuvette qui contient le développateur. On fait passer la pellicule d'une bobine sur l'autre, autant de fois qu'il est nécessaire pour que le développement soit complet.

Pour tirer les images positives, on se sert d'un appareil spécial: Une caisse de bois peu profonde et s'ouvrant sur une de ses faces, porte sur sa paroi opposée quatre broches destinées à recevoir la bobine. Des laminoirs animés d'un mouvement automatique entraînent la pellicule négative et la feuille de papier sensible.

§ IV. — *Chronophotographie à l'aide de plusieurs objectifs.*

1. Londe (1883), revenant à la méthode de Muybridge perfectionnée, a construit, en collaboration avec Dessoudex, un appareil dans lequel une série de 12 objectifs forment leurs images en des points différents d'une plaque rectangulaire de grandes dimensions. Un ingénieux dispositif provoque l'ouverture successive de ces objectifs à des intervalles équidistants, aussi rapprochés que l'on veut. L'analyse du mouvement est parfaite; l'ordre des images ne peut être interverti, puisqu'elles sont toutes obtenues sur une même plaque; mais le nombre de ces images est nécessairement limité par la nécessité d'avoir un objectif pour chacune d'elles.

Le général Sébert a employé un appareil analogue pour étudier les phases du lancement des torpilles.

Kohlrausch (1891) a construit un appareil formé d'un disque sur lequel se trouvent placées un certain nombre de chambres photographiques. L'axe du disque est disposé comme le fléau d'une balance. Les chambres photographiques passent l'une après l'autre devant une fente éclairée.

2. *Images alternantes.* — En accouplant deux chambres noires, munies de leurs objectifs et de leurs plaques sensibles, et en n'employant pour l'obturation de ces deux chambres qu'un seul disque (ce qui est facile en faisant occuper aux deux chambres des positions diamétralement opposées par rapport au disque) on obtiendra des images alternatives dans chacune des chambres visant l'une et l'autre le même point du champ obscur, pourvu que le nombre des fenêtres du disque soit impair et que ces fenêtres soient régulièrement espacées autour du disque.

Grâce à cette disposition, une fenêtre sera en face d'un des objectifs et produira l'éclairement dans une chambre noire, tandis que l'autre sera dans l'obscurité, puisque son objectif se trouve dans l'intervalle des deux fenêtres, et les images alterneront à droite et à gauche ou en haut et en bas.

Après l'opération, les deux plaques développées devront être rapprochées, mises côte à côte, ou l'une sur l'autre, suivant que les chambres diamétralement opposées par rapport au disque obturateur auront été placées l'une à droite, l'autre à gauche, ou l'une en haut et l'autre en bas, et les images se suivront pour la lecture dans un ordre alternant. On peut appareiller aussi de la même façon quatre objectifs, mais c'est difficile.

§ V. — *Chronophotographie microscopique.*

Il est très difficile de faire l'étude des mouvements des organismes microscopiques, car il faut réduire beaucoup la durée de pose, d'une part, et, d'autre part, il y a défaut d'éclairage, puisqu'un agrandissement linéaire de cent diamètres, par exemple, réduit 10 000 fois l'intensité lumineuse de chaque point grossi.

1. Marey, pour faire de la chronophotographie microscopique, a adapté sur l'avant-corps du chronophotographe une caisse portant un objectif qui condense la lumière transmise par un héliostat. — La lumière, en passant par l'objectif, traverse d'abord l'avant-corps de l'appareil, les disques fenêtrés, dont on a amené les fentes en coïncidence, puis arrive au foyer du condensateur, derrière l'avant-corps, là où une platine est disposée pour recevoir les préparations microscopiques. La position de cette platine se règle, pour la mise au point, au moyen d'une crémaillère, puis à l'aide d'une vis micrométrique. Derrière la platine porte-objet, l'objectif microscopique est adapté à une boîte métallique dans laquelle passent les rayons lumineux et l'image grossie de la préparation pour aller se reproduire sur une glace dépolie de la chambre aux images. — Un tube microscopique, placé à gauche de la boîte métallique, permet, grâce à la réflexion totale d'un prisme, de rechercher les points intéressants de la préparation microscopique avant d'opérer la chronophotographie. Une lentille de correction permet, en regardant par l'oculaire du tube du microscope, de régler l'appareil de grossissement. Pour effectuer les observations, il est indispensable d'interposer entre l'objectif concentrateur et l'héliostat une feuille de papier épais, afin de réduire la lumière et de ménager la préparation et l'œil de l'opérateur. — Pour éviter les inconvénients de la chaleur, on interpose des écrans de solution d'alun dans la glycérine. Grâce à l'intermittence des éclairages qui ont une durée inférieure à 1/1000e de seconde, les organismes microscopiques ne sont pas détruits par la grande chaleur de la lumière concentrée.

Nachet a construit un condensateur de lumière conique, à base sphéroïdale, qui réalise fort bien un champ obscur, pour les faibles grossissements, ce qui permet d'avoir des images sur plaque fixe. Au centre de la base sphérique du cône du condensateur, une capsule est creusée et remplie d'un vernis noir opaque. La lumière arrivant au sommet du cône se trouve réfléchie en rayons convergents à la base et illumine fortement la préparation qui se détache en clair sur le fond noir central.

2. Pour faire la chronophotographie microscopique des mouvements des cils vibratiles du manteau de la moule, Noguès a employé, à l'Institut Marey, le dispositif suivant :

Un soufflet photographique (S) relie le microscope (M) au chronophotographe (C). La lumière donnée par la lampe à arc (B) à réglage automatique est concentrée au moyen de 3 condensateurs (un, placé dans la lanterne; le second (A) placé entre la lanterne et le disque (D), et le troisième est le condensateur Abbe du microscope. Pour diminuer la durée de l'éclairement, assurer son uniformité et avoir le meilleur rendement, le disque fenêtré (D) se trouve placé sur le trajet du faisceau lumineux à l'endroit où il est le plus mince.

3. On peut faire l'étude chronographique des mouvements très rapides en faisant des projections microscopiques sur écran fenêtré. Voici comment on procède :

On s'enferme dans une chambre obscure où la lumière solaire ne pénètre que par un trou. On recueille le faisceau lumineux au moyen d'un condensateur (le faisceau lumineux traverse d'abord une cuve pleine d'une solution d'alun), et on le dirige sur la préparation microscopique. L'objectif microscopique, placé derrière, en renvoie l'image sur un écran percé de trous de même forme et de mêmes dimensions que la fente d'admission du chronophotographe qui est derrière ce trou de l'écran. Quand on veut avoir des photographies, on presse la gâchette du chronophotographe.

Avec ce procédé, la mise au point peut être faite avec plus de perfection, plus vite, et l'observateur n'est plus exposé aux dangereux effets de la lumière concentrée.

§ VI. — *Chronophotographie des mouvements lents.*

Voici la description des dispositifs employés à l'Institut Marey pour faire la chronophotographie des mouvements lents.

1. Un chronophotographe de Marey (C) est relié à un treuil (T) actionné par un poids (P). Sur l'axe qui relie ces deux appareils se trouve une ailette (L) dont une des extrémités repose sur une tige verticale (E) en face de laquelle se trouve un électro-aimant (F). Sur le circuit de cet électro-aimant, est intercalé un basculateur à eau (B) dont le fonctionnement est assuré par le réservoir à niveau constant (R). La fermeture du courant de l'électro-aimant produit l'attraction de la tige (E) vers l'électro-aimant (F) et laisse libre l'ailette (L). L'appareil se met à tourner jusqu'à ce que l'ailette (L) soit de nouveau arrêtée par la tige (E). Pour un tour complet de l'axe qui relie le chronophotographe au treuil, on peut avoir une image ou plusieurs images, suivant le besoin. Les intervalles de temps entre deux images successives se trouvent réglés par la vitesse d'oscillation du basculateur.

C'est à l'aide d'un tel dispositif qu'on a pu photographier les phases successives de l'ouverture d'une fleur de volubilis.

2. Pour chronophotographier un phénomène très lent, comme par exemple le développement d'une colonie de botrylles, Bull et Pizon ont employé, à l'Institut Marey, le dispositif suivant :

Un système d'horlogerie (A) actionne un chronophotographe (B) auquel est adapté un microscope (C). La préparation (D) est éclairée au moyen d'un bec Auer (E) à veilleuse dont l'éclairage est rendu intermittent par un électro-aimant en relation avec le chronophotographe. L'expérience peut durer plusieurs jours.

§ VII. — *Chronophotographie des mouvements rapides.*

1. Quand la durée d'un phénomène est inférieure à une seconde $\left(\frac{1}{10}, \frac{1}{100}, \frac{1}{1000}\right.$, etc., de seconde) les appareils chronophotographiques que nous avons décrits ne sont plus suffisants, car le nombre d'images qu'ils peuvent donner pendant une seconde ne dépasse pas le chiffre de 25 à 30 en moyenne. En réduisant la largeur de l'image, Marey est arrivé à obtenir jusqu'à 110 photographies par seconde. A l'Institut Marey, on a pu avoir 140 images par seconde sans changer le principe de l'appareil chronophotographique, à savoir : la marche de la pellicule avec arrêt pour le temps de pose et l'éclairage intermittent obtenu au moyen d'un disque fenêtré. Dans le nouveau chronophotographe de l'Institut Marey l'entraînement de la pellicule est réalisé par deux cylindres (C et C'); sur la circonférence de l'un de ces cylindres (C) se trouvent 8 méplats qui rendent la marche de la pellicule intermittente. A l'aide de multiplications par des engrenages, ces cylindres peuvent faire 17-18 tours par seconde. Un compresseur (B) assure l'arrêt net de la pellicule toutes les fois qu'elle n'est pas entraînée par les cylindres. Devant la fenêtre (F) la pellicule est aussi légèrement comprimée pour éviter les vibrations qu'elle pourrait avoir en grande vitesse. La réserve (R) de pellicule se trouve dans une petite boîte à part (supérieure). Dans cette même boîte, la pellicule est guidée et débitée au moyen de deux cylindres lamineurs (D et K) dont l'un (D) reçoit le mouvement de la manivelle par une transmission à courroie. — Après avoir été impressionnée, la pellicule tombe dans une boîte inférieure (L) où se trouve un système analogue au précédent et qui assure la descente de la pellicule.

2. L'appareil qui a servi à Lendenfeld pour étudier les mouvements des ailes des *Muscidés*, *Culcidés*, et *Bombus*, se compose d'un héliostat qui envoie la lumière solaire directe sur une grosse lentille biconvexe. Derrière cette lentille se trouve un disque de 36 centimètres de diamètre, avec 50 fentes rayonnantes ayant chacune 3 centimètres de long sur 1/2 millimètre de large. Ce disque est placé verticalement sur l'axe lumineux de façon que le foyer de la lentille tombe sur la zone marginale à fente du disque. A l'aide d'une transmission quelconque, on met le disque en mouvement avec une

vitesse de 50 tours par seconde, et même davantage. On peut ainsi avoir plus de 2500 éclairs lumineux. Si le disque ne tourne qu'une fois par seconde, on n'obtient que 50 éclairements.

Derrière ce disque à fentes, il y a une deuxième grosse lentille biconvexe, qui rassemble les rayons divergents après le point focal de la première lentille. Derrière et tout près de cette lentille se trouve un écran avec un trou circulaire. Dans cet écran se trouve une petite boîte à parois transparentes, dans laquelle on introduit un insecte. En introduisant de l'oxygène ou des vapeurs excitantes dans cette boîte, on provoque les mouvements de l'insecte. Au foyer de la seconde lentille se trouve un miroir (ou un prisme) mobile autour d'un axe horizontal. Ce miroir, dans sa position moyenne, fait un angle de 45° avec l'axe du faisceau lumineux ; il réfléchit donc la lumière sous un angle droit. — Tout près de ce miroir, il y a le système de lentilles de l'appareil photographique. Les rayons lumineux, qui sortent en divergeant de ces lentilles, tombent sur un second miroir (ou prisme) qui se trouve à l'intérieur de la chambre photographique. Ce miroir est mobile autour d'un axe vertical ; dans sa position moyenne le miroir fait un angle de 45°, et renvoie la lumière sur la plaque photographique.

En variant la distance qui sépare les deux lentilles et le premier miroir, on peut faire varier à volonté la grandeur des images obtenues.

Derrière l'écran à trous, entre celui-ci et la boîte qui contient l'insecte, on fait tomber

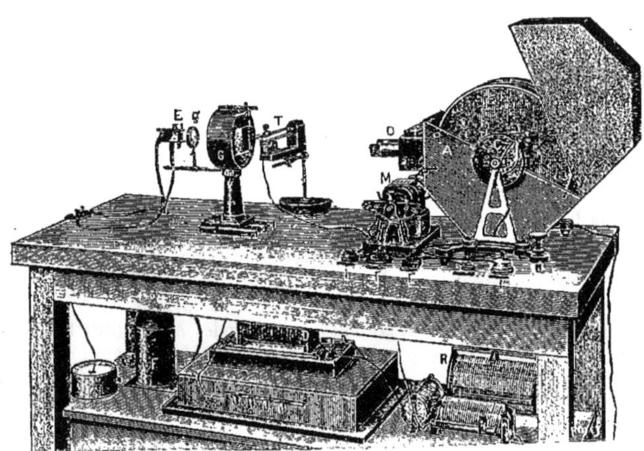

Fig. 130. — Chronophotographe électrique de Bull.

des grains de plomb d'une hauteur de 459 millimètres, de façon qu'ils traversent le faisceau lumineux avec une vitesse de 3 mètres par seconde. — On obtient donc, en même temps que l'image de l'insecte, l'image d'un grain de plomb. En mesurant le diamètre des images et la distance qui les séparent, on peut calculer, connaissant le diamètre réel du grain de plomb et la vitesse de chute, le temps qui sépare les diverses images.

Pour photographier, on fait tourner le 2e miroir autour de son axe vertical de gauche à droite, très rapidement, et le 1er miroir de haut en bas. On répète plusieurs fois ce mouvement jusqu'à ce que toute la plaque soit recouverte. On peut ainsi obtenir de 4 à 10 séries, de 20 à 40 images chacune, sur une plaque de 18 × 24 centimètres.

Les meilleures images ont été obtenues avec des intervalles de pose de 1/2150 jusqu'à 1/1600 de seconde.

On obtient encore de belles images avec une durée d'éclairement de 1/42000 de seconde.

Pour avoir une plus grande série d'images, Lendenfeld a employé, au lieu du système de deux miroirs, décrit plus haut, un miroir animé d'un mouvement de rotation (le miroir est fixé sur un axe horizontal à 80°).

3. Les séries d'images obtenues par LENDENFELD sont courtes et ne se prêtent pas à la synthèse ; elles présentent en outre un certain degré de flou, dû à la trop grande durée de la période d'éclairement par rapport à la vitesse de déplacement de l'image. Ces inconvénients ne se retrouvent pas dans le dispositif de BULL, qui a employé comme source lumineuse l'étincelle électrique. Les images équidistantes sont obtenues par BULL en provoquant les étincelles à des intervalles de temps correspondant à des déplacements égaux d'une pellicule.

Voici la description de ce dispositif, employé par BULL à l'Institut MAREY (fig. 130) :

Dans une boîte se trouve un cylindre monté sur un axe horizontal. Sur ce même axe, mais extérieurement à la boîte, est monté un interrupteur rotatif destiné à rompre un certain nombre de fois pendant un tour le circuit primaire d'une bobine d'induction. Sur le trajet du courant induit est placé, en dérivation, un condensateur. Les étincelles éclatent entre deux électrodes en magnésium derrière une lentille. Celle-ci concentre les rayons dans l'objectif, au foyer duquel tourne très rapidement le cylindre entouré d'une pellicule sensible. A chaque tour du cylindre jaillit un nombre d'étincelles correspondant à celui des contacts sur l'interrupteur. Il suffit de démasquer l'objectif pendant la durée d'un tour pour obtenir une série d'images régulièrement espacées de l'insecte placé entre la lentille et l'objectif. A cet effet est disposé derrière ce dernier un obturateur à double volet, qui, au moment voulu, est ouvert par le passage du taquet dont est muni le bord du cylindre ; la fermeture s'effectue automatiquement au tour suivant au moyen du même taquet.

Avec ce chronophotographe électrique, BULL a obtenu 1 500 images par seconde.

V

Cinématographie.

La synthèse des mouvements, dont l'analyse a été faite par la chronophotographie, peut être obtenue à l'aide des projections animées ou de la *cinématographie*. La vue cinématographique d'un mouvement avec sa vitesse réelle est obtenue quand on fait la projection animée avec la même rapidité que dans la prise des images. Cette vue, en général, n'est pas intéressante, au point de vue scientifique. Ce qui est intéressant, c'est de ralentir les mouvements rapides, et d'accélérer les mouvements trop lents. Dans ces conditions, on donne la sensation d'un mouvement parfaitement défini, qui montre toutes les phases d'un phénomène de longue ou de courte durée. Les conditions expérimentales qui rendent instructives les projections animées ont été indiquées par MAREY (1897).

Le chronophotographe n'a besoin, en principe, d'aucune modification pour devenir projecteur d'image, c'est à dire *cinématographe*. A l'intérieur de la caisse aux images se trouve un tube carré de métal qui encadre exactement la fenêtre où les images se forment. Ce tube est fermé en arrière par un volet qu'on ouvre pour diriger un faisceau de lumière sur l'image positive qu'on projette. — Dans la prise des images, au contraire, cette fenêtre est fermée, et le tube a pour fonction d'empêcher la lumière de se diffuser dans la chambre et de voiler la pellicule.

Le principe de la cinématographie se trouve dans le *phénakisticope* ou *zootrope* de PLATEAU. — En 1857, REVILLE proposait de faire succéder dans le stéréoscope une série de doubles images représentant les phases successives d'un phénomène. — Vers 1861, COLEMANN SELLERS a imaginé un appareil nommé *stéréophantascope*, qui était en quelque sorte la réalisation de l'idée de REVILLE. — En 1874, DUCOS DU HAURON a pris un brevet pour un *appareil destiné à reproduire photographiquement une scene quelconque avec toutes les transformations qu'elle a subies pendant un temps déterminé*. La prise des images successives et leurs projections sous forme de photographies animées — c'est-à-dire, la chronophotographie, — tout est décrit et figuré dans ce brevet.

En 1893, MAREY construisit son projecteur chronophotographique, qui était la réalisation de la conception de DUCOS DU HAURON. L'imperfection de cet appareil était le sautillement des images projetées provenant des inégalités des intervalles entre les images.

EDISON, en 1894, dans son *kinétoscope*, a réalisé l'équidistance des images en perforant la pellicule sensible de trous équidistants. Cette pellicule était entraînée par des chevilles.

En 1898, MAREY a construit un *chronophotographe analyseur et projecteur* qui permettait d'avoir l'équidistance des images sans perforer les pellicules.

Les projections chronophotographiques commencèrent à jouir d'une grande vogue, quand les frères LUMIÈRE ont construit leur *cinématographe.*

VI

Diagrammes naturels.

Il y a des phénomènes qui s'enregistrent sous forme de figures, sans l'intermédiaire d'un appareil enregistreur proprement dit. Voici quelques exemples de ce genre d'enregistrement :

1. CHLADNI (1787), pour rendre apparente les lignes nodales des plaques vibrantes, a imaginé de semer un peu de sable fin sur une plaque mise en état de vibration à l'aide d'un archet. Le sable mis en mouvement par les vibrations du corps se déplace, en s'accumulant dans les parties immobiles. Les lignes nodales se trouvent ainsi dessinées sous forme de figures (diagrammes). La forme de ces diagrammes est intimement liée aux sons produits par la plaque. On peut les conserver, en appliquant sur la plaque une feuille de papier mouillé avec de l'eau légèrement gommée, et en la retirant ensuite avec précaution.

2. Pour étudier les lignes équipotentielles, GUEBHARD (1882) a proposé une méthode électro-chimique qui permet en quelque sorte de trouver la *solution graphique* de divers problèmes. — Cette méthode est basée sur le principe suivant :

Quand on décompose par électrolyse l'acétate de plomb, ou une solution d'oxyde de plomb dans la potasse, l'oxygène produit à l'électrode positive y donne un dépôt de bioxyde de plomb. Cette propriété, observée par NOBILI et BECQUEREL, leur a donné l'idée d'une expérience intéressante. En prenant pour électrode positive un métal poli, on obtient des colorations très vives qui changent avec l'épaisseur du dépôt en donnant des anneaux colorés. Si l'on donne à l'électrode négative la forme d'une pointe, et qu'on la rapproche de l'électrode positive, on obtient des anneaux circulaires sur une plaque isolée plongée dans le liquide au voisinage. GUEBHARD a remarqué que, quels que soient le nombre et la forme des électrodes, le dessin qui recouvre la plaque fournit un diagramme des *lignes équipotentielles*, et que c'est précisément celui que donnerait la théorie de KIRCHHOFF pour une plaque conductrice limitée au même contour et en contact avec les électrodes. Cette concordance est telle que GUEBHARD propose l'application de cette méthode à la solution graphique des problèmes de ce genre qui n'ont pas encore été résolus par le calcul.

3. On peut avoir des renseignements précieux sur la constitution des faisceaux sonores, en employant le procédé des anneaux colorés de GUEBHARD. Voici en quoi consiste ce procédé : si l'on projette le souffle humide de l'haleine sur un bain de mercure, la vapeur d'eau, en s'y condensant en nappes minces, y produit des anneaux colorés comparables aux anneaux de NEWTON, et dont les bandes colorées correspondent aux quantités d'eau condensées et par suite aux densités de vapeur à chaque point de la section de la colonne d'air expirée. Si l'on émet différents sons au voisinage d'un bain de mercure, on obtient une série de diagrammes différents correspondant à chaque son.

On obtient aussi des figures colorées tourbillonnantes caractéristiques pour chaque son dans le *Phonéidoscope* de SEDLEY-TAYLOR. Ce physicien, ayant remarqué qu'une lame liquide présente, sous l'influence des vibrations sonores, des vibrations caractéristiques, a fait construire un appareil, le phonéidoscope, permettant l'étude des figures présentées par la lame liquide.

4) Dans la catégorie des diagrammes naturels, obtenus sans appareils enregistreurs, nous pouvons classer aussi les *lignes* de LUDERS, qui apparaissent sur la surface d'un morceau d'acier qui a subi une déformation permanente.

Ces lignes décrites et observées pour la première fois par LUDERS (1860) ont été bien étudiées par BECK-GEURHARD, GALLON, HARTMANN, FRÉMONT, etc. — (Voir : FRÉMONT. *Bulletin de la Société d'encouragement par l'industrie nationale, Septembre* 1896).

Bibliographie. — **Technique générale.** — BERNSTEIN (J.) et STEINER (J.). *Ueber die Fortpflanzung der Contraction und der negativen Schwankung im Säugethiermuskel* (*A. P.*, 1875, 526-551). — v. BEZOLD. *Untersuchungen über die electrische Erregung* (*A. P.*, 1861, 79-88). — BLIX (MAGNUS). *Neue Registrirapparate. Das elektrische Kymographion* (*A. g. P.*, 1902, XC, 405-417). — BŒKELMAN. *Het Pantokymographion en eenige darmee verrichte physiologische proeven* (*In. Diss.* Utrecht. Delft, F. Gräfe, 1894, 58 s.). — CATON (R.). *Description of a new form of recording apparatus for the use of pratical physiology classes* (*J. Anat. and Phys.*, 1887-1888, XXII, 103-106, 1 pl.). — CHAUVEAU. *Procédés et appareils pour l'étude de la vitesse de propagation des excitations dans les différentes catégories de nerfs moteurs chez les mammifères* (*C. R.*. 1878, LXXXVII, 95-99). — CLOPATT (A.). *Zur Kenntniss des Einflusses der Temperatur auf die Muskelzuckung* (*Skand. Arch.*, 1900, X, 249-334). — COSTA SIMÕES (A.-A. DA). *O registrador Chauveau no laboratorio de physiologia experimenta. em Coimbra* (*Coimbra Med.*, 1885, V, 72, 83, 1 pl.). — CYON (E.). *Methodik der physiologischen Experimente und Vivisectionen*, 1876, 127-132 (Giessen et St-Petersburg, 2 vol. in-8°). — DUBOIS (R.). *Appareil enregistreur universel et petit Laboratoire-meuble de physiologie* (*Soc. Linnéenne de Lyon*, XLIV, 8 pages). — DU BOIS-REYMOND. *Das Federmyographion* (*Gesammte Abhandlungen*, 1875, I, 271-283). — ELLIS (F.-W.). *Description of a simplified clockwork apparatus for graphic experiments* (*Boston M. and S. J.*, 1887, CXVII, 57-58). — ENGELMANN (T.-W.). *Das Pantokymographion* (*A. g. P.*, 1895, LX, 28-42, 2 pl.). — EPSTEIN (S.-S.). *Ueber ein neues Kymographion* (*Zeitschrift f. Instr. Kunde*, 1896, 332-333). — FANO (J.). *Descrizione di un apparechio registratore di ricerche cranometrice asseriate* (*J. P.*, 1899, XXIII, supp., 104). — FECKER. *Registrirapparat mit Centrifugalpendel-Regulirung* (*Zeitschr. f. Instr. Kunde*, 1887, 171-173). — FICK. *Pendelmyographion* (*Vierteljahrsschr. der Nat. Ges. in Zurich*, 1862, VII, 307-320). — *Mechan. Arbeit und Wärmeentw. bei der Muskeln.*, Leipzig, 1882. 95-100. — FRANCK (FR.). *Notes de technique opératoire et graphique pour l'étude du cœur mis à nu chez les mammifères* (*A. de P.*, 1892, IV, 105-118). — GALANTE (E.) et FRANCK (FRANÇOIS). *Nouvel enregistreur à bande sans fin avec enfumage et vernissage automatiques* (*Ibid.*, 1894, VI, 749-751). — GERLAND (E.). *Die Anwendung der Elektricität bei registrirenden Apparaten* (*Zeitschrift f. Instr. Kunde*, 1888, 255-256). — HADDAN (H.-J.). *Registrirapparat* (*Ibid.*, 1888, 299). — HANKEL (W.). *Uber einen Apparat zur Messung sehr kleiner Zeiträume* (*Ak. Sächs.*, 1866, 46-74). — HARLESS. *Zur inneren Mechanik der Muskelzuckung und Beschreibung des Atwood'schen Myographion* (*Sitzungsberichte der Kgl. bayerischen Akademie der Wissenschaften*, München, 1860, 625-634). — HECKER (O.). *Untersuchung von Horizontalpendel-Apparatus* (*Zeitschrift f. Instr. Kunde*, 1899, 261-269). — HELMHOLTZ. *Myographion* (*A. P.*, 1850, 276; 1852, 199). — HEYNSIUS (A.). *En algemeene registreertoestel* (*Arch. néerland. d. Sc. exactes*, 1869. IV). — HÜRTHLE (K.). *Beiträge zur Hämodynamik* : 4t Abth. 1. *Ueber eine neue form des Kymographions* (1-3); 2. *Ueber eine Vorrichtung zum feineren gleichmässigen Berussen des Papiers* (*A. g. P.*, 1890, XLVII, 1-17). — JENDRÁSSIK (J.). *Erster Beitrag zur Analyse der Zuckungswelle der quergestreiften Muskelfaser : Fall-Myographion* (*A. P.*, 1874, 513-597); — *Das selbst registr. Fallmyographion*, An. in *Hofmann's Jahresbericht*, 1881). — KRONECKER. *Elektromyographion* (*Zeitschrift f. Instr. Kunde*, 1889, 248; *Z. B.*, 1886, V, 285-290). — LA COUR (P.). *Neuerungen an elektrischen Regulatoren zur Erzeugung synchroner Bewegungen* (*Zeitschrift f. Instr. Kunde*, 1883, 260). — LUMIÈRE (A. et L.). *Nouvel enregistreur pour les inscriptions continues* (*C. R.*, 1900, CXXX, 1340-1342, 1 fig.; *B. B.*,

1900, LII, 497-500, 1 fig.). — MAGNUS (R.). *Ein neues Kymographion für länger dauernde Versuche* (*C. P.*, 1902, XVI, 377-379). — MARES (F.). *Ein neues Federmyographion* (*C. P.*, 1891, V, 838). — MAREY. *Études graphiques sur la nature de la contraction musculaire* (*J. de l'Anat. et de la Phys.*, 1866, 224-242; 402-416). — MENDELSSOHN. *Recherches cliniques sur la période d'excitation latente dans différentes maladies nerveuses* (*A. de P.*, 1880, 193-225; *Travaux du Labor. de Marey*, 1880, IV, 141-143). — MORAT. *Nouvel enregistreur* (*A. de P.*, Paris, 1892, 534-540). — NOACK (K.). *Rotirende Trommel* (*Zeitschrift f. Instr. Kunde*, 1895, 31). — ŒHMKE (W.). *Kymographion à moteur électrique* (*Ibid.*, 1889, 248). — PORTER (W.-T.). *New Kymograph* (*Amer. J. of Phys.*, 1903, VIII, n° 5). — PUTNAM (J.-J.). *Description of a modified pendulummyograph* (*J. P.*, 1879, II, 206-208). — REICHERT (E.-T.). *Two new Kymographions and a time-recorder* (*Phil. M. Times*, 1881-1882, XII, 267-273). — ROSENTHAL. *Ueber ein neues Myographion* (*Ak. Erlangen*, 6 juin 1876). — ROSENTHAL (J.). *Ueber ein neues Myographion und einige mit demselben angestellte Versuche* (*Das Kreiselmyographion*) (*A. P.*, 1883, *Supp.*, 240-279). — ROUSSY. *Grand enregistreur polygraphique pour inscriptions de longues durées* (*B. B.*, 1898, 1197-1204); — *Grand enregistreur polygraphique à mouvement réversible, pour inscriptions de courtes et de moyennes durées, avec styles secs ou styles à encre, sur papier fumé ou non fumé* (*B. B.*, 1899, 118-120); — *Dérouleur-enrouleur à mouvement réversible, permettant l'étude des courbes sur de grandes étendues* (*B. B.*, 1899, 64-65). — SANFORD (E.-C.). *A new pendulum chronograph* (*Am. J. Psychol.*, 1892-1893, V, 385-389). — SCHÄFER. *A simple electric chronograph* (*Lond. Physiol. Labor.*, 1887, 6). — SEWALL (H.). *On the effect of two succeeding stimuli upon muscular contraction* (*Pendulum-myograph*) (*J. P.*, 1879, II, 164-190). — SMITH (FR.-J.). *Neuer elektrischer chronograph* (*Phil. Mag.*, 1890, V, 377 et *Zeitschrift f. Instr. Kunde*, 1898, 366-367). — STRAUB (W.). *Ein neues Kymographion mit Antrieb durch Elektromotor* (*A. g. P.*, 1900, LXXXI, 10/12, 574). — THIRY (L.). *Ueber ein neues Myographion* (*Zeitsch. f. ration. Medicin.*, 1864, XXI, 300-306, 1 pl.). — VALENTIN. *Physiologische Pathologie der Nerven*, Leipzig, 1864, 86. — V. VINTSCHGAU (M.) et DIETL (M.). *Ein Cylinder-Feder-Myographion* (*A. g. P.*, 1881, XXV, 112-128, 2 pl.). — VOLKMANN (A.-W.). *Ueber das Zustandekommen Muskelcontractionen im Verlaufe der Zeit* (*Sächs. Ak.*, 1851, 1-5, 55-61). — WESTIEN (H.). *Myographion* (*Zeitschrift f. Instr. Kunde*, 1887, 54). — WILDERMANN (M.) et MOND (R.-L.). *Neuerungen an Chronographen* (*Ibid.*, 1889, 119). — WILKINS. *New Kymogrrph* (*Montreal gen. Hosp. Rep.*, 1880, I, 193-199, 2 pl.). — WUNDT. *Untersuchungen zur Mechanik der Nerven*, Erlangen, 1871, I, 7-11).

Technique spéciale. — BINET (A.) et COURTIER. *Note sur la mesure de la vitesse des mouvements graphiques* (*B. B.*, 1893, 219-220); — *Note sur un stylet à encre d'un modèle nouveau, pouvant être employé dans la méthode graphique* (*B. B.*, 1895, XLVII, 212). — DEPREZ (M.). *Enregistreurs électromagnétiques* (*J. de Physique*, 1876, V, 5-9). — FICK (A.). *Ueber die Aenderung der Elasticität des Muskels während der Zuckung* (*A. g. P.*, 1871, IV, 301-315). — GRASHEY. *Zeitentheilung der sphygmographischen Curven mitellest Funkeninductor* (*A. A. P.*, 1875, LXII, 530-537, 1 pl.). — LANGENDORFF (O.). *Ein Verfahren zur Anstellung physiologischen Zeitmessungen* (*Bresl. aerztl. Ztschr.*, 1879, I, 137-139). — NEWELL-MARTIN (H.-A.). *Self feeding chronograph pen* (*Physiolog. Papers*, Baltimore, 1895, 189-192). — REINHERTZ (C.). *Ein neues Stativ von M. Wolz in Bonn* (*Zeitschrift. f. Instr. Kunde*, 1887, 402-403). — SCHULTZ (P.). *Ueber die Einfluss den Temperatur auf die Leitungsfähigkeit der längestreiften Muskeln der Wirbelthiere* (*A. P.*, 1897, 1-28). — SMITH (FR.-J.). *An instrument for measuring chronograph traces* (*Philos. Magazine*, 1892, XXXII, 126-127). — WESTIEN (H.). *Eine neue Schreibfeder zum Aufzeichnen genauer und feinster Curven* (*A. g. P.*, 1881, XXVI, 571-573).

Transmission par l'air. — BLIX (MAGNUS). *Neue Registrirapparate. Schreibapparate für Luftübertragung* (*A. g. P.*, 1902, XC, 417-420). — BRODIE (T.-G.). *On recording variations in volume by air-transmission. A new form of volume-recorder* (*J. P.*, 1902, XXVII, 473-487). — COOP (SILVIO). *Nouveau polygraphe clinique muni de métronome et de petits tambours inscripteurs très sensibles* (*A. de P.*, 1896, 509-513). — ELLIS (F.-W.). *Description of a piston recorder for air connections* (*J. P.*, 1886, VII, 309-313, 1 pl.); — *The liquid piston recorder and the representation of its movements by means of photography* (*J. P.*, VII, 314-315). — FRANCK (FR.). *Applications de la méthode des ampoules conjuguées à l'étude de la pression intra-cardiaque artérielle et veineuse, à la recherche de la force maxima du cœur et à l'examen *des effets de la contractilité bronchique* (*A. de P.*, 1893, v, 83-92). — Groux (E.). *Fissura sterni congenita. New observations and experiments, made in America and Great Britain, with illustrations of the case and instruments*, Hamburg, 2e édit., 1859. — Johansson (J.-E.) et Tigerstedt. *Ueber die gegenseitigen Beziehungen des Herzens und der Gefässe* (*Skand. Arch. f. Phys.*, 1889, i, 330-402). — Lombard (W.-P.). *Recording apparatus* (*Cong. périod. intern. d. Sc. Méd.*, 1884, Copenhague, 1886, i, 113). — Lombard (W.-P.) et Pillsburg (W.-B.). *A new form of piston recorder and some of the changes of the volume of the finger which it records* (*Am. J. of Phys.*, 1899, iii, 186-200). — René (A.). *Modification au tambour à levier de Marey; tambour à levier rectifiable* (*B. B.*, 1887, 177-181). — Roussy. *Tambour à encrier inscripteur équilibré* (*B. B.*, 1899, 62-64). — Roy (C.-S.). *The form of the pulse-wave, as studied in the carotid of the rabbit* (*J. P.*, 1879-1880, ii, 66-81). — Schafer (E.-A.). *The piston-recorder; an apparatus for recording and measuring the changes of volume of the contracting frog's heart* (*J. P.*, 1884, v, 130-131, 1 pl.).

Chronographie. — D'Arsonval. *Chronomètre à embrayage magnétique pour la mesure directe des phénomènes de courte durée (d'une seconde à 1/500 de seconde)* (*B. B.*, 1886, 235-236). — Baillaud (B.). *Notions générales sur les instruments servant à mesurer le temps* (*J. de Physique*, 1893, ii, 3e sér., 49-63). — Barus (C.). *Benutzung eines gewöhnlichen Pendels zur Zeitangabe beim Chronographen* (*The Amer. J. of Sc.*, 1894, xlviii, 396; *Zeitschrift f. Instr. Kunde*, 1895, 151-152). — Berget (A.). *Enregistrement microphonique de la marche des chronomètres* (*C. R.*, 1899, cxxix, 712-713). — Bergström (J.-A.). *A type of pendulum chronoscope and attention apparatus* (*Psychol. Rev.*, 1900, vii, 483-489, 2 fig.). — v. Bezold. *Untersuchungen über die elektrische Erregung*, (*A. P.*, 1861, 45-49). — Cattel (J. M'k.). *Chronoscop und Chronograph* (*Wundt's philos. Studien*, 1893, ix, 307-310). — Deprez (M.). *Recherches sur l'étincelle d'induction et les électro-aimants. Application aux chronographes électriques* (*J. de Physique*, 1875, iv, 39-42); — *Chronographe* (*L'Électricien*, 1883, 449-499; *Zeitschrift f. Instr. Kunde*, 1883, 397-398). — Dodge (R.). *Beschreibung eines Chronographen* (*Zeitschrift f. Psychol. u. Physiol. d. Sinnesorg.*, 1896, 414, et *C. P.*, 1896, x, 287). — Ettingshausen (A.). *Étude sur les appareils enregistreurs à diapason* (*Ann. de Poggendorff*, 1875, clvi, 337). — Ewald (J.-R.). *Technische Hilfsmittel zu physiologischen Untersuchungen, durch einen Luft- oder Wasserstrom bewegte Stimmgabeln* (*A. g. P.*, 1888-1889, xliv, 555-560). — Fitz (G.-W.). *A new chronoscope* (*Proc. Am. Physiol. Soc.*, 1898-1899, 6). — v. Fleischl v. Marxow (E.). *Das Chronautographium* (*A. E. P.*, 1883, 131-133; in *Ges. Abhandl.*, in-8, Leipzig, 1893, 498-500). — Fredericq. *Théodore Schwann, sa vie et ses travaux*, Liège, 1884, 38 (*Inscription des mouvements du diapason sous les tracés*). — Grossmann (M.). *Die Mittel für die Registrirung von Zeit-Beobachtungen* (*Zeitschrift f. Instr. Kunde*, 1882, 223). — Geleich (E.). *Ueber neuere Chronometeruntersuchungen* (*Ibid.*, 1893, 343-350). — Grunmach. *Zungenpfeifenchronograph*; in Kronecker. *Vorrichtungen, welche im physiologischen Institut zu Bern bewährt sind*, 236-250 (*Ibid.*, 1889 238-239). — Grützner (P.). *Ein einfacher Zeitmarkirungsapparat* (*A. g. P.*, 1887, xli, 290-293). — Guillet (A.). *Sur un mode d'entretien du pendule* (*C. R.*, 1898, cxxvii, 94-97). — Guillet (A. et V.). *Nouveaux modes d'entretien des diapasons* (*C. R.*, 1900, cxxx, 1002). — Huet (E.). *Quelques modifications au métronome interrupteur-inverseur du docteur Bergonié* (*Rev. d'hyg. thérap.*, Paris, 1896, viii, 14). — Hürthle (K.). *Eine Vorrichtung zur Registrirung von Stimmgabelswingungen* (*A. g. P.*, 1898, lxxii, 580-583). — Jäger (Ch.-L.). *Elektrische Registrirvorrichtung* (*Zeitschrift f. Instr. Kunde.*, 1893, 435). — Jaquet (A.). *Studien über graphische Zeitregistrirung* (*Z. B.*, 1891, x, 1-38); — *Ueber die Verwendung des Tachenuhrmechanismus für präcise Zeitregistrirung* (*C. P.*, 1890, iv, 602-605). — Junghans. *Rotationspendel mit Verstellvorrichtung zur Veränderung des Trägheitsmomentes*, (*Zeitschrift f. Instr. Kunde*, 1885, 371). — Klemensiewicz (R.). *Ueber den Einfluss der Athembewegung auf die Form des Pulscurven beim Menschen* (*Ak. W.* (3), lxxiv, 1876, 1-74; *Der Transmissionschronograph*, 9-12). — Knipp (C.-T.). *Neue Form eines Pendelkontaktes* (*Am. J. of Sc.*, 1898, v, 283; *Zeitschrift f. Instr. Kunde*, 1898, 383). — Lippmann (G.). *Sur l'entretien du mouvement du pendule sans perturbation* (*J. de Physique*, 1896, (3), 429-434). — Marey. *Note sur un nouveau chronographe* (*J. de Physique*, 1874, iii, 137-139). — Mercadier. *Électro-diapason à mouvement continu* (*J. de Physique*, 1873, ii, 350-355). — Meyer. *Registrirung der Secundenschläge einer Pendeluhr mittels des Mikrophons* (*L'Électricien*, 1882, nr 20; *Zeitschrift f. Instr. Kunde*, 1882, 192-193). — Palmer

(C.-F.). *New form of pendulum contact clock* (*J. P.*, 1900, XI-XII, fig.). — PLANTÉ (G.). *Gravure sur verre par l'électricité* (*J. de Physique*, 1878, VII, 273-274). — SCHAIK (W.-C.). *Ueber die Pendeluhr Galiléi's* (*Zeitschrift f. Instr. Kunde*, 1887, 350-354). — SMITH (F.-J.). *Méthode pour éliminer des mesures chronographiques l'effet perturbateur des styles électro-magnétiques* (*Philosophical Magazine*, 1890, 5ᵉ sér., XXX, 160). — SIGALAS (C.). *Dispositif simple pour la chronographie* (*Gaz. hebd. d. sc. méd. de Bordeaux*, 1900, XXI, 303-304, 2 fig.). — VALENTIN. *Grundriss der Physiologie*. Braunschweig, 1855, 5 Auflage, 533-536. — VERDIN. *Métronome interrupteur* (*B. B.*, 1886, 117-118). — WUNDT (W.). *Chronograph und Chronoscop* (*Notiz zu einer Bemerkung. J. M. Cattel's; Wundt's philos. Studien*, 1892, VIII, 653-654). — YEO (G.-F.). *On the normal duration and significance of the « Latent-period of excitation » in Musclecontraction* (*J. P.*, 1888, IX, 396-453). — YOUNG (THOMAS). *A course of lectures on natural philosophy and the mechanical arts*, London, 1807, I, 191.

Correction des courbes. — HÄLLSTEN (K.). *Analys af muskelkurvor* (*Fortsättning*) (*Acta Societatis Scientiar. fenn.*, XXIV, 1897, 69 pag.). — KLERITZ (L.). *Präzisions-Kurvenrektifikator* (*Zeitschrift f. Instr. Kunde*, 1902, 311-314). — OUMOFF (N.). *Méthode de Ludimar Hermann pour l'analyse des courbes périodiques* (*Le Physiologiste russe*, Moscou, 52-54). — RUNNE. *Curvenanalysator* (*A. g. P.*, 1896, LXIV, 522). — SMITH (F.-J.). *Instrument pour la mesure des tracés chronographiques* (*Philosophical Magazine*, 1891, 5ᵉ sér., XXXII, 126). — WEISS (G.). *Analyse d'une courbe périodique par le procédé de Ludimar Hermann* (*J. de Physique*, 1898, VII, 141-144).

Fixation et reproduction. — BLEIBTREU (L.). *Zweckmässiges Verfahren zur Fixation sphygmographischer Curven auf berusstem Papier* (*Berliner klin. Wochenschrift*, 1892, nʳ 52). — FRANCK (FRANÇOIS). *Procédés pour obtenir rapidement et d'une manière économique sur verre ou sur gélatine des dessins destinés aux démonstrations par projection* (*B. B.*, 1881, 82). — FRANK (O.). *Die Vielverelfältigung von Curven auf photomechanischem Wege* (*A. P.*, 1894, 128-129; *C. P.*, 1894, VIII, 564). — HÜRTHLE (K.). *Beiträge zur Hämodynamik*, 4ᵉ Abth. 1° *Ueber eine neue form des Kymographions*; 2° *Ueber eine Vorrichtung zum feineren gleichmässigen Berussen des Papiers* (*A. g. P.*, 1890, XLVII, 1-17). — LABORDE. *Note sur la photographie appliquée à la reproduction des graphiques faits par la méthode de projection à la lumière électrique* (*B. B.*, 1882, 113-114). — RICHARDSON (B.-W.). *Solution for fixing sphygmograms* (*Asclepiad*, Lond., 1886, III, 360). — STUART (T.-P.-A.). *A method by which accurate drawings may be made by amateurs* (*J. Anat. and Physiol.*, Lond., 1890-1891, XXV, 300).

Chronophotographie. — ACH (N.). *Apparat zur photographischen Registrirung senkrechter Schiffsbewegungen* (*Zeitschrift f. Instr. Kunde*, 1899, 309-312). — ALBRECHT (TH.). *Vergleichung der optischen und der photographischen Beobachtungsmethode zur Bestimmung der Breitenvariation* (*Königl. Preuss. Geod. Instr.*, Oktbr., 1896; *Zeitschrift f. Instr. Kunde*, 1897, 22-23). — ANSCHÜTZ. *Physiologie artistique*, Paris, 1890, Soc. des Éditions scientifiques. — BULL (L.). *Application de l'étincelle électrique à la chronophotographie des mouvements rapides* (*C. R.*, 21 mars 1904). — CORNU (A.). *La photographie céleste* (*Rev. gén. d. Sc.*, 1892, 315-353). — DEMENY (G.). *Sur la chronophotographie* (*Annales du Conservatoire des Arts et Métiers*, IV, 30 pag.). — DICKSON (W.-K.-L.). *The Kinetograph, the Kinetoscope and the Kinetophonograph* (*Photographic Times*, janvier 1895, New-York). — EDER (J.-M.). *La photographie instantanée*, 1888, Paris, Gauthier-Villars, 221 pages. — ELKIN (W.-L.). *Instrument zur photographischen Aufnahme von Meteoren* (*Zeitschrift f. Instr. Kunde*, 1895, 74; *Astronomy and Astro-Physics*, 1894, 626). — ELLIS (F.-W.). *The liquid piston recorder and the registration of its movements by means of photography* (*J. P.*, 1886, VII, 314-315). — FOL (H.). *Sur un appareil photographique destiné à prendre des poses d'animaux en mouvement* (*Archives des Sc. physiques et naturelles*, 1884, XI, 517 et s.). — FRANCK (O.). *Eine Vorrichtung zur photographischen Registrirung von Bewegungsvorgängen* (*Z. B.*, XXIII, 295-302, 2 fig.). — GASTINE (L.). *La chronophotographie*, 1892, Paris, 172 pag. — GÉRARD (E.). *Ueber eine neue photographische Registrirmethode* (*Revue intern. de l'Électr.*, 1889, 24; *Zeitschr. f. Instr. Kunde*. 1889, 183); — *Process of Plotting Curves by the aid of Photography* (*Philosophical Magazine*, 1890, 6ᵉ sér., XXIX, 180-182). — HARTMANN (J.). *Apparat und Methode zur photographischen Messung von Flächenhelligkeiten* (*Zeitschrift f. Instr. Kunde*, 1899, 97-103). — HERMANN (L.). *Phonophotographische Untersuchungen* (*A. g. P.*, 1889, XLV, 582-592); — *Ueber automatisch-photo-*

graphische Registrirung sehr langsamer Veränderungen (*Festschr. d. nat. Ges. in Zürich*, 1896, II, 538-546). — JANSSEN (J.). *Présentation d'un spécimen de photographies d'un passage artificiel de Vénus obtenu avec le revolver photographique* (*C. R.*, LXXIX, 6 juillet 1874); — *Note sur le principe d'un nouveau revolver photographique* (*C. R.*, 1882, XCIV, 909-911). — KNOPF (OTTO). *Der Photochronograph des Georgetown College Observatory* (*Zeitschrift f. Instr. Kunde*, 1892, 242); — *Der Photochronograph in seiner Anwendung zu Polhöhenbestimmungen* (*Zeitschrift f. Instr. Kunde*, 1893, 150-154). — KŒHLER (R.). *Application de la photographie aux Sciences naturelles*, Encyclop. Aide-Mémoire, Paris, 1893. — KOHLRAUSCH (E.). *Photographischer Apparat für Serienaufnahmen* (*Zeitschrift f. Instr. Kunde*, 1891, 454). — VON LENDENFELD (R.). *Beitrag zum Studium des Fluges der Insekten mit Hilfe der Moment-photographie* (*Biol. Cbl.*, 1903, XXIII, 227-232). — LUMIÈRE (A. et L.). *Le cinématographe* (*Revue gén. des Sc.*, 1895, 633); — *Cinématographe-Type*, Lyon, 1901, 36 pag. — MACH (L.). *Ueber das Princip der Zeitverkürzung in der Serienphotographie* (*Photographischer Rundschau*, 1893, IV, 1-8). — MAREY (E. I.). *La photochronographie et ses applications à l'analyse des phénomènes physiologiques* (*A. de P.*, Paris, 1889, I, 508-517); — *La chronophotographie* (*Rev. génér. des Sc.*, 1891, 689-719); — (*C. R.*, 7 août 1882, 12 sept. 1887; 1891, CXIII, 216; 8 octobre 1892); — (*Ann. du Conserv. des Arts et Métiers*, 29 janv. 1899); — *Appareil photochronographique applicable à toutes sortes de mouvements* (*C. R.*, 1890, CXI, 626-629); — *La chronophotographie appliquée à l'étude des actes musculaires dans la locomotion* (*C. R.*, 1898, CXXVI, 1467-1479); — *Nouveaux développements de la chronophotographie* (*Revue des travaux scientifiques*, 1897, Paris); — *Les applications de la chronophotographie à la physiologie expérimentale* (*Congr. Moscou*, 1893; *Rev. scient.*, Paris, 1893, LI, 321-327); — *Nouveaux développements de la méthode graphique par la chronophotographie* (*Rev. scient.*, Paris, 1900 (4), XIV, 257-263). — MOROKHOWETZ (L.), SAMOJLOFF (A.) et JUDIN (A.). *Die Chronophotographie in physiologischen Institute der K. Universität in Moskau*, 1900, Moscou. — MOROKHOWETZ (L.). *Die Chronophotographie*, Moscou, 1900, 1-10. — OLIVIER (L.). *La photographie du mouvement* (*Rev. scient.*, 1882, XXX, 802-811). — ONIMUS et MARTIN (A.). *Études critiques sur les mouvements du cœur* (*J. de l'Anat. et de la Phys.*, 1865). — RAGOZIN (L.-F.). *Nouvelle méthode d'investigation graphique* (*Med. Vestnick.*, 1879, XIX, 175-177, 1 tab.). — VON RAPS (AUG.). *Präzisions-Registririnstrumente* (*Zeitschrift f. Instr. Kunde*, 1894, 1-6); — *Einrichtung zum selbstthätigen Aufzeichnen von Zeit und Werthbestimmungslinien bei einer Vorrichtung zur selbstthätigen photographischen Registrirung der Zeigerstellung von Messinstrumenten* (*Zeitschrift f. Instr. Kunde*, 1895, 37). — SAINT-GEORGE (A.-F.). *Photographischer Registrir-apparat für telephonische Uebertragung* (*Zeitschrift f. Instr. Kunde*, 1884, 402). — SIMON (TH.). *Ueber ein neues photographisches Photometrirverfahren und seine Anwendung auf Photometrie des ultravioletten Spektralgebietes* (*ibid.*, 1898, 26-28). — SIMON (S.). *Moment- und Zeitverschluss für photographische Apparate* (*ibid.*, 1890, 101). — SPRUNG (A.). *Ueber den photogrammetrischen Wolkenautomaten und seine Justirung* (*ibid.*, 1899, 111-118, 129-137). — STEIN (SIG.-TH.). *Die Lichtbildkunst im Dienste der naturwissenschaftlichen Forschung*, 1877 (50e *Versammlung deutscher Nat. und Aerzte zu München*, Stuttgart, VIII, 19 sept. 1877). — TEISSERENC DE BORT. *Théodolite photographique présenté à l'Association française de Photographie*, 1895. — VOLKMER (OTTOMAR). *Die chronophotographische Aufnahme*, Wien, 1897. — WALKER. *Photographischer Registrirapparat* (*Elektrical World*, 1894, XV, 15). — WEISS (G.). *Expériences de chronophotographie microscopique* (*B. B.*, 1896, 645-646). — WILD (H.). *Ueber die Benutzung des elektrischen Glühlichtes für photographischselbstregistrirende Apparate* (*Zeitschrift f. Instr. Kunde*, 1891, 411-412). — WILLMANN. *The horse in motion, as shown by instantaneous Photography*, in-4, London, 1882, Turner and Co. — WOERDEN (H.-C. VAN). *De Moment-Fotografie* (*Natuur*, 1888.)

TROISIÈME PARTIE[1]

La Méthode graphique en Physiologie.

I

PRESSION SANGUINE

La mesure de la pression artérielle est un problème posé depuis longtemps. Peu de de temps après la découverte de la circulation du sang, par Harvey, on commença à se préoccuper de la mesure de la quantité de mouvement dont le sang devait être animé dans le système compliqué des canaux sanguins. Pour résoudre ce problème, on commença par appliquer les lois de l'hydraulique et des formules mathématiques, plus ou moins bien adaptées aux données de l'anatomie. En procédant de la sorte, Borelli était arrivé à cette conclusion étrange que l'effort opéré par le cœur, à chacune de ses systoles, devait être égal à celui qui est nécessaire pour soulever un poids de 180 000 livres.

En 1733, la méthode expérimentale fut appliquée pour la première fois à l'étude de la pression sanguine par Hales, qui imagina d'introduire dans l'artère crurale un long tube de verre. La pression artérielle était mesurée par la hauteur à laquelle le sang s'élevait dans le tube. Les dimensions de l'appareil de Hales en rendaient l'usage difficile. Aussi ce fut un grand progrès que l'idée qu'eut Poiseuille, en 1829, de substituer au tube droit un tube en U contenant du mercure. L'appareil de Poiseuille, appelé *hémodynamomètre*, qui n'est en définitif qu'un manomètre ordinaire appliqué à l'étude de la pression du sang, devint un appareil d'un usage courant dans les laboratoires.

L'appareil de Poiseuille fut modifié de la façon suivante par Guettet : Une large cuvette remplie de mercure communique d'une part avec un tube rempli d'une solution alcaline qui s'engage dans l'artère, et d'autre part avec un tube vertical dans lequel oscille le mercure. Les oscillations du mercure dans cet appareil, qui possède un zéro à peu près constant, sont deux fois plus étendues que dans l'appareil de Poiseuille où le changement de niveau d'une des branches n'exprime que la moitié de la pression qui agit sur l'instrument.

Magendie et Cl. Bernard ont employé, avec le nom de *cardiomètre* ou d'*hémomètre*, l'appareil de Guettet.

En 1847, Ludwig plaça sur la surface du mercure d'un manomètre de Poiseuille un flotteur muni d'une plume inscrivante. Cette plume traçait les mouvements de la colonne mercurielle sur la surface d'un cylindre enregistreur placé verticalement.

Cet appareil enregistreur de la pression sanguine, et qui n'est en réalité qu'une modification du manomètre enregistreur de James Watt, est le premier enregistreur employé en physiologie. Cet appareil fut appelé par Ludwig : *kymographion* (κῦμα = onde; γραφειν).

A côté des manomètres à mercure ou à eau, nous trouvons les manomètres élastiques dont l'usage devient de plus en plus fréquent. La forme de ces appareils diffère beaucoup selon la façon dont on désire étudier la pression sanguine. Les appareils qui peuvent être mis en communication directe avec le sang du système artériel ont une autre forme que les appareils destinés à étudier la pression à travers la paroi artérielle non ouverte ou à travers la paroi artérielle et les tissus qui la recouvrent. Nous commencerons par décrire les appareils appartenant à la première catégorie.

1. L'application de la méthode graphique à l'étude des phénomènes mécaniques et physiques, en général, ne pouvant trouver sa place dans notre article, nous renvoyons les lecteurs que ces questions intéressent à notre livre : *La Méthode graphique*, qui paraîtra prochainement.

§ I. — *Mesure de la pression à l'intérieur des vaisseaux sanguins.*
Hémomanomètres enregistreurs.

Pour mesurer la pression sanguine, on emploie deux sortes de manomètres : des manomètres à colonne liquide et des manomètres à membrane élastique.

A. **Manomètres enregistreurs à colonnes liquides (à mercure ou à eau).** — Ces appareils, qu'on pourrait appeler *hémomanométrographes*, permettent d'enregistrer la pression sanguine soit d'une façon directe, au moyen d'une plume fixée au flotteur, soit à distance, au moyen de la transmission à air ou bien au moyen de l'enregistrement électrique, soit enfin au moyen de l'enregistrement photographique.

Quand il s'agit d'étudier des pressions faibles, comme la pression du sang dans les veines, on emploie des appareils dans lesquels l'eau remplace le mercure.

I. *Hémomanométrographes directs.*

1. Voici la description d'un appareil de Ludwig tel qu'il se trouve dans les laboratoires.

Sur une planchette verticale se trouve fixé un tube de verre en U rempli, jusqu'à une certaine hauteur, avec du mercure. Une des branches du manomètre présente une extrémité coudée munie d'un robinet : c'est la branche qui sera mise en communication avec l'artère. Dans l'autre branche du manomètre se trouve une tige appelée *flotteur*, parce qu'elle flotte sur la surface du mercure. L'extrémité inférieure de cette tige est renflée ; son extrémité supérieure porte une plume inscrivante ou un pinceau. Pour assurer le contact du pinceau avec la surface enregistrante, le flotteur est guidé par un fil de plomb ou par un archet muni d'un crin. Le flotteur doit être assez fort, rigide, et pourtant léger pour qu'il n'enfonce pas au-dessous de la surface du mercure. On le fait généralement en aluminium ; son extrémité renflée est en ivoire.

Quand la pression du sang agit sur le mercure, le mercure descend dans la branche qui est en communication avec l'artère et monte dans l'autre branche. La mesure de la pression est donnée par la différence de niveau entre les surfaces de mercure contenues dans les deux branches du manomètre. Le flotteur suivant les mouvements de la colonne mercurielle, la plume tracera sur la surface enregistrante la courbe des variations de pression du sang. La ligne du zéro de pression est tracée par la plume quand les surfaces mercurielles sont au même niveau dans les deux branches du manomètre. Sur la planchette-support, il y a une échelle millimétrique qui permet la lecture de la hauteur de la colonne mercurielle. Naturellement, la hauteur de la courbe de pression au-dessus de la ligne du zéro n'exprime que la moitié de la pression réelle, car elle représente seulement l'ascension de la colonne mercurielle dans une branche de manomètre. Pour avoir donc la valeur réelle de la pression, il faut multiplier par deux la hauteur de la courbe de pression.

Quand les variations de pression qu'on veut étudier sont très faibles, on amplifie les mouvements du flotteur en le faisant agir sur un levier qui porte la plume inscrivante. On varie l'amplification en attachant le flotteur plus ou moins près de l'axe de mouvement du levier.

Le manomètre de Traube-Cyon se compose de deux tubes qui s'ouvrent à leur partie inférieure dans une boîte en acier. Cette boîte présente une ouverture d'écoulement qui permet de vider et de nettoyer l'appareil. Le flotteur est formé par une tige d'ivoire en forme de fuseau ; son extrémité inférieure est entourée d'une gaine en caoutchouc dont les bords inférieurs reposent sur la surface du ménisque de mercure. Au-dessus de la tige d'ivoire, il y a une tige d'acier qui porte soit une plume à encre, soit un fil de verre coudé pour l'inscription sur une surface noircie au noir de fumée. Une petite capsule percée, placée à l'extrémité supérieure du tube, sert de guide au flotteur. Un fil de cocon, ou un cheveu tendu par un poids, appuie la plume sur la surface enregistrante. Gad emploie dans ce but un fil de verre creux avec un bout inférieur plein. Le cheveu ou le fil de verre se trouve accroché à un support métallique qui fait partie de l'instrument.

Le manomètre de François-Franck (1878) présente une constance absolue du zéro, grâce à la mobilité du manomètre le long de l'échelle graduée. Cette mobilité est obtenue au moyen d'un écrou qui produit l'abaissement ou l'élévation de la pièce qui supporte le manomètre. De cette façon, soit qu'on renouvelle le mercure, soit qu'un accident en amène la sortie, le zéro du manomètre ne change pas.

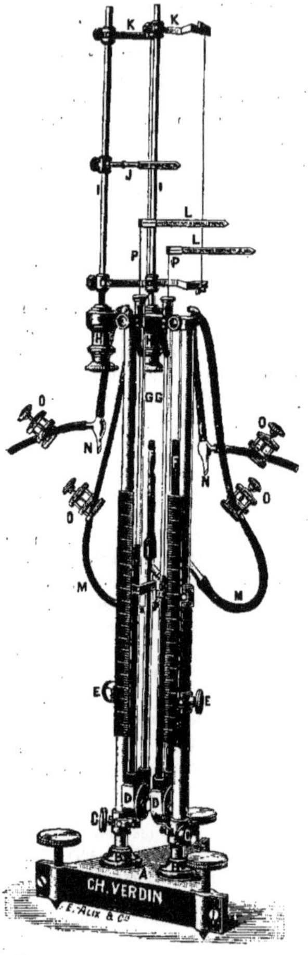

Le dispositif, formé par un fil tendu par un poids, qui était employé dans les autres manomètres pour appuyer la plume sur la surface enregistrante, étant mauvais, Fr.-Franck l'a remplacé par un cheveu tendu entre deux pointes fixes et maintenu par un fil de caoutchouc. Le procédé ancien est mauvais, parce que la pression exercée sur la plume n'est pas toujours la même pour toutes les positions du flotteur. De plus, le fil tendu par un poids présente des oscillations qui se transmettent à la plume du manomètre.

Le flotteur est formé par une tige d'aluminium ou d'acier terminée en bas par un renflement biconique de caoutchouc durci qui se visse. En haut de la tige, un disque avec un orifice central, ou un triangle formé par un crin, sert de guide au flotteur.

L'appareil est mobile autour de son axe vertical au moyen de la rotation d'un disque sur un autre. Cette rotation permet d'appliquer facilement la plume écrivante sur le papier.

Le tube manométrique est constitué par un tube en U dont la courte branche est munie d'un réservoir sphéroïdal, de façon que les changements de niveau dans la longue branche correspondent à la valeur réelle des changements de la pression, comme dans le manomètre de Guettet.

François-Franck a ajouté de nouvelles modifications à celles qu'il avait apportées au manomètre de 1878. Ainsi il assure le contact permanent du mercure et du flotteur par un peu de glycérine et une légère charge de mercure. Il a aussi réuni sur le même bâti deux manomètres servant à mesurer deux pressions.

Le manomètre de Ludwig présente de grandes oscillations; pour diminuer ces oscillations et pour avoir la pression moyenne, Marey a construit un appareil qu'il a appelé *manomètre compensateur*. Cet appareil est un manomètre pareil à celui de Guettet, présentant une colonne large d'environ 5 millimètres séparée du flacon de mercure par un tube capillaire assez fin. Cette étroitesse empêche la colonne mercurielle d'osciller sous l'influence des variations cardiaques de la pression du sang; aussi voit-on le mercure rester sensiblement fixe au niveau qui exprime la valeur moyenne de la pression dans les artères.

Fig. 131. — Manomètre de François-Franck.

Setschenow, pour obtenir le rétrécissement de la colonne mercurielle, indiqué par Marey, a ajouté au kymographion de Ludwig un robinet placé au bas du coude de verre formé par les deux branches de l'appareil. En tournant lentement ce robinet, on fait varier la lumière de cette partie du tube.

Stuart emploie comme flotteur dans le manomètre une tige de verre avec un bulbe à son extrémité inférieure ; à ce bulbe se trouve fixé au moyen d'un peu de cire à cacheter un petit tube en verre qui forme une sorte de collier ; le bord tranchant de ce tube touche le mercure, de cette façon la tendance du mercure à monter sur le flotteur se trouve diminuée. Le poids de ce flotteur est de 1gr,8 seulement, tandis que celui du flotteur du kymographion de Ludwig est de 4gr,4.

Klemensiewicz, dans ses recherches sur la pression du sang dans les veines, a employé aussi des manomètres à flotteur très léger formé par une tige creuse, fermée à ses deux bouts par des membranes en caoutchouc.

Les physiologistes se sont appliqués à diminuer non seulement le poids du flotteur, mais à réduire aussi la quantité de mercure mise en mouvement. Ainsi Roy utilise un tube manométrique de très faible diamètre intérieur. Dans son manomètre, l'anneau qui guide la tige du flotteur est placé au-dessus du point d'attache de la plume écrivante.

Chauveau a fait construire un grand appareil de laboratoire pour lequel il se sert

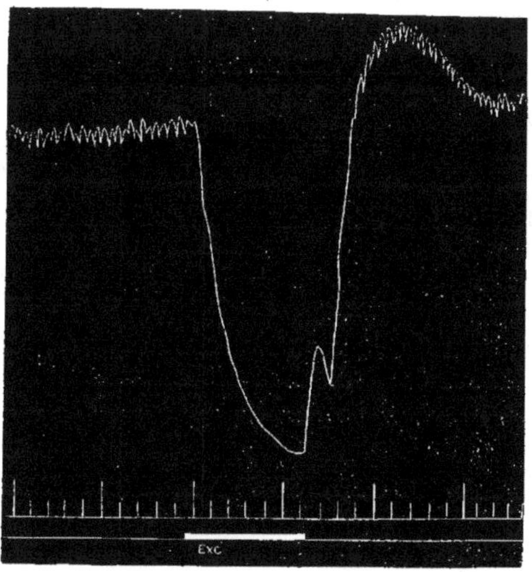

Fig. 132. — Tracé de la pression sanguine. Chute de la pression due à l'arrêt du cœur à la suite de l'excitation du nerf pneumogastrique.

du manomètre à flotteur. Celui-ci est muni d'un fil passant sur des poulies et tendu par un contrepoids. A un point du fil est placée une plume écrivante qui suit les mouvements du fil et par conséquent ceux du mercure. (Voir le schéma dans Doyon et Morat. *Traité de Physiologie*, III, 138, fig. 71.)

2. La pression enregistrée par le manomètre n'est connue que grâce à la mesure de la distance qui sépare le tracé obtenu de la ligne du zéro de pression. Pour obtenir le tracé du zéro de pression, on procède de la façon suivante : La canule artérielle, qui relie l'artère au manomètre, au lieu d'être placée dans l'artère, est plongée dans un vase plein de liquide placé à la hauteur de l'artère dans l'intérieur de laquelle on veut connaître la pression. Le tracé enregistré par la plume du flotteur dans ces conditions représente l'abscisse ou la ligne de zéro de pression.

Quand il s'agit d'un enregistrement de pression fait sur papier sans fin, il suffit d'avoir l'indication de la position de l'abscisse au commencement et à la fin ; en pliant le papier, et en le perçant à l'aide d'une épingle, on obtient la position de l'abscisse pour le restant du tracé.

3. Il est souvent intéressant de n'avoir que l'inscription de la pression maximum ou minimum dans le cœur. Dans ce but, on emploie un *manomètre à maxima* ou *à minima*.

Pour obtenir ces indications avec un manomètre ordinaire à mercure, GOLTZ et GAULE ont employé le dispositif suivant :

La sonde cardiaque est bifurquée ; avant d'arriver au manomètre à mercure, ces deux branches se réunissent en un seul tube. Sur une des branches de bifurcation se trouve placée une soupape. Si cette soupape est disposée de telle sorte qu'elle empêche la colonne mercurielle de tomber entre deux systoles, la masse de mercure s'élève à chaque systole jusqu'au niveau qui correspond à la plus haute pression atteinte dans le cœur au cours de l'expérience. Si, au contraire, la soupape est renversée, on ne peut plus enregistrer que le minimum de la pression qui existe dans le cœur. Le manomètre devient, dans ce cas, un manomètre à minimum alors qu'il était manomètre à maximum dans le premier cas.

Le manomètre à mercure n'est minimal ou maximal que si la branche de bifurcation sans soupape est fermée ; autrement, il fonctionne comme un manomètre ordinaire qui n'enregistre que la pression moyenne, car ses sommets supérieurs sont au-dessous de la pression maximum et ses sommets inférieurs au-dessus de la pression minimum. Ce phénomène est dû à l'inertie de la colonne mercurielle qui ne peut pas suivre rapidement des variations qui, dans le cœur du chien, sont égales à 150 ou 200 millimètres de mercure environ.

Le manomètre à *maxima* et *minima* de HÜRTHLE se compose d'un tube recourbé à la partie inférieure, présentant dans sa petite branche un renflement et une soupape qui s'ouvre en bas, vers l'intérieur du renflement. Ce renflement a pour but d'assurer le contact intime du tube recourbé avec un autre tube placé au-dessus. Ce tube, qui est court, communique d'une part avec l'artère, et d'autre part, par sa partie supérieure, avec un tube long. Ces deux derniers tubes ne communiquent pas directement, mais par l'intermédiaire d'un tube étroit à soupape. Cette seconde soupape s'ouvre aussi comme la première de haut en bas. Les deux tubes longs, le tube recourbé et le tube qui coiffe la seconde soupape sont remplis de mercure ; le tube intermédiaire entre les deux soupapes, plus large que les deux premiers tubes, et qui communique avec l'artère, est à moitié rempli de mercure ; sa moitié supérieure est remplie d'une solution anticoagulante. L'extrémité inférieure du petit tube de la seconde soupape plonge dans le mercure. Il est facile de comprendre comment, quand la pression augmente, le mercure pénètre et monte dans le tube recourbé, et comment, quand la pression baisse, le mercure descend dans le second tube long qui coiffe la seconde soupape. Ce dernier tube indique les minima de la pression ; le tube recourbé, les maxima.

4. Quand il s'agit de faire l'étude de pressions très faibles, on emploie un manomètre à eau. Dans ce cas, le soulèvement de la colonne de liquide est environ 14 fois plus grand que le soulèvement de la colonne mercurielle, à cause de la différence de poids spécifique qui existe entre l'eau et le mercure (10 millimètres de mercure correspondent à 136 millimètres d'eau ; et inversement, 10 millimètres d'eau correspondent à 0,74 millimètres de mercure).

Le flotteur, dans le manomètre à eau, doit être extrêmement léger ; il est formé en général par un petit bouchon creux, en liège, paraffine ou caoutchouc avec une tige en fil de verre. Quand on emploie le liège, on le fait bouillir d'abord dans de la paraffine pour boucher les trous.

La plume inscrivante, formée par un brin de paille ou une épingle, est fixée perpendiculairement à la tige du flotteur. Un fil tendu la maintient appliquée à la surface enregistrante.

Le manomètre à eau de MILNE-MURRAY est composé d'un tube en U rempli en partie avec de l'eau. Le flotteur est fixé à un fil mince passant sur deux poulies et allant s'attacher à une plume inscrivante. Le poids de la plume suffit à tendre le fil. La quantité d'eau qui remplit le tube doit être en rapport avec la pression qu'on veut étudier.

Le manomètre enregistreur universel de LAULANIÉ se compose d'un tube de verre en U contenant de l'eau. Dans l'une des branches du tube il y a un flotteur en bougie, dont l'extrémité supérieure est reliée avec un levier inscripteur par un fil qui passe sur une poulie.

5. Le volume du tube du manomètre n'est pas le même pour tous les animaux; il doit être en rapport avec la taille de l'animal sur lequel on expérimente, car un manomètre loge à son intérieur une quantité de sang proportionnelle à la section de sa colonne. De sorte que ce serait produire une véritable hémorragie que de prendre la pression artérielle d'un petit animal avec un manomètre de gros calibre.

II. *Enregistrement de la pression sanguine au moyen de la transmission à air.*

Le flotteur d'ivoire qui repose sur le mercure présente l'inconvénient de ne pas suivre toujours fidèlement les mouvements d'ascension et de descente du mercure. Parfois, il plonge dans le mercure à des degrés divers, d'où il résulte une cause de déformation des mouvements et une inscription infidèle des variations de la pression.

Le manomètre à flotteur présente de plus d'autres inconvénients d'un autre ordre : par exemple, il exige l'emploi d'une surface enregistrante verticale placée tout près du manomètre; il est un appareil encombrant quand on veut faire des inscriptions multiples.

On peut facilement éviter ces inconvénients en employant la transmission à air. Pour cela, on introduit le tube du manomètre, sans flotteur, dans un tuyau de caoutchouc qui se rend à un tambour à air inscripteur. C'est Marey, le premier, qui employa ce dispositif. On comprend facilement comment il fonctionne : le déplacement du mercure fait l'office d'un piston qui foulerait ou aspirerait l'air du tube manométrique jusque dans le tambour à levier.

Il est préférable de remplacer le tambour à air par un piston-recorder, car les mouvements du piston sont proportionnels aux mouvements de la colonne mercurielle.

L'inscription par la transmission à air permet d'inscrire sur n'importe quelle surface enregistrante, à quelque distance que ce soit, et de disposer comme l'on voudra les appareils dont on veut enregistrer simultanément les mouvements. Naturellement, elle ne peut s'appliquer que dans les cas où il s'agit de faibles déplacements de la colonne mercurielle.

L'inscription par la transmission à air est d'autant plus sensible que la colonne de mercure a un plus grand diamètre; dans ce cas, les mouvements du mercure déplacent une plus grande quantité d'air, ce qui provoque des mouvements de déplacement d'autant plus forts.

III. *Hémomanomètres enregistreurs électriques.*

L'électricité a été employée aussi comme moyen de transmission pour faire à distance l'inscription des oscillations de la pression sanguine.

Ainsi, le *kymographion télégraphique* de Kronecker (1881) inscrit à n'importe quelle distance le nombre des millimètres parcourus par la colonne mercurielle d'un manomètre, en montant ou en descendant. Pour cela, la tige du flotteur est disposée de telle façon qu'à chaque parcours d'un millimètre il y a une rupture de courant électrique. Chacune de ces ruptures est enregistrée par un téléphone inscripteur sur un cylindre enregistreur.

Nous ne pouvons donner les détails de construction de cet appareil, nous renvoyons au mémoire de l'auteur; nous donnerons seulement quelques brèves indications : la tige métallique du flotteur est une vis dont les creux sont remplis de gomme laque (substance isolante). Le pas de cette vis est d'un millimètre. Cette tige glisse entre trois poulies qui se trouvent placées à l'ouverture supérieure du tube manométrique. Deux de ces poulies sont en platine, sur elles frotte un petit balai par lequel arrive le courant. Le pas de vis métallique de la tige établit la communication et le passage du courant entre ces deux poulies. Les balais qui frottent sur les poulies métalliques ont la forme d'un levier à deux bras; l'un de ces bras joue entre les mâchoires d'un contact électrique par lequel le courant arrive dans le levier. La poulie en caoutchouc commande aussi le jeu d'un contact électrique.

Grünbaum (1898) a employé aussi l'électricité, mais d'une façon tout à fait différente. Il a enregistré par la *photographie* les mouvements d'un *électromètre capillaire*. L'électromètre capillaire montrait les variations de potentiel de deux points dont le circuit électrique subissait des changements de résistance provoqués par les variations de la pression.

IV. *Enregistrement de la pression sanguine au moyen de la photographie.*

Il est difficile d'enregistrer, avec un manomètre à eau ordinaire, les variations de la pression sanguine dans les veines, car ces variations n'ont pas la force nécessaire pour soulever une colonne d'eau à une hauteur convenable et en plus pour déplacer une plume inscrivante. Pour avoir l'inscription des variations faibles, on emploie la méthode photographique.

Cybulski (1888) a construit un appareil spécial, une sorte de manomètre fermé, qui se compose d'un tube long de 300 millimètres ayant un diamètre de 3 millimètres. L'extrémité supérieure du tube se continue en un petit gonflement dont le volume est de 5 à 10 fois plus grand que celui du tube, calculé à partir du coude que présente son extrémité inférieure. Celle-ci est recourbée et fait avec le tube un angle de 120°-130°; elle est mise en communication avec une veine par une canule et un tube remplis préalablement d'une solution de bicarbonate de soude. Le tube du manomètre est rempli d'une solution de picrocarmin. Au-dessus du liquide, dans le tube et dans le gonflement qui est pourvu en haut d'un robinet, il y a de l'air.

Quand la pression veineuse est égale à la pression atmosphérique, le niveau du liquide marque le zéro de l'appareil. Les oscillations du liquide dépendent du diamètre du gonflement; elles sont plus petites dans ce manomètre fermé que dans un manomètre à eau ordinaire ouvert. L'appareil est pourtant très sensible. On peut, n'importe quand, en ouvrant le robinet, transformer le manomètre fermé en un manomètre à eau ordinaire, sans qu'il y ait un déplacement du zéro. Si les oscillations de la colonne liquide sont trop grandes, on ferme le robinet.

Le manomètre est placé sur un support, entre deux fentes : une antérieure, l'autre postérieure, larges chacune d'un millimètre, au travers desquelles passent des rayons lumineux parallèles. On place l'ensemble de l'appareil devant la lentille d'une chambre obscure, on obtient sur une plaque sensible l'image du ménisque concave du liquide contenu dans le manomètre : c'est une ligne claire sur un fond obscur. En déplaçant le support du manomètre, on peut agrandir ou diminuer l'amplitude de cette image.

L'appareil de Bayliss et Starling consiste simplement en un large tube de verre étiré à une de ses extrémités en un tube capillaire très étroit; cette extrémité est fermée après avoir rempli le tube d'eau. Dans le tube capillaire, on a ménagé un petit espace, long de 1 centimètre 1/2, qui est rempli d'air. L'autre extrémité du tube est mise en communication, par l'intermédiaire d'un tube en plomb, avec une artère ou avec une sonde intracardiaque.

L'image du tube capillaire, agrandie, est projetée sur une fente derrière laquelle se trouve un cylindre enregistreur recouvert d'une feuille sensible.

On obtient ainsi la photographie de la pulsation cardiaque.

Bayliss et Starling ont étudié, pour les comparer à leurs appareils, les manomètres de Hürthle et de v. Frey. Ils ont trouvé que le premier donne des résultats conformes aux leurs, tandis que celui de v. Frey est moins fidèle; car, d'une part, la masse liquide qu'il contient possède trop d'inertie, et, d'autre part, la transmission à air amortit les mouvements.

Plus récemment, en 1894, Bayliss et Starling ont photographié les variations d'une vésicule d'air, dont le plus grand diamètre mesurait $3^{mm},8$, contenue dans l'extrémité conique d'un tube capillaire de verre. Cet espace plein d'air était en communication par un robinet à trois voies avec une sonde cardiaque et avec une bouteille de pression remplie de $Mg\,SO^4$ à 25 p. 100. A un changement de pression de 100 millimètres de mercure correspondait l'entrée, dans le tube capillaire, d'un volume égal à 0,0335 c. c.

Bayliss et Starling considèrent leur méthode comme permettant d'obtenir la forme typique des courbes cardiaques. Il en serait ainsi s'il n'y avait pas de frottements; or le frottement est considérable dans un tube capillaire.

B. Manomètres enregistreurs à membrane élastique ou Hémomanométrographes élastiques. — En faisant agir le sang sur une membrane élastique, métallique ou en caoutchouc, et en enregistrant les déformations subies par cette membrane sous l'influence des variations de la pression du sang, on obtient un tracé qui représente les variations de la pression sanguine. L'étalonnage préalable de l'appareil fait connaître à quel degré de pression, en poids ou en hauteur de colonne mercurielle, correspond un degré donné de la déformation de la membrane élastique.

Les déformations de la membrane élastique peuvent être enregistrées directement, au moyen d'un levier, ou bien à distance, à l'aide de la transmission à air.

Les manomètres à membrane élastique permettent d'enregistrer la forme des variations rapides de pression, qui ne peut pas être donnée par des manomètres à mercure.

I. *Hémomanométrographes élastiques directs.*

Parmi les appareils qui appartiennent à cette catégorie, il y en a qui permettent de mesurer la pression sanguine d'après les déformations subies par un tube élastique, d'autres d'après la déformation d'une lame ressort ou d'une membrane élastique en caoutchouc ou métallique. Les variations de la pression sanguine sont transmises au corps déformable par l'intermédiaire d'un tube plein de liquide ou d'air. Les déformations du corps élastique sont enregistrées directement au moyen d'un levier qui trace ses mouvements sur une surface enregistrante noircie au noir de fumée. Les mouvements à enregistrer étant très délicats, on ne peut pas employer une plume à encre, comme on le fait quelquefois pour les manomètres enregistreurs à mercure.

1. Le *manomètre élastique de* Fick (le *Federkymographion*) est le premier hémomano-

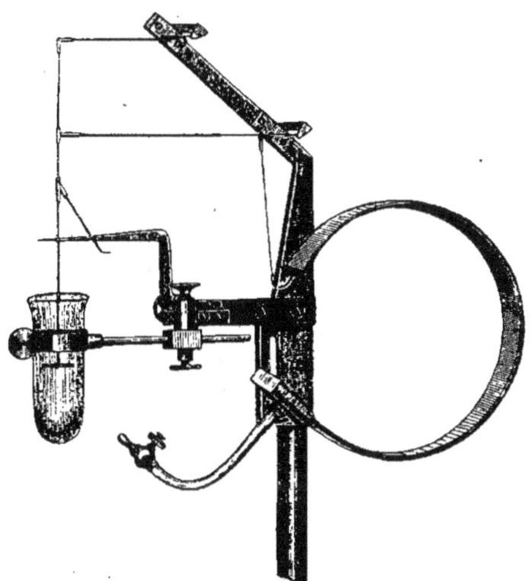

Fig. 133. — Manomètre élastique de Fick.

métrographe élastique métallique employé en physiologie (1864). Cet appareil se compose d'un tube élastique plat, comme celui d'un manomètre de Bourdon, recourbé en arc de cercle, ayant une extrémité mobile fermée et une extrémité fixe communiquant avec une artère. Le tube élastique est rempli d'alcool, tandis que le tube en plomb qui le relie à l'artère est rempli d'un liquide anticoagulant. Quand la pression sanguine croît, le tube-ressort s'étend et son extrémité supérieure libre se déplace.

Les déplacements de l'extrémité libre sont enregistrés au moyen d'un levier enregistreur dont la plume, pourvue d'un dispositif spécial, transforme les mouvements en arc de cercle du levier en mouvement rectiligne. Les vibrations propres du levier sont amorties au moyen d'un petit disque de papier, relié au moyen d'une tige au levier ; ce disque de papier plonge dans un récipient rempli de glycérine ou d'huile.

Le kymographion de Fick a été modifié par Hering (Hermann, *Handbuch der Phys.* IV, p. 234, fig. 21).

2. Les hémomanométrographes élastiques se composent, en général, d'un très petit tambour, analogue au tambour à air de Marey, recouvert d'une membrane en caoutchouc très fine. Ce tambour communique avec l'artère. Sur la membrane du tambour appuie une lame ressort. La variation de la pression du sang provoque les déformations de ce ressort, déformations qu'on enregistre à l'aide d'un levier enregistreur. Voici la description de quelques appareils dont la construction est basée sur ce principe.

Le *manomètre élastique de* Fick (1883) se compose d'un cadre rectangulaire (*e e e e*) sur lequel sont fixés un tube (*a a*) très fin, ayant un millimètre de diamètre, et l'extrémité d'une lame-ressort (*f*). Le tube aboutit à une petite capsule (un petit tambour) recouverte d'une fine membrane de caoutchouc. Un petit bouton en ivoire (*d*), fixé sur la membrane de la capsule, appuie sur la lame-ressort. La capsule renferme quelques gouttes liquides qui assurent son étanchéité parfaite; le tube (*a a*) de la capsule communique avec l'artère par l'intermédiaire d'un tube de verre coudé. Au début, il y avait dans l'appareil de Fick, comme moyen de transmission entre le sang et la capsule, de l'air : plus tard, Fick a rempli tout le tube de communication avec un liquide (Fig. 134).

Quand la pression augmente dans l'artère, et par conséquent, dans la capsule, le

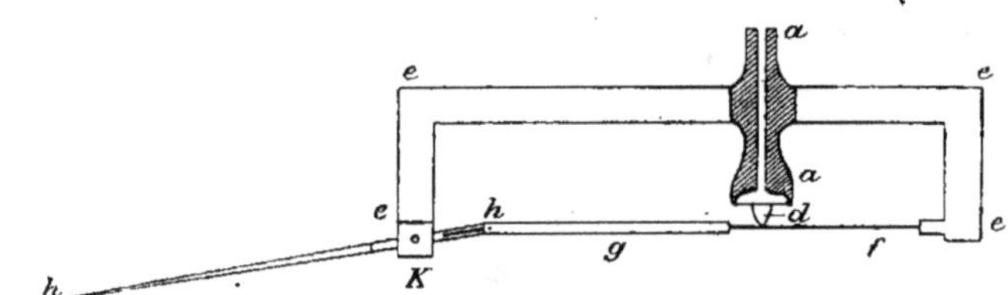

Fig. 134. — Manomètre élastique de Fick.

bouton (*d*) appuie sur la lame-ressort et la déforme. Les déformations de la lame-ressort, extrêmement petites, sont proportionnelles à la pression. Les déformations du ressort sont enregistrées de la façon suivante : l'extrémité libre de la lame-ressort est prolongée par une tige de jonc (*g*) dont l'extrémité, en forme de fourche, est mise en relation avec l'extrémité (*h*) d'un bras de levier. Le levier est mobile autour d'un axe (K) fixé à une des extrémités du cadre. L'une des extrémités du levier (*h*) est pourvue d'une plume qui inscrit sur une surface enregistrante les variations de la pression sanguine. Un dispositif spécial (qui n'est pas représenté sur la figure) permet d'avancer ou de reculer l'axe du levier et par conséquent de varier l'amplification des tracés. Au même point du cadre où se trouve le levier est fixé un style enregistreur immobile qui trace l'axe des abscisses.

Le *tonographe* de v. Frey (1890) n'est qu'une modification de l'appareil de Fick. Son tambour (petite capsule), qui présente un diamètre de 10 millimètres, reçoit à sa partie supérieure un tube de 1,5 millimètres, formé par une vis tubulée. Le bouton de la membrane du tambour appuie ordinairement sur la lame-ressort; celle-ci porte un petit coin dont l'arête appuie sur le levier enregistreur près de l'axe. Le contact entre le levier et le coin est assuré par un poids suspendu à un fil. L'axe du levier enregistreur est porté par une tige mobile sur le support; cela permet de varier l'amplification du tracé. Les déformations du ressort sont amplifiées de 15 à 20 fois environ. La lame-ressort peut être remplacée par des lames de différentes épaisseurs; on choisit l'épaisseur de la lame selon les besoins des expériences. Le plan de l'axe du levier enregistreur peut être varié de telle sorte qu'on peut avoir l'inscription verticale ou horizontale. Le tambour est à moitié rempli d'eau; le tube qui relie l'artère au tambour est rempli d'air.

La communication du sang de l'artère avec le liquide de l'appareil de v. Frey se fait de la façon suivante. Une canule métallique pourvue d'un robinet entre dans l'artère. Un tube en verre renflé, à moitié rempli d'un liquide anticoagulant, relie la canule avec un tube capillaire long de 30 centimètres. Au delà de ce tube se trouve un tube métallique en T, dont l'une des branches va à un manomètre à mercure, et l'autre au tonographe. Lorsque l'on ouvre le robinet de la canule, le sang fait monter le liquide du tube de verre renflé, et le fait passer en partie dans le tube capillaire. Il résulte une augmentation de la tension de l'air contenu dans l'appareil.

Le *manomètre élastique* de Hürthle (*Federmanometer*) se compose d'un bâti métallique dans lequel glisse à frottement dur une cheville qui porte à son extrémité un petit tambour (T). Ce tambour, de 6 à 7 millimètres de diamètre, est fermé à sa partie supérieure par une membrane de caoutchouc sur laquelle se trouve un disque de 3,5 à 4,5 millimètres de diamètre. La membrane est tendue au moyen d'un anneau métallique qui la maintient pressée contre le tambour. Un tube (R) sert à amener le liquide dans le tambour ; un autre tube sert à l'écoulement du liquide. Au-dessus du tambour se trouvent superposés une lame ressort (F) et un levier enregistreur (H). Une des extrémités de la lame ressort (F) est fixe, l'autre est reliée par l'intermédiaire de deux pièces, d'une part (pièce G_{I}) avec le disque de la membrane du tambour, d'autre part (pièce G_{II}) avec le levier enregistreur. En variant la position des pièces intermédiaires par rapport à l'axe (A) du levier enregistreur, on varie l'amplification des tracés. Le levier enregistreur est long de 120 millimètres et il amplifie 40 fois les mouvements de la membrane du tambour. La lame ressort, en acier, est choisie de telle sorte que, avec l'amplification citée, l'extrémité du levier enregistreur se soulève d'un centimètre pour une variation de la pression sanguine égale à 100 millimètres de mercure. L'amplitude des mouvements du ressort est donc très faible.

A côté du levier enregistreur se trouve fixé un style enregistreur immobile qui trace l'axe des abscisses. On ajuste les styles enregistreurs à l'aide d'une vis micrométrique (M) sur laquelle appuie un ressort (F_1). Un autre ressort (S-F) appuie sur une roue dentée portée par la vis.

La communication de l'appareil avec l'artère est établie par un large tube plein de liquide. On amortit les oscillations du levier de l'appareil en faisant un rétrécissement entre le tube et le tambour.

Dans l'appareil de Hürthle, comme dans celui de Fick, les déplacements de la plume enregistrante sont proportionnels aux variations de la pression du sang, parce que les déplacements des parties élastiques sont très petits.

Le tonographe de Franck ressemble à celui de Hürthle ; il en diffère par son volume, qui est beaucoup plus petit, ce qui fait que, dans une expérience, on peut superposer plusieurs appareils.

Dans l'appareil de Gad, on trouve, à la place de la membrane de caoutchouc, une plaque métallique très fine et un ressort spécial attaché à un des bras du levier.

Le *tonomètre différentiel* de Hürthle sert à enregistrer les différences de pression entre deux vaisseaux. Cet appareil se compose de deux tambours, semblables à ceux du federmanomètre, fixés sur le même bâti et séparés seulement par un court espace dans lequel on a fixé le support d'un fléau. De petites tiges, fixées sur les membranes de chaque tambour, s'articulent avec les extrémités du fléau. Lorsque la pression est égale dans les deux tambours, le fléau est horizontal ; lorsqu'elle est supérieure dans l'un, le levier oscille dans un sens ou dans l'autre, selon le sens de la différence. Une lame ressort appuie sur le fléau.

Dans le modèle construit le « Cambr. Cie » on a simplifié l'appareil de Hürthle, et on a substitué à la lame ressort un ressort spiral.

3. L'hémomanométrographe à membrane élastique en caoutchouc n'est, en définitive, qu'un petit tambour enregistreur de Marey, à membrane très forte, rempli de liquide, et qui, par l'intermédiaire d'un tube, communique avec le sang.

Dans l'appareil de Hürthle (le *Gummimanometer*) le tambour, qui présente 18 millimètres de diamètre et une hauteur de 9 millimètres, est muni de deux tubes, de 3 millimètres de diamètre, dont l'un sert au remplissage du tambour avec une solution anticoagulante, et l'autre, à la communication de l'appareil avec l'artère. Au support du tambour se trouve fixé, en dehors du petit support du levier enregistreur qui inscrit les déformations de la membrane du tambour amplifiées 40 fois, un style enregistreur fixe qui trace l'axe des abscisses. Une lame d'acier peut, sous l'action d'une vis, déplacer les styles enregistreurs de manière à régler leur position sur la surface enregistrante.

L'appareil de Hürthle a subi quelques petites modifications peu importantes, dans ses parties accessoires.

Cowl (1890) a ajouté à l'appareil de Hürthle un ressort spiral qui appuie sur la plaque métallique et amortit les oscillations de cette plaque.

v. Frey a construit aussi un tonographe, formé essentiellement d'un tambour de Marey rempli d'eau, et dont la membrane présente un petit coin, dont l'arête est en contact avec un style enregistreur. Ce contact est assuré par un ressort réglé par une vis.

Gad a remplacé la membrane de caoutchouc de l'appareil de Hürthle par une plaque très fine de métal.

Le *kymographe tympanique* de Sewall et Dorance (1887) est aussi un manomètre à membrane élastique. Cet appareil se compose d'un tube en laiton se prolongeant en une sorte d'entonnoir recouvert d'une membrane métallique, ayant 2 centimètres 1/2 environ de diamètre et une épaisseur de 0,05 millimètres. Ce tube plein d'une solution anticoagulante communique avec l'artère. Une tige met en relation la membrane métallique avec un levier enregistreur, dont l'axe est porté par un support fixé au support de l'appareil. Sewall a choisi la forme de la membrane du tympan, pour la membrane de son appareil, se basant sur les recherches de Helmholtz qui croit que l'efficacité de la membrane du tympan à recevoir les vibrations sonores dépend en grande partie de sa forme convexe en entonnoir.

Le manomètre métallique de Gréhant (1892), basé sur le principe du baromètre anéroïde, est formé d'une plaque solide sur laquelle on a soudé une boîte circulaire de 10 centimètres de diamètre, fermée par une membrane métallique. La boîte est remplie de bicarbonate de soude. Les mouvements de la membrane métallique sont transmis à un levier en aluminium ayant 38 ou 40 centimètres de longueur.

4. Le *manomètre à torsion* de Roy (1887) se compose d'une sorte de piston-recorder communiquant par l'intermédiaire d'un tube plein de liquide avec la cavité cardiaque. Quand la pression augmente, le piston se soulève; alors, la tige du piston tire sur une lame-ressort et tend à la tordre. La lame-ressort est fixée au moyen de deux pinces sur un cadre vertical. On varie la résistance opposée aux mouvements de la tige du piston, en variant la longueur de la lame, en rapprochant ou en éloignant les pinces qui fixent la lame-ressort, ou en mettant des lames élastiques de différentes épaisseurs. La tige du piston, reliée à la lame-ressort, présente un fil qui s'enroule sur une poulie fixée sur l'axe d'un levier enregistreur. En enregistrant les mouvements de ce levier, on enregistre les déformations de la lame-ressort, et par conséquent les variations de la pression sanguine auxquelles ces déformations sont proportionnelles. Le tube qui relie l'appareil avec la cavité cardiaque présente une branche latérale qui sert à mettre l'appareil en communication avec un manomètre à mercure quand on fait l'étalonnage de l'appareil.

5. L'appareil de Cowl (1889) (*Blutwellenzeichner*) inscrit les variations de longueur d'un tube de caoutchouc qui communique avec une artère. Les variations de longueur du tube sont proportionnelles aux variations de la pression, car le tube en caoutchouc est construit de telle façon qu'il ne peut pas subir des changements d'épaisseur ; ce qui fait que toutes les variations de la pression intérieure se manifestent par des changements équivalents de longueur. Le levier enregistreur est placé entre l'extrémité de ce tube et un ressort spiral.

6. Le manomètre métallique de Beer (1896) se compose d'un ressort creux rempli d'air et mis en communication avec une artère par un tube plein d'une solution à 1 p. 100 de citrate de sodium. Les mouvements de ce ressort métallique sont transmis à deux leviers, dont l'un trace les mouvements sur un cylindre enregistreur, et l'autre porte un index qui se déplace sur une feuille qui porte des chiffres. L'étalonnage de l'appareil est fait d'une façon empirique

II. *Hémomanométrographes élastiques à transmission.*

Les déformations d'une membrane élastique peuvent être enregistrées à distance, au moyen d'un tambour enregistreur de MAREY qui communique au moyen d'un tube plein d'air avec l'appareil explorateur de la pression.

Cet appareil explorateur de la pression peut présenter une membrane en caoutchouc, ou bien une membrane métallique.

1. Dans le *Sphygmoscope* de MAREY-CHAUVEAU (1861), le premier appareil de ce genre, la membrane déformable consiste en un doigtier de caoutchouc qui coiffe un tube de verre qui traverse un bouchon de caoutchouc. Ce doigtier est placé dans un tube de verre gros et court, fermé à l'une de ses extrémités par un bouchon de caoutchouc traversé par un tube de verre qui est relié par un tube à un tambour enregistreur de MAREY.

Le doigtier de caoutchouc, rempli d'une solution alcaline, bien purgé d'air, est mis en communication avec une artère par l'intermédiaire d'un tube. Chaque augmentation de pression subie par le sang, qui pénètre à l'intérieur de l'ampoule élastique, gonfle l'ampoule. Ce gonflement occasionne le déplacement de l'air qui entoure l'ampoule. Ces déplacements de l'air arrivent au tambour enregistreur qui inscrit de la sorte les déformations de la membrane et, par conséquent, les variations de la pression sanguine.

Pour donner plus de sensibilité au sphygmoscope, CHAUVEAU intercale entre cet appareil et l'artère un flacon à deux tubulures contenant une solution anticoagulante. Le tube d'arrivée du sang plonge dans la solution, tandis que le tube de l'appareil n'y plonge pas.

FREDERICQ (1889) a modifié le sphygmoscope de CHAUVEAU-MAREY en diminuant beaucoup la cavité du doigt de gant. De cette façon, on n'a plus une trop grande quantité de liquide en contact avec la membrane élastique, ce qui est une cause d'erreur.

HÜRTHLE a construit un sphygmoscope, applicable aux petits animaux, composé de deux tambours inégaux, placés avec leurs membranes bien en face l'un de l'autre. Le petit tambour, qui est recouvert d'une membrane ayant 2 mm. d'épaisseur et 6 mm. de diamètre, présente deux tubes; un de ces tubes communique par l'intermédiaire d'un cathéter avec le cœur, l'autre tube sert au remplissage du tambour avec une solution anticoagulante. Les variations de pression du sang impriment des oscillations à la membrane du tambour; en variant l'épaisseur et la tension de la membrane, on peut faire varier l'amplitude des mouvements provoqués par les variations de pression.

Le grand tambour à air, placé en face du petit, reçoit les impulsions imprimées à sa membrane par la membrane du petit tambour, ces deux membranes étant reliées entre elles. Le grand tambour présente un diamètre de 60 mm.; sur sa membrane il y a un disque de 40 mm. de diamètre. Le tambour à air communique avec un tambour enregistreur. Cet appareil est très bon; il présente peu d'inertie, la masse liquide contenue dans le tambour étant très petite.

2. Le *manomètre métallique* de MAREY se compose d'un vase métallique plat dans lequel est placée une capsule de baromètre anéroïde remplie de liquide et s'ouvrant au dehors par un tube qui traverse la paroi du vase enveloppant. Ce tube se termine dans un flacon rempli d'une liqueur alcaline, au goulot duquel se rend un ajutage muni d'un robinet. Un tube vertical de verre surmonte le vase qui enveloppe la capsule manométrique; par ce tube, on verse de l'eau jusqu'à ce qu'on ait rempli le vase et même la moitié du tube.

Les variations de pression du sang qui pénètre dans la capsule se traduisent par des mouvements de la paroi de la capsule et par des oscillations de l'eau contenue dans le tube vertical du vase. Pour inscrire ces mouvements, on introduit dans le tube vertical un bouchon de caoutchouc percé et traversé par un tube qui est mis en communication avec le tambour enregistreur.

TATIN a construit un manomètre métallique un peu différent de celui de MAREY. Dans l'appareil de TATIN les valeurs absolues des pressions sont indiquées par une aiguille sur un cadran qui fait partie de l'instrument. La transmission du mouvement de la membrane anéroïde à l'aiguille s'opère au moyen d'un petit couteau coudé, qui fait tourner une hélice formant le pivot de l'aiguille. En même temps que l'aiguille marque les valeurs absolues des pressions, ces pressions sont transmises à distance à un tambour à levier enregistreur par l'intermédiaire d'une caisse à air comprise dans l'appareil.

III. *Étalonnage des manomètres élastiques.*

Voici le procédé employé par Marey pour graduer les manomètres élastiques :

On prend un flacon de verre qu'on met en relation avec un manomètre élastique. On introduit dans ce flacon l'orifice d'un tube qui se rend à un manomètre à mercure; enfin, on y introduit aussi un tube par lequel on peut comprimer l'air du flacon à des pressions variables. Tous ces tubes traversent un large bouchon et sont hermétiquement lutés au goulot du flacon. On insuffle de l'air dans le flacon jusqu'à ce que le manomètre indique un centimètre de mercure au-dessus de la pression atmosphérique; on note alors pour le levier du manomètre élastique le niveau auquel cette élévation de pression l'a soulevé. On répète cette expérience 15 ou 20 fois avec des pressions croissantes. On obtient ainsi une graduation expérimentale qui permet d'estimer, dans un tracé, la valeur réelle des pressions exprimées par les changements de hauteur de la courbe.

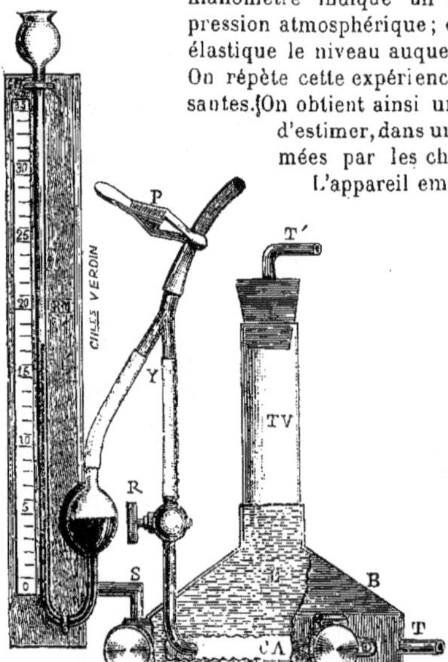

Fig. 135. — Manomètre de Marey.

L'appareil employé par Roy, pour effectuer la graduation du manomètre élastique, est constitué de la façon suivante : L'une des branches d'un manomètre à mercure en U communique d'une part avec le manomètre élastique et d'autre part avec un ballon en caoutchouc. Ce dernier est placé entre deux plaques de bois articulées par une charnière. On comprime le ballon en abaissant la plaque de bois supérieure à l'aide d'une vis. On fait varier, de cette façon, la pression dans le manomètre élastique, graduellement de 10 en 10 millimètres de mercure. A chaque pression nouvelle, on fait tracer, par le levier du manomètre élastique, une droite sur la surface enregistrante. On obtient ainsi l'échelle de graduation.

Le dispositif employé par Hürthle est encore plus simple et plus commode. Un manomètre à mercure, composé d'une longue branche et d'une petite branche très large, présente à sa partie coudée un ballon. Le tube, le ballon de caoutchouc et la moitié de la large branche du manomètre sont remplis de mercure. La partie supérieure de la large branche du manomètre est remplie d'eau et communique avec le manomètre élastique. En comprimant le ballon de caoutchouc on fait varier la pression; la lecture de la hauteur de la colonne mercurielle nous indique sa valeur. Dans le manomètre élastique il pénètre très peu de liquide; pour 200 millimètres de mercure, à peine pénètre-t-il dans la capsule une goutte. Pour chaque pression différente donnée par le manomètre à mercure, le levier enregistreur trace une ligne de l'échelle de graduation du manomètre élastique.

Pour tous les appareils à membrane élastique, il faut, à chaque expérience, refaire la graduation empirique; car l'élasticité du ressort peut varier.

C. **Technique générale : Canules; solutions anticoagulantes; préparation de l'artère; pression veineuse.** — La technique de l'enregistrement de la pression sanguine comprend quatre phases : I. Préparation du manomètre, soit élastique, soit à mercure; II. Mise à nu et préparation de l'artère; III. Introduction et fixation d'une canule dans l'artère et sa liaison avec le manomètre; IV. Mise en marche des appareils, manomètres et appareils enregistreurs.

Nous connaissons les manomètres, nous connaissons les surfaces enregistrantes, qui sont un des nombreux types de cylindres enregistreurs que nous avons vus, animés d'un mouvement peu rapide, avec ou sans papier sans fin. Disons quelques mots sur les canules, les tubes de liaison avec le manomètre et le liquide anticoagulant avec lequel on remplit ce tube.

1. La canule qu'on introduit dans l'artère est en verre et présente diverses formes : elle est simple ou présente une branche latérale pour le nettoyage des caillots. Quand on introduit une canule dans le bout central d'une artère et qu'on lie le bout périphérique, la pression qui agit sur le manomètre est augmentée par la force provenant de la vitesse du sang.

Pour n'avoir que la pression latérale dans l'artère, il faut que le sang puisse circuler librement et que le tube qui va au manomètre soit perpendiculaire sur l'artère. Pour cela, on se sert d'une canule en T, introduite par une boutonnière faite dans la paroi artérielle, ou bien d'une canule de Ludwig et Spengler, qui ne nécessite pas la ligature, car la paroi artérielle se trouve pressée entre deux disques.

Pour combattre l'obstruction des canaux par les caillots, Meyer se sert d'une canule qui contient des tiges en baleine mobiles. Un mandrin, selon qu'il est levé ou baissé, permet d'interrompre ou de laisser passer le courant sanguin. La canule triple tubulaire de Bardier est un perfectionnement de la canule Meyer.

2. Le tube qui relie la canule au manomètre doit être à paroi inextensible (pour ne pas absorber de la force de pression). Il doit être court et large. A une de ses extrémités il présente un robinet, et il est relié par l'autre à la canule par un petit tube en caoutchouc. Ce tube est en plomb généralement, car le plomb a l'avantage d'être flexible.

Moleschott employait des tubes formés de petits tubes de verre reliés entre eux par des petits tubes de caoutchouc très épais.

3. La canule qu'on introduit dans l'artère et le tube de communication avec le manomètre sont remplis d'une solution anticoagulante.

Poiseuille employait une solution de soude.

Klemensiewicz recommande un mélange de bicarbonate et de carbonate de soude dans les proportions suivantes : 4 litres d'eau, 186 grammes de bicarbonate de soude et 286 grammes de carbonate de soude. Ce qui fait environ une solution de 45 p. 1000 de bicarbonate de sodium et de 60 p. 1000 de carbonate de sodium.

Paneth et Hürthle ont employé une solution à 25 p. 100 de sulfate de magnésie (50 parties de sel pour 150 parties d'eau). Cette solution a l'avantage de ne pas rendre glissante la canule comme la solution de soude.

Tigerstedt recommande une solution de peptone à 8 p. 100 pour le remplissage de la canule et des parties avoisinantes, et une solution de sulfate de magnésie à 25 p. 100 pour le reste du tube.

On a recommandé aussi, comme l'a fait Fano, d'injecter une solution de peptone dans le sang.

Haycraft a employé de l'extrait de sangsue : décoction de 10 têtes de sangsue dans 100 centimètres cubes d'eau salée, pendant un mois ; on ajoute un cristal de thymol.

Lewaschew a injecté du sang défibriné dans les veines, en même temps qu'il faisait subir à l'animal une perte de sang correspondante.

Il y a des expérimentateurs qui ont rempli le tube d'*huile d'olive* ou d'une solution d'oxalate de soude saturée.

4. Pour éviter l'entrée dans le manomètre d'une trop grande quantité de sang, on charge le manomètre purgé d'air avant l'expérience, en le mettant à une pression égale à celle qu'on suppose exister chez l'animal (en moyenne, 14 centimètres chez le chien). Cette mise sous pression se fait au moyen d'un ajutage latéral relié soit à une seringue, soit à un réservoir élevé, ou dont le liquide est chassé par une poire à com-

pression. On évite de mettre l'appareil sous une trop forte pression, car l'entrée de la solution de carbonate de soude, surtout par la carotide, exposerait à des accidents souvent mortels.

5. Quand on veut prendre la pression centrale existant dans une artère, on pose une ligature du côté périphérique, on oblitère momentanément, avec une serre-fine ou un fil, le vaisseau du côté du cœur et, d'un coup de ciseaux, on pratique dans la paroi une boutonnière au travers de laquelle on introduira la canule artérielle qu'on fixera par une solide ligature.

Quand on veut prendre la pression périphérique ou la pression latérale, on ne pose que des ligatures d'attente, et on introduit dans l'artère, soit une canule ordinaire dirigée vers la périphérie, pour la pression périphérique, soit une courbe en T, si l'on veut connaître la pression latérale.

Voici la description du dispositif employée par Wertheimer (1894) à l'étude de la pression dans la veine rénale et dans la veine d'un membre inférieur :

Pour ne pas entraver la circulation dans le vaisseau, on peut y introduire simplement un tube en T ; mais il est préférable d'employer la canule imaginée par Ludwig et Spengler. Wertheimer a construit une canule sur le même modèle. Dans cette canule la petite plaque terminale qui s'introduit dans le vaisseau par une boutonnière, au lieu d'être circulaire, s'allonge en triangle à l'une de ses extrémités et se termine par une pointe mousse.

Le manomètre et le tube qui le rattache à la canule sont remplis d'une solution de carbonate de soude (densité : 1080). La branche libre du manomètre est mise en communication avec un tambour enregistreur de Marey.

La pression artérielle était prise presque toujours simultanément dans le bout central de la fémorale, au moyen du manomètre métallique de Marey.

Quand il s'agit de l'enregistrement de la pression veineuse, il y a avantage à irriguer d'une façon continue le point de jonction de la canule et du vaisseau par une solution de carbonate de soude, arrivant goutte à goutte, pour retarder la coagulation.

§ II. — *Mesure de la pression à l'aide d'appareils qui se placent sur la paroi artérielle. — Sphygmotonomètres enregistreurs.*

Parmi les appareils destinés à mesurer la pression du sang sans nécessiter l'ouverture de l'artère, citons d'abord le *tonomètre* de Talma et l'*angiomètre* ou *sphygmographe* de Hürthle. — Ce dernier appareil est employé surtout comme sphygmographe ordinaire pour avoir les pulsations artérielles à travers les tissus. On trouvera sa description dans le chapitre consacré aux sphygmographes.

Le *tonomètre de* Talma (1880) se compose d'une petite gouttière destinée à recevoir une artère dénudée; le diamètre de cette gouttière est plus étroit que le diamètre de l'artère. Une tige, terminée à sa partie inférieure par un bouton, placé sur l'artère, transmet les pulsations de l'artère à un levier enregistreur. A ce levier se trouve attaché un ressort; la pression exercée par ce ressort peut être variée à l'aide d'une vis. — L'appareil est gradué de telle sorte qu'un déplacement déterminé du levier correspond à un nombre déterminé de grammes.

Magnus (1896) a fait construire par Runne (Heidelberg) un appareil excellent qui permet d'avoir la pression sanguine sans ouvrir l'artère.

La pression sur l'artère, carotide ou thyroïdienne supérieure, s'exerce à l'aide d'un ressort à boudin, et l'inscription est donnée par un levier placé sur l'artère. Par des tractions, plus ou moins fortes, exercées sur le ressort, on amortit plus ou moins l'appareil. Un dispositif mécanique spécial permet de varier à volonté la longueur des bras du levier (la longueur totale du levier est de 140 millimètres). Magnus a fait l'étalonnage de son appareil à l'aide du même manomètre à mercure dont s'est servi Hürthle. — Les courbes obtenues par lui ne ressemblent pas à celles obtenues par Hürthle avec son appareil non amorti.

Le *tonosphygmographe* de Roy se compose d'une sorte de récipient dans lequel on place l'artère; ce récipient communique avec un piston-recorder.

§ III. — *Mesure de la pression sanguine chez l'homme. — Sphygmomanomètres ou sphygmotonomètres.*

Les appareils qui servent à mesurer la pression du sang chez l'homme, à travers les parois artérielles et les tissus s'appellent *sphygmomanomètres* ou *sphygmotonomètres.* — Ces appareils sont presque tous basés sur le principe suivant.

Si l'on comprime extérieurement un vaisseau, non point à l'aide d'un poids ou d'un corps solide, mais par l'intermédiaire d'un liquide ou d'un gaz soumis à une certaine pression, la pression du fluide nécessaire pour effacer le vaisseau et pour arrêter la progression des ondes intravasculaires est très sensiblement égale à celle qui détermine la progression de ces ondes, c'est-à-dire à la pression intra-vasculaire elle-même.

Au lieu de ne considérer qu'un vaisseau, on peut considérer l'ensemble des tissus qui constituent une extrémité. Le volume d'un membre varie dans le même sens que la pression du sang; ses variations indiquent si la pression monte ou descend; mais elles n'expriment pas les variations réelles de la pression intérieure. Pour déterminer ces valeurs, il faut, comme pour l'artère seule, équilibrer la pression intérieure au moyen d'une contre-pression extérieure.

La plupart des appareils que nous allons décrire ne sont pas enregistreurs, mais presque tous peuvent être rendus enregistreurs, si le manomètre qui donne la mesure de la pression est enregistreur.

A. Sphygmotonomètres artériels. — I) La pression sanguine peut être mesurée à l'aide d'appareils qui se placent sur l'artère radiale.

a) *Sphygmotonomètre à pelote.* — 1. Le *sphygmomanomètre* de Basch se compose d'une pelote de caoutchouc, pleine d'eau, communiquant par l'intermédiaire d'un tube plein d'eau avec un manomètre à mercure. On appuie la pelote sur l'artère radiale jusqu'à l'extinction complète des pulsations; la pression exercée sur la pelote est transmise au manomètre; la hauteur de la colonne mercurielle en donne la mesure.

Telle est la forme primitive de l'appareil de Basch. Plus tard, Basch a perfectionné son appareil de la façon suivante : Il a remplacé le manomètre à mercure par un manomètre métallique, et il a entouré la pelote d'une enveloppe qui empêche les déformations latérales et donne à la pelote une forme d'oreiller.

2. Pour les recherches cliniques rapides, Basch a fait construire un appareil extrêmement commode et peu coûteux. Cet appareil se compose d'un tube de thermomètre, dont l'extrémité supérieure est renflée en forme de boule, et dont l'extrémitée inférieure est collée sur un large tube de verre. Un bouchon en liège ferme ce dernier tube. Le bouchon est traversé par un petit tube de verre. L'extrémité supérieure de ce petit tube, qui fait saillie dans le large tube du thermomètre, est recouverte d'une membrane en caoutchouc. L'extrémité inférieure du petit tube communique avec une pelote pleine d'air qu'on appuie sur l'artère. Un liquide coloré remplit le large tube qui environne le doigtier de caoutchouc. Quand on presse la pelote sur l'artère, le liquide monte dans le tube thermométrique. Le degré auquel s'arrête le liquide, quand la pelote a comprimé l'artère jusqu'à l'extinction de pulsations, donne la mesure de la pression du sang. Cet appareil ressemble un peu au sphygmoscope de Marey.

3. Dans le *sphygmomanomètre* de Potain, une simple ampoule de caoutchouc, pleine d'air, communique par un tube, plein d'air également, avec un manomètre métallique. Un tube de remplissage est branché sur le tube de communication.

L'ampoule, de forme ellipsoïde, doit avoir, quand elle est distendue par une pression de 3 centimètres de mercure, une longueur de 3 centimètres et un diamètre transversal de 2 centimètres et demi. Plus volumineuse, elle est encombrante et s'applique mal; plus petite, elle serait écrasée avant d'arriver aux pressions les plus fortes qu'on peut avoir à observer. Elle est formée de 4 secteurs collés ensemble. Trois de ces secteurs sont assez épais et assez résistants pour ne pas se laisser entièrement distendre, même à une pression qui avoisine 30 centimètres de mercure. Un quatrième, qui doit être appliqué sur la peau et transmettre la pression à l'artère, est aussi mince que possible et renforcé seulement près des pôles. Si le caoutchouc est trop faible, il cède, fait hernie et se détériore rapidement.

Le tube de transmission doit avoir une paroi très résistante et un calibre intérieur aussi réduit que possible. Si sa capacité était trop grande, la masse d'air qui s'y trouve se laisserait trop aisément comprimer, et l'ampoule s'affaisserait sans pouvoir donner d'indications.

Le tube d'insufflation latéral présente un petit robinet. La tension initiale qu'on établit, en soufflant dans ce tube, est absolument arbitraire; elle est indispensable au fonctionnement de l'appareil, mais elle n'a aucune influence sur les résultats qu'on obtient ensuite, pourvu qu'on ne la porte pas trop loin. Potain la portait d'habitude à 3 centimètres de mercure.

4. Hill et Barnard ont construit un petit sphygmomanomètre, très commode, capable de donner la pression sanguine, et d'indiquer, en même temps, la disparition du pouls au moment de l'écrasement de l'artère. Cet appareil se compose d'une petite ampoule de verre, remplie d'un liquide coloré, fermée à sa partie inférieure, qui s'applique sur l'artère, par une membrane élastique et présentant à sa partie supérieure un tube de verre de très petit calibre. Ce tube, terminé par un renflement, est muni d'un robinet. On ferme ce robinet, et on applique l'appareil sur la radiale. L'air emprisonné dans l'appareil agit comme un ressort sur le liquide qui, à chaque pulsation, monte dans le tube. En augmentant l'écrasement jusqu'à la disparition des oscillations, on obtient la contre-pression nécessaire pour faire disparaître la pression artérielle. Le tube porte une échelle divisée empiriquement en millimètres de mercure. En reliant le tube à un tambour enregistreur de Marey, l'appareil est transformé en sphygmographe.

5. L'*artériomètre* d'Oliver se compose d'une petite pelote en caoutchouc, pleine d'air et entourée d'un bord rigide. La surface inférieure de cette pelote s'applique sur l'artère; sur sa face supérieure se trouve un disque sur lequel appuie un ressort.

b) *Sphygmotonomètres à tige.* — Parmi les appareils très commodes qu'on emploie en clinique, citons les sphygmomanomètres dans lesquels, au lieu d'avoir une pelote, remplie d'un fluide, qui comprime l'artère, nous avons une tige métallique.

1. Le sphygmomètre de Bloch se compose d'un petit cylindre en cuivre contenant un ressort à boudin qu'actionne une tige centrale terminée à une de ses extrémités par un patin perpendiculaire, au moyen duquel s'exerce la pression sur le pouls. L'autre extrémité est soudée à une crémaillère engrenant avec un pignon. Une aiguille fixée à ce pignon marque sur un cadran circulaire les déviations produites par les pressions exercées sur le patin qui termine la tige centrale. La puissance de l'appareil de Bloch est de 1 000 grammes; la pression qu'il exerce est de 300 grammes. L'écrasement du pouls n'est pas exercé directement par l'appareil mais par l'intermédiaire du pouce qui est placé sur l'artère.

2. Verdin a construit un sphygmomètre en bien des points semblable à celui de Bloch, mais ne comportant plus de cadran, ni d'aiguilles, ni de crémaillère; de ce fait, la sensibilité de l'appareil en est accrue. Les indications sont données par le piston qui constitue l'appareil. Quand on appuie sur le pouce, un cylindre intérieur portant des divisions correspondant à des grammes est découvert grâce à un ressort à boudin. Le nombre des divisions découvertes indique la pression nécessaire pour contre-balancer la tension artérielle. Bloch a ajouté un ressort placé contre la tige du sphygmomètre et destiné à arrêter à volonté cette tige lorsque l'opération est terminée, c'est-à-dire quand les battements de l'artère ont disparu.

3. Chéron a modifié un peu l'appareil de Bloch, en le rendant démontable. Au patin primitif, on peut substituer des patins de forme olivaire avec garniture de liège, ou bien circulaire avec garniture de cuir. Ces modifications ont pour but de supprimer l'intermédiaire du pouce dans l'écrasement du pouls.

c) L'appareil de Waldenburg se compose d'une tige verticale rigide se terminant inférieurement par une petite pelote reposant sur l'artère radiale, s'articulant par son extrémité supérieure avec l'extrémité du petit bras d'un levier, dont le grand bras est en rapport avec une aiguille indicatrice. L'extrémité inférieure d'un ressort spiral est fixée à l'extrémité du petit bras de levier, au-dessus de la tige. Un dispositif spécial, formé d'une vis et d'une tige, fait varier la tension du ressort dans l'écrasement de l'artère. La longueur du ressort varie avec la résistance que rencontre la pelote de la tige; de l'étendue du raccourcissement du ressort on déduit la valeur de la pression sanguine. Deux aiguilles indiquent sur un cadran les mouvements des extrémités du ressort multipliés par 100. Cette amplification est obtenue grâce à un grand nombre de roues dentées.

d) Quand on fait la mesure de la pression artérielle, il faut tenir compte de la tension de la paroi artérielle même, de la tension qu'elle possède quand elle est vide.

Waldenburg (1880), à l'aide de son *Pulsuhr*, en faisant des recherches sur l'artère crurale du chien, a trouvé que la tension de la paroi artérielle est égale à 160 grammes (ou à une colonne haute de $294^{mm},4$).

Basch (1880) estime ce chiffre trop fort. En effet, Christiani et Kronecker ont vu qu'une pression de quelques millimètres d'eau, exercée sur la paroi extérieure d'une artère, suffit pour rendre l'ouverture de l'artère imperméable. L'artère radiale d'un cadavre est complètement comprimée par une colonne de mercure haute de 1,5 à 2 millimètres; une artère sclérosée est comprimée par 5 millimètres, un tube de caoutchouc ayant une paroi épaisse de $0^{mm},5$ est comprimé par une colonne de mercure haute de 147 millimètres. Ce dernier fait explique pourquoi Waldenburg avait trouvé un chiffre si fort. En effet, Waldenburg n'a pas pris directement une artère, mais il considérait celle-ci comme étant l'équivalent d'un tube de caoutchouc dont la paroi avait la même épaisseur.

Les chiffres que donne le sphygmomanomètre de Potain sont en rapport avec les maxima de la pression du sang et lui sont supérieurs.

D'après Tigerstedt, on ne peut pas connaître, à l'aide de l'appareil de Basch, la valeur absolue de la pression sanguine. En faisant la somme des erreurs, on obtient les chiffres de 32 millimètres de Hg.; dans les cas défavorables, ce chiffre s'élève jusqu'à 78 millimètres.

II) Le *tonomètre* de Gärtner (1899) donne la valeur maximum de la pression du sang dans les doigts. La partie essentielle de cet appareil est formée par un anneau, haut de 1 centimètre environ et ayant un diamètre de 2 centimètres 1/2. Cet anneau métallique creux est revêtu à sa partie interne par une membrane de caoutchouc. L'intérieur de cet anneau communique par l'intermédiaire d'un tube en T et de tuyaux en caoutchouc avec un manomètre à mercure et un ballon en caoutchouc. Le manomètre peut être à mercure, ou être un manomètre métallique de Bourdon. A l'aide du ballon, on gonfle l'anneau et on note la pression indiquée par le manomètre. Ensuite, on passe l'anneau sur la deuxième phalange d'un doigt ou sur la première phalange du pouce, et on augmente la pression dans l'anneau, en pressant le ballon, jusqu'à ce que le doigt devienne exsangue, car l'anneau comprime très fort l'artère digitale. On diminue petit à petit la pression qui existe dans l'anneau, jusqu'à ce que l'on commence à sentir des battements dans le doigt, et que celui-ci commence à rougir. La pression indiquée par le manomètre à ce moment-là est égale à la pression sanguine.

Hirsch (1901) en faisant des recherches comparatives avec les sphygmomanomètres de Basch et de Gärtner, a trouvé que le tonomètre de Gärtner est supérieur à l'appareil de Basch.

III) Il existe des appareils construits sur le même principe que le sphygmomanomètre de Potain, mais dans lesquels l'écrasement de l'artère se fait sur le bras (artère humérale).

1. Dans le sphygmomanomètre de Hill, le bras est entouré d'un bracelet formé d'un tube en caoutchouc recouvert extérieurement d'une mince lame d'acier flexible. L'air contenu dans le bracelet est en communication avec un manomètre métallique et avec une pompe à air munie d'une valve. On introduit de l'air dans l'appareil jusqu'à la

disposition du pouls et on lit sur le cadran du manomètre la pression qui a produit ce résultat.

2. Le sphygmomanomètre de RIVA-ROCCI (1896) est constitué de la façon suivante : Une bande hémostatique d'ESMARCH est appliquée autour du bras, vers son milieu, les muscles étant relâchés. On augmente la pression de la bande jusqu'au moment où le doigt de l'observateur ne perçoit plus les battements de la radiale. — La pression graduellement croissante de la bande est obtenue au moyen de l'insufflateur RICHARDSON Cette bande est constituée par un manchon formé d'un tube creux de para, comme la chambre à air de la bicyclette, revêtu à l'extérieur par un fourreau de tissu inextensible. On gonfle le manchon qui est mis en communication avec un manomètre quelconque, à mercure ou métallique. Ce manomètre est placé entre la bande d'ESMARCH et l'insufflateur.

IV) On a essayé de mesurer la pression du sang à l'aide du sphygmographe. — Ainsi VIERORDT (1855) faisait le petit calcul suivant pour évaluer la pression dans l'artère radiale à l'aide de son sphygmographe : la surface de la plaque qui appuie sur l'artère étant de 12 millimètres carrés, le poids soulevé par chaque pulsation étant de 40 grammes, et la hauteur de soulèvement de ce poids, par chaque pulsation, étant de 0,23 millimètres environ, le travail effectué par une pulsation est de 9,2 grammillimètres. En augmentant le poids qui appuie sur l'artère jusqu'à l'écrasement de l'artère, on pourrait calculer la pression existant dans l'artère.

LUDWIG, un an après VIERORDT, montra que ce procédé ne peut pas donner la valeur réelle de la pression du sang. En effet, l'inégalité des artères introduit des erreurs dans ce genres de mesures, comme MAREY l'a démontré (1876). Ainsi, chez un même individu ayant les radiales de diamètres différents, on trouve à l'aide du sphygmographe des pressions différentes.

B. **Mesures de la pression à l'aide des pléthysmographes.** — 1) MAREY (1876) a essayé de mesurer la pression du sang chez l'homme par la valeur manométrique de la contre-pression qui empêcherait l'abord du sang dans les tissus. Pour cela, MAREY employa un cylindre, comme dans le pléthysmographe de Mosso, dans lequel le doigt seul est plongé dans le liquide. L'appareil se compose d'un tube qui reçoit le doigt enveloppé d'un petit sac de caoutchouc très mince qui se réfléchit sur les bords du tube et est fortement lié à l'extérieur de celui-ci. Un manchon de taffetas inextensible est lié par-dessus le caoutchouc qu'il empêche de faire hernie. Le tube rempli d'eau et bien purgé d'air est en rapport, d'une part avec un manomètre qui indique la valeur de la pression à laquelle le doigt est soumis, et d'autre part avec une pelote remplie d'eau qu'on peut comprimer plus ou moins.

Avec cet appareil, il est impossible, même en portant la contre-pression jusqu'à 28 et 30 cm. de mercure, d'éteindre les oscillations du mercure, et cependant ces chiffres sont certainement supérieurs à la pression du sang. Ces oscillations sont dues évidemment aux mouvements de totalité imprimés à l'appareil par les pulsations des tissus non immergés dans l'appareil. Ce procédé ne peut donc donner le maximum de la pression sanguine; mais il peut indiquer le point auquel la pression intérieure du sang et la pression intérieure de l'eau se font équilibre : c'est le moment où les oscillations du mercure sont à leur maximum d'amplitude.

2) Mosso (1895), au lieu de chercher la valeur de la pression extérieure qui empêche la circulation du sang dans une extrémité du corps, mesure à l'aide de son sphygmomanomètre la pression extérieure sous laquelle les pulsations des artères acquièrent le maximum de leur ampleur.

L'appareil de Mosso se compose de deux tubes de métal, longs environ de 160 millimètres et ayant 25 millimètres de diamètre. Ces tubes sont superposés et communiquent entre eux par leurs parties moyennes. Les quatre ouvertures de ces tubes sont fermées chacune par un doigt de gant en caoutchouc mince, dans lesquels on introduit le doigt annulaire et le médius de chaque main. On peut changer les doigts de gant, selon les dimensions des doigts qu'on examine.

Pour remplir ces deux tubes d'eau, on se sert d'une bouteille dont le fond est muni d'une tubulure. Un robinet fait communiquer l'eau contenue dans les tubes métalliques avec un manomètre à mercure pourvu d'un flotteur inscripteur. On augmente la pression de l'eau contenue dans l'appareil à l'aide d'un piston.

3) HÜRTHLE (1896), pour mesurer la pression du sang chez l'homme, dans l'avant-bras, commence par rendre la pression nulle dans les artères de ce membre, en l'anémiant par une bande élastique posée sur le bras et l'avant-bras. Ensuite l'avant-bras est introduit dans un cylindre qui communique avec un manomètre. On remplit d'eau l'espace compris entre l'avant-bras et la paroi du cylindre. En relâchant la bande élastique, le sang pénètre dans les artères. La pénétration du sang est empêchée par la masse incompressible d'eau qui n'a d'autre issue que vers le manomètre. La pression augmente dans le cylindre, et le sang ne peut pénétrer que tant que sa pression dans les artères est supérieure à la pression extérieure de l'eau; cette dernière donne la pression du sang. On peut enregistrer les oscillations de la pression.

Cette méthode permet de faire une expérience d'une durée assez longue et non pas seulement de courte durée, comme avec les méthodes de BASCH et de MAREY.

4) Voici la méthode de FREY (1896) pour la mesure de la pression du sang chez l'homme :

On enfonce la main dans du mercure ; l'endroit de la main dans lequel on sent les pulsations indique la limite à partir de laquelle le sang ne pénètre plus dans les artères, la pression exercée par le mercure à la surface de ces points-là, étant égale à la pression du sang.

Par exemple, la main étant verticale, supposons qu'on l'enfonce dans du mercure jusqu'à la tête des métacarpiens; la hauteur du doigt donne la hauteur de la colonne de mercure égale à la pression du sang.

C. **Mesures de la pression du sang dans les capillaires.** — Voici le procédé de KRIES (1875) pour mesurer la pression du sang dans les capillaires : on applique sur la peau des lames de verre ayant une surface de 2 mm. 5 à 5 millimètres carrés et chargées de poids jusqu'à ce que la peau pâlisse. Ce qu'on mesure par ce procédé en réalité, ce n'est pas la pression réelle dans les capillaires, mais seulement l'excès de cette pression sur la tension des tissus et la contre-pression qu'ils exercent sur les capillaires.

Pour rendre exsangue la peau, BLOCH a imaginé de la comprimer à l'aide d'une tige métallique, entrant dans un étui qui contient un ressort à boudin. La tige se termine par un étrier d'acier dont la base est formée par un disque de verre de 8 centimètres de diamètre.

II

Sphygmographie.

Les appareils qui servent à enregistrer les pulsations des vaisseaux s'appellent *sphygmographes*, et les tracés obtenus : *sphygmogrammes* (σφυγμός = pouls; γραφή = écriture).

L'idée d'étudier le pouls autrement que par le toucher semble être très ancienne. L'histoire nous apprend que GALILÉE a construit un appareil (*pulsologie*) pour l'étude du pouls; malheureusement, nous ne savons pas en quoi consistait cet appareil.

KING (1837), ayant observé les oscillations imprimées à une jambe croisée par les battements de l'artère poplitée, eut l'idée de faire quelque chose d'analogue pour rendre évidents les mouvements d'expansion des veines du dos de la main. Pour cela il colla au moyen d'un peu de suif, près de la veine à explorer, la grosse extrémité d'un fil de verre ou de cire à cacheter étiré. Ce fil formait une sorte de levier dont l'extrémité fine amplifiait les petites impulsions reçues près de la grosse extrémité collée à la peau.

Le premier sphygmographe a été construit par VIERORDT (1855). En 1856, MAREY, en construisant un sphygmographe très pratique, mit entre les mains des physiologistes et des médecins un appareil grâce auquel la sphygmographie entra dans la pratique.

Depuis lors, de nombreuses formes de sphygmographes ont été imaginées; elles diffèrent par des détails de construction peu importants.

La forme de la pulsation peut être enregistrée chez les animaux, sans l'aide d'un sphygmographe proprement dit. — Pour cela, il suffit d'inciser un vaisseau et de recevoir le jet de sang qui s'en échappe sur la feuille de papier d'un enregistreur quelconque. Le jet de sang montant plus ou moins haut, selon la pression que le sang possède dans le vaisseau, son tracé sur le papier reproduira ces variations de hauteur. Le tracé ainsi obtenu peut être appelé un *hémautogramme*. Ce procédé, dans lequel le sang trace lui-même son graphique, a été appelé par Landois, qui l'a imaginé : méthode hémautographique.

Fig. 136. — Tracé hémautographique du pouls.

Les tracés obtenus avec de bons sphygmographes et les *hémautogrammes* sont identiques.

§ I. — *Sphygmographes directs.*

Tous les sphygmographes se composent essentiellement d'un levier enregistreur qui reçoit les impulsions d'une artère. Le moyen le plus simple d'improviser un sphygmographe est le suivant :

On colle un brin de paille au voisinage d'une artère; la partie du brin de paille la plus rapprochée du point collé repose sur l'artère; l'extrémité libre porte, une plume qui inscrit sur une surface en mouvement recouverte de noir de fumée, les impulsions de l'artère.

En général, entre le levier enregistreur et l'artère, il existe une pièce intermédiaire qui sert à exercer différentes pressions sur la paroi artérielle. — La nécessité de cette pièce a été montrée par l'expérience. En effet, si on n'exerce aucune pression sur l'artère, les tracés obtenus sont trop petits. — Dans certains sphygmographes, on exerce cette pression à l'aide d'un poids, dans d'autres, à l'aide d'un ressort.

A. Sphygmographes à poids. — Le *sphygmographe* de Vierordt (1855) se compose d'un levier (l) qui peut tourner dans un plan vertical autour d'un axe horizontal. — Ce levier présente une tige verticale terminée par une plaque (b) ayant une surface de 12 millimètres carrés; cette plaque s'applique sur l'artère. — Le levier supporte deux petites cupules dans lesquelles on met des poids. En variant les poids, on varie la pression exercée par le levier sur l'artère, et par conséquent, la résistance opposée par le levier à son enlèvement pendant la pulsation artérielle. — On n'inscrit pas directement le mouvement en arc de cercle de l'extrémité du levier, mais on transforme ce mouvement en un mouvement vertical à l'aide d'un dispositif analogue à celui du parallélogramme de Watt. — Un second levier (l'), plus court que le premier, est articulé au premier levier au moyen des barres transversales contenues dans un cadre quadrangulaire (p). A l'extrémité inférieure de ce cadre est fixée une tige qui porte la pointe inscrivante. — Les tracés obtenus présentent une période ascendante égale à la période descendante. — Cet appareil a été modifié par Aberle et Berti.

L'*angiographe* de Landois est aussi un appareil à poids. On place différents poids dans la coquille (g) qui est dans le prolongement de l'axe relié à la pelote qui appuie sur l'artère. — Cette pelote (p) soulève une tige dentée qui s'articule avec une roue dentée fixée sur l'axe du levier (comme dans l'appareil de Marey). — La plume présente un dispositif qui permet d'avoir l'inscription rectiligne; une épingle coudée (n) est attachée par une articulation : son propre poids la fait pendre; elle se déplace devant une plaque noircie qui est en mouvement derrière elle.

Le *sphygmographe* de Sommerbrodt (1876) n'est qu'une modification de l'appareil précédent. — Dans cet appareil, le poids est mobile sur le levier, ce qui fait qu'on peut connaître et faire varier exactement la pression qu'on exerce sur l'artère.

Dans le *sphygmographe* de Baker (1867), la pulsation est immédiatement transmise au lévier. — Cet appareil se compose d'un levier d'aluminium ou d'acier, fixé par un axe très délicat à l'extrémité inférieure d'une vis supportée par un support de bois. Sur ce levier agit la pelote qui appuie sur l'artère. La pression sur l'artère est exercée par un poids mobile sur le levier. — L'inscription se fait par une plume à encre, fixée au levier. — Au support se trouve fixé un petit mécanisme d'horlogerie.

Holden (1870-73) a construit aussi un sphygmographe à poids et à inscription à encre. Dans cet appareil, l'enregistrement se fait sur une bande de papier se déplaçant horizontalement.

Le *sphygmographe* de Brondel (1879) est un appareil de Marey dans lequel le ressort a été remplacé par un simple levier en cuivre, rigide, inerte et très léger, qui suit, d'après l'auteur, fidèlement et passivement les mouvements de l'artère. — Sur ce levier, qui est gradué, il y a un poids mobile (couvreur). On varie la pression exercée sur l'artère en variant la position de ce couvreur.

Il en est de même dans le *sphygmographe* de Philadelphien, dans lequel l'inscription se fait à l'encre sur une bande de papier longue d'un mètre.

Le *sphygmographe* de Richardson (1885) n'est qu'un sphygmographe de Dudgeon, modifié de la façon suivante : la lame-ressort de ce dernier appareil, dont on trouvera plus loin la description, a été remplacée par une tige d'acier sur laquelle un poids peut être déplacé (comme le poids de la tige d'un métronome). Un cylindre à roues dentées appuie sur la bande de papier en mouvement et trace des lignes horizontales, composées de petits traits discontinus; ces lignes servent de repère dans l'étude du tracé.

Parmi les sphygmographes à poids, citons encore l'appareil de Marage (1889) dans lequel l'enregistrement se fait sur le noir de fumée à l'aide d'un jet liquide, qui donne de grands tracés.

B. **Sphygmographes à ressort.** — I. Le *sphygmographe* de Marey (1856), qui a servi de type à de nombreux appareils, se compose d'un cadre métallique rectangulaire qui se place sur l'avant-bras, au-dessus de l'artère; ce cadre est maintenu à l'aide de deux

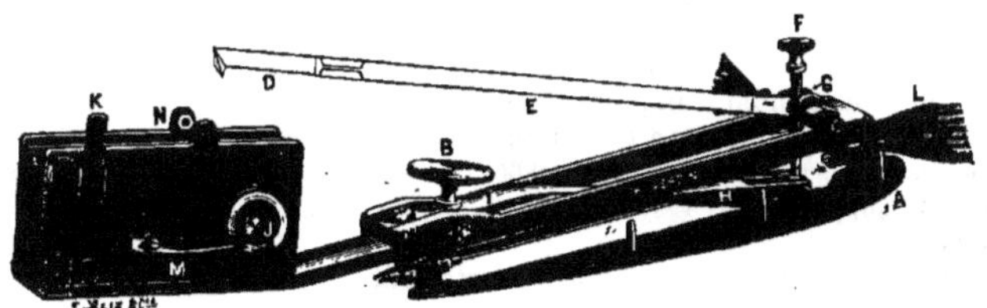

Fig. 137. — Sphygmographe direct de Marey.

demi-gouttières latérales réunies par un lien. — Une lame ressort, fixée par une de ses extrémités à l'un des petits côtés du cadre, porte à son extrémité libre un bouton d'ivoire qui s'applique sur l'artère. Une vis permet de graduer la pression du ressort sur l'artère. De la partie supérieure du bouton s'élève une petite tige (en forme de vis) qui s'engrène avec une roue dentée qui supporte un levier enregistreur. Ce levier est très léger et très long. La pulsation de l'artère soulève le bouton d'ivoire; ce soulèvement est transmis par l'engrenage au levier enregistreur qui inscrit ses mouvements sur une plaque verticale recouverte d'une feuille de papier noircie. Cette plaque se meut parallèlement à la longueur du levier. Un mécanisme d'horlogerie contenu dans une petite boîte, fixée au cadre support du sphygmographe, commande le mouvement de la surface enregistrante. La durée du déplacement de la plaque est de 10 secondes (12-15 millimètres par seconde).

Le dispositif de liaison du ressort avec le levier enregistreur n'existait pas dans le sphygmographe primitif de Marey. Cet engrenage de tige en forme de vis et de roues dentées a été employé aussi par Béhier.

Voici, d'après un dessin de Mach, quel était au début le dispositif du sphygmographe de Marey. Le levier inscripteur (*h*) mobile autour de l'axe (*a*) joue sur un couteau (*s*) qui se trouve à l'extrémité d'une pièce métallique (*st*). L'autre extrémité de cette pièce métallique s'appuie sur un fort ressort coudé (f^1) qui porte la pelote (f). Les mouvements de la pelote sont transmis au levier au moyen d'une vis (*sch*) qui traverse la pièce (*st*) et qui est mise sur la pelote une fois que celle-ci a été bien placée sur l'artère. Pour que le levier soit mieux en contact avec le couteau, un petit ressort (f^2) appuie sur le levier.

Le *sphygmographe* de Mach (1863) n'est qu'une modification de l'appareil de Marey. Dans cet appareil, le levier inscripteur est articulé directement, par une pièce intermédiaire avec le ressort qui porte la pelote. La position du levier est réglée à l'aide d'une

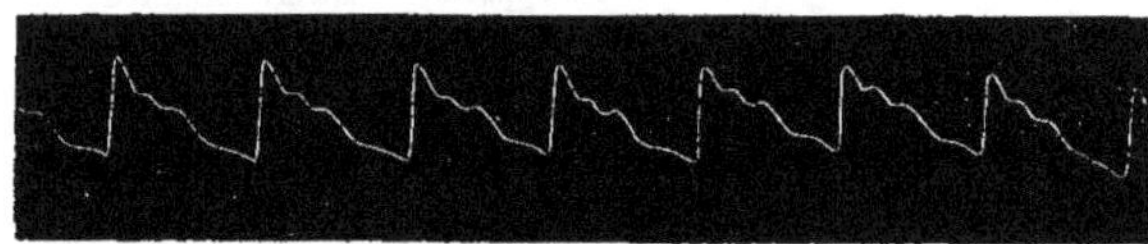

Fig. 138. — Tracé de l'artère radiale obtenu à l'aide du sphygmographe de Marey.

vis sur laquelle se déplace le support de l'axe du levier. — L'inscription se fait sur une plaque mise en mouvement par un mécanisme d'horlogerie.

Le *sphygmographe* de Béhier diffère du sphygmographe de Marey par les parties suivantes :

1° Le levier est indépendant, de façon à ne plus porter sur le bras au moment de l'application et à ne plus être influencé par cette pression première dans des proportions inconnues;

2° Une vis armée d'ailettes commande un plateau gradué qui permet de mesurer la pression du levier sur l'artère;

3° Le chariot est plus long et sa course est assurée par une tige à poulie;

4° Le support sur le bras a été rendu indépendant.

La pression du ressort sur l'artère est modifiée à l'aide d'une vis dont la pression peut être évaluée au moyen d'un petit dynamomètre. Cette pression doit être graduée de façon à obtenir le maximum d'amplitude des tracés.

Le sphygmographe de Marey a été introduit en Angleterre par Anstie et Sanderson, et a été perfectionné par Berkley Hill (1866) de la façon suivante : il a mis un petit coussin sur le support, et il a ajouté une bande élastique qui passe au-dessus de la paume de la main.

Foster (1867), pour graduer la pression exercée par le ressort du sphygmographe de Marey, a fixé à la vis un index qui se déplace sur un cercle gradué.

Burdon-Sanderson a fait construire par Meyer un sphygmographe qui diffère peu de celui de Marey. Ces différences portent sur la façon dont on varie la pression que le ressort exerce sur l'artère. Sanderson a fixé le bouton qui presse sur le ressort à une pression fixe de 300 grammes, supposée suffisante même pour les pouls les plus résistants. Quand il voulait diminuer la pression, il mettait des blocs de différentes épaisseurs entre le poignet et le sphygmographe, et vissait en bas l'extrémité libre du ressort à un degré correspondant. La mesure de la distance de séparation entre l'appareil et le bras donne la mesure de la pression.

Dans le *sphygmographe* d'Anstie (1868), on retrouve le même principe du procédé de variation de la pression exercée sur l'artère que dans l'appareil de Sanderson; seulement, on a remplacé ici les blocs gradués, qui manquent de précision, par un appareil spécial qui règle l'extension de l'extrémité libre du ressort par l'élévation du sphygmographe. — En mesurant la distance qui se trouve entre le ressort (tactile) et la tige horizontale en bronze qui est immédiatement au-dessous, avant et après la réduction de la pression, on obtient deux chiffres. Leur rapport indique la pression qui répond aux courbes maximales.

Le *sphygmographe* de Mayer et Meltzer est un sphygmographe de Marey posé *transversalement* sur le bras. Son support est formé par deux moitiés de bracelet recouvertes d'ouate, pouvant s'approcher ou s'éloigner, ce qui fait que l'appareil peut être appliqué aussi à un enfant. — La pression sur le ressort est réglée à l'aide d'une roue qui agit, quand on la tourne, par l'intermédiaire d'un coin qui appuie sur le ressort. — On peut faire, facilement, au moyen d'une vis, l'ajustement de l'appareil au pouls, même quand il y a déjà fixation au bras. — La longueur de l'appareil, étant donnée sa position transversale, est moindre que celle du sphygmographe de MAREY.

Le *sphygmographe* de MAHOMED (1872-73) diffère très peu de l'appareil de MAREY. La pression sur le ressort est exercée au moyen d'un excentrique, les pressions sont lues sur un disque.

Dans l'appareil de STONE (1875), il y a une table support pour le bras. L'inscription se fait sur une plaque de verre enfumée. Le style inscripteur est en aluminium. Il n'y a pas de levier intermédiaire entre le ressort et l'index; il est remplacé par une vis fixée au ressort et engrenant avec les dents d'une petite roue, qui est fixée à l'arbre de l'index. L'index est équilibré par un ressort hélicoïdal formé par un fil en acier. Ce ressort spiral est attaché par deux fils de soie, dont une extrémité est fixée à l'arbre de l'index, et l'autre au ressort. L'indicateur est aussi maintenu entre deux ressorts, ce qui fait qu'il n'y a pas d'erreurs.

THANHOFFER a modifié aussi l'appareil de MAREY.

Le *sphygmographe* de v. FREY se compose d'un support double : l'un qui se fixe sur l'avant-bras, et l'autre qui supporte le sphygmographe proprement dit. Le premier, en forme de cadre dont les deux côtés longitudinaux sont des rails, est attaché à l'aide d'un ruban à l'avant-bras; sur les rails de ce support peut glisser le second support qui porte le ressort en forme de lame qui appuie sur l'artère. Ce second cadre est fixé au premier, à l'aide d'une vis, quand le bouton du ressort est bien placé sur l'artère. Le ressort qui appuie sur l'artère présente une vis de réglage de la pression. La transmission du mouvement du bouton au levier enregistreur se fait comme dans le sphygmographe de MACH, à l'aide d'une pièce intermédiaire articulée, avec cette différence toutefois que cette pièce n'est attachée au bouton que quand ce dernier est bien placé sur l'artère. L'inscription se fait sur un petit cylindre mis en mouvement par un mécanisme d'horlogerie. Ce cylindre peut être rapproché de la plume enregistrante à l'aide d'une vis sans fin. Un petit électro-aimant inscrit le temps.

Dans le *sphygmographe* de LONGUET (1868), la pièce principale est une tige verticale terminée à son extrémité supérieure par une potence supportant un fil qui s'enroule autour d'un axe mobile, et à son extrémité inférieure par une très petite plaque qui doit être en contact avec la peau. Un double ressort, appuyé sur cette tige, la ramène de haut en bas quand le choc artériel l'a soulevée de bas en haut. Sur un axe mobile est fixée une roue à laquelle chaque mouvement vertical de la tige fait décrire un arc de cercle en rapport avec la hauteur du mouvement principal. La tige transmet à une aiguille mobile un mouvement par lequel est indiquée la pression de la plaque sur l'artère et la force de projection de la pulsation. Une plume ordinaire, terminée par une tige articulée et soudée à une pince à pression continue, s'applique sur la roue et suit son mouvement. Elle décrit un trait horizontal quand la tige principale décrit un mouvement vertical.

Le papier passe entre deux cylindres qu'un mouvement d'horlogerie fait tourner l'un sur l'autre. La bande de papier est longue de un mètre environ. La vitesse d'entraînement du papier est plus grande que dans le sphygmographe de MAREY. La partie du papier sur laquelle se fait l'inscription est appliquée sur le mouvement d'horlogerie et celui-ci est mû par une vis plantée dans un socle de bois. Sur ce socle deux supports mobiles servent à maintenir le bras, sans que celui-ci subisse aucune pression. On abaisse l'appareil comme une crémaillère. La plume est très maniable : on peut l'élever, sa branche fixe peut être raccourcie ou allongée. Cet appareil est en même temps un dynamomètre.

Le *sphygmographe* de VAUGHAN (1888) se compose d'une table support, d'une gouttière pour le bras, de la partie essentielle du sphygmographe de MAREY et d'une plume en verre à encre qui inscrit sur une bande de papier qui passe transversalement sur le bras. Le papier, enroulé sur un cylindre vertical, va s'enrouler sur un autre cylindre mis en mouvement par un mécanisme d'horlogerie. Un des cylindres est placé à droite du bras, l'autre à gauche. Derrière la bande de papier se trouve une petite plaque métallique, sur laquelle se fait l'inscription. Quand la plume est lancée trop haut, elle touche un ressort qui se trouve au-dessus.

Le *sphygmographe* de Holden (1873) est aussi un appareil à encre. Dans cet appareil l'inscription se fait horizontalement sur une bande de papier qui se déplace dans la direction de l'axe du bras. Le mouvement d'horlogerie est contenu dans la boîte en bois du support, qui s'attache par un lacet au bras. Le ressort qui appuie sur l'artère présente une courbure spéciale qui permet d'avoir le mouvement du levier inscripteur dans un plan horizontal. Pour la pression, on a une vis avec un disque gradué.

Pour les expériences de longue durée, faites dans les laboratoires, on n'emploie pas des sphygmographes qui enregistrent les pulsations sur des surfaces solidaires de l'appareil, mais sur n'importe quel cylindre enregistreur. Citons, parmi les appareils de ce genre, le *sphygmographe* de Ludwig (construit par Petzold).

Dans cet appareil, le levier enregistreur ne se déplace pas dans un plan vertical et parallèle à l'axe de l'avant-bras, mais dans un plan perpendiculaire à cette direction. Le levier faisant saillie sur le côté externe de l'avant-bras peut être facilement approché d'un cylindre enregistreur. Le levier porte à son extrémité un dispositif spécial qui transforme ses mouvements en arc de cercle en mouvements rectilignes. Le bouton du ressort qui appuie sur l'artère est relié au levier enregistreur au moyen d'un dispositif analogue à celui qui existe dans l'appareil de Marey.

Le bras sur lequel on pose le sphygmographe est fixé dans un support, et la main sert une poignée de bois. Le cadre est attaché au moyen d'un lacet.

II. Le *sphygmographe* de Dudgeon est remarquable par ses petites dimensions (6 centimètres dans tous les sens) et par la commodité de son application. Cet appareil se compose d'un petit cadre auquel est fixé un ressort réglable à l'aide d'un disque mobile autour d'un excentrique. Les mouvements de la pelote fixée au ressort sont d'abord transmis au levier angulaire, par l'intermédiaire d'une attache annulaire; ensuite, du levier, par l'intermédiaire de l'attache au levier angulaire. Un contrepoids assure le contact de ces pièces. La pointe inscrivante, qui repose par son poids sur la surface du papier, est reliée par une articulation à l'extrémité du levier. Un mécanisme d'horlogerie, placé dans une boîte fixée sur le côté postérieur du cadre, met en mouvement des galets qui entraînent une bande de papier noirci. Le mécanisme d'horlogerie peut marcher pendant deux minutes de suite.

Le sphygmographe de Dudgeon, de même que le sphygmographe de Marey, a servi de type à de nombreux appareils.

Van Santvood (1885) a placé, sur la courroie qui fixe l'appareil de Dudgeon au poignet, un petit tourniquet qui permet de mieux placer l'appareil.

Jaquet (1890) a construit un sphygmographe de précision sur le type de l'appareil de Dudgeon. Dans l'appareil de Jaquet, un dispositif spécial permet d'avoir l'enregistrement du temps (des demi-secondes); un autre dispositif permet de varier la vitesse de translation du papier. Celui-ci peut se déplacer soit avec la vitesse de quatre centimètres par seconde, soit avec la vitesse d'un centimètre par seconde.

Récemment Jaquet (1902) a modifié les leviers de son sphygmographe, qui étaient semblables à ceux de l'appareil de Dudgeon. Les leviers de l'appareil de Dudgeon, étant peu solidaires entre eux, ne donnent pas des tracés fidèles; l'inertie des pièces déforme considérablement la forme des pulsations. Il n'en est plus de même avec le nouvel arrangement des leviers fait par Jaquet. Dans cet arrangement, la transmission des mouvements du levier coudé au levier enregistreur se fait à l'aide d'un petit engrenage; le levier coudé, au lieu d'être complètement rigide, est en partie élastique, grâce aux lames-ressorts intercalées sur la branche horizontale et sur la branche verticale. Par suite de ce dispositif, la solidarité des pièces est grande, et les tracés obtenus sont remarquables par leur fidélité.

Une partie de l'appareil de Dudgeon, le dispositif à faire progresser une bande de papier, a été adopté dans plusieurs appareils. Ainsi Petzold l'a ajouté au support du sphygmographe de Ludwig, que nous avons décrit précédemment.

III. Le *sphygmographe* d'Edes (1888) ressemble à celui de Pond (dont on verra la description plus loin); il en diffère par l'absence de liquide et de la membrane en caoutchouc. Une tige métallique, portant la pelote qui appuie sur l'artère, glisse dans un tube ressort terminé par un pied élargi. Ce tube est supporté par un petit ressort qui sert à varier la pression et non pas à la mesurer. Ce tube, à son tour, glisse dans un autre qui sert de base à l'appareil. La tige qui porte la pelote agit sur un levier coudé qui transmet ses mouvements à une légère plume de bois qui inscrit ses mouvements sur une bande de papier enfumée. Le papier est entraîné horizontalement par un mécanisme d'horlogerie qui se trouve à l'extrémité supérieure de l'appareil, en haut, comme dans l'appareil de Pond.

Cet appareil présente l'avantage que la position de la plume sur le papier est elle-même une indication et une inscription de la pression; de plus, la pression peut être variée pendant que le papier est en mouvement.

IV. L'*angiomètre* ou *sphygmographe* de Hürthle se compose d'une tige présentant à une de ses extrémités une petite plaque qui repose sur l'artère nue ou recouverte de tissus. A l'autre extrémité de la tige, et faisant un angle droit avec elle, il y a une lame-ressort en acier. Ce ressort est fixé à l'extrémité d'une lame-support recourbée de telle façon que son extrémité qui ne porte pas le ressort vient juste en face de la tige. A cette extrémité se trouve fixée une plume enregistrante qui trace l'axe des abscisses; en même temps cette extrémité sert de support à l'axe d'un levier enregistreur auquel la tige qui repose sur l'artère transmet ses mouvements. Toujours au même point de la lame-support recourbée se trouve une tige-support qui va dans une direction opposée à celle de la tige qui repose sur l'artère; cette tige traverse une plaque-support et porte un index. A l'aide d'une vis, d'un écrou et d'un ressort à boudin, on fait descendre ou monter la tige-support qui porte tout le système décrit précédemment. La position de l'index de la tige donne la mesure de ces déplacements.

Tout l'appareil est porté par un support spécial qui permet de donner à l'appareil n'importe quelle position. La pression de la lame-ressort sur la tige qui appuie sur l'artère est réglée à l'aide d'une vis.

Quand on veut étudier les mouvements et la pression d'une artère dénudée, on adapte à cet appareil une gouttière dans laquelle on place l'artère.

C. **Sphygmographe à ressort et à poids.** — Il y a des sphygmographes qui sont à la fois des appareils à poids et à ressort. Citons comme exemple de ce genre d'appareil le *sphygmoscope* de Morokhovetz, qui peut servir à la fois de *sphygmographe* et de *sphygmomètre*.

§ II. — *Sphygmographes à transmission.*

A. **Sphygmographes à transmission à air.** — On peut inscrire à distance les pulsations artérielles, en procédant de la façon suivante : on appuie simplement avec le doigt sur l'artère un tube en caoutchouc relié à un tambour inscripteur ou à un piston-recorder. C'est ainsi qu'a procédé Blix.

Cette méthode est très grossière et ne donne de bons résultats que pour les pulsations très fortes. Généralement on emploie des sphygmographes spéciaux qui diffèrent entre eux par l'arrangement du tambour explorateur.

I. Le *sphygmographe à transmission* de Marey, le plus répandu des sphygmographes, peut être considéré comme le type de tous les sphygmographes à transmission. Cet appareil est tout à fait semblable au sphygmographe direct : seulement le ressort qui appuie sur l'artère, au lieu d'être en relation avec une plume inscrivante, est en relation avec la membrane d'un tambour à air. La position du tambour était, dans le type primitif, verticale; plus tard, Marey a placé le tambour horizontalement, de façon que, entre la membrane et le ressort qui appuie sur l'artère, il y ait un contact plus intime.

Le support du tambour a subi différentes modifications de la part de constructeurs : Verdin, Zimmermann, etc.

Le *sphygmographe* de Meurisse (1874), construit par Mathieu, se compose d'une petite plaque métallique surmontée d'une tige terminée en pointe. A cette tige est attachée la portion horizontale d'un ressort recourbé qui vient se continuer par son autre extrémité avec une plaque beaucoup plus grande et qui repose sur un morceau de cuir destiné à être attaché. Cette dernière plaque n'est pas entière, elle est coupée en son milieu pour donner passage à la plaque qui s'applique sur l'artère. La grande plaque-support porte sur ses parties latérales deux colonnes munies de dents à crémaillère. Le tambour à air de MAREY est porté par deux colonnes latérales creuses qui peuvent être introduites dans les colonnes pleines; une vis fait descendre le tambour au moyen de la crémaillère. L'appareil enregistreur contenu dans le couvercle de la boîte de l'appareil est mis en mouvement par un poids. Une bande de papier passe entre deux poulies. Inscription à l'encre (BREGUET). par la plume du tambour.

On peut enregistrer aussi, à l'aide de cet appareil, les pulsations du cœur, de la carotide ou d'un anévrysme. Il est léger et facile à appliquer.

Il en est de même du *pansphygmographe* de BRONDGEEST (1873). Cet appareil se compose d'un tambour de MAREY sur la membrane duquel est collé un petit disque de bois avec un bouton. Le tube pour la sortie de l'air du tambour est mobile dans un manchon; ce tube peut être fixé à l'aide d'une vis. Le manchon est fixé à un support métallique en forme d'étrier, qui peut être attaché à l'aide d'un ruban. Quand le support est bien placé, on descend le tambour jusqu'à ce qu'il exerce une pression convenable sur l'artère.

L'appareil de KNOLL et GRUNMACH est une modification de l'appareil MATHIEU et MEURISSE; il présente comme lui un ressort intermédiaire entre l'artère et le tambour.

Le *sphygmographe* de CHAPMANN est analogue au sphygmographe direct de LUDWIG, seulement le levier inscripteur est remplacé par un tambour à air de MAREY.

Le *sphygmographe* de FLEMING se compose d'un tambour avec bouton qui appuie sur l'artère. Le support du tambour présente un dispositif spécial qui fait qu'un des rubans d'attache passe sur la paume de la main, entre le pouce et l'index.

Le *sphygmographe* d'EDGREN (1889) est aussi très simple; un tambour à bouton seulement dont le tube de communication avec le tambour enregistreur passe dans un manchon qui se trouve à l'extrémité supérieure d'une grande vis. Cette vis, qui sert de support, est attachée par un ruban à l'avant-bras. En tournant un écrou qui se trouve en bas sur la vis, on fait monter ou descendre le tambour, et on règle par là sa position sur l'artère.

La *pince sphygmographique* de LAULANIÉ se compose d'un fléau de balance. L'un des bras du fléau appuie sur l'artère, l'autre est en relation avec un tambour à air. Un ressort à boudin, attaché au fléau de balance, permet de régler la pression exercée sur l'artère.

Le *sphygmographe* de HÜRTHLE (1898) est très simple. Le support est une sorte de pince dont les deux branches courbes embrassent l'avant-bras. L'articulation de ces deux branches est à charnière serrée par une vis. Une des branches de cette pince sert de support au tambour explorateur à air. La membrane de caoutchouc de ce tambour est très épaisse, entre elle est l'artère radiale, il n'y a pas de ressort métallique. La tige qui porte le bouton qui appuie sur l'artère est fixée à la membrane.

Le *sphygmographe* de MARIETTE POMPILIAN (1er modèle) se compose d'un cadre-support, semblable à celui du sphygmographe de MAREY, qui s'attache au poignet à l'aide d'un ruban. Ce cadre supporte un levier rigide à deux bras. Le long bras du levier porte le bouton qui appuie sur l'artère et qui est relié au tambour à air. Un resssort à boudin est attaché au petit bras du levier. En faisant varier à l'aide d'une vis la longueur du ressort, on varie la pression exercée par le levier sur l'artère. Un index, porté par l'extrémité supérieure du ressort, indique, sur une tige graduée, la valeur de la pression exercée sur l'artère.

Le *sphygmographe* de MARIETTE POMPILIAN (2e modèle) se compose d'un support pour le poignet. Ce support est formé de plusieurs pièces réglables permettant d'adapter l'appareil à des poignets de grosseur variable. Sur le cadre supérieur du support se trouve placé un cadre mobile dans les directions antéro-postérieures et latérales. Sur ce cadre mobile est fixée une vis qui porte le sphygmographe proprement dit, composé d'un levier rigide, muni d'un ressort à boudin et d'un tambour à air pourvu d'un dispositif spécial permettant de faire varier la tension de la membrane de caoutchouc.

II. Les pulsations de l'artère carotide sont enregistrées à l'aide de sphygmographes dont le support présente une forme spéciale.

Dans le *sphygmographe carotidien* d'Edgren le support présente la forme d'un arc métallique qui entoure la moitié du cou. Une des extrémités de cet arc porte un petit coussin sur lequel repose la nuque, l'autre extrémité porte un tambour à air. La tige collée à la membrane du tambour présente un bouton qui appuie sur la région carotidienne. Le petit coussin sur lequel repose la nuque est porté par une vis. En tournant cette vis, on fait monter ou descendre le coussin, ce qui permet d'adapter l'appareil à tous les cous.

Dans l'appareil de Hürthle, le support du tambour prend son point d'appui sur le front.

III. Pour enregistrer les pulsations des veines, on peut employer tout simplement, comme l'a fait Buisson, un petit entonnoir, appliqué sur la région qu'on veut explorer, par exemple sur la région sus-claviculaire quand on veut enregistrer les pulsations de la jugulaire. Le petit entonnoir est mis en relation, par l'intermédiaire d'un tube, avec un tambour enregistreur de Marey.

Le *sphymographe veineux* de François-Franck se compose d'une boîte à coussin, sur lequel repose la nuque. Cette boîte forme le pied de l'appareil; à une de ses extrémités est vissée une tige verticale qui supporte l'explorateur veineux. Celui-ci est constitué par un petit tambour à air dont la membrane très souple supporte un petit disque auquel est appendue la tige exploratrice qui appuie sur la jugulaire. Une articulation à double noix permet de faire l'application de l'appareil perpendiculairement à la jugulaire.

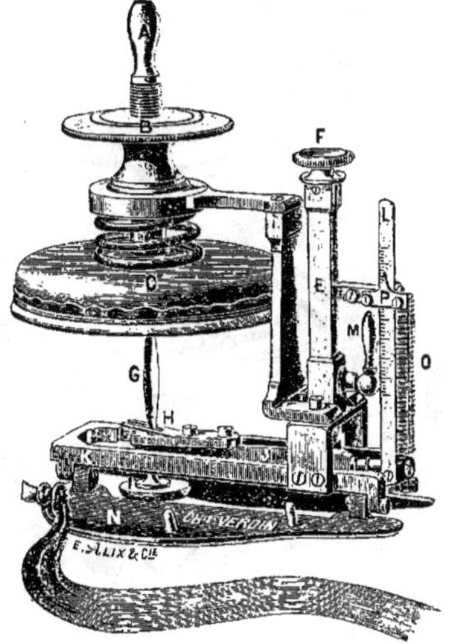

Fig. 139. — Sphygmographe à transmission de Mariette Pompilian. (1er modèle.)

B. **Sphygmographes à transmission liquide.** — Naumann a transformé le sphygmomètre d'Hérisson en appareil enregistreur, et lui a donné le nom impropre de *hémodynamomètre*. On sait que le sphygmomètre d'Hérisson se compose d'un tube, rempli de mercure, évasé à sa partie inférieure qui est fermée par une membrane de parchemin.

Le *sphygmomètre enregistreur* de Keyt (1874) se compose aussi d'une partie analogue au sphygmomètre d'Hérisson. Cette partie qui repose sur l'artère est reliée par un tube plus ou moins court avec la partie médiane d'un tube horizontal. Ce dernier est recourbé à une de ses extrémités qui se présente sous la forme d'un tube vertical gradué; à l'autre il est fermé par une membrane élastique, qui est reliée à un levier inscripteur. Tout le système est rempli d'un liquide. Keyt, dans ses premiers appareils, employait l'eau; plus tard il a employé de l'alcool. Les hauteurs de la colonne liquide contenue dans le tube donne la mesure de la pression artérielle. Les pulsations reçues par la membrane qui ferme le petit entonnoir qui repose sur l'artère sont transmises par l'intermédiaire de la colonne liquide à la membrane qui ferme une des extrémités du tube. La plume enregistrante inscrit ces mouvements sur une plaque de verre enfumée, placée verticalement et mise en mouvement par un mécanisme d'horlogerie.

Le *compound sphygmograph* de Keyt se compose de deux appareils, semblables à celui que nous venons de décrire, fixés sur un même support. Les plumes enregistrantes sont superposées ; on a ainsi l'inscription simultanée des pulsations de deux artères, ou des battements du cœur et des artères. Sur la surface enregistrante un chronographe inscrit le temps.

Le *sphygmographe* de Pond (1877) est formé essentiellement par un tube plein de liquide et fermé à sa partie inférieure par une membrane en caoutchouc qu'on applique sur l'artère. Sur le liquide se trouve un flotteur qui, par l'intermédiaire d'une tige et d'un levier, communique les mouvements du liquide à une plume enregistrante placée horizontalement, sur une bande de papier qui se déplace transversalement à la droite du bras. Le mouvement d'horlogerie se trouve à la partie supérieure de l'appareil. On varie la pression exercée sur l'artère en serrant une vis qui se trouve entre les deux branches d'une sorte d'étrier qui emboîte le poignet et qui sert de support à l'appareil. La pression est lue sur un disque placé à la partie inférieure du support sur le côté externe du poignet. Cet appareil, dans son ensemble, est petit et peut être tenu à la main.

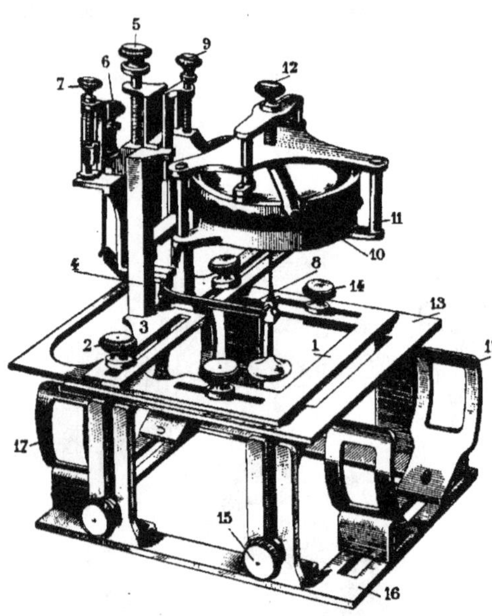

Fig. 140. — Sphygmographe de Mariette Pompilian (2e modèle.)

Richardson (1880) a ajouté un microphone à cet appareil et l'a transformé en *sphygmophone*. On peut donc *voir* et *entendre* en même temps les pulsations.

Le *sphygmographe* d'Ozanam se compose de trois éléments : un moteur, un cylindre et un sphygmoscope à mercure. L'ampoule qui s'applique sur l'artère communique par un tube de caoutchouc avec un tube de verre. Tout le système est rempli de mercure. Le flotteur est muni à sa partie supérieure d'une aiguille en acier qui inscrit le tracé sur une feuille de papier enroulée sur le cylindre. Un aimant vertical, soutenu par une pince, plonge dans le cylindre creux et attire à travers les parois l'aiguille d'acier qui s'applique sur le papier sans que sa mobilité soit gênée.

Le *sphygmographe différentiel* d'Ozanam (1886) se compose de deux petites ampoules de verre, une pour l'artère, l'autre pour la veine. Ces ampoules sont accouplées au moyen d'une double bague métallique ; elles sont recouvertes de minces membranes de caoutchouc. Les branches terminales des ampoules sont prolongées, comme dans le sphygmographe simple, par des conduites de caoutchouc et des tubes à flotteur. Les deux systèmes sont remplis de mercure. L'inscription des mouvements se fait sur un cylindre enregistreur.

Parmi les sphygmographes à eau, citons encore les appareils de Basch, de Zadek, etc.

C. **Sphygmographes électriques.** — Pour mesurer exactement la durée de la systole et de la diastole artérielles, Czermak a employé l'électricité de la façon suivante : il a adapté des contacts électriques, soit au sphygmomètre perfectionné d'Hérisson, soit aux appareils de Vierordt ou de Marey. L'enregistrement, à l'aide d'un électro-aimant, des fermetures et des ruptures du courant, permettait de mesurer la durée de chacune des phases du pouls.

§ III. — *Enregistrement photographique des pulsations.*

Voici comment on a employé la photographie à l'enregistrement des pulsations artérielles :

Czermak plaçait sur l'artère la petite extrémité d'un miroir mobile autour de son axe horizontal; un rayon lumineux était réfléchi par le miroir. Entre le miroir et la surface sensible, il y avait un écran percé d'une fente verticale, de sorte que le rayon lumineux ne pouvait tracer sur la surface enregistrante qu'une ligne verticale quand la surface enregistrante était fixe; quand cette dernière se déplaçait, Czermak obtenait la courbe de la pulsation.

Stein (1877) a employé aussi le procédé de Czermak; seulement, dans ses recherches,

Fig. 141. — *Sphygmographe photographique* d'Ozanam. — La chambre noire est représentée relevée; elle s'abaisse en *rr* quand l'expérience commence. La fente (*a*) de la chambre noire peut être rétrécie ou élargie à l'aide de la pièce *b*. L'ampoule artérielle *l* est reliée par le tube *i* au tube de verre *t*. La plaque sensible V placée dans les montants *cc* se déplace dans le sens de la flèche.

le miroir était fixé par l'intermédiaire d'une tige à un ressort, qui servait à faire varier la pression exercée sur l'artère.

Bernstein (1890) a collé un petit miroir à la peau de la région carotidienne. Le rayon réfléchi par ce miroir pénétrait dans une chambre obscure, en passant par des lentilles qui concentraient la lumière sur la surface d'un cylindre enregistreur; il obtenait ainsi une image très nette. Le rayon lumineux, comme dans la méthode de Czermak, était interrompu toutes les deux secondes à l'aide d'un métronome.

Cowl (1900) a photographié les mouvements du bord lumineux d'un petit écran placé perpendiculairement sur l'artère radiale. La chambre photographique était placée sur les rails de glissement d'un myographe à ressort.

Les *photogrammes* obtenus montrent nettement l'existence du dicrotisme.

Ozanam a employé aussi le procédé photographique pour enregistrer les mouvements de la colonne mercurielle de son sphygmographe. La feuille de papier sensible, animée d'un mouvement transversal. était renfermée dans une chambre noire portative, percée d'une fente correspondant au tube dans lequel oscillait le mercure.

Landois a construit un *sphygmographe à gaz*, basé sur le procédé de Klemensiewicz et GERHARDT. Les pulsations sont transmises au gaz renfermé dans une capsule manométrique; le gaz est allumé à sa sortie, comme dans l'appareil de KOENIG. Les oscillations de la flamme sont photographiées.

§ IV. — *Sphygmographie digitale.*

Le *sphygmographe digital*, ou *onychographe*, est un instrument qui donne les pulsations des petits vaisseaux d'une extrémité digitale placée entre un support et l'appareil qui repose sur l'ongle.

Le *sphygmographe totalisateur* de FR.-FRANCK (1881) rentre dans cettte catégorie de la sphygmographie volumétrique. Cet appareil se compose d'un levier amplificateur for-

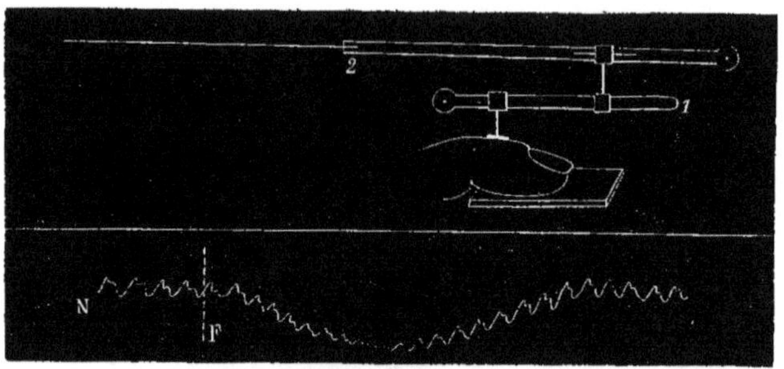

FIG. 142. — Sphygmographe totalisateur de FRANÇOIS-FRANCK.

mant un système articulé (deux leviers superposés) qui s'applique sur le dos d'une phalangette à l'aide d'une petite plaque.

L'*onychographe* de HERZ (1896) est un instrument analogue.

Le *sphygmographe digital* de LAULANIÉ (1898) se compose d'un système multiplicateur formé par la combinaison d'un levier et d'une poulie pourvue d'une plume inscrivante. C'est l'introduction de cette poulie qui constitue le détail caractéristique; c'est par elle que le sphygmographe acquiert une sensibilité exquise. Les constantes mécaniques de l'appareil déterminent une multiplication de 70. La pesée sur le doigt est accrue par le déplacement d'un poids de 10 grammes qui se meut sur une tige horizontale graduée. Cet appareil inscrit verticalement ses mouvements.

SOLLIER (1902) a modifié l'appareil de LAULANIÉ pour avoir l'inscription horizontale. Pour cela, la fourche qui soutient la poulie verticale à laquelle est fixé le style, présente un ajutage qui permet de placer cette poulie tantôt verticalement, tantôt horizontalement, au moyen de quatre vis.

Le *sphygmographe digital* de WALLER (1900) est un appareil beaucoup plus simple que celui de LAULANIÉ. Un ressort applique un levier enregistreur au-dessus de l'ongle. Le levier amplifie 50 fois environ les mouvements qu'il reçoit.

CASTAGNA (1901) a construit aussi un appareil analogue.

L'appareil de KREIDL (1902) se compose de deux leviers enregistreurs : l'un pour les mouvements de la main, et l'autre pour les pulsations de l'ongle.

§ V. — *Enregistrement de l'ébranlement pulsatile du corps.*

HARTSHORNE et GORDON ont remarqué que, quand un individu était placé sur une bascule, l'aiguille faisait des mouvements isochrones au pouls. Pour enregistrer ces mouvements, HARTSHORNE a imaginé un appareil, qui ne fut jamais construit, appelé *ballographe*.

GORDON fut le premier qui enregistra ces mouvements. LANDOIS (*Lehrb. der Physiolo-*

gie, 1888, p. 156) a décrit et figuré un appareil qui permet de les enregistrer avec facilité ;

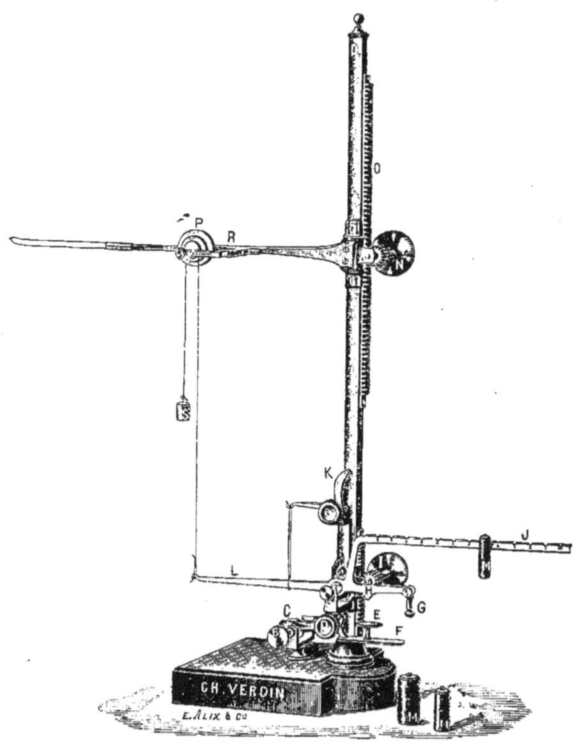

FIG. 143. — Sphygmographe digital de LAULANIÉ.

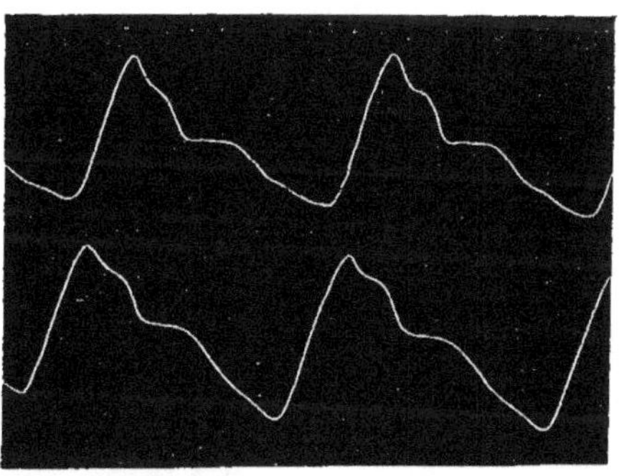

FIG. 144. — Tracé du pouls digital (tracé inférieur), obtenu à l'aide du sphygmographe de LAULANIÉ; pouls de l'artère radial (tracé supérieur).

les tracés obtenus par son procédé présentent de grandes analogies avec les tracés du pouls.

Les tracés de Landois montrent, contrairement à ceux de Gordon, que tout le corps, au moment de la systole verticulaire, éprouve une forte poussée vers le bas.

La *balance enregistrante* de Mosso se compose d'une caisse en bois placée en guise de balance sur un couteau d'acier; le tout se trouve sur une latte percée de 3 ouvertures, une au milieu, et une à chaque extrémité; la première donne passage à une barre de fer d'un mètre de hauteur qui porte un gros cylindre de fer; les deux autres donnent passage à des barres semblables fixées obliquement à la première; le fond peut être abaissé ou soulevé grâce à un pas de vis; on rend ainsi la balance plus ou moins sensible.

En fixant un index à l'extrémité de la balance, on enregistre ses mouvements sur un cylindre.

§ VI. — *Enregistrement des pulsations longitudinales.*

Warren, P. Lombard et Sidney, P. Budgett ont enregistré l'expansion longitudinale de la carotide. — Voici leur méthode :

La carotide est disséquée sur une longueur aussi grande que possible; on la coupe ensuite entre deux ligatures. Le moignon de l'artère est fixé en le plaçant dans la cavité d'un petit cylindre en emplâtre de Paris. Quelques gouttes de sang suffisent pour coller l'artère à l'emplâtre. Trois ou quatre millimètres de longueur d'artère sortent du petit cylindre; l'extrémité de l'artère est attachée à un petit levier, léger et rigide, qui amplifie dix fois les mouvements de l'artère. Le tracé est recueilli sur une feuille de papier longue de six à huit mètres étendue sur deux cylindres dont l'un est mis en mouvement par un moteur.

Une méthode analogue (la méthode de la suspension) a été employée aussi par Ducceschi (1903).

§ VII. — *Enregistrement des pulsations d'une veine dénudée.*

L'inscripteur du pouls veineux de Gottwalt (1881) se compose d'une gouttière sur les bords de laquelle est étendue une membrane mince qui transforme la gouttière en un petit tambour à air.

La veine est placée entre cette membrane et une petite plaque maintenue par un ressort qui la comprime contre la membrane. La gouttière communique par un tube à transmission avec un tambour enregistreur. L'enregistrement se fait à l'aide de l'étincelle électrique et du papier amidonné et ioduré.

§ VIII. — *Sphygmoscopes.*

Hérisson, dans un mémoire présenté à l'Institut en 1834, a donné la description du premier appareil qui a servi à la mesure du pouls.

Cet appareil se composait d'un tube de verre portant des divisions. L'extrémité inférieure de ce tube était terminée par une partie cylindrique plus large dont l'ouverture était fermée par une feuille de parchemin. Le tout était rempli de mercure et était en plus pourvu d'un robinet. Les oscillations de la colonne mercurielle correspondaient aux pulsations.

Plusieurs *sphygmoscopes* ont été construits sur le modèle de l'appareil d'Hérisson :

Alison Scott (1856), a construit un instrument qui peut indiquer les pulsations du cœur aussi bien que celles des artères. Son sphygmoscope se compose d'une sorte de petite coupe renversée (calice) fermée à l'une de ses extrémités par une lame fine de caoutchouc, et se terminant à l'autre extrémité par un tube de verre rempli d'eau colorée et fixé à une planchette graduée. La partie intermédiaire, tubulaire, qui relie le tube à la coupe, peut être très courte, ou très longue, surtout dans le cas où l'on veut avoir les deux tubes des deux sphygmoscopes à côté l'un de l'autre, avec un de ces appareils posé sur l'artère, et l'autre sur la région du cœur.

Le *sphygmoscope* de Pond (1875) consiste en un tube de verre d'ouverture capillaire long de 3 à 6 pouces (8 à 16 centimètres). Une de ses extrémités s'évase graduellement en un entonnoir. Une goutte du liquide colorée se trouve à la moitié du tube, et forme l'*index* qui se déplace suivant les pulsations, quand l'extrémité large du tube, fermée par une mince lame de caoutchouc, est placée sur l'artère. Un lacet attache l'appareil au poignet.

Le fils de Pond (W. R. Pond), a modifié cet appareil en élargissant le tube capillaire, en le remplissant de liquide, et en le rendant par cela semblable à l'appareil Scott Alison.

Le *sphygmoscope* de Stevens (1880) se compose d'un tube de thermomètre gradué, long de 110 millimètres, ayant un calibre de 6 millimètres, terminé à son extrémité inférieure par un bulbe, contenant un liquide coloré qui ne peut pas passer au-dessous du bulbe. Dans le tube il y a un petit index long de 2 millimètres. Au-dessous du bulbe il y a une ampoule en caoutchouc très fort, qui, quand on applique l'instrument, doit être saisie entre le pouce et l'index. Au-dessous de cette ampoule, il y a une échelle de pression formée par un ressort à boudin, indiquant 8 hectogrammes de pression. L'instrument se termine par un long disque creux, de caoutchouc très fort, présentant un diaphragme de caoutchouc à sa surface inférieure, qui s'applique sur l'artère.

L'*hæmarumascope* de White est une sorte de sphygmoscope. Il est formé d'un tube recourbé en forme de trompette et libre à ses deux extrémités. L'extrémité évasée s'applique sur l'artère; un petit index, formé par une goutte d'alcool coloré en rouge, suit les oscillations de l'artère.

§ IX. — *Sphygmophones.*

Les appareils qui servent à transformer les pulsations artérielles en bruits nettement perceptibles s'appellent *sphygmophones*.

Quoique ces appareils ne puissent pas être classés parmi les appareils enregistreurs, nous allons décrire, à titre de curiosité, quelques sphygmophones qui ne sont en définitive que des sphygmographes modifiés.

Le *sphygmophone* de Stein se compose d'un ressort métallique analogue à celui du sphygmographe, ressort reposant par un bouton d'ivoire sur l'artère. A chaque battement, le ressort soulevé va buter contre une vis et ferme le courant qui arrive par le ressort et sort par la vis. Un téléphone mis en rapport avec l'appareil, permet d'entendre nettement les interruptions et les fermetures du courant. Ce sphygmophone a été modifié par Dumont.

Le *sphygmophone* de Boudet se compose d'une plaque d'ébonite munie de deux ailettes, par lesquelles on fixe l'appareil au moyen d'un ruban. Un ressort métallique porte à son extrémité libre le charbon inférieur d'un microphone. Le charbon supérieur est suspendu à une vis, mobile entre les deux branches d'une pièce, qu'on peut élever ou abaisser le long d'un support à l'aide d'une vis. Le contact des deux charbons est assuré à l'aide d'un morceau de papier replié. Une deuxième lame métallique, placée parallèlement au-dessous de la première, porte un bouton explorateur qui presse sur l'artère; sa pression est réglée par une vis. Des bornes métalliques communiquant avec les charbons servent à fixer les extrémités d'un circuit dans lequel on intercale une pile et le téléphone récepteur. Chaque pulsation de l'artère se trouve ainsi transformée en un bruit nettement perceptible.

Sommer a fait aussi d'intéressantes recherches sur la transformation de la pulsation en son.

III

Cardiographie.

Les appareils destinés à étudier les mouvements du cœur par la méthode graphique s'appellent *cardiographes*; les tracés des mouvements du cœur s'appellent *cardiogrammes*.

Le procédé le plus simple, et en même temps le plus grossier, pour avoir un cardiogramme, c'est d'enregistrer, comme l'a fait Wagner, les mouvements d'une aiguille enfoncée dans le cœur. Pour cela, on fait frotter l'extrémité libre de l'aiguille sur la surface d'un cylindre enregistreur.

Brondgeest a attaché un fil à l'extrémité supérieure d'une aiguille enfoncée dans le cœur; ce fil passait sur une poulie et était attaché à un levier inscripteur.

En faisant agir l'aiguille enfoncée dans le cœur sur un tambour de Marey, Kronecker a pu enregistrer à distance les mouvements du cœur.

L'introduction de l'aiguille dans le cœur, à travers le thorax, ne fait aucun mal. Pour un lapin, la longueur de l'aiguille est de 4 à 6 centimètres; pour le chien, il faut qu'elle soit plus grande (aiguille de Jung).

Un autre procédé grossier, mais exact, pour obtenir un cardiogramme, est le suivant :

On introduit un tube de verre dans la cavité du ventricule gauche, à travers la paroi ponctionnée avec un gros trocart. Le jet de sang qui s'échappe par l'extrémité libre du tube préalablement effilée est recueilli sur une bande de papier en mouvement. La trace laissée par le sang sur le papier représente bien les différentes phases de la contraction cardiaque.

Dans notre exposé, nous décrirons sous le nom de *cardiographie directe* les procédés qui nécessitent la mise à nu, ou l'isolement complet du cœur ou autres opérations et sous le nom de *cardiographie indirecte* (ou *cardiographie clinique*) les procédés qu'on emploie pour faire l'étude des pulsations cardiaques à travers la paroi thoracique.

§ I. — *Cardiographie directe.*

A. **Cardiomyographie.** — La myographie proprement dite du cœur a pour but l'étude de la contraction du muscle cardiaque en elle-même, sa nature, ses analogies et ses différences avec celle des autres muscles.

I. *Cœur isolé.* — Le cœur des animaux à sang froid (grenouille, tortue, etc.) peut être étudié en dehors de l'organisme. Il en est de même du cœur d'un animal à sang chaud nouveau-né ou d'un animal qui a été refroidi artificiellement avant d'être tué.

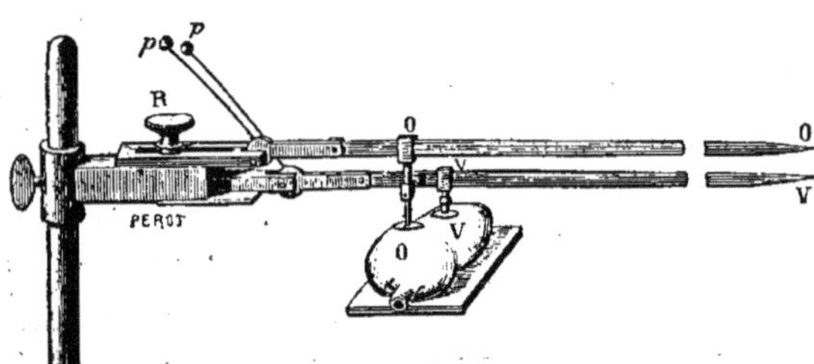

Fig. 145. — Cardiographe double de François-Franck.

a) Rien de plus simple que d'enregistrer les mouvements d'un cœur isolé : on le pose sur une surface fixe, et on fait reposer dessus un levier enregistreur très léger.

Dans le *cardiographe simple* de Marey, un petit cylindre de moelle de sureau est interposé entre le cœur et le levier.

Un tel procédé d'enregistrement a été employé aussi par Ludwig, Baxt, etc.

François-Franck, Lauder-Brunton, Cash, etc., ont construit des myographes du cœur à double levier. De cette façon, ils ont obtenu une amplification plus grande des mouvements du cœur, car les mouvements, déjà amplifiés par le premier levier, sont amplifiés une seconde fois par le deuxième levier superposé au premier.

On peut enregistrer séparément les oscillations de l'oreillette et du ventricule, en se servant de deux leviers enregistreurs, dont l'un repose sur le ventricule, et l'autre sur l'oreillette. Ce dispositif a été employé par François-Franck.

La plaque sur laquelle repose le cœur peut être mise en communication avec une électrode, tandis que l'autre électrode est reliée avec la tige du levier qui repose sur le cœur. De cette façon, le même appareil sert à exciter le cœur et à enregistrer les mouvements.

Au lieu d'enregistrer directement les mouvements d'un cœur isolé, on peut les enregistrer à distance au moyen de la transmission à air, mettant le cœur entre la plaque d'un tambour à air et une surface fixe. La *pince myocardique* de Chauveau (*myocardiographe*) est constituée de cette façon. Le tambour de la pince est mis en communication avec un tambour enregistreur de Marey.

b) Les mouvements d'un cœur isolé peuvent être étudiés au moyen de la *méthode de suspension*. Voici comment on procède dans ce cas :

Le cœur est fixé à un support au moyen d'un crochet placé dans le sillon auriculo-ventriculaire. L'oreillette est attachée, au moyen d'un crochet et d'un fil, à un levier enregistreur supérieur; la pointe du ventricule est attachée de même à un levier enregistreur placé sur le même support que le levier supérieur. Des poids ou des ressorts sont attachés aussi au levier et agissent sur eux dans une direction diamétralement opposée à celle suivant laquelle s'exercent les mouvements du cœur. De cette façon, on enregistre simultanément et séparément les contractions du ventricule et de l'oreillette.

Ce procédé a été employé par Gaskell (1882), Fano, Gotch, etc.

II. *Cœur en place.* — Les procédés qu'on emploie pour enregistrer les mouvements d'un cœur isolé s'appliquent aussi à l'étude des mouvements d'un cœur en place et mis à nu simplement.

a) Ludwig et Hoffa ont enregistré les mouvements du cœur à l'aide d'un simple levier comme celui du cardiographe simple de Marey.

Le *cardiographe double* de Soukanoff se compose de deux leviers enregistreurs, dont l'un se place sur le ventricule et l'autre sur l'oreillette du cœur d'une tortue.

Le *cardiographe* de Kaiser se compose d'une tige verticale (un fétu de paille) dont une extrémité touche la surface du cœur, tandis que l'autre extrémité est attachée, au moyen d'un crochet d'aluminium, à un levier enregistreur. La tige verticale est guidée par deux anneaux fixés au support. L'amplification des tracés est variée en déplaçant le crochet en aluminium le long de la tige.

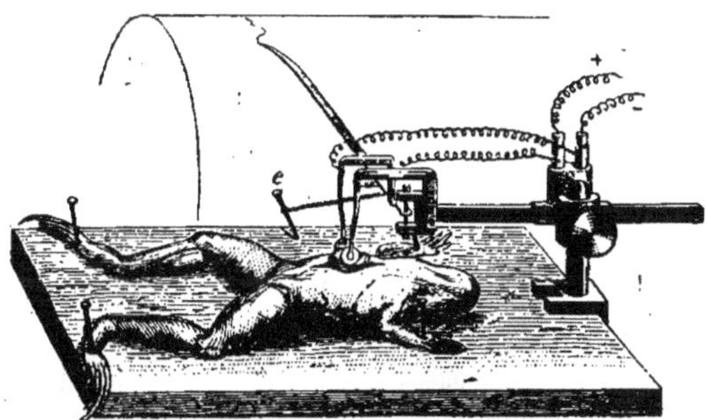

Fig. 146. — Pince cardiaque de Marey.

La *pince myographique* du cœur, ou *pince cardiaque* de Marey, est formée de deux cuillerons portés chacun par un bras coudé. L'un de ces bras est fixe, et l'autre mobile. Le bras mobile porte un levier horizontal qui lui est perpendiculairement implanté; l'extrémité du levier, munie d'une plume, trace sur une surface enregistrante les mouvements du cœur. Le cuilleron est rappelé par un petit fil de caoutchouc qui agit comme un ressort. Chaque systole du ventricule écarte les mors de la pince et tend le fil élastique; à chaque diastole, le cœur, redevenant mou, laisse revenir le mors de la pince sous la traction du ressort.

La pince et l'axe du levier sont fixés à l'extrémité d'une tige qui, à l'aide d'une virole, peut être fixée sur un support attenant à la planchette sur laquelle est fixée la grenouille. Des fils conducteurs étant attachés à la pince, les cuillerons peuvent servir d'électrodes quand on veut exciter le cœur.

Réné (1887) a modifié le cardiographe de Marey en remplaçant le fil de caoutchouc par un poids qui permet de graduer exactement la pression exercée sur le cœur de grenouille. Le poids est mis dans un plateau accroché par un fil qui passe sur une poulie; ce fil est attaché à une des branches de la pince.

Gilardoni (1901), dans son myographe à poids variable pour l'étude des conditions mécaniques de la systole ventriculaire, a employé un poids cylindrique, à section très grande, qui flotte sur un bain de mercure.

Gilardoni a construit aussi un myographe à ressort de torsion. En agissant sur ce ressort au moyen d'un fil attelé à un levier très léger et orienté d'abord à près de 180 degrés de la direction de la force, le déplacement angulaire de ce levier produit une augmentation de la résistance du ressort proportionnellement à l'angle décrit.

Le *cardiographe* de Legros et Onimus consiste en deux tiges verticales supportées par une branche horizontale, et entre lesquelles se trouve saisi le cœur. L'une des tiges est fixe, l'autre est mobile autour d'un axe à pivot; cette dernière est reliée par sa partie supérieure au levier enregistreur du myographe de Marey. Quand le cœur augmente de volume dans le sens transversal, l'extrémité supérieure de la tige mobile entraîne le levier du myographe qui trace une courbe ascendante sur le cylindre enregistreur.

Cet appareil s'applique aussi aux animaux à sang chaud, si l'on pratique la respiration artificielle.

Fredericq a modifié la pince myographique de Marey de manière à pouvoir introduire une des branches à l'intérieur du cœur et à saisir entre ses mors la paroi du ventricule suivant l'épaisseur de celle-ci. Les deux branches de la pince sont mobiles sur une tige support. Une des branches est constituée par une tige de laiton pleine terminée par une petite plaque circulaire de 20 millimètres de diamètre. Cette branche est introduite dans le cœur par l'auricule et est poussée à travers l'orifice auriculo-ventriculaire. La branche qui s'applique à l'extérieur est terminée par une capsule exploratrice à air dont le bouton qui appuie sur le ventricule est supporté par un ressort qu'on peut approcher ou éloigner du tambour.

Vibert et Verdin (1892) ont modifié les cuillerons de la pince cardiaque de Marey, en ont perfectionné la mise au point, et ont fait en sorte que le cardiographe puisse aussi bien enregistrer les mouvements du cœur sur une surface horizontale que sur une surface verticale.

La *pince cardiaque* de Luigi d'Amore enregistre les mouvements du cœur sur une surface verticale.

Parmi les cardiographes ressemblant plus ou moins à la pince cardiaque de Marey, citons encore l'appareil de Porter.

b) L'étude des contractions cardiaques d'un cœur en place (*in situ*) à l'aide de la *méthode de la suspension* a été faite par Langendorff (1884), Engelmann (1892) et Bottazzi. Voici le procédé employé :

La grenouille étant mise sur le dos, on fait, dans la région cardiaque, une fenêtre d'un centimètre carré environ, on ouvre le péricarde, et on met dans le cœur un crochet d'ivoire, de métal ou de verre, à une distance d'un millimètre et demi environ de la pointe. Ce crochet est attaché par un fil à un levier disposé de telle sorte que le poids ou le ressort qui agit sur lui tende à le tirer vers le haut, tandis que les contractions cardiaques tendent à le ramener vers le bas.

Le levier d'Engelmann était long de 12 centimètres; il avait deux bras de 6 centimètres chacun. A l'extrémité d'un de ces deux bras il y avait un poids; à l'extrémité de l'autre, une plume inscrivante d'aluminium. Le levier présentait plusieurs trous pour l'attache du fil portant le crochet. On pouvait ainsi varier l'amplification des tracés. Un poids d'un gramme, mobile sur le levier, permettait de varier la résistance du levier aux mouvements.

Pour inscrire les mouvements du cœur de la grenouille à l'aide de la méthode de la suspension, Brodie (1902) a construit un levier, à deux bras, extrêmement léger, fait par un fétu de paille et avec une plume en papier fixée à son long bras. La pointe du cœur est accrochée au petit bras du levier. L'axe du levier est formé par une aiguille qui se meut, avec le moins de frottement possible, entre les rainures d'un support à deux bras. Une petite lame-ressort appuie sur l'axe.

c) Roy et Adami (1890) ont enregistré directement et simultanément les contractions longitudinales du cœur et les contractions des piliers. Voici le procédé qu'ils ont employé : Un petit support portant un levier est fixé au moyen d'un crochet sur la paroi cardiaque. Sur le levier, une petite poulie peut glisser dans une coulisse ; sur cette poulie passe un fil dont l'une des extrémités est fixée par un crochet au cœur et l'autre extrémité au petit bras d'un des deux leviers enregistreurs qui sont placés au-dessus du cœur. Le deuxième levier enregistreur est destiné à enregistrer les contractions des piliers du cœur ; en effet, le fil qui lui est attaché, passe sur une poulie qui se trouve à l'extrémité du levier porté par le cœur, traverse l'oreillette, la valvule auriculo-ventriculaire et va se fixer par un crochet à un pilier du cœur. Les leviers enregistreurs, placés sur un même support, sont portés par une sorte de suspension à la CARDAN qui leur permet de suivre les mouvements de translation du cœur.

d) Pour faire l'étude des contractions cardiaques à l'aide de la transmission à air, FRANÇOIS-FRANCK a procédé de la façon suivante : Quatre tambours à air sont mis en relation avec les deux oreillettes et les deux ventricules. Les membranes des ambours sont reliées, d'une manière fixe, à la paroi auiculaire, au moyen d'une petite serre-fine ; cette serre-fine est en rapport avec la membrane par l'intermédiaire d'une tige légère, résistante et non articulée. Le diamètre des disques placés sur les membranes des tambours est grand.

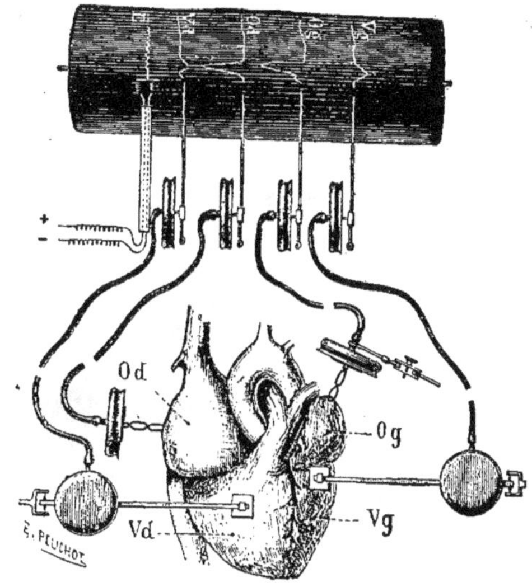

FIG. 147. — Schéma du dispositif de FRANÇOIS-FRANCK pour l'inscription simultanée des mouvements des ventricules et des oreillettes.

Les pulsations des ventricules sont recueillies séparément par des tambours à levier de 7 à 8 centimètres de long. Le bouchon de liège qui termine le levier est appliqué latéralement sur la paroi ventriculaire et perpendiculairement à la surface.

Tous ces tambours explorateurs sont reliés, par des tubes, avec des tambours enregistreurs qui inscrivent les mouvements reçus simultanément sur la surface enregistrante.

HÜRTHLE (1891), au lieu de tambour à air, comme appareil explorateur, a employé une tige creuse, terminée par une très petite ampoule élastique qui était mise en contact avec le cœur par une ouverture faite à la paroi thoracique. Les mouvements du cœur étaient transmis à un petit tambour. Le tout, appareil explorateur, tube de transmission et tambour, était rempli de liquide.

B. **Cardiographie pléthysmograhique**. — Le volume du cœur diminue pendant la systole et augmente pendant la diastole. Ces variations de volume peuvent être inscrites par des moyens appropriés : c'est là l'objet de la cardiographie volumétrique ou pléthysmographique.

1. *Cœur isolé*. — FICK et BLASIUS (1872), qui sont les premiers à avoir fait l'étude volumétrique d'un cœur isolé, ont employé le dispositif suivant :

Le cœur est renfermé dans un espace clos rempli d'une solution saline ; cet espace communique avec un tube manométrique, coudé deux fois, et rempli aussi d'une solution saline. Dans le bras libre de ce tube il y a un flotteur enregistreur. Le cœur possède deux canules, l'une dans le sinus veineux, l'autre dans l'aorte, pour la circulation artificielle ; l'une de ces canules est en relation avec le vase qui contient la solution nutritive (du sérum défibriné par exemple). — Quand le cœur est en diastole, et que son volume augmente, le liquide du manomètre, et avec lui le flotteur, monte; c'est le contraire pendant la systole. Les variations de hauteur du manomètre indiquent les diverses phases de l'activité du cœur.

Le tube mamonétrique, au lieu d'avoir un flotteur, peut être relié avec un tambour enregistreur.

Le récipient du cœur est placé dans un bain à température constante.

Marey (1875) a placé le cœur dans un récipient plein d'air ; cet espace clos communiquait par un petit tube avec un tambour enregistreur.

Dans l'appareil d'ensemble employé par Marey pour faire la circulation artificielle du

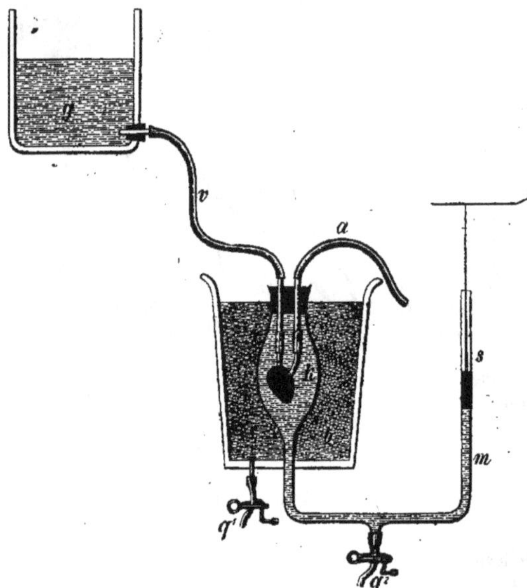

Fig. 148. — Cardio-pléthysmographe de Fick et Blasius.

cœur, et pour inscrire simultanément les variations du volume, de la pression et du débit, le récipient du cœur est formé par un tube en U dont l'une des branches, celle dans laquelle se trouve placé le cœur, est large, et l'autre étroite ; cette dernière présente un renflement qui, par un tube en caoutchouc, communique avec le tambour qui enregistre les variations de volume du cœur.

Le liquide arrive dans le cœur sous pression constante, grâce à un vase de Mariotte ; il entre dans le cœur par une canule de William.

François-Franck (1877) a placé le cœur dans un tube plein d'huile. Le liquide est plus avantageux que l'air ; c'est même une très mauvaise condition pour mesurer les changements de volume d'un organe, que de le placer dans l'air, celui-ci absorbant par son élasticité une grande partie des variations de volume.

L'appareil de Roy (1878) se compose d'un vase plein d'huile dans lequel le cœur est placé. Un petit tube vertical est adapté à la paroi inférieure du vase ; dans ce tube, un petit piston peut se déplacer verticalement; pour que le liquide ne coule pas entre les parois du tube et celles du piston, une mince membrane est attachée aux bords du tube et au piston. Cette membrane souple, formée de la membrane péritonéale du veau imprégnée de glycérine, ne gêne pas les mouvements du piston. La tige du piston est reliée à un levier enregistreur placé sous le récipient.

GASKELL (1880) a modifié un peu le tonomètre cardiographique de ROY, et il a remplacé l'huile par une solution saline.

Le *cardiopléthysmographe* ou *piston-recorder de* SCHÄFER se compose d'un petit récipient de forme ovoïde. Aux deux extrémités (diamétralement opposées) de ce petit

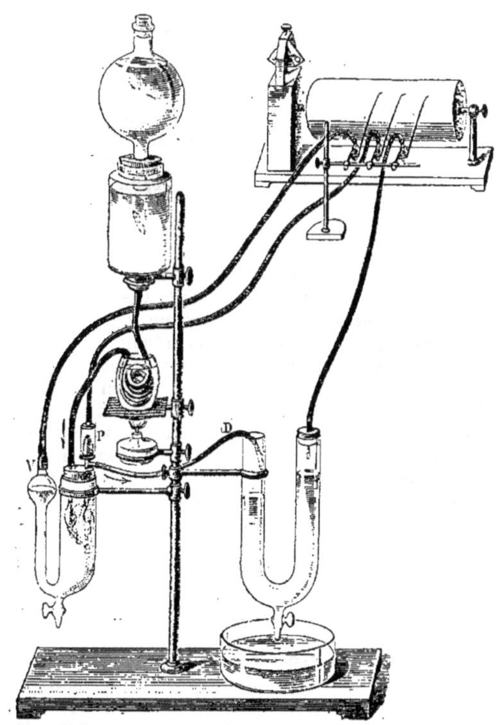

FIG. 149. — Cardio-pléthysmographe de MAREY.

récipient se trouvent fixés deux tubes en verre munis de robinets. A la partie supérieure du récipient se trouve une canule à deux voies à laquelle est attaché le cœur. Des électrodes pénètrent dans le récipient par sa paroi inférieure. Dans un des tubes de verre horizontaux se trouve placé un petit piston dont la tige porte une plume enregistrante. Tout l'appareil est plein d'huile.

II. *Cœur en place.* — La cavité péricardique, close de toutes parts, peut être considérée comme une boîte à parois inextensibles qui entoure le cœur. En mettant cette cavité en communication avec un tambour enregistreur, on peut étudier les variations de volume du cœur, comme si le cœur était placé dans un pléthysmographe. Voici le procédé qu'on emploie pour faire ce genre d'enregistrement : Un tube de verre étant introduit dans le ligament creux qui relie le péricarde au diaphragme, on ligature le sac péricardique sur le tube. Ce tube est relié à un tambour enregistreur. Avant l'enregistrement, on introduit, par insufflation, un peu d'air dans la cavité péricardique, pas trop, pour ne pas comprimer le cœur.

Cette façon de faire l'étude des variations de volume du cœur a été employée par François-Franck, Stefani, Tigerstedt, Knoll, etc. Pour éviter les variations de résistance présentées par la membrane du tambour enregistreur, Johanson et Tigerstedt l'ont remplacé par un piston-recorder.

Knoll a construit une canule spéciale qui peut être introduite dans le péricarde du lapin, sans nécessiter l'ouverture du thorax. La canule médiastinale de Knoll est en métal, elle se termine par une forte pointe aiguë qu'on loge derrière le sternum. L'ouverture qui se trouve sur la partie convexe de la canule fait communiquer la cavité péricardique avec l'intérieur de la canule, et de là avec le tambour enregistreur. Cette canule, de même que celle de Spengler, n'a pas besoin d'être fixée par une ligature.

Pour enregistrer les variations de volumes du cœur de la tortue, il suffit de faire une ouverture, à l'aide du trépan, dans la carapace, juste en face du cœur, et d'y fixer un tube en verre qui est relié avec un tambour enregistreur.

On peut improviser facilement un appareil pléthysmographique très simple, en plaçant le cœur du chien dans un bocal de verre. En rabattant le péricarde par-dessus les bords, on constitue une cavité bien close qu'on met en communication avec un tambour enregistreur.

Le *pléthysmographe cardiaque* ou *oncographe* ou *cardiomètre* de Roy (1887) et Adami (1888) se compose d'une sorte de boîte formée de deux moitiés, se fermant autour d'un anneau qui embrasse les vaisseaux de la base du cœur. Cette boîte est remplie d'huile; à sa moitié supérieure se trouve fixé un tube cylindrique dans lequel peut se mouvoir un piston. Les bords du tube sont réunis au piston par une mince membrane inextensible et lâche, qui permet au piston de se mouvoir, mais qui empêche que l'huile s'échappe en dehors de la boîte. Le piston est en relation avec un levier inscripteur. Ce levier et avec lui le piston sont soulevés par un ressort en caoutchouc. De cette façon la pression autour du cœur (dont le péricarde a été ouvert et fixé autour de l'anneau de la boîte) est inférieure à la pression atmosphérique, comme dans l'état normal. Les déplacements de la plume donnent des tracés qui représentent les variations de volume du cœur. On peut connaître le volume du sang qui entre et qui sort du cœur si l'on fait, avant ou après l'expérience, l'étalonnage de l'appareil.

C. **Cardiographie manométrique**. — Les variations de pression intracardiaques, étant très rapides, ne peuvent être étudiées avec un manomètre à mercure, cet appareil présentant une trop grande inertie. Seuls les manomètres élastiques peuvent servir à ce genre d'étude. Nous ne reviendrons pas ici sur la description des appareils de Fick, v. Frey, Hürthle, Krehl, etc., que nous avons étudiés dans le chapitre consacré spécialement à la pression du sang; nous exposerons seulement quelques faits relatifs au moyen d'aborder le cœur pour le mettre en relations avec les appareils enregistreurs.

I. Chauveau et Marey (1861), dans leurs mémorables expériences sur le mécanisme du cœur, ont employé des sondes exploratrices spéciales pour les différentes cavités du cœur. La *sonde cardiaque droite*, qu'on introduit dans le cœur par la veine jugulaire droite, est une sonde à double courant qui porte deux ampoules. Ces ampoules sont formées par un tube de caoutchouc soutenu par une carcasse en fil d'acier qui empêche le tube de s'affaisser entièrement sous la pression du sang, tout en lui permettant de changer légèrement de volume sous l'influence des variations de la pression. Des tubes séparés mettent chacune de ces ampoules en communication avec des tambours enregistreurs.

La *sonde cardiaque gauche* possède des ampoules plus résistantes que la sonde cardiaque droite. Une des ampoules se loge dans l'oreillette, l'autre dans le ventricule. Les sondes sont montées sur un tube métallique ayant un diamètre extérieur de 3 à 4 millimètres.

Ces sondes cardiaques sont de véritables *sphygmoscopes;* leur membrane élastique, au lieu d'être soumise à une force expansive intérieure, est soumise à une force de pression extérieure.

Les sondes de Chauveau et Marey étaient applicables au cheval. Sur leur modèle, on a construit des sondes applicables au chien.

Les sondes de François-Franck (1891) sont en métal ou en caoutchouc durci; elles sont terminées par une petite carcasse métallique en ressort d'acier fin, sur laquelle est modérément tendu un doigtier de caoutchouc soufflé qui supportera les pressions sans que ses parois opposées s'accolent. Dans les sondes manométriques doubles, la portion destinée à l'oreillette peut glisser, le long du tube de transmission, jusqu'à la portion destinée au ventricule, de façon à permettre un écartement variable, suivant la longueur du cœur des animaux. La sonde cardiaque gauche est introduite dans le cœur gauche par la veine pulmonaire supérieure gauche. Le tambour enregistreur mis en communication avec une sonde cardiaque doit être d'une faible capacité.

Gley, v. Frey et Krehl, Fredericq, etc., ont aussi construit des sondes cardiaques pour le chien, ressemblant plus ou moins aux sondes de Chauveau et Marey. La sonde de Hürthle contient un ressort antagoniste. Les sondes de Rolleston, Roy et Adami sont des sondes ouvertes.

La sonde de Meyer (1894) fonctionne à la fois comme les ampoules à air fermées de Chauveau-Marey et comme la sonde à ressort de Hürthle. Cette sonde se compose d'un tube de 3 millimètres de diamètre extérieur; ses ampoules peuvent être réduites au moment du passage dans le vaisseau. L'ampoule est formée par une carcasse métallique à jour de même diamètre que le tube, et se termine par une olive. De cette olive partent trois ressorts à concavité interne, placés entre les ouvertures de la carcasse métallique et venant s'attacher à un disque évidé qui limite sans frottement la portion inférieure du tube à transmission de la sonde. De ce disque part une fine tige de cuivre qui remonte le long du tube à transmission et le dépasse par une extrémité opposée. Elle est destinée à actionner le disque manipulateur des ressorts : à cet effet son extrémité est filetée et peut recevoir un écrou mobile qui, lorsqu'on le manœuvre, perd son point d'appui sur le bord libre de la sonde, fait remonter la tige filetée, le disque qui la termine et les ressorts qui viennent s'y attacher. Ces derniers sont alors tendus et s'effacent au niveau de la carcasse rigide de la chambre à air. Un manchon de caoutchouc recouvre toute l'ampoule. La sonde étant placée dans le cœur du chien, on dévisse l'écrou, les ressorts reprennent leur position concave et dilatent le manchon (de 1 centimètre de diamètre).

II. La voie d'introduction des sondes cardiaques varie suivant les expérimentateurs. La majorité des physiologistes, à l'exemple de Chauveau et Marey, les font pénétrer dans le cœur par la jugulaire et par la carotide, sans ouvrir le thorax. — Rolleston, Roy et Adami ont introduit la canule appropriée à leur appareil soit par l'oreillette, soit par la pointe du cœur. — Fredericq et François-Franck ont fait passer aussi leur sonde par l'oreillette, pour la mettre en place. — Magini pénètre, à travers la paroi thoracique, dans le cœur, au moyen d'un trocart.

III. Les sondes manométriques cardiaques peuvent donner non seulement le sens des changements de pression, mais encore leur valeur absolue, si l'on a eu soin de les graduer préalablement au moyen d'un manomètre à mercure. Pour lire avec plus de sûreté les indications fournies par leurs sondes, Chauveau et Marey ont déterminé le moment où la pression tombe à zéro, au moyen d'une sonde spéciale, la *sonde à pression négative*.

IV. Porter a employé (1896) un procédé spécial qui permet de mettre le manomètre élastique en communication avec le ventricule à un moment quelconque de la systole. Une canule double est introduite, par la sous-clavière et l'aorte, dans le ventricule gauche. Une des canules est mise en communication avec un manomètre de Hürthle renversé B (avec le levier en bas). La deuxième canule est reliée également, mais par un tube muni d'un robinet, à un second manomètre A qui inscrira les courbes. Sur le levier du manomètre B est appliqué un fil métallique dont les extrémités viennent plonger dans deux cupules de mercure. Quand la pression augmente dans le ventricule, et que, par conséquent, le levier s'abaisse, le contact du fil avec le mercure complète un circuit électrique et envoie un courant dans un fort électro-aimant dont l'armature ouvre le robinet interposé entre la deuxième canule et le manomètre A. Lorsque, au contraire, le fil du manomètre B abandonne le mercure, l'armature reprend sa position première, et le robinet se ferme. Pendant que le courant traverse l'électro-aimant, le manomètre A, ainsi mis en communication avec la cavité du ventricule, grâce à l'ouverture du robinet, inscrit la courbe de pression. On peut donc s'arranger de telle sorte que les bouts du fil adapté au manomètre B soient, pendant la diastole, plus ou moins rapprochés de la surface du mercure, et que le manomètre A inscrive la courbe à partir d'un point plus ou moins voisin du sommet. Quand on commence à enregistrer ainsi la courbe très près de son maximum, la fermeture du robinet laissera dans le manomètre A une pression déjà très élevée; à la systole suivante, l'instrument n'aura plus à indiquer que la différence entre cette pression et le maximum, c'est-à-dire qu'on a ainsi un moyen de rendre presque insignifiante la cause d'erreur due à l'inertie. Le sommet de la courbe sera donc inscrit avec ses véritables caractères.

V. François-Franck (1893) a fait l'étude de la pression intra-cardiaque, artérielle et veineuse, et de la force maximum du cœur, à l'aide de la méthode des ampoules conjuguées. — Cette méthode, introduite dans la technique physiologique par Morat (1882), à l'occasion de ses recherches sur les contractions de l'estomac, a été modifiée par Wertheimer et Meyer. — Voici la description du dispositif adopté par François-Franck :

Une sonde vide, pourvue d'une ampoule, est introduite dans la cavité cardiaque. Cette sonde se divise en trois branches. Une de ces branches se termine par une ampoule qui est enfermée dans un tube de verre rempli d'eau, et communiquant avec un tambour inscripteur de Marey. — Une autre branche communique avec une ampoule que l'on comprime à l'aide d'une pince à vis, quand on veut étudier les maxima de pression systolique. — Enfin, la troisième branche de la sonde communique avec un manomètre métallique.

VI. Pour mesurer le travail du cœur de la grenouille, Kronecker a employé le dispositif suivant :

Deux burettes (b, c), fonctionnant comme des flacons de Mariotte, peuvent être mises alternativement en rapport par l'intermédiaire d'un robinet à trois voies h_1 avec l'une des branches d'une canule double introduite dans le cœur; l'autre branche de la canule, plus large, communique avec le manomètre. Une branche du manomètre se continue avec un tube recourbé muni d'un robinet h_2, de telle sorte que, quand ce dernier est ouvert, le liquide venant de la burette traverse le cœur sans que celui-ci agisse sur le manomètre. Par une position convenable du robinet h_1, on peut mettre soit l'une soit l'autre des deux burettes en communication avec le cœur, et étudier ainsi l'influence des liquides de différente nature. En élevant ou en abaissant les tubes de verre qui plongent dans les burettes, on augmente ou on diminue la pression à laquelle le cœur est soumis pendant la diastole. Le cœur est placé dans un récipient coudé r, renfermant, avec une petite quantité de mercure, une solution physiologique de Na Cl; le mercure sert à compléter un circuit, si l'on veut exciter électriquement le cœur. Quand le cœur doit actionner la colonne du manomètre, les robinets h_1 et h_2 sont fermés.

La branche libre du manomètre est munie d'un flotteur avec plume inscrivante.

Le travail produit par chaque systole est proportionnel au carré de la hauteur de la pulsation.

Si r est le rayon du tube manométrique, d la densité du mercure, h_1 la hauteur de la colonne de mercure dans la branche libre au-dessus du niveau diastolique, le poids de la colonne soulevée sera $\pi r^2 dh$. Ce poids a été soulevé, d'autre part, à une hauteur h : tout se passe, en effet, comme si l'on avait enlevé la colonne de hauteur h dans la branche cardiaque, à partir du niveau primitif, pour la transporter dans la branche ouverte, au-dessus de ce même niveau, Chaque particule ayant été soulevée d'une hauteur h, le travail sera : $\pi r^2\ dh \times h = \pi r^2\ dh^2$.

D. Cardiographie photographique. — Onimus, en 1865, et, plus tard, Onimus et Martin, Thompson (1886), etc., ont photographié le cœur vivant du lapin, du pigeon, du chat et de la grenouille. — Sur les photographies obtenues, on voit un double contour nettement dessiné : le contour extérieur correspond au cœur en diastole, le contour intérieur au cœur en systole.

Marey a fait la chronophotographie d'un cœur de tortue séparé du corps.

Fano et Baldano (1889) ont enregistré, par la méthode photographique, les mouve ments des régions veineuse et artérielle du cœur embryonnaire du poulet, entre le second et le troisième jour de développement.

Schäfer (1884) a photographié les mouvements d'une colonne liquide qui communiquait avec une chambre pleine d'huile dans laquelle était placé le cœur. Le tube était placé entre les deux fentes de deux écrans, l'un antérieur et l'autre postérieur, qui délimitaient bien la lumière qui tombait sur la surface sensible. La lumière était soit celle du soleil reflétée par un héliostat, soit celle d'une lampe à oxycalcium.

§ II. — *Cardiographie indirecte (cardiographie clinique).*

Les battements du cœur peuvent être aussi étudiés, chez l'homme et chez les animaux, sans nécessiter l'ouverture du thorax, la mise à nu du cœur, ou l'introduction d'appareils dans l'intérieur de la cavité cardiaque.

Les appareils qui servent à cette étude s'appellent *cardiographes*. — Il y a peu de cardiographes directs ; il y en a beaucoup à enregistrement à distance.

A. **Cardiographes directs.** — Le sphygmographe direct de Marey a été employé comme cardiographe par Garrod (1870), Galabin (1875), Landois, etc.

Le cardio-sphygmographe de Garrod est formé par la réunion de deux sphygmographes directs de Marey, dont l'un sans mécanisme d'horlogerie. Ce dernier est formé par un simple ressort dont le bouton est appliqué sur la région précordiale.

Dans le cardiographe direct de Galabin, le ressort présente une forme spéciale : il est à deux bras. Le bras long du ressort s'applique sur la région précordiale ; l'autre bras, beaucoup plus court, présente une vis qui permet de varier la pression du ressort à volonté. La partie qui transmet le mouvement au levier enregistreur est suspendue ; de cette façon son poids ne presse pas sur la région dont on examine les mouvements. L'appareil est attaché à l'aide d'une ceinture. La pression du ressort de cet appareil doit être tellement faible que l'appareil puisse enregistrer même les pulsations des veines.

Laulanié a construit un cardiographe direct sur le principe de la pince sphygmographique. Dans cet appareil, la branche fixe du sphygmographe a été supprimée, le cœur reposant sur une partie fixe, la paroi thoracique.

B. **Cardiographes à transmission.** — I. *Chez l'homme.* — *a*) Pour enregistrer les pulsations cardiaques de l'homme à l'aide de la transmission à air, Marey s'est servi d'abord d'un stéthoscope de Koenig. Cet appareil se composait d'une capsule ouverte, mise en commnication avec un tambour enregistreur, qu'on appliquait sur la région précordiale.

Marey ne tarda pas à perfectionner ce procédé d'enregistrement, en prenant d'abord un tambour métallique fermé d'un côté par une double membrane élastique, qui, par insufflation, circonscrit un espace lenticulaire ; l'ouverture opposée du tambour communiquait avec un tambour fermé par un embout.

Plus tard Marey (1865) donna à son cardiographe une forme plus pratique. Le *cardiographe* de Marey se compose d'une sorte de cloche métallique dans laquelle se trouve logé un tambour à air. Ce tambour renferme un ressort à boudin qui fait saillir la membrane en dehors. Un petit disque, collé sur la membrane, porte le bouton qu'on applique sur la région précordiale. Le tube qui met en communication le tambour de l'appareil explorateur avec le tambour enregistreur traverse le fond de la cloche support. Une vis de réglage avec ressort permet de faire descendre ou monter le tambour dans la cloche, et par conséquent de faire varier la pression que le bouton exerce sur la paroi précordiale. L'appareil est tenu à la main, ou à l'aide d'une bande élastique il est appliqué contre le thorax, le bouton du tambour étant logé dans un espace intercostal, au point où la pulsation du cœur est le plus sensible.

Sur le modèle de l'appareil de Marey, on a construit plusieurs cardiographes dont voici quelques exemples :

Le *cardiographe* de Burdon-Sanderson (1873) se compose d'un tambour à air qui repose sur la paroi thoracique à l'aide d'un support qui présente trois pieds en forme de vis; de cette façon on peut ajuster très bien l'appareil. Une lame-ressort recourbée en dedans est fixée par une de ses extrémités au dos du tambour; l'autre extrémité se trouve entre la paroi thoracique et la membrane du tambour; à travers cette extrémité passe une vis dont la tête, formée par un bouton d'ivoire, appuie sur le thorax, et la pointe sur la membrane du tambour.

Zimmermann (Leipzig) a construit des cardiographes analogues.

Le *cardiographe* d'Edgren (1889) se compose d'une sorte de coquille à l'intérieur de laquelle se trouve un tambour à air. Cette coquille sert de stéthoscope en même temps que de support du tambour, car elle présente un tube qui va à l'oreille. Le tambour présente une tige à dent qui s'engrène avec une roue dentée fixée sur la coquille. Cette roue peut être mise en mouvement à l'aide d'une manivelle qui se trouve en dehors de la coquille ; de cette façon, on fait monter le tambour. Le tambour contient dans son intérieur deux ressorts en spirale. Le tube qui met en communication le tambour explorateur avec le tambour inscripteur traverse la paroi de la coquille. Une bande de caoutchouc fixe l'appareil au thorax.

Le *pansphygmographe* de Brondgeest (1873) et l'appareil explorateur du *polygraphe* de Mathieu et Meurisse (1875) peuvent servir aussi comme cardiographes.

Il en est de même du *cardiographe* de Knoll (1879) construit sur le principe donné par Grunmach (1876). — Cet appareil se compose d'une plaque en fer à cheval recouverte de cuir, et reposant sur la poitrine. Sur ce support est fixé le ressort qui porte une petite pelote appuyée sur la région précordiale. La pression exercée par le ressort peut être réglée à l'aide d'une vis. A la partie supérieure de la pelote se trouve une pointe qui touche la membrane du tambour à air fixé au support.

Le *cardiographe* de Mariette Pompilian est tout à fait semblable au *sphygmographe* du même auteur; il n'en diffère que par la forme du support. Celui-ci se compose d'un petit cadre pourvu de deux ailettes articulées qui sont appliquées sur le thorax à l'aide d'une bande élastique. Sur ce cadre se trouvent fixées les pièces réglables qui portent le levier et le tambour à air. Le grand bras du levier porte le bouton qui appuie sur la région précordiale et qui est relié à la membrane du tambour; le petit bras du levier est attaché à l'extrémité inférieure d'un ressort à boudin. Le tambour est pourvu d'un dispositif qui permet de varier la tension de la membrane de caoutchouc.

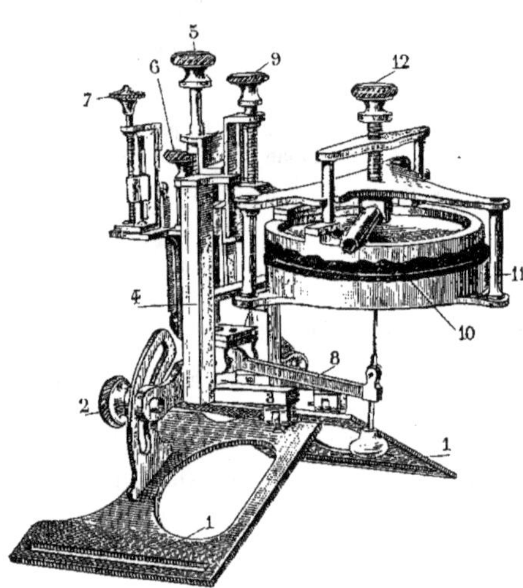

Fig. 150. — Cardiographe de Mariette Pompilian.

b) On a construit aussi des cardiographes dans lesquels l'eau a été employée comme moyen de transmission.

Le *cardiographe* de Keyt (1887) est en tout semblable au sphygmographe du même auteur. Un petit tube évasé, analogue au *sphygmoscope* d'Hérisson, est appliqué sur la région précordiale; ce tube est réuni par un tube de caoutchouc plus ou moins long avec le milieu d'un tube horizontal ayant ses deux extrémités recourbées. L'une de ces extrémités est fermée par une membrane élastique sur laquelle repose le levier enregistreur; l'autre extrémité est formée d'un long tube gradué. Tout le système est rempli d'eau ou d'alcool. La plume enregistrante inscri les pulsations cardiaques sur une plaque verticale mise en mouvement par un mécanisme d'horlogerie.

Dans le *cardiographe* de ZADEK, les pulsations cardiaques sont transmises, par l'intermédiaire d'une pelote qui appuie sur le thorax, à une petite capsule recouverte d'une membrane de caoutchouc, et de là par un tube de caoutchouc à une seconde capsule. Sur la membrane de cette dernière capsule, repose une perle de verre, laquelle est fixée à une tige verticale qui met en mouvement le levier inscripteur. Tout le système est rempli d'eau.

II. *Chez les animaux.* — Pour enregistrer les pulsations cardiaques de petits animaux, MAREY a construit un *cardiographe à deux tambours conjugués.*

Deux tambours à air semblables, contenant à l'intérieur chacun un ressort à boudin, sont fixés aux extrémités de deux branches d'une sorte de pince articulée au moyen d'une charnière. Chacun des tambours présente un tube qui s'ouvre dans un tube en Y, dont la branche unique aboutit à un tambour enregistreur de MAREY. Cet appareil est placé de telle sorte que la charnière s'applique sur la ligne médiane du corps de l'animal. Le thorax du lapin ou du cobaye est compris entre les deux tambours comme entre les mors d'une pince. Un lien jeté autour du corps de l'animal est fixé par un bout à chacun des tambours au moyen d'un crochet.

Sur le modèle de l'appareil de MAREY, D'ARSONVAL a fait construire par VERDIN un *explorateur du cœur du lapin à glissière.* Les branches de cet appareil ont des fentes qui servent de glissières aux tambours explorateurs, ce qui permet à ces derniers de se rapprocher des extémités au centre, et par conséquent de saisir des thorax de toutes dimensions.

Le *cardiographe direct à aiguille* de LAULANIÉ (1889) se compose d'un tambour à air de MAREY, dont la membrane est mise en relation avec l'extrémité supérieure d'une aiguille coudée à angle droit. Cette aiguille pénètre dans la cavité thoracique d'un chien, dans la région précordiale. Le support du tambour est fixé sur un disque métallique, ouvert au milieu pour laisser passer l'aiguille; ce disque est placé sur la paroi thoracique et y est attaché par des agrafes ou des liens élastiques.

Le *cardiographe* de BARDIER (1897) pour le cœur du lapin, se compose de deux parties : la première, c'est l'appareil de contention du thorax; elle se compose de deux arcs métalliques articulés; à l'extrémité d'une branche est ménagée une ouverture pour l'exploration précordiale. La deuxième partie, c'est le tambour d'exploration fixé par un support sur la branche gauche de l'appareil de contention. Le tambour est mobile dans tous les sens grâce à une articulation à billes constitué de la façon suivante : deux billes, une fixée au support, l'autre au tambour, sont serrées par une pince. La membrane du tambour présente un bouton ou une aiguille qui appuie sur la région précordiale.

C. **Cardiopneumographie.** — CERADINI a construit un *hémothoracographe* et LANDOIS un *cardio-pneumographe,* en se basant sur le fait suivant, observé par VOIT et LOSSER :

La diminution de volume du cœur, à chaque contraction ventriculaire, détermine une raréfaction de l'air intra-pulmonaire, de sorte que si l'on suspend la respiration, la glotte étant ouverte, il se produit à chaque systole un passage d'air du dehors dans le poumon. Il est facile de rendre évident ce courant d'air et de l'enregistrer. Il suffit pour cela de tenir entre les lèvres un tube de caoutchouc communiquant avec un tambour à levier.

LANDOIS a mis en évidence ce courant d'air en se servant des flammes manométriques, comme l'avaient fait aussi GERHARDT et KLEMENSIEWICZ.

FREDERICQ a inscrit les mouvements du cœur en introduisant une sonde dans l'œsophage. Cette sonde, munie à une de ses extrémités d'une ampoule, communique par l'autre avec un tambour à levier enregistreur.

D. **Cardioradiographie.** — La *radiographie* a été appliquée à l'étude des variations de volume du cœur par ZUNTZ et SCHUMBURG (*Arch. f. Phys.*, 1896, p. 550), BOUCHARD (*Soc. de Biol.*, 1898, p. 95), etc.

§ III. — *Enregistrement des bruits du cœur.*

Les premiers essais d'enregistrement graphique des bruits du cœur sont dus à Fredericq (1892) qui a photographié les oscillations de la membrane d'un phonautographe.

Hürthle (1893) a employé une méthode basée sur l'emploi du microphone. Voici en quoi consiste cette méthode :

Quand en un endroit d'un circuit électrique la conduction se fait à l'aide de deux morceaux de charbon, la résistance rencontrée par le courant dans ce point varie avec les variations de pression qui existent entre les deux charbons. En faisant arriver des vibrations sonores sur l'un des charbons, celui-ci commence à osciller; par conséquent la pression qu'il exerce sur le charbon avec lequel il est en contact présente des variations. Il en résulte des variations de l'intensité du courant qui traverse les charbons.

Le microphone employé par Hürthle se compose d'un petit entonnoir fermé par une membrane en papier (M). A cette membrane se trouve fixé, comme le marteau à la membrane du tympan, un petit morceau de bois dont l'extrémité est formée par un des trois morceaux de charbon intercalés dans le circuit. Deux morceaux de charbon (K_1, K_2) présentent une petite cavité à leur extrémité; le troisième (K_3), qui est entre les deux précédents, se termine par des pointes qui pénètrent dans les cavités présentées par les extrémités des deux autres charbons (K_1, K_2). A l'aide d'une vis on peut rapprocher un des charbons (K_2) plus ou moins des charbons précédents, et par conséquent les comprimer plus ou moins. Quand un des charbons commence à vibrer sous l'influence des vibrations sonores, il y a des variations de pression entre les contacts des charbons, et par conséquent des variations de l'intensité du courant électrique qui passe par les fils (d_1, d_2) et les charbons.

En enregistrant les variations de l'intensité du courant électrique, on enregistre les bruits du cœur.

En intercalant le microphone dans le circuit primaire d'une bobine d'induction, on obtient des courants induits correspondant aux variations d'intensité du courant provoquées par les bruits du cœur. En excitant par ces courants induits le nerf du muscle gastrocnémien de la grenouille (à la température de 30°, pour avoir une excitabilité plus grande du nerf) et en enregistrant les contractions musculaires, on obtient la représentation graphique des bruits du cœur. C'est ainsi qu'a procédé Hürthle.

Les ébranlements thoraciques provoqués par les battements du cœur influencent le microphone au même degré que les vibrations sonores. Pour éviter l'influence de ces ébranlements sur le microphone, Hürthle plaçait le microphone sur la surface précordiale loin de la pointe.

Pour éviter complètement l'intervention des ébranlements mécaniques, Einthoven et Geluk (1894) ont placé le microphone loin de la paroi thoracique sur une pierre reposant sur quatre morceaux de caoutchouc fixés à une colonne. A cette même colonne se trouve fixé un tube métallique, dont une extrémité est reliée par un tube de caoutchouc avec l'entonnoir du microphone, et l'autre extrémité, toujours par l'intermédiaire d'un tube en caoutchouc, avec un entonnoir qu'on place sur la paroi précordiale. Le tube métallique présente une troisième ouverture munie d'un robinet qu'on ouvre pour régler la pression à l'intérieur du tube.

Pour enregistrer les bruits du cœur, c'est-à-dire les variations de l'intensité électrique, Einthoven et Geluk, au lieu d'intercaler dans le fil de la bobine d'induction un muscle, comme Hürthle, ont intercalé un électromètre capillaire. Les variations de la hauteur de la colonne capillaire de l'électromètre étaient enregistrées par la photographie.

Hürthle (1895) a construit un microphone plus perfectionné que celui que nous avons décrit. S'étant assuré que la tige d'un diapason en bois vibre parfaitement à l'unisson du son transmis, il a fixé les contacts du microphone (charbon et argent) sur les deux branches d'un diapason de ce genre. Entre la tige de l'instrument et la paroi thoracique, il a interposé un appareil destiné à renforcer le son (cône creux de bois) dans lequel une série de disques minces en sapin sont superposés et fixés sur une tige de bois cylindrique qui les traverse en leur centre). Les variations du courant produites par les ébranlements des contacts du microphone servent à exciter un électro-aimant. En face de ce dernier est disposé un tambour à air fermé par une membrane élastique épaisse et fortement tendue, sur laquelle est fixée une lame de fer actionnée par l'électro-aimant; les variations de pression dans la capsule sont inscrites par un tambour enregistreur. On peut aussi faire agir le microphone sur un téléphone.

Holowinski a réussi, vers 1895, à instituer une méthode entièrement automatique pour photographier les bruits du cœur.

Le principe de cette méthode repose sur ce fait que la tension périodique des valvules est non seulement synchronique avec les vibrations sonores des bruits stéthoscopiques, mais aussi avec les secousses mécaniques (ébranlements) qui l'accompagnent en se propageant sur toute la surface du thorax. Ces secousses sont directement insensibles à l'ouïe (à cause de leur petite fréquence; mais on les sent souvent sous la pression du doigt et on les voit par la réflexion d'une mire sur un miroir appliqué à tous les points du thorax.

Pour fixer photographiquement les instants de ces secousses, Holowinski a employé un appareil qui comprend quatre organes principaux :

1° Un microphone perfectionné, appliqué sur la surface du cœur;

2° Un téléphone optique, excité par le microphone, et dont le diaphragme produit les *anneaux colorés de* Newton;

3° Un système optique pour éclairer les anneaux et en réfléchir l'image réelle, inverse et agrandie, sur une étroite fente verticale;

4° Un cylindre, enveloppé par un papier très sensible, qui tourne derrière la fente de la chambre photographique.

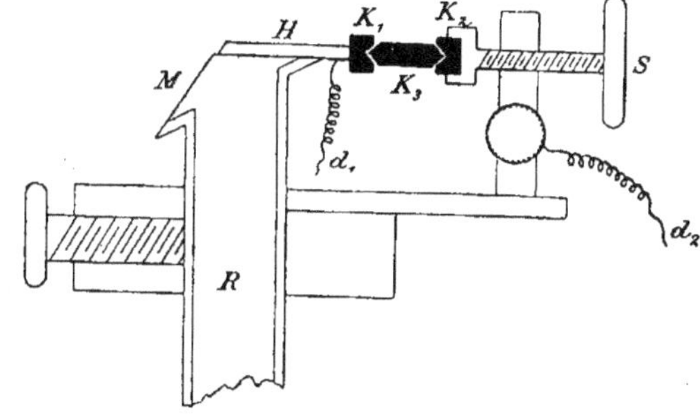

Fig. 151. — Microphone de Hürthle.

Examinons chacune de ces parties séparément :

I. Le microphone (à contacts de charbon et platine) est fixé, par l'entremise d'un axe de rotation, sur le support d'un cardiographe à transmission aérienne, et l'on règle rapidement la sensibilité voulue de l'instrument, en l'inclinant plus ou moins autour de son axe, par rapport à la direction verticale. De plus, l'amplitude des vibrations microphoniques peut être amortie à l'aide d'une spirale, qui permet d'éliminer l'effet des secousses accidentelles et plus faibles au profit des ébranlements plus forts, synchroniques avec les bruits. En commençant par la sensibilité minimum du microphone, et en l'augmentant successivement, on entendra : (*a*) d'abord les deux bruits si faiblement que l'application immédiate de l'oreille au téléphone devient alors nécessaire; (*b*) puis, le premier bruit s'entend à distance, tandis que le second ne l'est pas encore; (*c*) les deux bruits sont assez forts pour être perçus à grande distance; (*d*) enfin le rythme des bruits devient de plus en plus indistinct et est accompagné de trépidations accidentelles (interruptions momentanées du courant).

La phase (*c*) de la régulation convient seule pour la photographie des deux bruits, et elle est maintenue indéfiniment, une fois réglée, tant que le microphone ne change pas son inclinaison par rapport à la verticale. Les commencements des sons téléphoniques sont alors nets et précis et coïncident exactement avec l'auscultation simultanée d'un stéthoscope. Le diaphragme du téléphone accomplit des vibrations sonores qui dépassent souvent $0^{mm},0002$ pour le premier bruit et sont généralement moindres pour le second bruit.

II. Le diaphragme du téléphone optique porte à son centre une fine aiguille, terminée par un chapeau, que l'on colle à la surface (vernie en noir) d'une mince (0mm,1) lame de verre. Cette lame acquiert ainsi une courbure convexe (à très grand rayon) et se trouve placée à une petite distance sous une autre lame plus épaisse (micromètre de Babinet), qui est portée par trois vis micrométriques (méthode de Fizeau). La couche d'air comprise entre ces deux lames forme les anneaux colorés, dont les diamètres se contractent ou se dilatent sous l'influence d'un mouvement descendant ou ascendant du diaphragme.

Lorsque le sens du courant est inverse, c'est-à-dire contraire au champ magnétique des noyaux dans les bobines téléphoniques, et que la sensibilité du microphone est réglée de manière à ne jamais interrompre le circuit galvanique, alors chaque secousse cardiaque (bruit) accroît la résistance du microphone et affaiblit l'intensité primitive du courant; son effet se traduit par un mouvement total brusque et descendant du diaphragme téléphonique, qui est d'ailleurs concomitant avec les vibrations sonores.

On obtiendra, dans les mêmes expériences, un mouvement ascendant du diaphragme en changeant le sens du courant (direct, c'est-à-dire concordant avec le champ magnétique des noyaux). Néanmoins, toutes autres conditions égales, le mouvement ascendant aura une amplitude moindre, et cela à cause de la viscosité de l'air, condensé à la surface des deux verres. Cette viscosité croît dans une progression rapide, à mesure que la couche d'air devient plus mince, et son influence est manifeste aux mesures micrométriques, non seulement pour les anneaux du premier ordre (0mm,0002 d'épaisseur d'air), mais même pour les anneaux au delà du quatrième ordre (0mm,001).

III. Le téléphone optique est placé à 45 degrés par rapport aux rayons émis par une lampe au magnésium, dont la lumière traverse d'abord deux verres violets ($\lambda = 0^{mm},0004$ environ), éclaire ensuite les anneaux et en réfléchit l'image réelle (agrandie 4 à 5 fois par la lunette) sur la partie inférieure d'une fente verticale. La partie supérieure de cette fente, éclairée par un autre système de lentilles, sert à enregistrer simultanément les oscillations des autres aiguilles inscrivantes (levier d'un cardiographe, d'un pneumographe, d'un chronographe, etc.).

Holowinski a employé un grossissement de 1.600 environ; rapport entre les amplitudes de l'image photographiée des anneaux mobiles et les amplifications correspondantes du diaphragme téléphonique.

La secousse du premier bruit cardiaque produit ordinairement une contraction de l'anneau central (violet clair, du deuxième ordre) de plus de 8 millimètres, ce qui correspond à un déplacement total et descendant du diaphragme de 0mm,0005, calculé sous l'incidence de 45 degrés pour la valeur déterminée d'avance de la courbure du verre inférieur.

Après chaque contraction principale, on voit apparaître sur les photogrammes d'autres dentelures aux contours des anneaux : ce sont les vibrations sonores des bruits téléphoniques, dont la fréquence a varié de 25 à 45 par seconde et dont l'amplitude dépasse quelquefois 0mm,0002.

Avec cette méthode, on pourra atteindre facilement des grossissements linéaires de plusieurs millions, et cela en diminuant la courbure du verre, en remplaçant la lunette faible par un microscope, et enfin en agrandissant une seconde fois les photogrammes obtenus à l'aide d'un autre microscope.

IV. La limite pratique de l'agrandissement dépendra de la sensibilité du papier photographique, par rapport à la durée de son exposition (de 0,01 seconde, avec une vitesse de 50 millimètres par seconde, dans les expériences de Holowinski) ainsi que de l'intensité de la lumière réfléchie.

Voici comment Holowinski a fait la vérification chronométrique de son appareil :

a) En fixant le microphone invariablement sur un support plus lourd, et en touchant celui-ci avec un bouton métallique, de manière à fermer chaque fois un circuit électro-magnétique, les indications de l'électro-aimant récepteur ont toujours été synchroniques (à 0,01 seconde près) des mouvements correspondants des anneaux (dans un autre circuit); il n'y a donc pas retard (pratique) entre l'instant de la secousse et les contractions (ou dilatations) des anneaux.

b) L'expérience précédente, répétée avec un électromètre capillaire vertical (au lieu du téléphone optique), ne donne pas des mesures aussi exactes, à cause de l'inertie et du frottement de la colonne mercurielle, dont l'influence est manifeste pour les secousses rapidement répétées.

c) En remplaçant, dans l'expérience (a), le microphone par un tambour de Marey, dont on touche périodiquement la membrane, on constate le synchronisme entre les signaux de l'électro-aimant et les commencements des secousses aériennes, lorsque le levier du cardiographe est suffisamment amorti.

d) Le téléphone optique, grâce à la minime inertie de son diaphragme et à l'amplitude microscopique de ses mouvements, amortis par la viscosité de l'air, donne des indications pratiquement exactes pour l'inscription chronométrique des commencements des bruits cardiaques, séparés d'ailleurs par d'assez longues intermittences; d'autre part, la fréquence, la phase, l'intensité et le timbre de l'onde perçue par le microphone, sont alors évidemment et complètement changés.

§ IV. — *Enregistrement des mouvements des valvules.*

Chauveau (1894), pour déterminer sur les tracés la position du second bruit du cœur, a introduit chez le cheval, par la carotide, un explorateur électrique du mouvement des valvules sygmoïdes, et il a enregistré ces mouvements en regard des tracés cardiographiques. Voici la description du dispositif de Chauveau :

Une sonde métallique à double courant est munie de deux ampoules cardiographiques du type de l'ampoule ordinaire. Ces deux ampoules sont séparées par un espace de 3 centimètres environ. Leur disposition est telle que l'une peut être placée dans le ventricule gauche, l'autre restant dans l'aorte au-dessus de ces mêmes valvules. Alors l'étranglement qui sépare les deux orifices occupe le centre même de l'orifice aortique. Là, cette partie de l'appareil est tantôt libre, tantôt serrée par les valvules, suivant que l'orifice est ouvert ou fermé. Sur cet étranglement on a disposé un contact électrique qui s'établit ou se rompt par le jeu d'une étroite lame élastique faisant office d'un ressort flexible. Le circuit électrique est formé par l'armature métallique de la sonde et par un fil isolé inclus dans la cavité externe de celle-ci. Ce fil est soudé à une petite plaque de platine également isolée, contre laquelle vient s'appuyer l'extrémité libre du ressort, garnie d'une petite pointe de platine. Des pinces extérieures servent à mettre dans le circuit une pile et un signal électro-magnétique qui marque toutes les ouvertures et toutes les fermetures du circuit, déterminées par le jeu des valvules.

IV

Pléthysmographie.

Les appareils à l'aide desquels on fait l'enregistrement des variations de volume des membres et des organes s'appellent des *pléthysmographes* (πληθυσμός = accroissement — γραφή = écriture).

Les variations de volume sont déterminées par les variations de la quantité de sang que les organes contiennent.

On sait que, pour mesurer le volume d'un corps, on le plonge dans un liquide et on mesure le volume du liquide déplacé. — Cette méthode, dont l'invention appartient à Archimède, s'applique aussi en physiologie.

Des observations anciennes, celles de Swammerdam par exemple, ont montré que si un membre, ou l'extrémité d'un membre, est renfermé dans une espace plein d'eau, espace qui communique avec un tube également plein d'eau, la colonne liquide contenue dans ce tube présente des oscillations.

Poiseuille (1829) a vu que, si l'on place une grosse artère de cheval dans un appareil, à déplacement liquide, il existe une élévation du niveau du liquide à chaque implusion du cœur ou à chaque diastole artérielle. Au contraire, il y a un abaissement du niveau du liquide aux moments où le cœur se repose et quand le sang s'évacue par les veines.

Poiseuille a vu de plus les variations du niveau du liquide provoquées par la respiration : la dépression du liquide était au minimum pendant l'inspiration, et au maximum pendant l'expiration.

Piégu (1847) a vu, en poussant une injection dans le membre inférieur d'un cadavre immergé dans un grand vase d'eau tiède, que le liquide du vase débordait quand l'injection distendait les vaisseaux. Piégu a fait de plus des observations analogues sur l'homme vivant.

Avant Piégu, Chelius a vu les oscillations d'une colonne d'eau contenue dans un tube vertical qui surmontait un cylindre plein d'eau et contenant l'extrémité d'un membre. — Ces recherches restèrent longtemps inconnues, car Chelius ne les a publiées qu'en 1850.

L'appareil de Chelius était suspendu librement. Ainsi l'influence des mouvements musculaires du membre et l'effet des oscillations du corps sur les variations du niveau de la colonne liquide se trouvaient amoindris.

Le dispositif employé par Chelius se retrouve dans les appareils pléthysmographiques qui servent à l'enregistrement des variations de volume des membres.

§ I. — *Pléthysmographie des membres.*

Les pléthysmographes des membres peuvent être à transmission liquide ou à transmission à air.

A. **Les pléthysmographes à transmission liquide** se composent d'un récipient plein d'un liquide dans lequel on place un membre ou l'extrémité d'un membre. Ce récipient communique avec un tube dans lequel on voit les variations de volume du membre se traduire par les oscillations de la colonne liquide. On enregistre ces oscillations de la colonne, et on obtient ainsi un *pléthysmogramme*.

Voici la description de quelques formes spéciales de *pléthysmographes*.

L'appareil de Fick se compose d'un récipient cylindrique en fer-blanc rempli d'eau tiède. La membrane de caoutchouc qui se trouve à l'une des extrémités du récipient livre passage à l'avant-bras. Quand l'avant-bras est introduit dans le récipient, celui-ci est rendu étanche à l'aide d'une épaisse couche d'argile consolidée par une plaque métallique.

Le récipient présente deux ouvertures : l'une est pour l'introduction de l'eau : l'autre est mise en communication avec une branche d'un tube en U (une sorte de tube manométrique). L'autre branche de ce tube contient un flotteur muni d'une plume qui trace ses mouvements sur une surface enregistrante quelconque. Le flotteur consiste en une petite plaque de liège ; sur la tige du flotteur, qui est en jonc, sont collées de distance en distance des aiguilles sagittales et frontales qui empêchent les mouvements latéraux du flotteur.

Mosso a montré que l'appareil de Fick ne convenait pas à l'enregistrement des variations de volume, car le poids de la colonne liquide qui monte dans le tube manométrique exerce une pression nuisible dans l'intérieur du récipient. Cette influence de la colonne est très marquée quand elle s'élève à 20 centimètres au-dessus du zéro.

Pour éviter cet inconvénient, Mosso (1874) a construit un dispositif enregistreur spécial appelé *hydrosphygmographe*. L'appareil de Mosso ne peut pas enregistrer les variations rapides, mais il inscrit très bien les variations lentes de volume et donne la mesure absolue de ces variations. La partie essentielle de cet appareil est une éprouvette suspendue, plongeant dans un vase plein d'eau alcolisée. Dans cette éprouvette plonge le tube qui le relie avec le cylindre de verre dans lequel le bras est plongé jusqu'au-dessus du coude. L'éprouvette est suspendue à l'aide d'une corde qui passe sur une poulie et qui porte à son autre extrémité un contrepoids et une plume enregistrante. Quand le volume du membre contenu dans le récipient augmente, de l'eau pénètre dans l'éprouvette, celle-ci plonge dans le liquide, le contrepoids monte et trace sur le cylindre, enregistreur une courbe ascendante. Au contraire, quand le volume du membre diminue, de l'eau passe de l'éprouvette dans le récipient cylindrique, l'éprouvette allégée monte, et le contrepoids descend et décrit une courbe descendante.

Le *pléthysmographe* de KRONECKER (construit par KLÖPFER) ressemble en partie à celui de Mosso. Comme lui, il a une manchette de caoutchouc à double paroi, avec un tube à l'aide duquel on insuffle de l'air afin de réaliser une étanchéité plus parfaite de l'instrument. Un thermomètre indique la température de l'appareil.

L'appareil inscripteur consiste en une petite boîte de verre pleine d'eau mise en communication avec le pléthysmographe. Sur la surface de l'eau flotte une petite plaque de liège carrée imbibée de paraffine. Cette plaque présente sur sa face supérieure un petit prisme de caoutchouc durci, formant une sorte de couteau qui supporte le levier inscripteur. Les changements de niveau de l'eau, étant très petits, n'exercent qu'une très faible variation de pression sur le bras. Les petits mouvements du niveau de l'eau sont amplifiés par le levier inscripteur. L'appareil est gradué à l'aide d'une burette qui, par l'intermédiaire d'un tube en T et d'un robinet, est en communication avec l'appareil.

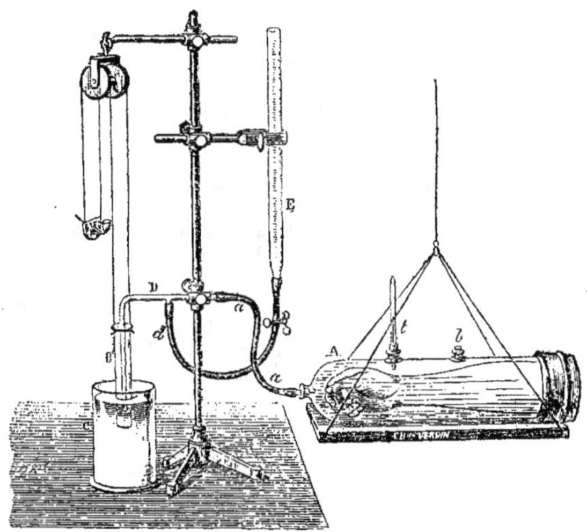

FIG. 152. — Hydrosphymographe de Mosso.

On met la burette en communication avec l'appareil inscripteur seulement, et on marque les ordonnées correspondant à des nombres de centimètres cubes déterminés introduits à l'aide de la burette.

Dans le *pléthysmographe* de BOWDITCH (1879), comme dans l'appareil de Mosso, l'eau qui sort du récipient qui contient le membre passe par un tube qui descend jusqu'au fond d'une éprouvette. Cette éprouvette est suspendue au moyen d'un ressort spécial dont l'allongement est proportionnel à l'élévation du niveau du liquide contenu dans l'éprouvette. Les variations de longueur du ressort sont enregistrées au moyen d'une plume fixée à l'extrémité inférieure du ressort.

SEWALL et SANFORD (1890) plaçaient le doigt, médius ou index, dans un tube plein d'huile ou d'eau salée, bien fermé par une membrane de caoutchouc et par de la vaseline. Ce tube communiquait avec le tonomètre de ROY, formé par une sorte de piston recorder plein d'huile. Le fond du corps de pompe du piston-recorder était dirigé vers le haut, et le levier inscripteur était en dessous; le piston est attaché au bord du cylindre par une membrane lâche et inextensible qui empêche le liquide de s'écouler.

B. **Pléthysmographe à transmission à air.** — On peut transformer le pléthysmographe à transmission liquide de FICK en pléthysmographe à transmission à air, si on enlève le flotteur du tube manométrique et si on réunit l'extrémité supérieure de ce tube à un tambour enregistreur de Marey. C'est Buisson (1862) qui, le premier, a enregistré de cette façon les variations de volume d'une main plongée dans un bocal rempli d'eau.

On peut aussi enregistrer à distance, à l'aide d'un tambour de Marey ou d'un piston-recorder, les variations de volume de l'air contenu dans un récipient clos, plein d'air, et contenant un membre.

Nous avons donc à considérer deux sortes de pléthysmographes à transmission à air : 1° les *pléthysmographes à liquide* et 2° les *pléthysmographes à air* ou *à gaz*, si au lieu d'air le récipient contient un gaz quelconque.

a) Les *pléthysmographes à liquide* et à *transmission* ne sont en définitive que les pléthysmographes directs un peu transformés.

François-Franck a perfectionné l'appareil de Buisson de la façon suivante :

Un opercule métallique, rabattu sur la membrane que traverse l'avant-bras, s'oppose aux mouvements de cette membrane qui, sans cela, eussent absorbé presque entièrement les divers changements de volume de la main. De plus, pour éviter l'inertie de la colonne d'eau dans le tube étroit, inertie qui déforme les mouvements rapides, François-Franck a mis sur le trajet de ce tube un renflement dans lequel se font les oscillations du liquide. Une poignée contenue dans le bocal, et qu'on saisit, tient la main immobile.

Les oscillations sont transmises par un tube à un tambour à air de Marey. La forme des courbes est identique à celle du pouls.

L'*hydrosphygmographe* de Mosso ressemble à l'appareil de François-Franck, avec cette différence qu'au lieu d'un bocal on a un cylindre de verre, suspendu au plafond, pour éviter l'influence des mouvements involontaires sur l'eau. L'avant-bras est introduit dans une manchette en caoutchouc. Une tubulure qui se trouve à la partie supérieure du cylindre est en communication avec un tambour inscripteur de Marey. Pour maintenir constante la pression dans l'appareil, une bouteille très large, pleine d'eau, est en communication avec le cylindre. Le niveau de l'eau dans la bouteille s'élève jusqu'à la tubulure supérieure du cylindre.

Le *pléthysmographe* de Lehmann (construit par Zimmermann) se compose d'un cylindre en zinc. Un sac mince de caoutchouc est placé à l'intérieur du cylindre. L'espace compris entre le sac et la paroi de zinc est rempli d'eau. L'eau monte dans un tube fixé à la partie supérieure du cylindre ; ce tube communique avec un tambour enregistreur de Marey. L'appareil peut être suspendu au plafond.

Bowditch et Warren (1886), dans leurs expériences *pléthysmographiques*, ont placé l'extrémité d'un animal dans un tube de verre plein d'eau communiquant avec des récipients pleins d'eau froide et d'eau chaude. Ce tube était en communication avec un tambour à air inscripteur de Grunmach. Le tambour avait 3, 4 centimètres de diamètre avec un levier long de 20 centimètres. L'amplification était égale à 40.

b) — 1). Parmi les *pléthysmographes à gaz*, citons d'abord l'appareil de Mosso : le *pléthysmographe gazométrique*. Dans cet appareil le membre est renfermé dans un espace clos plein d'air. Le pied est chaussé d'un soulier de gutta-percha ; la main est placée dans une bouteille sans fond ou dans un gant de gutta-percha, qu'on ferme au poignet avec du mastic de vitrier. On mesure l'air qui se déplace par suite des changements du volume des membres.

L'air dont il s'agit de mesurer le déplacement pénètre, par un tube en caoutchouc, à travers le fond d'un vase de verre rempli d'un liquide léger, éther de pétrole ou éther éthylique ; le tube monte au-dessus du niveau du liquide. Le vase rempli de liquide est recouvert d'un petit cylindre métallique, équilibré par un contrepoids. On a ainsi un petit *gazomètre*. Les mouvements du cylindre sont inscrits par la plume qui est fixée au contrepoids.

Le *pléthysmographe* d'Ellis (1885) se compose d'un petit tube de verre effilé à son extrémité, dans lequel on place les membres de la grenouille. — Ce tube communique par un tube en T avec un tambour à air et avec un tube qui sert au réglage de la pression de l'air dans l'appareil.

2) Le *pléthysmographe digital* de Hallion et Comte (1894) est destiné à explorer les variations de volume d'un doigt. Il comprend deux modèles :

Le *modèle à ampoule semi-rigide* se compose d'un doigt de gant en caoutchouc, volumineux, de forme cylindrique, à parois épaisses de 1 millimètre au moins, et, par conséquent, assez résistantes à la déformation. Ce doigt de gant est clos à sa base par un diaphragme percé d'un orifice central, orifice sur lequel s'insère un tuyau de caoutchouc. Autour du doigt de gant il y a une gaine de tissu souple, mais inextensible : cuir, drap ou toile. Si le doigt introduit entre l'ampoule et la paroi semi-rigide vient à augmenter de volume, il ne peut le faire qu'en déprimant la paroi de l'ampoule; s'il diminue de volume, la paroi de l'ampoule, en vertu de son élasticité, le suit dans son retrait; dans le premier cas, la cavité de l'ampoule est resserrée; elle est dilatée dans le second. En reliant un tambour de Marey au tube, on inscrit ces variations.

On peut aisément, pourvu que la gaine extérieure soit assez ample, introduire dans cet appareil deux doigts ensemble. On peut aussi pourvoir à la fois plusieurs doigts de pléthysmographes appropriés, et collecter les indications, en faisant converger leurs tubes en un tube unique. Enfin, on peut tenir l'ampoule entre les doigts réunis en cône, et coiffer ce cône d'une gaine inextensible (Binet et Courtier).

Le *modèle à valves élastiques* n'étant plus employé à l'exploration du volume des doigts, mais à l'exploration des variations de volume d'une foule d'organes, nous le décrirons plus loin, dans le paragraphe consacré spécialement à la pléthysmographie des organes.

Postma (1904) a photographié les indications données par l'appareil de Hallion et Comte de la façon suivante. Les pulsations du plétylismographe sont transmises à un petit manomètre à eau. Dans la branche libre du manomètre, se trouve placé un petit flotteur surmonté d'un disque de papier qui intercepte partiellement les rayons d'une source lumineuse qui tombent sur un microscope. Un enregistreur photographique se trouve placé devant l'oculaire.

3) Pour faire l'étude des changements de volume des pattes du chien, Wertheimer (1884) s'est servi d'un système d'ampoules conjuguées.

La plupart des appareils pléthysmographiques à air peuvent être pourvus d'une ampoule. — Dans ce cas, au lieu de relier directement la cavité du pléthysmographe à un tambour enregistreur de Marey, on la relie à la cavité d'une ampoule de caoutchouc pareille au sphygmoscope de Chauveau et Marey, et on enregistre les variations de volume de cette ampoule, qui sont elles-mêmes commandées par les variations de volume de l'organe exploré. Ce dispositif permet d'exercer sur l'organe des compressions assez fortes, ce qui est parfois utile.

4). Pour faire la pléthysmographie de la *langue*, voici comment on procède (Hallion) :

Deux planchettes ayant à peu près la largeur de la langue sont placées, l'une sur la face supérieure de la langue; l'autre, échancrée en arrière pour laisser place au frein de la langue, repose sur la face inférieure. Deux gouttières longitudinales sont creusées sur la face inférieure de la planchette supérieure; deux ampoules de caoutchouc, à paroi un peu résistante, sont logées dans ces gouttières. Deux cordons relient les deux plaques de bois. — Suivant le volume de l'animal, l'appareil est plus ou moins grand. — Si la crête longitudinale médiane de la plaque supérieure est assez saillante, on peut comprimer la langue suivant son raphé, et en isoler ainsi les deux moitiés l'une de l'autre.

Le *pléthysmographe labial* se compose d'une pince dont les mors peuvent être rapprochés ou écartés à volonté à l'aide d'une vis de rappel. A l'extrémité de chaque mors, et suivant une direction perpendiculaire à celle des branches de la pince, se trouve fixée une valve à paroi élastique. Les deux valves se regardent par la concavité de leurs gouttières. Elles sont légèrement inclinées l'une sur l'autre, de telle sorte que leurs bords supérieurs, qui répondent au bord de la lèvre, se rejoignent presque; tandis que leurs bords inférieurs conservent un écartement suffisant pour ne pas comprimer la base même de la lèvre au point d'entraver la circulation.

Les ampoules du pléthysmographe labial, comme celles du pléthysmographe lingual, sont mises en communication avec des tambours enregistreurs de Marey.

Pour faire la pléthysmographie des *fosses nasales*, on commence par fermer l'orifice postérieur des fosses nasales par un tampon, comme cela se pratique chez l'homme dans le cas d'épistaxis incoercible. Ensuite, on choisit un tube de caoutchouc dont le calibre extérieur est un peu supérieur au calibre intérieur de l'orifice nasal antérieur. Pinçant entre les deux mors d'une pince hémostatique un bout du tube de caoutchouc, on exerce une traction sur l'autre bout; on étire ainsi le tube, et l'on introduit dans la narine l'extrémité pincée. — Le tube étant en place, on le laisse reprendre sa forme, et on retire la pince. La fosse nasale constitue ainsi un espace clos qu'on peut relier à un tambour enregistreur, qui inscrira les variations d'épaisseur de la muqueuse.

Pour faire la pléthysmographie *auriculaire*, on enroule l'oreille autour d'un bâton de cire à modeler; on impose ainsi à l'oreille une forme convenable, et on inclut le tout entre deux valves à membranes de caoutchouc (HALLION).

5) Quand les variations de volume sont trop faibles pour pouvoir être enregistrées directement, on peut employer des relais amplificateurs. — Voici comment on procède dans ce cas : Le récipient dans lequel est placé le doigt, par exemple, est mis en communication, à l'aide d'un robinet à trois voies, avec un tube indicateur (KLIPPEL et DUMAS) formé par un tube de verre de petit calibre dans lequel peut se déplacer un index liquide. Au lieu d'un index, on peut avoir une colonne liquide continue, si l'on fait plonger l'extrémité coudée du tube dans un liquide coloré. Sur la tubulure latérale se trouve adaptée une petite seringue qui permet d'aspirer l'index du tube de verre et de le mettre à un niveau quelconque. — Les indications données par l'appareil indicateur sont enregistrées de la façon suivante (HALLION et FRANÇOIS-FRANCK) : le tube indicateur est posé sur une table. Derrière lui, à quelque distance, est fixé un tambour explorateur de MAREY; le levier de ce tambour est très long, croise perpendiculairement le tube indicateur. Un aide observe constamment le niveau marqué par ce tube, et fait suivre au levier les oscillations de ce niveau; ces oscillations se trouvent ainsi enregistrées par le tambour inscripteur relié au tambour explorateur.

C. **Erreurs des pléthysmographes.** — Les appareils pléthysmographiques comportent de notables causes d'erreur : 1° La partie explorée, insuffisamment immobilisée dans l'intérieur de l'appareil, tend à changer de position, au grand détriment de la précision des tracés. En suspendant l'appareil, on n'atténue que partiellement cet inconvénient, le récipient présentant toujours, par le fait même de son poids, une fixité relative. Aussi, pour peu que le membre se meuve, voit-on des modifications tout accidentelles se substituer ou se combiner aux courbes volumétriques. Cet inconvénient s'atténue beaucoup dans les pléthysmographes à récipient contenant de l'air; car on peut modifier considérablement la position de la main dans l'espace, sans changer ses rapports avec le récipient qui l'inclut; mais l'interposition d'une grande masse gazeuse entre l'organe exploré et le tambour inscripteur peut émousser les indications fournies par celui-ci.

2° Il est assez difficile d'en assurer l'occlusion, surtout si l'on opère sur des sujets différents; il est dès lors nécessaire qu'on ait à sa disposition une série de manchons interchangeables. Quant à l'occlusion réalisée avec du mastic, un mouvement risque de la compromettre.

§ II. — *Pléthysmographie des organes internes en place.*

Pour enregistrer les variations de volume des organes, comme le rein, la rate, l'intestin, etc., il faut procéder de la même façon que dans le cas d'un membre, c'est-à-dire, il faut renfermer l'organe dans un récipient clos contenant un liquide ou un gaz quelconque et faire communiquer ce récipient avec un appareil enregistreur, avec un piston-recorder, ou avec un tambour à air de MAREY.

Parmi les organes, il y en a un, le cerveau, qui, étant contenu naturellement dans une boîte inextensible, s'offre plus facilement à l'observation. La cavité cranienne constitue une sorte de pléthysmographe naturel; pour enregistrer les variations de volume du cerveau qu'il contient, il suffira de faire un trou dans la paroi cranienne pour mettre son contenu en relation avec un tambour à air.

A. **Pléthysmographie du cerveau.** — Les mouvements du cerveau peuvent être facilement enregistrés à l'aide de la transmission à air chez les animaux et quelquefois chez l'homme aussi.

1) Les mouvements du cerveau ont été observés pour la première fois par Bourgougnon (*Th. de Paris,* 1839), en plaçant un tube ouvert perpendiculairement dans une ouverture faite dans le crâne d'un animal.

L'enregistrement des mouvements du cerveau du chien a été fait par Salathé, Fredericq, Roy et Sherrington. Ces deux physiologistes se sont servis d'un appareil spécial appliqué au trou du trépan; ils éliminaient l'influence de la pression du liquide céphalo-rachidien, en permettant à ce liquide de s'échapper sur les bords de l'orifice osseux.

Fredericq (1887), pour enregistrer les mouvements du cerveau, a procédé de la façon suivante : il décollait au thermocautère le muscle temporal de ses attaches, il enlevait à l'aide du trépan une lamelle osseuse de 2 centimètres de diamètre, il réséquait la dure-mère, et il adaptait à l'orifice un tube appelé par lui *pléthysmographe cérébral.*

Wertheimer (1893) a employé la même méthode à peu près : il a coulé tout autour de l'orifice une couronne de cire à cacheter de quelques millimètres de hauteur, à laquelle il a raccordé un tube de verre qui, évasé inférieurement sur une longueur de 4 à 5 centimètres, ayant un diamètre un peu supérieur à celui de l'orifice osseux, se rétrécissait presque immédiatement sur une longueur de 3 ou 4 centimètres. Ce tube était rempli d'eau jusqu'à une certaine distance de son bout supérieur, et il était mis en communication avec un tambour de Marey.

2) Les mouvements du cerveau chez l'homme peuvent être facilement enregistrés, dans les cas de trépanation ou de perte de substance osseuse de la boîte cranienne due à une lésion quelconque. Il suffit dans ce cas de placer sur les tissus qui recouvrent le trou de la boîte cranienne un tambour explorateur analogue au cardiographe de Marey et de relier cet appareil avec un tambour enregistreur.

Dans les cas où le trou cranien est ouvert, on le recouvre d'une plaque de caoutchouc sur laquelle on pose l'appareil. C'est ainsi qu'ont fait Mosso, Mays et autres.

Binet et Sollier (1875) ont enregistré le pouls cérébral chez l'homme à l'aide du dispositif suivant :

Un dilatateur utérin en baudruche était appliqué et enfoncé dans la plaie cranienne et recouvert ensuite de plusieurs bandes faisant le tour de la tête; on gonflait légèrement ce dilatateur au moyen d'un tube de caoutchouc qui était ensuite relié à un tambour enregistreur; le dilatateur se moulait en quelque sorte sur toutes les anfractuosités de la cavité où on l'avait logé.

B. **Pléthysmographie d'un organe quelconque.** — Les pléthysmographes des organes, comme ceux des membres, peuvent être soit à transmission liquide, soit à transmission à air.

1) Parmi les *pléthysmographes à transmission liquide,* il faut citer en premier lieu l'*oncographe* de Roy.

Cet appareil se compose d'une sorte de boîte ovale métallique, dont les deux moitiés qui la composent sont articulées à l'aide d'une charnière. Les bords des deux moitiés présentent chacun une échancrure, qui, quand la boîte est fermée, forment une sorte d'ouverture qui livre passage au hile de l'organe qu'on renferme dans la boîte. Chaque valve de la boîte est tapissée intérieurement d'une sorte de séreuse (un sac à double paroi). Les parois internes de ces sacs remplis d'huile s'appliquent sur l'organe renfermé dans la boîte, tandis que les parois externes s'appliquent aux parois métalliques de la boite.

L'intérieur des sacs communique à l'aide d'un tube rempli également d'huile avec une sorte de piston-recorder qui enregistre les variations de volume de l'organe contenu dans la boîte. Un autre tube qui traverse également la paroi de la boîte sert au remplissage de l'appareil avec de l'huile.

Roy s'est servi de son pléthysmographe, au début, pour faire l'enregistrement des variations de volume du rein, de là le nom d'*oncographe*.

Plus tard, par extension, on a employé ce nom pour désigner tous les pléthysmographes des organes internes. C'est là une erreur, car le terme d'oncographe ne peut s'appliquer qu'aux appareils qui enregistrent les variations de volume du rein.

La boîte de l'appareil de Roy qui renferme le rein a été appelée *oncomètre*. Par extension, on a appelé *oncométrie* cette façon spéciale d'enfermer un organe dans un espace clos, pour faire l'étude des variations de volume. Cette expression, comme aussi l'extension donnée au mot oncographe, est mauvaise.

2) Les *pléthysmographes à air* se composent d'un récipient analogue à celui de

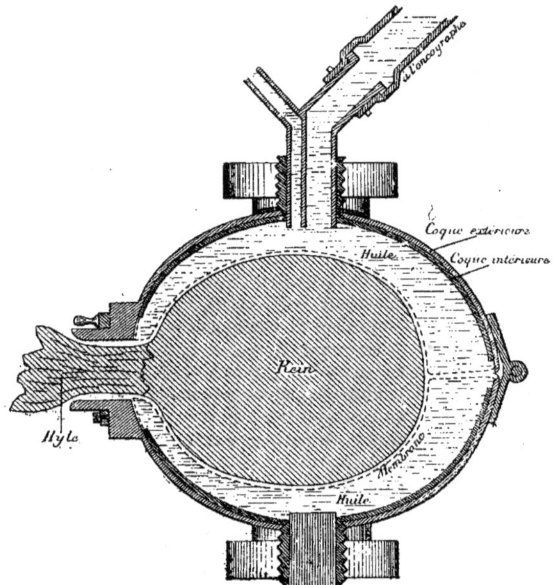

Fig. 153. — Oncographe de Roy.

l'oncographe de Roy, dont les sacs sont remplis d'air. Ces sacs, ou coussinets à air, sont mis en communication par un tube en caoutchouc avec un tambour enregistreur ou avec un piston-recorder.

On peut, grâce à des valves formées d'une membrane de caoutchouc et d'une feuille de métal malléable, à laquelle on donne la forme qui convient pour épouser la surface de l'organe, étudier les variations de volumes de n'importe quel organe : foie, pancréas, glandes sous-maxillaires, lobes pulmonaires, certains muscles, etc. On peut employer, soit des valves en forme de gouttière, soit des coquilles semi-ovoïdes. Il est facile d'imaginer et de construire, sur un même type, des appareils de formes très diverses.

Le *pléthysmographe à valves élastiques* de Hallion et Comte, délaissé pour l'exploration du volume des doigts, trouve son emploi dans l'exploration d'une foule d'organes.

Pour confectionner une valve, on taille dans une plaque de liège une gouttière dont la concavité loge aisément l'organe dont on veut étudier les variations de volume; on enduit cette gouttière de paraffine en la plongeant dans un bain de paraffine fondue; la paraffine une fois concrétée, par le refroidissement, en une couche mince, on introduit la gouttière dans un manchon de caoutchouc d'un calibre tel, que la partie du manchon qui forme un pont d'un bord à l'autre de la gouttière soit modérément tendue; on pose, sur chacun des bouts du manchon, au ras de l'extrémité de la gouttière, une ligature circulaire, mais après avoir introduit, dans l'un d'eux, un petit tube de verre; on immerge le tout dans de l'eau chaude; la paraffine alors se liquéfie et fait adhérer la face dorsale de la gouttière à la portion du manchon de caoutchouc qui lui correspond. Finalement, on obtient un appareil clos, n'ayant d'autre voie d'abduction que le tube de verre, et constitué par une gouttière que sous-tend une membrane de caoutchouc. On accouple deux appareils semblables en adossant l'une à l'autre deux membranes, et on les attache ensemble par des liens circulaires, de façon à constituer, somme toute, une façon de cylindre cloisonné dans sa longueur par une membrane élastique double; on accouple, par un tube en Y, les deux tubes de verre abducteurs. En aspirant l'air contenu dans l'appareil ainsi constitué, on voit les deux membranes de caoutchouc se séparer l'une de l'autre pour s'accoler chacune au fond de sa gouttière; on peut alors introduire aisément l'organe entre les deux membranes

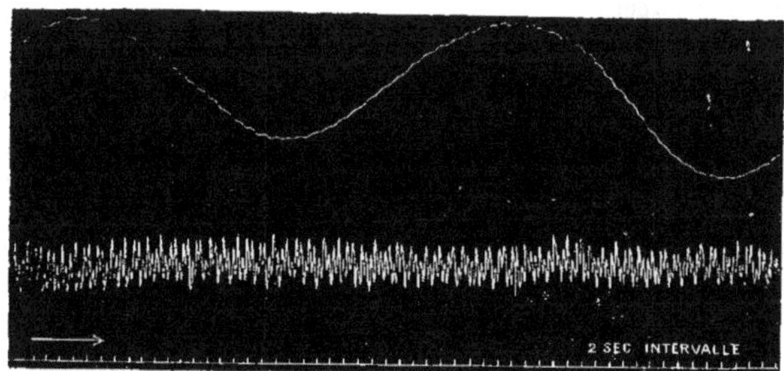

FIG. 151. — Tracés simultanés des variations de volume de la rate (tracé supérieur) et de la pression artérielle (tracé inférieur).

écartées; on supprime finalement le vide dans l'appareil, et les deux membranes viennent s'accoler à la surface de l'organe introduit dans leur intervalle. Il ne reste plus qu'à relier le tube en Y à un tambour inscripteur, pour obtenir les tracés volumétriques.

On peut se contenter d'une seule gouttière, d'une seule valve à membrane, appliquée sur une des faces d'un organe, pourvu que la face opposée soit maintenue par une valve pleine ou une plaque de soutien quelconque, d'une forme et d'une dimension appropriées à celles de l'organe.

3) DASTRE et MORAT, dans leurs recherches sur les variations de volume du rein, au lieu de mettre directement en communication le sac du récipient (de l'oncomètre) en communication directe avec un tambour enregistreur, employaient un deuxième sac à air intermédiaire. Ils avaient donc deux sacs (ou ballons) conjugués; l'un, placé dans le récipient, communiquait par un tube avec un autre sac (ballon) contenu dans un petit flacon mis en communication avec un tambour enregistreur. Ce dernier enregistrait donc les déplacements de l'air provoqués par les mouvements du ballon contenu dans le flacon.

4) SCHÄFER et MORE, au lieu d'employer un récipient ovale comme l'oncomètre de ROY, se sont servis d'une sorte de boîte rectangulaire en gutta-percha, dont une des parois était en verre. Entre l'organe et la paroi, il n'y avait pas de coussinet spécial; l'air de la boîte communiquait directement avec un tambour enregistreur ou avec un piston recorder.

5) Quand il s'agit d'étudier les variations de volume de l'intestin, la méthode d'inclusion d'une portion de l'intestin entre les deux coussinets d'un pléthysmographe à air présente des inconvénients. En effet, le pléthysmographe à air expose à prendre des indications myographiques pour des indications vaso-motrices, car, cet appareil n'étant applicable que grâce à une certaine pression exercée sur la paroi intestinale, les

changements de consistance de cette paroi ne peuvent manquer d'agir sur l'explorateur élastique et de se traduire par des courbes qu'il est souvent fort difficile de distinguer des véritables courbes volumétriques.

Pour obvier à cet inconvénient, François-Franck et Hallion ont construit des appareils spéciaux.

Leur *appareil volumétrique à déplacement* avec inscription par transmission à air se compose d'un flacon de verre à large goulot dans lequel on introduit une anse intestinale, attirée hors de l'abdomen et séparée du reste de l'intestin par une section faite entre deux gros fils à ligature. Cette anse est en rapport avec un large repli mésentérique. Le fond du flacon est remplacé par un bouchon de caoutchouc percé de plusieurs trous. L'orifice d'entrée du flacon est muni d'une membrane souple de caoutchouc qui s'applique sur le mésentère. Cette membrane peut s'invaginer sur elle-même, de façon à constituer un cul-de-sac qui assure l'herméticité de l'appareil. Le flacon est rempli d'eau salée dans laquelle flotte le paquet intestino-mésentérique. Au-dessus du niveau du liquide, on a ménagé une chambre à air qui communique par un tube avec un tambour enregistreur.

On peut inscrire, si l'on veut, les contractions intestinales à côté des tracés représentant les changements de volumes des vaisseaux de l'intestin, en mettant en communication l'intérieur de l'anse intestinale, à l'aide d'un tube, avec un tambour enregistreur.

Le bouchon du flacon est traversé, en dehors du tube qui va au tambour enregistreur, par un tube de remplissage à entonnoir, par un tube d'écoulement et par un thermomètre.

François-Franck et Hallion (1896) ont employé aussi un *appareil volumétrique à déversement* avec mesure du débit du liquide déplacé.

Dans cet appareil le niveau du liquide était maintenu constant, grâce à l'apport rigoureusement réglé d'eau salée chaude, fournie par un vase de Mariotte qui se déversait par gouttes dans l'appareil; un tube d'écoulement, disposé de façon que son orifice extérieur fût exactement sur le même plan que le niveau du liquide dans l'appareil, débitait un nombre de gouttes exactement semblable à celui que fournissait le vase de Mariotte; le volume des gouttes étant le même de part et d'autre, la constance du niveau était assurée.

Le contrôle de l'appareil était obtenu en montrant que l'addition de la moindre masse liquide ou solide produisait tout aussitôt une augmentation dans le nombre des gouttes qui s'écoulaient par l'orifice de déversement; réciproquement, l'aspiration d'une très petite quantité de liquide déterminait une diminution dans les gouttes de sortie. Cet écoulement s'enregistrait au moyen d'une palette oscillante fixée au levier d'un tambour à air.

§ III. — *Pléthysmographie des organes isolés.*

Les variations de volume des organes isolés peuvent être étudiées de la même façon que les variations de volume des organes en place. — Quelquefois on emploie des dispositifs particuliers.

Mosso a employé le dispositif suivant :

L'organe (le rein), dans lequel on fait la circulation artificielle, est placé dans un récipient plein d'huile. — Un tube établit la communication entre le récipient et une éprouvette qui est suspendue à une poulie et équilibrée par un contrepoids. L'éprouvette plonge dans un vase plein d'huile. Quand le volume de l'organe diminue, l'éprouvette monte, et le contrepoids descend. La plume fixée au contrepoids enregistre les variations du volume.

Un tube du récipient fait pénétrer le sang artériel dans l'organe; un autre laisse sortir le sang veineux. La pression est maintenue constante à la surface de l'organe.

Schäfer (1884) a photographié les variations du volume d'un organe, en employant un pléthysmographe à eau. L'organe était renfermé dans une boîte de verre, reliée à un tube horizontal; la boîte et le tube étaient remplis d'eau. On photographiait les mouvements du liquide dans le tube. Le tube avait 3 à 4 millimètres de diamètre, et 15 à 20 centimètres de longueur. Il était pourvu d'un robinet. On le plaçait derrière une étroite fente faite dans la paroi d'une chambre obscure; un écran avec une autre fente était placé en face du tube. Les rayons qui traversaient la portion du tube pleine d'air étaient interceptés par la réflexion interne; une ligne lumineuse représentait sur la surface sensible les oscillations de la colonne d'eau.

V

Tachographie.

A. **Méthode indirecte.** — Une simple construction géométrique nous permet de tracer, d'après la courbe des variations de volume ou *pléthysmogramme*, la courbe des variations de la vitesse du sang, le *tachogramme*.

En effet, l'inclinaison de la courbe du pléthysmogramme, à un moment déterminé, représente la vitesse avec laquelle s'est fait le changement de volume à ce moment-là, c'est-à-dire, la vitesse avec laquelle le sang pénètre dans un membre. Pour mesurer la pente de la courbe pléthysmographique, on trace une tangente à cette courbe, et on mesure la tangente trigonométrique de l'angle que la tangente à la courbe fait avec l'axe des abscisses. La valeur ainsi obtenue représente l'ordonnée de la courbe de la vitesse au moment considéré. — En faisant des constructions analogues pour différents points de la courbe des variations du volume, on obtient différents points de la courbe des variations de la vitesse. C'est ainsi qu'ont procédé Fick, Katzenstein, etc.

B. **Méthode directe.** — I. On peut connaître la vitesse du sang en mesurant le volume de sang écoulé d'une artère dans un temps donné. Cette méthode a été employée dans le laboratoire de Ludwig.

Pour enregistrer la vitesse du sang, il suffit d'enregistrer le volume du sang écoulé. Pour cela on reçoit le sang dans une bouteille, pleine d'une substance anticoagulante, qui est mise en communication avec un tube en U, dont l'une des branches est pourvue d'un flotteur enregistreur. A mesure que du sang pénètre dans la bouteille, du liquide en sort et va dans le tube en U. Connaissant le calibre du tube, il est facile de connaître la valeur des ordonnées en volume.

Cette méthode n'est applicable que dans le cas où l'on ne craint pas les grandes pertes de sang. — Pour des recherches prolongées, Ludwig a construit un appareil appelé *Stromuhr*.

Hürthle a construit récemment un appareil enregistreur de la vitesse du sang basé sur le principe de l'appareil de Ludwig (transformé par Tigerstedt). Dans cet appareil, le sang pénètre dans un cylindre par le fond et en sort par la surface supérieure pour aller dans un tube, et de là dans l'artère. Dans le cylindre, qui est une sorte de corps de pompe, le sang qui entre et le sang qui en sort sont séparés par un piston. Ce piston est mis en mouvement par le passage du sang. Les mouvements du piston équilibré sont transmis à un levier enregistreur au moyen d'un fil qui relie le piston au levier.

II. Pour mesurer la vitesse du sang, Vierordt (1858) a imaginé un appareil appelé *Hémotachomètre*. Cet appareil se compose d'une cage rectangulaire dont les parois opposées sont formées par des glaces transparentes. Le sang pénètre dans cette boite par un ajutage situé d'un côté, et en sort par un autre ajutage situé du côté opposé. Dans son passage à travers la boîte, le sang fait dévier un petit pendule à boule d'argent. Cette boule est munie de deux pointes qui touchent sans frottement les deux glaces; on peut ainsi voir les mouvements du pendule, malgré l'opacité du sang. La vitesse du sang est donnée par la déviation du pendule, qu'on mesure à l'aide d'un cercle gradué.

Plus tard, Vierordt a enregistré les mouvements du pendule de son tachomètre de la façon suivante : il imitait les mouvements du pendule avec la main. Les mouvements de ce pendule extérieur étaient enregistrés facilement.

Le procédé de VIERORDT est mauvais, parce que toutes les pièces qui le constituent présentent une grande inertie.

L'*hémodromographe* de CHAUVEAU (1858) est construit sur le même principe que l'appareil de VIERORDT; mais il lui est supérieur, parce qu'il n'a pas une grande inertie.

Cet appareil se compose d'un tube métallique qu'on intercale sur le trajet d'une artère. Ce tube présente une sorte de fenêtre fermée par une membrane de caoutchouc.

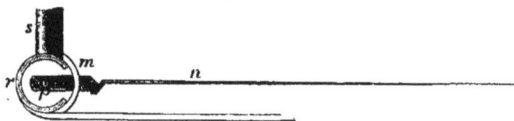

FIG. 155. — Hémodromographe de CHAUVEAU et LORTET.

Une longue aiguille traverse cette membrane; l'extrémité de l'aiguille qui est dans l'intérieur du tube est terminée par une petite plaque; l'extrémité de la longue branche extérieure de l'aiguille se termine par une plume enregistrante. — Le sang, en traversant le tube, déplace la palette de l'aiguille. Les déviations de l'aiguille sont proportionnelles à la vitesse du sang.

La fig. 155 représente, d'après LORTET, cet appareil (1/3 grand. nat.). La section du tube métallique est en *r*; la membrane de caoutchouc en *m*; en *p* c'est la palette de l'aiguille *n*; en *s* le support du tube.

L'*hémodromographe à transmission* de CHAUVEAU est basé sur le même principe que l'appareil précédent. A part le changement apporté par la mise en relation avec la membrane d'un tambour à air, cet appareil, représenté par la fig. 156, présente en plus quelques changements. — La membrane de caoutchouc *m* n'est plus appliquée sur une fenêtre du tube *pc* qu'on introduit dans l'artère; mais sur l'ouverture supérieure d'un tube qui entoure l'aiguille *n*. — Ce dernier tube est mobile sur le tube *pc*, ce qui permet l'arrangement de l'appareil et l'introduction de la palette *pl*. Le sang, en traversant le tube *pc*, agit exclusivement sur la palette, parce que l'ouverture qui sépare les deux tubes perpendiculaires l'un à l'autre est une fente très étroite, permettant seulement les mouvements de l'aiguille. — Un tube latéral, qui n'est pas représenté sur la figure, permet le nettoyage de l'appareil et l'introduction d'une substance anticoagulante dans le tube qui entoure l'aiguille. — Le tambour *k* communique avec un tambour enregistreur.

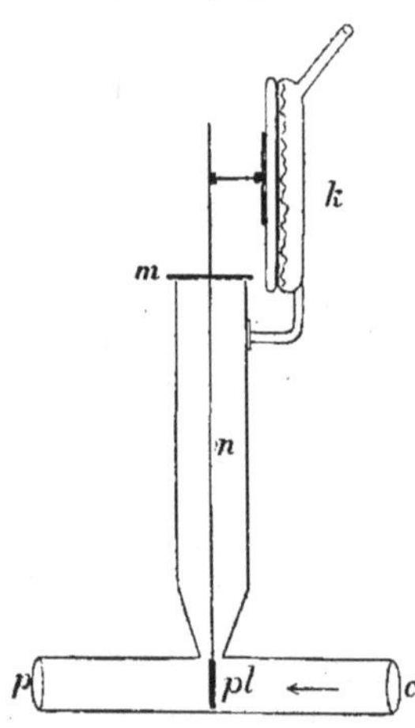

FIG. 156. — Hémodromographe à transmission de CHAUVEAU.

Étant données les dimensions de cet appareil (le tube qu'on introduit dans l'artère présente un diamètre de 6 millimètres, et une longueur de 4 à 5 centimètres), on ne peut s'en servir que pour l'étude de la vitesse du sang dans les artères carotides du cheval.

FRANÇOIS-FRANCK (1890), pour étudier la vitesse du sang dans les jugulaires du cheval, a remplacé la membrane de caoutchouc par une lamelle de baudruche assouplie par l'eau glycérinée.

Pour étudier la vitesse du sang chez le chien, FRANÇOIS-FRANCK a implanté dans la paroi de l'artère une aiguille, et il en a enregistré les mouvements. De cette façon il avait un hémodromographe rudimentaire dans lequel le tube de l'appareil était représenté par la paroi artérielle même.

III. CYBULSKI a construit un appareil appelé *photohémotachomètre*, basé sur le principe des tubes de PITOT : Deux tubes verticaux, dont les extrémités inférieures tournées en sens contraire, plongent dans un tube horizontal traversé par le courant sanguin. Les liquides qui remplissent les tubes verticaux présentent des différences de niveaux proportionnelles à la vitesse du sang. Ces différences de niveaux des deux colonnes liquides sont photographiées sur une surface sensible en mouvement.

IV. Une méthode très ingénieuse, qui permet d'obtenir directement le tracé de la vitesse du sang, est la suivante, qui a été employée par v. KRIES (1888), ABELES (1892) et autres.

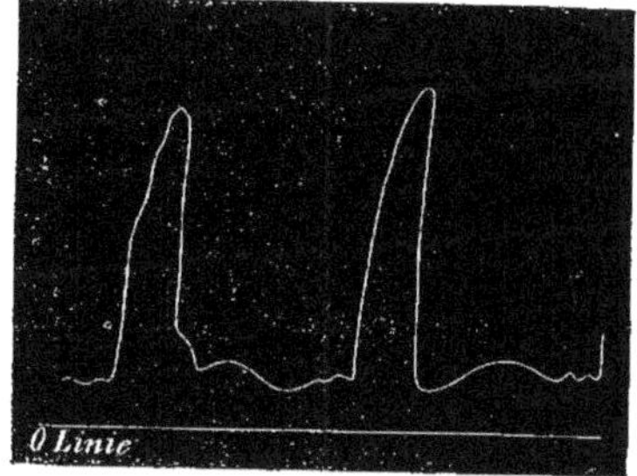

FIG. 157. — Tracé de la vitesse du sang dans l'artère carotide droite du cheval (LORTET).

On enferme la main et une partie de l'avant-bras dans la boîte d'un pléthysmographe à air. Cette boîte communique par un tube avec un brûleur, comme celui qui est représenté par la fig. 158. Dans ce brûleur, l'air chassé du pléthysmographe arrive par le tube *C*. Par le tube *B* pénètre le gaz, qui, après avoir traversé le tube A, est allumé à l'extrémité de ce dernier tube. La hauteur de la flamme dépendra de la quantité de gaz qui l'alimente et du courant d'air qui arrive par le tube *C*. A chaque variation de volume du membre enfermé dans la boîte pléthysmographique, il se produit un courant d'air. L'intensité de ce courant d'air exprime la vitesse avec laquelle le volume du membre augmente et diminue; par conséquent, l'intensité du courant d'air représente la vitesse de l'afflux du sang dans le membre. Comme le courant d'air agit sur la flamme manométrique, les variations de celle-ci représenteront les variations de la vitesse du sang. Bien entendu, il faut que pendant toute la durée de l'expérience le courant gazeux qui alimente la flamme soit constant. La flamme monte quand l'air sort du pléthysmographe, elle descend quand l'air est aspiré. Si le changement de volume du membre se fait très lentement, la flamme reste immobile. C'est la vitesse avec laquelle se font les variations de volume qui agit sur la flamme, et non pas la variation absolue du volume. Quand la flamme descend très bas, elle pourrait s'éteindre si le brûleur n'était muni d'un dispositif spécial. Comme on peut le voir sur la figure, la flamme est alimentée par un second courant gazeux qui lui arrive par le manchon *D* qui entoure le tube *A* par lequel passe le courant gazeux principal.

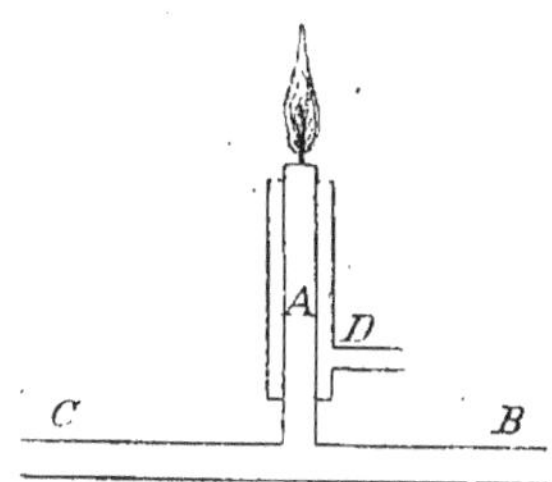

FIG. 158. — Flamme tachographique.

La flamme est photographiée au moyen d'un objectif. L'image renversée de la

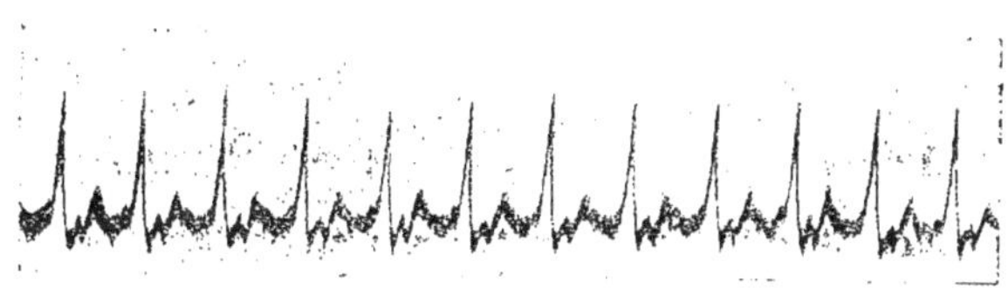

FIG. 159. — Tachogramme photographique (v. KRIES).

flamme est projetée sur la fente (large de 25 millimètres) d'un écran qui cache un cylindre enregistreur recouvert d'une feuille de papier sensible. Pour qu'il n'y ait pas de superposition d'image, un dispositif spécial fait que le cylindre ne fait qu'un tour devant la fente ouverte. Le disque qui cache la fente présente un trait qui indique la position de celle-ci. De cette façon, on peut facilement régler l'appareil de telle sorte que l'image de la fente tombe sur ce trait. L'expérience peut se faire en plein jour. Le cylindre est enfermé dans une caisse; l'espace compris entre l'objectif et la fente est recouvert d'un manchon; derrière la flamme il y a un écran noir.

On peut calculer le rapport qu'il y a entre la hauteur réelle de la flamme et la hauteur de son image sur la surface sensible. La vitesse avec laquelle se fait le mouvement de la surface sensible n'a aucune influence sur la hauteur des images.

Si l'on veut avoir au-dessous du tachogramme l'indication du temps, on photographie une seconde flamme, dont les rayons sont réfléchis par un petit miroir. Ces rayons sont interceptés périodiquement par une petite feuille de papier fixée au battant d'un métronome.

Toutes les pièces de cet appareil de v. Kries, appelé *Tachographe à flamme manométrique*, sont placées sur des rails et constituent un ensemble facile à manier.

MARIETTE POMPILIAN.

(*A suivre.*)

TABLE DES MATIÈRES

DU SEPTIÈME VOLUME

PARIS. — TYP. PH. RENOUARD, 19, RUE DES SAINTS-PÈRES. — 40106